中國歷代曆象典

捌

廣陵書社

欽定古今圖書集成曆象彙編庶徵典

第一百三十六卷目錄

人事異部彙考

漢書五行志

南齊書五行志

宋俞誨百怪斷經 嚔噴占 眼瞤占 心驚占 耳鳴占 耳熱占

管窺輯要 人物部占 神光占 天鼓月暈占

人事異部總論

書經夏書五子之歌 商書伊訓

春秋四傳桓公六年

人事異部藝文

彈任谷疏 晉郭璞

連珠 北周庾信

人事異部紀事一

庶徵典第一百三十六卷

人事異部彙考

漢書

五行志

傳曰田獵不宿飲食不享出入不節奪民農時及有姦謀則木不曲直說曰木東方也於易地上之木爲觀其於王事威儀容貌亦可觀者也故行步有佩玉之度登車有和鸞之節田狩有三驅之制飲食有享獻之禮出入有名使民以時務在勸農桑謀在安百姓如此則木得其性矣若乃田獵馳騁不反宮室飲食沈湎不顧法度妄興繇役以奪民時作爲姦詐以傷民財則木失其性矣蓋工匠之爲輪矢者多傷敗及木爲變怪是爲木不曲直

傳曰棄法律逐功臣殺太子以妾爲妻則火不炎上說曰火南方揚光輝爲明者也其於王者南面鄉明而治書云知人則悊能官人故堯舜舉群賢而命之朝遠四佞而放諸壄孔子曰浸潤之譖膚受之愬不行焉可謂明矣賢佞分別官人有序帥由舊章敬重功勳殊別適庶如此則火得其性矣若乃信道不篤或燿虛僞讒夫昌邪勝正則火失其性矣自上而降及濫炎妄起災宗廟燒宮館雖興師衆弗能救也是爲火不炎上

傳曰好戰攻輕百姓飾城郭侵邊境則金不從革說曰金西方萬物既成殺氣之始也故立秋而鷹隼擊秋分而微霜降其於王事出軍行師把旄杖鉞誓士衆抗威武所以征畔逆止暴亂也詩云有虔秉鉞如火烈烈又曰載戢干戈載櫜弓矢動靜應誼說以犯難民忘其死如此則金得其性矣若乃貪欲恣睢務立威勝不重民命則金失其性蓋工冶鑄金鐵金鐵冰滯涸堅不成者衆及爲變怪是爲金不從革

傳曰治宮室飾臺榭內淫亂犯親戚侮父兄則稼穡不成說曰土中央生萬物者也其於王者爲內事宮室夫婦親屬亦相生者也古者天子諸侯宮廟大小高卑有制后夫人媵妾多少進退有度九族親疏長幼有序孔子曰禮與其奢也寧儉故禹卑宮室文王刑于寡妻此聖人之所以昭教化也如此則土得其性矣若乃奢淫驕慢則土失其性有水旱之災而草木百穀不熟是爲稼穡不成

傳曰簡宗廟不禱祠廢祭祀逆天時則水不潤下說曰水北方終藏萬物者也其於人道命終而形藏精神放越聖人爲之宗廟以收魂氣春秋祭祀以終孝道王者即位必郊祀天地禱祈神祇望秩山川懷柔百神亡不宗事慎其齋戒致其嚴敬鬼神歆享多獲福助此聖王所以順事陰氣和神人也至發號施令亦奉天時十二月咸得其氣則陰陽調而終始成如此則水得其性矣若乃不敬鬼神政令逆時則水失其性霧水暴出百川逆溢壞鄉邑溺人民及淫雨傷稼穡是爲水不潤下

經曰羞用五事五事一曰貌二曰言三曰視四曰聽五曰思貌曰恭言曰從視曰明聽曰聰思曰睿恭作肅從作艾明作悊聰作謀睿作聖休徵曰肅時雨若艾時陽若悊時奧若謀時寒若聖時風若咎徵曰狂恆雨若僭恆陽若舒恆奧若急恆寒若霿恆風若

傳曰貌之不恭是謂不肅厥咎狂厥罰恆雨厥極惡時則有服妖時則有龜孽時則有雞旤時則有下體生上之痾時則有青眚青祥唯金沴木貌之不恭是謂不肅肅敬也內曰恭外曰敬人君行己體貌不恭怠慢驕蹇則不能敬萬事失在狂易故其咎狂也上嫚下暴則陰氣勝故其罰常雨也木傷百穀衣食不足則姦軌並作故其極惡也一曰民多被刑或形貌醜惡亦是也風俗狂慢變節易度則爲剽輕奇怪之服故有服妖水類動故有龜孽於易巽爲雞雞有冠距文武之貌不爲威儀貌氣毀故有雞旤一曰水歲

雞多死及爲怪亦是也上失威儀則下有彊臣害君上者故有下體生於上之疴木色靑故有靑眚靑祥凡貌傷者病木氣木氣病則金沴之衝氣相通也於易震在東方爲春爲木也兌在西方爲秋爲金也離在南方爲夏爲火也坎在北方爲冬爲水也春與秋日夜分寒暑平是以金木之氣易以相變故貌傷則致秋陰常雨言傷則致春陽常旱也至于冬夏日夜相反寒暑殊絕水火之氣不得相併故視傷常奧聽傷常寒者其氣然也逆之其極曰惡順之其福曰攸好德劉歆貌傳曰有鱗蟲之孽羊旤鼻疴說以爲於天文東方辰爲龍星故爲鱗蟲於易兌爲羊木爲金所病故致羊旤與常雨同應此說非是春與秋氣陰陽相敵木病金盛故能相并唯此一事耳旤與妖疴祥眚同類不得獨異

傳曰言之不從是謂不乂厥咎僭厥罰恆陽厥極憂時則有詩妖時則有介蟲之孽時則有犬旤時則有口舌之疴時則有白眚白祥惟木沴金言之不從從順也是謂不乂乂治也孔子曰君子居其室出其言不善則千里之外違之況其邇者乎詩云如蜩如螗如沸如羹言上號令不順民心虛譁憒亂則不能治海內失在過差故其咎僭僭差也刑罰妄加群陰不附則陽氣勝故其罰常陽也旱傷百穀則有寇難上下俱憂故其極憂也君炕陽而暴虐臣畏刑而拑口則怨謗之氣發於歌謠故有詩妖介蟲孽者謂小蟲有甲飛揚之類陽氣所生也於春秋爲螽今謂之蝗皆其類也於易兌爲口犬以吠守而不可信言氣毀故有犬旤一曰旱歲犬多狂死及爲怪亦是也及人則多病口喉欬者故有口舌痾金色白故有白眚白祥凡言傷者病金氣金氣病則木沴之其極憂者順之其福曰康寧劉歆言傳曰時有毛蟲之孽說以爲天文西方參爲虎星故爲毛蟲

傳曰視之不明是謂不悊厥咎舒厥罰恆奧厥極疾時則有草妖時則有蠃蟲之孽時則有羊旤時則有目痾時則有赤眚赤祥惟水沴火視之不明是謂不悊悊知也詩云爾德不明以亡陪亡卿不明爾德以亡背亡仄言上不明暗昧蔽惑則不能知善惡親近習長同類亡功者受賞有罪者不殺百官廢亂失在舒緩故其咎舒也盛夏日長暑以養物政弛緩故其罰常奧也奧則冬溫春夏不和傷病民人故極疾也誅不行則霜不殺草繇臣下則殺不以時故有草妖凡妖貌則以服言則以詩聽則以聲視則以色者五色物之大分也在於眚祥故聖人以爲草妖失秉之明者也溫奧生蟲故有蠃蟲之孽謂螟螣之類當死不死未當生而生或多於故而爲災也劉歆以爲屬思心不睿於易剛而包柔爲離離爲火爲目羊上角下蹏剛而包柔羊大目而不精明視氣毀故有羊旤一曰暑歲羊多疫死及爲怪亦是也及人則多病目者故有目痾火色赤故有赤眚赤祥凡視傷者病火氣火氣傷則水沴之其極疾者順之其福曰壽劉歆視傳曰有羽蟲之孽雞旤說以爲於天文南方喙爲鳥星故爲羽蟲旤亦從羽故爲雞雞於易自在巽說非是庶徵之恆奧劉向以爲春秋亡冰也小奧不書無冰然後書舉其大者也京房易傳曰祿不遂行茲謂欺厥咎奧雨雪四至而溫臣安祿樂逸茲謂亂奧而生蟲知罪不誅茲謂舒其奧夏則暑殺人冬則物華實重過不誅茲謂亡徵其咎當寒而奧六日也

傳曰聽之不聰是謂不謀厥咎急厥罰恆寒厥極貧時則有鼓妖時則有魚孽時則有豕禍時則有耳痾時則有黑眚黑祥惟火沴水聽之不聰是謂不謀言上偏聽不聰下情隔塞則不能謀慮利害失在嚴急故其咎急也盛冬日短寒以殺物政促迫故其罰常寒也寒則不生百穀上下俱貧故其極貧也君嚴猛而閉下臣戰栗而塞耳則妄聞之氣發於音聲故有鼓妖寒氣動故有魚孽雨以龜爲孽龜能陸處非極陰也魚去水而死極陰之孽也於易坎爲豕豕大耳而不聽察聽氣毀故有豕禍也一曰寒歲豕多死及爲怪亦是也及人則多病耳者故有耳痾水色黑故有黑眚黑祥凡聽傷者病水氣水氣病則火沴之其極貧者順之其福曰富劉歆聽傳曰有介蟲孽也庶徵之恆寒劉向以爲春秋無其應周之末世舒緩微弱政在臣下奧煖而已故籍秦以爲驗秦始皇帝即位尚幼委政太后太后淫於呂不韋及嫪毐封毐爲長信侯以太原郡爲毐國宮室苑囿自恣政事斷焉故天冬雷以見陽不禁閉以涉危害舒奧迫近之變也始皇既冠毐懼誅作亂始皇誅之斬首數百級大臣二十人皆車裂以徇夷滅其宗遷四千餘家於房陵是歲四月寒民有凍死者數年之間緩急如此寒奧輒應此其效也劉歆以爲大雨雪及未當雨雪而雨雪及大雨雹隕霜殺菽草皆常寒之罰也劉向以爲常雨屬貌不恭京房易傳曰有德遭險茲謂逆命厥異寒誅過深當奧而寒盡六日亦爲雹害正不誅

茲謂養賊寒七十二日殺蜚禽道人始去茲謂傷其寒物無霜而死涌水出戰不量敵茲謂辱命其寒雖雨物不茂聞善不予厥咎聾

傳曰思心之不睿是謂不聖厥咎霿厥罰恆風厥極凶短折時則有脂夜之妖時則有華孽時則有牛禍時則有心腹之痾時則有黃眚黃祥時則有金木水火沴土思心之不睿是謂不聖思心者心思慮也睿寬也孔子曰居上不寬吾何以觀之哉言上不寬大包容臣下則不能居聖位貌言視聽以心爲主四者皆失則區霿無識故其咎霿也雨旱寒奧亦以風爲本四氣皆亂故其罰常風也常風傷物故其極凶短折也傷人曰凶禽獸曰短屮木曰折一曰凶夭也兄喪弟曰短父喪子曰折在人腹中肥而包裹心者脂也心區霿則瞑晦故有脂夜之妖一曰有脂物而夜爲妖若脂水夜汙人衣淫之象也一曰夜妖者雲風並起而杳冥故與常風同象也溫而風則生螟螣有裸蟲之孽劉向以爲於易巽爲風爲木卦在三月四月繼陽而治主木之華實風氣盛至秋冬木復華故有華孽一曰地氣盛則秋冬復華一曰華者色也土爲內事爲女孽也於易坤爲土爲牛牛大心而不能思慮思心氣毀故有牛旤一曰牛多死及爲怪亦是也及人則多病心腹者故有心腹之痾土色黃故有黃眚黃祥凡思心傷者病土氣土氣病則金木水火沴之故曰時則有金木水火沴土不言惟而獨曰時則有者非一衝氣所沴明其異大也其極曰凶短折順之其福曰考終命劉歆思心傳曰時則有臝蟲之孽謂螟螣之屬也京房易傳曰潛龍勿用衆逆同志至德遒潛厥異風其風也行不解物不長雨小而傷政悖德隱茲謂亂厥風先風不雨大風暴起發屋折木守義不進茲謂耄厥風與雲俱起折五穀莖臣易上政茲謂不順厥風大猋發屋賦斂不理茲謂禍厥風絕經緯止卽溫溫卽蟲侯專封茲謂不統厥風疾而樹不搖穀不成辟不思道利茲謂無澤厥風不搖木旱無雲傷禾公常於利茲謂亂厥風微而溫生蟲蝗害五穀棄正作淫茲謂惑厥風溫螟蟲起害有益人之物侯不朝茲謂叛厥風無恆地變赤而殺人

傳曰皇之不極是謂不建厥咎眊厥罰恆陰厥極弱時則有射妖時則有龍蛇之孽時則有馬禍時則有下人伐上之痾時則有日月亂行星辰逆行皇之不極是謂不建皇君也極中建立也人君貌言視聽思心五事皆失不得其中則不能立萬事失在眊悖故其咎眊也王者自下承天理物雲起於山而彌於天天氣亂故其罰常陰也一曰上失中則下彊盛而蔽君明也易曰亢龍有悔貴而亾位高而亾民賢人在下位而亾輔如此則君有南面之尊而亾一人之助故其極弱也盛陽動進輕疾禮春而大射以順陽氣上微弱則下奮動故有射妖易曰雲從龍又曰龍蛇之蟄以存身也陰氣動故有龍蛇之孽於易乾爲君爲馬馬任用而彊力君氣毀故有馬禍一曰馬多死及爲怪亦是也君亂且弱人之所叛天之所去不有明王之誅則有篡弒之禍故有下人伐上之痾凡君道傷者病天氣不言五行沴天而曰日月亂行星辰逆行者爲君下不敢沴天猶春秋曰王師敗績于貿戎不言敗之者以自敗爲文尊尊之意也劉歆皇極傳曰有下體生上之痾說以爲下人伐上天誅已成不得復爲痾云皇極之常陰劉向以爲春秋亾其應一曰久陰不雨是也劉歆以爲自屬常陰京房易傳曰有蜺蒙霧霧上下合也蒙如塵雲蜺日旁氣其占曰后妃有專蜺再重赤而專至衝旱妻不壹順黑蜺四背又白蜺雙出日中妻以貴高大茲謂擅陽蜺四方日光不陽解而溫內取茲謂禽蜺如禽在日旁以尊降妃茲謂薄嗣蜺直而塞六辰迺除夜星見而赤女不變始茲謂乘夫蜺白在日側黑蜺果之氣正直妻不順正茲謂擅陽蜺中窺貫而外專夫妻不嚴茲謂媟蜺與日會婦人擅國茲謂頃蜺白貫日中赤蜺四背適不答茲謂不次蜺直在左蜺交在右取於不專茲謂危嗣抱日兩未及君淫外茲謂亡蜺氣左日交於外取不達茲謂不知蜺白奪明而大溫溫而雨尊卑不別茲謂媟蜺三出三已三辰除除則日出且雨臣私祿及親茲謂罔辟厥異蒙其蒙先大溫已蒙起日不見行善不請於上茲謂作福蒙一日五起五解辟不下謀臣辟異道茲謂不見上蒙下霧風三變而俱解立嗣子疑茲謂動欲蒙赤日不明德不序茲謂不聰蒙日不明溫而民病德不試空言祿茲謂主窳臣夭蒙起而白君樂逸人茲謂放蒙日靑黑雲夾日左右前後行過日公不任職茲謂怙祿蒙三日又大風五日蒙不解利邪以食茲謂閉上蒙大起白雲如山行蔽日公懼不言道茲謂閉下蒙大起日不見若雨不雨至十二日解而有大雲蔽日祿生於下茲謂誣君蒙微而小雨已乃大雨下相攘善茲謂盜明蒙黃濁下陳功求於上茲謂不知蒙微而赤風鳴條

解復蒙下專刑茲謂分威蒙而日不得明大臣厭小臣茲謂蔽蒙微日不明若解不解大風發赤雲起而蔽日衆不惡惡茲謂蔽蒙尊卦用事三日而起日不見漏言亾喜茲謂下厝用蒙微日無光有雨雲雨不降廢忠惑佞茲謂亾蒙天先清而暴蒙微而日不明有逸民茲謂不明蒙濁奪日光公不任職茲謂不紬蒙白三辰止則日青青而寒寒必雨忠臣進善君不試茲謂遏蒙先小雨雨已蒙起微而日不明惑衆在位茲謂覆國蒙微而日不明一溫一寒風揚塵知佞厚之茲謂庳蒙甚而溫君臣故弼茲謂悖厥災風雨霧風拔木亂五穀已而大霧庶正蔽惡茲謂生孽災厥異霧此皆陰雲之類云

南齊書

五行志

貌傳曰失威儀之制怠慢驕恣謂之狂則不肅矣下不敬則上無威天下既不敬又肆其驕恣之則不從夫不敬其君不從其政則陰氣勝故曰厥罰常雨

貌傳又曰上失節而狂下怠慢而不敬上下失道輕法侵制不顧君上因以荐饑貌氣毀故有雞禍一曰水歲雞多死及爲怪亦是也上下不相信大臣姦宄民爲寇盜故曰厥極惡一曰民多被刑或形貌醜惡風俗狂慢變節易度則爲輕剽奇怪之服故曰時則有服妖

貌傳又曰危亂端見則天地之異生木者青故曰青眚爲惡祥凡貌傷者金沴木木沴金衝氣相通

思心傳曰心者土之象也思心不睿其過在瞀亂失紀風于陽則爲陰于陰則爲大臣之象專恣而氣盛故罰常風心爲五事主猶土爲五行主一曰陰陽相薄偏氣陽多爲風其甚也常風陰氣多者陰而不雨其甚也常陰一曰風宵起而晝晦以應常陰同象也

言傳曰言易之道西方曰兌爲口人君過差無度刑法不一斂從其重或有師旅亢陽之節若動衆勞民是言不從人君既失衆政令不從孤陽持治下畏君之重刑陽氣勝則旱象至故曰厥罰常陽也

言傳曰下既悲苦君上之行又畏嚴刑而不敢正言則必先發于歌謠歌謠口事也口氣逆則惡言或有怪謠焉

言傳曰言氣傷則民多口舌故有口舌之痾金者白故有白眚若有白爲惡祥

聽傳曰不聽之象見則妖生于耳以類相動故曰有鼓妖也一曰聲屬鼓妖

傳曰皇之不極是謂不建其咎在霿亂失聽故厥咎霿思心之咎亦霿天者正萬物之始王者正萬物之始失中則害天氣類相動也天者轉于下而運于上雲者起于山而彌于天天氣動則其象應故厥罰常陰王者失中臣下强盛而蔽君明則雲陰亦衆多而蔽天光也

宋兪誨百怪斷經

嚏噴占

子時主酒食　丑時主女思　寅時主女相和　卯時主財喜　辰時主酒食　巳時主人來財　午時主有客來　未時主酒食　申時主驚不利　酉時主文人來求　戌時主和合　亥時主吉利

眼跳占

子時左主貴　右主酒食　丑時左主憂　右主人思　寅時左主行人　右主吉　卯時左主貴人　右主平安　辰時左主客來　右主害　巳時左主酒食　右主凶　午時左主得意　右主凶　未時左主吉　右主喜　申時左主財　右主文思　酉時左主音信　右主客至　戌時左主他喜　右主酒食　亥時左主貴人　右主官事

心驚占

子時有女人思　丑時惡事不利　寅時有客來　卯時有酒食　辰時有喜事　巳時有大獲　午時主有酒食　未時有女人思　申時主喜事　酉時主喜信　戌時有官客至　亥時主惡服憂怪大凶

耳鳴占

子時左主女思　右主失財　丑時左主他喜　右主口舌　寅時左主失物　右主心急　卯時左主坎坷　右主客至　辰時左主得意　右主行人至　巳時左主凶　右主大吉　午時左主信　右主親人至　未時左主他役　右主遠人來　申時左主行人　右主吉　酉時左主失財　右主吉　戌時左主遠行　右主康　亥時左主吉　右主凶

耳熱占

子時主有僧道來議事　丑時主有喜事大吉　寅時主有酒食吃　卯時主有遠人來　辰時主有喜事大吉　巳時主失財物不利　午時主有喜事來　未時主有奇獲　申時主有客來酒食　酉時主女子至婚事　戌時主有爭訟口舌　亥時主有詞訟口舌

管窺輯要

人物部占

天地之道人爲貴也人者修仁則貴爲德爲福不仁則爲禍爲殃故傳曰妖由人興人無釁焉凡人有政變不合時常則天地示吉凶之應也

人好聚會飲食將饑米貴

人君及人無故衣冠變易常法國有喪服之憂

人君及人無故好畋獵走馬敗德五年內有兵革興

人君好訛言不出一年易位

人君無故自爲國門不出一年夷狄重寶國以亡

人君衣履服物無故夜亡近臣爲賊

人君無故自塡其宅是謂穿德不出三年必有荒田外境不通五年內興兵相攻

人君好嗟異歌詞國將亡

貴人無故變異節度六年內有兵喪

人君無故自修其社稷前吉後有咎不出八年有失政

衆人無故易其號上易政

衆人好反言去存就亡

衆人好訛言善惡如其言

人民好倡樂是謂改天下罰其上下不出一年有誅相

人民無故驚奔者春一年夏二年秋三年冬四年爲失政兵弛之象

衆人言外國有異邑人此欲伐他國

人厭五穀必有饑餓不出三年兵亂

人民好糶賤米米必貴五穀皆準此占

人尚胡食番來侵境必有改易兵作

人尚反語逆臣伐主

婦人梳髻奉撮如查國破大亂人民流逆

婦人施黛面首空畫眉不塗口國欲亂人流亡

婦人梳掠逆插釵國多不臣各持干戈

小兒壅土車轍戲者四夷侵國

小兒聚土爲城兵起

小兒街巷中以土自壅爲營不出一年有兵守城一日是謂熒惑下守不出一年有兵攻城

小兒爲車馬戲者不出一年兵革興

小兒爲旌旗車馬戲者不出一年有流血大戰一日兵興不出二年

神光占

人身之神在心心之神在目故目中常有神光神光去則災厄至故當於暗處以手指按兩眼角搖之其光赤黃吉白防兵靑黑有憂凡有疾病神光不存七日死

出行忽然心動鼻酸急察神光靑防奸人黑防盜宜備之

將兵至營必察神光不在必有大厄

飲食起居凡有心動須察神光不在急防禍害若舌動脣瞤神光不在妾婦爲賊心動掌瞤交友爲賊急察神光左目光存則從左去右目光存則從右去二目俱有人不能害

渡江河必先察神光不存勿渡左目瞤爲他人事右目瞤爲自己事

鼻酸耳鳴患害將至有神光者無傷無則不免

耳忽聞聲喚或忽聞如雷鳴鼻忽聞臭腥皆是惡候宜察神光隨光所在之方去之

天鼓目瞤占

凡疾病天鼓不鳴凶

將軍眼瞤動耳鳴及無故自驚不自覺而吐嚥皆爲下人有謀

將軍踵中高語自覺驚寤計謀必成

人事異部總論

書經

夏書五子之歌

其二曰訓有之內作色荒外作禽荒甘酒嗜音峻宇雕牆有一于此未或不亡

商書伊訓

曰敢有恆舞于宮酣歌于室時謂巫風敢有殉于貨色恆于遊畋時謂淫風敢有侮聖言逆忠直遠耆德比頑童時謂亂風惟茲三風十愆卿士有一于身家必喪邦君有一于身國必亡

春秋四傳

桓公六年

春秋秋八月蔡人殺陳佗

公羊傳陳佗者何陳君也陳君則曷爲謂之陳佗絕也曷爲絕之賤也其賤奈何外淫也惡乎淫淫乎蔡蔡人殺之

穀梁傳陳佗者陳君也其曰陳佗何也匹夫行故匹夫稱之也其匹夫行奈何陳侯憙獵淫獵于蔡與蔡

人爭禽蔡人不知其是陳君也而殺之何以知其是陳君也兩下相殺不道其不地于蔡也

人事異部藝文

彈任谷疏　晉郭璞

任谷所爲妖異無有因由陛下元鑒廣覽欲知其情狀引之禁內供給安處臣聞爲國以禮正不聞以奇邪所聽惟人故神降之吉陛下簡默居正動遵典刑按周禮奇服怪人不入宮況谷妖詭怪人之甚者而登講肆之堂密邇殿省之側塵黷日月穢亂天聽臣之私情竊所以不取也陛下若以谷信爲神靈所憑者則應敬而遠之夫神聰明正直接以人事若以谷爲妖蠱詐妄者則當投畀裔土不宜令褻近紫闥若以谷或是神祇告譴爲國作眚者則當克己修禮以弭其妖不宜令谷安然自容肆其邪變也臣愚以爲陰陽陶蒸變化萬端亦是狐狸魍魎憑陵作慝願陛下採臣愚懷特遣谷出臣以人乏忝荷史任敢忘直筆惟義是規

連珠　北周庾信

蓋聞水之激也實濁其源木之蠹也將拔其根是以延年之家預論掃墓羊舌之族先知滅門

人事異部紀事一

史記殷本紀帝武乙無道爲偶人謂之天神與之博令人爲行天神不勝乃僇辱之爲革囊盛血仰而射之命曰射天武乙獵於河渭之間暴雷武乙震死

帝紂資辨捷疾聞見甚敏材力過人手格猛獸知足以距諫言足以飾非矜人臣以能高天下以聲以爲皆出己之下好酒淫樂嬖於婦人愛妲己妲己之言是從於是使師涓作新淫聲北里之舞靡靡之樂厚賦稅以實鹿臺之錢而盈鉅橋之粟益收狗馬奇物充仞宮室益廣沙丘苑臺多取野獸蜚鳥置其中慢於鬼神大最樂戲於沙丘以酒爲池縣肉爲林使男女倮相逐其間爲長夜之飲百姓怨望而諸侯有畔者於是紂乃重刑辟有炮烙之法以西伯昌九侯鄂侯爲三公九侯有好女入之紂九侯女不憙淫紂怒殺之而醢九侯鄂侯爭之彊辨之疾并脯鄂侯西伯昌聞之竊歎崇侯虎知之以告紂紂囚西伯羑里西伯之臣閎夭之徒求美女奇物善馬獻紂紂乃赦西伯西伯出而獻洛西之地以請除炮烙之刑紂乃許之賜弓矢斧鉞使得征伐爲西伯而用費中爲政費中善諛好利殷人弗親紂又用惡來惡來善毀讒諸侯以此益疏西伯歸乃陰修德行善諸侯多叛紂而往歸西伯西伯滋大紂由是稍失權重王子比干諫弗聽商容賢者百姓愛之紂廢之及西伯伐飢國滅之紂之臣祖伊聞之而咎周恐奔告紂曰天既訖我殷命假人元龜無敢知吉非先王不相我後人維王淫虐用自絕故天棄我不有安食不虞知天性不迪率典今我民罔不欲喪曰天曷不降威大命胡不至今王其奈何紂曰我生不有命在天乎祖伊反曰紂不可諫矣西伯既卒周武王之東伐至盟津諸侯叛殷會周者八百諸侯皆曰紂可伐矣武王曰爾未知天命乃復歸紂愈淫亂不止微子數諫不聽乃與太師少師謀遂去比干曰爲人臣者不得不以死爭迺強諫紂紂怒曰吾聞聖人心有七竅剖比干觀其心箕子懼乃佯狂爲奴紂又囚之殷之太師少師乃持其祭樂器奔周周武王於是遂率諸侯伐紂紂亦發兵距之牧野甲子日紂兵敗紂走入登鹿臺衣其寶玉衣赴火而死周武王遂斬紂頭縣之白旗殺妲己

國語恭王遊於涇上密康公從有三女奔之其母曰必致之於王夫獸三爲羣人三爲衆女三爲粲王田不取羣公行下衆王御不參一族夫粲美之物也衆以美物歸女而何德以堪之王猶不堪況爾小醜小醜備物終必亾康公弗獻一年王滅密

厲王說榮夷公芮良夫曰王室其將卑乎夫榮公好專利而不知大難夫利百物之所生也天地之所載也而或專之其害多矣天地百物皆將取焉胡可專也所怒甚多而不備大難以是教王王能久乎夫王人者將導利而布之上下者也使神人百物無不得其極猶日怵惕懼怨之來也故頌曰思文后稷克配彼天立我蒸民莫匪爾極大雅曰陳錫載周是不布利而懼難乎故能載周以至於今今王學專利其可乎匹夫專利猶謂之盜王而行之其歸鮮矣榮公若用周必敗既榮公爲卿士諸侯不享王流於彘

魯武公以括與戲見王王立戲樊仲山父諫曰不可立也不順必犯犯王命必誅故出令不可不順也令

之不行政之不立行而不順民將棄上夫下事上少事長所以爲順也今天子立諸侯而建其少是教逆也若魯從之而諸侯傚之王命將有所壅若不從而誅之是自誅王命也是事也誅亦失不誅亦失天子其圖之王卒立之魯侯歸而卒及魯人殺懿公而立伯御三十二年宣王伐魯立孝公諸侯從是不睦

左傳隱公三年衛莊公娶莊姜美而無子公子州吁嬖人之子也有寵而好兵公弗禁莊姜惡之石碏諫曰臣聞愛子教之以義方弗納于邪驕奢淫泆所自邪也四者之來寵祿過也將立州吁乃定之矣若猶未也階之爲禍夫寵而不驕驕而能降降而不憾憾而能眕者鮮矣且夫賤防貴少陵長遠間親新間舊小加大淫破義所謂六逆也君義臣行父慈子孝兄愛弟敬所謂六順也去順效逆所以速禍也君人者將禍是務去而速之無乃不可乎弗聽其子厚與州吁遊禁之不可桓公立乃老四年春衛州吁弑桓公而立公問于衆仲曰衛州吁其成乎對曰臣聞以德和民不聞以亂以亂猶治絲而棼之也夫州吁阻兵而安忍阻兵無衆安忍無親衆叛親離難以濟矣夫兵猶火也弗戢將自焚也夫州吁弑其君而虐用其民於是乎不務令德而欲以亂成必不免矣州吁未能和其民厚問定君于石子石子曰王覲爲可曰何以得覲曰陳桓公方有寵于王陳衛方睦若朝陳使請必可得也厚從州吁如陳石碏使告於陳曰衛國褊小老夫耄矣無能爲也此二人者實弑寡君敢卽圖之陳人執之而請涖于衛九月衛人使右宰醜涖殺州吁于濮石碏使其宰獳羊肩涖殺石厚于陳君子曰石碏純臣也惡州吁而厚與焉大義滅親其是之謂乎

七年陳及鄭平十二月陳五父如鄭涖盟壬申及鄭伯盟歃如忘洩伯曰五父必不免不賴盟矣鄭良佐如陳涖盟辛巳及陳侯盟亦知陳之將亂也桓五年陳侯鮑卒文公子佗殺太子免而代之六年蔡人殺陳佗

八年鄭公子忽如陳逆婦嬀辛亥以嬀氏歸甲寅入于鄭陳鍼子送女先配而後祖鍼子曰是不爲夫婦誣其祖矣非禮也何以能育桓十七年高渠彌弑昭公而立公子亹

桓九年冬曹大子來朝賓之以上卿禮也享曹大子初獻樂奏而嘆施父曰曹大子其有憂乎非嘆所也十年春曹桓公卒

十三年春楚屈瑕伐羅鬬伯比送之還謂其御曰莫敖必敗舉趾高心不固矣遂見楚子曰必濟師楚子辭焉入告夫人鄧曼鄧曼曰大夫其非衆之謂其謂君撫小民以信訓諸司以德而威莫敖以刑也莫敖狃於蒲騷之役將自用也必小羅君若不鎭撫其不設備乎夫固謂君訓衆而好鎭撫之召諸司而勸之以令德見莫敖而告諸天之不假易也不然夫豈不知楚師之盡行也楚子使賴人追之不及莫敖使徇于師曰諫者有刑及鄢亂次以濟遂無次且不設備及羅羅與盧戎兩軍之大敗之莫敖縊于荒谷

十八年春公將有行遂與姜氏如齊申繻曰女有家男有室無相瀆也謂之有禮易此必敗公會齊侯于濼遂及文姜如齊齊侯通焉公謫之以告夏四月丙子享公使公子彭生乘公公薨于車魯人告于齊曰寡君畏君之威不敢寧居來脩舊好禮成而不反無所歸咎惡於諸侯請以彭生除之齊人殺彭生莊公八年齊侯使連稱管至父戍葵丘瓜時而往曰及瓜而代期戍公問不至請代弗許故謀作亂僖公之母弟曰夷仲年生公孫無知有寵於僖公衣服禮秩如適襄公絀之二人因之以作亂連稱有從妹在公宮無寵使間公曰捷吾以女爲夫人冬十二月齊侯游于姑棼遂田于貝丘見大豕從者曰公子彭生也公怒曰彭生敢見射之豕人立而啼公懼隊于車傷足喪屨反誅屨於徒人費弗得鞭之見血走出遇賊于門劫而束之費曰我奚御哉袒而示之背信之費請先入伏公而出鬬死于門中石之紛如死于階下遂入殺孟陽于牀曰非君也不類見公之足于戶下遂弑之而立無知

莊公四年春王三月楚武王荆尸授師孑焉以伐隨將齊入告夫人鄧曼曰余心蕩鄧曼歎曰王祿盡矣盈而蕩天之道也先君其知之矣故臨武事將發大命而蕩王心焉若師徒無虧王薨于行國之福也王遂行卒於樠木之下

十九年初王姚嬖于莊王生子頹子頹有寵蔿國爲之師及惠王卽位取蔿國之圃以爲囿邊伯之宮近於王宮王取之王奪子禽祝跪與詹父田而收膳夫之秩故蔿國邊伯石速詹父子禽祝跪作亂因蘇氏秋五大夫奉子頹以伐王不克出奔溫蘇子奉子頹以奔衛衛師燕師伐周冬立子頹二十年春鄭伯和王室不克執燕仲父夏鄭伯遂以王歸王處于櫟秋

王及鄭伯入于鄔遂入成周取其寶器而還冬王子頽享五大夫樂及徧舞鄭伯聞之見虢叔曰寡人聞之哀樂失時殃咎必至今王子頽歌舞不倦樂禍也夫司寇行戮君爲之不舉而況敢樂禍乎奸王之位禍孰大焉臨禍忘憂憂必及之盍納王乎虢公曰寡人之願也二十一年春胥命于弭夏同伐王城鄭伯將王自圉門入虢叔自北門入殺王子頽及五大夫鄭伯享王于闕西辟樂備王與之武公之略自虎牢以東原伯曰鄭伯效尤其亦將有咎五月鄭厲公卒

國語惠王三年邊伯石速蔿國出王而立王子頽王處于鄭三年子頽飲三大夫酒子國爲客樂及徧舞鄭厲公見虢叔曰吾聞之司寇行戮君爲之不舉而況敢樂禍乎今吾聞子頽歌舞不思憂夫出王而代其位禍孰大焉臨禍忘憂是謂樂禍禍必及之盍納王乎虢叔許諾鄭伯將王自圉門入虢叔自北門入殺子頽及三大夫王乃入

惠王十五年有神降于莘王問於內史過曰是何故固有之乎對曰有之國之將興其君齊明衷正精潔惠和其德足以昭其馨香其惠足以同其民人神饗而民聽民神無怨故明神降之觀其政德而均布福焉國之將亾其君貪冒辟邪淫泆荒怠麤穢暴虐其政腥臊馨香不登其刑矯誣百姓攜貳明神弗蠲而民有遠志民神怨痛無所依懷故神亦往焉觀其苛慝而降之禍是以或見神以興亦或以亾昔夏之興也融降於崇山其亾也回祿信於聆隧商之興也檮杌次於丕山其亾也夷羊在牧周之興也鸑鷟鳴於岐山其衰也杜伯射王於鄗是皆明神之志者也王日今是何神也對曰昔昭王娶於房曰房后實有爽德協於丹朱丹朱馮身以儀之生穆王焉實臨照周之子孫而禍福之夫神壹不遠徙遷焉若由是觀之其丹朱乎王曰其誰受之對曰在虢土王曰然則何爲對曰臣聞之道而得神是謂逢福淫而得神是謂貪禍今虢少荒其亾乎王曰吾其若之何對曰使大宰以祝史帥貍姓奉犧牲粢盛玉帛往獻焉無有祈也王曰虢其幾何對曰昔堯臨民以五今其冑見神之見也不過其物若由是觀之不過五年王使大宰忌父帥傅氏及祝史奉犧牲玉鬯往獻焉內史過從至虢虢公亦使祝史請土焉內史過歸告王曰虢必亾矣不禋於神而求福焉神必禍之不親於民而求用焉民必違之精意以享禋也慈保庶民親也今虢公動匱百姓以逞其違離民怒神而求利焉不亦難乎十九年晉取虢

海鳥曰爰居止於魯東門之外二日臧文仲使國人祭之展禽曰越哉臧孫之爲政也夫祀國之大節也而節政之所成也故慎制祀以爲國典今無故而加典非政之宜也夫聖王之制祀也法施於民則祀之以死勤事則祀之以勞定國則祀之能禦大災則祀之能扞大患則祀之非是族也不在祀典昔烈山氏之有天下也其子曰柱能植百穀百蔬夏之興也周棄繼之故祀以爲稷共工氏之伯九有也其子曰后土能平九土故祀以爲社黃帝能成命百物以明民共財顓頊能修之帝嚳能序三辰以固民堯能單均刑法以儀民舜勤民事而野死鯀障洪水而殛死禹能以德修鯀之功契爲司徒而民輯冥勤其官而水死湯以寬治民而除其邪稷勤百穀而山死文王以文昭武王去民之穢故有虞氏禘黃帝而祖顓頊郊堯而宗舜夏后氏禘黃帝而祖顓頊郊鯀而宗禹商人禘舜而祖契郊冥而宗湯周人禘嚳而郊稷祖文王而宗武王幕能帥顓頊者也有虞氏報焉杼能帥禹者也夏后氏報焉上甲微能帥契者也商人報焉高圉太王能帥稷者也周人報焉凡禘郊宗祖報此五者國之典祀也加之以社稷山川之神皆有功烈於民者也及前哲令德之人所以爲明質也及天之三辰民所以瞻仰也及地之五行所以生殖也及九州名山川澤所以出財用也非是不在祀典今海鳥至已不知而祀之以爲國典難以爲仁且知矣夫仁者講功而知者處物無功而祀之非仁也不知而不問非知也今茲海其有災乎夫廣川之鳥獸恆知而避其災也是歲也海多大風冬煖文仲聞柳下季之言曰信吾過也季子之言不可不法也使書以爲三筴

左傳僖公七年秋盟於甯母謀鄭故也管仲言於齊侯曰臣聞之招攜以禮懷遠以德德禮不易無人不懷齊侯修禮於諸侯諸侯官受方物鄭伯使大子華聽命於會言於齊侯曰洩氏孔氏子人氏三族實違君命若君去之以爲成我以鄭爲內臣君亦無所不利焉齊侯將許之管仲曰君以禮與信屬諸侯而以奸終之無乃不可乎子父不奸之謂禮守命共時之謂信違此二者奸莫大焉公曰諸侯有討於鄭未捷今苟有釁從之不亦可乎對曰君若綏之以德加之以訓辭而帥諸侯以討鄭鄭將覆亾之不暇豈敢不

懼若總其罪人以臨之鄭有辭矣何懼且夫合諸侯以崇德也會而列姦何以示後嗣夫諸侯之會其德刑禮義無國不記記姦之位君盟替矣作而不記非盛德也君其勿許鄭必受盟夫子華既爲大子而求介於大國以弱其國亦必不免鄭有叔詹堵叔師叔三良爲政未可閒也齊侯辭焉子華由是得罪於鄭冬鄭伯請盟於齊

十一年天王使名武公內史過賜晉侯命受玉惰過歸告王曰晉侯其無後乎王賜之命而惰于受瑞先自棄也已其何繼之有禮國之幹也敬禮之輿也不敬則禮不行禮不行則上下昏何以長世十五年秦伯伐晉獲晉侯以歸

十六年冬十一月乙卯鄭殺子華十二月會於淮謀鄫且東略也城鄫役人病有夜登丘而呼曰齊有亂不果城而還

十九年夏宋公使邾文公用鄫子于次睢之社欲以屬東夷司馬子魚曰古者六畜不相爲用小事不用大牲而況敢用人乎祭祀以爲人也民神之主也用人其誰饗之齊桓公存三亡國以屬諸侯義士猶曰薄德今一會而虐二國之君又用諸淫昏之鬼將以求霸不亦難乎得死爲幸二十一年春宋人爲鹿上之盟以求諸侯於楚楚人許之公子目夷曰小國爭盟禍也宋其亡乎幸而後敗秋諸侯會宋公於盂子魚曰禍其在此乎君欲已甚其何以堪之於是楚執宋公以伐宋冬會於薄以釋之

二十二年十一月丁丑楚子入饗於鄭九獻庭實旅百加籩豆六品饗畢夜出文芊送於軍取鄭二姬以歸叔詹曰楚王其不沒乎爲禮卒於無別無別不可謂禮將何以沒諸侯是以知其不遂霸也二十八年夏四月晉侯宋公齊國歸父崔夭秦小子慭次于城濮楚師敗績

三十三年春秦師過周北門左右免胄而下超乘者三百乘王孫滿尚幼觀之言于王曰秦師輕而無禮必敗輕則寡謀無禮則脫入險而脫又不能謀能無敗乎及滑鄭商人弦高將市于周遇之以乘韋先牛十二犒師曰寡君聞吾子將步師出于敝邑敢犒從者不腆敝邑爲從者之淹居則具一日之積行則備一夕之衛且使遽告於鄭鄭穆公使視客館則束載厲兵秣馬矣使皇武子辭焉曰吾子淹久於敝邑惟是脯資餼牽竭矣爲吾子之將行也鄭之有原圃猶秦之有具囿也吾子取其麋鹿以閒敝邑若何杞子奔齊逢孫揚孫奔宋孟明曰鄭有備矣不可冀也攻之不克圍之不繼吾其還也滅滑而還

國語襄王使名公過及內史過賜晉惠公命呂甥郤芮相晉侯不敬晉侯執玉卑拜不稽首內史過歸以告王曰晉不亡其君必無後且呂郤將不免王曰何故對曰夏書有之曰衆非元后何戴后非衆無與守邦在湯誓曰余一人有辠無以萬夫萬夫有辠在余一人在盤庚曰國之臧則維汝衆國之不臧則維余一人是有逸罰如是則長衆使民不可不愼也民之所急在于大事先王知大事之必以衆濟也故祓除其心以和惠民考中度衷以涖之昭明物則以訓之制義庶孚以行之祓除其心精也考中度衷忠也昭明物則禮也制義庶孚信也然則長衆使民之道非精不和非忠不立非禮不順非信不行今晉侯卽位而背外內之賂虐其處者棄其信也不敬王命棄其禮也施其所惡棄其忠也以惡實心棄其精也四者皆棄則遠不至而近不和矣將何以守國古者先王旣有天下又崇立上帝明神而敬事之于是乎有朝日夕月以教民事君諸侯春秋受職於王以臨其民大夫士日恪位著以儆其官庶人工商各守其業以共其上猶恐有墜失也故爲車服旗章以旌之爲贄幣瑞節以鎭之爲班爵貴賤以別之爲令聞嘉譽以聲之猶有散遷解慢而著在刑辟流在裔土於是乎有裔蠻之國有斧鉞刀墨之民而況可以淫縱其身乎夫晉侯非嗣也而得其位亹亹怵惕保任戒懼猶曰未也若將廣其心而遠其鄰陵其民而卑其上將何以固守夫執玉卑替其贄也拜不稽首誣其王也替贄無鎭誣王無民夫天事恆象任重享大者必速及故晉侯誣王人亦將誣之欲替其鎭人亦將替之大臣享其祿弗諫而阿之亦必及焉襄王三年而立晉侯八年而隕於韓十六年而晉人殺懷公無胄秦人殺子金子公

襄王使大宰文公及內史興賜晉文公命上卿逆於境晉侯郊勞館諸宗廟饋九牢設庭燎及期命於武宮設桑主布几筵大宰涖之晉侯端委以入大宰以王命命冕服內史贊之三命而後卽冕服旣畢賓饗贈餞如公命侯伯之禮而加之以宴好內史興歸以告王曰晉不可不善也其君必霸逆王命敬奉禮義成敬王命順之道也成禮義德之則也則德以道諸侯諸侯必歸之且禮所以觀忠信仁義也忠所以分

也仁所以行也信所以守也義所以節也忠分則均仁行則報信守則固義節則度分均無怨行報無匱守固不偷節度不攜若民不怨而財不匱令不偷而動不攜其何事不濟中能應外忠也施三服義仁也守禮不淫信也行禮不疚義也臣入晉境四者不失臣故曰晉侯其能禮矣王其善之樹於有禮艾人必豐王從之使於晉者道相逮也及惠后之難王出在鄭晉侯納之襄王十六年立晉文公二十一年以諸侯朝於衡雍且獻楚捷遂爲踐土之盟於是乎始霸

左傳文公五年晉陽處父聘於衛反過甯甯嬴從之及溫而還其妻問之嬴曰以剛商書曰沈漸剛克高明柔克夫子一之其不沒乎天爲剛德猶不干時況在人乎且華而不實怨之所聚也犯而聚怨不可以定身余懼不獲其利而離其難是以去之

六年春晉蒐於夷舍二軍使狐射姑將中軍趙盾佐之陽處父至自溫改蒐於董易中軍陽子成季之屬也故黨於趙氏且謂趙盾能曰使能國之利也是以上之宣子於是乎始爲國政賈季怨陽子之易其班而知其無援於晉也九月賈季使續鞫居殺陽處父

九年冬楚子越椒來聘執幣傲叔仲惠伯曰是必滅若敖氏之宗傲其先君神弗福也（按宣四年楚滅若敖氏）

十五年齊侯侵我西鄙謂諸侯不能也遂伐曹入其郛討其來朝也季文子曰齊侯其不免乎己則無禮而討於有禮者曰女何故行禮禮以順天天之道也己則反天而又以討人難以免矣詩曰胡不相畏不畏於天君子之不虐幼賤畏於天也在周頌曰畏天之威于時保之不畏于天將何能保以亂取國奉禮以守猶懼不終多行無禮弗能在矣（按十八年齊人弒懿公）

十七年襄仲如齊拜穀之盟復曰臣聞齊人將食魯之麥以臣觀之將不能齊君之語偷臧文仲有言曰民主偷必死

十八年春齊侯戒師期而有疾醫曰不及秋將死公聞之卜曰尚無及期惠伯令龜卜楚丘占之曰齊侯不及期非疾也君亦不聞令龜有咎二月丁丑公薨齊懿公之爲公子也與邴歜之父爭田弗勝及即位乃掘而刖之而使歜僕納閻職之妻而使職驂乘夏五月公游于申池二人浴于池歜以扑抶職職怒歜曰人奪女妻而不怒一抶女庸何傷職曰與刖其父而弗能病者何如乃謀弒懿公納諸竹中歸舍爵而行齊人立公子元

宣公六年鄭公子曼滿與王子伯廖語欲爲卿伯廖告人曰無德而貪其在周易豐之離弗過之矣間一歲鄭人殺之

欽定古今圖書集成曆象彙編庶徵典

第一百三十七卷目錄

人事異部紀事二

庶徵典第一百三十七卷

人事異部紀事二

國語定王八年使劉康公聘于魯發幣于大夫季文子孟獻子皆儉叔孫宣子東門子家皆侈歸王問魯大夫孰賢對曰季孟其長處魯乎叔孫東門其亡乎若家不亡身必不免王曰何故對曰臣聞之爲臣必臣爲君必君寬肅宣惠君也敬恪恭儉臣也寬所以保本也肅所以濟時也宣所以教施也惠所以和民也本有保則必固時動而濟則無敗功教施而宣則徧惠以和民則阜若本固而功成施徧而民阜乃可以長保民矣其何事不徹敬所以承命也恪所以守業也恭所以給事也儉所以足用也以敬承命則不違以恪守業則不懈以恭給事則寬于死以儉足用則遠于憂若承命不違守業不懈寬于死而遠于憂則可以上下無隙矣其何任不堪上任事而徹下能堪其任所以爲令聞長世也今夫二子者儉則能足用矣用足則族可以庇二子者侈侈則不恤匱匱而不恤憂必及之若是則必廣其身且夫人臣而侈國家弗堪亡之道也王曰幾何對曰東門之位不若叔孫而泰侈焉不可以事二君叔孫之位不若季孟而亦泰侈焉不可以事三君若皆蚤世猶可若登年以載其毒必亡十六年魯宣公卒赴者未及東門氏來告亂子家奔齊簡王十一年魯叔孫宣伯亦奔齊成公未沒二年

左傳宣公十四年冬公孫歸父會齊侯于穀見晏桓子與之言魯樂桓子告高宣子曰子家其亡乎懷於魯矣懷必貪貪必謀人謀人人亦謀己一國謀之何以不亡按十八年歸父奔齊

十五年晉侯使趙同獻狄俘于周不敬劉康公曰不及十年原叔必有大咎天奪之魄矣按成公八年晉殺趙同

宣公十八年公孫歸父以襄仲之立公也有寵欲去三桓以張公室與公謀而聘于晉欲以晉人去之冬公薨季文子言于朝曰使我殺適立庶以失大援者仲也夫臧宣叔怒曰當其時不能治也後之人何罪子欲去之許請去之遂逐東門氏子家還及笙壇帷復命于介既復命袒括髮即位哭三踊而出遂奔齊書曰歸父還自晉善之也

成公元年春晉侯使瑕嘉平戎于王單襄公如晉拜成劉康公徼戎將遂伐之叔服曰背盟而欺大國此必敗背盟不祥欺大國不義神人弗助將何以勝不聽遂伐茅戎三月癸未敗績于徐吾氏

四年夏公如晉晉侯見公不敬季文子曰晉侯必不免詩曰敬之敬之天惟顯思命不易哉夫晉侯之命在諸侯矣可不敬乎按後十年晉侯陷廁而卒

六年春鄭伯如晉拜成子游相授玉于東楹之東士貞伯曰鄭伯其死乎自棄也已視流而行速不安其位宜不能久九年秋鄭伯如晉晉人討其貳於楚也執諸銅鞮

十三年春晉侯使郤錡來乞師將事不敬孟獻子曰郤氏其亡乎禮身之幹也敬身之基也郤子無基且先君之嗣卿也受命以求師將社稷是衞而惰棄君命也不亡何爲按十七年晉殺郤錡

三月公如京師宣伯欲賜請先使王以行人之禮禮焉孟獻子從王以爲介而重賄之公及諸侯朝王遂從劉康公成肅公會晉侯伐秦成子受脤于社不敬劉子曰吾聞之民受天地之中以生所謂命也是以有動作禮義威儀之則以定命也能者養之以福不能者敗以取禍是故君子勤禮小人盡力勤禮莫如致敬盡力莫如敦篤敬在養神篤在守業國之大事在祀與戎祀有執膰戎有受脤神之大節也今成子惰棄其命矣其不反乎夏五月成肅公卒于瑕

國語簡王八年魯成公來朝使叔孫僑如先聘且告見王孫說與之語說言于王曰魯叔孫之來也必有異焉其享覲之幣薄而言諂殆請之也若請之必欲賜也魯執政唯彊故不懽焉而後遣之且其狀方上而銳下宜觸冒人王其勿賜若貪陵之人來而盈其願是不賞善也且財不給故聖人之施舍也議之其喜怒取予也亦議之是以不主寬惠亦不主猛毅主德義而已王曰諾使私問諸魯請之也王遂不賜禮如行人及魯侯至仲孫蔑爲介王孫說與之語說讓說以語王王厚賄之

晉既克楚于鄢使郤至告慶于周未將事王叔簡公

飲之酒交酬好貨皆厚飲酒宴語相說也明日王叔子譽諸朝郤至見召桓公與之語召公以告單襄公曰王叔子譽溫季以爲必相晉國相晉國必大得諸侯勸二三君子必先導焉可以樹今夫子見我以晉國之克也爲已實謀之曰微我晉不戰矣楚有五敗晉不知乘我則彊之背宋之盟一也薄德而以地賂諸侯二也棄壯之良而用幼弱三也建立卿士而不用其言四也夷鄭從之三陳而不整五也罪不由晉晉得其民四軍之帥旅力方剛卒伍治整諸侯與之是有五勝也有辭一也得民二也軍帥彊禦三也行列治整四也諸侯輯睦五也有一勝猶足用也有五勝以伐五敗而避之者非人也不可以不戰欒范不欲我則彊之戰而勝是我力也且夫戰也微謀吾有三伐勇而有禮反之以仁吾三逐楚君之卒勇也見其君必下而趨禮也能獲鄭伯而赦之仁也若是而知晉國之政楚越必朝吾曰子則賢矣抑晉國之舉也不失其次吾懼政之未及子也謂我曰夫何次之有昔先大夫荀伯自下軍之佐以政趙宣子未有軍行而以政今欒伯自下軍往是三子也吾又過於四之無不及若佐新軍而升爲政不亦可乎將必求之是其言也君以爲奚若襄公曰人有言曰兵在其頸其郤至之謂乎君子不自稱也非以讓也惡其蓋人也夫人性陵上者也不可蓋也求蓋人其抑下滋甚故聖人貴讓且諺曰獸惡其網民惡其上書曰民可近也而不可上也詩曰愷悌君子求福不回在禮敵必三讓是則聖人知民之不可加也故王天下者必先誥民然後庇焉則能長利今郤至在七人之下而欲上之是求蓋七人也其亦有七怨怨在小醜猶不可堪而況在侈卿乎其何以待之晉之克也天有惡於楚也故儆之以晉而郤至佻天以爲己力不亦難乎佻天不祥乘人不義不祥則天棄之不義則民畔之且郤至何三伐之有夫仁禮勇皆民之爲也以義死用謂之勇奉義順則謂之禮畜義豐功謂之仁姦仁爲佻姦禮爲羞姦勇爲賊夫戰盡敵爲上守和同順義爲上故制戎以果毅制朝以序成畔戰而擅舍鄭君賊也棄毅行容羞也畔國即讎佻也有三姦以求替其上遠於得政矣以吾觀之兵在其頸不可久也雖吾王叔未能違難在太誓曰民之所欲天必從之王叔欲郤至能弗從乎郤至歸明年死難及伯輿之獄王叔陳生奔晉

柯陵之會單襄公見晉厲公視遠步高晉郤錡見單子其語犯郤犨見其語迂郤至見其語伐齊國佐見其語盡魯成公見言及晉難及郤犨之譖單子曰君何患焉晉將有亂其君與三郤其當之乎魯侯曰寡人懼不免於晉今君曰將有亂敢問天道乎抑人故也對曰吾非瞽史焉知天道吾見晉君之容而聽三郤之語矣殆必禍者也夫君子目以定體足以從之是以觀其容而知其心矣目以處義足以步目今晉侯視遠而足高目不在體而足不步目其心必異矣目體不相從何以能久夫合諸侯國之大事也於是乎觀存亡故國將無咎其君在會步言視聽必皆無謫則可以知德矣視遠曰絕其義足高曰棄其德言爽曰反其信聽淫曰離其名夫目以處義足以踐德口以庇信耳以聽名者也故不可不慎也偏喪有咎既喪則國從之晉侯爽二吾是以云夫郤氏晉之寵人也三卿而五大夫可以戒懼矣高位實疾僨厚味實腊毒今郤伯之語犯叔迂季伐犯則陵人迂則誣人伐則掩人有是寵也而益之以三怨其誰能忍之雖齊國子亦將與焉立于淫亂之國而好盡言以招人過怨之本也唯善人能受盡言齊其有乎吾聞之國德而鄰于不修必受其福今君偪于晉而鄰于齊齊晉有禍可以取伯無德之患何憂于晉且夫長翟之人利而不義其利淫矣流之若何魯侯歸乃逐叔孫僑如簡王十一年諸侯會于柯陵十二年晉殺三郤十三年晉侯殺于翼東門葬以車一乘齊人殺國武子

晉孫談之子周適周事單襄公立無跛視無還聽無聳言無遠言敬必及天言忠必及意言信必及身言仁必及人言義必及利言知必及事言勇必及制言教必及辯言孝必及神言惠必及龢言讓必及敵晉國有憂未嘗不戚有慶未嘗不怡襄公有疾召頃公而告之曰必善晉周將得晉國其行也文能文則得天地天地所胙小而後國夫政文之恭也忠文之實也信文之孚也仁文之愛也義文之制也知文之輿也勇文之帥也教文之施也孝文之本也惠文之慈也讓文之材也象天能敬帥意能忠思身能信愛人能仁利制能義事建能知帥義能勇施辯能教昭神能孝慈和能惠推敵能讓此十一者夫子皆有焉天六地五數之常也經之以天緯之以地經緯不爽文之象也文王質文故天胙之以天下夫子被之矣其昭穆又近可以得國且夫立無跛正也視無還端也

聽無衍成也言無違愼也夫正德之道也端德之信也成德之終也愼德之守也守終純固道正事信明令德矣愼成端正德之相也爲晉休戚不背本也被文相德非國何取成公之歸也吾聞晉之筮之也遇乾之否曰配而不終君三出焉一旣往矣後之不知其次必此且吾聞之成公之生也其母夢神規其臀以墨曰使有晉國三而畀驩之孫故名之曰黑臀于今再矣襄公曰驩此其孫也而令德孝恭非此其誰且其夢曰必驩之孫實有晉國其卦曰必三取君于周其德又可以君國三襲焉吾聞之大誓故曰朕夢協于朕卜襲于休祥戎商必克以三襲也晉仍無道而鮮胄其將失之矣必蚤善晉子其當之也頃公許諾及厲公之亂名周子而立之是爲悼公

左傳成公十四年衛侯有疾使孔成子甯惠子立敬姒之子衎以爲大子冬十月衛定公卒夫人姜氏既哭而息見大子之不哀也不內酌飲歎曰是夫也將不惟衛國之敗其必始於未亡人嗚呼天禍衛國也夫吾不獲鱄也使主社稷大夫聞之無不聳懼孫文子自是不敢舍其重器於衛盡寘諸戚而甚善晉大夫

衛侯饗苦成叔甯惠子相苦成叔傲甯子曰苦成家其亡乎古之爲享食也以觀威儀省禍福也故詩曰兕觵其觩旨酒思柔彼交匪傲萬福來求今夫子傲取禍之道也按十七年郤氏亡

十五年晉三郤害伯宗譖而殺之及欒弗忌伯州犂奔楚韓獻子曰郤氏其不免乎善人天地之紀也而驟絕之不亡何待初伯宗每朝其妻必戒之曰盜憎主人民惡其上子好直言必及於難按十七年晉殺三郤

楚將北師子囊曰新與晉盟而背之無乃不可乎子反曰敵利則進何盟之有申叔時老矣在申聞之曰子反必不免信以守禮禮以庇身信禮之亡欲免得乎

十六年晉侯使郤至獻楚捷於周與單襄公語驟稱其伐單子語諸大夫曰溫季其亡乎位於七人之下而求掩其上怨之所聚亂之本也多怨而階亂何以在位夏書曰怨豈在明不見是圖將愼其細也今而明之其可乎

十七年晉厲公侈多外嬖反自鄢陵欲盡去群大夫而立其左右胥童以胥克之廢也怨郤氏而嬖於厲公郤錡奪夷羊五田五亦嬖於厲公郤犨與長魚矯爭田執而梏之與其父母妻子同一轅既矯亦嬖於厲公欒書怨郤至以其不從己而敗楚師也欲廢之使楚公子茷告公曰此戰也郤至實召寡君以東師之未至也與軍帥之不具也曰此必敗吾因奉孫周以事君公告欒書書曰其有焉不然豈其死之不恤而受敵使乎君盍嘗使諸周而察之郤至聘於周欒書使孫周見之公使覘之信遂怨郤至厲公田與婦人先殺而飲酒後使大夫殺郤至奉豕寺人張孟奪之郤至射而殺之公曰季子欺余厲公將作難胥童曰必先三郤族大多怨去大族不偪敵多怨有庸公曰然郤氏聞之郤錡欲攻公曰雖死君必危郤至曰人所以立信知勇也信不叛君知不害民勇不作亂失茲三者其誰與我死而多怨將安用之君實有臣而殺之其謂君何我之有罪吾死後矣若殺不辜將失其民欲安得乎待命而已受君之祿是以聚黨有黨而爭命罪孰大焉壬午胥童夷羊五帥甲八百將攻郤氏長魚矯請無用衆公使清沸魋助之抽戈結衽而僞訟者三郤將謀於榭矯以戈殺駒伯苦成叔於其位溫季曰逃威也遂趨矯及諸其車以戈殺之皆尸諸朝

國語晉羊舌肸聘於周發幣於大夫及單靖公靖公享之儉而敬賓禮贈餞視其上而從之燕無私送不過郊語說昊天有成命單之老送叔向叔向告之曰異哉吾聞之曰一姓不再興今周其興乎其有單子也昔史佚有言曰動莫若敬居莫若儉德莫若讓事莫若咨單子之貺我禮也皆有焉夫宮室不崇器無彫鏤儉也身聳除潔外內齊給敬也宴好享賜不踰其上讓也賓之禮事放上而動咨也如是而加之以無私重之以不殺能辟怨矣居儉動敬德讓事咨而能辟怨以爲卿佐其有不興乎且其語說昊天有成命頌之盛德也其詩曰昊天有成命二后受之成王不敢康夙夜基命宥密緝熙亶厥心肆其靖之是道成王之德也成王能明文昭能定武烈者也夫道成命者而稱昊天翼其上也二后受之讓於德也成王不敢康敬百姓也夙夜恭也基始也命信也宥寬也密寧也緝明也熙廣也亶厚也肆固也靖龢也其始也翼上德讓而敬百姓其中也恭儉信寬帥歸於寧其終也廣厚其心以固龢之始於德讓中於信寬終於固龢故曰成單子儉敬讓咨以應成德單若不興子孫必蕃後世不忘詩曰其類維何室家之壼君子萬年永錫祚引類也者不忝前哲之謂也壼也者廣

裕民人之謂也萬年也者令聞不忘之謂也祚引也者子孫蕃育之謂也單子朝夕不忘成王之德可謂不忝前哲矣膺保明德以佐王室可謂廣裕民人矣若能類善物以混厚民人者必有章譽蕃育之祚則單子必當之矣單若有闕必茲君之子孫實續之不出於它矣

左傳襄公七年衞孫文子來聘且拜武子之言而尋孫桓子之盟公登亦登叔孫穆子相趨進曰諸侯之會寡君未嘗後衞君今吾子不後寡君寡君未知所過吾子其少安孫子無辭亦無悛容穆叔曰孫子必亾爲臣而君過而不悛亾之本也詩曰退食自公委蛇委蛇謂從者也衡而委蛇必折十四年衞獻公出奔齊孫氏追之敗公徒於阿澤

十年春會於柤會吳子壽夢也三月癸丑齊高厚相大子光以先會諸侯於鍾離不敬士莊子曰高子相大子以會諸侯將社稷是衞而皆不敬棄社稷也其將不免乎十九年秋八月齊崔杼殺高厚於灑藍而兼其室二十五年齊崔杼弒其君

秋七月楚子囊鄭子耳伐我西鄙還圍蕭八月丙寅克之九月子耳侵宋北鄙孟獻子曰鄭其有災乎師競已甚周猶不堪競況鄭乎有災其執政之三士乎莒人閒諸侯之有事也故伐我東鄙諸侯伐鄭齊崔杼使大子光先至於師故長於滕己酉師於牛首初子駟與尉止有爭將禦諸侯之師而黜其車尉止獲又與之爭子駟抑尉止曰爾車非禮也遂弗使獻初子駟爲田洫司氏堵氏侯氏子師氏皆喪田焉故五族聚羣不逞之人因公子之徒以作亂於是子駟當國子國爲司馬子耳爲司空子孔爲司徒冬十月戊辰尉止司臣侯晉堵女父子師僕帥賊以入晨攻執政於西宮之朝殺子駟子國子耳刼鄭伯以如北宮子孔知之故不死

十九年衞石共子卒悼子不哀孔成子曰是謂蹶其本必不有其宗（按二十五年石惡出奔）

二十一年會於商任齊侯衞侯不敬叔向曰二君者必不免會朝禮之經也禮政之輿也政身之守也怠禮失政失政不立是以亂也（按二十五年齊弒光二十六年衞弒剽）

二十二年秋欒盈自楚適齊晏平仲言於齊侯曰商任之會受命於晉今納欒氏將安用之小所以事大信也失信不立君其圖之弗聽退告陳文子曰君人執信臣人執共忠信篤敬上下同之天之道也君自棄也弗能久矣（按二十五年崔杼弒其君光）

二十四年晉侯嬖程鄭使佐下軍鄭行人公孫揮如晉聘程鄭問焉曰敢問降階何由子羽不能對歸以語然明然明曰是將死矣不然將亾貴而知懼懼而思降乃得其階下人而已又何問焉且夫既登而求降階者知人也不在程鄭其有亾釁乎不然其有惑疾將死而憂也（按明年程鄭卒）

二十九年齊高子容與宋司徒見知伯女齊相禮賓出司馬侯言於知伯曰二子皆將不免子容專司徒侈皆亾家之主也知伯曰何如對曰專則速及侈將以其力斃專則人實斃之將及矣秋九月齊公孫蠆公孫竈放其大夫高止於北燕昭公二十年冬十月宋華定出奔陳（按左傳前載華向奔陳而不言定茲補引經文以驗司馬侯之占）

三十年六月鄭子產如陳涖盟歸復命告大夫曰陳亾國也不可與也聚禾粟繕城郭恃此二者而不撫其民其君弱植公子侈大子卑大夫敖政多門以介於大國能無亾乎不過十年矣（按昭公八年楚滅陳）

三十一年春王正月穆叔至自會見孟孝伯語之曰趙孟將死矣其語偷不似民主且年未盈五十而諄諄焉如八九十者弗能久矣若趙孟死爲政者其韓子乎吾子盍與季孫言之可以樹善君子也晉君將失政矣若不樹焉使早備魯既而政在大夫韓子懦弱大夫多貪求欲無厭齊楚未足與也魯其懼哉孝伯曰人生幾何誰能無偷朝不及夕將安用樹穆叔出而告人曰孟孫將死矣吾語諸趙孟之偷也而又甚焉又與季孫語晉故季孫不從及趙文子卒晉公室卑政在侈家韓宣子爲政不能圖諸侯魯不堪晉求讒慝弘多是以有平丘之會

公作楚宮穆叔曰大誓云民之所欲天必從之君欲楚也夫故作其宮若不復適楚必死是宮也六月辛巳公薨於楚宮秋九月己亥孟孝伯卒立敬歸之娣齊歸之子公子裯穆叔不欲曰大子死有母弟則立之無則立長年鈞擇賢義鈞則卜古之道也非嫡嗣何必娣之子且是人也居喪而不哀在慼而有嘉容是謂不度不度之人鮮不爲患若果立之必爲季氏憂武子不聽卒立之比及葬三易衰衰衽如故衰於是昭公十九年矣猶有童心君子是以知其不能終也昭公二十五年公伐季氏孫于齊

冬十月滕成公來會葬惰而多涕子服惠伯曰滕君將死矣怠於其位而哀已甚兆於死所矣能無從乎（按昭公三年春王正月丁未滕子原卒）

衛侯在楚北宮文子見令尹圍之威儀言於衛侯曰令尹似君矣將有他志雖獲其志不能終也詩云靡不有初鮮克有終終之實難令尹其將不免公曰子何以知之對曰詩云敬慎威儀惟民之則令尹無威儀民無則焉民所不則以在民上不可以終公曰善哉何謂威儀對曰有威而可畏謂之威有儀而可象謂之儀君有君之威儀其臣畏而愛之則而象之故能有其國家令聞長世臣有臣之威儀其下畏而愛之故能守其官職保族宜家順是以下皆如是是以上下能相固也衛詩曰威儀棣棣不可選也言君臣上下父子兄弟內外大小皆有威儀也周詩曰朋友攸攝攝以威儀言朋友之道必相教訓以威儀也周書數文王之德曰大國畏其力小國懷其德言畏而愛之也詩云不識不知順帝之則言則而象之也紂囚文王七年諸侯皆從之囚紂於是乎懼而歸之可謂愛之文王伐崇再駕而降爲臣蠻夷帥服可謂畏之文王之功天下誦而歌舞之可謂則之文王之行至今爲法可謂象之有威儀也故君子在位可畏施舍可愛進退可度周旋可則容止可觀作事可法德行可象聲氣可樂動作有文言語有章以臨其下謂之有威儀也昭公元年十一月公子圍入問王疾縊而弒之靈王即位十三年五月癸亥王縊於芋尹申亥氏

昭公元年正月會於虢三月甲辰盟楚公子圍設服離衛叔孫穆子曰楚公子美矣君哉鄭子皮曰二執戈者前矣蔡子家曰蒲宮有前不亦可乎楚伯州犁曰此行也辭而假之寡君鄭行人揮曰假不反矣伯州犁曰子姑憂子晳之欲背誕也子羽曰當璧猶在假而不反子其無憂乎齊國子曰吾代二子愍矣陳公子招曰不憂何成二子樂矣衛齊子曰苟或知之雖憂何害宋合左師曰大國令小國共吾知共而已晉樂王鮒曰小旻之卒章善矣吾從之退會子羽謂子皮曰叔孫絞而婉宋左師簡而禮樂王鮒字而敬子與子家持之皆保世之主也齊衛陳大夫其不免乎國子代人憂子招樂憂齊子雖憂弗害夫弗及而憂與可憂而樂與憂而弗害皆取憂之道也憂必及之大誓曰民之所欲天必從之三大夫兆憂憂能無至乎言以知物其是之謂矣按八年陳招殺太子國弱齊惡當身各無患

天王使劉定公勞趙孟於潁館於雒汭劉子曰美哉禹功明德遠矣微禹吾其魚乎吾與子弁冕端委以治民臨諸侯禹之力也子盍亦遠績禹功而大庇民乎對曰老夫罪戾是懼焉能恤遠吾儕偷食朝不謀夕何其長也劉子歸以語王曰諺所謂老將知而耄及之者其趙孟之謂乎爲晉正卿以主諸侯而儕於隸人朝不謀夕棄神人矣神怒民叛何以能久趙孟不復年矣神怒不歆其祀民叛不即其事祀事不從又何以年

秦后子有寵於桓如二君於景其母曰弗去懼選癸卯鍼適晉其車千乘書曰秦伯之弟鍼出奔晉罪秦伯也后子享晉侯造舟於河十里舍車自雍及絳歸取酬幣終事八反司馬侯問焉曰子之車盡於此而已乎對曰此之謂多矣若能少此吾何以得見女叔齊以告公且曰秦公子必歸臣聞君子能知其過必有令圖令圖天所贊也后子見趙孟趙孟曰吾子其曷歸對曰鍼懼選於寡君是以在此將待嗣君趙孟曰秦君何如對曰無道趙孟曰亡乎對曰何爲一世無道國未艾也國於天地有與立焉不數世淫弗能斃也趙孟曰天乎對曰有焉趙孟曰其幾何對曰鍼聞之國無道而年穀和熟天贊之也鮮不五稔趙孟視蔭曰朝夕不相及誰能待五后子出而告人曰趙孟將死矣主民翫歲而愒日其與幾何十二月趙孟適南陽將會孟子餘庚戌卒

令尹享趙孟賦大明之首章趙孟賦小宛之二章事畢趙孟謂叔向曰令尹自以爲王矣何如對曰王弱令尹彊其可哉雖可不終趙孟曰何故對曰彊以克弱而安之彊不義也不義而彊其斃必速詩曰赫赫宗周褒姒滅之彊不義也令尹爲王必求諸侯晉少懦矣諸侯將往若獲諸侯其虐滋甚民弗堪也將何以終夫以彊取不義而克必以爲道道以淫虐弗可久已矣按十三年楚弒靈王

四年夏諸侯如楚楚子示諸侯侈椒舉曰夫六王二公之事皆所以示諸侯禮也諸侯所由用命也夏桀爲仍之會有緡叛之商紂爲黎之蒐東夷叛之周幽爲大室之盟戎狄叛之皆所以示諸侯汰也諸侯所由棄命也今君以汰無乃不濟乎王弗聽子產見左師曰吾不患楚矣汰而愎諫不過十年左師曰然不十年侈其惡不遠遠惡而後棄善亦如之德遠而後興按十三年楚王縊死

五年晉韓宣子如楚送女叔向爲介鄭子皮子大叔勞諸索氏大叔謂叔向曰楚王汰侈已甚子其戒之

叔向曰汏侈已甚身之災也焉能及人按十三年楚王縊死

十一年景王問於萇弘曰今茲諸侯何實吉何實凶對曰蔡凶此蔡侯般弒其君之歲也歲在豕韋弗過此矣楚將有之然壅也歲及大梁蔡復楚凶天之道也楚子在申名蔡靈侯靈侯將往蔡大夫曰王貪而無信唯蔡是憾今幣重而言甘誘我也不如無往蔡侯不可三月丙申楚子伏甲而饗蔡侯於申醉而執之夏四月丁巳殺之刑其士七十人公子棄疾帥師圍蔡韓宣子問於叔向曰楚其克乎對曰克哉蔡侯獲罪於其君而不能其民天將假手於楚以斃之何故不克然肸聞之不信以幸不可討也楚王奉孫吳以討於陳曰將定而國陳人聽命而遂縣之今又誘蔡而殺其君以圍其國雖幸而克必受其咎弗能久矣桀克有緡以喪其國紂克東夷而隕其身楚小位下而亟暴於二王能無咎乎天之假助不善非祚之也厚其凶惡而降之罰也且譬之如天其有五材而將用之力盡而敝之是以無拯不可沒振

單子會韓宣子於戚視下言徐叔向曰單子其將死乎朝有著定會有表衣有襘帶有結會朝之言必聞於表著之位所以昭事序也視不過結襘之中所以道容貌也言以命之容貌以明之失則有闕今單子爲王官伯而命事於會視不登帶言不過步貌不道容而言不昭矣不道不共不昭不從無守氣矣十二月單成公卒

九月葬齊歸公不感晉士之送葬者歸以語史趙史趙曰必爲魯郊侍者曰何故曰歸姓也不思親祖不歸也叔向曰魯公室其卑乎君有大喪國不廢蒐有三年之喪而無一日之慼國不恤喪不忌君也君無慼容不顧親也國不忌君君不顧親能無卑乎殆其失國二十五年公孫於齊次於陽州

冬十一月楚子滅蔡用隱大子於岡山申無宇曰不祥五牲不相爲用況用諸侯乎王必悔之

十二年夏宋華定來聘通嗣君也享之爲賦蓼蕭弗知又不答賦昭子曰必亡宴語之不懷寵光之不宣令德之不知同福之不受將何以在二十年冬十月華定出奔陳

十五年晉荀躒如周葬穆后籍談爲介既葬除喪以文伯宴樽以魯壺王曰伯氏諸侯皆有以鎭撫王室晉獨無有何也文伯揖籍談對曰諸侯之封也皆受明器於王室以鎭撫其社稷故能薦彝器於王晉居深山戎狄之與鄰而遠於王室王靈不及拜戎不暇其何以獻器王曰叔氏而忘諸乎叔父唐叔成王之母弟也其反無分乎密須之鼓與其大路文所以大蒐也闕鞏之甲武所以克商也唐叔受之以處參虛匡有戎狄其後襄之二路鏚鉞秬鬯彤弓虎賁文公受之以有南陽之田撫征東夏非分而何夫有勳而不廢有績而載奉之以土田撫之以彝器旌之以車服明之以文章子孫不忘所謂福也福祚之不登叔父焉在且昔而高祖孫伯黶司晉之典籍以爲大政故曰籍氏及辛有之二子董之晉於是乎有董史女司典之後也何故忘之籍談不能對賓出王曰籍父其無後乎數典而忘其祖籍談歸以告叔向叔向曰王其不終乎吾聞之所樂必卒焉今王樂憂若卒以憂不可謂終王一歲而有三年之喪二焉於是乎以喪賓宴又求彝器樂憂甚矣且非禮也彝器之來嘉功之由非由喪也三年之喪雖貴遂服禮也王雖弗遂宴樂以早亦非禮也禮王之大經也一動而失二禮無大經矣言以考典典以志經忘經而多言舉典將焉用之二十二年夏四月王崩於榮錡氏

十八年春王二月乙卯周毛得殺毛伯過而代之萇弘曰毛得必亡是昆吾稔之日也侈故之以而毛得以濟侈於王都不亡何待二十六年毛伯奔楚

新書禮容語下篇晉叔向聘於周發幣大夫及單靖公靖公享之儉而敬賓禮贈賄同是禮而從享燕無私送不過郊語說昊天有成命既而叔向告人曰吾聞之曰一姓不再興今周有單子以爲臣周其復興乎昔史佚有言曰動莫若敬居莫若儉德莫若讓事莫若咨今單子皆有焉夫宮室不崇器無雕鏤儉也身恭除潔外內肅給敬也燕好享賜雖歡不踰等讓也賓之禮事稱上而差咨也若是而加之以無私重之以不侈能辟怨矣居儉動敬德讓事咨而能辟怨以爲卿佐其有不興乎夫天有成命頌之盛德也其詩曰昊天有成命二后受之成王不敢康夙夜基命宥謐謐者寧也億也命者制令也基者經也勢也夙早也康安也后王二后文王武王成王者武王之子文王之孫也文王有大德而功未就武王有大功而治未成及成王承嗣仁以臨民故稱昊天焉不敢怠安早興夜寐以繼文王之業布文陳紀經制度設犧牲使四海之內懿然葆德各遵其道故曰有成承順武王之功奉揚武王之德九州之民四荒之國謌謠文武之烈累九譯而請朝致貢職以供祀故曰二后

受之方是時也天地調和人民順億鬼不厲祟民不謗怨故日有謚成王質仁聖哲能明其先能承其親不敢惰懈以安天下以敬民人今單子美說其志也以佐周室吾故曰周其復興乎故周平王既崩以後周室稍稍衰弱不墜當單子之佐政也天子加尊周室加興

左傳昭公十八年秋葬曹平公往者見周原伯魯焉與之語不說學歸以語閔子馬閔子馬曰周其亂乎夫必多有是說而後及其大人大人患失而惑又曰可以無學無學不害不害而不學則苟而可於是乎下陵上替能無亂乎夫學殖也不學將落原氏其亡乎

二十一年春天王將鑄無射泠州鳩曰王其以心疾死乎夫樂天子之職也夫音樂之輿也而鐘音之器也天子省風以作樂器以鐘之輿以行之小者不窕大者不槬則和於物物和則嘉成故和聲入於耳而藏於心心億則樂窕則不咸槬則不容心是以感感實生疾今鐘槬矣王心弗堪其能久乎 按明年天王崩

三月葬蔡平公蔡太子朱失位位在卑大夫送葬者歸見昭子昭子問蔡故以告昭子歎曰蔡其亡乎若不亡是君也必不終詩曰不解於位民之攸塈今蔡侯始即位而適卑身將從之冬蔡侯朱出奔

秋七月壬午朔日有食之公問於梓慎曰是何物也禍福何為對曰二至二分日有食之不為災日月之行也分同道也至相過也其他月則為災陽不克也故常為水於是叔輒哭日食昭子曰子叔將死非所哭也八月叔輒卒

二十五年春叔孫婼聘於宋桐門右師見之語卑宋大夫而賤司城氏昭子告其人曰右師其亡乎君子貴其身而後能及人是以有禮今夫子卑其大夫而賤其宗是賤其身也能有禮乎無禮必亡宋公享昭子賦新宮昭子賦車轄明日宴飲酒樂宋公使昭子右坐語相泣也樂祁佐退而告人曰今茲君與叔孫其皆死乎吾聞之哀樂而樂哀皆喪心也心之精爽是謂魂魄魂魄去之何以能久冬十月昭子卒十一月宋公卒於曲棘定公十年宋樂大心出奔曹

新書禮容語下篇魯叔孫昭聘於宋宋元公與之燕飲酒樂昭子右坐歌終而語因相泣也樂祁曰過哉君非哀所也已而告人曰今茲君與叔孫其皆死乎吾聞之哀樂而樂哀皆喪心也心之精爽是謂魂魄魂魄已失何以能久且吾聞之主民者不可以媮媮必死今君與叔孫其語皆媮死日不遠矣居六月宋元公薨間一月叔孫婼卒

左傳昭公二十五年楚子使薳射城州屈復茄人焉城丘皇遷訾人焉使熊相禖郭巢季然郭卷子太叔聞之曰楚王將死矣使民不安其土民必憂憂將及王弗能久矣二十六年九月楚平王卒

夏會於黃父謀王室也趙簡子令諸侯之大夫輸王粟具戍人宋樂大心曰我不輸粟我於周為客若之何使客晉士伯曰自踐土以來宋何役之不會而何盟之不同曰同恤王室子焉得避之子奉君命以會大事而宋背盟無乃不可乎右師不敢對受牒而退士伯告簡子曰宋右師必亡奉君命以使而欲背盟以干盟主無不祥大焉 按定公十年宋樂大心出奔

昭公二十九年三月己卯京師殺召伯盈尹氏固及原伯魯之子尹固之復也有婦人遇之周郊尤之曰處則勸人為禍行則數日而反是夫也其過三歲乎

冬晉趙鞅荀寅帥師城汝濱遂賦晉國一鼓鐵以鑄刑鼎著范宣子所為刑書焉仲尼曰晉其亡乎失其度矣夫晉國將守唐叔之所受法度以經緯其民卿大夫以序守之民是以能尊其貴貴是以能守其業貴賤不愆所謂度也文公是以作執秩之官為被廬之法以為盟主今棄是度也而為刑鼎民在鼎矣何以尊貴貴何業之守貴賤無序何以為國且夫宣子之刑夷之蒐也晉國之亂制也若之何以為法蔡史墨曰范氏中行氏其亡乎中行寅為下卿而干上令擅作刑器以為國法是法姦也又加范氏焉易之亡也其及趙氏趙孟與焉然不得已若德可以免

三十二年冬十一月晉魏舒韓不信如京師合諸侯之大夫於狄泉尋盟且令城成周魏子南面魏彪傒曰魏子必有大咎干位以令大事非其任也詩曰敬天之怒不敢戲豫敬天之渝不敢馳驅況敢干位以作大事乎

國語敬王十年劉文公與萇弘欲城成周為之告晉魏獻子為政說萇弘而與之將合諸侯魏彪傒適周聞之見單穆公曰萇劉其不沒乎周詩有之曰天之所支不可壞也其所壞亦不可支也昔武王克殷而作此詩也以為飫歌名之曰支以遺後之人使永監焉夫禮之立成者為飫昭明大節而已少曲與焉是以為之日惕其欲教民戒也然則夫支之所道者必盡知天地之為也不然不足以遺後之人今萇劉欲

支天之所壞不亦難乎自幽王而奪天之明使迷亂棄德而即慆淫以亾其百姓其壞之也久矣而又將補之殆不可矣水火之所犯猶不可救而況天乎諺曰從善如登從惡如崩昔孔甲亂夏四世而殞元王勤商十有四世而興帝甲亂之七世而殞后稷勤周十有五世而興幽王亂之十有四世守府之謂多胡可興也夫周高山廣川大藪也故能生之良材而幽王蕩以爲魁陵糞土溝瀆其有悛乎單子曰其咎孰多曰萇弘必速及夫將以道補者也夫天道道可而省不萇弘反是以誑劉子必有三殃違天一也反道二也誑人三也周若無咎萇叔必爲戮雖晉魏子亦將及焉若得天福其當身乎若劉氏則必子孫實有禍夫子而棄常法以從其私欲用巧變以崇大災勤百姓以爲己名其殃大矣是歲也魏獻子合諸侯之大夫於翟泉遂田於大陸焚而死及范中行之難萇弘與之晉人以爲討二十八年殺萇弘及定王劉氏亾

夏父弗忌爲宗烝將躋僖公宗有司曰非昭穆也曰我爲宗伯明者爲昭其次爲穆何常之有有司曰夫宗廟之有昭穆也以次世之長幼而等胄之親疏也夫祀昭孝也各致齊敬于其皇祖昭孝之至也故工史書世宗祝書昭穆猶恐其踰也今將先明而後祖自元王以及主癸莫若湯自稷以及王季莫若文武商周之烝也未嘗躋湯與文武爲踰也魯未若商周而改其常無乃不可乎弗聽遂躋之展禽曰夏父弗忌必有殃夫宗有司之言順矣僖又未有明焉犯順不祥以逆訓民亦不祥易神之班亦不祥不明而躋之亦不祥犯鬼道二犯人道二能無殃乎侍者曰若有殃焉在抑刑戮也其夭札也曰未可知也若血氣強固將壽寵得沒雖壽而沒不爲無殃既其葬也焚煙徹于上

子叔聲伯如晉謝季文子郤犨欲與之邑弗受也歸鮑國謂之曰子何辭苦成叔之邑欲信讓耶抑知其不可乎對曰吾聞之不厚其棟不能任重重莫如國棟莫如德夫苦成叔家欲任兩國而無大德其不存也亾無日矣譬之如疾余恐易焉苦成氏有三亾少德而多寵位下而欲上政無大功而欲大祿皆怨府也其君驕而多私勝敵而歸必立新家立新家不因民不能去舊因民非多怨民無所始爲怨三府可謂多矣身之不能定焉能予人邑鮑國曰我信不若子若鮑氏有釁吾不圖矣今子圖遠以讓邑必常立矣

楚公子圍殺大司馬蒍掩而取其室申無宇曰王子必不免善人國之主也王子相楚國將善是封殖而虐之是禍國也且司馬令尹之偏而王之四體也絕民之主去身之偏艾王之體以禍其國無不祥大焉何以得免

說苑辨物篇王子建出守於城父與成公乾遇於疇中問曰是何也成公乾曰疇也疇也者何也曰所以爲麻也麻也者何也曰所以爲衣也成公乾曰昔者莊王伐陳舍於有蕭氏謂路室之人曰巷其不善乎何溝之不浚也莊王猶知巷之不善溝之不浚今吾子不知疇之爲麻麻之爲衣吾子其不主社稷乎王子果不立

左傳定公元年孟懿子會城成周庚寅栽宋仲幾不受功曰滕薛郳吾役也薛宰曰宋爲無道絕我小國於周以我適楚故我常從宋晉文公爲踐土之盟曰凡我同盟各復舊職若從踐土若從宋亦唯命仲幾曰踐土固然薛宰曰薛之皇祖奚仲居薛以爲夏車正奚仲遷於邳仲虺居薛以爲湯左相若復舊職將承王官何故以役諸侯仲幾曰三代各異物薛焉得有舊爲宋役亦其職也士彌牟曰晉之從政者新子姑受功歸吾視諸故府仲幾曰縱子忘之山川鬼神其忘諸乎士伯怒謂韓簡子曰薛徵于人宋徵于鬼宋罪大矣且已無辭而抑我以神誣我也啓寵納侮其此之謂矣必以仲幾爲戮乃執仲幾以歸三月歸諸京師城三旬而畢乃歸諸侯之戍齊高張後不從諸侯晉女叔寬曰周萇弘齊高張皆將不免萇弘違天高子違人天之所壞不可支也衆之所爲不可奸也萇哀三年周人殺萇弘六年高張來奔

十五年春邾隱公來朝子貢觀焉邾子執玉高其容仰公受玉卑其容俯子貢曰以禮觀之二君者皆有死亾焉夫禮死生存亾之體也將左右周旋進退俯仰於是乎取之朝祀喪戎於是乎觀之今正月相朝而皆不度心已亾矣嘉事不體何以能久高仰驕也卑俯替也驕近亂替近疾君爲主其先亾乎夏五月壬申公薨仲尼曰賜不幸言而中是使賜多言者也

哀公七年秋伐邾以邾子益來

哀公十六年夏四月己丑孔丘卒公誄之曰旻天不弔不憖遺一老俾屏余一人以在位煢煢余在疚嗚呼哀哉尼父無自律子贛曰君其不沒於魯乎夫子之言曰禮失則昏名失則愆失志爲昏失所爲愆生

不能用死而誅之非禮也稱一人非名也君兩失之

孔子家語好生篇魯公索氏將祭而亾其牲孔子聞之曰公索氏不及二年將亾後一年而亾門人問曰昔公索氏亾其祭牲而夫子曰不及二年必亾今過期而亾夫子何以知其然孔子曰夫祭者孝子所以自盡于其親將祭而亾其牲則其餘所亾者多矣若此而不亾者未之有也

新序雜事篇莊辛諫楚襄王曰君王左州侯右夏侯從新安君與壽陵君同軒淫衍侈靡而忘國政郢其危矣王曰先生老悖歟妄爲楚國妖歟莊辛對曰臣非敢爲楚妖誠見之也君王卒近此四子者則楚必亾矣辛請留於趙以觀之於是不出十月王果亾巫山江漢鄢郢之地於是王乃使名莊辛至於趙辛至王曰嘻先生來耶寡人以不用先生言至於此爲之奈何莊辛曰君王用辛言則可不用辛言將甚乎此庶人有稱曰亾羊而固牢未爲遲見兔而呼狗未爲晚湯武以百里王桀紂以天下亾今楚雖小絕長繼短以千里數豈特百里哉

史記商君傳商君相秦十年宗室貴戚多怨望者趙良見商君商君曰鞅之得見也從孟蘭皋今鞅請得交可乎趙良曰僕弗敢願也孔丘有言曰推賢而戴者進聚不肖而王者退僕不肖故不敢受命僕聞之曰非其位而居之曰貪位非其名而有之曰貪名僕聽君之義則恐僕貪位貪名也故不敢聞命商君曰子不說吾治秦歟趙良曰反聽之謂聰內視之謂明自勝之謂彊虞舜有言曰自卑也尚矣君不若道虞舜之道無爲問僕矣商君曰始秦戎翟之教父子無別同室而居今我更制其教而爲其男女之別大築冀闕營如魯衛矣子觀我治秦也孰與五羖大夫賢趙良曰千羊之皮不如一狐之腋千人之諾諾不如一士之諤諤武王諤諤以昌殷紂墨墨以亾君若不非武王乎則僕請終日正言而無誅可乎商君曰語有之矣貌言華也至言實也苦言藥也甘言疾也夫子果肯終日正言鞅之藥也鞅將事子子又何辭焉趙良曰夫五羖大夫荊之鄙人也聞秦繆公之賢而願望見行而無資自粥於秦客被褐食牛期年繆公知之舉之牛口之下而加之百姓之上秦國莫敢望焉相秦六七年而東伐鄭三置晉國之君一救荊國之禍發教封內而巴人致貢施德諸侯而八戎來服由余聞之款關請見五羖大夫之相秦也勞不坐乘暑不張蓋行於國中不從車乘不操干戈功名藏於府庫德行施於後世五羖大夫死秦國男女流涕童子不歌謠舂者不相杵此五羖大夫之德也今君之見秦王也因嬖人景監以爲主非所以爲名也相秦不以百姓爲事而大築冀闕非所以爲功也刑黥太子之師傅殘傷民以駿刑是積怨畜禍也教之化民也深於命民之效上也捷於令今君又左建外易非所以爲教也君又南面而稱寡人日繩秦之貴公子詩曰相鼠有體人而無禮人而無禮何不遄死以詩觀之非所以爲壽也公子虔杜門不出已八年矣君又殺祝懽而黥公孫賈詩曰得人者興失人者崩此數事者非所以得人也君之出也後車十數從車載甲多力而駢脅者爲驂乘持矛而操闟戟者旁車而趨此一物不具君固不出書曰恃德者昌恃力者亾君之危若朝露尚將欲延年益壽乎則何不歸十五都灌園於鄙勸秦王顯巖穴之士養老存孤敬父兄序有功尊有德可以少安君尚將貪商於之富寵秦國之教畜百姓之怨秦王一旦捐賓客而不立朝秦國之所以收君者豈其微哉亾可翹足而待商君弗從後五月而秦孝公卒太子立公子虔之徒告商君欲反發吏捕商君商君亾至關下欲舍客舍客人不知其是商君也曰商君之法舍人無驗者坐之商君喟然嘆曰嗟乎爲法之敝一至此哉去之魏魏人怨其欺公子卬而破魏師弗受商君欲之他國魏人曰商君秦之賊秦彊而賊入魏弗歸不可遂內秦商君既復入秦走商邑與其徒屬發邑兵北擊鄭秦發兵攻商君殺之於鄭黽池秦惠王車裂商君以徇曰莫如商鞅者遂滅商君之家

說苑反質篇秦始皇既兼天下大侈靡即位三十五年猶不息治大馳道從九原抵雲陽塹山堙谷直通之厭先王宮室之小乃於豐鎬之間文武之處營作朝宮渭南山林苑中作前殿阿房東西五百步南北五十丈上可以坐萬人下可建五丈旗周爲閣道自殿直抵南山之嶺以爲闕爲複道自阿房渡渭水屬咸陽以象天極閣道絕漢抵營室也又興驪山之役錮三泉之底關中離宮三百所關外四百所皆有鐘磬帷帳婦女倡優立石闕東海上朐山界中以爲秦東門於是有方士韓客侯生齊客盧生相與謀曰當今時不可以居上樂以刑殺爲威天下畏罪持祿莫敢盡忠上不聞過而日驕下懾伏以慢欺而取容諫者不用而失道滋甚吾黨久居且爲所害乃相與忘

志始皇聞之大怒曰吾異日厚盧生尊爵而事之今乃誹謗我吾聞諸生多爲妖言以亂黔首乃使御史悉上諸生諸生傳相告犯法者四百六十餘人皆坑之盧生不得而侯生後得始皇聞之召而見之升阿東之臺臨四通之街將數而車裂之始皇望見侯生大怒曰老虜不良誹謗而主迺敢復見我侯生至仰臺而言曰臣聞知死必勇陛下肯聽臣一言乎始皇曰若欲何言言之侯生曰臣聞禹立誹謗之木欲以知過也今陛下奢侈失本淫泆趨末宮室臺閣連屬增累珠玉重寶積襲成山錦繡文綵滿府有餘婦女倡優數巨萬人鐘鼓之樂流漫無窮酒食珍味盤錯於前衣服輕暖輿馬文飾所以自奉麗靡爛漫不可勝極黔首匱竭民力單盡尚不自知又急誹謗嚴威克下下喑上聾臣等故去臣等不惜臣之身惜陛下國之亾耳聞古之明王食足以飽衣足以煖宮室足以處輿馬足以行故上不見棄於天下不見棄於黔首堯茅茨不翦采椽不斲土階三等而樂終身者以其文采少而質素之多也丹朱傲虐好慢淫不修理化遂以不升今陛下之淫萬丹朱而千昆吾桀紂臣恐陛下之十亾也而曾不一存始皇默然久之曰汝何不早言侯生曰陛下之意方乘青雲飄搖於文章之觀自賢自健上侮五帝下陵三王棄素樸就末技陛下亾徵見久矣臣等恐言之無益也而自取死故逃而不敢言今臣必死故爲陛下陳之雖不能使陛下不亾欲使陛下自知也始皇曰吾可以變乎侯生曰形已成矣陛下坐而待亾耳若陛下欲更之能若堯與禹乎不然無異也陛下之佐又非也臣恐變之不能存也始皇喟然而嘆遂釋不誅後三年始皇崩二世即位三年而秦亾

庶徵典第一百三十八卷

人事異部紀事三

漢書陳平傳平封曲逆侯傳子至曾孫何坐略人妻棄市國除始平曰我多陰謀是道家之所禁吾世即廢亦已矣終不能復起以吾多陰禍也其後曾孫陳掌以衛氏親戚貴願得續封然終不得也

郅都傳都河東大陽人也以郎事文帝景帝時為中郎將敢直諫面折大臣於朝嘗從入上林賈姬在廁野彘入廁上目都都不行上欲自持兵救賈姬都伏上前曰亡一姬復一姬進天下所少寧姬等邪陛下縱自輕奈宗廟太后何上還彘亦不傷賈姬太后聞之賜都金百斤上亦賜金百斤由此重都濟南瞷氏宗人三百餘家豪猾二千石莫能制於是景帝拜都為濟南守至則誅瞷氏首惡餘皆股栗居歲餘郡中不拾遺旁十餘郡守畏都如太府都為人勇有氣公廉不發私書問遺無所受請寄無所聽嘗稱曰已背親而出身固當奉職死節官下終不顧妻子矣都遷為中尉丞相條侯至貴居也而都揖丞相是時民樸畏罪自重而都獨先嚴酷致行法不避貴戚列侯宗室見都側目而視號曰蒼鷹臨江王徵詣中尉府對簿臨江王欲得刀筆為書謝上而都禁吏弗與魏其侯使人間予臨江王臨江王既得為書謝上因自殺竇太后聞之怒以危法中都都免歸家景帝乃使使即拜都為鴈門太守便道之官得以便宜從事匈奴素聞郅都節舉邊為引兵去竟都死不近鴈門匈奴至為偶人象都令騎馳射莫能中其見憚如此匈奴患之乃中都以漢法景帝曰都忠臣欲釋之竇太后曰臨江王獨非忠臣乎於是斬都也

義縱傳縱河東人也少年時常與張次公俱攻剽為羣盜縱有姊以醫幸王太后太后問有子兄弟為官者乎姊曰有弟無行不可太后乃告上上拜義姁弟縱為中郎補上黨郡中令治敢往少溫籍縣無逋事舉第一遷為長陵及長安令直法行治不避貴戚以捕按太后外孫修成子中上以為能遷為河內都尉至則族滅其豪穰氏之屬河內道不拾遺而張次公亦為郎以勇悍從軍敢深入有功封為岸頭侯甯成家居上欲以為郡守御史大夫弘曰（師古曰公孫弘）臣居山東為小吏時甯成為濟南都尉其治如狼牧羊成不可令治民上乃拜成為關都尉歲餘關吏稅肄郡國出入關者號曰寧見乳虎無直甯成之怒其暴如此義縱自河內遷為南陽太守聞甯成家居南陽及至關甯成側行送迎然縱氣盛弗為禮至郡遂按甯氏破碎其家成坐有罪及孔暴之屬皆奔亡南陽吏民重足一迹而平氏朱彊杜衍杜周為縱爪牙之吏任用遷為廷尉史軍數出定襄定襄吏民亂敗於是徙縱為定襄太守縱至掩定襄獄中重罪二百餘人及賓客昆弟私入相視者亦二百餘人縱一切捕鞠曰為死罪解脫是日皆報殺四百餘人郡中不寒而栗猾民佐吏為治是時趙禹張湯為九卿矣然其治尚寬輔法而行縱以鷹擊毛摯為治後會更五銖錢白金起民為姦京師尤甚乃以縱為右內史王溫舒為中尉溫舒至惡所為弗先言縱縱必以氣陵之敗壞其功其治所誅殺甚多然取為小治姦益不勝直指始出矣吏之治以斬殺縛束為務閻奉以惡用矣縱廉其治放郅都上幸鼎湖病久已而卒起幸甘泉道不治上怒曰縱以我為不行此道乎銜之至冬楊可方受告緡縱以為此亂民部吏捕其為可使者天子聞使杜式治以為廢格沮事弃縱市後一歲張湯亦死

王溫舒傳溫舒陽陵人也少時椎埋為姦已而試縣亭長數廢數為吏以治獄至廷尉史事張湯遷為御史督盜賊殺傷甚多稍遷至廣平都尉擇郡中豪敢往吏十餘人為爪牙皆把其陰重罪而縱使督盜賊快其意所欲得此人雖有百罪弗法即有避回夷之亦滅宗以故齊趙之郊盜不敢近廣平廣平聲為道不拾遺上聞遷為河內太守素居廣平時皆知河內豪姦之家及往以九月至令郡具私馬五十疋為驛自河內至長安部吏如居廣平時方略捕郡中豪猾相連坐千餘家上書請大者至族小者乃死家盡沒入償臧奏行不過二日得可事論報至流血十餘里河內皆怪其奏以為神速盡十二月郡中無犬吠之盜其頗不得失之旁郡追求會春溫舒頓足嘆曰嗟

乎令冬月益展一月足吾事矣其好殺行威不愛人如此上聞之以爲能遷爲中尉其治復放河內徙諸名猾禍吏與從事河內則揚皆麻戊關中揚贛成信等義縱爲內史憚之未敢恣治及縱死張湯敗後徙爲廷尉而尹齊爲中尉坐法抵罪溫舒復爲中尉爲人少文居它惛惛不辯至于中尉則心開素習關中俗知豪惡吏豪惡吏盡復爲用吏苛察淫惡少年投缿購告言姦置伯落長以收司姦溫舒多諂善事有埶者卽無埶視之如奴有埶家雖有姦如山弗犯無埶雖貴戚必侵辱舞文巧請下戶之猾以動大豪其治中尉如此姦猾窮治大氐盡靡爛獄中行論無出者其爪牙吏虎而冠于是中尉部中中猾以下皆伏有埶者爲遊聲譽稱治數歲其吏多以權貴富溫舒擊東越還議有不中意坐以法免是時上方欲作通天臺而未有人溫舒請覆中尉卒得數萬人作上說拜爲少府徙右內史治如其故姦邪少禁坐法失官復爲右輔行中尉如故操歲餘會宛軍發詔徵豪吏溫舒匿其吏華成及人有變告溫舒受員騎錢它姦利事罪至族自殺其時兩弟及兩婚家亦各自坐它罪而族光祿勳徐自爲曰悲夫夫古有三族而王溫舒罪至同時而五族乎溫舒死家累千金

尹齊傳齊東郡茌平人也以刀筆吏稍遷至御史事張湯湯數稱以爲廉武帝使督盜賊斬伐不避貴埶遷關都尉聲甚于甯成上以爲能拜爲中尉吏民益彫敝輕齊木强少文豪惡吏伏匿而善吏不能爲治以故事多廢抵罪後復爲淮陽都尉王溫舒敗數歲病死家直不滿五十金所誅滅淮陽甚多及死仇家欲燒其尸妻亡去歸葬

咸宣傳宣楊人也以佐史給事河東守衞將軍青使買馬河東師古曰將軍衞青也使而于河東買馬也見宣無害言上徵爲廄丞官事辦稍遷至御史及丞使治主父偃及淮南反獄所以微文深詆殺者甚衆稱爲敢決疑數廢數起爲御史及中丞者幾二十歲王溫舒爲中尉而宣爲左內史其治米鹽事小大皆關其手自部署縣名曹寶物官吏令丞弗得擅搖痛以重法繩之居官數年一切爲小治辯然獨宣以小至大能自行之難以爲經中廢爲右扶風坐怒其吏成信信亡藏上林中宣使郿令將吏卒闌入上林中蠶室門攻亭格殺信射中苑門宣下吏爲大逆當族自殺

田廣明傳明字子公鄭人也以郎爲天水司馬功次遷河南都尉以殺伐爲治郡國盜賊並起遷廣明爲淮揚太守歲餘故城父令公孫勇與客胡倩等謀反倩詐稱光祿大夫從車騎數十言使督盜賊止陳留傳舍太守謁見欲收取之廣明覺知發兵皆捕斬焉而公孫勇衣繡衣乘駟馬車至圉圉使小史侍之亦知其非是守尉魏不害與廄嗇夫江德尉史蘇昌共收捕之上封不害爲當塗侯德轑陽侯昌蒲侯初四人俱拜于前小史竊言武帝問言何對曰爲侯者得東歸不上曰女欲不貴矣女鄉名爲何對曰名遺鄉上曰用遺女矣于是賜小史爵關內侯食遺鄉六百戶上以廣明連禽大姦徵入爲大鴻臚擢廣明兄雲中代爲淮陽太守昭帝時廣明將兵擊益州還賜爵關內侯徙衞尉後出爲左馮翊治有能名宣帝初立代蔡義爲御史大夫以前爲馮翊與議定策封昌水侯歲餘以祁連將軍將兵擊匈奴出塞至受降城受降都尉前死喪柩在堂廣明召其寡妻與姦旣出不至質引軍空還下太僕杜延年簿責廣明自殺闕下國除兄雲中爲淮陽守亦敢誅殺吏民守闕告之竟坐棄市

田延年傳延年字子賓先齊諸田也徙陽陵延年以材略給事大將軍莫府霍光重之遷爲長史出爲河東太守選拔尹翁歸等以爲爪牙誅鉏豪彊姦邪不敢發以選入爲大司農會昭帝崩昌邑王嗣立淫亂霍將軍憂懼與公卿議廢之莫敢發言延年按劍廷叱羣臣卽日議決語在光傳宣帝卽位延年以決疑定策封陽成侯先是茂陵富人焦氏賈氏以數十萬陰積貯炭葦諸下里物昭帝大行時方上事暴起用度未辦延年奏言商賈或豫收方上不祥器物冀其疾用欲以求利非民臣所當爲請沒入縣官奏可富人亡財者皆怨出錢求延年罪初大司農取民牛車三萬兩爲僦載沙便橋下送致方上車直千錢延年上簿詐增僦直車二千凡六千萬盜取其半焦賈兩家告其事下丞相府丞相議奏延年主守盜三千萬不道霍將軍召問延年欲爲道地延年抵曰本出將軍之門蒙此爵位無有是事光曰卽無事當窮竟御史大夫田廣明謂太僕杜延年春秋之義以功覆過當廢昌邑王時非田子賓之言大事不成今縣官出三千萬自乞之何哉願以愚言白大將軍延年言之大將軍大將軍曰誠然實勇士也當發大議時震動朝廷光因舉手自撫心曰使我至今病悸謝田大夫曉大司農通往就獄得公議之田大夫使人語延年

延年曰幸縣官寬我耳何面目入牢獄使衆人指笑我卒徒唾吾背乎即閉閤獨居齋舍偏袒持刀東西步數日使者召延年詣廷尉聞鼓聲自刎死國除

嚴延年傳延年字次卿東海下邳人也其父爲丞相掾延年少學法律丞相府歸爲郡吏以選除補御史掾舉侍御史是時大將軍霍光廢昌邑王尊立宣帝宣帝初即位延年劾奏光擅廢立亡人臣禮不道奏雖寢然朝廷肅焉敬憚延年後復劾大司農田延年持兵干屬車大司農自訟不干屬車事下御史中丞譴責延年何以不移書宮殿門禁止大司農而令得出入宮於是復劾延年闌內罪人法至死延年亡命會赦出丞相御史府徵書同日到延年以御史書先至詣御史府復爲掾宣帝識之拜爲平陵令坐殺不辜去官後爲丞相掾復擢好時令神爵中西羌反彊弩將軍許延壽請延年爲長史從軍敗西羌還爲涿郡太守時郡比得不能太守涿人畢野白等由是廢亂大姓西高氏東高氏自郡吏以下皆畏避之莫敢與牾咸曰寧負二千石無負豪大家賓客放爲盜賊發入高氏吏不敢追浸浸日多道路張弓拔刃然後敢行其亂如此延年至遣掾蠡吾趙繡按高氏得其死罪繡見延年新將心內懼即爲兩劾欲先白其輕者觀延年意怒乃出其重劾延年已知其如此矣趙掾至果白其輕者延年索懷中得重劾即收送獄夜入晨將至市論殺之先所按者死吏皆股弁更遣吏分考兩高窮竟其姦誅殺各數十人郡中震恐道不拾遺三歲遷河南太守賜黃金二十斤豪彊脅息野無行盜威震旁郡其治務在摧折豪彊扶助貧弱貧弱雖陷法曲文以出之其豪桀侵小民者以文內之衆人所謂當死者一朝出之所謂當生者詭殺之吏民莫能測其意深淺戰栗不敢犯禁按其獄皆文致不可得反延年爲人短小精悍敏捷于事雖子貢冉有通藝於政事不能絕也吏忠盡節者厚遇之如骨肉皆親鄉之出身不顧以是治下無隱情然疾惡泰甚中傷者多尤巧爲獄文善史書所欲誅殺奏成於手中主簿親近史不得聞知奏可論死奄忽如神冬月傳屬縣囚會論府上流血數里河內號曰屠伯令行禁止郡中正清是時張敞爲京兆尹素與延年善敞治雖嚴然尚頗有縱舍聞延年用刑刻急乃以書諭之曰昔韓盧之取菟也上觀下獲不甚多殺願次卿少緩誅罰思行此術延年報曰河南天下喉咽二周餘斃莠盛苗穢何可不鉏也自矜伐其能終不衰止時黃霸在潁川以寬恕爲治郡中亦平婁蒙豐年鳳皇下上賢焉下詔稱揚其行加金爵之賞延年素輕霸爲人及比郡爲守褒賞反在己前心內不服河南界中又有蝗蟲府丞義出行蝗還見延年延年曰此蝗豈鳳皇食邪義又道司農中丞耿壽昌爲常平倉利百姓延年曰丞相御史不知爲也當避位去壽昌安得權此後左馮翊缺上欲徵延年符己發爲其名酷復止延年疑少府梁丘賀毀之心恨會琅邪太守以視事久病滿三月免延年自知見廢謂丞曰此人尚能去官我反不能去邪又延年察獄司廉有臧不入身延年坐選舉不實貶秩笑曰後敢復有舉人者乎丞義年老頗悖素畏延年恐見中傷延年本嘗與義俱爲丞相史實親厚之無意毀傷也饋遺之甚厚義愈益恐自筮得死卦忽忽不樂取告至長安上書言延年罪名十事已拜奏因飲藥自殺以明不欺事下御史丞按驗有此數事以結延年坐怨望非謗政治不道弃市初延年母從東海來欲從延年臘到雒陽適見報囚母大驚便止都亭不肯入府延年出至都亭謁母母閉閤不見延年免冠頓首閤下良久母乃見之因數責延年幸得備郡守專治千里不聞仁愛教化有以全安愚民顧乘刑罰多刑殺人欲以立威豈爲民父母意哉延年服罪重頓首謝因自爲母御歸府舍母畢正臘謂延年天道神明人不可獨殺我不意當老見壯子被刑戮也行矣去女東歸掃除墓地耳遂去歸郡見昆弟宗人復爲言之後歲餘果敗東海莫不賢知其母延年兄弟五人皆有吏材至大官東海號曰萬石嚴嫗次弟彭祖至太子太傅在儒林傳

五行志成帝鴻嘉永始之間好爲微行出游選從期門郎有材力者及私奴客多至十餘少五六人皆白衣袒幘帶持刀劍或乘小車御者在茵上或皆騎出入市里郊壄至遠旁縣時大臣車騎將軍王音及劉向等數以切諫谷永曰易稱得臣無家言王者臣天下無私家也今陛下棄萬乘之至貴樂家人之賤事厭高美之尊稱好匹夫之卑字崇聚票輕無誼之人以爲私客置私田于民間畜私奴車馬于北宮數去南面之尊離深宮之固挺身獨與小人晨夜相隨烏集醉飽吏民之家亂服共坐溷肴亾別閔勉遯樂晝夜在路典門戶奉宿衛之臣執干戈守空宮公卿百寮不知陛下所在積數年矣昔號公爲無道有神降

日賜爾土田言將以庶人受土田也諸侯夢得土田爲失國祥而况王者畜私田財物爲庶人之事乎

後漢書五行志建武元年赤眉賊率樊崇逢安等共立劉盆子爲天子然崇等視之如小兒百事自由初不恤錄也後正旦至君臣欲共饗旣坐酒食未下羣臣更起亂不可整時大司農楊音按劒怒曰小兒戲尚不如此其後遂破壞崇安等皆誅死唯音爲關內侯以壽終

光武崩山陽王荆哭不哀作飛書與東海王勸使作亂明帝以荆同母弟太后在故隱之後徙王廣陵荆遂坐復謀反自殺也

章帝時竇皇后兄憲以皇后甚幸於上故人人莫不畏憲憲于是强請奪沁水長公主田公主畏憲與之憲乃賤顧之後上幸公主田覺之問憲憲又上言借之上以后故但譴勅之不治其罪後章帝崩竇太后攝政憲秉機密忠直之臣與憲忤者憲多害之其後憲兄弟遂皆被誅

安帝永初元年十一月民訛言相驚司隷幷冀州民人流移時鄧太后專政婦人以順爲道故禮夫死從子之命今專主事此不從而僭也

周舉傳大將軍梁商大會賓客讌於洛水舉時稱疾不往商與親暱酣飲極歡及酒闌倡罷繼以䪥露之歌坐中聞者皆爲掩涕太僕張种時亦在焉會還以事告舉舉歎曰此所謂哀樂失時非其所也殃將及乎商至秋果薨

五行志桓帝時梁冀秉政兄弟貴盛自恣好驅馳過度至於歸家猶馳驅入門百姓號之曰梁氏滅門驅馳後遂誅滅

靈帝於宮中西園駕四白驢躬自操轡驅馳周旋以爲大樂于是公卿貴戚轉相放效至乘輜軿以爲騎從互相侵奪賈與馬齊案易曰時乘六龍以御天行天者莫如龍行地者莫如馬詩云四牡騤騤載是常服檀車煌煌四牡彭彭夫驢乃服重致遠上下山谷野人之所用耳何有帝王君子而驂服之乎遲鈍之畜而今貴之天意若曰國且大亂賢愚倒植凡執政者皆如驢也其後董卓淩虐王室多援邊人以充本朝

熹平中省內冠狗帶綬以爲笑樂有一狗突出走入司徒府門或見之者莫不驚怪京房易傳曰君不正臣欲篡厥妖狗冠出後靈帝寵用便嬖子弟永樂賓客鴻都羣小傳相汲引公卿牧守比肩是也又遣御史於西邸賣官關內侯顧五百萬者賜與金紫詣闕上書占令長隨縣好醜豐約有賈强者貪如豺虎弱者略不類物實狗而冠者也司徒古之丞相壹統國政天戒若曰宰相多非其人尸祿素餐莫能據正持重阿意曲從今在位者皆如狗也故如狗走入其門

靈帝數遊戲於西園中令後宮采女爲客舍主人身爲商賈服行至舍采女下酒食因共飲食以爲戲樂此服妖也其後天下大亂

靈帝本紀光和四年帝作列肆於後宮使諸采女販賣更相盜竊爭鬬帝著商估服飲宴爲樂

宋書五行志魏文帝居諒闇之始便數出遊獵體貌不重風尚通脫故戴淩以直諫抵罪鮑勛以忤旨極刑大下化之咸賤守節此貌之不恭也是以享國不永後祚短促春秋魯君居喪不哀在慼而有嘉容穆叔謂之不度後終出奔蓋同事也

魏尚書鄧颺行步施縱筋不束體坐起傾倚若無手足此貌之不恭也管輅謂之鬼躁鬼躁者凶終之徵後卒誅死

晉書五行志蜀車騎將軍鄧芝征涪陵見元猿緣山手射中之猿拔其箭卷木葉塞其創芝曰嘻吾違物之性其將死矣俄而卒此射妖也一曰猿母抱子芝射中之子爲拔箭取木葉塞創芝歎息投弩水中自知當死

衛瓘傳杜預聞瓘殺鄧艾言於衆曰伯玉其不免乎身爲名士位居總帥旣無德音又不御下以正是小人而乘君子之器當何以堪其責乎瓘聞之不俟駕而謝終如預言

五行志太康中天下爲晉世寧之舞手接杯盤而反覆之歌曰晉世寧舞杯盤識者曰夫樂生人心所以觀事也今接杯盤於手上而反覆之至危之事也杯盤者酒食之器而名曰晉世寧言晉世之士苟偷於酒食之間而知不及遠晉世之寧猶杯盤之在手也

武帝每延羣臣多說平生常事未嘗及經國遠圖此言之不從也何曾謂子遵曰國家無貽厥之謀及身而已後嗣其殆乎此子孫之憂也自永熙後王室漸亂永嘉中天下大壞及何綏以非辜被殺皆是曾言

武帝初何曾薄太官御膳自取私食子劭又過之而王愷又過劭王愷羊琇之儔盛致聲色窮珍極麗至元康中夸恣成俗轉相高尚石崇之後遂兼王何而儷人主矣崇旣誅死天下尋亦淪喪僭踰之咎也

何遵傳遵字思祖劭庶兄也少有幹能起家散騎黃門郎散騎常侍侍中累轉大鴻臚性亦奢汰役使御府工匠作禁物又鬻行器爲司隸劉毅所奏免官太康初起爲魏郡太守遷太僕卿又免官卒於家四子嵩綏機羨嵩字泰基寬弘愛士博觀墳籍尤善史漢少歷清官領著作郎綏字伯蔚位至侍中尚書自以繼世名貴奢侈過度性既輕物翰札簡傲城陽王尼見綏書疏謂人曰伯蔚居亂而矜豪乃爾豈其免乎劉輿潘滔譖之於東海王越越遂誅綏初曾侍武帝宴退而告遵等曰國家應天受禪創業垂統吾每宴見未嘗聞經國遠圖惟說平生常事非貽厥孫謀之兆也及身而已後嗣其殆乎此子孫之憂也汝等猶可獲沒指諸孫曰此等必遇亂亡也及綏死嵩哭之曰我祖其大聖乎機爲鄉平令性亦矜傲責鄉里謝鯤等拜或戒之曰禮敬年爵以德爲主令鯤拜勢懼傷風俗機不以爲慚羨爲離狐令既騎且各陵駕人物鄉閭疾之如仇永嘉之末何氏滅亡無遺焉

五行志惠帝永興元年詔廢太子覃還爲清河王立成都王穎爲皇太弟猶加侍中大都督領丞相備九錫封三十郡如魏王故事按周禮傳國以嫡不以勳故雖公旦之聖不易成王之嗣所以遠絕覬覦永一宗祧後代遵履改之則亂今擬非其實僭差已甚且既爲國嗣則不應復開封土兼領庶職此言之不從進退乖爽故帝既播越穎亦不終是其咎僭也後猶不悟又立懷帝爲太弟懷終流弒不永厥祚又其應也易曰變古易常不亂則亡此之謂乎

惠帝元康年中貴游子弟相與爲散髮倮身之飲對弄婢妾逆之者傷好非之者負譏希世之士恥不與焉蓋貌之不恭胡狄侵中國之萌也其後遂有五胡之亂此失在狂也

元康中賈謐親貴數入二宮與儲君游戲無降下心又嘗因奕棊爭道成都王穎厲色曰皇太子國之儲貳賈謐何敢無禮謐猶不悛故及於禍貌不恭之罰也

齊王冏既誅趙王倫因留輔政坐拜百官符敕臺府淫醟專驕不一朝覲此狂恣不肅之咎也天下莫不高其功而慮其亡也冏終弗改遂至夷滅

司馬道子於府園內列肆使姬人酤鬻身自貿易干寶以爲貴者失位降在阜隸之象也俄而道子見廢以庶人終此貌不恭之應也

新蔡武哀王騰傳公師藩與平陽人汲桑等爲羣盜起於清河鄃縣衆千餘人寇頓丘以葬成都王穎爲辭載穎主而行與張泓故將李豐等將攻鄴騰曰孤在并州七年胡圍城不能剋汲桑小賊何足憂也及豐等至騰不能守率輕騎而走爲豐所害四子虞矯紹確虞有勇力騰之被害虞逐豐豐投水而死是日虞及矯紹并鉅鹿太守崔曼車騎長史羊恒從事中郎蔡充等又爲豐餘黨所害及諸名家流移依鄴者死亡並盡初鄴中雖府庫虛竭而騰資用甚饒性儉嗇無所振惠臨急乃賜將士米可數升帛各丈尺是以人不爲用遂致於禍及苟晞救鄴桑還平陽於時盛夏尸爛壞不可復識騰及三子骸骨不獲

五行志海西公時庾晞四五年中喜爲挽歌自搖大鈴爲唱使左右齊和又䜩會輒令倡妓作新安人歌舞離別之辭其聲悲切時人怪之後亦果敗太元中小兒以兩鐵相打於土中名曰鬬族後王國寶王孝伯一姓之中自相攻擊也

桓元傳元入建康宮逆風迅激旍旗儀飾皆傾偃及小會於西堂設妓樂殿上施絳綾帳縷黃金爲顏四角作金龍頭銜五色羽葆流蘇羣臣竊相謂曰此頗似輀車亦王莽僊蓋之流也龍角所謂亢龍有悔者也

五行志安帝義熙七年將拜授劉毅世子毅以王命之重當設亭宴親請吏佐臨視至拜日國僚不重白默拜於廐中王入將反命毅方知之大以爲恨免郎中令劉敬叔官天戒若曰此惰略嘉禮不肅之妖也其後毅遂被殺焉

恭帝爲琅邪王好騎戲常閑一馬于門內令人射之欲觀几箭死左右有諫者曰馬國姓也今射之不祥于是乃止而馬已被十許箭矣此蓋射妖也俄而禪位於宋焉

搜神後記臨淮公荀序字體元母華夫人憐愛過常年十歲從南臨歸經青草湖時正帆風駛序出塞郭忽落水比得下帆已行數十里洪波淼漫母撫膺遠望少頃見一隻舡漁父以楫棹船如飛載序還之云送府君還荀後位至常伯長沙相故云府君也

宋書少帝本紀景平二年五月乙酉皇太后令曰王室不造天禍未悔先帝創業弗永棄世登遐義符長嗣屬當天位不謂窮凶極悖一至于此大行在殯宇內哀惶幸災肆于悖詞喜容表于在慼至乃徵召樂府鳩集伶官優倡管絃靡不備奏珍饈甘膳有加平

日採擇勝御産子就宮靦然無怍醜聲四達及懿后崩背重加天罰親與左右執紼歌呼推排梓宮抃掌笑謔殿省備聞加復日夜媟狎羣小慢戲興造千計費用萬端帑藏空虛人力殫盡刑罰苛虐幽囚日增居帝王之位好皁隸之役處萬乘之尊悅廝養之事親執鞭扑毆擊無辜以爲笑樂穿池築觀朝成暮毀徵發工匠疲極兆民遠近嘆嗟人神怨怒社稷將墜豈可復嗣守洪業君臨萬邦今廢爲榮陽王一依漢昌邑晉海西故事奉迎鎭西將軍宜都王義隆入纂皇統始徐羨之傳亮將廢帝諷王弘檀道濟求赴國討弘等來朝使中書舍人邢安泰潘盛爲內應是旦道濟謝晦領兵居前羨之等隨後因東掖門開入自雲龍門盛等先戒宿衞莫有禦者時帝於華林園爲列肆親自酤賣又開瀆聚土以象破岡埭與左右引船唱呼以爲歡樂夕遊天泉池卽龍舟而寢其朝未興兵士進殺二侍者於帝側傷帝指扶出東閤就收璽紱羣臣拜辭送於東宮遂幽於吳郡是日赦死罪以下太后令奉還璽紱檀道濟入守朝堂六月癸丑徐羨之等使中書舍人邢安泰弒帝于金昌亭帝有勇力不卽受制突走出昌門追以門關踣之致殞時年十九

五行志宋文帝元嘉六年民間婦人結髮者三分髮抽其鬟直向上謂之飛天紒始自東府流被民庶時司徒彭城王義康居東府其後卒以陵上徙廢

異苑元嘉中高平檀道濟鎭潯陽十二年入朝與家分別顧瞻城闕歔欷逾深識者知道濟之不南旋也故時人爲其歌曰生人作死別荼毒當奈何濟將發舟所養孔雀來銜其衣驅去復來如此數焉以十三年三月入伏誅

宋書五行志陳郡謝靈運有逸才每出入自扶接者常數人民間謠曰四人挈衣裙三人捉坐席是也此蓋不肅之咎後坐誅

孝武帝世豫州刺史劉德願善御車世祖嘗使之御畫輪幸太宰江夏王義恭第德願挾牛杖催世祖云日暮宜歸又求益僦車世祖甚懽此事與漢靈帝西園蓄私錢同也

殷孝祖傳景和元年以本號督兗州諸軍事兗州刺史太宗初卽位四方反叛孝祖外甥司徒參軍潁州葛僧韶建議銜命徵孝祖入朝上遣之時徐州刺史薛安都遣薛索兒等屯據津逕僧韶間行得至說孝祖曰景和凶狂開闢未有朝野危極假命漏刻主上聖德天挺神武在躬曾不浹辰夷凶翦暴更造天地未足爲言國亂朝危宜立長主公卿百辟人無異議太平之隆非旦則夕而羣小相煽構造無端貪利幼弱競懷希望使天道助逆羣凶事申則主幼時艱權柄不一兵難互起豈有自容之地舅少有立功之志長以氣節成名若使能控濟義勇還奉朝廷非唯臣主靜亂乃可以垂名竹帛孝祖具問朝廷消息僧韶隨方訓譬幷陳兵甲精强主上欲委以前驅之任孝祖卽日棄妻子率文武二千人隨僧韶還都時普天同逆朝廷唯保丹陽一郡而永世縣尋又反叛義興賊隨至延陵內外憂危咸欲奔散孝祖忽至衆力不少並傖楚壯士人情於是大安進孝祖號冠軍假節前鋒諸軍士還向虎檻拒對南賊御仗先有諸葛亮筩袖鎧帽二十五石弩射之不能入上悉以賜孝祖孝祖負其誠節凌轢諸將臺軍有父子兄弟在南者孝祖幷欲推治由是人情乖離莫樂爲用進使持節都督兗青冀幽四州諸軍事撫軍將軍刺史如故時賊據赭圻孝祖將進攻之與大統王元謨別悲不自勝衆並駭怪太始二年三月三日與賊合戰常以鼓蓋自隨軍中人相謂曰殷統軍可謂死矣今與賊交鋒而以羽儀自標顯若善射者十士攢射欲不斃得乎是日于陣爲矢所中死

前廢帝本紀帝凶悖日甚誅殺相繼內外百司不保首領先是訛言云湘中出天子帝將南巡荊湘二州以厭之先欲誅諸叔然後發引太宗與左右阮佃夫王道隆李道兒密結帝左右壽寂之姜產之等十一人謀共廢帝戊午夜帝於華林園竹林堂射鬼時巫覡云此堂有鬼故帝自射之壽寂之懷刀直入姜產之爲副帝欲走寂之追而殞之時年十七太皇太后令曰司徒領護軍八座子業雖曰嫡長少稟凶毒不仁不孝著自髫亂孝武棄世屬當辰曆自梓宮在殯喜容靦然天罰重離歡恣滋甚逼以內外維持忍虐未露而凶慘難抑一旦肆禍遂縱戮上宰殄害輔臣子鸞兄弟先帝鍾愛含怨既往枉加屠酷昶茂親作扞橫相徵討新蔡公主逼離夫族幽置深宮詭云薨殞襄事甫爾喪禮頓釋昏酣長夜庶事傾遺朝賢舊勳棄若遺土管絃不輟珍羞備膳詈辱祖考以爲戲謔行游莫止淫縱無度肆宴園陵規圖發掘誅剪無辜籍略婦女建樹僞豎莫知誰息拜嬪立后慶過恆典宗室密戚遇若婢僕鞭捶陵曳無復尊卑南平一

門特鍾其酷反天滅理顯暴萬端苛罰酷令終無紀極夏桀殷辛未足以譬闇朝業業人不自保百姓遑遑手足靡厝行穢禽獸罪盈三千高祖之業將泯七廟之享幾絕吾老疾沈篤每規禍鴆憂煎漏刻氣命無幾開闢以降所未嘗聞遠近思奮十室而九衞將軍湘東王體自太祖天縱英聖文皇鍾愛寵冠列藩吾早識神睿特兼常禮潛運宏規義士投袂獨夫既殞懸首白旗社稷再興宗祏永固人鬼屬心大命允集且勳德高邈大業攸歸宜遵漢晉纂承皇極主者詳舊典以時奉行未亡人餘年不幸嬰此百艱永尋情事雖存若殞當復奈何當復奈何葬廢帝丹陽秣陵縣南郊壇西帝幼而猾急在東宮每爲世祖所責世祖西巡子業啓參承起居書迹不謹上詰讓之子業啓事陳謝上又答曰書不長進此是一條耳聞汝素都懈怠狷戾日甚何以頑固乃爾邪初踐阼受璽紱悖然無哀容始猶難諸大臣及戴法興等既殺法興諸大臣莫不震懾於是又誅羣公元凱以下皆被毆捶牽曳內外危懼殿省騷然初太后疾篤遣呼帝帝曰病人間多鬼可畏那可往太后怒語侍者將刀來破我腹那得生如此寧馨兒及太后崩後數日帝夢太后謂之曰汝不孝不仁本無人君之相子尚愚悖如此亦運阼所及孝武險虐滅道怨結人神兒子雖多並無天命大運所歸應還文帝之子其後湘東王紹位果文帝子也故帝聚諸叔京邑慮在外爲患山陰公主淫恣過度謂帝曰妾與陛下雖男女有殊俱託體先帝陛下六宮萬數而妾唯駙馬一人事不均平一何至此帝乃爲主置面首左右三十人進爵會稽郡長公主秩同郡王侯湯沐邑二千戶給鼓吹一部加班劍二十人帝每出與朝臣常共陪輦主以吏部郎褚淵貌美就帝請以自侍帝許之淵侍主十日備見逼迫誓死不回遂得免帝所幸閹人華願兒官至散騎常侍加將軍帶郡帝少好讀書頗識古事自造世祖誄及雜篇章往往有辭采以魏武帝有發丘中郎將摸金校尉乃置此二官以建安王休祐領之其餘事迹分見諸列傳

五行志明帝泰始中幸臣阮佃夫勢傾朝廷室宇豪麗車服鮮明乘車常偏向一邊違正立執綏之體時人多慕效此亦貌不恭之失也時偏左之化行方正之道廢矣

明帝本紀帝末年好鬼神多忌諱言語文書有禍敗凶喪及疑似之言應回避者數百千品有犯必加辠戮改騧爲邊瓜亦以騧字似禍字故也以南苑借張永云且給三百年期訖更啓其事類皆如此宣陽門民間謂之白門上以白門之名不祥甚諱之尚書右丞江謐嘗誤犯上變色曰白汝家門謐稽顙謝久之方釋太后停尸漆牀先出東宮上嘗幸宮見之怒甚免中庶子官職局以之坐者數十人內外常慮犯觸人不自保宮內禁忌尤甚移牀治壁必先祭土神及文士爲文詞祝策如大祭享泰始泰豫之際更忍虐好殺左右失旨忤意往往有斮刳斷截者時經略淮泗軍旅不息荒弊積久府藏空竭內外百官並日料祿奉而上奢費過度務爲雕侈每所造制必爲正御三十副御次副又各三十須一物輒造九十枚天下騷然民不堪命其餘事迹別見衆篇親近讒慝剪落皇枝宋氏之業自此衰矣

後廢帝本紀初帝在東宮年五六歲時始就書學而惰業好嬉戲主師不能禁好緣漆帳竿去地丈餘如此者半食久乃下年漸長喜怒乖節左右有失旨者輒手加撲打徒跣蹲踞以此爲常主師以白太宗上輒敕昱所生嚴加捶訓及嗣位內畏太后外憚諸大臣猶未得肆志自加元服變態轉興內外稍無以制三年秋冬間便好出遊行太妃每乘青篾車隨相檢攝昱漸自放恣太妃不復能禁單將左右棄部伍或十里二十里或入市里或往營署日暮乃歸四年春夏此行彌數自京城尅定意志轉驕於是無日不出與左右人解僧智張五兒恆相馳逐夜出開承明門夕去晨反晨出暮歸從者並執鋌矛行人男女及犬馬牛驢值無免者民間擾懼晝日不敢開門道上行人殆絕常著小袴褶未嘗服衣冠或有忤意輒加以虐刑有白棓數十枚各有名號鍼椎鑿鋸之徒不離左右嘗以鐵椎椎人陰破左右人見之有斂眉者昱大怒令此人袒胛正立以矛刺胛洞過於耀靈殿上養驢數十頭所自乘馬養於御牀側先是民間訛言謂太宗不男陳太妃本李道兒妾道路之言或云道兒子也昱每出入去來常自稱劉統或自號李將軍與右衞翼輦營女子私通每從之遊持數千錢供酒肉之費阮佃夫心腹人張羊爲佃夫所委信佃夫敗叛走後捕得昱自於承明門以車轢殺之杜延載沈勃杜幼文孫超皆躬運矛鋋手自臠割執幼文兄叔文於元武湖北昱馳馬執矟自往刺之制露車一乘其上施蓬乘以出入從者不過數十人羽儀追之恆

不及又各慮禍亦不敢追尋唯整部伍別在一處瞻望而已凡諸鄙事過目則能鍛鍊金銀裁衣作帽莫不精絕未嘗吹篪執管便韻天性好殺以此為懽一日無事輒慘慘不樂內外百司人不自保殿省憂遑夕不及旦齊王順天人之心潛圖廢立與直閤將軍王敬則謀之七月七日昱乘露車從二百許人無復鹵簿羽儀往青園尼寺晚至新安寺就曇度道人飲酒醉夕扶還於仁壽殿東阿氈幄中臥時昱出入無恆省內諸閤夜皆不閉且羣下畏相逢值無敢出者宿衛並逃避內外無相禁攝王敬則先結昱左右楊玉夫楊萬年呂欣之湯成之陳奉伯張石留羅僧智鍾千載嚴道福雷道賜戴昭祖許啓戚元寶盛道泰鍾千秋王天寶公上延孫俞成錢道寶馬敬之陳寶直吳璩之劉印魯唐天寶俞孫二十五人謀取昱其夕敬則出外玉夫見昱醉熟無所知乃與萬年同入氈幄內以昱防身刀斬之奉伯提昱首依常行法稱敕開承明門出以首與敬則馳至領軍府以首呈齊王王乃戎服率左右數十人稱行還開承明門入昱他夕每開門門者震懾不敢視至是弗之疑齊王既入曉乃奉太后令奉迎安成王

五行志後廢帝常單騎遊遨出入市里營寺未嘗御輦終以殞滅

南齊書王晏傳晏未敗數日於北山廟答賽夜還晏既醉部伍人亦飲酒羽儀錯亂前後十餘里中不復相禁制識者云此勢不復久也

東昏侯本紀帝在東宮便好弄不喜書學高宗亦不以為非但勖以家人之行令太子求一日再入朝發諮不許使三日一朝嘗夜捕鼠達旦以為笑樂高宗臨崩屬以後事以隆昌為戒曰作事不可在人後故委任羣小誅諸宰臣無不如意性重澀少言不與朝士接唯親信閹人及左右御刀應敕等自江祏始安王遙光誅後漸便騎馬日夜於後堂戲馬與親近閹人倡伎鼓叫常以五更就臥至晡乃起王侯節朔朝見晡後方前或際闇遣出臺閣案奏月數十日乃報或不知所在二年元會食後方出朝賀裁竟便還殿西序寢自巳至申百僚陪位皆僵仆菜色比起就會怱遽而罷陳顯達事平漸出遊走所經道路屏逐居民從萬春門由東宮以東至於郊外數十百里皆空家盡室巷陌懸幔為高障置伎人防守謂之屏除或於市肆左側過親幸家環回宛轉周遍京邑每三四更中鼓聲四出幡戟橫路百姓喧走相隨士庶莫辨出輒不言定所東西南北無處不驅人高障之內設部伍羽儀復有數部皆奏鼓吹羌胡伎鼓角橫吹夜出晝反火光照天拜愛姬潘氏為貴妃乘臥輿帝騎馬從後著織成袴褶金薄帽執七寶縛矟戎服急裝不變寒暑陵冒雨雪不避坑穽馳騁渴乏輒下馬解取腰邊蠡器酌水飲之復上馬馳去馬乘具用錦繡處患為雨所沾濕織雜綵珠為覆蒙備諸雕巧教黃門五六十人為騎客又選無賴小人善走者為逐馬左右五百人常以自隨奔走往來略不暇息置射雉場二百九十六處翳中帷帳及步鄣皆袷以綠紅錦金銀鏤弩牙瑇瑁帖箭郊郭四民皆廢業樵蘇路斷吉凶失時乳婦婚姻之家移產寄室或輿病棄尸不得殯葬有棄病人於青溪邊者吏懼為監司所問推置水中泥覆其面須臾便死遂失骸骨後宮遭火之後更起仙華神仙玉壽諸殿刻畫雕綵青蕿金口帶麝香塗壁錦幔珠簾窮極綺麗縶役工匠自夜達曉猶不副速乃剔取諸寺佛刹殿藻井仙人騎獸以充足之世祖興光樓上施青漆世謂之青樓帝曰武帝不巧何不純用琉璃潘氏服御極選珍寶主衣庫舊物不復周用貴市民間金銀寶物價皆數倍虎魄釧一隻直百七十萬京邑酒租皆折使輸金以為金塗猶不能足下揚南徐二州橋桁塘埭丁計功為直斂取見錢供太樂主衣雜費由是所在塘瀆多有隳廢又訂出雉頭鶴氅白鷺縗親幸小人因緣為奸利課一輸十郡縣無敢言者三年夏於閱武堂起芳樂苑山石皆塗以五采跨池水立紫閣諸樓觀壁上畫男女私褻之像種好樹美竹天時盛暑未及經日便就萎枯於是徵求民家望樹便取毀撤牆屋以移致之朝栽暮拔道路相繼花藥雜草亦復皆然又於苑中立市太官每旦進酒肉雜肴使宮人屠酤潘氏為市令帝為市魁執罰爭者就潘氏決判帝有膂力能擔白虎幢自製雜色錦伎衣綴以金花玉鏡衆寶逞諸意態所寵羣小黨與三十一人黃門十人初任新蔡人徐世檦為直閤驍騎將軍凡有殺戮皆其用命殺徐孝嗣後封為臨汝縣子陳顯達事起加輔國將軍雖用護軍崔慧景為都督而兵權實在世檦及事平世檦謂人曰五百人軍主能平萬人都督世檦亦知帝昏縱密謂其黨茹法珍梅蟲兒曰何世天子無要人但阿儂貨主惡耳法珍等爭權以白帝稍惡其凶強以二年正月遣禁兵殺之世檦拒戰而死自是

法珍蟲兒用事並爲外監口稱詔敕中書舍人王咺之與相脣齒專掌文翰其餘二十餘人皆有勢力崔慧景平後法珍封餘干縣男蟲兒封竟陵縣男及義師起江郢二鎭已降帝遊騁如舊謂茹法珍曰須來至白門前當一決義師至近郊乃聚兵爲固守之計名王侯朝貴分置尚書都座及殿省又信鬼神崔慧景事時拜蔣子文神爲假黃鉞使持節相國太宰大將軍錄尚書揚州牧鍾山王至是又尊爲皇帝迎神像及諸廟雜神皆入後堂使所親巫朱光尚禱祀祈福以冠軍將軍王珍國領三萬人據大桁莫有鬭志遣左右直長閹豎王寶孫督戰呼爲王長子寶孫切罵諸將帥直閤將軍席豪發憤突陣死豪驍將旣斃衆軍於是土崩軍人從朱雀觀上自投及赴淮死者無數於是閉城自守城內軍事委王珍國兗州刺史張稷入衞京師以稷爲副實甲尤七萬人帝烏帽褲褶備羽儀登南掖門臨望又虛設鎧馬齋仗千人皆張弓拔白出東掖門稱蔣王出盪素好鬭軍隊初使宮人爲軍後乃用黃門親自臨陣詐被創使人輿將去至是於閱武堂設牙門軍頓每夜嚴警帝於殿內騎馬從鳳莊門入徽明門馬被銀蓮葉具裝鎧雜羽孔翠寄生逐馬左右衞從晝眠夜起如平常聞外鼓叫聲被大紅袍登景陽樓屋上望弩幾中之衆皆怠怨不爲致力募兵出戰出城門數十步皆坐甲而歸慮城外有伏兵乃燒城傍諸府署六門之內皆蕩盡城中閤道西掖門內相聚爲市販死牛馬肉帝初與羣小計議陳顯達一戰便敗崔慧景圍城退走謂義師遠來不過旬日亦應散去敕太官辦樵米爲百日糧而已大桁敗後衆情兇懼法珍等恐人衆驚走故閉城不復出軍旣而義師長圍旣立塹柵嚴固然後出盪屢戰不捷帝尤惜金錢不肯賞賜法珍叩頭請之帝曰賊來獨取我耶何爲就我求物後堂儲數百具榜皆爲城防帝云擬作殿竟不與又催御府細作三百人精仗待圍解以擬屛除金銀雕鏤雜物倍急於常王珍國張稷懼禍及率兵入殿分軍又從西上閤入後宮斷之御刀豐勇之爲內應是夜帝在含德殿吹笙歌作女兒子臥未熟聞兵入趨出北戶欲還後宮淸曜閤已閉閹人禁防黃泰平以刀傷其膝仆地顧曰奴反邪直後張齊斬首送梁王宣德太后令曰皇室受終祖宗齊聖太祖高皇帝肇基駿命膺籙受圖世祖武皇帝係明下武高宗明皇帝重隆景業咸降年不永宮車早晏皇祚之重允屬儲元而稟質凶愚發於稺齒爰自保姆迄至成童忍戾昏頑觸途必著高宗留心正嫡立嫡惟長輔以羣才間以賢戚內外維持冀免多難未及期稔便逞屠戮密戚近親元勳良輔覆族殲門旬月相係凡所任杖盡慝窮奸皆營伍屠販容狀險醜身秉朝權手斷國命誅戮無辜納其財產睚眦之間屠覆比屋身居元首好是賤事危冠短服坐臥以之晨出夜反無復已極驅斥氓庶巷無居人老細奔遑寘身無所東邁西屛北出南驅負疾輿尸塡衢塞陌興築繕造日夜不窮晨構夕毀朝穿暮塞絡以隨珠方斯已陋飾以璧璫曾何足道時暑赫曦流金鑠石移竹藝果匪日伊夜根未及植葉巳先枯畚鍤紛紜勤倦無已散費國儲專事浮飾逼奪民財自近及遠兆庶恇恇流竄道路府帑旣竭肆奪市道工商裨販行號道泣屈此萬乘躬事角抵昂首翹肩逞能橦木觀者如堵曾無怍容芳樂華林並立閶闠踞肆鼓刀手銓輕重干文鼓譟昏曉靡息無戒而城豈足云譬至於居喪淫讌之愆三年載弄之醜反道違常之釁牝雞晨鳴之慝於事已細故可得而略也罄楚越之竹未足以言校辛癸之君豈或能匹征東將軍忠武奮發投袂萬里光奉明聖翌成中興乘勝席卷掃淸京邑而群小靡識嬰城自固緩戮稽誅倏彌旬月宜速勦定寧我邦家可潛遣閒介密宣此旨忠勇齊奮遄加蕩撲放斥昏凶衞送外第未亾人不幸縣此百罹感念存歿心焉如割奈何奈何又令依漢海昏侯故事追封東昏侯茹法珍梅蟲兒王咺之等伏誅豐勇之原死

南史王鎭之傳鎭之弟弘之弘之孫晏進號驃騎大將軍太子少傅進爵爲公晏人望未重又與上素疎中興初雖以事計委任而內相疑阻晏無防意旣居朝端事多專決內外要職並用周旋門義每與上爭用人數呼相工自視云當大貴與客語好屛人上疑晏欲反遂誅晏晏未敗前於北山廟荅賽夜還晏醉部伍人亦飲酒羽儀錯亂前後十餘里中不復禁制識者云此不復久也未幾而敗

侯景傳景自篡立後每登武帝所常幸殿若有芒刺在身恆聞叱咄者又處宴居殿一夜驚起若有物扣其心自是凡武帝所常居處並不敢處多在昭陽殿廊下所居殿屋常有鵂鶹鳥鳴呼景惡之每使人窮山野捕鳥

隋書五行志侯景僭卽尊號升圓丘行不能正履有

識者知其不免景尋敗

梁元帝既平侯景破蕭紀而有驕矜之色性又沈猜由是臣下離貳即位三年而爲西魏所陷帝竟不得其死

南史陸驗徐驎傳驗驎並吳郡吳人朱异其邑子也兩人遞爲少府丞大市令並以苛刻爲務百賈畏之异尤與之昵世人謂之三蠹司農卿傅岐梗直士也嘗謂异曰卿任參國鈞榮寵如此比日所聞鄙穢很藉若使聖主發悟欲免得乎异曰外間謗讟知之久矣心苟無媿何䘏人言岐謂人曰朱彥和將死矣恃諂以求容肆辯以拒諫聞難而不懼知惡而不改天奪其鑒其能久乎

隋書五行志陳司空侯安都自以有安社稷之功驕矜日甚每侍宴酒酣輒箕踞而坐嘗謂文帝曰何如作臨川王時又借華林園水殿與妻妾賓客置酒於其上帝甚惡之後竟誅死

冊府元龜侯安都爲鎮北將軍率衆與周文育西討王琳將發王公已下餞於新林安都躍馬渡橋人馬俱墜水中又坐䑲內墜於櫓井時以爲不祥軍至郢州與琳合戰安都敗績與周文育徐敬成並爲琳所囚

南史陳後主本紀帝荒於酒色不恤政事左右嬖佞珥貂者五十人婦人美貌麗服巧態以從者千餘人常使張貴妃孔貴人等八人夾坐江總孔範等十人預宴號曰狎客先令八婦人襞采箋製五言詩十客一時繼和遲則罰酒君臣酣飲從夕達旦以此爲常而盛修宮室無時休止稅江稅市徵取百端刑罰酷濫牢獄常滿

隋書五行志陳後主時有張貴妃孔貴嬪並有國色稱爲妖豔後主惑之寵冠宮掖每充侍從詩酒爲娛一入後庭數旬不出荒淫侈靡莫知紀極府庫空竭頭會箕斂天下怨叛將士離心敵人鼓行而進莫有死戰之士女德之咎也及敗亡之際後主與孔姬俱投於井隋師執張貴妃而戮之以謝江東洪範五行傳曰華者猶榮華容色之象也以色亂國故謂華孽

陳禎明三年隋師臨江後主從容而言曰齊兵三來周師再來無弗摧敗彼何爲者都官尚書孔範曰長江天塹古以爲限隔南北今日北軍豈能飛渡耶臣每患官卑彼若渡來臣爲太尉矣後主大悅因奏妓縱酒賦詩不輟心腹之痾也存亡之機定之俄頃君臣旰食不暇後主已不知懼孔範從而蕩之天奪其心曷能不敗陳國遂亡範亦遠徙

陳後主每祀郊廟必稱疾不行建寧令章華上書諫曰拜三妃以臨軒祀宗廟而稱疾非祇肅之道後主怒而斬之又引江總孔範等內宴無復尊卑之序號爲狎客專以詩酒爲娛不恤國政祕書監傅縡上書諫曰人君者恭事上帝子愛下人省嗜慾遠邪佞未明求衣日旰忘食是以澤被區宇慶流子孫陛下頃來酒色過度不虔郊廟大神專媚淫昏之鬼小人在側宦豎擅權惡誠直如仇讎視時人如草芥後宮曳羅綺廄馬餘菽粟百姓流離轉屍蔽野神怒人怨衆叛親離臣恐東南王氣自斯而盡後主不聽驕恣日甚未幾而國滅

魏書太祖本紀天賜六年夏帝不豫初帝服寒食散自太醫令陰羌死後藥數動發至此愈甚而災變屢見憂懣不安或數日不食或不寢達旦歸咎羣下喜怒乖常謂百寮左右人不可信慮如天文之占或有肘腋之虞追思既往成敗得失終日竟夜獨語不止若傍有鬼物對揚者朝臣至前追思舊惡皆見殺害其餘或以顏色變動或以喘息不調或以行步乖節或以言辭失措帝皆以爲懷惡在心變見於外乃手自毆擊死者皆陳天安殿前於是朝野人情各懷危懼有司懈怠莫相督攝百工偷劫盜賊公行巷里之間人爲希少帝亦聞之曰朕縱之使然待過災年當爲清治之爾秋七月慕容支屬百餘家謀欲外奔發覺伏誅死者三百餘人八月衞王儀謀叛賜死冬十月戊辰帝崩於天安殿時年三十九

隋書五行志神武時司徒高昂嘗詣相府將直入門門者止之昂怒引弓射門者神武不之罪尋爲西魏所殺

東魏武定五年後齊文襄帝時爲世子屬神武帝崩祕不發喪朝魏帝於鄴魏帝宴之文襄起儛及嗣位又朝魏帝於鄴侍宴而惰有識者知文襄之不免後果爲盜所害

齊文宣帝嘗宴於東山投杯赫怒下詔西伐極陳甲兵之盛既而泣謂羣臣曰黑衣非我所制卒不行有識者以帝精魄已亂知帝祚之不永帝後竟得心疾耽荒酒色性忽狂暴數年而崩

文宣帝末年衣錦綺傅粉黛數爲胡服微行市里粉黛者婦人之飾陽爲陰事君變爲臣之象也及帝崩太子嗣位被廢爲濟南王又齊氏出自陰山胡服者

將反初服也錦綵非帝王之法服微服者布衣之事齊亡之效也

武成帝丁太后憂緋袍如故未幾登三臺置酒作樂侍者進白袍帝大怒投之臺下未幾而崩

北齊書斛律羨傳羨武平元年加驃騎大將軍時光子武都爲兗州刺史羨歷事數帝以謹直見推雖極榮寵不自矜尚至是以合門貴盛深以爲憂乃上書推讓乞解所職優詔不許其年秋進爵荊山郡王三年七月光誅勑使中領軍賀拔伏恩等十餘人驛捕之遣領軍大將軍鮮于桃枝洛州行臺僕射獨孤永業便發定州騎卒續進仍以永業代羨伏恩等既至門者白使人衷甲馬汗宜閉城門羨曰勑使豈可疑拒出見之伏恩把手遂執之死於長史廳事臨終歎曰富貴如此女爲皇后公主滿家常使三百兵何得不敗及其五子世達世遷世辨世酉伏護餘年十五已下者宥之羨未誅前忽令其在州諸子自伏護以下五六人鎖頸乘驢出城合家皆泣送之至門日晚而歸吏民莫不驚異行燕郡守馬嗣明醫術之士爲羨所欽愛乃竊問之答曰須有禳厭數日而有此變

隋書五行志齊後主有寵姬馮小憐慧而有色能彈琵琶尤工歌儛後主惑之拜爲淑妃選綵女數千爲之羽從一女之飾動費千金帝從禽於三堆而周師大至邊吏告急相望於道帝欲班師小憐意不已更請合圍帝從之由是遲留而晉州遂陷後與周師相遇於晉州之下坐小憐而失機者數矣因而國滅齊之士庶至今咎之

後齊後主爲周師所迫至鄴集兵斛律孝卿勸後主親勞將士宜流涕慷慨以感激之人當自奮孝卿授之以辭後主然之及對衆嘿無所言因赧然大笑左右皆哂將士怒曰身尚如此吾輩何急由是皆無戰心俄爲周師所虜

庶徵典第一百三十九卷

人事異部紀事四

周書宣帝本紀帝之在東宮也高祖慮其不堪承嗣遇之甚嚴朝見進止與諸臣無異雖隆寒盛暑亦不得休息性旣嗜酒高祖遂禁醪醴不許至東宮帝每有過輒加捶扑嘗謂之曰古來太子被廢者幾人餘兒豈不堪立耶於是遣東宮官屬錄帝言語動作每月奏聞帝憚高祖威嚴矯情修飾以是過惡遂不外聞嗣位之初方逞其欲大行在殯曾無戚容卽閱視先帝宮人逼爲淫亂纔及踰年便恣聲樂采擇天下子女以充後宮好自矜夸飾非拒諫禪位之後彌復驕奢躭酗於後宮或旬日不出公卿近臣請事者皆附奄官奏之所居宮殿帷帳皆飾以金玉珠寶光華炫燿極麗窮奢及營洛陽宮雖未成畢其規模壯麗踰於漢魏遠矣惟自尊崇無所顧憚國典朝儀率情變改後宮位號莫能詳錄每對臣下自稱爲天以五色土塗所御天德殿各隨方色又於後宮與皇后等列坐用宗廟禮器罇彝珪瓚之屬以飲食焉又令羣臣朝天臺者皆致齋三日清身一日車旗章服倍於前王之數旣自比上帝不欲令人同己嘗自帶綬及冠通天冠加金附蟬顧見侍臣武弁上有金蟬及王公有綬者並令去之又不聽人有高大之稱諸姓高者改爲姜九族稱高祖者爲長祖曾祖爲次長祖官名凡稱上及大者改爲長有天者亦改之又令天下車皆以渾成木爲輪禁天下婦人皆不得施粉黛之飾唯宮人得乘有輻車加粉黛焉西陽公溫杞國公亮之子卽帝之從祖兄子也其妻尉遲氏有容色因入朝帝遂飮之以酒逼而淫之亮聞之懼誅乃反纔誅溫卽追尉遲氏入宮初爲妃尋立爲皇后每召侍臣論議唯欲興造變革未嘗言及治政其後遊戲無恆出入不節羽儀仗衛晨出夜還或幸天興宮或遊道會苑陪侍之官皆不堪命散樂雜戲魚龍爛漫之伎常在目前好令京城少年爲婦人服飾入殿歌舞與後宮觀之以爲喜樂擯斥近臣多所猜忌又吝於財略無賜與恐羣臣規諫不得行己之志常遣左右密伺察之動止所爲莫不抄錄小有乖違輒加其罪自公卿已下皆被楚撻其間誅戮黜免者不可勝言每笞捶人皆以百二十爲度名曰天杖宮人內職亦如之后妃嬪御雖被寵嬖亦多被杖背於是內外恐懼人不自安皆求苟免莫有固志重足累息以逮於終

大象元年十二月甲子御正武殿集百官及宮人內外命婦大列妓樂又縱胡人乞寒用水澆沃爲戲樂乙丑行幸洛陽帝親御驛馬日行三百里四皇后及文武侍衛數百人並乘驛以從仍令四后方駕齊驅或有先後便加譴責人馬頓仆相屬

隋書五行志開皇中房陵王勇之在東宮及宜陽公王世積家婦人所服領巾制同槊幡軍幟婦人爲陰臣象也而服兵幟臣有兵禍之應矣勇竟以遇害世積坐伏誅

煬帝本紀初上自以藩王次不當立每矯情飾行以釣虛名陰有奪宗之計時高祖雅信文獻皇后而性忌妾媵皇太子勇內多嬖幸以此失愛帝後庭有子皆不育之示無私寵取媚於后大臣用事者傾心與交中使至第無貴賤皆曲承顏色申以厚禮婢僕往來者無不稱其仁孝又常私入宮掖密謀於獻后楊素等因機構扇遂成廢立自高祖大漸暨諒闇之中烝淫無度山陵始就卽事巡遊以天下承平日久士馬全盛慨然慕秦皇漢武之事乃盛治宮室窮極侈靡召募行人分使絕域諸蕃至者厚加禮賜有不恭命以兵擊之盛興屯田於玉門柳城之外課天下富戶益市武馬匹直十餘萬富強坐是凍餒者十家而九帝性多詭譎所幸之處不欲人知每之一所輒數道置頓四海珍羞殊味水陸必備焉求市者無遠不至郡縣官人競爲獻食豐厚者進擢疏儉者獲罪姦吏侵漁內外虛竭頭會箕斂人不聊生於時軍國多務日不暇給帝方驕怠惡聞政事冤屈不治奏請罕決又猜忌臣下無所專任朝臣有不合意者必搆其罪而族滅之故高熲賀若弼先皇心膂參謀帷幄張衡李金才藩邸惟舊績著經綸或惡其直道或忿其正議求其無形之罪加以刎頸之誅其餘事君盡禮謇謇匪躬無辜無罪橫受夷戮者不可勝紀政刑弛

紊賄貨公行莫敢正言道路以目六軍不息百役繁興行者不歸居者失業人饑相食邑落爲墟上不之恤也東西遊幸靡有定居每以供費不給逆收數年之賦所至唯與後宮流連沈湎惟日不足招迎姥媪朝夕共肆醜言又引少年令與宮人穢亂不軌不遜以爲娛樂區宇之內盜賊蜂起刼掠從官屠陷城邑近臣互相掩蔽隱賊數不以實對或有言賊多者輒大被詰責各求苟免上下相蒙每出師徒敗亾相繼戰士盡力必不加賞百姓無辜咸受屠戮黎庶憤怨天下土崩至於就擒而尤未之寤也

五行志煬帝自負才學每驕天下之士嘗謂侍臣曰天下當謂朕承藉餘緒而有四海耶設令朕與士大夫高選亦當爲天子矣謂當世之賢皆所不逮書云謂人莫己若者亾帝自矜己以輕天下能不亾乎帝又言習吳音其後竟終於江都此亦魯襄公終於楚宮之類也

冊府元龜越王貞爲豫州刺史則天垂拱中貞子博州刺史琅邪王冲據博州舉兵貞應之嘗遊於城西水門橋臨水自鑑不見其首心甚惡之未幾禍及

唐書常山愍王承乾傳承乾立爲皇太子臨朝言諱諱必忠孝退乃與羣不逞狎慢左右或進諫危坐斂容痛自咎飾非辯給諫者拜答不暇時魏王泰有美名帝愛重而承乾病足不良行且懼廢與泰交惡東宮有俳兒善姿首承乾嬖愛帝聞震怒收兒殺之坐死者數人承乾意爲泰告望甚內念兒不已築室圖其像贈官樹碑爲起冢苑中朝夕祭承乾至其處徘徊涕數行下愈怨懟稱疾不朝累數月使戶奴數十百人習音聲學胡人椎髻剪綵爲舞衣尋橦跳劍鼓鞞聲通晝夜不絕造大銅爐六熟鼎招亡奴盜取人牛馬親視烹燖名所幸廝養供食之又好突厥言及所服選貌類胡者被以羊裘辮髮五人連一落張氈舍造五狼頭纛分戟爲陣繫旛旗設穹廬自居使諸部斂羊以烹抽佩刀割肉相啗承乾身作可汗死使衆號哭剺面奔馬環臨之忽復起曰使我有天下將數萬騎到金城然後解髮委身思摩當一設顧不快耶左右私相語以爲妖又襲氈爲鎧列丹幟勒部陣與漢王元昌分統大呼擊刺爲樂不用命者披樹抶之或至死輕者輒腐之嘗曰我作天子當肆吾欲有諫者我殺之殺五百人豈不定召刺客紇干承基等謀殺魏王泰不克遂與侯君集謀以兵入西宮承基上變廢爲庶人徙黔州死

越王貞傳中宗廢居房陵貞及子琅琊王冲計議反正兵敗仰藥死始貞臨水自鑒不見其首惡之未幾及禍

五行志元宗好鬬雞貴臣外戚皆尚之貧者或弄木雞識者以爲雞酉屬帝生之歲也鬬者兵象近雞禍也

開元天寶遺事宮中嬪妃輩施素粉於兩頰相號爲淚粧識者以爲不祥後有祿山之亂明皇與貴妃每至酒酣使妃子統宮妓百餘人帝統小中貴百餘人排兩陣於掖庭中目爲風流陣以霞帔錦被張之爲旗幟攻擊相鬬敗者罰之巨觥以戲笑時議以爲不祥之兆後果有祿山兵亂天意人事不偶然也

冊府元龜劉闢爲劍南西川節度使韋皋府行軍司馬闢嘗病見問疾者皆以手據地倒行入闢口闢因饑裂食之唯盧文若至則如平常故尤與文若相睦卒以同惡族其家

雲溪友議邕州蔡大夫京者故令狐相公鎮滑臺之日因道場見於僧中令京挈瓶鉢彭陽公曰此童眉目疎秀進退不懾惜其卑幼可以勸學因師從之乃得倍相國子弟（青州尚書緒丞相綸也）後以進士舉上第乃彭陽令狐公之舉也尋又學究登科而作尉畿服既爲御史覆獄淮南李相公紳憂悸而已頗得繡衣之稱（吳汝南論圜申冤蔡君先諍之日是主上憂國之時乃臣下徇私之日）謫居澧州爲厲員外元所辱稍遷撫州刺史常稱宇內無人對僧徒則非大品之談遇道流則言五千之義接儒士則比端木之賢於仲尼次論周易則評先聖之謬來者縱得相許有始而無卒焉（謂丁退秀才等）郡有汝木爲放生池不與漁罟之事忽一人乘小舟釣於此蔡君隨遣吏捕之釣者乃爲詩曰拋却長竿捲却絲手攜蓑笠獻新詩臨川太守清如鏡不是漁人下釣時京覽詩乃召之已去竟不言其姓字或有識者曰野人張頂也（頂字不載本姓王隱不言）蔡牧益自驕矜作詩以責商山四老曰秦末家家思逐鹿商山四皓獨忘機如何鬢髮霜相似更出深山定是非及假節邕郊道經湘口零陵鄭太守史與京同年遠以酒樂相迓座有瓊枝者鄭君之所愛而席之最殊也蔡强奪之而行鄭莫之禁邕郊所爲多類此爲德義者兒鄙終不悛也行泊中興頌所（地名在浯溪）偪僥不前題篇久之似有悵悵之意纔到邕南制禦失律伏法湘川權厝於此二子延近號訴蒼天未終喪而俱逝論者以妄責四皓而欲買

山於浯溪之間不徙言哉詩曰停橈積水中舉目孤煙外借問浯溪人誰家有山賓

唐書王守澄傳憲宗喜方士詔天下求其人宰相皇甫鎛左金吾將軍李道古等白見楊仁晝浮屠大通仁晝更姓名曰柳泌大通自言壽百五十歲有不死藥並待詔翰林號人田元佐言有祕方能化瓦礫爲黃金詔除號令與董景珍李元戢皆介泌大通薦於天子天子惑其說泌以金石進帝餌之躁甚數暴怒恚責左右踵得罪禁中累息帝自是不豫十五年罷元會羣臣危恐會義成劉悟來朝賜對麟德殿悟出曰上體平矣內外乃安是夜守澄與內常侍陳弘志弒帝於中和殿緣所餌以暴崩告天下

劉克明傳克明亦亾所來得幸敬宗敬宗善擊毬於是陶元皓靳遂良趙士則李公定石定寬以毬工得見便殿內籍宣徽院或教坊然皆出神策隸卒或里閭惡少年帝與押息殿中爲戲樂四方聞之爭以趫勇進於帝嘗閱角觝三殿有碎首斷臂流血庭中帝歡甚厚賜之夜分罷所親近既皆凶不逞又小過必責辱自是怨望帝夜艾自捕狐狸爲樂謂之打夜狐中人許遂振李少端魚志弘侍從不及皆削秩帝獵夜還與克明田務澄許文端石定寬蘇佐明王嘉憲閻惟直等二十有八人羣飲既酣帝更衣燭忽滅克明與佐明定寬弒帝更衣室矯詔名翰林學士路隋作詔書命絳王領軍國事

劇談錄咸通中有中年尉李潯寓居圃田別墅稟性剛戾不以鬼神爲意每見人銜杯酹酒無不怒而止之一旦暴得風眩方臥簷廡之下忽有田父立於榻前云鄰伍間欲來省疾見數人形貌尫劣服飾或青或紫後有矮僕提酒兩壺相與歷堦而上左右妻孥悉無所覩謂潯曰爾當日負氣忽於我曹至於醪醴之間必爲他人愛惜今有醇酎數斗衆欲遺君一醉俄以巨盆滿酌逼飲兩壺俱盡牀第衾裯皆是餘瀝將出謂潯曰何似當時惜酒自茲百骸皆悴如病宿酲寢瘵慘然數月方愈馮給事爲鄭州刺史親名李生而說之

唐書田令孜傳僖宗喜鬬鵝走馬數幸六王宅興慶池與諸王鬬鵝一鵝至五十萬錢與內園小兒尤昵狎倚寵暴橫始帝爲王時與令孜同臥起至是以其知書能處事又帝資狂昏故政事一委之呼爲父而荒酣無檢發左藏齊天諸庫金幣賜伎子歌兒者日鉅萬國用耗盡令孜語內園小兒尹希復王士成等勸帝籍京師兩市蕃旅華商寶貨舉送內庫使者監閟櫃坊茶閣有來訴者皆杖死京兆府令孜知帝不足憚則販鬻官爵除拜不待旨假賜緋紫不以聞百度崩弛內外垢玩既所在盜起上下相掩匿帝不及知是時賢人無在者惟佞鄙杳貪相與備員偷安噤默而已

北夢瑣言蜀朝東川節度許存太師有功勳臣也其子承傑卽故黔使君實之子隨母嫁許然其驕貴僭越少有倫比作都頭軍籍只一百二十有七人是音聲伎術卽出同節使行李凡從行之物一切奢大騎碧暖座垂魚紛錯每修書題印章微有浸漬卽必改換書吏苦之流輩以爲話端皆推茂刺顧叟爲首許公他日有會乃謂顧曰閣下何太謗顧乃分疏因指同席數人爲證顧爲以對逡巡乃曰三哥不用草草碧暖座爲衆所知至於魚袋上鑄蓬萊山非我唱揚席上愈笑方知魚袋更僭也刺茂州入蕃落爲蕃酋害之

五代史張憲傳憲爲東都副留守憲精於吏事甚有能政莊宗幸東都定州王都來朝莊宗命憲治鞠場與都擊鞠初莊宗建號於東都以鞠場爲卽位壇於是憲言卽位壇王者所以興也漢鄗南魏繁陽壇至今皆在不可毀乃別治宮西爲鞠場場未成莊宗怒命兩虞候亟毀壇以爲場憲退而歎曰此不祥之兆也

冊府元龜王殷爲鄴都留守以太祖郊禮入覲令爲內外巡警有震主之勢人頗憂之太祖力疾坐滋福殿降制流竄人都城乃命殺之衆情乃安殷之入覲都人餞之離亭上馬失鐙翻墮於地人訝其不祥太祖尋令澶帥鄭仁誨之鄴殺次子爲衙內指揮使不出候謁誅之遷其家屬於登州

宋史張美傳美爲右領軍衛大將軍權判三司世宗征淮南留美爲大內部署一日方假寐忽覺心動遽驚起行視宮城中少頃內醞署火起既有備卽撲滅之俄眞授三司使

徐休復傳休復知廣州雍熙二年就遷比部郎中充樞密直學士賜金紫依舊知州事休復與轉運使王延範不協乃奏延範私養術士厚待過客撫部下吏有恩發書與故人韋務昇作隱語偵朝廷事反狀已具詔遣內侍閻承翰與休復同按劾之遂抵於法端拱初加左諫議大夫名爲戶部使淳化元年罷使遷

給事中連知青潞二州休復先上言以父母藁葬青社願得領州事因營丘壟至青州踰年但聚財殖貨終不言葬事至潞州數月瘍生於腦既而疾甚若見王延範休復但號呼稱死罪後數日卒

孫曉傳曉字表東京兆武功人長興初辟鄧州從事漢祖鎮太原表爲觀察支使周廣順初由華州支使入爲大理正以讞獄有功遷少卿顯德中歷屯田郎中宋初詔與竇儀奚嶼張希讓等同詳定刑統爲三十卷及編敕四卷建隆四年權大理少卿事遷度支郎中乾德二年出爲淮南轉運使建議榷蘄黃舒廬壽五州茶置十四場規其利歲入百餘萬緡開寶三年遷司勳郎中改西川轉運使仍掌京城市征先是朝廷遣供備庫事李守信市木秦隴間守信盜官錢鉅萬既受代爲部下所發守信至中牟自剄於傳舍太祖命曉案之逮捕甚衆右拾遺通判秦州馬適妻李卽守信息女守信嘗用木爲筏以遺適曉得守信所遺書以進太祖將捨之曉上章固請寘於法仍籍其家餘所連及者多至破產盡得所隱沒官錢擢拜曉右諫議大夫判大理寺賜金紫遷左諫議大夫七年監在京商稅九年六月卒年七十三曉深文少恩當時號爲酷吏及卒無子有一女甚鍾愛亦先曉卒人以爲深刻所致

李符傳符歷三司副使太平興國七年開封尹秦王廷美出守西京以符知開封府廷美事發太宗令歸第省過趙普令符上言廷美在西洛非便恐有他變宜遷遠郡以絕人望遂有房陵之貶普恐泄言坐符用刑不當貶寧國軍行軍司馬盧多遜貶崖州也符白普曰珠崖雖遠在海中而水土頗善春州稍近瘴氣甚毒至者必死願徙多遜處之普不答先是太宗尹京符因宋琪薦彌德超事藩邸符貶德超爲樞密副使屢稱其冤會德超以事貶帝惡其朋黨徙符嶺表普移符知春州至郡歲餘卒年五十九符無文學有吏幹好希人主意以求進用終以此敗

田況傳始契丹寇澶州略得數百人以屬其父延昭延昭哀之悉縱去因自脫歸中國延昭生八男子多知名況長子也保州之役況阬殺降卒數百人朝廷壯其決後大用之然卒無子以兄子爲後

王彥超傳彥超封邠國公表求致仕初彥超將致政每誡諸子曰吾累爲統帥殺人多矣身死得免爲幸必無陰德以及後汝曹勉爲善事以自庇及卒諸子果無達者宣化門內有大第園林甚盛不十餘年其家已鬻之矣

盧多遜傳多遜父億性儉素自奉甚薄及多遜貴顯賜賚優厚服用漸侈愀然不樂謂親友曰家世儒素一旦富貴暴至吾未知稅駕之所後多遜果敗人服其識

賈黃中傳淳熙五年知襄州上言母老乞留京改知澶州辭日上戒之曰夫小心翼翼君臣皆當然若太過則失大臣之體黃中頓首謝上因謂侍臣曰朕嘗念其母有賢德七十餘年未覺老每與之語甚明敏黃中終日憂畏必先其母老矣至道二年以疾卒年五十六其母尚無恙卒如上言

三朝聖政錄眞宗皇帝因元夕御樓觀燈見都人熙熙舉酒顧宰執曰祖宗創業艱難朕今獲覩太平與卿等同慶宰執稱賀皆飲爵獨李文靖沆終爵不懌明日王文正旦問其所以曰上許日宣勸諸執公不肯少有將順何也文靖曰太平二字嘗恐諫佞之臣以之藉口干進今人主自用此誇耀臣下則忠鯁何由以進既謂太平則求祥瑞而封禪之說進若必爲之則耗帑藏而輕民力萬一有患生於意外則何以支吾沆老矣茲事必不親見參政他日當之矣其後四方奏祥瑞無虛日東封西祀講求典禮紛然不可遏王公追思其言歎曰李文靖眞聖人也求文靖畫像置於書室中而日拜之予屢見前輩說此詢於兩家子孫其言皆同

宋史周恭肅王元儼傳元儼子允良封華原郡王改襄陽由同中書門下平章事兼侍中至太保中書令好酣寢以日爲夜由是一宮之人皆晝睡夕興薨贈定王有司以其反易晦明謚曰榮易

溫公續詩話梅聖俞之卒也余與宋子才選韓欽聖宗彥沈文通遘俱爲三司僚屬共痛惜之子才曰比見聖俞面光澤特甚意爲充盛不知乃爲不祥也時欽聖面亦光澤文通指之曰次至欽聖矣衆皆尤其暴謔不數月欽聖抱疾而卒俞謂文通曰君雖不爲呪詛亦戲殺耳此雖無預時事然以其與聖俞同時事又相類故附之

宋史王韶傳韶德安人交親多楚人依韶求仕乃分屬諸將或殺降羌老弱以首爲功級韶晚節言動不常頗若狂病狀既病疽洞見五臟蓋亦多殺之徵云

可談王安禮尚氣不下人紹聖初起師太原過闕許

見時樞府虛位安禮銳意士亦屬望將至京師答諸公遠迎書自兩制而下皆榻角一偏封語傲禮簡或於上前言其素行既對促赴新任怏怏數月而死

桯史宣和之季京師士庶競以鵝黃爲腹圍謂之腰上黃婦人便服不施衿紐束身短製謂之不製衿始自宮掖未幾而通國皆服之明年徽宗內禪稱上皇竟有青城之邀而金亂卒不能制斯亦服妖之比歟

清波雜志蔡攸副童貫出師北伐有少保節度使與宣撫副使二認旗從于後文日執旗兵逃去二旗亦失之識者知爲不祥既行徽宗與其父京日攸辭日奏功成後要問赦覓念四五都知其英氣如此京但謝以小子無狀二人乃上寵嬪念四者閻婕妤也

金史張仲軻傳仲軻幼名牛兒市井無賴說傳奇小說雜以俳優詼諧語爲業海陵引之左右以資戲笑海陵封岐國王以爲書表及即位爲祕書郎海陵嘗對仲軻與妃嬪褻瀆仲軻但稱死罪不敢仰視又嘗令仲軻倮形以觀之侍臣往往倮裎雖徒單貞亦不免此兵部侍郎完顏普連大興少尹李惇皆以贓敗海陵置之要近伶人于慶兒官五品大氏家奴王之彰爲祕書郎之彰置珠偏僻海陵親視之不以爲褻唐括辯家奴和尚烏帶家奴葛溫葛魯皆置宿衞有僥倖至一品者左右或無官職人或以名呼之即受以顯階海陵語其人日爾復能名之乎嘗置黃金裀褥間喜之者令自取之其濫賜如此

元史哈麻傳哈麻嘗陰進西天僧以運氣術媚帝帝習爲之號演揲兒法演揲兒華言大喜樂也哈麻之妹壻集賢學士禿魯帖木兒故有寵於帝與老的沙八郎答剌馬吉的波迪哇兒禡等十人俱號倚納禿魯帖木兒性奸狡帝愛之言聽計從亦薦西蕃僧伽璘眞於帝其僧善祕密法謂帝日陛下雖尊居萬乘富有四海不過保有見世而已人生能幾何當受此祕密大喜樂禪定帝又習之其法亦名雙修法日演揲兒日祕密皆房中術也帝乃詔西天僧爲司徒西蕃僧爲大元國師其徒皆娶良家女或四人或三人奉之謂之供養於是帝日從事於其法廣取女婦惟淫戲是樂又選采女爲十六天魔舞八郎者帝諸弟與其所謂倚納者皆在帝前相與褻狎甚至男女裸處號所處室日皆即兀該華言事事無礙也君臣宣淫而羣僧出入禁中無所禁止醜聲穢行著聞於外雖市井之人亦惡聞之皇太子年日以長尤深疾禿魯帖木兒等所爲欲去之未能也

見聞紀訓同年建德王本立名建嘗語余日渠爲諸生時提學歲考之後適有分守某叅政行縣諸生謁見間言及考事惟問案首姓名幫補進學人數而止餘不問焉越數日分巡某僉事繼至亦對諸生言及考事惟問黜退停降撲責人數而止餘不問焉諸生酒私相論日二公發問相反如此吾屬識之且觀二公去後祿位何如乃後分守公官至戶部侍郎子相繼登第僉事公陞陝西副使遇安化王作亂腰斬之吁豈謂一問遂能致禍福哉蓋言者心之聲而行之表也存心仁厚則一言一行動依於厚焉存心刻薄則一言一行動依於薄焉君子以厚德載物彼殘忍刻薄之人豈享福祿之器哉

正德二年州大旱各鄉顆粒無收獨吾村賴堰木大稔州官槩申災得蠲租明年又有大水各鄉田禾渰沒殆盡而吾村頗高阜又獨稔州官又槩申災租又得免且得買各鄉所鬻產及器皿諸物價廉獲利三倍於是大家小戶狠戾屑越戲劇宴飲無日不酣意揚揚自以爲樂也余乃謂家叔兄日吾村當有奇禍家叔兄問何也余日無福消受耳吾家與郁與張根基稍厚猶或小可彼俞費芮李四小姓恐不免也家叔兄殊不以爲然未幾村大疫四家男婦死無孑遺惟費氏僅存五六丁耳至此家叔兄稍動念問吾三家畢竟何如余日雖無彼四家之甚損耗恐終有之越一年果陸續俱罹囘祿嗟余爲此言豈無稽哉大抵越冒之利鬼神所忌而禍福倚伏亦乘除之數況又暴殄天物耶

龍西溪僉憲名寬語我日往年在京師其同年友某行人一日過西溪邸謀日吾欲註門籍幾日何如西溪問故答日近有湖廣差我將避之耳西溪日何哉湖廣非險遠況尊翁在堂便道一省覲豈不善迺欲避耶行人日實不然吾聞吏部將選科道若承此差恐不得與選吾且避之則楊子山當行子山名艮乃大某行人者西溪日若爲此吾不敢阻君行人竟稱病註門籍不意纔數日吏部遽開某行人勢不可即出楊應上選遂得吏科給事中某行人徒撫膺悵恨而已可見爲謀不臧適以自敗反以成他人之功良可哂也已

梅溪一富翁最貪而吝之極銀幣錢穀日益充積余每對錢煥卿日此人當有奇禍問日何也日財積不散又無一善狀欲無殃得乎過二三年余又日此人禍且至矣錢又問何也日聚惟貪吝可鄙而已近聞

漸驕橫非速禍哉未幾爲賊刺殺之

人事異部雜錄

王充論衡語增篇傳言紂懸肉以爲林令男女倮而相逐其間是爲醉樂淫戲無節度也夫肉當內於口口之所食宜潔不辱今言男女倮相逐其間何等潔者如以醉而不計潔辱則當云浴於酒中而倮相逐於肉間何爲不肯浴於酒中以不言浴於酒知不倮相逐於肉間傳者之說或言車行酒騎行炙百二十日爲一夜夫言用酒爲池則言其車行酒非也言其懸肉爲林卽言騎行炙非也或時紂沈湎覆酒滂沲於地卽言以酒爲池釀酒糟積聚則言糟爲丘懸肉以林則言肉爲林林中幽冥人時走戲其中則言倮相逐或時載酒用鹿車則言車行酒騎行炙或時十數夜則言其百二十或時醉不知問日數則言其亾甲子周公封康叔告以紂用酒期於悉極欲以戒之也而不言糟丘酒池懸肉爲林長夜之飲亾其甲子聖人不言殆非實也

物類相感志眼瞤人或目瞤有吉凶不常若他人思己則動或被呪咀動占法各別

願言則嚏願言思我也思念則我嚏也今俗間云嚏言他說我

耳鳴人耳鳴急似擊銅器之韻者同歲人死俗占九驗

頤癢人或下頤無故搔癢不可止當食異物不然有饋珍鮮與食指動同

食指動人將食異物則食指預動昔楚人獻黿於鄭公子家子公食指動謂子家曰必嘗異味宰人解黿食大夫不與子公子公乃染指於鼎嘗之而出

中指動臧肴字宣卿有孝性嘗從父宿直廷尉府母在家暴亡肴左右手中指動忽痛不得寢及旦家信至果報凶問也

有喪折爪陳宣太后章氏手爪長寸色紅白有朞功之喪至則一爪先折

肉痛齊人陵人也代爲邑書史父値在家病亡信未至齊人謂人曰比者肉痛心煩如有截割必有異焉信至果父病尋亡

心痛樂頤之字文德南人也仕爲京府參軍父在郢亡頤之忽心痛涕戀因請歸中路果凶問至焉

母乳出朱修之戍滑臺被燕將圍糧盡將士薰鼠食之被圍久母常悲憂一旦乳汁驚出母慟告家人曰我老非復有乳汁時今恐修之必沒賊矣果其日克滑臺其感有如此者

母病子心痛唐初張志安在鄉里稱孝差爲里戸在縣忽稱母疾白縣令令問之志安曰母有疾志安亦患志安適心痛是知母有疾令拘之差人覆之果如所說尋奏高祖表門閭拜散騎常侍

父死子心痛唐裴敬彝父爲陳王典所殺敬彝時在城忽自覺流涕不食謂人曰我大人凡有痛處我卽不安今日心痛手足如摩事在不測遂歸覲父果死矣

爪花人或爪甲上生白瑕拂拂然世謂之爪花得服飾之兆俗人爲驗過無失

庶徵典第一百四十卷

人異部彙考一

禮記

月令

仲春之月雷乃發聲先雷三日奮木鐸以令兆民曰雷將發聲有不戒其容止者生子不備必有凶災

集說嚴陵方氏曰不備言百骸九竅之或虧以其感怠慢之氣而孕故如此

春秋緯

孔演圖

八政不中則人無脣

潛潭巴

女子化爲丈夫賢人去位君獨居丈夫化爲女子陰氣淖小人聚

漢書

五行志

傳曰貌之不恭是謂不肅厥咎狂厥罰恆雨厥極惡時則有下體生上之痾人君行已體貌不恭怠慢驕蹇則不能敬萬事失在狂易故其咎狂也水傷百穀衣食不足則姦宄並作故其極惡也一曰民多被刑或形貌醜惡亦是也上失威儀則下有彊臣害君上者故有下體生於上之痾劉歆貌傳曰有鼻痾

言之不從是謂不艾厥咎僭厥罰恆陽厥極憂時則有口舌之痾人多病口喉咳者

視之不明是謂不悊厥咎舒厥罰恆奧厥極疾時則有目痾離爲火爲目及人則多病目者故有目痾火色赤凡視傷者病火氣火氣傷則水沴之京房易傳曰尊卑不別厥妖生女赤毛

聽之不聰是謂不謀厥咎急厥罰恆寒厥極貧時則有耳痾及人則多病耳者故有耳痾

傳曰思心之不睿是謂不聖厥咎霿厥罰恆風厥極凶短折時則有心腹之痾常風傷物故其極凶短折也傷人曰凶禽獸曰短草木曰折一曰凶夭也兄喪弟曰短父喪子曰折及人則多病心腹者故有心腹之痾也

皇之不極是謂不建厥咎眊厥罰恆陰厥極弱時則有下人伐上之痾人君貌言視聽思心五事皆失不得其中則不能立萬事失在眊悖君亂且弱不有明王之誅則有篡弒之禍故有下人伐上之痾劉歆皇極傳曰有下體生上之痾說以爲下人伐上天誅已成不得復爲痾云

京房易傳曰女子化爲丈夫茲謂陰昌賤人爲王丈夫化爲女子茲謂陰勝厥咎亡一曰男化爲女宮刑濫也女化爲男婦政行也

幹父之蠱有子考無咎子三年不改父道思慕不皇

亦重見先人之非不則爲私厥妖人死復生一曰至陰爲陽下人爲上

睽孤見豕負塗厥妖人生兩頭下相攘善妖亦同人若六畜首目在下茲謂亡上正將變史凡妖之作以譴失正各象其類二首下不一也足多所任邪也足少下不勝任或不任下也凡下體生於上不敬也上體生於下媟瀆也生非其類淫亂也人生而大上速成也生而能言好虛也羣妖推此類不改乃成凶也

冢宰專政厥妖人生角妖言動衆茲謂不信路將亡

人司馬死

管窺輯要

異人見占

長人見其國亡

有人入殿不知其名大水爲災羣猾並謀其國易政

地中出人京房曰君憂民流亡國亡地

人死復生占

人死復生國有大病五穀死傷兵起京房曰子不三年改父之道而爲私厥妖人死復生又曰至陰爲陽下人爲上又曰死人復行五穀不登兵大起一曰死人復生廢家得位

人化異物占

人生角京房曰權臣專政厥妖人生角天下兵角兵象也曰人生角下反上

人化爲獸國無政化將亡之兆

男子化爲婦人潛潭巴曰小人聚天子弱則丈夫化爲女子京房曰男化爲女茲謂陰勝陽柔勝剛其國亡一曰有異姓奸奪主國者

婦人化爲男子潛潭巴曰賢人去天子獨則婦人化爲丈夫京房曰女化爲男茲謂陰昌賤人爲政其國必亡又曰君將絕嗣一曰將有易代

人生子異常占

人生而能言京房曰言之不從則人生而能言天使我代其言也地鏡曰國多讒賊則有人生而能言又曰人生而言善惡如其言

人生而能行京房曰其國不昌君有憂又曰自受其殃黔首散亡地鏡曰王事急民欲流亡國有兵

人生子異形占

人生子二首不一也足多所任邪也足少下不勝任也下體生上不敬之咎也上體生下媟瀆之應也生非其類淫亂生而能言好虐也凡人病皆以此推之

人生子多首君王有咎民饑流亡

人生二首不出三年王者起征四方爲首者亡一曰天下有二王

人生五首天下大猾起三首以上

人生子首在背天下易鄉

人生而首目在下茲謂無上國易政

人生子而大頭有髮蹠反向上下人伐上

人生大頭不出三年兵伐其邑

人生子有四目天下憂民流亡不出一年大旱一曰天下主凶

人生一目國不安生三目兵起橫害四目兩首主亡

人生子二口五穀不登百姓喪亡京房曰人生二口以上國憂兵起有十口春秋孔演圖曰國將亡陰不勝陽怨望則十口之人出

人生子有長舌天下有兵

人生一耳君不聽二耳以上是謂多方其國無主一曰是謂多聽其國無定

人生二鼻民謀其主

人生一手其國有咎三臂有反臣三手以上臣謀王

人生三足天下起兵天鏡曰是謂大役其國東西移走一曰不出三年其國兵喪一足是謂不行國無主

人生足小京房曰是謂不約不出三年其國消亡

人生三十指其邑民流亡

人生有兩身世主被殃人民散亡

人生有二背臣反主亡

人生有兩腹不出年歲大熟國以離亡

人生有三腹其國分

人生目在首上反後天子亡目著腹天鏡曰五谷熟橫兵起目在頂背天子不安在背及手天下有大事生腹下天下睽隔不相見在陰天子失位在踵及足是謂下視天下大兵

人生口在手指及腦國主亡在四肢同在腹旁天下有兵一曰五谷豐熟口在節天下饑人流亡生兩口皆背天鏡曰人民安五谷昌

人生鼻在頂及背天下不安在首前太子有殃在腹天下大荒在四肢節天子亡在陰兵起天子降

人生耳在首天下有兵國君喪民流亡在腹天下兵起在背及肩項天下有大憂在四股及首足節有叛王

人生腹在背天下饑腹在手前後民饑興作腹生足股天下大兵天子易

人生四肢在背天下大兵
人生陰在首天下大亂在背天子無后在腹天下有大事
人生無頭世主凶無日國主暴死
人生無口其國主被賊一曰多病春秋運斗樞曰上散下塞則人生無口
人生無慧舌天子不悲
人生無口鼻世主凶其國饑
人生無鼻其國大亂
人生無足其地大蔵一曰有大喪不出三年其國空
人生無手其地有客兵無手指天下有闕無手掌世主憂病
人生無四肢其國有反臣
人生無陰國君無子國主以讎亡
人生無背其國闕
人生子多占
婦人一生三男天鏡占曰不出三年外國來一生三女其國有陰私事
國內婦人數生二子及三子不出十年粟貴十倍
人生異物占
人生肉不成形體其國邑亡
人生五穀京房曰其國昌
人生草木國主死
人生石其國兵強
人生異類其地兵起
人生野獸國君兄弟分別不出一年外國內侵京房曰天下通流

人生野獸異形兵起國亡
人生闕下人謀上天子降爲庶民
人生狀如飛鳥兵起京房曰人生飛鳥茲謂不祥司馬將上卿亡
人生子人面鳥身兵起大戰有大水或曰人生飛鳥有人形者天下分天鏡占曰國君憂人流亡
人生龍京房曰有異姓來相因而篡之地鏡曰國君見伐
人生人面龍鬚蛇身兵起人生人形龍蛇其首天下饑兵合
人生蛇或蜂蠆天下弃民
人生蛇蝎國夜破君出走
人生人身魚首皆爲有水災國君有咎
人生六畜是謂更明天下易主
人生牛馬百姓勞苦其地兵起
人生犬豕君失道
人生人形六畜面天子不聰一曰易天子
人生六畜口在下天下有大兵在背天下有反者在陰天下有惡天子
人生六畜耳在首上天下有憂一曰有反者在四肢大荒兵起在腹及胸天下有反臣在陰臣有謀主者
人生六畜四肢在手及腹天下亂
人生六畜三首天下三分三首以上天下亂爭
人生六畜兩身天下兵起
人生六畜一口國令不行兩口以上天下有兵
人生六畜三耳以上天下有大事
人生六畜一足天下無主二足天下有大憂

人生六畜二陰國主多內寵多子
人生六畜二尾以上天下有大事
人生六畜陰在首天下大亂天子失位
人生六畜有毛羽天子失位
人生六畜無毛天下大饑無毛有羽天子無朝身半無毛國有大事
人生六畜有四肢而無節天下有惡人
人生六畜無面天下兵作無首天子失位天下無主無目社稷亡無口天下大饑兵起無腹同無鼻天下災無耳君令不行於臣無四肢天子無忠臣無陰天子無后無骨天下昌無尾是謂無後近臣反殺其主
人生女子有赤毛京房曰人主尊卑無別則女生赤毛

人異部彙考二

商

帝辛四十二年有女子化爲丈夫

按史記殷本紀不載　按竹書紀年云云

周

頃王三年長狄犇於魯齊晉

按春秋不書　按漢書五行志文公十一年敗狄於鹹穀梁公羊傳曰長狄兄弟三人一者之魯一者之齊一者之晉皆殺之身橫九畮斷其首而載之眉見

於軾何以書記異也劉向以爲是時周室衰微三國爲大可責者也天戒若曰不行禮義大爲夷狄之行將至危亡其後三國皆有篡弑之禍近下人伐上之痾也劉歆以爲人變屬黃祥一曰屬贏蟲之孽一曰天地之性人爲貴凡人爲變皆屬皇極下人伐上之痾云京房易傳曰君暴亂疾有道厥妖長狄入國又曰豐其屋下獨苦長狄生世主虜

靈王　年宋有女子赤而毛

按春秋不書　按漢書五行志左氏傳魯襄公時宋有生女子赤而毛棄之隄下宋平公母共姬之御者見而收之因名曰棄長而美好納之平公生子曰佐後宋臣伊戾讒太子痤而殺之先是大夫華元出奔晉華弱奔魯華臣奔陳華合比奔衛劉向以爲時則火災赤眚之明應也京房易傳曰尊卑不別厥妖女生赤毛

顯王四十七年魏有女子化爲丈夫

按史記周本紀不載　按漢書五行志史記魏襄王十三年魏有女子化爲丈夫京房易傳曰女子化爲丈夫茲謂陰昌賤人爲王丈夫化爲女子茲謂陰勝厥咎亡一曰男化爲女宮刑濫也女化爲男婦政行也

秦

始皇二十六年大人十二見於臨洮

按史記秦始皇本紀不載　按漢書五行志史記秦始皇帝二十六年有大人長五丈足履六尺皆夷狄服凡十二人見於臨洮天戒若曰勿大爲夷狄之行將受其禍是歲始皇初幷六國反喜以爲瑞銷天下兵器作金人十二以象之遂自賢聖燔詩書阬儒士奢淫暴虐務欲廣地南戍五嶺北築長城以備胡越塹山填谷西起臨洮東至遼東徑數千里故大人見於臨洮明禍亂之起後十四年而秦亡亡自戍卒陳勝發

漢

景帝二年膠東人生角

按漢書景帝本紀不載　按五行志景帝二年九月膠東下密人年七十餘生角角有毛時膠東膠西濟南齊四王有舉兵反謀謀由吳王濞起連楚趙凡七國下密縣居四齊之中角兵象上鄉者也老人吳王象也年七十七國象也天戒若曰人不當生角猶諸侯不當舉兵以鄉京師也禍從老人生七國俱敗示諸侯不寤明年吳王先起諸侯從之七國俱滅京房易傳曰冢宰專政厥妖人生角

成帝建始三年小女陳持弓入未央宮掖門

按漢書成帝本紀建始三年七月虒上小女陳持弓聞大水至走入橫城門闌入上方掖門至未央宮鉤盾中　按五行志建始三年十月丁未京師相驚言大水至渭水虒上小女陳持弓年九歲走入橫城門入未央宮尚方掖門殿門門衛戸者莫見至句盾禁中而覺得民以水相驚者陰氣盛也小女而入宮殿中者下人將因女寵而居有宮室之象也名曰持弓有似周家檿弧之祥易曰弧矢之利以威天下是時帝母王太后弟鳳始爲上將秉國政天知其後將威天下而入宮室故象先見也其後王氏兄弟父子五侯秉權至莽卒篡天下蓋陳氏之後云京房易傳曰妖言動衆茲謂不信路將亡人司馬死

綏和二年四月哀帝即位八月男子王褒帶劍入司馬殿門中

按漢書哀帝本紀不載　按五行志綏和二年八月庚申鄭通里男子王褒衣絳衣小冠帶劍入北司馬門殿東門上前殿入非常室中解帷組結佩之招前殿署長業等曰天帝令我居此業等收縛考問褒故公車大誰卒病狂易不自知入宮狀下獄死是時王莽爲大司馬哀帝即位莽乞骸骨就第天知其必不退故因是而見象也姓名章服甚明徑上前殿路寢入室取組而佩之稱天帝命然時人莫察後莽就國天下冤之哀帝徵莽還京師明年帝崩莽復爲大司馬因是而篡國

哀帝建平四年民驚走傳籌奔走祠西王母山陽人葬小兒三日復活

按漢書哀帝本紀建平四年春關東民傳行西王母籌經歷郡國西入關至京師民又會聚祠西王母或夜持火上屋擊鼓號呼相驚恐　按五行志建平四年正月民驚走持稾或棷一枚傳相付與曰行詔籌道中相過逢多至千數或被髮徒踐或夜折關或踰牆入或乘車奔馳以置驛傳行經歷郡國二十六至京師其夏京師郡國民聚會里巷阡陌設祭張博具歌舞祠西王母又傳書曰母告百姓佩此書者不死不信我言視門樞下當有白髮至秋止是時帝祖母傅太后驕與政事故杜鄴對曰春秋災異以指象爲言語籌所以紀數民陰水類也水以東流爲順走而西行反類逆上象數度放溢妄以相予違忤民心之

應也西王母婦人之稱博奕男子之事于街巷阡陌明離闌內與疆外臨事盤樂炕陽之意白髮衰年之象體尊性弱難理易亂門人之所由樞其要也居人之所由制持其要也其明甚著今外家丁傅並侍帷幄布於列位有罪惡者不坐辜罰亡功能者畢受官爵皇甫三桓詩人所刺春秋所譏亡以甚此指象昭昭以覺聖朝奈何不應後哀帝崩成帝母王太后臨朝王莽爲大司馬誅滅丁傅一曰丁傅所亂者小此異乃王太后莽之應云　又按志建平四年四月山陽方與女子田無嗇生子先未生二月兒嗁腹中及生不舉葬之陌上三日人過聞嗁聲母掘收養

建平　年豫章男子化爲女子

按漢書哀帝本紀不載　按五行志建平中豫章有男子化爲女子嫁爲人婦生一子長安陳鳳言此陽變爲陰將亡繼嗣自相生之象一曰嫁爲人婦生一子者將復一世乃絕

平帝元始元年朔方女子死六日復活長安女子生兒兩頭異頸四臂共胷

按漢書平帝本紀不載　按五行志元始元年二月朔方廣牧女子趙春病死斂棺積六日出在棺外自言見夫死父曰年二十七不當死太守譚以聞京房易傳曰幹父之蠱有子考亡咎子三年不改父道思慕不皇亦重見先人之非不則爲私厥妖人死復生一曰至陰爲陽下人爲上六月長安女子有生兒兩頭異頸面相鄉四臂共胷俱前鄉尻上有目長二寸所京房易傳曰睽孤見豕負塗厥妖人生兩頭下相攘善妖亦同人若六畜首目在下兹謂亡上正將變更凡妖之作以譴失正各象其類二首下不一也足多所任邪也足少下不勝任或不任下也凡下體生於上不敬也上體生於下媟瀆也生非其類淫亂也人生而大上速成也生而能言好虛也羣妖推此類不改乃成凶也

新莽始建國元年長安有狂女子呼道中

按漢書王莽傳莽始建國元年長安狂女子碧呼道中曰高皇帝大怒趣歸我國不者九月必殺汝莽收捕殺之治者掌寇大夫陳成自免去官

天鳳四年長人巨毋霸見

按漢書王莽傳天鳳四年韓博上言有奇士長丈大十圍來至臣府曰欲奮擊胡虜自謂巨毋霸出于蓬萊東南五城西北昭如海瀕軺車不能載三馬不能勝即日以大車四馬建虎旗載霸詣闕霸臥則枕鼓以鐵箸食此皇天所以輔新室也願陛下作大甲高車賁育之衣遣大將一人與虎賁百人迎之于道京師門戶不容者開高大之以視百蠻鎮安天下博意欲以風莽莽聞惡之留霸在所新豐更其姓曰巨母氏謂因文母太后而霸王符也徵博下獄以非所宜言弃市

後漢

安帝永初元年民轉相驚走

按後漢書安帝本紀永初元年十一月戊子勅司隸校尉冀并二州刺史民訛言相驚棄捐舊居老弱相攜窮困道路其各勅所部長吏躬親曉諭若欲歸本郡在所爲封長檄不欲勿强　按五行志永初元年冬十一月戊子民轉相驚走棄什物去廬舍

永寧元年南昌婦人生四子

按後漢書安帝本紀不載　按唐檀傳檀好災異星占永寧元年南昌有婦人生四子劉祗問檀變異之應檀以爲京師當有兵氣其禍發於蕭牆至延光四年中黃門孫程揚兵殿省誅皇后兄車騎將軍閻顯等立濟陰王爲天子果如所占

靈帝建寧三年河內婦食夫河南夫食婦

按後漢書靈帝本紀建寧三年春正月河內人婦食夫河南人夫食婦　按五行志註臣昭曰案此二食失妻不同在河南北每見死異斯豈怪妖復有徵乎河者經天亙地之水也河內河之陽也夫婦參配陰陽判合成體今以夫之尊在河之陽而陰承體卑吞食尊陽將非君道昏弱無居剛之德遂爲陰細之人所能消毀乎河南河之陰河視諸侯夫亦爲家之主而自食正內之人時宋皇后將立而靈帝一聽閹宦無所厝心夫以宮房之愛惡亦不全中懷抱宋后終廢王甫挾姦陰中列侯實應厥位天戒若曰徒隨閹豎之意夫噉其妻乎

熹平二年雒陽民訛言虎賁寺壁有黃人形

按後漢書靈帝本紀不載　按五行志熹平二年六月雒陽民訛言虎賁寺東壁中有黃人形容鬚眉良是觀者數萬省內悉出道路斷絕到中平元年二月張角兄弟起兵冀州自號黃天三十六方四面出和將帥星布吏士外屬因其疲餧而勝之

注按物理論曰黃巾被服純黃不將尺兵肩長衣翔行舒步所至郡縣無不從是日天大黃也

光和元年有人白衣入德陽門

按後漢書靈帝本紀光和元年五月壬午有白衣人入德陽殿門亡去不獲　按五行志光和元年五月壬午何人白衣欲入德陽殿門辭我梁伯夏教我上殿爲天子中黃門桓賢等呼門吏僕射欲收縛何人吏未到須臾還走求索不得不知姓名蔡邕以成帝時男子王褒絳衣入宮上前殿非常室曰天帝令我居此後王莽篡位今此與成帝時相似而有異被服不同又未入雲龍門而覺稱梁伯夏皆輕于言以往況今將有狂狡之人欲爲王氏之謀其事不成其後張角稱黃天作亂竟破壞　按風俗通光和四年四月南宮中黃門寺有一男子長九尺服白衣中黃門解步呵問汝何等人白衣妄入宮掖曰我梁伯夏後天使我爲天子步欲前收取因忽不見劭曰尚書春秋左傳曰伯益佐禹治水封于梁颺叔安有裔子曰董父寔甚好龍龍多歸之帝舜嘉之賜姓董氏董氏之祖與梁同焉光熹元年董卓自外入因間乘釁廢帝殺后百官總己號令自由殺戮決前威重於主梁本安定而卓隴西人俱涼州也天戒若曰卓不當專制奪矯如白衣無宜闌入宮也白衣見黃門寺及卓之末中黃門誅滅之際事類如此可謂無乎袁山松曰案張角一時役亂不足致此大妖斯乃曹氏滅漢之徵也案劭所述與志或有不同年月舛異故俱載焉臣昭注曰檢觀前通各有未直尋梁即魏地之名伯夏明于中夏非溥天之稱以內臣孫夫得稱王徵驗有應有若符契復云伯夏教我爲天子後曹公曰若天命在吾爲周文王矣此乃魏文帝受我成策而陟帝位也風俗通云見中黃門寺曹騰之家尤見其詭　按志作元年風俗通作四年異之

光和二年雒陽女子生男兩頭四臂

按後漢書靈帝本紀云云　按五行志二年雒陽上西門外女子生兒兩頭異肩共胸俱前向以爲不祥墮地棄之自此之後朝廷霿亂政在私門上下無別二頭之象後董卓戮太后被以不孝之名放廢天子後復害之漢元以來禍莫踰此

光和　年雒陽男子夜龍以弓箭射北闕

按後漢書靈帝本紀不載　按五行志光和中雒陽男子夜龍以弓箭射北闕吏收考問辭居貧負責無所聊生因買弓箭以射近射妖也其後車騎將軍何苗與兄大將軍進部兵還相猜疑對相攻擊戰於闕下苗死兵敗殺數千人雒陽宮室內人燒盡

按風俗通龍從兄陽求臘錢龍假取繁數頗厭患之陽與錢千龍意不滿欲破陽家因持弓矢射元武東闕三發吏士呵縛首服因是遣中常侍尚書御史中丞直事御史謁者衛尉司隸河南尹雒陽令悉會發所劭時爲太尉議曹掾白公鄧盛夫禮設闕觀所以飾門章于至尊懸諸象魏示民禮法也故車過者下步過者趨今龍乃敢射闕意慢事醜次于大逆宜遣主者參問變狀公曰府不主盜賊當與諸府相候劭曰丞相邴吉以爲道路死傷既往之事京兆長安職所窮逐而駐車問牛喘吐舌者豈輕人而貴畜哉頗念陰陽不和必有所害掾史爾乃悅服漢書嘉其達大體今龍所犯然中外奔波邴吉防患大豫況于已形昭晰者哉明公既處宰相大任加掌兵戎之職凡在荒裔謂之大事何有近日下而致逆節之萌者孔子攝魯司寇非常卿也折僭溢之端消纖介之漸從政三月惡人走境邑門不闔外收強齊侵地內虧三桓之威區區小國尚于趣舍大漢之朝焉可無乎明公恬然謂非已詩云儀刑文王萬國作孚當爲人制法何必取法于人于是公意大悟遣令史謝申以鈴下規應掾自行之還具條奏時靈帝詔報惡惡止其身龍以重論之陽不坐

光和四年魏郡男子自入宮禁

按後漢書靈帝本紀不載　按五行志四年魏郡男子張博送鐵盧詣太官博上書室殿山居屋後宮禁落屋讙呼上收縛考問辭忽不自覺知

注 臣昭曰魏人入宮既奪漢之徵至後宮而讙呼終亦禍廢母后

中平元年夏六月雒陽女子生兒兩頭共身

按後漢書靈帝本紀云云　按五行志中平元年六月雒陽男子劉倉居上西門外妻生男兩頭共身

中平二年洛陽民生兒兩頭四臂

按後漢書靈帝本紀云云

附 按五行志靈帝時江夏黃氏之母浴而化爲黿入於深淵其後時出見初浴簪一銀釵及見猶在其首

注 臣昭曰黃者代漢之色女人臣妾之體化爲黿黿者元也入於深淵水實制火夫君德尊陽利見九五飛在於天乃備光盛俯等黿黿有愧潛躍首從戴釵卑弱未盡後帝者王不專權極天德雖謝猶尤傍纘推求斯異女爲曉著矣

獻帝初平二年長沙有人死經月復活

按後漢書獻帝本紀云云　按五行志獻帝初平中

長沙有人姓桓氏死棺斂月餘其母聞棺中聲發之遂生占曰至陰爲陽下人爲上其後曹公由庶士起

建安四年二月武陵女子死十四日復活

按後漢書獻帝本紀云云　按五行志建安四年二月武陵充縣女子李娥年六十餘物故以其家杉木槥斂瘞于城外數里上凡十四日有行人聞塚中有聲便語其家家往視聞聲便發出遂活

建安七年越巂男子化爲女子

按後漢書獻帝本紀云云　按五行志七年越巂有男化爲女子時周羣上言哀帝時亦有此異將有易代之事至二十五年獻帝封於山陽

建安　年女子生男兩頭共身

按後漢書獻帝本紀不載　按五行志云云

魏

文帝黃初　年有婦人化爲黿

按魏志文帝本紀不載　按晉書五行志魏文帝黃初初清河宋士宗母化爲黿入水

明帝太和三年女子死復生

按魏志明帝本紀不載　按晉書五行志明帝太和三年曹休部曲丘奚農女死復生時又有開周世冢得殉葬女子數日而有氣數月而能言郭太后愛養之按京房易傳曰至陰爲陽下人爲上宣帝起之象也漢平帝獻帝並有此異占以爲王莽曹操之徵

青龍元年太原發冢有女人復生

按魏志明帝本紀青龍元年註傅子曰時太原發冢破棺棺中有一生婦人將出與語生人也送之京師問其本事不知也視其冢上樹木可三十歲不知此婦人三十歲常生于地中邪將一朝歘生偶與發冢者會也

陳留王咸熙二年大人見

按魏志陳留王本紀咸熙二年八月襄武縣言有大人見三丈餘跡長三尺二寸白髮著黃單衣黃巾拄杖呼民王始語云今當太平

按晉書武帝本紀咸熙二年五月立爲晉王太子八月辛卯文帝崩太子嗣相國晉王位下令寬刑宥罪撫衆息役國內行服三日是月長人見于襄武長三丈告縣人王始曰今當太平

吳

大帝赤烏七年有婦人一產三子

按吳志孫權傳不載　按搜神記云云

景帝永安四年有人死而復生

按吳志孫休傳永安四年是歲安吳民陳焦死埋之六日更生穿土中出

按晉書五行志孫休永安四年安吳民陳焦死七日復生穿冢出干寶曰此與漢宣帝同事烏程侯皓承廢故之家得位之祥也

晉

武帝泰始二年吳丹陽有婦人化爲黿

按晉書武帝本紀不載　按五行志孫皓寶鼎元年丹陽宣騫母年八十因浴化爲黿兄弟閉戶衛之掘堂作大坎寔水其中黿入坎遊戲一二日恆延頸外望伺戶小開便輪轉自躍入遠潭遂不復還與漢靈帝時黃氏母同事吳亡之象也

泰始五年元城人生角

按晉書武帝本紀不載　按五行志泰始五年元城人年七十生角殆趙王倫篡亂之象也

咸寧二年琅琊人顏畿死久復活

按晉書武帝本紀不載　按五行志咸寧二年十二月琅琊人顏畿死棺斂已久家人咸夢畿謂己曰我當復生可急開棺遂出之漸能飲食屈伸視瞻不能行語二年復死京房易傳曰至陰爲陽下人爲上厥妖人死復生其後劉元海石勒僭逆遂亾晉室下爲上之應也

惠帝元康　年有女子化爲男梁國女子死而復活杜錫家婢葬十年復活

按晉書惠帝本紀不載　按五行志惠帝元康中安豐有女子周世寧年八歲漸化爲男至十七八而氣性成京房易傳曰女子化爲丈夫茲謂陰昌賤人爲王此亦劉元海石勒蕩覆天下之妖也　又按志元康中梁國女子許嫁已受禮娉尋而其夫戍長安經年不歸女家更以適人女不樂行其父母逼强不得已而去尋得病亡其後夫還問其女所在其家具說之其夫徑至女墓不勝哀情便發冢開棺女遂活因與俱歸後壻聞知詣官爭之所在不能決祕書郎王導議曰此是非常事不得以常理斷之宜還前夫朝廷從其議　又按志惠帝世杜錫家葬而婢誤不得出後十年開冢祔葬而婢尚生始如瞑有頃漸覺問之自謂再宿耳初婢之埋年十五六及開冢更生猶十五六也嫁之有子

永寧元年襄城小兒八歲髮體悉白

按晉書惠帝本紀不載　按五行志永寧元年齊王

冏與義軍中有小兒出於襄城繁昌縣年八歲髮體悉白頗能卜于洪範白祥也

太安元年有人入雲龍門殿前再拜

按晉書惠帝本紀不載　按五行志太安元年四月癸酉有人自雲龍門入殿前北面再拜曰我當作中書監即收斬之干寶以爲禁庭尊祕之處今賤人徑入而門衞不覺者宮室將虛而下人踰上之妖也是後帝北遷鄴又遷長安宮闕遂空焉

光熙元年會稽京洛有人具男女兩體

按晉書惠帝本紀不載　按五行志光熙元年會稽謝眞生子頭大而有髮兩蹠反向上有男女兩體生便作丈夫聲經一日死此皇之不極下人伐上之痾于是諸王有僭亂之象也　又按志惠帝世京洛有人兼男女體亦能兩用人道而性尤淫此亂氣所生自咸寧太康之後男寵大興甚于女色士大夫莫不尚之天下相倣效或至夫婦離絕多生怨曠故男女氣亂而妖形之作也

懷帝永嘉元年吳郡人生子鳥頭馬足

按晉書懷帝本紀不載　按五行志永嘉元年吳郡吳縣萬詳婢生子鳥頭兩足馬蹄一手無毛尾黃色大如枕此亦人妖亂之象也

永嘉五年枹罕人生一龍一女一鵝

按晉書懷帝本紀不載　按五行志五年五月枹罕令嚴根妓產一龍一女一鵝京房易傳曰人生他物非人所見者皆爲天下大兵是時帝承惠皇之後四海沸騰尋而陷于平陽爲逆賊所害此其徵也

愍帝建興三年劉聰僞后劉氏產一蛇一獸

按晉書愍帝本紀不載　按五行志劉聰僞建元元年正月平陽地震其崇明觀陷爲池水赤如血赤氣至天有赤龍奮迅而去龍形委蛇其光照地落于平陽北十里視之則肉臭聞於平陽長三十步廣二十七步肉旁常有哭聲晝夜不止數日聰后劉氏產一蛇一獸各害人而走尋之不得頃之見於隕肉之旁是時劉聰納劉殷三女並爲其后天戒若曰聰既自稱劉姓三后又俱劉氏逆骨肉之綱亂人倫之則隕肉諸妖其眚亦大俄而劉氏死哭聲自絕矣

建興四年新蔡人生二女腹心相合

按晉書愍帝本紀不載　按五行志建興四年新蔡縣吏任僑妻產二女腹與心相合自胷以上臍以下各分此蓋天下未一之妖也時內史呂會上言按瑞應圖異根同體謂之連理異畝同穎謂之嘉禾草木之異猶以爲瑞今二人同心易稱二人同心其利斷金蓋四海同心之瑞也時皆哂之俄而四海分崩帝亦淪沒

元帝太興　年有女子陰生於腹又有女子陰生於首

按晉書元帝本紀不載　按五行志太興初有女子其陰在腹當臍下自中國來至江東其性淫而不產又有女子陰在首渡在揚州性亦淫京房易妖曰人生子陰在首天下大亂在腹天下有事在背天下無後于時王敦擄上流將欲爲亂是其徵

太興三年有人生女身目在項手足如鳥爪

按晉書元帝本紀不載　按五行志三年十二月尚書騶謝平妻生女墮地濞濞有聲須臾便死鼻目皆在項上面處如項有口齒都連爲一胷如鼈手足爪如鳥爪皆下勾此亦人生他物非人所見者後二年有石頭之敗

明帝太寧二年丹陽女人死三日復生

按晉書明帝本紀不載　按五行志太寧二年七月丹陽江寧侯紀妻死經三日復生

成帝咸康五年下邳有女子自言當母天下

按晉書成帝本紀不載　按五行志咸康五年四月下邳民王和僑居暨陽息女可年二十自云上天來還得徵瑞印綬當母天下晉陵太守以爲妖收付獄至十一月有人持柘杖絳衣詣止車門口列爲聖人使求見天子門侯受辭辭稱姓呂名賜其言王和女可右足下有七星星皆有毛長七寸天今命可爲天下母奏聞即伏誅幷下晉陵誅可

康帝建元二年營卒女子足文有天下之母字

按晉書康帝本紀不載　按五行志建元二年十月衞將軍營督過望所領兵陳瀆女臺有文在其足曰天下之母炙之愈明京都諠譁有司收繫以聞俄自建康縣獄亡去明年帝崩獻后臨朝此其祥也

孝武帝寧康　年女子化爲丈夫

按晉書孝武帝本紀不載　按五行志寧康初南郡州陵女唐氏漸化爲丈夫

安帝義熙七年無錫小兒暴長八尺

按晉書安帝本紀不載　按五行志義熙七年無錫人趙未年八歲一旦暴長八尺髭鬚蔚然三日而死

義熙　年東陽女兒埋土中復活

按晉書安帝本紀不載　按五行志義熙中東陽人

莫氏生女不養埋之數日于土中啼取養遂活

義熙十　年豫章人生二陽道　按晉書安帝本紀不載　按五行志義熙末豫章平人有二陽道重累生

恭帝元熙元年建安人具男女體　按晉書恭帝本紀不載　按五行志恭帝元熙元年建安人陽道無頭正平本下作女人形體

宋

文帝元嘉十七年婁縣女子忽夜乘風雨至吳郡　按宋書文帝本紀不載　按五行志元嘉十七年劉斌爲吳郡婁縣有一女忽夜乘風雨恍忽至郡城內自覺去家正炊頃衣不沾濡曉在門上求通言我天使也斌令前因曰府君宜起迎我當大富貴不尒必有凶禍斌問所以來亦不自知也謂是狂人以付獄符其家迎之數日乃得去復二十日許斌誅

孝武帝大明　年張暢妾腹中兒啼楊始歡妻破服生女子按宋書孝武帝本紀不載　按五行志大明中張暢爲會稽郡妾懷孕兒于腹中啼聲聞于外暢尋死

又按志大明末荆州武寧縣人楊始歡妻破腹生女兒此兒至今尤存

明帝泰豫元年正月巨人見　按宋書明帝本紀不載　按五行志泰豫元年正月巨人見太子西池水上跡長三尺餘

後廢帝元徽　年東莞兒在母腹有聲暨陽獲大卵有人形　按宋書後廢帝本紀不載　按五行志元徽中南東莞徐坦妻懷孕兒在腹中有聲　又按志元徽中暨陽縣女人于黃山穴中得二卵如斗大剖視有人形

南齊

武帝永明五年吳興民生二男胷臍連合　按南齊書武帝本紀不載　按五行志永明五年吳興東遷民吳休之家女人雙生二兒胷以下臍以上合

梁

武帝天監十五年荆州市刑人而身不僵　按梁書武帝本紀不載　按隋書五行志梁天監十五年七月荆州市殺人而身不僵首墮于地動口張目血如竹箭直上丈餘然後如雨細下是歲荆州大旱近赤祥冤氣之應

太清元年丹陽人生子眼在頂上　按梁書武帝本紀不載　按隋書五行志梁太清元年丹陽莫氏妻生男眼在頂上大如兩歲兒墮地而言曰兒是旱疫鬼不得住母曰汝當令我得過疫鬼曰有上官何得自由母可急作絳帽故當無憂母不暇作帽以絳繫髮自是旱疫者二年楊徐兗豫尤甚莫氏鄰鄰多以絳免他土效之無驗

簡文帝大寶二年京口五歲小兒登城打鼓　按梁書簡文帝本紀不載　按隋書五行志大寶二年京口人于藏兒年五歲登城西南角大樓打鼓作長槖鼓兵象也是時侯景亂江南

元帝承聖元年十二月天門山獲野人出山三日死　按南史梁元帝本紀云云

陳

武帝永定三年長人見　按陳書武帝本紀永定三年春正月仙人見于羅浮山寺小石樓長三丈許通身潔白衣服楚麗　按隋書五行志陳永定三年有人長三丈見羅浮山通身潔白衣服楚麗京房占曰長人見亡後二歲帝崩

宣帝大建　年有婦人突入東宮　按陳書宣帝本紀不載　按隋書五行志後主爲太子時有婦人突入東宮而大言曰畢國主後主立而祚終之應也

後主至德三年建康人家婢死九日更生　按陳書後主本紀不載　按隋書五行志至德三年八月建康人家婢死埋之九日而更生有牧牛人聞而出之

禎明二年死嬰兒無頭能言　按陳書後主本紀不載　按隋書五行志禎明二年有船下忽聞人言曰明年亂覩之得死嬰兒長二尺而無頭明年陳滅

北魏

太宗永興三年民喉下生橫骨　按魏書太宗本紀不載　按靈徵志太宗永興三年民烏蘭喉下骨狀如羊角長一尺餘

高祖延興三年秀容婦人四產十六男　按魏書高祖本紀不載　按靈徵志延興三年秋秀容郡婦人一產四男四產十六男

太和十六年中山民手指生毛長尺二寸　按魏書高祖本紀不載　按靈徵志太和十六年五

月尚書李冲奏定州中山郡毋極縣民李班虎女獻容以去年九月二十日右手大拇指甲下生毛九莖至十月二十日長一尺二寸

肅宗熙平二年祁縣民家婦下產女

按魏書肅宗本紀不載　按靈徵志熙平二年十一月己未幷州表送祁縣民韓僧眞女令姬從母右脅而生靈太后令付掖庭

正光元年大人見

按魏書肅宗本紀不載　按靈徵志正光元年五月戊戌南兗州下蔡郡有大人跡見行七步跡長一尺八寸廣七寸五分

敬宗永安三年京師民產兒一頭二身

按魏書敬宗本紀不載　按靈徵志永安三年十一月丁卯京師民家妻產男一頭二身四手四脚三耳

北齊

文宣帝天保　年有婦人產子二頭共體

按北齊書文宣帝本紀不載　按隋書五行志齊天保中臨漳有婦人產子二頭共體是後政由姦佞上下無別兩頭之應也

後主　年有桑門貌若狂人

按北齊書後主本紀不載　按隋書五行志後主時有桑門貌若狂人見烏則向之作禮見沙門則毆辱之烏周邑也未幾齊爲周所吞滅除佛法

北周

武帝保定三年十二月有人生子男而陰在背後如尾兩足指如獸爪

按周書武帝本紀云云

按隋書五行志後周保定三年有人產子男陰在背上如尾兩足指如獸爪陰不當生于背而生背者陰陽反覆君臣顚倒之象人足不當有爪而有爪者將致攫人之變也是時晉蕩公宇文護專擅朝政征伐自已陰懷篡逆天戒若曰君臣之分已倒矣將行攫噬之禍帝見變而悟遂誅晉公親萬機躬節儉克平齊國號爲高祖轉禍爲福之効也

隋

文帝開皇六年霍州有老翁化爲猛獸

按隋書文帝本紀不載　按五行志云云

開皇七年有桑門變爲蛇

按隋書文帝本紀不載　按五行志七年有桑門變爲蛇尾繞樹而自抽長二丈許

仁壽四年六月長人見于鴈門

按隋書文帝本紀云云　按五行志仁壽四年有人長數丈見于鴈門其跡長四尺五寸

煬帝大業元年鴈門婦人生角

按隋書煬帝本紀不載　按五行志大業元年鴈門人房回安母年百歲額上生角長二寸洪範五行傳曰婦人陰象也角兵象也下反上之應是後天下果大亂陰戎圍帝于鴈門

大業四年鴈門婦人生肉卵

按隋書煬帝本紀不載　按五行志四年鴈門朱谷村有婦人生一肉卵大如斗埋之後數日所埋處雲霧盡合從地雷震而上視之洞穴失卵所在

大業六年趙郡有婢產物大如卵有盜自稱彌勒入建國門

按隋書煬帝本紀六年春正月癸亥朔旦有盜數十人皆素冠練衣焚香持花自稱彌勒佛入自建國門監門者皆稽首旣而奪衛士仗將爲亂齊王暕遇而斬之於是都下大索與相連坐者千餘家　按五行志後三年楊元感作亂引兵圍洛陽戰敗伏誅　又按志六年趙郡李來王家婢產一物大如卵

大業八年有狂人大呼唱賊

大業十二年狂人又大呼

按隋書煬帝本紀不載　按五行志八年有澄公者若狂人于東都大叫唱賊帝聞而惡之明年元感舉兵圍洛陽十二年澄公又叫賊李密逼東都孟讓燒豐東都市而去

欽定古今圖書集成曆象彙編庶徵典

第一百四十一卷目錄

人異部彙考三

庶徵典第一百四十一卷

人異部彙考三

唐

高祖武德四年人死復生

按唐書高祖本紀不載　按五行志武德四年太原尼志覺死十日而蘇

太宗貞觀十九年衞州人生肉角

按唐書太宗本紀不載　按五行志貞觀十九年衞州劉道安頭生肉角隱見不常因以惑衆伏誅角兵象不可以觸者

高宗永徽六年淄州嘉州民妻各一產四男

按唐書高宗本紀不載　按五行志永徽六年淄州高苑民吳威妻嘉州民辛道護妻皆一產四男凡物反常則爲妖亦陰氣盛則母道壯

顯慶二年人化爲虎

按唐書高宗本紀不載　按五行志顯慶二年普州有人化爲虎猛噬而不仁

儀鳳三年四月癸丑涇州民生子異體連心

按唐書高宗本紀云云　按五行志儀鳳三年四月涇州獻二小兒連心異體初鶉觚縣衞士胡萬年妻吳氏生一男一女其胷相連餘各異體乃析之則皆死又產復然俱男也遂育之至是四歲以獻于朝

永隆元年旱魃見

按唐書高宗本紀不載　按五行志永隆元年長安獲女魃長尺有二寸其狀怪異詩曰旱魃爲虐如惔如焚是歲秋不雨至于明年正月

永隆二年有女子升太史廳問災異

按唐書高宗本紀不載　按五行志永隆二年九月萬年縣女子劉凝靜衣白衣從者數人升太史令廳問比有何災異令執之以聞是夜彗星見太史司天文曆候王者所以奉若天道恭授民時者非女子所當問

中宗嗣聖六年即武后載初元年人化爲虎

按唐書武后本紀不載　按五行志載初中涪州民范端化爲虎

嗣聖十四年即武后神功元年有人走入通天宮來俊臣婢產肉塊化爲蜂

按唐書武后本紀不載　按五行志神功元年二月庚子有人走入端門又入則天門至通天宮閽及仗衞不之覺時來俊臣婢產肉塊如二升器剖之有赤蟲須臾化爲蜂螫人而去

嗣聖十八年即武后久視二年大人見人化虎

按唐書武后本紀不載　按五行志久視二年正月成州有大人跡見長安中郴州佐史因病化爲虎欲食其嫂擒之乃人也雖未全化而虎毛生矣

睿宗太極元年狂人升御牀

按唐書睿宗本紀不載　按五行志太極元年狂人段萬謙潛入承天門登太極殿升御牀自稱天子且言我李安國也人相我年三十二當爲天子

元宗開元二十三年冀州獻長人

按唐書元宗本紀不載　按五行志開元二十三年四月冀州獻長人李家寵八尺有五寸

代宗大曆十年昭應人一產三子

按唐書代宗本紀不載　按五行志大曆十年二月

昭應婦人張產一男二女

德宗貞元八年狂人持杖上殿

按唐書德宗本紀不載　按五行志貞元八年正月丁亥許州人李狗兒持杖上含元殿擊欄檻伏誅（按舊志作李釣兒）

貞元十年巨人跡見

按唐書德宗本紀不載　按五行志十年四月恆州有巨人跡見

貞元十五年狂人詣銀臺言有火災

按唐書德宗本紀不載　按五行志十五年正月戊申狂人劉忠詣銀臺稱白起令上表天下有火災

貞元十七年人死久復蘇

按唐書德宗本紀不載　按五行志十七年十一月翰林待詔戴少平死十有六日而蘇是歲宣州南陵縣丞李嶷死已殯三十日而蘇

憲宗元和二年人將化爲虎

按唐書憲宗本紀不載　按五行志元和二年商州洪崖冶役夫將化爲虎衆以水沃之不果化

穆宗長慶四年狂民潛入浴堂門清思殿

按唐書穆宗本紀不載　按五行志長慶四年三月民徐忠信潛入浴堂門

按舊唐書五行志長慶四年四月十七日染坊作人張韶與卜者蘇元明於紫草車內藏兵仗入宮作亂二人對食於清思殿是日禁軍誅張韶等三十七人

敬宗寶曆二年一產四男

按唐書敬宗本紀不載　按五行志寶曆二年十二月延州人賀文妻一產四男

文宗太和二年狂人入殿

按唐書文宗本紀不載　按五行志太和二年十月狂人劉德廣入含元殿

懿宗咸通七年人生角

按唐書懿宗本紀不載　按五行志咸通七年渭州有人生角寸許占曰天下有兵

咸通十三年太原民產子兩頭又有人暴長七尺

按唐書懿宗本紀不載　按五行志十三年四月太原晉陽民家有嬰兒兩頭異頸四手聯足此天下不一之妖是歲民皇甫及年十四暴長七尺餘長啜大嚼三倍於初歲餘死

咸通十四年四月并州民產子二頭四手

按唐書懿宗本紀云云

僖宗乾符六年蜀郡人生子首如豕

按唐書僖宗本紀不載　按五行志乾符六年秋蜀郡婦人尹生子首如豕目在腋下占曰君失道

光啓元年人死復生

按唐書僖宗本紀不載　按五行志光啓元年隰州溫泉民家有死者既葬且半月行人聞聲呼地下其家發之則復生歲餘乃死

光啓二年有女子化爲丈夫

按唐書僖宗本紀光啓二年三月鳳翔女子化爲丈夫　按五行志二年春鳳翔郿縣女子未亂化爲丈夫旬日而死京房易傳曰茲謂陰昌賊人爲王

昭宗大順元年資州人足拇生物如彈丸

按唐書昭宗本紀不載　按五行志大順元年六月資州兵王全義妻妊孕覺物漸下入股至足大拇痛甚拆而生如彈丸漸長大如杯

昭宣帝天祐二年一產三子

按唐書昭宣帝本紀不載　按五行志天祐二年五月潁州汝陰民彭文妻一產三男

後唐

廢帝清泰元年（即吳太和六年）吳民生子雙身

按五代史唐廢帝本紀不載　按十國春秋吳睿帝太和六年五月江西館驛巡官黃極子婦生男子一首兩身相背四手四足

宋

太祖建隆元年一產三男

按宋史太祖本紀不載　按五行志建隆元年雄州歸義軍民劉進產三男

建隆二年一產三男

按宋史太祖本紀不載　按五行志二年孟州民孟福定州民孟公禮等妻各產三男

建隆三年旱魃生一產三男

按宋史太祖本紀不載　按五行志三年齊州晉州大旱民家多生魃龍岡縣民林嗣妻京師龍捷軍卒宜超妻產三男

乾德三年江陵府民劉暉妻產三男

按宋史太祖本紀不載　按五行志云云

乾德四年一產三男南漢民生子兩頭

按宋史太祖本紀不載　按五行志四年安州驍健軍卒趙遠妻產三男

按十國春秋南漢中宗本紀大寶九年常康縣民妻生子兩首四臂

乾德五年一產三男

按宋史太祖本紀不載　按五行志五年光州民高輿德州民趙嗣乾寧軍卒王進妻產三男

開寶元年一產三男

按宋史太祖本紀不載　按五行志開寶元年沂州民王政濵州民謝輿妻產三男

按十國春秋吳越忠懿王世家開寶元年六月戊午蘇州長洲縣民王安妻產三子

開寶二年一產三男

按宋史太祖本紀不載　按五行志二年閬州民孫延廣開州民董遠妻產三男

開寶六年南唐男子化爲女子

按宋史太祖本紀不載　按十國春秋南唐後主本紀開寶六年廬陵會某將娶婦忽化爲女

開寶七年一產三男

按宋史太祖本紀不載　按五行志七年青城縣王宥妻產三男河南府民劉元妻產三男

太宗太平興國二年一產三男

按宋史太宗本紀不載　按五行志太平興國二年邢州招收軍卒李遇汝州歸化軍卒魚籍常州民謝祚妻產三男晉原縣民楊萬妻產三男

太平興國七年一產三子四子

按宋史太宗本紀不載　按五行志七年澶州龍衛軍卒靳輿晉州民鄭彥福妻產三男汾州民鄭訓妻產三女鴈門縣民劉習妻產四男滑州歸化軍卒安旺妻產二男一女

太平興國八年一產三男

按宋史太宗本紀不載　按五行志八年揚州順化軍卒俞釗濕州民李遇榮州民李祚妻產三男

太平興國九年揚子縣民牛子異形

按宋史太宗本紀不載　按五行志九年揚子縣民妻生男毛被體半寸餘面長項高烏眉眉毛粗密近髮際有毛兩道軟長眉紫脣紅耳厚鼻大類西域僧至三歲畫圖以獻

雍熙二年一產三男

按宋史太宗本紀不載　按五行志雍熙二年奉新縣民何靖妻產三男

雍熙三年一產三男

按宋史太宗本紀不載　按五行志三年魯山縣民張美相州林慮縣民張欽妻產三男

雍熙四年一產三男

按宋史太宗本紀不載　按五行志四年晉原縣民周承暉固始縣民楊昇妻產三男

端拱元年一產三男

按宋史太宗本紀不載　按五行志端拱元年祁州民馮遇妻產三男

端拱二年一產三男

按宋史太宗本紀不載　按五行志二年齊州民徐美井州民侯遠常州卒徐流妻產三男

淳化元年一產三男又僧人頭生角

按宋史太宗本紀不載　按五行志淳化元年正月河陽縣民王斌新息縣民李珪妻產三男八月汾州悉達院僧智巖頭生角三寸

淳化二年一產三男

按宋史太宗本紀不載　按五行志二年晉陵縣民黃釗南充縣民彭公霸龍陽縣民周信王屋縣民李清臨清縣民國忠鄰水縣吏謝元昇奉化縣卒朱旺妻產三男瀛州民胡立邢州民高德妻產三男

淳化四年一產三男

按宋史太宗本紀不載　按五行志四年鄞縣民鄭安河間縣民王希贄安州民宋和妻產三男

淳化五年一產三男

按宋史太宗本紀不載　按五行志五年雍丘縣營卒盛秦妻產三男

至道元年一產三男

按宋史太宗本紀不載　按五行志至道元年保州敵軍校李深宋城縣民王洽臨淮縣民賀用永清縣民董美鄄城縣民馬方妻產三男

至道二年一產三男

按宋史太宗本紀不載　按五行志二年安豐縣民王構伊陽縣民張壽成都縣民彭操妻產三男

至道三年一產三男

按宋史太宗本紀不載　按五行志三年汾州民趙演沂州民李嗣南劍州民劉相饒安縣民哇鬻衛州宣武軍卒李筠妻產三男

眞宗咸平元年一產三男

按宋史眞宗本紀不載　按五行志咸平元年台州永安縣王旺滄州靜戎軍卒鄭德妻產三男莘縣民懷梁稷嘉縣民王貴永康縣民羅彥瑫溫縣民楊榮毗陵縣民魏吉妻產三男

咸平三年一產三男

按宋史眞宗本紀不載　按五行志三年睢縣民朱進鄆州武威軍卒徐遶深州民彭遠妻產三男

咸平四年一產三男

按宋史眞宗本紀不載　按五行志四年望都縣民郭瑩邕州澄海軍卒梁濟妻產三男

咸平五年一產三男

按宋史眞宗本紀不載　按五行志五年夏津縣民趙替妻產三男

咸平六年一產三男四男

按宋史眞宗本紀不載　按五行志六年石城縣民劉詵堂邑縣民戴興妻產三男平鄉縣民郭讓妻產四男

景德元年一產三男

按宋史眞宗本紀不載　按五行志景德元年南昌縣民李總妻產三男

景德二年一產三男

按宋史眞宗本紀不載　按五行志二年奉新縣民魏易妻產三男

景德四年一產三男

按宋史眞宗本紀不載　按五行志四年八作司匠趙榮南頓縣民任登老棗強縣民張緒妻各產三男

大中祥符元年一產四男

按宋史眞宗本紀不載　按五行志大中祥符元年高郵軍民王言妻產四男

大中祥符二年一產三男

按宋史眞宗本紀不載　按五行志二年崞縣民張留清平軍民楊泉妻產三男

大中祥符三年一產三男

按宋史眞宗本紀不載　按五行志三年獲嘉縣民馮可妻產三男宋城縣民李侮妻產二男一女

大中祥符四年一產三男

按宋史眞宗本紀不載　按五行志四年河池縣民馮守欽妻產三男

大中祥符五年一產三男

按宋史眞宗本紀不載　按五行志五年大名府宣勇軍卒徐嶙贊皇縣民李釗妻產三男

大中祥符七年一產三男

按宋史眞宗本紀不載　按五行志七年銅鞮縣民李謙宋城縣民白德霍丘縣民朱璘平凉縣民焦思順妻產三男

大中祥符八年一產三男四男

按宋史眞宗本紀不載　按五行志八年河南府民宋再興眞陽縣民周元歷亭縣民田用侯言霍丘縣民王忠杜戬濮陽縣民衞志聰定州驍武軍卒張吉雍丘縣懷勇軍卒黃進妻產三男永嘉縣民張保妻產四男

大中祥符九年一產三男

按宋史眞宗本紀不載　按五行志九年曹州雄勇軍卒聶德瀛州民劉元澧州民張貴廣州民劉吉妻產三男

天禧元年一產三男

按宋史眞宗本紀不載　按五行志天禧元年連江縣民陳霸妻產三男

天禧三年一產三男

按宋史眞宗本紀不載　按五行志三年錢塘縣民謝文信遂安縣民李承遇妻產三男

天禧四年一產三男

按宋史眞宗本紀不載　按五行志四年孝感縣民杜明平恩縣民劉順妻產三男七月耒陽縣民張中妻產三男其額有白痣方寸餘上生白髮　又按志自天聖迄治平婦人生四男者二生三男者四十四生二男一女者一熙寧元年距元豐七年部邑民家生三男者八十四而四男者一二男一女者一元豐八年至元符二年生三男者十八而四男者二二男一女者一元符三年至靖康生三男者十九而四男者一前志以爲人民蕃息之驗

哲宗紹聖四年一產四男

按宋史哲宗本紀紹聖四年宣城民妻一產四男子

元符二年一產四男

按宋史哲宗本紀元符二年十二月河中猗氏縣民妻一產四男子

徽宗重和元年一產四男

按宋史徽宗本紀重和元年黃巖民妻一產四男子

宣和六年帝御樓觀燈有狂人指斥拷殺之有男子產子婦人生髭

按宋史徽宗本紀不載　按五行志宣和六年御樓觀燈時開封尹設次以彈壓於西觀下帝從六宮於其上以觀天府之斷決者簾幕深密下無由知衆中忽有人躍出黑色布衣若寺僧童行狀以手畫簾出指斥語執于觀下帝怒甚令中使傳旨治之箠掠亂下又加炮烙詢其誰何略不一語亦無痛楚之狀又

斷其足筋俄施刀斸血肉狠籍帝大不悅爲罷一夕之懽竟不得其何人付獄盡之　又按志宣和六年都城有賣青果男子孕而生子蓐母不能收易七人始娩而逃去豐樂樓酒保朱氏子之妻可四十餘楚州人忽生髭長僅六七寸疏秀而美宛然一男子特詔度爲女道士

宣和七年有狂人出悖罵語

按宋史徽宗本紀不載　按五行志七年八月都城東門外鬻菜夫至宣德門下忽若迷罔釋荷擔向門戟手出悖罵語且曰太祖皇帝神宗皇帝使我來尚宜速改也邏卒捕之下開封獄一夕方省則不知向者所爲乃于獄中盡之

高宗建炎二年有狂人拜于行宮門出狂言有四歲小兒腹裂生兒

按宋史高宗本紀不載　按五行志建炎二年十一月高宗在揚州郊祀後數日有狂人具衣冠執香爐攜絳囊拜于行宮門外自言天遣我爲官家兒書于囊紙刻于右臂皆是語鞫之不得姓名高宗以其狂釋不問明年二月金人犯維揚三月有明受之變

按宣政雜錄建炎戊申鎮江府民家兒生四歲暴得腹脹疾經數月臍裂有兒從裂中生眉目口鼻人也但頭以下手足不分莫辨男女又出白汁斗餘三日二子俱死

紹興元年有狂僧哭於閬州郡門

按宋史高宗本紀不載　按五行志紹興元年四月庚辰閬州有狂僧衰絰哭于郡譙門曰今日佛下世且言且哭實隆祐太后上仙日云閬距行都萬里踰月而遺詔至

紹興三年婦人產子有角齒

按宋史高宗本紀不載　按五行志紹興三年建康府桐林灣婦產子肉角有齒是歲人多產鱗毛

紹興二十年一產三男

按宋史高宗本紀不載　按五行志二十年八月眞符縣民家一產三男

孝宗隆興元年婦人產子二首

按宋史孝宗本紀不載　按五行志隆興元年建康民流寓行都而婦產子二首具羽毛之形

乾道五年人化爲虎婦產子靑而毛有肉角連體兩面潮州婦產百子如指大

按宋史孝宗本紀不載　按五行志乾道五年衡湘間人有化爲虎者餘杭縣婦產子靑而毛二肉角又有二家婦產子亦如之皆連體兩面相鄉三家才相距一二里潮州城西婦孕過期產子如指大五體皆具者百餘蠕蠕能動

淳熙十年婦人產子六臂

按宋史孝宗本紀不載　按五行志淳熙十年番易南鄉婦產子肘各有二臂及長鬬則六臂並運

淳熙十三年人死復生婦產肉塊

按宋史孝宗本紀不載　按五行志十三年行都有人死十有四日復生十一月辛未鄧家巷婦產肉塊三其一直目而橫口

淳熙十四年有婦產子四日長四尺有狂人突入恩平郡王第

按宋史孝宗本紀不載　按五行志十四年六月臨安府浦頭婦產子生而能言四日暴長四尺　又按志淳熙十四年正月紹興府有狂人突入恩平郡王第升堂踐王坐曰我太上皇孫來赴郡鞫訊終不語亦狂咎也是冬高宗崩明年八月王薨

光宗紹熙元年行都市人訛言

按宋史光宗本紀不載　按五行志紹熙元年三月癸酉行都市人夜以殺相驚奔迸者良久乃定

紹熙二年有狂人衰服呼閫帥名

按宋史光宗本紀不載　按五行志紹熙二年十二月庚辰昧爽成都有人衰服入帳門大呼閫帥京鏜姓名亦狂咎也

紹熙三年有石工爲山壓三年出而能語見風卽化爲石人

按宋史光宗本紀不載　按五行志紹熙元年崑山縣工采石而山壓三年六月它工采石鄰山聞其聲呼相應答如平生其家鑿石出之見其妻喜曰久閉乍風肌膚如裂俄頃微噤不語化爲石人貌如生

寧宗慶元元年有婦產子生尾角肉翅

按宋史寧宗本紀不載　按五行志慶元元年樂平縣婦產子有尾永州民產子首有角腋有肉翅

慶元二年有婦產子三目

按宋史寧宗本紀不載　按五行志二年七月進賢縣婦產子面有三目

理宗嘉定四年有婦產子二首四臂

按宋史理宗本紀不載　按五行志嘉定四年四月鎮江府後軍妻生子一身而二首四臂

金

世宗大定十三年宛平人假尸還魂

按金史世宗本紀十三年正月尚書省奏宛平張孝善有子曰合得大定十一年三月旦以疾死至暮復活云本良鄉人王建子喜兒而喜兒前三年已死建驗以家事能具道之此蓋假尸還魂擬付王爲子上曰若是則姦倖小人競生詐僞瀆亂人倫止付孝善

衛紹王大安三年有狂男子每日省前大呼

按金史衛紹王本紀不載　按五行志大安三年有男子郝贊詣省言上即位之後天變屢見火焚萬家風折門關非小異也宜退位讓有德有司問爾狂疾乎贊大言曰我不狂疾但爲社稷計宰相皆非其言每日省前大呼凡半月上怒誅之隱處

崇慶二年有狂僧狂言

按金史衛紹王本紀不載　按五行志二年二月放進士榜有狂僧公言殺天子求之不知所在

宣宗貞祐三年京師訛言逐狼

按金史宣宗本紀不載　按五行志三年六月京城中夜妄相驚逐狼月餘方息

哀宗正大元年有狂人大笑大哭于承天門

按金史哀宗本紀正大元年正月戊午上始視朝是日有男子服麻衣望承天門且笑且哭詰之則曰我笑笑將相無人我哭哭金國將亾羣臣請寘重典上持不可曰近詔草澤諸人直言雖涉譏訕不坐法司唯以君門非笑哭之所重杖而遣之

正大八年有婦生子兩頭

按金史哀宗本紀不載　按續夷堅志正大辛卯八年陽翟士人王予思家婢生子一身兩頭乳媼以爲怪摘去其一氣系分兩岐而出明年正月兩行省軍有三峰之敗

天典　年有狂人散棗與人擊瓦碎之

按金史哀宗本紀不載　按五行志初南京未破一二年間市中有一僧不知所從來持一布囊貯棗日散與市人無窮所在兒童百十從之又有一人拾街破瓦復以石擊碎之人皆以爲狂不曉其理後乃知之其意蓋欲使人早散國家將瓦解矣

元

世祖中統二年一產三男

按元史世祖本紀不載　按五行志中統二年九月河南民王四妻靳氏一產三男唐志云物反常爲妖陰氣盛則母道壯也

至元二年一產三男

按元史世祖本紀至元二年正月武城縣王氏妻崔一產三男（按志作元年八月）

至元八年昌黎縣民生子有光詔加鞠養

按元史世祖本紀至元八年四月平灤路昌黎縣民生子中夜有光詔加鞠養或以爲非宜帝曰何幸生一好人毋生嫉心也

至元十年一產三男

按元史世祖本紀至元十年八月甲寅鳳翔寶雞縣劉鐵牛妻一產三男復其家三年

至元二十年一產四子又產子四手四足三耳

按元史世祖本紀不載　按五行志二十年二月高州張丑妻李氏一產四子三男一女四月固安州王得林妻張氏懷孕五年生一男四手四足圓頭三耳一耳附腦後生而即死具狀有司上之

至元二十二年一產三男

按元史世祖本紀二十二年四月壬子江陵民張二妻鄧氏一產三男

至元二十八年一產三男

按元史世祖本紀二十八年九月庚戌襄陽南漳縣民李氏妻王一產三男

成宗大德元年一產三男四男

按元史成宗本紀大德元年五月辛未遂寧州軍戶任福妻一產三男給復三歲　按五行志元年十一月遼陽打鷹孛蘭奚戶那懷妻和里迷一產四男

大德四年一產三男

按元史成宗本紀四年四月壬子高郵府寶應縣民孫奕妻朱一產三男

大德十年一產四男

按元史成宗本紀不載　按五行志十年正月江州湖口縣方丙妻甘氏一產四男

泰定帝泰定元年一產三男

按元史泰定帝本紀泰定元年十月乙卯秦州成紀縣趙氏婦一產三男

泰定四年一產三子

按元史泰定帝本紀四年十二月庚子絳州太平縣趙氏婦一產三子

致和元年一產三子

按元史泰定帝本紀致和元年三月壬辰太平路當塗縣楊氏婦一產三子

順帝至元元年一產三男婦生鬚

按元史順帝本紀至元元年正月丙午雲南婦人一
產三男　按五行志至元元年正月廣西師宗州步
生妻適和一產三男汴梁祥符縣市中一乞丐婦人
忽生髭鬚
至正九年周歲兒忽長四尺
按元史順帝本紀不載　按五行志至正九年四月
棗陽民張氏婦生男甫及周歲長四尺許容貌異常
皤腹擁腫見人嬉笑如世俗所畫布袋和尚云
至正十年麗正門樓上有狂人妄言禍福
按元史順帝本紀至正十年京師麗正門樓上忽有
人妄言災禍鞫問之自稱薊州人已而不知所往
按五行志至正十年春麗正門樓斗栱內有人伏其
中不知何自而至遠近聚觀之門尉以白留守達于
都堂上聞有旨命取法司鞫問但云薊州人問其姓
名詰其所從來皆惘若無知唯妄言禍福而已乃以
不應之罪笞之忽不知所在
至正二十三年一產三男
按元史順帝本紀不載　按五行志二十三年五月
霸州民王馬駒妻趙氏一產三男六月亳家務李閏
妻張氏一產三男

明

太祖洪武六年長人見
按明通紀洪武六年有一夥人長八九尺相貌奇怪
上不問其何處人恬然不以爲介意
成祖永樂二年一產三男
按廣東通志永樂二年八月龍州民婦一產三男善
慶廂民黃三奴妻袁氏一產三男俱存有司給廩食
之
永樂六年一產三男
按大政紀永樂六年十二月癸巳山西靈丘縣民李
天秀妻朱氏一產三男循例給糧
永樂八年一產三男
按大政紀永樂八年八月丙申河南衛軍人蔡挽兒
妻一產三男事聞命禮部循例優給
永樂九年一產三子
按大政紀永樂九年三月湖廣武陵民劉觀音保妻
王氏一產三子事聞詔循例優給
永樂十年一產三男
按大政紀永樂十年九月乙丑府軍右衛軍人李士
文妻一產三男事聞命循例優給
永樂十二年一乳三子
按廣東通志永樂十二年秋七月番禺民一乳三子
舊志永樂癸巳秋何卓妻林氏一乳三子名泰謙渙
有司以其事聞賜寶鈔一定米一石仍月賜育養米
五斗且下令無子之家分乳其子
永樂十三年一產三男
按陝西通志永樂十三年中護衛軍伍定妻一產三
男
永樂十四年一產二男
按大政紀永樂十四年六月戊子湖廣興國州歐文
受妻李氏一產三男命循例優給
宣宗宣德七年一乳三子
按河南通志宣德七年鄭州有孕婦一乳二子詔給
粟帛
英宗正統元年有人兼男女體
按太倉州志正統元年時有二人各兼男女體人謂
之二形子
憲宗成化七年一乳四子
按陝西通志成化七年郃陽邑民魏宣妻一乳四子
成化十七年有婦臍下裂而生男
按大政紀成化十七年六月直隸宿州民張珍妻王
氏臍下右側裂生一男子
成化二十一年有婦生瘤產男
按見聞錄成化二十一年徐州民婦下生瘤漸長皮
色薄瑩彌月兒產從此出
孝宗弘治元年一產三男
按四川總志弘治元年夾江民鄺茂實妻一產三男
弘治七年丐者手足牛蹄
按太康縣志云云
弘治十二年有婦產子異形
按湖廣通志弘治十二年四月華容民王金妻生一
異形一身四頭四耳兩口兩牙
武宗正德元年有人半身作豕形
按太康縣志正德元年半身猪半身人行于市
正德二年婦生髭
按湖廣通志正德二年應山婦生髭民張必顯妻生
髭長三寸
正德四年一乳二子
按廣東通志正德四年文昌縣民梁本正妻一乳三
子
正德七年有女子化爲男子

按陝西通志正德七年太平橋有女子化爲男子長鬚後生二子

正德十年一乳三子

按廣東通志正德十年冬十月龍門民一乳三子民黃貴雄妻王氏一乳三子叔傳叔信叔佑

正德十五年一乳三子

按廣東通志正德十五年順德縣民一乳三子大良民劉莘妻何氏一乳三子

世宗嘉靖四年男子產兒

按西樵野記嘉靖乙酉橫涇傭農孔方忽患膨脹憒憒幾數月自脅產一肉塊剖視之一兒肢體悉具

按吳縣志嘉靖四年十一月九都一圖孔方男人生子里老宋盛具呈巡按御史朱寶昌體勘得實以災異奏聞

嘉靖五年一乳三子又生子兩頭四臂四足

按河南通志嘉靖五年鹿邑有婦人一乳三子

按湖廣通志嘉靖五年麻城民宋氏婦生兒兩頭四臂四足

嘉靖六年一孕七女

按畿輔通志嘉靖六年河間民陳氏一孕七女皆不立

嘉靖十年生兒異形

按湖廣通志嘉靖十年六月應山民劉思祿妻生兒異形赤髮肉角二目手口如鸚鳥

嘉靖十二年生兒兩頭

按貴州通志春二月安南衛生兩頭男御史周鐸以聞

嘉靖二十年生女兩頭

按湖廣通志嘉靖二十年平江民婦生女二頭

嘉靖二十二年一產四子

按山西通志嘉靖二十二年祁縣民王世有妻李氏一產三男一女俱成

按廣西通志嘉靖二十二年春三月橫州民陸安妻一乳四男

嘉靖二十五年一產四女又產兒異形

按陝西通志嘉靖二十五年榆林鎮城有一產四女者有產四臂三面兒者

嘉靖二十六年女子化爲男子

按大政紀嘉靖二十六年七月大同女化爲男大同右衛參將馬繼宗舍人馬祿女年十有七歲將適人化爲男子撫按官以聞

嘉靖三十一年婦生髭

按江南通志嘉靖三十一年松江婦人生髭鬚

嘉靖三十四年婦生鬚

按四川總志嘉靖三十四年武隆少婦生鬚

嘉靖三十六年一產四男

按陝西通志嘉靖三十六年慶陽府有一產四男者

嘉靖四十一年一乳三男

按潞安府志嘉靖四十一年十月黎城縣民家一乳三男

嘉靖四十二年生子二頭三手

按湖廣通志嘉靖四十二年城步民胥應時妻生子異形二頭三手齒全髮與眉齊

嘉靖四十四年童子暴長生鬚毛

按江南通志嘉靖四十四年崇明童子暴長頷下生鬚遍體皆毛

穆宗隆慶二年有男子化爲女子

按本草綱目隆慶二年山西御史宋纁疏言餘樂縣民李良雨娶妻張氏已四載矣後因貧出其妻自傭于人隆慶元年正月偶得腹痛時作時止二年二月初九日大痛不止至四月內腎囊不覺退縮入腹變爲女人陰戶次月經水亦行始換女粧時年二十八矣

神宗萬曆二年一產六子三子

按畿輔通志萬曆二年肥鄉民婦一產六子一產三子

萬曆五年僧變爲驢

按湖廣通志萬曆五年三月均州有山西普州僧明惠朝山變爲驢五日死

萬曆六年一乳三子

按廣東通志萬曆六年興寧縣民一乳三子

萬曆十一年一產四女

按興化縣志萬曆十一年興化民李鎧妻徐氏一產四女

萬曆十五年一產三子

按廣東通志萬曆十五年六月南海民龐守紳一產三子月給米一石贍之

萬曆二十四年一胎三子

按河南通志萬曆二十四年武安李滿妻一胎三子

萬曆二十九年一產三男

按貴州通志冬十月指揮馮國恩妻生子一產三男

萬曆三十六年一產四子三子

按福建通志萬曆三十六年十一月二十二日東門守門軍蘇九郎妻鄭氏一產二男二女

按雲南通志春三月思州民易繡虎一產三男

萬曆三十八年有婦產二女連體

按山西通志萬曆三十八年夏縈峙李宜臣妻牛氏產二女頭面相連手足各分

萬曆四十八年有兒兩頭一產三男婦人化爲男子

按畿輔通志萬曆四十八年廣平有丐者抱兩頭兒

按東鹿縣志萬曆末年西石干村劉氏一乳三男

按汝寧府志萬曆末光州鄉民吳樂娶妻陳氏數日變面爲男但少髭耳

熹宗天啓元年一乳三男

按深澤縣志天啓元年南留屯村民劉計昌年十八歲娶妻閆氏一乳三男

天啓四年生子兩頭

按陝西通志天啓四年會寧有生子一身兩頭者

天啓五年有老婦變爲男

按江南通志天啓五年桐城馬氏婦年七十變爲男

天啓六年一產三男

按江西通志天啓六年九江民邵本進妻一產三男

愍帝崇禎四年婦人化爲男

按江南通志崇禎四年華亭縣人李氏化爲男

崇禎十年生子兩頭

按湖廣通志崇禎十年五月衡陽民家婢生子兩頭四足

崇禎十一年老婦生髭

按河南通志崇禎十一年九月洛陽養濟院貧婦孫氏年七十餘生髭鬚

皇清

康熙二年

大清會典康熙二年定凡一產三男或男女並產八旗由禮部具題直省由各該督撫具題禮部題覆行戶部准給米五石布十疋

康熙十三年

大清會典康熙十三年定一產三男仍准題覆其男女並產及一產三女者不准題覆

康熙二十三年

大清會典康熙二十三年

諭一產三男事令禮部成議即交戶部具奏照例賞給

庶徵典第一百四十二卷

人異部總論

李時珍本草綱目

論人傀

李時珍曰太初之時天地絪縕一氣生人乃有男女男女構精乃自化生如草木之始生于一氣而后有根及子爲種相繼也人之變化有出常理之外者亦司命之師所當知博雅之士所當識故撰人傀附之部末以備多聞眚咎之徵

易曰一陰一陽之謂道男女構精萬物化生乾道成男坤道成女此蓋言男女生生之機亦惟陰陽造化之良能焉耳齊司徒褚澄言血先至裹精則生男精先至裹血則生女陰陽均至非男非女之身精血散分駢胎品胎之兆道藏經言月水至後一三五日成男二四六日成女東垣李杲言血海始淨一二日成男三五日成女聖濟經言因氣而左動陽資之則成男因氣而右動陰資之則成女丹溪朱震亨乃非褚氏而是東垣主聖濟左右之說而立論歸于子宮左右之系諸說可謂悉矣時珍竊謂褚氏未可非也東垣未盡是也蓋褚氏以精血之先後言道藏以日數之奇偶言東垣以女血之盈虧言聖濟丹溪以子宮之左右言各執一見會而觀之理自得矣夫獨男獨女之胎則可以日數論而駢胎品胎之感亦可以日數論乎稽之諸史載一產三子四子者甚多其子有半男半女或男多女少男少女多西樵野記載國朝天順事揚州民家一產五男皆育成觀此則一三五日爲男二四六日爲女之說豈其然哉焉有一日受男而二日復受女之理乎此則褚氏聖濟丹溪主精血子宮左右之論爲有見而道藏東垣日數之論爲可疑矣王叔和脈經以脈之左右浮沉辨猥生之男女高陽生脈訣以脈之縱橫逆順別駢品之胎形恐亦臆度非確見也王冰元珠密語言人生三子主太平人生三女國淫失政人生十子諸侯競位人生肉塊天下饑荒此乃就人事而論則氣化所感又別有所關也夫乾爲父坤爲母常理也而有五種非男不可爲父五種非女不可爲母何也豈非男得陽氣之虧而女得陰氣之塞耶五不女螺紋鼓角脈也

螺者牝竅內旋有物如螺也紋者竅小即實女也鼓者無竅如鼓角者有物如角古名陰挺是也脈者一生經水不調及崩帶之類是也

五不男天犍漏怯變也

天者陽痿不用古云天宦是也犍者陽勢閹去寺人是也漏者精寒不固常自遺洩也怯者舉而不強或見敵而不興也變者體兼男女俗名二形晉書以爲亂氣所生謂之人痾其類有三有値男即女値女即男者有半月陰半月陽者有可妻不可夫者此皆具體而無用者也

胎足十月而生常理而有七月八月生者十二三月生者十四五月生者或云氣虛也虞摶醫學正傳言有十七八月至二十四五月而生劉敬叔異苑言太原溫磐石母孕三年乃生豈亦氣虛至于許久耶

今有孕七月而生子者多可育八月而生者多難育七變而八不變也魏略云黃牛羌人孕六月而生博物志云獠人孕七月而生晉書云苻堅母孕十二月生劉擷母孕十三月生漢書堯及昭帝皆以十四月生三十國春秋云劉聰母孕十五月乃生搜神記云黃帝母名附寶孕二十五月而生帝胞門子臟爲奇恆之府所以爲生人之戸常理也而有自脅產自額產自背產自髀產者何也豈子臟受氣駁雜而其系有不同如宋史所記男陰生于脊女陰生於頭之類耶

史記云陸終氏娶鬼方之女孕而左脇出三人右脇出三人六人子孫傳國千年天將興之必有尤物如修己背拆而生禹簡狄胷拆而生契也魏志云黃初六年魏郡太守孔羡表言汝南屈雍妻王氏以去年十二月十二日生男兒從右腋下小腹上而生其母自若無他畏痛今瘡已愈母子全安異苑云晉時魏興李宣妻樊氏義熙中懷孕不生而額上有瘡兒從瘡出長爲將軍名鹵兒又云晉時常山趙宣母姙身如常而髀上作痒搔之成瘡兒從瘡出母子平安野史云莆田尉舍之左有市人妻生男從股髀間出瘡合母子無恙可證屈雍

之事浮屠氏言釋迦生於摩耶之右脇此亦理也嵩山記云陽翟有婦人妊三十月乃生子從母背上出五歲便入山學道瑯琊鈔云我朝成化中宿州一婦孕脇腫如癰及期兒從癰出瘡痏隨合其子名佛記兒李時珍曰我明隆慶五年二月唐山縣民婦有孕左脅腫起兒從脅出俱無恙

陽生陰長孤陽不生獨陰不長常理也而有思士不妻而感思女不夫而孕婦女生鬚丈夫出湩男子產兒者何也豈其氣脉時有變易如女國自孕雄雞生生卵之類耶

史記云姜嫄見巨人跡履之而生棄有娀氏吞元鳥卵而生契皆不夫而孕也宣政錄云宋宣和初朱節妻年四十一夕頷痒至明鬚長尺餘草木子云元至正間京師一民婦髭鬚長尺餘也漢書云南陽李元全家疫死止一孫初生數旬蒼頭李善自哺乳之乳爲生湩唐書云元德秀兒子襁褓喪親德秀自乳之數日乳中湩流能食乃止宋史云宣和六年都城有賣青果男子孕而生子蓐母不能收易七人始免而逃去西樵野記云明嘉靖乙酉橫涇傭農孔方忽患膨脹憒憒幾數月自脅產一肉塊剖視之一兒肢體毛髮悉具也

男生而覆女生而仰溺水亦然陰物秉賦一定不移常理也而有男化女女化男者何也豈乖氣致妖而變亂反常耶京房易占云男化爲女宮刑濫也女化爲男婦政行也春秋潛潭巴云男化女賢人去位女化男賤人爲王此雖以人事言而其臟腑經絡變易之微不可測也

漢書云哀帝建平中豫章男子化爲女子嫁人生一子續漢書云獻帝建安二十年越巂男子化爲女子李時珍曰我朝隆慶二年山西御史宋纁疏言靜樂縣民李良雨娶妻張氏已四載矣後因貧出其妻自傭于人隆慶元年正月偶得腹痛時作時止二年二月初九日大痛不止至四月內腎囊不覺退縮入腹變爲女人陰戶次月經水亦行始換女糚時年二十八矣洪範五行傳云魏襄王十三年有女子化爲丈夫晉書惠帝元康中安豐女子周世寧以漸化爲男子至十七八而性氣成又孝武皇帝寧康初南郡女子唐氏漸化爲丈夫南史云劉宋文帝元嘉二年燕有女子化爲男唐書云僖宗光啓二年鳳翔郿縣女子未齓化爲丈夫旬日而死

人異于物常理也而有人化物物化人者何也豈人亦太虛中一物並囿於氣交得其靈則物化人失其靈則人化物耶抑譚子所謂至淫者化爲婦至暴者化爲猛虎心之所變不得不變孔子所謂物老則羣附之爲五酉之怪者邪

譚子化書云老楓化爲羽人自無情而之有情也賢婦化爲貞石自有情而之無情也世說武昌貞婦望夫化而爲石宋史云崑山石工采石陷入石穴三年掘出猶活見風遂化爲石幽冥錄云陽羨小吏吳龕于溪中拾一五色浮石歸置牀頭至夜化爲女子左傳曰堯殛鯀于羽山其神化爲黃熊入于淵黃熊龍類也續漢書云靈帝時江夏黃氏母浴水化爲黿入于淵搜神記云魏文帝黃初中清河宋士宗母浴于室化爲鼈入於水時復還家異苑云宋文帝元嘉中高平黃秀入山經日遂化爲熊淮南子云牛哀病七日化爲虎搏殺其兄郡國志云滕州夷人往往化貙貙小虎也有五指博物志云江漢有貙人能化爲虎唐書云武后時郴州左史因病化虎擒之乃止而虎毛生矣又憲宗元和二年商州役夫將化爲虎衆以水沃之乃不果顧微廣州記云湞陽縣里民一男年十五六牧牛牛日舐兒甚快舐處悉白俄而病死殺牛以供客食此牛者男女二十餘人悉化爲虎隋書云文帝七年相州一桑樹化爲蛇繞樹自抽長二丈許抱朴子云狐狼猴玃滿三百歲皆能變人

參同契云燕雀不生鳳狐兔不字馬常理也而有人產蟲獸神鬼怪形異物者何也豈其視聽言動觸於邪思隨形感應而然耶又有人生於卵生於馬者何也豈有神異憑之或因有感遘而然耶

博物志云徐偃王之母產卵棄之孤獨老母取伏之出一兒後繼徐國異說云漢末有馬生人名曰馬異及長亡入北地

人具四肢七竅常理也而荒裔之外有三首比肩飛頭垂尾之民此雖邊徼餘氣所生同於鳥獸不可與吾同胞之民例論然亦異矣

山海經云三首國一身三首在崑崙東爾雅云北方有比肩民半體相合迭食而迭望異物志云嶺南溪峒中有飛頭蠻項有赤痕至夜以耳爲翼飛去食蟲物將曉復還如故搜神記云吳將軍朱桓一婢頭能夜飛即此種也永昌志云西南徼外有

濮人生尾如龜長三四寸欲坐則先穿地作孔若誤折之便死也

是故天地之造化無窮人物之變化亦無窮賈誼賦所謂天地爲爐兮造化爲工陰陽爲炭兮萬物爲銅合散消息兮安有常則千變萬化兮未始有極忽然爲人兮何足控摶化爲異物兮又何足患此亦言變化皆由于一氣也膚學之士豈日恃一隅之見而槩指古今六合無窮變化之事物爲迂怪耶

人異部紀事

史記楚世家陸終生子六人坼剖而產焉其長一曰昆吾二曰參胡三曰彭祖四曰會人五曰曹姓六曰季連芉姓楚其後也

獨異志周穆王南征一軍盡化爲猿鶴君子爲鶴小人爲猿

左傳閔公二年成季之將生也桓公使卜楚丘之父卜之曰男也其名曰友在公之右間於兩社爲公室輔季氏亡則魯不昌又筮之遇大有䷍之乾䷀曰同復於父敬如君所及生有文在其手曰友遂以命之

宣公四年楚司馬子良生子越椒子文曰必殺之是子也熊虎之狀而豺狼之聲弗殺必滅若敖氏矣諺曰狼子野心是乃狼也其可畜乎子良不可子文以爲大慼及將死聚其族曰椒也知政乃速行矣無及于難且泣曰鬼猶求食若敖氏之鬼不其餒而及令尹子文卒鬬般爲令尹子越爲司馬蔿賈爲工正譖子揚而殺之子越爲令尹己爲司馬子越又惡之乃以若敖氏之族圄伯嬴於轑陽而殺之遂處烝野將攻王王以三王之子爲質焉弗受師於漳澨秋七月戊戌楚子與若敖氏戰於臯滸伯棼射王汰輈及鼓跗著於丁寧又射汰輈以貫笠轂師懼退王使巡師曰吾先君文王克息獲三矢焉伯棼竊其二盡于是矣鼓而進之遂滅若敖氏

宣公八年春白狄及晉平夏會晉伐秦晉人獲秦諜殺諸絳市六日而蘇

述異記武都丈夫化爲女子顏色美麗蓋山之精也蜀王娶以爲妻無幾物故遂葬於成都郭中以石鏡一枚長二丈高五尺葬之

楚莊王時宮人一旦而化爲野蛾飛去

筍譜一女浣於勝水見竹節隨流近女子推去又來聞有音聲持歸破之得小兒男也及長以竹爲姓立以爲王

搜神記漢武時蒼梧賈雍爲豫章太守有神術出界討賊爲賊所殺失頭上馬回營中咸走來視雍雍胷中語曰戰不利爲賊所傷諸君視有頭佳乎無頭佳乎吏涕泣曰有頭佳雍曰不然無頭亦佳言畢遂死

宣帝之世燕岱之間有三男共娶一婦生四子及至將分妻子而不可均及至爭訟廷尉范延壽斷之曰此非人類當以禽獸從母不從父也請戮三男以兒還母宣帝咨嘆曰事何必古若此則當於理而厭人情也延壽蓋見人事而知用刑矣未知論人妖將來之驗也

誠齋雜記張道陵母夢天人自魁星中以蘅薇香授之遂感而孕

漢末零陵太守有女甚娃閤門下書佐悅之使婢取盥手水竊飲而有娠生子能行太守抱兒使求其父兒直上書佐膝書佐推之兒仆地爲水

述異記魏時河間王子元家雨中有小兒八九枚墮於庭長六七寸許自言家在河東南爲風所飄而至於君庭與之言甚有所知如史傳所述

晉書五行志吳孫休時烏程人有得困病及差能以響言者言於此而聞於彼自其所聽之不覺其聲之大也自遠聽之如人對言不覺聲之自遠來也聲之所往隨其所向遠者所過十數里其鄰人有責息于外歷年不還乃假之使爲責讓懼以禍福負物者以爲鬼神卽償顛倒畀之其人亦不自知所以然也言不從之咎也

齊王冏傳冏之盛也有一婦人詣大司馬府求寄產吏詰之婦人曰我截齊便去耳識者聞而惡之時又謠曰著布袙腹爲齊持服俄而冏誅

郭璞傳時暨陽人任谷因耕息于樹下忽有一人著羽衣就淫之既而不知所在谷遂有娠積月將產羽衣人復來以刀穿其陰下出一蛇子便去谷遂成宦者後詣闕上書自云有道術帝留谷於宮中璞復上疏曰任谷所爲妖異無有因由陛下元鑒廣覽欲知其情狀引之禁內供給安處臣聞爲國以禮正不聞以奇邪所聽惟人故神降之吉陛下簡默居正動遵典刑按周禮奇服怪人不入宮況谷妖詭怪人之甚者而登講肆之堂密邇殿省之側塵點日月穢亂天聽臣之私情切所以不取也陛下若信谷爲神靈所憑者則應敬而遠之夫神聰明正直接以人事若以

谷爲妖蠱詐妄者則當投畀裔土不宜令褻近紫闥若以谷或是神祇告譴爲國災眚者則當克己脩禮以弭其妖不宜令谷安然自容肆其邪變也臣愚以爲陰陽陶蒸變化萬端亦是狐狸魍魎憑陵作慝願陛下採臣愚懷特遣谷出臣以人乏忝荷史任敢忘直筆惟義是規其後元帝崩谷因亡走

搜神記宣城邊洪爲廣陽領校母喪歸家韓友往投之時日已暮出告從者速裝束從者曰今日已暝數十里草行何急復去友曰此間血覆地寧可復住苦留之不得其夜洪欻發狂絞殺兩子幷殺婦又斫父婢二人皆被創因走亡數日乃于宅前林中得之已自經死

終南山有人身無衣服徧體生黑毛飛騰不可及爲獵人所得言秦宮人避亂入山有老翁教食松實初甚苦澀後稍便之遂不饑獵人以穀食之初聞甚臭吐逆數日乃安身毛脫落漸老而死

晉書劉曜載記武功男子蘇撫陝男子伍長平並化爲女子上洛男子張盧死二十七日有盜發其冢者盧得蘇

石勒載記黎陽人陳武妻一產三男一女武攜其妻子詣襄國上書自陳勒下書以爲二儀諧暢和氣所致賜其乳婢一口穀一百石雜綵四十匹

獨異志僞蜀李勢宮人張氏有妖容勢寵之一日化爲大斑蛇長丈餘送於苑中夜復來寢牀下勢懼遂殺之後有鄭美人勢亦寵愛化爲雌虎一夕食勢姬三人未幾勢爲桓溫所殺

晉書李勢傳勢降於桓溫先是頻有怪異成都北鄉有人望見女子避入草中往視見物如人有身形頭目無手足能動搖不能言涪陵民藥氏婦頭上生角長三寸凡三截之

異苑晉安帝義熙中魏興李宣妻樊氏懷姙過期不孳而額上有瘡兒穿之以出長爲將今猶存

獨異志鄭之管城有居人鄭虔章者落魄酒盃閒年五十餘無聞焉日醉歸寢署中夕引手取酒器遂爲鬼拽臂入坑逡巡至髆其人荒叫親戚舉燭俱至相與牽爭而不能制漸入至胷臆頭遂入地俄然全身陷沒若墮水者乃合衆村鍪鑊掘之深丈餘得一枯骨可長八九寸又復旁搜無所見因出而葬之

南史后妃傳文元袁皇后適文帝初拜宜都王妃生子劭東陽獻公主英娥上待后恩禮甚篤袁氏貧薄后每就上求錢帛以贍之上性儉所得不過五三萬五三十匹後潘妃有寵愛傾後宮咸言所求無不得后聞之未知信否乃因潘求三十萬錢與家以觀上意宿昔便得因此罣恨稱疾不復見上遂憤恚成疾元嘉十七年疾篤上執手流涕問所欲言后視上良久乃引被覆面崩於顯陽殿上甚悼痛之詔前永嘉太守顏延之爲哀策文甚麗及奏上自益撫存悼亾感今懷昔以致意焉有司奏謚宣皇后詔謚曰元初后生劭自詳視之使馳白帝此兒形貌異常必破國亾家不可舉便欲殺之文帝狼狽至后殿戶外手撥幔禁之

異苑元嘉三年邵陵高平黃秀無故入山經日不還其兒根生尋見秀蹲空樹中從頭至腰毛色如熊問其故答云天謫我如此汝但去兒哀慟而歸逾年伐山兒見之其形盡爲熊矣

元嘉中高平平丘孝婦懷姙生一團冰得日便消液成水

魏郡徐逮字君及婦孟氏生兒頭上有一角一腳頭正仰向通身盡赤落地無聲乘虛而去

太原溫盤石母懷身三年然後生墮地便坐而笑髮覆面于齒皆具

元嘉末長廣人病差便能食而不能臥一飯輒覺身長如此數日頭遂出屋投究爲刺史度之爲三丈復還漸縮如舊經日而亡俄而文帝爲元凶所害

南史王敬則傳敬則臨淮射陽人也僑居晉陵南沙縣母爲女巫嘗謂人云敬則生胞衣紫色應得鳴鼓角人笑之曰汝子得爲人吹角可矣敬則年長而兩腋下生乳各長數寸

異苑建安有篔簹竹節中有人長數尺許頭足皆具

南史陶弘景傳弘景丹陽秣陵人也幼有異操年四五歲恆以荻爲筆畫灰中學書至十歲得葛洪神仙傳晝夜研尋便有養生之志謂人曰仰青雲覩白日不覺爲遠矣及長身長七尺七寸神儀明秀朗目疎眉細形長額聳耳耳孔各十餘毛出外二寸許右膝有數十黑子作七星文

崔慧景傳慧景襲京口爲太叔榮之所斬先是東陽女子婁逞變服詐爲丈夫粗知圍棋解文義徧遊公卿仕至揚州議曹從事事發明帝驅令還東逞始作婦人服而去歎曰如此伎還之爲老嫗豈不惜哉此人妖也陰而欲爲陽事不果故泄慧景之應也

梁昭明太子統傳統次子河東王譽中大通三年封

河東郡王槩遷湘州刺史未幾侯景寇建鄴譽入援至青草湖臺城沒有詔班師譽還湘鎮時元帝軍于武城新除雍州刺史張纘密報元帝曰河東起兵岳陽聚米將來襲江陵元帝甚懼遣世子方等征之反爲譽敗死又令信州刺史鮑泉討譽譽攻之又見敗於是遂圍之元帝又遣領軍王僧辯代鮑泉攻譽譽將潰圍而出會麾下將慕容華引僧辯入城遂被執斬首送荊鎮元帝返其首以葬焉譽之將敗引鏡照面不見其頭又見長人蓋屋兩手據地瞰其齋譽甚惡之俄而城陷

沈約傳約左目重瞳子腰有紫志聰明過人好墳籍聚書至二萬卷都下無比

孫謙傳謙歷二縣五郡所在廉潔年逾九十强壯如五六十者力於仁義行己過人末年頭生二肉角各長一寸十五年卒官時年九十二

王曇首傳曇首元孫訓字懷範生而紫胞師嫗云後當貴後拜侍中入見武帝武帝問何敬容曰褚彥回年幾爲宰相敬容曰少過三十上曰今之王訓無謝彥回

后妃傳武德郗皇后酷妒忌及終化爲龍入於後宮通夢於帝或見形光彩照灼帝體將不安龍輒激水騰涌于露井上爲殿衣服委積常置銀鹿轤金瓶灌百味以祀之故帝卒不置后

梁宗室傳始興忠武王憺太祖第十一子也憺子暎爲吳興太守及徵將還鍾離人顧思遠挺叉行部伍中暎見甚老使人問對曰年一百一十二歲凡七娶有子十二死亡略盡今惟小者年已六十又無孫息家闕養乏是以行役暎大異之名賜之食食兼于人檢其頭有肉角長寸遂命後舟載還都謁見天子與之言往事多異所傳擢爲散騎侍郎賜以奉宅朝夕進見年百二十卒又荊州上津鄉人張元始年一百一十六歲膂力過人進食不異至年九十七方生兒兒遂無影將亡人人告別乃至山林樹木處處履行少日而終時人以爲知命

侯景傳王僧辯及諸州管石頭景列陣挑戰僧辯大破之始景左足上有肉瘤狀似龜戰應克捷瘤則隱起分明如不勝瘤則低至日瘤隱陷肉中

后妃傳武丁貴嬪生于樊城相者云當大貴武帝鎮樊城贈以金環納之時年十四貴妃生而有赤誌在左臂療之不滅又體多疣子至是無何並失所在

伽藍記綏民里里內有河間劉宣明宅神龜年中以直諫忤旨斬于都市訖目不瞑尸行百步時人談以枉死宣明少有名譽精通經史危行及于誅也

南史后妃傳陳武宣章皇后少聰慧美容儀手爪長五寸色並紅白每有期功之服則一爪先折

陳宗室傳新安王伯固文帝第五子也生而龜胸目通睛揚白形狀眇小而俊辯善言論

五代新說隋文帝生於馮翊般若寺有尼曰此兒所從來甚異不可以俗間處之乃自撫養皇妣曾見帝頭生角身有鱗起駭而墮地尼自外至曰已驚我兒帝額有五珪入頂目光外射有文在手曰王

桂苑叢談王梵志衞州黎陽人也黎陽城東十五里有王德祖者當隋之時家有林檎樹生瘻大如斗經三年其瘻朽爛德祖見之乃撤其皮遂見一孩兒抱胎出因收養之至七八歲能語問曰誰人育我及問姓名德祖具以實告因林木而生曰梵天後改曰志我家長育可姓王也作詩諷人甚有義旨蓋菩薩示化也

南史扶南國傳有毗騫國去扶南八千里傳其王身長丈二頭長三尺自古不死莫知其年王神聖國中人善惡及將來事王皆知之是以無敢欺者南方號曰長頸王

朝野僉載景龍中瀛州進一婦人身上隱起浮圖塔廟諸佛形像按察使進之授五品其女婦留內道場逆韋死後不知去處

唐書韋溫傳周仁軌者京兆萬年人后母族也方爲并州長史殘酷嗜殺戮異日見堂下有斷臂惡之送于野數昔往視故在是月韋后敗使者誅仁軌刑人舉刀仁軌承以臂墮地乃悟

續侍兒小名錄唐韋諷家於汝穎間遣小童理草鋤地忽見人髮鋤漸深漸多而不亂諷異之卽掘深尺餘乃一婦人肌膚容色儼然如生再拜言曰某是郎君之祖女奴名曰麗質娘子嫉妒生埋此園中

見聞搜玉純陽山在合州北三里天寶間女冠范志立修道處任安爲使至此慕之約期而會及至變爲男子宋劉儀鳳詩誰家游冶郎門首窺幽閨但見臉如花不知心似鐵一夕變其軀雪質映雲髮昔有桃李枝今作松筠節

雞肋唐李光弼母有鬚數十長五寸許封韓國太夫人二子光弼封臨淮郡王光進封武威郡王皆爲名將死葬長安南原將相祭奠凡四十四幄

獨異志貞元初河南少尹李則卒未殮有一朱衣人投刺申弔自稱蘇郎中旣入哀慟尤甚俄頃亾者遂起與之相搏家人子弟驚走出堂二人閉門毆擊抵暮方息孝子乃敢入見二尸並臥一牀長短形狀姿貌鬚髯衣服一無差異於是聚族不能定識遂同棺葬之

唐貞元中有乞者解如海其手自臂而墮足自脛而脫善擊毬樗蒱戲又善劍舞數丹丸挾二妻生子數人至元和末猶在長安戲場中日集數千人觀之

元和初有天水趙雲客遊鄜時過中部縣縣寮有讌吏擒一囚至其罪不甚重官寮顧縱之雲醉因勸加刑責於是杖之二十累月雲出塞行及蘆子關道逢一人邀之言款日暮延雲下道過其居去路數里於是命酒偶酌旣而問之曰君省相識否雲曰未嘗此行實昧平昔乃曰前月中部值君遭罹橫罪與君素無仇隙爲君所勸因被重刑雲遽起謝之其人曰吾望子久矣豈虞於此獲雪小恥乃命左右拽入一室室有大坑深三丈餘中惟貯酒糟數十斛剝去其衣推雲於中饑食其糟渴飲其汁且夕昏昏幾一月乃傳出之使人蹙額挼捩肢體手指肩髀皆改于舊提出風中倏然凝定至于聲韻亦改以爲賤隸弟爲御史出按靈州獄雲以前事密疏示之其弟告于觀察使李銛由是發卒討尋盡得奸人而覆滅其黨臨刑亦無隱瞞云前後變改人者數代矣

唐國史補元和初洪崖冶有役者將化爲虎羣衆呼以水沃之乃不得化或問茗谿子是何謂也答曰陽極而陰晦極而明爲雷爲電爲雪爲霜形之老之死之八竅者卵九竅者胎推遷之變化也燕雀爲蛤野雞爲蜃蝦蟇爲鶉蠶蛹爲蛾蚯蚓爲百合腐草爲螢火烏足之根爲蠐螬久竹生青蜓田鼠爲鴽老㺄爲猿陶蒸之變化也仁而爲暴聖而爲狂雌雞爲雄男子爲女人爲蛇爲虎耗亂之變化也是必生化而後氣化氣化而後形化俗言四指者天虎也五指者人虎也唯道德者窮焉

獨異志唐李祐爲淮西將元和十二年送款歸國裴公破吳元濟入其城漢軍有剝婦人衣至裸體者祐有新婦姜氏懷娠五月矣爲亂卒所刦以刃劃其腹姜氏氣絕踣地祐歸見之腹開尺餘因脫衣襦裹之婦一夕復蘇傅以神藥而平滿十月而產一男朝廷以祐歸國功授一子官曰行修年三十餘爲南海節度罷歸卒于道

酉陽雜俎秀才田躩云太和六年秋涼州西縣百姓妻產一子四手四足一身分兩面項上髮一穗長至足時朝伯峻爲縣令

處士元固言貞元初嘗與道侶遊華山谷中見一人股襪履尤新斷如膝頭初無瘡迹

江淮有士人莊居其子年二十餘常病魘其父一日飲茗甌中忽鮑起如漚高出甌外瑩淨若琉璃中有一人長一寸立于漚高出甌外細視之衣服狀貌乃其子也食頃爆破一無所見茶椀如舊但有微璺耳數日其子遂著神譯神言斷人休咎不差謬

蜀檮杌光化三年封建司徒蜀王七年朱全忠篡位改元開平巨人見青城山鳳凰見萬歲縣左右勸進三遜而後從九月僭卽位號大蜀改元武城

茅亭客話靈池縣洛帶村民郝二者不記名嘗說某祖父以醫卜爲業其四遠村邑請召曾無少暇畫一孫眞人從一赤虎懸于縣市卜肆中已數歲因及耄年每日顒坐瞠目觀畫虎終日無倦自茲不見畫虎則不樂孫兒輩將豆麥入城貨賣收市鹽酪如不協其意則怒而詬罵以至杖撻之若見畫虎則都忘前事人有召其醫療至彼家見有畫虎卽爲之精思親戚往還亦只以畫虎圖幛爲餉遺之物如是不數年間村舍廳廚寢室懸掛畫虎皆遍有兒見其耽好怪而責之曰汝好此物何爲乎答云常患心緒煩亂見之則稍閒焉因是說府城有藥肆養一活虎曾見之乎曰未也因拜告其兒求偕至郡旣見後頓忘寢食旬餘方誘得歸自茲一月入城看虎再三矣經年唯好食肉以熟肉不快其意卽啖生肉凡一食或猪頭或猪膊食之如梨棗焉如是兒孫輩皆恐怯每入城看活虎孫兒相尋見則以杖擊廻至孟蜀先主建僞號之明年或一日夜分開莊門出去杳無蹤跡有行人說夜來一虎跳入羊馬城內城門爲之不開半日得軍人上城射殺分而食之其祖父不歸絕無耗音則化爲虎者是也遂訪諸得虎肉食者獲虎骨數塊將歸葬之

珍珠船供奉官郭垣在母胎年餘不育有善針人百餘針竟亦不動至二十二月生子母俱安唯胷臆間有黑點數十處乃當日針痕也

洛中紀異錄先是周末忽有一人衣麤布衣裹青巾草屨而入於中書省政事堂內箕踞而坐羣吏見之咸大驚叱之何人也答云官家教我來吏曰官家在

甚處復答曰在宗州壽白于諸相相曰此狂人爾不須奏恐累諸門守衛者事非細爾乃寢因卒逐之出外今上移鎭商丘少主禪位上開國爲大宋宗州官家是天命已兆之也

宋史夏國傳李繼遷曾祖仁顏仕唐銀州防禦使祖彝景嗣子晉父光儼嗣子周建隆四年繼遷生于銀州無定河生而有齒

江西通志甲午歲江西館驛巡官黃極子婦生子一首兩身相背四手四足建昌民家生牛每一足更附出一足捉之江中翌日浮于木上南昌新義里地陷長數十步廣者數丈狹者七八尺其年節度使徐知詢卒

聞見前錄仁宗朝程文簡公判大名府時府兵有肉生于背蜿蜒若龍伏者文簡收禁之以其事聞仁宗謂宰輔曰此何罪也令釋之後其兵以疾死嗚呼肉龍生于兵之背妖也帝釋之德足以勝妖矣兵輒死宜哉

畫墁錄鳳翔婦與黃冠通奸郎姪不能決在禁中四年至英廟登極赦到官究而婦生子髮被面齒滿口余未之信至岐下取案文閱之不謬

龍川別志參知政事錢若水少時讀書嵩山佛寺有一童子日來撓之禁之不可其師曰此田家子此寺其家所建也昨爲衙校家破死亾略盡將死以此子見屬吾憐其幼不忍禁也若水曰然則試以經授之不數日誦寺中所有經始遍遂去不知所在若水既貴護宗室葬事舉者若干人將宿當失其一行則復在怪而閱之則昔之童子在焉若水曰子乃在是耶于寔何人也對曰世之如我者多矣顧公不識耳姑置我我將食而復見置之則走入衆中不復識

青瑣高議治平三年咸平朱沛家粗豐足尤好養鴿鴿編竹爲室數動踰百一日爲猫捕食其鴿沛乃斷猫之四足猫轉堂室之間數日乃死他日猫又食鴿又斷其足前後所殺十數猫後沛妻連產二子俱無手足沛終不悟

宋史范鎭傳鎭兄鎡卒于隴城無子聞其有遺腹子在外鎭時未仕徒步求之兩蜀間二年乃得之曰吾兄異于人體有四乳是兒亦必然已而果然名曰百常

東軒筆錄林洙少服苣勝晚年發熱多煩躁知壽州日夏夜露臥于堂下爲鼓角匠以鐵連鎚擊殺之洎擒鼓角匠問所以殺守之情曰我何情但中夕睡中及大醉若有人引導見故榜上鐵連鎚遂攜之以行自譙樓至使宅堂前蓋甚遠而諸門扃鑰如故莫知何以至也朝廷以守臣被殺起獄窮治自通判以下咸被黜時富鄭公爲相以洙無正室頗疑奸吏共謀殺者會魯公爲參政獨曰若是謀殺必持鋒刃鄭公之疑遂解

鐵圍山叢談河中有姚氏十三世不析居矣遭逢累代旌表號義門姚家也一旦大小死欲盡獨兄弟在方居憂而弟婦又卒弟獨與小兒同室處焉度百許日其家人忽聞弟室中夜若與婦人語笑者兄弗信也因自往聽之審一日勵其弟曰吾家雖驟衰且世號義門吾弟縱喪偶寧不少待方衰絰未除而召外婦人入舍中耶懼辱吾門將奈何弟因泣涕而言不然也夜所與言者乃亾婦爾兄瞠愕詢其故則曰婦喪踰月即夜叩門曰我念兒無乳至此因開門納之果亾婦遂往登榻接取兒乳之弟甚懼自是數來相與語言大抵不異平時懼其怪而不敢駭兄也兄念家道死喪殆盡今手足獨有二人此是往亾吾弟爾且弟計不忍絕然吾必殺之因夜持大刀伏于門左其弟弗知也果有排門而入者兄盡力以刀刺之其人大呼而去旦視之則流血塗地兄弟因爭尋血蹤至于墓所則弟婦屍橫墓外傷而死矣會其婦家適至睹此而訟於官開墓則空棺耳官莫能治併兄弟咸死獄中姚氏遂絕

宣政雜錄宣和初都下有朱節以罪置外州其妻年四十居望春門外忽一夕頤頷痒甚至明鬚出長尺餘人問其實莫知所以賜度牒爲女冠居於家蓋人妖而金人犯闕之先兆也又淮南民家兒四歲自耳目下皆生髯長寸餘能作大字其父入都持兒示人日得數緡

鐵圍山叢談宣和六年春正月甲子上元節故事天子御樓觀燈則開封尹設次以彈壓于西觀下又于時從六宮于其上以觀大府之斷決者簾幕重密下無由知是日上偶獨在西觀上而宦者左右皆不從其下則萬衆忽有一人躍出緇布衣者若僧寺童行狀以手指簾謂上曰汝是某邪有何神乃敢破壞吾教吾今語汝報將至矣吾猶不畏汝汝豈能壞諸佛菩薩邪時上下聞此皆失指震恐捕于觀下命中使傳呼天府亟治之且親臨其上則又曰吾豈逃汝乎吾故示汝以此使汝知無奈吾教何爾聽汝苦吾吾

今不語矣于是箠掠亂下又加諸炮烙詢其誰何略不一言亦無痛楚狀上益憤復召行天法羽士曰宋冲妙世號宋法師者亦神奇至視之則奏曰臣所治者邪鬼此人者臣所不能識也因又斷其足筋俄施刀臠血肉狼藉上大不怡爲罷一日之歡至暮終不得爲何人付獄盡之

睽車志宣和間沂密有優人持二子號曰孩兒年各六七歲童首而長鬣所至觀者如堵自云其婦孿生此三兒生而倩麗亦不知優人所自來後失所在蓋人妖也

宋史王德傳德以武勇應募隸熙帥姚古會金人入侵右軍潰譯間遣德諜之斬一酋而還補進武校尉古曰能還往乎德從十六騎徑入隆德府治執僞守姚太師左右驚擾德手殺數十百人衆愕眙莫敢前古械姚獻于朝欽宗問狀姚曰臣就縛時正見一夜叉耳時遂呼德爲王夜叉

清尊錄建炎初關陝交兵京西南路安撫使司檄諸郡凡民家畜三年以上糧者悉送官違者以乏軍興論金州石泉縣民楊廣貲鉅萬積粟支三十年因是悒悒得疾屬故豪橫兼并其鄉鄰甚患苦之既病篤絕惡見人雖妻子不得見自隙窺之則時捽所藉稻藁而食累日所食方數尺乃死斂畢棺中忽有聲若蹴蹋者家人亟呼匠欲啓棺匠曰此非甦活殆必有怪勿啓其子不忍啓之則一驢躍出嘶鳴甚壯衣帽如蟬蛻然家縶之隙屋中一日其子婦持草飼驢忽踶齧婦骨流血婦粗暴忿怒取秣草刀刺之立死廣妻遂訴縣稱婦殺翁縣遣修武郎王直臣往驗之備得其事

宋史李顯忠傳顯忠綏德軍青澗人也初其母當產數日不能娩有僧過門曰所孕乃奇男子當以劍矢置母旁即生已而果生顯忠立於蓐咸異之

行營雜錄監左帑龍舒張宣義嘗言有親戚宦遊西蜀路經襄漢晚投一店行戶外忽見旁左側上有一人無首以爲鬼也主人云尊官不須驚此人也非鬼也往年因患瘰癧病勢蔓衍一旦頭忽墮脫家人以爲不可而竟不死自此每有所需則以手指畫但日以粥湯灌之至今猶存耳又云岳侯軍中有一兵犯法梟首妻方懷妊後誕一子如常人而首極細軀幹甚偉首僅如拳眉目皆如刻畫則知胞胎所係父母相爲感應

岳珂桯史余兄周伯以淳熙丙申名爲太府簿時姑蘇有民家姓唐一兄一妹其長皆丈有二尺里人謂之唐大漢不復能嫁娶每行勸倚市簷憩坐如堵牆不可出出輒傾市從觀之日啗斗餘無所得食因適野爲巨室受囷粟蓋立囷外即可舉手以致不必以梯也以是背微傴有瑙以幣使客見之大驚遂入奏詣廩之殿前司時郭棣爲帥周伯間一往必傲嗤其聲如鐘德壽時欲見之懼其聚民乃臥之浮于河至望仙專舟焉又江山邑寺有緇童眉長踰尺來淨慈都人爭出視之信然事聞禁中詔給僧牒賜名延慶寺僧日坐之門護以行馬士女塡咽炷香謂之活羅漢遂哀施貲爲殿寺有故銅像其侈乃位之中不期而成周伯亦親見之是非肖貌賦形之正近于人妖矣後數年周伯去國皆不知所終

近異錄鄱陽南鄉民妻淳熙十年生男子從頂至足皆與人無異而兩肘各有二臂軒軒可畏母惡其怪即漬其水盆中俄翻身起坐又搦入水加一木凳壓之復推凳而起祖母在旁惻然曰此恐是神部中來且試看養育長大後如何遂沐浴施之襁褓日以益壯及八九歲時放牛於野他家童穉或與爭忿則六臂齊舉奮擊莫能抗敵

游宦紀聞沙隨先生嘗云頃於行在見一道人以笛拄項下吹曲其聲清暢而不近口竟不曉所以然此說已在三十年前嘉定庚辰先兄岳翁趙憲伯鳳自曲江攜一道人歸三衢亦喉間有竅能吹簫凡飲食則以物窒之不然水自孔中溢出每作口中語則塞喉間作喉間語則以手掩口先兄之所目覩但不知沙隨先生昔所見有似此人否

宋史包恢傳恢升祕閣修撰知隆興府兼江西轉運沈妖妓于水化爲狐人皆神之

齊東野語嘉熙間近屬有宰宜興者縣齋之前紅梅一樹極美麗華繁交陰半畝花時命客飲其下一夕酒散月明獨步花影忽見紅裳女子輕妙綽約嫣然過前躡之數十步而隱自此恍然若有所遇或酬歌晤言或痴坐竟日其家憂之有老卒頗知其事乘間白曰昔聞某知縣之女有殊色及笄未適而殂其家遠在湖湘因藁葬於此樹梅以識之疇昔之夜所見者豈此乎遂命發之其棺正蟠絡老梅根下兩相微蝕一竅如錢若蛇鼠出入者啓而視之顏貌如玉妝飾衣衾略不少損眞國色也趙見爲之惘然心醉舁至密室加以茵藉而四體亦和柔非尋常殭尸之比

於是每夕與之接焉旣而氣息懨然瘦薾不可治文書其家乃乘間穴壁取焚之令遂屬疾而死亦云異哉嘗見小說中所載寺僧盜婦人尸置夾壁中私之後其家知狀訟于官每疑無此禮今此乃得之親舊目擊始知其說不妄然赤眉發呂后陵汙辱其尸有致死者葢自昔固有此異矣

虎苑葉蔿妻讒妒葉七十始畜一妾妻卽求離異築室山後居焉家人日夕省候葉謂不復妒令妾訊之日落不返親詣其處門戶深扃破關而入其妻已化爲虎食妾盡矣

劍州李忠因病化爲虎初忠病久其子買藥歸而省父忠視子朶頤涎流子驚視父已作虎形出外扃其室穴壁視之迺眞虎矣

金史五行志太祖軍寧江駐高阜撒改仰見太祖體如喬松所乘馬如崗阜之大太祖亦視撒改人馬異常撒改因白所見太祖喜曰此吉兆也卽舉酒酹之曰異日成功當識此地

續夷堅志李錬師湛然戊申秋入關視見一婦娩身臨月忽右脇發大瘡瘡破胎胞從中出子母皆安

平定葦泊村乙巳夏一婦名馬師婆年五十許懷孕六年有餘今年方產一龍官司問所由此婦說懷孕至二四年不產其夫曹主簿懼爲變怪卽遣逐之及臨產恍忽中見人從羅列其前如在官府中一人前自陳云寄託數年今當舍去明年阿母快活矣言訖一白衣掖之而去至門昏不知人久之乃醒旁人爲說晦冥中雷震有三龍從婦身飛去遂失身孕所在

興定元光間陽翟小學王奉先其妻先產四子再生三子辛丑十一月秀容福田寺農民范班妻連三歲舉二男三女皆死矣此歲復一男一女其母從旁嘆詛云汝必不活得早過去亦好兒忽能言連曰不去不去母驚詰其父語未竟兒依前言不去未幾男女皆死

輟耕錄至元丁丑民間謠言拘刷童男女以故婚嫁不問長幼而亂倫者多矣平江蘇達卿時爲上海吏有女年十二贅里人浦仲明之子爲婿明年生一子

癸辛雜識丙申歲九月九日紀家橋河北茶肆陶氏女與裴叔詠第六子合著衣裳投雙繯於梁間且先設二神位仍題自己及此婦姓名炷香然燭酒果羹飯燭然未及寸而死矣嘗記淳熙間王氏子與陶女名師兒共溺西湖有人作長橋月短橋月正其事也至載之周平園日記何前後盛情之事皆生於陶氏門中邪近至元二十七年大水湖州府儀鳳橋下有新生死小兒弃於水中者兩手四臂四足而相向抱持胷脇相連一男一女丐者取以示人而乞錢疑皆此輩所幻也怪哉

馬八二國進貢二人皆女子黑如崑崙其陰中如火或有元氣不足者與之一接則有大益於人又有二人能按摩百疾不勞藥餌或有心腹之疾則以藥少許塗兩掌心則昏如醉凡一晝夜始醒皆異聞也或謂此數人至前途因不服水土皆死

趙忠惠帥維揚日幕僚趙參議有婢慧黠盡得同輩之懽趙昵之堅拒不從疑有異強卽之則男子也聞於有司葢身具二形前後姦狀不一遂置之極刑近李安民嘗于福州得徐氏處子年十五六交際一再漸具男形葢天眞未破則彼亦不自知然小說中有池州李氏女及婁添喜事正相類而此外絕未見于古今傳記等書豈以穢汙筆墨不復記載乎嘗考之佛書所謂博叉半擇迦者謂半月能男半月不能男又遺像經有五種不男曰生劇妒變半變半者二形人中惡趣也晉五行志謂之人痾惠帝時京洛人兼男女二體亦能兩用人道而性尤淫亂此亂氣所生也玉歷通政經云男女二體主國媱亂而二十八宿眞形圖所載心房二星皆兩形與丈夫婦人更爲雌雄此又何耶異物志云靈狸一體自爲陰陽故能媚人褚氏遺書云非男非女之身精血散分又云感以婦人則男脈應診動以男子則女脈順指皆天地不正之氣也

壬辰四月二十日全霖卿子用之妻史氏史盛之女誕子先出雙足足類鷄鴨乳醫知其異推上之須臾別下雙足繼而腸亦併下乃孿子也皆男子而頭相抵髮相結其貌如獰鬼遂扼殺之母亦隨死

草木子元至正間京師一婦髭鬚長尺餘

霏雪錄至正末越有夫婦于大善寺金剛神側縛草席而居其婦產一子首有兩肉角鼻孔昂縮類所謂夜叉者葢產婦依止土偶便稟得此形

近峰記略建文時新宮初成見男子提一人頭血色模糊直入宮中大索之無得也

西樵野紀天順中有民妻一孕五兒體貌無異森然無一夭者母亦無恙此事聞之非誣而往往不詳其姓里或曰揚州人成化間諸子爭財析居時巡撫畢公案蒞吾蘇其父母率諸子來決訟故蘇人習知之

未暇究其案牘也

成化辛丑蘇衛數軍士被公遣赴崇明事畢泛海而歸爲大風飄至一島山麓曠異一人從林中出長可三四丈深目黑面獰醜不可喻見數人悉以藤貫掌心繫于樹下已而復入衆力斷之而竄始放舟前者偕數輩狀貌無異蹲立水滸以手攀舷舟中一勇士急掣刀斷其指始獲捨舟而去辨之乃一指中一節耳試以小尺度之尺有四寸因獻嘉定令令貯藏中

二酉委譚邇來怪事不可勝書獨二事最眞而最奇其一沙頭鎭一童子年未十歲其陰忽長如巨人而毛似能行人道者已漸頷下生鬚遍體俱毛時時覆體爲交搆狀遺精地下未幾而殞其一吳江娼人病狂走入郡城遍覓死尸食之捋取腸胃臭味不可近渠自云絕美好肴饌不逮也日食尸不可計數兒童羣逐之官爲錄繫久之釋遣不知所終二事皆載記所未有

弘治末隨州應山縣女子生髭長三寸餘見於邸報予里人卓四者往年商於鄭陽見主家一婦美色頷下生鬚三繚約數十莖長可數寸人目爲三鬚娘云

語怪弘治末太倉民家生兒兩身背相粘著兩面向外其首如雀其陰皆雄

蓬軒別記京中有人手足俱無盛以布囊僅滿二尺儼如魚形挾之出觀者如堵其面甚鉅其聲甚雄能就地打滾世未有如此人也

本草綱目隆慶五年二月唐山縣民婦有孕左脇腫起兒從脇生俱無恙

山西通志明隆慶間靜樂縣男子李良雨化爲女人執之官知縣劉受申呈因題奏王世貞有七言古詩萬事反覆那足齒山西男兒作女子朝生暮死不自知雌伏雄飛定誰是謝豹曾聞受朝謁於菟亦解談名理涓南巾幗不可呼此曹變化無時無只今齷齪不能去羞向人間喚丈夫

永昌府志隆慶末年龍川有白彝夫婦入山伐竹剖其中有水水中有生魚六七頭持歸烹食夫婦皆化爲虎殘害人畜不可計百方阱捕竟不能得

太平府志當塗楊璜父子遇兵俱溺死其妻陸氏感悼幾絕兒婦張氏有遺腹朝夕念佛希得嗣承夫祀夜夢佛賜一子醒而識之越數月張乃生女陸絕望矣家衆起而利其產至小祥親族聚議謀所以措置二婦及女者張相對傷慘至夕女呱呱哭不止張抱女就枕遂夢魘陸疾呼張若無聞陸怪而視之此女已非女矣陸驚喚家人見其身體面目如故私處已長男勢其旁尚有血痕未泯也衆詫異向佛前羅拜更名佛賜邑令張京取閱之問其宗族咸異口一詞曰脫兒之變非眞吾儕小人不願分其田宅耶京乃深信給扁曰君子道長時丁亥三月十六日事也

續已編汝寧秀才燕生者妻一乳三男吾鄉陸鍾人傑知光州時嘗以公事適府城過其家呼三男出拜皆韶秀才形狀衣飾略無少差其髻一向左一向右一向頂中生云其年皆十二矣以貌類難別故剃髮爲髻以識耳他日生率三子來州謁見云聞此地有一胎三女者與吾兒同年欲求爲配人傑奇之名兒其人爲議聘焉

樂郊私語州民有朴知義者家翁莊堰幼生而不慧至八歲不語一日俄謂其母曰今日牆外牛鬭娘可避之舉家駭而且喜已而鄰人之牛果鬭牆外是後復不言數日復言有官兵來未幾張軍從雲間來自此言無不驗四方挾錢帛來問者如見神明家至驟富然見人有凶事輒指而告之如響由是人見之多面如死灰惟恐其有惡言也母因戒之其後惟母告之言則言年十九始娶與其妻一接而殞此雖人妖亦似乎保眞通靈故能前知如此及少近婦人忽焉滅沒殆眞泄而神與之俱亾無足怪也

人異部雜錄

中鑒俗嫌篇或曰人有自變化而爲仙者信乎曰未之前聞也然則異也非僊也男化爲女者有矣死人復生者有矣夫豈人之性哉氣數不存焉

異苑秦時中宿縣十里外有觀亭江神祠壇甚靈異過經有不恪者必狂走入山變爲虎

西溪叢語春秋夏姬乃鄭穆公之女陳大夫御叔之妻其子徵舒殺君徵舒行惡逆姬當四十餘歲乃魯宣公十一年歷宣公成公申公巫臣竊以逃晉又相去十餘年矣後又生女嫁叔向計其年六十餘矣而能有孕列女傳云夏姬內挾技術蓋老而復壯者三爲王后七爲夫人或云凡九爲寡婦當之者輒死左氏所載當之者已八人矣宇文士及糚臺記序云春秋之初有晉楚之諺曰夏姬得道雞皮三少

漁樵閒話漁曰張君房好誌怪異嘗記一人劍州男子李忠者患病久其子市藥歸乃省其父忠視其子朶頤而涎出子訝而視父乃虎也遂走而出乃與母弟反閉其室旋聞哮吼之聲穴壁窺之乃眞虎也悲

蓋忠受氣爲人俄化爲獸事有所不可審其來也觀涎流於舌欲啖其子豈人之所爲得非忠也久畜慘毒狠暴之心而然耶內積貪惏吞噬之志而然耶素有傷生害物之蘊而然耶居常恃兇恃怒殘忍發於所觸而然耶周旋宛轉思之不得

仇池筆記李方叔言范蜀公將薨數日鬚髮皆變蒼公平生虛心定氣數盡神往而血氣不衰故發於外耶然范氏多四乳固與人異公又立德如此其化也必不與萬物同盡蓋有不可知者也

輟耕錄至正乙巳春平江金國寶袖人腊出售余獲一觀其形長六寸許口耳目鼻與人無異亦有髭鬚頭髮披至臀下鬚髮皆黃色間有白髮一根徧身黃毛長二分許臍下陰物乃男子也相傳云至元間世皇受外國貢獻以賜國公阿你哥者無幾何時即死因剖開背後剜去腸臟實以他物仍縫合烘乾故至今無恙按漢武故事東郡送一短人長七寸山海經有小人國名靖人東北極有人長九寸殆爲此小人也靖或作竫音同然古尺短今六寸比之周尺將九寸矣則所腊者豈其人與

世有男子雖娶婦而終身無嗣育者謂之天閹世俗則命之曰黃門晉海西公嘗有此疾北齊李庶生而天閹按黃帝鍼經曰人有具傷於陰陰氣絕而不起陰不能用然其鬚不去宦者之獨去何也願聞其故岐伯曰宦者去其宗筋傷其衝脈血瀉不復皮膚內結唇口不榮故鬚不生黃帝曰其有天宦者未嘗被傷然其鬚不生其故何也岐伯曰此天之所不足其任衝不盛宗筋不成有氣無血唇口不榮故鬚不生

又大般若經載五種黃門云梵言扇搋半擇迦唐言黃門其類有五一曰半擇迦總名也有男根用而不生子二曰伊利沙半擇迦此云妒謂他行欲即發不見即無亦具男根而不生子三曰扇搋半擇迦謂本來男根不滿亦不能生子四曰博叉半擇迦謂半月能男半月能女五曰留拏半擇迦此云割謂被割形者此五種黃門名爲人中惡趣受身處然周禮閹人鄭氏註云閹眞氣藏者宋趙忠惠帥維揚日幕僚趙參議有婢慧黠盡得儕輩之歡趙昵之堅拒不從疑有異強即之則男子也聞於有司蓋身二形前後姦狀不一遂寘之極刑近李安民嘗於福州得徐氏處子年十五六交際一再漸具男形蓋天眞未破則彼亦不自知然小說中有池州李氏女及婢添喜事正相類而此外絕未見於古今傳記等書豈以爲人之妖而汙筆墨不復載乎晉五行志謂之人痾惠帝時京洛有人兼男女體亦能兩用人道而性尤淫亂而二十八宿眞形圖所載心房二星皆兩形與丈夫婦女更爲雌雄此又何耶異物志靈狸一體自爲陰陽故能媚人褚氏遺書曰非男非女之身精血散分又曰感以婦人則男脈應診動以男子則女脈順指皆天地不正之氣也事載周密癸辛雜識

文昌旅語少豐顧于蕡曰客有自雲中來者云威遠有一男子嘗習飛狀遂飛去不復返陽和有一女子年可十六七忽化爲男此何異也兩山子曰此陰陽失調所致也男陽道也而能飛陽失節也女陰質也而化男陰氣縱也陽失節故佚而不寧陰氣縱故變而爲幻氣化不得其燮理果然可少豐子曰然則冀北之山拆地震冬月而龍見雷鳴亦陰陽失調之故與兩山子曰山與地皆靜物也理宜貞以安而拆且震焉是陰精不固龍與雷皆動象也冬宜閉以蟄而且鳴焉是陽精不藏陰陽之精不固不藏是發天地之戾

揚觶山集一人因狂病迷謬入朝立御座上捕下法司擬重獄成未決其母詣登聞鼓稱[illegible]順之一在吏科時直受鼓狀遇此事未爲有理順之一[illegible]使公遇此事當何如處之予曰當論[illegible][illegible]於[illegible]犯不可加罪但罪守門者失於防禦則可矣劉子曰當[illegible]進鼓狀使朝廷知其以病迷下法司從末減可也順之曰此固皆是但如此爲之必得罪以此小事得罪吾不欲也劉子謂論人無罪不當殺恐非小事予曰此皆論利害未說到義理處若論義理則當爲即爲當止即止豈計得罪順之以爲然

霏雪錄樊昌高八舍家軒墀之間畜龜數年生育至百餘昌家生子四五人皆龜胷傴僂蓋孕婦感其氣所致古人胎教可不謹哉

人異部外編

大戴禮帝繫篇陸終氏娶於鬼方氏鬼方氏之妹謂之女隤氏生六子孕而不粥三年啓其左脇六人出焉

異聞總錄永嘉項家爲邪所擾時有一物人形而氂首出沒其家自呼曰太公項以爲常不爲怪異凡有所求只於廚間呼太公物則隨至項妻有孕思齋饅頭食遂叫太公一聲至二更餘捧一甑蒸饅頭而來蒸氣尚暖越數日人傳七尺渡頭人家設水陸齋失

饅頭一個後項婦生一子如冬瓜狀無眉目但有口能乳方欲溺之忽聞太公空中作聲曰子不可溺權以乳哺當有以謝踰兩月項婦方抱子在牀忽太公寘白金二笏於牀奪抱此子而去後其怪亦絕

續博物志有一國王小夫人生一肉團大夫人妬之作木函弃之常河水後河邊人得之肉破生千小兒勇健欲伐父王國小夫人以乳五百道射小兒口遂弛弓仗號爲賢劫千佛

誠齋雜記菴羅是果樹之名其果似桃此樹開花化生一女國人以閼封之至年十五顏色端正國王以爲妃子

欽定古今圖書集成曆象彙編庶徵典

第一百四十三卷目錄

庶徵典第一百四十三卷

血肉異部彙考一

漢書

五行志

傳曰視之不明是謂不悊厥咎舒厥罰恆奧時則有赤眚赤祥　京房易傳曰歸獄不誶茲謂追非厥咎天雨血茲謂不親民有怨心不出三年無其宗人又曰佞人祿功臣僇天雨血

觀象玩占

水雜變

水色變赤京房曰流水化血兵起又曰任用殘賊殺戮不辜則水化血

血肉異部彙考二

漢

惠帝二年天雨血

按漢書惠帝本紀不載　按五行志惠帝二年天雨血於宜陽一頃所劉向以爲赤眚也時又冬雷桃李華常奧之罰也是時政舒緩諸呂用事讒口妄行殺三皇子建立非嗣及不當立之王退王陵趙堯周昌呂太后崩大臣共誅滅諸呂僵尸流血京房易傳曰歸獄不解茲謂追非厥咎天雨血茲謂不親民有怨心不出三年無其宗人又曰佞人祿功臣僇天雨血

哀帝建平四年雨血

按漢書哀帝本紀不載　按五行志建平四年四月山陽湖陵雨血廣三尺長五尺大者如錢小者如麻子後二年帝崩王莽擅朝誅貴戚丁傅大臣董賢等皆放徙遠方與諸呂同象誅死者少雨血亦多

後漢

桓帝建和三年雨血

按後漢書桓帝本紀建和三年七月庚申廉縣雨肉

按五行志建和三年秋七月北地廉雨肉似羊肋或大如手近赤祥也是時梁太后攝政兄冀專權枉殺李固杜喬等天下冤之其後梁氏誅滅

注續漢志曰肉似羊肺或大如手

晉

武帝太康五年池水變爲血

按晉書武帝本紀太康五年夏四月任城魯國池水赤如血　按五行志太康五年四月壬子魯國池水變赤如血此赤祥也是後四載而帝崩王室遂亂

惠帝元康六年呂縣有流血

按晉書惠帝本紀元康六年三月呂縣有流血東西百餘步　按五行志元康五年三月呂縣有流血東西百餘步此赤祥也至元康末窮凶極亂僵尸流血之應也干寶以爲後八載而封雲亂徐州殺傷數萬人是其應也按搜記作六年志作五年互異

永康元年雨血

按晉書惠帝本紀永康元年三月尉氏雨血　按五行志永康元年三月尉氏雨血夫政刑舒緩則有常

熯赤祥之妖此歲正月廷愍懷太子幽於許宮天戒若曰不宜緩恣奸人將使太子冤死惠帝愚眊不寤是月愍懷遂斃於是王室成釁禍流天下淖齒殺齊湣王曰天雨血沾衣天以告也此之謂乎京房易傳曰歸獄不解茲謂追非厥咎天雨血茲謂不親下有惡心不出三年無其宗又曰佞人祿功臣僇天雨血也

愍帝建興元年十二月河東地震雨肉

按晉書愍帝本紀云云

建興四年丞相府斬人血逆流上柱

按晉書愍帝本紀不載　按五行志四年十二月景寅丞相府斬督運令史淳于伯血逆流上柱二丈三尺此赤祥也是時後將軍褚裒鎮廣陵丞相揚聲北伐伯以督運稽留及役使贓罪依軍法戮之其息訴稱督運事訖無所稽乏受賕役使罪不及死兵家之勢先聲後實實是屯戍非爲征軍自四年已來運漕稽停皆不以軍興法論僚佐莫之理及有變司直彈劾衆官元帝不問遂頻旱三年干寶以爲冤氣之應也郭景純曰血者水類同屬於坎坎爲法象水平潤下不宜逆流此政有咎失之徵也

梁

武帝天監十五年殺人於市血直上丈餘

按梁書武帝本紀不載　按隋書五行志天監十五年七月荊州市殺人而身不僵首墮於地動口張目血如竹箭直上丈餘然後如雨細下是歲荊州大旱近赤祥冤氣之應

陳

後主至德三年有赤物隕殿前化爲血

按陳書後主本紀不載　按五行志至德三年十二月有赤物隕於太極殿前初下時鐘皆鳴又嘗進白飲忽變爲血又有血沾殿階歷歷然至御榻尋而國滅

北齊

武成帝河清二年雨血

按北史齊武成帝本紀河清二年冬十二月雨血於太原

按隋書五行志河清二年太原雨血劉向曰血者陰之精傷害之象僵尸之類也明年周師與突厥入并州大戰城西伏屍百餘里京房易飛候曰天雨血染衣國亡君戮亦後主亡國之應

後主武平　年有血點地

按北齊書後主本紀不載　按隋書五行志武平中有血點地自咸陽王斛律明月宅而至於太廟大將社稷之臣也後主以讒言殺之天戒若曰殺明月則宗廟隳而覆矣後主不悟國祚竟絕

北周

宣帝大象元年池水化爲血

按周書宣帝本紀大象元年六月咸陽有池水變爲血

按隋書五行志大象元年咸陽池水變爲血與陳太建十四年同占是時刑罰嚴急未幾國亡

唐

高祖武德　年突厥國中雨血三日

按唐書高祖本紀不載　按五行志云云

武德七年江水化爲血

按唐書高祖本紀不載　按五行志武德七年河間王孝恭征輔公祏宴羣帥於舟中孝恭以金盌酌江水將飲之則化爲血孝恭曰盌中之血公祏授首之祥

睿宗光宅元年有氣如血腥

按唐書睿宗本紀不載　按五行志光宅初宗室岐州刺史崇真之子橫杭等夜宴忽有氣如血腥

中宗景龍二年血祥見

按唐書中宗本紀不載　按五行志景龍二年七月癸巳赤氣際天火光燭地三日乃止赤氣血祥也

代宗大曆十三年泥像流血

按唐書代宗本紀不載　按五行志大曆十三年二月太僕寺有泥像左臂上有黑汗滴下以紙承之血也

德宗貞元十七年池水赤如血

按唐書德宗本紀不載　按五行志貞元十七年稲州劍池水赤如血

憲宗元和十四年血見鄆州

按唐書憲宗本紀不載　按五行志元和十四年二月鄆州後事院門前地有血方尺餘色甚鮮赤不知所從來人以爲自空而墮也

僖宗乾符六年中書堂有死人血汚地

按唐書僖宗本紀不載　按五行志乾符六年中書政事堂忽旦有死人血汚滿地不知主名

廣明二年雨血

按唐書僖宗本紀廣明二年十二月雨血於晴陵

宋

高宗紹興二十年流血跡十餘里

按宋史高宗本紀不載　按五行志二十年十一月建昌軍新城縣永安村大風雪夜半若數百千人行聲語笑歌哭雜擾忽遠而凝寒陰塞咫尺莫辨明旦雪中有人畜鳥獸蹄跡流血汚染十餘里入山乃絕

孝宗淳熙十二年三月地中涌血

按宋史孝宗本紀不載　按五行志十三年行都民家有血自地中出濺染汚人衣

理宗端平三年雨血

按宋史理宗本紀端平三年七月甲申雨血

寶祐二年蜀雨血

按宋史理宗本紀不載　按五行志云云

金

哀宗天興　年荊王守純第產肉芝

按金史哀宗本紀不載　按守純傳天興初守純府地產肉芝一株高五寸許色紅鮮可愛既而枝葉津流濡地成血臭不可聞剷去復生者再夜則房榻間羣狐號鳴秉燭逐捕則失所在未幾訛可出質哀宗遷歸德明年正月崔立亂四月癸巳守純及宗室皆死青城

元

順帝至正十五年雨血

按元史順帝本紀不載　按明昭代典則至正十五年薊州雨血

明

憲宗成化十三年地涌血

按大政紀成化十三年二月甲午浙江山陰地忽湧泉如血高尺餘

武宗正德六年雨血

按江西通志正德六年夏五月吉安府雨血

正德十四年雨血

按江西通志正德十四年七月吉安府雨血著衣皆赤

世宗嘉靖三十一年地湧血

按浙江通志嘉靖三十一年山陰地湧血五月倭焚黃岩

嘉靖三十三年地湧血

按浙江通志嘉靖三十三年慈谿地湧血

嘉靖四十年地湧血

按浙江通志嘉靖四十年嘉興地湧血

神宗萬曆七年砲出血

按山西通志萬曆七年潞安砲出血演武場鐵砲出血

萬曆二十六年地湧血

按浙江通志萬曆二十六年蕭山地湧血

熹宗天啓元年地湧血

按廣東通志天啓元年肇慶城西民家地湧血

愍帝崇禎二年雨血牡蠣生血

按福建通志崇禎二年七月二十二日雨血

按廣東通志崇禎二年牡蠣血生新安南頭水灘割之有血通灘皆然民不敢採食是年寇疫損人甚多

血肉異部紀事

春秋合誠圖堯母慶都蓋天帝之女生於斗維之野嘗三河東南天大雷電有血流中生慶都

新序武王勝殷得二俘而問焉曰而國有妖乎一俘答曰吾國有妖晝見星而雨血此吾國之妖也一俘答曰此則妖也雖然非其大者也吾國之妖其大者子不聽父弟不聽兄君令不行此妖之大者也

獨異志漢武帝自回中都繞一山曲見一物盤地狀若牛推之不去擊之不散問左右無能知者東方朔進曰請以酒一斛澆之帝命酒澆之立散復問朔曰此必秦之故獄積其怨氣所致酒能消愁耳帝撫朔曰人之多知有如此者

晉書五行志公孫文懿時襄平北市生肉長圍各數尺有頭目口喙無手足而動搖此赤祥也占曰有形不成有體不聲其國滅亡文懿尋爲魏所誅

吳戍將鄧喜殺豬祠神治畢懸之忽見一人頭往食肉喜引弓射之咋咋作聲繞屋三日近赤祥也後人白喜謀北叛闔門被誅京房易傳曰山見葆江干邑有兵狀如人頭赤色

志怪錄晉懷帝永嘉中譙國丁杜渡江至陰陵界時天昏霧在道北見一物如人倒立兩眼垂血從頭下地聚兩處各有升餘杜與從弟齊聲喝之滅而不見立處聚血皆化爲螢火數千枚縱橫飛去

劉聰僞建元元年正月平陽地震其崇明觀陷爲池水赤如血赤氣至天有赤龍奮迅而去流星起于牽牛入紫微龍形委蛇其光照地落於平陽北十里視之則肉臭聞於平陽長三十步廣二十七步肉旁常

有哭聲晝夜不止數日聰后劉氏產一蛇一獸各害人而走尋之不得頃之見於隕肉之旁是時劉聰納劉殷三女並爲其后天戒若曰聰既自稱劉姓三后又俱劉氏逆骨肉之綱亂人倫之則隕肉諸妖其告亦大俄而劉氏死哭聲自絕矣

異苑晉桓振在淮南夜聞人登牀聲振聽之隱然有聲求火看之見大聚血俄爲義師所滅桓振元從父之弟也

搜神後記王綏字彥猷其家夜中梁上無故有人頭墮于牀而流血滂沱俄拜荊州刺史坐父愉之謀與弟納並被誅

吳聶友字文悌豫章新淦人少時貧賤常好射獵夜照見一白鹿射中之明尋蹤血既盡不知所在且已飢困便臥一梓樹下仰見一箭著樹枝上視之乃是昨所射箭怪其如此於是還家賫糧率子弟持斧以伐之樹微有血遂裁截爲板二枚牽著陂塘中板常沈沒然時復浮出出家輒有吉慶每欲迎賓客常乘此板忽於中流欲沒客大懼友呵之還復浮出仕宦大如願位至丹陽太守在郡經年板忽隨至石頭外司白云濤中板入石頭來友驚曰板來必有意即解職歸家下船便閉戶二板挾兩邊一日即至豫章爾後板出便反爲凶禍家大轗軻今新淦北二十里餘日封溪有聶友截梓樹板濤牂柯處有梓樹今猶存乃聶友向日所栽枝葉皆向下生

異苑晉義熙中永嘉松陽趙翼與大兒鮮共伐山桃樹有血流驚而止後忽失第三息所在經十日自歸空中有語聲或歌或哭翼語之曰汝既是神何不與相見答曰我正氣耳舍北有大楓樹南有孤峯名石樓小失意便取此兒著樹杪及樓上請之然後得下

文獻通考天寶十三年汝南葉縣南有土塊鬬中有血出數日不止

唐書崔融傳融曾孫能能子彥曾治第鄭州引水灌洺水十步忽化爲血

五代史閩世家王延羲審知少子也既立更名曦曦自昶世倔强難制昶相王倓每抑折之曦亦憚倓不敢有所發新羅遣使聘閩以寶劍昶舉以示倓曰此將何爲倓曰不忠不孝者斬之曦居旁色變曦既立而新羅復獻劍曦思倓前言而倓已死命發塚戮其尸倓面如生血流被體

江南野錄嗣主如南都詰旦殿庭忽見殘猝一脚視之乃獸食之餘詢宿衞莫知所以使往詢陳陶陶曰昨暮乃狼星直日故爾嗣主嘆曰眞鴻儒矣

遼史重元傳重元聖宗次子道宗即位冊爲皇太叔清寧九年車駕獵灤水以其子涅魯古素謀與同黨陳國王陳六知北院樞密事蕭胡覩等四百餘人誘脅弩手軍陣于帷宮外將戰其黨多悔過効順各自奔潰重元既知失計北走大漠歎曰涅魯古使我至此遂自殺先是重元將起兵帳前雨赤如血識者謂敗亡之兆

江行雜錄建炎己酉秋杭州清波門裏竹園山平地湧血須臾成池腥聞數里明年金人殺戮萬人即暗竹園也熙寧八年冬杭州地湧血者二最後流入于河腥不可聞

墩煌新錄王琴卒后墓門前有石人獅子子賢寒微賣與氾氏致車破牛死氾氏就打破皆出血

續夷堅志何信叔許州人承安中進士崇慶初以父憂居鄉里庭中嘗夜見光怪信叔曰此寶氣也率童僕掘之深丈餘得肉塊一如盆盎大家人大駭亟命埋之信叔尋以疫亡妻及家屬十餘人相繼沒識者謂肉塊太歲也禍將發故光怪先見

乙巳春懷州一花門生率僕掘地得肉塊一枚大三四觔許以刀割之肉如羊有膚膜僕言地中肉塊人言爲太歲見者當凶不可掘生云我寧知有太歲邪復令掘之又得肉塊二不半年死亡相踵牛馬皆盡古人謂之有凶禍而故犯之是與神敵也申胡魯鄰居親見之爲予言

霏雪錄洪武乙亥冬遣使發卒修陂塘時山陰天樂瀛湖掘得一物類小兒臂紅潤如生無有識者遂棄之此肉芝也食之延年

萊州府志萊州即墨縣王豐兄弟三人豐不信方位所忌嘗於太歲上掘坑見一肉塊大如斗蠕蠕而動遂塡其坑隨塡而出豐懼棄之經宿肉長塞于庭兄弟奴婢俱暴卒惟一女子存焉

庚己編長洲澧湖之濱有農婦治田見湖灘一物白如雪趨視之乃見一小兒手也連臂約長尺許其下作聲唧唧驚走報其夫夫往看亦甚疑怪掘之其根不可窮乃折而棄之湖嘗讀神仙感遇傳云蘭陵蕭靜之掘地得物類如人手肥潤而紅烹而食之踰月髮生力壯貌少後值道士顧靜之曰神氣若是必嘗仙藥指其脈曰所食者肉芝也壽算龜鶴矣然則澧湖之物正此類耳乃不幸棄于愚夫之手惜哉

陝西通志朱綬南鄭人爲御史多所論諫時兵馬司門內湧血莫敢上聞綬上疏規諷剴切中外憚之

欽定古今圖書集成曆象彙編庶徵典

第一百四十四卷目錄

庶徵典第一百四十四卷

夢部彙考夢係乎庶徵則必取吉凶之徵驗者爲先矣然亦有不盡爲吉凶之兆如漆園槐宮歷歷傳述人口備載之以資夢家之變亦窮理之一助也

詩經

小雅斯干之六章七章

下莞上簟乃安斯寢乃寢乃興乃占我夢吉夢維何維熊維羆維虺維蛇大人占之維熊維羆男子之祥維虺維蛇女子之祥

朱注祝其君安其室夢兆而有祥亦頌禱之詞也大人大卜之屬占夢之官也熊羆陽物在山彊力壯毅男子之祥也虺蛇陰物穴處柔弱隱伏女子之祥也或曰夢之有占何也曰人之精神與天地陰陽流通故晝之所爲夜之所夢其善惡吉凶各以類至是以先王建官設屬使之觀天地之會辨陰陽之氣以日月星辰占六夢之吉凶獻吉夢贈惡夢其于天人相與之際察之詳而敬之至矣大全慶源輔氏曰詳占夢之意則先王致察於天人之際可謂密矣惜乎其法之不傳也然後世之人情性不治晝之所爲猶且昏惑瞀亂而不自知覺則其見於夢寐者率多紛紜乖戾未必與天地相流通其間縱有徵兆之可驗者亦須迂回隱約必待其既驗而後可知恆有未易遽曉者想古占法雖存亦未必能盡也

無羊之末章

牧人乃夢衆維魚矣旐維旟矣大人占之衆維魚矣實維豐年旐維旟矣室家溱溱

注旐郊野所建統人少旟州里所建統人多蓋人不如魚之多旐所統不如旟所統之衆故夢人乃是魚則爲豐年旐乃是旟則爲人衆

周禮

春官

大卜掌三夢之灋一曰致夢二曰觭夢三曰咸陟

注夢者人精神所寤可占者致夢言夢之所至夏后氏作焉咸皆也陟之言得也言夢之皆得周人作焉觭亦得也殷人作焉訂義王昭禹曰形接爲事神遇爲夢神凝者想夢自消夢者精神之運也人之精神往來常與陰陽流通而禍福吉凶皆通於天地應於物類則由其夢以占之周官所以有占夢之官而大卜掌三夢之法致者有所使而至非自至也觭一偏一倚一俯一仰爲觭人之晝俯仰於事爲之間夜則感而成夢雖非出於思慮亦有因而成無心感物爲咸咸則以虛受物因時乘理無所偏係陟之爲言升升則無所拘滯則非干思慮非因事爲一出於自然　鄭鍔曰有心而夢出於有所因故曰致孔子之夢周公行道而致也晉侯之夢楚子伏己而鹽其腦將戰而致也觭字從角從奇蓋角出奇異所謂怪異之夢趙簡子夢童子倮而轉以歌楚子玉夢泣而珠盈懷其怪異之夢歟無心感物謂之咸升而有至者謂之陟咸陟言無心所感精神升降有所致而得夢也文王之夢九齡高宗之夢傅說其精神所感之夢歟

其經運十其別九十

訂義王氏曰占夢以歲時日月星辰則所謂經運蓋歲時日月星辰之運　鄭鍔曰十夢者夢之運變

也精神之運心術之動然後見於夢占書名之曰運占夢之正法有十一運而九變十運而九十變故經運十其別九十

占夢中士二人史二人徒四人

〔疏〕夢是精神所感幷日月星辰等是鬼神之事故列職於此〔訂義〕陳及之曰設官以占夢疑若不急於政事而先王不廢蓋六夢之證於事不有以占之則休咎不能知欲先事爲備不可得雖然占夢者史官之一事當以他官占之未必特置也

掌其歲時觀天地之會辨陰陽之氣以日月星辰占六夢之吉凶

〔訂義〕鄭鍔曰大卜掌三夢之法占夢所占者六夢以歲時觀天地之會辨陰陽之氣以日月星辰占之者蓋所占人君之夢故設官以三夢之書占六夢非此六者之夢則不占　易氏曰歲十二歲時每歲之四時天地之會謂建厭之所會陰陽之氣謂五行生死休王之氣　薛氏曰天地之會卽日月之會日行遲一日行一度則一月而三十度月行速日行十三度有奇計二十七日後而周天又以二日餘而行十三度則與日合宿而爲日月會故月建子則日月會於元枵月建丑則日月會於星紀之類是也占夢者以其十二歲十二時觀之日月所會之辰因其升降往來之度而合其吉凶休咎之證春秋昭三十一年十二月辛亥朔日有食之是夜也晉趙簡子夢童子倮而轉以歌旦占諸史墨曰六年及此月也吳其入郢乎終亦弗克入郢必以庚辰所以知其入郢之期者以庚日有變而庚辰日在鶉尾可卽日在鶉尾而知之知其必入郢者以庚午之日日始有謫可卽日之變氣而占之又知其在六年者以辛亥爲水水數生於一而成於六數之成者在六年又知其弗克者以午火庚金火勝金故也其入郢而夢見於晉者以晉楚同盟趙簡子爲執政之卿其說若近乎附會然皆以日月星辰參諸天地之會陰陽之氣必成周占夢之遺法尚可以此考其大略　李嘉會曰假如春時木王而水以生木而休火以木王而相土以木尅而死金以火勝而囚以日月之歲時星辰之次合參攷互驗則夢之所占協於陰陽歲時者吉背於陰陽歲時者凶蓋可知矣　鄭鍔曰占夢之法則以是歲所夢之四時占之歲或在寅或在卯或在春或在夏此歲時之不同三陽交爲泰天地不交爲否春而下降上騰冬則上下不交是天地之會合時在春夏在氣爲陽時在秋冬在氣爲陰是陰陽之氣各異掌其歲時觀其會辨其氣然後考之於日月星辰天地有會不會二氣有合不合故見於所夢者或驗或不驗旣觀天地知其會矣又十二氣知其合矣乃視日月星辰以占決之也

一曰正夢

〔注〕正夢無所感動平安自夢〔訂義〕劉執中曰聖人之性正性也其所謂中者乎聖人之情性其情也其所謂和者乎中心無爲以守至正感而有夢正夢也中庸曰至誠之道可以前知國家將興必有禎祥國家將亡必有妖孽見乎蓍龜動乎四體禍福將至善必先知之不善必先知之故至誠如神是之謂正

二曰噩夢

〔注〕杜子春云噩當爲驚愕之愕謂驚愕而夢〔訂義〕王昭禹曰噩如周書噩噩之噩辨察之意謂心有辨而後夢

三曰思夢

〔注〕覺時所思念之而夢

四曰寤夢

〔注〕覺時道之而夢〔訂義〕劉執中曰寤夢若漢文帝夢黃頭郎推之上天寤而得之

五曰喜夢

〔注〕喜悅而夢

六曰懼夢

〔注〕恐懼而夢〔訂義〕李嘉會曰古者生養有道人有常心而精神夢寐與天地陰陽流通而無間夢熊羆爲男之祥夢蛇虺爲女之祥魚爲歲豐之兆旟爲室家之兆後世人以情遷而正噩思寤喜懼之念不本於正膠擾於生理之不足事物之不經感歎歎戚日不足而夜且叢起不可得而占也

季冬聘王夢獻吉夢於王王拜而受之乃舍萌於四方以贈惡夢

〔注〕聘問也夢者事之祥吉凶之占在日月星辰季冬日窮於次月窮於紀星廻於天數將幾終於是發幣而問焉若休慶之云爾因獻羣臣之吉夢於王歸美焉詩云牧人乃夢衆維魚矣旐維旟矣此所獻吉夢〔訂義〕鄭鍔曰先儒之說於理不通安有一

歲之夢當其時則不占至於季冬聘而問王焉季冬始問始贈何補於一歲之吉凶惡夢不善至於是時雖贈亦無及矣聘問也如聘女之聘聘而來也贈送也如贈行之贈贈之使往也季冬之月歲旦更始迎新送舊之時也欲王新歲常得吉夢故聘之欲王新歲常無惡夢故贈之如謂人臣有吉夢獻於天子天子拜受亦無是理蓋亦迎新之際聘其吉者欲其來故獻于王者曰自今以後夢皆吉而無凶矣王乃拜受亦迎受福之意也舍萌謂取菜之始萌者而祭也夢者禍福之萌用菜萌以祭示去其萌芽之義

素問

脈要精微篇

陰盛則夢涉大水恐懼陽盛則夢大火燔灼陰陽俱盛則夢相殺毀傷

注此言天地之陰陽五行而合于人之陰陽藏府也夢者魂魄神氣之所遊行肝主血而藏魂肺主氣而藏魄心主火而爲陽腎主水而爲陰是以陰盛則夢大水陽盛則夢大火陰陽俱盛兩不相降故夢相殺毀傷也

上盛則夢飛下盛則夢墮

王氏曰氣上則夢上故飛氣下則夢下故墮

甚飽則夢予甚饑則夢取

予與同有餘故夢予不足故夢取此言中焦脾胃之氣有虛有實而形諸夢也

肝氣盛則夢怒肺氣盛則夢哭

氣並于肝則怒並于肺則悲故與夢相合

短蟲多則夢聚衆長蟲多則夢相擊毀傷

此言府氣實而徵于夢也長蟲短蟲腸胃所生也

靈樞經

淫邪發夢

黃帝曰願聞邪淫泮衍奈何岐伯曰正邪從外襲內而未有定舍反淫於藏不得定處與榮衛俱行而與魂魄飛揚使人臥不得安而喜夢氣淫於府則有餘於外不足於內氣淫於藏則有餘於內不足於外黃帝曰有餘不足有形乎岐伯曰陰氣盛則夢涉大水而恐懼陽氣盛則夢大火而燔焫陰陽俱盛則夢相殺上盛則夢飛下盛則夢墮盛饑則夢取甚飽則夢予肝氣盛則夢怒肺氣盛則夢恐懼哭泣飛揚心氣盛則夢善笑恐畏脾氣盛則夢歌樂身體重不舉腎氣盛則夢腰脊兩解不屬凡此十二盛者至而寫之立已

注此論淫邪泮衍而有虛邪正邪之別也虛邪者虛鄉不正之淫邪中人多死正邪者風雨寒暑天之正氣也夫虛邪之中人也灑淅動形正邪之中人也微先見于色不知于身若有若無若亡若存有形無形莫知其情是以淫邪泮衍血脈傳留大氣入藏不可以致生者虛邪之中人也此章論正邪從外襲內若有若無而未有定舍與榮衛俱行於外內肌腠募原之間反淫於藏不得定處而與魂魄飛揚使人臥不得安而喜夢夫邪之折毛發理邪從皮毛入而發於腠理之間腠理者在外膚肉之文理在內藏府募原之肉理衛氣所遊行出入之理路也是以淫邪泮衍與榮衛俱行行於募原之肉理則反淫於藏矣夫心藏神腎藏精肝藏魂肺藏魄脾藏意隨神往來謂之魂並精而出謂之魄志意者所以御精神收魂魄者也與魂魄飛揚而喜夢者與五藏之神氣飛揚也府爲陽而主外藏爲陰而主內邪氣與榮衛俱行於藏府募原之間故氣淫於藏則有餘於內不足於外氣淫於府則有餘於外不足於內今反淫於藏則有餘於內而五藏之陰陽盛矣陰氣盛則夢涉大水恐懼陽氣盛則夢大火燔焫此心腎之有餘也陰陽俱有餘則心氣並於肺腎氣並於肝而夢相殺相殺者梃刃交擊也此肝肺之有餘也夫魂遊魄降上盛則夢飛下盛則夢墮此魂魄之有餘於上下也饑則夢取飽則夢予是脾胃之有餘不足也此邪與五藏之神氣遊行而形之於夢也如肝氣盛則夢怒肺氣盛則夢悲心氣盛則夢笑脾氣盛則夢歌樂腎氣盛則夢腰脊不屬此邪於五形藏而形之於夢也凡此十二盛者乃氣淫於藏有餘于內故寫之立已

厥氣客于心則夢見丘山烟火客於肺則夢飛揚見金鐵之奇物客於肝則夢山林樹木客於脾則夢見丘陵大澤壞屋風雨客於腎則夢臨淵沒居水中客於膀胱則夢遊行客於胃則夢飲食客於大腸則夢田野客於小腸則夢聚邑衝衢客於膽則夢鬬訟自刳客于陰氣則夢接內客于項則夢斬首客于脛則夢行走而不能前及居深地窌苑中客于股肱則夢禮節拜起客於胞脂則夢溲便凡此十五不足者至而補之立已也

夫邪之所湊其正必虛上章論邪氣之有餘此論正氣之不足厥氣者虛氣厥逆於藏府之間客者薄於藏府之外也客于心則夢丘山烟火心屬火而心氣虛也客於肺則夢飛揚肺主氣而肺氣虛也金鐵之奇物金氣虛而見異像也客於肝則夢山林樹木肝氣之變幻也客於脾則夢丘陵大澤土虛而水汎也脾者營之居也名曰器夫形謂之器脾主肌肉形骸乃人之器宇夢風雨壞屋者脾氣虛而爲風雨所壞也客於腎則夢臨淵沒居水中腎氣虛陷也客於膀胱則夢遊行太陽之氣虛行也客於胃則夢飲食虛則夢取也客於大腸則夢田野田野者水穀之所生也大腸爲傳導之官主受水穀之餘濟泌別汁止夢見田野者大腸之氣虛也客於小腸則夢聚邑衝衢夫聚邑衝衢乃通聚貨物之處小腸受盛化物止夢見衢邑者小腸之氣虛也膽爲中正之官決斷出焉故厥氣客於膽則夢鬭訟自剖客于陰器則夢接內精氣洩也三陽之氣皆循項而上於頭故頭爲諸陽之首客於項則陽氣不能上於頭故夢斬截其首也客於脛則夢行走不前脛氣虛也足爲陰居深地卑苑中地氣下陷也客于股肱則夢禮節拜起者手足不寧也客于胞則夢溲前溺客於脏腸則夢後便凡此十五不足者至而補之立已也嗟乎人生夢境耳得其生神之理則神與俱成如醉之醒如夢之覺若迷而不寤寤乎其無聲漠乎其無形矣

博物志

夢

人藉帶眠者則夢蛇

鳥銜人之髮夢飛

夢書

解夢

印鉤爲人子所祿也夢見印鉤人得子含吞印鉤懷姙婦也鉤從腹出爲其乳失印子傷墮而懷之妻有子以口含之子爲宅中

凡夢侏儒事不成舉事中止後無名百姓所笑人所輕

亭爲積功民所成也夢築亭者功積成也夢亭壞敗恩澤傷也

桃爲守禦辟不祥夢見桃者守禦官

李爲獄官夢見李者憂獄官

夢得香物婦女歸也

竹爲處士夢者當歸隱也

夢梳篦爲憂解也其髮滑澤心泰也蟣虱盡去百病愈也蟣虱爲憂嚙人身也夢見蟣虱而有憂至也

蛾爲婦女眉候也夢見蛾者憂婚也

松爲人君夢見松者見人君之徵也

檢火君德至也夢採檢葉受賜恩也夢居樹得貴官也夢見其葉滋茂福祿存也

柳爲使者夢當出游也

鶗鴂爲鬭相見怒也夢見鶗鴂憂鬭也

夢見鴛鴦居不雙也婦見之此獨居也皆見之恐失妻也雌雄俱行淫佚遊也

丈尺爲人正長短夢得丈欲正人也

銓衡爲人正也夢得衡爲平端也以銓秤平財錢也重者價貴輕者賤也銓衡折敗無平人也

夢橫繳欲舉薦

夢見新算婦女憙

夢見得新銚當娶好婦也

夢圍棋者欲鬭也

婦人夢粉飾爲懷姙

麤屐爲使令卑賤類也夢得蠡屐得僮使之也

夢持彈者得朋友

夢簾屏風蔽匿一身也

夢見帷帳憂陰事

夢牀所壞者爲憂妻也

夢得鑲盾憂相負也

夢部總論

莊子

齊物論

長梧子曰夢飲酒者旦而哭泣夢哭泣者旦而田獵方其夢也不知其夢也夢之中又占其夢焉覺而後知其夢也且有大覺而後知此其大夢也而愚者自以爲覺竊竊然知之君乎牧乎固哉丘也與汝皆夢也予謂汝夢亦夢也是其言也其名爲弔詭萬世之後而一遇大聖知其解者是旦暮遇之也

昔者莊周夢爲胡蝶栩栩然胡蝶也自喻適志與不知周也俄然覺則蘧蘧然周也不知周之夢爲胡蝶與胡蝶之夢爲周與周與胡蝶則必有分矣此之爲物化

列子

周穆王篇

覺有八徵夢有六候奚謂八徵一曰故二曰爲三曰得四曰喪五曰哀六曰樂七曰生八曰死此者八徵形所接也奚謂六候一曰正夢二曰蘁夢三曰思夢四曰寤夢五曰喜夢六曰懼夢此六者神所交也不識感變之所起者事至則惑其所由然識感變之所起者事至則知其所由然知其所由然則無所怛一體之盈虛消息皆通于天地應于物類故陰氣壯則夢涉大水而恐懼陽氣壯則夢大火而燔焫陰陽俱壯則夢生殺甚飽則夢與甚饑則夢取是以以浮虛爲疾者則夢揚以沉實爲疾者則夢溺藉帶而寢則夢蛇飛鳥銜髮則夢飛將陰夢火將疾夢食飲酒者憂歌舞者哭子列子曰神遇爲夢形接爲事故晝想夜夢神形所遇故神凝者想夢自消信覺不語信夢不達物化之往來者也古之眞人其覺自忘其寢不夢幾虛語哉西極之南隅有國焉不知境界之所接名古莽之國陰陽之氣所不交故寒暑亾辨日月之光所不照故晝夜亾辨其民不食不衣而多眠五旬一覺以夢中所爲者實覺之所見者妄四海之齊謂中央之國跨河南北越岱東西萬有餘里其陰陽之度審故一寒一暑昏明之分察故一晝一夜其民有智有愚萬物滋殖才藝多方有君臣相臨禮法相持其所云爲不可稱計一覺一寐以爲覺之所爲者實夢之所見者妄東極之北隅有國曰阜落之國其土氣常燠日月餘光之照其土不生嘉苗其民食草根木實不知火食性剛悍彊弱相藉貴勝而不尚義多馳步少休息常覺而不眠周之尹氏大治產其下趣役者侵晨昏而弗息有老役夫筋力竭矣而使之彌勤晝則呻呼而卽事夜則昏憊而熟寐精神荒散昔昔夢爲國君居人民之上總一國之事遊宴宮觀恣意所欲其樂無比覺則復役人有慰喻其懃者役夫曰人生百年晝夜各分吾晝爲僕虜苦則苦矣夜爲人君其樂無比何所怨哉尹氏心營世事慮鍾家業心形俱疲夜亦昏憊而寐昔昔夢爲人僕趨走作役無不爲也數罵杖撻無不至也眠中啽囈呻呼徹旦息焉尹氏病之以訪其友友曰若位足榮身貲財有餘勝人遠矣夜夢爲僕苦逸之復數之常也若欲覺夢兼之豈可得邪尹氏聞其友言寬其役夫之程減己思慮之事疾病少間鄭人有薪于野者遇駭鹿御而擊之斃之恐人見之也遽而藏諸隍中覆之以蕉不勝其喜俄而遺其所藏之處遂以爲夢焉順塗而詠其事旁人有聞者用其言而取之既歸告其室人曰向薪者夢得鹿而不知其處吾今得之彼直眞夢者矣室人曰若將是夢見薪者之得鹿邪詎有薪者邪今眞得鹿是若之夢眞邪夫曰吾據得鹿何用知彼夢我夢邪薪者之歸不厭失鹿其夜眞夢藏之之處又夢得之之主爽旦案所夢而尋得之遂訟而爭之歸之士師士師曰若初眞得鹿妄謂之夢眞夢得鹿妄謂之實彼眞取若鹿而與若爭鹿室人又謂夢認人鹿無人得鹿今據有此鹿請二分之以聞鄭君鄭君曰嘻士師將復夢分人鹿乎訪之國相國相曰夢與不夢臣所不能辨也欲辨覺夢惟黃帝孔丘今亡黃帝孔丘孰辨之哉且詢士師之言可也

王充論衡

論死

夢者之義疑惑言夢者精神自止身中爲吉凶之象或言精神行與人物相更今其審止身中死之精神亦將復然今其審行人夢殺傷人夢殺傷人若爲人所復殺明日視彼之身察己之體無兵刃創傷之驗夫夢用精神精神死之精神也夢之精神不能害人死之精神安能爲害

死僞

鄭子產聘於晉晉侯有疾韓宣逆客私焉曰寡君寢疾於今三月矣並走羣望有加而無瘳今夢黃熊入於寢門其何厲鬼也對曰以君之明子爲大政其何厲之有昔堯殛鯀於羽山其神爲黃能以入於羽淵實爲夏郊三代祀之晉爲盟主其或者未之祀乎韓子祀夏郊晉侯有間黃熊鯀之精神晉侯不祀故入寢門晉知而祀之故疾有間非死人有知之驗乎夫殛鯀於羽山人知也神爲黃熊入於羽淵人何以得知之使若魯公牛哀病化爲虎故可實也今鯀遠殛於羽山人不與之處何能知之且文曰其神爲熊是死也死而魂神爲黃熊非人所得知也人死世謂鬼鬼象生人之形見之與人無異然猶非死人之神況熊非人之形不與人相似乎審鯀死其神爲黃能則熊之死其神亦或時爲人人夢見之何以知非死禽

獸之神也信黃熊謂之鯀神又信所見之鬼以爲死人精也此人物之精未可定黃熊爲鯀之神未可審也且夢象也吉凶且至神明示象熊羆之占自有所爲使鯀死其神審爲黃熊夢見黃熊必鯀之神乎諸侯祭山川設晉侯夢見山川何復不以祀山川山川自見乎人病多或夢見先祖死人來立其側可復謂先祖死人求食故來見形乎人夢所見更爲他占未必以所見爲實也何以驗之夢見生人明日所夢見之人不與己相見夫所夢見之人不與己相見則知鯀之黃熊不入寢門不入則鯀不求食不求食則晉侯之疾非廢夏郊之禍非廢夏郊之禍則晉侯有間非祀夏郊之福也無福之實則無有知之驗矣亦猶淮南王劉安坐謀反而死世傳以爲仙而昇天本傳之虛子產聞之亦不能實偶晉侯之疾適當自衰子產適言黃熊之占則信黃熊鯀之神矣

紀妖

趙簡子病五日不知人大夫皆懼召扁鵲扁鵲入視病出董安于問扁鵲扁鵲曰血脉治也而何怪昔秦繆公嘗如此矣七日悟悟之日告公孫支與子輿曰我之帝所甚樂吾所以久者適有學也帝告我晉國且大亂五世不安其復將霸未老而死霸者之子且令而國男女無別公孫支書而藏之于篋于是晉獻公之亂文公之伯襄公敗秦師于崤而歸縱淫此之所謂今主君之病與之同不出三日病必間間必有言也居二日半簡子悟告大夫曰我之帝所甚樂與百神遊於鈞天靡樂九奏萬舞不類三代之樂其聲動人心有一熊欲援我帝命我射之中熊熊死有羆來我又射之中羆羆死帝甚喜賜我一笥皆有副吾見兒在帝側帝屬我一翟犬曰及而子之長也以賜之帝告我晉國且衰十世而亾嬴姓將大敗周人于范魁之西而亦不能有也今余將思虞舜之勳適余將以其胄女孟姚配而十世之孫董安于受言而書藏之以扁鵲言告簡子簡子賜扁鵲田四萬畝他日簡子出有人當道辟之不去從者將拘之當道者曰吾欲有謁於主君從者以聞簡子召之曰嘻吾有所見子遊也當道者曰屏左右願有請簡子屏人當道者曰日者主君之病臣在帝側簡子曰然有之子見我何爲當道者曰帝令主君射熊與羆皆死簡子曰是何也當道者曰晉國且有大難主君首之帝令主君滅二卿夫熊羆皆其祖也簡子曰帝賜我二笥皆有副何也當道者曰主君之子將尅二國于翟皆子姓也簡子曰吾見兒在帝側帝屬我一翟犬曰及而子之長以賜之夫兒何說以賜翟犬當道者曰兒主君之子也翟犬代之先也主君之子且必有代及主君之後嗣且有革政而胡服並二國翟簡子問其姓而延之以官當道者曰臣野人致帝命遂不見是何謂也曰是皆妖也其占皆如當道者言所見於帝前之事所見當道之人妖人也其後晉卿范氏中行氏作亂簡子攻之中行昭子范文子敗出奔齊始簡子使姑布子卿相諸子莫吉至翟婦之子無恤以爲貴簡子與語賢之簡子募諸子曰吾藏寶符常山之上先得者賞諸子皆上山無所得無恤還曰已得符矣簡子問之無恤曰從常山上臨代代可取也簡子以爲賢乃廢太子而立之簡子死無恤代是爲襄子襄子既立誘殺代王而并其地又并知氏之地後取空同戎自簡子後十世至武靈王吳廣入其母姓嬴子孟姚其後武靈王遂取中山并胡地武靈王之十九年更爲胡服國人化之皆如其言無不然者蓋妖祥見于兆審矣皆非實事吉凶之漸若天告之何以知天不實告之也以當道之人在帝側也夫在天帝之側皆貴神也致帝之命是天使者也人君之使車騎備具天帝之使單身當道非其狀也天官百二十與地之王者無以異也地之王者官屬備見法象天官稟取制度天地之官同則其使者亦宜鈞官同人異者未可然也何以知簡子所見帝非實帝也以夢占知之樓臺山陵官位之象也人夢上樓臺昇山陵輒得官位實樓臺山陵非官位也則知簡子所夢見帝者非天帝也人臣夢見人君人君必不見又必不賜以人臣夢占之知帝賜二笥翟犬者非天帝也非天帝則其言與百鬼遊於鈞天非天也魯叔孫穆子夢天壓己者審然是天下至地也至地則有樓臺之抗不得及己及己則樓臺宜壞樓臺不壞是天不至地不至地則不得壓己不得壓己則壓己者非天也則天之象也叔孫穆子所夢壓己之天非天則知趙簡子所遊之天非天也或曰人亦有直夢見甲明日則見甲矣夢見君明日則見君矣曰然人有直夢直夢皆象也其象直耳何以明之直夢者夢見甲夢見君明日見甲與君此直也如問甲與君甲與君則不見也甲與君不見所夢見甲與君者象類之也乃甲與君象類之則知簡子所見帝者象類帝也且人之夢也占者謂之魂行夢見帝是魂之上天也上天猶上

山也夢上山足登山手引木然後能升升天無所緣何能得上天之去人以萬里數人之行日百里魂與形體俱尚不能疾況魂獨行安能速乎使魂行與形體等則簡子之上下天宜數歲乃悟七日輒覺期何疾也夫魂者精氣也精氣之行與雲煙等案雲煙之行不能疾使魂行若蜚鳥乎行不能疾人或夢蜚者用魂蜚也其蜚不能疾于鳥天地之氣尤疾速者飄風也飄風之發不能終一日使魂行若飄風乎則其速不過一日之行亦不能至天人夢上天一臥之頃也其覺或尚在天上未終下也若人夢行至雒陽覺因從雒陽悟矣魂神蜚馳何疾也疾則必非其狀必非其狀則其上天非實事也非實事則爲妖祥矣夫當道之人簡子病見於帝側後見當道象人而言與相見帝側之時無以異也由此言之臥夢爲陰候覺爲陽占審矣

王符潛夫論

夢列

凡夢有直有象有精有想有人有感有時有反有病有性在昔武王邑姜方娠太叔夢帝謂己命爾子虞而與之唐及生手掌曰虞因而爲名成王滅唐遂以封之此謂直應之夢也詩云維熊維羆男子之祥維虺維蛇女子之祥衆維魚矣實維豐年旐維旟矣室家溱溱此謂象之夢也孔子生於亂世日思周公之德夜即夢之此謂意精之夢也人有所思即夢其到有憂即夢其事此謂記想之夢也今事貴人夢之即爲祥賤人夢之即爲妖君子夢之即爲榮小人夢之即爲辱此謂人位之夢也晉文公於城濮之戰夢楚子伏己而盬其腦是大惡也及戰乃大勝此謂極反之夢也陰雨之夢使人厭迷陽旱之夢使人亂離大寒之夢使人怨悲大風之夢使人飄𩙪此謂感氣之夢也春夢發生夏夢高明秋冬夢熟藏此謂應時之夢也陰病夢寒陽病夢熱內病夢亂外病夢發百病之夢或散或集此謂氣之夢也人之情心好惡不同或以此吉或以此凶當各自察常古所從此謂性情之夢也故先有差武者謂之精晝有所思夜夢其事作吉作善凶惡不信者謂之想貴賤賢愚男女長少謂之人風雨寒暑謂之感五行王相謂之時陰極即吉陽極即凶謂之反觀其所疾察其所夢謂之病心精好惡於事驗謂之性凡此十者占夢之大略也而決吉凶者之類以多反其故哉豈人覺爲陽人寐爲陰陰陽之務相反故邪此亦謂其不甚者爾借如使夢吉事而己意大喜樂發於心精則眞吉矣夢凶事而己意大恐懼憂悲發於心精即眞惡矣所謂秋冬夢死傷也吉者順時也雖然財爲大害爾由勿若勿夢也凡察夢之大體清潔鮮好貌堅健竹木茂美宮室器械新成方正開通光明溫和升上向興之象皆爲吉喜謀從事成諸臭汙腐爛枯槁絕霧傾倚徵邪劓刖不安閉塞幽昧解落墜下向衰之象皆爲計謀不從舉事不成妖孽怪異可憎可惡之事皆爲憂圖畫鰤胎刻鏤非眞瓦器虛空皆爲見欺紿倡優俳儛候小兒所戲弄之象皆爲歡笑此其大部也夢或甚顯而無占或甚微而有應何也曰本所謂之夢者困不了察之稱而惛憒冒名也故亦不專信以斷事人對計事起而行之尚有不從況於怳忽雜夢亦可必乎唯其時有精誠之所感薄神靈之有告者乃有占爾是故君子之異夢非罔而已也必有事故焉小人之異夢非桀而已也時有禎祥焉是以武丁夢獲聖而得傅說二世夢白虎而滅其封夫奇異之夢多有故而少無爲者矣今一寢之夢或屢遷化百物代至而其主不能究道之故占者有不中也此非占之罪也乃夢者過也或言夢審矣而說者不能連類博觀故其惡有不驗也此非書之罔乃說之過也是故占夢之難者讀其書爲難也夫占夢必謹其變故審其徵候內考情意外考王相即吉凶之符善惡之效庶可見也且凡人道見瑞而修德者福必成見瑞而縱恣者福轉爲禍見妖而驕侮者禍必成見妖而戒懼者禍轉爲福是故太姒有吉夢文王不敢康吉祀于羣神然後占於明堂並拜吉夢修發戒懼聞喜若憂故能成吉以有天下虢公夢見蓐收賜之士田目以爲有吉因史嚚令國賀夢聞憂而喜故能成凶以滅其封易曰使知懼又明於憂患與故凡有異夢感心以及人之吉凶相之氣色無問善惡常恐懼修省以德迎之乃其逢吉天祿永終

無能子

答通問

無能子貧其昆弟之子且寒而饑嗟吟者相從焉一日兄之子通謂無能子曰嗟寒吟饑有年矣夕則夢夢祿仕而豐乎車馬金帛夢則樂寤則憂何可獲署其易哉無能子曰晝憂夕樂均矣何必易哉通曰夕樂夢耳無能子曰夫夢之居屋室乘車馬被衣服進飲食悅妻子憎仇讎憂樂喜怒與夫寤而所欲所有

爲者有所異耶曰無所異無所異則安知寐而爲之者夢耶寤而爲之者夢耶且人生百歲其間晝夕相半半憂半樂又何恐乎大冥乎虛而專乎常者王侯不能爲之貴斯養不能爲之賤玉帛子女不能爲之富藜羹縕褸不能爲之貧則憂樂無所容乎其間矣動乎情而屬乎形者惑物而已矣物者所謂富貴之具也形與物朽敗之本也情惑之而憂樂之無常也以無常之情棠朽敗之本寤猶夢也百年猶一夕也汝能冥乎慮而專乎常則不知所以飢寒富貴矣動乎情而屬乎形則晝夕寤寐俱夢矣汝其思之

張子正蒙

動物篇

寤形開而志交諸外也夢形閉而氣專乎內也寤所以知新于耳目夢所以緣舊於習心醫謂饑夢取飽夢與凡寤夢所感專語氣于五藏之變容有取焉爾集釋五藏之變肺虛夢金心盛夢火之類寤則知新事于見聞夢多想舊事于所習此亦陰陽相感之一端也補註人動則魄交於魂則寤寤則陽在外陰在內知新于耳目知之分明如火日之外影也靜則魂交於魄則寐寐則陰在外陽在內緣舊于習心知之疑似如水月之內光也集解夜之所夢晝之所爲也故曰緣舊于習心五藏如腎虛則夢揚實則夢沉心火盛則夢焚之類皆五藏之變也列子曰神遇爲夢形接爲事

朱子大全集

答陳安卿

人心是箇靈底物如日間未應接之前固是寂然未發於未發中固常惺地醒不恁瞑然不省若夜間有夢之時亦是此心之已動猶晝之有思如其不夢未覺正當大寐之時此時謂之寂然未發則全沈沈瞑瞑萬事不知不省與木石蓋無異與死相去亦無幾不可謂寂然未發不知此時心體何所安存所謂靈底何所寄寓聖人與常人於此時所以異者如何而學者工夫此時又以何爲驗也曰寤寐者心之動靜也有思無思者動中之動靜也有夢無夢者又靜中之動靜也但寤陽而寐陰寤淸而寐濁寤有主而寐無主故寂然感通之妙必於寤而言之

又

問來教云寤寐者心之動靜也云云淳思此竊謂人生具有陰陽之氣神發於陽魄根於陰心也者則麗陰陽而乘其氣無間於動靜卽神之所會而爲魄之主也晝則陰伏藏而陽用事陽主動故神運魄隨而爲寤夜則陽伏藏而陰用事陰主靜故魄定神蟄而爲寐神之運故虛靈知覺之體灼然呈露有苗裔之可尋如一陽復後萬物之有春意焉此心之寂感所以爲有主神之蟄故虛靈知覺之體沈然潛隱悄無蹤跡如純坤之月萬物之生性不可窺其朕焉此心之寂感所以不若寤之妙而於寐也爲無主然其中實未嘗泯而有不可測者存呼之則應驚之則覺則是亦未嘗無主而未嘗不妙也故自其大分言之寤陽而寐陰而心之所以爲動靜也細而言之寤之有思者又動中之動而爲陽之陽也無思者又動中之靜而爲陽之陰也寐之有夢者又靜中之動而爲陰之陽也無夢者又靜中之靜而爲陰之陰也又錯而言之則思之有善與惡者又動中之動陽明陰濁也無思而善應與妄應者又動中之靜陽明陰濁也夢之有正與邪者又靜中之動陽明陰濁也無夢而易覺與難覺者又靜中之靜陽明陰濁也一動一靜循環交錯聖人與衆人則同而所以爲陽明陰濁則異聖人於動靜無不一於淸明純粹之主而衆人則雜焉而不齊然則人之學力所係於此亦可以驗矣曰得之

禮記集說

諸家論帝錫九齡之夢

嚴陵方氏曰黃帝有華胥之游高宗有傅說之賚文王則見丈人孔子則見周公莊周則化爲蝴蝶聲伯則泣爲瓊瑰故周官有占六夢吉凶之法夢熊羆者知其爲男子之祥夢虺蛇者知其爲女子之祥衆維魚則知其實爲豐年旐維旟則知其室家溱溱或夢爲鳥而戾於天或夢爲魚而反於淵或夢哭泣旦而田獵蓋天地之會陰陽之氣而人魂交焉固有如此者則武王九齡之夢豈足怪哉然而文王之疾間必知武王有夢者以其親愛之心篤而思念之情深故也壽數在天而文王得以及子孫者聖人先天而天弗違

石林葉氏曰人之精神與天地陰陽流通故其夢亦與應焉古者有占夢之官獻吉夢贈惡夢參考日月星辰陰陽天地之變則夫夢者先王所同以爲信也文王九十七而終武王九十三而終果以爲夢邪是壽命不屬之天而損益者人也由是觀之我百爾九十非夢也其傳之妄歟

莊氏曰古之聖人未嘗無夢若黃帝夢游華胥高宗夢得傅說夫子夢見周公皆是也武王於親疾未間之前衣不解帶目不交睫安得有夢及夫既間而後寢蘧蘧栩栩與神明交故文王有何夢之問武王有帝與九齡之對然其夢則一其見則殊武王則以享國之數推之文王則以享年之數推之雖我百爾九十卒如文王之言要知文王之言武王之心也蓋心有所思則夜有所夢武王無是心帝豈荅以是夢哉方文王寢疾之時武王切切于心思者不過欲其親享國之多與夫享年之末而已今得帝與九齡之夢遂謂終撫九國者豈謂文王他日享國之多可以卜其享年之末也文王則直以年齡爲告欲使武王知我之享年如此女之享年又如此天命未艾適有寢疾庸何憂乎蓋文王又因是以釋武王之憂也然則帝與九齡非武王愛親之切不足以名上帝之夢非文王與天爲一不足以知上帝之誠不然則降年有末有不末實繫乎天文王安得而私與之亦足以見聖人之心與天相爲流通而天命之修短皆有以逆知之不知是何以謂之先天而天弗違何以謂之自作元命又何以見文王陟降在帝左右哉若夫古者謂年齡則九齡乃九年爾文王何取爲九十注家遂謂九齡爲九十年之祥已爲牽合况文王百年之數又何所取於此哉意者天命之修短文王固已洞然於胷中特假夢以及之初不區區專訊於一夢也學者不可不知

元耐得翁就日錄

論夢

唐人著夢書言夢有徵夫夢者何也釋氏以四法判之一曰無名薰習二曰舊識巡遊三曰四大偏增四曰善惡先兆周官筮人掌占六夢一曰正夢二曰噩夢三曰思夢四曰寤夢五曰喜夢六曰懼夢造化權輿曰神遇爲夢形接爲事浮虛夢揚沈實夢溺寢藉帶夢蛇鳥銜髮夢飛將雨夢水將晴夢火將病夢食將憂夢歌舞此列子之論也李泰伯潛書云夢者之在寢也居其旁者無異見耳目口鼻手足皆故形也魂之所遊則或羽而仙或冠而朝或宮室輿馬女婦奏舞與乎其前忽富驟榮樂無有限極及其覺也撫其躬無毛髮之得於是始知其妄而笑此無他獨其心之溺焉耳嗚呼將幸而覺邪抑將冥冥遂至於死邪前者諸說各有所見且周官載之甚悉而列子之神遇李泰伯之魂遊心溺果然哉然有二說如夜夢得金寶覺而無所獲若夢與女人交覺而失精此非心溺乎如夏月露臥偶夜露下而失覆則夢雪降冬月掖被衾多則夢火爇此非神遇乎夫至人無夢者緣無想念蓋恐此路頭熟著其所好而往則將冥冥沒沒而不知返者有之要在平昔學力讀者當察之

荊川稗編

論夢生於想

衛玠問樂令夢云是想樂曰形神不接豈是想耶衛曰因也樂曰未嘗夢乘車入鼠穴擣韲取鐵杵皆無想無因故也衛思不得成病樂爲解析卽愈樂嘆曰此見胷中必無膏肓之疾呂氏曰形神相接而夢者出歸之想形神不接而夢者出歸之因因之說曰因羊而念馬因馬而念車因車而念蓋固有牧羊而夢鼓吹曲蓋者矣是雖非今日之想實因於前日之想故因與想一說也信如是說無想則無因無因則無夢舉天下之夢不出於想而已矣然叔孫穆夢豎牛之貌於牛未至之前曹人夢公强之名於强未生之前是果出於想乎果出於因乎雖然起樂廣於九原吾知其未必能判是議也

欽定古今圖書集成曆象彙編庶徵典

第一百四十五卷目錄

水龍吟黃州夢過棲霞樓　宋蘇軾

踏莎行秋夢已上詞　元王德璉

庶徵典第一百四十五卷

夢部藝文一

夢賦有序　漢王延壽

臣弱冠嘗夜寢見鬼物與臣戰臣遂得東方朔與臣作罵鬼之書臣遂作賦一篇叙夢後人夢者讀誦數數有驗臣不敢蔽其辭曰

余宵夜寢息忽則有非常之夢其爲夢也悉覩鬼物之變怪則蛇頭而四角魚首而鳥身或三足而六眼或龍形而似人羣行而奮搖忽來到吾前伸臂而舞手意欲相引牽於是夢中發怒腷臆紛紜吾含天地之淳和何妖孽之敢臻爾乃揮手振拳雷發電舒斮游光斬猛豬批䰲毅斫魅虛捎魍魎拂諸渠撞從目打三顱撲苕蕘扶夔魖搏覘睆蹴雖耳剖列蹶掣羯孽劓尖鼻踏赤舌拏傖𩥺撣䰩鬗於是手足俱中捷獵摧拉澎濞跌抗指倒批笞彊梁捶捋劘捘傸余總攙黠拖穨蹪抨撜軋於是羣衆聚魅駭擾遑遽煥衍叛散牛留牛去變形瞪眄顧望猶豫吾今於是更奮奇譎捧攫噴扼蟯覺撻拉咿嚶批搜於是三三四四相隨跟蹌而歷僻隴隴嗑嗑精氣充布輵輵瞜瞜鬼驚魅怖或盤跚而欲走或拘攣而不能步或中瘡而宛轉或捧痛而號呼奄霧消而光散寂不知其何故嗟妖孽之怪物敢干眞人之正度耳嘈嘈而外朗忽屈信而覺悟於是雞知天曙嘈然自鳴鬼聞之以迸走心慴怖而皆驚亂曰齊桓夢物而以霸兮武丁夜感得賢佐兮周夢九齡年百慶兮晉文盬腦國以競兮老子役鬼以神將兮轉禍爲福永無恙兮

搏赤猿帖　晉阮籍

僕不想歎爾夢搏赤猨其力甚於貔虎良久反覆余乃觀天背覩地穹亦當不爽但僕之不達安得不憂吉乎報我凶乎詳告三月阮籍白繇君

維摩詰十譬夢贊　宋謝靈運

覺謂寢無知寐中非無見意狀盈眼前好惡迭萬變既悟眇已往惜爲浮物戀熟視婆娑盡寧當非赤縣

夢賦　唐杜頠

夫人者何乾坤之至精夫夢者何精爽之所成及乎羣動息閑宇淸澹爾安寢儼乎無營亦或不意而得亦或因感而生明休咎之先兆通喜怒之深情其爲吉也懸三刀以作郡凌八門而上征或生松以表秩或贈蘭以爲名盬腦審其戰勝鑿心啓其才英其爲凶也晉侯彌留作疾於二豎孔公將歿觀奠於兩楹雖否臧之殊感諒希微之難明是以太古無夢而絕欲聖人肇夢以治想隨事而生觸類而長或含悲以增暢或當歡而契賞會有慕而忽來屬所思而必往雖遊萬里遠諧疇昔之遊縱冥九泉亦覩平生之像鬼由神入惟惚惟恍則有聆閶庭闚煙霧歲暮常馳戀於定省忽飛魂於寐寤撩軒幌而無隔邈山河之徑度常倏忽而往來竟不由於道路獨有遭遇明時羈遊上國才譽不振命途仍塞仰軒后之通感慕殷宗而見刻當捧日而披誠庶明君之夢得

夢捧日賦以夢遇輝燭光發嘉祥爲韻　蔣防

靈降嘉夢天垂至陽誠發身之兆朕符翊聖之禎祥所謂神而遇闇而章息沖澹之居于于而自得見貞明之質曖曖而彌光倏爾疑升瞰兮下燭曈曨甘寢之所恍惚曾泉之曲撫金烏之翼距隔雲霄駐羲和之車乍迴昏旭相夫卑高莫夠授受何因忽煌煌而委照值默默而凝神寂其神乃無間而通碧落上其手自有昊而得紅輪縹緲魂交光芒景附肘腋輝爍襟懷煦嫗類銜規於遠山同抱璧於中路在忘形之際用示無私當向晦之時將祛未寤豈不以精誠可託光陰可駐從九霄之降祉表千載之嘉遇者也故日道契幽微天且不違盼鑾陰騭指掌陽輝載營魄而虛無默往荷靈貺而照燭潛依至若冥蒙上越埃墟中歇始悠悠以神契俄赫赫而明發驗扶桑之際其往阻修偶支枕之時其來倏忽是知天無親降靈而非遐神不昧獨幽而不暌不然何虛徐袵席承奉光華高眠而不驚不怵見瑞而可仰可嘉然則荀令之談足徵程昱之榮有兆常眷眷於天路每拳拳於雲表周旋寤寐偃仰昏曉庶照臨之理感通知葵藿之誠不小

莊周夢爲蝴蝶賦以昔者莊周夢爲蝴蝶爲韻　賈餗

窮萬化之指歸得七篇於往昔何眞人之形氣以異類而遷易將以明道之樞喻心之適徐徐在寐忽羽

化於他方栩栩旣遊忘魂交於此夕是知溥天之下萬物一也雖飛走之或殊何生成之爲假形隨夢改豈必大人占之心與物遷孰云夫子聖者澹然休息悅爾飛揚闇出蟠蛸之戶潛辭蟋蟀之堂風景熙熙但娛情於蝴蝶是非草草已委蛻於蒙莊旣而忽忽悠悠東西泛浮動皆造適止必忘憂草上翩翻與百花而共媚林間搖曳似一葉之先秋彼賢愚波注禍福環周信乃人間之累非同域外之遊且太浩浩陰陽茫茫群衆紛胷襟之憂患勞日夜而迎送是以至人因茲訊諷爲魚而江湖可入爲鳥而風雲可控飄然而往安知棄我如遺倏爾復來又疑與爾俱夢故得弔詭之理明懸解之規方形神之寂寞有變化之云爲夢也者不期而會飛也者以息相吹豈銜髮之能診蓋忘蹄之可知至乎往復須臾以化爲徒寤與覺而未辨蝶將周而已殊是以大同而言萬物爲肝爲膽小異而說一身爲越爲胡苟愚智而自得實聖靈之軌模各有志業未如居多不愜六夢紛其夜動七情忘於晝接乃陳古以兄今賦莊周之夢蝶

莊周夢蝴蝶賦 以題爲韻　張隨

伊漆園之傲吏談元默以和光表人生之自得繄萬化之可量萬靈齊乎一指異術胳乎通莊忘言息躬輒造逍遙之境靜寐成夢旋臻罔象之鄉於以遷神於以化蝶樂彼形之蠢類忘我目之交睫於是飄粉羽揚翠鬣始飛飛而稍進俄栩栩而自愜煙中蕩漾媚春景之殘花林際徘徊舞秋風之一葉於戲變化悠悠人生若浮希微兮其狀方異恍惚兮其神遂收雖蘧蘧而復體尙悄悄以在眸我豈彼類彼寧我儔苟夢非而覺是誠虛往而實留且元蹤莫覿眞理難求莊周之夢蝶而蝴蝶之夢周軌迺知元氣混然感通斯衆爲生死之異分量寤寐而適中形因靜息符大辨之不言神以化遷異至人之無夢若夫氣爲質本夢與道俱以我之有化彼之無固假寐而倏忽越百齡以須臾其在周也不知蝶之於彼矣其在蝶也不知周之於此乎若然者萬物各得其性一體或殊其途有徐徐而龜曳其尾有察察而狼跋其胡智者所以自智愚者所以自愚則孰能問其巨細孰能別其榮枯欲窮莊生夢蝶之理走將一問於洪鑪

夢舞鍾馗賦 以德至前王妖觀神跡爲韻　周繇

皇躬抱疾佳夢通神見幡綽兮上言丹陛引鍾馗兮來舞華茵寢酣方悅於宸扆不知爲異覺後全銷於美疢始訝非眞開元中撫念齊民憂勤大國萬機親決於宸斷微痗遂沾於聖德金丹術士殊乖九轉之功桐籙醫師又寡十全之力爰感神物來康哲王於時漏滴長樂鐘敲建章扃禁闥兮閑羽衛虛寢殿兮間嬪嬙虎魄枕敧象榻透熒熒之影蝦鬚簾捲魚燈搖閃閃之光聖魂惝怳以方寐怪狀朦朧而遽至硉矹標衆顚類特異奮長髯於闊臆斜領全開搔短髮於圓顱危冠欲墜顧視纔定趨蹌忽前不待乎調鳳管撥鸞絃曳藍衫而颯纚揮竹簡以蹁躚頓趾而虎跳幽谷昂頭而龍躍深淵或呀口而揚音或蹲身而節拍震雕栱以將落躍瑤階而欲折萬靈沮氣以憚惶一鬼旁隨而奮躑煙雲忽起難留舞能之姿雨雹交馳旋失去來之跡睿想纔悟淸宵已闌祛沉痾而頓愈痒御體以猶寒對眞妃言寤寐之祥六宮皆賀謂道子寫婆娑之狀百辟咸覩彼號伊祁亦名鬱壘儺祓於凝沍之末驅厲於發生之始豈如呈妙舞兮薦夢明君康寧兮福履

夢渴賦　何諷

不宿食以晨飲困鍾盂以沈寢末春晝而高扃墮幅巾而橫枕及乎酒適衷腸神遊異方煙生喉舌惝然如在爰瞰甃以窺汲諒不任於呼吸俄據河而俯瀆乃器舟而杯斛倒魚鱉之窟宅見蛟龍之委伏猶胃腸之不浹賽宴飮而未足由是奔九江走五湖手不暇於斡運心不息於躊躇見波漸竭而百川如綫岸益高而底淤將枯腹慊爾而未覺肺燥然而不濡尋至大溟茫然連淸豈爾浩瀚而吾量不盈斟酌未幾倏見涯涘百靈稽首乞留濡溉吾腹未充豈汝爲意俄傾竭於浩渺奄滴瀝而無漬瑤宮貝闕盡列平地三山赤城可以步至鯤鯨喁喁相煦以咽大鵬驚攫巨鼇愕眙四顧燥涸悒然興情此情何奇非吾所知恨滄海之罄不足充吾之所思周遭有截瑰然堞垜水府萬族咸呼帝閽帝且不聞吾欲未竭方將尋蟻垤期耿恭問姜母以何在訪舒姑而欲從辨夸父於渭上弔相如於臨邛萬計已盡六腑如爐窗日斜照搘頤沈吟其意逾深以吾此日之一夢見自古不足者之心

夢歸賦　柳宗元

罹擯斥以窘束兮余惟夢之爲歸精氣注以凝沍兮循舊鄉而顧懷夕余寐於荒陬兮心慊慊而莫違質舒解以自恣兮息愔翳而愈微歘騰湧而上浮兮俄

混淪之無依圓方混而不形兮顥醇白之霏霏上茫茫而無星辰兮下不見夫水陸若有鉥余以往路兮馭僛僛以回復浮雲縱以直度兮去濟余乎西北風纚纚以經耳兮類行舟迅而不息洞然於以瀰漫兮虹蜺羅列而傾側橫衝飈以蕩擊兮忽中斷而迷惑靈幽漠以瀰汩兮進恬悵而不得白日邈其中出兮陰霾披離以泮釋施獄瀆以定位兮互參差之白黑忽崩騫上下兮聊按行而自抑指故都以委墜兮瞰鄉閭之修直原田蕪穢兮崢嶸榛棘喬木摧解兮垣廬不飾山嵎嵎以岩立兮水汩汩以漂激魂恍惘若有亡兮涕汪浪以隕軾類曛黃之黯漠兮欲周流而無所極紛若喜而佁儗兮心回互以壅塞鐘鼓喤以戒旦兮陶去幽而開寤晉罻蒙其復體兮孰云桎梏之不固精神之不可再兮余無蹈夫歸路偉仲尼之聖德兮謂九夷之可居惟道大而無所入兮猶流游乎曠野老聃遁而適戎兮指淳茫以縱步蒙莊之恢怪兮寓大鵬之遠去苟遠適之若茲兮胡爲故國之爲慕首丘之仁類兮斯君子之所譽鳥獸之鳴號兮有動心而曲顧膠余衷之莫能舍兮雖判拆而不悟列茲夢以三復兮極明昏而告愬

夢爲魚賦以故知人生不假魚爲諷　王粲

梁世子以體道安居逍遙有餘宴息而魂交成夢兮明而身化爲魚恍若有忘顧物我以何異悠然而逝失形骸之所知其初也漏滴寒城月籠凉牖悄爾人靜溘焉夜久於銀屏既設之所是角枕已菝之後遠因神遇能游之質斯成漸覺形遷相望之心曷不是則髣髴川闊依稀浪輕始訝沈浮而在此俄驚鬐鬣以俱生恍兮惚兮豈悟盆刀之兆今夕何夕空懷畏網之情由是涵泳無疑喁喁未已值良夜之寂寂泝清波之唯唯腹上之松俯映在藻雖殊懷中之日旁明銜珠稍似掉頳尾還張紫鱗維熊維羆而自遠有鱣有鮪以相親沙際禽去汀旁草春遇周公而疑爲釣叟逢傳說而謂是漁人于時砌竹無風庭梧有露既異爲雲之事空驚微雨之故飜成浪迹全忘枕上之身却憶浮生寧異遼東之趣其夢也何樂如之其覺也何愁若斯復是魚由我變抑當我本魚爲莊生化蝶之言昔時未信公子爲鳥之驗今日方知悲夫何事蓬然欲思咸若良由塵世之多故難及深淵之或躍人兮不因一夢之中豈信濠梁之樂

夢冰下人語判　闕名

得甲爲人作媒云夢立冰上與冰下人語當仲春成婚乙告甲誑惑

申以判合爲賚行媒是務贍言匪斧有類因針爰求六夢之徵告以三星之會徵波可託豈脈脈于輕冰仙漢難攀尚盈盈于一水將同竹鳳之驗有符芻狗之言乙以至人所無告其在惑必人同趙壹術等周宣土溶懸刀不聞加罪孔丘曳杖未陷深僁

夢殿上有禾判　闕名

乙夢太極殿上有禾三穗跳而取之得中穗其友賀云中台之象人告其妖

執占以道格人其經拾而或踰動則奚執乙位居堯岳名列漢藩擁百姓之寄乘六夢之吉朱門雄雄虛受冠蓋翠樓奕奕旁注煙霄同唐叔之得禾身居大殿異張華之博物勿跛中台覺後成空賴功曹之來賀失而復得允蔡茂之高班夫何妖哉古則有矣告人無識其若是乎

夢處女鼓琴判　闕名

乙封侯嘗夢見處女鼓而歌曰美人熒熒顏若茗之華後遂納國人姓爲內子御史劾其僭訴云夢應也

國以定封邑惟利建社稷是衛邦畿以藩乙將度以土圭設其苑序式遵厥度宜立其家鳳凰之兆未期桃李之妖將至剛柔自應精爽潛通吉以有祥將表神來之兆庶乎無亂理齊藏往之感位在逼侯夢茲處女橫角枕而就寢見鼓琴而作歌熒熒之詞聞彼魂交之日夭夭之質覩茲形開之時六夢之驗若存八徵之候如會納爲內子誠類小君稱僭欲繩未通平典

述夢賦　宋歐陽修

夫君去我而何之乎時節逝兮如波昔共處兮堂上忽獨棄兮山阿嗚呼人羨久生生不可久死其奈何死不可復惟可以哭病余喉使不得哭兮兄欲施乎其他憤既不得與聲而俱發兮獨飲恨而悲歌歌不成兮斷絕淚疾下兮滂沱行求兮不可過坐思兮不知處可見惟夢兮奈寐少而寤多或十寐而一見兮又若有而若無乍若去而若來忽若親而若疎杳兮倏兮猶勝於不見兮願此夢之須臾尺蠖憐余兮爲之不動飛蠅閔余兮爲之無聲冀駐君兮可訴悅余夢之先驚夢一斷兮魂立斷空堂耿耿兮華燈世之言曰死者澌也今之來兮是也非也又曰覺之所得者爲實夢之所得者爲想苟一慰乎余心又何較乎

眞妄緣髮兮思君而日豐肌兮以君而瘠君之意兮不可忘何憔悴而云惜顧日之疾兮顧月之遲夜長於晝兮無有四時雖音容之遠矣於恍惚以求之

夢齋銘有序　蘇轍

至人無夢或曰高宗武王孔子皆夢佛亦夢夢不異覺覺不異夢夢卽是覺覺卽是夢此其所以爲無夢也歟衞玠問夢於樂廣廣對以想曰形神不接而夢此豈想哉對曰因也或問因之說東坡居士曰世人之心而有未嘗獨立也塵之生滅無一念住夢覺之關塵塵相授數傳之後失其本矣則以爲形神不接豈非因乎人有牧羊而復者因羊而念馬因馬而念車因車而念蓋遂夢曲蓋鼓吹身爲王公夫牧羊之與王公亦遠矣想之所因豈足怪乎居士始與之相識於夢中旦以所夢求而得之今二十四年矣而五見之每見輒相視而笑不知是處之爲何方今日之爲何日我爾之爲何人也題其所寓室曰夢齋而子由爲之銘曰

法身充滿處處皆一幻身虛妄所至非實我觀世人生非寔中以寤爲正以寐爲夢忽寐所遇執寤所遭積執成堅如丘山高若見法身寤寐皆非知其皆非寤寐無虧遨遊四方齋則不遷南北東西法身本然

夢靚賦　晁補之

歲閼逢之涒灘兮前日至而匪思夢啾耳之藟藟兮蓊青蠅其虹楣咸南徙而未逝兮遺其矢如散絲余俛避而不汙兮一媼背之淋瀝胳不知其可穢兮偶並趣於西帷媼左目之冗枯兮薜四五其萃之旁兩媼之無言兮亦依帷而靡期朝怛寤而自診兮營營發奇而可怛兮蹇俱溺而遺矢兮胡止此其奚爲惟一旨而兩數兮奐目冉爲何濺豈淵覗不足與明兮辭非寄而終離羌何爲而賕此兮神無心而罔私拜受神祥兮編之冊詞文女三之爲姦兮比匪人而惡之微夫周公之爲見兮疑若此其余衰欲徵禍則安敢兮問故老則智疑苟不汙爲已兒兮謝三媼之難知

自誌　沈括

翁年三十許時嘗夢至一處登小山花木如覆錦山之下有水澄澈極目而喬木翳其上夢中樂之將謀居焉自爾歲一再夢或三四夢至其處習之如平生之遊後十餘年翁謫居宣城有道人無外謂京口山川之勝邑之人有圖求售者及翁以錢三十緡得之然未知圖何在又後六年翁坐邊議謫廢乃廬于潯陽之熒斗洞爲廬山之遊以終身焉元祐元年道京口登道人所置之圃怳然乃夢中所遊之地翁歎曰吾緣在是矣於是去潯陽之居築於京口之陲巨木蓊然水出峽中渟滎杳冥繞地之一偏者目之曰夢溪

劉誠伯字說　眞德秀

予友劉君夢先始名應則字定甫歲作噩夢有以先登告者遂易今名是年秋果以易名冠鄉選或謂君盍更其字君以屬余余惟周官六夢之占獨所謂正夢者不緣感而得餘雖所因不同大抵皆感也感者何中有動焉之謂也其動也有眞有妄夢亦隨之雖聖賢不能無夢惟其私欲銷泯天理昭融兆朕所形亦莫非實高宗之得說武王之克商皆是物也若夫常人則不然方寸之靈莫適爲主欲動情勝擾擾萬端故厭勞慕佚則徒步而夢輿馬矣惡餧思飫則藿食而夢粱肉矣若是者皆妄也至於因夢而獲若主父若梁之獸叔孫豎牛之兆似有其實矣而卒以基莫大之禍夢其果可憑耶非夢之不可憑也感之妄故夢亦妄也予觀中庸論前知之妙而斷之曰至誠如神夫誠者無妄之名也天下雷行物與無妄有生之類其孰無之而舉世滔滔率流於妄者以人賊天之辜也故先儒之傳易曰動以天則無妄矣嗚呼一動之微而天理存亾於是焉決豈不甚可哀哉今請以誠伯易予之字如何夫以誠伯之材得於天既甚異而疇昔之夢孰不以科第爵秩相期而予獨惓惓於是者彼之所期者外予之所期者內也然則誠何所自入曰自敬入敬奚所自始曰自戒謹恐懼始昔之君子晝參諸言行以質其學之進與否也夜考諸夢寐以卜其所得之淺與深也吾子誠能汲汲於斯涵泳優游日進弗止則將動靜一致也夢覺一如也夫然後爲敬立誠存之驗然予亦知之而未能至者斯言也非獨以勵吾子且因以自勵云

述夢賦　明胡儼

登高樓之崔嵬兮軼氛埃於層霄天宇廓其洞虛兮際空明於泬寥綺䆫朱綴紛玲瓏兮風肅肅而下飄覩眞人於玉臺兮乘彩鳳而逍遙披太虛而進謁兮燮然閔余之瘠磽啓靈文而欲授兮顧塵昏之未銷既食余以麟脯兮又飲之以醇醪琴高鼓以清瑟兮飛瓊汎其雲璈邀王喬而宿之兮吹參差於鳳鞄何處子之綽約兮姱修眉而蛾翠翹肅斂容而不敢訊兮歘凌風而高超余惝怳莫知所之兮王子導余以遨遊挾光景以凌厲兮薄星辰而上朝撫扶桑之東

枝兮擘若木之高標駭神龍之矗矗兮天吳出而舞潮方遊鵾之擊水兮儵鵬翼而扶搖振余袂於千仞兮晞余髮乎陽谷升崑崙而餐玉英兮渺瑤水之蕩潏金堂閬其無人兮悲蟠桃之不實駕青蚪而高馳兮過方諸而一息珠宮貝闕嵯峩兮蔭玉樹而鼓瑟接飛仙之冉冉兮嘅弱流之無極盧生去而不返兮海若誇於河伯兮哂夸父之不知止兮哀愚公之又惑名荼壘於杜索兮截雄虺之九首擲封狐於萬里兮顯夔魖乎何有命庚辰於淮渶兮絏支祁於龜山猰㺄殪於青丘兮檮杌逐乎荊蠻豺虎深藏而遯跡兮蛟螭匿蟠乎重淵檻余轡以儃佪兮飄然遊乎瑤之圃步春臺以夷猶兮覩鈞天之萬舞幸余逢此休嘉兮內欣欣而和煦羌回車以復路兮順凱風而會舉山窅窅而雲冥冥兮佳木秀而承宇紛紅蘭於廣術兮喜芳菲其襲予悅然乎歸來兮惟覺時之寢處寄遐思於寥廓兮玩孤芳而容與

夢境　　屠隆

泥沙金屑同於障目是非善惡同於障心心無物則虛虛則道乃來集欲障亦剗理障亦剗心然後虛心之虛也微於夢寐余剗心學道萬念俱遣偶取三教理欲纂成一家言仰觀三才俯讀百氏研精道味蔑而肇之夜以繼日余時以想因多夢寐而覺罷顧念業空諸有心如菱蘆而夢寐若此余知其故矣著書一念為障也心其可有芥乎哉心經曰遠離顛倒夢想究竟涅槃莊子曰眞人其寢不夢其覺無憂虛而無物也然佛道二藏皆至人所作緣於克念而都不聞爲障何也至人從虛靈吐出出而不思故顯而不擾其光愈洩其照愈埋余惟研精以索之是故其氣易耗深思以搆之是故其神易罷夢境安得而不亂乎得少慧而好辯道家大忌知之而不能抑止是曇師之所以垂戒獨諄諄於大美無美至言無言也昔抱朴子譔內外二篇蘇門先生不留一字古人之見處亦自不同如此大要余之所最宜節省者言語文字也

紀夢　　前人

樂令言夢者想因也想因所作即夢與神明交接未必眞是神明來格而吾心之神明不可欺也余生平多奇夢聊筆記之以發明樂令所謂想因之旨余初向慕曇陽大師之道夢與王元美論及曇師見庭中有三四人譏誚而笑者余曰師道昭明如日中天而愚夫猶訕笑而不信若此元美不答第云吾且行而追及我師於路遂飄然出門去余心度師何在元美行追之余獨不可迹其後乎急趨曠野路忽化爲大水浩浩淼淼都無涯涘余歎曰吾行而路忽化爲大水師絕我也我復何用生爲遂投身行水中行甚踉蹌迷悶良久從水中出甫欲舉步前路又忽化爲大火如是者三最後投身則水淺才沒脛及膝又行良久前路始坦平遙望重門花樹則師所居舍宇在焉至則急扣門一童子從門中出問師所在童子引入一堂頗宏敞堂中坐三大佛余禮佛罷肅立庭中少選曇師素衣鬒髮飄飄若步虛而出余望而搏顙師以手摩頂喜曰子能如此可謂堅誠矣我當度汝汝世緣未了今日去遂覺未幾而南北言官交章論師則從夢中所見譏誚庭中者也又一夕夢謁師求度師忽作色曰始吾以汝爲善人故許度汝今不可度也生平多過余不服曰弟子生平好善頗無大過有人爲弟子譔年譜生平履歷盡在是可考覈也師許之則一巨帙在前師一一爲覈之曰事親孝交友信臨財廉連稱好好忽於帙中見數婦人師又作色曰何爲有此余是時頗惶遽細視皆有一乳字余曰此皆弟子兒女乳母弟子都不及於亂奈何以爲罪乎師笑曰是也汝果無罪今者再考覈汝生平竟無他可度也吾當度汝第汝世緣尚未了了而後來未晩語頃忽見一貴人若從務非笑師者則空中下一飛豕騎貴人項去余既別師出門作念曰余得見師良苦即云世緣未了奈何不求教數一二語而虛此良晤耶急返而尋師不見矣四顧物色之一人謂余曰汝師業已入深山中汝循山路而入可見也余從小徑蹩躠行見高門大第庭列武士侍衛幢蓋戈戟甚嚴門扃不啓余遂叩之不已閽師從內大怒曰已遣去而復來叩門不已何倨傲不恭若爾顧我神劍安在余了不怖畏私計曰師呼神劍其斬我也邪吾爲求道來何懼一死劍忽從空中飛出斫吾首墜地仰見星月燦然雲霞作五色余復念吾目麗於首首既墜地安復見星月是吾之心神不死也吾首可斫而心不可回叩門如故於是師又大喜曰壯哉之子精堅若是亟命開門延入遂醒歲辛卯余弔元美發虎林取道吳門舟中夢迷失道至一所室戶下蔵雖論有人啓之云是王新建公掩關處遂之帝居天人以余學道者遣雷神恐我疾風迅雷轟轟然逐余左右余了不爲動頃之鳩槃羅刹奇形塊狀以千百

數向余摽攫又不動武夫壯士持兵器戳余如麻又不動忽躍出猛虎咆哮無算一虎抱余欲噬余念學道若無成死固不免死疾病與劘虎牙等耳吾何懼焉有人引余往一處則余妻在焉妻向余號泣不已余撫之曰子事吾半生意亦艮劬可念今吾以學道去子休矣勿復戀戀遂飄然別去嗚呼人遭震撼當其覺也尚可以識力强制勝之至若夢寐則不可强矣而余定力屹然不動顧似有覺時或不能者何哉夜卜諸夢寐意者余向道頗切而致是邪然其夢也得勝定力而無所恐怖其覺也反或爲事物所勝而搖其心神夕賢而晝不肖是則余之大懼也

馬僊紀夢　郭子章

天下之來物有吉有凶有福有禍有祥有殃有休有咎芒乎芴乎言之如吹影思之如鏤塵而夫人乃有夢而知之者往往預以告人而及其吉凶禍福休咎祥殃之應宜著也曉然若目覩其事而無毫髮僭爽夫人與陰陽通氣身與乾坤並形吉凶往復潛相關通故曰心應棗肝應榆我通天地將陰夢水將晴夢火故曰夢中有天地存焉而何足以異哉雖然此夢而知者而亦有不夢而知者與不能夢而知者彼誠神人也其精不燥其神不撓其和不滑故夢亦覺也覺亦夢也故曰至誠前知至神無遠近幽深遂知來物故曰眞人不夢其次昏旭異候夢覺殊景晝燥夜息晝撓夜寂晝滑夜湛故覺未必覺也夢乃覺也有如南隅古莽之國以夢之所爲實覺之所見是卽余所謂覺而知者下此晝則呻呼而役役夜則昏憊而于于燥者焱撓者淆滑者散心儽儽而無羈物迭迭而無息有如阜落之國多馳少休常覺而不眠而又安所夢矣若予入閩匝歲而舉子二予方未子時余知之余家人知之建州知之其夢耶其不夢耶往辛未余歸省大父若父祖道戒之曰而年幾三十未子而和而神則子葆而元則子而又刑官也省而刑則子余謹識之入建而劘桁楊之接摺斷梏桎之鑿枘稍隳則捐迹返一求所以不燥不撓不滑者久而內子有身予私籌之曰大父若父言信乎已果舉長子建名以郡也不五月而內子復有身予又私籌之曰大父若父言信乎已又果舉次子延時予方在延亦名以郡也然方夫建與延未舉也余內子先以其夢告我矣其言曰癸酉元夕夢一元冠皓髯長者引至堦前已而一紫衣婦從天門冉冉下手持一巨兒與之且曰善飯三月而建生後三月復夢前皓髯者引至郭外三里許地名曰木樨林林旁有洺洺水淸且漣可鑑眉髮既至而前紫衣婦坐黃蓋下雲裝烟駕芬芬郁郁從者馳聲皓髯者曰洺內有珠三若取一與某皓髯者聞命入水須臾持珠出如月方東如鏡脫爐氤氳蒸蒸從珠上起紫衣婦又親持以畀之時建方在襁延猶未胎予以其夢語同年田君竹山黃君植庭黃君建里人聞而訝然曰奇哉城南故有木樨林林旁故有洺林阜有仙妃祠建人祈嗣者輒禱禱輒應意者神明貺君將舉次郞耶於是建里巷嘖嘖傳余必舉次子果於甲戌三月誕延於是建里巷又嘖嘖稱仙妃神而祈嗣者昔皆以夢卜妃履舃冠蓋翩翩祠外矣夫不識變感之所起者事至則惑其所由然識變感之所起者事至則知其所由然予子他日之壽否賢否俱未可知而顧獨前知其必男也男而又男也以爲非夢耶余內子固嘗兩夢之也以爲盡知於夢耶予內子未夢時大父若父又先予告矣意予內子夢而知之者也妃陰類以陰從陰同氣而夢宜也不然而何不予夢也大父若父庶幾不夢而知者其和神葆元省刑之旨似誠神人之所謂不滑不撓不燥者也乃若予所自知則又在乎夢不夢之間其夢也歸其貺於神之靈而其不夢也歸其根於大父若父之仁而又以告建之履舃冠蓋於妃祠外者求知於夢盍先求知於不夢祈夢於神盍先修其不夢者於吾之神明而毋徒以夢瑣瑣瀆神也

紀夢　鍾惺

乙卯六月予出典黔試廿一日之夜宿葉縣夢白雲先生陳昂來謁貌不甚老瘦年可六十四五冠衣質而不敝獨不襪耳予步送之館一寺中謀衣食居處之爲終焉之計問其年曰癸卯已謂予曰子從此後則當贈我詩予曰既爲子作傳足矣曰當進於是予覺有愧色復問其生平自集中往還姓名外更有何交則俯而笑曰朱百朋予未及問其人遂寤纔合眼復夢之乃問朱百朋何人子何以與之遊而不與之詩則又笑曰何交乎就食耳予惕然其意之不苟與其不得已盡此兩語予復問其逸詩何在及卷首門人長干明偉何人皆不及答而寤惘然恨其語之不終則候人傳呼達於寢矣憶戊申歲十月十七八日爲亾友魏太易作墓誌銘成越二十八日之夕夢予處泉寺中若京山觀音巖者太易緩步從甬道入徑就予揖謝作誌銘夢中予知其已死也因謂予曰吾

死時甚無所苦子曰子見譚友夏爲子所作傳乎答曰譚作尚未寄到蓋譚作傳爲二十四五日事俱用太易遺命爲之噫文之達於幽其期之先後與作者遲速相應計此世界去冥途亦非五六日所能至也才鬼之靈而篤如此

却夢文　沈麖

已亥天中月彈蕉子棲於鵝城公署宵多紛夢意境鮮歡乃澄心遽思愼瞻衾影敬告于夢神曰乾坤一夢局也日月一夢象也山河一夢迹也人物一夢緣也草木之夢無情禽蟲之夢有情者莫遁乎陰陽之氣迷覺之道也至若陽臺之夢淫洛神之夢狎蝴蝶之夢曠邯鄲之夢仙何非夢之所爲幻耶夢界幻則世界亦幻世界眞則夢界亦眞眞豈非幻幻豈非眞不覩夫堯舜之揖讓湯武之征誅秦皇漢武之放誕而今觀之幻耶眞耶惟主宰靈明統攝眞幻能使人覺而悟夢寐而無夢者總範圍于大夢之中而不逸于造化之外者也語曰至人無夢愚人無夢麖但願爲愚日夕得熙熙然游于無憂無懼之天以忘浮雲翻覆之境則余之夢常樂覺常安而無驚神惑性之擾矣請急却之爲禱

夢部藝文二 詩詞

夢見美人　梁沈約

夜聞長歎息知君心有憶果自閶闔開魂交覩顏色旣薦巫山枕又奉齊眉食立望復橫陳忽覺非在側那知神傷者潺湲淚沾臆

爲人述夢　王僧孺

公知想成夢未信夢如此皎皎無片非的的一皆是以親芙蓉褥方開合歡被雅步極嬌妍含辭恣委靡如言非倏忽不意成俄爾及寤盡空無方知悉虛詭

夜夢還家　庾丹

歸飛夢所憶共子汲寒漿銅瓶素絲綆綺井白銀牀雀出丰茸樹蟲飛玳瑁梁離人不相見爭忍對春光

春夢　唐岑參

洞房昨夜春風起遙憶美人湘江水枕上片時春夢中行盡江南數千里

晝夢　杜甫

二月饒睡昏昏然不獨夜短晝分眠桃花氣暖眼自醉春渚日落夢相牽故鄉門巷荊棘底中原君臣豺虎邊安得務農息戰鬬普天無吏橫索錢

夢尋西山準上人　錢起

別處秋泉聲至今猶在耳何嘗夢魂去不見雪山子新月隔林時千燈翠微裏言忘心更寂跡滅雲自起覺來纓上塵如洗功德水

夢後吟　顧況

醉中還有夢身外已無心明鏡惟知老青山何處深

同吉中孚夢桃源　盧綸

夜靜春夢長夢逐仙山客園林滿芝朮雞犬傍籬柵殘處花下人看余笑頭白

上元日夢王母獻白玉環　丁澤

夢中朝上日闕下拜天顏彷彿瞻王母分明獻玉環靈姿趨甲帳悟道契元關似見霜姿白如看月彩彎覓棠歸物外鳳曆曉人寰仙聖非相遠昭昭寤寐間

待漏假寐夢歸江東舊居因寄惠闍黎茅處士　權德輿

十年江浦臥郊園閑夜分明結夢魂舍下煙蘿通古寺湖中雲雨對前軒南宗長老知心法東郭先生識化源覺後忽聞清漏曉又隨簪珮入君門

至人無夢　蔣防

已賾希微理知將靜默鄰坐忘寧有夢跡滅示凝神化蝶誠知幻徵蘭匪契眞抱元雖解帶守一自離塵

夢仙　項斯

昨宵魂夢到仙津得見蓬山不死人雲葉許裁成野服玉漿教喫潤愁身紅樓近月宜寒水綠杏搖風占古春次第引看行未徧浮光牽入世間塵

夢　徐夤

月落燈前閉北堂神魂交入杳冥鄉文通毫管醒來異武帝蘅蕪覺後香傳說已徵賢可輔周公不見恨何長生松十八年方應通塞人間豈合忙

夢中作　宋蔡襄

白玉樓臺第一天琪花風靜彩鸞眠誰人得似秦臺女吹徹雲簫上紫煙

憂夢吟　邵雍

至人無夢聖人無憂夢爲多想憂爲多求憂旣不作

夢來何出能知此說此外何修

憶夢吟　前人

心足而家貧體疎而情親開襟知骨瘦發語見天眞

夢中吟　前人

夢裏常言夢誰知覺後思不知今亦夢更說夢中時

夢中吟　前人

夢中說夢猶能憶夢覺夢中還又隔今日思光空喜歡當年意愛難尋見水成流處豈無聲花到謝時安有色過此相逢陌路人都如元未曾相識

晝夢　前人

夢裏到鄉關鄉關二十年依稀新國士隱約舊山川身已煙霞外人家道路邊覺來猶在目一餉但蕭然

夜夢與和甫別如赴北京時和甫作詩覺而有作因簡純甫　王安石

木菽中歲樂鼎茵暮年悲同胞苦零落會合尚凄其兄乃夢乖闊傷懷而賦詩詩言道路寒乃似北征時叔兮今安否季也來何遲中夜遂不眠輾轉涕流離老我孤主恩結草以爲期冀叔善事國有知無不爲千里永相望昧昧我思之幸唯季優游歲晚相攜持於焉可晤語水木有茅茨畹蘭佇歸憩遶屋正華滋

夢　前人

知世如夢無所求無所求心普空寂還似夢中隨夢境成就河沙夢功德

夢至靈芝之宮爲詩紀之　王安國

萬頃波濤木葉飛笙歌宮殿號靈芝揮毫不似人間世長樂鐘聲夢覺時

紀夢廻文二首　蘇軾

十二月二十五日大雪始晴夢人以雪水烹小團龍茶使美人歌以飲余夢中爲作廻文詩覺而記其一句云亂點餘花吐碧衫意用飛燕故事也乃續之爲二絕句云

酡顏玉盌捧纖纖亂點餘花吐碧衫歌咽水雲凝靜院夢驚松雪落空岩

空花落盡酒傾缸日上山融雪漲江紅焙淺甌新火活龍團小碾鬬晴窻

夢入天台　舒亶

天風吹散赤城霞染出連雲萬樹花誤入醉鄉迷去路旁人應笑却還家

夢訪友生　李彭

少年結客長安城妄喜縱酒同章程支離老去一茅屋枕書臥聞長短更友生相望止百里寒夜參閭無微聲夢中乘興輙見戴剡溪聊爾扁舟行覺來蘧蘧一榻上不用僮僕爭歡迎吹燈弄筆欲書寄窻前白月方亭亭

夢中詩　許顗

間花亂草春春有秋鴻社燕年年歸青天露下麥苗濕古道月寒人迹稀

夢覺　傅察

日永不可過夜凉愁更多蟬聲鳴曉月孤枕夢如何

夢　呂本中

夢入長安道萋萋盡春草覺來春已去一片池塘好

夢山中故人　朱熹

風雨蕭蕭已送愁不堪懷抱更離憂故人只在千岩裏佳樹無端一夜秋把袖追歡勞夢寐舉杯相屬暫綢繆覺來却是天涯客簷溜潺潺瀉未休

紀夢　高似孫

琴峰峣嶭二十六寒泉落空響哀玉礬花石路勢縈紆玉闌干護修筠綠雪髯老人負紫瓢金絲麈尾揺相招紅螺酌酒湛湛碧坐倚蒼石吹洞簫孤鶴來傳天上詔老人挽予偕一到飄飄高舉凌青旻直過罡風履黃道群光樓閣倚崢嶸神虎守關森衛兵雙闕朱扉忽微啓中有靈官來遠迎絳衣持斧立丹陛玉皇手中玉如意雲璈風瑟自宮商天聲清越非人世帝旁青童傳帝言文華宮中呼謫仙謫仙顧予笑且言子宜亟返來他年探懷贈我五色筆子當寶之愼勿失濃香氤氳迷帝所長揖老人下西廡身從日月上頭行俯視手杓分子午雲氣相隨步武生過耳但覺松風鳴覺來握筆紀佳夢月明樓鼓撾三更

紀夢　嚴粲

烟島空濛一鶴飛天風滿袖自吟詩覺來猶似非人世花影闌干月上時

春夢謠　吳惟信

銷金帳掩水沉烟髻滑金釵落枕邊魂夢不知春已去誤隨蝴蝶過秋千

病甚夢召至帝所獲宥覺而頓愈遂賦　文天祥

臥聽風雷叱天官赦小臣平生無害物不死復爲人道德門庭遠君親念慮新自憐螻蟻輩豈意動蒼旻

紀夢　林景熙

江風吹夢到書樓樓外新鴻數點秋葛氏巾山空落照晉時帶水向東流魚蝦市散荒煙合鳥雀門深細

草幽何處一聲長笛起覺來獨客在滄州

曉夢　李清照

曉夢隨疎鐘飄然躡雲霞因緣安期生邂逅蕚綠華秋風正無賴吹盡玉井花共看藕如船同食棗如瓜翩翩坐上客意妙語亦佳嘲辭鬬詭辨活火分新茶雖非助帝功其樂何莫涯人生能如此何必歸故家起來斂衣坐掩耳厭喧譁心知不可見念念猶咨嗟

夢歸　金元好問

虛庭霜夜寒落葉風自埽悅如南窗月坐失西山道長安佳麗地遊子自枯槁人生家居樂學稼苦不早衡門眼中見歸意滿秋草夜長夢已盡愁盡令人老

紀夢　元徐世隆

我夢天倪子同登日觀峯骨彊清似鶴步健老猶龍方外無官府堂中有岱宗仙閭眞福地杖屨會相從

春夢　黃庚

銅匜艾納翠氤氳六六屏山酒半醺夢入中州看春晝春風吹亂玉梨雲

紀夢　虞集

夢行衡廬間千仞過蒼壁崇高仰神明深廣下不測雲雨蓄盤礴時至如欲出絪縕尚回旋揮霍忽奔逸物怪匿岩穴機若俟霹靂黑波汎高樹木葉走崩石升身登元間縱觀龍變迹俯視九州野草木有輝澤乃在風雨外手畫素三尺揮毫極動盪落墨更沈欝圖成示坐人共笑不可得顧瞻以踟躕恍惚增歎息因之命肩輿出門聊有適大術何舒舒白鶴從數客略經幽澗濱便上青松側悵高望遠水雙景蕩虛碧拂石共客坐芳草藉尻膝忽然聞鐘聲睡覺北窗席

紀夢　楊載

海上垂綸有幾年平居何事夢朝天蒼龍闕東風裏黃道星辰北斗邊治世祇今逢五百前程如此隔三千揚雄解奏甘泉賦應有聲名達帝前

夢覺　明陶安

夢覺山雨來萬點擊虛瓦泠泠玉磬音墮我羈枕下回飈撼松濤曲奏迭高雅此身臥鈞天傲睨洞庭野造物慰孤寂作意爲陶寫殘夜破幽閒心耳俱灑灑清吟答洪鈞勿謂和者寡

詠夢　高啓

的的緣愁得濛濛與醉和輕隨雲浩蕩暗越嶺嵯峨夜店嗟偏短春閨想最多關山歸識路江渚去淩波梁落中宵月樓橫欲曙河隔簾休讋鵲近燭任飛蛾遊遠寧煩載穿深豈畏訶寒驚瑤作障暖戀錦成窩蝴蝶誰家信鴛鴦別浦歌靜嫌風動竹鬧怯雨鳴荷寂歷窗扃紙低遲帳捲羅知情唯枕共迸恨忽鐘過縞袂香猶在朱絃字不磨記來還彷彿尋去已蹉跎宿爐分餘麝殘糚暈淺螺憂歡情總幻離合事皆訛池上吟芳草庭前覓舊柯既因思是種復念睡爲魔易斷俄如此難憑竟若何陽臺莫重問千古笑巫娥

紀夢　徐賁

夢裏綠陰幽草畫中春水人家昨夜紗窗細雨銀燈獨照梨花

紀夢　何喬新

成化十二年冬十月朔予奉臺檄招撫流民於汝州是夜夢遊一洞洞左右石壁黝然榜曰紫雲洞府中有殿宇如道家所謂三清殿者侍衛頗嚴中左設虛座其右有一塑像幞頭白衣金帶白衣之下有一人紗帽靑衣金帶端坐若假寐者諦視之則予亡友福建憲副游公大昇也予歷階而上徑至後殿見其蕪穢不治遽出至前殿連呼曰大昇在此乎大昇在此乎大昇趨而就予予意其已死勞其良苦大昇無言微笑拱手而已予詢以前程事大昇答云云予又問此是何處子今爲何職大昇欲言旁有一老翁目之而止予遂出大昇送至洞門而別俄而覺則麗譙已三鼓矣念大昇儀容宛然在目揮淚久之大昇清愼有學其官於閩十餘年閩之士子愛之如父母其殁也諸生肖其像以配常袞今予所夢若此豈其死而爲仙邪賦一律以紀之云

故人化去幾經年宵寐相逢倍愴然翠柏臺中會作使紫雲洞裏又爲仙生前每感交情厚死後還將吉語傳惆悵冥交那再得潸潸淸淚滴重泉

風雨夢金陵諸舊社　陳鶴

亂離漂泊滯天涯託跡空門不當家病裏音書非故舊夜深風雨夢京華褰裳覓句行南陌並馬看春過狹斜睡醒蒲團寒漏斷半庭蕉葉雜江沙

遺夢　湯顯祖

休官雲臥散僊如花下笙殘過客餘幽意偶隨春夢蝶生涯眞作武陵漁來成擁髻荒煙合去覺搴帷暮雨疎風斷笑聲弦月上空歌靈漢與踟躕

夢歸　王思任

夢中知慕歸歸共家人語語音猶可聞寤已失所據若云夢非吾誰見我夢處若云夢是我爾時何不去

是我我非是鵲聲窗外曙

再題黃粱夢八首　呂維祺

古柳孤祠老北風荒堂停馬問田翁大家同入青磁枕何獨盧生是夢中

夢到封侯不肯歸半生榮遇欠伸非蒙莊落魄何曾見只解蘧蘧化蝶飛

黍飯蒸殘枕竅開才知身是夢中回煩君更入遊仙枕攜出當年富貴來

休驚一夢百年多就是百年元易過冷眼夢場看做夢一拳搥碎枕如何

夢裏說醒仍是夢醒來說夢說仍癡枕中如意前身事寧信青駒非夢時

銷磨塵世一炊中五十餘年事業空但惜身登鉉鼎日不曾親見魯姬公

年年題句笑邯鄲請入盧生枕竅看只恐夢魂窮盡處更尋別竅到槐安

謾說開元夢蹟奇吾曹身世亦如之只今郵館誰蒸飯點化黃粱未可知

夢　錢謙貞

欲辨今亡孔與黃乃占未卜是何祥鹿蕉覆處難分鄭蝴蝶飛來已化莊

樹底君臣浮綠蟻枕中勳業飯黃粱唯應一笑希夷叟塵世茫茫嘆夜長

水龍吟 黃州夢過棲霞樓　宋蘇軾

小舟橫截春江臥看翠壁紅樓起雲間笑語使君高會佳人半醉危柱哀絃豔歌餘響遶雲縈水念故人老大風流未減獨回首烟波裏　推枕惘然不見但空江月明千里五湖聞道扁舟歸去仍攜西子雲夢南州武昌南岸昔遊應記料多情夢裏端來見我參差是也

踏莎行 秋夢　元王德璉

煙冷瑤橋神遊貝闕芙蓉城裏花如雪仙郎同躡鳳凰翎千門萬戶皆明月　地老天荒山青海碧滿身風露飄環玦高樓簾角苦無情一聲吹散雙飛蝶

欽定古今圖書集成曆象彙編庶徵典
第一百四十六卷目錄
夢部紀事一

庶徵典第一百四十六卷
夢部紀事一

史記五帝本紀黃帝舉風后力牧以治民注正義曰
帝王世紀云黃帝夢大風吹天下之塵垢皆去又夢
人執千鈞之弩驅羊萬羣帝寤而嘆曰風爲號令執
政者也垢去土后在也天下豈有姓風名后者哉夫
千鈞之弩異力者也驅羊數萬羣能牧民爲善者也
天下豈有姓力名牧者哉於是依二占而求之得風
后於海隅登以爲相得力牧於大澤進以爲將黃帝
因著占夢經十一卷

河圖始開圖黃帝修德立義天下大治乃召天老而
問焉余夢見兩龍挺白圖即帝以授余於河之都

春秋緯帝伐蚩尤乃睡夢西王母遣道人披玄狐之
裘以符授之

竹書紀年堯有聖德封於唐夢攀天而上高辛氏衰
天下歸之

舜耕於歷夢眉長於髮遂登庸

拾遺記商之始也有神女簡狄遊於桑野見黑鳥遺
卵於地有五色文作八百字簡狄拾之貯以玉筐覆
以朱紱夜夢神母謂之曰爾懷此卵即生聖子以繼
金德狄乃懷卵一年而有娠經十四月而生契祚以
八百叶卵之文也雖遭旱厄後嗣興焉

竹書紀年伊摯將應湯命夢乘船過日月之傍

湯將奉天命放桀夢及天而舐之遂有天下

論衡吉驗篇伊尹且生之時其母夢人謂己曰臼出
水疾東走毋顧明旦視臼出水即東走十里顧其鄉
皆爲水矣

書經說命王宅憂亮陰三祀既免喪其惟弗言羣臣
咸諫于王曰嗚呼知之曰明哲明哲實作則天子惟
君萬邦百官承式王言惟作命不言臣下罔攸稟令
王庸作書以誥曰以台正于四方台恐德弗類茲故
弗言恭默思道夢帝賚予良弼其代予言乃審厥象
俾以形旁求於天下說築傅巖之野惟肖爰立作相
王置諸其左右命之曰朝夕納誨以輔台德

拾遺記傅說賃爲赭衣者舂於深巖以自給夢乘雲
繞日行筮得利建侯之卦歲餘湯以玉帛聘爲阿衡

河圖稽命徵太任夢長人感己生文王

竹書紀年季歷之妃曰太任夢長人感己溲于豕牢
而生昌是爲周文王龍顏虎肩身長十尺胸有四乳
太王曰吾世當有興者其在昌乎季歷之兄曰太伯
知天命在昌適越終身不返弟仲雍從之故季歷爲
嗣以及昌昌爲西伯作邑于豐文王之妃曰太姒夢
商庭生棘太子發植梓樹于闕間化爲松柏棫柞以
告文王文王幣率羣臣與發並拜吉夢
文王夢日月著其身

博物志太姒夢見商之庭產棘乃小子發取周庭梓
樹樹之於闕間梓化爲松柏棫柞覺驚以告文王文
王曰愼勿言冬日之陽夏日之餘不召而萬物自來
天道尚左日月西移地道尚右水潦東流天不享於
殷自發之生於今十年禹羊在牧水潦東流天下飛
鴻滿野日之出地無移照乎

禮記文王世子文王有疾武王不說冠帶而養文王
一飯亦一飯文王再飯亦再飯旬有二日乃間文王
謂武王曰女何夢矣武王對曰夢帝與我九齡文王
曰女以爲何也武王曰西方有九國焉君王其終撫
諸文王曰非也古者謂年齡齒亦齡也我百爾九十
吾與爾三焉文王九十七而終武王九十三而終

莊子田子方篇文王觀於臧見一丈夫釣而其釣莫
釣非持其釣有釣者也常釣也文王欲舉而授之政
而恐大臣父兄之弗安也欲終而釋之而不忍百姓
之無天也于是旦而屬諸大夫曰昔者寡人夢見良
人黑色而頿乘駁馬而偏朱蹄號曰寓而政于臧丈
人庶乎民有瘳乎諸大夫蹴然曰先君王也文王曰
然則卜之諸大夫曰先君之命王其無它又何卜焉
遂迎臧丈人而授之政典法無更偏令無出三年文
王觀於國則列士壞植散羣長官者不成德斔斛不
敢入於四境列士壞植散羣則尚同也長官者不成
德則同務也斔斛不敢入於四境則諸侯無二心也
文王以爲太師北面而問曰政可以及天下乎臧丈
人昧然而不應泛然而辭朝令而夜遁終身無聞顏
淵問於仲尼曰文王其猶未耶又何以夢爲乎仲尼
曰默汝無言夫文王盡之也而又何論刺焉彼直以

循斯須也

史記晉世家唐叔虞者周武王子而成王弟初武王與叔虞母會時夢天謂武王曰余命女生子名虞余與之唐及生子文在其手曰虞故遂因命之曰虞

封禪書秦文公東獵汧渭之間卜居之而吉文公夢黃蛇自天下屬地其口止於鄜衍文公問史敦敦曰此上帝之徵君其祠之於是作鄜畤用三牲郊祭白帝焉

國語虢公夢在廟有神人面白毛虎爪執鉞立於西阿公懼而走神曰無走帝命曰使晉襲於爾門公拜稽首覺召史嚚占之對曰如君之言則蓐收也天之刑神也天事官成公使囚之且使國人賀夢舟之僑告其諸侯曰衆謂虢亡不久吾乃今知之君不度而賀大國之襲於己何瘳吾聞之曰大國道小國襲焉曰服小國敖大國襲焉曰誅民疾君之侈也是以遂于逆命今嘉其夢侈必展是天奪之鑒而益其疾民疾其態天又誑之大國來誅出令乃逆宗國既卑諸侯遠己內外無親其誰云救之吾不忍俟也將行以其族適晉六年虢乃亡

左傳僖公二十八年晉侯侵曹伐衛楚人救衛夏四月戰於城濮晉侯夢與楚子搏楚子伏己而盬其腦是以懼子犯曰吉我得天楚伏其罪吾且柔之矣子玉請戰晉師陳于莘北楚師馳之敗績初楚子玉自爲瓊弁玉纓未之服也先戰夢河神謂己曰畀余余賜女孟諸之麋勿致也大心與子西使榮黃諫勿聽榮季曰死而利國猶或爲之況瓊玉乎是糞土也而可以濟師將何愛焉勿聽出告二子曰非神敗令尹令尹其不勤民實自敗也既敗王使謂之曰大夫若入其若申息之老何子西孫伯曰得臣將死二臣止之曰君其將以爲戮及連穀而死

三十一年冬狄圍衛衛遷于帝丘卜曰三百年衛成公夢康叔曰相奪予享公命祀相甯武子不可曰鬼神非其族類不歆其祀杞鄫何事相之不享于此久矣非衛之罪也不可以間成王周公之命祀請改祀命

國語晉成公之生也其母夢神規其臀以墨曰使有晉國三而畀驩之孫故名之曰黑臀

左傳宣公三年冬鄭穆公卒初鄭文公有賤妾曰燕姞夢天使與己蘭曰余爲伯儵余而祖也以是爲而子以蘭有國香人服媚之如是既而文公見之與之蘭而御之辭曰妾不才幸而有子將不信敢徵蘭乎公曰諾生穆公名之曰蘭公逐羣公子公子蘭奔晉從晉文公伐鄭石癸曰吾聞姬姞耦其子孫必蕃姞吉人也后稷之元妃也今公子蘭姞甥也天或啓之必將爲君其後必蕃先納之可以亢寵與孔將鉏侯宣多納之盟于大宮而立之以與晉平穆公有疾曰蘭死吾其死乎吾所以生也刈蘭而卒

十五年魏武子有嬖妾無子武子疾命顆曰必嫁是疾病則曰必以爲殉及卒顆嫁之曰疾病則亂吾從其治也及輔氏之役顆見老人結草以亢杜回杜回躓而顚故獲之夜夢之曰余而所嫁婦人之父也爾用先人之治命余是以報

史記趙世家晉景公之三年大夫屠岸賈欲誅趙氏初趙盾在時夢見叔帶持要而哭甚悲已而笑拊手且歌盾卜之兆絕而後好趙史援占之曰此夢甚惡非君之身乃君之子然亦君之咎至孫趙世將益衰屠岸賈者始有寵於靈公及至於景公而賈爲司寇將作難乃治靈公之賊以致趙盾徧告諸將曰盾雖不知猶爲賊首以臣弒君子孫在朝何以懲罪請誅之韓厥曰靈公遇賊趙盾在外吾先君以爲無罪故不誅今諸君將誅其後是非先君之意而今妄誅妄誅謂之亂臣有大事而君不聞是無君也屠岸賈不聽韓厥告趙朔趨亡朔不肯曰子必不絕趙祀朔死不恨韓厥許諾稱疾不出賈不請而擅與諸將攻趙氏於下宮殺趙朔趙同趙括趙嬰齊皆滅其族

左傳成公二年衛侯使孫良夫石稷甯相向禽將侵齊與齊師遇孫桓子如晉乞師郤獻子救之師陳於鞌齊師敗績韓厥夢子輿謂己曰且辟左右故中御而從齊侯邴夏曰射其御者君子也公曰謂之君子而射之非禮也射其左越於車下射其右斃於車中

成公四年晉趙嬰通於趙莊姬五年春原屏放諸齊嬰曰我在故欒氏不作我亡吾二昆其憂哉且人各有能有不能舍我何害弗聽嬰夢天使謂己祭余余福汝使問諸士貞伯貞伯曰不識也既而告其人曰神福仁而禍淫淫而無罰福也祭其得亡乎祭之之明日而亡

成公十年晉侯夢大厲被髮及地搏膺而踊曰殺余孫不義余得請於帝矣壞大門及寢門而入公懼入于室又壞戶公覺召桑田巫巫言如夢公曰何如曰不食新矣公疾病求醫於秦秦伯使醫緩爲之未至公夢疾爲二豎子曰彼良醫也懼傷我焉逃之其一

曰居肓之上膏之下若我何醫至曰疾不可爲也在肓之上膏之下攻之不可達之不及藥不至焉不可爲也公曰良醫也厚爲之禮而歸之六月丙午晉侯欲麥使甸人獻麥饋人爲之召桑田巫示而殺之將食張如廁陷而卒小臣有晨夢負公以登天及日中負晉侯出諸廁遂以爲殉

十六年晉侯伐鄭楚子救鄭呂錡夢射月中之退入於泥占之曰姬姓日也異姓月也必楚王也射而中之退入於泥亦必死矣及戰射共王中目王召養由基與之兩矢使射呂錡中項伏弢以一矢復命

十七年初聲伯夢涉洹或與己瓊瑰食之泣而爲瓊瑰盈其懷從而歌之曰濟洹之水贈我以瓊瑰歸乎歸乎瓊瑰盈吾懷乎懼不敢占也還自鄭壬申至於貍脤而占之曰余恐死故不敢占也今衆繁而從余三年矣無傷也言之之莫而卒

襄公十八年秋齊侯伐我北鄙中行獻子將伐齊夢與厲公訟弗勝公以戈擊之首隊於前跪而戴之奉之以走見梗陽之巫皐他日見諸道與之言同巫曰今茲主必死若有事於東方則可以逞獻子許諾晉侯伐齊

春秋孔演圖孔子母徵在遊大冢之陂睡夢黑帝使請己往夢交語女乳必於空桑之中覺則若感生丘於空桑之中

左傳昭公四年初穆子去叔孫氏及庚宗遇婦人使私爲食而宿焉問其行告之故哭而送之適齊娶於國氏生孟丙仲壬夢天壓己勿勝顧而見人黑而上僂深目而豭喙號之曰牛助余乃勝之旦而皆召其徒無之且曰志之及宣伯奔齊饋之宣伯曰魯以先子之故將存吾宗必召女召女何如對曰願之久矣魯人召之不告而歸既立所宿庚宗之婦人獻以雉問其姓對曰余子長矣能奉雉而從我矣召而見之則所夢也未問其名號之曰牛曰唯皆召其徒使視之遂使爲豎有寵長使爲政公孫明知叔孫於齊歸未逆國姜子明取之故怒其子長而後使逆之田於丘蕕遂遇疾焉豎牛欲亂其室而有之強與孟盟不可叔孫爲孟鐘曰爾未際饗大夫以落之既具使豎牛請日入勿謁出命之日及賓至聞鐘聲牛曰孟有北婦人之客怒將往牛止之賓出使拘而殺諸外牛又強與仲盟不可仲與公御萊書觀於公公與之環使牛入示之入不示出命佩之牛謂叔孫見仲而何叔孫曰何爲曰不見既自見矣公與之環而佩之矣遂逐之奔齊疾急命召仲牛許而不召杜洩見告之饑渴授之戈對曰求之而至又何去焉豎牛曰夫子疾病不欲見人使寘饋於个而退牛弗進則置虛命徹十二月癸丑叔孫不食乙卯卒牛立昭子而相之

昭公七年楚子成章華之臺願與諸侯落之大宰薳啓彊曰臣能得魯侯薳啓彊來召公公將往夢襄公祖梓慎曰君不果行襄公之適楚也夢周公祖而行今襄公實祖君其不行子服惠伯曰行先君未嘗適楚故周公祖以道之襄公適楚矣而祖以道君不行何之三月公如楚

鄭子產聘於晉晉侯有疾韓宣子逆客私焉曰寡君寢疾於今三月矣並走羣望有加而無瘳今夢黃熊入於寢門其何厲鬼也對曰以君之明子爲大政其何厲之有昔堯殛鯀於羽山其神化爲黃熊以入於羽淵實爲夏郊三代祀之晉爲盟主其或者未之祀也乎韓子祀夏郊晉侯有間賜子產莒之二方鼎

鄭人相驚以伯有曰伯有至矣則皆走不知所往鑄刑書之歲二月或夢伯有介而行曰壬子余將殺帶也明年壬寅余又將殺段也及壬子駟帶卒國人益懼齊燕平之月壬寅公孫段卒國人愈懼其明月子產立公孫洩及良止以撫之乃止

衛襄公夫人姜氏無子嬖人婤姶生孟縶孔成子夢康叔謂己立元余使羈之孫圉與史苟相之史朝亦夢康叔謂己余將命而子苟與孔烝鉏之曾孫圉相元史朝見成子告之夢夢協晉韓宣子爲政聘於諸侯之歲婤姶生子名之曰元孟縶之足不良弱行孔成子以周易筮之曰元尚享衛國主其社稷遇屯又曰余尚立縶尚克嘉之遇屯之比以示史朝史朝曰元亨又何疑焉成子曰非長之謂乎對曰康叔名之可謂長矣孟非人也將不列於宗不可謂長且其繇曰利建侯嗣吉何建建非嗣也二卦皆云子其建之康叔命之二卦告之筮襲於夢武王所用也勿從何爲弱足者居侯主社稷臨祭祀奉民人事鬼神從會朝又焉得居各以所利不亦可乎故孔成子立靈公十二月癸亥葬衛襄公

昭公十一年泉丘人有女夢以其帷幕孟氏之廟遂奔僖子其僚從之盟於淸丘之社曰有子無相棄也僖子使助薳氏之簉反自祲祥宿于薳氏生懿子及南宮敬叔于泉丘人其僚無子使字敬叔

昭公十七年晉侯使屠蒯如周請有事於雒與三塗

萇弘謂劉子曰客容猛非祭也其伐戎乎陸渾氏甚睦於楚必是故也君其備之乃警戎備九月丁卯晉荀吳帥師涉自棘津使祭史先用牲於雒陸渾人勿知師從之庚午遂滅陸渾數之以其貳於楚也陸渾子奔楚其衆奔甘鹿周大獲宣子夢文公攜荀吳而授之陸渾故使穆子帥師獻俘於文宮

二十五年秋九月公孫於齊次於陽州冬十一月宋元公將爲公故如晉夢太子欒卽位於廟已與平公服而相之旦召六卿公曰寡人不佞不能事父兄以爲二三子憂寡人之罪也若以羣子之靈獲保首領以殁唯是楄柎所以藉幹者請無及先君仲幾對曰君若以社稷之故私降昵宴羣臣弗敢知若夫宋國之法死生之度先君有命矣羣臣以死守之弗敢失隊臣之失職常刑不赦臣不忍其死君命祇辱宋公遂行己亥卒于曲棘

三十一年十二月辛亥朔日有食之是夜也趙簡子夢童子羸而轉以歌旦占諸史墨曰吾夢如是今而日食何也對曰六年及此月也吳其入郢乎終亦弗克入郢必以庚辰日月在辰尾庚午之日日始有謫火勝金故弗克

晏子景公舉兵將伐宋師過泰山公夢見二丈夫立而怒其怒甚盛公恐覺辟門名占夢者至公曰今夕吾夢二丈夫立而怒不知其所言其怒甚盛吾猶識其狀識其聲占夢者曰師過泰山而不用事故泰山之神怒也請趣名祝史祠乎泰山則可公曰諾明日晏子朝見公告之如占夢之言也公曰占夢者之言曰師過泰山而不用事故泰山之神怒也今使人召祝史祠之晏子俯有問對曰占夢者不識也此非泰山之神是宋之先湯與伊尹也公疑以爲泰山神晏子曰公疑之則嬰請言湯伊尹之狀也湯質晳而長顏以髯兌上豐下倨身而揚聲公曰然是已伊尹黑而短蓬而髯豐上兌下僂身而下聲公曰然是已今若何晏子曰夫湯太甲武丁祖乙天下之盛君也不宜無後今惟宋耳而公伐之故湯伊尹怒請散師以平宋景公不用終伐宋晏子曰伐無罪之國以怒明神不易行以續蓄進師以近過非嬰所知也師若果進軍必有殃軍進再舍鼓毁將殪公乃辭乎晏子散師不果伐宋

說苑景公畋于梧丘夜猶早公姑坐睡而夢有五丈夫北面倖盧稱無罪焉公覺名晏子而告其所夢公曰我其嘗殺不辜誅無罪邪晏子對曰昔者先君靈公畋五丈夫罟而駭獸故殺之斷其頭而葬之命曰五丈夫之丘此其地邪公令人掘而求之則五頭同穴而存焉公曰嘻令吏葬之國人不知其夢也曰君憫白骨而況于生者乎不遺餘力矣不釋餘知矣故曰人君之爲善易矣

晏子景公病水臥十數日夜夢與二日鬬不勝晏子朝公曰夕者夢與二日鬬而寡人不勝我其死乎晏子對曰請名占夢者出使人以車迎占夢者至曰曷爲見名晏子曰夜者公夢二日與公鬬不勝公曰寡人死乎故請君占夢是所爲也占夢者曰請反其書晏子曰毋反書公所病者陰也日者陽也一陰不勝二陽故病將已以是對占夢者入公曰寡人夢與二日鬬而不勝寡人死乎占夢者對曰公之所病陰也日者陽也一陰不勝二陽公病將已居三日公病大愈公且賜占夢者占夢者曰此非臣之力晏子教臣也公名晏子且賜之晏子曰占夢者以占之言對故有益也使臣言之則不信矣此占夢之力也臣無功焉公兩賜之曰以晏子不奪人之功以占夢者不蔽人之能

莊子外物篇宋元君夜半而夢人被髮闚阿門曰予自宰路之淵予爲淸江使河伯之所漁者余且得予元君覺使人占之曰此神龜也君曰漁者有余且乎左右曰有君曰令余且會朝明日余且朝君曰漁何得對曰且之網得白龜焉其圓五尺君曰獻若之龜龜至君再欲殺之再欲活之心疑卜之曰殺龜以卜吉乃刳龜七十二鑽而無遺筴仲尼曰神龜能見夢於元君而不能避余且之網知能七十二鑽而無遺筴不能避刳腸之患

史記扁鵲傳晉昭公時諸大夫彊而公族弱趙簡子爲大夫專國事簡子疾五日不知人大夫皆懼於是名扁鵲扁鵲入視病出董安于問扁鵲扁鵲曰血脈治也而何怪昔秦穆公嘗如此七日而寤寤之日告公孫支與子輿曰我之帝所甚樂吾所以久者適有所學也帝告我晉國且大亂五世不安其後將霸未老而死霸者之子且令而國男女無別公孫支書而藏之秦策於是出夫獻公之亂文公之霸而襄公敗秦師於殽而歸縱淫此子之所聞今主君之病與之同不出三日必間間必有言也居二日半簡子寤語諸大夫曰我之帝所甚樂與百神遊於鈞天廣樂九奏萬舞不類三代之樂其聲動心有一熊欲援我帝

命我射之中熊熊死有羆來我又射中羆羆死帝甚喜賜我二笥皆有副吾見兒在帝側帝屬我一翟犬曰及而子之壯也以賜之帝告我晉國且世衰七世而亾嬴姓將大敗周人於范魁之西而亦不能有也董安于受言書而藏之以扁鵲言告簡子簡子賜扁鵲田四萬畝

韓非子內儲說上篇衛靈公之時彌子瑕有寵專於衛國侏儒有見公者曰臣之夢踐矣公曰何夢對曰夢見竈爲見公也公怒曰吾聞見人主者夢見日奚爲見寡人而夢見竈對曰夫日兼燭天下一物不能當也人君兼燭一國一人不能擁也故將見人主者夢見日夫竈一人煬焉則後人無從見矣今或者一人有煬君者乎則臣雖夢見竈不亦可乎

左傳哀公七年宋人圍曹鄭桓子思曰宋人有曹鄭之患也不可以不救冬鄭師救曹侵宋初曹人或夢衆君子立於社宮而謀亾曹曹叔振鐸請待公孫彊許之旦而求之曹無之戒其子曰我死爾聞公孫彊爲政必去之及曹伯陽卽位好田弋曹鄙人公孫彊好弋獲白鴈獻之且言田弋之說說之因訪政事大悅之有寵使爲司城以聽政夢者之子乃行彊言霸說於曹伯曹伯從之乃背晉而奸宋宋人伐之晉人不救築五邑於其郊曰黍丘揖丘大城鍾邘

八年春宋公伐曹將還褚師子肥殿曹人詬之不行師待之公聞之怒命反之遂滅曹執曹伯及司城彊以歸殺之

禮記檀弓孔子早作負手曳杖消搖於門歌曰泰山其頹乎梁木其壞乎哲人其萎乎旣歌而入當戶而坐子貢聞之曰泰山其頹則吾將安仰梁木其壞哲人其萎則吾將安放夫子殆將病也遂趨而入夫子曰賜爾來何遲也夏后氏殯於東階之上則猶在阼也殷人殯於兩楹之間則與賓主夾之也周人殯於西階之上則猶賓之也而丘也殷人也予疇昔之夜夢坐奠於兩楹之間夫明王不興而天下其孰能宗予予殆將死也蓋寢疾七日而沒

越絕書吳王夫差興師伐越敗兵就李大風發狂日夜不止車敗馬失騎士墮死大船陵居小船沒水吳王曰寡人晝臥夢見井嬴溢大與越爭彗越將掃我軍其凶乎孰與師還此時越軍大號夫差恐越軍入驚駭子胥曰王其勉之哉越師敗矣臣聞井者人所飲溢者食有餘越在南火吳在北水水制火王何疑乎風北來助吳也昔者武王伐紂時彗星出而興周武王問太公曰臣聞以彗鬬倒之則勝胥聞災異或吉或凶物有相勝此乃其証願大王急行是越將凶吳將昌也

吳越春秋吳王興九郡之兵將與齊戰道出胥門因過姑蘇之臺而得夢及寤而起其心恬然悵焉乃命太宰嚭告曰寡人晝臥有夢覺而恬然悵焉請占之得無所憂哉夢入章明宮見兩鑑蒸而不炊兩黑犬嘷以南嘷以北兩鋘殖吾宮牆流水湯湯越吾宮堂後房鼓震篋篋有鍛工前園橫生梧桐子爲寡人占之太宰嚭曰美哉王之興師伐齊也臣聞章者德鏘鏘也明者破敵聲聞功朗明也兩鑑蒸而不炊者大王聖德氣有餘也兩黑犬嘷以南嘷以北者四夷已服朝諸侯也兩鋘殖宮牆者農夫就成田夫耕也湯湯越宮堂者鄰國貢獻財有餘也後房篋篋鼓震有鍛工者宮女悅樂琴瑟和也前園橫生梧桐者樂府鼓聲也吳王大悅而其心不已召王孫駱問曰寡人忽晝夢爲予陳之王孫駱曰臣鄙淺於道不能博大今王所夢臣不能占其有所知者東掖門亭長長城公弟公孫聖聖爲人少而好游長而好學多見博觀知鬼神之情狀願王問之王乃遣王孫駱往請公孫聖曰吳王晝臥姑胥之臺忽然感夢覺而悵然使子占之急詣姑胥之臺公孫聖伏地而泣有頃而起其妻從旁謂聖曰子何性鄙希睹人主卒得急名涕泣如雨公孫聖仰天嘆曰悲哉非子所知也今日壬午時加南方命屬上天不得逃亾非但自哀誠傷吳王妻曰子以道自達於主有道當行上以諫王下以約身今聞急名憂惑潰亂非賢人所宜公孫聖曰愚哉女子之言也吾受道十年隱身避害欲絕壽命不意卒得急名中世自棄故悲與子相離耳遂去詣姑胥臺吳王曰寡人將北伐齊魯道出胥門過姑胥之臺忽然晝夢子爲占之其言吉凶公孫聖曰臣不言身名全言之必死百段於王前然忠臣不顧其軀乃仰天歎曰臣聞好船者必溺好戰者必亾臣好直言不顧於命願王圖之臣聞章者戰不勝敗走偉偟也明者去昭昭就冥冥也入門見鑑蒸而不炊者大王不得火食也兩黑犬嘷以南嘷以北者黑者陰也北者匿也兩鋘殖宮牆者越軍入吳國伐宗廟掘社稷也流水湯湯越宮堂者宮空虛也後房鼓震篋篋者坐太息也前園橫生梧桐者梧桐心空不爲用器但爲盲僮與死人俱葬也願大王按兵修德無伐齊則可

銷也遣下吏太宰嚭王孫駱解冠幘肉袒徒跣稽首謝於勾踐國可安存也身可不死矣吳王聞之索然作怒乃曰吾天之所生神之所使顧力士石番以鐵鎚殺之嚭乃仰頭向天而言曰吁嗟天知吾之冤乎忠而獲罪身死無辜無葬我以爲直者不如相隨爲柱提我至深山後世相屬爲聲響於是吳王乃使門人提之蒸丘豺狼食汝肉野火燒汝骨東風數至飛揚汝骸骨肉糜爛何能爲聲響哉太宰嚭趨進曰賀大王喜災已滅矣因舉行觴兵可以行吳王乃使太宰嚭爲右校司馬王孫駱爲左校乃從勾踐之師伐齊二十三年十月越王復伐吳吳國困不戰士卒分散城門不守遂屠吳吳王率羣臣遁去晝馳夜走三日三夕達於秦餘杭山胷中愁憂目視茫茫行步猖狂腹餒口饑顧得生稻而食之伏地而飲水顧左右曰此何名也對曰是生稻也吳王曰是公孫聖所言不得火食走傽偟也王孫駱曰飽食而去前有胥山西坂中可以匿止王行有頃因得生瓜已熟吳王掇而食之謂左右曰何冬而生瓜近道人不食何也左右曰謂糞種之物人不食也吳王曰何謂糞種左右曰盛夏之時人食生瓜起居道旁子復生秋霜惡之故不食吳王嘆曰子胥所謂且食者也謂太宰嚭曰吾戮公孫聖投胥山之巔吾以畏責天下之慙吾足不能進心不能往太宰嚭曰死與生敗與成故有避乎王曰然曾無所知乎子試前呼之聖在當即有應吳王止秦餘杭山呼曰公孫聖三反呼聖從山中應曰公孫聖三呼三應吳王仰天呼曰寡人豈可返乎寡人世世得聖也須臾越兵至三圍吳范蠡在中行左手提鼓右手操枹而鼓之吳王書其矢而射種蠡之軍辭曰吾聞狡兔以死良犬就烹敵國如滅謀臣必亾今吳病矣大夫何慮乎大夫種相國蠡急而攻大夫種書矢射之曰上天蒼蒼若存若亾越君勾踐下臣種敢言之昔天以越賜吳吳不肯受是天所反勾踐敬天而功既得返國今上天報越之功敬而受之不敢忘也且吳有大過六以至於亾王知之乎有忠臣伍子胥忠諫而身死大過一也公孫聖直說而無功大過二也太宰嚭愚而佞言輕而讒諛妄語恣口聽而用之大過三也夫齊晉無返逆行無僭侈之過而吳伐二國辱君臣毀社稷大過四也且吳與越同音共律上合星宿下共一理而吳侵伐大過五也昔越親戕吳之前王罪莫大焉而幸伐之不從天命而棄其仇後爲大患大過六也越王謹上刻青天敢不如命大夫種謂越君曰中冬氣定天將殺戮不行天殺反受其殃越王敬拜曰諾今圖吳王將爲何如大夫種曰君被五勝之衣帶步光之劍仗屈盧之矛瞋目大言以執之越王曰諾乃如大夫種辭吳王曰誠以今日聞命言有頃吳王不自殺越王復使謂曰何王之忍辱厚恥也世無萬歲之君死生一也今子尚有遺榮何必使吾師衆加刃於王吳王仍未肯自殺勾踐謂種蠡曰二子何不誅之種蠡曰臣人臣之位不敢加誅於人主願主急而命之天誅當行不可久留越王復瞋目怒曰死者人之所惡惡者無罪於天不負於人今君抱六過之罪不知愧辱而欲求生豈不鄙哉吳王乃太息四顧而望言曰諾乃引劍而伏之死

左傳哀公十六年衛侯占夢嬖人求酒於大叔僖子不得與卜人比而告公曰君有大臣在西南隅弗去懼害乃逐大叔遺遺奔晉

衛侯謂渾良夫曰吾繼先君而不得其器若之何良夫代執火者而言曰疾與亾君皆君之子也召之而擇材焉可也若不材器可得也豎告大子大子使五人與豭從己刼公而強盟之且請殺良夫公曰其盟免三死曰請三之後有罪殺之公曰諾哉

十七年衛侯夢於北宮見人登昆吾之觀被髮北面而譟曰登此昆吾之虛緜緜生之瓜余爲渾良夫叫天無辜公親筮之胥彌赦占之曰不害與之邑寘之而逃奔宋衛侯貞卜其繇曰如魚竀尾衡流而方羊裔焉大國滅之將亡闔門塞竇乃自後踰冬十月晉復伐衛入其郛將入城簡子曰止叔向有言曰怙亂滅國者無後衛人出莊公而與晉平晉立襄公之孫般師而還十一月衛侯自鄄入般師出初公登城以望見戎州問之以告公曰我姬姓也何戎之有焉翦之公使匠久公欲逐石圃未及而難作辛巳石圃因匠氏攻公公闔門而請弗許踰於北方而隊折股戎州人攻之大子疾公子青踰從公戎州人殺之公入於戎州己氏初公自城上見己氏之妻髮美使髡之以爲呂姜髢既入焉而示之璧曰活我吾與女璧己氏曰殺女璧其焉往遂殺之而取其璧

二十六年宋景公無子取公孫周之子得與啓畜諸公宮未有立焉於是皇緩爲右師皇非我爲大司馬皇懷爲司徒靈不緩爲左師樂茷爲司城樂朱鉏爲大司寇六卿三族降聽政因大尹以達大尹常不告

而以其欲稱君命以令國人惡之司城欲去大尹左師曰縱之使盈其罪重而無基能無敝乎冬十月公遊於空澤辛巳卒於連中大尹與空澤之士千甲奉公自空桐入如沃宮使召六子曰聞下有師君請六子盡六子至以甲劫之曰君有疾病請二三子盟乃盟於少寢之庭曰無爲公室不利大尹立啓奉喪殯於大宮三日而後國人知之司城茷使宣言於國曰大尹惑蠱其君而專其利今君無疾而死死又匿之是無他矣大尹之罪也得夢啓北首而寢於盧門之外已爲烏而集於其上咮加於南門尾加於桐門曰余夢美必立大尹謀曰我不在盟無乃逐我復盟之乎使祝爲載書六子在唐盂將盟之祝襄以載書告皇非我皇非我因子潞門尹得左師謀曰民與我逐之乎皆歸授甲使徇於國曰大尹惑蠱其君以陵虐公室與我者救君者也衆曰與之大尹徇曰戴氏皇氏將不利公室與我者無憂不富衆曰無別戴氏皇氏欲伐公樂得曰不可彼以陵公有罪我伐公則甚焉使國人施於大尹大尹奉啓以奔楚乃立得司城爲上卿盟曰三族共政無相害也

史記趙世家武靈王遊大陵他日王夢見處女鼓琴而歌詩曰美人熒熒兮顏若苕之榮命乎命乎曾無我嬴異日王飲酒樂數言所夢想見其狀吳廣聞之因夫人而內其女娃嬴孟姚也孟姚甚有寵於王是爲惠后

瑯嬛記倉公夢遊蓬萊山見宮室崔嵬金碧璀璨光輝射目忽一童子以杯水進倉公飲畢五內寒徹仰首見殿榜曰上池仙館始知所飲乃上池水也由是神於診脈

史記始皇本紀始皇夢與海神戰如人狀問占夢博士曰水神不可見以大魚蛟龍爲候今上禱祠備謹而有此惡神當除去而善神可致乃令入海者齎捕巨魚具而自以連弩候大魚出射之自瑯琊北至榮成山弗見至之罘見巨魚射殺一魚遂並海西至平原津而病

二世夢白虎齧其左驂馬殺之心不樂怪問占夢卜曰涇水爲祟二世乃齋於望夷宮欲祠涇沈四白馬使使責讓高以盜賊事高懼乃陰與其壻咸陽令閻樂其弟趙成謀發卒至望夷宮麾兵進二世自殺

漢書高祖本紀高祖姓劉氏母媼嘗息大澤之陂夢與神遇是時雷電晦冥父太公往視則見交龍於上已而有娠遂產高祖

史記外戚世家薄太后父吳人姓薄氏秦時與故魏王宗家女魏媼通生薄姬而薄父死山陰因葬焉及諸侯畔秦魏豹立爲魏王而魏媼內其女於魏宮媼之許負所相相薄姬云當生天子是時項羽方與漢王相距滎陽天下未有所定豹初與漢擊楚及聞許負言心獨喜因背漢而畔中立更與楚連和漢使曹參等擊虜魏王豹以其國爲郡而薄姬輸織室豹已死漢王入織室見薄姬有詔內後宮歲餘不得幸始姬少時與管夫人趙子兒相愛約曰先貴無相忘已而管夫人趙子兒先幸漢王漢王坐河南宮成皐臺此兩美人相與笑薄姬初時約漢王聞之問其故兩人具以實告漢王漢王心慘然憐薄姬是日召而幸之薄姬曰昨暮夜妾夢蒼龍據吾腹高帝曰此貴徵也吾與女遂成之一幸生男是爲代王

漢書鄧通傳通蜀郡南安人也以濯船爲黃頭郎文帝嘗夢欲上天不能有一黃頭郎推上天顧見其衣尻帶後穿覺而之漸臺以夢中陰目求推者郎見鄧通其衣後穿夢中所見也召問其名姓姓鄧名通鄧猶登也文帝甚悅尊幸之日日異通亦愿謹不好外交雖賜洗沐不欲出於是文帝賞賜通鉅萬以十數官至上大夫

史記外戚世家王太后母臧兒臧兒者故燕王臧荼孫也臧兒嫁爲槐里王仲妻生男曰信與兩女而仲死臧兒更嫁長陵田氏生男蚡勝臧兒長女嫁爲金王孫婦生一女矣而臧兒卜筮之曰兩女皆當貴因欲奇兩女乃奪金氏金氏怒不肯予決乃內之太子宮太子幸愛之生三女一男男方在身時王美人夢日入其懷以告太子太子曰此貴徵也未生而孝文帝崩孝景帝卽位王夫人生男〔註〕索隱曰卽武帝也

漢武故事云帝以乙酉年七月七日生於猗蘭殿

漢武帝內傳漢孝武皇帝景帝子也未生之時景帝夢一赤彘從雲中下直入崇芳閣景帝覺而坐閣下果有赤龍如霧來蔽戶牖召占者姚翁以問之翁曰吉祥也旬餘景帝夢神女捧日以授王夫人夫人吞之十四月而生武帝景帝曰吾夢赤氣化爲赤龍占者以爲吉可名之吉

物類相感志漢廣川王好發冢因發欒書冢其棺柩盟器悉毀爛有白狐見人驚走王乃逐之不得傷其右脚爾夕王夢一丈夫眉鬚盡白謂王曰何故傷吾龍膳以杖叩王左脚覺創痛至死不差

西京雜記揚雄讀書有人語之曰毋爲自苦元故難傳忽然不見雄著太元經夢吐鳳凰集元之上頃而滅

董仲舒夢蛟龍入懷乃作春秋繁露詞

容齋續筆漢武帝嘗晝寢夢木人數千持杖欲擊己乃驚寤因是體不平遂若忽忽善忘

樹萱錄王吉夜夢一蟛蜞在都亭作人語曰我翌日當舍此吉覺異之使人於都亭候之司馬長卿至吉曰此人文章橫行一世天下因呼蟛蜞爲長卿卓文君一生不食蟛蜞

抱朴子內篇論仙篇按漢禁中起居注云少君之將去也武帝夢與之共登嵩山半道有使者乘龍持節從雲中下云上帝請少君帝覺以語左右曰如我之夢少君將舍我去矣數日而少君稱病死

漢書昌邑王賀傳賀既卽位王夢青蠅之矢積西階東可五六石以屋版瓦覆發視之青蠅矢也以問郎中令遂遂曰詩不云乎營營青蠅止于藩愷悌君子毋信讒言陛下左側讒人衆多如是青蠅惡矣宜進先帝大臣子弟親近以爲左右如不忍昌邑故人信用讒諛必有凶咎願詭禍爲福皆放逐之臣當先逐矣賀不用其言卒至于廢

霍光傳光薨子禹嗣爲博陸侯太夫人顯夢第中井水溢流庭下竈居樹上又夢大將軍謂顯曰知捕兒不亟下捕之禹夢車騎聲正讙來捕禹舉家憂愁

桓譚新論成帝幸甘泉詔揚子雲作賦倦臥夢其五臟出在地以手收內入覺太少氣一年卒

博士弟子韓生遭三夜有奇夢來以問人人敎晨起厠中祝之三日人告以爲祝詛捕治數日死

漢書王莽傳莽夢長樂宮銅人五枚起立莽惡之念銅人銘有皇帝初兼天下之文卽使尚方工鐫滅所夢銅人膺文又感漢高廟神靈遣虎賁武士入高廟拔劍四面提擊斧壞戶牖桃湯赭鞭鞭灑屋壁令輕車校尉居其中又令中軍北壘居高寢

後漢書公孫述傳述夢有人語之曰八ㄙ子系十二爲期覺謂其妻曰雖貴而祚短若何妻對曰朝聞道夕死尚可況十二乎會有龍出其府殿中夜有光耀述以爲符瑞因刻其掌文曰公孫帝建武元年四月遂自立爲天子號成家色尚白建元曰龍興元年

蔡茂傳茂代戴涉爲司徒茂初在廣漢夢坐大殿極上有三穗禾茂跳取之得其中穗輒復失之以問主簿郭賀賀離席慶曰大殿者官府之形象也極而有禾人臣之上祿也取中穗是中台之位也於字禾失爲秩雖曰失之乃所以得祿秩也袞職有闕君其補之旬月而茂徵焉乃辟賀爲掾

馮異傳諸將勸光武卽帝位光武乃召異問四方動靜異曰三王反叛更始敗亡天下無主宗廟之憂在於大王宜從衆議上爲社稷下爲百姓光武曰我昨夜夢乘赤龍上天覺悟心中動悸異因下席再拜賀曰此天命發於精神心中動悸大王重愼之性也異遂與諸將定議上尊號

馬皇后紀顯宗卽位以后爲貴人永平三年春有司奏立長秋宮帝未有所言皇太后曰馬貴人德冠後宮卽其人也遂立爲皇后先是數日夢有小飛蟲無數赴著身又入皮膚中而後飛出既正位宮闈愈自謙肅

鄧皇后紀后嘗夢捫天蕩蕩正青若有鍾乳狀乃仰嗽飲之以訊諸占夢言堯夢攀天而上湯夢及天而咶之斯皆聖王之前占吉不可言又相者見后驚曰此成湯之法也家人竊喜而不敢宣

搜神記後漢張奐爲武威太守其妻夢帝與印綬登樓而歌覺以告奐奐令占之曰夫人方生男後臨此郡命終此樓後生子猛建安中果爲武威太守殺刺史邯鄲商州兵圍急猛恥見擒乃登樓自焚而死

漢靈帝夢見桓帝怒曰宋皇后有何罪過而聽用邪孽使絕其命渤海王悝既已自貶又受誅斃今宋氏及悝自訴于天上帝震怒罪在難救夢殊明察帝既覺而恐尋亦崩

獨異志武陵記曰後漢馬融勤學夢見一林花如繡錦夢中摘此花食之及寤見天下文詞無所不知時人號爲繡囊

誠齋雜記鄭元師馬融三載無聞融遣還元過樹陰下假寢夢一人以刀開其心謂曰子可學矣于是寤而卽返遂洞精典籍

後漢書王逸傳逸子延壽有雋才曾有異夢意惡之乃作夢賦以自厲後溺水死時年二十餘

鄭元傳建安五年春夢孔子告之曰起起今年歲在辰來年歲在巳既寤以讖合之知命當終有頃寢疾時袁紹與曹操相拒於官渡令其子譚遣使逼元隨軍不得已載病到元城縣疾篤不進其年六月卒

蜀志蔣琬傳琬除廣都長先主常因游觀奄至廣都見琬衆事不理時又沈醉先主大怒將加罪戮軍師

將軍諸葛亮請曰蔣琬社稷之器非百里之才也其爲政以安民爲本不以修飾爲先願主公重加察之先主雅敬亮乃不加罪倉卒但免官而已琬見推之後夜夢有一牛頭在門前流血滂沱意甚惡之呼問占夢趙直直曰夫見血者事分明也牛角及鼻公字之象君位必當至公大吉之徵也頃之爲什邡令後諸葛亮卒以琬爲尚書令

魏延傳建興十二年諸葛亮出北谷口延爲前鋒出亮營十里延夢頭上生角以問占夢趙直直詐延曰夫麒麟有角而不用此不戰而賊欲自破之象也退而告人曰角之爲字刀下用也頭上用刀其凶甚矣秋亮病因密與長史楊儀司馬費禕護軍姜維等作身歿之後退軍節度令延斷後姜維次之若延或不從命軍便自發亮適卒祕不發喪儀令禕往揣延意指延曰丞相雖亡吾自見在府親官屬便可將喪還葬吾自當率諸軍擊賊云何以一人死廢天下之事邪且魏延何人當爲楊儀所部勒作斷後將乎因與禕共作行留部分令禕手書與己連名告下諸將禕紿延曰當爲君還解楊長史長史文吏稀更軍事必不違命也禕出門馳馬而去延尋悔追之已不及矣延遣人覘儀等遂使欲案亮成規諸營相次引軍還延大怒率所領徑先南歸所過燒絕閣道延儀各相表叛逆一日之中羽檄交至後主以問侍中董允留府長史蔣琬琬允咸保儀疑延儀等槎山通道晝夜兼行亦繼延後延先至據南谷口遣兵逆擊儀等令何平在前禦延平叱延先登曰公亡身尚未寒汝輩何乃爾延士衆知曲在延莫爲用命軍皆散延獨與其子數人逃亡奔漢中儀遣馬岱追斬之

益都耆舊傳何祗夢桑生井中趙直占曰桑非井中之物桑字四十八君壽恐不過此祗年四十八而卒

晉書宣帝紀魏武帝夢三馬同食一槽甚惡焉因謂太子丕曰司馬懿非人臣也必預汝家事太子素與帝善每相全佑故免

魏志周宣傳宣字孔和樂安人也爲郡吏太守楊沛夢人曰八月一日曹公當至必與君杖飲以藥酒使宣占之是時黃巾賊起宣對曰夫杖起弱者藥治人病八月一日賊必除滅至期賊果破後東平劉楨夢虵生四足穴居門中使宣占之宣曰此爲國夢非君家之事也當殺女子而作賊者頃之女賊鄭姜遂俱夷討以虵女子之祥足非虵之所宜故也文帝問宣曰吾夢殿屋兩瓦墮地化爲雙鴛鴦此何謂也宣對曰後宮當有暴死者帝曰吾詐卿耳宣對曰夫夢者意耳苟以形言便占吉凶言未畢而黃門令奏宮人相殺無幾帝復問曰我昨夜夢青氣自地屬天宣對曰天下當有貴女子寃死是時帝已遣使賜甄后璽書聞宣言而悔之遣人追使者不及帝復問曰吾夢摩錢文欲令滅而更愈明此何謂邪宣悵然不對帝重問之宣對曰此自陛下家事雖意欲爾而太后不聽是以文欲滅而明耳時帝欲治弟植之罪偪於太后但加貶爵以宣爲中郎屬太史嘗有問宣曰吾昨夜夢見芻狗其占何也宣答曰君欲得美食耳有頃出行果遇豐膳後又問宣曰昨夜復夢見芻狗何也宣曰君欲墮車折脚宜戒愼之頃之果如宣言後又問宣復夢見芻狗何也宣曰君家欲失火當善護之俄遂火起語宣曰前後三時皆不夢也聊試君耳何以皆驗邪宣對曰此神靈動君使言故與眞夢無異也又問宣曰三夢芻狗而其占不同何也宣對曰芻狗者祭神之物故君始夢當得飲食也祭祀既訖則芻狗爲車所轢故中夢當墮車折脚也芻狗既車轢之後必載以爲樵故後夢憂失火也宣之敘夢凡此類也十中八九世以比建平之相矣其餘效故不次列明帝末卒

曹爽傳註世語曰初爽夢二虎銜雷公雷公若二升椀放著庭中爽惡之以問占者靈臺丞馬訓曰憂兵訓退告其妻曰爽將以兵亡不出旬日

漢晉春秋安定皇甫謐夢至洛陽自廟出見車騎甚衆以物呈廟云誅大將軍曹爽寤而以告其邑人邑人曰君欲作曹人之夢乎朝無公孫彊如何且爽兄弟典重兵又權尚書事誰敢謀之謐曰爽無叔振鐸之請苟失天機則離矣何恃於彊昔漢之閻顯倚母后之尊權國威命可謂至重矣閹人十九人一旦尸之況爽兄弟乎

魏志管輅傳吏部尚書何晏請之鄧颺在晏許晏謂輅曰聞君著爻神妙試爲作一卦知位當至三公不又問連夢見青蠅數十頭來在鼻上驅之不肯去有何意故輅曰夫飛鴞天下賤鳥及其在林食椹則懷我好音況輅心非草木敢不盡忠昔元凱之弼重華宣慈惠和周公之翼成王坐而待旦故能流光六合萬國咸寧此乃履道休應非卜筮之所明也今君侯位重山岳勢若雷電而懷德者鮮畏威者衆殆非小心翼翼多福之仁又鼻者艮此天中之山高而不危

所以長守貴也今青蠅臭惡而集之焉位峻者顛輕豪者亡不可不思害盈之數盛衰之期是故山在地中曰謙雷在天上曰壯謙則裒多益寡壯則非禮不履未有損己而不光大行非而不傷敗願君侯上追文王六爻之旨下思尼父彖象之義然後三公可決青蠅可驅也颺曰此老生之常譚輅答曰夫老生者見不生常譚者見不譚晏曰過歲更當相見輅還邑舍具以此言語舅氏舅氏責輅言太切至輅曰與死人語何所畏耶舅大怒謂輅狂悖歲朝西北大風塵埃蔽天十餘日聞晏颺皆誅然後舅氏乃服

晉書宣帝紀帝至襄平夢天子枕其膝曰視吾面俛視有異於常心惡之先是詔帝使道鎮關中及次白屋有詔召帝三日之間詔書五至手詔曰間側息望到到便直排閤入視吾面帝大遽乃乘追鋒車晝夜兼行自白屋四百餘里一宿而至引入嘉福殿臥內升御牀帝流涕問疾天子執帝手目齊王曰以後事相託死乃復可忍吾忍死待君得相見無所復恨矣與大將軍曹爽並受遺詔輔少主

兗州刺史令狐愚太尉王凌貳於帝謀立楚王彪王凌詐言吳人塞涂水請發兵以討之帝潛知其計不聽夏四月帝自帥中軍泛舟沿流九日而到甘城凌計無所出乃迎於武丘面縛水次曰凌若有罪公當折簡召凌何苦自來耶帝曰以君非折簡之客故耳即以凌歸于京師道經賈逵廟凌呼曰賈梁道王凌是大魏之忠臣惟爾有神知之至項仰鴆而死收其餘黨皆夷三族幷殺彪悉錄魏諸王公置于鄴命有司監察不得交關天子遣侍中韋誕持節勞軍于五池帝至自甘城天子又使兼大鴻臚太僕庾嶷持節策命帝爲相國封安平郡公孫及兄子各一人爲列侯前後食邑五萬戶侯者十九人固讓相國郡公不受六月帝寢疾夢賈逵王凌爲祟甚惡之秋八月戊寅崩于京師

魏志鄧艾傳艾當伐蜀夢坐山上而有流水以問殄虜護軍爰邵邵曰按易卦山上有水曰蹇蹇繇曰蹇利西南不利東北孔子曰蹇利西南往有功也不利東北其道窮也往必克蜀殆不還乎艾憮然不樂

異苑嵇康少嘗晝寢夢人身長丈餘自稱黃帝伶人骸骨在公舍東三里林中爲人發露乞爲葬埋當厚相報康至其處果有白骨脛長三尺遂收葬之其夜復夢長人來授以廣陵散曲及覺撫琴而作其聲正妙都不遺忘

吳錄丁固爲司徒初爲尚書夢松樹生其腹上謂人曰松字十八公也後十八年吾當爲公乎遂如夢焉

會稽先賢傳闞澤字德潤在母胞八月叱聲震外年十三夢見名字炳然在月中

吳志孫休傳太守李衡數以事侵休休上書乞徙他郡詔徙會稽居數歲夢乘龍上天顧不見尾覺而異之

滇載記段氏之先武威郡人有名儉魏者佐蒙氏有功賜名忠國擢清平官六傳而生思平思平生有異兆楊干貞忌之使人索捕思平逃匿得奇戟于品甸波大村又得神驥於葉鏡湖餞摘野桃剖之核膚有文曰青昔思平拆之曰青乃十二月昔乃二十一日今楊氏政亂吾當以是日舉義乎遂借兵東方黑爨松爨三十七部皆助之衆至河尾是夕思平夢人斬其首又夢玉瓶耳缺又夢鏡破懼不敢進兵其軍師董迦羅曰夢皆吉兆也公爲大夫夫去首爲天天子兆也玉瓶去耳爲王王者兆也鏡中有影如人有敵鏡破則無影無影則無敵矣三夢皆吉兆也思平乃決

欽定古今圖書集成曆象彙編庶徵典
第一百四十七卷目錄
夢部紀事二

庶徵典第一百四十七卷

夢部紀事二

長沙耆舊傳文虔字仲孺爲郡功曹時霖雨廢民業太守憂悒名虔補戸曹掾虔奉教齋戒在社三日夜夢見白頭翁謂曰爾來何遲虔具白所夢太守曰昔禹夢青繡衣男子稱滄水使者禹知水脈當通若掾此夢將其比也明日果大霽

搜神記吳時嘉興徐伯始病使道士呂石安神座石有弟子戴本王思二人居住海鹽伯始迎之以助石晝臥夢上天北斗門下見外鞍馬三匹云明日當以一迎石一迎本一迎思石夢覺語本思云如此死期可急還與家別不卒事而去伯始怪而留之曰懼不得見家也間一日三人同時死

會稽謝奉與永嘉太守郭伯猷善謝忽夢郭與人於浙江上爭樗蒲錢因爲水神所責墮水而死已營理郭凶事及覺即往郭許共圍棊良久謝云卿知吾來意否因說所夢郭聞之悵然云吾昨夜亦夢與人爭錢如卿所夢何期太的的也須臾如廁便倒氣絕謝爲凶具一如其夢

嘉興徐泰幼喪父母叔父隗養之甚於所生隗病泰營侍甚勤是夜三更中夢二人乘船持箱上泰牀頭發箱出簿書示曰汝叔應死泰即於夢中叩頭祈請良久二人曰汝縣有同姓名人否泰思得語二人云張隗不姓徐二人云亦可强逼念汝能事叔父當爲汝活之遂不復見泰覺叔病乃差

搜神記吳人費季久客於楚時道多刧妻常憂之季與同輩旅宿廬山下各相問出家幾時季曰吾去家已數年矣臨來與妻別就求金釵以行欲觀其志當與吾否耳得釵乃以著戸楣上臨發失與道此釵故當在戸上也爾夕其妻夢季曰吾行遇盜死已二年若不信吾言吾行時取汝釵遂不以行留在戸楣上可往取之妻揣釵得之家遂發喪後一年餘季乃歸還

夏陽盧汾字士濟夢入蟻穴見堂宇三間勢甚危豁題其額曰審雨堂

吳選曹令史劉卓病篤夢見一人以白越單衫與之言曰汝著衫汙火燒便潔也卓覺果有衫在側汙輒火浣之

淮南書佐劉雅夢見青刺蜴從屋落其腹內因苦腹痛焉

晉書王濬傳濬夜夢懸三刀于臥屋梁上須臾又益一刀濬驚覺甚惡之主簿李毅再拜賀曰三刀爲州字又益一者明府其臨益州乎及賊張弘殺益州刺史皇甫晏果遷濬爲益州刺史

鄧攸傳攸字伯道平陽襄陵人也祖殷亮直彊正鍾會伐蜀奇其才自澠池令名爲主簿賈充伐吳請殷爲長史後授皇太子詩爲淮南太守夢行水邊見一女子猛獸自後斷其盤囊占者以爲水邊有女汝字也斷盤囊者新獸頭代故獸頭也不作汝陰當汝南也果遷汝陰太守

索紞傳紞字叔徹敦煌人也善術數占候孝廉令狐策夢立冰上與冰下人語紞曰冰上爲陽冰下爲陰陰陽事也士如歸妻迨冰未泮婚姻事也君在冰上與冰下人語爲陽語陰媒介事也君當爲人作媒冰泮而婚成策曰老夫耄矣不爲媒也會太守田豹因策爲子求鄉人張公徵女仲春而成婚焉郡主簿張宅夢走馬上山還繞舍三周但見松柏不知門處紞曰馬屬離離爲火火禍也人上山爲凶字但見松柏墓門象也不知門處爲無門也三周三朞也後三年必有大禍宅果以謀反伏誅索充初夢天上有二棺落充前紞曰棺者職也當有京師貴人舉君二官頻再遷俄而司徒王戎書屬太守使舉充太守先署充功曹而舉孝廉充後夢見一虜脫上衣來詣充紞曰虜去上半下半男字君婦當生男終如其言宋桷夢內中有一人著赤衣桷手把兩杖極打之紞曰內中有人肉字也肉色赤也兩杖箸象也極打之飽肉食也俄而亦驗黃平問紞曰我昨夜夢舍中馬舞數十人向馬拍手此何祥也紞曰馬者火也舞爲火起向馬拍手救火人也平未歸而火作索綏夢東有二角書詣綏大角朽敗小角有題韋囊角佩一在前一在後紞曰大角朽敗腐棺木小角有題題所詣一在前前凶也一在後後背也當有凶背之問時綏父在

東居三日而凶問至郡功曹張邈嘗奉使詣州夜夢狠咬一脚紞曰脚肉被咬爲却字會東人反遂不行

潛居錄黃平夢書一髮字書髟而止索紞曰此亡友也是日果有友人訃至

晉書戴洋傳都水馬武舉戴洋爲都水令史洋請急還鄉將赴洛夢神人謂之曰洛中當敗人盡南渡後五年揚州必有天子洋信之遂不去既而皆如其夢

異苑張華有白鸚鵡公後在外令喚鸚鵡鸚鵡曰昨夜夢惡不宜出戶公猶强之至庭爲鵰所搏教其啄鵰脚僅而獲免

搜神後記程咸字咸休其母始懷咸夢老公投藥與之服此當生貴子晉武帝時歷位至侍中有名於世

晉太康中謝家沙門竺曇遂年二十餘白皙端正流俗沙門常行經清溪廟前過因入廟中看暮歸夢一婦人來語云君當作我廟中神不復久曇遂夢問婦人是誰婦人云我是清溪廟中姑如此一月許便病臨死謂同學年少曰我無福亦無大罪死乃當作清溪廟神諸君行便可過看之既死後諸年少道人詣其廟既至便靈語相勞問聲音如昔時臨去云久不聞唄聲思一聞之其伴慧覲便爲作唄訖其神猶唱讚語云岐路之訣尚有悽愴况此之乖形神分散窈冥之歎情何可言既而歔欷不自勝諸道人等皆爲流涕

王導子悅爲中書郎導夢人以百萬錢買悅導潛爲祈禱者備矣尋掘地得錢百萬意甚惡之一一皆藏閉及悅疾篤導憂念特至積日不食忽見一人形狀甚偉被甲持刀問是何人曰僕蔣侯也公兒不佳欲爲請命故來爾公勿復憂導因與之食遂至數升食畢勃然謂導曰中書命盡非可救也言訖不見悅亦殞絕

世說新語衞玠總角時問樂令夢樂云是想衞曰形神所不接而夢豈是想耶樂云因也未嘗夢乘車入鼠穴擣韲噉鐵杵皆無想無因故也衞思因經日不得遂成病樂聞故命駕爲剖析之衞卽小差樂歎曰此兒胷中當必無膏肓之疾

晉書張茂傳茂出補吳興內史沈充之反也茂與三子並遇害茂弟盎爲周札將軍充討札盎又死之贈茂太僕茂少時夢得大象以問占夢萬推推曰君當爲大郡而不善也問其故推曰象者大獸獸者守也故知當得大郡然象以齒焚爲人所害果如其言

易雄傳雄爲春陵令刺史譙王承距王敦雄承符馳檄遠近募衆千人荷戈從之力屈城陷虜送武昌敦以檄示雄而數之雄曰此實有之惜雄位微力弱不能救國之難王室如燬雄安用生爲今日卽戮得作忠魂乃所願也敦憚其辭正釋之衆人皆賀雄笑曰昨夜夢乘車挂肉其旁夫肉必有筋筋者斤也車旁有斤吾其戮乎尋而敦遣殺之

陶侃傳侃夢生八翼飛而上天見天門九重已登其八唯一門不得入閽者以杖擊之因墜地折其左翼及寤左腋猶痛

異苑晉溫嶠至牛渚磯聞水底有音樂之聲水深不可測傳言下多怪物乃燃犀角而照之須臾見水族覆火奇形異狀或乘馬車著赤衣幘其夜夢人謂曰與君幽明道隔何意相照耶嶠甚惡之未幾卒

幽明錄河東賈弼爲琅琊參軍夜夢一人瘡䶊大鼻瞯目請曰愛君之貌換君之頭可乎夢中不獲已遂被換去覺而人見者悉驚走還家家人悉藏自此後能半面哭啼兩手足及口中各題一筆書之詞翰俱美

異苑鄧艾廟在京口新城有一草屋毀已久晉安北將軍司馬恬於病中夢見一老翁曰我鄧公也屋舍傾壞君爲治之後訪之乃知鄧廟爲立瓦屋

晉明帝時獻馬者夢河神請之及至與帝夢同遂投河以奉神始太傅褚裒亦好此馬帝云已與河神及褚公卒軍人見公乘此馬矣

晉書明帝本紀太寧二年六月王敦將舉兵內向帝密知之乃乘巴滇駿馬微行至於湖陰察敦營壘而出有軍士疑帝非常人又敦正晝寢夢日環其城驚起曰此必黃鬚鮮卑奴來也帝母荀氏燕代人帝狀類外氏鬚黃敦故謂帝云於是使五騎物色追帝帝亦馳去馬有遺糞輒以水灌之見逆旅賣食嫗以七寶鞭與之曰後有騎來可以此示也俄而追者至問嫗嫗曰去已遠矣因以鞭示之五騎傳玩稽留遂久又見馬糞冷以爲信遠而止不追帝僅而獲免

殷浩傳或問浩曰將莅官而夢棺將得財而夢糞何也浩曰官本臭腐故將得官而夢尸錢本糞土故將得錢而夢穢時人以爲名言

劉曜載記曜咸和三年夜夢三人金面丹脣東向逡巡不言而退曜拜而履其跡旦召公卿已下議之朝臣咸賀以爲吉祥惟太史令任義進曰三者歷運統之極也東爲震位王者之始次也金爲兌位物衰落

也脣丹不言事之畢也逡巡揖讓退舍之道也爲之拜者屈伏於人也履跡而行愼不出疆也東井秦分也五車趙分也秦兵必暴起亡主喪師齧故趙地遠至三年近七百日其應不遠願陛下思而防之曜大懼於是躬親二郊飾繕神祠望旅山川靡不周及大赦殊死已下復百姓租稅之半

異苑晉咸和初徐精遠行夢與妻寢有身明年歸妻果產後如其言

晉書羅含傳含字君章桂陽耒陽人也曾祖彥臨海太守父綏滎陽太守含幼孤爲叔母朱氏所養少有志尚嘗晝臥夢一鳥文彩異常飛入口中因驚起說之朱氏曰鳥有文彩汝後必有文章自此後藻思日新

慕容儁載記儁夜夢石季龍齧其臂寤而惡之命發其墓剖棺出尸蹋而罵之曰死胡安敢夢生天子遣其御史中尉約陽數其殘酷之罪鞭之棄於漳水

苻堅載記苻健之入關也夢天神遣使者朱衣赤冠命拜堅爲龍驤將軍健翌日爲壇於曲沃以授之健泣謂堅曰汝祖昔受此號今汝復爲神明所命可不勉之堅揮劍捶馬志氣感厲士卒莫不憚服焉

異苑苻堅將欲南師也夢葵生城內明以問婦婦曰若征軍遠行難爲將也堅又夢地東南傾復以問云江左不可平也君無南行必敗之象也堅不從卒以敗

晉書苻融載記融爲司隸校尉京兆人董豐游學三年而返過宿妻家是夜妻爲賊所殺妻兄疑豐殺之送豐有司豐不堪楚掠誣引殺妻融察而異之問曰汝行往還頗有怪異及卜筮以不豐曰初將發夜夢乘馬南渡水反而北渡復自北而南馬停水中鞭策不去俯而視之見兩日在於水下馬左白而濕右黑而燥寤而心悸竊以爲不祥還之夜復夢如初問之筮者筮者云憂獄訟遠三枕避三沐既至妻爲具沐夜授豐枕豐記筮者之言皆不從之妻乃自沐枕枕而寢融曰吾知之矣周易坎爲水馬爲離夢乘馬南渡旋北而南者從坎之離三爻同變變而成離離爲中女坎爲中男兩日二夫之象坎爲執法吏吏詰其夫婦人被流血而死坎二陰一陽離二陽一陰相乘易位離下坎上既濟文王遇之囚羑里有禮而生無禮而死馬左濕濕水也左水右馬馮字也兩日昌字也其馮昌殺之乎於是推檢獲昌而詰之昌具首服曰本與其妻謀殺董豐期以新沐枕枕爲驗是以誤中婦人

姚萇載記萇字景茂弋仲第二十四子也少聰哲多權略廓落任率不修行業諸兄皆奇之隨襄征伐每參大謀襄之寇洛陽也夢萇服袞衣升御坐諸酋長皆侍立旦謂將佐曰吾夢如此此兒志度不恆或能大起吾族

郭瑀傳瑀隱於南山苻氏之末略陽王穆起兵酒泉以應張大豫遣使招瑀瑀嘆曰臨河救溺不卜命之短長脈病三年不豫絕其餐饋魯連在趙義不結舌況人將左衽而不救之乃與敦煌索嘏起兵五千運粟三萬石東應王穆穆以瑀爲太府左長史軍師將軍雖居元佐而口詠黃老冀功成世定追伯成之蹤穆惑于讒間西代索嘏瑀諫曰昔漢定天下然後誅功臣今事業未建而誅之立見麋鹿游於此庭矣穆不從瑀出城大哭舉手謝城曰吾不復見汝矣還而引被覆面不與人言不食七日輿疾而歸旦夕祈死夜夢乘青龍上天至屋而止寤而嘆曰龍飛在天今止於屋屋之爲字尸下至也龍飛至尸吾其死也古之君子不卒內寢況吾正士乎遂還酒泉南山赤厓閣飲氣而卒

搜神後記承儉者東莞人病亡葬本縣界後十年忽夜與其縣令夢云沒故民承儉人今見劫明府急見救令便敕內外裝束作百人仗便令馳馬往冢上日已向出天忽大霧對面不相見但聞冢中哅哅破棺聲有二人墳上望霧暝不見人往令既至百人同聲大叫收得冢中三人墳上二人遂得逃走棺未壞令即使人修復其夜令又夢儉云二人雖得走民悉誌之一人面上有靑痣如藿葉一人斷其前兩齒折明府但案此尋覓自得也令從其言追捕並擒獲

荊州刺史殷仲堪布衣時在丹徒忽夢見一人自說己是上虞人死亡浮喪飄流江中明日當至君有濟物之仁豈能見移著高燥處則恩及枯骨矣殷明日與諸人共江上看果見一棺逐水流下飄飄至殷坐處令人牽取題如所夢即移著岡上酹以酒飯是夕又夢此人來謝恩

異苑陳郡謝石字石奴太元中少患面瘡諸治莫愈夢日環其城乃自匿遠山臥於岩下中宵有物來舐其瘡隨舐隨除既不見形意爲是龍而舐處悉白故世呼爲謝白面

蓮社高僧傳慧遠法師與同門慧永約結屋于羅浮

太元六年至尋陽見廬山閑曠乃立精舍永師先居廬山西林欲邀同止而師學侶寖衆永乃謂刺史桓伊曰遠公方當弘道而貧道所棲隘不可處時師夢山神告曰此山足可棲神願毋往其夕大雨雷震詰旦林麓廣闢素沙布地楩柟文梓充布地上不知所自至伊大敬感乃爲建刹

晉書王珣傳珣夢人以大筆如椽與之既覺語人云此當有大手筆事俄而帝崩哀冊謚議皆珣所草

謝安傳安疾篤悵然謂所親曰昔桓溫在時吾常懼不全忽夢乘溫輿行十六里見一白雞而止乘溫輿者代其位也十六里止今十六年矣白雞主酉今太歲在酉吾病殆不起乎乃上疏遜位詔遣侍中尚書喻旨先是安發石頭金鼓忽破又語未嘗謬而忽一誤衆亦怪異之尋薨

劉敬宣傳敬宣牢之長子也爲桓元諮議參軍牢之敗與廣陵相高雅之俱奔慕容超夢丸土而服之既覺喜曰丸者桓也丸既吞矣我當復本土也旬日而元敗

異苑孝武太元二年沙門竺慧猷夜夢讀詩五首其一篇後曰陌南酸棗樹名爲六奇木遣人以伐取載還杜馬屋

太元中太原王戎爲鬱林太守泊船新亭眠夢有人以七枚椹子與之著衣襟中既覺得之占曰椹桑子也自後男女大小凡七喪

晉荆州刺史桓豁所住齋中見一人長丈餘夢曰我龍山之神來無好意使君既貞固我自去耳

晉義熙初烏傷黃蔡於查溪岸照射見水際有物眼光徹其間相去三尺許形如大手引弩射之應弦而中便聞從流奔驚波浪砰礚不知所向經年與伴共至一處名爲竹落岡去先所二十里許有骨可長三丈餘見昔射箭貫在其中因語伴云此是我往年所射物乃死於此拔矢而歸其夕夢見一長人責諸之曰我在洲渚之間無關人事而橫見殺害怨苦莫伸連時覓汝今始相得眠寤患腹痛而殞

晉太原郭澄之字仲靖義熙初諸葛長民欲取爲輔國諮議澄之不樂後爲南康太守盧循之反自廣州長民以其無先告因騁私惡收澄之以付廷尉將致大辟夜夢見一神人以烏角如意與之雖是寐中殊自指的既覺便在其頭側可長尺餘形制甚陋澄之遂得無恙後從入關賫以自隨忽失所在

義熙中商靈均爲桂陽太守夢人來縛其身將去形神乖散復有一人云且置之須作衡陽當取之耳商驚寤惆悵永初三年除衡陽守知冥理難逃辭不得免果卒官

殷仲堪在丹徒夢一人曰君有濟物之心豈能移我在高燥處則恩及枯骨矣明日果有棺逐水流下仲堪取而葬之於高岡酹以酒食其夕夢見其人來拜謝一云仲堪游於江濱見流棺接而葬焉旬日間門前之溝忽起爲岸其夕有人通仲堪自稱徐伯元云感君之惠無以報也仲堪因問門前之岸是何祥乎對曰水中有岸其名爲洲君將爲州言終而沒

蔣道支於水側見一浮槎取爲研製形象魚有道家符識及紙皆內魚研中常以自隨二十餘年忽失之夢人云吾暫游湘水過湘君廟爲二妃所留今復還可於水際見尋也道支詰旦至水側見罾者得一鯉魚買剖之得先符識及紙方寤是所夢人俄而雷雨屋上有五色氣直上入雲後人有過湘君廟見此魚研在二妃側

晉書慕容德載記德寢疾初德迎其兄子超於長安及是而至德夜夢其父曰汝既無子何不早立超爲太子不爾惡人生心寤而告其妻曰先帝神明所敕觀此夢意吾將死矣乃下書以超爲皇太子

搜神記周擥嘖者貧而好道夫婦夜耕困息臥夢天公過而哀之敕外有以給與司命按錄籍云此人相貧限不過此惟有張車子應賜錢千萬車子未生請以借之天公曰善曙覺言之於是夫婦戮力晝夜治生輒得貲至千萬先時有張嫗者嘗往周家傭賃野合有身月滿當孕便遣出外駐車屋下産得兒主人往視哀其孤寒作粥糜食之問當名汝兒作何嫗曰今在車屋下而生夢天告之名爲車子周乃悟曰吾昔夢從天換錢外白以張車子錢貸我必是子也財當歸之矣自是居日衰減車子長大富於周家

嫏嬛記殷顒夜夢牛皮上有二土又有赤玉在其上其子年十六解曰牛皮革也二土是圭字是鞋字也赤朱邑朱玉珠字也大人得履乎果然

搜神後記鄭茂病亡殯殮訖未得葬忽然婦及家人夢茂云己未應死偶悶絕爾可開棺出我燒車缸以熨頭頂如言乃活

桓哲字明期居豫章時梅元龍爲太守先已病矣哲往省之語梅云吾昨夜忽夢見作卒迎卿來作泰山府君梅聞之愕然曰吾亦夢見卿爲卒著喪衣來迎

我經數日復同夢如前云二十八日當拜至二十七日晡時桓忽中惡腹滿就梅索麝香丸梅聞便令作凶具二十七日桓便亡二十八日而梅卒

南史孔靖傳靖字季恭會稽山陰人也宋武帝東征孫恩屢至會稽過季恭宅季恭正晝臥有神人衣服非常謂曰起天子在門既而失之遽出適見帝延入結交執手曰卿後當大貴願以身爲託於是曲意禮接贍給甚厚

宋書劉穆之傳穆之字道和小字道民東莞莒人漢齊悼惠王肥後也世居京口少好書傳博覽多通爲濟陽江斆所知斆爲建武將軍琅琊內史以爲府主簿初穆之嘗夢與高祖俱泛海忽值大風驚懼俯視船下見有二白龍夾舫既而至一山峰巒聳秀林樹繁密意甚悅之及高祖克京城問何無忌曰急須一府主簿何由得之無忌曰無過劉道民高祖曰吾亦識之卽馳信召焉時穆之聞京城有叫譟之聲晨起出陌頭屬與信會穆之視不言者久之既而反室壞布裳爲絝往見高祖高祖謂之曰我始舉大義方造艱難須一軍吏甚急卿謂誰堪其選穆之曰貴府始建軍吏寔須其才倉卒之際當略無見踰者高祖笑曰卿能自屈吾事濟矣卽于座受署

異苑劉穆之東莞人世居京口嘗渡揚子江宿夢合兩舡爲舫上施華蓋儀飾甚盛以升天既曉有一老姥問曰君昨夜有佳夢否穆之乃具說之姥曰君必位居端揆言訖不見後官至僕射丹陽尹以元功也

臨川太守謝靈運初錢塘杜明師夜夢東南有人來入其館是夕卽靈運生於會稽旬日而謝元亡其家以子孫難得送靈運於杜治養之十五方還都故名客兒（治奉道之家靜室也）

香案牘王遠知曇首之子母夢靈鳳有身僧寶誌曰生子當爲神仙宗伯

異苑景平中潁川荀茂遠至南康夜夢一人頭有一角爲遠筮曰君若至都必得官問是何職答曰官生於水於是而寤未解所說因復寐又夢部伍至揚州水門墮水而死作棺既成遠入中自試恨小卽見殯殮葬之渚次悵然驚覺以告母兄船至水門過果落江而殞喪儀一如其夢

南史劉敬宣傳敬宣父牢之南討桓元元既得志以牢之爲會稽太守牢之與敬宣謀襲元期以明旦爾日大霧府門晚開日旰敬宣不至牢之謂謀洩乃縊而死敬宣奔喪哭畢就司馬休之高雅之等俱奔洛陽往來長安求救于姚興後奔慕容德敬宣素明天文知必有興復晉室者尋夢丸土服之覺而喜曰丸者桓也桓吞吾當復本土乎乃結青州大姓諸省封謀滅德推休之爲主時德司空劉軌大被任高雅之又要軌謀洩乃相與殺軌而去

王元謨傳元謨爲寧朔將軍前鋒入河受輔國將軍蕭斌節度軍至碻磝元謨進向滑臺圍城二百餘日魏太武自來救之乃夜遁麾下散亡略盡蕭斌將斬之沈慶之固諫曰佛狸威鎮天下控弦百萬豈元謨所當殺戰將以自弱非良計也斌乃止初元謨始將見殺夢人告曰誦觀世音千遍則免元謨夢中曰何可竟也仍見授既覺誦之且得千遍明日將刑誦之不輟忽傳呼停刑

齊武帝本紀帝以宋元嘉二十七年六月己未生於建昌縣之青溪宮將產之夕孝皇后昭皇后並夢龍據屋故小字上爲龍兒年十三夢人以筆畫身左右爲兩翅又著孔雀羽衣裳空中飛舉體生毛髮長至足又有人指上所踐地曰周文王之田

宋宗室傳竟陵王誕遷鎮廣陵左右侍直眠中夢人告之曰官須髮爲稍毦既覺已失髻矣如此者數十人誕甚怪懼

薛安都傳安都河東汾陰人也孝武踐阼除右軍將軍率所領騎爲前鋒直入殿庭以功封南鄉縣男安都初征關陝至白尸夢仰視天見天門開謂左右曰汝等見天門開不至是歎曰夢天門開乃中興之象耶

丘傑傳傑吳興烏程人也十四遭喪以熟菜有味不嘗於口歲餘忽夢母曰死止是分別耳何事乃爾荼苦汝噉生菜遇蝦蟇毒靈牀前有丸藥可取服之傑驚起果得甌甌中有藥服之下科斗子數升丘氏世保此甌大明七年災火焚失之

陶弘景傳弘景丹陽秣陵人也初弘景母郝氏夢兩天人手執金鑪來至其所已而有娠以宋孝建三年景申歲夏至日生

沈慶之傳孝武踐阼以慶之爲領軍將軍尋出爲南兗州刺史加都督鎮盱眙封南昌縣公尋與柳元景俱開府儀同三司固辭改封始興郡公慶之以年滿七十固請辭事以爲侍中左光祿大夫開府儀同三司固讓乃至稽顙自陳言輒流涕上不能奪聽以郡公罷就第月給錢十萬米百斛二衛史五十人初慶

之嘗夢引鹵簿入廁中慶之甚惡入廁之鄙時有善占夢者爲解之曰君必大富貴然未在旦夕問其故答曰鹵簿固是富貴容廁中所謂後帝也知君富貴不在今主及中興之功自五校至是而登三事

前廢帝在悖無道慶之盡言諫爭帝忌之乃遣其從子攸之齎藥賜死時年八十是歲旦慶之夢有人以兩疋絹與之謂曰此絹足度寤而謂人曰老子今年不免矣兩疋八十尺也足度無盈餘矣

梁武帝本紀帝以宋孝武大明元年生于秣陵縣同夏里三橋宅初皇妣張氏嘗夢抱日已而有娠遂產帝

王敬則傳敬則臨淮射陽人也僑居晉陵南沙縣母爲女巫嘗謂人云敬則生時胞衣紫色應得鳴鼓角人笑之曰汝子得爲人吹角可矣敬則年長而兩腋下生乳各長數寸夢騎五色獅子

宋明帝本紀帝夜夢豫章太守劉愔反遣就郡殺之

荀伯玉傳伯玉廣陵人也齊高帝鎭淮陰伯玉爲高帝冠軍刑獄參軍假還廣陵夢上廣陵城南樓上有二青衣小兒語伯玉云草中肅九五相追逐伯玉視城下人頭皆有草泰始七年又夢高帝乘船在廣陵北渚兩腋下有翅不舒伯玉問何當舒帝曰却後三年伯玉夢中自謂是呪師凡六唾呪之有六龍出兩腋下翅皆舒還復斂元徽二年而高帝破桂陽威名大震五年而廢蒼梧謂伯玉曰卿夢今日效矣

張敬兒傳敬兒南陽冠軍人也其母於田中臥夢犬子有角舐之已而有娠而生敬兒故初名狗兒

劉懷珍傳懷珍子靈哲位齊郡太守前軍將軍靈哲所生母嘗病靈哲躬自祈禱夢見黃衣老公與藥曰可取此食之疾立可愈靈哲驚覺于枕間得之如言而疾愈藥似竹根于齋前種葉似鳧茈

齊高帝本紀泰始三年宋明帝遣前淮南太守孫奉伯往淮陰監元會奉伯舊與帝款是行也帝與奉伯同室臥奉伯夢上乘龍上天於下捉龍脚不得及覺叙夢因謂曰兗州當大庇生靈而弟不得與也奉伯竟卒於宋世又參軍崔靈建夢天謂己蕭道成是我第十九子我去年已使授其天子位考自三皇五帝以降受命之文至帝爲十九也

袁湛傳湛弟子淑淑兄子粲字景倩淘弟子也幼孤祖哀之名之曰愍孫嘗疾母憂念晝寢夢見父容色如平生與母語曰愍孫無憂將爲國家器不患沈沒但恐富貴終當傾滅耳母未嘗言及粲貴重恆懼傾滅故自挹損明帝臨崩粲與褚彥回劉勔並受顧命齊高帝革命粲父子皆誅

宋後廢帝本紀帝之生夕明帝夢人乘馬馬無頭及後足有人曰太子也元徽五年領軍將軍蕭道成與直閤將軍王敬則謀殺之

冥祥記宋沙門法稱臨終曰有松山人告我江東劉將軍應受天命吾以三十二璧一餅金爲信宋祖聞之命僧慧義往松山七日七夜行道夢有一長鬚翁指示及覺分明憶所在掘而得之

南史后妃傳齊宣孝陳皇后生高帝年二歲乳人乏乳后夢人以兩甌麻粥與之覺而乳驚因此豐足

齊高帝本紀帝年十七時嘗夢乘青龍上天西行逐日

后妃傳高昭劉皇后諱智容廣陵人也祖元之父壽之並員外郎后母桓氏夢吞玉勝生后時有紫光滿室以告壽之壽之曰恨非是男桓笑曰雖女亦足興家矣年十七裴方明爲子求婚酬許已定后夢見先有迎車至猶如常家迎法后不肯去次有迎至龍旂豹尾有異於常后喜而從之既而與裴氏不成婚竟嬪於上

何尚之傳尚之子偃偃弟子點門世信佛點少時嘗患渴利積歲不愈後在吳中石佛寺建講于講所晝寢夢一道人形貌非常授丸一掬夢中服之自此而差時人以爲淳德所感

紀僧眞傳僧眞丹陽建康人也事齊高帝歷冠軍府參軍主簿僧眞夢蒿艾生滿江驚而白之高帝曰詩詠採蕭蕭即艾也蕭生斷流卿勿廣言

齊宜都王鏗傳鏗高帝第十六子也延興元年明帝誅高武文惠諸子鏗聞之馮左右從容雅步詠陸機弔魏武云昔以四海爲己任死則以愛子托人如此者三左右皆泣後果遣呂文顯齎藥往夜進聽事正逢八關齋鏗謂文顯曰高皇昔寵任君何事乃有今日之行答云出不獲已于是仰藥時年十八初鏗出閤時年七歲陶弘景爲侍讀八九年中甚相接遇後弘景隱山忽夢鏗來慘然言別云某日命過無罪後三年當生某家弘景訪以幽中事多祕不出覺後即遣信出都參訪果與事符同弘景因著夢記云

五代新說華陽隱居性愛松風每聞其響欣然爲樂先隱居母夢青龍自懷而出幷見兩天人執香爐詣之已而娠生隱居遂貞隱與齊宜都王善王被誅夢

來告別因訪幽中事遂著夢記

南史齊南郡王子夏傳子夏武帝第二十三子也上春秋高子夏最幼寵愛過諸子初武帝夢金翅鳥下殿庭搏食小龍無數乃飛上天及明帝初其夢方驗永泰元年子夏誅年七歲

徐羨之傳羨之從孫湛之湛之孫孝嗣在率府晝臥齋北壁下夢見兩童子遽云移公牀孝嗣驚起聞壁有聲行數步而壁崩壓牀

任昉傳昉父遙齊中散大夫遙妻河東裴氏高明有德行嘗晝臥夢有五色采旗蓋四角懸鈴自天而墜其一鈴落入懷中心悸因而有娠占者曰必生才子乃生昉身長七尺五寸幼而聰敏早稱神悟四歲誦詩數十篇八歲能屬文自製月儀辭義甚美褚彥回嘗謂遙曰聞卿有令子相爲喜之所謂百不爲多一不爲少由是聞聲籍甚年十二從叔晷有知人之量見而稱其小名曰阿堆吾家千里駒也

范雲傳雲再遷零陵內史深爲齊明帝所知還除正員郎時高武王侯並懼大禍雲因帝名次曰昔太宰文宣王語臣言嘗夢在一高山上上有一深阬見文惠太子先墜次武帝次文宣望見僕射在室坐御牀備王者羽儀不知此是何夢卿慎勿向人道明帝流涕曰文宣此惠亦難負於是處昭冑兄弟異于餘宗室

齊宗室傳始安王遙光舉事四日而卒未敗之夕城內皆夢群蛇緣城四出各共說之咸以爲異臺軍入城焚居宇且盡

梁武帝本紀齊高帝夢履而登殿顧見武明二帝後一人手張天地圖而不識問之答曰順子後及崔慧景之逼長沙宣武王入援至越城夢乘馬飛半天而墜帝所馭化爲赤龍騰虛獨上

錡夏齊法師曇遷嘗感熱病夜夢月墮其懷乃瞥血食之脆如冰片旣瘥所苦頓除

梁書高祖德皇后郗氏傳后母潯陽公主方娠夢當生貴子及生后有赤光照於室內器物盡明

南史沈約傳武帝有憾於張稷及卒因與約言之約曰左僕射出作邊州刺史已往之事何足復論帝以爲約昏家相爲怒約曰卿言如此是忠臣耶乃輦歸內殿約懼不覺帝起猶坐如初及還未至牀憑空頓於戶下因病夢齊和帝劍斷其舌召巫視之巫言如夢乃呼道士奏赤章於天稱禪代之事不由己出先此約嘗侍宴會豫州獻栗徑寸半帝奇之問栗事多少與約各疏所憶少帝三事約出謂人曰此公護前不讓即羞死帝以其言不遜欲抵其罪徐勉固諫乃止及疾上遣主書黃穆之專知省視穆之夕還增損不即啓聞懼罪竊以赤章事因上省醫徐奘以聞又積前失帝大怒中使譴責者數焉約懼遂卒

王茂傳茂以元勳武帝賜鐘磬之樂茂在州夢鐘磬在格無故自墮心惡之及覺命奏樂旣成列鐘磬在格果無故編皆絕墮地茂謂長史江詮曰此樂天子所以惠勞臣也樂旣極矣能無憂乎俄而病卒

梁宗室傳鄱陽忠烈王恢文帝第十子也初鎭蜀所生費太妃猶停都後于都不豫恢未之知一夜忽夢還侍疾及覺憂惶廢寢食俄而都信至太妃已瘳

梁書柳慶遠傳慶遠從父兄衛將軍世隆嘗謂慶遠曰吾昔夢太尉以褥席見賜吾遂亞台司適又夢以吾褥席與汝汝必光我公族至是慶遠亦繼世隆焉

南史干陀利國傳干陀利國在海南洲上其俗與林邑扶南略同梁天監元年其瞿曇修跋陀羅以四月八日夢一僧謂曰中國今有聖主十年之後佛法大興汝若遣使貢奉禮敬則土地豐樂商旅百倍若不信我則境土不得自安初未之信旣而又夢此僧曰汝若不信我當與汝往觀乃于夢中至中國拜覲天子旣覺心異之陀羅本工畫乃寫夢中所見武帝容質飾以丹青仍遣使幷畫工奉表獻玉盤等物使人旣至模寫帝形以還其國比本畫則符同焉因盛以寶函日加敬禮

梁元帝本紀帝武帝第七子也初武帝夢眇目僧執香爐稱託生王宮旣而帝母在采女次侍始褰戶幔有風回裾武帝意感幸之采女夢月墮懷中遂孕天監七年八月丁巳生帝舉室中非常香有紫胞之異武帝奇之因賜采女姓阮進爲修容帝初生患眼醫療必增武帝自下意療之遂盲一目乃憶先夢彌加愍愛

后妃傳文宣阮太后諱令嬴會稽餘姚人也本姓石初齊始安王遙光納焉遙光敗入東昏宮建康城平爲武帝采女在孕夢龍罩其牀天監六年生元帝于後宮

吉士瞻傳士瞻爲西陽武昌二郡太守在郡清約家無私積始士瞻夢得一積鹿皮從而數之有十一領及覺喜曰鹿者祿也吾當居十一祿乎自其仕進所蒞已久及除二郡心惡之遇疾不肯療普通七年卒

於郡

梁簡文帝本紀帝昭明太子母弟也封晉安王中大通三年被徵入朝未至而昭明太子謂左右曰我夢與晉安王對奕擾道我以班劍授之王還當有此加乎四月昭明太子薨五月丙申立晉安王爲皇太子

何尚之傳尚之子偃偃弟子引字子季與二兄求點發迹雖異克終皆隱世謂何氏三高大通三年卒年八十六先是引疾妻江氏夢神告曰汝夫壽盡既有至德應獲延期爾當代之妻覺說焉俄得患而卒引疾乃瘳至是引夢見一神女并八十許人並衣袷行列在前俱拜牀下覺又見之便命營凶具既而疾困不復瘳

侯景傳景矯蕭棟詔禪位改元初大同中太醫令朱耽嘗直禁省無何夢犬羊各一在御座覺而告人曰犬羊非佳物也今據御座將有變乎既而天子蒙塵景登正殿焉

南史江淹傳淹少以文章顯晚節才思微退云爲宣城太守時罷歸始泊禪靈寺渚夜夢一人自稱張景陽謂曰前以一疋錦相寄今可見還淹探懷中得數尺與之此人大恚曰那得割截都盡顧見丘遲謂曰餘此數尺既無所用以遺君自爾淹文章躓矣又嘗宿於冶亭夢一丈夫自稱郭璞謂淹曰吾有筆在卿處多年可以見還淹乃探懷中得五色筆一以授之爾後爲詩絕無美句時人謂之才盡

珍珠船江淹夢神人授五色筆識者謂五臟神

南史鄭灼傳灼受業於皇侃少時嘗夢與侃遇於途侃謂曰鄭郎開口侃因唾灼口中自後義理益進

紀少瑜傳少瑜丹陽秣陵人也年十三能屬文嘗夢陸倕以一束青鏤管筆授之云我以此筆猶可用卿自擇其善者其文因此益進

劉勰傳勰撰文心雕龍五十篇論古今文體其序略云予齒在逾立嘗夜夢執丹漆之禮器隨仲尼而南行寤而喜曰大哉聖人之難見也乃小子之垂夢歟自生靈以來未有如夫子者也敷讚聖旨莫若注經而馬鄭諸儒弘之已精就有深解未足立家唯文章之用實經典枝條五禮資之以成六典因之致用於是搦筆和墨乃始論文其爲文用四十九篇而已

劉懷珍傳懷珍從子懷慰懷慰子霽字士湮母胡氏寢疾霽年已五十衣不解帶者七旬誦觀世音經數萬遍夜中感夢見一僧謂曰夫人筭盡君精誠篤志當相爲申延後六十日餘乃亡

渚宮故事梁劉之亨仕南郡嘗夢二人姓李詣之亨乞命之亨不解其意既明有人遺生鯉兩頭之亨曰必夢中所感乃放之其夕夢二人謝恩云當令君延一筭

五代新說陳徐僕射陵母臧氏夢五色雲化作鳳集在肩已而誕之寶誌師摩其頂曰天上石麒麟也及長才學過人目有青睛時人以爲聰明之相

陳書世祖本紀梁太清初夢兩日鬬一大一小大者光滅墜地色正黃其大如斗世祖因三分取一而懷之

梁書朱异傳异遷中領軍舍人如故高祖夢中原平舉朝稱慶旦以語异异對曰此宇內方一之徵及侯景歸降敕召羣臣議尚書僕射謝舉等以爲不可高祖欲納之未決嘗夙興至武德閣自言我國家承平若此今便受地詎是事宜脫致紛紜悔無所及异探高祖微旨應聲答曰聖明御宇上應蒼元北土遺黎誰不慕仰爲無機會未達其心今侯景分魏國大半輸誠送款遠歸聖朝豈非天誘其衷人奬其計原心審事殊有可嘉今若不容恐絕後來之望此誠易見願陛下無疑高祖深納异言又感前夢遂納之

南史到彥之傳彥之孫撝溉字茂灌撝弟子也湘東王繹爲會稽太守以溉爲輕車長史行府郡事武帝敕繹曰到溉非直爲汝行事足爲汝師溉嘗夢武帝遍見諸子至湘東而脫帽與之於是密敬事焉

溉子鏡字圓照初在孕其母夢懷鏡及生因以名焉

褚裕之傳裕之兄子湛之湛之子彥回高帝崩遺詔以爲錄尚書事尋增班劍頃之寢疾彥回少時嘗篤病夢人以卜蓍一具與之遂差其一至是年四十八矣

劉虯傳虯子之遴爲荊州中從事梁簡文臨荊州仍遷宣惠記室後除南郡太守轉西中郎湘東王繹長史太守如故初之遴在荊府常寄居南郡忽夢前太守袁彖謂曰卿後當爲折臂太守卽居此中之遴後牛奔墮車折臂右手偏直不復得屈伸書則以手就筆歎曰豈黥而王乎周捨嘗戲之曰雖復並坐可橫政恐陋巷無枕後連相兩王再爲此郡

梁簡文帝本紀帝謂舍人殷不害曰吾昨夢吞土試思之不害曰昔重耳餽塊卒反晉國陛下所夢將符是乎帝曰儻幽冥有徵冀斯言不妄

侯景傳景至闕下遣百道攻城縱火燒大司馬東西

華諸門城中倉卒未有備乃鑿門樓下水沃火久之方滅賊又斫東掖門將入羊侃鑿門扇刺殺人賊乃退又登東宮牆射城內至夜簡文募人出燒東宮臺殿遂盡所聚圖籍數百廚一旦灰燼先是簡文夢有人畫作秦始皇云此人復焚書至是而驗

梁元帝本紀帝始在尋陽夢人曰天下將亂王必維之又武帝勅賀革爲帝府諮議使講三禮革西上意甚不悅過別御史中丞江革革告之曰吾嘗夢主上徧見諸子至湘東王脫帽授之此人後必當璧卿其行乎革頷之及太清之禍遂膺歸運

梁書鮑泉傳泉之爲南討都督也其友人夢泉得罪於世祖覺而告之後未旬果見囚執頃之又夢泉著朱衣而行水上又告泉曰君勿憂尋得免矣因說其夢泉密記之俄而復見任皆如其夢

南史侯景傳景南奔魏相高澄悉命先剝景妻子面皮以大鐵鑊盛油煎殺之女以入宮爲婢男三歲者並下蠶室後齊文宣夢獼猴坐御牀乃並煑景子于鑊其子之在北者殲焉

陳武帝本紀帝嘗遊義興館于許氏夢天開數丈有四人朱衣捧日而至納之帝口及覺腹內猶熱帝心獨喜大寶二年侯景廢簡文立豫章嗣王棟帝遣沈袞奉表勸進承制授帝東揚州刺史領會稽太守帥師發自豫章進次大雷軍人杜稜夢雷池君周何神自稱征討大將軍乘朱航陳甲仗稱下征侯景須臾便還云已殺景竟三月帝與諸軍進剋姑熟

陳後主本紀初武帝始即位其夜奉朝請史普直宿省夢有人自天而下導從數十至太極殿前北面執玉策金字曰陳氏五帝三十二年

陳書章昭達傳昭達定閩中盡擒留異陳寶應等以功授鎮前將軍開府儀同三司初世祖嘗夢昭達升於台鉉及旦以夢告之至是侍醼世祖顧昭達曰卿憶夢不何以償夢昭達對曰當效犬馬之用以盡臣節自餘無以奉償

韓子高傳子高會稽山陰人也家本微賤侯景之亂寓在京都景平文帝出守吳興子高年十六爲總角容貌美麗狀似婦人于淮渚附部伍寄載欲還鄉文帝見而問之曰能事我乎子高許諾子高本名蠻子文帝改名之性恭謹勤于侍奉恆執備身刀及傳酒炙文帝性急子高恆會意旨及長稍習騎射頗有膽決願爲將帥及平杜龕配以士卒文帝甚寵愛之未嘗離于左右文帝嘗夢見騎馬登山路危欲墮子高推捧而升文帝之討張彪也沈泰等先降文帝據有州城周文育鎮北郭香巖寺張彪自剡縣夜還襲城文帝自北門出倉卒闇夕軍人擾亂文育亦未測文帝所在唯子高在側文帝乃遣子高自亂兵中往見文育反命酬答于闇中又往慰勞衆軍文帝散兵稍集子高引道入文育營因共立柵明日與彪戰彪將申縉復降彪奔松山浙東平文帝乃分麾下多配子高子高亦輕財禮士歸之者甚衆文帝嗣位除右軍將軍

北史魏道武帝本紀帝諱珪昭成皇帝之嫡孫獻明帝之子也母曰獻明賀皇后初因遷徙游于雲澤寢夢日出室內寤而見光自牖屬天欻然有感以建國三十四年七月七日生帝于參合陂北其夜復有光明昭成大悅羣臣稱慶

魏書崔浩傳初浩搆害李順基萌已成夜夢秉火爇順寢室火作而順死浩與室家羣立而觀之俄而順弟息大哭而出曰此輩吾賊也以戈擊之悉投于河寤而惡之以告館客馮景仁景仁曰此眞不善也非復虛事夫以火爇人暴之極也階亂兆禍復已招也商書曰惡之易也如火之燎于原不可向邇其猶可撲滅乎且兆始惡者有終殃積不善者無餘慶厲階成矣公其圖之浩曰吾方思之而不能悛至是而族

濟陰王小新成傳小新成子鬱鬱長子弼字邕明剛正有文學位中散大夫以世嫡應襲先爵爲季父尚書僕射麗因于氏親寵遂奪弼王爵橫授同母兄子誕於是弼絕棄人事託疾還私第世宗徵爲侍中弼上表固讓入嵩山以穴爲室布衣蔬食卒建義元年子暉業訴復王爵永安三年追贈尚書令司徒公謚曰文獻初弼嘗夢人謂之曰君身不得傳世封其紹先爵者君長子紹遠也弼覺即語暉業終如其言

南安王楨傳楨子英英子熙元叉矯詔殺清河王懌熙乃起兵爲長史柳元章等所執元叉斬之于鄴街傳首京師熙於任城王澄薨前夢有人告之曰任城當死死後二百日外君亦不免若其不信試看任城家熙夢中顧瞻任城第舍四面牆崩無遺堵焉熙惡之覺而以告所親及熙之死也果如所夢

裴駿傳駿從弟安祖值天熱舍於樹下有鷙鳥逐雉雉急投之遂觸樹而死安祖愍之乃取置陰地徐徐護視良久得蘇喜而放之後夜忽夢一丈夫衣冠甚偉著繡衣曲領向安祖再拜安祖怪問之此人云感

君前日見放故來謝德聞者異焉

鄭範傳範除平東將軍青州刺史假范陽公範前解州還京也夜夢陰毛拂踝他日說之時齊人有占夢者曰史武進云豪盛於齊下矣使君臨撫東秦道光海岱必當重牧全齊再祿營丘矣範笑而答曰吾將爲卿必驗此夢果如其言

北史魏宣武帝本紀帝母高夫人初夢爲日所逐避於牀下日化爲龍繞己數匝寤而驚悸遂有娠

江式傳式少專家學數年中常夢兩人時相教授及寤每有記識

魏書任城王澄傳高祖至北邙遂幸洪池命澄侍高祖曰朕昨夜夢一老公頭鬢皓白冠服拜立路左自云晉侍中嵇紹奉迎神爽卑懼似有求焉澄對曰嵇紹晉之忠臣比干殷之良士二人俱死於王事墳塋並在道周陛下徙御殷洛經瀍墟而弔比干至洛陽而遺嵇紹當是希恩感夢高祖曰朕何德能幽感達士既有此夢或如任城所言於是求其兆域遣使弔祭焉

北史奚康生傳康生於南山立佛圖三層先死忽夢崩壞沙門有爲解云檀越當不吉利無人供養佛圖故崩耳康生稱然竟及于禍

伽藍記楊元慎善於解夢孝昌中廣陽王淵初除儀同三司總衆十萬討葛榮夜夢著袞衣倚槐樹而立以爲吉徵問於元慎曰三公之祥淵甚悅元慎退還告人曰廣陽死矣槐字是木傍鬼死後當得三公廣陽果爲葛榮所殺追贈司空公終如其言建義初陽城太守薛令伯聞太原王誅百官立莊帝棄郡東走忽夢射得鴈以問元慎元慎曰卿執羔大夫執鴈君當得大夫之職俄然令伯除爲諫議大夫京兆尹許超夢盜羊入獄問於元慎曰君當得陽城令其後有功封陽城侯元慎解夢義出萬途隨意會情皆有神驗雖令與侯小乖按令百里即是古諸侯以此論之亦爲妙著時人譬之周宣

魏書靈徵志肅宗孝昌二年十月揚州刺史李憲表云門下督周伏興以七月患假還家至十一日夜夢渡肥水行至草堂寺南遙見七人一人乘馬著朱衣籠冠六人從後與路左而立至便再拜問與何人興對曰李公門下督暫使硤石其人語興君可囘我是孝文皇帝中書舍人遣語李憲勿憂賊堰此月破矣興行兩步錄興姓字令興速白興寤曉遂還城具言夢狀七月二十七日堰破

爾朱榮傳榮討葛榮大破之擒葛榮榮將戰之夜夢一人從葛榮索千牛刀而葛榮初不肯與此人自稱我是道武皇帝汝何敢違葛榮乃奉刀此人手持授榮既寤而喜自知必勝

爾朱兆傳兆將向洛也遣使招齊獻武王欲與同舉王時爲晉州刺史謂長史孫騰曰臣而伐君其逆已甚我今不往彼必致恨卿可往申吾意但云山蜀未平今方攻討不可委之而去致有後憂定蜀之日當隔河爲犄角之勢如此報之以觀其趣騰乃詣兆具申王言兆殊不悅且曰還白高兄弟有吉夢今段之行必有尅獲騰問王夢如何兆答曰吾比夢吾亡父登一高堆堆旁之地悉皆耕熟唯有馬蘭草株往往猶在吾父問言何故不拔左右曰堅不可去吾父顧我令下拔之吾手所至無不盡出以此而言往必有利騰還具報王曰兆等猖狂舉兵犯上吾今不同猜忌成矣勢不可反事介朱今也南行天子列兵河上兆進不能渡退不得還吾乘山東下出其不意此徒可以一舉而擒俄而兆尅京師孝莊幽縶都督尉景從兆南行以書報王王得書大驚

北史魏孝武帝本紀帝年十八封汝陽縣公夢人有從諱謂己曰汝當大貴得二十五年

魏書盧元傳元孫昶昶子元明永熙末居洛東緱山乃作幽居賦焉於時元明友人王由居潁川忽夢由攜酒就之言別賦詩爲贈及明憶其詩十字云自茲一去後市朝不復遊元明嘆曰由性不狎俗旅寄人間乃今有夢又復如此必有他故經三日果聞由爲亂兵所害尋其亾日乃是得夢之夜

北史宇文貴傳貴母初孕貴夢老人抱一子授之曰賜爾是子俾壽且貴及生形類所夢故以永貴字之

北齊書李元忠傳元忠歷衞尉卿初元忠將仕夢手執炬火入其父墓中夜驚起甚惡之旦告其受業師占云大吉此謂光照先人終致貴達矣

北史齊神武本紀神武嘗夢履衆星而行覺而內喜

宋繇傳繇孫遊道與頓丘李獎交子構居貧遊道命其求三富人死事判免之凡得錢百五十萬遊道死後構爲定州長史遊道第三子士遜爲墨曹博陵王管記與典籤共誣奏構構於禁所祭遊道而訴焉士遜晝臥如夢者見遊道怒己曰我與構恩義汝豈不知何共小人謀陷清直之士士遜驚跪曰不敢不敢旬日而卒

齊文襄本紀梁將蘭欽子京見虜文襄以配廚欽求贖之不許京再訴文襄使監廚蒼頭薛豐洛杖之曰更訴當殺汝京與其黨六人謀作亂時文襄將受魏禪與陳元康崔季舒屏左右謀於北城東柏堂時京將進食文襄却之謂人曰昨夜夢此奴斫我又曰急殺却京聞之寘刀於盤下冒言進食文襄見之怒曰我未索食何遽來京揮刀曰將殺汝文襄自投傷足入牀下賊黨至去牀因見弒

齊文宣本紀帝既爲王夢人以筆點己額旦日以語館客王曇晢曰吾其退乎曇晢拜賀曰王上加點爲主當進也

陽尼傳尼從子固固子休之在洛將仕夜夢見黃河北驛道上行從東向西道南有一塚極高大休之步登塚頭見一銅柱趺爲蓮花形休之從西北登一柱礎上以手捉一柱柱遂右轉休之呪曰柱轉三匝吾至三公柱遂三匝而止休之尋寤意如在鄴城東南者其夢竟驗云

鄭義傳義孫述祖能鼓琴自造龍吟十弄云嘗夢人彈琴寤而寫得當時以爲絕妙

李崇傳崇弟子諧諧子庶妻元羅女也庶亡後元氏更適趙起嘗夢庶謂己曰我薄福託劉氏爲女明旦當出彼家甚貧恐不能見養夫妻舊恩故來相告君宜乞取我劉家在七帝坊十字街東南入窮巷是也元氏不應庶曰君似懼趙公意我自說之於是起亦夢焉起寤問妻言之符合遂持錢帛躬往求劉氏如所夢得之養女長而嫁焉

祖瑩傳瑩子珽字孝徵授著作郎數上密啓爲孝昭所忿長廣王因言殿下有非常骨法孝徵夢殿下乘龍上天王謂曰若然當使兄大富貴及卽位是爲武成皇帝擢拜中書侍郎

北齊書後主本紀後主母曰胡皇后夢於海上坐玉盆日入裙下遂有娠天保七年五月五日生帝於幷州邸

馬敬德傳敬德天統初除國子博士世祖爲後主擇師傅趙彥深進之入爲侍講其妻夢猛獸將來向之敬德走超叢棘妻伏地不敢動敬德占之曰吾當得大官超棘過九卿也爾伏地夫人也

北史齊幼主本紀初河清末武成夢大蝟攻破鄴城故索境內蝟膏以絕之識者以後主名聲與蝟相協亾齊徵也

五代新說周文帝母王氏孕夢抱子升天纔上至天而墜故帝未受禪而崩背有黑子宛轉若龍覆之形手垂過膝面有紫色

龍城錄隋開皇中趙師雄遷羅浮一日天寒日暮在醉醒間因憩僕車於松林間酒肆旁舍見一女人淡妝素服出迓師雄時已昏黑殘雪對月色微明師雄喜之與之語但覺芳香襲人語言極淸麗因與之扣酒家門得數杯相與飲少頃有一綠衣童來笑歌戲舞亦自可觀頃醉寢師雄亦懵然但覺風寒相襲久之時東方已白師雄起視乃在大梅花樹下上有翠羽啾嘈相須月落參橫但惆悵而已

隋唐嘉話隋文帝夢洪水沒城意惡之乃移都大興術者云洪水卽唐高祖之名也

隋書五行志陳後主時夢黃衣人圍城後主惡之繞城橘樹盡伐去之隋高祖受禪之後上下通服黃衣未幾隋師攻圍之應也

許智藏傳智藏世號名醫秦孝王俊有疾上馳召之俊夜中夢其亡妃崔氏泣曰本來相迎比聞許智藏將至其人若到當必相苦爲之奈何明夜俊又夢崔氏曰妾得計矣當入靈府中以避之及智藏至爲俊診脈曰疾已入心卽當發癎不可救也果如言俊數日而薨上奇其妙賚物百段

海山記隋煬帝生時有紅光燭天里中牛馬皆鳴先是獨孤后夢龍出身中飛高十餘里龍墮地尾輒斷以告文帝帝沈吟默塞不答帝三歲戲於文帝前文帝抱之玩視甚久曰是兒極貴恐破我家自茲雖愛帝而亦不快於帝

帝中夜潛入棲鸞院時夏氣暄煩院妃慶兒臥於簾下初月照軒頗明朗慶兒睡中驚魘若不救者帝自扶起久方淸醒帝曰汝夢中何故如此慶兒曰妾夢中如常時帝握妾臂遊十六院至第十院帝入院坐殿上俄時火發妾乃奔走回視帝坐烈焰中驚呼人救帝自强解曰夢死得生火有威烈之勢吾居其中得威者也大業十年幸江都被弒帝入第十院居火中此其應也

北史薛辯傳辯五世孫端端弟裕嘗宿宴於薛夐之廬後庭有井裕夜出戶若有人欲牽其手裕便却行落井同坐共出之裕曰墜井蓋小小耳方當逾於此也人問其故裕曰近夢恐有兩楹之憂尋卒

王慧龍傳慧龍五世孫劭修起居注上夢欲上高山而不能得崔彭捧脚李盛扶肘乃得上因謂彭曰死

生當與爾俱」勖曰此夢大吉上高山者明高崇大安永如山也彭猶彭祖李猶李老二人扶持實爲長壽之徵上聞之喜見容色其年上崩

大業拾遺記越溪進耀光綾綾紋突起有光彩人收野繭繰之繰絲女夜夢神人告之禹穴三千年一開汝所得野繭卽江淹文集中壁魚所化也絲織爲裳必有奇文織成果符所夢故進之

烟花記煬帝沉湎失度每睡須搥頓勞動方就一夢侍兒韓俊娥尤得意每就枕必令振聳支節常得美睡因呼爲來夢兒

庶徵典第一百四十八卷

夢部紀事三

洛中記異錄唐高祖神堯皇帝將舉師入長安忽夜夢身死墜于牀下爲羣蛆所食及覺甚惡之乃詣智滿禪師而密話之滿卽賀曰公得天下矣帝大驚謂滿曰何謂也滿曰其死是斃也墜于牀是下也羣蛆所食者是億兆之所趨附也臣不敢直指天子故曰陛下是至尊之象也甚喜又曰貧道爲沙彌日常工易今敢爲公占之及卦成曰得乾飛龍在天又是帝王之徵也時太宗侍帝之側滿又曰公子大人及去又語帝曰此公子福德無量何憂天下乎帝與太宗俱大悅帝至霍邑又夢甲馬無數見滿帝問是何軍伍對曰是公身中神也若無此何以威制天下後數夜復作前夢帝覺召太宗言之復曰吾事濟矣太宗拜于前連呼萬歲者四帝復大悅其後果卽位乃復營其寺賜額爲興儀寺以太原帝舊田宅業產並賜之永充常住今之寺內見有圓夢堂乃塑師與帝並在後

唐書裴寂傳寂字元眞蒲州桑泉人幼孤兄鞠之年十四補郡主簿及長偉容貌涉知書傳隋開皇中調左親衞家貧徒步走京師過華山祠祈神自卜夜夢老人謂曰君年踰四十當貴

酉陽雜俎侯君集與承乾謀通逆意不自安忽夢二甲士錄至一處見一高冠彭髯叱左右取君集威骨來俄有數人操屠刀開其腦上及右臂間各取骨一片狀如魚尾嚊嚶而覺腦臂猶痛自是心悸力耗至不能引一鈞弓欲自首不決而敗

冊府元龜徐慶太宗時爲征遼判官有一典不得姓名慶在軍忽夢已化爲羊爲典所殺覺懼流汗至曉典判案慶問曰汝夜有夢否典云夢公爲羊某屠之繇是慶不食羊則天時慶至司農少卿雍州司馬時典已任大理獄丞後慶被誣與內史令裴炎通謀慶應援英公徐敬業揚州反被執送大理忽見丞抑獄慶流涕謂曰征遼之夢今當應之及被戮竟丞引之

唐書李嶠傳嶠字巨山趙州贊皇人早孤事母孝爲兒時夢人遺雙筆自是有文辭

金鑾密記則天后嘗夢一鸚鵡羽毛甚偉兩翅俱折以問宰臣群公默然內史狄仁傑曰鵡者陛下姓也兩翅折陛下二子廬陵相王也陛下起此二子兩翅全也武承嗣武三思連項皆赤後契丹圍幽州檄朝廷曰還我廬陵相王來則天乃憶狄公之言曰卿曾爲我占夢今乃應矣朕欲立太子何者爲得仁傑曰陛下有賢子外有賢姪取舍詳擇斷在聖衷則天曰我自有聖子承嗣三思是何疥癬承嗣等懼掩耳而走卽降勅追廬陵立爲太子充元帥初募兵無有應者聞太子行北邙山頭兵皆滿無容人處賊自退散

唐書上官昭容傳昭容名婉兒母鄭方娠夢巨人畀大稱曰持此稱量天下

嘉話錄上官昭容者侍郎儀之孤也儀有罪婦鄭氏塡宮遺腹生昭容其母將誕之夕夢人與稱曰持之稱量天下鄭氏冀其男也及生昭容母視之曰稱量天下豈汝耶嘔啞如應曰是

冊府元龜張鷟字文成聰警絕倫書無不覽爲兒童時夢紫色大鳥五彩成文降于家庭其母謂之曰五色赤文鳳也紫文鸑鷟也爲鳳之佐吾兒當以文章瑞于朝廷因以爲名字後終於司門員外郎

唐書尹知章傳知章絳州翼城人少雖學未甚通解忽夢人持巨鑿破其心內若劑焉驚寤志思開徹遂徧明六經諸生嘗講授者更北面受大義

紀王愼傳愼子琮義陽王叡楚國公秀襄陽郡公獻廣化郡公欽建平郡公五人並爲武后所殺神龍初以證嗣王擢左驍衞將軍堯子行同嗣琮二子行遠行芳行休始琮與二弟同死桂林開元四年行休請身迎柩旣至無封樹議者謂不可復得行休掃地布席以祈是夜夢王乘舟舟判爲二旣而適野見東洲中斷乃悟焉又靈堂鎖一夕整自屈管上有指迹一奇二並使卜人筮之曰屈於文爲尸出指者示也一奇二並二殯也先王告之矣乃趣其所發之如言而一節獨闕行休號而寢夢琮告曰在洛南洲明日直殯南得之於是以三喪歸陪葬昭陵

冊府元龜崔湜爲中書令景雲中坐事徙嶺外與尚書左丞盧藏用同配流俱行湜謂藏用曰家弟承慰

或冀寬宥因遲留不速進行至荆州夢於講堂照鏡自以爲鏡者明象吾當爲人主所明也以告占夢人張中中退曰講堂者受法之所鏡者于文爲立見金此非吉徵其日追使至縊於驛中

唐書楊皇后傳元宗在東宮后入宮爲良媛時太平公主忌帝而宮中左右持兩端纖悉必聞媛方娠帝不自安密語侍讀張說曰用事者不欲吾多子奈何命說挾劑以入帝于曲室自煮之夢若有介而戈者環鼎三而三煑盡覆以告說說曰天命也乃止生男是爲肅宗

龍城錄上皇登極夢二龍一符自紅霧中來上大隷姚崇宋璟四字扐之兩大樹上蜿蜒而去夢廻上名申王圓兆王進曰兩木相也二人名爲天遣龍致於樹即知崇璟當爲輔相兆矣上嘆異之

遺史紀聞明皇所幸美人王氏數夢人招飲密會具言于上上曰必術士所爲汝若再往以物誌之其夕夢中又往因就研中濡手印於屏風上既寤即告潛索於外果于東明觀中得其手印紋而道士已遁矣

春渚紀聞明皇時太眞妃得白鸚鵡聰慧可愛妃每有燕遊必置之輦竿自隨一日鸚鵡忽低首愁慘太眞呼問之云鸚鵡夜夢甚惡恐不免一死已而太眞妃出後苑有飛鷹就輦攫之而去宮人多於金花紙上寫心經追薦之

太眞外傳元宗嘗夢仙子十餘輩御卿雲而下各執樂器懸奏之曲度清越眞仙府之音有一仙人曰此神仙紫雲廻今傳授陛下爲正始之音上喜而傳受寤後餘響猶在旦命玉笛習之盡得其節奏也

元宗在東都晝夢一女容貌豔異梳交心髻大袖寬衣拜於牀前上問汝何人曰妾是陛下凌波池中龍女衞宮護駕妾實有功今陛下洞曉鈞天之音乞賜一曲以光族類上于夢中爲鼓胡琴拾新舊之曲聲爲凌波曲龍女再拜而去及覺盡記之會禁樂自御琵琶習而翻之與文武臣僚于凌波宮臨池奏新曲池中波濤湧起復有神女出池心乃所夢之女也上大悅語于宰相因于池上置廟每歲命祀之

龍城錄開元六年上皇與申天師道士鴻都客八月望日夜因天師作術三人同在雲上遊月中過一大門在玉光中飛浮宮殿往來無定寒氣逼人露濡衣袖皆濕頃見一大宮府榜曰廣寒清虛之府其守門兵衞甚嚴白刃粲然望之如凝雪時三人皆止其下天師引上皇起躍身如在烟霧中下視王城崔巍但聞清香靄鬱視下若萬里琉璃之田其間見有仙人道士乘雲駕鶴往來若遊戲少焉步向前覺翠色冷光相射目眩極寒不可進下有素娥十餘人皆皓衣乘白鸞往來舞笑于廣陵大桂樹之下又聽樂音嘈雜亦甚清麗上皇素解音律熟覽而意已傳頃天師亟欲歸三人下若旋風忽悟若醉中夢廻爾次夜上皇欲再求往天師但笑謝而不允上皇因想素娥風中飛舞編律成音製霓裳羽衣舞曲自古暨今清麗無復加于是矣

朝野僉載張鷟初爲岐王屬夜夢著緋乘驢睡中自怪我衣綠裳乘馬何爲衣緋乘驢其年應舉及第授鴻臚丞未經考而授五品此其應也

史思明叛逆將爲其下所殺其夜思明夢而覺據案惆悵思明好伶人寢食常置左右以其殘忍皆怨之及此問其故思明曰吾向夢見水中沙上有羣鹿吾逐鹿及渡水而至沙上鹿死水盡言畢如厠伶人相謂曰鹿者祿也水者命也胡祿與命俱盡矣是夕思明爲朝義所殺

談苑李太白少時夢筆頭生花後天才贍逸名聞天下

雲仙雜記蕭穎士少夢有人授紙百番開之皆是繡花又夢裁錦因此文思大進

夢游錄天寶初有范陽盧子在都應舉頻年不第漸窘迫歲暮騎驢遊行見一精舍中有僧開講聽徒甚衆盧子方詣講筵倦寐夢至精舍門見一青衣攜一籃櫻桃在下坐盧子訪其誰家因與青衣同餐櫻桃青衣云娘子姓盧嫁崔家今孀居在城因訪近屬即盧子再從姑也青衣曰豈有阿姑同在一都郎君不往起居盧子便隨之過天津橋入水南一坊有一宅門甚高大盧子立門下青衣先入少頃有四人出門與盧子相見皆姑之子也一任戶部郎中一前任鄭州司馬一任河南功曹一任太常博士二人衣緋二人著綠形貌甚美相見言叙頗極歡暢斯須引入北堂拜姑姑衣紫衣年可六十許言辭高朗威嚴甚肅盧子畏懼莫敢仰視令坐悉訪內外備諳氏族遂問兒婚姻未盧子曰未姑曰吾有一外甥女姓鄭早孤遺吾妹鞠養甚有容質頗有令淑當爲兒婦平章計必允遂盧子遽即拜謝乃遣迎鄭氏妹有頃一家並到車馬甚盛遂檢曆擇日云後日吉因與盧子定謝姑云聘財函信禮物兒並莫憂吾悉與處置兒在城

有何親故並抄名姓并其家第凡三十餘家並在臺省及府縣官明日下函其夕成結親事華盛殆非人間明日設席大會都城親表拜禮畢遂入一院院中屏幃牀席皆極珍異其妻年可十四五容色美麗宛若神仙盧生心不勝喜遂忘家屬俄又及秋試之時姑曰禮部侍郎與姑有親必合極力吏勿憂也明春遂擢第又應宏詞姑曰吏部侍郎與兒子弟當家連官情分偏洽令渠爲兒必取高第及榜出又登甲科授祕書郎姑云河南尹是姑堂外甥令渠奏畿縣尉數月敕授王屋尉遷監察轉殿中拜吏部員外郎判南曹銓畢除郎中餘如故知制誥數月即直遷禮部侍郎兩載知舉賞鑒平允朝廷稱之改河南尹旋屬車駕還京遷兵部侍郎扈從到京除京兆尹改吏部侍郎三年掌銓甚有美譽遂拜黃門侍郎平章事恩渥綢繆賞賜甚厚作相五年因直諫忤旨改左僕射罷知政事數月爲東都留守河南尹兼御史大夫自婚媾後至是經三十年有七男三女婚宦俱畢內外諸孫十人後因出行却到昔年逢攜櫻桃青衣精舍門復見其中有講筵下馬禮謁以故相之尊處端揆居守之重前後導從頗極貴盛高自簡貴輝映左右升殿禮佛忽然昏醉良久不起耳中聞講僧唱云檀越何久不起忽然夢覺乃見著白衫服飾如故前後官吏一人亦無徬徨迷惑徐徐出門乃見小豎提驢執帽在門外立謂盧曰人饑驢饑郎君何久不出盧訪其時奴曰日向午矣盧子罔然歎曰人世榮華窮達富貴貧賤亦當然也而今而後不更求官達矣遂尋仙訪道絕跡人世焉

大唐新語右補闕毋煚直集賢無何以熱疾暴終初煚夢著衣冠上北邙山親友相送及至山頂回顧不見一人意惡之及卒僚友送至北邙山咸如所夢

朝野僉載洛州杜元有牛一頭元甚憐之夜夢見其牛有兩尾以問占者李仙藥曰牛字有兩尾失字也經數日果失之

冊府元龜肅宗初爲皇太子天寶十三載觀安祿山有悖逆之狀恐危宗廟遂精誠祈夢其夜夢故內侍普寂等二人昇一紫案覆一黃帕自天而下直至帝前素版丹書文字甚多既寤所記者維四句曰厥不云乎其惟其時上天所保福祿不虧

誠齋雜記桃源女子吳寸趾夜恆夢與一書生合問其姓氏曰僕瘦腰郎君也女意其爲休文昭略入夢耳久之若眞焉一日晝寢書生忽見形入女帳既合而去出戶漸小化作蜂飛入花叢中女取養之自後恆引蜜蜂至女家甚多其家竟以作蜜與富甲里中寸趾以足小得名天寶中事也

杜陽雜編李輔國恣橫無君上切齒久矣因寢夢登樓見高力士領兵數百鐵騎以戟刺輔國首流血洒地前後歌呼自北而去遣謁者問其故力士曰明皇之令也上覺亦不敢言輔國尋爲盜所殺上異之方以夢語於左右

柳氏舊聞肅宗在宮上至顧見宮中庭宇不洒掃而樂器久屏塵埃積其間左右使令無有妓女上爲之動色詔掖庭令按籍閱視得三人以賜太子而章敬吳皇后在選中頃之后侍寢不寤吟呼若有痛苦氣不屬者肅宗呼之不解竊自計曰上始賜我卒無狀不寤上安知非吾護視不謹邪遽秉燭視之良久乃寤肅宗問之后以手按其左脇曰妾向夢中有神人長丈餘介金甲以操劍顧謂妾曰帝命吾與汝爲子自左脅以劍決而入決處痛殆不可忍及今未之已也肅宗驗之於燭下則若有綖而赤者存焉遽以狀聞遂生代宗

唐詩紀事張志和字子同婺川人母夢楓生腹上而產志和十六擢明經肅宗時貶南浦尉不復仕居江湖自稱煙波釣徒

元散詩話沈雲卿夢啖羹甚寒仰見天上有無二兩字明日以告金迴秀迴秀曰羹寒無火也非美乎天無二字非人乎以鄙人觀之君當有美人桑中之喜也沈是日果遇美人苗蘊顏色絕代才調無雙沈有詩云十三學繡傍金窗十六梳頭壓大邦色比昭陽人第一才同江夏士無雙沈謂金曰子之占夢即索統周宣不過也

集異記張相公鎰大曆中守工部尚書判度支因奏事稱旨代宗面許宰相恩澤獨厚張公日冀而累旬無耗忽夜夢有人自門遽入抗聲曰任調拜相張驚寤因思中外初無其人尋繹不解有外甥李通禮者博學善智張公因名而示之令研其理李生沉思良久因賀曰舅作相矣張公即詰之通禮答曰任調反語是饒甜饒甜無逾甘草獨爲珍藥珍藥反語即舅名氏也張公甚悅俄有走馬吏報曰白麻適下公拜中書侍郎平章事

霍小玉傳大曆中隴西李生名益與故霍王女小玉盟約日夜相從後生授鄭縣主簿遂決別東去太夫

人已與商量表妹盧氏言約已定生不敢辭讓玉遍託親朋多方名致生自以愆期負約終不肯往時三月人多春遊生詣崇敬寺玩花忽有一豪士衣輕黃紵衫揖生曰公非李十郎乎仲公聲華嘗思覯止今幸得覩清揚敝居去此不遠但願一過乃挽挾其馬而行及入門一家驚喜先此一夕玉夢黃衫丈夫抱生來至席使玉脫鞋驚寤而告母因自解曰鞋者諧也夫婦再合脫者解也旣合而解亦當永訣由此徵之必遂相見相見後當死矣凌晨粧畢而生果至玉沉綿日久忽聞生來歘然自起與生相見含怒凝視不復有言乃引左手握生臂長慟號哭數聲而絕

酉陽雜俎李正己本名懷玉侯希逸之內弟也侯鎮淄青署懷玉爲兵馬使尋搆飛語侯怒囚之將寘於法懷玉抱冤無訴於獄中累石像佛默祈冥報時近臘日心慕同儕歎吒而睡覺有人在頭上語曰李懷玉汝富貴時至卽驚覺顧不見人天尚黑意甚怪之復睡又聽人謂曰汝看牆上有青烏子噪卽是富貴時及覺不復見人有頃天曙忽有青烏數十如雀飛集牆上俄聞三軍叫喚逐出希逸壞鏁取懷玉扶知留後成式見台州喬庶說喬之先官於東平目擊其事

前定錄豆盧署本名輔眞貞元六年舉進士下第將遊信安以文謁郡守鄭式瞻甚禮之館給數日稍洽因謂署曰子復姓不宜兩字爲名將爲改之何如署因起謝且求其所改式瞻書數字若著者助者署者曰吾慮子宗從中有同者故書數字子當自擇之其夕宿於館夢一老人謂曰聞使君與子更名子當四舉成名四者最佳後二十年爲此郡守因指郡隙地曰此可以建亭臺旣寤思之四者署字也遂以爲名旣二年又下第以爲夢無徵知者或謂之後二年果登第蓋自更名後四舉也太和九年署自祕書少監爲衢州刺史旣至周覽郡內得夢中所指隙地遂命建一亭曰徵夢亭

夢遊錄貞元中進士獨孤遐叔家於長安崇賢里新娶白氏女家貧下第將遊劍南與其妻訣曰遲可周歲歸矣遐叔至蜀羈棲不偶逾二年乃歸至鄠縣西去城百里歸心迫速取是夕到家趨斜徑疾行人畜旣殆至金光門五六里天色已暝絕無逆旅唯路隅有佛堂遐叔止焉時近清明月色如晝繫驢於庭外入空堂中有桃杏十餘株夜深施衾褥於西窗下偃臥方思明晨到家因吟舊詩曰近家心轉切不敢問來人至夜分不寐忽聞牆外有十餘人相呼聲若里胥田叟將有供待迎接須臾有夫役數人各持畚鍤箕箒於庭中糞除訖復去有頃又持牀席牙盤蠟炬之類及酒具樂器闐咽而至遐叔意謂貴族賞會深慮爲其迫逐乃潛伏屏氣于佛堂梁上伺之鋪陳旣畢復有公子女郎共十數輩青衣黃頭亦十數人步月徐來言笑晏晏遂於筵中間坐獻酬縱橫履舄交錯中有一女郎憂傷摧悴側身下坐風韻若似遐叔之妻窺之大驚卽下屋伏稍於暗處迫而察焉乃眞是妻也方見一少年舉杯屬之曰一人向隅滿坐不樂小人竊不自量願聞金玉之聲其妻冤抑悲愁若無所控訴而强置於坐也遂舉金雀收泣而歌曰今夕何夕存耶沒耶良人去兮天之涯園樹傷心兮三見花滿座傾聽諸女郎轉面揮涕一人曰良人非遠何天涯之謂乎少年相顧大笑遐叔驚憤久之計無所出乃就階間捫一大磚向坐飛擊磚纔至地悄然一無所有遐叔悵然悲惋謂其妻死矣速駕而歸前望其家步步悽咽比平明至其所居使蒼頭先入家人並無恙遐叔乃驚愕疾走入門青衣報娘子夢魘方寤遐叔至寢妻臥猶未興良久乃曰向夢與姑妹之黨相與翫月出金光門外向一野寺忽爲兇暴者數十脇與雜坐飲酒又說夢中聚會言語與遐叔所見並同又云方飲次忽見大磚飛墮因遂驚魘殆絕纔寤而君至豈非幽憤之所感耶

閩川名士傳貞元中杜黃裳知舉試珠還合浦賦進士林藻賦成憑几假寐夢人謂之曰君賦甚佳但恨未敘珠去來之意爾藻寤視其草乃足四句其年擢第謝恩黃裳謂曰唯林生敘珠去來之意若有神助

戎幕閒談贊皇公曰貞元中司勳郎中名迪卽李景侍御之先人也德宗朝以美才頗有恩澤一日朝下歸第馬上昏昏如醉過其門不入馭者曰欲往何處旣而若寐覺焉入宅謂其妻曰適者歸路恍惚如在夢中有二黃衫人引至一戶外且欲入中有人曰未來須待玉魚符下也旣而始醒焉馬首已過於門矣此非人間也吾豈能久乎後入朝堂之地無纖芥之物上龍尾道地上見一玉魚子光耀奪目雕刻奇麗恐他人先得遽以袍袖裹之及歸馬上把玩至家與稚兒弄之殊忘須待玉魚符之事其妻在旁見之頗省其語潛不樂果數日而逝

因話錄韓僕射皐自貶所量移錢塘與李庶人不協

後公在鄂州錡夢萬歲樓上挂冰因自解曰冰者寒也樓高也豈韓臯來代我乎意甚惡之其後公果移鎭浙右焉

柳員外宗元自永州司馬徵至京意望錄用一日詣卜者問命且告以夢曰余柳姓也昨夢柳樹仆地其不吉乎卜者曰無苦但憂爲遠官耳徵其意曰夫生則柳樹死則柳木木者牧也君其牧柳州乎卒如其言

杜陽雜編德宗欲西行有知星者奏上曰逢林即住上曰豈可令朕處林木間乎姜公輔曰不然但以地名亦應也及奉天尉賈隱林謁上於行在上觀隱林氣宇雄俊兼是忠烈之家而名叶知星者語（隱林即大寶末賈循之猶子也）上因延於臥內以探籌略之深淺隱林於御榻前以手板畫地陳攻守之策上甚異之隱林因奏曰臣昨夜夢日墜地臣以頭戴日上天上曰日即朕也此來莫非前定遂拜爲侍御史

前定錄吳郡張轅自奉天尉將調集時李庶人錡在浙西兼權筦轅與之有舊將往謁且求資糧未至夢一人將官誥至云張轅可知袁州新喻縣令轅夢中曰已曾爲赤尉不宜爲此固不肯受其人曰兩季之俸支牒已行不受何爲遂委之而去轅覺惡之及見錡具言將選告以困乏錡留之數日將辭去錡因謂曰足下選限猶遠且能爲一職乎亦可資桂玉之費轅不敢讓因署毗陵郡鹽鐵場官轅以職雖卑而利厚遂受之既至所職視其簿書所用印乃袁州新喻廢印也轅以四月領務九月而罷兩季之俸皆如其言

龍城錄長安任中宣家素畜寶鏡謂之飛精識者謂是三代物後有八字僅可曉然近籀篆云水銀陰精百鍊成鏡詢所得云商山樵者石下得之後中宣南鶩洞庭風浪洶然因泊舟夢一道士赤衣乘龍詣中宣言此鏡乃水府至寶出世有期今當歸我矣中宣因問姓氏但笑而不答持鏡而去夢廻亟視篋中已失所在

玉泉子馬揔爲天平軍節度使暇日方修遠書時術人程居在旁揔隱几忽若假寐而神色慘慼不類於常程不敢驚乃徐起詣其左相元封語之俄而名元封屏人謂曰異事異事某適所詣嚴邃崇宏王者之居不若也爲人導前見故杜十丈司徒笑而下階迎曰久延望甚喜相見因留連曰佑之此官亦人世中書令耳六合之內靡不關聞久處劇心力殆倦將求賢自代公之識度誠克大用況親且故所以奉邀敬以相授揔固辭良久至於泣下良久杜乃曰既未願則且歸矣然二十年當復相見揔既寤大喜其壽之遐遠自是後二年而薨豈馬公誤聽抑姑增年以悅其意邪

唐書程日華傳程懷信死子權襲領軍務詔授留後元和元年拜節度使累進檢校兵部尚書封邢國公六年入朝憲宗寵禮還鎭加檢校尚書右僕射權始名執恭嘗夢滄諸門悉署權字乃改名以應之及淮西平惕不安丐入朝至京師固辭軍政乃詔華州刺史鄭權代之

前定錄陳彥博與謝楚同爲太學廣文館生相與齊名彥博將取解忽夢至都堂見陳設甚盛若行大禮然庭中帷幄飾以錦繡中設一榻陳列几案上有尺牘望之熠耀如金字彥博私問主事曰此何禮也答曰明年進士人名將送上界官司閱視之所彥博驚喜因求一見其人引至案旁有紫衣人執象簡彥博見之斂衽而退紫衣曰公有名矣可以視之遂前見彥博名在焉從上二人皆姓李而無謝楚名既寤獨喜不以告人及楚同過策試有自中書見名者密以告楚而不及彥博彥博聞之不食而泣楚乃諭之曰君之能豈後於楚設使一年未利何若是乎彥博方言其夢且曰若果無驗吾恐終無成矣太學諸生日誠如所說事亦未可知也明日視榜即果如夢中焉彥博以元和五年崔樞下及第上二人李顧行李仍叔謝楚明年於尹躬下擢第

續定命錄王璠以元和五年登科嘗夢爲河南尹平旦視事有二客來謁一衣紫而東坐一衣緋而西坐緋者謂紫者崙邦如何處置日已科決遞出界訖覺乃書于告牒之後別紙上後二十年果除河南尹既至三日留守大將知水北院官與洛陽令及分司郎官偕至問答亦如夢中遂命開篋取告牒所誌者備焉乃是郎官家奴竊物而遁送縣縣斷如此

夢遊錄元和十年沈亞之始以記室從事隴西公軍涇州而長安中賢士皆來客之五月十八日隴西公與客期宴于東池便館既半隴西公曰余少從邢鳳遊記得其異請言之客曰願聽公曰鳳帥家子無他能後寓居長安平康里南以錢百萬質故豪洞門曲房之第即其寢而晝偃夢一美人自西楹來環步從容執卷且吟爲古粧而高鬟長眉衣方領繡帶被廣

袖之緇鳳大悅曰麗者何自而臨我哉美人曰此妾家也妾好詩而喜綴此鳳曰幸少留得觀覽于是美人授詩坐西牀鳳發卷視其首篇題之曰春陽曲曲終四句其後他篇皆類此凡數十篇美人曰君必欲傳無令過一篇鳳卽起從東廡下几上取綵牋傳春陽曲其詞曰長安少女翫春陽何處春陽不斷腸舞袖弓彎渾忘去羅帷空度九秋霜鳳卒吟請曰何謂弓彎曰妾昔年父母使教妾此舞美人乃起整衣張袖舞數拍爲弓彎狀以示鳳既罷美人低頭良久卽辭去鳳曰願復少留須臾間竟去鳳亦尋覺昏然無有所記及更衣襟袖得其辭驚視復省所夢事在貞元中後鳳爲余言如是是日監軍使與賓府羣佐及宴隴西獨孤鉉范陽盧簡辭常山張又新武功蘇滌皆歎息曰可記故亞之退而著錄明日客復有至者渤海高元中京兆韋諒晉昌唐炎廣漢李瑀吳興姚合泊亞之復與集于明玉泉因出所著以示之于是姚合曰吾友王生者元和初夕夢遊吳侍吳王久之聞宮中出輦吹簫擊鼓言葬西施王悲悼不止立詔門客作輓歌詞生應教爲詞曰西望吳王闕雲書鳳字牌連江起珠帳擇土葬金釵鋪地紅心草三層碧玉階春風無處所悽恨不勝懷詞進王甚嘉之及寤能記其事王生本太原人也

龍城錄退之常說少時夢人以丹篆一卷令强吞之旁一人撫掌而笑覺後亦似胷中如物噎經數日方無恙猶記其上一兩字筆勢非人間書也後識孟郊似與之目熟思之乃夢中旁笑者信乎相契如此

因話錄李凉公逢吉未掌綸誥前家有老婢好言夢後多有應李公久罷除官因訪于婢一日婢晨至慘然公問其故曰昨夜與郎君作夢不是好意不欲說公强之婢曰夢有一人舁一棺至堂後云且置在此不久卽移入堂中此夢恐非佳也公聞竊喜俄爾除中書舍人後知貢舉未畢而入相

唐書王涯傳涯女爲竇紃妻以痼病免家人給告涯當貶忽夢涯自提首告曰族滅矣惟若存歲時無忘我女驚號墮地乃以實告

全唐詩話李德裕舌箴序曰余宿於洞庭西夢與中書令姚公偶坐如舊相識問余曰君見僕所作口箴乎余對曰去歲居守東門于公曾孫諫議郃處覩金石之刻遂莞爾而笑曰孫子猶能藏之又曰予感姚公之夢乃爲舌箴云

冊府元龜劉沔初爲忠武小校從李光顏討淮西爲捉生將前後遇賊血戰鋒刃所傷幾死者數四嘗傷重臥草中日黑不知歸路昏然而睡夢人授之雙燭曰子方大貴此行無恙可持此而還既行朗然有雙光在前後歷振武河東義成鄭滑節度使以太子太保致仕卒

三水小牘韓文公之寢疾也名醫良藥日進有加而無瘳忽胷中驚悸既寤而汗沾衾裯命侍人扶坐小君問之良久曰向來夢神人長丈餘金鎧持戟直入寢門我不覺降階拜之自稱大聖瞋目謂我曰雖逐骨梲國世與韓爲讎吾欲討之而不能如何我跪答曰願從大聖討焉不旬日而文公薨果從其請矣

集異記蔡少霞者陳留人也性情恬和幼而奉道早歲明經得第選蘄州參軍秩滿漂寓江淮者久之再授兗州泗水丞遂於縣東二十里買山築室爲終焉之計居處深僻俯近龜蒙水石雲霞景象殊勝少霞世累早祛尤諧夙尚一日於沿溪獨行忽得美蔭因就憩焉神思昏然不覺成寐因爲褐衣鹿幘人夢中召去隨之頗遠乃至城郭處所碧天虛曠瑞日曈曨人俗潔淸卉木鮮茂少霞舉目移足惶惑不寧卽被導之令前經歷門堂深邃莫測遙見玉人當軒獨立少霞遽修敬謁玉人謂曰愍子虔心今宜領事少霞靡知所謂復爲鹿幘人引至東廊止於石碑之側謂少霞曰召君書此賀遇良因少霞素不工書卽極辭讓鹿幘人曰但按文而錄胡乃拒違俄有二靑童自北而至一捧牙箱內有兩幅紫絹文書一齎筆硯卽付少霞曰法此而寫少霞凝神搦管頃刻而畢因覽讀之已記于心矣題云蒼龍溪新宮銘紫陽眞人山元卿撰良常西麓源澤東澨新宮宏宏崇軒巘巘雕玳盤礎鏤檀竦棨璧瓦鱗差瑤階肪截閣凝瑞霧樓橫祥霓騶虞巡徼昌明捧闌珠樹規連玉泉矩洩靈飈遐集聖日俯晰太上遊儲無極便闕百神守護諸眞班列仙翁鵠駕道師冰潔飲玉成漿饌瓊爲屑桂旗不動蘭屋互設妙樂竟臻流鈴閒發天籟虛徐風簫泠澈鳳歌諧律鶴舞會節三變元雲九成絳闕易遷虛語童初浪說如毀乾坤自有日月淸寧二百三十一年四月十二日建于是少霞方更周視遂爲鹿幘人促之匆遽而返醒然遂寤急命紙筆登卽記錄自是兗豫好奇之人多詣少霞詢訪其事有鄭還古者爲立傳焉用弱亦嘗至其居就求第一本視之筆迹宛有書石之態少霞無文乃孝廉一叟固知其不

妾少霞爾後修道九劇元和末已云物故

酉陽雜俎越州有盧冉者時舉秀才家貧未及入京因之顧頭堰堰在山陰縣顧頭村與表兄韓確同居自幼嗜鱠在堰嘗憑吏求魚韓方寢夢身為魚在潭有相忘之樂見二漁人乘艇張網不覺入網中被擲桶中覆之以葦復覩所憑吏就潭商價吏即擢鰓貫鯾楚痛殆不可忍及至舍歷認妻子婢僕有頃寘砧斮之苦若脫膚首落方覺神癡良久盧驚問之具述所夢遽呼吏訪所市魚處洎漁子形狀與夢不差韓後入釋住祇園寺時開元二年成式書吏沈郅家在越州與堰相近目覩其事

中書舍人崔嘏弟崔暇娶李氏為曹州刺史令兵馬使國邵南勾當障車後邵南因睡忽夢崔妻在一廳中妻立於牀西崔暇在牀東執紅牋題詩一首笑授暇因朗吟之詩云莫以貞留妾從他理管絃容華難久駐知得幾多年夢後纔一歲崔暇妻卒

前定錄京兆尹龐嚴為衢州刺史到郡數月忽夢二僧入寢門嚴不信釋氏夢中呵之僧曰使君莫怒余有先知故來相告耳嚴喜聞之乃問曰余為相乎曰無有節制乎曰無曰然則當為何官曰類廉察而無兵權有土地而不出畿內過此已往非吾所知也曰然壽幾何曰惜哉所乏者壽倘使有壽則無求不可曰當何日去此曰來年五月二十三日及明年春有除替先以狀請于廉使元稹素與嚴善必謂得請行有日矣其晦日宴客得元公復書云請候交割嚴發書曰吾固知未可以去其言其夢中事於座中竟以五月二十三日發後為京兆尹而卒

唐孟啓本事詩詩人許渾嘗夢登山有宮室凌雲人云此崑崙也既入見數人方飲酒招之至暮而罷賦詩云曉入瑤臺露氣清座中惟有許飛瓊塵心未斷俗緣在十里下山空月明他日復夢至其處飛瓊曰子何故顯余名姓於人間座上即改為天風吹下步虛聲曰善

客退紀談李筌注陰符經至禽獸之制在氣經年不能解忽夢烏衣人教之遂通其義

雲齋廣錄進士丁渥在太學夢歸家見妻於燈下披牋握管為書寄生生曰我已至矣何用書為妻但揮淚而不答又於別幅見詩一首云淚濕香羅帕臨風不肯乾欲憑西去鴈寄與薄情看生既覺以語同舍客客曰君思念之極以至于此後旬日得書並詩皆夢中所見無少差失

酉陽雜俎祕書郎韓泉善解夢衞中行中書舍人時有故舊子弟選投衞論屬衞欣然許之駮榜將出其人忽夢騎驢蹶墜水中登岸而靴不濕焉選人與韓有舊訪之韓被酒半戲曰公今選事不諧矣據夢衞生相負足下不沾及榜出果駮放韓有學術韓僕射猶子也

威遠軍小將梅伯成以善占夢近有優人李伯憐遊涇州乞錢得米百斛及歸令弟取之過期不至晝夢洗白馬訪伯成占之伯成佇思曰凡人好反語洗白馬瀉白米也君所憂或有風水之虞乎數日弟至果言渭河中覆舟一粒無餘

卜人徐道昇言江淮有王生者榜言解夢賈客張瞻將歸夢炊於臼中問王生生言君歸不見妻矣臼中炊固無釜也賈客至家妻果卒已數月方知王生之言不謬矣

補闕楊子孫壟善占夢一人夢松生戶前一人夢棗生屋上壟言松丘隴間所植棗字重來重來呼魂之象二人俱卒

聞奇錄沈嶓居於鏡中初求縣宰夜夢還家渡江船覆水分為二西則清東則濁遂泝東而過說於友人賀曰君當授分水縣後旬日果應之見謝於友友勉曰為政宜清緣昨夜入濁非佳嶓後果因濫而致命

鄭昌圖登第歲居長安夜納涼于庭夢為人毆擊擒出春明門至石橋上乃得解遺其紫羅履一隻奔及居而痛甚困言于弟兄而牀前果失一履旦令人於石橋上尋得

太平清話貫休嘗自夢得十五羅漢梵相尚缺一有告者曰師之相乃是也遂為臨水圖以足之

前定錄杭州臨安縣令張宣寶曆中自越府戶曹掾調授本官以家在浙東意求蕭山宰未唱官前三日忽夢一女子二十餘修刺來謁宣素貞介夢中不與之見女子云某是明府邑中之客安得不相見耶宣遂見之體貌甚肅曰妾有十一口依在貴境有年數矣今聞明府將至故來拜謁宣因問縣名竟不對宣因告其族人曰且誌之及後補湖州安吉縣令宣以家事不便將退之族人曰不然前夕所夢一女子安字乎十一口吉字乎此陰騭已定退亦何益宣悟且笑曰若然固應有定遂受之及秩滿數年又將選時江淮水歉宣移家河南因求宋亳一官將引家住又夢前時女子顏貌如舊曰明府又當守妾之邑也宣

日某已爲夫人之邑今豈再授乎女曰妾自明府罷秩當卽遷居今之所止非舊地也然往者家屬凋喪略盡今止三口爲累耳明府到後數月亦當辭去言訖似若悽愴宣亦未驗及唱官日乃得杭州臨安縣令宣歎曰三口臨宇也數月而去吾其憂乎到任半年而卒

柳璟知舉年有國子監明經失姓名晝寢夢徙倚於監門有一人負衣囊衣黃訪明經姓氏明經語之其人笑曰君來春及第明經因訪鄰房鄉曲五六人或言得者明經遂邀入長興里畢羅店嘗所過處店外有犬競驚曰差矣遽呼鄰房數人語其夢忽見長興店子入門曰郎君與客食畢羅計二斤何不計直而去也明經大駭褫衣質之且隨驗所夢相其榻器皆如夢中乃謂店主曰我與客俱夢中至是客豈食乎店主驚曰方怪客前食畢羅悉完疑其嫌置蒜也來春與鄰房三人夢中所訪者悉及第

夢遊錄太和初沈亞之將之邠出長安城客橐泉邸舍春時晝夢入秦主內史廖家內史廖舉亞之秦公名至殿前促前席曰寡人欲強國願知其方先生何以教寡人亞之以齊桓對公悅遂試補中涓使佐西乞術伐河西亞之帥將卒前攻下五城還報公大悅起勞曰大夫良苦休矣居久之公幼女弄玉壻蕭史先死公謂亞之曰微大夫晉五城非寡人有甚德大夫寡人有愛女而欲與大夫備灑掃可乎亞之少自立雅不欲遇幸臣畜之固辭不得請拜左庶長尚公主賜金二百斤民間猶謂蕭家公主其日有黃衣中貴騎疾馬來延亞之入宮闕甚嚴呼公主出鬒髮著偏袖衣糙不多飾其芳姝明媚筆不可模畫侍女祇承分立左右者數百人召見亞之便館居亞之于宮題其門曰翠微宮宮人呼爲沈郎院雖備位下大夫由公主故出入禁衛公主喜鳳簫每吹簫必翠微宮高樓上聲調遠逸能悲人聞者莫不自廢公主七月七日生亞之欲爲祝壽內史廖曾爲秦以女樂遺西戎戎王與之水犀小合亞之從廖得以獻公主主悅嘗愛重結裙帶上穆公遇亞之禮兼同列恩賜相望於道復一年春公之始平公主無疾忽卒公追傷不已將葬咸陽原公命亞之作輓歌應教而作曰泣葬一枝紅生同死不同金鈿墜芳草香繡滿春風舊日聞簫處高樓當月中梨花寒食夜深閉翠微宮進公公讀詞善之時宮中有出聲若不忍者公隨泣下又使亞之作墓誌銘獨憶其銘曰白楊風哭兮石甃髯莎雜英滿地兮春色烟和朱愁粉瘦兮不生綺羅深深埋玉兮其恨如何亞之亦送葬咸陽宮中十四人侚亞之以悼悵過戚被病猶在翠微宮然處殿外特室不居宮中矣居月餘病良已公謂亞之曰本以小女將托久要不謂不得周奉君子而先物故敝秦區區小國不足辱大夫然寡人每見子卽不能不悲悼大夫盍適大國乎亞之對曰臣無狀肺腑公宮待罪右庶長不能從死公主幸免罪戾使得歸骨父母國臣不忘君恩如日將去公置酒高會聲秦聲舞秦舞舞者擊髆拊髀嗚嗚而音有不快聲甚怨公執酒亞之前曰予顧此聲少善願沈郎賡揚歌以塞別公命趨進筆硯亞之受命立爲歌詞曰擊髆舞恨滿烟光無處所淚如雨欲擬著辭不成語金鳳銜紅舊繡衣幾度宮中同看舞人間春日正歡樂日暮春風何處去歌卒授舞者雜其聲而和之四座皆泣既再拜辭去公復命至翠微宮與公主侍人別重入殿內時見珠翠遺碎青階下窻紗檀點依然侍人對泣亞之感咽良久因題宮門詩曰君王多感放東歸從此秦宮不復期春景自傷秦喪主落花如雨淚臙脂竟別去公命車駕送出函谷關出關已送吏曰公命盡此且去亞之與別語未卒忽驚覺臥邸舍明日亞之爲友人崔九萬具道之九萬博陵人諳古謂余曰皇覽云秦穆公葬雍橐泉祈年宮下非其神靈憑乎亞之更求得秦時地志說如九萬言嗚呼弄玉既仙矣惡又死乎

續前定錄進士鄭滂在名場歲久輩流多已榮達常有後時之歎一夕忽夢及第而與韋周方同年當時韋氏舉人無名周方者益悶之太和元年秋移舉洛中時韋弘景尚書廉察陝邦族韋景方赴舉過尚書尚書告曰我名弘景汝兄弘方汝名景方兄弟各分吾名一字誠無意也遂更名曰周方滂聞之喜曰吾及第有望矣四年周方升名而果同年焉滂子溥又自說應舉時曾夢看及第榜上但見鳳字大中元年求解鳳翔偶看本府鄉貫首便是鳳字至東都試繇山月夜聞王子晉吹笙詩生側諸詩悉有鳳字明年果登第焉

酉陽雜俎枝江縣令張汀子名省躬汀亡因住枝江有張垂者舉秀才下第客于蜀與省躬素未相識太和八年省躬晝寢忽夢一人自言姓張名垂因與之接歡狎彌日將去留贈一詩曰戚戚復戚戚秋堂百

年邑而我獨茫茫荒郊遇寒食驚覺遂錄其詩數日卒

前定錄京兆尹趙郡李敏求應進士八就禮部試不利太和九年秋旅居宣平里日晚擁膝愁坐忽如沉醉俄而精魂去身約行六七十里至一城府門之外有數百人忽有一人出拜之敏求曰何人也答曰某即十年前所使張岸也敏求曰汝前年從吾旅遊卒於涇州何得在此對曰某自離二十二郎後事柳十八郎職甚雄盛今作泰山府君判官二十二郎既至此亦須一見遂于稠人中引入通見入門兩廊多有衣冠或有愁立者或白衣者或執簡板者或有將通狀者其服率多慘紫或綠色既至廳柳揖與之言曰公何爲到此得非爲他物所誘乎公宜速去非久住之所也敏求具如此答柳命吏送出將去悉知將來之事柳曰人生在世一宿一食無不前定所不欲人知者慮君子不進德修業小人惰於農耳公固欲見亦不難耳乃命一吏引敏求至東院西有屋一百餘間從地至屋書架皆滿文部籤帖一一可觀吏取一卷唯出三行其第一行云太和二年罷舉第二行云其年婚姻得伊宰錢二十四萬其第三行云受官於張平子餘不復見敏求既醒具書於襟袂之間明年客遊西京過時不赴舉明年遂娶韋氏韋之外親伊宰將鬻別第名敏求而售之因訪所親得價錢二百萬伊宰乃以二十萬貺敏求既而當用之券頭以四萬爲貨時敏求與萬年尉戶曹善因請之伊亦貺焉累爲二十四萬明年以蔭調河南北縣尉縣有張平子墓時說者失其縣名以俟知者

唐書賈餗傳餗少與沈傳師善傳師前死嘗夢云君可休矣餗寤而祭諸寢復夢曰事已爾叵奈何劉蕡以賢良方正對策指中人爲禍亂根本而餗與馮宿龐嚴爲考官畏避不敢聞竟罷其禍餗本中立不肯身犯顏排奸倖以及誅與王涯實不知謀人冤之

續前定錄崔龜從未達時嘗至宣州夢到一廟門屋宇深大非人間所有有綠衣吏抱案龜從揖而問之綠衣亦喜云人生簿籍也崔問曰某未達應舉請爲一檢可乎吏雅之因爲檢曰灼然及第科名極高官至此州刺史言訖遂覺崔自喜之明年果中第又聯得科目官至中書舍人出爲華州刺史因謂妻曰昔夢皆驗今爲刺史位止此矣當爲身後之計俄除戶部侍郎深不自會尋除爲宣州觀察使至日吏白曰舊例長史到皆謁敬亭神廟崔君命駕謁之既到道路門巷皆昔夢中所遊入門宛然遂升堂見西壁有畫一綠衣吏抱案其吏即夢中所見乃歸而怏怏又謂妻曰昔夢綠衣人云合至此州刺史此已任矣及旬日得疾治之不愈謂妻曰本來之說此其驗矣妻曰昔日爲遊客尚獲佳夢今爲地主合往求之崔公乃備酒食進祝之其夕又夢敬亭神自至曰大夫壽愈幸無憂也崔即告本廟吏之詞神曰吏以公爲當此州偶然爾公位極重不可盡言自此去尚有十四年壽耳言訖而覺崔公疾尋差後此如其言時開成四年也

天定錄周琬湘中人艤舟長沙夢二吏引入南嶽廟內升階王起接之曰知入京銓選欲奉辟在此亦與人世之樂不殊琬曰名宦未達且欲赴銓王曰如此則不敢奉辭也乃作詩送琬曰住此既非樂捨此去何圖若問青氈事惟留一角書至京調中牟尉忽臥病旅中且慮不起作妻子書一角封畢而卒

酉陽雜俎韋溫爲宣州病瘡於首因托後事於女壻且曰余年二十九爲校書郎夢渡水中流見二吏賫牒相名一吏至言彼墳至大功須萬日今未也今正萬日乎豈逃乎不累日而卒

冊府元龜杜牧爲中書舍人得病嘗夢告曰爾改名畢又夢書片紙曰皎皎白駒在彼空谷寤而歎曰此過隙也其年以疾終

尚書故實杜紫微頃於宰執求小儀不遂請小秋又不遂嘗夢人謂曰辭春不及秋昆腳與皆頭後果得比部員外（又杜公自述不會歷小比此必傳者之誤）

夢遊錄有張生者家在汴州中牟縣東北赤城坂以饑寒一旦別妻子遊河朔五年方還自河朔還汴州晚出鄭州門到板橋已昏黑矣乃下道取坂中逕路而歸忽於草莽中見燈火熒煌賓客五六人方宴飲次生乃下驢以詣之相去十餘步見其妻亦在坐中與賓客語笑方洽生乃蔽形於白楊樹間以窺之見其長鬚者持杯請措大夫人歌生之妻文學之家幼習詩禮甚有篇咏欲不爲唱四座勤請乃歌曰歎衰草絡緯聲切切良人一去不復還今夕坐愁鬢如雪長鬚云勞歌一盃飲訖酒至白面年少復請歌張妻曰一之已甚其可再乎長鬚持一籌筯云請置觥有拒請歌者飲一鍾歌舊詞中笑語准此罰於是張妻又歌曰勸君酒君莫辭落花徒繞枝流水無返期莫恃少年時少年能幾時酒至紫衣者復持杯請歌張

妻不悅沈吟良久乃歌曰怨空閨秋日亦難棄夫壻斷音書遙天雁空度酒至黑衣人復請歌張妻連唱三四曲聲氣不續沈吟未唱間長鬚拋觥云不合推辭乃酧一鍾張妻泣涕而飲復唱曰切切夕風急露滋庭草濕良人去不回焉知掩閨泣酒至綠衣少年持盃曰夜已久恐不得從容即當睽索無辭一曲便望歌之又唱云螢火穿白楊悲風入荒草疑是夢中遊愁迷故園道酒至張妻長鬚歌以送之云花前始相見花下又相送何必言夢中人生盡如夢酒至紫衣人復請歌云須有艷意張妻低頭未唱間長鬚又拋一觥於是張生怒捫足下得一瓦擊之中長鬚頭再發一瓦中妻額闃然無所見張君謂其妻已卒慟哭連夜而歸及明至門家人驚喜出迎張君問其妻婢僕曰娘子夜來頭痛張君入室問妻病之由曰昨夜夢草莽之中有六七人遍令飲酒各請歌孥凡歌六七曲有長鬚者頻拋觥方飲次外有發瓦來第二中孥額因驚覺乃頭痛張君因知昨夜所見乃妻夢耳

南楚新聞李蠙司空初名虬將赴舉夢名上添一畫成虱字及寤曰虱者蠙也及改名果登科

虛谷閒抄安西市帛肆有販鬻求利而爲之平者姓張家富于財居光德里其女國色也嘗晝寢夢至一處朱門大戶棨戟森然由之而入望其中堂若設燕張樂左右廊皆施帷幄有紫衣吏引張氏于西廊幕次見少女如張等輩十許人皆花容綽約釵鈿照耀既至吏促張妝飾諸女迭助之理澤傅粉有頃自外傳呼侍郎來競于隙間窺之見一紫綬大官張氏之兄嘗爲其小吏識之乃吏部沈公也俄使呼曰尚書來又有識者并帥王公也逡巡復連呼曰某來皆郎官以上六七人坐畢前紫衣吏曰可出矣羣女旋進金石絲竹鏗鍧震響中宵酒酣并州見張氏而視之尤屬意焉謂曰汝習何技能對曰未嘗學聲音使與之琴辭不能曰第操之乃撫之而成曲與之箏亦然琵琶亦然皆平生所不習也王公曰恐汝或遺乃令口授吟曰鬟梳鬧掃學宮妝獨立閒庭納夜涼手把玉簪敲砌竹清歌一曲月如霜謂張曰某歸辭父母異日復來忽驚啼而寤手捫衣帶曰尚書命我矣索筆錄之問其故泣對所夢且曰殆將死乎母怒曰汝作魘爾何乃出不祥言如是因臥病累日外親有持酒肴者又有將食來者女曰且須宵沐澡瀹母聽良久艷粧盛服斂容下堂乃徧拜父母及坐客曰時不可留某今往矣因授衾而寢父母環伺之俄遂卒會昌二年六月十五日也

酉陽雜俎進士王惲才藻雅麗尤長體物著送君南浦賦爲詞人所稱會昌二年其友人陸休符忽夢被錄至一處有騶卒止之屏外見若胥靡數十王惲在其中陸欲就之惲面若愧色陸强牽與語惲垂泣曰近受一職司厭人間指其類此悉同職也休符恍惚而覺時惲往揚州有妻子居住太平側休符異所夢遲明訪其家信得王至洛書又七日其訃至計其卒日乃陸之夢夕也

南部新書武宗夢爲虎所趁命京兆同華格虎以進至大中即屬虎

冊府元龜宣宗初封光王十餘歲時遇重疾沈惙忽有光燭身蹶然而興正身拱揖如對臣僚乳媼以疾聞穆宗往視之撫其手曰此吾家英物非心憊也賜以玉如意御馬金帶嘗夢乘龍升天言之於鄭太后乃曰此不宜人知幸勿復言

唐書鄭光傳光孝明皇太后弟也會昌末夢御大車載日月行中衢光輝洪洞照六合寤而占之工曰君且暴貴不閱月宣宗即位光與民伍拜諸衛將軍遷平盧軍節度使

全唐詩話鄭顥宰相絪之孫登甲科以起居郎尚主有器識宣宗時恩寵無比夢中嘗得句云石門霧露白玉殿莓苔青續成長韻此一聯杜甫集中詩也大中十年顥放榜後謁假覲省于洛生徒餞長樂驛俄有紀于屋壁云三十驊騮一哄塵來時不鎖杏花春楊花滿地如飛雪應有偷遊曲水人舊史云顥絪之子尚宣宗女萬壽公主因壽昌節上壽回夢入一宮殿與十數人納涼聯句既寤省石門之句十字怪其不祥不數日宣宗弓劍上仙方悟其事乃續爲十韻云間歲流虹節歸軒出禁扃奔波流長景瀟灑夢殊庭境象非會到崇嚴昔未經日斜烏斂翼風動鶴梳翎異苑人爭集凉臺筆不停石門霧露白玉殿莓苔青若匪災先兆何緣思入冥御爐虛仗馬華蓋負雲亭白日成千古金縢閟九齡小臣衰絕筆湖上泣青萍未幾顥亦卒

北夢瑣言王文公凝清修重德冠絕當時每就寢息必叉手而臥慮夢寐中見先靈也食餅餤不過十八片曾典絳州於時司空圖侍郎方應進士舉自別墅到郡謁見後更不訪親知閽吏遽申司空秀才出

郭矣或入郭訪親知卽不造郡齋琅琊知之謂其專敬愈重之及知舉日司空一捷列第四人登科同年訝其名姓甚暗所圖太速有鄙薄者號爲司空琅琊知有此說因名一榜人開筵宣言於衆曰某叨忝文柄今年榜帖全爲司空先輩一人而已由是聲彩益振

酉陽雜俎揚州東陵聖母廟王女道士康紫霞自言少年夢中被人錄於一處言天符令攝將軍巡南岳遂擐以金鎖甲令騎道從千餘人馬蹀虛南去須臾至岳神拜於馬前夢中如有處分岳中峯嶺谿谷無不歷也恍惚而返雞鶩覺自是生鬚數十根

司農卿韋正貫應舉時嘗至汝州汝州刺史柳凌留署軍事判官柳嘗夢有一人呈案中言欠柴一千七百束因訪韋解之韋曰柴薪木也公將此不久乎月餘柳疾卒素貧韋爲部署米麥鏹帛悉前請於官數月矣惟官中欠柴一千七百束韋披案方省柳前夢

道士秦霞霽少勤香火存想不怠嘗夢大樹樹穴忽有小兒青褶鬌髮自穴而出語秦曰合土尊師爲驚覺自是休咎之事小兒髣髴報焉凡五年秦意因妖偶以事訪於師師遂戒勿言此修行有功之證因此遂絶舊說夢不欲數占信矣

北夢瑣言唐曹相國確判計亦有台輔之望或夢剃度爲僧心甚惡之有一士占夢多驗相國名之具以所見語之此人曰前賀侍郎旦夕必登庸出家者號剃度也無何杜相出鎭江西而相國大拜

光化中有文士劉道濟止於天台山國清寺夢見一女子引生入窻下有側柏樹葵花遂爲伉儷後頻於夢中相遇自不曉其故無何于明州奉化縣古寺內見有一窻側柏葵花宛是夢中所遊有一客官人寄寓於此室女有美才貧而未聘近中心疾而生所遇乃女之魂也蓋女子及笄不有所歸豈非父兄之過哉又有彭城劉生夢入一娼樓與諸輩狎飲爾後但夢便及彼處自疑非夢所遇之姬芳香常襲衣葢心邪所致聞於劉山甫也

劉仁恭微時曾夢佛旛於手指飛出或占之曰君年四十九必有旌幢之貴後如其說果爲幽帥

欽定古今圖書集成曆象彙編庶徵典
第一百四十九卷目錄
夢部紀事四

庶徵典第一百四十九卷
夢部紀事四

錄異記廣明辛丑歲正月僖宗車駕巳及左綿郪縣鎭使任時當晝假寢於廳事忽夢巡街小吏告之曰大將軍迎駕合伺於道左任卽奔詣通衢之側兵騎數千已直北而去旌旗部伍異常嚴整戈甲之盛首尾十餘里不絕久之介金曳地者千數擁白馬朱纓金甲一人五綵日月旗羅列以從任鞠躬兩食頃隊仗方絕問報者大將軍爲誰云是法定寺後李將軍也既覺流汗浹體想其所覩猶歷歷然在目是歲余奉詔青城修齋話其事

北夢瑣言福建道以海口黃崎岸橫石巉峭常爲舟楫之患閩王瑯琊王審知思欲制置憚於力役乾寧中因夢金甲神自稱吳安王許助開鑿及覺話于賓僚因命判官劉山甫躬往設祭具述所夢之事三奠未終海內靈怪俱見山甫乃憩於僧院憑高觀之風雷暴興見一物非魚非龍鱗黃鬣赤凡三日風雷止霽已別開一港甚便行旅當時錄奏賜號甘棠港

全唐詩話沈彬字子文高安人也天性狂逸好神仙之事少孤西遊以三舉爲約常夢著錦衣貼月而飛識者言雖有虛名不入月矣

鄭還古初娶柳氏女嘉會之初夢娶房氏後柳卒再娶東都李氏屬房直溫爲東洛少尹李之舅也禮宴皆房主之始知舊夢之前定也

十國春秋吳越曹圭傳圭父信知嘉興監事圭之將生也信夢一丈夫謂曰我當爲爾子有二千石巳而生圭圭少負膽氣唐末事武肅王爲嘉興都將淮南兵圍嘉興圭與族人師魯環城固守淮人望氣者曰此雖孤城中有貴人未可圖也是時戎馬充斥晝夜戒嚴圭日與師魯登城樓張樂豪飮矢石交下處之晏如未幾圍解

稽神錄僞吳春坊吏郭仁表居冶城北甲寅歲因得疾沈痼忽夢一道士衣金花紫帔從一小童自門入坐其堂上仁表初不甚敬因問疾何時可愈道士厲色曰甚則有之旣痞疾甚數夜復夢道士至因叩首遜謝久之道士召解索紙筆仁表以爲將疏方卽跪奉之道士書而授之其辭曰飄風暴雨可思惟鶴望巢門斂翅飛吾道之宗正可依萬物之先數在茲不能行此欲何爲夢中不曉其義將問之童子搖手曰不可因拜謝道士自西北而去因而疾愈

進士謝諤家南康舍前有溪常游戲之所也諤爲兒時嘗夢浴溪中有人以珠一器遺之曰郞吞此則明悟矣諤度其大者不可吞卽吞細者六十餘顆及長善爲詩進士裴說爲選其善者六十餘篇行於世

江南司農少卿崔萬安分務廣陵嘗病苦脾洩其家人禱於后土祠是夕萬安夢一婦人珠珥珠履衣五重皆編貝玉爲之謂萬安曰此病可治今以一方相與可取靑木香肉豆蔻等分棗肉爲丸米飮下二十丸又云此藥大熱疾平卽止如其言服之遂愈

江南有李令者累任大邑假秩至評事世亂年老無復宦情築室於廣陵法雲寺之西爲終焉之計嘗夢束草加首口銜一刀兩手各持一刀入水而行意甚異之俄而孫儒陷廣陵儒部將李瓊屯兵于法雲寺恆止李令家父事令及儒死宣城裨將馬殷劉建封輩率衆南走瓊因强令俱行及殷據湖南瓊爲桂管觀察使用令爲荔浦令則前夢之驗也

江南陸洎爲常州刺史不克之任爲淮南副使性和雅重厚時輩推仰之副使李承嗣與之尤善乙丑歲九月承嗣與諸客訪之洎從容曰某明年此月當與諸君別矣承嗣問其故答曰吾向夢一騎兵名去止大明寺西可數里至一大府署曰陽明府入門西序復由東向大門下馬入一室中久之吏引至階下門中有二綠衣吏捧一案案上有書一紫衣秉笏取書宣云洎三世爲人皆行慈孝功成業竟並受此官可陽明府侍郎判九州都監事來年九月十七日本府上事復以騎送歸奄然遂寤靈命已定不可改矣諸客默然至明年九月日使候其起居及十六日承嗣復與向客候之謂曰明日君當上事今何無恙也洎曰府中已辦明當行也承嗣曰吾嘗以長者重君今無乃近妖乎洎曰惟君與我有緣他日必當卜鄰承嗣默然而去明日遂卒葬於茱萸灣承嗣後爲楚州刺史卒葬於洎墓之北

廣異記江南太子校書周延翰性好道頗修服餌之事嘗夢神人以一卷書示之若道家之經其文皆七字爲句惟記其末句云紫髯之畔有丹砂延翰寤而自喜以爲必得丹砂之效後從事建業卒葬于吳大帝陵側無妻子惟一婢名丹砂

稽神錄王瞻罷任歸建業泊舟秦淮病甚夢朱衣吏執牒至曰君命盡已奉詔召君瞻曰命不敢辭但舟中狹隘欲寬假之使得登岸卜居無所憚也吏許諾以五日爲期日至期平旦當來也旣寤便能下牀自出僦舍營辦凶具敎其子哭踊之節召六親爲別至期登榻安臥向曙乃卒

僞吳玉山主簿朱拯赴選至揚都夢入官署堂上一紫衣正坐旁一綠衣紫衣起揖拯曰君當以十千錢見與拯拜許諾遂寤頃補安福令旣至謁城隍神廟宇神像皆如夢中其神座後屋漏梁壞拯嘆曰十千豈非此耶卽以私財葺之費如其數

江南戎帥韋建自統軍除武昌節度使將行夢一朱衣人導從數十來詣韋曰聞公將鎭鄂渚僕所居在焉棟宇頹毀風雨不蔽非公不能爲僕修完也韋許諾及至鎭訪之乃朱無忌廟視其像卽夢中所見因新其廟祠祀數有靈驗云

壽春屠者鄭就家至貧嘗夢一人自稱廉頗謂就曰可於屋東掘地取吾寶劍當令汝富然不得改舊業就如其言果獲之踰年遂富後洩其事於是失劍

十國春秋蜀山行章傳高祖圍成都日忽夢一青衣神大張其口問于行章行章對曰靑衣蜀地名也壘內故有靑衣祠今成都易子而食守陴而哭祠廟不祀久矣神張口者是土地求饗於公爾啓脣齒而露心腹之兆也已而逾十日成都果降

吳高祖世家天祐五年初徐溫常夜夢入宮見白龍繞殿柱詰旦見隆演白衣擁柱而立心異之至是得嗣立

錄異記前源洲中令宗夔光天戊寅歲夢一萬斤檞如此者三度挂稱於樓屋脊桁之上俄而桁稱俱折心甚惡之是歲十月八日戊申薨時年六十有一

五代史范延光傳延光爲天雄軍節度使嘗夢大蛇自臍入其腹半入而掣去之以問門下術士張生張生贊曰蛇龍類也龍入腹中王者之兆也張生自延光微時言其必貴延光素神之常置門下言多輙中遂以其言爲然由是頗畜異志

十國春秋前蜀劉贊傳贊幼文思遲鈍日禱天乞文才忽夢吞小金龜一枚文章大進乾德時官嘉州司馬後主荒淫無節日與近臣潘在迎輩宴飲褻慢贊獻陳後主三閣圖并作歌以諷後主不之罪而亦不能用也未幾遷學士一日吐金龜投水中無何卒

北夢瑣言丁會爲昭義節帥常懼梁祖雄猜疑忌功臣忽謂敬翔曰吾夢丁會在前祗候吾將騎馬欲出閑人以馬就臺忽爲丁會跨之以出時夢中怒叱喝數聲因驚覺甚惡之是月丁會舉潞州軍民歸江東矣

傳載略武肅王嘗時詣諸院孫敏利者老姥監直聽更一宵銀枝燈有大蜥蜴沿油缸而吸視之將竭倏然不見亦不爲意明日王曰昨夜夢麻膏充腸而飽是何祥也宮中或有對者王亦微哂而已

玉溪編事王蜀員外郞劉檀本名審義忽夢一孝子引令上檀香樹而謂曰君速登劉乃登遂向懷中出緋衣令服之覺因改名檀未及一年蜀郡牧請一杜評事充倅職奏授殿中侍御史內供奉賜緋敕下杜丁憂不行杜遂舉劉於郡侯郡侯乃奏檀而所授官與杜充奏擬無別是時劉方閑居力困杜因遺劉新緋公服一領果徵夢焉

幸蜀記昶字保元知祥第三子母李氏雍順公主之媵嘗夢大星自天墜落其懷以告公主曰此婢有福相當生貴子

蜀檮杌潘炕嬖於美妾解愁恙成疾解愁姓趙氏其母夢吞海棠花蕊而生頗有國色善爲新聲

錄異記禮部尚書庾樸舉進士時甚有聲稱方就策名夢入桂宮折得桂枝將歸人間視之已焦枯矣俄而下第是歲婚歸氏親迎之後旬日間竊視歸氏額上指許常塗藝油問之云小年爲火所燒有痕而無髮也故又名桂娘子竟不登第也

江南別錄烈祖昇爲義祖所養義祖夢爲人引臨大水中黃龍數十令義祖捉之義祖獲一龍而寤明旦乃得烈祖

十國春秋何致雍傳致雍賈人子也幼而英爽好學常隨從父泊舟皖口從父夢有人若官吏狀乘馬冠蓋數往來岸側點錄舟中人物之籍俄一人自後呼曰何僕射在此勿遽驚之對曰諾不敢已而從父寤訪舟中人無一何姓者翼日風濤大作旁舟多覆沒惟致雍舟如故從父謂致雍曰我家世貧賤吾復老矣何僕射必汝也善自愛未幾致雍受知武穆王起

家節度判官及王開國除致雍戶部侍郎翰林學士文昭王爲武安節度使復改致雍判官累職檢校僕射卒於官竟如皖卩神之言致雍善文章所著天策寺碑楚人常稱道

荆南武信王世家初王常從梁太祖出征引軍旦發至逆旅未曉有嫗秉燭而迎執禮甚謹王疑之嫗曰適夢金甲神排戶呼曰有王者來宜速起將軍得非其人邪王大悅而去卒符其言

吳徐善傳善洪州人也秦裴拔洪州善有女弟擅殊色爲軍校所得强納幣焉已竟挾之去善詣廣陵白其事是時烈祖府庭甚嚴布衣遊士經歲不得一見而善始至白沙烈祖夜夢神告曰江西秀才徐善見公今在白沙逆旅矣其人良士也且有情事未申宜厚遇之烈祖旦即遣騎迎善既至禮優渥因具述女弟被掠狀烈祖命購贖歸

楊廷式傳廷式雅善占夢縣令毛貞輔者謁選廣陵一夕夢口中呑日既寤腹猶熱問廷式廷式曰此夢甚大非君所能當若以君而言宜爲赤烏塲官也已而果然

前蜀僧貫休繪羅漢一十六身并一佛二大士像皆作古野之貌不類人間或曰夢中所覩覺後圖之謂之應夢羅漢

吳越武肅王世家長興二年冬王晝寢夢靑衣人捧簿書以前告曰大王明年錢塘官滿及寤頗惡之

冊府元龜趙瑩字元暉華陰人解褐爲康延孝從事後唐同光中延孝鎭陜州會莊宗伐蜀命延孝騎將將行畱瑩監修金天神祠功既集忽夢神名於前亭待以優禮乃謂瑩曰公富有前程所宜自愛因遺一劍一笏覺而駭異後爲中書令出爲晉昌節度移鎭華州入爲開府尹復相位加弘文館大學士

崔棁爲太常卿嘗自語於知友云某少時夢二人前引行路一人計地里曰一舍矣可以止一人曰此人當更進三十有八里復行如所言二人偕止之俄而驚覺棁嘗識是夢以爲定命之限故六十有七請退明年果終焉

十國春秋楚何仲舉傳仲舉營道人也美姿容俊邁絕倫少時母嘗夢挾仲舉入月年十三家貧輸稅不及限李弘皐爲營道令怒之命荷校繫獄中或言仲舉雅能文且工敏弘皐遽名問曰若能詩吾當貸汝仲舉援筆立就弘皐大驚異延之廳事與講鈞禮仲舉由是銳意力學天成中入洛會秦王從榮爲河南尹傾身下士仲舉與張抗江文蔚同遊其門踰年遂登進士第

冊府元龜馬引孫後唐明宗朝爲潞王河中從事天成中嘗計事赴闕宿於邏店其地有上邏神祠夜夢神人見名待以優禮手授二筆其筆一大一小覺而異焉及潞王即位以引孫爲翰林學士引孫以爲契鴻筆之兆旋知貢舉私自謂曰此二筆之畢應也及拜平章事上事中堂吏奉二筆熟視大小如昔時夢中所授者引孫始悟冥數有定分也

宋史范質傳質字文素大名宗城人父守遇鄭州防禦判官質生之夕母夢神人授以五色筆九歲能屬文十三治尚書教授生徒後唐長興四年舉進士其後登相位爲太子太傅封魯國公

冊府元龜晉高祖初爲河東節度後唐末帝出師重圍晉陽帝遣心腹何福單騎求援北蕃蕃王自將諸部赴之不以繒帛不以珠玉若響應聲謂福曰吾已兆於夢皆上帝命我非我意也時援兵未至唐將張敬達引軍逼城設柵柵將成忽有大風雨暴起柵無以立後築長連城城欲就又爲水潦所壞城竟不能合

末帝爲護國軍節度使一日夢明宗名至寢門與宋王各剣頭而退及寤以問賓吏皆無對者時鹽推官李專美在座屏人謂帝曰將來嗣主必明公也帝心喜之

南唐近事烈祖嘗晝寢夢一黃龍繚繞殿檻鱗甲煥照耀庭宇殆非常狀遍而視之蜿蜒如故上既寤使視前殿即齊王凭檻而立偵上之安否問至止時刻及視向背皆符所夢上曰天意諄諄信非偶爾成吾家事其惟此子乎旬月之間遂正儲位齊王即元宗居藩日所封之爵也

烈祖輔吳將有禪讓之事人情尚懷彼此一二不樂周宗請之上曰吾夜夢爲人引劍斷吾之頸意所惡之宗遽下堦拜賀曰當策立耳居數日而內禪

冊府元龜晉李專美字翼商京兆人後唐末帝鎭鳳翔專美爲記室在岐下嘗夢具裳笏立嵩山之頂及爲端明殿學士與李崧同列而班在其上以所夢告崧且曰某非德非動安可久在此秩居吾子之首乎因懇求他官尋移宣徽使

玉溪編事西蜀將王暉任集州刺史城中無水泉值岐兵攻城且絕其水路城內焦渴王公乃中夜祈請

神祇及寐夢一老父告曰州獄之下當有靈泉王驚寤遲明亟命操鍤於所止之處掘之乃有泉流居人蒙活甚衆岐兵以城中無水將坐俟其斃王公命汲泉水於城揚而示之其寇乃去是日神泉亦竭

馬令南唐書馬仁裕傳仁裕字德寬北平王燧之後遇亂徙居彭城世爲將仁裕母方娠夢人謂曰北平來歸及生有紫氣滿庭數歲學兵書若成誦然

陸游南唐書徐遊傳遊知誨子也徐鍇屬疾忽夢巨人持大鐵從取己及兄鉉并遊同納從中鍇與遊皆墜地而鉉獨否俄鍇遊皆以疾卒云

申屠令堅傳令堅寐則夢與人鬭大呼而寤乃聚侍婢歌舞喧笑達旦始能寐至是若與人搏擊於帳中者踰時而卒

十國春秋吳越皮光業傳光業微時夢亭上木偶人皆列拜覺而自負

前蜀王承肇傳承肇宗侃第三子也生於雅州小字獦獠兒初宗侃妻崔氏夢一人峩冠裒袖自稱周公山神牽五色獸逼其衣遂孕承肇居數年有異人崔和尚者見承肇撫其背曰老僧所居周公山佳氣減半乃孕靈於此邪此子麒麟之精也必爲王者之瑞承肇頗通兵法後累官武定節度使加太尉國亡降唐爲行軍司馬

後蜀侯弘實傳弘實千乘人也幼而家貧年十三假寐簷下會暑月大雨有虹自黃河飲水俄貫弘實口良久始沒母見而奇之及覺問弘實有異否對曰適夢濡河取水果腹而歸

冊府元龜李郁爲光祿卿一日晝寢夢食豆粢覺而有疾謂其親友曰嘗聞棗字重來呼魂之象也余神氣逼抑將不免乎天福五年夏卒

稽神錄江南大理司直邢陶癸卯歲夢人告云君當爲涇州刺史既而爲宣州涇縣令考滿復夢其人告曰宣州諸縣官人來春皆替而君官詰不到邢甚惡之至明年春罷歸有薦陶爲水部員外郎牒下而所司失去復請二十餘日竟未拜而卒

冊府元龜趙上交仕晉爲御史中丞天福九年少帝禦契丹於澶淵上交從行忽中夜夢有一女子爲人設筮上交問曰此行主上櫛風沐雨百官暴露營野契丹幾時當北去也女子曰十二月五日也俄見女子袒衣身有金甲類將軍之狀上交駭而寤以告同列咸曰此眞異夢不可輕爲占測當共志之時虜去駕還俱不以是日及十二年正月朔日契丹至浚北郊百官素服序列以朝之虜長被狐裘跨馬駐層阜之上令百官去縞具常服謂曰爾輩無懼吾亦人也因開襟示所擐之甲且云我昨來特製此爲南討也葢虜情多忌常欲明其有備爾時上交爲御史中丞首引百官見其事具省前夢退謂舊同列曰虜生北方禀陰氣女子象通卜筮者以多算也此日乃明其應異乎及契丹北還果以十七日也

馬令南唐書宋齊丘傳齊丘少時嘗夢乘龍上天凡文武百司皆布朋黨及國家多難因欲遂其窺竊之計卒以此敗

茅亭客話僞蜀眉州下方垻民姓家氏名居泰夫妻皆中年唯一男既冠忽患經年羸瘠日加醫藥無復瘳減父母遂虔誠置千金方一部於所居閣上日夜焚香望峩眉山告孫眞人禱乞救護經旬餘一夕夫婦同夢白衣老翁云汝男是當生時授父母氣數較少吾今教汝每旦父母各呵氣令汝男開口而嚥之如此三日汝男當愈夫婦覺而皆說符協如一遂冥心依夢中所教初則骨未始壯亥乃能食而行積年諸苦頓愈後冠褐入道常事眞人無怠焉

冊府元龜馬重績爲司天監夢游崑崙山與上仙語言覺具述其事夜未央無病而卒

李周爲權開封尹將卒夢焚旌旗與鎧甲繇是歎息有歸休之意三上章不得謝年七十四卒帝聞其忠愼廉潔無積財歎息久之

十國春秋後蜀辛寅遜傳寅遜拜司門郎中知制誥中書舍人出知武信軍府加史館修撰改給事中與修前蜀書寅遜常夢掌中抽筆占者曰君必作學士矣未幾遷翰林學士寅遜六七十歲時居青城山道院院有塑像黃姑者一夕見夢於寅遜謂曰汝可食杏仁令汝聰利老而彌壯故有道性又不終在此山須出山佐理當代寅遜夢間拜請其法則與怡神論所載略同及寤檢其方遂日服之以至延上壽

宋史李濤傳漢祖以濤堪任宰輔拜中書侍郎兼戶部尚書平章事隱帝卽位楊邠周祖共掌機密史弘肇握兵柄與武德使李鄴等中外爭奪互作威福濤疏請出邠等藩鎭以淸朝政隱帝不能決白於太后太后召邠等諭之反爲所搆免相歸第時中書廚釜鳴者數四濤晝寢閣中夢嚴飾廳事羣吏趨走云迎新宰相帶諸司使既寤心異之數日濤罷以邠爲相兼樞密使

冊府元龜徐台符爲兵部尚書翰林學士承旨與太子太傅李崧爲執友崧爲蘇逢吉史弘肇所搆乾祐三年秋夢崧謂曰子之冤橫得請於帝矣及蘇史誅並梟首於市當崧所誅之地

高祖鎮太原周太祖握蕃漢兵要嘗侍帳中參決戎政時令少帝監符璽頗相戲狎暨從征鄴城旦夕同侍一日詰旦語太祖曰我夜來夢爾爲驢負我昇天旣捨爾乘俄變爲龍捨我南去何祥也笑而言曰公爲驢作少意智勿空見玩撫掌而罷爲左衞大將軍

高祖欲改年號中書進擬乾和二字高祖改爲乾祐與帝名相符帝微有風痰每連唾不止目多閃掣卽位之始遽無恙

南唐近事李徵古宜春人也少時賤遊嘗宿同郡潘長史家是夜潘妻夢門前有儀注鞍馬擁劍荷隊約二百人或坐或立且云太守在此洎見乃寓宿秀才覺後言於潘曰此客非常人也妾來晨略具餞酒一鍾贈之金扼腕曰郎君他日富貴愼勿相忘李不可知也來年至京一舉成名不二十年自樞密副使除本州刺史離闕日元宗賜內庫酒二百瓶

清波雜志五代時有僧某卓庵道邊藝蔬丐錢一日晝寢夢一金色黃龍食所藝萵苣數畦僧寤驚且曰必有異人至已而見一偉丈夫於所夢之所取萵苣食之僧視其狀貌凜然遂攝衣延之餽食甚恭頃刻告去僧囑之曰富貴無相忘因以所夢告之且曰公他日得志願爲老僧只於此地建一大寺偉丈夫乃藝祖也旣卽位求其僧尚存遂命建寺賜名普安都人稱爲道者院則壽聖皇帝王封之名已兆於此

宋史高防傳漢祖召防赴太原加檢校金部郎中乾祐初授屯田員外郎改浚儀令時楊邠用事與防有隙未幾免職居數月夢一吏以白帕裹印自門入授防防寤而思曰白主刑吾當爲主刑官乎俄而周祖卽位起爲刑部員外郎吏齎印至一如夢中所覩

馬令南唐書柴克宏傳常州有隋末陳杲仁祠杲仁見夢於克宏曰吾以陰兵助爾及戰有黑牛二頭衝突越兵克宏繼之大敗越人俘馘甚衆克宏奏封杲仁爲武烈大帝

潘佑傳佑自言其母方娠夢古衣冠人告曰我顏延之也與夫人爲子及生七歲始能語曰兒悞傷白龍爲上帝所罰也因吟詩曰只因騎折玉龍腰謫在人間三十六至是果以三十六歲卒

伍喬傳喬廬江人也性嗜學以淮人無出己右者遂渡江入廬山國學苦節自勵一夕見人掌自牖隙入中有讀易二字倏爾而却喬默審其祥取易讀之探索精微迨數年山下有僧夜夢人指大星曰此伍喬星也僧與喬初不相知逵旦入國學訪問得喬喜甚勉之進取喬以匱乏告僧輒罄橐予之

冊府元龜周王峻爲樞密使夢被官府追攝入司簿院旣寤心惡之以是尤加狂躁尋被誅死

周和凝年十七舉明經至京師忽夢人以五色筆一束與之謂曰子有如此才何不舉進士自是才思敏贍後至宰相罷爲太子太傅卒

王仁裕字德輦天水人少孤不從師訓年二十五一夕夢剖其腸胃引西江水以浣之又睹水中沙石皆有篆文因取吞之及寤心意豁然自是文性甚高後爲兵部尚書太子少保卒

陸游南唐書劉仁贍傳元宗聞仁贍死哭之慟贈太師中書令謚忠肅嘆曰仁贍有知其肯捨我而受周命耶是夕夢仁贍若拜謝庭中加封衞王

宋史方技傳王處訥河南洛陽人少時有老叟至舍煑洛河石如麪令處訥食之且曰汝性聰悟後當爲人師又嘗夢人持巨鑑星宿燦然滿中剖腹納之覺而汗洽月餘心胷猶覺痛因留意星曆占候之學深究其旨

南唐近事馮僎卽刑部尚書謐之子也舉進士初年少衆譽籍籍以爲平折丹桂秋賦之間僎一夕夢登崇孝寺幡刹極高處打方響先是徐幼文能圓夢遂詣徐請圓之徐曰雖有聲價至下地洎來春僎俄成名於侍郎韓熙載榜下或有責徐之言謬者徐曰誠如吾語後當知之放榜數日中書奏主司取士不當遂追榜御試馮果覆落

十國春秋後蜀後主本紀廣政二十三年十二月皇太后夢青衣神自言宮中衞聖龍神乞出居於外乃命建堂於昭覺寺廡下遷神出居之

馬令南唐書羅穎傳穎初就舉金陵試銷刑鼎賦儒術之本論有司以鄧及爲第一穎爲末綴牓旣上後主遷穎第二手筆圈其名穎是夕夢黑氣環身有長人自上挽而出之

十國春秋吳越吳程傳程在東越以父廕不事苦學有謂程曰觀子骨法與羣儒類但恨他日登將相不長談論耳程自是頗勤學文穆王時西府院官滕攜者常夢程化爲赤龍望南方而去攜因語夢於人曰

吳氏子非我所測也及爲福州始驗其兆乾德初程夢一羽人布策於前曰計子之筭而所遺者三後三年程卒年七十有三王命復原官謚曰忠烈

南唐近事程員舉進士將逼試夜夢烏衣吏及門告員曰君與王倫廖𧗿陳度魏清並已及第員夢中驚喜理服馳馬詣省門見楊遂張觀曾顗立街中謂曰榜在雞行何忽至此員悵然而覺祕不敢言其年考功員外郎張祕權知貢舉果放楊遂等三人員輩卒無徵既而內降御札尚慮遺賢命張洎舍人取所試詩賦付中書重定務在精選洎果取員等五人附來春別榜及第明年歲在癸酉也

江表志後主嗣服之初夜夢有羊據文德殿御榻而坐甚惡之洎乙亥冬太祖弔伐之初首命吏部郎中楊克讓知府事故已陰數定也

宋史湖南周氏世家周行逢子保權年十一初行逢疾且亟名將校托保權曰吾部內兇狠者誅之略盡惟張文表在焉吾死文表必亂諸公善佐吾兒無失土宇必不得已當舉族歸朝無令陷於虎口行逢卒明年春文表果自衡州舉兵據潭州將取朗陵保權遣其將楊師璠悉衆以禦文表保權泣謂衆曰先君可謂知人矣今墳土未乾文表構逆軍府安危在此一舉諸公勉之衆皆感憤遂破其衆於平津亭擒文表臠而食之初文表將攻長沙猶豫未決有小校夢文表龍出領下明日以告文表喜曰天命也及敗梟首於朗陵市

馬令南唐書黃載傳載游湘潭州將辟致庠序諸生醵會市羊以備饌載夢一羊前跪請命晨出見羊跪伏如所夢載以己緡償諸生而畜其羊

十國春秋南唐徐鍇傳先是宋師伐江南金陵將陷有夢四角女子行空中以巨簁簸物散落如豆著地皆成人形或問之對曰此當死於難者後見一金紫貴人墜地云此徐舍人也既寤異之及旦則聞鍇死矣

聶紹元傳紹元字伯祖母程有娠夢天人指其腹曰此子當證道果及生而穎達有異羣兒長好書史尤精老莊文列一日詣金陵師道士高朗昭受戒籙是夕夢入一城有朱衣者凭几謂紹元曰此司錄之所也可自閱籍籍云聶紹元十八入道二十授上清祕法二十六又往南嶽遂掩卷而寤久之還問政山築室以居自號無名子時後主酷好浮屠學黃冠輩多落鬚髮以趣之紹元上疏切諫居無何病卒卒之日四鶴集於屋又神光從空而下望見者疑爲火所焚是日有人見紹元與三道士緋綠乘馬從者數十輩南去紹元曰吾往南嶽矣

遼史太祖本紀太祖德祖皇帝長子母曰宣簡皇后蕭氏唐咸通十三年生初母夢日墮懷中有娠及生室有神光異香

韓延徽傳延徽南奔太祖夢白鶴自帳中出比還復入帳中詰旦謂侍臣曰延徽至矣已而果然

后妃傳聖宗欽哀皇后蕭氏后母嘗夢金柱擎天諸子欲上不能后後至與僕從皆陞異之

張儉傳儉宛平人性端慤不事外飾統和十四年舉進士第一調雲州幕官故事車駕經行長吏當有所獻聖宗獵雲中節度使進曰臣境無他產惟幕僚張儉一代之寶願以爲獻先是上夢四人侍側賜食人二口至聞儉名始悟召見容止朴野訪及世務占奏三十餘事由此顧遇特異踐歷清華號稱明幹

耶律乙辛傳乙辛初慧黠嘗牧羊至日昃迭剌視之乙辛熟寢迭剌觸之覺乙辛怒曰何遽驚我適夢人手執日月以食我我已食月啗日方半而覺惜不盡食之迭剌自是不令牧羊

梵椒錄懿德皇后蕭氏爲北面官南院樞密使惠之少女母耶律氏夢月墜懷已復東升光輝照爛不可仰視漸升中天忽爲天狗所食驚寤而后生時重熙九年五月己未也母以語惠惠曰此女必大貴而不得令終且五日生女古人所忌命已定矣將復奈何

宋史吳越世家廢王倧長子惟治初鎮四明嘗夢神人被甲自稱西嶽神謂惟治曰公面有缺文卽捧土培之後領華州節鉞三十年

孫承祐傳承祐錢塘人俶納其姊爲妃承祐少時嘗夢神人以蓍草一本增其一而授之既寤以語所親曰大衍之數五十其用四十有九今增其一我壽止於此乎果五十而卒

董遵誨傳遵誨父宗本爲隨州刺史太祖微時客遊至漢東依宗本而遵誨憑藉父勢太祖每避之遵誨嘗謂太祖曰每見城上紫雲如蓋又夢登高臺遇黑蛇約長百尺餘俄化龍飛騰東北去雷電隨之是何祥也太祖皆不對他日論兵戰事遵誨理多屈拂衣而起太祖乃辭宗本去自是紫雲漸散及卽位一日便殿召見遵誨伏地請死帝令左右扶起因諭之曰卿尚記往日紫雲及龍化之夢乎遵誨再拜呼萬歲

儒林傳辛文悅者不知何許人以五經教授太祖幼時從其肄業周顯德中太祖歷禁衞爲殿前都點檢節制方面文悅久不獲接見一日夢邀車駕請見旣拜乃太祖也太祖亦夢其來詣因令左右尋訪文悅果自至太祖異之及登位召見授太子中允判太府事開寶三年出知房州時周鄭王出居是州上以文悅長者故命焉文悅後累遷至員外郎

翰府名談陳希夷先生每睡則半載或數月近亦不下月餘贈金勵睡詩曰常人無所重惟睡乃爲重舉世皆爲息魂離神不動覺來無所知貪求心愈動堪笑塵中人不知夢是夢又曰至人本無夢其夢乃遊仙眞人本無睡睡則浮雲烟爐裏近爲藥壺中別有天欲知睡夢裏人間第一元又嘗題石水澗曰銀河灑落翠花冷一派回環湛晚暉幾恨却爲頑石礙琉璃滑處玉花飛又題西峰曰爲愛西峰好吟頭盡日昂昂花紅作陣溪水綠成行幾夜礙新月半山無夕陽寄信嘉遯客此處是仙鄉又華山曰半夜天香入巖谷西風吹落嶺頭蓮空愛掌雲侵碧漢無人曾歎豆靈仙

乘異記陶穀少時夢爲吏追去云奉符換眼吏附穀耳求錢安第一等眼穀不應又安第二等眼又不應吏曰只得第三等眼矣旣覺眼睛深碧色後遇善相道士陳紫陽相穀曰一雙鬼眼固當淸貴然不至大位也後果然

樂善錄淳于棼嘗晝寢夢二紫衣吏引自宅南古槐下入俄至一城重樓傑閣金題其榜曰大槐安國旣入城又見一吏迎揖曰駙馬遠來且少憩於此此東華館也居數日王引見一見大悅卽以公主名瑤芳者妻之未幾出典南柯郡政大舉王甚禮焉在任凡二十年許生男子五人女子二人無何主卒方悲慟間忽然驚覺乃知是夢立命發掘其槐下果有一穴中有一臺色赤如丹二大蟻處之卽所謂大槐安國都邑也又窮其穴直上南枝卽棼所典南柯也棼大駭異復命掩之

宋史荊南高氏世家梁延嗣京兆長安人少事高季興入宋爲濠州防禦使嘗暴疾禱於城隍神是夕夢神人告以九九之數俄疾愈開寶九年卒年八十一

后妃列傳李賢妃眞定人乾州防禦使英之女也太祖聞妃有容德爲太宗聘之開寶中封隴西郡君太宗卽位進夫人生皇女二人皆早亾次生楚王元佐妃嘗夢日輪逼己以裾承之光耀遍體驚而寤遂生眞宗

吳越世家俶異母弟儼判和州贈昭化軍節度儼嗜學博涉經史少夢人遺以大硯自是樂爲文辭頗敏速富贍當時國中詞翰多出其手歸京師與朝廷文士遊歌詠不絕

安守忠傳宋初爲左衛將軍歷濮州刺史太平興國初知靈州在官凡七年雍熙二年改知易州徙夏州每西戎犯邊戰無不捷錄功就拜濮州團練使端拱中知滄州改瀛州兼高陽關駐泊部署遷瀛州防禦使初守忠嘗夢一濮字方丈餘及領是郡幾二十年於是始悟

茅亭客話陵陽至道觀主費禹珪字天錫文學優贍時輩所稱僞蜀嘗應進士舉名絢或夢衣錦在井中覺後自喜曰及第衣錦遊鄉井爾他日因與知軍事推官蘇協論名第皆由陰注凡舉人將歷科場多有異夢禹珪因言前夢蘇曰非佳夢爾衣錦井中是文章未顯之兆費不悅來春果下第歸鄉因告蘇曰人生百年有如風燭止可怡神養志詩酒寄情更不能爲屑屑之儒誠有雲棲之志矣蘇曰世祿暫榮浮生如寄唯登眞履道可後天爲期也某有暨于雖愚可教授之卽參政侍郎也洎明年聖朝伐蜀蘇上京歷任至太平興國年中授開封府司錄參軍不赧休復嘗讀醫書云人藏氣陰多則夢數陽壯則夢稀有夢亦不復記之夫瞽者無夢愚者少夢故騶早百夕無一夢乃知夢者習也又不獨至人者哉頃有一士人能原夢遂撰一夢請占之災祥皆驗他日告云吾實無夢向所夢吾撰也聊以試君皆驗何也原夢者曰意形於言災祥隨之何況夢肇夢松者乎則知夢者不可以一事推之爾

宋史魏野傳野字仲先陝州陝人也世爲農母嘗夢引袂於月中承兒得之因有娠遂生野

茅亭客話僞蜀舉人張洸字海上雍熙丙戌歲往嘉州謁平羌令船次平羌灘下夜泊忽夢二人容貌端儼白衣華煥於洸前俯伏求救洸覺惟聞船棧下跳躑之聲不已視之乃二鯉魚焉洸性躁急不能容物怒此魚撓其寢遂扶棧取魚棄於江中旣而就寢復夢二白衣持大蒜數頭懇謝而去遲明方悟向夢者魚也至於平羌因以夢告平羌令令曰君之夢祥符也放魚所感蒜者筭也當延君筭爾洸至晚年著彸隱書三卷亦紀夢魚之事享壽七十八而卒

宋史楊億傳億字大年建州浦城人祖文逸南唐玉山令億將生文逸夢一道人自稱懷玉山人來謁未幾億生七歲能屬文年十一太宗名試授祕書省正字淳化中命試翰林賜進士第遷光祿寺丞累遷工部侍郎

臧丙傳丙字夢壽淳化二年拜右諫議大夫出知江陵府年五十三卒丙舊名愚字仲回既孤常夢其父名丙偶立於庭向空指曰老人星見矣丙仰視之黃明潤大因望而拜既寤私喜曰吉祥也以壽星出丙入丁乃改名焉至是無驗丙於禮不當更名古人戒數占夢無妄喜也

清波雜志淳化宰相張公齊賢布衣時常春游嵩嶽醉臥巨石上夢人驅羣羊於前曰此張相公食料羊也既貴每食數斤猶未厭飫健啖世無比者此與唐贊皇李德裕夢人謂平生合享萬羊之兆符合

宋史眞宗章獻明肅劉皇后傳劉皇后其先家太原後徙益州爲華陽人祖延慶在晉漢間爲右驍衛大將軍父通虎捷都指揮使嘉州刺史從征太原道卒后通第二女也初母龐夢月入懷已而有娠遂生后

清波雜志曹武惠彬下江南副帥欲屠城曹力止之曰此已降不可殺曹後夢一人告之曰汝能全江南一城人帝乃賜汝城中人爲汝子孫故其後繁盛今雖湮微猶應出兩府曹沭景游嘗語此兩府其自期耶

宋史方技傳趙自然太平繁昌人家荻港旁以鬻茗爲業本名王九始十三疾甚父抱詣青華觀許爲道士後夢一人狀貌魁偉綸巾素袍鬢髮斑白自云姓陰引之登高山謂曰汝有道氣吾將教汝辟穀之法乃出青柏枝令啗夢中食之及覺遂不食神氣清爽每聞火食氣即嘔惟生果清泉而已歲餘復夢向見老人教以篆書數百字寤悉能記寫以示人皆不能識或云此非篆也乃道家符籙耳嘗爲元道歌言修煉之要知州王洞表其事太宗名赴闕親問之賜道士服改名自然

賢奕編張忠定公詠守成都嘗夢謁紫府眞君坐定吏忽報請到西門黃承事眞君降階接之禮甚恭且揖公坐承事之下明日遣人詣西門請黃承事比至果如夢中所見公即以所夢告之問平日有何陰德眞君禮遇如此承事云無他長唯每歲禾麥熟時以錢收糴至明年新陳未接之時糶與細民價值不增升斗如故公曰此宜坐我上也令二吏掖之使端受四拜承事名兼濟後裔繁衍青紫不絕

宋史淩策傳策以右諫議大夫集賢殿學士知益州初策登第夢人以六印加劍上遺之其後往劍外凡六任時以爲異

楊礪傳礪端拱初眞宗在襄邸遷庫部充記室參軍賜金紫初廣順中世宗節制澶州礪贄文見之館接數日世宗入朝礪處僧舍夢古衣冠者曰汝能從乎礪隨往覩宮衞若非人間殿上主者秉圭南向總三十餘礪升謁之最上者前有案置簿錄人姓名礪見己名居首因請示休咎王者曰我非汝師指一人曰此來和天尊異日汝主也當問之其人笑曰此去四十年汝功成矣名亦顯矣礪再拜寤而志之礪初名勵以籍作礪遂改之至是受命謁見藩府歸謂子曰吾今見藩府襄王儀貌即所夢來和天尊也遷水部郎中眞宗尹開封礪爲推官眞宗嘗問礪何年及第礪唯唯不對後知其唱名第一自悔失問謂礪不以科名自伐甚重之歷工部侍郎樞密副使卒年六十九眞宗軫悼謂宰相曰礪介直清苦方當任用遽此淪謝即冒雨臨其喪礪僦舍委巷中乘輿不能進步至其第嗟憫久之廢朝贈兵部尚書中使護葬

茅亭客話雍道者名法志東川飛烏縣元和鄉人也人雖鄙朴而性慕清虛嘗供養一石老君及誦天蓬呪枕中經因夢一道士云雍法志吾於汝處求錢三千貫文法志辭貧道士取石像前欃帚云但有患者將此帚掃之即愈言訖而覺因是鄉里有患者將帚掃之應手立愈里人相傳求醫者塡委時郡城西南青羊宮即老君降生之所咸平中兵火蕩焚唯降生元陽二臺存焉遺址荒圮鞠爲茂草己酉歲知州密直學士任公請重興舊址其殿東每夜聞鐘聲不知所因鑿池獲一銅鐘扣之響三十餘里士庶游觀經春及夏法志於宮門見一小兒傴僂而行以欃帚掃之正腰而去聚觀者架肩接踵禮法志爲神仙時起宮工匠輩有腰脚手臂痛者掃之皆愈因是四遠傳云雍道者掃盲者能視跛者能履患者雲集有齋金守門經旬未獲掃者所得錢帛並送營造所逾百日因悅一婦人潛出不歸患人稍稍不集至是年冬再來掃病無應自慚而遁因詰其修造掌籍者錢僅三千餘貫正符夢中之數爾

青箱雜記李文定公迪美鬚髯未御試一夕忽夢被人剃削俱盡迪亦惡之有解者曰秀才須作狀元緣

今歲省元是劉滋已替滋矣非狀元而何是歲果第一人

談苑眞宗臨軒策士夜夢下有菜一苗甚盛與殿基相高及拆第一卷是乃蔡齊上見其容貌曰得人矣特詔執金吾七人清道自齊始

宋史禮志帝於大中祥符五年十月語輔臣曰朕夢先降神人傳玉皇之命云先令汝祖趙某授汝天書令再見汝如唐朝恭奉元元皇帝翼日復夢神人傳天尊言吾坐西斜設六位以候是日卽於延恩殿設道場五鼓一籌先聞異香頃之黃光滿殿蔽燈燭覩靈仙儀衞天尊至朕再拜殿下俄黃霧起須臾霧散由西陛升見侍從在東陛天尊坐有六人揖天尊而後坐朕欲拜六人天尊止令揖命朕前曰吾人皇九人中一人也是趙之始祖再降乃軒轅皇帝凡世所知少典之子非也母感電生于壽丘後唐時奉玉帝命七月一日下降總治下方主趙氏之族今已百年皇帝善爲撫育蒼生無怠前志卽離坐乘雲而去王旦等皆再拜稱賀卽召旦等至延恩殿歷觀臨降之所幷布告天下

欽定古今圖書集成曆象彙編庶徵典

第一百五十卷目錄

夢部紀事五

庶徵典第一百五十卷

夢部紀事五

揮麈錄章懿李后初在側微事章獻明肅章聖過閤中欲盥手后捧洗而前上悅其膚色玉耀與之言后奏昨夕忽夢一羽衣之士跣足從空而下云來爲汝子時上未有嗣聞之大喜當爲汝成之是夕召幸有娠明年誕育昭陵幼年每穿履襪卽令脫去嘗跣步禁掖宮中皆呼爲赤脚仙人蓋古之得道李君也

聞見雜錄張文懿爲射洪令時出城遇村寺老僧于道邂逅過之亦必出迎文懿怪而詰之僧曰長官來則山神夜夢告某曰相公至矣一日復往而僧不出文懿曰不出何也僧謝曰神不我告也文懿以爲誕使僧問其所以夜夢告曰長官誤斷殺牛事天符已下不復相矣文懿驚駭省之果嘗有殺牛事也遂復改正明日再過寺僧復出曰昨夕山神云長官復爲相明日當來但減筭爾後文懿再入中書

宋史王欽若傳眞宗嘗夢神人言賜天書於泰山卽密諭欽若欽若因言六月甲午木工董祚于醴泉亭北見黃素曳草上有字不能識皇城吏王居正見其上有御名以告欽若旣得之具威儀奉導至社首跪授中使馳奉以進眞宗至含芳園奉迎出所上天書再降祥瑞圖示百僚欽若又言至嶽下兩夢神人願增建廟庭及至威雄將軍廟其神像如夢中所見因請構亭廟中封禪禮成遷禮部尚書

狄棐傳棐子遵度少穎悟篤志于學尤嗜杜甫詩嘗讀其集一夕夢見甫爲誦世所未見詩及覺纔記十餘字遵度足成之爲佳城篇後數月卒

曹光寔傳光寔從子克明字堯卿旣生會敵攻百丈縣父光遠遇害姆抱克明匿葦蒲中得免旣長喜兵法善騎射從父光寔奇之補爲衙內都虞候光寔擊敵於葭蘆川戰沒克明時護輜重在後聞光寔死懼軍亂祕不發喪陽令人西來傳光寔令還軍銀州而潛與僕張貴入敵中獲光寔尸以還葬京師繇是顯名初蜀人留京師者禁不得還鄉里克明以母老間道歸李順反聞克明將家子且有名欲脅以官克明擕母遁山谷夜止神祠中夢有人叱之起旣覺而去賊果至及賊陷雅州克明募衆數萬人以迎王師遂復名山火井夾門等九縣分兵嘉眉邛三州立七砦以邀賊復收雅州斬六十餘人賊將何承祿等走雲南蜀平擢西頭供奉官黎州兵馬監押

李至傳至字言幾眞定人母張氏嘗夢八仙人自天降授字圖使吞之及寤猶若有物在胷中未幾生至七歲而孤鞠于飛龍使李知審家幼沈靜好學能屬文及長辭華典贍舉進士歷官工部尚書參知政事以目疾求解改授武信軍節度

寇瑊傳瑊字次公汝州臨汝人初母夢神人授珠吞之而娠生而眉目美秀擢進士官樞密直學士

查道傳道爲龍圖閣待制進右司郎中知虢州卒嘗夢神人謂曰汝位至正郎壽五十七而享年六十四論者以爲積善所延也

馬元傳元通五經尤精易初七歲方讀易母夜夢異人以紺蓮花與元吞之且曰善讀此後必貴顯元且老卒三日一誦易

東軒筆錄石參政中立事太宗爲館職至眞宗末年猶爲學士一夕夢朝太宗面諭以將有進用之意石謝訖將下殿不覺鏘然有聲顧視乃魚袋墜于墀上及覺大異之不數日有參預之命謝日方拜起亦覺有聲顧視則魚袋墜地矣

宋史宋庠傳庠字公序安州安陸人後徙開封之雍丘父杞嘗爲九江掾與其妻鍾禱于廬阜鍾夢道士授以書曰以遺爾子視之小戴禮也已而庠生他日見許眞君像卽夢中見者庠天聖初舉進士開封試禮部皆第一歷官兵部侍郎同中書門下平章事集賢殿大學士遷工部尚書封莒國公

青箱雜記相國劉公沆累舉不第天聖中將辦裝赴省試一夕夢被人斫落頭心甚惡之有鄉人爲解釋曰狀元不到十二郎做只得第二人劉公因詰之曰雖斫却頭留沆在裏蓋南音謂項爲沆留劉同音後果第二人及第

建寧府志章訢浦城人天聖中試禮部上黨有蓋抃者亦預計偕忽夢人告曰建州章天和作狀元汝必登第抃至京訪訢具述其夢旣而三舉不利慶曆間

復到省題詩于邑之泗州嶺庵壁上云十年三上未登科此去行期晝錦過上黨有人傳預兆夢生頭角見天和遂于賈黯榜中第嘉祐二年訴子衡作大魁抃是年始得奏名訴後官至澗州長史累遷左光祿大夫

澠水燕談錄王獵酸棗人天聖末累舉未第一夕夢紫衣吏名至一宮門守衛甚盛揖入升廳對拜者紫衣金帶年三十許禮甚恭既坐詞甚遜覺後私記其年月獵後困于場屋久之推恩五舉得同出身登仕又二十餘年年且七十始爲尚書員外郎將乞身以去故人或止之會英廟入繼爲皇子近臣薦公爲宮僚赴皇子位門闌守衛宛如夢中及升廳拜揖則衣冠儀貌亦與夢中無異歸視篋中所記乃英廟所生時也侍讀宮邸未及期年英廟即位遂登侍從

宋史英宗本紀明道元年生于宣平坊第初濮王夢兩龍與日並墮以衣承之及帝生赤光滿室或見黃龍游光中

青箱雜記馬尚書亮知江寧府秩滿將代一夕夢舌上生毛有僧解之曰舌上生毛剃不得尚書當再任已而果然

劉郎中滋累舉不第年餘四十始遂登科嘗夢有人提印滿籃令己吞之滋有難色其人曰但任意吞看得幾顆滋不得已吞至十四顆其印皆顆顆見于腹中後果歷十四任終

韓魏公應舉時夢打毬一捧于八時魏公時年僅弱冠一上登科則一捧于八之應也

孫樞密抃舊名貫應舉時嘗夢至官府潭潭深遠寂若無人大廳上有抄錄人名一卷意以爲榜遍覽無名偶覩第二名下有空白處抃欲填之空中人語曰無孫貫有孫抃夢中即填孫抃是歲果第三名因夢得

丁咸亭應舉時夢唱名已過續有一龍蜿蜒騰上又有一駱駝繼之不知其然比唱名有龍起駱起二人在其後

鄉人龔國隆應舉時夢行道上步步俯拾黑豆一掬不知其然是歲鄉薦乃伯父郎中紀恤其乏路費以驛券贈之遂沿路勘請以抵京師步步掬黑豆之應也然此微薄而國隆已兆於夢則其人賦分可知後國隆竟老場屋不沾一命

鄉人朱熙鄰景祐中舉進士夢造棺缺板而弗成是歲止過省不及第晚遇推恩長史出身棺不全之應也

宋史文苑傳楊寘字審賢察之弟少有雋才慶曆二年京師試國子監禮部皆第一既試崇政殿帝臨軒啓封見名喜動於色謂輔臣曰楊寘也遂擢第一公卿稱賀爲得人授將作監丞通判潁州未至官持母喪病羸卒特詔賻恤其家先是其友夢寘作龍首山人寘自謂龍首我四冠多士山人無祿位之稱我其終是乎已而果然

澠水燕談錄王彥祖初名元宗慶曆二年方勝冠廷試應天以寔不以文賦罷寢旅舍一人告之曰今年未當中第彥祖尤不平且責之曰子未嘗見予程文又未始知予生月何從而知未中第其人笑曰君若中選賦題天字在下君當三中選皆然今題天字在上第二字是以知其未也及唱名果不預選次舉春試不利于禮部八月再預廷試蓋軫象天地賦又復黜至皇祐五年免解赴禮部前以臥疾困眠夢至一大府見二人因懇求平生祿命二人笑不答再叩來年得失其人指面前池水曰但此頭分流君即登第覺以爲無理而池不能分流決無中第望矣久之乃悟即更名汾以符水分之兆及試禮部嚴父莫大于配天賦廷試圜丘象天皆中高選其後名試學士院又賦明王謹于事天得帖館職皆符夢中之言也

宋史章得象傳得象字希言世居泉州高祖仔鈞事閩爲建州刺史遂家浦城得象母方娠夢登山遇神人授以玉象及生父奐復夢家庭積笏如山長而好學美姿表爲人莊重進士及第慶曆五年拜鎮安節度使同平章事封郇國公徙判河南府守司空致仕

聞見前錄文潞公少時從其父赴蜀州幕官過成都潞公入江瀆廟觀畫壁祠官接之甚勤且言夜夢神令洒掃祠庭曰明日有宰相來官豈異日之宰相乎公笑曰宰相非所望若爲成都當令廟室一新慶曆中公以樞密直學士知益州聽事之三日謁江瀆廟若有感焉方經營改造中忽江漲大木數千章蔽流而下盡取以爲材廟成雄壯甲天下

澠水燕談錄王元規慶曆末赴吏部選一夕夢一人衣冠高古因訪以當受何地官期早晚書八字與之云時生一陽體合三木既覺不悟意及注官河南府河清主簿凡三字從木到官日正冬至

括異志陳元植好積陰德禽鳥悉蒙其惠每食高原之上百鳥飛鳴就食一夕夢緋衣人曰汝有陰德及

物壽本不逾四十延至九十九無疾而終

南陽人侯慶有一銅像欲賣牛粧金色偶有急事他用久矣一夕慶妻忽夢像曰卿夫妻負我金色久不償今取卿兒醜以償金色至曉兒醜有疾像忽有金色光照四鄰皆來觀焉

聞見前錄仁宗至和間不豫昏不知人者三日既愈自言夢行荆棘中周章失路有神人被金甲自天而下謂帝曰天以陛下有仁心錫一紀之壽帝曰吾何當歸神人曰請以臣之車輅相送帝登車問神人何人曰臣所謂葛將軍者帝悟令檢案道藏果有葛將軍主天門事因增其位號于大醮儀中立廟京師

隨手雜錄杜常少年時夢泛河至橋問有自岸而呼者其岸高峻常凡再躍始及岸一人引至大木間見偉丈夫衮服而坐人指之曰天帝也拜之常起帝名常與錢二百文曰此爾及第人數再請之則曰過此天機不可洩也常後應舉累不第嘉祐末間歲科舉放登第者二百人常遂中甲科時英宗在諒陰中木者廟諱也

柳庭俊作官江西被差檢放旱以漕司喩意不敢以實聞一日宿于高明使者觀夢偉丈夫轉簿示之曰柳庭俊放稅不實使上澤不得流行杖一百驚寤戰汗浹體

宋史余靖傳靖知廣州官至工部尚書代歸卒靖嘗夢神人告以所終官而死秦亭故靖常畏西行及卒則江寧府秦淮亭也

富弼傳弼字彥國河南人初母韓有娠夢旌旃鶴鴈降其庭云有天赦已而生弼

范純仁傳純仁字堯夫其始生之夕母李夢兒墮月中承以衣裾得之遂生純仁

張洞傳洞嘗知棣州累遷淮南轉運使轉工部郎中洞在棣時夢人稱赦名者既出如拜官然顧視旌旂吏卒羅于庭至是夢之如初自以年不能永敎諸子部分家事未幾卒年四十九

段少連傳少連字希逸開封人其母嘗夢鳳集家庭寤而生少連及長美姿表倜儻有識度累遷龍圖閣直學士

劉沆傳沆祖景洪嘗告人曰我不從彭玕幾活萬人後世當有隆者因名所居北山曰後隆山山有牛僧孺讀書堂即故基築臺曰聰明臺沆母夢衣冠丈夫曰牛相公來已而有娠迺生沆擢進士第二累遷工部侍郎拜同中書門下平章事集賢殿大學士

高懌傳懌夢道士持素書聘爲白鹿洞主

曹頴叔傳頴叔字秀之亳州譙人初名熙嘗夢之官府見頴叔名遂更名頴叔進士及第歷龍圖閣學士

陳希亮傳希亮分司西京未幾致仕卒年六十四希亮嘗夢異人授圖而告之年至是果然

黃亢傳亢字清臣建州浦城人也母夢星殞于懷掬而吞之遂有娠少奇頴過人年十五以文謁翰林學士章得象得象奇之遊錢塘以詩贈處士林逋逋尤激賞時王隨知杭州奏禁西湖爲放生池亢作詩數百言以奉士人爭傳之亢爲人侏儒不飭小節對人野率如不能言然嗜學强記爲文詞奇偉卒鄉人類其文爲十二卷號東溪集

程頤家世舊事文簡公一夕夢紫衣持箱幞其中若勅書授之曰壽州陳氏不測所謂以問伯祖殿直亦莫能曉後登科有媒氏來告有陳氏求壻必欲得高科名問其鄉里乃壽州人文簡公年少才高欲婚名家弗許伯祖曰爾夢如是蓋默定矣豈可違也强之使就後累年猶怏怏陳夫人賢德宜家夫婦偕老享封大國子孫相繼豈偶然哉

叔祖寺丞有知人之鑒常謂文簡公公輔之器文簡公爲著作佐郎時賈文元尚少一日侍叔祖坐曰某昨夜夢坐此有一人乘驢而來索紙寫門狀復乘驢而去坐中有一人指之曰此將來宰相也頃之文簡公乘驢而來索紙寫門狀復登驢而出正如所說之夢賈文元曰程六當爲宰相歎羨不已叔祖謂曰爾無羨後爾作相在先及文簡公爲兩制賈方小官及參大政風望傾朝衆謂旦夕爰立俄以事罷去比三易藩郡而賈已登庸方拜使相雖古之精於術者無以過也

春渚紀聞陳秀公丞相與參政厚之同日得疾陳忽寄聲問元安否曰參政之疾當卽痊矣某雖小愈亦非久世者續請其說秀公曰某病中夢至一所金碧煥目室間羅列甕器甚多上皆以青帛冪之具題曰元參政香飯也某問其故有守者謂某曰元公自少至老每食度不能盡則分減別器未嘗殘一食此甕所貯皆其餘也世人每食不盡則狼藉委棄皆爲掠剩所罰至於減筭奪祿無有免者今元公由此當更延十年福筭也後數月而秀公薨元果安享耆壽

澠水燕談錄吳文肅公奎將舉賢良一夕夢入魏文帝廟名升殿顧問羣臣優劣公未及對帝曰韓延壽

爲最是夕門下抄書吏楊開者夢公讀楊阜傳翌日告公公異之卽取二傳覽之及祕閣試六論一題乃韓延壽楊阜孰優公遂膺首選

欒城遺言曾祖母蜀國太夫人夢蛟龍伸臂而生公

談苑林希於章衡榜下及第在期集處劉庠相揖云久欲相見有小事言之希問其故曰庠嘗夢登第在公後三名故識公也希自計唱第時劉庠始在第三甲以前舉不曾赴殿試今舉直赴殿試例降一等作第四甲頭又隔數十名方喚到希以希嘗爲南廟解元仁宗令升綴第三甲末至第五甲喚到李寔寔南省解元也仁宗又令升綴第三甲既而又令置希之上明日唱明經第張巨已於第四甲進士登科又中明經是時中兩科者例升一等於是升綴第三甲末自希數至劉庠正是第三名凡兩日之間更四人者方符一夢焉

宋張師正括異志欒史爲西京留臺御史嘗夢帝命名俄見宮闕壯麗帝曰爾主求嗣吾爲擇之少選一人至帝曰中原求嗣汝生勿辭頓首祈免者再三帝曰往哉遂唯而去旁拱立者曰此南岳赤腳李仙人也嘗酣于酒一年果生仁宗

石林詩話元厚之知荆南嘗夢至仙府與三人者聯書名旁有告之曰君三人蓋兄弟也覺而思之莫知所謂未幾召入爲學士時韓持國維楊元素繪先已在院一日因書奏列名三人名皆從絞絲始悟夢中兄弟之意豈造物以是爲戲耶已而持國元素皆外補厚之尹京後三年復與元素還職而鄧文約綰相繼爲直院則三人之名又皆從絞絲蓋始終皆同決非偶然以此推之仕宦升沈進退何可以人力計許大夫選嘗作四翰林詩記其事厚之和云聯名適似三株樹傳玩驚看五朵雲此亦一時之異也

邵伯溫聞見前錄伯溫曾祖母張夫人遇祖母李夫人嚴甚李夫人不能堪一夕欲自盡夢神人令以玉筯食羹一杯告曰無自盡當生佳兒夫人信之後夫人病瘦醫者既投藥又夢寢堂門之左右木瓜二株右者已枯因爲大父言大父遽取藥令覆之及期生康節公同墮一死胎女也後十餘年夫人病臥堂上見月色中一女子拜庭下泣曰母不察庸醫以藥毒兒可恨夫人曰命也女子曰若爲命何兄獨生夫人曰汝死兄獨生乃命也女子涕泣而去

彥周詩話王君玉內翰嘗乞夢于后土祠夜得報云君年二十七官至四品時年正二十七大惡之過歲乃稍自安後以禮部侍郎樞密直學士致仕未改官制時正四品年七十二云

過庭錄彭思永字季長歷陽人微時嘗夢人告曰爾生爲兩制死任秦州季長異其事嘗語于親識間彭拜御史中丞未幾除知秦州彭母尚無恙深疑其行誠告執政者曰定數固不可逃柰老母在執政憐其意乃奏易江寧季長大喜奉親之任至淮更促裝登舟一夕感疾而卒蓋秦淮亭下舟中也果如其夢季長居官嘗有詩云爭利爭名日日新滿城冠蓋九逵塵一聲雞唱千門曉誰是高眠無事人

桐陰舊話忠憲公將生令公夢人手中書一大與字示之知門戶之將起也及命名從人從意而字宗魏蓋取畢萬之後必大萬盈數魏大名之義耳

談圃鄭毅夫未第時夢浴池中化爲大龍池邊小兒拍手呼爲龍公來既覺猶見其尾曳牀間卒于安州十年貧不克葬滕元發爲郡一日夢毅夫來但見轎中一白龍身首皆毅夫也元發因出俸營窆

宋史蔡挺傳挺兄抗字子直中進士調太平府推官聞父疾委官去稍遷睦親宅講書英宗在官邸器重之請于安懿王願得與游每見必衣冠盡禮義兼師友英宗立以史館修撰同知諫院大臣畏其諫列白爲知制誥遷龍圖直學士知定州帝不豫趣命爲太子詹事未至而神宗立改樞密直學士知秦州過闕帝見之悲慟不自勝曰先帝疾大漸猶不忘卿遂赴鎭居數日夢英宗名語眷如平生欲退復留覺爲家人言感念歔欷及靈駕發引之旦東望號慟見僚佐于便室驟得疾卒

梅詢傳詢字昌言歷翰林侍讀學士累遷給事中在濠州夢人告曰呂丞相至矣既而呂夷簡通判州事故待之甚厚其後援詢於廢斥中以至貴顯夷簡力也

宋敏求退朝錄治平三年予爲知制誥夏六月夢丞相遣朱衣吏召命草某人爲遷清殿學士制既寤不能記其姓名及其文詞也明年五月甲辰丞相遣朱衣吏名當制舍人呂縉叔草制除邵不疑爲寶文閣學士後數日得承旨張公所作誥云迺規曆宇遂在西清悅然記去歲之夢與誥文離合其名若符契焉

桐陰舊話王夫人初未有子夢一僧貌甚異手持蓮花曰汝欲生男子摘五葉餌之後生舍人及獻肅公職方宮師莊敏公五子皆貴顯嘗誨之曰汝父有法

度爲世所知汝曹或不及則人必以爲類我也其善教如此

談圃喬執中未過省時父竦素事普照像甚嚴日夕禱之夜夢一紫衣僧至堦前指庭之東見日初出甚近而光明不可正眎後英廟登極遂中第御名從日也

賢奕編韓琦知泰州時臥疾數日忽夢以手捧天者再其後事英宗於藩邸翼神宗以爲東宮

談苑韓魏公嘗夢崔侍郎在客位及覺問客將有何官客云崔縣尉在客位乃崔台符也台符明法出身致位通顯官制行合作尚書而只除刑部侍郎寄祿至光祿大夫後轉一官終於正議大夫正議大夫亦侍郎也

聞見前錄韓魏公薨其子孫倣郭汾陽著家傳十卷具載魏公功業至英宗即位之初乃云光獻信讒屢有不平之語魏公以危言感動太后言昨夕夢甚異見這孩兒却在慶寧宮魏公曰却在慶寧宮乃是聖躬復舊之兆此是好夢

宋史趙槩傳槩爲樞密使參知政事數以老求去熙寧初拜觀文殿學士知徐州自左丞轉吏部尚書前此執政遷官未有也以太子少師致仕槩初名禋嘗夢神人金書名簿有趙槩遂更云

澠水燕談錄孫莘老初爲太平令有呂同者學于孫一夕夢試南宮中高選主文孫也衣緋魚覺以告孫孫曰子學已充料不日取高第而某方仕州縣何事文衡况朱衣豈主文服邪熙寧初呂赴禮部試孫以記注知諫院同知貢舉尙衣緋呂大喜必在高等俄又被黜大悵恨自放江湖無復宦意元豐初呂以五舉免解再赴禮部孫以祕書少監知舉尙衣五品服榜出呂預高薦

春渚紀聞建安郭周孚未第時夢人以詩一聯示之云雞人唱曉沈潛際漢殿傳聲彷彿間郭於夢中口占續之云自慶寒儒千載遇夢魂先得覲天顏繼於佘中榜登甲科初與同袍伏闕以待唱第忽聞岧嶢間有連聲長歌了不成詞調不覺問其旁坐有應之者曰此所謂雞人唱曉也郭欣然悟前詩之先定後恬於仕進官至員郎所至以清愼稱之

野客叢談孫公談圃三卷朱䄺所記一曰熙寧三年余侍親守官泗上時公爲盱眙主簿一日見公言夢中有羽客遺詩一絕其後二句云更細與君三十載北陵原上望殘霞公自言北陵殘霞非佳語也熙寧三年歲在庚戌至元符元年己卯公卒於臨汀正三十載

談苑呂公弼申公之次子始秦國娠而疾將去之醫工陳遜煑藥將熟已三鼓坐而假寐忽然鼎覆再煑再覆方就榻夢神人被金甲持劍叱曰在胞者本朝宰相汝何人也敢以毒加害遜懼而寤以白相國後生公弼熙寧中位樞密使

夢溪筆談元厚之少時曾夢人告之異日當爲翰林學士須兄弟數人同在禁林厚之自思素無兄弟疑此人爲不然熙寧中厚之除學士同時相先後入學士院一韓持國維一陳和叔繹一鄧文約綰一楊元素繪并厚之名絳五人名皆從糸始悟弟兄之說

冷齋夜話王平甫熙寧癸丑歲直宿崇文館夢有人挾之至海上見海中央宮殿甚盛其中作樂笙簫鼓吹之伎甚衆題其宮曰靈芝宮平甫欲與俱往有人在宮側謂曰時未至且令去他日當迎之至此恍然夢覺時禁中巳鐘鳴平甫頗自負不凡爲詩記之曰萬頃波濤木葉飛笙歌宮殿號靈芝揮毫不似人間世長樂鐘來覺夢時

夢溪筆談熙寧七年嘉興僧道親號通照大師遊鴈蕩山見一人身輕若飛履木葉而過葉皆不動心疑其異人乃揖之謂道親曰今朱朝第六帝也更後九年當有疾汝可持吾藥獻天子乃探囊出一丸指端大紫色重如金錫以授道親曰龍壽丹也至元豐六年夏夢老人趣之曰時至矣何不速詣闕獻藥夢中爲雷電驅逐惶懼而起徑詣秀州具述本末謁假入京詣尙書省獻之上使人問狀以所遇對未數日果不豫乃使勾當御藥院梁從政持御香同道親詣鴈蕩山求訪老人不復見乃于初遇處焚香而還

聞見前錄熙寧八年秋與士人十餘輩講學于洛陽建春門廣愛寺端像院以待試一夕夢至殿庭唱第望殿上女主也覺謂同舍皆不曉至元祐二年秋以經行薦明年春唱名集英殿宣仁太后垂簾聽政方悟前夢驗于十五年之後果有數矣

許彥周詩話先伯父熙寧九年四月二十七日夜夢至一處榜曰清香館東邊有別院東壁有詩牌云題冀公功德院山東李白其詩曰秋風吹桂子只在此山中待得春風起還應生桂叢桂叢日以滿清香何時斷只爲愛清香故號清香館伯父自作記夢一篇書之甚詳嘗記季父說元豐五年自房陵召還一日

忽獨言曰清香館自後多不屑世間事或默坐終日人莫敢問其曲折

季父仲山病中夢至一處泛舟環水皆奇峰可愛賦詩云山色濃如滴湖光平似席風月不相識相逢便相得既寤而言之後數日卒

族姓考㝡亶字信道熙寧中夢入空中見樓閣金碧輝煌有瓊裾琚珮者數百人詣亶請詩且曰此間文章要似鸞鳳隱起與織女分巧亶吟曰天風吹散赤城霞染出連雲萬樹花誤入醉鄉迷去路旁人應笑不還家

宋史馮京傳京以參政殿學士出知渭州惠卿告安石罪發其私書有曰勿令齊年知齊年謂京也與安石同年生帝以安石爲欺復名京知樞密院京以疾未至帝中夕呼左右語曰適夢馮京入朝甚慰人意乃賜京詔有渴想儀刑不忘夢寐之語及入見首以所夢告焉

郭祥正傳祥正字功父太平州當塗人母夢李白而生少有詩名梅堯臣方擅名一時見而歎曰天才如此眞太白後身也

范鎮傳鎮從孫祖禹字淳甫一字夢得其生也母夢一偉丈夫被金甲入寢室曰吾漢將軍鄧禹既寤猶見之遂以爲名

澠水燕談錄元豐中汶上梁逖一夕夢奏事殿中見御座前揭一碑金箔大書黃裳二字意必貴兆也因改名黃裳明年御前唱進士第南劍黃裳爲天下第一

賢奕編一杭僧夢遇歐陽公於廟中廟神皆拱立曰歐陽相公平生善念及人甚衆將來太平宰相也豈敢不敬後果入中書參大政

談苑宋叔夢爲鶺鴒飛在樹上意甚快悅聞檢英香特異宋叔嘗自言上有一兄未晬而卒母哭之慟夢神人別以一子授之白毫滿身母既娠白毫無數永叔生毛漸退落

歐陽宋叔作校勘時夢入一廟於庭下謁神與丁元珍同列而元珍在上廟前有石馬無一耳後貴夷陵元珍爲判官同謁黃牛廟元珍職官在縣令上廟前有石馬無一耳宛如昔夢所見焉

陳州有顓項廟狄青知州日夢廟中有榜題曰宰相蔡確確是時方舉人青訪知姓字召見之語以所夢云善自愛確後果相神宗皇帝

王汾作館職忤王荆公意判鼓院凡四年家貧俸薄累乞外任不許一夕夢神告之曰子欲得郡須求元公是時元厚之爲參知政事汾亟往禱之厚之云荆公意思不婉順未可議也然荆公屢爭事不合恐旦夕出矣姑少俟之未幾荆公果出金陵吳冲卿當國汾又禱卽日得兗州到官數月尋繹此夢所謂元公乃兗州也

清波雜志舊制沙門島黥卒溢額取一人投於海殊失朝廷寬貸之意乞後溢額選年深至配所不作過者移本州牢城以廣好生之德神宗深然之著爲定制乃馬予約之父馬默知登州日建明也後馬夢有告之者爾本無子且無壽上帝以爾請貸罪人賜一子且益壽云

談苑王荆公初拜僕射握堉蔡卞手曰吾止于此乎昔年作舉人時夢升一廳事人指其榜有僕射廳字曰他日君當爲此官今夢驗矣官制行換爲特進元祐初加司空卞幸其夢之不應也公讓不拜半年方報再讓又數月方報此告下公薨八日矣竟終于特進焉卞爲予言如此

可談慈聖光獻皇后嘗夢神人語云太平宰相項安節也神宗默求諸朝臣及遍詢吏部無有此姓名者久之吳充爲上相瘰癧生頸間百藥不差一日立朝項上腫如拳后見之告上曰此眞項安節也

墨客揮犀海州士人李愼言嘗夢至一處水殿中觀宮女戲毬山陽蔡繩爲之傳說其事甚詳有抛毬曲十餘闋詞皆清麗今獨記兩闋侍燕黃昏晚未休玉階夜色月如流朝來自覺承恩醉笑倩旁人認繡毬堪恨隋家幾帝王舞裀揉盡繡鴛鴦如今重到抛毬處不是金爐舊日香

避暑錄話趙康靖公初名禋直史館黃宗旦名知人一見公曰君他日當以篤厚君子稱於世因使改名約己而忽夢有持文書示之若公牒者大書趙槩二字初弗悟既又夢有遺之書者題云祕書丞通判汝州趙槩始疑其或驗已乃改後名後六年登科果以祕書丞通判海州但汝字不同耳議者或曰汝字篆文與海字相近公夢中或不能詳也既稍顯又夢與王文安公同入一佛寺文安題壁云刑部郎中知制誥趙槩後十年亦以此官入掖垣遂爲學士禮部王文安公爲三司使同會偶爲書題名記云自刑部郎中知制誥名入兩人相顧大笑此尤可怪故康靖平生尤信夢晚作見聞記一書當時諸公夢事甚詳

春渚紀聞蔡丞相持正爲府界提舉日有人夢至一官府堂宇高邃上有具衮冕而坐者四人旁有指謂之曰此宋朝宰相文第所坐也及仰視之末乃持正也旣寤了不解至公有新州之命始悟過嶺宰相盧寇丁至公爲四也

宋史喬執中傳執中歷遷給事中刑部侍郞紹聖初上官均擿執中爲呂大防所用以寶文閣待制知鄆州執中寬厚有仁心慶典刑獄雪活以百數明年夢神人畀以騎都尉誥旦爲客言之少焉談笑而逝年六十三

桯史張賢良君悅咸家蜀綿竹世以積德聞紹聖初再試制科宰相章惇覽其策以所對不以元祐爲非大怒雖得簽書劒西判官以去而科目自是廢矣仕旣不甚達益篤志植燉貤慶以遺後人嘗一日晝寢夢神人自天降告之曰天命爾子名德作宰相驚而寤未幾而魏公生時魏公之兄已名滉君悅不欲更所從乃字魏公曰德遠出入將相垂四十年忠義動名爲中興第一天固有以啓之者歟

春渚紀聞江淮發運使盧秉元祐初發解赴闕至泗州夜夢肩輿詣郡守而回過漕司有頂帽執撾而督視工役丹飾門牆者問之云修此以俟新官也盧曰新官爲誰執撾者厲聲而對曰盧秉秉意甚怒以其名呼旣覺以語其室亦云我亦夢君得此官卽入新宇而二小女在輿前嘗聞入新舍恐有所犯小兒不可令前因呼令後卽夢覺繼曉未及盥濯而郡將公文一角至卽除盧領大漕事怱遽交職而趨漕衙所監視執撾者與其室呼女之事皆與夢無差

宋史唐庚傳庚字子西眉州丹稜人也善屬文舉進士兄弟五人長兄瞻字望之後名伯虎字長儒治易春秋皆有家法元祐三年其父遊瀘南伯虎兄弟居母喪于丹山伯虎夜半僦庚曰吾夢收父書發之得亟來二字吾父得無他乎吾心動矣汝奉母奠朝夕吾趨瀘南庚未及應伯虎奮曰吾決矣起裹糧黎明走洪川僦舟遇江漲聲搖數十里客舟皆艤岸不敢動伯虎彷徨堤上有漁者持小艇繫港中啗以厚利不許伯虎超入艇中叱僕夫解維漁者不得已從之三日半至瀘南父果病甚見伯虎大驚問其故具告之父歎曰天告汝也是日疾少間伯虎具舟待父以歸居數日疾復作遂卒

冷齋夜話黃魯直元祐中晝臥蒲池寺時新秋雨過凉甚夢與一道士褰衣升空而去望見雲濤際天夢中問道士無舟不可濟且公安之道士曰與公遊蓬萊卽褰衣履水魯直意欲無行道士强要之俄覺大風吹鬢毛骨爲戰慄道士曰且斂目唯聞足底聲如萬壑松風有狗吠開目不見道士惟見宮殿張開千門萬戶魯直徐入有兩玉人導引升殿主者降接之見仙官執玉麈尾仙女擁侍之中有一女方整琵琶魯直極愛其風韻顧之忘揖主者主者色莊故其詩曰試問琵琶可聞否靈君色莊伎搖手頃與予同宿湘江舟中親爲言之與今山谷集語不同蓋後更易之耳

春渚紀聞馬魁巨濟之父旣入中年未得子母爲置妾媵偶獲一處子委色亦稍姝麗父忻然納之但每對鏡理髮卽避匿如有沮喪之容父密詢其故乃垂泣曰某父守官某所旣解官不幸物故不獲歸葬鄉里母乃見鬻得直將畢葬事今父死未經卒哭尚約髮以白繒而以絳綵蒙之懼君之見耳無他故也涓父惻然乃訪其母以女歸之且爲具舟載其資裝遣之是夕涓母夢羽人告之云天錫爾子慶流涓涓後生巨濟卽以涓名之涓旣赴御試畢夢人告之曰子欲及第須作十三魁涓歷數其在太學及預薦送止作十二魁心甚憂之迨至賜第則魁冠天下果十三數也

東坡志林予嘗夢客有攜詩相過者覺而記其一詩云道惡賊其身忠先愛厥親誰知畏九折亦自是忠臣又有數句若銘贊者云道之所以成不害其耕德之所以修不賊其牛

元祐六年十一月十九日五更夢數人論左傳云祈招之詩固善諷然未見所以感切穆王之心已其車轍馬迹之意者有答者曰以民力從王事當如飲酒適於饑飽之度而已若過於醉飽則民不堪命王不獲沒矣覺而念其言似有理故錄之

昨日夢有人告我云知眞饗佛壽識妄吃天廚予甚領其意或曰眞卽享佛壽不妄吃天廚眞卽是佛不妄卽是天何但享而吃之乎其人甚可予言

甲申雜記孫升舍人爲選人時夢與一僧立通衢怱傳呼宰相來旣至孫曰此府界提點蔡持正也僧曰此本朝第四人過嶺宰相也元祐中果謫新州本朝盧寇丁三人矣蔡寔第四人也又歐陽大椿爲新州職官一日與守過寺中壁間見大字題曰蔡確善終之室與守異之方問其所以字滅不見後蔡果謫終

于屋下方蔡去也主僧掃治其室寺僧夜夢人告之曰善治之吏當有宰相至矣數年劉莘老至亦終于此室方劉拜右僕射之日家人具飯一小僕忽仆于堂下少選大呼曰相公指揮頭踏往新州去已而家人詰之僕寤曰不知其言之出也

仇池筆記元祐八年八月十一日將朝尚早假寐夢歸遍歷蔬圃中已而坐於南軒見莊客數人方運土塞小池土中得兩蘆菔根客喜食之予取筆作一篇文有數句云坐於南軒對修竹數百野鳥數千既覺惘然思之南軒某君名之曰來風者也

宋史黃伯思傳伯思自幼警敏嘗夢孔雀於庭覺而賦之詞采甚麗元符三年進士高等歷祕書郎伯思頗好道家自號雲林子別字霄賓及至京夢人告曰子非久人間上帝有命典司文翰覺而書之不逾月以政和八年卒年四十

宗澤傳澤字汝霖婺州義烏人母劉夢天大雷電光燭其身翌日而澤生

隨手雜錄呂微仲貶嶺外至虔州瑞金縣語其子曰吾不復南矣吾死爾歸呂氏尚有餘種苟在瘴鄉無俱全之理後數日卒先是十年前有富人治壽材夢偉丈夫冠冕而來曰且輟賢宅富人驚寤汗浹體微仲過縣富人望之乃夢中偉丈夫也及卒乃輟其材而斂焉

談圃荊公爲江西漕夢小龍呼相公求注維摩經十卷久而忘之後至友人家見佛堂中有是經因錄而送廟及在相府夢小龍來謝

王洙王氏談錄公言始作禮官時夢入禁苑中引一紫衣人至後亭見上免後踰年荆王薨皇帝受服予時引太常卿入苑中其徑路所至皆夢中所見

冷齋夜話安世高者安息國王之嫡子也爲沙門漢桓帝建和初至長安靈帝末關中大亂謂人曰我有道伴在江南當往省之人曰遊宦乎沙門乎曰以嗔故爲神然我亦往廣州償債耳世高舟次廬山䢼亭湖廟下廟甚靈能分風送往來之舟世高舟人捧牲請福神降曰舟有沙門乃不俱來耶世高聞之爲至廟下神復語曰我果以多嗔至此業今家此湖千里皆所轄以離嗔而好施故多寶玩以縑千匹黃白物付君爲建佛寺爲冥福今洪州大安寺是也秦少游南遷宿廟下登岸縱望久之歸臥舟中聞風聲側枕視微波月影縱橫追繹昔常宿雲老惜竹軒見西湖月色如此遂夢美人自言維摩詰散花天女也以維摩詰像來求贊少游愛其畫默念曰非道子不能作此天女以詩獻少游曰不知水宿分風浦何似秋眠惜竹軒聞道詩詞妙天下廬山對眼可無言少游夢中題其像曰竺儀華夢瘴面四首口雖不言十分似九大笑覆大千作獅子吼不如博取妙喜如陶家手予過雷州天寧與戒禪夜話問少游字書戒出此傳爲示少游筆蹟也

仇池筆記章詧字隱之本閩人遷于成都數世矣善屬文不仕晚用太守王素薦賜號沖退處士一日夢有人寄書召之者云東嶽道士書也明日與李士寧遊青城濯足水中詧謂士寧曰脚踏西池流去水士寧答曰手持東嶽寄來書詧大驚不知其所自來也未幾詧果死

春渚紀聞朝奉郎劉安行東州人每遇啜茶必先酹中霤神而後飲一夕忽夢一老人告之曰主人祿命告終陰符已下而少遲之幸速處置後事明日午時不可逾也劉起拜老人且詢其誰氏曰我主人中霤神也每承主人酹茶之薦常思有以致效今故奉報也劉既寤點計其家事且語家人神告之詳云生死去來理之常也我自度平生無大過惡獨有一事吾家廚婢採蘋者執性剛戾與其輩不足若我死必不能久留我家出外則必大狼狽今當急與求一親使之從良且有所歸則我瞑目矣因呼與白金十星以爲資遣語畢沐浴易服以俟時過午忽覺少倦就憩枕間復夢其神欣躍而告曰主人今以嫁遣廚婢之事天帝嘉之已許延一紀之數矣已而睡起安然後至宣和間無病而卒

司馬才仲初在洛下晝寢夢一美姝牽帷而歌曰妾本錢塘江上住花落花開不管流年度燕子銜將春色去紗窗幾陣黃梅雨才仲愛其詞因詢曲名云是黃金縷且曰後日相見於錢塘江上及才仲以東坡先生薦應制舉中等遂爲錢塘幕官其廨舍後唐蘇小墓在焉時秦少章爲錢塘尉爲續其詞後云斜插犀梳雲半吐檀板輕籠唱徹黃金縷夢斷彩雲無覓處夜凉明月生春渚不逾年而才仲得疾所乘畫水輿艤泊河塘柁工遽見才仲攜一麗人登舟卽前聲喏繼而火起舟尾狼忙走報家已慟哭矣

隨手雜錄蕭士京大夫爲廣東轉運使其妻事僧伽甚謹一夕夢僧伽別去其妻問欲何往曰後十二日蘇子瞻當渡海我送過之驚起語其夫後十二日子

贈果有饒州之命蕭親語余

黃鐸爲陝西漕攝延安帥事夢乘四小舟遡流而下煙雨中見一卒曰張相公在此鐸往見之相公何故在此曰商英候接人更二年方詣相府夢覺汗流浹體遂誌于書稿間復移夔路漕以西事除名勒停雇四舟沿峽江而下至峽州方烟雨間見一卒洗面問之何人曰張相公虞候也遂持所誌謁張而言之其後張初名拜相適作夢之二年矣鐸後復官至京不事交謁語其所親事莫非前定不必求也

談苑賈易以諫官責知懷州替鄭佾赴闕李之儀夢鄭佾依舊知懷州數數對親朋言此夢旣而易以到官上表再貶知廣德軍佾已知單州待闕尚遠自言于朝廷復以懷州還佾之儀之夢遂驗

春渚紀聞建中靖國元年陳無已以正字入館未幾得疾樓异世可時爲登封令夜夢無已見別行李匆其樓問是行何之曰暫往杏園東坡少游諸人在彼已久樓起視事而得參寥子報云無已逝矣

莫養正崇寧初在都下夢人持數詩相視內一篇語皆不可解旣醒獨憶兩聯云火輪方擊轂風劍已飛鋩諸天互魔擾救護世尊忙不知何謂也

宣政雜錄徽宗崇寧間曾夢靑童自天而下出玉牌上有字曰丙午昌期眞人當出上覺默疏于簡札謂丙午年是昌盛時眞仙當降乃預製詔書具陳夢意令天下尋訪異人以詔揭于寶籙宮然四方了無異人乙巳冬內禪欽宗卽位意當丙午之期矣而丙年金人果至有北狩之禍僕寔從徽宗北行每語昔靑童夢怪其無驗後乃悟曰豈丙午是猖獗之期而天眞之人出也蓋事未經變不能悉其婉言

春渚紀聞霅川莫蒙養正崇寧間過余言夜夢行西湖上見一人野服髽髻頎然而長參從數人軒軒然常在人前路人或指之而言曰此蘇翰林也養正少識之亟趨前拜且致恭曰蒙自爲兒時誦先生之文願執巾侍不可得也不知先生厭世仙去今何所領而參從如是也先生顧視久之曰是太學生莫蒙否養正對之曰然先生頷之曰某今爲紫府押衙語訖而覺後偶得先生嶺外手書一紙云夜登合江樓夢韓魏公騎鶴相顧云受命與公同北歸中原當不久也已而果然小說載魏公爲紫府眞人則養正之夢不誣矣

金陵邵衍字仲昌篤實好學終老不倦年八十二以大觀四年五月十五日無疾而終臨終時一日顧謂其甥黃子文曰老子明日與甥訣矣疇昔之夜夢黃衣人名至一官府侍衞嚴肅據案而坐者冠服類王者謂余曰世傳后土詞瀆慢太甚汝亦藏本何也卽命黃衣人復引余過數城闕止一殿庭余旁視殿廡金碧奪目但寂不聞人語聲須臾簾間忽有呼邵衍者曰帝命汝爲圓眞相俾汝禁絕世所傳后土詞當何以處之余對以傳者應死呼者曰可也乃卽日莅職余拜命出門足蹶而覺所夢極明子亦欲我家與甥知此詞之不可復傳誌之誌之子文未之深信翌日淩晨往視之衍謂子文曰甥更聽吾一頌卽舉聲高唱曰雖然萬事了絕何用逢人更說今朝拂袖便行要趂一輪明月言訖而終子文余姪壻也余亦素與仲昌遊云

建寧府志潘植浦城人大觀中兩以鄉薦上禮部夢童子以詩一聯示之云才分南北東西國爲報三秋桂子香建炎戊申車駕駐維揚累舉得官夢中之詩始驗

墨莊漫錄宣和二年睦寇方臘起幫源浙西震恐士大夫相與竄闢注子東在錢塘避地擕家于無錫之梁溪明年賊就擒離散之家悉還桑梓子東以貧甚未能歸乃僑寓于毗陵郡崇安寺古柏院中一日忽夢臨水有軒主人延客可年五十儀觀甚偉元衣而美鬚髯揖坐使兩女子以銅杯酌酒謂子東曰自來歌曲新聲先奏天曹然後散落人間他日東南休兵有樂府曰太平樂汝先聽其聲遂使兩女子舞主人抵掌而爲之節已而恍然而覺猶能記其五拍子東因詩記云元衣仙子從雙鬟緩節長歌一解顏滿引銅杯效鯨吸低回紅袖作弓彎舞留月殿春風冷樂奏鈞天曉夢還行聽新聲太平樂先傳五拍到人間後四年子東始歸杭州而先廬已焚於兵火因寄家菩提寺復夢前美髯者腰一長笛手披書冊舉以示子東紙白如玉小朱欄界間行似譜有其聲而無其詞笑謂子東曰將有待也往時在梁溪曾按太平樂尚能記其聲否乎子東因爲之歌美髯者援腰間笛復作一弄亦能記其聲蓋是重頭小令已而遂覺其後又夢至一處榜曰廣寒宮宮門夾兩池水瑩淨無波地無纖草仰視峩峩若洞府然門鑰不啓或有告之者曰但曳鈴索呼月姊則門開矣子東從其言試曳鈴索果有膺者乃引入至堂宇見二仙子皆眉目疎秀端莊靚麗冠靑瑤冠衣彩霞衣似錦非錦似

繡非繡因謂引者曰此爲誰曰月姊也乃引予東升堂皆再拜月姊因問往時梁溪會令雙鬟歌舞傳太平樂尚能記否又遺紫髯翁吹新聲亦能記否予東曰悉記之因爲歌之月姊喜見顏面復出一紙書以示予東曰亦新詞也姊歌之其聲宛轉似樂府昆明池予東因欲强記之姊有難色顧視手中紙化爲碧字皆滅迹矣因揖而退乃覺時已夜闌矣獨記其一句云深誠杳隔無疑亦不知爲何等語也前後三夢後多忘其聲惟紫髯翁笛聲尚在乃依其聲而爲之詞名曰桂華明云縹緲神清開洞府遇廣寒宮女問我雙鬟梁溪舞還記得當時否碧玉詞章教仙女爲按歌宮羽皓月滿窗人何處聲永斷瑤臺路予東嘗自爲予言之

許彥周詩話夢中賦詩往往有之宣和己亥僕在洪州宿城北鄭和叔家夜夢行大路中寒沙沒足其旁皆田苗丘隴一婦人皂衣素裳行田間曰此中無沙易行僕從之不能登婦人援僕手登焉月明如晝彌望皆野田麥苗婦人求詩引僕藉草坐有矮塼臺一上有紙筆僕題詩四句云閑花亂草春春有秋鴻社燕年年歸青天露下麥田濕古道月寒人迹稀拍筆塼上有聲驚覺宛然記憶是歲大病後亦無他故

宋史張闡傳闡字大猷永嘉人幼力學博涉經史善屬文將命名夢神大書闡字曰以是名爾父異之方勉其爲學未冠由舍選貢京師宣和六年進士第歷官工部尚書

春渚紀聞沈晦赴省至天長道中夢身騎大鵬摶風而上因作大鵬賦以紀其事已而果魁天下

儒林郎吳說字觀成始爲青陽縣丞江西賊劉花三挾黨暴掠所在震驚吳時被檄捕賊夢屑輿始出而回視其後皆無首矣心甚惡之意謂賊必入境已而獲於他郡觀成卽解官而歸至臨安會富陽宰李文淵以憂去郡以吳攝邑事月餘清溪賊方熾引衆出穴官軍不能拒吳有去官意而素奉北方眞武香火卽誠禱乞夢以決去留至曉夢一黃衣人云上司有牒吳取視之則空紙耳逮覆紙視之紙背有題云富陽知縣第一將既覺思之曰吾禱神去留而以第一將爲言豈不當去此更合統兵前鋒拒賊否已而縣民逃避者十七八吳引獄囚疎決始訊問次賊已奄至急匿小舟泛江得免其從者半爲賊殺則前在青陽時夢視後無首者驗也後官軍既平賊而郡縣避賊官吏俱從安撫司尅復之功盡獲還任吳適丁母憂不能從也既行賞黜有司莫能定罪卽具奏裁有旨縣官臨賊擅去官守例同將官擅去營陣法除名編置鄰郡同例者六人富陽係第一人始悟第一將之告云

宋史胡安國傳安國子寅字明仲安國弟之子也寅將生弟婦以多男欲不舉安國妻夢大魚躍盆水中急往取而子之

張汝明傳汝明事親執喪水漿不入口三日日飯脫粟飲水無醯鹽草木之滋浸病羸行輒踣夢父授以服天南星法用之驗人以爲孝感

揮麈前錄曾文肅帥定一日晨起忽語諸子曰吾必爲宰相然須南遷啓其所以公曰吾昨夕夢衣十郎綠袍北向謝恩豈非他日貶司戶之徵乎後十年果登庸既爲蔡元長所擠徙居衡陽已而就降廉州司戶參軍敕到取幼子紒朝服以拜命果符前夢十郎卽紒排行也

名臣言行錄外集謝上蔡先生曰知命雖淺近也要信得及將來做田地就上面下工夫余初及第時歲前夢入內庭不見神宗而太子涕泣及釋褐時上晏駕哲宗嗣位如此等事直不把來草草看卻萬事眞實有命人力計較不得吾平生未嘗干人在書局亦不謁執政或勸之余對曰他安能陶鑄我自有命在若信不及風吹草動便生恐懼憂喜枉做卻閒工夫枉用卻閒心力信得命便養得氣不挫折

珍珠船蔡京喜食鶉每預養之烹殺過當一夕夢鶉數千百訴於前其一鶉居前致辭曰食君廩中粟作君羹中肉一羹數百命下箸猶未足羹肉何足論生死猶轉轂

桐陰舊話韓宮師諱維字持國忠憲公嘗夢巨碑中有宮師姓名而爲金字莫曉所謂然亦意公必貴也故公不出應科舉忠憲公亦不强之曰是兒當自致遠大其後公預元祐黨籍蔡京請徽廟御書羣臣姓名而金填之或謂是應

老學菴筆記鄒忠公夢徽廟賜以筆作詩記之未幾疾不起說者謂筆畢同音蓋杜牧夢改名畢之類

李知幾少時祈夢於梓潼神是夕夢至成都天寧觀有道士指織女支機石曰以是爲名字則及第矣李遂改名石字知幾是舉果過省

睽車志龍舒人劉觀仕平江許浦監酒其子堯舉字唐卿因就嘉禾流寓赴試僦舟以行舟人有女堯舉

調之舟人防閑甚嚴無由得間既引試舟人以其重爲棘闈無他慮也日出市貿易而試題適唐卿私課既得出院意甚歡此兩塲皆然遂與舟女得諧私約觀夫嬿一夕夢黃衣一人馳至報牒云郎君首薦觀前欲覩其牒適一人忽掣去云劉堯舉近作欺心事天符殿一舉矣覺言其夢協而頗驚異俄而拆卷堯舉以雜犯見黜主文皆嘆惜其文既歸觀以夢語之且告其近作何事匿不敢言次舉果首薦於鄉然至今未第也

野雪雜說鶴山先生母夫人方坐蓐時其先公晝寢夢有人朝服入其臥內因問爲誰答曰陳了翁覺而鶴山生所以用其號而命名陳瑩中前三名登第後兩甲子鶴山中第三名其出處風節相似處極多在東南時有了翁家子孫必異遇之

春渚紀聞李偕晉祖陳瑩中之甥也常言其初被薦赴試南宮試罷夢訪其同舍陳元仲既相揖而陳手執一黃背書若書肆所市時文者顧視不輟略不與客言晉祖心怒其不見待即前奪其書曰我意相念故來訪子子豈不能輟書相語也元仲置書似略轉首已而復視書如初晉祖復前奪書而語之曰子竟不我談我去矣元仲徐授其書於晉祖曰子無怒我視此乃今歲南省魁選之文也晉祖視之即其程文三場皆在而前書云別試所第一人李偕方欲更視其後夢覺聞扣戶之聲報者至焉後刻新進士程文其帙與夢中所見無纖毫異者

宋史吳皇后傳憲聖慈烈吳皇后開封人父近以后貴累官武翼郎贈太師追封吳王謚宣靖近嘗夢至一亭扁曰侍康傍植芍藥獨放一花殊妍麗可愛花下白羊一近寤而異之后以乙未歲生方產時紅光徹戶外年十四高宗爲康王被選入宮人謂侍康之徵

揮麈餘話建炎戊申冬高宗駐蹕維揚時未經兵燼井邑全盛向子固叔堅來赴調於行在所冠蓋闐委偶邂逅金壇士子郭珣瑜者因與共處於天寧寺佛殿之供桌下一夕夜半忽呼郭覺而語云有一事甚異適夢吾服金紫來領此郡皆荆榛瓦礫之場非復今日入城亦有官吏父老輩相迎皆蕭索可憐公衣綠袍於衆客中不可曉也已而虜人南寇江城之內外悉遭焚毀後二十年叔堅果握帥符郭登第未久爲郡博士迓於郊外始悟前夢相與感歎

春渚紀聞餘杭裴豹隱嘗爲余言建炎己酉秋詔檄自建康至臨安昌化縣與縣宰魯士元坐教塲按閱兵具士元云疇昔之夜夢身乘大舟滿舟皆人首也內有銀盤貯數首者同舟人云係今次第一綱也士元熟視銀盤中首內一首乃鄉人錢塘令朱子美之首士元因戲謂豹隱曰如聞北寇將欲南犯若豕突南渡則子美將不免矣十一月士元暴卒旅櫬歸安吉未及葬十二月九日虜寇東至賊發士元之柩掠取衣衾暴尸於外明年二月始聞子美初報賊至棄縣先遁村落爲鄉兵所殺則銀盤之貯不可逃士元同舟雖不爲兵死亦是一會中同舟之人而銀盤所貯又不知有何甄別也

湖州安吉縣沈二公者金寇未至夢一僧告之曰汝前生所殺冤報至矣汝家皆可遠避汝獨守舍見有一人長大以刀破門而入者汝無懼即語之曰汝是燕山府李立否但延頸受刃俟其不殺則前冤解矣不數日金人奄至其家先與鄰人竄伏遠山二公者雖欲往不可得因坐其家覩賊之過明日果有一少年破門而入見公怒目以覩沈安坐不動仰視之曰汝非燕山府李立耶其人收刃視之曰我未殺汝汝安知我姓名鄉里如是之詳也沈告以夢李方嘆息未已顧案間有佛經一帙問沈曰此何經也沈曰是我日誦金剛經也李曰汝誦此經何時也曰二十年矣李即解衣取一竹筒中出細書金剛經一卷指之曰我亦誦此經五年矣然我以前冤報汝汝後復殺我冤報轉深何時相解今我不殺汝與結爲義兄弟汝但安坐無怖我留爲汝護至三日賊盡過取資糧金帛與之而去

幽怪錄紹興八年八月十八日觀潮前期二夕江干民聞空中語曰當死於橋者數百皆兇淫不孝之人其有名未果來者當分促之不預此籍者宜斥去又聞應聲者甚衆民皆駭怪次夜跨浦橋畔人夢有一人來戒者云來日勿登橋鄰橋數家夢皆同次日觀潮橋上人皆滿得夢者見有親戚在橋急勸使去人以爲妖妄不信須臾潮至驚濤壞橋壓溺死數百人既而訪其死者平昔皆不逞輩也

宋史蕭燧傳紹興十八年燧擢進士高第授平江府觀察推官時秦檜當國其親黨密告燧秋試必主文漕臺燧詰其故曰丞相有子就舉欲以屬公燧怒曰初仕敢欺心耶檜憾之既而被檄秀州至則員溢就院易一員往漕闈秦熺果中前列秩滿當爲學官避

檜調靜江府察推而歸遂未第時夢神人示以文書記其聯云如火烈烈玉石俱焚在冬青青松柏不改已而果符前事

前定錄補清漳楊汝南鄉貢試臨安待捷旅邸夜夢有人以油沃其首驚而寤榜出輒不利如是者三竊怪之紹興乙丑復與計偕懼其復夢也揭榜之日招同邸者告以故益市酒殽明燭張博具相與劇飲期以達旦夜向闌四壁咸寂有僕曰劉五臥西牖下呻呼如魘亟振而呼之醒乃具言初以執炙之勤視博方酣幸主之不呼竊就枕忽有二人者扛油鼎自樓而登執主人而往之我怒而爭是以魘汝南聞之大慟曰今復已矣同邸嘆咤爲之罷博榜出報捷焉視榜黯若油迹振衣拂之油漬其上蓋御史莅書淡墨以夜倉猝覆燈盌吏不敢以告也

浙江帥幹闞權嘉禾新塍秘復相邂逅一日語先人連夕夢有俾更名云名更方貴會元名偶有所避改後名蓋三十年前已形于夢兆矣自此參大政再登宰席一時寮舊無在者深有推輓意而先人故倦遊但欲廟令以俟老平生往返書尺束如牛腰散失殆盡獨餘許祠藤一帖曾素善飲每醉則命徹俎拭案語客曰請卓子喫一服感應丸復各舉一大白方散煇幼即接侍風味高勝當宋間人也

二老堂詩話廣西有趙夢得處於海上東坡謫儋耳時爲致中州家問坡嘗題其澄邁所居二亭曰清斯曰舞琴仍錄陶淵明杜子美詩及舊作數十紙與之夢得以綾絹求東坡答云幣帛不爲服章而以書字上帝所禁又有帖云舊藏龍焙請來共嘗蓋飲非其人茶有語閉門獨啜心有愧眞佳句也後趙君子婦將產夢有題開國男來謁者生子名之曰荆而字夢授紹興末登科豐厚夷雅所至榜書室曰見坡乾道中以左奉議郎知吉州龍泉縣事因得盡觀坡之翰墨荆去調欽倅未上而卒夢開國男者殆縣宰耶

賢奕編廖德明朱文公高第也少時夢懷刺候謁廟廡下謁者索刺出諸袖乃宣教郎廖某遂覺後登第改秩以宣教郎宰閩請迓者及門思前夢恐官止此不欲行親友相勉爲質之文公文公因指案上物曰人與器物不同如筆止能爲筆劍不能爲琴故其成毀久速有一定之數人則不然固有朝爲跖而暮爲舜者其吉凶禍福亦隨之而變難以一定言今子赴官但當充廣德性力行好事前夢不足芥蔕德明官至正郎

見聞搜玉陳用賓名觀國永嘉勝士也寓越夢訪放翁於杭見岩壑聳峭竹樹茂密瀑飛絕巘匯爲大池池中菡萏盛開一翁曳杖坐巨石上仰瞻元鶴翔舞烟雲空濛對景豪唫曰水聲兮激激雲容兮茸茸千松拱綠萬荷奏紅爰宅茲岩以逸放翁屹萬仞與世隔峻一極而天遹予迺控野鶴追冥鴻往來乎蓬萊之宮掖海氛而一笑以觀乎九州之同驚寤亟書以志神異

族姓考陸游字務觀號放翁詩本於曾茶山茶山出于韓子蒼三家句律相似而放翁加豪一夕夢一故人相語曰我爲蓮花博士鏡湖新置官也我去矣君能暫爲之乎月得酒千壺亦不惡也遂以詩紀之曰白首歸修汗簡書每因囊粟嘆侏儒不知月給千壺酒得似蓮花博士無

螢雪叢說余文起主泮湘潭嘗宿嶽麓書院夢見朱晦翁與張南軒同在郡庠作意主盟道學忽伊川橫渠先生從外來云政不須如此這道理嘗使得何恤乎人言須臾聞東廊有人誦中庸大學二篇覺來雞唱遙想三公衞道如此之切

宋史蔡幼學傳幼學權兵部尚書兼太子詹事一夕感異夢星隕於屋西南隅遂卒年六十四

道學傳黃榦改差判安豐軍淮西帥司檄榦鞫和州獄獄故以疑未決榦釋桎梏飲食之委曲審問無所得一夜夢井中有人明日呼囚詰之曰汝殺人投之於井我悉知之矣胡得欺我囚遂驚服果於廢井得尸

安丙傳吳曦僭號建官稱臣於金以其月爲元年改興州爲興德府以丙爲中大夫丞相長史權行都省事先是從事郎錢鞏之從曦在河池嘗夢曦禱神祠以銀杯爲珓擲之神起立謂曦曰公何疑公何疑後政事已分付安子文矣曦未省神又曰安子文有才足能辦此鞏之覺心異其事具以語曦事既熾丙不得脫度徒死無益陽與而陰圖之遂與楊巨源李好義等謀誅曦

范應鈴傳應鈴字旂叟豐城人方娠大父夢雙日照庭應鈴生稍長厲志於學丞相周必大見其文嘉賞之開禧元年舉進士累官大理少卿

趙汝愚傳韓侂胄欲逐汝愚而難其名或教之曰彼宗姓誣以謀危社稷則一網無遺侂胄然之擢其黨將作監李沐爲正言沐彥穎之子也嘗求節度使於

汝愚不得奏汝愚以同姓居相位將不利於社稷乞罷其政汝愚出浙江亭待罪遂罷右相除觀文殿學士知福州臺臣合詞乞寢出守之命遂以大學士提舉洞霄宮國子祭酒李祥博士楊簡以言罷太府丞呂祖儉亦上書訴汝愚之忠詔祖儉朋比罔上送韶州安置太學生楊宏中周端朝張道林仲麟蔣傅徐範等伏闕言去歲人情驚疑變在朝夕當時假非汝愚出死力定大議雖百李沭罔知攸濟當國家多難汝愚位樞府本兵柄指揮操縱何向不可不以此時爲利今上下安恬乃獨有異志乎書上悉送五百里外羈管侂胄忌汝愚益深謂不重貶人言不已以中丞何澹疏落大觀文監察御史胡紘疏汝愚唱引僞徒謀爲不軌乘龍授鼎假夢爲符責寧遠軍節度副使永州安置初汝愚嘗夢孝宗授以湯鼎背負白龍升天後翼寧宗以素服登大寶蓋其驗也而讒者以爲言

賢奕編周必大字子充監臨安府和劑局局內失火延燒民家逮捕居民及局吏繫獄未論報問子充問局吏曰假失火自官致當得何罪吏曰當除籍爲民耳子充遂自誣服坐是罷職吏民得免死子充歸道謁婦翁翁前一夕夢掃雪迎宰相而子充適至留宿然後歸子充益自刻苦讀書中博學宏詞科官至宰相封益國公

宋史江萬里傳萬里字子遠都昌人自其父燈始業儒大父璘鄉稱善人其鄰史知縣者夸其能杖讙健士璘俛首不答歸語燈曰史祖父故褎士今居官以杖士人自意於我心有不釋然審爾史氏且不昌汝其戒之是夕燈妻陳夢貴人入其家曰以汝家長有善言故來已而有娠生萬里

孫夢觀傳夢觀以集英殿修撰知建寧府蠲租稅省刑罰郡人徐清叟蔡杭以爲有古循吏風民有夢迎祠山神從者甚都出視之則夢觀也俄而夢觀得疾卬授遺表不忘規諫遂卒

劉黻傳黻歷官刑部侍郎丁母憂江上潰師丞相陳宜中起復黻爲端明殿學士不起及賈似道韓震死宜中謀擁二王由溫州入海以兵逆黻共政將遜相位於是黻託宗祀於母弟咸伯遂起及羅浮以疾而卒初陳宜中夢人告之曰今年天災流行人死且半服大黃者生繼而疫癘大作服者果得不死及黻病宜中令服之終莫能救

度宗本紀嘉熙四年帝生於紹興府榮邸初榮文恭王夫人全氏夢神言帝命汝孫然非汝家所有嗣榮王夫人錢氏夢日光照東室是夕齊國夫人黃氏亦夢神人采衣擁一龍納懷中已而有娠

文文山集廬陵劉岳申譔文丞相傳文丞相天祥大父時用夢兒乘紫雲下已復上而丞相生故名雲孫字天祥

周密齊東野語賈師憲柄國日嘗夢金紫人相迎逢旁一客謂之曰此人姓鄭是能制公之死命時大璫鄭師望方用事意疑其人且姓與夢合於是竟以他故擯逐之及魯港失律遠謫南荒就紹興差官押送則本州推官沈士圭攝山陰尉鄭虎臣也鄭武弁嘗爲賈所惡適有是役遂甘心焉賈臨行置酒招二人歷言前夢且祈哀徼庇云向在維揚日褒鄧間有人善相一日來値其既臥因歎惜再三私謂客曰相公貴極人臣而足心肉陷是名猴形恐異時不免有萬里行耳是知今日竄逐之事雖滿盈招咎蓋亦有數存焉及抵漳之次日泣謂押行官曰某夜來夢大不祥纔離此地必死無疑幸保全之遂連三日逗遛不行而官吏追促之離城五里許小泊木綿菴竟以疾殂或謂虎臣有力焉先是林僉樞存孺父爲賈所擯謫之南州道死於漳漳有富民蓄油杉甚佳林氏子弟欲求而價高不可得因撫其木曰收取收取待留與賈丞相自用蓋一時憤懣之語耳至是郡守與之經營竟得此物以斂可謂異矣死生禍福皆有定數不可幸免也

三山蘇大璋顧之治易有聲戊午鄉舉夢爲第十一人數爲人言之以爲必如夢告既試將揭榜同經人訴於郡謂其自許之確如此必將與試官有成約萬一果然乞究治之及拆號至第十一名果易也帥擕此狀入院遍示考官謂設如此言諸公將何以自解不若以待補首卷易之衆皆以爲然既拆號則自待補爲正解者大璋也由正解而易爲待補者乃投牒之人也次年蘇遂冠南宮此與王俊民事相類

癸辛雜識括之縉雲有葉醫挾術頗精一夕忽夢追至城隍主者戒云凡今北之人虐南人蓋有數若南人恃北執以虐南人者此神明之所甚怒罪無赦趙某者昔在福州日殺人至多徵罪于天今使之得瘖疾而死或以穀二石酒二斗雞四隻相邀汝愼毋往不然逆天之罪不可逭也然於次日必有葉氏亦以此數相償且有重獲也既覺惝惝然遂往廟中炷香

甫歸家而趙氏之家令人果以物至相遜遂辭以疾不往次日葉府名醫疾愈以物酹謝乃雞酒穀如夢中之數收功獲謝而趙則殂矣

葉亦嘗上書後朝廷捕之甚急遂禱之霍山張王廟是夕夢一白衣裹帽人指庭下一雞爲蛇所纏牢不可解其後有蹤而王之驗二物已酉合也

范元章向者魏明己館中嘗赴省試夢至大宮殿手執文書歷階而上自顧其身則掛綠衣既而有衣皂褙者亦欲進爲左右所却以爲無綠衣而不可進范遂脫所衣綠袍與之其袍內乃著粉青戰袍旁有嘲之者答云無笑此乃銀青袍也及寤雖喜衣綠之吉又有脫袍之疑既而中第辭魏氏館繼之者乃蜀人稅某也次舉亦第于是脫袍之徵已驗獨不曉銀青之說然自喜以爲此必異時所至之官也臨安鹽倉批滿則謝堂實尹京其銜乃銀青光祿大夫時事已異僅止于此是以知人生皆有分定不容少有僥倖也

宋史趙葵傳葵字南仲京湖制置使方之子初生時或夢南岳神降其家方在襄陽命葵專督飲食共養之事與兄范俱有志事功

括異志吳躍龍吳宗禮達之之子也乙卯鄉舉躍龍實爲亞榜賦魁實通榜詞賦之第八也揭曉之夕夢登七層寶塔已及六層止餘一層欲上之間忽見一人星冠雲帔若天尊像叱曰此鴈塔也汝何人輒登此連步逐下迤邐至塔外遂坐其傍驚而寤及榜至乃在七名之外余親見其說又有張湘亦以乙卯魁亞薦揭曉兩夕前夢人持巨盤撲賣湘一撲五錢皆黑一錢旋轉不已竟作字一人曰幾乎渾純及榜至乃爲小薦第一功名前定不可强求也如此

淳祐甲申春余館于沈氏書塾因寓宿焉一夕夢婦人著紅衣至其家廳廡下幡無侍女手執黃羅裙直入其堂曰與諸生言之皆莫曉所謂次夕方篝燈披閱卷帙忽有人報街外鼓聲甚急倉皇使人覘之乃市樓失火煙焰燭天衆方撲救僅免延燎止拽倒小屋數間方知婦人之怪也

宋史李庭芝傳庭芝得鄉舉不行以策干荆帥孟珙請自効珙善相人且夜夢車騎稱李尚書謁己明日庭芝至珙見魁偉顧諸子曰吾相人多無如李生者其名位當過我時四川有警卽以庭芝權施之建始縣

三柳軒雜識陳文龍志忠興化人度宗朝狀元也德祐末歸守本州北兵入閩不屈生縛之至杭病卒於杭之苗兒橋巷初文龍入太學累試不入格太學守土之神岳侯也一夕夢神請交代意必老死於太學常悒悒不樂既而赴廷對第一仕宦日顯前夢不復記矣及守外州又夢神通書閱書前面曰交代後書年月至元心甚慢之未幾國亡城陷家殘身俘至杭幽於太學之側

欽定古今圖書集成曆象彙編庶徵典

第一百五十一卷目錄

夢部紀事六

庶徵典第一百五十一卷

夢部紀事六

金史五行志初金之興平定諸部屢有禎異故世祖每與敵戰嘗以夢寐卜其勝負烏春兵至蘇速海甸世祖曰予夙昔有異夢不可親戰若左軍有力戰者當克繼而與肅宗等擊之敵大敗

太祖本紀康宗夢逐狠屢發不能中太祖前射中之旦日以所夢問僚佐衆曰吉兄不能得而弟得之之兆也是歲康宗卽世太祖襲位

宗室傳斡帶太祖母弟太祖晝寢於來流水旁夢斡帶之場圃火禾盡焚不可撲滅覺而深念之以爲憂是時斡帶已寢疾太祖至聞之過家門不下馬徑至斡帶所問疾未幾薨

韓企先傳企先爲尚書右丞相召至上京入見太宗甚驚異曰朕疇昔嘗夢此人今果見之

顯宗孝懿皇后徒單氏傳后以皇統七年生於遼陽母夢神人授以寶珠光焰滿室既寤而生紅光燭於庭

張萬公傳萬公字良輔東平東阿人也幼聰悟喜讀書父彌學夢至一室牓曰張萬相公讀書堂已而萬公生因以名焉

黃久約傳久約父勝通判濟州母劉氏尚書右丞長言之妹一夕夢鼠銜明珠寤而久約生歲寔在子也

張元素傳元素字絜古易州人八歲試童子舉二十七試經義進士犯廟諱下第乃去學醫無所知名夜夢有人用大斧長鑿鑿心開竅納書數卷於其中自是洞徹其術

續夷堅志康伯祿李欽叔壬辰冬十二月行部河中先城未破一日康與欽叔求夢於其神伯祿夢城隍破爭船落水中爲一錦衣美婦援出滿眼皆桃花欽叔夢人與桃符二上寫宜入新年長命富貴明日城陷伯祿爭船不得上落水死李得船走陝縣三四日改歲楊正卿令人送桃符所書如夢云

清河王博以裁縫爲業年三十七歲一日詣聊城何道士言丁酉初春醉臥一桃園中忽夢一神人被金甲執戟至其旁蹴之使起王問何爲神曰吾爲尒送尾來自後覺尻骨痛痒數日生一尾指許大如羊退毛尾骨然欲勤去痛貫心髓灸之亦然因自言不孝於母使至饑餓故受此報與人觀看則痛痒少止否則不可耐也因問何求療無所措手乃去今在新店住

張狀元甫唱第前夢人以物易其首手自捫之乃玉也初甚惡之繼有是應閆子秀筆記此事

金史僕散端傳婦人阿魯不嫁爲武衛軍士妻生二女而寡常托夢中言以惑衆頗有驗或以爲神乃自言夢中屢見白頭老父指其二女曰皆有福人也若侍掖庭必得皇嗣是時章宗在位久皇子未立端請納之章宗從之旣而京師久不雨阿魯不復夢見白頭老父使之祈雨三日必大澍足過三日雨不降章宗疑其誕妄下有司鞫問阿魯不引伏詔讓端曰昔者所奏今其若何後人謂朕信其妖妄寔由卿啓其端倪讐于予懷念之難置其循省于往咎思補于將來恪整乃心式副朕意端上表待罪詔釋不問

續夷堅志泰安初高子約耿君嗣閆子秀王子正考試平陽舉子萬人主司有夢緋衣人來謝謁者明旦試題下以語同官俄羣鶴旋舞至公樓上良久不去主司命胥吏揭榜大書示衆云今塲狀元出自河東當舉府題聖人有金城解魁宋可封澤州省題儉德化民家給之本省魁孫當時御題獲承休德不遑康寧狀元王綱平陽三元者果皆河東云

金史宣宗皇后王氏傳皇后王氏中都人明惠皇后妹也其父微時嘗夢二玉梳化爲月已而生二后王氏姊妹受封之日大風昏霾黃氣充塞天地已而后夢丐者數萬踵其後心甚惡之占者曰后者天下之母也百姓貧窶將誰訴焉后遂勅有司京城設粥與冰藥及壬辰癸巳歲河南饑饉大元兵圍汴加以大疫汴城之民死者百萬餘后皆目覩焉

續夷堅志呂內翰造字子成未第時夢金龍蜿蜒自天而下攫而食之是歲經義魁南省詞賦繼擢殿元閤門請詩有狀頭家世傳三葉天下科名占兩魁謂其大父延嗣父忠嗣與子成俱狀元也

叅知政事魏子平嗜食魚廚人養魚百餘頭以給常

膳忽夢羣魚集其身揮斥不去復夢爲魚所齕痛不能出悶亂久之乃寤自是不食魚

胥莘嘗夢太山神告之曰敬我無福慢我無殃當行善道家事久常每以此語人事見家傳

京師法雲寺僧律詩失明數年夢中有人授一方治內外障阻但神水在者皆可療焉蔓菁子二兩枸杞蒺藜甘菊荆芥穗各一兩當歸地黃川芎赤芍藥防風各一兩五錢十味末之水麪糊丸如桐子大空腹食前溫水下三十丸僧服之目復明因目曰夢靈丸云

寧海崑崙山石落村劉氏富於財嘗於海濱得百尺魚取骨爲樑構大屋名曰鯉堂堂前一槐蔭蔽數畝世所罕見劉復夢女官自稱麻姑問劉乞槐樹修廟劉夢中甚難之既而日廟去此數里何緣得去即漫許之及寤異其事然亦不之信也後數十日風雨大作昏晦如夜人家知有變皆入室潛遁須臾開霽唯失劉氏槐所在人相與求之麻姑廟此樹已臥廟前矣

元史楊奐傳奐字煥然乾州奉天人母嘗夢東南日光射其身旁一神人以筆授之已而奐生其父以爲文明之象因名之曰奐

李昶傳昶字士都東平須城人父世弼從外家受孫明復春秋得其宗旨金貞祐初三赴廷試不第推恩授彭城簿志悒鬱不樂遂復求試一夕夢在李彥牓下及第閱計偕之士無之時昶年十六已能爲程文乃更其名曰彥興定二年父子廷試昶果以春秋中第二甲第二人世弼第三甲第三人父子褒貶各異時人以比向歆

達禮麻識理傳達禮麻識理除知樞密院事大撫軍院事初大撫軍院之立皇太子用完者帖木兒答爾麻帖林沙伯顏帖木兒李國鳳等計事以備禦擴廓帖木兒既而政權不一事務益乖各復引去而達禮麻識理之至事且無可爲者達禮麻識理之卒也先一夕怯薛官哈剌章者阿兒剌氏阿魯圖孫也夜夢太祖召見語之曰我以勤勞取天下以傳于妥歡帖睦爾而愛猷識禮達臘不克肖似隳壞我家法苟不即改圖天命不可保矣爾吾功臣之後且誠實故召汝語汝明旦亟以我言告而主及愛猷識理達臘汝不以告吾即殛汝告而不改則吾他有處之達禮麻識理其人庶幾識事宜者然知而不言將焉用之吾其先殛之矣明旦哈剌章入見帝具以夢告帝令以告皇太子比出則達禮麻識理已無疾而卒矣

輟耕錄世皇取江南大軍次黃河苦乏舟楫夜夢一老叟曰陛下欲渡河當隨我來引至一所指曰此即是已帝遂以物標識之乃覺歷歷可記明日循行河滸尋夢中所見處果是方驚顧問忽有人進曰此間水淺可渡時帝徵夢中語因謂汝能先涉否其人乃行大軍自後從之無一不濟帝欲重旌其功對曰富與貴悉非所願但得自在足矣遂封爲答剌罕與五品印撥三百戶以食之今其子孫尚有存者此事楊元誠太史所云

平山會道觀主鄧山房道樞縣州人在宋季爲道士時齋法已精際遇理度兩朝一日謝后遣巨璫召至內後門泣降德音且令其責軍令狀使無他洩後謂曰吾昨夜夢見濟王怒甚以爲吾且將兵由獨松關入滅汝社稷矣吾此夢頗可怪汝可就南高峰頂爲膽心章奏告上帝已而黃頭先鋒斬關而來宋亡後鄧遂築今觀

元史吳澄傳澄生前一夕鄉父老見異氣降其家鄰媼復夢有物蜿蜒降其舍旁池中旦以告於人而澄生

劉因傳因字夢吉父述中統初左三部尚書劉肅宣撫眞定辟武邑令以疾辭歸年四十未有子歎曰天果使我無子則已有子必令讀書因生之夕述夢神人馬載一兒至其家曰善養之既覺而生乃名曰駰字夢驥後改今名及字

霏雪錄虞文靖公集在翰林一夕夢兩朱衣引至一官府見其人服王者服乃孔子也公跪於陛孔子曰汝集善爲之公退至殿陛一跌而寤公恐遺忘口誦所言俄而閽扣門甚急亟起乃王名議事二使以馬翼公至承天殿朝臣及諸學士具集王曰上晏上都某欲竊神器僞使者齎詔且至卿等在庭何以處衆無語公默省夢中語乃進曰殿下宜即大位於是定計諭中外初國璽在上都乃蠟爲天子印章頒詔先遣使守古北口候僞使者殺之焚其書此臨大事決大疑聖人假夢以堅公之志耳

明昭代典則揚王姓陳氏世爲維揚人不知其諱宋季隸籍軍伍從張世傑扈從祥興帝駐南海至元己卯春世傑戰敗士卒多溺死王幸脫死達岸糧絕計無所出同行者曰聞髑髏山有死馬共烹食之不識可乎王未及行疲極輒晝仆地睡夢一白衣謂曰汝

愼勿食馬肉今夜有舟來載也王恍惚中未深信俄又夢如初至夜將半夢中彷彿聞櫓聲有衣紫衣者以杖觸王曰舟在矣王驚寤身忽在舟中見舊所事統領官時統領已降於元帥元將畏舟壓凡附舟者擲棄水中統領憐王亟藏之舟板下日取乾餱從板隙投之王掬以食又與王約渴則以足撼板張口向隙受漿居數日事將洩皆徬徨不安忽颶風撼舟元將大恐徧求禱祈者不可得統領知王能巫術遂白而出之王仰天叩齒若指揮鬼神狀風濤頓息元將喜因飲食之至通州送之登岸王歸維揚居盱眙津里鎭以巫術行王無子生二女長適季氏次即皇太后晚以季氏長子爲後年九十九歲卒

輟耕錄李恭敏公者所居在江陰之南門其門首巷坊亦題曰恭敏不知當日名坊之義而七八十年來子孫消削第宅傾圮殆盡棄遺故址竟爲里豪薛得晧所吞土木一新鄉閭健羨忽有人獻詔於薛云若不除去舊坊終非君家利也薛深然之指數恭敏之族尊且長者惟李唐卿可主其事乃呼至贈臬百緡李欣然撤之一夕囈語呻吟甚苦妻急呼之覺問其故曰我夢見袍笏大官自云是我祖責以不能世守其業又毁其坊既罵且撻我負痛叫號故致此耳語既暴死莫救又數年城燬於兵薛氏室屋財產悉空貪無爲計遂執幹役於時貴之家噫子孫之不肖强霸之用心皆可爲後人鑒也

歸化縣志陳有定邑之明溪市人家貧傭於羅姓者因失鵝避王氏門外王夢一猛虎踞門心知爲非常人遂妻以女

輟耕錄松江衛山齋有材譽時庸醫兒孫華頗知嗜學山齋因獎予之使得儕於士類山齋既死華孫忽謂人曰嘗夢天使持黃封小合授吾曰上帝有勅以衛山齋聲價畀汝吾受命謝恩而寤故人戲贈以詩有山齋聲價黃封合之句陸居仁每謂人曰吾讀詩集傳有不安處思所以易之忽若夢寐中見尼父拱立于前而呼吾字曰陸宅之朱熹誤矣汝說是也偶與友人之黠者言及此友人曰足下得非禀受素弱乎曰何爲曰吾見足下眼目眊眩又夢寐顚倒故知其然也居仁慚赧不復辨客來談及拊几大笑命筆識之

建寧府志胡致堂夫人翁氏密州司戶撰之女也生之前一夕其祖殿撰夢有通謁者曰吾婺女星也當生君家翌日翁氏生紅光滿室殿撰曰此必淸貴而壽者也長歸致堂以婦德聞見元孫者三累封太原寧郡太夫人

霏雪錄楊廉夫先生之母夫人嘗夢神人授金錢一枚遂娠先生先生文章事業爲一代偉人豈偶然哉先生卒錢君思復嘗作輓詩云生前母應金錢夢死後人稱鐵笛仙

高坡異纂楊廉夫題臨海王節婦詩曰介馬馱馱百里程靑楓後夜血書成祇應劉阮桃花水不似巴陵漢水淸後廉夫無子一夕夢一婦人謂曰爾知所以無後乎曰不知婦人曰爾憶題王節婦詩乎爾雖不能損節婦之名而心則傷於刻薄毁謗節義其罪至重故天絕爾後廉夫既寤大悔遂更作詩曰天隨地老妾隨兵天地無情妾有情指血囓開霞嶠赤苔痕化作雪江淸願隨湘瑟聲中死不逐胡笳拍裏生三月子規啼斷血秋風無淚寫哀銘後復夢婦人來謝未幾果得一子

太祖高皇帝皇考仁祖淳皇帝居濠州之鍾離東鄉皇妣淳皇后陳氏嘗夢黃冠饋藥一丸煜煜有光吞之既覺口尚異香遂娠焉及誕有紅光燭天照映千里觀者異之

明外史常遇春傳遇春初從劉聚爲盜察聚終無成率所部壯士歸太祖於和陽未至困臥田間夢神人披甲擁盾呼曰起起主君來驚寤而太祖適至即迎拜

兗州府志曹本字子善滕縣人漢曹褒之後父思明嘗夢數人以車載篋至問明曰汝曹某耶思明應曰是也其人開篋取人支體與之曰此隸人支體也思明受之一人後至謂其人曰曹某當得一侍郎兒何故以隸體與之其人大驚曰吾忘之然侍郎皆散盡奈何後至者顧視篋中良久曰此不一侍郎鼻耶遂復與之已而本生天資穎異志操不羣明初以貢遊太學官北平布政司都事洪熙元年陞兵部侍郎

前定錄補奉新王文博名載夢與劉鑄到南昌經江西省署見放鄉貢進士榜諦視之高懸朱牌十枚上書金字日光炫耀不可諦忽一隸卒前白曰第一名南昌熊誼汝居第六遙呼鑄曰爾名亦在後須與有紅英佩刀者十餘人自省中譁而出似相逼逐驚寤明發如人言皆大笑當是時大都督朱公鎮南昌干戈方殷謂安有貢舉之事後八年爲洪武庚戌始設科江西四十名額南昌占其十十名中熊誼冠首

正符朱牌之數載却在通榜第六鑄居十九及試大廷載又中第二甲第六名一一皆驗

聖君初政記皇祖始造鈔不就一夕夢神告當用秀才心肝爲之寤思之不得高后曰士子苦心文業其文課卽心肝也祖善曰得之矣因命取太學積課簿搗爲之果成

明通紀洪武元年八月十五日上夜夢當天兩日月齊出諸雪雜亂紛飛倏爾底定上謂徐達曰此夢何解徐達曰陛下夢兩日月齊出卽大明明字諸雪雜亂紛飛卽諸賊擾亂我中原我明命將出師一鼓而擒之卽倏爾底定此吉兆也

明狀元事略洪武乙丑科丁顯字彥偉福建建陽人中榜時年二十八建陽舊讖淮沙圓出狀元顯應之先是上夢殿前一巨釘綴白絲數縷悠揚日下及拆首卷乃花綸上以其年少抑之已而得顯卷以丁與釘符而顯字日下雙絲遂首擢

湖廣通志劉儁江陵人父夢天降赤幟上書儁字是夕儁生會鄉里師命名適與夢符登洪武乙丑進士歷陞兵部尚書

明外史胡大海傳大海嘗夜出兩目煜煜有光既死敵兵犯境軍中或夢大海若生時或覩巨火滿野洶洶有甲騎聲師出輒大捷

江南通志甘霖字沛之高淳人洪武以薦名入問其名曰甘霖因曰浙江大旱汝往霖之授左參政既至夜夢神告曰某地有泉可濟民渴且往儼若夢境掘之果得大泉同僚屬祈禱大雨隨至

湖廣通志茹瑺衡山人洪武間貢入胄監上夢一神伏堦下曰臣南岳神也來輔陛下次日上臨太學見瑺貌類夢中所見詢之對曰臣衡山人也上異之擢承勅郎歷通政使進都御史兵部尚書

明外史黃觀傳觀妻翁氏投水嘔血石上成小影陰雨則見相傳爲大士像僧舁至庵中翁夫人見夢曰我黃狀元妻也比明沃之以水影愈明有愁慘狀

名山藏建文三年正月辛酉凝命神寶成初君爲太孫夢帝致寶焉既卽位得青玉雪山二年齊郊宮夕夢若有寤乃命玉人琢爲大璽至是以告天地宗廟下詔百官稱賀大宴奉天門賞四裔朝使辛未大祀南郊明日行慶成禮令羣臣賦詩頌天下

建文四年正月燕王夢厄於平安有白馬將自西馳斷安馬足問焉對曰臣莘之神也四月北軍斷徐輗道轉攻蕭至小河燕將陳文橋河衛守之都督總兵何福引兵循河而東遇燕王騎斬文奪所守橋燕將張武突出林間與王合乃擊却南軍南軍據橋南北軍據橋北相持累日魏國公輝祖來援陣齊眉山下與燕大戰自午至酉兩軍相當輝祖斬燕將斌等十餘人還營掘塹于是南軍再捷北軍再敗燕諸將皆懼說燕王曰軍深入矣暑雨連緜淮上蒸濕恐有疾疫小河之東平野多牛羊二麥將熟若渡河擇地休士息馬觀釁而動可持久也燕王曰兵事有進無退勝形成矣而復謀退士不怠乎公等所見拘攣耳令曰欲渡河者㕘公等所之朱能曰諸君勉矣漢高十戰而九不勝卒有天下盍燕王於是不解甲者數日南軍樹碑相慶也廷臣有曰燕且北矣京師固不可無良將帝因名輝祖還何福等無援乃引兵會平安靈壁平安以六萬人爲方陣裹餉護行燕王邀之平安突至殺北軍千餘矢如雨燕王麾兵斷南軍爲二南軍大敗何福出壁與平安共殺傷北軍北軍乃却而高煦又以其伏至王還掩擊其後復大敗南軍盡得其餉輓福入壁壘門私令士曰且聞砲三而突圍燕王望見之曰南軍其遁且使諸軍緣壁入之發砲三南軍謂其砲也爭開門遁已知爲北軍皆大亂平安陳暉等三十七人禮部侍郎陳性善等百五十人皆見執燕王謂平安曰淝河之戰公馬不蹶何以遇我曰彊臣不佞敢效鉛刀燕王曰壯士

正氣紀惠宗本紀建文四年夏六月靖難兵犯闕帝與程濟梁良用等九人潛至鬼門牛景先用鐵棒擊之不奮力而起隨出門有舟待岸帝疑之舟人跪告日臣神樂觀道士也卽前御賜名王昇是帝問日爾何之對曰昨臣夢皇祖緋衣御奉天門命兩校尉促臣曰且日午時可牽舟抵後湖鬼門俟出者勿洩洩且殛爾臣故候此帝訝嗟

將樂縣志陳眞拜饒州通判改安慶秩滿赴京會成祖夢二朱衣侍墀下自云太守一眞一假次日同他府通判陳假引奏適與夢符俱陞知府

名山藏永樂二十二年五月甲申上夢神一再告曰上帝好生且名問楊榮金幼孜日何祥也豈天屬意此寇部屬耶皆對曰陛下除暴安民亦好生也或者火炎崐岡玉石俱焚上帝之意惟陛下詳之上卽命草勅使諭其部落曰往者阿魯台窮極歸朕及朕所以待之者爾等所知朕何負而比年以來寇掠我邊鄙虔劉我蒸庶誰之過歟朕聞者以天人之怒再用

奉師當是之時如徇將士之志爾等復有餘命朕體好生驅之贛遠歡心不悛荼毒增甚今王師之來罪止阿魯台一人有能順敬天道輸誠來朝朕待以恩禮仍授官職聽擇善地毋懷疑貳以遺後悔

嵩陽雜識胡忠安公濙生髮白如絲彌月方黑生之夕母夢一僧持花以遺之覺而生公見僧即笑父問之僧答云此吾師天池高僧後身也先師嘗示夢今生胡氏家後當顯爾來求我以一笑爲記聞者異之

名山藏宣宗章皇帝生之夕成祖夢高祖授以大圭命曰傳之子孫永世其昌既數歲試之事輒剸決稱旨成祖愛之仁宗即位冊爲皇太子其春以南京地屢震命往撫治上旋不豫既大行宮中祕不發喪以遺命名上顧臣下稍稍聞上崩其時漢庶人蓄反謀傳言將要刼羣臣或請整兵旋或請出間道上曰君父在上天下歸心豈有他虞遂傳詣京師六月己亥朔至蘆溝既乃聞絕慟左右掖聽遺詔行哭入宮門詣梓宮拜哭盡哀頒遺詔天下臣民三勸進庚戌即皇帝位

滕縣志徐義父恭母陳氏初義生時父夢神授以玉如意遂名義義性孝謹父母故露宿墓旁種樹輒死夜夢父謂之曰汝無樹樹將自生久之樹果生

狀元事略商輅與其師洪士直同宿學舍中輅夢有提人首三顆授之覺而語洪洪曰吉夢也果三元應之

鎮江府志正統中丹陽大疫令某夢迎詔開讀止一語曰獨舍蔣宗海醒而異之令值朔且往謁文廟語之教諭高璉璉夜亦有是夢素與宗海善駭其相符令人視之果汗而蘇矣

震澤紀聞張益土木之難益以學士從死焉後四十餘年其子某以御史印馬於北畿道經土木設祭悲泣是夜夢其父衣冠如生來曰以紅沙馬與我既覺甚異也忽從者來報云後隊一紅沙馬斃矣始異之既歸詢之父老益初從駕騎紅沙馬云

狀元事略正統丁卯冬湖廣須知官在途夢開黃榜第一名彭時又京中謠云衆人知不知今歲狀元是彭時不知何自而起後果然廷試前一月上夢儒釋道三人來見至揭榜狀元彭時由儒士榜眼陳鑑幼曾寓神樂觀探花丘正幼曾爲慶壽寺書記云

景泰甲戌科孫賢字舜卿河南杞縣人未第先夢金甲神人持黃旂插於其門有狀元二字至廷試果首擢

列朝詩集倪岳字舜咨上元人父文禧公謙奉命祠北嶽母夢緋衣神人入室生公遂名岳公瓌偉秀異目光烱烱望之若神天順元年進士入翰林爲編修歷侍講至學士弘治中爲吏部尚書贈少保諡文毅

崇仁縣志吳聘君康齋祖逸愚公一夕夢先塚上一藤盤旋而上長竟接天問塚旁老人此名爲何老人答曰此攀轅藤也明日聘君生

明外史孝宗孝康皇后張氏傳后母金夢月入懷而生后

韓文傳文生時夢紫衣人抱送文彥博至其家故名之曰文成化初舉進士除工科給事中

明通紀夏原吉湖廣湘陰人母廖氏夢三閭大夫降而生舉動端厚好學喜怒不形

狀元事略成化己丑科張昇字啓昭江西南城人傳臚前一夕夢登天兩手挈二人頭云皆同姓者及開榜一甲首爲昇二甲首張燧三甲首張曉

成化戊戌科曾彥每科試輒夢袖中龍頭筆一枝以手取之則筆入內弗得是年夢取此筆出之文彩焜燿儼一龍在手果狀元及第

蒹葭雜抄太保費文憲公年十六領癸卯鄉薦赴試禮部道經呂梁洪時公從父某爲主事有事於此一見公即曰吾姪此行不第當卒業北雍公愕然問故答曰近得一夢吾見姪在北監領簽出館籤上寫彭時二字彭公狀元宰相也吾姪勉之已而公果不第即入北監讀書專事博洽以資策學丁未果狀元及第官至少師大學士計得夢時彭公尚在及後彭公卒於官諡文憲公以嘉靖乙未再召入閣亦卒於官諡亦如之二公不但科第祿位偶同雖考終賜諡如出一轍亦異矣

鉛山縣志松江張鼐嘗夢登第在狀元前覺而思曰世豈有科名先狀元者吾殆在孫山之外矣及是年會試名在十五費宏名在十六云又湖廣劉良中景泰丙子鄉試已十赴禮闈潦倒衰白而志益壯嘗夢神告曰汝費宏榜進士也凡赴試必徧求天下舉子費宏者久不得至是相見甚懽逮廷試宏果首選良中三甲第八計二人得夢時宏猶未生也

見聞錄陽明先生之父王海日公將生母孟淑人夢其姑抱緋衣玉帶一童子授之曰婦事吾孝孫婦亦事汝孝吾與若祖丐於上帝以此孫畀汝世世榮華無替故公生以今名兒名榮以符夢也

明外史襄王瞻墡傳弘治元年見淑嗣三年薨謚曰簡王子祐材嗣初見淑夢兩黃冠入端禮門已而祐材祐櫍同月生皆好道術宮中多爲雷壇丁甲像皆無子

湯鼐傳壽州知州劉槩遺鼐書侑以金幣御史陳璧等言槩常餽鼐白金貽之書謂夜夢一人騎牛幾墮鼐手挽之得不仆又見鼐手執五色石引牛就道因解之曰人騎牛爲朱乃國姓意者國將傾賴鼐扶之而引君當道也鼐槩等自相標榜誣毀時政請並逮治疏上悉下詔獄欲盡置之死刑部尚書何喬新侍郎彭韶等持之外議亦洶洶不平乃坐槩妖言律斬鼐受賄戍肅州

狀元事略弘治庚戌科錢福幼時遘奇疾甚殆其父山夢人語曰乃子吳寬也時寬尚困庠舍然人皆稱其德優學博山喜曰吾兒便不得科第得名借吳君足矣寬尋顯而福亦以亞魁會元狀元發跡名次略不異云是科徐文靖公溥爲會試主考官夢人餽一大錢黃牡丹三本時福有名場屋同考王鏊以爲大錢之兆必此人也獨牡丹之說未得楊學士廷和曰此亦福之兆也不聞洛陽相君忠孝家可憐亦進姚黃花爲錢演故事乎斯人也高科兆矣而非端士已而果福第一竟不克終

明外史寧獻王權傳覲鈞子宸濠其母馮針兒故娼也始生娠王夢蛇啖其室旦日鴞鳴惡之欲不舉母强舉之

狀元事略弘治九年朱希周崐山張安甫在祁州嘗夢得一狀元扁明日偶因公事出至橋上適有一木浮於水面遍問左右居民皆莫知所自就令人取作扁自書明倫堂三字寄回崑山學中以寓期望之意乙卯八月朔希周之叔夢取此扁回家初意以爲鄉貢之兆後始知其應驗在此

異林閩中仙遊縣有九仙山其神靈异能知人間未然之事人或禱請輒於夢中開示形兆始雖莫測事往而推無不徵驗神道顯祕莫可殫詰予所最徵實者吾鄉衡山文太守吳邑都庫部太倉州周二牧皆親詳其事故疏之云

文太守宗儒分符溫州未期遣人祈問壽筭夢者見一人謂之曰往山下當有優人作戲汝可觀之夢者曰太守令我祈問壽筭耳其人答云有孔老人還自問之言訖而去尋至山下遇有丹旐引喪而來果有羣優裝著綵衣蹁躚輦前後鼓樂導從賓客無不鮮盛夢者前致問云今日送葬當是何人有何官職而若是乎答者曰吾鄉王太守死今當臨穴是以相送耳夢者驚寤自謂不祥乃隱此事不敢陳說徑白太守云蒙遣祈問一無答但令問孔老人當自知之太守即便搜訪果有此人昨被差遣將一大木付匠裁鋸即召而問之曰汝計此合鋸幾何對曰已就鋸矣曰即計木板當得幾何對曰合得五十有六中腐其一數不得全耳太守怒曰木材如此何止此數便可經營復令益之對曰數已定矣復何及乎太守時年五十有五聞老人言不覺驚汗果及數乃疽發而卒

都庫部元敬少貧病不得志嘗識一黃生閩中人也曾遊吳門一日告歸因相語曰九仙山在吾境上其神多驗子今坎坷吾當代卜即見復也元敬喜諾即具手疏陳述其意贈以裹糧生遂辭去至祠所焚香祈禱具白緣由夢入一室中見兩壁上倒懸二軸各書三大字曰在何處嵯峨高生未省論沉吟再三忽有一人曰子何必疑彼將自知彼來吳中具以事白元敬不悟遍訪識者並不詳曉弘治甲寅年何中丞鑑來巡撫江南偶見都文深蒙奬嘆往往薦揚自是知名郡縣大夫爭相引拔次年大比林御史塘即錄送試院有高士達者山西人也爲山東武定州學官來校文事閱元敬文甚加稱賞遂獲中選其夢始著然嵯峨字義尤未解或曰二字上並有山文高本貫山西又仕山東兩山字義亦甚明白何云不解其徵或然今何公爲南大司馬元敬爲庫部其言亦驗矣

周某閩人也爲常山縣學官仕既不達又復無子以是怏怏求禱於神即夢一大舟舟尾上有二人坐舟中載一棺以繩纏縛甚堅既得此夢未審云何或曰舟中著官當是州官船尾二人即是舟子始大暢悅後果爲太倉州二牧生二子果如其占矣

明外史王守仁傳守仁娠十四月而生祖母夢神人自雲中送兒下因名雲五歲不能言異人拊之更名守仁乃言登弘治十二年進士使治前威寧伯王越葬守仁少時夢越贈之劍既葬其子出越所佩劍爲謝守仁益自喜

無錫縣志方學始爲諸生時夢人持一桃一梨授之曰二人之命懸於君手殊不可解後領弘治戊午鄉薦明年試禮部給事華昶奏江陰徐經與主師有賫緣詔獄驗問華以學同鄉厚乃援以爲證將即訊道遇主事黃安甫遺學桃李各一日事之處實係君一

言二人之命懸於君手矣學騤憶前夢爲之竦然但黃遺李而夢則以梨耳

萊州府志李時任丘人父棨弘治間爲萊州知府時來省之因謁海廟欲禱卜科第以誠弗豫不果既歸夢入廟中得八十籤翌日取籤書視之有鳳逐鸞飛之句明年壬戌果登第選翰林庶吉士官至大學士見紀夢碑

杭州府志正德丁卯海寧張靖之赴省試其母夢老人持筆如椽蘸毫天水缸書孫字於牆上崇廣專堵其年靖之領薦兩試春官皆下第辛未靖之禱於京城隍廟夢登海塘前有大山老人指謂曰此崐崙山也驚寤取禹貢織皮崐崙細研紬繹因不復寐場中出題果織皮崐崘也是年書經舉人多爲所窘同鄉楊青者席舍相近謂靖之曰六題皆得旨惟禹貢一題不能通靖之因爲開陳意義詳述註疏青遂登第名在第七錄其文一篇靖之竟下第甲戌始登第名亦在第七錄文一篇其年狀元乃孫賢也母氏之夢驗矣惟織皮之夢既驗而虛若爲楊青設者然靖之名第事實一與青同鬼神之示人幻變不可測度大抵類然

狀元事略正德戊辰科呂柟字仲木陝西高陵人未總角輒有志聖賢之學不爲辭章之習年十四應試臨潼貧不能餽館宿新豐空舍夜夢老人自驪山下謂曰爾勉學後當魁天下至是果首擢年三十四

全臺紀聞魯司業鐸振之欲乞終養還戊辰四月中卽謀之夜夢幞頭騎青羊乃去占者以爲當乙未日得請是時六月二十九日得乙未振之屈指以爲是其期也時禁方嚴因循遂過其期後乙未乃八月三十日以爲不至是八月六日已得旨矣俄爲吏部覆寢衆以前夢不驗振之遂再請旨從中許之明日謝恩適當八月之乙未振之公服入直房待漏衆共異之

王艮年譜艮年二十九歲一夕夢天墜壓身萬人奔號求救先生獨奮臂托天而起見日月列宿失序又手自整布如故萬人歡舞拜謝醒則汗溢如雨頓然心體洞徹萬物一體宇宙在我之念益眞切不容已自此行住語默皆在覺中先生夢後書正德六年間居仁三月半於座右時三月望夕卽先生悟入之始

狀元事略閩人劉世揚會試入京夢人告之曰今年狀元名國裳世揚卽以國裳易己之字劉是科登進士而狀元舒芬其字則國裳也

正德辛巳科楊維聰字達甫順天固安人幼隨父和任長史在藩讀書每膳具俻聞耳邊呼曰狀元可食飯及長在京夢崇文坊迎金字狀元牌來抑之何往曰送與固安楊秀才覺而自喜但疑是歲無試期既而乙卯鄉薦舉第一庚辰連捷禮闈因武宗南巡未暇廷試至世宗登極舉之實辛巳歲也

異林楊中丞一淸居京師時其友王溥武昌人也計偕而來常同旅舍禮試已畢比將撤闈中丞夜夢入府院中左右文書狼藉滿案有一文秩卽啓視之乃試錄展覽始末悉便記憶既覺卽與溥言曰公等成敗吾已卜矣溥戲詰之具白其故溥曰當有溥名否曰無也曰武昌一郡當得幾人曰合有二標一在通城一在江夏溥曰誰爲第一曰當是吳人又問其次曰海南丘公雅所稱賞是其人也溥曰頗憶其文乎便了了誦之一無遺脫且曰襄論式唯是一篇今歲文場當有聯璧溥笑曰公言若驗可謂通神既而溥果下第第一人乃是松陵趙寬廉使其次卽今孫光祿交蕃丘公門士也謂二標者通城劉紹元江夏許節檢閱文錄得論二篇其他記誦不爽豕亥溥大驚異知公非常人矣又明年溥始登第尋亦仕爲南康太守

見聞錄平泉陸公會試時王公華爲太守王夢見城隍庭下皆保林善人問之名樹聲明日名陸公之外父李秀才問之曰汝婿平日何爲夜夢如此可異也李對云只是不苟已而遂報會榜第一按陸文定公榜姓林故云保林善人

寧波府志丘鐩者正德時爲長汀縣佐宸濠之亂副使周期雍發汀漳兵討賊鐩亦在行爲王文成公所奬嘗白一寃獄夜夢神人謂己賜汝東厓石詞曰爲臣盡忠爲子盡孝甲子循環始終大道次日忽見道上有石隆起命鑿之高尺半徑三尺餘中有若印穹起一寸方二寸古色鬱然因自號東厓子鐩在官廉無以給歸貲僅載此石還至今丘氏子孫尚寶守此石云

陝西通志朝邑嚴御史天祥令絳縣時道經傅說祠嘗入瞻拜一日復過屬有急不得入憩其側短亭中坐見二青衣持檄伏堂下白云傅丞相邀公嚴謝不往顧左右賜使者食左右實無所見然不敢詰漫應曰食使者矣嚴乃語二青衣還報傅公俟我異日爲御史乃往言訖而寐項之寤驚告左右以爲夢左右

日自未寢時有之非夢也嚴默然嘉靖己酉徵拜御史居三月病卒

無錫縣志顧承美彥夫少時夢登一樓其聯有長笛一聲秋之句後以正德鄉舉官太常典簿出判河間遷寧波同知登南城樓忽符其夢之所見而官亦遂止於此

明外史陸完傳完嘗夢至一山曰大武及抵戍所有山如其名歎曰吾戍已久定何所逃乎竟卒於戍所

見聞錄狀元見滄茅公瓚少年時講業僧舍稍倦夢神導之帝庭授公二巨字文曰見滄寤未解所謂頃之僧過語舍後山壁間故鐫宋理宗御書公令引覩則所夢二巨字宛如也遂以爲號

狀元事略唐汝楫夢一梅樹生於庭前花娟靚繁盛字隱隱見於花瓣中曰明歲相逢雞水酉次年爲己酉汝楫中鄉試符其夢云

壬子福藩鄉試初場之日西南角籍舍五色雲起時謂必有奇士既揭曉中式士謁監察御史曾佩佩曰今早榜出吾少假寐見龔公用卿來訪諸士中必有廷試大元繼龔而出者矣實陳謹先兆云

諸大綬兄大綱夢至大墳一區有衣冠佩玉者自棺中出大綬以其背抵之不解所以既而侍聞天卿淵言此夢聞曰此地惟吾知之乃宋狀元山陰王佐所葬也大綬君其狀元乎背相抵者前輩後輩之謂也果如所言

貴溪縣志高明再起征閩自清流歸曉行二十里夢樹杪旌旗三五對路旁朱衣三十餘人一朱衣詣前告曰林大人送至此告別覺來未嘗留意夜至皇華驛又夢如前始覺而思之蓋清流有廟神曰樊侯者林大人是樊字也

楊斛山集六月初八日夜初寐夢一男子長身少鬚鬚間白呼爵相拜曰予王陽明也數談論未嘗自言其所學語未畢忽驚寤予瞿然曰是何先聖先賢來此以教我乎或慷慨殺身於此地如劉忠愍之類者相與邂逅於夢寐乎明早當焚香拜謝之俄而屋脊墜一小甎塊於臥旁木板上聲震屋中守者驚起初九日早辰記

初九日夜夢一廟中塑伏羲像所服甚古雜以洪荒草服一人講易十三卦制器尚象之義於廟問之乃程先生也聽有儒士二人予入獄中四十一月夢關義勇武安王與予遇者三亦有無言時亦有數相語時

澤州志嘉靖間郭東爲諸生肄業學舍夜分就寢忽陰風颯然見數十人擁戶而入各持鋒刃向東捂擊甚至刮肉剔骨慘痛就死初疑爲盜既而昏憒無知其父母距城十里寢夢中忽自躍起曰吾子爲賊所殺夫婦趨視城門方啓比至學宮大聲呼東東驚寤父子相抱而泣鄉人聚觀識者知爲貴徵後登丙辰進士官太常壽九十

湖廣通志高翀字允升安陸人初誕時母夢旭日墮懷中嘉靖壬午舉於鄉丙戌成進士累官至貴州巡撫

太平清話王雅宜病於壬辰卒於癸巳臨終夢蝴蝶入袖曰吾其已夫

見聞錄南京徐魏國鵬舉之生也母夫人先夢一將軍至其第自言是岳飛受了三世苦今日到你家一受用因名之曰鵬舉蓋武穆字也役夫昇之者咸稱吾家岳爺云

萊州府志李學詩字正夫平度州人嘉靖乙酉秋郡守李霆夢桃花洞一少年得雋已而學詩中式連第進士學詩結廬讀書處則桃花洞之麓也

湖廣通志顧闕年八十有六忽語子孫吾昨夜夢聯云津吏報增三尺水山人歸坐幾重雲今歲太歲水至吾將逝矣已而果然

陝西通志劉遷字子喬高陵人少貧代兄爲吏役宿縣中縣令夢白虎臥鍾下晨起求之得遷使之業書試義奇之名其兄屬曰此必亢而家未幾補弟子員嘉靖丙申舉於鄉謁選教諭高平歷陞崇府左長史

江南通志邵夢麟字道徵滁州人母范氏夢獲麟而生嘉靖己未進士終山東參政

眉公見聞錄榮襄公袁宗臯爲世宗日講官數陳明邕上喜欽賜公家奴女婢各六人初公爲長史時中酒晝寢偶夢一美姬扶牀跪請曰妾備充李白洲下陳今顧治相公帷幛公驚覺名黃夫人語異之既而李以黨宸濠敗妻孥沒入官至是公所受賜女婢李姬果與焉則昔夢中人也

江南通志周杜字廷直丹徒人少遇相者言骨貧賤且夭杜曰修身以立命骨相如我何未幾舉嘉靖乙卯鄉試讀書焦山足未嘗入公府夢帝謂之曰爨相者言非妄顧汝有隱德以一官酬汝

畢錦歙人錦徵時乞夢九鯉湖得句云紅葉燒丹火青山列畫圖後倅萊州謁老君廟見杜聯如夢中句

以忤嚴世蕃投檄歸

見聞錄都御史陳公雨庭諱瓚常熟人也爲諸生時夢一神人語之曰君之功名始於西又夢一神人語之曰君之功名終於西又夢一吏導公至大堂呼曰輿咎繇並既病革乃自解曰始於西者永豐則江西管也終於西者司寇則西省也輿咎繇並者咎繇士師吾爲之僚也止矣吾其逝矣未幾公遂卒

江南通志陳其詩字汝正嘉定人嘉靖甲子舉於鄉由教諭升黃梅令時大旱具文禱於泰山夢神人授以杯水曰令虔與爾解渴質明大雨

列朝詩集陳芹字子野少嘗夢入深山中石梁跨道瀑布洒空洞中二老僧趺坐周遶木欄以防虎後遊天台山洞宛如夢中木欄猶在問之上人云老僧化去久矣自是恍然省悟專精內典

狀元事略羅萬化會試時夢一老人入其舟揭去會試封條易以第一甲第一名數字

隆慶辛未科張元忭字子藎浙江山陰人所居與羅萬化同巷嘗夢攜其扁於家會試時其祖塋有聲三日往視之得金芝六莖蓋先兆云

孫繼皐字以德直隸無錫人始生時其父夢前甲戌狀元唐皐至其家遂以繼皐名焉後亦以是年魁天下

湖廣通志萬曆三年三月蒲圻西江得古磚一窖知縣胡其高夢有雷文硃者與談建城事亡何父老於西江獲古磚上有見夢者姓名詫爲靈異

狀元事略沈懋學葬其父大參公夢得一聯云虔其始必厚其終循其名當責其實廷對遂用此語擢第

一

萬曆辛未廷試後李公廷機夢拜一僧爲師問之朱姓也福語呼無髮爲元朱果第一李第二

永昌府志萬曆十六年保山知縣尹從淑蒞任吏胥潛移廟鼓於縣尹實不知夜夢赤面長髯神索鼓驚寤跡之吏以實對還鼓於廟

二酉委譚大璫馮保之腹心曰徐爵爵雖起罪戍握士大夫進退權得罪於宗社爲大然年老多智而好施頗不爲小民所怨爵未敗半歲前予聞之客云爵一夕臥夢一神人長三四寸呼爵謂曰爾祿盡矣爵懼而拜問是何神曰吾即君身中神耳爵曰哀祈免死神因教之持齋可延也爵自是斷酒與肉日奉佛施棺予頗異之復以質姻家史金吾爲信然已而難作愈信愈疑爲神既許之延矣奈何竟不免焉金吾爲余言君不知耶爵斷肉食三月矣蓋朝貴奉之者延爵致酒謂公何自苦信妖夢也强之食爵不得已始嘗一臠因遂不守吁何其神也茲事余不先聞必謂好奇者傅會其事今歷歷若符契然烏可不紀或曰爵得罪大即持齋可遂免乎曰爵能致神感好善一念爲之其走權貴而終死於權貴天實使之不終也於道何疑哉

太倉州志吳怡一夕夢兩綠衣丈夫桎梏至前叩頭乞命怡念是且有當死者比旦起伺門見有人腰斧鋸趨而前問之曰適木客搆村中二銀杏樹券成往伐爾怡瞥曰木乃有神償其值得不伐

甲乙剩言乙未春試前一夕余忽夢見冕服一人坐殿上名余入試既入則先有一人在坐者呼之曰易水生未幾殿上飛下試目一紙視之有晉元帝恭默思道七字翻飛不定余與易水生爭逐之竟爲彼先得余努力往鬬擊而覺爲不怡者久之及入會場第一題是司馬牛問仁章始悟所謂晉元帝者晉姓司馬元帝是牛金所生以二姓合爲司馬牛也恭默思道是訒言破無意耳可謂大巧第易水生不解所謂及揭榜則湯賓尹第一蓋以易水二字爲湯也然夢亦憒憒書法以水從易音陽非易也觀此則天上主司且不識字何尤於濁世司衡者乎

湖廣通志舒其志字元渚廣濟人父賢內行淳備事親至孝年四十夢神贈雙璧始有子長其心次即其志也登萬曆乙未會魁

陝西通志姬文引萬曆癸卯舉人授滕縣令先是引膺鄉薦夢一長髯金冠緋袍者呼曰吾與汝同姓異日見汝汴橋及履任道泗水謁季路祠宛如夢中其地則汴橋也蓋季路亦宗姓云

鎭江府志萬曆丙午金陵鄉試考官韓萬象得丹陽荆本澄卷極賞之呈之主司業已入彀矣忽欲易以他卷韓公爭之力主司兩平之即公堂炷香禱如甲乙射覆射法本澄遂不得售得售者金沙諶垣王都也都未撤闈之先夢登文昌閣青衣二人抑之不得前良久見一美丈夫有怒容歷階而下青衣者不復攔路遂循級而升後都於韓署中晤荆宛然夢中所見也

江南通志吳應賓字尚之方伯一介子少穎異母孫氏夢星入戶而生五歲入塾日誦千言十四博覽羣書登萬曆丙戌進士授翰林編修

湯有光字孟弢上元人萬曆乙卯舉人歷瑞州知府爲政不事苛察一夕夢郡有火災竭誠齋禱明日闔郡共見火星南飛得免於災

零陵縣志桑愈高字道升零庠生子日昇領壬午鄉薦先是壬午元旦公面不釋然者夜將闌其子跪以請曰疇昔之夜子禱夢以決今歲之大比不協曰何以曰爾上庠也余夢揭一榜於零庠注優劣名余名在優中爾無與也子是以不釋然也曰吉甚凡人家子孫昌大必由祖父積德所致翁厠名德行何吉如之公曰善是歲昇果登科

臨晉縣志王司訓萬基以宿學雅自負天啓丁卯赴省試時猗氏縣令曹公名暹者庚戌進士夜夢鄉試榜發解元王萬基曹素昧平生覺而異之詢各役無知者閱賓興冊亦無名或曰此臨晉佳士也曹竊喜遣二役預報吉兆後竟不第歸是月其子恭先生至順治辛卯舉鄉試第一方悟前夢之有因云

泰寧縣志陳九德九疇九如兄弟皆蜚聲庠序德以兄弟功名卜夢於建邑龍歸山夢神唱曰總是鳳凰池上客陽春一曲和皆難對人述夢莫不共慶孟後以入南雍選承仕郎而卒仲以己卯歲貢未及廷試而卒季游金陵值國變歸而卒三人功名總在皆難二字內但無慧解者耳

賢奕編福建士人李赴省道經衢州路旁店客姓翁者夢土地與言明日李秀才來黃甲人也宜善待果有姓李者至相款甚隆士人問故曰此中土地靈甚報公明年登黃甲其士大喜夜思我向去作官但妻不稱夫人當復易之土地復謂主人曰上帝以此士人處心不善便欲棄妻今失舉矣其人省回翁具以實告士人惆悵而歸以此知一念初起鬼神監之矣

虎苑吳俗好鬬蟋蟀用黃金花馬爲注里人張生爲之屢負禱於元壇元壇張所素奉夜夢神云遣吾黑虎助爾在北寺門下張覺往尋之獲黑蟋蟀甚大每鬬輒勝獲利甚豐久之乃死

欽定古今圖書集成曆象彙編庶徵典

第一百五十二卷目錄

夢部雜錄

夢部外編

庶徵典第一百五十二卷

夢部雜錄

詩經齊風雞鳴章蟲飛薨薨甘與子同夢

小雅正月章召彼故老訊之占夢具曰予聖誰知烏之雌雄

山海經西山經翼望之山有鳥焉其狀如烏三首六尾而善笑名曰鵸鵌服之使人不厭不厭夢也

關尹子二柱篇天下之人蓋不可以億兆計人人之夢各異夜夜之夢各異有天有地有人有物皆思成之蓋不可以塵計安知今之天地非有思者乎

心應棗肝應楡我通天地將陰夢水將晴夢火天地通我我與天地似契似離綳綳各歸

夢中鑑中水中皆有天地存焉欲去夢天地者寢不寐欲去鑑天地者形不照欲去水天地者盎不汲彼之有無在此不在彼是以聖人不去天地去識

四符篇魂晝寓目魄夜舍肝寓目能見舍肝能夢見者魂無分別析之者分別析之曰天地者魂狃習也夢者魄無分別析之者分別析之曰彼我者魄狃習也知夫此身如夢中身隨情所見者可以飛神作我而游太清知夫此物如夢中物隨情所見者可以凝精作物而駕八荒

六七篇世之人以我思異彼思彼思異我思分人我者殊不知夢中人亦我思異彼思彼思異我思孰爲我孰爲人世之人以我痛異彼痛彼痛異我痛分人我者殊不知夢中人亦我痛異彼痛彼痛異我痛孰爲我孰爲人爪髮不痛手足不思亦我也豈可以思痛異之世之人以獨見者爲夢同見者爲覺殊不知情之所結亦有一人獨見於晝者神之所合亦有兩人同夢於夜者二者皆我精神孰爲夢孰爲覺世之人以暫見爲夢久見爲覺殊不知暫之所見者陰陽之氣久之所見者亦陰陽之氣二者皆我陰陽孰爲夢孰爲覺好仁者多夢松柏桃李好義者多夢刀兵金鐵好禮者多夢簠簋籩豆好智者多夢江湖川澤好信者多夢山嶽原野役于五行未有不然者然夢中或聞某事或思某事夢亦隨變五行不可拘聖人御物以心攝心以性則心同造化五行亦不可拘汝見蛇首人身者牛臂魚鱗者鬼形禽翼者汝勿怪此怪不及夢夢怪不及覺有耳有目有手有臂怪尤矣大賢不能言大智不能思

九藥篇言道者如言夢夫言夢者曰如此金玉如此器皿如此禽獸言者能言之不能取而與之聽者能聞之不能受而得之唯善聽者不泥不辯

莊子大宗師篇仲尼曰夢爲鳥而厲乎天夢爲魚而沒於淵不識今之言者其覺者乎其夢者乎

淮南子俶眞訓夢爲鳥而飛于天夢爲魚而沒于淵方其夢也不知其夢也覺而後知其夢也今將有大覺然後知今此之爲大夢也

聖人用心杖性依神相扶而得終始是故其寐不夢其覺不憂

隆形訓寢居直夢注金氣方剛故其寢寐處夢悟如其夢故曰直夢

繆稱訓身有醜夢不勝正行

王充論衡感類篇九齡之夢天奪文王年以益武王克殷二年之時九齡之年未盡武王不豫則請之矣人命不可請獨武王可非世常法故藏於金縢不可復爲故掩而不見難曰九齡之夢武王已得文王之年未應日已得之矣難曰已得文王之年命當自延克殷二年雖病猶將不死周公何爲請而代之應曰人君爵人以官議定未之卽與曹下案目然後可諾天雖奪文王年以益武王猶須周公請乃能得之命數精微非一臥之夢所能得也應曰九齡之夢能得也難曰九齡之夢文王夢與武王九齡武王夢帝與其九齡其天已予之矣武王已得之何須復請人且得官先夢得爵其後莫舉猶是得官何則兆象先見其驗必至也古者謂年爲齡已得九齡猶人夢得爵也周公因必效之夢請之於天功安能得大乎

劉子鄙名篇野人晝見蟢子者以爲有喜樂之瑞夜夢見雀者以爲有爵位之象然見蟢者未必有喜夢雀者未必彈冠而人悅之者以其名利人也

司馬子坐志銘觸則形斃神遊想則夢離尸殭

酉陽雜俎蜀醫昝殷言藏陰氣多則數夢陽壯則少夢夢亦不復記周禮有掌三夢又以日月星辰各占

六夢謂日有甲乙月有建破星辰有居直星有符刻也又曰舍萌於四方以贈惡夢謂會民方相氏四面逐送惡夢至四郊也

漢儀大儺侲子辭有伯奇食夢道門言夢者魄妖或謂三尸所謂釋門言有四一善惡種子二四大偏增三賢聖加持四善惡徵祥成式嘗見僧首數言之言出藏經亦未暇尋討又言夢不可取取則著著則怪入夫瞽者無夢則知夢者習也成式表兄盧有則夢看擊鼓及覺小弟戲叩門爲街鼓也又成式姑壻裴元祐言蠶從中有悅鄰女者夢女遺二櫻桃食之及覺核墜枕側

李鉉著李子正辯言至精之夢則夢中身人可見如劉幽求見妻夢中身也則知夢不可以一推矣愚者少夢不獨至人問之騶皂百夕無一夢也

致虛雜俎夢神曰趾離呼之而寢夢清而吉有呪曰元州牂管娶竺米題臨臥誦七遍吉

雲仙雜記敲兩耳鐺服桂心丸念金輪呪則所思之人不以存沒是夜必夢見之

譚子神通篇覺不靈而夢靈

冊府元龜夢徵周禮有六夢一曰正夢二曰噩夢三曰思夢四曰寤夢五曰喜夢六曰懼夢又詩云吉夢維何維熊維羆維虺維蛇又曰牧人乃夢衆維魚矣旐維旟矣斯則夢之徵矣是知禍福無門在祥應而斯顯吉凶有象考虛實之彌彰按漢書藝文志云衆占非一而夢爲大所以黃帝悟吹塵而得風后唐堯感白帝而獲臯陶成湯占鼎而遇賢高宗求野而得相周文享其齡壽孔子識其云亾至於晉觽得天楚傷中月曹因社臧鄭以蘭生叔孫之得豎牛簡子之聽廣樂夢徵所至於焉可知

讀書雜鈔說文纍傳寢下寐而有覺也从宀从爿从夢周禮曰以日月星辰占六夢之吉凶一曰正夢二曰噩夢三曰思夢四曰寤夢五曰喜夢六曰懼夢凡夢之屬皆从寢宣王考室之詩曰上莞下簟乃安斯寢其夢維何六夢之解具於禮注前識之言夢多矣臣以爲人晝之所爲陽也性及魂精神之所爲也夜寐所覺陰也情及魄氣之所爲也人之情常侵於性故禮曰生而有欲性之害也文子曰日月欲明浮雲蔽之人性欲平嗜欲害之中庸以上能御其情欲以成其性愚者反是六情恆侵於五常魄氣奪其精粹故人晝能攝於禮義者其夢想亦常不欺於貪惏然其夢中懈於平晝也禍福常起於忽微始於陰微至於陽顯故吉凶多見於夢也王符曰夢寐微怪所以警人也晉文公夢楚子伏己而盬其腦以其有文德之教能自警戒所以敗楚秦始皇帝夢與海神戰不勝豈眞海神海陰也人民之象也不勝者敗也不能自勉狠戾治兵報其神所以喪天下而無念之也可不懼哉

夢溪筆談人有前知者數十百千年事皆能言之夢寐亦或有之以此知萬事無不前定予以爲不然事非前定方其知時即是今日中間年歲亦與此同時元非先後此理宛然熟觀之可喻或曰苟能前知事有不利者可遷避之亦不然也苟可遷避則前知之時已見所避之事若不見所避之事即非前知

西溪叢語昔楚襄王與宋玉遊高唐之上見雲氣之異問宋玉玉曰昔先王夢遊高唐與神女遇玉爲高唐之賦先王謂懷王也宋玉是夜夢見神女寤而白王王令玉言其狀使爲神女賦後人遂云襄王夢神女非也古樂府詩有之本自巫山來無人覩容色惟有楚懷王曾言夢相識李義山亦云襄王枕上元無夢莫枉陽臺一片雲今文選本玉王字差誤

遵堯錄章聖皇帝之未有上也嘗遣內侍往泰山茅仙禱祈內侍遇異人言王眞人已降生爲宋第四帝耳內侍問王眞人者何人異人曰古之燧人氏是也時章懿皇后亦夢羽衣數百人從一仙官自空而下謂曰此託生於夫人覺而奏其事眞宗甚悅及帝生火光屬天佳氣滿室帝方五六歲常持槐木片以筯鑽之眞宗問曰何用曰試鑽火耳眞宗謂后妃曰所謂燧人氏信不虛爾臣從彥辨微曰二氣五行交運雖剛柔雜揉美惡不齊然聖人之生必得其氣之純粹而不偏者此理之常也自古帝王下至庶人無子祈禱而得者有之矣皆出於至誠之所感感必有應此亦理之常也夫事無證不信不信民弗從若內侍之遇異人章懿皇后之夢所謂無證者也無證而言啓作妄之道君子不取也或曰高宗夢得說載在商書古人不以爲非何耶曰高宗賢君也傅說賢臣也以至誠之君思得賢臣故夢賚良弼理亦有之此亦感通之理也今其言曰皇后夢羽衣數百從一仙官自空而下曰此託生於夫人則非理矣非知道者孰能識之

捫蝨新話予嘗夢至一處殿宇甚嚴有五人坐其中皆具王者衣冠予瞻仰甚久因問彼中之人此皆何

人答云中坐者孔子左堯舜右湯武也坐皆並肩而孔子差高予因三歎古之聖人皆如此堂堂耶時紹興十四年甲子六月二十四日夜也夢中頗訝孔子坐中間旣寤而思之遂得其說予嘗作孔子論二篇一篇爲此設也

高宗文武皆言夢孔子亦言夢然孔子特以時無聖人傷己之道不行也曰周公之不可見雖夢寐間亦不見之蓋歎之云耳而或者謂孔子實欲夢見周公此亦癡人前不得說夢耳伊尹謂孔子夢周公之事與常人夢自別則又夢中說夢也（伊尹下更有圖文今無可攷）予讀東軒筆錄周師厚者爲荆湖北路提舉常平人呼爲夢見公以其姓周也周宗孟爲湖北察訪使因奏師厚昏不曉事故吏民呼爲夢見周公師厚竟以此罷去乃夢中又占其夢耶可以一笑

物類相感志夢寐夢之爲言蒙昧之名也人禀陰陽陽明之時則形骸息而暗昧一夢一覺一明一昧蓋隨日月之晦明與陰陽之起滅其夢人所見不同或事值應一如所夢如晉文與楚子搏燕姞得蘭生文或翻倒爲象則號泣亡死却得拜官受爵之應事皆符合若魏周宣善占夢一無虛僞又列子說海外一國人以覺爲非以夢爲實是知人之夢寐豫警爲前定之兆也

食夢獸莫詳其狀實鬼也好食人夢而口不閉常伺人凌晨說夢善惡依之故君子愼說夢也

夢合己若夜夢他人好惡事欲令他人與己同者覺則倒番被頭面易枕而寢以氣三呼則彼人之夢還同己夢明日說相合

辟枕辟香辟惡眞誥云枕香一具於頸間能水注云末絕夢惡矣

懷草出北極之地狀如蒲色紅晝縮其葉如人夢之吉凶立驗漢武得東方朔獻此草一枝帝懷而名懷草

筍譜唐李淳風撰占夢書云夢折筍得財象也夢竹生筍者欲有子息也或云周公占夢按周禮說六夢外故無委曲而言今言李淳風亦恐非也何則言詞淺近妄說周禮之名此且附李下耳

雞肋江淹夢五色筆王珣夢人與大筆如椽紀少瑜嘗夢陸倕以一束青縷筆授之唐李嶠夢人遺之雙筆李白夢筆生花

兩抄摘腴圓夢字出南唐近事馮僎舉進士時有徐文幼能圓夢

朱子語類因說及夢曰聖人無所不用其敬雖至小沒緊要底物事也用其敬到得後世儒者方說得如此闊大沒收殺如周禮夢亦有官掌之此有甚緊要然聖人亦將做一件事某平生每夢見故舊親戚次日若不接其書信及見之則必有人說及看來惟此等是正夢其他皆非正

容齋隨筆漢藝文志七略雜占十八家以黃帝長柳占夢十一卷甘德長柳占夢二十卷爲首其說曰雜占者紀百家之象候善惡之証衆占非一而夢爲大故周有其官周禮大卜掌三夢之法一曰致夢二曰觭夢三曰咸陟鄭氏以爲致夢夏后氏所作觭夢商人所作咸陟者言夢之皆得周人作焉而占夢專爲一官以日月星辰占六夢之吉凶其別曰正曰噩曰思曰寤曰喜曰懼季冬聘王夢獻吉於王王拜而受之乃舍萌於四方以贈惡夢舍萌者猶釋菜也贈者送之也詩書禮經所載高宗夢得說周文王夢帝與九齡武王伐紂夢協朕卜宣王考牧牧人有熊羆虺蛇之夢召彼故老訊之占夢左傳所書尤多孔子夢坐奠於兩楹然則古之聖賢未嘗不以夢爲大是以見於七略者如此魏晉方技猶時或有之今人不復留意此卜雖市井妄術所在如林亦無一人以占夢自名者其學殆絕矣

容齋續筆文中子世家云十三年江都難作子有疾名薛收謂曰吾夢顏回稱孔子歸休之命乃寢疾而終殊與收事不合歲年亦不同是爲大可疑者也

虞世南卒後太宗夜夢見之有若平生翌日下制曰世南奄隨物化倏移歲序昨因夜夢忽覩其人追懷遺美良增悲歎宜資冥助申朕思舊之情可於其家爲設五百僧齋并爲造天尊像一軀夫太宗之夢世南蓋君臣相與之誠所致宜恤其子孫厚其恩典可也齋僧造像豈所應作形之制書著在國史惜哉太宗而有此也

黃魯直有黔南十絕盡取白樂天語其七篇全用之其三篇頗有改易處樂天寄行簡詩凡八韻後四韻云相去六千里地絕天邈然十書九不達何以開憂顏渴人多夢飲饑人多夢餐春來夢何處合眼到東川魯直翦爲兩首其一云相望六千里天地隔江山十書九不到何用一開顏其二云病人多夢醫囚人多夢赦如何春來夢合眼在鄉社

容齋四筆新唐書狄仁傑傳武后名問夢雙陸不勝

何也仁傑與王方慶俱在二人同辭對曰雙陸不勝無子也天其意者以儆陛下乎於是名還廬陵王舊史不載資治通鑑但書鸚鵡折翼一事而考異云雙陸之說世傳狄梁公傳有之以爲李邕所作而其詞多鄙誕疑非本書故黜不取藝文志有李繁大唐說纂四卷今罕得其書予家有之凡所紀事率不過數十半極爲簡要新史大抵采用之其忠節一門曰武后問石泉公王方慶曰朕夜夢雙陸不勝何也曰蓋謂宮中無子意者恐有神靈儆夫陛下因陳人心在唐之意后大悟召廬陵王復其儲位俾石泉公爲宮相以輔翊之然則新史兼采二李之說而爲狄爲王莫能辨也通鑑去之似爲可惜

養痾漫筆本朝四帝有吉符眞宗即來和天尊出楊礪之夢紀載諸國史祥符崇尚道教建立宮觀專尚祥瑞王欽若獻芝草八千一百三十九本丁謂獻芝草三萬七千餘本獨孫奭不然其事眞宗久無嗣用方士拜章至上帝所有赤脚大仙微笑上帝即遣大仙爲嗣大仙辭之帝曰當遣個好人去相輔贊仁宗在禁中未嘗著鞋惟坐殿方御鞋襪下辰即去之徽宗即江南李主神祖幸祕書省閱江南李主像見其人物儼雅再三歎訝而徽宗生生時夢李主來謁所以文采風流過李主百倍及北狩女眞用江南李主見藝祖故事高宗韋后生徽宗夢錢王再三乞還兩浙夢覺與鄭后言朕夜被錢王取兩浙甚急鄭后奏云昨夜妾夢亦然須與報韋后誕高宗及建炎渡江今都錢塘百有餘年豈非應乞兩浙之夢乎

眞西山文集問夢周公夢之理最爲精微周禮占夢有所謂正夢者有所謂思夢者念有正邪故夢亦有正邪高宗夢得說孔子夢見周公此所謂思夢之正者也聖人所存者誠故其夢亦誠凡人夢時紛亂或見世間所無之物皆妄也然趙武靈王夢吳娃而實得吳娃漢武帝夢木人而宮中果有所埋之木人梁武帝夢河北諸侯來朝而侯景果至此三人者皆因夢而名亂雖實有其人實有其事然趙武靈王溺於女寵漢武帝惑於鬼神梁武帝志於土疆其心不正故其夢隨之此亦思夢之不正者也

十一經問對問高宗夢得說有諸對曰高宗恭默思道至誠感通上帝賚之以良弼尚書所載安得謂無

問夢而得賢固有此理但夢自我見而以形求者何對曰一說謂傳說之賢高宗知之久矣一旦舉而相之恐人心不服商俗尚鬼故假夢寐以神之如文王渭水之卜此舉用新進之意也

問漢文帝夢黃頭郎唐太宗夢魏徵覩此如何對曰鄧通有此富貴分故文帝夢之夬日見櫂舡人衣服似夢中所見者遂蒙嬖倖唐太宗只緣思魏徵情切故形諸夢寐中後來停婚仆碑心不在賢亦不復夢矣如何比商高宗高宗之夢正夢也

問高宗一夢感天而彤日之變譴告隨至者何對曰天心仁愛人君故於君猶父子也恭默思道夢兆應之享祀豐於昵旋致雊雉之異故說命之後繼之以彤日者不從其修德銷變也

問三夢如何對曰致夢者夏后氏夢書觭夢者殷人夢書咸陟者周人夢書

丹鉛總錄武丁以夢相傳說事著於書矣而世猶疑之曰夢而得賢可也或否焉亦將立相之與且其旁求以象之肖也天下之貌相似亦多矣使外象而內否亦將寄以鹽梅舟楫之任與審如是則叔孫之夢豎牛漢文之夢鄧通卒爲身名之累夢果可憑歟或曰非也武丁嘗遯於荒野而後即位彼在民間已知說之賢矣一旦欲舉而加之於臣民之上人未必帖然以聽也故徵之於夢焉是聖人之神道設教也是所謂民可使由而不可使知也且又商之俗質而信鬼因民之所信而導之是聖人所以成務之幾也劉禹錫之言曰在舜之庭元凱舉焉曰舜用之不曰天授在殷中宗襲亂而興心知說賢乃曰帝賚堯民知餘難以神誣商俗以訛引天而毆蓋亦意料之言也莊子載太公之事云文王見一丈夫釣欲舉而授之政而恐大臣兄弟之弗安也欲終而釋之而不忍百姓之無天也於是屬之大夫曰昔者寡人夢見良人黑色而頓號曰寓而政於臧丈人庶幾乎民有瘳乎遂迎臧丈人而授之政顏淵問於仲尼曰文王其猶未耶又何以夢爲乎仲尼曰默汝無言夫文王盡之也而又何論刺焉彼直以循斯須也禹錫之言蓋本莊子彼以武丁文王之用說與望猶田單之妄用一男子爲軍師類乎聖人之神道設教以幾成務而不使民知恐不如是也其所云夢賚者實帝感其恭默之誠而賚之也其性情治者其夢寐不亂乃可以孔子夢周公同觀而非叔孫之賤妖漢文之嬖倖矣鄭人夢鹿而得眞鹿心誠於得鹿也心誠於得鹿者非天理之公也而尚可以得況誠於求賢而有不得者乎司馬彪莊子音義言傳說生無父母洪氏注楚辭

爾說一旦從天而下便爲成人無少長之漸此兒童之言也固不必辨

落月滿屋梁猶疑照顏色言夢中見之而覺其猶在即所謂夢中魂魄猶言是覺後精神尚未回也詩本淺宋人看得太深反晦矣傳神之說非是

劉駕詩體近卑無可采者獨馬上續殘夢一句千古絕唱也東坡改之作瘦馬兀殘夢便見無味矣

已瘧編成都府漢文翁石室壁間畫一婦人手持菊花前對一猴號菊花娘子大比之歲士人多乞夢頗有靈異

笑禪錄楞伽云觀察世妄想如幻夢芭蕉雖有貪嗔癡而實無有人從愛生諸陰有皆有幻夢說一人告友云我昨夢見大哭此必不祥其友解云無妨無妨夜裏夢見大哭日裏便是大笑其人復云若果然夜裏夢見有我在哭日裏豈不是無我在笑頌曰夢時有我哭醒時無我笑貪嗔癡何在正好自觀照

廣莊齊物論夢中之人物有嗔我者有齧我者是我是人夢中之榮瘁醒時不相續醒中之悲喜夢時亦不相續孰眞孰幻

書蕉癡人前不可說夢達人前不可言命宋人就月錄以爲陶淵明語不知何據

太平清話焚香倚枕人事都盡夢境未來僕於此時可名卧隱便覺鑿坏住山爲煩

珍珠舡數遇惡夢一曰魂妖二曰心試三曰尸賊夢覺以左手攝人中二七遍啄齒二七遍反凶成吉善夢覺當摩目二七叩齒二七

夢部外編

列子黃帝篇黃帝即位十有五年喜天下戴己養正命娛耳目供口鼻焦然肌色皯黣昏然五情爽惑又十有五年憂天下之不治竭聰明進智力營百姓焦然肌色皯黣昏然五情爽惑黃帝乃喟然讚曰朕之過淫矣養一己其患如此治萬物其患如此於是放萬機舍宮寢去直侍徹鐘縣減廚膳退而閒居大庭之館齋心服形三月不親政事晝寢而夢遊於華胥氏之國華胥氏之國在弇州之西台州之北不知斯國幾千萬里蓋非舟車足力之所及神遊而已其國無師長自然而已其民無嗜欲自然而已不知樂生不知惡死故無夭殤不知親己不知疎物故無愛憎不知背逆不知向順故無利害都無所愛惜都無所畏忌入水不溺入火不熱斫撻無傷痛指擿無痟癢乘空如履實寢虛若處牀雲霧不硋其視雷霆不亂其聽美惡不滑其心山谷不躓其步神行而已黃帝既寤怡然自得召天老力牧太山稽告之曰朕閒居三月齋心服形思有以養身治物之道弗獲其術疲而睡所夢若此今知至道不可以情求矣朕知之矣朕得之矣而不能以告若矣又二十有八年天下大治幾若華胥氏之國而帝登假百姓號之二百餘年不輟

新書諭城篇文王晝臥夢人登城而呼己曰我東北陬之稿骨也速以王禮葬我文王曰諾覺乃名吏視之信有焉文王曰速以人君禮葬之吏曰此無主矣請以五大夫禮文王曰吾夢中已許之矣奈何其倍之也士民聞之曰我君不以夢之故不倍槁骨況於生人乎於是下信其上

佛說阿難七夢經阿難在舍衛國有七種夢來問於佛一者夢陂池火燄滔天二者夢日月沒星宿亦沒三者夢出家比丘轉在於不淨坑塹之中在家白衣登頭而出四者夢羣猪來觝突栴檀林五者夢頭帶須彌山不以爲重六者夢大象棄小象七者夢師子王名華薩頭上有七毫毛在地而死一切禽獸見故怖畏後見身上蟲出然後食之以此惡夢來問於佛佛時在舍衛國普會講堂上與波斯匿王說法苦集滅得道爲樂見阿難憂色愁苦叵言佛告阿難汝於夢者皆爲當來五濁惡世不損汝也何爲憂色第一夢陂池火燄滔天者當來比丘善心轉少惡逆熾盛共相殺害不可稱計第二夢日月沒星宿亦沒佛泥洹後一切聲聞隨佛泥洹不在世衆生眼滅第三夢出家比丘轉在於不淨坑塹之中在家白衣登頭出者當來比丘懷毒嫉妬至相殺害道士斬頭白衣視之諫訶不從死入地獄白衣精進死生天上第四夢者羣猪來觝突栴檀林者當來白衣來入塔寺誹謗衆僧求其短長破塔害僧第五夢者頭戴須彌山不以爲重者佛泥洹後阿難當爲千阿羅漢出經之師一句不忘受悟亦多不以爲重第六夢者大象棄小象將來邪見熾盛壞我佛法有德之人皆隱不見第七夢師子死者佛泥洹後一千四百七十歲中諸弟子修德之心一切惡魔不得擾亂七毫者七百歲後事

異苑太原王元謨字彥德始將見殺夢人告曰誦觀世音千遍則免元謨夢中日何可竟也仍見授既覺

誦之且得千偏明日將刑誦之不輟忽傳唱停刑

醒世錄宋陳秀遠者潁川人也嘗爲湘州西曹客居臨湘縣少信奉三寶年過耳順篤業不衰宋元徽二年七月中於昏夕間閑臥未寢歎念萬品死生流轉無定自惟己身將從何來一心祈念冀通感夢時夕結陰室無燈燭有頃見枕邊如螢火者冏然明照俄而一室盡明爰至空中有如朝晝秀遠遽起坐見中宁四五丈上有一橋閣欄檻朱彩立於空中自見平坐橋側見橋上士女往還塡衢衣服裝束不異世人末有一嫗年可三十許上著青襖下服白布裳行至秀遠左邊而立頃復有一婦人通體衣白布爲偏環髻手持華香當前而立語秀遠曰汝欲覩前身卽我是也以此華供養佛故得轉身作汝廻指白嫗曰此卽復是我先身也言畢而去

唐京師大莊嚴寺釋智興俗宋氏洛州人也謙約成務勵行堅明依首律師誦經持律心口相弔不輟昏曉至大業五年仲冬次當維那鳴鐘依時僧徒無擾同寺僧名三果者有兄從煬帝南幸江都中路身亾初無凶告通夢其妻曰吾行達彭城不幸病死由齋戒不持今墮地獄備經五苦辛酸賴以今月初日蒙禪定寺僧智興鳴鐘發響聲震地獄同受苦者一時解脫今生樂處思報其恩汝可具絹十疋早奉與之幷陳吾意從眠驚寤怪夢所由與人共說初無信者尋人重夢及諸巫覡咸陳前說後經十日凶告奄至恰與夢同果乃奉絹與之

法苑珠林眠夢篇述意部原是一心積爲三界凝流慢惰昏滯沈沒欲討其際難測其本所以遠自無始至於今身生死輪轉塵劫莫之比明闇遞來薪火不能譬逝水非駛器月難保且夫盛衰之道與時交構睡夢之途因心而動動由內識境由外熏緣熏好醜夢通三性若宿有善惡則夢有吉凶此爲有記若習無善惡汎覩平事此爲無記若晝緣青黃夢想還同此爲想夢若見升沈水火交侵此爲病夢雖夢通三性然有報無報欲知斯事如下經說

三性部如善見律云夢有四種一四大不和夢二先見夢三天人夢四想夢云何四大不和夢答眠時夢見山崩或飛騰虛空或見虎狼獅子賊逐此是四大不和夢虛而不實云何先見夢答或晝日見或白或黑或男或女夜則夢見是名先見夢此亦不實云何天人夢答若善知識天人爲現善夢令人得善若惡知識者爲現惡夢此卽眞實云何想夢答者此人前身或有福德或有罪障若福德者現善夢罪者現惡夢如菩薩母初欲入母胎時夢見白象從忉利天下入其右脅此是想夢也若夢禮佛誦經持戒布施種種功德此亦想夢問夢爲善不善無記耶答亦善不善無記若夢見禮佛聽法說法此是善功德若夢見殺盜淫此是不善夢若夢見青黃赤白色等此是無記夢也問曰若爾者應受果報答曰不受果報何以故以心業羸弱故不感報是故律云除夢中不犯也又迦延論云云何一切睡眠相應耶答曰或睡不眠相應如未眠時身不軟心不軟身重心重身瞪瞢心瞪瞢身憒心憒身睡心睡爲睡所纏是謂睡不眠相應云何眠不睡相應答曰不染汚心眠夢是謂眠不睡相應云何睡眠相應答曰染汚心眠夢是謂睡眠相應云何不睡不眠答曰除上爾所事問眠當言善不善無記耶答曰眠或善或不善或無記云何爲善答曰善心眠夢云何不善答曰不善心眠夢云何無記答曰除上爾所事如夢中施與作福持戒守齋如善心眠時所作福當言餘福廻是名善云何眠時所作不福當言廻耶答曰如夢中殺盜等如不善心眠餘不福心廻是名不善云何眠時所作福不福不當言廻答曰如眠時非福心非不福心廻如無記心眠時所作福非福不當言廻是名無記問夢名何等法答曰是五蓋中無明蓋也

善性部如出生菩提心經云爾時世尊告迦葉婆羅門言汝善男子有四種善夢得於勝法何等爲四所謂於睡眠中夢見蓮華或見傘蓋或見月輪及見佛形如是見已應自慶幸我遇勝法爾時世尊而說偈言若有睡夢見蓮花及以夢見於傘蓋或復夢裏見月輪應當獲得大利益若有夢見佛形像諸相具足莊嚴身衆生見者應歡喜念當必作調御師又雜寶藏經云昔有惡生王爲行殘暴無悲邪見如來遣迦栴延化其本國惡生王及夫人皆得生信王大夫人號爲尸婆具沙後生太子字喬波羅時王於寢夢見八事一頭上火然二兩蛇絞腰三細鐵網纏身四見二赤魚吞其雙足五有四白鶴飛來向王六血泥中行泥沒其腋七登太白山八鸛雀咽於姓切大便也頭於夢寤已以爲不祥愁憂慘悴尋卽問諸外道婆羅門外道聞王此夢素嫌於王兼嫉尊者迦栴延因王此夢言大不吉不禳厭之禍及王身王聞其語信以爲然益增憂惱卽問之言若禳厭時當須何物諸婆羅門

言所須用者王所珍愛我若說者王必不能時王答言此夢甚惡但恐大禍殃及我身除我以往餘無所惜請爲我說所須之物諸婆羅門等見其慇懃知其心至卽語王言所可用者此夢有八還須八種可得禳災一殺王所敬夫人尸婆具沙二殺王所愛太子喬婆羅三殺輔相大臣四殺王所有烏臣五殺王一日能行三千里象六殺王一日能行三千里駝七殺王良馬八殺王所敬禿頭迦栴延却後七日若殺此八聚集其血入中而行可得消災王聞其言以己命重卽便許可還至宮中愁憂懊惱夫人問王何故如是王答夫人具陳說上不祥之夢幷道婆羅門禳夢所須夫人聞已而作是言但使王身平安無患妾之賤身豈足貴耶復白王言却後七日我歸當死聽我往彼尊者迦栴延所六日之中受齋聽法王言不得汝若至彼或語其實彼若知者捨我飛去夫人慇懃王不能免卽便聽往夫人到彼尊者所禮拜問訊遂經三日尊者怪問王之夫人未曾至此經停信宿何故今者不同於常夫人具說王之惡夢却後七日當殺我等用禳災患餘命未幾故來聽法因向尊者說王所夢尊者迦栴延言此夢甚吉當有歡慶不足爲憂一頭上火然者寶主之國當有天冠直十萬兩金來貢於王正爲斯夢夫人心急七日向滿爲王所害懼其來晚問尊者言何時來到尊者答言日晡時必當來至二兩蚍紋腰者月支國王當獻雙劍價直十萬兩金今日當至三細鐵網纏身者大秦國王當獻珠纓價直十萬兩金後日凌晨當至四赤魚呑足者師子國王當獻毗瑠璃寶跂價直十萬兩金後日食時當至五四白鶴來者跋耆國王當獻金寶後日日中當至六血泥中行者安息國王當獻鹿毛欽婆羅衣價直十萬兩金後日昳當至七登太白山者曠野國王當獻大象後日晡時當至八鵲雀咽頭者王與夫人當有私密之事事至後日自當知之夫人白王良久果如尊者所言期限既至諸國所獻一切皆到王大歡喜尸婆具沙夫人先有天冠著重寶主國所獻天冠王因按戲脫尸婆具沙夫人所著一重天冠著金鬘夫人頭上時夫人瞋恚而言若有惡事我先當之今得天冠與彼而著尋以酪器擲王頭上王頭盡汚王大瞋忿拔劍欲斫夫人夫人畏王走入房中卽閉房戶王不得前王尋自悟尊者占夢云有私密事正此是耳王及夫人尋至尊者迦栴延所具論上來信於非法惡邪之言幾於尊者妻子大臣所愛之物行大惡事今蒙尊者離於惡事卽詣尊者敬奉供養驅諸外道婆羅門等遠其國界卽問尊者有何因緣如此諸國各有所珍奉獻於我尊者答言乃往過去九十一劫爾時有佛名毗婆尸彼佛出時有一國名曰槃頭王之太子信樂精進至彼佛所供養禮拜卽以所著天冠寶劍纓絡大象寶車欽婆羅衣上獻彼佛緣是福慶生生尊貴所欲珍寶不求自至王聞是已於三寶所深生敬信作禮還宮

不善部如發覺淨心經云佛告彌勒菩薩言菩薩當觀二十種睡眠諸患何等二十一樂睡眠者當有懶惰二身體沈重三膚皮不淨四皮肉麤澁五諸大穢濁威德薄少六飮食不消七體生瘡皰八多有懈怠九增長癡網十智慧羸弱十一善欲疲倦十二當趣黑暗十三不行恭敬十四稟質愚癡十五多諸煩惱心向諸使十六於善法中而不生欲十七一切白法能令減少十八恆行驚怖之中十九見精進者而毀辱之二十至於大衆被他輕賤又國王不黎先泥十夢經云佛在世時有國王名不黎先泥夜夢十事一夢見三瓶倂兩邊瓶滿氣出相交往來不入中央空瓶中二夢見馬口食尻亦食三夢見小樹生華四夢見小樹生果五夢見一人索繩人後有羊羊主食繩六夢見狐坐於金牀上於金器中食七夢見大牛還從犢子乳八夢見四牛從四面鳴來相趣欲鬬當合未合不知牛處九夢見大陂水中央濁四邊淸十夢見大谿水流正赤王夢見是事已卽寤大怖恐亾其國及身妻子王至明日卽召公卿大臣及諸道人曉解夢者問言昨夜夢見十事寤卽恐怖意中不樂誰能解夢有一婆羅門言我爲王解之恐王聞者愁憂不樂王言如卿所覩說之勿有所諱婆羅門言王夢皆惡當取所重愛夫人太子及適親近侍人奴婢皆殺以祠天王可得無他王有臥具及著身珍寶好物皆當燒已祠天如是者王身可得無他王聞此語轉加愁憂卽入齋房思念是事王正夫人名摩尼到王所問王言何爲入齋房愁憂不樂耶我身有過於王耶王言汝無過於我我自愁耳夫人復問王言汝莫問我聞者令汝不樂夫人復言我是王半身設有善惡王應語我云何不相語耶王便爲夫人具說夜夢十事夫人言王莫愁憂如人買金磨石好醜善惡其色自見於石上今佛近在精舍去國不遠何不往問如佛所解王當隨之王卽勅羣臣嚴駕而出到佛

所頭面禮佛足却坐白佛言我昨夜夢見十事具如前述所夢如是寤卽恐怖恐亾我國及身妻子唯佛爲解所夢十事願聞敎誡佛言王莫恐怖夢者無他乃爲後世當來之事非今世惡此後世人當不畏法禁婬泆貪利嫉妬不知厭足少義無慈喜怒無慚愧佛言第一夢見三瓶併兩邊瓶滿氣出相交往來不入中央空瓶中者此後世人豪貴者自相追隨不親貧者王夢瓶併正謂是耳王莫恐怖於國于太子於夫人皆亦無他佛言第二王夢見馬口食尻亦食者此後世人作帝王及大臣稟食縣官俸祿復採萬民不知厭足王夢正是王莫恐怖佛言第三夢見小樹生華者此後世人年未滿三十而頭生白髮貪婬多欲年少強老王夢正是王莫恐怖佛言第四王夢見小樹生果者此後世人年未滿十五行嫁抱兒而歸不知慚愧王夢正是王莫恐怖佛言第五王夢見一人索繩人後有羊羊主食繩者此後世人夫婿出行賈作其婦於後便與他家男子交通貪其財物王夢正是王莫恐怖佛言第六王夢見狐坐金牀上於金器中食此後世人下賤便尊貴有財產衆人敬畏公侯子孫更經貧賤處於下坐飲食在後王夢正是王莫恐怖佛言第七王夢見大牛還從小犢子乳者此後世人無有禮義母反爲女作媒誘他家男子與女交通嫁女求財以自供給不知慚愧王夢正是王莫恐怖佛言第八王夢見四牛從四面鳴來相趣欲鬭當合未合不知牛處者此後世帝王長吏及人民皆無至誠之心更欺詐愚癡瞋恚不敬天地故是雨澤不時長吏人民請禱求雨天當四面起雲雷電有聲長吏人民咸言當雨須臾之間雲散不墮所以者何帝王長吏人民無有忠正慈仁王夢正是王莫恐怖佛言第九王夢見大陂水中央濁四邊淸者此後世中國當擾亂治行不平人民不孝父母不敬長老邊國面當平淸人民和穆孝順二親王夢正是王莫恐怖佛言第十王夢見大谿水流正赤者此後世諸國忿爭興軍聚衆更相攻伐當作車兵步兵騎兵共鬭相殺傷不可數死者於路血流正赤王夢正是王莫恐怖於國太子於夫人皆亦無他王聞長跪心卽歡喜今受佛恩令得安隱作禮還歸重賜宮臣從今已後不信諸異外道及婆羅門

無記部如十誦律云有比丘衆中睡佛言聽水洗頭猶睡不可佛令比丘以五法用水洗他一者憐愍二者不惱他三者睡眠四者頭倚牆壁五者舒脚坐猶睡不止聽以手挼若故睡不止佛聽以麴擲若故睡不止佛聽用禪杖者若取禪杖時應生敬心以兩手捉杖放戴頂上若坐睡不止應起看餘睡者以禪杖築築已還坐若無睡者還以禪杖著本處已坐若故睡不止佛聽用禪鎭安孔作之以繩貫孔中繩頭施紐掛耳上去額前四指著禪鎭時禪鎭墜地佛言禪鎭墮者應起庠行如鵝行法頌曰昏沈睡蓋遊想妄現親族虛聚徒衆美醮旣寤空無妄生愛戀雖通三性終成七變

眞率筆記李女贈賢夫以瑪瑙宛轉環丹山白木宛然在焉握之而寢則夢入其中始入甚小漸進漸大有名山大川之勝異木奇禽宮室璀璨心有所思隨念輒見因名曰華胥寶環

漂粟手牘娥皇夜寢夢昇於天無日而明光芒射目不可視驚覺乃燭也於是孿生二女名曰霄明燭光

雲笈七籤惡夢吉夢祝太素眞人敎始學者辟惡夢法若數遇惡夢者一曰魄妖二曰心試三曰尸賊此乃厭消之方也若夢覺以左手捻人中二七過叩齒二七遍微祝曰大洞眞元長鍊三魂第一魂速守七魄第二魂速守泥丸第三魂受心節度速啓太素三元君向遇不祥之夢是七魄遊尸來協邪源急召桃康護命上告帝君五老九眞各守體門黃闕神師紫戶將軍把鉞握鈴消滅惡精返凶成吉生死無緣畢若又臥必獲吉應而造爲惡夢之氣則受閉於三關之下也三年之後唯神感應乃有夢者皆有將來之明審也無復惡夢不祥之想若夜有善夢吉應如夢而心中自以爲佳則吉感也臥覺當摩目二七過而祝曰太上高精三帝丹靈絳宮明徹吉感告情三元柔魄天皇受經所向諧合飛仙上淸常與玉眞俱會紫庭已上出太丹隱書山源者是鼻下人中之左側在鼻下尖谷中也暮常潄液三九過急以左手第二第三指按三九下常爲之令人致靈徹視杜遏萬邪之道也且亦宜爲之按了密呪曰開通天庭使我長生徹視萬里魂魄返嬰滅鬼却魔來致千靈上昇太上與日合并得補眞人列象元名

厭惡夢呪太上大道君具言其狀不過四五則自消絕也青童君口訣曰夜遇惡夢非好覺當卽返枕而呪曰太靈玉女侍眞衞魂六宮金童來守生門化惡返善上書三元使我長生乘景駕雲畢潄液七過叩齒七通而復臥如此四五亦自都絕也此呪亦返惡

婆面更吉辭也一云每遇惡夢但北向啓
太帝辟夢神咒凡道士忽得不祥之夢或夢與人鬬
爭或相收錄者此亦七魄遊尸所爲也或導將外鬼
來入本宅或三魂散騖五神戰勃或被束縛不得來
還故使惡夢非祥將有禍敗之漸也臥覺之時卽正
寢上向叩齒三七遍畢乃微呪曰九天上帝四門八
靈七房三元三素元精太乙桃康上詣三清速告帝
君攝命黃章速召七魄校實神庭若有不祥七尸鬼
兵從呼雙眞流濁鍊形太微大神斬伐邪精三魂和
柔血尸沈零神歸絕宅獨向利眞使我神仙長保劫
齡呪畢又啄齒二七過嚥液十過此名爲大帝神呪
辟夢除凶之法能行之者則三魂和練七魄受制神
明氣正尸穢散滅而向所呪之鬼卽巳受考於地獄
矣經三呪之後自然靈感吉應不復夢於非常也
談苑龜茲國進一枕色如馬腦枕之則十洲三島四
海五洲盡在夢中明皇因名爲遊仙枕
遵生八牋金經大乘法云身便是幻幻時所化又是
幻中之幻世卽是夢夢時所見又是夢中之夢轉展
虛妄如聲外有響形外有影形聲影響起於一眞影
外影爲三等妄夢中夢是兩重虛
一切諸有如夢如幻一切煩惱是魔是賊人生一世
中其夢無數夢中一一稱我夢中之我豈非空乎要
知夢旣是空身亦如夢何以迷著

欽定古今圖書集成曆象彙編庶徵典

第一百五十三卷目錄

庶徵典第一百五十三卷

謠讖部彙考一

漢書

五行志

傳曰言之不從是謂不艾厥咎僭厥罰恆陽厥極憂時則有詩妖

君亢陽而暴虐臣畏刑而拑口則怨謗之氣發於謌謠故有詩妖

宋史

天文志

卷舌六星在昴北徙出漢外則天下多妄說

謠讖部彙考二

按載籍所紀謠讖多約略其時而無專屬年月故但以某帝時謠讖爲綱而以所引書爲目亦不復按本紀

周

幽王時謠

按史記周本紀幽王嬖愛褒姒褒姒生子伯服幽王欲廢太子太子母申侯女而爲后後幽王得褒姒愛之欲廢申后幷去太子宜臼以褒姒爲后以伯服爲太子周太史伯陽讀史記曰周亾矣昔自夏后氏之衰也有二神龍止於夏帝庭而言曰余褒之二君夏帝卜殺之與去之與止之莫吉卜請其漦而藏之乃吉於是布幣而策告之龍亾而漦在櫝而去之夏亾傳此器殷殷亾又傳此器周比三代莫敢發之至厲王之末發而觀之漦流於庭不可除厲王使婦人裸而譟之漦化爲元黿以入王後宮後宮之童妾旣齓而遭之旣笄而孕無夫而生子懼而棄之宣王之時童女謠曰檿弧箕服寔亾周國於是宣王聞之有夫婦賣是器者宣王使執而戮之逃於道而見鄉者後宮童妾所棄妖子出於路者聞其夜啼哀而收之夫婦遂亾犇於褒褒人有罪請入童妾所棄女子者於王以贖罪棄女子出於褒是爲褒姒當幽王三年王之後宮見而愛之生子伯服竟廢申后及太子以褒姒爲后伯服爲太子太史伯陽曰禍成矣無可奈何褒姒不好笑幽王欲其笑萬方故不笑幽王爲烽燧大鼓有寇至則舉烽火諸侯悉至至而無寇褒姒乃大笑幽王說之爲數舉烽火其後不信諸侯益亦不至以虢石父爲卿用事國人皆怨石父爲人佞巧善諛好利王用之又廢申后去太子也申侯怒與繒西夷犬戎攻幽王幽王舉烽火徵兵兵莫至遂殺幽王驪山下虜褒姒盡取周賂而去

烈王時讖

按史記周本紀烈王二年周太史儋見秦獻公曰始周與秦國合而別別五百載復合合十七歲而霸王者出焉

註應劭曰周孝王封伯翳之後爲侯伯與周別五百載至昭王時西周君臣自歸受罪獻其邑三十六城合也韋昭曰周封秦爲始別謂秦仲也五百

歲謂從秦仲至孝公强大顯王致伯與之親合也　索隱曰按周封非子爲附庸邑之秦號曰秦嬴是始合也及秦襄公始列爲諸侯是別之也自秦列爲諸侯至昭王五十二年西周君臣獻邑三十六城以入於秦凡五百一十六年是合也云五百舉其大數　徐廣曰從此後十七年而秦昭王立駰案韋昭曰武王昭王皆伯至始皇而王天下索隱曰霸王謂始皇也自周以邑入秦至始皇初立政由太后嫪毐至九年誅毐正十七年　正義曰周始與秦國合者謂周秦俱黃帝之後至非子未別封是合也而別者謂非子末年周封非子爲附庸邑秦後二十九君至秦孝公二年五百載周顯王致文武胙於秦孝公復與之親是復合也合十七歲而霸王者出謂從秦孝公三年至十九年周顯王致胙於秦孝公是霸也孝公子惠王稱王是王者出也然五百載者非子生秦侯已下二十八君至孝公二年都合四百八十六年兼非子邑秦之後十四年則成五百載

敬王時讖

按宋書符瑞志魯哀公十四年孔子夜夢三槐之間豐沛之邦有赤煙氣起乃呼顏淵子夏往視之驅車到楚西北范氏街見芻兒摘麟傷其左前足薪而覆之孔子曰兒來汝姓爲赤誦名子喬字受紀孔子曰汝豈有所見邪兒曰見一禽巨如羔羊頭上有角其末有肉孔子曰天下已有主也爲赤劉陳項爲輔五星入井從歲星兒發薪下麟示孔子孔子趨而往麟蒙其耳吐三卷圖廣三寸長八尺每卷二十四字其言赤劉當起曰周亾赤氣起大燿興元丘制命帝卯金孔子作春秋制孝經既成使七十二弟子向北辰星磬折而立使曾子抱河洛事北向孔子齋戒向北辰而拜告備於天曰孝經四卷春秋河洛凡八十一卷謹已備天乃洪鬱起白霧摩地赤虹自上下化爲黃玉長三尺上有刻文孔子跪受而讀之曰寶文出劉季握卯金刀在軫北字禾子天下服

秦

始皇時謠讖

按史記秦始皇本紀三十二年燕人盧生使入海還以鬼神事因奏錄圖書曰亡秦者胡也始皇乃使將軍蒙恬發兵三十萬人北擊胡略取河南地　三十六年熒惑守心有墜星下東郡至地爲石黔首或刻其石曰始皇帝死而地分始皇聞之遣御史逐問莫服盡取石旁居人誅之因燔銷其石始皇不樂使博士爲僊眞人詩及行所游天下傳令樂人謌弦之秋使者從關東夜過華陰平舒道有人持璧遮使者曰爲吾遺滈池君因言曰今年祖龍死使者問其故因忽不見置其璧去使者奉璧具以聞始皇默然良久曰山鬼固不過知一歲事也退言曰祖龍者人之先也使御府視璧乃二十八年行渡江所沈璧也於是始皇卜之卦得游徙吉

按異苑秦世有謠曰秦始皇何僵梁開吾戶據吾牀飲吾酒唾吾漿餐吾飯以爲糧張吾弓射東牆前至沙丘當滅亡始皇既坑儒焚典乃發孔子墓欲取諸經傳壙既啓於是悉如謠者之言又言謠文刊在塚壁政甚惡之乃遠沙丘而循別路見一羣小兒輦沙爲阜問云沙丘從此得病

漢

元帝時謠

按漢書五行志元帝時童謠曰井水溢滅竈煙灌玉堂流金門至成帝建始二年三月戊子北宮中井泉稍上溢出南流象春秋時先有鸜鵒之謠而後有來巢之驗井水陰也竈烟陽也玉堂金門至尊之居象陰盛而滅陽竊有宮室之應也王莽生於元帝初元四年至成帝封侯爲三公輔政因以篡位

成帝時謠

按漢書五行志成帝時童謠曰燕燕尾涎涎張公子時相見木門倉琅根燕飛來啄皇孫皇孫死燕啄矢其後帝爲微行出遊常與富平侯張放俱稱富平侯家人過河陽主作樂見舞者趙飛燕而幸之故曰燕燕尾涎涎美好貌也張公子謂富平侯也木門倉琅根謂宮門銅鍰言將尊貴也後遂立爲皇后弟昭儀賊害後宮皇子卒皆伏辜所謂燕飛來啄皇孫皇孫死燕啄矢者也又曰邪徑敗良田讒口亂善人桂樹華不實黃爵巢其顚故爲人所羨今爲人所憐桂赤色象漢家華不實無繼嗣也王莽自謂黃象黃爵巢其顚也

新莽時訛言

按漢書王莽傳莽天鳳二年訛言黃龍墮死黃山宮中百姓犇走往觀者有萬數莽惡之捕繫問語所從起不能得

後漢

光武帝時謠讖

按後漢書光武本紀建武元年光武先在長安時同舍生彊華自關中奉赤伏符曰劉秀發兵捕不道四夷雲集龍鬬野四七之際火爲主羣臣因復奏曰受命之符人應爲大萬里合信不議同情周之白魚曷足比焉今海內淆亂符瑞之應昭然著聞宜答天神以塞羣望光武於是命有司設壇場於鄗南千秋亭五成陌六月己未卽皇帝位燔燎告天其祝文曰讖記曰劉秀發兵捕不道卯金脩德爲天子秀猶固辭至於再至於三羣下僉曰皇天大命不可稽留敢不敬承於是建元　又按本紀王莽篡位忌惡劉氏以錢文有金刀故改爲貨泉或以貨泉字文爲白水眞人後望氣者蘇伯阿爲王莽使至南陽遙望見春陵郭唶曰氣佳哉鬱鬱葱葱然及始起兵還春陵遠望舍南火光赫然屬天有頃不見初道士西門君惠李守等亦云劉秀當爲天子其王者受命信有符乎不然何以乘時龍而御天哉　按五行志更始時南陽有童謠曰諧不諧在赤眉得不得在河北是時更始在長安世祖爲大司馬平定河北更始大臣並僭專權故謠妖作也後更始遂爲赤眉所殺是更始之不諧在赤眉也世祖自河北興　又按志世祖建武六年蜀童謠曰黃牛白腹五銖當復是時公孫述僭號於蜀時人竊言王莽稱黃述欲繼之故稱曰五銖漢家貨明當復也述遂誅滅王莽末天水童謠曰出吳門望緹群見一蹇人言欲上天令天可上地上安得民時隗囂初起兵於天水後意稍廣欲爲天子遂被滅囂少病蹇吳門冀郭門名也緹群山名也　按匈奴傳建武二十五年春南單于比遣弟左賢王莫將兵萬餘人擊北單于弟薁鞬左賢王生獲之又破北單于帳下幷得其衆合萬餘人馬七千匹牛羊萬頭單于震怖却地千里初帝造戰車可駕數牛上作樓櫓置於塞上以拒匈奴時人見者或相謂曰讖言漢九世當却北地千里豈謂此邪及是果拓地焉

順帝時謠讖

按後漢書五行志順帝之末京都童謠曰直如弦死道邊曲如鉤反封侯按順帝卽位孝質短祚大將軍梁冀貪樹疏幼以爲己功專國號令以贍其私太尉李固以爲淸河王雅性聰明敦詩悅禮加又屬親立長則順置善則固而冀建白太后策免固徵蠡吾侯遂卽至尊固是日幽斃於獄暴屍道路而太尉胡廣封安樂鄉侯司徒趙戒廚亭侯司空袁湯安國亭侯云　按楊厚傳厚除爲中郎太后特引見問以圖讖厚對不合免歸復習業犍爲不應州郡三公之命方正有道公車特徵皆不就永建二年順帝特徵詔告郡縣督促發遣厚不得已到長安以病自上因陳漢三百五十年之厄宜蠲法改憲之道及消伏災異凡五事制書褒述有詔太醫致藥太官賜羊酒及至拜議郎三遷爲侍中

注春秋命曆序曰四百年之間閉四門聽外難羣異並賊官有孽臣州有兵亂五七弱暴漸之效也宋均注云五七三百五十歲當順帝漸微四方多逆賊也

桓帝時謠

按後漢書五行志桓帝之初天下童謠曰小麥青青大麥枯誰當穫者婦與姑丈夫何在西擊胡吏買馬君具車請爲諸君鼓嚨胡案元嘉中涼州諸羌一時俱反南入蜀漢東抄三輔延及幷冀大爲民害命將出衆每戰常負中國益發甲卒麥多委棄但有婦女穫刈也吏買馬君具車者言調發重及有秩者也請爲諸君鼓嚨胡者不敢公言私咽語　桓帝初京都童謠曰城上烏尾畢逋公爲吏子爲徒一徒死百乘車車班班入河間河間姹女工數錢以錢爲室金爲堂石上慊慊舂黃粱粱下有懸鼓我欲擊之丞卿怒案此謂爲政貪也城上烏尾畢逋者處高利獨食不與下共謂人主多聚歛也公爲吏子爲徒者言蠻夷將叛逆父爲軍吏其子又爲卒徒往擊之也一徒死百乘車者言前一人往討胡旣死矣後又遣百乘車往車班班入河間者言上將崩乘輿班班入河間迎靈帝也河間姹女工數錢以錢爲室金爲堂者靈帝旣立其母永樂太后好聚金以爲堂也石上慊慊舂黃粱者言永樂雖積金錢慊慊常若不足使人舂黃粱而食之也粱下有懸鼓我欲擊之丞卿怒者言永樂主教靈帝使賣官受錢所祿非其人天下忠篤之士怨望欲擊懸鼓以求見丞卿主鼓者亦復諂順怒而止我也　桓帝之初京都童謠曰游平賣印自有平不辟豪賢及大姓棄到延熹之末鄧皇后以譴自殺乃以竇貴人代之其父名武字游平拜城門校尉及太后攝政爲大將軍與太傅陳蕃合心戮力惟德是建印綬所加咸得其人豪賢大姓皆絕望矣　桓帝之末京都童謠曰茅田一頃中有井四方纖纖不可整嚼復嚼今年尚可後年鐃案易曰拔茅茹以其彙征吉茅喻羣賢也井者法也於時中常侍管霸蘇

康愔疾海內英哲與長樂少府劉囂太常許詠尚書柳分尋穆史佟司隸唐珍等代作脣齒河內牟川諂闕上書汝穎南陽上采虛譽專作威福甘陵有南北二部三輔尤甚由是博考黃門北寺始見廢閣茅田一頃者言羣賢衆多也中有井者言雖阨窮不失其法度也四方纖纖不可整者言姦慝大熾不可整理嚼復嚼者京都飲酒相強之辭也言食肉者鄙不恤王政徒耽宴飲歌呼而已也今年尚可者言但禁錮也後年鐃者陳竇被誅天下大壞　桓帝之末京都童謠曰白蓋小車何延延河間來合諧河間來合諧案解犢亭屬饒陽河間縣也居無幾何而桓帝崩使者與解犢侯皆白蓋車從河間來延延衆貌也是時御史劉儵建議立靈帝以儵爲侍中中常侍侯覽畏其親近必當間己白拜儵泰山太守因令司隸迫促殺之朝廷少長思其功効乃拔用其弟郃致位司徒此爲合諧也

靈帝時謠

按後漢書五行志靈帝之末京都童謠曰侯非侯王非王千乘萬騎上北芒案到中平六年史侯登躡至尊獻帝未有爵號爲中常侍段珪等數十人所執公卿百官皆隨其後到河上乃得來還此爲非侯非王上北芒者也　靈帝中平中京都歌曰承樂世董逃遊四郭董逃蒙天恩董逃帶金紫董逃行謝恩董逃整車騎董逃垂欲發董逃與中辭董逃出西門董逃瞻宮殿董逃望京城董逃日夜絕董逃心摧傷董逃案董謂董卓也言雖跋扈縱其殘暴終歸逃竄至于滅族也

獻帝時謠讖

按後漢書五行志獻帝之初京師童謠曰千里草何青青十日卜不得生案千里草爲董十日卜爲卓凡別字之體皆從上起左右離合無有從下發端者也今二字如此者天意若曰卓自下摩上以臣陵君也青青者暴盛之貌也不得生者亦旋破亡　建安初荊州童謠曰八九年間始欲衰至十三年無孑遺言自中興以來荊州無破亂及劉表爲牧又豐樂至此逮八九年當始衰者謂劉表妻當死諸將並零落也十三年無孑遺者言十三年表又當死民當移詣冀州也　獻帝初童謠曰燕南垂趙北際中央不合大如礪唯有此中可避世公孫瓚以爲易地當之遂徙鎮焉乃修城積穀以待天下之變建安三年袁紹攻瓚瓚大敗縊其姊妹妻子引火自焚紹兵趣登臺斬之初瓚破黃巾殺劉虞乘勝南下侵據齊地雄威大振而不能開廓遠圖欲以堅城觀時坐聽圍戮斯亦自易地而去世也

按三國志杜瓊傳瓊雖學業入深初不視天文有所論說後進通儒譙周常問其意瓊答曰欲明此術甚難須當身視識其形色不可信人也晨夜苦劇然後知之復憂漏泄不如不知是以不復視也周因問曰昔周徵君以爲當塗高者魏也其義何也瓊答曰魏闕名也當塗而高聖人取類而言耳又問周曰寧復有所怪邪周曰未達也瓊又曰古者名官職不言曹始自漢以來名官盡言曹吏言屬曹卒言侍曹此殆天意也周緣瓊言乃觸類而長之曰春秋傳著晉穆侯名太子曰仇弟曰成師師服曰異哉名子也嘉耦曰妃怨耦曰仇今君名太子曰仇弟曰成師始兆亂矣兄其替乎其後果如服言及漢靈帝名二子曰史侯董侯既立爲帝後皆免爲諸侯與師服言相似也先主諱備其訓具也後主諱禪其訓授也如言劉已具矣當授與人也意者甚於穆侯靈帝之名子後宦人黃皓弄權於內景耀五年宮中大樹無故自折周深憂之無所與言乃書柱曰衆而大期之會具而授若何復言曹者衆也魏者大也衆而大天下其當會也具而授如何復有立者乎蜀既亡咸以周言爲驗周曰此雖己所推尋然有所因由杜君之辭而廣之耳殊無神思獨至之異也

按干寶搜神記是時有華容女子忽啼呼云有大喪言語過差縣以爲妖言繫獄百餘日忽於獄中哭曰劉荊州今日死華容去州數日即遣馬吏驗視表果死縣乃出之續又歌吟曰不意李立爲貴人後無幾曹公平荊州以涿郡李立字建賢爲荊州刺史

後主時謠

按晉書五行志蜀劉禪嗣位譙周曰先主諱備其訓具也後主諱禪其訓授也若言劉已具矣當授與人甚於晉穆侯漢靈帝命子之祥也蜀果亡此言之不從也劉備卒劉禪即位未葬亦未踰月而改元爲建興此言之不從也禮國君即位踰年而後改元者緣臣子之心不忍一年而有二君也今可謂亟而不知禮義矣後遂降焉　魏明帝太和中姜維歸蜀失其母魏人使其母手書呼維令反幷送當歸以譬之維報書曰良田百頃不計一畝但見遠志無有當歸維卒不免

魏

明帝時謠

按晉書五行志魏明帝太和中京師歌兜鈴曹子其唱曰其奈汝曹何此詩妖也其後曹爽見誅曹氏遂廢　景初初童謠曰阿公阿公駕馬車不意阿公東渡河阿公來還當奈何及宣帝遼東歸至白屋當還鎮長安會帝疾篤急名之乃乘追鋒車東渡河終如童謠之言景初元年有司奏帝爲烈祖與太祖高祖並爲不毁之廟從之案宗廟之制祖宗之號皆身沒名成乃正其禮故雖功赫天壤德邁前王未有豫定之典此蓋言之不從失之甚者也後二年宮車晏駕於是統微政逸

齊王時謠

按晉書五行志齊王嘉平中有謠曰白馬素羈西南馳其誰乘者朱虎騎朱虎者楚王小字也王淩令狐愚聞此謠謀立彪事發淩等伏誅彪賜死　魏齊王嘉平初東郡有訛言云白馬河出妖馬夜過官牧邊鳴呼衆馬皆應明日見其跡大如斛行數里還入河楚王彪本封白馬兗州刺史令狐愚以彪有智勇及聞此言遂與王淩謀共立之事洩淩愚被誅彪賜死此言不從之罰也詩云人之訛言寧莫之懲

魏時起安世殿武帝後居之安世武帝字也

吳

大帝時謠

按吳志孫權傳黃龍元年夏四月卽皇帝位初興平中吳中童謠曰黃金車班蘭耳闓昌門出天子

廢帝時謠

按晉書五行志孫亮初童謠曰吁汝恪何若若蘆葦單衣篾鉤絡於何相求常子閣常子閣者反語石子堈也鉤絡鉤帶也及諸葛恪死果以葦席裹身篾束其要投之石子岡後聽恪故吏收斂求之此堈云孫亮初公安有鼉鳴童謠曰白鼉鳴龜背平南郡城中可長生守死不去義無成南郡城中可長生者有急易以逃也明年諸葛恪敗弟融鎭公安亦見襲融刮金印龜服之而死鼉有鱗介甲兵之象又曰白祥也

景帝時謠讖

按晉書五行志孫休永安三年將守質子羣聚嬉戲有異小兒忽來言曰三公鉏司馬如又曰我非人熒惑星也言畢上昇仰視若曳一匹練有頃沒干寶曰後四年而蜀亾六年而魏廢二十一年而吳平於是九服歸晉魏與吳蜀並爲戰國三公鉏司馬如之謂也

烏程侯時謠讖

按晉書五行志孫皓遣使者祭石印山下妖祠使者因以丹書岩曰楚九州渚吳九州都揚州士作天子四世治太平矣皓聞之意益張曰從太皇帝至朕四世太平之主非朕復誰恣虐踰甚尋以降亾近詩妖也　孫皓天紀中童謠曰阿童復阿童銜刀游渡江不畏岸上獸但畏水中龍武帝聞之加王濬龍驤將軍及征吳江西衆軍無過者而王濬先定秣陵

晉

武帝時謠讖

按晉書五行志武帝太康三年平吳後江南童謠曰局縮肉數橫目中國當敗吳當復又曰宮門柱且當朽吳當復在三十年後又曰雞鳴不拊翼吳復不用力於時吳人皆謂在孫氏子孫故竊發爲亂者相繼按橫目者四字自吳亡至元帝興幾四十年元帝興於江東皆如童謠之言焉元帝懦而少斷局縮肉者有所斥也　太康末京洛爲折楊柳之歌其曲始有兵革苦辛之辭終以擒獲斬截之事是時三楊貴盛而被族滅太后廢黜幽死中宮折楊柳之應也　按杅洪傳洪字廣世略陽臨渭氐人也其先蓋有扈之苗裔世爲西戎酋長始其家池中蒲生長五丈五節如竹形時咸謂之蒲家因以爲氏焉父懷歸部落小帥先是隴右大雨百姓苦之謠曰雨若不止洪水必起故因名曰洪　按元夏侯太妃傳夏侯太妃名光姬沛國譙人也祖威兗州刺史父莊字仲容淮南太守淸明亭侯妃生自華宗幼而明慧瑯琊武王爲世子覲納焉生元帝及恭王薨元帝嗣立稱王太妃永嘉元年薨於江左葬瑯琊國初有讖云銅馬入海建鄴期太妃小字銅環而元帝中興於江左焉

惠帝時謠讖

按晉書五行志惠帝永熙中河內溫縣有人如狂造書曰光光文長大戟爲牆毒藥雖行戟還自傷又曰兩火沒地哀哉秋蘭歸形街郵終爲人歎及楊駿居內府以戟爲衛死時又爲戟所害傷楊后被廢賈后絕其膳八日而崩葬街郵亭北百姓哀之也兩火武帝諱蘭楊后字也其時有童謠曰二月末三月初荆筆楊板行詔書宮中大馬幾作驢此時楊駿專權楚王用事故言荆筆楊板二人不誅則君臣禮悖故云幾作驢也　元康中京洛童謠曰南風起吹白沙遙

望魯國何蹉峨千歲髑髏生齒牙又曰城東馬子莫嚨哅比至來年纏汝鬉南風賈后字也白晉行也沙門太子小名也魯賈謐國也言賈后將與謐爲亂以危太子而趙王因釁咀嚼豪賢以成篡奪不得其死之應也　元康中天下商農通著大障日時童謠曰屠蘇障日覆兩耳當見瞎兒作天子及趙王倫篡位其目實眇焉趙王倫既篡洛中童謠曰獸從北來鼻頭汗龍從南來登城看水從西來河灌灌數月而齊王成都河間義兵同會誅倫案成都西藩而在鄴故曰獸從北來齊東藩而在許故曰龍從南來河間水源而在關中故曰水從西來齊留輔政居於宮西又有無君之心故言登城看也　太安中童謠曰五馬游渡江一馬化爲龍後中原大亂宗藩多絕唯瑯琊汝南西陽南頓彭城同至江東而元帝嗣統矣司馬越還洛有童謠曰洛中大鼠長尺二若不早去大狗至及苟晞將破汲桑又謠曰元超兄弟大落度上桑打椹爲苟作由是越惡晞奪其兗州隙難遂搆焉趙王倫廢惠帝於金墉城改號金墉城爲永安宮帝尋復位而倫誅

按異苑石勒爲郭敬客時襄國有讖曰力在左華在右讓無言或入口讓去言爲襄字或入口乃國字也勒後遂都襄國　晉時長安謠曰秦川城中血沒踠惟有涼州倚柱看及惠愍之間關內殲破浮血飄舟張軌擁衆一方恩威並著　盧龍將寇亂京師謠言日十丈瓦屋蘆作杜薙作欄未幾而敗　永寧初齊王冏倡義兵誅除亂逆乘輿反正忽有婦人詣大司馬門求寄產門者詰之婦人曰我截臍便去耳是時齊王冏匡復王室天下歸功讖者爲其惡之後果斬戮　永寧元年十二月甲子有白頭公入齊王冏大司馬府大呼曰有大兵起不出甲子旬冏殺之明年十二月戊辰敗即甲子旬也

愍帝時謠讖

按晉書五行志愍帝初有童謠曰天子何在豆田中至建興四年帝降劉曜在城東豆田壁中　建興中江南謠歌曰訇如白坑破合集持作甒揚州破換敗吳興覆瓿甊案白者晉行坑器有口屬瓮瓦質剛亦金之類也訇如白坑破者言二都傾覆王室大壞也合集持作甒者元帝鳩集遺餘以主社稷未能剋復中原但偏王江南故其諭也及石頭之事六軍大潰兵人抄掠京邑爰及二宮其後三年錢鳳復攻京邑阻水而守相持月餘日焚燒城邑井堙木刊矣鳳等敗退沈充將其黨還吳興官軍踵之蹈籍郡縣充父子授首黨與誅者以百數所謂揚州破換敗吳興覆瓿甊瓿甊瓦器又小于甒也

元帝時謠讖

按晉書五行志元帝末昌二年大將軍王敦下據姑孰百姓訛言行蟲病食人大孔數日入腹入腹則死療之有方當得白犬膽以爲藥自淮泗遂及京都數日之間百姓驚擾人人皆自云已得蟲病又云始在外時燒鐵以灼之於是翕然被燒灼者十七八矣而白犬暴貴至相請奪其價十倍或有自云能行燒鐵灼者賃灼百姓日得五六萬憊而後已四五日漸靜說曰夫裸蟲人類而人爲之主今云蟲食人言本同臭類而相殘賊也自下而上明其逆也必入腹者言害由中不由外也犬有守衛之性白者金色而膽用武之主也帝王之運王霸會於戊戌主用兵金者晉行火燒鐵以療疾者言必去其類而來火與金合德共除蟲害也按中興之際大將軍本以腹心受伊呂之任而元帝末年遂改京邑明帝諒闇又有異謀是以下逆上腹心內爛也及錢鳳沈充等逆兵四合而爲王師所挫踰月而不能濟水北中郎劉遐及淮陵內史蘇峻率淮泗之衆以救朝廷故其謠言首作於淮泗也朝廷卒以弱制强罪人授首是用白犬膽可救之效也　按桓溫傳初元明世郭璞爲讖曰君非無嗣兄弟代禪謂成帝有子而以國祚傳弟又曰有人姓李兒專征戰譬如車軸脫在一面兒者子也李去子木存車去軸爲亘合成桓字也又曰爾來爾來河內大縣爾來謂自爾已來爲元始溫字元子也故河內大縣溫也成康既崩桓氏始大故連言之又曰賴子之薨延我國祚痛子之隕皇運其暮二子者元子道子也溫志在篡奪事未成而死幸之也會稽王道子雖首亂晉國而其死亦晉衰之由也故云痛也

明帝時謠讖

按晉書五行志明帝太寧初童謠曰惻惻力力放馬山側大馬死小馬餓高山崩石自破及明帝崩成帝幼爲蘇峻所逼遷於石頭御膳不足此大馬死小馬餓也高山峻也又言峻尋死石峻弟蘇石峻死後石據石頭尋爲諸公所破復是山崩石破之應也

成帝時謠讖

按晉書五行志成帝之末又有童謠曰磕磕何隆隆駕車入梓宮少日而宮車晏駕　咸康二年十二月

河北謠云麥入土殺石武後如謠言庾亮初鎭武昌出至石頭百姓于岸上歌曰庾公上武昌翩翩如飛鳥庾公還揚州白馬牽旐旐又曰庾公初上時翩翩如飛鳥庾公還揚州白馬牽流蘇後連徵不入及薨于鎭以喪還都葬皆如謠言

康帝時謠讖

按晉書康帝本紀建元二年九月帝崩初成帝有疾中書令庾冰自以舅氏當朝權倖人主恐異世之後戚屬將疎乃言國有強敵宜立長君遂以帝爲嗣制度年號再興中朝因改元曰建元或謂冰曰郭璞讖云立始之際丘山傾立者建也始者元也丘山諱也冰瞿然既而歎曰如有吉凶豈改易所能救乎至是果驗云

穆帝時謠讖

按晉書五行志穆帝升平中童兒輩忽歌於道曰阿子聞曲終輒云阿子汝聞不未幾而帝崩太后哭之曰阿子汝聞不升平末俗間忽作廉歌有扈謙者聞之曰廉者臨也歌云白門廉宮庭廉內外悉臨國家其大諱乎少時而穆帝晏駕

哀帝時謠讖

按晉書五行志哀帝隆和初童謠曰升平不滿斗隆和那得久桓公入石頭陛下徒跣走朝廷聞而惡之改年曰興寧人復歌曰雖復改興寧亦復無聊生哀帝尋崩升平五年而穆帝崩不滿斗升平不至十年也

海西公時謠讖

按晉書五行志海西公太和中百姓歌曰青青御路楊白馬紫遊韁汝非皇太子那得甘露漿識者曰白者金行馬者國族紫爲奪正之色明以紫間朱也海西公尋廢其三子並非海西公之子縊以馬韁死之明日南方獻甘露焉　太和末童謠曰犂牛耕御路白門種小麥及海西公被廢百姓耕其門以種小麥遂如謠言　海西公初生皇子百姓歌曰鳳皇生一雛天下莫不喜本言是馬駒今定成龍子其歌甚美其旨甚微海西公不男使左右向龍興內侍接生子以爲己子　桓石民爲荊州鎭上明百姓忽歌曰黃曇子曲中又曰黃曇英揚州大佛來上明頃之而桓石民死王忱爲荊州黃曇子乃是王忱字也忱小字佛大是大佛來上明也

簡文帝時謠讖

按晉書孝武帝本紀初簡文帝見讖云晉祚盡昌明及帝之在孕也李太后夢神人謂之曰汝生男以昌明爲字及產東方始明因以爲名焉簡文帝後悟乃流涕及爲清暑殿有識者以爲清暑反爲楚聲哀楚之徵也俄而帝崩晉祚自此傾矣

孝武帝時謠讖

按晉書五行志孝武帝太元末京口謠黃雌雞莫作雄父啼一旦去毛衣衣被拉颯栖尋而王恭起兵誅王國寶旋爲劉牢之所敗故言拉颯栖也會稽王道子於東府造土山名曰靈秀山無幾而孫恩作亂再踐會稽會稽道子所封靈秀孫恩之字也　庾楷鎭歷陽百姓歌曰重羅黎重羅黎使君南上無還時後楷南奔桓元爲元所誅　殷仲堪在荊州童謠曰芒籠目繩縛腹殷當敗桓當復未幾而仲堪敗桓元遂有荊州　王恭鎭京口舉兵誅王國寶百姓謠云昔年食白飯今年食麥麩天公誅謫汝教汝捻嚨喉嚨喉喝復喝京口敗復敗識者曰昔年食白飯言得志也今年食麥麩麩粗穢其精已去明將敗也天公將加譴謫而誅之也捻嚨喉氣不通死之祥也敗復敗丁寧之辭也恭尋死京都又大行欬疾而喉並喝焉　王恭在京口百姓間忽云黃頭小兒欲作賊阿公城下指縛得又云黃頭小人欲作亂賴得金刀作藩扞黃字上恭字頭也小人恭字下也尋如謠言者焉

苻堅初童謠云阿堅連牽三十年後若欲敗時當在江湖邊及堅在位凡三十年敗于淝水是其應也又謠語云河水清復清苻堅死新城及堅爲姚萇所殺死于新城復謠歌云魚羊田斗當滅秦識者以爲魚羊鮮也田斗卑也堅自號秦言滅之者鮮卑也其羣臣諫堅令盡誅鮮卑堅不從及淮南敗還初爲慕容沖所攻又爲姚萇所殺身死國滅

按異苑晉孝武太元末有讖曰修起會稽其後盧修果後會稽叛

安帝時謠

按晉書桓元傳元時有童謠云長干巷巷長干今年殺郎君後年斬諸桓其凶兆符會如此郎君謂元顯也

按宋書五行志桓元既篡童謠曰草生及馬腹烏啄桓元目及元敗走至江陵五月中誅如其期焉桓元時民謠語云征鐘落地桓迸走征鐘至穢之服桓四體之下稱元自下居上猶征鐘之厠歌謠下體之詠民口也而云落地墜地之祥迸走之言其驗明矣

司馬元顯時民謠詩云當有十一口當爲兵所傷木亙當北度走入浩浩鄉又云金刀既以刻娓娓金城中此詩云襄陽道人竺曇林所作多所道行於世孟顗釋之曰十一口者元字象也木亙桓也桓氏當悉走入關洛故云浩浩鄉也金刀劉也倡義諸公皆多劉姓娓娓美盛貌也　晉安帝義熙初童謠曰官家養蘆化成荻蘆生不止自成積其時官養盧龍寵以金紫奉以名州養之已極而不能懷我好音舉兵內伐遂成讎敵也蘆生不止自成積及盧龍作亂時人追思童謠惡其有成積之言識者曰芟夷蘊崇之又行火焉是草之窮也伐所以成積又以爲薪亦蘆荻之終也其盛既極亦將芟夷而爲積焉龍既窮其兵勢盛其舟艦卒以滅亾殭尸如積焉　盧龍據廣州民間謠云蘆生漫漫竟天半後擁有上流數州之地內逼京輦應天半之言　義熙三年中小兒相逢於道輒舉其兩手曰盧健健次曰鬬歎鬬歎末曰翁年老翁年老當時莫知所謂其後盧龍內逼舟艦蓋川健健之謂也既至查浦屢剋期欲與官鬬鬬歎之應也昔溫嶠令郭景純卜己與庾亮吉凶景純云元吉嶠語亮景純每筮當是不敢盡言吾等與國家同安危而曰元吉事有成也於是協同討滅王敦翁年老群公有期頤之慶知妖逆之徒自然消殄也其時復有謠言曰盧橙橙逐水流東風忽如起那得入石頭盧龍果敢不得入石頭

宋

文帝時謠

按宋書符瑞志文帝元嘉中謠言錢唐當出天子乃於錢唐置戍軍以防之其後孝武帝即大位於新亭寺之禪堂禪之與錢音相近也

前廢帝時謠

按宋書符瑞志前廢帝永光初又謠言湘州出天子幼主欲南幸湘川以厭之既而湘東王即尊位是爲明帝　冀州有沙門法稱將死語其弟子普嚴曰嵩皇神告我云江東有劉將軍是漢家苗裔當受天命吾以三十二璧鎮金一餅與將軍爲信三十二璧者劉氏卜世之數也普嚴以告同學法義法義以十三年七月於嵩高廟石壇下得玉璧三十二枚黃金一餅漢中城固縣水際忽有雷聲俄而岸崩得銅鐘十二枚

史臣謹按冀州道人法稱所云玉璧三十二枚宋氏卜世之數者蓋卜年之數也謂卜世者謬其言耳三十二者二三十則六十矣宋氏受命至於禪齊凡六十年云

南齊

高帝時謠讖

按南齊書祥瑞志老子河洛讖曰年曆七七水滅緒風雲俱起龍麟舉水德王義熙十四年元熙二年永初三年景平一年元嘉三十年孝建三年大明八年永光一年泰始七年泰豫元年元徽四年昇明三年凡七十七年故曰七七也易曰雲從龍風從虎關尹云龍不知其乘風雲而上天也　讖又曰肅草成道德懷書備出身形法治吳出南京上即姓諱也南京南徐州治京口也　讖又曰曈堨河梁塞龍淵消除水災泄山川曈堨河梁爲路也路即道也淵塞者譬路成也即太祖諱也消水災言除宋氏患難也　讖又曰上參南斗第一星下立草屋爲紫庭神龍之岡梧桐生鳳鳥舒翼翔且鳴南斗第一星吳分也草屋蕭字也又蕭管之器像鳳鳥翼也　讖又曰蕭爲二士天下大樂二士主字也　讖又曰天子何在草中宿宿肅也　尚書中候儀明篇曰仁人傑出握表之象曰角姓合音之于蘇偘云蕭角姓也又八音之器有簫管也　史臣曰案晉光祿大夫何禎解音之于爲曹字謂魏氏也王隱晉書云卯金音于亦爲魏也候書章句本無銓序二家所稱既有前釋未詳偘言爲何推據　孝經鉤命決曰誰者起視名將君者羣也理物爲雄優劣相次以期與將太祖小諱也征西將軍蕭思話見之曰此我家諱也　壬子年歌曰金刀治世後遂苦帝王昏亂天神怒災異屢見戒人主三分二叛失州土三王九江一在吳餘悉稚小早少孤一國二主天所驅金刀劉也三分二叛宋明帝世也三王九江者孝武於九江興晉安王子勛雖不終亦稱大號後世祖又於九江基霸迹此三王也一在吳謂齊氏桑梓亦寄治南吳也一國二主謂太祖符運潛興爲宋氏驅除寇難　歌又曰三禾摻摻林茂孳金刀利刃齊刈之刈剪也詩云實始翦商　歌又曰欲知其姓草肅肅穀中最細低頭熟鱗身甲體永興福穀道熟成又諱也太祖體有龍鱗斑駮成文始謂是黑歷治之甚至而文愈明伏羲亦鱗身也　金雄記曰鑠金作刀在龍里占睡上人相須起又云當復有作肅入草蕭字也易云聖人作之記又云草門可憐乃當悴建號不成易運沸詩云不時時也不成

成也建號建元號也易運革命也　讖曰周文王受命千五百歲河雒出聖人受命於己未至丙子爲十八周旅布六郡東南隅四國安定可久留案周滅殷後七百八十年秦四十九年漢四百二十五年魏四十五年晉百五十年宋六十年至建元元年千五百九年也武進縣彭山舊塋在焉其山岡阜相屬數百里上有五色雲氣有龍出焉宋明帝惡之遣相墓工高靈文占視靈文先與世祖善還詭答云不過方伯退謂世祖曰貴不可言帝意不已遣人於墓左右校獵以大鐵釘長五六尺釘墓四維以爲厭勝太祖後改樹表柱柱忽龍鳴響震山谷父老咸志之云　會稽剡縣刻石山相傳爲名不知文字所在昇明末縣民兒襲祖行獵忽見石上有文凡三處苔生其上字不可識刊苔去之大石文曰此齊者黃公之化氣也立石文曰黃天星姓蕭字某甲得賢帥天下太平小石文曰刻石者誰會稽南山李斯刻秦望之封也　益州齊后山父老相傳其名亦不知所起昇明三年有沙門元暢於山丘立精舍其日太祖受禪日也　嵩高山昇明三年四月滎陽人尹午於山東南澗見天雨石墜地石開有璽在其中方三寸其文曰戊丁之人與道俱肅然入草應天符又曰皇帝興運午奉璽詣雍州刺史蕭赤斧表獻之

按南史齊高帝本紀所居武進縣有一道相傳云天子路或謂秦皇所遊或云孫氏舊迹時訛言東城天子出其後建安王休仁鎮東府宋明帝懼殺休仁而常閉東府不居明帝又屢幸改代作伐以厭王氣又使子安成王代之及蒼梧王敗安成王代立時咸言爲驗術數者推之上舊居武進東城村東城之言其在此也

武帝時謠

按南齊書五行志永明元年元日有小人發白虎樽既醉與筆札不知所道直云憶高帝敕原其罪　世祖起青溪舊宮時人反之曰舊宮者窮廐也及上崩後宮人出居之　永明初百姓歌曰白馬向城啼欲得城邊草後句間云陶郎來白者金色馬者兵事三年妖賊唐寓之起言唐來勞也　世祖起禪靈寺初成百姓縱觀或曰禪者授也靈非美名所授必不得其人後太孫立見廢也　永明中宮內坐起御食之外皆爲客食世祖以客非家人名改呼爲別食時人以爲分別之象少時上晏駕　文惠太子在東宮作兩頭纖纖詩後句云磊磊落落玉山崩自此長王宰相相繼薨徂二宮晏駕　文惠太子作七言詩後句輒云愁和諦後果有和帝禪位　永明中虜中童謠云黑水流北赤水入齊尋而京師人家忽生火赤於常火熱小微貴賤爭取以治病法以此火灸桃板七炷七日皆差敕禁之不能斷京師有病癴者以火灸數日而差鄰人笑曰病偶自差豈火能爲此人便覺頤間癢明日瘻還如故後梁以火德興　文惠太子起東田時人反云後必有癲童果由太孫失位

東昏侯時謠

按南齊書五行志永元元年童謠曰洋洋千里流流翣東城頭烏馬烏皮袴三更相告訴腳跛不得起誤殺老姥子千里流者江祏也東城遙光也遙光夜舉事垣歷生者烏皮袴褶往奔之敗腳亦遙光老姥子孝字之象徐孝嗣也　永元中童謠云野猪雖嗃嗃馬子空閙渠不知龍與虎飲食江南墟七九六十三廣莫人無餘烏集傳舍頭今汝得寬休但看三八後摧折景陽樓識者解云陳顯達屬猪崔慧景屬馬非也東昏侯屬猪馬子未詳梁王屬龍蕭穎胄屬虎崔慧景攻臺頓廣莫門死時年六十三烏集傳舍即所謂瞻烏爰止於誰之屋三八二十四起建元元年至中興二年二十四年也摧折景陽樓亦高臺傾之意也言天下將去乃得休息也　齊宋之際民間語云和起言以和顏而爲變起也後和帝立

梁

武帝時詩妖訛言童謠

按南史梁武帝本紀天監十三年夏六月都下訛言有棖棖取人肝肺及血以治天狗百姓大懼二旬而止

按隋書五行志梁天監三年六月八日武帝講於重雲殿沙門誌公忽然起儛歌樂須臾悲泣因賦五言詩曰樂哉三十餘悲哉五十裏但看八十三子地妖災起佞臣作欺妄賊臣滅君子若不信吾語龍時侯賊起且至馬中間銜悲不見喜自天監至於大同三十餘年江表無事至太清二年臺城陷帝享國四十八年所言五十裏也太清元年八月十三日而侯景自懸瓠來降在丹陽之北子地帝惑朱异之言以納景景之作亂始自戊辰之歲至午年帝憂崩十年四月八日誌公於大會中又作詩曰兀尾狗子始著狂欲死不死齧人傷須臾之間自滅亾患在汝陰死三湘橫尸一旦無人藏侯景小字狗子初自懸瓠來降

懸瓠則古之汝南也巴陵南有地名三湘卽景奔走之所　天監中茅山隱士陶弘景爲五言詩曰夷甫任散誕平叔坐談空不意昭陽殿忽作單于宮及大同之季公卿唯以談元爲務夷甫平叔朝賢也侯景作亂遂居昭陽殿　大同中童謠曰青絲白馬壽陽來其後侯景破丹陽乘白馬以青絲爲羈勒

元帝時讖

按梁書侯景傳景將敗有僧通道人者意性若狂飲酒噉肉不異凡等世間遊行已數十載姓名鄉里人莫能知初言隱伏久乃方驗人並呼爲闍黎景甚信敬之景嘗於後堂與其徒共射時僧通在坐奪景弓射景陽山大呼云得奴已景後又宴集其黨又召僧通僧通取肉搵鹽以進景問曰好不景答所恨太鹹僧通曰不鹹則爛臭果以鹽封其屍

陳

武帝時謠

按隋書五行志陳初有童謠曰黃班青驄馬發自壽陽涘來時冬氣末去日春風始其後陳主果爲韓擒所敗擒本名擒虎黃班之謂也破建康之始復乘青驄馬往反時節皆相應陳時江南盛歌王獻之桃葉之詞曰桃葉復桃葉渡江不用檝但渡無所苦我自迎接汝晉王伐陳之始置營桃葉山下及韓擒渡江大將任蠻奴至新林以導北軍之應

後主時謠詩妖

按隋書五行志陳後主造齊雲觀國人歌之曰齊雲觀寇來無際畔功未畢而爲隋師所虜　禎明初後主作新歌詞甚哀怨令後宮美人習而歌之其辭曰玉樹後庭花花開不復久時人以歌讖此其不久兆也

北魏

太祖時謠

按魏書靈徵志太祖天興四年春新興太守上言晉昌民賈相昔年二十二爲鴈門郡吏入句注西陘見一老父謂相曰自今以後四十二年當有聖人出於北方時當大樂子孫永長吾不及見之言終而過相顧視之父老化爲石人相今七十下檢石人見存至帝破慕容寶之歲四十二年

世祖時讖

按魏書靈徵志眞君五年二月張掖郡上言往曹氏之世丘池縣大柳谷山石表龍馬之形石馬脊文曰大討曹而晉氏代魏今石文記國家祖宗諱著受命之符乃遣使圖寫其文大石有五皆青質白章間成文字其二石記張呂之前已然之效其三石記國家祖宗以至於今其文記昭成皇后諱繼世四六天法平天下大安凡十四字次記太祖道武皇帝諱應王載記千歲凡七字次記太宗明元皇帝諱長子二百二十年凡六字次記太平天王繼世主治凡八字次記皇太子諱昌封太山凡五字初上封太平王天文圖錄又授太平眞君之號與石文相應太宗名諱之後有一人象攜一小兒見者皆曰上愛皇孫提攜臥起不離左右此卽上象靈契眞天授也於是衞大將軍樂安王範輔國大將軍建寧王崇征西大將軍常山王素征南大將軍恆農王奚斤上奏曰臣聞帝王之興必有受命之符故能經緯三才維建皇極三五之盛莫不同之伏羲有河圖八卦夏禹有洛書九疇至乃神功播於往古聖跡顯於來世伏惟陛下德合乾坤明並日月固天縱聖應運挺生上靈垂顧徵善備集是以始光元年經天師奉天文圖錄授太平眞君之號陛下深執虛冲歷年乃受精誠感於靈物信惠協於天人用能威加四海澤流宇內溥天率土無思不服今張掖郡列言丘池縣大柳谷山大石有青質白章間成文字記國家祖宗之諱著受命歷數之符王公已下羣司百辟覩此圖文莫不感動僉曰自古以來禎祥之驗未有今日之煥炳也斯乃上靈降命國家無窮之徵也臣等幸遭盛化沐浴光寵無以對揚天休增廣天地謹與羣臣參議宜以石文之徵宣告四海令方外僭竊知天命有歸制曰此天地況施乃先祖父之遺徵豈朕一人所能獨致可如所奏

高祖太和九年詔禁圖讖

按魏書高祖本紀太和九年春正月戊寅詔曰圖讖之興起於三季既非經國之典徒爲妖邪所憑自今圖讖祕緯及名爲孔子閉房記者一皆焚之留者以大辟論及諸巫覡假稱神鬼妄說吉凶及委巷諸卜非墳典所載者嚴加禁斷

廢帝時謠

按北齊書神武本紀神武之入洛也尒朱仲遠部下都督橋寧張子期自滑臺歸命神武以其助亂且數反覆皆斬之斛斯椿由是內不自安乃與南陽王寶炬及武衞將軍元毗魏光祿王思政搆神武於魏帝舍人元士弼又奏神武受敕大不敬故魏帝貳於賀拔岳初孝明之時洛下以兩拔相擊謠言曰銅拔打

鐵拔元家世將末好事者以二拔謂拓拔賀拔言俱將衰敗之兆

孝靜帝時謠

按北齊書神武本紀議立清河王世子善見議定白清河王王曰天子無父苟使兒立不惜餘生乃立之是爲孝靜帝魏於是始分爲二神武以孝武旣西恐逼崤陝洛陽復在河外接近梁境如向晉陽形勢不能相接乃議遷鄴護軍祖榮贊焉詔下三日車駕便發戶四十萬狼狽就道神武留洛陽部分事畢還晉陽自是軍國政務皆歸相府先是童謠曰可憐青雀子飛來鄴城裏羽翮垂欲成化作鸚鵡子好事者竊言雀子謂魏帝清河王子鸚鵡謂神武也

按隋書五行志武定中有童謠曰百尺高竿摧折水底燃燈澄滅高者齊姓也澄文襄名五年神武崩摧折之應七年文襄遇盜所害澄滅之徵也

北齊

神武時謠

按隋書五行志齊神武始移都於鄴時有童謠云可憐青雀子飛入鄴城裏作窠猶未成舉頭失鄉里寄書與婦母好看新婦子魏孝靜帝者清河王之子也后則神武之女鄴都宮室未備卽逢禪代作窠未成之效也孝靜尋崩文宣以后爲太原長公主降於楊愔時婁后尚在故言寄書與婦母新婦子斥后也

文宣帝時讖

按北齊書高阿那肱傳初天保中顯祖自晉陽還鄴陽愚僧阿禿師於路中大叫呼顯祖姓名云阿那瓌終破你國是時茹茹主阿那瓌在塞北强盛顯祖尤忌之所以每歲討擊後亡齊者遂屬阿那肱云雖作肱字世人皆稱爲瓌音斯固亡秦者胡蓋懸定於窈冥也　按上黨剛肅王渙傳初術士言亡高者黑衣由是自神武後每出行不欲見沙門爲黑衣故也是時文宣幸晉陽以所忌問左右曰何物最黑對曰莫過漆以渙第七爲當之乃使庫眞都督破六韓伯昇之鄴徵渙渙至紫陌橋殺伯昇以逃憑河而渡土人執以送帝鐵籠盛之與永安王浚同置地牢下歲餘與浚同見殺

按隋書五行志天保中陸法和入國書其屋壁曰十年天子爲尚可百日天子急如火周年天子迭代坐時文宣帝享國十年而崩廢帝嗣立百餘日用替厥位孝昭卽位一年而崩此其效也

孝昭帝時謠

按北齊書上洛王思宗傳孝昭幸晉陽武成居守元海以散騎常侍留典機密初孝昭之誅楊愔等謂武成云事成以爾爲皇太弟及踐祚乃使武成在鄴主兵立子百年爲皇太子武成甚不平先是恒留濟南於鄴除領軍庫狄伏連爲幽州刺史以斛律豐樂爲領軍以分武成之權武成留伏連而不聽豐樂視事乃與河陽王孝瑜僞獵謀於野暗乃歸先是童謠云中興寺內白鳧翁四方側聽聲雍雍道人聞之夜打鐘時丞相府在北城中卽舊中興寺也鳧翁謂雄雞蓋指武成小字步落稽也道人濟南王小名打鐘言將被擊也旣而太史奏言北城有天子氣昭帝以爲濟南應之乃使平秦王歸彥之鄴迎濟南赴幷州

武成帝時訛言謠

按北齊書武成本紀河清三年六月晉陽訛言有鬼兵百姓競擊銅鐵以捍之　按徐之才傳之才少解天文兼圖讖旣善醫術雖有外授頃卽徵還旣博識多聞由是於方術尤妙太寧二年春武明太后又病之才弟之範爲尚藥典御敕令診候內史皆令呼太后爲石婆蓋有俗忌故改名以厭制之範出告之才曰童謠云周里跂求伽豹祠嫁石婆斬冢作媒人唯得一量紫綖靴今太后忽改名私所致怪之才曰跂求伽胡言去已豹祠嫁石婆豈有好事斬冢作媒人但令合葬自斬冢唯得紫綖靴者得至四月何者紫之爲字此下糸綖者熟當在四月之中之範問靴是何義之才曰靴者革旁化寧是久物至四月一日后果崩

後主時謠讖

按北齊書幼主本紀初河清末武成夢大蝟攻破鄴城故索境內蝟膏以絕之識者以後主名聲與蝟相協亡齊徵也又婦人皆剪剔以著假髻而危邪之狀如飛鳥至於南面則髻心正西始自宮內爲之被於四遠天意若曰元首剪落危側當走西也又爲刀子者刃皆狹細名曰盡勢遊童戲者好以兩手持繩拂地而却上跳且唱曰高末高末之言蓋高氏運祚之末也然則亂亡之數蓋有兆云　按後主穆皇后傳武成時爲胡后造眞珠裙袴所費不可稱計被火所燒後主旣立穆皇后復爲營之屬周武遭太后喪詔侍中薛孤康買等爲弔使又遣商胡齎錦綵三萬匹與弔使同往欲市眞珠爲皇后造七寶車周人不與交易然而竟造焉先是童謠曰黃花勢欲落清觴滿

盃酌言黃花不久也後主自立穆后以後昏飲無度故云清觴滿盃酌　按安德王延宗傳延宗卽皇帝位周軍圍晉陽尅之延宗戰力屈走至城北於人家見禽周武帝自投下馬執其手延宗辭曰死人手何敢迫至尊帝曰兩國天子有何怨惡直爲百姓來耳勿怖終不相害使復衣帽禮之先是高都郡有山焉絕壁臨水忽有黑書見云齊亾延宗洗視逾明帝使人就寫使者改亾爲上至是應焉延宗敗前在鄴聽事見兩日相連置以十二月十三日晡時受勅守幷州明日建尊號不間日而被圍經宿至食時而敗年號德昌好事者言其得二日云後主之傳位於太子也孫正言竊謂人曰我保定中爲廣州士曹聞襄城人曹普演有言高王諸兒阿保當爲天子至高德之承之當滅阿保謂天保德之謂德昌也承之謂後主年號承光其言竟信云

按隋書五行志武平元年童謠曰狐截尾你欲除我我除你其年四月隴東王胡長仁謀遣刺客殺和士開事露返爲士開所譖死　二年童謠曰和士開七月三十日將你向南臺小兒唱訖一時拍手云殺却至七月二十五日御史中丞琅邪王儼執士開送於南臺而斬之是歲又有童謠曰七月刈禾傷早九月吃糕正好十月洗蕩飯甕十一月出却趙老七月士開被誅九月琅邪王遇害十一月趙彥深出爲西兗州刺史　武平七年後主爲周師所敗走至鄴自稱太上皇傳位於太子恆改元隆化時人離合其字曰降死竟降周而死　武平末童謠曰黃花勢欲落清樽但滿酌時穆后母子淫僻干預朝政時人患之穆后小字黃花尋逢齊亾欲落之應也　鄴中又有童謠曰金作掃帚玉作把淨掃殿屋迎西家未幾周師人鄴

北周

武帝時謠

按隋書五行志周武帝改元爲宣政梁主蕭巋離合其字爲宇文亾日其年六月帝崩

宣帝時謠讖

按隋書五行志宣帝在東宮時不修法度武帝數撻之及嗣位摸其痕而大罵曰死晚也年又改元爲大象蕭巋又離合其字曰天子冢明年而帝崩　周初有童謠曰白楊樹頭金雞鳴祇有阿舅無外甥靜帝隋氏之甥既遜位而崩諸舅强盛　周宣帝與宮人夜中連臂蹋蹀而歌曰自知身命促把燭夜行遊帝卽位二年而崩

隋

文帝時謠讖

按隋書五行志開皇初梁王蕭琮改元爲廣運江陵父老相謂曰運之爲字軍走也吾君當爲軍所走乎其後琮朝京師而被拘留不反其叔父岩掠居人以叛梁國遂廢　文帝名皇太子曰勇晉王曰英秦王曰俊蜀王曰秀開皇初有人上書曰勇者一夫之用又千人之秀爲英萬人之秀爲俊斯乃布衣之美稱非帝王之嘉名也帝不省時人呼楊姓多爲嬴者或言於上曰楊英反爲嬴殃帝聞而不憚遂改之其後勇俊秀皆被廢黜煬帝嗣位終失天下卒爲楊氏之殃　開皇十年高祖幸并州宴秦孝王及王子相帝爲四言詩曰紅顏詎幾玉貌須臾一朝花落白髮難除明年後歲誰有誰無明年而子相卒十八年而秦孝王薨

煬帝時謠讖

按隋書五行志大業十一年煬帝自京師如東都至長樂宮飲酒大醉因賦五言詩其卒章曰徒有歸飛心無復因風力令美人再三吟咏帝泣下沾襟侍御者莫不歔欷帝因幸江都復作五言詩曰求歸不得去眞成遭箇春鳥聲爭勸酒梅花笑殺人帝以三月被弒卽遭春之應也是年盜賊蜂起道路隔絕帝懼遂無還心帝復夢二豎子歌曰住亦死去亦死未若乘船渡江水由是築居丹陽將居焉功未就而被弒

大業中童謠曰桃李子鴻鵠遶陽山宛轉花林裏莫浪語誰道許其後李密坐楊元感之逆爲吏所拘在路逃叛潛結羣盜自陽城山而來襲破洛口倉後復屯兵苑內莫浪語密也宇文化及自號許國尋亦破滅誰道許者蓋驚疑之辭也　煬帝卽位號年曰大業識者惡之曰于字離合爲大苦來也尋而天下喪亂率土遭荼炭之酷焉

庶徵典第一百五十四卷

謠讖部彙考三

唐

穆宗時讖

按續前定錄長慶中鄂州里巷人每語輒以牛字助之又有僧自號牛師乍愚乍智人有忤之者必云我兄卽到豈奈我何未幾而相國奇章公帶平章事節制武昌軍其語乃絕而牛師尚存僧者牛公之名也方伯將相之位豈偶然耶

後晉

高祖時蜀民訛言

按幸蜀記廣政元年三月民訛言後宮產蛇取人心肝食百姓驚恐踰月方止

後漢

隱帝時荆南有讖

按宋史五行志漢乾祐中荆南高從誨鑿池於山亭下得石匣長尺餘扃鐍甚固從誨神之屏左右焚香以啓匣中得石有文云此去遇龍卽歇及建隆中從誨孫繼冲入朝改鎭徐州龍隆音相近

後周

太祖時謠讖

按宋史五行志周廣順初江南伏龜山圮得石函長二尺廣八寸中有鐵銘云維天監十四年秋八月葬寶公于是銘有引曰寶公嘗爲偈大字書於版帛羃之人欲讀之者必施數錢乃得讀訖卽羃之是時名士陸陲王鈎姚察而下皆莫知其旨或問之云在五百年後至卒乃歸其銘同葬焉銘曰莫問江南事江南自有馮乘雞登寶位跨犬出金陵子建司南位安仁秉夜燈東鄰家道闕隨虎遇明興其字皆小篆體勢完具徐鉉徐鍇韓熙載皆不能解及煜歸朝好事者云煜丁酉年襲位卽乘雞也開寶八年甲戌江南國滅是跨犬也當師圍其城而曹彬營其南是子建司南位潘美營其北是安仁秉夜燈也其後太平興國三年淮海王錢俶舉國入覲卽東鄰也家道闕意無錢也隨虎遇戊寅年也　按湖南周氏世家湖南周行逢朗州武陵人少無賴不事產業嘗犯法配隸鎭兵以驍勇累遷裨校自唐乾寧二年馬氏專有湖南二十州之地雖稟朝廷正朔其郡守官屬皆自署至周廣順初兄弟爭國求援於江南李景景遣大將邊鎬率兵赴之因下長沙遷馬氏之族於建康封希萼爲楚王居洪州希崇鎭舒居揚州宋興希崇率兄弟十七人歸朝皆爲美官景以鎬爲潭帥會朗州衆亂推衙將劉言爲留後言以行逢爲都指揮使行逢以衆情表於景請授言節鉞景不從名言入金陵言懼遣副使王進逵行軍何景眞與行逢帥舟師襲破潭州鎬遁去行逢等據其城言遣使上言長沙兵亂焚燒公府請移治朗州周祖卽以言爲朗帥王進逵爲潭帥行逢爲潭州行軍司馬領集州刺史未幾進逵寇朗州害劉言周祖卽以進逵爲朗州節度以行逢領鄂州節度知潭州軍府事初朗州人謂劉言爲劉皶牙馬氏將亂湘中童謠云馬去不用鞭皶牙過今年及邊鎬俘馬氏鎬爲劉言所逐而言亦被害初保勖在保抱從誨獨鍾愛故或盛怒見之必釋然而笑荆人目爲萬事休及保勖之立藩政離弱卒栽數

月遂失國亦預兆也　按南唐李氏世家江南自後漢以來民間有服玩侈靡者人詢之必對曰此物屬趙寶子又煜之妓妾嘗染碧經夕未收會露下其色愈鮮煜愛之自是宮中競收露水染碧以衣之謂之天水碧及江南滅方悟趙國姓也寶年號也天水趙之望也

世宗時讖

按宋史太祖本紀世宗在道閱四方文書得韋囊中有木三尺餘題云點檢作天子異之時張永德爲點檢世宗不豫還京師拜太祖檢校太傅殿前都點檢以代永德恭帝即位改歸德軍節度檢校太尉

宋

太祖時謠讖

按宋史五行志建隆初蜀孟昶末年婦女競治髮爲高髻號朝天髻未幾昶入朝京師江南李煜末年有衛士秦友登壽昌堂榻履其幾而坐訊之風狂不痦識者云幾履也李氏將覆於此地而爲秦所有乎履與李友與有同音趙與秦同祖也　建隆中京師士庶及樂工少年競唱歌曰五來子自建隆開寶凡平荆湖川廣江西五國皆來朝　時西川孟昶賦歛無度射利之家配卒尤甚旣乏緡錢唯仰在質物乃競書簡札揭於門曰今名主收贖又每歲除日命翰林爲詞題桃符正旦置寢門左右末年學士幸寅遜撰詞昶以其非工自命筆題云新年納餘慶嘉節號長春昶以其年正月降王師即命呂餘慶知成都府而長春乃太祖誕聖節名也名與趙贖與蜀同音　開寶初廣南劉鋹令民家置貯水桶號防火大桶又末年童謠曰羊頭二四白天雨至後王師以辛未年二月四日擒鋹識者以爲國家以火德王房爲宋分羊未神也雨者王師如時雨之義也防與房桶與宋同音　宋初陳摶有紙錢使不行之說時天下唯用銅錢莫喻此旨其後用交子會子其後會價愈低故有使到十八九紙錢飛上天之謠似道惡十九界之名乃名關子然終爲十九界矣而關子價益低是紙錢使不行也　宋以周顯德七年庚申得天下圖讖謂過唐不及漢一汴二杭三閩四廣又有寒在五更頭之謠故更漏有六更按漢四百二十餘年唐二百八十九年開慶元年宋祚過唐十一年滿五庚申之數至德祐二年正月降附得三百一十七年而見六庚申如宮漏之數

太宗時謠讖

按宋史太宗本紀太平興國七年三月舒州上元石有白文曰丙子年出趙號二十一帝　按五行志太平興國中京師兒童以木雕合子中有竅藏掖下有聲號云腋底鬧後盧多遜投荒人以爲讖其在肘腋而司國典也

眞宗時訛言

按宋史五行志天禧二年五月西京訛言有物如烏帽夜飛入人家又變爲犬狼狀人民多恐駭每夕重閉深處至持兵器驅逐者六月乙巳傳及京師云能食人里巷聚族環坐叫譟達曙軍營中尤甚而實無狀意其妖人所爲有詔嚴捕得數輩詢之皆非

仁宗時謠讖

按宋史五行志皇祐五年正月戊午狄青敗儂智高于歸仁鋪初謠言農家種糴家收至是智高果爲青所破

按張師正括異志天聖明道京師市井凡物之佳美者即曰曹門好物之高大者即曰曹門高至景祐初仁宗册曹王孫女爲后

徽宗時讖

按宋史五行志政和七年詔修神保觀俗所謂二郎神者京師人素畏之自春及夏傾城男女負土以獻揭榜通衢云某人獻土又有飾形作鬼使巡門催納土者或以爲不祥禁絕之後金人斡離不圍京師其國謂之二郎君云

高宗時詩妖

按宋史五行志紹興二年李綱帥長沙道過建寧僧宗本題邑治之壁曰東燒西燒日月七七後數日江西盜李仁入境焚其邑七月七日也

孝宗時謠

按宋史五行志淳熙中淮西競歌汪秀才曲曰騎驢渡江過江不得又爲猱舞以和之後舒城狂生汪格謀不軌州兵入其家縛之其子拒殺聚惡少數千爲亂聲言渡江事平格亦伏誅　七年正月餘杭門外牆壁有詩其言頗涉怪後嫌得主名杖遣之主管城北廂劉君暨以失察異言坐削秩其詩不錄　十四年都城市井歌曰汝亦不來我家我亦不來汝家至紹熙二三年其事始應于兩宮

寧宗時謠讖詩妖

按宋史五行志慶元四年三月甲辰有鄱箭置詩達御前者詔宰臣究其詩不錄　嘉泰四年越人盛歌

鐵彈子白塔湖曲俄有盜金十一者自號鐵彈子繆傳其鬬死於白塔湖中後獲於諸暨縣

理宗時詩妖

按宋史五行志紹定三年都城市井作歌詞末句皆曰東君去後花無主朝廷惡而禁之未幾太子詢薨

金

章宗時謠

按金史五行志泰和時童謠易水流汴水流百年易過又休休兩家都好住前後總成留至貞祐中舉國遷汴

衛紹王時讖

按金史五行志初衛王即位改元大安四年改曰崇慶既而又改曰至寧有人謂曰三元大崇至矣俄而有胡沙虎之變

宣宗時謠

按金史五行志貞祐元年十二月乙卯雨木冰時衛州有童謠曰團戀冬劈半年寒食節沒人煙明年正月元兵破衛遂丘墟矣　興定五年十二月丁丑霜附木先是有童謠云青山轉轉山青耽誤盡少年人蓋言是時人皆爲兵轉鬬山谷戰伐不休當至老也

元

順帝時童謠訛言

按元史五行志至元五年八月京師童謠云白雁望南飛馬札望北跳　至正五年淮楚間童謠云富漢莫起樓窮漢莫起屋但看羊兒年便是吳家國　十五年京師童謠云一陣黃風一陣沙千里萬里無人家回頭雪消不堪看三眼和尚弄瞎馬此皆爲詩妖也　至元三年郡邑皆相傳朝廷欲括童男女於是市井鄉里競相嫁娶倉卒成言貧富長幼多不得其宜者此民訛也

按明通紀順帝至正十一年先是童謠云石人一隻眼挑動黃河天下反后開河果於黃陵岡得石人一眼而徐潁蘄黃之兵起　十六年六月彰德李實如黃瓜先是有童謠云李生黃瓜民皆無家

明

太祖時謠

按西墅遊記僞吳嘗用黃參軍敬夫蔡參軍彥文葉參軍德新圖事三人皆迂闊書生不識大計洪武丁未春太祖下江南三人皆伏誅其屍風乾於旗竿之首初吳中童謠曰丞相做事業專用黃菜葉一夜西風來乾癟避列切于是知童謠始驗

惠宗時謠

按明通紀燕王謁孝陵還御奉天殿即皇帝位是日復周王橚齊王榑爵土初建文中有道士歌於途曰莫逐燕逐燕日高飛高飛上帝畿已而忽不見人莫能測至是始驗其言云

憲宗時民訛

按名山藏成化元年三月揚州人民無故驚疑皆南奔

謠讖部總論

王充論衡

實知

儒者論聖人以爲前知千歲后知萬世有獨見之明獨聽之聰事來則名不學自知不問自曉故稱聖則神矣若蓍龜之知吉凶蓍草稱神龜稱靈矣賢者才下不能及智劣不能料故謂之賢夫名異則實殊質同則稱鈞以聖名論之知聖人卓絕與賢殊也孔子將死遺讖書曰不知何一男子自稱秦始皇上我之堂踞我之牀顚倒我衣裳至沙丘而亾其後秦王兼吞天下號始皇巡狩至魯觀孔子宅乃至沙丘道病而崩又曰董仲舒亂我書其後江都相董仲舒論思春秋造著傳記又書曰亾秦者胡也其後二世胡亥竟亾天下用三者論之聖人後知萬世之效也孔子生不知其父若母匿之吹律自知殷宋大夫子氏之世也不案圖書不聞人言吹律精思自知其世聖人前知千歲之驗也曰此皆虛也案神怪之言皆在讖記所表皆效圖書亾秦者胡河圖之文也孔子條暢增益以表神怪或後人詐記以明效驗高皇帝封吳王送之拊其背曰漢後五十年東南有反者豈汝邪到景帝時濞與七國通謀反漢建此言者或時觀氣見象處其有反不知主名高祖見濞之勇則謂之是原此以論孔子見始皇仲舒或時但言將有觀我之宅亂我之書者後人見始皇入其宅仲舒讀其書則增益其辭著其主名如孔子神而空見始皇仲舒則其自爲殷后子氏之世亦當默而知之無爲吹律以自定也孔子不吹律不能立其姓及其見始皇睹仲

舒亦復以吹律之類矣案始皇本事始皇不至魯安得上孔子之堂踞孔子之牀顛倒孔子之衣裳乎始皇三十七年十月癸丑出遊至雲夢望祀虞舜於九嶷浮江下觀藉柯度梅渚過丹陽至錢塘臨浙江濤惡乃西百二十里從陝中度上會稽祭大禹立石刊頌望於南海還過從江乘旁海上北至瑯琊自瑯琊北至勞成山因至之罘遂並海西至平原津而病崩於沙丘平臺既不至魯讖記何見而云始皇至魯至魯未可知其言孔子曰不知何一男子之言亦未可用不知何一男子之言不可用則言董仲舒亂我書亦復不可信也行事文記譎常人言耳非天地之書則皆緣前因古有所據狀如無聞見則無所狀凡聖人見禍福也亦揆端推類原始見終從閭巷論朝堂由昭昭察冥冥讖書秘文遠見未然空虛闇昧豫睹未有達聞暫見卓譎恠神若非庸口所能言放象事類以見禍推原往驗以處來事者亦能非獨聖也周公治魯太公知其後世當有削弱之患太公治齊周公睹其後世當有劫弒之禍見法術之極睹禍亂之前矣紂作象箸而箕子譏魯以偶人葬而孔子嘆緣象箸見龍干之患偶人睹殉葬之禍也太公周公俱見未然箕子孔子並睹未有所由見方來者賢聖同也魯侯老太子弱次室之女倚柱而嘯由老弱之徵見敗亂之兆也婦人之知尚能推類以見方來況聖人君子才高智明者乎秦始皇十年嚴襄王母夏太后薨孝文王后曰華陽后與文王葬壽陵夏太后嚴襄王葬於范陵故夏太后別葬杜陵曰東望吾子西望吾夫后百年旁當有萬家邑其後皆如其言必以推類見方來爲聖次室夏太后聖也秦昭王十年樗里子卒葬于渭南章臺之東曰后百年當有天子宮挾我墓至漢興長樂宮在其東未央宮在其西武庫正値其墓竟如其言先知之效見方來之驗也如以此校聖樗里子聖人也如非聖人先知見方來不足以明聖然則樗里子見天子宮挾其墓也亦猶辛有知伊川之當戎昔辛有過伊川見披髮而祭者曰不及百年此其戎乎其后百年晉遷陸渾之戎于伊川竟如辛有之知當戎見披髮之兆也樗里子之見天子挾其墓亦見博平之墓也韓信葬其母亦行營高敞地令其旁可置萬家其後竟有萬家處其墓旁故樗里子之見博平王有宮臺之兆猶韓信之睹高敞萬家之臺也先知之見方來之事無達視洞聽之聰明皆案兆察跡推原事類春秋之時卿大夫相與會遇見動作之變聽言談之詭善則明吉祥之福惡則處妖妄之禍明福處禍遠圖未然無神恠之知皆由兆類以今論之故夫可知之事者思慮所能見也不可知之事不學不問不能知也不學自知不問自曉古今行事未之有也夫可知之事惟精思之雖大無難不可知之事厲心學問雖小無易故智能之士不學不成不問不知難曰夫項託年七歲教孔子案七歲未入小學而教孔子性自知也孔子曰生而知之上也學而知之其次也夫言生而知之不言學問謂若項託之類也王莽之時勃海尹方年二十一無所師友性智開敏明達六藝魏都牧淳于倉奏方不學得文能讀誦論義引五經文文說議事厭合人之心帝徵方使射蜚蟲筴射無非知者天下謂之聖人夫無所師友明達六藝本不學書得文能讀此聖人也不學自能無師自達非神而何曰雖無師友亦已有問受矣不學書已弄筆墨矣兒始生產耳目始開雖有聖性安能有知項託七歲其三四歲時而受納人言矣尹方年二十一其十四五時多聞見矣性敏才茂獨思無所據不睹兆象不見類驗却念百世之後有馬生牛牛生驢桃生李李生梅聖人能知之乎臣弒君子弒父仁如顏淵孝如曾參勇如賁育辯如賜子聖人能見之乎孔子曰其或繼周者雖百世可知也又曰後生可畏焉知來者之不如今也論損益言可知稱後生言焉知後生難處損益易明也此尚爲遠非所聽察也使一人立於牆東令之出聲使聖人聽之牆西能知其黑白短長鄉里姓字所自從出乎溝有流壍澤有枯骨髮首陋亾肌肉腐絕使人詢之能知其農商老少若所犯而坐死乎非聖人無知其知無以知也知無以知非問不能知也不能知則賢聖所共病也難曰詹何坐弟子侍有牛鳴于門外弟子曰是黑牛也而白蹄詹何曰然是黑牛也而白其蹄使人視之果黑牛而以布裹其蹄詹何賢者尚能聽聲而知其色以聖人之智反不能知乎曰能知黑牛白其蹄能知此牛誰之牛乎白其蹄者以何事乎夫術數直見一端不能盡其實雖審一事曲辨問之輒不能盡知何則不目見口問不能盡知也魯僖公二十九年介葛盧來朝舍於昌衍之上聞牛鳴曰是牛生三犧皆已用矣或問何以知之曰其音云人問牛主竟如其言此復用術數非知所能見也廣漢楊翁仲聽鳥獸之音乘蹇馬之野田間有放眇馬相去

鳴聲相聞翁仲謂御曰彼放馬知此馬而目眇其御曰何以知之曰罵此轅中馬蹇此馬亦罵之眇其御不信往視之目竟眇焉翁仲之知馬聲猶詹何介葛盧之聽牛鳴也據術任數相合其意不達視聽遙見流目以察之也夫聽聲有術則察色有數矣惟用術數若先見聞衆人不知則謂神聖若孔子之見獸名之曰狌狌太史公之見張良似婦人之形矣案孔子未嘗見狌狌至輙能名之太史公與張良異世而目見其形使衆人聞此言則謂神而先知然而孔子名狌狌聞昭人之歌太史公之見張良觀宣室之畫也陰見默識用思深秘象人闊略寡所意識見聖賢之名物則謂之神推此以論詹何見黑牛白蹄猶此類也彼不以術數則先時聞見於外矣方今占射事之工據正術數術數不中集以人事人事於術數而用之與神無異詹何之徒方今占射事者之類也如以詹何之徒性能知之不用術數是則巢居者先知風穴處者先知雨智明早成項託尹方其是也難曰黃帝生而神靈弱而能言帝嚳生而自言其名未有聞見于外生輙能言稱其名非神靈之效先知之驗乎曰黃帝生而言然而母懷之二十月生計其月數亦已二歲在母身中矣帝嚳能自言其名然不能言他人之名雖有一能未能徧通所謂神而生知者豈謂生而能言其名乎乃謂不受而能知之未得能見之也黃帝帝嚳雖有神靈之驗亦皆早成之才也人才早成亦有晚就雖未就師家問室學人見其幼成早就稱之過度云項託七歲是必十歲云敎孔子是必孔子問之云黃帝帝嚳生而能言是亦數月云尹方年二十一是亦且三十云無所師友有不學書是亦遊學家習世俗褒稱過實毁敗踰惡世俗傳顏淵年十八歲升太山望見吳昌門外有繫白馬定考實顏淵三十不升太山不望吳昌門項託之稱尹方之譽顏淵之類也人才有高下知物由學學之乃知不問不識子貢曰夫子焉不學而亦何常師之有孔子曰吾十有五而志於學五帝三王皆有所師曰是欲爲人法也曰精思亦可爲人法何必以學者事難空知賢聖之才能立也所謂神者不學而知所謂聖者須學以聖以聖人學知其非聖天地之間含血之類無性知者狌狌知往鳱鵲知來稟天之性自然者也如以聖人爲若狌狌乎則夫狌狌之類鳥獸也童謡不學而知可謂神而先知矣如以聖人爲若童謡乎則夫童謡者妖也世間聖神以爲巫與鬼神用巫之口告人如以聖人爲若巫乎則夫爲巫者亦妖也與妖同氣則與聖異類矣巫與聖異則聖不能神矣不能神則賢之黨也同黨則所知者無以異也及其有異以入道也聖人疾賢者遲賢者才多聖人智多所知同業多少異量所道一途步趨相過事有難知易曉聖賢所共關思也若夫文質之復三教之重正朔相緣損益相因賢聖所共知也古之水火今之水火也今之聲色後世之聲色也鳥獸草木人民好惡以今見古以此知來千歲之前萬世之後無以異也追觀上古探察來世文質之類水火之輩賢聖共之見兆聞象圖畫禍福賢聖共之見怪名物無所疑惑賢聖共之事可知者賢聖所共知也不可知者聖人亦不能知也何以明之使聖空坐先知雨也性能一事知遠道孔竅不普未足以論也所論先知性達者盡知萬物之性畢睹千道之要也如知一不通二達左不見右偏駁不純踦校不具非所謂聖也如必謂之聖是明聖人無以奇也詹何之徒聖孔子之黨亦稱聖是聖無以異於賢賢無以乏於聖也賢聖皆能何以稱聖奇於賢乎如俱任用術數賢何以不及聖實者聖賢不能知性須任耳目以定情實其任耳目也可知之事思之輙決不可知之事待問乃解天下之事世間之物可思而愚夫能開精不可思而知上聖不能省孔子曰吾嘗終日不食終夜不寢以思無益不如學也天下事有不可知理有不可解聖人不能知非聖人不能知事有不可知若其可知無不知也故夫難知之事學問所能及也不可知之事問之學之不能曉也

訂鬼

一曰人且吉凶妖祥先見人之且死見百怪鬼在百妖之中故妖怪之動象人之形或象人之聲爲應故其妖動不離人形天地之間妖怪非一言有妖聲有妖文有妖或妖氣象人之形或人含氣爲妖象人之形諸所見鬼是也人含氣爲妖巫之類是也是以實巫之辭無所因據其吉凶自從口出若童謡矣童謡口自言巫辭意自出口自言意自出則其爲人與聲氣自立音聲自發同一實也世稱紂之時夜郊鬼哭及倉頡作書鬼夜哭氣能象人聲而哭則亦能象人形而見則人以爲鬼矣鬼之見也人之妖也天地之間禍福之至皆有兆象有漸不卒然有象不猥來天地之道人將亡凶亦出國將亡妖亦見猶人且吉吉

祥至國且昌昌瑞到矣故夫瑞應妖祥其實一也而世獨謂鬼者不在妖祥之中謂鬼猶神而能害人不通妖祥之道不睹物氣之變也國將亡妖見其亡非妖也人將死鬼來其死非鬼也亡國者兵也殺人者病也何以明之齊襄公將為賊所殺游於姑棼遂田於貝丘見大豕從者曰公子彭生也公怒曰彭生敢見引弓射之豕人立而啼公懼墜于車傷足喪履而為賊殺之夫殺襄公者賊也先見大豕於路則襄公且死之妖也人謂之彭生者有似彭生之狀也世人皆知殺襄公者非豕而獨謂鬼能殺人一惑也天地之氣為妖者太陽之氣也妖與毒同氣中傷人者謂之毒氣變化者謂之妖世謂童謠熒惑使之彼言有所見也熒惑火星有毒熒故當熒惑守宿國有禍敗火氣恍惚故妖象存亡龍陽物也故時變化鬼陽氣也時藏時見陽氣赤故世人盡見鬼其色純朱蜚凶陽也陽火也故蜚凶之類為火光火熱焦物故止集樹木枝葉枯死鴻範五行二曰火五事二曰言言火同氣故童謠詩歌為妖言言出文成故世有文書之怪世謂童子為陽故妖言出於小童童巫含陽故大雩之祭舞童暴巫雩祭之禮倍陰合陽故猶日食陰勝攻社之陰也日食陰勝故攻陰之類天旱陽勝故愁陽之黨巫為陽黨故魯僖遭旱議欲焚巫巫含陽氣以故陽地之民多為巫巫黨於鬼故巫者為鬼巫鬼巫比於童謠故巫之審者能處吉凶吉凶能處吉凶之徒也故申生之妖見於巫巫含陽能見為妖也申生為妖則知杜伯莊子義厲鬼之徒皆妖也杜伯之厲為妖則其弓矢投措皆妖毒也妖象人之形其毒象人之兵鬼毒同色故杜伯弓矢皆朱形也毒象人之兵則其中人人輒死也中人微者即為腓病者不即時死何則腓者毒氣所加也妖或施其毒不見其體或見其形不施其毒或出其聲不成其言或明其言不知其音若夫申生見其體成其言者也杜伯之屬見其體施其毒者也詩妖童謠石言之屬明其言者也濮水琴聲紂郊鬼哭出其聲者也妖之見出也或且凶而豫見或凶至而因出因出則妖與毒俱行豫見妖出不能毒申生之見豫見之妖也杜伯莊子義厲鬼至因出之妖也周宣王燕簡公宋夜姑時當死故妖見毒因擊晉惠公身當獲命未死故妖直見而毒不射然則杜伯莊子義厲鬼之見周宣王燕簡夜姑且死之妖也申生之出晉惠公且見獲之妖也伯有之夢駟帶公孫段且卒之妖也老父結草魏顆且勝之祥亦或時杜回見獲之妖也蒼犬噬呂后呂后且死妖象犬形也武安且卒妖象竇嬰灌夫之面也故凡世間所謂妖祥所謂鬼神皆太陽之氣為之也太陽之氣天氣也天能生人之體故能象人之容夫人所以生者陰陽氣也陰氣生為骨肉陽氣生為精神人之生也陰陽氣具故骨肉堅精氣盛精氣為知骨肉為強故精神言談形體固守骨肉精神合錯相持故能常見而不滅亡也太陽之氣盛而無陰故徒能為象不能為形無骨肉有精氣故一見恍惚輒復滅亡也

冊府元龜

謠言

古者命輶軒之使巡萬國采異言靡不畢載以為奏籍王者所以觀風俗之得失以考政也國風雅頌繇是生焉春秋已來乃有婉孌總角之謠傳於閭巷皆成章協律著禍福之先兆推尋參驗信而有徵洪範傳曰言之不從時則有詩妖是之謂也

容齋隨筆

讖緯之學

圖讖星緯之學豈不或中然要為誤人聖賢所不道也眭孟覩公孫病已之文勸漢昭帝求索賢人禪以帝位而不知宣帝實應之孟以此誅孔熙先知宋文帝禍起骨肉江州當出天子故謀立江州刺史彭城王而不知孝武實應之熙先以此誅當塗高之讖漢光武以詰公孫述袁術王浚皆自以姓名或父字應之以取滅亡而其兆為曹操之魏兩角犢子之讖周子諒以劾牛仙客李德裕以議牛僧孺而其兆為朱溫隋煬帝謂李氏當有天下遂誅李金才之族而唐高祖乃代隋唐太宗知女武將竊國命遂濫五娘子之誅而阿武婆幾易姓武后謂代武者劉劉無強姓殆流人也遂遣六道使悉殺之而劉幽求佐臨淄王平內難韋武二族皆殄滅晉張華郭璞魏崔伯深皆精於天文卜筮言事如神而不能免於身誅家族况其下者乎

謠讖部藝文

駁圖讖疏　後漢張衡

臣聞聖人明審律歷以定吉凶重之以卜筮雜之以九宮經天驗道本盡于此或觀星辰逆順寒燠所由或察龜策所占巫覡之言其所因者非一術也立言於前有徵於後故智者貴焉謂之讖書讖書始出蓋知之者寡自漢取秦用兵力戰功成業遂可謂大事當此之時莫或稱讖若夏侯勝眭孟之徒以道術立名其所述著無讖一言劉向父子領校秘書閱定九流亦無讖錄成哀之後乃始聞之尚書堯使鯀堙洪水九載績用不成鯀則殛死禹乃嗣興而春秋讖云共工理水凡讖皆云黃帝伐蚩尤而詩讖獨以爲蚩尤敗然後堯受命春秋元命包中有公輸班墨翟事見戰國非春秋時也又言別有益州益州之置在於漢世其名三輔諸陵世數可知至於圖中訖於成帝一卷之書互異數事聖人之言勢無若是殆必虛僞之徒以要世取資往者侍中賈逵摘讖互異三十餘事諸言讖者皆不能說至於王莽篡位漢世大禍八十篇何爲不戒則知圖讖成於哀平之際也且河洛六藝篇錄已定後人皮傳無所容篡永元中清河宋景遂以歷紀推言木災而僞稱洞視玉版或者至於棄家業入山林後皆無效而復采前世成事以爲證驗至於末建復統則不能知此皆欺世罔俗以昧勢位情僞較然莫之糾禁且律歷卦候九宮風角數有徵效世莫肯學而競稱不占之書譬猶畫工惡圖犬馬而好作鬼魅誠以實事難形而虛僞不窮也宜收藏圖讖一禁絕之則朱紫無所眩典籍無瑕玷矣

童謠賦 有序　唐潘炎

景龍二年九月後常有童謠云羊頭山作朝堂郡南六十里有羊頭山今興唐宮即當之矣賦曰

熒惑之星兮列天文降爲童謠兮告聖君發自鳩車之歲稱爲竹馬之羣其言伊何克明寶位惟山之北正應天邸之居曰興朝堂用彰天子之置大人占之而自負黎庶聞之而屬意天人合慶歷運其昌同康衢聞於翼善比歸亳順於成湯言且表微諒人神之應事惟在昔殊飛走之祥豈比卯金稱爲劉氏赤伏徵于漢光且游童之謳謠羌見偉于疇昔千古所記百王不易豈徒采于茅茨空用書于竹帛天贊我皇特高列辟惟一人之有應振六合之光宅

敕天文圖讖制　常袞

敕天文著象職在于疇人讖緯不經蘊深于疑衆蓋有國之禁非私家所藏雖裨竈明徵子產尚推之人事王彤必驗景略猶寘於典刑况動涉訛謬率皆矯誣者乎故聖人以經籍之義資理化之本仄言曲學實紊大猷去左道之亂政俾彝倫而攸敘自四方多故一紀於茲或有妄庸輙陳休咎假造符命私習星曆共肆窮鄉之辯相傳委巷之談飾詐多端順非而澤熒惑州縣詿誤閭閻懷挾邪妄莫逾于此其元象器物天文圖書讖書七曜曆太乙雷公式等準法官人百姓等私家並不合輒有自今以後宜令天下諸州府切加禁斷各委本道觀察節度等與刺史縣令嚴加捉搦仍令分明牓示鄉村要路并勒鄰伍遞相爲保如先有藏蓄者限勅到十日內齎送官司委本州刺史等對衆焚毀如限外隱藏有人糾告者其藏隱人先决杖一百仍禁身聞奏其糾告人先有官及無官者每告得一人超資授正員官其不願任官者給賞錢五百貫文仍取當處官錢三日內分付訖具狀聞奏告得兩人已上累酬官賞其州府長史縣令本判官等不得捉搦委本道使具名彈奏當重科貶兩京委御史臺切加訪察聞奏準前處分咨爾方面勳臣洎十連庶尹罔不誠亮王室簡于朕心無近憸人慎乃有位端本靜末其誠之哉

妖言判

王遇于鄉閭妖言村人告事

對　闕名

王遇稟性不臧立身非謹官雖登於一命慮猶闕於三緘不忍口闕坐彰言玷妖詞妄作雖未惑於平人正罪應論事可繩於峻典定刑名於木吏應入流條量減贖於金科合從徒坐

欽定古今圖書集成曆象彙編庶徵典

第一百五十五卷目錄

謠讖部紀事一

庶徵典第一百五十五卷

謠讖部紀事一

春秋合誠圖黃帝遊元扈洛上與大司馬容光左右輔周昌等百二十人臨之有鳳銜圖以置帝前

竹書紀年沈註堯治天下五十年不知天下治歟不治歟不知億兆之願戴己歟顧問左右左右不知問外朝外朝不知問在野在野不知堯乃微服遊於康衢聞兒童謠曰立我蒸民莫非爾極不識不知順帝之則堯喜問曰誰教爾爲此言兒童曰我聞之大夫問大夫大夫曰古詩也堯還宮問舜因禪以天下舜不辭而受之

瑯嬛記舜漁于澤聞水中有聲若雷見一玉牌浮出水面取視之其文曰受而禪惟汝彥因名其澤曰雷

尚書中候天乙在亳諸鄰國襁負歸德東觀于洛習禮堯壇降三分沉璧退立榮光不起黃魚雙躍出濟于壇黑烏以雄隨魚亦止化爲黑玉赤勒曰元精天乙受神福伐桀克三年天下悉合

竹書紀年沈註初黃帝之世讖言曰西北爲王期在甲子昌制命發行誅旦行道及公劉之後十三世而生季歷季歷之十年飛龍盈于殷之牧野此蓋聖人在下位將起之符也季歷之妃曰太任夢長人感己溲于豕牢而生昌是爲周文王龍顏虎肩身長十尺胸有四乳太王曰吾世當有興者其在昌乎季歷之兄曰太伯知天命在昌適越終身不反弟仲雍從之故季歷爲嗣以及昌昌爲西伯作邑於豐文王之妃曰太姒夢商庭生棘太子發植梓樹於闕間化爲松柏棫柞以告文王文王幣率群臣與發並拜告夢季秋之甲子赤爵銜書及豐止於昌戶昌拜稽首受其文要曰姬昌蒼帝子亡殷者紂王將畋史編卜之曰將大獲非熊非羆天遣大師以佐昌臣太祖史疇爲禹卜畋得陶皋其兆類此至于磻溪之水呂尚釣于涯王下趨拜曰望公七年乃今見光景于斯尚立變名答曰望釣得玉璜其文要曰姬受命昌來提撰爾洛鈐報在齊尚出遊見赤人自洛出授尚書命曰名佐昌者子文王夢日月著其身又鸑鷟鳴于岐山孟春六旬五緯聚房後有鳳凰銜書遊文王之都書又曰殷帝無道虐亂天下星命已移不得復久靈祇遠離百神吹去五星聚房昭理四海文王既沒太子發代立是爲武王武王駢齒望羊將伐紂至于孟津八百諸侯不期而會咸曰紂可伐矣武王不從及紂殺比干囚箕子微子去之乃伐紂渡孟津中流白魚躍入王舟王俯取魚長三尺目下有赤文成字言紂可伐王寫以世字魚文消燔魚以告天有火自天止于王屋流爲赤烏烏銜穀焉穀者紀后稷之德火者燔魚以告天天火流下應以告也遂東伐紂勝于牧野兵不血刃而天下歸之

左傳宋武公生仲子仲子生而有文在其手曰爲魯夫人故仲子歸于我

漢書五行志晉穆侯以條之役生太子名之曰仇其弟以千畝之戰生名之曰成師師服曰異哉君之名子也夫名以制誼誼以出禮禮以體政政以正民是以政成而民聽易則生亂嘉耦曰妃怨耦曰仇古之命也今君名太子曰仇弟曰成師始兆亂矣兄其替乎及仇嗣立是爲文侯文侯卒子昭侯立封成師於曲沃號桓叔後晉人殺昭侯而納桓叔不克復立昭侯子孝侯桓叔子嚴伯殺之晉人立其弟鄂侯鄂侯生哀侯嚴伯子武公復殺哀侯及其弟滅之而代有晉國

左氏傳晉獻公時童謠曰丙之晨龍尾伏辰袀服振振取虢之旂鶉之賁賁天策焞焞火中成軍虢公其奔是時虢爲小國介夏陽之阸怙虞國之助亢衡于晉有炕陽之節失臣下之心晉獻伐之問于卜偃曰吾其濟乎偃以童謠對曰克之十月朔丙子旦日在尾月在策鶉火中必此時也冬十二月丙子朔晉師滅虢虢公醜奔周周十二月夏十月也言天者以夏正

史記晉惠公時童謠曰恭太子更葬兮後十四年晉亦不昌昌乃在其兄是時惠公賴秦力得立立而背秦內殺二大夫國人不說及更葬其兄恭太子申生而不敬故詩妖作也後與秦戰爲秦所獲立十四年而死晉人絕之更立其兄重耳是爲文公遂伯諸侯

左傳僖公十六年冬十二月會於淮謀鄫且東略也

城鄫役人病有夜登丘而呼曰齊有亂不果城而還

十有七年冬十月乙亥齊桓公卒

二十三年重耳過衛乞食于野人與之塊公子怒欲鞭之子犯曰天賜也稽首受而載之

尚書中候秦穆公出狩至于咸陽日稷庚午天震大雷有火下化爲白雀銜籙丹書集于公車公俯取其書言繆公之霸也訖胡亥秦家世事

國語晉惠公入而背外內之賂輿人誦之曰佞之見佞果喪其田詐之見詐果喪其賂得國而狃終逢其咎喪田不懲禍亂其興既里丕死禍公隕于韓郭偃曰善哉夫衆口禍福之門也是以君子省衆而動監戒而謀謀度而行故無不濟內謀外度考省不倦日考而習戒備畢矣

惠公卽位出共世子而改葬之臭達于外國人誦之曰貞之無報也孰是人斯而有是臭也貞爲不聽信爲不誠國斯無刑媮居幸生不更厥貞大命其傾威兮懷兮各聚爾有以待所歸兮猗兮違兮心之哀兮歲之二七其靡有徵兮若翟公子吾是之依兮鎭撫國家爲王妃兮郭偃曰甚哉善之難也君改葬共君以爲榮也而惡滋章夫人美于中必播于外而越于民民寔戴之惡亦如之故行不可不愼也必或知之十四年君之冢嗣其替乎其數告于民矣公子重耳其入乎其魄兆于民矣若入必伯諸侯以見天子其光耿于民矣數言之紀也魄意之術也光明之耀也紀言以敘之述意以導之明耀以焰之不至何待欲先導者行乎將至矣

搜神記秦穆公時陳倉人掘地得物若羊非羊若豬非豬牽以獻穆公道逢二童子童子曰此名爲媦常在地食死人腦若欲殺之以柏插其首媦曰彼二童子名爲陳寶得雄者王得雌者伯陳倉人捨媦逐二童子童子化爲雉飛入平林陳倉人告穆公穆公發徒火獵果得其雌又化爲石置之汧渭之間至文公時爲陳寶立祠其雄者飛至南陽今南陽雄縣是其地也秦欲表其符故以名縣每陳倉祠時有赤光長十餘丈從雄縣來入陳倉祠中有聲殷殷如雄雉其後光武起于南陽

漢書五行志左氏傳文成之世童謠曰鸜之鵒之公出辱之鸜鵒之羽公在外野往饋之馬鸜鵒跦跦公在乾侯徵褰與襦鸜鵒之巢遠哉遙遙禂父喪勞宋父以驕鸜鵒鸜鵒往歌來哭至昭公時有鸜鵒來巢公攻季氏敗出奔齊居外野次乾侯八年死于外歸葬魯昭公名稠公子宋立是爲定公

國語秦后子來奔趙文子見之問曰秦君道乎對曰不識文子曰公子辱于敝邑必避不道也對曰有焉文子曰猶可以久乎對曰鍼聞之國無道而年穀龢孰鮮不五稔文子視日曰朝夕不相及誰能俟五文子出后子謂其徒曰趙孟將死矣夫君子寬惠以恤後猶恐不濟今趙孟相晉國以主諸侯之盟思長世之德歷遠年之數猶懼不終其身今玩日而愒歲怠偷甚矣非死逮之必大咎冬趙文子卒

莊子則陽篇衛靈公死卜葬於故墓不吉卜葬于沙丘而吉掘之數仞得石槨焉洗而視之有銘焉曰不馮其子靈公奪而里之

左傳昭公二十五年有鸜鵒來巢書所無也師已曰異哉吾聞文武之世童謠有之曰鸜之鵒之公出辱之鸜鵒之羽公在外野往饋之馬鸜鵒跦跦公在乾侯徵褰與襦鸜鵒之巢遠哉遙遙稠父喪勞宋父以驕鸜鵒鸜鵒往歌來哭童謠有是今鸜鵒來巢其將及乎

搜神記宋大夫邢史子臣明于天道周敬王之三十七年景公問曰天道其何祥對曰後五十年五月丁亥臣將死死後五年五月丁卯吳將亾亾後五年君將終終後四百年邾王天下俄而皆如其言所云邾王天下者謂魏之興也邾曹姓魏亦曹姓皆邾之後其年數則錯未知邢史失其數耶將年代久遠注記者傳而有謬也

珍珠船田單攻狄三月不克齊小兒謠曰大冠若箕修劍拄頤攻狄不下枯骨成丘

述異記始皇二十六年童謠云阿房阿房亾始皇

漢書元后傳冠軍張永獻符命銅璧文言太皇太后當爲新室文母太皇太后莽迺下詔曰予視羣公咸曰休哉其文字非刻非畫厥性自然予伏念皇天命予爲子更命太皇太后爲新室文母太皇太后協于新室故交代之際信于漢氏哀帝之代世傳行詔籌爲西王母共具之祥當爲歷代爲母昭然著明予祇畏天命敢不欽承謹以月令吉日親率羣公諸侯卿士奉上皇太后璽紱以當順天心光于四海焉太后聽許莽於是封張永爲貢符子

後漢書光武本紀光武避吏新野因賣穀於宛宛人李通等以圖讖說光武云劉氏復起李氏爲輔光武初不敢當然獨念兄伯升素結輕客必舉大事且王

莽敗亡已兆天下方亂遂與定謀

小名錄東漢世祖諱秀字文叔初南頓君爲濟陽令而世祖生是歲嘉禾生縣界大熟因名秀故讖言劉秀作天子二十一世祖亦自負焉

後漢書祭遵傳遵拜征虜將軍時新城蠻中山賊張滿屯結險隘爲人害詔遵攻之遵絕其糧道滿數挑戰遵堅壁不出而厭新柏華餘賊復與滿合遂攻得霍陽聚遵乃分兵擊破降之明年春張滿饑困城拔生獲之初滿祭祀天地自云當王旣執歎曰讖文誤我乃斬之

鄧晨傳晨字偉卿南陽新野人也世吏二千石父宏豫章都尉晨初娶光武姊元王莽末光武嘗與兄伯升及晨俱之宛與穰人蔡少公等讌語少公頗學圖讖言劉秀當爲天子或曰是國師公劉秀乎光武戲曰何用知非僕邪坐者皆大笑晨心獨喜及光武與家屬避吏新野舍晨廬甚相親愛晨因謂光武曰王莽悖暴盛夏斬人此天亾之時也往時會宛獨當應邪光武笑不答

祭祀志建武三十年二月群臣上言卽位三十年宜封禪泰山詔書曰卽位三十年百姓怨氣滿腹吾誰欺欺天乎曾謂泰山不如林放何汙七十二代之編錄桓公欲封管仲非之若郡縣遠遣吏上壽盛稱虛美必髠兼令屯田從此羣臣不敢復言三月上幸魯過泰山告太守以上過故承詔祭山及梁父時虎賁中郎將梁松等議記曰齊將有事泰山先有事配林蓋諸侯之禮也河嶽視公侯王者祭焉宜無卽事之漸不祭配林三十二年正月上齋夜讀河圖會昌符曰赤劉之九會命岱宗不愼克用何益於承誠善用之姦僞不萌感此文乃詔梁松等復案索河雒讖文言九世封禪事者松等列奏乃許焉刻石文曰維建武三十有二年二月皇帝東巡狩至於岱宗柴望秩於山川班于羣神遂覲東后從臣太尉憙行司徒事特進高密侯禹等漢賓二王之後在位孔子之後襃成侯序在東后蕃王十二咸來助祭河圖赤伏符曰劉秀發兵捕不道四夷雲集龍鬬野四七之際火爲主河圖會昌符曰赤帝九世巡省得中治平則封誠合帝道孔矩則天文靈出地祇瑞興帝劉之九會命岱宗誠善用之姦僞不萌赤漢德興九世會昌巡岱皆當天地扶九崇經之常漢大興之道在九世之王封于泰山刻石著紀禪于梁父退省考五河圖合古篇曰帝劉之秀九名之世帝行德封刻政河圖提劉予曰九世之帝方明聖持衡拒九州平天下予雒書甄曜度曰赤三德昌九世會修符合帝際勉刻封孝經鉤命決曰予誰行赤劉用帝三建孝九會修專茲竭行封岱青河雒命后經讖所傳昔在帝堯聰明密微讓與舜庶後裔握機王莽以舅后之家三司鼎足冢宰之權勢依託周公霍光輔幼歸政之義遂以篡叛僭號自立宗廟隳壞社稷喪亾不得血食十有八年揚徐青三州首亂兵革橫行延及荊州豪傑幷兼百里屯聚往往僭號北夷作寇千里無煙無雞鳴犬吠之聲皇天睠顧皇帝以匹庶受命中興年二十八載興兵起是以中次誅討十有餘年罪人則斯得黎庶得居爾田安爾宅書同文車同軌人同倫舟輿所通人迹所至靡不貢職建明堂立辟雍起靈臺設庠序同律度量衡修五禮五玉三帛二牲一死贄吏各修職復於舊典在位三十有二年年六十二乾乾日昃不敢荒寧涉危歷險親巡黎元恭肅神祇惠恤耆老理庶遵古聰允明恕皇帝唯愼河圖雒書正文是月辛卯柴登封泰山甲午禪于梁陰以承靈瑞以爲兆民永茲一宇垂于後昆百僚從臣郡守師尹咸蒙祉福永永無極秦相李斯燔詩書樂崩禮壞建武元年已前文書散亾舊典不具不能明經文以章句細微相況八十一卷明者爲驗又其十卷皆不昭晰子貢欲去告朔之餼羊子曰賜也爾愛其羊我愛其禮後有聖人正失誤刻石記

尹敏傳敏辟大司空府帝以敏博通經記令校圖讖使蠲去崔發所爲王莽著錄次比敏對曰讖書非聖人所作其中多近鄙別字頗類世俗之辭恐疑誤後生帝不納敏因其闕文增之曰君無口爲漢輔帝見而怪之召敏問其故敏對曰臣見前人增損圖書敢不自量竊幸萬一帝深非之雖竟不罪而亦以此沈滯

公孫述傳述好爲符命鬼神瑞應之事妄引讖記以爲孔子作春秋爲赤制而斷十二公明漢至平帝十二代歷數盡也一姓不得再受命又引籙運法曰廢昌帝立公孫括地象曰帝軒轅受命公孫氏握援神契曰西太守乙卯金謂西方太守而乙絕卯金也五德之運黃承赤而白繼黃金據西方爲白德而代王氏得其正序又自言手文有奇及得龍興之瑞數移書中國冀以感動衆心帝患之乃與述書曰圖讖言公孫卽宣帝也代漢者當塗高君豈高之身耶乃復

以掌文爲瑞王莽何足效乎君非吾賊臣亂子倉卒時人皆欲爲君事耳何足數也君日月已逝妻子弱小當早爲定計可以無憂天下神器不可力爭宜留三思署曰公孫皇帝述不答

鄭興傳興爲大中大夫帝嘗問興郊祀事曰吾欲以讖斷之何如興對曰臣不爲讖帝怒曰卿之不爲讖非之耶興惶恐曰臣於書有所未學而無所非也帝意乃解興數言政事依經守義文章溫雅然以不善讖故不能任

桓譚傳譚拜議郎給事中時帝方信讖多以決定嫌疑又醻賞少薄天下不時安定譚上疏曰夫策謀有益於政道者以合人心而得事理也凡人情忽於見事而貴於異聞觀先王之所記述咸以仁義正道爲本非有奇怪虛誕之事蓋天道性命聖人所難言也自子貢以下不得而聞況後世淺儒能通之乎今諸巧慧小才伎數之人增益圖書矯稱讖記以欺惑貪邪詿誤人主焉可不抑遠之哉臣譚伏聞陛下窮折方士黃白之術甚爲明矣而乃欲聽納讖記又何誤也其事雖有時合譬猶卜數隻偶之類陛下宜垂明聽發聖意屏羣小之曲說述五經之正義略雷同之俗語詳通人之雅謀又臣聞安平則尊道術之士有難則貴介胄之臣今聖朝興復祖統爲人臣主而四方盜賊未盡歸伏者此權謀未得也臣譚伏觀陛下用兵諸所降下既無重賞以相恩誘或至虜掠奪其財物是以兵長渠率各生狐疑黨輩連結歲月不解古人有言曰天下皆知取之爲取而莫知與之爲取陛下誠能輕爵重賞與士共之則何招而不至何說而不釋何向而不開何征而不尅如此則能以狹爲廣以遲爲速亡者復存失者復得矣帝省奏愈不悅其後有詔會議靈臺所處帝謂譚曰吾欲讖決之何如譚默然良久曰臣不讀讖帝問其故譚復極言讖之非經帝大怒曰桓譚非聖無法將下斬之譚叩頭流血良久乃得解出爲六安郡丞

耿純傳純以前將軍從時眞定王劉揚復造作讖記云赤九之後癭揚爲主揚病癭欲以惑衆與綿曼賊交通建武二年春遣騎都尉陳副游擊將軍鄧隆徵揚揚閉城門不內副等乃復遣純持節行赦令於幽冀所過並使勞慰王侯密勅純曰劉揚若見因而收之純使吏士百餘騎與副隆會元氏俱至眞定止傳舍揚稱病不謁以純眞定宗室之出遣使與純書欲相見純報曰奉使見王侯牧守不得先詣如欲面會宜出傳舍時揚弟林邑侯讓及從兄細各擁兵萬餘人揚自恃衆强而純意安靜卽從官屬詣之兄弟並將輕兵在門外揚入見純純接以禮敬因延請其兄弟皆入乃閉閤悉誅之因勒兵而出眞定震怖無敢動者

翟酺傳酺善圖緯天文歷數筭徵拜議郎遷侍中時尚書有缺詔將大夫六百石以上試對政事天文道術以高第者補之酺自恃能高而忌故太史令孫懿恐其先用乃往候懿既坐言無所及唯涕泣流連懿怪而問之酺曰圖書有漢賊孫登將以才智爲中官所害觀君表相似當應之酺受恩接悽愴君之禍耳懿憂懼移病不試由是酺對第一

張衡傳初光武善讖及顯宗肅宗因祖述焉自中興之後儒者爭學圖緯兼復附以妖言衡以圖緯虛妄非聖人之法乃上疏

獻帝春秋初黃巾賊起靈帝建九重華蓋自稱無上將軍身被介胄謀兵京城先是造作角錢猶五銖而有四道連於邊輪百姓各有識者以爲妖徵竊言新錢有四道京城將壞而此錢四出散於四方之外乎遂皆如其言

董卓未誅有書三尺布幡上作兩口相銜之字負之於道歌曰布乎及呂布殺董卓負布者不復見

董卓傳王允與呂布及僕射士孫瑞謀誅卓有人書呂字於布上負而行於市歌曰布乎有告卓者卓不悟

袁術傳術少見讖書言代漢者當塗高自云名字應之又以袁氏出陳爲舜後以黃代赤德運之次遂有僭逆之謀

成都古今記紅樓先主所建綵繪華侈初穎川人華洪隨先主入蜀賜姓王名宗侃至是造紅樓城中人相率來觀曰看畫紅樓先主以爲應華洪之讖乃誅之

魏志文帝本紀注獻帝傳載禪代衆事曰左中郎將李伏表魏王曰昔先王初建魏國在境外者聞之未審皆以爲拜王武都李庶姜合羈旅漢中謂臣曰必爲魏公未便王也定天下者魏公子桓神之所命當合符讖以應天人之位臣以合辭語鎭南將軍張魯魯亦問合知書所出合曰孔子玉版也天子歷數雖百世可知是後月餘有亡人來寫得冊文卒如合辭

魏王侍中劉廙辛毗劉曄尚書令桓階尚書陳矯陳

羣給事黃門侍郎王毖董遇等言臣伏讀左中郎將李伏上事考圖緯之言以效神明之應稽之古代未有不然者也故堯稱歷數在躬璇璣以明天道周武未戰而赤烏銜書漢祖未兆而神母告符孝宣仄微字成木葉光武布衣名已勒讖是天之所命以著聖哲非有言語之聲芬芳之臭可得而知也徒縣象以示人徵物以效意耳自漢德之衰漸染數世桓靈之末皇極不建暨於大亂二十餘年天之不泯誕生明聖以濟其難是以符讖先著以彰至德殿下踐祚未朞而靈象變於上羣瑞應於下四方不羈之民歸心向義惟懼在後雖典籍所傳未若今之盛也辛亥太史丞許芝條魏代漢見讖緯於魏王曰易傳曰聖人受命而王黃龍以戊己日見七月四日戊寅黃龍見此帝王受命之符瑞最著明者也又曰初六履霜陰始凝也又有積蟲大穴天子之宮厥咎然今蝗蟲見應之也又曰聖人以德親比天下仁恩洽普厥應麒麟以戊己日至厥應聖人受命又曰聖人清淨行中正賢人福至民從命厥應麒麟來春秋漢含孳曰漢以魏魏以徵春秋玉版讖曰代赤眉者魏公子春秋佐助期曰漢以許昌失天下故白馬令李雲上事曰許昌氣見於當塗高當塗高者當昌於許當塗高者魏也象魏者兩觀闕是也當道而高大者魏魏當代漢今魏基昌于許漢徵絕于許乃今效見如李雲之言許昌相應也佐助期又曰漢以蒙孫亡說者以蒙孫漢二十四帝童蒙愚昏以弱亡或以雜文爲蒙其孫當失天下以爲漢帝非正嗣少時爲董侯名不正蒙亂之荒惑其子孫以弱亡孝經中黃讖曰日載東絕火光不橫一聖聰明四百之外易姓而王天下歸功致太平居八甲共禮樂正萬民嘉樂家和雜此魏王之姓諱著見圖讖易運期讖曰言居東西有午兩日並光日居下其爲主反爲輔五八四十黃氣受眞人出言午許字兩日昌字漢當以許亡魏當以許昌今際會之期在許是其大效也易運期又曰鬼在山禾女連王天下臣聞帝王者五行之精易姓之符代興之會以七百二十年爲一軌有德者遇之至於八百無德者不及至四百載是以周家八百六十七年夏家四百數十年漢行夏正迄今四百二十二歲又高祖受命數雖起乙未然其兆徵始於獲麟獲麟以來七百餘年天之歷數將以盡終帝王之興不常一姓太微中黃帝坐常明而赤帝坐常不見以爲黃家興而赤家衰凶亾之漸自是以來四十餘年又熒惑失色不明十有餘年建安十年慧星先除紫微二十三年復掃太微新天子氣見東南以來二十三年白虹貫日月蝕熒惑比年己亥壬子丙午日蝕皆水滅火之象也殿下即位初踐阼德配天地行合神明恩澤盈溢廣被四表格於上下是以黃龍數見鳳凰仍翔麒麟皆臻白虎效仁前後獻見於郊甸甘露醴泉奇獸神物衆瑞並出斯皆帝王受命易姓之符也昔黃帝受命風后受河圖舜禹有天下鳳凰翔洛出書湯之王白烏爲符文王爲西伯赤烏銜丹書武王伐殷白魚升舟高祖始起白蛇爲徵巨跡瑞應皆爲聖人興觀漢前後之大災今茲之符瑞察圖讖之期運揆河洛之所甄未若今大魏之最美也夫得歲星者道始興昔武王伐殷歲在鶉火有周之分野也高祖入秦五星聚東井有漢之分野也今茲歲星在大梁有魏之分野也而天之瑞應並集來臻四方歸附襁負而至兆民欣戴咸樂嘉慶京房作易傳曰凡爲王者惡者去之弱者奪之易姓改代天命應常人謀鬼謀百姓與能伏惟殿下體堯舜之聖明膺七百之禪代當湯武之期運值天命之移授河洛所表圖讖所載昭然明白天下學士所共見也臣職在史官考符察徵圖讖效見際會之期謹以上聞

拾遺記魏文帝美人薛靈芸帝以文車十乘迎之靈芸未至京師數十里膏燭之光相續不滅車徒咽路塵起蔽於星月時人謂爲塵宵又築土爲臺基高三十丈列燭於臺下名曰燭臺遠望如列星之墜地又於大道之傍一里一銅表高五尺以誌里數故行者歌曰青槐夾道多塵埃龍樓鳳闕望崔嵬清風細雨雜香來土上出金火照臺此七字是妖辭也爲銅表誌里數於道側是土上出金之義以燭置臺下則火在土下之義漢火德王魏土德王火伏而土興土上出金是魏滅而晉興也

潯陽記湓城灌嬰所築建安中孫權經此城自標井地令人掘之正得故井有石銘云漢六年潁陰侯所開卜云三百年當塞塞後不滿百年當爲應運者所開權見銘欣悅以爲己瑞時咸異之井甚深大江有風浪此井輒動土人呼爲浪井

搜神記吳以草創之國信不堅固邊屯守將皆質其妻子名曰保質童子少年以類相與娛遊者日有十數孫休永安三年三月有一異兒長四尺餘年可六七歲衣青衣忽來從羣兒戲諸兒莫之識也皆問曰

爾誰家小兒今日忽來答曰見爾羣戲樂故來耳詳而視之眼有光芒爚爚外射諸兒畏之重問其故兒乃答曰爾恐我乎我非人也乃熒惑星也將有以告爾三公歸於司馬諸兒大驚或走告大人大人馳往觀之兒曰舍爾去乎聳身而躍即以化矣仰而視之若曳一疋練以登天大人來者猶及見焉飄飄漸高有頃而沒時吳政峻急莫敢宣也後四年而蜀亡六年而魏廢二十一年而吳平是歸於司馬也

蜀志向朗傳朗兄子寵寵弟充歷射聲校尉尚書注襄陽記曰魏延熙元年六月鎮南將軍衛瓘至於成都得璧玉印各一枚文似成信字魏人宣示百官藏於相國府充聞之曰吾聞譙周之言先帝諱備其訓具也後主諱禪其訓授也如言劉已具矣當授與人也今中撫軍名炎而漢年極於炎興瑞出成都而藏之於相國府此殆天意也是歲拜充爲梓潼太守明年十二月而晉武帝即尊位炎興於是乎徵焉

吳志孫皓傳天紀三年夏郭馬反馬本合浦太守修允部曲督按註漢晉春秋曰先是吳有說讖者曰吳之敗兵起南裔世吳者公孫也皓聞之文武職位至於卒伍有姓公孫者皆徙於廣州不令停江邊及聞馬反大懼曰此天亾也

孫皓傳註江表傳曰初丹陽刁元使蜀得司馬徽與劉廙論運命歷數事元詐增其文以誑國人曰黃旗紫蓋見於東南終有天下者荆揚之君乎又得國中降人言壽春下有童謠曰吳天子當上皓聞之喜曰此天命也即載其母妻子及後宮數千人從牛渚陸道西上云青蓋入洛陽以順天命行遇大雪道塗陷壞兵士被甲持仗百人共引一車寒凍殆死兵人不堪皆曰若遇敵便當倒戈耳皓聞之乃還

獨異志司馬懿拜司空日夜有人扣門請見自稱白虎使者皆衣白衣懷中探一物內懿手中戒曰兩世愼勿開墓中絕言訖不見懿曰此或數也遂開視之乃一金龍子長三四寸背上有銘云父子從我受重火至武帝受禪世墓中絕元帝渡江都建鄴

晉書楊駿傳賈后欲預政事而憚駿不得逞其所欲又不肯以婦道事皇太后黃門董猛始自帝之爲太子即爲寺人監在東宮給事于賈后密通消息於猛謀廢太后猛乃與肇觀潛相結托賈后又令肇報大司馬汝南王亮使連兵討駿亮曰駿之凶暴死亡無日不足憂也肇報楚王瑋瑋然之於是求入朝駿素憚瑋先欲召入防其爲變因遂聽之及瑋至觀肇乃啓帝夜作詔中外戒嚴遣使奉詔廢駿以侯就第東安公繇率殿中四百人隨其後以討駿段廣跪而言於帝曰楊駿受恩先帝竭心輔政且孤公無子豈有反理願陛下審之帝不答時駿居曹爽故府在武庫南聞內有變召衆官議之太傅主簿朱振說駿曰今內有變其趣可知必是閹豎爲賈后設謀不利于公宜燒雲龍門以示威索造事者首開萬春門引東宮及外營兵公自擁翼皇太子入宮取奸人殿內震懼必斬送之可以免難駿素怯懦不決乃曰魏明帝造此大功奈何燒之侍中傳祗夜白駿請與武茂俱入雲龍門觀察事勢祗因謂羣寮宮中不宜空便起揖於是皆走尋而殿中兵出燒駿府又令弩士於閣上臨駿府而射之駿兵皆不得出駿逃於馬廄以戟殺之觀等受賈后密旨誅駿親黨皆夷三族死者數千人又令李肇焚駿家私書賈后不欲令武帝顧命手詔聞於四海也駿既誅莫敢收者惟太傅舍人巴西閻纂殯斂之初駿徵高士孫登遺以布被登截被於門大呼曰斫斫刺刺旬日託疾詐死及是其言果驗永熙中溫縣有人如狂造書曰光光文長大戟爲牆毒藥雖行戟還自傷及駿居內府以戟爲衛焉

搜神記初漢元成之世先識之士有言曰魏年有和當有開石於西三千餘里繫五馬文曰大討曹及魏之初興也張掖之柳谷有開石焉始見於建安形成於黃初文備於太和周圍七尋中高一仞蒼質素章龍馬麟鹿鳳凰仙人之象粲然咸著此一事者魏晉代興之符也至晉泰始三年張掖太守焦勝上言以留郡本國圖校今石文文字多少不同謹具圖上按其文有五馬象其一有人平上幘執戟而乘之其一有若馬形而不成其字有金有中有大司馬有王有大吉有正有開壽其一成行曰金當取之

晉書潘岳傳孫秀誣岳及石崇歐陽建謀奉淮南王允齊王冏爲亂誅之夷三族岳將詣市與母別曰負阿母初被收俱不相知石崇已送在市岳後至崇謂之曰安仁卿亦復爾邪岳曰可謂白首同所歸岳金谷詩云投分寄石友白首同所歸乃成其讖

物類相感志浮石丹陽記湖熟縣晉惠帝年中湖中有石廣二百步浮來登岸百姓咸言石來明年石勒作亂

晉書長沙王乂傳乂執權之始洛下謠曰草木萌芽殺長沙乂以正月二十五日廢二十七日死如謠言

爲

齊王冏傳冏之盛也有一婦人詣大司馬府求寄產吏詰之婦人曰我截齊便去耳識者聞而惡之時又謠曰著布袙腹爲齊持服俄而冏誅

愍帝本紀劉曜逼京師內外斷絕帝乘羊車肉袒銜璧輿櫬出降羣臣號泣攀車執帝之手帝亦悲不自勝御史中丞吉朗自殺曜焚櫬受璧使宋敞奉帝還宮初有童謠曰天子何在豆田中時王浚在幽州以豆有藿殺隱士霍原以應之及帝如曜營營實在城東豆田壁

小名錄瑯琊恭王覲妃小字銅環生元帝先有讖云銅馬入海建業期後元帝果興於江左

晉書張駿傳建興十二年駿親耕籍田尋承元帝崩問駿大臨三日會有黃龍見於揖次之嘉泉右長史氾禕言於駿曰按建興之年是少帝始起之號帝以凶終理應改易朝廷越在江南音問隔絕宜因龍改號以章休徵不從初駿之立也姑臧謠曰鴻從南來雀不驚誰謂孤雛尾翅生高舉六翮鳳凰鳴至是而復收河南之地

元帝本紀初元石圖有牛繼馬後故宣帝深忌牛氏遂爲二榼共一口以貯酒焉帝先飲佳者而以毒酒鴆其將牛金而恭王妃夏侯氏竟通小吏牛氏而生元帝亦有符云

王浚傳浚爲大司馬加侍中大都督督幽冀諸軍事日以强盛乃設壇告類建立皇太子時童謠曰十囊五囊入棗郎棗嵩浚之子壻也浚聞責嵩而不能罪之也又謠曰幽州城門似藏戶中有伏尸王彭祖有狐踞府門翟雉入聽事時燕國霍原北州名賢浚以僭位示之原不答浚遂害之由是士人憤怨內外無親以矜豪日甚不親爲政所任多苛刻加亢旱災蝗士卒衰弱浚之承制也參佐皆內敘唯司馬游統外出統怨密與石勒通謀勒乃詐降於浚許奉浚爲主時百姓內叛疾陸眷等侵逼浚喜勒之附己勒遂爲卑辭以事之獻遺珍寶使驛相繼浚以勒爲誠不復設備勒乃遣使尅日上尊號於浚浚許之勒屯兵易水督護孫緯疑其詐馳白浚而引軍逆勒浚不聽使勒直前衆議皆曰胡貪而無信必有詐請距之浚怒欲斬諸言者衆遂不敢復諫盛張設以待勒勒至城便縱兵大掠浚左右復請討之不許及勒登聽事浚乃走出堂皇勒衆執以見勒勒遂與浚妻並坐立浚於前浚罵曰胡奴調汝公何凶逆如此勒數浚不忠於晉幷責以百姓餒乏積粟五十萬斛而不振給遂遣五百騎先送浚於襄國收浚麾下精兵萬人盡殺之停二日而還孫緯遮擊之勒僅得免勒至襄國斬浚而浚竟不爲之屈大罵而死

小名錄後趙石季龍殺勒子弘僭位大饗羣臣於太武殿佛圖澄吟曰殿乎殿乎棘子成林將壞人衣季龍令發殿石下視之有棘生焉諸石後爲冉閔滅略盡閔小字棘奴

魏書張寔傳劉曜陷長安寔自稱侍中司空大都督涼州牧承制行事於時天下喪亂秦雍之民死者十八九唯涼州獨全寔自恃衆彊轉爲驕恣晉文皇帝四年寔爲左右閻沙等所殺先是謠曰蛇利砲蛇利砲公頭墜地而不覺寔所住室梁間有人像而無頭久之乃滅寔惡之未幾見殺

晉書劉曜載記終南山崩長安人劉終於崩所得白玉方一尺有文字曰皇亾皇亾敗趙昌井水竭構五梁咢酉小衰困囂喪嗚呼嗚呼赤牛奮靷其盡乎時羣臣咸賀以爲勒滅之徵曜大悅齋七日而後受之於太廟大赦境內以終爲奉瑞大夫中書監劉均進曰臣聞國主山川故山崩川竭君爲之不舉終南京師之鎭國之所瞻無故而崩其凶焉可極言昔三代之季其災也如是今朝臣皆言祥瑞臣獨言非誠上忤聖旨下違衆議然臣不達大理切所未同何則玉之於山石也尤君之於臣下山崩石壞象國傾人亂皇亾皇亾敗趙昌者此言皇室將爲趙所敗趙因之而昌今大趙都於秦雍而勒跨全趙之地趙昌之應當在石勒不在我也井水竭構五梁者井謂東井秦之分也五謂五車梁謂大梁五車大梁趙之分也此言秦將竭滅以構成趙也咢者歲之次名作咢也言歲馭作咢酉之年當有敗軍殺將之事困謂困敦歲在子之年名元囂亦在子之次言歲馭於子國當喪亾赤牛奮靷謂赤奮若在丑之歲名也牛謂牽牛東北維之宿丑之分也言歲在丑當滅亾盡無復遺也此其誠悟蒸蒸欲陛下勤修德化以禳之縱爲嘉祥尚願陛下夕惕以答之書曰雖休勿休願陛下追蹤周旦盟津之美捐鄗虢公夢廟之凶謹歸沐浴以待妖言之誅曜憮然改容御史劾均狂言瞽說誣罔祥瑞請依大不敬論曜曰此之災瑞誠不可知深戒朕之不德朕收其忠惠多矣何罪之有乎

苻洪載記洪有衆十餘萬永和六年帝以洪爲征北

大將軍都督河北諸軍事冀州刺史廣川郡公時有說洪稱尊號者洪亦以讖文有草付應王又其孫堅背有草付字遂改姓苻氏

魏書張元靖傳元靖以混爲驃騎大將軍尚書令混病死弟元安代輔政以旱祈帶石山元安欲登之第名犯世宗諱曰世人云登此山者破家身亡元安曰安有此也策馬登之馬倒傷足御史房屋柱自然燋折或曰柱之爲字也左木右主宋字含木燋宋破而主存災之大也宜防之又所乘馬五匹一夜中髦尾禿人曰尾之爲字也尸下毛毛去尸絕滅之徵元安曰吉凶在天知可如何未幾元安司馬張邕起兵殺元安盡誅宋氏先是謠曰滅宋者田土子邕一名野

李勢傳勢降於桓溫先是頻有怪異童謠曰江橋頭闕下市成都北門十八子又曰有客有客來侵門陌其氣欲索譙周云我死後三十年當有異人入蜀由之而亡蜀亡之歲去周亡三十二年周又著讖云廣漢城北有大賊曰流特攻難得歲在元宮自相尅卒如其言

晉書石季龍載記季龍以讖文天子當從東北來於是備法駕行自信都而還以應之

石閔誅季龍孫三十八人盡殪石氏鑒在位一百三日季龍小男混末和八年將妻妾數人奔京師勑收付廷尉俄而斬之於建康市季龍十三子五人爲冉閔所殺八人自相殘害混至此又死初讖言滅石者陵尋而石閔徙封蘭陵公季龍惡之改蘭陵爲武興郡至是終爲閔所滅

慕容儁載記儁以永和八年僭即皇帝位初石季龍使人探策於華山得玉版文曰歲在申酉不絕如綫歲在壬子眞人乃見及此燕人咸以爲儁之應也

苻生載記生夢大魚食蒲又長安謠曰東海大魚化爲龍男便爲王女爲公問在何所洛門東東海苻堅封也時爲龍驤將軍第在洛門之東生不知是堅以謠夢之故誅其侍中太師錄尚書事魚遵及其七子十孫時又謠曰百里望空城鬱鬱何靑靑瞎兒不知法仰不見天星於是悉壞諸空城以禳之金紫光祿大夫牛夷懼不免禍請出鎭上洛生曰卿忠肅篤敬宜左右朕躬豈有外鎭之理改授中軍夷懼歸而自殺

晉中興書烈宗起清暑殿讖者曰清暑反語楚聲也爲殿以酸楚之聲爲號非吉祥也頃烈宗崩桓元自號楚

晉書五行志桓元初改年爲大亨遐邇讙言曰二月了故義謀以仲春發也元篡立又改年爲建始以與趙王倫同又易爲永始永始復是王莽受封之年也始從司馬道子於安成末帝遜位出永安宮封爲平固王琅琊王德文爲石陽公並使住尋陽城識者皆以爲言不從之妖僭也

齊諧記桓元篡位後來朱雀門中忽見兩小兒通身如墨相和作籠歌路邊小兒從而和之者數十人歌云芒籠茵繩縛腹車無軸倚孤木聲甚哀楚聽者亡歸日既夕二小兒入建康縣至閤下遂成雙漆鼓槌吏列云槌積久比恆失之而復得之不意作人也明年春而桓敗車無軸倚孤木桓字也荊州送元首用敗籠茵包之又芒繩束縛其屍沉諸江中悉如所歌爲

晉書謝石傳石字石奴初拜祕書郎累遷尚書僕射征句難以勳封興平縣伯淮肥之役詔石解僕射以將軍假節征討大都督與兄子元琰破苻堅先是童謠云誰謂爾堅石打碎故桓豁皆以石名子以邀功焉堅之敗也雖功始牢之而成於元琰然石時實爲都督焉

苻堅載記苻丕在鄴會丁零叛慕容垂垂引師去鄴劉牢之至鄴慕容垂北如新城鄴中饑甚丕率鄴城之衆就晉穀於枋頭牢之入屯鄴城慕容垂軍人饑甚多奔中山幽冀人相食初關東謠曰幽州𡚱生當滅若不滅百姓絕𡚱垂之本名與丕相持經年百姓死幾絕

慕容冲攻長安每夜有人周城大呼曰楊定健兒應屬我宮殿臺觀應坐我父子同出不共汝且尋而不見人跡城中有書曰古苻傳賈錄載帝出五將久長得先是又謠曰堅入五將山長得堅大信之告其太子宏曰脫如此言天或導予今留汝兼總戎政勿與賊爭利吾當出隴收兵運糧以給汝天其或者正訓予也於是遣衛將軍楊定擊冲於城西爲冲所擒堅彌懼付宏以後事將中山公詵張夫人率騎數百出如五將宣告州郡期以孟冬救長安宏尋將母妻宗室男女數千騎出奔百寮逃散慕容冲入據長安縱兵大掠死者不可勝計初秦之未亂也關中土然無火而烟氣大起方數十里中月餘不滅堅母臨聽訟觀令百姓有怨者舉煙於城北觀而錄之長安爲之語曰欲得必存當舉烟又爲謠曰長鞘馬鞭擊左股

太歲南行當復虜秦人呼鮮卑爲白虜慕容垂之起於關東歲在癸未堅之分氐戶於諸鎭也趙整因侍授琴而歌曰阿得脂阿得脂博勞舊父是仇綏尾長翼短不能飛遠徙種人留鮮卑一旦緩急語阿誰堅笑而不納至是整言驗矣堅至五將山姚萇遣將軍吳忠圍之堅衆奔散獨侍御十數人而已神色自若坐而待之召宰人進食俄而忠至執堅以歸新平幽之於別室萇求傳國璽於堅曰萇次膺符歷可以爲惠堅瞋目叱之曰小羌乃敢干逼天子豈以傳國璽授汝羌也圖緯符命何所依據五胡次序無汝羌名違天不祥其能久乎璽已送晉不可得也萇又遣尹緯說堅求爲堯舜禪代之事堅責緯曰禪代者聖賢之事姚萇叛賊奈何擬之古人堅旣不許萇以禪代罵而求死萇乃縊堅於新平佛寺中時年四十八中山公詵及張夫人並自殺初堅强盛之時國有童謠云河水清復淸苻詔死新城堅聞而惡之每征伐戒軍候云地有名新者避之時又童謠云阿堅連牽三十年若後欲敗當在江淮間堅在位二十七年因壽春之敗其國大亂後二年竟死於新平佛寺咸應謠言矣

堅聞慕容冲去長安二百餘里引師而歸使苻暉出距戰暉師敗績堅又以尚書姜宇擊冲於壩上爲冲所敗宇死之冲遂據阿房城初堅之滅燕冲姊爲淸河公主年十四有殊色堅納之寵冠後庭冲年十二亦有龍陽之姿堅又幸之姊弟專寵宮人莫進長安歌之曰一雌復一雄雙飛入紫宮咸懼爲亂王猛切諫堅乃出冲長安又謠曰鳳皇鳳皇止阿房堅以鳳皇非梧桐不栖非竹實不食乃植桐竹數十萬株於阿房城以待之冲小字鳳皇至是終爲堅賊入止阿房城焉

姚萇載記苻堅寇晉以萇爲龍驤將軍督益梁州諸軍事謂萇曰朕本以龍驤建業龍驤之號未曾假人今特以相授山南之事一以委卿堅左將軍竇衝進曰王者無戲言此將不祥之徵也惟陛下察之堅默然

魏書張天錫傳苻堅遣將苟萇伐涼州破之天錫降于萇初駿時謠曰劉新婦簸米石新婦炊羖羝蕩滌簸張兒張兒食之口正披是時姑臧及諸郡國童兒皆歌之謂劉曜石虎並伐涼州不克至堅而降之也

異苑晉孝武太元末有讖曰修起會稽其後盧修果從會稽叛

盧龍將寇亂京師謠言曰十丈瓦屋盧作柱蘺作欄未幾而敗

晉書慕容德載記魏師入中山慕容寶出奔於薊慕容詳又僭號會劉藻自姚興而至與太史令高魯遣其甥王景暉隨藻送玉璽一紐幷圖讖祕文曰有德者昌無德者亾德受天命柔而復剛又有謠曰大風蓬勃揚塵埃八井三力卒起來四海鼎沸中山頹惟有德人據三臺於是德之羣臣議以慕容詳僭號中山魏師盛於冀州未審寶之存亾因勸德卽尊號

小名錄劉毅字希樂彭城人破桓元以功授都督淮南五郡軍事豫州刺史封南平郡開國公都督宣城軍事初桓元在南州起齋悉畫盤龍號盤龍齋毅小字盤龍至是居焉

晉書慕容熙載記熙政虐慕容雲執而弒之初童謠曰一束藁兩頭然禿頭小兒來滅燕藁字上有草下有禾兩頭然則禾草俱盡而成高字按慕容雲載記祖父高和句驪之支庶自云高陽氏之苗裔故以高爲氏焉雲父名拔小字禿頭三子而雲季也熙竟爲雲所滅如謠言焉

異苑河南褚裒字季野將北伐軍士忽同時唱言可各持兩楯復相謂曰一人焉用兩楯爲及敗北拋戈棄甲兩手各持一楯蒙首而奔

魏書沮渠牧犍傳太延中有一父老投書於敦煌城東門忽然不見其書一紙八字文曰涼王三十年若七年又於震電之所得石丹書曰河西河西三十年破帶石樂七年帶石山名在姑臧南山祀旁泥陷不通牧犍征南大將軍董來曰祀豈有知乎遂毁祀伐木通道而行牧犍立果七年而滅如其言

南史陶弘景傳沙門釋寶誌宋文之年雖剃鬚髮而常冠下裙帽納袍故俗呼爲誌公好爲讖記所謂誌公符是也

袁湛傳湛弟子淑淑兄子顗顗從弟粲字景倩洵弟子也齊高帝革命粲有異圖戴僧靜欲斬之子最大叫抱父乞先死僧靜幷斬之初粲大明中與蕭惠開周朗同車行逢大斾駐車惠開自照鏡曰無年可仕朗執鏡良久曰視死如歸粲最後曰當至三公而不終至是如言

南齊書卞彬傳彬爲員外郞宋元徽末四貴輔政彬謂太祖曰外間童謠可憐可念尸著服孝子不在日代哭列管暫鳴死滅族服者衣也孝字邊衣也孝除子以日代者謂褚淵也列管蕭也彬退太祖笑曰彬

自作此

南史崔祖思傳祖思爲都昌令齊高帝在淮陰祖思聞風自結爲上輔國主簿甚見親待參豫謀議宋朝初議封高帝爲梁公祖思啓高帝曰讖云金刀利刃齊刈之今宜稱齊實應天命從之

齊高帝本紀帝所居武進縣有一道相傳云天子路或謂秦皇所游或云孫氏舊跡時訛言東城天子出其後建安王休仁鎭東府宋明帝懼殺休仁而常閉東府不居明帝又屢常改代作伐以厭王氣又使子安成王代之及蒼梧王敗安成王代立時咸言爲驗術數者推之上舊居武進東城村東城之言其在此已會稽剡縣有山名刻石父老相傳云山雖名刻石而不知文字所在昇明末縣人兒襲祖行獵忽見石上有文字凡三處苔生其上字不可識乃去苔視之其大石文曰此齊者黃石公之化氣也立石文曰黃天星姓蕭字道成得賢師天下太平小石文曰刻石者誰會稽南山李斯刻秦望之風也孝經鉤命決曰誰者起視名將將帝小字也河洛讖曰歷年七十水滅緒風雲俱起龍鱗舉又曰肅肅草成道德盡備案宋水德也義熙元年宋武帝王業之始至齊受命七十年又讖曰蕭爲二士天下樂案二士主字也郭文舉金雄記曰當復有作肅人草易曰聖人作萬物覩當復有作言聖人作也王子年歌曰欲知其姓草肅穀中最細低頭熟鱗身甲體求輿福穀中精細者稻也即道也熟猶成也又歌曰金刀利刃齊刈之金刀劉字刈猶剪也孔子河洛讖曰堨河梁塞龍泉消除水灾泄山川水即宋也宋氏爲灾害故曰水灾梁亦水也竭河梁則行路成矣路猶道也消除水灾除宋水氏之災害也河圖讖又曰上參南斗第一星下立草屋爲紫庭神龍之岡梧桐生鳳鳥戢翼朔旦鳴南斗吳分野草屋者居上蕭字象也先是益州有山古老相傳曰齊后山昇明三年四月二十三日有沙門元暢者於此山立精舍其日上登尊位其月二十四日榮陽郡人尹千於嵩山東南隅見天雨石墜地開有玉璽在其中璽方三寸文曰戊丁之人與道俱肅然入草應天符掃平河洛清魏都又曰皇帝運興千奉璽詣雍州刺史蕭赤斧赤斧以獻案宋武帝於嵩高山得玉璧三十二枚神人云此是宋卜世之數三十二者二三十也宋自受命至禪齊凡六十年然則帝之符應也若是今備之云

齊武帝本紀先是魏地謠言赤火南流喪南國是歲有沙門從北齎此火而至色赤於常火而微云以療疾貴賤爭取之多得其驗二十餘日都下大盛咸云聖火詔禁之不止火灸至七炷而疾愈吳興丘國賓竊以還鄉邑人楊道慶虛疾二十年依法灸即差是月上大漸

江淹傳淹累遷祕書監侍中衞尉卿初淹年十三時孤貧常采薪以養母曾於樵所得貂蟬一具將鬻以供養其母曰此故汝之休徵也汝才行若此豈長貧賤也可留待得侍中著之至是果如母言

齊鬱林王本紀先是文惠太子立樓館於鍾山下號曰東田太子屢游幸之東田反語爲顚童也武帝又於青溪立宮號曰舊宮反之窮廄也果以輕猾而至於窮又武帝時有小史姓皇名太子武帝曰皇太子非名之謂於是移點於外易名爲犬子處士何點曰太子者天地之所懸三才之所係今化而爲犬不得立矣既而文惠太子薨鬱林海陵相繼廢黜此其驗也

齊海陵本紀先是武帝立禪靈寺於都下當世以爲壯觀天意若曰禪者禪也靈者神明之目武帝晏駕而鼎業傾移也永明世市里小兒以鐵相擊於地謂之闘鑿鑿之爲言族也至是宗室旋滅矣先是人間語好云擾擾建武至是朝士勸進實爲匆遽擾攘之言於是驗矣

齊東昏侯本紀帝每還宮常至三更百姓然後得反禁斷又不即通處處屯咽或泥塗灌注或冰凍嚴結老幼啼號不可聞見時人以其所圍處號爲長圍及建康城見圍亦名長圍識者以爲讖焉

梁書陶弘景傳義師平建康聞議禪代弘景援引圖讖數處皆成梁字令弟子進之

南史梁武帝本紀帝爲輔國將軍監雍州事先是雍州相傳樊城有王氣至是謠言更甚及齊明崩遺詔以帝爲都督雍州刺史壬午帝鎭石頭命衆軍圍六門東昏侯悉焚門內驅逼營署官府並入城有衆二十萬青州刺史桓和紿東昏出戰因降先是俗語謂密相欺變者爲和欺於是虫兒法珍等曰今日敗於桓和可謂和欺矣

齊帝下詔禪位百官並上表勸進帝謙讓不受是日太史令蔣道秀陳天文符讖六十四條事並明著羣臣重表固請乃從之

梁昭明太子統傳統薨長子歡封豫章郡王先是人

聞謠曰鹿子開城門城門鹿子開當開復未開使我心徘徊城中諸少年逐歡歸去來鹿子開者反語爲來子哭云帝哭也歡前爲南徐州太子果薨遣中書舍人臧厥追歡於崇正殿解髮臨哭歡既嫡孫次應嗣位而遲疑未決帝既新有天下恐不可以少主主大業又以心銜故意在晉安王猶豫自四月上旬至五月二十一日方決歡止封豫章王還任往謠言心徘徊者未定也城中諸少年逐歡歸去來復還徐方之象也

侯景傳天監中沙門釋寶誌曰掘尾狗子自發在當死未死嚙人傷須臾之間自滅亾起自汝陰死三湘又曰山家小兒果攘臂太極殿前作虎視狗子景小字山家小兒猴狀景遂覆陷都邑毒害皇家起自懸瓠卽昔之汝南巴陵有地名三湘景奔敗處其言皆驗景常謂人曰侯字人邊作主下作人此明是人主也臺城既陷武帝常語人曰侯景必得爲帝但不久耳破侯景字成小人百日天子爲帝當得百日案景以辛未年十一月十九日簒位壬申年三月十九日敗得一百二十日而景以三月一日便往姑熟計在宮殿足滿十旬其言竟驗及景死傳首江陵元帝命梟於市三日然後煑而漆之以付武庫先是江陵謠言苦竹町市南有好升荊州軍殺侯景及景首至元帝付諮議參軍李季長宅宅東卽苦竹町也既加鼎鑊卽用市南水焉

景至朱雀航乞帶甲入朝先是大同中童謠曰青絲白馬壽陽來景渦陽之敗求錦朝廷所給青布及是皆用爲袍采色尚青景乘白馬青絲爲轡欲以應謠

蕭正德先屯丹陽郡至是率所部與景合景立爲帝卽僞位居於儀賢堂改年曰正平初童謠有正平之言故立號以應之識者以爲正德卒當平殄也

五代新說侯景既破蜀賊當至俄而武陵王起兵於襄陽城北大樹下掘得一龜長尺半以杖叩之曰汝出入不能已數百年不逢我者豈見天日後文帝疑其爲人遂還京白堊塗門著㲲布衣大繩束腰危坐終日天保中歸國死後屋壁破落其下有書曰十年天子爲尚可百日天子急如火周年天子遞代坐又曰一母生三天兩天共五年說者謂婁太后生文宣帝昭帝武陵帝文宣十年其子廢帝百日昭帝一年武陵傳位後主共五年焉

南史梁元帝本紀江陵先有九十九洲古老相承云洲滿百當出天子桓元之爲荊州刺史內懷簒逆之心乃遣鑿破一洲以應百數隨而崩散竟無所成宋文帝爲宜都王在藩一洲自立俄而文帝纂統後遇元凶之禍此洲還沒太清末枝江楊之閣浦復生一洲羣公上疏稱慶明年而帝卽位承聖末其洲與大岸相通惟九十九云

陳武帝本紀齊遣兵據姑熟遣安州刺史翟子崇楚州刺史劉士榮淮州刺史柳達摩領兵萬人於胡墅度米粟三萬石馬千匹入石頭帝乃遣侯安都領水軍夜襲胡墅燒齊人大艦帝命衆軍拔石頭南岸柵移度北岸起柵以絕其汲路達摩謂其衆曰頃在北童謠云石頭擣兩襠擣青復擣黃侯景服青已倒於此今吾徒衣黃豈謠言驗耶庚申達摩遣侯子欽劉士榮等請和許之

論曰始梁末童謠云可憐巴馬子一日行千里不見馬上郎但見黃塵起黃塵汙人衣皂莢相料理及僧辯滅羣臣以謠言奏聞曰僧辯本乘巴馬以擊侯景馬上郎王字也塵謂陳也而不解皂莢之謂既而陳滅於隋說者以謂江東謂羖羊角爲皂莢隋氏姓楊楊羊也言終滅於隋然則興亾之兆蓋有數云

陳後主本紀始北齊末諸省官人多稱省主未幾而滅至是舉朝亦有此稱識者以爲省主主將見省之兆後主名叔寶反語爲少福亦敗亾之徵

北史魏道武帝本紀天興元年廣平太守遼西公意列謀反與郡人韓奇矯假讖圖將襲鄴城詔反者就郡賜死

魏書長孫肥傳肥遷衛尉卿改爵盧鄉時中山太守仇儒不樂內徙亾匿趙郡推羣盜趙准爲主妄造妖言云燕東傾趙當續欲知其名準水不足准喜而從之自號使持節征西大將軍青冀二州牧鉅鹿公儒爲長史聚黨二千餘人據關城連引丁零殺害長吏扇動常山鉅鹿廣平諸郡遣肥率三千騎討之破准於九門斬仇儒生擒准詔以儒肉食准傳送京師轘之於市夷其族

北史魏明元帝本紀泰常五年五月乙酉詔曰宣武皇帝體得一之元遠應自然之冲妙大行大名未盡盛美今啓緯圖始覩尊號其更上尊諡曰道武皇帝以章靈命之先啓聖德之元同

魏書宋繇傳繇弟道璵自太學博士轉京兆王愉法曹行參軍臨死作詩及挽歌詞寄之親朋以見怨痛道璵又曾贈著作佐郎張始均詩其末章云子深懷

璧憂令有當門病道輿既不免難始均亦遇世禍時咸怪之

尒朱彥伯傳齊獻武王義功既振將除尒朱廢帝令舍人郭崇報彥伯知彥伯狠很出走爲人所執尋與世隆同斬於閶闔門外懸首於斛斯椿門樹傳首於齊獻武王先是洛中謠曰三月末四月初揚灰簸土覓眞珠又曰頭去項脚根齊驟上樹不須梯至是並驗

北史魏孝武帝本紀永熙三年帝遇酖而崩始宣武孝明時民間謠曰狐非狐貉非貉焦梨狗子嚙斷索識者以爲索謂本索髮焦梨狗子指宇文泰俗謂之黑獺也

魏書王敞傳敞子椿於宅構起廳事極爲高壯時人忽云此乃太原王宅豈是王太原宅椿往爲本郡世皆呼爲王太原未幾尒朱榮居椿之宅榮封太原王焉

冊府元龜李元護爲齊州刺史卒病前月餘京師無故得其凶問又城外送客亭柱有人書曰李齊州死綱佐餞別者見而拭之後復如此

北史陽尼傳尼從弟固固子休之齊神武啓除太常少卿神武幸汾陽之天池池邊得一石上有隱起字文曰六王三川問休之曰此文字何義對曰六者大王字河洛伊爲三川大王若受天命終應統有關右神武曰世人常道我欲反今若聞此更致紛紜愼莫妄言也

齊文宣帝本紀帝赴晉陽至井州時訛言上黨出聖人帝聞之將徙一郡郡人張思進上言殿下生於南宮坊名上黨卽是上黨出聖人帝悅而止先是童謠一束藁兩頭然河邊羖䍽飛上天藁然兩頭於文爲高河邊羖䍽爲水邊羊指帝名也於是徐之才盛陳宜受禪帝曰先父亾兄功德如此尚終北面吾又何敢當之才曰正爲不及父兄須早升九五如其不作人將生心且讖云羊飲盟津角拄天盟津水也羊飲水王名也角拄天大位也又陽平郡界冏星驛傍有大水土人常見羣羊數百立臥其中就視不見事與讖合願王勿疑帝以問高德正德正又贊成之於是始決帝登阼改年爲天保士有深識者曰天保之字爲一大人只十帝其不過十乎又先是謠云馬子入石室三千六百日帝以午年生故曰馬子三臺石季龍舊居故曰石室三千六百日十年也又帝曾問太山道士曰吾得幾年爲天子答曰得三十年道士出後帝謂李后曰十年十月十日得非三十也吾甚畏之過此無慮人生有死何得致惜但憐正道尚幼人將奪之耳帝及期而崩

北齊書陸法和傳法和書其所居壁而塗之及剝落有文曰一母生三天兩大共五年說者以爲婁太后生三天子自孝昭卽位至武成傳位後主共五年焉

北史齊幼主本紀河淸末遊童戲者好以兩手持繩拂地而却上跳且唱曰高末高末之言蓋高氏運祚之末也

三國典略齊斛律光之入寇也周將韋孝寬忌之孝寬參軍曲嚴頗知卜筮謂孝寬曰來年東朝必大相殺孝寬陰令嚴作謠言曰百斛飛上天明月耀長安又曰高山不推自崩槲樹不扶自竪乃間諜潰其文於鄴中齊人用是而殺斛律光明月光字也

北史周閔帝本紀元年春正月天王卽位百官奏議曰惟文王誕元氣之祥有黑水之讖服色宜尚焉制曰可

中華古今注秦始皇好神仙令宮人梳仙髻帖五色花子畫爲雲鳳虎飛昇至東晉有童謠云織女死時人帖草油花子爲織女作孝至後周又詔宮人帖五色雲母花子作碎粧以侍宴如供奉者帖勝花子作桃粧插通草朶子著短袖衫子

隋書高祖本紀高祖除定州總管先是定州城西門久閉不行齊文宣帝時請開之以便行路帝不許曰當有聖人來啓之及高祖至而開焉莫不驚異

北史隋文帝本紀開皇十三年二月丁酉制私家不得隱藏緯候圖讖

隋唐嘉話隋文帝夢洪水沒城意惡之乃移都大興術者云洪水卽唐高祖之名也

筆記隋高祖幸井州宴秦孝王及王子相帝爲四言詩曰紅顏詎幾玉貌須臾一朝花落白髮難除明年後歲誰有誰無明年而子相卒十八年而秦孝王薨

北史王盟傳盟孫誼隋受禪進郢國公未幾公卿奏誼大逆不道罪當死詔曰誼性懷險薄巫覡盈門鬼言怪語稱神道聖朕受命之初深存戒約口云改悔心實不悛乃說四天王神道誼應受命書有誼讖天有誼星桃鹿二川岐州之下歲在辰巳興帝王之業密令卜問殿省之災此而赦之將或爲亂乃賜死於家

隋書韓擒傳先是江東有謠歌曰黃斑靑驄馬發自

壽陽溪來時冬氣末去日春風始皆不知所謂擒本名豹平陳之際又乘青驄馬往反時節與歌相應至是方悟

北史王慧龍傳五世孫劭拜著作郎上表言符命曰昔周保定二年歲在壬午五月五日青州黃河變清十里鏡澈齊氏以為己瑞改元年曰河清是月至尊以太興公始作隨州刺史歷年二十隋果大興臣謹案易坤靈圖曰聖人受命瑞必先見於河河者最濁未能清也竊以靈貺休祥理無虛發河清啟聖實屬大隋午為鶉火以明火德仲夏火王亦明火德月五日五合天地數既得受命之辰允當先見之兆開皇初郃州人楊令悊近河得青石圖一紫石圖一皆隱起成文有至尊名下云八方天心永州又得石圖剖為兩段有楊樹之形黃根青葉汝水得神龜腹下有文曰天卜楊興安邑掘地得古鐵板文曰皇始天年賫楊鐵券王興同州得石龜文曰天子延千年大吉臣以前之三石不異龍圖何以用石石體久固義與上名符合龜腹七字何以著龜龜亦久固兼是神靈之物孔子歎河不出圖洛不出書今於大隋聖世圖書屢出建德六年亳州大周村有龍鬬白者勝黑者死大象元年夏熒陽汴水北有龍鬬初見白氣屬天自東方歷陽武而來及至白龍也長十許丈有黑龍乘雲而至雲雨相薄乍合乍離自午至申白龍昇天黑龍墜地謹案龍君象也前鬬於亳州周村者蓋象至尊以龍鬬之歲為亳州總管遂代周有天下後鬬於熒陽者熒字三火明火德之盛也白龍從東方來歷陽武者蓋象至尊將登帝位從東第入自崇陽門也西北昇天者當乾位天門坤靈圖曰聖人殺龍龍不可得而殺皆感氣也又曰泰姓商名宮黃色長八尺六十世河龍以正月辰見白龍與五黑龍鬬白龍陵故泰人有命謹案此言皆為大隋而發也聖人殺龍者前後龍死是也姓商者皇家與五姓為商也名宮者武元皇帝諱於五聲為宮黃色者隋色尚黃長八尺者武元皇帝身長八尺河龍以正月辰見者泰正月卦龍見之所於京師為辰地白龍與黑龍鬬者亳州熒陽龍鬬是也勝龍所以白者楊姓納音為商至尊又辛酉歲生位皆在西方西方白色也死龍所以黑者周色黑所以稱五者周閔明武宣靖凡五帝趙陳代越滕五王一時伏法亦當五數白龍陵者陵猶勝也鄭元說陵當為除凡鬬能去敵曰除臣以泰人有命者泰之為言通也大也明其人道通德大有天命也乾鑿度曰泰表戴干鄭元注云表者人形體之彰識也干盾也泰人之表戴干臣伏見至尊有戴干之表益知泰人之表不爽毫釐坤靈圖所云字字皆驗緯書又稱漢四百年終如其言則知六十世亦必然矣昔宗周卜世三十今則倍之稽覽圖曰太平時陰陽和合風雨會同海內不偏地有阻險故風有遲疾雖太平之政猶有不能均惟平均乃不鳴條故欲風於亳亳者陳留也謹案此言蓋明至尊昔為陳留公世子亳州總管遂受天命海內均同不偏不黨以成太平之風化也在大統十六年武元皇帝改封陳留公是時齊國有祕記云天王陳留入并州齊主高洋為是誅陳留王彭樂後武元皇帝果將兵入并州周武王時望氣者云亳州有天子氣於是殺亳州刺史紇豆陵恭至尊代為之又陳留老子祠有枯柏世傳云老子將度世云待枯柏生東南枝迴指當有聖人出吾道復行至齊枯柏從下生枝東南上指夜有三童子相與歌曰老子廟前古枯樹東南枝如繖聖主從此去及至尊牧亳州親至祠樹之下自是柏枝迴抱其枯枝漸指西北道教果行考校衆事太平主出於亳州陳留之地當如所言稽覽圖又云政道得則陰物變為陽物鄭元注云葱變為韭亦是謹案自六年以來遠近山石多變為玉石為陰玉為陽又左衛園中葱皆變為韭上覽之大悅賜物五百段未幾劭復上書曰易乾鑿度曰隨上六拘係之乃從維之王用享於西山隨者二月卦陽德施行藩決難解萬物隨陽而出故上六欲九五拘係之維持之明被陽化而欲陰隨從之也易稽覽圖坤六月有子女任政一年傳為復五月貧之從東北來立大起土邑西北地動星墜陽衛屯十一月神人從中山出趙地動北方三十日千里馬數至謹案凡此易緯所言皆是大隋符命隨者二月之卦明大隋以二月即皇帝位也陽德施行者明楊氏之德教施行於天下也藩決難解者明當時藩鄣皆通決險難皆解散也萬物隨陽而出者明天地間萬物盡隨楊氏而出見也上六欲九五拘係之者五為王六為宗廟明宗廟神靈欲命登九五之位帝王拘人以禮係人以義也拘人以禮係人以義此二句亦是乾鑿度之言維持之者明能以綱維持正天下也被陽化而欲陰隨從之者明諸陰類被服楊氏之風化莫不隨從陰謂臣下也王用享於西山者蓋明至尊常以二月幸西山仁壽宮

也凡四稱隨三稱陽欲美隋楊丁寧之至也坤六月者坤位在未六月建未言至尊以六月生也有子女任政者言樂平公主是皇帝子女而爲周后任內政也一年傳爲復者復是坤之一世卦陽氣初起言周宣帝崩後一年傳位與楊氏也五月貸之從東北來立貸之當爲眞人字之誤也言周宣帝以五月崩眞人革命當在此時至尊謙讓而逆天意故踰年乃立昔爲定州總管在京師東北本而言之故曰眞人從東北來立大起土邑者大起即大興城邑也西北地動星墜者蓋天意去周授隋故變動也陽衞者言楊氏得天衞助也屯十一月神人從中山出者此卦動而大亨作故至尊以十一月被授亳州總管將從中山而出也趙地動者中山爲趙地以神人將去故變動也北方三十日者蓋至尊從北方將往亳州之時停留三十日也千里馬者蓋至尊舊所乘騧騮馬也屯卦震下坎上震於馬爲作足坎於馬爲美脊是故騧馬脊有肉鞍行則先作弄四足也數至者言歷數至也河圖通紀曰形瑞出變矩衡赤應隨叶靈皇河圖皇參持曰皇辟出承元訖道無爲安率被遂矩戲作衡開皇邑握神日投輔提象不絕立皇後翼不格道終始德優劣帝任政河典出叶輔嬉爛可述謹案凡此河圖所言亦是大隋符命形瑞出變矩衡者矩法也衡北斗星名所謂璿璣玉衡者也大隋受命形兆之瑞始出天象則爲變動北斗主天之法度故曰矩衡易緯伏戲矩衡神鄭元注以爲法玉衡之神與此河圖矩衡義同赤應隨者言赤帝降精感應而生隋也故隋以火德爲赤帝天子叶靈皇者叶合也言大隋德合上靈天皇大帝也又年號開皇與靈寶經之開皇年相合故曰叶靈皇皇辟出者皇大也辟君也大君出蓋謂至尊受命出爲天子也承元訖者言承周天元終訖之運也道無爲安率者安下脫一字言大道無爲安定天下率從被遂矩戲作衡者矩法也昔遂皇握機矩伏戲作八卦之衡言大隋被服彼二皇之法術也遂皇機矩語見易緯開皇邑者言開皇年易服色也握神日者言握持羣神明照如日也又開皇以來日漸長亦其義也投輔提者言投政事於輔佐使之提挈也象不絕者法象不廢絕也立皇後翼不格者格至也言本立太子以爲皇家後嗣而其輔翼之人不能至於善也道終始德優劣者言前東宮道終而德劣今皇太子道始而德優也帝任政河典出者言皇帝親任政事而邵州河濱得石圖也叶輔嬉爛可述者叶合也嬉興也言羣臣合心輔佐以興政教爛然可紀述也所以於皇參持帝通紀二篇大陳符命者明皇道帝德盡在於隋也上大悅以劭致誠寵錫日隆時有人於黃鳳泉浴得二白石頗有文理遂附其文以爲字復言有諸物象而上奏曰其大玉有日月星辰八卦五嶽及二麟雙鳳青龍朱雀騶虞元武各當其方位又有五行十日十二辰之名凡二十七字又有天門地戶人門鬼門閉九字又有却非及二鳥其鳥皆人面則抱朴子所謂千秋萬歲者也其小玉亦有五嶽却非虬犀之象二玉俱有仙人玉女乘雲控鶴之象別有異狀諸神不可盡識蓋是風伯雨師山精海若之類又有天皇大帝皇帝及四帝坐鉤陳北斗三公天將軍土司空老人天倉南河北河五星二十八宿凡四十五宮諸字本無行伍皆往往偶對於大玉則有皇帝姓名並臨南面與日字正鼎足復有老人星蓋明南面象日而長壽也皇后二字在西上有月形蓋明象月也於次玉則皇帝名與九千字次比兩楊字與萬年字次比隋與吉字正並蓋明長久吉慶也劭復迴互其詞作詩二百八十篇奏之上以爲誠賜帛千匹劭於是採人間歌謠引圖書讖緯依納符命捃摭佛經撰爲皇隋靈感誌合三十卷奏之上令宣示天下劭集諸州朝集使洗手焚香閉目讀之曲折其聲有如歌詠經涉旬朔徧而後罷上益喜賞賜優洽及文獻皇后崩劭復上言佛經說人應天上及上品上生無量壽國之時天佛放大光明以香花妓樂來迎之如來以明星出時入涅槃伏惟大行皇后聖德仁慈福善禎符備諸祕記皆云是妙善菩薩臣請案八月二十二日仁壽宮內再雨金銀之花二十三日大寶殿後夜有神光二十四日卯時永安宮北有自然種種音樂震滿虛空至五更中奄然如寐便即升遐與經文所說事皆符驗臣又以愚意思之皇后遷化不在仁壽大興宮者蓋避至尊長居正處也在永安宮者象京師永安門平生所出入也后升遐後二日苑內夜有鐘聲二百餘響者則生天之應顯然也上覽之且悲且喜

海山記洛水漁者獲生鯉一尾金鱗赭尾鮮明可愛帝問漁者之姓姓解未有名帝以朱筆於魚額上題解生字以記之乃放之北海中後帝幸北海其鯉已長丈餘浮水見帝其魚不沒帝與蕭后及諸院妃嬪同看魚之額生字尚存惟解字無半尚隱隱角字存

焉蕭后曰鯉有角龍也帝曰朕爲人主豈不知此意遂引弓射之魚乃沈

迷樓記大業九年帝將幸江都有迷樓宮人抗聲夜歌云河南楊柳謝河北李花榮楊花飛去落何處李花結實自然成帝聞其歌披衣起聽召宮女問之云孰使汝歌也汝自爲之耶宮女曰臣有弟在民間因得此歌曰道途兒童多唱此歌帝默然久之曰天啓之也天啓之也帝因索酒自歌云宮木陰濃燕子飛興衰自古漫成悲他日迷樓更好景宮中吐豔戀紅輝歌竟不勝其悲近侍奏無故而悲又歌臣皆不曉帝曰休問他日自知也後帝幸江都唐帝提兵號令入京見迷樓太宗曰此皆民膏血所爲乃命焚之經月夜不滅前謠前詩皆見矣方知世代興亾非偶然也

開河記帝自洛陽遷駕大渠翰林學士虞世基獻計用垂柳栽於汴渠兩堤上一則樹根四散鞠護河隄二乃牽舟之人護其陰三則牽舟之羊食其葉上大喜詔民間有柳一枝賞一縑百姓競獻之又令親種帝自種一株羣臣次第種方及百姓時有謠言曰天子先栽然後百姓栽

大業拾遺記帝於宮中嘗小會爲拆字令取左右離合之意時杳孃侍側帝曰我取杳字爲十八日杳孃復解羅字爲四維帝顧蕭妃曰爾能拆朕字乎不能當醉一盃妃徐曰移左畫居右豈非淵字乎時人望多歸唐公帝聞之不懌

欽定古今圖書集成曆象彙編庶徵典

第一百五十六卷目錄

謠讖部紀事二

庶徵典第一百五十六卷

謠讖部紀事二

創業起居注高祖起兵太原軍司以兵起甲子之日又符讖尚白請建武王所執白旗以示突厥帝曰誅紂之旗牧野臨時所仗未入西郊無容預執宜兼以絳雜半續之諸軍稍旛皆放此營壁城壘幡旗四合赤白相映若花園開皇初太原童謠云法律存道德在白旗天子出東海常亦云白衣天子故隋主恆服白衣每向江都擬於東海常修律令筆削不停并以綵畫五級木壇自隨以事道又有桃李子歌曰桃李子莫浪語黃鵠繞山飛宛轉花園裏案李爲國姓桃當作陶若言陶唐也配李而言故云桃花園宛轉屬旌幡汾晉老幼謳詠在耳忽覩靈驗不勝懽躍帝每顧旗旛笑而言曰花園可爾不知黃鵠如何吾當一舉千里以符冥讖

隋主以李氏當王有桃李之歌謂李密應於符讖故不敢西顧尤加憚之

辛丑太原獲青石龜形文有丹書四字曰李治萬世齊王遣使獻之翠石丹文天然映徹上方下銳宛若龜形神工器物見者咸驚奇異帝初弗之信也乃令水漬磨以驗之所司浸而經宿久磨其字愈更鮮明於是內外畢賀帝曰上天明命貺以萬吉恭承休祉須安萬方孤以寡德寧堪預此既爲人下不容以之頒告宜以少牢祀石龜而爵送龜人用彰休慶

裴寂等又依光武長安同舍人彊華奉赤伏符故事乃奏神人太原慧化尼蜀郡衛元嵩等歌謠詩讖慧化尼歌詞曰東海十八子八井喚三軍手持雙白雀頭上戴紫雲又曰丁丑語甲子深藏入堂裏何意坐堂裏中央有天子又曰西北天火照龍山昭童子赤光連北斗童子木上懸白旛胡兵紛紛滿前後拍手唱堂堂驅羊向南走又曰胡兵未濟漢不整治中都護有八井又曰興伍伍仁義行武得九九得聲名童子木底百丈水東家井裏五色星我語不可信問取衛先生蜀郡衛元嵩周天和五年閏十月作詩戌亥君臣亂子丑破城隍寅卯如欲定龍蛇伏四方十八成男子洪水主刀傍市朝義歸政人寧俱不荒人言有恆性也復道非常爲君好思量何（闕二字）禹湯桃源花（闕二字）李樹起堂堂只看寅卯歲深水沒黃楊未萌之前謠讖遍於天下今覩其事人人知之陛下雖不以介懷天下信爲靈效特此欲作常（闕三字）以兇須上爲七廟下安萬民既膺符命不得拘文牽旨違天不祥

唐書王世充傳世充矯越王侗詔封鄭王授九錫術士桓法嗣自言能決讖乃上孔子閉房記畫男子持一干驅羊狀因說世充曰隋楊姓也干一爲王王處羊後大王代隋之符又陳莊周人間世德充符二篇曰上下篇與大王名協明受符命德被人間爲天子也世充喜曰天命也拜受之

竇建德傳建德兵敗竄牛口谷車騎將軍白士讓楊武威獲之傳而西斬長安市初其軍有謠曰豆入牛口勢不得久至是果敗

洛中紀異錄李密歸因封邢國公後至桃林渡叛去遣兵征之至陸渾乃斬於邢公山下先是公山之側有亂石縱橫之頗妨行李時人謂之邢公塹密果死於此

高祖崩太宗詔營獻陵在京兆府三原縣唐朱里及朱氏篡立卽唐朱之驗矣後莊宗中興乃知里者李也是再造之徵後主於宮中作珠簾乃勅京師市珠內外之家收索將盡計無可得者復於相國寺僧中收之猶有隱之者爲鄰僧所告繫於狴中遂院而搜之老僧盡閉友人於寺中謂僧中齋閤者曰敕家正搜珠急孰敢入者至來年莊宗入汴盡滅朱氏復遠近搜之寺僧曰今日是端的搜朱也

唐書敬播傳播蒲州河東人貞觀初擢進士第時顏師古孔穎達譔次隋史詔播詣祕書內省參纂再遷著作佐郎兼脩國史從太宗伐高麗而帝名所戰山爲駐蹕播謂人曰鑾輿不復東矣山所以名蓋天意也其後果然

李淳風傳太宗得祕讖言唐中弱有女武代王以問淳風對曰其兆已成已在宮中又四十年而王王而夷唐子孫且盡帝曰我求而殺之奈何對曰天之所命不可去也而王者果不死徒使疑似之戮淫及無

幸且陛下所親愛四十年而老老則仁雖受終易姓而不能絕唐若殺之復生壯者多殺而逞則陛下子孫無遺種矣帝采其言止

舊唐書劉文靜傳劉師立者宋州虞城人也初爲王世充將軍洛陽平當誅太宗惜其才特免之超遷左驍衞將軍後人告師立自云眼有赤光體有非常之相姓氏又應符讖太宗謂之曰人言卿欲反師立大懼俯而對曰臣仕隋朝不過六品身材駑下不敢輒希富貴過蒙非常之遇嘗以性命許國而陛下功成事立臣致位將軍顧已循躬實踰涯分臣是何人輒敢言反太宗笑曰知卿不然此妄言耳賜帛六十匹延入臥內慰諭之

聞見後錄唐太宗以讖欲盡殺宮中姓武者李淳風以爲不可竟殺李君羨讖有一女子身長姓武其明白如此後高宗欲立太宗才人武氏爲皇后長孫無忌郝處俊褚遂良力諫初無一語及武氏之讖何也武氏之變至不可言司馬文正通鑑不書怪獨書此讖云

唐書李君羨傳君羨洛州武安人歷蘭州都督左監門衞將軍先是貞觀初太白數晝見太史占曰女主昌又謠言當有女武王者會內宴爲酒令各言小字君羨自陳曰五娘子帝愕然因笑曰何物女子乃此健耶又君羨官邑屬縣皆武也忌之未幾出爲華州刺史會御史劾奏君羨與狂人爲妖言謀不軌下詔誅之天授中家屬詣闕訴冤武后亦欲自詫詔復其官爵以禮改葬

劉蘭傳蘭檢校代州都督初長社許絢解讖記謂蘭曰天下有長年者咸言劉將軍當爲天下主蘭子昭又曰讖言海北出天子吾家北海也會鄠縣尉游文芝以罪繫獄當死因發其謀蘭及黨與皆伏誅

朝野僉載永徽年以後人唱桑條歌云桑條韋女韋也樂至神龍年中逆韋應之諂佞者鄭愔作桑條樂詞十餘首進之逆韋大喜擢之爲吏部侍郎賞縑百匹

咸亨已後人皆云莫浪語阿婆嗔三叔聞時笑殺人後果則天卽位至孝和嗣之阿婆者則天也三叔者孝和爲第三也

龍朔年已來百姓飲酒作令云子母相去離連臺拗倒子母者盡與盤也連臺者連盤拗倒盡也及天后永昌中羅織事起有宿衞十餘人於清化坊飲爲此令此席人進狀告之十人皆棄市自後廬陵徙均州則子母相去離也連臺拗倒者則天被廢諸武遷放之兆

冊府元龜龍朔中里歌有突厥監及則天時遣尚書閻知微送武延秀使突厥突厥怒則天廢李氏乃囚延秀立知微爲可汗掠以入寇乾封之後天后盛勸行中嶽之禮頻下詔皆屬年饑及蕃夷寇邊而輟於是嵩山之下營奉天宮以爲有事之漸時有童謠曰嵩山凡幾層不畏登不得所畏不得登及是禮物畢備竟以疾還

武后如意初里歌黃麞草中藏彎弓射爾傷後契丹李萬榮叛陷營州則天令總管曹仁師王孝傑等將兵百萬討之敗於黃麞契丹乘勝至於趙郡

朝野僉載周垂拱已來苾挐兒歌詞皆是邪曲後張易之小名必挐

大唐新語長壽中滎陽鄭蜀賓頗善五言竟不聞達年老方授江左一尉親朋餞別於上東門蜀賓賦詩留別曰畏途方萬里生涯近百年不知將白首何處入黃泉酒酣自詠聲調哀感滿座爲之流涕竟卒於官

劉希夷一名挺之善搊琵琶嘗爲白頭翁詠曰今年花落顏色改明年花開復誰在既而自悔曰我此詩似讖與石崇白首同所歸何異也乃更作一句云年年歲歲花相似歲歲年年人不同既而歎曰此句復似向讖矣然死生有命豈復由此乃兩存之詩成未周爲奸所殺

耳目記周則天時謠言曰張公吃酒李公醉張公者易之兄弟也李公者言王室也

唐書姚璹傳璹貶桂州長史后方以符瑞自神璹取山川草樹名有武字者以爲上應國姓裒類以聞后大悅拜檢校天官侍郎擢文昌左丞同鳳閣鸞臺平章事

武后傳春官尚書李思文詭言周書武成爲篇辭有垂拱天下治爲受命之符后喜皆班示天下稍圖革命

太平廣記唐景龍年安樂公主洛州道光坊造安樂寺用錢數百萬童謠曰可憐安樂寺了了樹頭懸後誅逆韋并殺安樂斬首懸於竿上改爲悖逆庶人

唐書韋庶人傳韋后加號翊聖太史迦葉志忠表上桑條歌十二篇言后當受命曰昔高祖時天下歌桃李太宗時歌秦王破陣高宗歌堂堂天后世歌武媚

娘皇帝受命歌英王石州后今受命歌桑條韋蓋后妃之德專蠶桑共宗廟事也乃賜志忠第一區絹七百段

隋唐嘉話今上之爲潞州別駕將入朝有軍人韓凝禮自謂知兆上因以食箸試之既布卦一箸無故自起凡三偃三起觀者以爲大吉徵既而誅韋氏定天保

龍城錄開元末含元殿火去基下出丹石上有隱語不可知云天漢二年赤光生栗木下有子傷心遇酷此亦不能辨也

傳信記上於弘農古函谷關得寶符白石篆文正成乘字識者解之云乘者四十八年得寶之時天下言之曰得寶弘農得寶耶於今唱之得寶之年遂改天寶也

致虛雜俎天寶十三年宮中下紅雨色若桃花太眞喜甚命宮人各以椀杓承之用染衣裙天然鮮豔惟襟上色不入處若一馬字心甚惡之明年七月遂有馬嵬之變血汙衣裙與紅雨無二上甚傷之

太眞外傳上嘗於勤政樓東間設大金雞障施一大榻卷去簾令祿山坐其下設百戲與祿山看焉肅宗諫曰歷觀今古未聞臣下與君上同坐閱戲上私曰渠有異相我禳之故耳又嘗與夜燕祿山醉臥化爲一猪而龍首左右遽告帝帝曰此猪龍無能爲終不殺

術士李遐周有詩曰燕市人皆去函關馬不歸若逢山下鬼環上繫羅衣燕市人皆去祿山卽薊門之士而來函關馬不歸哥舒翰之敗潼關也若逢山下鬼嵬字卽馬嵬驛也環上繫羅衣貴妃小字玉環其死也力士以羅巾縊焉又妃常以假髻爲首飾而好服黃裙天寶末京師童謠曰義髻拋河裏黃裙逐水流至此應矣

嘉話錄祿山將亂於中原梁朝誌公太師有語曰兩角女子綠衣裳却背大行邀君王一止之月必消亡兩角女子安字綠者祿字也一止正月也果正月敗亡

青瑣高議宮中牡丹品最上者御衣黃次曰甘草黃次曰建安黃次皆紅紫各有佳名終不出三花之上他日宮中貢一尺黃乃山下民王文仲所接也花面幾一尺高數寸祇開一朶絳幃籠護之帝未及賞會爲鹿銜去帝以爲不祥有佞人奏云釋氏有鹿銜花以獻金仙帝私曰野鹿遊宮中非佳兆也殊不知應祿山之亂也

唐書李寶臣傳田承嗣知寶臣少長范陽心常欲得之乃勒石若讖者瘞之境教望氣者云有玉氣寶臣掘得之文曰二帝同功勢萬全將田作伻入幽燕帝謂寶臣與正己爲二而陰使客說曰公與滔共攻滄州卽有功利歸天子公於何賴誠能赦承嗣罪請奉滄州入諸趙願取范陽以報公以騎前驅承嗣以步卒從此萬全勢也寶臣喜得滄州又見語與讖會遂陰交承嗣而圖幽州

冊府元龜肅宗幸靈武至平涼都路傍遇一伏兔命左右索弓箭因謂左右曰吾若破賊射則中之不然則否一發而斃左右咸稱萬歲

酉陽雜俎馬僕射既立勳業頗自矜伐常有陶侃之意故呼田悅爲錢龍至今爲義士非之當時有揣其意者乃先著謠於軍中曰齋鐘動也和尚不上堂月餘方異其服色謁之言善相馬遽見因請遠左右曰公相非人臣然小有未通處當得寶物直數千萬者可以通之馬初不實之客曰公豈不聞謠乎正謂公也齋鐘動時至也和尚公之名不上堂不自取也馬乃聽之始惑卽爲具肪玉紋犀及貝珠焉客一去不復知之馬病劇方悔之也

杜陽雜編代宗廣德元年吐番犯便橋上幸陝王師不利常有紫氣如車蓋以迎馬首及廻潼關上歎曰河水洋洋送朕東去上至陝因望鐵牛感然謂左右曰朕年十五六宮中有尼號功德山言事往往神驗嘗撫吾背曰天下有災遇牛方廻今見牛也朕將廻爾是夜夢黃衣童子歌於帳前曰中五之德方峩峩吳吳呼呼何奈何詰旦上具言其夢侍臣咸稱土德當王吐番破滅之兆也

代宗朝異國所獻奇禽馴獸自上卽位多放棄之建中二年南方貢朱來鳥形有類於戴勝而紅嘴紺尾尾長於身巧解人語善別人意其音清響聞於庭外數百步宮中多所憐愛常爲玉屑和香稻以啗之則其聲益加寥亮夜則棲於金籠晝則飛翔於庭廡而俊鷹大鶻不敢近一日爲巨鵰所搏而斃宮中無不歔欷或過其籠自開內人有善書者於金華紙上爲朱來鳥寫多心經及朱泚犯禁闈朱來鳥之兆明矣

又大曆中澤潞有僧號普滿隨意所爲不拘僧相或歌或哭莫喻其旨以言事往往有驗故時人比爲萬廻建中初於潞州佛舍中題詩數篇而亡去所記者

云此水連涇木雙珠血滿川青牛將赤虎還號太平年此木者泚字涇水者自涇州兵亂雙珠者泚與弟滔青牛者興元二年乙丑歲乙木也丑牛也是歲改貞元元年丙火寅虎也是歲賊平故也

唐書王璠傳璠出爲浙西觀察使李訓得幸璠於逢吉舊故薦之復召爲左丞拜戶部尚書判度支封祁縣男李宗閔得罪璠亦其黨見注求解乃免訓將誅宦人乃授河東節度使已而敗璠子遐休直弘文館所善學士令狐定及劉軻劉耕仲無頗柳喜集其所皆被縛定等自解辯得釋遐休誅璠鎭潤州外隍得石刻曰山有石石有玉玉有瑕術家謂璠祖名礎生礎礎生璠盡遐休蓋其應云

唐國史補司徒馬燧討李懷光自太原引兵至寶鼎下營因問其地名答曰埋懷村乃大喜曰擒賊必矣至是果然

冊府元龜朱泚爲盧龍節度使留京師建中四年七月涇原兵反迎泚爲主泚自號其宅曰潛龍宮悉移內庫珍貨瓌寶以實之識者曰易稱潛龍勿用此敗徵也未幾百姓剽奪其珍寶泚不能禁止尋而泚敗

韋執誼順宗即位初爲尚書左丞平章事執誼自卑官嘗忌諱不言嶺南州縣名爲郎官時嘗與同舍詣職方觀圖每言嶺南州執誼遽命去之閉目不視及拜相還所坐堂見北壁有圖不就看七八日試就看之乃崖州圖也以爲不祥甚惡之憚不能出口及貶員外司戶果得崖州

憲宗元和十年六月辛丑盜殺宰相武元衡先是長安童謠曰打麥麥打三三三既而旋其袖曰舞了也識者謂打麥者蓋言打麥時也麥打蓋伺暗中突擊也三三三謂六月三日也舞了也謂元衡之卒也

全唐詩話滕倪苦心爲新詩嘉聲早播遠之吉州謁宗人太守郎中邁邁每吟其句云白髮不能容相國也同閑客滿頭生又題鷺鷥障子云映水有深意見人無懼心邁曰魏文惜陳思之學潘岳褒正叔之文貴集一家之盛如此倪逼秋試捧笈告遊留詩爲別悵然曰是必不祥倪至秋卒于商於館舍聞者莫不傷焉倪詩曰秋初江上別旌旗故國無家淚欲垂千里未知投足處前程便是聽猿時誤攻文字身空老却返樵漁計已遲羽翼凋零飛不得丹霄無路接差池

章孝標元和十三年下第時輩多爲詩以刺主司獨孝標爲歸燕詩留獻侍郎庾承宣得詩展轉吟諷庾重典禮曹孝標來年登第詩云舊壘危巢泥已落今年故向社前歸連雲大厦無棲處更傍誰家門戶飛

孝標及第除正字東歸題杭州樟亭驛云樟亭驛上題詩客一半尋爲山下塵世事日隨流水去紅花還似白頭人初成落句云紅花眞笑白頭人改爲還似且曰我將老成名似我芳艷詎能久乎及還鄉而逝或曰前有八元後有孝標皆桐廬人復同姓而皆不達

因話錄元和長慶中兩京閭巷間相見多云合是阿舅及太和以來文宗欲崇樹外戚而詐稱國舅者數輩竟不得其眞合是之說果有驗矣

余年小在江漢嘗與羣兒戲以竹筭爲鎗鳥翎飾其上裂紙爲旌旗作戰鬬之象相向云殺俄爾立定又云再殺不數年憲宗剪除羣寇蔡齊二巨猾相次夷滅再殺之應也

因話錄長慶中鄂州里巷間人每語輙以牛字助之又有一僧自號牛師乍智乍愚人有忤之者必云我兄即到豈奈我何未幾而相國奇章公帶平章事節度武昌軍其語乃絕而牛師尚存僧者乃牛公之名也方知將相之位豈偶然耶先是元和初韓尚書皐在夏口就加節度使自後復爲觀察使長慶三年崔相國植從刑部尚書除觀察明年冬牛公實來宰臣建節鎭夏口自牛公始也

唐書裴度傳寶曆二年度請入朝逢吉黨大懼權輿作僞謠云非衣小兒坦其腹天上有口被驅逐以度平元濟也都城東西岡六民間以爲乾數而度第平樂里直第五岡權輿乃言度名應圖讖第據岡原不召而來其意可見欲以傾度天子獨能明其誣詔復使輔政

北夢瑣言唐進士來鵬詩思清麗福建韋尚書岫愛其才曾欲以子妻之而不果爾後游蜀夏課卷中有詩云一夜絲荷風剪破賺他秋雨不成珠者以爲不祥是歲不隨秋試而卒於通議郎

唐太和中閹官恣橫因甘露事王涯等皆罹其禍竟未昭雪宣宗即位深抑其權末年嘗授旨與宰相令狐公公欲盡誅之慮其寃乃密奏榜子曰但有罪莫捨有闕莫塡自然無遺類矣後爲宦者所見於是南北益相水火洎宣宗末崔侍中得行其志然而玉石俱焚也已

乾符後宮娥皆以木圍頭自是方效之唯內官各自

出樣匠人曰砍軍容頭至是果驗也

唐書楊嗣復傳嗣復同中書門下平章事他日帝問符讖可信乎何從而生嗣復曰漢光武以讖決事隋文帝亦喜之故其書蔓天下班彪王命論有所引述特以止賊亂非重之也珏曰治亂宜直推人事耳帝曰然

西朝寶訓會昌末年武宗忽改御名爲火下火及宣宗以光王龍飛於古文光字實從炗焉隱先兆之明若是耶

避暑漫抄宣宗微時以武宗忌之遁跡爲僧一日遊方遇黃蘗禪師同行因觀瀑布黃蘗曰我詠此得一聯而下韻不接宣宗曰當爲續成之黃蘗云千巖萬壑不辭勞遠看初知出處高宣宗續云溪澗豈能留得住終歸大海作波濤其後竟踐大位兆先見於此詩矣然自宣宗以後接懿僖之時海內遂不靖則作波濤之語豈非讖耶

孟啓本事詩崔曙進士作明堂火珠詩贖帖曰夜來雙月滿曙後一星孤當時以爲警句及來年曙卒唯一女名星星人始悟其自讖也

范陽盧獻卿大中中舉進士詞藻爲同流所推作愍征賦數千言時人以爲庾子山哀江南之亞今諫議大夫司空圖爲注之連不中第薄遊衡湘至郴而病夢人贈詩曰卜築郊原古青山唯四鄰扶疎遶臺榭寂寞獨歸人後旬日而歿郴守爲葬之近郊果以夏初窆皆符所夢

杜陽雜編大中末京城小兒壘布醮水向日張之謂捩暈及上自鄆王卽位捩暈之言應矣

唐書崔融傳融曾孫能能子彥曾徐有子亭下豬水爲沱彥曾導清河灌之鑴石龍首注溜蔽以屋徐人謂屋覆龍於文爲龐清河崔望也爲吞噬云

冊府元龜懿宗初封鄆王嘗大雪數尺而帝寢室之上獨無人皆異之又宣宗嘗製泰邊陲曲撰詞云海岳宴咸通至是帝以鄆王卽位改元咸通盡皆驗

北夢瑣言懿宗末年迎佛骨纔至京師俄而晏駕識者謂喪之兆也

唐乾符中荊州節度使晉公王鐸後爲諸道都統時木星入南斗數夕不退晉公觀之問諸知星者吉凶安在咸曰金火土犯斗卽爲災唯木當爲福耳或然之時有術士邊岡洞曉天文精通曆數謂晉公曰唯斗帝王之宮宿唯木爲福神當以帝王占之然則非福於今必當有驗於後未敢言之他日晉公屏左右密問岡曰木星入斗帝王之兆木在斗中朱字也讖者言唐世嘗有緋衣之讖或言將來革運或姓裴或姓牛以爲裴字爲緋衣牛字著人卽朱也所以裴晉公度牛相國僧孺每罹此謗李衛公斥周秦行紀乃斯事也安知鍾於碭山之朱乎

唐書黃巢傳巢直趨建州初軍中謠曰逢儒則肉師必覆巢入閩俘民紿稱儒者皆釋時六年三月也儂路圍福州觀察使韋岫戰不勝棄城遁賊入之焚室廬殺人如刈過崇文館校書郎黃璞家令曰此儒者滅炬弗焚

冊府元龜僖宗廣明元年十二月巢賊陷長安議者以舊有謠云金色蝦蟆爭努眼翻却曹州天下反黃巢敗亡走入泰山爲其甥林言所殺言送於時溥溥函首送闕中中和初有謠云黃巢須走泰山東死在翁家翁時巢死之處民家乃姓翁也

玉泉子眞錄廣明之年號識者以爲黃巢日月明年兩京沒焉議者尤之初製中尉首輒折木爲模所謂其楦者先是數年內官競新其樣命工人斫爲之中尉者輒呼曰斫兩中尉頭樞密使亦呼曰斫兩長官頭他皆類此又京城小兒十數爲羣折蒿莖楮率成鎗旆各各相向如臨陣肩敵至是悉驗云

悅生隨抄黃巢令皮日休作讖詞云欲知聖人姓田八二十一欲知聖人名果頭三屈律巢大怒蓋巢頭醜掠鬢不盡疑三屈律之言是其譏也遂及禍

唐書張雄傳徐約者曹州人已得蘇州有詔授刺史錢鏐遣弟銶攻之約驅民墨鏡其耏曰願戰南都從事或曰都者國稱杭終有國乎約後寖窘與其下哭而別入海死鏐使沈粲守蘇州約衆降潤州阮結結不能定鏐以成及討之盡殲其衆

稽神錄董昌未遇前有山陰縣老人爲上言於昌曰今大王善政及人願萬歲帝爲越以福兆庶三十年前已有謠言正合今日故來獻其言曰欲識聖人姓千里草青青欲知聖人名日從月上生昌得之大喜因讀曰天命早已歸我我爲大子矣乃贈老人百縑仍免其征賦先遣道士朱思遠立壇醮上帝忽一夕云天符降於函中有碧紙朱書其文人不可識思遠言天命合與董氏又有王守貞者俗謂之王百藝極機巧初立生祠雕刻形像塑繪宮嬪及設兵衛狀若鬼神皆百藝所爲也妖僞之際尤與百藝幻惑之術昌每言我聞兎子上金牀讖我也我卯生來歲屬卯

二月二日亦卯卽卯年卯月卯日仍當以卯時萬世之業利在於此乾寧二年二月二日率軍俗數萬人僭衮冕儀衞登子城門樓赦境內改僞號羅平國年號天冊自稱聖人及令官屬將校等皆呼聖人萬歲俯而曰言云云畢復欲舞蹈昌乃連聲止之曰卿道得這許多言語壓得朕頭疼無奈何也蓋緣工人所製平天冠稍重故有是言也時人聞者皆大笑之

五代史吳越世家越州董昌反昌素愚不能決事臨民訟以骰子擲之而勝者爲直妖人應智王溫巫韓媪等以妖言惑昌獻鳥獸爲符瑞牙將倪德儒謂昌曰曩時謠言有羅平鳥主越人禍福民間多圖其形禱祠之視王書名與圖類因出圖以示昌昌大悅乃自稱皇帝國號羅平改元順天

江淮異人錄錢處士天祐末遊於江淮嘗止金陵楊某家中夜忽起曰地下兵馬相鬨云接令公聒我不得眠人莫之測明日義祖自京口至金陵時人無有預知者錢又每爲讖詩說方來事言李氏之祚曰髣髴之間倍初吳氏有江東四十六年而李氏三十九年或謂楊氏自稱尊至禪代二十年故髣髴倍之耳

北夢瑣言唐天祐中淮師圍武昌不解杜洪令公乞師於梁王梁王與荆方睦乃諷成令師兵救之於是稟奉霸主欲親征乃以巡屬五州事力造巨艦一艘三年而成號曰和州載艦上列廳宇洎司局有若衙府之制又有齊山截海之名其於華壯可知也飾非拒諫斷自其意幕僚俯仰不措一詞唯孔目官楊厚贊成之舟次破軍山下爲吳師縱燎而焚之中令溺死兵士潰散先是改名曰汭汭字卽水內也水內之死豈非前兆乎湖南及朗州軍入江陵俘載軍人百姓職掌伎巧僧道伶官並歸長沙成汭之名和州之說蓋前定也

志怪錄白浦民割猪肝肝中有一紙大如手色如新書云烟蒼蒼明年無糧次年巢寇起州郡多荒

朝野僉載孫佺爲幽州都督五月北征時軍師李處郁諫五月南方火北方水火入水必滅佺不從果沒八萬人昔竇建德救王世充於牛口谷時謂竇入牛口豈有還期果被秦王所擒其孫佺之北也處郁曰飧若入咽百無一全山東人謂溫飯爲飧幽州以北並爲燕地故云

遺史記聞唐末吳人范攄處士子七歲能詩贈隱居者云掃葉隨風便澆花趁日陰處士方干曰此子必垂名因作夏日詩云閑雲生不雨病葉落非秋干曰惜其不壽爾未幾果卒

冊府元龜高駢爲淮南節度使光啓三年三月駢有寄諸從事詩末句云人間無限傷心事不得尊前折一枝蓋亡滅之兆也駢果爲畢師鐸所殺

青箱雜記光啓中陳岩爲福建觀察使童謠曰潮水來山巖沒潮水去矢口出其後王潮果代岩而審知襲位乃其應也

又有謠曰騎馬來騎馬去蓋光啓丙午國亡之應也

王審知治城城有錢文惡之命剗去而其文愈明又有謠曰風吹楊葉鼓山下不得錢來兵不罷後福州軍校李仁福殺帥自立而歸款於金陵既而又叛李璟璟攻之仁福又求救於錢塘比錢塘兵至而江南圍解獲其將楊匡業乃其應也

唐末劉建鋒定長沙遣馬殷領衆浚城濠得石碣有古篆十八其文曰龍舉頭猳掉尾羊爲兄猴作弟羊歸穴猴離次解者以殷乾寧三年丙辰歲代立乃龍舉頭也至乾祐辛亥歲國亡乃猳掉尾也殷子希範以己未歲生又以開運丁未歲薨乃羊歸穴也又子希崇壬申歲生後爲江南所俘乃猴離次也

北夢瑣言李匡威少年好勇不拘小節自布素中以飲博爲事漁陽士子多忌之曾一日與諸游俠輩釣於桑乾赤欄橋之側自以酒禱曰吾若有幽州節制分則獲一大魚果釣得魚長三尺人甚異焉

五國故事閩忠懿王諱審知光州固始人長兄潮次兄圭及審知軍中號爲三龍皆以唐末起兵爲黃巢部伍巢敗乃領其衆入泉州旋自泉州復入福州初碎石僧爲讖辭曰岩高潮水沒潮退矢口出蓋言潮破福州陳岩而審知終嗣其地也

十國春秋閩太祖世家天祐元年夏四月唐遣右拾遺翁承贊加審知檢校太保封瑯琊王食邑四千戶食實封百戶先是蕭梁有王霸者王氏遠祖也居福州怡山爲道士常云吾子孫當王於此方乃爲讖瘞壇下光啓中爛柯道士徐元景斸地獲其辭曰樹枯不用伐壇壞不須結不滿一千年自有系孫列又曰後來是三王潮水蕩禍殃岩逢二乍間未免有銷亡子孫依吾道代代封閩疆解者以潮水蕩禍殃謂潮除禍患開基業也岩逢二乍間謂陳岩逢潮未幾而亡也代代封閩疆謂潮與審知兩世也又閩人謠云潮水來岩頭沒潮水去矢口出矢口知字也岩死而潮立潮死而審知繼之其言遂驗

吳烈祖世家天祐三年九月秦裴拔洪州大掠三日鹵匡時及其司馬陳象等五千人以歸王切責匡時匡時請死哀赦之斬象於市先是謠言云楊老抽嫩甕堪作打鐘槌至是應焉

洛中紀異錄蜀王建屬兔於天祐四年丁卯歲僭居帝位乃以兔子上金牀之讖遂以金飾所坐復謂左右曰朕承唐以金德王坐此牀天下孰敢不賓者乎聞者皆嗤之先是甲子歌至清泰三年丙申歲云數在五樓前又云但看八九月兵至千太原後大軍於太原南五樓村前大戰至九月晉祖勾契丹至於城下王師敗績至十一月戎王遣蕃軍送晉祖洛陽卽兵至之應也

蜀檮杌周德權王建之妻弟從建入蜀以戰功累遷眉州刺史梁祖旣簒德權上表曰案讖文李祐西王逢吉昌土德兌與丹莫當李祐者唐王也西王者王氏興於西方也逢吉昌者逢字如殿下之名也土德坤維也兌與亦西方也丹莫當者丹朱也言朱與不敵與殿下抗也願稽合天命仰膺寶籙使天地有主人神有依建大悅曰成我者叔舅也建卽位累遷太保中書令卒贈太師

三楚新錄馬殷上蔡人也自云伏波之後唐末羅亂所在豪俠競起時殷方處卒伍隨渠帥何氏南侵長沙據之殷戰頻有功何乃擢爲裨將命爲郤州刺史殷寬厚大度得士死力何氏卒諸將在外者皆擁兵歸以爭其位唯殷素服發喪識者謂之知禮未幾衆軍各殺其帥使人迎殷爲主初衆軍之迎殷也値夜殷甚疑懼欲拒不行將曉忽覩一人黑色而貌甚偉執大棒鞠躬趨報曰軍國內外平安俄而不見由是殷以爲嘉兆心始安乃謂所親曰此行未必不爲福及至衆果奉之

嶺外廖光圖自部陽叛舉族來奔部曲隨至者數千人殷以其豪而衆多將拒不納或諫曰廖者料也馬得料必肥是家國强霸之兆何爲拒之遂待以禮因命光圖爲永州刺史

青箱雜記龐巨昭善星緯之學唐末爲容州刺史惡劉隱殘虐乃歸長沙或問湖南與淮南國祚短長巨昭曰吾入境來聞童謠曰三羊五馬馬子離羣羊子無舍自今以後馬氏當五主楊氏當三主後皆如其言

唐末丹陽民常歲語曰待錢來待錢來及後錢鏐授鎭海軍節度浙江西道觀察處置使潤州刺史遂據有錢塘乃其應也

册府元龜晉高祖破唐師如拉朽斯天運使然非人力也先是朱梁改元之始卽天祐之四年也潞州行營使李思安奏壺關縣庶穰鄉鄉人伐樹樹倒自分兩片內有六字如左書云天十四載石進梁主藏於武庫時遣詞臣李琪吝詔嘉其瑞焉然莫詳其義至帝卽位人以爲雖有國姓計其甲子則二十年有奇矣議者曰天字取四字中兩畫加之於旁則丙字也四字去中之兩畫加十字則中字也帝卽位之年乃丙申也又易云晉者進也國號大晉皆符契焉

鑑戒錄朱太祖統四鎭除中令日名溫與崔相國連構大事崔每奏太祖忠赤遷之關東國無患矣昭宗遽勅太祖改名全忠議者全字人王也又在中心甚不可也近臣亦奏上方悔焉勅命旣行追之勿及後果有大梁三帝之號是時四分天下其在中心乃賜名之應也

五代史劉知俊傳知俊奔於蜀蜀王建以爲武信軍節度使使反攻茂貞取秦鳳階成四州建雖待知俊甚厚然亦陰忌其材嘗謂左右曰吾老矣吾且死知俊非爾輩所能制不如早圖之而蜀人亦共嫉之知俊爲人色黑而其生歲在丑建之諸子皆以宗承爲名乃於里巷構爲謠言曰黑牛出圈椶繩斷建益惡之遂見殺

青箱雜記廣南劉龑初開國營構宮室得石讖有古篆十六其文曰人人有一山山値牛兎絲吞骨蓋海承劉解者云人人有一大人也山山出也値牛者龑建漢國歲在丑也兎絲者晟襲位歲在卯也吞骨者滅諸弟也越人以天水爲趙爲蓋海指皇朝國姓也承劉者言受劉氏降也又乾和中童謠曰羊二四日天雨至解者以羊是未之神是歲辛未二月四日國亡天雨猶天水斥國姓又日實末有稻田自海中浮來上魚藻門外民聚觀之布衣林楚材見而歎曰木魚湫湫兮南時好事或有記其語洎王師至潘美爲部署方悟爲潘字

王衍在蜀好私行恐人識之令民戴大帽又令民戴帽狹小銳首卽墜又衍朝末陵自爲尖巾士民皆效之皆服妖也又每宴怡神亭妓妾皆衣道衣蓮花冠酒酣免冠髽髻爲樂因連額塗以朱粉號曰醉粧此與梁冀孫壽事頗相類後衍又與母同禱青城山宮人畢從皆衣雲霞書衣衍自製甘州詞令宮人歌之

閹者僂儈又衍造上清宮成塑元元皇帝及唐諸帝像衍躬自荐享城中士女遊觀闐咽謂之闕唐魂後國亡歸唐至秦州驛遇害　衍在蜀時童謠曰我有一帖藥其名爲阿魏賣與十八子其後衍兄宗弼果賣國歸唐而宗弼乃王建養子本姓魏氏此其應也

衍舅徐延瓊造第新成衍幸之見其華麗乃於廳壁大書一孟字蓋蜀人謂孟爲弱以戲之也其後孟知祥入蜀館於其第見之嘆曰此豈我之居乎遂據蜀而王傳位至昶國除

十國春秋吳高祖世家武義元年有童謠云江北楊花作雪飛江南李樹玉團枝李花結子可憐在不似楊花無了期

洛中記異錄朱梁許州節度使溫韜於衙城濠內得一小龜金色徧身綠毛石函而進之後王勅於苑內鑿池養之又構屋洪敞號金龜堂至來年莊宗立因號大唐入汴見之指謂左右曰金龜堂者是歸我也

幸蜀記成康元年重陽宴羣臣於宣華苑夜分未罷衍自唱柳宗元詩曰梁苑隋堤事已空萬條猶舞舊春風何須思想千年事誰見楊花入漢宮侍臣宋光溥咏韓偓詩曰吳王自恃兼雄才貪向姑蘇醉綠醽不覺錢塘江上月一宵西送越兵來衍聞之不樂於是罷宴

洛中記異錄周先乙酉歲王師平蜀莊宗詔太原節度使孟知祥西入川鎮成都先是蜀人打毬或一捧便入湖子者爲猛入音訛爲孟入得蔭一籌後孟得兩蜀僭大號泊於衆降乃知蔭一籌者果一子也

天定錄高若拙善詩從誨辟於幕下嘗作中秋不見月云人間雖不見天外自分明從誨覽之謂賓佐曰此詩雖好不利於己後果如其言

幸蜀記知祥自洛至蜀凡十七日時天成九年正月至則郭崇韜已被誅諸將洶洶知祥至人心稍定初蜀人繁拂以初入爲孟入王氏宮殿皆題匠人孟得名姓及知祥至人以爲先兆

冊府元龜明宗初在太宗左右嘗巡邊宿於鴈門逆旅逆旅嫗方娠帝至嫗慢不時具食腹中兒謂母曰大家至速宜具食聲聞於外嫗異之遽起親奉爨敬事九謹帝曰嫗前倨後恭詰之曰公貴不可言也問其故具道娠子腹語事同光末自鄴回趨白皐渡將濟以渡船甚少帝方憂之忽有木栰數隻沿流而至即用以濟師故無留滯焉

幸蜀記知祥薨廟號高祖有道者自號醋頭手擕一燈檠所至處卓之呼曰不使登登使倒至是人以爲應

青箱雜記謠讖之語在洪範五行謂之詩妖言不從之罰前世多有之而近世亦有焉昔者徐溫子知訓在廣陵作紅漆柄骨朵選牙隊百餘人執以前導謂之朱蒜天祐末廣陵人競服短袴謂之不及秋後十三年六月知訓爲朱瑾所殺焉則朱蒜不及秋之應也

李升先爲徐溫養子冒姓徐名知誥爲升州刺史童謠曰東海鯉魚飛上天後竟即僞位

馬令南唐書先主書徐溫嫡子知訓與僧修睦親狎得僞讖數紙皆修睦手書溫求修睦殺之

青箱雜記馬希振殷之子清泰中卒葬於長沙之陶浦掘得石碣其文曰亂石之壞絕世之岡谷變庚戌馬氏無王蓋馬氏諸王雄於周廣順辛亥歲遷於江南然其國之變實在庚戌歲故也

冊府元龜後唐末帝始離岐下凡降附及本城將校皆冀不次之賞及從至京師累月延望署置不及始失望相與爲謠言去却生菩薩扶起一條鐵

十國春秋後蜀後主本紀廣政元年三月民譌言後宮產蚘取人心肝爲食百姓驚恐踰月乃止

五國故事王延羲在位爲長夜之飲自宗室洎宰臣而下多以拒命見誅末年爲僞客省使朱文進所殺王氏遂滅忠懿常問山僧國祚脩短僧曰大王騎馬來騎馬去忠懿以丙午得國至開運丙午歲而國亾其言驗矣

青箱雜記李璟時朝中大臣多蔬食月爲十齋至明日大官具晚膳始復常珍謂之半堂食其後周師至淮上取濠泗揚楚泰五州而璟又割獻滁和廬舒蘄黃六州果去唐國土疆之半則半堂食之應也

冊府元龜晉鄭阮初仕後唐爲趙州刺史嘗以郡符取部內凶肆中人隸其籍者遣於青州舁喪至治郡人憚其遠願輸直百緡以免其行阮本無喪即受直放還識者曰此非吉兆也未幾改曹州刺史爲政愈弊高祖建義入雒爲本州指揮使石重立所殺舉族無孑遺

程遜爲太常卿奉使吳越仲秋之夕陰暝如晦遜嘗爲詩曰幽室有時聞鴈叫空庭無路見蟾光同僚見之訝其詩稍異及使廻遭風水而溺焉

采異記江南保大中秋八月伏龜山圮得一石函長

三丈闊八寸中有鐵銘文云梁天監十四年秋八月葬寶公於是銘背有引曰寶公嘗爲此偈大書於木版之上以白巾幕之人或欲讀者必施錢方得一讀讀畢覆之當時名臣自陸倕王筠姚容而下皆莫知其旨或問其意答云事在五百年後非今也至卒日乃書其偈同葬之以志其事銘曰莫問江南事江南自有憑乘雞登寶位跨犬出金陵子建司南位安仁秉夜燈東鄰家道闕隨虎遇明徵其字皆小篆體勢完具無缺落處當日二徐韓張之徒亦不能解其意至李氏國亾好事者稍稍尋見其意蓋應在浙江也後主丁酉生又以辛酉年即僞位是乘雞登寶位之應至甲戌年國破是跨犬出金陵之應時曹侯彬據甲於城南是子建司南位之應潘太師美統兵於城北是安仁秉夜燈之應後二句亦未見其旨至戊寅年淮海王錢氏舉國入覲方驗其東鄰之句俗諺云家道缺者是無錢也所云隨虎者蓋戊寅年矣又淮海王小字虎子

高氏專江陵日乾祐中於山庭後鑿一大池爲游嬉之所掘地丈餘得一大石匣長丈餘闊數寸扃鐍甚固主者不敢啓之具事以獻高氏大神之乃屏去左右唯與親僚屬三五人焚香而啓之匣中惟篆銘一首云此去遇龍即歇於是祕之至太祖龍飛改號建隆高氏下國

十國春秋荆南侍中繼冲世家荆南尚使瓷器皆高其足公私競製用之謂之高足椀及宋軍臨城舉族東還是亦高足讖之應也

楚恭孝王世家保大九年十一月辛酉盡遷文肅以下諸族及將佐千餘人於唐悲慟登舟送者皆號泣響振山谷當武穆王入湖南掘地得石讖曰龍起頭猪掉尾世皆以爲有先兆又民謠曰三羊五馬馬子離羣羊子無舍識者謂湖南與淮南國祚實應之

五國故事李景即位壬子癸丑間有狂人遍向市人曰待顯德三年總殺之又曰不得韓白二人殺之無噍類人皆莫測俄而周太祖南郊改元顯德世宗襲位因仍其號至三年丙辰王師遂入淮南時韓侍衛令坤白太師重進並爲戎帥王師既入將屠其城而二公戢兵淮人得過江而南者尤衆悉如狂者人言周師未南征而淮南市井小兒普唱曰擅來也及楊州建春門有鼉出於水次衆以爲應矣未幾王師入先鋒騎兵皆唱蕃歌其首句曰擅來也方明其兆煜景之次子本名從嘉嗣僞位乃更今名有辭藻尚奢侈常於宮中以銷金羅幕其壁以白銀釘瑇瑁而押之又以綠鈿刷隔眼糊以紅羅種梅花於其外又以花間設畫小木亭子才容二座煜與愛姬周氏對酌於中如是數處煜善音律造爲家山及振金鈴曲破言者取要而言云家山破金鈴曲又建康市中染肆之傍多題曰天水碧尋而皇家蕩平之悉前兆也

十國春秋楚劉言傳言鎮湖南凡三年先是朗人謂言爲劉鼓牙馬氏將亂湘中童謠曰馬去不用鞭鼓牙過今年及邊鎬俘馬氏鎬爲言所逐而言亦被害

楚廢王世家潭州多夾道植槐廢王時盡易以柳幹又居人向夜爭織草鞵爲業聲達內外童謠云湖南有長街栽柳不栽槐百姓任奔竄趄芒織草鞵讖者以爲長街者內外路也不栽槐者兄弟失孔懷也草鞵者遠行所服百姓逋逃之義也其豫兆有如此

江南別錄馬希範卒弟希廣立庶弟希萼舉兵殺希廣代其位少弟希崇又廢希萼自立大姓廖偃刼希萼以代希崇希崇遣使求救於元宗命袁州刺史邊鎬督兵赴援其實欲襲之也時長沙童謠曰鞭打馬馬須走兵至希崇希萼皆降餘郡相次歸附

洛中記異錄廣順末京師訛言有人還魂見冥間要數萬丫髻小兒繇是無問貴賤之家小兒有髻子者皆剃之識者曰小兒元首者新君之兆也未幾世宗嗣位即元首也

陸游南唐書元宗十子傳弘冀元宗長子故唐之末民間相傳讖曰有一眞人在冀川開口持弓向左邊元宗欲其子應之乃名之曰弘冀

馬令南唐書顯德六年九月太子冀卒初丹陽古銘曰天子冀州人以冀應之未幾卒明年皇朝受命之符爾

湘山野錄佑有文而容陋其妻右僕射嚴續之女有絕態一日晨妝佑潛窺於鑑臺其面落鑑中妻怖遽倒佑怒其惡己因棄之佑方丱未入學已能文命筆題於壁上朝遊滄海東暮歸何太速秪因騎折玉龍腰謫向人間三十六果當其歲誅之

宋史荆南高氏世家保勖字省躬從誨第十子保融同母弟也初保勖在保抱從誨獨鍾愛故或盛怒見之必釋然而笑荆人目爲萬事休及保勖之立藩政離弱卒裁數月遂失國亦預兆也

江行雜錄周恭帝幼沖軍政多決於韓通通愚愎太祖英資有度量多智略屢立戰功由是將士皆愛服

歸心焉及將北征京師民間讙言出軍之日當立點撿爲天子富室或挈家逃匿於外州獨宮中不之知太祖懼密以告家人曰外間洶洶如此將若之何太祖姊方在廚引麪杖逐太祖擊之曰大丈夫臨大事可否當自決胷懷乃來家間恐怖婦女何爲

洛中紀異錄先是周末忽有一人衣麤布衣裸青巾草履而入於中書省政事堂內箕踞而坐羣吏見之咸大驚叱之何人也答云官家教我來吏曰官家在甚處復答曰在宗州尋白於諸相相曰此狂人爾不須奏恐累諸門守衛者事非細爾乃寢因卒逐之出外今上移鎭商丘少主禪位上開國爲大宋宗州官家是天命已兆之也

帝嚳四妃一生帝摯一生帝堯一生殷之先一生周之先殷之後封於宋都商丘今上於前朝作鎭睢陽洎自開國乃號大宋先生皇考諱弘殷是始驗弘者大之端也殷者宋之本也是慶鍾於皇運今建國在於大火之下宋爲火正又國家承周火德王按天使心星是帝王實宋分野今高辛氏陵廟在宋城三十里卽天地陰陽人事際會亦自古罕有

茅亭客話僞蜀廣政末成都人唐季明父失其名因破一木中有紫紋隸書太平兩字時欲進蜀主以爲嘉瑞一有識者解云不應此時須至破了方見太平爾果自聖朝弔伐之後頻頒曠蕩之恩寬有傷殘之俗後仍改太平興國之號卽知識者之言諒有証矣

侍兒小名錄沈詢在昭義嘗宴府中賓友歌著詞令曰莫打南來鴈從他向北飛打時雙打取休使兩分離及歸而夫妻皆爲嬖妾歸秦所殺

十國春秋南唐自丁酉年烈祖改元昇元後主乙亥歲國滅歷三主凡三十九年

潯陽有海䲡形如大堤長數十丈食其肉者多死以脅骨爲橋脊骨爲臼識者曰䲡者鯉類今死則國亾矣建隆初汴京士庶樂工少年競唱歌曰五來子自建隆以後荆湖蜀漢及江南五國果盡朝於宋又開寶中江南得一石凡數百字隸書連寫從他痛三字至末云不爲石子盡皆其預識也

五國故事蜀王衍之末年率其母后等同幸青城至成都山上清宮隨駕宮人皆衣畫雲霞道服衍自制甘州曲辭親與宮人唱之曰畫羅裙能解束稱腰身柳眉桃臉不勝春薄媚足精神可惜淪落在風塵宮人皆應聲而和之衍之本意以神仙在凡塵耳後衍降中原宮妓多淪落人間始驗其語後朝廷追封爲順正公後唐既平蜀乃以太原節度使孟知祥走馬入蜀以鎭撫之及明宗時安重誨用事知祥乃絕朝貢尋以長興五年遂僭大號初王氏在蜀建㽞宮殿皆紀大匠孟德名氏於梁栿而終爲孟氏所處知祥僭號才七月而終昶嗣僞位昶尚年少乃與母后同宮數年餘遂遷宮而居其宮宇稍廣乃選民間女子有殊色者充之及有司引至後苑昶親選佳者亦賜諸王餘則縱去而民懼其搜選皆立求媒伐而嫁之謂之驚婚昶之母后卽後唐積慶公主之從娣也頗務慈儉而昶亦能稟之及歸皇朝終訖天命遠視李氏近觀王衍禍福之道蓋相萬焉蜀之末年百官競執長鞭自馬至地婦人競戴高冠子皆謂之朝天又製新曲名之曰萬里朝天意謂萬里皆朝於己及歸降之後崎嶇川陸至於京師乃萬里朝天之驗矣

楊文公談苑梁沙門寶誌銅碑記多讖未來事云有眞人在冀州閉口張弓左右邊子子孫孫萬萬年江南中主名其子曰弘冀吳越錢鏐諸子皆連弘字期以應之而宣祖諱正當之也

馬令南唐書後主妙於音律舊曲有念家山王親演爲念家山破其聲噍殺其名不祥乃敗徵也

後主昭惠后周氏傳後主嘗演念家山舊曲后復作邀醉舞恨來遲新破皆行於時中書舍人徐鉉聞霓裳羽衣曰法曲終慢而此聲太急何耶曹生曰其本實慢而宮中有人易之然非吉徵也歲餘周后子母繼死後主國步浸微音之所起實由人心而嘽緩噍殺治亂應之豈虛言乎

部拙傳拙歸皇朝就應制科有司以聞未詔而卒或議其詩有萬國未得雨孤雲猶在山之句斯爲應矣

江表志宋齊丘爲儒日修啓投姚洞天略云城上之鳴鳴曉角吹入愁腸樹頭之颯颯秋風結成離緒又云其如千愁萬端無禁飢寒兩字時有識者云當須殍亾後果如其言

胡則守江州堅壁不下曹翰攻之危急忽有旋風吹文學之紙墮於城中其詞曰由來秉節世無雙獨守孤城死不降何似知機早回顧免教流血滿長江翰攻陷江州殺戮殆盡謂之洗城焉

十國春秋後蜀後主本紀廣政二十四年民間譌傳國家東遷天水是歲有人披髮奔走道中唱言神人使作無爺無母救汝凡兩日不知所在

幸蜀記二十四年昶書兆民賴之四字誤寫兆爲趙

十一月民訛言國家遷天水皆不祥也

馬令南唐書浮屠傳開寶初有淮北僧號小長老請於牛頭山大起蘭若千餘間廣聚僧徒日設齋供食有不盡者明日再具謂之折倒識者謂折倒乃敗徵也

宋史南漢世家劉鋹舉兵侵州道刺史王繼勳請討之開寶三年太祖命潭州防禦使潘美朗州團練使尹崇珂討之四年二月城破擒鋹部送闕下初廣州童謠曰羊頭二四白天雨至識者以羊是未之神是歲歲在辛未以二月四月擒鋹天雨者王師如時雨之義

江南別錄甲戌歲有衛兵秦福自毀其鞋跣足陞正殿御座論者以鞋者履也履與李同言李氏將敗此殿爲秦人所得也秦趙古同姓焉

宋史北漢世家劉繼元幷州太原人既襲位改元廣運復結契丹爲援太宗征繼元行次澶淵有太僕寺丞宋捷者掌出納行在軍儲太宗見其姓名以爲師必有捷之兆及將至太原太宗遣語攻城諸將曰我以端午日當置酒高會於太原城中至癸未繼元降乃五月五日也

欽定古今圖書集成曆象彙編庶徵典
第一百五十七卷目錄
謠讖部紀事三
謠讖部雜錄

庶徵典第一百五十七卷

謠讖部紀事三

遼史后妃傳太祖淳欽皇后述律氏后簡重果斷有雄略嘗至遼土二河之會有女子乘青牛車倉卒避路忽不見未幾童謠曰青牛嫗曾避路蓋諺謂地祇為青牛嫗云太祖卽位羣臣上尊號曰地皇后神冊元年大冊加號應天大明地皇后

焚椒錄懿德皇后以清寧元年十二月戊子冊為皇后后方出閤升坐扇開簾捲忽有白練一段自空吹至后御位前上有三十六三字后問此何也左右曰此天書命可敦領三十六宮也后大喜後后以白練自經上怒猶未解命裸后屍以葦席裹還其家春秋三十有六正符白練之語

楓窻小牘太祖征李筠以太宗為大內都點檢汴民驚曰點檢作天子矣更為一天子地邪此又人口木簡也

儒林公議太平興國戊寅歲程羽守益都時立春在近縣吏納土牛偶人于府門外觀者頗衆主者恐有損遂移至廳事之左少選程出視事怪問之主者以對程笑曰農夫牧豎非升廳之物兆見于此不祥莫大焉當時聞之以為過論至甲午歲果有村氓叛竊入據城邑焉人亦服其理識

程史淳化四年十二月蜀寇王小波死李順繼之明年正月己巳卽蜀王位五月丁巳兩川招安使王繼恩克成都順就擒開禧二年正月大將吳曦叛蜀歸款于虜甲午卽蜀王位丁酉受虜冊二月乙亥隨軍轉運安丙奉密詔梟曦于興州說者析順字謂居川之傍一百八日析曦字謂三十八日我乃被戈較其卽位受冊之日不差毫髮又俱終始于蜀噫異矣

宋史張詠傳詠知益州民間訛言有白頭翁午後食人兒女一郡囂然至暮路無行人既而得造訛者戮之民遂帖息詠曰妖訛之興沴氣乘之妖則有形訛則有聲止訛之術在乎識斷不在乎厭勝也

續湘山野錄丁晉公在中書日同私第會賓客忽顧衆而言曰某嘗聞江南李國主鍾愛一女早有封邑聰慧姿質特無與比年及簪降國主謂執政曰吾止一女才色頗異今將選尚卿為擇佳壻須得少年奇表負殊才而有門地者執政遍詢縉紳須外府將相之家莫得全美或有詣執政言曰嘗聞洪州劉生者為本郡參謀歲甲未冠儀形秀美大門曾列二卿兼富辭藝可以塞選執政遽以聞上信亟令召之及至皆如其說國主大喜于是成禮授少列拜駙馬都尉鳴珂鏘玉出入中禁良田甲第奇珍異寶赫奕崇盛雄視當時未周歲而公主告卒國主傷悼悲泣曰吾不欲再覩劉生之面勅執政削其官籍一簪不與却送還洪州生恍若夢覺觸類如舊丁語罷回笑曰某他日亦不失作劉參謀也席上聞之莫不失色後半載果有朱崖之行貲貨田宅在京者悉皆籍沒子然南行匹馬數僕宛如未第之日諒先兆不覺出于口吻李公防時在丁坐親聆其說

國老談苑寇準初為密學方年少得意偶撰江南曲云江南春盡離腸斷蘋滿汀洲人未歸又云日暮江南一望時愁情不斷如春水意皆悽慘末年果南遷

丁謂為侍中嘗賦詩云千金家累非良寶一品高官是強名未幾而籍沒資產削免官爵果符言志也其中書時總領山陵事李維在翰林將授其親識為挽郎懇請於謂曰更在陶鑄謂應聲曰陶鑄復陶鑄齋郎又挽郎維對曰自然堪淚下何必更殘陽未幾而謂敗至朱崖撰詩賦文論數十篇號知命集其詩有草解忘憂憂底事花能含笑笑何人之句

青箱雜記寇萊公少時作詩曰去海止十里過山應萬重及貶至雷州吏呈州圖問州去海幾里對曰十里則南遷之禍前詩已預讖也

乖崖張公詠晚年典淮陽郡遊趙氏西園作詩曰方信承平無一事淮陽閑殺老尚書後一年捐館亦詩讖也

三朝聖政錄眞宗問王文正曰祖宗時有祕讖云南人不可作宰相此豈立賢無方之義乎文正對曰無方之義信如陛下所言然要之唯賢然後可是時方大用王文穆或以此為言而不知此讖乃驗於近世而不在文穆也

宋史眞宗李宸妃傳妃杭州人也祖延嗣仕錢氏為

金華縣主簿父仁德終左班殿直初入宮爲章獻太后侍兒莊重寡言眞宗以爲司寢既有娠從帝臨砌臺玉釵墜妃惡之帝心卜釵完當爲男子左右取以進釵果不毀帝甚喜已而生仁宗封崇陽縣君

章頻傳頻爲監察御史陳亳間民訛言兵起老幼皆奔命安撫京西

王繼升傳繼升子昭遠形質魁偉色黑繼升名之鐵山有膂力善騎射嘗與里中惡少游處一日衆祀里神昭遠適至有以博骰授之謂曰汝他日儻有節鉞試擲以卜之昭遠一擲六齒皆赤眞宗朝拜保靜軍節度

續聞見近錄仁宗在春宮乘間時畫馬爲戲內臣多乞之張文懿爲太子諭德亦從乞之上曰師父豈可與馬也乃大書寅亮天地弼予一人八字以遺之文懿奏聞內中交賀要瑠周懷政上嘗戲爲哥哥懷政走詣上乞書上大書曰周家哥哥斬斬時以爲戲也其後退傳三入中書爲相懷政竟處極刑

湘山野錄錢思公謫居漢東日撰一曲曰城上風光鶯語亂城下烟波春拍岸綠楊芳草幾時休淚眼愁腸先已斷情懷漸變成衰晚鸞鑑朱顏驚暗換昔年多病厭芳樽今日芳樽惟恐淺每歌之酒闌則垂涕時後閣尚有故國一白髮姬乃鄧王俶歌鬟驚鴻者也曰吾憶先王將薨預戒挽鐸中歌木蘭花引紼爲送今相公其將亾乎果薨於隨鄧王舊曲亦有帝鄉煙雨鎖春愁故國山川空淚眼之句頗相類

丁晉公釋褐授饒倅同年白稹爲判官稹一日以片幅假緡於公云爲一故人至欲具殯轝筐無一物堪質奉假青蚨五鐶不宜晉公得書笑曰是紿我也榜下新婚京國富室豈無半千質具邪懼余見撓固矯之爾於簡尾立書一闋戲答曰欺天行當吾何有立地機關子太乖五百青蚨兩家鬬白洪崖打赤洪崖時已兆朱崖之讖

竹坡詩話福唐黃文若言南徐刁氏子字麟游十歲賦竹馬詩云小兒騎竹作驊騮猶是東西意未休我已童心無一在十年渾付水東流後十歲果卒客有誌其墓者以比李長吉蓋文章早成古人有之然亦人所忌也

歸田錄俚諺云趙老送燈臺一去更不來不知是何等語雖士大夫亦往往道之天聖中有尚書郎趙世長者常以滑稽自負其老也求爲西京留臺御史有輕薄子送以詩云此囘眞是送燈臺世長深惡之亦以不能酬酢爲恨其後竟卒於留臺也

青箱雜記鄉人危序應舉探省榜出門數步卽逢泥濘躊躇未前有老嫗指示曰秀才可低處過危卽從之比看榜最末有名是歲果及第此與摭言所載後來者必銜得事頗相類

老學庵筆記天聖明道間京師盛歌一曲曰曹門高未幾慈聖太后受冊中宮人以爲驗矣其後宣仁與慈聖皆垂簾攝政而宣仁實慈聖之甥以故選配英廟則徵光之意若曰曹門之高當相繼而起也何其神哉

竹坡詩話劉元素名博文與余爲同郡其爲人靜退有守好作詩而語不妄發內子朱賢而善事其夫一日元素與客飲分韻得柳眉其詩云青眼相看君可知精神渾在豔陽時只因嫁得東君後兩淚交垂是別離詩成坐客皆不悅後數日而其妻亾蓋詩讖也

郭功父晚年不廢作詩一日夢中作遊采石二詩明日書以示人曰予決非久于世者人問其故功父曰予近詩有欲尋鐵索排橋處只有楊花慘客愁之句豈特非予平日所能到雖前人亦未嘗有也忽得之不祥不踰月果死李端叔聞而笑曰不知杜少陵如何活得許多歲

六一詩話鄭谷詩名盛于唐末號雲臺編而世俗但稱其官爲鄭都官詩其詩極有意思亦多佳句但其格不甚高以其易曉人家多以教小兒余爲兒時猶誦之今其集不行于世矣梅聖俞晚年官亦至都官一日會飲余家劉原父戲之曰聖俞官必止于此坐客皆驚原父曰昔有鄭都官今有梅都官也聖俞頗不樂未幾聖俞病卒余爲序其詩爲宛陵集而今人但謂之梅都官詩一言之謔後遂果然斯可歎也

辨惑論王沂公作郡時訛言有怪物夜飛下食小兒者遠近相恐未昏則鍵戶滅燭匿童稚以黃緡蒸爐置門用爲厭勝公聞之悉令屏去有爲先倡者捕而寘笞逐出于境民情遂安妖訛乃止

避暑漫抄慈聖光獻曹后佐佑仁廟定策立英宗神宗乃本朝后妃盛德之至者也其在父母家時與羣女共爲撚錢之戲而后一錢輒獨旋轉盤中凡三日方止

青箱雜記王文穆公欽若昔歲行圃田道中宿于村舍夜起視天中有赤文成紫微二大字光耀奪目使蜀還褒城路中有人展謁熟視刺字乃唐相裴度告

公以默定之語及言公他日當貴茲亦異矣後公每設壇醴神必朱篆二字陳文醮頭又輙倖修晉公祠于圃田作記以述其肹蠁云

澠水燕談錄慶曆四年貝州卒王則據城叛詔明鎬加討久無功參知政事文彥博請行仁宗欣然遣之且曰貝字加文爲敗卿必擒則矣未逾月而捷報聞詔拜平章事曲赦河北改貝州爲恩州

麻先生仲英有俊才七歲能詩隨侍官鄜州宋翰林白方謫官鄜聞而名之坐賦詩十篇宋大稱賞翌日宋以浣溪牋李廷珪墨諸葛氏筆遺之乃贈以詩曰宣毫歙墨川牋紙寄與麻家小秀才七歲能吟天骨異前生已折桂枝來十七上禮部歸以二親旣喪祿不及養無復仕宦意退居臨淄辨七里別墅久而記覽該洽行義高潔鄉黨化服鄉里爭訟者聽先生辨之雖凶年盜不入其家富韓公文潞公皆嘗致書幣龐莊公出鎮還其子奉書召至府中禮之極厚薦其行義于朝詔爲國子四門助教州學教授東方學者爭師之卒年九十或以爲宋詩前生已折桂枝來卽今世不復折也麻一試不第終身罷舉詩已讖之矣

青箱雜記蘇緘字宣甫性忠義喜功名皇祐中以祕書丞知英州儂賊作亂他州皆不能守獨緘捍禦有功恩換閤職尋坐事貶房州司馬嘉祐中復官權知越州諸暨縣余與之同僚常贈緘詩曰燕頷將軍欲白頭昔年忠勇動南州心如鐵石老不播功在桑榆晚可收後十有八年緘知邕管交阯叛攻城力戰陷歿朝廷憫之贈奉國軍節度使賜謚忠勇則所謂忠勇之謚已先于余詩讖之矣

賈氏說林王豐爲穀城令治民有法民多纍富歌之曰天厚穀城生王公爲宰二月恩澤通室如懸罄今擊鐘豐印一日墮地損其鼻鈕明日視之則覆斗也豐異之問功曹張齊齊對曰自昔君印多用覆斗以臣料之君當封乎後果封中山君

宋史章得象傳得象世居泉州高祖仔鈞事閩爲建州刺史遂家浦城進士及第累遷戶部侍郎遂拜同中書門下平章事集賢殿大學士初閩人謠曰南臺江合出宰相至得象相時沙湧可涉云

過庭錄李清臣邦直平生罕作詞唯晚年赴大名道中作一詞云去年曾宿黃陵浦鼓角秋風海鶴遼東回首紅塵一夢中竟死不返亦爲詩讖也

夢溪筆談武昌張諤好學能議論常自約仕至縣令則致仕而歸後登進士第除中允諤于所居營一舍榜爲中允亭以誌素約也後諤稍稍進用數年間爲集賢校理直舍人院檢正中書五房公事判司農寺皆要官權任漸重無何坐事奪數官歸武昌未几捐館遂終于太子中允豈非前定

癸辛雜識李方叔師友談記及延漏錄鐵闈山錄載仁宗晚年不豫漸復康平忽一日命宮嬪妃主游後苑乘小輦向東欲登城堞遙見小亭榜曰迎曙帝不悅卽時回輦翌日上仙而英宗登極蓋曙字乃英宗御名也又寇忠愍雜說載哲宗朝常創一堂退繹萬幾學士進名皆不可意乃自制曰迎端意謂迎事端而治之未幾徽宗由端邸卽大位又晁無咎雜說言仁宗時作亭名曰迎曙已乃悟爲英宗名改之曰迎旭又以爲未安復改曰迎恩皆符英宗御名也已上數說未知孰是

東軒筆錄英宗卽位之初有著作佐郎頸復獻繼聖圖其序大略曰昔景德戊申歲天書降後二十四年陛下降生之日復是天慶節是天書于二紀前已爲陛下降聖之兆也又邇來市民染帛以油漬紫色謂之油紫油紫者猶子也陛下濮安懿王之子視仁宗爲諸父此猶子之義也又云京師自二年來里巷間多云著個羊陛下生于辛未羊爲未神此又語瑞也又以御名拆其點畫使兩日相並爲離明繼照之義其言詭誕不經英宗聖性高明尤惡諂諛書奏怒其妖妄御批送中書令削官停任天下伏其神鑒

三柳軒雜識治平中禁中修福寧殿築基址殿心數尺地隨築隨陷土實之更陷又窊咸怪駭之乃穴所陷處深丈許得一石有八大字皆天書不可曉時御書院有能解者詔使辨箋釋云歲在申酉洪都不守也時諱其事立棄毀之其後累更申酉皆無他虞靖康乙巳丙午金人再犯闕丁未四月二帝北狩今上卽位于南京已而駐蹕維揚命宗澤留守東京增修守備以杜充代之皆能反危爲安京城賴以保全至己酉春金人收淮甸大駕南渡名杜充赴行在而東京遂不復守矣天書至是乃驗云秋子中日記備載治平事乃其目擊也每遇申酉歲輒注之曰今亦無它自治平以至建炎凡六經申酉子中死又過申酉歲前此經而不驗者豈非人事勝之耶

鞠唐野史治平三年丙午十一月十八日英宗不豫罷朝外人驚擾不知其詳及十二月二十一日立皇太子中外盡疑四年正月北使兩番在館民間互相

語云上已升遐但候北客去始發哀耳余親聞里嫗女掩耳而逃時上至大漸八日早猶召孫奇入診是日北客方出館果呼班吏宣上遺制上竟以北客去日上仙民間之語何不祥也

聞見前錄周長孺字士彥澶淵人楊寘牓登第爲渭州共城縣令師邵康節先生士彥在共城獵近郊有兔起草間自射中之即其處不復見兔得石刻其文曰士彥當都而卒後士彥每至京師必遽歸不敢留治平末以都官員外郎知劍州普城縣卒士彥因獵得石刻驗於數十年之後與漢滕公佳城事相類異哉

澠水燕談錄成都譙開博極羣書而不求榮利簡靜沖退好修身之術日遊大慈寺博訪異聞以廣所學久爲蜀中士大夫所稱文同與可尤重之目曰大慈仙治平三年上巳夜有人篤其戶開秉燭視之一叟白鬚布裘酣寢戶外開呼之使去行且語曰明年正月聖人當出開意其狂醉不以爲怪視睡處一燒餅一藥帖逐之已不見與可取餅藥以去明年正月神宗嗣位

捫掌錄劉貢父嘗言人之戲劇極有可人處楊大年與梁周翰朱昂同在禁掖大年未二十而二公皆高年矣大年呼朱翁梁翁每戲侮之一日梁謂大年曰這老亦待畱以與君也朱於後亟搖手曰不要與衆皆笑其徵雖一時戲言而大年果不五十而卒

清波雜志武襄赴陳州不懌語所親曰青此行必死問其然曰陳州出一梨子號青沙爛今去本州青必爛死一時雖笑之未幾果卒

聞見前錄伯溫之叔父諱睦後祖母楊氏夫人出也少康節先生二十餘歲力學孝謹事康節如父熙寧元年四月八日暴卒年三十三康節先公哭之慟既卒理其故書得叔父所作重九詩云衣如當日白花似昔年黃及死殯後圃東籬下噫人之死生是果前定矣

青箱雜記陳文惠公未逢時嘗作詩曰千里好山雲乍斂一樓明月雨初晴觀此意與李君異矣然則文惠致位宰相壽餘八十不亦宜乎

老學庵筆記元豐七年秋宴神廟舉御觴示丞相王岐公以下忽暴得風疾手弱觴側餘酒沾汙御袍是時京師方盛歌側金盞皇城司中官以爲不祥有歌者輒收繫之由是遂絕先楚公進裕陵挽詞有云輅從元朔朝時破花是高秋宴後萎二句皆當時實事也

稿簡贅筆宋景文平生數賦落花詩晚守圃田又賦此題云香歸蜂蜜盡紅入燕泥乾人謂景文與落花俱盡未幾果卒

南遊記舊李端愿宮保文和長子治園池延賓客不替父風每休沐必置酒高會延侍從館閣率以爲例至人分寢閣什物供帳皆不移具元豐中會佳客坐中忽學士將鎖院孫巨源適當制頗快不欲去李飭侍妾以羅巾求長短句巨源援筆欲書從者告以將掩門矣草作數語云城頭尚有三聲鼓何須抵死推人去上馬苦怱怱琵琶曲未終回頭腸斷處却更廉纖雨漫道玉爲堂玉堂今夜長李邦直在坐頗以卒章非佳語巨源是夕得疾于玉堂後六日卒

仇池筆記章詧字隱之本閩人遷於成都數世矣善屬文不仕晚用太守王素薦賜號冲退處士一日夢有人寄書召之者云東嶽道士書也明日與李士寧遊青城濯足水中詧謂士寧曰脚踏西溪流去水士寧答曰手持東嶽寄來書詧大驚不知其所自來也未幾詧果死

捫蝨新話東坡遊金山寺詩云我家江水初發源宦遊直送江入海松醪賦亦云遂從此而入海眇翻天之雲濤人以坡此語爲晚年南遷之讖坡又嘗贈潘谷詩云一朝入海尋李白空看人間畫墨仙潘後數年果因醉赴于井中趺坐而死人皆異之坡固不自讖且又讖殺潘谷耶

墨莊漫錄東坡知徐州作黃樓未幾黃州安置爲定帥作松醪賦有云遂從此而入海渺翻天之雲濤俄貶惠州移儋耳竟入海矣在京師送人入蜀云莫欺老病未歸身玉局他年第幾人比歸果得提舉成都玉局觀三事皆讖也

可談蘇子瞻謫黃州居州之東坡作雪堂自號東坡居士後人遂目子瞻爲東坡其地今屬佛廟子瞻知杭州築大堤西湖上人呼爲蘇公堤屬吏刻石榜名世俗以富貴相高以堤音低頗爲語忌未幾子瞻遷謫時孟氏皇后京師衣飾畫作雙蟬目爲孟家蟬識者謂蟬有禪意久之后竟廢

春渚紀聞哲宗皇帝即位既久而皇嗣未立密遣中貴往泰州天慶觀問徐神公公但書吉人二字授之既還奏呈左右皆無知其說者又元符已來殿庭朝會及常起居看班舍人必秉笏巡視班列懼有不盡

恭者連聲云端黝立繼而哲宗升遐徽宗即位自端邸入承天統而吉人二字合成潛藩之名無小差

畢漸爲狀元趙諗第二初唱第而都人急於傳報以蠟刻印漸字所模點水不著墨傳者厲聲呼云狀元畢斬第二人趙諗識者皆云不祥後諗以謀逆被誅則是畢斬趙諗也

行營雜錄道君皇帝大觀二年戊子秋八月以易數一一ロ××一乃御製易運碑刻之延福殿東壁其略曰始建元基（高宗御字德基）紹興德壽（謂紹興年德壽宮）承太乙循運盡在陽九之數（高宗聖壽八十一歲）祖傳甲庚吉（太祖子孫再傳）建炎炎共盛之勢（建炎年號）奈何五行逆順天地之數非由人致朕嘗聞易數善本基庚子辛丑禍起東南（謂方臘）肇動干戈元衡立刼壬寅癸卯（宣和間天下大亂）亦云哀哉甲辰乙巳（與金人交兵燕山）丙午丁未（金人入寇二帝北狩）內有丙火天下生靈塗炭至半（是時天下大亂）江表之虞（駕幸江表）莫知何辜戊申己酉（高宗初立）時正災刼（金人渡江苗劉內變）庚戌辛亥偏重勢輕（高宗航海劉豫稱帝于汴）壬子癸丑後成改建（改元紹興）甲寅乙卯立應豐穰（是年大有）丙辰丁巳朕已何在（徽宗以紹興五年崩）祖宗復有中興之後（是年孝宗進封普安郡王以建國公復紹太祖之後）云其後事皆歷驗信乎聖哲先知之明因往推來在天數者果不可逭與

宋史徽宗劉貴妃傳妃出單微入宮即大幸由才人七遷至貴妃政和三年秋薨先是妃手植芭蕉於庭曰是物長吾不及見矣已而果然

鐵圍山叢談昔江南李重光染帛多爲天水碧天水國姓也當是時藝祖方受命言天水碧者世謂逼迫之兆未幾王師果下建業及政和末復爲天水碧時爭製慕江南風流吾獨惡之未幾契丹寒盟豈亦逼迫之兆乎

行營雜錄宣和元年道德院奏金芝生車駕幸觀因幸蔡京家鳴鑾堂置酒時蔡京有詩徽宗即席賜和曰道德方今喜迭興萬邦從化本天成定知金帝來爲主不待春風便發生其後金兵起海上滅遼陷中原以金爲國號讖金人之禍而金帝之來不待春風蓋金以靖康元年冬犯京師以閏十一月二十五日城陷時太史預借春出土牛以迎新歲竟無補於事則徽宗賜和之句甚符其讖可深歎哉

老學庵筆記政和宣和妖言至多織文及纈帛有遍地桃冠有並桃香有佩香曲有賽兒而道流爲公卿受籙議者謂桃者逃也佩香者背鄉也賽者塞也籙者戮也蔡京書神霄玉清萬壽宮及玉皇殿之類玉字旁一點筆勢險急有道士觀之曰此點乃金筆而鋒鋩侵王豈吾教之福哉侍晨李德柔勝之親聞其言嘗以語先君又林靈素詆釋教謂之金人亂華當時金人之語雖詔令及士大夫章奏碑版亦多用之或以爲靈素前知金賊之禍故欲廢釋氏以厭之其實亦妖言耳

宣政雜錄宣和初收復燕山以歸朝金民來居京師其俗有臻蓬蓬歌每扣鼓和臻蓬蓬之音爲節而舞人無不喜聞其聲而效之者其歌曰臻蓬蓬外頭花花裏頭空但看明年正二月滿城不見主人翁本金讖故京師不禁然次年正月徽宗南幸次年二聖北狩又有伎者以數丈長竿繫椅于杪伎者坐椅上少頃下投于小棘坑中無偏頗之失未投時念詩曰百尺竿頭望九州前人田土後人收後人收得休歡喜更有收人在後頭此亦北讖而兆禍可怪

清波雜誌徽宗名天下道術之士海陵徐神翁亦至神翁好寫字與人多驗蔡京得東明二字皆謂東明乃向日之方可卜富貴未艾後京貶死潭州城南五里外東明寺比之六賊獨免誅戮或謂以其當軸時建居養安濟漏澤貧有養病有醫死有葬陰德及物所致其然乎當是時有司觀望奉行失當于居養安濟皆給衣被器用專雇乳母及女使之類資給過厚常平所入殆不能支致侵擾行戶宣和初復詔裁立中制未幾遂廢京之卒適潭守乃其讎數日不得殮隨行使臣輩藁葬於漏澤園人謂得其報此說止見於靖康禍胎記宣和間京師染色有名太師青者迨京之殮無棺木乃以青布條裹屍茲其讖也

宣和間鈞天樂部焦德者以諧謔被遇時借以諷諫一日從幸禁苑指花竹草木以詢其名德曰皆芭蕉也上詰之乃曰禁苑花竹皆取以四方在途之遠巴至上林則芭蕉也上大笑其後毀艮岳任百姓取花木以充薪亦其讖也

揮麈錄宣和中諸王燕於禁中高宗困於酒倦甚小憩幄次徽宗忽詢康王何往左右告以故徽宗幸其所視之甫入即返驚愕默然內侍請於上上云適揭簾之次但見金龍丈餘蜿蜒榻上所以亟出久之云天命也繇是異待焉

老學庵筆記永清軍者貝州也王則據州叛既平改州曰恩州而削其節鎮及宣和中復幽州乃建爲永清軍節度以命郭藥師藥師果亦叛益不祥也

妖化錄寶籙宮之建也極土木之盛燦金碧之輝危殿傑閣瑤室修廊爲諸宮之冠宣和末忽有題字數行于瑤仙殿左扉云家中木雖盡南方火不明吉人歸塞漠亙木又摧傾始不可辨後方知金賊之變家中木宋也南方火乃火德吉人亙木乃二帝御名又有鬼書一卷其紙薄如蟬翼日中見影紙長四尺高二尺乃宣和七年十二月二十八日闕城時有一黃衣自稱鬼郎中送書與寶籙宮徐知宮黃衣人不知所在其書上標云書上寶籙宮徐知宮下云都領袖大部郎中行此鄉採事鬼仲徹封其中大率言金人變盟兆亂之事其末有一項不曉今記于後云東中西裏六花四失能以千尺絲繫之必可達而補三推而補三極也北溟闊南海興能康濟天下者眞人出焉太華雖崩衡岷特起龍魚燕鳳在人可記凡六十字其書徐知宮徒弟周大安收之余曾見之非世物也近不知存否

宣政雜錄徽宗遜位前一年中秋後在苑中賦晚間景物一聯云日射晚霞金世界月臨天宇玉乾坤寫示宰臣甚謂得意皆稱贊取對精切格韻高勝聖學非從臣可及

錢塘遺事高宗誕之三日徽宗幸慈寧后閤妃嬪捧抱以見上撫視甚喜顧謂后妃曰浙臉也蓋慈寧后乃浙人其後駐蹕于杭亦豈偶然

揮麈餘話張邦昌僭位國號大楚坐罪始謫昭化軍節度副使潭州安置既抵貶所寓居于郡中天寧寺寺有平楚樓取唐沈傳師目傷平楚虞帝魂之句也朝廷遣殿中侍御史馬伸賜死讀詔畢張徘徊退避不忍自盡執事者趣迫登樓張仰首急覩三字長歎就縊

楓窗小牘余嘗見內庫書金樓子有李後主手題曰梁孝元謂王仲宣昔在荊州著書數十篇荊州壞盡焚其書今在者一篇知名之士咸重之見虎一毛不知其斑西魏破江陵帝亦盡焚其書曰文武之道盡今夜矣何荊州壞焚書二語先後一轍也詩以慨之曰牙籤萬軸裹紅綃王粲書同付火燒不是祖龍畱面目遺篇那得到今朝書卷皆薛濤紙所抄惟今朝字誤作金朝徽廟惡之以筆抹去後書竟如讖入金

春渚紀聞建安暨氏女子十歲能詩人令賦野花詩云多情樵牧頻簪髻無主蜂鶯任宿房觀者雖加驚賞而知其後不保貞素竟更數夫流落而終

揮麈前錄開基節建名世多無知者建炎初嘗詔如後來所立元聖眞元節名之類除開基節外悉皆罷去始知爲未久因考建中以後詔旨政和二年南京鴻慶宮道士孟若蒙進狀言本宮每遇正月初四日爲創業之日修設齋醮乞置節名以末崇奉詔從其請近見曾仲躬云若蒙亦能詩文淸作南京少尹日嘗與之遊亂後復會于三衢紹興間若蒙又以前績自陳時秦會之當軸令勅住臨安府天慶觀非其所欲拂衣而歸老于衢云仰惟太上皇帝中興再造復在南都符命豈偶然哉

清波雜誌高宗自相州提兵渡河初程宿頓問地名以新興店對募府進言大王治兵討賊行紹大統而初宿新興天意若曰宋室中興其命維新且以太平興國中宋捷之語爲證紹興辛巳視師江上至無錫幸惠山酌泉泉上有汲桶桶間書吳安二字吳安闕隸姓名也侍衛者偶見之皆喜謂吳地可安或云亦嘗達於聖聽頃得此說於惠山主僧法皡普安等名雖不同其爲佳讖則一也

高宗繇康邸使金開大元帥府於相州繼登寶位再造王室一時霸府攀附自汪丞相伯彥而大建炎初詔省記事跡成書來上付之史館其間所紀符瑞如冰泮復凝紅光如火雲覆華蓋其類不一獨諸路文書申帥府或曰康王或曰靖王有解拆靖康二字乃立十二月而立康王祥契昭灼如此時讖者謂本朝無親王將兵在外故事忽付大元帥之柄於皇弟蓋本天意云

建炎初臣僚論帝姬或者謂非姓氏之姬乃姬侍之姬此尤不可豈有至尊之女而下稱姬侍乎若以爲避忌政和間主字乃主簿書之主非國主家主之主也先是主字一切除去民間有無主之說又言姬者飢也亦用度不足之讖乃詔改正

清波雜誌金改吾趙州爲沃州蓋取以水沃火之義識者謂沃字從天水則著國姓中興之讖益章章云

建炎初從臣連南夫奏劄言女直號國曰金而本朝以火德王金見火卽銷終不能爲國家患向者黃河埽決幾至汴京都人欲導水入汴謠語云天水歸汴復見太平於此益可見遺民思漢之心

退齋筆錄建炎二年戊申楊淵守吉州是年車駕駐蹕維揚江南諸郡日虞北人深入淵時修城得銅鐘於城隅有文云唐京兆李愛子墓誌唐興元初仲春申巳日吾李愛子役葬於廬陵殯於西壘之顚吾時

司天文昭政命令晦朔康定之始未欲瑩於他山就瘞於西壘之振吾十茲土後當大德五九之間世衰道敗浙梁相繼喪亂之時章貢康昌之日復工是壘吾亦復出是邦東平鳩工決使吾愛子之骨得同河伯聽命於水府京兆邈翁深甫記淵方具版築未成明年車駕幸浙東北人遂渡江分兩路一入明越車駕登海舟駐末嘉一入洪吉太母保章貢淵失守既經兵火不知鐘所在癸丑呂源來守下車即修城不數月壁壘皆立東平鳩工之言亦驗云銅鐘文銘得之劉倜

揮麈餘話高宗建炎二年冬自建康避金人幸浙東初度錢塘至蕭山有列拜于道側者揭其前云宗室趙不衰以下起居上大喜顧左右曰符兆如是吾無慮焉詔不衰進秩三等是行雖涉海往返然天下自此大定矣不衰即善俊之父此與太宗征河東宋捷之祥一也是時選御舟篙工又有趙立畢勝之讖

白獺髓紹興初行都童謠曰洞洞張河爺娘一似六軍之教場忽民間遺火自大瓦子至新街約數里是時皆葦席屋後嘉泰初童謠曰掀也又曰火裏大小皆語及此忽季春楊浩家遺火自龍舌頭山延燒至艮山門外船塲自南至北僅五十餘里楊浩父子偕竄海南其時守臣趙善堅殿帥吳曦步帥夏侯恪因是罷去

雞肋編紹興三年八月浙右地震地生白毛韌不可斷時平江童謠言地上白毛生老少一齊行臺臣論其事因下求言之詔

揮麈餘話紹興甲子歲衢婺大水今首台余處恭未十歲與里人共處一閣凡數十輩在焉閣被漂幾沈空中有聲云余端禮在內當爲宰相可令愛護之少選一物如黿鼉其長十數丈來負其閣達於平地一閣之人皆得無它又三衢境內地名步溪中有石里人號曰團石有讖語云團石圓出狀元團石仰出宰相乙丑歲水涸石忽如圜鏡明年劉文孺章魁天下前歲大水石乃側仰而去年余拜相此與閩中沙合南臺蓋相似也

宋史岳飛傳飛爲荊湖南北襄陽路制置使神武後軍都統制命招捕楊么時張浚都督軍事至潭會名還防秋飛袖小圖示浚浚欲俟來年議之飛曰已有定畫都督能少留不八日可破賊浚許之飛遂如鼎州黃佐招楊欽來降飛喜曰楊欽驍悍既降賊腹心潰矣表授欽武義大夫禮遇甚厚復遣歸湖中兩日欽說余端劉銑等降飛詭罵欽曰賊不盡降何來也杖之復令入湖是夜掩賊營降其衆數萬么負固不服方浮舟湖中以輪激水其行如飛旁置撞竿官舟迎之輒碎飛伐君山木爲巨筏塞諸港汊又以腐木亂草浮上流而下擇水淺處遣善罵者挑之且行且罵賊怒來追則草木壅塞舟輪礙不行飛亟遣兵擊之賊奔港中爲筏所拒官軍乘筏張牛革以蔽矢石舉巨木撞其舟盡壞么投水牛皐擒斬之飛入賊壘餘酋驚曰何神也俱降飛親行諸砦慰撫之縱老弱歸田籍少壯爲軍果八日而賊平浚歎曰岳侯神算也初賊恃其險曰欲犯我者除是飛來至是人以其言爲讖

老學庵筆記莊文太子初封鄧王于爲陳魯公史魏公言鄧王乃錢俶歸朝後所封又哲宗之子早薨亦封鄧王當避此不祥之名二公曰已降詔俟郊禮改封可也莊文竟早世

春渚記聞黃公度興化人既爲大魁郡人同登第者幾三十人余一日於江路茶肆小憩繼一士人坐側因揖之且詢其鄉里云興化落第人也余因謂之曰仙里既歲出大魁而登科之數復甲天下是可慶也其人歎息曰昔黃涅槃有讖語云拆了屋換了椽朝京門外出狀元初徐鐸振夫作魁時改建此門近軍爲變城門焚毀太守復新四門而北門尤增崇麗黃居門外匾市中而左右六人同遇雖一時盛事亦皆前定非人力所能較也

老學庵筆記淳熙中黃河決入汴梁宋間謠言謂之天水來天水國姓也遺民以爲國家恢復之兆

三朝野史賈秋壑甲戌寒食嘗作一詩云寒食家家插柳枝留春春亦不多時人生有酒須當醉青冢兒孫幾箇思明年謫死

齊東野語賈師憲遠謫南荒抵清漳以疾殂先是林僉樞存孺父爲賈所擯謫之南州道死於漳漳有富民蓄油杉甚佳林氏子弟欲求而價穹不可得因撫其木曰收取收取待留與賈丞相自用蓋一時憤恨之語耳至是郡守與之經營竟得此物以斂

癸辛雜識上庠齋牌亦有關係雷宜中爲成均時立三槐市于學前市字似弔字即時學生三人皆不得其死存心齋立斗魁牌當時十三人過省既而徐撫死以斗字止爲十二也篤信齋立德聚牌時本齋一十四人赴會試僅二人蓋德字雖有十四字而聚字

乃取二人之讖也

齊東野語鄭丞相淸之在太學十五年殊困滯無聊乙亥歲甫升舍選而以無名闕未及奏名遂仍赴丁丑省試臨期又避知擧袁和叔親試別頭愈覺不意及試靑紫明主恩詩押明字短晷逼暮思索良艱漫檢韻中有赬字可用遂用爲末句云他年蒙渥澤方玉帶圍赬歸爲同舍道之皆大笑曰綠衫尚未能得著乃思量繫玉帶乎已而中選扳附驟貴官至極品竟獲此賜遂成吉讖以此知世之叨竊富貴皆非偶然也

癸酉歲慶元秋試兩浙運司幹官臨川龔孟鎂爲考官龔道出慈溪忽夢有人以杯湯飲之且作四字于掌中曉起便覺目視睆睆及入院發策第一道中誤以一祖十三宗爲十四宗于是士子大閧徑排試官房舍悉遭箠辱至有負笈而逃者龔偶得一兵負去而免劉制使良貴親至院外撫諭遂權宜以策題第二道爲首篇續撰其三久之始定于是好事者作隔聯云龔運幹出題疏脫以十三宗作十四宗劉制使下院調停用第二道爲第一道龔後爲計使所劾明年秋度宗賓天于是十四宗之語遂驗

貴耳集太學有鼓占云無火災不出宰相開禧陳自强相端平鄭淸之拜相丙申火焚太學檽星門鼓占不驗矣又有鼓占云此非宴游之地乃是多文之所學中燕未嘗來巢蚊獨多他處

桯史黃山谷在宜州嘗大書後漢書范滂傳字徑數寸筆勢飄動超出翰墨逕庭意蓋以悼黨錮之爲漢禍也後百年眞跡逸人間趙忠定得之賫寘巾篋揞紳題跋如牛腰焉既乃躬蹈其禍可謂奇讖嘉定壬申忠定之子崇憲守九江刻石郡治四說堂

宋史陳塤傳塤知溫州以言罷家居忽臥疾戒其子抽架上書占之得呂祖謙文集其墓誌曰祖謙生于丁巳歲沒于辛丑歲塤曰異哉我生于慶元丁巳今歲在辛丑于是一甲矣吾死矣夫

談藪韓侂胄暮年以冬月攜家遊西湖畫船花輿徧覽南北二山之勝末乃置宴于南園族子院判輿焉席間有獻傘絲傀儡爲土偶負小兒者名爲迎春黃胖韓顧族子汝名能詩可詠卽承命一絕云脚踏虛空手弄春一人頭上要安身忽然綫斷兒童手骨肉都爲陌上塵韓大不樂不終宴而歸未幾禍作

白獺髓紹定初御街中瓦前賣團子者目爲三火下店如此兩三處先因鄭德懋家遺火焚燒中瓦及御街數千家時有錦城佳麗地紅塵瓦礫場之語後三年間中瓦後娼戶李博士家遺火焚燒中瓦及大街十餘家是夜在家飲酒者府吏王德用連坐被罪至四年九月間李博士橋王德家遺火自北而南焚燒至前湖門外方家峪山亦僅五十餘里宗廟百司一夕迨盡中瓦又爲灰燼此三火之讖明矣王德取斬是時守臣林介殿帥馮榯步帥王虎因是罷去

宋史趙卯發傳卯發權通判池州大兵渡江池守王起宗棄官去卯發攝州事繕壁聚糧爲守禦計明年大兵至李王河都統張林屢諷之降卯發知不可守乃置酒會親友與飲訣謂其妻雍氏曰城將破吾守臣不當去汝先出走雍氏曰君爲命官我爲命婦君爲忠臣我獨不能爲忠臣婦乎卯發笑曰此豈婦人女子之所能也雍氏曰吾請先君死卯發笑止之明日乃散其家資與其弟姪僕婢悉遣之二月兵薄池卯發晨起書几上曰君不可叛城不可降夫妻同死節義成雙又爲詩別其兄弟與雍盛服同縊從容堂死卯發始爲此堂名可以從容及兵逮領客堂中指所題扁曰吾必死于是客問其故曰古人謂慷慨殺身易從容就義難此殆其兆也卯發死林開門降

番禺縣志宋時童謠河南人見面廣州狀元見有司因搆見面亭以銕之李昴英讀書海珠嘗結龍頭會有夢彎長弓射江江爲竭者英占之曰應是讖者其張氏子乎鎭孫果以咸淳辛未廷對第一其年潮忽退往來相望

委巷叢談度宗崩幼君諒陰榜第一名王龍澤二名路萬里三名胡幼黃行都爲之語曰龍在潭飛不得萬里路行不得幼而黃醫不得

古杭雜記晉郭璞錢唐天目山詩云天目山前兩乳長龍飛鳳舞到錢唐海門一點巽峰起五百年間出帝王及高宗中興建邦天目乃主山至度宗甲戌山崩京城騷動時有建遷蹕之議者未幾宋鼎遂移有人作詩云天目山前水齧磯天心地脉露危機西周冷浸觚稜月未必遷岐說果非按郭璞時無七言近體錢唐天目山之詩疑後人傳會

吉安府志宋末末新隱士陳森翁築眞隱亭于冷泉巖掘地得劍有鏤文詩末二句云男兒慷慨平生事時獨挑燈把劍看下書大元二字莫詳所謂未幾元人入主中夏其讖兆蓋先見焉

金史宗室傳世祖初立跋黑有異志誘桓赧散達烏

春窩謀罕離閭部屬使貳于世祖世祖患之乃加意事之使爲勃董而不令典兵跋黑旣陰與桓赧烏春謀計國人皆知之而童謠有欲生則附于跋黑欲死則附于劾里鉢頗剌淑之語世祖亦以策探得兄弟部人向背烏春桓赧相次以兵來攻世祖外禦强兵而內畏跋黑之變將行聞跋黑食于其愛妾之父家肉張咽而死且喜且悲乃迎尸而哭之

續夷堅志天會八年冊劉豫爲大齊皇帝都大名諸門舊有巽齊安流順豫之號以門名呈瑞因取三市門名阜昌者建元雖出于傅會亦有數焉

金史孔彥舟傳彥舟除南京留守彥舟有疾朝臣有傳彥舟死者而彥舟尚無恙海陵盡杖妄傳彥舟死者以激勵之無何竟死于汴

睽車志逆亮末年自製尖轉頭極長銳云便于取髮而足指所不及肅之不到頭又爲短鞭僅存其半謂之沒下鞘其後渝盟犯順果爲其下所戕死于江上

金史石琚傳琚拜左丞兼太子少師時民間往往造作妖言相爲黨與謀不軌事覺伏誅上問宰臣曰南方尚多反側何也琚對曰南方無賴之徒假托釋道以妖幻惑人愚民無知遂至犯法上曰如僧智究是也此輩不足恤但軍士討捕利取民財害及良民不若杜之以漸也智究大名府僧同寺僧苑智義與智究言蓮華經中載五濁惡世佛出魏地心經有夢想究竟涅槃之語汝法名智究正應經文先師藏瓶和尚知汝有是福分亦作頌于付汝智究信其言遂謀作亂歷大名東平州郡假託抄化誘惑愚民潛結奸黨議先取兗州會徒嶧山以應天時三字爲號分取東平諸州府及期爵夜使逆黨胡智愛等旁近軍寨掠取甲杖軍士擊敗之會傳戩劉宣亦于陽穀東平上變皆伏誅連坐者四百五十餘人

金史宗望傳宗望子京封潘國公西京留守妻嘗召日者孫邦榮推京祿命邦榮言留守官至太師爵封王京問此上更無否邦榮曰止于此京曰若止于此所官何爲邦榮察其意乃詐爲圖讖作詩中有鶻魯爲之語以獻于京京曰後誠如此乎遂受其詩再使卜之邦榮稱所得卦有獨權之兆京復使邦榮推世宗當生年月家人孫小哥妄作謠言誑惑京如邦榮指京信之京妻公壽具知其事大定五年三月孫邦榮上變詔刑部侍郎高德基戶部員外郎完顏兀古出往鞫之京等皆款服

續夷堅志王子端內翰泰和中賦殘菊云幽花寂寞無多子辦與黃蜂實蜜脾蓋絕筆也王勉道作挽詩故有幽花絕筆更傷神之句

梁仲經赴官咸平道中有詩云山雲欲雨花先慘客路無人鳥亦悲劉御史雲卿詩壞壁秋燈挑夢破老梧寒雨滴愁生李治中平甫云落葉掃不盡寒花看卽休未幾皆下世殆詩讖也至如楊敏行晝眠云身如蟬蛻一榻上夢逐楊花千里飛眞鬼語何讖之有

敏之兄貞祐元年癸酉中秋日約與王元卿田得秀田獻卿輩燕集而其夜陰晦敏之有詩云佳辰無物慰相思先賞空吟昨夜詩莫倦更深仍坐待密雲還有暫開時王田戲曰詩竟不開廓君才盡耶敏之兄笑曰我得年僅三十界境得開廓否明年遭城陷之禍年方三十二

高平中萬全字伯勝正大中以史院編修官從宗室慶山南征道中有詩云囘首西風謝敝廬崎嶇又復逐戎車人生行止元無定一遜江湖聽所如不數日溺淮水死

順天萬戶張德剛第八女小字慶娥資質秀爽眼尾入鬢丙午秋小學生七年矣日誦數百言戊申二月女史屬辭孝經論語孟子易乾傳至下繫詩二南曲禮內則少儀中庸大學儒行祭統祭義經解冠婚諸篇班氏女戒郝氏內則內訓通喪記六卷皆成誦日兼二詩古律至十篇學書下筆卽有成人之風旦夕家居見家人或不整肅以禮責之又所誦書皆能通大義時爲講說其屬對才思敏捷無小兒女子語睡思昏昏如醉思閨心寂寂似癡心桃李東風蝴蝶夢關山明月杜鵑魂識者謂此詩不佳後日果得病又四日亡甫九歲郝伯常爲詩弔之

呂卿士祥卿大興人刺汝州一月而能題詩望嵩樓有珍重樓中舊山色好將眉黛事新官未幾物故人以爲詩讖云

古人上壽皆以千萬歲爲言國初種人純質每舉觴惟祝百二十歲而已蓋武元以政和五年遼天慶五年己未爲收國元年至哀宗天慶二年蔡州陷適兩甲子周矣歷年之讖遂應

輟耕錄至元甲子阿合馬拜中書平章領制國用使司時樂府中盛唱胡十八小令知讖緯者謂其當擅重權十八年人未之信果于至元壬午伏誅越五年丁亥閏二月桑哥拜中書平章立尚書省貪暴殘忍又十倍于阿合馬人亦謂桑字拆而爲四十八桑字

後改作相字亦拆爲四十八竟不知應之于壽或應之于職然自立省日至辛卯正月敗績恰四十八月其神驗如是

元史郭寶玉傳寶玉字玉臣華州鄭縣人唐中書令子儀之裔也通天文兵法善騎射金末封汾陽郡公兼猛安引軍屯定州歲庚午童謠曰摇摇罟罟至河南拜闕氏既而太白經天寶玉歎曰北軍南汴梁即降天改姓矣

輟耕錄汲郡王公玉堂嘉話云宋未下時江南謠云江南若破百鴈來過當時莫喻其意及宋亡蓋知指丞相伯顔也

平江記事元貞初升崑山縣爲州州治去府城七十二里延祐中移治太倉未移之先太倉江口打碗花子遍地盛開民謠云打碗花子開今搬州縣來遷移之後常有鼠郎出沒廳事上民復謠云黃郎屋上走州來住不久至正間果復移回玉峰舊治

輟畊錄張之翰字周卿邯鄲人由翰林學士除授松江知府自題桃符云雲間太守過三載天下元貞第二年是歲卒亦讖也

文宗潛邸金陵日歲當戊辰適太平興國寺鑄大鐘爲金數萬斤方在冶上至其所取相嵌碧珠指環默祝曰若天命在躬此當不壞即投液中鐘成其款有曰皇帝萬歲珠宛然在其上若故識之而堅固完好光采明發不以灼毁萬目驚覩歡嘆如一及登大寶方輿近侍言向時祝天之讖

元史文宗本紀司徒香山言陶弘景胡笳曲有負扆飛天曆終是甲辰君之語今陛下生年紀號實與之合此實受命之符乞錄付史館頒告中外詔令翰林集賢奎章禮部雜議之翰林諸臣議以謂唐開元間太子賓客薛讓進武后鼎銘云上元降鑑方建隆基爲元宗受命之符姚崇表賀請宣示史官頒告中外而宋儒司馬光斥其采偶就之文以爲符瑞乃小臣之諂而宰相實之是侮其君也今弘景之曲雖于生年紀號若偶合者陛下應天順人紹隆正統于今四年薄海內外罔不歸心固無待于旁引曲說以爲符命從其所言恐啓讖緯之端非所以定民志事遂寢

輟耕錄至正辛巳莫春之初江浙行省平章政事只理瓦台入城之任之日衣紅兒童謠曰火殃來矣至四月十九日杭州災燬官民房屋公廨寺觀一萬五千七百五十五間燒死七十四人明年壬午四月一日又災尤甚於先自昔所未有也數百年浩繁之地日就彫弊實基於此

河間路景州蓨縣河滸一土阜相傳爲皇舅墓自國家奄混區夏即有謠云皇舅墓門閉運糧向北去水滸墓門開運糧却回來至正辛卯中原大水舟行木杪間及水退土阜崩圯墓門顯露繼後天下多事海道不通先是張蛻菴翥嘗有詩云齊州刺史河上墳墳不可識碑仍存維舟上讀半磨滅使君乃緣戚里恩當時賜葬宜過厚冢闕樹立須雄尊豈知陵谷有遷變石馬盡沒龜趺蹲驛夫指我元傍岸縣官恐墜移高原岸濱往往多古冢零落空餘秋草根至今父老傳讖記野人之語那足論我疑其葬必深錮或謂已被湍流吞安得壯士塞河水萬古莫令開墓門讀公之詩傷今之世則讖緯之說誠不可誣矣

至正壬辰春城平江于古城基內掘得一碑其文云三十六十八子寅卯年至辰巳合收張翼同爲利不在常不在揚切須款款細思量且卜水莫問米浮圖倒地莫扶起修古岸重開河軍民拍手笑呵呵日出屋東頭鯉魚山上遊星從月裏過會在午年頭右不曉所言何事姑識之或者以爲三十六四九也張翼巳午之交也今張太尉第行九四而同首亂者適十八人也豈其然與

平江承天寺初畜大木將造千佛閣會浙省災責有司籍所在木植官酬以價寺一點僧于閣木上皆鑿萬歲閣三字于是有司不敢取及閣成其字固在諸寺觀凡起造必作儷語題梁間其餘則記住持檀越主名此所必然獨承天諸殿俱否至正丙申春今張太尉士誠未歸順時僞稱誠王國號大周改元天祐曆日明時由淮渡浙攻破平江即承天以居盡撤去殿上像設坐于其中且以僧元鑿字名其閣豈亦有定數乎

張起宇起之四明人有詩名嘗作一聯云別來越樹長爲客看盡吳山不是家未幾卒詩亦有讖歟

至正丙申正月常熟州陷松江府印造官號給散吏兵佩帶以防姦僞號之製作畫爲圓圈繞圈皆火焰圈之內一府字以府印印府字上圈之外四角府官花押民間謠曰滿城都是火府官四散躲城裏無一人紅軍府上坐不二月城破悉如所言

宇文公諒字子貞湖州人初領鄉貢入浙省試院頭場點席舍其案上有宇文同知四字不知何人書試官考卷以文不中式將黜之時坐主龍麟洲先生江

西老儒也年八十餘始過江浙力主此卷卒置榜中及會試果登高第授同知婺源州事

滇載記段氏之先武威郡人有名儉魏者佐蒙氏有功賜名忠國擢青平官六傳而生思平思平生有異兆楊干貞忌之使人索捕思平逃匿得奇戟于品甸波大村又得神驥于葉鏡湖餞摘野桃剖之核脣有文曰青昔思平拆之曰青乃十二月昔乃二十一日今楊氏政亂吾當以是日舉義乎遂借兵東方黑爨松爨三十七部皆助之衆至河尾是夕思平夢人斬其首又夢玉瓶耳缺又夢鏡破懼不敢進兵其軍師董迦羅曰三夢皆吉兆也公爲大夫夫去首爲天天子兆也玉瓶去耳爲王王者兆也鏡中有形如人有敵鏡破則無影無影則無敵矣三夢皆吉兆也思平乃決

明通紀上嘗醉中味菊花詩云百花發時我不發我若發時都嚇殺要與西風戰一場滿身穿就黃金甲其後天兵俘士誠殪友諒與克元都之日皆在八九月間而大業以定詩讖果足徵云

張士誠謀主惟弟士德及部將左丞史椿後士德被擒椿被讒出守淮安椿見士誠不是做事業人遣使奉書欲來歸事泄士誠殺之委政于弟士信士信惟務酒色用王敬夫葉德新蔡彥夫三人謀國皆諂佞小人上聞之曰我諸事無不經心尙且被人瞞我張九四終歲不出門理政事豈有不著人瞞者乎且士德史椿皆死惟恃弟士信行事吾立見其敗矣時有市謠十七字曰丞相做事業專事王蔡葉一朝西風起乾癟

明昭代典則洪武五年夏四月中書右丞王溥遣人來言近督工取材木建昌蛇舌巖衆見巖上有衣黃衣者歌曰龍蟠虎踞勢岧嶤赤帝重興勝六朝八百年終王氣復重華從此繼唐堯其聲如鐘歌已忽不見上曰明理者非物怪可惑守正者非讖緯可干漢之文成五利足以爲戒事涉妖妄豈可信耶

明狀元事略洪武乙丑科狀元丁顯字彥偉福建建陽人中榜時年二十八建陽舊讖淮沙圓出狀元顯應之

任亨泰十三歲時嘗題扇面云杲日初升萬木低畫船撐出小樓西先生正熟朝天夢門外山禽莫亂啼其貴達也人以是詩預占之矣

洪武二十七年甲戌科張信字誠甫浙江定海人初鄞人單仲友徵至京師言本府名明州與國號同請易之上然其言因詢山川讖緯之詳仲友對曰昌國縣有狀元橋蓋因讖改名而童謠謂狀元出定海以臣觀之二邑素無顯異將有待邪上聞定海之名喜曰海定則波寧遂改名寧波後省昌國入定海至是信應其讖蓋信昌國人也又郡中初架石梁有謠曰人從橋上行狀元此時生其父首從橋行還家生信

洪武庚辰科狀元胡廣江西吉水人吉水東有鑑湖諺云水決鑑湖壇文江出狀元是歲廣應之後正統壬戌鑑湖又決吉水劉儼復應其讖

正氣紀建文帝之生也頭顱頗偏高祖撫之曰半邊月兒知其不克終及讀書甚聰穎高祖使賦新月詩曰誰將玉指甲掐破碧天痕影落江湖裏蛟龍不敢吞高祖曰猶可免於難後帝出亡果得歸大內以終天年

洪武二十九年冬十月晦皇曾孫文奎生太祖不懌曰日月皆終其不歿乎

麈餘國初姑蘇閶門有伍子胥祠神像立而不坐坐則必毀時有童謠曰若要伍公坐須要二兒來及况公鍾爲太守入祠見之曰不可使神久立遂易以坐像自是不復毀矣

明外史谷王穗傳成祖卽位徙藩長沙穗居長沙橫甚僞引讖書我高皇十八子與讖合傳播惑衆穗行次第十九以趙王杞未就藩而卒故云

福建通志永樂十年長樂石首山鳴讖云石首山鳴出大魁是歲馬鐸及第後六年李騏又及第

懸笥瑣探正統三年六月一日予始入吳縣學爲增廣生是年開科取士而吳學之得舉者三人周郁爲春秋魁第四名張瓛第十一施槃第十五旣而赴會試槃作詩留別其詞有曰紅雲紫霧三千里黃卷青燈十二時又詠胡蝶云莫怪風前多落魄三春應作探花郎己未果狀元及第

明狀元事略丁卯冬湖廣須知官在途夢開黃榜第一名彭時又京中謠云衆人知不知今年狀元是彭時不知何自而起後果然

天順丁丑科黎淳字太樸湖廣華容人少自負赴會試二月四日方至京主司拒之曰少汝作狀元耶淳應聲曰此亦在吾輩耳至邸見壁間題畫有云昨夜簷前乾鵲噪聲聲報道狀元來淳應其讖

見聞搜玉于肅愍公謙詠石灰詩云千錐萬鑿出深山烈火叢中煉幾番粉骨碎身都不顧只留青白在

人間詠桑樹詩云一年一度伐條柯萬木叢中苦最多爲國爲民甘寂寞不隨桃李聽笙歌後功施社稷而身反爲戮亦詩讖也

明狀元事略華亭舊有狀元坊爲宋衛溫立也景泰間葉守晃重建於豐樂橋下題其柱曰九重華選魁多士千古清風啓後人時以爲攀援蓋淫華亭產也

弘治己酉西門火坊爲延燎市人譁曰燒却假狀元出眞狀元矣是年錢福果以會元魁天下

名山藏景泰八年正月帝病不豫儲嗣未定內外憂懼辛卯石亨與徐有貞等夜奪門迎太上皇出南宮卽皇帝位太上朝鳴鐘鼓帝曰于謙耶旣聞故曰哥哥做好居數日太上語近臣皇弟食粥可望差耳帝竟崩號廢帝先是正統中京師小兒禱雨之謠曰雨地雨地城隍土地雨若大來謝了土地雨御地弟音相近也蓋至是驗云

明通紀天順三年冬忠國公石亨謀不軌下獄死時亨門下有瞽目指揮章先手出妖書曰惟有石人不動謂天意有在勸亨舉事亨信之未幾家人露其不軌之謀於是下亨獄卒死獄中

江西通志成化四年戊子寧都三江水合先有三江水合狀元來之謠明年邑人董越果進士及第

明外史屈伸傳伸授禮科給事中弘治九年詔度僧禮部爭不得伸極陳三不可不納京師民訛言寇近邊兵部請榜諭伸言若榜示人心愈驚昔漢建始中都人訛言大水至議令吏民上城避之王商不從頃之果定今當以爲法事遂寢

明狀元事略弘治癸丑科毛澄字憲清直隸崑山人中榜時年三十四崑山舊讖潮過夷亭出狀元宋淳熙中葉令子强遂建問潮館于駟馬橋下後潮復遠過夷亭癸丑丙辰二科毛朱皆狀元人謂舊讖之應云

廣州城南有地名河南舊讖河南人見面廣東狀元見是歲大旱南岸人往來對面而倫文叙魁天下

吳江縣志弘治末同里龐山庇村三處一夕訛言海上掠童男女充𠃵爭抱嬰孩走望門投匿太學生王明別業在龐山空廩數十間須臾塡滿氣窒人幾死有頃訛言始定是歲崇明賊施天泰叛入海中

明狀元事略姚淶初赴會試遇蟹船相觸有聲淶問故家人答曰蟹船搖來撞頭吳音似斷然姚淶狀頭也遂成語讖

嘉靖丙戌科龔用卿字鳴治福建懷安人中榜年二十六福州舊傳郭樸遷城記云南臺沙合河口路通先出狀元後出相公至是用卿首選

福建通志嘉靖十三年二月雷震萬歲寺浮屠火光如炬燭照城中時居僑爲布政冒雨救火以雨衣藉地甫三拜而塔頂丁鼎墜地有讖云諸天及人無由見鼎地搖三月天雨四花土田三變今古同時居人握閩雨衣三拜梁天監四年書

明狀元事略淮安一郡古未有魁天下者有之自沈坤始後十九年己未淸河丁士美繼之童謠云新狀元入朝舊狀元入牢坤被論果在己未士美登科之歲

吳縣志隆慶元年丁卯秋成大熟民謠云隆慶元年米糶三錢銅杓不用鏟刀上前十月三日府治堂庫災

海豐縣志碣石衞城內有三大石名曰三台讖云一拳打破三台石三歲孩兒也沒頭後提舉司王一權以署事至衞刻三台石三字在上隆慶五年倭寇陷城殺戮殆盡

明狀元事略郡治後有河旋遶如帶舊讖後河通狀元出宋李餘慶作郡嘗濬之已而霍蔣諸公相繼大魁天下歲久湮塞殆四百年竟無嗣者隆慶壬申玉融龍岡施公至首闢龍城書院廩六學之雋于其中每試輒首孫公旣又從諸士請疏治後河數百年遺蹟一旦復通未幾孫公果首擢

福建通志臺灣府鳳山昔年有石忽開內有讖云鳳山一片石堪容百萬人五百年後閩人居之又相傳有佃民墾田得一石牌內鐫山明水秀閩人居之八字

謠讖部雜錄

風俗通趙王遷信秦反間之言殺其良將李牧而任趙括遂爲所滅此童謠曰趙爲號秦爲笑以爲不信視地上生毛

搜神記古志有曰赤厄三七三七者經二百一十載當有外戚之篡丹眉之妖篡盜短祚極於三六當有飛龍之秀興復祖宗又歷三七當復有黃首之妖天下大亂矣自高祖建業至於平帝之末二百一十年而王莽篡蓋因母后之親十八年而山東賊樊子都

等起賁丹其眉故天下號曰赤眉於是光武以興祚其名曰秀至於靈帝中平元年而張角起置三十六萬徒衆皆是黃巾故天下號曰黃巾賊初起於鄴會於眞定誑惑百姓曰蒼天已死黃天立歲名甲子年天下大吉小民相向跪拜趨信荊揚尤甚乃棄財產流沈道路死者無數角等初以二月起兵其冬十二月悉破自光武中興至黃巾之起未盈二百一十年而天下大亂漢祚廢絕實應三七之運

南史武帝本紀晉禪位於宋詔策曰上天垂象四靈効徵圖讖之文既昭人神之望已改

湘山野錄寇萊公詩野水無人渡孤舟盡日橫之句深入唐人風格初授歸州巴東令人皆以寇巴東呼之以比前趙渭南韋蘇州之類然富貴之時所在作詩皆淒楚愁怨嘗爲江南春二絕云波淼淼柳依依孤村芳草遠斜日杏花飛江南春盡離腸斷蘋滿汀洲人未歸又曰杳杳煙波隔千里白蘋香散東風起日落汀洲一望時愁情不斷如春水余嘗謂深於詩者盡欲慕騷人淸悲怨感以主其格語意淸切脫灑孤邁殊不知淸極則志飄感深則氣謝萊公富貴時送人使嶺南云到海只十里過山應萬重人以爲譬絕既貶海康至境首雷吏呈圖經迎拜於道公問州去海近遠曰只可十里憔悴奔竄已兆於此矣予嘗愛王沂公曾布衣時以所業贄呂文穆公蒙正卷有早梅句云雪中未問和羹事且向百花頭上開文穆曰此生次第已安排作狀元宰相矣後皆盡然

東坡志林晉武帝探策豈亦如讖也耶惠帝不肖得一蓋神以實告裴頠詔對士君子恥之而史以爲美談鄙哉惠懷愍皆不終牛繫馬後豈及亡乎

容齋隨筆今人富貴中作不如意語少壯時作衰病語詩家往往以爲讖白公十八歲病中作絕句云久爲勞生事不學攝生道少年已多病此身豈堪老然白公壽七十五

容齋續筆自漢武建元以來千餘年間改元數百其附會離合爲之辭者不可勝書固亦有曉然而易見者如晉元帝永昌郭璞以爲有二日之象果至冬而亡桓靈寶大亨識者以爲一人二月了果以仲春敗蕭棟武陵王紀同歲竊位皆爲天正以爲二人一年而止其後皆然齊文宣天保爲一大人只十果十年而終然梁明帝蕭巋亦用此而盡二十三年或又云巋蕞爾一邦故非禨祥所係齊後主隆化爲降死安德王延宗德昌爲得二日周武帝宣政爲宇文亡日宣帝大象爲天子豕蕭琮晉出帝廣運爲軍走隋煬帝大業爲大苦末唐僖宗廣明爲唐去丑口而著黃家日月以兆巢賊之禍欽宗靖康爲立十二月康果在位滿歲而高宗由康邸建中興之業熙寧之末將改元近臣撰三名以進曰平成曰美成曰豐亨神宗曰成字負戈美成者大羊負戈亨字爲子不成不若去亨而加元遂爲元豐若隆興則取建隆紹興各一字唐正元取正觀開元之義同巳而嫌與顏亮正隆相近故二年即改乾道及甲午改純熙既已布告天下予時守贛賀表云天未命而開中興方茂卜年之統時純熙而用大介載新紀號之文迨詔至乃爲淳熙蓋以出處有告成大武之語故不欲用

州縣牌額率係於吉凶以故不敢輕爲改易嚴州分水縣故額草書分字縣令有作聰明者謂事體非宜自眞書三字刻而立之是年邑境惡民持刃殺人者衆蓋分字爲八刀也徽州之山水淸遠素無火災紹熙元年添差通判盧瑢悉以所作隸字換郡下扁牓自譙樓儀門凡亭榭臺觀之類一切趨新郡人以爲字多燥筆而於州牌尤爲不嚴重私竊憂之次年四月火起於郡庫經一日兩夕乃止官舍民廬一空

捫蝨新話光武却祥瑞不受而信圖讖武宗除去浮屠而躬受道家之籙此與招一放一何異

貴耳集舜典曰八音克諧無相奪倫神人以和自宣政間周美成柳耆卿輩出自製樂章有曰側犯尾犯花犯玲瓏四犯八音雜律宮呂奪倫是不克諧矣天寶後曲遍繁聲皆曰入破破者破碎之義明皇幸蜀宣和之曲皆曰犯犯者侵犯之義二帝北狩曲中之讖深可畏哉

本朝年號或者皆曰有讖緯於其間太平有一人六十卒字太宗五十九而止仁宗劉后垂政天聖曰二聖人明道曰日月同道徽宗崇寧錢上字蔡京書崇字自山字一筆下寧字去心當時有云有意破宗無心寧國靖康曰十二月立康王嘉泰曰士大夫皆小人有力者喜

雲谷雜記吳書陳化使魏魏文帝因酒酣嘲問曰吳魏峙立誰將平一海內者乎化對曰易稱帝出乎震加聞先哲知命舊說紫蓋黃旗運在東南帝心奇其辭又江表傳初丹陽日元雲使蜀得司馬徽與劉廙論運命曆數事元詐增其文以誑國人曰黃旗紫蓋見於東南終有天下者荊揚之君乎六朝以來都於

東南故黃旗紫蓋之語文士多引用之雖皆知其爲符瑞事而罕有究其義者李善最號博洽其注文選紫蓋黃旗之句亦不過引司馬徽書而已予嘗見薛道衡隋高祖功德頌云談黃旗紫蓋之氣恃龍蟠虎踞之險雖知黃旗紫蓋爲氣終以未得其所自爲恨一日讀宋書符瑞志云漢世術士言黃旗紫蓋見於斗牛之間江東有天子氣冑中於是釋然因知讀書不厭於多也

植杖閒談漢獻帝禪位之歲改元延康蜀後主亡國之歲改元炎興晉愍帝卽位之歲改建業郡爲建康郡朝廷謂端明非本朝殿改官制曰延康殿學士靖康三年今上卽位法東漢中興建元之號改曰建炎己酉歲駐蹕江寧以江寧昔號建康寧藩邸王封符合改名建康府三年號者皆出一時所見而不知乃前代末季之稱也故識者憂之

輟耕錄至元壬辰春自杭州避難居湖州三月二十三日黑氣亙天雷電以雨有物若果核與雨雜下五色間錯光瑩堅固破其實食之似松子仁人皆曰婆娑樹閏月十二日復雨八月過杭州因知三月十八日亦雨如湖州郡人初不以爲異及九月十日紅巾犯省治雨核之地悉被兵火無有處屋宇如故余弗之信九月二十六日湖州陷儀鳳橋四向焚戮特甚追思雨核時橋四向爲最多信前言不誣也後聞池州亦然與杭日同池州之禍尤可慘也按白樂天詩集載月中嘗墜桂子於天竺寺葉石林玉澗雜書亦云仁宗天聖中七月八月兩月之望有桂子從空降如雨其大如豆雖黃白黑三色食之味辛寺僧道式取以種得二十五本二書豈盡妄耶但今又爲時讖尤可異也

後至元丁丑夏六月民間謠言朝廷將采童男女且俾父母護送抵直北交割故自中原至於江之南府縣村落凡品官庶人家但有男女年十二三以上便爲婚嫁六禮旣無片言卽合至於巨室有不待車輿親迎輒徒步以往者蓋惴惴焉惟恐使命戾止不可逃也雖守土官吏與夫邑目之人亦如之竟莫能曉經十餘日纔息自後有貴賤貧富長幼妍醜匹配之不齊者各生悔怨或夫棄其妻或妻憎其夫或訟於官或死於天此亦天下之大變從古未之有也

潮逢谷水難與浪月到雲間便不明松江古有此語谷水雲間皆松江別名也近代來作官者始則赫然有聲終則闒茸貪濫廉潔者鮮兩句竟成詩讖

丹鉛總錄晉末桓元之亂有金雌詩讖曰雲出而兩漸欲舉短如之何乃相阻交哉亂也當何所惟有隱巖植禾黍西南之朋困桓父雨雲者元字也短者祚短也蓋桓元滅亡之兆又云大火有心水抱之悠悠百年是其時火宋之分野水宋之德也金雌不知何兆亦如赤伏符之類耳後考隋書經籍志郭文著金雌記金雌詩

王充嘗辨雨粟鬼哭之妄云河圖洛書聖明之瑞應也倉頡之制文字天地之出圖書何非何惡而令天雨粟鬼夜哭哉使天地鬼神惡人有書則其出圖書非也此乃正論漢書緯書又云鬼夜哭謂憂其毫將爲筆也堪一笑

晉苻堅以應圖讖文改姓其字從草不從竹今多書作符非也苻音蒲其音亦別又左傳萑苻之澤杜預注苻亦音蒲

新論云微子感牽牛星顏淵感中台星張良感弧星樊噲感狼星其說皆出讖緯

晉書云初元石圖有牛繼馬後故宣帝深忌牛氏遂爲二榼共一口以貯酒帝先飮其佳者而以毒酒鴆其將牛金而恭王妃夏侯氏竟通小吏牛氏而生元帝今通鑑省其文云通小吏牛金而生元帝牛金可謂枉著一死又負穢名殊可笑也又按唐元行冲元魏之後著魏典三十卷引魏明帝時西柳谷瑞石有牛繼馬後之像舊史元帝本出牛氏誣辭也魏道武帝名犍繼受命此其應也

三國典略曰侯景簒位令飾朱雀門其日有白頭烏萬萬計集於門樓童謠曰白頭烏拂朱雀還與吳杜工部詩長安城頭頭白烏夜上延秋門上呼蓋用其事以侯景比祿山也而千家註不知引此

江都迷樓宮人杭靜夜半歌云河南楊柳樹江北李花榮楊柳飛綿何處去李花結果自然成又煬帝作鳳艒歌云三月三日到江頭正見鯉魚波上遊意欲持鉤往撩取恐是蛟龍還復休皆唐興之兆又煬帝索酒歌云宮木陰濃燕子飛興衰自古漫成悲他日迷樓更好景宮中吐燄奕紅輝其後迷樓爲唐兵所焚竟叶詩讖出海山記

梁武帝冬日詩雪花無有蒂冰鏡不安臺梁簡文詠月詩飛輪了無轍明鏡不安臺竟成二讖

日知錄史記趙世家扁鵲言秦穆公寤而述上帝之言公孫支書而藏之秦讖於是出矣秦本紀燕人盧

生使入海還以鬼神事因奏錄圖書曰亾秦者胡也然則讖記之興實始於秦人而盛於西京之末也始皇備匈奴而亾秦者少子胡亥漢武殺中都官詔獄繫者而即帝位者皇曾孫病己苻生殺魚遵而代生者東海王堅宋廢帝欲南巡湘中而代子業者湘東王彧齊神武惡見沙門而亾高者宇文周武殺紇豆陵而篡周者楊堅隋煬族李渾而禪隋者李淵唐太宗誅李君羨而革唐者武后周世宗代張永德而纂周者藝祖

自漢以後凡世人所傳帝王易姓受命之說一切附之孔子如沙丘之亾卯金之興皆謂夫子前知而預爲之讖其書蓋不一矣魏高祖太和九年詔自今圖讖祕緯及名爲孔子閉房記者一皆焚之畱者以大辟論

舊唐書王世充傳世充將謀篡位有道士桓法嗣者自言解圖讖乃上孔子閉房記畫作丈夫持一干以驅羊釋云隋楊姓也干一者王字也王居羊後明相國代隋爲帝也世充大悅詳此乃似今人所云推背圖者今則託之李淳風而不言孔子

欽定古今圖書集成曆象彙編庶徵典

第一百五十八卷目錄

庶徵典第一百五十八卷

聲音異部彙考一

周禮

春官

大師執同律以聽軍聲而詔吉凶

注大師大起軍師兵書曰王者行師出軍之日授將弓矢士卒振旅將張弓大呼大師吹律合音商則戰勝軍士强角則軍擾多變失士心宮則軍和士卒同心徵則將急數怒軍士勞羽則兵弱少威明訂義易氏曰六律陽聲六同陰聲即陰陽以候其氣則葭灰一動而八風從律以十二律應十二風而後可以察天地之和大師以是而聽軍聲宂其吉凶應焉　王昭禹曰師曠曰吾驟歌北風又歌南風南風不競多死聲楚必無功古之人所以望敵而知吉凶先事而知勝負者用此術也然王者之師而猶聽軍聲而詔吉凶蓋兵凶器戰危事聖人不敢輕也

漢書

五行志

傳曰聽之不聰是謂不謀厥咎急厥罰恆寒厥極貧時則有鼓妖　君嚴猛而閉下臣戰栗而塞耳則妄聞之氣發於音聲故有鼓妖

南齊書

五行志

聽傳曰不聽之象見則妖生於耳以類相動故曰有鼓妖也一曰聲屬鼓妖

續文獻通考

物自鳴

乾坤變異錄人君宮室無故有聲主兵起若人家主家亾

管窺輯要

城邑變異占

城邑門戶忽鳴有兵喪

邑里社鳴里有聖人出百姓歸之天子出宮京房曰社鳴賓邑虛虛邑實

宮室變異占

人君宮闕殿庭門戶無故有聲謂之壞宇不出二年有兵親戚謀叛

宮庭內忽聞鼓聲擊鼓應之吉

器皿占

車自鳴有爭國死傷

鐘自鳴國君凶潛潭巴曰兵動一曰鐘磬自鳴庶雄作亂兵起不出三年

鼓自鳴庫兵動天鏡占曰鼓忽自鳴敵兵來攻一曰鐘自鳴下人將叛一日邑有寇邑鼓自鳴其邑亾

釜竈鳴不出一年有喪家國同
甑鳴而破口舌刑傷六十日至
牀自鳴有死喪
桌凳自鳴有火盜有死喪
廚櫃鳴有死喪官訟
食器忽自鳴有鬬爭死喪
酒醬醋甕自鳴破者其家破

軍營器械占

營中鼓自鳴兵動凶金鼓自鳴軍當罷一日將有功
金鼓忽不鳴兵且敗將降
軍中鼓角自鳴暴兵至鼓角無聲軍必敗
刀劍有聲鳴者凶刀劍無故自鳴下僚欲叛防遠之吉不然必被屠城一日刀劍自鳴有聲明日戰大勝他人不聞而獨自聞之宜防賊來陰謀相害在家疑婦人左右奸刺

聲音異部彙考二

周

襄王二十四年晉侯柩有聲
按春秋不書　按漢書五行志左傳曰釐公三十二年十二月己卯晉文公卒庚辰將殯於曲沃出絳柩有聲如牛劉向以爲近鼓妖也喪凶事聲如牛怒象也將有急怒之謀以生兵革之禍是時秦穆公遣兵襲鄭而不假道還晉大夫先軫謂襄公曰秦師過不假塗請擊之遂要崤阸以敗秦師匹馬觭輪無反者操之急矣晉不惟舊而聽虐謀結怨強國四被秦寇禍流數世凶惡之效也

景王二十四年鑄無射鍾聲槬
按春秋不書　按漢書五行志左氏傳昭公二十一年春周景王將鑄無射鍾泠州鳩曰王其以心疾死乎夫天子省風以作樂小者不窕大者不槬槬則不容心是以感感實生疾今鍾槬矣王心弗堪其能久乎劉向以爲是時景王好聽淫聲適庶不明思心痻亂明年以心疾崩近心腹之痾凶短之極者也

漢

成帝鴻嘉三年山鳴
按漢書成帝本紀不載　按五行志鴻嘉三年五月乙亥天水冀南山大石鳴聲隆隆如雷有頃止聞平襄二百四十里埜雞皆鳴石長丈三尺廣厚略等旁著岸脅去地二百餘丈民俗名曰石鼓石鼓鳴有兵是歲廣漢鉗子謀攻牢篡死罪囚鄭躬等盜庫兵刧略吏民衣繡衣自號曰山君黨與寖廣明年冬乃伏誅自歸者三千餘人後四年尉氏樊並等謀反殺陳留太守嚴普自稱將軍山陽亾徒蘇令等黨與數百人盜取庫兵經歷郡國四十餘皆踰年乃伏誅是時起昌陵作者數萬人徙郡國吏民五千餘戶以奉陵邑作治五年不成乃罷昌陵還徙家石鳴與晉石言同應師曠所謂民力彫盡傳云輕百姓者也虒祁離宮去絳都四十里昌陵亦在郊埜皆與城郭同占城郭屬金宮室屬土外內之別云

哀帝建平二年殿中有聲如鍾
按漢書哀帝本紀不載　按五行志建平二年四月乙亥朔御史大夫朱博爲丞相少府趙元爲御史大夫臨延登受策有大聲如鍾鳴殿中郎吏陛者皆聞焉上以問黃門侍郎揚雄李尋尋對曰洪範所謂鼓妖者也師法以爲人君不聰爲衆所惑空名得進則有聲無形不知所從生其傳曰歲月日之中則正卿受之今以四月日加辰巳有異是爲中焉正卿謂執政大臣也宜退丞相御史以應天變然雖不退不出期年其人自蒙其咎揚雄亦以爲鼓妖聽失之象也朱博爲人強毅多權謀宜將不宜相恐有凶惡亟疾之怒八月博元坐爲姦謀博自殺元減死論京房易傳曰令不脩本下不安金毋故自動若有音

元壽元年秋九月孝元廟殿門銅龜蛇鋪首鳴
按漢書哀帝本紀云云

王莽天鳳二年朱鳥門鳴
按文獻通考王莽天鳳二年十月戊辰王路朱鳥門鳴晝夜不絕崔發等曰虞帝闢四門達四聰門鳴者明當修先聖之禮招四方之士也於是令群臣皆賀所舉四行從朱鳥門入而對策焉

後漢

獻帝建安七年山鳴
建安八年山鳴
按後漢書獻帝本紀不載　按五行志建安七八年中長沙醴陵縣有大山常大鳴如牛呴聲積數年後豫章賊攻沒醴陵縣殺掠吏民

晉

惠帝元康九年許昌城有聲如牛
按晉書惠帝本紀不載　按五行志元康九年三月

有聲若牛出許昌城十二月廢愍懷太子幽於許宮明年賈后遣黃門孫慮殺太子擊以藥杵聲聞於外是其應也

孝武帝太元十五年有聲如雷

按晉書孝武帝本紀不載　按五行志太元十五年三月己酉朔東北方有聲如雷按劉向說以爲雷當託於雲猶君託於臣無雲而雷此君不恤於下下人將叛之象也及帝崩而天下漸亂孫恩桓元交陵京邑

南齊

武帝永明元年天有聲

按南齊書武帝本紀不載　按五行志永明元年十一月癸卯夜天東北有聲至戊夜

永明十一年殿屋鳴

按南齊書武帝本紀永明十一年七月上不豫徙御延昌殿始登階而殿屋鳴吒上惡之戊寅大漸

梁

武帝天監四年無雲有雷聲

按梁書武帝本紀天監四年十一月甲午天晴朗西南有電光聞如雷聲

按隋書五行志天監四年十一月天清朗西南有電光有雷聲二易曰鼓之以雷霆近鼓妖洪範五行傳曰雷霆託於雲猶君之託于人也君不恤於天下故兆人有怨叛之心也是歲交州刺史李凱舉兵反

天監十九年無雲而雷

按梁書武帝本紀不載　按隋書五行志十九年九月西北隱隱有聲如雷赤氣下至地是歲盜殺東莞琅琊二郡守以朐山引魏軍

中大通六年無雲而雷

按梁書武帝本紀中大通六年閏十二月景午西南有雷聲二　按五行志其年北梁州刺史蘭欽舉兵反

中大同元年竟天有聲

按梁書武帝本紀中大同元年六月辛巳竟天有聲如風雨相擊薄

陳

宣帝太建二年有聲如雷

按陳書宣帝本紀太建二年十二月癸巳夜西北有雷聲

按隋書五行志太建二年十二月西北有聲如雷其年湘州刺史華皎舉兵反

太建十二年有聲如雷

按陳書宣帝本紀太建十二年九月癸未夜天東南有聲如風水相擊三夜乃止

太建十四年後主即位天有聲

按南史陳後主本紀太建十四年春正月即皇帝位八月癸未夜天有聲如風水相激乙酉夜亦如之九月辛亥夜天東北有聲如蟲飛漸移西北

後主至德元年天有聲

按陳書後主本紀至德元年九月丁巳天東南有聲如蟲飛

北魏

太宗泰常四年祭白登廟有車騎聲

按魏書太宗本紀不載　按禮志四年八月帝嘗於白登廟將薦熟有神異焉太廟博士許鍾上言曰臣聞聖人能饗帝孝子能饗親伏惟陛下孝誠之至通於神明近嘗於太祖廟有車騎聲從北門入殷殷轞轞震動門闕執事者無不肅懷斯乃國祚永隆之兆宜告天下使知聖德之深遠

世祖太延四年有聲如鼓

按魏書世祖本紀不載　按靈徵志太延四年十月辛酉有聲如大鼓西北行

顯祖皇興元年七月東北無雲而雷

按魏書顯祖本紀不載　按靈徵志云云

皇興二年七月東北有聲如雷

按魏書顯祖本紀不載　按靈徵志云云

世宗延昌二年有聲如雷

按魏書世宗本紀不載　按靈徵志延昌元年二月己酉有聲起東北南引殷殷如雷二聲而止

北齊

文宣帝天保四年有聲如雷

按北齊書文宣帝本紀天保四年四月戊午西南有大聲如雷

按隋書五行志大保四年四月西南有聲如雷是時帝不恤天下興師旅

北周

武帝建德六年有聲如雷

按周書武帝本紀建德六年正月壬辰西方有聲如雷者一

按隋書五行志建德六年正月西方有聲如雷未幾吐谷渾寇邊

隋

文帝開皇十四年連雲山鳴

按隋書文帝本紀不載　按五行志開皇十四年正月旦廊州連雲山有聲如雷是時五羌反叛侵擾邊鎮

開皇二十年天有聲

按隋書文帝本紀三十年四月乙亥天有聲如瀉水自南而北　按五行志二十年無雲而雷京房易飛候曰國將易君下人不靜小人先命國凶有兵甲役數歲帝崩漢王諒舉兵反從其黨數十萬家

唐

高祖武德二年山鳴

按唐書高祖本紀不載　按五行志武德二年三月太行山聖人崖有聲占曰有寇至

武德三年地有聲

按唐書高祖本紀三年二月丁酉京師西南地有聲　按五行志三年二月丁丑京師西南有聲如崩山近鼓妖也說者以爲人君不聰爲衆所惑則有聲無形不知所從生

高宗咸亨元年有聲如雷

按唐書高宗本紀咸亨元年二月丁巳東南有聲若雷

中宗嗣聖七年（則天后天授元年）無雲而雷

按唐書中宗本紀不載　按五行志天授元年九月檢校內史宗秦客拜日無雲而雷震近鼓妖也

元宗開元二十三年石鳴

按唐書元宗本紀不載　按五行志開元二十三年十二月己巳龍池聖德頌石自鳴其音清遠如鐘磬石與金同類春秋傳怨讟動於民則有非言之物言石鳴近石言也

開元二十八年山鳴

按唐書元宗本紀不載　按五行志開元二十八年夏六月吐蕃圍安戎城斷水路城東山鳴石坼湧泉二

天寶十載鐘自鳴

按唐書元宗本紀不載　按五行志天寶十載六月大同殿前鐘自鳴占曰庶雄爲亂

天寶十四載天有聲

按唐書元宗本紀十四載五月天有聲於浙西

德宗貞元十三年街鼓不鳴

按唐書德宗本紀不載　按五行志貞元十三年六月丙寅天晦街鼓不鳴

文宗太和三年殿吼

按唐書文宗本紀不載　按五行志太和三年南蠻圍成都毀玉晨殿爲礟有吼聲三乃止

僖宗廣明元年碑鳴

按唐書僖宗本紀不載　按五行志廣明元年華岳廟元宗御製碑隱隱然有聲聞數里間浹旬乃止近石言也

中和二年無雲而雷

按唐書僖宗本紀不載　按五行志中和二年十月西北方無雲而雷

昭宗光化三年鐘自鳴

按唐書昭宗本紀不載　按五行志光化三年冬武德殿前鐘聲忽嘶嗄

天復元年鐘自鳴

按唐書昭宗本紀不載　按五行志光化三年武德殿前鐘嘶嗄天復元年九月聲又變小

天復三年有聲出梁邸廳事

按唐書昭宗本紀不載　按五行志天復三年十月甲午有大聲出於宣武節度使廳事近鼓妖也

按冊府元龜唐天復三年十月甲午有大聲出於梁邸之廳事帝甚驚駭占者曰當有大慶復封魏王

遼

太宗大同元年行在御幄有聲

按遼史太宗本紀大同元年夏四月丙辰朔發自汴州次赤岡夜有聲如雷起於御幄

聖宗太平五年濼有聲

按遼史聖宗本紀太平五年三月魚兒濼有聲如雷

宋

神宗熙寧六年西北有聲

按宋史神宗本紀熙寧六年秋七月丙寅夜西北有聲如礮

高宗紹興七年無雲而雷

按宋史高宗本紀不載　按文獻通考紹興七年五月汴京無雲而雷是歲僞齊亾

紹興三十年無雲而雷

按宋史高宗本紀三十年十月癸亥日中無雲而雷

按文獻通考三十年十月庚戌晝漏半無雲而雷

孝宗淳熙十四年有大聲發大內

按宋史孝宗本紀不載　按五行志淳熙十四年六

月甲申昧爽禱雨太乙宮乘輿未駕有大聲自內發及和寧門人馬辟易相踐有失巾屨者

光宗紹熙二年鼓自鳴

按宋史光宗本紀不載　按文獻通考紹熙二年溫州瑞安縣感應侯廟鼓自鳴後邑有巨寇昇鼓去先是鼓上有書曰鼓響盜長鼓壞盜敗寇果以旬日就僇輿晉志隆安石鼓鳴孫恩同占

恭帝德祐二年有聲出府中

按宋史二王本紀德祐二年五月乙未朔陳宜中等乃立昰於福州以爲宋王改元景炎改福州爲安福府溫州爲瑞安府郊赦是日黎明有大聲出府中衆皆驚仆

金

海陵正隆六年臨潢空中有車馬聲

按金史海陵本紀不載　按五行志六年八月時臨潢府聞空中有車馬聲仰視見風雲杳靄神鬼兵甲蔽天自北而南仍有語促行者未幾海陵下詔南征

世宗大定十三年塔上有音樂聲

按金史世宗本紀不載　按五行志大定十三年八月丁丑策試進士於憫忠寺夜半忽聞音樂聲起東塔上西達於宮考官完顏蒲捏李晏等以爲文運始開得賢之兆

宣宗興定三年有聲如雷

按金史宣宗本紀興定三年夏四月癸未陝西黑風晝起有聲如雷

哀宗正大五年御座上聞人聲

按金史哀宗本紀不載　按續文獻通考正大五年八月御座上聞若有言者曰不放捨則何索之不見

元

順帝至正十八年有聲如雷

按元史順帝本紀至正十八年三月辛丑大同路夜黑氣蔽西方有聲如雷少頃東北方有雲如火交射中天遍地俱有火空中有兵戈之聲

明

太祖洪武五年有聲如雷

按明昭代典則洪武五年八月太原府徐溝縣西北空中有聲如雷

洪武十一年遂昌有大聲

按續文獻通考洪武十一年處州遂昌縣奏有大聲如鐘自天而下無形或以爲鼓妖次年官民俱灾

成祖永樂十三年山呼萬歲者三

按明通紀永樂十三年三月貴州布政司蔣廷瓚言去年北征班師詔至大岩山有聲連呼萬歲者三咸謂皇上恩威遠加山川效靈之徵禮部尚書呂震請率羣臣上表賀上曰人臣事君當以道阿諛取容非賢人君子所爲呼譟山谷之間空虛之聲相應理或有之豈是異事布政司官不察以爲祥爾爲國大臣不能辨其是非又欲進表媚朕非君子事君之道遂已

英宗正統二年井內有兵戈聲

按貴州通志正統二年騰衝守禦千戶所井內夜有兵戈聲一月乃止

天順七年空中有聲

按明通紀天順七年二月會試場屋災舉子焚死者數十人是月晦夜空中有聲李賢密疏曰傳言無形有聲謂之鼓妖上不恤民則有此異惟陛下憫念元元凡一切不便於民者悉皆停罷則災變可弭上覽之復命賢上寬恤事件密封以來賢因疏十事上陳上皆從之即詔行天下賢又請罷江南所造緞疋及磁器清錦衣衛所監罪人止各邊守臣進貢及止下番所遣使臣停中外買辦採辦上不從賢執之數四上不從止取前十條行之左右見賢力爭皆寒慄同列亦爲賢懼曰古之大臣知無不言今雖不能盡然至於利害繫國家安危者豈可默默以苟祿位然上知賢之深終不以爲忤也

按名山藏天順七年二月上諭李賢曰近聞空中有聲天譴也宜祈禱賢對曰考之於書無形有聲名曰鼓妖君不卹民天下怨叛則妖生焉乞行寬恤之政上曰朕心也

憲宗成化十四年早朝聞甲兵聲

按名山藏成化十四年八月戊申早朝東班官若聞有甲兵聲者皆辟易不成列衞士露刃備不虞久始定莫知故

武宗正德四年空中有聲

按江南通志正德四年應天空中有聲自北來如數萬甲兵民皆震恐數日乃止

正德七年始皇廟鐘鼓自鳴

按續文獻通考正德七年春三月二十三日山東文登縣秦始皇廟鐘鼓無故自鳴

正德八年淳于髡冢鳴

按山東通志正德八年益都窩駝村淳于髡冢中有

聲如牛鳴半日方止

世宗嘉靖二十九年有聲自天而下

按廣西通志嘉靖二十九年六月富川縣白日有聲如洪濤號激自天而下移時聲住雨如注後大旱

嘉靖四十二年孝感民壁間有聲

按湖廣通志嘉靖四十二年孝感陡岡埠民壁間有聲人叩以吉凶得失往往奇中

穆宗隆慶二年空中有聲

按續文獻通考隆慶二年三月直隸新城縣空中迅響如雷

神宗萬曆二年有聲如雷

按福建通志萬曆二年八月晝暝空中有聲如雷

萬曆二十六年西寧鐘自鳴

按續文獻通考萬曆二十六年五月西寧古浪城樓大鐘連鳴三陣

萬曆二十八年鐘自鳴

按續文獻通考萬曆二十八年九月鄖陽巡撫鄖國任奏公署東北角樓上鐘大鳴三聲

聲音異部總論

禮記

樂記

凡音者生人心者也情動於中故形於聲聲成文謂之音是故治世之音安以樂其政和亂世之音怨以怒其政乖亾國之音哀以思其民困聲音之道與政通矣

集說此言音生於人心之感而人心哀樂之感由於政治之得失此所以慎其所以感之者也治世政事和諧故形於聲音者安以樂亂世政事乖戾故形於聲音者怨以怒將亾之國其民困苦故形於聲音者哀以思此聲音所以與政通也詩疏曰雜比曰音單出曰聲樂之情發見於言語之聲於時雖言哀樂之事未有宮商之調惟是聲耳至於作詩之時則次序清濁節奏高下使五聲爲曲似五色成文即是爲音此詩被諸絃管乃名爲樂　長樂陳氏曰心以感物而動爲情情以因動而形爲聲聲者情之所自發而音者又雜比而成者也治世以道勝欲其音安以樂雅頌之音也政其有不和乎亂世以欲勝道其音怨以怒鄭衞之音也政其有不乖乎亡國之音則桑間濮上非特哀以思而已其民亦已困矣由是觀之世異異音音異異政夫豈聲音自與政通耶蓋其道本於心與情然也書曰八音在治忽國語曰政象樂亦斯意歟

宮爲君商爲臣角爲民徵爲事羽爲物五者不亂則無怗懘之音矣

集說劉氏曰五音之本生於黃鐘之律其長九寸每寸九分九九八十一是爲宮聲之數三分損一以下生徵則去二十七得五十四也徵三分益一以上生商則加十八得七十二也商三分損一以下生羽則去二十四得四十八也羽三分益一以上生角則加十六得六十四也角聲之數三分之不盡一算其數不行故聲止於五此其相生之次也宮屬土絃用八十一絲爲最多而音至濁於五聲獨尊故爲君象商屬金絃用七十二絲聲次濁故次於君而爲臣象角屬木絃用六十四絲聲半清半濁居五聲之中故次於臣而爲民象徵屬火絃用五十四絲其聲清有民而後有事故爲事象羽屬水絃用四十八絲爲最少而聲至清有事而後用物故爲物象此其大小之次也五聲固本於黃鐘爲宮然還相爲宮則其餘十一律皆可爲宮宮必爲君而不可下於臣商必爲臣而不可上於君角民徵事羽物皆以次降殺其有臣過君民過臣事過民物過事者則不用正聲而以半聲應之此八音所以克諧而無奪倫也然聲音之道與政相通必君臣民事物五者各得其理而不亂則聲音和諧而無怗懘也怗懘者敝敗也

宮亂則荒其君驕商亂則陂其臣壞角亂則憂其民怨徵亂則哀其事勤羽亂則危其財匱五者皆亂迭相陵謂之慢如此則國之滅亡無日矣

集說此言審樂以知政若宮亂則樂聲荒散是知由其君之驕恣使然也餘四者例推　陳氏曰五聲含君臣民事物之象必得其理方調得律呂否則有臣陵君民過臣而謂之奪倫矣此却不比漢儒附會效法之言具有此事毫髮不可差設或樂聲奪倫即其國君臣民物必有不盡分之事如州鳩師曠皆能以此知彼正是樂與政通　延平黃氏曰其君不驕則其宮不亂其宮不亂則其音不荒其財不匱則其羽不亂其羽不亂則其音不危故曰五者不亂則無怗懘之音矣

鄭衞之音亂世之音也比於慢矣桑間濮上之音亡國之音也其政散其民流誣上行私而不可止也

集說此慢字承上文謂之慢而言比近也桑間濮上

衞地濮水之上桑林之間也史記言衞靈公適晉舍濮上夜聞琴聲召師涓聽而寫之至晉命涓爲平公奏之師曠曰此師延靡靡之樂武王伐紂師延投濮水死故聞此聲必於濮水之上也政散故民罔其上民流故行其淫蕩之私也　張子曰鄭衞地濱大河沙地土薄故其人氣輕浮其地平下故其質柔弱其地肥饒不費耕耨故其人心怠惰其人情性如此其聲音亦然故聞其樂使人如此懈慢也朱子曰鄭聲之淫甚於衞夫子論爲邦獨以鄭聲爲戒盍舉重而言也　延平黃氏曰誣上則天下之誠心喪行私則天下之和心喪此亡國之音所以作也

聲音異部紀事

左傳襄公十八年楚師伐鄭涉于魚齒之下甚雨楚師多凍役徒幾盡晉人聞有楚師師曠曰不害吾驟歌北風又歌南風南風不競多死聲楚必無功

宋書五行志太康之中天下爲晉世寧之舞手接柸槃反覆之歌曰晉世寧舞柸槃夫樂生人心所以觀事故記曰總干山立武王之事也發揚蹈厲太公之志也武亂皆坐周召之治也又曰其治民勞者舞行綴遠其治民逸者舞行綴近今接柸槃於手上而反覆之至危也柸槃者酒食之器也而名曰晉世寧者言晉世之士偷苟於酒食之間而其知不及遠晉世之寧猶柸槃之在手也

晉書石勒載記勒膽力雄武父老及相者皆曰此人狀貌奇異志度非常其終不可量也勸邑人厚遇之時多嗤笑惟鄔人郭敬陽曲甯驅以爲信然並加資贍勒亦感其恩爲之力耕每聞鞞鐸之音歸以告其母母曰作勞耳鳴非不祥也大安中并州饑亂勒乃自鴈門還依甯驅既而賣與茌平人師懽爲奴有一老父謂勒曰君魚龍髮際上四道已成當貴爲人主甲戌之歲王彭祖可圖勒曰若如公言弗敢忘德忽然不見每耕作於野常聞鼓角之聲勒以告諸奴諸奴亦聞之因曰吾幼來在家恆聞如是諸奴歸以告懽懽亦奇其狀貌而免之

五行志蘇峻在歷陽外營將軍鼓自鳴如人弄鼓者峻手自破之曰我鄉土時有此則城空矣俄而作亂夷滅此聽不聰之罰也

石季龍末洛陽城西北九里石牛在青石趺上忽鳴聲聞四十里季龍遣人打落兩耳及尾鐵釘釘四脚尋而季龍死

吳興長城夏架山有石鼓長丈餘面逕三尺其下有盤石爲足鳴則聲如金鼓三吳有兵至安帝隆安中大鳴後有孫恩之亂

南齊書祥瑞志世祖於南康郡內作伎有絃無管於是空中有篪聲調節相應

南史范雲傳梁武爲司徒祭酒與雲俱在竟陵王西邸情好歡甚永明末梁武與兄懿卜居東郊之外雲亦築室相依梁武每至雲所其妻常聞蹕聲

南史到彥之傳彥之孫撝撝弟子治治子仲舉仕梁爲長城令政號廉平陳文帝居鄉里常詣仲舉時天陰雨仲舉獨坐齋內聞城外有簫鼓聲俄而文帝至仲舉異之乃深自結

北史介朱榮傳秀容界有池三所在高山上清深不測相傳曰祁連池魏言天池也父新興曾與榮游池上忽聞簫鼓音謂榮曰古老相傳聞此聲皆至公輔吾年老暮當爲汝耳榮襲爵後除直寢游擊將軍

周書太祖本紀太祖爲征西將軍嘗從數騎於野忽聞簫鼓之音以問從人皆云莫之聞也

隋書五行志大業中淦陽石鼓頻歲鳴其後天下大亂兵戎並起

唐書李嗣眞傳嗣眞爲始平令風化大行時章懷太子作寶慶曲閱於太清觀嗣眞謂道人劉槩輔儼曰宮不召商君臣乖也角與徵戾父子疑也死聲多且哀若國家無事太子任其咎俄而太子廢槩等奏其言擢太常丞知五禮儀封常山縣子嗣眞常曰隋樂府有堂堂曲明唐再受命比日有側堂堂撓堂堂之謠側不正也撓危也皇帝病日侵事皆決中宮持權與人收之不易宗室雖衆居中制外勢且不敵諸王殆爲后所蹂踐吾見難作不久矣

雍州人裴知古亦善樂律長安中爲太樂令神龍元年正月享太廟樂作知古密語萬年令元行冲曰金石諧婉將有大慶在唐室子孫乎是月中宗復位人有乘馬者知古聞其嘶乃曰馬鳴哀主必墜死見新婚者聞佩聲曰終必離訪之皆然

五行志翰林院有鈴夜中文書入則引之以代傳呼長慶中河北用兵夜輒自鳴與軍中息耗相應聲急則軍事急聲緩則軍事緩

冊府元龜李濤爲平章事乾祐元年三月中書廚釜鳴者三不數日又鳴者三俄又鳴者一其聲甚異至是濤罷免揚雄謂之鼓妖近類此乎

周王峻爲樞密使初降制除青州有司撰製旌節以備迎授前之夕其旌節有聲甚異聞者駭之主者曰安重誨授河中節亦有此異焉峻心惡之以是尤加狂躁尋誅死

續文獻通考太平中南院大王耶律制心一日沐浴更衣而臥家人聞絲竹之聲怪而視之則遠逝矣

宋史劉羲叟傳羲叟長於星曆術數皇祐五年日食心時胡瑗鑄鐘弇而直聲鬱不發又陝西鑄大錢羲叟曰此所謂害金再興與周景王同占上將感心腹之疾其後仁宗果不豫

劉溫叟傳溫叟孫几知保州請老還爲祕書監致仕嘗遊佛寺聞鐘聲曰聲澌而悲主者且不利是夕主僧死在保州聞角聲曰宮徵而商離至秋守臣憂之及期几遇疾

揮麈後錄李釜字元量淮水人家世業儒其母懷娠誕彌之日晨起庖下釜鳴甚可畏聲絕免身育男其父即名之曰釜既長乃負才名於未第時建中靖國龍飛遂魁天下政和末自省郎出牧眞州向伯恭爲判官忤漕意對移六合尉伯恭但書舊銜時蔡元長之甥陳求道爲通判郡事釜席間戲語云此所謂終不去帝號者也是時語禁正嚴求道告訐於朝興大獄釜坐免官就擢求道守儀眞死則死矣終不去帝號事見晉書載記小寇王始之語

揮麈餘話紹興甲子歲衢婺大水今首台余處恭未十歲與里人共處一閣凡數十輩在焉閣被漂幾沉空中有聲云余端禮在內當爲宰相可令愛護之少選一物如黿鼉其長十數丈來負其閣達於平地一閣之人皆得無它

李畋該聞錄畋生於丑門昌西橋所居之南舊有一宅高敞虛閒人不可居每至昏暝間於堂壁之下有聲漸近若銅鈴之響或四或五繚繞宇內至曉始息先考好接士徧訪人問其故時有焦道士曰妖祥之興本由陰陽五行之氣相尅減而然也凡二氣相搏爲聲此必因氣畜在一隅故成妖爾謂徧室中屋壁狹隘之處俾其開豁虛明發泄滯氣然後復新其壁先考如其言果妖不復作畋自幼誌之後有朋友凶宅者以此傳之皆驗

癸辛雜識德祐國將亾之際福王府假山石一峰高二丈忽行出廳事而仆其所乘大舟若牛鳴者三甲戌歲越中榮邸兩舫舟忽有聲如牛吼移時方止俗謂之船吟不祥之徵也未幾有透渡之禍庚寅歲十一月朔西興渡以舟子不謹驅趁渡人上沙太早既而潮至趨岸不及溺死者近百人時王篠竹孫小隱同問渡目觀其事以鈔一錠命舟僅救三人孫遂以事白省遂斷兩監渡官各一百七十稍人則處典刑以謝溺者既而渡口之舟復大吼豈溺者有知而然耶

輟耕錄至元庚寅冬江浙行省官立相哥沙不丁輩德政碑穹窿莫比特闢坐石時趙若晦者素善諂媚以楊和王墳城所有爲言役人夫數千拖拽而至畢工之日是夜省堂中火爐鳴直至昧爽方休嗣是夜以爲常又梟鳴梁壓虎入城市越明年春相哥敗諸公俱罹奇禍豈非事有先兆與

金石草木之變異雜見於傳記數年來天下擾攘事尤甚信前人之書不誣也至正丙申浙西諸郡皆有兵正月嘉興楓涇鎮戴君實門首柳樹若牛鳴者三主人與僕從悉聞之斬其樹不一月苗軍抄掠貲產又兩月屋燬於兵是歲寒食日海鹽州趙初心宰子姓輩詣先塋汎掃松楸忽聞如老鸛作聲戛戛不絕審聽所在乃是一柏樹頂間衆樹同聲和之一二時方止舉家惶惑至八月苗軍火其居明年六月紅軍掠貨財婦女而姪善如死於難子親見君實館賓黃伯成與初心之孫元衡說元衡善如子也其事雖遲速不同而二家之遭禍則一吁誠異哉

續文獻通考至正十二年寇起蘄黃將由義興取道犯浙西義興王子明多藏三代鼎彝又購得一商彝鑿深窖以埋之既入窖彝作牛鳴者七夜因取出寄田家窖後遭發掘獨此彝得存

二十四年四月十五日華亭五保楊巷邵浦雲之西清菴廊屋一十九間每間屋柱皆有聲其聲如以桶戽水面而擊其底者人以手按之則振掉而起經時方止

水東紀略程公信白公圭偕赴春明時入旅肆中其家忽鍋鳴二公以爲不祥兆遂出避之鍋聲隨其車數里而止後二公相繼爲大司馬

明外史雍泰傳泰擢南京戸部尚書致仕年八十餘卒卒時榻下有聲若霆者

福建通志宣德五年長泰縣林震宅前兩井鳴三日是年震狀元及第

欽定古今圖書集成曆象彙編庶徵典

第一百五十九卷目錄

庶徵典第一百五十九卷

宮室異部彙考一

春秋緯

合誠圖

霹靂擊於宮殿者妃后爭政

管窺輯要

城邑變異占

城門無故折陷有賊至

城郭無故自壞京房占曰上下咸悖厥妖城門壞天鏡占曰君不安其國亡邑署則其主者當之

城門關無故自折其城凶賊兵至一曰爲婦人所圍

關門毀亡國將失守一曰有弒逆

城邑門戶忽鳴有兵喪

城郭門忽自開不出三年兵從中起

城無故自長兵起

城崩兵起城復於隍賤人將貴

城自濡京房曰天不雨城自濡其國大潰亂兵起相當之

邑無故自壅成山地鏡占曰是謂陽反爲陰君淫爲婦所謀不出三年兵大起有易主

邑沒爲池人君徵發無道不出一年兵大起一曰邑沒爲溝是謂陰反爲陽不出三年有女子爭爲王后者

邑忽廢爲枯陂忠佞爭權不出一年其地亡

邑城忽成土輿屋同是謂陰掩陽不出一年天下兵起

城邑夜有火光兵起國亂

邑里社鳴里有聖人出百姓歸之天子出宮京房曰社鳴實邑虛虛邑實

宮室變異占

上棟下宇以禦風雨易謂之大壯人君宮闕殿庭門戶無故自搖動有聲謂之壞宇不出二年有兵親戚謀叛屋宅無故自動邑亡

宮庭屋宅中無故迷惑不出二年將欲去離之象

人君宮庭殿門無故常濡潤不出八年家亡宮殿中壁無故汗出及生點汙者白爲喪赤爲血及火黑爲病及虛耗黃爲喜青爲憂爲刑獄一年獄囚走有火災宮殿及人家門戶垣牆無故汗出爲水不出八年家亡

人君宮殿無故血腥臭是爲蜚禍來不出一年大兵流血無故聞腐臭不出一年有暴喪若婦人暴死無故火焦臭大兵流血火爲妖

宮殿無故火起不出五年國亡

宮庭內鬼神若見將失地

宮庭內忽聞鼓聲擊鼓應之吉無故有音聲及哭聲天下有兵若人家家亡

宮室無故自墜諸侯凌主權臣弄法國以亂亡

宮室上有物如蛇蟲蠶虛耗如牛馬還役恐不返

屋室上或生石及草木皆失地兆人亡在春秋夏吉非時有咎

宮室門無故自壞上下悖亂國亡門自飛亂臣謀篡關門自開國將失守

宮觀門戶無故自開不出三年兵從內起凡人家門戶無故自開自閉有刀兵起門戶忽鳴兵喪大鳥雀

在王殿門上作巢有賢人來

宮室柱木無故生芝者赤爲血青爲刑獄白爲喪黑爲賊黃爲吉如人面者亡財屋柱有汗主死

闕庭地無故自裂不出三年失國亡地

宮垣無故自移反側有內亂垣牆無故崩摧主亡牆垣有人影有喪

人君無故自修其社稷前吉後凶有咎不出八年有失政

人君無故自壞其宅是謂穿德不出三年必有荒田外境不過五年內興兵相攻

人君無故自爲國門不出三年夷獻重寶國以亡也

宮室異部彙考二

漢

景帝三年吳二城門自傾大船自覆

按漢書景帝本紀不載　按五行志景帝三年十二月吳二城門自傾大船自覆劉向以爲近金沴木木動也先是吳王濞以太子死於漢稱疾不朝陰與楚王戊謀爲逆亂城猶國也其一門名曰楚門一門曰魚門吳地以船爲家以魚爲食天戒若曰與楚所謀傾國覆家吳王不悟正月與楚俱起兵身死國亡京房易傳曰上下咸悖厥妖城門壞

宣帝　年大司馬霍禹第門自壞

按漢書宣帝本紀不載　按五行志宣帝時大司馬霍禹所居第門自壞時禹內不順外不敬見戒不改卒受滅亡之誅

成帝元延元年城門牡自亡

按漢書成帝本紀不載　按五行志元延元年正月長安章城門門牡自亡函谷關次門牡亦自亡京房易傳曰饑而不損茲謂泰厥災水厥咎牡亡妖辭曰關動牡飛辟爲亾道臣爲非厥咎亂臣謀篡故谷永對曰章城門通路寢之路函谷關距山東之險城門關守國之固固將去焉故牡飛也

哀帝　年大司馬董賢第門自壞

按漢書哀帝本紀不載　按五行志哀帝時大司馬董賢門第自壞時賢以私愛居大位賞賜無度驕慢不敬大失臣道見戒不改後賢夫妻自殺家徙合浦

後漢

桓帝延熹五年太學門無故自壞

按後漢書桓帝本紀延熹五年夏四月乙巳太學西門自壞　按五行志延熹五年太學門無故自壞襄楷以爲太學前疑所居其門自壞文德將喪敎化廢也是後天下遂至喪亂

永康元年南宮平城門屋自壞

按後漢書桓帝本紀不載　按五行志永康元年十月壬戌南宮平城門內屋自壞金沴木木動也其十二月宮車晏駕

靈帝光和元年南宮城屋及武庫屋自壞

按後漢書靈帝本紀不載　按五行志光和元年南宮平城門內屋武庫屋及東垣屋前後頓壞蔡邕對日平城門正陽之門與宮連郊祀法駕所由從出門之最尊者也武庫禁兵所藏東垣庫之外障易傳曰小人在位上下咸悖厥妖城門內崩潛潭巴曰宮瓦自墮諸侯強陵主此皆小人顯位亂法之咎也其後黃巾賊先起東方庫兵大動皇后同父兄何進爲大將軍同母弟苗爲車騎將軍兄弟並貴盛皆統兵在京都其後進欲誅廢中官爲中常侍張讓段珪等所殺兵戰宮中闕下更相誅滅天下兵大起

光和三年二月公府駐駕廡自壞

按後漢書靈帝本紀云云　按五行志三年二月公府駐駕廡自壞南北三十餘間

中平二年廣陽門屋自壞

按後漢書靈帝本紀中平二年二月己亥（志作癸亥）廣陽門外屋自壞（洛陽城西面南頭門也）稅天下田畝十錢（以修宮室）

獻帝初平二年長安宣平城門外屋自壞

按後漢書獻帝本紀云云　按五行志初平二年三月長安宣平城門外屋無故自壞至三年夏司徒王允使中郎將呂布殺太師董卓夷三族（注）李傕等攻破長安城害允等

興平元年長安市門自壞

按後漢書獻帝本紀云云　按五行志興平元年十月長安市門無故自壞至二年春李傕郭汜鬬長安中傕追劫天子移置郿塢盡燒宮殿城門官府民舍放兵寇鈔公卿以下冬天子東還雒陽傕汜追上到曹陽擄掠乘輿輜重殺光祿勳鄧淵廷尉宣璠少府

田邠等數十人

魏

文帝黃初七年許昌城南門崩

按魏志文帝本紀黃初七年春正月將幸許昌許昌城南門無故自崩帝心惡之遂不入

按晉書五行志黃初七年許昌城南門無故自崩此金沴木木動之也五月宮車晏駕京房易傳曰上下咸悖厥妖城門壞

吳

廢帝建興二年諸葛恪廳事棟折

按吳志孫亮傳不載　按晉書五行志吳孫亮建興二年諸葛恪征淮南後所坐廳事棟中折恪妄興徵役奪農時作邪謀傷國財力故木失其性致毀折也及旋師而誅滅於周易又爲棟橈之凶也

晉

武帝太康五年夏五月景午宣帝廟梁折

按晉書武帝本紀云云

太康十年十二月庚寅太廟梁折

按晉書武帝本紀云云　按五行志五年五月宣帝廟地陷梁折八年正月太廟殿又陷改作廟築基及泉其年九月遂更營新廟遠致名材雜以銅柱陳勰爲匠作者六萬人至十年四月乃成十一月庚寅梁又折天戒若曰地陷者分離之象梁折者木不曲直也明年帝崩而王室遂亂

懷帝永嘉二年鄄城無故自壞

按晉書懷帝本紀不載　按五行志二年八月乙亥鄄城城無故自壞七十餘丈懷帝惡之遷濮陽此見沴之異也

元帝太興二年吳郡米廩自壞

按晉書元帝本紀不載　按五行志太興二年六月吳郡米廩無故自壞天戒若曰夫米廩貨糴之屋無故自壞此五穀踊貴所以無糴賣也是歲遂大饑死者千數焉

明帝太寧元年周延宅自躍

按晉書明帝本紀不載　按宋書五行志大寧元年周延自歸王敦既立宅宇而所起五間六架一時躍出墮地餘桁猶亙柱頭此金沴木也明年五月錢鳳謀亂遂族滅延而湖孰尋亦爲墟矣

安帝元興三年樂賢堂壞

按晉書安帝本紀不載　按五行志元興三年五月樂賢堂壞時帝闇昧無樂賢之心故此堂見沴

義熙九年國子聖堂壞

按晉書安帝本紀不載　按五行志義熙九年五月國子聖堂壞天戒若曰聖堂禮樂之本無故自壞業祚將墜之象未及十年而禪位焉

宋

文帝元嘉十七年吳郡堂鴟尾自落

按宋書文帝本紀不載　按五行志元嘉十七年劉斌爲吳郡郡堂屋西頭鴟尾無故落地治之未畢東頭鴟尾復落頃之斌誅

明帝泰始二年柱自然

按宋書明帝本紀不載　按五行志泰始二年五月丙午南琅邪臨沂黃城山道士盛道度堂屋一柱自然夜光照室內此木失其性也或云木腐自光

梁

元帝承聖二年宮門鑰牡自飛

按南史梁元帝本紀承聖二年春正月己卯江夏宮南門鑰牡飛

陳

武帝永定二年重雲殿鴟尾生烟

按南史陳武帝本紀永定二年夏四月壬辰重雲殿東鴟尾有紫烟屬天

文帝天嘉六年儀賢堂無故自壞

按南史陳文帝本紀天嘉六年七月甲申儀賢堂無故自壞

按隋書五行志天嘉六年秋七月儀賢堂無故自壓近金沴木也時帝修宮室起顯德等五殿稱爲壯麗百姓失業故木失其性也儀賢堂者禮賢尚齒之謂無故自壓天戒若曰帝好奢侈不能用賢使能何用虛名也帝不悟明年竟崩

後主禎明元年宮殿自傾朱雀航自沈

按陳書後主本紀不載　按隋書五行志禎明元年六月宮內水殿若有刀鋸斫伐之聲其殿因無故而倒七月朱雀航無故自沈時後主盛修園囿不虔宗廟水殿者遊宴之所朱雀航者國門之大路而無故自壞天戒若曰宮室毀津路絕後主不悟竟爲隋所滅宮廟爲墟

北齊

武成帝河清三年長廣郡梁剜如人狀

按北齊書武成帝本紀不載　按隋書五行志河清三年長廣郡廳事梁忽剜若人狀郡守惡而削去之

明日復然長廣帝本封也木爲變不祥之兆其年帝崩

隋

煬帝大業　年齊王暕起第其栿無故而折

按隋書煬帝本紀不載　按五行志大業中齊王暕于東都起第新構寢堂其栿無故而折時上無太子天下皆以暕次當立公卿屬望暕遂驕恣呼術者令相又爲厭勝之事堂栿無故自折木失其性奸謀之應也天見變以戒之暕不悟後竟得罪于帝

唐

高祖武德元年突厥牙帳自破

按唐書高祖本紀不載　按突厥傳武德元年骨咄祿特勤來朝帝宴太極殿爲奏九部樂引升御座是歲始畢牙帳自破帝問內史令蕭瑀瑀曰魏文帝幸許城門無故壞是年文帝崩豈其類耶二年始畢自將度河至夏州與賊梁師都合又佐劉武周以五百騎入句注將侵太原會病死

中宗神龍　年李承嘉堂無故自壞

按唐書中宗本紀不載　按五行志神龍中有拳孤入御史大夫李承嘉第其堂無故自壞

元宗開元五年太廟四室壞

按唐書元宗本紀開元五年正月癸卯太廟四室壞　按褚無量傳開元五年帝將幸東都而太廟壞姚崇建言廟本苻堅故殿不宜罷行無量鄙其言以爲不足聽乃上疏曰王者陰盛陽微則先祖見變今後宮非御幸者宜悉出之以應變異舉俊良擯奢靡輕賦慎刑納諫爭察諂諛繼絕世則天人和會災異訖息帝是崇語軍駕遂東

代宗永泰二年三月辛酉中書敕庫壞

按唐書代宗本紀不載　按五行志云云

德宗貞元四年含元殿自壞

按唐書德宗本紀不載　按五行志貞元四年五月庚戌朔德宗御含元殿受朝賀質明殿階及欄檻三十餘間自壞衛士死者十餘人含元路寢大朝會之所御也正月朔之元王者之事天所以警者重矣

文宗太和三年成都玉晨殿自吼

按唐書文宗本紀太和三年十二月雲南蠻寇成都殿吼事不載　按五行志太和三年南蠻圍成都毀玉晨殿爲礌有吼聲三乃止

僖宗光啓元年揚州府署門自壞

按唐書僖宗本紀不載　按五行志光啓初揚州府署門屋自壞故隋之行臺門也制度甚宏麗云

宋

高宗紹興三年八月辛亥尚書省後樓無故自壞

按宋史高宗本紀不載　按五行志云云

寧宗慶元元年建昌民居木柱鳴

按宋史寧宗本紀不載　按五行志慶元元年夏建昌軍民居木柱有聲如牛鳴者三日乃止

度宗咸淳九年賈似道家廟棟裂

按宋史度宗本紀不載　按五行志咸淳九年丞相賈似道起復之日在越上私第方拜家廟忽鬨內有裂帛聲衆賓愕然審詢左右知家廟棟裂皆逡巡而退

金

宣宗元光二年丹鳳門壞

按金史宣宗本紀不載　按續文獻通考元光二年丹鳳門壞壓死者數人

元

順帝元統二年太廟木陛壞

按元史順帝本紀元統二年二月甲申太廟木陛壞遣官告祭

至正十一年岳州府門倒

按元史順帝本紀不載　按續文獻通考至正十一年岳州府門忽自倒柱脚向天

至正　年安陽寺塔有光

按元史順帝本紀不載　按安陽縣志順帝末天寧寺塔放光如冶爐鐵表裏皆紅

明

武宗正德七年文登殿宇自壞

按山東通志正德七年三月二十三日文登縣始皇廟內鐘鼓齊鳴少頃殿宇遂爲瓦礫神象顏色不改是日流賊數萬攻入縣城

世宗嘉靖十六年雷擊遷安縣堂脊

按畿輔通志嘉靖十六年六月丙辰遷安大風雷雨擊縣新堂脊玲瓏花草如刻畫狀有龍蹟其上

神宗萬曆二十四年榆林官署瓦獸石獅吐火

按陝西通志萬曆二十四年榆林清平參將公署瓦獸吐火有聲大門石獅吐火

萬曆二十六年大同神機庫自崩

按山西通志萬曆二十六年九月九日大同神機庫自崩其聲如雷烟霧蔽天磚石飛擊數十里外傷人

畜甚衆

萬曆三十二年開元東鎮國寺塔尖墜石

按福建通志萬曆三十二年開元東鎮國寺塔第一層尖石墜第二層第三層扶欄因之倂碎城內外廬舍圮覆舟甚多

愍帝崇禎十六年江西省城鐘鼓樓傾

按江西通志云云

宮室異部藝文

論太廟屋壞請修德表　唐褚無量

臣聞尚書洪範傳云王者陰盛陽微則先祖見其變昔成湯遇旱引事自責云女謁盛耶今則太廟毀壞即是先祖示變後宮衆多即是陰盛陽微伏請後宮之中非所幸者親享之後簡出少應其變則上答先祖必災異自消昔殷帝武丁祭成湯有飛雉升鼎耳而雊武丁憂懼問其臣祖乙祖乙曰王勿憂先修政事武丁乃修政行德殷道復興昔大戊之時桑穀二木共生於朝一暮大拱此不恭之罰也大戊修德桑穀自消昔武王之時周公輔政二叔流言秋熟未穫天大雷電以風禾則盡偃大木斯拔邦人大恐王乃與大夫盡出郊天乃返風禾則盡起歲則大熟昔宋景公之時熒惑守心景公問之司星子韋對曰禍在君可移於相公曰宰相所與共理國也曰移於人公曰人死誰爲君曰移於歲公曰乏食人必死子韋曰天處高而聽卑君有至德之言三必三賞熒惑果徙三舍至漢之文景並敬明天子也亦災異纔起修德行政其名益光愚又竊聞左右近臣妄奏云國家太廟其材木是苻堅時舊殿臣按括地志云隋文帝創立新都移宇文廟故殿改造此廟元非苻堅及宇文氏所作也況國家隋文帝貴爲天子富有四海豈復遞取苻堅之舊殿以充太廟者乎此則言僞而辯殊不足採納伏願精選舉用賢良節奢靡輕賦稅繼絕代愼刑罰納諫諍察諂諛夫賢良任用則能興化臻理矣節奢靡則不恣耳目之欲清靜之風行矣輕賦稅則下人樂以奉上不困窮矣繼絕代則崇德報功有勸沮矣愼刑罰則寬猛相濟不濫刑矣納諫諍則日聞己過人竭忠矣察諂諛則君子道長無邪僻矣非禮勿動順時行令夫如是則人和人和則氣和氣和則天地和矣天地和會災異自消伏願陛下虔奉神心兢謹天戒幸甚

宮室異部紀事

陳留耆舊傳董宣爲北海太守大姓公孫舟造起大宅工占之曰宅當出一喪舟使子取行人殺之以塞咎宣收舟考殺之

宋書五行志晉武帝太康後天下爲家者移婦人於東方空萊北庭以爲園囿干寶曰夫王朝南向正陽也后北宮位太陰也世子居東宮位少陽也今居內於東是與外俱南面也亢陽無陰婦人失位而干少陽之象也賈后讒戮愍懷俄而禍殃亦及

南史齊廬陵王子卿傳子卿武帝第三子也隆昌元年爲衛將軍開府儀同三司置兵佐鄱陽王鏘見害以子卿代爲司徒所居屋梁柱際血出流於地旬日而見殺

王鎭之傳鎭之弟弘之弘之孫晏進號驃騎大將軍太子少傅進爵爲公晏人望未重又與上素疎中興初雖以事計委任而內相疑阻晏無防意旣居朝端事多專決內外要職並用門義每與上爭用人數呼相工自視云當大貴與客語好屏人上聞疑晏欲反遂誅晏晏未敗前見屋桷子悉是大蛇就視之猶木也晏惡之方以紙裹桷子猶紙內搖動簌簌有聲未幾而敗

齊武帝本紀永明十一年秋七月上不豫徙御延昌殿始登階而殿屋鳴吒上惡之戊寅大漸

梁武陵王紀傳大同三年爲都督益州刺史紀在蜀十七年南開寧州越巂西通資陵吐谷渾內修耕桑鹽鐵之功外通商賈遠方之利故能殖其財用器甲殷積馬八千匹上足者置之內廐開寢殿以通之日落輒出步馬便騎射尤工舞矟九日講武躬領幢隊及聞國難謂僚佐曰七官文士豈能匡濟旣東下黃金一斤爲餅百餅爲篋至有百篋銀五倍之其他錦罽繒采稱是每戰則懸金帛以示將士終不賞賜寧州刺史陳知祖請散金銀募勇士不聽慟哭而去自是人有離心莫肯爲用紀頗學觀占善風角亦知不復能濟瞻望氣邑歎吒天道椎牀聲聞于外有請事者以疾辭不見旣死埋於沙洲不封無槪元帝以劉孝勝付廷尉尋免之初紀將僭號妖怪不一內寢柏

殿柱繞節生花其莖四十有六霏靡可愛狀似荷花識者曰王敦祆花非佳事也

何尚之傳尚之子偃偃弟子引居若耶山雲門寺梁武帝勅給白衣尚書祿引固辭又勅山陰庫錢月給五萬又不受乃勅何子朗孔壽等六人於東山受學太守衡陽王元簡深加禮敬月中常命駕式閭談論終日引以若耶處勢迫隘不容學徒乃遷秦望山山有飛泉迺起學舍卽林成援因岩爲堵別爲小閣室寢處其中躬自啓閉僮僕無得至者山側營田二頃講隙從生徒游之引初遷將築室忽見二人著元冠容貌甚偉問引曰君欲居此耶乃指一處云此中殊吉忽不復見引依言而卜爲尋而山發洪水樹石皆倒拔唯引所居室巋然獨存元簡乃命記室參軍鍾嶸作瑞室頌刻石以旌之

阮孝緒傳初建武末清溪宮東門無故自崩大風拔東宮門外楊柳或以問孝緒孝緒曰清溪皇家舊宅齊爲木行東者木位今東門自壞木其衰矣

南史陳後主本紀帝荒於酒色災異甚多建鄴城無故自壞

北史齊神武本紀神武爲晉州刺史時州庫角無故自鳴神武異之無幾而孝莊誅尒朱榮

唐書姚崇傳帝將幸東都而太廟屋自壞帝問宰相宋璟蘇頲同對曰三年之喪未終不可以行幸壞壓之變天所以示教戒陛下宜停東巡修德以答至譴帝以問崇對曰臣聞隋取苻堅故殿以營廟而唐因之且山有朽壞乃崩況木積年而木自當蠹乎但壞與行會不緣行而壞且陛下以關中無年輸餉告勞因以幸東都所以爲人不爲己也百司已戒供擬旣具請車駕如行期舊廟難復完盍奉神主舍太極殿更作新廟申誠奉大孝之德也帝曰卿言正契朕意賜絹二百匹詔所司如崇言天子遂東

志怪錄顧全武于越中廣搜梗枏建宅甚宏壯畢工之際梁棟皆出水戸牖漬濕竟不得入斯屋而卒人謂之宅泣

北夢瑣言梁祖末年多行誅戮一夕寢殿大棟忽墜于御榻之上初聞土落于寢帳上乃驚覺久之又聞有小木墜於帳頂間遂瞿然下牀未出殿門其棟乃墜遲明召諸王近臣令觀之夜來驚危幾不相見由是君臣相泣又曰驚憂之時如有人引頭於寢閤門內云裏面莫有人否所以忽忙奔起得非宮殿神乎他日又游於大內西九曲池泛鷁舟于池上舟忽傾側上墜於池中宮嬪併內侍從官並躍入池扶策登岸移時方安爾後發痼疾竟罹其子郢王友珪弑逆之禍舟傾棟折非佳事也

五代史安重榮傳重榮將反城門抱關鐵胡人無故頭自落鐵胡重榮小字雖甚惡之然不悟也

宋史李燾傳乾道八年七月壬戌雷震太祖柱壞鴟尾有司旋加修繕燾奏非所以畏大變當應以實上論大臣燾愛朕屢進讜言賜金紫

陳堯佐傳堯佐弟堯咨拜武信軍節度使知河陽徙蘇州又徙天雄軍所居棟摧大星隕於庭散爲白氣已而卒贈太尉

夢溪筆談皇祐中蘇州民家一夜有人以白堊書牆壁悉似在字字稍異一夕之間數萬家無一遺者至于臥內深隱之處戸牖間無不到者莫知其然後亦無他異

宋史張忠恕傳開禧末恕入爲籍田令會太廟鴟吻爲雷雨壞神主遷御忠恕因論對請廣言路通下情寧宗嘉納

輟耕錄至正甲辰四月十五日華亭縣五保楊巷邵浦雲之西清庵廊屋一十九間每間屋柱皆有聲其聲若以桶覆水面而擊其底者人以手按之則振掉而起經時乃止按乾坤變異錄人君宮室無故有聲主兵起若人家主家亡

至元壬寅夏松江府前勾欄鄰居顧百一者一夕夢攝入城隍廟中同被攝者約四十餘人一皆責狀畫字時有沈氏子以摶銀爲業亦夢與顧同鬱鬱不樂家人無以紓之勸入勾欄觀排戲獨顧以宵夢匪禎不敢出門有女官奴習謳唱每聞勾欄鼓鳴則入是日入未幾棚屋拉然有聲衆驚散旣而無恙復集焉不移時棚阽壓顧走入抱其女不謂女已出矣遂斃于顛木之下死者凡四十二人內有一僧人二道士獨歌兒天生秀全家不損一人其死者皆碎首折脅斷筋潰髓亦有被壓而幸免者見衣朱紫人指示其出不得出者亦曲爲遮護云

平江虎丘閣版上有一竅當日色清朗時以掌大白紙承其影則一寺之形勝悉於此見之但頂反居下耳此固有象可寓非幻出者松江城中有四塔西曰普照又西曰延恩西南曰超果東南曰興聖夏監運家乃在四塔之東而小室內却有一塔影長五寸許倒懸於西壁之上不知從何而來然不常有或時見

之爲是又不可曉也

明外史姚廣孝傳燕王既稱病陰會詔逮府中官屬王遂決策適大風雨驟至簷瓦墜地燕王色變道衍曰祥也飛龍在天從以風雨瓦墜將易黃也遂起兵號其衆曰靖難之師

漳州府志泉漳間燒山土爲瓦皆黃色郡人以海風能飛瓦奏請用銅瓦民居皆儼似黃屋鴟吻異狀官廨縉紳之居尤不可辨

庶徵典第一百六十卷

器用異部彙考一

禮緯

含文嘉

神鼎者質文精也知吉凶存亡能輕能重能息能行

王者興則出

玉曆通政經

玉甕

玉甕者聖人之應也不汲自盈王者飲食有節則見

宋書

符瑞志

金車王者至孝則出

象車者山之精也王者德澤流洽四境則出

根車者德及山陵則出

丹甑五穀豐熟則出

珊瑚鉤王者恭信則見

明月珠王者不盡介鱗之物則出

玉罌者不汲而滿王者清廉則出

山車者山藏之精也不藏金玉山澤以時通山海之饒以給天下則山成其車

神鼎者質文之精者也知吉知凶能重能輕不炊而沸五味自生王者盛德則出

管窺輯要

器皿占

車自鳴有爭鬬死傷國君車無故自奔走不出三年死亡臣下同占

儀仗生花主者死亾

鼎震國亾鼎出見於地不出三年有奪國禪位

鐘自鳴國君凶潛潭巴曰兵動一曰鐘磬自鳴庶雄作亂兵起不出三年

鼓自鳴庫兵動天鏡占曰鼓忽自鳴敵兵來攻一曰鼓自鳴下人將叛一曰邑有寇邑鼓自鳴其邑亾鐘出見於地不出三年有奪國禪位

竈釜鳴不出一年有喪家國同

竈中無火而烟家長死竈中自無火自火夜蝕者其家破

炊釜生花家長死

甑鳴而破口舌刑傷六十日至甑於釜中忽翻身男女分口舌死亡子日六畜死丑日富貴寅日大凶卯日大凶辰日大吉巳日婚吉午日官事散未日大凶申日行人至酉日行人到戌日富貴亥日吉昌又宜以四時六情占之

臼中出水京房占曰水忽出臼其地有大水

君牀無故自動宜徙宮將軍坐牀自動軍中兵亂牀忽自動其人不死則徙牀自鳴有死喪

平居牀帳不風自動有遠行不則下人有謀將軍帳幕不風而自動飄揚兵亡衆散帳幕牀席無故自有血汚必有兵刃之厄

帳動牀鳴子日小口驚恐女人卒暴口舌丑日婦女口舌寅日爭競失財卯日大災辰日悲愁巳日女子口舌刑傷午日口舌失財未日宅長病失六畜申日夫妻相離酉日口舌血光戌日亥日傷損孕婦

梟凳自鳴有火盜有死喪

枕函自別夫妻分別

廚櫃白光或鳴有死喪官訟

箱籠有光夫妻離別

飲食器皿無故自亡國君失位人臣失職庶人死無故自動其人有大憂

食器忽自鳴有爭鬭死喪食器忽自有血宜棄之

將食而匙箸自動者下謀上

酒醋醬瓮自鳴破者其家破

軍營器械變怪占

祭器忽自亾不見人君失國土士庶人家亡

營中鼓自鳴兵動凶金鼓自鳴軍當罷一曰將有功

金鼓忽不鳴兵且敗將降金鼓自破主將死

軍中鼓角自鳴暴兵至鼓角無聲軍必敗

軍行旂纛倒折主將失勢牙旂摧朽將軍死敗士卒相嚇

刀劍自拔出室在國君防逆盜在軍將防刺客地鏡占曰憂兵傷一日刀劍自拔背人吉向人凶

刀劍有光及聲鳴者憂兵傷凶刀劍無故自鳴下僚欲叛防遠之吉不然必被屠城一日刀劍自鳴有聲明日戰大勝他人不聞而獨自聞之宜防賊來陰謀相害在家疑婦人左右奸刺

兵器夜中有光不可戰刀劍戈矛夜有火光軍敗亡火者金之賊也無兵在外而庫中刀劍戈戟忽有火光者兵起

刀劍忽生血點及出血者戰勝

將軍器血出與汗流者宜遠親慎疎恐下謀叛

將軍器物忽為怪異者宜自思察防慎乃吉

器用異部彙考二

周

威烈王二十三年九鼎震

按史記周本記不載　按漢書五行志史記周烈王二十三年九鼎震金震木動之也是時周室衰微刑重而虐號令不從以亂金氣鼎者宗廟之寶器也宗廟將廢寶鼎將遷故震動也是歲晉三卿韓魏趙篡晉君而分其地威烈王命以為諸侯天子不恤同姓而爵其賊臣天下不附矣後三世周致德祚於秦其後秦遂滅周而取九鼎九鼎之震金沴木失衆甚

後漢

明帝永平六年王雒山出寶鼎

按後漢書明帝本紀永平六年二月王雒山出寶鼎廬江太守獻之夏四月甲子詔曰昔禹收九牧之金鑄鼎以象物使人知神姦不逢惡氣遭德則興遷於商周周德既衰鼎迺淪亡祥瑞之降以應有德方今政化多僻何以致茲易曰鼎象三公豈公卿奉職得其理邪太常其以礿祭之日陳鼎於廟以備器用

晉

安帝義熙十一年出銅鐘

按晉書安帝本紀義熙十一年五月己酉霍山崩出銅鐘

義熙十四年獲鐘十二

按晉書安帝本紀不載　按南史宋武帝本紀義熙十四年漢中成固縣漢水崖際有異聲如雷俄頃岸崩有銅鐘十二出自潛壤帝以獻晉帝以歸於我帝沖讓乃止

恭帝元熙二年江濱獲古銅禮器

按晉書恭帝本紀不載　按南史武帝本紀晉安帝崩大司馬琅邪王即帝位元熙二年竟陵郡江濱自開出古銅禮器十餘枚帝獻之晉帝讓不受於是歸諸瑞物藏於相府

南齊

和帝中興二年獲金玉水精物

按南齊書和帝本紀不載　按梁書武帝本紀和帝中興二年二月乙丑南兗州隊主陳文興於桓城內鑿井得玉鏤麒麟金鏤玉璧水精環各二枚

梁

武帝天監五年獲銅劒

按梁書武帝本紀天監五年夏四月景申廬陵高昌之仁山獲銅劒二

天監七年獲銅鐘銅劒

按梁書武帝本紀天監七年二月乙卯廬江灊縣獲銅鐘二夏四月戊寅餘姚縣獲古銅劒二

天監十年山車見

按南史梁武帝本紀天監十年冬十二月山車見臨城縣

陳

宣帝太建七年獻瑞鐘

按陳書宣帝本紀太建七年夏四月壬子郢州獻瑞鐘六十二月甲子南康郡獻瑞鐘

北齊

孝昭帝皇建元年幰竿自折

按北齊書孝昭帝本紀不載　按隋書五行志後齊孝昭帝將誅楊愔乘車向省入東門幰竿無故自折帝甚惡之歲餘而崩

武成帝河清四年隕赤漆鼓

按北齊書武成帝本紀河清四年三月有物隕於殿庭如赤漆鼓帶小鈴殿上石自起兩兩相對

河清　年民間爲盡勢刀

按北史齊幼主本紀河清末爲刀子者刃皆狹細名曰盡勢亂亡之數蓋有兆云

後主武平七年穆后車陷入地

按北齊書後主本紀不載　按隋書五行志武平七年秋穆后將如晉陽北宮辭胡太后至宮內門所乘七寶車無故陷入於地牛沒四足是歲齊滅后被擄於長安

北周

武帝建德元年獲玉盃

按北史周武帝本紀建德元年九月庚申扶風掘地得玉盃以獻

唐

太宗貞觀二十二年獲古鼎

按唐書太宗本紀不載　按冊府元龜貞觀二十二年八月遂州涪水中獲古鼎受五石三㪷旁有銘刻初雨晦暝響若洪鐘

高宗弘道元年中宗卽位金雞竿折

按唐書中宗本紀不載　按五行志中宗卽位金雞竿折樹雞竿所以肆赦始發大號而雞竿折不祥

中宗神龍　年李承嘉秉筆而管裂

按唐書中宗本紀不載　按五行志神龍間御史大夫李承嘉秉筆而管裂易之又裂

元宗開元九年獲銅罇

按唐書元宗本紀不載　按冊府元龜開元九年於許昌之唐祠掘地得古銅罇上有隱起雙鯉篆書文曰宜子孫並請宜付史官從之

開元十一年獲古鼎古甑

按唐書元宗本紀不載　按冊府元龜十一年二月祠后土于汾陽之脽土有司奏修壇掘地獲古銅鼎二其大者容一斗色皆青又獲古甑長九寸上有篆文千秋萬歲及長樂未央字

開元十三年獲寶鼎

按唐書元宗本紀不載　按冊府元龜開元十三年十月壬申萬年人王慶築垣掘地獲寶鼎五獻之四鼎皆有銘銘曰垂作尊鼎萬福無疆子孫永保

天寶十四載哥舒翰前軍牙門旂折

按唐書元宗本紀不載　按五行志天寶十四載十二月哥舒翰帥師守潼關前軍啓行牙門旂至坊門觸落槍刃衆以爲不祥

肅宗乾元元年獲寶璽

按唐書肅宗本紀不載　按冊府元龜乾元元年七月庚寅朔方節度使郭子儀奏東京上陽西金華門外仗舍下見白鼠穴穿之得天與信寶一枚皆篆書背上雕刻青龍白虎朱雀元武相盤以爲帝德廣運乾道降祥璿圖末昌坤維耀寶請宣示朝廷詔曰我國家十代悠久歷數無疆明神降休靈貺斯格昌符兆發寶印呈祥皇帝之徽號旣彰天子之鴻名又信斯實累聖致感上元垂祐豈朕薄德所敢當仁卿國之大臣獲斯嘉瑞光我盛禮何慶如之

德宗貞元元年獲寶璽

按唐書德宗本紀不載　按冊府元龜貞元元年十一月京兆府奏有人於長興坊得玉璽文曰天子信璽中書門下表賀請付所司制曰可

憲宗元和二年獲古鼎

按唐書憲宗本紀不載　按冊府元龜元和二年正月詔以湖南所獻古鼎付有司初末州百姓唐履昌於路側掘得古鼎重一百一十二觔異之故上獻

元和九年獲釜二百五十四

按唐書憲宗本紀不載　按冊府元龜九年八月中書門下奏夏綏銀節度使今月八日因取土修城於西北角近倉掘得釜大小共計二百五十四並容六斗以下五斗以上俱無破損如新器物者伏以人天所資粒食爲本錡釜之大火化是因今大軍方興此物自出則知何時藏瘞蓋神誘其衷今之彰呈豈天有所助聖作物感一何昭然望付史館從之

文宗太和九年鄭注出鎭旂竿自折

按唐書文宗本紀不載　按五行志太和九年鄭注爲鳳翔節度使將之鎭出開遠門旂竿折

昭宗天祐三年獲玉璽

按唐書昭宗本紀不載　按冊府元龜天祐三年三月振武節度使雒京內升蕃漢馬步使朱守殷奏臣修雒陽月波堤至立德坊南古岸得玉璽一上進

後周

世宗顯德六年獲玉璽

按五代史周世宗本紀不載　按冊府元龜顯德六年正月唐州民於野田中得玉璽玉紐本部遣使來上

遼

道宗大安七年獲古鼎

按遼史道宗本紀大安七年六月己亥倒塌嶺人進古鼎有文曰萬歲永爲寶用

宋

眞宗咸平四年鐘自鳴

按宋史眞宗本紀不載　按五行志咸平四年十二月亳州太清宮鐘自鳴

天禧元年獲玉印

按宋史眞宗本紀不載　按玉海天禧元年七月辛丑澶州卒王貴獲玉印一

乾興元年仁宗卽位獲銅釜銅盂鐵甕甲葉

按宋史仁宗本紀不載　按五行志乾興元年四月甲戌修奉山陵總管言皇堂隧道穿得銅鍋有兩耳又於寢宮三門下穿得銅盂一鐵甕一鐵甲葉三

仁宗明道元年獲古鐘

按宋史仁宗本紀不載　按五行志明道元年五月壬午漢州江岸獲古鐘一

皇祐四年獲小鐘

按宋史仁宗本紀不載　按五行志皇祐四年乾寧軍漁人得小鐘二於河濱

皇祐五年獲古鐘

按宋史仁宗本紀不載　按五行志五年二月己亥乾寧軍又進古鐘一

至和二年獲古鐘

按宋史仁宗本紀不載　按五行志至和二年四月甲午瀏陽縣得古鐘一

英宗治平元年獲寶玉

按宋史英宗本紀不載　按玉海治平元年閏五月二日耀州獲受命寶玉檢藏龍圖閣

神宗元豐元年連獲銅鼓

按宋史神宗本紀不載　按五行志熙寧元年至元豐元年橫州共獲古銅鼓一十七

元豐三年獲銅鐘磬

按宋史神宗本紀不載　按五行志三年八月岳州永慶寺獲銅鐘一銅磬二

元豐七年獲古銅鐘鼓

按宋史神宗本紀不載　按五行志七年三月鈞州獲古銅鐘一　十一月賓州獲古銅鼓一

元豐八年獲銅器

按宋史神宗本紀不載　按五行志八年昌元縣道鹽井得銅鍋九銅盆一銅盤一

哲宗元符元年獲玉印

按宋史哲宗本紀元符元年春正月丙寅咸陽民段義得玉印一紐

按玉海元符元年五月戊申朔受玉璽

徽宗崇寧四年鑄九鼎成北方之鼎漏

按宋史徽宗本紀不載　按五行志崇寧四年三月鑄九鼎用金甚厚取九州水土內鼎中旣奉安於九成宮車駕臨幸徧禮焉至北方之寶鼎忽漏水溢於外劉炳謂曰正北在燕山今寶鼎但取水土於雄州境宜不可用其後竟以北方致亂

崇寧五年獲古鼎

按宋史徽宗本紀不載　按五行志崇寧五年十月荆南獲古銅鼎

政和三年獲玉圭

按宋史徽宗本紀政和三年春正月甲子詔以天賜元圭遣官冊告永裕永泰陵

重和元年獲周鼎

按宋史徽宗本紀不載　按五行志重和元年十二月孝感縣楚令尹子文廟獲周鼎六

宣和五年四月獲甗鼎三

按宋史徽宗本紀不載　按五行志云云

高宗建炎元年南京留守獲銅印

按宋史高宗本紀不載　按五行志建炎元年南京留守朱勝非夜防城見南門外火光燭地掘之得銅印有文曰朱勝私印火鑠金金所畏也後拜相有明受之變卒坐貶

紹興三年有鐘自浮於水

按宋史高宗本紀不載　按五行志紹興三年吉州

修城役夫得髑髏棄水中俄浮一鐘有銘五十六字大略云唐興元年吾子沒瘞廬陵西壘後當火德五九之際世衰道敗浙梁相繼喪亂章貢康昌之日吾亦復出是邦東平鳩工復使吾子同河伯聽命水官郡守命錄其辭錄畢而鐘自碎

紹興十一年兵刃生火光

按宋史高宗本紀不載　按五行志十一年三月庚申長安兵刃皆生火光

紹興二十六年獲銅馬

按宋史高宗本紀不載　按五行志二十六年郫縣地出銅馬高三尺制作精好風雨夜嘶

紹興　年獲金甕

按宋史高宗本紀不載　按五行志紹興中耕者得金甕重二十四鈞於秦檜別業

孝宗淳熙九年鏡自飛舞

按宋史孝宗本紀不載　按五行志淳熙九年春德興縣民家鏡自飛舞與日光相射

淳熙十四年閹宦作小弓矢

按宋史孝宗本紀不載　按文獻通考淳熙十四年正月閹宦競以小弓矢射於殿廡爲戲弓長尺餘箭纔數寸近射妖也

寧宗慶元二年獲古鏡

按宋史寧宗本紀不載　按五行志慶元二年正月秦寧縣耕夫得鏡厚三寸徑尺有二寸照見水底與日爭輝病熱者對之心骨生寒後爲雷震而碎

慶元五年軍器多造戲具

按宋史寧宗本紀不載　按文獻通考慶元五年諸軍器械所造筒子弩柳木牌以爲戲木弩加以竹箭蔽以方布刷以角篦時朝廷遣使閱習器械射妖之戒若曰除戎器皆兒戲也後開禧卒有兵弗戢之禍

金

哀宗天興元年兵刃有火

按金史哀宗本紀天興元年七月庚辰朔兵刃有火

明

成祖永樂八年兵器有火光

按大政紀永樂八年四月庚子行在各營中夜刀戟皆有火光

憲宗成化六年鐘出於淮

按江南通志成化六年淮安有二鐘溯淮而上相盪水中聲如雷吼

孝宗弘治七年印自發熱

按江南通志弘治七年蘇州衛印忽熱如火不可近四日乃止

武宗正德二年城門鎖自開

按永昌府志正德二年八月永昌東城鎖夜半自開占當有兵其後郡人爲內豎張誠激變祭將沐崧撫之乃止

正德十五年鐘自鳴

按山西通志正德十五年河曲鐘自鳴在於縣亭

穆宗隆慶元年兵器有火出

按陝西通志隆慶元年二月楡林保寧懷遠等堡旂杆戈戟火出有聲

隆慶五年獲古印

按山西通志隆慶五年臨晉獲桑泉古印民居得於北廨獻官收庫

神宗萬曆三年獲銅鼎

按湖廣通志萬曆三年孝感北城獲銅鼎一枚城工甫畢偶於北城隙地獲之知府馬文煒謂茲神貺符協鼎新上其狀於巡撫都御史趙賢爰命推官梁柱臣作寶鼎篇以紀其盛美

萬曆七年砲滴血

按潞安府志萬曆七年秋郡中演武場鐵砲滴血

愍帝崇禎九年城門鎖自開鐘自鳴兵刃出火鳳陽鼓樓鐘自鳴

按江南通志崇禎九年正月蕭縣城北門鎖無故自開闔者聞於官鎖而復開者三

按湖廣通志崇禎九年黃安紫寨兵刃有火

器用異部藝文

呂望釣玉璜賦　唐闕名

昔太公之未遇也隱於渭濱釣於渭津坐磻石而不易其操垂直鉤而不撓其神波萬重而我心惟一歲三周而吾道方申旣而寒潭曉霽莫不遺乎巨細凡忘形而有待引經綸而不替期陰驚以旁行忽冥符而下濟於是拔深泉激細漣振錦鱗而雲霞煥若獲玉璜而篆籀昭然皎皎霜淨亭亭月懸表蒼兕之期功鄰造化騰白虹之氣理契先天所以耀川靈誇漁

者徘徊自適憤惋俱寫臨清流而素彩熒煌昭白日而祥光上下公乃起川隅懷寶符顒昂志氣振奮泥塗捧抵鵲之容彌彰潔白入非熊之兆寧掩瑕瑜衆皆釣其名我則釣其道衆皆釣其魚我則釣其寶故知神全者不辭貧賤志大者不歎枯槁皤皤兮白髮湜湜兮清流其來也釣於周所謂運叵謀擁神休豈芳餌而能獲匪嘉魚而足求異和氏之功疵瑕受戮賤詹何之術溪澗空投然則道感其誠德亦有報天以我爲忠告客有悅其性者莫不望茲川而高蹈

咸陽獲寶符賦　闕名

君生人者在乎寶位守寶位者在乎靈符鎭四海而攸重臨萬方而作孚時或邅迍暫淪精於甸邑道將昭泰旋應德於皇衢日者兕師犯順賊臣附進隨黃鉞以外遷與翠華而西幸苟遇運之云否將隨時而匿影忽穎脫於金繩遂沈埋於土梗既而寇盡天府駕旋京師衣冠再朝於紫殿文物重布於丹墀聖上愍茲符之闕遺恆寤寐以求之結精誠而仰望契幽昧以思惟皇心退修已聞其政神器大集又叶於期其形欲呈其氣先覿何五色之可愛與三光而相射光凝渭濱之苑宜玉樹之靑靑媚貫王都之川狀銀河之奕奕載求載索甸人斯獲捧之而片月下來懷處而長虹上格臨宸扆同舜德之文明照階墀叶堯心之光宅玉紐惟舊芝塗尚新螭文外發鳥篆中神題爲天子之寶實撫遠方之人彼之近縣俯接城闉我唐既斬虜將於橋上漢氏亦拜單于於渭濱不然者曷不呈於異境而見於他辰者也當其大君出令布蠻夷之政匪我無以重其成命遠人底寧執玉帛於庭匪我無以闡其威靈足知寶符之復光我昭代大唐雖舊邦其命維再頌聲作於外喜氣溢於內藏之王府將神鼎以俱崇列彼帝庭與寶圭而相對盛矣哉我唐之景祚信三皇之作配

白玉琯賦　王起

玉琯絕倫受之於神希夷感化皎潔含貞既比德而爲美亦諧音而可珍肇自曩絕發茲璘玢匪剖石於和氏乃成器於羽人伊昔帝鄕所傳王室末獻虹彩潛射蜺旌並建鸞鶴映之以生光烟霞奏之以適願同鈞天之樂靈境獨聞在層城之宮人寰共遠既而舜德有感王母來遇獻之皎皎捧之峩峩重華遂得其符瑞百靈未謝其琢磨儻比以爲笙知鳳吹之不遠如秉之爲笛曷龍吟之足多豈徒嘒嘒於茲竹碌碌於隨和若乃觀其戾止察其所以質非竽籟韻合宮徵圓其表而合規慮其中而通理光連素手雖提握之不忘色映丹脣在吹噓而成美其舍也無聲之樂其獲也無疆之祉虛而不屈老氏之篇乍同磨而不磷戎人之環孰比況乎知白自守無瑕可猜色迷瓊樹影雜瑤臺懷淸越之音不求於扣感馨香之德不名而來固仙侶之所執非玉人之取材則知素琯之祥元理可察將使律合於六音諧於八傳眞人之逸韻賚聖主之大晏宜乎藏九重之深爲百代之欽騰輝爛爛和俗愔愔使伶倫之篇自慚叶律俾女史之管空媿垂箴無以窺天之心而忘至德之音

西王母獻白玉琯賦　高郢

君有德兮必體道以傳芳物有靈兮必順時以呈祥君感物而德著物應君以名彰於皇有虞道光先聖旣受終於納麓乃禋宗而齊政光被人神澤周遐夐故得靈祥効祉西母來朝霓裳璀璨羽服飄颻駕鸞鶴兮御松喬陵碧落兮戾丹霄宴瑤池于旭日賓魏闕而崇朝其始至也天地氤氳彤庭赫其奕奕其旣覿也堦墀皓旰素琯爛其昭昭已而森列夔龍張皇金石仙侶齒於臣位靈物陳其賓席眞質貞明神光激射可使靑瑣失翠丹墀罷赤舞獸見而迴眸儀鳳觀而委翮信希代之名寶旌有虞之光格若乃虛心守白圓質懷貞功高律呂用等權衡價奪崑山之價聲如嶰谷之聲則趙之璧楚之珩杯遇殷而入用玦因魏而來呈雖見稱於中古固難可而與京是知琯之爲物信其直而不屈琯之旣神乃歷代而可珍始與時而沿革竟隨物而沉淪否不可終得之於道旣逢奚景之賞寧從卞和之抱人亦如斯堅貞美好願同和而見用以窺天而不寶

丹甑賦　薛邕

神物昭見聖人是則五位時序兮萬邦以寧百祥薦臻兮一人之德鼓茲靈器呈我王國有物有憑匪雕匪刻察其狀而元妙相其儀而不忒諒幽贊而克成矧徵猶之允塞是知奇制可久嘉名不朽類君子之心以虛而受同至人之德終善且有旣應盛而自滿不假于盤瓶亦詎炊而自熟何勞于薪檟擬神鼎之有用掩敧器而無咎豈以塵見范丹之空賂爲紀國之醜者矣且夫淸明在躬符瑞由衷誠之必感感而遂通獻白環于重華克明濬哲錫元圭于文命告厥成功此唐堯之表覗蓋王母之欽風曷若自然挺出爲瑞斯崇其應不昧其用無窮莫因埏埴寧俟磨礱

以彰我君聖以報我年豐而已哉客有賦而歌曰元德日用兮象帝之先丹甑時見兮神物光姸中含虛兮體道上應規兮法天染人無所施其彩飾陶人無所効其貞堅以享以孝兮可以餴饎多稌多黍兮屢茲豐年

丹甑賦　史翽

皇矣上帝臨下有則元德升聞榮問充塞三光明而品物昭報四氣序而黎人不忒雖休勿休惟靜惟默偉夫自然之丹甑方作瑞于明德應皇運而無疆報時豐于有國其業可大其功可久既申命以自天類有孚而盈缶循環外映爰假象以爲名濩落內虛信當無而入有明夫旣耨旣穫表此不稂不莠將有開而必先固茲器之可守天應靈貺人期至豐不汲而滿將寶鼎而齊列不炊而沸與溫泉而比崇異鈞陶之有作符造化之爲功千箱以之而發詠萬姓無嗟乎屢空且夫人爲國本食乃人天朝有代耕之秩野多擊壤之賢豈不以休徵畢至瑞應無邊正色斯呈以明于聖感天貺可尚是表其豐年影亭亭于瑞日光泛泛於祥煙九功咸序八政攸先超三皇而軼五帝尚何足夫比肩

梓潼神鼎賦　盧庾

於戲德包生植者不能動彼天之道瑞及飛走者未能感無一之寶故知瑞之大者下及無心之金石德之深者上合不言之元造我國家高選物理光天順人膺景命闢坤珍出是函谷闢窈靈符出而啓聖梓潼郡內寶鼎光乎取新此鼎者聖人之大寶有國之神器量則弘深體乃殊異疑如斷山之嶮崒屹若巨鼇之贔屭峙其足者可以象三德虛其心者將以含萬類不汲而滿不燃而沸內烹飪以養賢上敲雲而作瑞應火水之卦旣調鹽梅鏤山川之容且禦魑魅是鼎也豈徒靈感亦有款識不假雕鐫宛然文字寶彼天之所錫表吾君之至異揭五百代之昌符成六萬年之寶位與夫遷鼎郟鄏卜代三十卜年七百者不可同日而議宜書於冊於帝之庭以合明應以昭神靈士有聞而歎曰昔黃帝作寶鼎三秦帝奠神鼎一周之衰也沉泗水而隱藏漢之盛也在汾陰而見出未有能來聖壽之無疆應人文以純吉竊亦欲負鼎於明主啓心而獻術若能使我徵於有商豈見遺於今日

汾陰出寶鼎賦　宋文彥博

至德昭彰炎靈道昌當汾陰而展禮見寶鼎以呈祥有感則通表承乾之穆穆爲時而出彰負扆之皇皇昔孝武以運繼東周位崇西漢居尊克務於兢業臨下彌勤於宵旰崇諸厚德俾遠邇之悅隨祀彼方丘冀神人之幽贊禮斯盛矣神惟享之允降穰穰之福靡愆抑抑之儀由是脽丘之畔汾水之湄仰窺乎天見黃雲之繚繞俯察於地得寶鼎以瑰奇莫不煥金景之榮光蔚龍文之麗藻非惟啓於至聖抑亦見乎有道寧虞覆餗實天地之殊祥不假銘功乃邦家之盛寶偉夫萬方悉慶百辟咸欣非鑄鼎以象物蓋至誠之感神瑞啓明時豈類宗周之寶天祚皇德實爲巨漢之珍是何澤及坤靈祥昭金鼎固莫量於輕重又難偕於奇挺載於瑞典非遷洛以堪同獲彼靈祠豈于湯之足並不然則又安得並芝房而薦廟配白雉以陳詩於以顯皇化之廣運於以昭聖政之無私嶽修貢而川効珍徒虛語耳鼎取新而革去故何莫由斯美夫祀事聿修休祥有秩非勞九牧之貢自顯三材之質所以標瑞牒而紀祥經彌萬代而首出

器用異部紀事

左傳昭公二十四年冬十月癸酉王子朝用成周之寶珪于河甲戌津人得諸河上陰不佞以溫人南侵拘得玉者取其玉將賣之則爲石王定而獻之與之東訾

風俗通怪神篇謹按魯相右扶風臧仲英爲侍御史家人作食設案欻有不清塵土投汚之炊臨熟不知釜處兵弩自行火從篋簏中起衣物燒盡而簏故完婦女婢使悉亡其鏡數日堂下擲庭中有人聲言汝鏡女孫年三四歲亡之求不能得二三日乃於圊中糞下啼若此非一汝南有許季山者素善卜卦言家當有老靑狗物內中婉御者益喜與爲之誠欲絕殺此狗遣益喜歸鄉里皆如其言因斷無纖芥仲英遷太尉長史

易洞林丞相從事中郎王文英家杭自作聲

晉書五行志惠帝太安二年成都王穎使陸機率衆向京都擊長沙王乂及軍始引而牙竿折俄而戰敗機被誅穎遂奔潰卒賜死此姦謀之罰木不曲直也

元康中天下始相傚為烏杖以柱掖其後稍施其鐓住則植之夫木東方之行金之臣也杖者扶體之器烏其頭者尤便用也必旁柱掖者旁救之象也施其金住則植之言木因於金能孤立也及懷愍之世王室多故而此中都喪敗元帝以藩臣樹德東方維持天下柱掖之應也至社稷無主海內歸之遂承天命建都江外獨立之應也

王廙傳晉陵有金鐸之瑞郭璞云必致中興

五行志元帝太興四年王敦在武昌鈴下儀仗生華如蓮華五六日而萎落此木失其性干寶以為狂華生枯木又在鈴閣之間言威儀之富榮華之盛皆如狂華之發不可久也其後王敦終以逆命加戮其尸一說亦華孽也於周易為枯楊生華

安帝元興元年正月景子會稽王世子元顯將討桓元建牙竿於揚州南門其東者難立良久乃正近沴妖也而元顯尋為元所擒

桓元始篡龍旂竿折時元田獵無度飲食奢恣土木妨農又多姦謀故木失其性天戒若曰旂所以掛三辰章著明也旂竿之折高明去矣元果敗

殷仲文傳元為亂以為侍中領左衛將軍元九錫仲文之辭也初元篡位入宮其牀忽陷羣下失色仲文曰將由聖德深厚地不能載元大悅以佐命親貴厚自封崇輿馬器服窮極綺麗後房妓妾數十絲竹不絕音性貪吝多納貨賄家累千金常若不足元為劉裕所敗隨元西走其珍寶玩好悉藏地中皆變為土

異苑義熙中王愉字茂和在庭中行帽忽自落仍乘空如人所著及愉母喪月朝上祭酒器在几上須臾下地復還登牀尋而第三兒綏懷貳伏誅

南史江夷傳夷子湛為吏部尚書初上大舉北侵舉朝謂為不可唯湛贊成之及魏太武至瓜步以湛兼領軍軍事處分一以委焉魏遣使求婚上召太子劭以下集議眾並謂宜許湛謂許之無益劭怒謂湛曰今三王在阨詎宜苟執異議聲色甚厲坐散俱出劭使班劍及左右推排之殆於傾倒劭後宴集未嘗命湛上乃為劭長子偉之娉湛第三女欲以和之上將廢劭使湛具詔草劭之入殺湛直上省聞叫乃匿傍小屋劭遣求之舍吏紿云不在此兵即殺舍吏乃得見湛湛據窗受害意色不撓五子恁恕懋慈法壽皆見殺初湛家數見怪異所眠牀忽有數斗血

后妃傳高昭劉皇后母桓氏夢吞玉勝生后時有紫光滿室后寢臥見有羽蓋蔭其上家人試察之常見其上掩藹如似雲氣

齊高帝本紀帝舊塋在武進彭山岡阜相屬百里不絕後於所樹華表柱忽龍鳴震響山谷

冊府元龜王瑩除左光祿大夫開府儀同三司丹陽尹侍中瑩將拜印工鑄其印六鑄而龜六毀既成頸空不實補而用之居職六日暴疾卒

崔慧景為平西將軍假節侍中奉江夏王寶元圍臺城有一五色幡飛翔在雲中半日不見眾皆驚怪相謂曰幡者事尋當翻覆也數日慧景敗

南史齊武帝本紀帝於所住堂內得璽一枚文曰皇帝行璽又得異錢文為北斗星雙刀雙貝及有人形帶劍焉帝於盆城掘塹得一大錢文曰太平百歲

梁武帝本紀南兗州隊主陳文興於宣武城內鑿井得玉鏤騏驎金鏤玉璧水精環各二宣德皇后稱美符瑞歸于相國府

王茂傳茂以元勳武帝賜鐘磬之樂茂在州夢鐘磬在格無故自墮心惡之及覺命奏樂既成列鐘磬在格果無故編皆絕墮地茂謂長史江詮曰此樂天子所以惠勞臣也樂既極矣能無憂乎俄而病卒

冊府元龜介朱世隆為尚書令與吏部尚書元世儁握槊忽聞局上有聲一局之子盡皆倒立世隆甚惡之未幾見誅

高肇為司徒大舉伐蜀以肇為將軍都督諸軍是日肇所乘駿馬停於神虎門外無故驚倒轉臥渠中鞍具瓦解眾咸怪異肇出惡言焉及西征行至函谷車軸中折從者皆以為不獲吉還也其後果被誅

斛律光為丞相封清河郡公為祖珽所搆光將誅其家大門橫木自焚擣衣石自移

三國典略周天和元年夏齊冀州人於蚌蛤中得瑶環一隻

隋唐嘉話今上之為潞州別駕將入朝有軍人韓凝禮自謂知兆上因以食箸試之既布卦一箸無故自起凡三偃三起觀者以為大吉徵既而誅韋氏定天保因此行也

冊府元龜睿宗初生於含涼殿則天乃於殿內造佛事有玉象焉及長遊觀其側玉象忽言爾後當為天子

元宗為臨淄郡王景龍四年來朝京師將行使術士韓禮筮有一蓍子然獨立禮驚曰蓍立其瑞非常之事也貴不可言

開元二年八月太子賓客薛謙光獻東都九鼎銘其豫州鼎銘武后所製文曰羲農首出軒昊膺期唐虞繼踵湯禹乘時天下光宅域內雍熙上元降祉方建隆基宰相姚崇盧懷愼等奏曰聖人啓運休兆必彰故化馬爲龍預流謠頌秀爲天子早著冥符臣等今見薛謙光所獻東都鼎銘大聖天后所製其文云上元降祉方建隆基豫州處天地之中所以遠包四海銘文獨聖后所製固必先感二儀靈慶昭彰曠絕今古臣等忝陪近侍喜萬常情請宣付史官幷頒示內外許之

開元二十一年二月衢州獲魚有銘獻之侍中裴光庭等奉賀六月庚子眉州獻寶鼎重七百斤無耳足有篆文數字時渝州刺史段懷本奏此鼎到陳州界之對溪驛雲霧暗合有白虹逼鼎臣恐淪失不勝驚懼請至合州取陸路至京許之

開元天寶遺事武庫中刀槍自鳴識者以爲不祥之兆後果有祿山之亂大駕西幸之應也

唐書哥舒翰傳翰子曜拜東都汝州行營節度使將鳳翔邠寧涇原奉天好畤兵萬人討希烈帝名見問曰卿治兵孰與父賢對曰先臣臣安敢比但斬長蛇殪封豕然後待罪私室臣之願也帝曰爾父在開元時朝廷無西憂今朕得卿亦不東慮及行帝祖通化門是日牙竿折時以翰出師已如此而斬持旗者卒以敗今曜復爾人憂之

杜陽雜編肅宗賜李輔國香玉辟邪二各高一尺五寸奇巧殆非人間所有其玉之香可聞於數百步雖鏁之於金函石匱終不能掩其氣或以衣裾誤拂則芬馥經年縱澣濯數四亦不消歇輔國常置於座側一日方巾櫛而辟邪忽一大笑一悲號輔國驚愕失據而囅然者不已悲號者更涕泗交下輔國惡其怪碎之如粉以投厠中其後常聞冤痛之聲其輔國所居里巷酷烈彌月猶在蓋舂之爲粉而愈香故也不周歲而輔國死焉初碎辟邪輔國嬖孥慕容宮人知異常物隱屑二合而魚朝恩不惡輔國之禍以錢三十萬買之及朝恩將伏誅其香化爲白蝶竟天而去

開封府志唐暘武侯鄭絪罷相自嶺南節度入爲吏部尚書居昭國里第縕爲太常少卿皆在家厨饌將備其釜忽如物於竈中築之離竈尺餘連築不已其傍有鐺十餘所並烹庖將熟皆兩耳慢搖久悉能行乃止竈上每三鐺負一釜而行其餘列行引從自廚中出地有折足者有廢不用者亦跳躑而隨之出廚東過水渠諸鐺並行無所礙而折足者不能過其家大小驚異聚衆而視之不知所爲小兒呪之曰既能爲怪折足者不能前諸鐺乃棄釜於庭中却過每兩鐺負一折足者以過往入少卿院堂前大小排列定乃聞空中轟然如屋崩其鐺釜悉爲黃埃黑煤盡日方定其家莫測其故數日少卿卒相國相次而薨

翰林壁記李德裕鎭蜀時爲幕賓韋絢云翰林院有懸鈴以備夜直警急文書出入皆引之以代傳呼也長慶中子爲學士時河北用兵一夜鈴有聲如人引其索者使視之則無人從往往如此使人持棒潛伺於下終無所覩而數數鳴動不已院中諸公私共准其鳴時皆應用兵處耗聲則急緩亦如之曾莫之差衆咸異之元相詩云神撼引鈴索

戎幕閒談贊皇公曰余昔爲太原從事覩公牘中文水縣解武士護墓前有碑元和中忽失龜頭所在碑上有武字凡十處皆鐫去之其碑高大於華岳碑且非人力拔削所及經年武相遇害

志怪錄杜昭遠將失寵幸家多妖物嘗一日架上雙筆起舞相對回旋不已杜曰既爲祟能自書乎右一筆倒硯中漬其毫於案上大書一殺字其年杜陷大辟

冊府元龜莊宗嗣晉王天祐十七年幽州人於田中得金印文曰關中龜印李紹宏使送於行臺議者曰關中列聖所都龜者卜年之物符璽傳授之器湮落在田乃今復見蓋王者受命之符也十八年正月魏州開元寺僧傳眞獲傳國寶一送於行臺傳眞師於廣明中遇京師喪亂得之緘秘已四十年篆文古體人不識之唯以珍物祕藏非以爲國璽也建興初法物司收市寶玉傳眞將鬻之玉人識而嘆曰國寶之一也何至於斯傳眞送於行臺帝出之以示諸將驗其文卽受命八字也光彩瑩曜希世罕工羣僚諸將奉觴稱賀帝曰天祚有德錫之神器顧予眇末何敢當之止於緘藏俟其眞人耳二十年正月丙子朔五臺山僧獻銅鼎二枚每容二斗言於山中石崖得之形器古異識者以爲中興之瑞按西漢哀平之間扶風王延年獲銅鼎二枚赤色有光後光武誅新莽中興漢室鼎者帝王重器以異物爲瑞不必貢金九牧質重以爲異也

天成三年九月宰臣王建立進玉盃一隻上有傳家國寶萬歲盃字水運都將段洪趙賓于臨河縣下得

之

蜀檮杌王建永平二年三月獲玉璞於田令孜之第其文曰有德承天其祚永昌八月什邡縣護銅牌石記有膺昌之文改太子名爲元膺三年七月太昌軍使徐瑤等脇太子元膺舉宮以叛儲君討之斬元膺瑤伏誅

五國故事蜀王建立衍爲嗣鑄銅鐘於佛寺其聲洪遠建乃謂其下曰吾立此鐘爲立太子故也令其洪遠是必東宮將來之慶才及八日其鐘隕地龍首摧落建知不懌衍果八年而亡

宋史李濤傳漢祖以濤堪任宰輔卽拜中書侍郎兼戶部尙書平章事隱帝卽位楊邠周祖共掌機密史弘肇握兵柄與武德使李鄴等中外爭權互作威福濤疏請出邠等藩鎭以淸朝政隱帝不能決白于太后太后召邠等諭之反爲所構免相歸第時中書廚釜鳴者數四

馬令南唐書梁王徐知諤傳知諤嘗遊秋山除地爲廣場編虎皮爲大幄率寮屬會于下號曰虎帳忽遇暴風飄虎帳碎如飛蝶知諤驚遽棄歸數日病卒

劉茂忠傳茂忠微時所持大矟後將有鬬戰則夜響

十國春秋南漢白龍三年欽州民掘羅浮山得古劍以獻篆曰已與水同宮王將耳口同尹來居口上山岫護重重

遼史太祖本紀上在龍化州築壇州東上尊號闕地爲壇得金鈴因名其地曰金鈴岡

茅亭客話趙十九名處琪陷銀花銜鐙爲業淳化中收得一鐵鏡頗有異常時有畢先生者名藏用字隱之年九十餘然不知所修之道嘗飲酒少食自言本天台山道士入川儒服三十餘年備歷蜀中名山勝景一日與處琪齋鐵鏡訪愚茅亭歎之其鏡可重一斤以來徑七八寸鼻大而圓遶鼻有四象八卦外有大篆二十四字背面皆碧色每至望夜光明愈於別夜畢先生于景德中攜至闕下值上封泰山因從觀大禮得召見稱旨遂與披掛賜紫服號通眞大師封香令於青城山焚修御詩送行到川日訪愚茅亭問其鐵鏡已在貴人之處矣

行營雜錄昭陵上賓前一月每夜太廟中有哭聲不敢奏一日太宗神御前香案自壞

續明道雜志元豐七年正旦元會駕旣坐輅屋忽崩玉輅遂碎守輅士壓死者數人輿尸而出明年永裕晏駕此近不祥也

老學庵筆記种彝叔靖康初以保靜節鉞致仕居長安村墅一夕旌節有聲甚異旦而中使至遂起五代時安重誨王峻皆嘗有此異見周太祖實錄二人者皆得禍彝叔雖自是登樞府然功名不成亦非吉兆也方彝叔赴召時有華山道人獻詩曰北蕃群犬窺籬落驚起南朝老大蟲

宣政雜錄靖康初民間以竹徑二寸長五尺許冒皮於首鼓成節奏取其聲似曰通同部又謂製作之法曰漫上不漫下通衢用以爲戲云

齊東野語賈師憲平章德祐乙亥正月十六日親總大軍督師江上禡祭於北關外而大帥之旗適爲風所折識者駭之而一時游幕之賓反傅會爲吉讖裔孜往昔若春秋時晉侯楚人戰于城濮晉中軍風於澤亡大旆之左旆晉安帝元興二年桓元篡位於姑孰百僚陪列儀衛整肅而龍旂竿折成都王穎以陸機督諸將討長沙王臨戎而牙旗折趙王倫卽帝位祠太廟適遇大風飄折麾蓋王澄爲荊州刺史率衆軍將赴國難而飄風折其節柱齊文宣至鄴受魏禪孝昭上省旦發領軍府大風暴起壞所御車幔哥舒翰守潼關天子御勤政樓臨送師始東先驅牙旗觸門墮杜旌竿折鄭注赴鳳翔出都門旗竿折宣和間童貫出師而牙旗竿折時蔡攸爲之副自建少保節度使及宣撫副使二大旂於後竟爲執旂卒盜竊而去端平入洛之師全子才帥旗亦爲風所折無非亡身敗軍之徵也按眞人水鏡經云凡出軍立牙必令堅完若折則將軍不利蓋牙卽旂也又玉曆通政經云軍行牙竿旂幹折者師不可出出必敗績蓋旂者一軍之號令也安有旂折而爲祥者乎獨有武王伐紂大風折蓋及劉裕擊盧循將戰而所執麾竿折旛沉於水衆咸懼帝笑曰昔覆舟之役亦如此勝必矣乃大破循軍哥舒曜討李希烈帝祖於通化門是日牙竿折時以曜父翰昔出師有此而敗甚憂之而曜竟收汝州擒周晃所謂吉者止此三事然亦偶耳

癸辛雜識丙寅冬嗣榮王拜福王之命賈御醫將上命部押儀物過越及至邸第則遺忘誥命及新鑄之印人皆以爲不祥賈師憲景定庚申自江上凱旋歸朝遂拜少師賜玉帶及入朝之日馬驟而墜碎其帶焉人人皆知爲不祥

太平清話金海陵煬王詔平遼宋所得古器年深歲久多爲妖變悉命毀之故南宋庫物脫於刼火者無

殘耳

續夷堅志清源關羽廟大刀辛丑歲忽生花十許莖各長一指纖細如髮莖色微綠其顛作細白花大於黍米予同舍李慶之子正甫爲予言

贊寧寺大鐘一日撞之不鳴其聲乃在城南橋下行人聞之無不駭懼有告寺僧具鐃鈸就橋下迎鐘復鳴宗室仲章記

會長老住團崖初入院典座僧白廚堂一鑊可供千人然火則有聲今二年矣人以爲釜鳴不祥廢不敢用妨大衆作食師欲何如會云吾就大衆乞此鍋當任我料理衆諾乃椎破釜底穴中得一蟲長二寸許色深赤蓋此蟲經火則有聲淄州楊叔能亦嘗見芒山均慶寺大鑊破一竅如合拳中有一蟲如蠐螬而紅此類大釜家往往見之魏文帝典論以爲火性酷烈理無生物特執方之類耳

輟耕錄義興王子明家饒于財所藏三代彝鼎六朝以來法書名畫實冠浙右每年必祈一籤於烈帝廟以卜休咎一歲籤詞有曰開溝鑿井當得古鼎殊不以爲意家人以商賈至抃夾谷郎中者藏一商彝絕妙示之曰恐爾主翁未必有此物也歸以白郎遣齋金購得之比舊藏皆不能及至正壬辰寇起蘄黃將由義興取道犯浙西子明罄其所藏鑿深窖以埋之彝亦在列既入窖作牛鳴者七夜頗可怪取出寄田家其窖後遭發掘獨此彝獲存

續文獻通考順帝至元四年冬浙江行省官立相哥沙不丁輩德政碑畢工之日省中火爐鳴直至昧爽方休嗣是夜以爲常明年相哥敗諸人俱罹奇禍

徐州志蕭元末時平地內見有二巨鐘明日復如初埋土中明日復露屢試皆然忽一日同趨行約十餘里鳴鼓如雷走入黃河噴水丈餘順流而下徐州張士誠守將禱留弗獲適三女僧過而呪之乃留其一碎之內獲黃金四錠其一流去莫究所往

異林鄒魯爲蕭山令性苛暴有何御史者老於家魯殺之其子求爲報仇魯嘗飲一玉盃甚愛之一夕置几上盃忽自躍墮地而碎魯惡之明日難作

相文無錫人弘治己酉秋赴應天試几上筆忽自躍是歲魁榜第二人

近峰記略弘治乙丑春朝鐘新成而紐忽絕奉天門寶座下階石忽自裂五月上崩崩之日大風折木黃沙四塞有見黃袍人乘龍上者

徐州志弘治末豐泡河中有二巨鐘浮河而下水噴數尺聲音洪暢可聞里許鄉人挽留之其聲愈暢竟弗獲

明狀元事略唐汝楫廷試前諸同年集於寓所寫家狀次至汝楫方執筆忽屋上有聲如摧裂之狀衆驚視卒無所見回視手中筆裂而爲四汝楫自識爲異兆寶藏之

菽園雜記莊浪參將趙旻兒土人也嘗馬厥視土中有物得一刀甚異每地將有事則自出其鞘者寸餘鞘當刀口處嘗自割壞識者云此靈物也宜時以羊血塗其口旻兒賴其靈每察見出鞘則預爲之備以是守邊有年則無敗事太監劉馬兒還朝日求此刀不與以是掩其功

田家雜占近者一友人云數年前曾見上洋高仲明家有一無底碗謂其祥瑞懸之東壁其齊如截愛若至寶不三年其家財貨大進田連阡陌

廣平府志清河任芳之清平任縣人鳴鐘鼓迎之鐘忽破破處有赤字云若是此鐘破須待任芳坐後果有政聲

安慶府志崇禎十三年歲大荒望江龍應鼎等建廠西門外施粥救饑事將竣忽空中有聲如鐘鼓久之登大粥廠中衆釜齊鳴按五行之占釜鳴不當輕見而見於凶年則無足怪也應鼎肅衣冠拜之復賑累日

欽定古今圖書集成曆象彙編庶徵典

第一百六十一卷目錄

金鐵異部彙考一

春秋緯孔演圖

禮緯斗威儀

漢書五行志

宋書符瑞志

管窺輯要雜妖異占

金鐵異部彙考二

漢武帝征和一則　成帝河平一則

後漢明帝永平一則

吳烏程侯天冊一則

南齊武帝永明一則

陳後主禎明一則

唐代宗廣德一則

宋太祖建隆一則　太宗至道一則　仁宗天聖二則　慶曆一則　神宗元豐一則　徽宗政和一則　高宗紹興一則　寧宗慶元一則

元英宗至治一則　順帝至正一則

明憲宗成化一則　穆宗隆慶一則

金鐵異部藝文

昆田化爲金賦　唐闕名

金鐵異部紀事

飲食異部彙考

唐高祖武德一則　代宗大曆一則　德宗貞元一則

宋眞宗大中祥符一則　徽宗政和一則　高宗紹興一則

明愍帝崇禎一則

飲食異部總論

王充論衡是應篇

飲食異部紀事

冠服異部彙考

漢書五行志

後漢書五行志

管窺輯要衣服占　人物部占　軍營衣服占

冠服異部藝文

雜說　晉傅休奕

冠服異部紀事

冠服異部雜錄

庶徵典第一百六十一卷

金鐵異部彙考一

春秋緯

孔演圖

八政不中則鐵飛

禮緯

斗威儀

乘金而王則黃銀見

漢書

五行志

傳曰好戰攻輕百姓飾城郭侵邊境則金不從革說曰金西方萬物既成殺氣之始也故立秋而鷹隼擊秋分而微霜降其於王事出軍行師把旄杖鉞如火烈烈又曰載戢干戈載櫜弓矢動靜應誼說以犯難民忘其死如此則金得其性矣若乃貪欲恣睢務立威勝不重民命則金失其性蓋工冶鑄金鐵金鐵冰滯涸堅不成者衆及爲變怪是爲金不從革

宋書

符瑞志

金勝國平盜賊四夷賓服則出

金人王者有盛則游後池

黃銀紫玉王者不藏金玉黃銀紫玉光見深山

管窺輯要

雜妖異占

金鐵自生兵興

市中金玉寶貝忽賤貴人失利不出十年其分亡

國庫中五金躍者其分易政

軍中無故有金鐵自鳴者軍當罷散

金石上共生粟狀其地有災在器則其主者當之

金鐵異部彙考二

漢

武帝征和二年鐵官冶鐵飛

按漢書武帝本紀不載　按五行志征和二年春涿郡鐵官鑄鐵鐵銷皆飛上去此火爲變使之然也其月涿郡太守劉屈氂爲丞相後月巫蠱事興帝女諸邑公主陽石公主丞相公孫賀子太僕敬聲平陽侯曹宗等下獄死七月使者江充掘蠱太子宮太子與母皇后議恐不能自明乃殺充舉兵與丞相劉屈氂戰死者數萬人太子敗走至湖自殺明年屈氂復坐祀禮要斬妻梟首也

成帝河平二年鐵官冶鐵飛

按漢書成帝本紀河平二年春正月沛郡鐵飛　按五行志河平二年正月沛郡鐵官鑄鐵鐵不下隆隆如雷聲又如鼓音工十三人驚走音止還視地地陷數尺鑪分爲十一鑪中銷鐵散如飛星皆上去與征和二年同象其夏帝舅五人封列侯號五侯元舅王鳳爲大司馬大將軍秉政後二年丞相王商與鳳有隙鳳譖之免官自殺明年京兆尹王章訟商忠直言鳳顓權鳳誣章以大逆罪下獄死妻子徙合浦後許皇后坐巫蠱廢而趙飛燕爲皇后妹爲昭儀賊害皇子成帝遂亡嗣皇后昭儀及伏辜一曰鐵飛屬金不從革

後漢

明帝永平十一年漅湖出黃金

按後漢書明帝本紀永平十一年漅湖出黃金廬江太守以獻

吳

烏程侯天冊元年掘地得銀

按吳志孫皓傳天冊元年吳郡言掘地得銀長一尺廣三分刻上有年月字

南齊

武帝永明六年獲瑞錢

按南史齊武帝本紀永明六年秋七月齊興太守劉元寶於郡城壍得錢三十七萬皆輪厚徑一寸半以獻上以爲瑞班賜公卿

陳

後主禎明二年東冶鐵飛

按陳書後主本紀禎明二年五月甲午東冶鑄鐵有物赤色大如斗自天墜鎔所有聲隆隆如雷鐵飛出牆外燒民家

按隋書五行志禎明二年五月東冶鑄鐵有物赤色大如斗自天墜鎔所隆隆有聲鐵飛破屋而四散燒人家時後主與隋雖結和好遣兵度江掩襲城鎮將士勞敝府藏空竭東冶者陳人鑄兵之所鐵飛爲變者金不從革之應天戒若曰陳國小而兵弱當以和好爲固無鑄兵而黷武以害百姓後主不悟又遣僞將陳紀任蠻奴蕭摩訶數寇江北百姓不堪其役及隋師度江而二將降款卒以滅亡

唐

代宗廣德二年合浦珠還

按唐書代宗本紀不載　按冊府元龜廣德二年十一月鎮南副都護甯齡先言合浦縣海內珠池自天寶元年以來官吏無政珠逃不見二十年間闕於進奉今年二月十五日珠還舊浦臣按南越志云國步清合浦珠生此實國家寶瑞其地元勅封禁臣請採進許之

宋

太祖建隆二年有鐵隨水流出

按宋史太祖本紀建隆二年秋七月晉州神山縣谷水泛出鐵方圓二丈三尺重七千斤

太宗至道二年鎔銀成山狀

按宋史太宗本紀不載　按五行志至道二年二月桂陽監鎔銀自湧成山峰狀

仁宗天聖元年獲金銅象

按宋史仁宗本紀不載　按五行志天聖元年三月庚辰涪陵縣相思寺夜有光出阿育王塔之舊址發之得金銅像三百二十七

天聖五年獲古錢

按宋史仁宗本紀不載　按五行志五年七月壬寅遂山縣舊河淩地摧塔獲古錢一百四十六千五百四十三文

慶曆四年獲金山

按宋史仁宗本紀不載　按五行志慶曆四年五月乙亥金谿縣得生金山重三百二十四兩

神宗元豐六年獲銅錢

按宋史神宗本紀不載　按五行志元豐六年南溪縣穿土得銅錢五萬四千有奇

徽宗政和五年獲生黃金

按宋史徽宗本紀不載　按五行志政和五年正月湖南提舉常平劉欽言蘆荻衝出生金重九斤八兩

狀類靈芝祥雲又淘得碎金四百七兩有奇十一月越州民拾生金湟州丁羊谷金坑僅千餘眼得鑛成金共四等計一百三十四兩有奇

高宗紹興二年銅鐵佛像自動天雨錢

按宋史高宗本紀不載　按五行志紹興二年宣州有鐵佛像坐高丈餘自動迭前迭却若傴而就人者數日既而郡有火火氣盛金失其性而爲變怪也七月天雨錢或從石甃中漏出有輪郭肉好不分明穿之碎若沙土二月溫州戒福寺銅佛像頂珠自動光彩激射經日不少停數日火作寺焚

寧宗慶元二年錢自飛

按宋史寧宗本紀不載　按五行志慶元二年十二月吳縣金鵝鄉銅錢百萬自飛

元

英宗至治元年雨鐵

按元史英宗本紀不載　按楮記室至治元年雨鐵民舍山石皆穿人物值之多斃俗謠號曰鐵雨

順帝至正元年雨鐵

按元史順帝本紀不載　按楚雄府志元至正元年碍嘉地方天雨鐵民舍皆穿人物遇之多斃

明

憲宗成化十三年六月京師雨錢

按大政紀云云

穆宗隆慶三年金鳴

按浙江通志隆慶三年衢州庫金鳴

金鐵異部藝文

昆田化爲金賦　唐闕名

地有百瑞美者惟金其見寡其應深故因神而呈足表至誠之道從物以化更彰肅祭之心其祭惟何首山之事其祭則那我皇所致始馨香以享德終潔敬而展意向清漢以式瞻庶嘉祥之一至于是乎神報以福帝受以釐昆田之上金化于茲考出地之形時則亡也觀從革之狀維其有之原其始也未辨厥名莫知其價紛雜乎珍異昭彰乎晝夜呈祥于氏雖得神而生入息于時亦待神而化及其變也倏忽而成爛然而明初比粟而散點竟如螢以亂呈昔混丹砂南面之虔誠始答今輝瑤草西方之正色遂生山下熒煌田間昭晰向曙而野花齊媚入暝而天星共列祥風拂而逾麗瑞露濡而更潔至若隨車表舜還雨來秦或因初以出或從本而陳未有遷移以禮變化從神以彼瑞爲茲瑞易前珍爲後珍則知寶非神而不見其祥神非寶而莫臨其祭訪古而昆田宛在閱史而清風不替別有泥沙久沈光影常翳顧茲神之所開亦化形而表帝

金鐵異部紀事

齊諸記漢宣帝以皂蓋車一乘賜大將軍霍光悉以金鈸具至夜車轄上金鳳凰輒亡去莫知所之至曉乃還如此非一守車人亦嘗見後南郡黃君仲北山羅鳥得鳳凰入手卽化成紫金毛羽冠翅宛然具足可長尺餘守車人列上云今月十二日夜轄上金鳳凰俱飛去曉則俱還今則不返恐爲人所得光甚異之具以列上後數日君仲詣闕上鳳凰子云今月十二夜北山羅鳥所得帝聞而疑之置承露盤上俄而飛去帝使尋之直入光家止車轄上乃知信然帝取其車每游行卽乘御之至帝崩鳳凰飛去莫知所在

述異記光武時南海獻珊瑚婦人帝命植於殿前謂之女珊瑚一旦柯葉甚茂至靈帝時樹死咸以謂漢室將亡之徵也

王充論衡驗符篇永平十一年廬江皖侯國民際有湖皖民小男曰陳爵陳挺年皆十歲以上相與釣於湖涯挺先釣爵後往爵問挺曰釣寧得乎挺曰得爵卽歸取竿綸去挺四十步所見湖涯有酒罇色正黃沒水中爵以爲銅也涉水取之滑重不能舉挺望見號曰何取爵曰是有銅不能舉也挺往助之涉水未持罇頓衍更爲盟盤動行入深淵中復不見挺爵留顧見如錢等正黃數百千枚卽共掇摝各得滿手走歸示其家爵父國故免吏字君賢驚曰安所得此爵言其狀君賢曰此黃金也卽馳與爵俱往到金處水中尚多賢自涉水掇取爵挺鄰伍並聞俱競採之合得十餘斤賢自言於相相言太守太守遣吏收取遣門下掾程躬奉獻具言得金狀詔書曰如章則可不

如章有正法躬奉詔書歸示太守太守以下思省詔書以爲疑隱言之不實苟飾美也卽復因却上得黃金實狀如前章事寢十二年賢等上書曰賢等得金湖水中郡牧獻訖今不得直詔書下廬江上不畀賢等金直狀郡上賢等所採金自官湖水非賢等私瀆故不與直十二年詔書曰視時金價畀賢等金直漢瑞非一金出奇怪故獨紀之

南海古蹟記金芝巖在淸遠北唐天寶間望氣者言南海東南內有靈山發金草遣使者得金芝二十四莖錚然作金鐵聲

太平淸話桑道茂宅有二柏曰人居而木蓄者去之木盛則土衰土衰則人病乃以鐵數十鈞埊其下曰後有發者死太和中河陽節度使溫造居之發所藏鐵而卒

馬令南唐書陸昭符傳昭符爲常州刺史一日坐郡廳忽遇雷電遶庭官吏震慴昭符撫案叱之雷電頓止及舉案幃得大鐵索重數百斤人尤駭之而昭符神色自若命收鐵索付官庫以示後人

茅亭客話蜀州江源縣村甿王盛者凶暴人也與賊王小波李順爲侶甲午歲據益州授草補儀鸞使部領子弟百餘人擄掠婦女剽刧財帛殺人不知紀極驅迫在城貧民指引豪家收藏地窖因掘得一處古藏銀皆笏鋌金若墨鋌珠玉器皿之屬皆是古制尋將指引者殺之負其金帛三十餘擔往江源山窖埋之同埋者尋亦殺之恐洩于外也城中貨金銀魏氏子娘被虜在于賊所不知音耗其夫常募人訪于邛蜀賊境寂然影響至三月方知在此賊家良人及弟謝元穎者將金帛購之二人亦沈于江中八月大軍收蜀此賊歸明衣錦袍銀帶入城見者無不切齒先是歸明者例發遣赴闕賊遂棄袍帶逃歸江源妻子告云埋藏物處數日火煙如窰遂潛往掘看悉皆空矣驚愕之際官軍捕獲入城遂寘于法嗚呼殺人取財寃毒滋多不爲己用身遭屠戮向來火煙起處金寶已空愚嘗聞金寶藏于地中偶見者或變其質此得非化去耶鬼神匿之耶

淸波雜志秀才元大臨元祐間知汝州時辰州貢丹砂道經葉縣遺其二匳乃化爲二雉闘山谷間耕者獲之人疑其盜縣械送州元識其異訊得實始免耕者砂能變化可謂異矣夫識其異其誰嗣之

京畿轉運使奏收到太和山水晶大小四千餘塊邕州等處產金寶共收到金二千四十六兩數內採到生大黃金不經烹煉者汝州產瑪瑙二萬五千斤一塊重二十一斤五兩並宣付史館時政和四年也又潭州益陽縣蓮荷場掘得金四塊總計一千七百八兩方崇飾祥瑞之際地不愛寶闘珍以表極治其盛如此

癸辛雜識鮮于伯姬云向聞其乃翁云北方有古寺寺中有大鐵鍋可作數百人食一夕忽有聲如牛吼曉而視之已破矣于鐵㲉中有蟲色皆紅凡數百枚猶有蠕動者鐵中生蟲亦前所未聞也

續夷堅志濟源闗羽廟大刀辛丑歲忽生花十許莖各長一指纖細如髮莖色微綠其顚作細白花大于黍米予同舍李慶之子正甫爲予言

鎭江府志崇禎丁丑冬丹陽蔣墅有傭奴刈稻黍得金粒粟可分許衆傳觀以爲異明年戊寅粟價如金

欽食異部彙考

唐

高祖武德七年生鹽狀如方印

按唐書高祖本紀不載　按唐會要武德七年閏四月十三日長安古城鹽渠水中生鹽色紅白而味甘狀如方印

代宗大曆八年乳鹽生

按唐書代宗本紀不載　按唐會要大曆八年七月解縣安邑兩池生乳鹽戶部侍郎韓滉請薦於淸廟編之史冊從之十六年十一月賜號寶應靈慶池

德宗貞元九年監州廢井生鹽

按唐書德宗本紀不載　按冊府元龜貞元九年五月辛卯左神策監州行營節度使胡堅右神策監州行營節度使張昌皆表奏初城監州鹵中敬懷土又置烽堡六路迴遠卽時有兩廢鹽井悉生鹽事符聖德可謂天贊請宣付史館制曰可

宋

眞宗大中祥符三年瑞鹽生

按宋史眞宗本紀不載　按玉海大中祥符三年九月辛巳賜近臣及館閣解池瑞鹽陳堯叟所獻凡四千七百斤夏竦進瑞鹽賦

徽宗政和元年五月解池生紅鹽

按宋史徽宗本紀云云

高宗紹興十一年油酒變色

按宋史高宗本紀不載　按五行志紹興十一年三月庚申金人居長安油酒皆變白色

明

愍帝崇禎十五年酒化爲血

按山東通志崇禎十五年十二月滕縣有酒化爲血之異本年府城破州縣城多不保

飲食異部總論

王充論衡

是應篇

儒者言萐脯生於庖廚者言廚中自生肉脯薄如萐形搖鼓生風寒凉食物使之不臰夫太平之氣雖和不能使廚生肉萐以爲寒凉若能如此則能使五穀自生不須人爲之也能使自生肉萐何不使飯自蒸於甑火自燃於竈乎凡生萐者欲以風吹食物也何不使食物自不臰何必生萐以風之乎廚中能自生萐則冰室何事而復伐冰以寒物乎人夏月操萐須手搖之然後生風從手握持以當疾風萐不鼓動言萐脯自鼓可也須風乃鼓不風不動從手風來自足以寒廚中之物何須萐脯世言燕太子丹使日再中天雨粟烏白頭馬生角廚門象生肉足論之旣虛則萐脯之語五應之類恐無其實

飲食異部紀事

帝王世記堯時廚中自生肉脯薄如蔞搖則風生使食物寒而不臰名曰翣脯

雞肋編衞瓘家人炊飯墮地盡化爲螺歲餘及禍石崇家稻米飯在地經宿皆化爲螺皆致滅族之應

異苑謝靈運爲臨川郡飯中欻有大蟲謝遂被誅

魏書李勢傳勢降于桓溫先是頻有怪異李漢家舂米米自臼中跳出斂畢其中又跳出徙置簞中

雞肋編鄭注未敗時篋中藥化爲蠅數萬飛去裴楷家炊黍在甑或變如拳或作蔓菁子期年而卒

聞見近錄張大夫士澄房兄士寧居咸平縣豪有力性嗜雞子日食十數以爲常其主典庫冀五郎者每爲畜之一日冀方探篋取之一自篋中直上而升至士寧庖舍而墜地氣若黑霧其臭薰烈家人驚異間火起堂廡帑藏須臾而盡嘗畜皇祐錢萬貫謂之鎮庫錢焰起爲烟毬而去不復銅滓糞生尋自服砒霜爛腸而卒

張大夫幼子嗜鮮鱠張運判湖南其子買魚刳腸作羹羹沸刳魚游泳鼎中羹成鮮活若不刳者視之則刳矣遂絕烹鮮

肇源者嘗語張大夫曰眞定府都監王文思嗜牛肉一日方醢肉几上肉中哀號累日不絕蔡元長作尹聞而取視之其聲益悲命爲棺斂飯僧燒之灰燼中得白骨一副

沈括夢溪筆談予昔年在海州曾夜煮鹽鴨卵其間一卵爛然通明如玉熒熒然屋中盡明置之器中十餘日臭腐幾盡愈明不已蘇州錢僧奕一鴨卵亦如是

旌異記童貫將敗之一年庖人方治膳忽鼎釜礫礫有聲頃之所烹肉悉化爲蝴蝶殆且萬數飛舞自如直至堂中貫心怪之命僮僕執扑皆莫能得俄而犬著婦人衣持梃人立而語曰此易扑耳各揮梃縱擊蝶紛紛墮地盡成鮮血犬亦不見已而貫伏誅

冠服異部彙考

漢書

五行志

傳曰貌之不恭是謂不肅厥咎狂厥罰恆雨厥極惡時則有服妖

風俗狂慢變節易度則爲剽輕奇怪之服故有服妖

後漢書

五行志

貌之不恭是謂不肅時則有服妖

注鄭元曰服貌之飾也

管窺輯要

衣服占

人君好作大衣下臣悅人君好作小衣不出三年邊有急兵若外國來降其後必有大凶天鏡占曰好小衣臣自用叉曰人君好爲短小之衣君弱臣强兵起君好素衣天下多喪

人尚彩繢衣服兵起人尚寬衣政弛民慢婦人好爲小衣兵且起

人君朝服無故自亾君且事臣兵書曰衣無故自亾將軍戮庶人死

衣服無故忽有火光大凶

人衣冠忽有血憂死亾將軍衣服無故有血防亂兵殺害

衣服無故自舉君失國臣失家將失軍庶人死

衣服無故自裂或有聲主疾病死亾

衣服無故腥臭有疾病死傷宜焚之

衣服忽有脂粉汚痕主憂病

衣服無故有孔如刀剪有刑傷

印綬有火光免官

帶有光有賀事

履無故自亾不復出行天鏡占曰君履無故自亾近臣賊鞋履鳴夫妻離

鞋履忽自交蝕有口舌官刑

敗屩自聚其地有叛民相聚爲亂

人物部占

凡人君自變改衣服欲衰亾

臣下好著小衣服國人卑

人君無故高冠不出三年大兵及水一曰有逆臣

人君及人無故衣冠變易常法國有喪服之憂

人君衣履服物無故夜亾近臣爲賊

人君好冠斂頭主弱不出五年

人君及民無故好短中六年內邊臣相攻君弱臣强

人君冠如血急焚之

人君好冠纓及婦人衣素服帶劍皆爲强臣人欲短喪

人衣無故腥臭者賊來

人尚色衣兵革興起

人民衣色衆好深者年多霖雨尚淺年多旱

衆人好寬衣時年太平

人好戴胡帽胡賊盜國

人衣無故自裂有聲急貨之吉

民好素衣服及小者三年有削地兵革興

婦人好爲小人衣是謂易常陰持國政

女人梳掠逆插釵國多不臣各持干戈

女人衣服時尚束腰國亂人亾征伐不休

軍營衣服占

將軍衣服無故自失下人反謀將軍死

將軍衣服汗出如血下欲謀殺其將警備近親及左右

冠服異部藝文

雜說　　　　晉傅休奕

魏尚書何晏好服婦人之服此服妖也夫衣裳之制所以定上下殊內外也大雅云元袞赤舄鉤膺鏤錫敬其文也小雅云有嚴有翼共武之服詠其武也若內外不殊王制失叙服妖旣作身隨之亾妺喜冠男子之冠桀亾天下何晏服婦人之服亦亾其家其咎均也吳婦人之修容者急束其髮而劘角過於耳蓋其俗自操束太急而廉隅失中之謂也故吳之風俗相驅以急言論彈射以刻薄相尚居三年之喪者往往有致毀以死諸葛患之著正交論雖不可以經訓整亂蓋亦救時之作也

冠服異部紀事

漢書五行志左氏傳愍公二年晉獻公使太子申生帥師公衣之偏衣佩之金玦狐突歎曰時事之徵也衣身之章也佩衷之旗也故敬其事則命以始服其身則衣之純用其衷則佩之度今命以時卒閟其事也衣以尨服遠其躬也佩以金玦弃其衷也服以遠之時以閟之尨凉冬殺金寒玦離胡可恃也梁餘子養曰帥師者受命于廟受脤于社有常服矣弗獲而尨命可知也死而不孝不如逃之罕夷曰尨奇無常

金玦不復君有心矣後四年申生以讒自殺近服妖也

左傳僖公二十四年鄭子華之弟子臧出奔宋好聚鷸冠鄭伯聞而惡之使盜誘之八月盜殺之于陳宋之間君子曰服之不衷身之災也詩曰彼其之子不稱其服子臧之服不稱也夫詩曰自詒伊慼其子臧之謂也

漢書五行志昭帝時昌邑王賀遣中大夫之長安多治仄注冠以賜大臣又以冠奴劉向以爲近服妖也時王賀狂悖聞天子不豫弋獵馳騁如故與騶奴宰人游居娛戲驕嫚不敬冠者尊服奴者賤人賀無故好作非常之冠暴尊象也以冠奴者當自至尊墜至賤也其後帝崩無子漢大臣徵賀爲嗣即位狂悖無道縛戮諫者夏侯勝等于是大臣白皇太后廢賀爲庶人

平帝本紀元始元年二月乙未義陵寢神衣在柙中丙申旦衣在外牀上寢令以急變聞用太牢祠

後漢書五行志更始諸將軍過雒陽者數十輩皆幘而衣婦人衣于時智者見之以爲服之不衷身之災也乃奔入邊郡避之是服妖也其後更始遂爲赤眉所殺

桓帝元嘉中京都婦女作愁眉啼妝墮馬髻折要步齲齒笑所謂愁眉者細而曲折啼妝者薄拭目下若啼處墮馬髻者作一邊折要步者足不在體下齲齒笑者若齒痛樂不欣欣始自大將軍梁冀家所謂京都歙然諸夏皆放效此近服妖也梁冀二世上將婚媾王室大作威福將滅社稷天誡若曰兵馬將往收捕婦女憂愁踧眉啼泣吏卒掣頓折其要脊令髻傾邪雖强語笑無復氣味也到延熹二年舉宗誅夷

延熹中梁冀誅後京都幘顏短耳長短上長下時中常侍單超左悺徐璜具瑗唐衡在帝左右縱其姦慝海內慍曰一將軍死五將軍出家有數侯子弟列布州郡賓客雜襲騰翥上短下長與梁冀同占到其八年桓帝因日蝕之變乃拜故司徒韓寅爲司隸校尉以次誅鉏京都正清

延熹中京都長者皆著木屐婦女始嫁至作漆畫五采爲系此服妖也到九年黨事始發傳黃門北寺臨時惶惑不能信天任命多有逃走不就考者九族拘繫及所過歷長少婦女皆被桎梏應木屐之象也

靈帝建寧中京都長者皆以葦方笥爲粧具下士盡然時有識者竊言葦方笥郡國讞篋也今珍用之此天下人皆當有罪讞於理官也到光和三年癸丑赦令詔書吏民依黨禁錮者赦除之有不見文他以類比疑者讞於是諸有黨郡皆讞廷尉人名悉入方笥中

靈帝好胡服胡帳胡牀胡坐胡飯胡箜篌胡笛胡舞京都貴戚皆競爲之此服妖也其後董卓多擁胡兵塡塞街衢虜掠宮掖發掘園陵

獻帝建安中男子之衣好爲長躬而下甚短女子好爲長裙而上甚短時益州從事莫嗣以爲服妖是陽無下而陰無上也天下未欲平也後還遂大亂

晉書五行志魏武帝以天下凶荒資財乏匱始擬古皮弁裁縑帛爲白帢以易舊服傅元曰白乃軍容非國容也干寶以爲縞素凶喪之象也名之爲帢毀辱之言也蓋革代之後劫殺之妖也

魏明帝著繡帽披縹紈半袖常以見直臣楊阜諫曰此禮何法服邪帝默然近服妖也夫縹非禮之色褻服尚不以紅紫況接臣下乎人主親御非法之章所謂自作孽不可禳也帝既不享永年身沒而祿去王室後嗣不終遂亾天下

景初元年發銅鑄爲巨人二號曰翁仲置之司馬門外按古長人見爲國亾長狄見臨洮爲秦亾之禍始皇不悟反以爲嘉祥鑄銅人以象之魏法亾國之器而於義竟無取焉蓋服妖也

孫休後衣服之制上長下短又積領五六而裳居一二干寶曰上饒奢下儉逼上有餘下不足之妖也至孫晧果奢暴恣情于上而百姓彫困於下卒以亾國是其應也

武帝泰始初衣服上儉下豐著衣者皆厭褄此君衰弱臣放縱下掩上之象也至元康末婦人出兩襠加乎交領之上此內出外也爲車乘者苟貴輕細又數變易其形皆以白篾爲純蓋古喪車之遺象也夫乘者君子之器蓋君子立心無恆事不崇實也干寶以爲晉之禍徵也及惠帝踐祚權制在於寵臣下掩上之應也至永嘉末六宮才人流冗沒於戎狄內出外之應也及天下撓亂宰輔方伯多負其任又數改易不崇實之應也

泰始之後中國相尚用胡牀貊槃及爲羌煮貊炙貴人富室必畜其器吉享嘉會皆以爲先太康中又以氈爲帕頭及絡帶袴口至元康中氐羌互反永嘉後劉石遂篡中都

初作屐者婦人頭圓男子頭方圓者順之義所以別男女也至太康初婦人屐乃頭方與男無別此賈后專妒之徵也

惠帝元康中婦人之飾有五兵佩又以金銀瑇瑁之屬爲斧鉞戈戟以當笄干寶以爲男女之別國之大節故服物異等贄幣不同今婦人而以兵器爲飾此婦人妖之甚者於是遂有賈后之事終亡天下是時婦人結髮者旣成以繒急束其環名曰擷子紒始自中宮天下化之其後賈后廢害太子之應也

宋書五行志太元中人不復著帩頭頭者元首帩者令髮不垂助元首爲儀飾者也今忽廢之若人君獨立無輔以至危亾也其後桓元簒位

舊爲屐者齒皆達褊上名曰露卯太元中忽不徹名曰陰卯其後多陰謀遂至大亂

南史齊高帝本紀建元元年冬十月己丑荆州天井湖出綿人用與常綿不異

齊鬱林王本紀永明中百姓忽著破帽始自建業流於四遠貴賤翕然服之此服祅也帽自蕭諶之家其流遂遠天意若曰武穆文昭皆當滅而諶亦誅死之效焉

海陵本紀武帝時以燕支爲朱衣朝士皆服之及明年以宗子入纂又奪朱之效也時又多以生紗爲帽半其裙而析之號曰倚勸至是朝士勸進實爲勿遽倚勸之言於是驗矣

和帝本紀百姓皆著下屋白紗帽而反裙覆頂東昏曰裙應在下今更在上不祥命斷之於是百姓皆反裙向下此服祅也帽者首之所寄今而向下天意若曰元首方爲猥賤乎東昏又令左右作逐鹿帽形甚窄狹後果有逐鹿之事東昏宮裏又作散叛髮反髻根向後百姓爭學之及東昏狂惑天下散叛矣東昏又與羣小別立帽褰其卩而舒兩翅名曰鳳度三橋帬向後總而結之名曰反縛黃麗東昏與刀敕之徒親自著之皆用金寶鑿以璧璫又作著調帽鏤以金玉間以孔翠此皆天意梁武帝舊宅在三橋而鳳度之名鳳翔之驗也黃麗者皇離爲日而反縛之東昏戮死之應也調者梁武帝至都而風俗和調先是百姓及朝士皆以方帛塡胸名曰假兩此又服祅假非正名也儲兩而假之名不得眞也東昏誅其子廢爲庶人假兩之意也

齊春秋南齊時荆州城東天子井出錦於時士女取用與常錦不異經月乃歇

隋書五行志後主好令宮人以白越布折額狀如髽幗又爲白蓋此二者喪禍之服也後主果爲周武帝所滅父子同時被害

武平時後主於苑內作貧兒村親衣繿縷之服而行乞其間以爲笑樂多令人服烏衣以相執縛後主果爲周所敗被虜於長安而死妃后窮困至以賣燭爲業

北史齊幼主本紀河淸末婦人皆剪剔以著假髻而危邪之狀如飛鳥至於南面則髻心正西始自宮內爲之被於四遠天意若曰元首剪落危側當走西也

隋書五行志後齊婁后臥疾寢衣無故自舉俄而后崩

後周大象元年服冕二十有四旒車服旗鼓皆以二十四爲節侍衞之官服五色雜以紅紫令天下車以大木爲輪不施輻朝士不得佩綬婦人墨妝黃眉又造下帳如送終之具令五皇后各居其一實宗廟祭器於前帝親讀版而祭之又將五輅載婦人身率左右步從又倒懸鷄及碎瓦於車上觀其作聲以爲笑樂皆服妖也帝暴崩而政由於隋周之法度皆悉改易

唐書令狐德棻傳德棻爲大丞相府記室武德初爲起居舍人遷祕書丞帝嘗問丈夫冠婦人髻比高大何邪德棻對曰冠髻在首君之象也晉之將亾君弱臣強故江左士女衣小而裳大宋武帝受命君德尊嚴衣裳隨亦變改此近事驗也帝然之

五行志服妖唐初宮人乘馬者依周舊儀著羃䍦全身障蔽末徽後乃用帷帽施裙及頸頗爲淺露至神龍末羃䍦始絕皆婦人預事之象

太尉長孫無忌以烏羊毛爲渾脫氈帽人多效之謂之趙公渾脫近服妖也

高宗常內宴太平公主紫衫玉帶皂羅折上巾具紛礪七事歌舞於帝前帝與武后笑曰女子不可爲武官何爲此裝束近服妖也

舊唐書五行志上元中爲服令九品已上佩刀礪等袋紛帨爲魚形結帛作之爲魚像鯉強之意也則天時此制遂絕景雲後又佩之

唐書五行志武后時嬖臣張易之爲母臧作七寶帳有魚龍鸞鳳之形仍爲象牀犀簟安樂公主使尚方合百鳥毛織二裙正視爲一色傍視爲一色日中爲一色影中爲一色而百鳥之狀皆見以其一獻韋后

公主又以百獸毛爲韉面韋后則集鳥毛爲之皆具鳥獸狀工費巨萬公主初出降益州獻單絲碧羅籠裙纓金爲花鳥細如絲髮大如黍米眼鼻觜甲皆備瞭視者方見之皆服妖也自作毛裙貴臣富家效之江嶺奇禽異獸毛羽採之殆盡韋后妹嘗爲豹頭枕以辟邪白澤枕以辟魅伏熊枕以宜男亦服妖也

朝野僉載魏王爲巾子向前踣天下欣欣慕之名爲魏王踣後坐死至孝和時陸頌亦爲巾子同此樣時人又名爲陸頌踣未一年而陸頌殞

唐書五行志景龍三年十一月郊祀韋后爲亞獻以婦人爲齋娘以祭祀之服執事近服妖也

中宗賜宰臣宗楚客等巾子樣其制高而踣卽帝在藩邸時冠也故時人號英王踣踣顚仆也

舊唐書五行志開元初姚宋執政屢以奢靡爲諫元宗悉命宮中出奇服焚之於殿庭不許士庶服錦繡珠翠之服自是採捕暫息風教日淳

唐書五行志開元二十五年正月道士尹愔爲諫議大夫衣道士服視事亦服妖也

致虛雜俎天寶十三年宮中下紅雨色若桃花太眞喜甚命宮人各以碗杓承之用染衣裙天然鮮豔惟襟上色不入處若一馬字心甚惡之明年七月遂有馬嵬之變血汙衣裙與紅雨無二上甚傷之

唐書五行志天寶初貴族及士民好爲胡服胡帽婦人則簪步搖釵衿袖窄小楊貴妃常以假鬢爲首飾而好服黃裙近服妖也時人爲之語曰義髻拋河裏黃裙逐水流元和末婦人爲圓鬟椎髻不設鬢飾不施朱粉惟以烏膏注脣狀似悲啼者圓鬟者上不自樹也悲啼者憂恤象也

文宗時吳越間織高頭草履織如綾縠前代所無履下物也織草爲之又非正服而被以文飾蓋陰斜闇葺泰侈之象

乾符五年雒陽人爲帽皆冠軍士所冠者又內臣有刻木象頭以裹幞頭百官效之工門如市度木斫之曰此斫尚書頭此斫將軍頭近服妖也

僖宗時內人束髮極急及在成都蜀婦人效之時謂爲囚髻唐末京都婦人梳髮以兩鬢抱面狀如椎髻時謂之拋家髻又世俗尚以琉璃爲釵釧近服妖也拋家流離皆播遷之兆云

昭宗時十六宅諸王以華侈相尚巾幘各自爲制度都人效之則曰爲我作某王頭識者以爲不祥

幸蜀記王衍成康元年三月行自爲夾巾民庶皆效之還宴怡神亭嬪妃妾妓皆衣道服蓮花冠髽髻爲樂夾臉連額渥以朱粉曰醉妝國人皆效之六年正月禁民戴危帽其製狹中銳首拂之卽墜

宋史五行志建隆初蜀孟昶末年婦女競治髮爲高髻號朝天髻未几昶入朝京師江南李煜末年有衞士秦友登壽昌堂榻覆其鞋而坐訊之風狂不寤識者云鞋履也李氏將覆于此地而爲秦所有乎履與李友與有同音趙與秦同祖也又煜宮中盛雨水染淺碧爲衣號天水碧未幾爲王師所克士女至京師猶有服之者天水國之姓望也

淳化三年京師里巷婦人競剪黑光紙團靨又裝縷魚腮中骨號魚媚子以飾面黑北方色魚水族皆陰類也面爲六陽之首陰侵於陽將有水災明年京師秋冬積雨衢路水深數尺

景德四年春京城小兒裂裳爲小兒旗繫竿首相對揮颭兵鬭之象也是歲宜州卒陳進爲亂出師討平之

可談孟氏皇后京師衣飾畫作雙蟬目爲孟家蟬識者謂蟬有禪意久之后竟廢

宋史五行志紹興二十一年行都豪貴競爲小靑蓋飾赤油火珠于蓋之頂出都門外傳呼于道珠者乘輿服御飾升龍用焉臣庶以加于小蓋近服妖亦僭咎也

二十二年士庶家競以胎鹿皮製婦人冠山民採捕胎鹿無遺時去宣和未遠婦人服飾尤集翠羽爲之近服妖也

二十七年交阯貢翠羽數百命焚之通衢立法以禁

紹興元年里巷婦人以琉璃爲首飾唐志琉璃釵釧有流離之兆亦服妖也後連年有流徙之厄

理宗朝宮妃繫前後掩裙而長窣地名趕上裙梳高髻于頂曰不走落束足纖直名快上馬粉點眼角名淚妝剃削童髮必留大錢于頂左名偏頂或留之頂前束以綵繒宛若博焦之狀或曰鵓角

咸淳五年都人以碾玉爲首飾有詩云京師禁珠翠天下盡琉璃

續夷堅志平輿南函頭村鄭二翁貪性强不信禁忌泰和八年其家東南有所興造或言是太歲所在不可犯鄭云我太歲也尚何忌邪督役夫與作掘地不二尺得婦人紅繡鞋一雙役夫欲罷作鄭怒取焚之掘地愈急又二三尺得一黑魚卽烹食之不旬日翁

母併亾又喪長子連延十餘口馬十牛四十死病痕籍存者大懼避他所禍乃息

山西通志嘉靖三十三年岢嵐甲冑去城東五里路傍眞甲冑十餘副制大異常晨行者皆見之頃之則無

冠服異部雜錄

因話錄近歲衣制有一種如旋襖長不過腰兩袖僅掩肘以最厚之帛爲之仍用夾裏或其中用綿者以紫皂緣之名曰貉袖聞之起于御馬院圉人短前後襟者坐鞍上不妨脫著短袖者以其便于控馭耳古所謂狐貉之厚以居褻裘長短右袂制皆不如此今以所謂貉袖者襲于衣上男女皆然三代衣冠亂常至于伏誅今士大夫亦服此而不知怪

西墅雜記古服之制上衣下裳謂陰陽相半而不踰制也近世男女競爲長衣短裳故事浮薄人皆異之昔漢建安中男子好爲長衣而下甚短女子好爲長裙而上甚短益州從事莫嗣以爲服妖後遂大亂今京師故設此禁亦可以防世變矣

丹鉛總錄晉傅元奏議云妹喜冠男子之冠桀亾天下何晏服婦人之服亦亾其身內外不殊王制失序此服妖也又按史謝尚好著刺文袴周弘正少日錦髻紅褌蓋東晉南朝之人痾不特服妖而已王儉作解散髻斜插簪亦服妖

范竹溪集尼父曰非先王之法服不敢服服之不衷身之災也今世冠服淫巧相尚冠則金線金雲金花玉花太極圈等飾種種駭人服則不論富貴貧賤羅段刺眼且貴時興花樣寬袍大袖日新月盛甚者用黃用紅或水紅荔紅之近紅及柳黃鵝黃之近黃大犯禁忌履用三鑲四鑲又有短臉淺跟紅色單鎖居然婦人之飾而女飾豔麗珠翠滿頭袖長過膝髻戴紗常頭罩半網妖異之最甚也家則服飾一事最關性行改玉改行不衷爲災昔人以此卜禍福災祥正以身之所安必其意念所托耳士大夫朝有法服固難溢度若其私居行散務在朴素典雅不得誇奇務新無益市儈徒滋佻薄至于良人婦女禮衣私服自以儉質爲賢雅潔爲美奢僭逾分尤非家風何況妖巧無度如匪人所飾尤而效之不足窺其心之所存耶此必非賢明婦人亦豈宜爲士大夫妻也

欽定古今圖書集成曆象彙編庶徵典

第一百六十二卷目錄

庶徵典第一百六十二卷

神怪異部彙考一

周禮

秋官

庭氏掌射國中之夭鳥若神也則以太陰之弓與枉矢射之

注神謂非鳥獸之聲若或叫于宋太廟譆譆出出者訂義鄭鍔曰太陰之弓謂其弓純屬乎陰司弓矢言枉矢利火射說者謂象天枉矢之星則枉矢者純屬乎陽可知若夫太陰之弓而先儒謂恆矢用此太陰之弓與枉矢豈其陰陽之正足以威服百神歟　王昭禹曰以此射之亦以日月之精氣勝其天也

山海經

西山經

槐江之山有天神焉其狀如牛而八足二首馬尾其音如勃皇見則其邑有兵

東山經

自尸胡之山至於無皋之山凡十九山六千九百里其神狀皆人身而羊角其祠用一牡羊米用黍是神也見則風雨水爲敗

中山經

豐山神耕父處之常遊淸冷之淵出入有光見則其國爲敗

物類相感志

神

夷羊淮南子云夷羊在牧高誘注土神也商之將亡見於商郊野之地

管窺輯要

地變占

邑中鬼夜哭不出一年天下爭喪亂士人離散

塚墓中鬼哭及夜行呼嘆不出一年民棄其居而散

神鬼占

神吟嘯其國亡

神降于國其國將亡一曰君死淮南子曰夏桀亂政黃神吟嘯鬼神失其臨也左氏傳曰有神降于莘于是號亡

鬼抑人門擲人屋天鏡占曰有疾疫人死不出一年鬼呼天鏡占曰大人當之是謂喪亡不出一年天下爭地一曰民分散

鬼夜哭董仲舒曰人君失禮于宗廟咎及于外則鬼夜哭京房曰國空虛臣尸祿則鬼夜哭鬼哭則其國亡

鬼書人屋舍房壁有死喪

鬼呼人名子日損小口六畜午日有詛呪丑日老人暴死未日有小口災寅日有驚恐妨小口申日死亡卯日家有大災酉日父母憂辰日憂姙婦戌日暴亡巳日憂父母亥日兵傷

宮室變異占

宮庭內鬼神若見將失地

神怪異部彙考二

宋

明帝泰豫元年巨人跡見

按南史宋明帝本紀泰豫元年春正月丁巳巨人跡見西池冰上

陳

武帝永定三年仙人見

按陳書武帝本紀永定三年春正月甲午歷州城西道入天井岡仙人見于羅浮山寺小石樓長三丈所通身潔白衣服楚麗

宣帝太建十四年有妖見于御幄

按陳書宣帝本紀不載　按隋書五行志陳太建十四年三月御座幄上見一物如車輪色正赤尋而帝患無故大叫數聲而崩

北魏

太宗泰常四年帝薦熟于白登廟有神異

按魏書太宗本紀泰常四年九月築宮于白登山　按禮志泰常四年八月帝嘗於白登廟薦熟有神異焉太廟博士許鍾上言曰臣聞聖人能饗帝孝子能饗親伏惟陛下孝誠之至通於神明近嘗於太祖廟有車騎聲從北門入殷殷轞轞震動門闕執事者無不肅慄斯乃國祚永隆之兆宜告天下使知聖德之深遠

北齊

武成帝河清四年有神見於後園

按北史齊武成帝本紀河清四年有神見于後園萬壽堂前山穴中其體壯大不辨其面兩齒絕白長出于脣帝直宿嬪御已下七百人咸見焉帝又夢之四月傳位于皇太子使內參乘子尚乘驛送詔書於鄴子尚出晉陽城見人騎隨後忽失之尚未至鄴而其言已布矣

後主武平四年壇壝有車轍跡

按北史齊後主本紀武平四年夏四月癸丑祈皇祠壇壝蕝之內忽有車軌之轍案驗旁無人跡不知車所從來乙卯詔以為大慶班告天下

北周

靜帝大象二年相州鬼哭

按周書靜帝本紀不載　按隋書五行志周大象二年尉迥敗于相州坑其黨與數萬人于遊豫園其處每聞鬼夜哭聲洪範五行傳曰哭者死亡之表近妖也鬼而夜哭者將有死亡之應京房易飛候曰鬼夜哭國將亡明年周氏王公皆見殺周室亦亡

隋

文帝仁壽　年鬼哭

按隋書文帝本紀不載　按五行志仁壽中仁壽宮及長城之下數聞鬼哭尋而獻后及帝相次而崩于仁壽宮

煬帝大業八年鬼哭

按隋書煬帝本紀不載　按五行志大業八年楊元感作亂于東都尚書樊子蓋坑其黨與長夏門外前後數萬洎于末年數聞其處鬼哭有呻吟之聲與前同占其後王世充害越王侗于洛陽

唐

高祖武德二年太行山嚮聞神言

按唐書高祖本紀不載　按冊府元龜武德二年三月安昌縣言太行山聖人崖響云唐國興治萬年

睿宗先天元年元宗即位白馬寺鐵像頭自落

按唐書元宗本紀不載　按舊唐書五行志元宗初即位東都白馬寺鐵像頭無故自落於殿門外其後姚崇秉政以惠範附太平弊乃澄汰僧尼令拜父母午後不出院其法頗峻

代宗大曆十三年神像滴血

按唐書代宗本紀不載　按舊唐書五行志大曆十三年二月太僕寺廨有佛堂堂內小脫空金剛左臂上忽有黑汗滴下以紙承之色即血也明年五月代宗崩

遼

太祖九年君基太乙神見

按遼史太祖本紀九年君基太一神數見詔圖其像

宋

太祖乾德五年老君像自動

按宋史太祖本紀不載　按五行志乾德五年十一月許州開元觀老君像自動知州宋偓以聞

乾德六年佛像自動

按宋史太祖本紀不載　按五行志六年正月簡州普通院毗盧佛像自動

神宗元豐元年佛像自動

按宋史神宗本紀不載　按五行志元豐元年邕州佛像動搖初像動夏人入寇又動而州大火其後儂智高叛復動于是知州錢師孟投其像于江中

徽宗政和元年黑眚見宮中

按宋史徽宗本紀不載　按五行志元豐末嘗有物大如席夜見寢殿上而神宗崩元符末又數見而哲宗崩至大觀間漸晝見政和元年以後大作每得人語聲則出先若列屋摧倒之聲其形僅丈餘髣髴如龜金眼行動硜硜有聲黑氣蒙之不了了氣之所及腥血四灑兵刃皆不能施又或變人形亦或為驢自春歷夏晝夜出無時遇冬則罕見多在掖庭宮人所居之地亦嘗及內殿後習以為常人亦不大怖宣和末寖少而亂遂作

政和三年天神降

按宋史徽宗本紀政和三年十一月乙酉以天神降詔告在位作天眞降臨示現記

宣和　年洛陽有黑眚物為怪

按宋史徽宗本紀不載　按五行志宣和中洛陽畿府間忽有物如人或蹲踞如犬其色正黑不辨眉目始夜則掠小兒食之後雖白晝入人家為患所至喧然不安謂之黑漢有力者夜執槍棒自衛亦有託以作過者如此二歲乃息已而北征事起卒成金人之禍

明

太祖吳元年太白神見

按名山藏典謨記吳元年正月有一老人告省局匠曰吳王卽位三年當平一天下匠驚問之曰我太白神也去不見

按明寶訓吳元年正月乙未有省局匠告省臣曰見一老人語之曰吳王卽位三年當平一天下問老人為誰曰我太白神也言訖遂不見省臣以聞太祖曰此妄誕不可信也若太白神果見當告君子豈與小人語耶今後凡事涉怪誕者勿以聞

洪武五年建昌有神見

按明寶訓洪武五年五月乙卯中書右丞建昌王溥遣人來言近督工取材木建昌蛇舌巖衆見巖上有衣黃衣者歌曰龍蟠虎踞勢岧嶢赤帝重興勝六朝八百年終王氣復重華從此繼唐堯其聲如鐘歌已忽不見太祖曰明理者非神怪可惑守正者非讖緯可干漢之文成五利足以為戒事涉妖妄豈可信耶

洪武十一年安東沭陽多鬼

按明昭代典則洪武十一年夏四月御製勅文諭祭安東沭陽二縣夜鬼時永嘉侯朱亮祖奏安東沭陽二縣之野暮夜多鬼民人皆驚御製勅文遣使諭祭之曰明有禮樂幽有鬼神國之有祀以為民也庶民之祀止于祖宗非祖宗而祀謂之非禮神亦不享其岳鎮海瀆山川之神載之祀典者莫不承上帝后土之命以司福善禍淫之權若禍福僭忒不愜民心且將獲戾于天矣今洪武十一年四月十四日永嘉侯遣人奏安東沭陽二縣之野夜持炬者數百或成列或四散民人相驚逐之不見擊之若有應者朕不能盡信特致牲醴會鬼神而勅問之中原自有元失政生民塗炭死者不可勝計有覆宗絕祀者有生離父母妻子而死于非命者爾持炬者豈無主孤魂而欲人之祀與父母妻子之未隔而有遺恨與無罪遭殺而冤未伸與或有司怠于歲祀而有忿與四者必有一焉朕以四事問爾爾果何為而然與朕自卽位以來祀神未嘗缺禮然非當祀者亦不敢佞爾持炬者宜禍其宜禍者而福其應福者勿妄為民害自貽天憲

洪武三十年安東鬼見

按江南通志洪武三十年安東郊外日中鬼遊千百有聲高帝製文祭之乃止

宣宗宣德九年黑眚見

按江南通志宣德九年常熟黑眚見

憲宗成化十二年黑眚見

按大政紀成化十二年七月庚戌京師西城有黑眚見夜出傷人巡城御史以聞命設法捕之仍戒人毋得傳疑大學士商輅因黑眚見條弭災八事上嘉納之輅言八事曰番僧國師不得重給符券曰四方常貢外勿受玩好曰諸色人許直言自違曰分遣部使者錄囚以理冤抑曰停不急營造曰實三邊軍儲曰守緣邊關隘曰增置雲南巡撫

按名山藏成化十二年七月以黑眚見祭告天地於禁中

按明昭代典則成化十二年秋七月初旬京師黑眚見時坊巷細民家男女多露宿忽有一物負黑氣一片而來或自戶牖入雖密室亦無不有至則人皆昏迷或手足或頭臉或腹背被傷出黃水醒時覺傷亦不甚痛數日遍城驚擾暮夜各持刃張燈自防凡有黑氣來輒鳴金擊鼓以逐之此怪初起於城西北人莫敢言及各城皆有被傷者始各訴于兵馬司巡城御史拘審有驗乃具以聞止云不知被何物所傷然多有見者云黑而小金睛修尾狀類犬狸蓋不啻二十餘枚兼旬始息

成化十四年朝班聞有兵甲聲

按大政紀成化十四年八月戊戌早朝東班官驚喧若聞有甲兵聲者因辟易不成列衞士爭露刃以備不虞久之始定莫知其故上命究其事所從起竟莫能得也

成化二十二年黑眚見

按浙江通志成化二十二年嘉興黑眚見

孝宗弘治元年黑眚見

按湖廣通志弘治元年襄陽妖氣見市有黑色如霧恍如人形觸人小兒中之死爲罷市近黑眚

武宗正德五年黑眚見

按山西通志正德五年盂縣及汾州黑眚見民擊銅鐵器以捍之

正德七年黑眚見

按畿輔通志正德七年夏黑眚見其形黑小金睛狀若犬遇者眊迷至秋方息

按山東通志正德七年六月濟南州縣民言黑眚見至冬乃息時老幼皆擊銅器以自衞通宵不寐

按山西通志正德七年太原諸縣及霍州潞州黑眚見忻州文水太谷交城祁縣霍州黑氣成團狀如猫犬夜行傷人隨趕隨無自北而南時謂之眚餘州縣多有

正德八年黑眚見

按畿輔通志正德八年夏黑眚見月餘方息

按山西通志正德八年五月太原及介休黑眚見

世宗嘉靖二年黑眚見

按山西通志嘉靖二年洪洞黑眚見夜爲祟人多被傷流黃水一月始息

嘉靖十六年黑眚見海神見

按山西通志嘉靖十六年大同黑眚見遇之者病傳言畏馬民居多以馬逐之

按廣東通志嘉靖十六年冬瓊州海神見瓊州諸生應試渡海歸見神人立於水面高丈餘朱髮長鬚冠劍偉異衆驚伏下拜神掠舟而過次日三舟復見諸生大譟拒之神忽不見少頃風大作三舟皆覆溺

嘉靖十九年水怪見

按太平府志嘉靖十九年牛渚磯下水沸擁出一物形如牛背大若覆舟隱顯數次近亦有水怪屢擁潮數尺夜則入河不見形狀止見水長倏然而退

嘉靖二十三年鬼入市

按四川總志嘉靖二十三年武隆鬼入市有人

嘉靖二十七年黑眚見

按湖廣通志嘉靖二十七年二月道州黑眚見有黑氣自廣東來爲螢爲猴怪無定形四五日晝晦如夜

嘉靖三十五年黑眚見

按山西通志嘉靖三十五年六月蒲解州縣黑眚見雖密室亦無不至每夜張燈持刃擊金鼓以防之說者謂地震壓死强魂理或然也

按陝西通志嘉靖三十五年慶陽黑眚見自山西漸至慶陽夜捕人作害民多鳴金鼓驚之旬餘乃息

按福建通志嘉靖三十五年民間訛言有海騮精狀若螢著人衣裾必死城中家擊金鼓若防巨寇夜不帖席數道士市符治之有司疑即道士所爲也將置之法道士逸去怪亦絕

按廣東通志嘉靖三十五年秋九月惠州黑眚見

按廣西通志嘉靖三十五年黑眚見有物變幻不一拋擲瓦石夜入人家爲怪人傳爲馬騮精家家守夜達旦以桃柳枝鳴鑼擊鼓逐之平屬更多此妖自廣東入賀富至永衡而後滅跡

嘉靖三十六年妖眚見

按廣西通志嘉靖三十六年冬十月橫州有妖眚其妖未審何物傳自北而來歷江西及廣東遇夜入人家淫穢或如腥或如蝠或如猴如犬或有黑氣似有尾爪能傷人淫者當之輒斃家家夜聚擊鑼鼓持竹柳枝以防之來則聚擊之散爲星火頃復堆爲一毬冲簷而去至三十七年二月復轉至州境村鄉騷擾如前數月乃熄

嘉靖三十七年黑眚見

按湖廣通志嘉靖三十七年衡陽黑眚見魘及婦女即口流血而死或現異狀滅燈燭

嘉靖四十五年黑眚見

按山西通志嘉靖四十五年沁州黑眚見月餘乃止

穆宗隆慶元年黑眚見

按山西通志隆慶元年夏四月稷山黑眚見

隆慶六年黑眚見

按明昭代典則隆慶六年夏四月浙江黑眚見時杭州府黑霧中一物蜿蜒如車輪目光掣電冰雹隨之屋瓦皆震林中鳥雀擊死無算

神宗萬曆七年黑眚見

按湖廣通志萬曆七年黑眚見靖州狀似狐

萬曆二十八年異物黑眚見

按山西通志萬曆二十八年春正月十二日辰時中蒲縣白村忽大風聲雲霧中有物狀如桶長約丈餘其色黃捲尾落嶺陽柳樹下頃刻無蹤

按廣東通志萬曆二十八年春廣州黑眚見自省而出徧於鄉落妖怪變幻不常每乘暗中傷人多不可見男女驚懼夜則聚居一室各執竹枝列火環坐相守月餘乃息

萬曆二十九年黑眚見

按江西通志萬曆二十九年贛州城黑眚見形似狸犬夜間潛入人室燈燭皆滅邪氣觸人

萬曆三十六年十一月黑眚見

按福建通志云云

萬曆四十一年土地神生鬚

按山西通志萬曆四十一年秋稷山土地神生鬚

萬曆四十八年黑妖見

按湖廣通志萬曆四十八年衡州府黑妖見

愍帝崇禎十二年玉帝像自搖

按四川總志崇禎十二年省城東門外白城街東嶽廟玉帝土像忽動搖不止後遷廟于城中夏蓮池

崇禎十六年鬼哭

按潞安府志崇禎十六年冬鬼哭郡城東南隅爲閑田曠野素稱閒寂至是每入夜輒聞鬼哭聲其聲甚哀千百爲羣嚎啕斷續漸遠漸微陰晦尤甚如是者三月越明年闖賊渡河郡城不守

按湖廣通志崇禎十六年五月黃州清涼門三日鬼哭

欽定古今圖書集成曆象彙編庶徵典

第一百六十三卷目錄

庶徵典第一百六十三卷

神怪異部總論

王充論衡

紀妖篇

趙襄子既立知伯益驕請地韓魏韓魏予之請地於趙趙不予知伯益怒遂率韓魏攻趙襄子襄子懼乃奔保晉陽原過從後至於托平驛見三人自帶以上可見自帶以下不可見予原過竹二節莫通曰爲我以是遺趙無恤既至以告襄子襄子齋三日親自割竹有赤書曰趙無恤余霍大山陽侯天子三月丙戌余將使汝滅知氏汝亦祀我百邑余將賜汝林胡之地襄子再拜受神之命是何謂也曰是蓋襄子且勝之祥也三國攻晉陽歲餘引汾水灌其城城不浸者三板襄子懼使相張孟談私於韓魏韓魏與合謀竟以三月丙戌之日大滅知氏共分其地蓋妖祥之氣象人之形稱霍大山之神猶夏庭之妖象龍稱褒之二君趙簡子之祥象人稱帝之使也何以知非霍大山之神也曰大山地之體猶人有骨節骨節安得神如大山有神宜象大山之形何則人謂鬼者死人之精其象如生人之形今大山廣長不與人同而其精神不異於人不異於人則鬼之類人鬼之類人則妖祥之氣也

秦始皇帝三十六年熒惑守心有星墜下至地爲石刻其石曰始皇死而地分始皇聞之令御史逐問莫服盡取石旁家人誅之因燔其石妖使者從關東夜過華陰平野或有人持璧遮使者曰爲我遺鎬池君因言曰今年祖龍死使者問之因忽不見置其璧去使者奉璧具以言聞始皇帝默然良久曰山鬼不過知一歲事乃言曰祖龍者人之先也使御府視璧乃二十八年行渡江所沈璧也明三十七年夢與海神戰如人狀是何謂也曰皆始皇且死之妖也始皇夢與海神戰恚怒入海候神射大魚自琅邪至勞成山不見至之罘山還見巨魚射殺一魚遂旁海西至平原津而病到沙丘而崩當星墜之時熒惑爲妖故石旁家人刻書其石若或爲之文曰始皇死或教之也猶世間童謠非童所爲氣導之也凡妖之發或象人爲鬼或爲人象鬼而使其實一也晉公子重耳失國乏食於道從耕者乞食耕者奉塊土以賜公子公子怒舅犯曰此吉祥天賜土地也其後公子得國復土如舅犯之言齊田單保卽墨之城欲詐燕軍云天神下助我有一人前曰我可以爲神乎田單却走再拜事之竟以神下之言聞於燕軍燕軍信其有神又見牛若五采之文遂信畏懼軍破兵北田單卒勝復獲侵地此人象鬼之妖也使者過華陰人持璧遮道委璧而去妖鬼象人之形也夫沈璧於江欲求福也今還璧示不受物福不可得也璧者象前所沈之璧其實非也何以明之以鬼象人而見非實人也人見鬼象生存之人定問生存之人不與己相見妖氣象類人也妖氣象人之形則其所齎持之物非眞物矣祖龍死謂始皇也祖人之本龍人君之象也人物類則其言禍亦放矣

神怪異部藝文一

神怪論　漢荀悅

易稱有天道焉有地道焉有人道焉各當其理而不相亂也遇則有故氣變而然也若夫大石自立僵柳復起此形神之異也男子化爲女死人復生此含氣之異也鬼神髣髴在於人間言語音聲此精神之異也夫豈形神之怪異哉各以類感因應而然善則爲瑞惡則爲異瑞則生吉惡則生禍精氣之際自然之符也故逆天之理則人失其節而妖神妄興逆地之

理則形失其節而妖形妄生逆中和之理則含血失其節而妖物妄生此其大旨也若夫神君之類精神之異非求請所能致也又非可以求福而禳災矣且其人不自知其所然而然況其能爲神乎凡物之怪亦皆如之春秋傳曰作事不時怨讟起於民則有非言之物而言者當武帝之時賦役繁衆民力凋弊加以好神仙之術迂誕妖怪之人四方並集皆虛而無實故無形而言者至矣於洪範言僭則生時妖此蓋怨讟所生時妖之類也故通於道正身以應萬物則精神形氣各返其本矣

請宮中眼花浪見不得輒奏表　褚遂良

臣遂良言聖人之於鬼神也聞之而不獨信知之而不專恃是以顓頊依於鬼神制之以正不懼鵂異增修仁德孔子不語怪力亂神伏惟陛下氣蓋區中威移海外擁百萬之陣頓九夷之頸自書史所載未之前聞夫人歡樂則意氣高悲哀則膽力少自不可信茲訛惑轉移常操而宮中嬪列謂之婦人恇弱周章眼花浪見更相恐懼氣一動志雖有孟賁壯勇孔翟精誠終不免聽之心疑聞之意動變異之來具諸前志自須制之以貞正厲之以安靜謂之謂吉則變謂之爲祥則嘉臣愚見宜勅宮中眼花浪見不得報吉傍人更相恐動亦不得專輒奏聞如此而不安然臣受死罪謹錄前載所見皆爲吉慶具別狀以聞

神爲異聲判　闕名

甲邑里有神爲異聲所不供太陰之弓請科之訴云掌非武庫對日月薄蝕君臣著象葵轉歌於童子聞取幣於嗇夫伐鼓廻輪有祇膺之事迹陰弓枉矢開救射之規模義雖責於上公物終列於庭氏藏非武庫救卽羣妖何邑居之有災見主司之不務殊若在己近欲幸人既闕五兵之威因虧十日之號實忤於典良尸厥官思取義於傑攘請論刑於徽纆

神怪異部藝文二 詩

元元皇帝應見賀聖祚無疆　唐趙鐸

聖主今司契神功格上元豈惟求傳野更有叶鈞天寄夢西山下焚香北闕前道光尊聖日福應集靈年咫尺眞容近巍峨大象懸觴從百僚獻形爲萬方傳聲教惟皇矣英威固邈然慚無美周頌徒上祝堯篇

神怪異部紀事

述異記齊桓公北征孤竹見人長尺具衣冠左袪而走於馬前管仲曰此山之神也名曰俞兒霸王之君興則見也

左傳莊公三十二年秋七月有神降於莘惠王問諸內史過曰是何故也對曰國之將興明神降之監其德也將亡神又降之觀其惡也故有得神以興亦有以亡虞夏商周皆有之王曰若之何對曰以其物享焉其至之日亦其物也王從之內史過往聞虢請命反曰虢必亡矣虐而聽於神神居莘六月虢公使祝應宗區史嚚享焉神賜之土田史嚚曰虢其亡乎吾聞之國將興聽於民將亡聽於神神聰明正直而壹者也依人而行虢多涼德其何土之能得

僖公十年晉侯改葬共太子秋狐突適下國遇太子太子使登僕而告之曰夷吾無禮余得請於帝矣將以晉畀秦秦將祀余對曰臣聞之神不歆非類民不祀非族君祀無乃殄乎且民何罪失刑乏祀君其圖之君曰諾吾將復請七日新城西偏將有巫者而見我焉許之遂不見及期而往告之曰帝許我罰有罪矣敝於韓

三十二年冬晉文公卒庚辰將殯於曲沃出絳柩有聲如牛卜偃使大夫拜曰君命大事將有西師過軼我擊之必大捷也杞子自鄭使告於秦曰鄭人使我掌其北門之管若潛師以來國可得也穆公訪諸蹇叔蹇叔曰勞師以襲遠非所聞也師勞力竭遠主備之無乃不可乎師之所爲鄭必知之勤而無所必有悖心且行千里其誰不知公辭焉名孟明西乞白乙使出師於東門之外蹇叔哭之曰孟子吾見師之出而不見其入也公使謂之曰爾何知中壽爾墓之木拱矣蹇叔之子與師哭而送之曰晉人禦師必於殽殽有二陵焉其南陵夏后皐之墓也其北陵文王之所辟風雨也必死是間余收爾骨焉秦師遂東

三十三年夏四月辛巳晉人及姜戎敗秦師於殽

益都耆舊傳漢武帝時蜀張寬爲侍中從祀甘泉至渭橋有女子浴於渭水乳長七尺上怪其異遣問之女曰帝後第七車知我時張寬在第七車對曰天星

主祭祀者齋戒不潔則女人見

容齋續筆漢武帝居建章宮親見一男子帶劒入中龍華門疑其異人命收之男子捐劒走逐之弗獲上怒斬門候閉長安城門大索十一日

小名錄孫權末臨海羅陽縣有神自稱王表周旋民間言語飲食與人無異然不見其形有一婢名紡績權遣中書郎李崇齎輔國將軍羅陽王印綬迎表表隨崇俱出所歷山川遣紡績與神相聞崇與表至權立第舍於蒼龍門外數使近臣齎酒往表說水旱小事往往奇中

搜神後記平原華歆字子魚爲諸生時嘗宿於人門外主人婦夜產有頃兩吏來詣其門便相向辟易欲退却相謂曰公在此因踟蹰良久一吏曰籍當定奈何得住乃前向子魚拜相將入出並行共語曰當與幾歲一吏云當與三歲天明子魚去後欲驗其事至三歲故往視兒消息果三歲已死乃自喜曰我固當公後果爲太尉

異苑晉太始中豫州刺史彭城劉德願住內屋閉戶未合輒有人頭進門屏窺看戶內是丈夫露髻團面內人驚告把火搜覓了不見人劉明年竟被誅

涼州張實字安遜夜寢忽見屋梁間有人像無頭久而乃滅實甚惡之尋爲左右所害

慕容皝出畋見一老父曰此非獵所王宜還也皝明晨復去值有白兔馳馬射之墜石而卒

續晉陽秋苻堅末敗長安市鬼夜哭一月止

異苑涼州張祚僞和平中有神見於元武殿自稱元冥與人言語祚日夜祈之神言與之福利祚甚信之

晉海西公時有貴人會因藏彊獄有一手間在衆臂之中脩骨巨指毛色麤黑舉坐咸驚尋爲桓大司馬所殺

孝武太和末帝每聞手巾箱中有鼓吹鞞角於是請僧齋會夜見一臂長三丈許手長數尺來摸經案是歲帝崩天下大亂晉室自此而衰

搜神後記桓大司馬從南州還拜簡文皇帝陵左右覺其異既登車謂從者曰先帝向遂靈見既不述帝所言故衆莫之知但見將拜時頻言臣不敢而已又問左右殷涓形貌有答涓爲人肥短黑色甚醜桓云向亦見在帝側形亦如此甚惡之遂遇疾未幾而薨

晉書諸葛長民傳長民富貴之後常一月中輒十數夜眠中驚起跳踉如與人相打毛修之嘗與同宿見之駭愕問其故長民答曰正見一物甚黑而有毛脚不分明奇健非我無以制之其後來轉數屋中柱及椽桷間悉見有蛇頭令人以刀懸斫應刃隱藏去輒復出又擣衣杵相與語如人聲不可解於壁見有巨手長七八尺臂大數圍令斫之豁然不見未幾伏誅

搜神後記新野庾謹母病兄弟三人悉在侍疾白日常燃火忽見帳帶自卷自舒如此數四須臾間牀前聞狗聲異常舉家共視了不見狗見一死人頭在地頭猶有髮二眼尚動甚可憎惡其家怖懼乃不持出門卽於後園中瘞之明日往視乃出土上二眼猶爾卽又埋之後日復出乃以磚頭合埋之遂不復出他日其母便亡

南史宋武帝本紀帝嘗伐荻新洲見大蛇長數丈射之傷明日復至洲裏聞有杵臼聲往覘之見童子數人皆青衣擣藥問其故答曰我王爲劉寄奴所射合散傅之帝曰王神何不殺之答曰劉寄奴王者不死不可殺帝叱之皆散仍收藥而反又經客下邳逆旅會一沙門謂帝曰江表當亂安之者其在君乎帝先患手創積年不愈沙門有一黃藥因留與帝既而忽亡帝以黃散傅之其創一傅而愈

晉帝禪位於宋宋臺羣臣並上表勸進猶不許太史令駱達陳天文符應曰冀州道人釋法稱告其弟子曰嵩神言江東有劉將軍漢家苗裔當受天命吾以璧三十二鎭金一餅與之劉氏卜世之數也

異苑謝晦在荆州見壁角間一赤鬼長可三尺來至其前手擎銅盤滿中是血晦得乃紙盤須臾而沒

宋初中北他傳亮爲護軍兄子珍住府西齋夜忽見北牕外樹下有一物面廣三尺眼橫豎狀若方相珍遑遽以被自蒙久乃自滅後亮被誅

彭城劉敬宣字萬壽嘗夜與僚佐宴坐空中忽有投一隻芒履於座墜敬宣食盤上長三尺五寸已經人著耳鼻間並欲壞頃之而敗

文帝元嘉四年太原王徽之字伯猷爲交州刺史在道有客命索酒炙言未訖而炙至徽之自割終不食投地大怒少頃顧視炙已變爲徽之頭矣乃大驚愕反屬目視其首在空中揮霍而沒至州便殞

南史宋孝武帝本紀元嘉三十年三月乙未建牙於軍門是時多不悉舊儀有一翁斑白自稱少從武帝征伐頗悉其事因使指麾事畢忽失所在

顧琛傳廢帝卽位爲吳郡太守初琛景平中爲朝請假還東日晚至方山於時商旅數十船悉泊岸側有

一人元衣介幘執鞭屏諸船云顧吳郡部伍尋至應泊此岸於是諸船各東西俄有一假裝至事力甚寡仍泊向處人問顧吳郡早晚至船人答無顧吳郡又問何船曰顧朝請耳莫不驚怪琛意竊知爲善徵因誓之曰若得郡當於此立廟至是果爲吳郡乃立廟方山號白馬廟云

蕭思話傳思話子惠明有時譽泰始初爲吳興太守郡界有卞山山下有項羽廟相承云羽多居郡聽事前後太守不敢上惠明謂綱紀曰孔季恭嘗爲此郡未聞有災遂盛設筵榻接賓數日見一人長丈餘張弓挾矢向惠明既而不見因發背疽旬日而卒

到彥之傳彥之孫遁元徽中爲南海太守在廣州昇明元年沈攸之反刺史陳顯達起兵應朝廷遁猶豫見殺遁家人在都從野夜歸見兩三人持堊刷其家門須臾而滅明日而遁死

齊宗室傳新吳侯景先高帝從子也武帝爲廣興郡啓高帝求景先同行除武帝寧朔府司馬自是常相隨逐昇明中沈攸之於荆州舉兵武帝時鎮江州盆城景先夜乘城忽聞塹中有小兒呼蕭丹陽未測何人聲聲不絕試問誰空中應云賊尋當平何事嚴防語訖不復言即窮討之了不見明旦以白帝帝曰攸之自無所至焉知汝後不作丹陽尹景先曰寧有作理尋而攸之首至及永明二年詔以景先爲丹陽尹謂曰此授欲驗往年盆城塹空中言耳

范雲傳梁武爲司徒祭酒與雲俱在竟陵王西邸情好歡甚雲嘗與梁武同宿顧暠之舍暠之妻方產有鬼在外曰此中有王有相雲起曰王當仰屬相以見歸因是盡心推事

冊府元龜河東王譽爲湘州刺史以悖逆誅死初譽之將敗引鏡照面不見其頭又見長人蓋屋兩手據地瞰其齋譽甚惡之俄而城陷

南史梁武帝本紀帝行經牛渚逢風入泊龍瀆有一老人謂帝曰君龍行虎步相不可言天下方亂安之者其在君乎問其名氏忽然不見隆昌元年行次騣斗洲有人長八尺餘容貌衣冠皓然皆白緣江呼曰蕭王大貴帝既屢有祥徵心益自負尋爲司州刺史有沙門自稱僧惲謂帝曰君項有伏龍非人臣也復求莫知所之臺內有宿衛士爲覡常見太極殿有六龍各守一柱末忽失其二後見在宣武王宅時宣武爲益州覡乃往蜀伏事及宣武在郢此覡還都乃見六龍俱在帝所寢齋遂去郢之雍中途遇疾且死謂同侶曰蕭雍州必作天子具以前事語之推此而言蓋天命也

帝命王茂蕭穎達等逼郢城夜郢城有數百毛人踰堞且泣因投黃鵠磯蓋城之精也及旦其城主程茂薛元嗣遣參軍朱曉求降帝謂曰城中自可不識天命何意恆罵曉曰明公未之思耳桀犬何嘗不吠堯

梁武帝本紀太清元年帝捨身光嚴重雲殿游仙化生皆震動三日乃止當時謂之祥瑞識者以非動而動在洪範爲妖以比石季龍之敗殿壁盡人頸皆縮入頭之類

物類相感志梁蕭歸會鑄一像成背有三穴俄而歸疽發背果有三穴如其處焉

南史陳宣帝本紀軍主李總與帝有舊每同遊處帝嘗夜被酒張燈而寐總適出尋反乃見帝是大龍便驚走他室

冊府元龜陳周文育爲鎮南將軍討余孝勵爲豫章太守熊曇朗所害初文育之據三陂軍市中忽聞小兒啼一市並驚聽之在土下軍人掘得棺木長三尺文育惡之俄而見殺

南史陳後主本紀帝荒於酒色前後災異甚多有神自稱老子游於都下與人對語而不見形言吉凶多驗得酒輒釂之經三四年乃去船下有聲云明年亂視之得嬰兒長三尺而無頭

北史魏本紀威帝崩獻皇帝鄰立時有神人言此土荒遐宜徙建都邑獻帝年老乃以位授子聖武皇帝命南移山谷高深九難八阻於是欲止有神獸似馬其聲類牛導引歷年乃出始居匈奴故地

聖武皇帝諱詰汾嘗田於山澤欻見輜軿自天而下既至見美婦人自稱天女受命相偶旦日請還期年周時復會於此言終而別及期帝至先田處果見天女以所生男授帝曰此君之子也當世爲帝王語訖而去即始祖神元皇帝也

魏書太祖本紀天興六年夏帝不豫災變屢見憂懣不安謂百寮左右人不可信慮如天文之占或有肘腋之虞終日竟夜獨語不止若旁有鬼物對揚者冬十月帝崩

北史魏太武帝本紀太延四年詔曰去春小旱東作不茂憂勤尅己祈請靈祇豈朕精誠有感何報應之速雲雨震灑流澤霑渥有鄰婦人持方寸玉印詣潞縣侯孫家既而亡去莫知所在印有三字爲龍烏之

形要妙奇巧不類人迹文曰旱疫平推尋其理蓋神靈之報應也

冊府元龜尒朱世隆爲尚書令曾晝寢其妻奚氏忽見一人持世隆首去奚氏驚怖就視而寢如故旣覺謂妻曰向夢人斷我頭去意殊不適又此年正月晦日令僕並不上省西門不開忽有河內太守田怙家奴告省門亭長云今旦爲令王借車牛一乘終日於洛濱遊觀至晚王還省將車出東掖門始覺車上無褥請爲記識時世隆封樂平郡王故呼爲令王亭長以令僕不上西門不開無入省兼無車迹此奴固陳不已公文列訴尚書都令史謝遠疑謂妄有假借白世隆付曹推驗時都官郎穆子容窮究之奴言初來時至司空府西欲向省令王嫌遲遣二防閤捉儀力催車車入到省西門王嫌牛小繫於闕下槐樹更將一青牛駕令王著白紗高頂帽短小黑色儐從軍皆帬襦袴褶板不似常時服章遂遣一吏將奴送入省中廳事東廂第一屋中其屋先常閉鑰子容以西門不開忽言從入此屋常閉言奴在中詰其虛罔奴云此屋若閉求得開看屋中有一板牀上無席大有塵土兼有一瓮米奴拂牀而坐兼畫地弄瓮中之米亦握看之定其閉者應無事驗子容與謝遠自入看之戶閉極久全無開迹及入拂牀畫地蹤緒歷然米亦符同方知不謬具以此對世隆悵然意以爲惡未幾見誅

伽藍記平等寺廣平武穆王懷捨宅所立在靑陽門外二里御道北所謂孝敬里也堂宇宏美林木蕭森平臺複道獨顯當世寺門外金像一軀高二丈八尺相好端嚴常有神驗國之吉凶先炳祥異孝昌三年十二月中此像面有悲容兩目垂淚遍體皆濕時人號曰佛汗京師士女空市里往而觀之有比丘以淨綿拭其淚須臾之間綿濕都盡更以他綿換俄然復濕如此三日乃止明年四月尒朱榮入洛陽誅戮百官死亡塗地永安二年三月此像復汗士庶復往觀之五月北海王入洛莊帝北巡七月北海王大敗所隨江淮子弟五千盡被俘虜無一得還永安三年此像悲泣如初每經神驗朝夕惶懼禁人不聽觀之至十二月尒朱兆入洛陽擒莊帝於晉陽在京宮殿空虛百日無主

永熙元年平陽王入纂大業始造五層塔一所平陽王武穆王少子詔中書侍郎魏收等爲寺碑文至二年二月五日土木畢功帝率百僚作萬僧會其日寺門外有石像無故自動低頭復舉竟日乃止帝躬來禮拜怪其詭異中書舍人盧景曰石立社移上古有此陛下何怪也帝乃還宮七月中帝爲侍中斛斯椿所使奔于安至十月終而京師遷鄴焉

歸覺寺普泰元年金像生毛眉髮悉皆具足尚書左丞魏季景謂人曰張天錫有此事其國遂滅此亦不祥之徵至明年而廣陵被廢死

北史齊神武本紀劉貴嘗得一白鷹與神武獵于沃野見一赤兔每搏輒逸遂至迴澤澤中有茅屋將奔入有狗自屋中出噬之鷹兔俱死神武怒以鳴鏑射之狗斃屋中乃有二人出持神武襟甚急其母兩目盲曳杖呵其二子曰何故觸大家出甕中酒烹羊以待客因自言善暗相徧捫諸人言皆貴而指麾俱由神武又曰子如歷位顯智不善終飮竟出行數里還更訪之則本無人居乃向非人也由是諸人益加敬異後抵揚州邑人龐蒼鷹常夜欲入有靑衣人拔刀叱曰何故觸王言訖不見始以爲異密覘之唯見赤蛇蟠牀上乃益驚異

冊府元龜竇泰爲中尉從神武西討爲周太祖所襲自殺未行之前夜三更忽有朱衣冠幘數千人入臺云收竇中尉宿直兵吏皆驚其人入數屋俄頃而去且視關鍵不異方知非人皆知其必敗

北史鄭羲傳羲孫述祖少時在鄉單馬出行忽有騎者數百見述祖乃下馬曰公在此行列而拜述祖顧問從人皆不見心甚異之未幾被徵終歷顯位及病篤乃自言之

周文帝本紀初賀拔岳營河曲軍吏獨行忽見一翁謂曰賀拔雖據此衆終無所成當有一宇文家從東北來後必大盛言訖不見

薛辯傳辯五世孫端端弟裕丞相參軍事京兆韋瓊以從孫女妻之裕曾宿宴于瓊之廬後庭有井裕夜出戶若有人欲牽其手裕便却行遂落井同坐共出之因勸裕酒曰向慮君不測憂幸得無他宜盡此爵裕曰墜井蓋小小耳方當逾於此也人問其故裕曰近夢恐有兩楹之憂尋卒

隋書文帝本紀大統七年六月癸丑夜生高祖於馮翊般若寺紫氣充庭有尼來自河東謂皇妣曰此兒所從來甚異不可於俗間處之尼將高祖舍於別館躬自撫養皇妣嘗抱高祖忽見頭上角出徧體鱗起皇妣大駭墜高祖於地尼自外入見曰已驚我兒致

令晩得天下

海山記帝泛舟遊北海與宮人十數輩升海山是時月色朦朧萬籟俱寂恍惚間木上有一小舟祗容兩人泊至首一人先登贊唱陳後主謁帝帝亦忘其死帝幼年與後主甚善乃起迎之後主再拜帝亦鞠躬勞謝既坐後主曰憶昔與帝同隊遊戲情愛甚于同氣今陛下富有四海令人欽服始者謂帝將致理于三王之上今乃甚取當時之樂以快平生無甚美事聞陛下已開隋渠引洪河之水東遊維揚因作詩來奏乃探懷出詩上帝詩曰隋室開茲水初心謀大賒一千里力役百萬民吁嗟水殿不復返龍舟成小瑕溢流隨陡岸濁浪噴黃沙兩人迎客至三月柳飛花日脚沉雲外榆梢噪暝鴉如今遊子俗異日便天家且樂人間景休尋海上楂人喧舟艤岸風細錦帆斜莫言無後利千古壯京華帝覽詩拂衣怒曰死生命也興亡數也爾安知吾開河爲後人之利帝怒叱之後主曰子之壯氣能得幾日其終始更不若吾帝乃起逐之後主走曰且去且去後一年吳公臺下相見乃没於水際帝方悟其死兀然不自知驚悸移時

大業拾遺記帝昏湎滋深往往爲妖祟所惑嘗恍惚間與後主相遇尚喚帝爲殿下後主左右一女迥美帝屢目之後主云殿下不識此人耶卽麗華也俄以綠文測海蠡酌紅粱新醸勸帝帝飲之甚歡因請麗華舞玉樹後庭花麗華白後主辭以抛擲歲久自井中出來腰肢依巨無復往時姿態帝再三索之乃徐起終一曲後主復誦詩十數篇帝不記之獨愛小窻詩及寄侍兒碧玉詩小窻云午醉醒來晚無人夢自驚夕陽如有意偏傍小窻明寄碧玉云臨別腸應斷相思骨合銷愁魂若飛散憑仗一相招麗華拜求帝一章辭以不能麗華笑曰嘗聞此處不留儂會有留儂處安可言不能帝强爲之操觚曰見面無多事聞名爾許時坐來生百媚十箇好相知麗華捧詩赧然不懌後主問帝龍舟之遊樂乎始謂殿下致治在堯舜之上今日復此逸遊大抵人生各圖快樂曩時何見罪之深耶三十六封書至今使人怏怏不悅帝忽悟云何今日尚目我爲殿下復以往事訊我耶隨叱聲恍然不見

創業起居注七月甲子有白衣野父自云霍太山遺來詣帝請謁帝弘達至理不語神怪逮乎佛道亦以致疑未之深信門人不敢以聞此老乃伺帝行營路左拜見帝戲謂之曰神本不測卿何得見卿非神類豈共神言野老對曰某事山祠山中聞語遣語大唐皇帝云若往霍邑宜東南傍山取路八月初雨止我當爲帝破之可爲吾立祠廟也帝試遣案行傍山向霍邑道路雖峻兵伍行而城中不見若取大路去縣十里城上人卽遙見兵來帝曰行逢滯雨人多疲濕甲仗非精何可令人遠見且欲用權譎難爲之朽山神示吾此路可謂指蹤雨霽有徵吾從神也然此神不欺趙襄子亦應無負于孤顧左右笑以爲樂

龍城錄神堯皇帝拜河東節度使領大使擊龍門賊毋端兒夜過韓津口時明月方出白霧初澄於小橋下有二人語言明日毋大郎死我輩勤亦不少矣神堯停馬問二人再拜起泣曰某二人漢兵也昨奉東嶽命嶽神管押七十人付龍門助將軍討賊某二人尸骨在此因少憩於此亦自感傷兼欲先知於將軍耳神堯訝其言深切詢其姓氏但笑謝言將軍貴人也某僕卒之賤分不當通言訖倉惶辭去言大隊至矣倏忽不見頃疾風如過矢風塵蔽天而過神堯默喜之明日破賊發七十二矢皆中而復得其矢聖王所向至靈亦先爲佐佑焉

冊府元龜唐劉文靜高祖武德初爲戶部尚書其家中妖怪數見文靜弟文起憂之遂召巫者於星月之下披髮銜刀爲厭勝之法其愛妾失寵以狀告其兄上變誅死

太宗以武德八年拜中書令嘗夜於嘉猷門側見一神人長數丈素衣冠呼太宗進而言曰我當令汝作天子太宗再拜因忽不見

齊王祐太宗貞觀中爲齊州都督以謀逆詔還京師賜死祐未反前數月於齋中晝坐忽見一人云災厄甚逼可脩福以禳之言訖而滅祐且令多設佛齋餘無悛悔

元宗爲臨淄郡王景龍四年來朝京師所過之處大人迹見州人皆異之及平內難日潞州聞空中語曰臨淄王誅韋庶人相王得天下吏驚走遽白於刺史以掾吏狂妄留繫旬日會制到乃捨之

龍城錄開元末裴武公軍夜宿武休帳前見一人介胄者擲一紙書而去武公取視乃四韻詩云屢策羸驂歷亂峋叢嵐映日晝如曛長橋駕險浮天漢危棧通岐觸岫雲却念淮陰還得計又嗟忠武不堪聞廢興盡係前生數休衒英雄勇冠軍武公得詩大不悅紙隨手落爲燼信知鬼物所製也出師大不利武公

射中臆下病月餘薨

冊府元龜楊愼矜天寶五載爲御史中丞爲侍御史王鉷所搆縊殺之初愼矜至溫湯正食忽見一鬼物長丈餘朱衣冠幘立於扇後愼矜叱之良久不滅以熱羹投之乃滅無何下獄死

杜陽雜編副元帥李晟收復宮闕朱泚走涇原而兵士纔餘數百人忽昏迷路不辨南北因問路于田父田父對曰豈非朱太尉邪僞宰相源休止之曰漢皇帝（泚僞號漢）田父曰天不長凶地不生惡蛇不爲龍鼠不爲虎天網恢恢去將何適泚怒將殺之忽亡其所在及去涇州百餘里泚忽馬上叩頭稱乞命而手足紛紜若有拒捍因之墜馬良久復蘇左右扶上馬問其故泚曰見段司農劉海濱杖戈執戟與朕相敵不堪其苦也時將士聞者益懷異意翌日達涇州僞節度使田希鑒閉門不納遂至寧州彭原縣爲心腹衛士韓旻薛綸宋維孝等逼而墜井將殺之泚謂旻曰汝等朕所鍾愛今將敗績可忍共殺耶旻曰誠爲陛下腹心失則不可共爲塗炭今借陛下之首以取富貴也言未終泚首已斷

王涯初爲大官名德聞望頗爲朝廷欽仰末年恃寵固位爲士大夫譏之其所居之地妖怪屢見知氣者以不吉語告之而涯廣自引論曾無休退之意及伏誅時人謂王公禍至不省惑矣

北夢瑣言懿王嘗幸左軍見觀音像陷地四尺問左右對曰陛下中國之天子菩薩即邊地之道人上悅之寇入京郭妃不及奔赴行在乞食于都城時人乃嗟之

宣驗記相州鄴城中有丈六銅像一軀賊丁零者志性兇悖無有信心乃彎弓射像箭中像面血下交流雖加瑩飾血痕猶在又選五百力士令挽仆地銷鑄爲銅擬充器用乃口發大聲響烈雷震力士亡魂膽人皆仆地迷悶宛轉怖不能起由是賊侶慚惶歸信者衆丁零後時著疾被誅乃死

然藜餘筆劉元佐守汴或言相國寺佛有汗元佐遽往持金帛以施繼遣其家屬往禮之翼日復起齋場由此士庶競集輸施甚衆乃令將吏籍其物十日乃閉寺曰佛汗止矣所得數十萬盡贍軍

北夢瑣言唐田弘正之領鎮州三軍殺之而立王庭湊即王武俊支屬也爲三軍扶立別堡西飛龍山神庭湊往祭之將及祠百步有人具冠冕折腰於庭湊及入廟神乃側坐至今面東起宇尚存焉

彭城劉山甫云外祖李公敬彝郎中宅在東都毓財坊土地最靈家人張行周事之有應未大水前預夢告張求飲食至其日率其類過水頭並不沖圮李宅異事也

錢尚父始殺董昌奄有兩浙得行其志士人恥之吳侍郎越州蕭山縣人舉進士場中甚有聲采屢遭維縶不遂觀光乃脫身西上將及蘇臺界回顧有紫綬者二人追之吳謂必遭籠罩須臾紫綬者殊不相顧促遽前去至一津渡喚船命吳共濟比遠岸杳然失之由是獲免爾後策名升朝是知分定者必有神明助之

蜀檮杌弘農郡王晉暉卒暉許州人少有膽勇初與王建爲盜夜泊武陽古墓中聞人呼墓中鬼曰潁州設無遮會可同往否墓中應曰蜀王在此不得相從二人相會曰蜀王誰是也暉曰行哥狀貌有異於人必有不常之事建嘗與飲敘舊暉曰武陽墓中言果不誣耳建笑曰始念不及此

十國春秋吳越皮光業傳光業旅遊會稽有神降於里巷光業往視之神輒不語及去衆詰之曰皮秀才此土地主我小神不當遽見梁選王子傳珍爲駙馬都尉光業奉命如京師及歸經靖海山陰令滕文規故光業舅也日暝見有黃衣吏報曰皮補闕今已及靖海俄失所在其異徵多此類

五代史王鎔傳張文禮者狡獪人也鎔惑愛之以爲子號王德明鎔已死文禮自爲留後莊宗初納之後知其通於梁也遣趙故將符習與閻寶擊之文禮家鬼夜哭野文禮懼病疽卒

冊府元龜張遵誨爲客省使自以歷位尹正與樞密安重誨素有相款衆心有望於節鉞及郊禋畢止爲絳州刺史鬱鬱不樂離京之日白衣乘馬于隼旗之下至郡無幾而卒

朱繼麟爲河中節度使先是河中衙城閽者夜見婦人數十袨衣靚粧僕馬炫燿自外馳騁笑語趨衙城閽者不知其故不敢詰至門排騎而入既而扃鐍如故復無人跡乃知妖鬼也又繼麟夜登逍遙樓哭聲四合詰旦訊之巷無喪者隔歲乃族誅

末帝初在太原嘗與晉高祖因擊毬同入趙襄子之廟見其塑像屹然起立帝私心自負帝在岐陽日有前爲判獄吏何叟者年踰七十暴卒於家見一人謂何曰陰府名君何隨之至一公宇甚宏敞有吏憑几

戒何曰名汝無他事爲吾言於潞王來年三月當爲天子善自愛也及蘇密告帝親要慮其妄誕不敢言月餘復卒陰官見而叱曰汝安得違吾旨不達其事何具陳爲左右所阻陰官曰且放汝還可速言之何退見廊廡下有簿書狼藉以問主者曰此朝代將改升降人爵之籍也及再蘇謁劉延朗密道其事帝屏人召何入問謂曰爾雖有憑吾無以信何曰某衰耄若此唯有一子請大王質之如無驗可殺之又張濛岐州之瞽者自言知術數不龜不蓍言是太白山神其神祠元魏時崔浩廟時事否泰人之休咎濛告於神即傳吉凶之言房暠泥於事神酷信之帝在岐陽暠引濛謁見聞帝語聲駭然曰非人臣也今暠詢其事即傳神語曰三珠併一珠驢馬沒人驅歲月甲庚午中興戊己土暠請曰神言予不知也長興四年五月府解諸門無故自動人頗駭異遣暠問濛濛見暠來未交言先問暠術著小異勿怖不出三日有恩命其夜報至封潞王及帝被疑除鎭甚恐再三質濛初濛曰且爲備王保無虞及王恐同兵將至又召濛謂之曰爾言無忠今天下兵來萃我城下內無兵食外無援助得無患乎濛曰王有天下不能獨立朝廷兵來迎王也王若疑臣臣唯一子未及冠請士致之麾下以質臣心及帝入繼受太后冊曰御明堂宰相讀冊文繼應順元年歲次甲午四月庚午朔帝廻視房暠曰張濛神言甲庚事不亦異乎帝令暠共衛士解三珠一珠事言三珠三帝也驢馬無人驅失主也又帝在岐時有人已死復生言帝必登大位二十三年好事者附其意言帝小字二十三又云潞字一足入

雒時石濠人胡呆通會天文帝亦召問之曰王全貴不可言若有舉動宜以乙未年及舉兵又問曰今歲曆法名陰部首王者不宜建功立事王具挾今主侯來歲入朝則福祚未遠帝姓王氏眞定房山人也邑南三里墅名曰王子則所生之地地稱王子亦有符焉既即位以族兄爲令守先舊廬植松檟以爲墳園其側有古佛刹刹有石像忽搖動不已人駭而告令令趣之復爾時甚異焉

晉高祖初爲河東節度後唐末帝圍晉陽晉陽有北宮宮城之上有祠曰毗沙門天王帝曾焚脩默而禱之經數日城西北闉正受敵處軍候報稱夜來有一人長丈餘介金執殳行於城久方不見帝心異之又牙城僧坊曰崇福坊之廡下西北隅有泥神神之首忽一日有烟生其騰郁如曲突之狀坊僧奔赴以爲人火所延及俯而視之無所有焉事尋達帝帝召僧之年高者問焉僧曰貧道見莊宗將得天下曾有此烟觀其噴湧甚於當時可知矣又帝每詰旦使人慰撫守陴者率以爲常忽一夕已瞑城上有號令之聲聲不絕者三帝使人問之將吏云從上傳來人皆知其神助

十國春秋唐後主本紀甲戌歲有神首見於城樓大如車輪額有珠光燦如日月數日而沒

冊府元龜後唐清泰末時所居官舍之鄰吳氏有青衣佳娘者爲山魈所魅鬼能人言而投瓦石鄰伍恐悚無敢過吳氏之舍而性剛者強詣必瓦石交下太祖聞而過之言笑侮戲移時寂然如是者再太祖去鬼言如故或謂鬼曰爾既神聖向者客來又何寂然鬼曰向來者大人也繇是軍中大異之

漢高祖初仕爲河東兵馬使嘗因事至代北遮虜軍路側有唐衞公李靖祠遇戍卒乘酒以索戲繫其神之頸卒尋致殞時戍長邑老元陳祈禱以解之而了無應驗帝乃爲祝曰公本朝名將精爽在天雖庸輩褻瀆誠當其責而人既有請良可恕焉因焚香致拜卒者俄蘇傳其神語曰此非大貴人救不可免也聞者神其事後爲河東節度使天福十一年天下水太原葭蘆茂盛最上一葉如旗狀皆南指焉明年遂即帝位

周太祖微時嘗晝寢有如小虺五色出入額鼻之間柴后遽見愕然始奇特之傾資無惜后恐人騰口貽患每寢戒左右俾以屏蔽之所在太原時有神尼同姓見太祖謂李瓊曰我宗天上大仙當爲世界主瓊詰其故曰項上有肉角也

十國春秋南漢張遇賢傳遇賢禎州博羅縣小吏也縣之刻杉鎭有神降於民家所言禍福輒應驗遇賢往禱之因留奉事甚謹會羣盜大起莫相統一共祈於神神大言曰張遇賢是第十六羅漢當爲汝主於是共推遇賢爲中天八國王攻陷循州改元永樂署置百官皆衣絳衣遇賢年少無他方略賊帥各以便宜剽掠州縣告其進退而已殤帝遣越王弘昌循王弘杲討之戰不利爲遇賢圍於錢帛館裨將萬景忻陳道庠力戰挾二王潰圍而走時光天元年也未幾遇賢屢爲州兵所窘復告於神神曰可過嶺取虔州當成大事遇賢遂襲南康唐百勝軍節度使賈浩始輕之不爲備已而連陷諸州縣戒嚴守城遇賢據白

雲洞造宮營署命他盜四出攻刦久之唐通事中書舍人邊鎬洪州屯營都虞候嚴思帥師出援遇賢遂大敗復告於神神不復語因棄營潛遁賊將李台知其無神也執遇賢及其副黃伯雄謀主僧景全送唐並斬建康市

宋史楊廷璋傳廷璋字溫玉眞定人家世素微賤有姊寡居京師周祖微時聘之姊卒畱廷璋給事左右及即位追冊廷璋姊爲淑妃擢廷璋爲右飛龍使其父洪裕拜金紫光祿大夫眞定少尹洪裕少時嘗漁於貉裘陂忽有馳騎至者以二石雁授洪裕一翼掩左一翼掩右曰吾北嶽吏者也言訖忽不見是年生淑妃明年生廷璋家遂昌盛

石熙載傳熙載初微時嘗行嵩陽道中遇一叟熟視熙載曰眞人將興子當居輔弼之位言訖不見及居太宗幕下頗盡誠節典樞務日上眷注甚篤方將倚以爲相俄遘疾不起

王旦傳太平興國五年進士及第爲大理評事知平江縣其廨舊傳有物怪憑戾居多不寧旦將至前夕守吏聞羣鬼嘯呼云相君至矣當避去由是遂絕

江表志開寶中將興兵華吉州城頭有一大面方三尺睨目多鬚狀如方相自旦至申酉時郡人觀覩衆所驚異明年國亡之應也

談圃晉公罷秦州幕時攜家謁泗州雍熙塔見聖容不悅如怒色復歸高郵大病相繼一子夭後調官西上復拜塔下見其容甚悅遂有六察之薦

括異志歐陽文忠公慶曆末水宿采石渡舟人鼾睡漸至月黑公滅燭方寢微聞呼聲曰去來舟尾答曰有叅政舡宿此不可擅去齋料幸攜至公私念曰舟尾逆浦且無從人必鬼也通夕不寐五鼓聞岸上獵獵馳驟聲舟尾曰齋料幸見還且行且答曰道場不淸淨無所得而歸公異之後日遊金山與長老瑞新語曰某夜有施主設水齋攜室人至方拜忽思臥少頃乳一子俄腥風滅燭大衆盡恐乃公宿采石之夜也公後果叅大政

行營雜錄昭陵上賓前一月每夜太廟中有哭聲不敢奏一日太廟神御前香案自壞

避暑錄話嘉祐中邕州佛寺塑像其手忽振動晝夜不止未幾交趾入寇城幾陷其後又動而儂智高反圍城卒陷之屠其城去熙寧元年又動郡守錢師孟知其不祥並取投之江中遂無他物理不可解佛豈爲是也哉以五行傳推之近土失其性也余在江東宣州大火幾焚其半前此亦有鐵佛坐高丈餘而身忽迭前迭卻若俯而就人者數日土人方駭既而火作蓋幾邕州之異也

夢溪筆談邕州交寇之後城壘方完有定水精舍泥佛輒自動搖晝夜不息如此踰月時新經兵亂人情甚懼有司不敢隱且以上聞遂有詔令置道場禳謝動亦不已時劉初知邕州惡其惑衆乃舁像投江中至今亦無他異

談圃張靖言荆公在金陵未病前一歲白日見一人上堂再拜乃故郡牧吏其死也已久矣荆公驚問何故來吏曰蒙相公恩以待制故來荆公愴然問雱安在吏曰見今未結絕了如要見可於某夕幕廡下切勿驚呼唯可令一親信者在側荆公如其言頃之見一紫袍博帶據案而坐乃故吏也獄卒數人枷一囚自大門而入身具桎梏曳病足立庭下血汙地呻吟之聲殆不可聞乃雱也雱對吏云告早結絕良久而滅荆公幾失聲而哭爲指使掩其口明年荆公薨靖公門人其說甚詳

行營雜錄元祐癸酉九月一日夜開寶寺塔表裏通明徹旦禁中夜遣中使齎降御香寺門已閉既開寺僧皆不知也寺中望之無所見去寺漸明後二日宣仁上仙

錢氏私誌蔡魯公帥成都一日於藥市中遇一婦人多髮如毛女語蔡云三十年後相見言訖不知所在蔡後以太師魯國公致仕居京師一日在相國寺資聖閣下納京一村人自外入直至蔡前云毛女有書蔡接書其人忽不見啓封大書東明二字蔡不曉其意後貶長沙死於東明寺

家世舊聞宮中數有物怪或見一老娼黃帽黃衫抱十餘歲兒紅袍玉帶乘輿鳴嗶而出娼兒皆有悲泣容其將見必先有聲如雷上嘗手札賜靈素略曰元符三年冬內人自泰陵還摘皂莢一籠入宮門籠輒自躍皂莢皆跳出是祟物顯行宜善治之勿爲宪徒所笑靈素竭其術不效既久上益厭之遂放靈素歸故郡宣和末病死

物異考哲宗政和中宮中嘗作狀先若屋倒聲其形丈餘彷彿如龍金眼行動硜硜有聲黑氣蒙之腥血四灑兵刃不能施或變人形亦或爲驢其出無時宣和中洛陽有物如人或蹲踞如犬色正青方夜即出掠小兒暍食之後晝亦出入人家爲患謂之黑漢二

年乃熄

鐵圍山叢談宣和歲泗州僧伽大士忽見于大內明堂頂雲龍之上凝立空中風飄飄然吹衣為動旁侍惠岸木叉皆在焉又有白衣巾裹跪于僧伽前者若受戒諭狀莫識何人也萬衆咸睹迨夕而沒白衣者宜為龍神之徒為僧伽所降伏之意爾上意甚不樂

養痾漫筆宣和間禁中有物曰猫塊然一物無頭眼手足有毛如漆中夜有聲如雷禁中人皆云猫來諸閤皆扃戶徽廟亦避之甚至登亢金坐移時或往諸嬪妃榻中睡以手撫之亦溫煖曉則自榻滾下而去罔知所在後宮妃嬪夢中有與同寢者即此猫也或云朱溫之厲所化左傳云豕人立而啼未必誣也

鐵圍山叢談維陽大內與立自隋唐五代至聖朝藝祖嘗欲都之開寶末幸焉而宮中多見怪且適霖雨徒雩祀謝見上帝而歸是後宣和又為年百五十久虛曠蓋自金鑾殿後雖白晝人不敢入入亦多有異蘁或大於斗虵率為巨蟒日夜絲竹歌哭之聲不絕也宣和末有監官與本者武人恃氣不畏事夏日因納凉於殿廡間至晡時後天尚未昏黑而從者堅請歸舍不聽俄忽聞蹕聲自內而出即有衛從繽紛執紅銷金籠燭者數十對成行羅列中一人衣黃如帝王狀胷間尚帶鮮血擁從甚盛徐行由殿廡從本寓舍前過本與其從者急趨入戶避之得詳瞰焉最後有一衛士似怒本納凉故妨其行從也乃以手兩指按其臥榻之四足遂穿磚而陷於地項刻轉他殿而去遂忽不見本大駭自是不敢宿止其中矣因圖所見徧以示人維陽士大夫多傳之曰此必唐昭宗也吾頃嘗聞是事第流落不偶久而十忘七八矣

老學庵筆記翟公巽參政靖康初名為翰林學士過泗州謁僧伽像見鬚忽涌出長寸許問他人皆不見怪之一僧在旁曰公雖名還恐不久復出公抑之曰鬚出者須出也果驗

徐州志初高宗為康王時質於金靖康之亂得逸南奔力疲困於豐之崔府君廟中夢有人促之曰起起追兵至矣請乘馬王驚寤果有馬在側馳之日行七百餘里及渡淮鞭之不動下視則泥馬也方知神助由是得以延宋祚

纂異記秀州子城有天王樓建炎間金出犯順蘇秀大擾將毀之有天王現於城上若數間屋大兵卒望之怖懼遂引去一州之境獲免及亂平建樓西北隅見今事之

宋史羅汝楫傳汝楫為殿中侍御史與中丞何鑄交章論岳飛罷其樞筦朱芾李若虛嘗謂飛議曹主帥有異意而不能諫又言飛獄具寺官聚斷咸謂死有餘罪寺丞何彥猷李若樸獨喧然以衆議為非欲從輕典皆坐黜子願知鄂州有治績以父故不敢入岳飛廟一日自念吾政善姑往祠之甫拜遽卒於像前人疑飛之憾不釋云

摭青雜記紹興辛巳冬北人南侵朝廷遣大軍屯淮東以遏其衝其勢漸逼主將每遣小校將數隊四出遊奕候望有何兼資者領五十人至六合縣西望見一隊軍馬自西北旗幟不類北人又不類官軍兼資躊躇未知所措其人馬行速已出兼資之後號令下寨兼資遂斂所部隱身蘆荻林中須臾有一人傳令曰荻林中有一人否一人應曰彼中乃生人與吾不相關涉兼資聞其有生人不相關涉之言而知其為鬼兵也乃免冑出見守寨門官再拜曰某大宋劉太尉下踏白軍也不知神兵自何道來其所征討為何事門者命報中軍須臾中軍傳名兼資入凡五門始至中軍一人廣坐冠服如天神一人西向形貌英毅鬚髯皆指天一人面貌亦俊爽餘二三人分坐於左右皆金裝甲冑兼資再拜致謝未畢西向者曰吾奉天符來助汝太尉管必勝兼資再拜致謝因問今日幸遇神將將兵救助敢請廣位神號廣坐者瞪視不言西向者曰此天蓬神司主事也不與凡間通言汝不必問兼資又再拜就西向者問曰大王又何神也答曰某唐張巡也指對坐者曰此唐許遠也因徧指下坐者謂兼資曰此雷萬春也此南霽雲也兼資少亦讀書頗記張巡許遠事因再拜頂禮曰某曾讀唐書見二大王忠義之節每整冠斂容羨其英特豈期今日得瞻拜風采信然史所載其有實乎巡曰史有何疑兼資曰史言大王城守凡食三萬餘人不知果然否巡曰有之而實不然也其所食者皆已死之人非殺生人也兼資又曰史言張大王殺愛妾許大王殺愛奴以享士不知果然否巡曰非殺也妾見孤城危逼勢不能保欲學虞姬綠珠之效死於吾前故自刎許大王奴亦以憂悸暴死遂烹以享士蓋用術以堅士卒之心耳兼資故見雷萬春面上止有一疤因再拜問曰史言將軍面著大箭有六而一疤何也萬春曰當時實著六箭而五箭著兜鍪人人相傳謂吾面著六箭不動吾亦當之庶揚聲以威之也須臾命

酒餚饌亦人間之物惟天神不食久之傳遍者報云天漸曉矣巡謂衆賓曰汝歸語汝主將吾奉天符助兵然此去悖逆吾當斬其首以報上帝語訖命人引衆賓出至荻林呼其所部出至張許下寨之所已不復有人矣不半月有皂角林之捷未幾其主有龜山之禍果如言衆賓後累功至正使見今在西京多與士大夫言之

程史逆曦未叛時嘗歲校獵塞上一日夜歸笳鼓競奏轔轔雜襲曦方垂鞭四視時盛秋天宇澄霽仰見月中有一人焉騎而垂鞭與己惟肖問左右所見皆符殊以爲駭默自念曰我當貴月中人其我也揚鞭而揖之其人亦揚鞭乃大喜異謀繇是益決德夫兄至蜀安大賓丙與之讌親言之夫妄心一萌舉目形似此正與投楮天池者均耳月妖何尤

異聞總錄紹興庚午歲十一月建昌新城縣永安村風雪大作半夜村中聞數百千人行聲或語或笑或歌或哭雜擾匆遽不甚明了莫不駭怪而凝寒陰翳咫尺莫辨有膽者開門諦覷略無所覩明旦雪深尺餘雪中迹如兵馬所經人畜鳥獸之蹤相伴或流血污染如此幾十許里深山乃絕

馬少保公亮少時臨窻燭下閱書忽有大手如扇自窻櫺穿入次夜又至公以筆濡雄黃水大書花押窻外大呼速爲我滌去不然禍及於汝公不聽而寢有頃怒甚求爲滌去愈急公不之顧將曉哀鳴而手不能縮且曰公將大貴姑以試公何忍致我極地耶公獨不見溫嶠然犀事乎公大悟以水滌去花押手方縮去覘之亦無所見

昔有一士人登第赴公宴及飲酒座上一妓絕色獻杯整肅未嘗出手衆疑之有客被酒戲之曰爲六指耳乃强牽其妓隨所牽而倒乃一副枯骸也未幾士人得差遣後即死

潁昌韓元英字勤甫晚仕金國爲汴洛輦運使素奉事嶽帝甚謹至降其家將至時盛張一室焚香敬立以候少頃肅然而來或與人語音接後一歲神不肯臨或告都廂官辛君曰韓運使且死問其故曰神棄之矣不死何爲韓固與辛善以告而憂之忽遣一親信僕持香往岱嶽祈謝謂曰聖帝唯享頭爐香每將旦啓廟時廟令謁奠者是也能隨其後神必歆答若遲緩頃刻則飆馭登山雖復控請已不聞汝當以先一日賂廟吏入宿伺曉而禱不然必誤我事僕受戒而去既入廟憩於通天鼓架下久行倦困不覺睡熟及覺正門已開但見羽儀騎從赫奕甚盛初疑以廟令歸騎耳而念常日不如此既乃聖帝乘輿出徑詣東廂采訪殿韓君乃荷械行於後回首顧僕而東僕知不及事稍焚香既畢歸復命妄云如所教韓責之曰汝臥於鼓下我實見汝安得妄言欺我耶自是才月餘而卒辛幼安說

朱宋卿知無爲軍忽得匿名書云欲取郡將之首朱大恐每夜集壯兵環宿臥室擊鼓傳漏至達旦一日天明失其所在舉城惶惶相與窮索得於後圃酴醿架下昏昏如醉不能言其所以至也後數年卒於海陵

揚州節度推官沈君失其名及鄉里居官頗強直遍判饒惠卿尤知之惠卿代歸臨川一府僚屬出祖於瓜洲前一夕沈閒書窻外人語曰君明日祿盡馬絕爲妻子言愀然不樂明日將上馬厩子牽衣止之沈曰饒通判相與甚厚方爲千里別安得不送策馬徑行所乘馬蓋借于軍中者惡甚始出城奔而墜足絓鐙間不可脫馳四十里及瓜洲方止馭吏追及之則面目俱敗血肉模糊不可辨識舁歸舍氣息殜殜經一日而絕

淳熙四年春鄱陽知縣吳正國夢至冥府若神祠然遍引吏兩人左右拱手迎之入正趨揖間遂覺以語館客揭椿年頗惡之揭曰明府爲土神主神祇所宜敬也後旬日方旦聽訟郡守遣吏督春衣錢甚峻吳不暇食升車亟出謁坑冶使者貸錢又詣府覺小不佳急歸車中數拊軾趣行未到邑百步不可支吾命訪一民家遂少憩適當武烈廟前乃扶以入家人奔視之已伏於胡牀不能語頃刻而絕廟中兩吏正夢所見處也吳洛陽人爲政有惠愛民追思之

宋史辛棄疾傳棄疾進樞密都承旨未受命而卒紹定六年贈光祿大夫咸淳間史館校勘謝枋得過棄疾墓旁僧舍有疾聲大呼於堂上若鳴其不平自昏暮至三鼓不絕聲枋得秉燭作文旦且祭之文成而聲始息德祐初枋得請於朝加贈少師諡忠敏

異聞總錄蜀人崔福子寓居福建三世仕宦父仕至守福子以蔭至承務郎某處幹官而遊蕩不檢尤喜賭博嘉禧年間父怒逐之宿里中廟內夜不寐聞報曰梓潼帝君至廟神出迓帝君中坐言語應對皆不可曉久之或曰何有生氣廟神曰里人崔某帝君曰啞福子欲知前程事至前下拜曰帝君掌人間功名

事某三世仕宦皆監司郡守未知某前程所到如何帝君曰爾家富貴皆爾高祖一人所積耳曾祖以下三世當秉鈞軸而旣以富貴率皆驕淫貪暴故不復顯今爾亦止可一任巳福子曰某二子如何帝君曰長子可作州次者可作漕皆在四十年後福子喜廟神曰君何事至此福子告以故神曰君父雖相逐君母正相念君幸急歸母貽母憂福子出廟回顧則寂然無覩矣遂歸其母正號泣秉燭遍索越三年福子死悟神言止一任者三年也至元江南歸附後長子遇兵三刀而死蓋三刀爲州字也次子溺曹水蓋曹木乃成漕字也

金史宗室傳烏古出初昭祖久無子有巫者能道神語甚驗乃往禱焉巫良久曰男子之魂至矣此子厚有福德子孫昌盛可拜而受之若生則名之曰烏古迺是爲景祖又良久曰女子之魂至矣可名曰五鵶忍又良久曰女子之兆復見可名曰斡都拔又久之復曰男子之兆復見然性不馴良長則殘忍無親親之恩必行非義不可受也昭祖方念後嗣未立乃曰雖不良亦願受之巫者曰當名之曰烏古出旣而生二男二女其次第先後皆如巫者之言遂以巫所命名名之

昭聖皇后劉氏傳昭聖皇后劉氏遼陽人天眷二年九月己亥夜后家若見有黃衣女子入其母室中者俄頃后生

續夷堅志正大四年丁亥平凉西草塲天王塑像前後颭動凡兩晝夜不止而泥塑之衣紋都不剝落知府徒單百家奴往拜之拜至三像卽不動知府去動如故

正大八年滕州東三里有石佛一軀忽自搖動數月及州將死乃定

輟耕錄元統間杭州鹽倉宋監納者嘗客大都求功名不遂甚至窮窘然頗愼行止不敢非爲遂出齊化門求一死所望見水潭將欲投入虛空中有鬼作人聲云宋某陽壽未終不可死也四顧一無所有於是默默而回中途拾得一紙帖云宋某可於吏部某令史下某典吏處習學書寫翌日物色之果得其人遂獲進步

至正乙未正月二十三日日入時平江在城忽望東南方軍聲且漸近驚走覘視他無所見但見黑雲一簇中彷彿皆類人馬而前後火光若燈燭者莫知其算迤邐由西北方而沒惟葑門至齊門居民屋脊龍腰悉揭去屋內牀榻屏風俱仆醋坊橋董家雜物鋪失白米十餘石醬一缸不知置之何地此等怪事竟不可曉

明通紀洪武二十五年十一月上患熱病危甚諸御醫進藥皆無效俄有赤脚僧詣闕下云天眼尊者及周顚仙遣進藥視其藥一曰溫凉藥三片一曰溫凉石一塊其方用金盆盛石磨藥注之沉香醆以服上服之服在未時間至點燈時遍體抽掣藥之功也其藥味香若菖蒲而醆底凝朱紅彩迥異是夜病愈精神日強

上嘗微行暮至朝天宮前一婦人衣衰麻而大笑上問之曰觀爾被服如是而大笑何也曰吾夫爲國而死爲忠臣吾子爲父而死爲孝子然則天下之婦人其好夫好子未有如吾者矣此吾所以喜而笑也上問曰汝夫已葬乎婦人以手指示之曰去此四十步是吾夫埋玉之所也言訖忽不見上因識其處明日命中使往視之則黃土一堆草木蓊鬱掘地數尺有誌石焉視之晉卞壼墓也面如生色兩手如拳其指甲長出手背六七尺是時城中墳墓有壞上念其忠臣也命掩之仍立爲廟命有司春秋享祀之

江南通志湯禎蕪湖人永樂初令寧海初邑民坐方孝孺事瓜蔓株連又海水驟溢邑弗寧禱於城隍聞神語曰若要民安待湯知縣來越四年禎至具以奏聞得旨放免後陞左軍都事

明通紀夏原吉湖廣湘陰人母廖氏夢三閭大夫降而生舉動端厚好學喜怒不形有鬼物白晝附人言禍福不爽里中或強原吉往觀無所言他日鬼復有言或問之故曰夏公端人吾不可以近

明外史張昺傳昺舉成化八年進士授鉛山知縣性剛明不惑神怪有嫁女者及壻門而失女兩家互訟官不能決昺行邑界見大樹妨稼欲伐之從者言樹有神不可伐昺不聽率衆往有衣冠三人拜道左昺叱之忽不見比運斤血注昺怒手斧之卒仆其樹巢中墮二婦人言狂風吹至樓上與三少年俱其一卽前所嫁女也

楊守臣傳守臣子茂元爲湖廣副使改山東弘治七年河決張秋詔都御史劉大夏治之復遣中官李興平江伯陳銳繼往興威虐縶辱按察使茂元攝司事奏言治河之役官多而責不專有司供億日費百金諸臣初祭河天色陰晦帛不能燃所焚之餘宛然人

面具耳目口鼻觀者駭異神鬼示怪夫豈偶然乞名還興銳專委大夏功必可成且水者陰象今后戚家威權太盛假名姓肆貪暴者不可勝數請加禁防以消變異晝工藝士宜悉放遣山東既有內臣鎮守復令李全鎮臨淸宜撤還疏入下山東撫按勘奏言焚帛之異誠有之所奏供億多過其實於是興銳連章劾茂元妄而帝又入外戚張氏言遂遣錦衣百戶胡節逮之父老遮道愬節乞還楊副使及陛見茂元長跪不伏帝益怒置之詔獄節乃遍叩中官備言父老愬冤狀中官多感動會言者交論救部擬贖杖還職特謫長沙同知

徐州志西隅池卽秦皇掘坎以洩王氣者水深數丈邑人恆操小舟以取魚鮮正德三年冬嚴肅冰堅有異物藏伏于中每日出騰身而起起卽冰裂高數尺聲如迅雷疾如奔馬自池至天津橋而止月餘池冰始定父老多及見之

庚己編鬼兵陸容居吳之婁門外正德丙寅春一日薄暮容倚門獨立聞隔岸洶洶若有兵甲聲已而有數千百人自腰以上不可見腰以下所可見皆花繒繳股其行甚疾容大呼其家男女老幼畢出皆見之踰時過始盡是歲崇明海寇鈕東山作亂奏調京軍及諸衛討之兵歲餘乃罷官帑爲之一空容所見蓋兵象也

沂陽日記武帝在牛首山經宿江彬欲行異志而山神震吼達曙不寐不敢舉事

高坡異纂毛孔城福清人嘉靖乙酉正月朔旦出賀節干親友中途顧見其家樓中有一婦人越窻登樓脊身坐紅被上心異之急馳歸名其二子驗視無所見樓亦高鑰如故其年子秉鐸領鄉薦名第十八明年登進士第

明外史葉向高傳向高甫姙母避倭難生道旁敗廁中轉側三年數瀕於死輒有神相之

幽怪錄錢塘戴厚甫精遁甲法其母寢起樓上一夕忽見紅光貫室開幃視之乃一美女獨立榻前拔金釵以遺母旣而無所見母以語戴答曰適祭遁神遂至此且遁母見我必不久於人世矣由是悒悒逾月而卒

神怪異部雜錄

三墳山墳篇陰兵妖陰告人主厥罰妖異也

談圃吳願云荆公薨之前一歲凌晨閽者見一蓬頭小青衣送白楊木笏裹以青衣布荆公惡甚棄之牆下曰明年祖龍死乎因言唐相趙憬將薨長安諸城門金吾見一小兒衣豹犢鼻攜五色繩覓趙相公不旬日憬薨此相類也

迃書迃叟曰有茲事必有茲理無茲理必無茲事世人之怪怪所希見由明者視之天下無可怪之事未齋雜言或曰鬼神可役吉凶可卜禍福可求乎曰二氣合靈百物幻精變化恍惚其形聲倏有倏無鬼神也神之與人物之與事一氣所關萬物之生唯人最靈靈至神通此鬼神可役而吉凶可卜也故大而呼雷名雨檄風起霧降龍呪虎凌空馭鶴小而圓光附魄懸箕降筆捕蛇却鼠魘魅誣蠱雖非正道而往往有徵驗者間嘗記與于姓者會于客次自言常見騎而逐之者稍近輒無及居京鄰有翁媪者言時有人在其耳內與語而視之不見索之不得又見南城有張查氏非能候氣觀星談命說相讖緯卜筮推理明數而言人家幽明先後之事甚悉其意蓋可察矣然禍福定於天吉凶名於己雖大智不能逃惟學問之至德行之尊自然先天弗違足以通神明贊化育而異夫彼也

神怪異部外編

異聞總錄宋欽宗至源昌州宿城外寺中殿中佛像皆無惟石刻二胡婦在焉鬼火縱橫散而復合忽有人攜酒物出現曰此寺有神明最靈隔夕報夢曰明晚有天羅王衣青袍從者十七人自南方來此宿頓是以到此祇候帝飲罷人復引帝入山阜間有草舍三間入其門聞人喏聲若三十餘人衆皆驚訝視神亦石刻一婦若將軍狀手執鐵劒侍者皆婦人及帝出門又聞唱喏聲如前詢問則曰契丹天王侍女神

寺帝方悟其前身元是天羅王也

欽定古今圖書集成曆象彙編庶徵典

庶徵典第一百六十四卷

禽異部彙考一

禮記

月令

季夏行冬令鷹隼蚤鷙

注 得疾厲之氣也 疏 鷹隼蚤鷙季夏地氣殺害之象地災也

周禮

秋官

庭氏掌射國中之夭鳥

疏 城郭人聚之處不宜有夭鳥故去之 訂義 王昭禹曰夭鳥謂呼鳴而爲怪者先王因人情之所惡故在國中者皆庭氏射之 鄭康成曰夭鳥舊所無有偶自遠而至此也如鴝鵒來巢魯舊無今有之故春秋書其異

若不見其鳥獸則以救日之弓與救月之矢夜射之

注 不見鳥獸謂夜來呼鳴爲怪者 訂義 劉執中曰鳥獸爲夭者夜中聞其聲而不見其形被其害而不見其迹者也救日之弓者乘日食時所造陽乘于陰之器也太陰之弓月食時所造陰勝陽所成也以陰陽至盛之氣攻暗昧不明之夭罔不克矣 鄭鍔曰昔歐陽修作鬼車詩中謂昔者周公夜呼庭氏率屬彎弧逐出九州之外射之三發不中天遣天狗投空嚙之落其一頭淸血常流以晝藏夜伏陰黑則飛見火光則驚墮血點汚人家其家必破由此言之不設官以射之爲害豈小哉

詩緯

含神霧

德化充塞照潤八冥則鸞臻也

春秋緯

運斗樞

天樞得則鸞集

禮緯

稽命徵

祭五嶽四瀆得其宜則黃雀見

斗威儀

君乘土而王其政太平鳳凰集于苑林

孝經緯

援神契

德至鳥獸則鳳凰翔鸞鳳舞白鳥下

王者奉己節儉臺榭不侈尊事耆老則白雀見

左契

赤雀者王者孝則銜書來

孝悌之至通于神明則鳳凰巢

山海經

南山經

丹穴之山有鳥焉其狀如雞五采而文名曰鳳凰首文曰德翼文曰義背文曰禮膺文曰仁腹文曰信是鳥也飲食自然自歌自舞見則天下安寧

西山經

女牀之山有鳥焉其狀如翟而五彩文名曰鸞鳥見則天下安寧

鹿臺之山有鳥焉其狀如雄雞而人面名曰鳧徯其名自叫也見則有兵

鐘山其子曰鼓其狀如人面而龍身是與欽䲹殺葆江于崑崙之陽帝乃戮之鐘山之東曰䍃崖欽䲹化爲大鶚其狀如鵰而黑文白首赤喙而虎爪其音如晨鵠見則有大兵

北山經

景山有鳥焉其狀如蛇而四翼六目三足名曰酸與其鳴自詨見則其邑有恐

東山經

盧其之山沙水出焉南流注于涔水其中多鵹鶘其

狀如鴛鴦而人足其鳴自訆見則其國多土功

注今鵜鶘足頗似人脚形狀也

宋書

符瑞志

鳳凰者神鳥也不刳胎剖卵則至或翔或集雄曰鳳
雌曰凰蛇頭燕頷龜背鼈腹鶴頸雞喙鴻前魚尾青
首駢翼鷺立而鴛鴦思首戴德而背負仁項荷義而
膺抱信足履正而尾繫武小音中鐘大音中鼓延頸
奮翼五光備舉興八風降時雨食有節飲有儀往有
文來有喜遊必擇地飲不妄下其鳴雄曰節節雌曰
足足晨鳴曰發明晝鳴曰上朔夕鳴曰歸昌昏鳴曰
固常夜鳴曰保長其樂也徘徘徊徊雍雍喈喈唯鳳
凰爲能究萬物通天祉象百狀達王道率五音成九
德備文武正下國故得鳳之象一則過之二則翔之
三則集之四則春秋居之五則終身居之

神鳥者赤神之精也知音聲清濁和調者也雖赤色
而備五采雞身鳴中五音肅肅雝雝喜則鳴舞樂處
幽隱風俗從則至

比翼鳥王者德及高遠則至

赤雀周文王時御丹書來至

蒼烏者賢君修行孝慈于萬姓不好殺生則來

赤烏周武王時御穀至兵不血刃而殷服

白燕師曠時御丹書來至

三足烏王者慈孝天地則至

白烏王者宗廟肅敬則至

白雀王者爵祿均則至

白鳩成湯時來至

同心鳥王者德及遐方四夷合同則至

宋俞誨百怪斷經

鴉鳴占

寅卯時　正東送物東南爭正南吉西南吉正西外
人思西北酒食正北口舌東北病
辰巳時　正東風雨東南女客正南相命西南爭正
西官訟西北貴人至正北相命東北親至
午時　正東爭東南親客正南爭西南不寧正西送
物西北酒食正北六畜至東北送物
未申時　正東凶東南凶信正南遠信西南大雨正
西吉西北親客正北失物在東北客至
酉時　正東公事東南外服正南故人西南相名正
西客至西北失物正北病東北客至

凡鴉鵲之鳴有呼羣喚子者有競食爭巢者其音相
似難以一槩占但其鳴向我異于常鳴者是鴉之報
也是以占之甚驗經曰鴉鵲不爲世俗鳴則占于無
益乃爲大德者所報凡占先要所在何方飛鳴而來
却看鳴時是何時辰若在百步之外不必聽也

管窺輯要

鳥部占

鳥者按書云兩足而羽謂之禽而人有變動之事天
地祇使之告聖賢驗之情類卽知吉凶故爲記錄耳

異鳥占

鳳凰降帝德昌鳳者赤精四指黃身蛇頸魚尾鶩翼
有五色君有聖德而至而飛可以上天也

比翼鳥至王者德及幽隱

五色鳥見黃帝占曰天下大凶有雄名曰最雌曰極

燕占

山出白燕京房曰其地有貴女

白燕來巢地鏡曰妾媵有別則白燕來巢白燕白首
赤喙翼尾如素衆燕隨之年穀不登發兵大行

燕羣見地鏡曰元鳥羣飛木大興女主持政兵起王
道絕不過四年

燕羣鬬國兵起內外饑于寇

燕自經死京房曰爲政者凶視其妖發之地

燕自外銜土入置之地其國益地自內銜土出置之
地其邑亡

衆燕壞城外降

雀占

雀忽衆多君無恩其地先水後旱有兵

客雀從外來與土雀鬬歲中穀貴人流亾

雀忽不見其歲饑

雀巢井中賊人伐君

客雀從他邑來歲饑民流

雀巢木上大水及大兵起

雀與燕鬬內亂鄰國有兵起

雀衆多先水後旱冬有兵君無恩及人

雀下竹女主將政憂水

雀無故穴居邑有兵

水雀銜魚至宮室上地鏡曰不出三年兵起有大水
壞城郭

木雀栖竹女主執政國憂有水災

水雀栖木君行陰道不出三年兵起

雉占

雉入宮室或止宮闕之上君且去其宮
雉入人家宮署空雉入國邑相賊鬬人主失其國邑
雉入人家亦主有悲憂哭泣之事
雉從宮室中飛出其所向大凶
雉自死宮中君去宮在人家則宅長當之在官署則長吏當之
雉羣鳴國中國將分一云兵動
雉巢木上大水至
雉巢邑其邑墟
雉巢宮室宮室將空

鳩占

鳩羣集城屋而鳴其邑墟
鳩一首三身其地大殃
鳩巢屋宇此謂去常君亡其地有兵
白鳩見君以新失舊

鵲占

鵲夜鳴京房曰其地有兵地鏡曰鵲夜飛鳴兵且起其邑墟
鵲相鬬死其地兵起邑空死宮中人主亡死人家其家有凶
鵲羣下集地而噪其地有兵
鵲羣飲井中水兵起邑墟
鵲無故自死宮室或人家門首皆爲有凶
野鵲衆多其地先水後旱有兵
白鵲見有兵喪不利攻伐
烏鵲爲巢門向東開則其歲多西風餘方準此若門向天開則四維八方皆有風且多風而少雨鵲巢於穴歲多大風巢屋上大水民流散
凡人欲行忽有鵲在背後鳴者勿行若向人前鳴者行有喜若飛鳴而橫過大吉

烏鴉占

羣鴉聚散分合如布陣勢所見有兵
羣鴉集城營上或鳴噪有血流
烏夜鳴有征行不然其地易主者
衆鴉無故立成行在人家屋上者凶

水鳥占

鴻鴈梟鷺翔集宮闕之上或一二日羣謀將起大兵且至
鸛鳴人屋上及巢大水至巢人君宮室人民流散國將亡滅巢殿門仝
水鳥銜魚置宮寺屋上不出三年有大水壞城郭

鷙鳥占

鷹鴞入人家有爭訟

伯勞占

伯勞聚居其地歲中大水
伯勞鬬人屋上及鳴呼不止不出六十日禍起

雜鳥占

白鷺來巢陵有別穀不登有兵
鶵巢園樹京房曰人安歲熟
鷗鵁巢人君宮室不出三年外國內侵
鴞巢樹此爲五穀邑亡其國歲民多死巢殿上世主衰國且伐

衆鳥雜占

野鳥巢宮室或門上宮室將虛一曰其宮室主者不居又曰鳥巢君門殿屋君出殿空又曰野鳥巢君宮室不出三年狄人內侵
鳥巢在人屋是謂易常民更改
白鳥集庭宮室將空
野鳥入人家勿殺之殺之有殃
野鳥宿人屋中其地血流
野鳥鳴君門上作人聲君亡鳴官署官署空鳴人家其家主亡
人家宅舍後禽鳥喧噪不出一月有喪
鳥鳴音如哭泣有死喪
大鳥在王殿門上作巢有夷人伐
羣鳥飛象人形者爲兵作蛟龍六畜形者皆爲兵作蜂蠅形者有火災
鳥獸縱橫兵起
衆鳥下飲人家井水者家虛
野鳥來邑中生子民饑虛
鳥巢城上及城下不出一年其城有兵圍
衆鳥積水上女持政兵華輿不出四年王道絕
鳥巢國中樹歲熟且安邑中終年無事
野鳥來止市中屋舍上邑大虛
野鳥來止于市中其地流血
烏鵲自死于室中及屋上人君宮室門上其地凶
羣鳥夜鳴國邑不安主有征行分野易治姦謀欲起
野禽與家犬豕鬬賊將至
衆鳥翔起障日羣下有謀宜警備
衆鳥宿城上頭向城內被圍向外則破于衆兵
衆鳥飛舞于市邑有兵

衆鳥飛入人家大凶
鳥與家雞淫世主亂外臣有橫逆謀兵將起
衆鳥無故下食于邑中民饑之兆
白鳥城上東西顧望者軍破城陷
羣鳥聚集或相噪所見之處有流血
非常之鳥棲集城邑此謂劍吏其邑有兵
野鳥宿邑中及附木兵起邑空
鳥巢井中賊伐君
衆鳥羣下飲井地鏡曰兵地其邑爲墟
衆鳥集城邑屋上立成行其城邑凶
城邑中終歲無鳥雀兵起其地故墟無人忽有羣鳥日日來集其地必復爲邑
衆鳥自相鬬死其地有兵戰邑無人居一曰鳥雀羣鬬其國兵起
蜚鳥與走獸鬬橫兵方起京房曰國有殃有兵戰
鳥焚其巢王者絕世京房曰君政暴虐則鳥焚其巢
野鳥無故自死宮庭之中兵起軍憂死人家屋上其家有災死營壘之中軍凶
野鳥入廟堂中有小人亂于宮中人主女后皆惡之
水鳥集於廟堂執政者非其人京房曰辟退有德厥妖水鳥集于國中
鳥鵲羣鳴于朝羣臣交相爲害
燕雀生非其類子不嗣世京房曰賊臣在國家將授于人則有燕生雀雀生燕一曰燕生雀諸侯鑠
鳥却飛世主失國
文鳥居野不出三年有死君
衆鳥羣下集地其地將墟
國中樹終歲無鳥來其地有兵
白鳥來巢國中樹歲熟人安

異鳥占

鳥狀如梟人面四目有耳其名曰顒其名自叫見則天下大旱
鳥狀如雄雉人面名曰鳧傒其名自叫見則其邑有兵
鳥狀如梟一翼一目相得乃飛名曰蠻蠻見則大水
鳥狀如鴨異文白首赤喙虎爪音如晨鵠名曰欽䲹見則有大兵
鳥狀如鴟足赤而直喙白首而黃文其音如鵠其名曰鵕見則邑大旱
鳥狀如翟而赤名曰胜遇其音如錄見則其邑大水
鳥狀如鶴一足赤文青質白喙名曰畢方見則其國邑多火災
鳥狀如蛇四翼六目三足名曰酸與其名自叫見則其國有恐
鳥狀如雞而鼠毛名曰蚩鼠也見則大旱
鳥狀如梟而鼠尾善登木名絜鉤見則國多疾疫
鳥狀如鴞而一足彘尾名曰跂踵見則大疫
大鳥四目三足鳴山林中聲曰縱平見則國有兵人相食

軍中禽鳥占

軍出郊野有羣鳥來迎而回止是謂受福敵人降伏
軍行有白鳥來迎軍賊必歸命大鳥朝迎必有大功
羣鳥來迎而過軍上者凶
軍發之時有烏鳥隨軍而行未見敵防隱伏見敵利先戰一日烏鳥結伴隨軍而行其軍必得意回
軍發之日旗後有飛鳥鳴相隨者戰必勝
軍行有羣鳥追軍防暴兵來不出三日
軍初出城有鳥從後來鳴呼而向前引是謂天助戰必大勝軍初止有鳥鳴呼從前來衝軍者是謂挫鋒戰不利
軍方行羣鳥集飛於前左回繞軍行其將亡右回繞軍獲敵糧若飛翔紛亂必有暴兵大戰不出三日
軍初出有鳥相衝擊一起一止者半道有賊
軍行有鳥往來相衝擊有大戰
軍初出有鳥從西北來客勝東南來主人勝
軍行有野鳥飛入軍中防奸謀
軍出在野有鳥不知入帳幕中戰必敗急徙避之
飛鳥無故自入軍幕姦人與外人交通有暴兵戰一曰期三五日有反者
鷙鳥入軍中防姦人刺客防兵突至猛獸同占
軍行烏鳥立旗竿上當有姦人偷號斫營宜防之
軍初見小鳥鬬軍必無功主半道回
軍初出有鳥在太歲前五辰上鳴者戰不利
軍行猝聞鳥鳴一聲軍吉三聲軍有驚亦爲賊有伏兵五鳴聞賊不戰七鳴戰大勝九鳴軍有疾病戰不利
軍行有鷹鷂鵂鶹前飛引者戰勝
軍發之時前有烏鳥羣噪防伏兵遇敵宜緩應之不可先戰
軍行見鷹立於前不出三日有戰將死
軍行逢鷙鳥擊禽大勝

軍行有大鳥覆營上有急兵來攻宜以皂旗黃旛引
旛之吉
軍行伯勞當前叫噪大凶一曰伯勞來鳴防姦伏宜
分兵兩道防之
兩軍相當有飛鳥來而漸高有銳兵來宜備之不可
與戰
兩軍相當有飛鳥來入營陣城壘者凶宜急徙之
衆鳥四向鳴噪軍上有暴兵戰不出五日
衆鳥徊翔軍上有暴兵來不出五日
衆鳥相迎於軍中有暴兵起戰有功
衆鳥起軍左還向軍右有伏兵宜察之
大鳥逆衝軍陣而來有急兵至
兩兵將戰有羣鳥從軍後來宜擊之從前來宜避之
一曰轉兵旁向戰吉臨陣鳥在西北或正鳴客勝西
南東北正東正南鳴主人勝
兩兵相交鳥在頭上噪者敗在彼軍上或向彼軍鳴
者宜急擊之
兩軍交戰有飛鳥聚鳴之方出兵戰吉
軍始下營有鳥立牙旗上三日內防兵憂若衆鳥來
集牙旗上者大凶
軍始下營衆鳥來集營中防外來有內應宜急徙之
賊營之上羣鳥來集鳴噪其下有血流
野鳥散入城營中其地欲空
羣鳥集軍前後其軍凶
衆鳥在城營上交飛相擊有戰
羣鳥來集城壘之間無故忽然驚起叫噪不出三日
有賊兵不然則有大災

羣鳥飛去又來防急兵軍中有憂
羣鳥叫噪而過城營防急兵
城營內鳥鳥忽然驚起防姦人
軍營內鳥鳥成羣相打有姦謀宜斬斷罪囚懲惡警
慢以審察之
兩軍對壘營中有鳥出捕外鳥戰勝營中鳥爲外鳥
所捕者敗
敵人營壘或陣上有禽鳥四面來向我軍者不可與
戰若從我營陣向彼者急擊之勝
敵人營壘羣鳥出高飛衝天者其中有雄兵
衆鳥圍營敵人來攻
野鳥集將軍旗上軍有慶一曰軍營中有白鳥立旂
竿上將軍有變
烏集軍旂頭上將軍死鵲同
圍城而烏鳥羣噪城上城必陷
城內羣鳥出牆而頭向外者有突兵出急防之
軍營中有鷦鷯入兄弟交友有相圖謀者
鴟捉禽入營有奸謀陰禍不宜交戰
鸜鵒飛舞在軍前後不出三日大戰殺大將
城營上有鶉聚壁柵上十五日破城
城營內忽有鶖鶩防奸人不然有朋謀害
城營上伯勞羣集叫噪在南北敵欲來襲我東西有
虛驚又曰伯勞入軍中鳴軍疾病
城營上忽有水鳥銜魚來止防水災
城營上有梟來集在德方宜分隊伍在刑方防驚奔
城營中有鳩夜鳴宜防暴兵一曰衆鳩集軍營賊至
不出三日

城營中有鶖入有疾疫兵災
有鴿飛來遨遊軍中有降將軍受封
城營中鳥沿牆屋叫噪在歲月日時刑墓方凶德方
吉刑德俱無者不占又當以五氣消息之
羣鵲噪城營中頭向敵我戰勝向我叫鬧者有驚京
房曰城營中有烏鵲集聚將軍宜出令增秩以應之
吉
雉入城壘將軍有憂
白鵲白鴿飛入城營軍中防有變
城營內燕鵲羣鬪有爭戰
城營內燕忽然皆去不有兵戰有火災
城營中雞半夜鳴有進兵黃昏鳴有退兵
城營中有赤烏入防火災宜以皂旗厭之
城營內有黃烏赤頭入之有官災又曰三日內有叛
者
城營內有野鳥來與雞鬬有戰野鳥勝客勝雞勝主
人勝
伯勞聚軍營中水大至宜急徙之
城郭營壘有禽來巢忽拆去者兵起其地空
鵲巢軍營其營將空烏巢軍營其將死燕巢軍幕其
軍敗
白鵲軍中巢宜急去之若巢城中兵起
羣烏相連於軍上有暴兵至主有攻戰翻覆相擊逐
者大戰流血
羣烏立軍門上其軍死
軍出交野烏逆之是謂受福敵人服降白烏迎賊歸
命大烏朝迎有功

軍將戰有羣鳥後來急擊勝從前者有賊宜備之

衆鳥徘徊於軍上必有暴兵至不出三日鵲凶尤甚

凡大鳥殺物於軍前後有大功

凡鳥從德鄉來利刑鄉來凶歲月刑德前五辰也

大鳥逆行陣卒過有伏兵

衆烏鳥四向鳴軍中有暴兵戰不出一月

飛鳥千萬數止軍上將軍死

軍營中有衆鳥紛泊兵馬必去恐賊伏鳥驚之處賊多隱伏

烏鳴軍中一聲有喜五聲戰必大勝三聲有驚急固備之吉

屯營之處有白烏鵲雀等此是兵災軍當破亡白烏羣飛遨遊旗上將軍加秩勑賜優賞

羣鳥交飛爭泊立軍鼓之上者其將病死宜謹身修德免災

鵂鶹鳴軍中暴賊欲至三日五日奇伏備之

鷹鸇之類入軍中捕鳥有奸人謀反欲殺害將軍宜固守防奸人刺客

鳥逐行軍後鳴逐軍而過前者此得天之助送以喜聲不鳴而過前亦吉

有鳥飛旋回繞於軍之左戰必大勝獲敵軍糧

小鳥鬭於軍前攻擊不獲亦主軍退

烏鳴來逆行軍是謂挫鋒之應不宜攻城合戰堅守還軍吉

烏鳴飛於軍前左回繞於軍右戰之不克或主將喪亡一云有伏兵

博勞鳥飛於軍營前後賊欲屠吾軍勿令士卒相逼軍分之象

烏從敵陣上來宜收軍不戰固守之吉

烏集軍營之上此是不利之兆將宜改令撫衆吉

鷹鶻鵰鶚之屬飛過軍營或遨其上或捕鳥空中賊有虜掠之謀宜固備之

有鳥赤頭黃身飛入軍中有降城拔邑之兆宜備急攻之大勝

烏飛入軍中人皆不識此熒惑入營不移軍敗

有烏飛翔來於軍上或起或止相擊相攻半道有賊宜自防備

烏飛亂隊于軍前必有急兵暴至與賊戰不出三四日

衆烏來圍營暴賊窸來至不出三四日宜固守先防之

羣鳥先在彼防敵人有謀潛伏分騎備之

烏鳴營上奸人入軍嚴切備守勿令外內相通此破軍之象急移之吉

有鳥千萬從敵上來逆過我軍而去我軍先進而後必退

烏從彼軍來飛而漸高敵人兵銳勿與攻戰吉

衆鳥圍賊之營急攻賊破惡鳥入營軍敗賞勞士卒警備之吉

急有羣鳥而來逆過軍行其軍必敗

營多鳥集將軍宜施恩急賞士衆欲擬謀將軍

羣鵲所向隨鵲攻勝天之引軍神道相應

羣烏鳴軍欲過千里去人難廻

羣鴉集聚城營流血城破可以取之在我軍急宜優恤賞賜之吉

大鳥飛來遊我軍中敵人欲降將軍封秩必立大功

軍發在路飛鳥來多敵有騎馬相蹉急宜備之

鳥起軍左還泊軍右賊有伏兵急宜探候隨鳥捕之賊可擒首

鳥入軍幕內與外謀敵親人背叛欲屠其將戰必敗宜徙避之

野鳥入營敵來殺將警察備之敵人却往

黃鳥赤首入吾軍營一云熒惑軍將敗賊欲詐降防備即吉

雉飛軍中看其來處德鄉加秩刑殺防備

凡鳥四孟鳴宜爲主人鳥鳴四季兩陣相傷鳥鳴四仲爲客者勝

烏鳴丑上爲客墓客凶鳴未上爲主人墓主人凶

田家五行

論飛禽

諺云鴉浴風鵲浴雨八哥兒洗浴斷風雨鳩鳴有還聲者謂之呼婦主晴無還聲者謂之逐婦主雨鵲巢低主水高主旱俗傳鵲意既預知水則云終不使我沒殺故意愈低既預知旱則云終不使我曬殺故意愈高朝野僉載云鵲巢近地其年大水海燕忽成羣而來主風雨諺云烏肚雨白肚風赤老鴉含水叫雨則未晴晴亦主雨老鴉作此聲者亦然鴉叫早主雨多人辛苦叫晏晴多人安閑農作次第夜間聽九逍遙鳥叫卜風雨諺云一聲風二聲雨三聲四聲斷風雨鸖鳥仰鳴則晴俯鳴則雨鵲噪早報晴明日乾鵲冬寒天雀羣飛翅聲重必有雨雪鬼車鳥即是九

頭蟲夜聽其聲出入以卜晴雨自北而南謂之出窠主雨自南而北謂之歸窠主晴古詩云月黑夜深聞鬼車鵂鶹叫主晴俗謂之賣蓑衣鶻叫諺云朝鶻晴暮鶻雨夏秋間雨陣將至忽有白鷺飛過雨竟不至名曰截雨家雞上宿遲主陰雨燕窠做不乾淨主田內草多母雞背負雞雛謂之雞跎兒主雨

論祥瑞

鵲噪簷前主有佳客至及有喜事

欽定古今圖書集成曆象彙編庶徵典

第一百六十五卷目錄

禽異部彙考二

庶徵典第一百六十五卷

禽異部彙考二

陶唐氏

帝堯七十載鳳凰見

按尚書中候堯卽政七十載鳳凰止庭巢阿閣讙樹

商

高宗時鼎耳有雊雉

按書經高宗祭成湯有飛雉升鼎耳而雊祖己訓諸王作高宗肜日高宗之訓

注耳不聰之異雊鳴疏經言肜日有雊雉不知祭何廟鳴何處故序言祭成湯升鼎耳以足之蔡傳災異有二天必待君之過形見暴露然後出災異以警懼之此無道之君與天地隔絕不通飛潛動植皆失其宜如是者災異之應常遲賢君至誠與天地合爲一體情性之差少有過失災異立應如是者災異之應常速高宗祭成湯而有飛雉升鼎耳而雊以高宗之爲君豈其有異蓋高宗恭默思道夢帝賚予良弼精神與天地相通久矣又繼之以憲天之功德與天合故於祭祀之間略有過厚飛雉隨而應之

高宗肜日越有雊雉

蔡傳肜祭明日又祭之名殷曰肜周曰繹雊雉鳴也於肜日有雊雉之異蓋祭禰廟也序言湯廟者非是

祖己曰惟先格王正厥事乃訓於王曰惟天監下民典厥義降年有永有不永非天夭民民中絕命民有不若德不聽罪天既孚命正厥德乃曰其如台

蔡傳不若德不順于德不聽罪不服其罪謂不改過也孚命者以妖孽爲符信而譴告之也言民不順德不服罪天既以妖孽爲符信而譴告之欲其恐懼修省以正德民乃曰孽祥其如我何則天必誅絕之矣祖己意謂高宗當因雊雉以自省不可謂適然而自恕也

嗚呼王司敬民罔非天胤典祀無豐于昵

按漢書五行志書序又曰高宗祭成湯有蜚雉登鼎耳而雊祖己曰惟先假王正厥事劉向以爲雊雉鳴者雄也以赤色爲主于易離爲雉雉南方近赤祥也劉歆以爲羽蟲之孽易有鼎卦鼎宗廟之器主器奉宗廟者長子也野鳥自外來入爲宗廟器主是繼嗣將易也一曰鼎三足三公象而以耳行野鳥居鼎耳小人將居公位敗宗廟之祀野木生朝野鳥入廟敗亡之異也武丁恐駭謀於忠賢修德而正事內舉傅說授以國政外伐鬼方以安諸夏故能攘木鳥之妖致百年之壽所謂六沴作見若是共御五福乃降用章於下者也

文丁史記作太丁十二年有鳳集於岐山

按史記殷本紀不載　按竹書紀年云云

帝辛三年有雀生鸇

按史記殷本紀不載　按竹書紀年云云

帝辛三十二年有赤鳥集於周社

按史記殷本紀不載　按竹書紀年云云

周

武王十三年有火流爲赤烏

按尚書中候周天子發渡孟津火自上復于下至于王屋流爲烏其色赤其聲魄云

成王十八年鳳凰見

按史記周本紀不載　按竹書紀年十八年鳳凰見遂有事於河

襄王八年六鷁退飛過宋都

按春秋魯僖公十六年春正月戊申朔隕石于宋五六鷁退飛過宋都　按左傳六鷁退飛過宋都風也周內史叔興聘于宋宋襄公問焉曰是何祥也吉凶焉在對曰今茲魯多大喪明年齊有亂君將得諸侯而不終退而告人曰君失問是陰陽之事非吉凶所生也吉凶由人吾不敢逆君故也　按公羊傳是月者何僅逮是月也何以不日晦日也晦則何以不言晦春秋不書晦也朔有事則書晦雖有事不書曷爲先言六而後言鷁六鷁退飛記見也視之則六察之則鷁徐而察之則退飛五石六鷁何以書記異也外異不書此何以書爲王者之後記異也　按穀梁傳是月者決不日而月也六鷁退飛過宋都先數聚辭也自治也子曰石無知之物鷁微有知之物石無知故日之鷁微有知之物故月之君子之於物無所苟而已石鷁且猶盡其辭而兄於人乎故五石六鷁之辭不設則王道不亢矣民所聚曰都

敬王三年魯有鸜鵒來巢

按春秋魯昭公二十五年有鸜鵒來巢　按左傳書所無也師己曰異哉吾聞文武之世童謠有之曰鸜之鵒之公出辱之鸜鵒之羽公在外野往饋之馬鸜鵒跦跦公在乾侯徵褰與襦鸜鵒之巢遠哉遙遙稠父喪勞宋父以驕鸜鵒鸜鵒往歌來哭童謠有是今鸜鵒來巢其將及乎　按公羊傳何以書記異也何異爾非中國之禽也宜穴又巢也　按穀梁傳一有一亡曰有來者來中國也鸜鵒穴者而曰巢或曰增之也

按漢書五行志昭公二十五年夏有鸜鵒來巢劉歆以爲羽蟲之孽其色黑又黑祥也視不明聽不聰之罰也劉向以爲有蜚有蜮不言來者氣所生所謂眚也鸜鵒言來者氣所致所謂祥也鸜鵒外國穴藏之禽來至中國不穴而巢陰居陽位象季氏將逐昭公去宮室而居外野也鸜鵒白羽旱之祥也穴居而好水黑色爲主急之應也天戒若曰既失衆不可急暴急暴陰將持節陽以逐爾去宮室而居外野矣昭不寤而舉兵圍季氏爲季氏所敗出奔於齊遂死於外野董仲舒指略同

敬王　年有隼集於陳廷而死楛矢貫之

按春秋不書　按漢書五行志史記魯哀公時有隼集於陳廷而死楛矢貫之石砮長尺有咫陳閔公使使問仲尼仲尼曰隼之來遠矣昔武王克商通道百蠻使各以方物來貢肅慎貢楛矢石砮長尺有咫先王分異姓以遠方職使毋忘服故分陳以肅慎矢試求之故府果得之劉向以爲隼近黑祥貪暴類也矢貫之近射妖也死於廷國亡表也象陳眊亂不服事周而行貪暴將致遠夷之禍爲所滅也是時中國齊晉南夷吳楚爲强陳交晉不親附楚不固數被二國之禍後楚有白公之亂陳乘而侵之卒爲楚所滅

漢

景帝三年羣烏鬭

按漢書景帝本紀不載　按五行志景帝三年十一月有白頸烏與黑頸烏羣鬭楚國呂縣白頸不勝墮泗水中死者數千劉向以爲近白黑祥也時楚王戊暴逆無道刑辱申公與吳王謀反烏羣鬭者師戰之象也白頸者小明小者敗也墮於水者將死水地王戊不寤遂舉兵應吳與漢大戰兵敗而走至於丹徒爲越人所斬墮死於水之效也京房易傳曰逆親親厥妖白黑烏鬭於國

武帝太初三年獲赤鴈

按漢書武帝本紀不載　按宋書符瑞志太初三年二月五日行幸東海獲赤鴈

太始元年鳳凰集

按漢書武帝本紀不載　按宋書符瑞志太始元年五月鳳凰集膠東

太始四年鳳凰集

按漢書武帝本紀不載　按宋書符瑞志太始四年五月鳳凰集北海

昭帝始元元年黃鵠下太液池中

按漢書昭帝本紀始元元年春二月黃鵠下建章宮

太液池中公卿上壽

始元三年鳳凰集

按漢書昭帝本紀始元三年冬十月鳳凰集東海遣使者祠其處元鳳元年八月改始元爲元鳳註應劭曰三年中鳳凰比下東海海西樂鄉於是以冠元焉

元鳳元年烏與鵲鬬鵜鶘集昌邑王殿下

按漢書昭帝本紀不載　按五行志元鳳元年有烏與鵲鬬燕王宮中池上烏墮池死近黑祥也時燕王旦謀爲亂遂不改寤伏辜而死楚燕皆骨肉藩臣以驕怨而謀逆俱有烏鵲鬬死之祥行同而占合此天人之明表也燕一烏鵲鬬於宮中而黑者死楚以萬數鬬於野外而白者死象燕陰謀未發獨王自殺於宮故一烏水色者死楚炕陽舉兵軍師大敗於野故衆烏金色者死天道精微之效也京房易傳曰專征劫殺厥妖烏鵲鬬　又按志昭帝時有鵜鶘或曰禿鶖集昌邑王殿下王使人射殺之劉向以爲水鳥色青青祥也時王馳騁無度慢侮大臣不敬至尊有服妖之象故青祥見也野鳥入處宮室將空王不寤卒以亡京房易傳曰避退有德厥咎狂厥妖水鳥集於國中

宣帝本始元年鳳凰集

按漢書宣帝本紀本始元年五月鳳凰集膠東千乘赦天下

本始四年鳳凰集

按漢書宣帝本紀四年五月鳳凰集北海安丘淳于

地節二年鳳凰集

按漢書宣帝本紀地節二年夏四月鳳凰集魯郡羣鳥從之大赦天下

元康元年鳳凰集

按漢書宣帝本紀元康元年三月詔曰迺者鳳凰集泰山陳留甘露降未央宮朕未能章先帝休烈協寧百姓承天順地調序四時獲蒙嘉瑞賜茲祉福夙夜兢兢靡有驕色內省匪解永惟罔極書不云乎鳳凰來儀庶尹允諧其赦天下徒賜勤事吏中二千石以下至六百石爵自中郎吏至五大夫佐史以上二級民一級女子百戶牛酒加賜鰥寡孤獨三老孝弟力田帛所振貸勿收

按宋書符瑞志元康元年三月鳳凰集泰山陳留

元康二年鳳凰集

按漢書宣帝本紀二年三月以鳳凰集賜天下吏爵二級民一級女子百戶牛酒鰥寡孤獨高年帛

按宋書符瑞志二年春五色雀以萬數飛過屬縣夏神爵集雍

元康三年神爵見

按漢書宣帝本紀三年春神爵集泰山夏六月詔曰前年夏神爵集雍今春五色鳥以萬數飛過屬縣翺翔而舞欲集未下其令三輔毋得以春夏擿巢探卵彈射飛鳥具爲令

元康四年神雀集獲威鳳

按漢書宣帝本紀四年三月詔曰迺者神爵五采以萬數集長樂未央北宮高寢甘泉泰畤殿中及上林苑朕之不逮寡於德厚屢獲嘉祥非朕之任其賜天下吏爵二級民一級女子百戶牛酒加賜三老孝弟力田帛人二匹鰥寡孤獨各一匹

按宋書符瑞志四年三月神雀五采以萬數飛過集長樂未央北宮高寢甘泉泰畤殿神雀仍集南郡獲威鳳

神爵二年鳳凰集

按漢書宣帝本紀神爵二年春二月詔曰迺者正月乙丑鳳凰集京師羣鳥從以萬數朕之不德屢獲天福祗事不怠其赦天下

按宋書符瑞志二年二月鳳凰集京師羣鳥從之以萬數

神爵四年鳳凰集

按漢書宣帝本紀四年春二月詔曰迺者鳳凰甘露降集京師嘉瑞并見修興泰一五帝后土之祠祈爲百姓蒙祉福鸞鳳萬舉蜚覽翺翔集止於旁齋戒之夕神光顯著薦鬯之夕神光交錯或降於天或登於地或從四方來集於壇上帝嘉饗海內承福其赦天下賜民爵一級女子百戶牛酒鰥寡孤獨高年帛冬十月鳳凰十一集杜陵十二月鳳凰集上林

五鳳三年神雀集

按漢書宣帝本紀五鳳三年春三月詔曰往者甘露降神雀集已詔有司告祠上帝宗廟三月辛丑鸞鳳又集長樂宮東闕中樹上飛下止地文章五色留十餘刻吏民並觀朕之不敏懼不能任屢蒙嘉瑞獲茲祉福書不云乎雖休勿休祗事不怠公卿大夫其勖焉

按宋書符瑞志五鳳三年正月神雀集京師

甘露三年鳳凰集

按漢書宣帝本紀甘露三年二月詔曰迺者鳳凰集

新蔡羣鳥四面行列皆向鳳凰立以萬數其賜汝南太守帛百匹新蔡長吏三老孝弟力田鰥寡孤獨各有差賜民爵二級毋出今年租

元帝永光元年白雉見

按漢書元帝本紀不載　按宋書符瑞志永光元年正月丙午白雉見渤海青州刺史王元謨以獻三月甲午朔白雉見新蔡豫州刺史劉德願以獻

成帝和平元年泰山有鳶焚其巢

按漢書成帝本紀不載　按五行志和平元年二月庚子泰山山桑谷有鳶焚其巢男子孫通等聞山中羣鳥鳶鵲聲往視見巢爇盡墮地中有三鳶鷇燒死樹大四圍巢去地五丈五尺太守平以聞鳶色黑近黑祥貪虐之類也易曰鳥焚其巢旅人先笑後號咷泰山岱宗五嶽之長王者易姓告代之處也天戒若曰勿近貪虐之人聽其賊謀將生焚巢自害其子絕世易姓之禍其後趙蜚燕得幸立為皇后弟為昭儀姊妹專寵聞後宮許美人曹偉能生皇子也昭儀大怒令上奪取而殺之皆并殺其母成帝崩昭儀自殺事乃發覺趙后坐誅此焚巢殺子後號咷之應也一曰王莽貪虐而任社稷之重卒成易姓之禍云京房易傳曰人君暴虐鳥焚其舍

鴻嘉二年博士行大射禮飛雉登堂而雊

按漢書成帝本紀鴻嘉二年三月博士行飲酒禮有雉飛集於庭歷階升堂而雊後集諸府又集承明殿詔曰古之選賢敷納以言明試以功故官無廢事下無逸民教化流行風雨和時百穀用成衆庶樂業咸以康寧朕承鴻業十有餘年數遭水旱疾疫之災黎民婁困於饑寒而望禮義之興豈不難哉朕既無以率道帝王之道日以陵夷意迺招賢選士之路鬱滯而不通與將舉者未得其人也其舉敦厚有行義能直言者冀聞切言嘉謀匡朕之不逮　按五行志鴻嘉二年三月博士行大射禮有飛雉集於庭歷階登堂而雊後雉又集太常宗正丞相御史大夫大司馬車騎將軍之府又集未央宮承明殿屋上時大司馬車騎將軍王音待詔寵等上言天地之氣以類相應譴告人君甚微而著雉者聽察先聞雷聲故月令以紀氣經載高宗雊雉之異以明轉禍為福之驗今雉以博士行禮之日大衆聚會飛集於庭歷階登堂萬衆睢睢驚怪連日徑歷三公之府太常宗正典宗廟骨肉之官然後入宮其宿留告曉人具備深切雖人道相戒何以過是後帝使中常侍鼂閎詔音曰聞捕得雉毛羽頗摧折類拘執者得無人為之音復對曰陛下安得亡國之語不知誰主為佞諂之計誣亂聖德如此者左右阿諛甚衆不待臣音復諂而足公卿以下保位自守莫有正言如令陛下覺悟懼大禍且至身深責臣下繩以聖法臣音當先受誅豈有以自解哉今即位十五年繼嗣不立日日駕車而出泆行流聞海內傳之甚於京師外有微行之害內有疾病之憂皇天數見災異欲人變更終已不改天尚不能感動陛下臣子何望惟有極言待死命在朝暮而已如有不然老母安得處所尚何皇太后之有高祖天下當以誰屬乎宜謀於賢知克己復禮以求天意繼嗣可立災變尚可銷也

綏和二年天水有燕生爵

按漢書成帝本紀不載　按五行志綏和二年三月天水平襄有燕生爵哺食至大俱飛去京房易傳曰賊臣在國厥咎燕生爵諸侯銷一曰生非其類子不嗣世

平帝元始元年越裳獻白雉黑雉

按漢書平帝本紀元始元年春正月越裳氏重譯獻白雉一黑雉二

後漢

光武帝建武十三年日南獻白雉

按後漢書光武帝本紀建武十三年九月日南徼外獻白雉

建武十七年鳳凰見

按後漢書光武帝本紀建武十七年十月鳳凰見於潁川之郟縣　按宋書符瑞志建武十七年十月鳳凰五高八九尺毛羽五采集潁川郡羣鳥並從行列蓋地數頃留十七日乃去

明帝永平十七年神雀見

按後漢書明帝本紀永平十七年神雀五色翔集京師

章帝元和二年鳳凰集黃鵠翔

按後漢書章帝本紀元和二年二月己未鳳凰集肥城辛未幸太山柴告岱宗有黃鵠三十從西南來經祠壇上東北過於宮屋翱翔升降五月戊申詔曰迺者鳳凰鸞鳥比集七郡或一郡再見及白鳥神雀屢臻祖宗舊事或頒恩施其賜天下吏爵人三級高年鰥寡孤獨帛人一匹

按宋書符瑞志元和二年以來至章和元年凡三年

鳳皇百三十九見郡國

元和　年白雀神雀神鳥赤烏白燕白雉三足烏皆見

按後漢書章帝本紀不載　按宋書符瑞志元和初白雀見郡國元和中神雀見郡國神鳥見郡國赤烏見郡國白燕見郡國白雉見郡國三足烏見郡國

安帝延光三年鳳皇集

按後漢書安帝本紀延光三年春二月戊子濟南上言鳳皇集臺縣丞霍收舍樹上賜臺長帛五十匹丞二十匹尉半之吏卒人三匹鳳皇所過亭部無出今年田租冬十月新豐上言鳳皇集西界亭　按五行志延光三年二月戊子有五色大鳥集濟南臺十月又集新豐時以爲鳳皇或以爲鳳皇陽明之應故非明主則隱不見凡五色大鳥似鳳者多羽蟲之孽是時安帝信中常侍樊豐江京阿母王聖及外屬耿寶等讒言免太尉楊震廢太子爲濟陰王不悊之異也

桓帝建和元年有五色大鳥見

按後漢書桓帝本紀建和元年十一月濟陰言有五色大鳥見于己氏　按五行志元嘉元年十一月五色大鳥見濟陰己氏時以爲鳳皇此時政治衰缺梁冀秉政阿枉上幸亳后皆羽孽時也注臣昭案魏朗對策桓帝時雉入太常宗正府朗說見本傳注　按紀作建和志作元嘉互異今從本紀編次

永壽元年白烏見

按後漢書桓帝本紀永壽元年夏四月白烏見齊國

永康元年白雉見

按後漢書桓帝本紀不載　按宋書符瑞志永康元年十一月白雉見西河

靈帝光和四年鳳皇見

按後漢書靈帝本紀光和四年秋七月河南言鳳皇見新城羣鳥隨之

中平三年有鳥數萬鬬死懷陵

按後漢書靈帝本紀中平三年秋八月懷陵上有雀萬數悲鳴因鬬相殺

注懷陵沖帝陵也續漢志天戒若曰諸懷爵祿而尊厚者還自相害也

按五行志中平三年八月中懷陵上有萬餘爵先極悲鳴已因亂鬬相殺皆斷頭懸著樹枝枳棘到六年靈帝崩大將軍何進以內寵外嬖積惡日久欲悉糾黜以隆更始冗政而太后持疑事久不決進從中出於省內見殺因是有司盪滌虔劉後祿而尊厚者無餘矣夫陵者高大之象也天戒若曰諸懷爵祿而尊厚者還自相害至滅亡也

獻帝初平元年雉入未央宮

按後漢書獻帝本紀不載　按五行志注初平元年三月獻帝初入未央宮翟雉飛入未央宮獲之

建安七年大鳥集魏郡

按後漢書獻帝本紀不載　按五行志獻帝春秋曰建安七年五色大鳥集魏郡衆鳥數千隨之

建安十三年獻白雉

按後漢書獻帝本紀不載　按宋書符瑞志建安十三年九月南越獻白雉

建安二十三年秃鶖集鄴宮

按後漢書獻帝本紀不載　按晉書五行志獻帝建安二十三年秃鶖鳥集鄴宮文昌殿後池明年魏武王薨

延康元年白雉見鳳皇集

按後漢書獻帝本紀不載　按魏志文帝本紀獻帝延康元年夏四月丁巳饒安縣言白雉見八月石邑縣言鳳皇集

按宋書符瑞志延康元年八月石邑縣言鳳皇集又郡國十三言鳳皇見

後主建興九年有鳥自江南渡江北不能達死者千數

按蜀志後主傳注漢書春秋曰冬十月江陽至江州有鳥從江南飛渡江北不能達墮水死者以千數

按宋書五行志蜀劉禪建興九年十月江陽至江州有鳥從江南飛渡江北不能達墮水死者以千餘是時諸葛亮連年動衆志吞中夏而終死渭南所圖不遂又諸將分爭頗喪徒旅鳥北飛不能達墮水死者皆有其象也亮竟不能過渭又其應乎此與漢時楚國烏鬬墮泗水猶類矣

魏

文帝黃初三年秃鶖集雒陽芳林園池

按魏志文帝本紀不載　按宋書五行志云云　按符瑞志文帝初郡國十九言白雀見黃初初郡國十九言白鳩見

黃初四年鵜鶘集

按魏志文帝本紀黃初四年夏五月有鵜鶘鳥集靈芝池詔曰此詩人所謂污澤也曹詩刺恭公遠君子而近小人今豈有賢智之士處於下位乎否則斯鳥

何爲而至其博舉天下儁德茂才獨行君子以答曹人之刺

黃初七年禿鶖集

按魏志文帝本紀不載　按宋書五行志七年禿鶖集雒陽芳林園池其夏文帝崩

黃初　年有鷲生鷹

按魏志文帝本紀不載　按宋書五行志黃初末宮中有鷲生鷹口爪俱赤此與商紂宋隱同象

明帝青龍三年戴鵀巢鉅鹿張臶家

按魏志明帝本紀不載　按宋書五行志青龍三年戴鵀巢鉅鹿人張臶博學有高節不應袁紹高幹之命魏太祖辟亦不至優游嘉遁門徒數百太守王肅雅敬焉時年百餘歲謂門人曰戴鵀陽鳥而巢於門陰此凶祥也乃援琴歌詠作詩一首旬日而卒按占羽蟲之孽也

景初元年有鷲生鷇有鵲巢陵霄閣

按魏志明帝本紀不載　按宋書五行志景初元年有鷲生鉅鷇於衞國涓桃里李蓋家形若鷹吻似燕案劉向說此羽蟲之孽又赤眚也高堂隆曰此魏室之大異宜防鷹揚之臣於蕭牆之內其後晉宣王起遂有魏室　又按志景初元年陵霄閣始構有鵲巢其上鵲體白黑雜色此羽蟲之孽又白黑祥也帝以問高堂隆對曰詩云惟鵲有巢惟鳩居之今興起宮室而鵲來巢此宮室未成身不得居之之象天意若曰宮室未成將有它姓制御之不可不深慮於是帝改容動色

吳

大帝黃武五年鳳凰見

按吳志孫權傳黃武五年倉梧言鳳凰見

太元二年有鵲巢南陽王帆檣

按吳志孫權傳不載　按宋書五行志太元二年正月封前太子和爲南陽王遣之長沙有鵲巢其帆檣和故宮僚聞之皆憂慘以爲檣末傾危非久安之象是後果不得其死

廢帝建興二年大鳥見於春申

按吳志孫亮傳建興二年十一月有大鳥五見於春申明年改元

按宋書五行志建興二年十一月大鳥五見於春申吳人以爲鳳皇明年改元爲五鳳漢桓帝時有五色大鳥司馬彪云政治衰缺無以致鳳乃羽蟲孽耳孫亮未有德政孫峻驕暴方甚此與桓帝同事也按瑞應圖大鳥似鳳而爲孽者非一疑皆是也

景帝永安三年赤烏見

按吳志孫休傳永安三年春三月西陵言赤烏見

烏程侯建衡三年鳳凰集

按吳志孫晧傳建衡三年西苑言鳳凰集改明年元

晉

武帝泰始元年鳳凰見

按晉書武帝本紀泰始元年鳳凰六見於郡國

按宋書符瑞志泰始元年十二月鳳凰見上黨高都鳳凰二見河南山陽鳳凰三見馮翊下邽

泰始二年鳳凰見

按晉書武帝本紀泰始二年鳳凰六見於郡國

按宋書符瑞志泰始二年六月壬申白鵠見酒泉延壽延壽長王音以獻

泰始三年白鶬鶡見

按晉書武帝本紀不載　按宋書符瑞志泰始三年五月乙亥白鶬鶡見京兆雝州刺史巴陵王休若以獻

泰始四年翟雉飛上閶闔門

按晉書武帝本紀不載　按宋書五行志泰始四年八月翟雉飛上閶闔門

泰始五年鳳凰見

按晉書武帝本紀泰始五年五月辛卯朔鳳凰見於趙國曲赦交趾九眞日南五歲刑

泰始八年白鳩集

按晉書武帝本紀不載　按宋書符瑞志泰始八年五月甲辰白鳩二集太廟南門議郎董胄獲以獻

咸寧元年白雀白雉見

按晉書武帝本紀不載　按宋書符瑞志咸寧元年白雀見梁國梁王彤獲以獻　又按志咸寧元年四月丁巳白雉見安豐松滋十二月丙午白雉見梁國睢陽梁王彤獲以獻

咸寧三年白雉見

按晉書武帝本紀不載　按宋書符瑞志咸寧三年十一月白雉見渤海饒安相阮溫獲以獻

咸寧五年白烏見

按晉書武帝本紀不載　按宋書符瑞志咸寧五年七月戊辰白烏見齊南隰太守獲以獻

太康元年白雉白烏見

按晉書武帝本紀不載　按宋書符瑞志太康元年

五月庚午白烏見襄國庚戌白雉見中山
太康二年白雀白鳩見
按晉書武帝本紀不載　按宋書符瑞志二年六月丁卯白雀二見河內南陽太守阮侃獲以獻白雀二見河南河南尹向雄獲以獻七月白鳩見太僕寺
太康四年白鳩見
按晉書武帝本紀不載　按宋書符瑞志太康四年十二月白鳩見安定臨涇
太康七年白雀見
按晉書武帝本紀不載　按宋書符瑞志七年七月庚午白雀見豫章
太康八年白雀見
按晉書武帝本紀不載　按宋書符瑞志八年八月白雀見河南洛陽
太康十年白鳩白雀白烏見
按晉書武帝本紀不載　按宋書符瑞志十年正月乙亥白鳩見河南新城五月丁亥白雀見宣光北門華林園令孫卻獲以獻丁丑白烏見京兆長安
太康十六年白雀見
按晉書武帝本紀不載　按宋書符瑞志十六年十二月白雀見南海增城縣民吳比屋
惠帝元康元年白烏白燕見
按晉書惠帝本紀不載　按宋書符瑞志元康元年四月白烏見河南成臯縣令劉機獲以聞五月戊戌白烏見梁國睢陽七月辛丑白烏見陳留獲以獻白燕二見酒泉祿福太守索靖以聞
元康四年白烏見
按晉書惠帝本紀不載　按宋書符瑞志四年十月白烏見鄱陽
永康元年京師得異鳥有鶵入太極殿
按晉書惠帝本紀不載　按五行志永康元年趙王倫既篡京師得異鳥莫能名倫使人持出周旋城邑市以問人積日宮西有小兒見之遂自言曰服留鳥翳持者即還白倫倫使更求又見之乃將入宮密籠鳥幷閉小兒戶中明日視之悉不見此羽蟲之孽時趙王倫有目瘤之疾言服留者謂倫留將服其罪也尋而倫誅　又按志趙王倫篡位有鶵入太極殿雉集東堂天戒若曰太極東堂皆朝享聽政之所而鶵雉同日集之者趙王倫不當居此位也詩云鵲之彊彊鶉之奔奔人之无良我以爲君其此之謂乎尋而倫誅
懷帝永嘉元年洛陽地陷出鵝
按晉書懷帝本紀不載　按五行志永嘉元年二月洛陽東北步廣里地陷有蒼白二色鵝出蒼者飛翔冲天白者止焉此羽蟲之孽又黑白祥也陳留董養曰步廣周之狄泉盟會地也白者金色國之行也蒼爲胡象其可盡言乎是後劉元海石勒相繼亂華
愍帝建興二年白雉見
按晉書愍帝本紀不載　按宋書符瑞志建興二年十二月戊午白雉見襄平
建武元年獲白雀
按晉書愍帝本紀不載　按宋書符瑞志建武元年四月尚書僕射刁協獻白雀於晉王
元帝永昌二年赤烏見
按晉書元帝本紀不載　按宋書符瑞志永昌二年正月赤烏見暨陽
明帝太寧二年白烏見
按晉書明帝本紀不載　按宋書符瑞志太寧二年十一月白烏見京師
太寧三年成帝即位獲大鳥二白烏見
按晉書成帝本紀不載　按五行志太寧三年八月庚戌有大鳥二蒼黑色翼廣一丈四尺其一集司徒府射而殺之其一集市北家人舍亦獲焉此羽蟲之孽也又黑祥也及閏月戊子而帝崩後遂有蘇峻祖約之亂
按宋書符瑞志太寧三年三月白烏見吳郡海虞獲以獻羣官畢賀
成帝咸和二年有五鶂鳥集殿庭
按晉書成帝本紀不載　按五行志咸和二年正月有五鶂集殿庭此又白祥也是時庾亮苟違衆謀將召蘇峻有言不從之咎故白祥先見也三年二月峻果作亂宮掖焚毀化爲汙萊此其應也
咸康八年康帝即位有白鷺集殿屋
按晉書康帝本紀不載　按五行志咸康八年有白鷺集殿屋是時康帝初即位不永之祥也後涉再朞而帝崩按劉向曰野鳥入處宮室將空此其應也
穆帝升平四年鳳凰見
按晉書穆帝本紀升平四年二月鳳凰將九雛見於豐城
按宋書符瑞志升平四年二月辛亥鳳凰將九子見豐鄉之豐城十二月甲子又見豐城衆鳥隨從

升平五年鳳皇見

按晉書穆帝本紀五年夏四月鳳凰見於沔北

哀帝興寧三年海西即位有雉集於相風

按晉書海西公本紀不載　按五行志海西初以興寧三年二月即位有野雉集於相風此羽蟲之孽也尋爲桓溫所廢也

孝武帝太元十一年白烏見

按晉書孝武帝本紀不載　按宋書符瑞志太元十一年八月乙酉白烏集江州寺庭羣烏翔衞

太元十六年鵲巢太極東頭鴟尾又巢國子學堂

按晉書孝武帝本紀不載　按五行志云云

太元十九年鵲巢東宮西門

按晉書孝武帝本紀不載　按五行志太元十六年六月鵲巢太極東頭鴟尾又巢國子學堂西頭十八年東宮始成十九年正月鵲又巢其西門此殆與魏景同占學堂風教之所聚西頭又金行之祥及帝崩後安皇嗣位桓元遂篡風教乃頹金行不競之象也

太元二十一年白烏見

按晉書孝武帝本紀不載　按宋書符瑞志太元二十一年五月癸卯白烏見吳國獲以獻

安帝隆安五年白雀見

按晉書安帝本紀不載　按宋書符瑞志隆安五年十一月白雀見宜都

元興三年白雀見

按晉書安帝本紀不載　按宋書符瑞志元興三年六月丙申白雀見豫章新淦獲以獻

義熙三年羣烏啄殺狗噉之

按晉書安帝本紀不載　按五行志義熙三年龍驤將軍朱猗戍壽陽婢炊飯忽有羣烏集竈競來啄噉婢驅逐不去有獵狗咋殺兩烏餘烏因共啄殺狗又噉其肉唯餘骨存此亦羽蟲之孽又黑祥也明年六月猗死此其應也

義熙七年白雉見

按晉書安帝本紀不載　按宋書符瑞志義熙七年五月白雉見豫章南昌

宋

武帝永初元年鳳凰見

按宋書武帝本紀不載　按符瑞志永初元年七月戊戌鳳凰見會稽山陰

永初二年赤烏白烏見

按宋書武帝本紀不載　按符瑞志永初二年二月赤烏六見北海都昌六月丁酉白烏見吳郡婁縣太守孟顗以獻

永初三年鸛巢太極鴟尾

按宋書武帝本紀不載　按五行志永初三年臨軒拜徐羨之爲司徒百僚陪位有一野鸛集太極鴟尾鳴呼

少帝景平二年鸛巢太廟

按宋書少帝本紀不載　按五行志景平二年春鸛巢太廟西鴟尾驅去復還

文帝元嘉元年白雀白燕見

按宋書文帝本紀不載　按符瑞志元嘉元年七月己巳白雀見齊郡昌國壬戌白燕集齊郡城游翔庭宇經九日乃去衆燕隨從無數

元嘉二年江鷗集太極殿白烏見

按宋書文帝本紀不載　按五行志元嘉二年春有江鷗鳥數百集太極殿前小階內明年誅徐羨之等　按符瑞志元嘉二年十一月丙辰白烏見山陽太守阮寶以聞

元嘉三年獲白烏

按宋書文帝本紀不載　按符瑞志元嘉三年三月甲戌丹陽湖孰薛爽之獲白烏以獻

元嘉四年白雀見

按宋書文帝本紀不載　按符瑞志元嘉四年七月乙酉白雀見北海劇

元嘉五年白雉見

按宋書文帝本紀不載　按符瑞志元嘉五年五月庚辰白雉見東莞莒縣太守劉元以聞

元嘉八年白雀見

按宋書文帝本紀不載　按符瑞志元嘉八年五月辛丑白雀集左衞府

元嘉十一年獲白雀白烏

按宋書文帝本紀不載　按符瑞志元嘉十一年五月丁丑齊郡西安宗顯獲白雀青州刺史段宏以獻六月乙巳吳郡海鹽王說獲白烏揚州刺史彭城王義康以獻

元嘉十三年獲白烏

按宋書文帝本紀不載　按符瑞志元嘉十三年三月戊辰義興陽羨令獲白烏太守劉禎以獻

元嘉十四年鳳凰見白雀白燕集

按南史文帝本紀元嘉十四年春正月戊戌鳳凰二

見於都下衆鳥隨之改其地曰鳳凰里

按宋書符瑞志元嘉十四年三月丙申大鳥二集秣陵民王顗園中李樹上大如孔雀頭小足高毛羽鮮明文采五色聲音諧從衆鳥如山雞者隨之如行三十步頃東南飛去揚州刺史彭城王義康以聞改鳥所集永昌里曰鳳凰里五月甲午白雀集費縣貝外散騎侍郎顏敬家獲以獻白雀二見荊州府客館白燕集荊州府門刺史臨川王義慶以聞

元嘉十五年白雀見

按宋書文帝本紀不載　按符瑞志元嘉十五年五月辛未白雀集建康都亭里揚州刺史彭城王義康以聞六月白雀見建康定陰里彭城王義康以獻八月白雀見西陽江州刺史南譙王義宣以獻

元嘉十六年白雉見

按宋書文帝本紀不載　按符瑞志元嘉十六年二月白雉見陳郡豫州刺史長沙王義欣以獻

元嘉十七年白雀見

按宋書文帝本紀不載　按符瑞志元嘉十七年五月壬寅白雀二集荊州後園刺史衡陽王義季以聞

元嘉十八年白雉白燕見獲白雀白鳩

按宋書文帝本紀不載　按符瑞志元嘉十八年二月癸亥白雉見南汝陰宋縣太守文道恩以獻六月白燕產丹徒縣南徐州刺史南譙王義宣以聞七月吳郡鹽官于元獲白雀太守劉禎以獻八月庚午會稽山陰商世寶獲白鳩眼足並赤揚州刺史始興王濬以獻太子率更令何承天上表曰謹考尋先典稽之前志王德所覃物以應顯是以元扈之鳳昭帝軒之鴻烈酆宮之雀徵姬文之徽祚伏惟陛下重光嗣服末言祖武洽惠和於地絡燭皇明於天區故能九服混心萬邦含愛員神降祥方祇薦裕休珍雜沓景瑞畢臻去七月上旬時在昧日黃暉洞照宇宙開朗徵風協律甘液灑津雖朱晃瑰瑋於運衡榮光圖靈於河紀茂以尚茲臣不量卑懵竊慕擊轅有作相杵成謳近又豫白鳩之觀目翫奇偉心懽盛烈謹獻頌一篇野思古拙意及庸陋不足以發揮清英敷讚幽旨瞻前顧後亦各其志謹冒以聞其白鳩頌曰三極協情五靈會性理感冥符道實元聖於赫有皇先天配命朝景升躔八維同映休祥載臻榮光播慶宇宙照爛日月光華陶山練澤是生柔嘉回尨表粹離穗合柯翩翩者鳩亦皎其暉理翮台領揚鮮帝畿闕四字匪德莫歸暮從儀鳳棲閣陰闥烝哉明后昧旦乾乾惟德之崇其峻如山惟澤之瞻其潤如淵禮樂四達頌聲遐宣窮髮納貢九譯導言伊昔唐萌愛逢慶祚余生既辰而年之暮提心命耋式歌王度晨晞永風夕漱甘露思樂靈基不遐有固

元嘉十九年獲白烏

按宋書文帝本紀不載　按符瑞志元嘉十九年五月海陵王文秀獲白烏南兗州刺史臨川王義慶以獻十月白烏產晉陵暨陽僑民彭城劉原秀宅樹原秀以聞

元嘉二十年白雀白燕見獲白雉白烏

按宋書文帝本紀不載　按符瑞志元嘉二十年五月乙卯秣陵衛猗之獲白雀丹陽尹徐湛之以獻白燕集南平郡府內內史臧綽以聞六月白雉見高平方與縣徐州刺史臧質以獻七月彭城劉原秀又獲白烏以獻

元嘉二十一年白燕見

按宋書文帝本紀不載　按符瑞志元嘉二十一年白燕見廣陵南兗州刺史廣陵王誕以獻

元嘉二十二年白鵲見獲赤鸚鵡白雀

按宋書文帝本紀不載　按符瑞志元嘉二十二年湘州刺史南平王鑠獻赤鸚鵡白鵲見新野鄧縣雍州刺史蕭思話以聞四月丙子白鵲見東安郡徐州刺史臧質以獻閏五月丙午白雀見華林園員外散騎侍郎長沙王瑾獲以獻六月庚申南彭城蕃縣時佛護獲白雀以獻

元嘉二十四年白雀白燕集白鳩見獲白烏白鸚鵡

按宋書文帝本紀不載　按符瑞志元嘉二十四年四月白雀產吳郡鹽官民家太守劉禎以獻五月辛未白燕集司徒府西園太尉江夏王義恭以聞六月己亥白鳩五集長沙廟長沙王瑾以聞八月乙巳白烏見晉陵南徐州刺史廣陵王誕以獻十月甲午揚州刺史始興王濬獻白鸚鵡　又按志元嘉二十四年九月白鳩見庚戌中領軍沈演之上表曰臣聞貞裕之美介于盛王休瑞之臻因違哲后故鳴鳳表垂衣之化翔鵠徵解網之仁陛下道德嗣基聖明纘世教清鳥紀治昌雲官禮漸同川澤浹末徼天嘉明懿民樂薰風星辰以之炳煥日月以之光華神圖祇緯盈觀閟府白質黑章充物靈囿應感之符畢臻而因心之祥未屬以素鳩自遠毰毸歸飛資性閑淑羽貌鮮麗既聞之先說又親覩嘉祥不勝藻抃上頌一首

辭不稽典分乏采章愧不足式昭皇慶崇讚盛美蓋率輿誦備之篇末其頌曰有哲其儀時惟皓鳩性偲五教名編素丘殷曆方昌婉翹來游漢錄充辭爰降爰休其一於顯盛宋啟慶遐傳聖王在上道照鴻軒稱施既平孝思求言人和於地神豫於天其二禮樂孔秩靈物咸照白雀集苞丹鳳棲郊文騶麗跡嘉穎擢苗灼灼縞羽從化馴朝其三豈伊赴林必周之栩豈伊歸義必商之所惟德是依惟仁是處育景陽嶽濯姿帝宇其四刑曆須興理感迭通雉飛越常鷟起西雝烝然戾止實兼斯容壹茲民聽穆是王風其五

元嘉二十五年白雀二見

按宋書文帝本紀不載　按符瑞志元嘉二十五年五月丁丑白雀二見京都材官吏黃公歡軍人丁田夫各獲以獻八月壬子白燕見廣陵城南兗州刺史徐湛之以聞

元嘉二十六年白雉白鵲見獲白燕雛

按宋書文帝本紀不載　按符瑞志元嘉二十六年三月戊寅白雉見東安沛郡各一徐兗二州刺史武陵王獲以獻五月癸酉白鵲見建康崇孝里揚州刺史始興王濬以獻戊寅白雀產衡陽王墓亭郎中令宋曠之獲以聞

元嘉二十七年白燕見獲白雀

按宋書文帝本紀不載　按符瑞志元嘉二十七年五月甲戌白燕產京口南徐州刺史始興王濬以聞六月壬辰白燕見秣陵丹陽尹徐湛之以獻乙卯白雀見濟南郡薛榮以獻

元嘉二十八年獲白雀

按宋書文帝本紀不載　按符瑞志元嘉二十八年八月己巳崇義軍人獲白雀一雙太子左率王錫以獻

元嘉二十九年白雀見

按宋書文帝本紀不載　按符瑞志元嘉二十九年四月癸丑白雀見會稽山陰太守東海王禕獲以獻

孝武帝孝建元年鳳凰見獲白雀

按宋書孝武帝本紀不載　按符瑞志孝建元年正月庚申鳳凰見丹徒悶賢亭雙鵠為引衆鳥陪從征虜將軍武昌王渾以聞五月己亥臨沂縣魯尚期于城上得白雀太傅假黃鉞江夏王義恭以獻

孝建二年獲白雀

按宋書孝武帝本紀不載　按符瑞志孝建二年六月甲子左衛軍獲白雀以獻

孝建三年獲白雀

按宋書孝武帝本紀不載　按符瑞志孝建三年閏三月辛酉黃門侍郎庾徽之家獲白雀以獻五月丁卯白雀見建康獲以獻

大明元年白雀白烏見

按宋書孝武帝本紀不載　按符瑞志大明元年四月戊申白雀見尋陽五月甲寅白雀二見渤海獲以獻甲子白雀見建康獲以獻六月丁亥白雀見零陵祁陽獲以獻七月辛亥白雀見南陽宛獲以獻四月甲申白烏見南郡江陵

大明二年獲白雉白雀白燕

按宋書孝武帝本紀不載　按符瑞志大明二年三月己巳白雉雌雄各一見海陵南兗州刺史竟陵王誕以獻五月丁未白雀見建康揚州刺史西陽王子尚以獻乙巳白燕產南郡江陵民家荊州刺史朱修之以獻甲子白燕二產山陽縣舍南兗州刺史竟陵王誕以獻六月甲戌白燕產吳郡城內太守王翼之以獻丁亥白雀見河東定襄縣荊州刺史朱修之以聞

大明三年婆皇國獻赤白鸚鵡白雀見秣陵及獲白雀產白燕

按宋書孝武帝本紀不載　按符瑞志大明三年正月丙申婆皇國獻赤白鸚鵡各一四月庚戌白雀見秣陵丹陽尹劉秀之以獻五月壬午太宰府崇藝軍人獲白雀太宰江夏王義恭以獻甲申白燕產武陵臨沅民家郢州刺史孔靈符以聞

大明四年白雀白燕見

按宋書孝武帝本紀不載　按符瑞志大明四年五月辛巳白雀見廣陵侍中顏師伯以獻六月乙卯白燕見平昌青州刺史劉道隆以獻

大明五年獲白孔雀白雀赤烏白雉

按宋書孝武帝本紀不載　按符瑞志大明五年正月丙子交州刺史垣閎獻白孔雀四月庚戌白雀見晉陵太守沈文叔以獻五月癸未白雀二見尋陽江州刺史桂陽王休範以獻白雀二見濟南青州刺史劉道隆以獻六月戊子赤烏見蜀郡益州刺史劉思考以獻十月白雀見太原青州刺史劉道隆以獻十二月白雉見泰郡南兗州刺史晉安王子勛以獻

大明六年青雀白雀見

按宋書孝武帝本紀不載　按符瑞志大明六年三

月丙午青雀見華林園八月辛巳白雀見齊郡青冀二州刺史劉道隆以獻

大明七年白爵集華蓋獲白鵲白雀

按宋書孝武帝本紀大明七年十一月癸巳有白爵二集華蓋有司奏改大明爲神爵元年詔不許　按符瑞志大明七年三月辛巳白鵲見汝南安陽太守申令孫以獻四月乙未白雀集廬陵王第廬陵王敬先以獻乙丑白雀見歷陽太守建平王景素以獻五月辛未白雀見汝陰豫州刺史垣護之以獻六月白雀見寶城南豫州刺史尋陽王子房以獻十月丁卯白雀見建康丹陽尹永嘉王子仁以獻十一月車駕南巡隷水師于梁山中江白雀二集華蓋

大明八年獲白雉

按宋書孝武帝本紀不載　按符瑞志大明八年二月丁卯白雉見南郡江陵荊州刺史臨海王子玉以獻

廢帝永光元年白雀見

按宋書廢帝本紀不載　按符瑞志永光元年四月乙亥白雀見會稽東揚州刺史尋陽王子房以獻六月丙子白雀見彭城徐州刺史義陽王昶以聞

明帝泰始二年晉安王子勛自立于尋陽有鳩棲于輦鵶集于幰禿鶖集于城又有鵄集于子綏帳上白燕白烏白雀青雀見

按宋書明帝本紀不載　按鄧琬傳子勛泰始二年正月七日即位於尋陽城改景和二年爲義嘉元年以安陸王子綏爲司徒驃騎將軍揚州刺史尋陽王子房車騎將軍臨海王子頊衛將軍並開府儀同三司邵陵王子元撫軍將軍其日雲雨晦合行禮忘稱萬歲取子勛所乘車除脚以爲輦置僞殿之西其夕有鳩棲其中鵶集其幰又有禿鶖集城上子綏拜司徒日雷電晦冥震其黃閤柱鵄尾墜地又有鵄棲其帳上　按符瑞志泰始二年六月白燕見零陵獲以獻丁巳白烏見吳郡海鹽太守顧顗之以獻七月戊子白雀見虎檻洲都督征討諸軍建安王休仁以聞九月庚寅青雀見京城內南徐州刺史桂陽王休範以獻九月壬寅白烏見吳興烏城太守郗顒以獻

泰始六年白雀見

按宋書明帝本紀不載　按符瑞志泰始六年七月壬午白雀二見廬陵吉陽內史江孜以聞

泰豫元年白雀見

按宋書明帝本紀不載　按符瑞志泰豫元年六月辛丑白雀見廣州刺史孫超以獻

後廢帝元徽五年白雀二

按宋書後廢帝本紀不載　按符瑞志元徽五年四月己巳白雀二見尋陽柴桑江州刺史邵陵王友以獻

南齊

武帝建元元年白雀見

按南齊書武帝本紀不載　按祥瑞志建元元年五月白雀見巴郡八月男子王約獲白雀一頭九月秣陵縣獲白雀一頭

建元二年白雀見

按南齊書武帝本紀不載　按祥瑞志二年四月白雀集郢州府館五月白雀見會稽永興縣

永明元年獲白雀

按南齊書武帝本紀不載　按祥瑞志永明元年五月郢州丁坡屯獲白雀一頭

永明二年獲白雉

按南齊書武帝本紀不載　按祥瑞志永明二年彭澤縣獲白雉一頭

永明三年大烏集會稽獲白雀

按南齊書武帝本紀不載　按五行志永明三年大烏集會稽上虞其年縣大水　按祥瑞志三年七月安城王暠第獲白雀一頭九月南郡江陵縣獲白雀一頭

永明四年三足烏白雀見

按南齊書武帝本紀不載　按祥瑞志永明四年三月三足烏巢南安中陶縣庭七月白雀見臨汝縣

永明七年獲白雉白雀

按南齊書武帝本紀不載　按祥瑞志七年鬱林獲白雉一頭六月鹽官縣獲白雀一頭

永明八年獲白雀白鳩白烏

按南齊書武帝本紀不載　按祥瑞志八年天門臨澧縣獲白雀一頭始興郡昌樂村獲白鳩一頭四月陽羨縣獲白烏一頭

永明九年獲白雀

按南齊書武帝本紀不載　按祥瑞志九年七月吳郡錢塘縣獲白雀一頭八月豫州獲白雀一頭

永明十年獲白雀白雉

按南齊書武帝本紀不載　按祥瑞志十年五月齊郡獲白雀一頭青州泥陂戍獲白雉一頭

鬱林王隆昌元年獲白烏

按南齊書鬱林王本紀不載　按祥瑞志隆昌元年四月陽羨縣獲白烏一頭

明帝建武二年大鳥集建安

按南齊書明帝本紀不載　按五行志建武二年有大鳥集建安形如水牂子其年郡大水

建武三年有大鳥集東陽

按南齊書明帝本紀不載　按五行志三年有大鳥集東陽郡太守沈約表云鳥身備五采赤色居多按樂緯叶圖徵云焦明鳥質赤至則水之感也

梁

武帝天監元年鳳凰鸑鳥見

按梁書武帝本紀和帝中興二年即武帝天監元年二月乙丑建康令羊瞻解稱鳳凰見縣之桐下里

按南史梁武帝本紀天監元年鳳凰集南蘭陵八月癸卯鸑鳥見樂游苑

中大同元年野鳥入邵陵王室

按梁書武帝本紀不載　按隋書五行志梁中大同元年邵陵王綸在南徐州坐廳事有野鳥如鵲數百飛屋梁上彈射不中俄頃失所在京房易飛候曰野鳥入君室其邑虛君亡之他方後綸爲湘東王所襲竟致奔亡爲西魏所殺　又按志侯景在梁將受錫命陳備物于庭有野鳥如山鵲赤觜集于冊書之上鵂鶹鳴于殿與中大同元年同占景尋敗將亡入海中爲羊鵾所殺

陳

後主禎明二年有鳥鳴于蔣山

按南史陳後主本紀禎明二年蔣山衆鳥鼓兩翼以拊膺曰奈何帝奈何帝

按隋書五行志陳後主時蔣山有衆鳥鼓翼而鳴曰奈何帝京房易飛候曰鳥鳴門闕如人音邑且亡將山巽之宮也鳥於上鳴與空虛之象及陳亡建康爲墟又陳未亡時有一足鳥集於殿庭以觜畫地成文曰獨足上高臺盛草變爲灰獨足者叔寶獨行之應盛草成灰者陳政無穢被隋火德所焚除也叔寶至長安館於都水臺上高臺之義也

北魏

太祖天興二年獲白雉

按魏書太祖本紀不載　按靈徵志太祖天興二年七月并州獻白雉周成王時越裳氏來獻

天興四年獲白雉

按魏書太祖本紀不載　按靈徵志四年正月上黨郡獻白雉二月并州獻白雉五月河內郡獻白雉

天興五年白鵲見

按魏書太祖本紀不載　按靈徵志太祖天興五年八月上曜軍覽谷見白鵲

太宗永興三年獲白燕

按魏書太宗本紀不載　按靈徵志太宗永興三年六月京師獲白燕

永興四年獲白燕

按魏書太宗本紀不載　按靈徵志太宗永興四年閏月京師又獲白燕

神瑞二年獲白雉

按魏書太宗本紀不載　按靈徵志神瑞二年十一月石民尚書周幾獲白雉一于博陵安平以獻

泰常二年獲白燕

按魏書太宗本紀不載　按靈徵志泰常二年六月京師獲白鷰

泰常三年獲白雉白梟

按魏書太宗本紀不載　按靈徵志泰常三年正月渤海郡高城縣獻白雉三月渤海郡南皮縣獻白雉二十一月中山行唐縣獻白雉京師獲白梟

泰常四年獲白雉

按魏書太宗本紀不載　按靈徵志四年正月新興郡獻白雉十二月又獻白雉二

泰常五年白雉見

按魏書太宗本紀不載　按靈徵志五年二月白雉見于河內郡

泰常八年獲白雀

按魏書太宗本紀不載　按靈徵志泰常八年五月鴈門獻白雀王者爵祿闕則白雀至

世祖神䴥元年獲白雉白雀

按魏書世祖本紀不載　按靈徵志神䴥元年二月相州獻白雉九月滄水郡獻白雀十月魏郡獻白雀

神䴥二年獲白雉

按魏書世祖本紀不載　按靈徵志二年二月上黨郡獻白雉

太平眞君八年獲白雀

按魏書世祖本紀不載　按靈徵志眞君八年五月鴈門郡獻白雀

高宗和平四年獲白鳩

按魏書高宗本紀不載　按靈徵志和平四年三月冀州獻白鳩殷湯時至王者養耆老尊道德不以新失舊則至

高祖延興二年白雀見獲白鵲

按魏書高祖本紀不載　按靈徵志延興二年二月白雀見于扶風郡四月幽州獻白鵲

延興三年白雀見

按魏書高祖本紀不載　按靈徵志三年五月白雀見于代郡

延興四年白雀白鵲見

按魏書高祖本紀不載　按靈徵志四年正月青州獻白雀九月白鵲見于中山

延興五年獲白雉

按魏書高祖本紀不載　按靈徵志五年正月白雉見于上谷郡

承明元年獲白鵲白鳩

按魏書高祖本紀不載　按靈徵志承明元年八月定冀二州俱獻白鵲十一月定州又獻白鵲冀州獻白鳩

太和元年白雉見

按魏書高祖本紀不載　按靈徵志太和元年二月秦州獻白雉三月白雉見于秦州十一月白雉見于安定郡

太和二年白烏見獲赤烏白鵲白雉

按魏書高祖本紀不載　按靈徵志太和二年二月涼州獻赤烏周武王時銜麥至而克殷三月白鷰見于并州七月白烏見于涼州王者宗廟肅敬則至九月白烏見于京師十一月洛州獻白鵲徐州獻白雉

太和三年白雉白雀白烏見

按魏書高祖本紀不載　按靈徵志三年正月統萬鎮獻白雉五月白雀見于豫州白烏見于豫州九月白烏見于秦州

太和四年獲白雉

按魏書高祖本紀不載　按靈徵志四年正月南豫州獻白雉

太和六年獲白雉

按魏書高祖本紀不載　按靈徵志六年三月豫州獻白雉

太和七年獲白雉三足烏

按魏書高祖本紀不載　按靈徵志七年正月幽州獻白雉四月瀛州獻白雉六月青州獻三足烏王者慈孝天地則至

太和八年白燕白雉見

按魏書高祖本紀不載　按靈徵志八年四月白燕集於京師是月代郡獻白燕六月齊州清和郡獻白雉

太和十三年獲白雀三足烏

按魏書高祖本紀不載　按靈徵志十三年正月清河武城縣獻白雀十一月滎陽獻三足烏

太和十四年獲三足烏

按魏書高祖本紀不載　按靈徵志十四年正月懷州獻三足烏

太和十五年獲三足烏

按魏書高祖本紀不載　按靈徵志十五年閏月齊州獻三足烏

太和十七年獲三足烏

按魏書高祖本紀不載　按靈徵志十七年五月冀州獻三足烏六月兗州獻白烏

太和二十年獲白雉三足烏

按魏書高祖本紀不載　按靈徵志二十年三月兗州獻白雉六月豫州獻三足烏

太和二十三年獻三足烏白鳩白燕白烏

按魏書高祖本紀不載　按靈徵志二十三年六月冀州獻三足烏七月瀛州獻白鳩八月滎陽郡獻白鳩荊州獻白燕閏月正平郡獻白燕十二月司州獻白烏

世宗景明元年獲三足烏

按魏書世宗本紀不載　按靈徵志景明元年五月徐州獻三足烏

景明二年獲蒼烏

按魏書世宗本紀不載　按靈徵志景明二年十二月南青州獻蒼烏君修行孝慈萬姓不好殺生則至

景明三年獲白雉赤雀三足烏白燕白鳩白雀

按魏書世宗本紀不載　按靈徵志三年正月徐州獻白雉二月冀州獻白雉三月濟州獻赤雀周文王時銜書至豫州獻三足烏六月涇州獻白燕七月涇州獻白鳩滎陽郡獻白雀十月薄骨律鎮獻白雀

景明四年獲白雀赤雀四足烏

按魏書世宗本紀不載　按靈徵志四年三月敦煌鎮獻白雀五月京師獲白雀六月恆農郡獻白雀七月京師獲白雀五月獲赤雀於京師六月幽州獻四

足烏

正始元年獲三足烏

按魏書世宗本紀不載　按靈徵志正始元年二月冀州獻三足烏五月幽州獻三足烏是月相州獻三足烏六月定州獻三足烏十月京師獲白鳩是月建興郡獻白鳩

正始二年獲白鳩三足烏白烏蒼烏白雀

按魏書世宗本紀不載　按靈徵志二年四月幷州獻白鳩五月肆州獻三足烏司州獻白烏雍州獻蒼烏六月雍州又獻蒼烏七月薄骨律鎮獻白雀冀州獻白鳩二

正始三年獲三足烏白雉白雀白鳩白烏

按魏書世宗本紀不載　按靈徵志三年三月豫州獻三足烏是月豫州又獻三足烏齊州獻白雉四月獲白雀於京師七月夏州獻白鳩九月潁川郡獻白烏十月青州獻白雉河州獻白雀十二月雍州獻白雀

正始四年獲白雀白烏白雉

按魏書世宗本紀不載　按靈徵志四年二月豫州獻白雀七月潁川又獻白烏十一月秦州獻白雉

永平元年獲赤雀三足烏白烏白鳩

按魏書世宗本紀不載　按靈徵志永平元年四月京師獲赤雀豫州獻三足烏潁川獻白烏六月洛州獻白鳩

永平二年獲蒼烏白雉

按魏書世宗本紀不載　按靈徵志永平二年四月河內獻蒼烏白雉六月河南獻白雉十二月豫州獻白雉

永平三年獲白雀

按魏書世宗本紀不載　按靈徵志永平三年七月京師獲白雀

延昌二年獲白烏

按魏書世宗本紀不載　按靈徵志延昌二年八月平陽郡獻白烏

延昌三年獲三足烏白烏白雀

按魏書世宗本紀不載　按靈徵志延昌三年二月冀州獻三足烏六月冀州獻白烏七月河南郡獲白雀十一月秦州獻白雀

延昌四年獲白雉白雀

按魏書世宗本紀不載　按靈徵志延昌四年二月冀州獻白雉是月京師獲白雉閏月岐州獻白雉五月滎陽獻白雀八月秦州獻白雀是月青州獻白雀是月恆州獻白雀是月洛陽獲白雀十一月荊州獻白雀十二月幽州獻白雉

肅宗熙平元年獲白鵲白雉白雀白燕

按魏書肅宗本紀不載　按靈徵志熙平元年正月定州獻白鵲二月赤烏見肆州秀容鎮相州獻白雉三月肆州獻白雉四月汲郡獻三足烏京師再獲白雀六月冀州獻蒼烏七月宮中獲白雀京師獲白燕

熙平二年獲白雉白雀三足烏白鳩

按魏書肅宗本紀不載　按靈徵志二年三月徐州獻白雉四月華州獻白雀東郡獻三足烏是月豫州獻三足烏南兗州又獻三足烏九月汲郡獻白鳩

神龜元年赤烏見獲白雉白雀三足烏

按魏書肅宗本紀不載　按靈徵志神龜元年三月潁川郡獻白雉四月赤烏見幷州之晉陽縣五月京師獲白雀六月京師獲白雀二八月薄骨律鎮獻白雀雍州獻三足烏

神龜二年獲白雉白鵲三足烏

按魏書肅宗本紀不載　按靈徵志二年正月豫州獻白雉五月徐州獻白雀是月京師獲白雀潁川郡獻三足烏

神龜三年獲白雀

按魏書肅宗本紀不載　按靈徵志三年七月京師又獲白雀

正光元年獲三足烏白雀白烏

按魏書肅宗本紀不載　按靈徵志正光元年四月濟州獻三足烏是月濟州又獻三足烏六月京師獲白雀十月幽州獻白烏

正光二年獲三足烏白雀宮中獲大鶖

按魏書肅宗本紀不載　按靈徵志二年閏月東郡獻三足烏六月光州獻白雀八月己卯獲禿鶖鳥於殿內　按崔光傳二年夏四月以光爲司徒侍中國子祭酒領著作如故光表固辭歷年終不肯受八月獲禿鶖鳥於宮內詔以示光光表曰蒙示十四日所得大鳥此即詩所謂有鶖在梁解云禿鶖也貪惡之鳥野澤所育不應入殿庭昔魏氏黃初中有鵜鶘集於靈芝池文帝下詔以曹共公遠君子近小人博求賢俊太尉華歆由此遜位而讓管寧者也臣聞野物入舍古人以爲不善是以張臶惡鵂鶹賈誼忌鵩鵜鶘暫集而去前王猶爲至誠況今親入宮禁爲人所獲

方被畜養晏然不以爲懼準諸往義信有殊矣且豢之禽必資魚肉菽麥稻粱時或飱啄一食之費容過斤鎰今春夏陽旱穀糴稍貴窮窘之家時有菜色陛下爲民父母撫之如傷豈可弃人養鳥留意於醜形惡聲哉衛侯好鶴曹伯愛鴈身死國滅可爲寒心陛下學通春秋親覽前事何得口詠其言行違其道誠願遠師殷宗近法魏祖修德延賢消災集慶放無用之物委之川澤取樂琴書頤養神性肅宗覽表大悅卽弃之池澤

正光三年獲白雀三足烏

按魏書肅宗本紀不載　按靈徵志正光三年二月夏州獻白雉四月京師獲白雀五月東郡獻三足烏潁川郡許昌縣獻三足烏肆州獻三足烏六月冀州獻三足烏滎陽郡獻白雀八月濟州獻白雀是月光州獻白雀九月白雀見舍人省

正光四年獲白鵲白雉三足烏白雀

按魏書肅宗本紀不載　按靈徵志四年正月京師獲白鵲三月光州獻白雉六月瀛州獻三足烏京師獲白雀七月京師獲白雀

孝昌二年鴨雛一頭兩身

按魏書肅宗本紀不載　按靈徵志孝昌二年四月民有送死鴨雛一頭兩身四足四翅兩尾

孝昌三年獲赤雀

按魏書肅宗本紀不載　按靈徵志孝昌三年四月河南獲赤雀以獻

廢帝普泰元年獲蒼烏

按魏書廢帝本紀不載　按靈徵志前廢帝普泰元年五月河內獻蒼烏

孝武帝太昌元年獲白雀三足烏

按魏書孝武帝本紀不載　按靈徵志太昌元年四月京師獲白雀五月齊獻武王獲三足烏以獻

孝靜帝天平二年雉飛入尚書省獲白雀白烏

按魏書孝靜帝本紀不載　按靈徵志天平二年三月雉飛入尚書省殿中獲之五月北豫州獻白雀七月齊獻武王獲白烏以獻

天平四年獲白雉白雀

按魏書孝靜帝本紀不載　按靈徵志四年二月青州獻白雉七月兗州獻白雀十二月梁州獻白雉

元象元年獲白烏白雀白燕

按魏書孝靜帝本紀不載　按靈徵志元象元年五月冀州獲白烏京師獲白雀六月京師獲白雀七月肆州獻白雀是月齊獻武王獲白雀八月西平府獻白燕

元象二年獲白雉三足烏白雀濟陰有鵲哺烏

按魏書孝靜帝本紀不載　按靈徵志元象二年正月魏郡繁陽縣獻白雉四月京師獲三足烏五月京師獲白雀六月齊文襄王獲白雀以獻是月南兗州獲白雀七月京師獲白雀八月徐州表濟陰郡廳事前槐樹烏巢於上烏母死有鵲銜食哺烏兒不失其時並皆長大賞太守帛十匹

興和二年獲白燕白雀

按魏書孝靜帝本紀不載　按靈徵志興和二年三月京師獲白燕四月京師獲白雀閏月京師獲白雀六月光州獻白雀七月京師獲白雀

興和三年獲白雀

按魏書孝靜帝本紀不載　按靈徵志三年五月京師獲白雀

興和四年獲白雀白烏雛蒼烏

按魏書孝靜帝本紀不載　按靈徵志四年正月京師獲白雀四月魏郡貴鄉縣獲白烏雛五月京師獲白烏是月陽夏郡獻白烏濟州獻蒼烏六月京師獲白雀七月京師獲白雀瀛州又獻蒼烏北豫州獻白烏十月瀛州獻白烏

武定元年獲白雉蒼烏白烏白雀

按魏書孝靜帝本紀不載　按靈徵志武定元年正月廣宗郡獻白雉是月兗州獻白雉四月兗州獻蒼烏五月濟州又獻蒼烏六月東郡民獻白烏京師獲白雀七月京師獲白雀

武定二年獲蒼烏白鵲

按魏書孝靜帝本紀不載　按靈徵志二年五月京師獲蒼烏七月林慮獻白鵲

武定三年獻三足烏白烏白雀白燕蒼烏

按魏書孝靜帝本紀不載　按靈徵志武定三年五月瀛州獻三足烏五月北豫州獻白烏是月廣宗郡獻白烏潁州又獻白烏梁州獲白雀六月北豫州獻白燕滄州獻白烏京師獲白鵲京師獲蒼烏七月京師獲白雀十月兗州獲白雀光州獻蒼烏

武定四年獲白雉白烏三足烏白雀惡烏集晉陽

按魏書孝靜帝本紀不載　按靈徵志四年三月青州獻白雉白烏潁州獻三足烏五月潁州又獻三足烏濟州獻白烏六月京師獲白雀八月

陽夏郡獻白烏
按北齊書神武本紀武定四年十一月庚子輿疾班師庚戌遣太原公洋鎮鄴辛亥徵世子澄至晉陽有惡鳥集亭樹世子使斛律光射殺之五年正月神武崩于晉陽
武定六年獲白雀
按魏書孝靜帝本紀不載　按靈徵志六年六月京師獲白雀
北齊
文宣帝天保元年獲赤雀
按北史齊文宣帝本紀天保元年五月戊午皇帝即位于南郊升壇柴燎告天是日鄴下獲赤雀獻于郊所
孝昭帝皇建二年野雉棲殿庭有鳥似鴨而九頭
按北史齊孝昭本紀皇建二年冬十月己酉野雉棲于前殿之庭
按隋書五行志後齊孝昭帝即位之後有雉飛上御座占同中大同元年又有鳥止于後園其色赤形似鴨而九頭其年帝崩
後主大統三年萬春鳥集仙都苑
按北齊書後主本紀不載　按隋書五行志大統三年九月萬春鳥集仙都苑京房易飛候曰非常之鳥來宿于邑中邑有兵周師入鄴之應也
武平七年鶴巢于殿雉集于御坐
按北史齊後主本紀武平七年八月丁卯行幸晉陽雉集于御坐獲之有司不敢以聞
按隋書五行志武平七年有鶴巢太極殿又巢幷州嘉陽殿雉集晉陽宮御座獲之京房易飛候曰鳥無故巢居君門及殿屋上邑且虛其年國滅
北周
孝閔帝元年槐里獻赤雀白鷰
按周書孝閔帝本紀元年春正月辛丑即天王位是日槐里獻赤雀四五月己酉槐里獻白鷰
明帝二年長安獻白雀白烏順陽獻三足烏
按周書明帝本紀二年三月戊申長安獻白雀六月壬申長安獻白烏七月丙申順陽獻三足烏八月甲子羣臣上表稱慶詔曰夫天不愛寶地稱表瑞莫不威鳳巢閣圖龍躍沼豈直日月珠連風雨玉燭是以鈞命決曰王者至孝則出元命苞曰人君至治所有虞舜烝烝來茲異趾周文翼翼翔此靈禽文考至德下覃遺仁爰被遠符千載降斯三足將使三方歸本九州翕定惟此大體景福在民予安敢讓宗廟之善弗宣大惠可大赦天下文武官普進二級
武成元年四月戊午武當郡獻赤烏
按周書明帝本紀云云
武帝保定二年南陽獻三足烏益州獻赤烏
按周書武帝本紀保定二年四月丁巳南陽獻三足烏五月以南陽宛縣三足烏所集免今年役十二月益州獻赤烏
保定三年渭州益州獻三足烏
按周書武帝本紀保定三年二月辛丑渭州獻三足烏三月乙酉益州獻三足烏
保定五年九月乙巳益州獻三足烏
按周書武帝本紀云云
天和元年四月己酉益州獻三足烏
按周書武帝本紀云云
天和二年鳳凰集
按北史周武帝本紀天和二年秋七月辛丑梁州上言鳳凰集楓樹羣鳥列侍以萬數
建德三年五月丁卯荊州獻白烏十月戊戌雍州獻蒼烏
按周書武帝本紀云云
建德六年九月甲申絳州獻白雀
按周書武帝本紀云云
宣帝大象二年禿鶖集太極殿
按周書宣帝本紀大象二年二月壬午洛陽有禿鶖鳥集于新營太極殿前
按隋書五行志周大象二年二月有禿鶖鳥集洛陽宮太極殿其年帝崩後宮常虛
隋
文帝開皇元年獲赤雀蒼烏白雀有鵂集梁主蕭琮帳隅
按隋書高祖本紀開皇元年三月辛巳高平獲赤雀太原獲蒼烏長安獲白雀各一
按北史隋文帝本紀開皇元年六月癸未詔以初受命赤雀降祥推五德相生為火色其郊及社廟依服冕之儀而朝會之服旗幟犧牲盡尚赤
按隋書五行志開皇初梁主蕭琮新起後有鵂鳥集其帳隅未幾琮入朝被留于長安梁國遂廢
煬帝大業四年五月壬申蜀郡獲三足烏一
按隋書煬帝本紀云云

大業八年二大鳥見

按隋書煬帝本紀大業八年三月乙未大頓見二大鳥高丈餘皜身朱足遊泳自若上異之命工圖寫并立銘頌

大業十二年大鳥止御幄

按隋書煬帝本紀大業十二年二月甲子夜有二大鳥似鵰飛入大業殿止于御幄至明而去

大業十三年烏鵲巢帝帳

按隋書煬帝本紀十三年十一月有烏鵲來巢幄帳驅不能去上甚惡之　按五行志大業末京師宮室中有鴻鴈之類無數翔集其間俄而長安不守

欽定古今圖書集成曆象彙編庶徵典

第一百六十六卷目錄

禽異部彙考三

庶徵典第一百六十六卷

禽異部彙考三

唐

高祖武德元年鵲巢於砲機

按唐書高祖本紀不載　按五行志武德初隋將堯君素守蒲州有鵲巢其砲機

武德二年正月寧州獻白雉

按唐書高祖本紀不載　按冊府元龜云云

武德八年赤鵲巢殿門

按唐書高祖本紀不載　按冊府元龜武德八年四月赤鵲巢于殿門宴五品以上上頌者十餘人極歡而罷

武德九年獲白雀鳳凰見太宗卽位鳳凰赤雀見

按唐書高祖太宗本紀不載　按冊府元龜九年六月於納義門獲白雀一七月海州言鳳凰見於城上羣鳥數百隨之東北飛向蒼梧山　又按冊府元龜太宗以武德九年八月卽位是月巂州言鳳凰見九月維州赤雀見莒州言鳳凰二見羣鳥隨之其聲若八音之奏

太宗貞觀元年鸑見

按唐書太宗本紀不載　按冊府元龜貞觀元年十月和州言鸑見

貞觀　年白雀巢于殿

按唐書太宗本紀不載　按舊唐書五行志貞觀初白鵲巢于殿庭之槐樹其巢合歡如腰鼓左右稱賀太宗曰吾嘗笑隋文帝好言祥瑞瑞在得賢白鵲子何益于事命撥之送于野

貞觀四年赤雀見

按唐書太宗本紀不載　按冊府元龜貞觀四年三月赤雀見于萬年縣

貞觀九年白雀蒼烏鳳凰見

按唐書太宗本紀不載　按冊府元龜九年五月萬年縣獲白雀十月黎州鳳凰見十二月京師蒼烏見揚州獻白雀

貞觀十年鳳凰見

按唐書太宗本紀不載　按冊府元龜十年八月維州言鳳凰見

貞觀十六年八月申州獻白雉

按唐書太宗本紀不載　按冊府元龜云云

貞觀十七年貍嚙鴨頭雌雉集太極殿雄雉集東宮顯德殿雍州三足烏見

按唐書太宗本紀不載　按五行志十七年春齊王祐爲齊州刺史好畜鴨有貍嚙鴨頭斷者四十餘是歲四月丙戌立晉王爲太子雌雉集太極殿前雄雉集東宮顯德殿前太極三朝所會也

按冊府元龜十七年三月有雄雉飛集東宮顯德殿前太宗問羣臣曰頃來頻有雉集是何祥也諫議大夫褚遂良曰昔秦文時有童子化爲雉雌者鳴于陳倉雄者鳴于南陽童子曰得雄者王得雌者霸文公遂以爲寶雞祠漢光武得雄遂起南陽而有四海陛下舊封秦王雌雄見于秦地旣古來爲祥覩所以彰表明德太宗曰立身之道不可無學遂良所對深爲可重五月雍州獻三足烏

貞觀二十年白雀見

按唐書太宗本紀不載　按冊府元龜二十年四月房州言白雉見

貞觀二十一年鸞鳳見

按唐書太宗本紀不載　按冊府元龜二十一年四月兗州鸞見六月淄州鳳凰降

高宗永徽四年有鳥如畜形

按唐書高宗本紀不載　按五行志永徽四年宋州人蔡道基舍傍有鳥高丈餘頭類羊一角鹿形馬蹄牛尾五色有翅占曰鳥如有畜形者有大兵

永徽五年有小鳥生大鳥

按唐書高宗本紀不載　按五行志五年七月辛巳萬年宮有小鳥如雀生子大如鳴鳩

上元三年鳳凰見

按唐書高宗本紀不載　按冊府元龜上元三年十一月陳州上言鳳凰見宛丘縣

調露元年鳴鵽飛入塞

按唐書高宗本紀不載　按五行志調露元年鳴鵽羣飛入塞相繼蔽野至二年正月還復北飛至靈夏北悉墮地而死視之皆無首

按舊唐書五行志調露元年突厥盟傳等未叛時有鳴鵽羣飛入塞邊人相驚曰突厥雀南飛突厥犯塞兆也至二年正月復還北悉墮地皆無頭裴行儉問右史苗神客曰鳥獸之祥乃應人事何也對曰人雖最靈而禀性含氣同於萬類故吉凶兆於彼而禍福應于此聖王受命龍鳳為嘉瑞者和氣同也故漢祖斬蛇而驗秦之必亡仲尼感麟而知己之將死叟羊在牧殷紂已滅鸜鵒來巢魯昭出奔鼠舞端門燕王誅死大鳥飛集昌邑以敗是故君子虔恭寅畏動必思義雖在幽獨如承大事知神明之照臨懼患難之及己雉升鼎耳殷宗側身以修德鵩上坐隅賈生作賦以叙命卒以無患者德勝妖也

中宗景龍四年烏集太極殿

按唐書中宗本紀不載　按五行志景龍四年六月辛巳朔烏集太極殿梁驅之不去

睿宗延和元年赤雀見

按唐書睿宗本紀不載　按冊府元龜延和元年六月涼州上言赤雀見

元宗開元八年獲白雉白燕

按唐書元宗本紀不載　按冊府元龜開元八年十二月徐州獲野鷄岐州獲白燕進之

開元九年白鵲見

按唐書元宗本紀不載　按冊府元龜開元九年三月泗州奏魯山縣之堯山有白鵲見

開元十三年白雀見雉飛泰山齋宮

按唐書元宗本紀十三年十月如兗州十一月庚寅封于泰山雉飛事不載　按五行志開元十二年十一月戊子雄雉馴飛泰山齋宮內封禪所以告成功祀事無重于此者而野鳥馴飛不忌禁衛不祥按志作十二年誤

按冊府元龜開元十三年九月兗州奏白雀見十月丁卯太史奏白雀見丁丑白鵲見于行宮十一月丙戌封禪至泰山之下戊子有雄野雞飛入齋宮馴而不去久之飛入仗衞忽不見邠王守禮等賀曰臣謹按舊典雌來者霸雄來者王又聖誕酉年雞主於酉蓋王道遐祚天命休禎請宣付史官以彰靈貺從之

開元十四年時樂鳥見

按唐書元宗本紀不載　按冊府元龜開元十四年十月己巳帝至自泗州之溫湯時有五色鸚鵡能言育于宮中帝令左右試牽御衣鳥輒瞋目叱咤岐王文學能延景因獻鸚鵡篇以贊其事帝以鳥及延景詩示百寮尚書左丞相張說上表賀曰伏見天恩以靈異鸚鵡及能延景所述篇出示朝列臣按南海異物志有時樂鳥鳴皆曰天下太平有道則見臣驗其圖丹首紅臆朱冠綠翼與此鸚鵡無異而心聰性辯護主報恩故非常品凡禽實瑞經所謂樂鳥也延景雖識其事未正其名望編國史以彰聖瑞許之

開元十七年白雀見

按唐書元宗本紀不載　按冊府元龜開元十七年五月甲寅有白雀見于冀州一雄一雌

開元十八年獻白雀紅鸚鵡

按唐書元宗本紀不載　按冊府元龜開元十八年四月辛酉壽州獻白雀廣州獻紅鸚鵡

開元二十五年烏雀鸜鵒同巢鵲哺烏白鵲見

按唐書元宗本紀不載　按五行志二十五年四月濮州兩烏兩鵲兩鸜鵒同巢隴州鵲哺慈烏

按冊府元龜開元二十五年五月丁丑白鵲見

開元二十八年有慈烏巢於殿栱

按唐書元宗本紀不載　按五行志二十八年四月庚辰慈烏巢宣政殿栱辛巳又巢宣政殿栱

按冊府元龜二十八年四月庚辰有慈烏巢于紫宸殿之栱侍中牛仙客中書令李林甫上表賀曰臣等伏因侍奉之際天恩令臣升殿覩此烏巢陛下孝弟

之至通于神明仁慈所育豈獨黎庶故得上元協應靈鳥呈瑞翔翔不離於庭際栖集必歸於軒楹或人俗所有但止于園林今聖感而來乃巢於殿栱依人無懼戀主愈馴博考圖籍未之有也臣等幸忝樞近睹諸休祥望頒示中外以彰靈感手詔報曰所聞不如所見故引卿等觀之頒示寰中俯依來請辛巳又有慈烏巢于宣政殿之栱仙客林甫又上表賀曰陛下孝友因心仁慈被物故得上帝儲祉靈烏發祥高棟重櫨共瞻爰止前軒內殿皆覩來巢視之彌馴逼之不懼休祐重沓而交應徵求古今而未聞臣等何人屢觀嘉瑞望與前狀同宣中外克紀禎符手詔報曰兩殿巢禽其義一也但有慙德深謝仁慈頒示四方隨卿所請

開元二十九年白烏白雀見

按唐書元宗本紀不載　按冊府元龜開元二十九年五月戊午有白雀白烏見于原州之平原有白雀翔于廟門樓

天寶十三載有鵲巢于車轍中

按唐書元宗本紀不載　按五行志天寶十三載葉縣有鵲巢于車轍中不巢木而巢地失其所也

天寶十四載獲白雀白鵲

按唐書元宗本紀不載　按冊府元龜天寶十四載八月庚子樂安郡上言獲白雀白鵲

天寶十五載有鶴飛翔殿上

按唐書元宗本紀不載　按冊府元龜天寶十五載九月三日有白鶴飛于上所居殿宇翔翔二十餘匝而去

肅宗至德二載有鵲巢于砲機

按唐書肅宗本紀不載　按五行志至德二載三月安祿山將武令珣圍南陽有鵲巢于城中砲機者三雛成乃去

寶應元年獲白鵲三足烏

按唐書肅宗本紀不載　按冊府元龜寶應元年四月甲戌潞州獲白雀獻之七月己卯京兆府萬年縣獲三足烏獻之

代宗大曆二年獲白雀

按唐書代宗本紀不載　按冊府元龜大曆二年十月己卯右羽林軍獲白雀獻之

大曆三年獲白雀白鵲有鵲銜柴泥補葺神殿有三烏同巢

按唐書代宗本紀不載　按冊府元龜三年正月晉州獲白鵲獻之四月乾陵上仙觀三聖殿有兩雀銜柴及泥補葺神之隳壞凡一十五處七月汴州獲白雀獻之閏六月揚州上言和州歷陽有三烏同巢

大曆七年獲白雀

按唐書代宗本紀不載　按冊府元龜五年七月甲申亳州獲白雀

大曆八年獲異形大烏及白雀白鵲有鵲銜泥補乾陵殿宇有鶴翔于十九瑞閣烏鵲同巢

按唐書代宗本紀不載　按五行志大曆八年九月武功獲大烏肉翅狐首四足有爪長四尺餘毛赤如蝙蝠羣烏逐而噪之近羽蟲孽也

按舊唐書五行志大曆八年四月戊申乾陵上仙親之尊殿有雙鵲銜泥及柴補殿之隳壞凡十五

按冊府元龜大曆八年四月壬申潞州上言元宗十九瑞閣有白鶴來翔六月戊申梁州獲白雀二獻之庚辰合肥縣棠梨樹上烏鵲同巢七月甲午蔡州獲白雀一獻之

大曆九年獲白鵲白雀白鷰

按唐書代宗本紀不載　按冊府元龜大曆九年三月京兆府獲白鵲一獻之四月甲午隴州獲白雀一獻之五月丁巳隴州獲白雀獻之七月丁酉舒州獲白雀一獻之十一月癸亥福州獲白鷰二獻之

大曆十年獲白雀

按唐書代宗本紀不載　按冊府元龜十年五月鳳翔府獲白雀一獻之

大曆十一年渭北獲赤烏

按唐書代宗本紀不載　按舊唐書五行志云云

大曆十二年獲赤雀

按唐書代宗本紀不載　按冊府元龜大曆十二年正月乙丑渭北行營所獲赤雀二獻之

大曆十三年有鸜鵒乳雀

按唐書代宗本紀不載　按五行志十三年五月左羽林軍有鸜鵒乳雀二

德宗貞元四年中書省有鵲以泥爲巢鄭汴有烏羣飛銜木爲城

按唐書德宗本紀不載　按五行志貞元四年三月中書省梧桐樹有鵲以泥爲巢鵲巢知歲次于羽蟲爲有知今以泥露巢遇風雨壞矣是歲夏鄭汴境內烏皆羣飛集魏博田緒淄青李納境內銜木爲城高二三尺方十里緒納惡而焚之信宿又然烏口皆流

血按鵲以泥爲巢舊志作三年事

貞元七年獻白烏

按唐書德宗本紀不載　按冊府元龜貞元七年四月乙卯汴州獻白烏五月許州獻白烏

貞元九年春許州鵲哺烏雛

按唐書德宗本紀不載　按五行志云云

貞元十年宮中獲大鳥又水鳥集左藏庫

按唐書德宗本紀不載　按五行志十年四月有大鳥飛集宮中食雜骨數日獲之不食死六月辛未晦水鳥集左藏庫

貞元十一年獻五色鴈白烏白鵲赤烏

按唐書德宗本紀不載　按冊府元龜十一年二月同州獲五色鴈六月河南華州並獻白烏八月潞州獻白鵲十一月潭州進赤烏

貞元十二年進白烏白雀

按唐書德宗本紀不載　按冊府元龜十二年六月京兆府進白烏七月甲申淄州進白雀十二月甲子左神策軍進白雀

貞元十三年有雀爲鸜鵒哺食神策軍進白雀

按唐書德宗本紀不載　按五行志十三年十月懷州鸜鵒巢內有黃雀往來哺食

按冊府元龜十三年十月右神策軍進白雀

貞元十四年有異鳥止于宋州進白烏白鵲

按唐書德宗本紀不載　按五行志十四年秋有異鳥青色類鳩鵲見于宋州郊外所止之處羣鳥翼衛朝夕嗛稻粱以哺之睢陽人適野聚觀者旬日

按冊府元龜十四年五月戊辰汴州進白烏九月丁未朔中書門下奏賀蛾眉獲白鵲

貞元十五年進白烏

按唐書德宗本紀不載　按冊府元龜十五年正月潞州進白烏

貞元十八年羣烏嗛柴爲城

按唐書德宗本紀不載　按五行志十八年六月烏集徐州之滕縣嗛柴爲城中有白烏一碧烏一

貞元二十一年獻白雀

按唐書德宗本紀不載　按冊府元龜貞元二十一年七月辛卯潞州獻白雀

憲宗元和元年常州鵲巢于平地

按唐書憲宗本紀不載　按五行志云云

元和四年十二月羣烏夜集于太行山上

按唐書憲宗本紀不載　按五行志云云

元和十三年烏與鵲搏擊

按唐書憲宗本紀不載　按五行志十三年春淄青府署及城中烏雀互取其雛各以哺子更相搏擊不能禁

穆宗長慶元年鵲哺烏雛

按唐書穆宗本紀不載　按舊唐書五行志長慶元年六月洪州雷霧縣人張憲家檜樹烏巢因風墮二雛別樹鵲引二烏雛于巢哺之

敬宗寶曆元年烏夜鳴

按唐書敬宗本紀不載　按五行志寶曆元年十一月丙申羣烏夜鳴

文宗開成元年烏雀燕各集一處

按唐書文宗本紀不載　按五行志開成元年閏五月丙戌烏集唐安寺逾月散雀集元法寺燕集蕭望之家

開成二年鵲巢於冢突厥烏飛入塞

按唐書文宗本紀不載　按五行志二年三月眞興門外鵲巢於古冢鵲巢知避歲而古占又以高下卜水旱今不巢于木而穴于冢不祥秋突厥烏自塞北羣飛入塞

開成五年有鶖集禁苑

按唐書文宗本紀不載　按五行志五年六月有禿鶖羣集禁苑鶖水鳥也

武宗會昌元年烏鵲鬭

按唐書武宗本紀不載　按五行志會昌元年潞州長子有白頸烏與鵲鬭

宣宗大中十年有衆禽成巢中有甘蟲

按唐書宣宗本紀不載　按五行志大中十年三月舒州吳塘堰有衆禽成巢闊七尺高一尺水禽山鳥無不馴狎中有如人面綠毛紺爪觜者其聲曰甘人謂之甘蟲占曰有鳥非常來宿于邑中國有兵人相食

懿宗咸通七年有雀生燕

按唐書懿宗本紀不載　按五行志咸通七年涇州靈臺百里戍有雀生燕至大俱飛去京房易傳曰賊臣在國厥妖燕生雀雀生燕同說

咸通十一年夏雉集河內縣署

按唐書懿宗本紀不載　按五行志云云

咸通十四年宋州有雉五足

按唐書懿宗本紀不載　按五行志咸通十四年七

月宋州襄邑有獵者得雉五足三足出背上足出于背者下干上之象五足者衆也

咸通　年吳越有異鳥

按唐書懿宗本紀不載　按五行志咸通中吳越有異鳥極大四目三足鳴山林其聲曰羅平占曰國有兵人相食

僖宗乾符四年鵲巢于地

按唐書僖宗本紀不載　按五行志乾符四年春廬江縣北鵲巢于地

乾符六年鴟雉集偃師

按唐書僖宗本紀不載　按五行志六年夏鴟雉集于偃師南樓及縣署劉向說野鳥入處宮室將空

廣明元年鸜鵒羣飛集翼城縣署

按唐書僖宗本紀不載　按五行志廣明元年春絳州翼城縣有鸜鵒羣飛集縣署衆鳥逐而噪之

中和元年有烏變爲鵲

中和二年有鵲變爲烏

按唐書僖宗本紀不載　按五行志中和元年三月陳留有烏變爲鵲二年有鵲變爲烏古者以烏卜軍之勝負烏變爲鵲民從賊之象鵲復變爲烏賊復爲民之象

中和三年有雉與雞馴復鬬死

按唐書僖宗本紀不載　按五行志三年新安縣吏家捕得雉養之與雞馴月餘相與鬬死

中和四年鷹化爲鵝

按唐書僖宗本紀不載　按五行志四年臨淮漣水民家鷹化爲鵝而弗能游以鷙而擊武臣象也鵝雖毛羽清潔而飛不能遠無搏擊之用充庖廚而已

光啓元年鸜鵒集翼城有雉二首向背連頸

按唐書僖宗本紀不載　按五行志廣明元年翼城有鸜鵒集縣署光啓元年二月復如之鸜鵒一名訓狐　又按志光啓元年十二月陝州平陸集津山有雉二首向背而連頸者棲集津倉廩後數月羣雉數百來鬬殺之

光啓二年雉鳶夜鳴鵲焚其巢

按唐書僖宗本紀不載　按五行志二年正月閿鄉湖城野雉及鳶夜鳴七月中條山鵲焚其巢

光啓三年鵲焚巢梟鴟鬬殺

按唐書僖宗本紀不載　按五行志三年七月鵲復焚巢京房易傳曰人君暴虐鳥焚其舍十月慈州仵城梟與鴟鬬殺

光化二年鸜鵒羣飛入劉仁恭帳中

按唐書僖宗本紀不載　按五行志光化二年幽州節度使劉仁恭屠貝州去夜有鸜鵒鳥十數飛入帳中逐去復來

昭宗　年鶖巢於殿

按唐書昭宗本紀不載　按五行志昭宗時有禿鶖鳥巢殿隅帝親射殺之

天復二年有神鴉棲行在殿前白烏棲安國縣

按唐書昭宗本紀不載　按五行志天復二年帝在鳳翔十一月丁巳日南至夜驟風有烏數千迄明飛噪數日不止自車駕在岐常有烏數萬栖殿前諸樹岐人謂之神鴉

按十國春秋吳越武肅王世家天復二年有白烏棲于安國縣之集雲山事聞于朝詔改安國爲瑞安縣

天復三年宣州有異鳥尾有火光

按唐書昭宗本紀不載　按五行志三年宣州有鳥如雉而大尾有火光如散星集于戟門明日大火曹局皆盡惟兵械存

哀宗天祐四年獻白烏白雀赤烏

按唐書哀宗本紀不載　按冊府元龜天祐四年正月梁太祖自河北還梁諸州郡繼以白烏白雀相次來獻上覩之謙畏彌極咸命共表歸天朝四月帝將受禪宋州刺史王皐進赤烏一雙

後晉

出帝開運元年（即南漢乾和二年）鳳凰見

按五代史晉出帝本紀不載　按十國春秋南漢中宗本紀乾和二年冬有鳳凰見邕州

後周

世宗顯德二年（即南漢乾和十三年）鳳凰見

按五代史周世宗本紀不載　按十國春秋南漢中宗本紀乾和十三年博白縣有鳳大如鶴五色有冠而尾甚長有司以聞

遼

太宗會同六年進白鵲

按遼史太宗本紀會同六年六月辛酉莫州進白鵲

穆宗應曆二年獻白雉

按遼史穆宗本紀應曆二年冬十月甲午司徒老古等獻白雉

聖宗統和九年八月壬午東京進三足烏

按遼史聖宗本紀云云

天祚帝乾統四年冬十月己酉鳳凰見於漷陰
按遼史天祚帝本紀云云
宋
太祖建隆三年七月南唐李景獻鳳卵
按宋史太祖本紀不載　按五行志云云
太宗雍熙四年十月知潤州程文慶獻鶴頸毛如垂
纓
按宋史太宗本紀不載　按五行志云云
端拱元年鳳凰見
按宋史太宗本紀端拱元年八月鳳凰集廣州　按
五行志端拱元年八月清遠縣廨舍有鳳集柏樹高
六尺衆禽隨之東北去知州李昌齡圖以獻
至道元年突厥雀至京師
按宋史太宗本紀不載　按五行志至道元年九月
京師自旦至酉羣鳥百餘萬飛翔有聲識者云突厥
雀
眞宗咸平六年九月己丑蒲端國獻紅鸚鵡
按宋史眞宗本紀云云
景德元年三鳳見
按宋史眞宗本紀不載　按五行志景德元年五月
庚寅午時白州有三鳳自東來入城中衆禽圍繞至
萬歲寺樓百尺木上身長九尺高五尺文五色冠如
金盃申時北向而去畫圖以聞
大中祥符元年黃雀羣飛蔽日
按宋史眞宗本紀不載　按五行志大中祥符元年
昇州見黃雀羣飛蔽日有從空墮者占主民有役事
是歲火

仁宗寶元二年白鵲見
按宋史仁宗本紀不載　按五行志寶元二年長舉
縣有白鵲觜脚紅不類常鵲
至和三年有鶴翔于明堂之上
按宋史仁宗本紀不載　按五行志至和三年九月
大饗明堂有鶴回翔堂上明日又翔于上清宮是時
所在言瑞鶴宰臣等表賀不可勝紀
英宗治平四年獻白烏
按宋史仁宗本紀不載　按五行志治平四年五月
太子右贊善大夫陳世修獻白烏
神宗熙寧七年鳳凰見
按宋史神宗本紀熙寧七年六月丁亥廣州鳳凰見
按五行志熙寧七年六月乙未增城縣鳳凰見（案紀志日干互異）
元豐三年獲白鵲白烏
按宋史神宗本紀不載　按五行志元豐三年八月
戊寅平棘縣獲白鵲九月丙午趙州獲白烏
元豐六年七月壬申丹州生白鵲
按宋史神宗本紀不載　按五行志云云
徽宗宣和元年赤烏白鵲見
按宋史徽宗本紀不載　按五行志宣和元年九月
戊午蔡京等表賀赤烏又賀白鵲政和後禁苑多爲
村居野店又聚珍禽野獸麋鹿鳧鵝禽鳥數百實其
中至宣和間每秋風夜靜禽鳥之音四徹宛若深山
大澤識者以爲不祥
宣和七年有鴞鳴於郊宮
按宋史徽宗本紀不載　按五行志宣和末南郊禮
畢御郊宮端拱殿天未明百辟方稱賀忽有鴞止鳴
于殿屋若與贊拜聲相應和聞者駭之時已報女眞
背盟未踰月內禪明年有陷城之難
高宗建炎三年有翠禽飛鳴行殿止於宰臣汪伯彥
朝冠
按宋史高宗本紀不載　按五行志建炎三年高宗
在揚州二月辛亥早朝有禽翠羽飛鳴行殿三匝一
再止於宰臣汪伯彥朝冠冠簪服飛鳥賤之不祥翠
羽又青祥也劉向謂野鳥入宮室將空一日敗亡
之應是月金人入揚州有倉卒渡江之變未幾伯彥
罷相尋坐貶
建炎四年有鳶鴉數萬噪於陝州城
按宋史高宗本紀不載　按五行志四年正月丁巳
金人圍陝州有鳶鴉數萬飛噪城上與戰聲相亂金
將婁宿曰城當陷急攻之遂失守近羽孽也
紹興七年梟鳴於劉豫苑庭
按宋史高宗本紀不載　按五行志梟鳴於劉豫後
苑又羣鳥鳴於內庭如曰休也豫惡之募人獲一梟
予錢五千是歲僞齊亡
紹興十七年有白烏集高禖壇
按宋史高宗本紀不載　按五行志十七年二月有
白烏六集於高禖壇上府尹沈該以瑞奏
紹興二十七年妖鳥見
按宋史高宗本紀不載　按五行志二十七年饒州
鄱陽縣有妖鳥鳧身雞尾長喙方足赤目止於民屋
數日彈矢不能中
孝宗乾道六年有雀飛鳴立死佛寺香爐

按宋史孝宗本紀不載　按五行志乾道六年邵武軍泰寧縣有雀飛鳴立死于瑞寧佛刹香爐先是紹興初是邑有雀立死于丹霞佛刹香爐皆羽蛻也而浮屠氏因謂之雀化

寧宗慶元三年春池州銅陵縣鸑鷟雄化爲雌

按宋史寧宗本紀不載　按五行志云云

金

熙宗天會十五年七月辛巳有司進四足雀

按金史熙宗本紀不載　按五行志云云

章宗泰和二年鳳凰見

按金史章宗本紀泰和二年八月丙申鳳凰見于磁州武安縣鼓山石聖臺　按五行志泰和二年八月丙申磁州武安縣鼓山石聖臺有大鳥十集于臺上其羽五色爛然文多赤黃赭冠雞項尾闊而修狀若鯉魚尾長而高可逾八尺九子差小侍傍亦高四五尺禽鳥萬數形色各異或飛或蹲或步或立皆成行列首皆正向如朝拱然初自東南來勢如連雲聲如殷雷林木震動牧者驚惶卽驅牛擊物以驚之殊不爲動俄有大鳥如鶥鶚者怒來搏擊之民益恐奔告縣官皆以爲鳳凰也命工圖上之留二日而北去按視其處糞迹數頃其色各異遺禽數千累日不能去所食皆大鯉魚骨蔽地章宗以其事告宗廟詔中外

按癸辛雜識金泰和四年六月磁州武安縣南岐山北石聖臺鳳凰見鳳從東南來衆鳥周圍之大者近內小者在外以萬萬計地在屯區村村民懼爲官司所擾謀逐去之驅牛數十頭擊柝從之牛未至二里卽有鷙鳥振翼而起翼長丈餘下擊二水牯肉盡見骨水牯卽死于是衆始報官鳳凰高丈餘尾作鯉魚狀九子差小翼其傍鳳爲日影所照則有二大鳥盤旋庇蔭之至日入則下留三日乃從西北騰空而上縣中三日無鳥雀鳳去後人視其處有鯉魚重五六十斤者食餘尚有數頭臺傍禽鳥糞兩溝皆滿小禽不動飛餓死者不可勝紀村民疑臺下有異私掘之二尺餘石罅中直插金劍一取不能盡擊折得其半以火煅欲分之劍見火化金蟬散飛而去按本紀志作二年此作四年互異

宣宗元光二年有鶴千餘翔于殿庭烏鵲夜驚

按金史宣宗本紀不載　按五行志二年正月辛酉日午有鶴千餘翔于殿庭移刻乃去七月乙卯丹鳳門壞壓死者數人十一月烏鵲夜驚飛鳴蔽天十二月宣宗崩

哀宗正大六年隴州獻黃鸚鵡

按金史哀宗本紀正大六年夏五月隴州防禦使石抹冬兒進黃鸚鵡詔曰外方獻珍禽異獸違物性損人力令勿復進

元

泰定帝泰定四年瓜哇獻白鸚鵡

按元史泰定帝本紀泰定四年十二月乙卯瓜哇遣使獻白鸚鵡

順帝至正十一年鳳凰見

按元史順帝本紀不載　按五行志至正十一年廣西慶遠府有異禽雙飛見于述昆鄉飛鳥千百隨之蓋鳳凰云其一飛去其一止留者爲橦人射死首長尺許毛羽五色有藏之以獻于帥府者久而其色鮮明如生云五月興國有大鳥百餘飛至郡西白明山巔狀如人立去而復至者數次

至正十九年京師鵋鶀夜鳴杜鵑啼于城中

按元史順帝本紀不載　按五行志十九年京師鵋鶀夜鳴達旦連月乃止有杜鵑啼于城中居庸關亦如之

至正二十七年有大鳥見於萊州

按元史順帝本紀不載　按五行志二十七年二月丁丑朔萊州招遠縣大社里黑風大起有大鳥自南飛至其色蒼白展翅如席狀類鶴俄頃飛去遺下粟黍稻麥黃黑豆蕎麥于張家屋上約數升許是歲大稔

明

太祖洪武二十年鳳凰見

按河南通志洪武二十年九月鳳凰集汲縣岡羣鳥隨從鳴噪翱翔三日而去

成祖永樂七年白鵲見

按大政紀永樂七年十月庚子北京有白鵲之瑞行在禮部行南京賀皇太子命諭德楊士奇撰表文時士奇以病在告監國表命庶子贊善選呈稿皇太子不懌命尚書蹇義持以示士奇曰甚寂寥且不著題以賀白龜白鹿皆可命士奇改政士奇改一對云望金門而進喜馴彤陛以有儀後增一對曰與鳳同類蹌蹌于帝舜之庭如玉其輝翯翯在文王之囿義以進皇太子喜曰此方是帝王家之白鵲適內尉進膳遂命內使陳昂徹以賜士奇且傳旨諭士奇曰其勉進藥食早出非但倚卿文學久不聞直諒之言慮有

過不知急得相見也

永樂十八年交阯貢白烏

按名山藏永樂十八年十一月交阯占城諸國自貢白烏羣臣應制撰詩

宣宗宣德四年海陽縣進白烏二

按大政紀宣德四年七月丙辰廣東海陽縣進白烏二禮部尚書胡濙請率羣臣上表賀不許上曰祇敬祖宗恭養聖母皆職分當然何賀之有感瑞之云良增惕愧朕夙夜祇念祖宗付託之重懼弗勝負荷惟賴爾文武羣臣同心同德贊輔不逮溢美虛詞非所樂聞其止勿賀

宣德八年獲白鴈白鵲

按太倉州志宣德八年正月太倉二十七保獲白鴈二不數日復得白鵲一里人以為瑞獻于朝

英宗正統七年有鴈集瓊州郡學泮池

按廣東通志正統七年秋八月辛丑瓊州有鴈集于郡學泮池丘濬作記謂鴈隨陽之鳥知時者也其乘氣機而光動尤非他鳥之比昔人聞天津杜鵑之聲而預有占焉矧陽禽素稱知時者乎昔者地氣自南而北果有南人以文字亂天下今也地氣自北而南安知無人以文字治天下耶

代宗景泰七年秋諸暨有白鸜鵒止縣舍

按浙江通志云云

憲宗成化十三年東鹿文廟產白雀

按畿輔通志云云

成化十九年文廟產白雀

按東鹿縣志云云

孝宗弘治八年鵲巢寧德明倫堂

按福建通志云云

弘治十四年保定獻白鴉

按大政紀弘治十四年三月保定府臣獻白鴉以為祥瑞禮部尚書傅瀚劾其不當奏詔斥遣之

武宗正德二年益都有鸛數萬集于李同仁殯所

按山東通志正德二年冬十有一月益都縣朱良店北有鸛鳥數萬集于故潞州知州李同仁殯所詰朝葬畢始去

正德三年郴州飛鳥蔽天

按湖廣通志正德三年十一月郴州有鳥蔽天聲如雷時苗民作難

正德五年九頭鳥見

按江西通志正德五年三月樂平來一鳥九頭

正德十年嘉定有黑鵰似人形

按江南通志正德十年嘉定大場鎮有黑鵰立如人形翅廣丈餘

正德十一年黑雀數萬壞禾苗

按雲南通志云云

正德十二年金縣白燕遍于城野

按陝西通志云云

世宗嘉靖元年盂縣有鳥夜啼

按山西通志嘉靖元年盂縣鳥異其夜百鳥喧雜至明魚貫飛鳥有去其首者

嘉靖三年鴿價驟貴

按潮州府志嘉靖三年潮陽縣民有得鴿鳥于河南者名四停花人爭尚之價日增至千百錢民皆傾貲鬻之百業為廢山徑間多致殺奪官府禁之不止黃少詹通志中誌之曰鴿變焉

嘉靖四年徐聞鳳見

按廣東通志云云

嘉靖三十九年鴨忽飛翔數日

按潮州府志嘉靖三十九年平遠縣加悌家畜羣鴨忽翔起如鳥數飛數日乃下加悌以為瑞遂萌異志

嘉靖四十年淮王獻白鴈

按大政紀嘉靖四十年十一月淮王獻白鴈二羣臣表賀

嘉靖四十二年湖廣巡撫徐南金獻白鵲

按大政紀嘉靖四十二年八月巡撫湖廣都御史徐南金獻白鵲南金言白鵲出自景陵獻之羣臣稱賀

神宗萬曆十年六月銅仁府有鳥鳴文廟聲如雷

按貴州通志云云

萬曆十三年白雉白鵲見

按江南通志萬曆十三年休寧白雉見十四年滁州白鵲來巢

萬曆十四年都勻有燕數萬集於府堂西鄉有大鳥來集嘉興有異鳥

按貴州府志萬曆十四年夏六月都勻燕數萬集于府堂

按陝西通志萬曆十四年西鄉縣有大鳥高八尺黑身赤喙集數日飛去

按浙江通志萬曆十四年嘉興有異鳥人頭鳥身額下白鬚

萬曆十九年鸞見九頭鳥見

按江西通志萬曆十九年星子文昌閣來一鳥似鸞

按湖廣通志萬曆十九年末州見九頭鳥

萬曆二十年萬鵲翔于日照

按山東通志萬曆二十年日照元日萬鵲南來蔽日旋繞于城自午至酉向北飛去

萬曆二十三年有鳥如鸞

按四川總志萬曆二十三年順慶有鳥狀如鸞明年大旱

萬曆三十五年有異鳥鳴

按雲南通志萬曆三十五年有異鳥鳴于省城其聲日殺

萬曆四十六年白鸚鵡見

按東鹿縣志萬曆四十六年春白鸚鵡見相傳城未建時名圈頭鎮居人在草橋西葺廬施茶白鸚鵡集廬傍樹三晝夜不飛鳴衆訝之衆禱曰或白衣大士欲于此興道場耶果爾當颺去禱畢忽不見衆神之因建殿三楹名白衣庵

萬曆四十七年白燕巢于成都民家

按四川總志萬曆四十七年成都北門太平街居民詹氏家白燕來巢

熹宗天啓元年烏生白鴉禿鶖見

按四川總志天啓元年成都有異鳥止於城堞禿首長喙高數尺舒翼竟丈立則如人而布政使朱燮元以問內江蔣守拙曰此名禿鶖海鳥也見則主兵是年奢酋果叛

天啓三年鳳凰見

按河南通志天啓三年鳳凰見禹州

愍帝崇禎四年反烏見

按江南通志崇禎四年九月徐州有烏羣飛自西北來狀如鳩色如鼠趾不樹栖人謂之反烏

崇禎五年有雉無數飛入臨縣城

按山西通志崇禎五年夏四月臨縣雉入城時雉無數飛入城中之西山兩月始去

崇禎六年山西鴉鳩至

按山西通志崇禎六年冬十月鴉鳩至雉體鼠足不能栖樹性憨急飛中州集若蝟毛出北方沙漠地

崇禎七年河南鴉鳩至

按河南通志崇禎七年洛陽鴉鳩至其鳥鶖身連爪千百成羣夜宿于地數日而絕或以為鷲鵝或以為反燕皆非也按字彙鴉鳩大如鴿似雌雉鼠脚無後趾岐尾為鳥憨急羣飛出北方沙漠地一名寇雉見則有兵亂

按歸德府志崇禎七年沙雞至毛如鶉而大獸踏不樹棲飛有聲

崇禎九年有鳥數千集鳳翔學

按陝西通志崇禎九年鳳翔學前烏數千集地為陣方能應矩

崇禎十六年九頭鳥見大烏集阿迷州

按湖廣通志崇禎十六年蘄水城內夜聞九頭鳥鳴空中滴血漬人牆屋

按雲南通志崇禎十六年大烏集于阿迷州漾田頭足高數尺翼倍之人以為沙賊

欽定古今圖書集成曆象彙編庶徵典
第一百六十七卷目錄
禽異部藝文一

庶徵典第一百六十七卷
禽異部藝文一
上白鳩頌　宋何承天

謹考尋先典稽之前志王德所覃物以應顯是以元扈之鳳昭帝軒之鴻烈酆宮之雀徵姬文之徵祚伏惟陛下重光嗣服永言祖武洽惠和于地絡燭皇明于天區故能九服混心萬邦含愛員神降祥方祇薦裕休徵雜沓景瑞畢臻去七月上旬時在昧旦黃暉洞照　宙開朗徽風協律甘液灑澤雖朱晃瑰瑋于運衡榮光圖靈于河紀蔑以尚茲臣不量卑情竊慕擊轅有作相杵成謳近又豫白鳩之觀目翫奇偉心懽盛烈謹獻頌一篇野思古拙意極庸陋不足以發揮清英敷讚幽旨瞻前顧後亦各其志謹冒以聞

三極協情五靈會一理感冥符道實元聖於赫有皇先天配命朝景升躔八維同映休祥載臻榮光播慶宇宙照爛日月光華陶山鍊澤是生柔嘉回龍表粹離穗合穎翩翩者鳩亦皎其暉理翮台領揚鮮帝畿匪德莫歸暮從儀鳳棲閣憩闈忝哉明后時且乾乾惟德之崇其峻如山惟澤之瞻其潤如淵禮樂四達頌聲遐宣窮髮納貢九譯道言伊昔唐萌愛逢慶祚余生既辰而年之暮提心命耋式歌王度晨晞末風久潄甘露思染靈基不遐有悶

齊王進赤雀表　北周庾信

臣某言臣聞南陽雉飛尚論秦霸建章鵲下猶明漢德當今天不愛寶地必呈祥自應長樂觀符文昌啓瑞伏惟皇帝欽明文思勤勞成務曆象日月允釐百工海水無波天星不動去四月十三日獲隴右符府參軍李暉牒稱戶屬秦州清水郡伯陽縣文谷林在家庭獲一赤雀光同朱鳳色類丹烏降火飛精似入公車之府流金成製若上凌雲之臺謹按赤雀銜書止于酆戶周之受命與乎此祥卽事所觀同符合契實可圖形瑞譜書頌儒林事足成臺名堪紀號豈直雲中太守見赤心之奉主蓬萊童子知白環之報恩臣等預觀休徵情迫恆慶不任鳧藻之至

齊王進蒼烏表　前人

臣某言臣聞飛南陽之雉尚闢霸圖下建章之鵲猶調和氣況乃虞廷告瑞姬社呈祥咸高識哺之心實貴能知之性伏惟皇帝陛下德敎百姓孝刑四海攝提從紀天下文明是以東海輸禽乍改黔質西山度羽或變蒼精臣去月三十日行到陝州獲大都督莫駐乘木之精轉司風之翼卽名儀同某甲等同時覩仁樂列稱於射堂內見一蒼烏林薄回翔循環不去見斯寶禮敬所覃孝慈之感埋宜歸瑞祕圖書靜帝冊用光至德取効升平無令赤鳳留止偏爲舞玉之歌元鶴徘徊獨擅銜珠之舞

中書門下賀邢州獲白雀白山鵲表　唐權德輿

臣某等言今日伏奉宣示昭義軍節度使李元淳所進於邢州獲白雀白山鵲各一者謹按孫氏瑞應圖曰王者奉己儉約尊事耆老則白雀見又晉中興書曰天下安寧則見伏惟陛下純儉成化乾坤合符敬彼黃髮感茲霜毳俗既登於壽域事多驗於祥經用應昌時固無虛月昔神雀效祉乾鵲知來或用以紀年或聞諸往載豈比山禽叶質靈貺特殊皎潔異姿追飛交映休嘉所集遐邇同歡臣等忝列台司倍百忻賀無任喜慶之至謹奉表陳賀以聞

中書門下賀興慶池白鸕鷀表　前人

臣某言伏承陛下以去月九日幸興慶池龍堂爲人祈雨忽有一白鸕鷀見於池上衆鸕鷀羅列前後如引御舟明日之夕甘雨遂降者伏惟陛下子惠元元躬勤庶政念切時澤虔於祈禱以陛下如傷之誠上感元貺在烈祖發祥之地下降靈禽潔白異姿翻飛成列若應天意以承宸衷簇陰雲於一夕灑滂澤於千里疾均影響慶浹公私昔周致白翟徒稱遐邇漢歌赤鴈亦薦郊廟豈比今日感於至誠瑞牒所無蒸人何幸伏望宣付史冊昭示將來臣等備位鼎司倍百懽賀無任欣慶忭躍之至謹奉表陳賀以聞

爲司農卿宗晉卿進赤嘴山鵲表　李嶠

臣晉卿言昨於宿羽亭子園內捉得赤嘴山鵲一枚其鳥有三足中足有五指近人相託爪上有毛儀觀非常精彩特異雖貌在禽類而名高羽族鮮毛孕碧勁嘴含丹三足呈休與黔烏而比孝五指爲瑞共白麟而同德塡河未足方其美繞樹無以儷其珍故使綠衣翠襟羞言辯惠藻翰錦臆憚稱奇偉將明天子之德遂入虞人之羅自非府感潛通祇符顯應豈能殊祥畢湊異物咸臻曠千古而難逢超百王而獨異臣謬忝簪笏忝列葭莩忭躍之情實倍恆品無任喜慶之至謹奉表稱賀以聞其山鵲謹隨表同進

爲政事進白雀狀　蘇頲

右巢於黃門外雀過官廳事丹雘瑩徹明若流珠嘉毳鮮華光如蘊玉臣等謹按瑞應圖白雀主鐵券陰之精也不來則國無俊嗣伏以青宮踐位慶重離於上天黃閣曾巢屬五瑞於明日固以事優御符聲高作頌臣等叨陪近侍喜萬恆情無任忭躍之至

進白烏賦　張說

杳大鈞之播氣在品物而流形有莫黑之凡族忽變白而效靈感上人於孝道合中瑞于祥經若夫事出神妙理以舒卷既集王屋飛隨帝輦捧日高翥迎風細轉識句句於招呼每啞啞以吻吮以其雪羽霜毛冰清玉狀拔奇綠林之下賁異紫臺之上瞰鳷鵲之紗總把鳳凰之衣裄恐同類之見嫉畏不才之速謗期委命於渥恩豈顧思於閑放惟聖君之靈囿物何遠而不臻有能言而可重或善舞而取珍若隨驅而入獻與賁羽而爲鄰采朝噪之聲樂眷夜啼之曲新無芒距而耀武不鉤觜以懷仁謝先容而特達却假飾以全眞鑒深心於反哺終報德於君親

爲百官賀白烏表　令狐楚

臣某等言臣昨二十三日中書宣武軍節度使臣劉彥佐進白烏幷以烏及所獻圖示百官臣某伏以殊祥絕瑞有應斯歸絪縕感通難識其朕惟聖德動於皇天天意勤於聖后則必昭彰肸蠁靈物薦臻流行華之仁樹太平之業毛羽遂性禽鳥呈祥臣等中賀臣謹按孫氏圖云王者宗廟敬則白烏至又漢成帝時白烏集於文武廟黑烏皆從頗類此圖去年冬十一月履端之始陛下擁萬國驅百靈祀圜丘封天老前一日已孝享於宗廟盡敬致美竭力精誠悲感之音動於列辟孝敬之極通於神明白烏之來允答醇至書之史冊萬代有詞觀其素彩皓潔丹觜朱躍冰霧奪色龜龍騰輝參五雲之嘉祥掩百王之能事臣等叨逢昌運累沐殊私親覩太陽之精克叶大君之祉歡躍忭舞手足無從不勝犬馬欣慶之至

白烏呈瑞賦　裴度

翻彼靈烏賁然效質披圖牒而罔二叶邦家而得一備體有光至眞無匹宗廟薦敬帝王之孝克孚天地感仁潔朗之容可述恥受彩以相混故莫黑而獨出上瓊樹而若無下瑤階而乍失懷恩反哺方去去以凌雲養素來儀且翻翻而就日觀夫載飛載止厥狀粲然不染而成因心之孝以立匪名而至感物之道遐宣向皇風而自舞與麗景而相鮮人且爾瞻旣含章而效祉我無爾詐乃見素以守全乃知王澤竭而退飛帝道通而無遏彼明心兮不忘至知大節兮不可奪象潔白而攸歸知愛敬之旁達懿夫不汚其色罔違斯道秀質安倚凝光淨好美仁慈之及物故易色於昭昭惡赤黑之眩人乃成形於皓皓且夫應圖咸若鄙皋澤之鳴鶴瑞聖不還陋江湖之白鷗諒飲啄於仁義豈逃潛於阻艱所以其出無常其來有素

雲凝標於羽族玉潤合於王度常從碧海隨杲日而悠揚今在華林偶盛時而贍顧實由我后敬之昭假皇矣光宅垂拱而燭幽以明禽鳥乃化元爲白逗祥光而聿至望休氣以來格時哉時哉奮翹英於紫陌

白烏呈瑞賦　孟簡

驗白烏之祥牒告皇家之寶祚蓋由天子張至仁本太素享宗廟而無爽薦孝敬而有度何常日浴翻皓體以來儀曾異火流奚丹羽之可慕淩翯翯之白烏類振振之翔鷺稟純德而自甄誠衆色之難汙觀其皎皎奇狀明明麗質霜毳潔朗玉姿閑邈不愛其瑞嘉載飛之可瞻思效其祥見莫黑之如矢寧爰企於往代可俯窺於今日原乎孝理逼元格皇至虔惟烏感應其容昭宣抱正色而道洽徒反哺而名全不然則有威鳳之可紀何白烏之是傳樂而有聲且不棲於梵幕潔而成質故自協於靈篇出林而日華亂動繞樹而月影相鮮嚮至化而遠集想皇風而戾焉衆而何爲悲子生之八九大而無慮笑木擊之三千爾其超遙高翥來不可遏見歸飛之薦臻誠愷悌之四達諒深仁之所化固至性之難奪若乃載鳴噭噭浮彩皓皓受西方之精氣自洪爐而鎔造遐想其蒼亦呈祥豈與乎雪霜同縞且夫仰稻粱而自若彼徒籠夫仙鶴待馴狎而不還何必招於白鷴且養素而委質非取容而強顏故下臣賀瑞而歌曰素德式昭兮何烏奕元質從化兮爲潔白符仁孝兮叶佳冊見祥瑞兮流聖澤

代辛相謝示白野鵲表　錢珝

臣某等言今月某日高品張師道至奉宣聖旨示臣等涇州所進白野鵲者臣聞白爲正色鵲實靈禽在五行而賦稟金精於衆鳥而有殊羽族臣某中謝伏惟尊號皇帝陛下應上天之道必順五行遂萬物之情非徒衆鳥宜獲降祥之類以招致理之心是以素翼流光丹眸耀象俄呈瑞質能弄好音應圖牒以自來詎網羅之所得諸侯入獻史氏明書寧同集樹之烏堪並紀年之雀方開景運實契禎符臣某等謬贊皇猷竊觀神貺無任賀聖懽忭之至

鳳鳴朝陽賦　崔損

杲杲兮日景於彼朝陽萋萋兮桐葉於彼高岡來儀者鳳允叶禎祥瑞四靈之嘉號煥五彩之文章既和其音爰翥其翼凄唳響暢徘徊綢直旁應元律調十二管於四時上陵紫烟擊九萬里而一息非丹穴弗處非蒼竹不食小鵬起於扶搖卑鸞棲乎枳棘若夫雞冠燕頷心遠貌閑雖衆禽之累百諒比德而難攀故其發聲也瞻白日以俯仰其餘響也順清風而往還浮泛泛以出谷靜泠泠而滿山既飄飖於有際遂遼敻於無間故曰鱗之有龍鳥之有鳳偶時而見如哲士之間生取類而言同君子之異衆若乃拂杳冥而直上臨峻極而孤鳴虛籟相和陰深以蓊蓯霏烟動色紛郁而隨迎六合爲之澄朗八風於是揚清川不波而昭其德地不騭而感其聲足使俗登仁壽化洽休平且夫朝陽者象明時之有潛鳳鳴者匹賢人之惟信鳳集朝陽以輕舉賢遇明時而易進整羽翮以迴翔望青雲以奮振有若秉節操而貞白乘簪纓而篤敬鳳兮鳳兮何德之威翽翽其羽鏘鏘於飛應有道而歲貢敻無文而代希飲必玉池之津遊必神仙之府矯翮則羣族咸從和樂而百獸率舞巢阿閣以應昌期棲丹闕而壯天宇載圖牒以傳紀必表靈於聖主包衆美於流芳固難得而覼縷

京兆府獻三足烏賦　王顔

夫何赫赫之太陽忽降精於烏烏乃呈瑞於皇王足應乾之三數目耀日之九芒降天邑而于我李浴咸池而自扶桑嘗空聞於前牒今實觀於殊祥天既無私祥何能隱昭聖代之有應垂休徵之無盡瑞於帝室表大孝於天衷獻自尹京驗長安之日近始至也衆羽駭集伊人驚萃邁麟鳳之時見何鷹隼之能畏如深就日之誠不效搏風之志願委質而入貢終依仁以馴致入銅籠而戢翼向金殿而矯翅將告於休似對以臆由是憐楚人之迷鳳陋越裳之獻翟小哉棲棘之鸞蔑矣應風之鶂未如我陪日馭之出入遊天居之岑寂曩有赤而呈美白以效靈俱非應乎殊貺亦或載於祥經終未如符孝理之末錫昭寶運之康寧則如堯舜登極夔龍夾輔布政無偏惟賢是取故得感陽精於上帝贊陰陽於下土光昭萬葉輝映千古良史當載美而記時謏才願賡歌而蹈舞

京兆府獻三足烏賦　李雲卿

杲杲靈烏萃於神都耀彼殊彩呈茲異軀披拂四氣翩翩九衢恥祥鸞之止棘慕儀鳳之棲梧瑞表孝紀名標祕圖將有感而必集豈獨殷周與有虞觀其降自日域戾於天府音諧雅頌動中規矩顧頑其質差池其羽步芳草而三趾徐來迴祥風而六翮微舞珍奇莫測觀者如堵諒茲禽之禎祥告我皇之福祐於是羅者既獲虞人是薦貯以瑤筐登於玉殿疑睿想

迓神盼孤飛砌上似於雲際而遊獨立君前疑乎日中而見聖情不極念茲莫黑彼應感而至我有道而得押以馴擾安其棲息夜啼玉壘聲雖入於舜聰曙喚瑤階豈心知夫帝力不然者曷足以昭我皇之元化表吾君之恭默是知國將昌則降而爲祥政或缺則歸彼扶桑天道不昧神心孔彰豈有情在於斯鳥罔靈應昭乎彼蒼字闕二之旨既集吾君之福祉與天地而終始儻不剪其毛羽願長飛乎帝里

延州獻白鵲賦　王棨

我后君臨九有仁被諸華伊炳靈之白鵲倏效祉於皇家變爾羽毛以表恩沾於飛走生乎邊鄙是彰澤及於幽遐始其決越春巢輕翻素翼不類雕陵之異狀自受金方之正色封人既獲羅氏潛藏且曰昔聞興詠於名南今見呈祥於塞北斯乃發天慶昭皇德望雲將獻鵠歸齊使之籠拜表初行雉別越裳之國既而臻鳳闕進彤庭粉煥成橋之羽霜凝化印之形奚稽瑞牒克叶祥經異丹雀之呈質同素烏之效靈帝嘉其賁然斯來嚼爾雖及俾遂性以飲啄顧無羣而翕習由是繞樹星飛依枝玉立乍捕蟬於上苑不羨鶯遷或報喜於丹墀何慚鳳集故能彩迥羣類名超百祥播休徵於有截昭聖祚之無疆月下南飛過銀河而混色風前東嚮映瓊樹以增光若乃潛下庭隅遠分林表迷彼烏之翯翯奪鷴駒之皎皎狠生殷代誠福應之未如魚躍舟中諒貞符之尚小曾來若影度簾矚聲來殿深美掩條支之獻珍逾隴坻之禽昔在遐方玉每抵于崑岫今以至德巢可窺於禁林是知斯鵲來儀惟天瑞聖俾爾羽之潔明彰我時之清淨臣聞鷹有歌而雉有詩又安得不形於讚詠

鳳凰來儀賦　李解

至哉乎鳳凰之致也應運合符體中履正依道德以出處表帝皇之衰盛宣尼興歎見周道之陵夷太史正辭知漢德之明聖寄高跡於圖牒流遺旨於歌詠我國家化洽生成歸淳反朴理定制禮功成作樂萬物懷仁四靈沾渥方棲息於上苑寧徘徊於南嶽觀乎肅肅其羽鏘鏘其鳴吸天地之嘉氣赴簫韶之雅聲知至道之可樂識泰階之已平身安撫馴或顧步以屢舞心畏榮寵乍聯騫而若驚寧同衆鳥之德竊比達人之情且如六翮已成五文畢備奇姿委發逸志殊類挹寥廓以推靈向人寰而作瑞籠檻不能展其巧羅網無以施其智豈若翡翠以美色殺身鸚鵡以能言剪翅鴻鵠以稻粱自苦鷹鸇以擊搏取累孰與夫退則全其性出則得其時將稱年以表德豈反袂以等期夜宿椅桐之枝朝餐竹實之粒望雙闕以上下先百禽而翔集薰風飄而嚮清甘露沾而羽濕對離景以照耀披慶雲而出入來儀則邦樂我時和因物見志爲鳳凰之歌歌曰處分明兮繫舒慘一人慶兮萬物感羽族猶得以效珍微生何久於習坎

鳳巢阿閣賦　闕名

國家化協軒后道超帝先敷至德以被物降殊祥而自天祥異宗周下岐山之鳴矣企覩宸極放阿閣而巢焉由是載止於甍文蓋將呈瑞於君前臨四榮而肅乎雲委播五彩而煥爾霞鮮且將巢者其義久也美德化乎宇內末棲遲於日下爰居爰處恆依應龍之祥載飛載鳴寧侶化鶯之瓦道既砥平時亦鏡清脈丹穴而不息鄙高岡而不鳴方爲應至仁而來元扈豈徒愛層構而集丹楹彼燕有巢已間在幕之厄爾鶴稱德更擅乘軒之名一則兆啓乎顛沛一則僭處乎車蓋曷若我愛育元和來儀昭泰奮美羽於軒楹散清音於埃壒然後知赤烏不曰珍白龍不曰神或生之於苑囿或厄之於海濱四目鳴而不覩萬戶獻而莫臻豈若茲鳳惟閣是因三重其階實維高矣邈矣一人斯覩誰謂不窮不親向非我后從政不咈惠生於物孰德不回遺乎將來鳳亦遠矣誰能巢哉是知反道者高閣徒修悖德者鳴鳳罔萃竊稽瑞牒載覽史記惟黃帝與吾皇能感之而自至

鳳凰來儀賦　元汪克寬

有虞起兮歷耕重華煒兮文明袗衣絅兮斧扆時雍變兮八紘命后夔以和樂奏韶箾之九成致靈鳥之並集舞威儀於彤庭想夫鳴球戛擊絲桐振響搏拊胥諧咏歌迭唱先祖洋洋而格思羣后逡巡而揖讓宮縣斯設簨簴維縱峙崇牙之捷業蔚樹羽之衡縱鼗鞞擊柷而作作眡瞭播鼗以逢逢陰管騈歙於鐘笙金奏鏗鏘於大鏞變徵旋宮調律同之硍䂫執干秉翟列舞佾之從容導大塊之至和致象物之感通爾其九奏爰終于飛翔翥粲粲其章翽翽其羽覽德輝於千仞聿廻臻於殿宇九苞炫爛稚黃扉而裴回五色璀璨歷玉階而延竚儀容肅肅而雅馴翼衞蹌蹌而獻舞德侔君子恆揭義而負仁音協黃鍾媲鏗金而考鼓其爲物也稟乎太一之粹孕乎丹穴之峰距弗履乎弱草味弗啄乎生蟲朝憩崑崙粲琅玕之瑣猝夕游縣圃飲玉池之沖瀜首昂金雞之喙尾曳

鯨魚之蹤背靈龜而領燕後祥麐而前鴻飛禽三百有六十而惟是之爲宗爾其九官都俞四嶽輔弼逢水懷襄而底平烝民艱鮮而奏食八埏皞皞而雍熙四海安安而寧謐帝舜之德殆不翅元渾之幷包與方儀之立極是宜太和之音始迭作於九變而太平之瑞騈雄雌而下集昔者軒轅施德聿巢阿閣之巓厥後岐昌修政爰止高岡之側羌至聖之致瑞實後先而同轍迨夫時乖政熄代變風漓尼父嘆不至之歎接輿歌德衰之辭楚人山雞賜千金而誨謟西都神爵鸞屢至而夸奇蕭史神仙之詠詭符秦讖之支離偉我皇之聖明協重光於虞帝大猷昭黼黻之文雅樂應簫韶之制賜湛樂於吾民陶太和於斯世皐益接武而論思稷契騈肩而獻替願羽儀於天朝効鳴陽於盛際

白雉賦 有序　劉詵

白雉之出必爲太平故見於建武永平與成周之際皆是時也五運各從所勝周漢皆尚赤爲火德故周與而白魚薦兆漢啓而白蛇獻符而白雉亦在周漢爲盛白金也豈非其所制伏者效順卽爲瑞與然周漢之盛瑞不一而世稱越裳重譯特加顯則君臣具慶使然夫雉文繡者也變爲純潔非世道休明不及此其在元始亦爲白水眞人發祥耳若出非其時而附會奸臣以取安漢之號則豈足爲靈物也哉作白雉賦

撫萬物之不齊惟具變於其天鵠不日浴而常皜烏不日黕而常黔旣各安於其素雖純質其猶足妍矧能其天之所不能不待脛而千里以傳蓋有化而役之以爲異彼固莫知其然而然方周鼎之旣定萬邦康而慶豐年海堅泯而不濤六氣無盛衰之偏董六合以一龢果何質之不遷乃有越裳萬里殊國迢迢三譯獻雉之白林邑扶南暑涉寒蹶玉鞲失輝霜彎失色天空月朗雊揚影滅閶闔曉登兩袂皆雪於是混瑤殿照銀闕過靈臺而烏愧其黯歷西雝而鷺恥其潔傾凡羽以無羣恨征埃之猶涅夢華蟲之前身洗組繡之餘刼念光華之不貸豈詠歌以自踏雖改容而廢常亦反素以爲德委微質於天地爲至治之光晢吾聞五德相勝有順有逆當赤精之麗空宜金質之從革故周漢之千年效禎祥於一轍惟成周之至盛彌顯白於史策烏流屋而祥立鳳鳴岐而瑞列皆天意之使然擅古今之奇絕儻效鞶於美新是媚奸之造物幸聖朝之在上集六合之奇祥矧羽儀之無愧庶及時而翶翔

白雉賦　前人

覽太極之妙化兮產靈物之何奇伊縝縝之仙雉兮孰剪瑤瓊而爲之姿惟南荒之極炎兮薄陰氣而相持疑素娥之融液兮錐羽毛而不辭故炎以爲絳冠紺蹠兮陰以爲霜翎雪衣迴玉京而鑄膚兮素蛾蛾而琢肌然不能以超寥廓兮託人間以爲依豈無見而偶出兮兆治世之德禧惟成周之聖明兮烝至治於鳧鷖允協氣之薰洽兮合宇宙以爲祺海覛伏而不波兮風不鳴條而雨時衣裳皇皇而端拱兮萬國朝而賓四裔彼越裳之垠絕兮渺萬里之航梯獻茲禽以爲瑞兮羌能使其天賦之移恍前夢之竄變兮拔文身之陸離徙千仞於南溟兮爲盛朝之羽儀望同羣之采采兮立縞素於緇緇逈雪寒而月薄兮發孤鶱其誰知至漢中而後出兮聊亦與世道而游嬉彼新莽之執以爲樂兮冈將以白頭大夫而待之忽千載之不聞兮寧不老死於山巓木湄豈風日之淸明兮顧不驚猜於童兒誓重來之何日兮指西風以爲期幸麟趾之再應兮鳳喈喈而鳴岐舍茲時而不隨兮復將何爲爲招雉之歌曰結金精兮擣乾坤應明德兮儀九天愼爾時兮燕雀先

靑鸞頌　明解縉

琳宮啓瑤壇麗絳節朝靑鸞至噦噦蹌蹌威鳳儀迴翔炫轉霏虹霓黛毛翠羽蔭桂旗昇天礙出靑瑠璃紅采金明芝柞舞合懽和塤箎隨帝來車徐徐度雲英甘露濡上帝陟降情所悞感通聖孝來寰區萬世萬年垂簡書

瑞應白鵲賦 有序　廖道南

辛卯秋八月河南鄭府獻白鵲二上嘉茲靈瑞乃命禮官寬彝與諏吉辰昭告九廟薦呈兩宮仍宣示百官於左順門諦觀賜以大庖珍膳臣伏攷諸仁宗爲儲皇時有白鵲之瑞乃命官僚撰表上賀楊士奇云與鳳同類蹌蹌於帝舜之廷如玉其輝皎皎在文王之囿仁宗覽之喜曰此眞帝王家白鵲也仰惟皇上元德格天至仁育物惠霈羣動化被萬靈是故禽鳥感氣純白昭輝不於異域於中州不於他所於宗室天之錫純神之介祉於是乎有徵矣臣謹撰瑞應白鵲賦賦曰

肆后皇之純祐兮嘉中命其用休協氣絪緼於上元兮靈鳥翶翔於中州夫其始而鷇育也翳桑土之綢

繆營巢枝以結構菖祇宛委以毓禎川若縈紆以埤厚醞釀之以陰陽之元和煦嫗之以鬼神之奇秀纖而習飛也振羽翰於碧寥擬純白於素絲占易象而敦貞无咎徵戴記而比玉斯輝其來儀也辭瀍澗之清泚飲河洛之甘泉函以璁籠而脩脩其潔飼之琅實而皜皜其鮮爾乃遵渚鴻之雲逵度澤鶴之煙皋漸形雉而廻繞於鳷鵲之觀入紫闈而振拂於翡翠之苕爾乃測銅蚪之蓮漏焚寶鴨之蘭膏啓宗宮而晻映於翔鳳之閣獻祖禰而周遭於戴鼇之橋爾乃敞魚鑰於重關列龍牀於夾陛慈顏燕喜而頒騰於禁掖之庭壽極鸞廻而歌末於鈞陳之地爾乃詔文碎之鵷班偕武衛之鷹揚薄言往觀血振振若西雝之鷺亦既集止而蹌蹌如虞室之凰於時覩天顏之歡霽灑宸翰以昭宣蒐靈囿於往牘紀殊禎於萬年臣拜稽首賡載歌曰繁軒皇兮御璿圖元扈來游兮文明孚縣舜帝兮協鈞韶彩鳳來儀兮化理昭於皇文祖兮紹往聖靈鵲肇見兮受天之命於皇吾皇兮紹烈祖靈鵲載符兮繩其祖武

白鳥賦　杜楠

靈哉孝烏巢葺厥甍生于八九一耦堪驚反同族於縞素本天賦而毀清亮博洽之未識實今古之難名爾其瑩瑩樹杪峨峨毛衣閒風颺之颯爽翼翀天而一飛恍片玉之上下儼映雪以差池厭常形之罔別特異色以含輝故其霜毛皎潔冰翮蹁躚元冥內燮靡鹽都捐徘徊松上比跡梅前白鷴擬秀皓鶴奪鮮何坎方之變色忽禽鳥之更新信先幾之有在豈虛產而無因顯休徵於異質將鍾瑞於仁人使其抱文章而不飾蛻氣類同含珍遠金谷而脅翼想玉樹以棲身乃延佇兮壇杏或嬉游乎泮芹願濟美於威鳳將媲德於祥麟避雲羅之矰繳含山嶠之荒榛盼冥鴻之漸木樂雍鸞之振振倘上林之可借快遷喬於芳春翥逸典而周顧抗丹梯之嶙峋肯同流而混俗將離類以超羣度不負於奇孕而或獲應於皇仁

禽異部藝文二 詩

越裳獻白雉　唐王若嵒

素翟宛昭彰遙遙自越裳冰晴朝映日玉羽夜含霜
歲月三年遠山川九譯長來從碧海路入見白雲鄉
作瑞興周后登歌美漢皇朝天資孝理惠化且無疆

越裳獻白雉　丁仙芝

聖哲符休運伊皐列上台覃恩丹徼遠入貢素翬來
北闕欣初見南枝顧未廻斂衣殘雪淨矯翼片雲開
馴擾將無懼翻飛幸莫猜甘從上苑裏飲啄自徘徊

鄜州進白燕鵲　薛能

輕毛疊雪翅開霜紅觜能深練尾長名應玉符朝北
闕色柔金性瑞西方不憂雲路塡河遠爲對天顏送
喜忙從此定知棲息處月宮瓊樹是仙鄉

禽異部紀事

路史大庭氏之膺籙也適有嘉瑞三辰增輝五鳳異色

春秋佐助期黃帝將興時有黃雀赤頭立於日傍黃帝曰黃者土精赤者火榮爵者賞也余今當立大功乎

春秋緯黃帝坐於扈閣鳳凰銜書致帝前其中得五始之文焉

帝王世記黃帝服齋於中宮坐於元扈洛上乃有大鳥雞頭鷰喙龜頸龍形麟翼魚尾其狀如鶴體備五色三文成字首文曰順德背文曰信義膺文曰仁智不食生蟲不履生草或止帝之東園或巢阿閣其飲食也必自歌舞音如簫笙

春秋孔演圖黑帝治生五角之禽以觸民

宋書符瑞志白鳩成湯時來至

史記周本紀武王東觀兵至於盟津旣渡有火自上復於下至於王屋流爲烏其色赤其聲魄云　魄然安定意也鄭元曰書說云烏有孝名武王卒父大業故烏瑞臻索隱曰按今文泰誓流爲雕雕鷙鳥也馬融云明武王能伐紂

宋書符瑞志越裳周成王時來獻白雉

尚書中候周公歸政於成王太平制禮鸞鳳見

秦穆公出狩至於咸陽日稷庚午天震大雷有火下化爲白雀銜籙丹書集於公車公俯取其書言繆公之霸也訖胡亥秦家世事

宋書符瑞志白燕者師曠時銜丹書來至

左傳昭公二十五年有鸜鵒來巢書所無也師己曰

異哉吾聞文武之世童謠有之曰鸜之鵒之公出辱之鸜鵒之羽公在外野往饋之馬鸜鵒跦跦公在乾侯徵褰與襦鸜鵒之巢遠哉遙遙稠父喪勞宋父以驕鸜鵒鸜鵒往歌來哭童謠有是今鸜鵒來巢其將及乎

春秋緯孔子坐元扈洛水之上赤鳥銜丹書隨至

春秋孔演圖鳥化爲書孔子奉以告天赤鳥集書上化爲黃

孔子家語辨政篇齊有一足之鳥飛集於公朝下止於殿前舒翅而跳齊侯大怪之使使聘於魯問孔子孔子曰此鳥商羊水祥也昔童兒有屈一脚振肩而跳且謠曰天將大雨商羊鼓舞今齊有之其應至矣急告民趨治溝渠修隄防將有大水爲災頃之大霖雨水溢泛諸國傷害人民唯齊有備不敗景公曰聖人之言信而有徵矣

戰國策宋康王之時有雀生䴏集韻音斯於城之陬使史占之曰小而生巨必霸天下康王大喜於是滅滕伐薛取淮北之地乃愈自信欲霸之速成故射天笞地斬社稷而焚滅之曰威服天下鬼神罵國老諫臣爲無顏之冠以示勇剖傴之背鍥朝涉之脛而國人大駭齊聞而伐之民散城不守王乃逃倪侯之館遂得病而死見祥而不爲祥反爲禍

新序雜事篇宋康王有爵生鸇臣向愚以鴻範傳推之宋史之占非也此黑祥傳所謂黑眚者也猶魯之有鸜鵒爲黑祥也屬於不謀其咎急也鸇者黑色食爵大於爵害爵也攫擊之物貪叨之類爵而生鸇者是宋君且行急暴擊伐貪叨之行距諫以生大禍以自害故爵生鸇於城陬者以亾國也明禍且害國也康王不悟遂以滅亾此其效也

陳留耆舊傳圉人魏尚高帝時爲太史有罪詔繫獄有萬餘頭雀集獄棘樹上拊翼而鳴尚占曰雀者爵命之祥其鳴即復也我當復官有頃詔還故官

漂粟手牘呂后時冬十二月見未央宮前有一紫燕后以爲不祥使侍中陳當時逐之飛廐內不得出値牝馬方仰首而嘶遂飛入其口中便有紫雲覆於馬首頃之而滅當時奏狀后異之詔有司專視此馬後生駒日馳數百里因號曰紫燕

王充論衡驗符篇宣帝時鳳凰下彭城彭城以聞宣帝詔侍中宋翁一占之翁一曰鳳凰當下京師集於天子之郊乃遠下彭城不可收與無下等宣帝曰方今天下合爲一家下彭城與京師等耳何令可與無下等乎令左右通經者語難翁一翁一窮免冠叩頭謝

後漢書五行志章帝末號鳳凰百四十九見時直臣何敞以爲羽孽似鳳翺翔殿屋不察也記者以爲其後章帝崩以爲驗案宣帝明帝時五色鳥羣翔殿屋賈逵以爲胡降徵也帝多善政雖有過不及至衰缺末年胡降二十萬口是其驗也帝之時羌胡外叛讒慝內興羽孽之時也

桓譚新論余前爲典樂大夫有鳥鳴於庭樹上府中門下皆爲憂懼後余與典樂謝侯爭鬬俱坐免去

後漢書方術傳楊由常從人飲勑御者酒三行便宜嚴駕既而趣去後主人舍有鬬相殺者人問何以知之曰向社中木上有鳩鬬此兵賊之象也其言多驗

獨異志漢太尉楊震以忠貞見黜及還洛歎曰吾居上司疾姦臣樊豐之狡而不能誅知帑藏空虛而不能富因飲鴆而卒門人寃之天子嘉之改葬日有大鳥翼一丈三尺集於柩前低頭垂淚葬畢乃飛去時人以爲忠貞所感

廣州先賢傳頓琦至孝母喪感慕哀聲不絕有飛鳧白鳩棲處側見人即去見琦而留又丁密遭父艱致飛鳧一雙游廬旁小池見人則馴附如家所畜後遭母喪密歸至所居一宿故雙鳧復游戲池中

宋書符瑞志孫權時神雀巢朱雀門

煙花記吳主亮命工人潘芳作金螭屏風鏤祥物一百二十種種種有生氣遠視若眞一日與夫人戲觸屏墜其一鳳頭之飛去

異苑晉惠帝時人有得一鳥毛長三丈以示張華華慘然歎曰所謂海鳧毛也此毛出則天下土崩矣果如其言

晉書五行志孝懷帝世周玘家有鵝在籠中而頭斷籠外玘亾後家誅

張瓘在凉州正朝放佳雀諸鳥出手便死左右放者悉飛去

浙江通志何準宅在海鹽縣南三里烏夜村晉何準寓居於此一夕羣烏啼噪準適生女他日復夜啼乃穆帝立準女爲后之日

祥異記長安民有鳩飛入懷中化爲金帶鉤子孫遂富數世不絕

異苑任城魏肇之初生有雀飛入其手占者以爲封爵之祥

東莞劉穆之字道和小字道人世居京口隆安中鳳凰集其庭相人韋叡謂之曰子必協贊大猷

搜神後記王機爲廣州刺史入厠忽見二人著烏衣與機捍良久擒之得二物如烏鴨以問鮑靚靚曰此物不祥機焚之徑飛上天尋誅死

錢塘人姓杜船行時大雪日暮有女子素衣來岸上杜曰何不入船遂相調戲杜閤船載之後成白鷺飛去杜惡之便病死

宋書胡藩傳高祖名藩爲員外散騎侍郎參軍軍事從征鮮卑賊屯聚臨朐藩言於高祖曰賊屯軍城外留守必寡今往取其城而斬其旗幟此韓信所以尅趙也高祖乃遣檀韶與藩等潛往既至卽尅其城賊見城陷一時奔走還保廣固累月將拔之夜佐史並集忽有鳥大如鵝蒼黑色飛入高祖帳裏皆駭愕以爲不祥藩起賀曰蒼黑者北方之色鮮卑歸我大吉之祥也明旦攻城陷之

南史徐羨之傳羨之隨從兄履之爲臨海樂安縣嘗行經山中見黑龍長丈餘頭有角前兩足皆具無後足曳尾而行及拜司空守關將入彗星辰見危南又當拜時雙鶴集太極殿東鴟尾鳴喚竟以凶終

宋宗室傳元凶劭文帝長子也始興王濬素佞事劭劭卽位進號驃騎將軍濬將產之夕有鵩鳴於屋上聞者莫不惡之劭敗濬及其子並梟首

巴陵哀王休若文帝十九子也爲荊州刺史加都督晉平王休祐被殺建安王休仁見疑都下訛言休若有至貴之表明帝以此言報之休若甚憂嘗衆賓滿座有一異鳥集席隅哀鳴墜地死又聽事上有二白蛇長丈餘唅唅有聲休若甚惡之上以休若善能諧緝物情慮將來傾幼主欲遣使殺之慮不奉詔徵入朝又恐猜駭乃僞授爲江州刺史至卽於第賜死

元嘉起居注元嘉元年七月有白燕集於齊郡遊翔庭宇經九月乃去衆燕翼隨有數千

述異記蘭陵山有井異鳥巢其中金翅而身黑此鳥見卽大水井不可窺窺者盈歲輒死

齊春秋高帝時有獻白鳥帝問此何瑞范雲位卑最後答曰臣聞王者敬宗廟則白鳥至時謁廟始畢帝曰卿言是也感應之理一至此乎

南齊書武帝本紀上率部曲百餘人起義避難揭陽山有白雀來集

梁書武帝本紀帝封建安郡公入鎭殿內鳳凰集建鄴又鳳凰見建康縣桐下里宣德皇后稱美符瑞歸於相國府

南史梁武帝本紀海中浮鵠山去餘姚岸可千餘里上有婦人年三百歲有女官道士四五百人年並出百但在山學道遣使獻紅席帝方捨身時其使適至云此草常有紅鳥居下故以爲名覩其圖狀則鸞鳥也時有男子不知何許人於大衆中自割身以飴饑鳥血流徧體而顏色不變又沙門智泉鐵鉤掛體以燃千燈一日一夜端坐不動開講日有三足鳥集殿之東戶自戶適於西南瑣楣三飛三集白雀一見於重雲閣前遂至喪亡

梁書劉孝威傳孝威遷中書舍人大同九年白雀集東宮孝威上頌其辭甚美

太平清話梁昭明太子在東宮有一瑠璃盌紫玉盃皆武帝所賜既薨置梓宮後吏發開墳爲閹人攜入大航有燕雀數萬擊之爲有司所縛乃徙二寶器帝增其上墳側今有湖後人因名燕雀湖

南史侯景傳景廢簡文迎豫章王棟卽皇帝位矯詔自加九錫漢國置丞相以下百官陳備物於庭忽有鳥似山鵲翔於景冊書上赤足丹嘴都下左右所無賊徒悉駭競射之不能中景自篡立後每登武帝所常幸殿若有芒刺在身恒聞叱咄者又處宴居殿一夜驚起若有物扣其心自是凡武帝所常居處並不敢處多在昭陽殿廊下所居殿屋常有鵂鶹鳥鳴呼景惡之每使人窮山野捕鳥

陳後主本紀後主在東宮時有鳥一足集其殿庭以嘴畫地成文曰獨足上高臺盛草變爲灰欲知我家處朱門當水開解者以爲獨足蓋指後主獨行無衆盛草言荒穢隋承火運草得火而灰及至京師與其家屬館於都水臺所謂上高臺當水也其言皆驗

珍珠船陳後主未敗前蔣山衆鳥鼓翼而鳴曰奈何帝奈何帝

三國典略渤海王高歡攻鄴時瑞物無歲不有令史焚連理木煑白雉而食之

高德衆正相齊未誅之前家有赤鴨羣行於庭犬來逐遂成碎血

隋書五行志武成胡后生後主初有梟升帳而鳴梟不孝之鳥不祥之應也後主嗣位胡后淫亂事彰遂幽后於北宮焉

北史潘樂傳樂初生有一雀止其母左肩占者咸言

富貴之徵因名相貴後始爲字

永昌府志哀牢人細奴邏耕於巍山數有祥異祉會之日白國主張樂進求率部衆祭孔明鐵柱柱頂故有金鏤鳥忽飛下集細奴邏左肩相戒忽動八日乃去衆驚異以爲天意所屬進求乃以女妻之因讓國焉自稱奇王是爲南詔

創業起居注帝處西河繞山之路當吾行道乃命大郎二郎率衆取之至西河城下惟有郡丞高德儒執迷不返兵入執德儒以送軍門德儒即隋之見鸞人也大郎二郎等數之曰卿逢野鳥謬道見鸞佞惑隋侯以爲祥瑞趙高指鹿爲馬何相似哉義兵今奬王室理無不殺趙高之輩乃命斬焉癸巳有僧俗姓李氏獲白雀而獻之至日未時又有白雀來止帝牙前樹上左右復捕獲焉文武咸賀帝皆抑而不受

唐書庶人祐傳祐喜養鬬鴨方未反狸齧鴨四十餘絕其頭去及敗牽連誅死者凡四十餘人

隋唐嘉話祕書少監崔行功未得五品前忽有鸜鵒銜一物入其堂置案上而去乃魚袋快快數日而加大夫

唐書薛季昶傳季昶子仲昌爲孝義令鸞降庭樹太守蕭懇表其政徙下邽終吏部郎中

酉陽雜俎天后時有獻三足烏左右或言一足僞耳天后笑曰但史冊書之安用察其眞僞乎唐書云天授元年有進三足烏天后以爲周室嘉瑞睿宗云烏前足僞天后不悅須臾一足墜地

珍珠船俗傳燕巢人家巢戶內向及長邃過尺者吉祥也集賢張公每歲燕巢正寢其長可容疋練戶悉內向數年遂登庸焉

嘉話錄蔡之將破有雀數百同爲一巢皆絲絮爲之有羣鳥同巢一日盡棄擲其雛而去

北夢瑣言唐田弘正之領鎭州三軍殺之而立王庭湊即王武俊支屬也庭湊生於別墅嘗有鳩數十隻朝集庭樹暮集簷下

劇談錄大中年韋顓舉進士詞學優贍而貧窶滋甚歲暮饑寒無以自給有韋光者待以宗黨（後名殷裕之）輟居所外舍館之放榜之夕風雪凝互報光成名者絡繹而至顓略無登第之耗光延之於堂際小閣備設肴饌慰安之見光婢妾羅列衣裝僕者排比鞍馬顓夜分歸於所止擁爐而坐愁嘆無已俟光成名將修賀禮寢榻迫於壞牖以橫竹掛席蔽之簷際忽有鳴梟頃之集於竹上顓神魄驚駭杖策出戶逐之飛起復還久而方去謂僕者曰我失意亦無所恨妖禽作怪如此兼恐橫罹災患俄而禁鼓忽鳴榜到顓已登第光之服用車馬悉皆遺焉世以鵩至梟鳴不祥之兆近覩數事亦不然乎

杜陽雜編大中末舒州奏衆鳥成巢闊七尺高一丈而燕雀鷹鶻水禽山鳥無不親狎如一又有鳥人面綠毛嘴爪悉紺其聲曰甘蟲因謂之曰甘蟲時人畫圖鬻於市肆焉

物類相感志雜俎云唐崔相公夫人在家時與弟妹戲見一鵲共銜一大木如筆管大長尺許至巢中衆悉不見俗云見雀上梁必位至王公

宣驗記唐王遵者河內人也弟兄三人並時疾甚宅有鵲巢旦夕翔鳴忿其喧噪兄弟共惡之及病差因張鵲斷舌而放之既而兄弟皆患口齒之疾家漸貧以至行乞

北夢瑣言劉仁恭自破太原軍於安塞城後士兵精强孩視鄰道發管內丁壯號三十萬南取鄴中圍袁曹之爾先下甘陵城下有鵂鶹數頭飛下幄帳內逐之復來仁恭惡之竟爲魏軍汴軍夾攻大敗之殺其名將單可及仁恭單馬而遁

梁祖親征鄆州軍次衛南將築新壘土工畢因登眺其上見飛烏止於峻堞之間而噪其聲甚厲副使李璠曰是烏烏也將有不如意之事其軍前朱友裕爲朱瑄掩扑拔軍南去我軍不知因北行遇朱瑄軍來迎梁祖策馬南走入村落間爲賊所迫前有溝坑頗極深廣倉遽之際忽見溝內蜀黍稈積以爲道正在馬前遂騰躍而過因獲免焉副使李璠都將高行思爲賊所殺張歸宇爲殿騎援戈力戰僅得生還被十四五箭乃知衛南之烏先見之驗也

蜀檮杌光化三年封建司徒蜀王七年朱全忠篡位改元開平巨人見青城山鳳凰見萬歲縣左右勸進三遜而後從九月僭即位號大蜀改元武城

鑑戒錄蜀光天元年太祖寢疾經旬文州進白鷹茂州貢白兔羣臣議曰聖人本命是兔鷹兔至甚相刑貢二禽非以爲瑞退鷹留兔帝疾必痊敕命不從是歲晏駕又通正年有大禿鶖鳥颺於摩訶池上顧太尉夐時爲小臣直於內庭遂潛吟二十八字咏之曰昔日曾看瑞應圖萬般祥瑞不如無摩訶池上分明見仔細看來是那胡至光天元年帝崩乃禿鶖事之徵也

蜀檮杌王建光天二年四月有鵂鶹鳴於帳中雞烏集於摩訶池建因感疾甚篤召大臣賜坐示手書詔皇太子入侍疾六月建甍

幸蜀記王衍離成都日天地冥晦兵不成列有羣鵶泊於旗竿上其鳴甚哀

長興五年正月白鵲集玉局化白龜遊宣華苑季良上表陳符瑞率百官勸進曰將士大夫盡節效忠於殿下正望攀鱗附翼知祥曰德薄不足以承天命以蜀王而老於孤足矣季良曰早延大統原以慰軍民推戴心閏正月二十八日遂僭帝位其日大風晝冥

江南別錄烈祖受禪之日白雀見於庭

五代史安重榮傳重榮將反也饒陽令劉巖獻五色鳥重榮曰此鳳也畜之後潭

王處直傳初有野雀數百巢麥田中處直以爲己德所致而定人知其不祥曰鵲巢鳥降而田居小人竊位之象也已而處直被廢死

遼史太宗本紀帝太祖第二子母淳欽皇后蕭氏唐天復二年生神光異常獵者獲白鷹人以爲瑞

天顯十一年八月庚午帝自將以援敬瑭九月癸巳有飛鶩自墜而死南府夷离菫曷魯恩得之以獻卜之吉上曰此從珂自滅之兆也

劉伸傳伸改崇義軍節度使政務簡靜民用不擾致烏鵲同巢之異優詔褒之

宋史王著傳建隆二年著知貢舉時亳州獻紫芝鄆州獲白兔隴州貢黃鸚鵡著獻頌因以規諫太祖甚嘉其意下詔褒之

宋琪傳琪自員外郎歲中四遷至尚書爲相將罷前數日有異鳥集琪待漏之所驅之不去及是罷相人以爲先兆云

燕翼貽謀錄虞書載簫韶九成鳳凰來儀三代以後無傳焉惟漢宣帝時嘗見史不載其形狀如何眞宗景德元年五月七日午時白州有鳳凰三自南入衆禽周遶至萬歲寺前棲高木上身如龍長九尺高五尺其文五色冠如金盞至申時飛向北去遂不復見州畫圖來上是時天下承平日久可謂治世宜其覽德輝而下也

談錄一日有野雞入端王宮眞宗名司天監丁文泰令筮之云郊野位爻動必是郊野中五采生氣物見於皇城內皇闈外皇宮之中以是推之須是野雞若然則無他必王

談圃南海有飛鳥自空中遺糞於舟檝不可聞丁晉公之貶崖鳥雖翔而糞不汙至崖盡縱所乘牛馬於山林間數年一夕皆集無遺者翊日遂有光州之命

談苑虢州朱陽鎭一夕梟鷹之聲滿空其鳴甚悲速旦梟鷹死於野中無數或斷頭或折翅全無所傷而血汙其喙村民載之入市市人不敢買蓋此鎭未嘗有此物怪之也又一年王冲叛朱陽之民殲焉

聞見前錄康節先公先天之學伯溫不肖不敢稱贊平居於人事禨祥未嘗輒言治平間與客散步天津橋上聞杜鵑聲慘然不樂客問其故則曰洛陽舊無杜鵑今始至則有所主客曰何也康節先公曰不二年上用南士爲相多用南人專務變更天下自此多事矣客曰聞杜鵑何以知此康節先公曰天下將治地氣自北而南將亂自南而北今南方地氣至矣禽鳥飛類得氣之先者也春秋書六鷁退飛鸜鵒來巢氣使之也自此南方草木皆可移南方疾病瘴瘧之類北人皆苦之矣至熙寧初其言乃驗異哉故康節先公嘗有詩曰流鶯啼處春猶在杜宇來時春已非

又曰幾家大地橫斜照一片殘春啼子規其旨深矣

伯溫後聞熙州有唐碑本朝未下時一日有家雀數千集其上人惡之曰豈此地將爲漢有耶因焚之蓋鹵中無此禽也已而果然因幷記之以信先公之說

宋史曹輔傳輔字載德南劍州人第進士政和二年以通仕郎中問學兼茂科歷祕書省正字自政和後帝多微行乘小轎子數內臣導從至行幸局局中以帝出日謂之有排當次日未還則傳旨稱瘡痍不坐朝始民間猶未知及蔡京謝表有輕車小輦七賜臨幸自是邸報聞四方而臣僚阿順莫敢言輔上疏略曰陛下厭居法宮時乘小輿出入廛陌之中郊坰之外極遊樂而後返道塗之言始猶有忌今乃以爲某日由某路適某所某時而歸又云輿飾可辨而臣不意陛下當宗廟社稷付託之重玩安忽危一至於此夫君之與民本以人合合則爲心腹離則爲楚越畔服之際在於斯須甚可畏也昔者仁祖視民如子憫然雖恐或傷一旦宮闈不禁衛士輒踰禁城幾觸寶瑟荷天之休帝躬保佑俚語有之盜憎主人主人何負於盜哉況今革冗員斥濫奉去浮屠誅胥吏蚩蚩之民豈能一一引咎安分萬一當乘輿不戒之初一夫不逞包藏禍心發蠭蠆之毒奮獸窮之計雖神靈垂護然亦損威傷重矣又況有臣子不忍言者可不戒哉臣願陛下深居高拱淵默雷聲臨之以穹

昊至高之勢行之以日月有常之度及其出也太史擇日有司除道三衞百官以前以後若曰省煩約費以便公私則臨時降旨存所不可闕損所未嘗用雖非祖宗舊制比諸微服晦跡下同臣庶堂陛陵夷民生姦望不猶愈乎上得疏出示宰臣令赴都堂審問太宰余深曰輔小官何敢論大事輔對曰大官不言故小官言之官有大小愛君之心則一也少宰王黼陽顧左丞張邦昌右丞李邦彥曰有是事乎皆應以不知輔曰茲事雖里巷細民無不知相公當國獨不知邪曾此不知焉用彼相黼怒其侵己令吏從輔受辭輔操筆曰區區之心一無所求愛君而已退待罪於家黼奏不重責輔無以息浮言遂編管郴州輔將言知必獲罪名子紳來付以家事迺閉戶草疏夕有惡鳥鳴屋極聲若紡輪心知其不祥弗恤也處郴州六年黼當國不得移輔亦怡然不介意

泊宅編王溈之字彥祖爲西京小漕攝河南府事因丁外艱置神柩西堂一日有雀羣集几筵啄殘祭食彥祖揮去復來彥祖頗不平偶扑得一雀自於門限刀斷其首擲集中庭徐祭之此雀忽身首相就翩然飛去及彥祖還南徐爲人訟田安置廣德軍才得自便復喪妻許未幾妖人張懷素辭連就逮竟死於南方雖禍生有胎然忿與忍不可不戒也

宋史岳飛傳飛字鵬舉相州湯陰人世力農父和能節食以濟饑者有耕侵其地割而與之貰其財者不責償飛生時有大禽若鵬飛鳴室上因以爲名

盧谷間抄淄青有一百姓家燕巢累年添接竟踰三尺其燕哺雛既飛忽一旦有諸野禽飛入庭除俄而漸衆棟宇之上棲息無空隙不復畏人廚人饋食於堂手中盤饌皆被衆禽搏撮莫可驅逐其家老人罔測災祥頗之甚悶忽以杖擊破燕巢隨手有一白鳳雛長三尺以來自巢而墮未及於地即掀然出戶望西南冲天而去諸禽亦應時散逝須臾而盡又一家亦是燕巢中忽然亦色光芒而隱隱有聲若鳴鼓地中日夜不絕夜後廂巡呵喝於外責其不戢燈燭既入其室舍視之不見有火纔出門外望之則有火焰亙天居旬日間人漸聲傳或聚觀其家老人懼偶以拄杖探燕巢中即有一小赤龍子長尺餘墮下鱗甲炳煥老父驚戰遽以襁褥藉之焚香禱謝未畢而見一大龍長丈餘自簷屋而入光如列炬爍人瞻視一家震駭竄伏稽顙龍徐徐擁其子入自寢室穴屋騰天而去亦不損物然二家不三數年皆隳敗焉

翰林壁記學士院有雙鵲嘗棲於西軒海棠枝上每學士會食必徘徊翔集於玉堂之上略無驚畏因謂之靈鵲或鳴噪必有大詔令或宣召之事

宋史光宗慈懿李皇后傳后安陽人慶遠軍節度使贈太尉道之中女初后生有黑鳳集道營前石上道心異之遂字后曰鳳娘

熊克傳克字子復建寧建陽人御史大夫博之後將生有翠羽雀翔臥內克幼而翹秀既長好學善屬文郡博士胡憲器之曰子學老於年他日當以文章顯

齊東野語壽和謝太后方選進時史衞王夜夢謝魯王深甫衣金紫求見致禱再三以孫女爲託及明則謝后至是歲天台郡元夕有鵲巢燈山間衆頗驚異識者以爲鵲巢乃后妃之祥是歲謝果正中宮之位咸淳間福邸涼堂初成有巢於前廡賓客交慶至有形之歌詩者殊不知野鳥入室不祥莫甚安得與前事爲比云

宋史周漢國公主傳公主理宗女也景定二年帝以楊太后擁立功乃選太后姪孫鎭尚主明年進封周漢公主七月主病有鳥九首大如箕集公主搗衣石上是夕薨

金史石土門傳石土門弟阿斯懣卒及終喪大會其族太祖遣官屬往焉就以伐遼之議訪之方會祭有飛鳥自東而西太祖射之矢貫左翼而墜石土門持至上前稱賀曰鳥鳶人所甚惡今射獲之此吉兆也

元妃李氏傳一日章宗宴宮中優人瑇瑁頭者戲於前或問上國有何符瑞優曰汝不聞鳳凰見乎其人曰知之而未聞其詳優曰其飛有四所應亦異若嚮上飛則風雨順時嚮下飛則五穀豐登嚮外飛則四國來朝嚮裏飛則加冠進祿上笑而罷

明外史興獻皇帝祐杬傳祐杬成化二十三年封興王弘治四年建邸德安已改安陸七年之藩舟次龍江有慈烏數萬繞舟至黃州復然人以爲瑞

異林弘治庚戌歲武昌城中飛鴉銜一囊市人競逐之囊墜啓視之火礫五枚剡然躍出是歲武昌災者三黃州災漢陽災

明外史許進傳進子誥嘉靖初掌國子監時有白鵲之瑞誥獻論司業陳寰獻頌並宜付史館

楊爵傳爵爲御史以諫符瑞下詔獄歷五年釋之家居二年一日晨起大鳥集於舍爵曰楊伯起之祥至矣果三日而卒

江南通志王錫爵字元馭太倉人生時萬爵集屋故名

涉異志太宰劉公機初爲秀才時畿郡有鷹神乃一獵鷹也一日飛上公宅造糍餉之偶不潔鷹攫其奴若懲之者居數日呼公名語曰公大貴人他日當得八人擡轎參政南京已而飛去公後舉進士累官兵部尚書參贊南京機務如鷹語云

安慶府志朝城陳金鉉令桐城端陽有餽白蛋數十枚者偶見一蛋上有五色光遂以家雞翼之俄得小白鳳不數日漸大每時去時來其伏雛之雞重至三十斤毛亦變成五色久之并翔去

舊經蕭山縣文廟雚屢結巢結東則東齋登第結西則西齋登第輒有驗始信爲瑞鳥也

太平清話太原王光祿家有白燕一雙生民戶巢中其眼如丹比尋常紫燕更儁余輩皆有詩

綏寇紀略崇禎十年京師宣武門外斜街民家白雞羽毛鮮好喙距純赤重四十斤慈溪應孝廉廷吉見之愀然曰此鷲也所見之處國亾

禽異部雜錄

焦氏易林屯之夬有鳥來飛集於古樹鳴聲可惡主將出去

訟之既濟白雉羣雊慕德貢朝湛露之恩使我得懽

李紳本集自注南中小雀名白鸞鵲形小如燕雀此鳥不常見至而鳥舞必有喜應

東坡評史唐太宗時飛雉數集宮中上以問褚遂良良曰昔秦文公時童子化爲雉雌鳴陳寶雄鳴南陽童子曰得雄者王得雌者伯文公得雌遂雄諸侯光武得其雄起南陽有四海陛下本封秦故雌雄並見以告明德上悅曰人不可以無學遂良所謂多識君子哉予以謂秦雉陳寶也豈常雉乎今見雉卽謂之寶猶得白魚便自比武王此諂佞之甚愚瞽其君者而太宗喜之史不譏焉楚鳥無故數入宮中此正災異使魏徵在必以高宗鼎耳之祥諫也遂良非不知此捨鼎耳而取陳寶非忠臣也

容齋續筆北齊書奚永洛與張子信對坐有鵲正鳴於庭樹間子信曰鵲言不善當有口舌事今夜有喚必不得往子信去後高儼使召之且云勑喚永洛詐稱墮馬遂免於難白樂天在江州答元郎中楊員外喜烏詩曰南宮鴛鴦地何忽烏來止故人錦帳郎聞烏笑相視疑烏報消息望我歸鄉里我歸應待烏頭白慚愧元郎誤歡喜然則鵲言固不善而烏亦能報喜也又有和元微之大嘴烏一篇云老巫生姦計與烏意潛通云此非凡烏遙見起敬恭千歲乃一出喜賀主人翁此烏所止家家產日夜豐上以致壽考下可宜田農按微之所賦云巫言此烏至財產日豐宜主人一心惑誘引不知疲轉見烏來集自言家轉華專聽烏喜怒信受若長離今之烏則然也世有傳陰陽局鴉經謂東方朔所著大略言凡占烏之鳴先數其聲然後定其方位假如甲日一聲卽是甲聲第二聲爲乙聲以十干數之乃辨其急緩以定吉凶蓋不專於一說也

墨客揮犀北人喜鴉聲而惡鵲聲南人喜鵲聲而惡鴉聲鴉聲吉凶不常鵲聲吉多而凶少故俗呼喜鵲古所謂乾鵲是也南中多有信鵲者類鵲而小能爲百禽聲春時其聲極可愛忽飛鳴而過庭簷間者則其占爲有喜凡野禽或獐狐之類入人家者必有不祥事余累試甚驗不但人家路行遇飛烏過者切避之若遺糞汚人衣者亦不祥又見雀鬭者不得相逐遭官事

御龍子集白魚入舟近矣流火之化烏也不亦異乎曰非也祥烏有光飛若流火也而人見之耽爾丹書之授吾不之信矣然此亦非習覩者帝王之興天之先見固然也

丹鉛總錄穀梁傳春秋戊申隕石於宋五是月六鷁退飛過宋都云石無知之物故日之鷁微有知之物故月之此言之誣本不待辨宋萬孝恭辨之云梁山沙麓亦無知物胡爲而不日麋與蜮亦微有知之物胡爲而不月此殆可作一笑穀梁乃痴人作夢孝恭又痴人解夢也

三國典略曰侯景篡位令飾朱雀門其日有白頭烏萬計集於門樓童謠曰白頭烏拂朱雀還與吳杜工部詩長安城頭二白烏夜上延秋門上呼蓋用其事以侯景比祿山也而千家註不知引此

珍珠船鵲傳枝主有赦

欽定古今圖書集成曆象彙編庶徵典

第一百六十八卷目錄

庶徵典第一百六十八卷

雞異部彙考一

春秋緯

運斗樞

玉衡星散爲雞遠雅頌著倡優則雄雞五足

漢書

五行志

傳曰貌之不恭是謂不肅厥咎狂厥罰恆雨厥極惡時則有服妖時則有龜孽時則有雞旤

於易巽爲雞雞有冠距文武之貌不爲威儀貌氣毀故有雞旤

劉歆視傳曰有羽蟲之孽雞旤說以爲于天文南方喙爲鳥星故爲羽蟲旤亦從羽故爲雞雞于易自在巽說非是

魏書

靈徵志

鴻範論曰京房傳曰雞小畜猶小臣也角者兵之象在上君之威也此小臣執事者將秉君之威以生亂不治之害

管窺輯要

雞占

雞入井中有牢獄事

雞與野鳥鬬國亂與野鳥交海外臣有橫謀兵欲起

雞無故自犯主虛耗

雞無故自翔去入家有蠱

雞不肯入窠樹上栖凶

雞無故飛來不去家有暴死

雞不卵生而雛異形皆爲兵及水憂

雞日午不下窠及雌作雄聲仍生冠距皆主女亂政

雞卵化爲蜂蠅主虛邑

雞生子而化爲鼠邑有火災

雞與野鳥鬬入人家其君不復居主亾

雞聚鳴軍兵起動

黃昏有雞頻鳴邊庭有賊動

昏夜有雞鳴軍有遠戰天子憂

雞夜鳴有急令戎馬興昏鳴人民有事一曰女主任政其國亂人定時鳴有兵戰夜半鳴流血滂滂京房曰有軍罷若有驚亡將軍妻死

雞不以時鳴其國當之

雞鳴必飛或走天子失勢

雞鳴不鼓翅國有大咎一曰附腋臣爲變

雞據栖而鳴其邑令死

雞至晚無故忽自驚鳴其家人病

雌雞作雄鳴女子亂政若在人家則妻妾姦謀故曰牝雞晨鳴其家不榮

雞上樹不上栖其家有凶

雞至日午不下栖女子亂政妻妾姦謀一曰婦人凶

雞累日不下樹京房曰其邑有水災

雞暮有不栖宿有水災有兵喪

雞無故宮闕上立其君去

雞無故飛上人身其人有疾病

雞無故自死在宮中其君凶

雞生角衆小在位其地有兵角兵象也一曰臣專政有謀其地角生而復落者謀不成京房曰雞生角世

主獨
雞生三足或四距皆爲有逆臣京房曰君用婦言則
雞生妖
雞生兩首人主信用羣小生兩首四翼其家主有殃
雞生無翅后妃謀害主子孫
雞生鴨脚其家凶其國兵亂
雞生子不完其邑有凶
雞生鼠其邑有大殃一曰有兵水災
雞不卵而生子作獸形有兵亂其邑墟
雌雞生冠距女子亂政妻妾姦謀婦人凶雌雞化雄
下將奪上
雄雞生卵有改換
雞與野鳥入人家𡻕鬬其室不居入宮人主出入邑
邑有亂臣叛其君一曰貴人相戮有血流
雞與野鳥交世主內亂外人有謀兵起
雞鵝鴨無故自死其家虛耗一曰有疾病不安
雞無故飛鳴上屋有死喪刑傷事
雞鵝鴨忽作人聲其家大吉慶
鴨作鵝聲其家有孕兢官災
田家雜占
論禽
黃昏雞啼主有天恩好事或有減放稅糧之喜

雞異部彙考二

周

景王　年雄雞自斷其尾

按史記周本紀不載　按漢書五行志左氏傳曰周景王時大夫賓起見雄雞自斷其尾劉向以爲近雞旤也是時王有愛子子鼂王與賓起陰謀欲立之田于北山將因兵衆殺適子之黨未及而崩三子爭國王室大亂其後賓起誅死子鼂奔楚而敗京房易傳曰有始無終厥妖雄雞自齧斷其尾

漢

宣帝黃龍元年雌雞化爲雄

按漢書宣帝本紀不載　按五行志黃龍元年未央殿輅軨中雌雞化爲雄毛衣變化而不鳴不將無距

元帝初元　年雌雞化爲雄

按漢書元帝本紀不載　按五行志初元中丞相府史家雌雞伏子漸化爲雄冠距鳴將

永光　年雄雞生角

按漢書元帝本紀不載　按五行志永光中有獻雄雞生角者京房易傳曰雞知時知時者當死房以爲己知時恐當之劉向以爲房失雞占雞者小畜主司時起居人小臣執事爲政之象也言小臣將秉君威以害正事猶石顯也竟寧元年石顯伏辜此其效也一曰石顯何足以當此昔武王伐殷至于牧埜誓師曰古人有言曰牝雞無晨牝雞之晨惟家之索今殷王紂惟婦言用由是論之黃龍初元永光雞變乃國家之占妃后象也孝元王皇后以甘露二年生男立爲太子妃王禁女也黃龍元年宣帝崩太子立是爲元帝王妃將爲皇后故是歲未央殿中雌雞爲雄明其占在正宮也不鳴不將無距貴始萌而尊未成也至元帝初元元年將立王皇后先以爲婕妤三月癸卯制書曰其封婕妤父丞相少史王禁爲陽平侯位特進丙午立王婕妤爲皇后明年正月立皇后子爲太子故應是丞相府史家雌雞爲雄其占即丞相少史之女也伏子者明已有子也冠距鳴將者尊已成也永光二年陽平頃侯禁薨子鳳嗣侯爲侍中衞尉元帝崩皇太子立是爲成帝尊皇后爲皇太后以后弟鳳爲大司馬大將軍領尚書事上委政無所與王氏之權自鳳起故于鳳始受爵位時雄雞有角明視作威顓君害上危國者從此人始也其後羣弟世權以至于莽遂篡天下即位五年王太后乃崩此其效也京房易傳曰賢者居明夷之世知時而傷或衆在位厥妖雞生角雞生角時主獨又曰婦人專政國不靜牝雞雄鳴主不榮故房以爲己亦在占中矣

後漢

靈帝光和二年雌雞化爲雄

按後漢書靈帝本紀光和元年夏四月侍中寺雌雞化爲雄

按蔡邕本集詔問南宮侍中寺雌雞欲化爲雄尾身毛已似雄頭尚未變臣聞凡雞爲怪皆貌之失也傳曰貌之不恭是謂不肅時即有雞禍孝宣黃龍元年未央宮輅軨中雌雞化爲雄不鳴無距是時元帝初即位將立妃王氏爲后至初元元年丞相史家雌雞化爲雄距而鳴是歲封后父禁爲平陽侯而后正位王氏之寵始盛哀帝晏駕后攝政王莽以后兄子爲

大司馬由是爲亂昔武王伐紂曰牝雞之晨惟家之索易傳曰婦人專政國不靜牝雞雄鳴主不榮夫牝雞但雄鳴尚有索家不榮之名況乃陰陽易體名實變改此誠大異臣竊以意推之頭爲元首人君之象今雞身已變未至於頭而聖主知之詰問其故是將有其事而不遂成之象也若應之不精誠無所及頭冠或成卽爲患災敬愼威儀動作之容斷娶御改輿政之原則其救也夫以匹夫顏氏之子有過未嘗不知知之未嘗復行易曰不遠復無祇悔元吉

魏

明帝景初二年雌雞化爲雄

按魏志明帝本紀不載　按晉書五行志明帝景初二年廷尉府中雌雞化爲雄不鳴不將干寶曰是歲宣帝平遼東百姓始有與能之義此其象也然晉三后並以人臣終不鳴不將又天意也

晉

惠帝元康六年有雄雞生而無翅

按晉書惠帝本紀不載　按五行志元康六年陳國有雞生雄雞無翅旣大墜坑而死王隱以爲雄者胤子之象坑者母象今雞生無翅墜坑而死此子無羽翼爲母所陷害乎于後賈后誣殺愍懷此其應也

太安　年雌雞雄鳴

按晉書惠帝本紀不載　按五行志太安中周玘家雌雞逃承霤中六七日而下奮翼鳴將獨毛羽不變其後有陳敏之事敏雖控制江表終無紀綱文章殆其象也卒爲玘所滅雞旣見玘家又天意也京房易傳曰牝雞雄鳴主不榮

元帝太興　年雌雞化爲雄

按晉書元帝本紀不載　按五行志元帝太興中王敦鎭武昌有雌雞化爲雄天戒若曰雌化爲雄臣陵其上其後王敦再攻京師

孝武帝太元十三年雞無右翅生三足

按晉書孝武帝本紀不載　按五行志太元十三年四月廣陵高平閻嵩家雌雞生無右翅彭城人劉象之家雞有三足京房易傳曰君用婦人言則雞生妖是時主相並用尼媼之言寵賜過厚故妖象見焉

安帝隆安元年雌雞化爲雄

按晉書安帝本紀不載　按五行志隆安元年八月琅琊王道子家青雌雞化爲赤雄雞不鳴不將桓元將篡不能成業之象

隆安四年雞生角

按晉書安帝本紀不載　按五行志四年荊州有雞生角角尋墮落是時桓元始擅西夏狂慢不肅故有旣天戒若曰角兵象尋墮落者暫起不終之妖也後皆應也

元興二年雌雞化雄

按晉書安帝本紀不載　按五行志元興二年衡陽有雌雞化爲雄八十日而冠萎天戒若曰衡陽桓元楚國之邦略也及桓元篡位果八十日而敗此其應也

義熙元年金雞見

按晉書安帝本紀不載　按宋書符瑞志義熙元年南康雩都嵩山有金雞青黃色飛集岩間

宋

文帝元嘉十二年雌雞化爲雄

按宋書文帝本紀不載　按五行志元嘉十二年華林園雌雞漸化爲雄後孝武卽位皇太后令行於外亦猶漢宣帝時雌雞爲雄至哀帝時元后與政也

明帝泰始　年雞有四距

按宋書明帝本紀不載　按五行志明帝泰始中輿東遷沈法符家雞有四距

北魏

高祖太和元年有雌雞二頭生角

按魏書高祖本紀不載　按靈徵志太和元年夏五月有司奏京師有雌雞二頭上生冠如角與衆雞異是時文明太后臨朝信用群小之徵

世宗正始元年有雞雛四足四翼

按魏書世宗本紀不載　按靈徵志正始元年四月河南有雞雛四足四翼語在崔光傳八月司州上言河內民席衆家雞雛近尾上復有一頭口目具二頭皆從頸後各有二翼二足旁行是時世宗頗任群小更有朋黨邪佞干政之驗

按北史崔光傳光遷太常卿領齊州大中正正始元年夏有典事史元顯獻四足四翼雞詔散騎侍郎趙邕以問光光表曰臣謹按漢書五行志宣帝黃龍元年未央殿路軨中雌雞化爲雄毛變而不鳴不將不距元帝初元中丞相府史家雌雞伏子漸化爲雄冠距鳴將永光中有獻雄雞生角劉向以爲雞者小畜主司時起居小臣執事爲政之象也言小臣將秉君之威以害政事猶石顯也竟寧元年石顯伏辜此其效也靈帝光和元年南宮寺雌雞欲化爲雄一身皆

似雄但頭冠上未變詔以問議郎蔡邕邕對曰貌之不恭則有雞禍臣竊推之頭爲元首人君之象也今雞一身已變未至於頭而上知之是將有其事而不遂成之象也若政無所改頭冠或成爲患滋大是後張角作亂稱黃巾賊遂破壞四方疲于賦役人多叛者上不改政遂至天下大亂今之雞狀不同其應頗相類矣向邕竝博達之士考物驗事信而有證誠可畏也臣以邕言推之翅足衆多亦羣下相扇助之象雞而未大脚羽差小亦其象尚微易制御也臣聞災異之見皆所以示吉凶明君覩之而懼乃能招福闇主覩之彌慢所由致禍詩書春秋秦漢之事多矣此皆陛下所觀者今或有自賤而貴關預政事殆亦前代君房之匹比者南境死亡千計白骨橫野存有酷恨之痛歿爲怨傷之魂義陽屯師盛夏未反荆蠻狡猾征人淹次東州轉輸多往無還百姓困窮絞縊以殞北方霜降蠶婦輟事羣生憔悴莫甚于今此亦賈誼哭歎谷永切諫之時司寇行戮君爲之不舉陛下爲人父母所宜矜恤國重戎戰用兵猶火內外怨弊易以亂離陛下縱欲忽天下豈不仰念太祖取之艱難先帝經營劬勞也誠願陛下留聰明之鑒警天地之意禮處左右節其貴越往者鄧通董賢之盛愛之正所以害之又躬饗如罕宴宗或闕時應親享郊廟延敬諸父檢訪四方務加休息爰發慈旨撫振貧瘼簡費山池減撤聲飲晝存政道夜以安身博采芻蕘進賢黜佞則兆庶幸甚妖弭慶進禎祥集矣帝覽之大悅後數日而茹皓等竝以罪失伏法于是禮光逾重

延昌四年雄雞生角

按魏書世宗本紀不載　按靈徵志延昌四年十二月洛州上言魏興太守常矯家黃雌雞頭上肉角大如棗長寸三分角上生叢毛長寸半

肅宗正光元年雌雄雞各生角

按魏書肅宗本紀不載　按靈徵志正光元年正月虎賁中郎將蘭兜家雞雄雌二各頭上生兩角其毛雜色上聳過冠時靈太后臨朝專政

隋

文帝開皇　年雞鳴不鼓翅

按隋書文帝本紀不載　按五行志開皇中有人上書言頻歲已來雞鳴不鼓翅類腋下有物而妨之翮不得舉肘腋之臣當爲變矣書奏不省京房易飛候曰雞鳴不鼓翅國有大害其後大臣多被夷滅諸王廢黜太子幽廢

煬帝大業　年雞常夜鳴

按隋書煬帝本紀不載　按五行志大業初天下雞多夜鳴京房易飛候曰雞夜鳴急令又云昏而鳴百姓有事人定鳴多戰夜半鳴流血漫漫及中年已後軍國多務用度不足于是急令暴賦責成守宰百姓不聊生矣各起而爲盜戰爭不息屍骸被野

唐

中宗嗣聖四年（即武后垂拱三年）雌雞化爲雄

按唐書武后本紀垂拱三年七月丁卯冀州雌雞化爲雄

嗣聖六年（即武后永昌元年）雌雞化爲雄

按唐書武后本紀永昌元年正月己未朗州雌雞化爲雄八月乙未松州雌雞化爲雄

景龍二年雞生三足

按唐書中宗本紀不載　按五行志景龍二年春滑州匡城縣民家雞有三足京房易妖占曰君用婦言則雞生妖

宣宗大中八年雄雞化爲雌

按唐書宣宗本紀不載　按五行志大中八年九月考城縣民家雄雞化爲雌伏子而雄鳴化爲雌王室將卑之象反雌伏也漢宣帝時雌雞化爲雄至元帝而王氏始萌蓋馴致其禍也

懿宗咸通六年雞生角

按唐書懿宗本紀不載　按五行志咸通六年七月徐州彭城民家雞生角角兵象雞小畜猶賊類也

宋

眞宗咸平三年羣雞夜鳴

按宋史眞宗本紀不載　按五行志咸平三年八月黃州羣雞夜鳴至冬不止

高宗紹興　年雞生三足

按宋史高宗本紀不載　按五行志紹興初陳州民家雞忽人言近雞禍也松陽縣民家雞生三足縣治有雞伏卵毛生殼外近雞禍亦毛孽也

孝宗乾道六年有物雞首人身

按宋史孝宗本紀不載　按五行志乾道六年西安縣官塘有物雞首人身高丈餘晝見於野

寧宗慶元三年雞卵出蛇雌雞化爲雄雞伏子三足

按宋史寧宗本紀不載　按五行志慶元三年饒州軍營雞卵出蛇近雞孽亦蛇孽也婺源縣張村民家

雌雞化爲雄烹之形冠距而腹卵孕同里洪氏家雄雞伏子中一雛三足

度宗咸淳五年雞羽生距

按宋史度宗本紀不載　按五行志咸淳五年常州雞羽生距

元

順帝至正十七年雞雛鳴

按元史順帝本紀不載　按續文獻通考至正十七年春三月上海李勝一家雞伏七雛一雛作牡雞狀鼓翼長鳴

至正十八年雞雛有四足

按元史順帝本紀不載　按續文獻通考至正戊戌春正月錢塘盧子明家一雞伏九雛一雛有四足二足在翼下不數日皆死而其家亦無他異

至正二十二年雞有二形

按元史順帝本紀不載　按續文獻通考二十二年龍泉縣人家一雞二形一邊毛羽純雄一邊毛羽純雌能雄鳴又能雌伏

至正二十五年雄雞有子

按元史順帝本紀不載　按續文獻通考二十五年瑞安縣鄭鎮撫家有雄雞生子殺之腹中有子纍纍然

明

孝宗弘治二年雌雞化爲雄

按江南通志弘治二年吳縣民家雌雞化爲雄

弘治七年雞雛生三足

按江南通志弘治七年嘉定大場鎮雞雛生三足

弘治十四年雞生三足

按續文獻通考弘治十四年春湖廣華容縣紅柿村民劉福家雞生雛三足

弘治十八年雞卵中有獼猴

按江南通志弘治十八年崇明縣雞生方卵碎之中有獼猴大如棗

武宗正德六年雞夜鳴

按山西通志正德六年趙城雞二鼓鳴是年流賊劉六劉七作亂分賊將楊虎自東烏嶺來攻翼城不克犯洪洞趙城霍州歷太谷破祁縣遼州二城所過殘殺

正德十一年冬雞生三足

按冠縣志云云

正德十五年富川縣雞生四翼

按廣西通志云云

世宗嘉靖三年雌雞化爲雄

按雲南通志嘉靖三年保山縣民曾銘家雌雞化爲雄

嘉靖四年雞卵內有人形

按續文獻通考嘉靖四年長垣縣民王憲家雞卵內成人形耳目口鼻四肢皆具

嘉靖八年雞作人語

按吳縣志嘉靖八年十月金鄉書院旁民家雄雞作人語

嘉靖十五年雌雞化爲雄

按貴州通志嘉靖十五年金州民間有雌雞化爲雄

嘉靖二十六年雞腹有小兒

按常熟縣志嘉靖二十六年塗松民家雄雞剖腹有小兒五形具

嘉靖二十九年忻州盂縣雄雞化爲雌

按山西通志云云

嘉靖三十一年嘉定縣雌雞化爲雄

按江南通志云云

嘉靖三十九年雌雞化爲雄

按河南通志嘉靖三十九年生員喬惟重家雌雞化爲雄

神宗萬曆四年八月武定產雞四翼四足

按雲南通志云云

萬曆九年雞雛司晨

按雲南通志萬曆九年秋臨安北關有雞雛僅一日冠距羽毛皆具遂能司晨

萬曆十九年雌雞化爲雄

按湖廣通志萬曆十九年衡州府民家雌雞化爲雄

愍帝崇禎三年雞生駢體

按山西通志崇禎三年大寧雞異兩頭四足

雞異部藝文

玉雞賦　宋文彥博

王者尊臨四海孝治萬方握金鑑以御衆感玉雞而降祥將韞櫝以强名實貧光潤假棲塒而賦象用表飛揚原夫翼翼奉先孜孜繼志允彰恭己之道克協因心之義精誠能格於上天和氣遂鍾於下地非煙非霧倅攻石以騰輝將翩將翔狀銜珠而爲瑞油然生也仰以觀之或縹緲以瑜潤或氤氳而垂籠漠室之飛鳧高呈葱鬱映周行之振鷺俯煥羽儀奕奕

堪嘉洛洛可貴混銅龍於博望蒙金雀於象魏有道則見寧同野馬之光爲時而生宛類白虹之氣來豈無爲至實有因且非求於照廡亦無假於司晨雖名符於五德蓋瑞應於一人將紫氣以俱浮度關寧辨與青雲而共散砥鼎相倫旌此至誠表乎篤孝標名且異於石燕窮理亦殊於霧豹輪囷乍布輝山之美應同蛾蠓暫收斂翼之儀是效能致此者夫何偉而誠日烏之可遂諒天蜀以難追湛露肯零已類寄流之際長霞曉映還符繫火之時偉乎呈瑞不羣凌空有異非醇化而不顯故曠代而罕至吾皇以孝德升聞茲玉雞兮來萃

雞異部紀事

水經注昔王子晉與道士浮丘伯同遊伊洛之浦始受玉雞之瑞於此水

左傳昭公二十有二年王子朝賓起有寵於景王王與賓孟說之欲立之劉獻公之庶子伯蚠事單穆公惡賓孟之爲人也願殺之又惡王子朝之言以爲亂願去之賓孟適郊見雄雞自斷其尾問之侍者曰自憚其犧也遽歸告王且曰雞其憚爲人用乎人異於是犧者實用人人犧實難已犧何害王弗應夏四月王田北山使公卿皆從將殺單子劉子王有心疾己丑崩于榮錡氏戊辰劉子摯卒無子單子立劉蚠五月庚辰見王遂攻賓起殺之盟羣王子于單氏

拾遺記太初二年六月氐國貢雙頭雞四足一尾鳴則俱鳴武帝置于甘泉故館更以餘雞混之得其種類而不能鳴諫者曰雄雞不鳴非吉祥也帝乃送還西域

搜神記漢桓帝延熹五年臨沅縣有牛生雞兩頭四足

拾遺記建安三年胥徒國獻沈明石雞常在地中應時而鳴聲能遠徹其國聞鳴乃殺牛以祀之當鳴處掘地則得此雞若天下太平翔飛頡頏以爲嘉瑞

世說補宋處宗甚有思理嘗買得一長鳴雞籠著窗間雞遂作人語與宋談極有致宋因此元功大進

十六國春秋石勒四年雍州刺史石生上言長安城中雞鳴音皆曰基慈

宋書五行志明帝泰始中興東遷沈法符家雞有四距

異苑卞伯玉作東陽郡竈正熾火有雞遙從口入良久乃冲突而出毛羽不燋鳴啄如故伯玉尋病殞

唐書五行志元宗好鬬雞貴臣外戚皆尚之貧者或弄木雞識者以爲雞酉屬帝生之歲也鬬者兵象近雞禍也

嘉蓮燕語神降伍氏有雌雞司晨者問之答曰牝雞不鳴鳴則財生其家果大利

宋史王禹偁傳咸平初知黃州四年州境二虎鬬其一死食之殆半羣雞夜鳴終月不止冬雷暴作禹偁手疏引洪範傳陳戒且自劾上遣內侍乘驛勞問醮禳之詢日官云守土者當其咎上惜禹偁才是日命徙蘄州禹偁上表謝有宣室鬼神之問不望生還茂陵封禪之書止其身後之語上異之果至郡未踰月而卒

輟耕錄至正丁酉春三月上海李勝一家雞伏七雛一雛作大雞狀鼓翼長鳴明年戊戌春正月錢塘盧子明家一雞伏九雛一雛有三足二足在前一足在後三月諸暨袁彥城家一雞伏五雛一雛有四足二足在翼下不數日皆死而各家亦無他異

明通紀都督董興等大破黃州賊黃肖養等誅之楊信民先爲廣東參議有惠政恩信素孚于民及受命巡撫至廣州民爭歸之信民發粟賑濟民益喜賊衆日既散而信民卒興等帥兵至時天文生馬軾隨行至中道夜半聞雞鳴興問之曰此何祥也對曰雞不以時鳴由賞罰不明願公嚴軍令經清遠峽有白魚入舟中軾曰昔武王伐紂有此徵此逆賊授首之象時肖養聚船河南千餘艘勢甚張衆欲請益兵軾曰兵貴神速若復請兵則緩不及事以所徵兩廣江西狼兵取勝猶拉朽耳興從之

異林弘治甲子蘇州崇明縣民顧氏家雞胎息一物猴頭餘悉如人狀長四寸許有尾蠕動而無聲是歲海盜作

淮安府志弘治戊午新城牛尚武家起屋上梁白雄雞唱于梁上生一卵堅甚取供佛前化爲水

太平府志明萬曆間繁昌郝思俊家有雌雞狀大異于常雞抱雛八年不出殼怪而殺之燖羽次見脅下

二大包剖之左脅包內鸞一隻右包鳳一隻五色絢爛儼同繪畫家婢啖其雛肉立斃

雞異部雜錄

易林雞鳴失時君騷于憂

淮南子泰族訓人主有伐國之志雄雞夜鳴庫兵動而戎馬驚

京房易妖占君用婦言則雞生妖

白澤圖雞有四距重翼者龍也殺之震死

易潛虛牝雞司晨惟家之索牝雞司晨反常也

見聞搜玉今人以半夜雞鳴爲不祥其來遠矣唐來鵾曉雞詩云黯黯嚴城罷鼓鼙數聲相逐出寒栖不嫌驚破紗窗夢却怕爲妖半夜啼

客退紀談猪突入人家必割其耳黃昏雞鳴必殺之以爲不祥俗忌也王隆家方割猪耳適有神降於伍氏隆往問曰猪入門可乎神答曰猪入門百福臻又問曰割其耳何如曰割猪耳傷於矢隆明日觀射果傷其臂里中異之適有沈氏黃昏雞鳴問之答曰定昏雞啼福祿日躋于是沈氏日昌盛自是人家惟恐猪不入門雞不黃昏啼耳俗之貪利如是

欽定古今圖書集成曆象彙編庶徵典

第一百六十九卷目錄

庶徵典第一百六十九卷

獸異部彙考一

周禮

秋官

庭氏掌射國中之夭鳥若不見其鳥獸則以救日之弓與救月之矢夜射之

註不見鳥獸謂夜來鳴呼爲怪者獸狐狼之屬 訂義

劉執中曰鳥獸爲夭者夜中聞其聲而不見其形被其害而不見其迹也

春秋緯

運斗樞

瑤光散而爲鹿江淮不祠則瑤光不明鈍生鹿

機星得則麒麟生萬人壽

禮緯

含文嘉

神靈滋液百寶爲用則白象至

斗威儀

君乘金而王其政訟平麒麟在郊

君乘水而王其政和平則北海輸以文狐

君乘火而王其政和平南海輸以駃馬

孝經緯

援神契

德至鳥獸則麒麟臻

山海經

西山經

小須之山有獸焉其狀如猨而白首赤足名曰朱厭見則大兵

東山經

耿山有獸焉其狀如狐而魚翼其名曰朱獳其鳴自叫見則其國有恐

中山經

蛇山有獸焉其狀如狐而白尾長耳名㢮狼見則國內有兵

豐山有獸焉其狀如猨赤目赤喙黃身名曰雍和見則國有大恐

倚帝之山有獸焉其狀如鼣 音吠 鼠白耳白喙名曰狙

如見則其國有大兵

歷石之山有獸焉其狀如貍而白首虎爪名曰梁渠見則其國有大兵

漢書

五行志

凡言傷者病金氣金氣病則木沴之其極憂者順之其福曰康寧劉歆言傳曰時有毛蟲之孽說以為天文西方參為虎星故為毛蟲

宋書

符瑞志

麒麟者仁獸也牡曰麒牝曰麟不刳胎剖卵則至麕身而牛尾狼項而一角黃色而馬足含仁而戴義音中鍾呂步中規矩不踐生蟲不折生草不食不義不飲洿池不入坑穽不行羅網明王動靜有儀則見牡鳴曰逝聖牝鳴曰歸和春鳴曰扶幼夏鳴曰養綏

白象者人君自養有節則至

白狐王者仁智則至

赤熊佞人遠奸猾息則入國

九尾狐文王得之東夷歸焉

白鹿王者明惠及下則至

三角獸先王法度修則至一角獸天下平一則至

六足獸王者謀及衆庶則至

比肩獸王者德及矜寡則至

獬豸知曲直獄訟平則至

白虎王者不暴虐則白虎仁不害物

白狼宣王得之而犬戎服

白麞王者刑罰理得則至

銀鹿刑罰得共民不為非則至

赤兔王者德盛則至

白兔王者敬耆老則見

天鹿者純靈之獸也五色光耀洞明王者道備則至

角端者日行萬八千里又曉四夷之語明君聖王在位明達方外幽遠之事則奉書而至

周印者神獸之名也星宿之變化王者德盛則至

澤獸黃帝時巡狩至於東濱澤獸出能言達知萬物之情以戒於民為時除害賢君明德幽遠則來

騶者幽之獸也有明王在位則來為時辟除災害

趹蹄者后土之獸自能言語王者仁孝於國則來

雞駭犀王者賤難得之物則至

管窺輯要

獸部占

按禮云四足而毛謂之獸周文惠愛恩沾鳥獸也獸亦於人有情故犬馬而報恩也

虎斷道邊國有謀虎入國邑其國亡其邑空虎相食不三年其國荒虎有兩口大臣搆禍世主將兵一曰臣出走諸侯絀虎銜魚君失恩於民虎生牛尾無口目人君無德虎鬬其地守臣災虎兩足世主將起大臣逆害虎狼食人大兵將起蔡邕曰國政苛則虎狼食人

狼鳴城邑中其城邑空一曰有喪狼食人亂國之妖

京房占曰君失政則食人狼入國邑為政者殘暴其邑國亡狼為妖邑中有兵起狼逐人家狗外國且來入君邑赤狼見不出三年國有大禍野人為政狼鳴邑中作禍其年邑有喪狼逐人外國來侵

熊羆入人居室國危

麋入國國將空麋見於邑有戮臣麋入市邑有憂入國邑其國且屠鹿入國邑國邑將虛夏至鹿不解角貴臣作奸京房易傳曰麋正作淫大不明則國多麋鹿鳴邑中其年邑有喪麞入國國被屠麞有六足為毛蟲之伯

狐一頭兩身災異圖曰王公不祗上命刻暴百姓民人吁嗟則見狐逐人家狗外國來入居邑狐入人室有大喪室不居地鏡曰有淫事主者殃狐三頭其名曰蠻見則有女害狐狸沿人牆屋而啼有死喪刑傷

鼯鼠同狐入宮上屋有大喪君淫國邑亡

兔上城其邑墟兔入宮不出一年主死京房曰兔入王宮君出亡兔入宮生子其宮必空兔入人家其家敗兔生雜是謂亂國之妖鬼兔兩頭春秋運斗樞曰婦兩舌則兔兩頭白兔見其國有喪兔上城入宮室中及經市中有大水兔宮殿中生子國有憂兔無故宿所守之地主亡兵小動

獺上屋或入人家其家有獄訟刑傷獺入邑有兵

蝟生冠婦人以長舌亂政

野獸入人居室其室不居入邑都或大道上兵起流血國虛無人入廟庭君死國亡入公府官寺門主者受其殃或曰有賊起入城郭臣下有逆心兵起大小羣入邑國亡邑居銜枯木於邑里道路君有憂

野獸上城不出一年主死城空一日大水

野獸羣鳴城邑中城邑將空入城門衙府朝堂作聲

甲乙日民災疫死丙丁日大臣災西南方有火災戊己日天子不用賢臣小人在位庚辛日宮中多火災

壬癸日水患皆以日辰期遠近

野獸自經於市中其歲大凶無故自死邑中其邑爲墟天鏡占曰其邑兵大起無故入水死其國將亡

野獸却行君爲臣

野獸與飛鳥鬬兵起與飛鳥交兵起

野獸與家畜鬬外兵來與家畜交君有淫行宮禁弛有亡國

野獸生子人形國易主飛鳥形天下有兵如蛇邑有火災兵起如蜂蛾蟲螘形天下更令

野獸生子入宮室其國亡所入之家主者受其殃生子國邑大旱邑虛

野獸生子足多其邑有憂足少邑有喪生子多口邑有兵無口缺二字多目邑君憂少目邑有急兵無目有憂無耳鼻邑有兵多耳鼻邑兵出少耳鼻大兵起無尾國主無後生子股體不居其處其邑兵起

四足獸從土中生出者郡邑殃有水災名曰地狗

四角獸見四方兵起

軍中獸占

凡出軍忽見虎狼在前哮吼或入軍營皆不出五七日有戰先衝突者大勝

軍行營壘已成忽虎從外營入營或走過軍中急徙之不然必敗

軍行忽見虎狼豹豺野狐害人之類如或至營者皆大兵欲至大戰

軍行忽有虎狼走來逆人及營過者敵立至當備之敗軍之兆

熊虎麞鹿繞軍嗥而入營者賊爲詐降軍敗之徵防備吉

軍行在道忽見虎豹豺狼之屬前後猖揚忽入軍伍必七日逢賊移營祭之吉不如此大將敗亡

虎豹繞營悲鳴不可戰向彼軍鳴宜急擊之虎入營軍敗散

狼奔入軍中三日有大恐狼狐繞城營而鳴軍敗散民流徙

熊羆入軍中軍戰敗至營狠狠鳴嗥面向行軍者周流奔走皆不祥禳吉

狐狸嗥鳴走入軍壘中軍敗將辱狐狸入營吏爲奸猾狐狸旋繞軍營而走或鳴者軍敗狐狸入軍作窠其營必空軍中時時獲得狐狸者敵人來戰必以敗去兩軍相當有狐狸向軍營四面鳴者不可戰宜固守彼軍急擊勿失

麞鹿野猪走入營中有賊投降先吉後凶宜且自防

麋鹿麐麏入軍營中軍敗將死宜急徙去入營作窠大凶

猿猴入營奸臣內謀陰與賊連須當防備

軍行卒遇白兔破軍殺將但是白物見皆不祥

軍行路見赤鼠在前良久不去必有伏兵鼠者忞也主貪殘故逢之凶有白鼠順軍行吉逆來入軍中凶

鼠鼓軍中將謀叛營壘中晝夜鼠走五日內有水災

軍行夜鼠穿地作孔宜徙去之軍中忽有鼠成陣作聲軍有大凶營陣中有鼠作雄雞聲軍凶營寨內鼠舞向人必有奸人通敵者鼠入軍中鬬爭作聲賊必暴至營寨內亂其處不有大水必有火災鼠咬人足主兵敗亡鼠咬兵仗不可戰戰必敗一云主將傷軍行鼠咬旂鼓賊欲來所寨害營內鼠咬屋椽或壁間蟠人泥土皆凶宜急徙之鼠咬將衣服上祖有喜腰以下則散兵弱

猛獸在軍前引者戰大勝猛獸入軍中防寇突不則有奸猛獸橫衝軍過或橫入營中有急戰戰必不利

野獸入營壘中戰敗將死野獸鳴軍中大邦小小邦

大軍行有野獸來衝戰敗

凡野獸入軍皆當以主將本命推之若在合德及歲月日時德上來皆爲有吉慶事若從本命及歲月日時刑墓上來皆爲凶事

瑞獸占

白虎縞身如雪而無雜毛王者仁而不害乃見

天祿似鹿一角身有五色光耀王者孝道備則見

赤羆似熊赤色王者遠佞則見

九尾狐見則王者與白狐來王者德及遠方

六足獸上元甞見則其國主益地

异獸占

獸狀如猨白首赤足名曰朱厭見則有大兵

獸狀如犬豹文牛角音如犬吠其名曰狡見則其國大穰

獸狀如犬人面善投行疾如風見人則笑名曰山𤟤見則天下大風

獸狀如夸父而彘毛其音如呼見則天下大水

獸狀如牛虎文其音如吟名曰軨軨其鳴自叫見則天下大水

獸狀如兔鳥喙鴟目蛇尾見人則眠名曰徐見則螽蟲爲敗

獸狀如狐魚翼名曰朱獳其鳴自叫出則其國有恐

獸狀如狐有翼音如鴻鴈名曰獙獙見則天下旱

獸狀如馬四角羊目羊尾音如嘷狗名曰峳峳見則國多狡客

獸狀如豚有牙名曰當庚其鳴自呼見則天下大穰

獸狀如彘人面黃身赤尾音如嬰兒食人及蟲蛇名曰合窳見則天下大水

獸狀如牛白首一目蛇尾其名曰蜚行水水竭入草草枯見則大疫

獸狀如白鹿四角名曰夫諸見則其邑大水

獸狀如狐白尾長耳名曰𤞣狼見則其國有兵

獸狀如猨赤目赤喙黃身名曰雍和見則國有大恐

獸狀暈赤如丹火其名曰㺊見則其國大疫

獸狀如鼠白耳白喙名曰狙如見則國有大兵

獸狀如貘赤喙赤目白尾其名曰𤟹見則其邑有火

獸狀如狸白首虎爪名曰梁渠見則其國有兵

獸狀如彘黃身白頭尾名曰聞豨見則天下多風

田家五行

論走獸

獺窟近水主旱登岸主水有驗圍塍上野鼠爬沙主有水必到所爬處方止鼠咬麥苗主不見收咬稻苗亦然倒在根下主礱下米貴銜在洞口主囷頭米貴

狗爬地主陰雨每眠灰堆高處亦主雨狗咬青草吃主晴狗向河邊吃水主水退鐵鼠其臭可惡白日銜尾成行而出主雨貓兒吃青草主雨絲毛狗褪毛不盡主梅水未止

獸異部彙考二

商

辛紂　年兔生角

按史記殷本紀不載　按搜神記商紂之時兔生角兵甲將興之象也

周

僖王五年魯多麋

按春秋魯莊公十七年冬多麋　按公羊傳何以書記異也

按漢書五行志嚴公十七年冬多麋劉歆以為毛蟲之孽為災劉向以為麋色青近青祥也麋之為言迷也蓋牝獸之淫者也是時嚴公將取齊之淫女其象先見天戒若曰勿取齊女淫而迷國嚴不寤遂取之夫人既入淫於二叔終皆誅死幾亡社稷董仲舒指略同京房易傳曰廢正作淫大不明國多麋又曰震遂泥厥咎國多麋

敬王三十九年春魯西狩獲麟

按春秋魯哀公十四年春西狩獲麟　按左傳春西狩于大野叔孫氏之車子鉏商獲麟以為不祥以賜虞人仲尼觀之曰麟也然後取之　按公羊傳何以書記異也何異爾非中國之獸也然則孰狩之薪采者也薪采者則微者也曷為以狩言之大之也曷為大之為獲麟大之也曷為為獲麟大之麟者仁獸也有王者則至無王者則不至有以告者曰有麕而角者孔子曰孰為來哉孰為來哉反袂拭面涕沾袍顏淵死子曰噫天喪予子路死子曰噫天祝予西狩獲麟孔子曰吾道窮矣春秋何以始乎隱祖之所逮聞也所見異辭所聞異辭所傳聞異辭何以終乎哀公十四年曰備矣君子曷為為春秋撥亂世反諸正莫近諸春秋則未知其為是與其諸君子樂道堯舜之道與末不亦樂乎堯舜之知君子也制春秋之義以俟後聖以君子之為亦有樂乎此也　按穀梁傳引取之也狩地不地不狩也非狩而曰狩大獲麟故大其適也其不言來不外麟於中國也其不言有不使麟不恆於中國也

漢

武帝元狩元年獲白麟

按漢書武帝本紀元狩元年冬十月行幸雍祠五畤獲白麟作白麟之歌

元狩二年三月南越獻馴象

按漢書武帝本紀云云

太始二年三月獲白麟

按漢書武帝本紀太始二年三月詔曰有司議曰往者朕郊見上帝西登隴首獲白麟以饋宗廟渥洼水出天馬泰山見黃金宜改故名更黃金為麟趾褭蹏以協瑞焉

昭帝　年昌邑王見熊入宮

按漢書昭帝本紀不載　按五行志昭帝時昌邑王賀聞人聲曰熊視而見大熊左右莫見以問郎中令龔遂遂曰熊山野之獸而來入宮室王獨見之此天戒大王恐宮室將空危亡象也賀不改寤後卒失國

宣帝元康四年獲白虎

按漢書宣帝本紀不載　按宋書符瑞志元康四年南郡獲白虎

平帝元始二年春黃支國獻犀牛
按漢書平帝本紀云云

後漢

光武帝建武十三年獲白兔
按後漢書光武帝本紀建武十三年九月日南徼外蠻裔獻白兔
按宋書符瑞志建武十三年九月南越獻白兔

章帝建初七年獲白鹿
按後漢書章帝本紀建初七年冬十月癸丑西巡狩進幸槐里岐山獲白鹿
按宋書符瑞志建初七年十月車駕西狩得白鹿於臨平觀

元和二年麒麟見
按後漢書章帝本紀不載　按宋書符瑞志元和二年以來至章和元年凡三年麒麟五十一見郡國

元和　年九尾狐見白鹿白兔見
按後漢書章帝本紀不載　按宋書符瑞志元和中九尾狐見郡國白鹿見郡國白兔見郡國

安帝延光三年白鹿白虎麒麟見
按後漢書安帝本紀延光三年六月辛未扶風言白鹿見雍秋七月潁川上言白鹿麒麟見陽翟八月戊子潁川上言麒麟一白虎二見陽翟
按宋書符瑞志延光三年七月白鹿見左馮翊

延光四年麒麟見
按後漢書安帝本紀四年春正月壬午東郡言麒麟一見濮陽

順帝陽嘉元年狼殺人
按後漢書順帝本紀陽嘉元年冬十一月望都蒲陰狼殺女子九十七人詔賜狼所殺者錢人三千　按五行志陽嘉元年十月中望都蒲陰狼殺童兒九十七人時李固對策引京房易傳曰君將無道害將及人去之深山全身厥災狼食人陛下覺寤比求隱滯故狼災息

注東觀書曰中山相朱遂到官不出奉祠北嶽詔曰災暴緣類符驗不虛政失厥中狼災爲應至乃殘食孩幼朝廷愍悼思惟咎徵博訪其故山嶽尊靈國所望秩而遂比不奉祠怠慢廢典不務懇惻淫刑放濫害加孕婦毒流未生感和致災其詳思改救追復所失有不遵憲舉正以聞

桓帝永興元年白鹿見
按後漢書桓帝本紀永興元年春二月張掖言白鹿見

永康元年白兔見
按後漢書桓帝本紀永康元年十一月西河言白兔見

靈帝建寧　年羣狼嚙人
按後漢書靈帝本紀不載　按五行志建寧中羣狼數十頭入晉陽南城門嚙人

光和三年虎見平樂觀及憲陵
按後漢書靈帝本紀不載　按五行志注袁山松書曰光和三年正月虎見平樂觀又見憲陵上嚙衛士蔡邕封事曰政有苛暴則虎狼食人

獻帝延康元年麒麟白虎見
按後漢書獻帝本紀不載　按宋書符瑞志延康元年麒麟十見郡國四月丁巳饒安縣言白虎見又郡國二十七言白虎見

魏

文帝黃初元年九尾狐見白鹿麋見
按魏志文帝本紀不載　按宋書符瑞志黃初元年十一月九尾狐見甄城見譙郡國十九白鹿白麋見

黃初　年白兔見
按魏書文帝本紀不載　按宋書符瑞志黃初中郡國十九言白兔見

明帝青龍四年獲白鹿
按魏志明帝本紀不載　按晉書宣帝本紀魏明帝青龍四年獲白鹿獻之天子曰昔周公旦輔成王有素雉之貢今君受陝西之任有白鹿之獻豈非忠誠協符千載同契俾乂邦家以永厥休耶

吳

大帝赤烏元年麒麟見
按吳志孫權傳赤烏元年秋八月武昌言麒麟見有司奏言麒麟者太平之應宜改年號詔曰間者赤烏集於殿前朕所親見若神靈以爲嘉祥者改年宜以赤烏紀元
按宋書符瑞志吳赤烏元年白麟見建業

赤烏六年白虎見
按吳志孫權傳赤烏六年春正月新都言白虎見

赤烏十一年白虎仁
按吳志孫權傳赤烏十一年五月鄱陽言白虎仁詔曰古者聖王積行累善修身行道以有天下故符瑞應之所以表德也朕以不明何以臻茲書云雖休勿

休公卿百司其勉修所職以匡不逮
晉
武帝泰始元年麒麟白虎白鹿見
按晉書武帝本紀泰始元年麒麟各一見於郡國
按宋書符瑞志泰始元年十二月白虎見河南陽翟
白鹿見弘農陸渾麒麟見南郡
泰始二年麒麟白虎見
按晉書武帝本紀二年麒麟各一見於郡國
按宋書符瑞志二年正月己亥白虎見遼東樂浪辛
丑白虎見天水西
泰始五年白兎見
按晉書武帝本紀不載　按宋書符瑞志五年七月
己亥白兎見北海即墨即墨長獲以獻
泰始八年白鹿見
按晉書武帝本紀不載　按宋書符瑞志八年十月
白鹿見扶風雝州刺史嚴詢獲以獻
咸寧元年白麞見
按晉書武帝本紀不載　按宋書符瑞志咸寧元年
四月丙戌乙卯白麞見琅琊趙王倫以獻
咸寧二年白兎見
按晉書武帝本紀不載　按宋書符瑞志二年十月
癸亥白兎二見河南陽翟陽翟令華衍獲以獻
咸寧三年白虎白麞見
按晉書武帝本紀不載　按宋書符瑞志三年二月
乙丑白虎見沛國七月壬辰白麞見魏郡
咸寧四年白兎見
按晉書武帝本紀不載　按宋書符瑞志四年六月
白兎見天水
咸寧五年麒麟見
按晉書武帝本紀五年二月甲午白麟見於平原九
月甲午麟見於河南
太康元年白麟白鹿見
按晉書武帝本紀太康元年夏四月白麟見於頓丘
三河
按宋書符瑞志太康元年三月白鹿見零陵泉陵五
月甲辰白鹿見天水西縣太守劉辛獲以獻八月白
虎見永昌南罕
太康二年白兎見
按晉書武帝本紀不載　按宋書符瑞志二年八月
壬子白兎見彭城十月白兎見趙國平鄉趙王倫獲
以獻
太康三年白鹿白麞見
按晉書武帝本紀不載　按宋書符瑞志三年七月
壬子白鹿見零陵零陵令蔣微獲以獻八月白麞見
梁國蒙梁相解隆獲以獻
太康四年白虎白兎見
按晉書武帝本紀不載　按宋書符瑞志四年七月
丙辰白虎見建平北井十一月癸未白兎見北地富
平
太康五年白麞見
按晉書武帝本紀不載　按宋書符瑞志五年九月
己酉白麞見義陽
太康六年南陽獻兩足猛獸
按晉書武帝本紀六年冬十月南陽郡獲兩足獸
按五行志六年南陽獻兩足猛獸此毛蟲之孽也識
者為其文曰武形有虧金獸失儀聖主應天斯異何
為言兆亂也京房易傳曰足少者下不勝任也干寶
以為獸者陰精居於陽金獸也南陽火名也金精入
火而失其形王室亂之妖也六水數言水數既極火
慝得作而金受其敗也至元康九年始殺太子距此
十四年二七十四始終相乘之數也自帝受命至愍
懷之際凡三十五年焉
太康七年四角獸見白麞見獲狡
按晉書武帝本紀不載　按五行志七年十一月景
星四角獸見於河間河間王顒獲以獻天戒若曰角
兵象也四者四方之象當有兵亂起於四方後河間
王遂連四方之兵作為亂階殆其應也
按宋書符瑞志七年五月戊辰白麞見汲郡
按山海經郭璞註太康七年邵陵扶滿縣檻得一獸
狀如豹文有兩角無前兩腳時人謂之狡
太康八年白兎見
按晉書武帝本紀不載　按宋書符瑞志八年十二
月庚戌白兎見陳留酸棗關內侯成公忠獲以獻
太康九年獲兩足玃
按晉書武帝本紀不載　按宋書五行志九年荊州
獻兩足玃
太康十年白虎見
按晉書武帝本紀不載　按宋書符瑞志十年丁酉
白虎見犍為
惠帝元康元年白鹿見
按晉書惠帝本紀不載　按宋書符瑞志元康元年

九月乙酉白鹿見交趾武寧
愍帝建興二年麒麟見
按晉書愍帝本紀建興二年九月景戌麟見襄平　按宋書符瑞志建興二年九月丙戌麒麟見襄平州刺史崔毖以聞
建武元年白鹿見
按晉書愍帝本紀不載　按宋書符瑞志建武元年五月戊子白鹿見高山縣
元帝太興元年麒麟見
按晉書元帝本紀不載　按宋書符瑞志太興元年正月戊子麒麟見豫章
太興三年白鹿見
按晉書元帝本紀不載　按宋書符瑞志三年正月白鹿二見豫章四月白鹿見晉陵延陵
永昌元年白鹿見
按晉書元帝本紀不載　按宋書符瑞志永昌元年九月白鹿見江乘縣
成帝咸和四年白鹿見
按晉書成帝本紀不載　按宋書符瑞志咸和四年五月甲子白鹿見零陵洮陽獲以獻七月壬寅長沙郡邏吏黃光於南郡道遇白鹿驅之不去直來就光追尋光二百餘步光遂抱取遣吏李堅奉獻
咸和六年有麐見於樂賢堂
按晉書成帝本紀不載　按五行志六年正月丁巳會州郡秀孝於樂賢堂有麐見於前獲之孫盛以為吉祥夫秀孝天下之彥士樂賢堂所以樂養賢也自喪亂以後風教陵夷秀孝策試四科之實麐興於前或斯故乎
咸和八年麒麟白虎見
按晉書成帝本紀八年五月麒麟騶虞見於遼東　按宋書符瑞志八年五月己巳白虎見新昌縣
咸和九年白麞白鹿見
按晉書成帝本紀不載　按宋書符瑞志九年五月癸酉白麞見吳國吳縣內史虞潭獲以獻八月己未白鹿見長沙臨湘
咸康二年白鹿見
按晉書成帝本紀不載　按宋書符瑞志咸康二年七月白鹿見豫章望蔡太守桓景獲以獻
咸康八年白狢見
按晉書成帝本紀不載　按宋書符瑞志八年十月燕王慕容皝上言白狢見國內
穆帝永和元年白麞見
按晉書穆帝本紀不載　按宋書符瑞志永和元年八月白麞見吳國吳縣西界包山獲以獻
永和八年白麞見
按晉書穆帝本紀不載　按宋書符瑞志八年十二月白麞見丹陽永世令徐該獲以獻
永和十二年白兔白麞見
按晉書穆帝本紀不載　按宋書符瑞志十二年九月甲申白兔見鄱陽太守王耆之以獻幷上頌一篇十一月庚午白麞見梁郡梁郡太守劉遂獲以獻
升平三年白兔見
按晉書穆帝本紀不載　按宋書符瑞志升平三年十二月庚申北中郎將郗曇獻白兔
哀帝隆和元年有麐入東海第
按晉書哀帝本紀不載　按五行志隆和元年十月甲申有麐入東海第百姓讙言曰麐入東海第識者怪之及海西廢為東海王乃入其第
簡文帝咸安二年白虎見
按晉書簡文帝本紀不載　按宋書符瑞志咸安二年三月白虎見豫章南昌縣西鄉石馬山前
孝武帝太元十三年有兔行廟堂上
按晉書孝武帝本紀不載　按五行志太元十三年四月癸巳祠廟畢有兔行廟堂上天戒若曰兔野物也而集宗廟之堂不祥莫之甚焉
太元十四年白虎見
按晉書孝武帝本紀不載　按宋書符瑞志十四年十一月辛亥白虎見豫章郡
太元十五年白兔見
按晉書孝武帝本紀不載　按宋書符瑞志十五年三月白兔見淮南壽陽
太元十六年白鹿見
按晉書孝武帝本紀不載　按宋書符瑞志十六年三月癸酉白鹿見豫章望蔡獲以獻
太元十八年白鹿見
按晉書孝武帝本紀不載　按宋書符瑞志十八年五月辛酉白鹿見江乘江乘令田熙之獲以獻
太元十九年白虎見
按晉書孝武帝本紀不載　按宋書符瑞志十九年二月行鞏令劉啓期言白虎頻見二月行溫令趙邵言白虎頻見

太元二十年白鹿見
按晉書孝武帝本紀不載　按宋書符瑞志二十年九月丁丑白鹿見巴陵清水山荆州刺史殷仲堪獲以獻
安帝隆安五年騶虞白麞白鹿見
按晉書安帝本紀不載　按宋書符瑞志隆安五年十一月襄陽言騶虞見於新野白麞見荆州荆州刺史桓元以聞白鹿見長沙荆州刺史桓元以聞
義熙二年獲白兔
按晉書安帝本紀不載　按宋書符瑞志義熙二年四月無錫獻白兔壽陽獻白兔

宋

武帝永初元年白虎見
按宋書武帝本紀不載　按符瑞志永初元年八月癸巳白虎見枝江
少帝景平元年白虎見
按宋書少帝本紀不載　按符瑞志景平元年十月白虎見桂陽耒陽　又按志元年五月癸未白麞見義興陽羨太守王準之獲以獻
景平二年白麞見
按宋書少帝本紀不載　按符瑞志二年六月白麞見南郡江陽太守王華獻之太祖太祖時入奉大統以爲休祥
文帝元嘉元年白象見
按宋書文帝本紀不載　按符瑞志元嘉元年十二月丙辰白象見零陵洮陽
元嘉五年白麞白鹿見
按宋書文帝本紀不載　按符瑞志五年四月乙巳白麞見汝南武津太守鄭據獲以獻七月丙戌白鹿見東莞莒縣峋峩山太守劉元以聞
元嘉六年白象白兔見
按宋書文帝本紀不載　按符瑞志六年三月丁亥白象見安成安復江州刺史南譙王義宣以聞九月長廣昌陽淳于邈獲白兔青州刺史蕭思話以獻
元嘉八年獲白兔
按宋書文帝本紀不載　按符瑞志八年閏六月丁亥司徒府白從伊生於淮南繁昌獲白兔以獻
元嘉九年白鹿見
按宋書文帝本紀不載　按符瑞志九年正月白鹿見南譙譙縣豫州刺史長沙王義欣以獻
元嘉十年獲白麞鹿
按宋書文帝本紀不載　按符瑞志十年十二月營城縣民成公會之於廣陵高郵界獲白麞鹿以獻
元嘉十二年白麞見
按宋書文帝本紀不載　按符瑞志十二年正月白麞見東萊黃縣青冀州刺史王方回以獻
元嘉十三年獲白兔
按宋書文帝本紀不載　按符瑞志十三年七月甲戌濟南朝陽王道獲白兔青州刺史段宏以獻
元嘉十四年白兔白鹿見
按宋書文帝本紀不載　按符瑞志十四年正月丙申白兔見山陽縣山陽太守劉懷之以獻白鹿見文鄉
元嘉十五年獲白兔
按宋書文帝本紀不載　按符瑞志十五年七月壬申山陽師齊獲白兔南兗州刺史江夏王義恭以獻
元嘉十七年白鹿見
按宋書文帝本紀不載　按符瑞志十七年五月甲午白鹿見南汝陰宋縣太守文道恩以獻
元嘉十九年獲白麞白虎見
按宋書文帝本紀不載　按符瑞志十九年五月山陽張休宗獲白麞南兗州刺史臨川王義慶以聞十月白虎見弋陽期思二縣南豫州刺史武陵王諱以聞
元嘉二十年白鹿白麞白熊見
按宋書文帝本紀不載　按符瑞志二十年八月白鹿見譙郡蘄縣太守鄧琬以獻白麞見江夏安陸內史劉思考以獻十二月白熊見新安歙縣太守到元度以獻
元嘉二十二年白鹿白兔見
按宋書文帝本紀不載　按符瑞志二十二年二月白鹿見建康縣揚州刺史始興王濬以聞十月辛未白鹿見南康贛縣南康相劉興祖以獻　又按志二十二年三月白兔見東萊當利青州刺史杜冀以聞
元嘉二十三年白鹿見黑麞青麞見
按宋書文帝本紀不載　按符瑞志二十三年二月戊戌白鹿見交州交州刺史檀和之以獻六月丙辰白鹿見彭城彭城縣征北將軍衡陽王義季以獻　又按志二十三年五月甲寅東宮隊白從陳超獲黑麞於肥如縣皇太子以獻十月辛巳東宮將魏榮獲青麞於秣陵

元嘉二十四年獲六足麞白兔見

按宋書文帝本紀不載　按五行志二十四年十二月雍州送六足麞刺史武陵王表爲祥瑞此毛蟲之孽　按符瑞志二十四年七月丁巳白兔見兗州刺史徐瓊以聞七月乙酉白兔見東莞太守趙球以獻

元嘉二十五年白虎白麞見

按宋書文帝本紀不載　按符瑞志二十五年二月己亥白虎見武昌武昌太守蔡興宗以聞十一月丁丑白虎見蜀郡二赤虎導前益州刺史陸徽以聞　又按志二十五年二月己丑白麞見淮南太守王休獲以獻四月戊午白麞見南琅邪太守王遠獲以獻五月辛未朔華林園白麞生二子皆白園丞梅道念以聞

元嘉二十六年白虎白麞見

按宋書文帝本紀不載　按符瑞志二十六年四月戊戌白虎見南琅邪半陽山二虎隨從太守王僧達以聞五月丙戌白麞見馬頭豫州刺史南平王鑠以獻

元嘉二十七年白麞白兔白鹿見

按宋書文帝本紀不載　按符瑞志二十七年正月己丑白麞見濟陰徐州刺史武陵王諱以聞四月癸丑華林園白麞生一白子園丞梅道念以聞　又按志二十七年二月壬辰白兔見竟陵荊州刺史南譙王義宣以獻六月丙午白兔見南汝陰豫州刺史南平王鑠以獻　又按志二十七年二月壬辰朔白鹿見濟陰徐州刺史武陵王諱以聞

元嘉二十八年猛獸爲災

按南史宋文帝本紀二十八年秋猛獸入郭內爲災

元嘉二十九年白麞白鹿見

按宋書文帝本紀不載　按符瑞志二十九年六月壬戌白麞見晉陵暨陽南徐州刺史始興王濬以獻八月癸酉白鹿見鄱陽南中郎將武陵王諱以獻

元嘉三十年白鹿見

按宋書文帝本紀不載　按符瑞志三十年十一月壬午白鹿見南琅邪南琅邪太守王僧虔以獻十一月癸亥白鹿見武建郡雍州刺史朱修之以獻

孝武帝孝建二年白兔見

按宋書孝武帝本紀不載　按符瑞志孝建二年正月庚戌白兔見淮南太守申坦以聞

孝建三年白兔白鹿白虎白麞見

按宋書孝武帝本紀不載　按符瑞志三年閏二月乙丑白兔見平原獲以獻三月庚子白鹿見臨川西豐縣壬子白虎見臨川西豐六月癸巳白麞見廣陵南兗州以獻

大明元年白鹿白鹿白兔白麞見

按宋書孝武帝本紀不載　按符瑞志大明元年二月己亥白鹿見會稽諸暨縣獲以獻四月甲申白鹿見南平六月庚子白兔見即墨獲以獻七月丁丑白麞見東萊曲城縣獲以獻

大明二年白麞白鹿見

按宋書孝武帝本紀不載　按符瑞志二年正月壬戌白麞見山陽山陽內史程天祚以獻二月辛丑白麞見濟北濟北太守殷孝祖以獻四月己丑白鹿見桂陽郴縣湘州刺史山陽王休祐以獻

大明三年白鹿見

按宋書孝武帝本紀不載　按符瑞志三年正月癸巳白鹿見南琅邪江乘南徐州刺史劉延孫以獻三月辛卯白鹿見廣陵新市太守柳光宗以聞

大明五年白鹿白麞見

按宋書孝武帝本紀不載　按符瑞志五年五月丙寅白鹿見南東海丹徒南徐州刺史劉延孫以獻九月己巳白麞見南陽雍州刺史永嘉王子仁以獻

大明六年白麞白兔見

按宋書孝武帝本紀不載　按符瑞志六年四月戊辰白麞見滎陽湘州刺史建安王休仁以獻八月辛未白兔見北海青冀二州刺史劉道隆以獻十月乙丑白兔見青冀二州刺史劉道隆以獻

大明七年白麞見

按宋書孝武帝本紀不載　按符瑞志七年正月庚寅白麞見南陽荊州刺史臨海王子頊以獻六月己巳白麞見武陵臨沅太守劉衍以獻九月癸未白麞見南陽雍州刺史劉秀之以獻

大明八年白鹿見

按宋書孝武帝本紀不載　按符瑞志八年六月甲子白鹿見衡陽郡湘州刺史江夏王世子伯禽以獻

明帝泰始二年白鹿見

按宋書明帝本紀不載　按符瑞志泰始二年二月乙亥白鹿見宣城宣城太守劉韞以聞

泰始三年白麞見

按宋書明帝本紀不載　按符瑞志三年五月癸酉白麞見南東海丹徒南徐州刺史桂陽王休範以獻

己卯白麞見北海都昌青州刺史沈文秀以獻
泰始五年白麞白鹿見
按宋書明帝本紀不載　按符瑞志五年正月癸卯白麞見汝陰樓煩豫州刺史劉勔以獻二月己亥白鹿見長沙湘州刺史劉韞以獻
泰始六年白鹿見
按宋書明帝本紀不載　按符瑞志六年十二月乙未白鹿見梁州梁州刺史杜幼文以獻
泰始　年異獸見
按宋書明帝本紀不載　按南齊書祥瑞志宋泰始末武進舊塋有獸見一角羊頭龍翼馬足父老咸見莫之識也
泰豫元年白麞見
按宋書明帝本紀不載　按符瑞志泰豫元年十月壬戌白麞見義興國山太守王蘊以獻
後廢帝元徽元年白麞見
按宋書後廢帝本紀不載　按符瑞志元徽元年正月甲午白麞見海陵寧海寧海太守孫嗣之以獻
元徽三年白鹿見
按宋書後廢帝本紀不載　按符瑞志三年二月甲子白鹿見茍州青冀二州刺史西海太守劉善明以獻
順帝昇明元年象暴
按宋書順帝本紀不載　按五行志昇明元年象三頭度蔡洲暴稻穀及園野
昇明二年騶虞見
按宋書順帝本紀不載　按南齊書祥瑞志二年騶虞見安東縣五界山師子頭虎身龍脚詩傳云騶虞義獸白虎黑文不食生物至德則出
昇明三年白虎見
按宋書順帝本紀不載　按南齊書祥瑞志三年三月白虎見歷陽龍亢縣新昌村新昌村嘉名也瑞應圖云王者不暴白虎仁

南齊

高帝建元四年白虎見
按南齊書高帝本紀不載　按符瑞志建元四年三月白虎見安蠻虔化縣
武帝永明四年獲白兔
按南齊書武帝本紀不載　按符瑞志永明四年丹陽縣獲白兔一頭
永明五年獲白鹿
按南齊書武帝本紀不載　按符瑞志五年望蔡縣獲白鹿一頭
永明六年獲白麞
按南齊書武帝本紀不載　按符瑞志六年蒲儔縣亮野村獲白麞一頭
永明七年獲白麞
按南齊書武帝本紀不載　按符瑞志七年荆州獲白麞一頭
永明八年獲白麞
按南齊書武帝本紀不載　按符瑞志八年餘干縣獲白麞一頭
永明九年獲白鹿白麞
按南齊書武帝本紀不載　按符瑞志九年臨湘獲白鹿一頭義陽安昌縣獲白麞一頭
永明十年一角獸見獲白麞
按南齊書武帝本紀不載　按符瑞志十年鄱陽郡獻一角獸麟首鹿形龍鸞共色瑞應圖云天子萬福允集則一角獸至　又按志司州清激戍獲白麞一頭
永明十一年白象見獲白麞
按南齊書武帝本紀不載　按符瑞志十一年白象九頭見武昌　又按志廣陵海陵縣獲白麞一頭
永明　年麞象入廣陵城
按南齊書武帝本紀不載　按五行志永明中南海王子罕爲南兗州刺史有麞入廣陵城投井而死又有象至廣陵是後刺史安陸王子敬於鎮被害
明帝建武四年郊於圜丘虎傷人
按南齊書明帝本紀不載　按五行志建武四年春當郊治圜丘宿設已畢夜虎攫傷人
建武　年鹿入景皇寢廟
按南齊書明帝本紀不載　按五行志建武中有鹿入景皇寢廟
和帝中興二年白虎白麞見
按南齊書和帝本紀不載　按祥瑞志中興二年二月白虎見東平壽張安樂村
中興三年白麞見
按梁書武帝本紀和帝中興三年二月辛酉邏將徐靈符於山東見白麞一

梁

武帝天監六年有象自入建鄴

按南史梁武帝本紀天監六年春三月有三象入建鄴

天監十年騶虞見

按南史梁武帝本紀十年春正月辛丑祀南郊大赦戊于荆州言騶虞見

中大通四年獲白鹿

按梁書武帝本紀中大通四年二月景辰邵陵縣獲白鹿一

中大同元年有狸鬬於邵陵王榻上

按梁書武帝本紀不載　按隋書五行志中大同元年邵陵王綸在南徐州臥內方晝有狸鬬於榻上墮而獲之太清中遇侯景之亂將兵援臺城至中山有驚熊無何至齧綸所乘馬毛蟲之孽也綸尋爲王僧辯所敗亡至南陽爲西魏所殺

中大同　年有狐鳴闕下

按梁書武帝本紀不載　按隋書五行志中大同中每夜狐鳴闕下數年乃止京房易飛候曰野獸羣鳴邑中且空虛俄而國亂丹陽死喪略盡

元帝承聖元年象暴獸食人

按南史梁元帝本紀承聖元年十二月淮南有野象數百壞人室廬宣城郡猛獸暴食人

陳

後主禎明　年狐入御牀下

按南史陳後主本紀後主荒於酒色有狐入於牀下捕之不見以爲祆乃自賣於佛寺爲奴以禳之

按隋書五行志陳禎明初狐入牀下捕之不獲京房易飛候曰狐入君室室不居未幾而國滅

北魏

太祖登國　年有七虎臥於河側三月

按魏書太祖本紀不載　按靈徵志太祖登國中河南有虎七臥於河側三月乃去後一年蚍蜉白鹿盡渡河北後一年河水赤如血此衞辰滅亡之應及誅其族類悉投之河中其地遂空

登國六年獲獨角鹿

按魏書太祖本紀不載　按靈徵志六年十二月上獵親獲鹿一角名問羣臣對曰鹿當二角今一是諸國將幷之應也

天興二年獲白兔

按魏書太祖本紀不載　按靈徵志天興二年七月幷州獻白兔一王者敬耆老則見

天興三年白兔見

按魏書太祖本紀不載　按靈徵志三年五月車駕東巡幸廣甯有白兔見於乘輿前獲之

天興四年獲白兔白鹿

按魏書太祖本紀不載　按靈徵志四年正月幷州獻白兔五月魏郡斥丘縣獲白鹿王者惠及下則至

永興三年獲白兔

按魏書太宗本紀不載　按靈徵志永興三年七獵於西山獲白兔八月京師獲白兔

永興四年獲白鹿白麞

按魏書太宗本紀不載　按靈徵志四年九月建興郡獻白鹿十二月章安子封懿獻白麞王者刑罰理則至

泰常元年獲白兔

按魏書太宗本紀不載　按靈徵志泰常元年十一月定州安平縣獻白兔

泰常二年獲白兔

按魏書太宗本紀不載　按靈徵志二年六月京師獲白兔

泰常三年獲白兔

按魏書太宗本紀不載　按靈徵志三年六月頓丘郡獲白兔

世祖始光三年獲黑兔

按魏書世祖本紀不載　按靈徵志始光三年五月洛州獻黑兔

神䴥元年獲白麕白兔

按魏書世祖本紀不載　按靈徵志神䴥元年二月定州獲白麕又見於樂陵因以改元九月章武郡獻白兔

神䴥三年白鹿見

按魏書世祖本紀不載　按靈徵志三年二月白鹿見於代郡倒刺山

神䴥四年獲白兔

按魏書世祖本紀不載　按靈徵志四年二月渤海郡獻白兔

太延四年獲白鹿

按魏書世祖本紀不載　按靈徵志太延四年十二月相州獻白鹿

太平眞君七年獲白兔

按魏書世祖本紀不載　按靈徵志太平眞君七年二月青州獻白兔二

太平眞君八年獲白鹿

按魏書世祖本紀不載　按靈徵志八年五月洛州送白鹿

高宗太安二年白鹿見

按魏書高宗本紀不載　按靈徵志太安二年十月白鹿見於京師西苑

太安三年白狼見

按魏書高宗本紀不載　按靈徵志三年三月有白狼一見於太平郡議者曰古今瑞應多矣然白狼見於成湯之世故殷道用興太平嘉名也又先帝本國之封而白狼見焉無窮之徵也周宣王得之而犬戎服

和平三年獲白兎

按魏書高宗本紀不載　按靈徵志和平三年十月雲中獲白兎

和平四年獲白兎

按魏書高宗本紀不載　按靈徵志四年閏月鄴縣獲白兎

高祖延興元年獲麟

按魏書高祖本紀不載　按靈徵志延興元年十一月肆州秀容民獲麟以獻王者不刳胎剖卵則至

延興五年白兎見

按魏書高祖本紀不載　按靈徵志五年四月白兎見於代郡

承明元年獲白鹿白兎

按魏書高祖本紀不載　按靈徵志承明元年六月秦州獻白鹿八月白兎見於雲中

太和元年有狐魅白鹿見獲白兎

按魏書高祖本紀不載　按靈徵志太和元年五月辛亥有狐魅截人髮時文明太后臨朝行多不正之徵也　又按志太和元年正月白鹿見於秦州三月白鹿見於青州六月雍州周城縣獻白兎

太和二年獲黑狐白麞

按魏書高祖本紀不載　按靈徵志二年十一月徐州獻黑狐周成王時治致太平而黑狐見十二月懷州獻白麞

太和三年獲一角鹿白兎白麞白狐

按魏書高祖本紀不載　按靈徵志三年三月肆州獻一角鹿吐京鎮獻白兎五月白麞見於豫州獲白狐王者仁智則至六月撫冥獲白狐以獻

太和四年獲白鹿

按魏書高祖本紀不載　按靈徵志四年正月南豫州獻白鹿

太和八年獲白兎黑狐

按魏書高祖本紀不載　按靈徵志八年六月徐州獻白兎徐州獲黑狐以獻

太和十年獲九尾狐

按魏書高祖本紀不載　按靈徵志十年三月冀州獲九尾狐以獻王者六合一統則見周文王時東夷歸之曰王者不傾於色則主德至鳥獸亦至

太和十一年獲九尾狐

按魏書高祖本紀不載　按靈徵志十一年十一月冀州獲九尾狐以獻

太和十八年獲白兎

按魏書高祖本紀不載　按靈徵志十八年十月瀛洲獻白兎

太和十九年獲白狐白鹿麑

按魏書高祖本紀不載　按靈徵志十九年六月司州平陽郡獲白狐以獻七月司州獲白鹿麑以獻

太和二十年獲白鹿白兎

按魏書高祖本紀不載　按靈徵志二十年六月司州獻白鹿七月汲郡獻白兎京師獲白兎

太和二十三年獲白麛白狐黑兎

按魏書高祖本紀不載　按靈徵志二十三年正月華州獻白麛司州和州各獻白狐狸獲黑兎

世宗景明元年獲白鹿白兎

按魏書世宗本紀不載　按靈徵志景明元年四月荆州獻白鹿十一月河州獻白兎

景明三年獲白狐白兎

按魏書世宗本紀不載　按靈徵志三年二月河州獻白狐四月潁川郡獻白兎八月河內郡獻白兎

景明四年獲白兎黑兎

按魏書世宗本紀不載　按靈徵志四年六月河內郡獻白兎七月夏州獻黑兎

正始元年獲黑兎白兎

按魏書世宗本紀不載　按靈徵志正始元年三月河南郡獻黑兎四月魯陽郡獻白兎

正始二年獲黑兎白兎一角獸

按魏書世宗本紀不載　按靈徵志二年八月東郡獻白兎九月河內郡獻黑兎是月肆州獻白兎東郡又獻白兎後軍將軍尒朱新興獻一角獸天下平一

則至

正始三年獲白兔

按魏書世宗本紀不載　按靈徵志三年七月薄骨律鎭獻白兔九月肆州獻白兔

正始四年獲白兔

按魏書世宗本紀不載　按靈徵志四年四月河內郡獻白兔

永平元年獲白兔黑兔

按魏書世宗本紀不載　按靈徵志永平元年四月濟州獻白兔五月河內獻黑兔十月樂安郡獲白兔

永平二年獲白兔

按魏書世宗本紀不載　按靈徵志二年二月相州獻白兔

永平三年白狐見

按魏書世宗本紀不載　按靈徵志三年十月白狐見於汲郡

永平四年獲白鹿

按魏書世宗本紀不載　按靈徵志四年八月平州獻白鹿

延昌二年獲白鹿

按魏書世宗本紀不載　按靈徵志延昌二年齊州獻白鹿

延昌三年獲白兔

按魏書世宗本紀不載　按靈徵志三年七月豫州獻白兔

延昌四年獲白兔白鹿白狐

按魏書世宗本紀不載　按靈徵志四年三月河南獻白兔四月兗州獻白狐六月司州獻白鹿八月河南又獻白兔九月河內又獻白兔相州獻白狐閏月汾州獻白狐

肅宗熙平元年獲白鹿一角獸

按魏書肅宗本紀不載　按靈徵志熙平元年五月洛州獻白鹿十一月肆州獻一角獸

熙平二年有狐魅獲白麞白兔白鹿

按魏書肅宗本紀不載　按靈徵志二年春京師有狐魅截人髮人相驚恐六月壬辰靈太后召諸截髮者使崇訓衞尉劉騰鞭之於千秋門外事同太和也

又按志二年三月徐州獻白麞四月豫州獻白兔五月東郡獻白兔司州獻白鹿六月京師獲白兔十一月鄯善鎭獻白兔

神龜元年獲黑兔一角鹿

按魏書肅宗本紀不載　按靈徵志神龜元年六月京師獲黑兔七月徐州獻一角鹿

神龜二年獲白鹿白麞白兔黑兔

按魏書肅宗本紀不載　按靈徵志二年六月徐州獻白鹿七月徐州獻白麞八月正平郡獻白兔九月正平郡又獻白兔十月京師獲黑兔

正光元年獲白兔

按魏書肅宗本紀不載　按靈徵志正光元年正月徐州獻白兔五月冀州獻白兔

正光二年獲白狐

按魏書肅宗本紀不載　按靈徵志二年三月南青州獻白狐二

正光三年獲白兔白狐九尾狐

按魏書肅宗本紀不載　按靈徵志三年五月徐州獻白兔二是月冀州獻白兔六月平陽郡獻白狐八月光州獻九尾狐

正光五年獲白狐

按魏書肅宗本紀不載　按靈徵志五年平陽郡獻白狐

孝靜帝天平二年獲白兔

按魏書孝靜帝本紀不載　按靈徵志天平二年八月光州獻白兔

天平四年獲白狐九尾狐巨象自至

按魏書孝靜帝本紀不載　按靈徵志四年四月西兗州獻白狐六月光州獻九尾狐八月有巨象至於南兗州碭郡民陳天愛以告送京師大赦改年王者自養有節則至

元象元年有象自至碭郡有狼入城獲九尾狐白兔白鹿

按北史魏孝靜帝本紀元象元年春正月有巨象自至碭郡陵中南兗州獲送於鄴

按魏書靈徵志元象元年正月有狼入城至峽石曹(疑)獲之四月光州獻九尾狐五月徐州獲白兔六月齊獻武王獲白兔以獻是月濮陽郡獻白兔齊獻武王獲白鹿以獻

興和二年獲白兔

按魏書孝靜帝本紀不載　按靈徵志興和二年徐州獻白兔六月京師獲白兔

興和三年獲九尾狐白狐

按魏書孝靜帝本紀不載　按靈徵志三年五月司

州獻九尾狐十二月魏郡獻白狐

興和四年獲白狐白兔

按魏書孝靜帝本紀不載　按靈徵志四年四月瀛州獻白狐二十月光州獻白兔

武定元年獲白兔白鹿

按魏書孝靜帝本紀不載　按靈徵志武定元年三月瀛州獻白兔閏月汲郡獻白兔六月兗州獻白鹿七月幽州獲白狐以獻上

武定三年獲白狐豹入城

按魏書孝靜帝本紀不載　按靈徵志三年七月瀛州獻白狐二牡一牝一九月西兗州獻白狐

按隋書五行志武定三年九月豹入鄴城南門格殺之

武定五年豹上銅雀臺

按魏書孝靜帝本紀不載　按隋書五行志五年八月豹上銅雀臺京房易飛候曰野獸入邑及至朝廷若道上官府門有大害君亾是歲東魏師敗於玉壁神武遇疾崩

武定六年獲白兔

按魏書孝靜帝本紀不載　按靈徵志六年十一月武平鎮獻白兔

北齊

後主武平二年有兔出廟社中

按北齊書後主本紀不載　按隋書五行志武平二年有兔出廟社之中京房易飛候曰兔入王室其君亾案廟者祖宗之神室也後五歲周師入鄴後主東奔

武平　年狼暴狐爲怪

按北齊書後主本紀不載　按隋書五行志武平末并肆諸州多狼而食人洪範五行傳曰狼貪暴之獸大體以白色爲主兵之表也又似犬近犬禍也京房易傳曰君將無道害將及人去之深山以全身厥妖狼食人時帝任用小人競爲貪暴殘賊人物食人之應尋爲周軍所滅兵之象也　又按志武平中朔州府門外無何有小兒脚跡又擁土爲城雉之狀時人怪而察之乃狐媚所爲漸流至并鄴與武定三年同占是歲安南王思好起兵於北朔直指并州爲官軍所敗鄭子饒羊法暠等復亂山東

武平四年狐媚爲怪

按北史齊後主本紀四年春正月鄴都并州並有狐媚多截人髮

北周

明帝武成二年獲白兔

按周書明帝本紀武成二年十月辛丑長安獻白兔

武帝保定元年九尾狐見

按周書武帝本紀保定元年二月庚午弘農上言九尾狐見

保定二年白鹿三角獸見

按周書武帝本紀二年四月丁巳湖州上言見二白鹿從三角獸而行

保定五年一角獸見

按周書武帝本紀五年十一月庚辰岐州上言一角獸見

天和五年獲白兔

按周書武帝本紀天和五年七月鹽州獻白兔

建德二年獲白鹿

按周書武帝本紀建德二年三月己卯皇太子於岐州獲二白鹿以獻詔答曰在德不在瑞

建德三年騶虞見

按周書武帝本紀三年十二月丁酉利州上言騶虞見

建德六年獻九尾狐

按周書武帝本紀六年八月甲子鄭州獻九尾狐皮肉銷盡骨體猶具帝曰瑞應之來必昭有德若使五品時叙四海和平家識孝慈人知禮讓乃能致此今無其時恐非實錄乃命焚之

隋

文帝開皇四年一角獸見

按隋書高祖本紀開皇四年正月辛卯渝州獲獸似麇一角同蹄

開皇十七年羣鹿入殿門

按隋書高祖本紀十七年閏五月己卯羣鹿入殿門馴擾侍衛之內

煬帝大業四年獲元狐

按隋書煬帝本紀大業四年五月壬申張掖獲元狐

恭帝義寧二年獲白麟

按隋書恭帝本紀不載　按玉海隋義寧二年仁壽宮獲白麟更郡曰麟遊

唐

高祖武德二年白鹿騶虞見

按唐書高祖本紀不載　按冊府元龜武德二年正

月壬子麟州獻白鹿六月澤州言騶虞見

武德三年一角獸白狼麟見

按唐書高祖本紀不載　按冊府元龜三年二月鄯州言一角獸見鹿身五色牛尾馬蹄商州言白狼見七月鄯州言麟見

武德四年白狐見

按唐書高祖本紀不載　按冊府元龜四年二月白狐見元武門

武德五年騶虞見

按唐書高祖本紀不載　按冊府元龜五年正月豐州言騶虞見

武德六年麟見

按唐書高祖本紀不載　按冊府元龜六年管州言麟見

武德七年騶虞元兔見

按唐書高祖本紀不載　按冊府元龜七年仁州言騶虞見遼州獲元兔

武德九年白鹿白狼見太宗即位麟見騶虞元兔見

按唐書高祖本紀不載　按冊府元龜九年六月益州獻白鹿陝州言白狼見八月太宗即位九月西麟州言麟見十月沂州言騶虞見十二月鄭州言元狐見

太宗貞觀元年白狼見

按唐書太宗本紀不載　按冊府元龜貞觀元年五月豫州言白狼見

貞觀二年白狼騶虞見

按唐書太宗本紀不載　按冊府元龜二年三月宜州言白狼見六月戊戌郭州言白狼見十月安州言騶虞見

貞觀三年麟見

按唐書太宗本紀不載　按冊府元龜三年五月乙丑幽州言麟見玉海作幽州

貞觀六年騶虞見

按唐書太宗本紀不載　按冊府元龜六年四月楚州言騶虞見

貞觀八年白鹿見

按唐書太宗本紀不載　按玉海八年四月沂州言白鹿見

貞觀九年騶虞見獲麟

按唐書太宗本紀不載　按冊府元龜九年閏四月衡州言騶虞見十二月獲麟於德州

貞觀十年白鹿騶虞見

按唐書太宗本紀不載　按冊府元龜十年二月白鹿見於九成宮之冷泉谷三月襄州言騶虞見

貞觀十一年麟見

按唐書太宗本紀不載　按冊府元龜十一年五月麟見於京師之後苑

貞觀十二年獲元狐

按唐書太宗本紀不載　按冊府元龜十二年十月營州獻元狐

貞觀十三年獲白鹿

按唐書太宗本紀不載　按冊府元龜十三年正月濟州獻白鹿

貞觀十五年騶虞白狼白鹿見

按唐書太宗本紀不載　按冊府元龜十五年四月廣州言騶虞見冀州獻白狼五月癸未盧山府獻白鹿八月衡州言白鹿見

貞觀十六年獲白狼

按唐書太宗本紀不載　按冊府元龜十六年十月滑州獻白狼

貞觀十七年獲白狼白鹿

按唐書太宗本紀不載　按冊府元龜十七年五月懷州獻白狼閏六月丹州獻白鹿十一月郭州獻白狐

貞觀十八年獲白狼白狐白鹿

按唐書太宗本紀不載　按冊府元龜十八年五月鄆州獻白狼六月辛亥鄭王府獻白狐八月趙州獻白鹿

貞觀十九年騶虞見

按唐書太宗本紀不載　按冊府元龜十九年二月滁州言騶虞見

貞觀二十年獲白狼有一角獸白鹿見

按唐書太宗本紀不載　按冊府元龜二十年二月戊午許州獲白狼二月鄆州言一角獸見九月澤州言白鹿見

貞觀二十一年騶虞見

按唐書太宗本紀不載　按冊府元龜二十一年十月南代州騶虞見

高宗永徽　年狼入軍門

按唐書高宗本紀不載　按五行志永徽中河源軍有狼三晝入軍門射之斃

按舊唐書五行志時黑齒常之戍河源軍有狼晝入
軍門攫而求代將軍李謹代常之軍月餘卒
顯慶元年獲一角獸
按唐書高宗本紀不載 按冊府元龜顯慶元年二
月岐州獻一角獸
龍朔三年麟見
按唐書高宗本紀不載 按冊府元龜龍朔三年十
二月詔以絳州麟見於介山含元殿前琨臺閣內並
靚靈跡改來年正月爲麟德元年在京及雍州諸縣
見繫囚徒各降一等杖罪以下並免之
調露元年白鹿白狼見
按唐書高宗本紀不載 按五行志調露元年十一
月壬午泰州神亭治北霧開如日初耀有白鹿白狼
見近白祥也
永淳 年兔害稼
按唐書高宗本紀不載 按五行志永淳中嵐勝州
兔害稼千萬爲羣食苗盡兔亦不復見
元宗開元元年麟見
按唐書元宗本紀不載 按玉海開元元年十二月
麟見於峽州
開元二年麟見
按唐書元宗本紀不載 按冊府元龜二年十二月
有麟見於峽州遠安縣之鬼谷仙洞
開元三年有熊晝入揚州城
按唐書元宗本紀不載 按五行志云云
按舊唐書五行志三年有熊晝入廣陵城月餘都督
李處鑒卒

開元七年一角獸見
按唐書元宗本紀不載 按冊府元龜七年揚州奏
揚子縣一角獸見
開元十一年赤兔見
按唐書元宗本紀不載 按冊府元龜十一年二月
祠后土於汾陽之睢土有赤兔見於壇側
開元十二年白麞見
按唐書元宗本紀不載 按冊府元龜十二年閏十
一月豫州言白麞見
開元十三年白鹿見
按唐書元宗本紀不載 按冊府元龜十三年五月
甲午潞州白鹿見
開元十五年白兔白麞見
按唐書元宗本紀不載 按冊府元龜十五年四月
彭州言白兔見八月壬寅海州白麞見
開元二十年一角獸見
按唐書元宗本紀不載 按冊府元龜二十年三月
有一角獸肉角當頂白毛上捧識者以爲獬豸
開元二十三年白鹿見
按唐書元宗本紀不載 按玉海二十三年二月丁
未絳州白鹿見
開元二十四年獲瑞獸
按唐書元宗本紀不載 按冊府元龜二十四年三
月獲瑞獸首耳形類虎尾長於身有豹文能食虎
開元二十七年白兔見
按唐書元宗本紀不載 按冊府元龜二十七年七
月壬午河西隴右節度使蕭炅討吐蕃大破之有白

兔舞於營中請編史冊許之
天寶四載苑中產白鹿
按唐書元宗本紀不載 按冊府元龜天寶四載八
月戊子有斑鹿產白鹿於苑中獻之請宜付史館上
曰宮苑之內屢薦嘉祥今又縞質霜毛變林虞之獸
族殊姿馴性實雲駕之龍媒允謂休徵用爲慰也所
請者依
天寶九載白鹿見
按唐書元宗本紀不載 按冊府元龜九載二月白
鹿見於大羅東南峯駕鶴嶺衞叔卿之得仙處請付
史館從之
天寶十載鹿產麛
按唐書元宗本紀不載 按冊府元龜十載七月有
鹿產麛於閑廄之試馬殿
肅宗乾元二年獲狐於勤政樓
按唐書肅宗本紀不載 按五行志乾元二年十月
詔百官上勤政樓觀安西兵赴陝州有狐出於樓上
獲之
代宗永泰元年白鹿白兔見
按唐書代宗本紀不載 按冊府元龜永泰元年七
月甲寅有三白鹿一白兔見於禁苑觀軍容使魚朝
恩受命巡苑內屯田因獲之以獻朝恩上言請付史
館編諸簡策手詔答曰白鹿白兔王者佳瑞和平之
應朕以薄德詎敢當焉卿及將士等務切軍儲克勤
農畝上元眷祐爰獲禎符所請付史館者依
永泰二年赤兔見
按唐書代宗本紀不載 按舊唐書五行志二年十

一月乾陵赤兔見

按冊府元龜二年十一月乾陵赤兔見獲而獻之

大曆二年獲元狐

按唐書代宗本紀不載　按舊唐書五行志大曆二年三月河中獻元狐

大曆四年虎入宰臣家廟

按唐書代宗本紀不載　按五行志四年八月己卯虎入京師長壽坊宰臣元載家廟射殺之虎西方之屬威猛吞噬刑戮之象

大曆六年獲白兔

按唐書代宗本紀不載　按五行志六年八月丁丑獲白兔於太極殿之內廊占曰國有憂白喪祥也

大曆八年獲白鹿

按唐書代宗本紀不載　按冊府元龜八年八月庚寅亳州獲白鹿一獻之

德宗建中三年虎入宣陽里

按唐書德宗本紀不載　按五行志建中三年九月己亥夜虎入宣陽里傷人二詰朝獲之

貞元二年鹿入含元殿

按唐書德宗本紀不載　按五行志貞元二年二月乙丑有野鹿至於含元殿前獲之壬申又有鹿至於含元殿前獲之占曰有大喪

貞元三年白鹿見

按唐書德宗本紀不載　按冊府元龜貞元三年十一月同州沙苑監上言白鹿見

貞元四年鹿入京師

按唐書德宗本紀不載　按五行志四年三月癸亥有鹿至京師西市門獲之

貞元十二年白麕見

按唐書德宗本紀不載　按冊府元龜十二年十二月許州進白麕

貞元十四年獲白鹿

按唐書德宗本紀不載　按玉海十四年九月丁卯中書賀苑中獲白鹿

貞元十五年獲元兔

按唐書德宗本紀不載　按冊府元龜十五年五月丁未延州進元兔

貞元十八年獲白兔

按唐書德宗本紀不載　按冊府元龜十八年徐州獻白兔

憲宗元和元年麟見

按唐書憲宗本紀不載　按玉海元和元年麟見東川

元和七年麟見

按唐書憲宗本紀不載　按舊唐書五行志七年十一月龍州武安州晉田中嘉禾生有麟食之復生麟之來一鹿引之羣鹿隨之光華不可正視使畫工圖麟及嘉禾來獻

元和十年獲白麑

按唐書憲宗本紀不載　按玉海十年五月壽昌殿南獲白鹿麑

文宗太和元年白虎見

按唐書文宗本紀不載　按冊府元龜太和元年十一月河中觀察使薛平奏當管虞鄉縣王賢鄉有白虎入靈峯觀謹按孫氏瑞應圖白虎者義獸也名騶虞王者德至鳥獸澤洞幽冥則見今畫圖進上勑付所司

開成四年四月有麕出於太廟獲之

按唐書文宗本紀不載　按五行志云云

哀帝天祐元年獲白兔

按唐書哀帝本紀不載　按冊府元龜天祐元年九月朱全忠進白兔一隻中書門下表賀曰今日東頭承旨常郁至奉聖旨者質素光以應候容潔朗以協時既照耀於明庭實昭彰於聖德臣等覽晉中興書徵祥說曰白兔者月精也抱朴子云兔壽千歲滿五百歲則色白顧野王云王者恩加耆考則白兔見協太陰之瑞實表坤慈應千歲之祥雅符乾德伏以皇帝陛下膺圖纂祀歷紐騰休紹祖宗之丕基示孝慈於衆彙敦禮耆老委任勳賢所以致八孔之効靈應三秋而發皓來從月窟疊霜毫以蒙茸獻自梁庭叅冰毫而皎潔足以增輝瑞牒歸美皇猷聞天遠自於元勳拭目共觀於多士豈比爲傳趙郡獨歌如練之詞實同晉獲壽春又繼凝鉛之詠謌曰上天眷佑靈蜺効珍道旣協於坤慈祥乃彰於月窟雪霜是比皎皛可觀全忠道貫神明功高鼎鼐果因嘉節歸善天庭俾頒示於有司冀流光於不朽再三嘉玩歎注良深

天祐三年獲白兔

按唐書哀帝本紀不載　按冊府元龜三年五月陝州進白兔

欽定古今圖書集成曆象彙編庶徵典

第一百七十卷目錄

庶徵典第一百七十卷

獸異部彙考三

後梁

太祖開平元年獲白兔白鹿

按五代史梁太祖本紀不載　按冊府元龜開平元年四月乙丑潁州刺史張實進白兔一陳州袁象先進白兔一付史館編錄兼示百官五月宿州刺史王儒進白兔一十一月廣南管內獲白鹿並圖形來獻耳有兩缺按符瑞圖鹿壽千歲變白耳一缺今驗此鹿耳有二缺其獸與色皆應金行實表嘉瑞

後唐

明宗長興元年獲白兔

按五代史唐明宗本紀不載　按冊府元龜長興元年七月宿州進白兔以銀籠盛之

後漢

高祖天福十二年獲白兔

按五代史漢高祖本紀不載　按冊府元龜天福十二年二月辛未即位於晉陽乙酉曲陽縣令崔握遣主簿呂光鄴進白兔一隻帝覽而嘉之

隱帝乾祐二年獲紫兔白兔

按五代史漢隱帝本紀不載　按冊府元龜乾祐二年四月潁州獻紫兔白兔皆緘之於櫝出示羣臣

後周

世宗顯德三年獲白兔

按五代史周世宗本紀不載　按玉海顯德三年潁州獻白兔四年五月癸卯學士陶穀進頌

遼

太宗天顯三年獲白狼

按遼史太宗本紀天顯三年二月己亥惕隱涅里衮進白狼

天顯九年獲白麞

按遼史太宗本紀九年春正月丙申党項貢駝鹿己亥南京進白麞

會同元年獲白麀

按遼史太宗本紀會同元年二月室韋進白麀

會同四年獲白麝

按遼史太宗本紀四年二月丙申皇太子獲白麞

會同六年獲白麝

按遼史太宗本紀六年六月奚鉏勒德部進白麝

穆宗應曆二年獲黑兔

按遼史穆宗本紀應曆二年十一月朔州民進黑兔

興宗重熙二十一年獲白兔

按遼史興宗本紀重熙二十一年九月乙卯平州進白兔

宋

太祖建隆二年獲白兔

按宋史太祖本紀不載　按玉海建隆二年三月壬戌鄆州獻白兔王著作頌

建隆三年象食稼

按宋史太祖本紀不載　按五行志三年有象至黃陂縣匿林中食民苗稼又至安復襄唐州踐民田遣使捕之明年十二月於南陽縣獲之獻其齒革

乾德二年有象至澧安等縣

按宋史太祖本紀不載　按五行志乾德二年五月有象至澧陽安鄉等縣又有象涉江入華容縣直過閬閬門又有象至澧州澧陽縣城北

乾德三年虎傷人

按宋史太祖本紀不載　按十國春秋吳越忠懿王世家乾德三年秋七月有虎出於龍山凡傷數十人捕之踰旬而獲

乾德四年兔食稼

按宋史太祖本紀四年八月丙辰普州兔食稼

乾德五年有象自至京師

按宋史太祖本紀不載　按五行志云云

開寶七年獲白鹿

按宋史太祖本紀不載　按玉海開寶七年瓊州獻白鹿加仙鹿旂

開寶八年驚獸及虎傷人

按宋史太祖本紀不載　按五行志八年四月平陸縣驚獸傷人遣使捕之生獻十頭十月江陵府白晝虎入市傷二人

太宗太平興國三年虎暴

按宋史太宗本紀不載　按五行志太平興國三年果閬蓬集諸州虎爲害遣殿直張延鈞捕之獲百獸俄而七盤縣虎傷人延鈞又殺虎七以爲獻

太平興國七年虎傷人

按宋史太宗本紀不載　按五行志七年虎入蕭山縣民趙馴家害八口

雍熙元年嵐州獻麟

按宋史太宗本紀雍熙元年冬十月癸巳嵐州獻牝獸一角

按燕翼貽謀錄太平興國九年十月癸巳嵐州獻獸一角似鹿無斑角端有肉性馴善詔羣臣參驗徐鉉滕中正王佑等上奏曰麟也宰相宋琪等賀按是年改元雍熙而稗官家仍稱興國九年

按玉海太平興國九年十月癸巳嵐州獻牝獸一角角端有肉詔羣臣參驗徐鉉等以爲祥麟有用作祥麟曲仁獸效祥星杓耀芒在郊毓質游畤呈祥

雍熙二年均州獻麒

按宋史太宗本紀二年閏九月己亥獻一角獸

按玉海二年閏九月己亥坊州進一角獸御崇政殿名近臣等觀之昔嵐貢者麟今坊貢者麒命豢于苑中本紀作均州玉海作坊州互異

雍熙四年獲犀白兔

按宋史太宗本紀不載　按五行志四年有犀自黔南入萬州民捕殺之獲其皮角

按玉海四年七月辛巳銀州獻白兔

至道元年虎傷人獲白兔

按宋史太宗本紀不載　按五行志至道元年六月梁泉縣虎傷人

按玉海至道元年四月二十九日乙巳知通利軍錢昭序表獻部內所產赤烏白兔各一表云烏稟陽精兔昭陰瑞報火德繁昌之兆示金方柔服之符念茲希世之珍罕有同時而見望宣付史館從之上謂侍臣曰烏色正如渥丹信火德之應也五月戊辰開封尹壽王上言太康縣招慶鄉華陽村民獲黑兔一以獻帝謂宰臣曰黑兔之來國家之慶也呂端對曰黑者北方之色兔即陰類將有北邊之寇稽首於北闕之下者乎

淳化元年以蹄角之瑞宣付史館虎暴

按宋史太宗本紀不載　按五行志淳化元年十月桂州虎傷人詔遣使捕之

按玉海淳化元年四月殿中丞宋炎言皇帝御極以來瑞牒昭著蹄角之瑞二十有六願以付史館從之

眞宗咸平二年虎鬬

按宋史眞宗本紀不載　按五行志咸平二年十二月黃州長析村二虎夜鬬一死食之殆半占云守臣災明年知州王禹偁卒

咸平四年獲白兔

按宋史眞宗本紀不載　按玉海四年五月戊子亳州貢白兔詔還之

咸平六年狐出皇城內

按宋史眞宗本紀不載　按五行志六年十月乙酉有狐出皇城東北角樓歷軍器庫至夾道獲之

大中祥符元年獲白兔

按宋史眞宗本紀不載　按玉海大中祥符元年十月乙未光密州貢白兔

大中祥符四年獲白鹿白兔

按宋史眞宗本紀不載　按玉海四年正月庚子綿上得白鹿陳堯叟取以獻八月丁未亳州獻白兔

大中祥符六年獲白兔

按宋史眞宗本紀不載　按玉海六年八月甲子興元獻白兔

大中祥符七年獲白鹿

按宋史眞宗本紀不載　按玉海七年二月幸亳州以眞源所進靈芝白鹿列天書前

大中祥符九年虎晝入稅場獲白兔

按宋史眞宗本紀不載　按五行志九年三月杭州浙江側晝有虎入稅場巡檢俞仁祐揮戈殺之

按玉海九年九月遂州獻白兔

天禧三年獲白鹿

按宋史眞宗本紀不載　按玉海天禧三年十月十八日後苑觀滑州所獻白鹿

仁宗天聖九年獲白兔

按宋史仁宗本紀不載　按五行志天聖九年五月宿州獲白兔六月廬州獲白兔

明道二年獲白兔

按宋史仁宗本紀不載　按五行志明道二年六月唐州獲白兔

皇祐三年獲白兔

按宋史仁宗本紀不載　按五行志皇祐三年十二月泰州獲白兔

嘉祐三年交阯貢異獸

按宋史仁宗本紀不載　按五行志嘉祐三年六月丁卯交阯貢獻異獸二初本國稱貢麒麟狀如牛身被肉甲鼻端有角食生芻果必先以杖擊其角然後食旣至而樞密使田況辨其非麟詔止稱異獸

按玉海嘉祐三年六月丁卯交阯貢異獸二八月二十五日癸亥御崇政殿名輔臣等觀之司馬光作交阯獻奇獸賦其狀熊頸而烏喙豨首而牛身與夫雕題卉服之士南金象齒之珍款紫闥而坌入充彤庭而並陳翔舞太和涵濡茂澤殊俗嚮臻靈獸來格雖漢世之初黑鷴貢於絕徼周家之隆白雉通于重譯不足方也

神宗熙寧元年獲白兔白鹿

按宋史神宗本紀不載　按五行志熙寧元年九月撫州獲白兔

熙寧四年獲白兔

按宋史神宗本紀不載　按五行志四年九月廬州獲白兔

徽宗政和五年獲白兔

按宋史徽宗本紀不載　按五行志政和五年十二月安化軍獲白兔六月泰州軍獲白兔

政和七年獲白兔

按宋史徽宗本紀不載　按五行志七年二月達州獲白兔

宣和元年獲黑兔

按宋史徽宗本紀不載　按五行志宣和元年十月淄州獲黑兔

宣和三年產麟

按宋史徽宗本紀三年夏四月癸巳海州牛生麒麟

宣和七年狐升御榻

按宋史徽宗本紀七年九月有狐升御榻而坐　按五行志七年秋有狐由艮岳直入禁中據御榻而坐詔毀狐王廟

高宗紹興十一年虎入城

按宋史高宗本紀不載　按五行志紹興十一年海州屬金悉空其民安江後二十年有二虎入城人射殺之虎亦搏人明年魏勝舉州來歸亦空其民漢龔遂曰野獸入宮室宮室將空虎豕皆毛孽也

紹興十三年雷震羣狐

按宋史高宗本紀不載　按五行志十三年南康縣雷雨羣狐震死於岩穴中岩石皆爲碎

紹興二十二年猫生子三足

按宋史高宗本紀不載　按五行志二十二年劉彭老家猫產數子皆三足

孝宗乾道七年象食稼

按宋史孝宗本紀不載　按五行志乾道七年潮州野象數百食稼農設穽田間象不得食率其羣圍行道車馬斂穀食之乃去

淳熙二年羣狐掠人

按宋史孝宗本紀不載　按五行志淳熙二年江州馬當山羣狐掠人

淳熙十年熊虎入民舍相搏死

按宋史孝宗本紀不載　按五行志十年滁州有熊虎同入樵民舍夜自相搏死

光宗紹熙元年猫生子八足二尾

按宋史光宗本紀不載　按五行志紹熙元年三月臨安府民家猫生子一有八足二尾

紹熙四年虎暴

按宋史光宗本紀不載　按五行志四年鄂州邑縣虎爲人患

紹熙五年獲白兔

按宋史光宗本紀不載　按五行志五年八月揚州獻白兔侍御史章穎劾守臣錢之望以孽爲瑞占曰國有憂白喪祥也是歲光宗崩

寧宗慶元六年獻瑞象

按宋史寧宗本紀不載　按玉海慶元六年十月眞里富國獻瑞象

嘉泰二年獻瑞象

按宋史寧宗本紀不載　按玉海嘉泰二年九月眞里富國獻瑞象

開禧元年獻瑞象

按宋史寧宗本紀不載　按玉海開禧元年八月眞里富國獻瑞象

度宗咸淳九年虎出於市

按宋史度宗本紀不載　按五行志咸淳九年十一月辛卯黎明有虎出於揚州市毛色微黑都撥發官曹安國率民家子數十人射之制置使李庭芝占曰干日之內殺一大將於是醢其肉於城外而厭之

金

熙宗皇統五年牛生麟

按金史熙宗本紀皇統五年閏十月戊寅大名府進牛生麟

宣宗元光元年獲白兔

按金史宣宗本紀不載　按五行志元光元年十月上獵近郊獲白兔羣臣以爲瑞明日御便殿置鈴於項將縱之兔驚躍不已忽斃几上

元光二年虎傷人狐狼哭

按金史宣宗本紀不載　按五行志二年十一月開封有虎害人是時屢有妖怪二年之中白日虎入鄭門吏部及宮中狐狼鬼夜哭於輦路烏鵲夜驚飛鳴蔽天十二月宣宗崩

哀宗正大元年獲白兔

按金史哀宗本紀不載　按續文獻通考正大元年正月邠州節度使移剌术納阿卜進白兔詔曰得賢輔佐年穀豐登此上瑞也焉用此爲令有司資道里費縱之本土

元

太祖十九年角端見

按元史太祖本紀十九年帝至東印度國角端見班師

世祖至元二十四年獲奇獸

按元史世祖本紀至元二十四年三月丙辰馬八兒國遣使獻奇獸一類騾而巨毛黑白間錯名阿塔必即

至元二十八年獲黑虎

按元史世祖本紀二十八年八月乙酉雲南捕黑虎

武宗至大四年仁宗即位牛產麟

按元史仁宗本紀至大四年三月庚寅即位六月丁巳大同路宣寧縣民家產犢而死頗類麒麟車載以獻左右曰古所謂瑞物也帝曰五穀豐熟百姓安業乃爲瑞也

順帝至正九年麒麟生

按元史順帝本紀至正九年三月陳州麒麟生不乳而死

至正十年狼狽爲害

按元史順帝本紀不載　按五行志十年彰德境內狼狽爲害夜如人形入人家哭就人懷抱中取小兒食之

至正二十二年豕生象

按元史順帝本紀不載　按長洲縣志至正二十二年民張明三家豕生白象三日而斃

至正二十三年虎入縣治

按元史順帝本紀不載　按五行志二十三年正月福州連江縣有虎入於縣治

至正二十四年白晝獲虎

按元史順帝本紀不載　按五行志二十四年七月福州白晝獲虎於城西

明

太祖洪武二年產麟虎爲害

按江南通志洪武二年五河孝感鄉產麒麟

按福建通志洪武二年虎縱橫村落傷人畜無紀有杜門者虎踰垣壞壁而入噬之

洪武五年獻白兔

按明通紀洪武五年八月河南民獻白兔命放之野

洪武二十年虎暴

按福建通志洪武二十年德化里虎爲從羣虎四出有白晝噬人於牖下者民緣是死亡轉徙相續戶口耗田野荒

洪武三十年虎入城

按江西通志洪武三十年冬十一月瑞州虎入城

成祖永樂二年周王橚獻騶虞

按明昭代典則永樂二年九月周王橚來朝且獻騶虞百僚稱賀上謂侍臣曰祥瑞之來易令人驕是以古之明王皆遇祥自警未嘗因祥自怠警怠者國之安危繫焉騶虞若果爲祥在朕更當加慎是日宴周王於華蓋殿賜其從官宴於中右門

按河南通志永樂二年八月禹州神后山產騶虞周王獲獻於朝

永樂十一年曹縣獻騶虞

按明通紀永樂十一年山東曹縣獻騶虞尚書呂震奏騶虞上瑞請率羣臣上表賀上曰百穀豐登雨暘時順家給人足此爲上瑞騶虞何與民事不必賀震固請上曰大臣之道當務爲國爲民汝能效李沆爲人則善矣震退上顧侍臣曰震可謂不學無術者也

按山東通志永樂十一年五月騶虞見曹縣安陵都主簿應汝濟獲以獻

永樂十三年麻林國進麒麟

按大政紀永樂十三年十一月禮部尚書呂震奏麻林國進麒麟請羣臣上表賀勿許上曰往日翰林院修五經四書大全成欲上表進賀朕則許之麒麟有無何所損益其已之

按江西通志永樂丙申年袁州猛虎害人僉事黃翰爲驅虎文禱於神以逐之

永樂十六年陝西獻元兔交阯占城貢瑞象

按明昭代典則永樂十六年陝西耀州民獻元兔禮官請賀不許

按明通紀永樂十六年正月上以元兔圖并羣臣所上表及詩文賜皇太子以書諭曰此陝西耀州民獻元兔羣臣以爲瑞且謂朕德所致上表稱賀又有獻詩頌美者朕心惕然愧之夫賢君能敬天恤民致勤于理則有以感名和氣屢致豐年海宇清明生民樂業此國家之瑞也彼一物之異常理有之且吾豈不自知今雖邊鄙無事而郡縣水旱往往有之流徙之民亦未嘗無豈至理之時哉而一兔之異喋喋爲諛夫好直言則德日廣好諛言則過日增爾將來有宗社生民之寄羣下有言不可不審之理但觀此表及詩即理瞭然而情不能遁矣

按名山藏永樂十六年十一月交阯占城諸國來貢瑞象羣臣應制撰詩

永樂十九年獲白兔

按名山藏永樂十九年十月河間縣進白兔

宣宗宣德元年騶虞見獲白兔野獸食人

按明通紀宣德元年三月騶虞復見楊榮獻頌

按江南通志宣德元年江都縣獲白兔

按浙江通志宣德元年象山縣野獸食人

宣德四年騶虞見獲元兔白兔

按明通紀宣德四年正月騶虞見于南京畿內之來安縣守臣得之以獻二月寧夏總兵寧陽侯陳懋進元兔白兔各一上賜以龍衣玉帶璽書獎諭

按明昭代典則宣德四年二月襄城伯李隆獻騶虞二云出滁州來安縣石固山素質黑文馴狎不驚上命羣臣觀之胡濙等請上表上曰禎祥之興必有實德庶幾副之朕嗣位今四年中外所任豈皆得人民生豈皆得所騶虞之祥於德弗類唐太宗嘗曰堯舜在上百姓敬之如神明愛之如父母動作興事人皆樂之發號施令人皆悅之是大祥瑞朕與卿等宜共謹之若騶虞其免賀

按大政紀宣德四年四月寧夏守臣復進元兔大學士楊士奇進瑞應詩初春二月已進至是復進

宣德七年海外獻麒麟

按大政紀宣德七年甲寅南海外諸番國各獻麒麟凡四少傅楊士奇等進頌

宣德九年獲白兔

按河南通志宣德九年磁州西佐里獲白兔

英宗正統二年虎暴

按江南通志正統二年嘉定寶山虎成羣噬人

按福建通志正統中虎兕縱橫

代宗景泰四年野獸入人室

按江西通志景泰四年樂平野獸入人宅

英宗天順三年虎暴

按福建通志天順三年莆田北山虎食人山中數月絕人跡

天順五年虎暴

按廣東通志天順五年冬十月廣州城西有暴虎通判黃諫有祛虎文

天順十三年虎入城

按福建通志天順十三年三月虎入寧德城

憲宗成化三年虎暴

按潞州志成化三年州境虎白日噬人都御史李侃移文捕之

成化五年虎暴

按江西通志成化五年萬載縣東郊虎出噬人

成化十八年獲飛虎

按廣東通志成化十八年春正月物如虎飛入於文廟十五夜有物如飛虎比猶犬兩翅如蝙蝠忽自水南飛至學右楮桐上捕獲之

成化二十三年虎暴

按四川總志成化二十三年江津虎患縣令黃昭禱於神息之

孝宗弘治元年異獸浮空虎暴

按明外史姜洪傳暢亨字文通巡按浙江洪治元年二月景寧縣屏風山異獸萬餘大如羊色白銜尾浮空去亨請罷溫處銀課而眞鎮守中官張慶於法章下所司銀課得減責慶陳狀慶因訐亨廉察不公停亨俸三月

按湖廣通志弘治元年安陸虎入城爲害
弘治二年虎狼噬人
按山西通志弘治二年秋七月河曲虎狼噬人
弘治六年熊入城
按湖廣通志弘治六年八月常德熊入城傷六人
弘治九年熊入城
按眉公見聞錄弘治九年八月十三日西直門外迤北走出黑熊一隻扒蹦上城唖口行走當被官軍趕逐下地咬死幷傷男子各一人熊者陽物在山彊力壯毅山野之獸也而突出上城且爲人患近毛孽也
弘治十一年熊入城
按明昭代典則弘治十一年夏六月京師西直門熊入城守衛人不知覺有被傷者大司馬文升謂野獸入城非宜旣叅問守衛者因乞嚴武事以備賊盜何孟春謂同列曰熊之爲兆旣當備盜亦須愼火同列莫曉未幾城內在處有火災禮部燬焉或問孟春此於占出何書春曰余不曉占書曾記宋人記紹興己酉永嘉前數日有熊自南渡至城下州守高世則謂其倅趙允縚曰熊于字能火郡中宜愼火燭果延燒官民舍十七八余憶此事而云耳不意其亦驗也
弘治十三年虎狼爲害
按廣西通志弘治十三年九月虎狼爲民害
弘治十五年虎入城
按江西通志弘治十五年九江瑞州虎入城
武宗正德三年獲白鹿騰衝虎暴
按山西通志正德三年石州獲白鹿知州張克恭以獻
按貴州通志正德三年騰衝多虎
正德四年獲白鹿
按山西通志正德四年典縣獻白鹿
正德十年虎入刑官署
按陝西通志正德十年郃陽縣有虎自梁山來踰城入按察使署升大槐樹咆哮甚厲
正德十一年獲飛熊
按湖廣通志正德十一年十二月麻城熊飛過縣至北郊獲之
正德十二年虎入城
按江西通志正德十二年浮梁虎入城
按廣西通志正德十二年慶遠府虎入城爲害廂鄉之民死於虎者甚衆
正德　年有虎患
按同安縣志正德末年有虎患小坪民有捕石鱗魚者夜墮虎穴中比曉視之有虎子三穴深陡無所緣自分必死矣俄而虎噬一豕入張目而眥者久之乃噉其豕爲四三與子一與捕魚者復跑而上後數歸皆然捕魚者始甚苦之卒勉食如是者閱六七日一夕虎三負其子以出已復躍而下捕魚者遂跨其背以上相隨至林薄外捕魚者謂虎曰而恩我至矣他日至我鄉吾願以牛爲謝抵家數月鄉人檻得一虎捕魚者聞之前謂鄉人曰若輩且勿加害是無乃生我者乎從檻外視之已不復識別乃謂虎曰虎果生我者則三號以爲信虎帖尾俛首而號者三捕魚者大呼曰是矣是矣遂宰所耕牛以食衆而出之
世宗嘉靖元年騾生駒
按陝西通志嘉靖元年華陰北社民李名騾生二駒
嘉靖四年兔生二首虎入學宮
按陝西通志嘉靖四年臨洮獲兔二首四目
按湖廣通志嘉靖四年永興有虎入于學宮
嘉靖五年虎暴熊入城
按江西通志嘉靖五年五月鄱陽德化多虎
按湖廣通志嘉靖五年石門熊入縣治
嘉靖七年虎暴
按福建通志嘉靖七年將樂多虎縣簿洪俊敎民穽捕之
嘉靖十一年獲白兔
按四川總志嘉靖十一年萬縣產白兔巡撫宋滄獻于朝
嘉靖十二年獲白兔白鹿
按河南通志嘉靖十二年閿鄉獲白鹿
按大政紀嘉靖十二年三月巡撫南畿都御史陳試奏獻白兔命留內苑飼養今後非正瑞自至者勿奏
嘉靖十三年麒麟生
按河南通志嘉靖十三年三月鹿邑麒麟生
嘉靖十四年產麟獲異獸虎入郭
按山西通志嘉靖十四年四月石州產麒麟州東四十里王谷莊李賽家牛將生犢黃氣滿廐牛臥終日不能生旣生形如麕尾似牛
按廣東通志嘉靖十四年臨高獲異獸如豕而黑有花紋自黎山出演武場識者以爲黎叛之兆其後果然
按廣西通志嘉靖十四年夏五月初五日有虎入太

平郭白晝不去居民殺之十五日虎又入郭不去民又殺之廿五日虎又入郭民悉殺之三虎相繼入郭而亡

嘉靖十五年虎爲害

按廣西通志嘉靖十五年八月興業縣猛虎爲害民禱於城隍七虎斃於一日

嘉靖十七年獲五足鹿虎入人宅乳子

按陝西通志嘉靖十七年建安堡獲五足鹿

按湖廣通志嘉靖十七年沔陽虎入人宅乳子入千戶王詔宅乳二豹一虎忽不見

嘉靖二十四年熊入人家

按四川總志嘉靖二十四年巫山熊入人家

嘉靖二十五年狠災

按山西通志嘉靖二十五年六月狠災有狠盛集於野食童兒數十人

嘉靖三十年彪食人

按江西通志嘉靖三十年破山來一彪似虎而大毛體尖喙二日而噬十七人

嘉靖三十四年虎傷人

按福建通志嘉靖三十四年將樂虎傷人縣藉民爲鄉兵民苦之

嘉靖三十六年獲白鹿

按浙江通志嘉靖三十六年冬至定海獲白鹿胡宗憲上之

嘉靖三十七年獲白鹿

按大政紀嘉靖三十七年四月侍郎胡宗憲獻白鹿總督浙綫侍郎胡宗憲表獻白鹿嚴嵩等表賀閏七月胡宗憲復獻白鹿

嘉靖三十九年有猿如人傷人

按雲南通志嘉靖三十九年武定獅子山有白猿形大肖人值之者多傷集衆射殺之

嘉靖四十年獲白鹿白兔

按大政紀嘉靖四十年正月陝西獻白鹿時白鹿出商南山萬壽宮萌芝叢中土人得之撫臣械鹿采芝以獻群臣表賀二月南京錦衣衛指揮徐繼勛進獻白兔群臣表賀

嘉靖四十三年產麟熊入城

按河南通志嘉靖四十三年西平民寇忠家產麟其家以爲怪斃之知府徐中行感而作瑞麟圖贊

按廣西通志嘉靖四十三年癸亥秋七月太子府有熊入郭居民殺之其蹤後夜至數夕而去

嘉靖四十四年虎暴

按贛州府志嘉靖四十四年乙丑安遠縣虎四出白晝噬人知縣李多祚懸重賞募力士捕之旬日而獲十三虎明年督兵征下歷過太平堡一巨蛇當道多祚拔劍斬之未幾賊平人謂蛇虎爲先兆云

按四川總志嘉靖四十四年八月虎復爲害

嘉靖四十五年野鹿入城

按廣西通志嘉靖四十五年正月荔浦縣野鹿入城

穆宗隆慶元年豹入郡

按福建通志隆慶元年五月有豹入郡通淮門至於教場獲之

隆慶三年獲白鹿

按山東通志隆慶三年正月朔樂安新鎮場獲白鹿一其月復獲白鹿一

隆慶四年產騶虞

按四川總志隆慶四年武隆大漢河產騶虞爲鄉民所斃

隆慶六年白晝獲虎

按廣西通志隆慶六年六月龍隱山白晝獲虎

神宗萬曆元年虎暴

按廣西通志萬曆元年融縣清流鎮南寨一帶鄉村虎出害人數年乃息虎三五成羣遂鬧數十人行就中搏一人而去置之復來遂取人晚踰牆升屋晝於村傍搏噬無虛日時倉官莫賽經置鎮建醮禳之錄被害者附醮壇薦度已得男女老幼三百餘又數年乃息不啻千餘命矣厥後數十里田荒人竄村落丘墟

按雲南通志萬曆元年三月曲靖虎入市

萬曆二年獲白兔虎伏城

按山西通志萬曆二年秋八月高平獲玉兔

按四川總志萬曆二年東鄉縣虎伏城郭

萬曆五年虎入城

按貴州通志萬曆五年威清虎入城害三百餘人

萬曆九年貓生子二頭三足

按貴州通志萬曆九年黎平貓生子一身二頭三足

萬曆十三年產麟

按河南通志萬曆十三年光山縣產麟有司以事聞取其皮藏之內府

萬曆十四年虎入城

按四川總志萬曆十四年秋七月重慶虎入城

萬曆十五年虎暴

按廣西通志萬曆十五年長安鎮虎災舊鎮上樂極村男婦幾五十口噬之餘十八人別村未若是酷者有靖州猺師至得四虎其患乃息融虎傷例請師人超度亡化故師篜利之每誑民此虎乃馮家所放神虎不可殺殺之將自及愚民信之間有得虎者奸猾恐以皮不送官將舉首爾故惕惕不敢加一矢

萬曆十六年狼災

按山西通志萬曆十六年春交城狼災傷人甚多六月復為害

萬曆十七年虎入城白鹿見

按江西通志萬曆十七年秋七月萍鄉五虎入城瑞州荷山白鹿見

萬曆二十一年豹入城

按雲南通志萬曆二十一年豹入臨安南門

萬曆二十二年巨鹿見

按江南通志萬曆二十二年上海有鹿高丈餘重五百餘斤

萬曆二十四年獲白兔

按山西通志萬曆二十四年冬十二月高平獲白兔

萬曆二十六年虎暴

按貴州通志萬曆二十六年興隆虎患食百餘人

萬曆二十七年狼暴

按山東通志萬曆二十七年正月聊城等地方有狼遍野

萬曆三十二年獲白兔

按江西通志萬曆三十二年冬十月九日南康獲白兔二

萬曆三十六年騾口吐駒

按河南通志萬曆三十六年冬裕州民家騾口吐一駒大如兔正赤色守欲上其事尋以為怪止之

萬曆三十九年虎入黌宮

按福建通志云云

萬曆四十年有異獸渡海

按福建通志萬曆四十年秋有獸渡海入惠詳形類羊大如馬

萬曆四十七年虎暴

按四川總志萬曆四十七年茂州山移江津羣虎為害

熹宗天啓六年虎暴

按山西通志天啓六年六月靈丘縣虎傷人離城三十里去南山五里有猛虎七個止見三虎伏臥傷人三口傷驢三頭傷犬三隻地方受害狩人不能制

按江西通志天啓六年高安虎四出能上舟登樓開門破壁殺數十人

天啓四年產雙麟

按陝西通志天啓四年關川里產雙麟將獻之京師至西安城外死瘞之今城南有雙麟塚

愍帝崇禎四年熊入城

按陝西通志崇禎四年有熊入西安府城不傷人號熊居士人爭飼之

崇禎八年狼害人

按山西通志崇禎八年蒲州多狼殺童婦無算

崇禎九年狼災

按山西通志崇禎九年隰州永和陽城狼災食人甚多

崇禎十年飛虎見

按江西通志崇禎十年饒州有飛虎自西北來止於鄱陽之義倉其狀虎頭鳥翼

崇禎十一年騾產駒

按湖廣通志云云

崇禎十二年產白兔豹入城

按陝西通志崇禎十二年關中產白兔市鬻者甚衆

按貴州通志崇禎十二年夏四月豹入省城獲之隨大風拔木屋瓦皆飛

崇禎十三年獲白兔

按廣西通志崇禎十三年庚辰恭城鄉民獻白兔

崇禎十四年狼災

按山西通志崇禎十四年靈石狼災噬人

按湖廣通志崇禎十四年十二月狼入鍾祥南門城樓鴟吻吐烟二日

崇禎十五年狼入城

按山東通志云云

崇禎十六年狼暴

按山東通志崇禎十六年益都淄河中狼行五六成羣前司街羣鬼夜哭年餘不息

欽定古今圖書集成曆象彙編庶徵典

第一百七十一卷目錄

庶徵典第一百七十一卷

獸異部總論

春秋四傳

莊公十七年

春秋冬多麋

公羊傳何以書記異也

胡傳麋魯所有也多則爲異以其又害稼也故書此亦禹放龍蛇周公遠犀象之意也害稼則及人矣

(大全)何氏曰言多者以多爲異也　山陰陸氏曰陰盛所感惡氣之應

王充論衡

遭虎篇

變復之家謂虎食人者功曹爲姦所致也其意以爲功曹衆吏之率虎亦諸禽之雄也功曹爲姦采漁於吏故虎食人以象其意夫虎食人人亦有殺虎謂虎食人功曹受取於吏如人食虎吏受於功曹也乎案世清廉之士百不能一居功曹之官皆有姦心私舊故可以倖苞苴賂遺小大皆有必謂虎是野中之虎常害人也夫虎出有時猶龍見有期也陰物以冬見陽蟲以夏出出應其氣氣動其類參伐以冬出心尾以夏見參伐則虎星心尾則龍象象出而物見氣至而類動天性之性也動於林澤之中遭虎搏噬之時稟性狂勃貪饕飢餓觸自來之人安能不食人之筋力羸弱不適巧便不知故遇輒死使孟賁登山馮婦入林亦無此害也孔子行魯林中婦人哭甚哀使子貢問之何以哭之哀也曰去年虎食吾夫今年食吾子是以哭哀也子貢曰若此何不去也對曰吾善其政之不苛吏之不暴也子貢還報孔子孔子曰弟子識諸苛政暴吏甚於虎也夫虎害人古有之矣政不苛吏不暴德化之足以却虎然而二歲比食二人林中獸不應善也爲廉不應姦吏亦不應矣或曰虎應功曹之姦所謂不苛政者非功曹也婦人廉吏之部也雖有善政安耐化虎夫魯無功曹之官功曹之官相國是也魯相者殆非孔墨必三家也爲相必無賢操以不賢居權位其惡必不廉也必以相國爲姦令虎食人是則魯野之虎常食人也水中之毒不及陵

上陵上之氣不入水中各以所近罹殃取禍是故溺者不死於山獵者不溺於淵好入山林窮測深涉虎窟踐虎搏噬之何以爲變魯公牛哀病化爲虎搏食其兄同變化者不以爲怪入山林草澤見害於虎怪之非也蝮蛇悍猛亦能害人行止澤中於蝮蛇應何官吏蜂蠆害人入毒氣害人入水火害人人爲蜂蠆所螫爲毒氣所中爲火所燔爲水所溺又誰致之者苟諸禽獸乃應吏政行山林中麋鹿野猪牛象熊羆豺狼蜼蠼皆復殺人苟謂食人乃應爲變蚤虱蚊虻皆食人人身强大故不至死倉卒之世穀食之貴百姓饑餓自相啖食厭變甚於虎變復之家不處苛政且虎所食非獨人也含血之禽有形之獸虎皆食之人謂應功曹之姦食他禽獸應何官吏夫虎毛蟲人倮蟲毛蟲餓食倮蟲何變之有四夷之外大人食小人虎之與蠻夷氣性一也平陸廣都虎所不由也山林草澤虎所從出也必以虎食人應功曹之姦是則平陸廣都之縣功曹常爲賢山林草澤之邑功曹常伏誅也夫虎食人於野應功曹之姦虎時入邑行于民間功曹游於閭巷之中乎實說虎害人於野不應政其行都邑乃爲怪夫虎山林之獸不狎之物也常在草野之中不爲馴畜猶人家之有鼠也伏匿希出非可常見也命吉居安鼠不擾亂祿衰居危鼠爲殃變夫虎亦然也邑縣吉安長吏無患虎匿不見長吏且危則虎入邑行于民間何則長吏光氣已消都邑之地與野均也推此以論虎所食人亦命時也命訖時衰光氣去身視肉猶尸也故虎食之天道偶會虎適食人長吏遭惡故謂爲變應上天矣古今凶驗非惟虎也野物皆然楚王英宮樓未成鹿走上階其徒果薨魯昭公且出鸜鵒來巢其後季氏逐昭公昭公奔齊遂死不還賈誼爲長沙王傅鵩鳥集舍發書占之曰主人將去其後遷爲梁王傅懷王好騎墜馬而薨賈誼傷之亦病而死昌邑王時夷鴣鳥集宮殿下王射殺之以問郎中令龔遂龔遂對曰夷鴣野鳥入宮亡之應也其後昌邑王竟亡盧奴令田光與公孫弘等謀反其時且覺狐鳴光舍屋上光心惡之其後事覺坐誅會稽東部都尉禮文伯時羊伏廳下其後遷爲東萊太守都尉王子鳳時麏入府中其後遷丹陽太守夫吉凶同占遷免一驗俱象空亡精氣消去也故人且亡也野鳥入宅城且空也草蟲入邑等類衆多行事比肩略舉較著以定實驗也

獸異部藝文一

上白兔表　梁簡文帝

瑞表丹陵祥因舊沛四靈可邁既驗玉衡之精千歲變采有符明月之狀豈殊井岫之羽來止帝梧庶比素質之禽得游君囿

齊王進白兔表　北周庾信

臣聞輿圖欲遠則玉虎晨鳴轍迹方開則銀麐入貢伏惟陛下明明在上翼翼居尊德動天關威移地軸是以風煙照爛毛羽禎祥史不絕書府無虛日臣受服元戎用綏邊鄙轅門所居始丈熊山前茅慮無乃獲白兔光鮮越雉色麗秦狐月德徵符金精表瑞呈祥與頌効異披圖尊敬之迹既明應事之機斯兆臣之龔行實從陝略瑞以素質彌雄西氣庶重承廟筭方事中威掩代偃齊分韓裂趙不任凫藻踴躍之情

賀麟跡表　唐李嶠

臣某言今月十六日聖上擬檢行安置大像處其夜舊著大像曜儀院內從南行向北總有八十一麟跡見外無入處內有出蹤靈貺潛開禎符顯發惟此仁獸獨冠毛羣識變知機通靈感化悟金輪之欲轉卽見殊祥知玉輦之方游先呈異跡九九爲數明曆算之無疆濯濯咸歌見休明之有應五蹄顯五方之會一角彰一統之符式廣鴻基方弘象教昔有鳳巢軒閣纓冕相趨龍止堯壇神祇動色豈若祥開紫掖瑞感元樞發渾萬劫之符幽贊三天之果美超五籍珍越四靈曠千古而不聞超九皇而獨遠臣濫承驅策親覩嘉祥欣躍之情實倍恆品無任抃躍之至謹奉表陳賀以聞伏請頒示天下錄付史館

上林白鹿賦　蕭昕

大哉聖德望之如雲苑囿期廣動植惟分匪狙獷之猶狨將煦育于氤氳伊生靈之遂性實咸若于吾君爰白鹿之呈瑞時或友而或羣夫其充牣禁苑喜樂王國庇豊草而擇陰感食苹而懷德奮角觡以共觝絜珪璋而混色將攸處以寢興非挺走而畏遇既而濯濯不羣呦呦慕類狎威鳳以來格侶騶虞而必萃笑元豹以深藏哂飛黃而遠致貞姿皎皎若皓鶴之羣驚逸足駸駸齊素鸞而麇至然後飲刷銅沼咆哮

瓊田忽往顧以騰倚時決驟以周旋分形雪散曳影霜懸豈有虞之可即將不羈於來年嘉禎祥之胼璽知君德之屆天大矣哉固當不愛其道不藏其珍我澤如浸我惠如春矧微既之不腆豈足彰乎至仁者哉伊茲獸之匪陋亦大塊之品物感淳和之相蒸會禎祥之駿發將因質以受彩豈不緇而自伐與芻狗之陶甄光圖牒之剪拂泱泱大風盛德惟充嗟不識之狂簡願賡歌于帝功歌曰德由庚兮羣物湊協嘉祥兮擾靈獸感訢合於天符遂充塞于君囿

上林白鹿賦　李蒙

仰彼元化稽乎典墳驗休徵於列辟知至理於有君遠方圖物不寶旅獒之貢靈契潛感豈惟鳴鳳之聞降百祥之昭晰和四氣之氤氳粵有奇獸言彰聖德賁然來思載白其色才麌麌以呈既不呦呦于野食謝仙家之騰倚蹄御苑而棲息于是上囿幽閑禁林清祕烱如玉立皎若霜華場町疃於池沙影光芒於山翠皇心愉兮德所感衆目駭兮榮其至畫輻爲飾能隨太守之車絲纊稱珍可薦王侯之位且夫勁角晧身縞色呈鮮應皇家之盛德當聖運之承天足使殷帝之狠恥擅衛鈞之瑞吳門之馬暫當曳練之妍其來也則天祚明德神推有仁故以奇質表瑞非爲育珍其擾也則一人有道四海無拂故知以惠性含和寧將玩物宜其禎祥遠暢聖範光宄保康功于勿代彌大命于無窮賦曰元化凝兮神功就瑞獸格兮充君囿質皜耀以霜潔角淋漓而玉秀恥射兔于東遊笑獲麟于西狩惟皇靈之介福固永命而何究

白鹿來賴賦　許季同

政洽於下物惟表神彼奔走之絕類忽馴擾而歸仁爾來于軒豈陳立而効感我行其野將勸農以務春眷芳林之躚躚偶大車之轔轔觀其煩足高步迴還左顧參能軾而左右分光望旌旗而疾徐有度惟德是擇惟賢是輔觀皓影之來儀諒和風之克布翯晶眞明霜濃雪輕標玉質貫金精始呦呦而雙止終麌麌而偕行載馳載驅軼轉塵於後乘乍騰乍倚驚逸鶩于前旌映丹帷之暉煥陪露冕之光榮懷仁於衞君之轂忘味於食野之苹則福履攸綏神休是格翼戴高驚徜徉廣陌不驚不懼彰爾性之閑和克皎克明契我躬之潔白躑躅徘徊飲化而來政言可矣人詠康哉表靈慶而有同神鳳狎馴養而不異龍媒懿彼僊都誕茲靈獸勁角晧身鮮光挺秀行而擇地偃町疃于道塗出或以明靡棲息于園囿老聃之御徒迷王母之乘何陋剪去煩苛敷陳惠和蝗出境而奚爾珠還浦而其何曷若茲鹿擾于明義發其理而莫窮求其類而罕譬無心而應感不言而表瑞豈止其効于賤微樂驅馳于仁智而已

中書門下賀河陽獲白兔表　權德輿

臣某等言今日中使楊明義奏宜進止示臣河陽三城節度使李元淳所奏今月六日於河陽縣城南社壇獲白兔者謹按孫氏瑞應圖曰王者加恩耆老則白兔見又前史所稱多自純孝之本伏惟皇帝陛下誠合天地孝通神明元符嘉祉遐邇相屬惟此瑞獸是稱月精來應昌期皓然雪彩當聖律之暈俯勾龍之壇邦畿士亞駭視歎賀相自前歲以來中外所列凡在羽毛之族多呈皓潔之前今八陵園寢修復斯畢萬國臣僚手足相慶盛儀既展靈貺斯臻幽贊素姿若合符契臣等謬居台鼎倍萬恒情無任慶忭之至伏請宣付史館謹奉表陳賀以聞

賀白鹿表　令狐楚

臣某等言臣得進奏院狀報中書門下奏賀於醴泉縣建陵柏城獲白鹿一聖敬日躋禎祥薦至臣某謹按孝經援神契曰王者德至鳥獸則白鹿見伏惟陛下盛德配天深仁育物和氣交感出爲休徵懿此異獸擾茲奇表在崎山之側苑是隨仙來魏闕之前如將率舞天下稱述兆人歡慶昔者周因征伐而獲漢自祭祀而臻比今無爲宜有懸德臣某幸逢昭代獲覩元功欣忭之誠倍百恒品所守有限不獲隨列稱慶闕庭無任屏營踴躍之至

爲太原李說尚書進白兔狀　前人

右臣得嵐州刺史趙捉六月二十九日狀稱嵐州合河縣太平鄉太慶村收獲前件白兔差行官李希林送到者臣謹按瑞應圖曰白兔壽千年滿五百則色白又曰王者恩加耆老則白兔見臣伏以白爲正色兔實仁獸來皆有爲出必以時伏惟陛下聖壽無疆神功不宰是故太陰精魄降以爲瑞皓質玉立素毛霜垂清明不讓於殷張皎潔可齊於周鹿況村爲大慶鄉號太平無爲而成不索而得協元符之一氣彰皇德於千齡雖標中瑞之科實應太廟之曲臣忝守藩鎮覩茲休祥無任忭躍歡慶之至

賀張徐州得白兔書　韓愈

伏聞今月五日營田巡官陳從政獻瑞兔毛質皎白天馴其心其始實得之符離安阜屯田之役夫朝行

遇之迫之弗逸人立而拱竊惟休咎之兆天所以啓覺於下依類託喻事之纖悉不可圖驗非睿智博通孰克究明愈雖不敏請試辨之兔陰類也又竄居狡而伏逆象也今白其色絕其羣也馴其心化我德也人立而拱非禽獸之事革而從人且服罪也得之箝離實戎國名又附麗也不在農夫之家田而在單田武德行也不戰而來之之道也有安阜之喜焉伏聞閣下股肱帝室藩垣天下四方其有逆亂之臣未血斧鑕之屬威崩折角歸我乎哉其事兆矣是宜具跡表聞以承答天意小子不惠猥以文句微識蒙令睹茲盛美敢避不讓之責而默默耶愈再拜

賀東川麟見表　張仲素

臣某言伏見劍南東川觀察使潘孟陽奏龍州寶華山中有麟見獨角馬蹄遍身光耀幷嘉禾二十二莖至八十九穗見與鹿每來同食各畫圖函盛封進者臣聞六合同歸則麒麟至天下和一則嘉禾生伏惟陛下昭事上帝凝情衛室宵興滌慮申旦忘倦大敷至化以永時邕故得希世之祥應我皇運異質卓犖奇彩光明顧步幽岩發聞郡國神物自生於聖日靈編徒載其嘉名況大田之中衆穗斯茂沐以膏澤扇其祥風而後呈彼珍羣承茲共觝必生長畝之秀以明王者之瑞因錄所驗鄭重合符有以識上聖之心兆至和之本德超千古慶洽無疆日月所均無思不服臣等幸覩休異喜萬恆情無任抃躍之至

白兔賦　蔣防

聖理遐遠元穹效靈有兔爰止載白其形乘金氣而來居然正色因月輪而下大叶祥經豈不以應至道之神化彰吾君之德養皎如霜輝溫如玉粹其毳絲而可擬足瓊枝而取類與三窟以殊歸將五靈而共至潔朗貞質聯綿雅致名殊東郭韓盧不敢而前遊近中林蒼鷹無由得鷙其容炳異其性攸仁飲玉池而沐光不敢食瑤草而雪影長新應符守黑事異文身儻使銜鉤股帝之猥不若如令受彩以生之筆非神載寢載興或馴或擾仰天鑒以昭晰託雅林而皎晶爲太白之材用作殊祥之標表原夫陰靈所爲不識不知貞然練被炯若星馳白則我方其理且同于服順兔爲明眎其義取鑒于安危豈惟踐伏于庭側躋躍於堂垂者哉觀其閑暇沐浴鴻化笑舊蹊之浮名恥梁園之舊價俾夫守株之士幾恨窮涌邈隣之騶空悲代謝是知隱霧而憂者其文蔚反袂而嗟者其道屈曷若保貞白以暉映承聖靈之翦拂同瑞牒而登高異周書而號物所謂尤福應富禎祥事資樸素匪亞文章知獸用之不擾審天符之允臧伴祥鳥於苑囿鄰瑞鷗於池塘懿夫以道德爲筌蹄者其可忘

騶虞頌　明解縉

聖德至同天地感騶虞應嘉瑞均許有山曰神后嵩岳之輔高岩嶢榮光紫氣徵漢膏瑞藹窪並祥飆洽幽明神駿奔民懽欣月光蕩漾浮矞雲睍睍如有白石蹲非熊毛質異威若虤虎何其馴參旗旦七夕爛渡江東雲影粲如玉斯溫雪斯白白毛滃滃間花黑露溥溥凝石黑率舞明庭感聖德荷上天眷衆禎祥出簡編太平萬壽萬萬年

麒麟賦有序　夏原吉

永樂十有二年秋榜葛剌國來朝獻麒麟今年秋麻林國復以麒麟表獻其形色與古之傳記所載及前所獻者無異臣聞麒麟瑞物也中國有聖人則至昔軒轅時來遊于囿成康之世見于郊藪是後未之聞也今兩歲之間而茲瑞再至則聖德之隆天眷之至實前古所未有也宜播之聲詩以傳示無極臣忝職地官屢覩盛美不揆蕪陋謹拜手稽首而獻賦曰

惟我皇之明聖兮膺天命而御極環六合以爲家統四裔而混一化洽殊方仁覆萬物和氣所鍾禎祥疊出而仁瑞之獸所以復獻於今日者也爾其滄海之濱瑞氣郁蔥元精降精二儀合得榮光燭天煇耀赫奕山岳爲之炫映江海爲之滋液百獸爲之奔衛萬靈爲之拱翼而麒麟於是生焉豐骨神異靈毛瑩潔霞明龍首雲擁鳳臆星眸曜兮焜耀龜文燦兮煜熠牛尾拂兮生風麕身動兮散雪蹴馬蹄兮香塵接腕發肉角兮玉山貫額步無躑躅必中規而蹈矩聲無嘒閡自協商而應律固不犯乎陷阱亦豈傷乎生物是以不奮而威不猛而烈虎豹見之遁藏犀兕遇之辟易封豨巨蜒雖悍戾而誰羨麏麚豺貉顧蒻乍其何益彼漢廷之角端徒自誇其美而渥洼之神駿焉能與之匹茲實聖世之奇瑞匪有養于人力此所以海隅島夷不敢自逸乃梯山而航海于以獻于中國于是離遐陬道滄溟越重譯望帝京侑之以方物達之以至誠匪惟效職于王會蓋將昭德于聖明于是時也天門洞開袞龍在御瑞物既呈祥煙斯布散精彩于彤墀濯儀文于甘露或昂首而欲馳或跪起而

欲舞重瞳載顧百辟歡欣曰惟此獸希有之珍昔在軒轅曾一來馴暨周成康郊藪是臻歷千載而及茲乃有感于皇仁越期歲而再至寔前古所未聞是宜播之聲詩勒之金石著聖治之無窮延休徵于莫極顧微臣之謭劣覩盛美而愉懌爰稽首而獻賦頌聖德兮萬一

瑞鹿賦有序　陳璉

自古帝王之興必有禎祥以明徵應麒麟鳳凰騶虞見于文明之世者歷歷可攷欽惟皇上自登大寶仁恩弘敷禎祥疊見乃宣德五年冬有瑞鹿見于淮安海州守臣以聞有旨命平江伯率軍校捕獲以獻其色純白其性仁厚其高大異于常鹿按格物論云一千年爲蒼鹿又百年化爲白鹿是鹿也蓋天地異氣攸鍾爲聖人壽考之徵昭昭矣臣忝居喉舌之司職當宣揚國家之盛謹稽首頓首而獻賦曰

維聖皇之御曆敷仁恩于萬方啓鴻運之重熙衍國祚于無疆來諸侯之玉帛集瑞世之禎祥淮海之陽孕茲瑞鹿壽踰千齡中林攸伏皓雪其膚白玉其足瓊瑤其角日星其目其性仁厚不驚不觸其步舒徐不棘不速餐中野之苹蒿飲雲間之泉濯濯之采絢于煙霞呦呦之聲震于川陸唯天苑之可養豈人間之敢畜方離海島出現昌辰名著張宿瑞應天文匪山靈之敢閟偶虞人之見珍守臣聞知馳奏嚴宸爰命元戎率彼虎賁以畋以獵至于海濱瞻彼瑞鹿夐然出羣導以麝鹿衛以麞麚噓以和氣護以祥雲神采異常難以備云望雕籠而徑入不躑躅而安馴似脫跡于凡類而幸歸于至仁既進金門陳于丹陛日耀霜姿風含雪毳荷重瞳之榮盼致百辟之嗟異騰瑞氣于九霄沸歡聲于厚地顧惟壽考之徵顯茲文明之世遂置御苑縱其遊嬉或友麟鳳或從靈龜或侶騶虞或偶文犀渴飲兮醴泉飢餐兮瓊芝臥紫苔兮成茵嚥甘露兮如飴沐天恩兮湛露鑑清影兮瑤池誠眞仙之瑞獸應聖人之壽祺雖芙蓉園之所獲宜春苑之所畜者實不足以方之也辭曰質潔白兮毓金精性仁厚兮保長生貢天府兮協瑞徵期聖壽兮億萬齡

騶虞賦有序　胡儼

永樂二年九月丁未周王獻騶虞於朝休嘉之徵其儀穆穆臣民聚觀莫不忻躍贊嘆臣儼謹按詩序曰騶虞鵲巢之應也格物總論曰騶虞似虎白質黑文不踐生芻不食生物日行千里人君有至信之德則應之瑞應圖曰騶虞義獸也人君德至鳥獸澤洞幽冥則見凡若此者在昔徒聞于記載未若今日之覩其盛美焉蓋由聖天子德備中和建立皇極敦叙九族蕃育羣生之所致也臣儼獲際嘉祥不勝慶也謹拜手稽首而獻賦曰

惟皇仁之溥博均覆載于兩儀揭日月于中天昭運化之重熙九族翕以雍睦萬彙熙而增輝曰犇邦與蠻貊皆稽顙乎赤墀天地絪縕川嶽鍾靈迺誕異獸魁然其形質皦皦而霜白文黳黳而雲蒸目熒熒以夾鏡尾搖搖而叅身見周南之山谷乃鵲巢之休徵從二虎以爲衛豈百獸而同羣不食生物不折柔莖動則千里嘯則風生夔魖屏其醜類麒麟協乎至仁息不蔭乎惡木渴不飲乎穢津隱巖巒之烟霧遠林麓之熇塵於是虞人告祥喜溢藩王爰命輕駕八鸞鏘鏘翠蓋葳蕤錦旗悠揚綢繆長坂委蛇重岡陟險巇拔蒙茸列羽騎騰飛熊兔潛形於三窟猿罷嘯於孤峰風泛條而蕭瑟月隱香而朦朧徘徊四顧蹀躞徽蹤衆禽回翔百神護從願效奇於靈囿遂託身於顯融辭長林之寥廓就廣路之豐隆羣邪爲之辟易壯士爲之改容乃獻金門乃陳丹陛王拜稽首天子萬歲天子曰嘻惟王孝恭殿彼周邦光昭故封行通神明福祿攸同故茲獸之時出其命德之所鍾王曰天子爲天下君乃聖乃神乃武乃文功光祖考恩洽臣民德至鳥獸澤洞幽冥和氣薰蒸坱圠無垠惟以和而名和故諸福之畢陳景星燦兮璀璨卿雲紛兮輪囷禾異畝兮同穎麥兩岐兮並芬文禽青兕重譯效珍赤踶白象萬里來馴矧茲獸之旼旼皆聖化之所臻未儲積於玉燭已垂象於蒼旻於以昭至信揚德馨表聖知協人聲殆天以彰聖人明明之治豈藩國之所敢勝況于是時器車出而朱草生甘露降而醴泉盈角端見而長庚呈山嶽呼而鸑鷟鳴與騶虞而並耀垂不朽於丹青彼林氏之五色暨鹽山與瑯琊徒傳聞于載籍嗟歲月兮已賒孰若今之昭昭應寶祚之靈遐乃有詞臣載筆鸑坡爰效詩人形之詠歌歌曰吁嗟騶虞兮國之禎撫不懼兮逼不驚黑章繞兮白毳明儵長嘯兮祥風興履澤地兮食不生叅二虎兮從不靈王用躬致兮款天景旼旼穆穆兮其儀貞鵲巢應兮聖化成千秋萬歲兮歌太平

白象賦有序　曾棨

臣聞天生瑞物以協休徵遠人嚮化實由有德乃永樂二年夏六月安南來獻白象萬姓同觀百僚交慶臣叨居館職得覩其祥敢不鋪張揚厲以昭盛世之宏休以流鴻績於無窮哉謹拜手稽首而獻賦曰

維我高皇奄有萬方南踰丹徼東薄扶桑西被流沙北窮幽荒固幅員之至廣肇基業于無疆混車書于四海敷禮樂於明堂於是元菟黑濮青狄赤羌嶋密象胥譯鳥言而獻款雕題左衽泛鯨海以來王馳宛駒之蹀躞矯龍馬之騰驤大貝蠙珠屢作充庭之實南金美玉率爲天府之藏所以功高於湯武德合於虞唐致治與前古而比隆垂休亙萬世而彌彰者也聖皇嗣興聰明天縱守太祖之宏規紹百王之大統奠宗社以廓清拔俊良而登用聲教翕乎風行號令煥乎雷動際窮髮之遐荒咸奔走而來貢維時蟾影向曙烏輪未升薰風微凉纖塵不驚天顏肅穆御於紫清鏘韶鈞以間作耀天仗而晶熒肅衣冠於百辟進鵷鷺於羣英講論至治之要敷陳聖道之精所以迓千年之景運而開萬世之隆平者也曰有南交世居海甸貢巨獸以來庭色純白而罕見爾其浮游海濱出沒山谷天馴其心地擾其足齒感雷以成文膽隨月而附肉藉茂草之豐茸蔭長林之樸樕嗟衆狀之不殊何潔白而爾獨豈非中國之嘉應而適見於南粵之荒服也若乃素質浮霜修牙削玉感瑤宿以儲精合金氣而孕毓眠沙而寒映雪山浴海而晴翻銀屋天吳仰以睢盱陽侯俯而縮恧雖上國之匪求豈蠻邦之敢畜整金轡以前驅絡瓊瑰而相屬遠南海之炎嶠抱中州之清淑瞻玉殿以奔趨進瑤階而俯伏紛雪鼻而低垂對瓊樓而駭矚映皎月以同輝承湛露而載沐色逾漢室之兔質勝周王之鹿至若氣凌百獸力雄萬夫將震驚於賁育顧失智於蒼舒烏獲旁覩而踧踖飛廉却走而欷歔迨夫服金輅參玉輿負重寶聯明珠衛虎關而並立導龍駕而羣趨既馴擾之足尚亦安重而有餘飽靑芻於靈囿扈仙蹕於天衢蓋將協嘉祥於麟趾媲仁厚於騶虞者歟繄聖皇之一德乃漸被於八埏昭日月以宣朗溥天地之至仁顧卷髮之異狀屢稽首而稱臣於以知明王之愼德而有以致四裔咸賓也在昔成周有越裳氏乃涉滄溟以獻白雉垂簡策之休光躋王會之盛世維我聖朝威德遠被不征而庭不召而至茲交阯之炎荒實越裳之苗裔歸仁效順在太祖之初年納款稱藩當聖皇之嗣位雖邊方之嚮風諒聖德之所至忝侍從之微臣極形容之莫備慙賦述之未工爰作歌以見志歌曰於穆聖皇兮堯舜重華混一六合兮四海爲家文德誕敷兮無有遐遠人來格兮聲敎攸暨南粵獻象兮其色孔異皇不寶物兮以德爲貴吁嗟爾象兮亦何幸而得覩中國聖人之世

瑞應麒麟頌有序　王直

恭惟皇帝陛下備聖神文武之德受天明命統御萬方無間遠邇熙然泰和天心昭貺靈應迭至乃永樂十二年九月八日麻林國王復以麒麟來獻數萬里至於闕下臣謹按瑞應記曰麒麟仁獸也中國有聖人則出皇上仁育宇內諸福之物所以昭德效祥者不可殫紀而麒麟則兩見於歲期之間天之所以彰應於皇上者豈偶然哉羣臣百工稽首稱賀皇上謙敬自持讓而弗有深惟太祖高皇帝創業艱難兢兢業業日甚一日益思所以祇順天心安養黎庶又舉前代之君矜恃祥應不能正身修德自致敗亂者以爲鑒戒玉音布昭如日月在庭之臣祇服贊誦誦皇上敬天勤民不矜不伐雖堯舜禹湯文武不能過也臣聞天道無息聖人之德亦至誠無息故足以參天地育萬物皇上之德至矣而猶敬愼如此是卽天地之德天地之心也明明上帝所以眷祐於皇上者蓋愈隆愈盛矣國家有萬萬年太平之慶羣臣兆民亦永有賴焉臣忝職文字覩茲盛美歡戴之情倍萬常品謹撰頌詩一首上進頌曰

赫赫明明上帝之命命於天子萬邦是理維此萬邦靡不來王無有遠邇維皇之治皇有大德肫肫其仁惠養下民以對上天下民有言曰我父母育我童幼暨於黃耇我寒我飢衣之食之嗟我民庶樂此熙熙上帝鑒觀皇德之厚爰發其祥顯天之祐其祥伊何是生麒麟昭昭維靈式安則馴凡物有生弗踐弗履旣合於仁亦協於義有隆其聲黃鐘大呂麒麟在原民歌且舞天開日月來獻於京鼓舞懽呼麒麟在庭羣臣上言嘉祥來格維物之祥實昭皇德皇帝曰嘻維命靡常維敬厥祥天是用昌昔我太祖靈承於族旣艱旣勤闢此土宇傳祚在予予敬用承維祥之來豈敢或矜在昔之君有土有人恃祥弗敬用墜厥命凡爾百僚維德是輔以事上帝紹我太祖臣拜稽首大哉皇仁如天之行如日之昇臣拜稽首一哉皇心

上帝是歆太祖是臨天命純固皇帝在御彌億萬年永祚民主敬事于天聖子聖孫萬世其傳

麒麟賦　劉定之

聖天子膺洪圖守神器繼累聖而大業光奉兩宮而達孝備夫然故道不愛於天寶不愛於地但見炎荒雪嶠效奇踵來日本月氏貢琛尾至而猶未足表太和符至治也爰有奇祥實乃四靈之首間生曠代在夫英里之陲馬足象乾而動直牛尾法坤以靜垂文周於身不耀而其章自炳肉生於角不觸而厥性孔慈音合舜韶之律呂步中禹度之規矩爾乃隨遂使旌經年始至於赤縣祗陳貢牘涓日用進於彤墀軒昂馴習回轉委蛇聞都俞而欲效率舞之態仰睟表而宛生瞻依之思仁振振兮允合王化靈昭昭也式際昌期於是羣臣欣躍稽首陳辭以爲吾皇道符軒后故昔在郊而今復見於域中績邁成康故彼遊藪而此則達於闕下兇魯甸之覆何足並驅而漢畤之逢豈堪方駕於以見百王之盛莫比萬世之祚無疆請告郊社彰鉅美書墳典垂休光聖天子穆然深思謂禎祥之至必本乎至誠休徵之臻在建乎皇極願因天眷謹天德而勿務乎文以或怠其實然後羣臣恐懼跼蹐共承明詔各虔厥職復相與歎曰麟之出也猶前古而曾聞吾皇之德也誠自古而罕及

白鹿賦有序　夏言

皇上龍飛之一紀承天建極駿德鴻烈震曜宇宙巍乎炳然與二帝三王同盛於是休氣充塞禎祥並臻諸福之物應德而見乃獻歲嘉月有白鹿至自靈寶太子太保禮部尚書臣言拜手稽首曰夫白鹿者百祿也豈非我皇受祿于天之慶哉謹獻賦曰

緊金方之靈獸產中嶽之神區按祥經以驗物表聖代之休符孕瑤光以成象輸北海而應圖乍騰倚於山椒忽振迅于天衢彼積壽于千齡毳將蒼而變白角未苗而已然實氣化之所殖挺玉質以霜瑩耀晶熒之正色超峻絕而星奔野呦呦而苹食度朝闕于函谷弭夕駕於瑤池謝仙寰之岑寂望帝闕而來儀蹌百獸而率舞衎嘉賓而賦詩感明王之在御豈虞羅之可羈昔飛黃服皁于軒圖鳳鳥雝鳴于舜治商運啓而白狼遊漢道亨而天馬至遇塗山之素烏貢越裳之皓雉紛榮燭于往牒並垂光于來祀矧皇極之丕建協鴻化于神明夐登三而咸五輿泰初而齊名宜禎祥之總萃顯不世之休徵保靈祚之孔殷來百祿而是膺遂作頌曰圓穹聰命兮景福臻神物乃至兮孚皇仁登獻祖廟兮芳苾陳鴻禎協應兮當上春周南麟趾兮歌振振於皇萬年兮主百神末符寶祚兮光日新

白兔賦有序　姚淶

竊惟德協於治治協於瑞邃古以來蓋莫不然赤文之籙堯也昭華之琯舜也白狼之鉤湯也丹烏之轂武也疇德之符有足徵焉後世德薄化漓其不能繼無惑也惟我皇上道貫三才智周萬物孜孜爲治化浹邦家是以一紀之間河清甘露靈鵲之類史不絕書疊貺駢祥獨駕古昔屬者西蜀憲臣獲白兔以貢於闕下較諸他瑞尤爲異常自非天無藏寶地無隱祥何以有此夫有至德者必有至治有至治者必有至瑞諒哉斯兔之爲符也臣瞻依日月鼓舞鳶魚待罪文署忻忭萬倍是用作爲歌賦以光讚聖德蓋不獨使淵雲諸臣得專藝於漢世也謹獻瑞兔賦一篇上塵睿覽

赫皇明之昌曆啓聖人而馭宇紹皇王之丕圖振陰陽之宏紀象三光以垂照順五行以立軌熙鴻醇於昊軒匹休光於姚姒放勳襲其欽明阜麓宗其豈弟仁恩衍而橫流義聲馳而遐靡煥采物以弘文遵彝常而崇禮洽元德於幽明敷茂化於遠邇覽隆古以獨觴揚徽烈以齊美三靈協而胥慶百順祕而來禔或吐祕以表貺或孕奇而薦祉紛嘉禎之儡集兆至和之所委邈西蜀之上遊蟠龍欝而爲岡育異兔以馴伏匪川澤之能藏陋中山與東郭何凡品之足方羨冠倫之仁獸傳郡國以騰章凝皓輝於西陸披素彩於少商瞻蕊淵兮融魄感玉衡兮流光昭明晰兮廟祀應單閼兮歲陽毳如絲兮皎皎睟若珠兮煌煌璧月滿兮露湑箕風入兮桂芳物與時兮競爽望帝都兮開祥參元根以比壽飲元氣以爲粲耀珍環於王母配純雉於越裳躍昇平之華固儀清穆之朝堂映翠華於上苑棲朱草於中唐嗟彼毚之爲族亦既繁而孔庶駭降質之特殊乃呈姿以托寓驗之瑞應之圖稽以古今之注采之里俗之謠訊之筮龜之驗往紀之所尠聞先朝之所未遇祭金柔之有徵章皇風之廣馭庶事敏而惟康高年邈而有譽既丕振乎文英復遠戢乎兵戎占以類而相從嘉協氣之充裕臣工見而翔泳嵩四域以同豫觀合契而應符信龍德之當天愜遐美而弗居厲皇情之乾乾存寅畏於

索馭切兢惕於臨淵紛華陳而不御嗜好至而莫遷道既隆而愈恭精已勵而尤堅辨敬怠於儒籍審勞逸於農畋敦德業於久大泯聲臭之幽元游高明兮浩浩履中正兮平平願昇歌以頌禱從八風以相宣茂本支以百世孚景命以萬年

續猫相乳說　唐順之

猫相乳古未之有也自唐以來至今僅兩見耳然在馬北平家特以異母而乳無母之子猶曰憐其無所於乳也而乳之云耳而在博士吳君家特以二乳母交相爲乳焉是尤可異也夫此二者其爲和氣之致信矣余竊以爲唐德宗崎嶇兵戈間內鞬外捍合睽爲同用武功致天下之和故其爲瑞也特見於武臣之家矧今天子斂福錫極洽胎卵以文德致天下之和故其爲瑞也亦特見於儒臣之家然則謂其爲天下之瑞焉可也昌黎以爲一家之瑞狹矣雖然和氣之寓乎宇宙也其發也必有以起之其凝也必有以鍾之譬如醴泉朱草不擇地而出然據其所出之地固自有以鍾之也是夫武臣多慷慨喜鬬而史稱北平爲將獨先撫循至殫家以賞士甘苦與同之使德宗能以武功致天下和者北平寔多力焉其獲茲瑞也宜無足怪而吳君豈弟而不陂諸兄弟之子更相子也友讓之義信乎其家而長者之風行乎其官以能不負天子菁莪育材之意若然者其亦可謂有斯猫之誼也歟余知其獨瑞於二氏也豈其自有以鍾之歟由此言之雖謂其一家之瑞亦可也抑聞之史氏又言北平後與李抱眞爲隙遂以私忿隳其前功是北平終有愧於茲瑞也已而吳君方且益崇令德協恭僚寀以倡諸生而陶之太和則茲瑞也其將專於吳氏矣乎書以望之

產麟碑記　蔡毅中

今上修黃虞之業十有三年天地順四時當萬物服體而五穀昌股肱百司濟濟相讓于是東西南北款塞賓服天子聖神光昭令德衡紞紘綖而天下太和蓋比之隆古矣豫土當天地之中浮光當豫上游帶淮襟汝而人民才賢甲于兩河癸未牛君奉命來令茲土越三年政善時和庶徵維序有麟產于郊麕身蹄馬尾牛而標甲鱗森信如昌黎所謂麟者是時林木震動雷雨交作火光燭天觀者如堵事聞于邑令君下簿王驗覆之王固世臣子能昌大其事奉而獻之孔子廟庭徧驗諸卿大夫長老家遂告諸神而刳之囊以香草光灼灼動麟甲間乃瘞其骨于邑北三里許畫圖以傳欲以聞之當道令君曰無足異毋以聞也亡何內臣有自河內還者以圖進中旨責部使諸臣無以聞者令君乃疏曰國家以民和年豐爲瑞麟未足爲異也于是部使以令君疏聞會大宗伯如令君疏元輔兩臺亦如宗伯疏上始曰兪知無足異姑以不常見者欲一見之取其皮進諸皇太后徧視宮闈而留藏之內府方命下時令君卜日捧麟覆以黃幕盛以雲櫝令君齋宿送之部使御史大夫亦齋宿送之宣武將軍暨一王而下百千萬人無不送之彝門之外凡十日抵京師所過驛傳無不焚香送之吁麟之遇顧不奇哉彼其產于牛生于民家似細事已耳而昌聞於天子御搔其甲而拭其首藏于內府爲世靈異史且載之薄海內外之屬無不曰中國有聖人而麟生焉吁麟爲國家增重也顧不大歟然天之仁愛人君也不待日月薄蝕水旱饑蝝螽螟已也凡事屬異見而物無常有者皆有意焉今天子日與二三元老百辟卿士靡不和寧共成雍熙之化麟生而令君曰無足異元老諸臣曰無足異天子亦曰無足異上下兢業勤修不貴異物如此詎非大順之寔哉若以輿圖無外異類咸賓八方款塞而曰順之至也麟足兆矣則自三代而下鳳凰麒麟間亦有之彼不與我事我亦不與彼事此令君聖天子元老諸臣所謂無足異者也雖然傳曰清明在躬志氣如神天降時雨山川出雲則斯麟也豈非我國家億萬年太平之徵哉令君屬不佞爲之記而勒碑焉不佞無能異其說而漫談也令君諱應元關中涇陽人少神巽令光有異政則麟產于郊此又一徵矣

奏停取麒麟疏　王學曾

近接邸報禮部一本傳奉事該文書房太監劉成口傳聖旨聞河南產有麒麟撫按官如何不奏著禮部傳與他上緊進來欽此隨該禮部具奏續奉聖旨覽卿等所奏知道了但麒麟鳳凰世所異物而比他瑞不同朕於罷瑞獻豈不知惟欲一見耳還著彼處撫按官上緊進來欽此臣仰見皇上之意不過以麟爲瑞物向來未見今止於一見似於聖德盛治無妨也臣復何言但捧誦綸音一則曰聞河南產有麒麟撫按官如何不奏一則曰朕於罷瑞獻豈不知惟欲一見耳臣請自皇上之所謂聞者願皇上之慎其所聞而益進於所未聞也請自皇上之所欲見者願皇上之端其所見而益進於所未見也臣聞四方災異水

旱盜賊日以奏聞此撫按事也茢麟之爲靈昭昭也旣產於盛世撫按敢不以奏聞哉但竊聞此麟產於光山托生於牛腹卽斃於次日旋產而旋斃則祥者亦爲不祥矣祥而不祥撫按將以何者上聞哉撫按旣未嘗奏聞不知皇上之所聞者果聞之于四輔臣乎抑聞之部院大臣乎抑亦聞之臺諫言官乎夫三四輔臣未有聞部院大臣未有聞臺諫言官未有聞皇上深居九重雖聰明天縱何由卽聞產於河南乎臣遠在南都雖不知其所自但以臣意竊揣無亦左右小臣以奇怪取悅聖心多方差人訪求於外或傳聞於道路或收買于繪圖務爲鼓惑計耳若此者非皇上之所宜聞也此端一開日濆月淫將來乘間竊發潛聞於皇上曰某省出有某物某地產有某瑞可著禮部上緊取之又其甚者則必曰聞文臣某人可用可著吏部上緊轉之聞某項錢糧可用可著戶部上緊進之聞武臣某人可用可著兵部上緊轉之聞某人問某重辟可著刑部上緊釋之聞某處尚堪修造可著工部上緊造之聞某處某官可逮可著錦衣衛上緊逮之皇上將惟其言而聽之可乎否乎天下萬世謂皇上爲何如主乎臣竊謂皇上英明獨斷雖不可無而從中傳旨尤不可有此關于理亂安危之機匪細故也誠所謂始于微而成于著者也易曰履霜堅冰至正此謂耳別四方災旱老稚流離啼饑號寒之聲皇上猶有未及聞者乎外寇驕橫士卒困苦呻吟嗟怨之狀皇上猶有未及聞者乎孤臣寡婦煢獨哀哀哭泣悲嗟之情皇上猶有未及聞者乎宗室貧窮裂袷弗給愁苦涕洟之態皇上猶有未及聞者乎諸如此類左右不以聞而以斃麒麟聞誠非忠於皇上者也故臣願皇上之愼其所聞而進於其所未聞者誠以此夫所謂罷瑞獻者豈徒曰罷之云乎哉乃其心則不欲見者也苟心欲見之則胡可言罷亦胡可言知臣嘗鏡之古矣周武王却旅獒漢文帝却千里馬漢光武却寶劍唐太宗却名鷹此皆聖主賢君不以異物爲貴誠却之而不欲見之者垂之後世遂爲美談皇上德邁周武而陋漢唐于不足言者何爲旣知宜罷而復欲見之乎又嘗鏡之今矣洪惟我太祖高皇帝於蘄州進竹簟則却之曰恐天下聞風爭進奇巧仍令四方毋得妄有所獻太原歲進蒲萄酒則曰朕飲酒不多自今令其勿進國家以養民爲務豈可口腹累人世宗皇帝卽位之初珍禽奇獸一切縱放而淫巧異玩罔于嗜好是祖宗之所以結人心凝天命以培千萬年不拔之基者其好尚愼端舉動極愼典則具存是故聖子神孫所當服膺而遵承之者也皇上御極年來盛德大業光昭祖宗臣於以前仰承德意一疏以經敘請茲不敢多贅矣皇上今日爲一槁麟之故必欲一見令撫按官上緊進來似此二祖之盛德不無少損乎假使其麟至今尚存皇上必欲一見然產在遠方臣猶以爲不可茢麟已斃多時其形枯槁不堪進於丹陛之前亦明矣或者左右小臣以爲此希異之物不可不見或誑以爲其麟尚存也遂鼓惑聖聽而必令撫按進之乎撫按聞命徬徨無措則責之道府道府聞命徬徨無措則責之州縣州縣下吏徬徨無措又不知如何而後可應皇上之命也其中道途之費用解官之科索驛遞之騷擾恐又有不堪言者當此物力凋疲之際軍民困苦之時兩河報災比他省尤甚皇上惓惓以軫恤小民爲念何苦爲此無益之舉動而勞民動衆爲也至於老稚啼號之聲士卒呻吟之狀孤寡哭泣之情貧宗愁苦之態皇上果欲見之否耶臣愚以爲推此一念欲見異物之心而廣之于所未見斯爲大聖人之聰明耳皇上睿哲旣知罷瑞獻之爲是此正杜將來貢獻之漸也今必欲一見而不盡罷之則傳之四方咸以爲斃麟且見之況生者乎況出於斃麟之外者乎將來聞風而進獻者接踵至也書之史冊寧不爲盛德一累哉昔舜造漆器諫者七人夫漆器用物也造用物且諫則槁麟之取寧忍於不諫耶臣雖不敢以舜臣自待而實不忍不以虞舜望皇上也伏乞皇上俯察臣言收回成命速爲停止仍乞皇上自今以往不邇聲色終惟其始不嗜玩好久而勿替不聞亦式嘗存布衣祈禱之心不見是圖永堅停操減造之節務此念以接賢人君子則所聞皆正言所見皆正行務此念以就日講經筵則所聞皆正典所見皆王謨至於內臣之語有益身心者始聽之凡涉于嗜欲必斥之一切從中傳奉旨諭倍加詳愼毋啓邪萌如是則皇上之盛德格天駿業亘古不數年必有麒麟遊苑鳳凰儀庭以應聖明之瑞者矣區區遠方一槁麟奚足羨哉

白兔贊 并序　李本固

己酉仲秋適獲白兔于上蔡之野所司獻諸郡庭郡薦紳士庶得以縱觀玉質金睛神采煥發斯亦奇矣攷之春秋運斗樞曰玉衡星精散而爲兔抱

朴子曰兎壽滿五百歲則色白瑞應圖曰王者恩加耆老則白兎見歷觀往牒總屬嘉禎而是兎之出復當上流虹之日邢伯報最之秋豈偶然哉蓋聖壽無疆地呈其兆太平有象物效其靈視周成越裳之白雉鄭弘臨淮之白鹿異世而同符矣諸紳士請勒之石用垂永久而不佞因為之贊

贊曰金波涵影玉衡誕精應時而見實維休徵於鑠昭代皇帝聖明綜核吏治康濟黎民畀此良牧綏我瓠城銀漢月朗玉壺冰瑩褰帷問俗下榻延英融融春盎湛湛露零五百里內亡愁嘆聲有兎爰爰素質丹睛雪毫日麗霜蹄風輕來遊于野載獻于庭越雉淮鹿異體同清士庶競觀動色交稱願勒堅珉垂之無窮牧拜頓首天子萬齡

獸異部藝文二 詩

虎不食人　唐李紳

霍山縣多猛獸頃常擇肉於人每至採茶及樵蘇常遭啖食人不堪命自太和四年至六年遂無侵暴雞犬不鳴深山窮谷夜行不止得攝令和僎狀稱潛山縣鄉村正趙珍夜歸中路與虎同行至家竟無傷害之意

南山白額同馴擾亦變仁心去殺機不競牛甘令買患兎遭狐假妄憑威渡河豈適他邦害摅谷終無暴物非爾效騶虞護生草豈徒永伏在淮淝

內出白兎宣示百官　黃溍

上瑞何曾乏毛羣表色難推於五靈少宣示百寮觀形奪場駒潔光交白兎寒巳馴瑶艸別孤立雪花團戴豸慙端士抽毫曜史官貴臣歌咏日皆作白麟看

白兎　宋文彥博

盛德好生網開三面明庭標奇昴辰乃見有質雪園淪精月殿著于樂章色含江練

虎害　金元好問

北山虎有穴南山虎成羣目光如電聲如雷倚蕩伏起山之垠百人一飽不留骨敗衣除絮迷紛紛空谷絕樵聲長路無行塵呀呀垂涎口耽耽闞城闉天地豈不仁社公豈不神哀哀太山婦叫斷秋空雲可憐封使君生不治民死食民世上無復裴將軍北平太守今何人

應制白兎　楊雲翼

聖德如天物効祥褐夫新賜雪衣裳丸搖玉斗三千丈氣傲金風五百霜禁籞合棲瑶草影御爐猶認桂枝香中興慶事光圖譜黼坐齊稱萬壽觴

應制獻騶虞詩　明胡儼

永樂十一年夏五月騶虞見於山東之曹縣六月丁未朔臣下以進白質黑章惟性仁而馴徵之載籍寶為瑞獸是由皇上盛德之所致乃太平之嘉應也故不可無紀述謹拜手稽首而獻詩曰

聖皇端拱居明堂梯航玉帛來萬方仁恩義澤被寰宇運化熙熙躋虞唐於此山東產靈獸玉燭儲精天降祥雪花英英瑩毛質元雲冉冉凝天章不履生芻性仁厚虎豹遁跡蛟龍藏千歲萬壑生光彩山靈嶽祇祭翔翔奇花異卉紛照耀靈風滿川甘露瀼要之細羅不可致虞人走告誇非常近之不驚亦不懼儀儀穆穆行蹌蹌薦以雕籠藉芳褥榮光叶氣隨飛揚猊首斑斑獻金闕龍旗寶扇森開張百僚拜舞慶嘉瑞鏘鏘金鳴玉趨蹌行昔者鈞州已來貢重見實由聖德昌小臣忻躍載歌頌願播簫韶儀鳳凰

虎來　沈周

成化十一年九月譌言虎至爭慌惚我謂虎至豈水鄉丸少蕩驛與林樾前村漸報晊老翁西村少年撲見骨未昏家家柵豬犬四鄰緩急莫相越昨聞鄰子說果見夜聞噭哮竦毛髮起從壁孔稍窺覘恰有微月映屋缺聳軀哆吻首闖地瞋目眈眈兩杯凸侵朝出門跡宛在濕泥截途五爪沒卩中且言尚驚怕轉首四顧疑衝突嗚呼猛獸猛不知乎郊獨行無乃忽人稠地局勢無比衆眼不甘留突兀其中豈無馮婦者攘臂敢前何不蹶彎弧尚有裴將軍老命須臾應弦歿不如從惡南山深安我民心汝安窟

白兎詩　秦鎬

寒日三山盡深秋萬卉枯霜風催上蔡露液灑平蕪肅肅置于野爰爰兎在隅入眸驚罕絕落手詫稀無宿莽微雲抱遙岡片日扶可是濤凝魄應為雪浸膚奔疑珠亂綴臥想玉斜鋪黃犬虛相憶蒼鷹枉自呼仙娥嬋乍滅郢客翰無孤巖際渾猜石沙邊祇類鳧光堪齊越雉色豈儷秦狐持以將熊軾留之配虎符瑩瑩遊木鏡皎皎落冰壺紀筭占毛毳徵休驗斗樞還同黃霸事錫齎下天衢

獸異部紀事

宋書符瑞志白狼宣王得之而犬戎服

物類相感志委蚝音威夷出水澤間齊桓公出田而遇之狀如大轂其長如轅紫衣而朱冠其爲物也惡聞雷車聲聞則捧其首而立見者霸王之象也

孔叢子記問篇叔孫氏之車子曰鉏商樵於野而獲獸焉衆莫之識以爲不祥棄之五父之衢冉有告夫子曰麕身而肉角豈天之妖乎夫子曰今何在吾將觀焉遂往謂其御高柴曰若求之言其必麟乎到視之果信言偃問曰飛者宗鳳走者宗麟爲其難致也敢問今見其誰應之子曰天子布德將至太平則麟鳳龜龍先爲之祥今宗周將滅天下無主孰爲來哉遂泣曰予之於人猶麟之於獸也麟出而死吾道窮矣乃歌曰唐虞世兮麟鳳遊今非其時吾何求麟兮麟兮我心憂

漢書五行志昭帝時昌邑王賀聞人聲曰熊視而見大熊左右莫見以問郎中令龔遂遂曰熊山野之獸而來入宮室王獨見之此天戒大王恐宮室將空危亡象也賀不改悟後卒失國

晉書慕容超載記超祀南郊將登壇有獸如馬狀類鼠而色赤集于圜丘之側俄而不知所在

搜神後記丹陽人沈宗在縣治下以卜爲業義熙中左將軍檀侯鎮姑熟好獵以格虎爲事忽有一人著皮袴乘馬從一人亦著皮袴以紙裹十餘錢來詣宗卜云西去覓食好東去覓食好宗爲作卦卦成告之東向吉西向不利因就宗乞飲內口著甌中狀如牛飲既出東行百餘步從者及馬皆化爲虎自此以後

虎暴非常

述異記獩貐獸中最大者龍頭馬尾虎爪長四百尺善走以人爲食遇有道君即隱藏無道君即出食人

冊府元龜南齊安陸王子敬爲揚州刺史先是有麏入廣陵城投井而死又有象至廣陵其後子敬於鎮被害

南史侯景傳景廢簡文迎豫章王棟即皇帝位又矯蕭棟詔禪位即南郊柴燎于天升壇受禪將登壇有兔自前而走俄失所在

物異考後周建德中陽武有獸三狀如水牛一黃一赤一黑赤與黑鬭久之黃者自傍觸之黑者死黃赤俱入于河

北史魏本紀獻帝年老乃以位授子聖武皇帝命南移山谷高深九難八阻於是欲止有神獸似馬其聲類牛導引歷年乃出始居匈奴故地

冊府元龜齊王祐太宗貞觀中爲齊州都督以謀逆詔還京師賜死祐好養鴨忽有野狸入籠中齚四十餘鴨皆斷其頭及敗同惡而誅者四十四人

耳目記周永昌中涪州多虎暴有一獸似虎而絕大逐一虎噬殺之錄奏檢瑞應圖乃酋耳也不食生物有虎則殺之

冊府元龜元載爲中書侍郎平章事居長壽坊代宗大曆四年九月己卯有猛虎入城止於載私廟命金吾將軍薛㞘射聲將軍皓發弩手射殺之以獻十二年載被誅毀其私廟木主

唐書崔祐甫傳祐甫遷中書舍人性剛直遇事不回時侍郎闕祐甫攝省事數與宰相常袞爭議不平袞怒使知吏部選每擬官袞輒駁異祐甫不爲下會朱泚軍中猫鼠同乳表其瑞詔示袞袞率羣臣賀祐甫獨曰可弔不可賀詔使問狀對曰臣聞禮迎猫爲其食田鼠以其爲人去害雖細必錄今猫受畜于人不能食鼠而反乳之無乃失其性邪猫職不修其應若曰法吏有不觸邪彊吏又不扞敵臣愚以爲當命有司察貪吏誡邊候勤徼巡則猫能致功鼠不爲害代宗異其言

冊府元龜李希烈爲淮西節度使德宗建中初希烈于唐州得象一頭以爲瑞應又上蔡襄城獲其珍寶乃是爛車缸及滑石僞印也尋而希烈死

物異考長慶中吐蕃隴上出異獸如狼而腰尾皆長色青迅猛見蕃人即捕而食之遇漢人則不食

北夢瑣言唐左軍容使嚴遵美于閹宦中仁人也自言北司爲供奉官袴衫給事無秉簡入侍之儀又云樞密使廨署三間屋書櫃而已亦無視事廳堂狀後貼黃指揮公事乃是楊復恭奪宰相權也自是常思退休一旦發狂手足舞蹈家人咸訝傍有一猫一犬猫謂犬曰軍容改常也顛發也犬曰莫管他從他俄而舞定自驚自笑且異猫犬之言遇昭宗播遷鳳翔乃求致仕梁州蜀軍收降興元因徙于劍南依先王優待甚異于青城山下別墅以居之年過八十而終其忠正謙約與西門季元爲季孟也于是誅宦官唯西川不奉詔由是脫禍家有北司治亂記八卷備載閹宦忠佞好惡嘗聞此傳偶未得見即巷伯之流未必俱邪良由南班輕忌太過以致參商蓋邦國之不幸也先是路岩相自成都移鎮渚宮升所乘馬忽作

人語且曰蘆荻花此花開後路無家不久及禍然畜類之語豈有物憑之乎石言于晉殆斯比也

嚴司空鎭梓州鹽亭縣人所居枕釜戴山但有鹿鳴卽嚴氏一人必殞或一日有親表對坐聞鹿鳴其表兄曰釜戴山中鹿又鳴嚴曰此際多應到表兄其表兄遽對曰不是嚴家子合是三兄與四兄不日嚴氏子一人果亡是何異也

冊府元龜後唐武皇初爲太原節度使以昭宗景福二年十二月狩於近郊獲白兔有角長三寸

蜀檮杌王建光天二年四月有狐嗥於寢室建因感疾甚篤六月建薨

幸蜀記百姓譙本罵母忽然化成虎上城趙廷隱射殺之因見袓言曰虎山林之獸而人化之入於城市疑虎旅中有不軌之士其夜張洪謀叛翌日爲其黨所告伏誅洪太原人剛勇猛厲軍中號爲張大蟲至是有虎上城被誅卽其驗也

十國春秋蜀唐道襲傳道襲常夏日會大雨見所畜猫戲水于簷滴下忽爾雷電交至化爲龍而去

李遇傳廐中畜猴子數頭一夕閽人秣馬見有物如驢黑而毛手足皆如人據地食猴殘盡未幾遇族誅

江南野錄嗣主如南都既數日詰旦殿庭忽見殘獐一脚視之乃獸食之餘詢宿衞莫知所以使往詢陳陶陶曰昨暮乃狼星直日故爾嗣主歎曰眞鴻儒矣

遼史太宗本紀帝太祖第二子母淳欽皇后蕭氏唐天復二年生神光異常獵者獲白鹿人以爲瑞

宋史王著傳建隆二年知貢舉時亳州獻紫芝鄆州獲白兔隴州貢黃鸚鵡著獻頌因以規諫太祖甚嘉其意下詔褒之

王延範傳範爲江南轉運使有豹入其公宇噬傷數吏從者皆恐慄不敢進延範獨挾戟前逐刺殺之益以此自負廣州徐休復告延範將謀不軌及諸不法事斬廣州市

燕翼貽謀錄太平興國九年十月癸巳嵐州獻獸一角似鹿無斑角端有肉性馴善詔羣臣參驗徐鉉滕中正王佑等上奏曰麟也宰相宋琪等賀

玉海淳化祕閣圖畫有李贊華千角鹿黃臂白兔皆一時之絕

宋史王禹偁傳咸平初知黃州四年州境二虎鬭其一死食之殆半羣雞夜鳴終月不止冬雷暴作禹偁手疏引洪範傳陳戒且自劾上遣內侍乘馹勞問醮禳之詢日官云守土者當其咎上惜禹偁才是日命徙蘄州禹偁上表謝有宣室鬼神之問不望生還茂陵封禪之書止其身後之語上異之果至郡未踰月而卒

賢奕編韓世忠夫人京口娼也常五更入府伺候賀朔忽于廟廡下見一虎蹲臥鼻息齁齁然驚駭亟走出不敢言已而人至者衆復往觀之乃一卒也因蹴之起問其姓名爲韓世忠心異之密告其母謂此卒定非庸人乃邀至其家具酒食深相結納貲以金帛約爲夫婦世忠後立殊功爲中興名將遂封兩國夫人

續夷堅志癸卯初有熊數十萬從內鄉硤石入西南山銜枚並進行既遠掌皆出血有羸劣而死者羣熊自食之州縣有文移傳報

永昌府志騰越有地名緬青昔有二獸出大如槖駝毛色碧綠獅首象蹄牛尾有齒無牙項帶肉角見人則伏地而鳴土人誤殺其一暴露數日不腐吳父老云此獸見則有兵

永昌府彝民家產一犢夜中有光燭欄民以爲怪殺之次早見身有肉鱗其色青藍邊末紅淡每鱗之內皆有細毛蠅蚊不敢近

明通紀洪武元年閏七月師克通州元主聞報大懼集三宮后妃太子同議避兵北行遲明召羣臣會議端明殿及開門忽有二狐自殿上出元主見而歎曰宮禁嚴密此物何得至此殆天所以告朕朕其可留哉

周王敂于鈞州獲騶虞王來朝獻之羣臣稱賀侍講楊榮作頌以獻既而四方奏甘露屢降嘉禾呈瑞野蠶成繭外國獻麒麟白雉白鹿白豕元兔白象靈犀之屬甚衆榮與解縉胡廣金幼孜梁潛等咸作歌頌以進

明外史陳亨傳亨少子懋宣德元年從討樂安還仍鎭寧夏三年奏從靈州城得黑白二兔以獻宣宗喜親畫馬賜之

虎薈文宣朝祥瑞無間遠邇永樂甲申八月騶虞出周郊二虎隨之甲午榜葛剌國乙未麻林國俱貢麒麟宣德己酉來安縣石固山獲騶虞二是關雎鵲巢之應畢備於一時也癸丑閏八月編修許彬進麒麟獅子福祿元虎四祥詩

續己編福建布政使朱彰交阯人而寓于蘇景泰初謫爲陝西莊浪驛丞有西蕃使臣入貢一猫道經于

驛彰館之使譯問猫何異而上供使臣書示云欲知其異今夕請試之其猫盛罩于鐵籠以鐵籠兩重納著空屋內明日起視有數十鼠伏籠外盡死使臣云此猫所在雖數里外鼠皆來伏死蓋猫之王也

異林弘治中灤陽民家牛產一麟初不爲異偶過廨宇見壁上畫麟始大驚悟俗謂麟能茹鐵糞金遂以鐵灌之而斃後獻其皮于鎮府鎮府貢于庭兩脇有甲毛從甲孔中出角栗形纔及犬大崇明民家于海中設網忽獵一獸如犬黑色置家池善盜魚患之驅而入海行甚捷海水爲之披躍乃知爲犀也

庚己編弘治末南昌艾公璞巡撫江南蘇州屬縣崇明申報本縣民家有雞生卵而方者異而碎之中有獼猴纔大如棗艾公以告巡江都御史長洲陳璚欲同奏于朝陳公曰妖異誠當以聞然其物怪甚度已不存矣萬一柄臣喜事者以詔旨何以進命艾公乃止

空同子嘉靖六年四月舞陽之野麟生於牛其夜火光又其聲雷又見其角而鱗以爲妖擊之口吐火鑑項又蘇瘗之土又自起聲轉雷擊碎首乃死見者謂麟也野人懼扛之省城然誠麟也古謂麟一角然此則雙肉角麟馬蹄此則牛蹄古謂鶴胎生今鶴卵生豈傳者誤耶抑形有變耶此似麟非麟者耶古又謂牛馬交則生麟此牛馬交者耶

明外史胡宗憲傳趙文華得死罪宗憲失內援思自媚于上會得白鹿于舟山獻之帝大悅行告廟禮厚賚銀幣未幾復以白鹿獻帝謂一歲中大再降瑞益大喜告謝元極寶殿及太廟百官稱賀加宗憲秩

李遂傳遂博學多智長于用兵然亦善逢迎帝好祥瑞因進白兔帝爲遣官告廟由此益眷遇

陝西通志牛應元任光山縣有產麟之異應元獨不以爲瑞有中使過揭圖以進上責之部使者應元曰國家以民和年豐爲瑞麟而瑞諛也小臣死不敢諛上是之第令取其革以獻

虎苑劉馬大監從西番得一黑驢進上能一日千里又善鬬虎上取虎城牝虎與鬬一蹄而斃又鬬牡虎三蹄而斃後取鬬獅獅折其脊劉大慟蓋龍類也

浙江通志胡宏字任之寧波人少讀易遇一道人以卜筮授之發無不中有一人家暴富心疑之宏爲設卦曰家有狸奴走入室是其祥也曰然曰狸形必大可稱之得幾斤曰七斤許曰富及七載狸奴當去何能久至期狸奴果去不見家貧如初

太平清話西川有一孽龍似馬日行千里南海有一虬龍與駑駘交之遂生一獸前二足如龍後二足如虎有肉翅飛而食

廣平府志崇禎庚辰虎突入臨洺鎮適眞定剿賊兵至共射殺之

獸異部雜錄

詩小序騶虞鵲巢之應也鵲巢之化行人倫旣正朝廷旣治天下純被文王之化則庶類蕃殖蒐田以時仁如騶虞則王道成也

譚子犧牲麒麟出亡國土之象也

鐵圍山叢談嶺右俗淳物賤始吾以靖康丙午來博白時虎未始傷人獨村落間竊羊豕或婦人小兒呼噪逐之必委置而走有客嘗過墟井繫馬民舍籬下虎來瞰籬客懼民曰此何足畏從籬傍一叱而虎已去村人視猶犬然十年之後流寓者甚衆風聲日變百物湧貴而虎浸傷人今則啗人于內地弗殊風俗澆厚亦及禽獸耶先王中孚之道信及豚魚知必不誣

物類相感志麟莊氏云若周之獲麟乃爲漢高祖之應謂周德旣衰君臣失道烏能致麟而遠應漢高祖也又仲尼生有紫麟格於孔氏之門紫麟聖人應之以生也

虎苑貞符讚曰白虎金精縞質元章西方之宿厞禍伊祥聖人受曆寶圖皇皇孰謂於菟麒麟鳳凰

獸異部外編

孝經右契孔子夜夢豐沛邦有赤烟氣起顏回子夏侶往觀之驅車到楚西北范氏之廟見芻兒捶麟傷其前左足束薪而覆之孔子曰兒汝來姓為誰兒曰吾姓為赤松子孔子曰汝豈有所見乎吾所見一禽一如麏羊頭頭上有角其末有肉方以是西走孔子發薪下麟孔子而蒙其獸

元池說林少昊出野遇一獸牛首而人身驚歸告皇娥娥曰昔余聞之帝子牛首人身其名師親見之者百福胥臻天將福汝汝何妄驚乎帝乃釋然

欽定古今圖書集成曆象彙編庶徵典

第一百七十二卷目錄

庶徵典第一百七十二卷

馬異部彙考一

漢書

五行志

傳曰皇之不極是謂不建厥咎眊厥罰恆陰厥極弱時則有射妖時則有龍蛇之孽時則有馬禍

于易乾爲君爲馬馬任用而強力君氣毀故有馬禍

一曰馬多死及爲怪亦是也

宋書

符瑞志

龍馬者仁馬也河水之精高八尺五寸長頸有翼傍有垂毛鳴聲九音

騰黃者神馬也其色黃王者德御四方則出白馬朱鬣王者任賢良則見

澤馬者王者勞來百姓則至夏馬驪黑身白鬣尾殷馬駱白身黑鬣尾周馬騂赤身黑鬣尾

玉馬王者精明尊賢者則出

飛菟者神馬之名也日行三萬里禹治水勤勞歷年救民之害天應其德而至

騕褭者神馬也與飛菟同亦各隨其方而至以明君德也

魏書

靈徵志

鴻範論曰馬者兵象也將有寇戎之事故馬爲怪也

管窺輯要

馬占

白馬赤鬣王者任用賢良乘服有度則至

馬食沙石將勇士強攻伐必勝

馬羣鳴朝朝乃是家王之辟軍宜遠行深入戰必勝

馬悲鳴有大變馬夜鳴有外兵來馬蹋地不食而鳴將有千里之行戰長長鳴晨夜不息暴敵將至馬齧不食草而繞宅啼鳴有兵禍凶事馬忽拒主嘶鳴人口分散軍馬乘困而悲鳴有思鄉之聲軍退不退軍敗

馬數視其蹄臣下強不肯行陣內自凶殃一日兵亂

馬逸入宮大臣不受主命其鳴也主令不行臣奪主

位京房占曰有兵事主死國亂亡

上馬之際忽頭蝨人足鐙或觸人衣裳下有陰謀有成

馬易毛京房曰名曰易衣君有憂有更令家人之馬則死其家長握鏡占曰馬忽易色有大喪馬一夕改尾國易政

馬作人言是謂亂國之妖善惡如其言

馬生角其君以用兵敗亾京房曰下不順政厥妖馬生角茲謂賢士不足又曰馬生角天子自將征伐

馬化爲牛君且無兵馬化爲狐其國不昌

牡馬生駒京房曰方伯分威厥妖牡馬生駒

馬生子三足大臣非才不勝其任馬生子無尾兵起國弱君亡後一目君弱在軍中其將弱生子三目以上臣制主命二口以上其國政亂三鼻以上民流亡三耳以上人多死二足人流亡政令不行軍不用命三足其邑主者亡二陰以上有兵

馬生子目在腹下及左右其邑有兵目在四肢其邑人且爲俘四目在陰其邑大弱主亡目在背下不從殺人流血生子口在背民去其君凶口在腹穀貴民饑耳鼻在四肢兵起耳鼻在腹及背臣謀君憂足在首君失邑在背人主有遠行在腹主勞民饑尾在首足穀不成在背君不安在腹臣謀叛

馬生子無目國君久疾無口鼻君無子無耳失聽無足君失位無尾兵起國弱君亡後

馬生人京房曰上無天子諸侯相伐民流百姓勞厥妖生人生人一身兩首以上邑有叛兵一身三首邑相挽爲亂一首二顙邑有大兵一身三首以上或無目三耳以上或多口多耳或無口鼻皆爲兵饑不祥有臂無足邑兵敗二臂以上君有惡政二足以上其邑大勞三陰以上臣謀主

馬生人首在腋下臣弑其主首在足下君死國亡首在背民大苦在陰君亡地生人目在腋下其君哭目在背邑有大兵民流亡在腹若喉額君失地在足下人謀上生人口在腹邑有兵人饑口在背邑有大事民絕食生人身在腹下主命不行在足下民哭相從在腹其邑穀不成在脇民勞在陰鬼神不享君祀生人耳在背民不從邑有兵耳在腹其邑弱主令不行耳在陰賢者不上遁生人陰在上其主無子陰在背腹民饑臣謀上四肢在首及項其君失位

馬生人無首其君疾病無目君失位國亡無口大饑無鼻其邑有喪無耳有鬼驚人生無手足邑不穀無臂邑敗無腹兵饑國亡

馬生人人身六畜面民饑主易人身六畜中邑有兵人面野獸身邑國有兵人面蛇首其國邑亡人面天下有亡國人面鳥首其國邑有兵人身蛇首其國邑亡人面蟲身有大喪其邑國爲墟人身龍首主弱不治人面龍身民流亡五行傳曰子孫必有非姓者

馬生他畜國有大事生羊邑國大安生牛五穀昌人安生他畜一首兩身其國君亡生他畜二口以上天下有爭兵三鼻以上民大饑三目三耳以上社稷亡生六畜無首君失位無四足君危不安無目臣蔽主明君令不行無鼻口天下有兵無耳君失忠臣無陰女主亂

馬生野獸有他變形皆爲兵喪

馬生魚邑主憂有大水五穀不成大饑

馬生蛇蟲邑有流亡

馬生五穀京房曰歲美人安

馬生金鐵邑人謀賊上

馬生石其國兵強

馬生土君益地

馬生布帛有更令

馬異部彙考二

周

敬王二十年宋奪公子地之馬公子地公子辰叛

按春秋不書　按漢書五行志左氏傳定公十年宋公子地有白馬駟公嬖向魋欲之公取而朱其尾鬣以予之地怒使其徒扶魋而奪之魋懼將走公閉門而泣之目盡腫公弟辰謂地曰子爲君禮不過出竟君必止子地出奔陳公弗止辰爲之請不聽辰曰是我迋吾兄也（迋師古曰迋欺也）吾以國人出君誰與處遂與其徒出奔陳明年俱入於蕭以叛大爲宋患近馬禍也

顯王二十八年（即秦孝公二十一年）秦有馬生人

赧王二十八年（即秦昭王二十年）秦有牡馬生子而死

按史記周本紀不載　按漢書五行志史記秦孝公二十一年有馬生人昭王二十年牡馬生子而死劉向以爲皆馬禍也孝公始用商君攻守之法東侵諸侯至於昭王用兵彌烈其象將以兵革抗極成功而還自害也牡馬非生類妄生而死猶秦恃力強得天下而還自滅之象也一曰諸畜生非其類子孫必有

非其姓者至於始皇果呂不韋子京房易傳曰方伯分威厥妖牡馬生子亡天下諸侯相伐厥妖馬生人

漢

文帝十二年吳有馬生角

按漢書文帝本紀不載　按五行志十二年有馬生角於吳角在耳前上鄉右角長三寸左角長二寸皆大二寸劉向以爲馬不當生角猶吳不當舉兵鄉上也是時吳王濞封有四郡五十餘城內懷驕恣變見於外天戒早矣王不悟後卒舉兵誅滅京房易傳曰臣易上政不順厥妖馬生角茲謂賢士不足又曰天子親伐馬生角

武帝元鼎四年馬生渥洼水中

按漢書武帝本紀元鼎四年秋馬生渥洼水中作天馬之歌

成帝綏和二年馬生角

按漢書成帝本紀不載　按五行志綏和二年二月大廏馬生角在左耳前圍長各二寸是時王莽爲大司馬害上之萌自此始矣

哀帝建平二年牡馬生駒三足

按漢書哀帝本紀不載　按五行志哀帝建平二年定襄牡馬生駒三足隨羣飲食太守以聞馬國之武用三足不任用之象也後侍中董賢年二十二爲大司馬居上公之位天下不宗哀帝暴崩成帝母王太后名弟子新都侯王莽入收賢印綬賢恐自殺莽因代之并誅外家丁傅又廢哀帝傅皇后令自殺發掘帝祖母傅太后母丁太后陵更以庶人葬之辜及至尊大臣微弱之禍也

後漢

桓帝延熹五年驚馬逸象突入宮殿

按後漢書桓帝本紀不載　按五行志桓帝延熹五年四月驚馬逸象突入宮殿近馬禍也是時桓帝政衰缺

靈帝光和元年馬生人

按後漢書靈帝本紀光和元年京師馬生人　按五行志靈帝光和元年司徒長史馮巡馬生人京房易傳曰上亡天子諸侯相伐厥妖馬生人後馮巡遷甘陵相黃巾初起爲所殘殺而國家亦四面受敵其後關東州郡各舉義兵卒相攻伐天子西移王政隔塞其占與京房同

光和　年雒陽馬齧殺人

按後漢書靈帝本紀不載　按五行志光和中雒陽水西橋民馬逸走遂齧殺人是時公卿大臣及左右數有被誅者

魏

齊王嘉平　年東郡訛言河出妖馬

按魏志齊王本紀不載　按晉書五行志魏齊王嘉平初東郡有訛言云白馬河出妖馬夜過官牧邊鳴呼衆馬皆應明日見其跡大如斛行數里還入河楚王彪本封白馬兗州刺史令狐愚以彪有智勇及聞此言遂與王淩謀共立之事泄淩愚被誅彪賜死此言不從之罰也詩云人之訛言寧莫之懲

晉

武帝太熙元年馬生角

按晉書武帝本紀不載　按五行志太熙元年遼東有馬生角在兩耳下長三寸按劉向說曰此兵象也及帝晏駕之後王室毒於兵禍是其應也京房易傳曰臣易上政不順厥妖馬生角茲謂賢士不足又曰天子親伐馬生角呂氏春秋曰人君失道馬有生角及惠帝踐祚昏愚失道又親征伐成都是其應也

惠帝元康八年皇太子駕車馬止不動

按晉書惠帝本紀不載　按五行志元康八年十二月皇太子將釋奠太傅趙王倫驂乘至南城門馬止力士推之不能動倫入輅車乃進此馬旤也天戒若曰倫不知義方終爲亂逆非傅導行禮之人也

元康九年有牡馬驚奔至廷尉堂悲鳴而死

按晉書惠帝本紀不載　按五行志九年十一月戊寅忽有牡驪馬驚奔至廷尉訊堂悲鳴而死天戒若曰愍懷冤死之象也見廷尉訊堂其天意乎

懷帝永嘉六年神馬鳴

按晉書懷帝本紀不載　按愍帝本紀帝歸長安時有神馬鳴城南焉　按五行志永嘉六年二月神馬鳴城南門

愍帝建興二年馬生人

按晉書愍帝本紀建興二年蒲子馬生人　按五行志建興二年九月蒲子縣馬生人京房易傳曰上亾天子諸侯相伐厥妖馬生人是時帝室衰微不絕如線兵戈日逼尋而帝亦淪陷故此妖見也

元帝大興二年馬生駒二頭

按晉書元帝本紀不載　按五行志大興二年丹陽郡吏濮陽演馬生駒兩頭自項前別生而死司馬彪說曰此政在私門二頭之象也其後王敦陵上

成帝咸康八年有赤馬逸入殿前莫知所在

按晉書成帝本紀不載　按五行志咸康八年五月甲戌有馬赤色如血自宣陽門直走入於殿前盤旋走出尋逐莫知所在已卯帝不豫六月崩此馬禍又赤祥也是年張重華在涼州將誅其西河相張祚厩馬數十匹同時悉無後尾也

安帝隆安四年馬生角

按晉書安帝本紀不載　按五行志隆安四年十月梁州有馬生角刺史郭銓送示桓元按劉向說曰馬不當生角猶元不當舉兵向上也元不悟以至夷滅

宋

孝武帝大明三年西域獻舞馬

按宋書孝武帝本紀大明三年十一月己巳西域獻舞馬

南齊

明帝建武　年有馬食女子肉

按南齊書明帝本紀不載　按五行志建武中南岸有一䮦馬走逐路上女子女子窘急走入人家牀下避之馬終不置發牀食女子股脚間肉都盡禁司以聞敕殺此馬是後頻有寇賊

梁

武帝太清元年神馬出

按南史梁武帝本紀太清元年四月神馬出皇太子獻寶馬頌

陳

宣帝太建五年馬生角

按陳書宣帝本紀太建五年三月景戌西衡州獻馬生角

北魏

高宗興光元年馬生角

按北史魏文成帝本紀興光元年九月庫莫奚國獻名馬有一角狀如麟

肅宗熙平二年馬生肉尾

按魏書肅宗本紀不載　按靈徵志熙平二年十一月辛未恆州送馬駒肉尾長一尺騣處不生毛

正光元年蟲入馬耳馬多斃

按魏書肅宗本紀不載　按靈徵志正光元年九月沃野鎮官馬爲蟲入耳死者十四五蟲似蟌長五寸已下大如橢

出帝永熙三年馬自死

按北史魏孝武帝本紀永熙三年閏十二月癸巳潘彌奏言今日當甚有急兵其夜帝在逍遙園宴阿至羅顧侍臣曰此處彷彿華林園使人聊增悽怨命取所乘波斯騮馬使南陽王躍之將攀鞍蹶而死帝惡之日晏還宮至後門馬驚不前鞭打入謂潘彌曰今日幸無他彌曰過夜半則大吉須臾帝飲酒遇酖而崩

北周

明帝武成元年四月甲戌秦州獻白馬朱鬣

按周書明帝本紀云云

隋

恭帝義寧二年馬生角

按隋書恭帝本紀不載　按唐書五行志義寧二年五月戊申有馬生角長二寸末有肉角者兵象

唐

高祖武德三年馬生角

按唐書高祖本紀不載　按五行志武德三年十月王世充僞左僕射韋霽馬生角當頂

太宗貞觀二年九月甘州獻白馬朱鬣

按唐書太宗本紀不載　按玉海云云

貞觀十三年三月厩產白馬朱騣

按唐書太宗本紀不載　按冊府元龜云云

高宗永隆二年馬疫

按唐書高宗本紀不載　按五行志永隆二年監牧馬大死凡十八萬匹馬者國之武備天去其備國將危亡

睿宗文明元年馬生駒二首馬生石

按唐書睿宗本紀不載　按五行志文明初新豐有馬生駒二首同項各有口鼻生而死又咸陽牝馬生石大如升上微有綠毛皆馬禍也

元宗開元二年正月丙寅涼州進朱騣尾白馬

按唐書元宗本紀不載　按玉海云云

開元十二年太原獻異馬駒

按唐書元宗本紀不載　按五行志開元十二年五月太原獻異馬駒兩肋各十六肉尾無毛

開元二十五年駒生肉角

按唐書元宗本紀不載　按五行志開元二十五年濮州有馬生駒肉角

開元二十九年馬生肉鬉鱗臆

按唐書元宗本紀不載　按五行志開元二十九年三月滑州刺史李邕獻馬肉鬉鱗臆嘶不類馬日行

三百里
按冊府元龜開元二十九年三月甲申滑州李邕獻馬一匹表云其馬肉鬃鱗臆嘶不類馬聲日行三百里邕任淄青刺史日遇一老翁云聖主將得龍馬以應太平邕遂於青州馬會思家獲而獻之

天寶元年馬生鱗
按唐書元宗本紀不載 按冊府元龜天寶元年六月乙未隴右節度皇甫惟明奏龍支縣人庫狄孝義有馬生龍駒經九旬有九日身有鱗而不生毛臣就簡視時有慶雲五色遙覆馬上久而不散伏望宣付史官從之

德宗建中四年馬生角
按唐書德宗本紀不載 按五行志建中四年五月滑州馬生角

文宗太和九年馬吐珠
按唐書文宗本紀不載 按五行志太和九年八月易定馬飲水因吐珠一以獻

開成元年馬生角
按唐書文宗本紀不載 按五行志開成元年六月揚州民明齊家馬生角長一寸三分以獻

武宗會昌元年馬生駒三足
按唐書武宗本紀不載 按五行志會昌元年四月桂州有馬生駒三足能隨羣于牧

懿宗咸通三年馬生角
按唐書懿宗本紀不載 按五行志咸通三年郴州馬生角

咸通十一年牡馬生子
按唐書懿宗本紀不載 按五行志咸通十一年沁州綿上及和川牡馬生子皆死京房易傳曰方伯分威厥妖牡馬生子

僖宗乾符二年馬生人
按唐書僖宗本紀不載 按五行志乾符二年河北馬生人

中和元年馬生人
按唐書僖宗本紀不載 按五行志中和元年九月長安馬生人京房易傳曰諸侯相伐厥妖馬生人一日人流亡

中和二年馬生角
按唐書僖宗本紀不載 按五行志中和二年二月蘇州嘉興馬生角

光啓二年馬尾咤
按唐書僖宗本紀不載 按五行志光啓二年夏四月僖宗在鳳翔馬尾皆咤蓬如彗咤怒象

文德元年馬胕膝生長鬃
按唐書僖宗本紀不載 按五行志文德元年李克用獻馬二胕膝皆有鬃長五寸許蹄大如七寸甌

宋

太宗太平興國三年靈州獻官馬駒足有二距
按宋史太宗本紀不載 按五行志云云

雍熙二年處州吏李祚家馬生駒足有距
按宋史太宗本紀不載 按五行志云云

雍熙四年馬足如牛
按宋史太宗本紀雍熙四年夏六月鄜州獻馬前足如牛

端拱二年馬生二駒
按宋史太宗本紀不載 按五行志端拱二年夏州民程眞家馬生二駒

眞宗大中祥符九年馬生赤駒肉尾
按宋史眞宗本紀不載 按五行志大中祥符九年十二月大名監馬生駒赤色肉尾無鬃

徽宗宣和五年馬生角
按宋史徽宗本紀不載 按五行志宣和五年馬生兩角長三寸四足皆生距時北方正用兵

高宗紹興八年海壖有獸如馬夜入民舍
按宋史高宗本紀不載 按五行志紹興八年海壖有海獸如馬蹄鬃皆丹夜入民舍聚衆殺之明日海溢壞村百餘家皆溺死近馬禍也

孝宗淳熙五年馬疫
按宋史孝宗本紀不載 按五行志淳熙五年廣西市馬全綱疫死

淳熙六年馬疫
按宋史孝宗本紀不載 按五行志淳熙六年十二月宕昌西馬金州馬皆大疫

淳熙十二年馬生角
按宋史孝宗本紀不載 按五行志淳熙十二年黎雅州獻馬有角長二寸京房易傳曰臣易上政不順厥妖馬角茲謂賢士不足

光宗紹熙元年丞相乘馬入朝馬忽斃
按宋史光宗本紀不載 按五行志紹熙元年二月丙申右丞相留正乘馬早朝入禁扉馬斃近馬禍也

寧宗嘉定五年史彌遠馬驚

按宋史寧宗本紀不載　按五行志嘉定五年正月史彌遠入賀於東宮馬驚墮地衣幘皆敗其頷微損事與上同

明

成祖永樂十八年產龍駒

按大政紀永樂十八年九月山東青州府諸城縣進龍馬縣馬嘗有牝於海濱者一日雲霧晦暝有物蜿蜒與馬交至是產駒鱗臆肉鬣體具龍文其色青蒼蓋龍馬云

宣宗宣德五年貢龍駒

按大政紀宣德五年七月撒馬兒罕貢蒼龍駒禮部請賀不許蒼龍者天廐良馬也產於西域風鬃霧鬣蒼然若雲體質潔素駿爽特異按紀所載馬八尺曰龍此蓋龍云

按明昭代典則宣德五年秋七月禮官請賀龍駒不許敕諭文武羣臣禮部言山西所進龍馬駒以爲瑞應羣臣同上表賀朕自承大統孜孜夙夜期與華夷同進康泰幸數年以來國家平寧歲屢有收百姓粗安邊圉清肅此皆天地祖宗之祐羣臣贊輔之力方切敬慎惟懷永圖夫年穀歲登生民給足仁賢効職四裔順服禮義興於閭閻武備修而不用此有國之祥瑞也朕與卿等共祇勉之一獸之異未足爲瑞其止勿賀

宣德七年太原廿肅獻龍馬

按大政紀宣德七年五月太原忻州民武煥家馬生一駒鹿耳牛尾玉面瓊蹄肉文被體如鱗巡撫都御史于謙會同巡按三司視之咸謂其爲龍馬而進之禮部胡濙請俟羣臣上表賀不允曰二三年水旱告災者踵至朕方旦夕憂勤一飯之微何救民饑而欲表賀其止之八月廿肅守臣遣使獻龍馬羣臣請上表賀勿受其耳額及頷及鬃尾皆有龍而全體潔白如雪鬈毛脊疊狀如波文蓋騰驤卓犖有躡雲追電之意氣聞諸獻者云其牧之池而池下有龍焉常有雲雨晦暝風雷交於上蓋龍馬云敕賜羣臣觀之大學士楊士奇進龍馬歌納之士奇云西北乾位也固天馬所自出而龍乾象也故又爲龍馬瑞牒云龍馬仁馬也應德而至又云龍馬太平之應也誠由皇上仁恩義澤敷洽天下是以天降靈瑞以彰皇上大德以垂太平之慶宜有詠歌協諸樂府以宣揚鴻烈於悠久

宣德九年九月甘肅獻龍馬

按明通紀云云

英宗正統十二年寧夏產異馬

按陝西通志正統十二年產異馬白色鬈毛類龍鱗長喙尾跳躍高一二丈夜行則火光見

神宗萬曆三十一年馬生角

按湖廣通志云云

愍帝崇禎十二年蘇州產怪馬

按江南通志崇禎十二年蘇州產怪馬一目當頭豕蹄肩尾出胎即馳驟蹄嚙旋死

崇禎十五年馬生角

按湖廣通志崇禎十五年廣濟胡士泰家馬生角八寸從耳中出

馬異部藝文一

進文馬表　唐李邕

臣某言臣聞禽獸殊祥卉木奇狀自古者疑也必有應瑞伏惟陛下德合天地道通神明天物所以來神物所以見且麟者仁獸主仁者則見馬者文身君文者即降皆是上叶尊號下報太平也覩夫豹蔚騰文龍章助聖書籍所未載耳目所未聞即知非常之君必有非常之物臣不勝抃躍欣慶之至謹遣某官馳表奉進以聞臣某誠惶誠恐

進異馬駒表　令狐楚

臣某言得當道征馬使穆林狀稱忻州定襄縣七進封村界去五月十二日夜孳化馬羣內異駒一匹白騟文馬畫圖送到者臣謹差虞候辛崚專往考驗并母取到太原府而毛色變換與青騧色駝頭趺額紅鼻肉騣尾上背毛額帶星及旋肋骨左右各十八枝四蹄青雨眼黑續得穆林狀稱當生之夜羣馬皆嘶靈質炳然休徵備矣臣某中謝臣聞馬之精也自天而降馬之功也行地無疆是以武藉其威文榮其德謹按馬經云肋數十陸者行千里伏惟陛下握負圖之瑞懋服阜之靈異物殊祥蔚然叢集臣觀前件駒靈表挺特雄姿逸異頸昂昂而鳳顧尾宛宛以蛇蟠信坤元之利貞誠太乙之元既自將到府使麗於宮每飲以清池牧於芳草則彌日翹立驅之不前及長風時來微雨新霽輒驤首奔騁追之莫及臣某恆親省視尋遣彩馴倘駿骨峰生奇毛日就獲登華廐既備屬車遠齊飛兔之名上奉應龍之馭天下大慶微臣至願見今養飼至秋中即專進獻伏惟陛下兼愛

好奇想其風彩今謹圖畫隨表上進伏乞聖恩宣付史館俾此丕烈垂於無窮臣無任戰越之至

天驥呈才賦　　宋范仲淹

天產神驥瑞符大君偶昌運以斯出呈良才而必分日廻紫電蠶妥紅雲星精效祥聿歸三五之聖龍姿誕異不溺三千之羣是何降康符極薦夢中國啓天之命光帝之德包蓮兮御閑之十二屏歸兮爲騎之萬億曳吳門之練不足以比容竭燕市之金不足以爲直徒觀夫汗血流赭連錢拂緫皴瘦筋露蠻肥臆豐矯矯焉鯨躍乎滄海昂昂焉鶴出乎樊籠契瑞圖之表進昭神化之感通卒使伯樂居前駿千載之有德王良處右悲一旦之無功得以馴致皇家駿奔帝苑厥生也足比乎房駟之異其來也寧慚乎渥洼之遠雖稱德於絕羣豈伐勞而一混首登華廐嘶風休憶於窮邊高騁康衢遂日誑思於長坂豈徒矜半漢銜連乾必也端乎聖通乎天騰志千里飛聲八埏歷金埒以驟裹奉玉勒以周旋日馭如親合亞六龍之列瑤池若去請登八駿之先異乎哉神物來宜大意純暇掩逸足於千駟革嘉祥於一馬方馳六轡且殊歸岳之流儻駕皇輿尚如負圖之者是知造化之命鍾焉在斯祥麟生而奚匹馴犀至而曷爲寶於大邦寧徇晉臣之請出於有道豈惟漢帝之時客有感而歎曰馬有俊靈士有秀彥偶聖斯作爲時而見方今吾道亨而帝道昌敢昧呈才之使

龍馬圖賦　　元趙森

混沌闢兮鴻荒人文杳兮未彰倚神聖之御極膺龍馬之嘉祥闡二五之妙數與日月兮齊光肇理象之權輿爲卦畫之紀綱觀夫崑崙之發源動盪滄溢旋乾道坤道體不息此乃縈河之波貫天河而爲一方其宇宙盤礴神鶩鬼泣虹流電繞光茫洞射倏騰驤於中流挺神物焉是出以爲龍耶則非虯非螭元氣淋漓狀天矯兮欲飛以爲馬耶則匪驪匪騏奮鬣揚鬐勢駭躍兮奔馳意者大不愛道使之效造化之秘與羲庖羲之神機也耶故其圖之負於背也則熒熒煌煌粲然有章一六惟水位彼北方二七惟火在於南行木居乎東則三八其配金兌乎西則四七是將卓大五與地十儼正位乎中央分內外而定賓主列左右而隱低昂成變化而行鬼神體奇偶而道陰陽故大易以是而取法文籍于焉而濫觴也若乃乾坤定天地乎上下坎離列日月乎西東巽艮兌以象山澤雷震巽以爲雷風以八卦而相錯則天下之事可備由十數而大衍則天下之用無窮此先天之圖所以則之於其始而後天之易所以成之於其終噫嘻有聖者作禎祥必臻孰俯仰以觀察默有契乎杳冥故斯圖之出河無乃天之待人豈元氣之磔裂將不得以還淳乎抑人心之澆漓將日趨而失眞乎何其天之畀於聖人者終不能以默默聖人之所以與神物以前民用者又若是之諄諄也吁聖轍一塗異世同符以鳥紀官因龜著書舜樂致乎獸舞文治洽乎騶虞何鳳兮之德衰感麟出之時殊嗟春秋之絕筆覩畫卦兮焉如幸三絕兮韋編托十翼以演辭功有光乎前聖心猶切於斯圖斯時也吾知龍馬之復出愈感慨而增吁下逮明皇帝德靡彻易無適兮出水圖龍馬兮是娛不能復皇羲之治適足爲神物之汙又何待乎囁嚅也方今聖皇御極握符闡珍應九五之乾龍開萬國之太平慶風雲之嘉會駿奔走兮來廷四靈繽紛兮駢集大馬鼓舞兮前陳囿元化之熙皞覽版圖之恢弘致瑞應兮斯其時而龍馬之圖將出於幽并也

龍馬圖賦　　魯貞

遡太初以元覽兮斬太昊之遺則當風氣之始開兮爲天地以立極揭人文而昭著兮闡萬世之太平休光格於上下兮叶神道於太寧何淵默之潛通兮致上帝之降精帝乃不愛其道兮俾錫之以嘉徵惟湯湯之河流兮洪洞淳濟散以舒徐長波湝淴颯以域域兮渺瀰滉瀁赴以紊紆矞雲蓊鬱噴以生烟兮英華翁絕爛以燭天會霧菲微布以漫衍兮薰蒸混成配黎而相礰精氣旁薄彌乎四維兮五彩布濩的皪以寒川杳杳晦晦其中有物兮踴躍奔迅矯首而將驤曰其名爲龍馬兮斤睥卓越昂然而望背被鱗甲押擸璀璨兮韋珠鏤瓊錯以成章揚鬐奮鬣軒然四張兮若舒乍翕森以聳藹鐵蹄芺突如高舉兮躍波浪激府雨而飛霜蝮略蘢緌蝌蟉宛轉兮忽隱倏形變而無方超越凌厲奄以馳騖兮急景冥濛黔陰而閉陽星流電綖揮以陸離兮僬質卒盡爲時禎祥負圖于厥背兮闡斯道之至妙何聖人之一覩兮獨有會其旨要一與六之爲水兮爲元冥之所處二與七之爲火兮處炎精以握柢惟三八之爲木兮基蒼神而委精復四九而爲金兮奠厥位乎素靈五十由中而制外兮黃祇十焉而兆形先川流乎上下兮妙陰陽之生成遂有契於斯文兮析淵微而昌發昔一

奇以象天兮一耦以象地由儀象以生八兮實畫卦之攸始原先天之爲位兮乾坤上下其分翕震巽爲陰陽之作始兮知往順而來逆復變而爲後天兮崇離南而坎北位震東而兌西兮春秋對而不忒坤乾艮震之四維兮差有序而不易何畫卦之若斯兮揭元旨以示人諒斯理之旣著兮闡旨辭之諄諄服茲美而遂往兮吾將求茲圖之所蘊命鳳凰以先驅兮紛總總離離其並進駕鵬翼之夭矯飛揚兮從以鯤鯨千里而一瞬鵷鸞申申相予之先後兮皺層擁雀櫂而譫翔鷟鸑爲予啓路兮靈龜告予以吉占靄勉遊乎太虛兮惟宣聖之在天求微言以啓之兮指天路之平平撰予轡以於邁兮至清都而一息凌倒景之膠轕兮超蠛蠓之寥閒梁天津以徑度兮魚紛紛其滕予聽天雞之咿嚶兮戒騰蛇之不可踰過九闗之洞達兮夫何虎豹之屏跡也造天闕之肅清兮夫何通衢之開闢也蒼龍白虎蹲踞乎左右兮蟠而屈律猛而睒睗朱雀褰翥翼而在前兮元武拳縮軋以相得覩寥寥而無見兮聽杳杳而無聞上晃晃以無閡兮下浩浩其無倫想元聖之容儀兮求一言以爲師惟精神之感通兮若有語予以其辭曰圖在天下兮無古無今太極陰陽兮在於一心反而求之兮斯得之深勿外之從兮以己爲任闡茲言而休之兮將日修吾初服佩道德以爲琚兮居仁義以爲宅飾禮容以爲裳兮餐道腴以爲食會茲圖於予心兮玩易道以自珍膺聖訓以書紳兮與先天而爲鄰

龍馬圖賦　李䕫

龍極立羲皇出盛德昭皇風赫至和儲精大道發頤滎河演漾厥有神物龍邪馬邪奇變不測實所以開萬世言語文字之源者萬代文明休祥之兆想其毛骨絕塵逸氣空群赭汗噴血元蹄躍雲斯爲龍則軒軒驤黃之神駿以爲馬則矯矯頭角之崢嶸豈馬高乎八尺亦以龍而見稱夸背毛以成圖洩道妙于難名得神驂而氣御列奇陰而偶陽是圖也一六北水二七南火三八東木四九西金土宅厥中五生十成纍纍乎如井邑之布田野棨棨乎如星宿之列璣衡皇覽之而載嘻曰吾取法以作易謂太極之奚存中虛五而暨十各二十之陰陽兩儀生而不息以一二三四爲六七八九者四象之所得也析四方之合補四隅之空者八卦之所宅也皇闡之以示人契天心而爲一發冥冥于昭昭曾何假于智力後至夏后濬洛沄沄神龜負書背具綠文宣尼贊易圖書並云特有先後理無古今此靜對待彼動流行龍馬因神而龜亦靈假以呈象圖書一心或有詰予者曰予于圖信詳矣而于龍馬未有所辨何居予曰在乾稱龍抑又稱馬變化健行象兮特假安得見羲皇于先天闡諸形而上者

龍馬頌井序　明胡儼

欽惟聖皇在位德備中和至治馨香格于神明是以天不愛道地不愛寶體信達順瑞應駢臻乃若景星慶雲甘露醴泉麒麟騶虞白烏元兔神獅瑞象嘉禾芝草諸福之物不一而至百僚尹庶莫不爭先快覩形之詠歌矣茲者龍馬產于諸城之清水潭肉鬃麟臆赤鬣龍鱗昂首而青雲氣逸炯目而紫電光生色逾蒼玉尾若流星形狀非常誠古今之靈異也有司效貢登進于朝實爲嘉瑞臣謹按易經之文乾爲天爲良馬蓋聖人有天德故獲天瑞此感彼應豈偶然哉臣不勝慶幸謹拜手稽首而獻頌曰

房宿之英蒼龍之精儲祥毓慶龍馬實生方其生也霧湧雲蒸百神效職天宇清寧甘露灑空海波不驚肉鬃麟臆蘭筋玉質赤鬣紛敷龍鱗潤澤舉首一鳴萬騎屏營目如紫電尾若流星不脊牝牡神化流行非常之狀實惟天成日行萬里昭德之貞其來貢也爰自諸城天門日麗仙仗風清振勒噴玉搖珂鳴金曉騰軼景超絕古今以備乘輿和鸞雍雍燦若負圖羣龍景從飛黃吉光軒后用彰渥洼滇池漢道以昌昭茲神駿太平之應由皇之德與天地並天錫之瑞惟皇之慶乘龍御天光毓氣全皇圖鞏固於萬斯年播之聲詩金石永堅

馬異部藝文二

蒲梢天馬歌　漢武帝

天馬徠兮從西極經萬里兮歸有德承靈威兮障外國涉流沙兮四夷服

馬異部紀事

名馬記淮南子曰黃帝治天下飛光服皂高誘曰飛黃如狐背有角日行萬里乘之壽三千歲韓愈曰飛黃騰踏去不能顧蟾蜍

春秋緯堯時龍馬銜甲赤文綠色臨壇上甲似龜廣袤九尺上有五色文

渚宮故事晉司馬休之爲荊州宋公遣使圖之休之未覺常所乘馬蓑于牀前忽連鳴不食注目視鞍休之試鞴之即不動鞴訖還坐馬又驚跳如此者數四騎馬即驟出門奔馳數里休之顧望已有使至矣遂去而獲免

晉書五行志石季龍在鄴有一馬尾有燒狀入其中陽門出顯陽門東宮皆不得入走向東北俄爾不見術者佛圖澄歎曰災其及矣逾年季龍死其國遂滅

南齊書五行志王晏出至草市馬驚走鼓步從車而歸十餘日晏誅

南史侯景傳景所乘白馬每戰將勝輒躑躅嘶鳴意氣駿逸其有奔衂必低頭不前及石頭之役精神沮喪臥不肯動景使左右拜請或加箠策終不肯進

魏書李勢傳勢降于桓溫先是頗有怪異廣陵馬生角各長寸半有馬駒一頭二身六耳無目二陰一牝一牡

冊府元龜權會爲著作監知太史局事加中散大夫自府還第在路無故馬倒遂不得語因爾暴亡會生平畏馬位望所至不得不乘果以此終

名馬記明皇時靈昌郡得異馬于河帝西幸入渭水化爲龍泳去

因話錄太和初王潛爲荊南節度使無故有白馬馳入府門而斃僵臥塞塗是歲潛卒此近馬禍也

冊府元龜景延廣爲侍衛指揮使開運三年冬契丹渡滹水詔遣屯孟津將戒途由府署正門而出所乘馬騰立不進幾墜於地乃易乘而行時以爲不祥之甚也延廣後爲虜所殺

蜀檮杌王建從討王仙芝有功所乘馬死剖之得一小蛇于心間私自異之

桑維翰爲開封尹會秋霖經月不歇一日維翰出府門由西街入內至國子監門馬忽驚逸御者不能制維翰落水久而方蘇或言私邸亦多怪異親黨咸憂之果爲張彥澤所害

李金全爲安州節度使所乘馬人立而言金全心惡之

老學庵筆記興國中靈州貢馬足各有二距其後靈州陷于西戎宣和中燕山府貢馬亦然而北鹵之禍遂作

括異志天聖中侍中馮拯薨次年京城南錫慶院側人家生一驢腹下白毛成馮拯二字馮氏以金贖之潛育于槽中四方知之

名馬記蘇東坡集秦州進一馬項下垂胡倒毛生肉端此肉騣也

續夷堅志泰和中一國姓人爲定襄簿一日河西程氏馬逸迫上廳嚙主簿劄旁立數十人號叫撾楚不能救不半時頃嚙簿死傷折敗所不忍視馬走出城羅得之二日簿簿縛馬投火中人謂此馬不爲物所憑則他世報冤也

建寧府志蔣粹翁政和人宋季爲太學生元混一天下遂歸隱於滿月山嘗言其先世家九峰山下畜一牝馬舍側有龍潭馬入浴其中龍與之媾而生駒焉龍首馬身狀如負河圖者有父老與先人曰昔仲尼筆削六經而麒麟生今晦翁表章四書而龍馬生聖人之瑞也先人喜甚益謹芻秣後牧於山林竟失所在

漳州府志嘉靖三十六年冬龍巖縣訛言有馬精者其來也見火星殞地婦人過之輒昏迷仆臥必扶出以桃柳枝撻之乃甦縣境戶懸桃柳枝夜則聚婦女露坐男子環守鳴鑼鼓達旦適有流僧賣符知縣湯相曰此必爲祟者擒而驗之有嶽火滿天紅之說蓋預爲是以利其符之多售孽自人作耳撻而置諸獄妖息萬曆二十九年崇禎十五年其孽復見術如前父老以前事知其弊俱擒賣符者立斃之妖遂絕

庶徵典第一百七十三卷

牛異部彙考一

漢書

五行志

傳曰思心之不容是謂不聖厥咎霿厥罰恆風厥極凶短折時則有脂夜之妖時則有華孽時則有牛禍於易坤爲土爲牛牛大心而不能思慮思心氣毀故有牛禍一曰牛多死及爲怪亦是也

春秋緯

潛潭巴

宮有牛鳴政教衰諸侯相幷牛兵之符也

魏書

靈徵志

鴻範論易曰坤爲牛坤土也土氣亂則牛爲怪一曰牛禍其象宗廟將滅一曰轉輸煩則牛生禍

管窺輯要

牛占

牛有上齒地鏡占曰世主治而增也一曰世主凶

牛舞於國天鏡占曰其國將亡舞於軍中兵解散

牛悲鳴政教衰兵將起牛無故夜鳴有暴兵

牛哭於田主憂民愁牛作他畜啼或向主悲啼垂淚縮鼻而鳴皆爲死喪凶事

牛作人言吉凶如其言又兵亂其地流血一曰水災

牛忽舐主其人有殃

牛合於馬兵起

牛無故自死欄中其家有凶

人家牛忽變異邑主有憂

牛從土中出天鏡占曰不出千日有兵民流亡京房占曰邑國有兵君有喪不出三年

牡牛生子其君無後

牛生子一首二身邑國分一身二頭天下分生子三角其邑有兵四角天下有兵八足三首君益地四角二足君失國二首八足二尾邪人得志三目以下一邑有賊臣三鼻邑有兵災鼻一孔作事不成一耳君不聽事三耳以上邑有亂兵足五蹄徭役大興二尾邑有賊臣多陰其國君多子三足國君有久病五足徭役民持兵起八足王侯大臣尅剝百姓不祇上命無鼻民愁怨無首邑無主無尾民貧兵弱無陰其君無子無足其邑五穀不成無毛其邑君亡牛六足及上有齒世主凶足少臣劣足多邪人用牛生子足在腹其邑徙足在背邑有大兵四目在背君用讒臣目在他處其邑有凶口在腹或在頭上邑有大事口在四肢其邑主亡在背其邑臣口舌生子耳在腹其地大饑鼻生四肢邑有大賊耳鼻在腹及背君相相謀尾在腹邑有大徭尾在四肢其邑主易

牛生人京房占曰民流亡牛生人一身二首其邑昌一身三首其邑有兵一身三鼻或無目或一耳三耳皆為兵起一身二首無目一耳相臣起兵一身三首二鼻婦人持政一身二首無耳或二口三口以上民亡一身三首三耳無目其邑兵起民流亡三頭三面大饑一身三首二口無耳或一口在項民驚兵君亂其邑軍人行一首四面其君失地一首一口其邑大饑一首三目或四目以上天下有大爭一首三耳以上其邑亂二首以上臣有反者邑有大疾三首以上民多相讒計三臂以上其邑兵行三陰以上國人有謀

牛生人目在腋下其君凶目在腹天下諸侯雜居目在背其邑臣謀叛目在足下邑有大謀生人鼻在腋下主令不行在足人民哭在腹其邑穀不成在背民將叛生人口在腹邑有火在背邑臣有凶口在陰其君被賊生人耳在背其邑得賢在腹其國弱四肢在首其邑大亂君受殃生人陰在腹背其君有大事

牛生人無鼻邑有喪無耳有賊鬼驚人國相出走無足其邑不種無臂其邑疾疫無體邑有凶事無腹其邑饑

牛生人人身獸面臣下不受主命人身鳥首其邑有兵人面獸身邑有兵人面犬身其邑大苦人面魚身邑有木災人身蛇首其國亡地蛇蟲身人首其邑空

牛生六畜其國君不安兵且作京房曰國邑易主又曰其國女子為王又曰君不安宅則牛生馬牛生馬兵將作人零落

牛生六畜且作人形其邑君亡牛生六畜一身二首其君亡二身二口以上邑有兵三耳三口以上國失地生六畜無口腹君政亂無目令不行牛生牛生野獸天下不通生野獸且作人形其邑兵起

牛生鼠其邑兵起貴人且賤

牛生蜚鳥國有兵大木為災

牛生魚天下虛一曰牛生犢頭尾似魚兵大起

牛生五穀其邑大穰生草木其君死

牛生土及屎土其邑昌生金石及屎金石其邑兵強主武

牛生布帛天下有更令

田家雜占

論祥瑞

凡牛退齒凡人每不得而知見凡有見其齒已脫在口候而得之者大吉利主三年內大發

牛異部彙考二

周

定王元年魯郊牛口傷改卜牛牛死

按春秋魯宣公三年春正月魯郊牛之口傷改卜牛牛死乃不郊猶三望　按公羊傳其言之何緩也曷為不復卜養牲養二卜帝牲不吉則板稷牲而卜之帝牲在于滌三月於稷者唯具是視郊則曷為必祭稷王者必以其祖配王者則曷為必以其祖配自內出者無匹不行自外至者無主不止　按穀梁傳之口緩辭也傷自牛作也改卜牛牛死乃不郊事之變也乃者亡乎人之辭也　按左傳不郊而望皆非禮也望郊之屬也不郊亦無望可也

按漢書五行志宣公三年郊牛之口傷改卜牛牛死劉向以為近牛禍也是時宣公與公子遂謀共殺子赤而立又以喪娶區霿昏亂亂成於口幸有季文子得免於禍天尤惡之生則不饗其祀死則災燔其廟董仲舒指略同

簡王二年魯鼷鼠食郊牛角

按春秋魯成公七年正月鼷鼠食郊牛角改卜牛鼷鼠又食其角乃免牛　按穀梁傳不言日急辭也過有司也郊牛日展斛角而知傷展道盡矣其所以備災之道不盡也又有繼之辭也其緩辭也曰亡乎人矣非人之所能也所以免有司之過也乃者亡乎人之辭也免牲者爲之緇衣纁裳有司元端奉送至於南郊免牛亦然免牲不曰不郊免牛亦然

註　按劉向曰鼠小蟲性盜竊鼷又其小者也牛大畜祭天尊物也角兵象在上君威也小小鼷鼠食至尊之牛角象季氏乃盜竊之人將執國命以傷君威而害周公之祀也改卜又食天重譴之也

按漢書五行志成公七年正月鼷鼠食郊牛角改卜牛又食其角劉向以爲近靑祥亦牛禍也不敬而備霿之所致也昔周公制禮樂成周道故成王命魯郊祀天地以尊周公至成公時三家始顓政魯將從此衰天愍周公之德痛其將有敗亡之禍故於郊祭而見戒云鼠小蟲性竊盜鼷又其小者也牛大畜祭天尊物也角兵象在上君威也小小鼷鼠食至尊之牛角象季氏乃陪臣盜竊之人將執國命以傷君威而害周公之祀也改卜牛鼷鼠又食其角天重語之也成公怠慢昏亂遂君臣更執於晉至於襄公晉爲溴梁之會天下大夫皆奪君政其後三家逐昭公卒死於外幾絕周公之祀董仲舒以爲鼷鼠食郊牛皆養牲不謹也京房易傳曰祭天不愼厥妖鼷鼠齧郊牛角

敬王二十五年鼷鼠食郊牛

按春秋魯定公十有五年春鼷鼠食郊牛牛死改卜牛　按公羊傳曷爲不言其所食慢也　按穀梁傳不敬莫大焉

註　定公不敬最甚故天災最大全大趙氏曰常怪鼷鼠食郊牛致死上元二年因避地旅於會稽時牛災小鼠囓牛纔傷皮膚無有不死者

按漢書五行志定公十五年正月鼷鼠食郊牛牛死劉向以爲定公知季氏逐昭公罪惡如彼親用孔子爲夾谷之會齊人來歸鄆讙龜陰之田聖德如此反用季桓子淫於女樂而退孔子無道甚矣詩曰人而亡儀不死何爲是歲五月定公薨牛死之應也京房易傳曰子不子鼠食其郊牛

二十六年魯鼷鼠食郊牛

按春秋魯哀公元年春正月鼷鼠食郊牛改卜牛夏四月辛巳郊　按穀梁傳此該郊之變而道之也於變之中又有言焉鼷鼠食郊牛角改卜牛志不敬也郊牛日展斛角而知傷展道盡矣郊自正月至於三月郊之時也夏四月郊不時也五月郊不時也夏之始可以承春以秋之末承春之始蓋不可矣九月用郊用者不宜用者也郊三卜禮也四卜非禮也五卜强也卜免牲者吉則免之不吉則否牛傷不言傷之者傷自牛作也故其辭緩全曰牲傷曰牛未牲曰牛其牛一也其所以爲牛者異有變而不郊故卜免牛也已牛矣其尚卜免之何也禮與其亡也寧有嘗置之上帝矣故卜而後免之不敢專也卜之不吉則如之何不免安置之繫而待六月上甲始庀牲然後左右之子之所言者牲之變也而曰我一該郊之變而道之何也我以六月上甲始庀牲十月上甲始繫牲十一月十二月牲雖有變不道也待正月然後言牲之變此乃所以該郊郊享道也貴其時大其禮其養牲雖小不備可也子不忘三月卜郊何也郊自正月至於三月郊之時也我以十二月下辛卜正月上辛如不從則以正月下辛卜二月上辛如不從則以二月下辛卜三月上辛如不從則不郊矣

胡傳　鼷鼠食郊牛改卜牛志不敬也夏四月郊書不時也四卜非禮五卜强也全曰牲傷曰牛已牛矣其上卜免之何也嘗置之上帝矣故卜而後免之不敢專也昔者周公郊祀后稷以配天此成王亮陰之時位冢宰攝國政行天子之事也魯何以得郊成王追念周公有大勳勞於天下而欲尊魯故賜以重祭得郊禘大雩然則可乎孔子曰魯之郊禘非禮也周公其衰矣欲尊魯而賜以人臣不得用之禮樂豈所以康周公也哉天子祭天地諸侯祭社稷大夫祭五祀庶人祭先祖此定禮也今魯得郊以爲當事春秋欲削而不書則無以見其失禮盡書之乎則有不勝書者故聖人因其失禮之中又有失焉者則書於策所謂由性命而發言也聖人奚容心哉因事而書以誌其失爲後世戒其垂訓之義大矣

按漢書五行志哀公元年正月鼷鼠食郊牛劉向以爲天意汲汲於用聖人逐三家故復見戒也哀公年少不親見昭公之事故見敗亡之異已而哀不寤身奔於粤此其效也

東周君六年即秦孝文王元年秦牛生五足

按史記周本紀不載　按漢書五行志秦孝文王五

年旂朐衍有獻五足牛者劉向以爲近牛旤也先是文惠王初都咸陽廣大宮室南臨渭北臨涇思心失逆土氣足者止也戒秦建止奢泰將致危亡秦遂不改至於離宮三百復起阿房未成而亡牛以力爲人用足所以行也其後秦大用民力轉輸起負海至北邊天下叛之京房易傳曰興繇役奪民時厥妖牛生五足

漢

景帝中六年梁有牛足出背上

按漢書景帝本紀不載　按五行志景帝中六年梁孝王田北山有獻牛足上出背上劉向以爲近牛旤先是孝王驕奢起苑方三百里宮館閣道相連三十餘里納於邪臣羊勝之計欲求爲漢嗣刺殺議臣袁盎事發負斧歸死既退歸國尤有恨心內則思慮霿亂外則土功過制故牛旤作足而出於背下奸上之象也猶不能自解發疾暴死又凶短之極也

後漢

明帝永平十八年章帝即位牛疫

按後漢書章帝本紀永平十八年八月帝即位是歲牛疫　按五行志永平十八年牛疫死是歲遣竇固等征西域置都護戊己校尉固等適還而西域叛殺都護陳睦戊己校尉關寵於是大怒欲復發興討會秋明帝崩是思心不容也

章帝建初元年牛疫

按後漢書章帝本紀建初元年三月丙寅詔曰比年牛多疾疫墾田減少穀價頗貴人以流亡方春東作宜及時務二千石勉勸農桑弘致勞來羣公庶尹各推精誠專急人事布告天下使明知朕意

建初四年冬京師牛大疫

按後漢書章帝本紀不載　按五行志建初四年冬牛大疫是時竇皇后以宋貴人子爲太子寵幸令人求伺貴人過隙以讒毀之章帝不知竇太后不善厥咎霿也或曰是年六月馬太后崩土功非時興故也

晉

武帝太康九年塞北有死牛頭語

按晉書武帝本紀不載　按五行志太康九年幽州塞北有死牛頭語近牛旤也是時帝多疾病深以後事爲念而託付不以至公思瞀亂之應也按師曠曰怨讟動於人則有非言之物而言又其義也京房易傳曰殺無罪牛生妖

元帝建武元年牛生犢兩頭

按晉書元帝本紀不載　按五行志建武元年七月晉陵陳門才牛生犢一體二頭按京房易傳言牛生子二首一身天下將分之象也是時愍帝蒙塵於平陽尋爲逆寇所殺元帝即位江東天下分爲二是其應也

太興元年牛生犢駢體共腹

按晉書元帝本紀不載　按五行志太興元年武昌太守王諒牛生子兩頭八足兩尾共一腹三年後死又有牛一足三尾皆生而死按司馬彪說兩頭者政在私門上下無別之象也京房易傳曰足多者所任邪也足少者不勝任也其後王敦等亂政此其祥也

太興四年郊牛死

按晉書元帝本紀不載　按五行志太興四年十二月郊牛死按劉向說春秋郊牛死曰宣公區霿昏亂故天不饗其祀今元帝中興之業實王導之謀也劉隗探會上意以得親幸導見疎外此區霿不睿之禍

成帝咸和二年牛生犢兩頭六足

按晉書成帝本紀不載　按五行志咸和二年五月護軍牛生犢兩頭六足是冬蘇峻作亂

咸和七年牛產犢駢體共身

按晉書成帝本紀不載　按五行志七年九月袁榮家牛產犢兩頭八足二尾共身

宋

文帝元嘉三年牛自入廷尉寺

按宋書文帝本紀不載　按五行志元嘉三年司徒徐羨之大兒喬之行欲入廣莫門牛徑將入廷尉寺左右禁捉不能入久方得出明日被收

元嘉二十九年牛角生右脇

按宋書文帝本紀不載　按五行志二十九年晉陵送牛角生右脇長八尺明年二月東宮爲禍

孝武帝大明三年水牛生三角

按宋書孝武帝本紀不載　按五行志大明三年廣州刺史費淹獻三角水牛

陳

宣帝太建七年豫州陳桃根獻青牛

按南史陳宣帝本紀太建七年夏四月監豫州陳桃根獻青牛詔以還百姓

北魏

高祖太和元年牛疫

按北史魏高祖本紀太和元年三月景午詔曰去年

牛疫死傷大半今東作旣興人須肄業

世宗景明二年牛生犢異形

按魏書世宗本紀不載　按靈徵志景明二年五月冀州上言長樂郡牛生犢一頭二面二口三目三耳

北齊

後主武平二年牛生五足

按北齊書後主本紀不載　按隋書五行志武平二年幷州獻五足牛牛旤也洪範五行傳曰牛事應宮室之象也帝尋大發卒於仙都苑穿池築山樓殿間窮華極麗功始就而亡國

北周

武帝保定三年夏四月癸丑有牛足生於背

按周書武帝本紀云云

天和六年牛疫

按周書武帝本紀天和六年冬牛大疫死者十六七

建德六年有獸如牛鬬死

按周書武帝本紀不載　按隋書五行志建德六年陽武有獸三狀如水牛一黃一赤一黑赤者與黑者鬬久之黃者自傍觸之黑者死黃赤俱入於河近牛旤也黑者周之所尚色死者滅亡之象後數載周果滅而隋有天下旗旐尚赤戎服以黃

隋

煬帝大業　年牛膝上生蹄

按隋書煬帝本紀不載　按五行志大業初恆山有牛四腳膝上各生一蹄其後建東都築長城開溝洫

唐

高宗調露元年牛疫

按唐書高宗本紀不載　按五行志調露元年春牛大疫

中宗嗣聖十八年即武后長安元年牛生三足

按唐書武后本紀不載　按五行志長安中有獻牛無前膊三足而行者又有牛膊上生數足蹄甲皆具者武太后從姊之子司農卿宗晉卿家牛生三角

按朝野僉載武后元年有獻三足牛者宰相皆賀侍御史王求禮颺言曰凡物反常皆爲妖此鼎足非其人政教不行之象也太后爲之愀然

神龍元年牛疫

按唐書中宗本紀不載　按五行志神龍元年春牛疫

神龍二年牛大疫

按唐書中宗本紀不載　按五行志神龍二年冬牛大疫先天初洛陽市有牛左脇有人手長一尺或牽之以乞丐

元宗開元十五年牛疫

按唐書元宗本紀不載　按五行志開元十五年春河北牛大疫

代宗大曆八年牛生犢二首

按唐書代宗本紀不載　按五行志大曆八年武功櫟陽民家牛生犢二首

德宗貞元二年牛疫

按唐書德宗本紀不載　按五行志云云

貞元四年牛生犢六足

按唐書德宗本紀不載　按舊唐書五行志貞元四年二月太僕寺郊牛生犢六足太僕寺卿周皓白宰相李泌請上聞泌笑而不答

貞元七年牛疫

按唐書德宗本紀不載　按五行志貞元七年關輔牛大疫死者十五六

僖宗光啓元年牛人言

按唐書僖宗本紀不載　按五行志光啓元年河東有牛人言其家殺而食之

光啓二年牛死復生

按唐書僖宗本紀不載　按五行志二年延州膚施有牛死復生

宋

太祖乾德三年牛生二犢

按宋史太祖本紀不載　按五行志乾德三年眉州民王進牛生二犢

乾德四年牛生二犢

按宋史太祖本紀不載　按五行志四年南充縣民馬全信及相如縣民彭秀等家牛生二犢

開寶二年牛生二犢

按宋史太祖本紀不載　按五行志開寶二年九隴縣民王達牛生二犢

太宗太平興國三年牛生二犢

按宋史太宗本紀不載　按五行志太平興國三年流溪縣民自延進牛生二犢

太平興國五年牛生二犢

按宋史太宗本紀不載　按五行志五年溫江縣民趙進牛生二犢

太平興國六年牛生二犢

按宋史太宗本紀不載　按五行志六年廣都縣趙
全牛生二犢
太平興國七年牛生二犢
按宋史太宗本紀不載　按五行志七年什邡縣民
王信華陽縣民袁武等牛生二犢
太平興國八年牛生二犢
按宋史太宗本紀不載　按五行志八年彭州民彭
延閬州民陳則安樂縣民王公泰牛生二犢
太平興國九年牛生三角
按宋史太宗本紀不載　按五行志九年七月知乾
州衛昇獻三角牛
雍熙三年牛生二犢
按宋史太宗本紀不載　按五行志雍熙三年果州
民李昭牛生二犢
雍熙四年牛生二犢
按宋史太宗本紀不載　按五行志四年鄭縣民鮮
于志鮮于阜眉山縣海羅參仁壽縣民陰饒成都縣
民李本成紀縣民王祁敏牛生二犢
端拱元年牛生二犢
按宋史太宗本紀不載　按五行志端拱元年眉州
民陳希簡晉原縣民張昭仰魏城縣民鮮于郜羅江
縣民哀旅河陽縣民李美曲水縣民曾處梓潼縣民
文光懿永泰縣民羅德綿竹縣民陳洪牛生二犢
淳化元年牛生二犢
按宋史太宗本紀不載　按五行志淳化元年綿竹
縣民李昌遠簿邈閬州民和中惠州民王欽眉州民
王圖九隴縣民楊阜元武縣民羊邁達牛生二犢

淳化二年牛生二犢
按宋史太宗本紀不載　按五行志二年永州民梁
行壽縣民梁仁超牛生二犢
淳化三年牛生二犢
按宋史太宗本紀不載　按五行志三年成都府民
彭齊鄉洪雅縣民程讓永昌縣民田昭巴州民杜文
宥盧山縣民白閏牛生二犢
淳化四年牛生二犢
按宋史太宗本紀不載　按五行志四年成都府民
任順曲水縣民張思方彭山縣民李承遠牛生二犢
至道二年牛生二犢及三犢
按宋史太宗本紀不載　按五行志至道二年新都
縣民蹇成美牛生二犢潁陽縣民馮延密牛生三犢
其二額有白
至道三年牛生二犢
按宋史太宗本紀不載　按五行志三年新津縣民
文承富赤水縣民蘇福廣安軍吏胥仁迪牛生二犢
眞宗咸平元年牛生二犢
按宋史眞宗本紀不載　按五行志咸平元年眉山
縣民向瓊玖陳元寶丹陵縣民劉承鸚通泉縣民王
居中曲水縣民楊漢成楊景歆王思讓眉山縣民陳
彥宥牛生二犢
咸平二年牛生二犢
按宋史眞宗本紀不載　按五行志二年濛陽縣民
杜搴九隴縣民楊太眉山縣民蘇仁義洪雅縣吏陸
文贊牛生二犢
咸平三年牛生二犢

按宋史眞宗本紀不載　按五行志三年敘浦縣民
戴昌蘊牛生二犢
咸平四年牛生二犢
按宋史眞宗本紀不載　按五行志四年流溪縣民
何承添晉原縣民顏全永昌縣民曾嗣犀浦縣民何
福彰明縣民王玘牛生二犢
咸平六年牛生二犢
按宋史眞宗本紀不載　按五行志六年渠江縣民
王德進魏城縣民蒲諫王信石照縣民仲漢宗大足
縣民劉武牛生二犢
景德元年牛生二犢
按宋史眞宗本紀不載　按五行志景德元年魏城
縣民閻明彭州濛陽縣民郭琮牛生三犢
景德二年牛生二犢
按宋史眞宗本紀不載　按五行志二年三泉縣民
李景順東海縣民時祚小溪縣民劉可赤水縣民羅
永充牛生二犢
景德三年牛生二犢
按宋史眞宗本紀不載　按五行志三年長江縣民
于承琛牛生二犢
景德四年牛生二犢
按宋史眞宗本紀不載　按五行志四年相如縣民
楊漢驛邛州安仁縣民羅崇九隴縣民白彥成渠江
縣民王繼豐家及順安軍屯田務牛生二犢
大中祥符元年牛生四犢
按宋史眞宗本紀不載　按五行志大中祥符元年
冀丘縣民李起牛生四犢鄆州王欽若圖以獻

大中祥符二年牛生二犢

按宋史眞宗本紀不載　按五行志二年立山縣民盧仁依銅山縣民勾熙正什邡縣民杜陵族南康縣民陳邦華牛生二犢

大中祥符三年牛生二犢

按宋史眞宗本紀不載　按五行志三年犍爲縣民陳知進牛生二犢

大中祥符四年牛生二犢

按宋史眞宗本紀不載　按五行志四年東關縣民陳知進牛生二犢

大中祥符五年牛生二犢

按宋史眞宗本紀不載　按五行志五年富順監鹽井場官楊守忠曲水縣民向平蓬溪縣民蹇知密牛生二犢

大中祥符六年牛生二犢

按宋史眞宗本紀不載　按五行志六年廣安軍依政縣民李福貴溪縣民徐志元牛生二犢

大中祥符七年牛生二犢

按宋史眞宗本紀不載　按五行志七年雙流縣民李福姚彥信涪城縣民張禮嘉州龍游縣民張正夾江縣民郭升天水縣民王吉牛生二犢

大中祥符八年牛疫牛生二犢

按宋史眞宗本紀大中祥符八年七月以諸州牛疫免牛稅一年　按五行志八年仁壽縣民何志通泉縣民維木泰成都縣民張進華陽縣民楊承珂牛生二犢

大中祥符九年牛生二犢

按宋史眞宗本紀不載　按五行志九年平定軍平定縣民范詡臨邛縣民楊暉牛生二犢

天禧元年牛生二犢

按宋史眞宗本紀不載　按五行志天禧元年開江縣民冉津及澧州石門縣眉山縣牛生二犢

天禧二年牛生二犢

按宋史眞宗本紀不載　按五行志二年臨邛縣民王道進臨溪縣民王勝西縣民韓光緒牛生二犢

天禧四年牛生二犢

按宋史眞宗本紀不載　按五行志四年貴溪縣民葉政牛生二犢

天禧五年牛生二犢

按宋史眞宗本紀不載　按五行志五年巴西縣民向知道牛生二犢

徽宗大觀元年牛產二犢

按宋史徽宗本紀不載　按五行志自天聖迄治平牛生二犢者三十二生三犢者一自熙寧二年距元豐八年郡國言民家牛生二犢者三十有五生三角者一元祐元年距元符三年郡國言民家牛生二犢者十有五大觀元年閬州達州言牛產二犢四年三月帝謂起居舍人宇文粹中曰牛生二犢亦載之起居注中豈若野蠶成繭之類民賴其利乃爲瑞耶自是史官不復盡書

政和五年牛生麒麟

按宋史徽宗本紀不載　按五行志政和五年七月安武軍言郡縣民范濟家牛生麒麟

重和元年牛生麒麟

按宋史徽宗本紀不載　按五行志重和元年三月陝州言牛生麒麟

宣和二年牛生麒麟

按宋史徽宗本紀不載　按五行志宣和二年十月尚書省言歙州歙縣民鮑珙家牛生麒麟

宣和三年牛生麒麟

按宋史徽宗本紀不載　按五行志三年五月梁縣民邢喜家牛生麒麟

高宗紹興元年牛戴刃逸入城市觸傷馬

按宋史高宗本紀不載　按五行志紹興元年紹興府有牛戴刃突入城市觸馬裂腹出腸時衛卒姦犯禁屠牛牛受刃而逸近牛禍也

紹興十六年有奔犢觸死人

按宋史高宗本紀不載　按五行志十六年靜江府城北二十里有奔犢以角觸人於壁腸胃出牛狂走兩日不可執卒以射死

紹興十八年牛生二犢

按宋史高宗本紀不載　按五行志十八年五月依政縣牛生二犢

紹興二十一年牛生二犢

按宋史高宗本紀不載　按五行志二十一年七月遂寧府牛生二犢者三

紹興二十五年牛生二犢

按宋史高宗本紀不載　按五行志二十五年八月漢中牛生二犢

孝宗淳熙十二年牛生二首

按宋史孝宗本紀不載　按五行志淳熙十二年仁

和縣艮渚有牛生二首七日而死餘杭縣有犢二首

淳熙十四年牛疫

按宋史孝宗本紀不載　按文獻通考淳熙十四年春淮西牛大疫死

淳熙十六年牛狂走觸人死

按宋史孝宗本紀不載　按五行志十六年二月池州池口鎮軍屯牛狂走觸人死

寧宗慶元元年牛疫

按宋史寧宗本紀不載　按文獻通考慶元元年淮浙牛多疫死

慶元三年牛生犢異形

按宋史寧宗本紀不載　按五行志慶元三年樂平縣田家牛生犢如馬一角鱗身肉尾農以不祥殺之或惜其爲屬同縣萬山牛生犢人首

理宗端平元年牛生獨角

按宋史理宗本紀不載　按續文獻通考端平元年八月紹慶府黃登進對奏武泰本唐武泰軍節度使今陞下潛藩陞爲紹慶府臣到任後牛生獨角

金

熙宗皇統五年牛生麟

按金史熙宗本紀皇統五年閏月戊寅大名府進牛生麟

元

世祖至元十六年牛生兩頭三尾

按元史世祖本紀不載　按五行志至元十六年四月益都安樂縣朱五十家牛生牸犢兩頭四耳三尾其色黃既生即死

成宗大德九年牛生麒麟

按元史成宗本紀不載　按五行志大德九年二月大同平地縣迷兒的斤家牛生麒麟而死

武宗至大四年牛生麒麟

按元史武宗本紀不載　按五行志至大四年大同宣寧縣民減的家牛生一犢其質有鱗無毛其色青黃類若麟以其鞹上之

泰定帝泰定三年牛產異獸

按元史泰定帝本紀不載　按五行志泰定三年九月湖州長興州民王俊家牛生一獸鱗身牛尾口目皆赤墮地即大鳴母不乳之具圖以上不知何獸或曰此瑞也宜俾史臣紀錄

順帝至正九年牛產犢綠角綠毛

按元史順帝本紀不載　按五行志至正九年三月陳州楊家莊上牛產黃犢火光滿室麻頂綠角間生綠毛不食乳二日而死

至正十年牛產犢五足

按元史順帝本紀不載　按五行志十年秋襄陽車城民家牛生犢五足前三後二

至正十六年牛生犢雙首

按元史順帝本紀不載　按五行志至正十六年春汴梁祥符縣牛生犢雙首不及二日死

至正二十八年牛生犢六足

按元史順帝本紀不載　按五行志二十八年五月東昌聊城縣錢鎮撫家牛生黃犢六足前二後四

明

成祖永樂元年牛疫

按大政紀永樂元年三月壬午命法司治鄧州有司責民償疫死官牛之罪仍令疫死者免償其已鬻男女以償者官贖還之

憲宗成化七年牛生麟

按湖廣通志成化七年秋武陵牛生麟民馮貴家牛產一犢麕身馬蹄周身鱗甲輝映信宿民怪而殺之有司以聞

孝宗弘治十六年考城牛生犢一身二首

按河南通志云云

武宗正德十三年牛生二面三目三鼻

按江西通志正德十三年浮梁縣民余丘家產牛二面三目三鼻

正德十六年牛生麟

按陝西通志正德十六年五月西安府牛生犢遍身有鱗類麟人以爲異遂鞭斃之

世宗嘉靖五年牛生犢兩身兩首

按續文獻通考嘉靖五年河南南陽縣牛生犢一首兩身是年禮部尚書席春奏有牛產犢一身二首腹內心肺膽各二

嘉靖十一年牛生麟

按續文獻通考嘉靖十一年貴州銅仁府平山衞軍餘范璽家於二月三十日黃牸牛生犢頭額豐滿牙齒巉巖前二膝至足並尾俱成鱗甲甲內有毛渾身有文落地而死

嘉靖十九年牛生二犢

按四川總志嘉靖十九年民韓愷家牛生二犢

嘉靖三十三年牛生犢駢體

按雲南通志嘉靖三十三年通禦王家營牛產一犢雙首八足

嘉靖三十八年牛生犢駢體

按雲南通志嘉靖三十八年通海西屯民家牛生一犢雙頭兩尾八足

嘉靖三十九年牛生六足

按湖廣通志嘉靖三十九年鍾祥民家牛生六足

嘉靖四十年牛生犢三目三角

按續文獻通考嘉靖四十年福建漳浦縣牛生犢三目三角人以爲牛妖

嘉靖四十三年牛生三首

按江南通志嘉靖四十三年通州民家牛生三首

嘉靖　年順寧牛產麟

按順寧府志嘉靖間郡舊城人楊俠家牛產一犢色青毛拳不甚類牛火光燭室舉家驚走以爲匪吉爭投石擊殺之蓋不知其爲麟也

穆宗隆慶三年有牛生犢眼出於項尾生於鼻

按興化縣志云云

隆慶五年安陸牛生五足

按湖廣通志云云

神宗萬曆七年牛生兩犢

按廣西通志萬曆七年荔浦有牛生兩犢

萬曆十九年牛生犢七足

按江南通志萬曆十九年三山民家牛生一黃犢七足腹下四足脊上三足皆輭前後簇各二

萬曆二十一年牛產麟

按江南通志萬曆二十一年丹徒民家牛產麟

萬曆二十二年牛產麟

按江南通志萬曆二十二年丹徒民家牛產麟

萬曆二十五年牛生三犢

按四川總志萬曆二十五年蒲江民曹承高牛生三犢

萬曆二十九年牛生二犢

按雲南通志萬曆二十九年鎮南牛生二犢

萬曆三十六年牛產麟

按湖廣通志萬曆三十六年羅田鄉民家牛產麟肉角文身金光滿室怪而鋤斃之

萬曆三十七年牛產麟

按畿輔通志萬曆三十七年獻縣農家牛產麟火從麟出人駭而斃之

萬曆四十八年牛生二首

按雲南通志萬曆四十八年騰越產牛二首四目四耳

熹宗天啓三年牛產犢駢體

按湖廣通志天啓三年辰州府民家有牛產犢異形四目四耳八足二尾

天啓四年產雙頭牛

按山西通志天啓四年夏陽城牛異安陽里產雙頭牛

天啓七年牛生犢異形

按湖廣通志天啓七年武陵縣民家有牛生犢異形自脊以前岐爲二兩項兩頭四足一尾初生時二口俱食

愍帝崇禎十三年牛生犢兩頭

按湖廣通志崇禎十三年春襄陽民家産牛兩頭四目

崇禎十四年牛產麒麟

按山西通志崇禎十四年典縣北鄉高一奎家牛生麒麟麟越明年復生一麒

牛異部藝文一

爲鳳閣李侍郎進瑞牛一頭額上有萬字蒙賜馬一匹表　唐李嶠

臣某言臣昨輕率愚昧進瑞牛一頭今蒙恩賜良馬一匹伏惟陛下道超萬古化穆三神故得天壤薦成幽明歸奉植物動類變形質而呈休羽族毛羣華音容而表貺萬爲盈數化成於大武之元牸者粹文煥炳於純離之畜斯乃自天靈命曠代殊祥實上聖之元符在微臣之何力猥蒙宸獎曲被皇慈移滅沒於帝閑降權奇於御皁漢宮流赭遂出於玉臺軒后飛黃俯佪於馳道豈直衣冠同羨因亦妻子相驚臣亦何人冒斯殊寵惟當附茲驥尾希自勵於疲駑託此龍媒庶長承於驅策無任悚戴之至謹奉表陳謝以聞

牛異部藝文二 詩

民牛多疫死　宋　楊億

南海逸風如失性東吳喘月不逢醫一元祀典古所重九穀民天命在斯眞相柅車寧致問族庖更刃亦焉施炎神癘鬼爭爲虐度虎消蝗復是誰

牛異部紀事

述異記周成王時東夷送六角牛幽王時牛化爲虎

列子說符篇宋人有好行仁義者三世不懈家無故黑牛生白犢以問孔子孔子曰此吉祥也以薦上帝居一年其父無故而盲其牛又復生白犢其父又復令其子問孔子其子曰前問之失明又何問乎父曰聖人之言先迕後合其事未究姑復問之其子又復問孔子孔子曰吉祥也復敎以祭其子歸致命其父曰行孔子之言也居一年其子又無故而盲其後楚攻宋圍其城民易子而食之析骸而炊之丁壯者皆乘城而戰死者大半此人以父子有疾皆免及圍解而疾俱復

史記梁孝王傳孝王歸國意忽忽不樂北獵良山有獻牛足出背上孝王惡之六月中病熱六日卒 注 索隱曰張晏云足當處下所以輔身也今出背上象孝王背朝以干上也背者陰也又在梁山明爲畏也牛者丑之畜衝在六月北方數六故六月六日薨也

搜神記桓帝延熹五年臨沅縣有牛生雞兩頭四足

晉書五行志惠帝太安中張騁所乘牛言曰天下亂乘我何之騁懼而還尋後牛又人立而行騁使善卜者卦之謂曰天下將有兵亂爲禍非止一家其年張昌反先略江夏騁爲將帥於是五州殘亂騁亦族滅京房易數曰牛能言如其言占吉凶易萌氣樞曰人君不好士走馬被文繡犬狼食人食則有六畜談言時天子諸侯不以惠下爲務又其應也

異苑山陰有人嘗食牛肉左髀使作牛鳴每勞輒劇食乃止

三國典略梁出師拒侯景邵陵王綸次鍾離初綸將發營遊苑臨賀王正德詣於綸所始入牙門有飄風解旗折至是故殺牛勞士一牛走入馬廐抵殺綸所乘服以兩角貫一馬腹載之而行衝突營幕軍中驚亂

隋書五行志梁武陵王紀祭城隍神將牛烹忽有赤蛇繞 闕五字 象類言之又爲龍蛇之孽魯宣公三年郊牛 闕五字 爲天不享棄宣公也五行傳曰逆君道傷故有龍蛇之孽是時紀雖以赴援爲名而實妄自尊亢思心之咎神不享君道傷之應果爲元帝所敗

唐書王方翼傳方翼遷夏州都督屬牛疫民廢田作方翼爲耦耕法張機鍵力省而見功多百姓順賴

十國春秋吳睿帝本紀太和六年五月連昌縣民家牛生每一足更附一足投之江中翼日浮水上

嘉話錄蔡之將破有水牛黑色入池浴旣出身自白皎然唯頭不變有馬生牛蹄者

學佛考訓政和丁酉貢州近村富人羣犬爭銜一牛脛骨衆異而破之血凝如玉成菩薩形衣紋瓔珞相好奇特雖雕琢不及

異聞總錄紹興六年餘干村民張氏家巳寢牧童在牛圈聞有扣門者急起視之見壯夫數百輩皆披五花甲著紅兜鍪突而入旣而隱不見及明圈中牛五十頭盡死蓋疫鬼云

開封府志順帝元統十七年河南大饑汴梁居民每夜二更聞文廟後蔡河灣水底牛鳴至四更方息

饒州府志弘治壬戌浮梁盧田汪姓宰牛破其腰有物類犀狀頭角足尾皆具體堅如石外裹碎珠莫識何寶

異林弘治中灤陽民家牛產一麟初不爲異偶過廨宇見壁上畫麟始大驚悟俗謂麟能茹鐵囊金遂以鐵灌之而斃後獻其皮於鎭府鎭府貢於庭兩脅有甲毛從甲孔中出角栗形纔及犬大

鄱陽縣志嘉靖四十二年蟥州有牛腹大異常忽雷電遶其身產犢如駒鱗角俱具後莫知所往

明外史葉向高傳吳道南萬曆十七年進士及第擢禮部右侍郎署部事歷城高苑牛產犢皆兩首兩鼻道南請盡蠲山東諸稅召還內臣

續文獻通考萬曆二十四年正月瀘川張四兒家訟於州稱四兒業屠牛衞軍馬洋回回種也性亦嗜食牛自鄭宰牛赴州至大渡口登舟牽繩忽斷牛奔入市過四兒家四兒恃力直前縛之不能制大懼奔入一店中牛亦追入店四兒登樓牛亦登樓觸四兒腸出死牛下樓復轉入一巷中覓一牛肉肆適其主他出盡毀其家器業始徐徐出郊聞之客店樓小梯狹而牛上下無碍其事甚怪

雲南通志順寧府里長俸文家畜一牸甚瘦好鳴二年忽產一犢牛頭牛蹄渾身白毛青腿脊上微有鱗甲角生頂中如芝菌然光耀炫日雞犬狂吠文駭而殺之又永昌府彝民家產一犢夜中有光燭欄民以爲怪殺之次早見身有肉鱗其色青藍邊淡紅每鱗之內皆有細毛蠅蚊不敢近

牛異部雜錄

呂氏春秋明理篇至亂之化馬牛乃言

易林與役不休與民爭時牛生五趾行危爲憂

論衡自然篇謂天爲災變凡諸怪異之類無小大薄厚皆天所爲乎牛生馬如論者之言天神入牛腹中爲馬乎

羊異部彙考一

漢書

五行志

傳曰視之不明是謂不悊厥咎舒厥罰恒奧厥極疾時則有草妖時則有羸蟲之孽時則有羊旤

劉歆以爲於易剛而包柔爲離離爲火爲目羊上角下蹏剛而包柔羊大目而不精明視氣毀故有羊旤一曰暑歲羊多疫死及爲怪亦是也

魏書

靈徵志

羊禍鴻範論曰君不明失政之所致

管窺輯要

羊占

羊生子一首兩口其年不熟民饑流羊多頭臣不祇主命刻剝百姓羊生四耳目在腋下是謂羊孽其地有自王者羊生子無後足先吉後凶無前足先憂後悅

羊生犬國被外賊羊生馬天下起兵

有如羊自空隕而入地中其地大旱

羊異部彙考二

周

敬王　年魯穿井得蟲若羊

按春秋不書　按漢書五行志史記魯定公時季桓子穿井得土缶中得蟲若羊近羊禍也羊者地上之物幽於土中象定公不用孔子而聽季氏暗昧不明之應也一曰羊去野外而拘土缶者象魯君失其所而拘於季氏季氏亦將拘於家臣也是歲季氏家臣陽虎囚季桓子後三年陽虎劫公伐孟氏兵敗竊寶玉大弓而出亡

晉

成帝咸和二年羊生無後足

按晉書成帝本紀不載　按五行志咸和二年五月司徒王導廐羊生無後足此羊禍也京房易傳曰足少者下不勝任也明年蘇峻破京師導與帝俱幽石頭僅乃得免是其應也

宋

孝武帝大明七年羊生三角

按宋書孝武帝本紀不載　按五行志孝武帝大明七年永平郡獻三角羊羊禍也

北魏

高祖太和二十三年羊生羔二形

按魏書高祖本紀不載　按靈徵志太和二十三年三月肆州上言陽曲縣羊生羔一頭二身一牝一牡三耳八足尋高祖崩六輔專事

世宗正始元年羊生羔一頭兩身

按魏書世宗本紀不載　按靈徵志正始元年七月鄯善鎮送羊羔一頭兩身八脚

正始二年羊生八足

按魏書世宗本紀不載　按靈徵志二年正月鄯善鎮送八脚羊

延昌四年羊生羔六足兩尾

按魏書世宗本紀不載　按靈徵志延昌四年五月薄骨律鎮上羊羔一頭六足兩尾

隋

文帝開皇十二年繁昌縣雲中墜二物如羊

按隋書文帝本紀不載　按五行志開皇十二年六月繁昌楊悅見雲中二物如羝羊黃色大如新生犬鬬而墜悅獲其一數旬失所在近羊禍也洪範五行傳曰君不明逆火政之所致也狀如新生犬者羔類也雲體掩蔽邪佞之象羊國姓羔羊子也皇太子勇旣升儲貳晉王陰毀而被廢黜二羔鬬一羔墜之應也

恭帝義寧二年羊生羔無尾羊無頭不死

按隋書恭帝本紀不載　按五行志義寧二年麟游太守司馬武獻羊羔生而無尾時議者以爲楊氏子孫無後之象是歲煬帝被殺於江都恭帝遜位

按唐書五行志義寧二年三月丙辰麟游縣有羔生而無尾是月乙丑太原獻羖羊無頭而不死

唐

睿宗先天元年羊脇下生人手

按唐書睿宗本紀不載　按舊唐書五行志先天初洛陽市人牽一羊左脇下有人手長尺許以之乞丐

元宗開元二年羊生肉角

按唐書元宗本紀不載　按五行志開元二年正月原州獻肉角羊三月富平縣有肉角羊

開元十九年神羊見

按唐書元宗本紀不載　按冊府元龜開元十九年九月神羊產於京兆之興平縣

武宗會昌二年羊生二首二尾

按唐書武宗本紀不載　按五行志會昌二年春代州崞縣羊生二首連頸兩尾占曰二首上不一也

懿宗咸通三年羊生羔如犢

按唐書懿宗本紀不載　按五行志咸通三年夏平陶民家羊生羔如犢

僖宗乾符二年雨物如羖羊

按唐書僖宗本紀不載　按五行志乾符二年洛陽建春門外因暴雨有物墮地如羖羊不食頃之入地中其跡月餘不滅或以爲雨工也占曰常旱

宋

高宗紹興五年羊疫

按宋史高宗本紀不載　按五行志紹興五年江東西羊大疫

紹興十七年汀州羊無角

按宋史高宗本紀不載　按五行志云云

寧宗嘉定九年羊生騈首

按宋史寧宗本紀不載　按五行志嘉定九年信州玉山縣羊生騈首

金

熙宗皇統七年羊生三角

按金史熙宗本紀皇統七年十一月乙亥兵部尚書秉德進三角羊

明

憲宗成化二十年羊生羔八足

按陝西通志成化二十年夏羊產一羔八足

世宗嘉靖二十四年有白物如羊羣

按雲南通志嘉靖二十四年太和上陽諸谿有白物如羊羣跡之不見

神宗萬曆三十八年羊產羔一首雙身

按山西通志萬曆三十八年夏崞縣王臻家產羊一首四耳後身分兩半二尾八蹄

萬曆四十八年羊產羔三耳雙身

按雲南通志萬曆四十八年三月戊子省城產羊一頭如犬三耳八足黑蹄二尾遍身白文

羊異部藝文

爲留守奏羊乳麑表　唐張說

臣某言臣聞靈感無方每先時以見象神鑒不昧必憑物以示人有德著而休歸或祥來而事應伏惟天策金輪聖神皇帝陛下端冕馭天舞干柔遠南越瑞貢久通譯而歸仁西域奇山近隨方而應聖臣今月得所部萬年縣令鄭國忠狀送新出慶山下羖牝羊乳麑麑一頭狎擾因依動息隨戀如生所產若素同羣理有可嘉事無前例臣聞異物相育外方慕化之徵野畜自馴荒服來王之兆必有遠裔解辮歡心百獸之庭獷俗懷音稽首三朝之會臣言可驗翹足是期昔馬或生羊易占得人安之體犬時養彘天鏡顯代康之文援此比蹤實爲同貫况復晨飲醴浦夕下靈山翳仙杏之奇花拾嘉禾之餘穗羊禎甚玉麑慶踰銀晦朔未移祥符累集福應之盛今古未聞臣忝尹京都屢薦嘉瑞慶忭之至兼倍恆流謹差某官奉表隨進

羊異部紀事

述異記周成王時東裔進六角羊

周幽王時羣羊化爲狼食人

國語季桓子穿井獲如土缶其中有羊焉使問之仲尼曰吾穿井而獲狗何也對曰以丘之所聞羊也丘聞之木石之怪曰夔魍魎水之怪曰龍罔象土之怪曰羵羊注羵羊雌雄不成

韓詩外傳魯哀公使人穿井三月不得泉得一生羊爲公使祝鼓舞之欲上於天羊不能上孔子見曰水之精爲玉土之精爲羊此羊肝土也公使殺羊視肝卽土

南越志尉佗之時有五色羊以爲瑞因圖之府廳

後漢書西南夷傳冉駹夷者土地宜畜牧有五角羊

北史齊文宣本紀讖云羊飲盟津角拄天盟津水也羊飲水王名也角拄天大位也又陽平郡界囘星驛傍有大水土人常見羣羊數百立臥其中就視不見事與讖合

隋文帝四王傳庶人諒開皇元年立爲漢王十七年出爲并州總管文帝崩遂發兵反時潞州有官羊生羔二首相背以爲諒之咎徵

孔帖南漢劉鋹四年苑中羊吐珠樊胡子以爲符瑞諷羣臣入賀

妖化錄宣和五年京師城北乃官民牧羊地忽有野犬不知所從來入羣羊中鳴叫左右前後諸犬皆往聚會一羊間一犬黑白交映至次日城內外諸犬畢集或縛者幷斷索而來凡擾擾兩日犬多羊少皆齧殺其羊識者知爲不祥

悅生隨抄項在寧州眞寧縣見牽羊敎化者其羊胷前有右手抱胷如人手有六指甲如羊頗長皆言前身爲人因過惡至此縣令張元弼主簿尹袞屆共疑之尹曰此無他人與羊交耳衆人皆釋然

續夷堅志貞祐二年豐州楊雲卿爲崞縣令夏月暴雨過關外南十餘里落羊頭一大如車轂角上竪高三尺以物怪申代州州下軍資庫收閒之朝

如皐縣志萬曆四十一年地出羵羊鄉民陳一心聞地中啐啐作聲視之一孔僅可容臂掘土二尺得兩犬長三寸許蠕蠕能動疑卽羵羊也

欽定古今圖書集成曆象彙編庶徵典

第一百七十四卷目錄

庶徵典第一百七十四卷

犬異部彙考一

山海經

大荒西經

大荒之中有赤犬名曰天犬其所下者有兵

漢書

五行志

傳曰言之不從是謂不艾厥咎僭厥罰恆陽厥極憂時則有犬旤

于易兌爲口犬以吠守而不可信言氣毀故有犬旤一曰旱歲犬多狂死及爲怪亦是也

管窺輯要

犬占

犬妖京房曰佞臣在側則犬妖生歲多蟲蝗羣物皆傷大兵且至或曰狗主守狗爲妖則君失其守

犬嗥街巷中有賊在邑不出三年一犬嗥羣犬和之其地有兵犬羣嗥城中其國邑爲墟不出三年犬上屋羣嗥有大喪家國同天鏡占曰春嗥室堂男女有喜朝嗥室中父母喜日中嗥室中男子得爵祿女有喜夕嗥室中長女死犬嗥晨夜家破軍亡

犬去其家而羣集于野或人家或街衢中守禦之臣叛兵起國亂

犬忽上人牀其下謀主犬窺井自照有姦事犬作人行守臣謀叛

犬逆吠其主其主有殃不宜遠行見主呼不動邑里有賊政令不行

犬作人聲世主易犬呼其主其主且亡犬忽人悲邑有大喪

犬見鼠不動有賊臣國且敗亡

犬入室中交有女亂其主亡

犬與豕交夫婦不嚴有兵亂家國同一日其邑國有兵

犬無故多死軍弱不可用犬無故自死當邑門國失其守犬羣入水中浴兵大起

犬子反哺其母其家有大慶

犬負其子自外入國中其國不用兵而遠人來負其

子出國門民去國
犬生子于野大夫有外謀三年國亡
犬自食其子天鏡占曰國多盜賊一日有牢獄事
犬戴人冠京房曰君不正臣欲謀篡厥妖狗冠出朝門
犬自地中出其邑國君死有大水地坼出犬名曰地狼其地有兵若在人家則其家有兵刃之災
犬生角下犯上一曰世主益地京房曰君失政小人進則犬生角
犬屎尿宮門及大道或井側堂廟牀席者大禍至犬糞牀席釜竈暴病犬屎尿邑社五日以上邑亡社移
犬屎殿堂宮室三日以上君亡國空屎君門內外有憂羣溺邑門外內兵作人家同羣犬皆屎大道中邑兵起屎溺井中其家空邑國同之犬溺人其人亡不出三年
犬尿土石其國臣强君弱犬屎金鐵邑兵大作犬屎土國邑益犬屎五穀邑昌歲成犬屎草木國有大喪
犬無故上屋有火災一曰家有喪主人失位若登城牆賊來必破兵將投降
他犬自來入室不去憂官事家犬無故亡不還有亡命事憂女子禍
犬忽變毛色奇異理家者死或被刑罰
犬生子三耳以上邑有亂臣一目臣蔽主三目以上邑臣謀主二口邑有憂鼻一孔邑有兵三足以下國分五足以上邑兵大行二陰其國君多子二尾以上國君徙
犬生子口在背有反臣口在陰其邑臣强主命不行口在四肢臣殺其君口在腹下及兩傍邑有大憂口在腹民大饑鼻在四肢邑有兵足在腹其邑有徙君足在背有反臣足在首國君有大讎尾在腹臣謀主尾在背及四肢國有爭
犬生子無毛其邑臣謀君無目主者病無口鼻民饑無足穀不成無尾民貧無頭家亡無頭足世主將衰之兆
犬生人國有兵君失位犬生人形不具邑有兵生子人形而物不居其所其國君亡
犬生子人形畜獸身有亡君邑有大殃犬生子人形鳥身有大災犬生子人形魚身有大災生子人形鼠身其邑大枵
犬生六畜其國易命有大事生六畜一首二身國主廢生六畜兩口三鼻以上其國大臣爲亂生六畜無首國有大凶無耳國君不用事無目邑兵出無口鼻國民流亡爲亂無四肢國有亂兵無陰國君暴死生豕歲熟
犬生野獸臣有外謀不出三年國亡京房曰其邑大凶生野獸凡有人形邑有大兵
犬生飛鳥有大水起大兵一曰國有更命
犬生鼠歲虛民流亡
犬生魚邑有大水
犬生蟲蛇邑饑人流亡
犬生異物或人形不具或形體不居其所皆爲兵起

田家五行

論祥瑞

犬生一子其家興旺諺云犬生獨家富足

犬異部彙考二

漢

文帝後五年齊有狗生角

按漢書文帝本紀不載　按五行志文帝後五年六月齊雍城門外有狗生角先是帝兄齊悼惠王亡後帝分齊地立其庶子七人皆爲王兄弟並强有炕陽心故犬禍見也犬守御角兵象在前而上鄉者也犬不當生角猶諸侯不當舉兵鄉京師也天之戒人蚤矣諸侯不寤後六年吳楚畔濟南膠西膠東三國應之舉兵至齊齊王猶與城守三國圍之會漢破吳楚因誅四王故天狗下梁而吳楚攻梁狗生角於齊而三國圍齊漢卒破吳楚于梁誅四王于齊京房易傳曰執政失下將害之厥妖狗生角君子苟免小人陷之厥妖狗生角

景帝三年邯鄲狗與彘交

按漢書景帝本紀不載　按五行志景帝三年二月邯鄲狗與彘交悖亂之氣近犬豕之禍也是時趙王遂悖亂與吳楚謀爲逆遣使匈奴求助兵卒伏其辜犬兵革失衆之占豕北方匈奴之象逆言大聽交于異類以生害也京房易傳曰夫婦不嚴厥妖狗與豕交茲謂反德國有兵革

成帝河平元年長安有狗爲怪

按漢書成帝本紀不載　按五行志河平元年長安男子石良劉音相與共居有如人狀在其室中擊之爲狗走出去後有數人被甲持兵弩至良家良等格擊或死或傷皆狗也自二月至六月乃止

鴻嘉　年狗與彘交

按漢書成帝本紀不載　按五行志鴻嘉中狗與彘交

後漢

靈帝熹平　年狗冠帶入司徒府內

按後漢書靈帝本紀不載　按五行志熹平中省內狗冠帶綬以為笑樂有一狗突出走入司徒府內有見之者莫不驚怪京房易傳曰君不正臣欲篡厥妖狗冠出後靈帝寵用便嬖子弟永樂賓客鴻都羣小傳相汲引公卿牧守比肩是也又遣御史于西邸賣官關內侯顧五百萬者賜與金紫詣闕上書占令長隨縣好醜豐約有賈强者貪如豺虎弱者略不類物實狗而冠者也司徒古之丞相壹統國政天戒若曰宰相多非其人尸祿素餐莫能據正持重阿意曲從今在位者皆如狗也故狗入其門

晉

武帝太康九年有犬鼻行地

按晉書武帝本紀不載　按晉書五行志武帝太康九年幽州有犬鼻行地三百餘步天戒若曰是時帝不思和嶠之言卒立惠帝以致衰亂是言不從之罰也

惠帝元康　年掘地獲犬子二

按晉書惠帝本紀不載　按五行志惠帝元康中吳郡婁縣人家聞地中有犬子聲掘之得雌雄各一還置窟中覆以磨石經宿失所在天戒若曰帝既衰弱藩王相譖故有犬禍

永興元年犬生子無頭

按晉書惠帝本紀不載　按五行志永興元年丹陽內史朱逵家犬生三子皆無頭後逵為揚州刺史曹武所殺

懷帝永嘉五年狗人言

按晉書懷帝本紀不載　按五行志孝懷帝永嘉五年吳郡嘉興張林家狗人言云天下人餓死于是果亂天下饑荒焉

愍帝建興元年狗與豬交

按晉書愍帝本紀不載　按五行志建興元年狗與豬交按漢書景帝時有此以為悖亂之氣亦犬豕禍也犬兵之革占也豕北方匈奴之象也逆言失聽異類相交必生害也

元帝太興　年地坼有犬子二

按晉書元帝本紀不載　按五行志元帝太興中吳郡太守張懋聞齋內牀下犬聲求而不得既而地自坼見有二犬子取而養之皆死尋而懋為沈充所殺京房易傳曰讒臣在側則犬生妖

太興四年地中獲犬子二

按晉書元帝本紀不載　按五行志太興四年廬江灊縣何旭家忽聞地中有犬子聲掘之得一母犬青黧色狀甚羸瘦走入草中不知所在視其處有二犬子一雌一雄哺而養之雌死雄活及長為犬善噬獸其後旭里中為蠻所沒

永昌二年訛言以白犬膽療蟲病犬價暴貴

按晉書元帝本紀不載　按五行志永昌二年大將軍王敦下據姑孰百姓訛言行蟲病食人大孔數日入腹入腹則死療之有方當得白犬膽以為藥自淮泗遂及京師數日之間百姓驚擾人人皆自云已得蟲病又云始在外時燒鐵以灼之于是翕然被燒灼者十七八矣而白犬暴貴至相爭奪其價十倍或有自云能行燒鐵灼者賃灼百姓日得五六萬憊而後已四五日漸靜說曰夫裸蟲人類而人為之主今云蟲食人言本同臭類而相殘賊也自下而上明其逆也必入腹者言害由中不由外也犬有守衛之性白者金色而膽用武之主也帝王之運王霸會於戌戌主用兵金者晉行火燒鐵以療疾者言必去其類而來火與金合德共除蟲害也按中興之際大將軍本以腹心受伊呂之任而元帝末年遂改京邑明帝諒闇又有異謀是以下逆上腹心內爛也及錢鳳沈充等逆兵四合而為王師所挫踰月而不能濟水北中郎劉遐反淮陵內史蘇峻率淮泗之衆以救朝廷故其謠言首作於淮泗朝廷以弱制强罪人授首是用白犬膽可救之效也

宋

武帝永初二年有狗人言

按宋書武帝本紀不載　按五行志宋武帝永初二年京邑有狗人言

文帝元嘉二十九年狗與人交

按宋書文帝本紀不載　按五行志元嘉二十九年吳興東遷孟慧度婢蠻與狗通好如夫妻彌年

孝武帝孝建　年掘地得犬子

按宋書孝武帝本紀不載　按五行志孝武孝建初顏竣為左衞于省內聞犬子聲在地中掘焉得烏犬子養久之後自死

明帝泰始二年狗與人交

按宋書明帝本紀不載　按五行志明帝初晉安王子勛稱僞號于尋陽柴桑有狗與女人交三日不分離（按志不載月日而晉安王子勛本僞以泰始二年卽僞位故編于此）

泰始　年犬生豕子

按宋書明帝本紀不載　按五行志泰始中秣陵張僧護家犬生豕子

北魏

高祖太和二年秦州獻五色狗

按魏書高祖本紀不載　按靈徵志太和二年十一月辛未秦州獻五色狗

太和三年齊州獻五色狗

按魏書高祖本紀不載　按靈徵志三年三月齊州獻五色狗其五色如畫

北齊

文宣帝天保四年犬與女子交

按北齊書文宣帝本紀不載　按隋書五行志後齊天保四年鄴中及頓丘並有犬與女子交洪範五行傳曰異類不當交而交誖亂之氣犬交人爲犬禍犬禍者亢陽失衆之應也時帝不恤國政恩澤不流于其國

北周

武帝保定三年有犬生子腰以後分爲二身兩尾六足

按周書武帝本紀云云

按隋書五行志後周保定三年有犬生子腰已後分爲兩身二尾六足犬猛畜而有爪牙將士之象也時宇文護與侯伏侯龍恩等有謀懷二犬體後分此其應也　又按志鴈門百姓間犬多去其主聚于野形頓變如狼而噉噬行人數年而止五行傳曰犬守禦者也而今去其主下臣不附之象形變如狼狼色白爲主兵之應也其後帝窮兵黷武勞役不息天戒若曰無爲勞役守禦之臣將叛而爲害帝不悟遂起長城之役續有西域遼東之舉天下怨叛及江都之變並宿衛之臣也

唐

高祖武德三年夜聞犬嘷不見犬

按唐書高祖本紀不載　按五行志武德三年突厥處羅可汗將入寇夜聞犬羣嘷而不見犬

中宗嗣聖　年狗生子無首

按唐書武后本紀不載　按五行志武后初酷吏丘神勣家狗生子皆無首當項有孔如口晝夜鳴吠俄失所在

嗣聖十四年（卽武后神功元年）犬生兩首

按唐書武后本紀不載　按五行志神功元年安國獻兩首犬首多者上不一也

德宗貞元七年犬乳犢

按唐書德宗本紀不載　按五行志貞元七年趙州柏鄉民李崇貞家黃犬乳犢

武宗會昌三年狗生角

按唐書武宗本紀不載　按五行志會昌三年定州深澤令家狗生角

宣宗大中　年狗生角

按唐書宣宗本紀不載　按文獻通考大中初狗生角京房曰執政失將害之應又曰君子危陷則狗生角

懿宗咸通　年狗不能吠

按唐書懿宗本紀不載　按五行志咸通中會稽有狗生而不能吠擊之無聲狗職吠以守禦其不能者象鎭守者不能禦寇之兆成汭爲京南節度使城中犬皆夜吠日者向隱以爲城郭將丘墟

僖宗中和二年秋丹徒狗與彘交

按唐書僖宗本紀不載　按五行志云云

按文獻通考占曰諸侯有謀害國者

遼

穆宗應曆十八年鶻生牝犬

按遼史穆宗本紀應曆十八年六月甲戌撻烈于鶻窠中得牝犬來進

宋

高宗紹興六年羣犬自赴河死

按宋史高宗本紀不載　按五行志紹興六年四月中京大雪雷震犬數十爭赴土河而死可救者才二三

孝宗淳熙元年雷震犬

按宋史孝宗本紀不載　按五行志淳熙元年六月饒州大雷震犬于市之旅舍

寧宗慶元二年撫州有犬坐于郡守之座

按宋史寧宗本紀不載　按五行志慶元二年撫州有犬若人坐于郡守之座未幾郡守林廷彥卒于官

恭帝德祐元年禁軍民蓄犬

按宋史恭帝本紀不載　按五行志德祐元年五月壬申揚州禁軍民毋得蓄犬城中殺犬數萬輸皮納

官

元

成宗元貞二年有犬產子於瘡

按元史成宗本紀不載　按續文獻通考成宗元貞丙申秋大都南城武仲祥家有乳犬懷胎左脇下忽腫成瘡六七日後于瘡內生五子色皆青蒼每當脊梁自項至尾生逆毛一道他無所異又數日瘡亦平復

順帝至正二十一年產赤小犬

按元史順帝本紀不載　按永昌雜志至正二十一年昆明縣玉案山下產赤小犬色如火羣吠徧野

至正二十二年牡犬生子

按元史順帝本紀不載　按續文獻通考至正二十二年八月上海縣金壽一家已閹雄狗生小狗八其一嘴爪紅如鮮血然牡物而生兒陽化陰也又犬屬火一嘴爪紅亦火也豈非主兵火者歟

明

武宗正德四年犬人言

按廣東通志正德四年夏順德有犬禍新志羊頭盧景春妻有母犬能爲人言生二子抱而乳之近犬禍也

世宗嘉靖十一年羣犬驚吠

按福建通志嘉靖十一年里巷中羣犬驚吠

嘉靖二十年犬生四目四耳八足

按山西通志嘉靖二十年秋八月異犬生耳目各四足有八

嘉靖二十五年犬繞城夜吠

按貴州通志嘉靖二十五年秋七月黎平野犬繞城夜吠

神宗萬曆　年犬生角

按常熟縣志萬曆初尚墅犬生角

犬異部紀事

淮南子覽冥訓夏桀之時犬羣吠而入淵

文獻通考威烈王二十年乙亥五月絳有犬異三大犬率衆犬數萬聚於絳殺一犬於東方一犬於西方

漢書五行志高后八年三月祓霸上還過枳道見物如倉狗撠高后掖忽而不見卜之趙王如意爲祟遂病掖傷而崩先是高后鴆殺如意支斷其母戚夫人手足搉其眼以爲人彘

昌邑王髆傳髆子賀即位二十七日大將軍霍廢賀歸故國國除爲山陽郡初賀在國時數有怪嘗見白犬高三尺無頭其頸以下似人而冠方山冠後見熊左右皆莫見

五行志昌邑王賀爲王時又見大白狗冠方山冠而無尾此服妖亦犬禍也賀以問郎中令龔遂遂曰此天戒言在仄者盡冠狗也去之則存不去則亡矣賀既廢數年宣帝封之爲列侯復有辠死不得置後又犬禍無尾之效也京房易傳曰行不順厥咎人奴冠天下亂辟無適妾子拜又曰君不正臣欲篡厥妖狗冠出朝門

集異志王莽居攝東郡太守翟義知其將篡漢世謀舉義兵兄宣教授諸生滿堂羣鵝鴈數十在中庭有犬從外入囓之皆驚比殺之皆斷頭狗走出門求不知處宣大惡之後數日莽夷其三族

風俗通怪神篇謹按桂陽太守汝南李叔堅少時爲從事在家狗人立行家言當殺之叔堅云犬馬諭君子狗見人行效之何傷叔堅見縣令還解冠榻上狗戴持走家大驚時復云誤觸冠冠纓挂著之耳狗于竈前蓄火家益怔忪復云兒婢皆在田中狗助蓄火幸可不煩鄰里此有何惡里中相罵不言無狗怪遂不肯殺後數日狗自暴死卒無纖介之異叔堅辟太尉掾固陵長原武令終享大位子條蜀郡都尉威龍司徒掾凡變怪皆婦女下賤何者小人愚而善畏欲信其說類復裨增文人亦不證察與俱悼懾邪氣乘虛故速咎證易曰其亡斯自取災若叔堅者心固於金石妖至而不懼自求多福壯矣乎

晉書五行志公孫文懿家有犬冠幘絳衣上屋此犬禍也屋上亢陽高危之地天戒若曰亢陽無上偷自高尊狗而冠者也及文懿自立爲燕王果爲魏所滅京房易傳曰君不正臣欲篡厥妖狗出朝門

魏侍中應璩在直廬欻見一白狗出門問衆人無見者踰年卒近犬禍也

吳志諸葛恪傳孫峻構恪欲爲變峻與孫亮謀置酒請恪恪將見之趨出犬銜引其衣恪曰犬不欲我行乎還坐頃刻乃復起犬又銜其衣恪令從者逐犬遂升車及駐車宮門峻伏兵于帷中恪劍履上殿酒數

行亮還內峻起如厠解長衣著短服出詣收恪

書蕉晉元康中吳郡婁縣懷瑤家忽聞地中有犬子聲掘地視之得犬子雌雄各一目猶未開形大于常犬也哺之而食左右咸往觀焉長老或云此名犀犬得之者令家富昌太興中吳郡府舍人又得二枚物如初尸子曰地中有犬名曰地狼有人名曰無傷夏鼎志曰掘地而得狗名曰賈掘地而得豚名曰邪掘地而得人名曰聚聚無傷也

晉書劉聰載記聰時有犬與豕交于相國府門又交于宮門又交司隷御史門有豕著進賢冠升聰坐犬冠武冠帶綬與豕并升俄而鬬死殿上宿衞莫有見其入者而聰昏虐愈甚無誡懼之心

異苑東晉謝安字安石於後府接賓婦劉氏見狗銜謝頭來久之乃失所在婦具說之謝容色無易是月而薨

搜神後記代郡張平者苻堅時爲賊帥自號并州刺史養一狗名曰飛鷰形若小驢忽夜上聽事上行行聲如平常未經年果爲鮮卑所逐敗走降苻堅未幾便死

異苑晉孝武太元年劉波字道則移居京口晝寢聞屛風外悒咤聲開屛風見一狗蹲地而語語畢自去波隗孫也後爲前將軍敗見殺

晉書五行志桓元將拜楚王已設拜席羣官陪位元未及出有狗來便其席莫不驚怪元性猜暴竟無言者逐狗改席而已天意若曰桓元無德而叨竊大位故犬便其席示其妄據之甚也八十日元敗亡

北燕錄孫護事慕容氏爲比部尚書累遷尚書左僕射跋之濳至龍城也匿于其室及僭僞號著爲侍中尚書令封陽平公護里有犬與豕交護見而惡召太史令閔尚筮之尚曰犬豕異類而交違性失常其於洪範爲犬禍將悖亂失衆以至敗亡明公位極冢宰遐爾具瞻諸弟並封列侯貴傾王室妖見里庭不爲他也願明公戒盈滿之失修尚恭儉則妖怪可消求享元吉護默然不悅

搜神後記晉穆哀之世領軍司馬濟陽蔡詠家狗夜輙羣衆相吠往視使伏後日使人夜伺有一犬著黃衣白帢長五六尺衆狗共吠之尋迹定是詠家老黃狗即打死吠乃止

隆安初吳郡治下狗恆夜吠聚高橋上人家狗有限而吠聲甚衆或有夜覘視之見一狗有兩三頭者皆前向亂吠無幾孫恩亂于吳會焉是時輔國將軍孫無終家于旣陽地中聞犬子聲尋而地坼有二犬子皆白色一雄一雌取而養之皆死後無終爲桓元所誅滅案尸子曰地中有犬名曰地狼夏鼎志曰掘地得犬名曰賈此蓋自然之物不應出而出爲犬禍也

異苑安國李道豫元嘉中其家狗臥於當路蹴之狗曰汝即死何以蹋我未幾豫死

搜神後記宋末初三年謝南康家婢行逢一黑狗語婢云汝看我背後婢舉頭見一人長三尺有兩頭婢驚怖返走入狗亦隨婢後至家庭中舉家避走婢問狗汝來爲何狗云欲吃食爾于是婢爲設食並食食訖兩頭人出婢因謂狗曰人已去矣正已復來良久乃沒不知所在後家人死喪殆盡

宋王仲文爲河南郡主簿居緱氏縣北得休因晚行澤中見車後有白狗仲文甚愛之欲取之忽變形如人狀似方相目赤如火磋牙吐舌甚可憎惡仲文怖與奴共擊之不勝而走告家人合十餘人持刀捉火自來覩之不知所在月餘仲文忽復見之與奴並走未到家伏地俱死

冊府元龜河東王譽爲湘州刺史以悖逆誅死初譽之將敗見白狗大如驢從城而出不知所在

南史袁湛傳湛弟子淑淑兄洵粲字景倩洵弟子也齊高帝革命粲旣誅小兒數歲乳母將投粲門生狄靈慶靈慶曰吾聞出郎君者有厚賞今袁氏已滅汝匿之當誰爲乎遂抱以首乳母號泣呼天曰公昔于汝有恩故冒難歸汝奈何欲殺郎君以求小利若天地鬼神有知我見汝滅門此兒死後靈慶常見兒騎大羝狗戲如平常經年餘鬬場忽見一狗走入其家遇靈慶于庭噬殺之少時妻子皆沒此狗即袁郎所常馳也

梁宗室傳鄱陽忠烈王恢恢子範範弟脩爲梁秦二州刺史在漢中七年移風改俗人號慈父一夕忽有狗據脩所臥牀而臥脩曰此其戎乎因大脩城壘承聖元年魏將達奚武來攻脩遣記室叅軍劉璠至益州求救于武陵王紀遣將楊乾運援之拜脩隨郡王璠還至皤冢乃降于魏乾運班師璠至城下說城中降魏脩數之曰卿不能死節反爲說客邪命射之間信遣至荆州元帝遣與相聞脩中直兵參軍陳晷甚勇有口求爲覘候見獲以辭烈被害乃遣諮議虞馨致武牛酒武謂曰梁已爲侯景所敗王何爲守此孤城脩答守之以死誓爲斷頭將軍魏相安定公宇文

桼遣書喩之力屈乃降安定公禮之甚厚未幾令還江陵厚遣之以文武千家爲綱紀之僕

北齊書後幼主本紀後主狗飼以粱肉馬及鷹犬乃有儀同郡君之號故有赤彪儀同逍遙郡君𩃎霄郡君高思好書所謂駮龍逍遙者也犬于馬上設褥以抱之鬬雞亦號開府犬馬雞鷹多食縣邑鷹之入養者稍割犬肉以飼之至數日乃死

隋書五行志後主時犬爲開府儀同雌者有夫人郡君之號給兵以奉養食以粱肉藉以茵蓐天奪其心爵加於犬近犬禍也天意若曰卿士皆類犬後主不悟遂以取滅

物異考開皇中繁昌楊悅見雲中二物如羝羊黃色大如新生犬鬬而墜悅獲其一養之數旬失去

朝野僉載宗楚客家畜一犬一日忽戴楚客冠人立楚客怒曰畜類敢作妖僭越犯分殺之犬作人言曰公亦作妖僭越犯分亦卽見殺未幾韋氏敗楚客被斬

唐書五行志天寶十一載李林甫晨起盥飾將朝取書囊視之中有物如鼠躍於地卽變爲狗壯大雄目張牙視林甫林甫射之中殺然有聲隨箭沒

志怪錄吏人蔡超家狗作怪蹲於堂上將拍板唱歌聲悲怨又一旦覓頭巾不見戴在籠上坐其月超遇害

杜昭遠將失寵幸家多妖物晝見狗作雞鳴

冊府元龜史翰爲滑州節度使白馬河決翰自祭之見一狗有角浮於水心甚惡之後數月遘疾而死

宣政雜錄宣和五年間每夜漏三鼓街衢稍寂滿耳聞犬吠聲勢若舉禁城內百萬之犬俱嘷無復聞人聲每深夜獨行附近察遠傾耳聽之不見犬也當時已爲異及靖康末人入京師至今都之始悟其異晉書載廬江何氏家忽聞地中有犬聲掘得一犬幷雌雄二雛後里中亦有禍

妖化錄宣和五年京師城北乃官民牧養羊地忽有野犬不知所從來入羣羊中鳴叫左右前後諸犬皆往聚會一羊間一犬黑白交映至亥日城內外諸犬畢集或縛者斷索而來凡擾一兩日犬多羊少皆齧殺其羊識者知爲不祥

曲洧舊聞崇寧初范致虛上言十二宮神狗居戌位爲陛下本命今京師有以猪狗爲業者宜行禁止因降指揮禁天下殺狗賞錢至二萬太學生初聞之有宣言于衆曰朝廷事事紹述熙豐神宗生戊子年而當年未聞禁畜猫也其間有善議論者密相語曰狗在五行其取類自有所在今以忌器諱言使之貴重若此審如洪範傳所云則其憂有不勝言者矣

輟耕錄元貞丙申秋大都南城武仲祥家有乳犬懷胎在脅下忽腫成瘡六七日後于瘡生五子色皆青蒼每當脊粱自項至尾生逆毛一道他無所異又數日瘡亦平復

滇載記至治元年玉案山產小赤犬羣吠遍野占云天狗墜地爲赤犬其下有大軍覆境

輟耕錄至正壬寅八月中上海縣三十四保辰字圍金壽一家已閹雄狗生小狗八其一嘴爪紅如鮮血然犬之爲妖多見於占驗之書而未有若此者若男變爲女男子孕育則嘗聞之古昔蓋陽衰陰盛兵戈亂離之兆今夫牡物而生兒陽化陰也又犬屬火一嘴爪紅紅亦火也豈非主兵主火者與

湖廣通志魯鐸字振之景陵人舉弘治壬戌進士第一入翰林遷國子司業疏乞終養時邑有犬而角鐸曰兵象也頃之盜果起

廣東通志嘉靖丙戌順德縣龍津民王伯先家牝犬生四蛇併犬殺之犬腹內有一蛇又殺之亦犬禍也

通州志萬曆三年海門縣陸某家牆下聞犬聲掘牆得四犬斃其三一犬入地不見

犬異部雜錄

呂氏春秋明理篇至亂之化犬彘乃連有豕生狗

易林狗無前足陰雄叛北爲身害賊

狗生龍馬公勞嫗苦

狗冠雞步君失其所

豕異部彙考一

漢書

五行志

傳曰聽之不聰是謂不謀厥咎急厥罰恆寒厥極貧時則有鼓妖時則有魚孽

于易坎爲豕豕大耳而不聰察聽氣毀故有豕禍也一日寒歲豕多死及爲怪亦是也

魏書

靈徵志

京房傳曰凡妖象其類足多者所任邪也京房易妖曰豕生人頭豕身者邑且亂亡

管窺輯要

豕占

豕入宮室京房易傳曰衆心不安君失政厥妖豕入宮室有女亂家國同占一曰社稷易君亡

野豬入人家其人失宅入軍中其軍敗

赤豬見不出三年國有大禍野人爲政

豕突入人竈中其家有爭鬬刑傷

豕無故同時晝夜鳴是謂哭主主有大喪

豕自食其尾歲且凶

豕自食其子其家破

豕登屋其邑國缺賢士

豕言吉凶如其言

豕生子一首兩身六足臣下不祗上命強國凌其主

生子鼻一孔郡有九侯生子三足歲不熟五足以上邑有大兵二陰君無後國分

豕生子目在四肢其國有兵在腰下或腹內傍國有大咎生子口在背國主弱臣執權君令不行口在腹其邑饑在四肢民饑兵亂在陰國有大謀生子耳鼻在腹或在背臣謀主在四肢及在首上兵起邑中生子足在首社稷亡在腹國有大事在背民勞于兵生子尾在腹或在首國有大事

豕生子無口其國亂無目臣奪主命無尾其國弱無毛有羽其國亡

豕生人其君失社稷生人而有六畜形其國亂亡生人而有飛鳥形邑有大水生人有野獸形兵起生人形不具或不居其所其國失地生子人首豕身其地有亂

豕生他畜國易主豕生狗不出三年國君走死生他畜且有人形有更令生他畜一首其國分二鼻以上國兵行二口以上有亂臣國失地三目三鼻以上國有恐

豕生六畜無首其國不安無目君令不行無耳國君且不聽政無口鼻民流亡無陰國君絕嗣無四肢國無良臣其政亂

豕生野獸國饑有兵

豕生飛鳥

豕生魚水災豕生蟲蛇民流亡

豕屎金鐵邑兵大作

豕屎土國益地屎石國兵大強

豕屎五穀歲熟屎草木國有喪

豕異部彙考二

周

莊王十一年魯侯見豕人立而啼

按春秋不書　按漢書五行志左氏傳曰嚴公八年齊襄公田於貝丘見豕從者曰公子彭生也公怒曰射之豕人立而啼公懼墜車傷足喪屨劉向以爲近豕禍也先是齊襄淫於妹魯桓公夫人公子彭生殺威公又殺彭生以謝魯公孫無知有寵於先君襄公絀之無知帥怨恨之徒攻襄於田所襄匿其戶間足見於戶下遂殺之傷足喪屨卒死於足虐急之效也

漢

昭帝元鳳元年燕王宮豕壞都竈銜鬴置殿前

按漢書昭帝本紀不載　按五行志昭帝元鳳元年燕王宮永巷中豕出圂壞都竈銜其鬴六七枚置殿前劉向以爲近豕禍也時燕王旦與長公主左將軍謀爲大逆誅殺諫者暴急無道竈者生養之本豕而敗竈陳鬴於庭鬴竈將不用宮室將廢辱也燕王不改卒伏其辜京房易傳曰衆心不安君失政厥妖豕入居室

吳

烏程侯寶鼎元年野豕入軍營

按吳志孫晧傳不載　按宋書五行志孫晧寶鼎元年野豕入右司馬丁奉營此豕禍也後奉見遣攻穀陽無功及晧怒斬其導軍及舉大衆北出奉及萬彧等相謂曰若至華里不得不各自還也此謀泄奉時雖已死晧追討穀陽事殺其子溫家屬皆遠徙豕禍之應也龔遂曰山野之獸來入宮室宮室將空又其象也

晉

懷帝永嘉　年壽春豕生兩頭

按晉書懷帝本紀不載　按五行志永嘉中壽春城內有豕生兩頭而不活周馥取而觀之時識者云豕北方畜兩頭者無上也生而死不遂也天戒若曰勿生專利之謀將自致傾覆也周馥不寤遂欲迎天子令諸侯俄爲元帝所敗是其應也石勒亦尋渡淮百姓死者十有其九

元帝建武元年豕生八足
按晉書元帝本紀不載　按五行志建武元年有豕生八足此聽不聰之罰又所任邪也是後有劉隗之變

成帝咸和六年豕生子人面
按晉書成帝本紀不載　按五行志咸和六年六月錢塘人家猳豕産兩子而皆人面其身猶豕京房易妖曰豕生人頭豕身者危且亂今此猳豕而産異之甚者也

孝武帝太元十年有豕雙身
按晉書孝武帝本紀不載　按五行志太元十年四月京都有豚一頭二脊八足

太元十三年豕子八足
按晉書孝武帝本紀不載　按五行志十三年京都人家豕産子一頭二身八足並與建武同妖也是後宰相沉酗不恤朝政近習用事漸亂國綱至於大壞也

北魏

高祖延興元年豕生子二身
按魏書高祖本紀不載　按靈徵志延興元年九月有司奏豫州刺史臨淮公王讓表有豬生子一頭二身八足

世宗景明四年犬豕交
按魏書世宗本紀不載　按靈徵志景明四年九月梁州上言犬豕交

正始四年豕生子二身
按魏書世宗本紀不載　按靈徵志正始四年八月京師豬生子一頭四耳兩身八足

延昌四年豕生子如人
按魏書世宗本紀不載　按靈徵志延昌四年七月徐州上言陽平戍豬生子頭面似人頂有肉髻體無毛靈太后幼主傾覆之徵也

隋

文帝開皇　年有豕人言
按隋書文帝本紀不載　按五行志開皇末渭南有沙門三人行頭陀法於人場圃之上夜見大豕來詣其所小豕從者十餘謂沙門曰阿練我欲得賢聖道然猶負他一命言罷而去賢聖道者君上之所行也皇太子勇當嗣業行君上之道而被囚廢之象也一命者言爲隋帝所殺　又按志開皇末渭南有人寄宿他舍夜中聞二豕對語其一日歲將盡阿爺明日殺我供歲何處避之一答曰可向水北姊家因相隨而去天將曉主人覓豕不得意是宿客而詰之宿客言狀主人如其言而得豕其後蜀王秀得罪帝將殺之平樂公主每匡救得全後數年而帝崩歲盡之應

唐

太宗貞觀十七年豕生豚駢體
按唐書太宗本紀不載　按五行志貞觀十七年六月司農寺豕生子一首八足自頸分爲二

德宗貞元四年豕生豚兩首
按唐書德宗本紀不載　按五行志貞元四年二月京師民家有豕生子兩首四足首多者上不一也
按舊唐書五行志貞元四年京師人家豕生子兩首四足有司以白御史中丞竇參請上聞參寢而不奏

憲宗元和八年豕生豚三耳八足
按唐書憲宗本紀不載　按五行志元和八年四月長安西市有豕生子三耳八足自尾分爲二足多者下不一也

懿宗咸通七年豕舞豕自相噬齧
按唐書懿宗本紀不載　按五行志咸通七年徐州蕭縣民家豕出圂舞又牡豕多將鄰里羣豕而行復自相噬齧

僖宗乾符六年豕壞器用
按唐書僖宗本紀不載　按五行志乾符六年越州山陰民家有豕入室內壞器用銜缶置於水次

廣明元年豕生如人狀
按唐書僖宗本紀不載　按五行志廣明元年絳州稷山縣民一豕生如人狀無眉目耳髮占爲邑有亂

宋

徽宗崇寧元年豕生人
按宋史徽宗本紀不載　按甲申雜紀崇寧元年六月西京民家豬生二男一女一豬

高宗紹興十年春有野豕入海州市
按宋史高宗本紀不載　按五行志紹興十年春有野豕入海州市民刺殺之時州已陷夏鎮江軍師王勝攻取之明年以其郡屬金悉空其民

孝宗乾道六年南雄州豕生人
按宋史孝宗本紀不載　按五行志乾道六年南雄州民家豕生人豚首各具他獸形有類人者
按文獻通考占爲邑有亂

光宗紹熙二年羣豕食常平倉穀

按宋史光宗本紀不載　按文獻通考紹熙二年三月辰州敘蒲縣常平倉廒牆壁爲羣豕所穴食倉穀五十石蹤食人食近豕禍也

寧宗慶元元年豕生豚獸蹄

按宋史寧宗本紀不載　按五行志慶元初樂平縣民家有豕生豚與南雄同而更具他獸蹄

慶元三年豕生鹿豕食嬰兒

按宋史寧宗本紀不載　按五行志三年四月餘干縣民家豕生八豚其二爲鹿古田縣豕食嬰兒

元

順帝至正三年豕生豚雙身

按元史順帝本紀不載　按五行志至正三年秋建寧蒲城縣民家豕生豚二尾八足

至正十五年豕生豚如象

按元史順帝本紀不載　按五行志十五年鎮江民家豕生豚如象形

至正二十四年豕生豚雙身

按元史順帝本紀不載　按五行志二十四年正月保德州民家豕生豚一首二身八蹄二尾

明

憲宗成化二十年豕生子如象

按陝西通志成化二十年寧夏猪生子如象

成化二十二年黑猪變白

按陝西通志成化二十二年寧夏黑猪變白

孝宗弘治十二年白豕見

按河南通志云云

弘治　年豕生子人首

按吳縣志弘治間胥門韓氏畜母猪生子豕身人首

武宗正德二年豕生子一目

按深澤縣志正德二年民間豕生一子色白無毛一目出頂上鼻如象

正德十年豕生象

按大政紀正德十年十一月江西豕生象宸濠諷三司稱賀左布政使張嶺以義折羣議止之

正德十一年豕生象

按湖廣通志正德十一年荊州豕生象

世宗嘉靖二十一年豕形如人

按湖廣通志嘉靖二十一年五月平江民家豕有異形面足似人

嘉靖二十七年豕生子異形

按湖廣通志嘉靖二十七年三月麻城豕生子異形一牛首項有肉角一猴首一豕首

嘉靖二十八年豕產子駢體豕疫

按山西通志嘉靖二十八年春三月猗氏猪異二郎城民家猪產子二頭八足少項而死是年五六月境內猪死殆盡

嘉靖三十七年猪蛻殼

按福建通志嘉靖三十七年猪蛻殼色如丹

嘉靖四十年豕生六足

按福建通志嘉靖四十年興化府城東關外豕生一頭六足

神宗萬曆十五年豕生八足

按江南通志萬曆十五年松江生八足豕

萬曆三十一年豕生子雙身共尾

按雲南通志萬曆三十一年三月臨安東關產一豕兩首二身八足一尾

萬曆三十八年豕生子如象

按四川總志萬曆三十八年八月遵義縣民戴明高家產豚子八其一形如象長鼻口有二牙渾身無毛四蹄類鹿是年全蜀荒旱殍死無數

萬曆四十年豕生六足

按福建通志萬曆四十年府城東關外豕生一頭六足

愍帝崇禎十一年豕生子異形野彘入城

按東鹿縣志崇禎十一年東花里莊馬君仕家產一猪兩頭

按湖廣通志崇禎十一年秋黃安有野彘突入城

按廣東通志崇禎十一年樂昌產異猪蘇氏猪生一子猪身獅頭兩眼環大鼻勾無孔額有赤角如筍直上耳尖正圓脣紅上下各三齒衆聚觀久之乃斃

豕異部紀事

淮南子覽冥訓夏桀之時豕銜蓐而席澳

搜神記周哀王九年晉有豕生人

左傳莊公八年冬十二月齊侯游於姑棼遂田於貝丘見大豕從者曰公子彭生也公怒曰彭生敢見射之豕人立而啼公懼墜於車傷足喪屨反誅屨於徒人費弗得鞭之見血走出遇賊于門劫而束之費曰我奚御哉袒而示之背信之費請先入伏公而出鬭死於門中石之紛如死於階下遂入殺孟陽於牀曰

非君也不類見公之足於戶下遂殺之

劉聰載記聰時有犬與豕交於相國府門又交於宮門又交於司吏御史門有豕著進賢冠升聰坐犬冠武冠帶綬與豕幷升俄而鬬死殿上宿衛莫有見其入者而聰昏虐愈甚無誡懼之心

物異考成帝咸和中豕生兩子面如人狀其身則豕

晉書呂光載記光死子纂僭卽位道士句摩羅耆婆言於纂曰潛龍屢出豕犬見妖將有下人謀上之禍宜增修德政以答天戒纂納之

伽藍記孝義里東市北殖貨里里有太常民劉胡兄弟四人以屠爲業永安年中胡殺猪猪忽唱乞命聲及四鄰人謂胡兄弟相鬬而來觀之乃猪也卽捨宅於歸覺寺合家人入道焉

物異考隋開皇末渭南有沙門三人行法於塲圃之上大豕與小豕十餘謂沙門曰阿練我欲得賢聖道又有人家寄宿聞其家二豕對語其一曰歲將盡阿爺將殺我何處避之其一答曰可向水北姊家因相隨而去明日客告主人如其言覓之得二豕

雲仙雜記白浦民割猪肝肝中有一紙大如手色如新書云煙蒼蒼明年無糧次年巢寇起州郡多荒

樂郊私語己亥冬十二月有州東趙氏家屠豕脫治已竟既出肺腸其腸忽蜿蜒疾行雖健蛇不若也主人追之不能及遂出城遇海而止此蓋國家有心腹腎腸之人歸向寬大容蓄之象也

客退紀談猪突入人家必割其耳黃昏雞鳴必殺之以爲不祥俗忌也王隆家方割猪耳適有神降於伍氏隆往問曰猪入門可乎神答曰猪入門百福臻又問曰割其耳何如曰割猪傷於矢隆明日觀射果傷其臂里中異之適有沈氏黃昏雞鳴問之答曰定昏雞啼百福日臍於是沈氏日昌盛自是人家惟恐猪不入門雞不黃昏啼耳俗人貪利如是

癸辛雜識至元癸巳十二月內村落間忽僞傳官司不許養猪於是所有悉屠而售之其價極廉不知何祥也

輟耕錄至正辛卯春江陰永寧鄉陸氏家一猪產十四兒內一兒人之首面手足而猪身

續文獻通考海鹽趙氏營室以居宰猪落成小腸皆已修治忽如蛇蜿蜒而走將及里許而止

廣東通志萬曆壬辰南海民家豕自外歸皮爪光潔如屠刷然家人驚駭出視之見其皮爪蛻於堤上觀者塡門殺豕乃已

欽定古今圖書集成曆象彙編庶徵典

第一百七十五卷目錄

庶徵典第一百七十五卷

鼠異部彙考一

京房易飛候

鼠異

鼠舞國門厥咎亡鼠舞於庭厥咎誅死

魏書

靈徵志

瑞圖外鎭王公刺史二千石令長酷暴百姓人民怨嗟則白鼠至

管窺輯要

蛇占

蛇與鼠鬬有盜賊火災

田家五行

論祥瑞

鼠咬人幞頭帽子衫領主得財喜百日內至半夜前作數錢聲者主招財吉

鼠很來窟其家必長吉

田家雜占

鼠

鬭塍上野鼠爬池主有水必到所爬處方止

鼠咬麥苗主不見收咬稻苗亦然倒在根下主望下米貴銜在洞口主囷頭米貴

凡有鼠立主大吉慶

鐵鼠其臭可惡白日銜尾成行而出主雨

鼠異部彙考二

周

簡王二年魯鼷鼠食郊牛角

按春秋魯成公七年正月鼷鼠食郊牛角改卜牛鼷鼠又食其角乃免牛

按漢書五行志成公七年正月鼷鼠食郊牛角 註 師古曰鼷小鼠也卽今所謂甘鼠者 改卜牛又食其角劉向以爲近靑祥亦牛旤也不敬而傋霿之所致也昔周公制禮樂成周道故成王命魯郊祀天地以尊周公至成公時三家始顓政魯將從此衰天愍周公之德痛其將有敗亡之禍故於郊祭而見戒云鼠小蟲性竊盜鼷又其小者也牛大畜祭天尊物也角兵象在上君威也小小鼷鼠食至尊之牛角象季氏乃陪臣盜竊之人將執國命以傷君威而害周公之祀也改卜牛鼷鼠又食其角天重語之也成公怠慢昏亂遂至君臣更執於晉至於襄公晉爲溴梁之會天下大夫皆奪君政其後三家逐昭公卒死於外幾絕周公之祀董仲舒以爲鼷鼠食郊

牛皆養牲不謹也京房易傳曰祭天不慎厥妖鼷鼠
齧郊牛角
敬王二十五年魯鼷鼠食郊牛
按春秋魯定公十有五年春鼷鼠食郊牛牛死改卜
牛
按漢書五行志定公十有五年正月鼷鼠食郊牛牛
死劉向以爲定公知季氏逐昭公辠惡如彼親用孔
子爲夾谷之會齊人來歸鄆讙龜陰之田聖德如此
反用季桓子淫於女樂而退孔子無道甚矣詩曰人
而亡儀不死何爲是歲五月定公薨牛死之應也京
房易傳曰子不子鼠食其郊牛
二十六年魯鼷鼠食郊牛
按春秋魯哀公元年正月鼷鼠食郊牛劉向以爲天
意汲汲於用聖人逐三家故復見戒也哀公年少不
親見昭公之事故見敗亡之異已而哀不寤身奔於
粵此其效也

漢

昭帝元鳳元年鼠舞
按漢書昭帝本紀不載　按五行志元鳳元年九月
燕有黃鼠銜其尾舞王宮端門中往視之鼠舞如故
王使夫人以酒脯祠鼠舞不休夜死黃祥也時燕剌
史王旦謀反將敗死亡象也其月發覺伏辜易傳曰
誅不原情厥妖鼠舞門
成帝建始四年鼠巢樹上
按漢書成帝本紀不載　按五行志建始四年九月
長安城南有鼠銜黃蒿柏葉上民冢柏及榆樹上爲
巢桐柏尤多師古曰桐柏亭名巢中無子皆有乾鼠
矢數十時議臣以爲恐有水災鼠盜竊小蟲夜出晝
匿今晝去穴而登木象賤人將居顯貴之位也桐柏
衛思后園所在也其後趙皇后自微賤登至尊與衛
后同類趙后終無子而爲害明年有鳶焚巢殺子之
異也天象仍見甚可畏也一曰皆王莽竊位之象云
京房易傳曰臣私祿罔辟厥妖鼠巢

晉

武帝太康四年彭蜞及蟹化爲鼠
按晉書武帝本紀不載　按五行志太康四年會稽
彭蜞及蟹化鼠甚衆復大食稻爲災
惠帝永嘉元年獲白鼠
按晉書惠帝本紀不載　按宋書符瑞志永嘉元年
五月白鼠見東宮皇太子獲以獻
懷帝永嘉五年鼴鼠出延陵
按晉書懷帝本紀不載　按五行志五年鼴鼠出延
陵郭景純筮之曰此郡東之縣當有妖人欲稱制者
亦尋自死矣其後吳興徐馥作亂殺太守元琇馥亦
時滅是其應也

陳

後主禎明二年有羣鼠渡淮而死
按陳書後主本紀禎明二年夏四月戊申有羣鼠無
數自蔡洲岸入石頭渡淮至於青塘兩岸數日死隨
流出江
按隋書五行志近青祥也京房易飛候曰鼠無故羣
居不穴衆聚者其君死未幾而國亡

北魏

太宗永興三年獲白鼠
按魏書太宗本紀不載　按靈徵志永興三年二月
京師民趙溫家有白鼠以獻春於北苑獲白鼠一尋
死剖之腹中有三子盡白
永興四年獲白鼠
按魏書太宗本紀不載　按靈徵志四年三月上幸
西宮獲白鼠一八月御府民張安獲白鼠一
神瑞二年獲白鼠
按魏書太宗本紀不載　按靈徵志神瑞二年五月
帝獵於榼嶺山獲白鼠一平城獲白鼠三六月平城
獲白鼠二八月豫章王夔獲白鼠一
泰常元年獲白鼠
按魏書太宗本紀不載　按靈徵志泰常元年十一
月京師民獲白鼠以獻
泰常二年獲白鼠
按魏書太宗本紀不載　按靈徵志二年六月中山
獲白鼠二
泰常三年獲白鼠
按魏書太宗本紀不載　按靈徵志三年三月京師
獲白鼠一十一月京師獲白鼠一
世祖始光三年獲白鼠
按魏書世祖本紀不載　按靈徵志始光三年八月
相州魏郡獲白鼠
太延元年獲白鼠
按魏書世祖本紀不載　按靈徵志太延元年八月
雁門獻白鼠
高祖太和二十三年八月京師獲白鼠
按魏書高祖本紀不載　按靈徵志云云

世宗景明四年獲白鼠

按魏書世宗本紀不載　按靈徵志景明四年京師獲白鼠　按盧元傳盧敏弟昶景明初除中書侍郎遷散騎常侍兼尚書時洛陽獲白鼠昶奏曰謹案瑞典外鎭刺史二千石令長不祗上命刻暴百姓人民怨嗟則白鼠至臣聞禎不虛見德必合符妖不妄出咎彰則至是以古之人君或怠瑞以失德或祗變而立功斯乃萬古之殷鑒千齡之炯誡比者災氣作沴陘陽虧度陛下流如傷之慈降納隍之旨哀百姓之無辜引在予之深責舉賢黜佞之詔道映於堯先進思納諫之言事光於舜右伏讀明旨俯觀徵讁敢布庸瞽以陳萬一竊惟一夫之耕食裁充口一婦之織衣止蔽形年租歲調則惟常理此外徵求於何取足然自比年以來兵革屢動荊揚二州屯戍不息鍾離義陽師旅相繼兼荊蠻兇狡王師薄伐暴露原野經秋淹夏汝潁之地率戶從戎河冀之境連丁轉運又戰不勝加之逋負死喪離曠十室而九細役煩徭日月滋甚苛兵酷吏因逞威福至使通原遙畛田蕪罕耘連村接閈蠶飢莫食而監司因公以貪求豪彊恃私而逼掠遂令鬻裋褐以益千金之資制口腹而充一朝之急此皆由牧守令長多失其人郡闕黃霸之君縣無魯恭之宰不思所以安民止思所以潤屋故士女呼嗟相望於道路守宰暴貪風聞於魏闕往歲法官案驗多挂刑網謂必顯戮以明勸誡然後遣使覆訊公違憲典或承風挾請徑樹私恩或容情受賄輒施已惠御史所劾皆言誣枉申雪罪人更云清白長侮上之源滋陵下之路忠清之人見之而自怠犯暴之夫聞之以益快白鼠之至信而有徵矣伏願陛下垂叡喆之鑒察妖災之起延對公卿廣詢庶政引見樞納博求民隱存問孤寡去其苛碎輕徭省賦與民休息貞良忠讜置之於朝姦回貪佞棄之於市則九官勿戒而恪敬百縣不嚴而自肅士女欣欣人有望矣詔曰朕纂承鴻緒伏膺寶曆思靖八方惠康四海當必世之期麟鳳不降屬勝殘之會白鼠告咎萬邦有罪實維朕躬尚書敷納機猷獻替是寄讜言有聞朕實嘉美

正始元年獲白鼠

按魏書世宗本紀不載　按靈徵志正始元年六月京師獲白鼠

肅宗熙平元年獲白鼠

按魏書肅宗本紀不載　按靈徵志熙平元年四月肆州表送白鼠

出帝永熙三年羣鼠浮河向鄴

按北史魏孝武帝本紀云云

唐

高祖武德元年鼠去李密營

按唐書高祖本紀不載　按五行志武德元年秋李密王世充隔洛水相拒密營中鼠一夕渡水盡去占曰鼠無故皆夜去邑有兵

太宗貞觀十三年建州鼠害稼

按唐書太宗本紀不載　按五行志云云

貞觀二十一年渝州鼠害稼

按唐書太宗本紀不載　按五行志云云

高宗顯慶三年有大鼠死於長孫無忌第

按唐書高宗本紀不載　按五行志顯慶三年長孫無忌第有大鼠見於庭月餘出入無常後忽然死

龍朔元年洛州猫鼠同處

按唐書高宗本紀不載　按五行志龍朔元年十一月洛州猫鼠同處鼠隱伏象竊盜猫職捕嚙而反與鼠同處象司盜者廢職容姦

弘道　年梁州羣鼠嚙猫

按唐書高宗本紀不載　按五行志弘道初梁州倉有大鼠長二尺餘爲猫所嚙數百鼠反嚙猫少選聚萬餘鼠州遣人捕擊殺之餘皆去

中宗景龍元年基州鼠害稼

按唐書中宗本紀不載　按五行志云云

睿宗景雲　年蛇與鼠鬬

按唐書睿宗本紀不載　按五行志景雲中有蛇鼠鬬於右威衞營東街槐樹蛇爲鼠所傷鬬者兵象

元宗開元二年鼠害稼

按唐書元宗本紀不載　按五行志開元二年韶州鼠害稼千萬爲羣

天寶元年猫鼠同乳

按唐書元宗本紀不載　按五行志天寶元年十月魏郡猫鼠同乳同乳者甚於同處

代宗大曆三年獲白鼠

按唐書代宗本紀不載　按冊府元龜大曆三年九月宣州獲白鼠三獻之

大曆八年獲白鼠

按唐書代宗本紀不載　按冊府元龜八年七月戊戌內侍省獲白鼠一出示百寮十月丁卯鳳翔府獲

白鼠獻之

大曆九年獲白鼠

按唐書代宗本紀不載　按冊府元龜九年七月丁酉廬州獲白鼠二獻之

大曆十二年獲白鼠

按唐書代宗本紀不載　按冊府元龜十二年六月癸未苑內獲白鼠一出示百僚

大曆十三年猫鼠同乳

按唐書代宗本紀不載　按五行志十三年六月隴右節度使朱泚於兵家得猫鼠同乳以獻

按舊唐書五行志大曆十三年六月戊戌隴右汧源縣軍士趙貴家猫鼠同乳不相害節度使朱泚籠之以獻宰相常衮率百寮拜表賀中書舍人崔祐甫曰此物之失性也天生萬物剛柔有性聖人因之垂訓作則禮迎猫爲食田鼠也然猫之食鼠載在祀典以其能除害利人雖微必録今此猫對鼠何異法吏不勤觸邪疆吏不勤扞敵據禮部式録三瑞無猫不食鼠之目以此稱慶理所未詳以劉向五行傳言之恐須申命憲司察聽貪吏誡諸邊境無失儆巡則猫能致功鼠不爲害帝深然之

德宗貞元十二年獲白鼠

按唐書德宗本紀不載　按冊府元龜貞元十二年六月京兆府進白鼠

貞元十五年獲白鼠

按唐書德宗本紀不載　按冊府元龜十五年五月庚寅韓滉進白鼠

文宗太和三年成都猫鼠相乳

按唐書文宗本紀不載　按五行志云云

開成四年江西鼠害稼

按唐書文宗本紀不載　按五行志云云

懿宗咸通十二年鼠巢樹上

按唐書懿宗本紀不載　按五行志咸通十二年正月汾州孝義縣民家鼠多銜蒿芻巢樹上鼠穴居去穴登木賤人將貴之象

僖宗乾符三年河東鼠爲患

按唐書僖宗本紀不載　按五行志乾符三年秋河東諸州多鼠穴屋壞衣三月止鼠盜也天戒若曰將有盜矣

乾寧　年蛇鼠鬬

按唐書僖宗本紀不載　按五行志乾寧末陝州有蛇鼠鬬於南門之內蛇死而鼠亡去

後唐

廢帝清泰二年蛇鼠鬬

按五代史唐廢帝本紀不載　按冊府元龜晉高祖即位之前一年年在乙未鄴西有柵曰李固清淇合流在其側柵有橋橋下大鼠與蛇鬬鬬及日之中蛇不勝而死行人觀者數百識者志之後唐末帝果滅於申

宋

太祖建隆元年鼠害苗

按宋史太祖本紀建隆元年春均房商洛鼠食苗

按五行志元年相金均房商五州鼠食苗

建隆二年商州鼠食苗

按宋史太祖本紀二年春正月壬子商州鼠食苗詔免賦

乾德五年九月金州鼠食苗

按宋史太祖本紀不載　按五行志云云

太宗太平興國七年鼠害稼

按宋史太宗本紀太平興國七年冬十月岳州田鼠食稼

高宗紹興十六年鼠害稼

按宋史高宗本紀不載　按五行志紹興十六年清遠翁源眞陽三縣鼠食稼千萬爲羣時廣東久旱凡羽鱗皆化爲鼠有獲鼠於田者腹猶蛇文漁者夜設網旦視皆鼠自夏徂秋爲患數月方息歲爲饑近鼠妖也

孝宗乾道九年鼠害稼

按宋史孝宗本紀不載　按五行志乾道九年隆興府鼠千萬爲羣害稼

淳熙五年鼠害稼

按宋史孝宗本紀淳熙五年福建興化軍水通泰楚州高郵軍田鼠傷禾　按五行志淳熙五年八月淮東通泰楚高郵黑鼠食禾既歲大饑時江陵府郭外羣鼠多至塞路其色黑白青黃各異爲車馬踐死者不可勝計踰三月乃息

光宗紹熙四年小鼠食牛角

按宋史光宗本紀不載　按五行志紹熙四年饒州民家二小鼠食牛角三徙牛牢不免角穿肉瘠以斃近鼠妖也

寧宗慶元元年猫哺鼠

按宋史寧宗本紀不載　按五行志慶元元年六月

鄱陽縣民家一猫帶數十鼠行止食息皆同如母子相哺者民殺猫而鼠舐其血鼠象盜猫職捕而反相與同處司盜廢職之象也與唐龍朔洛州猫虎同占

元

世祖至元二十二年田鼠食稼

按元史世祖本紀至元二十二年夏六月馬湖部田鼠食稼殆盡其總管祇之鼠悉赴水死

成宗大德二年鼠害稼

按元史成宗本紀大德二年二月丙子甘肅省沙州鼠傷禾稼

順帝至正十五年有鼠數十萬渡洞庭湖

按元史順帝本紀不載　按續文獻通考至正十五年湖廣羣鼠數十萬越洞庭湖望四川而去

至正二十年野鼠食稼

按元史順帝本紀不載　按五行志至正二十年八月慶陽延安寧安等州野鼠食稼初由鵪卵化生既成牝牡生育日滋百畝之田一夕俱盡

至正二十六年泗州鼠食禾

按元史順帝本紀不載　按五行志二十六年泗州瀕淮兩岸有灰黑色鼠暮夜出穴成羣覆地食禾

明

太祖洪武二年有白鼠渡江不絕

按廣西通志洪武二年三月太平府有白鼠渡江自南而北晝夜不絕

憲宗成化十八年白鼠見

按陝西通志成化十八年寧夏白鼠晝遊

成化十九年黑鼠食苗

按山東通志成化十九年兗州黑鼠食苗旬日入水自死

孝宗弘治十三年鼠害稼

按廣西通志弘治十三年九月鼠殺稼

弘治十七年鼠害稼

按湖廣通志弘治十七年漢陽羣鼠害稼

世宗嘉靖二十四年鼠害稼

按廣西通志嘉靖二十四年富川縣鼠數百成羣食田禾是歲饑

嘉靖三十八年鼠害稼

按全遼志嘉靖三十八年遼陽麥大熟是秋大雨復生黑鼠遍野傷稼殆盡

嘉靖四十一年鼠害稼

按福建通志嘉靖四十一年德化田鼠大作一畝之田至有數千春食秧冬食穀畦畔介然鼠道草爲不生次年穀貴人多饑死

穆宗隆慶五年鼠害稼

按湖廣通志隆慶五年武昌大水異鼠見害麥禾鼠禿尾黑色一穴數十稻熟復聚食之

神宗萬曆元年鼠害稼

按湖廣通志萬曆元年三月黃州田鼠食禾殆盡

萬曆二十四年鼠害稼

按雲南通志萬曆二十四年雲龍州碩鼠長尺餘羣食禾稼俱盡

萬曆四十二年羣鼠渡江害稼

按江南通志萬曆四十二年池州有鼠數百萬銜尾渡江爲田患害尋有鳥如鸜鵒食鼠遂絕鳥亦不見

萬曆四十三年羣鼠渡江害稼

按江西通志萬曆四十三年九江羣鼠渡江而南食禾傷稼

熹宗天啓七年鼠害稼

按湖廣通志天啓七年蘄州田鼠害稼

愍宗崇禎十三年鼠食牛食嬰兒鼠鬬

按陝西通志崇禎十三年夏有大鼠成羣食牛入人腹食嬰兒見骨

按廣西通志崇禎丁丑至己卯平樂城鄉鼠皆變爲鼷鼠身小眼細每二三相角其聲呢呢如蛩吟

崇禎十四年碩鼠見白鼠見

按山東通志崇禎十四年臨淄碩鼠見於城南十里鋪首尾長三尺

按陝西通志崇禎十四年秦府白鼠晝游

鼠異部藝文

爲建安王答王尚書書　唐陳子昂

使至辱書知初出王龍卽擒白鼠凶賊滅兆事乃先知凡百士衆莫不喜躍鼠者坎精穿竊爲盜夜遊晝伏乃是其常今白日投營素質委命賊降之象理必無疑近再有賊中信來親離衆潰期在旦夕尚書宜訓勵士卒秣馬嚴威因此凶亂之機乘其敗亡之勢事同破竹無待前茅坐聽凱歌貯聞欣慰

賀白鼠表　常袞

臣某言今日內常侍吳承倩宣恩命示臣咸陽縣所進白鼠臣聞王者將致無疆之休必有非常之應臣竊謂鼠者陰類四夷之象白日金精西方之色以西方陰類受制於近郊得非諸戎有納款之誠中國啓受降之兆也伏惟陛下俯憂黎獻控馭蠻夷能以禮綏就云力競而晝伏夜動時擾於封疆乘障安邊尚勞於師旅今天且悔禍戎將感恩方委貢於蠻邸遂呈祥於咸邑干戈既息已有明徵鳥雀之來多慙遠瑞臣等忝居近侍獲覩禎符歡忭之誠倍萬恆品

為崔中丞進白鼠表　李丹

臣某言以今月某日於所部宣城縣謝亭鄉百姓姚德家獲白鼠一素毛毶然淨若冰雪體貌閑暇異於其倫臣謂白者少陰之色也鼠者陰奸人之象也夫以晝伏夜動之質穴社穿墉之姿而乃稟金方之正色投籠檻以馴擾此蓋小人革性之瑞西戎授首之符臣某中謝臣又聞白虎白鼠皆金行之祥也且獸之大者莫勇於虎獸之小者莫怯於鼠前志有之曰用之則如虎不用則如鼠則虎之與鼠其類之極乎臣愚以為天之意者又以鼠警陛下耳夫犬戎猾夏者乘金方沴氣也陛下若臨之以律防之以時則雖強如虎將弱如鼠矣陛下若臨之失律防之後時則雖弱如鼠將強如虎矣今犬戎未滅秋律始行伏願陛下鑒上天之炯誡納微臣之芻詞考金行從革之義徵虎鼠強弱之勢則當西極月窟率來王矣況復蠢爾犬戎乎

化稻鼠　陸龜蒙

乾符己亥歲震澤之東曰吳興自三月不雨至於七月常時汙坳沮洳者埃壒坌勃欋欐支派者入屝履無所汙農民轉遠流漸潤稻本晝夜如乳赤子欠欠然救渴不暇僅得葩折穗結十無一二焉無何羣鼠夜出齧而僵之信宿食殆盡雖廬守板擊毆而駭之不能勝若官督戶責不食者有刑當是而賦索愈急棘束械榜箠木肌頸者無老壯吾聞之於禮曰迎貓為食田鼠也是禮缺而不行久矣田鼠知之歟物有時而恭歟政沓貪而廢歟國語曰吳稻蟹不遺種豈吳之土鼠與蟹更伺其事而效其力殲其民歟且魏風以碩鼠刺重斂碩鼠斥其君也有鼠之名無鼠之實詩人猶曰逝將去汝適彼樂土況乎上掊其財下啗其食率一民而當二鼠不流浪轉徙聚而為盜何哉春秋螽蝝生大有年皆書聖人於豐凶不隱之驗也余通於春秋又親蒙其災於是乎記

鼠異部紀事

後漢書五行志注古今注曰光武建武六年九月鼠巢樹上

晉書五行志魏齊王正始中王周南為襄邑長有鼠從穴出語曰王周南爾以某日死南不應鼠還穴後至期更冠幘皂衣出語曰周南汝日中當死又不應鼠復入斯須更出語如向日適欲日中鼠入復出出復入轉更數語如前日適中鼠曰周南汝不應我復何道言絕顛蹶而死即失衣冠取視具如常鼠案班固說此黃祥也是時曹爽秉政競為比周故鼠作變也

淳于智傳智善厭勝術高平劉柔夜臥鼠齧其左手中指以問智智曰是欲殺君而不能當為君使其反死乃以朱書手腕橫文後三寸作田字辟方一寸二分使露手以臥明旦有大鼠伏死於前

異苑晉隆安中高惠清為太傅主簿忽一日有羣鼠更相銜尾自屋梁相連至地清尋得痁疾數日而亡

秦州記乞伏乾歸未移枹罕金城見鼠數萬頭將諸小鼠各銜馬屎羣移而度洮麗二水悉至枹罕自是二年而乾歸徙焉

冊府元龜斛律光為丞相封清河郡公為祖珽所搆光將誅其家三鼠常晝見光寢室常投食與之一朝三鼠俱死又牀下有三物如黑豬從地出走其穴膩滑大蛇屢見屋脊其聲如彈丸落

齊王暕坐齋中見羣鼠數十至前而死視皆無頭暕意甚惡之尋為宇文化及所害

唐書崔義元傳義元貝州武城人隋大業亂往見李密密不用河內賊黃君漢為密守柏崖義元見羣鼠渡河猶刀有華文曰此王敦亡兆也因說君漢以城歸乃拜君漢懷州刺史行軍總管以義元為司馬

路敬淳傳敬淳坐綦連耀交通下獄死弟敬潛少與敬淳齊名亦坐耀獄免死後為遂安令先是令多死敬潛欲辭妻曰君不死獄而得令非生死有命邪從之到官有鼠數十走於前左右驅之擁杖而號敬潛不為懼久之遷衛令佐中書舍人

王孝傑傳契丹李盡忠叛有詔起孝傑為清邊道總

管將兵十八萬討之軍至東硤石谷與賊接道隘虜衆孝傑率銳兵先驅出谷整陣與賊戰而後軍總管蘇宏暉以其軍退援不至爲虜所乘軍潰孝傑墮谷死士相踐且盡初進軍平州白鼠晝入營頓伏皆謂鼠坎精胡象也白質歸命天亡之兆及戰乃孝傑覆焉

集異志李林甫有疾晨起盥飾將入朝命取平日所用書囊忽覺重於平日開視之有二鼠出投於地即變爲蒼狗雄目張牙仰視林甫林甫取弓射之隱然即滅林甫惡之不踰月即卒

冊府元龜乾元元年七月庚寅朔方節度使郭子儀奏東京上陽西金華門外仗舍下見白鼠穴穿之得天子信寶一枚

唐書崔融傳融曾孫能能子彥曾署張佛筵液蜜爲人一夕鼠齧皆斷首

括異志天復中隴右大饑其年秋稼甚豐將刈之間大半無穗有就田畔斸鼠穴求之所獲甚多於是家家窮穴有獲五七斛者相傳謂之劫鼠倉饑民皆出求食濟獲甚衆

稽神錄盧嵩所居釜鳴竈下有鼠如人哭聲因祀竈竈下有五大鼠各如方色盡食所祀之物復入竈中其年嵩選補興化尉竟無怪

十國春秋柴再用傳武義時再用常在聽事獨坐忽有鼠至庭下拱立如拜揖狀再用怒呼左右左右皆不至即自起逐之而屋梁頓朽所坐牀几盡糜碎

談圃杜鎬龍圖江南名士植之祖也初登第時將試之前夕寤而燭之見大鼠銜卷於前視之乃孝經正義明日果於正義中出題三道

宋史英宗本紀慶曆八年四月戊寅帝生於濮王宮祥光照室羣鼠吐五色氣成雲

物異考慶元中鄱陽民家一貓帶數十鼠行止食息皆同如母子相哺民惡貓殺之鼠舐其血

續夷堅志正大丙戌內鄉北山農民告田鼠食稼鼠大如兔十百爲羣所過禾稼爲空獵戶射得數頭有重十餘斤者毛色如水獺未嘗聞如此大鼠也

太倉州志成化末里人朱全家白日羣鼠與貓鬭貓屢却全臥見之以物投鼠不去起而逐之纔去

陝西通志李昌齡爲山西猗氏縣時黃鼠害稼地多菅草蕪地萬頃竭誠祈禱霖雨時降令搆訟有罪者罰捕黃鼠若干或罰鋤菅若干不半載悉爲良田

田家雜占嘗聞余大父言昔中年一元旦曾於庭前溝口獨見一鼠對面拱立心雖不以爲怪亦謂頗奇因向之曰爾亦知泰來之賀耶其鼠復如揖拜之狀而去大父晚年子孫蕃衍家事從容至老康健壽享八十九歲可謂吉慶矣因以此事問前輩乃云嘗於雜書中曾見此說名曰狠恭鼠拱主大吉慶必有陰德所致而然

鼠異部雜錄

易林豕生如魴鼠舞庭堂雄侯施姜上下昏黃君失其邦

博物志鼷鼠食郊牛牛死鼠之類最小者食物當時不覺痛世傳云亦食人項肥厚皮處亦不覺或名甘鼠俗人諱此所嚙衰病之徵

地鏡圖黃金之見爲火及爲白鼠

異苑義鼠形如鼠短尾每行遞相咬尾三五爲羣驚之則散俗云見之者當有吉兆成都有之

酉陽雜俎人夜臥無故失髻者鼠妖也

欽定古今圖書集成曆象彙編庶徵典

第一百七十六卷目錄

庶徵典第一百七十六卷

鱗介異部彙考一

禮記

月令

孟秋行冬令則介蟲敗穀注介甲也甲蟲屬冬敗穀者稻蟹之屬疏越語云今吳稻蟹無遺種註稻蟹蟹食稻也陳注亥水之氣所泄也

季冬行秋令介蟲爲妖集注嚴陵方氏曰介蟲之性辨于物以斂藏之氣不厚故反爲妖也陳注戌土之氣所感

孝經緯

援神契

德至水泉則黃龍見

山海經

西山經

鳥鼠同穴之山渭水出焉其中多鰠魚其狀如鱣魚動則其邑有大兵注或脫動則以下語

漢書

五行志

傳曰貌之不恭是謂不肅厥咎狂厥罰恆雨時則有龜孽　人君行已體貌不恭怠慢驕蹇則不能敬萬事失在狂易故其咎狂也上慢下暴則陰氣勝故其罰常雨也水類動故有龜孽　劉歆貌傳曰有鱗蟲之孽說以爲于天文東方辰爲龍星故爲鱗蟲

言之不從是謂不艾厥咎僭厥罰恆陽厥極憂時則

有介蟲之孼　謂小蟲有介飛揚之類陽氣所生也
于春秋爲螽今謂之蝗皆其類也
聽之不聰是謂不謀厥咎急厥罰恆寒時則有魚孼
寒氣動故有魚孼雨以龜爲孼龜能陸處非極陰也魚去水而死極陰之孼也　劉歆聽傳曰有介蟲孼　京房易傳曰衆逆同志厥妖河魚逆流上海數見巨魚邪人進賢人疎
皇之不極是謂不建厥咎眊厥罰恆陰厥極弱時則有龍蛇之孼　易曰雲從龍又曰龍蛇之蟄以存身也陰氣動故有龍蛇之孼　京房易傳曰衆心不安厥妖龍鬭有德遭害厥妖龍見井中立嗣子疑厥妖蛇居國門鬭

淮南子

天文訓

甲子干戊子介蟲不爲
注不成也
壬子干庚子大剛魚不爲

後漢書

五行志

聽之不聰是謂不謀時則有魚孼魚孼劉歆傳以爲介蟲之孼
注月令章句曰介者甲也謂龜蟹之屬也

宋書

符瑞志

黃龍者四龍之長也不漉池而漁德至淵泉則黃龍游于池能高能下能細能大能幽能冥能短能長能存能亡赤龍河圖者地之符也王者德至淵泉則河出龍圖
靈龜者神龜也王者德澤湛清漁獵山川從時則出五色鮮明三百歲游蓮葉之上三千歲常游于卷耳之上知存亡明于吉凶禹卑宮室靈龜見元龜書者天符也王者德至淵泉則雒出龜書
比目魚王者德及幽隱則見
河精者人頭魚身師曠時所受讖也
大貝王者不貪財寶則出

魏書

靈徵志

龍蛇之孼鴻範論曰龍鱗蟲也生於水雲亦水之象陰氣盛故其像至也人君下悖人倫上亂天道必有篡殺之禍

管窺輯要

龍占

龍者貴象也非人所見一曰龍者水物非其所見處即爲妖
國有神龍見人君恩憐百姓青龍黃龍見者應禎瑞也一曰蒼龍見國有禍一曰青龍王者有仁德則見
握鏡占曰蒼龍見國有憂赤龍見大旱黃龍見土工興白龍見有兵黑龍見有大水黃龍見其國當有王者興以見之日辰占之井知其期一曰木失其形則春青龍見其國被兵其鄉人散亡火失其形則夏赤龍見其國災金失其形則秋白龍見其國兵興其鄉人多死喪水失其形則冬黑龍見其國多雨水之災土失其形則四季黃龍見其國土工大興一曰黑龍見于國者有賢人至先吉後凶
龍見于朝占曰人君行不順天時則龍下其廷
龍出宮中讒臣聚其國亡龍見於邑其邑遷龍見于川其地兵大起龍見于社有兵戰社稷改造龍見于道於田於人家皆爲其地有兵戰林下不占龍以冬出皆下謀上大戰大喪春夏占秋不占
天無雲而有龍見大水出大兵起
龍入人家貴人憂之一曰龍入人室居若出地中飛去者臣下謀上其人家有大凶又曰龍入人家爲妖其國亡
龍見于井京房曰有德遭害厥妖龍見井中龍從井中出下有猾謀京房曰井出龍人君不守宗廟又曰君行刑暴急則黑龍從井出龍入井中王侯有幽執者
龍鬭其地有戰京房占曰衆心不安厥妖龍鬭邑中有兵其國且分一曰天下有大爭又曰國易主
龍乳人家主有大水
龍死于野天下易主龍墜而死國烏惡之京房曰羊有一角出巔龍也魚有角龍也田螺有角五色龍也長尾蟠者龍也蜥蜴有長尾赤色龍也殺之震死

龜魚占

龜魚鱗介之屬皆兵象也甲蟲無故生宗廟中三公叛冬不藏兵起
海數見巨魚邪人進賢人疎鯨魚出海而死世主死
大魚死岸大臣薨
魚行人道兵起池魚忽躍上岸有遠信通魚去水而飛入陸兵且作一曰魚飛去水人去其居有虛邑魚龍入宮兵起宮中水族見宮室中主憂

羣魚逆流而上民不從君令京房曰衆逆同志厥妖魚逆流上

魚乘空而鬬下民將有兵戰

陸行得魚主疾病凶

魚死道中有兵兵敗水中魚無故自死世主亡

龜鼈入宅及上屋皆主死亡陸行見龜鼈所求不利

蟹化鼠食穀有災

龜蛇入宅交有死亡龜食稻谷有殃鼈蟹見國都宮室兵行

異魚占

魚狀如鮒而彘其音如豚名曰鱄魚見則天下大旱

魚狀如鯉鯉魚身鳥翼倉文目青赤喙名曰文鰩常以夜飛其音如鸞見則大穰　比目魚非所出而見王者有恩及百姓

魚狀如鮨一目其音如詬見則天下大旱

軍中鱗變異占

龍下飲軍中水軍散營空青龍見足軍罷散

軍行逢蛇有大戰軍行前有赤蛇有戰急備之軍行見蛇從道中入水者得敵使者吉軍行見蛇在前防伏兵軍營既成有大蛇入營急徙之蛇在軍隊中有陰謀蛇入廳及帳幕屈盤者勿傷之爲其有謀相助也

魚入軍中有戰凶

軍中忽見龜宜急徙不則有戰

蟹入軍營中其兵解散軍行路螃蟹多必戰之兆突兵損將軍營之中忽生螃蟹急移之軍必敗亡軍營中蛇蟹並出衆多成羣者士叛之象

軍中忽見黿鼉龜鼈者軍人有進退之心宜賞賚士卒

鱗介異部彙考二

商

帝紂　年龜生毛

按史記殷本紀不載　按搜神記商紂之時大龜生毛兵甲將興之象也

周

厲王三十七年龍漦化爲元黿

按史記周本紀昔夏后氏之衰也有二神龍止于夏帝庭夏帝卜請其漦而藏之夏亡傳此器殷殷亡又傳此器周至厲王之末虞翻曰末年王流彘之歲發而觀之漦流于庭不可除厲王使婦人祼而譟之漦化爲元黿以入王後宮按龍漦化黿事史記但言厲王之末虞翻以爲流彘之歲按通鑑前編三十七年王出居彘故編次于此

按漢書五行志史記夏后氏之衰有二龍止于夏廷而言余褒之二君也夏帝卜殺之去之止之莫吉卜請其漦而藏之乃吉于是布幣策告之龍亡而漦在乃匵去之其後夏亡傳匵于殷周三代莫發至厲王末發而觀之漦流于廷不可除也厲王使婦人贏而譟之漦化爲元黿入後宮處妾遇之而孕生子懼而棄之宣王立女童謠曰檿弧萁服實亡周國後有夫婦鬻是器者宣王使執而僇之既去見處妾所棄妖子聞其夜號哀而收之遂亡奔褒褒人有罪入妖子以贖是爲褒姒幽王見而愛之生子伯服王廢申后及太子宜咎而立褒姒伯服代之廢后之父申侯與繒西畎戎共攻殺幽王詩曰赫赫宗周褒姒滅之劉向以爲夏后季世周之幽厲皆詩亂逆天故有龍黿之怪近龍蛇孽也漦血也一曰沫也檿弧桑弓也萁服蓋以萁草爲箭服近射妖也女童謠者禍將生于女國以兵寇亡也

景王二十二年龍鬬于鄭

按春秋不書　按左傳昭公十九年鄭大水龍鬬于時門之外洧淵國人請爲禜焉子產弗許曰我鬬龍不我覿也龍鬬我獨何覿焉禳之則彼其室也吾無求于龍龍亦無求于我乃止也

按漢書五行志左氏傳昭公十九年龍鬬于鄭時門之外洧淵劉向以爲近龍孽也鄭以小國攝乎晉楚之間重以強吳鄭當其冲不能修德將鬬三國以自危亡是時子產任政內惠于民外善辭令以交三國鄭卒亡患能以德消變之效也京房易傳曰衆心不安厥妖龍鬬

秦

始皇八年河魚大上

按史記秦始皇本紀八年河魚大上

注 劉向所謂豕蟲之孽明年嫪毒誅魚陰類小人象

按漢書五行志史記秦始皇八年河魚大上劉向以爲近魚孽也是歲始皇弟長安君將兵擊趙反死屯留軍吏皆斬遷其民于臨洮明年有嫪毒之誅魚陰類民之象逆流而上者民將不從君令爲逆行也其在天文魚星中河而處車騎滿野至于二世暴虐愈甚終用急亡京房易傳曰衆逆同志厥妖河魚逆流上

漢

惠帝二年龍見井中

按漢書惠帝本紀二年春正月癸酉有兩龍見蘭陵人家井中乙亥夕而不見　按五行志二年正月癸酉旦有兩龍見于蘭陵廷東里溫陵井中至乙亥夜去劉向以爲龍貴象而困于庶人井中象諸侯將有幽執之禍其後呂太后幽殺三趙王諸呂亦終誅滅京房易傳曰有德遭害厥妖龍見井中又曰行刑暴惡黑龍從井出

文帝十五年黃龍見

按漢書文帝本紀十五年春黃龍見于成紀

宣帝甘露元年黃龍見

按漢書宣帝本紀甘露元年夏四月黃龍見新豐

成帝鴻嘉元年黃龍見

按漢書成帝本紀鴻嘉元年冬黃龍見眞定

鴻嘉四年雨魚

按漢書成帝本紀不載　按五行志鴻嘉四年秋雨魚于信都長五寸以下

永始元年大魚出

按漢書成帝本紀不載　按五行志永始元年春北海出大魚長六尺高一丈四枚

永始二年黑龍見東萊

按漢書武帝本紀二年春二月詔曰乃者龍見於東萊日有蝕之天著變異以顯朕郵朕甚懼焉公卿申敕百寮深思天誡有可省減便安百姓者條奏所振貸貧民勿收　按谷永傳永爲涼州刺史奏事京師訖當之部時有黑龍見東萊上使尚書問永受所欲言永對曰臣聞王天下有國家者患在上有危亡之事而危亡之言不得上聞如使危亡之言輒上聞則商周不易姓而迭興三正不變改而更用夏商之將亡也行道之人皆知之晏然自若以天有日莫能危是故惡日廣而不自知大命傾而不寤易曰危者有其安者也亡者保其存者也陛下誠垂寬明之聽無忌諱之誅使芻蕘之臣得盡所聞于前不懼患于後直言之路開則四方衆賢不遠千里輻輳陳忠羣臣之上願社稷之長福也漢家行夏正夏正色黑黑龍同姓之象也龍陽德由小之大故爲王者瑞應未知同姓有見本朝無繼嗣之慶多危殆之隙欲因擾亂舉兵而起者邪將動心冀爲後者殘賊不仁若廣陵昌邑之類臣愚不能處也去年九月黑龍見其晦日有食之今年二月己未夜星隕乙酉日有食之六月之間大異四發而二同月三代之末春秋之亂未嘗有也臣聞三代所以隕社稷喪宗廟者皆由婦人與羣惡沈湎于酒書曰乃用婦人之言自絕于天四方之逋逃多罪是宗是長是信是使詩云燎之方陽寧或滅之赫赫宗周褒姒滅之易曰濡其首有孚失是秦所以二世十六年而亡者養生泰奢奉終泰厚也二者陛下兼而有之臣請略陳其效易曰在中饋無攸遂言婦人不得與事也詩曰懿厥哲婦爲梟爲鴟匪降自天生自婦人建始河平之際許班之貴傾動前朝熏灼四方賞賜無量空虛內臧女寵至極不可上矣今之後起天所不饗什倍于前廢先帝法度聽用其言官秩不當縱釋王誅驕其親屬假之威權縱橫亂政刺舉之吏莫敢奉憲又以掖庭獄大爲亂阱榜箠瘠於炮烙絕滅人命主爲趙李報德復怨反除白罪建治正吏多繫無辜掠立迫恐至爲人起責分利受謝生入死出者不可勝數是以日食再旣以昭其辜王者必先自絕然後天絕之陛下棄萬乘之至貴樂家人之賤事厭高美之尊號好匹夫之卑字崇聚僄輕無義小人以爲私客數離深宮之固挺身晨夜與羣小相隨烏集雜會飲醉吏民之家亂服共坐沈湎媟嫚溷殽無別閔免遁樂晝夜在路典門戶奉宿衛之臣執干戈而守空宮公卿百寮不知陛下所在積數年矣王者以民爲基民以財爲本財竭則下畔下畔則上亡是以明王愛養基本不敢窮極使民如承大祭今陛下輕奪民財不愛民力聽邪臣之計去高敞初陵捐十年功緒改作昌陵反天地之性因下爲高積土爲山發徒起邑並治宮館大興繇役重增賦斂徵發如雨役百乾谿費疑驪山靡敝天下五年不成而後反故又廣旴營表發人冢墓斷截骸骨暴揚尸柩百姓財竭力盡愁恨感天災異婁降饑饉仍臻流散冗食餧死於道以百萬數公家無一年之畜百姓無旬日之儲上下俱匱無以相救詩云殷監不遠在夏后之世願陛下追觀夏商秦所以失之以

鏡考己行有不合者臣當伏妄言之誅漢興九世百九十餘載繼體之主七皆承天順道遵先祖法度或以中興或以治安至于陛下獨違道縱欲輕身妄行當盛壯之隆無繼嗣之福有危亡之憂積失君道不合天意亦已多矣爲人後嗣守人功業如此豈不負哉方今社稷宗廟禍福安危之機在于陛下陛下誠肯發明聖之德昭然遠寤畏此上天之威怒深懼危亡之徵兆蕩滌邪辟之惡志厲精致政專心反道絕羣小之私客免不正之詔除悉罷北宮私奴車馬媠出之具克己復禮無貳微行出飲之過以防迫切之禍深惟日食再既之意抑損椒房玉堂之盛寵毋聽後宮之請謁除掖庭之亂獄出炮烙之陷阱誅戮佞邪之臣及左右執左道以事上者以塞天下之望且寢初陵之作止諸繕治宮室闕更減賦盡休力役存恤振捄困乏之人以弭遠方厲崇忠直放退殘賊無使素餐之吏久尸厚祿以次貫行固執無違夙夜孳孳婁省無怠舊愆畢改新德既章纖介之邪不復載心則赫赫大異庶幾可銷天命去就庶幾可復社稷宗廟庶幾可保唯陛下留神反覆熟省臣言臣幸得備邊部之吏不知本朝失得瞽言觸忌諱罪當萬死成帝性寬而好文辭又久無繼嗣數爲微行多近幸小臣趙李從微賤專寵皆皇太后與諸舅夙夜所常憂至親難數言故推永等使因天變而切諫勸上納用之永自知有內應展意無所依違每言事輒見答禮至上此對上大怒衛將軍商密擿永令發去上使侍御史收永勅過交道廏者勿追御史不及永還上意亦解自悔明年徵永爲大中大夫

哀帝建平三年大魚出

按漢書哀帝本紀不載　按五行志建平三年東萊平度出大魚長八丈高丈一尺七枚皆死京房易傳曰海數見巨魚邪人進賢人疏

後漢

光武帝建武十二年黃龍見

按後漢書光武本紀建武十二年六月黃龍見東阿

章帝建初六年黃龍見

按後漢書章帝本紀建初六年有八黃龍見于泉陵

安帝延光元年黃龍見

按後漢書安帝本紀延光元年八月辛卯九眞言黃龍見無功

延光三年黃龍見

按後漢書安帝本紀三年十二月乙未琅邪言黃龍見諸縣　按五行志延光三年濟南言黃龍見歷城琅邪言黃龍見諸縣是時安帝聽讒免太尉楊震震自殺又帝獨有一子以爲太子信讒廢之是皇不中故有龍孽是時多用佞媚故以爲瑞應明年正月東郡又言黃龍二見濮陽

延光四年黃龍見

按後漢書安帝本紀四年春正月壬午東郡言黃龍二見濮陽

桓帝建和元年黃龍見

按後漢書桓帝本紀建和元年二月沛國言黃龍見譙

元嘉二年黃龍見

按後漢書桓帝本紀元嘉二年八月濟陰言黃龍見句陽金城言黃龍見允街

延熹七年野王有死龍

按後漢書桓帝本紀延熹七年秋七月野王山上有死龍　按五行志延熹七年六月壬子河內野王山上有龍死長可數十丈襄楷以爲夫龍者爲帝王瑞易論大人天鳳中黃山宮有死龍漢兵誅莽而世祖復興此易代之徵也至建安二十五年魏文帝代漢

延熹八年黃龍見

按後漢書桓帝本紀八年正月己酉南宮嘉德署黃龍見

靈帝熹平二年大魚出

按後漢書靈帝本紀不載　按五行志熹平二年東萊海出大魚二枚長八九丈高二丈餘明年中山王暢任城王博並薨

注京房易傳曰海出巨魚邪人進賢人疏臣昭謂此占符靈帝之世巨魚之出于是爲徵寧獨二王之妖也

熹平五年黃龍見

按後漢書靈帝本紀熹平五年沛國言黃龍見譙

按魏志文帝本紀初漢熹平五年黃龍見譙光祿大夫橋元問太史令單颺此何祥也颺曰其國後當有王者興不及五十年亦當復見天事恒象此其應也內黃殷登默而記之至四十五年登尚在三月黃龍見譙登聞之曰單颺之言其驗茲乎

魏

明帝青龍元年青龍見

按魏志明帝本紀青龍元年春正月甲申青龍見郟

之摩陂井中二月丁酉幸摩陂觀龍于是改年改摩陂爲龍陂

景初元年黃龍見

按魏志明帝本紀景初元年春正月壬辰山茌縣言黃龍見

齊王嘉平四年魚見武庫

按魏志齊王本紀嘉平四年夏五月魚二見于武庫屋上

高貴鄉公甘露元年青龍見

按魏志高貴鄉公本紀甘露元年春正月辛丑青龍見軹縣井中六月乙丑青龍見元城縣界井中

甘露二年青龍見

按魏志高貴鄉公本紀二年春二月青龍見溫縣井中

甘露三年青龍黃龍見

按魏志高貴鄉公本紀三年是歲青龍黃龍仍見頓丘冠軍陽夏縣井中

甘露四年黃龍見

按魏志高貴鄉公本紀四年春正月黃龍二見寧陵縣界井中

陳留王景元元年黃龍見

按魏志陳留王本紀景元元年十二月甲申黃龍見華陰縣井中

景元三年青龍見

按魏志陳留王本紀三年春二月青龍見于軹縣井中

咸熙二年獲靈龜

按魏志陳留王本紀咸熙二年春二月甲辰朐䏰縣獲靈龜以獻歸之于相國府

吳

大帝黃武元年黃龍見

按吳志孫權傳黃武元年三月鄱陽言黃龍見

黃龍元年黃龍見

按吳志孫權傳黃龍元年夏四月夏口武昌竝有黃龍鳳皇見

赤烏五年黃龍見

按吳志孫權傳赤烏五年三月海鹽縣言黃龍見

赤烏十一年黃龍見

按吳志孫權傳十一年夏四月雲陽言黃龍見

景帝永安四年白龍見

按吳志孫休傳永安四年九月布山言白龍見

永安五年黃龍見

按吳志孫休傳五年秋七月始新言黃龍見

永安六年黃龍見

按吳志孫休傳六年夏四月泉陵言黃龍見

晉

武帝泰始元年青龍白龍見

按晉書武帝本紀泰始元年青龍三白龍二見于郡國

泰始二年青龍黃龍見

按晉書武帝本紀二年青龍十黃龍九見于郡國

泰始三年白龍見

按晉書武帝本紀三年春正月癸丑白龍二見于弘農澠池

泰始五年青龍白龍見

按晉書武帝本紀五年春正月青龍二見于滎陽二月辛巳白龍二見于趙國

咸寧二年白龍見

按晉書武帝本紀咸寧二年六月白龍二見于新興井中十一月白龍二見于梁國

太康元年白龍見

按晉書武帝本紀太康元年八月白龍三見于永昌

太康三年白龍見

按晉書武帝本紀二年夏閏月癸丑白龍二見于濟南

太康五年青龍見

按晉書武帝本紀五年春正月己亥青龍二見于武庫井中

太康六年白龍見

按晉書武帝本紀六年八月白龍見于京兆

太康　年有鯉魚二見武庫屋上

按晉書武帝本紀不載　按五行志太康中有鯉魚二見武庫屋上干寶以爲武庫兵府魚有鱗甲亦兵類也魚既極陰屋上太陽魚見屋上象至陰以兵革之禍干太陽也至惠帝初誅楊駿廢太后矢交館閣元康末賈后謗殺太子尋亦誅廢十年之間母后之難再興是其應也自是禍亂構矣京房易妖曰魚去水飛入道路兵且作

惠帝永康元年黃龍見

按晉書惠帝本紀不載　按五行志永康元年八月巴郡言黃龍見時吏傅堅以郡欲上言內白事以爲

走卒戲語不可太守不聽㕘見堅語云時民以天熱欲就池浴見池水濁因戲相恐此中有黃龍語遂行人間聞郡欲以爲美故言時史以書帝紀時政治衰缺而在所多言瑞應皆此類也又先儒言瑞輿非時則爲妖孽而民訛言生龍語皆龍孽也

恭帝元熙元年黑龍見

按晉書恭帝本紀元熙元年十二月己卯太史奏黑龍四見于東方

按宋書符瑞志元熙元年十二月二十四日四黑龍登天易傳曰冬龍見天子亾社稷大人應天命之符

宋

末帝昇明三年白魚入舟白毛龜見

按宋書末帝本紀不載　按南齊書祥瑞志昇明三年世祖遣人詣宮亭湖廟還福船泊渚有白魚雙躍入船　又按志昇明三年太祖爲齊王白毛龜見東府城池中

南齊

高帝建元二年獲元龜

按南齊書高帝本紀不載　按祥瑞志建元二年休安陵獲元龜一頭

武帝永明五年獲青毛龜及金色魚

按南齊書武帝本紀不載　按祥瑞志永明五年武騎常侍唐潛上青毛神龜一頭　又按志永明五年南豫州刺史建安王子眞表獻金色魚一頭

永明七年獲青毛龜

按南齊書武帝本紀不載　按祥瑞志七年上六月彭城郡田中獲靑毛龜一頭

永明八年獲毫龜四目六目龜

按南齊書武帝本紀不載　按祥瑞志八年延陵縣前澤畔獲毫龜一枚四月長山縣王惠獲六目龜一頭腹下有萬歡字并有卦兆六月建成縣昌城田獲四目龜一頭下有萬齊字

永明九年獲神龜

按南齊書武帝本紀不載　按祥瑞志九年五月長山縣獲神龜一頭腹下有巽兌卦

東昏侯永元二年龍鬬

按南史齊東昏侯本紀永元二年秋七月丙辰龍鬬于建康淮激水五里

和帝中興二年獲毛龜

按南齊書和帝本紀不載　按祥瑞志中興二年正月遷將潘道蓋于山石穴中獲毛龜一頭

梁

武帝天監五年獲八目四目龜

按梁書武帝本紀天監五年夏四月始豐縣獲八目龜一六月新吳縣獲四目龜一

天監七年獲靈龜

按梁書武帝本紀七年夏四月辛未秣陵縣獲靈龜一

天監十年獲一角元龜

按梁書武帝本紀十年五月癸酉安豐縣獲一角元龜

普通五年龍鬬

按梁書武帝本紀普通五年六月乙酉龍鬬于曲阿王陂因西行至建陵城所經處樹木倒折開地數十丈

簡文帝大寶二年龍見

按梁書簡文帝本紀不載　按陳書高祖本紀簡文帝大寶二年六月有龍見于水濱高五丈許五采鮮耀軍民觀者數萬人

元帝承聖二年兩龍見

按梁書元帝本紀承聖二年二月庚寅有兩龍見湘州西江

按南史梁元帝本紀承聖二年三月有二龍自南郡城西升天百姓聚觀五采分明江陵故老竊相泣曰昔年龍出建康淮西天下大亂今復有焉禍至無日矣帝聞而惡之踰年遭禍

承聖三年有龍出城濠中小龍隨之

按南史梁元帝本紀三年城濠中龍騰出煥爛五色竦躍入雲六七小龍相隨飛去羣魚騰躍墜死于陸道龍處爲窟若數百斛圌者大城上常有紫氣至時稍復消歇

陳

武帝永定三年青龍白龍見

按陳書高祖本紀永定三年春正月己丑青龍見于東方丁酉大雪及旦太極殿前有龍跡見甲午廣州刺史歐陽頠表稱白龍見于江州南岸長數十丈大可八九圍

宣帝太建十一年龍見

按陳書宣帝本紀太建十一年春正月丁酉龍見于南兗州永寧樓側池中

北魏

世祖神䴥三年白龍見獲白龜

按魏書世祖本紀不載　按靈徵志神䴥三年三月有白龍二見于京師人家井中　又按志神䴥三年七月冀州獻白龜王者不私人以官尊耆任舊無偏黨之應

太平眞君六年白龍見于井

按魏書世祖本紀不載　按靈徵志眞君六年二月丙辰有白龍見于京師人家井中龍神物也而屈于井中皆世祖暴崩之徵也

高宗興安二年獲大龜

按魏書高宗本紀不載　按靈徵志興安二年六月營州進大龜

高祖延興元年獲大龜

按魏書高祖本紀不載　按靈徵志延興元年十二月徐州竹邑戍士邢德于彭城南一百二十里得蓍一株四十九枝下掘得大龜獻之詔曰龜蓍與經文相合所謂靈物也德可賜爵五等

延興三年獲大龜

按魏書高祖本紀不載　按靈徵志三年六月京師獲大龜

肅宗神龜元年神龜見

按北史魏肅宗本紀神龜元年二月己酉詔以神龜表瑞大赦改元

正光元年黑龍見

按魏書肅宗本紀不載　按靈徵志正光元年八月有黑龍如狗南走至宣陽門躍而上穿門樓下而出魏衰之徵也

敬宗永安二年龍見井中

按魏書敬宗本紀不載　按靈徵志永安二年晉陽龍見于井中久不去莊帝暴崩晉陽之徵也

前廢帝普泰元年有龍入城

按魏書前廢帝本紀不載　按靈徵志普泰元年四月甲寅有龍跡自宣陽門西出復入城乙卯羣臣入賀帝曰國將興聽于民將亡聽于神但當君臣上下克己爲治未足恃此爲慶

孝靜帝天平二年龍見

按魏書孝靜帝本紀天平二年十一月甲寅龍見并州人家井中

武定三年獲毛龜

按魏書孝靜帝本紀不載　按靈徵志武定三年十月有司奏南兗州陳留郡民賈興遠于家庭得毛龜

北齊

武成帝河清二年有八龍升天

按北齊書武成帝本紀河清二年六月乙巳齊州言濟河水口見八龍升天

北周

武帝保定五年獲綠毛龜

按周書武帝本紀保定五年二月甲子郢州獲綠毛龜

宣帝大象二年龍鬬

按周書宣帝本紀大象二年二月壬午滎州有黑龍見與赤龍鬬于汴水之側黑龍死

隋

文帝開皇三年獲毛龜

按隋書文帝本紀開皇三年二月甲戌涇陽獲毛龜

開皇八年龍見

按隋書文帝本紀八年九月癸巳嘉州言龍見

開皇十五年獲毛龜

按隋書文帝本紀十五年七月乙丑晉王諱獻毛龜

唐

高祖武德三年白龍見

按唐書高祖本紀不載　按冊府元龜武德三年七月靈州言白龍見

太宗貞觀三年龍見

按唐書太宗本紀不載　按玉海貞觀三年五月癸亥龍見玉女泉

貞觀八年隴右大蛇見汾州龍見

按唐書太宗本紀不載　按五行志八年七月隴右大蛇屢見蛇女子之祥大者有所象也又汾州青龍見吐物空中光明如火墮地地陷掘之得元金廣尺長七寸

按冊府元龜八年七月隴右山摧大蛇見山東河南淮海之地多大水帝以問祕書監虞世南曰是何祥也修何術可以禳之對曰蛇見山澤蓋深山大澤必有龍蛇亦不足怪也山東足雨雖則其常陰慘過久恐有冤獄伏願科省係囚庶幾或當天意且妖不勝德唯修德可消變帝然之遣使者分道賑恤餓人申理獄訟多所原宥

貞觀十二年青龍見

按唐書太宗本紀不載　按冊府元龜十二年十月隰州言青龍見

貞觀十四年白龍青龍見

按唐書太宗本紀不載　按冊府元龜十四年七月白龍見于富平九月杭州言青龍見

貞觀十五年白龍青龍見

按唐書太宗本紀不載　按冊府元龜十五年二月開州言白龍見六月滁州言青龍見九月滄州言龍見

貞觀十六年白龍青龍見

按唐書太宗本紀不載　按冊府元龜十六年七月朔鄜州言白龍見九月金州言青龍見十二月朱州言青龍見

貞觀十七年青龍見

按唐書太宗本紀不載　按冊府元龜十七年七月辛卯常州言青龍見

貞觀十八年青龍白龍見

按唐書太宗本紀不載　按冊府元龜十八年正月嘉州言青龍見四月豫州言白龍見七月會州言青龍見朗州言青龍見九月汝州言青龍見

貞觀十九年獲毛龜青龍見

按唐書太宗本紀不載　按冊府元龜十九年二月岳州獻毛龜二十一月渠州言青龍見

貞觀二十年白龍青龍見

按唐書太宗本紀不載　按冊府元龜二十年七月安州言白龍見十一月汾州言青龍白龍見白龍吐物初在空中有光如火至地陷入二尺掘之則元金之形圓斜廣高六七寸兗州言青龍見

貞觀二十一年白龍見

按唐書太宗本紀不載　按冊府元龜二十一年六月白龍見于鄆州七月鄆州言白龍見九月嵟州言白龍見

貞觀二十三年白龍見

按唐書太宗本紀不載　按冊府元龜二十三年六月洮州言白龍見

高宗顯慶元年龍見

按唐書高宗本紀不載　按五行志顯慶二年五月庚寅有五龍見于岐州之皇后泉

龍朔元年龍見

按唐書高宗本紀不載　按冊府元龜龍朔元年二月益綿等五州皆言龍見六月兗州青龍三十九見

中宗嗣聖十八年（則天后大足元年）獲六眼龜

按唐書武后本紀不載　按五行志大足初虔州獲龜六眼一夕而失

景龍二年黃龍見

按唐書中宗本紀不載　按玉海景龍二年六月十五日黃龍再見于牛山

景龍三年龍見

按唐書中宗本紀不載　按玉海景龍三年九月五日龍見于上黨伏牛山之南岡

元宗先天二年獲靈龜

按唐書元宗本紀不載　按冊府元龜先天二年八月江州獻靈龜六胛腹下有元文象卦文

開元四年龍見

按唐書元宗本紀不載　按龍城錄開元四年景州水中見一龍三頭時大水後數日有風自龍見處西南來飛屋拔木半晝暝

開元二十三年獲毛龜

按唐書元宗本紀不載　按冊府元龜二十三年十月戊申揚州奏獲毛龜其色青

開元二十四年神龜見

按唐書元宗本紀不載　按冊府元龜二十四年八月戊申常州有神龜見綠毛黃甲

天寶五載白魚引舟

按唐書元宗本紀不載　按冊府元龜天寶五載五月乙卯河東郡太守李知柔奏乘泉縣潘水修功德處有白魚引舟五色雲起望宣付史館從之

天寶十四載龍鬬

按唐書元宗本紀不載　按五行志十四載七月有二龍鬬于南陽城西易坤上六龍戰于野文言曰陰疑于陽必戰

天寶十五載白魚夾御舟

按唐書元宗本紀不載　按冊府元龜十五載六月元宗幸蜀七月壬戌至益昌郡濟州于吉伯渡有雙白魚夾御舟而躍識者謂之兩雙飛龍焉

肅宗上元二年有龜聚於揚州

按唐書肅宗本紀不載　按五行志上元二年有龜聚於揚州城門上節度使鄧景山以問族弟珽對曰龜介物兵象也

乾元二年黃龍見

按唐書肅宗本紀不載　按舊唐書五行志乾元二年九月通州三岡縣放生池中日氣下照水騰波涌上有黃龍躍出高丈餘又於龍旁數處浮出明珠

代宗大曆八年獲毛龜
按唐書代宗本紀不載　按舊唐書五行志大曆八年京師金天門外水渠獲毛龜
按冊府元龜大曆八年七月乙未蓬萊池獲毛龜出示百寮壬寅神策軍上言金天門外水渠中獲綠毛元龜獻之
德宗建中二年有龜殺積蛇
按唐書德宗本紀不載　按五行志建中二年夏趙州寧晉縣沙河北有棠樹甚茂民祠之爲神有蛇數百千自東西來趨北岸者聚棠樹下爲二積留南岸者爲一積俄有徑寸龜三繞行積蛇盡死而後各登其積野人以告蛇腹皆有瘡若矢所中刺史康日知圖其事奉三龜來獻
建中四年龍見
按唐書德宗本紀不載　按五行志四年九月戊寅有龍見于汝州城壕龍大人象其飛也大城壕失其所也
貞元三年魚龍無首獲毛龜
按唐書德宗本紀不載　按五行志貞元三年閏州魚龍蔽江而下皆無首
按冊府元龜貞元三年八月淄青節度使李納獻毛龜詔示百寮
貞元四年獲毛龜
按唐書德宗本紀不載　按冊府元龜貞元四年四月宗正寺獻毛龜
貞元　年賓州獻龍
按唐書德宗本紀不載　按五行志貞元末賓州得龍丈餘西川節度使韋臯匣而獻之百姓縱觀三日爲煙所熏而死
順宗永貞元年憲宗即位獲毛龜
按唐書憲宗本紀不載　按冊府元龜憲宗以永貞元年八月乙巳即位是月庚戌荆南獻毛龜二
憲宗元和七年龍見
按唐書憲宗本紀不載　按舊唐書五行志元和七年四月野州桐城縣有黃青白三龍各一翼風雷自梅天陂起約高二百尺凡六里降于浮塘陂
元和九年青龍見
按唐書憲宗本紀不載　按舊唐書五行志九年四月道州二青龍見于江中
文宗太和二年龍鬭
按唐書文宗本紀不載　按五行志太和二年六月丁丑西北有龍鬭
按舊唐書五行志太和二年六月七日密州卑產山北面有龍見初赤龍從西來續有青龍黃龍從南來後有白龍黑龍從山北來並形狀分明自申至戌方散去
太和三年有蟲狀如龜有龍與牛鬭
按唐書文宗本紀不載　按五行志三年魏博管內有蟲狀如龜其鳴晝夜不絕近龜孽也　又按志三年成都門外有龍與牛鬭
僖宗光化三年龍鬭
按唐書僖宗本紀不載　按五行志光化三年九月杭州有龍鬭于浙江水溢壞民廬舍占全天寶十四載

後梁

太祖開平二年白龍見
按五代史梁太祖本紀不載　按冊府元龜開平二年八月甲子廣州上言白龍見圖形以進
開平四年（即蜀武成三年）龍見
按五代史梁太祖本紀不載　按十國春秋蜀高祖本紀武成三年八月洵陽水中有龍五十如牛馬驢羊之形行入漢江五色相間
乾化二年白龍見
按五代史梁太祖本紀不載　按十國春秋南漢烈祖世家乾化二年廣州言白龍見

遼

太祖神冊五年獲龍
按遼史太祖本紀神冊五年夏五月庚辰有龍見于拽刺山陽水上上射獲之藏其骨內府
天顯元年黃龍見
按遼史太祖本紀天顯元年七月辛巳平旦子城上見黃龍繚繞可長一里光耀奪目入于行宮有紫黑氣蔽天踰日乃散
太宗會同三年獲白龜
按遼史太宗本紀會同三年夏四月乙丑南唐進白龜

宋

太祖建隆元年（即蜀廣政二十三年）龍見
按宋史太祖本紀不載　按幸蜀記廣政二十三年正月龍見于玉壘關
乾德五年黑龍見

按宋史太祖本紀不載　按五行志太祖從周世宗征淮南戰于江亭有龍自水中向太祖奮躍乾德五年夏京師雨有黑龍見尾于雲際自西北趨東南占主大水明年州府二十四水壞田廬

開寶元年龍出井中

按宋史太祖本紀開寶元年六月辛巳龍出單父民家井中大風雨漂民舍四百區死者數十人　按五行志開寶六年四月單父縣民王美家龍起井中暴雨飄廬舍失族屬及壞舊鎮廨舍三百五十餘區大木皆折（按紀作元年志作六年互異）

開寶七年龍見

按宋史太祖本紀不載　按五行志七年六月棣州有火自空墮于城北門樓有物抱東柱龍形金色足三尺許其氣甚腥旦視之壁上有烟痕爪跡三十六

太宗太平興國二年白龍見

按宋史太宗本紀太平興國二年六月辛卯朔白龍見邠州要策池中

太平興國三年金明池出龜數萬

按宋史太宗本紀不載　按五行志三年三月鑿金明池既掘地有龜出殆踰萬數

至道元年海出大魚

按宋史太宗本紀不載　按五行志至道元年十二月廣州大魚擊海水而出魚死長六丈三尺高丈餘

至道三年獲綠龜

按宋史太宗本紀不載　按玉海至道三年眞宗卽位五月甲戌壽州貢綠龜

眞宗大中祥符元年蒼龍見

按宋史眞宗本紀大中祥符元年五月壬戌王欽若言錫山蒼龍見

按玉海大中祥符元年五月二十八日丙午召輔臣于崇政殿北廊觀中使任文慶于茅山郭眞人池所獲龍體長二尺許鱗細腹如珷玞帝作觀龍歌復送茅山池

大中祥符二年有黑龜成羣

按宋史眞宗本紀不載　按五行志二年四月有黑龜甚衆沿汴水而下

大中祥符四年龍見

按宋史眞宗本紀四年六月丙午亳州二龍見

大中祥符五年龍見

按宋史眞宗本紀五年冬十月辛巳龍見雲中

大中祥符六年黑龍見

按宋史眞宗本紀六年六月壬戌趙州黑龍見

天禧三年龍見

按宋史眞宗本紀天禧三年八月丁亥滑州龍見

仁宗至和元年獲毛龜

按宋史仁宗本紀不載　按五行志至和元年二月信州貢綠毛龜

徽宗大觀元年獲兩首龜

按宋史徽宗本紀不載　按五行志大觀元年閏十月丙戌都水使者趙霆行河得兩首龜以爲瑞蔡京信之曰此齊小白所謂象罔見之而霸者也鄭居中曰首豈容有二而京主之意殆不可測帝命弃龜金明池

政和四年瑞州進六目龜

按宋史徽宗本紀不載　按五行志云云

政和五年博州進白龜

按宋史徽宗本紀不載　按五行志云云

政和七年有魚落殿中省

按宋史徽宗本紀不載　按五行志政和七年夏中有二魚落殿中省廳屋上

宣和元年有物如龍見京師

按宋史徽宗本紀宣和元年五月丙午朔有物如龍形見京師民家　按五行志宣和元年夏雨晝夜凡數日及霽開封縣前茶肆中有異物如犬大蹲踞臥榻下細視之身僅六七尺色蒼黑其首類驢兩頰作魚頷而色正綠頂有角坐極長于其際始分兩岐聲如牛鳴與世所繪龍無異茶肆近軍器作坊兵卒來觀共殺食之已而京城大水訛言龍復讎云

高宗紹興　年龍入朱勝非舟中旌忠廟金蛇出

按宋史高宗本紀不載　按五行志紹興初朱勝非出守江州過梁山龍入其舟纔長數寸赤背綠腹白尾黑爪甲目有光近龍孽也　又按志行都柴梁橋旌忠廟三蛇出沒庭廡大者盈尺方鱗金色首脊有金錢遇霽或變化數百于蕉卉間廟徙而蛇孽亦絕

紹興八年雨冰龜

按宋史高宗本紀不載　按五行志八年五月汴京太康縣大雷雨下冰龜數十里隨大小皆龜形具手足卦文

紹興十八年漳浦巨魚見

按宋史高宗本紀不載　按五行志十八年漳浦縣崇照鹽場海岸連有巨魚高數丈割其肉數百車剜

目乃覺轉鼠而傍艦皆覆又漁人獲魚長二丈餘重數千斤剖之腹藏人骼膚髮如生

紹興二十四年海鹽巨鰍見

按宋史高宗本紀不載　按五行志二十四年四月海鹽縣海洋有巨鰍羣鰕從之聲若謳歌抵岸偃沙上猶揚鬣撥剌其高齊縣門

紹興二十五年赤龍見

按宋史高宗本紀不載　按五行志二十五年六月湖口縣赤龍橫水中如山寒風怒濤覆舟數十艘士卒溺者數十人

孝宗乾道五年龍鬬

按宋史孝宗本紀不載　按五行志乾道五年七月乙亥武寧縣龍鬬于復塘村大雷雨二龍奔逃珠墜大如車輪牧童得之自是連歲有水災

乾道七年巨黿擁舟

按宋史孝宗本紀不載　按五行志七年十一月丁亥洞庭湖巨黿走沙擁舟身廣長皆丈餘升舟以首足壓重艦沒水

淳熙十三年大魚見

按宋史孝宗本紀不載　按五行志淳熙十三年二月庚申錢塘大魚見

淳熙十六年獲五色魚

按宋史孝宗本紀不載　按五行志十六年六月甲辰錢塘旁江居民得魚備五色鯽首鯉身民譌言夢得魚覺而在手猶躍事聞有司令縱之

寧宗慶元三年獲異魚

按宋史寧宗本紀不載　按五行志慶元三年二月饒州景德鎮漁人得魚赬尾鯉鱗而首異常魚鎮之老人言其不祥紹興二年嘗出後為水災蓋是歲五月鎮果大水皆魚孽也

嘉定十四年龜疫

按宋史寧宗本紀不載　按五行志嘉定十四年春楚州境上龜大小死者蔽野

嘉定十七年巨魚見

按宋史寧宗本紀不載　按五行志十七年海壞畿縣鹽官地數十里先是有巨魚橫海岸民臠食之海患共六年而平

端宗景炎三年黃龍見

按宋史二王本紀景炎三年四月有黃龍見海中

金

太祖收國元年黃龍見

按金史太祖本紀收國元年九月己卯黃龍見空中

熙宗皇統九年龍鬬

按金史熙宗本紀皇統九年四月丁丑有龍鬬于利州榆林河水上大風壞民居官舍瓦木人畜皆飄颺十數里死傷者數百人

世宗正隆六年黃龍見

按金史世宗本紀正隆六年五月居貞懿皇后喪黃龍見寢室上九月黃龍見雲中

大定十四年白龍見

按金史世宗本紀大定十四年八月丁巳日中白龍見御帳東小港中須臾乘雲雷而去

章宗明昌五年龍見

按金史章宗本紀明昌五年七月丙戌以天壽節宴樞光殿時久雨初霽有龍曳尾于殿前雲間

宣宗貞祐二年龍見

按金史宣宗本紀貞祐二年六月壬戌黃龍見西北

元

順帝至元五年蛟出

按元史順帝本紀不載　按五行志至元五年六月庚戌汀州長汀縣山蛟出大雨驟至平地湧水深三丈餘漂沒民居八百餘家壞田二百餘頃

至正十七年龍鬬

按元史順帝本紀至正十七年溫州路樂清江中龍起颶風作有火光如毬　按五行志十七年六月癸酉溫州有龍鬬于樂清江中颶風大作所至有光如毬者萬餘八月癸丑祥符縣西北有青白二龍見若相鬬之勢良久而散

至正二十三年江中有物登岸蛇首四足

按元史順帝本紀不載　按五行志二十三年正月甲辰廣西貴州江中有物登岸蛇首四足而青色長四尺許軍民聚觀而殺之

至正二十四年黃龍見

按元史順帝本紀二十四年六月保德州黃龍見井中

至正二十七年龍見

按元史順帝本紀二十七年六月丁巳皇太子寢殿後新甃井中有龍出光焰爍人宮人震慴仆地又長慶寺有龍纏繞槐樹飛去樹皮皆剝　按五行志二十七年六月丁巳皇太子寢殿新甃井成有龍自井而出光焰爍人宮人震慴仆地又宮牆外長慶寺所

掌成宗幹耳朵內大槐樹有龍纏繞其上良久飛去樹皮皆剝七月益都臨朐縣有龍見于龍山巨石重千斤浮空而起

明

太祖洪武元年蛟出

按江西通志洪武元年寧州大風雨蛟出山水暴溢民多溺死詔遣使賑恤

成祖永樂二年獲神龜

按江南通志永樂二年九月獲神龜于幕府山

永樂十八年龍見井中

按山東通志永樂十八年武定城西南隅井龍見

英宗天順二年龍見

按廣東通志天順二年夏四月瓊州龍見日晡九龍見于郡西雲數色覆之時蜻蜓隨飛者萬萬計

憲宗成化元年蛛與龍鬬

按山西通志成化元年霍州蛛與龍鬬東山鷄掌凹妖蛛與龍鬬山水衝沒田產樹木

成化七年蛛與龍鬬

按畿輔通志成化七年龍與蜘蛛鬬于盤山槃之野人獻其皮如車輪

成化七年龍戰

按山東通志成化七年武定龍戰于野

成化十八年龍見南康泮池

按江西通志成化十八年南康府龍出于儒學泮池張元貞有記

成化十九年雲中龍頭見獲木怪

按長洲縣志成化十九年閶門有朱姓者夏夜見西北雲際一龍頭大如屋精光爍然背立一披髮者又白蓮橋漁人網得一物龍首魚尾目赤如火四足類鴨狀如黿漁人怪之鞭數百不死

成化二十三年龍見

按山西通志成化二十三年董陂水溢聞喜叅龍池水溢鱗甲大如桐葉水有血痕

孝宗弘治八年龍見

按四川通志弘治八年龍見于富順灤崖爪尾鱗甲繞空中

弘治九年龍起宣鎮刀鞘中

按眉公見聞錄弘治九年六月初五日宣府鎮南門墩天雨降火光明發腰刀鞘內龍起煉化刀尖一處燒傷軍人二名及損壞軍器什物龍者陰類其潛也淵其飛也天出入有時今起自邊墩刀鞘之間近龍孽也

弘治十年雨魚

按山東通志弘治十年春三月冠縣大風墮魚于市

弘治十六年五龍見

按河南通志弘治十六年葉縣五龍掛于城北十里頃之墜地蜿蜒不能起已而雲霧晦暝遂失所在

弘治十八年龍見

按唐縣志弘治十八年完縣檀溪山洞中有龍白日飛出入于馬耳山洞中禱雨輒應後樵牧者每見一老人時往來洞中問其晴雨屢驗相傳為龍之變化也

弘治　年巨魚出

按福建通志弘治末年漳浦九都有巨魚入潮落不能去鄉人爭剖其肉時飢賴以濟

武宗正德十年黃龍見

按湖廣通志正德十年夏沔陽黃龍見

正德十一年異龜見

按畿輔通志正德十一年十月任丘異龜見徑尺餘金文絲毫

正德十三年龍鬬

按江南通志正德十三年常熟雷電白龍一黑龍二壞民居吸舟二十餘艘松江大水有九龍鬬于海

正德十五年龍見

按江西通志正德十五年夏五月暴風豐城有三龍見于楓樹橋秋九月九江暴風龍開河小港女兒港壞舟數百溺死商人無算

正德十六年龍見

按山西通志正德十六年盂縣龍見時曹村龍見風雪晝晦拔木毀民屋十餘所

世宗嘉靖二年龍與蚌鬬

按吳縣志嘉靖二年癸未六月太湖有龍與蚌鬬聲震兩山龍自雲端直下其爪可數十丈蚌于水面旋轉如風仰噴其涎亦數十丈三四日乃息久之漁人于西山側得死蚌一其殼可貯粟四五石七月三日大風拔木湖溢漂溺民居

嘉靖五年龍見

按廣西通志嘉靖五年二月容縣大水連漲數日水退見兩岸龍車軌跡戊子宣化縣龍見

嘉靖六年龍見

按全遼志嘉靖六年丙寅雨五龍見于北

嘉靖十二年龍見

按湖廣通志嘉靖十二年二月穀城白龍見于張家村

嘉靖十三年龍見

按垣曲縣志嘉靖十三年有龍見未幾黃河盛漲三日淹入南門衙沒田產人畜不可勝紀

嘉靖十五年龍見大魚出

按山西通志嘉靖十五年龍見于堡頭村首尾貫于兩樹橫迤七十餘步頃之徐入澗水

按陝西通志嘉靖十五年夏津縣黑龍江漲獲大魚數十有近丈者

嘉靖十六年龍見

按畿輔通志嘉靖十六年六月丙辰遷安大風雷雨擊縣新堂春玲瓏花草如刻畫狀有龍戲其上

按貴州通志嘉靖十六年秋八月省城見龍

嘉靖十七年龍見

按廣東通志嘉靖十七年秋七月朔日會同龍見騰聲轟烈疾如飛黿僅露半身觀者萬計

嘉靖十八年龍出于樹

按陝西通志嘉靖十八年三月同州龍出于樹大風雨烏鵲死者無數火燃三日

嘉靖十九年蛟出龍見

按貴州通志嘉靖十九年春三月黎平大雷雨蛟出府治儀門夏五月石阡龍見

嘉靖二十年龍吟大龜見

按湖廣通志嘉靖二十年六月沔陽龍吟于赤水聲聞二十里半日止

按廣東通志嘉靖二十年春三月興寧大龜見西河水漲有大龜丈餘金光射人泝河而上所過田陂皆壞是歲大稔

嘉靖二十一年青龍見

按湖廣通志嘉靖二十一年五月郃河青龍游水上

嘉靖二十四年隕大龜

按畿輔通志嘉靖二十四年夏完縣龜見大雨中自天隕下大徑尺送入新興中天

嘉靖二十六年獲大魚馬首

按江南通志嘉靖二十六年蘇州花浦口捕獲大魚馬首有足重二千斤

嘉靖二十九年蛟出龍見

按江西通志嘉靖二十九年五月廬山五老峯蛟出數百

按湖廣通志嘉靖二十九年閏六月洞庭湖中五龍見

嘉靖三十一年飛魚飛龍見

按湖廣通志嘉靖三十一年光化有魚長數丈飛仙馬鄉

按廣西通志嘉靖壬子春三月宣化縣飛龍見

嘉靖三十二年龍見

按畿輔通志嘉靖三十二年保定府百戸孟吉園中龍起火光燭天

嘉靖三十五年大魚出

按廣西通志嘉靖三十五年七月二十三日太平府有巨魚長丈餘出沒水面凡三日乃止其鯉魚之鬣皆聯于尾見者怪之

嘉靖三十七年龍鬬

按江南通志嘉靖三十七年江都黑白二龍鬬大風晝晦見星所過折木壞屋

嘉靖四十年火龍見

按山東通志嘉靖四十年黃縣火龍晝見

嘉靖四十二年龜生卵

按大政紀嘉靖四十二年八月御苑龜生卵者五羣臣表賀

穆宗隆慶二年龍見

按福建通志隆慶二年三月十七日海澄縣有黑雲挾龍自八都東方起捲屋裂瓦火光倏忽燒燼荊蔬古塚棺柩亦有擊移者至巷口而滅

隆慶三年獲龍首骨于井

按四川總志隆慶三年羅江縣鄉人濬井得龍首骨及珠一顆如鵝卵大晶光耀目人爭取玩忽雷一震復墜于井再覓之不獲

隆慶四年蛟出

按福建通志隆慶四年八月初七日大雨三日蛟起于壺山山崩數丈

神宗萬曆三年龍見

按福建通志萬曆三年七月四日有龍起東北方大雨如注

萬曆七年龍見

按潞安府志萬曆七年九月二十一日未時無雲而雹其先有霏烟若縷有龍形首尾彷彿可辨自東北上昇

萬曆九年蛟出

按福建通志萬曆九年五月同安長興從順里蛟起兩傾如注漂流人居多溺死

萬曆十二年龍見

按四川總志萬曆十二年五月三日夜半保縣南溝龍行光明如月聲如鼓吹硫黃氣逆鼻雷雨大作迄不爲災

萬曆十四年火龍見

按四川總志萬曆十四年三月武隆火龍見其長亙天

萬曆十七年龍遺卵

按山西通志萬曆十七年秋七月萬全猗氏大水衝沒人居甚衆人言烏亭有二龍浹旬縣西百里店灘獲一巨卵如磬中搖硜硜置縣前鮮能辨者送黃儀古刹後復大水載去或以爲龍所遺

萬曆二十一年蛟見

按廣東通志萬曆二十一年海豐黑白兩蛟見

萬曆二十二年蛟化爲龍

按廣西通志萬曆二十二年甲午夏昭平縣蛟起明源江化爲龍

萬曆二十七年龍見

按廣東通志萬曆二十七年吳川海中三龍見

萬曆三十四年白龍見

按四川總志萬曆三十四年六月成都大軍營白龍晝飛光如銀鏡有金鐵聲田中水盡沸人亦有攝起至數尺者

萬曆三十六年白龍見

按江南通志萬曆三十六年白龍見于黃浦一神人立其首

萬曆三十九年龍見

按福建通志萬曆三十九年六月龍起于府城西關外之北山崩水湧大雨如注

萬曆四十二年蛟出

按江西通志萬曆四十二年春廬山蛟出水湧

萬曆四十三年蛟出

按廣西通志萬曆四十三年七月恭城縣勢江山崩出蛟平樂河水暴漲魚死塞江水不可食民掘泉取水

萬曆四十五年蛟龍出

按廣西通志萬曆四十五年丁巳八月初四日恭城縣陰雲密布雨下如注山澗水湧連崩一十三嶺樹木拔折緣江鱗甲之物死者無算巨木散材河崖堆積如山人云有蛟龍出焉

萬曆四十六年龍鬬

按廣西通志萬曆四十六年夏六月恭城縣諸溪不雨而漲中家廖洞傳有龍鬬日夜不休山水若決率皆泥淖

熹宗天啓二年蛟出

按江西通志天啓二年秋九江太平宮蛟出屋毀橋圮

愍帝崇禎四年龍見而鬬

按山東通志崇禎四年沂水二龍鬬于沂河河水泛溢漂沒數千家

按雲南通志崇禎四年龍見于石屏之異龍湖鬚爪鱗甲皆見

崇禎九年龍鬬

按雲南通志崇禎九年七月順寧龍鬬

崇禎十二年大魚出

按江南通志崇禎十二年春松江有二大魚長數十丈目中可容三人無睛

崇禎十四年龍見

按汝寧府志崇禎十四年春光州東南大雨有龍蜿蜒行地兩目金光如斗所過池塘盡涸已而復滿行數里有龍接之升天而去

崇禎十六年龍見龍鬬

按山西通志崇禎十六年秋八月黎城龍見十四日夜星月交潔絕無雲雷一龍蜿蜒上升金光燗爍戶牖皆黃

按陝西通志崇禎十六年乾陵有龍鬬

欽定古今圖書集成曆象彙編庶徵典

第一百七十七卷目錄

鱗介異部紀事

庶徵典第一百七十七卷

鱗介異部藝文一

青龍賦　魏繆襲

懿矣神龍其知惟時覽皇代之云爲襲九泉以潛處當仁聖而覿儀應令月之風律昭嘉祥之赫戲敷華耀之珍體耀文采以陸離曠時代以稀出觀四靈而特奇是以見之者景駭聞之者奔馳觀夫神龍之爲形也蓋鴻洞輪碩豐盈修長容姿溫潤委蛇成章繁蚴蚪蟉不可度量遠而視之似朝日之陽遹而察之象列闕之光爚若鑒陽和映瑤瓊嚮若望飛雲曳旗旐或蒙翠黛或類流星或如虹蜺之垂耀或似紅蘭之芳榮煥璘彬之瑰異實皇家之休靈奉陽春而介福賚萬國以嘉禎

龍瑞賦有序　劉劭

太和七年春龍見摩陂行自許昌親往臨覿形狀瓌麗光色燭耀侍衞左右咸與覩焉自載籍所紀瑞應之致或翔集於邦國卓犖於要荒未有若斯之著明也

惟殿祧之舊式乃展義而省方皇輿發於洛邑遂巡幸於許昌憲宸極之天居建正殿以當陽歲在析木時惟仲春靈威統方勾芒司辰陽升九四或躍於淵有蜿之龍來遊郊甸應節合義象德效仁紆體蟠縈摛藻布文青耀章采雕琢璘玢藻若羅星蔚若翠雲光烏奕以外照水清景而內分聖上觀之無射左右察之既精聊假物以擬身忽神化而無形泉含物而不潛固保險而常寧昔太昊之初化首帝德以表名暨明后之隆盛又降見以揚聲惟珍獸之元眞實殊異於四靈信應龍之道揚將天飛於泰清

爲始興王上毛龜表　梁劉潛

臣聞嘉瑞五靈既著方策故名千載可得而傳是以元蔡赤文來表軒黃之政神龜青純用顯姬公之德出自江安實荷謙夷之慶甲生毳羽寧非銷鏑之徵實皇家之巨瑞庶民之休幸

上毛龜啓　陳江總

臣聞聖主受命以代紹興日月精昭之狀烟雲爛熳之采神鼎出於汾陰寶玉開於張掖靈山與澤卉木呈祉靜海澄波鱗介禔福靡不顯符瑞以固鴻基肇徵祥以光永世者也影合四靈光分五色懷星拖月負字銜圖

賀常州龍見表　唐許敬宗

臣某言臣聞聖人作而萬物覩神靈滋而百寶用是以飛龍御天五雲勝彩潛龍涵地四海夷波軒帝由其受圖太昊以之爲紀莫不游泳宮沼騑服輿鑾玉牘丹文與會昌而契合金繩綠錯候休明而降祥伏惟皇帝陛下道極上元功成下武重光煥籙體睿凝

圖至德充于兩儀大孝刑于四海網地張天之謂武制禮作樂之謂文惟幾惟深運神樞而不測無爲無事致璇曆于平分故能網絡九重琢磨三代溥天之下用至道而不知懷生之倫荷大造而無謝于是湛恩洋溢休氣氤氳上格天下漏泉不私並照日月爲之揚彩不愛其道鱗介所以騰文神物有徵于斯不忒伏見常州別駕終文英表稱所部晉陵縣尉信都叔卿等七人以六月十三日于縣城南雲雨之際見有青龍長數十丈大八九圍久之乃沒謹按熊氏瑞應圖曰有仁聖君子在位不肖斥退則見惟皇作極感而遂通惟德動天遠無不應是使四靈嘉瑞叶千祀之登期五色榮光高萬古之靈貺方且以茲嘉祉造類雲亭頌其徽猷歸功清廟豈與夫魚生露鼎蔡上荷心竹葦凝珠晨昏合璧校其優劣何可同年而語哉臣等運偶明時預聞靈慶不任鳧藻之至

爲杭州刺史崔元將獻綠毛龜表　李嶠

臣某言臣聞五氣殊方元龜列于元武四靈異稟神蔡游于紫泉用能藏往知來發祥祚聖大禹之永終天祿文薦九疇隆姬之乃命帝庭兆言三吉永言祕寶錄存緣簡伏惟金輪聖神皇帝陛下蘊靈沙劫屈道璿樞推正覺而御彝倫弘大悲而撫羣俗雲行雨施之澤下漏三泉春生夏長之仁曲成萬物恩洎草木惠覃飛走天澤感氣而延和神靈應德而呈瑞伏見所部錢塘縣人聶幹於市內水中獲毛龜一枚修尾長頭元甲綠毳名掩於楚宗狀奇於靈繹雖六睟在首未足尚其禎祥五色成文詎能齊其詭異伏叢薈而自久下蓮芳而暫出美兼曠代休踰羣祉謹按孫氏瑞應圖曰王者德澤湛漬漁獵從時則靈龜出禮含文嘉曰內外之制各得其宜則山澤出靈龜陛下解網收罟弘天地之大德創制改物窮帝王之能事宜其膺受冥貺克享珍符且益有十朋表賢才之入用壽踰千紀彰聖曆之無疆嘉祉不名而自臻乾象無祈而潛應臣謬當重寄親奉洪庥靈異爰臻允駭于常觀忭舞胥屬實兼于恆品無任慶躍之至

皇太子賀白龍見表　崔融

臣等言伏見某官等奏稱某月日玉山宮西南王谷上有白龍見臣聞天地和平聖人所以乘九五帝王符命神物所以寤黎蒸粵若皇家既高居而遠望於惟史閣亦舒圖而負扆服星辰之晃袞彩奪華蟲建日月之旗常文騰翠鳳出東方而據木天下知春臨北荒而御火容光是燭風雨順陰陽和五穀登百寶用豈孫氏所謂出入應命上下以時無道則處有聖則見矣木火中星長風季月詳乎戴禮則帝嚳乘龍之時校之河圖是黃軒夢龍之晦裁金別宇挺玉名區宮摸抗殿之基山接陵陽之路翩翩素翼矯矯白鱗異彩霜封風姿雪操微鄴城之故事若下神祠採吳郡之遺塵疑過象穴臣聞感通之效人事可尋嘉瑞之來天心容察地稱王谷先題王者之名壤號玉山竇兆南山之固天皇以帝出乎震自天鍾有德之期天后以致養乎坤承天德西南之位披圖按牒影響合符漢朝之出在上封特其小者晉國之來從京兆曾何足云唯我后能得之固前王所不逮方使見龍于甸一人繫年月之書豈宜囿龍于池百姓爲朝夕之觀而已臣業謝溫文觀聞絕瑞雖四靈爲畜未足以舞之蹈之而萬國歡心敢忘于美矣盛矣不勝鳧藻之至

爲揚州李長史作千秋節進毛龜　蕭穎士

臣某言臣聞在昔上皇之御極也則元化有助嘉祥必臻故升中于天而四靈是格若夫出洛登壇青文丹甲之瑞王霸以降邈哉敻乎不可得而聞已然其緬邈郊藪感夷簡牒與時而升降者亦往往而存未有含道德之純粹闡祖宗之休命俛視千載潛通百靈允符祕祉若今之盛者也伏惟皇帝陛下至誠允迪懸解自衷神有契而斯輔道惟深而不測故錙銖紫表寤寐胥庭七曜垂文則元言焯敘千秋表節則綠錯來儀以今月某日所部江都縣崇虛觀講聖注道德經于元元皇帝座隅有毛龜出見翠毫金介爍日霏烟迹殊生育來緣感名應陛下長靈之期符先聖谷神之妙知來藏往實見于茲休徵委集萬方幸甚手舞足蹈倍百恆情無任喜悅之至謹奉表以聞

漳河赤鯉賦 有序　潘炎

景龍三年春二月帝巡屬縣至于襄垣漳水有赤鯉躍聖帝之瑞也賦曰

魚在在藻兮躍于中流吾君戾止兮樂我皇遊惟赤鯉之呈祥殊白鱗之入舟非竹箭之危湍無閶點額同昆明之望幸非爲吞鉤豈其爲祥必河之鯉用表皇族克繁帝祉雖云水物宜紫髗綠鬣之同身是曰元符亦赤鳫丹烏之可比賴鱗耀彩碧水無波非應瓠巴之清角何言甯戚之高歌周文之時躍於洺漢宣之代舞於河且合符於圖牒宜入頌於猗那豈徒

鏤甲葺鱗下沿上泝皆爲儔匹文鰩是喻吐尚父之兵鈐傳遠人之尺素事稱嘉瑞匪琴高之所乘詩有樂胥似相如之獻賦

赤龍據案賦 有序 前人

景龍二年夏四月十七日帝在廳事假寐白鶴觀道士宋大辯等三十人同見赤龍據案至矣哉神妙無方不可得而稱也

元天之龍兮見而在田我后之龍兮飛以御天據聖人之大寶與列祖而同元高出而潛躍以自試來定天寶居然假寐合而成體散而成章若窺于牖若施于堂且據案而向明負扆以當陽日月在身有祇天之嘉夢風雨合氣將振翼而雄驤羣居愕視聖作物覩赫然龍光眞我明王折券表異亦惟前聞曠然振古卓有吾君王人之瑞比之龍首高居而遠望以臨乎九有天子之威比之龍鱗皇之可畏以肅乎萬人徒稱其象未覩其眞恭惟我后近取諸身於昭巨唐其命維新未據九五斯焉萬春

黃龍見賦 有序 前人

景龍二年秋九月五日黃龍見于上黨伏牛山之南岡留久之彰聖人之德也賦曰

龍之來兮乘其陽躍于泉兮臨高岡龍之至兮歸有德符于黃兮土之色精曜曜光摧雄上不在天兮接于物下不在田兮蟠于空列四靈智稱其首居五位色表其中將銜甲以無比輿負舟而不同明皇家之王氣符曆數于聖躬飛煙噴霧若動若顧聲雖虢虢非同三尺之劍色乃煌煌下映五花之樹誠帝王之嘉兆寧朝夕之可遇何蝘蟥之足言諒騰黃之匪喻同翠龜之薦綠圖彰大人兮告元符覽史墨之言未之聞也驗登殷之祀不其然乎

黃龍再見賦 有序 前人

景龍三年六月十五日黃龍再見于牛山天意汲汲于聖人

龍之見也春分而登于天龍之潛也秋分而入于川假崇山而再見應元聖而通元蜿蜒孤蟠雲霧四發目中精耀輝飛列缺之火頷下珠懸色奪蟾蜍之月方將游彼池囿豈徒止于郊野非同上天之五虵有異渡江之一馬孫權象之而置于軍中魏帝範之而在于殿下未言于此我異是宜秦王之夢立乎鄜時漢后之時見于成紀彼皆一至此則重光采色炫燿文明焜煌錯甲鏤鱗旣以來乎字分官紀號可以表其祥超紫鳳于丹穴越青鸞于女牀龍德相成而無悔天家久久而蕃昌

西海雙白龍見賦 錢起

唐六葉嘉祉降皇威宣師出以律將有事于金天赫矣神武感通上元雙龍呈瑞一色皎然惟白也昭素秋誕聖惟龍也主殺氣清邊不爾者寧出乎海不躍于泉穆乎白龍之爲物也潛依水德利用天下精異冥遁騰驤神假苟非君行其道物有其官則鬱湮不育潢汙而蟠隱見罔知其旨窅冥孰見其端故我君宣八風之惠化澄四海之波瀾覆幬斯極生靈以安惟此上瑞灼然可觀其始見也精光曷耀溟澥清廓曳冰雪于半空晏雷霆于萬壑若長雲帶冰而不散雙劍倚天而中落忽虹立而電迴其儀不可彌度表其祥同乘黃之偶運處其度掩嘉魚之有樂偉夫鱗介之族莫智于龍苟靈應無兆豈休明再逢昔軒以負圖爲景福舜以入壇爲神變殊旨同歸千載一見是以天祚明德幽贊禎祥彼二龍之萃止合一聖之有孚皓爾其眞異葉公之藻繪超然將舉同正理之友于是特也西戎駭目莫不感化而風趨夫如是則在宥之理足徵無疆之休可待洋洋歌頌日聞于四海者也

神龜負圖出河賦 裴度

茫茫積流祚聖有作動上天之密命假靈龜以潛躍蓋欲以慶遙源敷景鑠寫物象之精密化人物之朴略豈不以河之德兮靈長龜之壽兮會昌載禎符先呈于古帝稱大寶後道于寧王故將出也感天地動陰陽浮九折之潛碧散五色之榮光然後蹈箭流而泳花浪露元甲而明繡裳初若沈圓璧而未沒稍似泛孤鳧而欲翔既而降芳蓮蹈清沚五老游而共覩列聖過而每喜出朝日如耀其寶圖伏靈壇狀陳其鏤篆布爻象之紀紛蘊天地之終始負謀謨之畫將化洪荒當授受之時豈思綠木非臆對之可述諒鉤深而有致所以出河宗作天瑞馮夷倚浪以相送神魚鼓舞而旋避於戲冥數窅然自我而傳外骨明貞中心善泉將後天而思未豈爲贄而居前至如魚託素以達情鳳銜詔而展禮未若祥開八卦兆動四體闡文教寧木鐸之足儔贊貞明與日月而同啓洎乎形貌既著品物類分榮萬化之花昧合一氣之絪縕識用光于夏葉繇每煥于羲文此乃天理用彰神道設教故躍波而委質殊以文而飾貌觸綸誠怪于文鱗隱霧徒嗟乎元豹此悠久也可是則而是效

黃龍負舟賦　呂溫

夏后氏奠山疏滯拯溺開泰元珪錫命既成天下之功黃龍發祥始躍域中之大當其駐軫江甸艤舟洪川天行健而時有未濟地設險而瞻之在前思利涉以撫俗遂精誠而告虔于是雲氣滃起神光爛然奮角於勿用之窟驤首於或躍之泉光波澄瀾奉天意以顯若拖尾垂鬣夾王舟而負焉合靈符於百代表聖運於千年徒偉夫出無情馳不測如驅風雷若有羽翼覩竭誠以効用似就列而陳力電目流光金鱗耀色天吳奔走陽侯屏息巨險汔濟孰假刳木之能潛怪莫逢寧資晝鷁之息應變化以昭盛出沉潛而剛克其慶惟大賴祉福者兆人其觀惟榮執玉帛者萬國若非平土涇水泣辜罪己非飲食以昭儉卑宮室而思理德掩乎生成之初功齊乎開闢之始安有非常之神物不名而萃止濟其不通而彰其具美者也至若漢橫汾水秦抵滄溟寶遲心欲匪崇德馨蒼生之虛瘁靡念方士之空言是聽始幸免于覆溺夫何望乎炳靈於戲動罔軌模言非善教則人雖愚弱或使之而不効其志惟純其德孔殷則龍雖神化將不役而自勤信矣哉國家俾人其蘇在理無鬱超乎大禹不務舟車之勞蜿彼黃龍但為宮沼之物而已

漢武帝遊昆明池見魚銜珠賦　王起

漢武帝出咸京遊昆明覩潛魚之躍吐靈珠之英珍不藏川是獲媚川之色仁苟及物必能動物之誠先是撥剌巨鱗傍畔水裔或詹何所中或任公所制利鉤貫鰓而錯落長絲縈岸而掣曳殘瘁不振沈浮未濟是用脫其鋒解其綴索于枯肆初同患于波臣銜以圖書終乃小於軒帝他日擇良辰鏡清流舍鑾輅登龍舟不徐不疾以遨以遊於是傍臨桂棹遠映珠旒或銜或垂似驪龍之頷將吐若明若滅比瓊蚌之胎未收光芒稍逼輝赫難儔實有意於豐報固無情於暗投含幽育明轉煌煌於晝鷁振鬐掉尾時熠熠於牽牛既而千官動色百辟咸覩且曰修其文耀其武澤之廣恩之溥雖彼池中之物亦懷天下之主報德而入於隋掌此類蛇銜感音而失於晉庭彼慙鶴彝況乎燭龍奮鬣石鯨獨吐泣鮫人之目固不可倫綴神女之軀曾何足數由是儼天儀俯洪池映喻隅而未出炫的皪而方施然後得兼寸之彩失圓折之規則皎皎駒來自掩白狼之美翩翩雉至徒稱赤雀之奇是知人能博施物亦幽贊無煩罔象之索詎假闌干之貫向若安其忍棄其難俾須首長逝劫灰永散安得此樂於江湖見託於河漢則玉殿之側誰綴其玲瓏金輿之傍莫矜其照爛以言於魚也厥道斯存以言於人也如何勿敦則受嘉惠蒙渥恩得不效節於當代而垂名於後昆

資州獻白龜賦　獨孤申叔

皇帝在位十五載西人獻異龜於王庭匪青黑以飾體特潔白而成形融彩可嘉且不溺於五色呈祥有異詎止齊乎四靈蓋以我皇行化無外止戈偃武人綏道泰升至德于元穹降殊祥于神蔡且夫龜者稟先知之異白者表司殺之方豈天意與威于有截俾臣下受命而無將西土是生實西方而主義被甲以至循帶甲以來王不然何以曖純容皎素甲皓霜華而浹洽炯玉質輝金精凝雪彩之清貞泳靈沼而冰靜息秦階之砥平足使孟津之鱗恥捷乎素鼠越裳之雉羞奮于翹英矧乎稟殊姿體異貌陋三足之為美匪六眸以是効其用也或協聖人之心其動也克符知者之樂然後知戲朝之虎不足徵銜鉤之狼不足云彼駒來思徒稱皎皎爾獸至止盧擅諄諄未若茲瑞德無與鄰應天之命昭王之仁非櫝中之毀棄不蓮上以因循將順乃元穹以呈其貺焉思乎綠水而返其身則彼寧王有遺元緒又安得而比倫嚮非我皇從道不咈必將混于介族詎得分為理物宜乎冠異紀首靈篇且無使其湮鬱

瑞龜游宮沼賦有序　周存

王者嘉瑞曰四靈龜其一也皇帝握圖御寓十有一年秋七月旬有一日龜雄雌各一游于內池甲攡金毛文滋綠彩帝乃出示百官以議其瑞僉曰至德之應也少司成命文士賦以美焉敢布下才同夫體物賦曰

介蟲之長寶曰靈龜明陰陽以應化察利害以俟時於穆我皇德無不被春國洋溢神物來萃雖四靈其必臻懿雙龜以時瑞陋眾水而不處選天池以自寄金甲炫晃帶瑩日以流光綠毛毳茸度薰風而含吹不唼喋于蘋藻态東西于荷芰爾其有金者剛有毛者柔示剛柔之合體表形德之具修昭品類之德性備雄雌以共游信皇德之上達俾靈物之告休覩乎巡金塘樂翠沼晦跡無競凝神不擾引修頸而烏仰動圓目而珠皎映紅蕖而灼爍吸清露之縹緲天資獨智笑漁者而縈羅人謀既臧鄙太卜之問兆若夫百莖蓍下九派江中順眾流而五色斯易遺千齡而

片雲在空豈比夫承天眷感宸衷盼青瑣兮鄰紫宮顧宅中之可寶瑞皇室兮無窮

周以龍興賦　黃滔

周以創三十代啓八百年旣鳴鳳以授德復興龍而御乾奔天下之二分豈惟雨驟擎洛中之九鼎寧止波旋當其韜仁聖以表威靈湧禎祥而呈氣色岐梁燿銜耀之所汧隴湛蟠泥之域幾年貪餌吞將呂望之鉤一旦飛天霹破殷辛之國觀夫或屈或伸非假非眞澤霈六合恩濡兆民以息虞芮作在田之跡以却夷齊爲逆物之鱗掀陸海之波濤固殊鯨浪擴九重之宮室肯類鮫人則知指縱而或仗爪牙善戰而靡脊血肉火兵戈而雖假燒尾鏡今古而未嘗𥧲目遂使盟津契會此時莫愧于雲從羑里棲遲昔日何傷于魚服下蟄如此高翔曷量於鑾豹而蟲沙附申忠信而鬐鬣張足以雄飛革命首冠典王駕木德於震宮蒼然被彩應陽精於乾象赫矣飛光所謂建皇基立寶位模日楷月規天矩地非三聖之九異焉可以神物取類邈罔象乘鴻濛奔霆迸電驅雷走風非四靈之感通焉可以與周而同功豈徒角樹臣佐穴居域中挐開粟而攫散財滂沱有截壽九齡而象十亂振奮無窮懿乎後煥放牛前光播穀愈彰聖德於王者益驗神蹤於介族則老聃之道漢祖之顏未宜雌伏

白龜曲　明徐渭

念寶龜之素甲羌逆逆兮冰雪載九疇而出洛帝與茲而偕錫雖入網於豫且若靈骨之就鑽亦托跡於莊周恍曳尾而超越

鱗介異部藝文二 詩

龜負圖　唐丁澤

天意將垂象神龜出負圖五方行有配八卦義寧孤作瑞旌君德披文叶帝謨乘流喜得路逢聖奉存軀蓮葉池通泛桃花水自浮還尋九江去安肯曳泥塗

白龜　宋文彥博

聖德昭宣神龜出爲載白其色或游於川名符在洛瑞應巢蓮登歌丹陛紀異靈篇

鱗介異部紀事

水經注河圖玉版曰倉頡爲帝南巡臨元扈洛汭之水靈龜負書丹甲青文以授之

帝王世紀太昊庖犧氏風姓有景龍之瑞故以龍紀官

寶櫝記顓頊高陽氏黃帝昌意之子昌意出河濱遇異龍負叶玉圖時有老叟謂昌意曰女叶水德而王十年顓頊生子有文龍負玉圖之像

春秋緯黃帝出游洛水之上見大魚殺五能牲以醮之天乃甚雨

水經注黃帝東巡河過洛修壇沈璧受龍圖于河龜書於洛赤文篆字

竹書紀年堯率羣臣沈璧于洛禮畢退俟至于下昃元龜負書而出背甲赤文成字龍魚河圖堯時與羣臣賢智到翠嬀之川大龜負圖來投堯堯勅臣下寫取告瑞應寫畢龜還水中

通鑑前編帝堯七十有八載神龜負文出于洛

禮含文嘉禹垂意於溝洫百穀用成神龍至靈龜服

洛陽記禹時有神龜於洛水負文列于背以授禹文卽治水文也

竹書紀年夏后氏洛出龜書是爲洪範

尚書中候天乙東觀于洛習禮堯壇黃魚雙躍出躋于壇黑烏以雄隨魚亦止化爲黑玉赤勒曰元精天乙受神福伐桀克三年天下悉合

史記周本紀武王渡河中流白魚躍入王舟中 注 馬融曰魚者介鱗之物兵象也白者殷家之正色言殷之兵衆與周之象也

竹書紀年成王禮于洛元龜青龍止于壇背甲刻書赤文成字周公援筆以世文寫之書成文消龜隨甲而去

尚書中候周公攝政七年制禮作樂成王觀于樂沉璧禮畢王退有元龜青純蒼光背甲刻書上躋于壇赤文成字周公寫之雜書曰靈龜者元文五色神靈之精也上員法天下方法地能見存亡明于吉凶王者無偏黨尊耆老則出

左傳昭公十九年鄭大水龍鬭于時門之洧有淵國人請爲禜焉子產弗許曰我鬭龍不我覿也龍鬭我獨何覿焉禳之則彼其室也吾無求于龍龍亦無求于我乃止也

王充論衡驗符篇湘水去泉陵城七里水上聚石曰燕室丘臨水有俠山其下巖淦水深不測二黃龍見長出十六丈身大於馬舉頭顧望狀如圖中畫龍燕室丘民皆觀見之去龍可數十步又見狀如駒馬小大凡六出水遨戲陵上蓋二龍之子也并二龍爲八出移一時乃入

冊府元龜元帝以僧辯爲鎭東將軍開府儀同三司江州刺史封長寧縣公命卽率巴陵諸軍沿流討侯景攻拔魯山仍攻郢入羅城有龍自城出五色光曜入城前鸚鵡洲水中景聞之倍道歸建業

異苑苻堅建元十二年高陵縣民穿井得大龜三尺六寸背文負八卦古字堅命作石池養之食以粟後死藏其骨於太廟其夜廟丞高虜夢龜謂之曰我本出將歸江南遭時不遇隕命秦庭卽有人夢中謂虜曰龜三千六百歲而終終必妖興亡國之徵也未幾爲謝元破於淮淝自縊新城浮圖中西秦乞伏熾磐都長安端門外有一井人常宿汲水亭之下而夜聞磕磕有聲驚起照視瓮中如血中有丹魚長可三寸而有寸光時東羌西虜共相攻伐國尋滅亡

南史武帝本紀帝行止時見二小龍附翼樵漁山澤同侶或亦覩焉及貴龍形更大

異苑東海徐羨之字宗文嘗行經山中見黑龍長丈餘頭有角前兩足皆具無後足曳尾而行後文帝立竟以凶終

南史文帝本紀永初元年封宜都郡王位鎭西將軍景平初有黑龍見西方望氣者以爲帝王符當在西方其年少帝廢百官議所立徐羨之傳亮等以禎符所集備法駕奉迎入奉皇統車駕在道有黑龍躍負上所乘舟左右莫不失色上謂王曇首曰此乃夏禹所以受天命我何德以堪之

宋宗室傳巴陵哀王休若文帝十九子也爲荊州刺史加都督晉平王休祐被殺建安王休仁見疑都下訛言休若有至貴之表明帝以此言報之休若甚憂嘗衆賓滿座有一異鳥集席隅哀鳴墜地死又聽事上有二白蛇長丈餘哈哈有聲休若甚惡之上以休若善能諧緝物情慮將來傾幼主欲遣使殺之慮不奉詔徵入朝又恐猜駭乃僞授爲江州刺史至卽于第賜死

徐羨之傳羨之隨從兄履之爲臨海樂安縣嘗行經山中見黑龍長丈餘頭有角前兩足皆具無後足曳尾而行及拜司空守關將入彗星辰見危南又當拜時雙鶴集太極殿東鴟尾鳴喚竟以凶終

齊高帝本紀帝舊塋在武進彭山岡阜相屬百里不絕常有龍出焉

竟陵文宣王子良傳子良武帝第二子也隆昌元年加殊禮劍履上殿入朝不趨贊拜不名進督南徐州其年疾篤謂左右曰門外應有異遣人視見淮中魚無算皆浮出水上向城門尋薨年三十五

梁武帝本紀帝自發雍州所乘艦恆有兩龍導引左右莫不見者緣道奉迎百姓皆如挾纊

梁邵陵攜王綸傳綸武帝第六子也太清二年位中衞將軍開府儀同三司侯景構逆加征討大都督率衆討景臺城陷綸奔禹穴東土皆附臨城公大連懼將害己乃圖之綸覺乃去至尋陽尋陽公大心欲以州讓之不受大寶元年綸至郢州刺史南平王恪讓州於綸綸不受乃上綸爲假黃鉞都督中外諸軍事綸于是置百官改聽事爲正陽殿內外齋省悉題署焉而數有變怪祭城隍神將烹牛有赤蛇繞牛口出南浦施安幄帳無何風起飄沒于江

南史陳武帝本紀帝頓軍西昌有龍見水濱高五丈五采鮮曜軍人觀者數萬人

后妃傳陳武宣章皇后諱要兒吳興烏程人后母蘇嘗遇道士以小龜遺之光采五色曰三年有徵及期后生紫光照室因失龜所在

陳後主本紀帝荒于酒邑災異甚多青龍出建陽門

魏書匈奴宇文莫槐傳匈奴遜昵延死子乞得龜立復伐慕容廆廆拒之惠帝三年乞得龜屯保澆水固壘不戰遣其兄悉跋堆襲廆子仁于柏林仁逆擊斬悉跋堆廆又攻乞得龜克之乞得龜單騎夜奔悉虜其衆乘勝長驅入其國城收資財億計徙部民數萬戶以歸先是海出大龜枯死于平郭至是而乞得龜敗別部人逸豆歸殺乞得龜而自立

冊府元龜王琳自梁來奔爲特進侍中有龍出於門外之地雲霧起晝晦後爲陳將吳明徹所殺

大業雜記清泠水南有橫瀆東南至碭山縣西北入通濟渠忽有大魚似鯉有角從清泠水入通濟渠亦唐興之兆

玉海唐太宗生有二龍之符

冊府元龜元宗初爲臨淄郡王景龍三年出爲潞州別駕境有黃龍白日上升天又視事之際吏咸見赤龍據案帝所居宅外有池水浸溢頃餘望氣者以爲龍氣

江行雜錄肅宗在春宮嘗與諸王從元宗詣太清宮有龍見于殿之東梁元宗目之顧問諸王有所見乎皆曰無之問太子太子俛而未對上問頭在何處曰在東上撫之曰眞我兒也

唐書鄧景山傳景山曹州人本以文吏進累至監察

御史至德初擢拜青齊節度使徙淮南爲政簡肅有龍集城門鄧班語景山曰龍介物也失所亥金不從革之象其有兵乎未幾宋州刺史劉展反

冊府元龜肅宗初發平原出軍之後有黃龍自帝所憩屋騰空而去

戎幕閑談贊皇公曰韓相自金陵入朝歲餘後于揚子江中見有龜鼈滿江浮下而悉無頭此時韓相在城中蕘人莫知其故

李紳本集自注余到端州有紅龜一州人李再榮來獻稱嘗有里人言吉徵也余放之於江中迴頭者三四游泳前後不去久之

尚書故實牛相公僧孺鎮襄州日以久旱祈禱無應有處士不記名姓衆云豢龍者公請致雨處士曰江漢間無龍獨一湫泊中有之黑龍也強駈逐必慮爲災難制公固命之果有大雨漢水泛漲漂溺萬戸處士懼罪亦亡去

西墅記譚于頔在海南日一夜方三更忽曉如日初出移時復暗偏嶺南悉然時復有客言某日夜見海中大鼇浮出目光照耀天地如白晝徐徐復沒驗其日正同

杜陽雜編懿宗皇帝器度沉厚形貌瓌偉在藩邸時疾疹方甚而郭淑妃見黃龍出入臥內上疾稍間妃異之具以事聞上曰無泄是言貴不見忘

唐年補錄咸通末有舒州刺史孔威進龍骨一具因有表錄其事狀云州之桐城縣善政鄉有百姓胡舉有青龍鬬死于庭中時四月尚有蠶箔在庭忽雲雷暴起聞雲中有擊觸聲血如灑雨灑蠶箔上血不汙箔漸旋結聚可拾置掌上須臾令人冷痛入骨初龍拖尾及地遶一泔桶卽騰身入雲及雨悉是泔也龍既死剖之喉中有大瘡凡長十餘尺身尾相半尾本褊薄鱗鬣皆魚唯有鬚長二丈其足有赤膜翳之雙魚各長二丈其腹自相齟齬時遣大雲倉使督而送州以肉重不能全舉乃剸之爲數十段載之赴官

蜀檮杌王建從討王仙芝有功所乘馬死剖之得一小蛇於心間私自異之

十國春秋前蜀皇后金氏傳后名飛山成都人也父業農家頗饒無子與媼相敬如賓媼懷孕十餘月娩身時忽大風雨見赤龍繞庭而生后是日有山飛至后家因名

錄異記蜀庚午歲金州刺史王宗朗奏洵陽縣洵水畔有青烟廟數日廟上烟雲昏晦晝夜奏樂忽一旦水波騰躍有羣龍出於水上行入漢江大者數丈小者丈餘或黃或黑或赤或白或青有如牛馬驢羊之形大小五十壘壘相次行入漢江却迴廟所往復數里或隱或見三日乃止

十國春秋衆再用傳再用爲牙將時會天大雷電家人皆伏匿再用獨危坐不動俄見襦袴者四人舁再用坐敗牀出庭中已復大震屋折有龍出焉

幸蜀記咸康元年四月王衍遊浣花龍舟綵舫十里綿亙自浣花潭至萬里橋遊人士女珠翠夾岸日正午暴風起須臾電雷冥晦有白魚自江心躍起變爲蛟形騰空而起是日溺者數千人衍懼卽時還宮

冊府元龜李金全爲安州節度使有親吏胡漢筠者金全愛之甚篤己亥歲郡樓有介蟲如龜而巨鱗鋭首能陷堅出於金全足下漢筠取而焚之金全心惡之

幸蜀記二十四年十月漢川什邡井中有火龍騰空而去

續夷堅志遼祖神冊五年三月黑龍見拽剌山陽水遼祖馳往三日乃得至而龍尚不去遼祖射之而斃一角尾長而足短身長五丈舌長二尺有半命藏之內庫貞祐南渡尚在人見舌作蒲背形也

遼史太祖本紀天贊元年七月辛巳平旦子城上見黃龍繚繞可長一里光耀奪目入於行宮有紫黑氣蔽天踰日乃散是日上崩

蕭蒲奴傳蒲奴幼孤貧傭于醫家醫者嘗見蒲奴熟寐有蛇遶身異之敎以讀書

宋史党進傳進爲忠武軍節度在鎭歲餘一日自外歸有大蛇臥榻上寢衣中進怒烹食之遇疾卒

陳堯佐傳堯佐進士及第爲開封府推官坐言事忤旨降通判潮州民張氏子與其母濯于江鱷魚尾而食之母弗能救堯佐聞而傷之命二吏挐小舟操網往捕鱷至暴非可網得至是鱷弭受網作文示諸市而烹之人皆驚異

茅亭客話郭嚂者忘其名以其語聲高大因謂之曰嚂本成都豪族不事生業唯好畜鷹鷂常募能以鷹犬從禽獸者爲伍焉雍熙中將鷹犬獵于學射山鷹挐一雉雉救之得活其雉每足有二距徒侶皆異之以巾包而負之覺其漸煖行一里間如火彷徨間俄而陰晦乃風雷震雹林木摧簸不知所歸遂棄雉于澗下奔及至眞觀避之時雨如注中宵方霽不勝其

鷲因爾時有范處士者聞其說即云雉者龍也龍爲五蟲之長無定形寄居于十二位爲雞豬牛馬之屬斯能爲雉服也自貽其患苟無風雨之變亦難逃鼎俎爾

宋史曹翰傳翰從征幽州所部攻城東城東南隅卒掘土得蟹以獻翰謂諸將曰蟹水物而陸居失所也且多足彼援將至不可進拔之象况蟹者解也其班師乎已而果驗

陶弼傳弼字商翁永州人少倜儻放宕與中行山間有雙鯉戲溪水上前觀之傍一老父顧曰此龍也行且鬬君宜亟去去百步許雷大震而雨岸圮木拔又出大雲倉卒遇風暴怒二十七艘同時溺獨弼舟得濟人以是異之

談苑眉州有人家畜數百魚深池中以塼甃四圍皆屋凡三十餘年一日天晴無雷池中忽發大聲如風雨皆躍起羊角而上不知所往

夢溪筆談天聖中近輔獻龍卵云得自大河中詔遣中人送潤州金山寺是歲大水金山廬舍爲水所漂者數十間人皆以爲龍卵所致至今匱藏予屢見之形類色理都如雞卵大若五斗囊舉之至輕唯空殼耳

越州應天寺有鰻井在一大磐石上其高數丈井纔方數寸乃一石竅也其深不可知唐徐浩詩云深泉鰻井開即此也其來亦遠矣鰻將出遊人取之置懷袖間了無驚猜如鰻而有鱗兩耳甚大尾有刃跡相傳云黃巢曾以劍剌之凡鰻出遊越中必有水旱疫癘之災鄉人常以此候之

鐵圍山叢談劉器之安世元祐臣也晚在睢陽以錢二十萬鬻一舊宅或謂此地素凶不可止器之不信始入即有蛇虺三四出屋室間呼僕廝屏去則率拱立謂有鬼神不敢措手器之怒改命家人輩自納諸筐而棄諸汴流翊日則蛇出益多再棄輒復又倍前不浹旬乃至日得五七筐不已也器之不樂因自焚香于土神祠前曰此舍某已用錢易之即是某所居矣蛇安得據以爲怪乎始猶覬神之有職而令悛革今數日怪益出是神之不職爾固當受罰雖願仍其舊貫不可得矣顧從者盡踣土偶五六擲之河中召匠改塑由是怪不復作

金華子雜編一家燕巢中忽然赤色光芒而隱隱有聲若鳴鼓地中日夜不絕夜後廂巡呵喝於外責其不戢燈燭既入其舍視之不見有火纔出門外望之則有火燄亙天居旬日間人漸聲傳或聚觀其家老人懼偶以拄杖探燕巢中即有一小赤龍子長尺餘墮下鱗甲炳煥老父驚戰遽以裀褥藉之焚香禱謝未畢而見一大龍長丈餘自簷屋而入光如列炬爍人瞻視一家震駭竄伏稽顙龍徐徐擁其子入自簷室穴屋騰天而去亦不損物然其家不三數年皆墮敗焉

澹山雜識余爲海州太守或云郡門外有魚戶飯店家一婦產鯉魚十四頭相續而出極爲痛楚生畢而鼈魚獨無恙予初未之信臨行飲于天寧正見其夫爲作齋呼來問之信然

宋史高宗憲聖慈烈吳皇后傳后從幸四明衛士謀爲變入問帝所在后紿之以免未幾帝航海有魚躍入御舟后曰此周人白魚之祥也帝大悅

揮麈餘話紹興甲子歲衢婺大水今首台余處恭未十歲與里人共處一閣凡數十輩在焉閣被漂幾沈空中有聲云余端禮在內當爲宰相可令愛護之少選一物如黿鼉其長十數丈來負其閣達于平地一閣之人皆得無他

宋史汪綱傳綱改提點浙東刑獄禱雨龍瑞宮有物蜿蜒朱色盤旋壇上者三日綱曰吾欲雨而已毋爲異以惑衆言未竟而雷雨大至歲以大熟

太平清話大定六年熙州野外流水有龍見三日初于水面蒼龍一條良久而沒次日見金龍以爪托一嬰兒兒雖爲龍所戲弄略無懼色三日金龍如故見一帝者乘白馬紅衫玉帶如少年中官狀馬前有六蟾蜍凡三時方沒郡人競往觀之相去甚近而無風濤之害

續夷堅志大明覺神三姑廟旁近龍見橫臥三莓舍上觀者數百人見龍鱗甲中出黃毛其身如駝峰頭與一大樹齊腥臭不可近既墮夭矯不得上良久雲霧復合乃去時己酉歲七八月間也

平輿南亟頭村鄭二翁貪性强不信禁忌泰和八年其家東南有所興造或言是太歲所在不可犯鄭云我太歲也尚何忌邪督役夫興作掘地不二尺得婦人紅繡鞋一雙役夫欲罷作鄭怒取焚之掘地愈急又二三尺得一黑魚即烹食之不旬日翁母併亡又喪長子連延十餘口馬十牛四十死病狼籍存者大懼避他所禍乃息

平定葦泊村乙巳夏一婦名馬師婆年五十許懷孕

六年有餘今年方產一龍官司問所由此婦說懷孕至三四年不產其夫曹主簿懼爲變怪卽遣逐之乃臨產恍惚中見人從羅列其前如在官府中一人前自陳云寄託數年今當舍去明年阿母快活矣言訖一白衣掖之而去至門昏不知人久之乃醒旁人爲說晦冥中雷震有三龍從婦身飛去遂失身孕所在

平江記事大德丁未吳中蟹厄如蝗平田皆滿稻穀蕩盡吳諺蝦荒蟹亂正謂此也考之吳越春秋越王勾踐召范蠡曰吾與子謀吳子曰未可也今其稻蟹不遺種其可乎蓋言蟹食稻也蟹之害稻自古爲然以五行占之乃爲兵象是亦披堅執銳介甲之屬明年海賊蕭九六大肆剽掠殺人流血

輟耕錄檇李郭元之言至正乙未秋七月三日城東馬橋上白龍掛盲風怪雨天闇黑若深夜然壞民居五百餘所大木盡拔木自半空墜下悉折爲二雖以萬瓦亂飛溪水直立人皆叫號奔走不暇顧妻子龍由馬橋歷城北北麗橋望太湖而去時方在家家去城可三里許如聞萬屋齊壓急出戶四望黑雲洶湧失府城所在經一二時方乃開霽不一年爲戰鬬之地凡龍所過處荊棘寒烟衰草野燐視昔時之繁華如一夢也

至正丙午八月辛酉上海縣浦東俞店橋南牧羊兒王四聞頭上恰恰有聲仰視之流光中隕一魚刺麻佳上成二創其狀不常見自首至尾根僅盈八是日晴無陰雲亦無鳳鶴之類是可怪也日昳時縣市人閧然指流星自南投北卽此時也橋下一細民家取欲烹食其妻鹽而藏之來者多就觀焉或者曰志有云天隕魚人民失所之象

太平府志明高帝初渡江至采石杙後鼓上蟠一龜一蛇

明外史荊王瞻㭎傳瞻㭎仁宗第六子宣德四年就藩建昌宮中有巨蛇蜿蜒自梁垂地或凭王座瞻㭎大懼請徙正統十年徙蘄州

懸笥瑣探天順七年九月十六日予自嵩縣赴汝州見一物于中天淡白垂長數丈尾微曲少頃不見忽又垂出閃閃若動細如數百丈線人言此龍也十月二日自南陽赴鄧將至白馬寺時微雨且晴忽見西南有黑物在薄雲間蜿蜒如圈者其首尾莫可辨惟身顯然若草書雲字之狀忽又有一白物在其下如乙字然相去尺許久之始滅人皆言龍鬬云

成化五年六月初五日河決杏花營水及堤明日三司以牲醴祭奠既歸有一卵浮于河大如人首下銳上圓質清白微具五色又多黧黑點漁者得之守河者以十匹布易焉因馳以告始觀之甚恐以手撼之中汩汩作水聲又甚重氣熯而澤潤不知何祥也或曰龍卵吾聞龍有胎未聞卵生或曰蛇亦卵生此固其類也越三日予遇和僉憲于州橋西見圖其狀于壁且書其上曰元珠占法江湖見龍卵主大水又聞前一日卵送開封府皆懼不敢收守與判相卻之門墜于地中惟水而已

江南通志邰道宗字師魯太平人弘治戊午舉人任樂陵知縣調鄒城修築沂河馬耳灣諸隄先是馬耳灣下有匯渚神蛟據之屢築屢圮乃備牲祭告有以身死民之語忽風霧中有物飛騰而去其功遂成

汝寧府志息縣廳事前每旦洒掃甚潔不見其人縣令異而窺之忽一白衣人操帚而來令曰爾爲誰白衣曰某潭中白龍也近有烏龍來與吾爭潭將與之戰願求一助令許之後果相搏風雨交作天日晦冥令使人發矢誤斃白龍烏龍遂據其潭乃立廟以祀白龍事在嘉靖間

徐州志嘉靖四十三年豐黃河在縣南邰家口有一物逆水而上昂首數尺約長六七十丈面黑鬚白額止一角鼻嘴類牛而大有時吐舌舌純紅長尺餘雙目炯炯射人身尾或隱或浮舟皆避匿兩岸觀者如堵自華山至許家樓而沒或云此蛟也蛟行必變後數月河果沙漲爲平陸

永昌府志隆慶末年隴川有白彝夫婦入山伐竹剖其中有水水中有生魚六七頭持歸烹食夫婦皆化爲虎殘害人畜不可計百方阱捕竟不能得

太平清話白龜予曾見之徽賈汪生持來大不能尺楊詹履置之樓上夜聞嗚嗚有聲還之

蓼牀瀋餘宮中有雙井今上齡時于東井垂綸偶獲金鯉一悅甚曰西井當亦有此垂綸復獲如前近侍愕異見內官劉若愚抄記劉固匪類撰述別有所主斯記似不敢妄

庶徵典第一百七十八卷

蟲豸異部彙考一

禮記

月令

仲秋行夏令蟄蟲不藏

集說嚴陵方氏曰蟄蟲不藏則陰欲執之而有所不勝故也

孟冬行夏令蟄蟲復出

集說嚴陵方氏曰夫蟲以陰而蟄者也方冬不寒故蟄蟲復出

淮南子

天文訓

丙子干甲子蟄蟲早出

注木氣溫故早出

戊子干壬子蟄蟲多出其鄉

後漢書

五行志

言不從是謂不乂時則有介蟲之孽

注鄭元曰蛛螽蜩蟬之類生於火而藏於秋者也

屬金

視之不明是謂不哲時則有羸蟲之孽

注鄭元曰螟螣蟲之類蟲之生於火而藏於秋者也

管窺輯要

蛇占

蛇入宮中大臣受甲兵之誅一曰大蛇見宮殿中宮中有甲兵起朝有大蛇君有過失國亡

蛇入國都賤人爲君自外入國其國將有女子憂君室中忽有蛇君出去蛇在牀上君子非其子冬見寢室兵起城圍

羣蛇聚大道上有急兵聚於國有圍城冬見市中大臣謀反三年兵起

大蛇見邑不出三年兵起國發長蛇見大水黃蛇見大旱

大蛇見神祠京房占曰不出三年其地有大兵

蛇入人家有疾病蛇沿棟梁墮地不見小口災蛇入

臥牀有疾病死喪入釜竈有呪詛入廚箱行人疾病女子口舌凶從井中出其家有病

蛇鳴君室其君死

蛇交於市或交於庭中不出三年有亡國之君蛇入宅交有死喪行路人見蛇交主疾病死亡交爭失財一日蛇交於市外國有兵流血千里

見蛇蛻其皮者吉見蛇相食三年憂死

蛇鬭於市其國人虛鬭於野其地有兵鬭於道羣雄有爭立者鬭於國國君有爭立者

蛇與鼠鬭有盜賊火災

蛇成群立兵大作捕魚得蛇主刑傷疾病

異蛇占

蛇六足四翼名曰蜰蟘見則天下大旱

蛇赤首白身其音如牛見則其地大旱

黃蛇魚翼出入有光名曰鯈蟰見則邑大旱

鳴蛇其狀如蛇四翼其音如磬見則邑大旱饑

化蛇人面豺身鳥翼蛇行音如叱呼見則其邑大水

雜蟲占

野蠶成繭人君有道其國大昌

蛙聚於邑大盜出蛙入國君門后妃惑主蛙聚而鬭其國大兵起或曰蛙水物也當有水淨之兵

蚯蚓立夏後五日不出臣奪主令冬至之日蚯蚓不結君政不行

歲多蟹有兵蟹進人宅舍失財

蝦自野入邑內人相殺

蜈蚣入篋籠蠶善

蟬五月不鳴人臣爭國多妖言

蜂食禾稼有暴臣剝民爲家國害蜂巢宮室其室空

蜂蟲入篋箱中作巢有口舌爭訟若倉廚則吉

蛺蝶入人帷帳中生貴子一日行人不返無行人則生貴子

蝴蝶野蛾飛滿空中兵起邊國作亂

蟻鳴主死在宅百日大凶

螻蛄集朝君黜螻蛄大如牛羊所見之地賤人暴貴

螻蟈蠢行有陰謀

蜮一名短狐射人南越之蟲也國中有之則爲妖京房曰忠臣遷善君不試厥咎國生蜮一曰女主亂

蟲飛反墜后妃專勢天下蟲無故多死人君用刑尅暴有賊兵起甲蟲生廟廷中臣叛兵起國憂亡蟲非時出皆爲大災

軍中蟲蟻占

軍營中多蟲敗散之象

軍行蜂羣飛有大戰軍出在野衆蜂集營壘軍敗散

蜂來衝軍兵猝至

軍行蜂蝶連接而來前有伏兵宜搜之蜂蝶羣飛衝軍防賊衝突軍行蜂蝶赤色必有戰宜防伏兵軍行猝有蜂蝶無數集軍中急去之不則士卒亡散

軍中忽有聚蠅無數其軍且潰宜移營別謀

螻蛄羣見軍中軍罷散有叛兵

蟻鳴營中其營空

蜘蛛在軍中軍有喜

軍中蚯蚓衆多軍欲退散一云應善之徵

軍中蟯蝦撩亂即有賊來流血之兆急宜固備戰當先進

田家五行

論祥瑞

蛇脫殼人有見之者主大發迹

雜蟲占

蟲食樹死人相殘害蟲食水藻魚鹽貴蟲食桑來年絲綿貴蟲食杏來年大麥貴蟲食桃來年小麥貴蟲食李來年小豆貴蟲食荆來年禾貴蟲食榆來年黍貴蟲食槐來年大豆貴蟲食棗來年粟貴

蟲豸異部彙考二

周

惠王元年秋魯有蜮

按春秋魯莊公十八年秋有蜮　按左傳爲災也　按公羊傳何以書記異也　按穀梁傳一有一亡曰蜮蜮射人者也

大全蜮魯所無也故以有書夫以含沙射人其爲物至微矣魯人察之以聞於朝魯史異之以書於策何也山陰陸佃曰蜮陰物麋亦陰物也是時莊公上不能防閑其母下不能正其身陽微消而陰慝長矣此惡氣之應其說是也　汪氏曰或謂蜮字以古隸較之作蟘即螣也食苗葉者竊疑春秋書螽螟皆不言有此書有蜮則爲異而非螣矣

按漢書五行志嚴公十八年秋有蜮劉向以爲蜮生南越越地多婦人男女同川淫女爲主亂氣所生故聖人名之曰蜮蜮猶惑也在水旁能射人射人有處甚者至死南方謂之短狐近射妖死亡之象時嚴將取齊之淫女故蜮至天戒若曰勿娶齊女將生淫惑

篡弑之禍嚴不寤遂取之入後淫於二叔二叔以死兩子見弑夫人亦誅劉歆以爲蜮盛暑所生非自越來也京房易傳曰忠臣進善君不試厥咎國生蜮

惠王十二年魯有蜚

按春秋魯莊公二十九年秋有蜚　按左傳爲災也凡物不爲災不書　按公羊傳記異也

注 蜚者臭惡之蟲也南越盛暑所生非中國之所有

莊王十三年蛇鬬於鄭南門

按春秋不書　按漢書五行志左氏傳魯嚴公時有內蛇與外蛇鬬鄭南門中內蛇死劉向以爲近蛇孽也先是鄭厲公刼相祭仲而逐兄昭公代立後厲公出奔昭公復入死弟子儀代立厲公自外刼大夫傅瑕使僇子儀此外蛇殺內蛇之象也蛇死六年而厲公立嚴公聞之問申繻曰尤有妖乎對曰人之所忌其氣炎以取之妖由人興也人亾釁焉妖不自作人棄常故有妖京房易傳曰立嗣子疑厥妖蛇居國門鬬　按鄭厲公以釐王三年復立蛇鬬死六年而厲公立當是莊王十三年也

按穀梁傳一有一亾曰有

注 穀梁說曰蜚者南方臭惡之氣所生也象君臣淫泆有臭惡之行

按漢書五行志嚴公二十九年有蜚劉歆以爲負蠜也性不食穀食穀爲災介蟲之孽劉向以爲蜚色青近青眚也非中國所有南越盛暑男女同川澤淫風所生爲蟲臭惡是時嚴公取齊淫女爲夫人既入淫于兩叔故蜚至天戒若曰今誅絕之尚及不將生臭惡聞於四方嚴不寤其後夫人與兩叔作亂二嗣以殺卒皆被辜董仲舒指略同

匡王元年魯有蛇自泉宮出入於國

按春秋不書　按漢書五行志左氏傳文公十六年夏有蛇自泉宮出入於國如先君之數劉向以爲近蛇孽也泉宮在囿中公母姜氏嘗居之蛇從之出象宮將不居也詩曰維虺維蛇女子之祥又蛇入國國將有女憂也如先君之數者公母將薨象也秋公母薨公惡之乃毀泉臺夫妖孽應行而自見非見而爲害也文不改行循正共御厥罰而作非禮以重其過後二年薨公子遂殺文之二子惡視而立宣公文公夫人大歸於齊

漢

武帝元鼎五年蛙與蝦蟆羣鬬

按漢書武帝本紀不載　按五行志元鼎五年秋蛙與蝦蟆羣鬬是歲四將軍衆十萬征南越開九郡

元光五年八月螟

按漢書武帝本紀云云

太始四年羣蛇鬬

按漢書武帝本紀太始四年秋七月趙有蛇從郭外入邑與邑中蛇羣鬬孝文廟下邑中蛇死

元帝建昭元年白蛾蔽日

按漢書元帝本紀建昭元年秋八月有白蛾羣飛蔽日從東都門至枳道

成帝建始元年青蠅集未央宮

按漢書成帝本紀建始元年六月有青蠅無萬數集未央宮殿中朝者座

後漢

光武帝建武二年野蠶成繭

按後漢書光武本紀建武二年十二月野蠶成繭被於山阜人收其利焉

章帝建初七年螟

按後漢書章帝本紀建初七年京師及郡國螟

建初八年螟

按後漢書章帝本紀八年京師及郡國螟

靈帝熹平元年青蛇見御座

按後漢書靈帝本紀不載　按五行志熹平元年青蛇見御座是時靈帝委任宦者王室微弱　按楊賜傳賜遷少府光祿勳熹平元年青蛇見御座帝以問賜賜上封事曰臣聞和氣致祥乖氣致災休徵則五福應咎徵則六極至夫善不妄來災不空發王者心有所惟意有所想雖未形顏色而五星以之推移陰陽爲其變度以此而觀天之與人豈不符哉尚書曰天齊乎人假我一日是其明徵也夫皇極不建則有蛇龍之孽詩云維虺維蛇女子之祥故春秋兩蛇鬬於鄭門昭公殆以女敗康王一朝晏起關雎見幾而作夫女謁行則讒夫昌讒夫昌則苞苴通故殷湯以之自戒終濟亢旱之災惟陛下思乾剛之道別內外之宜崇帝乙之制受元吉之祉抑皇甫之權割豔妻之愛則蛇變可消禎祥立應殷戊宋景其事甚明

熹平四年螟

按後漢書靈帝本紀四年六月弘農三輔螟

獻帝建安十七年螟

按後漢書獻帝本紀建安十七年秋七月螟

吳

大帝黃龍三年野蠶成繭

按吳志孫權傳黃龍三年夏有野蠶成繭大如卵

晉

武帝泰始四年蛇鬬

按晉書武帝本紀不載　按五行志泰始四年七月趙有蛇從郭外入與邑中蛇鬬孝文廟下邑中蛇死後二年秋有衛太子事事自趙人江充起

咸寧元年螟

按晉書武帝本紀咸寧元年秋七月郡國螟九月甲子青州螟

太康九年螟

按晉書武帝本紀太康九年九月郡國二十四螟

惠帝元康　年南山有虻作聲

按晉書惠帝本紀不載　按五行志元康中洛陽南山有虻作聲曰韓尸尸識者曰韓氏將尸也言尸尸者盡死意也其後韓謐誅而韓族殲焉此眚祥也

梁

武帝天監十一年野蠶成繭

按梁書武帝本紀天監十一年二月戊辰新昌濟陽二郡野蠶成繭

中大同元年蛇鬬青蟲食陵樹

按南史梁武帝本紀中大同元年春正月有大蛇鬬隧中其一被傷奔走青蟲食陵樹葉略盡

太清二年羣蠭螫人

按南史梁武帝本紀太清二年九月益州市有飛蠭萬羣螫人死

元帝承聖三年黑蛇屢見

按南史梁元帝本紀承聖三年三月主衣庫見黑蛇長丈許數十小蛇隨之舉頭高丈餘南望俄失所在帝又與宮人幸元洲苑復見大蛇盤屈於前羣小蛇遶之並黑色帝惡之宮人曰此非怪也恐是錢龍帝敕所司即日取數千萬錢鎮於蛇處以厭之因設法會赦囚徒振窮乏退居栖心省又有蛇從屋墮落帝帽上忽然便失又龍光殿上所御肩輿復見小蛇縈屈輿中以頭駕夾膝前金龍頭上見人走去逐之不及

北魏

高宗和平四年蟲

按魏書高宗本紀和平四年二月詔以州鎮十四去歲蟲水開倉賑恤

顯祖天安元年蟻鬬

按魏書顯祖本紀不載　按靈徵志天安元年六月兗州有黑蟻與赤蟻交鬬長六十步廣四寸赤蟻斷頭而死黑主北赤主南十一月劉彧兗州刺史畢衆敬遣使內屬詔鎮南大將軍尉元納之大破賊將周凱等

高祖承明元年蠶災

按魏書高祖本紀承明元年八月甲申以長安二蠶多死丐民歲賦之半

太和十年蠶繭如帶履

按魏書高祖本紀不載　按靈徵志太和十年七月并州治中張萬壽表建興濩澤縣民賈日成以去四月中養蠶有絲網成幕中有卷物似絹帶長四尺廣三寸薄上復得黃繭二狀如履形

世宗正始二年蠶蛾食人

按魏書世宗本紀不載　按靈徵志正始二年三月徐州蠶蛾喫人尫殘者一百一十餘人死者二十二人

正始四年步屈蟲斑蟲爲災

按魏書世宗本紀不載　按靈徵志四年四月青州步屈蟲害棗花八月涇州河州斑蟲爲災

永平五年步屈蟲害棗花

按魏書世宗本紀不載　按靈徵志永平五年五月青州步屈蟲害棗花

孝靜帝元象元年夏蝦蟆鳴於樹

按魏書孝靜帝本紀云云

武定四年鄴下有蝗鬬

按魏書孝靜帝本紀不載　按北齊書神武本紀武定四年自東西魏構兵鄴下每先有黃黑蝗陣鬬占者以爲黃者東魏戎衣色黑者西魏戎衣色人間以此候勝負是時黃蝗盡死九月神武圍玉壁以挑西師不敢應西魏晉州刺史韋孝寬守玉壁城中出鐵面神武使元盜射之每中其目用李業興孤虛術萃其北北天險也乃起土山鑿十道又於東面鑿二十一道以攻之城中無水汲於汾神武使移汾一夜而畢孝寬奪據土山頓軍五旬城不拔死者七萬人聚爲一冢有星墜於神武營衆驢並鳴士皆讋懼神武有疾十一月庚子輿疾班師五年正月朔日蝕神武曰日蝕其爲我耶死亦何恨丙午陳啓於魏帝是日崩於晉陽

北齊

武成帝河清二年蟲傷稼
按北史齊武成本紀河清二年夏四月并汾晉東雍南汾五州蟲旱傷稼遣使賑恤

北周

宣帝大象元年蟻鬬
按周書宣帝本紀大象元年八月所在有蟻羣鬬各方四五尺死者什八九

唐

高祖武德五年野蠶成繭
按唐書高祖本紀武德五年四月梁州野蠶成繭

太宗貞觀十二年野蠶成繭
按唐書太宗本紀貞觀十二年是歲滁濠二州野蠶成繭
按冊府元龜十二年滁州言野蠶成繭於山阜九月楚州野蠶成繭徧於山谷濠州廬州獻野繭

貞觀十三年野蠶成繭
按唐書太宗本紀十三年是歲滁州野蠶成繭

貞觀十四年野蠶成繭
按唐書太宗本紀十四年六月滁州野蠶成繭

元宗先天二年朝堂有蛇與蝦蟆鬬
按唐書元宗本紀不載　按五行志先天二年六月京師朝堂塼下有大蛇出長丈餘有大蝦蟆如盤而目赤如火相與鬬俄而蛇入於大樹蝦蟆入於草蛇蝦蟆皆陰類朝堂出非其所也

開元四年蛇鬬
按唐書元宗本紀不載　按五行志開元四年六月郴州馬嶺山下有白蛇與黑蛇鬬白蛇長六七尺吞黑蛇至腹口眼血流黑蛇長丈餘頭穿白蛇腹出俱死

天寶　載巨蛇見
按唐書元宗本紀不載　按五行志天寶中洛陽有巨蛇高丈餘長百尺出芒山下胡僧無畏見之曰此欲決水潴洛城即以天竺法呪之數日蛇死

肅宗至德元載蛇生肉角
按唐書肅宗本紀不載　按五行志至德元載八月朔成都丈人廟有肉角蛇見

至德二載蛇鬬
按唐書肅宗本紀不載　按五行志二載三月有蛇鬬於南陽門之外一蛇死一蛇上城

代宗大曆八年太原冬蠶成繭
按唐書代宗本紀不載　按冊府元龜大曆八年七月太原府上言清源縣人韓景輝養冬蠶成繭詔給復終身

德宗建中二年有羣蛇自積爲三堆龜來盡殺之
按唐書德宗本紀不載　按五行志建中二年夏趙州寧晉縣沙河北有棠樹甚茂民祠之爲神有蛇數百千自東西來趨北岸者聚棠樹下爲二積留南岸者爲一積俄有徑寸龜三繞行積蛇盡死而後各登其積野人以告蛇腹皆有瘡若矢所中刺史康日知圖其事奉三龜來獻

貞元十年魚頭皆戴蚯蚓
按唐書德宗本紀不載　按五行志貞元十年四月江西溪澗魚頭皆戴蚯蚓

文宗太和九年鄭注篋中藥化爲蠅
按唐書文宗本紀不載　按五行志太和九年鄭注篋中藥化爲蠅數萬飛去注始以藥術進化爲蠅者敗死之象近靑眚也

開成元年蟻大聚
按唐書文宗本紀不載　按五行志開成元年京城有蟻聚長五六十步闊五尺至一丈厚五寸至一尺者　又按志開成元年宮中有衆蛇相與鬬

僖宗光啓二年有蛇冬見
按唐書僖宗本紀不載　按五行志光啓二年冬鄜州洛交有蛇見於縣署蛇冬則蟄易曰龍蛇以之蟄以存身也

後唐

末帝清泰三年野蠶成繭
按五代史唐末帝本紀不載　按冊府元龜末帝清泰三年六月洛州獻野蠶二十斤

遼

太宗會同四年有蜂巢於纛車
按遼史太宗本紀會同四年秋七月己巳有司奏神纛車有蜂巢成蜜史占之吉

道宗太康三年蝝
按遼史道宗本紀太康三年五月丙辰玉田安次蝝傷稼

宋

太祖建隆二年蝝
按宋史太祖本紀建隆二年秋七月癸未兗濟德磁洺五州蝝

乾德四年野蠶成繭

按宋史太祖本紀乾德四年八月辛亥京兆府貢野蠶繭

開寶七年野蠶成繭

按宋史太祖本紀開寶七年春正月庚申齊州野蠶成繭

太宗太平興國二年蟿蟲生步屈蟲生

按宋史太宗本紀太平興國二年六月磁州保安等縣蟿蟲生食桑葉殆盡秋七月癸未鉅鹿沙河步屈食桑多八月鉅鹿步蝻生

雍熙二年蝝生

按宋史太宗本紀雍熙二年五月甲子天長軍蝝生

眞宗景德三年蝝

按宋史眞宗本紀景德三年博州蝝不爲災

大中祥符二年蟲食苗靑蛇見無爲軍廨

按宋史眞宗本紀大中祥符二年雄州蟲食苗卽死遣使賑恤　按五行志二年八月靑蛇出無爲軍廨長數尺

仁宗天聖五年蟲食桑

按宋史仁宗本紀天聖五年五月磁州蟲食桑

景祐四年蠶成被

按宋史仁宗本紀景祐四年滑州民蠶成被長二丈五尺

嘉祐五年野蠶成繭

按宋史仁宗本紀嘉祐五年冬十月乙酉深州言野蠶成繭被於原野

哲宗元祐六年野蠶成繭

按宋史哲宗本紀不載　按五行志元祐六年閏八月定州七縣野蠶成繭

元祐七年野蠶成繭

按宋史哲宗本紀七年定州野蠶成繭　按五行志七年五月北海縣蠶自織如絹成領帶

元符元年野蠶成繭

按宋史哲宗本紀元符元年眞定府祁州野蠶成繭　按五行志元符元年七月藁城縣野蠶成繭八月行唐縣野蠶成繭九月深澤縣野蠶成繭織紝成萬匹

元符二年野蠶成繭

按宋史哲宗本紀不載　按五行志二年六月房陵縣野蠶成繭

徽宗政和元年野蠶成繭

按宋史徽宗本紀云云　按五行志政和元年河南府野蠶成繭

政和四年野蠶成繭

按宋史徽宗本紀四年相州野蠶成繭

政和五年野蠶成繭

按宋史徽宗本紀不載　按五行志五年南京野蠶成繭織紬五匹綿四十兩聖繭十五兩

高宗紹興二十二年野蠶成繭

按宋史高宗本紀紹興二十二年五月容州野蠶成繭

寧宗嘉泰二年野蠶成繭

按宋史寧宗本紀嘉泰二年九月庚午臨安府野蠶成繭

金

太宗天會三年野蠶成繭

按金史太宗本紀天會三年七月己卯南京帥以錦州野蠶成繭奉其絲綿來獻命賞其長吏

章宗明昌四年野蠶成繭

按金史章宗本紀明昌四年邢洺深冀及河北十六謀克之地野蠶成繭

宣宗貞祐四年蟲傷稼

按金史宣宗本紀貞祐四年夏四月甲辰有司言扶風郿縣有蟲傷麥

元

世祖至元十年諸路蟲災

按元史世祖本紀至元十年諸路蟲災五分

至元十七年蟲損桑

按元史世祖本紀十七年四月庚子眞定七郡蟲皆損桑

至元十八年蝝

按元史世祖本紀十八年十二月乙卯高唐夏津武城等縣蝝害稼免今年租

至元二十三年蠶災

按元史世祖本紀二十三年五月庚寅廣平等路蠶災十月壬戌興化路仙遊縣蟲傷禾

至元二十五年野蠶繭成帛

按元史世祖本紀二十五年七月乙巳保定路唐縣野蠶繭絲可爲帛

至元二十七年螟

按元史世祖本紀二十七年四月癸酉婺州螟害稼雷雨大作螟盡死

至元二十九年蟲食桑
按元史世祖本紀二十九年五月真定之中山新樂平山獲鹿元氏靈壽河間之滄州無棣景之阜城東光益都之濰州北海縣有蟲食桑葉盡無蠶
成宗元貞元年蟲食桑螟
按元史成宗本紀元貞元年四月真定路之中山靈壽等縣有蟲食葉六月利州蓋州螟八月癸亥金復州屯田有蟲食禾
元貞二年野蠶成繭螟
按元史成宗本紀二年五月野蠶成繭濟寧之濟州螟　按五行志二年五月濟州任城縣螟隨州野蠶成繭亙數百里民取為纊
大德元年蟲食桑
按元史成宗本紀大德元年六月平灤路蟲食桑
大德五年蟲食桑
按元史成宗本紀五年四月大都彰德廣平真定順德大名濮州蟲食桑
大德七年螟蟲食麥
按元史成宗本紀七年四月丁亥衛輝路辰州螟五月濟寧東昌濟南般陽益都蟲食麥　按五行志七年閏五月汴梁開封縣蟲食麥
武宗至大元年蟲食桑
按元史武宗本紀至大元年五月甲申真定大名廣平有蟲食桑
延祐七年英宗卽位蟲食麥苗
按元史英宗本紀延祐七年三月庚寅卽位四月左翊屯田蟲食麥苗
英宗至治元年蟲食桑
按元史英宗本紀至治元年五月癸巳保定路飛蟲食桑
泰定帝致和元年蠖食桑
按元史泰定帝本紀致和元年六月河南安德屯蠖食桑
文宗天曆二年蟲食桑蠶災
按元史文宗本紀天曆二年二月丙辰真定平山縣河間臨津等縣大名魏縣有蟲食桑葉盡蟲俱死四月丙辰濮州鄄城縣蠶災五月大名路蠶災六月衛輝蠶災　按五行志二年三月滄州高唐州及南皮鹽山武城等縣桑蟲食之如枯株
至順元年蟲食桑蟲食禾稼
按元史文宗本紀至順元年三月辛巳濮州諸縣蟲食桑葉將盡四月滄州高唐州屬縣蟲食桑葉盡閏七月寶慶衡州諸處田生青蟲食禾稼
至順二年蟲食桑
按元史文宗本紀二年二月深冀二州有蟲食桑為災三月冠州有蟲食桑四十餘萬株真定汴梁二路恩冠晉冀深蠡景獻等八州俱有蟲食桑為災五月甲辰東昌保定二路濮唐二州有蟲食桑六月濟寧路蟲食桑
至順三年蟲食桑
按元史文宗本紀三年三月己亥汴梁廣平諸路有蟲食桑葉盡四月戊辰東昌濟寧二路及曹濮諸州皆有蟲食桑六月乙丑晉寧冀州桑災
順帝至正三年蟲傷稼
按元史順帝本紀不載　按五行志至正三年六月梧州青蟲食稼
至正十年蟲食稼
按元史順帝本紀不載　按五行志十年七月全州蟲食稼郡守石亨祖禱於元廟觀寒雨三日蟲盡死
至正二十八年河岸崩出蛇數車
按元史順帝本紀不載　按五行志二十八年十一月大同路懷仁縣河岸崩有蛇大小相綰結可載數車

明

太祖洪武二十八年野蠶成繭
按明寶訓洪武二十八年七月戊戌河南汝寧府確山縣野蠶成繭羣臣賀表太祖曰人君以天下為家使野蠶成繭足衣被天下之人朕當受賀一邑之內偶然有之何用賀為
成祖永樂二年野蠶成繭
按大政紀永樂二年七月辛酉禮部尚書李至剛奏山東郡縣野蠶成繭繅絲來進請率百官賀命止之上曰野蠶成繭亦常事不足賀使山東之地野蠶盡繭足以被其一方而未徧天下朕之心猶未安也朕為天下父母一飲一食未嘗忘之若天下之民皆飽煖而無饑寒此可為朕賀矣乃止
永樂十一年野蠶成繭
按大政紀永樂十一年十一月以野蠶絲制衾命皇太子奉薦太廟先是山東民有獻野蠶繭絲者羣臣奏賀瑞應上曰此祖宗所祐也特命織帛染柘黃制衾以薦

按畿輔通志永樂十一年東鹿縣野蠶成繭

英宗正統十年野蠶成繭

按名山藏正統十年十二月眞定府所屬州縣野蠶成繭知府王以絲來獻製幔禱於太廟之神位

天順五年蟲食苗

按湖廣通志天順五年興寧蟲食苗

憲宗成化四年蠶鳴

按浙江通志成化四年新昌何鑑家蠶鳴

成化十四年蝦蟆鳴於樹

按東鹿縣志成化十四年夏五月縣東北鄉蝦蟆鳴於樹人異之八月大水灌城傾民廬舍

成化二十三年野蠶成繭

按廣東通志成化二十三年文昌縣野蠶成繭

武宗正德十一年蟲產於屋蟲殺稼

按湖廣通志正德十一年夏襄陽蟲生於屋新城蟲黑色遍屋瓦牆壁旋掃旋生秋寶慶蟲殺稼

世宗嘉靖元年產異蟲

按雲南通志嘉靖元年五月鄧川一村出異蟲背有大星三十二點經月始不見

嘉靖二十五年白蟾見

按潁州府志嘉靖二十五年丙午秋七月瑞金儒學泮池內產二蟾蜍色白如玉

嘉靖三十三年蟊蟲布野

按貴州通志嘉靖三十三年夏五月義州蟊蟲布野

嘉靖三十七年蟲食麥

按河南通志嘉靖三十七年偃師有紫蟲食麥

穆宗隆慶六年蛇吞鹿

按福建通志隆慶六年莆田縣文賦里有大蛇吞鹿遙視蛇腹下有字

神宗萬曆二年螟蟲生

按四川總志萬曆二年武隆酆都螟蟲生禾根如刈

萬曆十九年蝦蟆叢生

按山西通志萬曆十九年春安邑蝦蟆田間及道路多生小蝦蟆行者無駐足之處

萬曆二十二年蜣螂叢生

按山西通志萬曆二十二年安邑蜣螂如前蝦蟆之多

萬曆三十六年有蟲如蚊蔽空

按吳縣志萬曆三十六年戊申六月有蟲如蚊而大三倍之抵暮聚集空中望之如煙霧聲響成雷經月忽不見於積水中生細蝦無數饑民取以爲食或云即蟲所化

萬曆四十五年白蜨蔽天

按貴州通志萬曆四十五年春三月安莊衞白蜨羣飛蔽天自西南赴東北積地數尺越三日火閭俱燼

熹宗天啓七年蠶化爲黃旗蠓傷稼

按山東通志天啓七年平陰縣宋傑養蠶上簇俱未成蠶忽變爲黃旗闊長皆丈許未幾盜起

按吳縣志天啓七年丁卯八月田中生蠓蟲傷稼

愍帝崇禎六年蝦蟆叢生而忽散

按貴州通志崇禎六年八月湄潭縣蝦蟆數萬匝城外一日夜忽散

崇禎八年蜻蜓蔽空西北去

按武定府志崇禎乙亥三月有蜻蜓自東飛來向西北去遮空蔽日自申至酉方盡是年七月流寇孫可望等入滇人民遭其荼毒劓鼻斷手慘不忍言

崇禎十二年蟲食蕎

按陝西通志崇禎十二年秋蟲食蕎

崇禎十六年蟻羣飛

按山東通志崇禎十六年曹州羣蟻接翅而飛望之若雲霧

蟲豸異部總論

春秋四傳

莊公十八年

春秋秋有蜮

左傳爲災也

公羊傳何以書記異也

穀梁傳一有一亡曰蜮蜮射人者也

胡傳蜮魯所無也故以有書夫以含沙射人其爲物至微矣魯人察之以聞於朝魯史異之以書於策何也山陰陸佃曰蜮陰物也麋亦陰物也是時莊公上不能防閑其母下不能正其身陽淑消而陰慝長矣此惡氣之應其說是也然則簫韶作而鳳凰來儀春秋成而麟出於野何足怪乎春秋書物象之應欲人主之愼所感也世衰道微邪說作正論消小人長善類退天變動於上地變動於下禽獸將食人而不知懼也亦昧於仲尼之意矣

宣公十五年

春秋冬蝝生

公羊傳未有言蝝生者此其言蝝生何
注蝝卽螺也始生曰蝝大曰蝶
蝝生不書此何以書幸之也幸之者何
注聞災當懼反喜非其類故執不知問
猶曰受之云爾受之云爾者何上變古易常
注上謂宣公變易公田古常舊制而稅畝
應是而有天災其諸則宜於此焉變矣
注言宣公於此天災饑後能受過變寤明年復古行中冬大有年其功美過於無災故君子深爲喜而僥倖之變螺言蝝以不爲災書起其事
穀梁傳蝝非災也其曰蝝非稅畝之災也
胡傳始生曰蝝既大曰螽秋螽未息冬又生子災重及民也而詳志之如此者急民事謹天戒仁人之心王者之務也遇天災而不懼忽民事而不脩而又爲繁政重賦以感之國之危無日矣
王充論衡
商蟲篇
變復之家謂蟲食穀者部吏所致也貪則侵漁故蟲食穀身黑頭赤則謂武官頭黑身赤則謂文官使加罰於蟲所象類之吏則蟲滅息不復見矣夫頭赤則謂武吏頭黑則謂文吏所致也時或頭赤身白頭黑身黃或頭身皆黃或頭身皆靑或皆白若魚肉之蟲應何官吏時或白布豪民猾吏被刑乞貸者威勝於官取多於吏其蟲形象何如狀哉蟲之滅也皆因風雨案蟲滅之時則吏未必伏罰也陸田之中時有鼠水田之中時有魚蝦蟹之類皆爲穀害或時希出而暫爲害或常有而爲災等類衆多應何官吏魯宣公履畝而稅應時而有蝝生者或言若蝗蝗時至蔽天如雨集地食物不擇穀草察其頭身象類何吏變復之家謂蝗何應建武三十一年蝗起太山郡西南過陳留河南遂入邊方所集鄕縣以千百數當時鄕縣之吏未皆履畝蝗食穀草連日老極或蜚徙去或止枯死當時鄕縣之吏未必皆伏罪也夫蟲食穀自有止期猶蠶食桑自有足時也生出有日死極有月期盡變化不常爲蟲使人君不罪其吏蟲猶自亡夫蟲風氣所生蒼頡知之故凡蟲爲風之字取氣於風故八日而化生春夏之物或食五穀或食衆草食五穀吏受錢穀也其食他草受人何物倮蟲三百人爲之長由此言之人亦蟲也人食蟲所食蟲亦食人所食俱爲蟲而相食物何爲怪之設蟲有知亦將非人曰女食天之所生吾亦食之謂我爲變不自謂爲災凡含氣之類所甘嗜者口腹不異人甘五穀惡蟲之食自生天地之間惡蟲之出設蟲能言以此非人亦無以詰也夫蟲之在物間也知者不怪其食萬物也不謂之災甘香渥味之物蟲生常多故穀之多蟲者粢也稻時有蟲麥與豆無蟲必以有蟲責主者吏是其粢鄕部吏常伏罪也神農后稷藏種之方煑馬屎以汁漬種者令禾不蟲如或以馬屎漬種其鄕部吏鮑焦陳仲子也是故后稷神農之術用則其鄕吏何免爲姦何則蟲無從生上無以察也蟲食他草平事不怪食五穀葉乃謂之災桂有蠹桑有蝎桂中藥而桑給蠶其用亦急與穀無異蠹蝎不爲怪獨謂蟲爲災不通物類之實闇於災變之情也穀蟲曰蠱蠱若蛾矣粟米饐熱生蠱夫蠱食粟米不謂之災蟲食苗葉歸之於政如說蟲之家謂粟輕苗重也蟲之種類衆多非一魚肉腐臰有蟲醯醬不閉有蟲飯溫濕有蟲書卷不舒有蟲衣襞不懸有蟲蝎疽蛤螻蟻蝦有蟲或白或黑或長或短大小鴻殺不相似類皆風氣所生并連以死生不擇日若生日短促見而輒滅變復之家見其希出出又食物則謂之災災出當有所罪則依所似類之吏順而說之人腹中有三蟲下地之澤其蟲曰蛭蛭食人足三蟲食腸順說之家將謂三蟲何似類乎凡天地之間陰陽所生蛟蟯之類蜫蠕之屬含氣而生開口而食食有甘不同心等欲彊大食細弱知慧反頓愚他物小大連相齧噬不謂之災獨謂蟲食穀物爲應政事失道理之實不達物氣之性也然夫蟲之生也必依溫濕溫濕之氣常在春夏秋冬之氣寒而乾燥蟲未曾生若以蟲生罪鄕部吏是則鄕部吏貪於春夏廉於秋冬雖盜跖之吏以秋冬署蒙伯夷之譽矣夫春夏非一而蟲時生者溫濕甚也甚則陰陽不和陰陽不和政也徒當歸於政治而指謂部吏爲姦失事實矣何知蟲以溫濕生也以蠱蟲知之穀乾燥者蟲不生溫濕饐餲蟲生不禁藏宿麥之種烈日乾暴投於燥器則蟲不生如不乾暴閘喋之蟲生如雲煙以蠱閘喋准況衆蟲溫濕所生明矣詩云營營靑蠅止于藩愷悌君子無信讒言讒言傷善靑蠅汙白同一禍敗詩以爲興昌邑王夢西階下有積蠅矢明旦召問郞中龔遂遂對曰蠅者讒人之象也夫矢積於階下王將用讒臣之言也由此言之蠅之爲蟲應人君用讒何故不謂蠅爲災乎如蠅可以爲災夫蠅歲生世間人君常用讒乎按蟲害

人者莫如蚊蝱蚊蝱歲生如以蚊蝱應災世間常有害人之吏乎必以食物乃爲災人則物之最貴者也蚊蝱食人尤當爲災必以暴生害物乃爲災夫歲生而食人與時出而害物災孰爲甚人之病疥亦希非常疥蟲何故不爲災且天將雨螘出蚋蜚爲與氣相應也或時諸蟲之生自與時氣相應如何輒歸罪於部吏乎天道自然吉凶偶會非常之蟲適生貪吏遭署人察貪吏之操又見災蟲之生則謂部吏之所爲致也

蟲豸異部紀事

左傳莊公十四年初內蛇與外蛇鬬於鄭南門中內蛇死六年而厲公入公聞之問於申繻曰猶有妖乎對曰人之所忌其氣燄以取之妖由人興也人無釁焉妖不自作人棄常則妖興故有妖

新序節士篇晉獻公太子至靈臺蛇繞左輪御曰太子下拜吾聞國君之子蛇繞左輪者速得國太子遂不行返乎舍御人見太子太子曰吾聞爲人子者盡和順君不行私欲恭嚴承命不逆君安今吾得國是君失安也見國之利而忘君安非子道也聞得國而拜其聲非君欲也廢子道不孝逆君欲不忠而使我行之殆欲吾國之危明也拔劍將死御止之曰夫禨祥妖孽天之道也恭嚴承命人之行也拜祥戒孽禮也嚴恭承命不以身恨君孝也今太子見福不拜失禮殺身恨君失孝從僻心棄正行非臣之所聞也太子曰不然我得國君之孽也拜君之孽不可謂禮見禨祥而忘君之安國之賊也懷賊心以事君不可謂孝挾僞意以御天下懷賊心以事君邪之大者也而使我行之是欲國之危明也遂伏劍而死君子曰晉太子徒御使之拜蛇祥猶惡之至於自殺者爲見疑於欲國也己之不欲國以安君亦以明矣爲一愚御過言之故至於身死廢子道絕祭祀不可謂孝可謂遠嫌一節之士也

雜事篇晉文公出獵前驅曰前有大蛇高如隄阻道竟之文公曰寡人聞之諸侯夢惡則修德大夫夢惡則修官士夢惡則修身如是而禍不至矣今寡人有過天以戒寡人還車而反前驅曰臣聞之喜者無賞怒者無刑今禍福已在前矣不可變何不遂驅之文公曰不然夫神不勝道而妖亦不勝德禍福未發猶可化也還車反朝齋三日請於廟曰孤少犧不肥幣不厚罪一也孤好弋獵無度數罪二也孤多賦斂重刑罰罪三也請自今以來者關市無征澤梁無賦斂赦罪人舊田半稅新田不稅行此令未半旬守蛇吏夢天帝殺蛇曰何故當聖君道爲而罪當死發夢視蛇臭腐矣謁之文公曰然夫神果不勝道而妖亦不勝德奈何其無究理而任天也應之以德而已

左傳文公十六年夏五月有蛇自泉宮出入於國如先君之數秋八月辛未聲姜薨毀泉臺

漢書高祖本紀高祖被酒夜經澤中令一人行前行前者還報曰前有大蛇當徑願還高祖醉曰壯士行何畏乃前拔劍斬蛇蛇分爲兩道開行數里醉困臥後人來至蛇所有一老嫗夜哭人問嫗何哭嫗曰人殺吾子人曰嫗子何爲見殺嫗曰吾子白帝子也化爲蛇當道今者赤帝子斬之故哭人乃以嫗爲不誠欲苦之嫗因忽不見後人至高祖覺告高祖高祖乃心獨喜自負諸從者日益畏之

小名錄彭寵之叛家數有變怪堂上聞蝦蟆聲在火爐下鑿地而求之不得卜筮多言兵從中起寵奴子密等三人謀劫寵是日寵齋便室晝臥三奴共縛寵從呼諸奴婢以寵教責問便收縛各置空室中以寵聲呼其妻妻入室見縛驚曰奴反耶捽妻頭擊頰趣爲諸將軍辦裝兩奴將妻入取物一人守寵寵謂守奴曰若小兒我素所愛也爲密所迫脅耳解我縛出閣則活矣用女妻汝家中財物悉與汝小奴意欲解之而子密適至遂不解使妻縫縑囊解寵手令作敎告城門令子密等出勿稽留書成斷寵及妻頭置囊中馳詣闕封子密爲無義侯

風俗通怪神篇謹按車騎將軍巴郡馮緄鴻卿爲議郎發綬笥有二赤蛇可長二尺分南北走大用憂怖許季山孫字寧方得其先人祕要緄請卜云君後三歲當爲邊將東北四五里官以東爲名復五年爲大將軍南征此吉祥鴻卿意威名解實應且惑居無幾拜尚書遼東太守廷尉太常會武陵蠻夷黃高攻燒南郡鴻卿以威名素著選登亞將統六師之任奮虓虎之勢後爲屯騎校尉將作大匠河南尹復再臨理官紀數方面如寧方之言春秋外蛇與內蛇鬬文帝時亦復有此傳志著其云爲而鴻卿獨以終吉豈所謂或得神以昌乎

述異記晉末嘉中梁州雨七旬麥化爲飛蛾晉末荊州久雨粟化爲蟲蟲害民春秋云穀之飛爲蠱蓋是也中郎王義與表奏曰臣聞堯生神木而晉有蟲粟陛下自以聖德何如帝有慚色

搜神後記晉義熙中烏傷葛輝夫在婦家宿三更後有兩人把火至階前疑是凶人往打之欲下杖悉變成蝴蝶繽紛飛散有衝輝夫腋下便倒地少時死

宣驗記元嘉元年建安郡山賊百餘人掩破郡治抄掠百姓子女資產遂入佛圖搜掠財寶先是諸供養具別封置一室賊破戶忽有蜜蜂數萬頭從衣籠出同時噬螫羣賊身首腫痛眼皆盲合先諸所掠皆棄而走

異苑元嘉五年秋夕豫章胡充有大蜈蚣長三尺落充婦與妹前令婢挾擲婢纔出戶忽覩一姥衣服臭敗兩目無精到六年三月合門時患死亡相繼

南史王敬則傳敬則少時於草中射獵有蟲如烏豆集其身摘去乃脫其處皆流血敬則惡之詣道士卜道士曰此封侯瑞也敬則聞之喜故出都自効

異苑太原孫廣頭上不得有虱大者便遭朞喪大功小則小功緦服

南史陳後主本紀後主見大蛇中分首尾各走

北史齊神武本紀自東西魏構兵鄴下每先有黃黑蟻陣鬭占者以為黃者東魏戎衣色黑者西魏戎衣色人間以此候勝負是時黃蟻盡死

冊府元龜北齊琅琊王儼為大將軍錄尚書事鄴北城有白馬佛塔是石季龍為澄公所作儼將修之巫曰若動浮圖此城失主不從破至第二級得白蛇長數丈迴旋失之數旬反敗

王琳自梁來奔為特進侍中所居屋脊無故剝破出赤蛆數升落地化為血蠕蠕而動後為陳將吳明徹所殺

北史薛辯傳辯五世孫端端從子濬為兒時與宗中兒戲澗濱見一黃蛇有角及足召羣童共視了無見者以為不祥歸大憂悴母問之以實對時有胡僧詣宅乞食母以告之僧曰此兒之吉應且此兒早有名位壽不過六七耳言終而出忽然不見後終於四十二六七之言驗矣

冊府元龜隋燕榮為幽州總管坐毒虐贓穢徵還京師賜死先是榮家寢室無故有蛆數斛從地墳出未幾榮死於蛆出之處

堯君素大業中為河東通守唐公義師攻之歲餘不尅時白蛇降於府門兵器之端夜皆光見月餘君素為左右所害

祥異記李揆未相之前忽見一大蝦蟆占之曰蝦蟆天使吉兆也未幾果拜小鳳

酉陽雜俎鄭絪相公宅在招國坊南門忽有物投瓦礫五六夜不絕乃移於安仁西門宅避之瓦礫又隨而至經久復歸招國鄭公歸心釋門禪室方丈及歸將入丈室蟢子滿室懸絲去地一二尺不知其數其夕瓦礫亦絕翌日拜相

杜陽雜編鄭注嘗置藥篋藥化為青蠅萬數飛去注頗惡之數日不視事未踰月而誅焉

冊府元龜安王友寧太祖兄子唐末為嶺南西道節度使與青州王師範戰于石樓王師小却友寧旁自峻阜馳騎以赴敵所乘馬蹶而仆遂沒於陣友寧將戰之前一日有大白蛇蟠於帳中友寧心惡之既而果遇禍焉

五代史王處直傳初有黃蛇見於牌樓處直以為龍藏而祠之以為己德所致而定人知其不祥曰蛇穴山澤而處人室在上者失其所居之象也已而處直果被廢死

幸蜀記蜀王衍時天富倉奏米中生蟲如小蜂尾後垂如米粒曳之而行

冊府元龜晉高祖即位之前一年年在乙未鄴西有柵曰李固清淇合流在其側柵有橋橋下大鼠與蛇鬬鬬及日之中蛇不勝而死行人觀者數百識者志之後唐末帝果滅於申

十國春秋吳越忠獻王世家開運元年九月南船務石井有物形如守宮尾長七尺許鱗且角獲之置於安溪潭

唐元宗本紀保大四年九月淮南蟲食稼除民田稅

冊府元龜馬裔孫為太子賓客分司在雒未疾前白虵緣于庭槐驅之失所在裔孫感賦鵩之文作槐蟲賦以見志未幾暴卒

十國春秋王稔傳稔一日坐聽事與客語忽有小赤蛇自屋墜地向稔而蟠稔令以器覆之良久發視惟一蝙蝠飛去是年稔加同平章事咸以為其應也

馬令南唐書姚景傳景始事劉金為廄卒金暇日至廄中見景晝瞑有二赤虵悠揚景面少頃入鼻竅而寤金由是奇之引為親信俄遷裨將以女妻之

十國春秋後蜀後主本紀廣政二十五年二月璧州白石縣巨蛇見長百餘丈徑八九尺

聞見前錄太祖微時游渭州潘原縣過涇州長武鎮寺僧守嚴者異其骨相陰使畫工圖於寺壁青巾褐裘天人之相也今易以冠服矣自長武至鳳翔節度

使王彥超不䍦復入洛枕長壽寺大佛殿西南角柱礎畫寢有藏經院主僧見赤蛇出入帝鼻中異之

春渚紀聞謝石潤夫宣和間以相字言人禍福四方求相者其門如市有朝士其室懷姙過月手書一也字令其夫持問石熟視朝士曰有一事似涉奇怪可盡言否朝士因請其說石曰也字著蟲爲虵字今尊閤所姙殆蛇妖也然石亦有薄術可以藥下之朝士大異其說因請至家以藥投之果產數百小蛇而體平

太平清話正和二年夏四月新安蟾蜍背生芝草時農夫汲水於龍淵之津覩此一蟾望日而拱已而視之則其背生芝凡十五葉葉間有異草蒙茸蒼翠歲寒不彫

宋曾應龍括異志光嚴庵正議之塋頫湖占勝爲一方冠東南皆枕湖遠峰列如筆架一塔屹於波心文峰挺立登名仕版者世有其人視他族爲最盛淳祐間忽樹間出烟一道遠近莫不驚異有細視之者見其間有蠓蚋不可計從樹中出終日不絕蓋此烟即此所成不知何異

續夷堅志泰和中柏山長老志賢住西京東堂常住足備即棄去修渾源藥安橋嶺路槌破一牛心大石中有虵蝎相呑螫人不知其何從而入也賢曰此在吾法是怨毒所化隨想而入歷千萬刧而不得解者若不爲解却他日亦道曾見我來即以大杖擊之竟無他異

德順破後民居官寺皆被焚內城之下有礮數十垂索故在營中人有欲解此索者見每一索從上至下大虱徧裹如脂蠟灌燭然聞汴京被攻之後亦如此是喪亂之極天地間亦何所不有也

輟耕錄大德間仁宗在潛邸日奉答吉太后駐輦懷孟特苦羣鼃亂喧終夕無寐翼日太后命近侍傳旨諭之曰吾母子方憒憒鼃忍惱人耶自後其毋再鳴故至今此地雖有鼃而不作聲後仁宗入京誅安西王阿难答等迎武宗即位時大德十一年也越四年而仁宗繼登大寶則知元后者天命攸歸豈行在之所雖未踐祚而山川鬼神已陰來相之不然則蟲魚微物耳又能聽令者乎但迄今不鳴尤可異矣

明狀元事略正統丙辰科狀元周旋字中規浙江永嘉人才思雄健何文淵時知溫郡見所作即以狀元許之一日進諸生講經明倫堂有羣蜂挾一巨蜂飛集楹間聲聞如雷文淵顧謂旋曰羣蜂有主猶士有元此大魁之兆也旋果應之

福建通志弘治五年正月二十六日蒼蠅千百羣集林文迪衣冠凡二日是秋中省試第一

異林弘治甲寅遼東大風晝晦雨蟲滿地黑殼大如蠅

江南通志曹時中華亭人官雲南僉事時安普洱海大旱蟲食苗時中齋素步禱蟲死歲大熟

蟲豸異部雜錄

物類相感志蜆爾雅云蜆縊女黑蟲赤頭吐絲自經懸於樹木之杪此蟲或多則人多縊卒

蟢子詩云蠨蛸在戶陸璣詩義云河內謂之蟢子云此懸絲者人當有親客至則有蟢也

欽定古今圖書集成曆象彙編庶徵典

第一百七十九卷目錄

庶徵典第一百七十九卷

蝗災部彙考一

詩經

小雅大田章

去其螟螣及其蟊賊無害我田穉田祖有神秉畀炎火

注　食心曰螟食葉曰螣食根曰蟊食節曰賊皆害苗之蟲也穉幼禾也言其苗旣盛矣又必去此四者然後可以無害田中之禾然非人力所及也故願田祖之神爲我持此四蟲而付之炎火之中也　姚崇遣使捕蝗引此爲證夜中設火火邊掘坑且焚且瘞蓋古之遺法如此

禮記

月令

仲春行夏令則蟲螟爲害

孟夏行春令則蝗蟲爲災

注　蝗蟲寅之氣乘之也必以蝗蟲爲災者寅有啓蟄之氣行於初暑則當蟄者大出矣

仲夏行春令則百螣時起

注　螣蝗之屬言百者明衆類並爲害　孔疏　螣食苗葉春之氣盛於末故蟲之爲害者特及葉而已

仲冬行春令則蝗蟲爲敗

山海經

東山經

餘峨之山有獸焉其狀如菟而鳥喙鴟目蛇尾見人則眠名犰狳其鳴自訆見則螽蝗爲敗

漢書

五行志

傳曰言之不從是謂不艾厥咎僭厥罰恆暘厥極憂時則有介蟲之孽　介蟲孽者謂小蟲有甲飛揚之類陽氣所生也於春秋爲螽今謂之蝗皆其類也

視之不明是謂不悊厥咎舒厥罰恆奧厥極疾時則有贏蟲之孽　溫奧主蟲故有贏蟲之孽謂螟螣之類當死不死未當生而生或多於故而爲災也

傳曰思心之不睿是謂不聖厥咎霿厥罰恆風厥極凶短折時則有華孽溫而風則生螟螣有贏蟲之孽

劉歆思心傳曰有贏蟲之孽謂螟螣之屬也　京房易傳曰臣安祿茲謂貪厥災蟲蟲食根德無常茲謂煩蟲食葉不絀無德蟲食本與東作爭茲謂不時蟲食節蔽惡生孽蟲食心

後漢書

五行志注

讖曰上失禮煩苛則旱魚贏變爲蝗蟲

京房占曰天生萬物百穀以給民用天地之性人爲貴今蝗蟲四起此爲國多邪人朝無忠臣蟲與民爭食居位食祿如蟲矣不救致兵起其救也舉有道置於位命諸侯試明經此消災也

京房占曰人君無施澤惠利於下則致旱也不救必蝗蟲害穀

魏書

靈徵志

蝗蟲螟鴻範論曰刑罰暴虐取利於下貪饕無厭以興師動衆取邑治城而失衆心則蟲爲害矣

管窺輯要

蝗蟲占

人君用刑暴酷貪叨無厭則蝗蟲爲害吏貪不禁螟螣乃生董仲舒曰佞臣輔君以貪苛之政邪臣在位則蟲食苗葉佞臣在朝則蟲食苗節君用奸賊蟲食苗根京房曰臣安祿厥災蟲食苗根握鏡曰蝗蟲食苗根咎在女主一曰臣專祿蝗蟲多食物根用事好貪弊惡生則孽蟲食物心

蝗蟲晝夜食禾莖咎人君賦斂重奪民財

蝗蟲生卽飛人民急移徙不飛苛政刻

蝗蟲食草木根咎在女主及社稷

蝗蟲如雨食木其年兵起臣強君弱

蝗蟲生落赤頭黑身或黑頭赤身皆政刻盜賊興

蝗蟲飛從他來忽生不出三年兵大起一曰從他處來忽死而墮不出三月兵大起

蝗災部彙考二

周

桓王二年魯螟

按春秋魯隱公五年秋九月螟

注 蟲食苗心者爲災故書 疏 正義曰釋蟲云食苗心螟食葉蟘食節賊食根蟊舍人曰食苗心者名螟言冥冥然難知也李巡曰食禾心爲螟言其姦冥冥難知也食禾葉者言其假貸無厭故曰蟘也食其節者言其貪狠故曰賊也食其根者言其稅取萬民財貨故曰蟊也孫炎曰皆政貪所致因以爲名郭璞曰分別蟲啖食禾所在之名耳李巡孫炎以政致爲名舍人郭璞以食處爲名陸璣疏云舊說螟蟘蟊賊一種蟲也如言寇賊姦宄內外言之耳故犍爲文學曰此四種蟲皆蝗也

按公羊傳螟何以書記災也 按穀梁傳螟蟲災也甚則月不甚則時 按胡傳蟲食苗心曰螟食葉曰螣食節曰賊食根曰蟊國以民爲本民以食爲天詩云螟螣害稼也春秋書螟記災也聖人以是爲國之大事也故書

按漢書五行志隱公五年秋螟董仲舒劉向以爲時公觀漁于棠貪利之應也劉歆以爲又逆臧釐伯之諫貪利區霿以生蠃蟲之孽也

五年魯螟

按春秋魯隱公八年九月螟

注 高氏曰書螟者三隱二莊一螽十有一桓一餘皆僖公之後螟食苗心螽無所不食其爲災也螟輕而螽重春秋之初災之輕者亦書之及其久也輕者不勝書書其重者耳不然豈莊公之後二百年皆無螟耶

按漢書五行志隱公八年九月螟時鄭伯以邴將易許田有貪利心

十三年秋魯螽

按春秋魯桓公五年秋螽 按公羊傳螺何以書記災也 按穀梁傳螽蟲災也甚則月不甚則時

按漢書五行志桓公五年秋螽劉歆以爲貪虐取民則螽介蟲之孽也與魚同占劉向以爲介蟲之孽屬言不從是歲公獲二國之聘取鼎易邑興役起城諸螽略皆從董仲舒說云

莊王九年秋魯螟

按春秋魯莊公六年秋螟

按漢書五行志嚴公六年秋螟董仲舒劉向以爲先是衛侯朔出奔齊齊侯會諸侯納朔許諸侯賂齊人歸衛寶魯受之貪利應也

襄王七年魯螽

按春秋魯僖公十五年八月螽 按穀梁傳螽蟲災也甚則月不甚則時

按漢書五行志釐公十五年八月螽劉向以爲先是釐有鹹之會後城緣陵是歲復以兵車爲牡丘會使公孫敖帥師及諸侯大夫救徐兵比三年在外

三十三年魯螽

按春秋魯文公八年秋螽

注 杜氏曰爲災故書

按漢書五行志文公八年十月螽時公伐邾取須朐城郚

定王六年魯螽

按春秋魯宣公六年秋八月螽

注 杜氏曰爲災故書

按漢書五行志宣公六年八月螽劉向以爲先是時宣伐莒向後比再如齊謀伐萊

十一年秋魯螽

按春秋魯宣公十有三年秋螽

按漢書五行志宣公十三年秋螽公孫歸父會齊伐莒

十有三年秋魯螽冬蝝生

按春秋魯宣公十五年秋螽冬蝝生

大全高氏曰人事感於此則物變應於彼宣公爲國虛內以事外去實而務華煩於朝會聘問賂遺之末而不知務其本者也故戾氣應之六年螽七年旱十年大水十有三年又螽十有五年復螽府庫匱倉廩竭調度不給而言利剋民之事起矣

按公羊傳未有言蝝生者此其言蝝生何蝝生不書此何以書幸之也幸之者何猶曰受之云爾受之云爾者何上變古易常應是而有天災其諸則官于此焉變矣　按穀梁傳蝝非災也其曰蝝非稅畝之災也

按漢書五行志宣公十五年秋螽宣亾熟歲數有軍旅冬蝝生劉歆以爲蝝蚍蜉之有翼者食穀爲災黑眚也董仲舒劉向以爲蝝螟始生也一曰螟始生是時民患上力役解於公田宣是時初稅畝稅畝就民田畝擇美者稅其什一亂先王制而爲貪利故應是而蝝生屬蠃蟲之孽

靈王六年魯螽

按春秋魯襄公七年八月螽

注爲災故書

按漢書五行志襄公七年八月螽劉向以爲先是襄興師救陳滕子郯子小邾子皆來朝夏城費

敬王三十七年冬魯螽

按春秋魯哀公十有二年冬十有二月螽　按左傳季孫問諸仲尼仲尼曰丘聞之火伏而後蟄者畢今火猶西流司歷過也　按公羊傳何以書記異也何異爾不時也

按漢書五行志哀公十二年十二月螽是時哀用田賦劉向以爲春用田賦冬而螽

三十八年魯螽

按春秋哀公十有三年秋九月螽十有二月螽

大全高氏曰周之九月夏之七月也其爲農災又非冬十二月之比也　呂氏曰此年九月螽又十二月螽陰陽錯亂甚矣當世君臣亦可以自省矣

襄陵許氏曰春秋書魯人事至用田賦書魯大災至于二年二螽見其重賦害民傷禾致異民力已窮天命已去君子之心于魯已矣

按漢書五行志哀十三年九月螽十二月螽比二螽虐取于民之效也劉歆以爲周十二月夏十月也火星既伏蟄蟲皆畢天之見變因物類之宜不得以螽是歲再失閏矣周九月夏七月故傳曰火猶西流司歷過也

秦

始皇四年十月蝗蟲從東方來蔽天

按史記秦始皇本紀云云

漢

文帝後六年秋螟

按漢書文帝本紀不載　按五行志文帝後六年秋螟是歲匈奴大入上郡雲中烽火通長安遣三將軍屯邊三將軍屯京師

景帝中三年秋蝗

按漢書景帝本紀中三年秋九月蝗　按五行志中三年秋蝗先是匈奴寇邊中尉不害將車騎材官士屯代高柳

中四年蝗

按漢書景帝本紀中四年夏蝗

武帝建元五年大蝗

按漢書武帝本紀建元五年五月大蝗

元光五年秋螟

按漢書武帝本紀不載　按五行志云云

元光六年夏螟

按漢書武帝本紀元光六年夏大旱蝗　按五行志六年夏蝗先是五將軍衆三十萬伏馬邑欲襲單于也是歲四將軍征匈奴

元鼎五年秋蝗

按漢書武帝本紀不載　按五行志元鼎五年秋蝗是歲四將軍征南越及西南夷開十餘郡

元封六年秋蝗

按漢書武帝本紀元封六年秋大旱蝗　按五行志元封六年秋蝗先是兩將軍征朝鮮開三郡

太初元年夏蝗

按漢書武帝本紀太初元年秋八月蝗從東方飛至敦煌按志作夏五月

太初二年秋蝗

按漢書武帝本紀云云

太初三年秋蝗

按漢書武帝本紀不載　按五行志三年秋蝗元年貳師將軍征大宛天下奉其役連年

征和三年秋蝗

按漢書武帝本紀云云

征和四年夏蝗

按漢書武帝本紀不載　按五行志四年夏蝗先是一年三將軍衆十餘萬征匈奴征和三年貳師七萬人沒不還

平帝元始二年蝗

按漢書平帝本紀元始二年四月郡國大旱蝗靑州尤甚民流亾　按五行志元始二年秋蝗徧天下是時王莽秉政

王莽地皇三年蝗

按漢書王莽傳地皇三年夏蝗從東方來蜚蔽天至長安入未央宮緣殿閣草木盡

後漢

光武帝建武五年蝗

按後漢書光武帝本紀建武六年春正月辛酉詔曰往歲水旱蝗蟲爲災穀價騰躍人用困乏朕惟百姓無以自贍惻然愍之其命郡國有穀者給稟高年鰥寡孤獨及篤癃無家屬貧不能自存者如律二千石勉加循撫無令失職

建武二十二年蝗

按後漢書光武帝本紀二十二年靑州蝗　按五行志注世祖建武二十二年春三月京師郡國十九蝗

建武二十三年蝗

按後漢書光武帝本紀不載　按五行志注二十三年京師郡國十八大蝗旱草木盡

建武二十八年蝗

按後漢書光武帝本紀不載　按五行志注二十八年春三月郡國八十蝗

建武二十九年蝗

按後漢書光武帝本紀不載　按五行志注二十九年夏四月武威酒泉清河京兆魏郡弘農蝗

建武三十年蝗

按後漢書光武帝本紀不載　按五行志注三十年六月郡國十二大蝗

建武三十一年蝗

按後漢書光武帝本紀三十一年夏蝗　按五行志注三十一年郡國大蝗

中元元年蝗

按後漢書光武帝本紀中元元年郡國三蝗　按五行志注中元元年三月郡國十六大蝗

明帝永平四年蝗

按後漢書明帝本紀不載　按五行志注永平四年十二月酒泉大蝗從塞外入

永平十五年蝗

按後漢書明帝本紀不載　按五行志注謝承書曰永平十五年蝗起泰山彌行兗豫謝沈書鍾離意譏起北宮表云未數年豫章遭蝗穀不收民饑死縣數千百人

章帝建初七年螟

按後漢書章帝本紀建初七年京師及郡國螟

建初八年螟

按後漢書章帝本紀八年京師及郡國螟　按五行志建初七八年間郡縣大螟傷稼語在魯恭傳而紀不錄也是時章帝用竇皇后讒害宋梁二貴人廢皇太子

和帝永元四年蝗

按後漢書和帝本紀永元四年夏旱蝗

永元八年蝗

按後漢書和帝本紀八年九月京師蝗吏民言事者多歸責有司詔曰蝗蟲之異殆不虛生萬方有罪在予一人而言事者專咎自下非助我者也朕寤寐恫矜思弭憂釁昔楚嚴無災而懼成王出郊而反風將何以匡朕不逮以塞災變百僚師尹勉修厥職刺史二千石詳刑辟理寃虐恤鰥寡矜孤弱思惟致災興蝗之咎　按五行志八年五月河內陳留蝗九月京都蝗

永元九年蝗旱

按後漢書和帝本紀九年六月蝗旱戊辰詔今年秋稼爲蝗蟲所傷皆勿收租更芻稾若有所損失以實除之餘當收租者亦半入其山林饒利陂池漁採以贍元元勿收假稅秋七月蝗蟲飛過京師　按五行志九年蝗從夏至秋先是西羌數反遣將軍將北軍五校征之

安帝永初四年蝗

按後漢書安帝本紀永初四年夏四月六州蝗

注東觀記曰司隸豫兗徐靑冀六州

按五行志永初四年夏蝗是時西羌寇亂軍衆征距連十餘年

注讖曰主失禮煩苛則旱之魚螺變爲蝗蟲

永初五年蝗

按後漢書安帝本紀五年九州蝗　按五行志注京房占曰天生萬物百穀以給民用天地之性人爲貴

今蝗蟲四起此爲國多邪人朝無忠臣蟲與民爭食居位食祿如蟲矣不救致兵起其救也舉有道置於位命諸侯試明經此消災也

永初六年蝗

按後漢書安帝本紀六年三月十州蝗　按五行志六年三月去蝗處復蝗子生

注古今注曰郡國四十八蝗

永初七年蝗

按後漢書安帝本紀七年八月丙寅京師大風蝗蟲飛過洛陽詔郡國被蝗傷稼十五以上勿收今年田租不滿者以實除之

元初元年蝗

按後漢書安帝本紀元初元年夏四月京師及郡國五旱蝗

元初二年蝗

按後漢書安帝本紀元初二年五月京師旱河南及郡國十九蝗甲戌詔曰朝廷不明庶事失中災異不息憂心惶懼被蝗以來七年於茲而州郡隱匿裁言頃畝今羣飛蔽天爲害廣遠所言所見寧相副邪三司之職內外是監旣不奏聞又無舉正天災至重欺罔皐大今方盛夏且復假貸以觀厥後其務消救災眚安輯黎元　按五行志二年夏郡國二十蝗

延光元年蝗

按後漢書安帝本紀延光元年六月郡國蝗

順帝永建五年蝗

按後漢書順帝本紀永建五年夏四月京師及郡國十二蝗　按五行志永建五年郡國十二蝗是時鮮卑寇朔方用衆征之

永和元年蝗

按後漢書順帝本紀永和元年七月偃師蝗　按五行志永和元年秋七月偃師蝗去年冬烏桓寇沙南用衆征之

桓帝永興元年蝗

按後漢書桓帝本紀永興元年秋七月郡國三十二蝗　按五行志是時梁冀秉政無謀憲苟貪權作虐

注春秋考異郵曰貪擾生蝗

永興二年蝗

按後漢書桓帝本紀永興二年六月京師蝗

永壽三年蝗

按後漢書桓帝本紀永壽三年六月京師蝗

延熹元年蝗

按後漢書桓帝本紀延熹元年夏五月京師蝗

注臣昭案劉歆傳皆逆天時聽不聰之過也養奮對策曰佞邪以不正食祿饗所致

延熹九年蝗

按後漢書桓帝本紀不載　按五行志注謝承書曰九年揚州六郡連水旱蝗害也

靈帝熹平四年螟

按後漢書靈帝本紀熹平四年六月弘農三輔螟　按五行志熹平四年六月弘農三輔螟蟲爲害是時靈帝用中常侍曹節等讒言禁錮海內清英之士謂之黨人

熹平六年蝗

按後漢書靈帝本紀六年夏四月七州蝗　按五行志六年夏七州蝗先是鮮卑前後三十餘犯塞是歲護烏桓校尉夏育破鮮卑中郎將田晏使匈奴中郎將臧旻將南單于以下三道並出討鮮卑大司農經用不足殷斂郡國以給軍糧三將無功還者少半

光和元年蝗

按後漢書靈帝本紀不載　按五行志光和元年詔策問曰連年蝗蟲至冬踊其咎焉在蔡邕對曰臣聞易傳曰大作不時天降災厥咎蝗蟲來河圖秘徵篇曰帝貪則政暴而吏酷酷則誅深必殺主蝗蟲蝗蟲貪苛之所致也是時百官遷徙皆私上禮西園以爲府

注蔡邕對曰蝗蟲出息不急之作省賦斂之費進清仁黜貪虐分損承安屈省別藏以贍國用則其救也易曰得臣無家言有天下者何私家之有

中平二年螟

按後漢書靈帝本紀中平二年秋七月三輔螟

獻帝興平元年大蝗

按後漢書獻帝本紀興平元年夏六月大蝗　按五行志是時天下大亂

建安二年五月蝗

按後漢書獻帝本紀建安二年夏五月蝗

建安十七年七月螟

按後漢書獻帝本紀云云

魏

文帝黃初三年大蝗

按魏志文帝本紀黃初三年秋七月冀州大蝗

按晉書五行志魏文帝黃初三年七月冀州大蝗人

饑按蔡邕說蝗者在上貪苛之所致也是時孫權歸順帝因其有西陵之役舉大衆襲之權遂背叛也

晉

武帝泰始十年蝗

按晉書武帝本紀泰始十年夏大蝗　按五行志泰始十年六月蝗是時荀賈任政疾害公直

咸寧元年螟

按晉書武帝本紀咸寧元年九月甲子青州螟　按五行志咸寧元年七月郡國螟九月青州又螟是月郡國有青蟲食其禾稼

咸寧四年螟

按晉書武帝本紀不載　按五行志四年司冀兗豫荊揚郡國二十螟

太康九年螟

按晉書武帝本紀太康九年郡國二十四螟　按五行志九年八月郡國二十四螟九月蟲又傷秋稼是時帝聽讒諛寵任賈充楊駿故有蟲蝗之災不絀無德之罰

惠帝元康三年螟

按晉書惠帝本紀不載　按五行志元康三年九月帶方等六縣螟食禾葉盡

永寧元年蝗螟

按晉書惠帝本紀永寧元年郡國六蝗　按五行志永寧元年七月梁益凉三州螟是時齊王冏執政貪苛之應也十月南安巴西江陽太原新興北海青蟲食禾葉甚者十傷五六十二月郡國六螟

懷帝永嘉四年蝗

按晉書懷帝本紀永嘉四年五月幽幷司冀秦雍等六州大蝗食草木牛馬毛皆盡　按五行志永嘉四年五月大蝗自幽幷司冀至于秦雍草木牛馬毛鬛皆盡是時天下兵亂漁獵黔黎存亾所繼惟司馬越苟晞而已競爲暴刻經略無章故有此孽

愍帝建興四年蝗

按晉書愍帝本紀建興四年六月大蝗　按五行志建興四年六月大蝗去歲劉曜頻攻北地馮翊麴允等悉衆御之卒爲劉曜所破西京遂潰

建興五年螽蝗

按晉書愍帝本紀建興五年秋七月司冀青雍等四州螽蝗

元帝太興元年蝗

按晉書元帝本紀太興元年八月冀徐青三州蝗

按五行志太興元年六月蘭陵合鄉蝗害禾稼乙未東莞蝗蟲縱廣三百里害苗稼七月東海彭城下邳臨淮四郡蝗蟲害禾豆八月冀青徐三州蝗食生草盡至于二年是時中州淪喪暴亂滋甚也

太興二年蝗

按晉書元帝本紀二年五月徐揚及江西諸郡蝗

按五行志二年五月淮陵臨淮淮南安豐廬江等五郡蝗蟲食秋麥是月癸丑徐州及揚州江西諸郡蝗吳郡百姓多饑死是年王敦幷領荊州苛暴之釁自此興矣

孝武帝太元十五年蝗

按晉書孝武帝本紀不載　按五行志太元十五年八月兗州蝗是時慕容氏逼河南征戍不已故有斯孽

太元十六年蝗

按晉書孝武帝本紀不載　按五行志十六年五月飛蝗從南來集堂邑縣界害禾稼是年春發江州兵營甲士二千人家口六七千配護軍及東宮後尋散亾殆盡又邊將連有征役故有斯孽

欽定古今圖書集成曆象彙編庶徵典

第一百八十卷目錄

蝗災部彙考三

庶徵典第一百八十卷

蝗災部彙考三

宋

文帝元嘉三年秋旱蝗

按南史宋文帝本紀元嘉三年秋蝗

按宋書范泰傳泰進位侍中左光祿大夫國子祭酒領江夏王師特進如故上以泰先朝舊臣恩禮甚重以有脚疾起居艱難宴見之日特聽乘輿到坐累陳時事上每優容之其年秋旱蝗又上表曰陛下昧旦丕顯求民之瘼明斷庶獄無倦政事理出羣心澤謠民口百姓翕然皆自以爲遇其時也災變雖小要有以致之守宰之失臣所不能究上天之譴臣所不敢誣有蝗之處縣官多課民捕之無益於枯苗有傷於殺害臣聞桑穀時亡無假斤斧楚昭仁愛不禁自瘳卓茂去無知之蟲宋均囚有翼之虎蝗生有由非所宜殺石不能言星不自隕春秋之旨所宜詳察禮婦人有三從之義而無自專之道周書父子兄弟罪不相及女人被宥由來上矣謝晦婦女尤在上方始貴後賤物情之所甚苦匹婦一室亦能有所感激臣於謝氏不容有情蒙國重恩寢處思報伏度聖心已當有在禮春夏教詩無一而闕也臣近侍坐聞立學當在入年陛下經略粗建意存民食入年則農功興農功興則田里闕入秋治庠序入冬集遠生二塗並行事不相害夫事多以淹稽爲戒不遠爲患任臣學官竟無微績徒墜天施無情自處臣之區區不望目覩盛化竊慕子囊城郢之心庶免茍偃不瞑之恨臣比陳愚見便是都無可採徒煩天聽愧怍反側書奏上乃原謝晦婦女

梁

武帝大同　年大蝗

按梁書武帝本紀不載　按隋書五行志梁大同初大蝗籬門松柏葉皆盡洪範五行傳曰介蟲之孽也與魚同占京房易飛候曰食祿不益聖化天視以蟲蟲無益於人而食萬物也是時公卿皆以虛澹爲美不親職事無益食物之應也

北魏

高宗興安元年蝗

按魏書高宗本紀興安元年十有二月癸亥詔以營州蝗開倉賑恤

興光三年蝗

按北史魏文成帝本紀興光三年十二月州鎮五蝗百姓饑使開倉賑給之

太安三年蝗

按魏書高宗本紀太安三年十有二月以州鎮五蝗民饑使使者開倉以賑之

和平五年蟲爲災

按北史魏文成帝本紀和平五年二月詔以州鎮十四去歲蟲水開倉賑恤

高祖太和元年蝗

按魏書高祖本紀太和元年十有二月丁未詔以州郡八蝗民饑開倉賑恤

太和二年蝗

按魏書高祖本紀二年夏四月京師蝗甲辰祈天災於北苑親自禮焉減膳避正殿丙午澍雨大洽曲赦

京師

太和五年蝗

按魏書高祖本紀不載　按靈徵志五年七月敦煌鎭蝗秋稼略盡

太和六年蝗

按魏書高祖本紀不載　按靈徵志六年七月青雍二州虸蚄害稼八月徐東徐兗濟平豫光七州平原枋頭廣阿臨濟四鎭蝗害稼

太和七年蝗

按魏書高祖本紀不載　按靈徵志七年四月相豫二州蝗害稼

太和八年蝗虸蚄害稼

按魏書高祖本紀不載　按靈徵志八年三月冀州相三州虸蚄害稼四月濟光幽肆雍齊平七州蝗六月乙巳相齊光青四州虸蚄害稼

太和十六年蝗

按魏書高祖本紀不載　按靈徵志十六年十月癸巳枹罕鎭蝗害稼

世宗景明元年虸蚄生

按魏書世宗本紀不載　按靈徵志景明元年五月青齊徐兗光南青六州虸蚄害稼

景明四年蝗螟虸蚄生

按魏書世宗本紀不載　按靈徵志四年三月壬午河州大螟二麥無遺五月光州虸蚄害稼六月河州大蝗七月東萊郡虸蚄害稼

正始元年蝗

按魏書世宗本紀不載　按靈徵志正始元年六月夏司二州蝗害稼

正始四年蝗虸蚄生

按魏書世宗本紀不載　按靈徵志四年八月涇州蝗蟲河州虸蚄涼州司州恆農郡蝗蟲並爲災

永平元年蝗

按魏書世宗本紀不載　按靈徵志永平元年六月己巳涼州蝗害稼

延昌元年蝗虸蚄生

按魏書世宗本紀不載　按靈徵志五年（是年四月改元延昌）七月蝗蟲京師虸蚄八月青齊光三州虸蚄害稼三分食二

肅宗熙平元年虸蚄生

按魏書肅宗本紀不載　按靈徵志熙平元年六月青齊光南青四州虸蚄害稼

北齊

文宣帝天保八年大蝗

按北齊書文宣帝本紀天保八年自夏至九月河北六州河南十二州畿內八郡大蝗是月飛至京師蔽日聲如風雨甲辰詔今年遭蝗之處免租

按隋書五行志天保八年河北六州河南十二州蝗畿人皆祭之帝問魏尹丞崔叔瓚曰何故蟲叔瓚對曰五行志云土功不時則蝗蟲爲災今外築長城內修三臺故致災也帝大怒毆其頰擢其髮溷中物塗其頭役者不止九年山東又蝗十年幽州大蝗洪範五行傳曰刑罰暴虐貪饕不厭興師動衆輒修城邑而失衆心則蟲爲災是時帝用刑暴虐勞役不止之應也

天保九年大蝗

按北齊書文宣本紀九年四月山東大蝗差夫役捕而坑之

北周

武帝建德二年大蝗

按周書武帝本紀建德二年八月丙午關內大蝗

隋

文帝開皇十六年大蝗

按隋書文帝本紀開皇十六年六月幷州大蝗　按五行志開皇十六年幷州蝗時秦孝王俊裒刻百姓盛修邸第後竟獲譴死

唐

高祖武德六年蝗

按唐書高祖本紀不載　按五行志武德六年夏州蝗蝗之殘民若無功而祿者然皆貪撓之所生先儒以爲人主失禮煩苛則旱魚螺變爲蟲蝗故以屬魚孽

太宗貞觀二年蝗

按唐書太宗本紀貞觀二年三月庚午以旱蝗責躬大赦　按五行志貞觀二年六月京畿旱蝗太宗在苑中掇蝗祝之曰人以穀爲命百姓有過在予一人但當蝕我無害百姓將呑之侍臣懼帝致疾遽以爲諫帝曰所冀移災朕躬何疾之避遂呑之是歲蝗不爲災

貞觀三年蝗

按唐書太宗本紀不載　按五行志三年五月徐州蝗秋德戴廓等州蝗

貞觀四年蝗

按唐書太宗本紀不載　按五行志四年秋觀兗遼等州蝗

貞觀二十一年蝗

按唐書太宗本紀不載　按五行志二十一年八月萊州螟渠泉二州蝗

高宗永徽元年蝗

按唐書高宗本紀不載　按五行志永徽元年夔絳雍同等州蝗

永淳元年大蝗

按唐書高宗本紀永淳元年六月大蝗人相食　按五行志永淳元年三月京畿蝗無麥苗六月雍岐隴等州蝗

中宗嗣聖十年即武后長壽二年蝗

按唐書武后本紀不載　按五行志長壽二年台建等州蝗

元宗開元三年蝗

按唐書元宗本紀不載　按五行志開元三年七月河南河北蝗

開元四年大蝗

按唐書元宗本紀不載　按五行志四年夏山東蝗蝕稼聲如風雨　按姚崇傳開元四年山東大蝗民祭且拜坐視食苗不敢捕崇奏詩云秉彼蟊賊付畀炎火漢光武詔曰勉順時政勸督農桑去彼螟蜮以及蟊賊此除蝗詔也且蝗畏人易驅又田皆有主使自救其地必不憚勤請夜設火坎其旁且焚且瘞乃可盡古有討除不勝者特人不用命耳乃出御史爲捕蝗使分道殺蝗汴州刺史倪若水上言除天災者當以德昔劉聰除蝗不克而害愈甚拒御史不應命崇移書誚之曰聰僞主德不勝妖今妖不勝德古者良守蝗避其境謂脩德可免彼將無德致然乎今坐視食苗忍而不救因以無年刺史其謂何若水懼乃縱捕得蝗十四萬石時議者喧嘩帝疑復以問崇對曰庸儒泥文不知變事固有違經而合道反道而適權者昔魏世山東蝗小忍不除至人相食後秦有蝗草木皆盡牛馬至相噉毛今飛蝗所在充滿加復蕃息且河南河北家無宿藏一不獲則流離安危繫之且討蝗縱不能盡不愈於養以遺患乎帝然之黃門監盧懷慎曰凡天災安可以人力制也且殺蟲多必戾和氣願公思之崇曰昔楚王吞蛭而厥疾瘳叔敖斷蛇福乃降今蝗幸可驅若縱之穀且盡如百姓何殺蟲救人禍歸於崇不以諉公也蝗害訖息　按傳信記開元初山東大蝗姚元崇請分遣使捕蝗埋之上曰蝗天災也誠由不德而致焉卿請捕蝗得無違而傷義乎元崇進曰臣聞大田詩曰秉畀炎火者捕蝗之術也古人行之於前陛下用之於後古人行之所以安農陛下行之所以除害臣聞安農非傷義也農安則物豐除害則人豐樂興農去害有國之大事也幸陛下熟思之上喜曰事既師古用可救時是朕心也遂行之時中外咸以爲不可上謂左右曰吾與賢相討論已定捕蝗之事敢議者死是歲所司結奏捕蝗蟲九百餘萬石時無饑饉天下賴焉

開元二十二年虸蚄生

按唐書元宗本紀不載　按五行志二十二年八月榆關虸蚄蟲害稼入平州界有羣雀來食之一日而盡

開元二十五年蝗

按唐書元宗本紀不載　按五行志二十五年貝州蝗有白鳥數千萬羣飛食之一夕而盡禾稼不傷

開元二十六年虸蚄生

按唐書元宗本紀不載　按五行志二十六年榆關虸蚄蟲害稼羣雀來食之

代宗廣德元年虸蚄生

按唐書代宗本紀不載　按五行志廣德元年秋虸蚄蟲害稼關中尤甚米斗千錢

廣德二年蝗

按唐書代宗本紀不載　按五行志二年秋蝗關輔尤甚米斗千錢

德宗興元元年螟蝗

按唐書德宗本紀不載　按五行志興元元年秋螟蝗自山而東際於海晦天蔽野草木葉皆盡

貞元元年蝗

按唐書德宗本紀不載　按五行志貞元元年夏蝗東自海西盡河隴羣飛蔽天旬日不息所至草木葉及畜毛靡有孑遺餓殣枕道民蒸蝗曝颺去翅足而食之

順宗永貞元年秋陳州蝗

按唐書順宗本紀不載　按五行志云云

憲宗元和元年蝗

按唐書憲宗本紀不載　按五行志元和元年夏鎮冀等州蝗

穆宗長慶三年螟蝗

按唐書穆宗本紀不載　按五行志長慶三年秋洪州螟蝗害稼八萬頃

長慶四年虸蚄生

按唐書穆宗本紀不載　按五行志四年絳州虸蚄蟲害稼

文宗太和元年虸蚄生

按唐書文宗本紀不載　按五行志太和元年河東同虢等州虸蚄蟲害稼

開成元年蝗

按唐書文宗本紀不載　按五行志開成元年夏鎮州河中蝗害稼

開成二年蝗

按唐書文宗本紀不載　按五行志二年六月魏博昭義淄青滄州兗海河南蝗

開成三年蝗

按唐書文宗本紀不載　按五行志三年秋河南河北鎮定等州蝗草木葉皆盡

開成五年螟蝗

按唐書文宗本紀不載　按五行志五年夏幽魏博鄆曹濮滄齊德淄青兗海河陽淮南虢陳許汝等州螟蝗害稼占曰國多邪人朝無忠臣居位食祿如蟲與民爭食故比年蟲蝗

武宗會昌元年蝗

按唐書武宗本紀不載　按五行志會昌元年七月關東山南鄧唐等州蝗

宣宗大中八年蝗

按唐書宣宗本紀不載　按五行志八年七月劍南東川蝗

懿宗咸通三年蝗

按唐書懿宗本紀不載　按五行志咸通三年六月淮南河南蝗

咸通六年蝗

按唐書懿宗本紀不載　按五行志六年八月東都同華陝虢等州蝗

咸通七年蝗

按唐書懿宗本紀不載　按五行志七年夏東都同華陝虢及京畿蝗

咸通九年蝗

按唐書懿宗本紀不載　按五行志九年江淮關內及東都蝗

咸通十年蝗

按唐書懿宗本紀咸通十年六月戊戌以蝗理囚

按五行志十年夏陝虢等州蝗不絀無德虐取于民之罰

按冊府元龜咸通十年六月戊戌制曰動天地者莫若精誠致和平者莫若修政朕顧惟庸昧託於王公之上於茲十一年矣祇荷丕搆寅畏小心慕唐堯之欽若昊天遵周王之昭事上帝念茲夙夜靡替虔恭同馭朽之憂勤思納隍之軫慮內戒奢靡外罷畋遊匪敢期於雍熙祈自得於清淨上望寰區無事稼穡有年而燭理不明涉道惟淺氣多湮鬱誠未感通旱暵是虞蟲螟爲害蠻蜓未賓於遐裔寇盜復竊於中原尚駕戎車益調兵食俾黎元之重困每宵旰而忘安今盛夏驕陽時雨久曠憂勤烝庶旦夕焦勞內修香火以虔祈外罄牲玉以精禱仰俟元貺必致甘滋而油雲未興秋稼闕望覩茲愆亢軫於誠懷復慮暴政煩刑強官酷吏侵漁蓁藁陷害孤煢致有冤抑之人搆成災沴之氣主守長吏無忘奉公伐叛興師蓋非獲已除姦討逆必使當辜苟或陷及平人自然風雨愆候凡行營將帥切在審詳昭示惻憫之心敬聽勤卹之旨應京城天下諸州府見禁囚徒除十惡五逆官典犯贓故意殺人合造毒藥光火持杖開劫墳墓及關連徐州逆黨外並宜量罪輕重速令決遣無久繫留雷雨不周田疇方瘁誠宜愍物以示好生其京城未降雨間宜令坊市權斷屠宰昨陝虢中使迴方知蝗旱有損處諸道長吏分憂共理宜各推公共思濟物界內有饑歉切在慰安哀此烝人無俾艱食徐方寇孽未殄師旅有征凡合誅鋤審分淑慝無令脅從橫死元惡偷生宜申告代之文使知逆順之理於戲每思禹湯之罪己其庶成康之措刑孰謂德信未孚教化猶梗咨爾多士毗予一人既引過在躬亦漸幾於理布告中外稱朕意焉

僖宗乾符二年蝗

按唐書僖宗本紀乾符二年七月以蝗避正殿減膳

按五行志乾符二年蝗自東而西蔽天

光啓元年蝗

按唐書僖宗本紀不載　按五行志光啓元年秋蝗自東方來羣飛蔽天

光啓二年蝗

按唐書僖宗本紀不載　按五行志二年荊襄蝗米

斗錢三千人相食淮南蝗自西來行而不飛浮水緣城入揚州府署竹樹幢節一夕如翦幡幟畫像皆齧去其首撲不能止旬日自相食盡

按冊府元龜高駢爲淮南節度使光啓二年七月有蝗行而不飛自郭西浮濠水緣城而入飛至駢道院之中驅撲不止凡松竹之屬一夕如翦所懸畫像皆齧去其頭數日之後又相食啗

後唐

明宗天成三年（即吳越寶正三年）吳越蝗

按五代史唐明宗本紀不載　按十國春秋吳越武肅王世家寶正三年夏六月大旱有蝗蔽日而飛晝爲之黑庭戶衣帳悉充塞王親祀於都會堂是夕大蝗墜浙江而死

長興三年（即吳太和四年）蝗

按五代史唐明宗本紀不載　按十國春秋吳睿帝本紀太和四年鍾山之陽積飛蝗尺餘厚有數千僧白晝聚首啗之盡

後晉

高祖天福五年（即後蜀廣政四年）蜀蝗

按五代史晉高祖本紀不載　按十國春秋後蜀後主本紀廣政四年夏四月蝗

天福七年（即南唐昇元六年）蝗

按五代史晉高祖本紀不載　按陸游南唐書烈祖本紀昇元六年六月大蝗自淮北蔽空而至辛巳命州縣捕蝗瘞之

出帝天福八年大蝗

按五代史晉出帝本紀天福八年夏四月供奉官張福率威順軍捕蝗於陳州五月泰寧軍節度使安審信捕蝗於中都甲辰以旱蝗大赦六月庚戌祭蝗於皋門癸亥供奉官七人帥奉國軍捕蝗於京畿秋七月甲辰供奉官李漢超帥奉國軍捕蝗於京畿八月丁未朔募民捕蝗易以粟

按冊府元龜天福八年六月庚戌宣差侍衛馬軍都指揮使李守貞以蝗爲害往皋門村祭告丁巳宣遣供奉官衛延韜嵩山投龍祈雨壬戌宣供奉官朱彥威等七人各部領奉國兵士於封丘長垣陽武浚儀酸棗中牟開封等縣捕蝗

後周

太祖廣順三年（即元宗保大十一年）蝗

按五代史周太祖本紀不載　按陸游南唐書元宗本紀保大十一年夏六月旱蝗民饑流入周境

遼

聖宗統和元年蝗

按遼史聖宗本紀統和元年九月癸丑朔以東京平州旱蝗詔振之

開泰六年蝗

按遼史聖宗本紀開泰六年六月南京諸縣蝗

道宗淸寧二年蝗蝻

按遼史道宗本紀淸寧二年六月乙亥中京蝗蝻爲災

咸雍三年南京蝗

按遼史道宗本紀云云

咸雍九年蝗

按遼史道宗本紀九年秋七月丙寅南京奏歸義淶水兩縣蝗飛入宋境餘爲蜂所食

太康二年蝗

按遼史道宗本紀太康二年九月戊午以南京蝗免明年租稅

太康三年蝝

按遼史道宗本紀三年五月丙辰玉田安次蝝傷稼

太康七年蝗

按遼史道宗本紀七年夏五月癸丑有司奏永淸武淸固安三縣蝗

太安四年蝗

按遼史道宗本紀太安四年六月庚辰有司奏宛平永淸蝗爲飛鳥所食

天祚帝乾統四年蝗

按遼史天祚帝本紀乾統四年七月南京蝗

宋

太祖建隆元年七月澶州蝗

按宋史太祖本紀不載　按五行志云云

建隆二年蝗

按宋史太祖本紀不載　按五行志建隆二年五月范縣蝗九月渭南縣虸蚄蟲傷稼

按十國春秋後蜀後主本紀廣政二十四年（即太祖建隆二年）自春至於夏無雨螟蝗見成都

建隆三年蝻蝝

按宋史太祖本紀建隆三年秋七月癸未兗濟德磁洺五州蝝　按五行志建隆三年七月深州蝻蟲生

乾德元年蝗

按宋史太祖本紀乾德元年六月己亥澶濮曹絳蝗

命以牢祭　按五行志建隆四年（即乾德元年）七月懷州
蝗生
乾德二年蝗蝻
按宋史太祖本紀二年六月辛未河南北及秦諸州
蝗惟趙州不食稼　按五行志二年四月相州蝻蟲
食桑五月昭慶縣有蝗東西四十里南北二十里是
時河北河南陝西諸州有蝗
乾德六年虸蚄生
按宋史太祖本紀不載　按五行志六年七月階州
虸蚄蟲生
開寶二年蝗
按宋史太祖本紀不載　按五行志開寶二年八月
冀磁二州蝗
太宗太平興國二年蝻
按宋史太宗本紀太平興國二年八月鉅鹿步蝻生
　按五行志太平興國二年閏七月衞州蝻蟲生
太平興國五年虸蚄生
按宋史太宗本紀五年秋七月庚申虸蚄生　按五
行志五年七月濰州虸蚄蟲生食稼殆盡
太平興國六年蝗
按宋史太宗本紀六年七月宋州蝗
太平興國七年蝗蝻虸蚄生
按宋史太宗本紀七年三月北陽縣蝗飛鳥數萬食
之盡五月陝州蝗秋七月陽穀縣蝗九月甲寅邠州
蝗　按五行志七年四月北陽縣蝻蟲生有飛鳥食
之盡滑州蝻蟲生是月大名府陝州陳州蝗七月陽
穀縣蝻蟲生九月邠州虸蚄蟲生食稼

雍熙三年蝗
按宋史太宗本紀雍熙三年濮山蝗　按五行志雍
熙三年七月鄄城縣有蛾蝗自死
端拱二年虸蚄生
按宋史太宗本紀不載　按五行志端拱二年七月
施州虸蚄蟲生害稼
淳化元年蝗
按宋史太宗本紀淳化元年曹單二州有蝗不爲災
按五行志淳化元年七月淄澶濮州乾寧軍有蝗滄
州蝗蝻蟲食苗棣州飛蝗自北來害稼
淳化二年蝗
按宋史太宗本紀二年閏二月鄄城縣蝗三月己巳
以歲蝗禱雨不應詔宰相呂蒙正等朕將自焚以答
天譴翊日而雨蝗盡死六月楚丘鄄城淄川三縣蝗
秋七月乾寧軍蝗
淳化三年蝗
按宋史太宗本紀三年六月甲申飛蝗自東北來蔽
天經西南而去是夕大雨蝗盡死秋七月許汝兗單
滄蔡齊貝八州蝗　按五行志三年六月甲申京師
有蝗起東北趣至西南蔽空如雲翳日七月貝許滄
沂蔡汝商兗單等州淮揚軍平定彭城軍蝗蛾抱草
自死　按本紀六月丁丑大風晝晦京師疫解戊寅
慮囚甲申飛蝗自東北來蔽天經西南而去是夕大
雨蝗盡死
至道二年蝗
按宋史太宗本紀至道二年六月亳州蝗秋七月穀
熟縣許宿齊三州蝗抱草死八月辛丑密州言蝗不

爲災　按五行志至道二年六月亳州宿密州蝗生
食苗七月長葛陽翟二縣有蝻蟲食苗歷城長淸等
縣有蝗
至道三年蝻
按宋史太宗本紀不載　按五行志三年七月單州
蝻蟲生
眞宗景德元年蝗螟
按宋史眞宗本紀景德元年陝濱棣州蝗害稼命使
振之　按五行志景德元年八月陝濱棣州蟲螟害
稼
景德二年蝻生
按宋史眞宗本紀二年京東蝻生
景德三年蝝
按宋史眞宗本紀不載　按五行志三年八月德博
蝝生
景德四年蝗
按宋史眞宗本紀四年宛丘東阿須城縣蝗不爲災
大中祥符二年蝻
按宋史眞宗本紀不載　按五行志大中祥符二年
五月雄州蝻蟲食苗
大中祥符三年蝻
按宋史眞宗本紀不載　按五行志三年六月開封
府尉氏縣蝻蟲生
大中祥符四年蝗虸蚄生
按宋史眞宗本紀四年畿內蝗八月兗州虸蚄蟲不
爲災　按五行志四年六月祥符縣蝗七月河南府
及京東蝗生食苗葉八月開封府祥符咸平中牟陳

留雍丘封丘六縣蝗兗州蝦蛄蟲生有蟲青色隨齧之化爲水

大中祥符六年蝦蛄生

按宋史眞宗本紀不載　按五行志六年九月陝西同華等州蝦蛄蟲食苗

大中祥符九年蝗

按宋史眞宗本紀九年六月癸未京畿蝗秋七月丙辰開封府祥符縣蝗附草死者數里癸亥以畿內蝗下詔戒郡縣八月磁華瀛博等州蝗不爲災九月甲寅督諸路捕蝗戊辰靑州飛蝗赴海死積海岸百餘里　按五行志九年六月京畿京東西河北路蝗蝻繼生彌覆郊野食民田殆盡入公私廬舍七月辛亥過京師羣飛翳空延至江淮南趣河東及霜寒始斃

按王文正筆錄大中祥符九年秋稼將登郡縣頗云蝗蟲爲災一日眞宗皇帝坐便殿閣中御晚膳左右聲言飛蝗且至上起至軒仰視則連雲翳日莫見其際帝默然坐意甚不安命徹匕筯自是遂不豫

天禧元年蝗

按宋史眞宗本紀天禧元年五月諸路蝗食苗詔遣內外分捕仍命使安撫六月戊寅陝西江淮南蝗並言自死九月戊申以蝗罷秋宴是歲諸路蝗　按五行志天禧元年二月開封府京東西河北河東陝西兩浙荆湖百三十州軍蝗蝻復生多去歲蟄者和州蝗生卵如稻粒而細六月江淮大風多吹蝗入江海或抱草木僵死

天禧二年蝻

按宋史眞宗本紀二年四月江淮軍蝻不爲災

仁宗天聖五年蝗蝦蛄生

按宋史仁宗本紀天聖五年十一月丁酉朔以陝西蝗減其民租賦是歲京兆府邢洺州蝗蝦蛄蟲食苗　按五行志天聖五年七月丙午邢洺州蝗甲寅趙州蝗十一月丁酉朔京兆府旱蝗

天聖六年蝗

按宋史仁宗本紀不載　按五行志六年五月乙卯河北京東蝗

明道二年蝗

按宋史仁宗本紀明道二年畿內京東西河北河東陝西蝗

景祐元年蝗

按宋史仁宗本紀景祐元年開封府淄州蝗　按五行志景祐元年六月開封府淄州蝗諸路募民掘蝗種萬餘石

寶元二年蝗

按宋史仁宗本紀寶元二年曹濮單州蝗

皇祐五年蝗

按宋史仁宗本紀皇祐五年九月丁巳詔以蝗令監司論親民官上民間利害　按五行志皇祐五年建康府蝗

神宗熙寧元年蝗

按宋史神宗本紀不載　按五行志熙寧元年秀州蝗

熙寧五年河北大蝗

按宋史神宗本紀不載　按五行志云云

熙寧六年蝗

按宋史神宗本紀不載　按五行志六年四月河北諸路蝗是歲江寧府飛蝗自江北來

熙寧七年蝗

按宋史神宗本紀七年秋七月癸亥詔河北兩路捕蝗又詔開府淮南提點提舉司檢覆蝗旱以米十五萬石振河北西路災傷　按五行志七年夏開封府界及河北路蝗七月咸平縣鸜鵒食蝗

熙寧八年蝗

按宋史神宗本紀八年八月癸巳募民捕蝗易粟苗損者償之仍復其賦　按五行志八年八月淮西蝗陳潁州蔽野

熙寧九年蝗蝻蝦蛄生

按宋史神宗本紀九年秋七月庚申關以西蝗蝻蝦蛄生　按五行志九年夏開封府畿京東河北陝西蝗

熙寧十年蝗

按宋史神宗本紀十年三月壬申詔州縣捕蝗

元豐四年蝗

按宋史神宗本紀元豐四年六月戊午河北諸郡蝗生癸未令提點開封府界諸縣公事楊景略提舉開封府界常平等事王得臣督諸縣捕蝗　按五行志元豐四年六月河北蝗秋開封府界蝗

元豐五年蝗

按宋史神宗本紀不載　按五行志五年夏蝗

元豐六年蝗

按宋史神宗本紀不載　按五行志六年夏蝗五月沂州蝗

哲宗元符元年蝗
按宋史哲宗本紀不載　按五行志元符元年八月
高郵軍蝗抱草死
徽宗建中靖國元年蝗
按宋史徽宗本紀建中靖國元年京畿蝗
崇寧元年蝗
按宋史徽宗本紀崇寧元年京畿京東河北淮南蝗
按五行志崇寧元年夏開封府界京東河北淮南
等路蝗
崇寧二年蝗
按宋史徽宗本紀二年諸路蝗　按五行志二年諸
路蝗令有司酺祭
崇寧三年蝗
按宋史徽宗本紀三年諸路蝗
崇寧四年蝗
按宋史徽宗本紀不載　按五行志三年四年連歲
大蝗其飛蔽日來自山東及府界河北尤甚
宣和三年蝗
按宋史徽宗本紀宣和三年諸路蝗
宣和五年蝗
按宋史徽宗本紀不載　按五行志云云
高宗建炎二年蝗
按宋史高宗本紀建炎二年六月京畿淮甸蝗秋七
月辛丑夏旱蝗詔監司郡守條上闕政州郡災甚者
蠲田賦
建炎三年蝗
按宋史高宗本紀不載　按五行志三年六月淮甸
大蝗八月庚午令長吏修酺祭
紹興二十九年蝗螟
按宋史高宗本紀紹興二十九年九月蠲江浙蝗潦
州縣租　按五行志紹興二十九年七月盱眙軍楚
州金界三十里蝗爲風所墮風止復飛還淮北秋浙
東江東西郡縣螟
紹興三十年螟蝝
按宋史高宗本紀不載　按五行志三十年十月江
浙郡國螟蝝
紹興三十二年孝宗即位蝗
按宋史孝宗本紀三十二年五月即位癸巳蝗　按
五行志三十二年六月江東淮南北郡縣蝗飛入湖
州境聲如風雨自癸巳至於七月丙申徧於畿縣餘
杭仁和錢塘皆蝗丙午蝗入京城八月山東大蝗癸
丑頒祭酺禮式
孝宗隆興元年蝗螟
按宋史孝宗本紀隆興元年秋七月乙巳以蝗詔侍
從臺諫兩省官條上時政闕失八月丙子以飛蝗爲
災避殿減膳是歲以兩浙蝗悉蠲其租　按五行志
隆興元年七月大蝗八月壬申癸酉飛蝗過都蔽天
日徽宣湖三州及浙東郡縣害稼京東大蝗襄隨尤
甚民爲乏食　又按志隆興元年秋浙東西郡國螟
害穀紹興府湖州爲甚
隆興二年蝗
按宋史孝宗本紀二年五月蝗　按五行志二年夏
餘杭縣蝗
乾道元年蝗
按宋史孝宗本紀乾道元年六月壬辰淮南轉運判
官姚岳言境內飛蝗自死　按五行志乾道元年六
月淮西蝗憲臣姚岳貢死蝗爲瑞以佞坐黜
乾道三年蝗螟螣
按宋史孝宗本紀三年江東西湖南北路蝗振之
按五行志三年八月江東郡縣螟螣淮浙諸路多言
青蟲食穀穗
乾道六年螟
按宋史孝宗本紀不載　按五行志六年秋浙西江
東螟爲害
淳熙二年螟
按宋史孝宗本紀不載　按五行志淳熙二年秋浙
江淮郡縣螟
淳熙三年蝗
按宋史孝宗本紀不載　按五行志三年八月淮北
飛蝗入楚州盱眙軍界如風雷者逾時遇大雨皆死
稼用不害
淳熙四年螟
按宋史孝宗本紀不載　按五行志四年秋盱州螟
淳熙五年螟螣
按宋史孝宗本紀不載　按五行志五年盱州荐有
螟螣
淳熙七年螟
按宋史孝宗本紀不載　按五行志七年秋永州螟
淳熙八年蝗螟
按宋史孝宗本紀八年秋七月乙巳以旱蝗詔侍從
臺諫兩省官條上時政闕失八月丙子以飛蝗爲災

避殿減膳罷借諸路職田之令　按五行志八年秋
江州螟
淳熙九年蝗
按宋史孝宗本紀九年六月臨安府蝗詔守臣亟加
焚瘞八月淮東浙西蝗壬子定諸州官捕蝗之罰
按五行志九年六月全椒歷陽烏江縣蝗乙卯飛蝗
過都遇大雨墜仁和縣界七月淮甸大蝗眞揚泰州
窨撲蝗五千斛餘郡或日捕數十車羣飛絕江墜鎭
江府皆害稼
淳熙十年蝗
按宋史孝宗本紀十年春正月丁丑命州縣掘蝗
按五行志十年六月蝗遺種於淮浙害稼
淳熙十四年蝗螟
按宋史孝宗本紀十四年七月丙辰命臨安府捕蝗
按五行志十四年秋江州興國軍螟
淳熙十六年螟
按宋史孝宗本紀不載　按五行志十六年秋溫州
螟
光宗紹熙二年蝗
按宋史光宗本紀不載　按五行志紹熙二年七月
高郵縣蝗至於泰州
紹熙五年蝗
按宋史光宗本紀不載　按五行志五年八月楚和
州蝗
寧宗慶元三年螟
按宋史寧宗本紀不載　按五行志慶元三年秋浙
東蕭山山陰縣婺浙西富陽鹽官淳安永興縣嘉興
府皆螟
嘉泰二年蝗
按宋史寧宗本紀不載　按五行志嘉泰二年浙西
諸縣大蝗自丹陽入武進若烟霧蔽天其墮亘十餘
里常之三縣捕八千餘石湖之長興捕數百石時浙
東近郡亦蝗
開禧三年蝗
按宋史寧宗本紀開禧三年浙西蝗　按五行志開
禧三年夏秋久旱大蝗羣飛蔽天浙西豆粟皆旣于
蝗
嘉定元年蝗
按宋史寧宗本紀嘉定元年五月乙丑以飛蝗爲災
減常膳六月乙酉以蝗禱於天地社稷秋七月壬戌
以飛蝗爲災詔三省疏奏寬恤未盡之事　按五行
志嘉定元年五月浙江大蝗六月乙酉有事於圜丘
方澤且祭酺七月又酺頒酺式於郡縣
嘉定二年蝗
按宋史寧宗本紀二年夏四月乙丑詔諸路監司督
州縣捕蝗五月辛丑命州縣捕蝗是歲諸路蝗　按
五行志二年四月蝗五月丁酉令諸郡修酺祀六月
辛未飛蝗入畿縣
嘉定三年蝗
按宋史寧宗本紀三年八月臨安府蝗
嘉定七年蝗
按宋史寧宗本紀不載　按五行志七年六月浙江
郡蝗
嘉定八年蝗
按宋史寧宗本紀八年兩浙江東西路旱蝗　按禮
志嘉定八年八月蝗禱於霍山　按五行志八年四
月飛蝗越淮而南江淮郡蝗食禾苗山林草木皆盡
乙卯飛蝗入畿縣己亥祭酺令郡有蝗者如式以祭
自夏徂秋諸道捕蝗者以千百石計饑民競捕官出
粟易之
嘉定九年蝗
按宋史寧宗本紀不載　按禮志九年六月蝗禱羣
祀　按五行志九年五月浙東蝗丁巳令郡國酺祭
是歲薦饑官以粟易蝗者千百斛
嘉定十年蝗
按宋史寧宗本紀不載　按五行志十年四月楚州
蝗
嘉定十四年螣
按宋史寧宗本紀不載　按五行志十四年明台溫
婺衢螽螣爲災
嘉定十五年蝗
按宋史寧宗本紀不載　按五行志十五年秋贛州
螟
嘉定十六年螟
按宋史寧宗本紀不載　按五行志十六年永道州
螟
理宗紹定三年蝗
按宋史理宗本紀不載　按五行志紹定三年福建
蝗
端平元年螟蝗
按宋史理宗本紀端平元年五月太平州螟　按五

行志端平元年五月當塗縣蝗

嘉熙四年蝗

按宋史理宗本紀嘉熙四年六月甲午朔江浙福建蝗秋七月乙丑詔今夏六月愆陽飛蝗爲孽朕德未修民瘼尤甚中外臣僚其直言闕失毋隱

淳祐二年蝗

按宋史理宗本紀不載　按五行志淳祐二年五月兩淮蝗

景定三年蝗

按宋史理宗本紀不載　按五行志景定三年兩浙蝗

欽定古今圖書集成曆象彙編庶徵典

第一百八十一卷目錄

蝗災部彙考四

庶徵典第一百八十一卷

蝗災部彙考四

金

太宗天會二年蝗

按金史太宗本紀不載　按續文獻通考天會二年曷懶移鹿古水霖雨害稼且爲蝗所食

熙宗皇統元年秋蝗

按金史熙宗本紀云云

皇統二年蝗

按金史熙宗本紀皇統二年七月北京廣寧府蝗

海陵正隆二年蝗

按金史海陵本紀正隆二年秋中都山東河東蝗

按五行志正隆二年六月壬辰蝗飛入京師

正隆三年蝗

按金史海陵本紀三年六月壬辰蝗入京師

世宗大定三年蝗

按金史世宗本紀大定三年三月丙申中都以南八路蝗詔尚書省遣官捕之五月中都蝗詔參知政事完顏守道按問大興府捕蝗官

大定四年蝗

按金史世宗本紀不載　按五行志四年八月中都南八路蝗飛入京畿

大定五年蝗

按續文獻通考時完顏宗寧爲歸德軍節度使督民捕蝗得死蝗一斗給粟一斗數日捕絕

按金史世宗本紀大定五年正月辛未詔中外復命有司旱蝗水溢之處與免租賦

大定十六年蝗

按金史世宗本紀不載　按五行志大定十六年中都河北山東陝西河東遼東等十路旱蝗

大定二十二年蝗

按金史世宗本紀不載　按五行志二十二年五月慶都蝗蝝生散漫十餘里一夕大風蝗皆不見

章宗明昌三年虸蚄生

按金史章宗本紀不載　按五行志明昌三年秋綏德虸蚄蟲生旱

泰和七年蝗

按金史章宗本紀泰和七年六月乙丑遣使捕蝗

按王維翰傳維翰爲行省左右司郎中泰和七年河南旱蝗詔維翰體究田禾分數以聞七月雨復詔維翰曰雨雖沾足秋種過時使多種蔬菜尤愈於荒萊也蝗蝻遺子如何可絕舊有蝗處來歲宜菽麥諭百姓使知之

泰和八年蝗

按金史章宗本紀泰和八年五月丁卯遣使分路捕蝗六月戊子飛蝗入京畿秋七月庚子詔更定蝗蟲生發坐罪法乙巳詔頒捕蝗圖於中外　按五行志八年四月甲午河南路蝗

貞祐三年蝗

按金史宣宗本紀貞祐三年夏四月丙申河南路蝗遣官分捕上諭宰臣曰朕在潛邸聞捕蝗者止及道傍使者不見處即不加意當以此意戒之

貞祐四年蝗

按金史宣宗本紀貞祐四年夏四月河南陝西蝗五月甲寅鳳翔及華汝等州蝗戊寅京兆同華鄧裕汝亳宿泗等州蝗六月丁未河南大蝗傷稼遣官分道捕之七月癸丑飛蝗過京師乙卯以旱蝗詔中外己未勅減尚食數品及後宮歲給縑帛有差　按五行志四年五月河南陝西大蝗鳳翔扶風岐山郿縣蝝傷麥七月旱癸丑飛蝗過京師

興定元年蝗

按金史宣宗本紀元年三月乙酉上宮中見蝗遣官分道督捕仍戒其勿以苛暴擾民

興定二年蝗
按金史宣宗本紀二年四月丁卯河南諸郡蝗五月丙子詔遣官督捕河南諸路蝗
哀宗正大三年蝗
按金史哀宗本紀正大三年夏四月己酉遣使捕蝗六月辛卯京東大雨雹蝗盡死

元

世祖中統三年蝗
按元史世祖本紀中統三年五月眞定順天邢州蝗
中統四年蝗
按元史世祖本紀四年六月壬子河間益都燕京眞定東平諸路蝗八月濱棣二州蝗
至元二年蝗
按元史世祖本紀至元二年七月辛酉益都大蝗饑命減價糶官粟以賑是歲西京北京益都眞定東平順德河間徐宿邳蝗
至元三年蝗
按元史世祖本紀三年東平濟南益都平灤眞定洺磁順天中都河間北京蝗
至元四年蝗
按元史世祖本紀四年山東河南北諸路蝗
至元五年蝗
按元史世祖本紀五年六月戊申東平等處蝗
至元六年蝗
按元史世祖本紀六年六月丁亥河南河北山東諸郡蝗
至元七年蝗
按元史世祖本紀七年三月戊午益都登萊蝗五月壬戌大名東平等路桑蠶皆災南京河南等路蝗減今年銀絲十之三十月南京河南兩路蝗
至元八年蝗
按元史世祖本紀八年六月甲午上都中都河間濟南淄萊眞定衛輝洺磁順德大名河南南京彰德益都順天懷孟平陽歸德諸州縣蝗　按五行志八年六月遼州和順縣解州聞喜縣虸蚄生
至元十五年蝗
按元史世祖本紀十五年七月甲戌申濮州蝗
至元十六年蝗
按元史世祖本紀十六年四月大都等十六路蝗六月丙戌左右衞屯田蝗蝻生
至元十七年蝗
按元史世祖本紀十七年五月辛酉眞定咸平忻州漣海邳宿諸州郡蝗
至元十八年蝗蟊
按元史世祖本紀十八年是歲夏津武城等縣蟊害稼並免今年租
至元二十二年蝗
按元史世祖本紀二十二年七月戊寅京師蝗
至元二十三年蝻
按元史世祖本紀二十三年五月辛卯霸州漷州蝻生
至元二十四年虸蚄生
按元史世祖本紀二十四年鞏昌虸蚄爲災
至元二十五年蝗
按元史世祖本紀二十五年六月癸未資國富昌等一十六屯蝗害稼七月丙戌眞定汴梁路蝗八月丙子趙晉冀三州蝗
至元二十六年蝗
按元史世祖本紀二十六年七月甲午東平濟寧東昌益都眞定廣平歸德汴梁懷孟蝗
至元二十七年蝗螟
按元史世祖本紀二十七年四月癸巳河北十七郡蝗　按五行志二十七年四月婺州螟害稼雷雨大作螟盡死歲乃大稔
至元二十九年蝗
按元史世祖本紀二十九年閏六月丁酉東昌路蝗乙卯濟南般陽蝗八月丙午廣濟署屯田蝗
至元三十年蝗
按元史世祖本紀三十年六月壬子大興縣蝗九月辛巳登州蝗是歲眞定寧晉等處蝗
至元三十一年成宗即位蝗
按元史成宗本紀三十一年四月甲午即位六月東安州蝗
成宗元貞元年蝗螟
按元史成宗本紀元貞元年六月汴梁路蝗　按五行志元貞元年六月汴梁陳留太康考城等縣睢許等州蝗利州龍山縣蓋州明山縣螟
元貞二年蝗
按元史成宗本紀二年六月大都眞定保定太平常州鎭江紹興建康澧州岳州廬州汝寧龍陽州漢陽濟寧東平大名滑州德州蝗七月平陽大名歸德眞

定蝗八月德州彰德太原蝗　按五行志二年六月濟寧任城魚臺縣東平須城汶上縣開州長垣清豐縣德州齊河縣滑州大和州內黃縣蝗八月平陽大名歸德等郡蝗

大德元年蝗

按元史成宗本紀大德元年六月歸德徐邳州蝗

大德二年蝗

按元史成宗本紀二年二月丙子歸德等處蝗四月庚申江南山東浙江兩淮燕南屬縣百五十處蝗六月壬戌山東河南燕南山北五十處蝗山北遼東道大寧路金源縣蝗十二月揚州淮安兩路旱蝗

大德三年蝗

按元史成宗本紀三年五月江陵路蝗七月丙申揚州淮安屬縣蝗十月汴梁歸德隴陝蝗十一月己亥江陵路蝗　按五行志三年五月淮安屬縣蝗有鶖食之

大德四年蝗

按元史成宗本紀四年五月揚州南陽順德東昌歸德濟寧徐濠芍陂蝗

大德五年蝗

按元史成宗本紀五年七月癸亥廣平眞定蝗是歲汴梁歸德南陽鄧州唐州陳州和州襄陽汝寧高郵揚州常州蝗　按五行志五年六月順德路淇州蝗八月河南淮南睢等州新野江都興化等縣蝗

大德六年蝗

按元史成宗本紀六年四月庚寅眞定大名河間等路蝗五月丁巳揚州淮安路蝗七月辛酉大都諸縣及鎭江安豐濠州蝗　按五行志六年七月涿順固安三州及鍾離丹徒蝗

大德七年蝗

按元史成宗本紀七年五月乙卯東平益都濟南等路蝗六月大寧路蝗

大德八年蝗

按元史成宗本紀八年四月丁未益都臨朐德州齊河蝗六月丁酉益津蝗

大德九年蝗蝝

按元史成宗本紀九年六月甲午通泰靜海武清蝗八月涿州東安州河間嘉興蝗　按五行志九年八月良鄉南皮泗州天長等縣及東安海鹽等州蝗　又按志九年七月桂陽郡蝝

大德十年蝗

按元史成宗本紀十年四月眞定河間保定河南蝗五月丁亥大都眞定河間蝗六月壬戌龍興南康諸郡蝗

大德十一年武宗即位蝗

按元史武宗本紀十一年五月甲申即位是月眞定河間順德保定等郡蝗六月辛酉保定屬縣蝗七月德州蝗

武宗至大元年蝗蝝

按元史武宗本紀至大元年二月癸巳汝寧歸德二路蝗民饑五月甲申寧夏府水晉寧等處蝗東平東昌益都蝝六月保定眞定蝗八月揚州淮安蝗

至大二年蝗

按元史武宗本紀二年四月益都東平東昌濟寧河間順德廣平大名汴梁衛輝泰安高唐曹濮德陽滁高郵等處蝗六月霸州檀州涿州良鄉舒城歷陽合肥六安江寧句容溧水上元等處蝗七月濟南濟寧般陽曹濮德高唐河中解絳耀同華等州蝗八月己卯眞定保定河間順德廣平彰德大名衛輝懷孟汴梁等處蝗

至大三年蝗

按元史武宗本紀三年四月丙子鹽山寧津堂邑茌平陽穀高唐禹城等縣蝗五月合肥舒城歷陽蒙城霍丘懷寧等縣蝗七月己亥磁州威州諸縣旱蝗八月己巳汴梁懷孟衛輝彰德歸德汝寧南陽河南等路蝗　按五行志三年四月平原齊河七縣蝗七月饒陽元氏平棘滏陽元城無極等縣蝗

仁宗皇慶元年蝗

按元史仁宗本紀皇慶元年四月庚寅彰德安陽縣蝗

皇慶二年蝻蝗

按元史仁宗本紀二年五月辛丑檀州及獲鹿縣蝻七月丁巳興國屬縣蝗

延祐二年蝗

按元史仁宗本紀延祐二年九月丁未陝州諸縣蝗

延祐七年英宗即位蝗蝻

按元史英宗本紀延祐七年三月庚寅即位四月左衛屯田旱蝗六月丁丑益都蝗七月霸州及堂邑縣蝻

英宗至治元年蝗

按元史英宗本紀至治元年五月丁丑霸州蝗六月

戊戌衛輝汴梁等處蝗七月癸酉衛輝胙路城縣蝗壬午通許臨淮盱眙等縣蝗庚寅清池縣蝗八月丙午泰興江都等縣蝗十二月乙未寧海州蝗　按五行志至治元年七月江都泰興古城通許臨淮盱眙清池等縣蝗

至治二年蝗

按元史英宗本紀二年十二月辛卯汴梁順德河間保定慶元濟寧濮州益都諸屬縣及諸衛屯田蝗　按五行志二年汴梁祥符縣蝗有群鶖食蝗既而復吐積如丘垤

至治三年蝗

按元史英宗本紀三年五月戊午保定路歸信縣蝗七月丙辰眞定州諸路屬縣蝗

泰定帝泰定元年蝗

按元史泰定帝本紀泰定元年六月己卯順德大名河間東平等二十一郡蝗　按五行志泰定元年六月大都順德東昌衛輝保定益都濟寧彰德眞定般陽廣平大名河間東平等郡蝗

泰定二年蝗

按元史泰定帝本紀二年五月丙子彰德路蝗六月丁未濟南河間東昌等九郡蝗七月壬申般陽新城縣蝗　按五行志二年六月德濮曹景等州歷城章丘淄川柳城茌平等縣蝗九月濟南歸德等郡蝗

泰定三年蝗

按元史泰定帝本紀三年六月己亥東平屬縣蝗七月庚申大名順德衛輝淮安等路睢趙涿霸等州及諸衛屯田蝗九月戊辰廬州懷慶二路蝗　按五行志三年六月東平須城縣興國永興縣蝗七月廣平路趙州曲陽蒲城慶都修武等縣蝗淮安高郵二郡睢泗雄霸等州蝗八月永平汴梁等郡蝗

泰定四年蝗虸蚄生

按元史泰定帝本紀四年五月丁卯大都南陽汝寧廬州等路屬縣旱蝗河南路洛陽縣有蝗可五畝羣烏食之既數日蝗再集又食之六月乙未大都河間濟南大名陝州屬縣蝗七月籍田蝗八月大都河間奉元懷慶等路蝗是歲濟南衛輝濟寧南陽八路屬縣蝗　按五行志四年八月冠州恩州蝗十二月保定濟南衛輝濟寧廬州五路南陽河南二府蝗博興臨淄膠西等縣蝗　又按志四年七月奉元路咸陽興平武功三縣鳳翔府岐山等縣虸蚄害稼

致和元年蝗

按元史泰定帝本紀致和元年四月薊州及岐山石城二縣蝗五月汝寧府潁州衛輝路汲縣蝗　按五行志致和元年四月大都永平路蝗鳳翔蝗無麥苗六月武功縣蝗

文宗天曆二年蝗蝻

按元史文宗本紀天曆二年四月丙辰大寧興中州懷慶孟州廬州無爲州蝗諸王忽刺荅兒言黃河以西所部旱蝗六月益都莒密二州夏旱蝗永平屯田府昌國濟民豐贍諸署蝗汴梁蝗七月辛巳眞定河間汴梁永平淮安大寧廬州諸屬縣及遼陽之蓋州蝗　按五行志天曆二年淮安廬州安豐三路屬縣蝗

天曆三年蝗

按元史文宗本紀不載　按五行志三年五月廣平大名般陽濟寧東平汴梁南陽河陽等郡輝德濮開高唐五州蝗

至順元年蝗

按元史文宗本紀至順元年五月廣平河南大名般陽南陽濟寧東平汴梁等路高唐開濮輝德冠滑等州及大有千斯等屯田蝗六月大都益都眞定河間諸路獻景泰安諸州及左都威衛屯田蝗七月奉元晉寧興國揚州淮安懷慶衛輝益都般陽濟南濟寧河南河中保定河間等路及武衛宗仁衛左衛率府諸屯田蝗

至順二年蝗

按元史文宗本紀二年四月壬申衡州路屬縣比歲旱蝗仍大水民食草木殆盡又疫癘死者十九河中府蝗六月河南晉寧二路諸屬縣蝗八月癸巳辰州興國二路蟲傷稼河南奉元屬縣蝗　按五行志二年三月陝州諸路蝗六月孟州濟源縣蝗七月河南閿鄉陝縣奉元蒲城白水等縣蝗

順帝元統二年蝗

按元史順帝本紀元統二年六月大寧廣寧遼陽開元瀋陽懿州水旱蝗八月南康路諸縣旱蝗

至元二年蝗

按元史順帝本紀至元二年七月黃州蝗督民捕之人日五斗

至元三年蝗

按元史順帝本紀三年七月庚戌河南武陟縣禾將熟有蝗自東來縣尹張寬仰天祝曰寧殺縣尹無傷

百姓饑有鶖羣飛啄食之　按五行志三年六月懷慶溫州汴梁陽武縣蝗

至元五年蝗

按元史順帝本紀不載　按五行志五年七月膠州即墨縣蝗

至正四年蝗

按元史順帝本紀不載　按五行志至正四年歸德府永城縣及亳州蝗

至正十二年蝗

按元史順帝本紀十二年六月大名路開滑濬三州元城十一縣水旱蟲蝗

至正十七年蝗

按元史順帝本紀不載　按五行志十七年東昌茌平縣蝗

至正十八年蝗

按元史順帝本紀十八年五月遼州蝗七月京師蝗　按五行志十八年夏薊州遼州濰州昌邑縣膠州高密縣蝗秋大都廣平順德及濰州之北海莒州之蒙陰汴梁之陳留歸德之永城皆蝗順德九縣民食蝗廣平人相食

至正十九年蝗螟蝝蝻

按元史順帝本紀十九年五月山東河東河南關中等處蝗飛蔽天人馬不能行所落溝塹盡平八月己卯蝗自河北飛渡汴梁食田禾一空大同路蝗襄垣縣螟蝝　按五行志十九年大都霸州通州眞定彰德懷慶東昌衛輝河間之臨邑東平之須城東阿陽穀三縣山東益都臨淄二縣濰州膠州博興州大同冀寧二郡文水榆次壽陽徐溝四縣沂汾二州及孝義平遙介休三縣晉寧潞州及壺關潞城襄垣三縣霍州趙城靈石二縣隰之永和沁之武鄉遼之榆社奉元及汴梁之祥符原武鄢陵扶溝杞尉氏洧川七縣鄭之滎陽汜水許之長葛郾城襄城臨潁鈞之新鄭密縣皆蝗食禾稼草木俱盡所至蔽日礙人馬不能行塡坑塹皆盈饑民捕蝗以爲食或曝乾而積之又罄則人相食七月淮安淸河縣飛蝗蔽天自西北東凡經七日禾稼俱盡　又按志十九年五月濟南章秋鄒平二縣蝻五穀不登

至正二十年蝗

按元史順帝本紀不載　按五行志二十年益都臨朐壽光二縣鳳翔岐山縣蝗

至正二十一年蝗

按元史順帝本紀不載　按五行志二十一年六月河南鞏縣蝗食稼俱盡七月衛輝及汴梁滎澤縣鄭州蝗

至正二十二年蝗虸蚄生

按元史順帝本紀不載　按五行志二十二年秋衛輝及汴梁開封扶溝洧川三縣許州及鈞之新鄭密二縣蝗　又按志六月萊州膠水縣虸蚄生七月掖縣虸蚄生害稼

至正二十三年虸蚄生

按元史順帝本紀不載　按五行志二十三年六月寧海文登縣虸蚄生七月萊州招遠萊陽二縣及登州寧海州虸蚄生

至正二十五年蝗

按元史順帝本紀不載　按五行志二十五年鳳翔岐山縣蝗

按續文獻通考二十五年績溪縣自西北蔽空而至

明

太祖洪武五年六月開封府諸縣蝗

按河南通志云云

洪武九年五月處州螟

按浙江通志云云

洪武十九年九月辛未賑旱蝗郡縣

按大政紀云云

惠宗建文元年蝗

按名山藏燕王還北平傳檄天下曰太孫卽位二月蝗蟲生隴畝占書曰蝗蟲生隴畝者邪臣在位則蟲食苗葉君用才不當臣不任職則蟲食苗莖佞臣在朝則蟲食田苗任用奸賊則蟲食苗根也

按正氣紀惠宗本紀建文元年秋七月江北蝗有司請督捕帝曰朕以不德致蝗又殺蝗以重朕過臣民其極言朕失俾得改有司其赦疑獄捐逋逃周窮乏以修寬政是歲不爲災更有秋

建文五年蝗

按浙江通志建文五年六月衢州金華蘭溪台州飛蝗自北來禾穗及竹木葉食皆盡

成祖永樂元年定捕蝗令

按明會典永樂元年令吏部行文各處有司春初差人巡視境內遇有蝗蟲初生設法撲捕務要盡絕如是坐視致使滋蔓爲患者罪之若布按二司官不行嚴督所屬巡視打捕者亦罪之每年九月行文至十

一月再行單衛令兵部行文永爲定例

永樂三年蝗

按大政紀永樂三年二月己丑戸部言河南懐慶等府比歲蝗請以鈔代輸租稅從之

永樂十年蝗

按大政紀永樂十年六月戊辰山西左布政使周璟言平陽榮河太原交城捕蝗已絶命巡按御史驗之

永樂十一年蝗

按名山藏永樂十一年五月諸城等縣蝗命有司捕瘞之諭曰蝗苗蠹也爾不能除則亦民蠹

永樂十四年蝗

按大政紀永樂十四年七月丁酉戸部言河南衞輝府新鄉縣山東安樂州北京通州及順義宛平二縣蝗命速遣人捕瘞彰德府所屬縣蝗

永樂十五年五月山東蝗

按大政紀云云

永樂二十二年蝗蝻

按明昭代典則永樂二十二年夏五月大名府濬縣蝗蝻生知縣王士廉齋戒僚屬耆民禱于八蜡祠士廉以失政自責越三日有烏萬數食蝗殆盡皇太子聞而嘉之顧謂侍臣曰此誠意所格人患無誠耳苟出于誠何求不得

宣宗宣德元年蝗

按名山藏宣德元年六月畿內河南蝗命使者驛捕

宣德四年蝗蝻

按大政紀宣德四年五月己酉永清縣奏蝗蝻生命戸部遣人督捕上問左右曰永清縣有蝗未知他縣何似錦衣衞指揮李順對曰今四郊禾黍皆茂獨聞永清偶有蝗耳上曰蝗生必滋蔓不可謂偶有命行在戸部速遣人馳往督捕若滋蔓馳驛來聞

宣德五年蝗

按名山藏宣德五年六月遣捕蝗畿內命行在戸部尚書郭敦曰往歲捕蝗之使聞不減蝗卿尚飭而後遣之因制捕蝗詩示敦詩曰蝗螽雖微物爲患良不細其生實蕃滋殄滅端非易方秋禾黍成芃芃各生遂所忻歲將登奄忽蝗已至害苗及根節而況葉與穗傷哉隴畝植民命之所係一旦盡于斯何以卒年歲上帝仁下民詎非人所致修省弗敢怠民患可坐視去螟古有詩捕蝗亦有使除患與養患昔人論已備拯民于水火勖哉勿玩愒

宣德九年遣官捕蝗

按明會典宣德九年差給事中御史錦衣衞官往山東河南打捕蝗蟲

英宗正統元年蝗

按名山藏正統元年夏四月命行在禮部右侍郎王嘉等五人捕蝗畿內

按名山藏正統元年四月兩畿山東河南諸府蝗蝻傷稼命御史給事中馳驛往捕閏六月罷陝西織造駝毼靜縣蝗饑有司徵索如故上聞命撫按官分頭驗視凡被災處悉免其物料

按明昭代典則正統元年夏四月河北旱蝗遣工部侍郎邵旻督捕之

正統二年蝗

按名山藏正統二年四月遣官督捕蝗於畿內

正統四年蝗

按名山藏正統四年五月鳳陽開封兗州濟南諸府蝗命捕之

按畿輔通志正統四年大蝗

正統五年蝗

按名山藏正統五年四月兩畿河南山東蝗遣捕之

按大政紀正統五年八月畿內廣平等府旱蝗命刑部侍郎薛希璉往視之希璉至則去贓吏蠲逋負弛徵輸嚴令捕之蝗乃息是月大雨者三苗稾復蘇民以不流亾

按名山藏正統五年正月諭行在戸部臣曰去歲畿甸及山東西河南蝗恐遺種於今歲速下所司捕滅之

正統六年蝗

按名山藏正統六年四月命行在戸部右侍郎陳常通政司右參議王錫大理寺少卿顧惟敬等分督捕蝗於畿內及南京江北諸府以去冬迄今雨雪希少烈風屢興蝗蝻萌發遣分告於天地社稷山川諸神

按廣東通志正統六年春二月廣州蝗

正統七年遣官預絶蝗種

按名山藏正統七年正月命吏部左侍郎魏驥等五人分往北京及南京江北諸郡督有司預絶蝗種

正統八年蝗

按大政紀正統八年五月畿內旱蝗命刑部侍郎薛希璉捕蝗

按名山藏正統八年正月命吏部左侍郎魏驥等八人分往南北兩京滅蝗種

按明昭代典則正統八年五月畿內旱蝗
正統九年蝗
按名山藏正統九年正月命兵部右侍郎虞祥等五人分往南畿巡視督捕蝗種
正統十二年蝗
按大政紀正統十二年四月畿甸蝗命僉都御史張楷捕蝗
按名山藏正統十二年八月應天山東諸府州縣衞所各奏旱蝗相仍軍民饑殍上惻然謂戶部臣曰天災未有甚若今者朕夙夜惶懼卿等思弭卹之道亟行之
正統十三年蝗
按名山藏正統十三年四月遣刑部右侍郎薛希璉都察院右僉都御史張楷分詣南北直隸鳳陽等府捕蝗五月以河南山東旱蝗勅刑部右侍郎丁鉉巡視之
代宗景泰二年蝗
按大政紀景泰二年六月畿內蝗命大理寺右少卿陳詢巡視
景泰六年蝗
按大政紀景泰六年五月山東旱蝗巡撫尚書薛希璉經營賑貸活饑民百八十餘萬口
景泰七年蝗
按名山藏景泰七年六月淮安揚州鳳陽三府蝗
英宗天順元年杭州嘉興蝗
按浙江通志云云
憲宗成化元年祿豐蝗無秋
按貴州通志云云
成化三年蝗
按大政紀成化三年七月巡撫河南都御史王恕奏開封彰德衞輝地方蝗災乞賜罷黜幷請停止不急之務詔不准能歸所言該部酌議以聞恕言地方蝗蝻傷稼固雖天災實關人事良由臣巡撫失職所致况河南地方連年水旱加以荆襄盜起軍勞征調民困轉輸今年起運稅糧買辦物料倍於往年又遭此蝗蝻之災軍民何以聊生伏望將臣罷黜別選賢能代班仍乞去奢崇儉除祭祀軍需之外一應不急之務悉從停止庶幾天意可回災沴可弭矣
成化五年石門蝗
按湖廣通志云云
成化九年六月直隸河間府蝗
按大政紀云云
成化十一年台州蝗
按浙江通志云云
成化十三年處州蝗
按浙江通志云云
成化二十年寧夏大蝗
按陝西通志云云
成化二十一年蝗
按垣曲縣志成化二十一年大旱飛蝗隸至人皆相食流亡者大半時饑民嘯聚山林朝廷命撫臣賑之
按山西通志成化二十一年太平縣蝗羣飛蔽天禾穗樹葉食之殆盡民悉轉徙是年垣曲民流亡大半嘯聚山林朝廷命撫臣賑之
孝宗弘治元年春正月廣東蝗
按廣東通志云云
弘治十四年餘姚蝗
按浙江通志云云
武宗正德三年秋九月新寧蝗
按廣東通志云云
正德四年蝗
按福建通志正德四年漳浦蝗入境食禾稼知縣胥文相爲文以祭之害亦旋息
正德七年蝗
按山東通志正德七年武定大蝗蔽空
按廣東通志正德七年正月惠州飛蝗蔽天
正德八年蝗
按山西通志正德八年澤州蝗
按廣東通志正德八年增城蝗害稼
按廣西通志正德八年北流蝗大饑
正德九年蝗
按湖廣通志正德九年秋蝗害稼
按廣東通志正德九年東莞蝗害稼
按貴州通志正德九年都勻蝗
正德十一年蝗螟
按湖廣通志正德十一年辰州蝗六月鄖陽螟
正德十二年螟蝗
按浙江通志正德十二年昌化螟
按四川總志正德十二年永川榮昌界大蝗
世宗嘉靖二年蝗
按大政紀嘉靖二年四月畿內旱蝗議發帑金賑之

嘉靖三年餘姚蝗
按浙江通志云云
嘉靖四年蟊
按吳縣志嘉靖四年乙酉夏秋旱蟊生禾根食禾殆盡生翼飛去如黑煙沖天
按浙江通志嘉靖四年蟊害稼
嘉靖五年蝗
按山東通志嘉靖五年秋七月武定蝗
按浙江通志嘉靖五年義烏蝗飛蔽天
嘉靖六年蝗蝻
按全遼志嘉靖六年六月河西蝗飛蔽天損害禾稼七月蝻生平地深數尺
按陝西通志嘉靖六年華陰飛蝗蔽天
按浙江通志嘉靖六年諸暨蝗
嘉靖七年蝗
按山西通志嘉靖七年平陽諸州縣陽城大旱蝗
嘉靖八年蝗蝻
按永陵編年史嘉靖八年十一月陝西僉事齊之鸞言臣承乏寧夏自七月中由舒霍逾汝寧目擊光息蔡潁間蝗食禾穗殆盡及經陝閿潼關晚禾無遺流民載道偶見居民刈穫喜而問之答曰蓬也有綿刺二種子可爲麪饑民仰此而活者五年矣見有以麪食者取而啖之螫口澀腹嘔逆移日則小民困苦可勝道哉謹將蓬子封題齎獻乞頒臣工使知民瘼共圖治安及陳大可憂之事三深可惜之弊四帝下其章于部
按山東通志嘉靖八年濟南郡縣蝗
按山西通志嘉靖八年六月蝗太原平陽潞州諸縣蔽天匝地食民田將盡蝗自相食民大饑
按潞安府志嘉靖八年夏蝗自河南來食稼
按垣曲縣志嘉靖八年飛蝗蔽天食田既盡蝗自相食民大饑縣丞張廷相奏聞朝廷發帑金六千兩粟千石賑之
按陝西通志嘉靖八年陝西飛蝗蔽天自河南來
按長洲縣志嘉靖八年六月十七日蝗飛入境傷禾高鄉豆竹無存生蝻遍野七月十九日大風雨三日夕皆死顧潛飛蝗紀異澤國從來見未曾蔽天東下晝薨薨香燈比屋祈枌社鉦鼓連村護稻塍捕使不聞乘驛騎耕農猶望食魚鷹淪胥入海非難事感格今無馬武陵
按吳縣志嘉靖八年己丑自春至五月先雨後旱六月十七日蝗飛入境傷禾高鄉豆竹無存生蝻遍野七月十九日大風雨三日夕皆死
按浙江通志嘉靖八年餘姚蝗
按貴州通志嘉靖八年六月河西蝗飛蔽天害禾稼七月蝻生平地深數尺
嘉靖十年蝗蝻
按山東通志嘉靖十年濟南復蝗
按湖廣通志嘉靖十年麻城蝗殺稼秋穀城蝗蝻並生
嘉靖十一年蝗
按陝西通志嘉靖十一年慶陽飛蝗蔽天
按江西通志嘉靖十一年夏建昌蝗
按湖廣通志嘉靖十一年崇陽襄郡縣蝗
嘉靖十二年蝗
按全遼志嘉靖十二年飛蝗蔽天
按貴州通志嘉靖十二年河西大旱蝗飛蔽天
嘉靖十三年夏穀城蝗蝻生害稼
按湖廣通志云云
嘉靖十四年壽陽大蝗食禾稼無餘
按山西通志云云
嘉靖十五年蝗
按山西通志嘉靖十五年秋七月大同蝗群飛蔽天食禾殆盡邊境從無蝗見者大駭
嘉靖十六年蝗
按山西通志嘉靖十六年六月臨汾澤州蝗
嘉靖十八年蝗
按明外史李中傳世宗十八年擢右僉都御史巡撫山東歲歉令民捕蝗者倍予穀蝗絕而饑者濟
按浙江通志嘉靖十八年嘉興大蝗
嘉靖十九年蝗
按浙江通志嘉靖十九年嘉興湖州衢州會稽諸暨餘姚新昌處州大蝗
按湖廣通志嘉靖十九年七月黃陂襄陽蝗
嘉靖二十年蝗
按浙江通志嘉靖二十年嚴州諸暨蝗
按湖廣通志嘉靖二十年沔陽松滋大蝗
嘉靖二十一年衢州蝗
按浙江通志云云
嘉靖二十五年杭州大蝗
按浙江通志云云

嘉靖二十八年蝗
按貴州通志嘉靖二十八年冬十月詔免秋糧以旱蝗故
嘉靖三十二年富民蝗飛蔽天
按雲南通志云云
嘉靖三十六年汝寧飛蝗蔽野
按河南通志云云
嘉靖四十年蝗
按畿輔通志嘉靖四十年順德飛蝗蔽天饑
按貴州通志嘉靖四十年蝗飛蔽天禾有傷者冬十月晦北兵圍蓋州克熊岳城直抵金州大肆殺掠
嘉靖四十五年遠安雨蝗殺稼
按湖廣通志云云
穆宗隆慶四年蝗
按湖廣通志隆慶四年石門慈利旱蝗
隆慶六年蝗
按湖廣通志隆慶六年桂陽縣江陵松滋綏寧蝗
神宗萬曆元年蝗
按湖廣通志萬曆元年松滋宜都蝗七月豐州螟八月靖州蝗殺稼
萬曆二年江陵蝗
按湖廣通志云云
萬曆五年螟
按山西通志萬曆五年八月陽城螟傷禾稼
萬曆六年嘉興螟
按浙江通志云云
萬曆七年正月蝗
按福建通志云云
萬曆十年衞輝蝗
按河南通志云云
萬曆十五年蝗
按山西通志萬曆十五年臨晉猗氏蝗
萬曆十六年蝗
按山西通志萬曆十六年秋七月絳縣大蝗飛蔽天日食稼殆盡
萬曆十七年安邑大蝗
按山西通志云云
萬曆二十四年蝗
按河南通志萬曆二十四年秋衞輝蝗食禾殆盡至嚙人衣
萬曆二十六年夏鶴慶旱蝗
按貴州通志云云
萬曆四十一年蝗
按河南通志萬曆四十一年秋洛陽飛蝗蔽天食禾盡草木葉一空民間厠竈皆滿
萬曆四十二年蝗
按湖廣通志萬曆四十二年羅田蝗食苗德安蝗入城歲大祲
萬曆四十三年蝗
按山西通志萬曆四十三年夏沁州蝗飛蔽天日禾稼大損
按湖廣通志萬曆四十三年黃安蝗
萬曆四十四年蝗蝻
按山西通志萬曆四十四年六月文水蒲州安邑聞喜稷山猗氏萬泉飛蝗蔽天復生蝻禾稼立盡
按臨晉縣志萬曆四十四年春夏大旱六月飛蝗蔽日禾稼一空七月蝻生寸草不遺八月翅滿飛去
按垣曲縣志萬曆四十四年飛蝗自東來遮天蔽日頃刻食苗無遺知縣梁綱諭民捕之納倉易粟數日間倉廒積滿次年春蝻生徧野麥苗盡食是年無夏民饑困餓死者甚多
按河南通志萬曆四十四年開封蝗
按陝西通志萬曆四十四年夏六月藍田飛蝗蔽天
按湖廣通志萬曆四十四年襄陽飛蝗食稼
萬曆四十五年蝗
按城武縣志萬曆四十五年飛蝗蔽天賑荒直指使過庭訓奏以入粟爲庠生時謂之粟生又以捕蝗應格亦許入庠時謂之蝗生
按山西通志萬曆四十五年秋七月岳陽蒲州絳州稷山聞喜安邑沁州蝗頭翅盡赤蔽天翳日
按湖廣通志萬曆四十五年黃安飛蝗蔽天襄陽穀城飛蝗害稼漢陽蝗
萬曆四十六年蝗
按湖廣通志萬曆四十六年蝗是年黃安蝗復爲災漢陽蝗
萬曆四十八年夏縣蝗
按山西通志云云
熹宗天啓六年湖州蝗災
按浙江通志云云
愍帝崇禎元年遂昌蝗
按浙江通志云云

崇禎七年蝗螟

按陝西通志崇禎七年秋全省蝗大饑

按浙江通志崇禎七年嘉興螟

崇禎八年蝗螟

按山西通志崇禎八年稷山垣曲蝗

按河南通志崇禎八年湯陰縣蝗

按浙江通志崇禎八年嘉興螟

崇禎九年蝗螟

按山東通志崇禎九年七月蝗大饑斗粟千錢

按山西通志崇禎九年稷山蝻害甚于蝗

按潞安府志崇禎九年七月蝗食禾生蝻

按湖廣通志崇禎九年八月鍾祥蝗

崇禎十年蝗蝻

按畿輔通志崇禎十年秋保定飛蝗蔽天遺子復生

按陝西通志崇禎十年秋蝗飛蔽天食禾無遺

崇禎十一年洛陽蝗

按陝西通志崇禎十一年蝻生食麥及秋成蝗食禾民大饑

按山西通志崇禎十一年夏六月蒲州蝗秋交城蝗傷禾

按河南通志崇禎十一年洛陽蝗

崇禎十二年蝗

按山東通志崇禎十二年益都自正月不雨至七月大蝗水涸大饑人相食流民載道

按山西通志崇禎十二年秋太平聞喜安邑絳州霍州孝義垣曲蒲州蝗

按河南通志崇禎十二年懷慶旱蝗緣雉堞入城遇物皆嚙結塊渡河

按浙江通志崇禎十二年嘉興諸暨大蝗

崇禎十三年蝗

按山東通志崇禎十三年莎雞遍天大蝗饑人相食

按河南通志崇禎十三年開封大蝗秋禾盡傷人相食汝寧蝗蝻生人相食洛陽蝗草木獸皮蟲蠅皆食盡父子兄弟夫婦相食死亡載道

崇禎十四年蝗

按河南通志崇禎十四年衞輝大蝗

按湖廣通志崇禎十四年蝗飛蔽天四月蝗入城八月沔陽鍾祥京山大蝗岳州飛蝗蔽天禾苗草木葉俱盡

崇禎十五年蝗

按山東通志崇禎十五年飛蝗蔽天

按山西通志崇禎十五年六月萬全蝗

按浙江通志崇禎十五年處州蝗

按湖廣通志崇禎十五年黃州郡縣蝗大饑繼以疫人相食

皇清

康熙三十年

九月十八日

上諭戶部朕頃巡行邊外入喜峰口見有民間田畝為蝗蝻所傷又聞榛子鎮及豐潤等處地方被蝗災者亦所在間有秋成失望則糧食維艱朕心深切軫念儻及今不為區畫儲蓄恐至來歲不免饑饉之虞著行該撫親歷直隸被災各州縣通加察勘悉心籌畫應作何積貯該撫詳議具奏其被災各地方明歲錢糧仍照例催科小民必致苦累著俟該撫察報分數到日將康熙三十一年春夏二季應徵錢糧緩至秋季徵收用稱朕體恤民生休息愛養至意爾部即遵諭行特諭

康熙三十二年

十月初十日

上諭內閣聞山東今年田收之後九月中蝗螟叢生必已遺種於田矣而今歲雨水連綿來春少旱蝗則復生未可知也先事豫圖可不為之計歟乘時竭力盡耕其田庶幾蝗種瘞於土而糜爛不復更生矣若遺種即有未盡來歲復萌地方官即各于疆理區畫逐捕不使滋蔓其亦大有益也命戶部速牒直隸山東河南山西陝西巡撫等示所領郡縣咸令悉知田則必於今歲來春皆勉力耕耨蝗螟之災務令消滅若郡縣有不能盡耕其田者蝗或更生則必力為捕滅毋使蝗災為吾民患

康熙三十三年

四月十三日

上諭內閣朕處深宮之中日以閭閻生計為念每巡歷郊甸必循視農桑周諮耕耨田間事宜知之最悉誠能豫籌穡事廣備災祲庶幾大有裨益昨歲因雨水過溢即慮入春微旱則蝗蟲遺種必致為害隨命傳諭直隸山東河南等省地方官令曉示百姓即將田畝亟行耕耨使覆土盡壓蝗種以除後患今時已入夏恐蝗有遺種在

地日漸蕃生已播之穀難免損蝕或有草野愚民云蝗蟲不可傷害宜聽其自去者此等無知之言切宜禁絕捕蝗弭災全在人事應差戶部司官一員前往直隸山東巡撫令申飭各州縣官親履隴畝如某處有蝗卽率小民設法耨土覆壓勿致成災其河南山西陝西等省亦行文該撫一體曉諭欽依爾等將此事交與戶部遵行

康熙三十四年

正月二十六日

上諭內閣去歲於直隸山東河南山西陝西江南諸省下詔捕蝗諸郡國盡皆捕滅蝗不爲災農田大穫惟鳳陽一郡未能盡捕去歲雨水連綿今歲春時若或稍旱蝗所遺種至復發生遂成災沴以困吾民未可知也凡事必豫防而備之斯克有濟其下戶部速勅直隸山東河南山西陝西江南諸巡撫準前側亟宜耕耨田畝令土壅蝗種毋致成患若或田畝有不能盡耕者蝗始發生卽力爲撲滅毋使滋蔓爲災

欽定古今圖書集成曆象彙編庶徵典

第一百八十二卷目錄

庶徵典第一百八十二卷

蝗災部藝文一

諫捕蝗疏　唐韓思復

臣伏聞近日河南河北蝗蟲爲害更益繁熾經歷之處苗稼都損今漸翾飛向西荐食至洛使命來往不敢昌言山東數州甚爲惶懼且天災流行埋瘞難盡臣望陛下悔過責躬發使宣慰損不急之務召至公之人上下同心君臣一德持此誠實以答休咎前後驅蝗使等伏望總停書云皇天無親惟德是輔人心無常惟惠是懷不可不收攬人心也

淄青蝗旱賑恤　編制

門下朕嗣守丕訓恭臨大寶兢兢業業十有三年何嘗不惠下以愛人克己以利物外無畋遊之樂內絕土木之功浣衣非食宵興夕惕厚於身者無不去便於人者無不行損羣方之底貢驅時風於朴素將以弘祖宗法度致裔夏雍熙心雖無勞於九垓道亦未進於一陬顧惟不德慙歎方深今雖遐邇甯忠良叶志五兵戢其鋒刃百姓絕其征行勤求理道日冀平泰而去秋旱蝗所及稼穡卒痒哀此蒸人罹罹艱食是用順時布令助煦育之深仁施惠覃恩法雨露之殊澤其淄青兗海鄆曹濮去秋蟲蝗害物偏甚其三道有去年上供錢及斛斗在百姓腹內者並宜放免今年夏稅上供錢及斛斗亦宜全放仍以當處常平義倉斛斗速加賑救京兆府諸州府應有蝗蟲米穀貴處亦宜以常平義倉及側近官中所貯斛斗量加賑賜災旱之餘撫養尤切眷茲長吏必在得人應遭蝗蟲處刺史委中書門下精加訪察如有煩苛暴虐貪濁懦弱者卽須與替邦畿之內徭役殷繁言念拔人固資矜恤京兆府今年夏青苗錢宜量放一半應遭蝗蟲及旱損州縣鄉村百姓公私債負一切停徵至麥熟卽任依前徵理及准私約計會其遭蝗蟲及旱損處准勅添貯義倉每畝九升斛斗去秋合徵在百姓腹內者並宜放免其天下州府貸種糧子在百姓腹內者更不要徵閉糴禁錢爲時之蠹方將華弊尤藉通商其見錢及斛斗所在方鎮州府輙不得擅有壅遏任其交易必使流行仍委出使郎官御史及所在度支鹽鐵巡院切加勾當兼委轉運使設法般運江淮糙米于河陰積貯以備節給賑濟累時以來水旱時有方隅郡府杼柚屢空厚下所以安人衰多由其稱物至於徵斂亦在寬恤應方鎮州府借使度支鹽鐵戶部錢物斛斗經五年以上者並宜放免天下百姓人吏欠太和九年以前官錢斛斗家業蕩盡無可徵納因繫囹圄動經歲年者亦宜放免刑獄之重人命所懸將絕寃濫必資愼恤京城百司及畿甸見禁囚徒委中書門下差官疏理無使寃濫輦轂之下法在肅淸奸盜竊發理難容舍親仁坊今年五日賊依前委京兆府左右街使鳳翔邠涇金商同華等州切加捕逐如獲頭首准法科斷其餘支黨一切不問於乎唯此凶災是彰非德情敢忘于罪己惠所貴于及人施令布和期于蘇息凡厥臣庶宜體朕懷主者施行

上韓丞相論災傷手寔書　宋蘇軾

史館相公執事軾到郡二十餘日矣民物椎魯過客稀少眞愚拙所宜久處也然災傷之餘民既病矣自

入境見民以蒿蔓裹蝗蟲而瘞之道左纍纍相望者二百餘里捕殺之數聞於官者凡三萬斛然吏皆言蝗不爲災甚者或言爲民除草使蝗果爲民除草民將祝而來之豈忍殺乎軾近在錢塘見飛蝗自西北來聲亂浙江之濤上翳日月下掩草木遇其所落彌望蕭然此京東餘波及淮浙者耳而東京復言蝗不爲災將以誰欺乎郡已上章詳論之矣願公少信其言特與量蠲秋稅或與倚閣青苗錢疎遠小臣腰領不足以薦鈇鉞豈敢以非災之蝗上罔朝廷乎若必不信方且重復簡按則饑羸之民索之於溝壑間矣且民非獨病旱蝗也方且均稅之患行道之人舉知之稅之不均也久矣然而民安其舊無所歸怨今乃用一切之法成於期月之間奪甲與乙其不均又甚于昔者而民之怨始有所歸矣今又行手實之法雖其條目委曲不一然大抵特告訐耳昔之爲天下者惡告訐之亂俗也故有不干已之法非盜及强奸不得捕告其後稍稍失前人之意漸開告訐之門而今之法揭賞以求人過者十常八九夫告訐之人未有非凶奸無良者異時州縣所共疾惡多方去之然後良民乃得而安今乃以厚賞招而用之豈吾君敦化相公行道之本意歟

發蝗蟲赴尚書省狀　朱熹

本司近訪聞得紹興府界有飛蝗入境卽於正月初五日差人前去探問據兵士孫勝報今到會稽縣白塔寺相對東山下有蝗蟲數多收拾得大者一籃小者一袋其地頭村人皆稱蝗蟲遇夜食稻熹卽今前去看視一面監督官吏打撲焚瘞尋別具奏聞須至申聞者

右其蝗蟲大小兩色各用紫袋盛貯隨狀見到謹具申尚書省伏乞敷奏施行

御筆回奏狀　前人

御筆覽奏知紹興府界蝗頗爲災朕心憂懼今不欲專遣使人降香二合付卿等宜卽虔潔分詣祈禱又聞蝗之小者滋育甚多可更支賞召人收捕務速殄滅毋使遺種以爲異日之害故茲札示當體至懷

具位臣朱熹臣昨具奏紹興府會稽縣廣孝鄉蝗蟲臣已同本府發錢專令本縣令尉親在地頭召人捕獲收買焚埋每得大者一斗給錢一百文小者每升給錢五十文續奉御札令臣分詣祈禱更行支賞召人收捕務速殄滅臣恭禀聖訓夙夜不遑卽同帥臣王希呂就府治設醮祈禳又發錢出榜曉諭於先支賞錢之外更行倍加增貼召人收捕仍差茶鹽司幹辦公事沈大雅前去監視督責及敦請鄉官二員同縣官分頭給賞收捕今據申到截今月十三日通計收到大蟲一石五斗三升六合小蟲二十五石九斗三升九合並已埋瘞目今尚有一分以上未至盡絕臣續又見諸暨縣寄居與投詞人稱紫巖鄉亦有飛蝗在境臣卽已專委本縣令佐親臨田陌仔細從實相視如委的實卽從會稽縣所行召人支賞收捕焚埋去外臣伏爲本路所管衢婺等六州今歲旱損比之紹興其災尤甚本欲取本月上旬起離前往親行檢視預備賑恤正緣收捕蝗蟲未盡未得起發今不住據逐州縣接續申到事理委是大段緊急不免定取十五日起發前去經由蝗蟲地頭更行督責取見殄滅次第然後取道嵊縣山間望婺州界迤邐前去前路有合奏聞事件續次申發所有上項事理須至先具奏聞者右謹錄奏聞謹奏

簽黃臣竊聞旱蝗之災過貽聖慮夙夜焦勞至忘寢味臣雖疎賤不勝感泣震懼之至今此前去災傷州郡敢不究心竭力周爰咨詢庶有以仰稱明詔之萬一但前奏乞錢數事欲望睿旨早賜施行臣雖未到諸郡近日提刑傅淇張詒自彼來歸其言所見委實災傷至重尚慮臣所乞錢數少不足周給臣緣未經目見不敢再具懇請且乞早賜指揮依臣前奏應付施行庶幾前路所到州郡便可布宣德意措約收糴以慰饑民之望若不得此寔無措手處將來坐視陛下赤子流離溝壑臣雖萬死不足贖罪伏乞聖照臣去年到任已是深冬狼狽急迫措置不辦只得將所蒙給賜錢米計口分俵誠爲可惜今來雖是災傷然日月尚寬足可措置臣已行下逐州通判檢計有合興修水利去處將來廣募饑民給食工作惟是老弱殘疾婦女之類無依者方與賑給庶幾不至又似去年虛費官物伏乞聖照

丙子芒種謝麥禳蝗青詞　眞德秀

伏以宿麥登塲方欣續食遺蝗出土復慮延留菑當公私赤立之餘豈堪饑饉荐臻之苦幸帝命以來牟之錫俾民生均一飽之歡所期播植之是時庶保豐穰之可望儻螟螣蟊賊或遂蕃滋則黍稷稻粱皆將殄瘁此有衆所以驚呼而相弔而微臣所以恐懼而靡遑顧人力驅撲之甚難惟天意轉旋之孔易願回大造申勅羣靈丕降甘霖坐底驕陽之伏秉畀炎火

未無遺育之存瀝懇投誠鞠躬請命

諸廟禳蝗祝文　前人

在詩有之去其螟螣及其蟊賊毋害我田穉夫此人事也乃以屬諸田祖之神何哉蓋禦災弭患在神為之則易而在人為之則難日者本道郡邑以蝝生聞天子有詔俾長吏禱於山川百神之祠是亦周先王意也惟王廟食歲久陰威赫然霆奔風馳山嶽可撼況區區蟲蝗之孽乎驅之禳之以升炎火是直噫欠問耳虔共致祈立俟嘉應

祭飛蝗文　金元好問

粵惟此州百道從出調度之急膏血既枯縣望此秋以紓日夕沴氣所召百螣踵來種類之繁蔽映天日如雲之稼一飽莫供道路嗷嗷無望卒歲考之傳記事有前聞魯公中牟今為異政貪墨汝罰詎曰弗靈言念茲時瀕於陸沈吏實不德民則何辜歲或凶荒轉死誰救敢殫志願神其憫之

烏蝗紀異　明梁雲構

當丙午之秋螟蝗突來飛蔽天日過蘭七晝夜乃絕詢之農夫有生八九十未嘗見其異者所食禾黍略盡及辛亥再罹其患雖捕之者授錢授粟而猖獗彌甚旣饔汙邪削如也遂寧陳侯以是冬始受邑符乃放青州故事開倉哺之民用是以無憂閒歲大熟方穎栗時蝗復來視前殺愈張鋒愈迅所至一空農夫餉婦啼號大作聲震原野蝗方抵蘭忽有羣烏結陣待之蝗方會食烏輒怒飛而起利距長喙慘如刀砧蝗之死於搏擊者可什之五被創者可什之三垂翅而遁者可什之二鄰郡皆苦蝗獨於蘭無犯烏實有靈然有以名之僉曰侯之力也卽以方漢渤海諸君子何多讓焉一時謠頌遍作旁及鄰郡皆詫其事而竊有詠焉余彙之得三百篇因書以紀異

論蝗文　孫因

予一日行野中見有伐鼓舉烽者意其捕寇而卽戎就而問焉則盡田間之老農也得物狀甚怪喙剛而銛目怒而黠或震其股或掀其髯羽翼未成已學飛舞兩腋之下可達一緯余異其狀問於田父田父愀然曰子識今秋飛蝗之狀乎此其子孫而彼其父祖也官命我輩捕之余曰蝗何負於官而見捕乎田父仰天泣涕曰是害我稻黍者也王法之所不恕始吾小人謂為瑞物也炷香而祝其來既來矣則山毛山髮化為黃埃然後知其為災初以為祥後以為殃昔恨其來暮今懼其不去吾小人惟無知故若此觀子之貌類學古者乃亦懵然何哉吾小人記為兒時從村市一老生學授我一書我忘名而記其略曰某食苗心者某食苗節者某食苗根若葉者又曰吏侵牟生蟊乞貸生蟘冥冥犯法生螟賊虐無辜生賊然自垂髫至戴白未識其形色也今雖識之反不願識矣余曰能盡去乎曰不能然則吾為若諭之使去可乎曰幸甚恐不可諭耳余曰金石無情可動以誠昆蟲無知可格以理蝗能為害亦能聽我誠矣試掇魁傑者數輩置於前詰之曰使汝害稼天歟人歟惟天惠民必不使爾為吾民痛也苟官吏招汝則民何辜且食民天也汝啖民之天以充其體膚天將汝誅矣速去無久居頃之若有昂首揚目趯趯而股鳴者聽之若曰今為害者獨我乎牟人之利以養己之欲者非蝗乎食人之食而誤人之國者非蝗乎利口而邦之覆磨牙而民之毒者非蝗乎故窮奇饕餮虞之蝗也夷羿寒浞夏之蝗也受辛億萬商之蝗也厲構家伯仲允聚于周之蝗也齊豹庶其牟夷黑肱春秋之蝗也儀衍申韓楊墨列惠列國之蝗也鞅睢斯高剪邯騶欣蝗於秦者也酷吏游俠外戚佞宦蝗於漢者也大者如是小者不可筭也自漢而下蝗日益盛民日益病蝗日益碩民日益瘠雖唐之貞觀開元間號多樂歲蝗未息也嗚呼其為害三千餘年矣跔跔躍躍實繁有徒去之復生芟之愈甚其庸有既乎必有良史特書屢書而胡獨罪予且夫節按常程無非急征鬻獄賣判價隨輕重外託公計內為己贏若是者不謂之蝗可乎櫃金囊帛峙如山嶽爭飽苞苴道途盤錯一筵之費或至千索咀嚼已竭未厭溪壑不稼不穡取禾三百若是者不謂之蝗可乎大昕會朝崇朝退食水珍陸羞映照巾冪是中其誰羔羊正直乘馬從徒呵哄衝塞鳴玉曳履鏘鏘步趨明旦封事問之則無月糜都內錢日廩太倉粟輔郡致醇醲京府餙居屋休問坎伐檀不論鼎覆餗若是者不謂之蝗可乎屯雲百萬老弱相半問其所工鍼鞞甂鍛負米已喘執券已汗褻衣麗襦市廛嬉愉私茅一占終身晏如食粟而已惡知其餘此冗兵之為蝗也官如傳舍施及子孫所在朋曹贄贄詵詵舞文冒賄齧吾本根幸而黑涅復為官軍此吏胥之為蝗也傑閣廣殿金鑊炳烜土偶蒙珠牆壁湧錮黔首無知禍福驅煽此彝鬼之為蝗也節察防團遙刺等官本待有功豈為養安養安以逸坐糜厚秩率民戶百不能供一贓吏

斥歸更得廩祠豈念祠廩亦民膏脂推此以往其他可知貴介姻族仍及僮僕倚勢遥豪飛食人肉鼓吻弄翼道路以目凡此皆人其形而蝗其腹者也其爲民害章章如是若夫惰田之農淫浮之技曳縞之商綦組之女徙倚市門之子假飾衣冠之士瑣瑣碌碌者尚不與此然則豐年富歲常有數十百億萬飛蝗在天下齧人骨髓豈特食稻黍而已况害稼者有時害民者無期害稼者遇循吏如魯仲牟則不入境今聖天子齋居潔蠲至誠動天我雖無知將率我族類而遠遷矣然我輩雖去斯民終未得晏然也使若屬未殄天下寧有豐年乎聞其語書以自省且俾觀風者述以爲有位儆焉

蝗災自劾疏　王恕

竊惟蝗蝻生發固雖天災實關人事人事修則天意可回而災不爲災矣昔卓茂令密邑而蝗不入境茂能修其職也今蝗蝻爲患於河南者豈無故乎良由臣巡撫失職不能敷宣聖化以安民人是故上天以此而譴告耳况臣管內地方連年水旱加以去歲荊襄盜起軍勞於征調民困於轉輸及今年又起運稅糧并勸合買辦物料等件比之往年數多今又遭此蝗蝻之災軍民何以生耶考之於史宋眞宗罷諸營建而飛蝗盡絕此眞宗能修德政以應天是以天災隨之而消也伏望陛下以天戒爲可畏以地方爲當重將臣罷歸田里另選賢能代理其事尤望陛下去奢崇儉除祭祀軍需之外其餘一應不急之務無益之事可減省者減省之可停止者停止之使財不妄費民困少舒庶幾天意可回而災沴可弭矣臣受國重寄值茲災異不敢循默

蝗災部藝文二 詩

答朱寀捕蝗詩　宋歐陽修

捕蝗之術世所非欲究此語興於誰或云豐凶歲有數天孽未可人力支或言蝗多不易捕驅民入野踐其畦因之奸吏恣貪擾戶到頭斂無一遺蝗蕃食苗人自苦吏虐民苗皆被之吾嗟此語祇知一不究其本論及皮驅雖不盡勝養患昔人固已决不疑秉蟊投火况舊法古之去惡猶如斯既多而捕誠未易其失安在常由遲詵詵最說子孫衆爲腹所孕多蚍蜉始生朝畝暮已頃化一爲百無根涯口含鋒刃疾風雨毒腸不滿疑常飢高原下隰不知數進退整若隨金鼙嗟茲羽孼物共惡不知造化其誰尸大凡萬事悉如此禍當早絕防其微蠅頭出土不急捕羽翼已就功難施只驚羣飛自天下不究生子由山陂官書立法空太峻吏愚畏法反自欺蓋藏十不敢申一上心雖惻何由知不如寬法擇良吏告蝗不隱捕以時今苗因捕雖踐死明歲猶免爲蝝菑吾嘗捕蝗見其事較以利害曾深思官錢二十買一斗示以明信民爭馳斂微成衆在人力頃刻露積如京坻乃知孽蟲雖甚衆嫉惡苟銳無難爲往時姚崇用此議誠哉賢相得所宜因吟贈君廣其說爲我持之告采詩

梁縣界蚜蜢蟲生　羅處約

方喜雲田布俄聞葉螣生田神何縱虐稼政自非明頽鳳那充食吳牛已絕耕黃堂厭粱肉惕惕自心驚

捕蝗詩示尚書郭敦　明宣宗

蝗螽雖微物爲患良不細其生實蕃滋殄滅端匪易方秋禾黍成芃芃各生遂所忻歲將登奄忽蝗已至害苗及根節而况葉與穗傷哉隴畝植民命之所係一旦盡于斯何以卒年歲上帝仁下民詎非人所致修省弗敢怠民患可坐視去螟古有詩捕蝗亦有使除患與養患昔人論已備拯民于水火勖哉勿玩愒

和憫蝗 并序　陳涵煇

靖僻處荒島外十稔而九殺自煇下車邀天之靈民始連歲歌墉櫛今茲戊寅夏亢旱聞天子以漕艘稽遲遣使禱海神俄報海水漲溢小邑復病潦詼哭俠圖扉叩閽而請命不謂仲秋五之日蝗自北入陰沙界搶攘絡繹亘百餘里分其半介而疾風過灌壇如昆陽逐猛獸民屋皆震白日晝昏元蛟人立杖叟緯蕟野哭之聲沸鼎煇履及寢門拊膺額帝願以六尺委壑三尸爲小民贖寸土嗟乎黑風乍轉青野已枯恐江南自此有介孽矣詰朝同社鄭雪子李端木作詩紀變煇倚韻垂涕和之魂忡忡乎如猶在呼禱中也尚冀有心者共憫之

春疇慎農事徵詩奏豉苗曠餘古所戒荏苒歷初吉亦欲希陶令公田每種秫瘠土與願違耕鑿未遑悉

十年九報儉下車詢苦疾太息道州味守官聽訶黜幽之驚螽斯唐之戒蟋蟀牧圉豈苟然肩負求良匠今歲愆雨澤恆暘幽蟄屆金氣乍司令狂飈肆滲漂如將百萬兵其勢何奔軼肅肅介而羽祲氛障赤日鉦鼓動地鳴甲光奪鐮鋌逃雨將焉之藏奸莫殫詰頭目挾金距脇從五相率千家野哭聲婦子魄駭失哀哉此孑遺餓項困藿萊末繇借炎火安冀歌墉櫛天網不可張刑法無乃密外災宋亦書奇沴煩史筆逆則名戈鋌凶乃甘饑饉願將剖腹藏靡能嗔目叱嗟嗟蠶人鄉寶圭而門蓽旱魃助孽蟲賦稅安自出隴荒京兆阡春乏侍御七暴風經灌壇江水起溢淦蟊賊自天降其敢忘國恤民方艱一飽靡脅念芬飶大軍兆凶年瘠痍聲啣啣投畀顧有昊下土望陰騭驚心徹四郊僇力追竄逸倘留寒谷黍何音吹暖律蠶食餘幾何所冀沸再柳一莖亦血膏片餉殘遞馹露坐公沙躬星駐何廠衛兩者均失據拊膺徒隕慄牟密與西陽釀感功則一善言熒惑退盛事聞吞蛭安得流民圖少蘇百里室塡刻血已枯臣罪慚委質

蝗災部紀事

左傳哀公十二年冬十二月螽季孫問諸仲尼仲尼曰丘聞之火伏而後蟄者畢今火猶西流司歷過也

後漢書楊厚傳厚拜議郎三遷爲侍中特蒙引見訪以時政永建四年厚上言今夏必盛暑當有疾疫蝗蟲之害是歲果六州大蝗疫氣流行後又連上西北二方有兵氣宜備邊寇車駕臨當西巡感厚言而止

蔡邕傳註漢名臣奏張文上疏其略曰春秋義曰蝗者貪擾之氣所生天意若曰貪狠之人蠶食百姓若蝗食禾稼而擾萬民獸齧人者象暴政若獸而齧人京房易傳曰小人不義而反尊榮則虎食人辟歷殺人亦象暴政妄有喜怒政以賄成刑放於寵推類叙意探指求源皆象羣下貪狠威教妄施或若蝗蟲宜敕正衆邪淸審選舉退屏貪暴魯僖公小國諸侯敕政修己斥退邪臣尚獲其報六月甚雨之應豈況萬乘之主修善求賢宂舉敦朴以輔善政陛下體堯舜之聖秉獨見之明恢太平之業敦經好學流布遠近可留須臾神慮則可致太平招休徵矣制曰下太尉司徒司空夫瑞不虛至災必有緣朕以不德秉統未明以招妖僞將何以昭顯憲法哉三司任政者也所當夙夜而各拱默訖未有聞將何以奉答天意救寧我人其各悉心思所崇改務消復之術稱朕意焉

英雄記鈔劉虞爲博平令治正推平高尚純朴境內無盜賊災害不生時鄰縣接壤蝗蟲爲害至博平界飛過不入

陳留耆舊傳高式至孝蝝蝗爲災不食式麥

晉書石勒載記河朔大蝗初穿地而生二旬則化狀若蠶七八日而臥四日蛻而飛彌亙百草唯不食三豆及麻幷冀尤甚

劉聰載記河東大蝗唯不食黍豆靳準率部人收而埋之哭聲聞於十餘里後乃鑽土飛出復食黍豆

石季龍載記冀州八郡大蝗司隸請坐守宰季龍曰此政之失和朕之不德而欲委咎守宰豈禹湯罪己之義邪司隸不進讜言佐朕不逮而歸咎無辜所以重吾之責可白衣領司隸

苻健載記健守長安蝗蟲大起自華澤至隴山食百草無遺牛馬相噉毛猛獸及狠食人行路斷絕健自蠲百姓租稅減膳徹縣素服避正殿

南史梁宗室傳鄱陽忠烈王恢文帝第十子也恢子修自衛尉出鎭鍾離徙爲梁秦二州刺史在漢中七年移風改俗人號慈父長史范洪胄有田一頃將秋遇蝗修躬至田所深自咎責功曹史瑯琊王廉勸修捕之修曰此由刺史無德所致捕之何補言卒忽有飛鳥千羣蔽日而至瞬息之間食蟲遂盡而去莫知何鳥適有臺使見之具言於帝璽書勞問手詔曰犬牙不入無以過也州人表請立碑頌德

北史崔鑒傳鑒子秉秉子仲哲仲哲子叔瓚爲魏尹丞屬蝗蟲爲災帝以問叔瓚對曰按漢書五行志土功不時蝗蟲作厲當今外築長城內興三臺故致此災帝大怒令左右毆之又擢其髮以溷汁沃其頭曳以出由是廢頓久之

羊祉傳祉弟子烈除陽平太守有能名時頻有災蝗不入陽平境敕書褒美焉

唐書王方翼傳方翼遷肅州刺史儀鳳間河西蝗獨不至方翼境而它郡民或餒死皆重繭走方翼治下

韓思復傳開元初思復爲諫議大夫山東大蝗宰相姚崇遣使分道捕瘞思復上言夾河州縣飛蝗所至苗輒盡今游食至洛使者往來不敢顯言且天災流行庸可盡瘞望陛下悔過責躬損不急之務任至公之人持此誠實以答譴咎其驅蝗使一切宜罷元宗然之出其疏付崇崇建遣思復使上東按所損還以實言崇又遣監察御史劉詔覆視詔希宰相意悉易故牒以聞故河南數州賦不得蠲崇惡之出爲德州

刺史

遼史蕭文傳文壽隆末知易州兼西南面安撫使時屬縣蝗議捕除之文曰蝗天災捕之何益但反躬自責蝗盡飛去遺者亦不食苗

宋史趙延進傳太平興國中遼人擾邊命延進與崔翰李繼隆將兵禦之以功遷右監門大將軍累遷右驍騎大將軍知鄧州淳化初飛蝗不入境詔褒之

魏悼王廷美傳廷美子德彝字可久判沂州時年十九飛蝗入境吏民請坎瘞火焚之德彝曰上天降災守臣之罪也乃責躬引咎齋戒致禱既而蝗自殪

澠水燕談錄祥符中天下大蝗近臣得死蝗於野以獻宰臣率百官稱賀王魏公旦獨執不可數日方罷朝飛蝗蔽天眞宗嘆曰使百官將賀而蝗遽至豈不爲天下笑也

國老談苑王旦在中書常以蝗旱憂愧辭位俄而疾發不食眞宗命內饔爲肉糜宸翰緘器以賜

宋史孫冲傳冲知襄州會京西蝗眞宗遣中使督捕至襄怒冲不出迎乃奏蝗唯襄爲甚而州將日置酒無恤民意帝怒命即州置獄冲得屬縣言歲稔狀馳驛上之時使者猶未還帝悟爲追使者咎之

筆錄大中祥符九年秋稼將登郡縣頗云蝗蟲爲災一日眞宗皇帝坐便殿閣中御晚膳左右聲言飛蝗且至上起至軒仰視而連雲翳日莫見其際帝默然坐意甚不安命徹匕筯自是遂不豫

宋史范仲淹傳仲淹爲右司諫歲大蝗旱江淮京東滋甚仲淹請遣使循行未報乃請間曰宮掖中半日不食當何如帝惻然乃命仲淹安撫江淮所至開倉振之

孫覺傳覺登進士第調合淝主簿歲旱州課民捕蝗輸之官覺言民方艱食難督以威若以米易之必盡力是爲除害而享利也守悅推其說下之他縣

劉敞傳敞知鄆州先是久旱地多蝗敞至而雨蝗出境

謝絳傳絳權開封府判官言蝗亙田野坌入郛郭跳擲官寺井匽皆滿魯三書螽穀梁以爲哀公用田賦虐取於民朝廷歛弛之法近於廉平以臣愚所聞似吏不甚稱而召其變凡今典城牧民有顯方面之埶才者掠功取名以嚴急爲術或辯爲無實數蒙獎錄愚者期會簿書畏首與尾二者政殊而同歸於弊夫爲國在養民養民在擇吏吏循則民安氣和而災息願先取大州邑數十百詔公卿以下舉任州守者使得自辟屬縣令長務求術略不限資考然後寬以約束許便宜從事朞年條上理狀或徙或留必有功化風迹異乎有司以資而任之者焉漢時詔問京房災異可息之術房對以考功課吏臣願陛下博訪理官除煩苛之命申敕計臣損聚斂之役勿起大獄勿用躁人務靜安守淵默傳曰大侵之禮百官備而不制言省事也如此而沴氣不弭嘉休不至是靈意譴譋而聖言罔惑歟

范正辭傳正辭子諷舉進士第遷大理評事通判淄州歲旱蝗他穀皆不立民以蝗不食菽猶可藝而患無種諷行縣至鄒平發官廩貸民縣令爭不可諷曰有責令無預也即出貸三萬斛比秋民皆先期而輸

查道傳道爲龍圖閣待制進右司郎中天禧元年以耳聵難於對問表求外任得知虢州將行上御龍圖閣飲餞之秋蝗災民歉道不候報出官廩米賑之又設粥糜以救饑者給州麥四千斛爲種於民民賴以濟所全活萬餘人

司馬池傳池子旦爲鄭縣主簿吏捕蝗因緣擾民旦言蝗民之仇宜聽自捕輸之官後著爲令

趙抃傳抃知青州時京東旱蝗青獨多麥蝗來及境遇風退飛盡墮水死

孫洙傳洙知汝州旱蝗爲害致禱於胸山徹奠大雨蝗赴海死

桯史熙寧七年四月王荆公罷相鎭金陵是秋江左大蝗有無名子題詩賞心亭曰青苗免役兩妨農天下嗷嗷怨相公惟有蝗蟲感恩德又隨鈞旆過江東荆公一日餞客至亭上覽之不悅命左右物色竟莫知其爲何人也按見聞搜玉云劉貢父詩也

夢溪筆談元豐中慶州界生子方蟲方爲秋田之害忽有一蟲生如土中狗蝎其喙有鉗千萬蔽地遇子方蟲則以鉗搏之悉爲兩段旬日子方皆盡歲以大穰其蟲舊曾有之土人謂之旁不肯

東坡志林元祐八年五月十日雍丘令米芾有書言縣有蟲食麥葉不食實適會金部郎中張元方見過云麥豆未嘗有蟲有蟲蓋异事也既食其葉則實自病安有不爲害之理元方因言子方蟲爲害甚於蝗有小甲蟲見輒斷其腰而去俗謂之旁不肯前此吾未嘗聞也故錄之

春渚紀聞米元章爲雍丘令適旱蝗大起而鄰尉司焚瘞後遂致滋蔓即責里正併力捕除或言盡緣雍

丘驅逐過此尉亦輕脫即移文載里正之語致牒雍丘請各務打撲收埋本處地方勿以鄰國爲壑者時元章方與客飯視牒大笑取筆大批其後附之云蝗蟲元是空飛物天遣來爲百姓災本縣若還驅得去貴司却請打回來傳者無不絕倒

宋史宗室希言傳希言字若訥惠王令廕元孫也知臨安仁和縣適大旱蝗集御前蘆塲中亙數里希欲去蘆以除害中使沮其策希言驅卒燔之

金壇縣志宋嘉定己巳邑旱飛蝗蔽天而下時太常丞劉宰家居草書一函命其僕至城北鍾秀橋見兩黃衣客即跪進之至橋果見衣黃者啓書閱竟語僕曰我借路不借糧也蝗果不爲災自後有蝗必向漫塘祠祭之

宋史徐鹿卿傳鹿卿爲江東轉運判官兼領太平仍暫提舉茶鹽事弛苛征蠲米石蕪湖兩務蘆稅江東諸郡飛蝗蔽天入當塗境鹿卿露香默祈忽飄風大起蝗悉渡淮

癸辛雜識戊戌七月武城蝗自北來蔽映天日有崔四者行田而仆其子尋訪但見蝗聚如堆阜撥視之見其父臥池上爲蝗所埋鬚髮皆被嚙盡衣服碎爲篩網一時頃方甦晉天福中蝗食猪平原一小兒爲蝗所食吮血惟餘空皮裹骨耳

宋史常楙傳楙以集賢殿修撰知平江值旱故事郡守合得緡錢十五萬悉以爲民食軍餉助蠲苗九萬稅十三萬板帳十六萬又蠲新苗二萬八千大寬公私之力飛蝗發及境疾風飄入太湖

金史移剌溫傳溫移鎮武定歲旱且蝗溫割指以血瀝酒中禱而酹之既而雨沾足有羣鴉啄蝗且盡由是歲熟人以爲至誠之感云

趙鑑傳鑑起知寧海軍秋禾方熟子方蟲生鑑出城行視蟲乃自死

宗寧傳宗寧爲會寧府路押軍萬戶擢歸德軍節度使時方旱蝗宗寧督民捕之得死蝗一斗給粟一斗數日捕絕

梁肅傳肅爲大興少尹坐捕蝗不如期貶川州刺史削官一階解職

元史劉秉直傳秉直爲衞輝路總管秋七月蟲螟生民患之秉直禱於八蜡祠蟲皆自死歲大饑人相食死者過半秉直出俸米倡富民分粟餓者食之病者與藥死者與棺以葬

劉天孚傳天孚知許州歲大旱天孚禱即雨野有蝗天孚令民出捕俄羣烏來啄蝗爲盡明年麥熟時有青蟲如蠶食麥人無可奈何忽生大花蟲盡嚙之許人立碑頌焉

王磐傳磐爲眞定等路宣慰使蝗起眞定朝廷遣使者督捕役夫四萬人以爲不足欲牒鄰道助之磐曰四萬人多矣何煩他郡使者怒責磐狀期三日盡捕蝗磐不爲動親率役夫走田間設方法督捕之三日而蝗盡滅使者驚以爲神

陳祐傳祐改南京路治中適東方大蝗徐邳尤甚責捕至急祐部民丁數萬人至其地謂左右曰捕蝗慮其傷稼也今蝗雖盛而穀已熟不如令早刈之庶力省而有得或以事涉專擅不可祐曰救民獲罪亦所甘心即諭之使散去兩州之民皆賴焉

李忠傳吳國寶雷州人性孝友父喪廬墓大德八年境內蝗害稼惟國寶田無損人皆以爲孝感所致云

塔海傳塔海歷和寧路總管改任廬州時有飛蝗北來民患之塔海禱於天蝗乃引去亦有墮水死者人皆以爲異

造邦賢勳錄呂升以教授陞江西僉事調福建有螟傷稼禱天大雷雨作螟盡死

虎薈周郁山東濟南人由監生洪武三十一年除襄陵知縣滿考以績最陞渾源知州時大蝗郁虔禱蝗飛他境

江南通志程敃字太和桐城人宣德丙午舉人任磁州同知時蝗大發敃虔禱於神忽禿鶖飛集啄蝗殆盡因以有聲

明通紀崔恭嘗知萊州府値歲旱蝗躬親督捕發郡縣倉勸富民粟賑之民賴以全

江南通志江一麟字仲文婺源人嘉靖癸丑進士轉廣平守値歲旱蝗徒步齋禱三日雨集蝗死

陝西通志劉懋萬曆己未進士任寧邑令乙卯丙辰兩河飛蝗蔽天臺使令以穀易蝗懋毅然曰穀有盡蝗無盡可重困吾民乎捕之而已

江南通志江遹字必達建德人貢士知犨縣招撫流民教以生業時蝗飛蔽天獨不入犨境守聞而異之舉往孟津捕蝗遹齋沐以禱蝗悉飛去民立祠祀之

朱維柄字啓明靖江人以恩貢授河南淅川知縣歲蝗起露禱三日甘雨如注蝗盡滅乃請賑發粟計口均分更捐俸設粥邑門外以食饑者中蜚語解組歸

蝗災部雜錄

詩經大雅桑柔章降此蟊賊稼穡卒痒

焦氏易林需之明夷螟蟲爲賊害我五穀簞笥空虛家無所食

訟之蠱桑葉螟蠹衣弊如絡女工不成絲布爲玉

王充論衡感虛篇世稱南陽卓公爲緱氏令蝗不入界蓋以賢明至誠災蟲不入其縣也此又虛也夫賢明至誠之化通於同類能相知心然後慕服蝗蟲閩蟲之類也何知何見而能知卓公之化使賢者處深野之中閩蟲能不入其舍乎閩蟲不能避賢者之舍蝗蟲何能不入卓公之縣如謂蝗蟲變與閩蟲異夫寒溫亦災變也使一郡皆寒賢者長一縣一縣之界能獨溫乎夫寒溫不能避賢者之縣蝗蟲何能不入卓公之界夫如是蝗蟲適不入界卓公賢名稱於世世則謂之能却蝗蟲矣何以驗之夫蝗之集於野非能普博盡蔽地也往往積聚多少有處非所積之地則盜跖所居所少之野則伯夷所處也集過有多少不能盡蔽覆也夫集地有多少則其過縣有留去矣多少不可以驗善惡有無不可以明賢不肖也

鹽鐵論執務篇上不苛擾下不煩勞各修其業安其性則螟蟘不生而水旱不起

劉子貴農篇夫螟螣秋生而秋死一時爲災而數年乏食今一人耕而百人食之其爲螟螣亦以甚矣是以先王敬授民時勸課農桑省遊食之人減徭役之費則倉廩充實頌聲作矣

草木蟲魚疏去其螟螣及其蟊賊螟似虸蚄而頭不赤螣蝗也賊桃李中蠹蟲赤頭身長而細耳或說云蟊螻蛄食苗根爲人害許愼云吏冥冥犯法卽生螟吏乞貸則生蟘吏祇冒取人財則生蟊舊說云螟螣蟊賊一種蟲也如言寇賊姦宄內外言之耳故犍爲文學曰此四種蟲皆蝗也實不同故分釋之

易滑虛詞二養虺縱蝗匪仁之方養虺縱蝗失所與也

潮州府志苗蛺形似花間蛺而小如蠅春夏之交有之羣飛從海來宿苗上不食苗其所生蟲數日能動食苗節苗雖吐華不結實若穀雨前插秧便罹其害蔡邕云蝗是魚所化余謂蛺亦是魚子化者但與蝗各別故不以蝗書從俗書之曰蛺澄海王天性云

欽定古今圖書集成曆象彙編庶徵典

第一百八十三卷目錄

庶徵典第一百八十三卷

草木異部彙考一

禮記

月令

孟春行夏令草木蚤落

注　行夏令巳之氣乘之也草木蚤落生日促也

季春行冬令草木皆肅

注　草木皆肅丑之氣乘之也肅謂枝葉縮栗

孟夏行冬令則草木蚤枯

仲夏行秋令則草木零落果實早成

仲秋行春令草木生榮行夏令五穀復生行冬令草木蚤死

春秋緯

說題辭

天文以七列精以五故嘉禾之滋莖長五尺五七三十五神盛故連莖三十五穗以成盛德禾之極也

感精符

日下淪於地則嘉禾興

禮緯

斗威儀

君乘木而王其政升平則福草生廟中朱草別名

君乘金而王其政訟平芳桂常生

孝經緯

援神契

德下至地則嘉禾生

德至草木則芝草生又曰善養老則芝草茂又曰德至於草木則木連理

淮南子

天文訓

甲子干庚子草木再死再生丙子干庚子草木復榮

大戴禮

明堂篇

朱草日生一葉至十五日生十五葉十六日一葉落終而復始也

漢書

五行志

傳曰田獵不宿飲食不享出入不節奪民農時及有姦謀則木不曲直說曰木東方也於易地上之木爲觀其於王事威儀容貌亦可觀者也故行步有佩玉之度登車有和鸞之節田狩有三驅之制飲食有享獻之禮出入有名使民以時務在勸農桑謀在安百姓如此則木得其性矣若乃田獵馳騁不反宮室飲食沈湎不顧法度妄興繇役以奪民時作爲姦詐以傷民財則木失其性矣蓋工匠之爲輪矢者多傷敗及木爲變怪是爲木不曲直

傳曰思心之不睿是謂不聖厥咎霧時則有華孽劉向以爲于易巽爲風爲木卦在三月四月繼陽而治主木之華實風氣盛至秋冬木復華故有華孽一曰地氣盛則秋冬復華一曰華者色也土爲內事爲女孽也

傳曰視之不明是謂不悊厥咎舒時則有草妖奧則冬溫春夏不和傷病民人故極疾也誅不行則霜不殺草由臣下則殺不以時故有草妖凡妖貌則以服言則以詩聽則以聲視則以色者五色物之大分也在於青祥故聖人以爲草妖失秉之明者也

宋書

符瑞志

福草者宗廟肅則生宗廟之中

嘉禾五穀之長王者德盛則二苗共秀於周德三苗共穗於商德同本異穟於夏德異本同秀

木連理王者德澤純洽八方合爲一則生

芝草王者慈仁則生食之令人度世

巨鬯三禺之禾一稃二米王者宗廟修則出

華平其枝正平王者有德則生德剛則仰德弱則低

平露如蓋以察四方之政其國不平則隨方而傾

蓂莢一名歷莢夾階而生一日生一葉從朔而生望而止十六日日落一葉若月小則一葉萎而不落堯時生階

萐莆一名倚扇狀如蓬大枝葉小根根如絲轉而成風殺蠅堯時生於廚

朱草草之精也世有聖人之德則生

芝英者王者親近耆老養有道則生

珍珠船

芝草

屋柱木無故生芝者白爲喪赤爲血黑爲賊黃爲善形如人面者亡財如牛馬者遠役如龜蛇者田禾耗

管窺輯要

草木生異狀占

凡草木忽生異狀其地兵起百姓受殃一日其地有作逆者

野草生如旌旗其野有兵

草生爲龍蛇人獸之形是謂草妖其地有兵亂

木生人狀京房曰王德衰下人將起則有木生人狀

木生同本異末京房曰君有慶木生連理其地有亂

草木異本同實將有異人同謀不利於國

草木異常占

黍生過大京房曰君憂相去稷生過大憂大臣死

蓬葉蕃生其歲不熟

木生枝悉向下垂其地大吉木生枝忽上聳其地有寇盜

木生一枝偏無葉其地歲惡人饑

木生而即有實其邑有慶

木忽生異花在國則有大喪在邑則其邑有凶在人家則其宅長凶

草木暴長占

宮庭植木猝長其國昌君有嘉喜

野木生朝而暴長小人暴貴危國亡家朝將爲墟

木一夕忽生枝葉多至十餘其邑將虛

草木生死榮落占

木枯死而復生亡國之後復興京房易傳曰枯木復生人君無子又曰木死復生世主凶又曰木枯反生內寵秉政不及二年國有大喪

仆木自起其地有小人作亂枯木仆而自起有僭亂謀叛者京房曰主易代

枯木冬生陰陽易位不出二年其國有喪小人得志君子亡地地鏡曰竹樹葦材已死復生輔臣專政又曰木死反生世主凶

木冬生其地有兵民流一曰君失位京房曰王者不平卿相有出走者

木冬榮黍不成

楊樹已落而復生葉必有下謀其上者

枯木生花有喪其國君當之

屋柱楯兢生花謂之狂華生於死木雖榮不久禍敗將至其主者當之

木一歲再榮世主溺於女寵兵起京房曰木再榮於夏國有喪女主凶五穀不熟百姓疲作木一歲再花有兵民流京房曰其國女主凶

桃再花夏有霜杏再花夏有雹李再花春有霜
木一歲再實敵國來侵地鏡曰木再實有兵民流一
曰木冬夏秋再實鄰敵來木葉再落其地有兵喪
木華非時而落去木七十步其地有兵民流一曰有
暴兵自外來
木夏枯五穀不熟民疲木冬生夏枯其地有大兵民
流亡
木無故自死其邑有凶在人家則有死喪在宮城則
人主惡之在邑郭則長吏惡之在軍壘則軍凶
木忽自凋零向人家宅甚凶
竹木枯死地鏡曰竹柏枯及百里是謂陰消陽其國
亡竹柏葉枯不出三年其所有喪竹柏葉夏凋王侯
失位松竹忽自死其地民饑起
霜下竹死兵起
榆莢不落國有大咎榆再莢臣專政一曰寬令
木冬花臣有邪謀結實事成不結實事不成
木非時而花實大臣變更記曰木不當花而花易大
夫不當實而實易宰相李梅冬實陰盛陽事臣專權
作威福一曰冬當殺而反臣生驕當誅而君失罰也
一曰君政緩甚燠氣不藏故當冬而花實復生董仲
舒曰李梅冬實臣强也
竹生實衆鳥羣行不出二年大饑地鏡曰竹忽生花
實而枯民饑主易又曰國中竹冬枯其國失地
竹忽生紫花結實有內亂兵起

草木化爲他種占

稗化爲稻易主變國凡五穀變種其占皆同
枯樹化爲松柏天下易主
柏化爲銅其地大凶國以弱亡凡木化爲他木其占
皆爲易主

木上生木占

木上生木地鏡曰國益地一曰木上忽生他木所生
之國易姓在人家則有非其子孫而爲之後者
木生非種有幷人民

草木生非所占

宮城中忽生惡草其國將亡
木忽生人屋上其地出聖人京房占曰木生君室其
君有聖子
木忽生道中君失政一曰其地分裂
陵墓中忽自生樹國易政
軍壘中忽生五穀一軍受賞是謂得天下助吉

竹木自拔自折自移自死占

木自拔倒其國將亂
木無故自折其國主亡無故則其地主民者當之樹
自移來社中其國昌
社樹自移有大喪其國君凶自死其國君亡
軍壘中草木無故皆死軍凶
蟲食樹死其地人相侵害

草木雜變占

竹木忽生白粉衣有死喪哭泣事
木有如霜雪著枝名曰木凌其國邑有死喪
樹泣天下有大水而樹濕者謂之樹泣其色赤則有
兵
木無故作聲謂之樹哭其邑有兵流血
木忽自鳴作金聲其地有兵一曰地分裂地鏡曰木
鳴主死
木哭天下兵京房曰木哭虛邑實實邑虛
木斷出血地鏡曰其地有兵京房曰伐木血出王侯
憂
林木生菌其地兵起
木葉無故自有傷缺主者惡之隨所在占之

芝草占

芝草生於石山大川生而堅實日漸長大其地興王
若生於屋柱上不久而爛其地大臣災
芝草在於溪澗其地民亡非嘉祥也
白芝出主有大喪

田家五行

論草

五穀草占稻色草有五穗近本莖爲早色賸末爲晚
禾隨其穗之美惡以斷豐歉未必極驗但其草每年
根根相似茆蕩內春初雨過菌生俗呼爲雷蕈多則
主旱無則主水草屋久雨菌生其上朝出晴暮出雨
諺云朝出曬殺暮出濯殺看窠草一名千戈謂其有
刺故也蘆葦之屬叢生於地夏月暴熱之時忽自枯
死主有水諺云頭苧生子沒殺二苧二苧生子旱殺
三苧茭草水草也村人嘗剝其小白嘗之以卜水旱
味甘甜主水已來亦未止味鹹氣主旱已來亦已定

論花

梧桐花初生時赤色主旱白色主水匾豆五月開花
主水杞夏月開結主水藕花謂之水花魁開在夏前
主水野薔薇開在立夏前主水麥花晝放主水鳳仙
花開在五月主水槐花開一遍糯米長一遍價豐苦

水旱四等草花雜占云薺菜先生歲欲甘葶藶先生歲欲苦藕先生歲欲雨蒺藜先生歲欲旱蓬先生歲欲荒水藻先生歲欲惡艾先生歲欲病皆以孟春占之係江南農事云

論木

凡竹筍透林者多有水楊樹頭並水際根乾紅者乇水此說恐每年如此不甚應

草木異部彙考二

商

太戊時祥桑穀共生於朝

按書經序伊陟相太戊亳有祥桑穀共生於朝伊陟贊於巫咸作咸乂四篇

集傳漢孔氏曰祥妖怪二木合生七日大拱不恭之罰

按說苑君道篇殷太戊時有桑穀生於庭昏而生比旦而拱史請卜之湯廟太戊從之卜者曰吾聞之祥者福之先者也見祥而爲不善則福不生殃者禍之先者也見殃而能爲善則禍不至於是乃早朝而晏退問疾弔喪三日而桑穀自亾高宗者武丁也高而宗之故號高宗成湯之後先王道缺刑法違犯桑穀俱生乎朝七日而大拱武丁名其相而問焉其相曰吾雖知之吾弗得言也聞諸祖己桑穀者野草也而生於朝意者國亾乎武丁恐駭飭身修行思先王之政興滅國繼絕世舉逸民明養老三年之後蠻夷重譯而朝者七國此之謂存亾繼絕之主是以高而尊之也　按漢書五行志書序曰伊陟相太戊亳有祥桑穀共生傳曰俱生乎朝七日而大拱伊陟戒以修德而木枯劉向以爲殷道既衰高宗承敝而起盡諒陰之哀天下應之既獲顯榮怠于政事國將危亾故桑穀異見桑猶喪也穀猶生也殺生之秉失而在下近草妖也一曰野木生朝而暴長小人將暴在大臣之位危亾國家象朝將爲虛之應也

周

成王　年有三苗貫桑而生

按史記周本紀不載　按韓詩外傳成王之時有三苗貫桑而生同爲一秀大幾滿車長幾充箱成王問周公曰此何物也周公曰三苗同一秀意者天下殆同一也比期三年果有越裳氏重九譯而至獻白雉於周公道路悠遠山川幽深恐使人之未達也故重譯而來周公曰吾何以見賜也譯曰吾受命國之黃髮曰久矣天之不迅風疾雨也海不波溢也三年於茲矣意者中國殆有聖人盍往朝之於是來也周公乃敬求其所以來詩曰於萬斯年不遐有佐

襄王二十五年魯李梅冬實

按春秋魯僖公三十三年十二月李梅實

按漢書五行志僖公三十三年十二月李梅實劉向以爲周十二月今十月也李梅當剝落今反華實近草妖也先華而後實不書華舉重者也陰成陽事象臣顓君作威福一曰冬當殺反生象驕臣當誅不行其罰也故冬華華者象臣邪謀有端而不成至於實則成矣是時僖公死公子遂顓權文公不寤後有子赤之變一曰君舒緩甚奧氣不藏則華實復生董仲舒以爲李梅實臣下彊也記曰不當華而華易大夫不當實而實易相室冬水王木相故象大臣劉歆以爲庶徵皆以蟲爲孽思心臝蟲孽也李梅實屬草妖

漢

惠帝五年十月桃李華棗實

按漢書惠帝本紀云云

武帝元封二年芝草生

按漢書武帝本紀元封二年六月甘泉宮內中後庭之室也產芝九莖連葉

按宋書符瑞志元封二年甘泉宮內產芝九莖連葉

昭帝元鳳三年上林枯柳復生蟲食葉成字

按漢書昭帝本紀元鳳三年春正月上林有枯柳樹枯僵自起生　按五行志昭帝時上林苑中大柳樹斷仆地一朝起立生枝葉有蟲食其葉成文字曰公孫病己立又昌邑王國社有枯樹復生枝葉眭孟以爲木陰類下民象當有故廢之家公孫氏從民間受命爲天子者昭帝富於春秋霍光秉政以孟妖言誅之後昭帝崩無子徵昌邑王賀嗣位狂亂失道光廢之更立昭帝兄衛太子之孫是爲宣帝帝本名病已京房易傳曰枯楊生稊枯木復生人君亡子

宣帝元康四年金芝之嘉穀元稷生

按漢書宣帝本紀不載　按宋書符瑞志元康四年金芝九莖產於函德殿銅池中嘉穀元稷降於郡國

元帝初元四年柱生枝葉

按漢書元帝本紀不載　按五行志初元四年皇后曾祖父濟南東平陵王伯墓門梓柱卒生枝葉上出屋劉向以爲王氏貴盛將代漢家之象也後王莽篡

位自說之曰初元四年莽生之歲也當漢九世火德之厄而有此祥興於高祖考之門門爲開通梓猶子也言王氏當有賢子開通祖統起于柱石大臣之位受命而王之符也

永光二年天雨草

按漢書元帝本紀不載　按五行志永光二年八月天雨草而葉相樛結大如彈丸

建昭五年槐樹斷而自屬

按漢書元帝本紀不載　按五行志建昭五年兗州剌史浩賞禁民所自立社山陽橐茅鄉社有大槐樹吏伐斷之其夜樹復立其故處

成帝永始二年樗樹具人形

按漢書成帝本紀不載　按五行志永始元年二月河南街郵樗樹生枝如人頭眉目鬚皆具亾髮耳

哀帝建平三年木斷自屬柱生枝如人形

按漢書哀帝本紀不載　按五行志建平三年零陵有樹僵地圍丈六尺長十丈七尺民斷其本長九尺餘皆枯三月樹卒自立故處京房易傳曰棄正作淫厥妖木斷自屬妃后有顓木仆反立斷枯復生天辟惡之　又按志建平三年十月汝南西平遂陽鄉柱仆地生枝如人形身青黃色面白頭有鬢髮稍長大凡長六寸一分京房易傳曰王德衰下人將起則有木生爲人狀

平帝元始三年天雨草

按漢書平帝本紀不載　按五行志元始三年正月天雨草狀如永光時京房易傳曰君吝於祿信衰賢去厥妖天雨草

後漢

光武帝建武元年朱草生

按後漢書光武帝本紀不載　按宋書符瑞志漢光武建武元年五月京師有赤色草生水涯

明帝永平十七年芝草生

按後漢書明帝本紀永平十七年芝草生殿前

章帝建初三年芝草生

按後漢書章帝本紀建初三年零陵獻芝草

建初六年芝草生

按後漢書章帝本紀六年零陵獻芝草

元和　年秬秠華平嘉瓜朱草嘉麥嘉禾連理木生郡國

按後漢書章帝本紀不載　按宋書符瑞志元和中秬秠生郡國郡國獻三禺之禾一稃二米王者宗廟修則出華平生郡國嘉瓜生郡國連理木生郡國朱草生郡國嘉麥生郡國嘉禾生郡國

安帝元初三年樹連理嘉瓜生

按後漢書安帝本紀元初三年正月東平陸上言木連理

按宋書符瑞志元初三年正月丁丑東平陸樹連理二月東平陵有瓜異處共生八瓜同蒂

延光二年嘉禾生

按後漢書安帝本紀延光二年六月九眞言嘉禾生

按宋書符瑞志漢安帝延光二年六月嘉禾九眞百十六本七百六十八穗

延光三年木連理

按後漢書安帝本紀不載　按宋書符瑞志延光三年七月左馮翊衙有木連理七月潁川定陵有木連理

桓帝建和元年芝草生

按後漢書桓帝本紀建和元年夏四月芝草生中黃藏府

注漢官儀曰中黃藏府掌中幣帛金銀諸貨物也

建和二年嘉禾生木連理嘉瓜生

按後漢書桓帝本紀二年夏四月嘉禾生大司農帑藏秋七月河東言木連理

按宋書符瑞志二年七月河東有嘉瓜兩體共蒂

永康元年嘉禾生

按後漢書桓帝本紀永康元年八月魏郡言嘉禾生

靈帝熹平五年樹自拔倒豎

按後漢書靈帝本紀熹平五年冬十月壬午御殿後槐樹自拔倒豎

光和四年芝英草生

按後漢書靈帝本紀光和四年二月郡國上芝英草

中平元年異草生

按後漢書靈帝本紀中平元年郡國生異草備龍蛇鳥獸之形

獻帝建安二十五年魏王曹操伐樹血出

按後漢書獻帝本紀不載　按晉書五行志漢獻帝建安二十五年春正月魏武帝在洛陽起建始殿伐濯龍樹而血出又掘徙梨根傷亦血出帝惡之遂寢疾是月崩蓋草妖又赤祥是歲魏文帝黃初元年也

魏

文帝黃初元年嘉禾生

按魏志文帝本紀不載　按宋書符瑞志黃初元年郡國三言嘉禾生

黃初　年木連理朱草生

按魏志文帝本紀不載　按宋書符瑞志黃初中郡國二言木連理朱草生文昌殿側

吳

大帝黃武四年木連理

按吳志孫權傳不載　按宋書符瑞志黃武四年六月皖口言有木連理

黃龍三年嘉禾生

按吳志孫權傳黃龍三年夏由拳野稻自生改爲禾興縣冬十月南始平言嘉禾生

赤烏七年嘉禾生

按吳志孫權傳赤烏七年秋宛陵言嘉禾生

廢帝五鳳元年稗草化爲稻

按吳志孫亮傳不載　按宋書符瑞志五鳳元年交阯稗草化爲稻

烏程侯天紀三年鬼目菜平慮生

按吳志孫皓傳天紀三年八月有鬼目菜生工人黃耇家依緣棗樹長丈餘莖廣四寸厚三分又有買菜生工人吳平家高四尺厚三分如枇杷形上廣尺八寸下莖廣五寸兩邊生葉綠色東觀案圖名鬼目作芝草買菜作平慮草遂以耇爲侍芝郎平爲平慮郎皆銀印青綬

晉

武帝泰始元年木連理

按晉書武帝本紀不載　按宋書符瑞志泰始元年十二月木連理生遼東方城

泰始二年嘉柰實木連理

按晉書武帝本紀不載　按宋書符瑞志二年六月壬申嘉柰一蔕十實生酒泉八月木連理生河南成皋

泰始七年芙蓉並蔕

按晉書武帝本紀不載　按宋書符瑞志七年六月己亥東宮元圃池芙蓉二花一蔕皇太子以獻

泰始八年木連理嘉禾生

按晉書武帝本紀不載　按宋書符瑞志八年正月木連理生東平范五月甲辰木連理生東平壽張十月木連理生建寧十月瀘水胡王彭護獻嘉禾

咸寧元年木連理樹出青氣

按晉書武帝本紀不載　按五行志咸寧元年八月丁酉大風折大社樹有青氣出焉此青祥也占曰東莞當有帝者明年元帝生是時帝大父武王封東莞由是徙封瑯琊孫盛以爲中興之表晉室之亂武帝子孫無孑遺社樹折之應又常風之罰

按宋書符瑞志武帝咸寧元年正月木連理生汝陰南頓

咸寧二年木連理

按晉書武帝本紀不載　按宋書符瑞志二年四月木連理生清河靈六月木連理生燕國

咸寧三年木連理

按晉書武帝本紀不載　按宋書符瑞志三年七月壬辰木連理生始平鄠

咸寧四年木連理

按晉書武帝本紀不載　按宋書符瑞志四年八月木連理生陳留長垣

咸寧五年木連理

按晉書武帝本紀不載　按宋書符瑞志五年木連理生義陽木連理生樂安臨濟

太康元年木連理嘉瓠生

按晉書武帝本紀不載　按宋書符瑞志太康元年正月木連理生涪陵永平四月木連理生頓丘五月木連理二生濟陰乘氏沛國七月木連理生馮翊粟邑十二月戊子嘉瓠生寧州寧州刺史費統以聞

太康二年木連理

按晉書武帝本紀不載　按宋書符瑞志二年正月木連理生滎陽密十月木連理十三生南安源道

太康三年木連理嘉瓜生

按晉書武帝本紀不載　按宋書符瑞志三年四月木連理生瑯邪華六月木連理生廣陵海西嘉瓜異體同蔕生河南洛陽輔國大將軍王濬園

太康四年木連理禾嘉生

按晉書武帝本紀不載　按宋書符瑞志四年正月木連理生馮翊臨晉蜀郡成都十二月木連理生扶風嘉禾生扶風雍

太康五年嘉禾生

按晉書武帝本紀不載　按宋書符瑞志五年七月嘉禾生豫章南昌

太康七年木連理

按晉書武帝本紀不載　按宋書符瑞志七年三月

木連理生河南新安六月木連理生始興中宿南鄉范陽

太康八年嘉禾生木連理

按晉書武帝本紀不載　按宋書符瑞志八年閏三月嘉禾生東夷校尉園四月木連理生廬陵東昌九月木連理生東萊盧鄉嘉禾生東萊掖

太康九年木連理

按晉書武帝本紀不載　按宋書符瑞志九年九月木連理生陳留浚儀

太康十年嘉麥生木連理

按晉書武帝本紀不載　按宋書符瑞志十年六月嘉麥生扶風郡一莖九穗是歲收三倍十一月木連理生鄱陽鄡鄉

太熙元年木連理

按晉書武帝本紀不載　按宋書符瑞志太熙元年二月木連理生河南梁

惠帝元康元年木連理

按晉書惠帝本紀不載　按宋書符瑞志元康元年五月木連理三生成都臨邛七月辛丑梁國內史任式上言武平界有柞櫟二樹合爲一體連理十一月木連理生武昌大將軍王敦以聞癸酉木連理生汝陰太守以聞

元康二年草竹皆結子如麥

按晉書惠帝本紀不載　按五行志二年二月巳酉郡界草皆生華結子如麥可食時帝初卽位楚王瑋矯詔誅汝南王亮及太保衛瓘帝不能察今非時草結實此恆燠寬舒之罰　又按志二年春巳酉郡界竹生花紫色結實如麥外皮青中赤白味甘

元康九年六月桑生東宮

按晉書惠帝本紀不載　按五行志九年六月庚子有桑生東宮西廂日長尺餘甲辰枯死此與殷太戊同妖太子不能悟故至廢戮也班固稱野木生朝而暴長小人將暴居大臣之位危國亡家之象朝將爲墟也是後孫秀張林用事遂至大亂

永康元年桑生東宮

按晉書惠帝本紀不載　按五行志永康元年四月立皇孫臧爲皇太孫五月甲子就東宮桑又生於西廂明年趙王倫篡位鴆殺臧此與愍懷同妖也是月壯武國有桑化爲柏而張華遇害壯武華之封邑也

懷帝永嘉二年桑樹有聲

按晉書懷帝本紀不載　按五行志永嘉二年冬項縣桑樹有聲如解材人謂之桑樹哭案劉向說桑者喪也又爲哭聲不祥之甚是時京師虛弱胡寇交侵東海王越無衛國之心四年冬季而南出五年春薨於此城石勒邀其衆圍而射之王公以下至衆庶死者十餘萬人又剖越棺焚其屍是敗也中原無所請命洛京亦尋覆沒桑哭之應也

永嘉六年妖樹生樟枯復榮

按晉書懷帝本紀不載　按五行志六年五月無錫縣有四株茱萸樹相樛而生狀若連理先是郭景純筮延陵蝘鼠遇臨之益曰後當復有妖樹生若瑞而非辛螫之木也儻有此東西數百里必有作逆者及此木生後徐馥果作亂亦草妖也郭又以爲木不曲直其七月豫章郡有樟樹久枯是月忽更榮茂與漢昌邑枯社復生同占是懷愍淪陷之徵元帝中興之應也

愍帝建興元年嘉禾生

按晉書愍帝本紀不載　按宋書符瑞志癸亥嘉禾生襄平縣一莖七穗

建興二年木連理嘉禾生

按晉書愍帝本紀不載　按宋書符瑞志二年三月庚辰木連理生朱提又木連理二生益州雙柏六月木連理生襄平嘉禾生平州治三實同蔕

建興三年嘉禾生

按晉書愍帝本紀不載　按宋書符瑞志三年七月嘉禾生襄平縣異體同蔕

元帝建武元年木連理

按晉書元帝本紀不載　按宋書符瑞志建武元年閏月乙丑木連理生嵩山八月甲午木連理生汝陰

元帝大興元年木連理

按晉書元帝本紀不載　按宋書符瑞志太興元年七月戊辰木連理生武昌大軍將王敦以聞

太興三年木連理

按晉書元帝本紀不載　按宋書符瑞志三年十一月木連理生零陵永昌

明帝太寧元年木生如人面

按晉書明帝本紀不載　按五行志太寧元年九月會稽剡縣木生如人面是後王敦稱兵作逆禍敗無成昔漢哀成之世並有此妖而人貌備具故其禍亦大今此但如人面而已故其變也輕矣

成帝咸和六年枯柳復生嘉橘生

按晉書成帝本紀不載　按五行志咸和六年五月癸亥曲阿有柳樹枯倒六載是日忽復起生　按宋書符瑞志咸和六年庾亮獻嘉橘一蔕十二實

咸和八年木連理

按晉書成帝本紀不載　按宋書符瑞志八年五月己巳木連理生昌黎咸和

咸和九年枯楡復生

按晉書成帝本紀不載　按五行志九年五月甲戌吳縣吳雄家有死楡樹是日因風雨起生與漢上林斷柳起生同象初康帝爲吳王于時雖改封琅邪而猶食吳郡爲邑是帝越正體饗國之象也象見吳邑雄之舍又天意乎

咸康三年木連理

按晉書成宗本紀不載　按宋書符瑞志咸康三年三月庚戌木連理生平州世子府治故園中

咸康七年木連理

按晉書成帝本紀不載　按宋書符瑞志七年十二月吳國內史王恬上言木連理生吳縣沙里

穆帝永和五年木連理

按晉書穆帝本紀不載　按宋書符瑞志永和五年二月癸丑臨海太守藍田侯述言郡界木連理

哀帝興寧三年僵栗復生

按晉書哀帝本紀不載　按五行志興寧三年五月癸卯廬陵西昌縣脩明家有僵栗樹是日忽復起生時孝武年四歲俄而哀帝崩海西卽位未幾而廢簡文越自藩王入纂大業登阼享國不踰二年而孝武嗣統帝諱昌明識者切詬西昌脩明之祥帝諱實應焉是亦與漢宣帝同象也

海西公太和九年楊樹生松

按晉書海西公本紀不載　按五行志海西太和九年涼州楊樹生松天戒若曰松者不改柯易葉楊者柔脆之木今松生於楊豈非永久之業將集危亡之地邪是時張天錫稱雄於涼州尋而降苻堅

孝武帝寧康三年木連理

按晉書孝武帝本紀不載　按宋書符瑞志寧康三年六月辛卯江寧縣建興里僑民留康家樹異本連理

太元十一年楡木連理

按晉書孝武帝本紀不載　按宋書符瑞志太元十一年四月壬申琅邪費有楡木異根連理相去四尺九寸

太元十四年枯樹斷折自立

按晉書孝武帝本紀不載　按五行志十四年六月建寧郡銅樂縣枯樹斷折忽然自立相屬京房易傳曰棄正作淫厥妖木斷自屬妃后有專木仆反立是時正道多僻其後張夫人專寵及帝崩兆庶歸咎張氏焉

太元十八年木連理

按晉書孝武帝本紀不載　按宋書符瑞志十八年十月戊午臨川東興令惠欣之言縣東南溪傍有白銀樹芳靈樹李樹並連理

太元十九年李連理

按晉書孝武帝本紀不載　按宋書符瑞志十九年正月丁亥華林園延賢堂西北李樹連理

太元二十一年木連理

按晉書孝武帝本紀不載　按宋書符瑞志二十一年正月丙子木連理生南康寧都縣社後

安帝隆安三年石榴一蔕六實木連理

按晉書安帝本紀不載　按符瑞志隆安三年武陵臨沅獻安石榴一蔕六實十一月木連理生汝陽太守垣苗以聞

元興元年木連理

按晉書安帝本紀不載　按符瑞志元興元年正月木連理生泰山武陽

元興三年竹實如麥

按晉書安帝本紀不載　按五行志三年荆江二州界竹生實如麥

義熙二年有苦蕒高四尺餘

按晉書安帝本紀不載　按五行志義熙二年九月揚武將軍營士陳蓋家有苦蕒菜莖高四尺六寸廣三尺二寸厚二寸亦草妖也此殆與吳終同象識者以爲苦蕒者買勤苦也自後歲歲征討百姓勞苦是買苦也十餘年中姚泓滅兵始戢是苦蕒之應也

義熙十四年嘉禾生

按晉書安帝本紀不載　按南史宋武帝本紀義熙十四年鞏縣人宗曜於其田所獲嘉禾九穗同莖帝以獻晉帝以歸於我帝冲讓乃止

義熙　年宮城御道產蒺藜

按晉書安帝本紀不載　按五行志義熙中宮城上及御道左右皆生蒺藜亦草妖也蒺藜有刺不可踐而行生宮牆及馳道天戒若曰人君不聽政雖有宮

室馳道若空廢故生蒺藜

宋

文帝元嘉二年嘉禾生

按宋書文帝本紀不載　按符瑞志元嘉二年十月嘉禾生潁川陽翟太守垣苗以聞

元嘉七年嘉蓮生

按宋書文帝本紀不載　按符瑞志七年七月乙酉建康領檜湖二蓮一蔕

元嘉八年木連理

按宋書文帝本紀不載　按符瑞志八年四月乙亥東莞莒縣松樹連理太守劉元以聞八月木連理生東安新泰縣

元嘉九年嘉禾生木連理

按宋書文帝本紀不載　按符瑞志九年三月嘉禾生義陽豫州刺史長沙王義欣以獻六月木連理生滎陽冷道太守展禽以聞

元嘉十年芙蓉並蔕嘉禾生

按宋書文帝本紀不載　按符瑞志十年七月己丑華林天淵池芙蓉異花同蔕八月嘉禾生汝南苞信豫州刺史王義欣以獻

元嘉十一年朱草嘉禾生

按宋書文帝本紀不載　按符瑞志十一年朱草生蜀郡郫縣王之家益州刺史甄法崇以聞八月嘉禾一莖九穗生北汝陰太守王元謨以獻

元嘉十二年甘樹柞樹連理

按宋書文帝本紀不載　按符瑞志十二年二月丁卯南郡江陵庚和園甘樹連理荊州刺史臨川王義慶以獻三月馬頭濟陽柞樹連理豫州刺史長沙王義欣以聞

元嘉十四年梨甘李連理

按宋書文帝本紀不載　按符瑞志十四年二月宮內螽斯堂前梨樹連理豫州刺史長沙王義欣以聞南郡江陵光禕之園甘李二連理

元嘉十五年林檎連理

按宋書文帝本紀不載　按符瑞志十五年二月太子家令劉徵園中林檎樹連理徵以聞

元嘉十六年嘉蓮生

按宋書文帝本紀不載　按符瑞志十六年七月壬申華林池雙蓮同幹

元嘉十七年候風木芙蓉連理

按宋書文帝本紀不載　按符瑞志十七年七月武昌崇讓鄉程僧愛家候風木連理江州刺史臨川王義慶以聞十月尋陽弘農湳蕟湖芙蓉連理臨川王義慶以聞

元嘉十八年木連理

按宋書文帝本紀不載　按符瑞志十八年十二月木連理生歷陽劉成之家南豫州刺史武陵王諱以聞

元嘉十九年嘉蓮生

按宋書文帝本紀不載　按符瑞志十九年八月壬子揚州後池二蓮合華刺史始興王濬以獻

元嘉二十年嘉蓮嘉禾生芙蓉並蔕木連理

按宋書文帝本紀不載　按符瑞志二十年四月樂游苑池二蓮同幹苑丞梅道念以聞五月廬陵郡池芙蓉二花一蔕太守王淵以聞六月嘉禾一莖九穗生上庸新安梁州刺史劉道以獻七月盱眙考城縣柞樹二株連理南兗州刺史臨川王義慶以聞八月木連理生汝陰豫州刺史劉遵考以聞　又按志夏永嘉郡後池芙蓉二花一蔕太守臧藝以聞六月壬寅華林天淵池芙蓉二花一蔕園丞陳襲以聞

元嘉二十一年嘉蓮嘉禾生木理連

按宋書文帝本紀不載　按符瑞志二十一年六月丙午華林園天淵池二蓮同幹園丞陳襲祖以聞木連理生歷陽烏江南豫州刺史武陵王諱以聞木連理生晉陵無錫南徐州刺史南譙王義宣以聞嘉禾生新野鄧縣雍州刺史蕭思話以獻

元嘉二十二年嘉禾嘉蓮生櫟木連理

按宋書文帝本紀不載　按符瑞志二十二年六月嘉禾生籍田一莖九穗七月癸酉嘉禾生平虜陵徐州刺史臧質以獻九月嘉禾生太尉府田太尉江夏王義恭以聞嘉禾生揚州東耕田刺史始興王濬以聞嘉禾生華林園百六十穗園丞陳襲祖以聞嘉禾生潁川陽白豫州刺史趙伯符以獻　又按志二十二年七月辛巳南頓櫟連理豫州刺史趙伯符以聞九月木連理生建康建康令張永以聞木連理生武昌江州刺史廬陵王紹以聞　又按志二十二年七月東宮元圃園池二蓮同幹內監殿守舍人宮勇民以聞

元嘉二十三年木連理野稻嘉粟嘉蓮生

按宋書文帝本紀不載　按符瑞志二十三年二月辛亥木連理生南陰彔縣太守以聞木連理生淮南

當塗揚州刺史始興王濬以聞吳郡嘉興鹽官縣野稻自生三十許種揚州刺史始興王濬以聞醴湖屯生嘉粟一莖九穗屯主王世宗以聞六月辛丑太子西池二蓮共幹池統胡末祖以聞八月己酉魚邑三周池二蓮同幹園丞徐道興以聞七月乙丑嘉禾旅生籍田籍田令褚熙伯以聞七月庚午嘉禾生丹陽椒唐里揚州刺史始興王濬以聞庚辰嘉禾生醴湖屯屯主王世宗以聞八月己酉嘉禾生華林園園丞陳襲祖以聞九月庚申嘉禾生沛郡蕭征北大將軍衡陽王義季以聞嘉禾生江夏汝南荊州刺史南譙王義宣以聞

元嘉二十四年梨穀櫟木連理嘉禾生

按宋書文帝本紀不載　按符瑞志二十四年二月壬午臨川王第梨樹連理臨川王爗以聞七月壬子晉陵無錫穀櫟樹連理南徐州刺史廣陵王誕以聞乙卯木連理生會稽諸暨揚州刺史始興王濬以聞會稽太守楊元保上改連理所生處康亭村爲木連理嘉禾旅生華林園及景陽山園丞梅道念以聞太尉江夏王義恭上表曰臣聞居高聽卑上帝之功天且弗違聖王之德故能影響二儀甄陶萬有鑒觀古今採驗圖緯未有道闡化虧而禎物著明者也自皇運受終辰曜交和是以卉木表靈山淵効寶伏惟陛下體乾統極休符襲逮若乃鳳儀西郊龍見東邑海酋獻改緇之羽河祇開俟清之源三代象德不能過也有幽必闡無遠弗屆重譯歲至休瑞月臻前者躬籍南畝嘉穀乃植神明之應在斯尤盛四海旣穆五民樂業思述汾陽經始靈囿蘭林甫樹嘉露頻流版築初就祥穟如積太平之符於是乎在臣以寡立承乏槐鉉沐浴芳津預覩冥慶不勝抃舞之情謹上嘉禾甘露頌一篇不足稱揚美烈追用悚汗其頌曰二象攸分三靈樂主齊應合從在今猶古天道誰親惟仁斯輔皇功帝績理冠區宇四民均極我后體茲惟機惟神敬昭文思九族旣睦萬邦允釐德以位敘道致雍熙於穆不已顯允東儲生知夙敏嶽茂淵虛因心則哲令聞弘敷纘徽下武儷景辰居軒制合宮漢興未央矧伊聖朝九有以康率由舊典思燭前王乃造陵霄遂作景陽有藹景陽天淵之渙清暑爽立雲堂特起植類斯育動類斯止極望江波遍對岳峙化德惟達休瑞惟懋誕降嘉種呈祥初構甘露春凝禎穟秋秀于今匪烈嗣歲仍富昔在放勳曆莢數朝降及重華倚扇清庖鑠矣皇慶比物競昭倫彼典策被此風謠責臣六蔽任兼兩司旣愿仲袞又慙鄭緇豈忘衡泌樂道明時敢述休祉愧闕令辭八月乙巳嘉禾生魚城內晉陵南徐州刺史廣陵王誕以聞

元嘉二十五年嘉瓠嘉禾生木連理

按宋書文帝本紀不載　按符瑞志二十五年四月戊辰嘉瓠生京邑新園園丞徐道興以獻木連理生晉陵南徐州刺史廣陵王誕以聞六月壬子嘉禾生籍田籍田令褚熙伯以獻壬寅嘉禾旅生華林園十株七百穗園丞梅道念以聞七月壬辰嘉禾生北海青冀二州刺史杜坦以獻八月丙午嘉禾生太尉江夏王義恭果園江夏國典書令陳頴以聞壬子嘉禾生建康化義里令丘珍孫以獻癸丑嘉禾生華林園園丞梅道念以獻十一月嘉禾生巴東荊州刺史南譙王義宣以聞

元嘉二十六年嘉禾生

按宋書文帝本紀不載　按符瑞志二十六年五月癸酉嘉禾生建康禁中里揚州刺史始興王濬以獻六月甲寅嘉禾生籍田籍田令褚熙伯以獻七月嘉禾生巴東朐䏰荊州刺史南譙王義宣以獻

元嘉二十七年嘉禾生

按宋書文帝本紀不載　按符瑞志二十七年十月己丑嘉禾生北海青州刺史杜坦以聞

元嘉二十八年嘉禾生菽粟旅生

按宋書文帝本紀不載　按符瑞志二十八年正月戊子木連理生尋陽柴桑又生州城內江州刺史建平王宏以聞七月戊戌嘉禾生廣陵邵伯埭兗州刺史江夏王義恭以聞癸卯尋陽柴桑菽粟旅生彌漫原野江州刺史王宏以聞

元嘉二十九年木連理

按宋書文帝本紀不載　按符瑞志二十九年十月丁未木連理生南琅邪太守劉成以聞

孝武帝孝建二年木連理嘉禾生

按宋書孝武帝本紀不載　按符瑞志孝建二年三月己酉木連理生南郡江陵荊州刺史朱修之以聞六月庚寅元武湖二蓮同幹癸巳嘉禾二株生江夏王義恭東田九月朔嘉禾異畝同穎生齊郡廣饒縣

孝建三年木連理嘉禾生

按宋書孝武帝本紀不載　按符瑞志三年五月木連理生北海都昌刺史垣護之以聞七月癸未木連理生歷陽太守袁敳以聞庚午嘉禾生吳興武康

大明元年木連理嘉禾生
按南史宋孝武帝本紀大明元年五月丙寅芳香琴堂東西有雙橘連理淸暑殿西甍鴟尾中央生嘉禾一株五莖改淸暑殿爲嘉禾殿芳香琴堂爲連理堂
按宋書符瑞志大明元年正月乙亥木連理生高平二月壬寅華林園雙橘樹連理八月甲申嘉禾生靑州異根同穗九月乙丑華林園梨樹連理十月丁丑朔木連理生豫章南昌
大明二年木連理
按宋書孝武帝本紀不載　按符瑞志二年四月辛丑木連理生汝南豫州刺史宗慤以聞
大明三年嘉禾生木連理
按宋書孝武帝本紀不載　按符瑞志三年九月乙亥嘉禾生北海都昌縣靑州刺史顏師伯以聞甲午木連理生丹陽秣陵材官將軍范悅時以聞
大明四年木連理
按宋書孝武帝本紀不載　按符瑞志四年三月丁亥木連理生華林園曜靈殿北四月壬子木連理生華林園日觀臺北六月戊戌木連理生會稽山陰揚州刺史西陽王子尚以聞
大明五年嘉瓜生
按宋書孝武帝本紀不載　按符瑞志五年五月嘉瓜生建康蔣陵里丹陽尹王僧朗以獻閏九月木連理生邊城豫州刺史垣護之以聞十二月戊寅淮南松木連理豫州刺史尋陽王子房以聞籍田芙蓉二花同蒂大司農蕭邃以獻
大明六年木連理嘉禾生
按宋書孝武帝本紀不載　按符瑞志六年二月乙丑木連理生晉陵南徐州刺史新安王子鸞以聞四月戊辰木連理生滎陽相州刺史建安王休仁以聞八月乙丑木連理生彭城城內徐州刺史王元謨以聞辛未嘉禾生樂陵靑冀二州刺史劉道隆以聞
大明七年珊瑚連理
按宋書孝武帝本紀不載　按符瑞志七年正月己酉珊瑚連理生鬱林始安太守劉勔以聞
明帝泰始元年嘉禾生
按宋書明帝本紀不載　按符瑞志泰始元年七月己酉嘉禾生會稽永興太守巴陵王休若以獻
泰始二年嘉蓮嘉瓜生木連理
按宋書明帝本紀不載　按符瑞志二年八月丙辰五城澳池二蓮同榦都水使者羅僧愍以獻己未豫州刺史山陽王休祐獻蓮二花一蒂戊午嘉瓜生南豫州南豫州刺史山陽王休祐以獻十一月木連理生丹陽秣陵
泰始四年蓮冬生
按宋書明帝本紀不載　按符瑞志四年三月庚戌太子西池冬生蓮園丞周徛猗以獻
泰始五年嘉蓮生
按宋書明帝本紀不載　按符瑞志五年六月甲子嘉蓮生湖孰南臺侍御史竺曾度以聞
泰始六年木連理
按宋書明帝本紀不載　按符瑞志六年四月丙午木連理生會稽永興太守蔡興宗以聞六月壬子嘉蓮生東宮元圃池皇太子以聞十二月壬辰木連理生豫章南昌太守劉愔之以聞
泰始七年木連理
按宋書明帝本紀不載　按符瑞志七年二月戊寅木連理生吳郡錢塘太守王延之以聞
順帝昇明元年十月於潛桃李棕結實
按宋書順帝本紀不載　按五行志云云
昇明二年木連理紫芝生
按宋書順帝本紀不載　按符瑞志昇明二年木連理生豫州界內史劉懷珍以聞宣城山中生紫芝一株在所獲以獻
按南齊書祥瑞志昇明二年四月昌國縣徐萬年門下棠樹連理九月豫州萬歲澗廣數丈有樹連理隔澗騰枝相逼越壑跨水爲一榦

南齊

高帝建元二年楓梘梨樹連理
按南齊書高帝本紀不載　按祥瑞志建元二年九月有司奏上虞縣楓樹連理兩根相去九尺雙株均聳去地九尺合成一榦故鄣縣楓樹連理兩株相去七尺大八圍去地一丈仍相合爲樹泯如一木山陽縣界若耶村有一梘木合爲連理淮陰縣建業寺梨樹連理建康縣梨樹耀檯五圍連理六枝
武帝永明元年嘉禾生木連理
按南齊書武帝本紀不載　按祥瑞志永明元年正月新蔡郡固始縣獲嘉禾一莖五穗五月木連理生安成新喻縣又生南梁陳縣閏月瑠明殿外閤南槐樹連理八月鹽官縣內樂村木連理新蔡縣獲嘉禾二莖九穗一莖七穗十一月固始縣獲嘉禾一莖九

穗
永明二年權槐栗連理嘉禾生
按南齊書武帝本紀不載　按祥瑞志二年七月烏
程縣陳文則家權樹連理新治縣槐栗二木合生異
根連理去地數尺中央小開上復爲一八月梁郡睢
陽縣界野田中獲嘉禾一莖二十三穗
永明三年楡樫梓檣連理
按南齊書武帝本紀不載　按祥瑞志三年正月安
城縣楡樹二株連理二月安陽縣梓樹連理九月句
陽之穀山權樹連理異根雙挺共杪爲一十二月永
寧左郡檣木連理
永明四年李連理
按南齊書武帝本紀不載　按祥瑞志四年二月秣
陵縣高天明園中李樹連理生高三尺五寸兩枝別
生復高三尺合爲一幹
永明五年樫連理嘉禾生
按南齊書武帝本紀不載　按祥瑞志五年正月秣
陵縣華僧秀園中四樹連理山陰縣孔廣家園樫樹
十二層會稽太守隨王子隆獻之種芳林園鳳光殿
西九月莒縣獲嘉禾一株
永明六年棱連理
按南齊書武帝本紀不載　按祥瑞志六年四月江
寧縣北界賴鄉齊平里三成邏門外路東太常蕭惠
基園棱樹二株連理其高相去三尺南大北小小者
傾柯南附合爲一樹枝葉繁茂圓密如蓋
永明七年李連理
按南齊書武帝本紀不載　按祥瑞志七年江寧縣
李樹二株連理兩根相去一丈五尺
永明八年紫芝生梘樹連理
按南齊書武帝本紀不載　按祥瑞志八年三月陽
城縣獲紫芝一株巴陵郡樹連理四株武陵白沙戍
梘木連理相去五尺俱高三尺東西二枝合而通柯
十二月柴桑縣陶委天家樹連理
永明九年木中有文始興郡櫄樹生
按南齊書武帝本紀不載　按祥瑞志九年秣陵縣
鬭場里安明寺有古樹衆僧改架屋宇伐以爲薪剖
樹木裏自然有法大德三字始興郡本無櫄樹調味
有闕世祖在郡堂屋後忽生一株
永明十年嘉禾生
按南齊書武帝本紀不載　按祥瑞志十年六月海
陵齊昌縣獲嘉禾一莖六穗
永明十一年嘉禾生
按南齊書武帝本紀不載　按祥瑞志十一年九月
睢陽縣田中獲嘉禾一株
鬱林王隆昌元年紫芝生
按南齊書鬱林王本紀不載　按祥瑞志隆昌元年
正月襄陽縣獲紫芝一莖
東昏侯永元　年菖蒲生花有光
按南齊書東昏侯本紀不載　按五行志永元中御
刀黃文濟家齋前種菖蒲忽生花光影照壁成五采
其兒見之餘人不見也少時文濟被殺

梁

武帝天監四年嘉禾生
按梁書武帝本紀天監四年五月辛卯建康縣朔陰
里生嘉禾一莖十二穗
天監六年嘉禾生
按梁書武帝本紀六年九月嘉禾一莖九穗生江陵
縣
天監十年嘉蓮生
按梁書武帝本紀十年五月乙酉嘉蓮一莖三花生
樂遊苑
中大通三年野稻生
按南史梁武帝本紀中大通三年秋吳興生野稻饑
者賴焉
大同三年稻稗旅生
按梁書武帝本紀大同三年九月北徐州境內旅生
稻稗二千許頃
大同六年嘉禾生
按梁書武帝本紀六年九月始平太守崔碩表獻嘉
禾一莖十二穗

陳

武帝永定二年嘉禾生
按陳書高祖本紀永定二年七月甲寅嘉禾一穗六
岐生五城

北魏

太祖天興二年嘉禾生
按魏書太祖本紀不載　按靈徵志天興二年七月
獲嘉禾於平城縣異莖同穎八月廣寧送嘉禾一莖
十一穗平城南十里郊嘉禾一莖九穗告於宗廟
天興三年木連理
按魏書太祖本紀不載　按靈徵志三年四月有木

連理生於代郡天門關之路左王者德澤純洽八方
爲一則生八月渤海上言修縣東光縣木連理各一
十二月豫州上言木連理生於河內之沁縣

天興四年木連理
按魏書太祖本紀不載　按靈徵志四年春河內郡
木連理二八月魏郡上言內黃縣木連理

太宗永興二年嘉禾生
按魏書太宗本紀不載　按靈徵志永興二年十月
嘉禾生於清河郡

泰常元年木連理
按魏書太宗本紀不載　按靈徵志泰常元年十月
范陽郡上言木連理十一月常山郡上言木連理

泰常三年木連理嘉禾生
按魏書太宗本紀不載　按靈徵志三年正月渤海
上言東光縣木連理八月廣甯郡上言木連理八月
嘉禾生於渤海郡東光縣

世祖神麚二年嘉禾生
按魏書世祖本紀不載　按靈徵志神麚二年七月
嘉禾生於魏郡安陽縣三本同穎

神麚四年木連理
按魏書世祖本紀不載　按靈徵志四年九月滎陽
郡上言木連理

延和二年木連理
按魏書世祖本紀不載　按靈徵志延和二年三月
樓煩南山木連理

延和三年木連理
按魏書世祖本紀不載　按靈徵志三年九月上谷
郡上言木連理

太延元年木連理
按魏書世祖本紀不載　按靈徵志太延元年二月
魏郡上言木連理

太延五年木連理
按魏書世祖本紀不載　按靈徵志五年二月遼西
上言木連理

太平眞君六年木連理
按北史魏太武帝本紀太平眞君六年二月西幸上
黨觀連理樹于元氏

高祖延興元年木連理
按魏書高祖本紀不載　按靈徵志延興元年十一
月祕書令楊崇奏鐘律郎李生于京師見長生連理
樹

承明元年嘉禾生木連理
按魏書高祖本紀不載　按靈徵志承明元年八月
齊州獻嘉禾九月并州上言木連理相去一丈二尺
中有五枝相連

太和元年木連理
按魏書高祖本紀不載　按靈徵志太和元年三月
冀州上言木連理

太和三年嘉禾嘉瓠生
按魏書高祖本紀不載　按靈徵志三年九月齊州
獻嘉禾十月徐州獻嘉瓠一帶兩實

太和五年嘉禾生
按魏書高祖本紀不載　按靈徵志五年八月常山
獻嘉禾

太和七年嘉禾生
按魏書高祖本紀不載　按靈徵志七年八月定州
獻嘉禾

太和十七年木連理
按魏書高祖本紀不載　按靈徵志十七年六月京
師木連理

太和十八年木連理
按魏書高祖本紀不載　按靈徵志十八年十月河
南上言鞏縣木連理

太和二十三年木連理
按魏書高祖本紀不載　按靈徵志二十三年十月
并州上言百節連理生縣甕山濟州上言木連理十
二月瀛州上言木連理

世宗景明元年嘉禾生
按魏書世宗本紀不載　按靈徵志景明元年七月
齊州獻嘉禾

景明二年木連理
按魏書世宗本紀不載　按靈徵志二年正月瀛州
上言平舒縣木連理

景明三年木連理嘉禾烏芝生
按魏書世宗本紀不載　按靈徵志三年正月潁川
郡上言木連理二月平陽郡上言襄陵縣木連理四
月荊州上言南陽宛縣木連理六月徐州上言東海
木連理十月秦州上言南稻新興二縣木連理各一
七月齊州獻嘉禾魯陽獻烏芝王者慈仁則生

景明四年木連理嘉禾生
按魏書世宗本紀不載　按靈徵志四年二月趙平

郡上言鶉觚縣木連理二月齊郡上言臨淄縣木連理四月汾州上言五城郡木連理五月青州上言莒縣木連理六月恆農盧氏縣木連理是月徐州上言梁郡下邑縣木連理八月冀州獻嘉禾九月秦州上言當亭四縣界各木連理

正始元年木連理嘉禾生

按魏書世宗本紀不載　按靈徵志正始元年五月司州上言滎陽京縣木連理六月京師西苑木連理七月河東郡上言聞喜縣木連理八月河南郡上言慈木澗木連理濟州獻嘉禾十月恆農郡上言崤縣木連理十二月涼州上言石城縣木連理

正始二年木連理菌生太極西序

按魏書世宗本紀不載　按靈徵志二年正月汾州上言平昌縣木連理二月司州上言崤縣木連理六月齊州獻嘉禾七月魯陽郡獻嘉禾八月司州獻嘉禾九月司州上言穎川陽翟縣木連理　按崔光傳光除侍中加撫軍將軍二年八月光表曰去二十八日有物出於太極之西序勑以示臣臣按其形即莊子所謂蒸成菌者也又云朝菌不終晦朔雍門周所稱磨蕭斧而伐朝菌皆指言蒸氣鬱長非有根種柔脆之質凋殞速易不延旬月無擬斧斤又多生墟落穢濕之地罕起殿堂高華之所今極宇崇麗牆築工密糞朽弗加沾濡不及而茲菌歘構厥狀扶疎誠足異也夫野木生朝野鳥入廟古人以爲敗亡之象然懼災修德者咸致休慶所謂家利而怪先國興而妖豫是故桑穀拱庭太戊以昌雊雉集鼎武丁用熙自比鵰鵲巢于廟殿梟鵬鳴於宮寢菌生賓階軒坐之正準諸往記信可爲誠且東南未靜兵革不息郊甸之內大旱踰時民勞物悴莫此之甚承天子育者所宜矜恤伏願陛下追殷二宗感變之意側躬聳誠惟新聖道節夜飲之忻强朝御之膳養方富之年保金玉之性則魏祚可以永隆皇壽等于山岳

正始三年木連理嘉禾生

按魏書世宗本紀不載　按靈徵志三年六月汾州上言永安縣木連理是月師京木連理七月穎川陽翟縣上言木連理是月建德郡上言石城縣木連理冀州獻嘉禾

永平元年木連理

按魏書世宗本紀不載　按靈徵志永平元年四月司州上言穎川郡木連理

永平二年木連理

按魏書世宗本紀不載　按靈徵志二年四月司州上言恆農北陝縣木連理

永平三年木連理

按魏書世宗本紀不載　按靈徵志三年八月滎陽獻嘉禾十一月夏州上言橫風山木連理

延昌二年木連理

按魏書世宗本紀不載　按靈徵志延昌二年正月徐州上言建陵戍木連理

延昌三年木連理

按魏書世宗本紀不載　按靈徵志三年正月司州上言軹縣木連理

延昌四年木連理

按魏書世宗本紀不載　按靈徵志四年三月冀州上言信都縣木連理六月京師木連理九月雍州上言鄠縣木連理

肅宗熙平元年木連理

按魏書肅宗本紀不載　按靈徵志熙平元年正月光州上言曲城縣木連理

熙平二年嘉禾生木連理

按魏書肅宗本紀不載　按靈徵志二年八月幽州獻嘉禾三本同穗十一月京師木連理十二月敦煌鎮上言晉昌戍木連理

神龜元年木連理

按魏書肅宗本紀不載　按靈徵志神龜元年正月汾州上言永安縣木連理三月滄州上言饒安縣木連理八月燕州上言上谷郡木連理九月秦州上言隴西之武陽山木連理

神龜二年木連理

按魏書肅宗本紀不載　按靈徵志二年六月夏州上言山鹿縣木連理

正光元年木連理

按魏書肅宗本紀不載　按靈徵志正光元年五月幷州上言上黨東山谷中木連理十一月齊州上言濟南郡靈壽山木連理

正光二年嘉禾生木連理

按魏書肅宗本紀不載　按靈徵志二年六月齊州上言魏郡逢陵縣木連理七月朔州獻嘉禾

正光三年木連理

按魏書肅宗本紀不載　按靈徵志三年二月涼州上言檢中縣木連理三月青州上言平昌郡木連理

八月徐州上言龍亢戍東木連理二肆州獻嘉禾一根生六穗

正光四年木連理

按魏書肅宗本紀不載　按靈徵志四年二月揚州上言汝陰縣木連理八月涼州上言顯美縣木連理

孝昌元年木連理

按魏書肅宗本紀不載　按靈徵志孝昌元年十月魏郡元城縣木連理

孝靜帝天平二年木連理

按魏書孝靜帝本紀不載　按靈徵志天平二年四月臨水郡木連理七月魏郡木連理

天平三年嘉禾生木連理

按魏書孝靜帝本紀不載　按靈徵志三年五月司州上言清河郡木連理七月魏郡獻嘉禾

天平四年木連理嘉禾生

按魏書孝靜帝本紀不載　按靈徵志四年六月廣平郡上言木連理八月幷州上言木連理幷州獻嘉禾是月京師又獲嘉禾虞曹郎中司馬仲璨又獻嘉禾一莖五穗

元象元年木連理嘉禾生

按魏書孝靜帝本紀不載　按靈徵志元象元年二月洛州上言木連理五月林慮縣上言木連理八月上黨郡上言木連理東雍州獻嘉禾

興和元年木連理

按魏書孝靜帝本紀不載　按靈徵志興和元年九月有司奏西山採材司馬張神和上言司空谷木連理

興和二年木連理嘉禾生

按魏書孝靜帝本紀不載　按靈徵志二年四月光州上言盧鄉縣木連理八月南青州獻嘉禾

興和四年嘉禾生

按魏書孝靜帝本紀不載　按靈徵志四年八月京師再獲嘉禾

武定元年木連理

按魏書孝靜帝本紀不載　按靈徵志武定元年閏月西兗州上言濟陰郡木連理九月齊獻武王上言幷州木連理

武定二年嘉禾生

按魏書孝靜帝本紀不載　按靈徵志二年八月京師獲嘉禾

武定三年木連理

按魏書孝靜帝本紀不載　按靈徵志三年八月幷州獻嘉禾九月瀛州上言河間郡木連理

武定五年木連理

按魏書孝靜帝本紀不載　按靈徵志五年十一月汾州上言木連理

武定六年木連理

按魏書孝靜帝本紀不載　按靈徵志六年五月晉州上言木連理

武定八年木連理

按魏書孝靜帝本紀不載　按靈徵志八年四月青州上言齊郡木連理

北齊

後主武平元年槐華而不實

按北齊書後主本紀不載　按隋書五行志武平元年槐華而不結實槐三公之位也華而不實萎落之象至明年錄尚書事開伏誅隴東王胡長仁太保琅邪王儼皆遇害左丞相段韶薨

武平五年桐樹如人狀

按北齊書後主本紀不載　按隋書五行志五年鄴城東青桐樹有如人狀京房易傳曰王德衰下人將起則有木生爲人狀是時後主怠於國政耽荒酒色威儀不肅馳騁無度大發繇役盛修宮室後二歲而亾木不曲直之效也

武定七年宮中大樹自拔

按北齊書後主本紀不載　按隋書五行志七年宮中有樹大數圍夜半無故自拔齊以木德王無故自拔亡國之應也其年齊亾

北周

閔帝元年木連理

按周書孝閔帝本紀元年二月己亥秦州涇州各獻木連理

武帝保定三年嘉禾生

按周書武帝本紀保定三年九月己丑蒲州獻嘉禾異畝同穎

建德六年芝草生

按周書武帝本紀建德六年七月癸未應州獻芝草

隋

文帝開皇元年木連理

按隋書高祖本紀開皇元年三月辛巳宣仁門槐樹連理衆枝內附己丑盩厔縣獻連理樹植之宮庭

開皇八年枯楊生枝

按隋書文帝本紀不載　按五行志八年四月幽州人家以白楊木懸竈上積十餘年忽生三條皆長三尺餘甚鮮茂

仁壽元年楊樹生松

按隋書文帝本紀不載　按五行志仁壽元年十月蘭州楊樹上松生高三尺六節十二枝宋志曰松不改柯易葉楊者危脆之木此永久之業將集危亾之地也是時帝惑讒言幽廢冢嫡初立晉王爲皇太子天戒若曰皇太子不勝任永久之業將致危亾帝不悟及帝崩太子立是爲煬帝竟以亾國

仁壽四年楊柳自枯復生

按隋書高祖本紀四年七月乙卯河間楊柳四株無故黄落既而花葉復生　按五行志京房易飛候曰木再榮國有大喪是歲宫車晏駕

欽定古今圖書集成曆象彙編庶徵典

第一百八十四卷目錄

草木異部彙考三

庶徵典第一百八十四卷

草木異部彙考三

唐

高祖武德元年嘉麥嘉禾芝草生木連理

按唐書高祖本紀不載　按冊府元龜武德元年五月隴州獻嘉麥六月虞州獻嘉麥一莖六穗八月汞州獻嘉禾異畝同穎十一月藍田玉山南嶺有樹連理十二月麟州獻芝草一株紫莖黃蓋

武德二年李連理嘉禾生

按唐書高祖本紀不載　按冊府元龜二年二月涪州上言李樹連理四月有獻李樹連理盤屈如龍七月益州獻嘉禾一莖六穗

武德四年枯樹復生芝草狀如人

按唐書高祖本紀不載　按五行志四年亳州老子祠枯樹復生枝葉老子唐祖也占曰枯木復生權臣執政眭孟以爲有受命者　又按志四年益州獻芝草如人狀占曰王德將衰下人將起則有木生爲人狀草亦木類也

武德九年柱已傾自起芝草嘉禾生

按唐書高祖本紀不載　按五行志九年三月順天門樓東柱已傾毀而自起占曰木仆而自起國之災

按冊府元龜九年正月西韓州獻芝草異莖同蓋六月己卯雅州涇陽縣生嘉禾異畝同穎

太宗貞觀二年嘉禾生

按唐書太宗本紀不載　按冊府元龜貞觀二年六月長安縣獻嘉禾

貞觀三年木連理嘉禾生

按唐書太宗本紀不載　按冊府元龜三年七月壬于申州言木連理十二月潞州獻嘉禾

貞觀九年棠樹連理

按唐書太宗本紀不載　按冊府元龜九年五月戊申和州言棠樹連理

貞觀十三年嘉禾生

按唐書太宗本紀不載　按冊府元龜十三年八月幽州獻嘉禾一莖九穗

貞觀十七年木連理太廟紫芝生

按唐書太宗本紀不載　按冊府元龜十七年三月杭州言木連理二十四株有植黎二木合爲一體

按玉海十七年九月紫芝生於太廟寢室二十四莖爲龍鳳形

貞觀十八年木連理

按唐書太宗本紀不載　按冊府元龜十八年十月山南獻木連理交錯玲瓏有同羅目一丈之餘幷枝者二十餘所

貞觀二十年甘樹連理李樹生芝

按唐書太宗本紀不載　按冊府元龜二十年十一月雍州言甘樹一株有十八處連理李樹生芝英赤紫莖光色鮮麗

貞觀二十一年李木連理

按唐書太宗本紀不載　按玉海二十一年正月玉華宮李木連理隔澗合枝一云二十二年

貞觀二十二年李木連理

按唐書太宗本紀不載　按冊府元龜二十二年正月玉華宮李樹連理隔澗合枝

高宗顯慶四年桃生李

按唐書高宗本紀不載　按五行志四年八月有毛桃樹生李李國姓也占曰木生異實國主殃

中宗嗣聖十年(即武后長壽二年)檉杉變爲柏

按唐書武后本紀不載　按五行志長壽二年十月萬象神宮側檉杉皆變爲柏柏貫四時不改柯易葉有士君子之操檉杉柔脆小人性也象小人居君子之位

嗣聖十一年(即武后延載元年)九月梨華

按唐書武后本紀不載　按五行志延載元年九月內出梨華一枝示宰相萬木搖落而生華陰陽顯也傳曰天反時爲災又近常燠也

神龍二年十月李華

按唐書中宗本紀不載　按五行志神龍二年十月陳州李有華鮮茂如春

景龍二年苦蕒高二尺

按唐書中宗本紀不載　按五行志景龍二年岐州郿縣民王上賓家有苦蕒菜高二尺餘上廣尺餘厚二分近草妖也

景龍三年蒜重生

按唐書中宗本紀不載　按五行志三年內出蒜條上重生蒜蒜惡草也重生者其類衆也

景龍四年竹生實如麥

按唐書中宗本紀不載　按五行志四年三月京畿藍田山竹實如麥占曰大饑

睿宗景雲二年柿樹枯死復生瑞麥生

按唐書睿宗本紀不載　按五行志景雲二年高祖故第有柿樹自天授中枯死至是復生

按玉海景雲二年六月洛州言兩岐麥

元宗先天二年嘉禾生

按唐書元宗本紀不載　按冊府元龜先天二年懷州上言有嘉禾四穗

開元二年竹實如麥

按唐書元宗本紀不載　按五行志開元二年終南山竹有華實如麥嶺南亦然竹並枯死是歲大饑民採食之占曰國中竹柏枯不出三年有喪

開元八年瑞麥嘉禾芝草生

按唐書元宗本紀不載　按冊府元龜八年五月德州奏平原縣麥一莖兩岐分秀十二月齊州嘉禾生鄂州芝草生

開元九年瑞麥芝草生

按唐書元宗本紀不載　按冊府元龜九年五月絳州奏正平太守兩縣瑞麥七莖兩穗一莖四穗十一月蘄州奏蘭溪縣芝草生

開元十一年李樹連理

按唐書元宗本紀不載　按冊府元龜十一年正月行幸北都紀功於太原府之南街有李樹連理甘棠生於太原縣

開元十二年瑞麥生

按唐書元宗本紀不載　按冊府元龜十二年六月河南府之告成縣王利文家瑞麥生穗分岐一莖三秀利文上表曰陛下往在藩邸扈從三陽在臣宅上休憩臣宅北坂之下陛下以爲毬場自夏徂秋往來遊賞其地因感聖氣今有瑞麥生苗或六穗分榮或一莖數秀方圓縱橫不離場邊自非至德潛通豈有瑞應若此詔賜利文絹三十疋遣之

開元十三年瑞麥生

按唐書元宗本紀不載　按冊府元龜十三年五月甲申瑞麥生於河南府之壽安縣勸農使宇文融上表稱賀

開元十四年芝草嘉禾生李樹連理

按唐書元宗本紀不載　按冊府元龜十四年八月通州言芝草生九月晉州神仙縣元元皇帝廟根子樹兩枝連理合成十二月丙午越州言李樹連理

按玉海乾元元年五月十九日代宗立爲皇太子生之歲開元十四年十月十三日豫州獻嘉禾於是以爲祥更名豫

開元十五年芝草嘉禾生

按唐書元宗本紀不載　按冊府元龜十五年閏九月億歲殿生芝草一莖十月汝州言嘉禾生

開元十七年太廟產芝竹生實

按唐書元宗本紀不載　按五行志十七年睦州竹實

按冊府元龜十七年五月庚寅有靈芝草產於太廟第九室殿柱

開元十八年楠木連理靈芝生

按唐書元宗本紀不載　按冊府元龜十八年四月甲午嘉州奏楠木生連理枝五月甲辰陝州奏靈芝產

開元十九年稻穭生再熟芝草嘉禾生

按唐書元宗本紀不載　按唐會要十九年四月己

卯楊州奏穭生稻二百一十五頃再熟稻一千八百
頃其粒並與常稻無異
按冊府元龜十九年六月壬申芝草生於京城之勝
業寺一本七莖心黃外紫九月乙未冀州任丘縣孝
悌鄉嘉禾生庚申婺州永康縣嘉禾生一莖五穗

開元二十一年枯楊生李蓮同心芝草生
按唐書元宗本紀不載　按五行志二十一年蓬州
枯楊生李枝有實與顯慶中毛桃生李同
按冊府元龜二十一年二月癸丑絳州奏龍興觀池
同心蓮一莖八月癸亥沂州產紫芝三莖
按玉海二十一年新羅王興光奏國內芝草生畫圖
以獻

開元二十二年木連理瑞麥生
按唐書元宗本紀不載　按冊府元龜二十二年五
月安次縣百姓家產連理樹及大麥一本一十八莖
穗秀兩岐

開元二十三年瑞麥芝草嘉禾生
按唐書元宗本紀不載　按冊府元龜二十三年六
月壬子京兆富平縣瑞麥生一莖五穗華州下邽縣
瑞大麥生一莖三穗京畿採訪使御史中丞虞奐奏
賀十月沂州芝草生一莖九寸十岐乙未京兆府奏
盩厔縣嘉禾生庚戌朔奏嘉禾生十一月沂州密州
皆奏芝草生

開元二十四年瑞麥生
按唐書元宗本紀不載　按冊府元龜二十四年三
月辛巳沂州瑞麥生

開元二十七年木連理
按唐書元宗本紀不載　按冊府元龜二十七年七
月蒲州靈貞觀連理樹生

開元二十九年枯樹復榮棠連理
按唐書元宗本紀不載　按五行志二十九年亳州
老子祠枯樹復榮
按冊府元龜二十九年三月己丑亳州奏老君廟樹
已枯復榮四月甲寅深州奏連理甘棠樹生於陸澤
縣

天寶元載屋柱生枝嘉麥生
按唐書元宗本紀不載　按五行志天寶初臨川郡
人李嘉引屋柱生芝草狀如天尊像
按冊府元龜天寶元載六月壬辰信都瑞麥生臨川
郡人李嘉引所居柱上芝草生形類天尊容屢陳光
彩太守張景佚拔柱獻之睢陽郡嘉麥生一莖八十
一穗

天寶三載芝草生
按唐書元宗本紀不載　按冊府元龜三年三月癸
酉興慶宮合鍊院芝草生一本六莖五月京兆尹奏
所部芝草生

天寶四載嘉禾生
按唐書元宗本紀不載　按冊府元龜四載八月癸
巳京兆之新豐嘉禾生或九穗六穗九月河南府登
封縣嘉禾生一本十二穗

天寶五載嘉麥生
按唐書元宗本紀不載　按冊府元龜五載七月汝
陰郡上言有嘉麥生一莖兩岐

天寶七載玉芝產大同殿
按唐書元宗本紀不載　按冊府元龜七載三月有
玉芝生於大同殿之柱礎一本兩莖神光照於殿上
命文武百寮入觀之

天寶八載大同殿產芝
按唐書元宗本紀不載　按冊府元龜八載六月大
同殿又產芝一莖

天寶十載芝草生宮甘結實
按唐書元宗本紀不載　按冊府元龜十載八月丁
巳丹陽郡茅山鍊丹院生芝草一莖庚午蘄春郡之
天長觀聖容玉石蓮花座上生紫芝一本七莖
按玉海十載九月宮甘結實與江劍無殊

天寶十四載嘉禾生稻穭生李連理產玉芝
按唐書元宗本紀不載　按冊府元龜十四載八月
庚子樂安郡上言嘉禾生壬寅京兆府奏嘉禾生而獻
之癸卯東平太守嗣吳王祇奏所部壽張順昌兩縣
鹹穀穭生十月廬江郡人王恭家有李樹連理結紫
實癸酉幸華清宮有石產玉芝宰相楊國忠請宣付
示朝廷編諸史冊從之

肅宗至德二載寧朔荒地自出黑穀
按唐書肅宗本紀不載　按冊府元龜二年七月朔
方節度郭子儀奏寧朔縣界荒地廣十五里有黑禾
穀出遍地每日側近百姓掃盡經宿還生前後可得
五六千石其禾圓實味甘美臣以爲天啓興王瑞先
百穀故漢稱雨粟周頌來麰豈瑞禾自出家給人足
蓋陛下富教安人務農敦本光殺社稷康濟黎元之
應也臣不勝大慶

乾元元年瑞麥生太廟柱生芝

按唐書肅宗本紀不載　按冊府元龜乾元元年四月己未懷州刺史王奇光奏河南縣王昇清種麥數畝皆一莖三穗丁卯太廟殿院北門內柱生芝草兩莖紫蓋

上元二年御座生芝

按唐書肅宗本紀不載　按五行志上元二年七月甲辰延英殿御座生玉芝一莖三花御製玉靈芝詩三章八句是歲李光弼出統河南諸軍帝於內殿宴送御製詩以寵之羣臣畢和

代宗寶應元年嘉禾生

按唐書代宗本紀不載　按冊府元龜寶應元年九月戊戌秦州嘉禾生異畝同穎獻之出示百寮

永泰元年穭麥嘉禾生

按唐書代宗本紀永泰元年四月己巳盩厔穭麥生

按冊府元龜永泰元年七月庚申京兆府上言鄂縣嘉禾生穗長一尺餘穗上粒生重疊如連珠

永泰二年太廟生芝

按唐書代宗本紀不載　按玉海二年太廟二室生芝

大曆二年嘉禾生

按唐書代宗本紀不載　按冊府元龜大曆二年十月己亥潞州長子縣嘉禾生兩莖同穗

大曆三年嘉瓜嘉禾生

按唐書代宗本紀不載　按冊府元龜三年七月閬州新井縣連理瓜生十月太原府嘉禾生

大曆四年芝草生

按唐書代宗本紀不載　按冊府元龜四年三月潤州上元縣產芝草一莖四葉高七寸

大曆六年芝草嘉瓜嘉禾生

按唐書代宗本紀不載　按冊府元龜六年八月戊辰楚州上言芝草產於淮陰縣十一月宋州上言湘源縣芝草生同根三莖合成一蓋潭州上言長沙縣榮唐里村下有瓜生同蔕連心十二月癸酉婺州上言嘉禾生一莖九穗一莖十二穗

大曆八年嘉禾芝草嘉瓜瑞麥生李黎林檎樹連理

按唐書代宗本紀不載　按冊府元龜八年五月丁丑鳳翔府上言天興縣嘉禾生一莖二穗九月辛巳華州上言嘉禾生十月丁卯太原府上言嘉禾生十一月鳳翔府上言天興縣禾生一莖三穗太原府上言壽陽縣嘉禾生兩莖同穗十一月乙丑景子澤州上言嘉禾生是歲大有年　又按冊府元龜八年六月庚辰廬州上言廬江縣紫芝草生一根二莖一丈五尺七月丙戌東都留守蔣渙上言太廟殿柱生芝草二莖九月戊寅桂州上言芝草生十月丁未襄州言芝草生庚戌揚州上言芝草生十一月丁未申州上言義陽縣芝草生乙丑衡州上言龍丘縣李樹上產芝草五莖　又按冊府元龜八年七月甲午婺州上言金華縣李樹連理八月壬戌滑州上言靈昌縣連理瓜生九月丁丑京兆府上言梨樹及林檎樹並連理　又按冊府元龜八年八月庚寅滑州靈昌縣瑞麥一莖三穗

大曆九年枯檜復生李樹生芝芝草瑞麥嘉禾生

按唐書代宗本紀不載　按五行志九年晉州神山縣慶唐觀枯檜復生

按冊府元龜九年二月庚午鄭州上言李樹上生芝草一莖三月癸卯亳州上言芝草生十月己巳申州上言芝草生十二月戊寅衡州上言李樹上芝草生莖連樹根　又按冊府元龜九年五月丁巳京兆府上言瑞麥生九莖同穎　又按冊府元龜九年十月辛卯鳳翔府上言嘉禾生一莖二穗十二月戊寅寧州上言嘉禾生

大曆十年李連理嘉禾芝草生

按唐書代宗本紀不載　按冊府元龜十年正月乙巳處州上言李樹連理壬寅薊州上言嘉禾生五莖合爲一莖二月壬申江陵府上言芝草生壬午處州上言芝草生三月濠州上言芝草生五月蜀州上言唐興縣李樹上芝草生三莖漢州上言李樹上芝草生一莖七月癸酉絳州上言芝草生九月乙卯太原府上言嘉禾生

大曆十二年瑞木有文芝草嘉禾生

按唐書代宗本紀不載　按玉海十二年五月甲子成都人郭遠獲瑞木一莖有文曰天下太平四字獻之宰臣奏賀曰至德之化先貫草木太平之時遂形文字望藏祕閣付史館

按冊府元龜十二年十一月己酉蔡州上言汝陽縣芝草生紫莖黃蓋河中府上言臨晉縣嘉禾生四莖二穗

德宗興元元年李樹暴長枯柳復榮

按唐書德宗本紀不載　按五行志興元元年春亳州眞源縣有李樹植已十四年其長尺有八寸至是枝忽上聳高六尺周迴如蓋九尺餘李國姓也占曰

木生枝聳國有寇盜是歲中書省枯柳復榮

貞元三年瑞麥嘉禾生

按唐書德宗本紀不載　按冊府元龜貞元三年閏五月陝觀察使李泌獻瑞麥一莖五穗七月京兆府獻嘉禾異本同穗

貞元四年雨木瑞瓜芝草生

按唐書德宗本紀四年正月雨木氷於陳留　按五行志四年正月雨木於陳留十里許大如指長寸餘中空所下者立如植木生於下而自上隕者上下易位之象碎而中空者小人象如植者自立之象（按志作而木紀作雨木氷五異因俱見陳留故並存之）

按冊府元龜四年七月右神策軍獻瑞瓜三蔓合爲一蔕而生三瓜九月許州奏芝草生

貞元五年瑞麥生

按唐書德宗本紀不載　按冊府元龜五年五月宋州奏大麥一莖九岐者約一百餘本

貞元六年櫪李連理嘉禾芝草生

按唐書德宗本紀不載　按冊府元龜六年正月防州言櫪連理八月潮州上言李樹連理京兆府河南府並奏嘉禾異本同穎潮州上言芝草生

貞元十二年芝草嘉禾生

按唐書德宗本紀不載　按冊府元龜十二年七月丁酉東都留守進芝草九月徐州奏嘉禾生

貞元十三年嘉禾生

按唐書德宗本紀不載　按冊府元龜十三年八月汴州進嘉禾九月癸亥懷州進嘉禾

貞元十四年瑞麥生

按唐書德宗本紀不載　按冊府元龜十四年正月蔡州進瑞麥

貞元十八年嘉禾瑞蓮生

按唐書德宗本紀不載　按冊府元龜十八年八月徐州獻嘉禾

按玉海十八年權德輿賀神龍寺殿前渠中瑞蓮花圖表絪縕降祉蓊鬱敷榮瑞茲灼灼之花迥出田田之葉雙房挺茂一雨均沾柳宗元賀表祥圖煥開異采交映道協重華慶傳種德陶陰陽之粹美孕造化之精英雙華擢秀連蔕垂芳又賀西內定池青蓮花并神龍守合歡蓮子云疊瑞重祥累集宮禁池蓮表異靈化非常

貞元二十一年嘉禾芝草生

按唐書德宗本紀不載　按冊府元龜二十一年七月成都府獻嘉禾陝州獻紫芝

憲宗元和七年嘉禾生

按唐書憲宗本紀不載　按唐會要元和七年十一月梓州言龍州界武安縣嘉禾生有麟食之每來一鹿引之羣鹿隨之使畫工就圖之并嘉禾一函以獻

元和十一年冬桃杏華

按唐書憲宗本紀不載　按五行志十一年十二月桃杏華

元和十五年木自拔

按唐書憲宗本紀不載　按五行志十五年九月乙酉大雨樹無風而摧者十五六近木自拔也占曰木自拔國將亂

穆宗長慶元年殿柱產芝

按唐書穆宗本紀不載　按玉海長慶元年七月壽昌殿柱生玉芝一莖六尺

長慶三年栗實如李

按唐書穆宗本紀不載　按五行志三年成都栗樹結實食之如李

文宗太和二年九月李有華實瑞粟生

按唐書文宗本紀不載　按五行志太和二年九月徐州滑州李有華實可食

按唐會要太和二年福建進瑞粟一十莖中書門下奏伏以陛下勤求理本澄清化源不以靈芝白烏爲瑞應方將時安人和爲嘉祥宸翰昭宣睿情斯屬請自今祥瑞但申有司更不令進獻依奏

太和三年李生木瓜

按唐書文帝本紀不載　按五行志三年成都李樹生木瓜空中不實

太和九年金帶生菌

按唐書文宗本紀不載　按五行志九年冬鄭注之金帶有菌生近草妖也

開成四年竹生米

按唐書文宗本紀不載　按五行志開成四年六月襄州山竹有實成米民採食之

武宗會昌三年冬沁源桃杏華

按唐書武宗本紀不載　按五行志云云

宣宗大中二年瑞粟生

按唐書宣宗本紀不載　按玉海大中二年七月十六日福建觀察使殷儼進瑞粟十一莖莖有五六穗

懿宗咸通十四年李實變爲木瓜

按唐書懿宗本紀不載　按五行志咸通十四年四月成都李實變爲木瓜時人以爲李國姓也變者國奪於人之象

僖宗廣明元年冬桃李華山華皆發

按唐書僖宗本紀不載　按五行志云云

廣明二年枯檀復生

按唐書僖宗本紀不載　按五行志二年春眉州有檀樹已枯倒一夕復生

中和二年秋桃杏華實

按唐書僖宗本紀不載　按五行志中和二年九月太原諸山桃杏華有實

光啓元年草葉如旗

按唐書僖宗本紀不載　按五行志光啓元年七月河中解末樂生草葉自相樛結如旌旗之狀時人以爲旗子草

光啓二年草葉如旗

按唐書僖宗本紀不載　按五行志二年七月鳳翔麟遊草生如旗狀占曰其野有兵

哀宗天祐二年嘉禾生

按唐書哀宗本紀不載　按冊府元龜天祐二年八月河南府奏維苑谷水屯百姓馬會穀地內有嘉禾合穗謹隨表進者詔曰多稼如雲已稱大稔異畝同穎蓋表殊祥張全義尹正邦畿從容廊廟動必垂于惠化靜每著於燮調佐時之略彌章阜俗之風益顯爰昭元貺可卜豐年訓農遐掩於衛文獻瑞迥同於唐叔載觀禎異尤切歎嘉仍付史館

天祐三年木連理芝草嘉禾生

按唐書哀宗本紀不載　按冊府元龜三年四月陜州柳溪樹連理十月密州諸城縣人徐霸送芝草兩莖以進密州諸城縣徐霸進嘉禾九穗刺史李紹岳畫圖以進

後梁

太祖開平元年瑞橘嘉禾瑞麥榆樹合歡

按五代史梁太祖本紀不載　按冊府元龜開平元年五月丙戌荊州高季昌進瑞橘七十顆濮州刺史圖嘉禾瑞麥以進八月壬申密州進嘉禾又有合歡榆樹並圖形以獻

開平二年瑞麥生木中有文

按五代史梁太祖本紀不載　按冊府元龜二年四月鄧陵居人程震以兩岐麥穗并畫圖來進

按稽神錄梁開平二年使其將李思安攻潞州營於壺口伐木爲柵破一大木木中隸書六字曰天十四載石進思安表上之其羣臣皆賀以爲十四年必有遠裔入貢司天少監徐鴻獨謂其所親曰自古無一字爲年號者上天符命豈關數乎吾以爲丙申之年當有石氏王此地者移四字中兩豎書置天字左右卽丙字也移四之外圍以十字貫之卽申字也後至丙申歲晉高祖以石信井起州如鴻之言

開平四年瑞麥生

按五代史梁太祖本紀不載　按冊府元龜四年四月丁卯宋州節度使衡王友諒進瑞麥一莖三穗

後唐

莊宗同光元年枯檜再生

按五代史唐莊宗本紀不載　按冊府元龜同光元年十二月亳州太清宮道士奏聖祖元元皇帝殿前枯檜再生枝圖畫以進

按瀨鄉記此樹枯來莫知年代自高祖神堯皇帝武德二年太上老君見於晉州羊角山語樵人吉善行云爲報唐天子吾是爾遠祖亳州曲仁里是吾肇生之地有枯檜重榮唐祚未興高祖遂於羊角山置興唐觀其地改爲神仙縣封羊角山爲龍角既至亳州果有枯檜樹復生枝蓊欝後因安祿山僭號之時萎悴及祿山殄滅元宗翠華歸奏枝葉復榮今年十月中又於其上再生一枝約長二尺聳身直上迴出淩虛葉密枝繁獨異衆木勅當聖祖舊殿生枯檜新枝應皇家再造之期顯大國中興之運同上林仆柳祥既協於漢宣此南頓嘉禾瑞更超於光武宣標史冊以示寰瀛宜委本州太清宮副使常加簡察兼令功德使差道士一人往彼告謝仍付史館編錄

同光三年枯檜重生木連理瑞麥芝草生

按五代史唐莊宗本紀不載　按冊府元龜三年正月西都留守張筠奏昭應縣華清宮道士張冲虛狀四聖天尊院枯檜樹重生枝葉畫圖以進三月唐州奏淮瀆廣潤王廟前有兩樹東西相去七尺五寸其樹各出地亦七尺五寸兩樹相向連理五月許州進納兩岐麥一科其月汴州進兩岐麥兗州奏任城縣百姓大麥地內有兩岐三穗至四穗者十一月青州符習奏萊州卽墨縣人鄉貢士李夢徵室內柱上生芝草兩岐畫圖而進勅符習累居藩翰屢顯政能靜以臨人寬而得衆撫裕已彰於惠愛輔時又致於休徵因得和氣潛烝靈芝遽產同九莖而表瑞比三秀

以呈祥哉閱奏陳艮深嘉歎

明宗天成元年嘉禾芝草生

按五代史唐明宗本紀不載　按冊府元龜天成元年十月巴州進嘉禾合穗幷圖十一月密州進芝草幷圖宣示中書門下百寮稱賀

天成二年瑞麥生

按五代史唐明宗本紀不載　按冊府元龜二年六月巴州進兩岐麥華州上言鄭縣羅文鄉百姓李存家有兩岐麥畫圖進上八月丁酉青州進芝草

天成三年芝草生

按五代史唐明宗本紀不載　按冊府元龜三年九月閬州上言度支巡官陳知禮家生芝草兩本畫圖以進

天成四年嘉禾生

按五代史唐明宗本紀不載　按冊府元龜四年七月遂州夏魯奇進嘉禾一莖九穗勅旨三秀靈芝之標仙藉而閱資世務九莖嘉穀按地譜而實表豐年既呈殊異之祥雅叶治平之運宜付史館編記

長興三年芝草生

按五代史唐明宗本紀不載　按冊府元龜長興三年十月萊州卽墨縣人王友家生芝草一莖三枝其枝又分兩岐或三岐上漸闘成片而圓色紫其片卽爲葉葉莖一色其表白高尺餘青州節度使進之幷圖上又出宮中舊獻芝草四株其色莖葉皆同而枝葉多少爲異耳

後晉

高祖天福三年（卽南唐昇元三年）李連理

按五代史晉高祖本紀不載　按十國春秋唐烈祖昇元三年江西楊花爲李臨川李樹生連理人以爲還宗之兆

天福五年（卽南唐昇元五年）瑞麥芝草生

按五代史晉高祖本紀不載　按冊府元龜五年五月宋州貢瑞麥兩岐八月萊州芝草生登州蓬萊縣民楊蔚家芝草生畫圖以進

天福六年（卽南唐昇元六年）桑形如人

按五代史晉高祖本紀不載　按十國春秋唐烈祖本紀昇元六年溧水天興寺桑生木人長六寸形如僧右袒而左跪衣裓皆備國人號曰須菩提帝迎至宮中奉事甚謹

後漢

隱帝乾祐三年瑞麥生

按五代史漢隱帝本紀不載　按冊府元龜乾祐三年五月澶州衛南縣民王縮田麥兩岐凡十二莖二十四穗曹州乘氏縣民王豐麥一莖三穗

後周

太祖廣順二年瑞麥嘉禾生

按五代史周太祖本紀不載　按冊府元龜廣順二年四月徐州以兩岐麥二十本來獻八月靈武獻嘉禾二銀盤

世宗顯德元年紫芝生

按五代史周世宗本紀不載　按玉海顯德元年沱水獻紫芝

顯德四年紫芝生

按五代史周世宗本紀不載　按十國春秋吳越忠懿王世家顯德四年紫芝生於永嘉之西山

顯德五年芝草生

按五代史周世宗本紀不載　按冊府元龜五年二月登州貢芝草三枝十月登州刺史劉福進牟平縣畫刻芝草圖一面

遼

太宗會同五年松生棗

按遼史太宗本紀會同五年十一月己未武定軍奏松生棗

穆宗應曆二年嘉禾生

按遼史穆宗本紀應曆二年九月甲寅朔雲州進嘉禾四莖二穗

聖宗統和九年嘉禾生

按遼史聖宗本紀統和九年八月癸酉銅州嘉禾生

統和十二年木連理

按遼史聖宗本紀十二年三月己巳涿州木連理

統和二十年瑞麥生

按遼史聖宗本紀二十年南京平州麥秀兩岐

道宗太康三年嘉禾生

按遼史道宗本紀太康三年九月癸亥玉田貢嘉禾

宋

太祖建隆二年芝草生

按宋史太祖本紀不載　按玉海建隆二年七月己卯亳州獻芝草翰林學士王著獻頌

乾德元年（卽後蜀廣政二十六年）成都木中有文

按宋史太祖本紀不載　按十國春秋後蜀後主本紀廣政二十六年四月成都人唐李明破木中有紫

文謙書太平二字時以爲佳瑞識者云須成都破了方見太平

乾德二年嘉禾生

按宋史太祖本紀不載　按五行志乾德二年十月眉州進禾生九穗圖

乾德四年瑞麥嘉禾紫芝生

按宋史太祖本紀四年五月壬午澶州進麥兩岐至六岐者百六十五本己酉果州貢禾一莖十三穗

按五行志四年四月府州尉氏縣雲陽縣並有麥兩岐五月魚臺縣麥秀三岐六月南充縣民何約田禾二莖十三穗一莖十一穗七月又生一莖九穗

按玉海四年五月五日己巳耀州貢兩岐麥乙亥開封府貢庚辰單州貢製瑞麥旂京兆果州進嘉禾十月十九日和峴請作嘉禾等曲黃州進紫芝作紫芝曲

開寶元年以瑞木成文作樂章

按宋史太祖本紀不載　按玉海六年（是年十一月改元開寶）和峴言國朝合州進瑞木成文者合播在管絃薦於郊廟詔峴作瑞木等樂章

開寶二年瑞麥生

按宋史太祖本紀不載　按五行志開寶二年五月梓蜀二州獻瑞麥

開寶五年木連理

按宋史太祖本紀不載　按玉海五年三月眉州木連理畫圖來獻六月癸丑和州木連理畫圖來獻

開寶六年瑞麥生

按宋史太祖本紀不載　按五行志六年四月東明縣獻瑞麥

開寶七年芝草生

按宋史太祖本紀七年八月戊子陳州貢芝草一本四十九莖

開寶八年瑞麥生

按宋史太祖本紀不載　按五行志八年五月鄭州梓州合州巴州縣並獻瑞麥

太宗太平興國元年嘉禾生

按宋史太宗本紀不載　按五行志太平興國元年九月隰州獻合穗禾長尺餘十月渝州獻九穗禾

太平興國二年木連理

按宋史太宗本紀不載　按玉海二年十月壬申鄜州言平陰縣柞木連理

太平興國三年瑞麥嘉禾芝草生稻再熟木連理

按宋史太宗本紀不載　按五行志三年四月夏縣五月舒州六月閬州並麥秀兩岐

按玉海三年八月壬戌眉州言嘉禾生杭州言淮海國王舊府功臣堂柱芝草生畫圖來獻十月甲子荆南言江陵縣稻再熟

太平興國四年嘉禾生

按宋史太宗本紀不載　按五行志四年七月洛州獻嘉禾邛資二州禾並九穗八月涇州民田並有嘉禾九月知溫州何士宗獻嘉禾九穗圖

太平興國五年嘉禾生木連理

按宋史太宗本紀不載　按五行志五年七月蓬萊縣民王明田穀隔隴合穗相去一尺許八月知池州張愈獻合穗禾九月流溪縣麥秀兩岐

按玉海五年正月癸未歙州言稻再熟十月丙申資州言梅青桐二木合成連理

太平興國六年木中有文瑞麥生

按宋史太宗本紀不載　按五行志六年正月瑞安縣民張度解木五片皆有天下太平字五月汝陰縣麥秀兩岐

太平興國七年嘉禾生

按宋史太宗本紀不載　按玉海七年九月己亥滑州奏嘉禾一莖四穗

太平興國八年草變爲稻嘉禾生

按宋史太宗本紀八年十二月醴泉縣木中草變爲稻

按玉海八年九月庚辰梓州奏禾一莖五十七穗畫圖以獻

太平興國九年瑞麥瑞蓮生楊木連理

按宋史太宗本紀不載　按五行志九年五月施州麥秀兩岐

按玉海九年五月內出玉津園瑞蓮一盆示輔臣花與葉悉合歡而生七月癸酉鳳翔奏青楊木連理諸州瑞麥兩穗三穗者連歲來上有司請爲瑞麥曲薦於廟

雍熙　年瑞木成文

按宋史太宗本紀不載　按玉海雍熙初溫州進瑞木成文魏扆作詩賦以獻

雍熙二年瑞麥生

按宋史太宗本紀不載　按玉海二年五月壬戌亳州獻兩岐麥秀

雍熙三年嘉禾生

按宋史太宗本紀不載　按玉海三年九月簡州奏禾一根二莖其穗或八或九十月辛丑益州貢禾一莖九穗

雍熙四年嘉禾生

按宋史太宗本紀不載　按玉海四年九月辛酉朔濰州進嘉禾御製嘉禾合穗五七言詩二首賜宰相李昉等

端拱元年合歡木下生芝瑞麥生

按宋史太宗本紀端拱元年八月清遠縣廨合歡樹下生芝三莖　按五行志端拱元年五月陳州獻瑞麥

按玉海端拱元年八月辛巳廣州言清遠縣有合歡木高百餘尺今年三月十日有鳳高六尺棲集其上衆禽從之木下生芝草三莖畫圖來獻

端拱二年瑞木成文

按宋史太宗本紀不載　按玉海二年十二月辛亥舒州得瑞木成文大吉二字以獻

淳化元年瑞麥生

按宋史太宗本紀不載　按五行志淳化元年四月魏城縣七月閬州獻瑞麥

淳化二年瑞麥生

按宋史太宗本紀不載　按五行志二年四月蔡州五月陳州陵州仁壽縣獻瑞麥

淳化三年嘉禾生

按宋史太宗本紀不載　按玉海三年九月乙卯潞州言嘉禾異隴合穗圖以獻詔示近臣

淳化四年瑞麥生

按宋史太宗本紀不載　按五行志四年五月達州獻瑞麥

淳化五年瑞麥生芝草生

按宋史太宗本紀不載　按五行志五年四月永城縣獻瑞麥

按玉海五年正月丙子密州獻芝草四本五月壬子亳州獻瑞麥圖有分四岐三岐者九月庚戌朔磁州言嘉禾合穗畫圖來獻以示近臣

至道元年嘉禾生

按宋史太宗本紀不載　按五行志至道元年六月嘉禾生眉山縣蕭德純田一本二十四穗七月金水縣胥羅翊田禾生九穗舒州監軍吳光謙廨菜畦兩本岐分十穗臨渙縣民侯正家二禾合成一穗八月綿竹縣禾生九穗夏州團練使趙光嗣獻嘉禾一函十月濠州獻瑞穀圖

按玉海至道元年七月癸酉眉州言嘉禾一莖二十四穗

至道二年瑞麥生秋九月梨花十二月稻再熟

按宋史太宗本紀不載　按五行志二年五月泗州獻瑞麥秋九月環慶州梨生花占有兵明年契丹擾北邊

按玉海二年七月己亥朔綿州言麥秀兩岐十二月丙午處州言稻再熟

至道三年嘉禾瑞麥生

按宋史太宗本紀不載　按五行志三年二月洋州嘉禾合穗知州施翊以聞四月唐州遂州盤石縣並獻瑞麥五月黃州建昌軍麥秀二三穗八月雅州禾一莖十四穗雄州嘉禾生九月知代州李允正獻嘉禾穗一匣

按玉海三年眞宗即位五月甲戌壽州又上瑞麥一本八枝五穗

至道六年木中有文

按宋史太宗本紀不載　按五行志六年修昭應宮有木斷之文如點漆貫徹上下體若梵書十一月襄州民劉士家生木有文如魚龍鳳鶴之狀

至道七年木中有文

按宋史太宗本紀不載　按五行志七年五月撫州修天慶觀解木有文如墨畫雲氣峰巒人物衣冠之狀七月彰明縣崇仙觀柱有文爲道士形及北斗七星象

眞宗咸平元年嘉禾生

按宋史眞宗本紀不載　按五行志咸平元年五月曲水縣麥秀二三穗七月嘉禾生後苑一莖二十四穗百丈縣民李文寶禾生一莖十七穗八月蘇州廨後園邠州民田並有生合穗平裔縣民王義田禾兩穗合爲一化城縣民張美田禾九穗

按玉海咸平元年七月庚寅遣中使持後苑嘉禾一莖二十四穗示輔臣丙戌雅州言禾一莖十七穗

咸平二年竹生米瑞麥嘉禾生木連理

按宋史眞宗本紀二年閏三月辛丑江南轉運使言宣歙竹生米民採食之　按五行志二年五月華州麥秀二三穗七月資官縣吏董昭美禾一莖九穗者各一棣滄二州嘉禾合穗彭城縣民張福先田[illegible]一

莖分四穗八月鄭縣趙範粟一莖九穗元武縣民李知進田粟一莖上分五苗成二十一穗榆次縣民周貴田禾三莖共穗

按玉海二年九月壬寅徐州言禾一莖五穗戊申梓州禾一莖九穗十月辛亥洛州嘉禾合穗癸酉商州貢連理木圖

咸平三年瑞麥嘉禾生

按宋史眞宗本紀不載　按五行志三年五月鄭縣海陵縣並麥秀二三穗七月眞定府禾三莖一穗達州民李國清田禾一苗九穗八月辰州公田禾生一莖三穗者四隰州嘉禾合穗圖以獻

咸平四年嘉禾瑞麥生

按宋史眞宗本紀不載　按五行志四年八月舒州嘉禾生九月知河中府郭堯卿獻嘉禾合穗圖

按玉海四年五月己亥亳州言麥一莖兩穗六月戊子益州言麥秀兩岐

咸平五年嘉禾異畝同穎

按宋史眞宗本紀不載　按五行志五年八月臨汾縣民吉遇洪洞縣民范思安田並禾生隔二隴上合爲一

咸平六年嘉禾生

按宋史眞宗本紀不載　按五行志六年七月涉縣民連罕田隔四隴同穎銅梁縣民楊彥魯禾一莖九穗

景德元年嘉禾生木連理

按宋史眞宗本紀不載　按五行志景德元年正月寧晉縣民耿待問田禾合穗者三本知州王用和圖以獻

按玉海元年正月乙未趙州獻嘉禾合穗圖四月己巳萊州獻木連理圖

景德二年嘉禾生

按宋史眞宗本紀不載　按五行志二年七月獲鹿縣禾合穗八月滎陽縣及湘州嘉禾異畝同穎九月幷州貢嘉禾圖

景德三年嘉禾生

按宋史眞宗本紀不載　按五行志三年八月大名府滄州並嘉禾生眞定府禾異畝同穎九月滎州禾一莖八穗

景德四年嘉禾瑞麥芝草生棠榆木連理

按宋史眞宗本紀不載　按五行志四年六月南雄州保昌民田禾一本九穗以圖來獻七月神泉縣民張纂田禾一苗九穗貝兗二州嘉禾合穗九月衞德二州廣安軍並上嘉禾圖

按玉海四年三月丙辰德州言棠榆二木連理九月乙酉衞州戊子德州獻嘉禾圖十月己亥廣成軍上嘉禾芝草圖十一月庚申蓬州上麥秀兩岐瑞竹二圖

大中祥符元年獻三脊茅嘉禾瑞麥芝草瑞竹生瓜桃蓮皆並蔕

按宋史眞宗本紀大中祥符元年九月戊午岳州進三脊茅八月己酉王欽若獻芝草八千餘本冬十月戊申王欽若等獻泰山芝草三萬八千餘本　按五行志曲水縣南鄭縣並麥秀二三穗七月乾封縣奉高鄉民田禾異隴同穎判州王欽若以聞八月鄆州獻嘉禾淳化縣民賀行滿田禾隔四隴相去四尺許合爲一穗新平縣民尹遇田禾合穗者二本眞定府粟生二穗九月澧州嘉禾一莖十穗虢州團練使恭興獻合穗禾嘉州民潘德麟田禾二莖各九穗麟州嘉禾生

按玉海大中祥符元年五月乙亥王欽若言祭文宣王廟尼丘山上有紫氣得芝五本六月乙卯孔林再得靈芝四本出並蔕瓜桃示輔臣十月壬辰嘉州言禾九穗木連理十二月庚寅溫州獻瑞竹靈芝圖

又按玉海元年東封還後苑産雙蓮因建嘉瑞殿是年天祚軍奏長慶河瑞蓮一本二花二本各二房與元奏城固縣池瑞蓮一花二房溫州奏永嘉縣池一本二房通州奏一本二花連州高州奏一本二花

大中祥符二年嘉禾瑞麥生瑞木有文

按宋史眞宗本紀不載　按五行志二年六月簡州民集若寧家禾九穗七月黔州嘉禾異畝合穗八月嘉州廨有一莖十四穗生庭中岐山縣禾異畝同穎知州施護以聞

按玉海二年正月丁巳朔出昭應宮瑞木斷之有文如點漆體若梵書三月辛酉王欽若上泰山花卉圖二凡二十種請送昭應宮繪壁供之五月丙寅名近臣至龍圖閣觀芝草圖七月乙丑梓州言麥五岐

大中祥符三年瑞麥嘉禾芝草生

按宋史眞宗本紀不載　按五行志三年四月同州麥秀二三穗七月冀淄昭三州嘉禾多穗異畝同穎八月寧化軍嘉禾合穗寶鼎縣民張知友田禾隔四隴相去二尺許合穗判府陳堯叟以聞權頻縣民田

禾異本同穎劍州嘉禾生一莖九穗

按玉海三年正月壬戌內出泰山芝草賜輔臣人十本六月戊申朔同州言麥五岐七月癸未原州言木連理七月辛巳吉果柳三州並言嘉蓮一莖二花八月甲寅召近臣觀瑞木於龍圖閣有文字者有佛手蛇形北斗七星形者各一十月戊申開封言尉氏木連理己酉鳳州言嘉禾合穗

大中祥符四年芝草生野麥自生牡丹並蔕木連理

按宋史眞宗本紀四年二月戊申華州獻芝草五月癸未廬宿泗等州麥自生　按五行志四年三月辛巳帝至西京福昌縣民朱懿文嘉禾一本七穗昌元縣民舒元晃田禾一莖九穗知州柴德方以聞金水縣民田禾一莖三十六穗四月六安縣麥秀二三穗五月唐汝廬宿泗濠州麥自生八月蜀州禾一莖九穗長壽縣民常自天田禾合穗者二蒲縣禾異畝同穎九月知虢州李昭獻合穗禾

按玉海四年三月辛巳後苑牡丹雙花並蔕甲申幸西京應天院觀院之連理木七月己亥光州言麥八岐

大中祥符五年瑞麥嘉禾生槐杏連理瑞木成文

按宋史眞宗本紀不載　按五行志五年四月遂州麥秀兩穗或三穗七月華州禾一莖兩穗眞定府四縣嘉禾合穗八月京兆府嘉禾生九月巴州禾一莖二十四穗一莖十七穗

按玉海五年四月甲辰瑞聖園槐杏連理繪圖以示輔臣十一月戊申襄州言瑞木有文如龍魚鳳鶴之狀

大中祥符六年草生聖米產金芝枯檜再生麥再實亳州產芝瑞麥嘉禾生木連理

按宋史眞宗本紀六年二月己亥泰州言海陵草中生聖米可濟饑六月丁卯壽州獻紫莖金芝冬十月亳州太淸宮枯檜再生眞源縣菽麥再實十一月甲寅判亳州丁謂獻芝草三萬七千本　按五行志六年三月邕州麥秀兩穗或三穗七月益州嘉禾九穗至十穗朝邑縣民田禾八莖同穎己未名近臣觀嘉禾於後苑有七穗至四十八穗繪以示百官八月龍門縣永定軍博野縣民田並嘉禾生合穗瀛州嘉禾生知州馮守信以聞忻州秀容定襄二縣民田禾合穗保定軍公田大通監並嘉禾生九月京兆府獻長安縣嘉禾圖一枝雙穗

按玉海六年三月丙申宴後苑詔從臣觀苑中連理槐屏風連理柏丁酉上作五七言詩二首賜近臣和淸心殿宜聖東殿園木連理上作七言詩二首賜近臣七月己未名輔臣觀粟於後苑有一本七穗至二十四穗者復閱御書及嘉禾圖上作嘉穀詩賜近臣是日皇太子從游八月甲子出後園嘉穀圖示近臣翌日朝堂示百官

大中祥符七年芝草嘉禾生

按宋史眞宗本紀七年春正月丙午判亳州丁謂獻芝九萬五千本　按五行志七年通泉縣尉劉定辭官廨禾一本六穗邯鄲縣民馬文田禾隔隴合穗者二本除州榷酒署內禾一莖三穗晉原平原二縣民田禾並一本十二穗三月鄧城縣麥秀兩穗三穗八月知亳州李迪獻禾一莖三穗至十穗府谷縣民劉善田禾隔三隴合成一穗嵐州牙吏燕青田禾一莖八穗一莖五穗遂州平城民田禾隔二隴合穗有十三本或二十一本合爲一者九月施州禾一莖九穗至十二穗眞定貝州並嘉禾合穗

大中祥符八年柏生槐嘉禾生

按宋史眞宗本紀不載　按五行志八年晉州慶唐觀古柏中別生槐長丈餘湖陽縣麥秀兩穗三穗四月旭川縣民任慶和田禾一莖九穗閏六月眉山縣民楊文繼邛州李義田禾並一莖九穗七月永靜軍禾隔隴合穗者二監軍使仲甫以聞八月桂陽監民何文勝田粟一本二穗

大中祥符八年芝草嘉禾瑞麥嘉瓜生

按宋史眞宗本紀不載　按玉海八年四月明州進芝草圖六月賜近臣靈芝山各二皆丁謂進癸卯眉州言禾一本九穗七月乙丑邛州言禾一莖九穗乙亥鳳翔府言麥兩岐又獻芝草合歡瓜八月庚寅知汝州楊億言粟一本至四十穗

大中祥符九年瑞竹瑞麥嘉禾生棠連理

按宋史眞宗本紀不載　按五行志九年四月建初縣麥秀兩穗或三穗八月判大名府魏咸信獻合穗禾永靜軍阜城縣民田穀隔三隴合穗者二本廣州嘉禾生安化縣民吳景延田禾穗長尺五寸九月知鳳翔府趙湘知汾州王守斌並獻嘉禾圖

按玉海九年正月癸亥蜀州獻合歡竹圖五月辛未施州言麥兩岐七月丁未信州言甘棠連理八月己卯鄧州言木連理壬午大名府言嘉禾合穗九月壬戌永靜軍言禾異隴合穗

天禧元年竹生實嘉禾芝草瑞蓮生瑞木有文

按宋史眞宗本紀天禧元年夏四月戊子邵州野竹生實以食饑　按五行志天禧元年七月流江縣禾一莖九穗

按玉海天禧元年正月丙寅韶州獻瑞木文曰天下太平三月庚寅鄭州言聖祖殿芝草生七月丁巳渠州言禾一莖九穗八月己丑渝州言蓮一莖三花

天禧二年芝草嘉禾嘉瓜生

按宋史眞宗本紀二年春正月乙未眞遊殿芝草生

按五行志二年九月河北安撫副使張昭遠獻穀穗三各長尺餘資州禾一莖九穗

按玉海二年正月庚子內出眞遊崇徽二殿梁上芝草圖示輔臣上作歌一首五七言詩二首紀其事崇徽皇后所居殿也六月丁未元符觀生甘瓜色如金以示輔臣十月辛丑資州言禾一莖九穗

天禧三年嘉禾瑞麥生杏連理

按宋史眞宗本紀不載　按五行志三年七月饒陽縣民楊宣田禾二隴相去二尺許合爲一穗益州嘉禾一莖九穗

按玉海三年四月壬寅製玉宸殿觀瑞麥七言詩賜近臣五月辛巳開封言麥莖兩穗七月庚申深州言嘉禾異畝同穎十月丙戌宗正寺言太廟杏連理

天禧四年嘉禾生

按宋史眞宗本紀不載　按五行志四年八月內出玉宸殿瑞穀圖示近臣每本有九穗十穗者九月鄄縣民岑貫田禾一莖九穗知州蘇維甫以聞

按玉海四年七月辛酉召宗室近臣及寇準等觀內苑嘉穀宴玉宸殿八月戊戌出瑞穀圖示輔臣作歌

天禧五年嘉禾生

按宋史眞宗本紀不載　按五行志五年四月河南府民田嘉禾合穗知府王欽若以聞七月導江縣民趙元賞青城縣民王偉田禾並一莖九穗

乾興元年瑞麥嘉禾生

按宋史眞宗本紀不載　按五行志乾興元年五月南劍州麥一本五穗綿州麥秀兩岐八月洋州嘉禾合穗十一月高陵縣嘉禾合穗

仁宗天聖元年芝草生柳櫨棗連理

按宋史仁宗本紀天聖元年八月甲寅芝生天安殿柱　按五行志天聖元年二月河陽柳二本連理六月河陽櫨棗各連理

按玉海天聖元年八月甲寅芝草生天安殿柱召輔臣觀退表賀乙卯命百官觀之鞠詠言河決未塞霖雨害稼宜思應災變願以進忠良退邪佞爲國寶以訓兵農豐倉廩爲天瑞草木之怪何足尚哉

天聖二年嘉禾生

按宋史仁宗本紀不載　按五行志二年八月乙酉寧化軍嘉禾異畝同穎

天聖四年嘉禾生牡丹芍藥雙頭

按宋史仁宗本紀不載　按五行志四年九月榮州禾一莖九穗

按玉海四年季春丙午景靈宮牡丹雙跗共幹詔詞臣爲賦四月乙卯內出雙頭牡丹芍藥花圖示輔臣令三館進詩賦

天聖五年嘉禾生松柏連理

按宋史仁宗本紀不載　按五行志五年資州禾一本九穗綿谷縣松柏同本異幹

天聖六年嘉禾瑞木嘉瓜生益州獻異花

按宋史仁宗本紀不載　按五行志六年忻州禾異本同穎五月乙未陳州瑞麥一莖二十穗六月陳州獻瑞麥圖

按玉海六年六月陳州獻瑞麥圖兩岐共秀命兩制館閣賦詩十月忻州二瓜同蔕十一月癸卯益州獻異花似桃四出上異之目爲太平瑞聖花

天聖七年嘉禾生

按宋史仁宗本紀不載　按五行志七年七月河南府嘉禾合穗

天聖八年嘉禾生

按宋史仁宗本紀不載　按五行志八年八月壬午召近臣觀瑞穀於元眞殿

按玉海天聖八年八月丁亥詔輔臣兩制元眞殿觀瑞穀賜宴蕊珠殿

天聖九年嘉禾瑞竹生冬青連理

按宋史仁宗本紀不載　按五行志九年肩施縣禾異畝同穎十月公井縣冬青木連理

按玉海九年七月永康軍青城生雙竹一本十一月榮州言瑞竹生

明道元年橘柿連理

按宋史仁宗本紀不載　按五行志明道元年八月黃州橘木及柿木連枝

景祐元年稻再熟嘉禾生

按宋史仁宗本紀不載　按五行志景祐元年七月

磁州嘉禾合穗八月大名府嘉禾合穗九月涇州磁州保德軍並嘉禾合穗十月孝感應城二縣稻再熟成德軍禾一本九穗

按玉海景祐元年安州稻再熟

景祐二年竹兩岐

按宋史仁宗本紀不載　按玉海二年六月十九日辛未幸後苑觀稻賞瑞竹宴太清樓十一月榮州言竹一本上分兩岐

景祐三年嘉禾生

按宋史仁宗本紀不載　按五行志三年五月榮州禾一莖九穗

景祐四年芝草嘉禾生

按宋史仁宗本紀四年五月丙寅芝生化成殿楹

按五行志四年七月己巳臨清縣穀異畝同穎者六十本

按玉海四年五月壬戌芝生於太宗神御殿楹丙寅芝生於化成殿楹召輔臣宗室兩制觀之帝作五言詩賜王隨等翌日各獻賦頌

康定元年柑樹連理嘉禾生

按宋史仁宗本紀不載　按五行志康定元年十月始興縣柑兩本連理　又按志元年六月蜀州懷安軍並禾九穗

慶曆二年嘉禾生

按宋史仁宗本紀不載　按五行志慶曆二年壽安縣嘉禾合穗

慶曆三年瑞木成文

按宋史仁宗本紀不載　按五行志三年十二月澧州獻瑞木有文曰太平之道

按玉海慶曆三年十二月澧州獻瑞木有文曰太平之道詔送史館劉敞作頌曰上天之載兮無臭無聲眷我聖德兮告以太平非筆非墨兮自然而成木仁也所以明天子之仁河圖洛書與今之瑞木皆文字顯明者也諫官歐陽修請詔天下毋獻祥瑞從之

慶曆六年嘉禾生野穀稆生巨木浮海自出

按宋史仁宗本紀不載　按五行志六年五月昭化縣禾一莖兩岐八月趙州懷州並嘉禾異畝同穎九月定襄縣嘉禾隔二隴合穗長江縣禾一莖十穗十二月石照諸縣野穀稆生　又按志六年九月甲辰登州有巨木浮海而出者三十餘

按玉海六年十二月渠州言野穀穞生民饑之候也

慶曆七年嘉禾生

按宋史仁宗本紀不載　按五行志七年九月汾州榮州德州並嘉禾合穗

慶曆八年稻再實

按宋史仁宗本紀不載　按玉海八年廬州合淝縣稻再實

皇祐元年嘉禾生

按宋史仁宗本紀不載　按五行志皇祐元年密州禾合穗者五本永康軍禾一莖九穗

皇祐二年嘉禾合穎

按宋史仁宗本紀不載　按五行志二年九月延州石州並嘉禾異畝合穗永康軍嘉禾一莖九穗十二月密州禾十莖合一穗石州四莖合一穗

皇祐三年瑞麥瑞竹芝草生

按宋史仁宗本紀不載　按五行志三年五月彭山縣上瑞麥圖凡一莖五穗者數本帝曰朕嘗禁四方獻瑞今得西川秀麥圖可謂眞瑞矣其賜田夫束帛以勸之是月滁州麥一莖五穗

按玉海皇祐三年三月二十二日甲戌召輔臣兩制館閣官觀後苑瑞竹其竹一本兩莖退多爲賦頌以獻宗室克循獻瑞竹頌是年後苑產雙竹召從臣與觀皆賦詩頌美五月辛亥眉州彭山縣上瑞麥圖凡一莖五穗者數十本上曰朕比禁四方無獻瑞物今得西川秀麥圖可謂眞瑞矣賜田夫束帛以勸之六月丁亥無爲獻芝草上曰朕以豐年爲瑞賢人爲寶至於草木魚蟲之異焉足尚哉自今毋得以聞

皇祐四年嘉禾生

按宋史仁宗本紀不載　按五行志四年八月嘉州蜀州並嘉禾一莖九穗九月南劍州有禾一本雙莖二十穗

皇祐五年嘉禾瑞麥瑞蓮生

按宋史仁宗本紀不載　按五行志五年三月資州嘉禾一莖九穗閏六月資州麥秀兩岐七月鄆州祁州禾異畝同穎九月成德軍嘉禾異畝同穎綿州禾一莖九穗

按玉海五年三月資州言嘉禾一莖九穗六月資州言麥秀兩岐七月二十二日己未召近臣觀後苑瑞蓮

至和元年嘉禾生

按宋史仁宗本紀不載　按五行志至和元年十二月蜀州嘉禾一莖九穗

至和二年瑞麥嘉禾生
按宋史仁宗本紀不載　按五行志二年五月亳州麥秀兩岐六月應天府貢大麥一本七十穗小麥一本二百穗八月邛州嘉禾一莖九穗
嘉祐三年瑞麥芝草生
按宋史仁宗本紀不載　按五行志嘉祐三年六月綿州言麥一穗兩岐七月泰州上瑞麥圖凡五本五百一穗
按玉海嘉祐三年伊闕之野麥穟合榦上書飛白瑞麥字賜守臣延和殿召從臣觀河南府所進芝草十二月十六日雪帝曰雪滋宿麥勝芝草之瑞乃賜宴於中書
嘉祐四年麥秀兩岐
按宋史仁宗本紀不載　按五行志四年六月彰明縣有麥兩岐百餘本
嘉祐五年嘉木生
按宋史仁宗本紀不載　按五行志五年三月崇安縣嘉禾一本九十莖
嘉祐七年嘉禾合穎
按宋史仁宗本紀不載　按五行志七年陵州禾一莖九穗九月平遙縣禾異畝合穗
英宗治平四年木中有文
按宋史英宗本紀不載　按五行志治平四年六月汀州進桐木板二有文曰天下太平
按玉海治平四年作靈芝曲曰紫蓋輪菌金跗煒煌陽參三秀甘泉九房
神宗熙寧元年嘉禾生木連理梓樹化為龍腦獲木龍
按宋史神宗本紀熙寧元年三月丁酉簡州木連理　按五行志熙寧元年永興軍禾一莖四穗眉州禾一莖九穗　又按志元年三月簡州木連理是歲英州因雷震一山梓樹盡枯而爲龍腦價爲之賤至京師一兩纔值錢一千四百二年建州民楊緯言元年三月大雷雨所居之西有黃龍見下獲一木如龍而形未具七月大雷雨復有龍飛其下及霽木龍尾翼足皆具歸合舊木宛然一體圖象以進
熙寧四年嘉禾合穎
按宋史神宗本紀不載　按五行志四年乾寧軍禾二莖合穗成德軍晉州汾州禾異壟同穗
熙寧五年芝草生
按宋史神宗本紀不載　按玉海熙寧五年五月召輔臣觀化成殿芝草
熙寧六年嘉禾生
按宋史神宗本紀不載　按五行志六年南溪縣禾一莖九穗
熙寧八年瑞麥嘉禾生
按宋史神宗本紀不載　按五行志八年懷安軍瀘州渠州各麥秀兩岐安喜縣禾二本間五隴合穗平山縣禾合穗者二保塞縣禾七本間一隴或兩隴合穗路城縣禾合穗者二
按玉海八年七月禮部言定州穀五壟合一穗成德軍嘉禾合穗
熙寧九年瑞麥嘉禾生
按宋史神宗本紀不載　按五行志九年火山軍禾間五隴東鹿秀容二縣間四隴渤海縣皆異隴同穎流江縣禾一苗九穗譙縣麥一本三穗尉氏縣湖陽縣彭城縣麥一本兩穗渠州大麥一穗兩岐或三岐四岐者陽翟縣麥秀兩岐天興寶雞二縣皆麥秀兩岐仍一本有三四穗或六穗者石州安州麥秀兩岐
按玉海九年七月渠州粟一苗九穗忠武軍麥秀兩岐鳳翔二縣一枝六穗深忻濱州嘉禾合穗
熙寧十年嘉禾生柚木有文字
按宋史神宗本紀不載　按五行志十年磁州禾合穗眉州禾生九穗亳州禾生二穗　又按志十年八月乙巳惠州柚木有文曰王帝萬年天下太平
元豐元年瑞麥嘉禾生木連理
按宋史神宗本紀元豐元年九月武康軍嘉禾生十一月梁縣嘉禾生　按五行志元豐元年五月劍州木連理　又按志元年武康軍禾一莖十一穗汝州禾合穗寧江軍禾一莖十一穗邢州麥秀兩岐夔州麥一本三穗
元豐二年瑞竹芝草瑞穀瑞麥生
按宋史神宗本紀二年夏四月眉州生瑞竹七月陳州芝草生八月曹州生瑞穀河陽生芝草十二月全州芝草生　按五行志簡州安德軍麥秀兩岐曹州生瑞禾北京安武軍懷州鎮戎軍禾合穗皆異畝同穎袁州禾一莖八穗至十一穗皆層出長者尺餘安州禾異畝同穗
按玉海二年十一月袁州粟一莖八穗至十一穗
元豐三年芝草瑞麥嘉禾生木連理雨桂子
按宋史神宗本紀三年六月安州臨江軍產芝及連

理麥　按五行志三年六月己未饒州長山雨木子
數畝狀類山芋子味香而辛土人以爲桂子又曰菩
提明道中嘗有之是歲大稔十二月泌陽縣甘棠木
連理　又按志三年眉州禾一本九穗齊州禾一莖
五穗趙州禾二本合穗安州麥一本三穗至五穗凡
十四莖深州麥秀兩岐或三四穗凡四十畝眉州麥
秀兩岐

元豐五年嘉禾生
按宋史神宗本紀不載　按五行志五年高邑縣禾
一莖五穗靑州安肅軍憲州禾皆異畝同穎

元豐六年枯槐再生稻再熟嘉禾生
按宋史神宗本紀不載　按五行志六年五月衞眞
縣洞霄宮枯槐生枝葉洪州七縣稻已穫再生皆實
威勝軍武鄕縣禾二本間五壟合穗歷城縣禾二本
合穗趙州禾間三壟合穗唐州禾二穗者四瀘州禾
九穗懷靑濰三州禾皆異隴同穗府州陜州保平軍
禾皆合穗

元豐七年芝草生
按宋史神宗本紀七年夏四月丙戌景靈宮天元殿
門生芝草六本　按五行志七年蜀州禾生九穗靑
州禾異畝同穎者十一同州禾異畝同穎合州麥秀
兩岐

元豐八年瑞麥嘉禾生
按宋史神宗本紀不載　按五行志八年亳州麥一
莖二穗一莖三穗一莖四穗鎭潼軍秫禾苗異隴同
穗岷州禾皆四穗泰寧軍禾異本同穎者三是歲秋
冬保澤趙鄂隰滄濰密簡饒諸州威勝軍禾合穗或

異畝同穎

哲宗元祐元年嘉禾生木連理
按宋史哲宗本紀元祐元年八月壬子磁州穀異壟
同穗　按五行志元祐元年八月己丑杭州民俞皋
慶七世同居家園木連理　又按志元年簡州禾合
穗石州禾異畝同穎

元祐二年嘉禾生
按宋史哲宗本紀不載　按五行志二年忻隰磁濰
懷州禾異畝同穎趙忻州禾合穗

元祐三年嘉禾瑞麥生
按宋史哲宗本紀不載　按五行志三年祁保彭州
禾異畝同穎瀛磁代豐州安國軍禾合穗劒州安國
軍麥秀兩岐夔州麥一本十二穗

元祐四年嘉禾生
按宋史哲宗本紀不載　按五行志四年泰寧軍麥
異畝同穎流江縣禾一本二穗榮德縣禾一本九穗
靑鄭齊趙州禾合穗及有一本三穗莪嵋縣禾異畝
同穎又禾登一百五十三穗

元祐五年木連理嘉禾瑞麥生
按宋史哲宗本紀不載　按五行志五年四月德州
木連理　又按志五年冀州安武軍大名府威德軍
禾合穗永寧軍禾二本隔五隴合穗平定軍禾異畝
同穗汀州禾生三十六穗劍州禾一本八穗普州麥
一莖雙穗夔州麥秀五岐

元祐六年瑞麥嘉禾生
按宋史哲宗本紀不載　按五行志六年汝陽縣美
原縣兗州鄒縣麥一莖數穗南劍州粟一本三十九

穗瀛定懷汝晉昌州平定永康軍禾合穗

元祐七年瑞穀瑞麥生
按宋史哲宗本紀七年兗州僊源縣生瑞穀　按五
行志七年均兗祁滄資華柳州禾合穗鄂州禾一本
一枝兩穗三本三枝兩穗仙源縣禾異隴合穗耀州
粟二莖隔兩隴合爲一穗梁山軍禾一莖九穗固始
縣麥有雙穗定陶縣丹陽縣麥秀兩岐

紹聖元年瑞麥嘉禾生
按宋史哲宗本紀不載　按五行志紹聖元年博野
縣麥一本五穗漢陽軍麥秀兩岐樂壽縣麥一本兩
穗或三穗懷安軍禾一本九穗

紹聖二年嘉禾生
按宋史哲宗本紀不載　按五行志二年靑濰果冀
德濱嵐濮達州禾合穗

紹聖三年嘉禾瑞麥生
按宋史哲宗本紀不載　按五行志三年安武軍禾
合穗嵐州禾兩根合穗者二普相靑齊嵐州永康軍
禾異畝同穎合秀至九穗泉州粟二本五穗八穗瑕
丘縣武陟縣陜城小溪四縣麥合穗艮原縣沈丘縣
長子縣麥秀兩岐

紹聖四年瑞麥嘉禾生
按宋史哲宗本紀不載　按五行志四年河中府麥
秀三穗虹縣雲安縣麥秀兩岐茂州一枝兩穗汶山
縣一枝三穗至六穗西京鄆齊隰州禾合穗潁昌府
禾一莖四穗至五穗

元符元年李木連理嘉禾瑞麥生
按宋史哲宗本紀不載　按五行志元符元年八月

施州李木連理　又按志元年慶州禾異本同穎青晉潞州荆南府永寧鎭戎軍等一十一處禾合穗邢州禾異隴合穗南劒州嘉州禾一莖九穗內鄉縣麥一莖兩穗符離靈璧臨渙蘄虹五縣麥秀兩穗兩當縣麥秀三穗安平縣生瑞麥

元符二年檻木連理

按宋史哲宗本紀不載　按五行志二年九月眉山縣檻木二株異根同榦木枝相附　又按志二年連水軍麥合穗鄧岷州鎭戎軍禾合穗十一月岷州宕昌砦生瑞麥

徽宗建中靖國元年嘉禾生

按宋史徽宗本紀不載　按五行志建中靖國元年沛縣晉州禾合穗

崇寧元年嘉禾生

按宋史徽宗本紀不載　按五行志崇寧元年淄州禾合穗

崇寧二年嘉禾生

按宋史徽宗本紀不載　按五行志二年晉寧軍忻州禾合穗

崇寧四年禾生穭梨木連理

按宋史徽宗本紀崇寧四年泰州禾生穭　按五行志四年正月襄城縣李梨木連理

崇寧五年嘉禾芝草同本生稻再熟

按宋史徽宗本紀五年九月辛丑河南府嘉禾與芝草同本生　按五行志五年河南府保德軍慶蘭潭冀府州岢嵐軍禾合穗淮西路民田旣刈復生實

大觀元年欄木生葉木連理嘉禾生

按宋史徽宗本紀不載　按五行志大觀元年三月湟州欄木生葉八月瑞州永興軍並木連理　又按志元年蜀州粟一莖九穗

大觀二年瑞木嘉禾瑞麥生檜生花如蓮萼

按宋史徽宗本紀不載　按五行志二年十二月岢嵐軍園池生瑞木　又按志二年十月乙巳龔丘縣檜生花萼如蓮實　又按志二年龔州粟一莖六穗鎭潼軍隆德府保德軍慶蘭州禾合穗武信軍禾一莖九穗簡州麥秀兩岐

大觀三年瑞麥生

按宋史徽宗本紀不載　按五行志三年武信軍瀘遂普州麥秀兩岐

大觀四年瑞麥瑞禾生

按宋史徽宗本紀不載　按五行志四年蔡州麥一莖兩岐至七八岐者九十畝九月尚書左僕射張商英表上袁州瑞禾圖及宋大雅獻修嘉禾十有三章詔賜褒答商英請并寫置中書省右僕射廳壁許之仍許三省樞密院同觀

政和元年芝草瑞麥嘉禾生

按宋史徽宗本紀政和元年虔州芝草生蔡州瑞麥連野河南府嘉禾生　按五行志政和元年知河南府鄧洵武言秋禾大稔自雙穗至十穗以上嘉禾無數榮州粟一莖九穗蔡州麥一莖兩岐或三五岐至八九畝近約十畝遠或連野

政和二年嘉禾生

按宋史徽宗本紀不載　按五行志二年知定州梁士野奏嘉禾合穗一科相隔五壟計六尺三寸生爲一穗並中間隴內一科三莖上生粟三穗

政和三年木連理木根有文字瑞蓮生

按宋史徽宗本紀不載　按五行志三年七月玉華殿萬年枝木連理南雄州楓木連理十月武義縣木根有萬宋年歲四字

按玉海三年六月二十三日嘉瑞殿池內生雙蓮四年六月十四日製雙蓮旗

政和四年木連理柏開花江流出楠木材嘉禾生

按宋史徽宗本紀不載　按五行志四年建州木連理六月沅陵縣江漲流出楠木二十七可爲明堂梁柱蔡京等拜表賀九月甲申彭城縣柏開花十二月辛丑元氏縣民王寘屋柱槐木再生枝葉高四十餘尺是歲邠州海棠木連理澤州台州槐木連理荆門軍紫薇木連理

政和五年嘉禾合穗

按宋史徽宗本紀不載　按五行志五年鄧州仙井監嘉禾合穗是冬台州進寧海縣旱禾一稃二米者凡三石時方修明堂遂協成典禮詔許拜表賀自是史官多記奇祥異瑞謂麥禾爲常事不書惟宣和末郭藥師言嘉禾合穗以新收復書之

宣和六年金芝生木連理枯木生枝

按宋史徽宗本紀宣和六年九月庚寅以金芝產於艮嶽萬壽峯改名壽嶽　按五行志六年坊兗洪明夔徐新全隰太平州並木連理梅州枯木生枝

宣和二年析薪有文字

按宋史徽宗本紀不載　按五行志二年四月永州民劉思析薪有天下太平字

宣和七年牡丹花金色柳開大黃花

按宋史徽宗本紀不載　按書蕉七年牡丹皆開作金色又變黑色柳皆生黃花大如林檎

欽宗靖康元年梨樹生豆莢木香生葡萄松花出小松柱生松枝

按宋史欽宗本紀不載　按書蕉靖康元年梨樹生豆莢木香架生葡萄可食又王殿直家籠中貯松花及起籠之際每一片中雪白小松一小株又寶籙宮前柱忽生松一枝童貫輸中木板上生雜草斫剗復生

高宗建炎二年芝草生

按宋史高宗本紀不載　按玉海建炎二年密州獻赤芝九月癸卯輔臣進呈上曰朕以豐年為瑞其還之

紹興十四年瑞禾生柱木有文

按宋史高宗本紀紹興十四年八月癸未撫州獻瑞禾十二月丁丑朔潼川府路轉運判官朱蒼舒獻嘉禾一莖九穗　按五行志紹興十四年四月虔州民毀敵屋拆柱木裏有文曰天下太平時守臣薛弼上之方大亂近木妖也

按玉海紹興十四年八月撫州臨川產瑞粟一本十九穗一本九穗一本八穗詔付史館十二月朔潼州獻嘉禾一莖九穗者二十五年作瑞粟呈祥之曲

紹興十五年嘉禾生

按宋史高宗本紀十五年春正月戊申瀘南安撫使馮楫獻嘉禾

紹興十八年竹生米

按宋史高宗本紀十八年六月福州侯官縣有竹實如米饑民採食之

紹興十九年瑞麥瑞芝生

按宋史高宗本紀不載　按玉海紹興十九年四月台州寧海生瑞麥一本兩穗十二月於潛生瑞芝

紹興二十年皂莢再實

按宋史高宗本紀不載　按五行志二十年八月福州冲虛觀皂莢木翠葉再實

紹興二十一年桑生李實栗生桃實

按宋史高宗本紀不載　按五行志二十一年建德縣定林寺桑生李實栗生桃實占曰木生異實國主殃

紹興二十五年太廟柱生芝贛州獻太平木瑞瓜瑞蓮生

按宋史高宗本紀紹興二十五年五月丁未太廟仁宗室柱生芝九莖　按五行志二十五年十月贛州獻太平木時秦檜擅朝喜飾太平郡國多上草木之妖以為瑞

按玉海二十五年五月芝草生於太廟仁宗室柱九莖連葉宰臣率百寮觀之表賀沈中立獻頌十月有司請繪於郊祀華旂又以贛州瑞木鎮江瑞瓜嚴信二州芝草遂寧嘉禾南安雙蓮並繪於旂　又按玉海二十五年郊赦文云靈芝連葉於廟柱昭朝饗之孝祥嘉禾合穎於甸郊備粢盛之絜薦

紹興二十七年太廟柱芝草生桃已實復華

按宋史高宗本紀二十七年二月壬寅太廟仁宗英宗兩室柱芝草生　按五行志二十七年四月徽州祁門縣圃桃已實復華

按玉海二十七年二月仁英廟室柱上生芝四葉校書郎張孝祥作原芝壬子表賀

紹興　年插櫑枝於石隙秀茂成陰

按宋史高宗本紀不載　按五行志紹興間漢陽軍有插櫑枝於石罅秀茂成陰歲有花實者初郡獄有誣服孝婦殺姑婦不能自明屬行刑者插髻上華於石隙曰生則可以驗吾冤行刑者如其言後果生

孝宗隆興二年宮殿生芝

按宋史孝宗本紀不載　按玉海隆興二年三月二十四日德壽宮康壽殿生金芝十有二莖宰臣皆賀御製七言詩有未將四海奉雙親之句

乾道元年瑞竹生

按宋史孝宗本紀不載　按玉海乾道元年七月三日池州守魯詧上瑞竹圖

淳熙　年古木生花

按宋史孝宗本紀不載　按五行志淳熙中興化軍仙遊縣九巫山古木末生花臭如蘭

淳熙十六年桑生瓜櫻桃生茄析薪有文字

按宋史孝宗本紀不載　按五行志十六年三月揚州桑生瓜櫻桃生茄此草木互為妖也七月晉陵縣民析薪中有文字曰紹熙五年如是者二是時紹熙猶未改元其後果止五年此近木妖也

光宗紹熙元年慈福宮芝草生

按宋史光宗本紀不載　按玉海紹熙元年四月乙酉選德殿輔臣進呈畢上宣示慈福宮芝草圖壽皇芝草贊并御製芝草詩上曰芝草之生實慈福壽祉

之祥壽皇誠孝之應詔高宗芝草贊隆興御製芝草詩壽皇芝草贊紹熙御製芝詩共四本宣付史館

紹熙四年粟生來禽

按宋史光宗本紀不載　按五行志四年富陽縣粟生來禽實

紹熙五年雨木

按宋史光宗本紀不載　按五行志五年行都雨木與唐志貞元陳留雨木同占木生於下而自上隕者將有上下易位之象

寧宗慶元五年太廟楹生芝

按宋史寧宗本紀慶元五年八月辛巳太祖廟楹生芝宰臣詣壽康宮上壽始見太上皇成禮而還

按玉海慶元五年八月壬申玉芝產於太廟太室之西楹越十日辛巳有司以聞詔百寮觀之

嘉泰二年芝草生

按宋史寧宗本紀嘉泰二年十一月丁巳右文殿楹生芝

嘉泰三年瑞麥生

按宋史寧宗本紀三年夏四月壬寅福州瑞麥生

嘉定六年木自拔

按宋史寧宗本紀不載　按五行志嘉定六年五月己巳嚴州淳安遂安桐廬三縣大木自拔占曰木自拔國將亂

理宗景定元年嘉禾生

按宋史理宗本紀景定元年十二月辛丑建陽縣嘉禾生一本十五穗詔改建陽爲嘉禾縣

景定四年大木仆起立生芽嘉禾生

按宋史理宗本紀不載　按五行志四年五月成都太祖廟側大木仆起立生三芽

按玉海景定四年九月昌化縣進嘉禾嘉粟御製詩賜宰臣曰一德交孚協兩儀嘉禾嘉粟獻珍奇祥呈屬邑信非偶瑞應明禋若有期周紀唐封生秀穎漢歌郊廟產靈芝何如近在王畿內慶典珍符萃一時

恭帝德祐二年析薪有文字

按宋史瀛國公本紀不載　按五行志德祐二年正月戊辰寶應縣民析薪中有天太下趙四字獻之制置使李庭芝賞之以錢五千

金

太宗天會四年嘉禾生

按金史太宗本紀天會四年十月丁未中京進嘉禾

熙宗皇統三年瑞麥生

按金史熙宗本紀皇統三年五月丁巳朔京兆進瑞麥七月庚辰太原路進瑞麥

皇統四年嘉禾生

按金史熙宗本紀四年正月乙丑陝西進嘉禾十有二莖莖皆七穗

皇統五年嘉禾生

按金史熙宗本紀五年閏十月壬辰懷州進嘉禾一函

世宗大定二年嘉禾生

按金史世宗本紀大定二年八月丁卯未興縣進嘉禾

大定二十四年芝草生

按金史世宗本紀二十四年正月徐州進芝草十有八莖眞定進嘉禾二本六莖異畝同穎

大定二十九年章宗即位嘉禾生

按金史章宗本紀二十九年春正月癸巳即位冬十月辛丑沁州丹州進嘉禾

衛紹王至寧元年竹開白花

按金史衛紹王本紀不載　按五行志至寧元年宣宗彰德故園竹開白花如鸞鷟紫雲覆城上數日俄而入繼大統

宣宗興定四年樹中有文字

按金史宣宗本紀不載　按五行志興定四年華州渭南縣民裴德寧家伐樹破其中有赤色太字表裏脗合有司言與唐大曆中成都瑞木有文天下太平者其事頗同蓋太平之兆也乞付史館

元

世祖至元元年嘉禾生

按元史世祖本紀至元元年十月壬子恩州歷亭縣進嘉禾一莖五穗十一月丁酉太原路臨州進嘉禾二莖

至元二年芝草生

按元史世祖本紀二年八月丙子濟南路鄒平縣進芝草一本

至元三年桑有龍文

按元史世祖本紀不載　按五行志三年夏上都大都桑果葉皆有黃色龍文

至元四年嘉禾生

按元史世祖本紀四年十月辛未太原進嘉禾二本異畝同穎

至元六年嘉禾生
按元史世祖本紀六年九月癸丑恩州進嘉禾一莖三穗
至元七年瑞麥生
按元史世祖本紀七年五月壬戌東平府進瑞麥一莖二穗三穗五穗者各一本
至元八年芝草生
按元史世祖本紀八年九月癸酉益都府濟州進芝草二本
至元九年秋桃杏實
按元史世祖本紀不載　按五行志九年秋奉元桃杏實
至元十一年瑞麥生
按元史世祖本紀十一年七月乙未興元鳳州民獻麥一莖四穗至七穗穀一莖三穗
至元十二年椿實如木瓜
按元史世祖本紀不載　按五行志十二年五月汴梁祥符縣椿樹結實如木瓜
至元十六年葦生成旗槍黍有文
按元史世祖本紀不載　按五行志十六年六月彰德路葦葉順次倚疊而生自編成若旗幟上尖葉聚粘如槍民謠云葦生成旗民皆流離葦生成槍殺伐遺殃又有黍自生成文紅楷黑字其上節云天下太平其下節云天下刀兵
至元十六年李樹結實如瓜
按元史世祖本紀不載　按五行志十六年彰德李樹結實如小黃瓜民謠云李生黃瓜民皆無家

至元十七年嘉禾生
按元史世祖本紀十七年十一月甲寅太原路堅州進嘉禾六莖
至元十八年芝草瑞麥生竹生實
按元史世祖本紀十八年六月己丑芝生眉州閏八月壬辰瓜州屯田進瑞麥一莖五穗　按五行志十八年處州山谷中小竹結實如小麥饑民採食之
至元二十年嘉禾生
按元史世祖本紀二十年十月癸巳斡端宣慰使劉恩進嘉禾同穎九穗七穗六穗者各一
至元二十一年松實盈尺樹木一夕有泥塗之
按元史世祖本紀不載　按五行志二十一年明州松樹結實其大有盈尺者八月汴梁祥符邑中樹木一夕皆有濕泥塗之
至元二十二年芝草生
按元史世祖本紀二十二年十月壬子長葛郾城各進芝草
至元二十三年芝草生
按元史世祖本紀二十三年四月丁未江東宣慰司進芝一本九月南部縣生嘉禾一莖九穗芝產於蒼溪縣十月庚申濟寧路進芝二莖
至元二十四年瑞麥生
按元史世祖本紀二十四年八月癸亥濬州進瑞麥一莖九穗
至元二十五年嘉禾生
按元史世祖本紀二十五年八月丙辰萍鄉縣進嘉禾

至元二十六年芝草生
按元史世祖本紀二十六年三月癸巳東流縣獻芝甲子池州貴池縣民王勉進紫芝十二本六月丁丑汲縣民朱良進紫芝
成宗元貞元年榆木有文
按元史成宗本紀不載　按五行志元貞元年太平路蕪湖縣進榆木有文曰天下太平年
大德元年嘉禾生
按元史成宗本紀大德元年十一月辛未曹州進嘉禾一莖九穗
仁宗延祐四年嘉禾生
按元史仁宗本紀延祐四年九月己巳大都南城產嘉禾一莖十一穗
延祐七年嘉禾生
按元史仁宗本紀七年三月庚寅英宗即位五月丁未饒州番陽縣進嘉禾一莖六穗
英宗至治元年嘉禾生
按元史英宗本紀至治元年十月壬子拜住獻嘉禾兩莖同穗
至治二年嘉禾生
按元史英宗本紀二年八月壬申蔚州民獻嘉禾
泰定帝泰定元年嘉穀生
按元史泰定帝本紀泰定元年十月乙卯成都嘉穀生一莖九穗
順帝至元四年瑞麥生
按元史順帝本紀至元四年五月彰德獻瑞麥一莖三穗

至元五年芝草生

按元史順帝本紀五年十二月工部廳梁上出芝草一本七莖

至正三年嘉禾生

按元史順帝本紀至正三年八月甲午朔晉寧路臨汾縣獻嘉禾一莖有八穗者

至正八年秋桃杏花

按元史順帝本紀不載　按五行志八年九月奉元路桃杏花

至正十四年桃李秋花

按元史順帝本紀不載　按五行志十四年八月冀寧路榆次縣桃李花

至正十五年冬桃杏花

按元史順帝本紀十五年十一月戊戌介休縣桃杏花

至正十六年李生黃瓜

按明昭代典則至正十六年夏六月彰德李實如黃瓜先是有童謠云李生黃瓜民皆無家

至正十七年冬桃李花

按明昭代典則十七年冬十一月汾州桃李有花

欽定古今圖書集成曆象彙編庶徵典

第一百八十五卷目錄

草木異部彙考四

庶徵典第一百八十五卷

草木異部彙考四

明

太祖吳元年句容獻瑞麥

按明寶訓吳元年四月是月應天府句容縣耆民施仁等獻瑞麥太祖下令諭民曰自渡江以來十有三載境內多以瑞麥來獻丙申歲太平府當塗縣麥生一榦兩岐丁酉歲應天府上元縣麥生一莖三穗寧國府寧國縣麥生一莖二穗今句容縣又獻麥一莖二穗蓋由人民勤於農事感天之和以致如斯爾民尚盡力畎畝以奉父母育妻子永爲太平之民共享豐年之樂起居注詹同進曰昔在成周嘉禾同穎漢張堪守漁陽麥秀兩岐今主上撥亂世而反之正功德大矣雖戎馬之際亦修農務故斯民得脫喪亂盡力田畝天降瑞麥非偶然也太祖曰天不可必人事當盡爲國家者豈可恃此而自怠乎

洪武二年諸州獻瑞麥

按明昭代典則洪武二年夏四月淮安寧國鎮江揚州台州等府幷澤州各獻瑞麥上曰朕爲民主惟思修德致和以契天地之心使三光平寒暑時五穀熟人民育爲國家之瑞蓋國家之瑞不以物爲瑞也昔堯舜之世不見祥瑞曾何損於聖德漢武帝獲一角獸產九莖芝當時皆以爲瑞乃不能謙抑自損撫輯民庶以安區宇好功生事卒使國內空虛民力困竭後雖返悔已無及矣其後神爵甘露之侈致山崩地震而漢德於是乎衰由此觀之嘉祥無徵而災異有驗可不戒哉

按江南通志洪武二年四月宣城產瑞麥淮安獻瑞麥

洪武三年鳳翔獻瑞麥

按大政紀洪武三年五月丁巳鳳翔府寶雞縣進瑞麥一莖五穗者一本二穗者十餘本上謂廷臣曰昔鳳翔饑饉朕憫其民故特遣人賑恤曾未數月遽以瑞麥來獻借使鳳翔未粒食雖有瑞麥何益苟其民皆得養雖無瑞麥何傷朕嘗觀自古以來天下無金革爭鬬之事國和民豐家給人足父慈子孝夫義妻順兄愛弟敬風俗淳美此足爲瑞若此麥之異特一物之瑞非天下之瑞也

按江南通志洪武三年丹陽產瑞麥一莖五穗

洪武四年澤州麥兩岐

按澤州志洪武四年麥秀兩岐知州李祥以獻

洪武五年句容獻嘉瓜金壇產芝霍丘木連理

按大政紀洪武五年六月癸卯獻嘉瓜二同蔕而生上御武樓中書省臣率百官以進禮部尚書陶凱奏曰陛下臨御同蔕之瓜產於句容陛下祖鄉實爲禎祥蓋由聖德和同國家協慶故雙瓜連蔕之瑞獨見於此以彰陛下保民愛物之仁非偶然者上曰草木之瑞如嘉禾並蓮合歡連理兩岐之麥同蔕之瓜皆是也卿等以此歸德於朕朕否德不敢當之縱使朕有德天必不以一物之禎祥示之苟有徵過垂象以譴告使我克謹其身保民不致於禍殃且草木之祥生於其土亦惟其土之人應之於朕何預若天地間時和歲豐乃王者之禎不在微物遂爲賚賜民錢一千二百

按江南通志洪武五年金壇產靈芝一本九莖霍丘松木連理

洪武六年盱眙進瑞麥十一月贛州牡丹華

按大政紀洪武六年六月壬午盱眙縣民進瑞麥一莖二穗者凡十六本御史答錄與權言天產嘉祥皆所以兆國家之福而爲聖王之徵今瑞麥之產乃上帝借草木之靈以彰君臣之異體同心之象又產於盱眙屬臨濠帝鄉也是宜薦之宗廟以彰祖宗之神靈且新麥之登當薦宗廟況瑞麥乎上曰以瑞麥爲朕所致則不敢當必歸之祖宗神靈御史之言良是乃命薦之宗廟

按江西通志洪武六年癸丑冬十一月贛州民呂氏產白牡丹於冰雪中盛開

洪武十五年廣通產嘉禾

按滇南通志云云

洪武二十五年澤州產嘉禾

按澤州志洪武二十五年產嘉禾有異畝同穎者

洪武二十八年燕王進嘉禾

按大政紀洪武二十八年八月燕王進永清左衛龍門東嘉禾一莖三穗者二本二穗者六本上親製嘉禾詩賜之

成祖永樂三年興平鳳翔寧夏進瑞麥關陝獻嘉禾莆田蓮花並頭

按大政紀永樂三年七月戊戌陝西興平鳳翔二縣進瑞麥三十本禮部尚書李至剛等率羣臣上表賀上以諛佞責之上曰瑞麥固是嘉應但四方遠邇靡一物不得其所斯可爲太平今中外果無匹夫匹婦之怨愁於下者乎覽表祇慚愧耳君臣貴相與以誠諛佞非治世之風也至剛等愧謝

按大政紀永樂三年九月關陝奏獻嘉禾數穗同一莖翰林儒臣撰詩以進

按陝西通志永樂三年寧夏產兩岐麥數莖

按福建通志永樂三年莆田縣學泮池生並頭蓮明年林環廷試第一

永樂四年南雄獻瑞麥

按名山藏永樂四年六月南雄府獻瑞麥薦宗廟

永樂五年南陽麥兩岐

按河南通志永樂五年五月南陽境麥多兩岐

永樂六年柏檜花

按明通紀永樂六年三月巡撫福建監察御史趙昇及布政使按察司奏以柏生花爲瑞上賜勅責之既而蘇州揚州二府復言檜花爲瑞上曰蘇松諸郡水澇爲災有司往往蔽不以聞昨有奏柏花爲瑞者已責其欺君今又言檜花小人之務諛悅者可惡乃降璽書切責之

按大政紀永樂六年三月癸亥巡按福建監察御史趙昇及布按二司賀柏生花爲瑞賜勅切責之勅曰朕主宰天下於生民休息未嘗徧知故委用爾等鎭撫藩方以圖安輯而乃肆志安逸於軍民疾苦一毫不言而今言柏花爲瑞夫時和歲登物無疵癘生民足食四夷順安此國家之瑞也爾等驗之人事歲果豐登民果給足乎樹木之花世所常有何益於國何利於民而以爲瑞也相爲朋比諛佞忠君卹民之心果安在哉姑曲宥爾等若復爲欺罔雖欲倖免亦不可得矣

永樂七年密雲繁峙獻嘉禾

按名山藏永樂七年八月密雲繁峙二縣獻嘉禾行在禮部請賀不許

永樂十年平陽繁峙獻嘉禾

按大政紀永樂十年七月己酉浙江平陽縣獻嘉禾百六十四本命戸部遣人巡視四方水旱不可恃此

永樂十二年九月孟縣獻嘉禾

按名山藏云云

永樂十四年寧夏進嘉禾

按大政紀永樂十四年七月癸巳鎭守寧夏侯陳懋進嘉禾二實同蔕

永樂十六年扶溝產芝

按河南通志永樂十六年十月扶溝產靈芝三莖

永樂　年嘉禾結大實如卵

按廣西通志永樂中宋村嘉禾生禾結一大實如鵝卵好事者以金飾爲酒盃明故老有及見者今失所在

仁宗洪熙元年龍山產芝

按大政紀洪熙元年正月甲戌南京龍山產芝之蕃大特異守臣以進禮部請賀不許

宣宗宣德元年魯王肇煇進瑞粟

按名山藏宣德元年八月魯王肇煇進瑞粟有一莖至二十穗者行在禮部尚書呂震請賀上曰四方大矣比者畿內水潦奏牘不啻民之艱食卽謂瑞應亦僅魯東隅何以令朕無夙夕憂不許

宣德五年嘉禾生太廟側又出陝西

按名山藏宣德五年七月嘉禾生太廟側止賀八月嘉禾嘉瓜出陝西皆止賀

宣德六年茂州獻瑞麥

按四川總志宣德六年夏四月茂州知州陳敏獻瑞麥兩岐至五岐者御製滿庭芳詞幷綵緞紗錠以賜

宣德六年陝西進嘉禾

按昭代典則宣德七年陝西進嘉禾勅諭文武羣臣今陝西進嘉禾蓋豐稔之祥又中外之地連產瑞瓜此皆天地祖宗之所垂佑朕曷克以致之而卿等歸德朕躬欲進表賀內自修省歉焉於心其止勿賀朕夙夜孜孜圖惟生民之安以冀不忝天地祖宗付畀卿等皆體朕之誠勉盡厥職上以益君之德下以厚民之生戒乃玩愒務圖實功庶副朕之委任欽哉

宣德八年八月慶王栴進瑞麥

按名山藏云云

英宗正統元年龍州獻瑞麥

按名山藏正統元年九月龍州宣撫司獻瑞麥上以所在旱蝗相望獨此麥瑞何以免饑自今天下凡若

此類皆毋獻
正統三年長沙產芝
按湖廣通志正統三年長沙文廟楹芝草生
正統五年富順產芝
按四川通志正統五年富順縣知府黃瑢墓側產芝一莖二本
正統七年西安耀州產嘉禾
按名山藏正統七年九月西安府及耀州產嘉禾止羣臣賀
正統八年黔江產嘉瓜瑞麥
按四川通志正統八年黔江產嘉瓜並蔕麥秀兩岐
正統九年臨安產嘉禾
按雲南通志正統九年臨安產嘉禾一莖三穗者二畝
正統十四年徽池二州產芝
按江南通志正統十四年徽州府學產紫芝池州府學產紫芝
代宗景泰元年金鄉產芝莆田蓮花並頭
按山東通志景泰元年春二月金鄉縣產芝一莖於文昌祠之東
按福建通志景泰元年莆田縣學泮池生並頭蓮明年柯潛廷試第一
景泰四年寧遠產芝
按湖廣通志景泰四年三月寧遠檢校劉良樓上柱芝草生
景泰五年鶴慶產瑞麥
按雲南通志景泰五年夏鶴慶逢密鄉產瑞麥一莖數穗者百餘知府王珽以獻
英宗天順元年開原瑞蓮生
按全遼志天順元年春開原蓮花生城南門外池中忽生莖七日開黃花一朵如盤大鮮妍可愛
天順三年濟源產嘉禾岳池產瑞蓮
按河南通志天順三年秋八月濟源東產嘉禾有一莖五穗者
按四川總志天順三年岳池縣王孝忠家池內產白蓮一莖雙花
天順五年朔州新會產嘉禾
按山西通志天順五年秋八月嘉禾生朔州張伏初田嘉禾有一本二穗三穗四五穗者四十餘畝知州何永取二百本以獻
按廣東通志天順五年新會嘉禾生舊志天順五年秋邑之平安里產嘉禾十餘本九穗三本七穗四本六穗五穗皆八本
天順六年浮梁廣東市舶司產芝
按饒州府志天順壬午浮梁戴得谷亭前產紫芝數十本其子瑚領鄉薦癸未春復產瑚登第
按廣東通志天順六年夏四月芝草生舊志四月十二日市舶司天寶堂右柱連產玉芝尺餘者三莖並秀
天順七年延津產嘉禾
按河南通志天順七年八月延津產嘉禾一莖二穗二十餘畝
天順八年曹州產芝
按山東通志天順八年秋八月芝產於曹州治東廂
憲宗成化元年長沙產芝武緣產瑞蓮
按湖廣通志成化元年長沙文廟芝草生
按廣西通志成化元年夏五月武緣縣泮宮並頭蓮生是年姚惠梁廷器領鄉薦人以為瑞蓮之應
成化四年潞州產嘉禾長洲產瑞蓮
按山西通志成化四年秋潞州嘉禾生有一本六七穗者一本三四穗者極多
按長洲縣志成化四年六月府學明倫堂前方池蓮花一莖四蘂其秋賀恩發解
成化五年萬全產瑞麥嘉禾嘉瓜潞城產嘉禾
按山西通志成化五年夏麥兩岐穀雙穗瓜並蔕出萬全縣西北二十里孫莊村秋潞城縣嘉禾生
成化六年岢嵐州華陰產嘉禾
按山西通志成化六年岢嵐州嘉禾生公廨後地約半畝一莖五穗者大半
按陝西通志成化六年華陰邑治廨中生穀一本五穗者數莖
成化七年梧州產芝
按廣西通志成化七年梧州府有紫芝生於督府池
成化八年新昌高州產芝富順梨樹連理及產瑞竹並頭蓮
按江西通志成化八年新昌縣民姚本貞家產紫芝五本
按四川總志成化八年富順縣民周安家生連幹梨瑞竹並頭蓮
按廣東通志成化八年高州文廟產芝三莖丁祭日殿之左柱忽產靈芝三莖

成化九年嘉興產嘉禾冬通許桃李華
按河南通志成化九年通許桃李冬花
按浙江通志成化九年嘉興生嘉禾
成化十二年深澤有枯榆出水
按深澤縣志成化十二年趙人莊榆幹中枯槩忽生
竅出水適有病者止其下渴飲之愈後病者往禱之
飲輒瘥凡禱盛以器則流去則止如是者逾年而息
成化十三年黔江全州產芝安居產瑞麥
按四川總志成化十三年黔江芝草生安居龍化山
麥秀三本二岐
按廣西通志成化丁酉全州有芝產于文廟右楹
成化十四年南京產芝
按江西通志成化十四年南康府文廟產五色靈芝
成化十六年祁陽產芝
按湖廣通志成化十六年祁陽學宮芝草生
成化十七年睢寧產瑞麥
按江西通志成化十七年睢寧產瑞麥一莖三穗
成化二十二年聞喜產芝藤縣產瑞蓮
按山西通志成化二十二年聞喜芝草生文廟柱次
年復生
按廣西通志成化二十二年藤縣瑞蓮生
成化二十三年黃縣產嘉瓜婺源結桂子
按山東通志成化二十三年黃縣文廟殿瓦生瓜一
蔓二蒂其大如碗
按婺源縣志成化丁未知縣藍章廳舍桂一株植久
至是始結子纍纍如葡萄狀味甘美可食
孝宗弘治元年仁和產瑞麥福安產嘉禾

按浙江通志弘治元年仁和麥兩岐
按福建通志弘治元年福安三十都田禾一莖三穗
多至四五叢
弘治二年太平產瑞蓮
按廣西通志弘治己酉夏間太平儒學內月池蓮生
並頭是秋蒙斐顧眞同薦鄉試說者其先兆也
弘治三年平陽產嘉禾
按浙江通志弘治三年平陽嘉禾一莖四穗
弘治五年華亭有芥長丈餘
按江南通志弘治五年華亭有芥生聚奎亭蔭地丈
餘葉如芭蕉花出牆上二尺許
弘治六年白鹿洞產芝
按江西通志弘治六年春三月廬山白鹿洞芝草盛
生
弘治八年夏瑞州旱楓結李實冬桃李華
按江西通志云云
弘治九年潞州桃茄皆並蒂
按潞州府志弘治九年潞州官舍有桃生一蒂二實
或四五實者比年大稔斗粟十文
弘治十一年長樂產芝
按福建通志弘治十一年春長樂十九都靈峯上產
芝三本
弘治十二年福建蔗生花結實
按福建通志弘治十二年冬甘蔗生花其結實如黍
是年饑
弘治十四年藤縣產瑞蓮灌陽竹生豆角楓結梨騰
衝產瑞麥

按廣西通志弘治十四年藤縣瑞蓮生冬灌陽縣竹
生豆角楓結梨實
按雲南通志弘治十四年夏秀麥騰衝學宮一穗三
岐
弘治十五年墊江產芝
按四川總志弘治十五年六月芝草生
弘治十七年江都產瑞麥安居石城產瑞蓮
按江南通志弘治十七年江都縣產瑞麥
按四川總志弘治十七年安居石城產瑞蓮
弘治十八年金湯產瑞麥
按陝西通志弘治十八年臨洮府金湯縣瑞麥有一
莖兩穗者十餘本
武宗正德元年九月宛平李花開鄒平產芝
按明外史趙佑傳正德元年九月宛平郊外李花盛
開佑言此陰擅陽權非偶然也帝不納是時中官益
橫舉朝憂憤佑乃與御史進賢朱廷聲江夏徐鈺交
章極論章下閣議將重罪中官事忽中變
按山東通志正德元年鄒平王府產芝二本
正德二年隨州產芝
按湖廣通志正德二年四月隨州芝草生
正德三年袁州產瑞蓮瑞州生竹實
按江西通志正德三年夏袁州池生瑞蓮二本皆同
蒂異萼七月瑞州竹生花結實如米
正德四年祁陽李樹結黃瓜
按湖廣通志云云
正德五年安陸產芝
按湖廣通志正德五年正月安陸學宮芝草生

正德七年嘉興樂清產瑞麥
按浙江通志正德七年嘉興樂清麥秀兩岐至一莖五六穗
正德九年石門新寧產嘉禾高安產芝冬桃李實
按浙江通志正德九年石門嘉禾生
按江西通志正德九年春高安縣民胡嵩家產芝二本冬桃李華成實
按湖廣通志正德九年新寧益漢鄉產嘉禾一本三穗
正德十年猗氏產瑞麥嘉禾安鄉產嘉穀
按山西通志正德十年夏四月猗氏瑞麥生祈任里民植麥一叢數十本有一本二穗或三四穗或五六穗者有十餘畝三四穗者隨處有之
按湖廣通志正德十年秋安鄉禾一稃二米
正德十三年南安產瑞麥嘉禾
按福建通志正德十三年南安縣麥一莖二穗同安縣粟一莖五穗
正德十四年文水祁陽產嘉禾
按山西通志正德十四年文水祁縣嘉穀生一莖四穗
正德十五年富川楓結梨實
按廣西通志正德十五年富川縣楓樹結梨實
正德十六年安陸芝草生
按湖廣通志云云
世宗嘉靖元年太康生竹實楚雄產嘉禾
按太康縣志嘉靖元年五月郭叅政墳竹實如䴵麥
按雲南通志嘉靖元年楚雄莊甸坡禾雙穗者數千

嘉靖二年玉山產瑞麥
按江西通志嘉靖二年玉山縣產瑞麥
嘉靖三年鄜治芝草生
按湖廣通志云云
嘉靖四年高安產並頭蓮綿竹生竹實
按江西通志嘉靖四年高安縣學產並頭蓮
按四川總志嘉靖四年綿竹龍蟒山生竹實
嘉靖五年順寧生竹實霑益李樹結木瓜
按雲南通志嘉靖五年順寧新村生竹實光瑩如珠霑益大水李樹結木瓜後有尋甸之變
嘉靖八年十一月四川獻瑞麥
按末陵編年史云云
嘉靖十年曲周進祥瓜洧川產瑞麥
按畿輔通志嘉靖十年秋曲周進祥瓜
按河南通志嘉靖十年洧川麥秀生二岐者百餘本
嘉靖十一年臨城渠縣產嘉禾京山產芝閩縣果不實
按畿輔通志嘉靖十一年臨城穀秀三穗
按湖廣通志嘉靖十一年京山芝草生
按福建通志嘉靖十一年閩縣果不實
按四川總志嘉靖十一年渠縣粟一本三穗
嘉靖十二年光化產芝秋翼城桃李華
按山西通志嘉靖十二年八月翼城桃李華
按湖廣通志嘉靖十二年光化文廟兩楹芝草生
嘉靖十三年河南產瑞麥麻城菜花結實
按河南通志嘉靖十三年五月麥秀有三岐二岐至五岐者三百餘本
按湖廣通志嘉靖十三年麻城生草妖菜花不實皆生人物禽蟲龍鳳之狀
按廣西通志嘉靖十三年甲午靈芝生產於賀縣木東民家有數本五色
嘉靖十四年文水產瑞麥
按山西通志嘉靖十四年文水麥秀二岐或三四岐甚至七八岐者
嘉靖十六年富順有葛方條忽拱
按四川總志嘉靖十六年富順甘氏圃有黃葛木依石而生方條忽拱
嘉靖十七年榆次桃李冬花
按山西通志云云
嘉靖十八年博野樹中起龍
按博野縣志嘉靖十八年夏夜南關楊氏園樹中起龍
嘉靖十九年忻州桃李冬花
按山西通志云云
嘉靖二十年屯留松自焚歸德瑞麥生
按潞安府志嘉靖二十年夏屯留文廟松樹自焚
按河南通志嘉靖二十年歸德府瑞麥生一莖數穗
嘉靖二十一年江都產芝騰越生竹實
按江南通志嘉靖二十一年江都縣產靈芝九莖
按雲南通志嘉靖二十一年騰越竹多實
嘉靖二十三年富川生竹實
按廣西通志嘉靖二十三年富川縣竹結實如米其年飢民採而食之

嘉靖二十六年寧晉產嘉禾德慶荔枝冬實義州萵苣生蓮花

按畿輔通志嘉靖二十六年寧晉嘉禾七穗

按廣東通志嘉靖二十六年德慶荔枝冬實

按貴州通志嘉靖二十六年義州城外園圃萵苣生蓮花如葵花大者數本光彩可愛

嘉靖二十八年春清平芝生

按貴州通志云云

嘉靖二十九年順寧產嘉禾

按雲南通志嘉靖二十九年順寧產嘉禾每莖三穗大如掌

嘉靖三十年新化產嘉禾

按湖廣通志嘉靖三十年秋新化山塘產嘉禾一本四穗或五穗

嘉靖三十二年同安產芝保山產瑞麥

按同安縣志嘉靖三十二年縣西郭氏宅產芝一本甚奇人爭往觀時郭夢得尙未遊庠至三十四年舉於鄉遂登壬戌進士第

按雲南通志嘉靖三十二年四月保山產瑞麥一本三岐

嘉靖三十四年順昌松樹有文字梧州產芝

按福建通志嘉靖三十四年五月萬全民伐松樹剖視有花下一壺酒五字

按廣西通志嘉靖三十四年梧州府有靈芝生於梧山書院

嘉靖三十五年象山產瑞麥嘉定李樹結豆

按浙江通志嘉靖三十五年象山麥一莖四穗

按四川總志嘉靖三十五年嘉定李樹結爲豆

嘉靖三十六年四方獻芝草數千本普定樹化爲石廣寧桃李華

按大政紀嘉靖三十六年冬十月元嶽諸山獻紫芝千餘本先是帝屢諭元嶽諸處採獻鮮芝迨九月者勿上至是獻到一千四百十本已而巡按北圻御史馬思聰獻二十本巡撫河南都御史潘恩獻二十有五本布政使林懋和獻二十有二本巡撫北圻御史路楷獻二十有一本四方繼上者不勝計矣鄖縣民亦獻一百八十有一本賞以金幣

按江南通志嘉靖三十六年儀眞產白芝

按貴州通志嘉靖三十六年普定公署樹化爲石

按雲南通志嘉靖三十六年冬十一月廣寧桃李華

嘉靖三十七年福建李生桃

按福建通志嘉靖三十七年夏四月各縣李樹上生桃

嘉靖三十九年蘭谿產瑞粟福建竹生花

按浙江通志嘉靖三十九年蘭谿產瑞粟一莖三穗四穗者甚多

按福建通志嘉靖三十九年黃竹花其實如米居民取食之

嘉靖四十年嘉禾產御田霑益李樹結木瓜

按大政紀嘉靖四十年八月嘉禾生御田時御田產嘉穀異穎同本者四十有九田官以獻羣臣表賀

按雲南通志嘉靖四十年霑益大水後有東川之變

嘉靖四十一年內苑生嘉禾湖廣桂開梅花五井提舉司產瑞麥嵩明李實如瓜

按大政紀嘉靖四十一年秋七月內苑獻嘉禾內苑獻穀一莖三穗者兩穗者三十有一羣臣表賀

按湖廣通志嘉靖四十一年城步張千戶家桂葉盡落忽開梅花

按雲南通志嘉靖四十一年春正月五井提舉司界麥秀兩岐或三岐嵩明李實如瓜是年大饑

嘉靖四十二年嘉禾生御田

按大政紀嘉靖四十二年八月嘉禾生御田御田產嘉穀一莖四穗者三本三穗者六本兩穗者八十有一本田官以獻羣臣表賀

嘉靖四十四年太廟生芝

按大政紀嘉靖四十四年六月有芝生於太廟第三室羣臣表賀

嘉靖四十四年遼陽產嘉禾

按全遼志嘉靖四十四年秋八月遼陽產嘉禾分守道公署後圃有一莖八穗者一本一莖六穗者一本二穗三四穗者數本

穆宗隆慶元年泰興縣產瑞麥

按江南通志隆慶元年泰州大稔泰興縣麥秀三岐

隆慶四年長洲牡丹合歡穀城保康產瑞麥

按長洲縣志隆慶四年四月盤門內劉氏庭開合歡牡丹畫士爲圖

按湖廣通志隆慶四年四月穀城產瑞麥五岐者一莖三岐者一莖保康麥秀兩岐

隆慶五年杭州粟生花

按明昭代典則隆慶五年夏四月浙江杭州府粟樹生花

神宗萬曆元年石生木連理

按四川總志萬曆元年安居二仙石生木連理

萬曆二年地生金蓮

按湖廣通志萬曆二年勛縣城東北竹園張家地湧出金蓮

按四川總志云云

萬曆五年合州李樹結豆粟實變桃南安桃李華

按江西通志萬曆五年南安贛州十月桃李華

按四川總志萬曆五年春合州李樹結長豆粟實變桃味甚甘

萬曆六年順德產芝連州生竹米

按廣東通志萬曆六年順德產靈芝龍津歐珍家產靈芝三本連州生竹米

萬曆七年進賢懷集產嘉禾臨安石屏產芝

按江西通志萬曆七年進賢崇禮鄉生嘉禾一莖五穗

按廣西通志萬曆七年懷集縣一禾兩穗

按雲南通志萬曆七年臨安芝草生又生於石屏州署

萬曆九年餘干枯槐復生賀縣柿木有文

按饒州府志萬曆九年餘干令修康山忠臣廟前有古槐合圍中空外枯已經數十年至是枝葉復茂

按廣西通志萬曆九年辛巳賀縣重修三乘寺伐一柿木大尺餘沙彌斧之忽兩開中有用力不同四字兩邊俱有字跡衆異之白于縣而貯之庫

萬曆十年莒州椿樹連理

按山東通志萬曆十年莒州生員于世龍家椿樹連理後兄弟析居樹卽枯死

萬曆十一年靜樂懷集桃李華

按山西通志萬曆十一年八月靜樂桃李花復開

按廣西通志萬曆十一年懷集縣桃李四季有實

萬曆十五年新建南平產芝

按福建通志萬曆十五年八月十六日新建南平學觀者如堵有一童子手執輪菌一本衆視之芝也詰其得處往視之復於本山得紫芝金芝玉芝各數本人以爲瑞應

萬曆十七年介休產芝

按山西通志萬曆十七年介休芝草生縣治後庭西梁產芝草十六莖敎諭趙濬有贊

萬曆十九年末昌竹實

按雲南通志云云

萬曆二十年淮浦產嘉禾瑞麥連城出竹米

按江南通志萬曆二十年淮浦禾雙穗鹽城麥三岐

按福建通志萬曆二十年連城縣姑田里出竹米數萬斛饑民食之

萬曆二十一年冬滎河桃李花

按山西通志云云

萬曆二十二年金壇產嘉禾

按江南通志萬曆二十二年金壇嘉禾一莖九穗既刈復生

萬曆二十四年蠟樹開桃花

按福建通志萬曆二十四年四月桐睦鄉蠟樹開桃花

萬曆二十六年楡次產芝

按山西通志萬曆二十六年秋八月楡次芝草生中郝村一本五色俱備成龍鳳形

萬曆二十八年什邡桃杏冬花貴州產芝嵩明槐無華

按四川總志萬曆二十八年冬什邡桃杏開花成實

按貴州通志萬曆二十八年秋七月都御史臺東園芝生

按雲南通志萬曆二十八年嵩明槐無華

萬曆二十九年建昌桂花結子貴州產芝昆陽產嘉禾

按江西通志萬曆二十九年二月建昌學宮桂開花結子

按貴州通志萬曆二十九年秋八月兩臺東園芝並生

按雲南通志萬曆二十九年昆陽易門尋甸鎭產嘉禾一莖三四穗者四十餘本五穗者二百餘本

萬曆三十年鎭南產嘉禾

按楚雄府志明萬曆三十年鎭南州貢生陳國謨田產雙穗及四穗者時以爲瑞建嘉禾坊于西門外

萬曆三十一年河州產瑞麥馬艮山產芝

按陝西通志萬曆三十一年河州麥稔有一本五十莖一莖三四穗次年麥秀多岐

按湖廣通志萬曆三十一年八月馬艮山產靈芝

萬曆三十二年秋冬桃復華

按河南通志萬曆三十二年十月南召桃花牡丹盛開

按四川總志萬曆三十二年七月藩司內見桃花

萬曆三十二年邵武雲南產芝
按福建通志萬曆三十三年邵武縣公署產芝草
按雲南通志萬曆三十三年芝草生於雲南府署
萬曆三十四年思南產瑞麥
按貴州通志萬曆三十四年夏五月思南府沿河司
麥一莖四穗
萬曆三十五年婺源產瑞竹雲南有禾生異葉
按婺源縣志萬曆丁未春瑞竹生於玉川後龍山一
本自十節以上分爲兩岐節節相偶直上枝葉蓁盛
先是產於荷花橋故名瑞竹軒翰林黎淳諸公有記
其後開先館中復開桃花瑞橊人謂一家三瑞云
按雲南通志萬曆三十五年省城田中有一禾二葉
其實非穀非稗相傳一槍二旗曰兵秋
萬曆三十六年馬邑產嘉穀
按馬邑縣志萬曆三十六年秋大熟嘉穀一莖七穗
萬曆三十九年竹結實冬牡丹再花
按山東通志萬曆三十九年十月牡丹再開
按廣東通志萬曆三十九年竻竹花實
萬曆四十年垣曲槐生蓮新安楡花似桃李
按畿輔通志萬曆四十年新安楡樹開花豔若桃李
是年大災
按垣曲縣志萬曆四十年春明倫堂西隅槐樹生一
花狀如蓮瓣周圍尺許是秋王時英中解元馬逢造
同登邑侯喬公以爲一時祥瑞因作槐蓮記刊石
萬曆四十一年稷山桃杏開薔薇福州府署產芝
按山西通志萬曆四十一年春三月稷山甘泉村桃
杏開薔薇花黃白二色

按福建通志萬曆四十一年冬福州府署產靈芝九
本
萬曆四十四年雷擊樟樹有文
按福建通志萬曆四十四年雷擊大樟樹分兩開中
有劉廷之三字
萬曆四十五年昭化產瑞麥澄城桃李冬花
按陝西通志萬曆四十五年澄城冬月桃李皆花
按四川總志萬曆四十五年四月昭化縣土基民家
麥兩岐
萬曆四十六年漢昭烈帝陵樹自焚
按四川總志萬曆四十六年正月初一日漢昭烈帝
惠陵樹火自焚初樹杪有光如燈毬久之光芒迸射
枝幹無餘自辰至午乃息
萬曆四十七年木生連理
按江西通志萬曆四十七年德化甘泉鄉木生連理
光宗泰昌元年禾一莖三穗
按福建通志云云
熹宗天啓二年興安產芝牡丹冬華
按山東通志天啓二年冬牡丹華
按江西通志天啓二年興安縣產紫芝
天啓七年蕭縣產瑞麥蒲縣產芝
按江南通志天啓七年蕭縣麥秀雙岐竟畝如一
按山西通志天啓七年蒲縣芝草生文廟樑間生靈
芝白梗黃花賀梗掄魁
愍帝崇禎二年洛陽草木結人馬兵戈狀
按河南通志崇禎二年洛陽延秋里草木結人馬兵
戈之狀數十頃鄢陵科臣常自裕上其事

崇禎五年曲垣仙居草木冬榮從化產芝
按曲垣縣志崇禎五年十月草木復芽桃李再花
按浙江通志崇禎五年仙居桃李冬實
按廣東通志崇禎五年六月從化靈芝三產於學宮
先是二年秋九月芝生於教諭署四年八月再生署
前至是復生於署右
崇禎七年孟縣產異草
按河南通志崇禎七年孟縣產異草如龍鳳形
崇禎八年建寧竹生米
按福建通志崇禎八年建寧府壽寧縣竹生米秋成
禾稼大歉
崇禎九年新安槐開雞冠花益都產芝福建竹生米
按畿輔通志崇禎九年新安田家莊槐樹開雞冠花
按山東通志崇禎九年益都顏神鎮芝產二本
按福建通志崇禎九年春夏間遍山竹生米形如小
麥値米貴民乏食取而粉之可粥舂之可飯於是閩
邑競採多至廩庾轉發糶民賴以濟
崇禎十二年樂清樹泣
按江西通志云云
崇禎十四年永成有豆如人頭酒州古檜吐烟
按永城縣志崇禎十四年地生流草有豆如人頭鬚
眉畢具
按江南通志崇禎十四年酒州學宮古檜吐烟若篆
有異香
崇禎十五年冬十月寧鄉桃李花
按山西通志云云
崇禎十六年大足李結實如刀豆賀縣榕樹開紅蘭

花

按四川總志崇禎十六年大足縣李樹結實如刀豆
遍年百花冬放梅桃結實

按廣西通志崇禎十六年夏五月賀縣城內陳侯祠
前榕樹大十餘圍忽枝上發赤紅蘭花二朵大如掌
是年冬月土寇作祟破城奪印後三省兵勦平之

欽定古今圖書集成曆象彙編庶徵典

第一百八十六卷目錄

庶徵典第一百八十六卷

草木異部總論

王充論衡

是應篇

儒者言古者蓂莢夾階而生月朔日一莢生至十五日而十五莢於十六日日一莢落至月晦莢盡來月朔一莢復生王者南面視莢生落則知日數多少不須煩擾案日曆以知之也夫天既能生莢以為日數何不使莢有日名王者視莢之字則知今日名乎徒知日數不知日名猶復案曆然後知之是則王者視日則更煩擾不省蓂莢之生安能為福夫蓂草之實也猶豆之有莢也春夏未生其生必於秋末冬月隆寒霜雪霣零萬物皆枯儒者敢謂蓂莢達冬不死乎如與萬物俱生俱死莢成而以秋末是則季秋得察春夏冬三時不能案也且月十五日生十五莢於十六日莢落二十一日六莢落落莢棄殰不可得數猶當計未落莢以知日數是勞心苦意非善祐也使莢生於堂上人君坐戶牖間望察莢生以知日數匪謂善矣今云夾階而生生於堂下也王者之堂墨子稱堯舜高三尺儒家以為卑下假使之然高三尺之堂蓂莢生於階下王者欲視其莢不能從戶牖之間見也須臨堂察之乃知莢數夫起視堂下之莢孰與懸曆日於扆坐旁顧輒見之也天之生瑞欲以娛王者須起察乃知日數是生煩物以累之也且莢草也王者之堂旦夕所坐古者雖質宮室之中草生輒耘安得生莢而人得經月數之乎且凡數日一二者欲以紀識事也古有史官典曆主日王者何事而自數莢

堯候四時之中命曦和察四星以占時氣四星至重猶不躬親而自察莢以數日也儒者又言太平之時屈軼生於庭之末若草之狀主指佞人佞人入朝屈軼庭末以指之聖王則知佞人所在夫天能故生此物以指佞人不使聖王性自知之或佞人本不生出必復更生一物以指明之何天之不憚煩也聖王莫過堯舜堯舜之治最爲平矣卽屈軼已自生於庭之末佞人來輒指知之則舜何難於知佞人而使臯陶陳知人之術經曰知人則哲惟帝難之人含五常音氣交通且猶不能相知屈軼草也安能知佞如儒者之言是則太平之時草木踰聖賢也獄訟有是非人情有曲直何不幷令屈軼指其非而不直者必苦心聽訟三人斷獄乎故夫屈軼之草或時無有而空言生或時實有而虛言能指假令能指或時草性見人而動古者質朴見草之動則言能指能指則言指佞人司南之杓投之於地其柢指南魚肉之蟲集地北行夫蟲之性然也今草能指亦天性也聖人因草能指宜言曰庭末有屈軼能指百官臣子懷姦心者則各變性易操爲忠正之行矣

草木異部藝文一

爲納言姚璹等賀瑞桃表　唐李嶠

臣某等言伏見內出靈桃四實共同一蔕禁園芳果仙庭奇樹名珍杏柰族茂櫻胡鮮花發於上春嘉實成於早夏四而爲一表四裔之一君異而爲同明異才之同貫漢宮留核曾未所窺衛國報瓊何能竊似殊祥靈應疊眖駢臻凡在見聞孰不歡躍臣等謬當樞近累覩休符喜抃之情實萬恆品無任欣慶之至謹奉表陳賀以聞

爲百寮賀瑞筍表　前人

臣某等言伏見舊明堂某前有叢竹抽新筍數莖綠籜含霜紫苞承雪凌九冬而擢穎冒重陰而發翠伏惟陛下仁兼動植化感靈祇故得萌動惟新象珍臺之更始貞堅效質符聖壽之無疆鄰帝座而虛心當歲寒而抱節一人有慶萬類呈祥凡在見聞孰不欣躍無任慶抃之至謹奉表稱賀以聞

爲鳳閣侍郎李元素進冬椹表　前人

臣某言聞京兆萬年縣大寧坊宅內有桑樹一株暮秋生子初冬椹熟今謹取得專輒進奉伏惟陛下惠覃區寓仁洎草木故得神蠶之樹發秀於寒露之辰帝女之林結實於繁霜之下出於萬年之界彰一人萬歲之符生自大寧之坊表羣生大安之慶鴟鴞已革見喬貊之懷音絲繭行豐知府藏之逾實殊禎薦委絕眖仍臻凡在含生孰不欣慶無任抃躍之至謹奉表陳賀以聞

爲朝官及岳牧賀慈竹再生表　陳子昂

臣某等言臣等聞書曰天視自我民視天聽自我民聽故堯臣方命降震怒之災姬旦聖人受昭事之福先王所以恭畏上下祇奉天心於是有昭德塞違懲惡勸善所以明枉直正典刑伏奉恩勅宣示司農卿宗正卿所奏日者王德壽等承使失言虐濫無辜災感蝗蟲毒痛慈竹童歲爲之飢饉毗庶以之流離冤魂冥呻元感上惻乃降明制發德音恤淫刑蠲雪典於是幽魂雪憤遺噍昭蘇枯竹由其再生蝗蟲爲之隕迹牂螢動色瘴癘收氛當夭札之凶年致昇平之稔歲非夫聖靈昭感天人合符何凶吉之徵報同影響天下幸甚臣等聞聖人法天所以順物小人違道則必亂常故虞稱欽明殿四凶之罪魯有仁義正兩觀之誅所以邦家用昌苛慝不作王某等色厲內荏心僻行堅弄指刑之文爲商啇之法以訟受服同惡自尤竟掊殖貨之辜允肅政刑之序今者蒼鷹斂翼乳虎含牙朝廷無腹誹之憂天下有措手之頌信可以懲殘創酷誘善旌冤永淸侮弄之階共登仁壽之域臣等謬贊臺閣忝守藩維實思仰奉大猷以穆中典幸屬至聖崇德小人勿用凡在庶品實百恆歡雖成康頌聲文景默化刑淸政肅曾何足云伏乞書之國經頒示天下使四方風動萬國歸仁垂範後昆以爲炯誡無任慶抃之至

皇太子賀天后芝草表　崔融

臣某言臣聞德合天地仁之所及也深道貫神明孝之所寘也極故有元功胖蠁靈命氤氳審光發辰象之精金色吐陰陽之秀伏惟天后化含萬物訓正六宮天下被塗山之音海內仰河洲之教今月某日使某至伏承芝草生於東都太原守舍利塔屋下芝英

繞殿甍疑王母之臺芝草成田聊比宓妃之館其帶紫其莖白雲霈雨露之津搖動風雲之氣斜臨綱樹分貝葉而重開近對淪池接蓮花而倒下豈與夫生於石室空傳好道之言產自珠宮徒事不經之說可同年而語哉臣濫承天祚多慚國本始欽元潤之祥更喜黃雲之地頌聲無輟在郊廟而方傳御膳有憑俯神仙而何遠臣子之慶倍百恆情無任忻抃之至

皇太子賀瑞木表　前人

臣某言臣聞惟德動天無遠而不格惟神感物有來而必應伏惟天皇提乾象運斗柄戴黃屋而臨太階正紫宮而開列室伏見某官奏稱石門元谷內玉山宮側湫水漂木三萬餘根林衡悚迫匠人驚視仙桂來於月中靈查下於天上昔開陽門之肇建飛柱潛移太極殿之初營浮梁遠至論其壯觀猶尺爐之窺尋木喻以皇家若牛涔之望巖海方見凌雲之構匪日而成負黼扆而朝百神垂衣裳而會萬國盛矣美矣輪焉奐焉臣德謝元良濫膺儲貳寢門來謁常取候於雞鳴大廈既成竊自歡於省賀不任鳧藻之至謹遣某官奉表稱賀

皇太子賀芝草表　前人

臣某言伏承某月日芝草生於乾元殿瑞命天來符祥日至煌煌三秀分莖并而攢柯煜煜九光間梅梁而吐葉晉都宮閣何必靈芝之臺洛邑山川居然密芝之地伏惟天皇天臨海內帝有城中象漢制而宅兩京用堯心而加百姓神精下降洽至道於丘陵靈液旁霑被深仁於草木觀其如蓋如閣如日如星得五方之氣象合四時之景色仙人在上則車馬疑飛神龍居下則風雲不去謂蓬瀛之海列卽崑閬之山開魏王之雙幹莫儔漢宮之九莖爲劣可以薦郊廟可以觴公卿臣謬踐儲闈祇膺守國不獲親承左右日覽休徵雖玉脛逆齡在神仙而可致而方圭入膳視朝夕而猶賒是用心馳仁壽之前慶集肅成之下無任抃躍之至謹遣某官奏表稱賀

爲百官賀千葉瑞蓮表　前人

臣某等文武官若干人言伏奉恩旨垂示臣等千葉瑞蓮觀其綠裏紅葩細莖素萼露搖珠點霞坼金鬚百星交暎羽蓋張而一色萬目齊明車輪合而千狀謂翔鸞之欲舞若羣鵠之並飛峯形聳而半天石勢蹲而臨海冲氣積其下惠風流其上服之可以登仙採之可以駐壽雖復釋梵天王之國千影離婁善住天子之地雙輝燦爛校之今日未可同年臣等謹按華嚴經云蓮花世界是盧舍那佛成道之國一蓮花有百億國無量清淨經云無量清淨佛七寶池中生蓮花上夫蓮花者出塵離染清淨無瑕有以見如來之心有以察如來之法道之行也曾不徒然伏惟天冊寶金輪聖神皇帝見此妙身當茲巨瑞符契冥合影響不差有百億國無量清淨者天意若曰護蘇蟻結默啜蜂飛闐鼓鞞而革面望旌旂而懸首指麾而遐境獲安高枕而中國無事風行電掃縛噍類於百億之區霧廓塵銷反遊魂於清淨之域深仁所及不亦弘哉臣等濫奉朝恩親披瑞牒非常之貺曠古未聞殊特之珍歷代一見手舞足蹈倍百常情無任慶躍之至謹詣朝堂奉表陳賀以聞

皇太子賀嘉麥表　前人

臣某言伏見雍州司馬徐慶稱所部有嘉麥一莖六穗纖芒濯露疑因黑壤之宜香稼搖風若吐黃金之色豈非靈心昭應睿德感通降之自天何必來辨之詠嘗之於廟先符孟夏之時凡在含生相趨動色臣謬當居守肅奉宗祧一穗兩岐徒說張君之味十畝千石方輕范氏之書仰天意而增歡顧人心而載躍無任喜抃之至謹附起居使某官某奉表陳賀以聞

賀嘉禾表　張仲素

臣某等言今月某日伏見平盧淄青等州節度使鄆州大都督府東平縣官莊地內有禾異壟雙本合成一穗畫圖奏進傳示百僚者臣等中賀謹按瑞應圖曰王者德茂而太平君臣和則嘉禾朱草以中萌言不得中和之氣即不生也伏惟陛下鼓和風茂休德泰階平於上下大中建於人臣神明是若徵兆必報通彼殊壟總其雙莖滋大澤以冥造成嘉穗而薦和合爲一彰至化之會同堅而好表養生之豐實推物類以得天意觀繪事而擬靈篇凡在班行咸同慶幸不勝云云

李樹連理賦有序　潘炎

帝在上黨延唐寺有李樹連理上親視焉賦曰

惟彼嘉樹列星之精耀本扶疎當元光之降誕盤根連理應我后之文明天之發祥豈無他木必曰茲樹是光皇族所以並脩幹連高枝青房表異朱仲稱奇察以休徵不假終軍之識同於樹德寧爲簡主之知族茂宗棠盤根合理花之發也藹每亂於青春實之繁兮珠更深於寒木豈徒生於靈井植彼東園自成義以相待但成蹊而不言此乃興聖主之符表天家

之姓一人親覩六合稱慶至若鍾山之實玉井之仙或正冠而垂訓或投贈以成篇比德於我彼何有焉臣炎作賦天子萬年

神著立賦 有序　前人

景龍三年九月十七日上使韓從禮著筮卦未成著自立從禮曰大人之瑞也賦曰

惟彼神著生而有知用之不測明以稽疑擢九尺之纖幹伏千年之寶龜德圓而神兮無幽不及其生三百兮其用五十惟聖人之觀象乃神動而鬼入列八卦以效變翹孤莖而孑立數彰得一命乃自天同大橫之有夏表或躍而在田其察也深其功也大稱美名於神物齊妙用於神蔡是日元后茲爲筮從氣受陰陽夜分而彩露兼涵幽贊天地朝覆而輕雲數重蓍而有靈立定天保可謂神助用光天造功深莫蓍仲尼且許以鉤深屈於不知太公徒言乎腐草蓍之立兮發其祥吾君得之尊以光明乎太極演彼歸藏因卜祝之符瑞應天人之會昌

爲留守進嘉禾表　張說

臣某言臣聞天聽自人神和在德代非乏瑞罕遇開泰之期福不虛徵必俟休明之主伏惟天冊金輪聖神皇帝陛下仁覆萬靈孝理四海功莫高於尊祖道莫大於配天嚴備郊禮崇肅宗祀秩百王之禮兼六代之樂惣崧膠庠訓優更老政每先於帝籍役不奪於農時嘉氣橫游祥風紛灑騰文煒邑九光連合於貞明逸輩殊倫百寶駢滋於動植臣今月日奉進旨告望鳳臺慶山醴泉之瑞其日於山陵東柏城內得嘉禾一本臣初見衆苗亙壟香穎垂秋嘉玩繁滋欲觀成粒左右無識折以呈臣異其綠葉綏舒葱芒璧秀熟覩奇狀乃知嘉祥下則異畝合莖上又同連雙穗昔雍熙之代政理之君雖導出應時而生不擇地禾有托根神域彰孝德之能深吐秀壽宮助粢盛之豐潔此蓋睿誠通感靈祐降祥中古以來未覩斯美臣籍慶宗枝久沐星潢之潤躬持瑞穎預奉天保之符忭悅之誠倍兼恆品

爲宰相賀李樹凌冬結實表　孫逖

臣等伏見劉麟奏南郡李樹凌冬結實并圖及李實者惟此珍樹名應皇族元元所指用輿長發之祥明靈是憑故表非常之瑞已經夏實更發冬榮霜雪而翠葉不凋斯須而朱實皆就仁及草木既叶太平之期道貴生成仍呈久視之應恭惟聖感詎可名言所以彰寶祚之靈長表天枝之碩茂遠踰海嶠來薦闕庭豈三秀之足稱何兩岐之敢喻殊祥薦至品物同歡況在臣等寧勝抃躍無任欣慶之至謹奉表陳賀以聞

爲李北海作進芝草表　蕭穎士

臣某言臣聞郊祀盡敬粢盛豐潔則天降休祉地生靈芝大哉斯元和正氣有感而昭敷者爾古先哲后所由盡心臣本郡道學講堂中梁有芝英產見六莖共本正向堂門潔色純淨流輝棟宇臣遐考曩曆旁窺瑞諜多矣至若神爵九枝青龍三幹菌蠢池籞葳蕤甸服猶復登諸宗廟被以頌聲又況極道德之至精鑠元元之景命超漢軼魏光闡掩諜之祕瑞伏惟開元天寶聖文神武皇帝陛下大孝尊先元功兆物奐清宮於郡國驛赤縣於仁壽天弗違而寶曆重昌瑞有答而金莖特秀觀其審曲面勢背陰抱陽當九月而生聿符陽數挺六莖之表遙叶樂章昭聖祚於天長返皇風於古始加之冰霰奪色緇塵不染迎曉日而相鮮與秋雲而共潔雖復晨敷者五莖爽於丹田歲秀者三擢榮於元圃以茲覩彼奚其瑣碎臣姓忝宗枝任叨藩首揚吹萬之化預稟陶鈞聳倍百之情寧忘肺腑

代百官賀芝草表　獨孤及

臣某等言伏見開府儀同三司魚朝恩奏舍暉院及白華亭院內並芝草生者臣等謹按圖諜竊考前典蓋王者以道蒞天下而德及庶物則有靈木神草儲祉效異陛下賢聖恭儉慈仁愛人開闢學校尊敬勸德將以五經根本庶政風化所浹神人以和和氣旁達感蒸爲瑞不然豈靈芝菌蠢異處同植不產他宇必於宸居爍煌九葩之蓋煌煌三秀之質蓋表陛下之欽明光宅以人文成化靈根碩茂萬葉無疆神應炳然天意如答臣等獲忝朝列幸覩禎祥

中書門下賀芝草嘉禾表　常袞

臣等言伏見兵部尚書中書門下平章事李抱玉進芝草嘉禾者臣聞王者道洽則靈芝生天下和一則嘉禾應伏惟陛下誕膺景命憂濟生靈合太上之德感元精之氣天地絪縕神明滋液降此珍物叶於昌期垂蕤連莖三華煥發離根合穎一穗孤秀沐我渥澤扇其祥風衆草之英百穀之長以兆稔歲以符太平昔周得唐郊之獻列篇於典策漢獲甘泉之祉薦歌於清廟三瑞之極一朝會同長發其祥無疆之慶臣等謬忝近侍幸覩休祥喜抃之情倍萬恆品無任

歡抃之至

爲宰相賀連理木表　前人

臣言今月二十六日得太清宮道士陳岳等狀稱聖祖殿院東廊九靈門北有柰樹連理異枝還合者臣按漢武元狩元年得奇木枝旁出輒後數日越地及匈奴率衆來降者中興書云王者德澤純洽八方大同則木連理伏惟皇帝陛下體元以臨寶位法道以御太和孝通神明故祖宗禔福德洽天地則草木呈祥至孝所感生靈遂性湛恩旣溥異類懷仁大告休期累彰嘉瑞況我祖太清別殿奇樹效珍連理雙莖混成一體其同本也所以煩於衆枝其附內也所以慶於無外必有削柸之類亦表其强幹之休天下一家本枝百代稽於圖傳可以明徵聖敬所臨神心允答不然豈獨秀不遷之廟增華太素之宮曲折合符精靈相會耿光丕顯高映古今臣媿無黃老之術謬贊清虛之化獲奉休異喜萬恆情望請宣付史官編之簡冊無任欣抃之至謹奉表陳賀以聞臣某誠歡誠慶頓首頓首

漢武帝齋宮產靈芝賦　史延

武皇帝慕軒后之風儲思幽通叶珍符於瑞牒產靈芝於齋宮太一淸精元君降衷色奪兼金發靈姿以溫潤質逾美玉浮眞氣以蔥蘢原夫帝在華帳儼於仙仗睿思逸以沖寂神心宜其相向髣髴受釐肅其冥貺非煦育之所致乃精神之潛暢挺茲三秀表信乎三元之符擢此九莖期爾於九垓之上異屈軼之致用類朱英之爲狀足表天感與地生或揚臣和而君唱是知至精潛運神物昭彰靈液潛通願生乎枯木貞石神心幽贊故出此閟殿神房冠庶草以爲貴故有時而發祥信稟質以津澤非本媚乎馨香豈比夫楚水之空嘉萍實仙宮之獨貴元霜懿夫道心虛澹我則無味以元感化感貴形我乃無根而効靈是用拔奇瑤砌標異形庭紫蓋與祥雲允合朱莖將火德相冥秀射荷蘭之室光連雲母之屛煥國典而未昭歌頌徹元風而不耀德馨彼丹甑呈豐器車表德潛美巖野挺芳幽側曷比夫耀甲乙之帳赫矣朱榮結天地之精混然剛克異朝菌之爲體同夜光之非飾含聖澤以成春體正陽而稟色是知人心告虔珍物効焉將會昌於羣帝必功格於上元且神之符則受此靈草神之會則降彼眞仙苟獲符而爲約與降質而相懸大寶在乎皇極眞居本乎丹田苟溺異以趨怪顧汨聽而表年彼乘蹻而求靜此執迷而徵聖徒有託於齋祈信無裨於性命覩芝宮兮緬爾倏隙駟以奔競庶歸元化之門小彼炎皇之慶

指佞草賦　鄭轅

旒扆肅誠天地降靈藎臣咸造屈軼生庭翠影如植皇心以寧暑屛寒生感蓮蒲之代謝日來月往異蓂莢之飄零烏奕元造誕生厥草表忠蹇之不遷懼壬佞之何早宵承湛露密葉如傾晝偃薰風纖莖若埽猗那且都歌詠難模其生也則一其道也乃殊育於軒階其指或有生於聖代其用則無是靈草之無心以聖人爲之心對危行而不侮覩巧言而則侵榮乎砌陰賁爲龜爲鏡肅我皇度式如玉如金冠卉之首縣代曠有茅三脊之可封芝九莖而延壽曷若茲草之盛莫之與並類貂蟬之性潔均獬豸之質勁得詩人之無邪行孔門之遠佞於鑠屈軼懋乎迥出邈唐復生應時作寶經百王而影戢歷千祀而宥密如執法之不回秉直道而自必所以野退宵人朝多髦士同魚木之合契絕蝃蝀之莫指封思齊於大夫名可比於君子謝有香之蘭蓀惡無言之桃李

蓂莢賦　程諫

堯階蓂莢兮實稱休禎蓋歷代而難值至我后而斯呈植之以前墀左城映之而鏤檻丹楹激薰風而葉轉迎太陽而心傾日往月來深符大小之數時和曆應因見天地之情觀乎榮謝以月德爲常卷舒以日數成類隨初吉以增茂暄然自春度旣望以漸零脩然如寄體盈虛而方同得道任消息而匪殊有智金波桂樹遠合象於彤榮炎漢芝房近方慙於祥瑞彼朱草與蓮蒲曷於茲而擬議則知聖作物覩物與出聖聖於赫而克著元亨物效祥而天莫之令然而蓂之爲應也博蓂之爲瑞也昭贊睿主則太平在邇測陰靈則時變不遙初也則日益一日終也則宵盡一宵弱質浹金莖之露輕姿散玉戶之飆或曰麟在郊而合圖牒鳳來儀以聽簫部雖咸見而可貴於列迹而斯超豈如蒙賁著總集於厚地焜燿於皇朝

蓂莢賦　呂諲

聖人法天兮無物不成皇天輔聖兮有貺必呈蓂莢之嘉瑞爰乃應乎休禎稟神靈以擢質因堯階而得名抽莖蓐蓐布葉英英二八而落三五而盈陰德自然仰蟾蜍而知晦太陽常近與葵藿而同傾爾乃丕體其祥博考其義所以厚上天之德所以表皇王之瑞其國亂也則植之猶難其國理也則生之孔易惟

我后之欽若亦合符而受賜承榮金殿旁沾三露之滋每奉玉階上蔭五雲之施豈無萱草以悅其性豈無靈芝以彰其盛芝擢其秀既以紛綸於策書萱樹於堂曷能彌縫於明聖未若蓂莢生於皇朝與夫髦士來應弓招受成於天諒多聞於國瑞託其得地且有異於山苗竊預談於皇道庶有望於遷喬

國子丞廳連理樹賦　王履貞

靈臺崇崇兮洞轇轕以縣延中有珍木兮鬱森森以芊芊始殊形以分發終共理而連拳始信德以被物初應聖而效焉且學爲敎原丞爲糾局生於學者表王化之大同植於廳者知官政而無曲亦所以據於德而遠於俗也樂我皇道彰我聖年謂爲交柯乃尋本而無末謂爲別榦能已離而復連依君仁義之圃對君翰墨之筵俾爲我師者如斯木之一德爲我曹者如斯木之相全故瑞不虛然從化而止化不在遠行之由己有善必應詎云草木之無知惟德是親奚問陰陽之至理可以載美靑史可以表慶皇家人各有心我則合而爲一物曲有利我則不避其斜夫如是則造化之理易尋天地之情可測順之則生瑞逆之則成慝故曰禍淫福正直諒物情之效祥由人君之布德故得托根講肆之宇垂陰夫子之牆雜庭槐以爲列偶仙杏而成行逢聖而生匪由乎日月以翼取端爲寶孰尚夫金玉其相所謂光乎泰階允臻靈貺不然者則徒聞其說孰究其狀至矣哉觀一樹之攸同知四裔之內向

中書門下賀許州連理棠樹表　權德輿

臣某等言今月中使某乙至奉宣進止示臣等許州觀察使上官說所奏許州長社縣嘉禾鄉合穗村連理棠樹一株者謹按孝經援神契曰王者德及草木則木連理伏惟陛下聖澤元功浹洽生類故天休滋至地產交感亭育變化發爲百祥珍木敷榮異根合榦表茲植物以瑞康時況嘉禾名地已同唐叔之獻甘棠挺秀寧比召南之什芬芳連理遐邇叶心叢滋慶祉昭煥圖籍臣等謬忝鼎飪喜萬恆情無任欣忭踴躍之至謹奉表陳賀以聞

中書門下賀恆華州嘉禾合穗表　前人

臣等某言伏見武俊所奏恆州鼓城縣生嘉禾一本合穗又盧徵奏華州鄭縣太平鄉三交里獲嘉禾一穗者謹按孫氏瑞應圖曰嘉禾者五穀之長長者德茂則生伏惟陛下德叶元功仁育生類同穎擢秀殊祥並時昔周道既昌唐叔以獻表天下和平之兆爲陰陽訢合之符五穀登成百嘉儲祉發於厚載集是休徵況岳鎮之方表章繼至感通昭晰莫甚於斯臣等忝列台司喜倍恆品無任欣忭踴躍之至謹奉表陳賀以聞臣某等誠歡誠喜稽首頓首謹言

奏汴州封丘縣得嘉禾浚儀得嘉瓜狀　韓愈

右謹按符瑞圖王者德至於地則嘉禾生伏惟皇帝陛下道合天地恩霑動植邇無不協遠無不賓神人以和風雨咸若前件嘉禾等或兩根並植一穗連房或延蔓敷榮異實共蔕共叶和同之慶又標豐稔之祥感自皇恩微莖何極於造化親逢嘉瑞小臣喜遇於休明

賀西內嘉蓮表　柳宗元

臣某言今日某時中使某至奉宣聖旨出西內神龍寺前木渠內合歡蓮花圖一軸示百僚神圖煥開異彩交映贊天地之合德表神人以同歡臣某誠歡誠慶稽首頓首伏惟皇帝陛下道協重華慶傳種德陶陰陽之粹美孕造化之精英吉慶每見於天心發祥必自於禁掖是使雙華擢秀連蔕垂芳香激大王之風影耀天泉之水煥開宮沼旁映給園靈貺應期天龍護聖寶曆瓊超於小刧神功允洽於大千臣某獲覩昇平濫居榮寵聞瑞應而稱慶仰繪事以增歡無任抃蹈喜躍之至

連理樹賦　陳諷

惟薰風之生物有穠李之表禎合連枝於異榦符一姓於嘉名交影齊密均和共榮諒全德之通感豈元和之曲成族堅附離訝生植之異氣殊質合體識天地之幽清考彼祥經珍茲善價昭一人之有慶表四裔之嚮化體符通理黃中之象攸存義用成蹊不言之道斯備蓋夫靈根得地發質齊芳分條表異合榦呈祥膚含玉潤文蔚龍章雲交翼比影附枝强庇本根於仙族挺孤秀於仁鄉始則分形謂陰陽之偶數終而一貫表遐邇之通方是知元本靈種暗符神用諒剪伐之爲重合拱連條允乎歌謠固耳目之所昭並甘棠而價掩比叢桂之香遙則知瑞以感生祥由仁致覩政分而脈會契人事與天意將德茂而精通故駢疎而合異於以昭化警俗示人不二豈比夫草生堯砌空有紀於曆官芝產漢宮徒有彰於祀事洎夫元律發春東風薦臻齊敷連蕚之影共沐陽和之津想雙枝於棠棣感合體於君臣四海爲家豈必移

根於上苑五色𣠽用固亦發瑞於仁人彼晉得華林漢生廣殿諒崇功而間出豈謙德而來見願棲託之見容恐光陰之不蔦

廬州進嘉禾表　符載

臣某言得廬州刺史裴靖狀稱巢縣百姓唐海母喪廬墓手自耕植以備祠祭無何於粟田之中輙產嘉禾一本六穗一本五穗卽時差錄事叅軍朱寧丁寧考驗事狀明白臣聞感天地者存乎誠通神明者極乎孝蘊而爲精粹發而爲禎祥上元與之獻酬后土爲之泄露故使騰芳高隴擢穎清秋冠九穀之英英擅大田之藹藹此皆陛下聖德茂鴻化洽名教立風俗厚生人之內有淳孝靈瑞之下有嘉禾邁風烈於前王煥丹青於唐史不然何幽贊元答其若是乎臣謬以純劣祗守風土宜陛下之恩澤撫陛下之庶甿覩茲盛美光榮耳目不勝歡忭踴躍之至

西掖瑞楊賦（以應時呈祥聖德昭感爲韻）　郭炯

乾坤至誠草木無情神靈乘化而致理枯朽效祥而發生當聖澤未沾故兀然枯瘁及天光廻照遂藹爾敷榮因萬物以咸遂與百祥而畢呈故得垂陰瑣闥之中固本鳳池之側始孤標而穎拔乍苒弱而條直長充西掖之佳翫迥奪東門之秀色芬敷自異夭垂不朽之名變化無常用表好生之德懿其美生漸蔚榦聳惟條拂瑞景而增麗裛祥風而獨搖可以彰聖主之元感可以見昊天之孔昭舒卷以時陋梧桐之半死榮枯順理鄙松柏之後彫且春有發生之慶秋行肅殺之令於天地而不失其常在金木而各得其性衆皆畢出盡達我則向日而衰衆皆黃落萎腓我則感時而盛不然何以知至德之動天運神功而瑞聖者矣翠色牂牂異酒泉嘉柰之祥輕陰澹澹同鄴郡枯梓之感煙銷雨霽霏素雪於宸居日晏春深雜繁花於睿覽青翠葳蕤垂軒拂墀在日月偏臨之處當鵷鸞集苑之時至矣哉天降靈貺聖爲明證既得地而不雜衆流常託根而獨標美稱是知天聽自人而應者也

指佞草賦　梁肅

聖澤濡煦兮動植斯形相彼瑞草兮逢時效靈體嘉生於浩氣秉植道於彤庭昔在堯帝至化惟馨伊屈軼之芳貞協王猷與國經有皇睿后德動杳冥二氣暘而羣生遂百祥來而萬宇寧矧夫佞者小人之道直者爲國之寶雖糾正於邦憲實發明於瑞草象恭言僞於是焉去而勿疑葉布莖分何患乎辨之不早若乃一人當宁超黃越虞百辟來朝日臨雲趨風力論道伊咎陳謨瑞草在前疇敢以諛故曰物生於有有生於無感此變化發爲禎符不然彼植物之何知乃同功於帝俞天道不言聖人無心寓形闡教其用則深禾穎降於周王芝房發於漢后信呈豐兮告慶幷垂美於不朽彼直指以去邪諒於功乎何有我明主所以超三英之躅彼靈草所以爲百瑞之首有由然也史魚守直宣父惡佞佞直不分邦家靡定惟草所指惟皇所聽指歸乎一聽戒乎失苟君道之不弘徒倚瑞以自必重曰煜彼草兮直而指佞聖之瑞兮時之理頌皇休乎無極已

瑞麥賦　任瑗

建極惟皇昭鑠於光出豫考卜乘時省方西自酆鎬東巡洛陽順天遊而有度協日晷之云長徵賢宣室布政明堂風雨時序黎庶其康盡物稱瑞窮靈委祥明含日月則階蓂恆秀澤及草木而隴麥登芳於是闢離宮通禁苑覩茲瑞之所應實皇恩之攸遠朝任得人時惟賢相九流分職三旗協亮稱堯舜之允敷同益贊而爲唱曰珍瑞麥生我皇國凌寒而秀彰聖之德願載東觀之書以歌南薰之則既而帝曰欽哉天符聿來俾予光於四表惟爾翼於中台愈幽芳之遂性知棫樸之常材且夫麥之爲瑞其德至矣居寒自生當暑薦美含實珠淨耀芒鋒起既標詠於詩人亦稱奇於繼史當其芃芃于野漸漸其秀將嗣穀以登年豈凌霜而不茂在昔唐叔嘉禾伊育昭彼周王天人斯穆今惟聖帝此焉攸淑涵之如春也及晝而繁榮就之如日也來牟而紛郁則有小儒怡然鼓腹照水鏡之光鑒參歷選之題目未登高而賦成庶陳美於金竹者也

賜答張商英上仰山瑞禾表手詔　宋神宗

御筆張商英省所上表袁州仰山太平興國禪院園中產穀一本兩莖七穗事具悉博原效祥嘉禾育秀和氣所感元貺昭彰匪耘匪耔以挺生如坻如京之將見卿爲時柱石秉國鈞衡名此至和實惟燮理忽披竿牘曲盡形容實野充箱行慶豐年之兆歸美報上不忘忠藎之誠省覽已還益深嘉歎

瑞麥賦　宋祁

冠三輔之上者莫邇於陳接五穀之乏者孰先於麥當乘離之令序挺降辨之瑞殖盛氣雲鬱混鱗隰之

初羿密穗金䋣動星田之霽色兩岐旁秀六穗并出厥華芃芃厥穎栗栗田畯奔告守臣駭觀伻來以圖悉上送官它穀弗書示麥禾之最重吾王攸助知稼穡之惟艱洙北爰采罔邵乎力農關中益種無聞於錫祉証若天極歸貺明神效異偕蕃椒之盈升配命禾而合穗迎曆宙之休氣冠中田之嘉穀續我於瑞圖辨我於凡萩篆至尊之渥惠播頌聲於弦歌上可以薦清廟之馨品下可以助外饔之食劑

論澧州瑞木乞不宣示外廷劄子　歐陽修

臣近聞澧州進柿木成文有太平之道四字其知州馮載本是武人不識事體便爲祥瑞以媚朝廷臣謂前世號稱太平者須是四海晏然萬物得所方今西羌叛逆未平之患在前北虜驕悖藏伏之禍在後一患未滅一患已萌加以西則瀘戎南則湖嶺凡與四裔連接無一處無事而又內則百姓困弊盜賊縱橫昨京西陝西出兵八九千人捕數百之盜不能一時勦滅只是僅能潰散然却於別處結集今張海雖死而達州軍賊已却百人又殺使臣其勢不小興州又奏八九十人州縣皇皇何以存濟以臣視之乃是四海騷然萬物失所實未見太平之象臣聞天道貴信示人不欺臣不敢遠引他事只以今年內事驗之昨夏秋之間太白經天累月不滅金木相掩近在端門考於星占皆是天下大兵將起之象豈有纔出大兵之象又出太平之道是一歲之內前後頓殊豈非星象麗天異不虛出凡於戒懼常合脩省而草木萬類變化無常不可信憑便生懈怠臣又思若使木文不僞實是天生則亦有深意蓋其文止曰太平之道者其意可推也夫自古帝王致太平皆自有道得其道則太平失其道則危亂臣視方今但見其失未見其得也願陛下憂勤萬務舉賢納善常以近日不生逸豫則二三歲間漸期修理若以前賊張海等小衰便謂後賊不足憂以近京得雪便謂天下大豐熟見北虜未來便謂必無事見西賊通使便謂可罷兵指望太平便生安逸則此瑞乃誤事之妖木耳臣見今年曾進芝草者今又進瑞木竊慮四方相效爭造妖妄其所進瑞木伏乞不宣示臣寮仍乞速詔天下州軍告以興兵累年四海困弊方當責己憂勞之際凡有奇禽異獸草木之類不得進獻所以彰示聖德感勵臣民取進止

崇寧嘉禾頌　李梲

皇帝即位之三年洛之偃師得禾異畝同穎縣令臣梲再拜受禾獻狀於府府以圖上推古按牒以蹟厥理惟食在民功實配天而民惟國本本固則寧故王者貴農重穀以宥天下然則瑞之在禾明務本也異本同歸示無外也神爵赤鴈芝房奇禾之祥比茲福矣恭惟皇帝陛下嗣統以來祗事天地小心翼翼念茲稼穡愛惜民力澤淪萬方下漏泉壤故誕降靈符以顯殊應審天眷之不遠覩降祥而益恭瑞之美者孰大於此臣職司是邑弗頌弗揚臣實劣謭謹拜首稽首而作頌曰

於皇化淳開乾格坤丕顯厥耀毓祥闡珍昀昀我田維億誰衍滋秀浥靈協穟殊畝農日噫嘻獻於縣師令受偃僂以櫝於府府不敢有歸於元后皇帝曰嘉天錫茂祉子實非祥筆在太史

代蔡州進瑞麥圖狀　秦觀

勘會本州自春以來屢得雨澤已於某月日具狀奏聞訖今來二麥並已成熟地無高下所收斗斛數倍常年及諸縣節次申送致麥苗有一莖二穗或三穗其多有至五穗者甚多父老等皆云數十年來無此豐熟亦未嘗見有麥苗一莖至數穗者以此見二聖臨御以來功化日新利興害去善氣冲塞致此嘉應臣待罪郡守目覩其事不敢隱默謹畫成圖子一本隨狀上進以聞謹奏

靈芝賦　薛季宣

宋興二百有三年封隱載寧狼烽不驚上乃高揖疑旒棲神泰清天之與子法舜承堯祗載夔夔齋慄以朝帝被袞章昇策寶列旄麾羅羽葆太師輔前少師保後工瞽登歌奉常贊道有覺彤庭皇拜稽首上天子之父號曰光堯壽聖太上皇帝母曰壽聖太上皇后宮維德壽康壽其堂色養無違儀型四方二聖相歡用惟其至仰孝俯慈假天準地二氣之精百物之英誕秀靈草乘時挺生隆興惟甲申歲之陽義皇御寅斗直東方有茁者芝有爍其房不植不根於殿之梁輪囷扶疏馨香有馝紫色芬葐交光煜日欻騰龍而翥鳳追金相而玉質煥燿宸居清明帝閟閱之者神驚瞻之者目奪一本同柯支生十二錯地分州蟠天列次瞻彼日月膺期嗣歲亦有律呂八音以諧仙館玉樓光於泰階皇帝乃命東觀啓鑰書披瑞命之篇參瑞應之圖驗通儒於白虎稽神契於孝經僉曰王者孝慈則芝茂又曰養老則芝生深仁是加於草

木祥應是接於仙靈故肅宗養親而產延英之座孝武嚴帝而秀甘泉之庭於是聖心悅懌稱賀謳謠皇上賦玉華之詩太上發芝房之歌君臣動色室家胥慶被之於服章聲之於謳詠蜚猋以之輪琛海波以之愉靜戴白之叟成黃之兒爰及閨房笑語嬉嬉自慶未始識也豈若天降而人爲哉粤有狂生小子樂稱古德喜溢於顏憂形於色謂和氣致祥允天子之慈孝天施地產誠聖人之達德也乃若漢之宣章號稱七制仁民得天休符接至桓靈何道而產中黃之藏有芝英之瑞也由是言之妖祥叵測爾雅離騷乃尋乃繹乃列芝蘭乃識菌芝或云產於嵒阿採於山而有之蓋希出堂殿高華之所有沾濡鬱結而爲晉胡多之可尚青龍之際乃一柯而三十有六支此何敞所稱生庭之怪草崔光以謂蒸氣而生之也乃其奇祥有取蔑聞往古方士多岐有傳漢武逮乎季末諛辭屢至鬼目呈符菌宮賀瑞豈黃精鉤吻有時而亂亦雞蘇豨苓有時而帝也於惟我后秉文之德昊天景貺三辰耀色雖無此芝何損於治生禁之庭亦孔之異此不可不察者誠何足以當上意也悵天居之高遠羌欲告而誰言聊陳辭而寫志庶有發於塵編亂曰靈芝之秀兮鑠宮庭春秋易色兮隨月而生神父慈兮君至孝貺珍符兮天之云告我欲排閶闔兮雲譎逆遙物怪司閽兮翅折之招爰攄懷兮作賦儻六丁兮下來持去

欽定古今圖書集成曆象彙編庶徵典

第一百八十七卷目錄

草木異部藝文二

草木異部藝文三

草木異部選句

庶徵典第一百八十七卷

草木異部藝文二

迎華觀瑞蓮賦　元陳樵

銀谷山人秋食菊英夏居荷屋瞰元林蔭珍木援風枝倚露竹解佩蔦蘭分流互綠繞蝶園蜂量花以谷受萬物之光輝運丹榮之綺縟於是鬱金在柳丹入春黃冶葉倡條凌亂紛披縹蔕丹膚雪骨霜蕤染金稜以爲碧添膩紫之紅滋亦有蟠桃緗梅碧柰楞梨購玉蕊於三秦來戎王於月氏分朝家之藥樹進百越之扶茘出平泉之鮮藻致玉李於琳園靈瓜兮崆峒紫杏兮三元又有溟海如瓜之棗崑崙百子之蓮銀桃碧藕朱梅玉蘭英蕤纂纂豔實酣酣春透餘胥落蕊闌干歎蕣英之歸華玩朝花之小蒨於是知微子過而咏之出瑞應之圖而謂之日子能致名花美石而不能植朱草與金芝之人能致嘉蓮瑞木而不能使生於林池子獨不見昔者淮陽金帶之圃今海右芙蓉之嘉瑞乎觀其庭闈清峻綠水涵虛公侯至止靈苗日敷自公銷夏翠綠丹朱飛鳧爲之拂舞朱鳥爲之翔翥藻縟相輝風翔雨舞外之則素質流丹垂葩接跗內之則紅綃白越鬟聯齊縷金粟在鎔脂澤迎露玉琢相思之心苞約流黃之素聯珠微漲金胥如汚花房旦開天香微度莖裊銀篁之管陰聯翠羽之帷綵雲墜則宓妃游女之凌波雨勢酣則優人索寒之流水至其魚遊積翠日在蘭芷又若秦王懸鏡而色動樊劉唾盤而成鯉披叢凝睇連芳具美弱鬘雙綰金枝對起若嬋與娟兮方駕英與皇兮倚竹又若女同居兮蘭心禽宛頸兮河曲朱鷺將飛而目成娟蝶接影而相逐罷單鴻寡鳧之奏辭別鶴孤鸞之曲連雙禽於一縱配繁弦之雙鵠寶勝擬之而翻飛鏌鋣繼之而來復相逢之樂成聲聯胥之歌相續豈比夫東伯勞而西燕背面傷春而獨宿者哉觀乎氣韻生動一花二妙晞金澱以飄丹出公侯之池沼此非地產是謂天造造不自天自帝有詔蓋盛德大業之在公物莫掩其光耀而英華外發從公所到故奉詔朔方則見之朔方命之十道則見之十道問之花神而莫予知索之主林而莫之效香繞洞元之天而

赤松攬其餘照是豈人間之香黼吳兒之花草也耶山人曰吾聞德之厚者無薄發占其源者視其委蕃籬作合於三神觀禎何有於東龜蓋兼而兩者蕭曹之將相實連鑣者王謝之子弟藹藁胥以爲祥無但以花木視之也於是緒言未既民有歌於途者曰水花兮蕊蕊祥風兮佳氣非動非植兮從公而至藕方舟兮不足爲其廣遠花百尺兮不足盡其巨麗抑南枝出於東海之上而北枝出於鳳凰之池者邪山人悅之使反之而和之曰桑麻靡曼兮禾黍蒙蒙吏清素兮年屢豐民食其實兮春華在躬抑袁宏謝安石之仁風歟沈隱侯之春風歟

瑞蓮賦　劉詵

遡青原而西騖踰北郭之十里橫溪漫漫重阜伏起層軒危榭東緩西峙吾伊出竹行者爲喜問其間之何人知夫子之洵美萬山拄頰堂有流木播播其渠瀸瀸其沚衆芳繞而成宮群碧葺以爲戺當炎雲之散漫走峻壁之赤煒黃塵漲於門衢元閬隔以尺咫忽芙渠之效祥葩一本而並蔕蠭萬花之如雲何此美之獨異於是耆幼羣觀賓游聚詣飛杯賞勝援筆賦瑞記同榦於天泉歌合歡於西內羌藍田之連璧胡驟獲於不藝豈仙人之雙盤猶抗立於千歲循環不解豐歡同氣高疑聯冠俯若駢袂相倚如揖相依如醉頳陽弱影輕雨對淚烟墩增妍露堅助媚乃若斂色在樹清風被蘭娟擢秀以並潔屹競色而兩難泣袖唾以相眩失增城之紈斑此其態也而未離乎塵閒霽露試玉京月流丸澹同心之莽莽落連佩之珊珊渺所思兮湘木望蒼梧而不還此其意也而未足以窮造化之端嗟夫太和之在古今常易類而難諧覡水火之異質企參辰而無涯偶不足以勝奇逆其遇而非倚遡重華之濬美聆庫亭之可懷怨乘舟之秋風歌不容其漢淮丘輿軻兮不並世周與名兮猶難借紛是卉之何情忱矯薄而媿乖同光和義比潔夷齊秀出元朗芳壓雲機嘉木連理而相讓瑞禾同穎而避祺鍾衆美於一榦各二妙而無倪撫六合之曠垠胡君宇之若私念禎異之有兆若雲蒸而雨滋彼智者之未覿每託物而先知根盤盤以信厚葩采采而書詩倚庭柱而揮麈傲俗子以厭兒持紫蓬萊迮紅昆池梯太華之萬仞送水天之千枝暇此和於天地麥兩秀而九芝然後乘太一之舟踞千載之龜酌太湖之酒而歌先王之詩亦宇宙之一奇也

河南瑞麥頌　趙允迪

百穀茂兮盈田疇種之微兮惟麰麳金輿生兮火輿收覆隴畝兮黃雲秋兩合穎兮三並穗四垂金兮周綴帶驚野老兮見來未作歌謠兮薦嘉瑞二千石兮其惟良匪監侯兮誰可當來賓僚兮躋公堂望北闕兮遙稱觴百拜稽首兮俯伏言颺一人有慶兮萬壽無疆

蔣氏異瓜辨　明方孝孺

東陽蔣宗顯藝瓜之圃得異瓜焉並蔕而駢實紺色而璧文圃人異之曰自吾一人詎知從事乎茲獲瓜多矣未有若斯之異者其殆祥乎不敢私取以告宗顯宗顯視之果異也不敢以食奉之而歸或曰此祥也天下之物異於其類者爲祥爪牙角鬣之倫甡甡也人恆見之不貴也其異乎類者曰麟不可多得也人貴焉故麟謂之祥羽翮而飛者充天下人不貴之者必其多者也其不可見者曰鳳故鳳謂之祥萌而生者衆矣而獨貴乎朱草湧而出者衆矣而獨貴乎醴泉豈非以其寡哉今夫瓜家藝而人食之累千百未見其狀之若此也而蔣氏之圃獨見之安可弗謂之祥乎或曰不然物皆本乎氣化而莫能相逼各囿於天而不知其所由木之樛者曲者岐者詭形怪質萬變而不齊人不能詰其端雖木亦不自知其所以然也謂木有意於爲之木未嘗有知也謂造物者使之然造物者不若是屑屑也然則物各役乎天而不自知也明矣何預於人事乎人之指有岐者脇有駢者人不知其曷爲而然也夫人之形且不能檢其形況是瓜也植物之微者自知爲異爲祥乎草木之異常者皆氣之變也於人事乎何與而人以爲祥豈不惑哉二說者相持久不能決宗顯以問余余曰謂之祥者是也謂之非祥者亦是也君子之道大極乎天地微通於鬼神能充其用雨暘寒暑自我而施況一草之異乎故有以致之則謂之祥可也苟無以致之雖使禾穎同乎隴木理連乎庭災害之來猶有莫止者祥烏可恃乎蔣氏於東陽爲望族忠信孝友著於鄉疎親聚食合爲一身斯人之祥也祥乎斯世者也又何以蔓草生蓏之怪爲足尚哉且一瓜之異於其類猶聞於人而名於世況夫德之異於衆庶者乎蔣氏其益務滋乎德而勿異於瓜他日治民者奔告於天子以爲東南之邑有祥民者必蔣氏也耶

嘉禾頌有序　解縉

洪武二十有八年秋九月壬辰北平末清衞之龍

門禾有異莖同穗之祥其三榦合爲一仍三穗者二其二穗合爲一仍二穗者六是歲大熟今上皇帝遣使來進羣臣表賀太祖高皇帝親御墨爲詩一章以賜今上皇帝其詩首言創業之難天命之不易除暴禁亂之師撫民致治之略中言天賜豐登之屢史書垂示之嚴明堂禮薦之重末示謙冲戒謹之意爲善不足之誠大矜下民之惠與民同樂之盛心溢於言表蓋不以嘉禾爲可矜而以爲可懼而思以自勉聖不自聖兢兢業業足以垂訓於千萬年今上皇帝服膺聖訓念手澤之存諷誦追惟不能自已乃永樂二年九月朔旦摹勒於石拓本裝治成軸分賜諸王及近臣於是臣縉亦得與賜焉又適有嘉禾之瑞臣縉仰惟日月之光華昭著於天地其溢而上者爲慶雲爲景星爲霞五色其下者爲璿珠爲美玉爲丹砂使人欣慕而寶愛者皆日月之餘光也古先聖帝明王有日月光華之德其禮樂文章流風遺韻之傳若詩書所刻百世之下光景常新猶足以使人欣慕與景星慶雲諸福之物同一快覩而況身被其澤目睹其盛鼓舞涵濡其有不發而爲華封之祝康衢之謠以自鳴其慶幸之萬一乎實人情之所不能自已也拜手稽首而獻頌曰

洪武乙亥秋穀旦朔方龍門嘉禾生三穗二穗交兩騰異本同類同數榮蕊珠金粟隔露凝親藩錫貢來神京玉匣上有黃雲蒸衮衣當日御彤庭百辟忭嘉陳休徵四野歡呼傳頌聲帝曰俞哉稽之經旅命歸禾凜不矜作詩致戒大丁寧昌言受命畏天明降福穰穰恐弗勝庸錫親藩鍾聖情亦知元德由茲弘十年事驗天威靈聖孝通天推至誠永樂重華信有禎賜詩日閱心屏營手澤猶存訓服膺每御翰墨懷穡羹想當席思玉几憑留周八極通杳冥重念稼穡憂農耕暑寒怨咨憐獨煢祇願年登百穀成羣臣環列忙且驚百神降鑑來軒楹雲霞灼爍飛陶泓鴻章聖藻驅風霆造化萬彙皆流形工巧人爲何足稱奎章爛爛不可名但見東壁餘光精列以端溪紫玉英摹本裝以龍鸞綾煩錫羣臣荷寵榮天球大訓河圖幷人文至寶奠八紘夜夜紅光燭太清聖子聖孫萬億齡萬世黎民歌太平

嘉禾頌　前人

聖治成和氣盈歲屢豐嘉禾生同穎同榮夾兩塍十穗九穗常合幷乃有百穗車箱盈實堅實好浮光晶金輝玉藻粲列星連莖疊葉瑞氣蒸五色粲粲甘露凝連疇競苗着艾驚詩書所載信有徵獻於朝廷天子欽聖情謙抑稽之經史丹垂先萬歲承萬歲萬歲歌太平

瑞麥頌　前人

瑞麥秀秀兩岐歌漢謠世已稀豈知聖世名重熙麥秀五岐常見之葉萋萋實離離萬里黃雲覆金粟小家常剩百萬斛來牟價賤不論錢瑞麥呈祥先百穀先百穀人民育萬歲萬歲仰聖明聖明敷治爲民福

芝頌有序　王直

禮部尚書毘陵胡公于廨署之南作小軒以爲思政之所凡公之佐天子舉禮樂以施政教則必思其宜于此而後行之天下公忠信明達君子也其精神感而和氣應之蓋有不期然而然者宣德八年九月軒之中發甓隱起發而視之有芝生焉其色純白如刻玉如截肪輪囷敷暢鮮潤華好公卿大夫來觀者皆以爲瑞而贊詠之夫芝之瑞始于漢重于唐至宋而極盛蓋謂和氣薰蒸之所成非人力所能爲也然彼宮殿門廡之所產者國之瑞也生于士大夫家庭廳齋閣之中者家之瑞也今皆不然惟于公思政之所見之蓋公盡心于其職故天以是彰厥美則茲瑞爲公精誠之應無疑也然竊思之公之所任大矣其應亦有大者焉此特其兆也禮曰樂者天地之和禮者天地之序又曰禮樂極乎天蟠乎地行乎陰陽通乎鬼神此豈細務哉今上有聖明之君而下得公之賢以爲臣厚禮樂之本達禮樂之用極其至也天地安其位日月著其明四時寒暑順其序明而爲人幽而爲鬼神流而爲川峙而爲山精而爲百穀粗而爲草木鳥獸一皆遂其性無毫髮爽焉至和之氣充周於六合之間則甘露醴泉器車馬圖龜龍麟鳳諸福之物靡不畢至而國之大瑞備矣故曰此特其兆也有其兆而贊味之思迓續其大者云爾烝民之詩尹吉甫送仲山甫也而序者以爲美宣王蓋能任賢使修其職宣王之美見矣今公之有此皆上委任之所致則諸公之贊味雖以美公而實以美朝廷也作芝頌

春官名卿禮樂宗茲誰任者毘陵公美哉新署欝穹崇華軒結搆居南東聖明在上眷遇隆懷清履直持敬恭孜孜夙夜亮天工施諸政教審厥衷精神孚暢

靡不通靈芝之煌煌產其中至和絪縕之所鍾殊姿密理鮮且重刻脂鏤玉紛璁瓏參成樊桃差可從瑤英紫脫徒芃芃嘉生本自造化功滋殖豈與凡卉同知公秉德久愈充輔翼帝道宣王風上追夔彝躡高蹤體信達順更豐融四靈畢至百福隆君明臣良格昊穹頌歌繼作聲渢渢鴻名赫奕垂無窮

並蔕蓮詩序　薛瑄

南京兵部尚書南郡張公志忠以名進士官御史由僉都四歷而至兵部尚書位列司馬爲六卿之極品然其每一升擢必有嘉蓮之兆豈非以德善之積而致物和以物和之兆而獲榮名之報乎且志忠敭歷顯要將四十年既總風紀又職戎政其存心處事一以惠愛爲本嘗議江北軍士越江來操者有資糧之絕往往私乘小舟渡江以取糧頗多遭風濤覆溺而死不若使就操江北既便於糧餉又可以備南京之藩垣且免人於溺死事雖弗克遂行而其籌策之良愛軍之心可知又行其議於南京出官米煑粥以食饑者而所全活甚衆惠雖不及遠施而其恤民之意可推嘗選用帥長有非其人而欲幸得者則執議以爲用此人必害此軍衆莫能奪其議而其人卒不用凡有所論列皆軍民利益事多施行又聞其先在鄉里能出所有以濟饑民相傳爲故事志忠之大節灼灼可見者如此其餘小者可知

潞州嘉禾記　李達

成化四年秋八月潞郡太守計侯爲政之年品彙咸殖百穀用登禾生于郊一本二三穗四五穗者不可勝紀一本六七穗者得若干莖父老見而駭持以獻太守曰此嘉禾也唐中書上表稱頌一本合穗漢張堪化行漁陽麥秀兩岐今七穗共莖而隱於叢生者尚難悉數可謂尤盛於古豈偶然哉良由吾侯仁浹義暢而强弱老少各得其所禮達志定而煢獨高明各循其分囹圄虛誦聲作和氣感通之所致盍聞之天子而萬一恩寵有加焉庶慰吾民陽春寸草之私乎太守曰吁叟其過哉洪範不曰王省惟歲卿士惟月師尹惟日今天子仁育宇內天心昭貺靈應迭臻嘉禾一穗之徵有年之兆吾豈可當哉天子却祥瑞止貢獻謙冲自居不自滿假吾得一瑞而獻之雖不能開蕩侈心而實足以彰吾之矜吾矜之而人以潞爲有年吾民其殆乎惟惕勵自持以迓天庥以保其美于不替乃吾與叟之事毋吾再父老聞其語憯然不自愜以告之余余曰計侯不以嘉禾爲功而歸之天子且晦焉固禮之所宜分之所安然其光明正大不自矜恃益有以昭其賢者且天下若是其大郡邑若是其夥嘉禾不別生而獨生于潞計侯果得辭其美哉叟不必憯然吾爲記之貞珉以末彰爾太守之賢太守名昌字汝賢別號介庵天順丁丑進士世居饒之浮梁云

瑞麥賦有序　陸深

僕間居田野多見瑞麥兩岐三岐至五六岐彼九岐者得千傳聞殆未之見云實有之感茲休禎作賦一篇有頌有美有風有刺義主勸戒附于古詩人之諷諫雖不足以希蹤相如子雲庶東京之流亞也示我同志靡得而布焉

天子正德五祀孟月維夏知知子瘍發下體更朔新愈有客唁焉登堂三揖乃掀髯吐論曰夫物有異產事有奇遭噉肉者不可與論味脉采者不可與卽文闊哉希乎今茲之所覩也子足良苦亦未之知乎知知子蹶然而起危襟橫几奉客下風曰唯唯願客詔之客曰走故農家五穀是理爰是弱齡勤厥四體今年知命而豐穰凡幾一畝三石稂莠吐米皆未若今歲之爲瑞也麥苗芃芃穗岐爲二揚芒含穎復爲三四多者五六將將覆地東鄰一莖九岐尤異殆淳和之所薰蒸而上帝用以錫類也周書異畝漢歌兩岐陋昔人之誇詡昭后皇之惠慈雖蒙白之翁負元之老皆緣畝玩覩相與嗟咨若走者齒髮猶盛宜乎驚悸而駭頤也知知子仰屋太息索然久之曰否否客何談之盭也夫緣物者貴質敷文者適用且夫麟鳳之希難以療饑芝菌之祥難以充庖雲錦之爛難以禦寒蠙蚌之光難以續膏是以聖明抑難得之貨遠不稽之言誠以重本而緩末棄無益而卽有用也客幸目覩岐麥津津稱瑞民瘼甚矣果誰之致獨非客之所觀見者乎試爲客語往歲己巳運厄元元夏耘彼壟淫雨注天晝夕閱七颶風相牽海波怒而山立江潮噴以駿奔蛟龍舞於街衖岡阜淪爲澇淵漂尸橫野浮畜蔽川千里一壑萬竈絕烟於是百年之完聚連邑之生全化爲魚鼈葬於鯨鱣者殆過半矣暨乎水退民失故居滄桑一變形勝都非朱門沈其閥閱碧瓦蕩爲丘墟烏窺巢而不下狐訪穴而重疑號哭振野提負沿途父棄其子妻別其夫相與轉徙乞丐奔逐投依若流星之逼曙而敗葉之辭枯也於是强有力者牢朽材於古岸搴行潦以腐薪依濕林爲

棟幹綴敗席爲闉闍涸槖無別臥食不分什併爲五棄仇講鄰相依爲命枵腹連旬野無菑菜樹不遺根徼幸於萬一苟活於旦昏爾乃積陰鬱結隆冬盛暑層冰千尺竹柏枯乾豈祝融之故都爲元冥之停驂何曖曖之陽國顧風烈於塞垣民無夙具習不素安於是受凍而仆者又如干矣天子方軫念南服融昭閶闔發德音大王言貸常賦闢四門封簡書於芝檢勤使者於輶軒省大官之供調減司寇之坐論賑倉廩之儲積蠲逋賦之浩繁方今奪民命於溝壑續生氣於遊魂蓋三五之罕有而二氣所不能全之曠恩也良有司方憂經費之不足懼考課之殿後鴻澤持而不下限令疾於雹走朝四暮三示一藏九使民破十家之產僅足以輸一家賫數畝之田未足以賦一畝笳鼓盈村擾及豚狗爾乃制爲嚴刑迨及黃耇巨木囊頭重金繫肘臂無完膚指欲墮手谿壑之塡未厭伸暴之門何有於是孑遺之民瘡痍之末斃於敲朴困於征科者蓋淪胥以盡漸不可久矣戾氣醞釀蒸爲疫癘方且乘陽發騰獷不可制今枕籍而病臥者比比皆是招醫降巫若憒若醉是其凍餒蝕於胷腸刑罰慘其心志發雙伏而並攻何方藥之能治厥禍方萌殆未知其所至也使壠畝之植一本而十岐共蔕而百穗將安救之而客誇以爲瑞哉且菽粟所以貴於珍鼎布縷所以加於元黃者爲其有用也今支用者徒存而用用者已亡是謂隆虛而病實忘遠而娛細矣僕竊爲客贅而不取也客聞而憮然曰噫嘻有是哉子之迂也信乎執一者未足以與權泥彼者不可與適此子徒鑒於己已之變爲流而不止乎是殆滯於陰陽之迹而未深於斯理者也且夫於穆之化圜運不已剝終必復泰因於否吉凶互尋禍福相倚夫蟲之蠕蠕也不屈不發地之窿窿也不伏不起數逆斯通順氣乃死是故九載之水或以成堯七年之旱終以啓禹子豈知夫凶儉之後繼之以豐稔登進之漸承之以君子耶然而氣機橐籥必有攸始兆先於物發遠於邇鐘鳴而隕霜礎潤而降雨走誠得俯仰之餘是以釋近憂而崇遠喜也且夫麥備四氣實首五穀詩人頌其於皇下民賴以率育續歲功於發春涵潛氣而多淑是休嘉之先露徯斯理於將復示帝心之仁愛啓方來之祉福諒有開而必繼孰無徵而迺獲走且與子託丘壑以優游味皇風之淸穆是故有取麥岐子何責之備而論之刻邪知知子不能難客乃躡履而退曳杖而歌歌曰麥秀兮多岐覆壟兮纍纍彼其之子曾是兮弗思於是知知子返乎潛室沈思淵默緯情愫於渾淪抽端緒於開闢推元化之始終考休咎於遺冊覽春秋之所書測消長於三易道有殊而歸同理既契而心戚然則客之言似亦未爲失也將以厭明戒館客循阡陌辨麥岐之疎數聽鄰黨之損益問勤勣於三時弔疾苦於緩急於時風輕景融烟朗霧淸謝雕輿却繁纓被大練策溪藤道以童子從以經生指三汀以東騖遵龍江而緩征瞻桑梓於原隰拜松楸於佳城睇海氛於極際儼波浪之奔轟感釣游之舊跡慨歲月之不停藹里墟之蔓延有孤物而屢更亦浮雲之多態何難樹而易傾悵久寄於異土心戀戀乎故京方徘徊以瞻眺謇彷徨而屏營顧見道左麥穗岐岐本同末異旁無附枝始蕺蕺以競秀竟變變而莫攜將神工之妙合復化鈞之巧持或雙昂以森矗或左右以紛披或越畎而希挺亦共房而駢垂薄長飆以迴狀煦圓景而陸離等比翼於異類嗤連理而不爲固物薄而稟厚騰衆喙以增奇胡哲人之超軼隨所如而見疑昔宣尼之瑞魯匡人怪而圍之比干之忠殷曰不祥而戮尸彼二聖且猶然殷羅此又何辭抑軒輊之偶致將彼蒼之有知於是歷覽既倦義馭未疲攬厥穎異采掇以歸洵皇澤之滲漉拯黎民於阻饑託子墨以宣祕聊洋洋以陳辭

嘉禾賦　沈鯉

惟帝籍之千畝接宸極之宮牆翕垓埏之瑞煒穆元辰於孟陽萃坤靈而厚載孕扶輿以發祥錯龍鱗於原隰布鏤刻於塍疆沁玉河之溫潤浥金露之膏瀼拓周臺之靈囿陋漢苑之朱堂感華胥於禁寓闢融澤於扶桑禱農祥於地后震痺憤於天房蓋聖朝之所以先稼穡備粢嘗展一人之孝思而關社稷之靈長者也粵惟我皇踐阼闢坤握乾仁覃義濊聖思廣淵契七月之精蘊領無逸之眞詮振天明而育德躬豐服於明禋履桑林而簡啓望三素以祈年當東作之平秩舉大典於籍田親秉耒以三推御葱轄於靑旗命后稷以播穀簡伯禹以疏泉班保介而終畝勞百辟於肆筵布陽和於九有暢聖澤於八埏爾乃精忱上達協氣旁通瑞祉駢臻靈貺雲從沴氛神禦寶露時融宜暑宜寒十雨五風將及我私先急我公我黍翼翼我稷芃芃既庭且碩實大以豐乃有嘉禾秀濯蒙茸或一本而多岐或數穟而同莖引瑤風以幻

賫濯玉濯而凝精陸離離以綴蓄韡采采以含英溶丹棋之芳潔燦瓊蕊之晶熒秉五七之極德挺九穗之奇禎鼎連珠而合穎一金玉而本生霈休符於甘雨銜滋液於璇星毓祥柯以五變耀秦運於九莖天雨施而匪瑞日淪地而有徵譬禮義之多富獵龍鳳之異名軼幽谷之蘭莖掩元圃之松苓彼紫麻綠苣豈嘉禾之與埒而碧麥靈苗詎並蔚而爭榮若夫粟雨炎帝瑞發軒轅陶虞異稱魯史書年成周合穟唐叔命篇字成雨於倉頡頌著於鄭元卷野產之而名邑赤烏因之以改元外此而朱莢曆於堯陛紫蕙苗於太原秀騰濟陰之境旅生建武之年稻孫揚蕤於金斗祥麟集食於武川敬仲乃啓封禪之所致汾陽極穡天瑞之可傳此皆帝不貴乎金玉而寶夫衣食之源故其政必調於函夏而時省斂於秋田之所致也乃有連叢合隴七穗五岐三苗四熟珍綺紛披或兆里之稱盛或元山之讓奇不周或呈其異種帝庭或獻自外裔或光照九阿之謠或香聞五里之滋是以繁環後稱於前代而昌符踵應於來茲孰若聖世之休禎炳靈淑於神祇實皇衷之淵塞特示象於疇畝既登八極於安和仍濟萬國於咸熙允阜澤之潛通羌弘化之寵綏於是田畯至喜穡夫載忻僉曰異哉世所稀聞薄言采之以獻吾君於惟皇上勳華淑軌方且秉冲自下遜美弗居謂嘉德之呈象豈京德之克符實先聖之顯烈膺上帝之瑤圖也於是降明詔涓吉辰徵太師之九奏舉宗伯之十倫飭豆登而並薦益樽俎以俱陳信曾孫之有道企皇祖之居歆於是大體告成兆億歡欣東漸海隅西暨沙壖具瞻上瑞雷動風傳凡在廷之臣工咸稽首以颺言謂聖王治天下以孝而五穀爲王政之先茲者聖德廣運格於重元一人有慶兆民賴焉將使至治刑于萬國嘉祥載於普天皇風暐暐王道平平端冕垂旒四海晏然穆穆天子壽考萬年

瑞蓮賦 有序　　申時行

惟聖皇御曆十有四年道化滂流和氣翔洽於時崇慈寧之新構備尊養之上儀大孝潛孚靈貺昭合乃有嘉蓮獻異重臺發祥萬乘臨觀六宮燕喜信熙時之上瑞馨德之貞符爰付丹青用垂琬琰命臣等賦之臣謹拜手稽首而作賦曰

若夫璇宮壯麗紫殿巍峨接蓬萊之仙苑環太液之恩波渟泓元澤醞釀醇和欣嘉生之咸鬯紛靈瑞其何多宛彼芙蕖嫣然沿沚載以文罌陳之金卮覆碧葉兮田田漾清漣兮泚泚被葩紉蘭抽黃曳紫既冉冉以流馨復重重而結綺爾其豔外生豔華中吐華剖碧房兮敷絳萼幻珠實兮成丹葩粲英英其疊起芬郁郁其交加乃若旭日方升卿雲有爛初抱赤兮若傾忽飛丹兮若煉如盤如蓋臨金掌以曈曨非霧非烟照虹梁而璀璨又若桂輪乍滿蕙露初零凝清輝兮湛湛漱芳潤兮盈盈紺宇層樓接銀潢而瀲灩雲鬟高髻開寶鏡以晶熒又若凉雨纔收薰風徐送濯雲錦兮澄鮮舞霓裳兮飛動凌波綽約宛洛浦之驚鴻翩羽蹁躚悅秦臺之儀鳳至於星敷電發霧變霞蒸觸景而生態隨物而賦形縱他卉之穠麗未若茲花之最靈觀其托體慈闈敷榮祕殿映藻井以生妍傍綺疏而呈倩煒煌三秀之庭搖曳五明之扇載邑載笑如承長樂之歡來遊來觀每荷重瞳之眷詫神物之有知信人寰之創見豈比夫駢花並實連理分枝望舒生於漢圃合歡產於唐池太華峰頭徒詠如船之異麻姑壇上虛傳變碧之奇斯蓋重申之祐命特顯象於昌期猗歟吾皇德如虞聖時業業以憂勤日夔夔而祇敬承顏順志極尊養之隆解慍阜財布寬仁之令故珍貺駢臻而奇祥疊應繩繩繼繼用彰累葉之休赫赫明明式表重華之盛尚增修於元德庶永承乎天慶

擬西苑進瑞麥一本三穗者一雙穗者五十五羣臣賀表　　程文

伏以貺錫皇穹紫極介無前之慶瑞呈帝畝瑤符徵有道之昌節將屆於流虹禎遂同於舒莢頌聲雷動喜氣天開臣等誠懽誠忭稽首頓首上言竊惟王業以稼穡爲艱明神非粢盛不享豳風教遠宜賡七月之篇周制禮沿斯受百靈之祐睠茲仙種植自天田帝耒昔荷於三推農扈茲欣於首獻飽明廷之湛露盈毓瓊膏挹太液之清塵光生玉顆三岐並峙畫應乾文二穎交芳數占坤偶準河圖生成之策乘五分雙協太極動靜之原函三爲一迎粹而山川薦爽觸手則殿閣生香巧若天成脈眞神授彼合歡連理曾何補於民生暨竹實草花詎有資於國用猶且一時興動奄至異代流傳寧如內苑之嘉生眞爲熙朝之上瑞時如有待物豈無知恭惟皇帝陛下道合重元心涵太始中和建極敬天法祖勤民作述成能議禮考文制度萃道乎而享親享帝乾綱運而克長克君八政弘宣五兵靜戢肆冲和之融液上及太清下及

太聿聿靈祐之暗垂天不愛道地不愛寶期當應聖三千年而黃河清徵在延齡億萬壽則白鹿見丹芝燦燦產陽名山甘露瀼瀼降從琪樹瑞麥呈於齊甸寶兎貢自巴川由載籍以來古今希遘非聖人不出造化奚爲四表方沸康謠九重尚勤周稽日成月要計類會於司徒秋報春祈禋更虔於上帝是生神物式相昌辰煥璇極以迎祥應金方而耀秀將擬同元珠而上萬壽吉應天壇豈特豐赤壤而兆三登氣先禁籞邁唐封之同穎陋漢代之雙岐是宜做神雀以紀年按芝房而度曲薦諸郊廟彌彰明德之馨播在要荒共識太平之象臣等歡承鈞造幸接清班對丹扆而薦元艮情均獻舞載彤管而書大有才謝麟編一飯敢忘敬效嵩呼之祝寸衷欲獻載歌天保之章伏願念切民依功超元化播厥百穀木火金木土惟修協用庶徵雨暘燠寒風時若敷皇圖而錫福心和氣氣和形形和兩間握瑤圖以凝神一生二二生三三生萬物四靈畢集八蜡咸通川至日升聖筭益綿於寶籙天長地久國祚永保於金甌

嘉禾賦　許國

勾吳文學躋膠庠之蒸會天子藻潤太平四方瑞應日奏闕下既聞有獻嘉禾者羣公畢賀迺盱衡濯慮而往觀之邁徇華子與好古先生辨論金門之左揖而聽其語徇華子曰吾聞太和之氣醞釀堪輿蓄極而發奇珍乃擴祥風之所披拂膏露之所沾濡神不能閟其粹天不能表其符沕潏逢涌溢爲嘉禾蓋冥搜於王莢茲快覩於皇都夫其陸海廣輪神膏沃衍龍首通渠魚鱗疊畹蔚封畛兮縱橫倬阡陌兮宛轉三推既倡兮九扈作勞黃茂聿滋兮元功斯顯則有玉山異種北里仙英濟陽九穗崑崙五尋挹光華於日月凝沆瀣於太清卿雲照爛以垂覆景星煒煌而流晶毓非常之元化挺秀質於金莖爾乃穎擢丹霞穎抱明月豊枝苯蓴瑋幹芳潔或珠聯於異畝或琪映於同畛或兩儀分於混沌或五氣散於轇轕或參乎乾晝之精或象乎洛疇之列其生也后稷降靈厲山遺烈種美璧於藍田萃商金於清樾其用也含哺萬國芬芳九閫頤天顏於五位肇王基於七月猗寰中之上瑞羌閱世而昭揭昔蒼姬之受命兮爰抽祕於唐叔逮白水之興人兮値虹流而載育曰悠悠其歷劫兮嗟未聞乎芳躅匪至寶之不可恆兮何寂寥於圖籙聖皇建極兮超赫胥而軼大庭黃輿獻琛兮嘉禾乃登遝蕨蕤兮千畝遠璀璨兮八紘由顧命越於今茲兮果何方兮弗獲亦何歲兮弗生保介紛綸而奏御奇祥雜遝於汗青蓋千萬年之弗睹而鴻濛剖判所未有之庥禎也謂宜陟岱岳告成功勒蒼崖樹穹窿跨蓂莢於堯除掩蟠桃於漢宮何爲乎僅升太廟之八聊陳尚膳之饔薦洪朗而弗耀抑崇峻以謙冲意者聖人之盛德兮慮非所以章明賜而承昊穹於是好古先生拂然色厲正襟謇謇而復之曰異乎子言所謂見一斑之文豹蔽豐蔀而測星躔者也吾聞之柔桑暮拱殷道以興芝房協律漢業幾傾蒼麟駟於翔乘黃龍炫於吳京謂變者未必爲咎疑祥者未必爲禎其休其否此焉足憑嗟大鈞之寥闊兮二五交蒸神奇臭腐兮靡詭弗呈勘一抹一擠之榮亦造化之偶然兮夫何與於朝廷是故明王馭世不貴異物有兢兢而思愼曷顓顓於龢龢稽六府之重輕察三才之秒忽故以豐年爲寶民食爲天游神稼穡雅意甫田躬黛耜御紺轅厘穆清之宵旰祗求裕乎元元如其耕耘不擾騶理盡力多黍多稌時萬時億百室開兮婦子寧百禮洽兮神人懌即大化之神明知協氣之融液雖無嘉禾奚損至德如其驕理蕪溝遂廢鳴條不時濯枝愆序田畯失其咨茹亞旅闕其樹藝黔黎艱食風教刓敝雖有嘉禾奚益世故今天子遠覽陶鈞之上庶幾歸禾之旨視厥方貢讓而弗處有事寢園薦馨而已蓋俯徇乎百辟非則倣乎夸詡于大夫不究本原矜奇說異殊謬乎春秋之義語未卒勾吳文學攝齊而進曰長卿有言楚既失矣齊亦未爲得也且皇天樹后以長世豈漠然其無情有錫羨以純祜或降威以相懲伊災祥之大致固在昔其明徵然而天道遠人道邇驗善惡之幾先視厚德何如耳有禾芊芊明盛之年飛紫芒於堯陌垂金粟於舜田氣緣感而後應治有開而必先以此爲瑞瑞何疑焉若夫帝澤未流嘉禾聿縱搖盲飆以扶疎潤怪雨而蔓蕣雖併穗之可觀實陰陽之多戾出非其時是奚足貴名之曰妖又豈非類故夫麟一也遊郊者軒以之光西狩者周以之亡鳳一也岐山鳴而德茂潁川集而道荒彼四靈其畢爾豈茲禾之比方蓋以瑞稱之兮瑞未可必以妖視之兮妖亦非常亮神霄之有意非臧否其芘芘維觀物而考德兮庶天人之並彰噫嘻爲妖爲瑞以昏以聖則大聖之握符必降康之綦盛方今巢燧當陽夔龍布令步玉斗懸金鏡匹夫軫於宸衷三農重於八政春臺若登寒暑皆

應是以震聲日景響煜九元貢華喬岳輸英大川極薰蒸而旁魄乃苗暢於大田所謂以和名和兮洵聖理之自然豈比夫赤烏與泰始空訛說於民間昔我高皇帝之紹天也虎旅集而化成龍門獻其嘉穗肆貢天章用歌敬畏不侈大以自矜爰貽謀而錫類誠天寵其德而靈承其瑞於今觀之維上克配而先生不考於此一以爲希覩一以爲偶然弗原天而盡人得無立言之少偏伊欲照金簡重瑤編表熙朝之鴻鑠邁周烈於千言務昭明於聖德乃論治之眞詮文學語既從容而却先生斂容唯唯諾諾顧謂徇華子曰此嘉禾之讜議也足勸賢而警虐庶幾風人用備著作

池州府知府進竹米表　陸岡

直隸池州府知府陳某據所屬青陽縣知縣臣某申稱嘉靖十四年六月間本邑九華山竹實盛生如米活人甚衆誠大異事謹以上進者臣某等誠懽誠忭稽首頓首上言伏以生竹實而擬鳳之來誠爲上瑞出禎祥而爲福之兆可以前知民乃粒而不費耕耘國將興而茲其徵應羣生含鼓之餘幾忘帝力何有於我一物生成之異乃知聖德上通於天恭惟皇帝陛下緝熙聖學道統實承經綸大經孝思維則郊廟成而禮制更新天子建中和之極禘嘗舉而異物適至帝心孚孝享之誠竊惟九華之山實亦一方之勝橫亙十數里高聳百餘峰猗猗綠竹繁衍之實偶生濟濟蒼生匱乏之憂頓解不圖勁節虛生之物乃有救時濟世之功不稼不穡居然而取禾匪玉匪金得之以爲粟誠自古所無之瑞非尋常可致之祥薦之郊廟之廟美踰九穗之禾徵諸地徵諸天秀奪兩岐之麥茲實天意夫豈偶然良由皇帝陛下敬天勤民之德格於遐邇尊祖敬宗之心光於上下是以遠方草木亦獻珍奇臣某等一介書生荷蒙寵任自分凡材劣薄無補於明時何期希世嘉祥乃見於敝邑臣謹昧死採取龠合上瀆天顏登薦粢盛益光聖孝伏願聖心俯鑒大德兼容播諸聲詩紀一時之奇遇彤之簡牘遺千古之美談臣某等無任瞻天仰聖欣躍感戴之至謹奉表隨進以聞

瑞蓮賦有序　郭正域

萬曆丙戌禁中重臺瑞蓮盛開上以示臣等既被之聲歌矣九以其韻簡而語寂不足揚盛美也乃奉命作賦其辭曰

若夫紫宮瑞孕瓊沼花開蘋風始振澤露初來羨水芝之異質被五沃之塵埃既紛披而挺瑞迺疊蕊而重臺綠葉青葩紅蕖紫菂上竦芳柯下藏修萏陋羣卉之孤搴笑凡花之五出重結雲房紛敷寶液似玉樓之層檐像浮屠之數級蓴森白羽影疊金塘丹閨耀彩紫禁生香豈蕊宮之仙子聳寶髻而臨鏡光將梵王之天女步金網而照寶牀於時天顏有喜況此金波聖母來臨慈顏有酡六宮笑靚牽裾停羅乃使柏梁擬賦慶雲倣歌清平命調女使采和乃歌曰凉風八月灝氣寒天桃既滅穠李殘禁池蓮葉何田田瓊華重結倍可憐珊瑚排根翡翠綻眼見結子臨清瀾又歌曰荷兮爲柱藕爲船明月秋水兩澄鮮霓裳羽衣何蹁躚紅芳欲貯赤城煙吳姬衛女空延緣瑤池阿母壽萬年夫花比君子不汚泥壤羨此重臺是爲道長花開太一寶坐仙眞羨此重臺是爲壽徵況托根於靈沼迺浥露於綺疏慶采擷之不及豈彼澤之能如惟中心之含赤故菡萏之重敷幸君王之我顧可大書而特書若彼金蓮鑿步徒誇容與太液開花謾嬌解語鬭麗質之盈盈羨衣裳之楚楚曾比德於吾皇不侈聲於禁籞

草木異部藝文三 詩詞

芝草　梁庾肩吾

御廚玩芝草淹留攀桂叢桂叢方偃蹇芝葉正玲瓏
如龍復如馬成闕復成宮黃金九華發紫蓋六英通
隱士蒼山北神仙海穴東隨丹聊變水獨搖不須風

別連理樹　唐李紳

盛唐縣有連理樹二株一株生於長樂鄉百姓地內從底兩枝向上爲一體一本生於龍泉鄉百姓徐德地內兩根隔澗水交幹合爲一體澗名香風木闊一丈五尺

垂陰敢慕甘棠葉附幹將呈瑞木符十步蘭茶同秀
彩萬年枝葉表二圖芟夷不及知無患雨露曾霑自
不枯好住孤根託桃李莫令從此混樵蘇

嘉禾合穎　孟簡

玉燭將成歲封人亦自歌八方霑聖澤異畝發嘉禾
共秀芳何遠連莖瑞且多穎低甘露滴影亂惠風過
表稔由神化爲祥識氣和因知興嗣歲王道舊無頗

嘉禾合穎　失名

天祚皇王德神呈瑞穀嘉感時苗特秀證道葉方華
氣轉騰佳色雲披映早霞薰風浮合潁湛露淨祥花
六穗垂兼倒孤莖嫋復斜影同唐叔獻稱慶比周家

瑞麥　張聿

瑞麥生堯日芃芃雨露偏兩岐分更合異畝穎仍連
冀獲明王慶寧惟太守賢仁風吹靡靡甘雨長芊芊
聖德應多稔皇家配有年已聞天下泰誰爲濟西田

麥穗兩岐　鄭畋

聖慮憂千畝嘉苗薦兩岐如雲方表盛成穗忽標奇
瑞露縱橫滴祥風左右吹謳謠連上苑花實逼平陂
史冊書堪重丹青畫更宜願依連理樹俱作萬年枝

紫芝　宋文彥博

煌煌茂英不根而生蒲茸奪色銅池著名晨敷表異
三秀分榮書於瑞典光我文明

嘉禾　前人

嘉彼合穎致貢升平異標南畝瑞應西成德至於地
皇祇效靈和同之象煥發祥經

浙川木中詩

金人侵宋時伐浙川香岩寺木造舟木中有文理
成詩云
栽松種柏與唐日解板乘舟破宋時可惜香岩千載
樹等閒零落歲寒枝

連理樹　元郭翼

堂前好雙樹枝合葉交遮時有鴛鴦鳥來銜並蒂花

中丞劉先生齋閣前山茶一枝並蒂因效柏梁
體　明蘇伯衡

朔風剪水雨雪雱萬木蕭條凍且僵青藜丈人鈴閣
旁山茶作花紅錦香中有一枝並蒂芳符彩爛若雙
鴛鴦嫣然占盡三春光皇英來自雲中央赤旗犖節
兩作行阿母笑執瑤池觴仙童雙雙吹鳳凰綵女齊
綰珊瑚瑲麗色照耀青霞裳芳氣氤氳滿中堂大君
尺劍定八荒牛歸桃林馬華陽百度既貞四維張禮
樂誰云謙未遑制作直欲追虞唐丈人今之杜與房
主臣合德眞明良朝夕左右扶維綱餘子議論安敢
當一朝嘉惠錫后皇乃是人文發禎祥玉局仙子喜
欲狂更祝人文壽而康黼黻鴻猷煥天章嘉樹呈瑞
垂無疆

瑞蓮應制二首　潘緯

盆作金龍百寶裝波心常現玉毫光新秋一朵青蓮
湧三十六宮聞妙香
瑤池浪說千年藕玉井虛傳十丈花爭似九莖開五
色西天瑞現帝王家

雙頭蓮令（信豐雙蓮）　宋趙師俠

太平和氣兆嘉祥草木總成雙紅苞翠蓋出橫塘兩
兩鬭芬芳　幹搖碧玉並青房仙髻擁新妝連枝不
解引鸞凰留取映鴛鴦

草木異部選句

魏繆襲神芝贊煌煌神芝吐葩揚榮翼披其圖今握
其形
唐王勃慈竹賦疊幹龍迴攢根鳳跱宗生族茂天長
地久萬柢爭盤千株競糾如母子之鉤帶如閨門之
悌友恐孤秀而成危每群居而自守何美名之天屬
而和氣之冥受不背仁以貪地不藏節以遁時
李嶠賀瑞筍表綠籜含霜紫苞承雪陵九冬而擢潁
冒重陽而發翠
靈桃四實四蒂賀瑞桃表漢宮留核衛國報瓊
孫逖賀興慶宮芝表靈芝之所致和氣之精著美仙經
標名瑞典五色有類於卿雲六莖且符於帝樂
楊炎受命頌白鹿擾於王庭靈芝產於延英
獨孤及賀潞州芝草嘉禾表庶政方乂二瑞薦臻唐
叔之獻齊房之歌古今同契
賀金暉院芝表煜煜九葩之蓋煌煌三秀之質靈根
碩茂萬葉無疆神應炳然天意如答
常袞賀太清宮連理柰表必有剬社之類亦表強幹
之休
潘炎嘉禾合穗賦雙來一稃孤莖六穗
李連理賦族茂宗榮盤枝合理
權德輿賀連理棠云珍木敷榮異根合幹
韓愈奏汴州嘉禾表兩根並植一穗連房
奏汴州嘉瓜狀延蔓敷榮異實共蒂
柳宗元賀幽州華州嘉禾圖表六穗稱於漢臣異畝
書於周典
賀劍南成都進嘉禾圖陝州紫芝草表獻於王庭唐

叔慜同穎之異薦諸郊廟班史謝連葉之奇既呈蕤
蕤之祥更覩煌煌之秀
張仲素賀並蒂蓮表傳芳丹禁例影清流時聳孤莖
對數雙萼
陳諷連理木賦靈根得地聳質齊芳分條表異合幹
呈祥膚含玉潤文蔚龍章雲交翼壯影附枝強晉得
華材漢生廣殿
李德裕瑞橘賦序漢武致石榴於異國靈根遐布此
西域柔服之應魏武植朱橘於雀園華實不就乃吳
人未格之垂
崔融賀嘉麥表織芒濯露香稼搖風降之自天何必
來牟之詠嘗之於廟先符孟夏之時一穗兩岐徒說
張君之詠十畝千石方輕氾氏之書
賀乾元殿芝草表瑤光發辰象之精金色吐陰陽之
秀煌煌三秀分藻井而攢柯煜煜九光間梅梁而吐
葉晉都宮閣何必靈芝之臺洛邑山川居然密芝之
地魏皇之雙幹莫儔漢帝之九莖爲劣可以薦郊廟
可以觴公卿
宋朱祁後苑瑞竹賦彼神苑之嘉竹挺雙箇而呈美
交繁枝之蕭森等密葉焉葱翠遂並節以自高乃聯
莖而告瑞梢紺纖以儷修幹綠玉而均直既內附以
無外蓋不孤而有德詔飛綏而榮觀例佩荷以賦詩
若曰所以蒼筤將光慶乎震維雙者最多且繁衍乎
本支一以爲羣情協恭一以爲四表共觀願裁管乎
伶倫期汗簡於良史
瑞荷同幹詩協氣凝清籞嘉祥耀鈿荷共茄含瑞液
分蓋矗文波魚戲浮香併龜游得地多房芝助蓮葉

宮木遜井柯
陳州瑞麥賦冠三輔之上者莫逾於陳接五穀之乏
者孰先於麥當乘離之令序挺降麰之瑞殖盛氣雲
欝混鱗隰之初霏密穗金繁動星田之晉色兩岐旁
秀六穗牙出厥華芃芃厥穎栗栗田畯奔告守臣駭
觀仵來以圖悉上送官他穀弗書示麥禾之最重吾
王攸助知稼穡之維艱沐北爰采罔劭乎力農關中
益種無聞於錫社詎若天極歸貺明神效異偕蕃椒
之盈升配命禾而合穗迎曆宇之休氣冠中田之嘉
穀績於瑞圖辨於凡菽蒙至尊之渥惠播頌聲於弦
次上可以薦清廟之馨品下可以助外饔之食劑
代進親稼殿新稻儀鳳閣雙竹詩表一禾實穎準歲
取之且千衆節其芭示世支之維百芒芒其稼參參
其積堯禾五尺漢苗九穗含滋發馨素穎玉銳八月
其稷乃登爾稼滯穗棲原餘糧厭野異畝同穎一稃
二米紛十穗於唐禾粲六岐於溫麥賡文王之聲芭
生豐水誕后稷之穡秠降有邰
晏殊連理木贊直幹旁合繁枝內附四夷賓將耀我
王度
瑞花表協風靈雨散爲膏壤之滋共蔕幷柯布在密
青之囿
瑞蓮贊紅渠出水菡萏其華膺圖瑞聖共柢重葩穎
立苔發芬敷靜嘉
夏竦梓州奏廣化寺池蓮五莖各開二花詩褭褭修
莖孤引綠盈盈雙蘂對分紅
進瑞稻圖狀初擢一莖異劉歆之界內乍分三穗疑
蔡茂之夢中維揚昔日追媿稽生南海遐方遙慚九

熟禾遜奇於同穎麥貽誚於兩岐掩周祖之維糜陋
漢宣之靈稷天孫助祭願陪北里之禾清廟薦新敢
繼神倉之穀
胡宿後苑觀雙竹詩瑞植昭天產祥枝感帝臨均承
元化力同抱歲寒心蒙潤非烟近含滋御水深
毛滂雙竹贊惟此君子雲儀玉骨勁秀有采空洞無
物委傲雪霜韻含風月冲和所佩疎簡亦善蒼龍祂
躍丹鳳和鳴雲日下臨風雪莫悴天光玉色俯照寒
翠

欽定古今圖書集成曆象彙編庶徵典
第一百八十八卷目錄

庶徵典第一百八十八卷

草木異部紀事

水經注大騩即具茨山也黃帝登具茨之山受神芝圖於黃蓋童子卽是山也

帝王世記堯時有草莢生庭每月朔旦生一莢至月半則生十五莢至十六日後日落一莢至月晦而盡若月小餘一莢王者以是占曆唯盛德之君應和氣而生以爲堯瑞名曰蓂莢一名曆莢一名瑞草

韓非子內儲說上篇魯哀公問於仲尼曰春秋之記曰冬十二月賈霜不殺菽何爲記此仲尼對曰此言可以殺而不殺也夫宜殺而不殺桃李冬實天失道草木猶犯干之而况於人君乎

異物考哀帝建平中汝南屋柱仆地生枝如人形身靑黃色面白頭有鬚髮長六寸一分靈帝時有兩欂樹皆高四尺其一株宿夕忽暴長丈餘大一圍作人狀頭目鬚髮皆備

王充論衡驗符篇建初三年零陵泉陵女子傅寧宅土中忽生芝草五本長者尺四五寸短者七八寸莖葉紫色蓋紫芝也太守沈酆遣門下掾衍盛奉獻皇帝悅懌使錢衣食詔會公卿郡國上計吏民皆在以芝告天下天下並聞吏民歡喜咸知漢德豐雍瑞應出也五年芝草復生泉陵男子周服宅上六本色狀如三年芝并前凡十一本

祥異記漢安帝時有異物生長樂宮東廡柏樹末巷南閭合歡樹識者以爲芝草也

風俗通恠神篇謹按桂陽太守江夏張遼叔高去鄢令家居買田田中有大樹十餘圍扶疏蓋數畝地播不生穀遣客伐之六七血出客驚怖歸具事白叔高大怒老樹汁出此何等血因自嚴行復斫之血大流灑叔高使先斫其枝上有一空處白頭公可長四五尺忽出往赴叔高高乃逆格之凡殺四頭左右皆怖伏地而叔高恬如也徐熟視非人非獸也遂伐其木其年應司空辟侍御史兗州刺史以二千石之尊過鄉里薦祖考白日繡衣榮羡如此其禍安居

墨娥漫錄松陽門內有大梓樹高四十餘丈樹盡枯死永嘉中一旦忽更榮茂大興中元皇帝果纘大業元嘉起居注泰始二年八月嘉蓮一雙駢花並實合跗同莖生豫章體湖又六年雙蓮一蔕生東宮元圃池

異苑晉惠帝元康二年巴西郡界竹生花紫色結實如麥外皮靑中亦白味甚甘

晉書劉曜載記曜歸於長安署劉雅爲大司徒晉將李矩襲金墉尅之曜左中郎將宋始振威宋恕降於石勒署其大將軍廣平王岳爲征東大將軍鎭洛陽會三軍疫甚岳遂屯澠池石勒遣石生馳應宋始等軍勢甚盛曜將尹安趙愼等以洛陽降生岳乃班師鎭於陝城西明門內大樹風吹折經一宿樹撥變爲人形髮長一丈鬚眉長三寸皆黃白色有斂手之狀亦有兩脚著裙之形惟無目鼻每夜有聲十日而生柯條遂成大樹枝葉甚茂

石勒載記勒所居武鄉北原山下草木皆有鐵騎之象家園中生人參花葉甚茂悉成人狀父老及相者曰此胡狀貌奇異志度非常其終不可量也

異苑涼州張駿字公彥九年天雨五穀於武威燉煌植之悉生因名天麥

晉孝武太元十二年吳郡壽頌道志邊水爲居諸大忽生一雙物狀若靑藤而無枝葉數日盈拱試共伐之卽有血出聲在空中如雄鵝叫兩音相應腹中得一卵形如鴨子其根頭似蚯面眼

晉太元中南郡枝陵縣有棗樹一年忽生桃李棗三種花子

晉書沮渠蒙遜載記時木連理生於永安永安令張披上書曰異枝同幹遐方有齊化之應殊本共心上下有莫二之固蓋至道之嘉祥大同之美徵蒙遜曰此皆二千石令長匪躬濟世所致豈吾薄德之所能感也

異苑晉義熙中永嘉松楊趙翼與大兒鮮共伐山桃樹有血流驚而止後忽失第三息所在經十日自歸空中有語聲或歌或哭翼語之曰汝旣是神何不與相見答曰我正氣耳舍北有大楓樹南有孤峰名曰石樓四壁絕立人獸莫履小有失意便取此兒著樹杪及石樓上舉家叩頭請之然後得下

搜神後記新野趙貞家園中種葱未經抽拔忽一日盡縮入地後經歲餘貞之兄弟相次分散

吳聶友字之悌豫章新淦人少時貧賤常好射獵夜照見一白鹿射中之明尋蹤血既盡不知所在且已饑困便臥一梓樹下仰見射箭著樹枝上視之乃是昨所射箭怪其如此於是還家齎糧率子弟持斧以伐之樹微有血遂裁截爲板二枚牽著陂塘下板嘗沉沒然時復浮出出家輒有吉慶每欲迎賓客常乘此板忽於中流欲沒客大懼友呵之還復浮出仕官大如願位至丹陽太守在郡經年板忽隨至石頭外司白云濤中板入石頭來友驚曰板來必有意卽解職歸家下船便閉戶二板挾兩邊一日卽至豫章爾後板出便反爲凶禍家大轗軻今新淦北二十里餘曰新溪有聶友截梓樹板濤牂柯處有梓樹今猶存乃聶友向日所栽枝葉皆向下生

異苑句章人吳平州門前忽生一株青桐樹上有謠歌之聲平惡而斫殺平隨軍北征首尾三載死桐欻自還立於故根之上又聞樹巔空中歌曰死桐今更青吳平尋當歸適聞殺此桐已復有光輝平尋復歸

述異記越俗說會稽山夏禹廟中有梅梁忽一春而生枝葉

會稽典錄謝承遷吳郡督郵歲穰嘉禾六穗生於部屬

南史武帝本紀漢光武社於南陽漢末而其樹死劉備有蜀迺應之而興及晉季年舊根始萌至是而盛

齊始興簡王鑑傳鑑高祖第十子也初封廣興郡王後改封始興自晉以來益州刺史皆以良將爲之宋泰始中益州市橋忽生小洲道士邵碩見之曰當有貴王臨州劉亮爲刺史齋前石榴樹夌冬生花亮以問碩碩曰此謂狂華宋諸劉滅亡之象後二年君當終後九年宋當滅滅後有王勝意來作此州末明二年武帝不復用諸將爲益州始以鑑爲益州刺史督益寧二州軍事加鼓吹一部勝意反語爲始興言於此乃驗

齊南海王子罕傳子罕武帝第十一子也頗有學母樂榮華有寵故武帝留心每嘗寢疾子罕晝夜祈禱於時以竹爲燈纘照夜此纘宿昔枝葉大茂母病亦愈咸以爲孝感所至

冊府元龜黃文濟爲御史其家齋前種菖蒲忽生花光影炤壁成五采其兒見之餘人不見也少時文濟被殺

王晏爲驃騎大將軍其父普耀齋前柏樹變爲梧桐論者以爲雖有棲鳳之美而失後凋之節及晏敗果如之又未敗前見梧桐子悉是大蛇就視之猶木也晏惡之乃以紙裹桐子猶紙內搖動蔌蔌有聲晏子德元所居帷屏無故有血灑之晏於北山廟答賽夜還晏既醉部伍亦飲酒羽儀錯亂前後十餘里中不復相禁制識者云此勢不復久也後數日被誅

武陵王紀將僭號妖怪非一其最異者內寢柏殿柱繞節生花其莖四十有六靃靡可愛狀似蓮花識者曰王敦杖花非德事也紀元號天正與蕭棟暗合僉曰天字二人也正字一止也棟紀僭號各一年而滅

梁書太祖獻皇后張氏傳后嘗於室內忽見庭前菖蒲生花光彩照灼非世中所有后驚視謂侍者曰汝見不對曰不見后曰嘗聞見者當富貴因取吞之是月產高祖

南史侯景傳景矯詔禪位時都下王侯庶姓五等廟樹咸見殘毀惟文宣太后廟四周柏樹獨欝茂及景篡修南郊路僞都官尚書呂季略說景令伐此樹以立三橋始斫南面十餘株再宿悉栟生便長數尺時既冬月翠茂若春賊乃大驚惡之使悉斫殺識者以爲僵柳起於上林乃表漢宣之興今廟樹重青必彰陝西之瑞

魏書李勢傳勢降於桓溫先是江源生草高七八尺華葉皆赤子青如牛角

三國典略渤海王高歡攻鄴時瑞物無歲不見令史焚連理木煑白雉而食之

隋書五行志高祖時上黨有人宅後每夜有人呼聲求之不得去宅一里所但見人參一本枝葉峻茂因掘去之其根五尺餘具體人狀呼聲遂絕蓋草妖也視不明之咎時晉王陰有奪宗之計諂事親要以求聲譽譖皇太子高祖惑之人參不當言有物憑之上黨黨與也親要之人乃黨晉王而譖太子高祖不悟聽邪言廢無辜有罪用因此而亂也

秋樓雜抄煬帝時洛陽獻合蔕迎輦花帝令袁寶兒持之號司花女

山海記明霞院美人楊夫人喜報帝曰酸棗邑所進玉李一夕忽長清陰數畝帝沉默甚久曰何故而忽茂夫人云是夕院中人聞空中有千百人語言云李木當茂泊曉看之已茂盛如此帝欲伐去左右或奏曰木德來助之應也又一夕晨光院周夫人來奏云

院中楊梅一夕忽爾繁盛帝喜問曰楊梅之盛能如玉李乎或曰楊梅雖茂終不敵玉李之盛帝往院觀之亦自見玉李繁茂後楊梅同時結實院妃來獻帝問二果孰勝院妃曰楊梅雖好味頗淸酸終不若玉李之甘苑中人多好玉李帝歎曰惡梅好李豈人情哉天意乎後帝將崩揚州一日院妃報楊梅已枯死帝果崩於揚州

桂林叢談王梵志衛州黎陽人也黎陽城東十五里有王德祖者當隋之時家有林檎樹生癭大如斗經三年其癭朽爛德祖見之乃撤其皮遂見一孩兒抱胎而出因收養之至七歲能語問曰誰人育我及問姓名德祖具以實告因林木而生曰梵天後改曰志我家長育可姓王也作詩諷人甚有義旨蓋菩薩示化也

創業起居注辛丑有獲嘉禾而獻者敎曰嘉禾爲瑞聞諸往策逮乎唐氏世有茲祥放勛獲之於前叔虞得之於後孤今亂合復逢靈貺出自興平來因善樂休徵偉兆何其美與顧循虛薄未堪當此呈形之處須表天休送嘉禾人興平孔善樂宜授朝散大夫以旌嘉應

咸定錄唐武彠太原文水縣人微時與邑人許文寶以鬻材爲事常聚材木數萬莖一旦化爲叢林森茂因致大富士彠與文寶讀書林下自稱爲厚材文寶自稱枯木私言必當大貴及高祖起義兵以鎧冑從入關故鄉人云士彠以鬻材之故果逢構厦之秋及士彠貴達文寶依之位終刺史

唐書王方翼傳方翼還京師嘗夜行見長人丈餘引弓射仆之乃朽木也遷肅州刺史它郡民餓皆重繭走方翼治下乃出私錢作水磑以救饑瘵全活甚衆芝產其地

玉海韓思復爲滁州刺史有黃芝五生州舍民爲刻頌

全唐詩話武后天授二年臘卿相欲詐稱花發請幸上苑有所謀也許之尋疑有異圖先遣使宣語曰明朝遊上苑火急報春知花須連夜發莫待曉風吹於是凌晨名花布苑羣臣咸服其異后託術以移唐祚此皆妖妄不足信也凡太后之詩文皆元萬頃崔融輩爲之

唐書杜景佺傳延載元年檢校鳳閣侍郎同鳳閣鸞臺平章事后嘗秋季出梨花示宰相以爲祥衆賀曰陛下德被草木故秋再華周家仁及行葦之比景佺獨曰陰陽不相瀆倫瀆卽爲災故曰冬無愆陽夏無伏陰春無凄風秋無苦雨今花木黃落而木復華瀆陰陽也切恐陛下布德施令有所虧紊臣爲宰相助天治物治而不和臣之咎也頓首謝罪后曰眞宰相

太眞外傳初開元末江陵進乳柑橘上以十枚種於蓬萊宮至天寶十載九月始結實宣賜宰臣曰朕近於宮內種柑子樹數株今秋結實一百五十餘顆乃與江南及蜀道所進無別亦可謂稍異者宰相表賀曰伏以自天所育者不能改有常之性曠古所無者乃可謂非常之感是知聖人御物以元氣布和大道乘時則殊方叶致且橘柚所植南北異名實造化之有初匪陰陽之有革陛下元風眞紀六合一家雨露所均混天區而齊被草木有性憑地氣以潛通故茲江外之珍果爲禁中之佳實綠蔕含霜芳流綺殿金衣爛日色麗彤庭云云乃頒賜大臣外有一合歡實上與妃子互相持玩上曰此果似知人意朕與卿固同一體所以合歡於是促坐同食焉因令畫圖傳之於後

錄異記燉煌公李太尉德裕一旦有老叟詣門引五六輩舁巨木請謁焉閽者不能拒之公異而見之叟曰某家藏此桑實三世矣某已耄矣感公之好奇搜異是以獻爾木中有奇寶若能者斵之必有所得洛邑有匠計其年齒且老或身已歿子孫亦當得其旨訣非洛邑無能斵之者也公如其言訪於洛下匠已殂矣其子應召而來睨而視之曰此可徐而斵之矣因解爲二琵琶槽宛然有白鴿羽翼爪足巨細畢備匠料之微失厚薄不中一鴿少其翼公以形羽全者進之自留其一今猶在民間水部員外盧延讓見太尉之孫道其事

杜陽雜編元載芸輝堂前池中有碧芙蓉香潔菡萏偉於常者載因暇日憑欄以觀忽聞歌聲淸響若十四五子唱焉其曲則玉樹後庭花也載驚異莫知所在及審聽之乃芙蓉中也俯而視之聞喘息之音載惡之旣甚遂剖其花一無所見卽祕之不令人說及載受戮而逸奴爲平盧軍卒人故得其實

元和五年內給事張惟則自新羅使迴云於海上泊洲島間其中有數公子戴章甫冠著紫霞衣吟嘯自若惟則知其異遂謁見公子曰汝何所從來惟則具言其故公子曰唐皇帝乃吾友也汝當旋去爲吾傳語俄而命一靑衣捧金龜印以授惟則其篆曰鳳芝

龍木受命無疆帷則達京師卽具以事進上歎異良久是月寢殿前連理樹上生靈芝二株宛如龍鳳上因歎曰鳳芝龍木寧非此驗乎

鄭注奸險左道熒惑人主爲天下側目鄭鎮鳳翔日有草如菌生於紫金帶上注旣心有所圖乃喜謂芝瑞讖者以物反其所夫草生於土常也今生於金是反常也鄭氏之禍將至其不久矣

淸異錄杜荀鶴舍前椿樹生靈芝明年及第以漆彩飾之安几硯間號科名草

北夢瑣言唐乾符末范陽人李全忠少遍春秋好鬼谷子之學曾爲棣州司馬忽有荻一枝生於所居之室盈尺三節焉心以爲異以告別駕張建章建章積書千卷博古之士也乃曰昔者蒲洪以池中蒲生九節爲瑞乃姓蒲後子孫昌盛蘆者茅也合生陂澤之間而生於室非其常也君後必有分茅之貴三節傳節鉞三人公可誌之全忠後事李可舉爲戎校諸將逐可舉而立全忠累加至檢校太尉臨戎甚有威鎭全忠死子匡威嗣匡威爲三軍所逐弟匡儔爲太原所攻挈家赴闕至滄州景城爲盧彥威所害

冊府元龜天祐四年二月戊申朔梁家廟主者言廟之左棟產五色芝狀如芙蓉紫烟蒙護數日不散

錄異記婺州永康縣山亭中有枯松樹因斷之誤墮水中化爲石取未化者試於水隨亦化焉其所化者枝幹及皮與松無異但堅勁有未化者數段相兼留之以旌異物焉

五代史梁家人廣王全昱傳子友諒封衡王乾化元年升宋州爲宣武軍以友諒爲節度使友諒進瑞麥一莖三穗太后怒曰今年宋州大水何用此爲乃罷友諒居京師

冊府元龜莊宗初嗣晉王時長柳巷田家有桃樹伐已經年舊坎仍在其仆一朝屹然而起行數十步復於舊坎其家驚駭散走議者以漢昭帝時上林仆木起立生枝蟲囓成文而宣帝與今木理成文仆而重起亦李氏中興符也

北夢瑣言唐相國李公福河中有宅庭槐一本抽三枝直過當舍屋脊一枝不及相國同堂昆弟三人曰石曰程皆登宰執唯福一人歷鎭使相而已近者石晉朝趙令公家庭有糯櫰樹婆娑異常四遠俱見有望氣者詣其鄉里問人云此家合有登宰輔者里叟曰無之令公先德小字相之兒得非此應乎術士曰王氣方盛不在身當其子孫爾後中令由太原判官大拜出將入相則前言果效矣凡士之宦非止一途或以才升或以命遇則盛衰之氣亦隨人而效之向者槐櫰異常豈非王氣先集耶不然何榮茂挺特拔聳之如是也

十國春秋吳賈潭傳潭爲人有氣度不與物競高祖時歷官至兵部尚書潭常見嶺南節度使獲一橘大如升破之得一赤蛇數寸

蜀王先主將晏駕其年峨眉山娑羅花悉開白花又王未薨前數年溝港城隍悉開白蓮花

冊府元龜漢高祖爲河東節度使天福十一年天下木太原葭蘆茂盛最上一葉如旗杖皆南指焉明年遂卽帝位

河南別錄烈祖受禪之日江西楊化爲李信州李生連理詔還李姓國號唐

冊府元龜李金全爲安州節度使有親吏胡漢筠者金全愛之甚篤己亥歲府署之竹一夕而生花城壖之麥方蘄而秀大霧晦冥之中則化爲宿草金全心惡之及牛全節除安州節度使金全送款於淮夷至是而竄妓樂車馬珍奇帑藏皆爲僞將李承裕所奪與其黨數百人東身夜出驍至汶川引領北望泣下而去

行營雜錄僞蜀廣政末成都人唐李明因破一木中有紫文隸書太平兩字時以爲佳瑞有識者云不應此時須成都破方見太平兩自王師平蜀頻施曠蕩之恩乃有太平典國之號

宋史王著傳建隆二年知貢舉時亳州獻紫芝鄆州獲白兔隴州貢黃鸚鵡著獻頌因以規諫太祖甚嘉其意下詔褒之

儒林公議成都劉備廟側有諸葛武侯祠前有大柏圍數丈唐相段文昌有詩石在焉唐末漸枯歷王建孟知祥二僞國不復生然亦不敢伐之皇朝乾德五年丁卯夏五月枯柏再生時人異焉三國至乾德初歷年一千二百餘年枯而復生予皇祐初守成都又八十年矣新枝蘢雲幷舊枯幹並存若虯龍之形

遵堯錄知無爲軍茹孝標嘗獻芝草二百五十本帝曰朕每以豐年爲瑞賢臣爲寶至於草木蟲魚之異豈足尚哉孝標特放罪仍戒天下自今毋得以此聞

宋史魏震傳震爲供奉官雍熙初溫州進瑞木成文震作詩賦以獻拜崇儀副使賜白金二千兩

張鑑傳鑑知相州有芝草生於監收之室鑑表其祥

異以爲河朔弭兵款附之兆優詔答之

盧多遜傳多遜累世墓在河南未敗前一夕震雷盡焚其林木聞者異之

談苑呂蒙正方應舉就舍建隆觀盜斡入洛鏁室而去自冬涉春方啟戶視之牀前槐枝叢生高三四尺蒙茸合抱是年登科十年至宰相

宋史張鐸傳鐸子禹珪知石州徙代兗州又移澶州頗勤政治以瑞麥生獄空連詔嘉奬

高瓊傳瓊字繼勳知瀛州時歲饑募富人出粟以給貧者明年大稔木生連理者四郡人上治狀請留

行營雜錄大中祥符六年緜州彰明縣崇仙觀柏柱上有木文如書天尊狀毛髮眉目衣服履舄纖縷悉備知州比部員外郎劉宗言遂繪事奏聞奉旨令津置赴闕送玉淸昭應宮今川民皆圖畫供奉之

尊俎餘功余尚書靖知桂州時每月盈夕聞笛聲甚清遠察其聲自深林處大柏木中出乃伐爲枕笛聲如故公甚寶之公季弟欲窮其怪命工解視但見木之文理正如人月下吹笛像膠合之不復有聲

話腴眞廟朝寢殿側有古檜秀茂不羣名御愛檜然橫礙殿簷眞皇意欲去之一夕風雷轉摺其枝時以爲瑞

宋史馮拯傳拯子伸已知邕州旁城數里有金花木土俗言花開即瘴起人不敢近伸已故以花盛時酣燕其下亦復無害

鞠詠傳詠爲監察御史大安殿柱生芝草名羣臣就觀詠言陛下新即位河決未塞霖雨害稼宜思所以應災變臣願陛下以援進忠良退斥邪佞爲國寶以訓勸兵農豐積倉廩爲天瑞草木之怪何足尚哉

補筆談韓魏公慶曆中以資政殿學士帥淮南一日後園中有芍藥一榦分四岐岐各一花上下紅中間黃蘂間之當時揚州芍藥未有此一品今謂之金纏腰是也公異之開一會欲招四客以賞之以應四岐之瑞時岐公爲大理評事通判王荆公爲大理評事僉判皆召之尚少一客以州鈐轄諸司使忘其名官最長遂取以充數明日早衙鈐轄者或中狀暴泄不至尚少一客命以過客歷求一朝官足之過客中無朝官惟有陳秀公時爲大理寺丞遂命同會至中筵剪四花四客各簪一枝甚爲盛集後三十年間四人皆爲宰相

春渚紀聞三衢毛氏庭中一木忽中裂而文成衍字如以濃墨書染者體作顏平原書會其子始生因以名之後衍登進士第官至龍圖閣而終又晉江尤氏其鄰朱氏圃中有柿木高出屋上一夕雷震中裂木身亦若以濃墨書尤家二字連屬而上不知其數至於木枝細者破視亦隨枝之大小成字尤氏乞得其木作數百段分遺好事字體帶草勁健如王會稽書朱氏後以其圃歸尤氏云

夢溪筆談木中有文多是柿木治平初杭州南新縣民家析柿木中有上天大國四字予親見之書法類顏眞卿極有筆力國字中間或字仍挑起作尖口全是顏筆知其非僞者其橫畫即是橫理斜畫即是斜理其木直剖偶當天字中分而天字不破上下兩畫井一脚皆橫挺出半指許如木中之節以兩合之如合契焉

菜品中蕪菁菘芥之類遇旱其標多結成花如蓮花或作龍蛇之形此常情無足怪者熙寧中李賓客及之知潤州園中菜花悉成荷花仍各有一佛坐于花中形如雕刻莫知其數暴乾之其相依然或云李君之家奉佛甚篤因有此異

朱子語類蔡京奏其家生芝上攜鄆王等幸其第賜宴云朕三父子勸卿一杯酒是時太子却不在蓋已有廢立之意矣

墨客揮犀壺山有柏樹一株長數尺半化爲石半猶是堅木蔡君謨見而異焉因運置私第

宣政雜錄政和中宗室士頔所居純軒忽生白芝數本於梁棟上因易名芝軒賓客詠歌以爲和氣次年士頔死又一年賜所居入四聖觀族衆散徙蓋不祥也壬寅春太傅王黼賜第有白芝生於正寢附臥榻後屏風而出又一本在廳事照壁上隔六年有戮身之禍

妖化錄宣和七年京城諸園苑中盛夏六月間牡丹皆開始作金色又變異色而退諸柳皆生黃花大如林檎蕚結子淡黃色食之微苦又瓜圃中瓜生雙蔕酸不堪食

靖康元年梨樹生豆莢木香架上生蒲桃又王殿直家籠中貯松花及啟籠視之每一片中雪白小松一小株又寶籙宮前華表柱忽生松一枝北向者生一大黃如斗大凡三日而萎又童貫轎中木板上生雜草砍刈復生蓋妖異也未幾京師遭金人破蕩異花文木皆薪蓋妖變先有兆焉

太平淸話南渡時高麗國進陰陽柏二株僅二尺許

高宗以賜王綯綯種未懷寺殿庭之左右柏高與殿齊每歲左花則右實右花則左實

宋史劉光世傳光世兼淮南京東路宣撫使以枯枯生穗爲瑞聞于朝帝曰歲豐人不乏食朝得賢輔佐軍有十萬鐵騎乃可爲瑞此外不足信

魏惠憲王愷傳王諱愷莊文同母弟也淳熙元年判明州轄屬邑田租以贍學得兩岐麥圖以獻帝復賜手詔曰汝勸課藝植民不遊惰宜獲瑞麥之應

李庭芝傳庭芝字祥甫其先汴人十二世同居號義門李氏後從隨之應山縣金亡襄漢被兵又徙隨然特以武顯庭芝生時有芝產屋棟鄉人聚觀以爲生男祥也遂以名之

括異志光嚴庵正議之塋瀕湖占勝爲一方冠東南皆枕湖遠峰列如筆架一塔屹于波心文鋒挺立登名仕版者世有其人視他族爲最盛淳祐間忽樹出烟一道遠近莫不驚異有細視之者見其間有蠓蚋不可計從樹中出終日不絕蓋此烟即此所成不知何異

續夷堅志先人宰陵川泰和甲子元夕縣學燒燈有以杏棣棠枯枝爲剪綵花者燈罷家僮乞之供於縣柱佛屋中四月十七夜先夫人焚誦次乃見杏棠皆作花眞贋相間先人會賓示之以爲文字之祥爲賦瑞花詩予年始十五矣

徐偉官京兆夢一老人白首而長身身穿綠袍謂偉言某他日有斧斤之厄幸爲保全之偉不知所以然然夢異不忘也及移守泰安會嶽廟災詔復修之境內大木皆砍採砍東六十里菜蕪之高白村有古松幹柯茂盛蔭蔽二畝鄉社相傳爲數百年物亦在採擇之數鄉人父老哀告於偉偉因悟前夢力爲營護竟免斬伐是夕夢有來謝者土人立祠其側

鳳翔號縣大子莊庚子歲郝氏穀田八十畝每莖一葉一小穗至十二數并大穗爲十三試割一叢治之得穀十升明年郝使統軍萬人佩金印虎文偏將李慥魯見古有一莖九穗蓋不如是之多也

臨晉上排喬英家業農種瓜三二頃英穜出西瓜一窠廣畝二分結實一千二三百顆他日耕地瓜根如大椽辛亥年定襄士人樊順之親見

高戶部唐卿趙禮部廷玉讀書末平西一山寺臘月桃樹一枝作花大金蟬其上又竹林出一笋因題所居爲三秀軒後三人皆登上第極品

元史巴而术阿而忒的斤傳巴而术阿而忒的斤亦都護亦都護者高昌國王主號也先世居畏兀兒之地有和林山二水出焉曰禿阿剌曰薛靈哥一夕有神光降于樹在兩河之間人即其所而候之樹乃生癭若懷姙狀自是光常見越九月又十日而樹癭裂得嬰兒者五土人收養之其最稚者曰不可罕既壯遂能有其民人土田而爲之君長

尉遲德誠傳德誠歷官家令司丞廳事前有粟苗不種而萌偶出一莖雙穗以爲嘉禾陞家令

不忽木傳河東守臣獻嘉禾大臣欲奏以爲瑞不忽木語之曰汝部內所產盡然耶惟此數莖耶曰惟此數莖爾不忽木曰若如此既無益於民又何足爲瑞遂罷遣之

輟耕錄白廷玉先人號湛淵錢塘人家多竹忽一竿上岐爲二人皆異之賦雙竹杖詩未幾先生有二子或以爲先兆云

揚州至正丙申丁酉間兵燹之餘城中屋址徧生白菜大者重十五斤小者亦不下八九斤有膂力人所負纔四五窠耳亦異哉

至正辛卯夏松江普照寺僧舍一敝帚開花又嘉興儒學闕人陶氏磨上木肘發青條開白花又吳江分湖里煅工一柳樹椿以安鐵碪者且十餘年矣發長條數莖如葦三家雖有此恠而皆無恙豈非關係國家之氣數乎

金石草木之變異雜見于傳記數年來天下擾攘恠事尤甚信前人之書不誣也至正丙申浙西諸郡皆有兵正月嘉興楓涇鎭戴君實門首柳樹若牛鳴者三主人與僕從悉聞之斬其樹不一月苗軍抄掠貲產又兩月屋燬于兵是歲寒食日海鹽州趙初心率子姪輩詣先塋汎掃松楸忽聞如老鶴作聲戛戛不絕審聽所在乃是一柏樹項間衆樹同聲和之一二時方止舉家皇惑至八日苗軍火其居明年六月紅軍掠貨財婦女而姪善如死於難予親見君實館賓黃伯成與初心之孫元衡說元衡善如子也其事雖遲速不同而二家之遭禍則一吁誠異哉

明外史宗室與權傳盱眙民進瑞麥與權請薦宗廟帝曰以瑞麥爲朕德所致朕菲薄不敢當其必歸之祖宗御史言是也

陶凱傳洪武五年句容民獻嘉瓜同蔕者二帝御武樓中書省臣率百官以進凱奏曰句容陛下祖鄉也聖德和同國家協慶故禎祥獨見於此帝曰草木之

瑞比比而有卿歸德於朕朕何德以堪之賜其民錢遺之去

贛州府志洪武六年癸丑冬十月州人呂氏手植白牡丹於庭冰雪中盛開狀若玉盤盂照耀風日

明外史桂彥良傳董淳南陽人洪武末爲原武訓導周王聘爲世子師尋言於朝補右長史以正輔王端禮門槐盛而枯淳呈咎徵進戒王用其言修省枯枝復榮王旌其槐曰攄忠

廣西通志永樂中宋村嘉禾生禾結一大實如雞卵好事者以金飾爲酒盃明故老有及見者今失所在

陝西通志杜棠任南京戸部所在得大體南部堂後樹忽冬花衆譽其長稱瑞棠正色曰冬花春秋書異何瑞之有其剛正類此

江南通志潘敏宿遷人字志學以人才舉景泰間授陝西涇陽主簿剛明有爲興利除害文廟修葺忽生靈芝二莖後敏二子皆登科第

明外史張數華傳數華少負氣節年七歲里社樹爲祟麾羣兒盡伐之

秦愍王樉傳汧陽王誠洌秦康王諸孫事父端懿王暨繼母以孝聞及薨醯醬鹽酪不入口明年墓生嘉禾一本雙穗嘉瓜二實並蒂以母馬妃早卒不逮養追服衰食疏者三年雪中萓草生華

異林弘治乙卯長沙旱苦竹開花楓樹生李實黃連樹生黃瓜苦蕒菜開蓮花七日而謝又歲丙辰三月敘州楠樹生蓮花五十餘朵李樹生豆莢茗茗滿枝

江南通志盧雍字師邵吳縣人父綱有德操一日芝產於庭而生雍正德辛未進士官至御史

明通紀廣州盜黃蕭養圍廣州殺副總兵都指揮使王清遂僭稱東陽王蕭養者南海冲鶴堡人貌甚陋眇一目而有智數坐强盜坐郡獄踰年所臥竹牀皮忽青色漸生竹葉同禁者江西一商人謂曰此禎祥也因教以不軌使人藏利斧飯桶中越獄而出凡十九人其黨艤舟以待遂遁入海嘯聚羣盜赴之如歸旬月間至萬餘人

明外史林瀚傳瀚子廷機廷機子燫燫子世勤性篤孝父卒枕塊三年侍母黃氏不離側有靈芝三見枯莖復青之異御史上其事被旌

永昌府志永平民有受値爲人傭作者以他役逾期不赴主人怒而逐之哀求不納哭而去曰去則母無以食奈何行未幾倦臥道傍夢一人撫其背曰無傷也某山之原有竹試往攀而搖之可得米以養覺而憶其山嘗遊也往之竹下果得米于時萬曆庚寅辛卯間也滇中一時所在皆有之晉寧楊全太守時爲司徒郎出差歸里及入京攜以餽其米非稻非麥長三倍稻禾作粥不稠濁爲飲潤而甘微帶清香

廣平府志永年胡鯉應事梁上生芝七連三歲知府程世昌爲題扁額未幾鯉病沒逾年流寇至堂廢然其子孫多登科甲者

楚雄府志南安州西五十里有神祠禱之即應庭有巨柏五株自安竜賊叛樹枯明嘉靖丁未知州苟詵將剿賊指枯柏誓神曰若陰助滅賊樹當復生旬日後五柏果榮賊遂就誅

譚輅齊門外靈殿寺有大銀杏樹約二抱爲土人徐鑰氏所購欲伐方舉斧樹出血樹上有聲而鑰家火發遂不敢伐久之復爲從兄鳴伯所得竟伐之今不二十年徐氏與從兄俱絕嗣業亦銷滅殆盡孰謂草木無靈哉

明狀元事略隆慶辛未科張元忭字子藎浙江山陰人所居與羅萬化同巷嘗夢攜其扁于家會試日其祖塋有聲三日往視之得金芝六莖蓋先兆云

眉公見聞錄柘城縣報稱本縣柳樹內偶出人物各類人馬冠裳等像隨爲牧童撿拾見存可驗

澤州志頃王屋山下一人解柿樹木心紋理作一佛像眉目手指纖悉分明

吳江縣志震澤寺古柏前賢多有題詠蓋數千年物也崇禎甲申漸就枯萎後併其根劚去矣先是寺旁竹圃中忽開一花如木芍藥五色爛然旁無枝葉士人施姓者見之以爲下必有異掘之盡花之莖有細絲緣絡土中絲斷亦無所見又閱月復于近柏處開一花又掘之如前其絲蜿蜒丈許得物圓大如土茯苓碎之中有物宛然一鹿也頭角項足俱肖于是爭往穴土見柏根如環大可二十圍色光潤而清芬觸手皆有細絲纏聯其間跡絲求之取若茯苓者數石或爲人形或爲禽獸土人鬻之多得善値是歲客有從湖州來道遇寄舟者服製樸古而形神顑頷問其姓曰柏問其家若何曰曩頗饒今衰矣問何往曰將之杭州今日色已晡欲宿于震澤之普濟寺既至艤舟寺前趨而入顧旁人曰少待即歸汝値久之不出遍索寺中無若人而古柏下瓦礫間拾碎鏹少許則適符寄舟値也俗傳此能爲人云

草木異部雜錄

國語太子晉曰天無伏陰地無散陽注散陽李梅冬實

焦氏易林屯之師李梅冬實國多盜賊擾亂並作君不得息

墨娥漫錄都省從都門堂外大桂樹謂之音聲樹欲除拜僕射則此樹必有聲如曲歌

廣異記仙都有芝圃悉種靈芝或如車騎或如華蓋或如樓閣或如飛鳥五色

春渚紀聞元豐間禁中有果名鴨腳子者四大樹皆合抱其三在翠芳亭之北歲收實至數斛而託地陰翳無可臨玩之所其一在太清樓之東得地顯曠可以就賞而未嘗著一實裕陵嘗指而加嘆以謂事有不能適人意者如此戒圃者善視之而已明年一木遂花而得實數斛裕陵大悅命宴太清以賞之仍分頒侍從又朝廷問罪西夏五路舉兵秦鳳路圖上師行營憩形便之次至關嶺有秦時柏一株雖質幹不枯而枝葉略無存者既標圖間裕陵披圖顧問左右偶以御筆點其枝間而歎其閱歲之久也後郡奏秦朝柏忽復一枝再榮殿中有記當時奏圖歎賞之語私相聳異以謂天人筆澤所加回枯起死便同雨露之施昔唐明皇曉視苑中時春候已深而林花未放顧視左右曰是須我一判斷耳亟命取羯鼓鼓曲未終而桃杏盡開即棄杖而詫曰是豈不以我為天公耶由是觀之凡為人君者其一言一動固有與造化密契雖于草木之微偶加眷矚而榮謝從之若響應聲況于陟黜賢否意所與奪生殺貴賤之間哉

夢溪筆談近歲延州永寧關大河崩入地數十尺土下得竹筍一林凡數百莖根幹相連悉化為石適有中人過亦取數莖去云欲進呈延郡素無竹此入在數十尺土下不知其何代物無乃曠古以前地卑氣濕而宜竹耶婺州金華山有松石又如桃核蘆根蛇蟹之類皆有成石者然皆其地本有之物特可異耳

容齋續筆吳歸命侯天紀三年八月有鬼目菜生工人黃耇家有苦蕒菜生工人吳平家高四尺厚三分如枇杷形上廣尺八寸下莖廣五寸兩邊葉綠色東觀按圖名鬼目作芝草蕒菜作平慮草以耇為侍芝郎平為平慮郎皆銀印青綬唐五行志中宗景龍二年岐州郿縣民王上賓家有苦蕒菜高三尺餘上廣尺餘厚二分說者以為草妖予按蕒菜即苦蕒今俗呼為苦馬者是也天紀景龍之事甚相類歸命次年亡國中宗後二年遇害雖事非此致亦可謂妖矣平慮草不知何狀揚雄甘泉賦并閭注如淳曰并閭其葉隨時改政平則平政不平則傾也顏師古曰如氏所說自是平慮耳然則亦異草也鬼目見爾雅郭璞云今江東有鬼目草莖似葛葉圓而毛如耳璫赤色叢生廣志曰鬼目似梅南人以飲酒南方草木狀曰鬼目樹大者如木子小者如鴨子七月八月熟色黃味酸以蜜煮之滋味柔嘉交阯諸郡有之交州記曰高大如木瓜而小傾邪不周正本草曰鬼目一名東方朔一名連蟲陸名羊蹄

皇朝通志卷十八

天文畧

臣等謹案易曰仰以觀乎天文日月星辰之麗乎上天之文也聖人觀之察之欽若敬授以前民用三代以前尙已漢晉而還觀象者言徵應推步者失實測史家分天文律書爲二門司馬遷天官書僅載垣宮列宿吳太史令陳卓引巫咸甘石之書增益其數後之言天者咸奉以爲標準鄭樵著天文畧屛去誕妄之言祇錄隋丹元子步天歌取其句中有圖言下見象使人仰觀焉而卽得其論卓矣然不言推步而仍涉禨祥休咎則未免自相矛盾夫觀象體也推步用也體用不偏廢斯聖人欽若敬授之本旨洪惟

聖祖仁皇帝亶聰作后學貫天人考驗西法最善俾專司時憲時監官南懷仁等畢智竭能創制儀器最稱精密我

皇上敬

天勤民事惟法

祖申命監臣釐正璣衡以期脗合於是恒星增減較舊測而加詳參宿後先改距星而順序凡茲垂象訂自

宸謨休乎哉

聖代之新規直協虞廷之遺意也間考西法之善理奇而正者數事一曰天圜而地亦圜如卵裹黃與渾天之說合一曰天有九重最遠則恒星天次土次木次火次金水次日最近者爲月天其外則宗動天與楚詞之說合一曰惟宗動天行有常度恒星天亦右行此卽歷代歲差之說一曰日月五星各有天行皆有輪如珠逐盤所以有盈縮遲疾一曰月與五星有本輪以從天有次輪以法日蓋日尊天月五星尊天又尊日也一曰金水與日同天其兩輪包日故不與日相距一曰月有倍離五星一合日而遲疾一周月一合日而遲疾再周五星之小輪跨本輪之內外月之小輪切本輪之邊其法皆以實測而得至於南極之紀星座天漢之周尾宮爲中國所未見者西人皆於浮海測之此其事初若創見然或符於古經或軌於自然之理洵乎確實而不可易有非唐一行郭守敬之所能企及耳今據

欽定考成協紀諸書纂述天文約分十目曰兩儀曰恒星曰天漢其經也曰日月曰五星曰月五星凌犯曰中星曰北極高度其緯也曰儀象曰弧線其器與法也爲書凡六卷於鄭志之外補所闕遺廣所未及溯觀象之端倪賅推步之體要世之學者有以知

聖朝憲

天立政察紀明時昭昭乎有目之能窺無微而不顯又豈步天歌之句圖言象所可同日語耶若夫測算細微至詳且密具有成書茲撮其大畧俾言天者毋涉空詮云爾

兩儀

臣等謹案西法謂地居天中其體渾圓與天度相應卽渾天家卵黃之說人居其中各隨所在皆戴天而履地居赤道北者北極見南極隱居赤道南者南極見北極隱近極則見極高遠極則見極低東方日中西方夜半南方日中北方夜半周天三百六十度日月星辰旋繞其間而人目力所極適與地平止一百八十度昔人局於地平測算而不知地如卵圜故多疏舛今首列兩儀以爲恒星七曜運行之綱而西法之與前代迥殊於斯具見

天象

虞書堯典曰欽若昊天歷象日月星辰是謂天問曰圜則九重孰營度之後世專家謂天有十二重非天實有如許重數蓋言日月星辰運轉於天各有所行之道卽楚詞所謂圜也欲明諸圜之理必詳諸圜之動欲考諸圜之動必以至靜不動者準之然後得其盈縮蓋天道靜專者也天行動直者也至靜者自有一天與地相爲表裏故羣動者運於其間而不息若無至靜者以驗至動則聖人亦無所成其能矣人恒在地面測天而七政之行無不可得者正爲以靜驗動故也十二重天最外者爲至靜不動次爲宗動南北極赤道所由分也次爲南北歲差次爲東西歲差此二重天其動甚微專家姑置之而不論焉次爲三垣二十八宿經星行焉次爲塡星所行次爲歲星所行次爲熒惑所行次則太陽所行黃道是也次爲太白所行次爲星辰所行最內者則太陰所行白道是也要以去地之遠近而爲諸天之內外然所以知去地之遠近者則又從諸曜之掩食及行度之遲疾而得之蓋凡爲所掩食者必在上而掩之食之者必在下月體能蔽日光而日爲之食是日遠月近之徵也月能掩食五星而月與五星又能掩食恒星是五星高於月而卑於恒星也五星又能互相掩食是五星各有遠近也又宗動天以渾灝之氣挈諸天左旋其行

甚速故近宗動天者左旋速而右移之度遲漸遠宗動天則左旋較遲而右移之度轉速今右移之度惟恒星最遲土木次之火又次之日金水較速而月最速是又以次而近之徵也是故恒星與宗動相較而歲差生焉太陽與恒星相會而歲實生焉黃道與赤道出入而節氣生焉太陽與太陰循環而朔望盈虛生焉黃道與白道交錯而薄蝕生焉五星與太陽離合而遲疾順逆生焉地心與諸圜心之不同而盈縮生焉歷代專家多方測量立法布算積久愈詳已得其大體其間或有毫芒之差諸說不無同異者蓋因儀器仰測穹蒼失之纖微年久則著雖有聖人莫能預定惟立窮源竟委之法隨時實測取其精密附近之數折中用之每數十年而一修正斯爲治歷之通術而古聖欽若之道庶可復於今日矣

地體

欲明天道之流行先達地球之圓體日月星辰每日出入地平一次而天下大地必非同時出入居東方者先見居西方者後見東西相距萬八千里則東方人見日爲午正者西方人見日爲卯正也周天三百六十度每度當地上二百里是故推驗大地經緯度分皆與天應測緯度者用午正日晷或測南北二極測經度則必於月蝕取之蓋月蝕與日蝕異日之食限分數隨地不同月之食限分數天下皆同但入限有晝夜人有見不見耳此處食甚於子者處其東三十度必食甚於丑處其西三十度必食甚於亥是故相去九十度則此見食於子而彼見食於酉相去百八十度則此見食於子而彼當食於午雖食而不可見矣

黃道赤道

天包地外圜轉不息南北兩極爲運行之樞紐地居天中體圜而靜人環地面以居隨其所至適見天體之半中華之地面近北故北極常現南極常隱平分兩極之中橫帶天腰者爲赤道赤道距天頂之度卽北極出地之度也赤道以北爲內爲陰以南爲外爲陽斜交赤道而半出其南半出其北者爲黃道乃太陽一歲所躔之軌迹也黃赤道相交之兩界爲春秋分距赤道南二十三度半爲冬至距赤道北二十三度半爲夏至七政所行之道紛然不齊惟將黃赤二道以爲推測之本蓋太陽循黃道東行而出入於赤道之南北太陰與五星各循本道東行而又出入於黃道之南北故黃赤二道之位定則晝夜永短寒暑進退以及晦朔弦望薄蝕朓朒皆從此可稽矣

經緯度

恒星七政各有經緯度蓋天周弧線縱橫交加卽如布帛之經緯然以東西爲經南北爲緯然有在天之經緯有隨地之經緯在天則爲赤道爲黃道隨地則爲地平赤道均分三百六十度平分之爲半周各一百八十度四分之爲象限各九十度六分之爲紀限各六十度十二分之爲宮爲時各三十度是爲赤經從經度出弧線與赤道十字相交各引長之會於南北極皆成全圜亦分爲三百六十度兩極相距各一百八十度兩極距赤道俱九十度是爲赤緯依緯度作圜與赤道平行各距等圜此圜大小不一距赤道近則大距赤道遠則小其度亦三百六十俱與赤道之度相應也赤道之用有動有靜動者隨天左旋與黃道相交日躔之南北於是乎限靜者太虛之位亙古不移晝夜之時刻於是乎紀焉黃道之宮度並如赤道其與赤道相交之兩點爲春秋分相距皆半周平分兩交之中爲冬夏至距兩交各一象限六分象限爲節氣各十五度是爲黃經從經度出弧線與黃道十字相交各引長之周於天體卽成全圜其各圜相湊之處不在赤道之南北兩極而別有其極心是爲黃極黃極之距赤極卽兩道相距之度其距黃道亦皆九十度是爲黃緯而月與五星出入黃道之南北者悉於是而辨焉故凡南北圜過赤道極者必與赤道成直角而不能與黃道成直角其過黃道極者必與黃道成直角而不能與赤道成直角惟過黃赤兩極之圜其過黃赤道也必當冬夏二至之度所以並成直角名爲極至交圜又若赤道度爲十二而以黃道度準之則互形大小何也渾圓之體當腰之度最寬漸近兩端則漸狹（距等圈之度也）二至時黃道以腰度當赤道距等圈之度故黃道一度當赤道一度有餘二分時兩道雖皆腰度然赤道平而黃道斜故黃道一度當赤道一度不足也此所謂同升之差而七政升降之斜正伏見之先後皆由是而推焉至於地平經緯則以各人所居之天頂爲極蓋人所居之地不同故天頂各異而經緯從而變焉地在天中體圓而小隨人所立凡目力所極適得大圜之一半則地雖圓而與平體無異故謂之地平乃諸曜出沒之界晝夜晦明之交也地平亦分三百六十度四分之爲四方（子午卯酉）各相距九十度二十四分之爲二十四向各十五度是爲地平經從經度出弧線上會於天頂並皆九十度（從地平下至天頂之漸亦九十度）是爲地平緯又名高弧高弧從地平正午上會天頂者其全圜必過赤道南

北兩極名爲子午圈乃諸曜出入地平適中之界而北極之高下晷影之長短中星之推移皆由是而測焉是故經緯相求黃赤互變因黃赤而求地平或因地平而求黃赤乃專家之要務推測之所準也

臣等謹案天文之有黃赤經緯由宗動天而分爲恆星七曜之所轉旋因列於天象地體之後又古法以日行命天周爲三百六十五度四分度之一然爲畸零之度而不能合於日行西法與回回同以周天爲整度就三百六十爲起數之宗經緯通爲一法賅括萬殊斜側縱橫周通環應得以整御零爲法倍易可謂最善者矣

恆星

恆星總紀

恆星卽經星也以其有常不易故名經星（史記天官書紫宮房心權衡咸池虛危列宿部星此天之五宮坐位也爲經不移徙大小有差闊狹有常）經星又各有經緯度故別之曰恆星其星官名數古今不同漢書天文志經星常宿中外官凡百一十八名積數七百八十三星晉志載吳太史令陳卓始列甘石巫咸三家星官著於圖錄凡二百八十三官一千四百六十四星今皆不見原本隋丹元子步天歌與陳卓數合後此言天官者皆以步天歌爲準康熙十三年監臣南懷仁修儀象志星名與古同者總二百五十九座一千一百二十九星比步天歌少二十四座三百三十五星又於有名常數之外增五百九十七星又多近南極星二十三座一百五十星近年以來累加測驗星官度數儀象志尚多未合又星之次第多不順序亦宜釐正於是逐星測量推其度數觀其形象序其次第著之於圖計三垣二十八宿星名與古同者總二百七十七座一千三百一十九星比儀象志多十八座一百九十星與步天歌爲近其尤與古合者二十八宿次舍自古皆觜宿在前參宿在後其以何星作距古無明文唐書云古以參右肩爲距失之太遠文獻通考載宋兩朝天文志云觜三星距西南星參十星距中星西第一星西法觜宿距中上星參宿亦距中西一星今按觜宿中上星在西南星前僅六分餘而西南星小中上星大則以中上星作距可也若參宿以中西一星作距星則觜宿之黃道度已在參宿後一度餘卽赤道度亦在參宿後三十一分餘今依次順序以參宿中三星之東一星作距星則觜宿黃道度恆在參前一度弱與觜前參後之序合其餘諸座之星皆以次順序無凌躐顚倒之弊又於有名常數之外增一千六百一十四星近某座者卽名某座增星依次分註方位以備稽考其近南極星二十三座一百五十星中國所不見仍依西測之舊共計恆星三百座三千八十三星編爲總紀一卷庶星官名數古今不同及黃道赤道所屬宮次皆展卷瞭然矣

臣等謹按丹元子步天歌先二十八宿後三垣蓋箕風畢雨織女牽牛見於詩書者皆列宿星座而宋兩朝天文志所載垣星俱入列宿度分是列宿星名最古也三垣多取周秦之國與官名知始於甘石之徒然史記天官書首列紫宮殆以北極爲尊猶振衣之挈領今西測次序仍之

紫微垣

北極五星一曰太子二曰帝三曰庶子增星三四曰后宮增星一五曰天樞黃道在午未宮赤道在卯辰宮　四輔四星增星一黃道在未宮赤道在巳午宮　勾陳六星增星十黃道在未申宮赤道在丑寅卯戌亥宮　天皇大帝一星黃道在申宮赤道在亥宮　天柱五星增星六黃道在申酉宮赤道在子丑宮　御女四星增星一黃道在未申酉宮赤道在丑寅宮　女史一星增星一黃道在未宮赤道在寅宮　柱史一星增星二黃道在申宮赤道在丑宮　尚書五星增星二黃道在辰巳午宮赤道在寅宮　天牀六星增星一黃道在巳午宮赤道在寅卯宮　大理二星增星一黃道在未宮赤道在辰巳宮　陰德二星增星一黃道在未宮赤道在巳宮　六甲六星增星一黃赤道俱在未申宮　五帝內座五星增星二黃道在申宮赤道在酉戌宮　華蓋七星黃道在酉宮赤道在戌宮　杠九星（附華蓋爲一座）增星一黃道在申酉宮赤道在酉戌宮　右垣牆七星一曰右樞二曰少尉增星二三曰上輔增星二四曰少輔增星一五曰上衛增星三六曰少衛增星一七曰上丞增星三黃道在巳午未申宮赤道在辰巳午未申酉宮　左垣牆八星一曰左樞二曰上宰三曰少宰四曰上弼五曰少弼六曰上衛增星三七曰少衛增星八八曰少丞增星一黃道在辰巳酉宮赤道在戌亥子丑寅卯宮　天乙一星黃道在巳宮赤道在辰宮　太乙一星黃道在午宮赤道在辰宮　內廚二星增星二黃道在午宮赤道在辰宮　北斗七星一曰天樞增星三二曰天璇增星八三曰天機四曰天權增星三五曰玉衡六曰開陽增星二

七日搖光黄道在巳午宫赤道在辰巳宫　輔一星附北斗爲一座增星三黄道在巳宫赤道在辰宫　天槍三星增星四黄道在巳宫赤道在卯宫　元戈一星增星二黄道在辰宫赤道在卯宫　三公三星黄道在巳宫赤道在辰宫　相一星增星三黄道在巳宫赤道在辰宫　天理四星增星一黄道在午宫赤道在巳宫　太陽守一星增星一黄赤道俱在巳宫　太尊一星黄道在午宫赤道在巳宫　天牢六星增星二黄道在巳午宫赤道在巳宫　勢四星增星十六黄道在午宫赤道在巳宫

文星六星增星八黄道在午未宫赤道在午宫

內階六星增星十黄道在未宫赤道在午宫

三師三星增星一黄道在未宫赤道在午宫　八穀八星增星三十四黄赤道俱在申宫　傳舍九星增星四黄道在申酉宫赤道在酉戌亥宫　天廚六星增星二黄道在戌宫赤道在子丑宫　天棓五星增星十黄赤道俱在寅宫

右共三十七座一百六十三星外增一百七十七星

太微垣

五帝座五星增星三黄赤道俱在巳宫　太子一星黄赤道俱在巳宫　從官一星黄赤道俱在巳宫　幸臣一星黄赤道俱在巳宫　五諸侯五星增星七黄道在辰巳宫赤道在辰宫　九卿三星增星九黄赤道俱在辰宫　三公三星黄赤道俱在辰宫　內屏四星增星六黄赤道俱在巳宫

右垣牆五星一日右執法二日上將三日次將四日次相增星三五日上相增星二黄赤道俱在巳宫　左垣牆五星一日左執法增星一二日上相三日次相增星一四日次將增星三五日上將增星二黄赤道俱在辰宫　郎將一星增星二黄道在巳宫赤道在辰宫　郎位十五星增星三黄道在巳宫赤道在辰巳宫　常陳七星增星六黄道在巳宫赤道在辰巳宫　三台六星一日上台二星增星七二日中台二星增星三三日下台二星增星二黄道在巳午未宫赤道在巳午宫　虎賁一星黄赤道俱在巳宫　少微四星增星八黄道在巳午宫赤道在巳宫　長垣四星增星九黄道在巳午宫赤道在巳宫　靈臺三星增星八黄赤道俱在巳宫　明堂三星增星六黄赤道俱在巳宫　謁者一星增星二黄道在巳宫赤道在辰宫

右共二十座七十八星外增九十三星

天市垣

帝座一星黄赤道俱在寅宫　侯一星增星五黄赤道俱在寅宫　宦者四星增星五黄赤道俱在寅宫　斗五星增星十四黄道在寅卯宫赤道在寅宫　斛四星增星三黄赤道俱在寅宫　列肆二星增星四黄道在寅卯宫赤道在寅宫　車肆二星增星二黄赤道俱在寅宫　市樓六星增星一黄赤道俱在寅宫　宗正二星增星三黄赤道俱在寅宫　宗人四星增星四黄赤道俱在寅宫　宗二星黄赤道俱在丑宫　帛度二星增星三黄赤道俱在寅宫　屠肆二星增星三黄赤道俱在丑寅宫　右垣牆十一星一日河中二日河間增星一三日晉增星三四日鄭五日周增星十四六日秦增星一七日蜀增星二八日巴增星四九日梁十日楚十一日韓黄赤道俱在寅卯宫　左垣牆十一星一日魏增星八二日趙增星三三日九河增星一四日中山增星七五日齊增星八六日吳越增星七七日徐增星四八日東海增星四九日燕十日南海十一日宋增星二黄赤道俱在丑寅宫　天紀九星增星十四黄道在寅卯宫赤道在寅宫　女牀三星黄赤道俱在寅宫　貫索九星增星十三黄赤道俱在卯宫　七公七星增星十六黄道在卯辰宫赤道在寅卯宫

右共十九座八十七星外增一百五十九星

皇朝通志卷十八

皇朝通志卷十九

天文畧二

恆星

角宿

角二星增星十五黃赤道俱在辰宮　平道二星黃赤道俱在辰宮　天田二星增星六黃赤道俱在辰宮・周鼎三星黃道在辰巳宮赤道在辰宮　進賢一星增星九黃赤道俱在辰宮・天門二星增星十一黃赤道俱在辰宮　平二星增星三黃道在卯辰宮赤道在辰宮　庫樓十星增星十一黃赤道俱在卯辰宮　柱十一星黃赤道俱在卯辰宮　衡四星黃道在卯宮赤道在辰宮　南門二星增星二黃道在卯宮赤道在卯辰宮

右共十一座四十一星外增四十七星按步天歌柱十五星今少四

亢宿

亢四星增星十二黃道在卯宮赤道在卯辰宮　大角一星增星一黃道在辰宮赤道在卯宮　右攝提三星增星三黃赤道俱在辰宮　左攝提三星增星三黃道在卯辰宮赤道在卯宮　折威七星增星六黃赤道俱在卯宮　頓頑二星增星一黃赤道俱在卯宮　陽門二星黃赤道俱在卯宮

右共七座二十二星外增二十六星

氐宿

氐四星增星二十九黃赤道俱在卯宮　亢池四星黃道在辰宮赤道在卯辰宮　帝座三星增星一黃赤道俱在辰宮　梗河三星增星五黃道在卯辰宮赤道在卯宮　招搖一星黃道在辰宮赤道在卯宮　天乳一星增星三黃赤道俱在卯宮

天輻二星增星一黃赤道俱在卯宮　陣車三星增星一黃赤道俱在卯宮　騎官十星黃赤道俱在卯宮　車騎三星黃赤道俱在卯宮　將軍一星黃赤道俱在卯宮

右共十一座三十五星外增四十一星按步天歌亢池六星今少二騎官二十七星今少十七

房宿

房四星增星六黃赤道俱在卯宮　鈎鈐二星附房宿為一座黃道在寅宮赤道在卯宮　鍵閉一星黃道在卯宮赤道在寅宮　罰三星增星三黃道在卯宮赤道在寅卯宮　西咸四星增星二黃赤道俱在卯宮　東咸四星增星三黃赤道俱在寅宮　日一星增星一黃赤道俱在卯宮　從官二星增星一黃赤道俱在卯宮

右共七座二十一星外增十四星

心宿

心三星增星八黃赤道俱在寅宮　積卒三星黃道在寅宮赤道在卯宮

右共二座五星外增八星按步天歌積卒十二星今少十

尾宿

尾九星增星一黃赤道俱在寅宮　神宮一星附尾宿為一座黃赤道俱在寅宮　天江四星增星十一黃赤道俱在寅宮　傅說一星黃赤道俱在寅宮　魚一星黃赤道俱在寅宮　龜五星黃赤道俱在寅宮

右共五座二十一星外增十二星

箕宿

箕四星黃赤道俱在丑寅宮　糠一星黃赤道俱在寅宮　杵三星增星一黃赤道俱在寅宮

右共三座八星外增一星

斗宿

斗六星增星四黃赤道俱在丑寅宮　天籥八星增星四黃赤道俱在寅宮　天弁九星增星五黃赤道俱在丑宮　建六星增星八黃赤道俱在丑宮　天雞二星增星三黃赤道俱在丑宮　狗二星增星六黃赤道俱在丑宮　天淵三星黃赤道俱在丑宮　農丈人一星黃赤道俱在丑宮　鼈十一星黃赤道俱在丑宮

右共十座五十二星外增三十星按步天歌天淵十星今少七鼈十四星今少三

牛宿

牛六星增星九黃赤道俱在子丑宮　天桴四星增星二黃赤道俱在子丑宮　河鼓三星增星九黃赤道俱在丑宮　右旗九星增星十二黃赤道俱在丑宮　左旗九星增星二十九黃赤道俱在子丑宮　織女三星增星四黃赤道俱在丑宮　漸臺四星增星六黃赤道俱在丑宮　輦道五星增星九黃道在子丑宮赤道在丑宮　羅堰三星增星一黃赤道俱在子宮　天田四星黃赤道俱在子宮　九坎四星黃赤道俱在子宮

右共十一座五十四星外增八十一星按步天歌天田九星今少五九坎九星今少五

女宿

女四星增星五黃赤道俱在子宮　離珠四星增星一黃赤道俱在子宮　敗瓜五星增星三黃赤道俱在子宮　瓠瓜五星增星五黃赤道俱在子宮　天津九星增星三十八黃道在亥子宮赤道在子丑宮　奚仲四星增星七黃道在子宮赤道在丑宮　扶筐七星增星四黃道在子丑宮赤道在丑宮　十二國十六星一曰周二星二曰秦二星三曰代二星增星二四曰趙二星五曰越六曰齊七曰楚八曰鄭九曰魏十曰韓十一曰晉十二曰燕皆一星黃赤道俱在子宮

右共八座五十四星外增六十五星按步天歌離珠五星今少一

虛宿

虛二星增星八黃赤道俱在子宮　司命二星黃赤道俱在子宮　司祿二星增星二黃赤道俱在子宮　司危二星黃赤道俱在子宮　司非二星增星二黃赤道俱在子宮　哭二星增星四黃赤道俱在子宮　泣二星增星二黃道在亥子宮赤道在亥宮　離瑜三星增星三黃赤道俱在子宮　天壘城十三星黃赤道俱在子宮　敗臼四星增星一黃道在子宮赤道在亥子宮

右共十座三十四星外增二十二星

危宿

危三星增星十一黃道在亥子宮赤道在子宮　墳墓四星附尾宿爲一座增星四黃赤道俱在亥宮　蓋屋二星黃赤道俱在子宮　虛梁四星黃赤道俱在亥宮　天錢五星增星四黃赤道俱在子宮

八四星增星四黃道在亥子宮赤道在子宮　杵三星增星二黃道在亥宮赤道在亥子宮　臼四星增星五黃道在亥宮赤道在亥子宮　車府七星增星十九黃道在戌亥宮赤道在亥子宮　造父五星增星五黃道在戌宮赤道在亥子宮　天鈎九星增星十六黃道在酉戌宮赤道在亥子宮

右共十座五十星外增七十星按步天歌天錢十星今少五人五星今少一

室宿

室二星增星七黃赤道俱在亥宮　離宮六星附室宿爲一座增星八黃赤道俱在亥宮　螣蛇二十二星增星十四黃道在戌亥宮赤道在亥子宮　雷電六星增星八黃赤道俱在亥宮　土公吏二星黃赤道俱在亥宮　壘壁陣十二星增星七黃赤道俱在亥子宮　羽林軍四十五星黃赤道俱在亥子宮　天綱一星黃道在子宮赤道在亥宮　北落師門一星黃赤道俱在亥宮　鈇鉞三星增星二黃赤道俱在亥宮　八魁六星黃道在亥宮赤道在戌亥宮

右共十座一百零六星外增四十六星按步天歌八魁九星今少三

壁宿

壁二星增星二十三黃道在戌宮赤道在戌亥宮　天廐三星增星一黃赤道俱在戌宮　土公二星增星十一黃道在戌宮赤道在戌亥宮　霹靂五星增星八黃赤道俱在亥宮　雲雨四星增星九黃赤道俱在亥宮　鈇鑕五星黃赤道俱在戌宮

右共六座二十一星外增五十二星按步天歌天廐十星今少七

奎宿

奎十六星增星二十二黃赤道俱在戌宮　王良五星增星五黃道在酉宮赤道在戌亥宮　策一星黃道在酉宮赤道在戌宮　附路一星黃道在酉宮赤道在戌宮　軍南門一星黃道在酉宮赤道在戌宮　閣道六星增星五黃赤道俱在酉戌宮　天溷四星增星六黃赤道俱在戌宮　外屏七星增星十五黃赤道俱在戌宮　天溷四星增星六黃赤道俱在戌宮　土司空一星黃道在亥宮赤道在戌宮

右共九座四十二星外增五十三星按步天歌天溷七星今少三

婁宿

婁三星增星十五黃道在酉戌宮赤道在酉宮　天大將軍十一星增星十六黃道在酉宮赤道在酉戌宮　右更五星增星五黃赤道俱在戌宮　左更五星增星七黃赤道俱在酉宮　天倉六星增星十八黃道在戌亥宮赤道在戌宮　天庾三星增星三黃道在戌宮赤道在酉戌宮

右共六座三十三星外增六十四星

胃宿

胃三星增星五黃赤道俱在酉宮　大陵八星增星二十黃赤道俱在酉宮　積尸一星黃赤道俱在酉宮　天船九星增星九黃道在申酉宮赤道在酉宮　積水一星增星一黃道在申宮赤道在

酉宮　天廩四星增星一黃赤道俱在酉宮　天囷十三星增星二十黃赤道俱在酉戌宮

右共七座三十九星外增五十七星

昴宿

昴七星增星九黃赤道俱在酉宮　天阿一星黃赤道俱在酉宮　月一星增星一黃赤道俱在酉宮　卷舌六星增星六黃道在申酉宮赤道在酉宮　天讒一星黃赤道俱在酉宮　礪石四星黃道在申宮赤道在申酉宮　天陰五星增星四黃赤道俱在酉宮　芻稾六星增星五黃道在戌宮赤道在酉宮　天苑十六星增星十六黃道在酉戌宮赤道在酉宮

右共九座四十七星外增三十七星

畢宿

畢八星增星十三黃赤道俱在申酉宮　附耳一星（附畢宿為一座）增星一黃赤道俱在申宮　天街二星增星四黃赤道俱在申宮　天高四星增星四黃赤道俱在申宮　諸王六星增星四黃赤道俱在申宮　五車五星增星十八黃赤道俱在申宮　柱九星黃赤道俱在申宮　咸池三星黃赤道俱在申宮　天潢五星增星二黃赤道俱在申宮　天關一星增星六黃赤道俱在申宮　天節八星黃赤道俱在申宮　九州殊口六星增星十黃赤道俱在申酉宮　參旗九星增星十一黃赤道俱在申宮　九斿九星增星五黃赤道俱在申宮　天園十三星增星六黃道在酉戌亥宮赤道在申酉戌宮

右共十四座八十九星外增八十四星（按步天歌九州殊口九星今少三）

觜宿

觜三星黃赤道俱在申宮　司怪四星增星六黃赤道俱在申宮　座旗九星增星十一黃赤道俱在未宮

右共三座十六星外增十七星

參宿

參七星增星三十七黃赤道俱在申宮　伐三星（附參宿為一座）增星二黃赤道俱在申宮　玉井四星增星二黃赤道俱在申宮　軍井四星增星一黃赤道俱在申宮　屏二星黃赤道俱在申宮　廁四星增星一黃赤道俱在申宮　屎一星黃赤道俱在申宮

右共六座二十五星外增四十九星

井宿

井八星增星十七黃赤道俱在未宮　鉞一星（附井宿為一座）增星一黃赤道俱在申宮　水府四星增星八黃赤道俱在未申宮　天罇三星增星九黃赤道俱在未宮　五諸侯五星增星五黃赤道俱在未宮　北河三星增星四黃赤道俱在未宮　積水一星黃赤道俱在未宮　積薪一星增星三黃赤道俱在未宮　水位四星增星十一黃赤道俱在未宮　南河三星增星十黃赤道俱在未宮　四瀆四星增星六黃赤道俱在未宮　闕邱二星增星七黃赤道俱在未宮　軍市六星增星五黃赤道俱在未宮　野鷄一星黃赤道俱在未宮　天狼一星增星五黃赤道俱在未宮　丈人二星黃赤道俱在申宮　子二星增星一黃赤道俱在申宮　孫二星增星四黃赤道俱在未申宮　老人一星增星四黃赤道俱在未宮　弧矢九星增星二十四黃道在午未宮赤道在未宮

右共十九座六十三星外增一百二十四星（按步天歌軍市十三星今少七）

鬼宿

鬼四星增星十八黃赤道俱在午宮　積尸氣一星增星三黃赤道俱在午宮　爟四星增星十一黃赤道俱在未宮　外厨六星增星十七黃赤道俱在午宮　天記一星增星二黃道在巳宮赤道在午宮　天狗七星黃道在巳午宮赤道在午宮　天社六星增星五黃道在辰巳午宮赤道在午宮

右共六座二十九星外增五十七星

柳宿

柳八星增星十黃赤道俱在午宮　酒旗三星增星五黃赤道俱在午宮

右共二座十一星外增十五星

星宿

星七星增星十五黃赤道俱在午宮　天相三星增星十二黃道在巳宮赤道在巳午宮　軒轅十七星增星五十七黃赤道俱在巳午宮　內平四星增星十一黃道在午宮赤道在巳午宮

右共四座三十一星外增九十五星（按步天歌有天稷五星今無）

張宿

張六星增星四黃赤道俱在巳午宮

右一座六星外增四星（按步天歌有天廟十四星今無）

翼宿

翼二十二星增星七黃道在辰巳宮赤道在巳宮

右一座二十二星外增七星（按步天歌有東甌五星今無）

軫宿

軫四星增星五黃道在辰宮赤道在巳宮　右轄一星（附軫宿為一座）黃道在辰宮赤道在巳宮　左轄一星（附軫宿為一座）黃赤道俱在辰宮　長沙一星（附軫宿為一座）黃赤道俱在辰宮　青邱七星增星三黃道在辰宮赤道在巳宮

右共二座十四星外增八星（按步天歌有軍門二星土司空四星器府三十二星今俱無）

近南極星

海山六星增星二黃道在卯辰宮赤道在巳宮

十字四星黃道在卯宮赤道在辰宮　馬尾三星黃道在辰宮赤道在辰巳宮　馬腹三星黃道在卯宮赤道在辰宮　蜜蜂四星黃道在卯宮赤道在辰宮　三角形三星增星四黃道在寅宮赤道在辰宮　異雀九星黃道在寅宮赤道在寅卯辰宮　孔雀十一星增星四黃道在丑寅宮赤道在子丑寅宮　波斯十一星黃赤道俱在子丑宮　蛇尾四星黃道在丑宮赤道在戌亥子宮　蛇腹四星黃道在亥子宮赤道在酉戌宮　蛇首二星黃道在亥宮赤道在酉戌宮　鳥喙七星增星一黃道在子宮赤道在戌亥宮　鶴十二星增星二黃道在子宮赤道在亥宮　火鳥十星增星一黃道在亥子宮赤道在戌亥宮　水委三星黃道在亥宮赤道在戌宮　附白二星黃道在子宮赤道在酉宮　夾白二星黃道在戌亥宮赤道在申酉宮　金魚五星增星一黃道在寅酉戌宮赤道在未申宮　海石五星增星三黃道在辰巳宮赤道在午宮　飛魚六星黃道在卯辰宮赤道在午未宮　南船五星增星一黃道在卯辰宮赤道在巳午宮　小斗九星增星一黃道在寅卯宮赤道在辰巳午未宮

右共二十三座一百三十星外增二十星（古無）

臣等謹案徐文靖管城碩記載泰西測驗可見可狀之星凡四十八象在黃道中十二象與回回同曰白羊曰金牛曰雙兄（回回作陰陽）曰巨蟹曰獅子曰烈女（回回作雙女）曰天稱曰天蝎曰人馬曰磨蝎曰寶瓶曰雙魚（即自戌至亥十二宮）星三百四十六在黃道北二十一象曰小熊曰大熊曰龍曰皇帝曰守熊人曰北冕旒曰熊人曰琵琶曰雁鵝曰岳母曰大將軍曰御車曰醫生曰逐蛇曰毒蛇曰箭曰鳥曰魚將軍曰駒曰飛馬曰公主曰三角形星三百六十在黃道南十五象曰獸海曰獵戶曰天河曰天兔曰天犬曰小犬曰船曰小蛇曰酒瓶曰烏鴉曰半人牛星三百一十有六此蓋西測之舊而非南懷仁所增五百九十七星也附錄以備稽覽

恆星東行

恆星行即古歲差也古謂恆星不動而黃道西移今謂黃道不動而恆星東行蓋使恆星不動而黃道西移則恆星之黃道經緯度宜每歲不同赤道經緯度宜終古不變今測恆星之黃道經度每歲東行而緯度不變至於赤道經度則逐歲不同而經度尤甚自星紀至鶉首六宮星在赤道南者緯度古多而今漸少在赤道北者緯度古少而今漸多自鶉首至星紀六宮星在赤道南者緯度古少而今漸多在赤道北者緯度古多而今漸少凡距赤道二十三度半以內之星在赤道北者皆可以過赤道南在赤道南者亦可以過赤道北則恆星循黃道東行而非黃道之西移明矣新書載西人第谷以前恆星東行之數或云百歲而行一度或云七十餘年而行一度或云六十餘年而行一度隨時修改與古累改歲差之意同迨第谷定恆星每歲東行五十秒約七十年有餘而行一度元郭守敬所定亦為近之至今一百四十餘年驗之於天雖無差忒但星行微渺必歷多年其差乃見然則第谷所定之數亦未可泥為定準惟隨時測驗依天行以推其數可也

測恆星

恆星東行既依黃道則測定一年之黃道經緯度而逐年之黃道經緯度皆視此矣然欲測諸恆星必以一星作距而欲測黃道經緯度必以赤道經緯度為宗蓋諸曜隨天左旋惟赤極不動其經緯既與黃道相當又與地平相應時刻之早晚於是乎紀太陽之躔次於是乎辨非赤道則黃道無從而稽也其法測恆星之大者測其方中時刻及正午高弧乃以本時太陽赤道經度與太陽距午正赤道經度相加即星之赤道經度又以正午高弧與赤道高度相減即星之赤道緯度既得赤道經緯度則用弧三角法推得黃道經緯度既得一星黃

赤經緯度卽以此一星作距或用黃道赤道諸儀測其相距之經緯或用地平象限諸儀測其偏度及高度而諸星之黃赤經緯度皆可得矣要之測恆星之法先測一星爲準而此星經度必取定於太陽倘於時刻差四分則於天行差一度故須參互考驗方得密合或用太陰及太白比測者然皆有視差不如用太陽之確準也

恆星出入地平

恆星隨宗動天東出西入旋轉有常因節氣有冬夏晝夜有永短人居有南北故所見恆星出入地平之時刻因時各異隨地不同也夫逐時皆有出入地平之恆星逐星皆有出入地平之時刻可以測候而得亦可以推步而知其法用本地北極高度及本星赤道經緯度求得本星與赤道同出入地平之度乃與本時太陽赤道經度相減卽得本星出入地平之時刻也

恆星黃赤經緯度

恆星布列周天古有去極入宿度數入宿卽經度也去極卽緯度也然黃道度與赤道度不同歲差亦異蓋黃道以黃極爲樞赤道以赤極爲樞兩道兩極各相距二十三度半故星在兩極之間者黃道屬未宮赤道則屬丑宮星在兩道之間者黃道屬緯南赤道則屬緯北此黃赤道不同之極致也恆星循黃道東行每年五十一秒緯度終古不改而經度之差有常赤道與黃道斜交分至前後南北遠近其差不等兩極之間在黃道爲差而東在赤道爲差而西兩交之際黃道南者差而入赤道北黃道北者差而出赤道南此歲差不同之極致也今以乾隆九年甲子恆星黃赤經緯度依黃道次序列恆星黃道經緯度表而以赤道經緯附之依赤道次序列恆星赤道經緯度表而以黃道經緯附之各將赤道歲差列於其下黃道以便推算赤道以便測量觀象之用於斯備矣

乾隆九年甲子測二十八宿宮度

角宿辰宮二十度一十六分
亢宿卯宮初度五十六分
氐宿卯宮十一度三十二分
房宿卯宮二十九度二十二分
心宿寅宮四度十四分
尾宿寅宮十度二十九分
箕宿寅宮二十七度四十一分
斗宿丑宮六度三十六分
牛宿子宮初度二十九分
女宿子宮八度九分
虛宿子宮十九度四十九分
危宿子宮二十九度四十七分
室宿亥宮十九度五十四分
壁宿戌宮五度三十五分
奎宿戌宮十八度五十一分
婁宿酉宮初度二十三分
胃宿酉宮十三度二十一分
昴宿酉宮二十五度五十分
畢宿申宮四度五十三分
觜宿申宮二十度七分
參宿申宮二十一度七分
井宿未宮一度四十三分
鬼宿午宮二度十分
柳宿午宮六度四十四分
星宿午宮二十三度四十三分
張宿巳宮二度九分
翼宿巳宮二十度二十一分
軫宿辰宮七度十一分

增附各曜小星黃赤經緯度

仰觀普天之星象所不能圖不能測者限於目力而不能別識其繁多也往昔嘗法製廣大之窺筩內安玻璃鏡而兩目並用窺天則一目而用雙玻璃遠鏡所視極其分明故以之觀列宿天之衆星較平時不啻多數十倍而且界限甚明卽如昴宿傳云七星而實則三十六星鬼宿中積尸氣相傳爲白氣如雲用鏡窺之則又三十五星歷歷可數他如牛宿中南星尾宿東魚星傅說星觜宿南星皆在六等之外所稱微茫難見者用鏡窺之則衆星列次之遠皆一一見焉若天漢相傳爲白氣其實皆無數之小星從古天文家大都以可見可測之星求其形似連合而爲象因象而命之名以爲識別然名星之左右上下雖有可見之小星而其象微光不甚顯難以準測其度分次第惟以相近名星之比例可推而定焉今照法另列黃赤二道經緯表而屬之以相近之星座又以其次第別之亦可以備夫渾儀之作法而衆星之全象具昭於斯安有不快足乎窺天者之心目哉

天漢

臣等謹案李光地云二十八宿分四方者以雲漢之升降定之雲漢陰氣也列宿天中也雲漢之氣

與列宿始交於申勢極於亥降交於寅沉化於巳潛明於午陰氣循環於是爲著故四維之限因以定焉陰氣之升爲西爲北陰氣之降爲東爲南天之道也其說與天漢在第八重列宿之天相發明而其運動則正第八重之運動焉以廣面爲界旁過二極斜絡於天體猶之黃赤等大圈平分之爲二若論其體乃天體內無數之微星耳星因微小其光不能映射入目如諸大星又因其稠密故憕所見之微光或成白道或如白河之象云爾

天漢黃道經緯度

晉書天文志云天漢起東方經箕尾之閒謂之漢津乃分爲二道其南經傅說魚天籥天弁河鼓其北經龜貫箕下次絡南斗魁左旗至天津下而合南道乃西南行又分夾匏瓜絡人星杵造父騰蛇王良附路閣道北端大陵天船卷舌而南行絡五車經北河之南入東井水位而東南行絡南河闕邱天狗天記天稷至七星南而沒明史天文志云近年浮海之人至赤道以南見雲漢過天狗之墟抵天社海石之南踰南船帶海山貫十字架蜜蜂傍馬腹經南門絡三角龜杵而屬於尾宿是爲帶天一周靈臺儀象志天漢經緯度分列黃道南北赤道南北四表與明史合但不按宮次或分二界或分三界或分四界逐度列表其分合曲折之處尚有未詳今亦分黃赤南北四表而各按宮次分南界北界南之北界北之南界各列四層其分合既爲明晰至其曲折之處經緯或有不同又於每度之閒細分列表按數圖之庶合懸象云

臣等謹案天社海石等星卽所謂近南極者也爲中國之所不見自西人浮海測之始知仍屬尾宿而爲帶天一周唐一行創兩戒山河之說以雲漢經天而爲分野區域失之鑿矣

皇朝通志卷十九

皇朝通志卷二十

天文略三

日月

七政宿度

日月五星皆有宿度古以十二宮定于二十八宿故宿度逐歲不同者經度亦因而不同今以二十八宿歷干十二宮故宿度逐歲有差而經度終古不變其法以歲差五十一秒按歲積之與各宿第一星黃道經度相加爲本年黃道宿鈐而于七政黃道經度內減去相當黃道宿度餘即七政黃道宿度盖七政恆星皆宗黃道故宿度亦以黃道推也至于日月交食則并用赤道宿因其關于天行最著故于推算獨詳然各宿赤道經緯度逐歲不同須用推恆星赤道經度法求得本年各宿第一星赤道經度爲本年赤道宿鈐乃于太陽太陰赤道經緯內減去相當赤道宿度餘即太陽太陰赤道宿度

太陽行度

太陽行天每歲一周萬古不忒宜其每日平行而不有盈縮乃徵之實測則春分至秋分行天半周而歷日多秋分至春分行天半周而歷日少其在半天所行之度原均而人居地上所見時日不同今即其不平行之數求其所以然之故則惟有本天高卑之說能盡之本天高卑之法有二一爲不同心天盖天包地外以地爲心太陽本天亦包乎地外而不以地爲心因其有兩心之差而高卑判焉自春分歷夏至以至秋分太陽行本天之大半周故歷日多而自地心立算止行黃道之半周故爲行縮自秋分歷冬至以至春分太陽行本天之小半周故歷日少而自地心立算亦行黃道之半周故爲行盈夫日在本天原自平行因自地心立算而不以太陽本天心立算遂有高卑盈縮之異故高卑爲盈縮之原而兩心之差又高卑之所由生也一爲本輪盖本天與地同心而本天之周又有一本輪本輪心循本天周向東而行日在本輪之周向西而行兩行之度相等太陽在本輪之下半周去地近爲卑則順輪心行故見其速於平行在本輪之上半周去地遠爲高則背輪心行故見其遲於平行在本輪之左右去地不遠不近爲高卑中故名中距其行與平行等本輪循本天東行爲平行度太陽循本輪西行由下而左而上而右而復于下爲自行度如太陽在本輪之下去地心最近是爲最卑太陽在本輪之上去地心最遠是爲最高最高最卑之點皆對本輪心與地心成一直線其平行實行同度故爲盈縮起算之端如太陽由本輪下向左順輪心行能益東行之度故較平行度爲盈至半象限後所益漸少迨輪心行一象限太陽亦行輪周一象限即無所益而復於平行是爲中距然而積盈之多正在中距盖從地心立算爲盈差之極大也從中距而後太陽行本輪之上半周背輪心行故實行漸縮然因有積盈之度方以次漸消其實行仍在平行前迨行滿一象限至最高爲極縮而積盈之度始消盡無餘其實行與平行乃合爲一線故自最卑至最高半周俱爲盈也如太陽由本輪上向右背輪心行能損東行之度故較平行度爲縮至半象限後所損漸少迨輪心行一象限太陽亦行輪周一象限即無所損而復於平行是爲中距然而積縮之多亦在中距盖從地心立算爲縮差之極大也從中距而後太陽行本輪之下半周順輪心行故實行漸盈然因有積縮之度方以次相補其實行仍在平行後迨行滿一象限至最卑爲極盈而積縮之度始補足無缺其實行與平行乃合爲一線故自最高至最卑半周俱爲縮也求得兩心之差而本輪之徑自見明於本輪之故而盈縮之理益彰其理相近其用相輔可以參稽而互證也

臣等謹按第谷立爲本天高卑本輪均輪諸說用三角形推算乾隆初西人刻白爾噶西尼等更相推考又以本天爲橢圓均分其面積爲平行度與舊法迥殊然法雖巧合而其理則猶是本天高卑之說詳見考成後編

太陰行度

太陰行度有九而隨天西轉之行不與焉一曰平行盖太陰之本天帶一本輪本輪心循本天自西而東每日平行一十三度有奇二十七日有餘而行天一周即白道經度也二曰自行盖本輪心循白道行自西而東（即平行經度）太陰復依本輪周行自東而西每日亦行一十三度有奇微不及本輪心行而與本輪心之行順逆參錯人目視之遂生遲疾故名自行以別之授時歷名爲轉周滿一周爲轉終其所生之遲疾差名爲初均數也三曰均輪行西人第谷言用一本輪以齊太陰之行往往與實測未合因將本輪半徑三分之存其二分爲本輪半徑用其一分爲均輪半徑均輪循本輪周行自東而西（即自行轉周度）太陰復依均輪周行自西而東每日行二十六度有奇爲輪心行之倍度（均輪心行一度月行均輪周二度也）其所生之遲疾差即今所用之初均數也四曰次輪行盖用本輪均輪推得遲疾之最大差爲四度有奇于朔望時測

之其數恰合而于上下弦時測之則不合其大差至七度有奇故又于均輪之周復設一輪循均輪周行命爲次輪次輪心自西而東太陰復依次輪周亦自西而東每日行二十四度有奇爲本輪心距太陽行之倍度（本輪心距太陽行一度月行次輪周二度）名爲倍離倍離所生之遲疾差名爲次均數也五曰次均輪行益有初均次均以步朔望以定兩弦則既合矣而于兩弦前後測之又多不合爰思次輪之上必更有一輪以消息乎次均之數今命之曰次均輪其心循次輪周自西而東行倍離之度而太陰則循此輪之周自西而東亦行倍離之度用其所生之差以加減次均數即與太陰兩弦前後所行恰合也六曰交行蓋太陰行白道出入于黃道之內大距五度有奇其自黃道南過黃道北之點名曰正交（即如春分自赤道南過赤道北）自黃道北過黃道南之點名曰中交（即如秋分自赤道北過赤道南）每交之終不能復依原次而不及一度有餘逐日計之退行三分有餘命爲兩交左旋之度（自東而西也）亦名羅計行度也（正交曰羅睺中交曰計都）七曰最高行最高者本輪之上半最遠地心之處而最高行者平行與自行相較之分也均輪心從最高左旋微不及于平行每日六分有奇即命爲最高左旋之度亦名月孛行度也八曰距日行于每日平行度內減去太陽之行爲每日太陰距太陽行二十九日有奇而復與日會是爲朔策九曰距交行以每日平行度與每日交行相加得每日太陰距交度二十七日有奇而行交一周名爲交周也

太陰行度用四輪推之而四輪之法俱係實測而得非意設也西人第谷以前步月離惟用本輪次輪蓋因朔望之行有遲疾故知其有本輪而兩弦之行不同于朔望故知其有次輪其法次輪與本輪兩周相切之點故云朔望時太陰循本輪周行而兩弦時太陰則從兩周相切之點行次輪半周距本輪心最遠故次輪全徑爲兩弦時大於朔望時平行實行之極大差第谷遵其法用之因不能密合太陰之行故于本輪上復加一均輪且因兩弦前後之行又不同于兩弦故又加一次均輪蓋用本輪推朔望時平行實行之極大差爲本輪半徑得四度五十八分有餘而徵之實測惟自行三宮九宮初度之一點爲合在最高前後兩象限則失之小最卑前後兩象限則失之大故第谷將本輪半徑三分之存其二分爲本輪半徑取其一分爲均輪半徑用求平行實行之差爲初均數乃密合于天至于兩弦時平行實行之極大差七度二十五分有餘雖爲新本輪半徑併均輪半徑仍加次輪全徑之數然即舊本輪半徑與次輪全徑相併之數也其次均輪行于次輪即如初均輪之行于本輪但所行之度不同耳（初均輪行爲引數之度次均輪行爲倍離之度）要之本輪者推本天之高卑均輪者所以消息本輪之行度次輪者定朔望兩弦之遠近次均輪者又所以分別朔望兩弦前後之加減故本輪行度合初均輪之倍引而生均數分高卑左右而爲朔望之加減差也次輪行度合次均輪之倍離而生二三均數分遠近上下而爲兩弦前後之加減差也是故非驗實測無以知四輪之妙而明于四輪之用則于太陰遲疾之故思過半矣

臣等謹案刻白爾創爲橢圓之法專主不同心天而不同心之兩心差及太陰諸行又皆以日行與日天消息自一平均以迄交角皆實測之數而要不離乎第谷用本天高卑中距四限與朔望兩弦前後參互比較之法說見考成後編

日躔用數

康熙二十三年甲子天正冬至爲數元

周天三百六十度

周日一萬分

周歲三百六十五日二四二一八七五

紀法六十

宿法二十八

太陽每日平行三千五百四十八秒小餘三三二〇五一六九

最卑每歲平行六十一秒小餘一六六六六

最卑每日平行十分秒之一又六六七四六九

太陽本天半徑一千萬

太陽本輪半徑二十六萬八千八百一十二

太陽均輪半徑八萬九千六百零四

氣應七日六五六三七四九二六

宿應五日六五六三七四九二六

最卑應七度一十分一十秒一十微

日躔星紀宮初度冬至日出辰初一刻十分日入申正二刻五分晝三十六刻十分夜五十九刻五分日躔星紀宮十五度小寒日出辰初一刻七分日入申正二刻八分晝三十七刻一分夜五十八刻十四分

日躔元枵宮初度大寒日出辰初初刻十二分日入申正三刻三分晝三十八刻六分夜五十七刻九分

日躔元枵宮十五度立春日出卯正三刻十二分日入酉初初刻三分晝四十刻六分夜五十五刻九分
日躔娵訾宮初度雨水日出卯正二刻九分日入酉初一刻六分晝四十二刻十二分夜五十三刻三分
日躔娵訾宮十五度驚蟄日出卯正一刻五分日入酉初二刻十分晝四十五刻五分夜五十刻十分
日躔降婁宮初度春分日出卯正初刻日入酉正初刻晝四十八刻夜四十八刻
日躔降婁宮十五度清明日出卯初二刻十分日入酉正一刻五分晝五十刻十分夜四十五刻五分
日躔大梁宮初度穀雨日出卯初一刻六分日入酉正二刻九分晝五十三刻三分夜四十二刻十二分
日躔大梁宮十五度立夏日出卯初初刻三分日入酉正三刻十二分晝五十五刻九分夜四十刻六分
日躔實沈宮初度小滿日出寅正三刻三分日入戌初初刻十二分晝五十七刻九分夜三十八刻六分
日躔實沈宮十五度芒種日出寅正二刻八分日入戌初一刻七分晝五十八刻十四分夜三十七刻一分
日躔鶉首宮初度夏至日出寅正二刻五分日入戌初一刻十分晝五十九刻五分夜三十六刻十分
日躔鶉首宮十五度小暑日出寅正二刻八分日入戌初一刻七分晝五十八刻十四分夜三十七刻一分
日躔鶉火宮初度大暑日出寅正三刻三分日入戌初初刻十二分晝五十七刻九分夜三十八刻六分
日躔鶉火宮十五度立秋日出卯初初刻三分日入酉正三刻十二分晝五十五刻九分夜四十刻六分
日躔鶉尾宮初度處暑日出卯初一刻六分日入酉正二刻九分晝五十三刻三分夜四十二刻十二分
日躔鶉尾宮十五度白露日出卯初二刻十分日入酉正一刻五分晝五十刻十分夜四十五刻五分
日躔壽星宮初度秋分日出卯正初刻日入酉正初刻晝四十八刻夜四十八刻
日躔壽星宮十五度寒露日出卯正一刻五分日入酉初二刻十分晝四十五刻五分夜五十刻十分
日躔大火宮初度霜降日出卯正二刻九分日入酉初一刻六分晝四十二刻十二分夜五十三刻三分
日躔大火宮十五度立冬日出卯正三刻十二分日入酉初初刻三分晝四十刻六分夜五十五刻九分
日躔析木宮初度小雪日出辰初初刻十二分日入申正三刻三分晝三十八刻六分夜五十七刻九分
日躔析木宮十五度大雪日出辰初一刻七分日入申正二刻八分晝三十七刻一分夜五十八刻十四分

雍正元年癸卯天正冬至爲元
周天三百六十度
周日一萬分
周歲三百六十五日二四二三三四四二
紀法六十
宿法二十八
太陽每日平行三千五百四十八秒小餘三二九零八九七
最卑每歲平行六十二秒小餘九九七五
最卑每日平行十分秒之一又七二四八
太陽本天大半徑一千萬小半徑九百九十九萬八千五百七十一小餘八五
兩心差十六萬九千
氣應三十二日一二一五四
宿應二十七日一二一五四
最卑應八度七分三十二秒二十二微

臣等謹案考成下編載日躔及五星用數皆康熙甲子所推後編又載雍正元年癸卯所推用數但有日月而無五星今併錄于此

月離用數

康熙二十三年甲子天正冬至爲數元
周天三百六十度
周日一萬分
周歲三百六十五日二四二一八七五
紀法六十
宿法二十八
太陰每日平行四萬七千四百三十五秒小餘〇
二一一七七
太陰一小時平行一千九百七十六秒小餘四五
九二二五七
月孛每日平行四百零一秒小餘　七七四七七
正交每日平行一百九十秒小餘六八四
太陰本天半徑一千萬
太陰本輪半徑五十八萬
太陰均輪半徑二十九萬
太陰負圈半徑七十九萬七千
次輪半徑二十一萬七千
次均輪半徑一十一萬七千五百
朔望黃白大距四度五十八分三十秒
兩弦黃白大距五度一十七分三十秒
黃白大距中數五度零八分
黃白大距半較九分三十秒
氣應七日六五六三七四九二六
平行應一宮零八度四十五分五十七秒一十六
微
月孛應三宮零四度四十九分五十四秒零九微
正交應六宮二十七度一十三分三十七秒四十
八微
月離元枵宮十五度至大梁宮十五度爲正升
月離大梁宮十五度至鶉首宮初度爲斜升
月離鶉首宮初度至析木宮十五度爲橫升
月離析木宮十五度至星紀宮初度爲斜升
雍正元年癸卯天正冬至爲元
周天三百六十度
周日一萬分
周歲三百六十五日二四二三三四四二
紀法六十
太陰每日平行四萬七千四百三十五秒小餘〇
二三四〇八六
最高每日平行四百零一秒小餘〇七〇二二六
正交每日平行一百九十秒小餘六三八六三
太陽最大均數一度五十六分一十三秒
太陰最大平均一十一分五十秒
最高最大平均一十九分五十六秒
正交最大平均九分三十秒
太陽最高立方積一〇五一五六二
太陽最卑立方較一〇一四一〇
太陽在最高太陰最大二平均三分三十四秒
太陽在最卑太陰最大二平均三分五十六秒
太陰最大三平均四十七秒
太陰本天橢圓大半徑一千萬
最大兩心差六六七八二〇
最小兩心差四三三一九〇
最高本輪半徑五五〇五〇五
最高均輪半徑一一七三一五
太陽在最高太陰最大二均三十三分一十四秒
太陽在最卑太陰最大二均三十七分一十二秒
太陰最大三均二分二十五秒
兩最高相距一十度兩弦最大末均六十一秒以下從省文祗書相距末均四字相距二十度末均[illegible]秒相距
三十度末均七十六秒相距四十度末均[illegible]十八
秒相距五十度末均一百[illegible]秒相距六十度末
均一百二十秒相距七十度末均[illegible]九秒
相距八十度末均一百[illegible]十九秒相距九十度末
均一百八十秒
正交本輪半徑五十七分半
正交均輪半徑一分半
最大黃白大距五度一十七分二十秒
最小黃白大距四度五十九分[illegible]秒
黃白大距中數五度八分一十[illegible]秒[illegible]微
黃白大距半較八分五十一秒三十微
最大交角加分一[illegible]
最大距日加分[illegible]秒
氣應三十二日一[illegible]四
太陰平行應五宮[illegible]八秒
五十三微
最高應八宮一度[illegible]八微
正交應五宮[illegible]
三微
臣等謹按雍正元年日月[illegible]詳加
倍益至是[illegible]法可

以概見也

朔望平實

日月相會爲朔相對爲望朔望又有平實之殊平朔望者日月之平行度相會相對也實朔望者日月之實行度相會相對也故平朔望與實朔望相距之時刻以兩實行相距之度爲準葢兩實行相距之度以兩均數相加減而得而兩朔望相距之時刻則以兩實行相距之度變爲時刻以加減平朔望而得實朔望故兩實行相距無定數則兩朔望相距亦無定時也

晦朔弦望

太陰之晦朔弦望雖無關乎自行之遲疾而自行之遲疾實由于朔望兩弦而得知其二十七日有奇而一周者太陰之自行也其二十九日半強而與太陽相會者朔策也其閒猶有望與上下兩弦之分焉葢太陰之體賴太陽而生光其向太陽之面恆明背太陽之面恆晦而其行則甚速于太陽當其與太陽相會之時人在地上正見其背故謂之朔後漸遠太陽人可漸見其面其光漸長至距朔七日有奇其距太陽九十度人可見其半面太陽在後太陰在前其光向西其魄向東故名上弦上弦以後距太陽愈遠其光漸滿至一百八十度正與太陽相望人居其閒正見其面故謂之望自望之後又漸近太陽人不能正見其面其光漸虧其魄漸生至距望七日有奇其距太陽亦距九十度則又止見其半面太陽在前太陰在後其光向東其魄向西故名下弦以後距太陽愈近其光漸消至復與太陽相會其光全晦復爲朔矣

太陰隱見遲疾

合朔之後恆以三日月見于西方故尙書註月之三日爲哉生明然有朔後二日卽見者更有晦日之晨月見東方朔日之夕月見西方者唐歷家遂爲進朔之法致日食乃在晦宋元史已辨其非而未明其故葢月之隱見遲疾固有一定之理可按數而推殆因乎天行由于地度毋庸轉移遷就也至于漢魏歷家未明盈縮遲疾之差以平朔著歷故有晦而月見東方朔而月見西方者此則推步之疏不可以隱見遲疾論也隱見之遲疾一因黃赤道之升降有斜正也葢春分前後各三宮由星紀至實沈六宮黃道斜升而正降月離此六宮則朔後疾見秋分前後各三宮由鶉首至析木六宮黃道正升而斜降月離此六宮則朔後遲見如日躔降婁初度月離降婁一十五度爲正降日入時月在地平上高一十四度餘卽可見葢入地遲而見早也日躔壽星初度月離壽星一十五度爲斜降日入時月在地平上高六度餘卽不可見葢入地疾而見遲也若晦前月離正升六宮則隱遲斜升六宮則隱早其理亦同一因月距黃緯有南北也葢月距黃道北則朔後見早距黃道南則朔後見遲如日躔降婁初度月離降婁一十五度而月距黃道北則月距地平之度多入地遲而見早月距黃道南則月距地平之度少入地疾而見遲也若晦前距黃道北則隱遲距黃道南則隱早其理亦同一因月自行度有遲疾也葢月自行遲則朔後見遲晦前隱遲自行疾則朔後見早晦前隱早也夫月離正降宮度距日一十五度卽可見以每日平行一十二度有奇計之則朔後一日有餘卽見生明于西是故合朔如在甲日亥子之閒月離正升宮度距黃道北而又行遲則甲日太陽未出亦見東方月離正降宮度距黃道北而又行疾則乙日太陽巳入亦見西方矣

地半徑差

凡求七曜出地之高度必用測量乃測量所得之數往往不合葢推步所得者七曜距地心之高度而測量所得者七曜距地面之高度也距地心之高度爲眞高距地面之高度爲視高人在地面不在地心故視高必小于眞高以有地半徑之差也或有大于眞高者則淸蒙氣所爲也葢七曜恆星雖皆麗於天而其高下又各不等惟恆星天爲最高其距地最遠地半徑甚微故有視高眞高之差若夫七曜諸天則皆有地半徑差

噶西尼等謂日天半徑甚遠無地半徑差而測量所係只在秒微又有蒙氣雜乎其內最爲難定因思日月星之在天惟恆星無地半徑差若以日與恆星相較可得其準而日星不能兩見是測日不如測五星也土木二星在日上去地尤遠地半徑差愈微金水二星雖有時在日下而其行繞日逼近日光均爲難測惟火繞日而亦繞地能與太陽衝故夜半時火星正當子午線于南北兩處測之同與一恆星相較其距恆星若相等則是無地半徑差若相距不等卽爲有地半徑差其不等之數卽兩處半徑差之較且火星衝太陽時其距地較太陽爲近則太陽地半徑差必更小如火星地半徑差也噶西尼用此法推得火星在地平上最大地半徑差爲二十五秒比例得太陽在中距時地平上最大地半徑差爲一十秒驗之交食果爲脗合近日西法並宗其說

地影半徑

太陽照地而生地影太陰遇影而生薄蝕凡食分之淺

月食時之久暫皆繫地影半徑之大小其所係固非輕也但地影半徑之大小隨時變易其故有二一緣太陽距地有遠近距地遠者影巨而長距地近者影細而短此由太陽而變易者也一緣地影爲尖圓體近地粗而遠地細太陰行最卑距地近則過影之粗處其徑大行最高距地遠則過影之細處其徑小此由太陰而變易者也

舊說謂太陽有光分能侵地影使小今說謂地周有蒙氣能擴地影使大此亦極不同之致然最大影半徑舊爲四十六分四十八秒今爲四十六分五十一秒相差不過三秒最小影半徑舊爲四十二分三十八秒今爲三十分二十八秒相差四分有餘蓋地影之大小固由于太陽距地之遠近及太陰距地之高卑而太陰所關爲尤重最卑太陰距地今昔相差不過百分地半徑之九十五最高太陰距地則相差至百分地半徑之五百六十一夫月之距地既因兩心差而不同則月徑與影徑遂亦因之而各異要皆據一時之所測設法推步以求合而非爲臆說也

日月實徑與地徑

日最大地次之月最小新法歷書載日徑爲地徑之五倍有餘月徑爲地徑之百分之二十七強今依其法用日月高卑兩距各數推之所得實徑之數日徑爲地徑之五倍又百分之七月徑爲地徑之百分之二十七弱皆與舊數大綱相符足徵其說之有據而非誣也

臣等謹按西法以日實徑爲地徑之五倍有餘近西人用遠鏡儀測日實徑爲地徑之九十六倍餘月實徑爲地徑百分之二十七零是月實徑與舊大致相同惟日實徑差至十九倍說詳考成後編物理小識云影瘦光肥斯言得之矣

清蒙氣差

清蒙氣差從古未聞明萬歷間西人第谷始發之其言曰清蒙氣者地中遊氣時時上騰其質輕微不能隔礙人目卻能映小爲大升卑爲高故日月在地平上比于中天則大星座在地平上比于中天則廣此映小爲大也定望時地在日月之間人在地面無兩見之理而恆得兩見或日未西沒而已見月食于東日已東出而尚見月食于西此升卑爲高也又曰清蒙之氣有厚薄有高下氣盛則厚而高氣微則薄而下而升象之高下亦因之而殊其所以有厚薄有高下者地勢殊也若海或江湖水氣多則清蒙氣必厚且高也故欲定七政之緯宜先定本地之清蒙差第谷言其國北極出地五十五度有奇測得地平上最大之差三十四分自地平以上其差漸少至四十五度其差五秒更高則無差此即新法歷書所用之表也近日西人又言于北極出地四十八度之地測得太陽高四十五度時蒙氣差尚有一分餘自地平至天頂皆有蒙氣差即此觀之益見蒙氣差之隨地不同而第谷爲不妄矣

第谷所定地平蒙氣差噶西尼謂蒙氣繞乎地球之周日月星照乎蒙氣之外人在地面爲蒙氣所映必能視之使高而日月星之光線入乎蒙氣之中必反折之使下故光線與視線在蒙氣之內則合而爲一蒙氣之外則歧而爲二此二線所交之角即爲蒙氣差角第谷已悟其理然猶未有算法今反覆精求視線與光線所歧雖有不同而相合則有定處自地心過所合處作線抵圜周則此線即爲蒙氣之割線視線與割線成一角光線與割線亦成一角二角相減即得蒙氣差角又在北極出地高四十四度處屢加精測得地平最大差爲三十二分二十九秒蒙氣之厚爲地半徑千萬分之六千零九十五視線角與光線角正弦之比例常如一千萬與一千萬零二千八百四十一用是以推逐度之蒙氣差至八十九度尚有一秒驗諸實測較第谷爲密近日西法並宗之

曚影刻分

曚影者古所謂晨昏分也太陽未出之先已入之後距地平一十八度皆有光故以一十八度爲曚影限然北極出地有高下太陽距赤道有南北故曚影刻分隨時隨地不同其隨時不同者二分之刻分少二至之刻分多隨地不同者愈北則刻分愈多愈南則刻分愈少也若夫北極出地五十度則夏至之夜半猶有光愈高則漸不夜矣南至赤道下則二分之刻分極少而二至之刻分相等赤道以南反是

交食總論

日月相會爲朔相對爲望朔而同度同道則月掩日而日爲之食望而同度同道則月亢日而月爲之食朔望日月皆東西同度而南北不皆同道同道則食顧推步之法月食猶易而日食最難以月在日下人在地面隨時隨處所見常不同也自大衍以至授時其法寖備我朝用西法推驗尤精考成上編言之詳矣近日西人噶西尼等益復精求立爲新表其理不越乎昔人之範圍而其用意細密又有出于昔人所未及者如求實朔實望用前後二時日月實行爲比例昔人用平朔平望實距弧者未之及也日月兩

心相距最近爲食甚兩周初切爲初虧初離爲復圓皆用兩徑斜距爲比例昔之用月距日實行者未之及也日食周圖算月之視行不與白道平行帶食日在地平視差即圓之半徑月之視距即見食之淺深昔之言視差者亦未之及也雖其數所差無多而其法實屬可取其他或因屢測而小有變更或因屢算而益求簡捷則又考驗之常規而推步所當從也

臣等謹按天文推步向分二門而七政之在天成象與恆星不同舍推步則象無可紀今備列宿度至交食凡十三條撮其大綱言理而不及數挈觀象之端緒亦測驗之要凡也若夫交食推求例繁數密具有成書茲不嫌于簡略云

皇朝通志卷二十

皇朝通志卷二十一

天文略四

五星

臣等謹案五星之伏見留退遲疾順逆莫明晰於晉志而元史術益加詳惟繁簡疏密或有不同我朝用西法推步凡頒來歲之朔經緯躔度預載全書驗無差忒茲據乾隆九年以後七政時憲約舉其綱領云

五星近太陽則伏遠太陽則見星體大黃道正升正降緯度在北則速見遲伏星體小黃道斜升斜降緯度在南則遲見速伏

五星之體金星最大木水二星次之土星又次之火星最小星體大則太陽在地平下之度少卽可見星體小則太陽在地平下之度多方可見土星當地平太陽在地平下十一度可見木星水星當地平太陽在地平下十度可見火星當地平太陽在地平下十一度三十分可見金星當地平太陽在地平下五度可見

五星行上弧順輪心行自西而東爲順爲疾行下弧逆輪心行自東而西爲退爲逆

五星距地有遠近次輪有大小上弧之度多於下弧其多少又各不同土木二星輪小而距地遠上下弧不甚懸殊土星上弧一百九十二度有餘下弧一百六十七度有餘木星上弧二百度有餘下弧一百五十九度有餘火金水三星輪大而距地近上弧之度愈多下弧之度愈少火星上弧二百八九十度下弧七八十度金星上弧二百七十度下弧九十度水星上弧二百二十二度下弧一百三十八度

五星與太陽同度太陽在星與地之閒星爲太陽所掩伏而不見是爲合伏土木火三星能距太陽半周地在星與太陽之閒星與太陽正相對照如月之望是爲衝金水二星常繞太陽行不能相距半周星在太陽與地之閒於次輪下半退行正當太陽之下如月之朔是爲退伏土木火三星合伏後漸遠太陽則晨見順行先疾後遲遲極而留爲留退初退行先遲後疾距太陽一百八十度爲退衝旋夕見退行先疾後遲遲極而留爲留順初順行先遲後疾漸近合伏則夕不見金水二星合伏後漸遠太陽則夕見順行先疾後遲遲極而留爲留退初退行先遲後疾漸近太陽則夕不見復與太陽同度爲合退伏漸遠太陽則晨見退行先疾後遲遲極而留爲留順初順行先遲後疾漸近合伏則不見

土星合伏後約踰二十五日移三度餘晨見東方順行約踰一百日移七度餘爲留退初退行約踰六十日移四度餘爲退衝次日夕見約踰七十日移四度餘爲留順初順行約踰一百日移九度餘夕不見約踰十五日移二度餘復爲合伏

木星合伏後約踰十五日移四度餘晨見東方順行約踰一百十日移十七度餘爲留退初退行約踰五十五日移五度餘爲退衝次日夕見約踰六十日移五度餘爲留順初順行約踰一百十日移十五度餘夕不見約踰十五日移四度餘復爲合伏

火星合伏後約踰三十七日移二十餘度晨見東方順行約踰二百七十日移一百四十餘度爲留退初退行約踰二十五日移五度餘爲退衝次日夕見約踰三十日移六度餘爲留順初順行約踰三百三十日移二百八十餘度夕不見約踰四十七日移三十餘度復爲合伏

金星合伏後約踰二十五日移三十餘度夕見西方順行約踰二百四十日移七度餘夕不見次日移一度爲合退伏又次日移一度晨見東方約踰二十日移七度餘爲留順初順行約踰二百二十日移二百六十餘度晨不見約踰二十日移二十八度餘復爲合伏

水星合伏後約踰十二日移二十餘度夕見西方順行約踰二十八日移二十餘度爲留退初退行約踰二日移一度夕不見約踰四日移三度餘爲合退伏約踰六日移四度餘晨見東方約踰七日移二度餘爲留順初順行約踰二十日移二十餘度晨不見約踰十五日移二十餘度復爲合伏

臣等謹案物理小識云西國近以望遠鏡測太白則有時晦有時光滿有時爲上下弦計太白附日而行遠時僅得象限之半與月異理因悟時在日上故光滿而體微時在日下則晦在傍故爲上下弦也辰星體小去日更近難見其晦明而其運行不異太白度亦與之同理或問熒惑歲填去日遠近日熒惑在歲填內在日外葢爲其行黃道速於二星遲於日也木星在火外以其行黃道速於土遲於火填星在木外其行黃道最遲也恆星無視差七政皆有視差且以此斷以上語簡而理明錄

之以備稽覽

五星用數

康熙二十三年甲子天正冬至爲數元

周天三百六十度入算化作一百二十九萬六千秒

周日一萬分

周歲三百六十五日二四二一八七五

紀法六十以上五條五星所同後不重錄

土星每日平行一百二十秒小餘六〇二二一五五
一

土星最高每日平行十分秒之二又一九五八〇
三

土星正交每日平行十分秒之一又一四六七二
八

土星本天半徑一千萬

土星本輪半徑八十六萬五千五百八十七

土星均輪半徑二十九萬六千四百一十三

土星次輪半徑一百零四萬二千六百

土星本道與黃道交角二度三十一分

氣應七日六五五六三七四九二六

土星平行應七宮二十三度一十九分四十四秒
五十五微

土星最高應十一宮二十八度二十六分零六秒
零五微

土星正交應六宮二十一度二十分五十七秒二
十四微

木星每日平行二百九十九秒小餘二八五二九
六八

木星最高每日平行十八秒之一又五八四三三

木星正交每日平行百分秒之三又七二三五五
七

木星本天半徑一千萬

木星本輪半徑七十萬五千三百二十

木星均輪半徑二十四萬七千九百八十

木星次輪半徑一百九十二萬九千四百八十

木星本道與黃道交角一度一十九分四十秒

氣應七日六五五六三七四九二六

木星平行應八宮零九度一十三分一十三秒一
十一微

木星最高應九宮零九度五十一分五十九秒二
十七微

木星正交應六宮零七度二十一分四十九秒三
十五微

火星每日平行一千八百八十六秒小餘六七〇
〇三五八

火星最高每日平行十分秒之一又八三四三九
九

火星正交每日平行十分秒之一又四四九七二
三

火星本天半徑一千萬

火星本輪半徑一百四十八萬四千

火星均輪半徑三十七萬一千

火星最小次輪半徑六百三十萬二千七百五十

本天高卑大差二十五萬八千五百

太陽高卑大差二十三萬五千

火星本道與黃道交角一度五十分

氣應七日六五五六三七四九二六

火星平行應二宮一十三度三十九分五十二秒
一十五微

火星最高應八宮初度三十三分一十一秒五十
四微

火星正交應四宮一十七度五十一分五十四秒
零七微

金星每日平行三千五百四十八秒小餘三三〇
五一六九與太陽平行同

金星最高每日平行十分秒之二又二七一〇五
九

金星伏見每日平行二千二百一十九秒小餘四
三一一八八六

金星本天半徑一千萬

金星本輪半徑二十三萬一千九百六十二

金星均輪半徑八萬八千八百五十二

金星次輪半徑七百二十二萬四千八百五十

金星次輪面與黃道交角三度二十九分

氣應七日六五五六三七四九二六

金星平行應二十分一十九秒一十八微與數元甲子年天正冬至次日子正初刻太陽平行度同

金星最高應六宮零一度三十三分三十一秒零
四微

金星伏見應初宮一十八度三十八分一十三秒
零六微

水星每日平行三千五百四十八秒小餘三三〇

五一六九與太陽平行同

水星最高每日平行十分秒之二叉八八一一九

三

水星伏見每日平行一萬一千一百八十四秒小

餘一一六五二四八

水星本天半徑一千萬

水星本輪半徑五十六萬七千五百二十三

水星均輪半徑一十一萬四千六百三十二

水星次輪半徑三百八十五萬

水星次輪心在大距與黃道交角五度四十分

水星次輪心在正交當黃道北交角五度零五分

一十秒其與大距交角較三十四分五十秒

水星次輪心在中交當黃道北交角六度一十六

分五十秒其與大距交角較三十六分五十秒

水星次輪心在正交當黃道南交角六度三十一

分零二秒其與大距交角較五十一分零二秒

水星次輪心在中交當黃道南交角四度五十五

分三十二秒其與大距交角較四十四分二十八

秒

氣應七日六五六三七四九二六

水星平行應二十分一十九秒一十八微與數元甲子年天正冬至次日子正初刻太陽平行度同

水星最高應十一宮零三度零三分五十四秒五

十四微

水星伏見應十宮零一度一十三分一十一秒一

十七微

月五星淩犯

臣等謹案月五星淩犯亦猶日月薄蝕自有常度可推歷來史傳多著占應甚無取焉西法於月星相距之度分爲之預算皆由行度遲速經緯遠近得之則談天家無庸侈爲罕見異聞矣玆備列月五星恒星之常度於左

太陽與五星恒星相距十七分以內曰淩十八分以外曰犯兩緯同度曰掩

以本日太陰經度在星前次日太陰經度在星後爲入限緯度在北爲上在南爲下如同在黃道北遠者爲在上近者爲在下同在黃道南近者爲在上遠者爲在下太陰在上者以三度爲距限太陰在下者以一度爲距限

五星自相距及與恒星相距三分以內曰淩四分以外曰犯兩緯同度曰掩

以本日此星經度在彼星前次日此星經度在彼星後爲入限緯度無論在上在下皆以一度爲距限五星自相距以行速者爲淩犯之星行遲者爲受淩犯之星如遲速相同而一順一逆則以順行者爲淩犯之星逆行者爲受淩犯之星

太陰與五星皆循黃道右旋皆得相距

太陰行黃道南北不過六度塡星行黃道南北不過三度歲星行黃道南北不過二度熒惑行黃道南北不過五度太白行黃道南北不過十度辰星行黃道南北不過四度故太陰每淩犯五星五星每自相淩犯

恒星在黃道南北三度以內者太陰五星皆得與相距四度以內者太陰塡熒惑太白辰得與相距五度以內者太陰熒惑太白辰得與相距六度以內者太陰熒惑太白得與相距七度以內者太陰太白得與相距十度以內者太白得與相距

紫微垣諸星皆在黃道北二十度外太陰五星莫得犯之

太微垣右執法右上將左執法左上相長垣第三第四星靈臺三星明臺第一第二星在黃道南北三度內太陰五星皆得犯之長垣第一星在黃道北四度內太陰塡熒惑太白辰得犯之內屏第二星謁者在黃道北五度內太陰熒惑太白辰得犯之內屏第一第三星右次將長垣第二星明堂第三星在黃道南北六度內太陰熒惑太白得犯之五帝座第五星三公第一第三星內屏第四星右次相左次相在黃道北十度內太白得犯之其他諸星在黃道北十度外無犯焉

天市垣帷左垣墻宋星在黃道北十度內太白得犯之

角宿角第一星平道二星進賢二星在黃道南北三度內太陰五星皆得犯之天門第二星在黃道南六度內太陰熒惑太白得犯之角第二星天門第一星在黃道南北十度內太白得犯之

亢宿亢第一第四星在黃道北三度內太陰五星皆得犯之折威第六第七星在黃道南七度內太陰太白得犯之亢第二星折威第二第三第四第五星在黃道南北十度內太白得犯之其他諸星在黃道南北十一度外無犯焉

氐宿氐第一第二星在黃道南北三度內太陰五

星皆得犯之第三星在黃道北五度內太陰熒惑太白辰得犯之第四星天輻二星在黃道南北十度內太白得犯之其他諸星在黃道南北十度外無犯焉

房宿房第三第四星鍵閉星鉤鈐二星東咸第三第四星日星在黃道南北三度內太陰五星皆得犯之罰第三星西咸第三第四星東咸第二星在黃道北四度內太陰塡熒惑太白辰得犯之房第一星在黃道南五度內太陰熒惑太白辰得犯之東咸第一星在黃道北六度內太陰熒惑太白得犯之西咸第二星在黃道北七度內太陰太白得犯之房第二星罰第二星在黃道南北八度內太白得犯之其他諸星在黃道南北十三度外無犯焉

心宿心第一第二星在黃道南四度內太陰塡熒惑太白辰得犯之第三星在黃道南六度內太陰熒惑太白得犯之積卒二星在黃道南十二度外無犯焉

尾宿天江第三第四星在黃道南三度內太陰五星皆得犯之第二星在黃道南四度內太陰塡熒惑太白辰得犯之第一星在黃道南五度內太陰熒惑太白辰得犯之其他諸星在黃道南十一度外無犯焉

箕宿箕第一第二星糠星在黃道南六度內太陰熒惑太白得犯之其他諸星在黃道南十一度外無犯焉

斗宿南斗第二第三星天籥第一至第六星建第一至第三星天雞第三星狗第二星在黃道南北三度內太陰五星皆得犯之南斗第四星天籥第七星建第四星狗第一星在黃道南北四度內太陰塡熒惑太白辰得犯之南斗第一第五星天籥第八星建第五星在黃道南北五度內太陰熒惑太白辰得犯之天雞第一星狗國第一第二星在黃道南北六度內太陰熒惑太白得犯之南斗第六星建第六星狗國第三第四星在黃道南北七度內太陰太白得犯之其他諸星在黃道南北十二度外無犯焉

牛宿牽牛第四第五第六星羅堰第二星在黃道北二度內太陰五星皆得犯之羅堰第一第三星在黃道南北四度內太陰塡熒惑太白辰得犯之牽牛第一星在黃道北五度內太陰熒惑太白辰得犯之牽牛第二星天田第四星在黃道南北七度內太陰太白得犯之牽牛第三星天田第二星在黃道南北九度內太白得犯之其他諸星在黃道南北十一度外無犯焉

女宿周二星秦二星代第一星越星鄭星在黃道南三度內太陰五星皆得犯之趙二星在黃道南四度內太陰塡熒惑太白辰得犯之齊星楚星在黃道南五度內太陰熒惑太白辰得犯之代第二星魏星韓星在黃道南六度內太陰熒惑太白得犯之晉星燕星在黃道南七度內太陰太白得犯之婺女第一第二星在黃道北九度內太白得犯之其他諸星在黃道北十一度外無犯焉

虛宿哭二星泣二星天壘城第四至第七星在黃道南北三度內太陰五星皆得犯之天壘城第二第三第八第九星在黃道北四度內太陰塡熒惑太白辰得犯之第十第十三星在黃道北五度內太陰熒惑太白辰得犯之第十一十二星在黃道北六度內太陰熒惑太白得犯之虛第一星在黃道北九度內太白得犯之其他諸星在黃道南北十三度外無犯焉

危宿虛梁第四星在黃道北三度內太陰五星皆得犯之第三星在黃道北四度內太陰塡熒惑太白辰得犯之第一第二星在黃道北五度內太陰熒惑太白辰得犯之墳墓第一至第三星在黃道北九度內太白得犯之其他諸星在黃道北十度外無犯焉

室宿壘壁陣第一至第十星羽林軍第十七至第二十二星第四十至第四十三星在黃道南三度內太陰五星皆得犯之壘壁陣第一第二星羽林第一第十六第二十三二十四第三十七至三十九星在黃道南五度內太陰熒惑太白辰得犯之壘壁陣第十一十二星羽林軍第二第十五第二十五星在黃道南六度內太陰熒惑太白辰得犯之羽林軍第三第十三十四第二十六二十七第三十六星在黃道南十度內太白得犯之其他諸星在黃道南北十度外無犯焉

壁宿雲雨第二第三星在黃道北三度內太陰五星皆得犯之第一第四星土公第二星在黃道北四度內太陰塡熒惑太白辰得犯之霹靂第二第四第五星土公第一星在黃道北七度內太陰太

白得犯之霹靂第一第二星在黃道北九度內太白得犯之其他諸星在黃道南北十二度外無犯焉

奎宿外屏第一至第四星在黃道南北三度內太陰五星皆得犯之第五星在黃道南五度內太陰熒惑太白辰得犯之第六第七星在黃道南九度內太白得犯之其他諸星在黃道南北十二度外無犯焉

婁宿右更第二第四星左更第三至第五星在黃道南北三度內太陰五星皆得犯之右更第二第五星左更第二星在黃道北五度內太陰熒惑太白辰得犯之婁第二星左更第一星在黃道北七度內太陰太白得犯之婁第一第三星右更第一星天倉第一星在黃道南北十度內太白得犯之其他諸星在黃道南北十五度外無犯焉

胃宿天囷第五星在黃道南五度內太陰熒惑太白辰得犯之第四第六星天廩第一星在黃道南六度內太陰熒惑太白得犯之天廩第二星在黃道南七度內太陰太白得犯之天廩第三第四星天囷第三第七星在黃道南十度內太白得犯之其他諸星在黃道南北十度外無犯焉

昴宿月星天陰第一第三第四星在黃道南北三度內太陰五星皆得犯之礪石第三星天陰第二第五星在黃道北四度內太陰塡熒惑太白辰得犯之昴七星礪石第二星在黃道北五度內太陰熒惑太白辰得犯之礪石第四星在黃道北七度內太陰太白得犯之天阿第一星礪石第一星在黃道北九度內太白得犯之其他諸星在黃道南北十一度外無犯焉

畢宿畢第一第二星天街二星天高四星諸王第二至第六星天關星在黃道南三度內太陰五星皆得犯之畢第三星諸王第一星在黃道南北四度內太陰塡熒惑太白辰得犯之畢第四至第七星附耳星五車第五星在黃道南北六度內太陰熒惑太白得犯之天節第一至第三星在黃道南七度內太陰太白得犯之畢第八星柱第七至第九星天潢第三星天節第四至第六星參旗第一第二星在黃道南北十度內太白得犯之其他諸星在黃道南北十度外無犯焉

觜宿司怪第一第二星在黃道南北三度內太陰五星皆得犯之第三第四星在黃道南四度內太陰塡熒惑太白辰得犯之其他諸星在黃道南北十三度外無犯焉

參宿諸星皆在黃道南十六度外太陰五星莫得犯之

井宿東井第一第二第五至第七星鉞星天罇三星積薪星水位第四星在黃道南北三度內太陰五星皆得犯之東井第八星五諸侯第三至第五星北河第三星水位第三星在黃道南北六度內太陰熒惑太白得犯之東井第三星水府第三第四星在黃道南七度內太陰太白得犯之水府第一第二星五諸侯第二星北河第一星水位第一星在黃道南北十度內太白得犯之其他諸星在黃道南北十度外無犯焉

鬼宿輿鬼第一第二第四星積尸氣星在黃道南北三度內太陰五星皆得犯之輿鬼第三星爟第二星在黃道北四度內太陰塡熒惑太白辰得犯之爟第一星在黃道北六度內太陰熒惑太白得犯之爟第三第四星在黃道北九度內太白得犯之其他諸星在黃道南十七度外無犯焉

柳宿酒旗第一第二星在黃道南北三度內太陰五星皆得犯之第三星在黃道南六度內太陰熒惑太白得犯之其柳八星在黃道十一度外無犯焉

星宿軒轅第十四至第十七星在黃道南北三度內太陰五星皆得犯之第十三星在黃道北六度內太陰熒惑太白得犯之第八第九第十二星在黃道北九度內太白得犯之其他諸星在黃道南北十二度外無犯焉

張翼軫三宿諸星皆在黃道南十度外太陰五星莫得犯之

中星

歲差

歲差者太陽每歲與恆星相距之分也如今年冬至太陽躔某宿度至明年冬至時不能復躔原宿度而有不及之分但其差甚微古人初未之覺至晉虞喜始知之因立歲差法歷代推驗者宗焉而所定之數各家不同喜以五十年差一度劉宋何承天以百年差一度祖沖之以四十五年差一度隋劉焯以七十五年差一度唐傅仁均以五十五年差一度僧一行以八十二年差一度惟宋陽忠輔以六十七年差一度以周天三百六十

度每度六十分每分六十秒約之得每年差五十二秒半元郭守敬因之較諸家爲密今新法實測晷影驗之中星得七十年有餘而差一度每年差五十一秒此所差之數在古法爲冬至西移之度新法爲恆星東行之度徵之天象恆星原有動移則新法之理長

求中星

用恆星赤道經緯度表察各星赤道經度又用恆星赤道經緯度歲差表察各星經度歲差與各星經度相減爲本年各星赤道經度乃察本年某星赤道經度與本時正午赤道經度相同卽爲某星方中如經度不相同則察其相近者與本時正午赤道經度相減餘爲偏東偏西之度凡星之赤道經度大於正午赤道經度者爲偏東小於正午赤道經度者爲偏西

立春日在婺女昏昴中旦氐中酉正二刻;分昴第一星偏西五度十八分卯初一刻五分氐第一星偏東一度四十三分

雨水日在虛昏參中旦氐中酉正三刻十一分參第七星偏西三十一分卯初初刻四分氐第四星偏西二度十八分

驚蟄日在危昏東井中旦房中戌初初刻十四分東井第一星偏西二度五十分寅正三刻一分房第一星偏西一度四十八分

春分日在營室昏北河中旦尾中戌初二刻五分北河第三星偏西一度二十分寅正一刻十分尾第一星偏東一度二十五分

清明日在東壁昏七星中旦帝座中戌初三刻十三分七星第一星偏東五度二十八分寅正初刻二分帝座星偏東二度十二分

穀雨日在奎昏軒轅中旦箕中戌正一刻七分軒轅第十四星偏西四度四十四分寅初二刻八分箕第一星偏東四度三十一分

立夏日在胃昏五帝座中旦箕中戌正三刻二分五帝座第一星偏西十八分寅初初刻十三分箕第一星偏西三度五十一分

小滿日在昴昏角中旦斗中亥初初刻十分角第一星偏東二度三十七分丑正三刻五分斗第一星偏西二度五十一分

芒種日在畢昏氐中旦河鼓中亥初一刻十二分氐第一星偏東三度四十四分丑正二刻三分河鼓第二星偏東二度三十四分

夏至日在參昏房中旦婺女中亥初二刻四分房第一星偏東二度二十四分丑正一刻十一分婺女第一星偏東一度五十八分

小暑日在東井昏尾中旦危中亥初一刻十二分尾第一星偏西二十二分丑正二刻三分危第一星偏東三度三十九分

大暑日在東井昏帝座中旦營室中亥初初刻十分帝座星偏西三度十二分丑正三刻五分營室第一星偏西一度四十二分

立秋日在柳昏箕中旦土司空中戌正三刻二分箕第一星偏西二度十九分寅初初刻十三分土司空星偏東一度五十四分

處暑日在七星昏南斗中旦婁中戌正一刻七分斗第一星偏西九分寅初二刻八分婁第一星偏西一度三十一分

白露日在張昏斗中旦天囷中戌初三刻十三分斗第一星偏西八度十五分寅正初刻二分天囷第一星偏西四度二十七分

秋分日在翼昏河鼓中旦畢中戌初二刻五分河鼓第二星偏東四十七分寅正一刻十一分畢第一星偏西二度五十一分

寒露日在軫昏牽牛中旦參中戌初初刻十四分牽牛第一星偏西三十八分寅正三刻一分參第四星偏東八分

霜降日在角昏牽牛中旦天狼中酉正三刻十一分牽牛第一星偏西三度二十六分卯初初刻四分天狼星偏西五度二十五分

立冬日在氐昏虛中旦輿鬼中酉正二刻十分虛第一星偏西三度八分卯初一刻五分輿鬼第一星偏東一度四十三分

小雪日在氐昏北落師門中旦七星中酉正一刻十三分北落師門星偏東五度五十六分卯初二刻二分七星第一星偏西二度二分

大雪日在尾昏營室中旦翼中酉正一刻五分營室第一星偏西五度四十三分卯初二刻十分翼第一星偏東三度九分

冬至日在箕昏土司空中旦五帝座中酉正一刻二分土司空星偏東三度二十三分卯初二刻十三分五帝座第一星偏西一度四十七分

小寒日在南斗昏婁中旦角中酉正一刻五分婁第一星偏東三度四十八分卯初二刻十分角第一星偏東六度三十八分

大寒日在南斗昏胃中旦亢中酉正一刻十三分胃第一星偏西二度五分卯初二刻二分亢第一星偏東四度三十三分

臣等謹案測驗中星所以覽七政之躔度而知歲差之實也堯典僅舉四仲呂覽分十二月明季西人李天經湯若望所推備著二十四氣其法益詳且密然宋史謂冬至之日堯時躔虛三代躔女春秋在牛後漢永平在斗至宋開禧在箕較堯時退四十餘度歲差之數由是可徵我

朝康熙初用西法測驗以昏旦時或無正中之星取中前中後之大星定之爰有偏東偏西之別則推步更不爽毫忽矣

皇朝通志卷二十一

皇朝通志卷二十二

天文略五

北極

北極高度

北極爲天之樞紐居其所而不移其出地有高下者因人所居之地南北之不同也是故寒暑之進退晝夜之永短因之而各異焉蓋歷法以日躔出入赤道之度定諸節氣而北極出入之度卽赤道距天頂之度倘推測不精高度差至一分則春秋分必差一時而冬夏至必差一二日日躔旣差則月離五星之經緯無不謬矣故測北極出地之高下最宜精密不容或略也

京師北極高三十九度五十五分晝夜刻分節氣宮度詳見日月行道

臣等謹案北極高偏易地殊覩周天三百六十度在地下者爲一百八十度天頂距地極距赤道皆九十度黃道出入赤道南北各二十三度九分京師北極出地三十九度五十五分則天頂距極五十度五分而赤道距天頂亦三十九度五十五分自京而北二百里而極高一度自京而南二百里而極低一度而日月星之出入晝夜之長短因之而異是爲南北里差自京而東一度而時遲四分自京而西一度而時早四分而交節之後先日月之早晚因之而殊是爲東西里差此由人居地面隨在所見不同者也明史天文志雖列北極高度偏度然兩京及江西廣東之外皆據圖約計不能實測則能得眞正度分者鮮矣我朝於各省及蒙古回部金川皆實測以推晝夜節氣時刻亦從古所罕也爰備列之

各直省北極高度偏度

盛京北極高四十一度五十一分偏東七度十五分夏至晝長六十刻四分夜三十五刻十一分冬至反是節氣時刻遲二十九分以下冬至反是四字省

臣等謹案西法分每時八刻晝夜共九十六刻與古人百刻之法殊蓋亦以整御零也李光地以爲得易之眞數八卦六爻互相乘兩四十八而爲九十六矣推以餘卦頗合

尼布楚北極高五十一度四十八分偏西十七分夏至晝長六十五刻十三分夜三十刻二分節氣時刻早一分

黑龍江北極高五十度一分偏東十度五十八分夏至晝長六十四刻十分夜三十一刻五分節氣時刻遲四十四分

三姓北極高四十七度二十分偏東十三度二十分夏至晝長六十二刻十四分夜三十三刻一分節氣時刻遲五十三分

白都訥北極高四十五度十五分偏東八度三十七分夏至晝長六十一刻十三分夜三十四刻二分節氣時刻遲二十四分

吉林北極高四十三度四十七分偏東十度二十七分夏至晝長六十一刻一分夜三十四刻十四分節氣時刻遲四十二分

山西北極高三十七度五十三分三十秒偏西三度五十七分四十二秒夏至晝長五十八刻八分夜三十七刻七分節氣時刻早十六分

朝鮮北極高三十七度三十九分十五秒偏東十度三十分夏至晝長五十八刻六分夜三十七刻九分節氣時刻同吉林

山東北極高三十六度四十五分二十四秒偏東一度四十分夏至晝長五十八刻二分夜三十七刻十三分節氣時刻遲三分

甘肅北極高三十六度八分偏西十二度三十六分夏至晝長五十七刻十三分夜三十八刻二分節氣時刻早四十九分

河南北極高三十四度五十二分二十六秒偏西一度五十六分夏至晝長五十七刻七分夜三十八刻八分節氣時刻早八分

陝西北極高三十四度十六分偏西七度三十三分四十秒夏至晝長五十七刻三分夜三十八刻十二分節氣時刻早三十分

江南北極高三十二度四分偏東二度十八分夏至晝長五十六刻六分夜三十九刻九分節氣時刻遲九分

四川北極高三十度四十一分偏西十二度十六分夏至晝長五十六刻夜四十刻節氣時刻早四十九分

安徽北極高三十度三十七分偏東三十四分夏至晝長五十六刻夜四十刻節氣時刻遲三分

湖北北極高三十度三十四分四十八秒偏西二度十七分夏至晝長五十六刻夜四十刻節氣時刻早九分

湖南北極高二十八度十三分偏西三度四十二

分夏至晝長五十五刻五分夜四十刻十分節氣時刻早十五分

浙江北極高三十度十八分二十秒偏東三度四十一分二十四秒夏至晝長五十五刻十三分夜四十刻二分節氣時刻遲十五分

江西北極高二十八度三十七分十二秒偏西三十七分夏至晝長五十五刻五分夜四十刻十分節氣時刻早二分

貴州北極高二十六度三十分二十秒偏西九度五十二分四十秒夏至晝長五十四刻十分夜四十一刻五分節氣時刻早四十分

福建北極高二十六度二分二十四秒偏東二度五十九分夏至晝長五十四刻八分夜四十一刻七分節氣時刻遲十二分

廣西北極高二十五度十三分七秒偏西六度十四分夏至晝長五十四刻四分夜四十一刻十一分節氣時刻早二十五分

雲南北極高二十五度六分偏西十三度三十七分晝夜刻分同廣西節氣時刻早五十四分

廣東北極高二十三度十分偏西三度二十三分十五秒夏至晝長五十三刻十一分夜四十二刻四分節氣時刻早十四分

各蒙古回部北極高度偏度

阿勒坦淖爾烏梁海北極高五十三度三十分偏西二十八度四十分夏至晝長六十七刻三分夜二十八刻十二分節氣時刻早一百十五分

汗山哈屯河北極高五十一度十分偏西二十九度夏至晝長六十五刻三分夜三十刻十二分節氣時刻早一百十四分

唐努山烏梁海北極高五十度四十分偏西二十四度二十分晝夜刻分同前節氣時刻早九十八分

布嚨堪布爾噶蘇台北極高四十九度二十八分偏西十一度二十二分夏至晝長六十四刻夜三十二刻節氣時刻早四十五分

額格色楞額北極高四十九度二十七分偏西十二度二十五分晝夜刻分同前節氣時刻早五十分

烏蘭固木杜爾伯特北極高四十九度二十分偏西二十五度四十分晝夜刻分同前節氣時刻早一百零四分

桑錦達賚北極高四十九度十二分偏西十六度二十分晝夜刻分同前節氣時刻早六十五分

額爾齊斯河北極高四十九度二十分偏西二十五度四十分晝夜刻分同前節氣時刻早一百三十分

齋桑淖爾北極高四十八度三十五分偏西三十八度二十五分晝夜刻分同前節氣時刻早一百三十分

肯特山北極高四十八度三十三分偏西七度三分晝夜刻分同前節氣時刻早二十八分

阿勒台山烏梁海北極高四十八度三十分偏西二十八度三十五分晝夜刻分同前節氣時刻早一百十六分

阿勒輝山北極高四十八度二十分偏西二十六度五十分夏至晝長六十三刻三分夜三十二刻十二分節氣時刻早一百四十七分

克嚕倫巴爾城北極高四十八度五分三十秒偏西二度五十二分晝夜刻分同前節氣時刻早十一分

圖拉河汗山北極高四十七度五十七分十秒偏西二度十二分晝夜刻分同前節氣時刻早三十七分

科布多城北極高四十八度二分偏西二十七度二十分晝夜刻分同前節氣時刻早一百零九分

烏里雅蘇台城北極高四十七度四十八分偏西二十二度四十分晝夜刻分同前節氣時刻早九十分

喀爾喀河克勒和碩北極高四十七度三十四分三十秒偏東二度四十六分晝夜刻分同前節氣時刻遲十一分

哈薩克北極高四十七度三十分偏西三十四度五十分晝夜刻分同前節氣時刻早一百三十九分

杜爾伯特北極高四十七度十五分偏東六度十六分晝夜刻分同前節氣時刻遲二十五分

塔爾巴哈台北極高四十七度偏西三十度夏至晝長六十二刻十分夜三十三刻五分節氣時刻早一百二十分

布勒罕河土爾扈特北極高四十七度偏西二十八度十分晝夜刻分同前節氣時刻早一百十三

分

巴爾噶什淖爾北極高四十七度偏西三十八度十分晝夜刻分同前節氣時刻早一百五十三分

烏隴古河北極高四十六度四十分偏西二十九度十五分晝夜刻分同前節氣時刻早一百十七分

赫色勒巴斯淖爾北極高四十六度四十分偏西二十九度十五分晝夜刻分節氣同上

和博克薩哩土爾扈特北極高四十六度四十分偏西三十一度十五分晝夜刻分同前節氣時刻早一百十分

鄂爾坤河額爾德尼昭北極高四十六度五十八分十五秒偏西十三度五分晝夜刻分同前節氣時刻早五十二分

崆格扎布堪北極高四十六度四十二分偏西二十度十二分晝夜刻分同前節氣時刻早八十一分

扎賚特北極高四十六度三十分偏東七度四十五分晝夜刻分同前節氣時刻遲三十一分

扎哈沁北極高四十六度三十分偏西二十三度十分晝夜刻分同前節氣時刻早九十二分

推河北極高四十六度二十九分二十秒偏西十五度十五分晝夜刻分同前節氣時刻早一百六十一分

科爾沁北極高四十六度十七分偏東四度三十分晝夜刻分同前節氣時刻遲十八分

齋爾土爾扈特北極高四十五度三十分偏西三十一度夏至晝長六十二刻夜三十四刻節氣時刻早一百二十四分

郭爾羅斯北極高四十五度三十分偏東八度十分晝夜刻分同前節氣時刻遲三十三分

阿嚕科爾沁北極高四十五度三十分偏東三度五十分晝夜刻分同前節氣時刻遲十五分

翁吉北極高四十五度三十分偏西十三度晝夜刻分同前節氣時刻早四十四分

薩克薩克圖古哩克北極高四十五度二十三分四十五秒偏西十九度三十分晝夜刻分同前節氣時刻早七十八分

哈布塔克北極高四十五度偏西二十四度二十六分晝夜刻分同前節氣時刻早九十八分

烏珠穆沁北極高四十四度四十五分偏東一度十分夏至晝長六十一刻七分夜三十四刻八分節氣時刻遲五分

拜達克北極高四十四度四十三分偏西二十五度晝夜刻分同前節氣時刻早一百分

晶河土爾扈特北極高四十四度三十五分偏西三十三度三十分晝夜刻分同前節氣時刻早一百三十四分

博囉塔拉北極高四十四度五十分偏西三十三度三十分晝夜刻分同前節氣時刻早一百三十四分

吹河北極高四十四度五十分偏西四十二度晝夜刻分同前節氣時刻早一百六十七分

庫爾喀喇烏蘇土爾扈特北極高四十四度三十分偏西三十一度五十六分晝夜刻分同前節氣時刻早一百二十八分

安濟海北極高四十四度十三分偏西三十度五十四分晝夜刻分同前節氣時刻早一百二十四分

哈什北極高四十四度八分偏西三十三度晝夜刻分同前節氣時刻早一百三十二分

浩齊特北極高四十四度六分偏東三十分晝夜刻分同前節氣時刻遲二分

伊犁北極高四十三度五十六分偏西三十四度二十分夏至晝長六十一刻一分夜三十四刻十四分節氣時刻早一百三十七分

塔拉斯河北極高四十三度五十分偏西四十四度晝夜刻分同前節氣時刻早一百七十三分

固爾班賽堪北極高四十三度四十八分偏西十一度晝夜刻分同前節氣時刻早四十四分

巴林北極高四十三度三十六分偏東二度十四分晝夜刻分同前節氣時刻遲九分

穆壘北極高四十三度四十五分偏西二十五度三十六分晝夜刻分同前節氣時刻早一百二分

濟木薩北極高四十三度四十分偏西二十六度五十二分晝夜刻分同前節氣時刻早一百七分

巴里坤北極高四十三度三十九分偏西二十三度晝夜刻分同前節氣時刻早九十二分

崆吉斯北極高四十三度三十三分偏西三十三度晝夜刻分同前節氣時刻早一百二十八分

扎嚕特北極高四十三度三十分偏東五度夏至

晝長六十刻十四分夜三十五刻一分節氣時刻遲二十分

烏嚕木齊北極高四十三度二十七分偏西二十七度五十六分晝夜刻分同前節氣時刻早一百十二分

阿巴哈納爾北極高四十三度二十三分偏東二十八分晝夜刻分同前節氣時刻遲二分

珠勒都斯北極高四十三度十七分偏西三十度五十分晝夜刻分同前節氣時刻早一百二十三分

柰曼北極高四十三度十五分偏東五度夏至晝長六十刻十二分夜三十五刻三分節氣時刻遲二十分

吐魯番北極高四十三度四分偏西二十六度四十五分晝夜刻分同前節氣時刻早一百七分

塔什干北極高四十三度三分偏西四十七度四十三分晝夜刻分同前節氣時刻早一百九十一分

和碩特北極高四十三度偏西三十一度晝夜刻分同前節氣時刻早一百二十四分

那林山北極高四十三度偏西四十五度晝夜刻分同前節氣時刻早一百七十八分

克什克騰北極高四十三度偏東一度十分晝夜刻分同前節氣時刻遲五分

蘇尼特北極高四十三度偏西一度二十八分晝夜刻分同前節氣時刻早六分

哈密北極高四十二度五十三分偏西二十二度三十二分夏至晝長六十刻八分夜三十五刻七分節氣時刻早十九分

特穆爾圖淖爾北極高四十二度五十分偏西三十九度二十分晝夜刻分同前節氣時刻早一百五十七分

魯克沁北極高四十二度四十八分偏西二十六度十一分晝夜刻分同前節氣時刻早一百五分

翁牛特北極高四十二度三十分偏東二度晝夜刻分同前節氣時刻遲八分

烏沙克塔勒北極高四十二度十六分偏西二十八度二十六分晝夜刻分同前節氣時刻早一百十四分

敖漢北極高四十二度十五分偏東四度晝夜刻分同前節氣時刻遲十六分

喀喇沙爾北極高四十二度七分偏西二十九度十七分晝夜刻分同前節氣時刻早一百十二分

喀爾喀北極高四十一度四十四分偏西五度五十五分夏至晝長六十刻二分夜三十五刻十三分節氣時刻早二十四分

庫爾勒北極高四十一度四十六分偏西二十九度五十六分晝夜刻分同前節氣時刻早一百二十分

布古爾北極高四十一度四十四分偏西三十二度七分晝夜刻分同前節氣時刻早一百二十八分

四子部落北極高四十一度四十一分偏西四度二十二分晝夜刻分同前節氣時刻早十七分

賽哩木北極高四十一度四十一分偏西三十四度四十分晝夜刻分同前節氣時刻早一百三十九分

納木干北極高四十一度三十八分偏西四十五度四十分晝夜刻分同前節氣時刻早一百八十三分

庫車北極高四十一度三十七分偏西三十三度三十二分晝夜刻分同前節氣時刻早一百三十四分

喀喇沁北極高四十一度三十分偏東二度夏至晝長六十刻夜三十六刻節氣時刻遲八分

布嚕特北極高四十一度二十八分偏西四十四度三十五分晝夜刻分同前節氣時刻早一百七十五分

安集延北極高四十一度二十三分偏西四十四度三十五分晝夜刻分同前節氣時刻早一百七十八分

霍罕北極高四十一度偏西四十五度五十六分晝夜刻分同前節氣時刻早一百八十四分

茂明安北極高四十一度十五分偏西六度九分晝夜刻分同前節氣時刻早二十五分

阿克蘇北極高四十一度九分偏西三十七度十五分晝夜刻分同前節氣時刻早一百四十九分

烏什北極高四十一度九分偏西三十八度二十七分晝夜刻分同前節氣時刻早一百五十四分

烏喇特北極高四十度五十二分偏西六度三十分夏至晝長五十九刻九分夜三十六刻六分節

氣時刻早二十六分

歸化城土默特北極高四十度四十九分偏西四度四十八分晝夜刻分同前節氣時刻早十九分

鄂什北極高四十度十九分偏西四十二度五十分晝夜刻分同前節氣時刻早一百七十一分

鄂爾多斯北極高三十九度三十分偏西八度晝夜刻分同前節氣時刻早三十二分

喀什噶爾北極高三十九度二十五分偏西四十二度二十五分晝夜刻分同前節氣時刻早一百七十分

巴爾楚克北極高三十九度十五分偏西三十九度三十五分夏至晝長五十八刻十分夜三十七刻五分節氣時刻早一百五十八分

英吉沙爾北極高三十八度四十七分偏西四十一度五十分晝夜刻分同前節氣時刻早一百六十七分

阿拉善北極高三十八度四十九分偏西十二度晝夜刻分同前節氣時刻早四十八分

葉爾羌北極高三十八度十九分偏西四十度十分晝夜刻分同前節氣時刻早一百六十一分

斡罕北極高四十八度偏西四十五度九分晝夜刻分同前節氣時刻早一百八十一分

色呼庫勒北極高三十七度四十八分偏西四十二度二十四分晝夜刻分同前節氣時刻早一百七十分

喀楚特北極高三十七度十一分偏西四十二度三十二分晝夜刻分同前節氣時刻早一百七十分

哈喇哈什北極高三十七度十分偏西三十六度十四分晝夜刻分同前節氣時刻早一百四十五分

克里雅北極高三十七度偏西二十五度五十二分夏至晝長五十八刻二分夜三十七刻十三分節氣時刻早一百三十四分

和闐北極高三十七度偏西三十五度五十二分晝夜刻分同前節氣時刻早一百四十三分

伊里齊北極高三十七度偏西三十五度五十二分晝夜節氣同上

博羅爾北極高三十七度偏西四十三度三十八分晝夜刻分同前節氣時刻早一百七十五分

三珠北極高三十六度五十八分偏西三十七度四十七分晝夜刻分同前節氣時刻早一百五十一分

玉隴哈什北極高三十六度五十二分偏西三十五度三十七分晝夜刻分同前節氣時刻早一百四十二分

鄂囉善北極高三十六度四十九分偏西四十五度二十六分晝夜刻分同前節氣時刻早一百八十二分

什克南北極高三十六度四十七分偏西四十四度四十六分晝夜刻分同前節氣時刻早一百七十九分

巴達克山北極高三十六度二十三分偏西四十三度五十分晝夜刻分同前節氣時刻早一百七十五分

金川北極高度偏度

三雜谷北極高三十二度偏西十三度五十五分夏至晝長五十六刻六分夜三十九刻九分節氣時刻早五十六分

黨壩北極高三十一度五十四分偏西十四度二十分晝夜刻分同前節氣時刻早五十八分

綽斯甲布北極高三十一度五十五分偏西十四度五十分晝夜刻分同前節氣時刻早五十九分

金川勒烏圍北極高三十一度三十分偏西十四度二十分夏至晝長五十六刻四分夜三十九刻十一分節氣時刻早五十八分

金川噶拉依北極高三十一度十九分偏西十四度二十八分夏至晝長五十六刻二分夜三十九度三分節氣時刻早五十八分

瓦寺北極高三十一度二十分偏西十三度晝夜刻分同前節氣時刻早五十二分

革布什咱北極高三十一度十四分偏西十四度四十四分晝夜刻分同前節氣時刻早六十分

布拉克底北極高三十一度十分偏西十四度三十分晝夜刻分同前節氣時刻早五十七分

小金川美諾北極高三十一度偏西十四度十分晝夜刻分同前節氣時刻早五十六分

巴旺北極高三十一度偏西十四度四十分夏至晝長五十六刻夜四十刻節氣時刻早五十八分

沃克什北極高三十一度偏西十三度四十四分晝夜刻分同前節氣時刻早五十五分

明正北極高三十度四十分偏西十四度四十分
夏至晝長五十五刻十三分夜四十刻二分節氣
時刻早五十九分
木坪北極高三十度二十五分偏西十三度五十
分晝夜刻分同前節氣時刻早五十四分
臣等謹案北極高度各隨其地而測偏度與節氣
皆以
京師爲準而測其東西推其遲早焉
又案星士之文見於周禮雜出於内外傳諸書其
說茫昧不可究窮伏讀
御製毛晃禹貢圖詩註中已斥其謬鄭樵襲舊史載入
略内殊失精當今備列
京師各直省及蒙古回部金川所測量北極高偏以
推晝夜長短節氣早遲則我
國家東漸西被數萬里版圖瞭如指掌豈區區分野
所能盡耶

皇朝通志卷二十二

皇朝通志卷二十三

天文略六

儀象

臣等謹案靈臺儀象志所載南懷仁新製黃道經緯儀赤道經緯儀地平經儀地平緯儀即象限儀紀限儀天體儀又儀象考成所載戴進賢新製

錫名璣衡撫辰儀皆法天體渾然之象互相考測不差累黍具詳載於器服略內然天文非推步不詳而推步非儀器不密今恭錄

御製儀象考成序及南懷仁戴進賢序說與弧三角形以闡明推步之理數另爲一卷列於象緯之後庶考察者得以因理求器因器知象天文之學于斯備矣

御製儀象考成序

上古占天之事詳于虞典書稱在璿璣玉衡以齊七政後世渾天諸儀所爲權輿也歷代以來遞推迭究益就精密所傳六合三辰四遊儀之制本朝初年猶用之我

皇祖聖祖仁皇帝奉若天道研極理數嘗用監臣南懷仁言改造六儀輯靈臺儀象志所司奉以測驗其用法簡當如定周天度數爲三百六十周日刻數爲九十有六分黃赤道以備儀制減地平環以清儀象創制精密尤有非前代所及者顧星辰循黃道行每七十年差一度黃赤二道之相距亦數十年差一分所當隨時釐訂以期脗合而六儀之改創也占候雖精體制究未協于古赤道一儀又無遊環以應合天度志載星象亦間有漏略躐次者我

皇祖精明步天定時之道使用六儀度至今必早有以隨時更正矣予小子法

祖敬

天雖切于衷而推測協紀之方實未夙習茲因監臣之請案六儀新法參渾儀舊式製爲璣衡撫辰儀繪圖著說以裨測候考天官家諸星紀數之闕者補之序之紊者正之勒爲一書名曰儀象考成縱于斯之未信期允當之可循由是儀器正天象著而推算之法大備夫制器尙象以前民用莫不當求其至精至密矧其爲授時所本熙績所關尤不容有秒忽差者折衷損益彰往察來以要諸盡善奉時修紀之道敢弗愼諸至乃基命宥密所爲夙夜孜孜監于成憲者又自有在是爲序

南懷仁靈臺儀象志序

夫古帝王憲天出治未有不以欽若敬授爲兢兢也皇古以前可不論已若夫堯典置閏餘而定四時紀七政而明天度必在璿璣玉衡以齊之者誠以授時有理與象與數而儀器即在所首重也夫儀也者授時之理由此得精焉授時之法由此得密焉度數之學實範圍於此而莫可外焉矣聞之古人每遇交食分至及五緯淩犯諸變異乃始靜悟于心繼必詳錄于策而猶恐考驗之無憑也乃復法象而製爲器以其次年之所測較勘于前年之所驗者推而廣之接續成書精確不刊以貽來世使後之學者師其意而不泥其跡則凡授時諸數靡不可因之而有所考究焉且授時之法欲其歷久而常新也夫歷世愈遠則其理愈精而其爲法乃愈密然非器之有合乎法又烏從闡微抉奧使法極其密而理極其精乎且夫天距地之遠者幾何日月五星各列本天而各天有上下層次及遠近相距一定之度列宿諸行之細微與夫七曜各有本道而諸道各有南北不同之兩極又各有本道所行各與地遠近與其行最低最高之處皆各有定期又皆各有本體一定之度分五緯各有遲疾順逆諸行之不同亦有留而不行之定日凡此象數萬端難以測量之際要皆恃儀象而爲之準則焉故授時者舍測候之儀而欲求法之明效大驗蔑由也是以稽時者必以儀爲依據明時者必以儀爲記錄失推者必以儀而改正算合者必以儀而參互較之者非儀無由而信從學之者非儀無由而啟悟良法得之以見其長敝法對之而形其短甚哉儀象之爲用大也仁自受

命以來夙夜祇懼畢智竭能務求精乎儀象之有利于用而以密測天行貽爲典則此愚分之所矢素心自盡者也雖然儀象之作蓋以定永遠之明徵而使後世有以私智自用者無所騁其臆說則其事可易言也哉是何也夫諸儀有作之法有安之法有用之法三法備而後諸法可次第舉也況夫測天之儀貴恰肖乎天本然之象故其造法亦必以天象爲準但廣大莫如天也覆冒無外輕清莫如天也健駛難形堅固微妙莫如天也運行終古而無虧經緯秩然而不紊使非會通而得其全乃漫云吾以制器也則必得此而失彼挂一而漏萬竊恐廣大輕清堅固微妙之四者未有能兼備而無遺者矣說者曰儀之體制鉅則合天爲易固已然所謂鉅者其徑線長週面闊也則度數易分而分秒

之微亦易見然其體鉅則勢必不能輕巧而若少用其銅亦作徑長面闊之形則又必薄弱而不適于宜矣故特舉輕重學之數法并五金堅固之理以詳其用焉然諸儀應天道之度分南北兩樞又列春秋二分冬夏二至先後皆有常期黃赤二道地平天頂子午過極過至過分諸圈彼此相交于一點細微之內而各道各圈之中心又必同歸于一天體之中心而不使其毫髮之或謬斯已也但儀爲小天之形未免拘限要能符合天象無所過差此其作儀之難者一也今諸儀已成界線布星固稱詳密矣然又使安置無法則窺測不靈而儀亦歸于無用矣此其安儀之難者二也且古來皆重正南之向然或稍偏東西則何所取以爲定如勝國所營觀象臺在當時作者以爲諸儀正對之規模萬向之標的由今察之其正面方向正南北線已多乖違何論東西與上下左右哉蓋儀中各道各圈各極各經緯之度分在天固有相應之元道元圈元極元經緯之度分也彼此互相照應者也假有一端之不應則測候卽有不合者矣然安定正對之法既得矣苟用之未能通變反誣良法有不合天者此其用儀之難者三也仁今之所闡者亦惟明夫諸儀之用法以及于推測之所施蓋欲使學者由器而徵象由象而考數由數而悟理有所依據而盡心焉用以歷久遠而世裨夫羲和恢恢乎其有餘矣嗟乎自漢迄元改易者七十餘次而創法者十有三家其間剏造儀象者指不多屈焉不可以見其難也哉仁不敏深懼授時之學不明乎世而敬于

昭代新創之諸儀逐節伸明演爲解說精粗兼舉細大不捐而復圖之以互相引喻總以期乎理精法密不愧傳流以無負

聖天子欽若敬授垂憲無窮之至意予小臣敢自多其力

與謹序

南懷仁新制六儀記

夫儀者時憲之法合天與不合天之明徵也故測驗天行儀愈多愈精而測驗乃愈密蓋凡天上一星所歷時刻雖躔有一定之度分然以儀相對而測之則必與天上東西南北之各道有上下左右遠近之分焉故測驗其星所躔之度分必依各道之經緯度分而推測之始無所戾是則欲爲密合天行之法而非有備具密合天行各道之儀厥道無由也如康熙己酉八年正月初三日是日立春內院大學士圖海李霨諸鉅公名卿奉

皆同視測驗立春一節于本日午正仁測得太陽依象限儀在地平上三十三度四十二分依紀限大儀離天頂正南五十六度十八分依黃道經緯儀在黃道線正中在冬至後四十五度零六分在春分前四十四度五十四分依赤道經緯儀在冬至後四十七度三十四分在春分前四十二度二十六分在赤道南十六度二十一分依天體儀于立春度分所立直表則表對太陽而全無影依地平所立八尺零五寸表則太陽之影長一丈三尺七寸四分五釐六儀竝用而參互之而立春一節皆合于預推定各儀之度分如此則凡所推之節氣其合于天行無疑矣然非藉有合法之儀又何從測而得之夫所謂儀之合法者抑豈憑臆說而强就之也哉要皆法其本然之象耳蓋渾天之體原有赤道有黃道而居乎渾天之半者曰地平經緯分焉故因其本然之象崇而效之制有三規一曰黃道經緯儀一曰地平經緯儀（地平儀又分爲二一曰經儀一曰緯儀卽象限儀便用故也）凡日月五星二十八宿之行以及所躔之度分總于此三規而推定焉四儀之外又有百游之紀限儀旋轉盡變以對乎天凡有或正交或斜交于三規錯綜之行以定諸星東西南北相離遠近之度分不差累黍總之天行七政于本圖所列之經緯各道之宮次度分諸星先後相連之序與夫東西南北相距之遠近皆從天體而見瞭如指掌焉故制六尺徑之天體儀以爲諸儀之統且此六儀相須並用則凡礙之于彼者而有此以通之則亦何求不得哉故欲密測以求分秒無差則必六儀互用相參要以製器精良安置如式測驗得法而無有不合者矣其有不合者則卽推其所以不合之端何在而更爲釐正之使釐正之後測復參差則于諸儀中擇其所測之同者而用之如此而不密合乎天行者未之有也使止據一儀以求盡乎天如舊法之簡儀是何可信其爲必然也哉蓋舊法黃赤儀膠柱而不運動况止可謂赤道儀無黃極無緯圈無黃表無測黃道經緯之正法其天頂立圈太近于地平其窺表不能測在地平相近之星夫天球而既無星距無黃道等圈無宮次之分其地平無度數則器總歸于無用矣考古圭

表之法其圭原偏而向地平其表更偏而離天頂又離正南北之線故仁以勾股之法修正之庶幾可免夫乖舛也已

戴進賢璣衡撫辰儀記

虞書舜典在璿璣玉衡以齊七政孔穎達疏曰璣衡者王者正天文之器漢世以來謂之渾天儀者是也馬融云渾天儀可旋轉故曰璣衡其橫簫所以視星宿也蔡邕云衡長八尺孔徑一寸下端望之以視星辰蓋懸璣以象天而橫望之轉璣窺衡以知星宿是其說也上天之體不可得知測天之事見于經者惟此璿璣玉衡一事而已揚子法言云或問渾天曰落下閎營之鮮于妄人度之耿中丞象之幾乎幾乎莫之能違也閎與妄人武帝時人宣帝時司農中丞耿壽昌始鑄銅爲之象史官施用焉江南宋元嘉年太史丞錢樂（陳氏師凱曰錢樂本名樂之孔疏脫之字）鑄銅作渾天儀傳于齊梁周平江陵遷于長安尚書蔡註曰宋錢樂鑄銅作渾天儀衡長八尺孔徑一寸璣徑八尺圓周二丈五尺強轉而望之以知日月星辰之所在卽璿璣玉衡之遺法也歷代以來其法漸密本朝因之爲儀三重其在外者曰六合儀平置黑單環上刻十二辰入于四隅在地之位以準地面而定四方側立黑雙環背刻去極度數以中分天脊直跨地平使其半入地下而結于其子午以爲天經斜倚赤單環背刻赤道度數以平分天腹橫繞天經亦使半出地上半入地下而結于其卯酉以爲天緯三環表裏相結不動其天經之環則南北二極皆爲圓軸虛中而內向以挈三辰四游之環以其上下四方于是可攷故曰六合次其內曰三辰儀側立黑雙環亦刻去極度數外貫天經之軸內挈黃赤二道其赤道則爲赤單環外依天緯亦刻宿度而結于黑雙環之卯酉其黃道則爲黃單環亦刻宿度而又斜倚于赤道之腹以交結于卯酉而半入其內以爲春分後之日軌半出其外以爲秋分後之日軌又爲白單環以承其交使不傾墊以其日月星辰于是可攷故曰三辰其最在內者曰四游儀亦爲黑雙環如三辰儀之制以貫天經之軸其環之內則兩面當中各施直距外指兩軸而當其要中之內面又爲小窾以受玉衡要中之小軸使衡旣得隨環東西運轉又可隨處南北低昂以待占候者之仰窺焉以其東西南北無不周徧故曰四游此其法之大略也今攷前史漢初落下閎造渾天儀本無黃道或云賈逵所加或云李淳風所加或云一行所加而宋錢樂之渾儀之制雖有黃道並無黃道經圈其四游圈亦不貫于黃極則亦未盡黃道之用元郭守敬作簡儀乃分渾儀而變其制則設立運圈以測地平經緯度而不設黃道圈蓋黃道與黃極經圈成經緯設黃道又設經圈則圈多而不便于測候故不用黃道而專用赤道圈明正統三年鑄銅渾儀簡儀于北京卽宋元遺法也我
朝康熙八年監臣南懷仁新製六儀赤道黃道分爲二器皆不用地平圈而地平象限天體諸儀則地平之經緯與黃赤之錯綜皆已畢具康熙五十二年監臣紀利安製地平經緯儀合地平象限二儀而爲一其用尤便制作之妙於斯極矣我
皇上敬
天法
祖齊政勤民
親莅靈臺徧觀儀象以渾天制最近古而時度信宜從今觀其會通斯成鉅典于是用今之數目合古之型模
御製璣衡撫辰儀用裨測候誠唐虞之遺意昭代之新規也儀制三重其在外者卽古之六合儀而不用地平圈其正立雙環爲子午圈兩面皆刻周天三百六十度自南北極起初度至中要九十度是爲天經斜倚單環爲天常赤道圈兩面皆刻周日十二時以子正午正當子午雙環中空之半而結于其中要是爲天緯其南北二極皆設圓軸軸本實于子午雙環中空之間而軸內向以貫內二重之環其下承以雲座仰面正中開雙槽以受雙環東面正中開雲窩以受垂球下面置十字架施螺旋以取平架之東西兩端各植龍柱龍口銜珠開孔以承天常赤道卯酉之兩軸依觀象臺測定南北正線將座架安定則平面之四方正又依京師北極出地三十九度五十五分自北極而上五十度五分卽上應天頂自南極而下五十度五分卽下對地心而應天頂之衡于天頂施小釘懸垂線而垂適當地心又適切于雙環之面不卽不離則上下正立面之四方亦正而地平已在其中故不用地平圈也次其內卽古之三辰儀而不用黃道圈其貫于二極之雙環爲赤極經圈兩極各設軸孔

以受天經之軸兩面皆刻周天三百六十度結于赤極經圈之中要與天常赤道平運者爲遊旋赤道圈兩面皆刻周天三百六十度與天之赤道旋轉相應自經圈之南極作兩象限弧以承之使不傾墊測得三辰之赤道經緯度則黃道經緯可推且黃道與赤道之相距古遠今近縱或日久有差而儀器無庸改制故不用黃道圈也其在內者即古之四遊儀貫于二極之雙環爲四遊圈兩面皆刻三百六十度定于遊圈之兩極者爲直距綰于直距之中心者爲窺衡游圈中要設直表以指經度及時窺衡右旁設直表以指緯度此古今所同無容置議者也是故體制倣乎渾天之舊而時度尤爲整齊運量同于赤道新儀而重環更能合應至於借表窺測則上下左右無不宜焉夫羲和遺制不可攷已漢世以來或作而不傳或傳而不久蓋制器尙象若斯之難也而稽古宜今至我

朝乃臻盡善易繫傳云備物致用立成器以爲天下利莫大乎聖人詎不信乎

弧線

弧三角形

弧三角形者球面弧線所成也古專家有黃赤相準之率大約就渾儀度之僅得大概未能形諸算術惟元郭守敬以弧矢命算黃赤相承始有定率視古爲密但其法用三乘方取數甚雜自西人利瑪竇湯若望等繙譯算書始有曲線三角形之法三弧度相交成三角形其三弧三角各有相應之八線弧與弧相交卽線與線相遇而勾股比例焉于是乎有黃道可以知赤道有赤道可以知黃道有經可以知緯有緯可以知經觀象之法至此而備勾股之用至此而極矣

正弧三角形

正弧三角形必有一直角者葢因南北二極爲赤道之樞紐皆距赤道九十度故凡過南北二極經圈與赤道相交所成之角俱爲直角其相當之弧皆九十度又凡有一圈卽有兩極其過兩極經圈與本圈相交亦必爲直角其所成三角形必皆爲正弧三角形夫正弧三角形所知之三件弧角相對者用弧角之八線所成勾股爲比例而弧角不相對者則用次形葢以弧角之八線所成勾股比例不生于本形而生於次形而次形者乃以本形與象限相減之餘度所成故用本形之餘弦餘切卽用次形之正弦正切也其法可易弧爲角易角爲弧（若斜弧三角形可易大形爲小形易大邊爲小邊鈍角爲銳角）邊與角雖不相對可易爲相對且知三角卽可以求邊其理實一以貫之也

斜弧三角形

弧三角之有斜弧形猶直線三角之有銳鈍形也但直線三角之銳鈍形惟二種一種三角俱銳一種一鈍兩銳而斜弧形則不然或三角俱銳或三角俱鈍或兩銳一鈍或兩鈍一銳其三邊或俱大過于九十度或俱小不及九十度或兩大一小或兩小一大參錯成形爲類甚多而新法數書所載推算之法益復繁雜難稽葢三角三邊各有八線但線與線之比例相當卽可相求是故或同步一星或同推一數而所用之法彼此互異遂使學者莫知所從茲約以三法求之無論角之銳鈍邊之大小並視先所知之三件爲斷其一先知之三件有相對之邊角又有對所求之邊角則用邊角比例法其一先知之三件有相對之邊角而無對所求之邊角（或求角而無對角之邊或求邊而無對邊之角）則用垂弧法其一先知之三件無相對之邊角（或三邊求角或有兩邊一角而角在所知兩邊之間或三角求邊或有兩角一邊而邊在所知兩角之間）則用總較法明此三法則斜弧之用已備而七政之升降出沒經緯之縱橫交加無不可推測而知矣

臣等謹案考成上編所載弧三角形備列綱領條目圖說相求比例總較之法誠以恒星七政皆藉是以推步也茲錄總論及正斜形各一篇附于儀象之後學天文者因器求線神而明之簡易之妙不外斯云

皇朝通志卷二十三終

皇朝通志卷一百二十二

災祥畧一

臣等謹按史家皆志五行始自漢書詳列五行傳說及其占應後代作史者皆因之人主致中和則天地位萬物育其機甚捷其理甚微而爲災異之學者必欲條分縷析逐事以求其應有不合又旁引曲證以傅會其說此鄭樵所以斥爲欺天之學也鄭氏作災祥畧專記實迹而削去五行相應禨祥術數之說誠通論已續通志旣踵其體例編次成卷我
國家重熙累洽庥和之氣暢垓埏實無所謂變異之徵如前史所載者至于
列聖相承敬
天勤民之心傳爲
家法
皇上體中和之極敷對育之原兢業淵衷無時暫釋故不因見祥而喜亦不待見災而懍用以承
景貺而集庥徵蓋
聖心即
天心也茲謹就
國初以來事蹟依類臚于卷內庶幾傳信徵實用以
仰見欽若
天道敬授人時之
至意焉

紀災 天類 地類

臣等謹按鄭氏災祥畧綜春秋迄隋千有餘年之事蹟志天則次以日月星志地則次以水旱而月與五星之薄蝕陵犯不載雷電雪霜冰雹之異不登蓋名之爲畧固與史家五行志體例各殊也惟考鄭氏志于天則有天裂天鳴諸異于日則有衆日並照日夜出諸異于月則有兩月並見月晝明諸異以類相從我
朝至治光昭天地交泰旣無此變徵則原書類例自當酌刪若夫堯湯水旱爲上世所不能無
列聖屢念黎元如傷在抱
皇上周咨民瘼
宵旰勤求每遇閭左偏災立加撫卹是以水旱之數較之前史爲獨多者前代水旱之來未必盡皆入告而我
朝則隱飾有譴稽遲有罰則無不上達之隱也前代于水旱之告未能盡皆邀卹而我
朝則賑貸有法蠲除有令則無不下究之澤也若依鄭志之例但書作某郡水某郡旱而不臚載
恩施則
聖朝之厚澤深仁超越千古者無由共見若于一邑一隅之旱潦並皆敘列則事不勝書且賑卹蠲免之條又當入之食貨門而不在災祥占驗之科矣今惟舉其事之大者類繫于篇

天類

順治元年八月丙辰朔日食在張宿八度十八分食二分有差二年十二月己卯朔日食食不及一分是日陰雲不見五年五月乙丑朔日食在觜宿十一度七分食九分有差七年十月辛巳朔日食在亢宿二度十五分食七分有差十四年五月癸卯朔日食在觜宿二度十二分食六分有差十五年五月丁酉朔日食在畢宿六度五十七分食四分有差

康熙三年十二月戊午朔日食在斗宿二十一度二十分食八分有差五年六月庚戌朔日食在井宿九度四十五分食九分有差八年四月癸亥朔日食在婁宿十一度食五分有差十年八月己卯朔日食在張宿九度二十九分食一分有差十五年五月壬午朔日食食不及一分二十年八月辛巳日食在翼宿初度二十三分食三分有差二十四年十一月丁巳朔日食在心宿一度二十二分食二分有差
聖祖仁皇帝諭大學士等曰天象稍有愆違即當修省或施行政事有未當歟或下有冤抑未得伸歟廷臣詳議以聞二十七年四月癸卯朔日食在婁宿十度五十九分食九分有差
諭大學士等曰欽天監奏四月朔日食凡應行應革之事其令九卿詹事掌印科道集議以聞二十九年八月己未朔日食在張宿九度二十分食二分有差三十年二月丁己朔日食在危宿十度五十二分食三分有差三十一年正月辛亥朔日食在虛宿九度三十四分食五分有差先期
諭禮部曰天象之變見于歲首朕兢惕靡寧力圖修省其罷元旦行禮筵宴至是
覽欽天監所奏日食占驗有大臣黜近臣有憂之語
諭大學士等曰朕觀自古帝王于不肖大臣正法者頗多

今設有貪汚之臣朕得其實亦必置之重典此皆係于
人事凡占候當直書其占語今欽天監往往揣度時勢
附會陳說如去年視有旱狀則用天時亢旱之占請張
殊甚可傳欽天監諭之三十四年十一月己未朔日食
在尾宿三度二十六分食八分有差三十六年閏
三月辛巳朔日食在婁宿一度五十七分食十分
有差先期
諭大學士曰日食雖可預推然自古帝王皆因此而戒懼
蓋所以敬天變修人事也若庸主則委諸氣數矣可諭
九卿有宜修改者悉以聞四十一年十一月丁酉朔日
食在心宿一度二十六分食四分有差四十五年
四月戊子朔日食在胃宿八度十八分食六分有
差四十七年八月甲辰朔日食在翼宿一度四十
二分食五分有差四十八年八月己亥朔日食在
張宿九度二十六分食四分有差五十一年六月
癸丑朔日食在井宿十度三十二分食五分有差
五十四年四月丙寅朔日食在婁宿十二度十九
分食六分有差先期
諭大學士九卿曰自古帝王敬天勤政凡遇垂象必實修
人事以答天戒其係國計民生有應行應改者詳議以
聞五十八年正月甲戌朔日食在危宿初度四十五分
食七分有差
諭大學士九卿曰元旦日食以陰雲微雪未見別省無雲
之處必有見者況日值三始人事不可不謹政或有闕
失諸臣確議以聞五十九年七月丙寅朔日食在柳宿
五度十六分食七分有差六十年閏六月庚申朔
日食在井宿二十九度四十二分食二分有差

雍正八年六月戊申朔日食在井宿二十度四十
二分食九分有差先期
世宗憲皇帝諭大學士等曰朕御極以來七年之中未遇
日食今欽天監奏稱六月朔日食朕心深為畏懼時刻
修省內外臣工宜共相勉勗以懍天戒尋山西巡撫以
至期陰雨不見食稱賀江寧織造以是日陰雨過
午晴明日光無虧稱賀俱奉
旨切責又
諭大學士等曰天象之災祥由于人事之得失若
上天嘉佑而示以休徵欲人之知所黽勉永保令善于勿
替也若
上天譴責而示以咎徵欲人之知所恐懼痛加修省也日
食乃
上天垂象示儆所當敬畏詎可以偶爾觀瞻之不顯而遂
誇張以稱賀乎山西偶值陰雨不可以槩天下江南日
光不虧朕推求其故蓋日光外向過午之後已是漸次
復圓之時所虧止二三分是以不顯虧缺之象昔年遇
日食四五分之時日光照耀難以仰視
皇考親率朕同諸兄弟在乾清宮用千里鏡測驗四周以
紙遮蔽日光然後看出又豈可因此而怠忽天戒稍存
縱肆之心乎慶賀之奏甚屬非理大違朕心宣諭中外
知之九年十二月庚寅朔日食在斗宿初度二十六分
食九分有差十三年九月丁酉朔日食在角宿二
度五分食八分有差
乾隆七年五月己未朔日食在畢宿七度十七分
食七分有差十年三月癸酉朔日食在壁宿六度
四十九分食一分有差十一年三月丁卯朔日食

在室宿十一度二十三分食六分有差先期二月
上諭大學士等曰本月十六日月食三月初一日日食
且自上冬以及今春雨雪稀少土膏待澤朕敬天勤
民之心倍增乾惕所望大小臣工共體朕意加修省
迓天和夫修省之道以實不以文其有關于民生國
計者當盡心籌畫竭誠辦理以盡職守若朕躬有愆
謬政事有闕失應行陳奏者即據實以聞不得避忌
瞻徇亦不得牽引虛文負朕諮詢之意十二年七月
己丑朔日食在柳宿六度三十三分食二分有差
十六年五月丁酉朔日食在昴宿七度三十七分
食四分有差先期
諭曰日食天象之大者自古重之顧僅以引咎求言虛
文從事夫豈應天以實之義乃者五月丁酉朔日有
食之朕自惟宵旰憂勤無時不深乾惕盥待懸象著
明始知戒謹然遇災而懼罔敢不欽戒懼修省惟崇
實政行在鑾儀衛早晚鼓角是日著停止一日以示
撤懸齋戒我君臣當就常存之敬畏倍加謹凜並修
實政即如朕向來巡幸地方官惟修治道途此外一
無華飾自乾隆十三年東巡該撫等于省會城市稍
從觀美後乃踵事增華雖謂巷舞衢歌輿情共樂而
以旬月經營僅供途次一覽實覺過于勞費且耳目
之娛徒增喧聒朕心深所不取今歲恭遇
皇太后萬壽兆庶亦藉以申祝嘏之忱是以俯順民情至
朕待督撫有司惟因其能實心辦事令地方日有起
色方加恩獎予而不知朕心者未必不以辦差華美
求工取悅為得計將玩視民瘼專務浮華此風一開
于吏治民風所關者甚大嗣後以違制論諭中外知

之二十三年十二月癸丑朔日食在斗宿一度五十
一分食八分有差
諭大學士九卿科道等曰春秋書日食古聖克警天戒
惟是爲兢兢茲者季冬之朔日食至八分之多望日
又值月食一月之間雙曜薄蝕災莫大焉我君臣當
動色相戒側席修省念邇年來西陲底定殊域來歸
克奏膚功皆仰賴
上蒼福祐在朕宵旰殷懷無刻不以持盈保泰爲惕並非
出于矯强亦中外臣民所共知第人情當順適之時
檢持或有未至昔人所稱人苦不自知良非虛語夫
天心仁愛人事宜修倘用人行政之間有所闕失而不力
爲振飭何以裨政治而召休和在廷諸臣共襄治理
寅恭夙夜宜有同心其各抒所見據實敷陳無有隱
諱二十五年五月甲辰朔日食在參宿一度十七分
食九分有差
諭大學士等曰序臨北至一陰始生薄蝕適逢益切乾
惕所有本月朔內廷例用龍舟上年既以禱雨不行
今雖際時和並飭停止用申祇荷
天仁示戒之至意二十七年九月庚申朔日食在角宿三
度二十六分食五分有差二十八年九月乙卯朔
日食在軫宿六度一分食七分有差三十四年五
月壬午朔日食在畢宿八度三十八分食三分有
差三十五年五月丁丑朔日食在昴宿七度三十
四分食三分有差三十八年三月庚寅朔日食在
室宿十二度三十七分食四分有差三十九年八
月壬寅朔日食在張宿十度五十三分食三分有
差四十年八月丙子朔日食在張宿初度六分食
四分有差十二月甲辰朔日食在斗宿二十三度
四十三分食一分有差四十九年甲午甲寅朔日
食在柳宿十六度二十一分食一分有差五十年
七月戊申朔日食在柳宿五度三十五分食四分
有差十二月以明年正月元旦日食
命停止朝賀並
宣諭中外
諭曰五十一年正月初一日日食業經頒諭停止朝賀
其救護典禮禮部遵例奉行朕仍于內殿恭設香案
虔申祈禱以答
上天垂象儆惕修省之意至于下詔求言史冊所稱朕以
爲轉涉虛文蓋事
天以實爲人君者敬
天勤民躬理庶務日慎一日乃職分所當然即大臣言官
應行陳奏事件原當隨時入告豈待日食然後求言
況今每日御便殿聽政批答章奏大學士軍機大臣
及九卿科道等不時召見諮詢政務即外省自督撫
至道府無不隨到宣召未致民隱壅于上聞詎因日
食方始下詔求言耶至薄蝕天變日時度數有定昔
宋仁宗康定元年正月丙辰朔應日食先是日官楊
維德等請移閏于庚辰年則日食在前月之晦帝曰
閏所以正天時而授民事其可曲避乎不許所見甚
爲合理蓋凡日食必以合朔移于晦日尤爲非是又
漢唐以來如光武帝建武二年北魏孝文帝延興四
年太和十四年唐太宗貞觀六年均以正月朔日食
昔我
皇祖時以康熙三十一年及五十八年正月朔日食且三
十一年錫伯瓜爾察達呼爾等來歸喀爾喀格楚爾
喀亦以屬裔來歸之事可見日食爲定數而君人者
則當因此益加戒懼至于以改移爲消弭之說則尤
斷斷不可朕踐阼之始即叩
天默禱以若嘗
天佑享國至六十年即當傳位歸政不敢如
皇祖之數逾花甲今幸五十年來壽逾古稀康强如昔惟
有宵旰勤求不遑暇逸以仰副
上天眷顧之殷
祖宗付託之重設以天變爲可消弭即于今歲歸政則是
移咎後人圖卸己責如宋高宗年未六十傳位孝宗
置軍國大事于不問不獨無以對
天並無以對子朕豈肯出此乎從前推算天行度數乾隆
六十年乙卯亦當正旦日食與今歲同若于是年歸
政則値嗣子首歲元正尤屬非宜朕心亦有不忍何
若以是歲爲朕臨御六十年頤和錫福之餘即以次
年爲嗣子迎
厤改元之始國祥家慶
天日重光以符朕首祚之祈以紹我大清億萬年之寶命
不其懿與然此願亦不敢期必總以猶日孜孜以靜
俟
上天垂佑耳將此通諭中外臣民咸知朕意
臣等謹按鄭氏災祥署但紀日食而不及月食蓋
以日爲陽象故春秋書法特重日有食之今從其
例
右日食
順治九年九月太白晝見是月乙未辰時太白見

于翼宿三度丙申酉時有流星起中天入紫微垣
時
世祖章皇帝將巡塞外以
上天垂象卽行停止
康熙三年十月彗星見東南方是月己未朔彗星
見于軫宿之次在左轄星之旁其體微小每夜逆
行尾迹漸長經翼張井昴胃諸宿至十一月庚戌
在婁宿之次
聖祖仁皇帝諭議政王大臣曰星象示異皆因德薄敷政
失宜所致今惟力圖修省務期允當以答
天心四年二月彗星復見先是三年十二月壬戌彗星移
奎宿之次其體漸小四年正月癸己不復見二月
己巳復見東南方在女宿之次閱十餘日經虛室
壁三宿
諭曰彗星復見實由德薄所致
上天垂象屢示警戒敢不益圖修省以後凡用人行政務
加謹愼以求允當至于關係國家利弊民生休戚應興
應革事宜內而部院及科道官外而督撫其各抒所見
以備採擇朕不憚改正七年五月太白晝見是月甲辰
未時太白見午位在柳宿三度丙午庚戌朔癸丑
諭曰太白晝見
天象屢示儆戒朕甚懼焉今力圖修省彌加敬愼勵精勤
政以答
天心在內部院官各盡乃職公廉自效在外督撫提鎭以
下各級理地方撫卹軍民咸令得所二十一年七月彗
星見東北方是月己巳彗星見于井宿之北其色
白尾迹指西南壬申行東北尾迹長六尺餘癸酉
諭大學士等曰天道關于人事彗星上見政事必有闕失
其應行應革者令九卿科道詹事會議以聞
乾隆七年正月異星見東南方是月丙戌異星見
于斗宿之次在天弁第二星之上其色黃白向西
北逆行四十餘日隱伏八年十一月彗星見是月
己亥彗星見奎壁之中距奎宿第二星二度體如
彈丸其色黃尾迹長尺餘每夜向西逆行由戌宮
至亥宮十二月丁卯
上御門聽政畢
召大學士等前曰星象見異朕思
天心仁愛垂象示儆必政事之間有所缺失我君臣當夙
興夜寐勤加修省以回
天意惟是應天以實不以文修省之實非徒托之空言也
且書不云乎王省惟歲今歲序將周正其時矣我君
臣必深思所以致此之由缺失何在亟圖悛改庶幾
盡事天之道有以感召和氣而消未萌之眚也癸酉
朔
諭曰昨召見大學士陳世倌據奏近日彗星見宜下修
省之詔宣示百官朕思人主君臨天下敬天勤民之
心必嚴恭寅畏無時不凜
上帝之鑒觀念兆人之休戚以期弭告于未然誠以修省
全在乎平日此朕之所以夙夜兢兢者事
天以實不以文以誠不以僞也若但托于文告飾爲敬愼
警懼之辭而無引咎責躬之實徒務臣民之觀聽以
塞責是明以示戒而更加粉飾則欺世慢天其過愈
大豈能感召天和潛消沴戾乎前日御門時朕面降
諭旨原欲與大臣等交相儆省深思所以致此之由
缺失何在亟圖悛改格天之道惟在乎修省之實而
不在修省之文我君臣其共勉之十三年三月客星
見東方是月癸丑客星見于室宿第三星之南一
度其色黃向東順行至次日卽消二十四年三月
彗星見東南方是月甲午彗星見于虛宿之次其
色蒼白尾迹長尺餘指西南每夜順行十餘日伏
不見四月戊辰復出西南方在張宿第二星之上
體勢甚微向東順行至五月初仍隱伏至十一月
戊辰有客星見東南方在未宮井宿四星之下自
未宮行至酉宮胃宿之次尋亦隱伏三十四年七
月彗星見東南方是月甲辰彗星見于昴宿之次
體如彈丸其色蒼白尾迹長二尺餘指正西偏南
每夜順行八月望後伏不見十月復移見西方尋
卽隱伏三十五年閏五月客星見東南方是月己
酉客星見于斗宿之次在天弁第一星之西其色
蒼黃每夜向北行十餘日卽隱伏十一月彗星見
東南方是月彗星見于柳宿之次在第一星之下
色蒼白尾迹長尺餘指南每夜向北行十餘度七
日隱伏

右星變

皇朝通志卷一百二十二

皇朝通志卷一百二十三

災祥畧二

地類

順治二年河決考城之劉通口時河流北徙自午溝至徐州河身漸涸至四年決口始塞河流疏通三年直隸成安等縣水按分數免賦六年直隸眞定順德廣平大名四府屬山西太原平陽汾遼澤五府州屬水並免額賦八年蘇州松江等府屬水發銀米賑濟九年河決邳州水三日即退十三年河南衛輝府屬湖南常德府屬水並免額賦十五年河決山陽之柴灣姚家灣塞之是年湖北地方水又浙江寧波紹興二府沿海地方水並按分數免賦十六年江南蘇州揚州淮安徐州鳳陽等屬水全免舊欠錢糧十七年河南河決睢州杞縣虞城柘城永城夏邑等處水又江南邳州蕭縣宿遷沭陽等處水並按分數免賦十八年直隸霸州保定新城等州縣江西鄱陽等縣湖北沔陽黃梅廣濟等州縣水並按分數免賦

康熙元年江南鳳陽泗州等屬福建閩縣等十二縣陝西西安鳳翔興安等屬水並按分數免賦二年直隸河間等處以夏潦被水按分數免賦並遣官經理修隄挑淺事宜三年松江上海等處水蠲免額賦四年河決安東之茆良口等處至十年以次堵塞七年河決桃源之黃家嘴次年堵塞是年直隸眞定等五十州縣江南淮揚二府屬水分別免賦八年河決清河之三汊口次年復決清河之王家營等處

詔命河道總督羅多創築縷隄以次堵塞是年陝西南鄭等處水按分數免賦九年直隸博野等二十九州縣江南蘇松淮揚四府屬浙江嘉湖二府屬水並按分數免賦淮揚被水較重

特命部院大臣往勘水災發帑賑給並罷本年漕運自康熙六年以後民欠銀米盡皆豁免十年淮安揚州水蠲免正賦自康熙元年至六年逋賦全免十一年揚州府屬水全免本年額賦十二年直隸霸州寶坻等十三州縣江南六安贛榆等州縣水並按分數免賦十三年揚州高郵寶應泰州鳳陽泗州滁州等處水蠲免地丁銀漕次年仍免賦有差十四年河決徐州之潘家堂及宿遷之蔡家樓俱塞之是年淮揚徐鳳四府屬水按分數免賦十五年黃水倒灌洪澤湖決高堰三十四處時黃淮合并東下漕隄多潰

詔遣工部尚書冀如錫戶部侍郎伊桑阿往視興工

命尚書靳輔為總河於十七年次第堵塞是年淮揚徐所屬水

特遣大臣往江南發銀米賑濟次年仍蠲免額賦十七年淮揚徐各屬水蠲停地丁漕項有差十九年淮揚蘇松常鎮等處水蠲停賑賦並發帑賑濟二十一年五月河決宿遷之徐家灣塞之六月河決宿遷之蕭家渡是年大修兩河各隄工告竣至次年三月塞蕭家渡決口河歸故道二十一年揚州高郵寶應泰州興化等處水蠲停正賦二十四年直隸河間獻縣等縣江南宿遷興化邳州高郵鹽城等州縣山東郯城魚臺等縣水蠲免額賦二十六年直隸霸州文安保定武清寶坻玉田豐潤等州縣江南淮揚二府屬水並按分數免賦二十七年江南興化亳州邳州等州縣水按分數免賦並發穀賑濟二十八年江南邳州等九州縣復水仍按分數免賦二十九年江南六合等十五州縣衛浙江紹興府屬水按分數免賦並撥穀賑濟三十年雲南昆明等十州縣水按分數免賦三十二年直隸順天保定河間永平四府水全免明年額賦三十三年福建閩清等縣水撥穀賑濟三十五年黃淮秋漲江南淮揚徐等處水撥米賑濟至次年復截留漕米散給並全免額賦是年直隸三十二州縣湖北九州縣衛水並按分數免賦三十六年江南山陽高郵泗州潁州等處江西星子等縣水並按分數免賦三十七年福建臺灣地方水撥穀賑濟淮安揚州鳳陽府屬水並免額賦三十八年江南海州泗州盱眙等州縣湖北安陸府沔陽州等處水按分數免賦三十九年江南水泗州盱眙高郵清河及上江潁上等六州縣下江邳州等十六州縣各按分數免賦並除淮安揚州鳳陽三府上年額賦四十年五月泗州盱眙等處水時修築商家堰閉塞六壩從洪澤湖水長泛溢泗州盱眙等處被淹

命總河張鵬翮會同兩江督臣阿山親行察勘蠲停額賦四十一年山東濟兗青三府屬萊蕪新泰等州縣水全免明年額賦並發穀賑濟四十二年山東六凡九十四州縣

詔截留漕糧遣官前往分路散賑並全免明年額賦四十

四年江南江寧淮安揚州三府屬浙江寧波紹興
二府屬廣東肇慶府屬湖北沔陽等州縣湖南岳
州等州縣水撥穀賑濟並按分數免賦四十五年
江蘇海州等十二州縣安徽潁州等十二州縣衛水
按分數免賦四十七年江南蘇松等五府屬浙江湖
州衢州台州各屬水發穀賑濟並免明年額賦四
十八年直隸武淸等十三州縣水設廠賑濟並按
分數免賦四十九年直隸霸州等七州縣江南邳
州等十三州縣河南商邱等三十九州縣水發穀
散給並按分數免賦五十年江蘇海州等十五州
縣衛水按分數免賦五十二年廣東三水等縣福
建侯官等縣水全免額賦五十四年江南太倉長
州等十四州縣衛湖廣江夏嘉魚等州縣水發穀
散給並停免額賦是年直隸順天永平保定河間
宣化五府屬水發米賑濟全免額賦五十五年江
南上元宣城等州縣衛浙江衢嚴二府金華等三
十州縣廬州等衛水發穀賑濟按分數免賦五十
七年江南桐城等三十州縣廬州等七衛水發穀
賑濟按分數免賦五十八年江南高郵等州縣水
按分數免賦五十九年江南淮揚二府屬湖廣漢
州潛江等州縣水發穀賑濟按分數免賦六十一
年直隸長垣等州縣山東壽張等州縣以黃汛驟
漲被水發穀賑濟
雍正元年河南中牟直隸長垣等州縣黃水漫溢
發帑賑濟其陽武封邱中牟三縣各免五年額賦
二年江浙沿海州縣潮災發帑賑濟分別免賦直
隸山東河南三省雨水過多成災者一體給賑三
年直隸霸州薊州等七十四州縣衛河南祥符等
十九州縣水發倉給賑按分數免賦有差又山東
歷城等五十三州縣衛所水並免正賦福建廣東
被水地方亦分別賑卹四年安徽所屬之舒城無
爲望江等州縣水發米煮賑其泗州災重處按戶
給銀又浙江仁和等州縣水按災分免額賦五年
直隸玉田等二十三州縣水遣官賫銀分路散給
又湖北江水溢被災之江陵漢陽等州縣及武昌
荆州等衛盡除本年田賦七年雲南曲靖府屬水
按分數免賦八年北河溢直隸順德廣平大名等
府水遣侍郎副都統等分四路散賑又山東河南
江南瀕河州縣被災者一體賑卹十一年江南海
溢蘇州松江二府屬之常熟華亭等二十九州縣
水如例賑卹又直隸之薊州豐潤等處水並蠲賑
有差十二年江南徐州府屬州縣水分免正賦有
差十三年四川綦江合江等州縣水各免今年租
乾隆元年浙江仁和錢塘等縣湖北漢川江陵等
縣水免正賦及漕米有差二年河南西華等縣水
按分數免租四年安徽宿鳳等十五州縣水免本
年銀糧五年江蘇豐沛等十州縣衛水免丁屯蘆
課河租各銀糧六年江南鳳陽潁州等府水分賑
災民其上元等二十八州縣並免其年額賦七年
江南黃淮交漲雨江水江蘇所屬江浦等州縣衛
安徽所屬之壽州等州縣衛各蠲租截漕
命大臣會同督撫勘賑是年湖北荆州安陸漢陽襄陽
德安五府湖南長沙岳州常德澧四府州江西贛
州吉安南安三府水各按分數免其年田租十一
年淮黃漲江南沿河州縣水免額賦並截漕充賑
十二年山東九十八州縣水免額賦截留山東河
南漕運並撥天津倉米充賑是年江南海潮溢江
蘇崇明寶山上海南滙鎮洋常熟昭文江陰等縣
水蠲稅截糧有差十三年山東鄒平等二十州縣
水截漕加賑
命重臣巡視賑務十五年江蘇安徽二十七州縣水按
分數賑濟免災田地漕銀糧十八年黃淮漲淮揚
徐府屬水尋以河銅山隄宿靈虹泗等州縣亦水
命大臣往視發帑截漕並撥附近各省米賑糶免今年
租十九年江南淮揚雨潦下江等處復水賑如例
其安徽泗盱等州縣亦分免額賦二十年江南淮
揚徐水按分數賑卹設粥廠是年浙江杭州湖州
紹興府所屬亦水予賑如例二十一年江南宿虹
豐沛等十六州縣山東金鄉魚臺等縣水各蠲免
按分數賑卹是年河南歸德府之夏邑商邱永城
虞城等縣并陳許兩府屬各縣亦以霪雨被水除
田租免逋賦次年
特遣官查視優卹並以工代賑疏濬渠道引積水達於
河二十二年漳河暴漲注衛河免直隸山東之被
水州縣賦並發粟散賑給銀葺店二十六年河南
久雨河溢祥符等縣水蠲卹
命大臣會勘賑濟設粥廠直隸之大名天津山東之德
州曹州均以水截漕充賑是年建楊橋
河神祠先是七月河溢遂潰楊堤乃築引渠釃河溜
雨匝月而合龍爰建祠並
頒額勒碑從大學士劉統勳請也二十七年直隸霪雨

所屬四十五州縣水按分數加賑又江蘇之清河
等十一州縣浙江之仁和等十七州縣均以水蠲
免漕賦三十年山東濟南等屬十五州縣江南安
滄等五府屬水均蠲賑如例三十二年下江上元
等十一縣上江懷寧等十三州縣江西南昌等十
三縣湖北黃梅等十三州縣水蠲䘏如例復
命於正賑外各按分數加賑三十五年直隸各屬水
諭部臣撥銀運米賑濟其浙江十四州縣災加賑亦如
之是年古北口山水驟發
特遣大臣齎銀運米逾格賑之三十八年江南水安東
山陽阜寧清河沭陽海州大河衛宿遷令勿收責
三十九年安徽壽州鳳陽等十州縣衛水分別蠲
緩有差是年又因黃水驟漲免山陽清河鹽城阜
寧明年租並淮安大河二衛漕賦四十年直隸霸
州永清等十四州縣水於例䘏外加賑一月四十
三年黃河溢河南災
命遣臣稽查截漕發帑賑之四十四年河南儀封延津
等十三州縣水蠲賑如例四十五年直隸霸州文
安等二十州縣水賑䘏有加是年張家油房漫口
河南考城等五縣水均加賑四十六年江南黃水
溢上江之鳳泗等州縣下江之邳睢等州縣禾稼
受傷撥銀截漕賑之並分別加賑四十七年黃河
溢河南山東江南水
特命於例賑外各展賑
皇上廑念江南豐沛等縣及山東兗曹濟各屬災甚
諭令常予賑䘏災退後乃停四十八年重修雍正六年
所建之惠安觀先是四十六年冬靑龍岡漫口合
龍
敕建
龍王廟以昭神貺四十七年更築新堤挑引渠自蘭
陽至商邱一百七十餘里至是桃汛開放河流永
慶安瀾大學士公阿桂等奏要工合龍全賴
河神默佑請將蘭陽北岸惠安觀鳩工重修得
旨允行並
御書祠額刊詩以紀事焉四十九年黃河溢河南安徽
等處水蠲租除欠
諭地方大吏督屬攜帶錢米分途賑䘏其河南之商邱
寧陵安徽之亳州等州縣分別加賑展賑有差
右水災
順治三年湖廣興國等十州縣旱按分數免賦八
年江南寧國等府旱按分數免賦九年江南旱
命督撫等按視災傷江蘇等處改折漕糧免派耗米安徽
諸屬蠲免正賦十一年直隸山東浙江江南等處
俱旱直隸八府屬山東二十一州縣浙江二十二
州縣江南五州縣並按分數免賦十四年四月京
師旱
世祖章皇帝素服禱於
圜丘遣官致祭
方澤壇
社稷壇
神祇壇應時大雨十六年江西四十五縣湖南澧州等
州縣貴州貴陽等府屬旱並免額賦十七年六月
京師旱
諭禮部今夏亢暘日久農事堪憂朕念致災有由痛自刻
責穀爲民天非雨不遂竭誠祈禱積有日時乃精誠未
達雨澤尙稽晝夜焦心不遑啟處茲卜于月之十三日
預行齋戒黎明步至
南郊於夜子刻祭告
圜丘懇祈甘霖速降以拯災黎若仍不雨則再行躬禱務
回
天意尋又
諭先詣
郊壇齋戒三日以十五日之夜子刻祭告屆日丙申
親率諸王文武羣臣素服步至
南郊齋宿是日四際無雲頃之陰雲密布甘霖即降越三
日戊戌行禮于
圜丘祭畢雨復大霈十八年江南靑浦等二十七縣衛浙
江二十九縣旱並按分數免賦
康熙三年江西四十一州縣旱按分數免賦四年
三月京師旱
命禮部遣官同河道總督朱之錫往泰山祈雨五年湖北
沔陽黃岡等十二州縣江西寧州等三十五州縣
旱並按分數免賦九年直隸開州等十四州縣山
東濟陽等二十九州縣旱並按分數免賦十年四
月京師旱
聖祖仁皇帝諭旨深自刻責即詣
南郊禱雨前期致齋三日素服詣
壇致祭甘霖立沛是年鳳陽廬州安慶等府旱
特遣部臣會同江南督撫截漕散賑並於江寧省會之地
大設粥厰賑濟流民十三年山東泰安等五十二
州縣旱按分數免賦十六年江西新建浮梁等十

六州縣旱按分數免賦十七年六月京師旱
諭禮部朕惟天人感召理有固然人事失於下則天變應
於上捷如影響豈曰罔稽天氣亢暘禾苗枯槁朕夙夜
靡寧力圖修省躬親齋戒虔禱甘霖前期致齋屆日自
西天門步行至
壇行禮時甘霖大沛是年江南鳳廬滁三屬旱按分數免
賦並改折漕糧十八年蘇松府屬旱按分數免賦
詔發帑令江蘇巡撫等親行督賑二十年蘇松常鎮府屬
旱分別蠲折額賦廣行設賑二十二年江西分宜
等十七縣衛旱按分數免賦二十三年直隸邢臺
等二十州縣湖北江夏等十五州縣旱按分數免
賦二十五年鳳陽徐州等處旱發銀米賑濟二十
六年五月京師旱
諭九卿等曰京師爲天下根本之地乃幾月不雨朕甚憂
之欲躬行祈禱大小臣工宜盡誠齋戒毋循故事屆期
上親製祭文素服自西天門步行詣
壇行禮即時雨足是年江西宜春等十縣旱按分數免賦
二十八年六月京師旱
御製祭文遣官禱雨於
圜丘是年直隸順天保定河間眞定順德廣平大名及宣
化各府屬俱旱
詔遣官詳勘先行發賑並免去年未徵及本年春夏額賦
又湖北武昌等四府屬二十州縣四衛荊州安陸
等二府屬九州縣四衛旱先行賑濟免明年春夏
額賦江西鹽州袁州等三十二州縣衛旱按分數
免賦二十九年山西太原大同二府屬旱撥穀賑
濟河南開封彰德衛輝懷慶四府屬甘肅涼州等
衛所旱按分數免賦三十年陝西西安鳳翔二府
屬旱
命大臣往勘撥銀賑濟並免明年民屯各銀米又直隸七
十七州縣河南二十三州縣旱按分數免賦三十
一年山西蒲州解州等州縣旱撥穀賑濟江南六
合等十三州縣旱按分數免賦是年陝西西安鳳
翔連歲遭旱撥銀米賑濟明年
上猶念陝西災民復免康熙三十三年額賦三十二年山
西平陽澤州沁州所屬旱
詔加賑濟全免積年逋賦三十三年直隸安州等十一州
縣旱
命戶部遣官散賑發糶並免明年額賦又湖廣黃州府屬
黃岡等州縣武昌府屬江夏等州縣旱並按分數
賑濟三十四年山西平陽府屬江西新淦建昌南
康等縣旱停免額賦三十六年直隸霸州等十七
州縣旱按分數免賦三十七年直隸豐潤等二十
二州縣旱撥穀賑濟四十年甘肅河州等處旱
詔巡撫親行散賑於較重之蘭州隴西安定等設廠煮粥
其西安被旱之二十六州縣衛所並按分數免賦
四十二年浙江衢州府屬湖南長沙等三府屬旱
並按分數免賦四十三年山東歷城等三十一年
縣衛旱發穀賑濟四十五年湖廣漢川等十五年
縣衛旱撥穀賑濟四十六年江南浙江旱
詔截漕散賑免兩省明年丁銀積欠漕項四十九年福建
泉州漳州等屬旱截留漕糧散給並停徵本年額
賦五十年江南六安等州縣旱按分數免賦五十
二年甘肅靖遠環縣等十四州縣衛旱全免額賦
五十三年江南上元桐城等五十四州縣浙江錢
塘山陰等十六州縣湖廣嘉魚等十七州縣旱撥
米賑濟並按分數免賦五十四年甘肅鹽州等五
州縣衛靖遠等二十八州縣衛旱
詔遣大臣巡視兼賑銀米全免明年額賦五十五年五月
畿輔旱
聖祖駐蹕熱河減膳齋戒
諭京師虔誠祈雨越七日雨足始復常膳五十七年湖廣
武昌鍾祥等十九州縣衛甘肅涼州古浪等衛旱
按分數免賦五十八年甘肅會寧等十七州縣衛
浙江錢塘等二十一州縣旱撥米賑濟蠲免額賦
五十九年山西平陽汾州二府屬陝西宜川等縣
衛旱發倉賑濟按分數免賦六十年陝西旱
詔發銀米遣部員三路散賑江南徽州府歙縣等十二州
縣浙江杭州府仁和等三十九州縣旱發倉賑給
按分數免賦六十一年直隸贊皇等四十二州縣
山東濟南兗州東昌青州四府屬州縣湖北鍾祥
等州縣旱撥穀賑濟按分數免賦
雍正元年五月京師旱
世宗憲皇帝諭禮部虔誠祈雨並減膳齋戒精虔致禱甘
雨大沛羣臣請乃照常進膳是年直隸河南山
東旱發倉穀帑銀及截留漕米各遣官散賑又下
江蘇松常鎮府屬之太倉溧陽等州縣上江廬州
府屬之合肥舒城等縣浙江仁和富陽等州縣及
台州衛嚴州所被旱者分別免賦二年春直隸旱
親詣黑龍潭致禱越數日
親祭

歷代帝王廟甘雨大沛臣工衣盡沾濕各加
恩賜
御製喜雨詩令羣臣敬和是年湖廣岳州臨湘等縣衛旱
按分數免賦三年山東平原等十七州縣衛旱免
賦有差
乾隆二年陝西靖邊等八州縣旱免其年租糧三
年江南安徽等處旱免帶徵逋賦及本年漕糧四
年江南江常鎮淮揚徐海七府州旱免帶徵歷徵
正賦其海安蕭碭四州縣尤重自雍正十三年以
後逋賦悉予蠲除詩復議分別加賑八年直隸天
津河間深州等屬二十八州縣山東德州等十三
州縣旱分別賑卹是年甘肅皋蘭靖遠平番等七
州縣旱免額賦九年夏畿輔旱是歲四月行
常雩之禮
皇上不乘輦不設鹵簿不作樂至五月初二日奉
諭旨一春以來雨澤稀少二麥黃萎今逾芒種之期甘
霖猶未普降切恐秋禾難以布種民食堪虞朕心憂
灼思過省愆無一時之暫釋朕詣
暢春園問
安
皇太后雖慈訓屢頒寬慰朕躬而每見
皇太后以天時亢旱憂形於色朕心更為不寧今日
皇太后從寢宮步行至園內
龍神廟虔誠祈禱朕敬聞之下惶悚戰慄此皆朕之
不德不能感召
天和而累
母后焦勞至於此極為人子者實無地以自容即刻前往
請
安諄懇謝罪恐衆不知以為他故並諭內外臣工知之十
三年陝西各屬旱
命河南泛粟賑之是年福建亦旱截浙江漕糧海運以
濟各蠲免如例十六年浙東五十四州縣旱截留
漕糧並撥湖廣倉米賑糶緩徵蠲賦十七年陝西
三十七州縣山西十一州縣旱按分數賑濟各免
其額賦二十三年甘肅河東西旱如例蠲賑並分
別展賑有差二十四年夏畿輔旱時於孟夏行
常雩禮
皇上以天時亢旱前期詣
壇齋宿時法駕鹵簿停止陳設褻朝由齋宮步行詣
天壇行禮五月
皇上步禱
社稷壇六月舉
大雩之禮先期徹膳虔齋
御製祝文祭日戴雨纓冠素服步詣
圜丘行禮大雨立霈四境霑足乃令直隸所屬有司勸種
晚禾酌借牛具耔種以待秋成是年甘肅皋蘭等
二十五廳州縣復旱其蠲賑視去歲有加仍分別
展賑二十九年甘肅鞏昌等府屬旱免其年租是
年江蘇江浦海州等處旱按災蠲免三十年浙江
天台新昌寧海等縣旱賑卹如例其甘肅河東西
靖遠等十四州縣旱
特命加賑除歷年逋賦三十三年直隸霸州等五十州
縣廳旱分別蠲緩加賑有差三十七年甘肅皋蘭
等二十五廳州縣旱免地畝銀糧三十九年直隸
天津河間等屬十六州縣旱銀米兼賑各按災蠲
賦四十年江蘇句容等三十州縣衛安徽定遠等
十二州縣衛及甘肅皋蘭等十八州縣旱各按災
蠲免加賑展賑有差四十二年甘肅皋蘭等三十
二廳州縣旱蠲賑如例復展賑四十三年河南旱
被災較重之汲淇臨漳三縣緩徵額賦是年以河
南山東雨澤稀少將四十五年輪免錢糧即於本
年蠲免其已徵者准作明年正供四十九年河南
衛輝府屬九縣懷慶彰德開封府屬十六縣直隸
大名等屬七州縣旱免上年逋賦五十年河南旱
命分別蠲賑有差是年山東濟南各府屬二十州縣安
徽亳州等八州縣旱截漕給賑其江蘇淮安等府
屬撥濟平糶其五十一年安徽輪免錢糧即於是
年蠲免

右旱災

皇朝通志卷一百二十三

皇朝通志卷一百二十四
災祥畧三
紀祥　天類　地類　物類
臣等謹按鄭氏災祥畧詳於災而畧於祥顧自龍
師鳥紀以還若圖書薦易鳳凰歌詩傳爲聖世之
徵書策亦未嘗畧而不紀也我
國家
列聖相承敦崇實政
皇上率若
天道軫念民依若瑞應之說久爲
聖朝所弗尚蓋自
隆平奕葉以來太和洋溢協氣蒸蒸在天爲慶雲甘露在
地爲瑞麥嘉禾草野之閒習以爲常既不盡聞於
璽更其有可考見者不過千百之十一謹撮實列
載用以見
郅治之世
大人協應而
聖主敬
天勤民之心未嘗一日而懈固非若前史符瑞之志所可
同日語也若夫各省通志及府州縣志所紀瑞應
甚多其未經具
奏者槩不敘入
天類
順治二年正月丁亥未時日生左右珥上有戴氣
赤黃色在女宿秋江南通州及蕭縣甘露降十一
月辛亥巳時日生半暈上有戴氣赤黃色在箕宿
康熙十六年三月四川順慶府甘露降夏秋復降

二十一年江西瑞金縣甘露降徑里許閱四十餘
日雍正三年二月以日月合璧五星聯珠告祭
景陵先是正月欽天監疏言二月初二日庚午卯刻日月
合璧五星聯珠宿躔營室之次位當娵訾之宮爲
從來未有之瑞請
敕付史館
世宗憲皇帝諭大學士等曰朕惟日月五星運行於天下
有常度是以從古歷元可坐算而得然古稱高陽時五
星會於營室漢帝時五星聚於東井宋祖時五星聚於
奎史書皆紀以爲祥蓋七政會合數雖一定而遭逢其
時者實海宇昇平民安物阜之會也若以爲德化所致
朕方臨御二載有何功德遽能致此嘉祥皆由我
皇考六十餘年聖德神功蟠天際地爲千古不世出之君
爲
上天第一篤愛之子所以純禧駢集歷數綿長錫祚垂光
至於今日覩此難逢之嘉瑞朕嗣統以來兢兢業業率
由舊章惟以
皇考之心爲心以
皇考之政爲政宅衷圖事罔敢稍越尺寸故邀
上天垂鑒仍如
皇考之御宇綏猷而錫以無疆之福也朕幸逢嘉會不但
不敢不自居亦不敢自謙總由
上天眷
皇考朕與天下臣民同在福祐之中當與天下臣民共慶
之至是諸王大臣等請
陞殿慶賀復
諭曰朕惟

皇考六十餘年敬天勤民始終如一是以
上天申眷至於今日覩此嘉祥在
皇考爲福鍾善慶之餘在朕躬爲迎迓
天庥之始惟有兢兢業業竭力盡心永久如一以仰荅
上天之眷祐以克承
皇考之宏猷期與大小臣工矢誠心而敦實政陞殿受賀
不必舉行但念
天瑞實因
皇考而致應遣官告祭
景陵以昭祥瑞之自六年冬江南松江府甘露降七年正
月鄂爾泰奏十月二十九日恭遇
萬壽慶辰滇南省城五色慶雲光燦捧日經辰巳午三時
至十一月絢爛倍常凡呈現兩日楚雄姚安等府
呈報皆同洵屬從來未有之嘉瑞
諭曰朕每遇此祥瑞蒙
上天慈恩自應感喜然實係毫不敢慶幸惟倍加敬畏之
心況此嘉祥實係忠誠所感而獻於朕壽日者正表[illegible]
愛戴之心也諸王大臣等以滇南卿雲表賀奏請宣付
史館得
旨朕治天下以實心實政爲務不言祥瑞屢頒諭旨甚明
今據鄂爾泰奏滇省卿雲呈見又引孝經援神契之語
曰天子孝則卿雲見朕之事
親不敢言孝但自藩邸以至今四十餘年誠敬之心有如
一日只此一念可以自信朕每承
天眷昭示嘉祥感激慶幸之中益加儆惕茲逢卿雲之[illegible]
益增朕心之敬畏鄂爾泰公忠體國實爲不世出之[illegible]
臣數年來節制滇黔等省是以仰邀

天貺正所以表著該省官吏敬恭協和之忱悃也願內外
大小臣工均以鄂爾泰爲法且願各省官民等聞風慕
義興孝勸忠人人共受
上天之福佑乃朕心之所謂上祥大瑞也七月諸王大臣
等疏言滇省日麗中天慶雲告瑞仰見太平有象
天眷庥隆臣等不勝歡忭得
旨朕思慶雲之氣時結時散今慶雲屢見於滇南地方自
因該省大臣官弁兵民有感格
上天之處始蒙賜此休徵以示感獎但天象之災祥由於
人心之敬肆捷於影響呼吸可通朕每承
天貺益深虔惕夙夜靡寧惟冀滇省官民愈加黽勉以仰
荅
上天垂象之鴻恩十二月以五色慶雲捧日
躬詣太學
文廟祭告
命宣付史館時山東巡撫岳濬等疏言十一月二十六日
丙申午刻慶雲環捧日輪歷午未申三時之久正
當曲阜重建大成殿上梁前二日奏入
諭大學士等曰雍正二年闕里
文廟不戒於火朕心悚懼不寧親詣太學
文廟虔申祭告特發帑金修建虔恪之心數年罔間今
大成殿上梁前二日慶雲呈見或者
上帝
先師鑒朕悚惕誠敬之心昭示瑞應當躬詣太學
文廟祭告以申感慶之衷將明年會試額數廣至四百
名壬子科各省鄉試每正額十名加中一名宣付史館
乾隆元年十月卿雲三見時監臣奏本月初二初
三初五等日卿雲疊見其色鮮明爲太平喜氣之
應奉
旨知道了不必交部十四年五月瑞星見大如雞子形
長而圓其色黃白光瑩潤澤而行不急按占書爲
含譽星二十五年十二月欽天監奏明年正月辛
丑朔日月合璧五星聯珠時監臣推測得二十六
年元旦午初一刻合朔日月同在元枵子宮躔女
宿形如合璧水星附日月躔牛宿木火土金四星
同在娵訾亥宮躔危室二宿亦與日月附近五星
經度既屬相連而其緯度又均在黃道之南形如
聯珠且其次序水木火土金以次順生按占書曰
人君有至德則見請宣付史館奏入
諭大學士等曰據欽天監奏明年元旦午時日月合璧
五星聯珠繪圖呈覽請宣付史館朕以七政同躔互
運淩犯或所時有靈臺占候者轉指爲瑞應以飾聽
聞則大不是因召諸王大臣及監臣等面詢據勸爾
森等稱五緯連貫相生不侵次舍實叶吉占並非以
祲爲祥等語朕於天文象緯素未深究從不強不知
以爲知但思日月五星行有常度史傳所載高陽氏
時五星聚於營室年代荒遠已難具論即如漢高祖
元年五星聚東井宋開寶元年五星聚奎殆千有餘
年始一遇而其爲實爲僞亦莫可究及我朝雍正二
年日月合璧五星聯珠相距宋時亦已七八百年今
自乙巳至辛巳章蔀甫及兩周何以瑞應再覯耶據
監臣奏稱較前度爲尤昭明則安知將來不有議此
度之亦不昭明者耶邇日西陲大功底定版圖式廓
遠踰二萬餘里海宇宴安年穀順成內外諸臣大法
小康人民樂業其爲祥瑞孰有大於此者乎又如今
冬京師風日晴暖正在望雪之際而六花疊降四野
均霑直隸河南山東山西等省並陸續奏報得雪而
諸回城新闢耕屯亦有盈尺告豐之奏此則祥瑞之
實而可徵者固不在乎合璧聯珠始足彰
上蒼符應也在監臣等職司觀象諒不敢妄相附會以爲
潤色隆平之舉而揆之於理終難深信即使懸象著
明星文表異實爲我國家世運亨嘉之盛瑞惟當益
加兢業保泰持盈用以上承
靈庥以與我天下臣民共享太平之福耳至謂元正嘉兆
適逢
慈甯七旬大慶之年可徵
萬壽延釐之祝朕惟心識之而默叩
乾貺若必宣付史館垂爲慶牒則各省文武大吏必競以
甘露慶雲等事紛紛入告將日事虛文轉致貽誤實
政殊非朕敬天勤民宵旰圖治之至意所奏不必行
仍將此宣諭中外知之
地類
順治二年正月河南孟縣黃河清二日閏六月錢
塘江潮連日不至時和碩豫親王既定南京進取
浙江駐營錢塘江岸敵兵見之以爲潮至必淹沒
乃江潮連日不至驚爲神助相率納款三年五月
錢塘江水淺可涉時大軍征浙江偽帥等營於江
之東岸我軍未能即渡忽江沙暴漲水淺可涉諸
統圖賴等策馬徑渡遂破敵兵四年陝西咸陽縣
渭水清八年十一月陝西靜甯州黃河清
康熙三年春江南安東縣黃河清八年六月山西

樂平縣鳳凰山神泉自湧士人名靈瑞泉九年春
山西滎河縣黃河淸十一年二月宣化府東山廟
山泉自湧成河時
聖祖仁皇帝駐蹕東山廟舊有井易涸水不足用是日山
泉忽湧成河人馬皆給二十一年十一月山西蒲
州至平陸黃河淸十有五日三十五年大軍征湖
漠有靈泉忽湧之異是歲
聖祖大駕親征噶爾丹四月至塔勒奇爾掘井無水及
駕至淸泉忽湧導成巨流人馬資用不竭衆皆大悅五月
至延圖庫列圖地方乏水侍衛等過一平山忽泉
源湧出水極甘美充用有餘次年二月
駐蹕李家溝地方溝水甚少是日水從山溝湧出俄頃深
二三尺鄉人驚異次日至年延村山嶺險峻僅有
二井
大駕甫至南山之下見有水痕衆趨視之地中各處泉湧
頃刻洋溢衆咸歡呼曰如此神異誠所以佑
聖主也
雍正二年青海湧靈泉時大軍西征道經青海於
塞外嚴寒之候湧泉濟軍得
旨褒封五年正月河道總督齊蘇勒副總河嵇曾筠漕運
總督張大有河南巡撫田文鏡山東巡撫塞楞額
陝西巡撫法敏等先後奏報黃河自陝西府谷縣
歷山西河南山東至江南之桃源縣河水澄淸上
下三千一百餘里綿歷三旬有餘陝西山西始自
四年十二月初八日至五年正月十三日凡三十
有六日河南山東自四年十二月初九日至五年
正月十日凡三十有一日山東單縣亦始於十二
月初九日至二十二日凡十四日江南始自十二
月十六日至二十三日凡七日俱以漸復舊其淸
自上而下復舊自下而上諸王大臣合詞奏稱爲
從來未有之瑞懇請
陞殿受賀
世宗憲皇帝諭曰數年之中休徵疊見稽諸史冊咸稱福
慶而朕受寵若驚不以爲喜實以爲懼惟有君臣益加
勉勵一德一心以承
天眷若允行慶賀則沿襲頌美之虛文大非誠儆之素志
專遣祭告
景陵遣大臣致祭
河神內外大小官員各加一級羣臣恭請
宣付史館
御製碑文勒石得
旨允行七年雲南趙州白巖地出甘泉十一年春廣西鬱
林州瑞泉見鬱林州之富民鄉地湧瑞泉二穴味
甘色淸足以灌田爰建神祠虔申祭禱十二年夏
山西介休縣瑞泉見介休縣之上堡村向有水泉
久淤於十一年復見至是又湧新泉可灌民田遂
葺祠致祀以答靈佑
乾隆七年九月廣西太平府地湧瑞泉時夏仲微
旱至是山泉忽湧灌溉數千畝二十七年七月嘉
峪關外地湧靈泉甘肅嘉峪關外路多戈壁向乏
水泉時大兵經過其地水勢騰湧普濟軍行得
旨照康熙年間托里建廟之例春秋致祀
物類
順治二年五月山東濟寧州產瑞麥自三四歧至
十歧河道總督楊方興奏進得
旨時和年豐人民樂業即是禎祥不在瑞麥地方官當益
知撫輯惠養元元副朝廷愛民德意四年正月芝草生
於河南嵩山河南巡撫吳景道表賀得
旨政教修明時和年稔方爲祥瑞芝草何必稱奇
康熙三十九年秋直隸巡撫李光地進嘉禾四十
七年秋山東巡撫趙世顯奏進嘉穀自二三穗至
十穗有差五十一年秋山東通省嘉禾雙穗者三
千六百本
雍正元年四月
孝陵蓍草生總兵官范時繹奏進傳示廷臣大學士等奏
孝陵新產蓍草由
皇上孝治之感請
敕付史館
諭曰
孝陵新產蓍草皆
世祖
聖祖功德隆盛所致非朕孝思所能感格諸臣陳奏剴切
著照所請行八月河南山東二省瑞穀兩歧雙穗緜黍
一幹四穗又
內池蓮房同莖分蔕諸瑞疊呈
命宣付史館是年湖廣江華縣學宮生瑞芝雲南新興縣
產五色芝二年八月
耤田產瑞穀一莖二三四穗者十八本
豐澤園生瑞稻一莖二三四穗者二百餘本大學士
等奏
耤田內既見瑞穀之登今

御苑中復韶嘉禾之穢此
皇上敬誠所感仁孝所孚上瑞嘉祥請
宣付史館從之三年秋
耤田產瑞穀四年秋
耤田瑞穀一莖雙穗至九穗者共五十本
豐澤園稻穀雙穗至四穗者二百九十餘本
命宣付史館
諭曰國以民爲本民以食爲天朕卽位以來舉行耕耤之
禮殫竭精誠爲民祈穀於
上帝乃雍正二年三年耤田　產嘉禾有至一莖九穗者
朕心亦以爲偶然之事今據順天府尹進呈今歲耤田
所產自一莖雙穗三穗以至八九穗皆碩大堅好異於
常穀朕見之心甚慰悅特令宣示廷臣並非以此爲祥
瑞誇耀於衆也蓋實有見於天人感召之理捷於影響
朕以至誠祗懇之心每歲躬耕耤田以重農事卽蒙
上帝降鑒屢產嘉穀以昭休應似此八穗九穗之穀豈人
力所能爲亦豈人君所能强之使有乎此皆
上天俯鑒朕衷故嘉惠黎元而錫以盈寧之慶也五年以
各處奏進嘉禾
命頒嘉禾圖於直省
諭曰朕念切民依今歲令各省通行耕耤之禮爲百姓祈
求年穀幸邀
上天垂鑒雨暘時若中外遠近俱獲豐登且各處皆產嘉
禾以昭瑞應而其尤罕見者則京師耤田之穀自雙穗
至十三穗御苑之稻自雙穗至四穗河南之穀則多至
十有五穗山西之穀則長至一尺六七寸有餘又畿輔
二十七州縣新開稻田共計四千餘頃約收禾稻二百
餘萬石且有雙穗三穗之奇廷臣僉云嘉禾爲自昔所
未有而水田爲北地所創見屢次陳請宣付史館朕惟
古者圖畫豳風於殿壁所以誌重農務本之心今蒙
上天特賜嘉穀養育萬姓實堅實好確有明徵朕祗承之
下感激歡慶著繪圖頒示各省督撫等朕非誇張以爲
祥瑞也朕以誠恪之心仰蒙
帝鑒諸臣以敬謹之意感召
天和所願自茲以往觀覽此圖益加儆惕以修德爲事
神之本以勤民爲立政之基將見歲慶豐穰人歌樂利則
斯圖之設未必無裨益云又
諭曰今歲各省俱產嘉禾頃鄂爾坤圖拉地方俱產瑞麥
有一莖至十五穗之多恭進前來廷臣見之皆以爲極
邊初墾之地有此上瑞尤爲罕覯自古聖帝賢王皆專
務實心實政不以祥瑞爲尙朕深明此理擯斥虛文而
各處所產之嘉禾朕所以宣示中外者蓋因今年爲舉
行耕耤典禮之初卽獲
庥嘉普應是以特爲表著以明天人感應之理庶期中外
諸臣益加誠敬從來屢頒諭旨甚明但恐嗣後地方有
司未必人人深悉朕心競尙嘉禾之美名或借端粉飾
致有隱匿旱潦之事亦未可定著將雍正五年以後各
省田畝產嘉禾之處停其進獻奏聞六年十月
景陵寶城生瑞芝諸王大臣等表賀言臣等敬觀
景陵寶城所產瑞芝五本光彩輝燦五色鮮潤仰惟
聖祖仁皇帝盛德崇功超越隆古深仁厚澤普被羣生我
皇上純孝性成至誠昭格今茲
景陵寶城特產芝英請
敕付史館昭示萬世
諭曰朕以實心實政爲本不言符瑞但今芝草生於
景陵寶城此我
聖祖仁皇帝昭示嘉祥景象朕心不勝感慶準照所請宣
付史館七年十月
景陵聖德神功碑儀柱之右瑞芝產於石上總理
陵寢事務大臣等具奏
諭曰朕從來不言祥瑞惟是建立
景陵聖德神功碑甫經勒石告成而瑞芝卽產於碑亭之
右仰見
上天特賜嘉祥以表揚我
皇考功德之隆盛朕心不勝慶慰是年貴州都勻府芝草
叢生又貴州新闢苗疆產嘉禾每莖多至十五六
穗刊圖
頒示天下八年正月
景陵寶城山上產靈芝諸王大臣入奏
諭曰
景陵寶城山上首春產瑞芝三本諸王大臣等奏爲朕純
孝之所感孚朕撫躬自問生平事我
皇考不敢當純孝之名但誠敬之心數十年如一日自御
極以來不但一言一事仰體
聖心而後見諸行事卽夢寐之中一念舉發從無有知其
不合
聖意而敢存胸臆者諸王大臣等稱朕以
皇考之心爲心此實朕之惻忱至云朕以
皇考之政爲政朕之才力遠不逮我
皇考舉凡宣猷敷政之間雖黽勉效法究不能企及於萬
一何能致芝草之嘉祥諸臣以此歸美於朕朕不居此

實因
皇考之聖德神功際天蟠地深仁渥澤積厚流光
上天特欲顯示天下臣民是以數年之中三見芝英於
陵寢以今之歷霜雪而挺生當首春而呈瑞穉之史冊更
屬罕聞朕感
上天昭示之洪恩叨
皇考貽謀之昇福慶幸歡欣不敢不宣布於眾庶使天下
後世臣民知
上天之眷佑
皇考與
皇考之垂裕萬年者即瑞芝之一事明顯昭著信而有徵固
如是也著照所請行宣付史館是年秋湖南產嘉禾萬
餘本九年秋四川南川縣生瑞穀一本十二莖一
莖三穗十二年秋湖廣鎮筸紅苗地方瑞穀徧野
又陝甘邊外高臺地方生瑞穀一穗之上重生五
六穗十三年八月直隸遵化州及保定縣生瑞穀
直隸總督李衛奏報
諭曰據李衛奏遵化州
陵寢垣外地畝及保定縣耤田所產瑞穀多種並有一本
九穗者朕覽之不勝欣慶朕常言地方年穀之豐歉在
乎督撫居官之感召十餘年留心體察歷歷不爽至於
京師畿輔之地則內觀刑部讞獄之公私外觀督撫政
令之得失以為雨暘休咎之本總之感召之責固在督
撫而用人之責則在於朕此中是非得失朕實與督撫
共之所望內外大臣官員等時時儆戒刻刻提撕信天
道之昭垂凛鑒觀之不遠則豐亨有慶災沴潛消萬民
共受其澤矣朕素不言祥瑞久已降旨不令各省進獻
嘉禾今因瑞穀產於
陵寢地方感
天
祖
皇考之昭示福應信而有徵特賜廷臣共觀並將朕敬慎
乾惕之意重加宣諭期與諸臣共勉之
乾隆四年陝西西安鳳翔漢中同州等屬產嘉禾
五年六月河南巡撫雅爾圖奏進穀穗盈尺七月
直隸總督顧琮奏進穀穗盈尺並有
御製詩紀之十一年七月直隸總督那蘇圖奏進穀穗
長尺餘
命宣示廷臣
御製詩誌喜十四年九月山東巡撫準泰進瑞穀圖十
六年春國子監古槐重榮國子監西講堂前有古
槐一株為元臣許衡所手植歲久已枯是歲重榮
枝葉鬱茂大學士蔣溥繪圖以進
御製詩紀之二十五年駐防關展屯田大臣奏進麥萬
穗四十一年山東巡撫國泰奏進泰安縣雙穗穀
御製詩紀之
右植物類
順治二年二月山西交城縣牛產麟十二年靜寧
州有異獸遊於西北野白質黑文按圖即古騶虞
十八年江南定遠縣民家牛產麟
康熙五年四月江西南昌縣民家牛產麟是年鳳
凰見於河南唐縣二十四年山西廣靈縣民家牛
產麟三十二年江南合肥縣民家牛產麟四十七
年山東濰縣牛產麟四十八年九月巴延托羅海
獲瑞鹿
御製鹿角記追紀之
雍正七年七月浙江總督性桂等奏報湖州府歸
安縣民王文隆家育蠶二十七筐有九筐萬蠶同
織瑞繭一幅長五尺八寸寬二尺三寸自然成[illegible]
不由人工洵為上瑞
諭曰前據浙江署督性桂等奏進湖州居民家萬蠶同織
瑞繭一幅父老稱為從來未有之奇朕恐小民圖利望
恩或用人工造作而成因令體訪確實勿為所欺昨性
桂等於本地詳加驗看訪察實係自然成就具摺覆奏
廷臣等以蠶桑織紝乃衣被之大原養民之切務今遊
省有此瑞應則人民溫煖可期咸為國家稱慶朕素不
言祥瑞數年以來每遇休徵必倍加乾惕儆戒所頒諭
旨至再至三朕愛育元元務期普天率土之人得沾實
惠一時希有之物不足以禦饑寒倘蒙
上天俯鑒悃誠錫福黎庶蠶桑普盛衣食充盈乃朕心之
所謂祥瑞也八年正月鳳凰見於房山縣直隸總督唐
執玉奏報
諭曰上年據散秩大臣尚崇廣奏稱天台山民李萬良等
呈報十一月十三日黎明見山中有一神鳥高五六尺
毛羽如錦五色俱備所立處羣鳥環繞北向飛鳴等語
朕以邊地居民所見事屬渺茫將所奏發還未曾宣示
廷臣昨據總理石道事務散秩大臣常明侍郎宗室普
太奏稱石工監督司官田周呈報正月二十日在房山
縣石梯溝山中見瑞鳳集於峯頂五色俱備文彩燦爛
工匠樵牧居民人等約千有餘人莫不共見又據總[illegible]
官管承澤及順天府府尹孫嘉淦等所奏亦皆相同朕

亦俱未宣示廷臣可以知朕心矣今據總督唐執玉繕本具奏朕思古稱鳳凰乃王者之嘉祥朕撫躬自問功德涼薄不足以致鳳儀之上瑞此事猶疑而未信也十

年山東鉅野縣民家牛產麟山東巡撫岳濬奏報

諭曰山東地方前歲被水百姓不獲寧居去夏今春雨復愆期朕遣官發粟賑恤多方幸未至流離失所郎京師去夏今春晴雨亦不均調西北兩路不得已用兵征戍將士露處於外備極勞苦朕心戒懼修省但知感

上天垂象示儆之恩不敢望嘉祥之誕錫今聞瑞麟產於東省實增愧悚該撫奏請詔付史館宣示中外皆屬虛文將朕朝乾夕惕對越

上天之悃誠曉諭天下臣民共知之

乾隆十一年浙江杭州府野蠶成繭浙江巡撫常

安入奏

諭曰浙江巡撫常安奏杭州諸府桑間自生蠶繭可取以織綢名曰天蠶蓋以爲瑞也朕謂此范成大詩所謂野蠶可繅而常安未之知者然不假人力用佐女紅則信乎授衣之助十六年時蒙古台吉必里兖達賚獲瑞麐以獻其色純白如雪目睛如丹砂所謂鹿壽滿五百歲則色白者此其類也次年秋復獲於巴延和羅圍中均有

御製詩紀之

右動物類

皇朝文獻通考卷二百五十六

象緯考一

臣等謹按宋鄭樵作天文畧自謂漢唐諸儒所不
得聞後之論者疑其矜詡過甚然馬端臨象緯考
頗依據之其大指欲學者識垂象授時之意絕其
誕妄之源故舉術家沿襲之辭史遷所稱禨祥不
法淩雜米鹽者悉與芟除而獨推句中有圖言下
見象之步天歌於以紬繹而闡明之可爲後代言
天者之嚆率矣我
聖朝憲天齊政靈臺推步之法視昔加詳
聖祖仁皇帝御製考成上下篇
世宗憲皇帝御製序文殫晰源流
頒賜欽天監肄業我
皇上增定後編重修儀象俾凡古法之失傳與西法之
積歲參差者隨時釐正所以揆天察紀明時正度
俾象緯昭然耳目至纖至悉矣臣今仿馬端臨之
書爲象緯考兼取義於鄭樵並擇其體例之善者
從之首時憲次兩儀七政恆星總論次儀器皆
列聖相承之制作爲推步之法原次三垣二十八宿次日
月行道次極度偏度中星次五星皆近今實測之
數理與前代有異者次日食次月食次月五星淩
犯次星雲瑞變則皆監臣史臣之所紀載各區分
其條目以著於編

臣等謹按推步之法遞改而益密自黃帝迄秦凡
六改漢凡四改魏迄隋十五改唐迄五代十五改
宋十七改金迄元五改明大統法卽元之授時本
西域扎瑪里鼎所撰書而郭守敬等參改者也回
回法相傳爲西域瑪哈穆特所著元之季世其書
始行有回回司天監之官明初以其法與大統參
用時稱精密自成化迄隆慶推交食不符紛紛議
改迨西洋人利瑪竇入貢而龐迪峩熊三拔湯若
望等攜其圖籍先後至五官正周子愚請譯其書
禮部言徐光啟李之藻可與龐迪峩等同譯越數
年李之藻言西法所論天文不僅詳度數又能明
其所以然之理乞敕禮部開局盡譯之徐光啟依
其法預推悉驗修正成書李天經繼之更製儀器
測交食淩犯俱密合以世方多故終未頒行我
太宗文皇帝時亦用大統法
世祖章皇帝定鼎燕京考驗西法最善卽用以推時憲康
熙初習大統回回法者咸觝排之
聖祖仁皇帝博訪廷臣屢
命會同測驗惟西法所推一一符合於是交相讓能焉自
御纂數理諸書折衷指歸闡晰奧窔而渾圓橢圓之旨歲
差里差之說既不悖於古而有驗於今西法之善
彌顯其日躔月離恆星經緯諸表俱以實測爲憑
隨時修改故占候無違而協紀授時益用精密迺
者
皇猷遠播式廓西疆從古聲教不通之地咸奉
天朝正朔而北極高度東西偏度悉實測之以推晝夜
節氣時刻各分列於時憲書則又章亥以來算步
之所未及者也茲序列之爲象緯之綱領云

崇德二年十月乙未朔頒滿洲蒙古漢文歷時初
用大統法

順治元年十月乙卯朔頒順治二年時憲書用西
洋新法以
太宗文皇帝天聰二年戊辰天正冬至爲法元定周天三
百六十度度法六十分每日九十六刻刻法十五
分晝夜節氣時刻
京師與各省皆依北極高度東西偏度推算先是六
月壬午西洋人湯若望言臣於崇禎二年來京曾
用西洋新法製測量日月星辰定時考驗諸器用
以推測近遭賊燬臣擬另製進呈今先將本年八
月初一日日食照西洋新法推步京師所見日食
分秒並起復方位圖象與各省所見不同之數開
列呈覽及期大學士馮銓同湯若望攜窺遠鏡諸
器赴觀象臺測驗其初虧食甚復圓時刻分秒及
方位大統回回法俱有差謬惟西洋新法脗合云
七月丁亥禮部言欽天監改用新法推註已成請
易新名頒行和碩睿親王曰宜名時憲昭
朝廷憲天乂民至意甲辰湯若望言敬授民時全以
節氣交宮與太陽出入晝夜時刻爲重若節氣之
時日不眞則太陽出入晝夜刻分俱謬矣大統回
回舊法所用節氣止泥一方且北直之節氣春分
秋分前後俱差一二日況諸方乎新法之推太陽
出入地平環也則有此晝而彼夜此入而彼出之
理舊法以一處而概諸方故日月多應食而不食
當食而失推五星當疾而反遲應伏而反見差訛
難以枚舉今以臣局新法所有諸方節氣及太陽
出入晝夜時刻俱照道里遠近推算請刊列時憲
書從之至是告成頒行

十一月以湯若望掌欽天監事時湯若望疏言臣

等按新法推算月食時刻分秒復定每年進呈書目重複者刪去以免混淆得
旨欽天監印信著湯若望掌管所屬官員嗣後一切占候選擇悉聽舉行

十四年十一月
命內大臣及部院大臣登觀象臺測驗先是四月回回科秋官正吳明炫疏言臣祖默沙亦黑等本西域人自隋代來朝授官經一千五十九載專管星宿行度吉凶推算太陰五星淩犯天象占驗日月交食即以臣科白本進呈著為例順治三年本監掌印湯若望諭不必奏進其所推七政書水星二八月皆伏不見今水星於二月二十九日仍見東方又八月二十四日夕見皆關象占不敢不據實上聞井上順治十四年回回科推算太陰五星淩犯書日月交食天象占驗圖象七月又言湯若望推算天象舛謬三事一遺漏紫炁一顛倒觜參一顛倒羅計至是內大臣等測驗水星不見議吳明炫詐妄之罪援赦得免

康熙四年三月廢西洋新法用舊法時徽州府新安衛官生楊光先進摘謬論選擇議各一篇言湯若望新法十謬及選擇不用正五行之誤下議政王大臣等集議將湯若望及所屬各員罷黜治罪於是廢西洋新法用大統舊法

七年八月因舊法不密用回回法時欽天監監副吳明炫疏言現用舊法不無差謬與五官正戈繼文等所進書暨回回科七政書三本互有不同宜令四科詳加校正以求至精下禮部議尋議五官正戈繼文等推算七政金水二星差誤監副吳明炫之七政書與天象相近理應頒行主簿陳聿新推算己酉年時憲已頒各省止於本年暫用其七政經緯躔度月五星凌犯等書及日月交食自康熙九年以後俱交吳明炫推算從之

九月欽天監監正楊光先言候氣之法不驗先是五年正月楊光先疏言候氣之法久失其傳十二月中氣不應乞敕禮部採取宜陽金門山竹管上黨羊頭山秬黍河內葭莩備用從之至是疏稱取到律管秬黍葭莩照尺寸方位候過二年未見效驗得
旨候氣之法自北齊信都芳取有效驗之後經千二百餘年俱失其傳能行修正之人可得與否詳問再議尋議據楊光先稱律管尺寸雖載在司馬遷史記而用法失傳今博訪候氣之人尚在未得應仍令延訪從之

八年三月復用西洋新法先是七年十一月
命大臣傳集西洋人與監官質辯至
午門測驗正午日景西洋人南懷仁言監副吳明炫所造康熙八年七政時憲閏十二月應是康熙九年正月又有一年兩春分兩秋分之誤
命大學士圖海李霨等赴觀象臺測驗八年正月丁酉是日立春南懷仁預推午正太陽依象限儀在地平上三十三度四十二分依紀限儀離天頂正南五十六度十八分依黃道經緯儀在黃道線正中在冬至後四十五度零六分在春分前四十四度五十四分依赤道經緯儀在冬至後四十七度三十四分在春分前四十二度二十六分在赤道南十六度二十一分依天體儀於立春度分所立直表則表對太陽而全無影依地平儀所立八尺有五寸表則太陽之影長一丈三尺七寸四分五釐於是六儀並測一一符合圖海等言測驗南懷仁所指皆符吳明炫所指不實應將康熙九年時憲交南懷仁推算得
旨前時議政王大臣以楊光先何處為是議行湯若望何處為非議廢及今日議復之故向馬祜楊光先吳明炫問明再議尋議傳問監正馬祜等所指皆合天象每日百刻雖前代行之已久但南懷仁推算九十六刻之法既合應將九十六刻推行又南懷仁言羅睺計都月孛星係推算所用其紫炁星無象不關推算應自康熙九年始將紫炁星不入七政書至候氣係古法現今推算亦無用處俱應停止從之三月南懷仁言雨水為正月中氣吳明炫於康熙八年十二月置閏是月二十九日值雨水即為康熙九年之正月置閏當在九年二月從之

十五年八月令欽天監官員學習新法
諭曰欽天監專司天文歷法任是職者必當學習精熟向者新法舊法是非爭論今既知新法為是滿漢官員務令加意精勤此後習熟之人方準陞用未習熟者不準陞用

十七年八月預推七政交食表告成掌欽天監事南懷仁接推湯若望所推法為書三十二卷名曰康熙永年表

二十一年八月增製

盛京推算表南懷仁疏言新法照北極之高度另有
推算日月交食表名爲九十度表惟
盛京無本地之表今春隨
駕測得
盛京北極之高較
京師多二度應製九十度表以憑推算從之
三十一年三月令欽天監將蒙古晝夜節氣時刻
增載須朔其增載之名二十有四曰科爾沁曰杜
爾伯特曰札賚特曰郭爾羅斯曰阿嚕科爾沁曰
烏珠穆沁曰浩齊特曰巴林曰扎嚕特曰阿巴哈
納爾曰阿巴噶曰奈曼曰克什克騰曰蘇尼特曰
翁牛特曰敖漢曰喀爾喀曰四子部落曰喀喇沁
曰茂明安曰烏喇特曰歸化城曰土默特曰鄂爾
多斯
四十二年三月增衍蒙古諸處推算表欽天監疏
言各蒙古東至野索西至雅爾堅自北極高四十
四度之巴爾庫爾河及北極高六十八度之武地
河宜照四十四度之表式推至六十八度從之
五十二年四月令欽天監將蒙古及哈密晝夜節
氣時刻照新圖推算增表禮部議科爾沁等二十
四處蒙古節氣太陽出入自康熙三十二年照理
藩院舊地推算今新地圖係用
御製新儀測得北極高低經緯度數絲毫不爽迥非舊圖
可比嗣後俱照新圖推算又欽天監推算各省皆
以省城爲準今新向化諸蒙古及哈密應以有城
池及有房屋之地爲準推算增列從之其增載之
名一十有五曰布嚨堪布爾噶蘇台曰額格色楞
曰桑錦達賚曰肯特曰克嚕倫巴爾城曰圖拉
河汗山曰喀爾喀河克勒和碩曰鄂爾坤額爾德
尼昭曰峉格扎布堪曰推河曰翁吉曰薩克薩克
圖古哩克曰固爾班賽堪曰哈密曰阿拉善
五十三年十月測
暢春園北極高度黃赤距度先是五十年十月
諭曰天文歷法朕素留心西洋法大端不誤但分刻度數
之間久而不能無差今年夏至欽天監奏聞午正三刻
朕細測日景是午初三刻九分此時稍有舛錯恐數十
年後所差愈多也尋
命製中表正表倒表各二具均高四尺銅象限儀二具半
徑均五寸至是
諭和碩誠親王允祉等曰北極高度黃赤距度於歷法最
爲緊要者於澹甯居後每日測量尋奏測得
暢春園北極高三十九度五十九分三十秒比觀象
臺高四分三十秒黃赤大距二十三度二十九分
三十秒比舊少一分三十秒
十一月
命學習算法官員分往各省測北極高度及日景和碩誠
親王允祉等疏言昔郭守敬修授時法遣人各省
實測日景故得密合今除
暢春園及觀象臺逐日測驗外於里差之尤較著者
如江南浙江河南陝西四川雲南廣東七省遣人
測量北極高度及日景則東西南北里差及日天
半徑皆有實據從之
五十六年二月
御定星歷考原告成先是二十二年十一月
諭九卿等曰陰陽選擇書籍浩繁吉凶禍福多相矛盾且
事屬渺茫難以憑信若各據一書偏執己見揑造大言
忝相告訐將來必致誣訟繁興作何立法永行無弊尋
議取欽天監所定通書大全內二十四條附入選
擇通書彙爲一部遵行名
欽定選擇通書五十二年十月
命大學士李光地將曹振圭所著書重加考訂
賜名星歷考原至是刊刻告成
頒發欽天監
諭曰歷日內所列九宮以上元爲中元傳訛已久宜悉依
朕所定星歷考原更改之於是以康熙二十三年甲子
爲上元起一宮自後中元甲子起四宮下元甲子
起七宮一百八十年週而復始
五十七年四月
御定七政四餘萬年書告成始順治元年至康熙六十年
按年排列節氣日時日月五星交宮入宿度分自
後準式續增
六十一年六月
御製律歷淵源告成內歷象考成四十二卷分上下編有
圖有表以康熙二十三年甲子天正冬至次日壬
申子正初刻爲法元七政皆從此起算
雍正三年三月頒發歷象考成令欽天監教習推
算時
聖祖仁皇帝御製律歷淵源刊刻告竣
世宗憲皇帝御製序文以考成爲推步之模
命監臣學習遵守
八年六月

命欽天監修日躔月離表以推日月交食並交宮過度晦
朔弦望晝夜永短五星交犯續於考成諸表之末
時欽天監疏言日月行度積久漸差法須旋改始
合天行臣等欽遵
御製考成推算時憲七政覺有微差蓋考成按西法算書
纂定而其法用之已久是以日月行度差之微芒
漸成分秒若不修理恐愈久愈差今於雍正八年
六月初一日日食臣等公同在臺敬謹觀候實測
之與推算分數不合伏乞
敕選熟練人員詳加校定修理從之
乾隆二年正月令天下舉精通天象之人
上諭大學士等曰在璣衡以齊七政視雲物以驗歲功
所以審休咎備修省先王深致謹焉今欽天監於時
序時刻固已推算不爽而星官之術占驗之方天文
家互有疎密非精習不能無差海內有精曉天文明
於星象者直省督撫確訪試驗術果精通咨送來京
該部奏聞請旨
六年十一月
欽定協紀辨方書告成先是五年七月大學士伯鄂爾
泰等疏言選擇吉日三代以上祇論干支之剛柔
絕少拘忌後世論說日多術家遞衍增設神煞本
一日而吉凶頓殊本一星而名號雜出以致民間
趨避無所適從現在算書館奉
旨重修選擇通書萬年書先據監臣將應改條目及神
煞俗論應行刪去者奏請
敕部定議今和碩莊親王等請將羅睺計都依古改正
按羅睺計都生於日月交行謂之天首天尾天首
屬羅天尾屬計自古而然應依改正再七政古有
四餘紫炁其一應請添入其選擇通書牴牾重複
應刪應改及未該者令率同館員詳考編輯進呈
御覽恭候
欽定仍將舊有名目附載卷末以示傳疑以備博考從
之至是告成
命名協紀辨方書
御製序文弁於卷端
十二月
御定萬年書告成始天命九年下元甲子按年排列節
氣時刻冠以前代三元甲子編年自黃帝上元甲
子始
七年六月
御製歷象考成後編告成先是三年四月和碩莊親王
允祿等言欽若授時為邦首務堯命羲和舜齊七
政尙矣三代以後推測浸疎至元郭守敬本實測
以合天行獨邁前古明大統法因之然三百餘年
未加修改久而有差我
朝用西洋法數既本於實測而三角八線立法尤密
但其推算皆用成表學者鮮知其立法之意
聖祖仁皇帝御製考成一書其數惟黃赤大距減少二分
餘皆仍西人第谷之舊自西人噶西尼法蘭德等
製墜子表以定時千里鏡以測遠爰發第谷未盡
之義大端有三其一謂太陽地半徑差舊定為三
分今測止有十秒其一謂清蒙氣差舊定地平上
為三十四分高四十五度止有五秒今測地平上
止三十二分高四十五度尙有五十九秒其一謂
日月五星之本天舊說為平圓今以為橢圓兩端
徑長兩腰徑短以是三者則經緯度俱有微差臣
戴進賢等習知其說而未有明徵未敢斷以為是
雍正八年六月朔日食按舊法推得九分二十二
秒今法推得八分十秒驗諸實測今法果合蓋自
第谷至今一百五十餘年數既不能無差而此大
日食其差最顯所當隨時修改以合天也數象首
重日躔日與天會以成歲也次月離月與日會以
成月也日月同度而日為月揜則日食日月相對
而地隔日光則月食皆以日月行度為本今依日
躔新表推算春分比前遲十三刻秋分比前早九
刻冬夏至皆遲二刻然以測高度惟冬至比前高
二分餘夏至秋分僅差二三十秒蓋測量在地面
而推算則以地心今所定地半徑差與地平之上
蒙氣皆與前不同故推算每差數刻而測量所差
究無多也至其立法以本天為橢圓雖推算較難
而損益舊數以合天行頗為新巧臣等按法推詳
闡明理數伏乞
親加裁定頒曰
御製歷象考成後編與前書合成一帙得
旨頒刻書凡十卷先數理次步法次日躔月離交食表
以雍正元年癸卯天正冬至次日丁酉子正初刻
為法元七政皆從此起算至是告成請
御製序文
諭曰朕志殷肯構學謝知天所請序文可勿庸頒發宜
將歷降諭旨及諸臣原奏開載於前則修書本末已
明

十七年十一月
御製儀象考成志表告成先是九年十月欽天監監正
戴進賢疏言康熙十三年
聖祖仁皇帝命南懷仁製造儀器又纂成靈臺儀象志一
書有解有圖有表乃天文科推測星象所常用者
其志中原載星辰循黃道行每年約差五十一秒
合七十年則差一度今爲時已久運度與表不符
理宜改定再康熙十三年時黃道赤道相距二十
三度三十二分今測得相距二十三度二十九分
志中所列諸表皆據舊時分度所當修合天行又
三垣二十八宿以及諸星今昔多寡不同應以本
年甲子爲元釐輯增訂以資考測下王大臣議從
之至是告成和碩莊親王允祿等疏言漢以前星
官名數今無全書晉志載吳太史令陳卓總巫咸
甘石三家星官著於圖錄凡二百八十三官一千
四百六十四星今亦不見原本隋丹元子步天歌
與陳卓數合從之言星官者皆以步天歌爲準康
熙十三年監臣南懷仁修儀象志星名與古同者
總二百六十一官一千二百一十星比步天歌少
二十二官二百五十四星又於有名常數之外增
五百一十六星又多近南極星二十三官一百五
十星監臣戴進賢等據西洋新測星度累加測驗
儀象志尚多未合又星之次第多不順序臣何國
宗恭奉
聖訓釐正臣劉松齡鮑友管等詳加測算著之於圖臣
允祿等復公同考定總計星名與古同者二百七
十七官一千三百一十九星比舊儀象志多十六
官一百零九星與步天歌爲近其中次第顛倒凌
躐臣等順序改正者一百五官四百四十五星其
尤彰明較著者二十八宿次舍自古皆觜宿在前
參宿在後其以何星作距星史無明文儀象志以
參宿中三星之西一星作距星則觜宿在後參宿
在前今依次順序以參宿中三星之東一星作距
星則觜前參後與古合又於有名常數之外增一
千六百一十四星按其次序分註方位以備稽考
又近南極星二十三官一百五十星中國所不見
悉仍西測之舊共計恆星三百官三千零八十三
星編爲總記一卷黃道經緯度表赤道經緯度表
各十二卷月五星相距恆星經緯度表一卷天漢
黃赤經緯度表四卷共成書三十卷伏乞
欽賜嘉名
御製序文冠於卷端刊刻以垂永久從之
命名儀象考成
十二月改正時憲書觜參二宿次序大學士忠勇
公傅恆等議周天躔度以二十八宿爲經星經星
之數多寡不一所占之度亦廣狹不一而前後相
次總以各宿之第一星爲距星此天象之自然古
今所不易也其間惟觜參二宿相距最近觜止三
星形如品字其所占之度狹參有七星三星平列
於中四星角出於外其所占之度廣古法以參宿
中三星之東一星作距星則觜前參後康熙年間
用西法算書以參中三星之西一星作距星遂改
爲參前觜後故時憲書內星宿值日亦依此序鋪
註以星度考之古以觜在前則距參一度而分野
之度狹以參在後則距井十度三十六分而分野
之度廣若如西法以參在前以觜在後則參反距
觜一度而參宿距井之十度三十六分移而歸觜
似不如古法爲優今莊親王等既稱奉
命重修儀象志恆星經緯度表順序改正參宿在後觜
宿在前乾隆十九年之七政書即用此表推算應
如所請以乾隆十九年爲始時憲書之値宿亦依
古改正以觜前參後鋪註則與恆星經緯度表相
合而四方七宿分配木金土日月火水七政之序
亦合矣從之
二十年六月
命測量新闢西疆北極高度東西偏度
諭曰西師奏凱大兵直抵伊犁準噶爾諸部盡入版圖
其星辰分野日出入晝夜節氣時刻宜載入時憲書
頒賜正朔其山川道里應詳細相度載入皇輿全圖
以昭中外一統之盛左都御史何國宗素諳測量同
五官正明安圖副都統富德帶西洋人二名前往各
該處測其北極高度東西偏度及一切形勝悉心考
訂繪圖呈覽所有坤輿全圖及應需儀器俱酌量帶
往
二十二年丁丑十月庚申朔頒乾隆二十三年時
憲書增列新闢準噶爾部回部及新附外藩晝夜
節氣時刻並分列
盛京東北諸方於首其增列之名二十曰巴里坤曰
穆壘曰濟木薩曰烏嚕木齊曰安濟海曰珠勒都
斯曰崆吉斯曰哈什曰伊犁曰博囉塔拉曰哈布
塔克曰拜達克曰齋爾曰塔爾巴噶台曰吐魯番

曰魯克沁曰烏沙克塔勒曰哈喇沙爾曰庫爾勒曰哈薩克其分列之名五曰三姓曰黑龍江曰吉林曰伯都訥曰尼布楚

二十五年庚辰十月壬申朔頒乾隆二十六年時憲書增列回部及新附外藩晝夜節氣時刻其增列之名二十有六曰布古爾曰庫車曰賽哩木曰阿克蘇曰烏什曰喀什噶爾曰鄂什曰巴爾楚克曰英阿雜爾曰葉爾羌曰和闐曰伊里齊曰玉隴哈什曰哈喇哈什曰克里雅曰色哷庫勒曰喀楚特曰三珠曰鄂囉善曰什克南曰拔達克山曰斡罕曰博羅爾曰安集延曰那木干曰霍罕曰塔什罕

三十五年庚寅十月癸酉朔頒乾隆三十六年時憲書將後頁紀年加編至一百二十歲先是本年正月奉

上諭國家熙洽化成溥海共躋壽宇昇平人瑞實應昌期是以每歲題報直省老民老婦年至百歲及百歲以上者不可勝紀因思向來所頒時憲書後頁紀年祇載花甲一周為斷殊不知周甲壽所常有而三元之序數本循環成例拘墟未為允協着交欽天監自乾隆三十六年辛卯歲為始於一歲下添書六十一歲仍依干支以次載至一百二十歲則開袠犁然期頤並登正朔用符紀歲授時之義

三十九年甲午頒乾隆四十年時憲書增列土爾扈特等處晝夜節氣時刻其增列之名二十有四曰阿勒坦淖爾烏梁海曰汗山哈屯河曰唐努山烏梁海曰烏蘭固木杜爾伯特曰額爾齊斯河曰齋桑淖爾曰阿勒台山烏梁海曰阿勒輝山曰科布多城曰烏里雅蘇台城曰布勒罕河土爾扈特曰巴爾噶什淖爾曰烏隴古河曰赫色勒巴斯淖爾曰和博克薩哩土爾扈特曰扎哈沁曰齋爾土爾扈特曰吹河曰晶河土爾扈特曰庫爾喀喇烏蘇土爾扈特曰搭拉斯河曰和碩特曰那林山曰特穆爾淖爾

四十三年戊戌十月丁巳朔頒乾隆四十四年時憲書增列兩金川各土司等處晝夜節氣時刻其增列之名十有三曰三雜谷曰黨壩曰綽斯甲布曰金川勒烏圍曰金川噶拉依曰瓦寺曰革布什咱曰布拉克底曰小金川美諾曰巴旺曰沃克什曰明正曰木坪

皇朝文獻通考卷二百五十六

皇朝文獻通考卷二百五十七

象緯考二

兩儀七政恆星總論

臣等謹按前史志天文者大抵詳於七政恆星而於兩儀則紀其變而弗紀其常我朝作明史天文志以常象雖無古今之異而言天者後勝於前宜標其旨要以爲綱領爰先兩儀次七政恆星伏惟聖祖仁皇帝著歷象考成一書綜前古周髀宣夜渾天諸家之同異而折衷一是我皇上復以近時實測之數剖析源流著爲後編蓋皆循蜚疏佐以來三極彝訓之所未有也茲敬錄總論諸篇彙爲一卷以識推步測驗者之所據依焉

御製歷象考成上編論天象

虞書堯典曰欽若昊天歷象日月星辰楚詞天問曰圜則九重孰營度之後世歷家謂天有十二重非天實有如許重數蓋言日月星辰轉運於天各有所行之道卽楚詞所謂圜也欲明諸圜之理必詳諸圜之動欲考諸圜之動必以至靜不動者準之然後得其盈縮蓋天道靜專者也天行動直者也至靜者自有一天與地相爲表裏故羣動者運於其閒而不息若無至靜者以驗至動則聖人亦無所成其能矣人恆在地面測天而七政之行無不可得者正爲以靜驗動故也十二重天最外者爲至靜不動次爲宗動南北極赤道所由分也次爲南北歲差次爲東西歲差此二重天其動甚微歷家姑置之而不論焉次爲三垣二十八宿經星行焉次爲塡星所行次爲歲星所行次爲熒惑所行次則太陽所行黃道是也次爲太白所行次爲星辰所行最內者則太陰所行白道是也要以去地之遠近而爲諸天之內外然所以知去地之遠近者則又從諸曜之掩食及行度之遲速而得之蓋凡爲所掩食者必在上而掩之食之者必在下月體能蔽日光而日爲之食是日遠月近之徵也月能掩食五星而月與五星又能掩食恆星是五星高於月而卑於恆星也五星又能互相掩食是五星各有遠近也又宗動天以渾灝之氣挈諸天左旋其行甚速故近宗動天者左旋速而右移之度遲漸遠宗動天則左旋較遲而右移之度轉速今右移之度惟恆星最遲土木次之火又次之日金水較速而月最速是又以次而近之證也是故恆星與宗動相較而歲差生焉太陽與恆星相會而歲實生焉黃道與赤道出入而節氣生焉太陽與太陰循環而朔望盈虛生焉黃道與白道交錯而薄蝕生焉五星與太陽離合而遲疾順逆生焉地心與諸圜之心不同而盈縮生焉歷代專家多方測量立法布算積久愈詳已得其大體其閒或有毫芒之差諸說不無同異者蓋因儀器仰測穹蒼失之纖微年久則著雖有聖人莫能預定惟立窮源竟委之法隨時實測取其精密附近之數折中用之每數十年而一修正斯爲治歷之通術而古聖欽若之道庶可復於今日矣

御製歷象考成上編論地體

欲明天道之流行先達地球之圜體日月星辰每日出入地平一次而天下大地必非同時出入居東方者先見居西方者後見東西相去萬八千里則東方人見日爲午正者西方人見日爲卯正也周天三百六十度每度當地上二百里是故推驗大地經緯度分皆與天應測緯度者用午正日晷或測南北二極測經度則必於月蝕取之蓋月蝕與日蝕異日之食限分數隨地不同月之食限分數天下皆同但入限有晝夜人有見不見耳此處食甚於子者處其東三十度必食甚於丑處其西三十度必食甚於亥是故相去九十度則此見食於子而彼見食於酉相去百八十度則此見食於子而彼當食於午雖食而不可見矣

御製歷象考成上編論黃道赤道

天包地外圜轉不息南北兩極爲運行之樞紐地居天中體圜而靜人環地面以居隨其所至適見天體之半中華之地面近北故北極常見南極常隱平分兩極之中橫帶天腰者爲赤道赤道距天頂之度卽北極出地之度也赤道以北爲內爲陰以南爲外爲陽斜交赤道而半出其南半出其北者爲黃道乃太陽一歲所躔之軌迹也黃赤道相交之兩界爲春秋分距赤道南二十三度半爲冬至距赤道北二十三度半爲夏至七政所行之道紛然不齊惟恃黃赤二道以爲推測之本蓋太陽循黃道東行而出入於赤道之南北太陰與五星各循本道東行而又出入於黃道之南北故黃赤二道之位定則晝夜永短寒暑進退以及晦朔弦望薄蝕朓朒皆從此可稽矣

御製歷象考成上編論經緯度

恆星七政各有經緯度蓋天周弧線縱橫交加卽如布帛之經緯然故以東西爲經南北爲緯然有在天之經緯有隨地之經緯在天則爲赤道爲黃道隨地則爲地平赤道均分三百六十度平分之爲半周各一百八十

度四分之爲象限各九十度六分之爲紀限各六十度十二分之爲宮爲時各三十度是爲赤經從經度出弧線與赤道十字相交各引長之會於南北極皆成全圈亦分爲三百六十度兩極相距各一百八十度兩極距赤道俱九十度是爲赤緯依緯度作圈與赤道平行名距等圈此圈大小不一距赤道近則大距赤道遠則小其度亦三百六十俱與赤道之度相應也赤道之用有動有靜動者隨天左旋與黃道相交日躔之南北於是乎限靜者太虛之位亙古不移晝夜之時刻於是乎紀爲黃道之宮度並如赤道其與赤道相交之兩點爲春秋分相距皆半周平分兩交之中爲冬夏至距兩交各一象限六分象限爲節氣各十五度是爲黃經從經度出弧線與黃道十字相交各引長之周於天體卽成全圜其各圜相湊之處不在赤道之南北兩極而別有其極心是爲黃極黃極之距赤極卽兩道相距之度其距黃道亦皆九十度是爲黃緯而月與五星出入黃道之南北者悉於是而辨焉故凡南北圈過赤道極者必與赤道成直角而不能與黃道成直角其過黃道極者亦必與黃道成直角而不能與赤道成直角惟過黃赤兩極之圈其過黃赤道也必當冬夏二至之度所以並成直角名爲極至交圈又若赤道度爲主而以黃道度準之則互形大小何也渾圓之體當腰之度最寬漸近兩端則漸狹（距等圈之度也）二至時黃道以腰度當赤道距等圈之度故黃道一度當赤道一度有餘二分時兩道雖皆腰度然赤道平而黃道斜故黃道一度當赤道一度不足也此所謂同升之差而七政升降之斜正伏見之先後皆由是而推爲至於地平經緯則以各人所居之天頂爲極蓋人所居之地不同故天頂各異而經緯從而變也地在天中體圓而小隨人所立凡目力所極適得大圜之一半則地雖圓而與平體無異故謂之地平乃諸曜出沒之界晝夜晦明之交也地平亦分三百六十度四分之爲四方（子午卯酉）各相距九十度二十四分之爲二十四向各十五度是爲地平經從經度出弧線上會於天頂並皆九十度（從地平下至天頂之衡亦九十度）是爲地平緯又名高弧高弧從地平正午上會天頂者其全圈必過赤道南北兩極名爲子午圈乃諸曜出入地平適中之界而北極之高下晷影之長短中星之推移皆由是而測焉是故經緯相求黃赤互變因黃赤而求地平或因地平而求黃赤乃歷象之要務推測之所取準也

御製歷象考成上編論七政宿度

日月五星皆有宿度古以十二宮定於二十八宿故宿度逐歲不同者經度亦因而不同今以二十八宿歷於十二宮故宿度逐歲有差而經度終古不變其法以歲差五十一秒按歲積之與各宿第一星黃道經度相加爲本年黃道宿鈐乃於七政黃道經度內減去相當黃道宿度餘卽七政黃道宿度蓋七政恆星皆宗黃道故宿度亦以黃道推也至於日月交食則并用赤道宿因其關於天行最著故於推算獨詳然各宿赤道經緯度逐歲不同須按推恆星赤道經度法求得本年各宿第一星赤道經度爲本年赤道宿鈐乃於太陽太陰赤道經度內減去相當赤道宿度餘卽太陽太陰赤道宿度

御製歷象考成上編論北極高度

北極爲天之樞紐居其所而不移其出地有高下者因人所居之地南北之不同也是故寒暑之進退晝夜之永短因之而各異焉蓋歷法以日躔出入赤道之度定諸節氣而北極出入之度卽赤道距天頂之度倘推測不精高度差至一分則春秋分必差一時而冬夏至必差一二日日躔既差則月離五星之經緯無不謬矣故測北極出地之高下最宜精密不容或畧也

御製歷象考成上編論地半徑差

凡求七曜出地之高度必用測量乃測量所得之數與推步所得之數往往不合蓋推步所得者七曜距地心之高度而測量所得者七曜距地面之高度也距地心之高度爲眞高距地面之高度爲視高人在地面不在地心故視高必小於眞高以有地半徑之差也（或有大於眞高者則清蒙氣所爲也）蓋七曜恆星雖皆麗於天而其高下又各不等惟恆星天爲最高其距地最遠地半徑甚微故無視高眞高之差若夫七曜諸天則皆有地半徑差

御製歷象考成上編論地影半徑

太陽照地而生地影太陰遇影而生薄蝕凡食分之淺深食時之久暫皆視地影半徑之大小其所係固非輕也但地影半徑之大小隨時變易其故有二一緣太陽距地有遠近距地遠者影巨而長距地近者影細而短此由太陽而變易者也一緣地影爲尖圓體近地麤而遠地細太陰行最卑距地近則過影之麤處其徑大行最高距地遠則過影之細處其徑小此由太陰而變易者也

御製歷象考成上編論日月實徑與地徑

日最大地次之月最小新法歷書載日徑爲地徑之五倍有餘月徑爲地徑之百分之二十七強今依其法用日月高卑兩限各數推之所得實徑之數日徑爲地徑

之五倍又百分之七月徑爲地徑之百分之二十七弱皆與舊數大制相符足徵其說之有據而非誣也

御製歷象考成上編論清蒙氣差

清蒙氣差從古未聞明萬歷閒西人第谷始發之其言曰清蒙氣者地中遊氣時時上騰其質輕微不能隔礙人目卻能映小爲大升卑爲高故日月在地平上比於中天則大星座在地平上比於中天則廣此映小爲大也定望時地在日月之閒人在地面無兩見之理而恆得兩見或日未西沒而已見月食於東日已東出而尚見月食於西此升卑爲高也又曰清蒙之氣有厚薄有高下氣盛則厚而高氣微則薄而下而升像之高下亦因之而殊其所以有厚薄有高下者地勢殊也若海或江湖水氣多則清蒙氣必厚且高也故欲定七政之緯宜先定本地之清蒙差第谷言其國北極出地五十五度有奇測得地平上最大之差三十四分自地平以上其差漸少至四十五度其差五秒更高則無差矣此卽新法歷書所用之表也近日西人又言於北極出地四十八度之地測得太陽高四十五度時蒙氣差尚有一分餘自地平至天頂皆有蒙氣差卽此觀之益見蒙氣差之隨地不同而第谷之言爲不妄矣

御製歷象考成上編論曚影刻分

曚影者古所謂晨昏分也太陽未出之先已入之後距地平一十八度皆有光故以一十八度爲曚影限然北極出地有高下太陽距赤道有南北故曚影刻分隨時隨地不同其隨時不同者二分之刻分少二至之刻分多也隨地不同者愈北則刻分愈多愈南則刻分愈少也若夫北極出地五十度則夏至之夜半猶有光愈高則漸不夜矣南至赤道下則二分之刻分極少而二至之刻分相等赤道以南反是

御製歷象考成上編論時差

時差者平時與用時相較之時分也推步所得者爲平時測量所得者爲用時（用時卽視時也）二者常不相合其故有二一因太陽之實行而時刻爲之進退蓋以高卑爲加減之限也一因赤道之升度而時刻爲之消長蓋以分至爲加減之限也新法歷書合二者以立表名曰日差然高卑每年有行分則宮度引數必不能相同若合立一表歲久卽不可用今仍分作二表加減兩次庶於法爲密也

御製歷象考成上編論歲差

歲差者太陽每歲與恆星相距之分也如今年冬至太陽躔某宿度至明年冬至時不能復躔原宿度而有不及之分但其差甚微古人初未之覺至晉虞喜始知之因立歲差法歷代治歷者宗焉而所定之數各家不同喜以五十年差一分劉宋何承天以百年差一度祖沖之以四十五年差一度隋劉焯以七十五年差一度唐傅仁均以五十五年差一度僧一行以八十二年差一度惟宋楊忠輔以六十七年差一度以周天三百六十度每度六十分每分六十秒約之得每年差五十二秒半元郭守敬因之較諸家爲密今新法實測晷影驗之中星得七十年有餘而差一度每年差五十一秒此所差之數在古法爲冬至西移之度新法爲恆星東行之度徵之天象恆星原有動移則新法之理長也

御製歷象考成上編論歷元

治歷者必有起算之端是謂歷元其法有二一則遠溯古初冬至七曜齊元之日爲元自漢太初以來諸歷所用之積年是也一則截算爲元若元授時歷以至元辛巳天正冬至爲元今時憲歷以崇禎元年戊辰天正冬至爲元是也二者雖同爲起算之端然積年實不如截算之簡易也夫所謂七曜齊元者乃溯上古冬至之時歲月日時皆會甲子日月如合璧五星如聯珠是以爲造歷之元使果於此雖萬世遵用可矣而廿一史所載諸家歷元無一同者是其所用積年之久近皆非有所承受但以巧算取之而已當其立法之初亦必有所驗於近測遂援之以立術於是溯而上之至於數千萬年之遠庶幾各曜之躔大可以齊同然既欲其上合歷元又欲其不違近測奇零分秒之數決不能齊勢不能不稍爲遷就以求其巧合其始也據近測以求積年其既也且將因積年而改近測矣杜預云治歷者當順天以求合不當爲合以驗天積年之法是爲合以驗天也安得爲立法之盡善乎若夫截算之法不用積年虛率而一以實測爲憑誠爲順天求合之道治歷者所當取法也

御製歷象考成上編論太陽行度

太陽行天每歲一周萬古不忒宜其每日平行而無有盈縮乃徵之實測則春分至秋分行天半周而歷日多秋分至春分行天半周而歷日少其在本天所行之度原均而人居地上所見時日不同今卽其不平行之數求其所以然之故則惟有本天高卑之說能盡之本天高卑之法有二一爲不同心天蓋天包地外以地爲心太陽本天亦包乎地外而不以地爲心因其有兩心之差而高卑判焉自春分歷夏至以至秋分太陽行本天

之大半周故歷日多而自地心立算止行黃道之半周故爲行縮自秋分歷冬至以至春分太陽行本天之小半周故歷日少而自地心立算亦行黃道之半周故爲行盈夫日在本天原自平行因自地心立算而不以太陽本天心立算遂有高卑盈縮之異故高卑爲盈縮之原而兩心之差又高卑之所由生也一爲本輪蓋本天與地同心而本天之周又有一本輪本輪心循本天周向東而行日在本輪之周向西而行兩行之度相等太陽在本輪之下半周去地近爲卑則順輪心行故見其速於平行在本輪之上半周去地遠爲高則背輪心行故見其遲於平行在本輪之左右去地不遠不近爲高卑適中故名中距其行與平行等本輪循本天東行爲平行度太陽循本輪西行由下而左而上而右而復於下爲自行度如太陽在本輪之下去地心最近是爲最卑太陽在本輪之上去地心最遠是爲最高最高最卑之點皆對本輪心與地心成一直線其平行實行同度故爲盈縮起算之端如太陽由本輪下向左順輪心行能益東行之度故較平行度爲盈至半象限後所益漸少迨輪心行一象限太陽亦行輪周一象限即無所益而復於平行是爲中距然而積盈之多正在中距蓋從地心立算爲盈差之極大也從中距而後太陽行本輪之上半周背輪心行故實行漸縮然因有積盈之度方以次漸消其實行仍在平行前迨行滿一象限至最高爲極縮而積盈之度始消盡無餘其實行與平行乃合爲一線故自最卑至最高半周俱爲盈也如太陽由本輪上向右背輪心行能損東行之度故較平行度爲縮至半象限後所損漸少迨輪心行一象限太陽亦行輪周一象限即無所損而復於平行是爲中距然而積縮之多亦在中距蓋從地心立算爲縮差之極大也從中距而後太陽行本輪之下半周順輪心行故實行漸盈然因有積縮之度方以次相補其實行仍在平行後迨行滿一象限至最卑爲極盈而積縮之度始補足無缺其實行與平行乃合爲一線故自最高至最卑半周俱爲縮也求得兩心之差而本輪之徑自見明於本輪之故而盈縮之理益彰其理相通其用相輔可以參稽而互證也

御製歷象考成上編論太陰行度

太陰行度有九而隨天西轉之行不與焉一曰平行蓋太陰之本天帶一本輪本輪心循本天自西而東每日平行一十三度有奇二十七日有餘而行天一周即白道經度也二曰自行蓋本輪心循白道行自西而東即平行經度太陰復依本輪周行自東而西每日亦行一十三度有奇微不及本輪心行而與本輪心之行順逆參錯人目視之遂生遲疾故名自行以別之授時歷名爲轉周滿一周爲轉終其所生之遲疾差名爲初均數也三曰均輪行西人第谷言用一本輪以齊太陰之行往往與實測未合因將本輪半徑三分之存其二分爲本輪半徑用其一分爲均輪半徑均輪循本輪周行自東而西即自行轉周處太陰復依均輪周行自西而東每日行二十六度有奇爲輪心行之倍度均輪心行一度月行均輪周二度也其所生之遲疾差即今所用之初均數也四曰次輪行蓋用本輪均輪推得遲疾之最大差爲四度有奇於朔望時測之其數恰合而於上下弦時測之則不合其大差至七度有奇故又於均輪之周復設一輪循均輪周行命爲次輪次輪心自西而東太陰復依次輪周亦自西而東每日行二十四度有奇爲本輪心距太陽行之倍度本輪心距太陽行一度月行次輪周二度名爲倍離倍離所生之遲疾差名爲次均數也五曰次均輪行蓋有初均次均以步朔望以定兩弦則既合矣而於兩弦前後測之又多不合爰思次輪之上必更有一輪以消息乎次均之數今命之曰次均輪其心循次輪周自西而東行倍離之度而太陰則循此輪之周自東而西亦行倍離之度用其所生之差以加減次均數即與太陰兩弦前後所行恰合也六曰交行蓋太陰行白道出入於黃道之內外大距五度有奇其自黃道南過黃道北之點名曰正交即如春分自赤道南過赤道北自黃道北過黃道南之點名曰中交即如秋分自赤道北過赤道南每交之終不能復依原次而不及一度有餘逐日計之退行三分有餘命爲兩交左旋之度自東而西也亦名羅計行度也正交日羅睺中交日計都七曰最高行最高者本輪之上半最遠地心之處而最高行者平行與自行相較之分也均輪心從最高左旋微不及於平行每日六分有奇即命爲最高左旋之度亦名月孛行度也八曰距日行於每日平行度內減去太陽之行爲每日太陰距太陽行二十九日有奇而復與日會是爲朔策九曰距交行以每日平行度與每日交行相加得每日太陰距交度二十七日有奇而行交一周名爲交周也

太陰行度用四輪推之而四輪之法皆係實測而得非意設也西人第谷以前步月離惟用本輪次輪蓋因朔望之行有遲疾故知其有本輪而兩弦之行不同於朔望故知其有次輪其法次輪與本輪兩周相切太陰行於次輪之上朔望時太陰正當兩周相切之點故云朔

望時太陰循本輪周行而兩弦時太陰則從兩周相切之點行次輪半周距本輪心最遠故次輪全徑爲兩弦時大於朔望時平行實行之極大差第谷遵其法用之因不能密合太陰之行故於本輪上復加一均輪且因兩弦前後之行又不同於兩弦故又加一次均輪蓋用本輪推朔望時平行實行之極大差爲本輪半徑得四度五十八分有餘而徵之實測惟自行三宮九宮初度之一點爲合在最高前後兩象限則失之小在最卑前後兩象限則失之大故第谷將本輪半徑三分之存其二分爲本輪半徑取其一分爲均輪半徑用求平行實行之差爲初均數乃密合於天至於兩弦時平行實行之極大差七度二十五分有餘雖爲新本輪半徑併均輪半徑仍如次輪全徑之數然即舊本輪半徑與次輪全徑相併之數也其次均輪行於次輪即如初均輪之行於本輪但所行之度不同耳（初均輪行爲引數之度次均輪行爲倍離之度）要之本輪者推本天之高卑均輪者所以消息本輪之行度次輪者定朔望兩弦之遠近次均輪者又所以分別朔望兩弦前後之加減故本輪行度合初均輪之倍引而生初均數分高卑左右而爲朔望之加減差也次輪行度合次均輪之倍離而生二三均數分遠近上下而爲兩弦及兩弦前後之加減差也是故非驗諸實測無以知四輪之妙而明於四輪之用則於太陰遲疾之故思過半矣

御製曆象考成上編論朔望有平實之殊

日月相會爲朔相對爲望而朔望又有平實之殊平朔望者日月之平行度相會相對也實朔望者日月之實行度相會相對也故平朔望與實朔望相距之時刻以兩實行相距之度爲準蓋兩實行相距之度以兩均數相加減而得而兩朔望相距之時刻則以兩實行相距之度變爲時刻以加減平朔望而得實朔望故兩實行相距無定度則兩朔望相距亦無定時也

御製曆象考成上編論晦朔弦望

太陰之晦朔弦望雖無關於自行之遲疾而自行之遲疾實由於朔望兩弦而得知其二十七日有奇而一周者太陰之自行也其二十九日半強而與太陽相會者朔策也其間猶有望與上下兩弦之分焉蓋太陰之體賴太陽而生光其向太陽之面恆明背太陽之面恆晦而其行則甚速於太陽當其與太陽相會之時人在地上正見其背故謂之朔朔後漸遠太陽人可漸見其面其光漸長至距朔七日有奇其距太陽九十度人可見其半面太陽在後太陰在前其光向西其魄向東故名上弦上弦以後距太陽愈遠其光漸滿至一百八十度正與太陽相望人居其間正見其面故謂之望自望以後又漸近太陽人不能正見其面其光漸虧其魄漸生至距望七日有奇其距太陽亦九十度則又止見其半面太陽在前太陰在後其光向東其魄向西故名下弦下弦以後距太陽愈近其光漸消至復與太陽相會其光全晦復爲朔矣

御製曆象考成上編論太陰隱見遲疾

合朔之後恆以三日月見於西方故尚書註月之三日爲哉生明然有朔後二日即見者更有晦日之晨月見東方朔日之夕月見西方者唐曆家遂爲進朔之法致日食乃在晦宋元史已辨其非而未明其故蓋月之隱見遲疾固有一定之理可按數而推殆因乎天行由於地度無庸轉移遷就也至於漢魏曆家未明盈縮遲疾之差以平朔書曆故有晦而月見西方朔而月見東方者此則推步之疎不可以隱見遲疾論也隱見之遲疾一因黃赤道之升降有斜正也蓋春分前後各三宮（由星紀至實沈六宮）黃道斜升而正降月離此六宮則朔後疾見秋分前後各三宮（由鶉首至析木六宮）黃道正升而斜降月離此六宮則朔後遲見如日躔降婁初度月離降婁一十五度爲正降日入時月在地平上高一十四度餘即可見蓋入地遲而見早也日躔壽星初度月離壽星一十五度爲斜降日入時月在地平上高六度餘即不可見蓋入地疾而見遲也若晦前月離正升六宮則隱遲斜升六宮則隱早其理亦同一因月距黃緯有南北也蓋月距黃道北則朔後見早距黃道南則朔後見遲如日躔降婁初度月離降婁一十五度而月距黃道北則月距地平之度多入地遲而見早月距黃道南則月距地平之度少入地疾而見遲也若晦前距黃道北則隱遲距黃道南則隱早其理亦同一因月自行度有遲疾也蓋月自行遲則朔後見遲晦前隱遲自行疾則朔後見早晦前隱早也夫月離正降宮度距日一十五度即可見以每日平行一十二度有奇計之則朔後一日有餘即見生明於西是故合朔如在甲日亥子之間月離正升宮度距黃道北而又行遲曆則甲日太陽未出亦見東方月離正降宮度距黃道北而又行疾曆則乙日太陽已入亦見西方矣

御製曆象考成上編論恆星東行

恆星行即古歲差也古謂恆星不動而黃道西移今謂黃道不動而恆星東行蓋使恆星不動而黃道西移則

恆星之黃道經緯度宜每歲不同赤道經緯度宜終古不變今則恆星之黃道經度每歲東行而緯度不變至於赤道經度則逐歲不同而緯度尤甚自星紀至鶉首六宮星在赤道南者緯度古多而今漸少在赤道北者緯度古少而今漸多自鶉首至星紀六宮星在赤道南者緯度古少而今漸多在赤道北者緯度古多而今漸少凡距赤道二十三度半以內之星在赤道北者皆可以過赤道南在赤道南者亦可以過赤道北則恆星循黃道東行而非黃道之西移明矣新法歷書載西人第谷以前恆星東行之數或云百歲而行一度或云七十餘年而行一度或云六十餘年而行一度隨時修改與古累改歲差之意同迨第谷定恆星每歲東行五十一秒約七十年有餘而行一度而元郭守敬所定亦爲近之至今一百四十餘年驗之於天雖無差忒但星行微渺必歷多年其差乃見然則第谷所定之數亦未可泥爲定準惟隨時測驗依天行以推其數可也

御製歷象考成上編論測恆星

恆星東行既依黃道則測定一年之黃道經緯度而逐年之黃道經緯度皆視此矣然欲測諸恆星必以一星作距而欲測黃道經緯度必以赤道經緯度爲宗蓋諸曜隨天左旋惟赤極不動其經緯既與黃道相當又與地平相應時刻之早晚於是乎紀太陽之躔次於是乎辨非赤道則黃道無從而稽也其法擇恆星之大者測其方中時刻及正午高弧乃以本時太陽赤道經度與太陽距午正赤道經度相加即星之赤道經度又以正午高弧與赤道高度相減即星之赤道緯度既得赤道經緯度則用弧三角法推得黃道經緯度既得一星之黃赤經緯度即以此一星作距或用黃道赤道諸儀測其相距之經緯或用地平象限諸儀測其偏度及高弧而諸星之黃赤經緯度皆可得矣要之測恆星之法先測一星爲準而此星經度必取定於太陽倚於時刻差四分則於天行差一度故須參互考驗方得密合或用太陰及太白比測者然皆有視差不如用太陽之確準也

御製歷象考成上編論恆星出入地平

恆星隨宗動天東出西入旋轉有常因節氣有冬夏晝夜有永短人居有南北故所見恆星出入地平之時刻因時各異隨地不同也夫逐時皆有出入地平之恆星逐星皆有出入地平之時刻可以測候而得亦可以推步而知其法用本地北極高度及本星赤道經緯度求得本星與赤道同出入地平之度乃與本時太陽赤道經度相減即得本星出入地平之時刻也

御製歷象考成上編論弧三角形

弧三角形者球面弧線所成也古歷家有黃赤相準之率大約就渾儀度之僅得大概未能形諸算術惟元郭守敬以弧矢命算黃赤相求始有定率視古爲密但其法用三乘方取數甚難自西人利瑪竇湯若望等繙譯歷書始有曲線三角形之法三弧度相交成三角形其三弧三角各有相應之八線弧與弧相交即線與線相遇而勾股比例生焉於是乎有黃道可以知赤道有赤道可以知黃道有經可以知緯有緯可以知經歷象之法至此而備勾股之用至此而極矣

正弧三角形必有一直角者蓋因南北二極爲赤道之樞紐皆距赤道九十度故凡過南北二極經圈與赤道相交所成之角俱爲直角其相當之弧皆九十度又凡有一圈即有兩極其過兩極經圈與本圈相交亦必爲直角其所成三角形必皆爲正弧三角形夫正弧三角形所知之三件弧角相對者用弧角之八線所成勾股爲比例而弧角不相對者則用次形蓋以弧角之八線所成勾股比例不生於本形而生於次形而次形者乃以本形與象限相減之餘度所成故用本形之餘弧餘切即用次形之正弧正切也其法可易弧爲角易角爲弧若斜弧三角形可易大形爲小形易大邊爲小邊易鈍角爲銳角邊與角雖不相對可易爲相對且知三角即可以求邊其理實一以貫之也

弧三角之有斜弧形猶直線三角之有銳鈍形也但直線三角之銳鈍形惟二種一種三角俱銳一種一鈍兩銳而斜弧形則不然或三角俱銳或三角俱鈍或兩銳一鈍或兩鈍一銳其三邊或俱大過於九十度或俱小不及九十度或兩大一小或兩小一大參錯成形爲類甚多而新法歷書所載推算之法益復煩雜難稽蓋三角三邊各有八線但線與線之比例相當即可相求是故或同步一星或同推一數而所用之法彼此互異遂使學者莫知所從茲約以三法求之無論角之銳鈍邊之大小並視先所知之三件爲斷其一先知之三件有相對之邊角又有對所求之邊角則用邊角比例法其一先知之三件有相對之邊角而無對所求之邊角或求角而無對角之邊或求邊而無對邊之角則用垂弧法其一先知之三件無相對之邊角或三邊求角或有兩邊一角而角在所知兩邊之間或三角求邊或有兩角一邊而邊在所知兩角之間則用總較法明此三法則斜弧之用已備而七政之升降出沒經緯之縱橫交加無不可推測而知

矣

臣等謹按考成上編首論儀象次即詳弧三角形備列綱領條目圖說及相求比例總較之法誠以日躔月離日食月食五星恆星皆藉是以推步焉茲錄總論及分論正斜形各一篇其神明簡易之妙用可概見云

御製歷象考成後編論歲實

日行天一周為歲周歲之日分為歲實古法日行一度故周天為三百六十五度四分度之一歲實為三百六十五日四分日之一堯典曰朞三百有六旬有六日杜預謂舉全數而言則有六日其實五日四分日之一是也漢末劉洪始覺冬至後天以為歲實太強減歲餘分二千五百為二千四百六十二晉虞喜宋何承天祖沖之謂歲當有差乃損餘歲以益天周歲差之法由斯而立元郭守敬取劉宋大明戊寅以來相距之積日時刻求得歲實為三百六十五日二千四百二十五分比四分日之一減七十五分而天周即為三百六十五度二千五百七十五分矣西法周天三百六十度第谷定歲實為三百六十五日五時三刻三分四十五秒以周日一萬分通之得三百六十五日二四二一八七五較之郭守敬又減萬分之三有奇以除周天三百六十度得每日平行五十九分零八秒一十九微四十九纖五十一忽三十九芒（即十分度之九分八五六四七三六五八）歲差則謂恆星每年東行五十一秒不特天自為天歲自為歲而星又自為星其理甚明後西人奈端等屢測歲實又謂第谷所減太過酌定歲實為三百六十五日五時三刻三分五十七秒四十一微三十八纖二十二忽二十六芒五十六塵以周日一萬分通之得三百六十五日二四二三二四四二〇一四一五比第谷所定多萬分之一有奇以除周天三百六十度得每日平行五十九分零八秒一十九微四十四纖四十三忽二十二芒零三塵（即十分度之九分八五六四六九六九三五一二八二二五）比第谷所定少五纖有奇每年少三十微有奇蓋歲實之分數增則日行之分數減據今表推雍正元年癸卯天正冬至比第谷舊表遲二刻日躔平行根比舊表少一分一十四秒而第谷去今一百四十餘年以數計之其差恰合是亦取前後兩冬至相距之積日時刻而均分之非意為增損也

御製歷象考成後編論黃赤距緯

黃赤距緯古今所測不同自漢以來皆謂黃道出入赤道南北二十四度元郭守敬所測為二十三度九十分三十秒以周天三百六十度每度六十分約之得二十三度三十三分三十二秒第谷所測為二十三度三十一分三十秒康熙五十二年

皇祖聖祖仁皇帝命和碩莊親王等率同儒臣於暢春園蒙養齋開局測太陽高度得黃赤大距為二十三度二十九分三十秒今監臣戴進賢等歷考西史第谷所測蓋在明隆萬時而漢時多祿畝所測為二十三度五十一分三十秒較第谷為多我朝順治年間刻白爾改為二十三度三十分後利酌理噶西尼又改為二十三度二十九分俱較第谷為少其前後多少之故或謂諸家所用蒙氣差地半徑差之數各有不同故所定距緯亦異然合中西考之第谷以前未知有蒙氣差而多祿畝則與古為近至郭守敬則與第谷相若而去多祿畝則有十數分之多康熙年間所用蒙氣差地半徑差俱仍第谷之舊與刻白爾噶西尼等所用之數不同而所測大距又相去不遠由此觀之則黃赤距度古今實有不同而非由於所用差數之異所當隨時考測以合天也

御製歷象考成後編論地半徑差

噶西尼等謂日天半徑甚遠無地半徑差而測量所係只在秒微又有蒙氣雜乎其內最為難定因思日月星之在天惟恆星無地半徑差若以日與恆星相較可得其準而日星不能兩見是測日不如測五星也土木二星在日上去地尤遠地半徑差愈微金水二星雖有時在日下而其行繞日逼近日光均為難測惟火星繞日而亦繞地能與太陽衝故半夜時火星正當子午線於南北兩處測之同與一恆星相較其距恆星若相等則是無地半徑差若相距不等即為有地半徑差其不等之數即兩處地半徑差之較且火星衝太陽時其距地較太陽為近則太陽地半徑差必更小於火星地半徑差也噶西尼用此法推得火星在地平上最大地半徑差為二十五秒比例得太陽在中距時地平上最大地半徑差為一十秒驗之交食果為脗合近日西法並宗其說今用所定地半徑差求地半徑與日天半徑之比例中距為一與二萬零六百二十六最高為一與二萬零九百七十五最卑為一與二萬零二百七十七以求地平上最大之地半徑差最高為九秒五十微最卑為一十秒一十微

御製歷象考成後編論日月實徑

從來算家謂日月之在天其實徑原爲一定之數而視徑之大小則因距地有遠近而時時不同然所謂實徑者仍以視徑之大小距地之遠近比例而得今日月本天心之距地心數皆與舊不同則日月距地之遠近亦因之而各異且視徑之大小古今所測相差惟在分秒之間在器只爭毫釐而在數已差千百則實徑究亦未有一定之數也西法以日實徑爲地徑之五倍有餘中距日天半徑與地半徑之比例爲一與一千一百四十二月實徑爲地徑百分之二十七強中距朔望時月天半徑與地半徑之比例爲一與五十六又百分之七十二上編仍之以推最高日天半徑與地半徑之比例爲一與一千一百六十二最卑日天半徑與地半徑之比例爲一與一千一百二十一最高朔望時月天半徑與地半徑之比例爲一與五十八又百分之一十六最卑朔望時月天半徑與地半徑之比例爲一與五十四又百分之八十四今監臣戴進賢等據西人近年所測日天半徑與地半徑之比例最高爲一與二萬零九百七十五中距爲一與二萬零六百二十六最卑爲一與二萬零二百七十七月天半徑與地半徑之比例最高爲一與六十三又百分之七十七中距爲一與五十九又百分之七十八最卑爲一與五十五又百分之七十九又用遠鏡儀西人默爵所製以遠鏡加衡爲窺管測得日視徑最高爲三十一分四十秒中距爲三十二分一十二秒最卑爲三十二分四十五秒月視徑最高爲二十九分二十三秒中距爲三十一分二十一秒最卑爲三十三分三十六秒用此數推算日實徑爲地徑之九十六倍又十分之六月實徑爲地徑百分之二十七小餘二六強夫月實徑與舊大致相符而日實徑差至十九倍者蓋今所測日距地數比舊原大十八倍餘則日實徑比舊大十九倍止爲大十八分之一故今之日視徑亦比舊大十八分之一是則視徑之大小固各得之實測要一合諸推算以成一家之言至於日體純陽其光恆溢於常徑之外新法算書謂周圍皆大一分今說謂大一十五秒故推日食之法必於併徑內減去太陽光分一十五秒餘與視緯相較方爲受食之分而日之本徑則仍帶光分算其理固應爾也

御製歷象考成後編論日月影半徑及影差

日月兩地半徑差相併卽與日半徑影半徑相併之數等而日月地半徑差及日半徑皆推交食所必用之數且又皆由距地之高卑遠近而生故近日西法皆不用另求影半差惟以日月兩地半徑差相加內減去日半徑餘卽爲實影半徑以影差已在其中也此外又有視影之說蓋以地上有蒙氣差能映小爲大則太陽實徑必小於視徑實徑小則影大矣又月食時日在地下蒙氣轉蔽日光則地影視徑必尤大於實徑計其所大之分約爲太陰地半徑差六十九分之一故又以此爲影差與實影半徑相加爲視影半徑則所謂影差者名雖同而義實異也總之算家立說古今不必相同然測驗皆期於合天而推步必歸於有據舊說謂太陽有光分能侵地影使小今說謂地周有蒙氣能障地影使大此亦極不同之致矣然最大影半徑舊爲四十六分四十八秒今爲四十六分五十一秒相差不過三秒最小影半徑舊爲四十二分三十八秒今爲三十八分二十八秒相差四分有餘蓋地影之大小固由於太陽距地之遠近及太陰距地之高卑而太陰所關爲尤重最卑太陰距地今昔相差不過百分地半徑之九十五最高太陰距地則相差至百分地半徑之五百六十一夫月之距地既因兩心差而不同則月徑與影徑遂亦因之而各異要皆據一時之所測設法推步以求合而非爲臆說也

御製歷象考成後編論清蒙氣差

監臣戴進賢等歷考西史第谷所定地平上蒙氣差其門人刻白爾卽謂失之稍大而猶未定有確數至噶西泥始從而改正焉其說謂蒙氣繞乎地球之周日月星照乎蒙氣之外人在地面爲蒙氣所映必能視之使高而日月星之光線入乎蒙氣之中必反折之使下故光線與視線在蒙氣之內則合而爲一蒙氣之外則岐而爲二此二線所交之角卽爲蒙氣差角第谷已悟其理然猶未有算術噶西尼反覆精求謂視線與光線所岐雖有不同而相合則有定處自地心過所合處作線抵圜周則此線卽爲蒙氣之割線視線與割線成一角光線與割線亦成一角二角相減卽得蒙氣差角爰在北極出地高四十四度處屢加精測得地平上最大差爲三十二分一十九秒蒙氣之厚爲地半徑千萬分之六千零九十五視線角與光線角正弦之比例常如一千萬與一千萬零二千八百四十一用是以推逐度之蒙氣差至八十

九度尚有一秒驗諸實測較第谷爲密近日西法並
宗之

御製曆象考成後編論太陽行度

欽若授時以日躔爲首務蓋日出而爲晝入而爲夜與日會而爲朔行天一周而爲歲歲月日皆於是乎紀故堯典以賓餞永短定治歷之大經萬世莫能易也其推步之法三代以上不可考漢晉諸家皆以日行一度三百六十五日四分日之一而一周天自北齊張子信始覺有入氣之差而立損益之率隋劉焯立盈縮躔度與四序爲升降厥法加詳至元郭守敬乃分盈縮初末四限較前代爲密西法自多祿畝以至第谷則立爲本天高卑本輪均輪諸說用三角形推算近世西人刻白爾噶西尼等更相推考又以本天爲撱圓均分其面積爲平行度與舊法迥殊然以求盈縮之數則界乎本輪均輪所得數之閒蓋其法之巧合雖若與第谷不同而其理則猶是本天高卑之說也至若歲實之轉增距緯與兩心差之漸近地半徑差蒙氣差之互爲大小則亦由於積候損益舊數以成一家之言今用其法

太陽之行有盈縮由於本天有高卑春分至秋分行最高半周故行縮而歷日多秋分至春分行最卑半周故行盈而歷日少其說一爲不同心天一爲本輪而不同心天之兩心差卽本輪之半徑故二者名雖異而理則同也第谷用本輪以推盈縮差惟中距與實測合最高前後則失之小最卑前後則失之大又最高之高於本天半徑最卑之卑於本天半徑者非兩心差之全數而止及其半故又用均輪以消息乎其閒而後高卑之數盈縮之行與當時實測相合然天行不能無差元郭守敬定盈縮之最大差爲二度四〇一四以周天三百六十度每度六十分約之得二度二十二分第谷所定之最大差爲二度零三分一十一秒刻白爾以來屢加精測盈縮之最大差止有一度五十六分一十二秒又以推逐度之盈縮差最高前後本輪固失之小矣均輪又失之大最卑前後本輪固失之大矣均輪又失之小乃設本天爲撱圓均分撱圓面積爲逐日平行之度則高卑之理既與舊說無異而高卑前後盈縮之行乃俱與今測相符凡平圓面積自中心分之其所分面積之度卽其心角之度以圜界爲心角之規而半徑俱相等也若撱圓有大小徑角與積已不相應矣況實行之角平行之積皆不以本天心爲心而以地心爲心太陽距地心線自最卑以漸而長逐度俱不等又何以知積之爲度而與角相較乎然以大小徑之中率作平圓其面積與撱圓等將平圓面積逐度遞析之則度分秒皆可按積而稽撱圓之全積旣與平圓全積等則其遞析之面積亦必相等故分撱圓而積雖非度亦可以度命之而度分秒亦可按積而稽也

御製曆象考成後編論太陰行度

上編言太陰行度有九其實均輪行自行度次輪次均輪皆行月距日倍度則行度止六而已自西人刻白爾創爲撱圓之法專主不同心天而不同心天之兩心差及太陰諸行又皆以日行與日天爲消息計其行度一平均用日引度二平均最高均用日距月最高之倍度三平均正交均用日距正交之倍度初均仍用自行度二均仍用月距日倍度三均末均用月距日兼月高距日高度交角用日距正交兼月距日度皆實測之數而要不離乎本天高卑中距四限與朔望兩弦前後參互比較而得之

太陰之行有遲疾由於本天有高卑其說一爲不同心天一爲本輪與太陽同自刻白爾創爲撱圓之法專主不同心天而不同心天之兩心差及最高行又隨時不同惟日當月天中距時最大遲疾差爲四度五十七分五十七秒兩心差爲四三三一九〇倍差卽爲八十六萬有奇與舊數相去不遠若日當月天最高或當月天最卑則最大遲疾差爲七度三十九分三十三秒兩心差爲六六七八二〇日歷月天高卑而後兩心差漸小中距而後兩心差漸大日距月天高卑前後四十五度兩心差適中又日當月天高卑時最高之行常速至高卑後四十五度而止日當月天中距時最高之行常遲至中距後四十五度而止與日月之盈縮遲疾相似而周轉之數倍之是則太陰本天之心必更有一均輪以消息乎兩心差及最高行之數因以地心爲心以兩心差最大最小兩數相加折半得五五〇五〇五爲最高本輪半徑相減折半行一七三一五爲最高均輪半徑均輪心循本輪周右旋行最高平行度本天心循均輪周右旋行日距月最高之倍度用切線分外角法求得地心之角爲最高均數卽最高行之差求得兩心相距之邊爲本天心距地數卽本時之兩心差也而其測量諸均數則必在高卑中距或高卑中距之閒其數乃整齊而易辨要之測得高卑中距之差則兩心差之

數已見而求得兩心差之數則高卑中距之差悉合矣太陰初均數生於兩心差兩心差不等則均數亦不等然於平行無與也自刻白爾以本天爲撱圓以平行爲面積則兩心差不等而撱圓之面積與太陰之平行亦因之不等蓋兩心差大者小徑之數小而面積亦小兩心差小者小徑之數大而面積亦大故分撱圓之度數雖同而度之面積各異非先求其面積無以求度數也今取兩心差之大中小三數求其小徑及面積以定平行而後均數可得而推也

舊法用本輪均輪推初均數日躔月離數雖不同而其法則一也自刻白爾以平行爲撱圓面積求實行噶西尼等立借角求角之法亦極補湊之妙矣然日天兩心差爲本天半徑千萬分之一十六萬餘所差之最大者不過百分秒之六十六月天兩心差最大者爲本天半徑千萬分之六十六萬餘若仍用日躔之法則其差之最大者卽至四十秒雖於數不爲疎而於法則猶未密故又立用兩三角形之法先以半徑爲一邊兩心差爲一邊太陰平引與半周相減（不及半周者與半周相減過半周者減半周）爲所夾之角求得對兩心差之小角與前所夾之角相加復爲所夾之角仍用半徑與兩心差爲兩邊求得對半徑之大角爲平圓引數之正矢以大半徑爲一率小半徑爲二率平圓引數之正切線爲三率求得四率爲正切線得實引與平引相減餘爲初均數依日躔借積求積法細推之其差之最大者不過一十秒較借角求角之法爲密云

舊法推步朔望惟用初均數刻白爾以來奈端等屢加測驗謂日在最卑後則太陰平行常遲最高平行正交平行常速日在最高後太陰平行常速最高平行正交平行常遲因定日在中距太陰平行差一十一分五十秒最高平行差一十九分五十六秒正交平行差九分三十秒其閒逐度之差皆以太陽中距之均數與太陽逐度之均數爲比例名曰一平均蓋太陽平行自子正隨天左旋復至子正是爲一日月距日一日順行一十二度餘最高一日順行六分餘正交一日退行三分餘皆隨太陽平行爲行度故爲平行而太陰二均生於月距日之倍度最高均生於日距月最高之倍度正交均生於日距正交之倍度皆以太陽實行立算太陽實行有盈縮則諸行亦隨之有進退此因太陽右旋之盈縮而差者也又太陽右旋加多一度則左旋之時刻差早一度諸行亦隨之而差早一度之行太陽右旋減少一度則左旋之時刻差遲一度諸行亦隨之而差遲一度之行此因太陽隨天左旋之遲早而差者也由是二者故有一平均之法然太陰一平均則惟因左旋時差之故最高平均與正交正均則兼左旋右旋兩差之故焉以太陰一平均言之太陰二均生於月距日之倍度而月距日之度乃置太陰實行減太陽實行而得之太陽右旋之度差而多則月距日之度反差而少太陽右旋之度差而少則月距日之度反差而多是月距日之行不隨太陽右旋之盈縮爲進退也惟是太陽左旋時刻差一度倍月距日已差二度太陽又隨之差二度則平行卽差四度時差行差早者應減差遲者應加然差早一度者太陽未至子正一度應加一度時差行差遲一度者太陽已過子正一度應減一度時差行是差三倍時差行也故以一小時六十分爲一率一小時月距日平行一千八百二十八秒六二爲二率太陽中距均數一度五十六分一十三秒變時（每度變爲四分十五分變爲一分十五秒變爲一秒）得七分四十五秒爲三率求得四率二百三十六秒二〇用三因之得七百零八秒六〇收爲一十一分四十九秒爲太陰一平均太陽均數加者爲減減者爲加是爲太陽實行至子正時之太陰平行度也以最高平均與正交平均言之最高均生於日距月最高之倍度正交均生於日距正交之倍度而日距月最高與日距正交之度乃置太陽實行減月最高與正交而得之太陽右旋之度加而多則相距之度亦多太陽右旋之度減而少則相距之度亦少是最高與正交之行固隨太陽右旋之盈縮爲進退也又太陽左旋之時刻差一度日距月最高與日距正交之倍度已差二度最高與正交又隨之差二度則最高與正交卽差四度時差行差早者應加差遲者應減且最高均與正交均皆隨太陽行相距之倍度太陽實行差一度則最高與正交亦隨之差一度之行太陽又加倍差一度則最高與正交又隨之差半度之行是右旋左旋之差皆爲一倍有半而未至子正應加已過子正應減之時差行又其在外者也太陰在本天高卑雖無初均數而太陽在本天高卑前後猶有一平均若太陽亦在本天高卑則並無一平均矣奈端以來又屢加精測謂日天最高與月天最高同度或相距一百八十度日月又同在最高卑則實行與平行合爲一線無諸均數太陽雖在最高卑而在月天高卑前後則平

行常遲至高卑後四十五度而止在月天中距前後則平行常速至中距後四十五度而止然積遲積速之多正在四十五度而太陽在最高與在最卑其差又有不同因定太陽在最高距月天高卑中距後四十五度之最大差爲三分三十四秒太陽在最卑距月天高卑中距後四十五度之最大差爲三分五十六秒高卑後爲減中距後爲加其閒日距月最高逐度之差皆以半徑與日距月最高倍度之正弦爲比例其太陽距地逐度之差又以太陽高卑距地之立方較與本日太陽距地之立方較爲比例名曰二平均蓋太陰本天心循最高均輪周行日距月最高之倍度日在月天高卑則兩心差大而撱圓之面積小故平行遲也日在月天中距則兩心差小而撱圓之面積大故平行速也日距月天高卑中距四十五度則兩心差與撱圓之面積皆爲適中太陰平行原以適中之數立算故其平行無遲速也

太陽在兩交後平行稍遲在大距後平行稍速其最大差爲四十七秒名曰三平均蓋白極在正交均輪周舊法謂行月距日之倍度奈端以來謂行日距正交之倍度故惟太陽在兩交與大距則白極與均輪心參直其平行無加減太陽在兩交後則白極在均輪心之東而白道經圈之過黃道者亦差而東其黃道舊點所當白道度卽差而西故平行應減而遲也太陽在大距後則白極在均輪心之西而白道經圈之過黃道者亦差而西其黃道舊點所當白道度卽差而東故平行應加而速也此其所差止在數十秒之閒雖不易得之仰觀而實可稽之儀象

舊法推太陰兩弦行度止有初均二均兩弦前後始有三均初均之最大者四度五十八分餘二均之最大者二度二十七分餘三均之最大者四十二分餘計兩弦前後最大差共八度弱噶西尼以來屢加測驗謂兩弦太陰行度止有初均三均而三均又不盡關乎兩弦之故二均之最大者不在兩弦而在朔弦望之閒其初均之最大者七度三十九分三十四秒二均之最大者三十七分一十一秒計兩弦前後最大差共八度强則是今之二均固兼舊法二均三均之義而其數則又不同蓋太陰去地甚近其行最著又二十七日有奇而一周天一月之中備日行四時之軌至爲參錯不齊古人惟重交食故朔望而外置之弗論西人第谷始創二三均之法其門人精測不已又數十年然後改定則其數必實有所據而非爲臆說也其法定日在最高朔望前後四十五度最大差爲三十三分一十四秒日在最卑朔望前後四十五度最大差爲三十七分一十一秒朔望後爲加兩弦後爲減其閒月距日逐度之二均則以半徑與月距日倍度之正弦爲比例其太陽距最高逐度二均之差又以日天高卑距地之立方較與本日太陽距地之立方較爲比例與二平均同

舊法推步朔望兩弦皆無三均數而三均之最大者每在朔弦弦望之閒故知三均之差生於月距日之倍度自噶西尼以來以朔弦弦望閒之最大差屬之二均而月距日九十度與月高距日高九十度其差正等月距日四十五度與月高距日高四十五度其差又等則是三均之差不專係乎月距日之故也於是取月距日與月高距日高之共爲九十度時測之其差與月距日或月高距日高之獨爲九十度者等又取月距日與月高距日高之共爲四十五度時測之其差與月距日或月高距日高之獨爲四十五度者等乃知三均之差生於月距日與月高距日高之總度半周內爲加半周外爲減其九十度與二百七十度之最大差爲二分二十五秒其閒逐度之差以半徑與總度之正弦爲比例則三均之法定矣然必日月最高同度或日月同度兩者止有一相距之差則止有三均若月天最高與日天最高有距度日月又有距度則三均之外朔後又差而遲望後又差而速及至月高距日高九十度月距日亦九十度時無三均而其差反最大故知三均之外又有末均乃將月高距日高九十度分爲九限各於月距日九十度時測之兩高相距九十度其差三分漸近則漸小其閒月距日逐度末均之差皆以半徑與月距日之正弦爲比例朔後爲減望後爲加而後推太陰經度之法纖悉具備今考其所測其數之小者只在秒微之閒其時又數十年而不一遇然其用意細密學者苟通乎此何患推測之無術歟

御製歷象考成後編論交均及黃白大距

正交之行有遲疾由於黃白大距有大小舊法定朔望時交角最小爲四度五十八分三十秒兩弦時交角最大爲五度一十七分三十秒兩距度之較爲一十九分交均之最大者爲一度四十六分零八秒自奈端噶西尼以來謂日在兩交時交角最大爲五度一十七分二十秒日距交九十度時交角最小爲四

度五十九分三十五秒兩距度之較爲一十七分四十五秒朔望而後交角又有加分因日距交與月距日之漸遠以漸而大至日距交九十度月距日亦九十度時加二分四十三秒交均之最大者爲一度二十九分四十二秒皆與舊法不同然歷家測黃白大距必於月距交九十度時夫月距交九十度而値朔望則日距交亦九十度是今之謂日距交九十度交角小猶與朔望交角小之義同也月距交九十度而値兩弦則日必在兩交是今之謂日在兩交交角大猶與兩弦交角大之義同也惟日在兩交而又値朔望則交角關乎食分之淺深日距交九十度而又値兩弦則加分關乎距緯之遠近是必驗諸實測古今確有不同之處參稽經緯以成一家之言而非輕爲改定也至其推算之法以五十九爲邊總五十六爲邊較求得黃極之角爲交均以日距交月距日之餘弦比例得加分與最小之交角相加爲大距亦與舊法不同取其易於入算故近日西士皆從之

皇朝文獻通考卷二百五十七

皇朝文獻通考卷二百五十八

象緯考三

儀器

臣等謹按虞書在璿璣玉衡以齊七政儀器之重由來尚矣自漢而後代有制作洛下閎造渾天儀張衡造候風地動銅儀晉陸績造渾象吳王蕃造渾儀後魏有候部鐵儀梁有重雲殿銅儀隋有觀臺渾儀唐有凝暉閣渾儀開元黃道游儀武成殿水運渾天宋太平興國及祥符皇祐元祐各製渾儀皆所以察三光分宿度著天體布星辰也乃馬端臨象緯考俱不之載蓋以其制不皆可考且或適於一時之用而不能經遠或合於一事之宜而無當全用耳

國家整一函夏西法諸器畢萃觀臺

列聖相承折衷至當創制靈臺六儀及璣衡撫辰諸儀彰數理之精密集占候之大成以視王圻續考所載簡儀仰儀景符儀玲瓏儀闚几燭漏之屬如日月出而爝火難以為光矣茲先序創制新規詳其體用而凡舊法及西法諸器藏於

天府可備參驗者臚列於後焉

康熙八年六月令改造觀象臺儀器先是七年七月欽天監監副吳明烜言推歷以黃道為驗黃道以渾儀為準今觀象臺渾儀損壞亟宜修整又地震方向各有所占請造滾球銅盤一座並設臺上儀器備則占驗始為有據疏入下禮部議尋以取到元郭守敬儀器於江南不果行至是南懷仁為監副疏請改造從之

十三年正月掌欽天監事南懷仁以新製天體儀黃道經緯儀赤道經緯儀地平經儀地平緯儀紀限儀告成將製法用法繪圖列說名新製靈臺儀象志疏呈

御覽得

旨儀象告成製造精密南懷仁勤勞可嘉下部優敘

天體儀以銅為球徑六尺面刻黃赤二道平分十二宮布列星漢以肖穹象中貫鋼軸露其兩端以屬於子午圈之南北極其外為子午圈週圍各浮天體球五分兩面刻去極度南北極各作半圓合伏兔半圓以受天體之軸其下為地平圈週與子午圈同面寬八寸環渠為界外刻四象限度及諸曜出入地平時刻方位下施四足承以圓座高四尺七寸設螺柱以取平子午正對處向西少闕以受子午圈半入地平下半出地平上自天頂設高弧帶地平遊表以察諸曜地平經緯度以時盤定於子午圈設遊表於北極樞令自轉以定日度又能隨天體旋轉以指時座下設機輪運轉子午圈使北極隨各方出地度升降則天象隱現之限皆可究觀

黃道經緯儀以銅為之凡三重四圈其外正立為子午圈徑六尺規面厚一寸三分側面寬二寸五分兩面皆刻去極度兩極側面各貫鋼軸以伏兔半圓合而固之次內為過極至圈外徑五尺五寸規面寬二寸五分側面厚一寸三分兩面亦刻去極度貫於南北赤道極之兩軸象天左旋又從南北赤道極各距二十三度三十一分三十秒定黃道極去極九十度橫置黃道緯圈與過刻圈交徑及寬厚亦同昭其中以相入四面皆刻極道經度象七政右旋又從黃道南北兩極貫黃道經圈外徑五尺一寸四分規面寬九分側面厚二寸三分四面皆刻黃道緯度象黃道四遊兩極施直軸徑一寸中半施橫表長三寸於緯圈上加遊表對直軸以測黃道經度於經圈上設遊表對橫表以測黃道緯度下為半圓雲座升龍二承之

赤道經緯儀以銅為之凡二重三圈其外正立為子午圈制與黃道經緯儀子午圈同距兩極各九十度橫置赤道經圈與子午圈交昭其中以相入外徑五尺九寸規面寬二寸五分側面厚一寸三分內規面及上側面鐫晝夜時刻外規面及下側面鐫周天度分南極旁承以兩象限弧又從南北兩極貫赤道緯圈外徑五尺六寸規側面寬厚與經圈同四面刻赤道緯度內為通軸設橫表遊表俱與黃道經緯儀同下為半圓雲座升龍承之

地平經儀以銅為之平置地平圈徑六尺二寸寬二寸四分厚一寸二分上面側面皆刻四象限度上面自南北起初度側面自東西起初度以立龍四承之圈下立柱其高相等適當圈心上出圓軸圈上東西二龍柱結橫梁中穿孔為天頂與圈心對施立表長四尺四寸上應天頂下應地心表末結十字橫表與圈相切尺寸與圈徑同立表頂左右結二線斜貫橫表兩端成兩三角形旋轉橫表令三線與所測參直視表所指以測各曜之地平經度

地平緯儀一名象限儀以銅爲之直角爲心兩方皆爲半徑各長六尺寬二寸一分厚一寸一分正面鐫九十度分外規面鐫度數字其數自上而下以紀地平高度自下而上以紀距天頂度聯以雲龍東西立柱縱八尺八寸上下梁橫七尺八寸飾以雲龍梁中各穿圓孔以受立軸軸與儀之立半徑平行長九尺七寸寬二寸一分厚一寸七分東西運之直角施橫軸長二寸一分軸本加遊表寬二寸一分厚二分有奇長與半徑等遊表末設立耳以測地平緯度

紀限儀一名距度儀以銅爲之其制一弧一幹弧爲圓周六分之一通六尺面寬二寸五分從中線起左右各列三十度幹爲圓之半徑長亦六尺末有柄以便運旋上端爲圓心設立柱加遊表長與幹同遊表末設立耳爲測一曜之用弧背左右各設窺表爲另測一曜之用又於幹兩傍設立柱相距應弧背之十度以爲借測之用儀面聯以流雲背以樞低昂之承以半圓有齒立軸旁加小輪可使平測其下立柱入於儀座以左右之座高四尺寬三尺繞以立龍

臣等謹按靈臺儀象志言天體儀之用凡六十黃道經緯儀之用凡十赤道經緯儀之用與黃道經緯儀同者凡五異者凡九地平經儀緯儀之用凡十八紀限儀之用凡六要之天體儀乃渾天之全象爲諸儀之用所統宗七政恆星之經緯宮次度分與先後相連之序相距之遠近俱於斯見焉黃道經緯儀赤道經緯儀地平經儀緯儀所以推七政恆星之行及所躔之度分也紀限儀則旋轉盡變以對乎天或正交或斜交定諸星東西南北相離之度分焉此六儀者用各有異而又可互用相參故能測驗精密而分秒無差也歟

二十年二月製簡平儀以銅爲之徑一尺凡上下二重各分天地盤上地盤外列周歲十二月及餘分內列日分中心爲北極東西弧界爲北地平天盤外列朔策內列赤道十二宮三百六十度更內列二十四節氣中爲赤道北恆星斜帶爲春分後半周黃道度下所列亦如之爲南地平爲赤道南恆星爲秋分後半周黃道度上盤向北視故皆左旋而月數節氣右旋下盤向南視故皆右旋而月數節氣左旋下盤連地平爲橢形盤當天盤之半橫列節氣線十二道縱列日出入五更攢點線八道以上盤宮度對日分求交節之日知閏月以遊表加太陽黃道經度轉天盤與地平交知日出入時刻以太陽赤道經度對時刻視午正則知中星以午正之星驗太陽赤道經度知星中之候以日加時視遊表所指知月之方位以表加節氣與日出入更線之交知五更時刻

製地平半圓日晷儀以銅爲之凡二重地平盤長四寸三分寬三寸五分中施指南針外畫時刻線正北當午正正西卯正正東酉正後直立方盤上加半圓通徑中爲中心兩旁各爲半徑半徑上穿孔地平中心線入之視線影以知時刻半圓中心施遊表表兩端立耳穿中線對太陽驗遊表與通徑距度以準太陽高弧

三十二年四月製三辰簡平地平合璧儀以白金爲之如匱形正方徑七寸九分上下啟之凡六重第一重爲三辰公晷外盤列十二時初正二十四節氣內遊盤列十二時初正三十日及恆星星名等次第二重爲日行時刻度分下列度數上以遊盤羃之測時旋轉使當其空處第三重爲指南針盤上帶遊表環以地平方向第四重爲地平儀外列九十度中施指南針上帶遊表內畫矩度第五重爲簡平儀地盤外爲赤道列十二時初正中心爲北極內橢圓心爲天頂圓線爲經圈徑線爲緯圈天盤小圓爲黃道列十二宮上帶遊表第六重爲象限儀弧線爲圓度弧內外方線爲矩度以合諸儀之用各如其法

五十二年二月

命監臣紀利安製地平經緯儀以銅爲之其制平置地平圈徑五尺寬七寸七分周圍鐫四象限度下設四柱圜座承之東西立柱高一丈一尺上結曲梁中爲立軸下端貫以圈心螺柱上端以梁中圓孔受之中加象限儀直角在下半徑六尺寬二寸七分正面列九十度分中聯方圈及弧矢形背結於立軸以運之直角施遊表長八尺本設橫耳末設橫柱以備仰窺

臣等謹按地平經緯儀合地平象限二儀而爲一凡測諸曜則旋象限儀以遊表低昂合之令與諸曜參直其橫半徑所指卽地平經度遊表所指卽地平緯度測一器而經緯胥得也

五十三年二月製星晷儀以銅爲之凡二重有柄

地盤徑四寸二分列十二時初正天盤徑三寸三分列二十四節氣上帶直表兩端書帝星勾陳以中心墜線當孔中轉天盤直表兩端當兩星使相參直視節氣對時分以知時刻下盤外列夜刻內橫爲節氣線縱爲更線按節氣以定每更時刻

製四遊表半圓儀以銅爲之通徑二尺四寸線長二尺作二千分其半爲圓心施立耳能旋又施遊表二各長一尺二寸作一千二百分表端各有立耳半周外一百八十度爲心角度通徑線兩端各施遊表表兩端各有立耳面穿線有比例弧以指分數內圓線二界每界十重列邊角度表中心各有小半圓通徑七寸五分以取邊角半周一百八十度其圓心又施小遊表各一長四寸五分取每度斜線之長作二十分與斜線相交成二十格自邊角中心取半圓爲心角度之半左邊角度畫於圓線內界右邊角度畫於外界測量法以兩遊表相距度爲所測之角量算法三角俱銳者以通徑二千分與所知一邊爲比例以邊角度施所測之二角使邊遊表相交成三角形察其交處距角若干分仍以所知比例如一角鈍者以半徑一千分爲比一心角一邊角施之法如前如兩邊夾一角者以中兩遊表之度施之各按二邊丈尺察兩遊表分數以邊遊表之分數比量之承以直柱下歧三足

製矩度象限儀以銅爲之半徑五寸四分象限之周九十度內畫方矩縱橫各九十分兩半徑線末立耳爲定表圓心施遊表二相連其末各有立耳下帶弧一段作六十分當外周三十度半以比例分秒圓中亦有立耳旋之與四立耳皆相對遊表直邊與方矩之分等四表閒弧度數爲矩度比例之分外有銅三角稜施墜線以取平直承以直柱三足能升降

製方矩象限儀以銅爲之半徑八寸五分象限之周九十度圓線十重以斜線相交成十格象限外畫方矩線斜直相交亦成十格象限內亦畫方矩線平半矩施立耳爲定表圓心施遊表表兩端有立耳中爲指南針盤前施二墜線測量法以遊表直邊指度數兩表相距度分爲所測之角承以銅軸攢木爲三足能升降

乾隆九年二月製三辰公晷儀以銅爲之通高二尺一寸凡二重四圈正立爲子午圈列周天度上應天頂下應地心兩軸爲南北極與子午圈十字交而常定不動者爲天常赤道圈列晝夜時刻天常圈內層爲遊旋赤道圈列十二宮以南北極爲樞而東西旋轉者爲過極遊圈座心表末與天頂地心相對後施指南針前施墜線表四足施螺旋以中腰表耳測赤道經度以對南北極直距中窺衡測赤道緯度以遊表加遊旋赤道上測時刻

製看朔望入交儀以銅爲橫尺兩端本座如几形橫一尺八寸縱七寸八分凡三重下爲黃道中爲白道各十五度三十分上爲時刻表左右直距以白道距黃道南北緯度爲準正中爲黃道位日食以日體月食以地影加黃道上月體加白道上皆按度分以其相掩知入交爲日月食以相掩之分知食之淺深以時刻表中心對白道表端施直表對月行距日度視所指知食之時刻

製六合驗時儀以銅爲兩球下球徑六分有奇重二十四銖上球減十之二貫以鋼鋌長四寸六分有奇近上三之一爲兩軸橫梁承之前後亦爲橫梁前梁下鍵以銅葉一往一還爲一秒七秒爲五里候凡發聲時撥之使動驗秒數以知聲之遠近

製方月晷儀以銅爲之徑五寸五分上下二盤下盤外重列十二時次內初正各四刻次內刻各五分上盤外重列三百六十度內二重列三十日空度起朔爲日月同度朔後月距日漸遠至九十度爲上弦倍之爲望三倍之爲下弦周復爲朔爲一月與日一會朔弦望相距各七日半中心施遊表以遊表中線對上盤日數若干度轉上盤朔上表末使表對月立環內無影視表末所指以知時刻

重製圭表置銅圭於石臺長一丈六尺二寸寬二尺七寸周以水渠南端植銅表高一丈上端施銅葉中穿圓孔徑二分午正日景自圓孔透圭面成橢形南界爲日體上景北界爲日體下景中心爲中景

京師夏至景二尺九寸四分八釐冬至景一丈九尺九寸四分以次嬴縮北端設立圭高三尺五寸冬至景上立圭二尺七寸四釐

臣等謹按迎日推筴肇自上古而土圭測景詳於成周宋元嘉時何承天立表候晷後代仍之前明於觀象臺下設晷影堂南北平置銅圭於石臺南

端植銅表上設橫梁用影符以取中景
本朝因其制惟銅表舊高八尺今加二尺焉
十一年四月重製壺漏成以銅爲播水壺方形承以木架上曰日天壺面寬一尺九寸底寬一尺三寸高一尺七寸水欲常滿次曰夜天壺次曰平水壺形制遞減一寸在平水壺後稍下曰分水壺形制如平水壺又爲受水壺圓形置架前地平上曰萬水壺徑一尺四寸高三尺一寸壺皆有蓋播水壺前面近下皆爲龍口玉滴以次漏於受水壺又平水壺後面近上穿孔洩於分水壺以均水平漏受水壺上爲銅人抱箭長三尺一寸鐫兩晝夜時刻上起午正下盡午初壺中安箭舟如銅鼓形水長舟浮則箭上出水盈箭盡則洩之於池
御製銘曰粵昔重黎分司地天迎日揆景舉分測辰明時敬授欽若昊乾予承百王省歲祈年齊政協紀命彼疇人微宮戒井斟衡酌權範金規木製茲漏蓮玉注金箭水火燥寒協其高卑別以方圓九十六刻成一日焉覘彼陽晷明晦無忒較自鳴鐘淫巧徒傳攡提有紀孟陬用平於以考時寢興愼旃於以熙績勤民禮賢業業兢兢俯察仰觀器與道偕是驗是虔作銘垂戒貽百曾元
臣等謹按宋史天文志沈括議浮漏之制有求壺廢壺複壺以播水建壺以受水玉權以釃水銅史以令刻今之日天壺卽求壺遺制天壺卽複壺遺制平水壺分水壺卽廢壺遺制萬水壺卽建壺遺制至於龍口玉滴銅人抱箭亦卽玉權銅史遺制蓋其制自宋以來大畧相同惟舊法每日十二時分一百刻今釐爲九十六刻此則有異者也
十五年八月製萬壽天常儀以銅爲之通高一尺一寸制與三辰儀同座心穿孔對天頂垂線用與三辰儀表末同中腰兩表耳一實一虛綰遊旋赤道實者穿中縫虛者留中線用與三辰儀窺衡同以遊表加遊旋赤道上視遊表末所指用與三辰儀表耳同
十九年正月璣衡撫辰儀告成先是九年十月庚午
上幸觀象臺閱儀器和碩莊親王允祿等言三辰公晷儀規倣璣衡其用廣大簡易前所未有請製大儀設臺上以裨測候從之至是疏言宋錢樂作渾天儀卽璿璣玉衡遺法
本朝因之爲儀三重其在外者曰六合儀次其內曰三辰儀其最在內者曰四遊儀臣等前製三辰公晷規倣其制省爲兩重腰帶赤道以其一器而備日月星之用故名三辰今製大儀仍爲三重惟省黃道地平二環卽璣衡遺法若僅名三辰於義未備伏請
欽賜嘉名疏入
命名璣衡撫辰儀復
允監臣請編著圖說冠於
欽定儀象考成之首其制以銅爲之凡三重五圈在外者曰子午圈正立雙環外徑六尺三寸內徑五尺六寸六分環面寬三寸二分厚九分中空一寸兩面皆鐫周天度自南北極起初度至中腰九十度是謂天經斜倚單環爲天常赤道圈外徑六尺一寸二分內徑五尺六寸四分環面寬二寸四分厚一寸四分平分其厚爲赤道中線兩面皆鐫晝夜時刻以子正午正當子午雙環中空之半而結於其中腰是謂天緯其兩極各設圓軸軸本長三寸寬二寸一分厚一寸實於雙環之閒軸長六寸徑八分當雙環中空之半內向以貫內二重之環其次內者曰赤極經圈制如子午雙環差小外徑五尺五寸六分內徑五尺一寸二分環面寬二寸三分厚八分中空一寸二分兩面皆鐫周天度一面自兩極起初度至赤道九十度以應天經一面自赤道起初度至兩極九十度以應赤緯兩極各設軸孔以受天經之軸於赤極經圈之中腰結遊旋赤道圈制如天常赤道單環差小外徑五尺五寸六分內徑五尺一寸二分環面寬二寸二分厚一寸二分平分其厚爲赤道中線兩面各鐫周天度上面分爲十二宮下面自丑宮起初度右旋以丑宮末宮初度之線當赤道雙環中空之半而結於其中腰使赤道中線適當經圈之九十度兩圈相結與天之赤道旋轉相應其最內者曰四遊圈制亦雙環外徑五尺內徑四尺六寸八分環面寬一寸六分厚七分中空一寸四分兩面皆鐫周天度一面自北極起初度至南極一百八十度爲去極度一面自赤道起初度至兩極各九十度爲距緯度南北極各設軸孔以受天經之軸於下半周之中腰設直表以指經度及時刻兩面對南北極各設直距寬一寸六分厚七分中空一寸四分直距之二面對環之兩極作直徑線對環之九十度作

橫徑線綰於直距之中心者為窺衡長四尺七寸二分方一寸二分中空一寸四面各取中線上面設立表下端右面設指緯度表左右兩面之中心各開圓孔使直距中腰小軸之末入其中以綰之則窺衡能南北低昂而隨雙環東西轉運焉

臣等謹按璣衡撫辰儀本渾天儀之規制而釐以今之度數其在外者卽古之六合儀而不用地平圈蓋既測定南北正線而後置子午圈則子午圈卽為南北之正線平面之四方皆正又北極出地度以

京師為準自北極而上五十度五分卽上應天頂自南極而下五十度五分卽下對地心而應天頂之衡則兩極正立面之四方亦正而地平已在其中故不用地平圈也其次內者卽古之三辰儀而不用黃道圈蓋有天常赤道圈有赤極經圈則測得日月星之赤道經緯度卽黃道經緯可推且黃道與赤道之相距古遠今近或日久有差而儀器可無改故不用黃道圈也其最內者卽古之四遊儀大略相同焉隋志述渾天儀謂揆正宿度準步盈虛既動靜兼狀以效二儀之情又周旋衡管用考三光之分信有徵矣

二十五年二月製地球儀規木為球圍四尺五寸兩端中心為南北極貫以鋼軸腰帶赤道斜帶黃道平分三十六分每分占十度布列地名外正立為子午圈面刻三百六十度座面為地平圈列地平度外列十二時九十六刻皆鑄銅為之承以圓座高二尺四寸七分北極上加時盤以

京師為準旋之知各處時刻及日出入地平度

臣等謹按地球儀之制所以象地體與天體儀相配亦仍西法惟布列地名舉凡新闢西疆及新向化業古回部靡不咸具驗

皇輿之無外前此所未有也

渾天合七政儀以銅為之徑一尺二寸高一尺三寸五分凡三重外二環平者為地平圈上列西洋書十二宮十二月立者為子午圈子午圈上天頂垂銅葉為地平高弧北小圈為時刻盤次內五環兩軸為南北極貫二極為二至經圈腰帶赤道斜帶黃道黃赤道交處為二分相距最遠處為二至二極軸上小圈為負黃極圈其最內平面圓環為黃道十二宮中心為日體圓邊為地球對地球立表以指日行宮度日與地各為盤地盤有月體日盤有金水二星體日外大盤有火木土三星體皆以璣旋之月旋以地為心五星旋以日為心座面旁施指南針以測太陽緯度及出入地平時刻方位

七政儀以銅為之徑一尺六寸五分高二尺五分凡二重外重平圈為黃道列周歲十二月周天十二宮斜圈為赤道十字圈為赤道子午卯酉經圈內重為七政盤列十二宮與黃道左右相應中心為日體最近日為水星次金星次月與地次火星次木星最遠土星本星旁四小星土星旁五小星土星上圓環平之則星正圓側之則星長圓日體旁為瓶置燈以取日影對日處映以玻璃盤內皆有機輪其旁以小盤之軸挈諸輪轉之承以半圓十字下歧三足座心設指南針十二宮上施遊表表轉一周為一日視諸體之旋轉以測七政晝夜隱見之象

地平赤道公晷儀以銅為之徑七寸八分地平盤分內外外方盤施露管二螺柱四內圓盤列地平三百六十度施指南針中帶銅弧弧上九十度赤道環在圓盤北銅弧入之以定各處北極高度環面施大遊表表近上加立表中有直線環上端小圓盤內有小遊表及半環環上穿小孔以大遊表對日景從小孔透立表中線視大遊表下端所指知時刻小遊表所指知分數

地平經緯赤道公晷儀以銅為之通高一尺地平盤分內外外盤畫子午線三角植螺柱內盤列地平三百六十度施指南針縱橫置露管盤上正立為赤道經圈上環中線為天頂斜倚為赤道中施直表列節氣宮度表中縫加遊表上穿孔使透日光經圈上半赤道施兩表耳測日景內盤九十度線與外盤子午線準以赤道經圈按度對天頂以遊表小孔對節氣日數視日影所臨知時刻以赤道經圈對日上下轉之日影從上表耳孔透下表耳之兩點視赤道距天頂度與九十度相減知太陽距地平高度視內盤距子午線度知太陽距午正東西偏度以外盤分數線與度數線對知時刻

八角立表赤道公晷儀以銅為之地平盤長二寸二分寬一寸八分前施指南針後為赤道盤橫軸上下之盤周晝時刻線正北當午正西南起寅正東南止戌正盤上施日影表以指北極右帶高弧

表角與弧皆高六十度驗影以知時刻

方赤道地平公晷儀以銅爲之地平四寸二分中施指南針後爲赤道盤外方內圓兩面畫時刻線正北當午正西南起卯初東南止酉初盤底有機上下之地平右施螺旋表環列度數以表指之赤道盤中施直表指南北極春分後向北秋分後向南驗表影以知時刻

遊動地平公晷儀以銅爲之圓座徑二寸一分高一寸八分內遊環三層繫日晷地平盤於三層環內中施指南針周圍時刻線三層依北極高三十度四十度五十度北有弧表畫線亦如之自地平中心出斜線對弧表線以指北極視線影以知時刻爲舟行測驗之器

提環赤道公晷儀以銅爲之外環爲子午圈徑七寸二分內環爲赤道上環爲天頂赤道北九十度爲北極其對爲南極中施直表列節氣宮度及距緯度表中縫施遊表上穿孔以透日光以上環對子午圈度數以遊表孔對節氣日數手提上環旋直表使影入赤道內視所臨以知時刻

赤道地平合璧日晷儀以銅爲之長一尺三寸寬八寸六分前爲地平盤列二十四節氣圓盤加直表其上按節氣進退以就日行黃道度外橢圓形列時刻西起寅初東盡亥初外列周天度中施斜表表下施垂線以指北極高度承以半圓以輪齒低昂之兩盤相合定南北視表影以知時刻

定南針指時刻日晷儀以銅爲之地平盤長一尺三寸五分寬一尺一寸一分中爲指南針外畫時刻線七重第一重爲二分第七重爲二至以次順逆數之線各分十二時初正兩端立表耳中線對日兩耳影相對驗指南針所指以知時刻

圓盤日月星晷儀以銅爲之圓盤徑四寸一分下有柄上爲日晷兩立耳相距二寸四分各穿孔以透日光兩旁直線爲時刻線之起止中爲半圓其半爲北極畫節氣線十九道當北極爲二分線閒二線爲一中氣往來數之左盡夏至右盡冬至一線占一旬自北極上橫分六十度爲北極高度下分十二時右起丑未初左盡子午正中施遊表以表末對北極高度及節氣線表末施墜線穿小珠對太陽所躔宮度使兩耳孔日光正對驗珠影以知時刻背爲月晷星晷外分三百六十六日內分十二宮中心第一重圓盤徑二寸二分外分十二時初正午正出直表以指太陽內分三十日自直表起朔第二重圓盤徑一寸七分周穿圓孔中出直表表所指之日數圓孔下驗晦朔弦望自第一重對太陽宮度表起午正數之至第二重指日數表所指以知時刻第三重施直表出圓盤外表心及末皆穿圓孔以表心孔窺勾陳大星以表末孔窺天樞天璇使相參直亦如月晷數法以知時刻

日月晷儀象牙爲之凡二重下爲日晷地平長二寸寬一寸四分中施指南針外畫時刻線啟其上直立之以地平中心線綰小孔內視線影以知時刻上爲月晷赤道盤上列三十日從正北起中心置時刻遊盤列十二時午正初刻上出表末以指日數中施遊表表端立環對月表末指時以上重左銅鉤按下重側面北極高度指定立環內不見月光視表末以知時刻

四定表全圓儀以銅爲之通徑一尺全周三百六十度中施指南針圓線十層以斜線相交成十格分四象限通徑線兩端各施立耳爲定表中心設旋圓盤其通徑線兩端施立耳爲遊表表兩端直邊對立耳中線以指度數以定表遊表相距度分爲所測之角平測立測惟所宜

矩度全圓儀以銅爲之通徑六寸全周三百六十度分半周通徑線兩端各施立耳爲定表中心施遊表表中線兩端加立耳立耳中線與遊表中線對上施指南針前施墜線表端銳處指度數以兩表相距度分爲所測之角圓內下半周矩度縱橫各六十分爲句股比例之用平測立測惟所宜

小花全圓儀以銅爲之通徑二寸施定表遊表指南針與矩度全圓儀同以中圓花隙銳處對遊表立耳指度數平測立測惟所宜

雙半圓儀以銅爲之平置直尺長一尺內開空槽束以銅如帶鋌施輪軸使遊動兩半圓通徑皆三寸一加尺端一綰槽內半周一百八十度內畫半方矩縱橫皆十二分圓心各有立耳又施遊表長與直尺等表端各有立耳圓心立耳旋之與直尺對則爲定表之用與遊表立耳對則爲遊表之用後施墜線測量法以定表遊表之距度爲所測之角量算法以所知一邊與直尺爲比例兩半圜進退施之按度分以定所測之二角兩遊表相交成三角形承以直柱三足能升降平測立測惟所宜

雙遊表半圓儀以銅為之通徑四寸八分半周一百八十度圓心施遊表二其長皆為一百五十分其端各有立耳開中線與遊表中線對圓心亦有立耳旋之與遊表中線參直遊表上各帶指表一中心與遊表中線對其綰一直表長與二遊表其度等一端當指表中心一端隨遊表開闔中施指南針後施墜線測量法以兩遊表相距度分為所測之角量算法兩邊夾一角者以所知之邊角按度分安定成三角形承以直柱三足能升降平測立測惟所宜

測太陽高度象限儀以銅為之半徑一尺二分象限之周九十度圓線十重以斜線相交成十格平半徑兩端各有立耳上立耳中線穿小孔下立耳中線為空圈內交十字半徑旁施指南針午正日光從小孔透十字心與表耳參直圓心施墜線於方銅管內以護風由管末玻瓈中視墜線距日光線知太陽距天頂之度以時刻儀驗準對太陽測之知太陽隨時高度易墜線為遊表兩立耳皆如定表法與所測參直以二表距度為所測之角承以直柱三足能升降平測立測惟所宜

測高弧象限儀以銅為之半徑一尺七分象限之周九十度圓線十五層以斜線相交成十五格兩半徑線末各施立耳為定表中圓柱四面穿直孔旋之使孔中線與立耳中線相對以受日光圓心施銅墜線表穿長孔有比例分以指分數座中施指南針以墜線距定表為太陽距天頂度承以直柱有輪能升降

測躔象限儀以銅為之用兩象限周皆九十度中為初度左右各四十五度圓心皆施墜線當初度以取平座上為橫方柱一加柱端一倚柱旁用時置躔上以柱旁墜線所指合躔末所起之度柱中空左右各四十五度中施遊表穿小孔對躔末所起之度於孔內視躔之星斗

地平方位儀木質螺鈿飾徑二寸三分中施指南針周列十二辰八方列八卦內周施遊盤盤面分十二宮對立直表其長兩相等先定子午線轉銅環合表與所測之處參直距正午東西若干度為地平偏度以分外知其所屬方位

雙千里鏡象限儀以銅為之半徑一尺四寸五分象限之周九十度圓線十重以斜線相交成十格平半徑千里鏡為定表平中心千里鏡為遊表下為半圓縱橫設兩輪低昂之測量法以兩表相距度分為所測之角承以直柱三足平測立測惟所宜

四遊千里鏡半圓儀以銅為之通徑一尺三寸五分半周一百八十度外圓線三重內層十二重每度末斜線與圓線相交成十二格通徑線兩端立耳為定表其半圓心施遊表表兩端有立耳表端中線以指外重度分立耳方孔中線以指內重度分立耳內施墜線表心施指南針圓盤外兩柱承千里鏡以兩軸左右上下之以遊表定表相距度為所測之角座三足能升降平測立測惟所宜

攝光千里鏡筩長一尺三分接銅管二寸六分鏡凡四重管端小孔內施顯微鏡相接處施玻瓈鏡皆凸向外筩中施大銅鏡凹向外以攝影鏡心有小圓孔近筩端施小銅鏡凹向內周隙通光注之大鏡而納其影筩外為鋼鋌螺旋貫入進退之以為視遠之用承以直柱三足高一尺一寸五分

日影表木質立表高八寸上施墜線平表長二尺七寸中銜銅尺三角施螺柱以指南針盤九十度對表候影正時自立表下量之視景之長短以定節氣時刻

時辰表以金為之形圓盤徑一寸五分二釐均分時刻以針指之內施輪齒盛以金合當盤面處空之合徑一寸五分二釐通厚八分周飾雜寶金索三行三就間鏤花文

自鳴鐘以金為之中承以柱下為方匱面設表盤均十二分上起子午正右旋一日再周以短針指時長針指刻起丑未初鐘一鳴盡子午正十二鳴其初正自一鳴至四鳴各四刻匱內藏鋼輪三重中為大輪四軸上間小輪三聯之以旋時刻針左為大輪三軸上間小輪二聯之旁大輪一綰擊具以擊鐘知時右亦如之以擊鐘知刻三重皆施墜線擊具皆有銅片為作止之限表盤徑二尺一寸五分纍以玻璃匱木質髹漆繪金花文四隅皆有柱中為周闌髹以金縱距四尺七寸橫五尺七寸五分通高一丈六尺六寸

皇朝文獻通考卷二百五十八

皇朝文獻通考卷二百五十九

象緯考四

三垣二十八宿

臣等謹案漢書仿史記天官書之體作天文志後代史家咸襲其名然三垣列宿獨分晰於晉隋宋三史而他史皆從畧焉豈不以次舍有常無復詳求歟馬端臨通考肇上古迄宋嘉定而其詳三垣列宿也據丹元子步天歌鄭樵通志宋兩朝中興諸志蓋又以測驗之密後勝於前也我
聖朝璣衡精審數理周詳康熙十三年監臣南懷仁撰恆星經緯度表以一二宮臚一千八百七十餘星
皇上御極之九年
命監臣戴進賢等據新測以證舊經名同步天歌者一千三百十九星增列一千六百十四星並近南極一百五十星積數三千有八十三星凡黃赤經緯去極入宿之度釐然可考視昔益密矣馬氏謂古今志天文者名義大畧相同但能言其去極入宿度爲異茲依馬氏之例紀去極入宿度並詳黃赤道十二宮俾稽天者通其條貫云

紫微垣

北極五星一曰太子二曰帝三曰庶子增星三四曰后宮五曰天樞黃道在鶉火鶉首宮赤道在大火壽星宮太子星去極十四度四十七分入柳宿十一度十一分帝星去極十七度二分入柳宿二度五十六分庶子星去極十八度三十五分入鬼宿二度三十六分后宮星去極十九度三十分入井宿二十七度二十五分天樞星去極二十二度五十七分入井宿十一度二十六分

四輔四星增星一黃道在鶉首宮赤道在鶉尾鶉火宮距西星去極二十五度九分入井宿三度十七分

勾陳六星增星十黃道在鶉首實沈宮赤道在星紀析木大火實沈降婁娵訾宮距大星去極二十三度五十六分入參宿三度五十三分

天皇大帝一星黃道在實沈宮赤道在娵訾宮去極二十一度五十八分入畢宿十二度十六分

天柱五星增星六黃道在實沈大梁宮赤道在元枵星紀宮距南星去極十八度二十六分入畢宿五度五十八分

御女四星增星一黃道在鶉首實沈大梁宮赤道在星紀析木宮距西星去極九度二十分入胃宿八度八分

女史一星增星一黃道在鶉首宮赤道在析木宮去極五度三十分入參宿八度五十九分

柱史一星增星二黃道在實沈大梁宮赤道在星紀宮去極五度九分入畢宿二度四十八分

尙書五星增星二黃道在壽星鶉尾鶉火宮赤道在析木宮距西北星去極三度九分入柳宿十六度一分

天牀六星增星二黃道在鶉尾鶉火宮赤道在析木大火宮距西南星去極二十度四十八分入柳宿十五度二十一分

大理二星增星一黃道在鶉火鶉首宮赤道在壽星鶉尾宮距西星去極二十五度四十八分入井宿二十四度十分

陰德二星增星一黃道在鶉首宮赤道在鶉尾宮距西星去極三十一度四十九分入井宿二十一度十二分

六甲六星增星一黃道赤道在鶉首實沈宮距中星去極三十三度四十二分入參宿九度

五帝內座五星增星二黃道在實沈宮赤道在大梁降婁宮距中星去極三十二度十三分入畢宿七度十一分

華蓋七星黃道在大梁宮赤道在降婁宮距東北星去極三十四度三十五分入昴宿二度二十二分

杠九星增星一黃道在實沈大梁宮赤道在大梁降婁宮距東南星去極四十度二十六分入畢宿六度九分

右垣牆七星一曰右樞二曰少尉增星二三曰上輔增星二四曰少輔增星一五曰上衞增星三六曰少衞增星一七曰上丞增星三黃道在鶉尾鶉火鶉首實沈宮赤道在壽星鶉尾鶉火鶉首實沈大梁宮右樞星去極二十三度三十九分入張宿一度三十九分少尉星去極二十八度十七分入柳宿五度五十三分上輔星去極三十二度四十七分入鬼宿四度三十四分少輔星去極三十八度四十六分入井宿二十一度四分上衞星去極四十四度入井宿一度五十二分少衞星去極四十六度四十分入畢宿十二度二十七分上丞星去極四十四度四十九分入昴宿八度二十七分

左垣牆八星一曰左樞二曰上宰三曰少宰四曰上弼五曰少弼六曰上衞增星三七曰少衞增星八八曰少丞增星一黃道在壽星鶉尾大梁宮赤道在元枵星紀析木大火降婁娵訾宮左樞星去極十八度五十六分入翼宿十一度六分上宰星去極十五度三十四分入軫宿五度五十八分少宰星去極十一度三十三分入軫宿三度二十八分上弼星去極五度十三分入翼宿九度十二分少弼星去極六度四十八分入胃宿三度三十二分上衞星去極十四度四十一分入胃宿四度二十分少衞星去極二十四度二十七分入胃宿六度三十九分少丞星去極三十度十九分入昴宿十分

天乙一星黃道在鶉尾宮赤道在壽星宮去極二十四度三十八分入星宿七度三十三分

太乙一星黃道在鶉火宮赤道在壽星宮去極二十五度四十七分入星宿一度五十三分

內廚二星增星二黃道在鶉火宮赤道在壽星宮距西星去極二十八度五十六分入柳宿十二度三十三分

北斗七星一曰天樞增星三二曰天旋增星八三曰天璣四曰天權增星三五曰玉衡六曰開陽增星二七曰搖光黃道在鶉尾鶉火宮赤道在壽星鶉尾鶉火宮天樞星去極四十度二十分入柳宿四度五十一分天璇星去極四十四度五十四分入柳宿九度五分天璣星去極四十二度五十三分入星宿三度九分天權星去極三十八度二十分入星宿三度四十三分玉衡星去極三十五度四十分入張宿三度九分開陽星去極三十三度三十七分入張宿九度五十四分搖光星去極三十五度三十五分入翼宿三度七分

輔一星增星三黃道在鶉尾宮赤道在壽星宮去極三十二度十九分入張宿十一度二十三分

天槍三星增星四黃道在壽星鶉尾宮赤道在大火壽星宮距西星去極三十一度五分入翼宿六度十分

元戈一星增星二黃道在壽星宮赤道在大火宮去極三十五度二十一分入翼宿十三度十一分

三公三星黃道在鶉尾宮赤道在壽星宮距東星去極三十九度八分入翼宿三度三十六分

相一星增星三黃道在鶉尾宮赤道在壽星宮去極四十一度五十四分入張宿二度四分

天理四星增星一黃道在鶉火宮赤道在鶉尾宮距西星去極四十度四十三分入柳宿八度二分

太陽守一星增星一黃道在鶉尾鶉火宮赤道在鶉尾宮去極四十八度入星宿六度二十二分

太尊一星黃道在鶉火宮赤道在鶉尾宮去極五十四度二十八分入星宿一度三十一分

天牢六星增星二黃道在鶉尾鶉火宮赤道在鶉尾宮距西星去極五十六度五十七分入柳宿十六度十三分

勢四星增星十六黃道在鶉火宮赤道在鶉尾宮距西北星去極六十六度五分入柳宿十六度七分

文昌六星增星八黃道在鶉火鶉首宮赤道在鶉火宮距北星去極四十三度五十一分入井宿二十八度二十七分

內階六星增星十黃道在鶉首宮赤道在鶉火宮距西南星去極四十九度四十七分入井宿十七度四十三分

三師三星增星一黃道在鶉首宮赤道在鶉火宮距西星去極四十二度五分入井宿十八度四十一分

八穀八星增星三十四黃道赤道在鶉首實沈宮距東南星去極五十九度十一分入參宿五度十四分

傳舍九星增星四黃道在實沈大梁宮赤道在大梁降婁娵訾宮距西北星去極三十度五十九分入婁宿八度五十四分

天廚六星增星二黃道在降婁宮赤道在元枵星紀宮距中北星去極七度七分入壁宿八度十六分

天棓五星增星十黃道赤道在析木宮距北星去極九度四十分入尾宿八度四十五分

臣等謹按宋史天文志北斗第七星右有弼星宋兩朝志詳紫微垣星去極入宿度不及弼星與步天歌台今准

欽定儀象考成列步天歌之一百六十三星測增之一百七十七星焉

太微垣

五帝座五星增星三黃道赤道在鶉尾宮距中大

星去極七十七度四十三分入張宿十五度五十五分

太子一星黃道赤道在鶉尾宮去極七十二度四十二分入張宿十三度十五分

從官一星黃道赤道在鶉尾宮去極七十二度二十二分入張宿十一度八分

幸臣一星黃道赤道在鶉尾宮去極七十二度十二分入張宿十六度十七分

五諸侯五星增星七黃道赤道在壽星鶉尾鶉首宮距北星去極六十四度四分入翼宿十二度三十八分

九卿三星增星九黃道在壽星鶉尾宮赤道在壽星宮距北星去極七十六度二十七分入翼宿十一度四十四分

三公三星黃道赤道在壽星宮距西南星去極八十一度十分入翼宿十二度三十七分

內屏四星增星六黃道赤道在鶉尾宮距西星去極八十三度五十四分入張宿十七度三十六分

右垣牆五星一曰右執法二曰上將三曰次將四曰次相增星三五曰上相增星二黃道赤道在鶉尾宮右執法星去極八十九度十九分入翼宿三度十九分上將星去極八十八度十九分入張宿十二度五十九分次將星去極八十三度五十五分入張宿十一度四十九分次相星去極八十度二十分入張宿七度四十二分上相星去極七十五度四十一分入張宿五度三十三分

左垣牆五星一曰左執法增星一二曰上相三曰次相增星一四曰次將增星二五曰上將增星二黃道赤道在壽星宮左執法星去極八十八度三十八分入翼宿十一度四分上相星去極八十七度十一分入翼宿十六度二十五分次相星去極八十一度二十二分入軫宿四十四分次將星去極七十三度四十七分入翼宿十六度十一分上將星去極六十七度一分入翼宿十五度十二分

郎將一星增星二黃道在鶉尾宮赤道在壽星宮去極五十九度四十八分入翼宿六度三分

郎位十五星增星三黃道在鶉尾宮赤道在壽星鶉尾宮距北星去極六十一度三十六分入翼宿五分

常陳七星增星六黃道在鶉尾宮赤道在壽星鶉尾宮距東星去極四十九度五十三分入翼宿四十六分

三台六星一曰上台二星增星七二曰中台二星增星三三曰下台二星增星二黃道赤道在鶉尾鶉火鶉首宮上台距西星去極六十度二十五分入井宿二十七度三十三分中台距西星去極六十度八分入柳宿九度十五分下台距北星去極六十三度五十二分入張宿五十五分

虎賁一星黃道赤道在鶉尾宮去極七十三度十四分入張宿四度四十四分

少微四星增星八黃道在鶉尾鶉火宮赤道在鶉尾宮距北星去極七十一度四十六分入張宿一度五十四分

長垣四星增星九黃道赤道在鶉尾宮距西北星去極八十五度二十七分入星宿七度十分

靈臺三星增星八黃道赤道在鶉尾宮距北星去極八十八度四十分入張宿八度四十八分

明堂三星增星六黃道赤道在鶉尾宮距北星去極九十度三十四分入張宿十五度四十七分

謁者一星增星二黃道在鶉尾宮赤道在壽星宮去極八十四度五十六分入翼宿九度三十五分

臣等謹按宋兩朝志詳太微垣星去極入宿度不及少微長垣靈臺明堂今准

欽定儀象考成列步天歌之七十八星測增之九十三星焉

天市垣

帝座一星黃道赤道在析木宮去極五十二度四十一分入尾宿六分

候一星增星五黃道赤道在析木宮去極五十四度七分入尾宿六度二十二分

宦者四星增星五黃道赤道在析木宮距西北星去極五十三度十八分入心宿四度四十三分

斗五星增星十四黃道在析木大火宮赤道在析木宮距北星去極五十四度四十七分入氐宿十六度二十八分

斛四星增星三黃道赤道在析木宮距北星去極五十七度二十八分入心宿二度四十九分

列肆二星增星四黃道在析木大火宮赤道在析木宮距西星去極六十七度四十四分入房宿二十九分

車肆二星增星二黃道赤道在析木宮距西星去

極七十七度入房宿二度二十一分

市樓六星增星一黃道赤道在析木宮距中北星去極七十四度四十四分入尾宿八度三十一分

宗正二星增星三黃道赤道在析木宮距北星去極六十二度二分入尾宿九度十七分

宗人四星增星四黃道赤道在析木宮距北星去極六十二度九分入尾宿十四度一分

宗二星黃道赤道在星紀宮距北星去極四十六度三十二分入斗宿四度三十七分

帛度二星增星三黃道赤道在析木宮距西星去極四十四度五十五分入尾宿十四度二十二分

屠肆二星增星三黃道赤道在星紀析木宮距東星去極四十四度五十三分入箕宿六度三十二分

右垣牆十一星一曰河中二曰河間增星一三曰晉增星三四曰鄭五曰周增星十四六曰秦七曰蜀增星二八曰巴增星四九曰梁十曰楚十一曰韓黃道赤道在析木大火宮河中星去極四十七度十七分入氐宿十五度五十八分河間星去極四十九度五十八分入氐宿十四度五分晉星去極五十二度四十五分入氐宿十度三十四分鄭星去極五十四度四十分入氐宿七度三十六分周星去極五十五度三十八分入氐宿四度五十分秦星去極六十一度六分入氐宿三度十四分蜀星去極六十四度二十八分入氐宿六度五十六分巴星去極六十五度五十八分入氐宿九度十二分梁星去極七十二度四十三分入氐宿十七度十一分楚星去極七十三度三十二分入房宿三十四分韓星去極七十八度三十五分入心宿一度二十五分

左垣牆十一星一曰魏增星八二曰趙增星三三曰九河增星一四曰中山增星七五曰齊增星八六曰吳越增星七七曰徐增星四八曰東海增星四九曰燕十曰南海十一曰宋增星二黃道赤道在星紀析木宮魏星去極四十二度十六分入心宿六度五十五分趙星去極四十度四十分入尾宿三度四十七分九河星去極三十八度四十七分入尾宿九度十分中山星去極三十七度四十六分入箕宿一度二十五分齊星去極四十五度五十二分入斗宿六度五十三分吳越星去極五十三度四十六分入斗宿九度三十八分徐星去極六十三度五分入斗宿五度三十五分東海星去極六十九度二十八分入箕宿四度三十五分燕星去極七十六度十七分入尾宿十三度四十一分南海星去極八十二度一分入尾宿八度二十九分宋星去極八十二度四十六分入尾宿一度五十五分

天紀九星增星十四黃道在析木大火宮赤道在析木宮距西星去極三十八度三十三分入氐宿十度七分

女牀三星黃道赤道在析木宮距西星去極三十度二十四分入心宿四度十二分

貫索九星增星十三黃道赤道在大火宮距西北星去極三十九度三十分入亢宿七度四十分

七公七星增星十六黃道在大火壽星宮赤道在析木大火宮距北星去極二十度二十六分入氐宿四度十六分

臣等謹按晉書天文志不載斗斛列肆車肆市樓帛度屠肆諸星宋景祐乾象書女牀屬箕貫索屬房七公屬氐宋史天文志天市垣宗正三星今准欽定儀象考成宗正二星列步天歌之八十七星測增之一百五十九星焉

角宿

角二星增星十五黃道赤道在壽星宮距南星去極九十二度二分去軫宿距星十三度五分

平道二星黃道赤道在壽星宮距西星去極八十八度十五分入軫宿七度二十八分

天田二星增星六黃道赤道在壽星宮距西星去極七十七度二十七分入軫宿九度三十八分

周鼎三星黃道在壽星鶉尾宮赤道在壽星宮距東星去極五十七度三十一分入翼宿十度四十分

進賢一星增星九黃道赤道在壽星宮去極八十七度三十八分入軫宿四度二十七分

天門二星增星十一黃道赤道在壽星宮距西星去極九十七度五十三分入軫宿十二度

平二星增星三黃道在大火壽星宮赤道在壽星宮距西星去極一百有三度四十三分入角宿三度十二分

庫樓十星增星一黃道赤道在大火壽星宮距東南星去極一百二十二度五十二分入亢宿十度

二十八分
柱十一星黃道赤道在大火壽星宮距東南星去
極一百二十度五十一分入氐宿十五分
衡四星黃道在大火宮赤道在壽星宮距西星去
極一百一十八度十三分入亢宿六度三十六分
南門二星增星二黃道在大火宮赤道在大火壽
星宮距西星去極一百二十九度三十分入氐宿
二十五分
臣等謹按步天歌柱十五星晉書天文志天門庫
樓南門平柱衡在二十八宿之外宋兩朝志詳角
宿星去極入宿度不及進賢柱衡今准
欽定儀象考成柱十星列步天歌之四十一星測增之
四十七星焉

亢宿

亢四星增星十二黃道在大火宮赤道在大火壽
星宮距南第二星去極八十七度四分去角宿距
星十度四十分
大角一星增星一黃道在壽星宮赤道在大火宮
去極五十九度三分入角宿二十三分
右攝提三星增星三黃道赤道在壽星宮距北星
去極六十一度五十二分入軫宿八度三十三分
左攝提三星增星三黃道在大火壽星宮赤道在
大火宮距北星去極五十八度四十三分入角宿
八度五十七分
折威七星增星六黃道赤道在大火宮距西星去
極一百二度四十六分入亢宿六度三十四分
頓頑二星增星一黃道赤道在大火宮距南星去
極一百七度七分入氐宿十二度二十三分
陽門二星黃道赤道在大火宮距南星去極一百
一十度五十五分入氐宿四度五十一分
臣等謹按晉書天文志折威頓頑在二十八宿之
外宋景祐乾象書右攝提屬角折威陽門兼屬角
宋兩朝志皆列亢宿與步天歌合今准
欽定儀象考成列步天歌之二十二星測增之二十六
星焉

氐宿

氐四星增星二十九黃道赤道在大火宮距西南
星去極八十九度三十七分去亢宿距星十度三
十六分
亢池四星黃道在壽星宮赤道在大火壽星宮距
北星去極六十一度三十三分入角宿一度四十
分
帝座三星增星一黃道赤道在壽星宮距東星去
極五十四度十九分入軫宿九度十七分
梗河三星增星五黃道在大火壽星宮赤道在大
火宮距東星去極四十九度二十二分入角宿四
度十四分
招搖一星黃道在壽星宮赤道在大火宮去極四
十度二十七分入軫宿六度五十二分
天乳一星增星三黃道赤道在大火宮去極七十
三度四十四分入氐宿十度五十分
天輻二星增星一黃道赤道在大火宮距北星去
極九十八度二十八分入氐宿十三度三十分
陣車三星增星二黃道赤道在大火宮距西星去
極一百有一度三分入氐宿三度二十二分
騎官十星黃道赤道在大火宮距東北星去極一
百一十一度十一分入氐宿十六度二十一分
車騎三星黃道赤道在大火宮距東星去極一百
二十二度四十六分入氐宿十五度三十五分
將軍一星黃道赤道在大火宮去極一百一十九
度三十六分入氐宿十四度三十二分
臣等謹按步天歌亢池六星騎官二十七星宋兩
朝志詳氐宿星去極入宿度不及天輻陣車將軍
今准
欽定儀象考成亢池四星騎官十星列步天歌之三十
五星測增之四十一星焉

房宿

房四星增星六黃道赤道在大火宮距南第二星
去極九十五度二十六分去氐宿距星十七度五
十分
鈎鈐二星黃道在析木宮赤道在大火宮距北星
去極八十九度四十四分入房宿四十五分
鍵閉一星黃道在大火宮赤道在析木宮去極八
十八度十九分入房宿一度四十三分
罰三星增星三黃道在大火宮赤道在析木宮距
北星去極七十七度十三分入房宿三十二分
西咸四星增星二黃道赤道在大火宮距北星去
極八十度四十四分入氐宿十六度十二分
東咸四星增星一黃道赤道在析木宮距北星去
極八十四度四十五分入心宿五十二分
日一星增星一黃道赤道在大火宮去極八十九

度五十八分入氐宿十二度四十分

從官二星增星一黃道赤道在大火宮距西星去極一百有四度三十四分入氐宿十六度十五分

臣等謹按宋景祐乾象書東咸屬心不列房宿今准

欽定儀象考成列步天歌之二十一星測增之十四星焉

心宿

心三星增星八黃道赤道在析木宮距西星去極九十三度五十九分去房宿距星四度五十二分

積卒二星黃道在析木宮赤道在大火宮距北星去極一百有五度三十分入房宿三度七分

臣等謹按步天歌積卒十二星晉書天文志積卒在二十八宿之外宋景祐乾象書積卒屬房不列心宿今准

欽定儀象考成積卒二星列步天歌之五星測增之八星焉

尾宿

尾九星增星一黃道赤道在析木宮距西中星去極一百有五度二十五分去心宿距星八度十五分

神宮一星黃道赤道在析木宮去極一百有九度五分入尾宿五十四分

天江四星增星十一黃道赤道在析木宮距西南星去極九十三度五十四分入尾宿三度四十四分

傅說一星黃道赤道在析木宮去極一百有三度三十七分入尾宿十一度五十三分

魚一星黃道赤道在析木宮去極一百有一度二十五分入尾宿十二度四十一分

龜五星黃道赤道在析木宮距西北星去極一百二十度十四分入尾宿三度三十三分

臣等謹按晉書天文志傅說魚星龜星在二十八宿之外宋兩朝志詳尾宿星去極入宿度不及神宮天江今准

欽定儀象考成列步天歌之二十一星測增之十二星焉

箕宿

箕四星黃道赤道在星紀析木宮距西北星去極九十六度五十六分去尾宿距星十五度十二分

糠一星黃道赤道在析木宮去極九十六度三十四分入尾宿六度四十七分

杵三星增星一黃道赤道在析木宮距北星去極一百一十三度有五分入尾宿九度二十一分

臣等謹按晉書天文志糠一星杵三星在二十八宿之外宋兩朝志列亢宿與步天歌合今准

欽定儀象考成列步天歌之八星測增之一星焉

斗宿

斗六星增星四黃道赤道在星紀析木宮距中星去極九十三度五十五分去箕宿距星八度五十五分

天籥八星增星四黃道赤道在析木宮距東星去極九十一度二十四分入尾宿十二度四十八分

天弁九星增星五黃道赤道在星紀宮距西星去極七十五度一分入箕宿七度四十五分

建六星增星八黃道赤道在星紀宮距西星去極八十八度十八分入斗宿三度十八分

天雞二星增星三黃道赤道在星紀宮距北星去極八十四度四十九分入斗宿十四度二十九分

狗二星增星六黃道赤道在星紀宮距東星去極九十三度十三分入斗宿十一度四十分

狗國四星黃道赤道在星紀宮距西南星去極九十五度二十三分入斗宿十五度三十九分

天淵三星黃道赤道在星紀宮距南星去極一百一十二度二十七分入斗宿五度三十五分

農丈人一星黃道赤道在星紀宮去極一百有二度二十八分入箕宿七度五十一分

鼈十一星黃道赤道在星紀宮距西南星去極一百一十二度三十六分入箕宿三度五十一分

臣等謹按步天歌天淵十星鼈十四星宋景祐乾象書天籥農丈人屬箕不列斗宿今准

欽定儀象考成天淵三星鼈十一星列步天歌之五十二星測增之三十星焉

牛宿

牛六星增星九黃道赤道在元枵星紀宮距中星去極八十五度二十三分去斗宿距星二十三度五十三分

天桴四星增星二黃道在元枵星紀宮赤道在星紀宮距東星去極七十一度十四分入牛宿五十二分

河鼓三星增星九黃道赤道在星紀宮距南星去

極六十三度十六分入斗宿二十二度十六分

右旗九星增星十二黃道赤道在星紀宮距北星去極六十一度十七分入斗宿十六度三十七分

左旗九星增星二十九黃道赤道在元枵星紀宮距西北星去極五十一度十分入斗宿二十度五十四分

織女三星增星四黃道赤道在星紀宮距大星去極二十八度十四分入斗宿五度六分

漸臺四星增星六黃道赤道在星紀宮距南星去極三十度三十八分入斗宿十一度三十一分

輦道五星增星九黃道在元枵星紀宮赤道在星紀宮距北星去極二十三度四十七分入斗宿十五度四分

羅堰三星增星一黃道赤道在元枵宮距北星去極八十六度三十七分入牛宿四度十五分

天田四星黃道赤道在元枵宮距東南星去極一百度五十六分入女宿三十二分

九坎四星黃道赤道在元枵宮距東星去極一百一十一度三十分入牛宿六度四十二分

臣等謹按步天歌天田九坎各九星宋景祐乾象書左旗織女漸臺輦道九坎屬斗不列牛宿今准

欽定儀象考成天田九坎各五星列步天歌之五十四星測增之八十一星焉

女宿

女四星增星五黃道赤道在元枵宮距西南星去極八十一度五十三分去牛宿距星七度四十分

離珠四星增星一黃道赤道在元枵宮距東南星去極七十四度二十八分入牛宿六度五十一分

敗瓜五星增星一黃道赤道在元枵宮距西南星去極六十度五十四分入女宿二度十分

瓠瓜五星增星五黃道赤道在元枵宮距西北星去極五十六度五十七分入女宿五度三十九分

天津九星增星三十八黃道在娵訾元枵宮赤道在元枵星紀宮距西北第二星去極三十二度五十一分入虛宿一度二十九分

奚仲四星增星七黃道在元枵宮赤道在星紀宮距北星去極十六度十分入女宿三度十四分

扶筐七星增星四黃道在元枵星紀宮赤道在星紀宮距西南星去極十二度六分入斗宿十九度五十三分

十二國十六星一曰周二曰秦皆二星三曰代二星增星二四曰趙二星五曰越六曰齊七曰楚八曰鄭九曰魏十曰韓十一曰晉十二曰燕皆一星黃道赤道在元枵宮周星距南星去極九十二度五十八分入女宿一度二分秦星距西星去極九十度三十三分入女宿二度八分代星距北星去極九十一度二十分入女宿五度五十八分趙星距北星去極九十三度三十七分入女宿二度一分越星去極九十度二十八分入牛宿七度三分齊星去極九十四度三十一分入女宿一度三十四分楚星去極九十四度三十分入女宿三度十九分鄭星去極九十一度五十一分入女宿十分魏星去極九十五度十七分入女宿五度十分韓星去極九十五度二十分入女宿五度四十四分晉星去極九十六度三十二分入女宿五度五十一分燕星去極九十六度五十八分入女宿五度十三分

臣等謹按步天歌離珠五星宋景祐乾象書離珠瓠瓜屬牛敗瓜屬斗又屬牛天津西一星屬斗中屬牛周越齊趙屬牛皆不列女宿今准

欽定儀象考成離珠四星列步天歌之五十四星測增之六十五星焉

虛宿

虛二星增星八黃道赤道在元枵宮距南星去極八十一度二十一分去女宿距星十一度四十分

司命二星黃道赤道在元枵宮距南星去極七十六度四十八分入虛宿三度四十七分

司祿二星增星二黃道赤道在元枵宮距東星去極七十四度五十三分入虛宿六度三十六分

司危二星黃道赤道在元枵宮距南星去極六十八度五十七分入虛宿二度三分

司非二星增星二黃道赤道在元枵宮距西星去極六十四度四十七分入虛宿二分

哭二星增星四黃道赤道在元枵宮距西星去極九十度三十九分入虛宿二度二十五分

泣二星增星二黃道在娵訾元枵宮赤道在娵訾宮距東星去極八十七度三十六分入危宿四十分

離瑜三星增星三黃道赤道在元枵宮距西南星去極一百有七度二十分入牛宿六度三十二分

天壘城十三星黃道赤道在元枵宮距東北星去

極八十四度一分入虛宿四十三分

敗臼四星增星一黃道在元枵宮赤道在娵訾元枵宮距西北星去極一百一十二度五十九分入女宿五度四十一分

臣等謹按宋景祐乾象書司命司祿司危司非屬女泣星敗臼屬危皆不列虛宿今准

欽定儀象考成列步天歌之三十四星測增之二十二星焉

危宿

危三星增星十一黃道在娵訾元枵宮赤道在元枵宮距南星去極七十九度十九分去虛宿距星九度五十八分

墳墓四星增星四黃道赤道在娵訾宮距中星去極八十一度八分入危宿五度三十三分

蓋屋二星黃道赤道在元枵宮距南星去極八十度四十九分入危宿八度四十三分

虛梁四星黃道赤道在娵訾宮距西星去極八十五度三分入危宿五十分

天錢五星增星四黃道赤道在元枵宮距東北星去極一百有六度五十二分入女宿十度四十四分

人四星增星四黃道在娵訾元枵宮赤道在元枵宮距北星去極五十三度五十分入危宿四十八分

杵三星增星二黃道在娵訾宮赤道在娵訾元枵宮距北星去極四十五度三十五分入室宿三十三分

臼四星增星五黃道在娵訾宮赤道在娵訾元枵宮距西北星去極五十度二十八分入危宿七度六分

車府七星增星十九黃道在降婁娵訾宮赤道在娵訾元枵宮距東星去極四十四度二十六分入室宿十二度五十六分

造父五星增星五黃道在降婁宮赤道在娵訾元枵宮距西南星去極三十度二十七分入壁宿八度二十九分

天鉤九星增星十六黃道在大梁降婁宮赤道在娵訾元枵宮距北星去極十五度五十三分入壁宿十度六分

臣等謹按步天歌人五星天錢十星宋景祐乾象書車府西四星屬虛不列危宿今准

欽定儀象考成人四星天錢五星列步天歌之五十星測增之七十星焉

室宿

室二星增星七黃道赤道在娵訾宮距南星去極七十度三十五分去危宿距星二十度七分

離宮六星增星八黃道赤道在娵訾宮距西北星去極六十一度十二分入危宿十九度四十二分

螣蛇二十二星增星十四黃道在降婁娵訾宮赤道在娵訾元枵宮距中南星去極三十六度四十三分入室宿十四度四十三分

雷電六星增星八黃道赤道在娵訾宮距西星去極七十二度十八分入危宿十二度四十七分

土公吏二星黃道赤道在娵訾宮距北星去極六十九度八分入危宿八度三十六分

壘壁陣十二星增星七黃道赤道在娵訾元枵宮距西南第二星去極九十四度四十九分入女宿九度五十五分

羽林軍四十五星黃道赤道在娵訾元枵宮距西北星去極九十四度三十七分入虛宿三度二十一分

天綱一星黃道在元枵宮赤道在娵訾宮去極一百一十三度三十六分入虛宿八度四十六分

北落師門一星黃道赤道在娵訾宮去極一百一十一度五分入危宿二十七分

鈇鉞三星增星二黃道在娵訾宮距西星去極一百有四度四十一分入危宿十五度八分

八魁六星黃道在娵訾宮赤道在降婁娵訾宮距中星去極一百有五度十六分入室宿二度四十八分

臣等謹按步天歌八魁九星宋景祐乾象書螣蛇西十六星屬尾屬危羽林軍西六星屬危天綱屬危鈇鉞屬奎皆不列室宿今准

欽定儀象考成八魁六星列步天歌之百有六星測增之四十六星焉

壁宿

壁二星增星二十三黃道在降婁宮赤道在降婁娵訾宮距南星去極七十七度二十五分去室宿距星十五度四十一分

天廄三星增星一黃道赤道在降婁宮距北星去極五十六度三十七分入壁宿十二度二分

土公二星增星十一黃道在降婁娵訾宮距西星去極八十二度二十八分入室宿十度三十分

霹靂五星增星八黃道赤道在娵訾宮距西星去極八十度五十七分入危宿十五度十四分

雲雨四星增星九黃道赤道在娵訾宮距西北星去極八十五度三十四分入危宿十九度三十三分

鈇鑕五星黃道赤道在降婁宮距西星去極一百一十八度三十八分入壁宿二度三十二分

臣等謹按步天歌天廄十星宋兩朝志詳壁宿星去極入宿度不及土公今准

欽定儀象考成天廄三星列步天歌之二十一星測增之五十二星焉

奎宿

奎十六星增星二十二黃道赤道在降婁宮距西南星去極七十四度五分去壁宿距星十三度十六分

王良五星增星五黃道在大梁宮赤道在降婁娵訾宮距西北星去極三十八度四十六分入婁宿一度十分

策一星黃道在大梁宮赤道在降婁宮去極四十一度十二分入婁宿十度一分

附路一星黃道在大梁宮赤道在降婁宮去極四十五度十八分入婁宿一度十分

軍南門一星黃道在大梁宮赤道在降婁宮去極五十三度四十分入婁宿二度三十分

閣道六星增星五黃道赤道在大梁降婁宮距東北星去極四十一度五分入昴宿二度五十九分

外屏七星增星十五黃道赤道在降婁宮距西星去極八十七度五十分入壁宿四度五十九分

天溷四星增星六黃道赤道在降婁宮距北星去極一百有三度二十四分入室宿十五度二十九分

土司空一星黃道在娵訾宮赤道在降婁宮去極一百一十一度四十七分入室宿九度四分

臣等謹按步天歌天溷七星宋景祐乾象書王良外屏西一星皆屬壁不列奎宿今准

欽定儀象考成天溷四星列步天歌之四十二星測增之五十三星焉

婁宿

婁三星增星十五黃道在大梁降婁宮赤道在降婁宮距中星去極八十一度三十二分去奎宿距星十一度三十二分

天大將軍十一星增星十六黃道在大梁宮赤道在大梁降婁宮距東中星去極六十二度十四分入婁宿十度十八分

右更五星增星五黃道赤道在降婁宮距北星去極八十度三十八分入奎宿四度三十九分

左更五星增星七黃道赤道在大梁宮距北星去極八十三度五十二分入婁宿十度十一分

天倉六星增星十八黃道在降婁娵訾宮赤道在降婁宮距西星去極一百度二分入室宿七度二十六分

天庾三星增星三黃道在降婁宮赤道在大梁降婁宮距西星去極一百二十八度五十二分入壁宿八度四十二分

臣等謹按晉書天文志天倉天庾在二十八宿之外宋景祐乾象書天倉屬奎不列婁宿今准

欽定儀象考成列步天歌之三十三星測增之六十四星焉

胃宿

胃三星增星五黃道赤道在大梁宮距西南星去極七十八度四十三分去婁宿距星十二度五十八分

大陵八星增星二十黃道赤道在大梁宮距北星去極五十一度二分入胃宿七度九分

積尸一星黃道赤道在大梁宮去極六十八度十八分入胃宿六度五十九分

天船九星增星九黃道在實沈大梁宮赤道在大梁宮距西北星去極五十二度三十三分入胃宿十一度四十九分

積水一星增星一黃道在實沈宮赤道在大梁宮去極六十一度九分入畢宿一度十八分

天廩四星增星二黃道赤道在大梁宮距北星去極九十五度五十七分入胃宿六度三十九分

天囷十三星增星二十黃道赤道在大梁降婁宮距東南星去極一百有二度三十七分入婁宿十度二十一分

臣等謹按晉書天文志天廩天囷在二十八宿之外宋景祐乾象書天囷五星大陵西三星屬婁不

列胃宿今准

欽定儀象考成列步天歌之三十九星測增之五十七星焉

昴宿

昴七星增星五黃道赤道在大梁宮距西星去極八十五度五十一分去胃宿距星十二度二十九分

天阿一星黃道赤道在大梁宮去極八十一度十五分入胃宿二十一分

月一星增星一黃道赤道在大梁宮去極八十八度四十七分入昴宿四度二分

卷舌六星增星六黃道在實沈大梁宮赤道在大梁宮距北星去極六十七度五十三分入昴宿四度二十五分

天讒一星黃道赤道在大梁宮去極七十七度七分入昴宿三度三分

礪石四星黃道在實沈宮赤道在實沈大梁宮距西北星去極八十二度五分入昴宿五度五十二分

天陰五星增星四黃道赤道在大梁宮距東南星去極九十度五分入胃宿九度十一分

芻藁六星增星五黃道在降婁宮赤道在大梁宮距西南星去極一百一十五度十六分入奎宿七度十六分

天苑十六星增星十六黃道在大梁降婁宮赤道在大梁宮距東北星去極一百二十三度十四分入胃宿六度五十六分

臣等謹按晉書天文志不載月礪石天陰芻藁諸星天苑在二十八宿之外宋景祐乾象書芻藁屬婁卷舌西三星天苑西八星屬胃皆不列昴宿今准

欽定儀象考成列步天歌之四十七星測增之三十七星焉

畢宿

畢八星增星十三黃道赤道在實沈大梁宮距東北星去極九十二度三十六分去昴宿距星九度三分

附耳一星增星一黃道赤道在實沈宮去極九十六度十三分入畢宿二度二分

天街二星增星四黃道赤道在實沈宮距北星去極八十九度三十分入昴宿八度四十七分

天高四星增星四黃道赤道在實沈宮距中北星去極九十一度十五分入畢宿八度二十分

諸王六星增星四黃道赤道在實沈宮距西星去極八十五度四十二分入參宿三度四十九分

五車五星增星十八黃道赤道在實沈宮距西南星去極七十九度三十五分入畢宿八度十二分

柱九星黃道赤道在實沈宮距西北星去極六十九度六分入畢宿十度二十三分

咸池三星黃道赤道在實沈宮距北星去極七十一度二十六分入畢宿十四度三分

天潢五星增星二黃道赤道在實沈宮距中星去極七十九度十四分入畢宿十三度七分

天關一星增星六黃道赤道在實沈宮去極九十二度十四分入參宿五分

天節八星黃道赤道在實沈宮距中北星去極九十六度五十七分入昴宿七度五十二分

九州殊口六星增星十黃道赤道在實沈大梁宮距西南星去極一百二十度五十七分入胃宿十二度二十五分

參旗九星增星十一黃道赤道在實沈宮距北星去極九十八度十六分入畢宿五度一分

九斿九星增星五黃道赤道在實沈宮距北星去極一百一十度五十四分入昴宿八度三十一分

天園十三星增星六黃道在大梁降婁娵訾宮赤道在實沈大梁降婁宮距西星去極一百四十二度三十四分入危宿二十度六分

臣等謹按步天歌九州殊口九星宋景祐乾象書天園西八星屬昴五車東二星及三柱屬參皆不列畢宿今准

欽定儀象考成九州殊口六星列步天歌之八十九星測增之八十四星焉

觜宿

觜三星黃道赤道在實沈宮距北星去極一百有三度二十五分去畢宿距星十五度十四分

司怪四星增星六黃道赤道在實沈宮距北星去極八十七度三十二分入參宿四度五十分

座旗九星增星十一黃道赤道在鶉首宮距北星去極六十四度二十分入井宿三度二十一分

臣等謹按宋景祐乾象書座旗司怪屬參不列觜宿今准

欽定儀象考成列步天歌之十六星測增之十七星焉

參宿

參七星增星三十七黃道赤道在實沈宮距中東星去極一百一十五度二十分去觜宿距星一度

伐三星增星二黃道赤道在實沈宮距北星去極一百一十八度十分入畢宿十四度三十四分

玉井四星增星二黃道赤道在實沈宮距東星去極一百二十一度三十四分入畢宿六度四十五分

軍井四星增星一黃道赤道在實沈宮距西北星去極一百二十四度四十六分入畢宿七度十九分

屏二星黃道赤道在實沈宮距北星去極一百二十九度五分入畢宿六度五十七分

厠四星增星七黃道赤道在實沈宮距西北星去極一百三十一度六分入畢宿十二度五十七分

屎一星黃道赤道在實沈宮去極一百四十五度四十二分入參宿三分

臣等謹按晉書天文志不載屏厠屎諸星宋景祐乾象書玉井軍井屬畢不列參宿今准

欽定儀象考成列步天歌之二十五星測增之四十九星焉

井宿

井八星增星十七黃道赤道在鶉首宮距西北星去極九十度五十一分去參宿距星十度三十六分

鉞一星增星一黃道赤道在實沈宮去極九十度五十六分入參宿八度四十五分

水府四星增星八黃道赤道在鶉首實沈宮距西南星去極九十八度四十二分入參宿七度九分

天罇三星增星九黃道赤道在鶉首宮距東北星去極八十七度四分入井宿十三度二十四分

五諸侯五星增星五黃道赤道在鶉首宮距西星去極七十九度一分入井宿五度五十分

北河三星增星四黃道赤道在鶉首宮距西星去極八十度十五分入井宿十三度四十七分

積水一星黃道赤道在鶉首宮去極七十五度三十二分入井宿十一度三十二分

積薪一星增星三黃道赤道在鶉首宮去極八十六度五十八分入井宿十八度二十二分

水位四星增星十一黃道赤道在鶉首宮距西星去極九十九度四十五分入井宿十六度五十九分

南河三星增星十黃道赤道在鶉首宮距西北星去極一百有二度三十七分入井宿十六度二十二分

四瀆四星增星六黃道赤道在鶉首宮距東北星去極一百有一度四十九分入井宿九度二十六分

闕邱二星增星七黃道赤道在鶉首宮距西星去極一百一十度三十二分入井宿七度三十分

軍市六星增星五黃道赤道在鶉首宮距西北星去極一百三十一度十八分入井宿一度五十五分

野雞一星黃道赤道在鶉首宮去極一百三十二度二十一分入井宿六度二十八分

天狼一星增星五黃道赤道在鶉首宮去極一百二十九度三十二分入井宿八度五十一分

丈人二星黃道赤道在實沈宮距東星去極一百四十七度二十四分入畢宿十三度四十三分

子二星增星一黃道赤道在實沈宮距北星去極一百四十七度十六分入參宿二度四十一分

孫二星增星四黃道赤道在鶉首宮距西星去極一百四十八度三分入井宿一度十一分

老人一星增星四黃道赤道在鶉首宮去極一百六十五度五十分入井宿九度四十八分

弧矢九星增星二十四黃道在鶉火鶉首宮赤道在鶉首宮距西北星去極一百三十八度三十分入井宿十八度六分

臣等謹按步天歌軍市十三星宋景祐乾象書水府四星丈人二星子二星屬參不列井宿今准

欽定儀象考成軍市六星列步天歌之六十三星測增之一百二十四星焉

鬼宿

鬼四星增星十八黃道赤道在鶉火宮距西南星去極九十度四十八分去井宿距星三十度二十七分

積尸氣一星增星三黃道赤道在鶉火宮去極八十八度二十九分入鬼宿一度二十八分

爟四星增星十一黃道赤道在鶉首宮距西南星去極八十四度四十一分入井宿二十三度五十

七分

外厨六星增星十七黃道赤道在鶉火宮距西南星去極一百一十二度三十分入鬼宿四度二十一分

天紀一星增星二黃道在鶉尾宮赤道在鶉火宮去極一百四十五度五十二分入張宿五度二十七分

天狗七星黃道在鶉尾鶉火宮赤道在鶉火宮距南星去極一百四十八度十五分入星宿四度四十八分

天社六星增星五黃道在壽星鶉尾鶉火宮赤道在鶉火宮距西星去極一百五十四度二十七分入星宿五分

臣等謹按宋景祐乾象書天狗六星天社西一星屬井天紀一星天社末一星屬柳皆不列鬼宿今准

欽定儀象考成列步天歌之二十九星測增之五十七星焉

柳宿

柳八星增星十黃道赤道在鶉火宮距西星去極一百有二度二十六分去鬼宿距星四度三十四分

酒旗三星增星五黃道赤道在鶉火宮距北星去極八十九度四十分入柳宿十三度十一分

臣等謹按宋景祐乾象書酒旗屬星不列柳宿今准

欽定儀象考成列步天歌之十一星測增之十五星焉

星宿

星七星增星十五黃道赤道在鶉火宮距中星去極一百一十二度二十五分去柳宿距星十六度五十九分

天相三星增星十二黃道在鶉尾宮赤道在鶉尾鶉火宮距西南星去極一百有八度二十六分入張宿一度五十五分

軒轅十七星增星五十七黃道赤道在鶉尾鶉火宮距西北星去極六十六度十八分入井宿三十度

內平四星增星十一黃道在鶉火宮赤道在鶉尾鶉火宮距東星去極七十度四十九分入柳宿十三度四十八分

臣等謹按步天歌星宿內有天稷五星宋景祐乾象書軒轅西八星屬柳末屬張天稷西二星屬柳天相三星屬軫內平四星屬張皆不列星宿今准

欽定儀象考成無天稷星列步天歌之三十一星測增之九十五星焉

張宿

張六星增星四黃道赤道在鶉尾鶉火宮距西第二星去極一百六十六度五分去星宿距星八度二十六分

臣等謹按步天歌張宿內有天廟十四星今准

欽定儀象考成無天廟星列步天歌之六星測增之四星焉

翼宿

翼二十二星增星七黃道在壽星鶉尾宮赤道在鶉尾宮距中西第二星去極一百一十二度四十二分去張宿距星十八度三分

臣等謹按步天歌翼宿內有東甌五星今准

欽定儀象考成無東甌星列步天歌之二十二星測增之七星焉

軫宿

軫四星增星五黃道在壽星宮赤道在壽星鶉尾宮距西北星去極一百有四度二十九分去翼宿距星十六度五十九分

右轄一星黃道在壽星宮赤道在鶉尾宮去極一百一十一度四十四分入軫宿一度三十分

左轄一星黃道赤道在壽星宮去極一百有一度四十分入軫宿三度五分

長沙一星黃道赤道在壽星宮去極一百有八度十七分入軫宿三度四分

青邱七星增星三黃道在壽星宮赤道在鶉尾宮距東南星去極一百二十一度二十八分入軫宿二度三十九分

臣等謹按步天歌軫宿內有軍門二星土司空四星器府三十二星今准

欽定儀象考成無軍門土司空器府星列步天歌之十四星測增之八星焉

近南極星

海山八星黃道在大火壽星宮赤道在鶉尾宮距南極三十度七分入角宿六度二分

十字四星黃道在大火宮赤道在壽星宮距南極四十二度十五分入亢宿二度十五分

馬尾三星黃道在壽星宮赤道在壽星鶉尾宮距南極四十六度三十分入角宿七度三十一分
馬腹三星黃道在大火宮赤道在壽星宮距南極四十五度五十六分入氐宿八度四十一分
蜜蜂四星黃道在大火宮赤道在壽星宮距南極三十四度四十九分入氐宿五度三分
三角形七星黃道在析木宮赤道在析木大火宮距南極四十一度五十八分入心宿一度三十五分
異雀九星黃道在析木宮赤道在析木大火宮距南極四十五度二十七分入箕宿六度二十分
孔雀十五星黃道在星紀析木宮赤道在元枵星紀析木宮距南極四十八度三十二分入箕宿三度十九分
波斯十一星黃道赤道在元枵星紀宮距南極五十七度三十五分入斗宿九度一分
蛇尾四星黃道在星紀宮赤道在降婁娵訾元枵宮距南極二十五度二十九分入牛宿三度二十三分
蛇腹四星黃道在娵訾元枵宮赤道在大梁降婁宮距南極十八度二十七分入危宿一度十八分
蛇首二星黃道在娵訾宮赤道在大梁降婁宮距南極二十五度五十分入危宿八度三十二分
鳥喙八星黃道在元枵宮赤道在降婁娵訾宮距南極四十四度三十二分入女宿二度十六分
鶴十四星黃道在元枵宮赤道在娵訾宮距南極五十七度九分入女宿四度七分
火鳥十一星黃道在娵訾元枵宮赤道在降婁娵訾宮距南極五十八度二十分入危宿三度五十一分
水委三星黃道在娵訾宮赤道在降婁宮距南極三十度四十一分入室宿八度二十分
附白二星黃道在元枵宮赤道在大梁宮距南極十三度十四分入女宿一度二十分
夾白二星黃道在降婁娵訾宮赤道在實沈大梁宮距南極四度三十五分入室宿六度二十八分
金魚六星黃道在析木大梁降婁宮赤道在鶉首實沈宮距南極十九度四十八分入婁宿二度三十六分
海石八星黃道在壽星鶉尾宮赤道在鶉火宮距南極十七度二十一分入翼宿初度三十七分
飛魚六星黃道在大火壽星宮赤道在鶉火鶉首宮距南極十七度四十九分入角宿三度十六分
南船六星黃道在大火壽星宮赤道在鶉尾鶉火宮距南極二十七度二十五分入角宿三度四十八分
小斗十星黃道在析木大火宮赤道在壽星鶉尾鶉火鶉首宮距南極二十六度二十四分入房宿二度二十四分

臣等謹按

欽定儀象考成於三垣二十八宿之外紀近南極星一百五十二謂中國所不見仍西測之舊蓋自康熙十三年南懷仁始列表前此未有考焉其去北極甚遠故以距南極度析之

皇朝文獻通考卷二百六十

象緯考五

日月行道

臣等謹按馬端臨考日月行道載漢書天文志日有中道月有九行之說似古今無異矣然並載宋中興天文志謂日行黃道每歲有差古今不同又謂九道因日月之行名之以別算位非實有九道則考今之日月行道詎可泥於前志歟茲以

御製歷象考成後編

欽定協紀辨方書所列數度為準而備詳推步之法焉

太陽每日平行三千五百四十八秒小餘三二九○八九七 周天三百六十度入算化作一百二十九萬六千秒七政諸行自度以下皆以六十遞析將度分化為秒數入算微纖忽芒則以六十與一百為比例收為秒之小餘

黃赤大距二十三度二十九分 二至太陽距赤道最遠之度以測夏至午正太陽高度得之

日躔星紀宮初度冬至日出辰初一刻十分日入申正二刻五分晝三十六刻十分夜五十九刻五分

日躔星紀宮十五度小寒日出辰初一刻七分日入申正二刻八分晝三十七刻一分夜五十八刻十四分

日躔元枵宮初度大寒日出辰初初刻十二分日入申正三刻三分晝三十八刻六分夜五十七刻九分

日躔元枵宮十五度立春日出卯正三刻十二分日入酉初初刻三分晝四十刻六分夜五十五刻九分

日躔娵訾宮初度雨水日出卯正二刻九分日入酉初一刻六分晝四十二刻十二分夜五十三刻三分

日躔娵訾宮十五度驚蟄日出卯正一刻五分日入酉初二刻十分晝四十五刻五分夜五十刻十分

日躔降婁宮初度春分日出卯正初刻日入酉正初刻晝四十八刻夜四十八刻

日躔降婁宮十五度清明日出卯初二刻十分日入酉正一刻五分晝五十刻十分夜四十五刻五分

日躔大梁宮初度穀雨日出卯初一刻六分日入酉正二刻九分晝五十三刻三分夜四十二刻十二分

日躔大梁宮十五度立夏日出卯初初刻三分日入酉正三刻十二分晝五十五刻九分夜四十刻六分

日躔實沈宮初度小滿日出寅正三刻三分日入戌初初刻十二分晝五十七刻九分夜三十八刻六分

日躔實沈宮十五度芒種日出寅正二刻八分日入戌初一刻七分晝五十八刻十四分夜三十七刻一分

日躔鶉首宮初度夏至日出寅正二刻五分日入戌初一刻十分晝五十九刻五分夜三十六刻十分

日躔鶉首宮十五度小暑日出寅正二刻八分日入戌初一刻七分晝五十八刻十四分夜三十七刻一分

日躔鶉火宮初度大暑日出寅正三刻三分日入戌初初刻十二分晝五十七刻九分夜三十八刻六分

日躔鶉火宮十五度立秋日出卯初初刻三分日入酉正三刻十二分晝五十五刻九分夜四十刻六分

日躔鶉尾宮初度處暑日出卯初一刻六分日入酉正二刻九分晝五十三刻三分夜四十二刻十二分

日躔鶉尾宮十五度白露日出卯初二刻十分日入酉正一刻五分晝五十刻十分夜四十五刻五分

日躔壽星宮初度秋分日出卯正初刻日入酉正初刻晝四十八刻夜四十八刻

日躔壽星宮十五度寒露日出卯正一刻五分日入酉初二刻十分晝四十五刻五分夜五十刻十分

日躔大火宮初度霜降日出卯正二刻九分日入酉初一刻六分晝四十二刻十二分夜五十三刻三分

日躔大火宮十五度立冬日出卯正三刻十二分日入酉初初刻三分晝四十刻六分夜五十五刻九分

日躔析木宮初度小雪日出辰初初刻十二分日入申正三刻三分晝三十八刻六分夜五十七刻九分

日躔析木宮十五度大雪日出辰初一刻七分日入申正二刻八分晝三十七刻一分夜五十八刻十四分

臣等謹按古法以周天爲三百六十五度四分度之一太陽每日行一度故十五日有奇行十五度有奇爲節爲氣今法以周天爲三百六十度十二分之爲十二宮各三十度二十四分之日行十五度爲節爲氣冬至至小寒止十四日有餘夏至至小暑則十六日不足此節氣與日躔宮度相應者也其交節氣時刻每年加減不同

京師與各省亦不同茲以京師日出入晝夜時刻載列而凡各省及蒙古回部之不同者詳後極度偏度

太陰每日平行四萬七千四百三十五秒小餘〇二三四〇八六同太陽平行入算法

最大黃白大距五度十七分二十秒

最小黃白大距四度五十九分三十五秒

黃白大距中數五度八分二十七秒三十微

黃白大距半較八分五十二秒三十微

實行與太陽同宮同度爲合朔限

實行距太陽三宮爲上弦限

實行距太陽六宮爲望限

實行距太陽九宮爲下弦限

月離元枵宮十五度至大梁宮十五度爲正升

月離大梁宮十五度至鶉首宮初度爲斜升

月離鶉首宮初度至析木宮初度爲橫升

月離析木宮十五度至星紀宮初度爲斜升

月離星紀宮初度至元枵宮十五度爲斜升

臣等謹按古法定太陰每日行十三度十九分度之七出入日道不逾六度東漢賈逵始言月行有遲速至劉洪列爲差率元郭守敬乃定爲轉分進退時各不同而出入日道之大距則仍恆爲六度西法以朔望之行有遲疾兩弦不同於朔望兩弦前後又不同於兩弦爲經度之差朔望交行遲而大距近兩弦交行遲而大距遠爲緯度之差考成上編仍其說後刻白爾奈端噶西尼又以實測獲創解詳前總論篇茲僅列其大略焉

推日躔法

求積年本年天正冬至距法元天正冬至之年數自法元某年距所求之年共若干年減一年得積年因本年初交天正冬至尚在歲前故減一年如甲子至癸亥計六十年而癸亥初交天正冬至止五十九年也下推將來則順推上考往古則逆溯其法皆同

求中積分本年天正冬至距法元天正冬至之日分以積年與周歲日分相乘得中積分

求通積分本年天正冬至距法元天正冬至前甲子日子正初刻之日分置中積分加氣應日分得通積分上考往古則置中積分減氣應得通積分

求天正冬至本年天正冬至距冬至前甲子日子正初刻之日分置通積分其日滿紀法六十去之餘爲天正冬至日分上考往古則以所餘距冬至後甲子日子正初刻之日分轉與紀法六十相減餘爲天正冬至日分自初日甲子起算得天正冬至干支以一千四百四十分通其小餘得天正冬至時分秒

求年根本年天正冬至次日子正初刻太陽距冬至之平行經度以周日一萬分爲一率太陽每日平行三千五百四十八秒三二九〇八九七爲二率以天正冬至分日不同與周日一萬分相減餘爲三率求得四率爲秒以分收之得年根天正冬至分乃冬至距本日子正初刻後之分數與周日一萬分相減餘爲冬至距次日子正初刻前之分數故以每日之平行爲比例得次日子正初刻太陽距冬至之平行經度

求紀日本年天正冬至次日之干支以天正冬至干支加一日得紀日

求值宿本年天正冬至次日之宿置中積分加宿應日分爲通積宿其日滿宿法二十八去之外加一日爲值宿日分上考往古則置中積分減宿應爲通積宿其日滿宿法二十八去之餘數轉與宿法二十八相減外加一日爲值宿日分自初日角宿起算得值宿

求日數本日子正初刻距天正冬至次日子正初刻之平行經度自天正冬至次日距所求本日共若干日與太陽每日平行三千五百四十八秒三二九〇八九七相乘得數爲秒以宮度分收之得日數

求平行本日子正初刻太陽距冬至之平行經度以年根與日數相加得平行

求最卑平行本日子正初刻最卑距冬至之行度以積年與最卑每歲平行六十二秒九九九七五相乘得積年之行又以日數與最卑每日平行十分秒之一又七二四八相乘得日數之行兩數相併與最卑應度分秒

微相加得最卑平行上考往古則置最卑應減積年之行加日數之行得最卑平行

求引數本日子正初刻均輪心過本輪最卑之行度置平行減最卑平行得引數平行乃本輪心之行度自冬至起初宮引數乃均輪心之行度自最卑起初宮故置本日平行減本日最卑平行得引數

求均數平行與實行之盈縮差以二千萬爲一邊倍兩心差三三八〇〇〇爲一邊引數爲所夾之角六宮內引數即爲所夾之角六宮外引數與全周相減餘爲所夾之角用切線分外角法求得對倍兩心差之角倍之爲撱圜界角又以撱圜小半徑九九九八五七一小餘八五爲一率大半徑一千萬爲二率引數即前所夾之角之正切爲三率求得四率爲撱圜之正切得度分秒與引數相減餘爲撱圓差角最卑前後各三宮與撱圓界角相加最高前後各三宮與撱圓界角相減○一二宮爲最卑後九十十一宮爲最卑前三四五宮爲最高前六七八宮爲最高後得均數引數初宮至五宮爲加六宮至十一宮爲減

求實行本日子正初刻太陽實行之行度置平行加減均數得實行平行乃本輪心之行度而太陽實在均輪之周其加減差即均數故以均數加減平行得實行

求宿度本日子正初刻太陽所躔之黃道宿度以積年與歲差五十一秒相乘得數與法元某年黃道宿鈐相加得本年宿鈐察實行足減某宿度分則減之餘爲某宿度分實行自冬至起算宿度自各宿初度起算故於實行內減本年黃道宿鈐某宿度餘爲太陽躔某宿之度

推月離法

求積年同推日躔法

求中積分同推日躔法

求通積分同推日躔法

求天正冬至同推日躔法

求積日法元天正冬至距所求本年天正冬至之日數置中積分加氣應分不用日減本年天正冬至分亦不用日得積日上考往古則置中積分減氣應分加本年天正冬至分得積日日躔自天正冬至起算故止用天正冬至不用積日月離自天正冬至次日子正初刻起算故必兼用積日

求太陰年根本年天正冬至次日子正初刻太陰距冬至之平行經度以積日與太陰每日平行四萬七千四百三十五秒〇二三四〇八六相乘得數滿周天一百二十九萬六千秒去之餘以宮度分收之爲積日太陰平行加太陰平行應宮度分秒微得太陰年根上考往古則置太陰平行應減積日太陰平行得太陰年根

求最高年根以積日與最高每日平行四百零一秒〇七〇二二六相乘得數滿周天一百二十九萬六千秒去之餘以宮度分收之爲積日最高平行加最高應宮度分秒微得最高年根上考往古則置最高應減最高積日平行得最高年根

求正高年根以積日與正交每日平行一百九十秒六三八六三相乘得數滿周天一百二十九萬六千秒去之餘以宮度分收之爲積日正交平行於正交應宮度分秒微內減之正交應不足減者加十二宮減之得正交年根上考往古則置正交應加積日正交平行得正交年根加滿十二宮去之

求太陰日數以所設日數與太陰每日平行四萬七千四百三十五秒〇二三四〇八六相乘得數爲秒以宮度分收之得太陰日數

求最高日數以所設日數與最高每日平行四百零一秒〇七〇二二六相乘得數爲秒以宮度分收之得最高日數

求正交日數以所設日數與正交每日平行一百九十秒六三八六三相乘得數爲秒以度分收之得正交日數

求太陰平行以太陰年根與太陰日數相加滿十二宮去之得太陰平行

求最高平行以最高年根與最高日數相加滿十二宮去之得最高平行

求正交平行置正交年根減正交日數不足減者加十二宮減之得正交平行

求一平均以太陽最大均數一度五十六分一十三秒化作六千九百七十三秒爲一率太陰最大一平均一十一分五十秒化作七百一十秒爲二率本日太陽均數化秒爲三率求得四率爲秒以分收之爲太陰一平均太陽均數加者爲減減者爲加又以太陽最大均數六千九百一十三秒爲一率最高最大平均一十九分五十六秒化作一千一百九十六秒爲二率本日太陽均數化秒爲三率求得四率爲秒以分收之爲最高平均太陽均數加者亦爲加減者亦爲減又以太陽最大均數六千九百一十三秒爲一率正交最大平均九分三十秒化作五百七十秒爲二率本日太陽均數化秒爲三率求得四率爲秒以分收之爲正交平均太陽均數加者爲減減者爲加

求二平行子正初刻用時之太陰平行度置太陰平行加減一平均得二平行

求用最高置最高平行加減最高平均得用最高

求用正交置正交平行加減正交平均得用正交

求日距月最高置太陽實行減用最高得日距月最高不及減者加十二宮減之

求日距正交置太陽實行減用正交得日距正交不及減者加十二宮減之

求日距地心數以半徑一千萬爲一率太陽實引太陽平引加減太陽均數爲太陽實引之餘弦爲二率倍兩心差三三八〇〇〇爲三率求得四率爲分股又以半徑一千萬爲一率太陽實引之正弦爲二率倍兩心差三三八〇〇〇爲三率求得四率爲勾以分股與全徑二千萬相加減實引初一二九十十一宮加三四五六七八宮減得勾弦和爲首率勾爲中率求得末率爲勾弦較與勾弦和相加折半爲弦以弦與全徑二千萬相減得日距地心數

求立方較以太陽距地心數自乘再乘得立方積與太陽最高距地心數一〇一六九〇〇〇自乘再乘之立方積一〇五一五六二相減餘爲立方較

求二平均以半徑一千萬爲一率太陽在最高時之最大二平均三分三十四秒化作二百一十四秒爲二率日距月最高倍度之正弦爲三率求得四率爲秒以分收之爲太陽在最高時日距月最高之二平均又以半徑一千萬爲一率太陽在最卑時之最大二平均三分五十六秒化作二百三十六秒爲二率日距月最高倍度之正弦爲三率求得四率爲秒以分收之爲太陽在最卑時日距月最高之二平均乃以太陽高卑距地之立方大較一〇一四一〇爲一率本時之立方較爲二率所得高卑兩二平均相減餘化秒爲三率求得四率爲秒以分收之與前所得太陽在最高時日距月最高之二平均相加爲本時之二平均日距月最高倍度不及半周爲減過半周爲加

求三平均以半徑一千萬爲一率最大三平均四十七秒爲二率日距正交倍度之正弦爲三率求得四率爲三平均日距正交倍度不及半周爲減過半周爲加

求用平行置二平行加減二平均再加減三平均得用平行

求最高實均以最高本輪半徑五五〇五〇五爲一邊最高均輪半徑一一七三一五爲一邊日距月最高之倍度與半周相減餘爲所夾之角日距月最高倍度不及半周者與半周相減過半周者減半周用切線分外角法求得小角爲最高實均日距月最高倍度不及半周爲加過半周爲減

求本天心距地數以最高實均之正弦爲一率最高均輪半徑一一七三一五爲二率日距月最高倍度之正弦爲三率求得四率爲本天心距地數卽本時兩心差

求最高實行置用最高加減最高實均得最高實行

求太陰引數置用平行減最高實行得太陰引數不及減者加十二宮減之

求初均以半徑一千萬爲一邊本時兩心差爲一邊卽本天心距地數太陰引數與半周相減餘爲所夾之角引數不及半周者與半周相減過半周者則減半周用切線分外角法求得對兩心差之小角與前所夾之角相加復爲所夾之角仍以前二邊用切線分外角法求得對半徑之大角爲平圜引數乃以半徑一千萬卽橢圓大半徑爲一率本天心距地之餘弦以本天心距地數爲正弦對其餘弦卽橢圓小半徑爲二率平圜引數之正切線爲三率求得四率爲正切線得實引與太陰引數相減得初均數引數初宮至五宮爲減六宮至十一宮爲加

求初實行置用平行加減初均得初實行

求月距日置初實行減本日太陽實行得月距日不及減者加十二宮減之

求二均數以半徑一千萬爲一率太陽在最高時之最大二均數三十七分一十四秒化作一千九百九十四秒爲二率月距日倍度之正弦爲三率求得四率爲秒以分收之爲太陽在最高時月距日之二均數又以半徑一千萬爲一率太陽在最卑時之最大二均數三十七分一十一秒化作二千二百三十一秒爲二率月距日倍度之正弦爲三率求得四率爲秒以分收之爲太陽在最卑時月距日之二均數乃以太陽高卑立方大較一〇一四一〇爲一率本時之立方較爲二率前所得高卑兩二均數相減餘化秒爲三率求得四率爲秒以分收之與前所得太陽在最高時月距日之二均數相加得本時之二均數月距日倍度不及半周爲加過半周爲減

求二實行置初實行加減二均得二實行

求實月距日置月距日加減二均得實月距日

求太陽最高置太陽最卑平行加減六宮得太陽最高

求日月最高相距置太陰最高實行減太陽最高得日月最高相距（不及減者加十二宮減之）

求相距總數以實月距日與日月最高相距相加得相距總數（加滿十二宮去之）

求三均數以半徑一千萬爲一率最大三均二分二十五秒化作一百四十五秒爲二率相距總數之正弦爲三率求得四率爲秒以分收之爲三均數總數初宮至五宮爲加六宮至十一宮爲減

求三實行置二實行加減三均得三實行

求末均數以半徑一千萬爲一率兩弦最大末均日月最高相距一十度爲六十一秒二十度爲六十七秒三十度爲七十六秒四十度爲八十八秒五十度爲一百零三秒六十度爲一百二十秒七十度爲一百三十九秒八十度爲一百五十九秒九十度爲一百八十秒用日月最高相距度比例得兩弦最大末均爲二率（兩弦最大末均以十度爲率日月最高相距有零度者用中比例法求之加十度爲六十一秒二十度爲六十七秒十五度則爲六十四秒是也）實月距日之正弦爲三率求得四率爲秒以分收之爲末均數實月距日初宮至五宮爲減六宮至十一宮爲加

求白道實行置三實行加減末均得白道實行

求正交實均以正交本輪半徑五十七分半爲一邊正交均輪半徑一分半爲一邊日距正交之倍度爲所夾之外角（日距正交倍度過半周者與半周相減用其餘）用切線分外角法以邊總五十九爲一率邊較五十六爲二率日距正交之正切線爲三率（即半外角切線日距正交過一象限者與半周相減過半周者減半周過三象限者與全周相減）求得四率爲正切線得數與日距正交相減餘爲正交實均日距正交倍度不及半周爲加過半周爲減

求正交實行置用正交加減正交實均得正交實行

求月距正交置白道實行減正交實行得月距正交（不及減者加十二宮減之）

求交角減分以半徑一千萬爲一率日距正交倍度之正矢爲二率（凡日距正交倍度過半周者則與全周相減餘爲距交倍度凡距交倍度不及九十度則用正矢以餘弦與半徑相減過九十度則用大矢以餘弦與半徑相加）黃白大距半較八分五十二秒半化作五百三十二秒半爲三率求得四率爲秒以分收之得交角減分

求距限置最大距限五度一十七分二十秒減交角減分得距限

求距交加差以半徑一千萬爲一率日距正交倍度之正矢爲二率最大兩弦加分二分四十三秒折半得八十一秒半爲三率求得四率爲秒以分收之得距交加差

求距日加分以半徑一千萬爲一率實月距日倍度之正矢爲二率距交加差折半化秒爲三率求得四率爲秒以分收之得距日加分

求黃白大距置距限加距日加分得黃白大距

求黃道緯度以半徑一千萬爲一率黃白大距之正弦爲二率月距正交之正弦爲三率（月距正交過一象限者與半周相減過半周者減半周過三象限者與全周相減）求得四率爲距緯之正弦得黃道緯度月距正交初宮至五宮爲北六宮至十一宮爲南

求升度差以半徑一千萬爲一率黃白大距之餘弦爲二率月距正交之正切線（白道度也）爲三率求得四率爲黃道度之正切線得月距正交之黃道度與月距正交相減餘爲升度差月距正交初一二六七八宮爲交後爲減三四五九十十一宮爲交前爲加

求黃道實行置白道實行加減升度差得黃道實行

求黃道宿度依日躔求宿度法求得本年黃道宿鈐察黃道實行足減宿鈐內某宿度分則減之餘爲某宿度分

求月孛宿度察最高實行足減本年黃道宿鈐內某宿度分則減之餘爲月孛宿度

求羅睺宿度置正交實行加減六宮足減本年黃道宿鈐內某宿度分則減之餘爲羅睺宿度

求計都宿度察正交實行足減本年黃道宿鈐內某宿度分則減之餘爲計都宿度

皇朝文獻通考卷二百六十終

皇朝文獻通考卷二百六十一

象緯考六

極度偏度

臣等謹按西法謂地居天中其體渾圓與天度相應卽渾天家卵黃之說也天半覆地上半繞地下日出地上爲晝入地下爲夜此終古不易者也人居赤道北者北極見南極隱居赤道南者南極見北極隱近極則見極高遠極則見極低東方日中西方夜半南方日中北方夜半此易地殊觀者也周天三百六十度半在地上者爲一百八十度天頂距地極距赤道皆九十度黃道出入赤道南北各二十三度二十九分

京師北極出地三十九度五十五分則天頂距極五十度五分而赤道距天頂亦三十九度五十五分自京而北二百里而極高一度自京而南二百里而極低一度而日月星之出入晝夜之長短因之而異是爲南北里差自京而東一度而時遲四分自京而西一度而時早四分而交節之後先日月食之早晚因之而殊是爲東西里差此由人居地面隨在所見不同者也明史天文志列北極高度東西偏度謂惟兩京江西廣東四處係實測其餘皆據地圖約計我

朝於各省及蒙古回部金川皆經實測以推晝夜節氣時刻亦從古所未有也爰備列之

京師北極高三十九度五十五分晝夜刻分節氣宮度詳前日月行道自

盛京以下偏東偏西及節氣遲早皆準京師別之

盛京北極高四十一度五十一分偏東七度十五分夏至晝冬至夜各六十刻四分夏至夜冬至晝各三十五刻十一分節氣時刻遲二十九分

尼布楚北極高五十一度四十八分偏西十七分夏至晝冬至夜各六十五刻十三分夏至夜冬至晝各三十刻二分節氣時刻早一分

黑龍江北極高五十度一分偏東十度五十八分夏至晝冬至夜各六十四刻十分夏至夜冬至晝各三十一刻五分節氣時刻遲四十四分

三姓北極高四十七度二十分偏東十三度二十分夏至晝冬至夜各六十二刻十四分夏至夜冬至晝各三十三刻一分節氣時刻遲五十三分

伯都訥北極高四十五度十五分偏東八度三十七分夏至晝冬至夜各六十一刻十三分夏至夜冬至晝各三十四刻二分節氣時刻遲三十四分

吉林北極高四十三度四十七分偏東十度二十七分夏至晝冬至夜各六十一刻一分夏至夜冬至晝各三十四刻十四分節氣時刻遲四十二分

山西北極高三十七度五十三分三十秒偏西三度五十七分四十二秒夏至晝冬至夜各五十八刻八分夏至夜冬至晝各三十七刻七分節氣時刻早十六分

朝鮮北極高三十七度三十九分十五秒偏東十度三十分夏至晝冬至夜各五十八刻六分夏至夜冬至晝各三十七刻九分節氣時刻同吉林

山東北極高三十六度四十五分二十四秒偏東二度十五分夏至晝冬至夜各五十八刻二分夏至夜冬至晝各三十七刻十三分節氣時刻遲三分

甘肅北極高三十六度八分偏西十二度三十六分夏至晝冬至夜各五十七刻十三分夏至夜冬至晝各三十八刻二分節氣時刻早五十分

河南北極高三十四度五十二分二十六秒偏西一度五十六分夏至晝冬至夜各五十七刻七分夏至夜冬至晝各三十八刻八分節氣時刻早八分

陝西北極高三十四度十六分偏西七度三十三分四十秒夏至晝冬至夜各五十七刻三分夏至夜冬至晝各三十八刻十二分節氣時刻早三十分

江蘇北極高三十二度四分偏東二十度十八分夏至晝冬至夜各五十六刻六分夏至夜冬至晝各三十九刻九分節氣時刻遲九分

安徽北極高三十度三十七分偏東三十四分夏至晝冬至夜各五十六刻夏至夜冬至晝各四十刻節氣時刻遲三分

四川北極高三十度四十一分偏西十二度十六分夏至晝冬至夜各五十六刻夏至夜冬至晝各四十刻節氣時刻早四十九分

湖北北極高三十度三十四分四十八秒偏西二度十七分晝夜刻分同四川節氣時刻早九分

浙江北極高三十度十八分二十秒偏東三度四十一分二十四秒夏至晝冬至夜各五十五刻十

三分夏至夜冬至晝各四十刻二分節氣時刻遲十五分

江西北極高二十八度三十七分十二秒偏西三十七分夏至晝冬至夜各五十五刻五分夏至夜冬至晝各四十刻十分節氣時刻早二分

湖南北極高二十八度十三分偏西三度四十二分夏至晝冬至夜各五十五刻五分夏至夜冬至晝各四十刻十分節氣時刻早十五分

貴州北極高二十六度三十分二十秒偏西九度五十二分四十秒夏至晝冬至夜各五十四刻十分夏至夜冬至晝各四十一刻五分節氣時刻早四十分

福建北極高二十六度二分二十四秒偏東二度五十九分夏至晝冬至夜各五十四刻八分夏至夜冬至晝各四十一刻七分節氣時刻遲十二分

廣西北極高二十五度十三分七秒偏西六度十四分夏至晝冬至夜各五十四刻四分夏至夜冬至晝各四十一刻十一分節氣時刻早二十五分

雲南北極高二十五度六分偏西十三度三十七分晝夜刻分同廣西節氣時刻早五十四分

廣東北極高二十三度十分偏西三度三十三分十五秒夏至晝冬至夜各五十三刻十一分夏至夜冬至晝各四十二刻四分節氣時刻早十四分

阿勒坦淖爾烏梁海北極高五十三度三十分偏西二十八度四十分夏至晝冬至夜各六十七刻三分夏至夜冬至晝各二十八刻十二分節氣時刻早一百十五分

汗山哈屯河北極高五十一度十分偏西二十九度夏至晝冬至夜各六十五刻三分夏至夜冬至晝各三十刻十二分節氣時刻早一百十四分

唐努山烏梁海北極高五十度四十分偏西二十四度二十分夏至晝冬至夜各六十五刻三分夏至夜冬至晝各三十刻十二分節氣時刻早九十八分

布嚨堪布爾噶蘇台北極高四十九度二十八分偏西十二度二十二分夏至晝冬至夜各六十四刻夏至夜冬至晝各三十二刻節氣時刻早四十五分

額格色楞額北極高四十九度二十七分偏西十二度二十五分晝夜刻分同布嚨堪布爾噶蘇台節氣時刻早五十分

桑錦達賚北極高四十九度十二分偏西十六度二十分晝夜刻分同布嚨堪布爾噶蘇台節氣時刻早六十五分

烏蘭固木杜爾伯特北極高四十九度二十分偏西二十五度四十分晝夜刻分同布嚨堪布爾噶蘇台節氣時刻早一百零四分

額爾齊斯河北極高四十九度二十分偏西二十五度四十分晝夜刻分同布嚨堪布爾噶蘇台節氣時刻早一百三十分

齊桑淖爾北極高四十八度三十五分偏西三十二度二十五分晝夜刻分同布嚨堪布爾噶蘇台節氣時刻早一百二十分

肯特北極高四十八度三十三分偏西七度三分晝夜刻分同布嚨堪布爾噶蘇台節氣時刻早二十八分

阿勒台山烏梁海北極高四十八度三十分偏西二十八度三十五分晝夜刻分同布嚨堪布爾噶蘇台節氣時刻早一百十六分

阿勒輝山北極高四十八度二十分偏西三十六度五十分夏至晝冬至夜各六十三刻三分夏至夜冬至晝各三十二刻十二分節氣時刻早一百四十七分

克嚕倫巴爾城北極高四十八度五分三十秒偏西二度五十二分夏至晝冬至夜各六十三刻三分夏至夜冬至晝各三十二刻十二分節氣時刻早十一分

圖拉河汗山北極高四十七度五十七分十秒偏西九度十二分晝夜刻分同克嚕倫巴爾城節氣時刻早三十七分

科布多城北極高四十八度二分偏西二十七度二十分晝夜刻分同阿勒輝山節氣時刻早一百零九分

烏里雅蘇台城北極高四十七度四十八分偏西二十二度四十分晝夜刻分同阿勒輝山節氣時刻早九十分

喀爾喀河克勒和碩北極高四十七度三十四分三十秒偏東二度四十六分晝夜刻分同克嚕倫巴爾城節氣時刻遲十一分

哈薩克北極高四十七度三十分偏西三十四度五十分晝夜刻分同克嚕倫巴爾城節氣時刻早

一百三十九分

杜爾伯特北極高四十七度五分偏東六度十六分晝夜刻分同克嚕倫巴爾城節氣時刻遲二十五分

塔爾巴哈台北極高四十七度偏西三十度夏至晝冬至夜各六十二刻十分夏至夜冬至晝各三十三刻五分節氣時刻早一百二十分

布勒罕河土爾扈特北極高四十七度偏西二十八度十分晝夜刻分同塔爾巴哈台節氣時刻早一百十三分

巴爾噶什淖爾北極高四十七度偏西三十八度十分晝夜刻分同塔爾巴哈台節氣時刻早一百五十三分

烏隴古河北極高四十六度四十分偏西二十九度十五分晝夜刻分同塔爾巴哈台節氣時刻早一百十七分

赫色勒巴斯淖爾北極高四十六度四十分偏西二十九度十五分晝夜刻分同塔爾巴哈台節氣時刻早一百十七分

和博克薩哩土爾扈特北極高四十六度四十分偏西三十一度十五分晝夜刻分同塔爾巴哈台節氣時刻早一百十分

鄂爾坤河額爾德尼昭北極高四十六度五十八分十五秒偏西十三度五分晝夜刻分同塔爾巴哈台節氣時刻早五十二分

崆格扎布堪北極高四十六度四十二分偏西二十度十二分晝夜刻分同塔爾巴哈台節氣時刻早八十一分

扎賚特北極高四十六度三十分偏東七度四十五分晝夜刻分同塔爾巴哈台節氣時刻遲三十一分

扎哈沁北極高四十六度三十分偏西二十二度十分夏至晝冬至夜各六十一刻十分夏至夜冬至晝各三十四刻五分節氣時刻早九十二分

推河北極高四十六度二十九分二十秒偏西十五度十五分晝夜刻分同塔爾巴哈台節氣時刻早六十一分

科爾沁北極高四十六度十七分偏東四度三十分晝夜刻分同塔爾巴哈台節氣時刻遲十八分

齋爾土爾扈特北極高四十五度三十分偏西三十一度晝夜刻分同郭爾羅斯節氣時刻早一百零二十四分

郭爾羅斯北極高四十五度三十分偏東八度十分夏至晝冬至夜各六十二刻夏至夜冬至晝各三十四刻節氣時刻遲三十三分

阿噜科爾沁北極高四十五度三十分偏東三度五十分晝夜刻分同郭爾羅斯節氣時刻遲十五分

翁吉北極高四十五度三十分偏西十一度晝夜刻分同郭爾羅斯節氣時刻早四十四分

薩克薩克圖古哩克北極高四十五度二十三分四十五秒偏西十九度三十分晝夜刻分同郭爾羅斯節氣時刻早七十八分

哈布塔克北極高四十五度偏西二十四度二十六分晝夜刻分同郭爾羅斯節氣時刻早九十八分

吹河北極高四十四度五十分偏西四十二度夏至晝冬至夜各六十一刻七分夏至夜冬至晝各三十四刻八分節氣時刻早一百六十七分

博囉塔拉北極高四十四度五十分偏西三十三度三十分夏至晝冬至夜各六十一刻七分夏至夜冬至晝各三十四刻八分節氣時刻早一百三十四分

烏珠穆沁北極高四十四度四十五分偏東一度十分晝夜刻分同博囉塔拉節氣時刻遲五分

拜達克北極高四十四度四十三分偏西二十五度晝夜刻分同博囉塔拉節氣時刻早一百分

晶河土爾扈特北極高四十四度三十五分偏西三十三度三十分晝夜刻分同博囉塔拉節氣時刻早一百三十四分

安濟海北極高四十四度十三分偏西三十度五十四分晝夜刻分同博囉塔拉節氣時刻同齋爾

哈什北極高四十四度八分偏西三十三度晝夜刻分同博囉塔拉節氣時刻早一百三十二分

浩齊特北極高四十四度六分偏東三十分晝夜刻分同博囉塔拉節氣時刻遲二分

伊犁北極高四十三度五十六分偏西三十四度二十分夏至晝冬至夜各六十一刻一分夏至夜冬至晝各三十四刻十四分節氣時刻早一百三十七分

庫爾喀喇烏蘇土爾扈特北極高四十四度三十

分偏西三十一度五十六分晝夜刻分同博囉塔拉節氣時刻早一百二十八分

塔拉斯河北極高四十三度五十分偏西四十四度晝夜刻分同伊犁節氣時刻早一百七十三分

固爾班賽堪北極高四十三度四十八分偏西十一度晝夜刻分同伊犁節氣時刻同翁吉

穆壘北極高四十三度四十五分偏西二十五度三十六分晝夜刻分同伊犁節氣時刻早一百二分

濟木薩北極高四十三度四十分偏西二十六度五十二分晝夜刻分同伊犁節氣時刻早一百七分

巴里坤北極高四十三度三十九分偏西二十三度晝夜刻分同伊犁節氣時刻早九十二分

巴林北極高四十三度三十六分偏東二度十四分晝夜刻分同伊犁節氣時刻遲九分

崆吉斯北極高四十三度三十三分偏西三十二度晝夜刻分同伊犁節氣時刻早一百二十八分

扎嚕特北極高四十三度三十分偏東五度夏至晝冬至夜各六十刻十四分夏至夜冬至晝各三十五刻一分節氣時刻遲二十分

烏嚕木齊北極高四十三度二十七分偏西二十七度五十六分晝夜刻分同扎嚕特節氣時刻早一百十二分

阿巴哈納爾北極高四十三度二十三分偏東二十八分晝夜刻分同扎嚕特節氣時刻同浩齊特

阿巴噶北極高四十三度二十三分偏東三十八分晝夜刻分同扎嚕特節氣時刻同浩齊特

珠勒都斯北極高四十三度十七分偏西三十度五十分晝夜刻分同扎嚕特節氣時刻早一百二十三分

柰曼北極高四十三度十五分偏東五度夏至晝冬至夜各六十刻十二分夏至夜冬至晝各三十五刻三分節氣時刻同扎嚕特

吐魯番北極高四十三度四分偏西二十六度四十五分晝夜刻分同柰曼節氣時刻同濟木薩

塔什干北極高四十三度三分偏西四十七度四十三分晝夜刻分同柰曼節氣時刻早一百九十一分

和碩特北極高四十三度偏西三十一度晝夜刻分同柰曼節氣時刻早一百二十四分

那林山北極高四十三度偏西四十五度晝夜刻分同柰曼節氣時刻早一百七十八分

克什克騰北極高四十三度偏東一度十分晝夜刻分同柰曼節氣時刻同烏珠穆沁

蘇尼特北極高四十三度偏西一度二十八分晝夜刻分同柰曼節氣時刻早六分

哈密北極高四十二度五十三分偏西二十三度三十二分夏至晝冬至夜各六十刻八分夏至夜冬至晝各三十五刻七分節氣時刻早十九分

特穆爾圖淖爾北極高四十二度五十分偏西三十九度二十分夏至晝冬至夜各六十刻八分夏至夜冬至晝各三十五刻七分節氣時刻早一百五十七分

鄂克沁北極高四十二度四十八分偏西二十六度十一分晝夜刻分同哈密節氣時刻早一百五分

翁牛特北極高四十二度三十分偏東二度晝夜刻分同哈密節氣時刻遲八分

烏沙克塔勒北極高四十二度十六分偏西二十八度二十六分晝夜刻分同哈密節氣時刻早一百十四分

敖漢北極高四十二度十五分偏東四度晝夜刻分同哈密節氣時刻遲十六分

哈喇沙爾北極高四十二度七分偏西二十九度十七分晝夜刻分同哈密節氣時刻早一百十二分

喀爾喀北極高四十一度四十四分偏西五度五十分夏至晝冬至夜各六十刻二分夏至夜冬至晝各三十五刻十三分節氣時刻早二十四分

庫爾勒北極高四十一度四十六分偏西二十九度五十六分晝夜刻分同喀爾喀節氣時刻同塔爾巴哈台

布古爾北極高四十一度四十四分偏西三十二度七分晝夜刻分同喀爾喀節氣時刻同崆吉斯

四子部落北極高四十一度四十一分偏西四度二十二分晝夜刻分同喀爾喀節氣時刻早十七分

賽哩木北極高四十一度四十一分偏西三十四度四十分晝夜刻分同喀爾喀節氣時刻同哈薩克

納木千北極高四十一度三十八分偏西四十五度四十分晝夜刻分同喀爾喀節氣時刻早一百八十三分

庫車北極高四十一度三十七分偏西三十三度三十二分晝夜刻分同喀爾喀節氣時刻同博囉塔拉

喀喇沁北極高四十一度三十分偏東二度夏至晝冬至夜各六十刻夏至夜冬至晝各三十六刻節氣時刻同翁牛特

布嚕特北極高四十一度二十八分偏西四十四度三十五分晝夜刻分同喀喇沁節氣時刻早一百五十七分

安集延北極高四十一度二十三分偏西四十四度三十五分晝夜刻分同喀喇沁節氣時刻早一百七十八分

霍罕北極高四十一度偏西四十五度五十六分晝夜刻分同喀喇沁節氣時刻早一百八十四分

茂明安北極高四十一度十五分偏西六度九分晝夜刻分同喀喇沁節氣時刻早二十五分

阿克蘇北極高四十一度九分偏西三十七度十五分晝夜刻分同喀喇沁節氣時刻早一百四十九分

烏什北極高四十一度六分偏西三十八度二十七分晝夜刻分同喀喇沁節氣時刻早一百五十四分

烏喇特北極高四十度五十二分偏西六度三十分夏至晝冬至夜各五十九刻九分夏至夜冬至晝各三十六刻六分節氣時刻早二十六分

歸化城土默特北極高四十度四十九分偏西四度四十八分晝夜刻分同烏喇特節氣時刻早十九分

鄂什北極高四十度十九分偏西四十二度五十分晝夜刻分同烏喇特節氣時刻早一百七十一分

鄂爾多斯北極高三十九度三十分偏西八度晝夜刻分同烏喇特節氣時刻早三十二分

喀什噶爾北極高三十九度二十五分偏西四十二度二十五分晝夜刻分同烏喇特節氣時刻早一百七十分

巴爾楚克北極高三十九度十五分偏西三十九度三十五分夏至晝冬至夜各五十八刻十分夏至夜冬至晝各三十七刻五分節氣時刻早一百五十八分

英阿雜爾北極高三十八度四十七分偏西四十一度五十分晝夜刻分同巴爾楚克節氣時刻早一百六十七分

阿拉善北極高三十六度四十九分偏西十二度二十分晝夜刻分同巴爾楚克節氣時刻早四十八分

萊爾羌北極高三十八度十九分偏西四十度十一分晝夜刻分同巴爾楚克節氣時刻早一百六十一分

幹罕北極高三十八度偏西四十五度九分晝夜刻分同巴爾楚克節氣時刻早一百八十一分

色哷庫勒北極高三十七度四十八分偏西四十二度二十四分晝夜刻分同巴爾楚克節氣時刻同喀什噶爾

喀楚特北極高三十七度十一分偏西四十二度三十二分晝夜刻分同巴爾楚克節氣時刻同喀什噶爾

哈喇哈什北極高三十七度十分偏西三十六度十四分晝夜刻分同巴爾楚克節氣時刻早一百四十五分

克里雅北極高三十七度偏西三十三度三十分夏至晝冬至夜各五十八刻二分夏至夜冬至晝各三十七刻十三分節氣時刻同博囉塔拉

和闐北極高三十七度偏西三十五度五十二分晝夜刻分同克里雅節氣時刻早一百四十三分

伊里齊北極高三十七度偏西三十五度五十二分晝夜刻分同克里雅節氣時刻早一百四十三分

博羅爾北極高三十七度偏西四十三度四十八分晝夜刻分同克里雅節氣時刻早一百七十五分

三珠北極高三十六度五十八分偏西三十七度四十七分晝夜刻分同克里雅節氣時刻早一百五十一分

玉隴哈什北極高三十六度五十二分偏西三十五度三十七分晝夜刻分同克里雅節氣時刻早一百四十二分

鄂囉善北極高三十六度四十九分偏西四十五

度二十六分晝夜刻分同克里雅節氣時刻早一百八十二分

什克南北極高三十六度四十七分偏西四十四度四十六分晝夜刻分同克里雅節氣時刻早一百七十七分

拔達克山北極高三十六度二十三分偏西四十三度五十分晝夜刻分同克里雅節氣時刻同博羅爾

三雜谷北極高三十二度偏西十三度五十五分夏至晝冬至夜各五十六刻六分夏至夜冬至晝各三十九刻九分節氣時刻早五十六分

黨壩北極高三十一度四十五分偏西十四度二十分晝夜刻分同三雜谷節氣時刻早五十八分

綽斯甲布北極高三十一度五十五分偏西十四度五十分晝夜刻分同三雜谷節氣時刻早五十九分

金川勒烏圍北極高三十一度三十分偏西十四度二十分夏至晝冬至夜各五十六刻四分夏至夜冬至晝各三十九刻十一分節氣時刻早五十八分

金川噶拉依北極高三十一度十九分偏西十四度二十八分夏至晝冬至夜各五十六刻二分夏至夜冬至晝各三十九刻十三分節氣時刻早五十八分

瓦寺北極高三十一度二十分偏西十三度晝夜刻分同金川噶拉依節氣時刻早五十二分

革布什咱北極高三十一度十四分偏西十四度四十四分晝夜刻分同金川噶拉依節氣時刻早六十分

布拉克底北極高三十一度十分偏西十四度三十分晝夜刻分同金川噶拉依節氣時刻早五十七分

小金川美諾北極高三十一度偏西十四度十分晝夜刻分同金川噶拉依節氣時刻早五十六分

巴旺北極高三十一度偏西十四度十分夏至晝冬至夜各五十六刻夏至夜冬至晝各四十刻節氣時刻早五十八分

沃克什北極高三十一度偏西十三度四十四分晝夜刻分同巴旺節氣時刻早五十五分

明正北極高三十度四十分偏西十四度四十分夏至晝冬至夜各五十五刻十三分夏至夜冬至晝各四十刻二分節氣時刻早五十九分

木坪北極高三十度二十五分偏西十三度五十分晝夜刻分同明正節氣時刻早五十四分

中星

臣等謹按虞書言中星僅舉四仲月令以十二月析之迨明史天文志據崇禎時李天經湯若望所推備著二十四節氣不益詳且密歟宋史謂冬至之日堯時躔虛三代躔女春秋在牛後漢永元在斗至宋開禧在箕較之堯時幾退四十餘度故中星不同然則七政之躔度於此攬其樞而歲差之數又由是可驗蓋亦推步之權輿也我

朝推步法精辨毫釐以昏旦時或無正中之星取中前中後之大星定之爰有偏東偏西之別茲據乾隆六年

欽定協紀辨方書參以近年七政經緯躔度時憲書序綴於篇

立春日在婺女昏昴中旦氐中酉正二刻十分昴第一星偏西五度十八分卯初一刻五分氐第一星偏東一度四十三分

雨水日在虛昏參中旦氐中酉正三刻十一分參第七星偏西三十一分卯初初刻四分氐第四星偏西二度十八分

驚蟄日在危昏東井中旦房中戌初初刻十四分東井第一星偏西二度五十分寅正三刻一分房第一星偏西一度四十八分

春分日在營室昏北河中旦尾中戌初二刻五分北河第三星偏西一度二十分寅正一刻十分尾第一星偏東一度二十五分

清明日在東壁昏七星中旦帝座中戌初三刻十三分七星第一星偏東五度二十八分寅正初刻二分帝座星偏東二度十二分

穀雨日在奎昏軒轅中旦箕中戌正一刻七分軒轅第十四星偏西四度四十四分寅初二刻八分箕第一星偏東四度三十一分

立夏日在胃昏五帝座中旦箕中戌初三刻二分五帝座第一星偏西十八分寅初初刻十三分箕第一星偏西三度五十一分

小滿日在昴昏角中旦斗中亥初初刻十分角第一星偏東二度三十七分丑正三刻五分斗第一星偏西二度五十一分

芒種日在畢昏氐中旦河鼓中亥初一刻十二分氐第一星偏東三度四十四分丑正二刻三分河鼓第二星偏東二度三十四分

夏至日在參昏房中旦婺女中亥初二刻四分房第一星偏東二度二十四分丑正一刻十一分婺女第一星偏東一度五十八分

小暑日在東井昏尾中旦危中亥初一刻十二分尾第一星偏西二十二分丑正二刻三分危第一星偏東三度三十九分

大暑日在東井昏帝座中旦營室中亥初初刻十分帝座星偏西三度十二分丑正三刻五分營室第一星偏西一度四十二分

立秋日在柳昏箕中旦土司空中戌正三刻二分箕第一星偏西二度十九分寅初初刻十三分土司空星偏東一度五十四分

處暑日在七星昏南斗中旦婁中戌正一刻七分斗第一星偏西九分寅初二刻八分婁第一星偏西一度三十一分

白露日在張昏斗中旦天囷中戌初三刻十三分斗第一星偏西八度十五分寅正初刻二分天囷第一星偏西四度二十七分

秋分日在翼昏河鼓中旦畢中戌初二刻五分河鼓第二星偏東四十七分寅正一刻十分畢第一星偏西二度五十一分

寒露日在軫昏牽牛中旦參中戌初初刻十四分牽牛第一星偏西三十八分寅正三刻一分參第四星偏東二分

霜降日在角昏婺女中旦天狼中酉正三刻十一分婺女第一星偏西三度二十六分卯初初刻四分天狼星偏西五度二十五分

立冬日在氐昏虛中旦輿鬼中酉正二刻十分虛第一星偏西三度八分卯初一刻五分輿鬼第一星偏東一度四十三分

小雪日在氐昏北落師門中旦七星中酉正一刻十三分北落師門星偏東五度五十六分卯初二刻二分七星第一星偏西二度二分

大雪日在尾昏營室中旦翼中酉正一刻五分營室第一星偏西五度四十二分卯初二刻十分翼第一星偏東三度九分

冬至日在箕昏土司空中旦五帝座中酉正一刻二分土司空星偏東三度二十三分卯初二刻十三分五帝座第一星偏西一度四十七分

小寒日在南斗昏婁中旦角中酉正一刻五分婁第一星偏東三度四十八分卯初二刻十分角第一星偏東六度三十八分

大寒日在南斗昏胃中旦亢中酉正一刻十三分胃第一星偏西二度五分卯初二刻二分亢第一星偏東四度三十三分

皇朝文獻通考卷二百六十二

象緯考七

五星

臣等謹按前史天文志胥言五星行度而明晳莫逾晉志凡伏見留退遲疾順逆各有定率可爲後代考驗之準元史益詳步術惟繁簡疏密之不同也我

朝用西法推七政每頒來歲之朔則經緯躔度並有成書持以驗諸懸象皆無差忒茲據乾隆九年以後七政時憲書約陳綱領分詳節目並述推步之法焉

五星近太陽則伏遠太陽則見星體大黃道正升正降緯度在北則速見遲伏星體小黃道斜升斜降緯度在南則遲見速伏

五星之體金星最大木水二星次之土星又次之火星最小星體大則太陽在地平下之度少即可見星體小則太陽在地平下之度多方可見土星當地平太陽在地平下十一度可見木星水星當地平太陽在地平下十度可見火星當地平太陽在地平下十一度三十分可見金星當地平太陽在地平下五度可見

五星行上弧順輪心行自西而東爲順爲疾行下弧逆輪心行自東而西爲退爲遲

五星距地有遠近次輪有大小上弧之度多於下弧其多少又各不同土木二星輪小而距地遠上下弧不甚懸殊土星上弧一百九十二度有餘下弧一百六十七度有餘木星上弧二百度有餘下弧一百五十九度有餘火金水三星輪大而距地近上弧之度愈多下弧之度愈少火星上弧二百八九十度下弧七八十度金星上弧二百七十度下弧九十度水星上弧二百二十二度下弧一百三十八度

五星與太陽同度太陽在星與地之間星爲太陽所掩伏而不見是爲合伏土木火三星能距太陽半周地在星與太陽之間星與太陽正相對照如月之望是爲衝金水二星常繞太陽行不能相距半周星在太陽與地之間於次輪下半退行正當太陽之下如月之朔是爲退伏土木火三星合伏後漸遠太陽則晨見順行先疾後遲遲極而留爲留退初退行先遲後疾距太陽一百八十度爲退衝旋夕見退行先疾後遲遲極而留爲留順初順行先遲後疾漸近合伏則夕不見金水二星合伏後漸遠太陽則夕見順行先疾後遲遲極而留爲留退初退行先遲後疾漸近太陽則夕不見復與太陽同度爲合退伏漸遠太陽則晨見退行先疾後遲遲極而留爲留順初順行先遲後疾漸近合伏則夕不見

土星合伏後約踰二十五日移三度餘晨見東方順行約踰一百日移七度餘爲留退初退行約踰六十日移四度餘爲退衝次日夕見約踰七十日移四度餘爲留順初順行約踰一百日移九度餘夕不見約踰十五日移二度餘復爲合伏

木星合伏後約踰十五日移四度餘晨見東方順行約踰一百十日移十七度餘爲留退初退行約踰五十五日移五度餘爲退衝次日夕見約踰六十日移五度餘爲留順初順行約踰一百十日移十五度餘夕不見約踰十五日移四度餘復爲合伏

火星合伏後約踰三十七日移二十餘度晨見東方順行約踰二百七十日移一百四十餘度爲留退初退行約踰二十五日移五度餘爲退衝次日夕見約踰三十日移六度餘爲留順初順行約踰三百三十日移二百八十餘度夕不見約踰四十七日移三十餘度復爲合伏

金星合伏後約踰二十五日移三十餘度夕見西方順行約踰二百四十日移二百三十餘度爲留退初退行約踰十二日移七度餘夕不見次日移一度爲合退伏又次日移一度晨見東方約踰二十日移七度餘爲留順初順行約踰二百二十日移二百六十餘度晨不見約踰二十日移二十八度餘復爲合伏

水星合伏後約踰十二日移二十餘度夕見西方順行約踰二十八日移二十餘度爲留退初退行約踰二日移一度夕不見約踰四日移三度餘爲合退伏約踰六日移四度餘晨見東方約踰七日移二度餘爲留順初順行約踰二十日移二十餘度晨不見約踰十五日移二十餘度復爲合伏

推土星法

求積年同推日躔法

求中積分同推日躔法

求通積分同推日躔法

求天正冬至同推日躔法
求積日同推月離法
求土星年根以積日與土星每日平行一百二十秒六〇二二五五一相乘滿周天一百二十九萬六千秒去之餘爲積日土星平行加土星平行應宮度分秒微得土星年根上考往古則置土星平行應減積日土星平行得土星年根
求最高年根以積日與土星最高每日平行十分秒之二又一九五八〇三相乘得數爲積日最高平行加土星最高應宮度分秒微得最高年根上考往古則置土星最高應減積日最高平行得最高年根
求正交年根以積日與土星正交每日平行十分秒之一又一四六七二八相乘得數爲積日正交平行加土星正交應宮度分秒微得正交年根上考往古則置土星正交應減積日正交平行得正交年根
求土星日數以所設日數與土星每日平行一百二十秒六〇二二五五一相乘得數爲秒以度分收之得土星日數
求最高日數以所設日數與土星最高每日平行十分秒之二又一九五八〇三相乘得數爲秒以分收之得最高日數
求正交日數以所設日數與土星正交每日平行十分秒之一又一四六七二八相乘得正交日數
求平行以本星年根與本星日數相加得本星平行
求最高平行以最高年根與最高日數相加得最高平行
求正交平行以正交年根與正交日數相加得正交平行
求引數置本星平行減最高平行得引數
求初均數均輪心自本輪最高左旋行引數度次輪心自均輪最近點右旋行倍引數度用兩三角形法求得地心之角爲初均數引數初宮至五宮爲減六宮至十一宮爲加隨年次輪心距地心之邊爲求次均數之用
求初實行置本星平行加減初均數得初實行
求星距日次引置本日太陽實行減初實行得星距日次引
求次均數星自次輪最遠點右旋行距日度用三角形法以次輪心距地心線爲一邊（即求初均數時所得次輪心距地心之邊）次輪半徑爲一邊星距日度爲所夾之外角（過半周者與全周相減用其餘）求得地心對次輪半徑之角爲次均數星距日初宮至五宮爲加六宮至十一宮爲減隨求星距地心之邊爲求視緯之用
求本道實行置初實行加減次均數得本道實行
求距交實行置初實行減正交平行得距交實行（距交實行者次輪心距正交之度故置初實行減正交平行得距交實行也）
求升度差以半徑一千萬爲一率本道與黃道交角度分之餘弦爲二率距交實行之正切線爲三率求得四率爲黃道之正切線得黃道度與距交實行相減餘爲升度差距交實行不過象限爲減過象限爲加過二象限爲減過三象限爲加
求黃道實行置本道實行加減升度差得黃道實行
求初緯以半徑一千萬爲一率本道與黃道交角度分之正弦爲二率距交實行之正弦爲三率求得四率爲初緯之正弦得初緯
求星距黃道線以半徑一千萬爲一率初緯之正弦爲二率次輪心距地心線爲三率求得四率即星距黃道線
求視緯以星距地心線爲一率（即求次均數時所得星距地心之邊）星距黃道線爲二率半徑一千萬爲三率求得四率爲視緯之正弦得視緯距交實行初宮至五宮爲黃道北六宮至十一宮爲黃道南
求黃道宿度同推月離法

推木星法
求積年同推日躔法
求中積分同推日躔法
求通積分同推日躔法
求天正冬至同推日躔法
求積日同推月離法
求木星年根以積日與木星每日平行二百九十九秒二八五二九六八相乘滿周天一百二十九萬六千秒去之餘爲積日木星平行加木星平行應宮度分秒微得木星年根上考往古則置木星平行應減積日木星平行得木星年根
求最高年根以積日與木星最高每日平行十分秒之一又五八四三三相乘得數爲積日最高平行加木星最高應宮度分秒微得最高年根上考

往古則置木星最高應減積日最高平行得最高年根

求正交年根以積日與木星正交每日平行百分秒之三又七二三五五七相乘得數爲積日正交平行加木星正交應宮度分秒微得正交年根上考往古則置木星正交應減積日正交平行得正交年根

求木星日數以所設日數與木星每日平行二百九十九秒二八五二九六八相乘得數爲秒以宮度分收之得木星日數

求最高日數以所設日數與木星最高每日平行十分秒之一又五八四三三相乘得最高日數

求正交日數以所設日數與木星正交每日平行百分秒之三又七二三五五七相乘得正交日數

求平行同推土星法

求最高平行同推土星法

求正交平行同推土星法

求引數同推土星法

求初均數同推土星法

求初實行同推土星法

求星距日次引同推土星法

求次均數同推土星法惟次輪半徑用數不同

求本道實行同推土星法

求距交實行同推土星法

求升度差同推土星法惟黃道交角度分秒用數不同

求黃道實行同推土星法

求初緯同推土星法惟黃道交角度分秒用數不同

求星距黃道線同推土星法

求視緯同推土星法

求黃道宿度同推土星法

推火星法

求積年同推日躔法

求中積分同推日躔法

求通積分同推日躔法

求天正冬至同推日躔法

求積日同推月離法

求火星年根以積日與火星每日平行一千八百八十六秒六七〇〇三五八相乘滿周天一百二十九萬六千秒去之餘爲積日火星平行加火星平行應宮度分秒微得火星年根上考往古則置火星平行應減積日火星平行得火星年根

求最高年根以積日與火星最高每日平行十分秒之一又八三四三九九相乘得數爲積日最高平行加火星最高應宮度分秒微得最高年根上考往古則置火星最高應減積日最高平行得最高年根

求正交年根以積日與火星正交每日平行十分秒之一又四四四九七二三相乘得數爲積日正交平行加火星正交應宮度分秒微得正交年根上考往古則置火星正交應減積日正交平行得正交年根

求火星日數以所設日數與火星每日平行一千八百八十六秒六七〇〇三五八相乘得數爲秒以宮度分收之得火星日數

求最高日數以所設日數與火星最高每日平行十分秒之一又八三四三九九相乘得數爲秒以分收之得最高日數

求正交日數以所設日數與火星正交每日平行十分秒之一又四四四九七二三相乘得正交日數

求平行同推土星法

求最高平行同推土星法

求正交平行同推土星法

求引數同推土星法

求初均數同推土星法

求初實行同推土星法

求星距日次引同推土星法

求本天高卑差以火星本輪全徑命爲二千萬爲一率本天高卑大差二十五萬八千五百爲二率火星均輪心距最卑之正矢爲三率引數與半周相減即均輪心距最卑之度其距最卑過九十度則爲大矢以半徑與餘弦相加即得求得四率即本天高卑差

求太陽高卑差以太陽本輪半徑命爲二千萬爲一率太陽高卑大差二十三萬五千爲二率本日太陽引數之正矢爲三率引數過半周者與全周相減用其餘求得四率即太陽高卑差

求次輪半徑置火星最小次輪半徑六百三十萬二千七百五十加本天高卑差又加太陽高卑差得次輪半徑火星次輪半徑時時不同故須加本天高卑差及太陽高卑差

求次均數同推土星法惟次輪半徑用數不同

求本道實行同推土星法

求距交實行同推土星法

求升度差同推土星法惟黃道交角度分用數不同

求黃道實行同推土星法

求初緯同推土星法惟黃道交角度分用數不同

求星距黃道線同推土星法

求視緯同推土星法

求黃道宿度同推月離法

推金星法

求積年同推日躔法

求中積分同推日躔法

求通積分同推日躔法

求天正冬至同推日躔法

求積日同推月離法

求金星年根以積日與金星每日平行三千五百四十八秒三三〇五一六九相乘滿周天一百二十九萬六千秒去之餘爲積日金星平行加金星平行應宮度分秒微得金星年根上考往古則置金星平行應減積日金星平行得金星年根

求最高年根以積日與金星最高每日平行十分秒之二又二七一〇九五相乘得數爲積日最高平行加金星最高應宮度分秒微得最高年根上考往古則置金星最高應減積日最高平行得最高年根

求伏見年根以積日與金星伏見每日平行二千二百一十九秒四三一一八八六相乘滿周天一百二十九萬六千秒去之餘爲積日伏見平行加金星伏見應宮度分秒微得伏見年根上考往古則置金星伏見應減積日伏見平行得伏見年根

求金星日數以所設日數與金星每日平行三千五百四十八秒三三〇五一六九相乘得數爲秒以宮度分收之得金星日數

求最高日數以所設日數與金星最高每日平行十分秒之二又二七一〇九五相乘得數爲秒以分收之得最高日數

求伏見日數以所設日數與金星伏見每日平行二千二百一十九秒四三一一八八六相乘得數爲秒以宮度分收之得伏見日數

求平行同推土星法

求最高平行同推土星法

求伏見平行以伏見年根與伏見日數相加得伏見平行

求正交平行置最高平行減一十六度得正交平行（金星正交恆距最高前一十六度故置最高平行減一十六度得正交平行也）

求引數同推土星法

求初均數同推土星法

求初實行同推土星法

求伏見實行置伏見平行加減初均數得伏見實行初均爲減者則加初均爲加者則減（伏見平行爲星距次輪平遠之度伏見實行爲星距次輪最遠之度其相差之較即初均數而加減相反）

求次均數星自次輪最遠點右旋行伏見實行度用三角形法以次輪心距地心線爲一邊次輪半徑爲一邊伏見實行度爲所夾之外角求得地心對次輪半徑之角爲次均數伏見實行初宮至五宮爲加六宮至十一宮爲減隨求星距地心之邊爲求視緯之用

求黃道實行置初實行加減次均數得黃道實行（金水二星本道即黃道故置初實行加減次均數即黃道實行無升度差）

求距交實行同推土星法

求距次交實行（星距次輪正交之度）以伏見實行與距交實行相加（加滿全周去之用其餘）得距次交實行（伏見實行爲星距次輪最遠之度而次輪最遠距次輪正交之度與次輪心距本道正交之度等故相加得距次交實行）

求次緯以半徑一千萬爲一率次輪面與黃道交角度分之正弦爲二率距次交實行之正弦爲三率求得四率爲次緯之正弦得次緯

求星距黃道線以半徑一千萬爲一率次緯之正弦爲二率次輪半徑爲三率求得四率即星距黃道線

求視緯以星距地心線爲一率星距黃道線爲二率半徑一千萬爲三率求得四率爲視緯之正弦得視緯距次交實行初宮至五宮爲黃道北六宮至十一宮爲黃道南

求黃道宿度同推月離法

推水星法

求積年同推日躔法

求中積分同推日躔法

求通積分同推日躔法

求天正冬至同推日躔法

求積日同推月離法

求水星年根以積日與水星每日平行三千五百

四十八秒三三〇五一六九相乘滿周天一百二十九萬六千秒去之餘爲積日水星平行加水星平行應分秒微得水星年根上考往古則置水星平行應減積日水星平行得水星年根

求最高年根以積日與水星最高每日平行十分秒之二又八八一一九三相乘得數爲積日最高平行加水星最高應宮度分秒微得最高年根上考往古則置水星最高應減積日最高平行得最高年根

求伏見年根以積日與水星伏見每日平行一萬一千一百八十四秒一一六五二四八相乘滿周天一百二十九萬六千秒去之餘爲積日伏見平行加水星伏見應宮度分秒微得伏見年根上考往古則置水星伏見應減積日伏見平行得伏見年根

求水星日數以所設日數與水星每日平行三千五百四十八秒三三〇五一六九相乘得數爲秒以宮度分收之得水星日數

求最高日數以所設日數與水星最高每日平行十分秒之二又八八一一九三相乘得數爲秒以分收之得最高日數

求伏見日數以所設日數與水星伏見每日平行一萬一千一百八十四秒一一六五二四八相乘得數爲秒以宮度分收之得伏見日數

求平行同推土星法

求最高平行同推土星法

求伏見平行同推金星法

求引數同推土星法

求初均數同推土星法

求初實行同推土星法

求伏見實行同推金星法

求次均數同推金星法惟次輪半徑用數不同

求黃道實行同推金星法

求距交實行置初實行減最高平行加減六宮得距交實行水星正交恆與最卑同則最高平行即中交平行故置初實行減最高平行又加減六宮方爲距正交實行

求距次交實行以伏見實行與距交實行相加滿全周去之用其餘得距次交實行初宮至五宮爲黃道北六宮至十一宮爲黃道南

求交角距交實行九宮至二宮星在黃道北交角爲六度五度零五分一十秒星在黃道南交角爲六度三十一分零二秒距交實行九宮至二宮爲次輪心在正交前後故其交角用次輪心在正交當黃道東北交角距交實行三宮至八宮星在黃道北交角爲六度一十六分五十秒星在黃道南交角爲四度五十五分三十二秒距交實行三宮至八宮爲次輪心在中交前後故其交角用次輪心在中交當黃道南北交角

求交角差以半徑一千萬爲一率大距交角較化秒爲二率距交實行九宮至二宮星在黃道北大距交角較爲二千零九十秒星在黃道南大距交角較爲三千零六十二秒距交實行三宮至八宮星在黃道北大距交角較爲二千二百一十秒星在黃道南大距交角較爲二千六百六十八秒距交實行之正弦爲三率求得四率卽交角差距交實行九宮至二宮星在黃道北爲加星在黃道南爲減距交實行三宮至八宮星在黃道北爲減星在黃道南爲加

求實交角本日星在次輪周所當次輪面與黃道斜交之角置交角加減交角差得實交角水星次輪面與黃道斜交惟次輪心在大距其南北交角皆爲五度四十分此外則黃道南與黃道北不同而正交與中交又不同次輪心在正交其黃道北交角最小距正交漸遠則交角漸大而黃道南交角最大距正交漸遠則交角漸小次輪心在中交其黃道北交角最大距中交漸遠則交角漸小而黃道南交角最小距中交漸遠則交角漸大故先以次輪心距正交前後或距中交前後及星在黃道南北定其交角然後加減交角差方爲實交角也

求次緯以半徑一千萬爲一率實交角之正弦爲二率距次交實行之正弦爲三率求得四率爲次緯之正弦得次緯

求星距黃道線同推金星法

求視緯以星距地星線爲一率星距黃道線爲二率半徑一千萬爲三率求得四率爲視緯之正弦得視緯

求黃道宿度同推月離法

皇朝文獻通考卷二百六十二

皇朝文獻通考卷二百六十三

象緯考八

日食

臣等謹按馬端臨所紀歷代日食於食分時刻宿度詳略不同蓋以有可考有不可考耳今欽天監紀順治元年以來所紀日食自食及一分以上者具詳宿度時刻分秒至食不及一分者則據實錄所書而列之

順治元年八月丙辰朔日食在張宿八度十八分食二分四十八秒午初初刻一分初虧午正一刻二分食甚未初一刻十四分復圓

二年十二月己卯朔日食先是六月掌欽天監事湯若望言舊法算得本年十二月己卯朔辰時日食三分强回回科算得食一分弱依新法推之止食半分强且在日出地平之前請臨期遣官測驗至是陰雲不見

五年五月乙丑朔日食在觜宿十一度七分食九分十二秒卯初三刻八分初虧卯正三刻七分食甚辰正初刻復圓

七年十月辛巳朔日食在亢宿二度十五分食七分四十二秒巳正二刻六分初虧午正初刻一分食甚未初二刻五分復圓

十四年五月癸卯朔日食在觜宿二度十二分食六分三十七秒寅正一刻四分初虧卯初初刻九分食甚卯正初刻四分復圓

十五年五月丁酉朔日食在畢宿六度五十七分食四分二十五秒辰正三刻九分初虧巳正初刻十一分食甚午初二刻九分復圓

康熙三年十二月戊午朔日食在斗宿二十一度二十分食八分五十四秒申初一刻六分初虧申正二刻七分食甚酉初三刻一分復圓

五年六月庚戌朔日食在井宿九度四十五分食九分四十七秒申初一刻十四分初虧申正二刻十一分食甚酉初二刻十四分復圓

八年四月癸亥朔日食在婁宿十一度食五分二十九秒未初初刻八分初虧未正一刻十二分食甚申初二刻十三分復圓

十年八月己卯朔日食在張宿九度二十九分食一分五十九秒申正一刻九分初虧酉初初刻七分食甚酉初二刻十四分復圓

十五年五月壬午朔日食掌欽天監事南懷仁疏言依古法推算應食五分六十秒依新法推算應食二十微臣等登臺測驗本日酉正一刻日食未及一分戌初初刻十分復圓其古法所推失之甚遠而新法亦不盡符合者乃淸濛之氣使然按交食曆指等書言地中游氣時時上騰能映小爲大升卑爲高如日月出入時與地平相近游氣掩映比中天時望之其光較大此明驗也今五月朔日食原不過二十微因濛氣之故自平地視之則爲不及一分疏入下禮部知之

二十年八月辛巳朔日食在翼宿初度二十三分食三分四十九秒辰正一刻七分初虧巳初一刻七分食甚巳正二刻五分復圓

二十四年十一月丁巳朔日食在心宿一度二十二分食二分十九秒申初初刻八分初虧申初三刻十三分食甚申正二刻十四分復圓

聖祖仁皇帝諭大學士等曰天象稍有愆違卽當修省或施行政事有未當歟或下有冤抑未得伸歟廷臣詳議以聞

二十七年四月癸卯朔日食在婁宿十度五十九分食九分四十九秒辰正初刻八分初虧巳初一刻四分食甚巳正二刻九分復圓先期

諭大學士曰欽天監奏四月朔日食凡應行應革之事其令九卿詹事掌印科道集議以聞

二十九年八月己未朔日食在張宿九度二十分食二分四十四秒卯正三刻五分初虧辰初二刻五分食甚辰正一刻十一分復圓

三十年二月丁巳朔日食在危宿十度五十二分食三分二十一秒午正初刻二分初虧未初一刻五分食甚未正一刻十三分復圓

三十一年正月辛亥朔日食在虛宿九度二十四分食五分十七秒午初三刻三分初虧未初初刻十四分食甚未正三刻二分復圓先期

諭禮部曰天象之變見於歲首朕兢惕靡寧力圖修省其罷元旦行禮筵宴至是

覽欽天監所奏日食占驗有大臣黜近臣有憂之語

諭大學士曰朕觀自古帝王於不肖大臣正法者頗多今設有貪污之臣朕得其實亦必置之重典此皆係於人事凡占候當直書其占語今欽天監往往揣度時勢附會其說如去年視有旱狀則用天時亢旱之占講張殊甚可傳欽天監監正諭之

三十四年十一月己未朔日食在尾宿三度二十
六分食八分三十三秒申初二刻十三分初虧申
正三刻六分食甚酉初三刻十二分復圓
三十六年閏三月辛巳朔日食在婁宿一度五十
七分食十分二十二秒辰初三刻八分初虧巳初
初刻七分食甚巳正一刻七分復圓先期
諭大學士日日食雖可預推然自古帝王皆因此而戒懼
蓋所以敬天變修人事也若庸主則委諸氣數矣可諭
九卿有宜修改者悉以聞
四十三年十一月丁酉朔日食在心宿一度二十
六分食四分三十七秒先期欽天監預推午正三
刻十一分初虧未正一刻食甚申初一刻七分復
圓至期
上以儀器測驗午正一刻十一分初虧未初三刻一分食
甚申初一刻復圓
諭詢欽天監監臣以推算未協請罪免之
四十五年四月戊子朔日食在胃宿八度十八分
食六分二十三秒酉正一刻六分初虧戌初初刻
十三分食甚戌正初刻三分復圓
四十七年八月甲辰朔日食在翼宿一度四十二
分食五分十九秒申正三刻七分初虧酉初三刻
三分食甚酉正二刻九分復圓
四十八年八月己亥朔日食在張宿九度二十六
分食四分五十四秒卯正初刻八分初虧卯正三
刻十四分食甚辰初三刻十四分復圓
五十一年六月癸丑朔日食在井宿十度三十二
分食五分四十一秒寅初二刻十分初虧寅正二
刻一分食甚卯初一刻十分復圓
五十四年四月丙寅朔日食在婁宿十二度十九
分食六分十二秒酉正初刻十一分初虧戌初初
刻二分食甚戌初三刻六分復圓先期
諭大學士九卿曰自古帝王敬天勤政凡遇垂象必實修
人事以答天戒其係國計民生有應行應改者詳議以
聞
五十八年正月甲戌朔日食在危宿初度四十五
分食七分申初初刻七分初虧申正一刻五分食
甚酉初一刻十四分復圓
諭大學士九卿曰元旦日食以陰雲微雪未見別省無雲
之處必有見者況日値三始人事不可不謹政或有闕
失諸臣確議以聞
五十九年七月丙寅朔日食在栁宿五度十六分
食七分二秒巳正二刻四分初虧午正初刻十二
分食甚未初三刻復圓
六十年閏六月庚申朔日食在井宿二十九度四
十二分食四分二秒酉初初刻七分初虧酉初三
刻十四分食甚酉正三刻二分復圓
雍正八年六月戊戌朔日食在井宿二十度四十
二分食九分二十二秒午初初刻一分初虧午正
三刻一分食甚未正二刻復圓先期
世宗憲皇帝諭大學士等曰朕御極以來七年之中未遇
日食今欽天監奏稱六月朔日食朕心深爲畏懼時刻
修省內外臣工宜共相勉勗以稟天戒尋山西巡撫石
麟以至期陰雨不見食稱賀江寧織造隋赫德以
是日陰雨過午晴明日光無虧稱賀俱奉
旨切責又
諭大學士等曰天象之災祥由於人事之得失若
上天嘉佑而示以休徵欲人之知所黽勉永保令善於勿
替也若
上天譴責而示以咎徵欲人之知所恐懼痛加修省也日
食乃
上天垂象示儆所當敬畏詎可以偶爾覯瞻之不顯而遂
誇張以稱賀乎山西偶值陰雨不可以槪天下江南日
光不虧朕推求其故蓋日光外向過午之後已是漸次
復圓之時所虧止二三分是以不顯虧缺之象昔年遇
日食四五分之時日光照曜難以仰視
皇考親率朕同諸兄弟在乾清宮用千里鏡測驗四周以
紙遮蔽日光然後看出又豈可因此而怠忽天戒稍存
縱肆之心乎慶賀之奏甚屬非理大違朕心宣諭中外
知之
九年十二月庚寅朔日食在斗宿初度二十六分
食九分十一秒卯正三刻八分初虧辰初一刻十
分帶食六分四十秒出地平辰初三刻四分食甚
巳初初刻五分復圓
十三年九月丁酉朔日食在角宿二度五分食八
分二十一秒辰初三刻二分初虧辰正巳刻十四
分食甚巳正一刻三分復圓
乾隆七年五月己未朔日食在畢宿七度十七分
食七分四秒卯正二刻十一分初虧辰初二刻七
分食甚辰正二刻八分復圓
十年三月癸酉朔日食在壁宿六度四十九分食
一分十秒巳正三刻十二分初虧午初三刻一分

食甚午正二刻復圓

十一年三月丁卯朔日食在室宿十一度二十三分食六分五十七秒巳初二刻五分初虧午初初刻五分食甚午正二刻十分復圓先期

上諭大學士等曰本月十六日月食三月初一日日食且自上冬以及今春雨雪稀少土膏待澤朕敬天勤政之心倍增乾惕所望大小臣工共體朕意加修省迓天和夫修省之道以實不以文其有關於民生國計者當盡心籌畫竭誠辦理以盡職守若朕躬有愆謬政事有闕失應行陳奏者卽據實以聞不得避忌瞻徇亦不得牽拘虛文負朕諮諏之意

十二年七月己丑朔日食在柳宿六度三十三分食二分二十一秒申正三刻十四分初虧酉初二刻十分食甚酉正一刻三分復圓

十六年五月丁酉朔日食在昴宿七度三十七分食四分四十一秒卯正三刻四分初虧辰初二刻九分食甚辰正二刻三分復圓先期

諭曰日食天變之大者自古重之顧僅以引咎求言虛文從事夫豈應天以實之義乃者五月丁酉朔日有食之朕自惟宵旰憂勤無時不深乾惕寧待懸象著明始知戒謹然遇災而懼罔敢不欽戒懼修省惟崇實政行在鑾儀衞早晚鼓角是日著停止一日以示撤縣齋戒我君臣當就常存之敬畏倍加謹凜益修實政卽如朕向來巡幸地方官惟修治道途此外一無華飾自乾隆十三年東巡該撫等於省會城市稍從觀美後乃踵事增華雖謂巷舞衢歌輿情共樂而以旬月經營僅供途次一覽實覺過於勞費且耳目之娛徒增喧聒朕心深所不取今歲恭遇

皇太后萬壽兆庶亦藉以申祝嘏之忱是以俯順民情至朕待督撫有司惟因其能實心辦事令地方日有起色方加恩獎予而不知朕心者未必不以辦差華美求工取悅爲得計將玩視民瘼專務浮華此風一開於吏治民風所關者甚大嗣後以違制論諭中外知之

二十三年十二月癸丑朔日食在斗宿一度五十一分食八分五十一秒申初初刻五分初虧申正一刻五分食甚申正二刻六分帶食七分二十三秒入地平

諭大學士九卿科道等曰春秋書日食古聖克謹天戒惟是爲兢兢茲者季冬之朔日食至八分之多望日又值月食一月之間雙曜薄蝕災莫大焉我君臣當動色相戒側席修省念邇年來西陲底定殊域來歸克奏膚功皆仰賴

上蒼福佑在朕宵旰殷懷無刻不以持盈保泰爲惕並非出於矯強亦中外臣民所共知第人情當順適之時檢持或有未至昔人所稱人苦不自知良非虛語夫

天心仁愛人事宜修倘用人行政之間有所闕失而不力爲振飭何以裨政治而召休和在廷諸臣共襄治理寅恭夙夜宜有同心其各抒所見據實敷陳無有隱諱

二十五年五月甲辰朔日食在參宿一度十七分食九分四十二秒申正一刻十一分初虧酉初一刻十二分食甚酉正一刻八分復圓

諭大學士等曰序臨北至一陰始生薄蝕適逢益切乾惕所有本月朔內廷例用龍舟上年既以禱雨不行今雖際時和並飭停龍用申祗荷

天仁示戒之至意

二十七年九月庚申朔日食在角宿三度二十六分食五分四十秒申正三刻五分初虧酉初一刻十三分帶食五分四十秒入地平

二十八年九月乙卯朔日食在軫宿六度一分食七分七秒卯正初刻九分初虧卯正一刻三分帶食一分三十四秒出地平辰初初刻二分食甚辰正初刻復圓

三十四年五月壬午朔日食在畢宿八度三十八分食三分三十五秒酉初初刻五分初虧酉初三刻二分食甚酉正一刻十三分復圓

三十五年五月丁丑朔日食在昴宿七度三十四分食三分五十三秒辰初二刻五分初虧辰正一刻十一分食甚巳初一刻七分復圓

三十八年三月庚寅朔日食在室宿十二度三十七分食四分十二秒未初一刻三分初虧未正二刻十分食甚申初三刻九分復圓

三十九年八月壬午朔日食在張宿十度五十三分食三分五十一秒辰初初刻十四分初虧辰正初刻十二分食甚巳初一刻三分復圓

四十年八月丙子朔日食在張宿初度六分食四分三十三秒午初一刻六分初虧午正三刻七分食甚未正一刻二分復圓

四十年十二月甲辰朔日食在斗宿二十三度四十三分食一分四十七秒巳初二刻六分初虧巳

正一刻五分食甚午初初刻六分復圓

四十九年七月甲寅朔日食在柳宿十六度二十一分食一分五十五秒卯初二刻二分初虧卯正初刻十四分食甚卯正三刻十四分復圓

五十年七月戊申朔日食在柳宿五度三十四分食四分十七秒卯正二刻十二分初虧辰初二刻十三分食甚辰正三刻八分復圓

御製曆象考成上編論日食

臣等謹按考成上編論日食甚詳且繪圖繫說茲弗克具載僅錄其要而以總論交食者冠列之

交食由經緯同度

太陰及於黃白二道之交因生薄蝕故名交食然白道出入黃道南北太陰每月必兩次過交而或食或否何也月追及於日而無距度爲朔距日一百八十度爲望此皆爲東西同經其入交也正當黃道而無緯度是爲南北同緯雖入交而非朔望則同緯而不同經當朔望而不入交則同經而不同緯皆無食必經緯同度而後有食也蓋合朔時月在日與地之間人目仰觀與日月一線參直則月掩蔽日光卽爲日食望時地在日與月之間亦一線參直地蔽日光而生闇影其體尖圓是爲闇虛月入其中則爲月食也日爲陽精星月皆借光焉月去日遠去人近合朔之頃特能下蔽人目而不能上侵日體故食分時刻南北迴殊東西異視也若夫月食則月入闇虛純爲晦魄故九有同觀但時刻有先後耳

定食限當較視緯度

日食有南北差其視緯度隨地隨時不同最大之南北差一度零一分太陽最大之視半徑一十五分三十二秒三十微太陰最大之視半徑一十六分五十一秒兩視半徑相併得三十二分二十三秒三十微與南北差一度零一分相加得一度三十三分二十三秒三十微爲視緯度以推距交經度得一十八度一十五分一十三秒爲可食之限太陽最小之視半徑一十四分五十九秒三十微太陰最小之視半徑一十五分五十三秒三十微兩視半徑相併得三十分五十三秒與南北差一度零一分相加得一度三十一分五十三秒爲視緯度以推距交經度得一十七度五十六分五十六秒爲必食之限然在黃道北者必食在黃道南者或食或不食在黃道北者亦非普天之下皆見食但必有見食之地耳蓋視差因地里之南北而殊而視緯又因實緯之南北而異故食限不可一概而論也今以北極高一十六度至四十六度之地而定食限則太陰距黃道北平朔之限得二十度五十二分實朔之限得一十八度一十五分太陰距黃道南平朔之限得八度五十一分實朔之限得九度一十四分要之視差之故多端食限不過得其大概欲定食之有無必按法求得本地本時視緯度與太陽太陰兩視半徑相較若兩視半徑相併之數大於視緯者爲有食小於視緯者爲不食也

定日食分秒以視緯視徑求

日食分秒以太陽與太陰兩視半徑相併內減食甚視緯餘爲兩體相掩之分乃命太陽視徑爲十分以視徑度分與十分之比卽同於減餘度分與十分中幾分之比而得食分爲太陽視徑十分中之幾分也或食甚視緯大於併徑則兩周不相切爲不食食甚視緯與併徑等則兩周相切而不相掩亦爲不食或太陰正當黃道而無食甚視緯卽以併徑爲食分兩心相掩是爲全食若遇太陰視徑小於太陽視徑則四周露光名爲金環食也

定三限時刻以食甚爲本

日食有三限曰初虧曰食甚曰復圓而無食旣生光蓋太陽方食甚卽生光也三限時刻曰用時曰近時曰眞時三限所同而三限尤以食甚爲本今先詳食甚時刻次及初虧復圓夫曰食因有東西差必以太陽視經度當最近太陽之點爲食甚其實經度與視經度旣不同而實行與視行又不同故先以實朔交周求得食甚交周相減爲交周升度差以月實行比例得時分加減實朔用時爲食甚用時次以食甚用時求得東西差仍以月實行比例得時分加減食甚用時爲食甚近時又以食甚近時求得東西差與用時東西差相較得視行然後以視行與用時東西差比例得時分加減食甚用時方爲食甚眞時是則食甚用時者乃在天實行日月相掩最深之時刻食甚眞時者乃人目所見日月相掩最深之時刻而食甚近時者所以定視行以求用時與眞時相距之時分者也夫食甚旣有用時近時眞時則初虧復圓亦必有用時近時眞時乃今求日食初虧復圓用時則不以初

虧復圓距食甚之時分加減食甚用時而以初虧復圓距食甚之時分加減食甚眞時爲初虧復圓用時次以初虧復圓用時求得東西差與食甚之東西差相較得視行乃以視行與初虧復圓距食甚之度比例得時分加減食甚眞時卽爲初虧復圓眞時然而不用近時者蓋爲近時所以求視行今食時已有東西差則與初虧復圓東西差相較卽可以得視行故不必又求近時也要之求日食三限時刻必先求食甚眞時而欲求食甚眞時必先求食甚用時有食甚用時然後可以知三差之大小而三限時刻皆由此次第生焉

定東西南北差以白平象限爲本

推步日食有三差曰高下差曰東西差曰南北差然東西差南北差又皆由高下差而生蓋食甚用時以地心立算自地面視之遂有地半徑差而太陽地半徑差恆小太陰地半徑差恆大於太陰地半徑差內減太陽地半徑差始爲太陰高下差高下差既變眞高則視高故經度之東西緯度之南北此皆因之而變也西法求東西南北差以黃平象限爲本者蓋以太陰在黃平象限東者視經度恆差而東太陰在黃平象限西者視經度恆差而西差而東者時刻宜減差而西者時刻宜加故日食之早晚必徵之東西差而後可定也北極出地二十三度半以上者黃平象限恆在天頂南太陰之視緯度恆差而南北極出地二十三度半以下者黃平象限有時在天頂北太陰之視緯度卽差而北差而南者實緯在南則加在北則減差而北者實緯在南則減在北則加故日食之淺深必徵之南北差而後可定也其法自黃極作兩經圈一過眞高一過視高兩經圈所截黃道度卽實經度與視經度之較是爲東西差兩經圈之較卽實緯度與視緯度之較是爲南北差三差相交成正弧三角形直角恆對高下差黃道高弧交角恆對南北差餘角恆對東西差惟太陰正當黃平象限則黃道經圈過天頂與高弧合眞高視高同在一經圈上故高下差卽南北差而無東西差黃平象限正當天頂則黃道與高弧合眞高視高同在黃道上故高下差卽東西差而無南北差過此距黃平象限愈近交角愈大則南北差大而東西差小距黃平象限愈遠交角愈小則南北差小而東西差大故必先求黃平象限及黃道高弧交角而後東西南北差可次第求焉今按太陰之經度爲白道經度食甚實緯又與白道成直角則東西差乃白道之經差非黃道之經差也南北差乃白道之緯差非黃道之緯差也三差相交成正弧三角形亦白道與白道經圈及高弧所成之三角形非黃道與黃道經圈及高弧所成之三角形也夫白道與黃道斜交則白平象限之與黃平象限白道高弧交角之與黃道高弧交角亦皆有不同新法曆書因日食近兩交黃白二道相距不遠故止用黃道爲省算究之必用白道方爲密合故今求東西南北差以白平象限爲本然白平象限以黃平象限爲根而白道高弧交角又以黃道高弧交角爲據知太陰距黃平象限東西及黃道高弧交角則可知太陰距白平象限東西及白道高弧交角矣

定初虧復圓方位四象限以交角求

舊定日食初虧復圓方位月在黃道北初虧西北復圓東北月在黃道南初虧西南復圓東南食八分以上初虧正西復圓正東此東西南北主黃道之經緯言與人目所見地平經度之東西南北頗不相合故今定初虧復圓之點在日體之上下左右乃於仰觀爲親切也其法從天頂作高弧過日心至地平卽分日體爲左右兩半周又平分爲上下兩象限卽成左上左下右上右下四象限乃視月距黃道之南北距黃平象限之東西及交角之大小而初虧復圓之點可定矣如月在黃道上無緯度又在黃平象限上而交角滿九十度則初虧正右復圓正左在黃平象限西而交角在四十五度以上則初虧右稍偏下復圓左稍偏上交角在四十五度以下則初虧下稍偏右復圓上稍偏左在黃平象限東者反是若月在交前後有距緯則必求緯差角與交角相加減爲定交角然後可定其上下左右也

御製曆象考成後編論日食

臣等謹按考成後編論日食推步法與上下編有異並繪圖繫說玆亦錄其要而以總論交食者冠列之

定實朔望以日躔月離求

從來求實朔望有二法一用本日次日兩子正日月黃道實行度比例其相會之時刻爲實朔相對之時刻爲實望推逐月朔望用之以已有本年逐

日之日躔月離故也一用本年首朔先求本月平朔望之時刻然後求其平行實行之差比例加減而得實朔望之時刻推交食用之因上考往古下推將來不必逐日悉推其躔離而即可逕求其朔望故也斯二法誠不可偏廢但從前交食求平行實行之差太陰惟用初均故甚整齊簡易今求太陰初均又有諸平均之加減既屬繁難而黃白大距又時時不同非推月離不得其準故今交食推實朔望合二法而兼用之先推平朔望以求其入交之月次推本日次日兩子正之日躔月離以求其實朔望之時又推本時次時兩日躔月離以比例其時刻較之舊法似爲紆遠然太陰之行甚速因遲疾差之故一日之內行度時時不同且平行實行之差大者至八九度則平朔望與實朔望之相距卽至十有餘時今以前後兩時相比例較之止用兩子正實行度相比例者固爲精密卽較之以距時爲比例者亦又加詳矣

定食甚時刻以斜距度比例求

舊法以實朔用時卽爲日食食甚用時以實望用時卽爲月食食甚時刻皆黃白同經後因此時兩心斜距猶遠惟自白極過太陽作經圈與白道成直角太陰臨此直角之點兩心相距最近始爲食甚故以白道升度差爲食甚距弧以一小時月距日實行比例得時分與實朔望用時相加減方爲食甚時刻（月食卽食甚時刻日食爲食甚用時）今法用日躔月離比例求實朔望是爲黃道同經較之舊法去食甚爲尤遠而其求食甚之法則亦以兩心相距最近爲食甚實緯以實朔望太陰距最近點之度爲食甚距弧又以黃白二道原非平行而日月兩經常相斜距若以太陽爲不動則太陰如由斜距線行故求兩心相距最近之線不與白道成直角而與斜距線成直角其距弧變時亦不以月距日實行度爲比例而以斜距度爲比例雖度分時刻所差無多而其理更爲細密

定日食三差以白經高弧交角求

日食三差之法以黃白二道交角與黃道高弧交角相加減得白道高弧交角白道與高弧及白道經圈相交成正弧三角形直角對高下差交角對南北差餘角對東西差上編言之詳矣今以黃赤二經交角加減黃白二經交角得赤白二經交角與赤經高弧交角相加減得白經高弧交角對東西差餘角對南北差葢白道與白道經圈相交其角必九十度白經高弧交角卽白道高弧交角之餘（凡弧角與九十度相減所餘爲餘弧餘角）是用白經高弧交角與用白道高弧交角等且以赤經高弧交角與黃道赤經交角相加減得黃道高弧交角又加減黃白二道交角爲白道高弧交角須加減二次而黃赤二經交角卽黃道赤經交角之餘交食時日必近交黃白二經交角又卽與黃白二道交角等故以黃赤二經交角與黃白二經交角相加減得赤白二經交角則爲初虧食甚復圓同用之數至求三限白經高弧交角止與赤經高弧交角一加減而得之其法尤爲省便也二經交角加減之法以黃道之二至白道之二交爲定葢惟冬夏二至黃經與赤經合無交角冬至後黃道自南而北黃經必在赤經西夏至後黃道自北而南黃經必在赤經東交周初宮十一宮在正交前後白道自南而北白經必在黃經西（猶黃道冬至後）交周五宮六宮在中交前後白道自北而南白經必在黃經東（猶黃道夏至後）乃視黃經在赤經西白經又在黃經西或黃經在赤經東白經又在黃經東則相加得赤白二經交角東仍爲東西仍爲西若黃經在赤經西而白經在黃經東或黃經在赤經東而白經在黃經西則相減得赤白二經交角黃赤二經交角大則從黃經之向黃白二經交角大則從白經之向若兩角相等而減盡無餘則白經與赤經合無交角也其與赤經高弧交角加減之法則以日距正午之東西爲定葢惟日當正午則赤經與高弧合無交角午前赤經必在高弧東午後赤經必在高弧西乃視赤經在高弧西白經又在赤經西或赤經在高弧東白經又在赤經東則相加得白經高弧交角午東亦爲限東午西亦爲限西若赤經在高弧東而白經在赤經西或赤經在高弧西而白經在赤經東則相減爲白經高弧交角赤白交角小則午東仍爲限東午西仍爲限西赤白交角大則午東變爲限西午西變爲限東若兩角相等而減盡無餘則白經與高弧合無交角卽知太陽正當白平象限上若兩角相加適足九十度則白道在天頂與高弧合若兩角相加過九十度則與半周相減用其餘卽知白平象限在天頂北也是法也不用求黃道高弧交角而逕求白經高弧交角入算甚簡而

理亦無遺今用簡平儀繪圖尤爲明顯

定高下差以距天頂正弦比例求

高下差者日月高下之視差也如日月實高本係同度而太陽以地半徑差之故視高比實高低五秒太陰以地半徑差之故視高比實高低三十分則人之視太陰必比太陽低二十九分五十五秒也然求兩地半徑差而後相減其法甚繁今按半徑一千萬與日月距天頂正弦之比既皆同於地平地半徑差與本時地半徑差之比而全與全之比又原同於較與較之比則以半徑一千萬與日距天頂之正弦之比（交食時日月高弧略相等故即以日高弧爲月高弧）必亦同於地平高下差與本時高下差之比矣故今求高下差唯以本時太陰距地數求得太陰地平地半徑差內減太陽地平地半徑差十秒餘爲地平高下差初虧食甚復圓各以其時日距天頂之正弦爲比例其法更爲省便也

定食甚眞時以兩心視相距求

日食求食甚眞時及食甚視緯舊法以食甚用時之東西差與食甚近時之東西差相較得視行以用時之東西差比例得時分與食甚用時相加減（限西加限東減）而得食甚眞時以眞時之南北差與食甚實緯相加減（白平象限在天頂南緯南則加緯北則減白平象限在天頂北緯南則減緯北則加）而得食甚視緯然近時之東西差與用時之東西差既不等（因白道高弧交角及高下差不同之故）則南北差亦不等今法用簡平儀繪圖算（渾儀從上視如觀平面是爲簡平儀）以本日地平高下差（本日地平日月兩地半徑差相減餘爲本日地平高下差）爲半徑作平圓（即地徑當月天之度）即地受日照之半面上應渾天半周圓心即日射地面至地心之點以人視日則人所處之地面即日影心以日照月則月所當之地面即月影心假令人所處之地面正在圓心則必見日當天頂又正當子午圈而月之實緯即日月兩心視相距外此則日影心之所在隨時隨地不同若日影心與月影心同點則必見日全食若日影心與月影心之相距大於併徑則不見食故先以食甚用時求其兩心視相距復設一時（限西向後設限東向前設）亦求其兩心視相距以此兩視距線及所夾之角求其對邊爲視行自日影心至視行作垂線與視行成直角是爲兩心相距最近之處月影心臨此直角之點即爲食甚眞時因垂線不與實緯合故不曰視緯而曰兩心視相距然後以所得眞時復考其兩心視相距果與所求垂線合則食甚眞時即爲定眞時不然則又作垂線求之蓋太陰視差時時不同其視行之道既不與白道平行又不能自成直線其兩心視相距最近之線不與白道成直角而與視行成直角（兩心實相距不與白道成直角而與斜距成直角兩心視相距又不與斜距成直角而與視行成直角今法與舊法之不同在此）故反覆推之務得太陰正當視行直角之點斯爲兩心最近之處而食甚乃爲確準也

定初虧復圓眞時以兩心視相距求

日食求初虧復圓時刻舊法先以食甚視緯爲一邊併徑爲一邊以視緯交白道之角爲直角用正弦三角形法求得初虧復圓距食甚之弧以一小時月距日實行比例得時分與食甚眞時相加減爲初虧復圓用時次以初虧復圓用時各求其東西差與食甚眞時之東西差相較得初虧復圓視行與初虧復圓距弧比例得時分與食甚眞時相加減爲初虧復圓眞時今法初虧復圓各設一時爲前設時求其兩心視相距（太陰在限西食甚眞時在用時後如食甚用時兩心視相距與併徑相去不遠則以食甚用時爲初虧前設時小則向前設大則向後設太陰在限東食甚眞時在用時前如食甚用時兩心視相距與併徑相去不遠則以食甚用時爲復圓前設時小則向後設大則向前設）又設一時爲後設時亦各求其兩心視相距（前設時兩心視相距小於併徑初虧向前設復圓向後設大於併徑初虧向後設復圓向前設）乃以兩視距之較爲一率兩設時之較爲二率後設時兩心視相距與併徑之較爲三率求得四率爲初虧復圓眞時距分與初虧復圓後設時相加減得初虧復圓眞時（前設時兩心視相距小於併徑初虧減復圓加大於併徑初虧加復圓減）然後又以眞時各考其兩心視相距果與併徑等方爲定眞時焉蓋初虧兩周初切復圓兩周初離日月兩心視相距必與併徑等故務求其恰合而初虧復圓乃爲確準也雖其數比舊法所差無多而其理甚爲細密至於設時之法則亦猶食甚用時近時之義耳今亦如食甚之次第先求初虧復圓用時（即前設時）次求初虧復圓近時（即後設時）俾學者知設時之準而求其兩心視相距與以兩視距比例時分則猶是設時之去也既得初虧復圓兩心視相距與併徑等則求得併徑與高弧相交之角即爲方位前

帶食以兩心視相距求

推日食帶食法舊以初虧復圓距時之視行與日出入距食甚之時分爲比例得日出入距食甚之視行而後與食甚視緯求其兩心視相距今推食

甚先求兩心視相距而後求視行初虧復圓止求兩心視相距更不求視行則帶食亦可逕求兩心視相距不待先求視行矣且舊法推視行雖不見初虧食甚或不見食甚復圓皆猶多此一算今逕求兩心視相距則以地平爲斷凡已初虧而帶出者止求帶出時之相距不用求初虧視行未復圓而帶入者止求帶入時之相距不用求復圓視行若已過食甚而帶出者卽以帶食視緯求復圓用時未及食甚而帶入者卽以帶食視緯求初虧用時固不用求視行亦不用求食甚其法甚簡況視行不與白道平行帶食之視緯必不與食甚等則逕求帶食兩心視相距而不用視行者其理尤確也

推日食法

臣等謹按考成下編後編所載推日食法自求積朔首朔以後各有不同後編自求赤白二經交角以後復有本法又法之殊今以欽天監所遵用者序列之

求積年同推日躔法

求中積分同推日躔法

求通積分同推日躔法

求天正冬至置通積分其日滿紀法六十去之餘爲天正冬至日分上考往古則以所餘轉與紀法六十相減餘爲天正冬至日分

求紀日以天正冬至日數加一日得紀日

求積日置中積分加氣應分日（不用）減本年天正冬至分用日（亦不）得積日上考往古則置中積分減氣應分加本年天正冬至分得積日

求通朔置積日減朔應日分得通朔上考往古則置積日加朔應得通朔

求積朔及首朔置通朔以朔策二十九日五三〇五九〇五三除之得數加一爲積朔餘數與朔策相減爲首朔上考往古則置通朔以朔策除之得數爲積朔餘數爲首朔

求首朔太陰交周以積朔與太陰交周朔策一十一萬零四百一十三秒九二四四一三三四相乘滿周天一百二十九萬六千秒去之餘數爲秒以宮度分收之爲積朔太陰交周加首朔太陰交周應宮度分秒微得首朔太陰交周上考往古則置首朔太陰交周應減積朔太陰交周（不及減者加十二宮減之）得首朔太陰交周

求逐月朔太陰交周置本年首朔太陰交周以太陰交周朔策宮度分秒微遞加十三次得逐月朔太陰交周

求太陰入交月數逐月朔太陰交周自初宮初度至初宮二十一度一十八分自五宮八度四十二分至六宮九度一十四分自十一宮二十度四十六分至十一宮三十度皆爲太陰入交第幾月入交卽第幾月有食

求平朔以太陰入交月數與朔策二十九日五三〇五九〇五三相乘得數與本年首朔日分相加其所得日數卽平朔距冬至之日數再加紀日滿紀法六十去之自初日甲子起算得平朔干支以周日一千四百四十分通其小餘得平朔時分秒

求實朔泛時以平朔距冬至之日數用推日躔月離法各求其子正黃道實行如太陰實行未及太陽則平朔日爲實朔本日平朔次日爲實朔次日如太陰實行已過太陽則平朔前一日爲實朔本日平朔日爲實朔次日又用推日躔月離法各求其本日或次日子正黃道實行乃以本日次日兩太陽實行相減爲一日之日實行本日次日兩太陰實行相減爲一日之月實行一日之實行相減爲一日之月距日實行化秒爲一率周日一千四百四十分爲二率本日太陽實行內減本日太陰實行餘化秒爲三率求得四率爲距本日子正後之分數以時收之得實朔泛時

求實朔實時以實朔泛時之時刻設前後兩時用推日躔月離法各求其黃道實行乃以前後兩時太陽實行相減爲一小時之日實行以前後兩時太陰實行相減爲一小時之月實行一小時兩實行相減爲一小時月距日實行化秒爲一率一小時化作三千六百秒爲二率前時太陽實行內減前時太陰實行餘化秒爲三率求得四率爲秒以分收之加於前時得實朔實時再以實朔實時用推日躔月離法各求其黃道實行則太陰太陽必同宮同度乃視本時月距正交自初宮初度至初宮一十八度二十六分自五宮一十一度三十四分至六宮六度二十二分自十一宮二十三度三十八分至十一宮三十度皆入食限爲有食不入此限者不食卽不必算

求均數時差以實朔太陽均數變時得均數時差

一度變爲四分十五分變爲一分十五秒變爲一秒均數加者則爲減均數減者則爲加

求升度時差以半徑一千萬爲一率黃赤大距二十三度二十九分之餘弦爲二率實朔太陽距春秋分黃道經度之正切線爲三率求得四率爲距春秋分赤道經度之正切線得太陽距春秋分赤道經度與太陽距春秋分黃道經度相減餘爲升度差變時得升度時差二分後爲加二至後爲減

求時差總以均數時差與升度時差同爲加者則相加爲時差總仍爲加同爲減者亦相加爲時差總仍爲減一爲加一爲減者則相減爲時差總加數大爲加減數大爲減

求實朔用時置實朔實時加減時差總得實朔用時距日出前日入後五刻以內者可以見食五刻以外者則全在夜卽不必算

求斜距交角差以一小時太陰白道實行化秒爲一邊一小時太陽黃道實行化秒爲一邊實朔黃白大距爲所夾之角用切線分外角法求得對小邊之角爲斜距交角差

求斜距黃道交角置實朔黃白大距加斜距交角差得斜距黃道交角

求兩經斜距以斜距交角差之正弦爲一率一小時太陽實行化秒爲二率實朔黃白大距之正弦爲三率求得四率爲秒以分收之得兩經斜距

求食甚實緯以半徑一千萬爲一率斜距黃道交角之餘弦爲二率實朔月離黃道實緯化秒爲三率求得四率爲秒以分收之得食甚實緯南北與實朔黃道實緯同

求食甚距弧以半徑一千萬爲一率斜距黃道交角之正弦爲二率實朔月離黃道實緯化秒爲三率求得四率爲秒以分收之得食甚距弧

求食甚距時以一小時兩經斜距化秒爲一率一小時化作三千六百秒爲二率食甚距弧化秒爲三率求得四率爲秒以分收之得食甚距時月距正交初宮六宮爲減五宮十一宮爲加

求食甚用時置實朔用時加減食甚距時得食甚用時

求太陽實引置實朔太陽引數加減本時太陽均數得太陽實引

求太陰實引置實朔太陰引數加減本時太陰均數得太陰實引

求太陽距地以倍兩心差三三八〇〇〇爲一邊以二千萬爲兩邊和以太陽實引爲一角用三角作垂線成兩勾股法算之求得地心至橢圓界之一邊爲太陽距地

求太陰距地以實朔太陰本天心距地數倍之爲一邊以二千萬爲兩邊和以太陰實引爲一角用三角作垂線成兩勾股法算之求得地心至橢圓界之一邊卽太陰距地

求地平高下差以太陰距地爲一率中距太陰距地一千萬爲二率太陰中距最大地半徑差五十七分三十秒化作三千四百五十秒爲三率求得四率爲秒以分收之得本日太陰在地平上最大地半徑差減太陽地半徑差一十秒得地平高下差

求太陽實半徑以太陽距地爲一率中距太陽距地一千萬爲二率中距太陽視半徑一十六分六秒化作九百六十六秒爲三率求得四率爲秒以分收之得太陽視半徑再減太陽光分一十五秒得太陽實半徑

求太陰視半徑以太陰距地爲一率中距太陰距地一千萬爲二率中距太陰視半徑一十五分四十秒三十微化作九百四十秒半爲三率求得四率爲秒以分收之得太陰視半徑

求併徑以太陽實半徑與太陰視半徑相加得併徑

求距時日實行以一小時化作三千六百秒爲一率一小時太陽黃道實行化秒爲二率食甚距時化秒爲三率求得四率爲秒以分收之得距時日實行食甚距時加者亦爲加減者亦爲減

求食甚太陽黃道經度置實朔太陽黃道實行加減距時日實行得食甚太陽黃道經度

求食甚太陽黃道宿度察食甚太陽黃道經度足減本年黃道宿鈐內某宿度分則減之餘爲食甚太陽黃道宿度

求食甚太陽赤道經度以半徑一千萬爲一率黃赤大距二十三度二十九分之餘弦爲二率食甚太陽距春秋分黃道經度之正切線爲三率求得四率爲距春秋分赤道經度之正切線得太陽距春秋分赤道經度自冬至初宮起算得食甚太陽赤道經度

求食甚太陽赤道宿度察食甚太陽赤道經度足減本年赤道宿鈐內某宿度分則減之餘爲食甚太陽赤道宿度

求食甚太陽赤道緯度以半徑一千萬爲一率黃赤大距二十三度二十九分之正弦爲二率食甚太陽距春秋分黃道經度之正弦爲三率求得四率爲距緯之正弦得食甚太陽赤道緯度春分後秋分前爲北秋分後春分前爲南

求太陽距北極置九十度加減食甚太陽赤道緯度得太陽距北極

求黃赤二經交角以食甚太陽距春秋分黃道經度之餘弦爲一率黃赤太陽距二十三度二十九分之餘切線爲二率半徑一千萬爲三率求得四率爲黃赤二經交角之餘切線得黃赤二經交角冬至後黃經在赤經西夏至後黃經在赤經東如太陽在冬夏至則黃經與赤經合無交角

求黃白二經交角斜距黃道交角卽黃白二經交角實朔日距正交初宮十一宮白經在黃經西五宮六宮白經在黃經東

求赤白二經交角黃赤二經交角與黃白二經交角同爲東或同爲西者則相加得赤白二經交角東亦爲東西亦爲西一爲東一爲西者則相減得赤白二經交角東數大爲東西數大爲西若兩角相等而減盡無餘則白經與赤經合無交角如無黃赤二經交角則黃白二經交角卽赤白二經交角東西並同

求用時太陽距午赤道度以食甚用時與十二時相減不及十二時者於十二時內減之過十二時者則減去十二時餘數變赤道度一時變爲十五度一分變爲十五分一秒變爲十五秒得用時太陽距午赤道度

求用時赤經高弧交角以北極距天頂爲一邊太陽距北極爲一邊用時太陽距午赤道度爲所夾之角用斜弧三角形法自天頂作垂弧至赤道經圈卽成兩正弧三角形先以半徑一千萬爲一率用時太陽距午赤道度之餘弦爲二率北極距天頂之正切線爲三率求得四率爲距極分邊之正切線得距極分邊與太陽距北極相加減得距日分邊次以半徑一千萬爲一率用時太陽距午赤道度之正切線爲二率距極分邊之正弦爲三率求得四率爲垂弧之正切線又以距日分邊之正弦爲一率垂弧之正切線爲二率半徑一千萬爲三率求得四率爲赤經高弧交角之正切線得用時赤經高弧交角若距極分邊轉大於太陽距北極則所得爲外角與半周相減餘爲赤經高弧交角午前爲東午後爲西

求用時太陽距天頂以用時赤經高弧交角之正弦爲一率北極距天頂之正弦爲二率用時太陽距午赤道度之正弦爲三率求得四率爲太陽距天頂之正弦得用時太陽距天頂

求用時白經高弧交角用時赤經高弧交角與赤白二經交角同爲東或同爲西者則相加得用時白經高弧交角東爲限東西爲限西一爲東一爲西者則相減得用時白經高弧交角赤經高弧交角大午東仍爲限東午西仍爲限西赤經高弧交角小午東變爲限西午西變爲限東若兩角相等而減盡無餘則太陽正當白平象限白經與高弧合無交角若相加適足九十度則白道在天頂與高弧合若相加過九十度與半周相減用其餘則白平象限在天頂北

求用時高下差以半徑一千萬爲一率地平高下差化秒爲二率用時太陽距天頂之正弦爲三率求得四率爲秒以分收之得用時高下差

求用時東西差以半徑一千萬爲一率用時白經高弧交角之正弦爲二率用時高下差化秒爲三率求得四率爲秒以分收之得用時東西差

求用時南北差以半徑一千萬爲一率用時白經高弧交角之餘弦爲二率用時高下差化秒爲三率求得四率爲秒以分收之得用時南北差

求用時視緯以用時南北差與食甚實緯相加減得用時視緯

求用時兩心視相距以用時東西差爲勾用時視緯爲股求得弦卽用時兩心視相距

求近時距分以一小時兩經斜距化秒爲一率一小時化作三千六百秒爲二率以用時東西差爲近時實距弧化秒爲三率求得四率爲秒以時分收之得近時距分限西爲加限東爲減

求食甚近時置食甚用時加減近時距分得食甚近時

求近時太陽距午赤道度以食甚近時與十二時相減餘數變赤道度得近時太陽距午赤道度

求近時赤經高弧交角以北極距天頂爲一邊太

陽距北極爲一邊近時太陽距午赤道度爲所夾之角用斜弧三角形法求得對北極距天頂之角爲近時赤經高弧交角午前爲東午後爲西

求近時太陽距天頂以近時赤經高弧交角之正弦爲一率北極距天頂之正弦爲二率近時太陽距午赤道度之正弦爲三率求得四率爲太陽距天頂之正弦得近時太陽距天頂

求近時白經高弧交角以近時赤經高弧交角與赤白二經交角相加減得近時白經高弧交角

求近時高下差以半徑一千萬爲一率地平高下差化秒爲二率近時太陽距天頂之正弦爲三率求得四率爲秒以分收之得近時高下差

求近時東西差以半徑一千萬爲一率近時白經高弦交角之正弦爲二率近時高下差化秒爲三率求得四率爲秒以分收之得近時東西差

求近時南北差以半徑一千萬爲一率近時白經高弧交角之餘弦爲二率近時高下差化秒爲三率求得四率爲秒以分收之得近時南北差

求近時視距弧以近時東西差與用時東西差相減得近時視距弧

求近時視緯以近時南北差與食甚實緯相加減得近時視緯

求近時兩心視相距以近時視距弧爲勾近時視緯爲股求得弦爲近時兩心視相距

求近時視行以近時視距弧與用時東西差相減爲勾以近時視緯與用時視緯相加減爲股求得弦爲近時視行

求眞時視行以近時兩心視相距與用時兩心視相距各自乘相減以近時視行除之得數與近時視行相加折半得眞時視行

求眞時兩心視相距以用時兩心視相距爲弦眞時視行爲勾求得股爲眞時兩心視相距

求眞時距分以近時視行化秒爲一率近時距分化秒爲二率眞時視行化秒爲三率求得四率爲秒以分收之得眞時距分限西爲加限東爲減

求食甚眞時置食甚用時加減眞時距分得食甚眞時

求眞時太陽距午赤道度以食甚眞時與十二時相減餘數變赤道度得眞時太陽距午赤道度

求眞時赤經高弧交角以北極距天頂爲一邊太陽距北極爲一邊眞時太陽距午赤道度爲所夾之角用斜弧三角形法求得對北極距天頂之角爲眞時赤經高弧交角午前爲東午後爲西

求眞時太陽距天頂以眞時赤經高弧交角之正弦爲一率北極距天頂之正弦爲二率眞時太陽距午赤道度之正弦爲三率求得四率爲太陽距天頂之正弦得眞時太陽距天頂

求眞時白經高弧交角以眞時赤經高弧交角與赤白二經交角相加減得眞時白經高弧交角

求眞時高下差以半徑一千萬爲一率地平高下差化秒爲二率眞時太陽距天頂之正弦爲三率求得四率爲秒以分收之得眞時高下差

求眞時東西差以半徑一千萬爲一率眞時白經高弧交角之正弦爲二率眞時高下差化秒爲三率求得四率爲秒以分收之得眞時東西差

求眞時南北差以半徑一千萬爲一率眞時白經高弧交角之餘弦爲二率眞時高下差化秒爲三率求得四率爲秒以分收之得眞時南北差

求眞時實距弧以一小時化作三千六百秒爲一率一小時兩經斜距化秒爲二率眞時距分化秒爲三率求得四率爲秒以分收之得眞時實距弧

求眞時視距弧以眞時東西差與眞時實距弧相減得眞時視距弧

求眞時視緯以眞時南北差與食甚實緯相加減得眞時視緯

求考眞時兩心視相距以眞時視距弧爲勾眞時視緯爲股求得弦爲眞時兩心視相距

求考眞時視行以眞時視距弧與近時視距弧相加減爲股眞時視緯與近時視緯相加減爲勾求得弦爲考眞時視行

求定眞時視行以考眞時兩心視相距與近時兩心視相距各自乘相減以考眞時視行除之得數與考眞時視行相加折半得定眞時視行

求定眞時兩心視相距以近時兩心視相距爲弦定眞時視行爲勾求得股爲定眞時兩心視相距

求定眞時距分以考眞時視行化秒爲一率以近時距分與眞時距分相減餘化秒爲二率定眞時視行化秒爲三率求得四率爲秒以分收之得定眞時距分近時距分小於眞時距分限西爲加限東爲減近時距分大於眞時距分限西爲減限東爲加

求食甚定眞時置食甚近時加減定眞時距分得食甚定眞時

求食分以太陽實半徑倍之得太陽全徑化秒爲一率十分化作六百秒爲二率併徑內減定眞時兩心視相距餘化秒爲三率求得四率爲秒以分收之得食分

求初虧復圓平距以食甚定眞時兩心視相距化秒爲勾併徑化秒爲弦求得股爲秒以分收之得初虧復圓平距

求初虧復圓用時距分以定眞時視行化秒爲一率定眞時距分化秒爲二率初虧復圓平距化秒爲三率求得四率爲秒以時分收之得初虧復圓用時距分

求初虧用時置食甚定眞時減初虧復圓用時距分得初虧用時

求初虧用時太陽距午赤道度以初虧用時與十二時相減餘數變赤道度得初虧用時太陽距午赤道度

求初虧用時赤經高弧交角以北極距天頂爲一邊太陽距北極爲一邊初虧用時太陽距午赤道度爲所夾之角用斜弧三角形法求得對北極距天頂之角爲初虧用時赤經高弧交角午前爲東午後爲西

求初虧用時太陽距天頂以初虧用時赤經高弧交角之正弦爲一率北極距天頂之正弦爲二率初虧用時太陽距午赤道度之正弦爲三率求得四率爲距天頂之正弦得初虧用時太陽距天頂

求初虧用時白經高弧交角以初虧用時赤經高弧交角與赤白二經交角相加減得初虧用時白經高弧交角其加減及定距限東西天頂南北之法並與求食甚用時白經高弧交角同

求初虧用時高下差以半徑一千萬爲一率地平高下差化秒爲二率初虧用時太陽距天頂之正弦爲三率求得四率爲秒以分收之得初虧用時高下差

求初虧用時東西差以半徑一千萬爲一率初虧用時白經高弧交角之正弦爲二率初虧用時高下差化秒爲三率求得四率爲秒以分收之得初虧用時東西差

求初虧用時南北差以半徑一千萬爲一率初虧用時白經高弧交角之餘弦爲二率初虧用時高下差化秒爲三率求得四率爲秒以分收之得初虧用時南北差

求初虧用時實距弧以一小時化作三千六百秒爲一率一小時兩經斜距化秒爲二率初虧用時與食甚用時相減餘化秒爲三率求得四率爲秒以度分收之得初虧用時實距弧初虧用時早於食甚用時爲緯西遲於食甚用時爲緯東

求初虧用時視距弧以初虧用時東西差與初虧用時實距弧相加減得初虧用時視距弧

求初虧用時視緯以初虧用時南北差與食甚實緯相加減得初虧用時視緯

求初虧用時兩心視相距以初虧用時視距弧爲股初虧用時視緯爲勾求得弦爲初虧用時兩心視相距乃視初虧用時兩心視相距與併徑相等則初虧用時卽爲初虧眞時如或大或小則用下法求之

求初虧近時距分以初虧用時兩心視相距化秒爲一率初虧復圓用時距分化秒爲二率初虧用時兩心視相距與併徑相減餘化秒爲三率求得四率爲秒以分收之得初虧近時距分初虧用時兩心視相距大於併徑爲加小於併徑爲減

求初虧近時置初虧用時加減初虧近時距分得初虧近時

求初虧近時太陽距午赤道度以初虧近時與十二時相減餘數變赤道度得初虧近時太陽距午赤道度

求初虧近時赤經高弧交角以北極距天頂爲一邊太陽距北極爲一邊初虧近時太陽距午赤道度爲所夾之角用斜弧三角形法求得對北極距天頂之角爲初虧近時赤經高弧交角午前爲東午後爲西

求初虧近時太陽距天頂以初虧近時赤經高弧交角之正弦爲一率北極距天頂之正弦爲二率初虧近時太陽距午赤道度之正弦爲三率求得四率爲距天頂之正弦得初虧近時太陽距天頂

求初虧近時白經高弧交角以初虧近時赤經高弧交角與赤白二經交角相加減得初虧近時白經高弧交角

求初虧近時高下差以半徑一千萬爲一率地平高下差化秒爲二率初虧近時太陽距天頂之正

弦爲三率求得四率爲秒以分收之得初虧近時高下差

求初虧近時東西差以半徑一千萬爲一率初虧近時白經高弧交角之正弦爲二率初虧近時高下差化秒爲三率求得四率爲秒以分收之得初虧近時東西差

求初虧近時南北差以半徑一千萬爲一率初虧近時白經高弧交角之餘弦爲二率初虧近時高下差化秒爲三率求得四率爲秒以分收之得初虧近時南北差

求初虧近時實距弧以一小時化作三千六百秒爲一率一小時兩經斜距化秒爲二率初虧近時與食甚用時相減餘化秒爲三率求得四率爲秒以度分收之得初虧近時實距弧初虧近時早於食甚用時爲緯西遲於食甚用時爲緯東

求初虧近時視距弧以初虧近時東西差與初虧近時實距弧相加減得初虧近時視距弧

求初虧近時視緯以初虧近時南北差與食甚實緯相加減得初虧近時視緯

求初虧近時兩心視相距以初虧近時視距弧爲股初虧近時視緯爲勾求得弦爲初虧近時兩心視相距乃視初虧近時兩心視相距與併徑相等則初虧近時即爲初虧眞時如或大或小則再用下法求之

求初虧眞時距分以初虧用時兩心視相距與初虧近時兩心視相距相減餘化秒爲一率初虧近時距分化秒爲二率初虧用時兩心視相距與併徑相減餘化秒爲三率求得四率爲秒以分收之得初虧眞時距分初虧用時兩心視相距大於併徑爲加小於併徑爲減

求初虧眞時置初虧用時加減初虧眞時距分得初虧眞時

求初虧眞時太陽距午赤道度以初虧眞時與十二時相減餘數變赤道度得初虧眞時太陽距午赤道度

求初虧眞時赤經高弧交角以北極距天頂爲一邊太陽距北極爲一邊初虧眞時太陽距午赤道度爲所夾之角用斜弧三角形法求得對北極距天頂之角爲初虧眞時赤經高弧交角午前爲東午後爲西

求初虧眞時太陽距天頂以初虧眞時赤經高弧交角之正弦爲一率北極距天頂之正弦爲二率初虧眞時太陽距午赤道度之正弦爲三率求得四率爲距天頂之正弦得初虧眞時太陽距天頂

求初虧眞時白經高弧交角以初虧眞時赤經高弧交角與赤白二經交角相加減得初虧眞時白經高弧交角

求初虧眞時高下差以半徑一千萬爲一率地平高下差化秒爲二率初虧眞時太陽距天頂之正弦爲三率求得四率爲秒以分收之得初虧眞時高下差

求初虧眞時東西差以半徑一千萬爲一率初虧眞時白經高弧交角之正弦爲二率初虧眞時高下差化秒爲三率求得四率爲秒以分收之得初虧眞時東西差

求初虧眞時南北差以半徑一千萬爲一率初虧眞時白經高弧交角之餘弦爲二率初虧眞時高下差化秒爲三率求得四率爲秒以分收之得初虧眞時南北差

求初虧眞時實距弧以一小時化作三千六百秒爲一率一小時兩經斜距化秒爲二率初虧眞時與食甚用時相減餘化秒爲三率求得四率爲秒以度分收之得初虧眞時實距弧初虧眞時早於食甚用時爲緯西遲於食甚用時爲緯東

求初虧眞時視距弧以初虧眞時東西差與初虧眞時實距弧相加減得初虧眞時視距弧

求初虧眞時視緯以初虧眞時南北差與食甚實緯相加減得初虧眞時視緯

求初虧考眞時兩心視相距以初虧眞時視距弧爲股初虧眞時視緯爲勾求得弦爲初虧考眞時兩心視相距乃視初虧考眞時兩心視相距與併徑相等則初虧眞時即爲初虧定眞時如或大或小則再用下法求之

求初虧定眞時距分以初虧近時兩心視相距與初虧考眞時兩心視相距相減餘化秒爲一率初虧近時距分與初虧眞時相減餘化秒爲二率初虧考眞時兩心視相距與併徑相減餘化秒爲三率求得四率爲初虧定眞時距分初虧考眞時兩心視相距大於併徑爲加小於併徑爲減

求初虧定眞時置初虧眞時加減初虧定眞時距分得初虧定眞時

求復圓用時置食甚定眞時加初虧復圓用時距分得復圓用時

求復圓用時太陽距午赤道度以復圓用時與十二時相減餘數變赤道度得復圓用時太陽距午赤道度

求復圓用時赤經高弧交角以北極距天頂爲一邊太陽距北極爲一邊復圓用時太陽距午赤道度爲所夾之角用斜弧三角形法求得對北極距天頂之角爲復圓用時赤經高弧交角午前爲東午後爲西

求復圓用時太陽距天頂以復圓用時赤經高弧交角之正弦爲一率北極距天頂之正弦爲二率復圓用時太陽距午赤道度之正弦爲三率求得四率爲距天頂之正弦得復圓用時太陽距天頂

求復圓用時白經高弧交角以復圓用時赤經高弧交角與赤白二經交角相加減得復圓用時白經高弧交角

求復圓用時高下差以半徑一千萬爲一率地平高下差化秒爲二率復圓用時太陽距天頂之正弦爲三率求得四率爲秒以分收之得復圓用時高下差

求復圓用時東西差以半徑一千萬爲一率復圓用時白經高弧交角之正弦爲二率復圓用時高下差化秒爲三率求得四率爲秒以分收之得復圓用時東西差

求復圓用時南北差以半徑一千萬爲一率復圓用時白經高弧交角之餘弦爲二率復圓用時高下差化秒爲三率求得四率爲秒以分收之得復圓用時南北差

求復圓用時實距弧以一小時化作三千六百秒爲一率一小時兩經斜距化秒爲二率復圓用時與食甚用時相減餘化秒爲三率求得四率爲秒以度分收之得復圓用時實距弧復圓用時早於食甚用時爲緯西遲於食甚用時爲緯東

求復圓用時視距弧以復圓用時東西差與復圓用時實距弧相加減得復圓用時視距弧

求復圓用時視緯以復圓用時南北差與食甚實緯相加減得復圓用時視緯

求復圓用時兩心視相距以復圓用時視距弧爲股復圓用時視緯爲勾求得弦爲復圓用時兩心視相距乃視復圓用時兩心視相距與併徑相等則復圓用時即爲復圓眞時如或大或小則用下法求之

求復圓近時距分以復圓用時兩心視相距化秒爲一率初虧復圓用時距化秒爲二率復圓用時兩心視相距與併徑相減餘化秒爲三率求得四率爲秒以分收之得復圓近時距分復圓用時兩心視相距大於併徑爲減小於併徑爲加

求復圓近時置復圓用時加減復圓近時距分得復圓近時

求復圓近時太陽距午赤道度以復圓近時與十二時相減餘數變赤道度得復圓近時太陽距午赤道度

求復圓近時赤經高弧交角以北極距天頂爲一邊太陽距北極爲一邊復圓近時太陽距午赤道度爲所夾之角用斜弧三角形法求得對北極距天頂之角爲復圓近時赤經高弧交角午前爲東午後爲西

求復圓近時太陽距天頂以復圓近時赤經高弧交角之正弦爲一率北極距天頂之正弦爲二率復圓近時太陽距午赤道度之正弦爲三率求得四率爲距天頂之正弦得復圓近時太陽距天頂

求復圓近時白經高弧交角以復圓近時赤經高弧交角與赤白二經交角相加減得復圓近時白經高弧交角

求復圓近時高下差以半徑一千萬爲一率地平高下差化秒爲二率復圓近時太陽距天頂之正弦爲三率求得四率爲秒以分收之得復圓近時高下差

求復圓近時東西差以半徑一千萬爲一率復圓近時白經高弧交角之正弦爲二率復圓近時高下差化秒爲三率求得四率爲秒以分收之得復圓近時東西差

求復圓近時南北差以半徑一千萬爲一率復圓近時白經高弧交角之餘弦爲二率復圓近時高下差化秒爲三率求得四率爲秒以分收之得復圓近時南北差

求復圓近時實距弧以一小時化作三千六百秒爲一率一小時兩經斜距化秒爲二率復圓近時與食甚用時相減餘化秒爲三率求得四率爲秒以度分收之得復圓近時實距弧復圓近時早於

食甚用時爲緯西遲於食甚用時爲緯東

求復圓近時視距弧以復圓近時東西差與復圓近時實距弧相加減得復圓近時視距弧

求復圓近時視緯以復圓近時南北差與食甚實緯相加減得復圓近時視緯

求復圓近時兩心視相距以復圓近時視距弧爲股復圓近時視緯爲勾求得弦爲復圓近時兩心視相距乃視復圓近時兩心視相距與併徑相等則復圓近時即爲復圓眞時如或大或小則再用下法求之

求復圓眞時距分以復圓用時兩心視相距與復圓近時兩心視相距相減餘化秒爲一率復圓近時距分化秒爲二率復圓用時兩心視相距與併徑相減餘化秒爲三率求得四率爲秒以分收之得復圓眞時距分復圓用時兩心視相距大於併徑爲減小於併徑爲加

求復圓眞時置復圓用時加減復圓眞時距分得復圓眞時

求復圓眞時太陽距午赤道度以復圓眞時與十二時相減餘數變赤道度得復圓眞時太陽距午赤道度

求復圓眞時赤經高弧交角以北極距天頂爲一邊太陽距北極爲一邊復圓眞時太陽距午赤道度爲所夾之角用斜弧三角形法求得對北極距天頂之角爲復圓眞時赤經高弧交角午前爲東午後爲西

求復圓眞時太陽距天頂以復圓眞時赤經高弧交角之正弦爲一率北極距天頂之正弦爲二率復圓眞時太陽距午赤道度之正弦爲三率求得四率爲距天頂之正弦得復圓眞時太陽距天頂

求復圓眞時白經高弧交角以復圓眞時赤經高弧交角與赤白二經交角相加減得復圓眞時白經高弧交角

求復圓眞時高下差以半徑一千萬爲一率地平高下差化秒爲二率復圓眞時太陽距天頂之正弦爲三率求得四率爲秒以分收之得復圓眞時高下差

求復圓眞時東西差以半徑一千萬爲一率復圓眞時白經高弧交角之正弦爲二率復圓眞時高下差化秒爲三率求得四率爲秒以分收之得復圓眞時東西差

求復圓眞時南北差以半徑一千萬爲一率復圓眞時白經高弧交角之餘弦爲二率復圓眞時高下差化秒爲三率求得四率爲秒以分收之得復圓眞時南北差

求復圓眞時實距弧以一小時化作三千六百秒爲一率一小時兩經斜距化秒爲二率復圓眞時與食甚用時相減餘化秒爲三率求得四率爲秒以度分收之得復圓眞時實距弧復圓眞時早於食甚用時爲緯西遲於食甚用時爲緯東

求復圓眞時視距弧以復圓眞時東西差與復圓眞時實距弧相加減得復圓眞時視距弧

求復圓眞時視緯以復圓眞時南北差與食甚實緯相加減得復圓眞時視緯

求復圓考定眞時兩心視相距以復圓眞時視距弧爲股復圓眞時視緯爲勾求得弦爲復圓考眞時兩心視相距乃視復圓考眞時兩心視相距與併徑相等則復圓眞時即爲復圓定眞時如或大或小則再用下法求之

求復圓定眞時距分以復圓近時兩心視相距與復圓考眞時兩心視相距相減餘化秒爲一率復圓近時距分與復圓眞時距分相減餘化秒爲二率復圓考眞時兩心視相距與併徑相減餘化秒爲三率求得四率爲復圓定眞時距分復圓考眞時兩心視相距大於併徑爲減小於併徑爲加

求復圓定眞時置復圓眞時加減復圓定眞時距分得復圓定眞時

求初虧併徑白經交角以初虧眞時視緯化秒爲一率初虧眞時視距弧化秒爲二率半徑一千萬爲三率求得四率爲併徑白經交角之正切線得初虧併徑白經交角如初虧眞時無視緯則併徑與白道合併徑白經交角爲九十度

求復圓併徑白經交角以復圓眞時視緯化秒爲一率復圓眞時視距弧化秒爲二率半徑一千萬爲三率求得四率爲併徑白經交角之正切線得復圓併徑白經交角如復圓眞時無視緯則併徑與白道合併徑白經交角爲九十度

求初虧併徑高弧交角置初虧併徑白經交角加減初虧眞時白經高弧交角得初虧併徑高弧交角初虧在限東者緯南則加與半周相減緯北則減初虧在限西者緯北則加與半周相減緯南則

減得初虧併徑高弧交角如無初虧白經高弧交角則初虧併徑白經交角卽初虧併徑高弧交角如兩角相等而減盡無餘或相加適足一百八十度則交角爲初度

求復圓併徑高弧交角置復圓併徑白經交角加減復圓眞時白經高弧交角得復圓併徑高弧交角復圓在限東者緯北則加與半周相減緯南則減復圓在限西者緯南則加與半周相減緯北則減則復圓併徑白經交角卽復圓併徑高弧交角如兩角相等而減盡無餘或相加適足一百八十度則交角爲初度

求初虧方位初虧在限東者初虧併徑高弧交角初度爲正上四十五度以內爲上偏右四十五度以外爲右偏上九十度爲正右過九十度爲右偏下初虧在限西者初虧併徑高弧交角初度爲正下四十五度以內爲下偏右四十五度以外爲右偏下九十度亦爲正右過九十度爲右偏上白經高弧交角大反減併徑白經交角者則變右爲左

求復圓方位復圓在限東者復圓併徑高弧交角初虧爲正下四十五度以內爲下偏左四十五度以外爲左偏下九十度爲正左過九十度爲左偏上復圓在限西者復圓併徑高弧交角初度爲正上四十五度以內爲上偏左四十五度以外爲左偏上九十度亦爲正左過九十度爲左偏下白經高弧交角大反減併徑白經交角者則變左爲右

求食限總時置復圓定眞時減初虧定眞時得食限總時

推日食帶食法

臣等謹按考成下編後編推日食帶食法各有不同後編復有本法又法之殊今以欽天監所遵用者序列之

求日出入卯酉前後赤道度以半徑一千萬爲一率本省北極高度之正切線爲二率本時黃赤距緯之正切線爲三率求得四率爲卯酉前後赤道度之正弦得卯酉前後赤道度

求日出入時分以卯酉前後赤道度變時一度變爲四分十五分變爲一分十五秒變爲一秒春分後秋分前以減卯正加酉正得日出入時分秋分後春分前以加卯正減酉正得日出入時分

求帶食距時以日出或日入時分與食甚用時相減得帶食距時

求帶食距弧以一小時化作三千六百秒爲一率以一小時兩經斜距化秒爲二率帶食距時化秒爲三率求得四率爲秒以分收之得帶食距弧

求帶食赤經高弧交角以黃赤距緯之餘弦爲一率北極高度之正弦爲二率半徑一千萬爲三率求得四率爲赤經高弧交角之餘弦得帶食赤經高弧交角帶出地平爲東帶入地平爲西

求帶食白經高弧交角以帶食赤經高弧交角與赤白二經交角相加減得帶食白經高弧交角

求帶食東西差以半徑一千萬爲一率帶食白經高弧交角之正弦爲二率地平高下差化秒爲三率求得四率爲秒以分收之得帶食東西差

求帶食南北差以半徑一千萬爲一率帶食白經高弧交角之餘弦爲二率地平高下差化秒爲三率求得四率爲秒以分收之得帶食南北差

求帶食視距弧以帶食東西差與帶食距弧相減得帶食視距弧

求帶食視緯以帶食南北差與食甚實緯相加減得帶食視緯

求帶食兩心視相距以帶食視距弧爲股帶食視緯爲勾求得弦爲帶食兩心視相距

求帶食分秒以太陽實半徑倍之得太陽全徑化秒爲一率十分化作六百秒爲二率併徑內減帶食兩心視相距餘化秒爲三率求得四率爲秒以分收之得帶食分秒

求帶食方位帶食在食甚前者用初虧方位法求之帶食在食後者用復圓方位法求之

求帶食初虧復圓時刻帶食不見食甚者以帶食視緯化秒爲勾併徑化秒爲弦求得股爲初虧復圓視距弧與帶食視距弧相加減得帶食初虧復圓實距弧以一小時兩經斜距化秒爲一率一小時化作三千六百秒爲二率帶食初虧復圓實距弧化秒爲三率求得四率爲秒以分收之得帶食初虧復圓距時帶出地平者與日出時分相加得復圓用時帶入地平者與日入時分相減得初虧用時按初虧復圓法求之得初虧復圓時刻

推各省日食法

臣等謹按考成下編後編推各省日食法繁簡不同理實一致今以欽天監所遵用者序列之

求各省日食時刻分秒以京師食甚用時按各省

東西偏度加減之得各省食甚用時以各省北極高度依京師推近時眞時食分及初虧復圓眞時法算之得各省時刻分秒

求各省日食方位以各省黃道高弧交角及各省初虧復圓視緯依京師推日食方位法算之得各省日食方位

皇朝文獻通考卷二百六十三

皇朝文獻通考卷二百六十四

象緯考九

月食上

臣等謹按馬端臨所紀月食略於前代而詳於宋乾德至嘉定葢可考者則存之耳今欽天監紀順治元年以來所遇月食與日食同例並序列之

順治二年正月己亥望月食在星宿初度十六分食八分三十三秒丑初初刻三分初虧丑正三刻食甚寅正一刻十三分復圓

閏六月丙申望月食在女宿八度十五分食十一分五十九秒戌初初刻初虧戌正初刻四分食既戌正三刻七分食甚亥初二刻十一分生光亥正二刻十四分復圓

三年六月辛卯望月食在牛宿五度十九分食十二分四十九秒亥正三刻四分初虧子初三刻十四分食既子正三刻二分食甚丑初二刻四分生光丑正二刻十四分復圓

十二月戊子望月食在鬼宿初度八分食三分五十二秒寅初三刻九分初虧卯初初刻五分食甚卯正一刻二分復圓

五年閏四月己酉望月食在尾宿四度五十分食三分五十三秒酉正三刻三分初虧戌初三刻十四分食甚亥初初刻十分復圓

七年四月己亥望月食在氐宿十四度四十六分食六分三十五秒丑正一刻一分初虧寅初二刻食甚卯初初刻十四分復圓

九年八月乙卯望月食在室宿六度二十七分食八分三十六秒子正三刻二分初虧丑正一刻九分食甚寅正初刻一分復圓

十年七月己酉望月食在危宿十六度二十四分食十五分四十九秒申正三刻一分初虧酉初二刻九分食既酉正二刻十分食甚戌初二刻十分生光戌正二刻四分復圓

十二年十二月丙寅望月食在井宿二十一度二分食九分四秒丑正三刻一分初虧寅正一刻十一分食甚卯正初刻六分復圓

十三年閏五月壬戌望月食在斗宿九度二十五分食十三分五秒戌初二刻十二分初虧戌正三刻四分食既亥初二刻九分食甚亥正二刻生光子初二刻七分復圓

十一月庚申望月食在井宿十度六分食十五分四十七秒申正三刻初虧酉初二刻十一分食既酉正二刻十分食甚戌初二刻九分生光戌正二刻五分復圓

十四年五月丁巳望月食在箕宿八度十九分食十分四十五秒丑正二刻五分初虧寅初二刻十二分食既寅正一刻十一分食甚卯初初刻九分生光卯正一刻一分復圓

十一月乙卯望月食在觜宿十度三十分食三分二十五秒丑初二刻十四分初虧丑正三刻八分食甚寅正初刻一分復圓

十六年閏三月丁丑望月食在氐宿五度五十分食七分三十六秒丑正初刻十分初虧寅初二刻十二分食甚卯初初刻十四分復圓

十七年三月辛未望月食在亢宿六度九分食十六分四十二秒申初初刻九分初虧申正初刻十分食既酉初初刻八分食甚酉正初刻六分生光戌初初刻七分復圓

九月丁卯望月食在奎宿七度五十八分食十八分十四秒酉正初刻初虧酉正三刻十一分食既戌初三刻十二分食甚戌正三刻十二分生光亥初三刻九分復圓

十八年三月乙丑望月食在角宿六度三分食三分三十七秒亥正一刻六分初虧子初二刻三分食甚子正二刻十四分復圓

康熙二年七月壬午望月食在虛宿六度五十一分食十分四十秒丑正初刻六分初虧寅初一刻二分食既寅初三刻十一分食甚寅正二刻五分生光卯初三刻十分復圓

三年正月戊寅望月食在星宿初度十一分食十六分二十五秒戌正一刻十二分初虧亥初一刻五分食既亥正一刻六分食甚子初一刻七分生光子正一刻復圓

五年五月乙未望月食在尾宿十五度食二分三十八秒丑正初刻四分初虧寅初初刻五分食甚寅正初刻七分復圓

十一月壬辰望月食在觜宿初度四十九分食七分四十七秒戌正三刻二分初虧亥正一刻十三分食甚子正初刻八分復圓

七年十月庚辰望月食在昴宿一度四十四分食五分三十一秒亥初二刻四分初虧子初初刻食

甚子正一刻十分復圓

九年閏三月癸卯望月食在軫宿九度五十分食八分酉初一刻七分初虧戌初初刻四分食甚戌正三刻二分復圓

十年二月丁酉望月食在翼宿十五度四十六分食十七分七秒酉初初刻九分初虧酉正一刻三分食既戌初初刻十二分食甚戌正初刻七分生光亥初一刻一分復圓

八月乙未望月食在室宿六度四十四分食十六分三十九秒子正二刻十一分初虧丑初二刻七分食既丑正二刻七分食甚寅初二刻七分生光寅正二刻三分復圓

十一年二月辛卯望月食在翼宿四度四十五分食四分十一秒戌正三刻八分初虧亥正初刻八分食甚子初一刻八分復圓

十三年六月戊申望月食在斗宿十九度三十六分食十一分四十一秒丑正一刻十一分初虧寅初二刻二分食既寅正一刻四分食甚卯初初刻六分生光卯正初刻十三分復圓

十二月丙午望月食在井宿二十一度六分食十五分五十秒丑初一刻六分初虧丑正一刻二分食既寅初一刻一分食甚寅正一刻生光卯初初刻十一分復圓

十六年十月戊午望月食在胃宿五度十分食六分酉初一刻十三分初虧酉正三刻十一分食甚戌正一刻九分復圓

十七年閏三月丁巳望月食在氐宿五度四十八分食十七分四十四秒亥正二刻四分初虧子初二刻五分食既子正二刻四分食甚丑初二刻二分生光丑正二刻三分復圓

九月癸丑望月食在婁宿七度十三分食十八分四十秒丑正一刻一分初虧寅初初刻十三分食既寅正初刻十三分食甚卯初初刻十四分生光卯正初刻十一分復圓

十八年三月辛亥望月食在亢宿五度五十一分食四分三十七秒卯初初刻十一分初虧卯正二刻三分食甚辰初三刻九分復圓

九月丁未望月食在奎宿八度四分食六分九秒酉初三刻二分初虧戌初一刻食甚戌正二刻十分復圓

二十年正月己巳望月食在張宿十三度二十五分食七分五十二秒酉初一刻十分初虧戌初初刻四分食甚戌正二刻十二分復圓

二十一年正月甲子望月食在張宿二度三十八分食十六分四十六秒寅正三刻十一分初虧卯初三刻四分食既卯正三刻五分食甚辰初三刻七分生光辰正三刻復圓

二十二年正月戊午望月食在星宿初度二十分食四分十二秒亥初一刻十分初虧亥正二刻八分食甚子初三刻七分復圓

二十三年十一月戊寅望月食在井宿初度十四分食七分四十秒寅正三刻十二分初虧卯正二刻六分食甚辰正初刻十四分復圓

二十四年五月乙亥望月食在尾宿十五度四分食十四分三十一秒子初二刻十二分初虧子正二刻七分食既丑初二刻六分食甚丑正二刻五分生光寅初一刻十四分復圓

十一月壬申望月食在觜宿初度十七分食十八分十三秒宿正一刻五分初虧卯初二刻食既卯正一刻十分食甚辰初一刻五分生光辰正二刻復圓

二十五年閏四月己巳望月食在尾宿五度食八分五十二秒酉初初刻十分初虧酉正三刻四分食甚戌正一刻十三分復圓

十月丙寅望月食在畢宿四度八分食五分四十七秒卯初二刻九分初虧辰初初刻七分食甚辰正二刻五分復圓

二十七年三月己丑望月食在角宿七度十三分食七分二十二秒子正二刻五分初虧丑正初刻十三分食甚寅初三刻六分復圓

九月乙酉望月食在壁宿十二度三分食七分十四秒酉初一刻四分初虧酉正三刻六分食甚戌正一刻八分復圓

二十八年三月癸未望月食在軫宿九度十七分食十八分三秒子正一刻十一分初虧丑正二刻四分食既丑正二刻食甚寅初一刻十分生光寅正二刻四分復圓

二十九年二月丁丑望月食在翼宿十五度二十一分食四分五十二秒寅正二刻六分初虧卯初三刻十一分食甚辰初一刻一分復圓

八月甲戌望月食在室宿十六度三十九分食四分

十三秒戌正初刻十二分初虧亥初一刻十二分食甚亥正二刻十二分復圓

三十年十二月丙申望月食在柳宿七度五十三分食八分四十九秒戌正初刻十四分初虧亥初三刻八分食甚子初二刻一分復圓

三十二年六月丁亥望月食在斗宿十九度十九分食十三分三十二秒申正二刻八分初虧酉初二刻十分食既酉正二刻四分食甚戌初一刻十二分生光戌正一刻十四分復圓

十二月乙酉望月食在井宿二十度五十四分食三分三十一秒酉正初刻十四分初虧戌初一刻十一分食甚戌正二刻八分復圓

三十四年四月丁未望月食在心宿三度四十一分食五分十二秒酉初二刻二分初虧酉正三刻七分食甚戌正初刻十二分復圓

十月甲辰望月食在昴宿二度五十九分食五分四十五秒丑初二刻六分初虧寅初初刻二分食甚寅正一刻十三分復圓

三十六年九月癸巳望月食在婁宿七度十九分食六分三十二秒丑正一刻八分初虧寅初三刻七分食甚卯初一刻五分復圓

二十八年二月乙卯望月食在翼宿六度二分食七分二十三秒丑初一刻十四分初虧寅初初刻五分食甚寅正二刻十一分復圓

閏七月壬子望月食在危宿十七度二十三分食八分十九秒申正二刻十一分初虧酉正一刻七分食甚戌正初刻四分復圓

三十九年七月丙午望月食在危宿六度四十三分食十六分四十七秒酉正二刻七分初虧戌初三刻二分食既戌正二刻十一分食甚亥初二刻五分生光亥正三刻復圓

四十年正月甲辰望月食在張宿二度四十七分食四分二十六秒卯初三刻十四分初虧辰初一刻食甚辰正二刻復圓

七月庚子望月食在虛宿五度五十二分食三分十秒戌正一刻七分初虧亥初一刻十四分食甚亥正二刻五分復圓

四十三年五月乙卯望月食在尾宿十五度十二分食十分三秒子正二刻三分初虧丑初二刻一分食既丑正一刻二分食甚丑正三刻十四分生光寅正初刻一分復圓

四十五年九月辛未望月食在奎宿九度二十九分食六分四十三秒丑初三刻七分初虧寅初一刻六分食甚寅正三刻六分復圓

四十六年九月乙丑望月食在壁宿十二度十分食十八分一秒申正三刻一分初虧酉初二刻十三分食既酉正二刻十三分食甚戌初二刻十分生光戌正二刻十分復圓

四十七年八月庚申望月食在壁宿一度二十八分食五分一秒寅初二刻十二分初虧卯初初刻四分食甚卯正一刻十一分復圓

四十九年正月壬午望月食在星宿一度四十六分食八分三十七秒卯初初刻四分初虧卯正二刻十二分食甚辰正一刻五分復圓

七月戊寅望月食在女宿八度二十七分食九分四秒申正初刻二分初虧酉初三刻一分食甚戌初二刻復圓

十二月丙子望月食在柳宿七度五十六分食十六分二秒酉正一刻十二分初虧戌初一刻八分食既戌正一刻七分食甚亥初一刻六分生光亥正一刻二分復圓

五十年六月癸酉望月食在牛宿五度三十九分食十四分五十三秒子初三刻二分初虧子正二刻十三分食既丑初二刻十二分食甚丑正二刻十分生光寅初二刻六分復圓

十二月辛未望月食在鬼宿一度二十五分食三分三十八秒丑正一刻五分初虧寅初二刻二分食甚寅正二刻十四分復圓

五十二年五月癸巳望月食在尾宿六度二十分食三分五十三秒丑初初刻三分初虧丑正一刻食甚寅初一刻十一分復圓

五十四年四月辛巳望月食在氐宿十五度四十五分食六分五十九秒酉正二刻十三分初虧戌正一刻四分食甚亥初三刻十分復圓

五十六年八月戊戌望月食在室宿七度五十三分食七分十九秒子正初刻八分初虧丑初三刻食甚寅初一刻七分復圓

五十七年二月甲午望月食在翼宿六度食十七分四十六秒亥初二刻十三分初虧亥正二刻六分食既子初二刻八分食甚子正二刻十分生光丑初二刻四分復圓

八月壬辰望月食在危宿十七度五分食十七分五十五秒丑初二刻六分初虧丑正三刻一分食既寅初二刻十一分食甚寅正二刻六分生光卯初三刻一分復圓

五十八年七月丙戌望月食在危宿六度十二分食四分二十一秒寅初初刻九分初虧寅正一刻十二分食甚卯初三刻一分復圓

五十九年十二月戊申望月食在井宿二十二度八分食七分二十五秒亥初初刻十一分初虧亥正三刻六分食甚子正二刻復圓

六十年十一月壬寅望月食在井宿十度三十七分食十八分二十八秒戌正一刻七分初虧亥初二刻二分食既亥正一刻十二分食甚子初一刻七分生光子正二刻二分復圓

六十一年十一月丙申望月食在觜宿十度四十二分食六分三秒亥初三刻十四分初虧子初一刻十四分食甚丑初初刻復圓

雍正三年九月辛亥望月食在角宿八度十四分食十八分二十八秒丑初初刻九分初虧丑正初刻十二分食既寅初初刻六分食甚寅正初刻生光卯初初刻二分復圓

四年三月丁未望月食在奎宿七度五十一分食六分三十二秒戌初一刻十分初虧戌正三刻十二分食甚亥正一刻十四分復圓

六年七月甲子望月食在星宿四度八分食七分四十六秒子初初刻七分初虧子正三刻三分食甚丑正一刻十四分復圓

七年正月壬戌望月食在虛宿五度四十二分食十六分二十四秒丑正八刻十五分初虧寅初三刻一分食既寅正二刻九分食甚卯初二刻一分生光卯正二刻五分復圓

八年六月壬子望月食在鬼宿四度四分食三分十一秒亥正三刻一分初虧子初三刻四分食甚子正三刻八分復圓

九年十一月甲戌望月食在尾宿九度三十分食五分二十二秒酉正一刻初虧戌初二刻十分食甚亥初初刻五分復圓

十年五月壬申望月食在畢宿十三度十一分食十五分三十三秒戌初三刻八分初虧亥初初刻食既亥初三刻八分食甚亥正三刻一分生光子初三刻七分復圓

十月巳巳望月食在畢宿五度十九分食十七分五十四秒寅初三刻九分初虧寅正三刻十一分食既卯初三刻四分食甚卯正二刻十三分生光辰正三刻復圓

十一年四月丁卯望月食在心宿三度十六分食七分二十三秒丑初一刻十三分初虧寅初初刻三分食甚寅正二刻七分復圓

十月癸亥望月食在昴宿三度四十三分食七分十秒戌初二刻六分初虧亥初初刻六分食甚亥正二刻五分復圓

十三年三月乙酉望月食在軫宿十度十三分食六分十秒酉初初刻十三分初虧酉正二刻十二分食甚戌正初刻十分復圓

乾隆二年二月甲戌望月食在翼宿六度一分食五分二十四秒亥正二刻十四分初虧子初三刻十四分食甚丑初初刻十三分復圓

三年十二月甲午望月食在鬼宿二度三十二分食五分五十二秒卯初一刻十三分初虧卯正三刻九分食甚辰初初刻八分帶食五分四十二秒入地平

四年六月庚寅望月食在斗宿二十度四十三分食十分五十九秒亥正一刻二分初虧子初二刻一分食既子初三刻九分食甚子正一刻二分生光丑初二刻一分復圓

十二月戊子望月食在井宿二十一度二十八分食十七分四十一秒寅正一刻二分初虧卯初一刻七分食既卯正一刻食甚辰初初刻八分生光辰初一刻二分帶食八分三十七秒入地平

五年十一月壬申望月食在井宿十度三分食五分十九秒卯正初刻十分初虧辰初一刻八分帶食五分十五秒入地平

七年四月甲辰望月食在氐宿十六度五十分食二分一秒亥正初刻一分初虧亥正三刻十分食甚子初三刻四分復圓

十月辛丑望月食在胃宿六度三十六分食五分四十四秒酉正三刻八分初虧戌正初刻九分食甚亥正一刻十分復圓

八年四月戊戌望月食在氐宿十六度一分食十六分九秒亥初一刻十三分初虧亥正二刻三分食既子初一刻九分食甚子正一刻一分生光丑初

一刻六分復圓

九年三月癸巳望月食在亢宿五度五十八分食六分五十七秒丑正三刻九分初虧寅正一刻八分食甚卯初初刻十二分帶食四分二十二秒入地平

九月庚寅望月食在奎宿九度四十二分食五分二十六秒戌初初刻七分初虧戌正一刻十三分食甚亥初三刻四分復圓

十一年二月壬子望月食在張宿十四度五十一分食七分五十秒亥正初刻二分初虧子初一刻十三分食甚子正三刻十分復圓

十三年正月辛丑望月食在星宿一度二十一分食二分五十九秒酉正二刻五分初虧戌初二刻七分食甚戌正二刻十分復圓

十四年十一月庚申望月食在井宿初度二十八分食四分九秒丑正二刻十分初虧寅初三刻六分食甚卯初初刻三分復圓

上諭大學士等曰凡日月交食授時者原可推算而等之而春秋之例又紀日而不紀月朕惟懸象著明人所共仰雖為晷運之常有自不若光朗之恆度無事於諱不可不謹故禜祉奏鼓自古重之舊制交食分秒時刻須行各省不及一分者不行救護後定為三分以上方行救護又經禮部奏定不見食省分並不及三分者皆不行知夫不先期行知則二三分者原可見食將致反生疑駭不以為靈臺失占卽謂有司怠事非所以克謹天戒也嗣後仍循舊制一分以上卽令救護前期五日具題請旨無論見食不見食省分皆須行其不見食省分不必救護

十五年五月戊午望月食在箕宿初度三十三分食十三分三十八秒寅初初刻二分初虧寅正初刻八分食既寅正二刻五分帶食十三分入地平

十六年十月己酉望月食在畢宿五度二十三分食七分二十九秒寅正初刻三分初虧卯初一刻十二分食甚卯正三刻七分復圓

十八年三月辛未望月食在角宿七度三十一分食四分三十二秒丑初初刻十二分初虧丑正一刻十分食甚寅初二刻七分復圓

九月戊辰望月食在奎宿初度二十一分食四分十六秒申初二刻五分初虧申正三刻四分食既酉初二刻五分帶食二分二十九秒出地平酉正初刻三分復圓

十九年八月壬戌望月食在壁宿二度二十二分食十七分二十三秒申初三刻八分初虧酉初三刻四分帶食十七分二十三秒出地平酉初三刻六分食甚酉正二刻十四分生光戌初三刻四分復圓

二十年八月丙辰望月食在室宿六度五十七分食五分三十七秒酉初初刻一分初虧酉正初刻四分帶食五分十二秒出地平酉正一刻九分食甚戌初三刻三分復圓

二十三年六月辛未望月食在斗宿二十度五十分食十四分二十二秒亥正二刻五分初虧子初二刻六分食既子正一刻四分食甚丑正初刻三分生光丑正初刻四分復圓

十二月丁卯望月食在井宿二十度五十八分食五分二十八秒未正一刻十一分初虧申初三刻三分食甚申正二刻十三分帶食二分四十二秒出地平酉初初刻九分復圓

二十五年十月丁亥望月食在昴宿五度十七分食五分二十九秒寅初二刻三分初虧寅正三刻三分食甚卯正初刻三分復圓

二十六年四月甲申望月食在氐宿十六度十八分食十四分五十秒寅正初刻十四分初虧寅正三刻五分帶食五分二十八秒入地平

十月辛巳望月食在胃宿六度四十二分食十七分四十七秒酉初二刻四分初虧酉正三刻二分食既戌初一刻七分食甚戌正初刻十三分生光亥初初刻十一分復圓

二十七年九月丙子望月食在婁宿八度四十三分食五分五十二秒丑正三刻十四分初虧寅正一刻八分食甚卯初三刻一分復圓

三十年二月壬辰望月食在張宿十四度五十分食十七分十二秒戌初一刻二分初虧戌正一刻二分食既亥初初刻七分食甚亥初三刻十三分生光亥正三刻十三分復圓

七月戊子望月食在危宿七度十九分食十八分三十九秒亥初三刻十二分初虧亥正三刻十一分食既子正二刻八分生光丑正二刻七分復圓

三十一年正月丁亥望月食在張宿三度四十六分食三分十九秒丑正一刻十三分初虧寅初二刻四分食甚寅正二刻十一分復圓

三十三年十一月己巳望月食在井宿初度二十
二分食十七分二十八秒亥初初刻十分初虧亥
正初刻八分食既亥正三刻十二分食甚子初三
刻二分生光十六日子正三刻復圓
三十六年九月甲寅望月食在奎宿十度五十四
分食三分三十四秒十六日夜亥初一刻七分初
虧十七日子正二刻一分食甚丑初二刻十分復
圓
三十七年三月庚戌望月食在角宿七度二十九
分食十七分四十一秒亥正初刻八分初虧子初
初刻五分食既子初三刻十分食甚子正三刻十
四分生光丑初二刻十一分復圓
九月戊申望月食在壁宿十二度五十六分食十
六分三十三秒子初初刻十三分初虧子正一刻
四分食既丑初初刻十一分食甚丑正初刻三分
生光寅初初刻三分復圓
三十八年八月壬寅望月食在壁宿一度四十六
分食六分三十三秒子正一刻四分初虧丑初三
刻三分食甚寅初一刻二分復圓
四十年正月甲子望月食在星宿二度四十六分
食五分十九秒亥初一刻十四分初虧亥正三刻
六分食甚子正初刻十四分復圓
四十年十二月戊午望月食在柳宿八度十六分
食十八分六秒戌正初刻十一分初虧亥初一刻
食既亥正初刻九分食甚子初初刻一分生光子
正初刻六分復圓
四十一年十二月癸丑望月食在鬼宿一度二十
六分食五分三十九秒亥正二刻十一分初虧子
正初刻四分食甚丑初一刻十一分復圓
四十二年六月庚戌望月食在斗宿二十度五十
分食五十七秒戌初三刻十二分初虧戌正二刻
二分食甚亥初初刻八分復圓
四十四年十月丁卯望月食在昴宿五度七分食
十七分三十一秒丑正初刻一分初虧寅初初刻
食既寅初三刻五分食甚寅正二刻十分生光卯
初二刻九分復圓
四十五年四月癸亥望月食在氐宿十五度五十
五分食九分三十秒酉初一刻一分初虧酉正三
刻九分食甚戌正初刻十分帶食九分七秒月出
地平戌正二刻二分復圓
四十七年八月己卯望月食在室宿八度十七分
食三分十六秒亥初初刻五分初虧亥正初刻十
分食甚子初一刻一分復圓
四十八年二月戊寅望月食在翼宿七度三十七
分食十七分四十六秒寅初一刻七分初虧寅正
一刻八分食既卯初初刻十四分食甚卯正初刻
二分帶食十分二十四秒月入地平卯正初刻五
分生光辰初初刻五分復圓
四十八年八月甲戌望月食在危宿十七度四十
三分食十七分三十八秒卯初初刻九分初虧卯
初二刻十四分帶食四十九秒月入地平卯正三
刻八分食既辰初一刻十四分食甚辰正一刻五
分生光巳初一刻三分復圓
四十九年七月戊辰望月食在危宿七度十九分
食六分四十秒亥初一刻二分初虧卯正二刻九
分食甚十六日子正初刻復圓
五十年十二月庚寅望月食在井宿二十二度二
十四分食四分五秒戌初一刻十二分初虧戌正
二刻七分食甚亥初三刻三分復圓

皇朝文獻通考卷二百六十五

象緯考十

月食下

御製歷象考成上編論月食

臣等謹按考成上編論月食甚詳且繪圖繫說茲弗克具載僅錄其要焉

定食限以距交度

太陰半徑與地影半徑相切卽入食之限故以兩半徑度相併之數當黃白兩道之距緯度而求其相當之經度得距交一十一度一十六分四十五秒爲必食之限距交一十二度一十六分五十五秒爲可食之限蓋必食者無不食可食者或食或不食也二者皆實望之限若論平望其限尤寬得距交一十四度五十四分卽爲有食之限矣

定月食分秒以併徑求

月食分數之淺深視黃白距緯之多少距緯愈少太陰心與地影心相去愈近則太陰入影愈深故用太陰半徑地影半徑相併而與距緯相較併徑大於距緯之較卽爲月食之分若併徑小於距緯則月不食若太陰恰當交點而無距緯則併徑全爲食分爲月食之最深也但太陰與地影之半徑分秒皆係弧度而論食分則以太陰全徑直線計之其法命太陰全徑爲十分以太陰視徑分秒與併徑距緯之較之比（無距緯者卽以併徑爲比）同於太陰全徑與食分之比也

定五限時刻以距緯半徑自行求

月食五限一曰食甚乃月入影最深之限也一曰初虧月將入影兩周相切也一曰食既月全入影其光盡掩也是二者在食甚前一曰生光月將出影其光初吐也一曰復圓月全出影兩周方離也是二者在食甚後月食十分以上者有五限十分以下者止三限無食既與生光也其時刻之多寡則由於入影之淺深過影之遲速蓋距緯有寬狹寬則入影淺而時刻少狹則入影深而時刻多又月與影之半徑各有大小月大影小則過影速而時刻少月小影大則過影遲而時刻多抑且自行有遲疾遲則出影遲疾則出影速故雖距緯同半徑同而自行不同卽時刻亦不同也其食甚前後各限相距之時刻恆等而食甚又非實望之時所差雖微而理則實異夫地影之心卽太陽正對之點地影心距交之黃道經度與月心距交之白道經度等是爲東西同徑卽爲實望然月心與影心斜距猶遠惟從白極出弧線過影心至白道與白道成直角月心臨此直角之點乃爲食甚蓋惟此時月心與影心相距甚近食分最深也

定初虧復圓方位以交角求

舊定月食初虧復圓方位距緯在黃道北初虧東南復圓西南在黃道南初虧東北復圓西北食八分以上則初虧正東復圓正西此東西南北主黃道之經緯言非謂地平經度之東西南北也惟月實行之度在初宮六宮初度望時又爲子正則黃道經緯之東西南北與地平經度合否則黃道升降有斜正而加時距午有遠近故兩經緯迥然各別而所推之東西南北必不與地平之方位相符不如實指其在月體之上下左右爲衆目所共覩乃爲親切也其法從天頂作高弧過月心至地平卽分月體爲左右兩半周又平分爲上下兩象限卽成左上左下右上右下四象限而黃道在地平上之半周亦平分爲東西兩象限乃於初虧復圓二限各求其黃道交高弧之角若月當黃道無距緯而交角滿九十度則初虧正左復圓正右在黃道西象限而交角在四十五度以上初虧左稍偏上復圓右稍偏下交角在四十五度以下初虧上稍偏左復圓下稍偏右在黃道東象限者反是若月在交前後有距緯則又須求得緯差角與高弧交角相加減爲定交角然後可定其上下左右也加減之法月距黃道北而在西象限初虧爲加復圓爲減在東象限初虧爲減復圓爲加月距黃道南者反是乃視定交角爲相加者在九十度以內則虧復之上下左右如前論若過九十度爲鈍角則易象限之上下又或定交角爲相減者而交角內減去差角則虧復之上下左右如前論若差角內減去交角則易象限之左右也

定見食先後以子午線

月食深淺分數天下皆同而虧復各限時刻不同者非月入影有先後乃人居地面有東西也蓋日之所之爲時隨人所居各以見日出入爲東西日中爲南爲子午而平分時刻故其地同居一子午線者雖南北懸殊（北極出地高下不同）而時刻不異若東西易地雖北極同高而西方見食必先東方見食必後也凡東西差一度則時差四分今以京師爲主

視各省之子午線在京師東者以時差加在京師西者以時差減皆加減京師各限時刻爲各省各限時刻也是故欲定各省之時刻必先定各省之子午線而欲定各省之子午線非分測各省之月食其道無由也

御製歷象考成後編論月食

臣等謹按考成後編論月食推步法與上下編有異並繪圖繫說茲亦錄其要焉

定初虧復圓時刻以斜距比例求

月食求初虧復圓時刻舊以食甚實緯爲一邊併徑爲一邊以實緯交白道之角爲直角用正弧三角形法求得初虧復圓距食甚之弧以一小時月距日實行比例得時分與食甚時刻相加減卽得初虧復圓時刻今以弧線可作直線算故用勾弦求股之法卽得距弧至以距弧變時則以一小時兩經斜距爲比例蓋食甚兩心實相距既與斜距成直角則初虧復圓之併徑亦與斜距成勾股故仍以斜距比例時分也

定初虧復圓方位以併徑黃道交角求

舊定月食方位月當黃道無距緯卽用黃道高弧交角爲定交角若月在交前後有距緯則又求緯差角與黃道高弧交角相加減爲定交角然求緯差角之法必先用初虧復圓交周各求距緯今初虧復圓距弧皆斜距之度須復以斜距與白道爲比例方得交周頗爲費算且前已有斜距黃道交角與九十度相加減卽黃道交實緯角則求得併徑交實緯角與之相減餘併徑交黃道之角卽緯差角甚爲簡便故質名之曰併徑黃道交角

推月食法

臣等謹按考成下編後編所載推月食法各有不同下編以推首朔諸平行及入交爲入算之首蓋因平望太陽太陰諸平行皆以首朔諸平行爲根也後編用日躔月離求實望則太陽太陰諸平行不以首朔爲根而以天正冬至爲根故止求首朔之日時及入交之月數合之卽得平望距冬至之日時而不必求首朔諸平行也下編先推平望諸平行推日月相距推實引推實望推實交周推太陽實經然後推實望用時後編推首朔入交及實望實時卽推實望用時蓋以日躔月離求得實望而實望實交周及太陽黃道經度已在本時日躔月離之中也茲準後編序列之

求積年同推日躔法

求中積分同推日躔法

求通積分同推日躔法

求天正冬至同推日食法

求紀日同推日食法

求積日同推日食法

求通朔同推日食法

求積朔及首朔同推日食法

求首朔太陰交周同推日食法

求逐月望太陰交周置本年首朔太陰交周加太陰交周望策宮度分秒微再以太陰交周朔策宮度分秒微遞加十三次得逐月望太陰交周

求太陰入交月數逐月望太陰交周自初宮初度至初宮一十五度九分自五宮二十四度五十一分至六宮一十五度九分自十一宮一十四度五十一分至十一宮三十度皆爲太陰入交第幾月入交卽第幾月有食

求平望以太陰入交月數與朔策二十九日五三○五九○五三相乘加望策一十四日七六五二九五二六五與首朔日分相加其所得日數卽平望距冬至之日數再加紀日滿紀法六十去之自初日甲子起算得平望干支以周日一千四百四十分通其小餘得平望時分秒

求實望泛時以平望距冬至之日數用推日躔月離法各求其子正黃道實行將太陽黃道實行加減六宮與太陰黃道實行相較如太陰實行未及太陽則平望日爲實望本日平望次日爲實望次日如太陰實行已過太陽則平望前一日爲實望本日平望日爲實望次日又用推日躔月離法各求其本日或次日子正黃道實行乃以本日次日兩太陽實行相減爲一日之日實行本日次日兩太陰實行相減爲一日之月實行一日之二實行相減爲一日之月距日實行化秒爲一率周日一千四百四十分爲二率本日太陽實行加減六宮內減本日太陰實行餘化秒爲三率求得四率爲距本日子正後之分數以時收之得實望泛時

求實望實時以實望泛時之時刻設前後兩時用推日躔月離法各求其黃道實行乃以前後兩時太陽實行相減爲一小時之日實行以前後兩時太陰實行相減爲一小時之月實行一小時兩實

行相減爲一小時月距日實行化秒爲一率一小時化作三千六百秒爲二率前時太陽實行加減六宮內減前時太陰實行餘化秒爲三率求得四率爲秒以分收之加於前時得實望實時再以實望實時用推日躔月離法各求其黃道實行則太陰太陽必對宮而同度乃視本時月距正交自初宮初度至初宮一十二度一十七分自五宮一十七度四十三分至六宮一十二度一十七分自十一宮一十七度四十三分至十一宮三十度皆入食限爲有食不入此限者不食即不必算

求均數時差以實望太陽均數變時得均數時差均數加者則爲減均數減者則爲加

求升度時差以半徑一千萬爲一率黃赤大距二十三度二十九分之餘弦爲二率實望太陽距春秋分黃道經度之正切線爲三率求得四率爲距春秋分赤道經度之正切線得太陽距春秋分赤道經度與太陽距春秋分黃道經度相減餘爲升度差變時得升度時差二分後爲加二至後爲減

求時差總同推日食法

求實望用時置實望實時加減時差總得實望用時距日出後日入前九刻以內者可以見食九刻以外者則全在晝即不必算

求斜距交角差以一小時太陰白道實行化秒爲一邊一小時太陽黃道實行化秒爲一邊實望黃白大距爲所夾之角用切線分外角法求得對小邊之角爲斜距交角差

求斜距黃道交角置實望黃白大距加斜距交角差得斜距黃道交角

求兩經斜距以斜距交角差之正弦爲一率一小時太陽實行化秒爲二率實望黃白大距之正弦爲三率求得四率爲秒以分收之得兩經斜距

求食甚實緯以半徑一千萬爲一率斜距黃道交角之餘弦爲二率實望月離黃道實緯化秒爲三率求得四率爲秒以分收之得食甚實緯南北與實望黃道實緯同

求食甚距弧以半徑一千萬爲一率斜距黃道交角之正弦爲二率實望月離黃道實緯化秒爲三率求得四率爲秒以分收之得食甚距弧

求食甚距時同推日食法

求食甚時刻置實望用時加減食甚距時得食甚時刻自初時起子正一時爲丑初以次順數至二十三時爲夜子初每十五分爲一刻不足一刻者爲零分

求太陽實引置實望太陽引數加減本時太陽均數得太陽實引

求太陰實引置實望太陰引數加減本時太陰初均數得太陰實引

求太陽距地同推日食法

求太陰距地以實望太陰本天心距地數倍之爲一邊以二千萬爲兩邊和以太陰實引爲一角用三角作垂線成兩勾股法算之求得地心至橢圓界之一邊即太陰距地

求太陰地半徑差以太陰距地爲一率中距太陰距地一千萬爲二率太陰中距最大地半徑差五十七分三十秒化作三千四百五十秒爲三率求得四率爲秒以分收之得太陰地半徑差

求太陰視半徑以太陽距地爲一率中距太陽距地一千萬爲二率中距太陽視半徑一十六分六秒化作九百六十六秒爲三率求得四率爲秒以分收之得太陽視半徑

求影半徑置太陰地半徑差加太陽地半徑差一十秒減太陽視半徑得影半徑

求影差太陰地半徑差化秒以六十九除之得影差

求實影半徑置影半徑加影差得實影半徑

求太陰視半徑同推日食法

求併徑以太陰視半徑與實影半徑相加得併徑

求兩徑較以太陰視半徑與實影半徑相減得兩徑較

求食分以太陰全徑化秒爲一率十分化作六百秒爲二率併徑內減食甚實緯餘化秒爲三率求得四率爲秒以分收之得食分

求初虧復圓距弧以併徑與食甚實緯相加化秒爲首率相減化秒爲末率求得中率爲秒以分收之得初虧復圓距弧

求初虧復圓距時以一小時兩經斜距化秒爲一率一小時化作三千六百秒爲二率初虧復圓距弧化秒爲三率求得四率爲秒以時分收之得初虧復圓距時

求初虧時刻置食甚時刻減初虧復圓距時得初虧時刻不足減者加二十四時減之初虧即在前

一日命時之法與食甚同

求復圓時刻置食甚時刻加初虧復圓距時得復圓時刻加滿二十四時去之復圓卽在次日命時之法與食甚同

求食既生光距弧（食甚實緯大於兩徑較則食在十分內無食既生光）以兩徑較與食甚實緯相加化秒爲首率相減化秒爲末率求得中率爲秒以分收之得食既生光距弧

求食既生光距時以一小時化作三千六百秒爲一率一小時兩經斜距化秒爲二率食既生光距弧化秒爲三率求得四率爲秒以時分收之得食既生光距時

求食既時刻置食甚時刻減食既生光距時得食既時刻不足減者加二十四時減之食既卽在前一日命時之法與食甚同

求生光時刻置食甚時刻加食既生光距時得生光時刻加滿二十四時去之生光卽在次日命時之法與食甚同

求距時月實行以一小時化作三千六百秒爲一率一小時太陰白道實行化秒爲二率食甚距時化秒爲三率求得四率爲秒以分收之得距時月實行食甚距時加者亦爲加減者亦爲減

求食甚太陰白道經度置實望太陰白道實行加減距時月實行得食甚太陰白道經度

求食甚月距正交置實望月距正交加減距時月實行得食甚月距正交

求黃白升度差以半徑一千萬爲一率實望黃白大距之餘弦爲二率食甚月距正交之正切線爲三率求得四率爲黃道之正切線得黃道度與食甚月距正交相減餘爲黃白升度差食甚距時加者亦爲加減者亦爲減

求食甚太陰黃道經度置食甚太陰白道經度加減黃白升度差得食甚太陰黃道經度

求食甚太陰黃道宿度察食甚太陰黃道經度足減本年黃道宿鈐內某宿度分則減之餘爲食甚太陰黃道宿度

求食甚太陰黃道緯度以半徑一千萬爲一率實望黃白大距之正弦爲二率食甚月距正交之正弦爲三率求得四率爲距緯之正弦得食甚太陰黃道緯度南北與食甚實緯同

求太陰距二分弧與黃道交角以半徑一千萬爲一率食甚太陰距春秋分黃道經度之正弦爲二率食甚太陰黃道緯度之餘切線爲三率求得四率爲太陰距二分弧與黃道交角之餘切線得太陰距二分弧與黃道交角

求太陰距二分弧與赤道交角置黃赤交角二十三度二十九分加減太陰距二分弧與黃道交角得太陰距二分弧與赤道交角食甚太陰黃道經度在秋分後春分前者黃道在赤道南緯南則加仍爲南緯北則減亦爲南若太陰距二分弧與黃道交角大於黃赤交角則反減卽爲在赤道北食甚太陰黃道經度在春分後秋分前者黃道在赤道北緯北則加仍爲北緯南則減亦爲北若太陰距二分弧與黃道交角大於黃赤交角則反減卽爲在赤道南

求太陰距二分弧之正切線以太陰距二分弧與黃道交角之餘弦爲一率半徑一千萬爲二率食甚太陰距春秋分黃道經度之正切線爲三率求得四率爲太陰距二分弧之正切線

求食甚太陰赤道經度以半徑一千萬爲一率太陰距二分弧與赤道交角之餘弦爲二率太陰距二分弧之正切線爲三率求得四率爲太陰距春秋分赤道度之正切線得太陰距春秋分赤道經度自冬至初宮起算得食甚太陰赤道經度

求食甚太陰赤道宿度察食甚太陰赤道經度足減本年赤道宿鈐內某宿度分則減之餘爲食甚太陰赤道宿度

求食甚太陰赤道緯度以半徑一千萬爲一率太陰距二分弧與赤道交角之正切線爲二率食甚太陰距春秋分赤道經度之正弦爲三率求得四率爲距緯之正切線得食甚太陰赤道緯度

求影距赤道度以半徑一千萬爲一率黃赤大距二十三度二十九分之正弦爲二率影距春秋分黃道經度之正弦爲三率求得四率爲影距赤道度之正弦得影距赤道度太陽在春分後秋分前影在赤道南太陽在秋分後春分前影在赤道北

求黃道赤經交角以影距春秋分黃道經度之餘弦爲一率黃赤大距二十三度二十九分之餘切線爲二率半徑一千萬爲三率求得四率爲黃道赤經交角之正切線得黃道赤經交角

求影距北極置九十度加減影距赤道度得影距北極

求初虧復圓影距正午赤道度以初虧復圓各距子正之時刻變赤道度得初虧復圓影距正午各赤道度初虧復圓時刻在子正前者影在正午東在子正後者影在正午西

求初虧復圓赤經高弧交角以北極距天頂爲一邊影距北極爲一邊初虧復圓影距正午各赤道度爲所夾之角用斜弧三角形法自天頂作垂弧至赤道經圈卽成兩正弧三角形先以半徑一千萬爲一率影距正午各赤道度之餘弦爲二率北極距天頂之正切線爲三率求得四率爲距極分邊之正切線得距極分邊以距極分邊與影距北極相加減爲距影分邊次以半徑一千萬爲一率影距正午各赤道度之正切線爲二率距極分邊之正弦爲三率求得四率爲垂弧之正切線又以距影分邊之正弦爲一率垂弧之正切線爲二率半徑一千萬爲三率求得四率爲赤經高弧交角之正切線得初虧復圓赤經高弧各交角

求初虧復圓黃道高弧交角置黃道赤經交角加減初虧復圓赤經高弧交角得初虧復圓黃道高弧交角太陰在夏至前六宮影在午西則減亦爲限西影在午東則加加過九十度與半周相減亦爲限東若相加不及九十度則不與半周相減變爲限西太陰在夏至後六宮影在午東則減亦爲限東影在午西則加加過九十度與半周相減亦爲限西若相加不及九十度則不與半周相減變爲限東

求併徑交實緯角以併徑化秒爲一率食甚實緯化秒爲二率半徑一千萬爲三率求得四率爲併徑交實緯角之餘弦得併徑交實緯角

求初虧黃道交實緯角置九十度加減斜距黃道交角得初虧黃道交實緯角食甚月距正交初宮六宮爲減五宮十一宮爲加

求初虧併徑黃道交角以初虧黃道交實緯角與併徑交實緯角相減得初虧併徑黃道交角凡併徑交實緯角小於初虧黃道交實緯角則初虧距緯之南北與食甚同大於初虧黃道交實緯角則食甚爲緯北者初虧爲緯南食甚爲緯南者初虧爲緯北若兩角相等則併徑與黃道合無交角

求復圓黃道交實緯角置九十度加減斜距黃道交角得復圓黃道交實緯角食甚月距正交初宮六宮爲加五宮十一宮爲減

求復圓併徑黃道交角以復圓黃道交實緯角與併徑交實緯角相減得復圓併徑黃道交角凡併徑交實緯角小於復圓黃道交實緯角則復圓距緯之南北與食甚同大於復圓黃道交實緯角則食甚爲緯北者復圓爲緯南食甚爲緯南者復圓爲緯北如兩角相等則併徑與黃道合無交角

求初虧併徑高弧交角置初虧黃道高弧交角加減初虧併徑黃道交角得初虧併徑高弧交角初虧在限東者緯南則加緯北則減初虧在限西者緯南則減緯北則加如無初虧併徑黃道交角則初虧黃道高弧交角卽初虧併徑高弧交角

求復圓併徑高弧交角置復圓黃道高弧交角加減復圓併徑黃道交角得復圓併徑高弧交角復圓在限東者緯南則減緯北則加復圓在限西者緯南則加緯北則減如無復圓併徑黃道交角則復圓黃道高弧交角卽復圓併徑高弧交角

求初虧方位初虧在限東者初虧併徑高弧交角初度爲正下四十五度以內爲下偏左四十五度以外爲左偏下九十度爲正左過九十度爲左偏上初虧在限西者初虧併徑高弧交角初度爲正上四十五度以內爲上偏左四十五度以外爲左偏上九十度亦爲正左過九十度爲左偏下併徑黃道交角大反減黃道高弧交角者則左變爲右

求復圓方位復圓在限東者復圓併徑高弧交角初度爲正上四十五度以內爲上偏右四十五度以外爲右偏上九十度爲正右過九十度爲右偏下復圓在限西者復圓併徑高弧交角初度爲正下四十五度以內爲下偏右四十五度以外爲右偏下九十度亦爲正右過九十度爲右偏上併徑黃道交角大反減黃道高弧交角者則右變爲左

求食限總時以初虧復圓距時倍之得食限總時

推月食帶食法

臣等謹按考成下編後編推月食帶食法各有不同今以欽天監所遵用者序列之

求日出入時分同推日食帶食法

求日出入卯酉前後赤道度同推日食帶食法

求帶日距弧同推日食帶食法

求帶食距時同推日食帶食法

求帶食兩心相距以半徑一千萬爲一率帶食距弧之餘弦爲二率食甚實緯之餘弦爲三率求得

四率為帶食兩心相距之餘弦得帶食兩心相距

求帶食分秒以太陰視半徑倍之得太陰全徑化秒為一率十分化作六百秒為二率併徑內減帶食兩心相距餘化秒為三率求得四率為秒以分收之得帶食分秒

求帶食赤經高弧交角以影距赤道度之餘弦為一率北極高度之正弦為二率半徑一千萬為三率求得四率為赤經高弦交角之餘弦得帶食赤經高弧交角帶出地平為東帶入地平為西

求帶食黃道高弧交角置黃道赤經交角加減帶食赤經高弧交角得帶食黃道高弧交角太陰在夏至前六宮影在午西則減午東則加太陰在夏至後六宮影在午西則加午東則減

求帶食兩心相距交實緯角以帶食兩心相距化秒為一率食甚實緯化秒為二率半徑一千萬為三率求得四率為交角之餘弦得帶食兩心相距交實緯角

求帶食兩心相距與黃道交角以初虧或復圓黃道交實緯角與帶食兩心相距交實緯角相減得帶食兩心相距與黃道交角帶食兩心相距交實緯角小於黃道交實緯角則帶食距緯之南北與食甚同大於黃道交實緯角則食甚為緯北者帶食為緯南食甚為緯南者帶食為緯北若兩角相等則兩心相距與黃道合無交角

求帶食兩心相距與高弧交角置帶食黃道高弧交角加減帶食兩心相距與黃道交角得帶食兩心相距與高弧交角食甚前帶出地平食甚後帶入地平者緯南則加緯北則減食甚後帶出地平食甚前帶入地平者緯南則減緯北則加如帶食兩心相距與黃道無交角則帶食黃道高弧交角即帶食兩心相距與高弧交角

求帶食方位食甚前與初虧同食甚後與復圓同

推各省月食法

臣等謹按考成下編後編推各省月食法各有不同今以欽天監所遵用者序列之

求各省月食時刻置京師月食時刻按各省東西偏度所變之時分加減之得各省月食時刻

求各省月食方位以各省北極高度及各省初虧復圓時刻依京師推月食方位法算之得各省月食方位

象緯考十

月五星淩犯

臣等謹按馬端臨考月五星淩犯咸據諸史列占應今欽天監於月星相距之度分皆可預推蓋由行度遲速經緯遠近得之則端臨所謂史氏記述豈足憑姑述故事廣異聞者無庸仍其例也茲闡明夫淩犯之數理焉

太陰與五星恆星相距十七分以內曰淩十八分以外曰犯兩緯同度曰掩

以本日太陰經度在星前次日太陰經度在星後爲入限緯度在北爲上在南爲下加同在黃道北遠者爲在上近者爲在下同在黃道南近者爲在上遠者爲在下太陰在上者以二度爲距限太陰在下者以一度爲距限

五星自相距及與恆星相距三分以內曰淩四分以外曰犯兩緯同度曰掩

以本日此星經度在彼星前次日此星經度在彼星後爲入限緯度無論在上在下皆以一度爲距限五星自相距以行速者爲淩犯之星行遲者爲受淩犯之星如遲速相同而一順一逆則以順行者爲淩犯之星逆行者爲受淩犯之星

太陰與五星皆循黃道右旋皆得相距

太陰行黃道南北不過六度塡星行黃道南北不過三度歲星行黃道南北不過二度熒惑行黃道南北不過五度太白行黃道南北不過十度辰星行黃道南北不過四度故太陰每淩犯五星五星每自相淩犯

恆星在黃道南北三度以內者太陰五星皆得與相距四度以內者太陰塡星熒惑太白辰星得與相距五度以內者太陰熒惑太白辰星得與相距六度以內者太陰熒惑太白得與相距七度以內者太陰太白得與相距十度以內者太白得與相距

紫微垣諸星皆在黃道北二十度外太陰五星莫得犯之

太微垣右執法星右上將星左執法星左上將星長垣第三星第四星靈臺三星明堂第一星第二星在黃道南北三度內太陰五星皆得犯之長垣第一星在黃道北四度內太陰塡星熒惑太白辰星得犯之內屏第二星謁者星在黃道北五度內太陰熒惑太白辰星得犯之內屏第一星第三星右次將星長垣第二星明堂第三星在黃道南北六度內太陰熒惑太白得犯之五帝座第五星三公第一星第三星內屏第四星右次相星左次相星在黃道北十度內太白得犯之其他諸星在黃道北十度外莫得犯之

天市垣左垣牆宋星在黃道北十度內太白得犯之其他諸星在黃道北十度外莫得犯之

角宿角第一星平道二星進賢二星在黃道南北三度內太陰五星皆得犯之天門第二星在黃道南六度內太陰熒惑太白得犯之角第二星天門第一星在黃道南北十度內太白得犯之

亢宿亢第一星第四星在黃道北三度內太陰五星皆得犯之折威第六星第七星在黃道南七度內太陰太白得犯之亢第二星折威第二星第三星第四星第五星在黃道南北十度內太白得犯之其他諸星在黃道南北十一度外莫得犯之

氐宿氐第一星第二星在黃道南北三度內太陰五星皆得犯之第三星在黃道北五度內太陰熒惑太白辰星得犯之第四星天輻二星在黃道南北十度內太白得犯之其他諸星在黃道南北十度外莫得犯之

房宿房第三星第四星鍵閉星鉤鈐二星東咸第三星第四星日星在黃道南北三度內太陰五星皆得犯之罰第三星西咸第三星第四星東咸第二星在黃道北四度內太陰塡星熒惑太白辰星得犯之房第一星在黃道南五度內太陰熒惑太白辰星得犯之東咸第一星在黃道北六度內太陰熒惑太白得犯之西咸第二星在黃道北七度內太陰太白得犯之房第二星罰第二星在黃道南北八度內太白得犯之其他諸星在黃道南北十三度外莫得犯之

心宿心第一星第二星在黃道南四度內太陰塡星熒惑太白辰星得犯之第三星在黃道南六度內太陰熒惑太白得犯之其積卒二星在黃道南十二度外莫得犯之

尾宿天江第三星第四星在黃道南三度內太陰五星皆得犯之第二星在黃道南四度內太陰塡星熒惑太白辰星得犯之第一星在黃道南五度內太陰熒惑太白辰星得犯之其他諸星在黃道

南十一度外莫得犯之

箕宿第一星第二星糠星在黃道南六度內太陰熒惑太白得犯之其他諸星在黃道南十一度外莫得犯之

斗宿南斗第二星第三星天籥第一星至第六星建第一星至第三星天雞第二星狗第二星在黃道南北三度內太陰五星皆得犯之南斗第四星天籥第七星建第四星狗第一星在黃道南北四度內太陰塡星熒惑太白辰星得犯之南斗第一星第五星天籥第八星建第五星在黃道南北五度內太陰熒惑太白辰星得犯之天雞第一星狗國第一星第二星在黃道南北六度內太陰熒惑太白得犯之南斗第六星建第六星狗國第三星第四星在黃道南北七度內太陰太白得犯之其他諸星在黃道南北十二度外莫得犯之

牛宿牽牛第四星第五星第六星羅堰第二星在黃道北二度內太陰五星皆得犯之羅堰第一星第三星在黃道南北四度內太陰塡星熒惑太白辰星得犯之牽牛第一星在黃道北五度內太陰熒惑太白辰星得犯之第二星天田第四星在黃道南北七度內太陰太白得犯之牽牛第三星天田第二星第三星在黃道南北九度內太白得犯之其他諸星在黃道南北十一度外莫得犯之

女宿周二星秦二星代第一星越星鄭星在黃道南三度內太陰五星皆得犯之趙二星在黃道南四度內太陰塡星熒惑太白辰星得犯之齊星楚星在黃道南五度內太陰熒惑太白辰星得犯之代第二星魏星韓星在黃道南六度內太陰熒惑太白得犯之晉星燕星在黃道南七度內太陰太白得犯之婺女第一星第二星在黃道北九度內太白得犯之其他諸星在黃道北十一度外莫得犯之

虛宿哭二星泣二星天壘城第四星至第七星在黃道南北三度內太陰五星皆得犯之天壘城第二星第三星第八星第九星在黃道北四度內太陰塡星熒惑太白辰星得犯之第十星第十三星在黃道北五度內太陰熒惑太白辰星得犯之第十一星第十二星在黃道北六度內太陰熒惑太白得犯之虛第一星在黃道北九度內太白得犯之其他諸星在黃道南北十三度外莫得犯之

危宿虛梁第四星在黃道北三度內太陰五星皆得犯之第三星在黃道北四度內太陰塡星熒惑太白辰星得犯之第一星第二星在黃道北五度內太陰熒惑太白辰星得犯之墳墓第一星至第三星在黃道北九度內太白得犯之其他諸星在黃道北十度外莫得犯之

室宿壘壁陣第三星至第十星羽林軍第十七星至第二十二星第四十星至第四十三星在黃道南三度內太陰五星皆得犯之壘壁陣第一星第二星羽林軍第一星第十六星第二十三星第二十四星第三十七星至第三十九星在黃道南五度內太陰熒惑太白辰星得犯之壘壁陣第十一星第十二星羽林軍第二星第十五星第二十五星在黃道南六度內太陰熒惑太白辰星得犯之羽林軍第三星第十三星第十四星第二十六星第二十七星第三十六星在黃道南十度內太白得犯之其他諸星在黃道南北十度外莫得犯之

壁宿雲雨第二星第三星在黃道北三度內太陰五星皆得犯之第一星第二星土公第二星在黃道北四度內太陰塡星熒惑太白辰星得犯之霹靂第二星第四星第五星土公第一星在黃道北七度內太陰太白得犯之霹靂第一星第三星在黃道北九度內太白得犯之其他諸星在黃道南北十二度外莫得犯之

奎宿外屏第一星至第四星在黃道南北三度內太陰五星皆得犯之第五星在黃道南五度內太陰熒惑太白辰星得犯之第六星第七星在黃道南九度內太白得犯之其他諸星在黃道南北十二度外莫得犯之

婁宿右更第三星第四星左更第三星至第五星在黃道南北三度內太陰五星皆得犯之右更第二星第五星左更第二星在黃道北五度內太陰熒惑太白辰星得犯之婁第二星左更第一星在黃道北七度內太陰太白得犯之婁第一星第三星右更第一星天倉第一星在黃道南北十度內太白得犯之其他諸星在黃道南北十五度外莫得犯之

胃宿天囷第五星在黃道南五度內大陰熒惑太白辰星得犯之第四星第六星天廩第一星在黃道南六度內太陰熒惑太白得犯之天廩第二星在黃道南七度內太陰太白得犯之天廩第三星

第四星天囷第三星第七星在黃道南十度內太白得犯之其他諸星在黃道南北十度外莫得犯之

昴宿月星天陰第一星第三星第四星在黃道南北三度內太陰五星皆得犯之礪石第三星天陰第二星第五星在黃道北四度內太陰填星熒惑太白辰星得犯之昴七星礪石第二星在黃道北五度內太陰熒惑太白辰星得犯之礪石第四星在黃道北七度內太陰太白得犯之天阿第一星礪石第一星在黃道北九度內太白得犯之其他諸星在黃道南北十一度外莫得犯之

畢宿畢第一星第二星天街二星天高四星諸王第二星至第六星天關星在黃道南三度內太陰五星皆得犯之畢第三星諸王第一星在黃道南北四度內太陰填星熒惑太白辰星得犯之畢第四星至第七星附耳星五車第五星在黃道南北六度內太陰熒惑太白得犯之天節第一星至第三星在黃道南七度內太陰太白得犯之畢第八星柱第七星至第九星天潢第三星天節第四星至第六星參旗第一星第二星在黃道南北十度內太白得犯之其他諸星在黃道南北十度外莫得犯之

觜宿司怪第一星第二星在黃道南北三度內太陰五星皆得犯之第三星第四星在黃道南四度內太陰填星熒惑太白辰星得犯之其他諸星在黃道南北十三度外莫得犯之

參宿諸星皆在黃道南十六度外太陰五星莫得犯之

井宿東井第一星第二星第五星至第七星鉞星天罇三星積薪星水位第四星在黃道南北三度內太陰五星皆得犯之東井第八星五諸侯第三星至第五星北河第三星水位第三星在黃道南北六度內太陰熒惑太白得犯之東井第三星水府第三星第四星在黃道南七度內太陰太白得犯之水府第一星第二星五諸侯第二星北河第一星水位第一星在黃道南北十度內太白得犯之其他諸星在黃道南北十度外莫得犯之

鬼宿輿鬼第一星第二星第四星積尸氣星在黃道南北三度內太陰五星皆得犯之輿鬼第三星爟第二星在黃道北四度內太陰填星熒惑太白辰星得犯之爟第一星在黃道北六度內太陰熒惑太白得犯之第三星第四星在黃道北九度內太白得犯之其他諸星在黃道南十七度外莫得犯之

柳宿酒旗第一星第二星在黃道南北三度內太陰五星皆得犯之第三星在黃道南六度內太陰熒惑太白得犯之其柳八星在黃道南十一度外莫得犯之

星宿軒轅第十四星至第十七星在黃道南北三度內太陰五星皆得犯之第十三星在黃道北六度內太陰熒惑太白得犯之第八星第九星第十二星在黃道北九度內太白得犯之其他諸星在黃道南北十四度外莫得犯之

張翼軫三宿諸星皆在黃道南十度外太陰五星莫得犯之

皇朝文獻通考卷二百六十六

皇朝文獻通考卷二百六十七

象緯考十二

星雲瑞變

臣等謹按馬端臨所誌瑞變或繫以占或著其應大抵仍諸史之本文非謂占與應必如是也其於建隆迄元符每彙計之而弗詳豈不以占與應未盡符乎

本朝定制凡瑞變占辭以觀象玩占書爲據順治初由禮部歲終彙題後改令欽天監隨時具奏凡占而不應者所司輒以今昔不同爲說臣竊思惟聖知天亦惟聖能格天占之義備於易皆知天者之言也觀象玩占止據已往之有驗者以爲言一遇格天之聖而旋轉有權其占驗自不符矣順治二年冬禮部彙題瑞變稱瑞者三之一

世祖章皇帝以變異迭見爲論於所謂瑞者則弗道康熙年閒休徵洊至

聖祖仁皇帝惟以毋忽變異

訓諭臣工雍正七年冬慶雲見曲阜

世宗憲皇帝迎迓天休爰抒誠

先聖

敷錫儒林迨十三年春雲南廣東同日以慶雲告復宜

諭曰兩省慶雲何如處處雨暘時若則

聖心之兢惕不以瑞變有歧矣我

皇上御極以來戒臣工勿言祥瑞雖以日月合璧五星聯珠亙古罕有之祥所司請宜付史館猶未蒙

俞允若含譽瑞星五色卿雲之類疊呈符應僅備疇人之筴廷臣未嘗稱賀而因變修省之

詔諭薄海內外靡不聳聞誠大易所謂先天而天弗違後天而奉天時者㝡占侯家所得窺測乎是以茲考所編詳於變而略於瑞而於占家言弗備列云

順治二年十二月禮部彙列是歲瑞變以聞正月丁亥未時日生左右珥上有背氣赤黃色在女宿占曰喜得地三月癸巳辰時日色赤黃黃光照地占曰有旱戊戌未時日生暈周匝赤黃色在奎宿占曰有兵四月壬戌午時日生暈周匝赤黃色在胃宿占曰五穀不成十月壬辰午時日生左右珥上有背氣青赤色在心宿占曰有叛將十一月辛亥巳時日生半暈上有戴氣赤黃色在箕宿占曰喜得地

世祖章皇帝諭議政王大臣曰變異迭見朕衷深用兢惕當與大小臣工痛加修省盡心職業共圖消弭毋事虛文

九年九月大學士洪承疇等以星變陳言是月乙未辰時太白晝見翼宿三度丙申酉時有流星起中天大如盞赤色尾迹有光入紫微垣時

世祖章皇帝將巡幸塞外洪承疇陳之遴言日者人君之象太白敢於爭明紫微垣者人君之位流星敢於突入

上天垂象誠宜警惕宗社重大非

聖躬遠幸之時疏入得

旨此奏是朕行卽停止

康熙三年十一月刑科給事中楊雍建以星變陳言先是十月己未朔彗星見東南方其體微小在軫宿左轄星旁丁卯見東方尾迹長七寸餘蒼色指西南丁亥逆行西南其體漸大尾迹長二尺餘指西北在翼宿十一月戊戌尾迹長五尺餘指北在張宿庚子在井宿癸卯逆行西北在昴宿乙巳尾指東在胃宿庚戌在婁宿乙卯楊雍建言星象之異日久未消乞淸宮齋戒力圖修省廣求直言詳詢利病有可以惠百姓者立賜舉行幷飭內外大小臣工滌慮洗心共修職業疏入

聖祖仁皇帝諭議政王大臣曰楊雍建直言可嘉星象示異皆因德薄數政失宜所致今惟力圖修省務期允當以答

天心

四年二月以星變

詔內外臣工進言無隱先是三年十二月壬戌彗星移奎宿其體漸小四年正月癸巳不復見二月己巳復見東南方其體微小在女宿甲戌見東北尾迹長七寸餘蒼白色指西南丁丑尾迹長一尺餘在虛宿辛巳其體漸大尾迹長八尺餘在室宿乙酉尾迹長五尺餘在壁宿丙戌

論曰異星復見實由德薄所致

上天垂象屢示警戒敢不益圖修省以後凡用人行政務加敬愼以求允當至於關係國家利弊民生休戚應興應革事宜內而部院及科道官外而督撫其各抒所見以備采擇朕不憚改正

七年五月以星變

詔內外臣工各盡職業是月甲辰未時太白見午位柳宿三度丙午庚戌同癸丑欽天監以聞

諭大學士等曰欽天監職司占候凡有變異卽當奏聞今

稱徵暗日久方行具奏殊屬不合嚴飭行又
諭曰太白晝見
天象屢示儆戒朕甚懼焉今力圖修省彌加敬愼勵精勤
政以答
天心在內部院官各盡乃職公廉自效在外督撫提鎭以
下各綏理地方撫恤軍民咸令得所
十六年三月察議監員占奏疏忽
諭禮部曰帝王克謹天戒凡有垂象皆關治理故設立專
官職司占候所係甚重理應詳加推測隨時具奏今欽
天監於尋常節氣尙有觀驗至霜露及星辰淩犯並未
奏聞疏忽負職卽行察議
二十一年七月以星變
詔臣工議聞是月己巳彗星見東北方白色尾迹長二尺
餘指西南在井宿北河北壬申行東北尾迹長六
尺餘癸酉
論大學士等曰天道關於人事彗星上見政事必有闕失
其應行應革者令九卿詹事科道會議以聞
雍正三年二月以日月合璧五星聯珠告祭
景陵先是正月欽天監疏言二月初二日庚午卯刻日月
合璧以同明五星聯珠而共貫宿躔營室之次位
當娵訾之宮從來未有之瑞請
敕付史館
世宗憲皇帝諭大學士等曰朕惟日月五星運行於天本
有常度是以從古曆元可坐算而得然古稱高陽時五
星會於營室漢帝時五星聚於東井宋祖時五星聚於
奎史書皆紀以爲祥蓋七政會合數雖一定而遭逢其
時者實海宇昇平民安物阜之會也若以爲德化所致
朕方臨御二載有何功德遽能致此嘉祥皆由我
皇考六十餘年聖德神功蟠天際地爲千古不世出之君
爲
上天第一篤愛之子所以純禧駢集曆數綿長錫祚垂光
至於今日覩此難逢之嘉瑞朕嗣統以來兢兢業業率
由舊章惟以
皇考之心爲心以
皇考之政爲政宅衷圖事罔敢稍越尺寸故邀
上天垂鑒仍如
皇考之御宇綏猷而錫以無疆之福也朕幸逢嘉會不但
不敢自居亦不敢自謙總由
上天申眷
皇考朕與天下臣民同在福祐之中當與天下臣民共慶
之至是諸王大臣等請
陞殿慶賀
諭曰朕惟
皇考六十餘年敬天勤民始終如一是以
上天申眷至於今日覩此嘉祥在
皇考爲福鍾善慶之餘在朕躬爲迎迓
天庥之始惟有兢兢業業竭力盡心永久如一以仰答
上天之眷祐以克承
皇考之宏猷期與大小臣工矢誠心而敦實政陞殿受賀
不必舉行但念
天瑞實因
皇考而致應遣官告祭
景陵以昭祥瑞之自
七年十二月以五色卿雲捧日
詔躬詣太學祭告時山東巡撫等疏言十一月二十六日
丙申午刻慶雲環捧日輪歷午未申三時之久正
當曲阜重建大成殿上樑前二日
諭大學士等曰雍正二年闕里
文廟不戒於火朕心悚懼不甯親詣太學
文廟虔申祭告特發帑金修建虔恪之心數年罔問今
大成殿上樑前二日慶雲呈見或者
上帝
先師鑒朕悚惕誠敬之心昭示瑞應當躬詣大學
文廟祭告以申感慶之衷將明年會試額數廣至四百
名壬子科各省鄉試每正額十名加中一名宣付史館
乾隆八年十二月以星變
諭廷臣修省之實先是十一月己亥彗星見距奎宿第
二星二度大如彈丸黃色尾迹長尺餘每夜逆行
指東十二月丁卯
上御門聽政畢
召大學士等前曰星象見異朕思
天心仁愛垂象示儆必政事之間有所闕失我君臣當夙
興夜寐勤加修省以回
天意惟是應天以實不以文修省之實非徒托之空言也
且書不云乎王省惟歲今歲序將周正其時矣我君
臣必深思所以致此之由闕失何在亟圖悛改庶幾
盡事天之道有以感召和氣而消未萌之眚也癸酉
諭曰昨召見大學士陳世倌摭奏近日彗星見宜下修
省之詔宣示百官朕思人主君臨天下敬天勤民之
心必嚴恭寅畏無時不懍
上帝之鑒觀念兆人之休戚以期弭告於未然誠以修省

全在乎平日此朕之所以夙夜兢兢者事大以實不以文以誠不以僞也若但托於文告飾爲敬愼警懼之辭而無引咎責躬之實徒務臣民之觀聽以塞責是明以示戒而更加粉飾則慢天欺世其過愈大豈能感召天和潛消沴戾乎前日御門時朕面降諭旨原欲與大臣等交相儆省深思所以致此之由闕失何在亟圖悛改格天之道惟在乎修省之實而不在修省之文我君臣其共勉之

二十四年三月甲午彗星見於虛宿之次色蒼白尾迹長尺餘指西南每夜順行十餘日伏不見四月戊辰復出在張宿體勢甚微向東順行至五月初隱伏

二十五年十二月欽天監言二十六年正月辛丑朔日月合璧五星聯珠推測得午初一刻合朔日月同在元枵宮躔女宿如合璧水星附日月躔牛宿木火土金四星同在娵訾宮躔危室二宿亦與日月附近五星經度既屬相連而其緯度又均在黃道之南如聯珠且其次序水木火土金接續相生

諭大學士等曰據欽天監奏明年元旦午時日月合璧五星聯珠繪圖呈覽請宣付史館朕以七政同躔互運凌犯或所時有靈臺占候者轉指爲瑞應以飾聽聞則大不是因召諸王大臣及監臣等面詢據勸爾森等稱五緯連貫相生不侵次舍實叶吉占並非以禨爲祥等語朕於天文象緯素未深究從不强不知以爲知但思日月五星行有常度史傳所載高陽氏時五星聚於營室年代荒遠已難具論即如漢高祖元年五星聚東井宋開寶元年五星聚奎殆千有餘年始一遇而其爲實爲僞亦莫可究及我朝雍正三年日月合璧五星聯珠相距宋時亦已七八百年今自乙巳至辛巳章蔀甫及兩周何以遂應再覯耶據監臣奏稱較前度爲尤昭明則安知將來不有議此度之亦不昭明者耶邇日西陲大功底定版圖式廓遠踰二萬餘里海宇晏安年穀順成內外諸臣大法小廉人民樂業其爲祥瑞孰有大於此者乎又如今冬京師風日晴暖正在望雪之際而六花疊降四野均沾直隸河南山東山西等省並陸續奏報得雪而諸回城新闢耕屯亦有盈尺告豐之奏此則祥瑞之實而可徵者固不在乎合璧聯珠始足彰
上蒼符應也在監臣等職司觀象諒不敢妄相附會以爲潤色隆平之舉而揆之於理終難深信即使懸象著明星文表異實爲我國家世運亨嘉之盛瑞惟當益加兢業保泰持盈用以上承
靈庥以與我天下臣民共享太平之福耳至謂元正嘉兆適逢
慈甯七旬大慶之年可徵
萬壽延釐之祝朕惟心識之而默叩
乾貺若必宣付史館垂爲慶牒則各省文武大吏必競以甘露慶雲等事紛紛入告將日事虛文轉致貽誤實政殊非朕敬天勤民宵旰圖治之至意所奏不必行仍將此宣諭中外知之

三十四年七月甲辰彗星見於昴宿之次體如彈丸色蒼白尾迹長二尺餘指正西偏南每夜順行八月望後伏不見十月復移見西方尋即隱伏

三十五年閏五月己酉客星見於斗宿之次每夜向北行十餘日即隱伏十一月彗星見於柳宿之次色蒼白尾迹長尺餘指南每夜向北行十餘度七日隱伏

皇朝文獻通考卷二百六十七

皇朝續文獻通考卷二百九十四

賜進士出身頭品頂戴前內閣侍讀學士臣劉錦藻恭纂

象緯考一

臣謹案馬端臨通考象緯門自隋丹元子步天歌以逮史志所載天文厤法擇要分列備後世仰觀者之攷鏡　皇朝通考因之更增推步諸術綱舉目張燦然明備茲遵前例賡續紀載惟極度偏度昔時實測已詳無庸贅錄日食月食謹從實測紀錄并爲一卷中星取近測之表爲一卷淩犯視差已易新法因改日月五星淩犯新法爲淩犯視差新法共成十卷依次編錄天象非圖不明謹援明史厤志有圖之例附繪一二俾觀象者有所取焉

時憲

臣謹案我　朝自順治元年因湯若望言用西洋新法頒行時憲書康熙四年官生楊光先指斥新法十謬復用大統舊法至七年九月候氣不驗十一月迺　命大臣傳集西洋人與監官質辯赴　午門測驗正午日景卒從南懷仁議十五年八月有欽天監官員學習新法之　諭時憲之法乃大定迨　御製厤象考成前後編及儀象考成告蕆而考測天象始有所遵循嗣後隨時測候至道光中因黃赤大距古遠今近日月行度積久漸差實測之數與天行不能密合遂改用道光甲午爲元損益舊數更定新數自經重修法又加密今按年記錄以見時憲之變更云

乾隆五十二年續修萬年書告成

五十四年奏准安南照朝鮮之例載入時憲書一例頒發

五十八年　諭朕於六十一年歸政嗣皇帝於是年改元所有時憲書後紀年篇頁其進呈宮中所用及頒賜阿哥王子一品大臣者應照康熙六十一年時憲書式樣勻刻三頁第一頁首行書嗣皇帝元年次行書乾隆六十年以次紀年至六十一歲乾隆元年止其頒發各省之時憲書仍照常式刊作二頁首行書嗣皇帝元年次行書乾隆六十年以次紀年至六十歲乾隆二年止以符定例

六十年　諭本日皇太子率同王大臣等奏恭進乾隆六十一年時憲書豫備內廷頒賞之用一摺覽奏具見悃忱朕登極初元即籲懇　昊慈臨御至六十年不敢上同　皇祖以次增載之數因定例孟冬分發來年時憲書特明頒諭旨建立皇太子以明歲丙辰爲嘉慶元年舉行歸政典禮此實朕祇迓　天庥敬繩　祖武之念數十年如一日屢經降旨明白宣示茲皇太子及王大臣等以朕歸政改元爲曠古未有之盛典雖見在頒朔以嘉慶紀元而宮廷之內若亦一體循用新朔於心實有未安特進獻乾隆六十一年時憲書臚詞籲懇出於至誠朕已俯從所請用備頒發內廷皇太子皇孫及曾元輩並親近王大臣等遂其愛戴之忱其分頒各直省外藩仍用嘉慶元年時憲書以符定制

嘉慶元年至三年　太上皇帝仍看乾隆年號時憲書恭進繙譯清漢字時憲書各一本刷印清漢蒙古字時憲書各一本清漢字七政時憲書各一本用黃綾面套黃羅銷金包袱包封外備　賞漢字時憲書百本用紅綾面無套黃棉紙包封

四年再續修萬年書告成

十四年奏准琉球國太陽出入節氣時刻載入時憲書

又　諭向來欽天監奏觀候本章凡遇節氣就風色方向所宜鋪陳吉語皆係先期豫備朕所素知即如本日交立夏節在辰初二刻八分欽天監奏其時風從東南巽方來主年歲大熟等語朕披覽本章時甫交辰正該衙門豈能於片刻之間繕本用印其爲豫擬不實可知朕崇尚實政屏黜虛詞司天占驗原以察天文而驗人事如果應時協吉仰荷　昊慈固深欽感倘或風候偶愆亦可藉資修省若僅虛應故事視爲具文殊覺無謂嗣後欽天監於觀候本章務須詳細占驗據實陳奏自本年夏至起每屆節令均於第三日具題以備省覽

十六年　諭據欽天監奏查得嘉慶十八年癸酉時憲書係閏八月是年冬至在十月內爲向來所未有因復查得十九年三月亦無中氣可以置閏應否改爲十九年閏二月等語朕思置閏自有一定非可輕言改易恐該監推步之處

或有舛錯因降旨交該監再行詳細通查茲據奏稱溯查康熙十九年五十七年俱閏八月是年冬至仍在十一月與　郊祀節氣均相符合今嘉慶十八年閏八月冬至在十月內則　南郊大祀不在仲冬之月而次年上丁上戊又皆在正月不在仲春之月且驚蟄春分皆在正月亦覺較早若改爲十九年閏二月則與一切祭祀節氣均屬相符復將以後推算至二百年其每年節氣以及置閏之月俱與時憲無訛等語定時成歲所以順天行而釐庶績　南郊大祀應在仲冬之月上丁上戊應在仲春之月此外一切時令節氣皆有常則今據該監上考下推直至二百年之遠必須改於十九年二月置閏始能前後脗合實爲詳慎無訛自應照此更正

二十一年　諭刑部奏審擬私刻時憲書人犯黃三等罪名一摺已依議行矣時憲書頒行天下以便民用若不遵欽天監推算自行私造干支錯誤自應從重治罪如照依監本翻印刑部並無治罪之條其時憲書冊尾所載僞造者依律處斬如無本監時憲書印信即同私造等語實屬虛設即冊面欽遵御製數理精蘊印造數語見在欽天監推步之術恪遵成法由來已久亦無庸特爲標著所有時憲書冊面冊尾兩條俱可刪除至各省所頒時憲書向於每年四月初一日由欽天監豫將樣本發交各布政司衙門刊刷至十月初一日頒朔後頒行近京一帶若由監頒行勢難徧及或交順天府募匠刊刷照各省布政司之例辦理惟總頒定於十月初一日頒朔以後方准出售若於頒朔之前私行售賣即照違制律治罪

二十二年　諭國家一日二日萬幾朕辦理庶務惟日孜孜內外章奏無不隨時批荅從不稍存避忌其諏吉舉行者皆事關典禮即古人外事剛日內事柔日之義非尋常事件所能比例也乃直省各督撫奏事於拜摺時先擇吉日又豫擇吉日囑令差弁於到京後屆期呈遞是以近日遇閉破之期竟全無奏摺遇成開之日數省之摺彙齊呈遞朕檢閱時憲書其日必係良辰甚屬可笑可鄙即在京各部院引見奏事亦往往選擇吉日均屬陋習著通諭內外各衙門嗣後遇有應辦之事務各迅速辦理一經辦竣立即具奏毋得仍前拘忌選擇良辰致有叢脞用副朕勤求治理至意

二十四年　諭前經降旨各處應修工程均令欽派勘估大臣帶領欽天監官前往相度方向應否修造奏明分別辦理惟是欽天監官員本屬無多若各處歲修工程逐一派往該衙門素本清苦恐資斧不無賠累因思每年修造宜忌皆有一定方向協紀辦方所載本極詳明著欽天監按照書內將次年宜修造係何方向不宜修造係何方向詳細臚陳奏明刊刻印本於每年頒發時憲書時一併發給各該處有應修工程查明書內本年方向不宜即暫入緩修無庸具奏嗣後欽天監官員停止派往以歸簡易其明年宜修不宜修方向該監即詳查刊刻補行頒給俾各祗遵

道光十五年　諭國家設立欽天監掌測候推步之政令及凡占驗選擇之事遇有應行典禮先期諏吉向俱恪遵欽定協紀辦方一書考其宜忌敬謹選擇奏明辦理本年舉行　孝穆皇后　孝愼皇后梓宮奉安典禮由欽天監擇吉奏聞經敬徵等於九月內選擇二十一二十八兩日開列請旨朕因二十八日係屬平日是以取用二十一日舉行奉安典禮朕於幾暇偶閱欽定協紀辦方書將是日干支合其宜忌殊覺未協當將是書發交軍機大臣會同敬徵循其義例詳細推求有無妨礙旋經軍機大臣及敬徵將忌用各條於書內夾簽進呈朕復加披閱是日舉行奉安典禮實不相宜敬徵經朕疊加任使擢至尙書管理欽天監事務有年於諏日宜忌素爲熟諳宜如何愼重揀選此次所擇奉安日期紕繆至此如知其不宜勉强湊合則居心直不可問如以是日忌用之處並不遵照協記辦方敬謹詳查選擇反稽諸不經外傳此係何等重大之事乃如此漫不經心將就草率莫此爲甚且經朕指出責令會同詳查敬徵亦知其忌用並不具摺請罪喪心病狂種種荒謬實屬辜恩溺職敬徵著革去尙書都統及一切差使拔去花翎賞給三品頂戴仍留內務府大臣其內務府應管事務准其照常管理並仍著管理欽天監事務以觀後效其隨同具奏之欽天監堂官著查取職名交部嚴加議處所有奉安日期著軍機大臣會同禮部欽天監敬謹選擇另行具奏

十八年欽天監奏竊維天經地緯非推步研究無以致其精微日度月行必揆測詳明方能驗其纖末伏查交食算法自康熙雍正年間實已密合天行精微俱備惟黃赤大距古遠今近日月行度積久漸差要在推步測驗隨時參酌庶近闡微之理數年以來詳加考驗由太陽緯度不合之數測得黃赤大距較前稍小其數僅二十三度二十七分由交節時刻之早晚考知太陽行度有進退不齊之分夫太陽行度爲推測之本諸曜宗之而推日行又以歲實氣應兩心差日本天最卑行度爲據臣等擬自道光十四年甲午爲年根按實測之數將原用數稍爲損益推得日行交節之時刻似與實測之數較近至太陽行度以交食爲考驗之大端近年以來測過之月食較原推早者多遲者少故於月之平行自行交行內量爲損益按見擬之平行仍用諸均之舊數推得道光十四年後月食三次與新數所推相近是所擬用數考較似有端倪謹將數年考驗情形先行縷陳

二十二年欽天監奏每屆日月交食按新擬用數推算俱與實測相近至本年六月朔日食新推較諸實測僅差數秒是新擬之數於日行已無疑義月行亦屬近合今擬先測恆星以符運度繼考日纏月離務合天行請以道光十四年甲午爲元按新數日行黃赤大距修恆星黃赤道經緯度表卽於測算之時詳考五緯月行俾恆星五緯日月交食等書得以次第告竣

是年以敬徵爲修厤總裁監正周餘慶左監副高偉爲副總裁

二十五年欽天監奏竊臣於道光十八年奏明以十四年甲午爲元將用數略爲損益推得交食時刻數次每有與實測相近者是以臣等於二十二年奏請重修厤數擬請先測恆星以符運度繼考日月冀合天行遵卽揀選官生分派職事逐夜詳考歷測周天恆星較之原書隱見不同大小互異復經考測其應改易者俱於道光二十四年奏明今依二十四年甲辰所測恆星經緯度分註黃道經緯度表十二卷赤道經緯度表十二卷取相近黃道十度內者爲月五星相距表一卷天漢界度表四卷經星彙考一卷星圖步天歌一卷恆星總紀一卷共計三十二卷分爲上下兩函繕寫樣本恭呈　御覽伏查見用恆星表卷原書爲　高宗純皇帝御製璣衡撫辰儀考測所成於乾隆二十一年全書告成名曰　欽定儀象考成續編之處恭候　聖裁奉　旨欽天監奏恆星表卷告成繕具樣本呈覽著命名儀象考成續編

臣謹案欽天監原奏所修爲恆星五緯日月交食等書今五緯日月交食兩書均闕而未備此當有待于繼事者也

咸豐元年再續修萬年書告成

同治元年再續修萬年書告成

光緒二年再續修萬年書告成

光緒十三年奏准　頒清文時憲書五本漢文時憲書四十五本修造吉方立成書五十本自本年孟冬　欽頒光緒十四年正朔爲始移送兵部由驛轉遞駐藏大臣祗領

宣統二年再續修萬年書告成

十二月欽天監奏中國厤法以閏月定四時成歲行之已數千年歷代相沿未嘗更易我　聖祖仁皇帝數理精深震今鑠古曾與西洋人南懷仁湯若望輩反復推求厤象參用西法悉已臻諸至當設當時於罷閏一事可議更張亦必毅然罷之奚俟今日此可仰見　聖謨高深豈淺見者所能窺測世世相承所當敬守勿替者也得　旨留

臣謹案大理院推事姚大榮於是年呈資政院請停罷閏月言閏月有不便於國計民生者二事一曰財政多靡一曰民聽易惑并舉沈括夢溪筆談定厤以十二氣爲主以西法消息之以立春氣至之日爲元日大寒氣盡之日爲除日凡月之大小視節氣盈縮爲定又援引周髀算經謂與西法閏日之法相合資政院隨據其說咨欽天監故有是奏

三年資政院奏世界交通宜取大同主義厤法一端關係尤重在昔唐堯於變時雍乃命羲和欽若昊天敬授人時虞舜受終文祖卽在璿璣玉衡以齊七政三代而後厤法時有變更古略今詳由疏而密元郭守敬始分盈縮初末四限定歲實爲三百六十五日又萬分之二千四百二十五與今西人所用陽厤僅

差萬分之三此乃年遠而日差非郭說之錯誤也月繞地球地球繞日行度遲速大相懸殊地球繞日一周當月繞地球十二週有十日有奇是年度當主日不當主月不煩言而解矣見今各國皆用陽厤而我獨用陰厤外交內政之種種窒礙往往由是而生請將理由分晰陳之一為國際上之關係凡屬於公法私法之條約合同分載陰厤陽厤之年月日往往因一日之差異互相爭執而生交涉問題二為財政上之關係國家歲入除官業之銀行郵電路礦以日計算新關常關稅則以月計算外如畝地之正雜稅占歲入十分之四均以年計算閏年歲入不加增而歲出多一閏月則閏年度支必愈困難三為法律上之關繫徒刑拘役以年計者當閏年則多一月若扣足十二月為一年則刑名所定年度之年字又不確當四為教育上之關繫小學課本均有定則閏年不能多授故年假暑假往往不遵部章曠廢光陰實屬可惜至學校經常歲入亦多以年計算遇閏年即有收支不能適宜之虞此外通行厤書更有一端足生憲政進行之大阻力者則吉星凶曜之說是也星曜之有吉凶乃神道設教時代愚人之術今科學大明羣知其謬乃國家頒布厤書猶復沿襲舊說實與立憲政體顯相背馳此尤不可不亟行改革者也謹本斯指公同議決改用陽厤辦法四條

一以宣統三年之十一月十三日為宣統四年元旦　二自宣統四年元旦始適用陽厤　三二十四節氣及朔望弦晦仍可附載於厤書　四舊厤所載太歲流年方位吉星凶曜宜忌諸名目一律禁載得　旨著內閣妥速籌辦旋由時憲科擬定以宣統五年為改辦之始並訂改革時憲書變通辦法十九條

一憲書首頁敬註忌辰日期下添註星期表　一逐日喜神財神紅圖芒神春牛一律刪除　一吉神凶神宜忌一律刪除　一太歲年神方位一頁全行裁徹　一小厤時刻內添註每月紀日　一月下四行僅留交節日期日躔過宮　一月令七十二候按　御覽時憲書式分註於日內　一月首毋庸置月大月小僅寫某月若干日　一逐日上下吉凶神煞一律刪除　一月建改為正月建子　列廟忌辰　萬壽聖節恭註於格之上　一自初一日起按甲子干支排列二十八宿建除仍舊　一逐日用事及日出入晝夜時刻仍註於格內　一如遇日月交食亦註於格內　一格下添註星期一紀年下自天恩上吉日起至各方修宅一律刪除　一紀年下添列祭祀日期所有　大祀中祀致齋者悉皆列入　一合朔弦望仍註於日之上一二十四節氣註於格內徹去交某月節氣字樣　一伏日社日仍註於日之上

臣謹案陰厤以月之一盈虧為一月而以太陽之一出入為一日五日為一候三候為一氣七十二候為一年日候氣皆以太陽為標準而月獨以月為標準月之盈虧與日之出入本不相符故節氣之日期亦年年不同月或二十九日或三十日又不符故必置閏月地球之晝夜以太陽出入分之四季以太陽遠近分之與月無涉陽厤以太陽為標準太陽統率恆星地球者繞太陽之行星也地球之轉有自轉有公轉自轉一周須二十四小時公轉者循軌道而繞太陽三百六十五日五時四十八分四十六秒而一周由自轉而有向日背日之別以成晝夜由公轉而有溫涼寒暑之別以成四季陽厤分月以公轉為標準節有定日如立春為二月三日(或有差一日)年年相同計算較便近更有以陽厤逐月日數之不同為其缺點(二月僅二十八日較一月差至三日)擬用週厤者附錄於後以備一說

本厤以週為單位每週七日每月四週二十八日每年十三月五十二週三百六十四日平年餘一日閏年餘二日是為歲餘歲餘置於年終不計入每週每月之內每月一日為週一(月曜)二日為週二(火曜)七日為週日(日曜)每年以春分為歲首(春分月日之差今以見行陽厤之三月廿一日為歲首)茲就各國改厤問題與週厤有關者列后　甲佐治斯而氏赫德華氏主張一年為三百六十四日分為十三月所餘一日又四分日之一於每五年之末增加一週按二氏大體與週厤同乙客止溫斯氏主以耶穌誕為無日或稱世界安息日其他與週厤無異自較佐赫二氏為勝但稱為安息日不如謂之歲餘　丙瑞士設萬國改厤

會收到議案二百餘種經專員研究擇取三種一每年十二月每月至多三十一日至少三十日每季九十一日惟第四季九十二日按此法長處四季平均每季週日有定較易推算（如第一季第一日爲週日二三四季之第一日亦爲週日）但每月之週日又各不同與陽厤相差無幾非澈底改革也一每年定三百六十四日平年以一日爲空日閏年以二日爲空日不入每週之內一年仍十二月八個月三十日四個月三十一日按此法週日永遠不改是其特長但既以所餘之日爲空日何如逕用週厤一每年三百六十四日分十三月月二十八日與週歷全同聞天文家實業家多主采用　週厤便利如此所以不能遽行者則因宗教阻礙歐美崇奉耶教以十三爲不祥之數無識者不免拘忌且以歲餘爲空日不計入各週中使向來沿用之日曜日常常變更於教規未合故未取用世界現行陽厤以冬至後十日爲歲首實受耶誕之影響倡改厤者或議冬至爲歲首系日夜長短區分之界自屬正當第是時北半球受日少南半球受日多其地近北帶大抵塞向墐戶於人情不甚便或謂我國本以立春爲歲首於農事適合不宜更張或謂每年三百六十五日減去一日以遷就週與月識爲削足適屨異說紛紜莫衷一是實則每年三百六十五日又四分日之一陽厤平年（三百六十五日）減少四分日之一閏年（三百六十六日）增加四分日之一固亦未免遷就也又何疑乎週厤哉

皇朝續文獻通考卷二百九十五

象緯考二　兩儀七政恆星總論

臣謹案西學東漸而地球動而不靜之說震耀一時嘗稽古籍春秋元命苞尙書考靈耀有四游之說謂地與星辰升降於三萬里中地常動不止而人不知譬如乘舟而行不覺舟之運是與新說若合符節特未及地球繞日之證耳吾國古人造詣之精殊有不容西人專美者自地球繞日之說行而言天者時出新說觀測之器又復精益求精近且借攝影鏡之力可攝日月兩體變化之狀天空記述更多茲首列　欽定儀象考成續編各論次選錄昔賢迻譯西籍之論次取美國楊查理安氏之論次取最近中西專家譯述之說首兩儀次七政次恆星並列其說以資參證庶幾考象緯者知天空之學今昔有詳略之殊云

欽定儀象考成續編東西歲差考

東西歲差爲太陽行天一周較恆星相去之分即恆星每歲東行之率也蓋上古見太陽行天一周積三百六十五日四分日之一而復於原宿遂定天周爲三百六十五度四分度之一兩率齊同本無差數亦由相去甚微中古猶未之覺迨至漢末劉洪始覺冬至後天乃損歲餘以益天周晉之虞喜定爲差率此歲差之義所由肇也考其所差之率歷代又復不同如晉虞喜所擬者爲五十年而差一度劉宋何承天乃以百年而差一度祖冲之又以四十五年而差一度或遲或速俱極不同隋劉焯則定以七十五年而差一度折中取用亦尙差遲唐傅仁均復以五十五年而差一度僧一行更以八十二年而差一度至宋楊忠輔定爲六十七年而差一度元郭守敬因之以其率爲至密也夫諸家所定之率必皆考測爲憑其閒差速差遲或由積年而致蓋虞喜所定者由無差而擬爲有差截而溯之其爲速也必矣然推而下之歷年既久必有已過之分何承天考之或無由知其已過而獨見爲差遲差而遲也則下推又不及矣祖冲之之定爲轉速其亦補天行不及之度歟考之劉焯所定界乎遲速之閒溯古準今猶爲未逮唐雖兩改遲速復殊若夫消息盈虛則惟宋爲最密試自晉及唐取六率而通之則得六十八年而弱楊以考測而定爲六十七年其率不至密乎郭之所以因之者亦必有以驗之也第此所定之率乃依古度而推如以今度準之復得六十八年而弱合每歲差五十二秒五十七微新法算書依第谷所測定爲每歲差五十一秒約七十年有餘而差一度靈臺儀象志及儀象考成皆仍之今據逐年實測周天之星反覆推求較之儀象考成由歲差遞至者每多差至三分若就儀象考成截算其歲差應約爲五十三秒然由此而下推不百十年或復有已過之分於是溯而上之自儀象志約略通計定爲每歲差五十二秒計六十九年有餘而差一度然猶未可泥爲定率所謂星行微渺必歷多年其差乃見此定論也至若所差之率古謂黃道西移西法則謂黃道不動而恆星東行考之恆星經緯當黃道則有定規當赤道各分進退夫赤緯既有進退是恆星自有定移則東西之歲差非黃道西移而實爲恆星東行也明矣

欽定儀象考成續編南北歲差考

南北歲差擬自西學蓋自古言天者分爲九重西法則設爲十二重天謂七曜恆星八重之上則有東西歲差天再上爲南北歲差天又上爲宗動天其最上者爲至靜不動天於以驗諸天之動也宗動則挈諸天而左旋者謂諸曜宗之以動也東西歲差卽恆星每歲東行與日行黃道略合之軌也至若南北歲差則實引而未發由今考之其黃赤大距古今不同之謂歟古者黃赤大距出入不踰二十四度元郭守敬所用者爲二十三度九十分三十秒以今之度法通之得二十三度三十三分三十二秒西法謂亞里大各於周顯王時測得黃赤大距二十三度五十一分二十秒依巴谷於漢景帝時測得黃赤大距亦二十三度五十一分二十秒亞爾罷德於唐僖宗時測得黃赤大距爲二十三度三十五分至新法算書所用者則爲二十三度三十一分三十秒考成前編定爲二十三度二十九分三十秒後編又定爲二十三度二十九分今之實測爲二十三度二十七分是則黃赤大距爲古遠而今近或謂每年差近一秒亦由自康熙二十三年甲子至道光十四年甲午距百五十年適差百五十秒而悟及

者且東西歲差自晉成帝咸康中虞喜𢦏始以來中法歷歷可考至今千五百年每年差五十餘秒猶未定有成率況黃赤大距所差至微者乎若西法謂周顯王時與漢景帝時所測恰合又荒渺而無據者也至若恆星黃道古謂緯度不移西法亦謂之終古不動而今之實測皆與前表不合考之靈臺儀象志與新法算書所載者其各星緯度亦屢有異是知不移不動者殆恆星附東西歲差之天以行而其屢測不同者乃黃道附南北歲差之天而徙也蓋黃赤大距既已古遠今近則周天恆星必不能俱隨其式而遷恆星既不能隨黃道之式而遷則距黃道之緯度宜其有變矣然則所謂南北歲差者雖非黃道緯差所由生亦實恆星黃緯所取證者焉

欽定儀象考成續編恆星隱見考

恆星隱見古所未詳溯羲和授時之旨惟在璇璣玉衡以齊七政辨列星轉運而正四時歷代宗之其閒雖有作者如甘氏石氏巫咸蓋皆天官家言而厤家有未及者至三國時吳太史陳卓始列三家星官座數並二十八宿及輔官附座者總二百八十三官千四百六十四星著於圖劉宋錢樂之造小渾儀步列三家之星誌以黃黑白色隋庾季才復依三家星位以爲蓋圖相傳步天歌亦隋人所作而未著其名世稱丹元子殆作者之別號也歌中所註星官座數與陳卓所著之圖爲合蓋皆彙三家之作而成者考之去極入宿之度乃自唐宋始詳恆星隱見之實當以近測爲斷緣歷代諸志詳略不同古制諸儀分秒未晰至儀象考成所載乃依璣衡撫辰儀考測而定者總計二百七十七座千三百十九星又無名星增附者一千六百十四星其有名常數之內較步天歌少六座百四十五星考其所少六座止計六十二星更於別座之內少數星者有之少十餘星者亦有之夫既有座可稽無難按數詳推或考測有未周必略之而錄舊乃詳註某座幾星今少幾星則其爲隱也必矣復考今之實測較之儀象考成則復隱七星而又多增一百六十三星姑置五等以下者爲彼測時因星體微渺略而未計如車府之東天陰之西天苑之南弧矢之北以及太微垣左尾宿以內皆有新增四等之星非彼測時所能略去者其爲今之多見也明矣至近南極諸星則由西人往測而得中法無從考驗若漢之張衡所謂微星之數萬有一千五百二十蓋由易策而擬及者則又不足考也

欽定儀象考成續編恆星高卑考

恆星高卑中西未計蓋由其差至微考測亦未之覺也溯自上古恆星與天同運東西尙未有差漢晉以來覺多至漸離故處而東西歲差生焉黃赤大距古遠今近星距黃道因之以殊而南北歲差肇焉此皆有據而可推者若夫星之高卑則似無由而覺然循其隱見之源勢不能倐然而去忽焉而來必有由漸而致之者則高卑之行是也何以言之以星體有大小之易也考之新法算書所載諸恆星以大小分其體等計一等十六星二等六十九星三等二百九星四等五百八星五等三百三十四星靈臺儀象志所載者一等亦十六星二等六十八星三等二百五星較少四星四等五百十八星較多十星五等三百三十八星較多四星是往昔之星體大小已見其不同矣復考今之實測較之儀象考成其由大而小及由小而大者計一百四十三星除星體大小微差及增損無煩細計外如右旗第三星儀象考成原註三等今測則竟爲六等蒭槀第六昴星第六天苑第五弧矢第六原註亦俱三等今測將及五等伐星第二井宿第四與日星原註俱爲四等今測亦止六等計八星皆由大而致小或自卑而行高者也又句陳第六離宮第五弧矢第四原註俱爲六等今測已及四等計三星皆由小而致大或自高而行卑者也此則星體大小差逾兩等者非高卑之行又何從而致歟若西法論星體之大小皆定爲與地半徑之比例亦懸擬而不確蓋諸曜體徑皆由地半徑差與各視徑之比例而知即土星爲七曜中去地最遠者西法謂猶有地半徑差十五秒因以計其視徑尙可與地半徑爲比例恆星則去地極遠既無地半徑差即無由而比例體徑乃西法依土星去地量加其遠遂設爲比例之率已概見其無據又未計各星之高下舉目悉見其不同況實測星體之大小今昔又互有消長乎是則恆星之體徑不能定爲比例之率星之消長乃實由於高卑之行其古今皆未計及者中法或由考測之未周西法則泥於比例之定率云爾

欽定儀象考成續編恆星行度考

恆星行度槪自西說蓋東西歲差之率自古謂爲黃道西移西法始言恆星東行其當於赤道者則經度有盈縮之分緯度有加減之別如恆星黃道經度當冬至後夏至前其黃道斜過赤道之式自南而北星在赤道北者因循赤道之式以次漸遠赤道則緯度以漸而長其差爲加星在赤道南者因循黃道之式以次漸就赤道則緯度以漸而消其差爲減至近黃道之星減極則越赤道而北復爲加矣若恆星黃道經度當夏至後冬至前其黃道斜過赤道之式自北而南星在赤道南者因循黃道之式又以次漸遠赤道緯度亦以漸而長其差爲加星在赤道北者因循黃道之式復以次漸就赤道緯度亦以漸而消其差爲減其近黃道之星又減極則越赤道而南復爲加矣此恆星赤道緯度之差祇由二道斜交之式而殊也又如恆星黃道經度當春分後秋分前而星距黃道緯度南者其赤道經度歲差皆不及黃道愈南愈强至近黃極之星而止星距黃道緯度北者其赤道經度歲差皆過於黃道愈北愈强至星距黃極之度適合大距而止再北則赤道歲差轉爲退矣至恆星黃道經度當秋分後春分前而星距黃道緯度北者其赤道經度歲差亦不及黃道愈北則愈弱亦至近黃極之星而止星距黃道緯度南者其赤道經度歲差亦過於黃道愈南則愈强亦至距極之度適合大距而止再南其赤道歲差亦轉爲退矣此恆星赤道經度之差又兼黃道距緯之度而異者若夫黃道經度其差自古均齊由今考之各星亦有微異溯自晉之虞喜槪論黃道西移後世屢改歲差悉置星爲不動迨至西法始覺星行其論歲差疑有盈縮蓋由歷代之率多寡不均因悟歲差之天遲速有漸不知歲差之率即是星行初非有二事也考之近年實測各星遲速微差然則盈縮之說恆星亦宜爲有第由星行高卑之微而致詎歲差天之遲速使然耶是故順天求合法必由漸而密準今溯古理皆按序可循即中西之有不同亦疏密之所由致者今依逐年實測考定黃道歲差爲每年東行五十二秒即自道光二十四年甲辰起算推定各星黃赤道經緯度及赤道經緯歲差仍按黃道赤道各宮依次分列諸表並取黃道南北距緯在十度內者另註一表以備推月五星淩犯易於檢查云

欽定儀象考成續編天漢界度考

天漢界度自古爲昭所著諸星於今爲烈晉書天文志云天漢起東方經箕尾之閒分爲二道其南經傅說魚天籥天弁河鼓其北經龜貫箕下絡南斗魁左旗至天津下而合乃西南行又分夾匏瓜絡人星杵造父騰蛇王良附路閣道北端大陵天船卷舌而南行絡五車經北河之南入東井水位而東南行絡南河闕邱天狗天記天稷至七星南而沒蓋天漢所經諸星也明史天文志載近年浮海之人至赤道以南見雲漢過天狗之墟抵天柱海石之南逾南船帶海山貫十字架蜜蜂傍馬腹經南門絡三角龜杵而屬於尾宿是爲帶天一周新法算書謂天漢爲大圈兩交黃道兩交赤道傍過二極皆一一相對斜絡天體平分爲二與黃道相反而兩至之外廣於兩空之中其在赤道北者則從四瀆起南三星當其中北一星不與焉次水府次井西四星切其左邊天關一星五車口切其右邊更前積水在左大陵從第二星在右王良居其中次天津橫截之兩端平出其左右河鼓中星在右其對邊爲天市垣齊星此赤道北兩涯所經諸星也在赤道南者以天弁東星爲界次斗第三星次箕南二星其對邊則天市垣宋星尾宿第一星而入於常隱之界迨過南極以來復起於天稷過弧矢天狼以至赤道此天漢所歷之界也復按今之實測以驗天漢起止自東方析木之初而北正度尾宿分爲二道北道歷尾宿西星度天江南海及市樓西五星宋與宗正西星當其北界宗人東星及吳越皆當其南復過輦道西星而達天津南道自尾宿東星度箕宿斗柄過天弁河鼓亦達天津其南道之界則右旗中星當其南左旗中星當其北匏瓜亦傍於南界天津當兩界之交其兩道所夾者爲穅星天籥燕星東海以及徐星弁左旗之西四星天津則平出兩端而兩道卽會歸津北遂歷車府五星螣蛇十五星其在南者皆不與焉及度王良而西則帶閣道中二星歷傳舍南二星大陵北三星並天船之八星北一星當其界北卷舌則判乎界南次遂南貫五車而五星並當界外天潢咸池則在其中復歷諸王東二星過司怪水府度四瀆闕邱經弧矢東五星天狗南二

星至天社當鶉火之次而沒此則仰觀之象皆與儀象考成所立天漢各界表卷度數相合於是點貫成圖逐度量取每遇曲折更晰以分立法反復推求以期悉符懸象仍按黃道南北及赤道南北分註四表用備仰觀者所取證焉

偉烈亞力談天序略曰天文之學其源遠矣太古之世既知稼穡每觀天星以定農時而近赤道諸牧國地炎熱多夜放羣羊因以觀天閒嘗上攷諸文字之國肇有書契即記天文如舊約中屢言天星希臘古文亦然而中國堯典亦言中星厤家據以定歲差焉其後積測累推至漢太初三統而立七政統母諸數從此代精一代至郭太史授時術法已美備惟測器未精得數不密此其缺陷也中國言天者三家曰渾天曰蓋天曰宣夜然其推厤但言數不言象而西國則自古及今恆依象立法昔多祿某謂地居中心外包諸天層層硬殼傳其學者又創立本輪均輪諸象法綦繁矣後代測天之器益精得數益密往往與多氏說不合歌白尼乃更創新法謂太陽居中心地與諸行星繞之第谷雖識其非然恆得確證人多信之至刻白爾推得三例而歌氏之說始爲定論然刻氏僅言其當然至奈端更推求其所以然而其說益不可搖矣夫地球大矣統四大洲計之能盡厤其面者無幾人焉然地球乃行星之一耳且非其最大者計繞太陽有小行星五十餘大行星八其最大者體中能容地球一千四百倍其次能容九百倍也設以五百地球平列土星之光環能覆之而諸行星又或有月繞之總計諸月共二十餘設盡幷諸行星及諸月之積不及太陽積五百分之一太陽體中能容太陰六千萬倍可謂大之至矣而恆星天視之亦只一點耳設人能飛行空中如最速礮子亦須四百萬年方能至最近之恆星故目能見之恆星最小者可比太陽其大者或且過太陽數十萬倍也夫恆星多至不可數計秋冬清朗之夕昂首九霄目能見者約三千設一恆星爲一日各有行星繞之其行星當不下十五萬況恆星又有雙星及三合四合諸星則行星之數當更不止於此矣然此僅論目前能見之恆星耳古人論天河皆云是氣近代遠鏡出知爲無數小星遠鏡界內所已測見之星較普天空目所能見者多二萬倍天河一帶設皆如遠鏡所測之一界其數當有二千零十九萬一千設一星爲一日各有五十行星繞之則行星之數當有十億零九百五十五萬意必俱有動植諸物如我地球偉哉造物其力之神能之鉅眞不可思議矣而測以更精之遠鏡知天河亦有盡界非佈滿虛空也而其界外別有無數星氣意天河亦爲一星氣無數星氣實即無數天河我所居之地球在本天河中近故覺其大在別星氣外遠故覺其小耳星氣已測得者三千餘意其中必且有大於我天河者初人疑星氣爲未成星之質至羅斯伯之大遠鏡成始知亦爲無數小星聚而成更別見無數星氣則亦但覺如氣不能辨爲星之聚設異日遠鏡更精今所見者俱能辨恐更見無數遠星氣仍不能辨也如是累推不可思議動法亦然月繞行星行星繞太陽近代或言太陽率諸行星更繞他恆星與雙星同然則安知諸雙星不又同繞一星而所繞之星不又繞別星耶如是累推亦不可思議偉哉造物神妙至此蕩蕩乎民無能名矣

李善蘭譯談天序曰西人言天者曰恆星與日不動地與五星俱繞日而行故一歲者地球繞日一周也一晝夜者地球自轉一周也議者曰以天爲靜以地爲動動靜倒置違經背道不可訓也西士又曰地與五星及月之道俱係橢圜而厤時等則所過面積亦等議者曰此假象也以本輪均輪推之而合則設其象爲本輪均輪以橢圜面積推之而合則設其象爲橢圜面積其實不過假以推步非眞有此象也竊謂議者未嘗精心考察而拘牽經義妄生議論甚無謂也古今談天者莫善於子輿氏苟求其故之一語西士蓋善求其故者也舊法火木土皆有歲輪而金水二星則有伏見輪同爲行星何以行法不同歌白尼求其故則知地球與五星皆繞日火木土之歲輪因地繞日而生金水之伏見輪則其本道也由是五星之行皆歸一例然其繞日非平行古人加一本輪推之不合則又加一均輪推之其推月且加至三輪四輪然猶不能盡合刻白爾求其故則知五星與月之道皆爲橢圜其行法面積與時恆有比例也然俱僅知其當然而未知其所以然奈端求其故則以爲皆重學之理也凡二球環行空中則必共繞其重心而日之質積甚大

五星與地俱甚微其重心與日心甚近故繞重心即繞日也凡物直行空中有他力旁加之則物即繞力之心而行而物直行之遲速與旁力之大小適合平圜率則繞行之道爲平圜稍不合則恆爲橢圜惟歷時等所過面積亦等與平圜同也今地與五星本直行空中日之攝力加之其行與力不能適合平圜故皆行橢圜也由是定論如山不可移矣又證以距日立方與周時平方之比例及恆星之光行差地道半徑視差而地之繞日益信證以煤坑之墜石而地之自轉益信證以彗星之軌道雙星之相繞多合橢圜而地與五星及日之行橢圜益信余與偉烈君所譯談天一書皆主地動及橢圜立說此二者之故不明則此書不能讀故先詳論之

楊氏天文學曰準諸形學理凡平行諸線伸長至無窮大可令相遇於一點今天體既爲無窮大則自球面至天空之視線亦必集合於一點是爲不動點亦曰靜點即天極以地軸透至天空可與此靜點相合因是而地球之赤道平面展伸與天球相遇之處謂之渾天赤道分渾天赤道爲三百六十度各作大圜過天極是爲渾天經圈自渾天赤道向兩極分緯線爲九十度各作圜與赤道平行是爲渾天緯圈

就地球各緯度處立一垂線伸長之令上穿天空下達地底則此線與天合者曰天頂下端曰地底在天頂地底之中半作平面與天頂地底成九十度角者曰地平面人在廣莫之野眺視四周天地似有接合處此即可見之地平面也在赤道處之地平面與過極經圈合分地平圜爲三百六十度各作大圜過天頂地底曰地平經圈自地平經圈向天頂地底各作圜與地平經圈平行曰地平緯圈天空諸曜其高出地面者與地平平面相成之角曰曜高度自九十度減高度即距天頂度

諸星之視行大抵近渾天赤道處之星其動極速近天天極處則甚緩至有不覺其動者故天之南北兩極可視爲星之不動處今最近北極之星曰爲句陳第一星此星距北極約爲一度十五分

太陽南北之視行每歲必橫越渾天赤道兩次自南而北與赤道相交處曰春分點自北而南相交處曰秋分點最南之點曰冬至最北之點曰夏至吾國厤算自冬至點起西人厤算自春分點起人在地球所見太陽環行之道曰黃道去黃道各九十度曰黃極

臣謹案天體渾圓所倚以爲測者曰地平曰黃道曰赤道各有其極各有經緯交互錯綜最易迷惑茲特繪圖明之如第一圖爲渾天半環子爲視點卯戌寅亥庚辰爲地平圈卯丙乙戌申辰爲地平經圈乙爲天頂戌丑申未午寅爲赤道

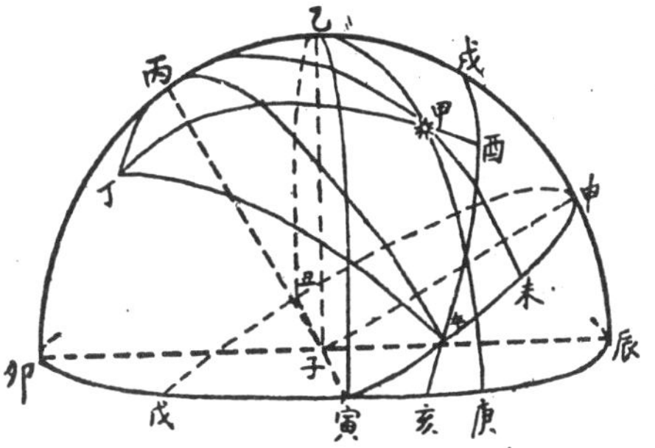

丙爲北極亥午酉戌爲黃道丁爲黃極使甲爲星體則甲乙爲星距天頂度甲丙爲星距北極度卯丙爲北極出地度午爲黃赤交點即春分點午酉爲甲星黃道經度甲酉爲甲星黃道緯度午未爲甲星赤道經度甲未爲赤道緯度甲庚爲甲星高度即地平緯度寅庚爲甲星偏寅點北經度即地平經度圖中卯爲南辰爲北寅爲東丑爲西

楊氏曰地球自轉一周需二十四小時繞日一周爲三百六十五日五小時四十八分四十六秒球體比重平均比水重自五·五至五·六繞日速率每秒鐘約爲五十二里

臣謹案地爲球形其證有五　一凡守一定方向而行可環游至故處　二在高山眺望四周則遠見天際地平均有低下之勢其低下之度四周均等　三海上來船先見其桅次見其身　四自赤道向北行則見北極升高之度與人離赤道之度有正比例　五月食時地影射於月面周體成圓形

楊氏曰地球之動也各質點俱以離心力作用有離開地軸之勢此力之大小視質點所行之半徑與質點之速率爲正比例故在赤道與兩極間之離

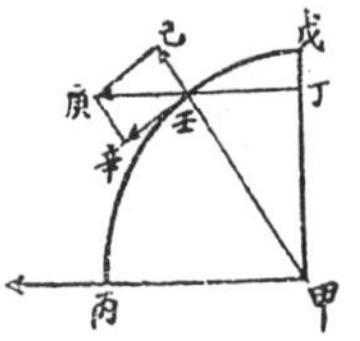

心力較正在赤道上者稍減設令甲戊爲地軸甲丙爲赤道壬爲任何點壬庚表示離心力化壬庚爲壬己壬辛兩合力則壬己力與地心攝力相反故壬己爲減輕物質重量之力甲丙半徑爲自丙戊圓周至甲戊之最大垂綫丙丁離心力爲最大故物之在赤道上者其重量較輕於兩極處

地球自轉既有極大之離心力在赤道處故此處地形微向外凸球徑自較大於兩極處同治五年英國克拉克氏測得赤道半徑爲一一〇七三・二八一里兩極半徑爲一一〇三五・七四二里然細測赤道圓周亦爲橢圓又非正圓

臣謹案如地爲圓球形則緯度逐度之距離當然相等今測得赤道處每度距離爲一九一・九五五里緯度二十度處爲一九二・一八四緯度四十度處爲一九二・七六三緯度六十度處爲一九三・四二四緯度八十度處爲一九三・八六一兩極處爲一九三・九二〇去極愈遠每度之距愈增是可證兩極處地形必爲扁平無疑

楊氏曰日爲天空諸曜之最近地球者有大熱能自發光在天空言之日雖爲中等星曜然視繞日諸星如月五星及地球等則其偉大已無可比擬且日以攝力司諸星之運行以陽光供給諸星球面之生活力故繞日諸星視日之關係自較天空其餘諸大曜更爲密切

太陽球面狀態有無數斑點大小形狀各異斑點周圍之色較中央微淡故名其淡處曰外虛中央黑色處曰黑虛黑虛之內別有圓黑點曰內核當黑斑成羣之時其兩斑連接處常有明光一條較太陽光爲烈名之曰光明條此外更測得太陽面之條形似柳葉故名之曰柳葉光條

西人之測黑斑始於明神宗三十九年近年學者咸謂斑點皆屬日面隙處滿集空氣水氣較四周之處爲冷或謂由太陽內部物質外流至高處因是處溫度較低故斑點比其餘赤熱處較黑黑虛之徑極小者約爲一千四百里最大者不下十四萬里外虛爲衆斑環繞時其徑有至四十二萬里者然不常有黑斑之大者人目可見惟須在日落時或隔霧望之或用黑色玻璃望之亦可察得

太陽黑斑存在之時閒恆不甚久最短者僅數日大概以一月至兩月爲最多曾有一次黑斑竟存在至十八月之久然亦僅此一次而已

黑斑之在太陽赤道十五度至二十度者恆向赤道流行在二十度外之緯度處其流行方向恆背赤道但其流行之度甚緩流向亦鮮有出此例者

黑斑行時有時向斑心而行既達心點則又下沈有時外虛邊之碎屑捲入斑心卽消滅不見恍如爲羊角風所蝕然

細攷太陽黑斑常限在南北兩緯五度至四十度之閒斑點極盛時赤道附近處亦有斑點可見然爲數極少若在四十五度之外則無斑矣

道光二十三年德人失瓦白在德騷地方測黑斑由大變小至再變大一週閒須歷時十一年

斑至極盛時太陽面上每有二十五斑至五十斑可見反之極少時則無一斑至其原因尚難洞悉大抵變遷之故屬於太陽內部變化與外力無關

黑斑盛時地球上之磁氣恆受其影響且知黑斑週期變遷與磁氣變動率互有關係昔人屢驗歷年降雨之率及北方曉之出見皆與黑斑週斯有關

嘉慶十九年西人發朗互發取日光自壁隙射入透過三棱鏡而得光圖其光線透過三棱鏡被折二次遂散放而顯各色其色由紅至紫所占地位黃大於紅綠大於黃遞進至紫爲極大各色排列如懸綫太陽光圖中具有若干黑綫橫列平行疏密不等自此綫發明後歷五十年又攷得光綫爲各種原質所成因是可從日光而測知太陽中所含物質光綫十六年西人老蘭氏本此原理測定太陽所具三十六種原質列表如左表中以黑綫力度爲序次所注數字則以黑綫多寡爲序次鐵之黑綫數在二千以上

鈣十一　鐵一　輕二二　鈉二〇　鎳二　鎂一九　鈷六　矽二一　鋁二五
鐠三　鉻五　錳四　鍶二三　釩八　鋇一四　炭七　銅一二　鈦一五
鐠九　鉬一七　鋃一四　鈮一六　鈀一八　鋑一三　鋼二〇　鋅二九　鎘二六
鏍一〇　鋍三三　鈤三二　鏭二七　鋃三一　錫三四　鉛三五　鉺二八　鉀三六

此表立後越五年英國賴母裁博士又考得氦氣加入此表至養氣則至近年始發見

太陽黑斑之光圖異於通常日光圖非特異在黑斑光力之減小且圖綫亦有闊窄之變尤以輕氣綫之變爲甚但大部份與發朗互發之所發明無異通常所見之太陽面日光殼外有赤氣曰赤殼此層多屬輕氣其深約自十四萬里至二十八萬里如在太陽受全蝕時以遠鏡窺之無殊野火之燎於原也

在日蝕時太陽被月全掩後恆有深紅色火焰突出是名焰突焰突有兩種一曰靜焰突一曰爆焰突前者爲廣大之雲其厚約自十四萬里至十六萬里定於赤殼之上或與赤殼聯合成立柱形或與赤殼分離靜焰突不甚光亮在光圖中其變遷常緩絕無驟變此類焰突不限於黑斑帶內凡在太陽面諸處俱能發見至爆焰突則僅限於黑斑帶內變遷極速時或與時鐘秒變率相等是則其變動速率當在每秒七百里左右因是而光之圖每爲針所擾

太陽全蝕時有光繞其四周名曰暈環近日之部光亮眩目足與深紅色之焰突相映並美環爲光綫所成散放如輻射形但其環繞則成彎曲之狀在太陽邊稍遠之處其光較散迨至圜之外邊更漫無界限圜面時有黑色裂紋直透圜層而達日面環光之在黑斑帶內者均極長令圜成四方形惟此狀止見於黑斑最盛適遇日蝕之時反之如日蝕而在黑斑極少時則赤道光綫發射甚遠近太陽兩極處有成叢之有規則光綫其勢自兩極分向下彎

暈環之光在不同之日蝕時有不同之見象此蓋以月之視徑爲比例也暈環之總光較諸滿月至少須大二三倍

暈環在光圖中特異之處即在綠色處見白光綫白光綫之數初考得爲一四七四條後經精測知光綫之數尚不止此

暈環確爲太陽附屬物既非光像作用又非因月地兩球空氣變化所致是以暈環光圖不僅爲返照之日光且爲上升之氣又據各處所映日蝕時之暈環相片均無二致並可顯月球横越暈環光中而過易言之暈環實爲太陽空氣中之一種見象且其包圍之氣體又非靜定純一而爲攝力所平衡蓋攝力而外其餘諸力正多即非氣體之物質或亦包含甚夥至暈環之實在情形今尚未能曉然也

今人葉青譯希特氏天文圖誌云由諸日蝕歷驗暈圜時有不同恆見暈環繞日體一周形如鳥羽而近兩極之處勢甚微近赤道一帶其光遠耀約三倍日徑有奇自得照像法以來經三十年之測驗知暈環與黑斑有相維之理當黑斑最盛之時暈圜之勢亦極高形狀仍同鳥羽而近兩極處爲最卑於一千八百七十一年驗得之當黑斑最少時暈圜高處僅在赤道帶內羽形展出於極之左右與太陽周綫交角甚大於一千九百年（即光緒二十六年）日食時驗得之

暈圜之來原有天文教習哈克南斯及牛遮省楊氏於一千八百六十九年（即同治八年）測得暈圜光圖有明綠綫一條推知暈圜所具白熱之氣內確函太陽之質或於他處如法測之光圖亦同惟明綠綫近處復益輕氣一明綫耳綠綫之由來迄今尚未覈實惟光圖中間有太陽光圖黑紋數條意者暈圜白熱之氣微含太陽之質折光而成之者也暈圜來原與黑斑周時亦相關然歷經測驗未得其詳

楊氏曰太陽面近中央處其光最亮邊際則減減率極速極邊處之光力止爲中央光力之三分一色亦隨光力而變近邊之光常呈橘紅色其藍紫兩光綫幾全失此殆因藍紫兩光綫之光力較勝於紅黃等色故也

假令地球面上一平方單位面積中無空氣之遮護而與太陽光綫正交則

此平方面中所受之熱力單位曰太陽常數熱力單位之常用者曰卡羅來乃二十六兩八錢之水在百度表中升高一溫度所需之熱力也據見時天文家所測每三・一二五平方尺在正射之太陽光綫下一秒鐘之太陽常數當在十九與二十二卡羅來之間此數尚未將空氣間所蝕去之熱力加入若在地球面則每三・一二五平方尺面積其太陽常數每秒鐘鮮有過十卡羅來至十五卡羅來者

定太陽常數之法即令太陽光綫一條透過已知剖面積之孔射於已知容量之水上再在一定時間量其溫度升高一度之數即得設有二十六兩八錢之冰比重爲〇・九二則需七十九卡羅來又四分之一之熱力即溶解成水又每秒一〇・七卡羅來等於一馬力

設以太陽半徑與日距地之比例自乘再以得數乘地球上所見之太陽常數則得四六〇〇〇易言之太陽面每三・一二五平方尺在一秒間所發出之熱力比地球上每三・一二五平方尺面積中所受之熱力約大四六〇〇〇倍因是可以推知太陽面每三・一二五平方尺所發出之熱力爲一百萬卡羅來以馬力計即近十萬匹馬力矣

比年各處天文臺觀察所及太陽熱力之量尚無確實紀載所可知者今日太陽熱度比二千年前無異因地球之動植物與古書所載罕有懸殊惟據地質學家考查謂地球上氣候必曾受太陽熱力之影響經過極大變換如冰川時代石炭時代均可爲變換之證

太陽內部似爲氣體此可由太陽之比重小與熱度高知之惟其氣體必有特異之點非地球所有之氣體可比太陽之面似爲一種發光之雲其在重學情形或與地球上之雲相同雲上升則入天空天空所含之汽一似地球上層之汽然雲既升入則汽即塡其空處此載汽之層曰轉層極薄轉層之外或即赤殼與焰突矣

天空重要星曜次於日者當爲月第月借日爲光大小等第在天空中又無足數顧以距離地球最近吸力關於潮汐熱度關於陰晴所係較諸曜尤大也

月面空氣必甚稀少其氣壓當爲地球上氣壓七百五十分之一氣壓既小則水必化氣故月面止有冰雪而無水

月之光力在滿月時約爲日光六十萬分之一在半月時則不足半數月之反光力據西人佘尼阿所測爲〇・一七四即返照之光約爲所受於日者六分之一也

月之熱力久無測法近年精器日出始攷知月之輻射熱力然其測法甚煩大抵月光僅一部份返照於外餘皆被蝕所蝕者或竟至四分之三之多

月面溫度極難推測蓋以月受日光歷十四日之多其熱必甚烈迨月背日入夜又有十四日之多在此期間溫度必大降或至零下二百度左右懸殊若是故難測月球勢力之及於地球者一爲潮汐助日攝地此於朔望時最顯一爲磁電力於月行最卑最高兩時顯之

月中景狀若以大力望遠鏡視之可詳見微細景物如以二百五十倍至五百倍之望遠鏡望之可縮短二千八百里之景物至一千四百里此處物徑在一里四左右者覩徑約爲〇・四三秒正可明白望見如以更大遠鏡望之又遇天朗氣清則所見景物更可明晰

月球之面崎嶇不平羣山皆有嶺脈爲數極少至月面平地則噴火口極多每陷落成坑與地球上之火山噴火口無異惟地球之火山口不逮月球遠甚月中噴火口徑每有至一百四十里以及二百八十里者

月中通常噴火口爲圓形外有衆山環峙之狀口之中央或陷或突或與口齊平亦有無山平原中突見一口者其正中有多數小峰形峰嶺有小噴火口伏焉月中火山之數約三萬三千有奇月之高山諸峰可由山影測之大抵高山之巔多得日光故明其山根不得日光故暗由是測得明暗分界處爲太陰全徑二十分之一即山之高度

月面除噴火口及高山外尚有深曲之山谷中或曾流水今皆成極長之斷紋闊約一里半斷紋中尤以淺色者爲最奇此紋從某噴火口發源成輻

射形迤邐行數百里寬度自十四里至二十八里始終無大差殊色澤深淺亦終始如一
月中平時無雲無颶風多無雪春無植物故無顯著之變更
近年測器日精月面情狀所得愈多遂分部賦名且有月圖之作山河海陸疆界判然此又月中景物之新記載也
天空星座或有定或無定有定者曰恆星如北斗七星常守其位通年無大變異無定者曰行星如月及五星等逐日變易位置行星中古代天文家止計日月及金木水火土五星名曰七政今日天文學中日月均不在行星之例昔日所稱爲不動之地球反列入行星中另增天王海王兩星此外又有小行星加入
行星序次自最近太陽之水星起則首水星次金星次地球火星木星土星天王海王火木兩星閒或尙有一行星未經發見見時所攷得之小星已在八百以外或疑諸小星將幷合成一大行星或疑諸小星卽由大行星裂分而成要皆爲懸擬之論諸行星本體皆晤得日光而返照爲光又同爲球體繞日而行所行之向皆一致且同在黃道平面中除水金兩星及各小星外餘星均有衞星地球之衞星一卽月火星有二衞星木星有九衞星土星十衞星天王四衞星海王一衞星
德人波特嘗按行星與日之距離而得一例稱爲波特例其法首列四數爲第一數次以三加四得七爲第二數次倍三爲六以加四得十爲第三數次倍六爲十二以加四得十六爲第四數如是迭倍前項所加之數以與四相加復以十除之卽得行星距日之近似數距日數以地球軌道之半徑爲天空單位爲一餘依單位爲比例

星名	符號	距日數	波特例	較數	恆星周	太陽周
水	☿	〇·三八七	〇·四	〇·〇一三	八八·日	一一六日
金	♀	〇·七二三	〇·七	〇·〇二三	二二四·七日	五八四日
地	⊕	一·〇〇〇	一·〇	〇·〇〇〇	三六五·二五日	
火	♂	一·五二三	一·六	〇·〇七七	六八七·日	七八〇日
中距小星		二·六五〇	二·八	〇·一五〇	三·一年至八年	不同
木	♃	五·二〇二	五·二	〇·〇〇二	一一·九年	三九九日
土	♄	九·五三九	一〇·〇	〇·四六一	二九·五年	三七八日
天王	⛢或♅	一九·一八三	一九·六	〇·四一七	八四·〇年	三七〇日
海王	♆	三〇·〇五四	三八·八	八·七四六	一六四·八年	三六七·五日

表中較數一行卽波特例與距日數之較也
臣謹案自波特謂諸行星距日有定例此後凡尋小行星者咸依此例及尋得海王星推其距日遠近方知波特之例有誤如以地距日之遠近爲十按刻白爾之例推各行星距日之遠近惟距日近之行星無甚差誤至於土星與天王星所差已多及至推海王星則差違更大矣
凡言一星之恆星周期者謂自日面視該星從某星起繞日一周而復至某星之時閒也太陽周期者謂該星自合日點復至合日點所需之時閒也
設自太陽中心作一直綫與黃道正交則自此直綫取一遠點視各星之運行常見各星以平遠率及平圓軌道繞日而行但自地視星則各星繞日之行又加地球之自行故甚複雜假如星爲靜定不動則在地球視之見星行與地道平行而其向相背如星行地亦行則星之視行爲星行再加與地球反向之行
如圖地爲地球日爲太陽在地道內之圈爲內行星軌道星日內星伏時星在日地閒名下合日在星地閒名上合地道外之圈爲外行

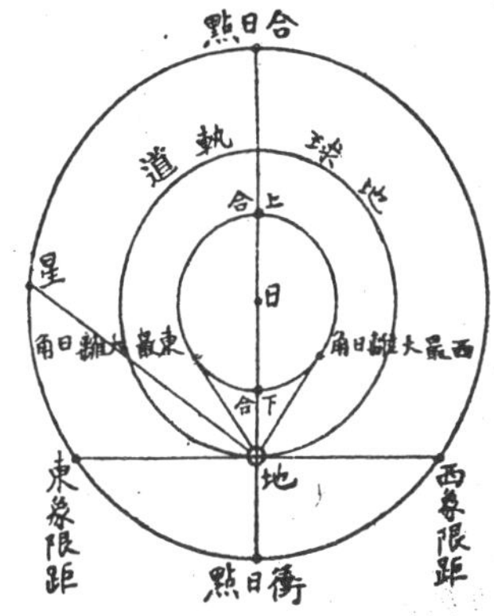

星軌道日在星地間曰合日地在星日間曰衝日星地日角爲星之離日角外行星之離日角可自零度至一百八十度內行星之離日角依軌道徑之大小而有一定之最大限度

自上合點或合日點起內外行星均向東行是爲順行行久則見星行不東不西是爲留點留後則其向變東爲西是爲逆行逆行弧之中點與衝日點合日點幾能相合逆行後星又留留後復東行而回至上合點乃圓成一太陽周期以時間與角度論逆行之數恆較順行爲大

行星之隱見常以離日角之大小爲準因行星離日甚近星至地平綫上必在白晝故不能見依此論行星之運行則內行星與外行星有顯然之區別外行星在天空太陽位置常以漸偏西繼續增進其西離日角卽減小其東離日角苟於一定時間視察外行星常見其到子午綫之時每夜加早其東向速率從無有超過太陽速率者內行星則反是其過日面甚明其行日東與日西距度常等但西向甚快而東向甚遲

臣謹案吾國古昔天文家謂地居中央而行星繞之西人多祿某於漢武帝元年曾本是說推步天行著書傳世曰多祿某例其法通行幾歷一千四百年自德人歌白尼出考知地球每日之動繞其本軸又考知行星繞日而行地亦爲行星之一其軌道爲圓形但圓心微有出位之處乃更損新法是曰歌白尼例後六十五年刻白爾推得行星軌道爲橢圓形而推步之法又經一度變更刻白爾創設三例是爲刻白爾例一行星繞太陽之軌道爲橢圓而日居橢圓之心一日與行星之聯綫卽橢圓帶徑若帶徑所歷時等則所歷面積亦等一周時之平方與其帶徑之立方有正比例此卽今日所流行之法也

設令地爲地球恆星周期行爲行星恆星周期日爲行星太陽周期則內行星之式爲 $\frac{1}{日}=\frac{1}{行}-\frac{1}{地}$ 外行星之式爲 $\frac{1}{日}=\frac{1}{地}-\frac{1}{行}$ 移項則內行星之恆星周期爲 $行=\frac{日地}{日+地}$ 外行星之恆星周期爲 $行=\frac{日地}{日-地}$ 以上兩式如已知行星之太陽周期卽可推知其恆星周期但因星地軌道橢率關係太陽周期時有不同故式中太陽周期之數須經數次精測後以最精確之平均數代入方無謬誤

臣又案行星太陽周期之測法可觀察行星兩次合日或兩次衝日而定之合日衝日之時可就行星之赤經與太陽赤經比較而得之如其較爲零則合日如其較爲一百八十度則衝日

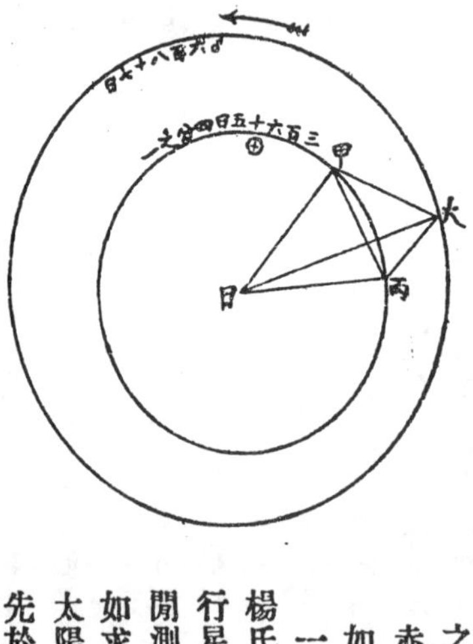

楊氏曰既知行星之恆星周期則行星距日之數可於行星一周期間測其首尾兩次離日角而定之如求火星距日之數令圖中日爲太陽甲丙爲地球軌道火爲火星先於火星在火點時地在甲測其離日角曰甲火侯經六百八十七日實爲六八六·九五火星復到火點地到丙再測其離日角曰丙火又甲日丙角爲地球於四十三日半即地球兩年日數減去火星周期之數中所行之角度爲已知數日甲及日丙爲日地距亦爲已知數如是在日甲火丙四邊形中已知四角及日甲日丙兩邊卽可求日火對邊及甲日火與丙日火兩角而得火星在火點時之向及距日之數

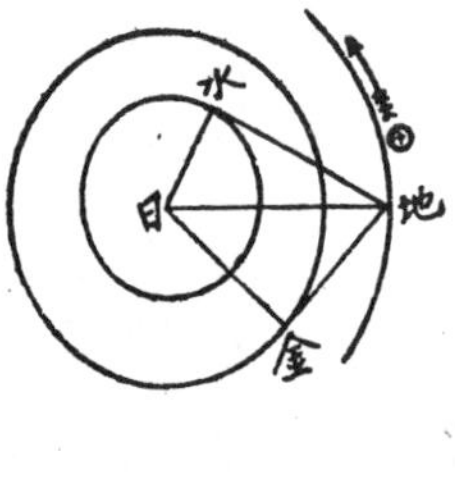

如爲內行星則其推算之法可用上圖日爲太陽地爲地球金爲金星當金星離日角爲最大時則日金地角爲直角故知日地距日地及最大離日角地日金角卽可推知日金之長若在水星則因橢率關係僅能得其近似之數

行星既受太陽攝力而行成橢圓然行星與行星又有互攝作用致橢圓動

作又覺被擾如日攝力之影響月行是也所幸其纒擾之力極小故其所受影響亦不致如月之烈行星攝動計分兩種一爲短期攝動一爲長期攝動

短期攝動乃緣行星在軌道上之相關位置而致其攝行一周不及一百年閒有逾一千年者然其數大槪無足計焉

長期攝動亦緣行星在軌道上之位置而致但其相關之點止在軌道與軌道之自身位置而已因此等位置之變遷非常遲緩故長期攝動雖有周期可計而其爲期動以百萬年論故影響極微

臣謹案行星軌道交點及最卑點則常在變遷交點常退近日點及遠日點諸綫卽橢圓長徑之伸長綫則常進（惟金星不同）其轉運周期之最短時閒爲三萬七千年最長時閒有逾五十萬年者行星軌道與黃道相交之斜度時有進退爲期當在數千年但其期無定例且其擺動之數止以數度爲限橢率亦有相同之進退或增或減殊屬無定但其變亦極微

楊氏曰綜上諸說則太陽系（凡爲太陽攝行之星統屬太陽系）之諸行星在百萬年中決不因互攝所生之攝動而有重大之變更其中距數及軌道周期亦當無甚變遷交點及最卑點之位置雖有動移而無關係至交角與橢率之改變爲數極微不受影響餘如行星運行中之受阻及流星之偶然大合均足阻此類變遷之進行故更可無慮惟各小星之交角及橢率之改變不如大星之有限因之其安定態度亦不能如大星之可確定者也

天空恆星之最近者就見時知識所及其距爲二〇〇〇〇〇天空單位在此距離中由恆星望日則日之大僅如北極星依此類推則彌天恆星其距地之遠可以槪見

就分光鏡所示乃知恆星之體亦有如日之發光自炤者閒有大於日熱於日者及小於日而減熱於日者又有全不發光者

恆星之數以明亮可見者計之約自六千至七千月明時或掩其半數以二寸半之遠鏡窺之則在赤道北可得星十萬數以三十六寸視之則達萬萬數

恆星常以類聚而成星座如二十八宿等其名之由來遠在上古西人多祿某分恆星爲四十八座後漸增至六十七座

恆星位置有定而其位置亦有變易以今日之恆星位置與百年前之恆星位置相較則相差頗足注意其主因在歲差章動及光行差三者然此爲恆星之所同其變也通體皆變故曰公行但每經百年各星之距離及位置又各有變遷此必爲各星自動故曰自行以鏡窺兩星公行則兩星所同者必同在一向自行則或有反向而行者

高等星之自行速於低等星如頭等星平均每年行四分之一秒六等星每年行二十五分之一秒自行之迹常爲直綫

臣謹案星之自行爲西人好里於康熙五十七年攷得見時考察自行之法宜用照相法攝取星圖量取星與星之距離則每閱十年距離必有微差閱時愈久此差愈顯

楊氏曰恆星自行之速率今日天文家所知尙淺因非先知恆星距地數及其運行之向地或背地無從推測其速率且運行之向背於地與地球成正交距離極遠轉無從見其運行據歷年測望册所記之自行數惟與視綫成直角之星行度數而已

恆星之同在一部份者有聯動之狀若互相維繫或其相鄰之星原出一系如北斗七星中有五星常以同速率在平行綫上移行餘如金牛天狼諸星皆相聯動

恆星之移行如直向地球或直離地球是爲輻射行凡輻射行之星可用分光鏡驗之如向地則其光圖照獨潑攣例移向紫色反是者則必背地此例爲西人赫琴氏在同治七年所發見然太陽亦爲恆星之一率其附屬之地與行星而移行空閒故恆星之動移一爲眞正自動一爲太陽動惟太陽所行之向與星行之向相反蓋各星雖有單獨行動無足計算止可論其全體之行向太陽率其全系之星而行其所繞之極今天文家用二十種不同之法推測之知此極在天琴與武仙座其赤經度約爲二百六十七度赤緯度

約爲北緯三十一度此點名爲太陽行道之極點

凡對太陽太陰及行星等所稱之視差均指地球之半徑而言惟對恆星而言則地球半徑甚微故改用地球軌道故凡言星之視差其所夾之半徑均爲在星視地軌道半徑非地球半徑也

凖諸天空物體與地球相關之視行例恆星雖靜而不動在人視之似逐年繞一小軌道而行此道之全徑約爲五二〇〇〇〇〇〇〇里其道與黃道並行恆星在此道中其行向常與地球之向相反如恆星近黃極則見其平行軌道即成圓形如近黃道則見軌道成直綫如在半腰處則見成橢圓形如視者在黃極處則橢圓又成圓形

如能測得恆星平行軌道之角弧則恆星距地數可用日地距乘二〇六二六五以恆星視差除之即得所用恆星視差以弧角弧秒數計即恆星平行軌道橢圓半長徑之弧度

恆星距地既如是其遠天文學所用之天空單位即地球軌道半徑尚屬太小不能作測度之用故天文家於推測恆星別用視差一秒之距爲單位此單位曰恆星單位更有一種單位曰光年光年者光在一年中所行之距其數爲六三〇〇〇倍日地距

恆星之視差爲一秒時其距地爲三·二六二光年故普通計恆星光年距即以視差除三·二六二而得之

見今所見之星其視差無有過〇·七五秒者此數即等於四又十分之三光年距人目所能見之恆星其大部份距離當在二百年至三百年之內再遠之恆星距離有至數千年者

西人依巴谷與多祿某按星光之明暗分爲六等此六等星皆人目所能見第一等爲極明之星數約二十自望遠鏡發明後分等之法漸及於光微之星但等數之多寡天文家各有主張殊不一致迄今尙無定例

星等之分雖以星光之明暗爲主然同在一等之星其光明之度非一致故又就其明暗而分之爲小數如二·四與二·五其屬於二·四之星較明於二·五之星

西人海思計算人目所能見之星其在南緯第三十五平行圈之北計有

一等星	一四	二等星	四八	三等星	一五二
四等星	三一三	五等星	八五四	六等星	二〇一〇

總計三千三百九十一

准上表觀之等級愈低星數愈多其增例之速殊出意外若就遠鏡分等其增例亦復相等但至十等以下增例漸減矣

星光之比例率（以後簡稱星光率）者謂任何級之星其光分大於次一等星之倍數同一等級中其星光率須一致如以己爲星光率則第一等恆星應較第二等星光明己倍第二等星較三等星又明己倍如是遞進則第一等星應比第六等星明$己^{五}$倍又因從第一等星所收之光比從第六等所收者約大一百倍故星光率之數應爲$\sqrt[五]{一〇〇}$即二·五一二此數之對數爲〇·四故星光增加一百倍即星晉五等

每一等恆星中各舉一星爲標準星餘星之較標準星更明者用小數或竟用負數以別之如織女星爲〇·二大角星爲〇·〇大犬座甲星爲$-一·四$此即大犬座甲星較明於標準星$二·五一二^{四}$倍太陽之等級約爲$-二六·三$

令$乙_{寅}$爲某星之光分其級爲寅又令$乙_{卯}$爲卯等星之光分則得式如左

$$\frac{乙_{寅}}{乙_{卯}}=二·五一二^{(卯-寅)}$$

即

$$對\frac{乙_{寅}}{乙_{卯}}=〇·四(卯-寅)$$

故如兩星之等級爲三·二與八·六則比較其光分時應以三·二與八·六代入寅卯兩數星光率之對數爲二·一六檢表得眞數爲一四五故第三·二等之星較明於八·六等之星一百四十五倍

如用最良遠鏡可指出某星爲某等則因遠鏡之收光力專恃鏡片面積之大小爲强弱即光力以鏡片徑之平方爲比例故欲視小一級之星須用一遠鏡其鏡孔較大之數須有$\sqrt{二·五一二}:一$之比例即鏡孔之增加須有一·五九：一之比例

即鏡片之徑增加十倍則星之等級適小五倍此就理論上言若在實際鏡片增大片質須加厚光力亦即消耗故大鏡片之力往往不能達理論上所得之數

旣得數星之等第即可就已得者之星光比較而定其餘諸星之等次第分等時或用遠鏡或用目力或憑攝影鏡之力近年凡六等半以上或較微之星均可攝取星片再憑星片察其大小及星影之黑度而定其等次星影圓而黑其等次之高下可量其鏡之大小而定之惟所攝之星圖中須有已知等第者一二星庶可藉已知之等級推定其餘諸星之等級攝影之法對於紅光之星不甚顯明故遇此等星須助以目力視星審其光力之大小方可確定大抵紅光星在星片中所見之等次比諸目見眞等次約小兩等

柰爾那氏嘗定吾人所收星光光力與日光比較之數據稱頭等星如織女之光力約爲日光光力九十萬萬分之一近年天文家所測謂在星明之夜統計南北兩半球星光約爲月光六十分之一日光三千三百萬分之一兩球全體星中約有百分之九十均爲肉眼所不能見

臣謹案星之光熱尚非見今寒暑表所能測度近年天文家雖用各種方法以求其數殊少成功但在光緒二十四年至二十六年時倪格耳氏在遠克司天文臺用量光器細心推測織女大角諸星得大角比織女熱二倍二

楊氏曰如已知一星之視差則其與日光相比之實在發光數即可推而知之其法以星距平方乘前節所得之光力即爲發光數如依西人蓋而氏所算大犬座甲星之距爲五五〇〇〇〇天空單位地球收甲星之光爲太陽光七十萬萬分之一以此兩數代入前述之式即得甲星放光數比太陽光大四十倍仿此以推其餘諸星可知太陽光力在此類星中僅得列在中等

如上所述地球上所見之星其明暗一恃其距一恃其發光數而發光數又恃其發光面積及發光球面之光力如何以爲大小故人目所見各星之明暗未可據爲星之眞明暗蓋距近則明距遠則暗而遠者之發光力未必不如近者故在同時如見一星光小一星光大不能以星光小者爲體小或距遠及光力小等必按已知之例詳細推測方可確定

星體之大小今科學家尚不能確知雖有用間接法測得其略數者然與眞數相差必在數百萬里故星之直徑體積密率三者今之學者尚無從知其梗概

復有多星其星光時有變遷曰變星變星之類約分爲六種一星光之變極緩而其變繼續不斷二變動極不規則三短期客星驟見而隨隱者四客星歷數月而隱者五客星在短時期間逐時改變星光者六客星之隱似爲他種星體所蝕者

以上第一類之星均屬極小似常在滋長之中有在四百年前爲極微之星今其光已大增而爲明星

仰觀今日天空諸星以較昔賢初成之星圖增減殊不一致然星之增減雖爲事實之所有然或由當時觀察記載之失當及誤視行星爲恆星之弊甚易滋惑不可不知

變星之故尚無單簡之例可爲說明凡繼續不斷之變星如久歷年所其變率不與年俱進至不規則之變星迄無實徵其變之小者或以爲星面發生斑點如日斑然其斑常以定期發見其星亦繞本軸自轉短期客星或因方生之物質爆裂所致如太陽中之焰突然或又推想爲一暗星行經特別區域而爲星氣所包繼因磨阻力關係星面發生大熱故致發光二說皆屬懸擬非定論也客星之屬於第四類者在光圖見象中與太陽赤殼及太陽焰突所得之光圖狀況相同故亦謂爲由爆發而成第四類變星之光圖有時似爲同繞重心之兩體起有交互作用所致此外變星類由繞軸自轉時星面發生斑點而成星光

又如英仙等星之變動在百年前西人高立克曾經聲明爲由交蝕掩映而然蓋星與地球間有不透明之體爲阻故在一定時期間迭見明暗

光緒二十六年西人簡恩勒氏印行已知之變星表中載三百九十三星內

約半數其變遷約有一定時期自此表發行後各天文家繼起發見之數增進極速迨至今日其數已達四千以外其大部份均非人目所能見最先發見之變星中其星光等級有自二等至八等者卽最明比最暗者自六倍直至一千倍但就大部份而論其等級之相去不致驟然差異至是如等而次之則相似之星其差亦止在一等之分數間耳

近年攝影術盛行足爲覸察變星者之助最近十年內所發見之變星大率由比較各地所攝星圖而得蓋各星有各星之光圖苟有特殊之光圖發見當然有新起之變星自無疑義

光緒二十一年時畢格靈氏報告謂自倍來氏所攝星圖中發見變星團變星團中每有一團而含變星至百枚外者星體之微細可以想見攝影時相距不足兩句鐘星光卽有顯明之變化但亦有多數星團不起變化變星團中變星周期迨不足兩日

光緒三十年發見變星最繁盛之處常有一定界限

目光最易見之星團有二一爲昴星一爲畢宿至巨蟹座之蜂窩星團惟星明之夜能見之又如后髮星座在室女宿之上亦爲目所能見之星團欲分晰此類星體須憑遠鏡之力但有數團雖用極大遠鏡亦難分晰此又非光圖莫能測矣

星光光圖在道光四年發朗互發氏所發見發氏初用三稜鏡置遠鏡前窺之至同治三年分光器發明黑琴司與色幾兩氏乃用之代三稜鏡黑氏在光圖中決定鈉鎂鈣鐵輕氣諸綫又有金屬中疑而未定者數綫色幾所考得光圖爲數甚多第記載不及黑氏之詳

色幾氏分星光圖爲四類凡光圖中具有極强之濃暗輕氣綫者爲第一類此類所概括之星居見時考得諸星之大半數天空白色藍色諸星如大犬座甲星及織女星等均屬此類凡光圖與太陽光圖相似而有多數細暗綫者爲第二類此類之星爲數亦多大抵第一第二兩類所包之星計有全部八分之七凡光圖有暗帶影向上有顯著之迹而隱作紅色者爲第三類紅星之大部份及多數變星同歸此類第此類之星有時亦在光圖中見光明綫第四類所屬之星僅屬少數深紅色小星其光圖中亦如第三類見有暗帶但其影下向爲異耳此類之星亦有見光明綫者

人目視察光圖費力費時倍覺困難故近年盛用攝影術爲助英之黑琴司美之亨來奪蘭均善此術馳名見時光圖攝影片已爲各國大天文臺重要之部份矣

望遠鏡所見常有兩星相距甚近似爲一星苟非用甚鉅放力之鏡幾不能辨爲二星此等星曰雙星今日所見之雙星約爲一萬六千尙有多數星爲三星又有少數者爲四星

雙星相距約在三十秒以下查今日遠鏡之力雖極精微之能事若秒以下之數亦莫能辨矣雙星中約有三分之二其兩星相等餘皆不相等相等者色相似不相等者其色亦異通例兩星中小者之色其光圖每較大者爲高如大星爲淺紅色或黃色則小星爲綠色藍色或紫色仙女座之丙星及天鵝座之乙星雖用小遠鏡亦可窺得此例

雙星距及雙星距角均用量星測微器測之雙星距角卽聯合兩星之直綫與大星時圈所成之角度也此角常自北方向東計之如小星在大星之正西北方則兩星距角爲三百十五度是也

星之成雙者其故有二一因光學關係一因物理關係前者兩星在地視之似在一直綫上後者實爲兩星之距眞相近也

如爲光學關係則數年後必察見兩星之互有獨立關係蓋其相關之動作爲一直綫且爲平速動以此可知兩星各有其固有之運行也

反之如爲物理關係則其相關之運行爲一凸曲綫卽以任一星爲心餘一星繞心而行據覸測所得雙星之關於光學者屬少數其大部份盡屬物理關係或疑爲重心攝力作用正與太陽系之重心攝力同也

由物理關係而聯合之雙星曰聯星聯星在橢圓軌道內繞公重心而行一周約需時自十四年至一千五百年橢圓長徑視徑約自四〇秒至〇・五

秒侯失勒維廉在百年前首發見聯星之橢圓行其時天文家咸以聯星爲光學關係侯失勒維廉欲考查逐年閒一星對於餘一星位置之變易而未成郤因是而得聯星之橢圓運行

臣謹案見時橢圓行之聯星已查得有二百座但經繼續研求當更有所得此二百座聯星中其大部份因發見未久難詳述其運行之迹但有五十座左右見其運行一周或已見其運行一周之太半故推算其軌跡可較準確

楊氏曰聯星中小星對於大星之視行常爲橢圓形但須知此視行軌迹爲斜視形推想聯星橢圓行確合重心公例則知大星必在小星所行眞軌迹之中心本乎此理即可從視行之橢圓軌迹推得其實行眞橢圓軌迹但其法繁重理亦深邃

尙有數星以三星或三星以上之星聯合成一系者是謂多合星巨蟹座己星爲兩雙星其繞行之軌道爲圜形周行一轉需時近六十年但有一第三星依同向繞雙星而轉相距甚遠繞行一周之期至少約需五百年此星行時有奇異之不規則情形似顯其近處尙有一不可見之星爲之附意者其爲四合星也天琴座戊星爲美麗之四合星即兩兩雙星每雙星各自徐徐繞行周期約爲二百年有奇又因四星有公共之合法運行或謂兩兩雙星互繞而行其期當以千年計獵戶辛星爲多合星六星中無對星可舉但各星互距之數似非全不相等也

天空中尙有無數星羣其包含星數自一百至數百不等是爲星團星團中亦有少數人目可分別者如昴宿星團巨蟹座蜂房星團雖以雙眼小望遠鏡亦得分見其小星但星團之大部份均須大遠鏡方能窺見其合組之小星人目視察恍似發光弱雲但從大遠鏡觀之實爲天空最美麗之物象

或問星團之星是否可與太陽爲大小之比是否可以星距相分如太陽與半人馬之相距然是否實爲小星相幷抑僅屬星質之閃耀又星團距地是否與恆星距地相同抑尙遠在恆星外耶此等疑問一時難解大抵不規則星團如昴宿星團蜂房星團必在吾人星系之內無疑餘如武仙座星團則爲球形據近時研究所得又知星團之距似爲十萬光年依此數而論則星團每星之光其明亮當有甚於太陽者自此星發光至彼星約需歷一千年據此則星與星之距殆莫能數計矣

星團之星尙得以遠鏡分而見之除星團外尙有遠鏡所不能分解者是謂星氣星氣之光有較星團更明者據見時所知星氣之數約有一萬此中有兩三星氣亦爲人目所能見如仙女座中之二星氣其一爲明亮之冠其一則在光緖十一年所發見尙有一星氣在獵戶座此亦人目所能見者

星氣中之較大較明者形式皆不規則星光四射而中有黑暗之口星氣容積有甚大者如獵戶座星氣面積有數方度之多因確知此星氣較遠於半人馬甲星故自地球所見此星氣之橫剖面應超過海王星軌道數千倍也

仙女座之星氣所占面積稍減形式亦較整齊至更較小之星氣大都皆成卵形明亮處在中部

又有所謂雲星者因其中核如一星穿霧而照故名

星雲幾成圓形而全體光力勻整者曰行星星氣中暗者曰環星氣螺旋星氣厥狀如螺旋雙星氣爲兩星氣所幷而成此外有光力變易無定之星氣爲數甚少

數千星氣中類皆微弱不明第少數明亮之星氣則又爲極有趣味之物象去今未久欲求一眞確之星氣圖象而甚難當時曾印有星氣五十座而鐫刻雖工迨照相術盛行始得最早發見之星氣相片爲美人亨來奪蘭所攝之獵戶座星氣時在光緖六年也嗣後進步甚速至近年相片中瞥得意外之見象是其爲助誠屬非淺據開勒氏照相所得之果謂大多數之星氣均爲螺旋形

臣謹案照星氣相片開鏡時閒需歷一小時至四五小時故各種亮星之影象均以過時而模糊是以星氣相片不能爲恆星用也

楊氏曰細察從前星氣圖以較今日新圖似星氣亦有變遷但昔時器械未

精印成之圖或未足爲據但就星氣相片而論數年前所攝者與新攝者亦微有參差意者再經長期之經驗或可賴照相術以確定星氣之有無變遷昔時所得之光圖於星氣亦有關重要蓋其時已證得星氣之光必發自方在長成之虛疏氣體非爲衆星集合而成西人黑琴司在同治三年因考察亮綫各光圖而得確定此說

據近今所得星氣光圖而論所見光綫相同其通常最所易見之四綫內兩綫當因輕氣而致餘二綫則較輕氣綫爲亮尚未知爲何種光綫此種特殊光綫竟爲星氣所獨有亦未可知曾有人以此四綫爲淡氣所成但見可決定其非

星氣中非全數見白綫光圖者其白色星氣大部份作螺旋形此在星氣中最占多數其餘星氣則作綠色星氣之光似與星光無大差異星氣之最大者在仙女座然觀測時分解之難亦爲星氣之冠

至星氣之實在組織尚無法可以知之其發光之物質當爲氣體必無暗黑色之流質或固體等包含在內

星氣之距今但知當在恆星世界之內侯失勒維廉已早論及又如推測昴宿星氣亦可得顯明之證驗也

天空中星氣之分布正與恆星相反恆星所聚均在天河左右而白色星氣最盛於星體虛疏處恍如星體之成星氣完全爲所吸收近年學說謂星氣之產生純由分解星體而成二說正相反對姑并存之以待攷定

天河爲一不規則之光帶其環繞天空幾成一過極之大圈河之明暗至不一致有一部份竟如沙洲之障其最足記述者厥惟南極之煤袋煤袋者一橢圓形之黑洞也天河約有三分之二卽自天鵝座至天蠍座分成兩河而平行以遠鏡窺之實爲無數小星所成小星等級第八級以下均有又有星團極多惟白星氣甚少

天河與黃道相交之兩點離春秋分兩點極近其交角近六十度河之北極據侯失勒維廉云在后髮星座

星之分布於天空疏密至爲不齊細檢星表可知自天河極至天河大圈每方度中星數之加率極速大圈處星尤叢集侯失勒維廉曾攷得三千四百星列入星表維廉子約翰又在好望角天文臺續得南部星二千三百顆史脫勒氏更從此等星表中推得每次望遠鏡域內可見之星數列爲一表如左

距天河大圈	九十度	七十五度	六十度	四十五度	三十度	十五度	零度
鏡域中所見平均星數	四·一五	四·六八	六·五二	一〇·三六	一七·六八	三〇·三〇	一二二·〇〇

星之運行極速其向則四方皆有至其受運之故或謂係於攝力或謂全體星宿別繞一中央之日惟此中央之日見尚未能察見耳又有謂衆星共繞一公重心而行其轉運甚近於天河平面數年前美特勒氏攷查所得謂此公重心去昴宿最亮之星爲不遠云其中亮星當卽爲中央之日然此說尚屬未定而亦未嘗更有所發明得確證星之運行爲何如也

更有一說謂星行在天受其最近星之攝運體質大小亦有關係此說似較爲可信然准此說則星行之路非爲躔道易言之其道非躔行而仍歸原處也諸星攝運之力在任何時閒加於一星幾成均勢卽令星行在數千年中顯成一直綫也

細審恆星之輻射行及自行可知星行非毫無秩序者蓋其行均在兩星河內其向適相反每河之星四向飛行而仍各守其河之公共行向焉

天空星體萬千卽有萬千世界顧以何因而成此固世人所應有之疑問今之通論謂初時似雲之質彌漫天空同在攝力之下繼卽變成動熱力與如是集合各質點之隱熱力此熱力之影響既及於本體質點又以輻射之故而及於四周之星體此爲近今最新之學說可概括一切者也

據見時天文家觀察所及於恆星有以下諸例可舉　一恆星軌道均近圓形　二各軌道幾在一平面內惟有數小行星不在此例　三恆星運行其向皆一致　四星之距離頗有規則此爲最奇異之事實　五恆星運轉平面幾與軌道平面相符合惟天王星或稍異　六恆星自轉之向與沿軌道

而轉之向相同惟天王海王兩星或不一致　七衛星沿軌道而轉之平面與恆星自轉之平面相符合此例隨處可確證也　八衛星自轉之向與恆星自轉之向相同　九最大恆星其轉運速率亦最大

天文家之天空設想各論爲見時所公認者厥惟星氣論此論肇於史威頓抱及愷脫二氏顧二氏立說不詳迨十餘年前賴潑來氏始用算術詳爲推衍而理法乃顯賴潑來氏之說如下　甲見時日星之質在太古時當爲星氣　乙照賴潑來氏意此星氣當爲密集之炎熱氣體　丙星氣在本體攝力之下結成圓形而具旋轉動作此旋轉動作專恃初速力與星氣質點密率之不同而異又以物理關係攝力漸進不已則旋轉速力亦增是因旋轉之體收縮時其旋轉時間亦隨之而減短故也　丁旋轉結果球體兩極必漸成扁平形兩極既漸縮積久則赤道上離心力必有與地心攝力相等之一日此時星氣之環當如土星環自中央而外離　戊如是所成之環始以整體繞行終則分離繼由分離之質集合成球繞中央星氣而行即成一恆星賴潑來氏設想此環繞行如固體然其外殼之質點行動必較內質點爲快此論如屬無誤所成恆星其轉行之向當與環行之向相同　己如是所成之恆星必外射其本體質點而成衛星系

自大體觀之賴潑來氏之論或確但其詳細條目有待討論者正多例如初成星氣似爲冰凍流星細質而本論謂爲酷熱氣體又如恆星與衛星常由母體分析而來而本論則謂爲成自游離之環論中謂環行如固體豈閼薄之環能如黏合固結之實體作同一之運行乎環裏質點運行之時間固可較環周質點短減乎

近年強勃林與毛耳頓二氏倡論太陽系曾有一時爲螺旋星氣此星氣由游離質點造成在橢圓軌道內繞中央星氣橫越螺旋臂而行螺旋臂止在一定時期顯出其質點之分布今人嘗設想螺旋星氣或因兩太陽相遇甚近時由激烈波浪醞釀而成使此項設想爲無誤則太陽當由中央物體所成恆星則由螺旋上各星氣所成恆星運行時隨將所過處之流散星氣盡量收納體質因之而增仿此衛星亦由較小之星氣而成

星體由游離質點造成之說似較賴潑來氏之說爲勝此外新舊理論似無大異攝影片中曾指出螺旋形爲星氣之常式至賴潑來氏所稱之式竟未曾發見又足爲新說增重但在影片中之星氣實際上或較小此又不可不知也

星星團星氣等侯失勒氏已早在賴潑來氏之前論及之顧其論僅及於沿革公律律中謂星氣有時變爲星團有時變爲雙星或多合星有時且變成單星自星氣至成星天空各種變態侯失勒氏均詳論之去今五十年前學者極信星氣即爲星團止以相距過遠鏡力不能分解此時星氣之說竟至中晦迨分光鏡出星氣與星團之別始昭然於世而星氣論遂得重光

臣謹案愷脫與賴潑來氏之立說均推衍將來而近人學說則追溯往昔此新舊學說不同之大略也

近人謂地球曾有一時較熱於今日試自地面下鑿大約每六十尺增熱法倫海表一度至十里外即覺赤熱不可耐矣威廉叨姆曾言地球在見時恍如一石出火而外殼甫冷月面多火力表記但今已完全冷結矣

恆星在遠鏡內所見亦有一時曾在赤熱之下且有多數事物發生其間木土天王海王諸星尚不能如地球有退熱之情況

至如太陽有不可思議之熱力亦無由知其熱自何來見時理解咸謂日之外殼爲有彈力之龐大薄膜球依其本體重心逐漸縮小當漸縮時遂變成熱動力及質點隱力縮率約計每年二百五十尺日徑即一百二十五尺半徑此每年所可紀錄之太陽放射光熱數也

據今以推往昔則太陽當有一時其大塞乎太陽系軌道至此期去今爲幾何年則不能斷言如太陽之放熱力亙古未嘗變易且其熱力來自一源以及體質收縮未嘗稍假外力則太陽過去時間可推知爲一千五百萬至二千萬年但此屬推想不能確信無疑也

據今日以下推將來太陽之放熱與收縮如繼續不斷且無外力可收則在

五百萬年至一千萬年時太陽之組織將根本改變熱力全消統馭羣星之力亦隨之而失地球亦絕無存在之能力矣

綜計前節所述可知見時星系及一切世界決不屬於無始無終一類既有繼續之進行又無中改之能力則必有所自起亦必有所終止以四散之物質集中凝結而長成而攝合之力若可以無盡但熱體遇冷體熱力必遭散失而失去之熱力又無可取償故雖有龐大之體質亦不可恃也夫星系既有熱盡而消亡之一日則消亡之後必別有新星系及新地球發見然以見時科學知識尙無術可以解此

臣謹案宋儒邵康節搊元會運世之說謂天地開闢以十二萬九千六百年爲期每會一萬八百年自子會至亥會盡此數而天地復合人類息矣復歷兹數而開闢是爲天地循環然則地球更新之說吾國先儒已見及之惟邵子以氣運推明西哲以星系推見均屬理想之談西儒又云太陽光熱外發亙古如斯迨熱射已盡成爲無光之體宇宙黑暗萬物不生其說可相證明以此見天地始終之說中外哲學理想雖殊要亦殊途而同歸也

皇朝續文獻通考卷二百九十六

象緯考三　儀器

臣謹案儀器之製肇始璣衡逮入　本朝創制尤夥康熙十三年新製天體儀黃道經緯儀赤道經緯儀地平經儀地平緯儀紀限儀等乾隆九年製三辰公晷儀六合驗時儀方月晷儀等十九年製璣衡撫辰儀二十五年製地球儀七政儀等道光十八年將撫辰儀更換軸心加以修整儀器之精密遠邁古昔同時西洋人發明望遠鏡憑藉鏡光之力縮遠爲近而窺天之術益臻美備前考於望遠鏡僅載器名茲更詳其理並述近年新出之器擇要錄載共成一十二器以資參驗焉

道光十八年欽天監奏改黃赤大距爲二十三度二十七分

二十五年儀象考成續編成

光緒二十六年義和團起聯軍進京城後毀及觀象臺衙署儀器均被掠去惟存向風旗杆一座

三十一年欽天監接收外務部運送法蘭西公使館交還儀器計黃道儀內十六件赤道儀內十八件象限儀內十件地平經緯儀內二十件簡平儀內二十一件漏壺一件

臣謹案觀象臺上原設儀器八座臺下二座漏壺一座圭表一座共十二座今交還儀器僅五座計失去七座

楊氏曰望遠鏡計分兩類一爲折光鏡一爲反射鏡折光鏡之發明遠在二百餘年前但歷年所造最大儀器均用反射鏡兩鏡原理實皆一致鏡之一端有一大玻璃鏡片名物鏡片收所視物之眞影此影由另一端之鏡片放大而見於目此鏡片曰目鏡片目鏡片實一顯微鏡而已　簡單式之望遠鏡用兩凸玻璃造成一即物鏡片徑較大焦點距亦較長又一片即目鏡片焦點距較短兩鏡片裝置之距離適等於兩焦點距之和按光學理照射物體之光綫透凸鏡經焦點後即映成倒影今物影經過物鏡片必映倒影於兩鏡片間之焦點距處此處爲交點平面如以攝影片插入交點平面令受適度光綫即可攝得眞物相片如物鏡片之焦點距爲十尺而於十尺距離處視月則月影之大當與月等如於一尺處視月則月影比月當大十倍苟有此等物鏡片則雖不用目鏡片亦可全見月中諸山顧實際焦點距在一尺之下物影即不能明顯故不得不借助放大鏡片之力如放大鏡片之焦點爲一寸則在一寸距離處即能視物以算式明之令放大鏡爲放物鏡片焦點距爲焦目鏡片焦點距爲焦則 $放=\frac{焦'}{焦}$ 即鏡片之放大力等於以目鏡片焦點距除物鏡片焦點距所得之數也設如物鏡片之焦點距爲四尺目鏡片之焦點距爲四分之一寸則依前式得 $放=\frac{四〇}{\frac{四}{一}}=一六〇$ 從可知望遠鏡之放大力隨目鏡片爲變換是則變換目鏡片即變換鏡之放大力故各種望遠鏡均備有不同之目鏡片焉　像之明亮度不在物鏡片之焦點距而在物鏡片之徑易言之即在物鏡片之面積設如視者目徑爲五分之一寸不計鏡之透光損失率則一寸徑鏡片所收之星光較人目所見之星光大二十五倍如鏡片徑爲三十六寸則當增至三萬二千四百倍減去鏡片透光損失率亦當得二萬五千倍故光數與物鏡片之徑爲正比例　然物體之明亮視度如月及恆星等在實際上其放大力增進之度不能按此例推算因物鏡片所收集之光經目鏡片之放大後更復展散故也通例一物體面積經展大後光學器具不能使其光更明於人目所見之原光但物像之總光量遠勝於人目所見之光例如恆星總光量之增進爲數極鉅故用望遠鏡窺之則數百萬目所不能見之星亦灼然可見其較亮之恆星更能於赤日之下窺見之　望遠鏡如僅用一鏡不能使發自物體之光點集光綫於任一焦點因各色光綫各有折光率藍色大於綠色綠色大於紅色故透光鏡所成之像其邊皆帶色是爲色差故單鏡片之望遠鏡爲最簡陋之鏡　乾隆二十六年英國最先發明用兩塊以上之鏡片造成物鏡片利用不同類之玻璃及不同式之鏡片即令發自物體之光點總集光綫成像於推算所得之焦

點因得改免其色差望遠鏡有如是所成之物鏡片曰無色差望遠鏡顯像亦甚明顯普通實用上之望遠鏡僅用兩鏡片造成一爲凸鏡片一爲凹鏡片兩鏡片之彎度及位置之距離適令其免除球弧差及色差爲度　見時通行之望遠鏡尚不能全除色差卽最精之望遠鏡亦有一紫暈環繞星影此於審定星體亦足妨礙且鏡愈大此差愈甚　通常物鏡片每因色差關係不能印得完善相片故凡用於印相者須特製成之映相乾片上有效之光綫爲藍紫兩光綫通常物鏡片則於此兩光線分歧實甚　如於通常物鏡片用吸光器以吸去藍紫兩光綫再用特製乾片卽可攝明亮星體惟此法不適用於星氣因星氣之光每弱於紅黃綠諸光綫而吸光器所能透過者僅此諸色故星氣不能映於相片　以映相物鏡片映星時紅星則較爲暗淡但用聯合吸光器及特製乾片可以映得恆星之大小且與人目所見之大小亦可相符　望遠鏡鏡片於球弧差色差雖能改免然猶未合於物影淸晰之度凡所謂光者包有一定長度之光浪一發光體之影像不能僅作一點必按數學理準諸折射例計算其有定限之圓面徑此圓面之四周更有相關之諸環繞之望遠鏡中所見之星圓面曰虛圓面此虛圓面之徑常與物鏡片之徑作反比例故如一鏡之放大力不變則望遠鏡愈大星像愈小　目鏡片如用於視雙星等其像在視域中心者以簡單凸鏡片爲最良但如物體離乎中心則影像卽不明瞭是以普通方法皆用兩凸鏡片或較多之凸鏡片造成兩鏡片之鏡其視域較單鏡片鏡爲大且在全視域中之物像均合測者之意此等目鏡片又分二類一爲正目鏡片一爲負目鏡片正目鏡片最爲常用其製皆用放大鏡片可自望遠鏡取出而爲手攜大鏡之用其自物鏡片所成之物像位於目鏡片之外卽在目鏡片與物鏡片之閒反之負鏡片所收物體外來之光先被遮於隔層鏡片而後達到焦點處像則成於目鏡片之兩鏡片閒是以負鏡片不能另配爲手攜放大鏡之用也　正影目鏡片之用於小望遠鏡者裝置之法不一有時目鏡片需至四片之多簡言之一繁複顯微鏡耳其所見之影爲正影由物鏡片所成之倒影再受目鏡片之顚倒作用而成正影也

用望遠鏡窺測物體時鏡內應備有蜘絲網以便確指物體式之最簡單者爲一金屬架用蜘絲作十字形正置於架蜘絲縱橫線相交處卽所測物體之點也此蜘絲網之位置窺測者每疑在物鏡片附近其實在焦點平面處蓋所以供正目鏡片之用有時或用一玻璃鏡片畫細十字綫於上以代蜘網鏡之用於天文臺者並取燈光以映照鏡內十字綫燈光不必過强但須適當其宜　約在康熙九年時折光鏡初知於世因發明反射望遠鏡視爲測星之要器者幾一百五十年迨嘉慶二十五年無色差大鏡始成而反射望遠鏡之種類遂有互異之點蓋由返光鏡所成之影達於有放大力之目鏡片內每以返光鏡位置之不同成影之地位因而互異同治九年大返光鏡成其製用銅錫混合而成近年恆以玻璃用化學方法鍍銀膜爲之銀膜返光力遠勝舊日金屬膜雖易致汚損而更新不難也

臣謹案世界已造之最大望遠鏡卽爲反射鏡美國卡乃奇天文臺望遠鏡計鏡徑八尺有奇反射鏡亦近五尺造於光緒三十四年又李克天文臺望遠鏡卽開勒用以映成天星相片者其鏡徑亦近三尺折光鏡之最大者爲芝加哥大學耶克天文臺之鏡鏡徑三尺有奇焦點距約五尺次於是者爲李克天文臺之鏡鏡徑約三尺長約五十餘尺以上僅舉其最大者言之小於此者不可勝數今在創造中者必有更大之鏡窺天之學將與年俱進焉

楊氏曰反射鏡與折光鏡各有專長玆特再述其優劣各點俾用鏡者知所取擇　反射鏡之益其一此鏡止有一面工作而物鏡片有四且因光綫到反射鏡後卽行反光非如鏡片中光綫須透鏡而過故製造反射鏡之質料易取卽造作有瑕點亦無關重要其二反射鏡之大者易造折光鏡之大者難造故大鏡多爲反射鏡其三反射鏡完全無色差此爲最大之裨益如用爲攝影及分光之需更非反射鏡不可　雖然折光鏡亦有長處玆再述折光鏡之利其一如兩鏡之大小相同折光鏡所顯之影可比反射鏡更明反

射鏡因經兩次反射消失光力極鉅折光鏡光雖透過鏡片消失光力極少二折光鏡視物較爲準確如折光鏡鏡面偶有差點無論其爲重量不勻或工作不良光綫經過此點其差率比諸反射鏡僅得三分之一且折光鏡鏡片如有瑕點其兩對面之差可以相消反射鏡則無相消作用故不容有絲毫差誤也其三折光鏡造成後僅需常法保護不以經久而失效用反射鏡則用之數年卽需重敷銀膜其四折光鏡式簡體輕運用較易於反射鏡今世裝鏡之法使鏡之本軸（卽依柱上所裝固定承軸處而轉之軸亦曰極軸）與地球軸平行使附裝與本軸正交之圓盤與天空赤道相平行是爲赤道裝置法亦爲最普通之裝置法閒有不用赤道裝置法者是皆特製之鏡也　望遠鏡角度表僅載度而不及分是以記分須用視器此器名分微尺分微尺之種類不一最通行者爲綫條分微尺用螺絲裝置於望遠鏡之視端器內有裝定之綫一組其二條或三條互相平行與平行綫相正交者或一綫或數綫裝綫之片板上歧出一叉叉用一螺旋以爲轉運螺旋之端刻爲表尺叉中又裝綫一條或數條此綫受刻表螺旋之制可令分微尺中之縱綫距離隨之伸縮且憑之以取度分分微尺外另用套箱可隨望遠鏡光軸而轉且可定於任何地位分微尺內可以游動之綫在視域內所指之星自一星復至一星時兩星地位之角度卽可用刻表螺旋在套箱游盤端記取之然分微尺僅及於分若在分之下則又須用他器以取之

太陽儀如其名原定用於測量太陽視徑亦能量取諸星角距且可自數秒記至二度或三度得數準確儀爲雙影分微尺其量取兩物體之距離時將一影疊置他一影之上而得之吾人用綫條分微尺時每次須兩度注視視兩綫是否各分所指之星於正中法煩易於致誤若用雙影分微尺祇須視所指之點是否同中心而已兩器繁簡自不可同日語也　太陽儀亦常用赤道裝置法完全爲一望遠鏡惟其物鏡片（約自四寸至五寸餘徑）則沿鏡平分使成上下兩半鏡兩半鏡之裝置可使沿徑左右互移左右移之距離約自二寸餘至三寸餘此距離用一精製之尺量取之度分秒數另用一長分微尺窺取之長分微尺裝在鏡筒內直達目窺處鏡筒之裝置可使繞座轉旋幷令兩鏡片之中分綫可在任何角度地位　設如物鏡片之半鏡正相對合時卽可作一單鏡片用此時在視域內照物所成之影亦僅得一影但如一鏡片作左右移時卽每半鏡片各自成影矣　量取視域內甲乙兩物體之距離時卽令兩影幷合爲一得之如下半截固定鏡片之心在子兩影之位置爲甲與乙乃令上半截鏡片向左移動使上鏡片之心在丑其影爲甲乙再令上鏡片向右移使鏡片心在寅其影爲甲乙則甲乙兩影之距必爲子丑與子寅二者之一此數卽可由游尺得之子丑寅綫之向卽示甲乙兩體之向並示兩體之角度也

經緯儀有望遠鏡一具視端有網一鏡裝於堅固之軸軸貫於叉狀之承柱叉狀承柱備有螺絲可司鏡軸之進退所以使鏡軸與經綫確相正交也軸樞上裝有一精製之水準器用以定鏡之平準與否鏡上更附以刻尺圓圈俾窺準星點時可記取星度也儀上應有倒轉器則鏡筒可在承柱上倒轉用之　經緯儀中之網綫其縱綫自五條至十五條不等橫綫則爲二條如須與時辰表幷用綫當更增排列亦當較密又因觀星每在夜閒故於器之樞軸穿孔令燈光經鏡軸射至一小反射鏡上照見網中縱橫各綫小反射鏡裝於鏡內中央立方上卽軸與鏡筒相聯之處反射鏡之光接目可使視域之內全部光明同時天空星光綫又可不爲燈光所混此儀製配精確無論如何轉動中綫必與子午綫相合故窺見一星過中綫時卽得星之赤經度　校驗經緯儀計有四法一綫網須在物鏡片之焦點平面內其中央一綫須正直無偏二物鏡片光心與中綫之聯綫須與轉軸相正交校驗時可使鏡遠指一點再倒轉鏡筒復視原點鏡之聯綫一無差誤則倒轉鏡筒後仍可平分原點若不能平分卽爲有差應就鏡中所備螺絲校正網綫務使確合爲度三鏡軸須在水平面此可藉水準器之助而知之兩叉形承柱之一備有一螺絲司望遠鏡之小升降所以就水準器之平也四軸之方位角須確爲九十度卽所指須爲正東正西也其校驗法可藉恆星時辰鐘之

助窺測恆星以驗之如鏡爲無誤則所窺近極處之星一次在極上過中綫後至第二次在極下過中綫所需時閒應爲十二恆星時復次如所窺者爲兩星一近極一近赤道則兩星過中綫時閒之差卽爲兩星赤經度之差

用時鐘爲佐窺測星體過中綫時如已知時鐘之差率而鏡已校驗無誤則星過中綫之頃卽爲物體之赤經度反之如已知星之赤經度則鐘與赤經度之差卽爲時鐘之差

天文時鐘亦與他種儀器同一重要西人海更士發明擺鐘在天文學中與西人葛力留發明望遠鏡同一重要厥後哈利生與蘭罕姆兩氏之發明溫度伸漲率以改良時鐘又與望遠鏡之發明差無色差物鏡片同一功效天文時鐘與別種時鐘原無大異惟造天文時鐘更求準確且其擺常須與溫度變遷無關鐘面備有秒針分針時針針各有心以爲轉運之樞並可以報秒數記時則自零點至二十四點　天文時鐘之所以準確在能定其常速率運行之度永遠相等差率極微或有差則可升降其擺以校準之法甚簡易然常例每日之差不得過一秒　測星者舊日記時法每藉耳目之力卽窺見天空見象時用耳聽鐘以記秒數或記至十分之一秒秒以下之數則想象得之精於測望者所記之數鮮有差至十分之一秒者　近日記時之法乃借助電力矣其裝置爲一鐘擺每一擺動時造成一電流或令電流中斷一瞬可令磁鐵橫牽與電報機之手音器同電磁載有一筆筆自動書於紙片上紙片又自動行於筆下紙片捲於六寸至七寸之圓筒上圓筒每分鐘勻轉一周同時載筆之器迤邐徐行記聯續之螺旋綫於紙上記至每兩秒鐘時因擺之動而自作一號於紙故自圓筒取出紙片時正如普通書頁而畫有平行橫綫者也綫經每兩秒鐘之長卽有一號記之

子午儀卽加大之經緯儀也其製更精附軸處另有一刻表圓圈圈與軸同轉製造時手術之費卽在精分此圈圈上每分見時常分至兩分或五分自此以下之數用分微尺記取每儀所備分微尺約自四至六因圓周一秒之距僅爲圓半徑二十萬六千二百六十五分之一數雖微渺然名匠所分之綫尙能無誤

零點儀用於量星體過子午綫時之高度及極度等凡視星體須在表圈上定零點如測高度及天頂距度等當先定地底點如測北極距及赤緯度等當先定北極點定北極點之法先以圈測視近極之星一俟其在北極上過子午經綫時誌之逾十二小時復俟在北極下過子午綫時誌之平分兩次所記之中數再減視差卽爲望遠鏡正對北極點之表尺度數此點定名爲北極點地底點之定法卽鏡筒正對地下時圈上所指之點也其定法盛水銀於盆置儀器下乃用鏡筒視水銀俟綫網中平行綫由水銀中反光所見之影與綫之自身相合卽得地底點此因綫網正對物鏡中之焦點故自網內任何點發出之光綫透過鏡片後必成一平行綫如此綫正射反光鏡面則其光必依原光綫之向而反射此與天空物體光綫入鏡相同是時鏡片復使反照光綫收集於焦點平面故網中中綫由水銀面反光照成之影如與綫之本身相合則知鏡筒中綫與水銀面相正交卽其綫爲正確之垂綫也然欲於鏡內視反射之影必在綫後向物鏡片下射光綫至網而後可見因在窺視之際普通光綫照入鏡內之法類皆自鏡之對面而來在此則其用相反故更取射光法用一薄玻璃片斜嵌在兩目鏡片閒斜角爲四十五度從此薄片下發射光綫使測者可以透玻璃而見網綫此裝有薄玻璃片之器曰鏡中綫目視片　天頂點卽去地底點一百八十度之點故任何星之天頂距離卽表圈指星之度數與天頂度數兩數相減之數須減視差　子午儀亦可作經緯儀用如以此儀與時鐘並用則測望者可定天空任何星體過子午經綫時之赤經度與赤緯度

量太陽熱力器此器在道光十八年發明器有柱一柱之上端裝一圓小箱箱用薄銀製成箱內裝定量之清水乃以精製寒暑表之球插入水內令柱之中部可見表中度數柱之下端有圓盤一此盤之裝置在使太陽正照銀箱時箱影落於盤上影心正與盤心相合銀箱亦有一定尺度箱面塗以薄層黑煙用時縛器於另一柱上使銀箱之面正對太陽先用一傘遮日俟太

陽熱力不變之時乃去傘使太陽光綫正照塗墨之面約五分鐘後當將器在柱上旋轉並動箱內之水如是所得每分鐘寒暑表升高之度假使不計空氣吸收之熱力卽爲太陽直接熱力矣

臣謹案以上各儀器均譯自美國楊氏天文學此外天文所當應用之器再述於後

紀限儀爲行用測量之器器之游尺爲圓周六分之一故又名六分儀其圓半徑約自四寸餘至七寸餘尺上分度法以每半度作一度故所測之角不能過一百二十度圓弧中心處有指臂一支載有分微尺可沿游尺游行且有螺絲可於游行時定指臂於任何點上所定之點卽所求之角度也中心處又有一反光綫鏡與弧之平面相正交鏡之一方裝小望遠鏡一具其又一方裝橫玻璃一橫玻璃半塗銀膜使成回光鏡半仍透明兩鏡之裝置全憑形學與折光理玆繪圖詳之

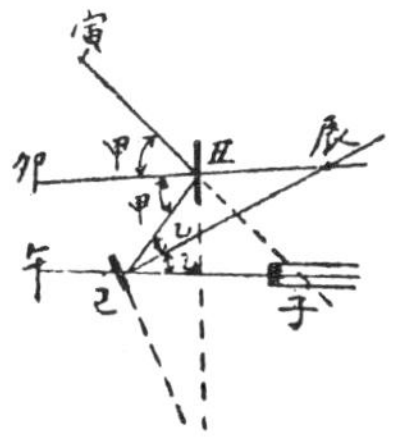

圖中丑巳爲兩反光鏡子爲望遠鏡內焦點寅爲物體光點依折光理兩甲角相等兩乙角亦相等再依形學理寅丑卯角爲巳丑子三角形之外角故丑子巳角等於兩倍甲角減兩倍乙角仿此丑辰巳角等於甲角減乙角故丑子巳角等於兩倍丑辰巳角此卽紀限儀造器之理也

地震表爲測驗地震之器有不動點附以指針不動點常定而不動地震時表之位置不變而以針端記取震動之時間强弱方向等於圓筒之上筒上有紙如地不震則所記之綫爲一直綫震時則綫卽斜突不正震愈烈則綫愈屈曲無定圓筒每一小時旋轉一周上下動水平動皆可於紙上分別記之

風力表所以測風之速度器爲碗狀空鐵器四作十字形縛於架端置架於直立長桿之頂碗內受風卽與直桿並旋桿下設分度之圓面有指針碗受風而旋時針在圓面有相應之動移針端所指分度卽表風之速力此器爲愛爾蘭人魯濱孫所製

寒暑表爲測驗物體溫度之器器爲長細玻璃管下端作球形球內先盛水銀乃去管內空氣封閉管口球內水銀以天氣冷熱爲伸縮冷縮熱伸管內刻記分度以水銀在方冰內降下之度爲冰點在沸水中升高之點爲沸點冰沸兩點閒攝氏表分爲百度科學上用之華氏表分爲一百八十度以冰點爲三十二度沸點爲二百十二度列氏表以冰點爲零度沸點爲八十度二表普通多用之近有以酒精代水銀者並加五色視察較易

風雨表測空氣壓力預知風雨之器種類甚多大別之有水銀風雨表及空盒風雨表兩種水銀風雨表用U形玻璃管令一端稍長開其短端閉其長端中裝水銀使水銀端在開管中與管面分度之零點相對乃視閉管中水銀之高下以測氣壓之高低在天氣晴明時如水銀驟降卽爲風雨之兆陰雨時水銀驟升卽爲晴明之兆空盒風雨表以金屬製之盒內成眞空盒面有凹凸溝氣壓高時盒面略陷低時則隆起一隆一陷足以傳動指針而示氣壓之高低卽以推知陰晴又以地面愈高空氣愈稀氣壓因而不同故此器亦可用於測量地勢之高下

風信器爲示風向之器用一長桿直立上端有矢形或別種形狀之裝置此形可旋轉自如風來時可以指定方向

赤道北恒星圖

恒星經緯俱按咸豐
甲寅歲前冬至推定

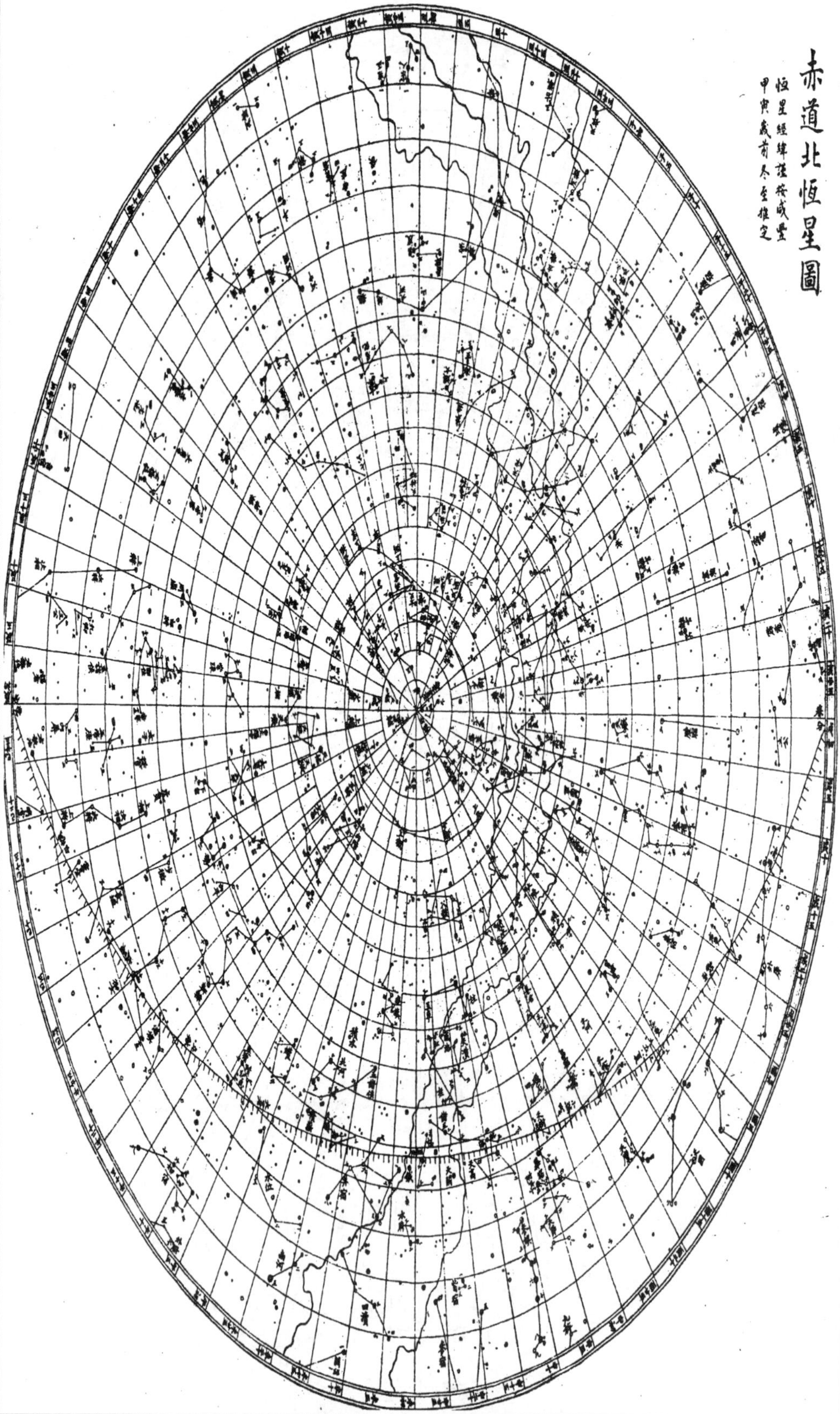

赤道南恆星圖

星等符號

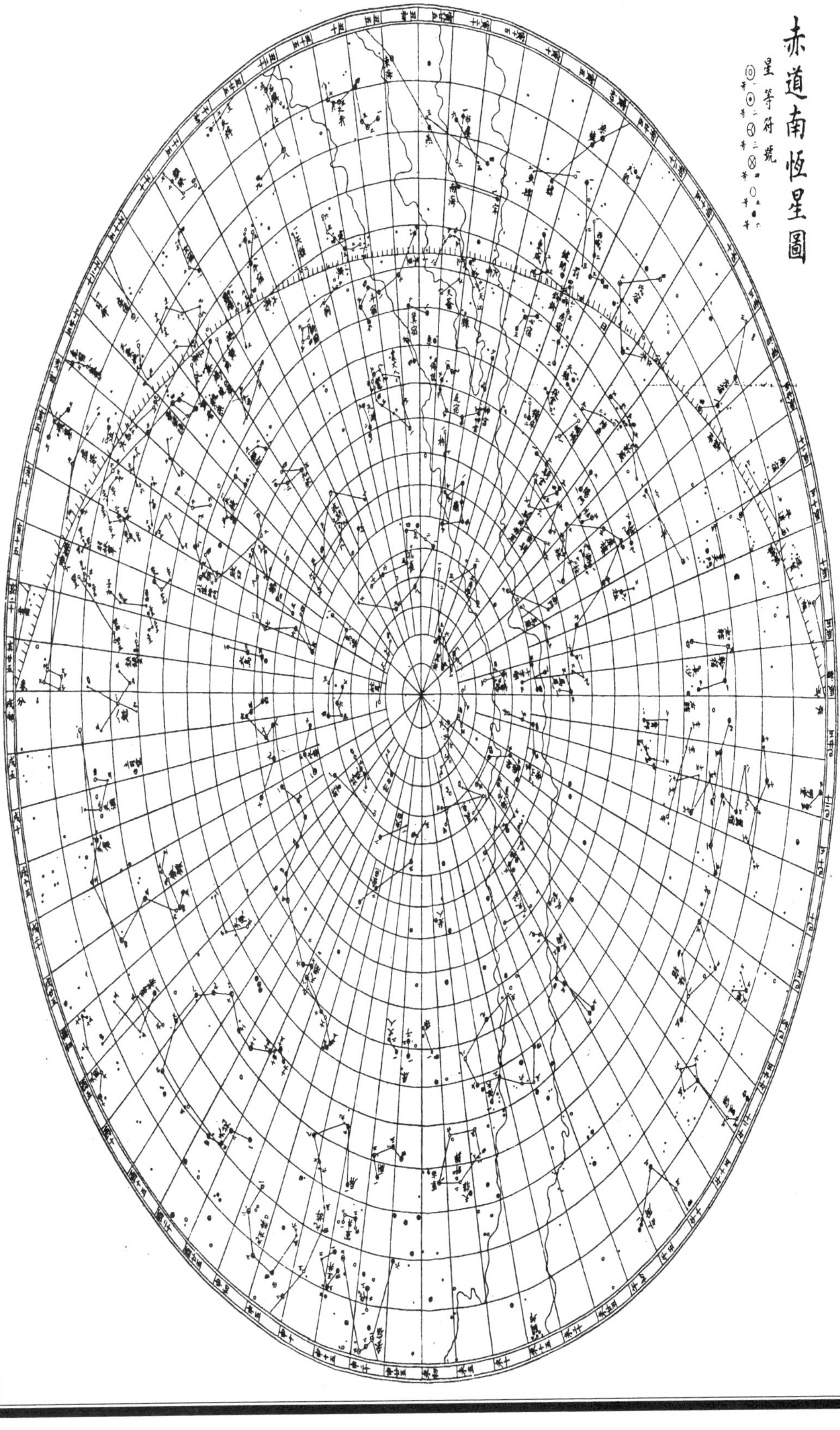

皇朝續文獻通考卷二百九十七

象緯考四　三垣二十八宿

臣謹案馬考錄隋丹元子步天歌所載星象凡二百八十三官一千四百六十四星康熙十三年儀象志所載共二百五十九座一千一百二十九星新增五百九十七星外近南極二十三座一百五十星乾隆九年儀象考成載三垣二十八宿多於儀象志十八座一百九十星與步天歌爲近共增一千六百十四星合近南極者共三百座三千八十三星道光二十四年儀象考成續編實測三垣二十八宿二百七十七座一千三百十九星共增一千七百七十一星近南極二十三座一百三十星外增二十星總計三千二百四十星又據西人海思計算在南緯第三十五平行圈之北目所能見之星共六等三千三百九十一星近數十年以西人儀器精進已能測至第十七等星星數增加自當數倍往昔茲依馬氏通考例仍按步天歌次序首紀道光二十四年甲辰實測各星黃道經緯次附圖可見赤道經緯設求甲辰年後黃赤經緯度則以相距年與黃道經度歲差五十二秒相乘加入表內黃經度即得所求年黃經度（黃緯度無歲差）又以相距年數與表內赤經度相乘按記號加減於赤經度即得所求赤經度如所求在赤緯七十度以外距極較近則赤經緯當用弧三角算之茲不備述次附中西星座對照表俾稽天者得仰觀之助云

紫微垣

星名	黃道經（宮度分秒）	黃道緯（度分秒）	增星	等次
北極太子	午 一九 二〇 二八	北 〇五 一四 一五	〇	三
北極帝星	午 一一 〇五 〇八	北 七二 五九 五三	〇	二
北極庶子	午 〇六 一九 〇九	北 七一 二六 五四	三	四
北極后宮	午 〇〇 三三 二四	北 七〇 三一 二〇	〇	五
北極天樞	午 一三 〇〇 〇〇	北 四九 四一 二九	〇	一
四輔一	未 〇六 二五 一八	北 六四 五三 一四	一	六
四輔二	未 〇九 二六 二五	北 六三 五二 二三	〇	六
四輔三	未 一三 〇一 五五	北 六二 五三 一二	〇	六
四輔四	未 一三 二八 〇七	北 六五 四二 〇四	〇	六
句陳一	申 二六 二五 四三	北 六六 〇六 一〇	一〇	二
句陳二	申 二八 五九 三〇	北 六九 五六 一〇	〇	三
御女二	申 一〇 三九 〇二	北 八〇 二六 一七	〇	四
御女三	未 一一 一五 四〇	北 八二 〇〇 三〇	〇	六
御女四	申 一四 二七 五七	北 八三 三三 一五	〇	四
女史	未 〇一 三二 五八	北 八四 三二 一〇	一	四
柱史	申 〇九 〇七 二八	北 八四 五二 三一	二	五
尚書一	午 二四 〇九 五〇	北 八六 五一 五二	二	五
尚書二	巳 〇二 五八 五二	北 八一 〇〇 五六	〇	四
尚書三	辰 〇一 五五 五八	北 八一 三七 〇六	〇	五
尚書四	午 二四 三一 〇〇	北 八〇 三一 〇六	〇	六
尚書五	辰 〇二 一七 四七	北 八三 一八 三五	〇	五
天床一	午 二三 二九 五六	北 六九 一三 一三	二	五
天床二	巳 〇五 三八 一六	北 七四 〇五 一三	〇	六
句陳三	未 〇七 〇五 二五	北 七三 五五 〇六	〇	四
句陳四	未 二五 一二 二五	北 七五 〇八 三六	〇	四
句陳五	申 一九 二二 四五	北 六五 一二 〇八	〇	六
句陳六	申 一三 三九 四五	北 六七 三二 三五	〇	四
天皇大帝	申 一八 三四 一五	北 六八 〇三 三八	〇	六
天柱一	申 一二 一七 五〇	北 七一 三五 三九	六	五
天柱二	酉 二八 〇一 二四	北 七二 三六 五九	〇	五
天柱三	酉 二七 三五 二九	北 七六 三七 四八	〇	六
天柱四	申 〇九 一七 二五	北 七九 〇一 五七	〇	六
天柱五	申 二七 五五 〇五	北 七六 三三 五〇	〇	五
御女一	酉 二二 五四 一〇	北 八〇 四一 三六	一	四
天床三	巳 二七 一九 三〇	北 七五 二三 二八	〇	六
天床四	巳 一六 二九 四〇	北 七九 五六 〇六	〇	六
天床五	巳 〇八 二〇 三〇	北 七二 〇三 五九	〇	五
天床六	午 一八 二七 三三	北 七二 三三 〇〇	〇	六
大理一	未 二七 一七 三八	北 六四 一一 五〇	一	五
大理二	未 二九 一八 三八	北 六四 一三 四八	〇	五
陰德一	未 二四 一九 四七	北 五八 一三 〇一	一	五
陰德二	未 二六 四三 二八	北 五七 一六 一五	〇	五
六甲一	未 〇一 三〇 四〇	北 五六 二〇 〇三	一	六
六甲二	未 〇三 二七 四五	北 五三 四九 四九	〇	五
六甲三	未 〇六 四九 二五	北 五七 〇八 三二	〇	六
六甲四	未 〇三 二五 二五	北 五九 二五 〇六	〇	六

星名	黃道經	黃道緯	增星	等次
六甲五	申 二二 五二 五五	北 五七 五五 四九	〇	六
六甲六	申 二四 四〇 四〇	北 五五 五二 四〇	〇	五
五帝內座一	申 一三 二九 三二	北 五七 四九 二一	三	六
五帝內座二	申 〇六 五九 〇七	北 五八 〇八 四五	〇	五
五帝內座三	申 一四 〇九 一〇	北 六〇 二六 一八	〇	六
五帝內座四	申 一三 一三 三四	北 五六 〇七 四七	〇	六
五帝內座五	申 一九 四二 〇〇	北 五七 五九 三八	〇	六
華蓋一	酉 二九 三六 三〇	北 五五 二六 二一	〇	六
華蓋二	酉 二九 三三 二七	北 五六 〇〇 三二	〇	六
華蓋三	酉 二五 五六 一七	北 五六 一一 五〇	〇	五
華蓋四	酉 二一 四一 三六	北 五四 一五 一一	〇	六
華蓋五	酉 二二 四九 四〇	北 五二 五一 二二	〇	五
華蓋六	酉 二四 四四 五三	北 五一 五一 四七	〇	六
少輔	未 二四 一一 五二	北 五一 一五 二八	一	四
上衛	未 〇四 五八 三〇	北 四六 〇一 四五	三	五
少衛	申 一八 四四 四二	北 四三 二二 二六	一	五
上丞	申 〇五 四二 一四	北 四五 一二 五四	三	五
左垣牆左樞	辰 〇二 四三 〇五	北 七一 〇四 〇〇	〇	三
上宰	辰 一四 三四 一二	北 七四 二五 三二	〇	三
少宰	辰 一二 〇四 〇〇	北 七八 二六 〇八	〇	三
上弼	辰 〇〇 四九 〇五	北 八四 四六 五九	〇	三
少弼	酉 一八 一八 〇五	北 八三 一二 五六	〇	四
上衛	酉 一八 五〇 〇八	北 七五 二〇 一二	三	五
少衛	酉 二一 二六 四六	北 六五 三四 三〇	八	五
少丞	酉 二七 二五 三〇	北 五九 四二 四八	一	六
華蓋七	酉 二七 〇一 〇八	北 五一 四〇 二八	〇	六
杠一	申 一二 二六 五六	北 四九 三五 三三	一	五
杠二	申 一〇 一二 四八	北 五三 三一 〇九	〇	六
杠三	申 〇五 三八 一二	北 五七 一二 五八	〇	六
杠四	申 〇四 〇一 一八	北 五五 五八 三一	〇	六
杠五	申 〇一 二五 五三	北 五四 二三 二六	〇	四
杠六	申 〇一 一〇 四三	北 五三 二五 五八	〇	六
杠七	酉 二九 五六 〇四	北 三〇 〇七 〇二	〇	五
杠八	酉 二七 二二 〇四	北 五三 五三 五七	〇	六
杠九	酉 二五 三八 四四	北 五四 一二 五六	〇	六
右垣牆右樞	巳 〇五 一二 四三	北 六六 二一 四〇	〇	三
少尉	午 一四 〇一 四〇	北 六一 四四 四三	二	三
上輔	午 〇八 〇八 三〇	北 五七 一四 三四	二	三
天乙	巳 〇二 四一 〇五	北 六五 二二 三〇	〇	五
太乙	午 二七 〇一 〇〇	北 六四 一四 〇二	〇	六
內廚一	午 二〇 四二 〇二	北 六一 〇五 二三	二	六
內廚二	午 二三 五五 〇〇	北 六〇 五四 五二	〇	五
北斗天樞	午 一三 〇〇 〇〇	北 四九 四一 二九	三	一
天璇	午 一七 一四 一三	北 四五 〇七 三二	八	二
天璣	午 二八 一六 三八	北 四七 〇八 一九	〇	二
天權	午 二八 五〇 五五	北 五一 四〇 三九	三	三
玉衡	巳 〇六 四三 〇五	北 五四 二〇 二〇	〇	二
開陽	巳 二四 四三 四〇	北 五四 二四 四一	〇	二
搖光	巳 一三 二八 二三	北 五六 二三 一九	二	二
輔	巳 一四 五六 五〇	北 五七 四一 〇九	三	五
天槍一	巳 二七 四六 三九	北 五八 五四 四八	四	四
天槍二	巳 二八 五六 〇〇	北 五八 五一 五三	〇	四
天槍三	辰 〇〇 二四 〇〇	北 六〇 一〇 〇四	〇	四
元戈	辰 〇四 四七 五八	北 四四 三九 一一	二	四
三公一	巳 二五 一三 〇二	北 五〇 五一 五〇	〇	五
三公二	巳 二二 一一 〇〇	北 五二 五二 一五	〇	五
三公三	巳 一八 〇四 〇二	北 五一 四七 二九	〇	六
相	巳 〇五 三八 二八	北 四八 〇七 一三	三	六
天理一	午 一六 一一 〇八	北 四九 一八 二三	一	六
天理二	午 二二 〇九 二六	北 四七 〇二 〇三	〇	六
天理三	午 二六 〇二 五七	北 四九 三九 四三	〇	六
天理四	午 二〇 五四 三一	北 五三 一一 二八	〇	六
太陽守	巳 〇一 二〇 一六	北 四一 三二 五二	一	四
文昌三	午 〇七 一〇 一七	北 三八 一五 四三	〇	五
文昌四	午 〇五 一〇 二二	北 三四 五七 五七	〇	三
文昌五	午 〇〇 五七 五〇	北 三三 二七 三七	〇	五
文昌六	午 〇一 〇八 〇三	北 三六 〇六 〇五	〇	五
內階一	未 二〇 五〇 三二	北 四〇 一四 二三	〇	四
內階二	未 二七 〇六 一八	北 四二 四九 四五	〇	五
內階三	未 二二 四八 四九	北 四四 五六 五二	〇	五
內階四	未 二八 三八 一〇	北 四五 〇八 四七	〇	四
內階五	未 二三 四三 五二	北 四二 二一 二三	〇	五
內階六	未 二九 四七 四〇	北 三八 三六 五〇	〇	五
三師一	未 二一 四九 一〇	北 四七 五六 三五	一	五
三師二	未 二八 一四 〇七	北 五一 五四 〇〇	〇	六
太尊	午 二六 三八 五八	北 三五 三二 三二	〇	三
天牢一	午 二四 二〇 四〇	北 三三 〇三 四三	二	四
天牢二	巳 〇三 二五 二八	北 三二 四二 二三	〇	六
天牢三	午 二六 五三 五五	北 三一 〇三 一四	〇	六
天牢四	巳 〇一 三一 二〇	北 三六 一二 四二	〇	六
天牢五	午 二七 五五 一〇	北 〇二 〇二 一〇	〇	六
天牢六	午 二九 四七 四四	北 三五 四七 一八	〇	六
勢一	午 二四 一六 一〇	北 二三 五六 三四	九	四
勢二	午 二五 〇三 一〇	北 二一 二四 五〇	〇	四
勢三	午 二八 四三 四三	北 二一 〇三 四六	〇	四
勢四	午 二八 四〇 〇四	北 二四 五六 二九	〇	四
文昌一	午 〇一 二九 一三	北 四六 一一 〇二	八	五
文昌二	午 〇四 〇六 四九	北 四二 四〇 四三	〇	四
三師三	未 二三 〇三 〇六	北 四七 三〇 三九	〇	五
八穀一	申 二七 四五 二三	北 三〇 五一 〇二	四	四
八穀二	申 二六 五九 二七	北 三二 三二 五〇	〇	五
八穀三	申 二五 三六 二三	北 三二 四一 五七	〇	五
八穀四	申 二〇 五七 四八	北 三九 三一 二七	〇	五
八穀五	申 一七 〇七 五三	北 三〇 五三 〇三	〇	五
八穀六	申 一八 三五 五一	北 二九 二六 四七	〇	四
八穀七	申 一九 一九 一九	北 三五 五五 三一	〇	五
八穀八	申 二七 〇三 三一	北 三六 二六 四〇	〇	五
傳舍一	酉 一〇 四二 三〇	北 五九 〇二 〇七	四	五
傳舍二	酉 一四 五八 四七	北 五五 〇一 〇九	〇	六
傳舍三	酉 一七 〇六 〇六	北 五一 四〇 四四	〇	六

傳舍四	經酉一七五七一二	緯北五一一五一五	○	六
傳舍五	經酉二七三一二四	緯北四八五四四四	○	六
傳舍六	經申○○二一二一	緯北四二三二五九	○	五
傳舍七	經申○四三七五五	緯北三九三四○九	○	五
傳舍八	經申○四○六五八	緯北三八二八三○	○	五
傳舍九	經申○二五二三六	緯北三五一二三二	○	五
天廚一	經戌一五一六○三	緯北八二五三一九	二	三
天廚二	經戌二九二○三五	緯北八○五六○九	○	四
天廚三	經酉○○四二四○	緯北七九二八三七	○	五
天廚四	經戌一八二五四三	緯北七八○八一五	○	五
天廚五	經戌○四一九一八	緯北七七二八一八	○	五
天廚六	經戌○一三二三五	緯北八一四八三三	○	四
天棓一	經寅二二三九二○	緯北八○一七四一	一○	三

星名	黃道宮度分秒		增星	等次
幸臣	經巳一九五一一三	緯北一七四八二四	○	六
五諸侯一	經辰○四一五一七	緯北二五五五四八	七	五
五諸侯二	經辰○四一三五五	緯北二一四六四八	○	五
五諸侯三	經辰○一四四四九	緯北一九四八三八	○	五
五諸侯四	經巳二八五二一○	緯北一五二六○九	○	六
五諸侯五	經巳二五二六四四	緯北一五一四○四	○	六
九卿一	經辰○三二○三三	緯北一三三二四三	九	五
九卿二	經辰○五一六一八	緯北一一三四○五	○	六
九卿三	經辰○二五九四五	緯北一一○九四七	○	六
三公一	經辰○四一四○○	緯北○八四九二二	○	六
三公二	經辰○四四六一四	緯北一○二四三六	○	六
三公三	經辰○七二六○○	緯北○八○一二六	○	六

天棓二	經寅○八一六三三	緯北七八○九二八	○	四
天棓三	經寅○九五五四六	緯北七五一八○三	○	三
天棓四	經寅二五五二四八	緯北七四五六二○	○	二
天棓五	經寅一七四一○一	緯北六九一六五三	○	四

太微垣

星名	黃道宮度分秒		增星	等次
五帝座一	經巳一九二九一四	緯北一二一七一一	四	二
五帝座二	經巳一八五三一六	緯北一四○三二九	○	六
五帝座三	經巳一七五六○八	緯北一○二四○四	○	六
五帝座四	經巳二○二九二七	緯北一三五三○二	○	六
五帝座五	經巳二○五七○五	緯北○九三一二五	○	六
太子	經巳一六四八五○	緯北一七一八三五	○	四
從官	經巳一四四二二一	緯北一七三八三○	○	六

星名	黃道宮度分秒		增星	等次
內屏一	經巳二一一○二九	緯北○六○六三八	六	五
內屏二	經巳二一五九三五	緯北○四三五五五	○	五
內屏三	經巳二五二三二九	緯北○六○九○二	○	五
內屏四	經巳二五三三○六	緯北○八三一三八	○	五
右垣牆右執法	經巳二四五六一四	緯北○○四○五七	○	三
右垣牆上將	經巳一六三二三五	緯北○一四一二二	○	四
右垣牆次將	經巳一五二二五八	緯北○六○五三九	○	四
右垣牆次相	經巳一一一五三一	緯北○九四○二六	三	三
右垣牆上相	經巳○九○七二一	緯北一四一九四四	二	二
左垣牆左執法	經辰○二四○五二	緯北○一二一五七	一	三
左垣牆上相	經辰○八○二一一	緯北○二四八三八	○	三
左垣牆次相	經辰○九一九五四	緯北○八三八○九	一	三

左垣牆次將	經辰○七四七四○	緯北一六一二四○	三	三
左垣牆上將	經辰○六四八三五	緯北二二五八五九	四	四
郎將	經巳二七四○二四	緯北三○一二二八	二	四
郎位一	經巳二一四二二四	緯北二八二四一八	三	五
郎位二	經巳二二五一三二	緯北二七三六五○	○	六
郎位三	經巳二二○五四○	緯北二七二七○九	○	五
郎位四	經巳二二二六五五	緯北二七○七○四	○	五
郎位五	經巳二三二○二九	緯北二六二九二四	○	五
郎位六	經巳二二一二二三	緯北二六一二○二	○	五
郎位七	經巳二一五五二九	緯北二五四七四八	○	五
郎位八	經巳二四二八一五	緯北二五二九二一	○	五
郎位九	經巳二四一九四四	緯北二四五五○一	○	五
郎位十	經巳二一二八一九	緯北二三二八五○	○	五

星名	黃道宮度分秒		增星	等次
上台二	經午○一四六五八	緯北二八五八四九	○	四
中台一	經午一七二三四二	緯北二九五三三九	四	三
中台二	經午一九○四四七	緯北二八五九二五	○	三
下台一	經巳○四二八四○	緯北二六○九○一	二	四
下台二	經巳○五一○三六	緯北二四四六四八	○	四
虎賁	經巳○八一八一三	緯北一六四六四三	○	五
少微一	經巳○五二八二一	緯北一八一五一二	九	五
少微二	經巳○三二○二一	緯北一六二九三一	○	四
少微三	經巳○一一九一五	緯北一三五七四○	○	五
少微四	經巳○三四○一四	緯北一○一五四二	○	六
長垣一	經巳○二一七五八	緯北○四三四一九	九	六
長垣二	經巳○五二九二一	緯北○五五五三四	○	六

郎位十一	經巳二六一七○一	緯北二四○七一七	○	四
郎位十二	經巳二七五八三八	緯北二三○八一五	○	五
郎位十三	經巳二五五三二六	緯北二二○二四六	○	六
郎位十四	經巳二二○六○六	緯北一九五九二二	○	六
郎位十五	經巳一九五四○九	緯北二○○三一○	○	六
常陳一	經巳二二二三二二	緯北四○○七三三	七	二
常陳二	經巳一九二一三三	緯北三九五一五一	○	六
常陳三	經巳一六五四四八	緯北四○三七五五	○	六
常陳四	經巳一五三六○○	緯北四○三三三○	○	五
常陳五	經巳一六二三○四	緯北三七四六二六	○	五
常陳六	經巳一二一六五八	緯北三五一五二四	○	五
常陳七	經巳○七五三三六	緯北三八五八五六	○	六
上台一	經午○○四○四九	緯北二九三六一三	七	四

星名	黃道宮度分秒		增星	等次
長垣三	經巳○七三一一九	緯北○二四八二四	○	六
長垣四	經巳○五三四○五	緯南○一五一四一	○	六
靈臺一	經巳一二二二○九	緯北○一二○五五	八	四
靈臺二	經巳一一五○三三	緯南○○一二四一	○	五
靈臺三	經巳一二四五三四	緯南○二三一一四	○	六
明堂一	經巳一九二一○二	緯南○○三三四三	七	四
明堂二	經巳二二五二五二	緯南○三○三二一	○	四
明堂三	經巳二二一三一三	緯南○五四二○七	○	四
謁者	經辰○一一二一七	緯北○五○四二一	二	五

天市垣

帝座	經寅一四○○○三	緯北三七一七二一	○	三
侯	經寅二○一五三二	緯北三五五一一八	六	二

星名	黃道宮度分秒 經	緯	增星	等次
宦者一	寅一〇二二二一	北三六四〇〇九	五	六
宦者二	寅一〇四八〇八	北三六一三二八	〇	六
宦者三	寅一一二五五〇	北三五二四五七	〇	六
宦者四	寅一三四六二一	北三三二七四二	〇	六
斗一	卯二九二五〇二	北三五一一〇二	二	六
斗二	卯二五四四〇七	北三四〇三〇五	〇	六
斗三	卯二七〇一三〇	北三二一〇二七	〇	五
斗四	寅〇二〇一三七	北三三〇〇〇三	〇	四
斗五	寅〇四〇三五五	北二八五一一九	〇	六
斛一	寅〇八二七五一	北三三三〇二六	七	四
斛二	寅〇九四〇一二	北三一五〇二八	〇	四
斛三	寅〇七五一〇八	北二九二九五五	〇	五
斛四	寅〇六二二〇四	北三〇三九三二	〇	五
宗人二	寅二八〇一一九	北二六二二三一	〇	四
宗人三	寅二八一九一七	北二四四五〇七	〇	四
宗人四	寅二九一九一六	北二六〇一五四	〇	四
宗一	丑〇九四五五二	北二〇二四三八	〇	五
宗二	丑一〇〇二三〇	北一八〇〇五八	〇	四
帛度一	寅二八一五三六	北四五〇二三〇	三	四
帛度二	丑〇〇三一〇七	北二〇四八一〇	〇	四
屠肆一	丑〇四一七二〇	北二一四二五八	三	四
屠肆二	寅二九四五二四	北四五三九二四	〇	五
右垣牆河中	卯二八五四四六	北四二四一〇一	〇	三
右垣牆河間	卯二七〇一三三	北四〇〇〇二八	一	三
右垣牆晉	卯二三三一二六	北三七一三二四	五	四
列肆一	寅〇一一五五四	北二二一四一九	四	五
列肆二	寅〇三二五三八	北二三三三五三	〇	四
車肆一	寅〇三〇八二〇	北一二五八三三	二	五
車肆二	寅一〇一三〇五	北一一三六〇九	〇	六
市樓一	寅二二二四三七	北一五一三五二	一	四
市樓二	寅二三一七〇九	北一〇三一五二	〇	五
市樓三	寅二八三七二三	北一五一五二一	〇	五
市樓四	寅一八〇七三九	北一〇一六一四	〇	四
市樓五	寅一九三八四〇	北一〇四二五四	〇	六
市樓六	寅二三三二二七	北一四五九一二	〇	四
宗正一	寅二三一〇四四	北二七五六〇二	三	三
宗正二	寅二四二八三二	北二六〇七二一	〇	三
宗人一	寅二七五四三三	北二七四九〇三	四	四
右垣牆鄭	卯二〇三三〇四	北三五一八〇三	〇	三
右垣牆周	卯一七四七〇三	北三四二〇〇五	十六	三
右垣牆秦	卯一六一〇三四	北二八五三〇〇	二	三
右垣牆蜀	卯一九五三二二	北二五三〇二八	三	二
右垣牆巴	卯二二〇九二二	北二四〇〇三四	五	三
右垣牆梁	寅〇〇〇八一五	北一七一五三三	〇	三
右垣牆楚	寅〇一二〇四五	北一六二六三七	〇	三
右垣牆韓	寅〇七〇三五五	北一一二三三八	〇	三
左垣牆魏	寅一二三三三〇	北四七四一五二	八	四
左垣牆趙	寅一七四一二八	北四九一八二〇	三	四
左垣牆九河	寅二三〇四二六	北五一一〇四〇	一	四
左垣牆中山	丑〇〇二三一三	北二八四四三八	七	四
左垣牆齊	丑一一二六〇八	北二一一四三八	十二	四
左垣牆吳越	丑一四三六一五	北一三三八二七	七	三
左垣牆徐	丑一二〇九二〇	北〇四〇〇〇九	四	四
左垣牆東海	丑〇三二八一四	南〇二五四二四	四	三
左垣牆燕	寅二七三五一六	北一三四〇四五	〇	四
左垣牆南海	寅二二二三二三	北〇七五七〇六	〇	四
左垣牆宋	寅一五四八四六	北〇七一一五七	二	三
天紀一	卯二三〇四一〇	北五一二五二七	十五	五
天紀二	卯二九一八四九	北五三〇五三四	〇	三
天紀三	寅〇六〇六五六	北五三一七二四	〇	三
天紀四	寅〇五四七三三	北五五五四二〇	〇	五
天紀五	寅〇六三七〇五	北五七五二四七	〇	六
天紀六	寅一一四四二二	北五五五七三一	〇	五
貫索八	卯一六四九三八	北四九〇九五八	〇	五
貫索九	卯一四五八二四	北五二二九二一	〇	六
七公一	卯一七一二四九	北六九三二四一	十六	六
七公二	卯一二一四一一	北六五五一四四	〇	四
七公三	卯〇九二八二六	北六三四八一四	〇	六
七公四	卯〇五五九〇七	北六〇一四四三	〇	六
七公五	卯〇〇一九二五	北五七〇四五八	〇	六
七公六	卯〇一〇一一三	北五三二五五八	〇	四
七公七	卯〇〇五八〇八	北四八五九一三	〇	三
角宿				
角宿一	辰二一四一二一	南〇二〇二四〇	十六	一
角宿二	辰一九五九五〇	北〇八三八三二	〇	三
天紀七	寅一九〇五〇八	北五四一九〇三	〇	五
天紀八	寅二三三五一五	北五七〇〇〇四	〇	五
天紀九	寅二六一五五〇	北六〇四一四〇	〇	四
女牀一	寅〇九五一一二	北五九三三三八	〇	三
女牀二	寅一〇四五三〇	北六〇〇六四三	〇	四
女牀三	寅一三一二〇二	北六〇〇八四六	〇	四
貫索一	卯一〇〇〇四一	北五〇二八五〇	十三	五
貫索二	卯〇七一五二〇	北四八三三四一	〇	四
貫索三	卯〇六五五五三	北四六〇三三二	〇	四
貫索四	卯一〇〇五五六	北四四二〇〇四	〇	二
貫索五	卯一二四一五〇	北四四三一〇一	〇	四
貫索六	卯一四四八一四	北四四五一四四	〇	四
貫索七	卯一六五六一五	北四六〇五〇四	〇	四
平道一	辰一六〇四二三	北〇一四四五九	〇	四
平道二	辰二四三三三一	北〇一四二五九	〇	六
天田一	辰一八一三四八	北一二三二二六	七	五
天田二	辰二五三四五六	北一三〇四〇二	〇	五
周鼎一	辰〇二一六三一	北三二二八二八	〇	五
周鼎二	巳二七五三〇四	北三三五六四〇	〇	四
周鼎三	辰〇一一二四二	北三一四九四〇	〇	四
進賢	辰一三〇二五五	北〇二二一二六	九	六
天門一	辰二〇三五五六	南〇七五三五九	十一	四
天門二	辰二三五九一五	南〇六一八四〇	〇	五
平一	辰二四五二三〇	南一三四四〇四	四	三
平二	卯〇六二一〇八	南一三〇五〇五	〇	四

星名	黃道經宮度分秒	黃道緯度分秒	增星	等次
庫樓一	經卯一二四八三九	緯南三二五三三一	一	三
庫樓二	經卯一八〇四四三	緯南二五二九三二	〇	三
庫樓三	經卯一〇一〇一八	緯南二二〇〇一九	〇	二
庫樓四	經卯〇五五一三六	緯南二一三五四六	〇	四
庫樓五	經卯〇四二一一六	緯南二七三五五六	〇	四
庫樓六	經卯〇四三一一七	緯南三七〇四二五	〇	四
庫樓七	經卯〇〇一一三六	緯南四〇〇七二五	〇	二
庫樓八	經辰二九一一一五	緯南四〇〇五二八	〇	四
庫樓九	經辰二五五六〇三	緯南四〇三五四八	〇	六
庫樓十	經辰二八三六〇七	緯南四二二二五一	〇	五
柱一	經卯一三一一三四	緯南三〇五一五八	〇	五
柱二	經卯一二一四〇五	緯南三〇二四三〇	〇	五
柱三	經卯一六三九一七	緯南三〇一〇一四	〇	五
星名	黃道宮度分秒		增星	等次
南門二	經卯二七四五〇七	緯南四二二八三七	〇	一
亢宿				
亢一	經卯〇二二〇四〇	緯北〇二五四四〇	十二	四
亢二	經卯〇一三七三六	緯北〇七一四四一	〇	四
亢三	經卯〇三一八五四	緯北一一四六二三	〇	五
亢四	經卯〇四四八一三	緯北〇〇三〇〇〇	〇	四
大角	經辰二二〇三五二	緯北三〇五六一八	二	一
右攝提一	經辰一七〇八三二	緯北二八〇七〇二	六	三
右攝提二	經辰一五四七三〇	緯北二六三一三九	〇	三
右攝提三	經辰一七〇一五七	緯北二五一二一四	〇	四
左攝提一	經卯〇〇三七四五	緯北三一一六一〇	四	四
左攝提二	經辰二九四〇〇六	緯北三〇二二二三	〇	四

星名	黃道經宮度分秒	黃道緯度分秒	增星	等次
柱四	經卯一七二九二九	緯南二八五七四二	〇	五
柱五	經卯一四四一〇四	緯南二三四八二三	〇	四
柱六	經卯一三三四三七	緯南二二二八二七	〇	四
柱七	經卯〇五三七五五	緯南一八五八〇八	〇	四
柱八	經卯〇五四六〇〇	緯南二〇〇三五六	〇	四
柱九	經卯〇四三二四三	緯南二〇三四三八	〇	四
柱十	經辰二九四四五一	緯南二四三六一五	〇	五
柱十一	經卯〇一〇一一四	緯南二五五七五四	〇	三
衡一	經卯〇八五七一四	緯南二八一四一一	〇	四
衡二	經卯〇九二三三八	緯南二八五五五九	〇	四
衡三	經卯一〇五二三八	緯南二七五九四八	〇	四
衡四	經卯一一五七二四	緯南二六三六二七	〇	五
南門一	經卯一三二二一九	緯南三九三一三四	二	二
星名	黃道宮度分秒		增星	等次
左攝提三	經卯〇〇五〇二一	緯北二七五二四五	〇	三
折威一	經卯〇八五四四四	緯南一二四六四五	七	五
折威二	經卯一二〇五五五	緯南一〇〇三四二	〇	五
折威三	經卯一三〇二四六	緯南〇九〇二三九	〇	六
折威四	經卯一三五三一七	緯南〇八四四二八	〇	五
折威五	經卯一三五五二九	緯南〇八四三三〇	〇	六
折威六	經卯一六一二四七	緯南〇七三八五六	〇	六
折威七	經卯一八三二三一	緯南〇七三七二二	〇	三
頓頑一	經卯二五二〇一八	緯南一七〇八二二	一	五
頓頑二	經卯二二三一〇〇	緯南一二五九五二	〇	五
陽門一	經卯一七四七五〇	緯南二〇五六三四	〇	四
陽門二	經卯一七一三二七	緯南一八二一三二	〇	四

星名	黃道經宮度分秒	黃道緯度分秒	增星	等次
氐宿				
氐一	經卯一二五六四〇	緯北〇〇二一三四	三十	二
氐二	經卯一八五一四三	緯南〇一四九五〇	〇	四
氐三	經卯二二五八五三	緯北〇四二三五四	〇	四
氐四	經卯一七一三四〇	緯北〇八三〇三九	〇	二
亢池一	經辰二三二一一一	緯北二八二六一六	〇	五
亢池二	經辰二二二八二三	緯北二六二八四九	〇	六
亢池三	經辰二四一八四二	緯北二四五〇一五	〇	六
亢池四	經辰二五三三五二	緯北二五〇九二七	〇	六
帝席一	經辰一七五三〇四	緯北三五四〇二九	一	五
帝席二	經辰一四二三〇五	緯北三六五二四九	〇	六
帝席三	經辰一三一〇三八	緯北三六三二四五	〇	五
梗河一	經辰二五五四三五	緯北四〇三七三三	五	三
星名	黃道宮度分秒		增星	等次
騎官五	經卯二五三三四八	緯南二六二九二三	〇	五
騎官六	經卯二七五七一五	緯南二五一二五三	〇	四
騎官七	經卯二八一三三六	緯南二八二八一八	〇	五
騎官八	經卯二五三一〇八	緯南二八二一五八	〇	五
騎官九	經卯二一四〇〇〇	緯南二五五一一一	〇	五
騎官十	經卯二一二〇二三	緯南二九五九一三	〇	三
車騎一	經卯二八三二二九	緯南三二四七三五	〇	五
車騎二	經卯二一三〇三八	緯南三二〇六一九	〇	五
車騎三	經卯二一〇一三六	緯南三三二三二〇	〇	五
將軍	經卯二七一九二八	緯南二九三七三四	〇	五
房宿				
房一	經寅〇〇四七二五	緯南〇五二七三八	六	三

星名	黃道經宮度分秒	黃道緯度分秒	增星	等次
梗河二	經辰二一四一三三	緯北四二〇七四三	〇	五
梗河三	經辰二〇三五五〇	緯北四二二七一八	〇	四
招搖	經辰一五二八一八	緯北四九三二三一	〇	三
天乳	經卯二三四七〇八	緯北一六一四三七	四	四
天輻一	經卯二六二七二八	緯南〇八二九四六	一	四
天輻二	經卯二七一一一七	緯南一〇〇〇二八	〇	四
陣車一	經卯一六一八五八	緯南一一〇四三二	二	五
陣車二	經卯一八五三一九	緯南一〇二五一九	〇	六
陣車三	經卯二三四九二四	緯南一一二九四四	〇	五
騎官一	經卯二九一七五三	緯南二一一二五七	〇	四
騎官二	經卯二六二九二九	緯南二一二二四二	〇	四
騎官三	經卯二二三八〇四	緯南二四〇一三六	〇	四
騎官四	經卯二二五一三三	緯南二五〇〇五二	〇	三
星名	黃道宮度分秒		增星	等次
房二	經寅〇〇五八五二	緯南〇八三五〇八	〇	四
房三	經寅〇〇二五五〇	緯南〇一五八一三	〇	三
房四	經寅〇一〇二五六	緯北〇一〇一二六	〇	二
鉤鈐一	經寅〇一三一三五	緯北〇〇一四二二	〇	五
鉤鈐二	經寅〇一四二〇九	緯北〇〇〇四一三	〇	五
鍵閉	經寅〇二三〇一一	緯北〇一三九〇六	〇	四
罰一	經寅〇一一九二三	緯北一二四四五六	三	四
罰二	經寅〇〇一一一一	緯北〇八〇二五九	〇	六
罰三	經卯二九一四五三	緯北〇四〇二一九	〇	六
西咸一	經卯二九〇八四三	緯北〇九一四四九	二	五
西咸二	經卯二八一四〇四	緯北〇六〇六〇八	〇	四
西咸三	經卯二七四三〇四	緯北〇三二八二五	〇	四

星名	黃道宮度分秒（經）	黃道宮度分秒（緯）	增星	等次
西咸四	經卯二五一二三八	緯北〇四〇一一七	〇	四
東咸一	經寅〇六三一二六	緯北〇五一二五三	二	四
東咸二	經寅〇五五〇二五	緯北〇三一四四四	〇	五
東咸三	經寅〇五二四一八	緯北〇一三四二二	〇	五
東咸四	經寅〇七二九五三	緯北〇〇二六五一	〇	五
日	經卯二五三七〇〇	緯北〇〇〇〇一八	一	六
從官一	經卯二九一二二八	緯南一四三五四六	一	五
從官二	經寅〇〇三九四〇	緯南一三〇九三〇	〇	五
心宿				
心一	經寅〇五三九二四	緯南〇四〇〇五二	九	四
心二	經寅〇七三六〇四	緯南〇四三三一六	〇	一
心三	經寅〇九一七五六	緯南〇六〇六一四	〇	四
積卒一	經寅〇三五四〇〇	緯南一五三一四六	二	五
積卒二	經寅〇三二三〇〇	緯南一七二二四五	〇	四
尾宿				
尾一	經寅一三五四二四	緯南一五二六五三	四	三
尾二	經寅一三一三三二	緯南一一四一四三	〇	三
尾三	經寅一四五九二二	緯南一九三九一二	〇	四
尾四	經寅一八三二一四	緯南二〇一〇五〇	〇	四
尾五	經寅二三二四〇七	緯南一九三九三五	〇	二
尾六	經寅二五一九二九	緯南一六四三四〇	〇	三
尾七	經寅二四一六三九	緯南一五三八三七	〇	四
尾八	經寅二二二五一〇	緯南一三四六一九	〇	三
尾九	經寅二一五一一六	緯南一三五九〇三	〇	四
神宮	經寅一四四七五七	緯南一九〇七〇〇	〇	氣
天江一	經寅一七三八一五	緯南〇三五五四三	二	六
天江二	經寅一七五二一四	緯南〇三二六〇五	〇	五
天江三	經寅一九一三一一	緯南〇一四九四四	〇	三
天江四	經寅二〇〇九五四	緯南〇〇五六〇〇	〇	四
傳說	經寅二五四六四〇	緯南一三三九一五	〇	四
魚	經寅二六三四三四	緯南一一二二三四	〇	四
龜一	經寅一七二六三一	緯南三〇一五三一	〇	四
龜二	經寅二二〇六四二	緯南三三〇四四三	〇	四
龜三	經寅二三二三四〇	緯南三七一九二三	〇	四
龜四	經寅一六四五二七	緯南三六一五〇八	〇	四
龜五	經寅一七四一三一	緯南三三〇三四二	〇	四
箕宿				
箕一	經寅二九〇五四七	緯南〇六五七五一	〇	三
箕二	經丑〇二二六一二	緯南〇六二七二一	〇	三
箕三	經丑〇二五七三三	緯南一一〇一五三	〇	三
箕四	經丑〇一三二四八	緯南一三一九四五	〇	三
糠	經寅二〇四一一六	緯南〇六三六一〇	一	五
杵一	經寅二三一五〇二	緯南二三〇七二五	一	五
杵二	經寅二二四五〇六	緯南二六三一二九	〇	四
杵三	經寅二二〇一五三	緯南三二一三四一	〇	四
斗宿				
斗一	經丑〇八〇一四二	緯北〇三五六三四	五	四
斗二	經丑〇四一〇五五	緯南〇二〇六〇一	〇	四
斗三	經丑〇一〇六一〇	緯北〇二二〇五四	〇	四
斗四	經丑一〇一四一二	緯南〇三二五二九	〇	三

星名	黃道宮度分秒（經）	黃道宮度分秒（緯）	增星	等次
斗五	經丑一二四二一〇	緯南〇五〇三〇八	〇	四
斗六	經丑一一二八二二	緯南〇七〇九五三	〇	三
天籥一	經寅二六四一三〇	緯南〇一二二〇八	四	五
天籥二	經寅二四四五〇九	緯北〇一三四〇二	〇	六
天籥三	經寅二三五八四四	緯北〇一四二四六	〇	五
天籥四	經寅二二五六二三	緯北〇一二八二五	〇	六
天籥五	經寅二二〇七三八	緯北〇一一八〇〇	〇	六
天籥六	經寅二一一九一五	緯南〇〇三六二一	〇	五
天籥七	經寅二一三三一〇	緯南〇二四一五〇	〇	六
天籥八	經寅二五〇五〇一	緯南〇四二四四一	〇	六
天弁一	經丑〇六五一五七	緯北一四五七〇八	六	四
天弁二	經丑〇八三七一四	緯北一四〇〇三一	〇	四
天弁三	經丑〇八五九三二	緯北一四四四五九	〇	四
天弁四	經丑一〇一五四〇	緯北一八一一二九	〇	四
天弁五	經丑一二四一三五	緯北一六五二一五	〇	四
天弁六	經丑一三五五四二	緯北一六五一三七	〇	四
天弁七	經丑一五一四一五	緯北一七三七四一	〇	三
天弁八	經丑一四五八五九	緯北一八二七三〇	〇	六
天弁九	經丑一四二九二五	緯北一八五〇四四	〇	六
建一	經丑一一一九五二	緯北〇一四〇一五	五	五
建二	經丑一二五一四六	緯北〇〇五二四一	〇	五
建三	經丑一四〇六四四	緯北〇一二七〇四	〇	四
建四	經丑一六一二二二	緯北〇三一六〇四	〇	六
建五	經丑一七一八二〇	緯北〇四一三四九	〇	五
建六	經丑一七三一四九	緯北〇六〇六四九	〇	五
天雞一	經丑二二三一二九	緯北〇五〇九三六	三	五
天雞二	經丑二二四七四七	緯北〇一二五一三	〇	五
狗一	經丑一九四一一五	緯南〇三一四五三	七	五
狗二	經丑一七一〇一九	緯南〇二二八一一	〇	五
狗國一	經丑二三四〇四六	緯南〇五二四四四	三	五
狗國二	經丑二四二四一六	緯南〇五二六三二	〇	五
狗國三	經丑二四五四三〇	緯南〇七〇五三六	〇	五
狗國四	經丑二三四六一五	緯南〇六一八二二	〇	五
天淵一	經丑一三三六二六	緯南二二二八四六	三	四
天淵二	經丑一三三三四四	緯南二二〇七四四	〇	四
天淵三	經丑一四二三四六	緯南一八二一四七	〇	四
農丈人	經丑〇六五七三四	緯南一二三〇一七	〇	六
鼈一	經丑〇二五九二三	緯南二二三八二二	〇	四
鼈二	經丑〇七一一四七	緯南二〇三六三八	〇	六
鼈三	經丑一〇〇七五九	緯南一九一八〇九	〇	六
鼈四	經丑一一二二四一	緯南一七四八〇八	〇	六
鼈五	經丑一一五一二六	緯南一六四四〇九	〇	五
鼈六	經丑一一五五二四	緯南一五一七五四	〇	五
鼈七	經丑一一二三〇九	緯南一四四〇〇五	〇	四
鼈八	經丑〇九四九四八	緯南一四一五〇六	〇	六
鼈九	經丑〇九二一四八	緯南一四二六一四	〇	六
鼈十	經丑〇四三一一二	緯南一五二一一五	〇	六
鼈十一	經丑〇四一九五六	緯南一九〇一四九	〇	六
牛宿				
牛一	經子〇一五五五七	緯北〇四三五四七	一四	四

星名	黃道宮度分秒 經	黃道宮度分秒 緯	增星	等次
牛二	子〇一四四二一	北〇六五六二六	〇	四
牛三	子〇〇二二二八	北〇七一一三六	〇	五
牛四	子〇二三五五五	北〇〇五四二七	〇	五
牛五	子〇三〇六一〇	北〇〇二四三一	〇	六
牛六	子〇三〇三〇九	北〇一一二四一	〇	六
天桴一	子〇二四七〇〇	北一八四三四七	二	三
天桴二	子〇一〇一一七	北一九一四二〇	〇	六
天桴三	丑二八四三二八	北二〇四二〇〇	〇	六
天桴四	丑二八一七五四	北二一三一四〇	〇	四
河鼓一	子〇〇一七四四	北二六四二三八	九	三
河鼓二	丑二九三四二四	北二九一七二九	〇	一
河鼓三	丑二八四八〇八	北三一一五〇九	〇	三
右旗一	丑二四三八五八	北二八四〇四二	十二	四
左旗六	子〇四三九〇六	北三七一二二七	〇	六
左旗七	子〇三四五五三	北三六三八〇六	〇	六
左旗八	子〇五一一二四	北三五三三三一	〇	六
左旗九	子〇七五九三三	北三四〇四四一	〇	五
織女一	丑一三〇八一八	北六一四三三四	四	一
織女二	丑一六二八四二	北六二二四一〇	〇	五
織女三	丑一五五七五五	北六〇二一一八	〇	五
漸臺一	丑一九三二三九	北五九二〇〇二	七	四
漸臺二	丑一六四六三〇	北五五五九五四	〇	三
漸臺三	丑一九四八〇〇	北五五〇一三七	〇	三
漸臺四	丑二四〇四〇八	北五八〇二〇六	〇	五
輦道一	丑二三〇五四六	北六六一一一七	九	六

星名	黃道宮度分秒 經	黃道宮度分秒 緯	增星	等次
右旗二	丑二五三九五六	北二六一〇五八	〇	五
右旗三	丑二一二七二一	北二四四九〇三	〇	六
右旗四	丑二一一六四〇	北二二〇二二七	〇	五
右旗五	丑二三四一四七	北二〇〇一一一	〇	三
右旗六	丑二三二一四八	北一八二三三二	〇	六
右旗七	丑二三二〇四六	北一六四〇一一	〇	六
右旗八	丑二二四二四七	北一四一一一三	〇	四
右旗九	丑二六四四〇二	北一二〇三二六	〇	六
左旗一	丑二八五六一六	北三八四八〇九	三〇	五
左旗二	丑二九〇四二三	北三八一三三四	〇	五
左旗三	子〇一一五四〇	北三八五五一二	〇	四
左旗四	子〇一五四四七	北三九二五二五	〇	六
左旗五	子〇四五三五八	北三九一二〇四	〇	四
輦道二	丑二六四三一一	北六〇五八二八	〇	六
輦道三	丑二八二四一一	北五九三四三七	〇	六
輦道四	子〇一〇一二〇	北五七一九〇三	〇	六
輦道五	子〇六四七三七	北五三四一〇〇	〇	五
羅堰一	子〇六一〇一四	北〇三二一五二	一	五
羅堰二	子〇五三二二三	北〇〇一四一一	〇	五
羅堰三	子〇六〇二五九	南〇三二四〇八	〇	六
天田一	子一〇〇八四八	南一〇五七〇九	〇	六
天田二	子〇五四九〇五	南〇八五六三九	〇	六
天田三	子〇九四三〇六	南〇八〇五〇七	〇	六
天田四	子〇五〇二一一	南〇六五九三八	〇	五
九坎一	子〇八三七三〇	南二一三一三一	〇	三

星名	黃道宮度分秒 經	黃道宮度分秒 緯	增星	等次
九坎二	子〇五四八二〇	南二二三一三四	〇	三
九坎三	子〇二三八〇〇	南二二四一三九	〇	三
九坎四	子〇六三八二〇	南二一一一三四	〇	五
女宿				
女一	子〇九三六〇六	北〇八〇五一二	五	四
女二	子一〇五六一三	北〇八一四四三	〇	五
女三	子一一三四二八	北一一三三二四	〇	六
女四	子一〇五〇四六	北一二二二一四	〇	五
離珠一	子〇八四六四四	北一五三〇一九	一	五
離珠二	子〇九三五三三	北一六四七二七	〇	四
離珠三	子一〇一八二八	北一八一五〇八	〇	六
離珠四	子〇六五五四四	北一五三八〇六	〇	五
敗瓜一	子一一五六二七	北二九〇四五五	三	四
天津五	亥〇四〇二二一	北五四五五三六	〇	四
天津六	亥〇六二八〇八	北五〇三一五五	〇	四
天津七	亥〇五〇八五九	北四七二八二二	〇	五
天津八	亥〇〇五六〇六	北四三四二一八	〇	三
天津九	子二五三四五二	北四九二五一七	〇	三
奚仲一	子一二四八一八	北七三四八四七	七	四
奚仲二	子一五五三四三	北七一二七一七	〇	六
奚仲三	子一六三三四二	北六九三六三七	〇	四
奚仲四	子一九一二〇八	北六九二九二五	〇	六
扶筐一	丑二七五四三六	北七七四三一六	四	五
扶筐二	丑二四三五五六	北七九四二五六	〇	五
扶筐三	丑二〇一二四四	北八一四六四九	〇	五

星名	黃道宮度分秒 經	黃道宮度分秒 緯	增星	等次
敗瓜二	子一二四二〇六	北三〇四〇四二	〇	五
敗瓜三	子一四〇五三五	北三〇三六五一	〇	六
敗瓜四	子一三一一四八	北二八四九三九	〇	六
敗瓜五	子一三〇五三六	北二七三〇一六	〇	六
瓠瓜一	子一五一五二四	北三三〇一三七	八	三
瓠瓜二	子一七一五四一	北三二四三一五	〇	三
瓠瓜三	子一六〇〇〇七	北三一五六五二	〇	四
瓠瓜四	子一四一二四四	北三一五五二九	〇	三
瓠瓜五	子一三三八三四	北三二〇九〇三	〇	四
天津一	子二二四四五一	北五七〇八一一	四〇	三
天津二	子一四〇八〇七	北六四二五五一	〇	三
天津三	子二五五八一九	北六三四二二六	〇	四
天津四	亥〇三一三三二	北五九五五四七	〇	二
扶筐四	子一二五四三〇	北八〇四八三六	〇	四
扶筐五	子一一三八〇五	北七九〇五三四	〇	六
扶筐六	子〇八五〇三〇	北七六五六一〇	〇	六
扶筐七	子〇六三八〇〇	北七四四〇二六	〇	五
十二國周一	子一〇三八一五	南〇二五九一一	〇	五
十二國周二	子一〇二八〇二	南〇〇三一〇五	〇	五
十二國秦一	子一一四四〇〇	南〇〇三一三四	〇	四
十二國秦二	子一四一四〇一	南〇二〇八四六	〇	六
十二國代一	子一五三三五〇	南〇一二一三四	二	五
十二國代二	子一七二〇三七	南〇五三二三六	〇	六
十二國趙一	子一一三七一七	南〇三三八一二	〇	六
十二國趙二	子一一三四二七	南〇三五九三六	〇	六

星名	黃道經	黃道緯	增星	等次
十二國越	子○八五九二四	南○○二九四○	○	六
十二國齊	子一一一○一二	南○四三二三五	○	五
十二國楚	子一二五四一四	南○四三一一四	○	六
十二國鄭	子○九四六二四	南○一五二三九	○	六
十二國魏	子一四四六○五	南○五一八四七	○	六
十二國韓	子一五二○三八	南○五二一四八	○	六
十二國晉	子一五二七二○	南○六三三○六	○	六
十二國燕	子一四四九一九	南○六五八五八	○	五

虛宿

星名	黃道經	黃道緯	增星	等次
虛一	子二一一六五二	北○八三七三一	八	三
虛二	子二○五九一八	北二○○七五六	○	四
司命一	子二五○二二七	北一三一一二三	○	六
司命二	子二六○八○○	北一四一二五二	○	六

星名	黃道宮度分秒 經	黃道宮度分秒 緯	增星	等次
天壘城一	子二一五九四六	北○五五八○四	二	五
天壘城二	子二三一七○一	北○四一二四三	○	六
天壘城三	子二三三一○一	北○三五五三○	○	六
天壘城四	子二二五二三四	北○一五六一六	○	五
天壘城五	子二二四八二八	北○一五七一六	○	六
天壘城六	子一七一三四六	北○二一五四五	○	六
天壘城七	子一四二二○九	北○○四二一八	○	六
天壘城八	子一一三九一一	北○三一八○四	○	五
天壘城九	子一一三一二○	北○三五○二五	○	六
天壘城十	子一四一六三三	北○四四六二六	○	五
天壘城十一	子一六三○○○	北○六二○二四	○	六
天壘城十二	子一八○三○三	北○五四四二五	○	六

星名	黃道經	黃道緯	增星	等次
司祿一	子二七五二○九	北一五○六一四	○	六
司祿二	子二五四九二六	北一五二○三六	○	六
司危一	子二三一九三二	北二一○一五八	○	五
司危二	子二三○三三五	北二一四一四五	○	六
司非一	子二一一七五四	北二五一二○○	三	四
司非二	子二二一九二○	北二四四六四七	○	四
哭一	子二三四一四二	南○○四○一七	四	五
哭二	子二八二二二八	南○○一六三六	○	六
泣一	亥○一五三○七	北○二二二四七	二	五
泣二	亥○一○五四四	北○二四二五二	○	四
離瑜一	子○八二七三○	南一七二一三一	三	四
離瑜二	子○九四六五○	南一五三七三六	○	四
離瑜三	子一二○八三○	南一五二四○二	○	六

星名	黃道宮度分秒 經	黃道宮度分秒 緯	增星	等次
天壘城十三	子一八二七○七	北○五一○一七	○	六
敗臼一	子一五一七三八	南二三○○一三	一	三
敗臼二	子一六四七一六	南二五五六○五	○	五
敗臼三	子二九○八二六	南二三三七○八	○	五
敗臼四	子二八三二五○	南一九三一四九	○	五

危宿

星名	黃道經	黃道緯	增星	等次
危一	亥○一一四四六	北一○三九三四	四	三
危二	亥○四三八四六	北一六二一○○	○	四
危三	子二九四五○二	北二二○六二○	○	三
墳墓一	亥○六四四三一	北○八五○五一	四	四
墳墓二	亥○四三四一一	北○八一四○○	○	三
墳墓三	亥○八一四五三	北○八○九○一	○	四

星名	黃道經	黃道緯	增星	等次
墳墓四	亥○六二七五一	北一○二八二三	○	五
蓋屋一	子二九五九四九	北○九一○○二	○	五
蓋屋二	亥○○四八一○	北一○一二一九	○	六
虛梁一	亥○二○一五五	北○四五五一七	○	六
虛梁二	亥○三五二四八	北○四四八二一	○	六
虛梁三	亥○七一六一三	北○四○七○三	○	五
虛梁四	亥一一五四三○	北○一四○五四	○	六
天錢一	子二○二○四○	南一六五二五八	三	六
天錢二	子一六三二○○	南一六二二三七	○	四
天錢三	子一五○五五八	南一八一八三六	○	四
天錢四	子一九五八二六	南二○○三一三	○	四
天錢五	子二○二九○六	南一九四四○七	○	五
人一	亥○二○一二七	北三六○八三七	四	四

星名	黃道宮度分秒 經	黃道宮度分秒 緯	增星	等次
車府四	亥一八○五四八	北五五一一五八	○	四
車府五	亥一一○一二九	北六○○五四二	○	五
車府六	亥○八四四二三	北五六三五二四	○	四
車府七	亥一四一二五三	北五○三一三二	○	六
造父一	戌一五二九○五	北五九三三五四	五	四
造父二	戌一一四九四五	北六一一○○三	○	四
造父三	戌一三五○四六	北六一五五一六	○	六
造父四	戌○八三○四一	北六四○三一○	○	六
造父五	戌一二一七三八	北六五二九二六	○	五
天鉤一	戌一七○七五五	北七四○七三六	六	六
天鉤二	戌○六五八○八	北七六一七○八	○	六
天鉤三	戌○二四九一○	北七三五七三五	○	五

星名	黃道經	黃道緯	增星	等次
人二	子二八一○○九	北三三一七三九	○	四
人三	亥○五四六四七	北三四○四二四	○	六
人四	亥○二五二三四	北二九○一四八	○	四
杵一	亥二一五二○七	北四四二四一四	二	五
杵二	亥一七二五一三	北四○五九二八	○	四
杵三	亥一三五二二七	北三七四○○三	○	六
臼一	亥○八一九三○	北三九三一三五	八	三
臼二	亥○六四九四○	北三六三八二○	○	四
臼三	亥一二一五三九	北三四一六一三	○	四
臼四	亥一七二一五六	北三五三三三九	○	六
車府一	戌○四一五○九	北四五三三四六	六	五
車府二	戌○二二九五二	北四七三一○三	○	五
車府三	戌○○○九三六	北五一一八二二	○	五

星名	黃道宮度分秒 經	黃道宮度分秒 緯	增星	等次
天鉤四	戌○二二四五八	北七一四六二七	○	四
天鉤五	戌一○四三○三	北六八五六四○	○	三
天鉤六	戌二二○七○九	北六五四六四七	○	五
天鉤七	戌二六一五三五	北六三五七五九	○	六
天鉤八	酉○一○八三○	北六二三七四八	○	四
天鉤九	酉○七五三五五	北六一二四五五	○	五

室宿

星名	黃道經	黃道緯	增星	等次
室一	亥二一一九一三	北一九二四二一	七	二
室二	亥二七一二一三	北三一○八○○	○	二
離宮一	亥二○五三四八	北二八四七五四	八	四
離宮二	亥二二一三二○	北二九二三一七	○	四
離宮三	亥二二四五四三	北三四二五二九	○	五

星名	黃道宮度分秒	增星	等次
離宮四	經亥二三三四一二 緯北三五〇六四八	〇	三
離宮五	經亥二八五六〇八 緯北二五三三五四	〇	四
離宮六	經亥二九五〇一五 緯北二四四七五二	〇	五
螣蛇一	經戌〇六〇二一二 緯北五三一七三七	一九	四
螣蛇二	經戌〇三四七三二 緯北五三一九一六	〇	五
螣蛇三	經亥二五二九四八 緯北五七一一五六	〇	五
螣蛇四	經亥二六一四一五 緯北五八五二三〇	〇	四
螣蛇五	經亥二二〇二二〇 緯北六〇四〇五九	〇	五
螣蛇六	經亥二二四一五五 緯北六二四九〇八	〇	五
螣蛇七	經戌〇四四六四〇 緯北六三四五〇九	〇	六
螣蛇八	經戌〇五三五二五 緯北六一一四一一	〇	六
螣蛇九	經戌一〇五〇五〇 緯北五九五九二五	〇	四
螣蛇十	經戌〇六三三五六 緯北五五三四二三	〇	五
雷電二	經亥一五四七一九 緯北一八二六五一	〇	五
雷電三	經亥一六〇七〇一 緯北一五四三〇七	〇	六
雷電四	經亥一九二六一六 緯北一三五三三二	〇	五
雷電五	經亥二四二二二三 緯北一四五七一四	〇	六
雷電六	經亥二五五七〇六 緯北一四四五一七	〇	五
土公吏一	經亥一〇二一五七 緯北一七一八一四	〇	六
土公吏二	經亥〇九四八五二 緯北二〇五一〇三	〇	六
壘壁陣一	經子一九三〇三五 緯南〇四四九五一	八	五
壘壁陣二	經子一八〇四二二 緯南〇四五八二二	〇	四
壘壁陣三	經子一九三九一二 緯南〇二三二三二	〇	四
壘壁陣四	經子二一二五四四 緯南〇二三三三一	〇	三
壘壁陣五	經子二六三六三一 緯南〇二〇四一七	〇	四

星名	黃道宮度分秒	增星	等次
螣蛇十一	經戌二八〇一四一 緯北四九二五四三	〇	六
螣蛇十二	經戌二八五七二四 緯北五一一〇一一	〇	五
螣蛇十三	經戌二八五七三一 緯北五二四〇四四	〇	四
螣蛇十四	經戌二五一七〇五 緯北五四三九一九	〇	五
螣蛇十五	經戌〇八三七二八 緯北五三四二〇〇	〇	六
螣蛇十六	經戌一二三一一六 緯北四九五三五〇	〇	六
螣蛇十七	經戌一三三八四五 緯北四八三四三六	〇	六
螣蛇十八	經戌一四二〇二九 緯北四七四五四四	〇	六
螣蛇十九	經戌一六一一四三 緯北四三四九〇四	〇	四
螣蛇二十	經戌一七五一一三 緯北四二五七〇三	〇	六
螣蛇二十一	經戌一五一一一六 緯北四一四三三五	〇	四
螣蛇二十二	經戌一三五八二五 緯北四一〇一五二	〇	四
雷電一	經亥一三五九〇六 緯北一七四一三三	八	三
壘壁陣六	經亥〇三一三五四 緯南〇一一三二四	〇	五
壘壁陣七	經亥〇九二四四一 緯南〇〇二三四〇	〇	四
壘壁陣八	經亥一五〇〇五七 緯南〇一〇一五四	〇	五
壘壁陣九	經亥二六〇八三四 緯南〇三〇七五六	〇	五
壘壁陣十	經亥二七〇四〇四 緯南〇二五七五一	〇	五
壘壁陣十一	經亥二六四七三八 緯南〇五四七〇二	〇	五
壘壁陣十二	經亥二五五三三六 緯南〇五四三四一	〇	五
羽林軍一	經子二四三七二七 緯南〇四三八三五	〇	六
羽林軍二	經子二五三二二一 緯南〇六三八五一	〇	六
羽林軍三	經子二五四四二二 緯南〇九二八四九	〇	六
羽林軍四	經子二七一〇三八 緯南一〇三四四七	〇	五
羽林軍五	經子二六二二五四 緯南一三四〇一四	〇	五

星名	黃道宮度分秒	增星	等次
羽林軍六	經子二三一三二〇 緯南一五四一四八	〇	五
羽林軍七	經子二五四七〇〇 緯南一五三一〇四	〇	六
羽林軍八	經子二九〇八四〇 緯南一七一五一六	〇	三
羽林軍九	經亥〇〇二三一六 緯南二〇二七三二	〇	六
羽林軍十	經亥〇〇五五五〇 緯南一六〇一〇五	〇	六
羽林軍十一	經亥〇〇二一四二 緯南一〇五二三八	〇	五
羽林軍十二	經亥〇三三九五四 緯南一一〇一三一	〇	六
羽林軍十三	經亥〇三〇四五五 緯南〇九五七一五	〇	六
羽林軍十四	經亥〇一五三一五 緯南〇七五九二四	〇	六
羽林軍十五	經亥〇〇〇三二三 緯南〇六二九三二	〇	六
羽林軍十六	經亥〇一四二四一 緯南〇四四九二五	〇	六
羽林軍十七	經亥〇〇四八〇五 緯南〇三一八三七	〇	六
羽林軍十八	經子二九三七四六 緯南〇二三七〇二	〇	六
羽林三十二	經亥一二四二五五 緯南一六四六二一	〇	六
羽林三十三	經亥一一四七一二 緯南一五三四五一	〇	五
羽林三十四	經亥一一二〇四二 緯南一四四七〇二	〇	五
羽林三十五	經亥一三二〇〇二 緯南一〇〇八二九	〇	六
羽林三十六	經亥一三一〇〇四 緯南〇八一八三五	〇	六
羽林三十七	經亥一四四〇一六 緯南〇四四六〇九	〇	五
羽林三十八	經亥一四三六一七 緯南〇四一六一五	〇	五
羽林三十九	經亥一四〇九二八 緯南〇三五八三三	〇	五
羽林軍四十	經亥一二四九三〇 緯南〇一五三〇七	〇	六
羽林四十一	經亥一二一八四一 緯南〇一五八一九	〇	六
羽林四十二	經亥一二一四一〇 緯南〇一四〇四八	〇	六
羽林四十三	經亥一四五五五六 緯南〇二五〇二〇	〇	五

星名	黃道宮度分秒	增星	等次
羽林軍十九	經亥〇三二三一〇 緯南〇一三一三一	〇	六
羽林軍二十	經亥〇五一二三三 緯南〇一一八五八	〇	六
羽林二十一	經亥〇六一七二〇 緯南〇一四九三六	〇	六
羽林二十二	經亥〇七二〇四六 緯南〇二四五二〇	〇	六
羽林二十三	經亥〇八〇四二三 緯南〇四一一五〇	〇	六
羽林二十四	經亥〇六二六五二 緯南〇五三九二七	〇	五
羽林二十五	經亥〇五五〇二四 緯南〇五五五五〇	〇	五
羽林二十六	經亥〇六四三四九 緯南〇八一二〇二	〇	三
羽林二十七	經亥〇六三五一一 緯南〇八三七四六	〇	六
羽林二十八	經亥〇七五二五三 緯南一四二九四九	〇	四
羽林二十九	經亥〇七二六五三 緯南一五四二三七	〇	五
羽林軍三十	經亥〇六〇九四四 緯南一六三五一九	〇	六
羽林三十一	經亥一三一六一九 緯南一六三〇五三	〇	五
羽林四十四	經亥一七三一三〇 緯南一一〇二一〇	〇	五
羽林四十五	經亥一八〇三一七 緯南一一三六四五	〇	五
天綱	經亥〇〇〇一一五 緯南二三三七〇三	〇	五
北落師門	經亥〇一四〇五九 緯南二一〇五四七	〇	一
鈇鉞一	經亥一六二〇四二 緯南一四四一二二	三	五
鈇鉞二	經亥一六五九二四 緯南一五一〇四二	〇	五
鈇鉞三	經亥一八〇九一八 緯南一六二七二一	〇	六
八魁一	經亥二四〇七一二 緯南一五一六一五	〇	五
八魁二	經亥二一三六三七 緯南一六一四三八	〇	五
八魁三	經亥二〇四八〇九 緯南一四一四四三	〇	六
八魁四	經亥二四三九四〇 緯南一〇〇五一一	〇	六
八魁五	經亥二八〇六二二 緯南一三二七一九	〇	六

星名	黃道宮度分秒 經	黃道宮度分秒 緯	星增	等次
八魁六	經亥二三二二一二	緯南一八四六〇七	〇	六
壁宿				
壁一	經戌〇六五九五〇	緯北一二三五二六	二三	二
壁二	經戌一二〇八五三	緯北二五四一二三	〇	二
天廐一	經戌一九〇一四四	緯北三三二三二九	一	四
天廐二	經戌一九二六五〇	緯北三二二三四八	〇	五
天廐三	經戌一八一三五三	緯北三一三六三一	〇	五
土公一	經戌〇一四九四一	緯北〇七三一四七	一一	五
土公二	經戌〇六四七五五	緯北〇四三〇五五	〇	六
霹靂一	經亥一六二五五六	緯北〇九〇二五三	九	五
霹靂二	經亥一九一五四四	緯北〇七一六二二	〇	四
霹靂三	經亥二三〇四二七	緯北〇九〇一四五	〇	五
霹靂四	經亥二五二九三八	緯北〇七一二〇三	〇	六
星名	黃道宮度分秒		星增	等次
奎三	經戌二〇二八四六	緯北二〇三一二二	〇	六
奎四	經戌一八四八〇二	緯北二三〇一三二	〇	四
奎五	經戌一九三九一四	緯北二四二一一二	〇	三
奎六	經戌二〇三〇四七	緯北二七〇九〇七	〇	四
奎七	經戌二六五九五二	緯北三二三四〇三	〇	四
奎八	經戌二六五九四五	緯北二九四〇一一	〇	四
奎九	經戌二八一三四四	緯北二五五七一二	〇	二
奎十	經戌二五五七三〇	緯北二三〇七一一	〇	五
奎十一	經戌二六〇九二六	緯北二〇四三〇八	〇	五
奎十二	經戌二七三五二一	緯北一八四〇四五	〇	六
奎十三	經戌二六三七一〇	緯北一七二七四七	〇	五
奎十四	經戌二四一九三一	緯北一五二九四七	〇	五

星名	黃道宮度分秒 經	黃道宮度分秒 緯	星增	等次
霹靂五	經戌〇〇二五五五	緯北〇六二二一五	〇	四
雲雨一	經亥二〇四六三三	緯北〇四二六〇八	一〇	五
雲雨二	經亥二〇二八一五	緯北〇二〇四〇一	〇	六
雲雨三	經亥二五五二〇七	緯北〇二〇一三七	〇	六
雲雨四	經亥二四二七三六	緯北〇三二四五六	〇	五
鈇鑕一	經戌〇九三一四四	緯南二八三七三八	〇	六
鈇鑕二	經戌一二二三一七	緯南二八〇一三七	〇	五
鈇鑕三	經戌一三三二三二	緯南二八五五二五	〇	五
鈇鑕四	經戌一七一四一五	緯南三一〇一五六	〇	四
鈇鑕五	經戌一五四三三二	緯南三二〇二五九	〇	四
奎宿				
奎一	經戌二〇一七〇八	緯北一五五五五七	一三	四
奎二	經戌一八二七二九	緯北一七三六二六	〇	四
星名	黃道宮度分秒		星增	等次
奎十五	經戌二二二二四三	緯北一二二六一一	〇	五
奎十六	經戌二一二〇〇〇	緯北一三二一四八	〇	五
王良一	經酉〇二五八〇六	緯北五一一四五一	一四	二
王良二	經酉一〇三一一九	緯北五二一五五四	〇	五
王良三	經酉〇八〇三五六	緯北四七〇五二八	〇	四
王良四	經酉〇五四一二三	緯北四六三六五九	〇	三
王良五	經酉〇二三三二三	緯北四五三九五〇	〇	四
策	經酉一一五〇〇五	緯北四八四九一二	〇	三
附路	經酉〇二五八三八	緯北四四四三一四	〇	四
軍南門	經酉〇四一九〇一	緯北三六二一二四	〇	五
閣道一	經申〇〇一四〇〇	緯北四八五六五一	五	五
閣道二	經酉二二三六四八	緯北四七三三二二	〇	三

星名	黃道宮度分秒 經	黃道宮度分秒 緯	星增	等次
閣道三	經酉一五四七一五	緯北四六二四四八	〇	三
閣道四	經酉〇九三九二九	緯北四三〇六二八	〇	四
閣道五	經酉〇二五二五〇	緯北四一一七〇六	〇	五
閣道六	經酉〇〇二一二五	緯北三九一八四一	〇	六
外屏一	經戌一二〇〇一七	緯北〇二一〇〇七	一五	四
外屏二	經戌一五二三一一	緯北〇一〇四三六	〇	四
外屏三	經戌一七四二一三	緯南〇〇一二五二	〇	四
外屏四	經戌二〇五六四〇	緯南〇三〇三四五	〇	五
外屏五	經戌二三二〇三七	緯南〇四四二二八	〇	五
外屏六	經戌二五二一一八	緯南〇七五四五八	〇	五
外屏七	經戌二七一二二三	緯南〇九〇四二〇	〇	三
天溷一	經戌〇六四八四六	緯南一三二三五五	六	六
天溷二	經戌〇六一三三二	緯南一五五三三八	〇	五
星名	黃道宮度分秒		星增	等次
天大將軍七	經酉〇六四六〇一	緯北二七五五一四	〇	五
天大將軍八	經酉〇八二三〇五	緯北二三四〇二三	〇	六
天大將軍九	經酉一〇〇九四四	緯北二〇三五三〇	〇	四
天大將軍十	經酉一一二一二一	緯北一八五七二二	〇	四
天大將軍十一	經酉一一二〇四三	緯北一九二二四七	〇	五
右更一	經戌二四五五一二	緯北〇九二二五〇	五	五
右更二	經戌二四三九二〇	緯北〇五二一五三	〇	四
右更三	經戌二四四五一八	緯北〇一五二五一	〇	五
右更四	經戌二五三四四〇	緯南〇一三八一〇	〇	五
右更五	經戌二六〇〇〇六	緯北〇三四一二〇	〇	六
左更一	經酉一一五八三五	緯北〇六〇九一三	八	六
左更二	經酉一二〇九五五	緯北〇四〇三一二	〇	六

星名	黃道宮度分秒 經	黃道宮度分秒 緯	星增	等次
天溷三	經戌〇三〇五三〇	緯南一六一八三三	〇	六
天溷四	經戌〇三四三三一	緯南一四〇七三八	〇	五
土司空	經戌〇〇二三〇二	緯南二〇四六五二	〇	二
婁宿				
婁一	經酉〇一四七五九	緯北〇八二九一五	一五	三
婁二	經酉〇一〇一〇〇	緯北〇七〇九五六	〇	四
婁三	經酉〇五二九一八	緯北〇九五八一七	〇	二
天大將軍一	經酉一二〇五四四	緯北二七四七二三	一七	二
天大將軍二	經酉一二二八一三	緯北三六五〇三〇	〇	四
天大將軍三	經酉一〇一八三六	緯北三五二四五八	〇	五
天大將軍四	經酉〇七五九二七	緯北三四三二〇四	〇	五
天大將軍五	經酉〇八二一二六	緯北三一二八五三	〇	六
天大將軍六	經酉〇六二六二七	緯北二八五九二八	〇	五
星名	黃道宮度分秒		星增	等次
左更三	經酉一一一三四三	緯南〇〇三五〇九	〇	六
左更四	經酉一二四五四六	緯南〇一一八二〇	〇	六
左更五	經酉一二五八五二	緯北〇一〇七三〇	〇	六
天倉一	經亥二八四五〇〇	緯南一〇〇一三三	三	三
天倉二	經戌〇九三六一八	緯南一六〇六五七	〇	三
天倉三	經戌一四〇三五二	緯南一五四六〇四	〇	三
天倉四	經戌一九四六四七	緯南二〇二〇四二	〇	三
天倉五	經戌一五四五四八	緯南二四五七〇三	〇	三
天倉六	經戌一七一八三二	緯南三〇四七一九	〇	五
天庾一	經戌一五四一五一	緯南三八五一四九	三	六
天庾二	經戌二二三五〇八	緯南三九四〇三二	〇	六
天庾三	經戌二二三七四二	緯南四四五一四〇	〇	五

胃宿

星名	黃道宮度分秒 經	黃道宮度分秒 緯	增星	等次
胃一	酉一四四五四七	北一一一八三四	五	四
胃二	酉一六一一五五	北一二二一三一	〇	四
胃三	酉一六〇二四五	北一〇二六五九	〇	三
大陵一	酉二一五五四三	北三八五九一二	三	六
大陵二	酉二五四六三〇	北三四二一四八	〇	五
大陵三	酉二六五七一一	北三〇五八〇七	〇	四
大陵四	酉二五三一一二	北二六〇六五六	〇	五
大陵五	酉二四〇〇四二	北二二二五二一	〇	二
大陵六	酉二二四四三二	北二〇三四四五	〇	四
大陵七	酉一九四〇一三	北二〇五七〇〇	〇	四
大陵八	酉一八四一五三	北二二一四三二	〇	六
積尸	酉二一四四三五	北二一四三四六	〇	五
天廪四	酉一八五九三六	南〇九二〇二〇	〇	四
天囷一	酉一二〇九一五	南一二三五四三	三	三
天囷二	酉一六四〇二五	南一四一七〇一	〇	五
天囷三	酉一二五五〇六	南〇七四七五五	〇	四
天囷四	酉〇九四五五〇	南〇五三四二一	〇	四
天囷五	酉〇一五三三六	南〇四一六〇六	〇	四
天囷六	酉〇五一七三五	南〇五五二〇二	〇	四
天囷七	酉〇六一四〇九	南〇九一一一九	〇	五
天囷八	酉〇七一七〇三	南一二〇〇一八	〇	三
天囷九	酉〇五二四二六	南一四二八五二	〇	三
天囷十	酉〇三一〇一九	南一五一一一三	〇	五
天囷十一	酉〇〇四六〇四	南一四一三〇四	〇	六

星名	黃道宮度分秒 經	黃道宮度分秒 緯	增星	等次
天船一	酉二六三六二四	北三七二八二七	十四	四
天船二	酉二七五二〇七	北三四三一四四	〇	三
天船三	酉二九五六〇四	北三〇〇七〇二	〇	二
天船四	申〇一三五五六	北二七五七〇一	〇	五
天船五	申〇二三九〇六	北二七一七〇六	〇	三
天船六	申〇七二〇五三	北二六一三五六	〇	五
天船七	申〇八三九〇〇	北二六四一五九	〇	四
天船八	申〇九三五四九	北二八一〇四三	〇	五
天船九	申一〇〇三四六	北三一二七五二	〇	六
積水	申〇七三六二二	北二八五二四九	〇	四
天廪一	酉二一二五一八	南〇五五五四三	三	五
天廪二	酉二〇五四五八	南〇七二六五九	〇	五
天廪三	酉一九四三四三	南〇八四八二〇	〇	三
天囷十二	戌二七三八一六	南一四〇七一一	〇	六
天囷十三	戌二七五六二〇	南一四四九一三	〇	六

昴宿

星名	黃道宮度分秒 經	黃道宮度分秒 緯	增星	等次
昴一	酉二七一五二一	北〇四一〇四三	十三	五
昴二	酉二七二四四二	北〇四三〇四〇	〇	五
昴三	酉二七三五一六	北〇四三三一二	〇	六
昴四	酉二七三一三一	北〇四二三〇三	〇	五
昴五	酉二七三二三〇	北〇三五六二五	〇	五
昴六	酉二七五〇〇八	北〇四〇二一六	〇	五
昴七	酉二八一一五二	北〇三五四一六	〇	五
天阿	酉二三〇六五四	北〇八四六五八	〇	六
月	申〇一一七一九	北〇一一五〇三	〇	五

星名	黃道宮度分秒 經	黃道宮度分秒 緯	增星	等次
卷舌一	申〇一四〇二〇	北二二〇八四五	七	四
卷舌二	申〇三三一二五	北一九〇六三八	〇	三
卷舌三	申〇二四九一五	北一四五五五〇	〇	五
卷舌四	申〇〇五七四四	北一一一九三六	〇	三
卷舌五	酉二八三二五四	北一二二三一一	〇	五
卷舌六	酉二八五八五〇	北一三五三四〇	〇	六
天讒	申〇〇一七四一	北一二五五〇〇	〇	六
礪石一	申〇三〇七二五	北〇七五六二三	〇	五
礪石二	申〇三二九三二	北〇五一八二六	〇	六
礪石三	申〇五五六五六	北〇四〇〇二九	〇	五
礪石四	申〇五四二五九	北〇五四八〇〇	〇	五
天陰一	酉二三五六五〇	南〇〇〇三四六	六	六
天陰二	酉一九四六三四	北〇二五二四七	〇	五
天苑五	酉一一三九二五	南二五五六〇七	〇	五
天苑六	酉〇六三四五〇	南二四三二三一	〇	三
天苑七	酉〇一三五五三	南二八一五三三	〇	三
天苑八	戌二九五四五〇	南三二四五〇七	〇	三
天苑九	酉〇〇二七四一	南三五三一四八	〇	四
天苑十	酉〇二三五〇〇	南三八五九〇〇	〇	三
天苑十一	酉〇七五五〇三	南三八三一〇八	〇	四
天苑十二	酉一二〇一三二	南三九二六五七	〇	四
天苑十三	酉一五一四一五	南四一五一四八	〇	四
天苑十四	酉一五一〇五二	南四二三三一一	〇	五
天苑十五	酉一六四一二〇	南四三三九二六	〇	四
天苑十六	酉一八四八三七	南四三二九一七	〇	四

星名	黃道宮度分秒 經	黃道宮度分秒 緯	增星	等次
天陰三	酉二一二八四九	北〇二〇六二七	〇	六
天陰四	酉一八四〇一八	北〇一四九〇〇	〇	五
天陰五	酉二三四二二八	北〇三〇一三一	〇	六
芻藁一	戌二七三二一〇	南二五一四五九	五	四
芻藁二	酉〇一二四五八	南二一四九三七	〇	六
芻藁三	戌二七三一一三	南一八五八〇〇	〇	六
芻藁四	酉〇〇四七三六	南一六一四一五	〇	六
芻藁五	戌二七二〇三四	南二二一五三七	〇	六
芻藁六	酉〇一一〇一五	南二五五九二七	〇	五
天苑一	酉二一四一三四	南三三一二〇四	六	二
天苑二	酉一八四七二八	南三一〇七四八	〇	四
天苑三	酉一八四〇五六	南二八四四五〇	〇	三
天苑四	酉一六〇五二四	南二七四五〇七	〇	三

畢宿

星名	黃道宮度分秒 經	黃道宮度分秒 緯	增星	等次
畢一	申〇六一八一一	南〇二三四一〇	六	三
畢二	申〇五二一四二	南〇三四一三九	〇	五
畢三	申〇四四一二七	南〇三五八四八	〇	四
畢四	申〇三三七三四	南〇五四四三七	〇	三
畢五	申〇七三七〇〇	南〇五二七五九	〇	一
畢六	申〇五四六二五	南〇五四五二八	〇	五
畢七	申〇五一二一〇	南〇六〇〇五八	〇	六
畢八	酉二八二七三一	南〇七五八一八	〇	四
附耳	申〇八一九五二	南〇六一〇四五	四	五
天街一	申〇六〇一三七	北〇〇三一三四	四	五
天街二	申〇三五三四〇	南〇〇四五四〇	〇	六

星名	黃道宮度分秒 經	黃道宮度分秒 緯	增星	等次
天高一	申一四三六三六	南○一一二三九	四	四
天高二	申一一三四五八	南○三三八四二	○	六
天高三	申一五四七五二	南○三○三三八	○	六
天高四	申一八二三五八	南○一○一○六	○	六
諸王一	申二六一九三七	北○四二○一五	四	五
諸王二	申二三一五○七	北○二三一二二	○	四
諸王三	申二○五一五六	北○一五三一二	○	六
諸王四	申一五五○二九	北○一四四三八	○	五
諸王五	申一三四四二四	北○○五二二四	○	六
諸王六	申○九五九二○	北○○四二一五	○	五
五車一	申一四二八三三	北一○二六四八	十九	四
五車二	申一九四○四一	北二二五三四六	○	一
五車三	申二七四四三一	北二一三○二一	○	二
咸池三	申一九三七五四	北一七○○三七	○	五
天潢一	申一九二四二三	北一○四八○○	二	六
天潢二	申二一○二四○	北一一一二四八	○	五
天潢三	申一八一九五三	北○九三六○三	○	六
天潢四	申二○三五四八	北一四○九二九	○	五
天潢五	申一八二四一六	北一五二五一五	○	五
天關	申二二三六二八	南○二一二二二	六	三
天節一	申○五○六五七	南○六五五○七	○	五
天節二	申○六五二○七	南○七○三一八	○	五
天節三	申○三二三三一	南○七一八四二	○	六
天節四	申○五二二三一	南○八三八四四	○	五
天節五	申○七三四三○	南○九三○四二	○	五

星名	黃道宮度分秒 經	黃道宮度分秒 緯	增星	等次
五車四	申二七四五四五	北一三四六一九	○	四
五車五	申二○二二五六	北○五二三三二	○	二
柱一	申一六四○一○	北二○五六二○	○	四
柱二	申一六二七五八	北一八一二○五	○	四
柱三	申一七一五五二	北一八一七一一	○	四
柱四	申二五五九三八	北一三五二三二	○	六
柱五	申二六○六三五	北一五四三○七	○	五
柱六	申二五三九二四	北一五四五四一	○	五
柱七	申二一五九二○	北○八五二四一	○	五
柱八	申二三一一四六	北○七○七二二	○	六
柱九	申二三四一○○	北○六四四二四	○	六
咸池一	申二○一九五八	北一八三六二一	○	六
咸池二	申二二二三二三	北一六二二○二	○	五
天節六	申○七五九五八	南○九五三二四	○	六
天節七	申○六三七一○	南一一四四五七	○	五
天節八	申○三三四五七	南一一五九三六	○	五
九州殊口一	酉二七一○五○	南三○五五五八	十一	五
九州殊口二	酉二七一五五一	南二七二八二二	○	四
九州殊口三	申○一○九四七	南二四五九一八	○	三
九州殊口四	申○四三九一五	南二五○六五三	○	四
九州殊口五	申○五五五五八	南三○二六三三	○	六
九州殊口六	申○五四三一○	南三○四七三○	○	六
參旗一	申一一一八一五	南○八一四一五	十二	四
參旗二	申一二○九三四	南○九○四三八	○	四
參旗三	申一一三一一一	南一一○七二四	○	六

星名	黃道宮度分秒 經	黃道宮度分秒 緯	增星	等次
參旗四	申一一二三五五	南一二二二○九	○	六
參旗五	申一○一○五三	南一三二九二九	○	四
參旗六	申○九四二三九	南一五二三三八	○	四
參旗七	申○九五五○○	南一六四七○三	○	四
參旗八	申一○一八四○	南二○○○五一	○	四
參旗九	申一一二○四二	南二○五一五八	○	五
九斿一	申○五四五三五	南二○五二一八	七	五
九斿二	申○七一○五三	南二四二二二四	○	四
九斿三	申○八五二○三	南二七四八五○	○	五
九斿四	申一○○八五一	南三一四七二二	○	六
九斿五	申○九五○○○	南三五○三○○	○	六
九斿六	申○六一六四六	南三八二二三二	○	六
九斿七	申○五二一二五	南三九○○○一	○	五
天園十二	酉二七四二二一	南五一四九二二	○	三
天園十三	酉二七一八二○	南五○五五○五	○	四
觜宿				
觜一	申二一三一一八	南一三二三○四	○	四
觜二	申二一二四五一	南一三四九二○	○	五
觜三	申二一五五二八	南一四○一○○	○	五
司怪一	申二七二一二八	北○二三○○五	六	五
司怪二	申二八四六二四	南○○一○一九	○	四
司怪三	申二九二七二五	南○三一九三三	○	五
司怪四	申二六三一二三	南○三○九四四	○	五
座旗一	未○六二七五七	北二五四一五九	十一	六
座旗二	未○八四六二二	北二二一一一三	○	六

星名	黃道宮度分秒 經	黃道宮度分秒 緯	增星	等次
九斿八	申○二三三四一	南四一二三一九	○	三
九斿九	申○八五三○二	南四五一八二七	○	六
天園一	亥二一一七四一	南五二三四三八	六	三
天園二	亥二三四八二三	南五六五八二九	○	四
天園三	亥二八四一一三	南五八五六五一	○	四
天園四	戌○五三六五五	南五六五七四二	○	四
天園五	戌一三三八三三	南五四一二四八	○	四
天園六	戌二○五八二七	南五三四四一二	○	三
天園七	酉○六四四○八	南五四四九○二	○	四
天園八	酉○八二一四五	南五五三二一二	○	四
天園九	酉○九三五三九	南五四一七四八	○	四
天園十	酉二○一七○○	南五三五七二五	○	三
天園十一	酉二二一六三○	南五四三一四四	○	五
座旗三	未○六○四○○	北二一一三二一	○	五
座旗四	未○六三八一四	北二○二八三一	○	六
座旗六	未○五二九二三	北一九一八三三	○	五
座旗六	未○七四七三四	北一八四七○七	○	四
座旗七	未○五三五二五	北一六四二四三	○	五
座旗八	未○五三五四六	北一六一二三四	○	五
座旗九	未○八三○五六	北一五五四四六	○	六
參宿				
參一	申二二三○四五	南二五一八一八	二十九	二
參二	申二一一六四四	南二四三一二五	○	二
參三	申二○一○三八	南二三三四一○	○	二
參四	申二六三四○○	南一六○二二六	○	一

星名	黃道宮度分秒	星增	等次
參五	經申一八四六三三 緯南一六四九三三	〇	二
參六	經申二四一二四一 緯南三三〇五〇七	〇	三
參七	經申一四三九〇〇 緯南三一〇八一六	〇	一
伐一	經申二〇五一一一 緯南二八〇八一九	二	五
伐二	經申二〇四八五〇 緯南二八四二二五	〇	六
伐三	經申二〇四八一七 緯南二九一二三九	〇	三
玉井一	經申一三〇一五五 緯南三一三二一八	三	四
玉井二	經申一一〇二〇二 緯南二九四六三八	〇	六
玉井三	經申一三〇六二〇 緯南二七五一五五	〇	三
玉井四	經申一四三九二六 緯南二九五〇五七	〇	四
軍井一	經申一三三六二〇 緯南三四四三四四	二	五
軍井二	經申一三四四四三 緯南三五四八三〇	〇	五
軍井三	經申一五三六四七 緯南三六一二〇三	〇	四
星名	黃道宮度分秒	星增	等次
井五	經未〇七四五三七 緯北〇二〇三二九	〇	三
井六	經未〇九四六三九 緯南〇一〇九一七	〇	五
井七	經未一二四八三一 緯南〇二〇三三〇	〇	三
井八	經未一六三六〇四 緯南〇五三八四二	〇	四
鉞	經未〇一一五三三 緯北〇〇五四〇〇	一	四
水府一	經申二九四〇一七 緯南〇八四〇一六	八	四
水府二	經未〇〇四三〇一 緯南〇九一二四九	〇	四
水府三	經未〇一三三〇九 緯南〇七一五三一	〇	六
水府四	經未〇〇四三一四 緯南〇七一七三〇	〇	六
天罇一	經未一六四〇五五 緯北〇二五七三六	九	五
天罇二	經未一六二〇三六 緯南〇〇一一一三	〇	四
天罇三	經未一二〇一二〇 緯北〇一三三一一	〇	六
軍井四	經申一五四九三二 緯南三五二一一四	〇	五
屏一	經申一三一三三五 緯南三九〇三三五	〇	四
屏二	經申〇九五四〇六 緯南四四五八二六	〇	四
廁一	經申一九一三四七 緯南四一〇四三一	八	三
廁二	經申一七三一二五 緯南四三五五二七	〇	三
廁三	經申二二四五二〇 緯南四五四七五九	〇	三
廁四	經申二五〇〇〇九 緯南四四一五二〇	〇	三
屎一	經申二二三四二六 緯南五五四〇二七	〇	六
井宿			
井一	經未〇三〇七一〇 緯南〇〇四九二二	一九	三
井二	經未〇四三七二〇 緯南〇三〇四〇三	〇	四
井三	經未〇六五五一八 緯南〇六四五二〇	〇	二
井四	經未〇九〇一五三 緯南一〇〇五五九	〇	六
星名	黃道宮度分秒	星增	等次
五諸侯一	經未〇八五六三二 緯北一一〇一二三	〇	四
五諸侯二	經未一三一八〇四 緯北〇七四五〇三	〇	五
五諸侯三	經未一六四七一〇 緯北〇五四五二九	〇	四
五諸侯四	經未一九一〇三四 緯北〇五一二五三	〇	五
五諸侯五	經未二三〇五一二 緯北〇五四六二七	〇	五
北河一	經未一六五三五五 緯北〇九四七〇四	〇	五
北河二	經未一八〇四二〇 緯北一〇〇五四一	〇	二
北河三	經未二一〇五〇九 緯北〇六四一一八	〇	二
積水	經未一四三九〇二 緯北一四三〇〇七	〇	五
積薪	經未二一二九一八 緯北〇三〇四一四	三	四
水位一	經未二〇〇五三一 緯南〇九四三二七	十二	六
水位二	經未二四〇五二二 緯南一〇一八二七	〇	六
水位三	經未二八二八三四 緯南〇七〇三四〇	〇	五
水位四	經未二九一〇二二 緯南〇二一六〇九	〇	五
南河一	經未一九二八五八 緯南一二三四五〇	十二	五
南河二	經未二〇〇〇九二 緯南一三二九三九	〇	三
南河三	經未二三三九三一 緯南一五五六〇七	〇	一
四瀆一	經未一二三三一二 緯南一一四七〇七	八	四
四瀆二	經未〇九五八四〇 緯南一四五四四六	〇	五
四瀆三	經未〇六一九三三 緯南一五五二二〇	〇	四
四瀆四	經未〇四〇五四九 緯南一八四三四四	〇	四
闕邱一	經未一〇三六五六 緯南二〇三〇二〇	七	四
闕邱二	經未一七一三〇九 緯南二二三三二六	〇	五
軍市一	經未〇五〇一五八 緯南四一一五四八	七	二
軍市二	經未〇九五〇五七 緯南四一一七二六	〇	五
星名	黃道宮度分秒	星增	等次
弧矢一	經未二一一二三〇 緯南四八二七四七	三	三
弧矢二	經未二七二一一六 緯南五〇三七一一	〇	三
弧矢三	經午〇八四五三四 緯南五七四二三五	〇	五
弧矢四	經午〇八四七五〇 緯南四九三九一七	〇	四
弧矢五	經午〇三五六一三 緯南四六〇一三一	〇	五
弧矢六	經午〇一一八五八 緯南四七二三一三	〇	五
弧矢七	經未一八三三四六 緯南五一二二〇四	〇	三
弧矢八	經未一六一四三六 緯南五五一〇一一	〇	五
弧矢九	經未二八一一一九 緯南五八三〇一二	〇	三
鬼宿			
鬼一	經午〇三三四四四 緯南〇〇四六〇九	一九	五
鬼二	經午〇三一五二九 緯北〇一三四一一	〇	五
軍市三	經未一五〇四〇四 緯南四二五三三八	〇	六
軍市四	經未一五三四四九 緯南四三〇一二九	〇	六
軍市五	經未一五五九三四 緯南四六四六五七	〇	五
軍市六	經未〇八二九五四 緯南四六三四一八	〇	五
野雞	經未〇九三四四一 緯南四二一九二七	〇	五
天狼	經未一一五八〇一 緯南三九三〇一一	六	一
丈人一	經申一九五九四四 緯南五七二一四三	〇	二
丈人二	經申一六三二三七 緯南五八三六三八	〇	四
子一	經申二五一一三三 緯南五七一四〇七	一	四
子二	經申二四一三五六 緯南五九一三三二	〇	三
孫一	經未〇四一七五六 緯南五八〇一三〇	四	五
孫二	經未〇〇五二四九 緯南六〇三九四二	〇	五
老人	經未一二五四五九 緯南七五四八二二	〇	一
星名	黃道宮度分秒	星增	等次
鬼三	經午〇五二三〇〇 緯北〇三一一一六	〇	四
鬼四	經午〇六三三四〇 緯北〇〇〇五二〇	〇	四
積尸氣	經午〇五〇三一〇 緯北〇一三二五三	三	氣
爟一	經未二七〇四四九 緯北〇五二〇二九	十二	四
爟二	經未二九三九三三 緯北〇四二二一五	〇	六
爟三	經午〇〇〇二二八 緯北〇八二七二五	〇	六
爟四	經未二六四五二七 緯北〇九二九〇七	〇	五
外廚一	經午〇七五六〇九 緯南二二二八三九	二七	五
外廚二	經午一三二三〇三 緯南二四二六四七	〇	三
外廚三	經午一三四一〇八 緯南二〇二四五〇	〇	五
外廚四	經午一三三五一九 緯南一七四三三六	〇	六
外廚五	經午一〇五六一七 緯南一六四六四八	〇	六

星名	黃道經	黃道緯	增星	等次
外廚六	午〇八五五〇四	南一七四一三七	〇	六
天記	巳〇九〇一〇一	南五五五一二三	二	二
天狗一	午二九五五三四	南五八一三四九	〇	四
天狗二	巳〇一三三一六	南五七二〇三六	〇	五
天狗三	午二九五六〇〇	南五二二八五四	〇	四
天狗四	午二四三七三八	南五一〇八四七	〇	四
天狗五	午二四二一一五	南四八五四〇九	〇	三
天狗六	午二三一九三七	南四三一七一四	〇	四
天狗七	午二四三九四九	南四二五一〇三	〇	四
天社一	午二五一三一七	南六四二五四六	五	二
天社二	巳〇四二四四八	南六一〇七二八	〇	五
天社三	巳一六四五三六	南六七一〇一〇	〇	二
天社四	巳二〇二二〇五	南六五四七五八	〇	二

星名	黃道宮度分秒		增星	等次
酒旗三	午一九二二五七	南〇五三四一三	〇	五

星宿

星名	黃道經	黃道緯	增星	等次
星一	午二五〇七五九	南二二二三二七	十五	三
星二	午二三二五四二	南一六四二五三	〇	五
星三	午二三三五四一	南一四五八五六	〇	五
星四	午二五二九一九	南一四一七一三	〇	四
星五	午二三三九五六	南二三四九四二	〇	六
星六	午二五二四〇七	南二四三七二三	〇	六
星七	午二六二六〇三	南二三一四五六	〇	六
天相一	巳〇五二九二四	南一八二四五〇	十一	六
天相二	巳〇五二五〇七	南一六〇〇三二	〇	四
天相三	巳〇七一三〇一	南一七二三二六	〇	六

星名	黃道經	黃道緯	增星	等次
天社五	巳二六四二三三	南六三四一五六	〇	二
天社六	辰〇二〇二五九	南六四一三五七	〇	四

柳宿

星名	黃道經	黃道緯	增星	等次
柳一	午〇八〇九〇三	南一二二四〇六	十三	四
柳二	午〇九〇三一四	南一四三六三四	〇	五
柳三	午一〇〇九一二	南一四一五四一	〇	四
柳四	午一〇四五〇四	南一一三三三二	〇	五
柳五	午一〇一一五二	南一一〇六三〇	〇	四
柳六	午一二二五一八	南一〇五八三八	〇	四
柳七	午一五一四〇五	南一一〇二二四	〇	六
柳八	午一八〇七〇四	南一三〇一三一	〇	四
酒旗一	午二一二〇〇四	北〇〇二〇一五	五	五
酒旗二	午一九二九四四	南〇三一〇〇七	〇	四

星名	黃道宮度分秒		增星	等次
軒轅一	午〇三〇八二二	北二三四三二五	三十九	四
軒轅二	午〇五二一一五	北二〇五二二八	〇	四
軒轅三	午〇八二三一〇	北二〇〇五五一	〇	四
軒轅四	午〇九四一一〇	北一七五七二九	〇	四
軒轅五	午一四一九〇〇	北一七五三二九	〇	六
軒轅六	午一五五二三二	北一五二二二四	〇	六
軒轅七	午一三〇七二八	北一〇二五一四	〇	四
軒轅八	午一五四二一三	北〇七五二四七	〇	四
軒轅九	午一八三二一六	北〇九四二五六	〇	三
軒轅十	午一九一六二六	北一二二〇四三	〇	三
軒轅十一	午二五二三四一	北一一五一一七	〇	三
軒轅十二	午二七二五〇五	北〇八四八二八	〇	二
軒轅十三	午二五四四二四	北〇四五一二四	〇	三
軒轅十四	午二七四一二〇	北〇〇二七三九	〇	一
軒轅十五	午二二〇六〇八	南〇三四五四〇	〇	四
軒轅十六	巳〇四一三五〇	北〇〇〇八三六	〇	四
御女	午二八一五三六	南〇一二五一六	〇	六
內平一	午二一五六五六	北一九一二三二	十一	六
內平二	午一八四九三〇	北二二〇五一五	〇	五
內平三	午一三五四二七	北二〇〇七四八	〇	六
內平四	午一七四三四二	北一八三六〇五	〇	六

張宿

星名	黃道經	黃道緯	增星	等次
張一	巳〇三三三三三	南二六〇四二四	五	五
張二	巳〇七一四一〇	南二三〇〇一八	〇	四
張三	巳一二五四五〇	南二四三九三七	〇	四

星名	黃道宮度分秒		增星	等次
翼十	巳二四〇五五九	南一三二八一六	〇	五
翼十一	巳二〇五四三一	南一五五八四三	〇	六
翼十二	巳一八三四〇八	南一四五〇三八	〇	六
翼十三	巳二六二六二五	南一一一八二六	〇	四
翼十四	巳二九二九〇七	南一〇一四四五	〇	六
翼十五	巳二八五五一四	南二一二五〇五	〇	六
翼十六	巳二六二五三五	南二五三七二六	〇	三
翼十七	巳二九五四一五	南二三〇一一七	〇	六
翼十八	辰〇一〇五〇八	南二七〇一一四	〇	六
翼十九	巳二九四六〇七	南二八〇〇〇四	〇	六
翼二十	巳二七一一四〇	南三〇一六二五	〇	五
翼二十一	辰〇四二六五四	南二四二四二三	〇	六

星名	黃道經	黃道緯	增星	等次
張四	巳〇八二三〇七	南二七二八二三	〇	六
張五	巳〇〇二九四三	南二六三六二六	〇	四
張六	巳一五五五五六	南二三二九二三	〇	五

翼宿

星名	黃道經	黃道緯	增星	等次
翼一	巳二一三六四三	南二二四一四四	七	四
翼二	巳二七〇六一六	南一九三九一六	〇	四
翼三	辰〇一五五五〇	南一八一七三三	〇	四
翼四	巳二七一六四三	南二〇四九二六	〇	五
翼五	巳一八一三三九	南二一四九〇五	〇	四
翼六	辰〇三五七四四	南一六〇四五四	〇	四
翼七	巳二四三三五〇	南一七三五〇九	〇	四
翼八	巳二八一八五二	南一四一三一八	〇	五
翼九	巳二五一九二〇	南一四三五〇六	〇	五

星名	黃道宮度分秒		增星	等次
翼二十二	辰〇六〇六一八	南二二一七三八	〇	六

軫宿

星名	黃道經	黃道緯	增星	等次
軫一	辰〇八三五五八	南一四二九一六	五	三
軫二	辰〇九三一五八	南一九三九五九	〇	四
軫三	辰一一一九一三	南一二一〇〇九	〇	三
軫四	辰一五一三二五	南一八〇二〇九	〇	三
右轄	辰一〇〇五三五	南二一四四四五	〇	四
左轄	辰一一四[illegible]〇七	南一一四〇一七	〇	五
長沙	辰一一三九五八	南一八一七〇二	〇	五
青邱一	辰一一一四四七	南三一二八三八	七	四
青邱二	辰〇九〇三〇三	南三六二一四六	〇	六
青邱三	辰〇四一六五六	南二九二二二二	〇	六

青邱四	經辰〇五二一二五	緯南三〇五六〇九	〇	六
青邱五	經辰〇五四七四七	緯南三一三六〇六	〇	四
青邱六	經辰〇六四四五一	緯南三二二一三三	〇	六
青邱七	經辰〇八五七二六	緯南三三二六五五	〇	五

總計三宿二十八垣共二百七十七座一千三百一十九星外增一千七百七十一星按步天歌角宿內柱十五星今少四星氐宿內亢池六星今少二星騎官二十七星今少十七星心宿內積卒十二星今少十星斗宿內天淵十星今少七星鼈十四星今少三星牛宿內天田九星今少五星九坎九星今少五星女宿內離珠五星今少一星危宿內天錢十星今少五星人五星今少一星室宿內八魁九星今少三星壁宿內天廐十星今少七星奎宿內天溷七星今少三星畢宿內九州殊口九星今少三星井宿內軍市十三星今少七星共少八十三星星宿內天稷五星張宿內天廟十四星翼宿內東甌五星軫宿內軍門二星土司空四星器府三十二星共六座六十二星今無

近南極星

星名	黃道宮度分秒		增星	等次
海山一	經辰一五三九二六	緯南五九五三三四	二	五
海山二	經辰一九五六三六	緯南五八五五二〇	〇	四
海山三	經辰二一一一二五	緯南五六五一四七	〇	四
海山四	經辰二九一八〇九	緯南五五一七三三	〇	四
海山五	經卯〇二一八五四	緯南五六四七四七	〇	四
海山六	經卯〇八四六〇八	緯南五八三〇四八	〇	五
十字架一	經卯〇四三五四八	緯南四七四五五三	〇	二
十字架二	經卯〇九四四三三	緯南五二五〇三六	〇	二
十字架三	經卯〇九三〇四一	緯南四八三五一三	〇	二
十字架四	經卯〇三三三二六	緯南五〇二二一五	〇	三
馬尾一	經辰二九一一四六	緯南四三三〇五八	〇	六
馬尾二	經辰二七一五〇三	緯南四五三一五七	〇	五
馬尾三	經辰二五二〇三三	緯南四四二八〇八	〇	三
馬腹一	經卯二一三八二七	緯南四四〇五一八	〇	二
馬腹二	經卯一一五〇二五	緯南四二二〇四〇	〇	五
馬腹三	經卯〇九三七二七	緯南四三五一一〇	〇	五
蜜蜂一	經卯一七五九五一	緯南五五一二三五	〇	四
蜜蜂二	經卯二四〇一二五	緯南五八四九一七	〇	五
蜜蜂三	經卯一八一五三九	緯南五六三一一六	〇	四
蜜蜂四	經卯二一五三二八	緯南五六四一五八	〇	五
三角形一	經寅〇七一四一三	緯南四八〇三二一	四	三
三角形二	經寅〇九四三三六	緯南四一五三〇二	〇	三
三角形三	經寅一八四〇五九	緯南四六〇六四八	〇	二
異雀一	經寅二二四五四八	緯南四四三四五四	〇	五
異雀二	經寅二三〇三五九	緯南四六五四二〇	〇	六
異雀三	經寅二〇四一一三	緯南五四三三〇五	〇	四
異雀四	經寅二〇二二四二	緯南五六〇二二〇	〇	四
異雀五	經寅一六〇七三四	緯南六二〇六四〇	〇	四
異雀六	經寅一九一〇一二	緯南五五五八〇三	〇	五
異雀七	經寅一二二七三九	緯南六〇三四〇三	〇	五
異雀八	經寅一二〇五四五	緯南五八一五〇一	〇	四
異雀九	經寅一一三二三六	緯南五九四六五五	〇	六
孔雀一	經寅二五四六五四	緯南四一三〇〇二	四	四
孔雀二	經寅二九〇二〇四	緯南四〇一一二八	〇	五
孔雀三	經丑〇二三〇四四	緯南三八五六一四	〇	五
孔雀四	經丑〇五三五三二	緯南三九〇五二三	〇	四
孔雀五	經丑〇五三三三四	緯南四四〇八一二	〇	五
孔雀六	經丑一五二二三八	緯南四四三一〇三	〇	三
孔雀七	經丑二〇二二四八	緯南四五五四二六	〇	三
孔雀八	經丑〇三〇二二一	緯南四八〇八〇二	〇	四
孔雀九	經丑一一二三一七	緯南五〇五一〇四	〇	四
孔雀十	經丑二六二二三一	緯南四六五八〇七	〇	三
孔雀十一	經丑二一四一一三	緯南三六一三〇八	〇	二
波斯一	經丑一七〇三〇〇	緯南三二二六五四	〇	五
波斯二	經丑二六四四〇〇	緯南二七五六四五	〇	三
波斯三	經子〇一〇三〇〇	緯南三二三一四一	〇	六
波斯四	經子〇三一七三〇	緯南三六五六三八	〇	六
波斯五	經子〇六三三三〇	緯南三七〇一三四	〇	六
波斯六	經子〇八三二三〇	緯南三八三六三一	〇	六
波斯七	經子〇七四九三〇	緯南四〇〇一三一	〇	六
波斯八	經丑二七〇二〇〇	緯南三六〇一四五	〇	五
波斯九	經丑二五五一三〇	緯南三三四一四七	〇	六
波斯十	經丑二六二三三〇	緯南三三四六四六	〇	六
波斯十一	經丑二七〇四〇〇	緯南三三五四四五	〇	六
蛇尾一	經丑二八三〇五八	緯南六四三三一〇	〇	三
蛇尾二	經丑二一二〇〇〇	緯南六〇〇一五〇	〇	五
蛇尾三	經丑一七四二三〇	緯南五八一一五三	〇	五
蛇尾四	經丑一五五二〇〇	緯南五六〇一五五	〇	五
蛇腹一	經亥〇二三〇〇四	緯南七一三四一〇	〇	五
蛇腹二	經子二九四二二〇	緯南七一一五四六	〇	四
蛇腹三	經子二六五六二三	緯南六九五一四八	〇	四
蛇腹四	經子二六四五四六	緯南六七〇九三八	〇	五
蛇首一	經亥〇九四三四四	緯南六四一〇五九	〇	三
蛇首二	經亥一九一二〇六	緯南七六〇五四四	〇	五
鳥喙一	經子〇七一八〇五	緯南四五二九二六	一	三
鳥喙二	經子〇四五六四四	緯南四九五二一九	〇	四
鳥喙三	經子一九三一二七	緯南五四三三二六	〇	五
鳥喙四	經子二四二三四二	緯南五七一六四五	〇	三
鳥喙五	經子二一五四二九	緯南五九四八〇四	〇	五
鳥喙六	經子一九四七五五	緯南五七三七一八	〇	三
鳥喙七	經子一六三〇二五	緯南五六三六四一	〇	四
鶴一	經子一三四三四九	緯南三二五一五九	二	二
鶴二	經子二〇〇二四八	緯南三五二三一三	〇	二
鶴三	經子一八二九〇八	緯南三九四四二五	〇	四

星名	黃道宮度分秒	增星	等次
鶴四	經子一六三三四一 緯南四一二五二四	〇	五
鶴五	經子一八一四〇五 緯南四七五〇〇一	〇	三
鶴六	經子一九四三一七 緯南四一五六二八	〇	四
鶴七	經子二六一八五一 緯南三六一二三七	〇	五
鶴八	經子二六三七四三 緯南三四二四五六	〇	五
鶴九	經子二一四〇二三 緯南三〇一二二九	〇	五
鶴十	經子二〇三一四一 緯南二六四九三〇	〇	五
鶴十一	經子一九二〇二七 緯南三一三五〇四	〇	五
鶴十二	經子一七四七一四 緯南二八一八二一	〇	五
火鳥一	經亥〇五〇四五〇 緯南三一四〇五二	一	五
火鳥二	經亥〇二四四四五 緯南三六〇五五五	〇	四
火鳥三	經亥〇一二五〇〇 緯南三八四七五四	〇	四
火鳥四	經亥〇七二五二〇 緯南四一五五二〇	〇	三

星名	黃道宮度分秒	增星	等次
金魚一	經酉〇四二三三八 緯南七〇一一二四	一	四
金魚二	經酉〇五四四四一 緯南七四三七〇五	〇	三
金魚三	經酉二〇一〇一九 緯南八五〇二五三	〇	四
金魚四	經戌二四二八一七 緯南八八一三三四	〇	五
金魚五	經寅〇九一四三七 緯南八七三五三九	〇	六
海石一	經巳二〇五九五六 緯南七二三八四一	三	二
海石二	經辰〇三一一一二 緯南六七〇五〇〇	〇	二
海石三	經辰〇六三三四六 緯南六五二一四三	〇	五
海石四	經辰一四五三〇〇 緯南六六一七四四	〇	五
海石五	經辰二〇四二三一 緯南六七二九一二	〇	四
飛魚一	經辰一八二五二四 緯南七二一一四〇	〇	五
飛魚二	經卯〇七三九四九 緯南八二三六三六	〇	五

星名	黃道宮度分秒	增星	等次
火鳥五	經亥一二一八三六 緯南四一一六一五	〇	四
火鳥六	經亥一三一五四二 緯南四〇三四一七	〇	二
火鳥七	經亥一三三四二四 緯南四五一四三八	〇	四
火鳥八	經亥〇九二一三三 緯南四六三一四五	〇	四
火鳥九	經亥一八〇二三八 緯南四八一四五〇	〇	三
火鳥十	經亥二五五三二七 緯南四七三三二五	〇	三
水委一	經亥一二五八五六 緯南五九一九三九	〇	一
水委二	經亥一〇〇七四八 緯南五五〇五四五	〇	四
水委三	經亥〇三〇三一〇 緯南五四二五〇七	〇	三
附白一	經子〇八一三五八 緯南七六四七〇六	〇	四
附白二	經子〇八〇二三二 緯南七二五八二四	〇	六
夾白一	經亥一四五〇〇七 緯南八五二五五八	〇	六
夾白二	經戌〇五一六四五 緯南七八〇五一〇	〇	三

星名	黃道宮度分秒	增星	等次
飛魚三	經辰一二五八五五 緯南七五三三四六	〇	五
飛魚四	經卯〇五一〇二一 緯南七六四六〇五	〇	六
飛魚五	經辰一七一六三八 緯南八二二七五九	〇	五
飛魚六	經卯一三三〇四八 緯南七九二三〇五	〇	五
南船一	經辰一七五二五八 緯南六二三五四七	一	四
南船二	經辰二〇五〇五〇 緯南六一二六一七	〇	四
南船三	經辰二六五七四〇 緯南六二〇八二五	〇	三
南船四	經卯〇五一一二五 緯南六七二二二三	〇	四
南船五	經辰二九四六三六 緯南七二一二一三	〇	二
小斗一	經寅〇三一〇四三 緯南六三三七二六	一	五
小斗二	經寅〇〇〇五四七 緯南六三五八二〇	〇	五
小斗三	經卯二八〇九二六 緯南六八〇六〇八	〇	五

星名	黃道宮度分秒	增星	等次
小斗四	經寅〇三二二五四 緯南六七四九〇二	〇	五
小斗五	經寅〇五一八五九 緯南七〇三八五五	〇	五
小斗六	經寅〇五一二五九 緯南七一〇二五一	〇	五
小斗七	經寅〇三一八〇〇 緯南七三〇二一〇	〇	六
小斗八	經卯二八四四〇三 緯南七五〇三三二	〇	五
小斗九	經寅〇一五五五二 緯南七七二七三九	〇	五

右共二十三座一百三十星外增二十星古無

臣謹案希臘人多錄某於漢武帝時已區星爲四十八座迨後天文日精星座亦日夥迄今星座已達九十有奇明萬歷二十八年德人貝爾以星數日見增多向時名星之法尙多闕如乃特刱新法以星座最明之星用希臘字母之首字誌之次明者按字母次序以次爲誌希臘字母用盡後益以英文大小楷字母不足再益以阿拉伯數字由是在天之星展圖更可瞭然西國星圖咸宗其法顧各國星圖咸取便用各有統系殊難一致茲就考查所得立中西星座對照表首列步天歌星座原名次列西座星名至近南極諸星原由西名譯出因不列入

中座	西座	中座	西座	中座	西座
太子	小熊	華蓋	仙后	少衛	天龍
帝星	大熊	右樞	天龍	天乙	天龍
庶子	小熊	上輔	天龍	內廚	天龍
后宮	小熊	少輔	大熊	北斗	大熊
句陳	小熊	上衛	天龍	天槍	牧夫
天皇大帝	小熊	少衛	天龍	元戈	牧夫
天柱	天龍	左樞	天龍	太陽守	大熊
御女	天龍	上宰	天龍	太尊	大熊
女史	天龍	少宰	天龍	天牢	大熊
柱史	天龍	上弼	天龍	文昌	大熊
尙書	天龍	少弼	天龍	內階	大熊
天牀	小熊	上衛	天龍	三師	大熊

八穀	御夫豹鹿	次相	天獅	靈臺	天獅
天廚	天龍	上相	天獅	明堂	天獅
天棓	天龍	左執法	室女	謁者	室女
五帝座	天獅	上相	室女	帝座	武仙
太子	天獅	次相	室女	侯	持蛇夫
從官	天獅	次將	室女	宦者	持蛇夫
五諸侯	后髮	上將	后髮	斛	持蛇夫武仙
九卿一二	室女	常陳	獵犬	列肆	持蛇夫巨蛇
三公	獵犬	上台	大熊	車肆	持蛇夫
內屏	室女	中台	大熊	市樓	持蛇夫巨蛇
右執法	室女	下台	大熊	宗正	持蛇夫
上將	天獅	少微	小獅	宗人	持蛇夫
次將	天獅	長垣	天獅	帛度	武仙
中座	西座	中座	西座	中座	西座
河中	武仙	趙	武仙	貫索	北冕
河間	武仙	九河	武仙	七公	武仙牧夫
晉	武仙	中山	武仙	角宿	室女
鄭	巨蛇	齊	武仙	平道	室女
周	巨蛇	吳越	天鷹	天田	室女
秦	巨蛇	徐	巨蛇	進賢	室女
蜀	巨蛇	東海	巨蛇	庫樓	半人馬
巴	巨蛇	燕	持蛇夫	柱	半人馬
梁	持蛇夫	南海	巨蛇	衡	半人馬
楚	持蛇夫	宋	持蛇夫	南門	半人馬
韓	持蛇夫	天紀	武仙北冕	亢宿	室女
魏	武仙	女牀	武仙	大角	牧夫

右攝提	牧夫	鉤鈐	天蠍	天雞	射者
左攝提	牧夫	鍵閉	天蠍	狗	射者
頓頑	豺狼	西咸	天秤	狗國	射者
陽門一	半人馬	東咸	持蛇夫	天淵	射者
氐宿	天秤	日	天秤	鼈	南冕
亢池三四	牧夫	心宿	天蠍	牛宿	摩羯
帝席	牧夫	尾宿	天蠍	天桴四	天鷹
梗河	牧夫	天江	天蠍持蛇夫	河鼓	天鷹
招搖	牧夫	魚	射者	右旗	天鷹
天乳	巨蛇	箕宿	射者	左旗	天鷹天箭
陣車三	豺狼	斗宿	射者	織女	天琴
騎官一四五六十	豺狼	天弁	天鷹	漸臺	天琴
房宿	天蠍	建	射者	輦道	天琴天鵝
中座	西座	中座	西座	中座	西座
羅堰	摩羯	南越	摩羯	哭	摩羯寶瓶
女宿	寶瓶	南齊	摩羯	泣	寶瓶
離珠	寶瓶天鷹	南楚	摩羯	天壘城	摩羯
敗瓜	海豚	南鄭	摩羯	敗臼	南魚天鶴
瓠瓜	海豚	南魏	摩羯	危宿	寶瓶飛馬
天津	天鵝	南韓	摩羯	墳墓一二三	寶瓶
奚仲	天鵝	南晉	摩羯	蓋屋	寶瓶
扶筐四五六七	天龍	南燕	摩羯	虛梁一二三	寶瓶
南周	摩羯	虛宿	寶瓶天駒	天錢二三四六	南魚
南秦	摩羯	司祿	飛馬	人	飛馬
代	摩羯	司危	天駒	臼	飛馬
南趙	摩羯	司非	天駒	車府	蜥蝎天鵝

造父	仙王	壁宿	飛馬 仙女	婁宿	白羊 北三角
天鉤	仙王 天龍	天厩	仙女	天大將軍	仙女 北三角
室宿	飛馬	霹靂	雙魚	右更	雙魚
離宮	飛馬	雲雨	雙魚	左更	白羊
螣蛇	蜥蜴 仙后	鈇鑕四五	天鯨	天倉	天鯨
	仙王 天鵝	奎宿	仙女 雙魚	胃宿	白羊
雷電	飛馬	王良	仙后	大陵	英仙
壘壁陣	摩羯 寶瓶	策	仙后	積尸	英仙
	雙魚	附路	仙后	天船	英仙
羽林軍	寶瓶 南魚	軍南門	仙女	積水	英仙
天綱	南魚	閣道	仙后	天廩	金牛
北落師門	南魚	外屏	雙魚	天囷	天鯨
鈇鉞	寶瓶	土司空	天鯨	昴宿	金牛
中座	西座	中座	西座	中座	西座
月	金牛	柱	御夫	伐	獵戶
卷舌	英仙	咸池	御夫	玉井	波江 獵戶
礪石	金羊	天潢	御夫	軍井	野兔
天陰二四	白羊	天關	金牛	屏	野兔
芻藁	天鯨	天節	金牛	廁	野兔
天苑	波江 天鯨	九州殊口	波江	屎	仙王
畢宿	金牛	參旗	獵戶	井宿	雙子
附耳	金牛	九斿	波江 野兔	鉞	雙子
天街	金牛	天園	波江	水府	獵戶
天高	金牛	觜宿	獵戶	天罇	雙子
諸王	金牛	司怪	金牛 獵戶	北河	雙子
五車	金牛	參宿	獵戶	積薪	雙子

水位	小犬 巨蟹	柳宿	海蛇
南河	小犬	酒旗	天獅
四瀆二三四	麒麟	星宿一二三四五	海蛇
闕邱	麒麟	天相	紀限儀
軍市	大犬	軒轅	大熊 天貓
天狼	大犬		天獅
丈人	天鴿	張宿	海蛇
子	天鴿	翼宿	巨爵 海蛇
孫	天鴿	軫宿	烏鴉
老人	天舟	右轄	烏鴉
弧矢	大犬 天舟	左轄	烏鴉
鬼宿	巨蟹	長沙	烏鴉
外廚一二	麒麟		

皇朝續文獻通考卷二百九十八

象緯考五　日月行道

臣謹案日月行道之推算歷代所定用數由疏而密至　皇朝採行西法而益精前考既載推步躔離本法茲當續編近世泰西改定之用數及天學理論以資考鏡惟近世各國歷法皆用地球繞日之說則前之所謂日行者乃地球之行而非日之自行動靜改觀實不合於日月行道之名義然地球繞日之說遠始於周敬王時之柏德高拉豈必一成不變故不能因此而更改敍目茲仍遵前考之例但使覽者知日行爲視行則無不合也

日躔

英國侯失勒談天曰攷日躔於赤道其行不平因黃赤斜交故黃經度與赤經度不合一日行黃道亦非平速每日五十九分八秒三三而遲速逐日不等冬至後十日行一度一分九秒九爲最速夏至後十日行五十七分十一秒五爲最遲非惟遲速不等而日之大小亦逐日不等冬至後十日視徑最大爲三十二分三十五秒六夏至後十日視徑最小爲三十一分三十一秒蓋因日距地遠近不同之故可見日距地逐日不等也凡視物大小與相距遠近有反比例故冬至後十日日距地最近夏至後十日日距地最遠其比例最遠爲一·○一六七九中距爲一·○○○○○最近爲○·九八三二一凡距地變小則速變大距地變大則速變小準此理設以地爲不動則日道非平圓地不在日道之中心地心與日道心之距爲兩心差兩心差與日地中距比若○·○一六一九與一·○○○○○比依此作日道卽顯爲橢圓

西儒楊氏曰逐日依子午經綫測視太陽赤緯度及赤經度可得太陽在不同時之圓心地位如將所得之點繪於球上可得太陽在星閒之行道繪成全年行道適爲一大圈與地球赤道相交於兩點兩點之相距適爲一百八十度卽春分點秋分點是也交角約爲二十三度半是爲黃赤交角亦卽黃赤大距光緒二十六年各國天文家公定爲二十三度二十七分八秒黃道兩交點閒之中點爲二至點卽冬至夏至是也過二至點作兩圈與赤道平行曰二至綫或曰回歸綫蓋太陽至此南行則北歸北行則南歸也去黃道南北各九十度處曰黃道南北極天文家計算經緯度皆從黃道而不從赤道此黃道經緯與赤道經緯之別也

臣謹案去黃道南北各八度卽十六度闊爲黃道帶自春分點起勻分黃道爲十二份卽成十二宮中西宮名各有不同茲列表如左

中名	西名	時令
大火卯宮	白羊	春分
壽星辰宮	金牛	穀雨
鶉尾巳宮	雙子	小滿
鶉火午宮	巨蟹	夏至
鶉首未宮	獅子	大暑
實沈申宮	室女	處暑
大梁酉宮	天秤	秋分
降婁戌宮	天蠍	霜降
娵訾亥宮	人馬	小雪
元枵子宮	摩羯	冬至
星紀丑宮	寶瓶	大寒
析木寅宮	雙魚	雨水

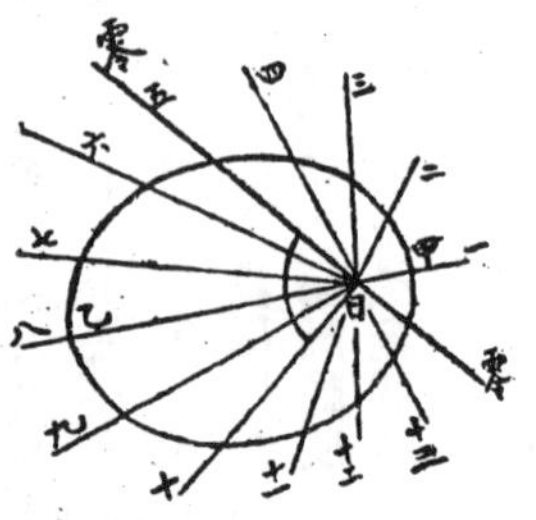

楊氏曰任取一點如日爲太陽過日點向二分點作零零綫爲經度起算之底綫乃自日點作無限綫如日一日二日三等使零日一角零日二角零日三角等與逐日太陽距春分點經度相等如是可得一蛛網狀綫形卽爲自日所見之地球行向再用太陽視徑除常數假

定常數爲一萬秒以所得之數按比例裁取日一日二等綫按日記之聯合所記諸點則得一橢圓形自日點距橢圓邊之數卽爲太陽距地之相當數此因太陽視徑隨時有變太陽距地之數與太陽視徑成反比例故依此理可得逐時之太陽距地數

橢圓上地球最近日之點如甲點爲最卑點離日最遠之點如乙點爲最高點聯最高最卑兩點之直綫卽爲橢圓之長徑

比較逐日量得之太陽視徑不僅可知行道爲橢圓形且能得地球運行之例如彙列各日視徑於一表知地球每日運行之速率與視徑之平方爲正比例因是可知橢圓帶徑卽太陽與地之聯綫在橢圓內所行面積與時閒爲正比例此卽西人刻白爾氏在萬曆三十七年所宣布之例也

地球軌道以橢圓長徑及地球存在之時閒論似無變更但考其實際軌道地位及軌道形狀均以漸變遷變遷之故約有三端

一黃道之斜變　黃道在恆星閒之地位以漸動移惟爲數甚小因是恆星之緯度及黃赤兩道交角因之而變大抵今日斜度比諸二千年前約小二十四分逐年繼續進行之率約爲每年半秒據天文家推算縮減之數當繼續增進至一萬五千年之久黃赤交角當減至二十二度又四分之一度

二橢率之變　見時地道橢率約爲〇·〇一六八此差亦以年短減準西人力佛理亞之推測此差將繼續短減至二萬四千年時橢率當變爲〇·〇〇三是時地道幾成平圓形繼此又轉減爲增至四萬年後橢率爲〇·〇二而止如是橢率遞爲進退其數常在零與〇·〇七之閒但橢率與黃道斜度雖同爲繼續進行之變第變率與時閒各不相同故二者不能合一計算

三地道長徑之變　地道長徑亦以漸徐行而東其率爲十萬八千年繞一圓周惟此率必非一定此外尙有攝動之變蓋天空恆星亦有攝力及於地球地球本體在軌道上亦有微細之變更

計年之法古有二術其一爲用日晷儀量取太陽之最短影爲正午此爲太陽時其一測視太陽在恆星某宿幾度復至恆星某宿幾度此爲恆星時太陽年卽太陽自春分點復至春分點比諸恆星年約少二十餘秒春分點在地道上每年西行約五十秒二此春分點西移之數曰歲差

臣謹案細查恆星緯度在過去二千年中小有變遷因地道位置無顯著之變遷而知恆星經緯度之變遷因是天空赤道常移易其位置又因天空赤道之變恆星經度常在變大在過去二千年中恆星經度約大三十度

楊氏曰北極與黃極之距卽黃赤斜交角似不受歲差影響此因地球在黃道平面內環行時地軸斜度常爲二十三度半而不變故也但因歲差之故地軸必有尖錐動約二萬五千八百年卽以五·〇二秒除三六〇度而地軸環行一周此差在黃極於恆星閒似屬無變然赤極不能無變已爲古人所考見今日所見之北極星卽句陳第一星去極僅一度十五分昔時去極曾有至十二度者若至下世紀當再減三十分嗣後當轉減爲加矣

天空光綫入地球空氣界光卽被折按光學理凡光綫經過密率不同之質光綫卽被折而改方向地面空氣旣愈高愈疏則光綫由疏入密必被折而低故仰視天空所見物體之位置必較其實在位置稍高此差曰蒙氣差在地平界視天空物體蒙氣差約爲三十五分高出地平五度時蒙氣差爲十分高度至四十四度時蒙氣差爲一分至天頂時蒙氣差爲零蒙氣差又與氣候之寒煖燥溼有關寒暑表降則蒙氣差加大氣壓表升蒙氣差亦加大故測量天空物體時如計蒙氣差尤當幷計寒暑表及氣壓表之升降度也

天空物體墜地因地球轉運不息故物體及地之點與初墜時之點相聯必爲一斜綫不爲地面之正交綫由此知光行至地人目所見諸曜發光之地位亦必非曜之實在地位按光行一秒時約爲五十二萬零六百里天文家已測知光自太陽至地爲時需八分十七秒斯時地球前行所歷之弧已二十秒有餘故測者所見之太陽某點在實際已落後約二十秒餘此差曰光行差光緒二十二年各國天文家公定光行差爲二〇·四七秒

臣謹案測星時地球既循軌道前行則所測之星其視位必居實在位置之後故一周年中視星於天空適行成一平圓形其徑約爲四十一秒

楊氏曰地軸繞黃極一周而生歲差其道應爲平圓然月之攝力加於地球每欲攝地軸而使行成小橢圓故地軸之行含有二力行道遂成爲浪紋曲綫因是地軸所指天空一點距黃極時遠時近其距黃極之平弧約爲九秒此差曰章動差

推算星距常以地心至星心之直綫爲計然在地面測星所得之距應倘有地球半徑之差此差曰視差太陽地平視差舊爲八秒六詳之爲八秒五七六六或推之爲八秒九五三光緒二十一年西人牛根推定爲八秒又百分之八十

李善蘭譯談天曰太陽每日平行爲五十九分八秒三三冬至後十日行一度一分九秒九爲最速爲最卑行夏至後十日行五十七分十一秒五爲最遲

太陽距地冬至後十日距地最近夏至後十日距地最遠其比例最遠爲一·〇一六七九中距爲一·〇〇〇〇〇最近爲〇·九八三二一準此數則兩心差爲〇·〇一六七九故兩心差約爲六十分半長徑之一又用地半徑推得日地中距爲二萬三千九百八十四个地半徑也太陽最大均數爲一度五十五分三十三秒三

楊氏曰恆星之動移在昔祇知爲恆星之自行近始知太陽亦有自動正與他行星相同惟太陽運行與恆星自行之向相反邇來天文家用二十餘種不同之測驗知太陽攜其所屬諸星環繞武仙座左右一點而行此點之赤經度約爲二百六十七度赤緯度約爲北緯三十一度其點名爲太陽行道之極點

太陽自某宿幾度復行至某宿幾度爲恆星時太陽自子午綫復至子午綫爲太陽時兩時皆不便於用故厤家遂假設一太陽以眞太陽之平均視行爲視行謂之太陽平時平太陽二次中天謂之一太陽平日二十四分之爲太陽平時恆星日與太陽日每日相差約爲四秒弱

太陽在某宿幾度東行一周復至某宿幾度名恆星年自春分點復至春分點名太陽年若春分點不動則太陽年必與恆星年合今因地軸有尖錐動令春分點退行於黃道故太陽未及恆星一周已復至春分點春分點每年退行五十秒二太陽於黃道過五十秒二歷時需二十分餘此卽太陽年與恆星年之較故太陽年爲三百六十五日五小時四十八分四十六秒而恆星年爲三百六十五日六小時九分九秒又地道橢圓之長徑有微動每十萬八千年而一周故地球從最卑點起行恆星一周必再經此差方復至最卑點此差每年約五秒以加恆星年得三百六十五日六小時十三分四十八秒此名最卑年以上三年天算家俱用之民閒惟用太陽年

李善蘭譯談天曰太陽視徑冬至後十日爲三十二分三十五秒六夏至後十日爲三十一分三十一秒中數爲三十二分二秒又百分秒之三十六按諸日距地數每秒約等於一二五八里二八全徑約爲二四二一〇〇〇里卽大於地球徑一百零九倍半

臣謹案地球與日大小之比既爲一與一〇九·五之比設造日球令其徑爲二十四寸則地球之大僅爲一百分寸之二十二幾與極小之荳等地之距日適爲二百六十四尺以此爲喻地與日比更可顯然

臣又案以物上拋必下墜於地英人奈端謂此項見象純由攝力所致攝力者任何物體中兩質點必互用其力以相攝此攝力之大小與物質爲正比例與兩質點相距之平方爲反比例遵此例易質點爲物體則各物體閒之總力必爲各質點攝力之和每一質點必攝他體中各質點故兩球體如其大小相等密率相等又假設其體質均收集於球心則兩球體之攝力必相等如大小不相等則小爲大攝因知天空諸有質物各質點亦俱互相攝引星曜與星曜亦必互相攝引

臣又案天空各球體之攝力可假設球質收聚於球心而以全球諸質點攝力之和爲自球心所發之攝力如法推得日地二球面之攝力如二十

七・九與一之比卽地面一斤重之物移至日面當得二十七斤九之重也奈端又言徧虛空界攝力無所不到設有二球體本各依直綫而行因攝力互引必改直行爲曲線或彼體繞此體或二體共繞一公重心所行軌迹必爲圓錐曲綫之一種視其速力方向及相距遠近而異所繞之心乃曲綫之一心除平圓外餘均不在中點又距心綫及速率刻刻不同恆成反比例而距心綫所過之面積同則歷時亦同以此理證諸日月地三者適相合因知地繞日行月繞地行其道皆爲橢圓形惟月行既受地攝力又受日攝力其行道有交點逆行橢圓長徑順行及橢圓變形諸差故非眞橢圓然月地二心距不能過四百分地道半徑之一故所差亦甚微

楊氏曰因兩球面積之比等於兩球半徑平方之比故地球與日面積之比如一與一○九・五平方之比太陽面積約大於地球一萬二千倍因兩球體積之比等於兩球半徑立方之比故太陽之體積爲一○九・五立方卽大於地球一百三十萬倍

太陽體質大於地球約爲三三二○○○倍求太陽體質之法頗多其最簡者莫如以地球吸物之攝力與太陽吸地球之攝力相比而得之其法用太陽攝力爲第一率地心攝力爲第二率太陽半徑平方除太陽體質爲第三率地球半徑平方除地球體質爲第四率卽可推得太陽體質爲三三二○○○

臣謹案地心攝力爲三○六・四八四寸太陽攝力爲○・○一八五二寸

太陽攝力比地心攝力約如一與一六五四之比

楊氏曰以太陽體積除體質得太陽密率卽以一三○○○○○除三三二○○○得○・二五五此數約比地球密率大四分之一

以地球密率五・五三乘○・二五五得一・四一爲太陽密率卽太陽平均密率比水約小一倍半

以太陽半徑平方除太陽體質得二七・六爲太陽球面之太陽心攝力是卽在地球面上一斤重之物在太陽球面應重二十七斤六

月離

英國侯失勒談天論月離謂月繞地之道略近平圓故視徑大小略同用測太陽地半徑差之法於地面二處測得月之地半徑差卽可推月地二星距如於月掩星之時測之更易依法推得月之地半徑差中率爲五十七分二秒三二五其距與地赤道半徑比若六十二五五與一比約爲六十九萬四百六十里當日視徑四分之一强知地面測處與月心之距卽可推月之實徑又測知測處之月距天頂度卽知測處與月心之距如法推得月之實徑六千二百五十里設地徑爲一・○○○○則月徑約爲○・二七二九又地體積爲一・○○○○則月體積爲○・○二○四約爲四十九分之一凡地面月之視徑必大於地心月之視徑月在天頂時二視徑之較最大地心月之視徑亦時大時小中數爲三十一分七秒其大小恆爲○・五四五乘地平視差之數

頻測月地兩心距經過月繞地行數周可知月道各點距心數亦知所過諸角度卽可依作日道圖之法作月道圖月道之兩心差較日道更大且時時變更其中數與半長徑比若○・○五四八四與一比地居橢圓之一心此外尚有諸差玆不具論

月道與黃道不同面二道之交角五度八分四十八秒爲月道斜度二交點相距一百八十度月自南至北爲正交自北至南爲中交地繞日之橢圓道方位及大小之變必細測而知月繞地之橢圓道月行一周卽覺蓋其道刻刻變方位連數月測之而知其交點刻刻退行於黃道每日約三分十秒六四積六千七百九十三日三九約十八年六而一周是爲正交行當半周時月道方向與初相反故每周必變其道而成螺線故黃道左右各五度九分二緯圈內之一帶天空月於交點一周之中必皆經過星遇之則被掩設遇日卽掩日而爲日食此以地心言之若地面望之則必過此界左右各一度月道橢圓之長徑亦刻刻變方向與地道同而順行更速凡三千二百三十二日五七五三約九年而一周每月行一周差約三度約歷四年半其長短

高卑二點之方向相反故月地兩心距在橢圓法之外又生別差地居月道之一心而此橢圓有二動法一爲長徑順轉於本面二爲面之方位恆變亦如地赤道因地軸之尖錐動而漸移

西儒楊氏曰於昏定時視月今夜在某明星處則次夜同時視之必遠在該星之東次夜再視則月更東如是東移之度（即月行）平均每日十三度一七六四

月自某星起環行一周再至某星處需時二十七日七小時四十三分十一秒五五此即月繞地球一周之日數即恆星月也

月之東行速於日常追日過之當新月時月距太陽爲零此際曰合朔點滿月時最遠點爲一百八十度此際曰對望點自合朔點至合朔點曰朔望月平均需時二十九日十二小時四十四分二秒八六四但此數出入有至十三小時者蓋因月行軌道橢率故也

月距地爲地球赤道半徑六十倍又十分之三已知月距地及視徑可以推知月之全徑爲六〇四三里約爲地球全徑之〇·二七三倍

月之球面積爲地球面積十四分之一月之體積爲地球體積四十九分之一月與地球之比重爲〇·六一三與水之比重爲三·四月球面之攝力約爲地球攝力六分之一

希特氏天文圖誌云太陰爲地球价星每歲隨地球繞行太陽一周較諸曜距地爲近環繞地球周而復始其運行於恆星之次速率甚大距地球中數爲二十三萬八千八百四十英里遠爲二十五萬二千九百七十二英里近爲二十二萬一千六百十四英里實徑爲二千一百六十三英里繞地行橢圓軌道至卑點距地最近視徑爲三十三分三十三秒至高點距地最遠視徑二十九分二十四秒以視徑變大變小之數推其兩心差之中數當爲〇·〇五四九軌道與黃道相交其角爲五度九分

太陰行於空際自東徂西與諸曜無異周天爲二十七日七小時四十三分十一秒惟太陰歷恆星一周地球行於軌道已離原位故太陰須再進如許遠始得與太陽同至某經度益此差數爲太陽周時由太陰變遷之狀測得太陽周時平數爲二十九日十二小時四十四分三秒

圖誌又云月自轉時月軸與月軌道平面斜交作角八十三度二十分其繞本軸自轉之周時與繞地球旋運之周時適同其赤道與黃道之交角爲一度三十分十一秒

月行一章與交點一周之時略合一章爲二百二十三月爲六千五百八十五日三二交點一周十九交終爲六千五百八十五日七八故每二百二十三月即十八年又十日中間有若干日月食食之時及食分之深淺次第略相同大率一章中共有七十食月食二十九日食四十一一年中日月食最多者有七次最少二次

皇朝續文獻通考卷二百九十九

象緯考六 中星

臣謹案厤法所以重中星者取中星與時刻相應則恆星之經度可稽七政之躔次可驗而歲差之數亦有徵 皇朝通考開列各節氣昏旦中星其或無正中之星則取中前中後之大星定之故有偏東偏西之別誠推步之準繩也以逐年歲差之故度數變更茲據近世吳縣馮桂芬所定中星表著於篇以備測驗之用焉

		箕宿二 (右)	箕宿二 (左)	箕宿三 (右)	箕宿三 (左)
冬至	小寒	午正初刻十一分	午初初刻六分	午正初刻十四分	午初初刻九分
大寒	立春	巳正初刻二分	巳初初刻一分	巳正初刻五分	巳初初刻四分
雨水	驚蟄	辰正初刻三分	辰初初刻六分	辰正初刻六分	辰初初刻九分
春分	清明	卯正初刻十一分	卯初一刻一分	卯正初刻十四分	卯初一刻四分
穀雨	立夏	寅正一刻四分	寅初一刻六分	寅正一刻七分	寅初一刻九分
小滿	芒種	丑正一刻五分	丑初一刻一分	丑正一刻八分	丑初一刻四分
夏至	小暑	子正初刻十一分	子初初刻六分	子正初刻十四分	子初初刻九分
大暑	立秋	亥正初刻二分	亥初初刻一分	亥正初刻五分	亥初初刻四分
處暑	白露	戌正初刻三分	戌初初刻六分	戌正初刻六分	戌初初刻九分
秋分	寒露	酉正初刻十一分	酉初一刻一分	酉正初刻十四分	酉初一刻四分
霜降	立冬	申正一刻四分	申初一刻六分	申正一刻七分	申初一刻九分
小雪	大雪	未正一刻五分	未初一刻一分	未正一刻八分	未初一刻四分

（織女一）(右)	（織女一）(左)	（斗宿一）(右)	（斗宿一）(左)	斗宿四 (右)	斗宿四 (左)	斗宿六 (右)	斗宿六 (左)	（河鼓二）(右)	（河鼓二）(左)	（牛宿一）(右)	（牛宿一）(左)
午正二刻一分	午初一刻十一分	午正二刻六分	午初二刻一分	午正三刻一分	午初二刻十分	午正三刻八分	午初三刻二分	未初二刻十三分	午正二刻八分	未正初刻十二分	未初初刻七分
巳正一刻八分	巳初一刻六分	巳正一刻十二分	巳初一刻十一分	巳正二刻七分	巳初二刻六分	巳正二刻十四分	巳初二刻十三分	午初二刻四分	巳正二刻三分	午正初刻四分	午初初刻二分
辰正一刻八分	辰初一刻十二分	辰正一刻十三分	辰初二刻一分	辰正二刻七分	辰初二刻十二分	辰正二刻十四分	辰初三刻三分	巳初二刻五分	辰正二刻八分	巳正初刻四分	巳初初刻七分
卯正二刻一分	卯初二刻六分	卯正二刻六分	卯初二刻十一分	卯正三刻一分	卯初三刻五分	卯正三刻八分	卯初三刻十一分	辰初二刻十三分	卯正三刻三分	辰正初刻十二分	辰初一刻二分
寅正二刻十分	寅初二刻十一分	寅正二刻十四分	寅初三刻一分	寅正三刻九分	寅初三刻十分	卯初初刻一分	寅正初刻三分	卯初三刻六分	寅正三刻八分	卯正一刻六分	卯初一刻七分
丑正二刻十分	丑初二刻六分	丑正三刻初分	丑初二刻十一分	丑正三刻九分	丑初三刻六分	寅初初刻一分	丑初三刻十三分	寅初三刻七分	丑正三刻三分	寅正一刻六分	寅初一刻二分
子正二刻一分	子初一刻十一分	子正二刻六分	子初二刻一分	子正三刻一分	子初二刻十分	子正三刻八分	子初三刻二分	丑初二刻十三分	子正二刻八分	丑正初刻十二分	丑初初刻七分
亥正一刻八分	亥初一刻六分	亥正一刻十二分	亥初一刻十一分	亥正二刻七分	亥初二刻六分	亥正二刻十四分	亥初二刻十三分	子初二刻四分	亥正二刻三分	子正初刻四分	子初初刻二分
戌正一刻八分	戌初一刻十二分	戌正一刻十三分	戌初二刻一分	戌正二刻七分	戌初二刻十二分	戌正二刻十四分	戌初三刻三分	亥初二刻五分	戌正二刻八分	亥正初刻四分	亥初初刻七分
酉正二刻一分	酉初二刻六分	酉正二刻六分	酉初二刻十一分	酉正三刻一分	酉初三刻五分	酉正三刻八分	酉初三刻十一分	戌初二刻十三分	酉正三刻三分	戌正初刻十二分	戌初一刻二分
申正二刻十分	申初二刻十一分	申正二刻十四分	申初三刻一分	申正三刻九分	申初三刻十分	酉初初刻一分	申正初刻三分	酉初三刻六分	申正三刻八分	酉正一刻六分	酉初一刻七分
未正二刻十分	未初二刻六分	未正三刻初分	未初二刻十一分	未正三刻九分	未初三刻六分	申初初刻一分	未初三刻十三分	申初三刻七分	未正三刻三分	申正一刻六分	申初一刻二分

(一宿危)		三宿危		(一宿虛)		二宿虛		(一宿女)		(一津天)	
八三未 分刻正	十三三申 分刻初	二二未 分刻正	七二申 分刻初	三一未 分刻正	八一申 分刻初	三初未 分刻正	八初申 分刻初	四二未 分刻初	九二未 分刻正	十二初未 分刻初	一一未 分刻正
三三午 分刻正	四三未 分刻初	十二一午 分刻正	十四一未 分刻初	十三初午 分刻正	初一未 分刻初	十三三午 分刻初	十四三午 分刻正	十四一午 分刻初	初二午 分刻正	六初午 分刻初	八初午 分刻正
八三巳 分刻正	四三午 分刻初	三二巳 分刻正	十四一午 分刻初	四一巳 分刻正	初一午 分刻初	三初巳 分刻正	初初午 分刻初	四二巳 分刻初	一二巳 分刻正	十二初巳 分刻初	八初巳 分刻正
三初巳 分刻初	十三三巳 分刻初	十二二辰 分刻正	七二巳 分刻初	十三一辰 分刻正	八一巳 分刻初	十三初辰 分刻正	八初巳 分刻初	十四二辰 分刻初	九二辰 分刻正	六一辰 分刻初	一一辰 分刻正
八初辰 分刻初	六初辰 分刻正	二三卯 分刻正	一三辰 分刻初	三二卯 分刻正	二二辰 分刻初	三一卯 分刻正	一一辰 分刻初	四三卯 分刻初	三三卯 分刻正	十二一卯 分刻初	十一卯 分刻正
三初卯 分刻初	六初卯 分刻正	十三二寅 分刻正	一三卯 分刻初	十三一寅 分刻正	二二卯 分刻初	十三初寅 分刻正	二一卯 分刻初	十四二寅 分刻初	三三寅 分刻正	七一寅 分刻初	十一寅 分刻正
八三丑 分刻正	十三三寅 分刻初	二二丑 分刻正	七二寅 分刻初	三一丑 分刻正	八一寅 分刻初	三初丑 分刻正	八初寅 分刻初	四二丑 分刻初	九二丑 分刻正	十二初丑 分刻初	一一丑 分刻正
三三子 分刻正	四三丑 分刻初	十二一子 分刻正	十四一丑 分刻初	十三初子 分刻正	初一丑 分刻初	十三三子 分刻初	十四三子 分刻正	十四一子 分刻初	初二子 分刻正	六初子 分刻初	八初子 分刻正
八三亥 分刻正	四三子 分刻初	三二亥 分刻正	十四一子 分刻初	四一亥 分刻正	初一子 分刻初	三初亥 分刻正	初初子 分刻初	四二亥 分刻初	一二亥 分刻正	十二初亥 分刻初	八初亥 分刻正
三初亥 分刻初	十三三亥 分刻初	十二二戌 分刻正	七二亥 分刻初	十三一戌 分刻正	八一亥 分刻初	十三初戌 分刻正	八初亥 分刻初	十四二戌 分刻初	九二戌 分刻正	六一戌 分刻初	一一戌 分刻正
八初戌 分刻初	六初戌 分刻正	二三酉 分刻正	一三戌 分刻初	三二酉 分刻正	二二戌 分刻初	三三酉 分刻正	一一戌 分刻初	四三酉 分刻初	三三酉 分刻正	十二一酉 分刻初	十一酉 分刻正
三初酉 分刻初	六初酉 分刻正	十三二申 分刻正	一三酉 分刻初	十三一申 分刻正	二二酉 分刻初	十三初申 分刻正	二一酉 分刻初	十四二申 分刻初	三三申 分刻正	七一申 分刻初	十一申 分刻正

五宿奎		(一宿壁)		二宿壁		(一宿室)		二宿室		(門師落北)	
十二一酉 分刻初	一二酉 分刻正	初初酉 分刻初	五初酉 分刻正	十三申 分刻正	初初酉 分刻正	七三申 分刻初	十二三申 分刻正	六三申 分刻初	十二三申 分刻正	十四二申 分刻初	四三申 分刻正
六一申 分刻初	七一申 分刻正	十三未 分刻正	十二三申 分刻初	五三未 分刻正	六三申 分刻初	二三未 分刻初	三三未 分刻正	一三未 分刻初	二三未 分刻正	九二未 分刻初	十二未 分刻正
十二一未 分刻初	七一未 分刻正	初初未 分刻初	十二三未 分刻初	十三午 分刻正	七三未 分刻初	七三午 分刻初	三三午 分刻正	六三午 分刻初	二三午 分刻正	十四二午 分刻初	十二午 分刻正
六二午 分刻初	一二午 分刻正	十初午 分刻初	五初午 分刻正	五初午 分刻初	初初午 分刻正	二初巳 分刻正	十二三巳 分刻正	一初巳 分刻正	十二三巳 分刻正	九三巳 分刻初	四三巳 分刻正
十二二巳 分刻初	九二巳 分刻正	初一巳 分刻初	十四初巳 分刻正	十初巳 分刻初	九初巳 分刻正	七初辰 分刻正	五初巳 分刻初	六初辰 分刻正	四初巳 分刻初	十四三辰 分刻初	十二三辰 分刻正
六二辰 分刻初	十二辰 分刻正	十初辰 分刻初	十四初辰 分刻正	五初辰 分刻初	九初辰 分刻正	二初卯 分刻正	六初辰 分刻初	一初卯 分刻正	五初辰 分刻初	九三卯 分刻初	十三三卯 分刻正
十二一卯 分刻初	一二卯 分刻正	初初卯 分刻初	五初卯 分刻正	十三寅 分刻正	初初卯 分刻正	七三寅 分刻初	十二三寅 分刻正	六三寅 分刻初	十二三寅 分刻正	十四二寅 分刻初	四三寅 分刻正
六一寅 分刻初	七一寅 分刻正	十三丑 分刻正	十二三寅 分刻初	五三丑 分刻正	六三寅 分刻初	二三丑 分刻初	三三丑 分刻正	一三丑 分刻初	二三丑 分刻正	九二丑 分刻初	十二丑 分刻正
十二一丑 分刻初	七一丑 分刻正	初初丑 分刻初	十二三丑 分刻初	十三子 分刻正	七三丑 分刻初	七三子 分刻初	三三子 分刻正	六三子 分刻初	三三子 分刻正	十四二子 分刻初	十二子 分刻正
六二子 分刻初	一二子 分刻正	十初子 分刻初	五初子 分刻正	五初子 分刻初	初初子 分刻正	二初亥 分刻正	十二三亥 分刻正	一初亥 分刻正	十二三亥 分刻正	九三亥 分刻初	四三亥 分刻正
十二二亥 分刻初	九二亥 分刻正	初一亥 分刻初	十四初亥 分刻正	十初亥 分刻初	九初亥 分刻正	七初戌 分刻正	五初亥 分刻初	六初戌 分刻正	四初亥 分刻初	十四三戌 分刻初	十二三戌 分刻正
六二戌 分刻初	十二戌 分刻正	十初戌 分刻初	十四初戌 分刻正	五初戌 分刻初	九初戌 分刻正	二初酉 分刻正	六初戌 分刻初	一初酉 分刻正	六初戌 分刻初	九三酉 分刻初	十三三酉 分刻正

（土司空）		（奎宿一）		奎宿九		（婁宿一）		婁宿三		（胃宿一）	
酉正二刻六分	酉初二刻初分	酉正三刻四分	酉初二刻十四分	戌初初刻一分	酉初三刻十一分	戌初三刻一分	酉正二刻十一分	戌初三刻十三分	酉正三刻八分	戌正二刻四分	戌初一刻十四分
申正一刻十二分	申初一刻十一分	申正二刻十分	申初二刻九分	申正三刻七分	申初三刻六分	酉初二刻七分	申正二刻六分	酉初三刻五分	申正三刻三分	酉正一刻十分	酉初一刻九分
未正一刻十二分	未初二刻一分	未正二刻十一分	未初二刻十四分	未正三刻七分	未初三刻十一分	申初二刻八分	未正二刻十一分	申初三刻五分	未正三刻九分	申正一刻十一分	申初一刻十四分
午正二刻六分	午初二刻十分	午正三刻四分	午初三刻九分	未初初刻一分	午正初刻六分	未初三刻一分	午正三刻六分	未初三刻十三分	未初初刻三分	未正二刻四分	未初二刻九分
巳正二刻十四分	巳初三刻一分	巳正三刻十二分	巳初三刻十四分	午初初刻九分	巳正初刻十一分	午初三刻九分	巳正三刻十一分	午正初刻七分	午初初刻八分	午正二刻十三分	午初三刻初分
辰正二刻十四分	辰初二刻十一分	辰正三刻十三分	辰初三刻九分	巳初初刻十分	辰正初刻六分	巳初三刻十分	辰正三刻六分	巳正初刻七分	巳初初刻三分	巳正二刻十三分	巳初二刻九分
卯正二刻六分	卯初二刻初分	卯正三刻四分	卯初二刻十四分	辰初初刻一分	卯初三刻十一分	辰初三刻一分	卯正二刻十一分	辰初三刻十三分	卯正三刻八分	辰正二刻四分	辰初一刻十四分
寅正一刻十二分	寅初一刻十一分	寅正二刻十分	寅初二刻九分	寅正三刻七分	寅初三刻六分	卯初二刻七分	寅正二刻六分	卯初三刻五分	寅正三刻三分	卯正一刻十分	卯初一刻九分
丑正一刻十二分	丑初二刻一分	丑正二刻十一分	丑初二刻十四分	丑正三刻七分	丑初三刻十一分	寅初二刻八分	丑正二刻十一分	寅初三刻五分	丑正三刻九分	寅正一刻十一分	寅初一刻十四分
子正二刻六分	子初二刻十分	子正三刻四分	子初三刻九分	丑初初刻一分	子正初刻六分	丑初三刻一分	子正三刻六分	丑初三刻十三分	丑初初刻三分	丑正二刻四分	丑初二刻九分
亥正二刻十四分	亥初三刻一分	亥正三刻十二分	亥初三刻十四分	子初初刻九分	亥正初刻十一分	子初三刻九分	亥正三刻十一分	子正初刻七分	子初初刻八分	子正二刻十三分	子初三刻初分
戌正二刻十四分	戌初二刻十一分	戌正三刻十三分	戌初三刻九分	亥初初刻十分	戌正初刻六分	亥初三刻十分	戌正三刻六分	亥正初刻七分	亥初初刻三分	亥正二刻十三分	亥初二刻九分

胃宿三		（天囷一）		大陵五		天船二		（昴宿一）		昴宿六	
戌正二刻十一分	戌初二刻六分	戌正三刻九分	戌初三刻四分	戌正三刻十三分	戌初三刻八分	亥初初刻十三分	戌正初刻八分	亥初二刻六分	戌正二刻初分	亥初二刻八分	戌正二刻三分
酉正二刻二分	酉初二刻一分	酉正三刻初分	酉初二刻十四分	酉正三刻四分	酉初三刻三分	戌初初刻五分	酉正初刻三分	戌初一刻十二分	酉正一刻十一分	戌初一刻十四分	酉正一刻十三分
申正二刻二分	申初二刻六分	申正三刻一分	申初三刻四分	申正三刻五分	申初三刻八分	酉初初刻五分	申正初刻九分	酉初一刻十二分	申正二刻一分	酉初二刻初分	申正二刻三分
未正二刻十一分	未初三刻初分	未正三刻九分	未初三刻十四分	未正三刻十三分	未正初刻三分	申初初刻十三分	未正一刻三分	申初二刻六分	未正二刻十分	申初二刻八分	未正二刻十三分
午正三刻四分	午初三刻六分	未初初刻二分	午正初刻四分	未初初刻六分	午正初刻八分	未初一刻七分	午正一刻八分	未初二刻十四分	午正三刻一分	未初三刻二分	午正三刻三分
巳正三刻四分	巳初三刻一分	午初初刻三分	巳初三刻十四分	午初初刻七分	巳正初刻三分	午初一刻七分	巳正一刻三分	午初二刻十四分	巳正二刻十一分	午初三刻二分	巳正二刻十三分
辰正二刻十一分	辰初二刻六分	辰正三刻九分	辰初三刻四分	辰正三刻十三分	辰初三刻八分	巳初初刻十三分	辰正初刻八分	巳初二刻六分	辰正二刻初分	巳初二刻八分	辰正二刻三分
卯正二刻二分	卯初二刻一分	卯正三刻初分	卯初二刻十四分	卯正三刻四分	卯初三刻三分	辰初初刻五分	卯正初刻三分	辰初一刻十二分	卯正一刻十一分	辰初一刻十四分	卯正一刻十三分
寅正二刻二分	寅初二刻六分	寅正二刻一分	寅初三刻四分	寅正三刻五分	寅初三刻八分	卯初初刻五分	寅正初刻九分	卯初一刻十二分	寅正二刻一分	卯初二刻初分	寅正二刻三分
丑正二刻十一分	丑初三刻初分	丑正三刻九分	丑初二刻十四分	丑正三刻十三分	丑正初刻三分	寅初初刻十三分	丑正一刻三分	寅初二刻六分	丑正二刻十分	寅初二刻八分	丑正二刻十三分
子正三刻四分	子初三刻六分	丑初初刻二分	子正初刻四分	丑初初刻六分	子正初刻八分	丑初一刻七分	子正一刻八分	丑初二刻十四分	子正三刻一分	丑初三刻二分	子正三刻三分
亥正三刻四分	亥初三刻一分	子初初刻三分	亥初三刻十四分	子初初刻七分	亥正初刻三分	子初一刻七分	亥正一刻三分	子初二刻十四分	亥正二刻十一分	子初三刻二分	亥正二刻十三分

天苑一		畢宿四		(畢宿一)		畢宿五		(五車二)		(參宿七)	
亥初三刻六分	戌正三刻一分	亥正初刻十一分	亥初初刻六分	亥正刻一四分	亥初初刻十四分	亥正一刻十二分	亥初一刻十四分	子初初刻五分	亥正初刻初分	子初初刻七分	亥正初刻二分
戌初二刻十二分	酉正二刻十一分	戌正初刻二分	戌初初刻一分	戌正初刻十一分	戌初初刻十分	戌正一刻三分	戌初一刻二分	戌正三刻十一分	戌初三刻十分	戌正三刻十三分	戌初三刻十二分
酉初二刻十二分	申正三刻一分	酉正初刻二分	酉初初刻六分	酉正初刻十一分	酉初一刻初分	酉正一刻四分	酉初初刻十三分	酉正三刻十二分	酉正初刻初分	酉正三刻十四分	酉正初刻二分
申初三刻六分	未正三刻十分	申正初刻十一分	申初一刻一分	申正一刻四分	申初一刻九分	申正一刻十二分	申初二刻二分	酉初初刻五分	申正初刻十分	酉初初刻七分	申正初刻十二分
未初三刻十四分	未初初刻一分	未正一刻四分	未初一刻六分	未正一刻十三分	未初一刻十四分	未正二刻五分	未初二刻七分	申初初刻十四分	未正一刻初分	申初一刻初分	未正一刻二分
午初三刻十四分	巳正三刻十一分	午正一刻五分	午初一刻一分	午正一刻十三分	午初一刻十分	午正二刻六分	午初二刻二分	未初初刻十四分	午正初刻十分	未初一刻一分	午正初刻十二分
巳初三刻六分	辰正三刻一分	巳正初刻十一分	巳初初刻六分	巳正一刻四分	巳初初刻十四分	巳正一刻十二分	巳初一刻七分	午初初刻五分	巳正初刻初分	午初初刻七分	巳正初刻二分
辰初二刻十二分	卯正二刻十一分	辰正初刻二分	辰初初刻一分	辰正初刻十一分	辰初初刻十分	辰正一刻三分	辰初一刻二分	辰正三刻十一分	辰初三刻十分	辰正三刻十三分	辰初三刻十二分
卯初二刻十二分	寅正三刻一分	卯正初刻二分	卯初初刻六分	卯正初刻十一分	卯初一刻初分	卯正一刻四分	卯初初刻十三分	卯正三刻十二分	卯正初刻初分	卯正三刻十四分	卯正初刻二分
寅初三刻六分	丑正三刻十分	寅正初刻十一分	寅初一刻一分	寅正一刻四分	寅初一刻九分	寅正一刻十二分	寅初二刻二分	卯初初刻五分	寅正初刻十分	卯正初刻七分	寅正初刻十二分
丑初三刻十四分	丑正初刻一分	丑正一刻四分	丑初一刻六分	丑正一刻十三分	丑初一刻十四分	丑正二刻五分	丑初二刻七分	寅初初刻十四分	丑正一刻初分	寅初一刻初分	丑正一刻二分
子初三刻十四分	亥正三刻十一分	子正一刻五分	子初一刻一分	子正一刻十三分	子初一刻十分	子正二刻六分	子初二刻二分	丑初初刻十四分	子正初刻十分	丑初一刻一分	子正初刻十二分

五車五		參宿五		參宿三		(觜宿一)		參宿二		(參宿一)	
子初一刻一分	亥正初刻十一分	子初一刻二分	亥正初刻十二分	子初一刻九分	亥正一刻四分	子初一刻十一分	亥正一刻六分	子初一刻十三分	亥正一刻八分	子初二刻三分	亥正一刻十三分
亥初初刻八分	戌正初刻六分	亥初初刻八分	戌正初刻七分	亥初一刻初分	戌正初刻十四分	亥初一刻三分	戌正一刻二分	亥初一刻四分	戌正一刻三分	亥初一刻九分	戌正一刻八分
戌初初刻八分	酉正初刻十二分	戌初初刻八分	酉正初刻十二分	戌初一刻一分	酉正一刻四分	戌初一刻三分	酉正一刻七分	戌初一刻五分	酉正一刻八分	戌初一刻九分	酉正一刻十三分
酉初一刻一分	申正一刻六分	酉初一刻二分	申正一刻七分	酉初一刻九分	申正一刻十四分	酉初一刻十一分	申正二刻一分	酉初一刻十三分	申正二刻三分	酉初二刻三分	申正二刻八分
申初一刻十分	未正一刻十一分	申初一刻十分	未正一刻十二分	申初二刻二分	未正二刻四分	申初二刻五分	未正二刻六分	申初二刻七分	未正二刻八分	申初二刻十二分	未正二刻十三分
未初一刻十分	午正一刻七分	未初一刻十一分	午正一刻七分	未初二刻三分	午正一刻十四分	未初二刻五分	午正二刻二分	未初二刻七分	午正二刻三分	未初二刻十二分	午正二刻八分
午初一刻一分	巳正初刻十一分	午初一刻二分	巳正初刻十二分	午初一刻九分	巳正一刻四分	午初一刻十一分	巳正一刻六分	午初一刻十三分	巳正一刻八分	午初二刻三分	巳正一刻十三分
巳初初刻八分	辰正初刻六分	巳初初刻八分	辰丑初刻七分	巳初一刻初分	辰正初刻十四分	巳初一刻三分	辰正一刻二分	巳初一刻四分	辰正一刻三分	巳初一刻九分	辰正一刻八分
辰初初刻八分	卯正初刻十二分	辰初初刻八分	卯正初刻十二分	辰初一刻一分	卯正一刻四分	辰初一刻三分	卯正一刻七分	辰初一刻五分	卯正一刻八分	辰初一刻九分	卯正一刻十三分
卯初一刻一分	寅正一刻六分	卯初一刻二分	寅正一刻七分	卯初一刻九分	寅正一刻十四分	卯初一刻五分	寅正二刻一分	卯初一刻十三分	寅正二刻三分	卯初二刻三分	寅正二刻八分
寅初一刻十分	丑正一刻十一分	寅初一刻十分	丑正一刻十二分	寅初二刻二分	丑正二刻四分	寅初二刻五分	丑正二刻六分	寅初二刻七分	丑正二刻八分	寅初二刻十二分	丑正二刻十三分
丑初一刻十分	子正一刻七分	丑初一刻十一分	子正一刻七分	丑初二刻三分	子正一刻十四分	丑初二刻五分	子正二刻二分	丑初二刻七分	子正二刻三分	丑初二刻十二分	子正二刻八分

三宿井		一市軍		一宿井		(四宿參)		六宿參		一人丈	
九一子 分刻初	十四一子 分刻正	十一初子 分刻初	一一子 分刻正	八初子 分刻初	十四初子 分刻正	十二二亥 分刻正	二三子 分刻正	五二亥 分刻正	十二子 分刻初	十四一亥 分刻正	四二子 分刻初
四一亥 分刻初	五一亥 分刻正	六初亥 分刻初	七初亥 分刻正	四初亥 分刻初	五初亥 分刻正	七二戌 分刻正	八二亥 分刻初	初二戌 分刻正	一二亥 分刻初	九一戌 分刻正	十一亥 分刻初
九一戌 分刻初	五一戌 分刻正	十一初戌 分刻初	七初戌 分刻正	九初戌 分刻初	五初戌 分刻正	十二二酉 分刻正	八二戌 分刻初	五二酉 分刻正	二二戌 分刻初	十四一酉 分刻正	十一戌 分刻初
三二酉 分刻初	十四一酉 分刻正	六一酉 分刻初	一一酉 分刻正	三一酉 分刻初	十四初酉 分刻正	六三申 分刻正	二三酉 分刻初	初三申 分刻正	十二酉 分刻初	九二申 分刻正	四二酉 分刻初
九二申 分刻初	七二申 分刻正	十一一申 分刻初	九一申 分刻正	八一申 分刻初	七一申 分刻正	十二三未 分刻正	十三申 分刻初	五三未 分刻正	六三申 分刻初	十四二未 分刻正	十二二申 分刻初
四二未 分刻初	七二未 分刻正	六一未 分刻初	十一未 分刻正	四一未 分刻初	七一未 分刻正	七三午 分刻正	十三未 分刻初	初三午 分刻正	四三未 分刻初	九二午 分刻正	十三二未 分刻初
九一午 分刻初	十四一午 分刻正	十一初午 分刻初	一一午 分刻正	八初午 分刻初	十四初午 分刻正	十二二巳 分刻正	二三午 分刻初	五二巳 分刻正	十二午 分刻初	十四一巳 分刻正	四二午 分刻初
四一巳 分刻初	五一巳 分刻正	六初巳 分刻初	七初巳 分刻正	四初巳 分刻初	五初巳 分刻正	七二辰 分刻正	八二巳 分刻初	初二辰 分刻正	一二巳 分刻初	九一辰 分刻正	十一巳 分刻初
九一辰 分刻初	五一辰 分刻正	十一初辰 分刻初	七初辰 分刻正	九初辰 分刻初	五初辰 分刻正	十二二卯 分刻正	八二辰 分刻正	五二卯 分刻正	二二辰 分刻初	十四一卯 分刻正	十一辰 分刻初
三二卯 分刻初	十四一卯 分刻正	六一卯 分刻初	一一卯 分刻正	三一卯 分刻初	十四初卯 分刻正	六三寅 分刻正	二三卯 分刻初	初三寅 分刻正	十二卯 分刻初	九二寅 分刻正	四二卯 分刻初
九二寅 分刻初	七二寅 分刻正	十一一寅 分刻初	九一寅 分刻正	八一寅 分刻初	七一寅 分刻正	十二三丑 分刻正	十三寅 分刻初	五三丑 分刻正	六三寅 分刻初	十四二丑 分刻正	十二二寅 分刻初
四二丑 分刻初	七二丑 分刻正	六一丑 分刻初	十一丑 分刻正	四一丑 分刻初	七一丑 分刻正	七三子 分刻正	十三丑 分刻初	初三子 分刻正	四三丑 分刻初	九二子 分刻正	十三二丑 分刻初

二矢弧		一矢弧		七宿井		七矢弧		(狼	天)	五宿井	
十二初子 分刻正	三一丑 分刻初	十二三子 分刻初	二初丑 分刻初	五三子 分刻初	十三子 分刻正	二三子 分刻初	七三子 分刻正	三二子 分刻初	八二子 分刻正	十四一子 分刻初	四二子 分刻正
八初亥 分刻正	九初子 分刻初	七三亥 分刻初	八三亥 分刻正	初三亥 分刻初	一三亥 分刻正	十一二亥 分刻初	十三二亥 分刻正	十三一亥 分刻初	初二亥 分刻正	九一亥 分刻初	十一一亥 分刻正
十三初戌 分刻正	九初亥 分刻初	十二三戌 分刻初	八三戌 分刻正	五三戌 分刻初	一三戌 分刻正	二三戌 分刻初	十四二戌 分刻正	三二戌 分刻初	初二戌 分刻正	初二戌 分刻初	十一一戌 分刻正
七一酉 分刻正	三一戌 分刻初	七初酉 分刻正	二初戌 分刻正	初初酉 分刻正	十三酉 分刻正	十二三酉 分刻初	七三酉 分刻正	十三二酉 分刻初	八二酉 分刻正	九二酉 分刻初	四二酉 分刻正
十三一申 分刻正	十一一酉 分刻初	十二初申 分刻正	十初酉 分刻初	五初申 分刻正	三初酉 分刻初	二初申 分刻正	一初酉 分刻初	三三申 分刻初	二三申 分刻正	十四二申 分刻初	十三二申 分刻正
八一未 分刻正	十一一申 分刻初	七初未 分刻正	十一初申 分刻初	初初未 分刻正	四初申 分刻初	十二三未 分刻初	一初申 分刻初	十三二未 分刻初	二三未 分刻正	九二未 分刻初	十三二未 分刻初
十二初午 分刻正	三一未 分刻初	十二三午 分刻初	二初未 分刻初	五三午 分刻初	十三午 分刻正	二三午 分刻初	七三午 分刻正	三二午 分刻初	八二午 分刻正	十四一午 分刻初	四二午 分刻正
八初巳 分刻正	九初午 分刻初	七三巳 分刻初	八三巳 分刻正	初三巳 分刻初	一三巳 分刻正	十一二巳 分刻初	十三二巳 分刻正	十三一巳 分刻初	初二巳 分刻正	九一巳 分刻初	十一一巳 分刻正
十三初辰 分刻正	九初巳 分刻初	十二三辰 分刻初	八三辰 分刻正	五三辰 分刻初	一三辰 分刻正	二三辰 分刻初	十四二辰 分刻正	三二辰 分刻初	初二辰 分刻正	初二辰 分刻初	十一一辰 分刻正
七一卯 分刻正	三一辰 分刻初	七初卯 分刻正	二初辰 分刻初	初初卯 分刻正	十三卯 分刻正	十二三卯 分刻初	七三卯 分刻正	十三二卯 分刻初	八二卯 分刻正	九二卯 分刻初	四二卯 分刻正
十三一寅 分刻正	十一一卯 分刻初	十二初寅 分刻正	十初卯 分刻初	五初寅 分刻正	三初卯 分刻初	二初寅 分刻正	一初卯 分刻初	三三寅 分刻初	二三寅 分刻正	十四二寅 分刻初	十三二寅 分刻正
八一丑 分刻正	十一一寅 分刻初	七初丑 分刻正	十一初寅 分刻初	初初丑 分刻正	四初寅 分刻初	十二三丑 分刻初	一初寅 分刻初	十三二丑 分刻初	二三丑 分刻正	十三二丑 分刻初	十三二丑 分刻正

三宿鬼		一宿柳		(一宿鬼)		三河北		三河南		二河北	
十四一丑 分刻初	四二丑 分刻正	九一丑 分刻初	十四一丑 分刻正	三一丑 分刻初	八一丑 分刻正	一二子 分刻正	六二丑 分刻初	十二一子 分刻正	一二丑 分刻初	五一子 分刻正	十一丑 分刻初
九一子 分刻初	十一子 分刻正	四一子 分刻初	六一子 分刻正	十三初子 分刻初	十四初子 分刻正	十二一亥 分刻正	十二一子 分刻初	六一亥 分刻正	七一子 分刻初	初一亥 分刻正	一一子 分刻初
十四一亥 分刻初	十二一亥 分刻正	十一亥 分刻初	六一亥 分刻正	三一亥 分刻初	十四初亥 分刻正	一二戌 分刻正	十三一亥 分刻初	十二一戌 分刻正	八一亥 分刻初	五一戌 分刻正	一一亥 分刻初
九二戌 分刻初	四二戌 分刻正	四二戌 分刻初	十四一戌 分刻正	十二一戌 分刻初	八一戌 分刻正	十二二酉 分刻正	六二戌 分刻初	六二酉 分刻正	一二戌 分刻初	十四一酉 分刻正	十一戌 分刻初
十四二酉 分刻初	十三二酉 分刻正	九二酉 分刻初	八二酉 分刻正	三二酉 分刻初	一二酉 分刻正	一三申 分刻正	十四二酉 分刻初	十二二申 分刻正	十二酉 分刻初	五二申 分刻正	三二酉 分刻初
九二申 分刻初	十三二申 分刻正	四二申 分刻初	八二申 分刻正	十三一申 分刻初	一二申 分刻正	十二二未 分刻正	初三申 分刻初	六二未 分刻正	十二申 分刻初	初二未 分刻正	三二申 分刻初
十四一未 分刻初	四二未 分刻正	九一未 分刻初	十四一未 分刻正	三一未 分刻初	八一未 分刻正	一二午 分刻正	六二未 分刻初	十二一午 分刻正	一二未 分刻初	五一午 分刻正	十一未 分刻初
九一午 分刻初	十一午 分刻正	四一午 分刻初	六一午 分刻正	十三初午 分刻初	十四初午 分刻正	十二一巳 分刻正	十二一午 分刻初	六一巳 分刻正	七一午 分刻初	初一巳 分刻正	一一午 分刻初
十四一巳 分刻初	十二一巳 分刻正	十一巳 分刻初	六一巳 分刻正	三一巳 分刻初	十四初巳 分刻正	一二辰 分刻正	十三一巳 分刻初	十二一辰 分刻正	八一巳 分刻初	五一辰 分刻正	一一巳 分刻初
九二辰 分刻初	四二辰 分刻正	四二辰 分刻初	十四一辰 分刻正	十二一辰 分刻初	八一辰 分刻正	十二二卯 分刻正	六二辰 分刻初	六二卯 分刻正	一二辰 分刻初	十四一卯 分刻正	十一辰 分刻初
十四二卯 分刻初	十三二卯 分刻正	九二卯 分刻初	八二卯 分刻正	三二卯 分刻初	一二卯 分刻正	一三寅 分刻正	十四二卯 分刻初	十二二寅 分刻正	十二卯 分刻初	五二寅 分刻正	三二卯 分刻初
九二寅 分刻初	十三二寅 分刻正	四二寅 分刻初	八二寅 分刻正	十三一寅 分刻初	一二寅 分刻正	十二二丑 分刻正	初三寅 分刻初	六二丑 分刻正	十二寅 分刻初	初二丑 分刻正	三二寅 分刻初

二十轅軒		二宿張		(四十轅軒)		(一宿張)		(一宿星)		四社天	
六初寅 分刻初	十二初寅 分刻正	十三三丑 分刻正	三初寅 分刻正	十三丑 分刻正	初初寅 分刻正	九二丑 分刻正	十四二寅 分刻初	初一丑 分刻正	五一寅 分刻初	三三丑 分刻初	九三丑 分刻正
一初丑 分刻初	三初丑 分刻正	八三子 分刻正	九三丑 分刻初	五三子 分刻正	六三丑 分刻初	四二子 分刻正	五二丑 分刻初	十初子 分刻正	十二初丑 分刻初	十四二子 分刻初	初三子 分刻正
六初子 分刻初	三初子 分刻正	十三三亥 分刻正	十三子 分刻初	十三亥 分刻正	七三子 分刻初	九二亥 分刻正	六二子 分刻初	初一亥 分刻正	十二初子 分刻初	四三亥 分刻初	初三亥 分刻正
一一亥 分刻初	十二初亥 分刻正	八初亥 分刻初	三初亥 分刻正	五初亥 分刻初	初初亥 分刻正	四三戌 分刻正	十四二亥 分刻初	十一戌 分刻正	五一亥 分刻初	十三三戌 分刻初	九三戌 分刻正
六一戌 分刻初	五一戌 分刻正	十三初戌 分刻初	十二初戌 分刻正	十初戌 分刻初	八初戌 分刻正	九三酉 分刻正	七三戌 分刻初	初二酉 分刻正	十三一戌 分刻初	三初酉 分刻正	二初戌 分刻初
一一酉 分刻初	五一酉 分刻正	八初酉 分刻初	十二初酉 分刻正	五初酉 分刻初	九初酉 分刻正	四三申 分刻正	八三酉 分刻初	十一申 分刻正	十四一酉 分刻初	十四三申 分刻初	二初酉 分刻初
六初申 分刻初	十二初申 分刻正	十三三未 分刻正	三初申 分刻正	十三未 分刻正	初初申 分刻正	九二未 分刻正	十四二申 分刻初	初一未 分刻正	五一申 分刻初	三三未 分刻初	九三未 分刻正
一初未 分刻初	三初未 分刻正	八三午 分刻正	九三未 分刻初	五三午 分刻正	六三未 分刻初	四二午 分刻正	五二未 分刻初	十初午 分刻正	十二初未 分刻初	十四二午 分刻初	初三午 分刻正
六初午 分刻初	三初午 分刻正	十三三巳 分刻正	十三午 分刻初	十三巳 分刻正	七三午 分刻初	九二巳 分刻正	六二午 分刻初	初一巳 分刻正	十二初午 分刻初	四三巳 分刻初	初三巳 分刻正
一一巳 分刻初	十二初巳 分刻正	八初巳 分刻初	三初巳 分刻正	五初巳 分刻初	初初巳 分刻正	四三辰 分刻正	十四二巳 分刻初	十一辰 分刻正	五一巳 分刻初	十三三辰 分刻初	九三辰 分刻正
六一辰 分刻初	五一辰 分刻正	十三初辰 分刻初	十二初辰 分刻正	十初辰 分刻初	八初辰 分刻正	九三卯 分刻正	七三辰 分刻初	初二卯 分刻正	十三一辰 分刻初	三初卯 分刻正	二初辰 分刻初
一一卯 分刻初	五一卯 分刻正	八初卯 分刻初	十二初卯 分刻正	五初卯 分刻初	九初卯 分刻正	四三寅 分刻正	八三卯 分刻初	十一寅 分刻正	十四一卯 分刻初	十四三寅 分刻初	二初卯 分刻初

軫宿三		（軫宿一）		（五帝座一）		西上相		翼宿十六		（翼宿一）	
卯初一刻二分	卯正一刻七分	卯初初刻三分	卯正初刻八分	寅正二刻六分	卯初二刻十一分	寅正初刻一分	卯初初刻六分	寅初三刻十四分	卯初初刻四分	寅初三刻二分	寅正三刻七分
寅初初刻十二分	寅正初刻十三分	丑正三刻十三分	寅初三刻十四分	丑正二刻一分	寅初二刻二分	丑初三刻十一分	丑正三刻十二分	丑初三刻九分	丑正三刻十分	丑初二刻十二分	丑正二刻十四分
丑初一刻二分	丑正初刻十三分	丑初初刻三分	丑初三刻十四分	子正二刻六分	丑初二刻三分	子正初刻一分	子正三刻十二分	子初三刻十四分	子正三刻十一分	子初三刻二分	子正二刻十四分
子初一刻十二分	子正一刻七分	子初初刻十三分	子正初刻八分	亥正三刻一分	子初二刻十一分	亥正初刻十分	子初初刻六分	亥正初刻九分	子初初刻四分	亥初三刻十二分	亥正三刻七分
亥初二刻二分	亥正二刻初分	亥初一刻三分	亥正一刻一分	戌正三刻六分	亥初三刻五分	戌正一刻一分	亥初初刻十四分	戌正初刻十四分	亥初初刻十二分	戌正初刻二分	亥初初刻一分
戌初一刻十二分	戌正二刻一分	戌初初刻十三分	戌正一刻二分	酉正三刻一分	戌初三刻五分	酉正初刻十一分	戌初初刻十四分	酉正初刻九分	戌初初刻十三分	酉初三刻十二分	戌初初刻一分
酉初一刻二分	酉正一刻七分	酉初初刻三分	酉正初刻八分	申正二刻六分	酉初二刻十一分	申正初刻一分	酉初初刻六分	申初三刻十四分	酉初初刻四分	申初三刻二分	申正三刻七分
申初初刻十二分	申正初刻十三分	未正三刻十三分	申初三刻十四分	未正二刻一分	申初二刻二分	未初三刻十一分	未正三刻十二分	未初三刻九分	未正三刻十分	未初二刻十二分	未正二刻十四分
未初一刻二分	未正初刻十三分	未初初刻三分	未初三刻十四分	午正二刻六分	未初二刻三分	午正初刻一分	午正三刻十二分	午初三刻十四分	午正三刻十一分	午初三刻二分	午正二刻十四分
午初一刻十二分	午正一刻七分	午初初刻十三分	午正初刻八分	巳正三刻一分	午初二刻十一分	巳正初刻十分	午初初刻六分	巳正初刻九分	午初初刻四分	巳初三刻十二分	巳正三刻七分
巳初二刻二分	巳正二刻初分	巳初一刻三分	巳正一刻一分	辰正三刻六分	巳初三刻五分	辰正一刻一分	巳初初刻十四分	辰正初刻十四分	巳初初刻十二分	辰正初刻二分	巳初初刻一分
辰初一刻十二分	辰正二刻一分	辰初初刻十三分	辰正一刻二分	卯正三刻一分	辰初三刻五分	卯正初刻十一分	辰初初刻十四分	卯正初刻九分	辰初初刻十三分	卯初三刻十二分	辰初初刻一分

庫樓三		南門一		角宿二		（角宿一）		庫樓七		軫宿四	
卯正三刻七分	辰初三刻十三分	卯正一刻十分	辰初二刻初分	卯正一刻七分	辰初一刻十二分	卯正初刻十二分	辰初一刻二分	卯初一刻十三分	卯正二刻三分	卯初一刻六分	卯正一刻十一分
寅正三刻三分	卯初三刻四分	寅正一刻五分	卯初一刻六分	寅正一刻二分	卯初一刻三分	寅正初刻七分	卯初初刻八分	寅初一刻八分	寅正一刻九分	寅初一刻一分	寅正一刻二分
丑正三刻八分	寅初三刻四分	丑正一刻十分	寅初一刻七分	丑正一刻七分	寅初一刻三分	丑正初刻十二分	寅初初刻九分	丑初一刻十三分	丑正一刻十分	丑初一刻六分	丑正一刻三分
丑初初刻二分	丑初三刻十三分	子正二刻五分	丑初二刻初分	子正二刻二分	丑初一刻十二分	子正一刻七分	丑初一刻二分	子初二刻八分	子正二刻三分	子初二刻一分	子正一刻十一分
子初初刻七分	子正初刻六分	亥正二刻十分	子初二刻八分	亥正二刻七分	子初二刻五分	亥正一刻十二分	子初一刻十分	亥初二刻十三分	亥正二刻十一分	亥初二刻六分	亥正二刻五分
亥初初刻三分	亥正初刻六分	戌正二刻五分	亥初二刻九分	戌正二刻二分	亥初二刻五分	戌正一刻七分	亥初一刻十一分	戌初二刻八分	戌正二刻十二分	戌初二刻一分	戌正二刻五分
酉正三刻七分	戌初三刻十三分	酉正一刻十分	戌初二刻初分	酉正一刻七分	戌初一刻十二分	酉正初刻十二分	戌初一刻二分	酉初一刻十三分	酉正二刻三分	酉初一刻六分	酉正一刻十一分
申正三刻三分	酉初三刻四分	申正一刻五分	酉初一刻六分	申正一刻二分	酉初一刻三分	申正初刻七分	酉初初刻八分	申初一刻八分	申正一刻九分	申初一刻一分	申正一刻二分
未正三刻八分	申初三刻四分	未正一刻十分	申初一刻七分	未正一刻七分	申初一刻三分	未正初刻十二分	申初初刻九分	未初一刻十三分	未正一刻十分	未初一刻六分	未正一刻三分
未初初刻二分	未初三刻十三分	午正二刻五分	未初二刻初分	午正二刻二分	未初一刻十二分	午正一刻七分	未初一刻二分	午初二刻八分	午正二刻三分	午初二刻一分	午正一刻十一分
午初初刻七分	午正初刻六分	巳正二刻十分	午初二刻八分	巳正二刻七分	午初二刻五分	巳正一刻十二分	午初一刻十分	巳初二刻十三分	巳正二刻十一分	巳初二刻六分	巳正二刻五分
巳初初刻三分	巳正初刻六分	辰正二刻五分	巳初二刻九分	辰正二刻二分	巳初二刻五分	辰正一刻七分	巳初一刻十一分	辰初二刻八分	辰正二刻十二分	辰初二刻一分	辰正二刻五分

蜀		(四索貫)		四宿氐		(一宿氐)		(角 大)		(一宿亢)	
一二辰 分刻正	六二巳 分刻初	八一辰 分刻正	十三一巳 分刻初	三初辰 分刻正	九初巳 分刻初	七二辰 分刻初	十二二辰 分刻正	三初辰 分刻初	九初辰 分刻正	十四三卯 分刻正	五初辰 分刻正
十二一卯 分刻正	十三一辰 分刻初	三一卯 分刻正	四一辰 分刻初	十四三卯 分刻初	初初辰 分刻初	二二卯 分刻初	四二卯 分刻正	十四三寅 分刻正	初初卯 分刻正	十三寅 分刻正	十二三卯 分刻初
二二寅 分刻正	十三一卯 分刻初	八一寅 分刻正	五一卯 分刻初	四初寅 分刻正	初初卯 分刻初	八二寅 分刻初	四二寅 分刻正	四初寅 分刻初	初初寅 分刻正	初初寅 分刻初	十二三寅 分刻初
十二二丑 分刻正	六二寅 分刻初	三二丑 分刻正	十三一寅 分刻初	十三初丑 分刻正	九初寅 分刻初	二三丑 分刻初	十二二丑 分刻正	十三初丑 分刻初	九初丑 分刻正	九初丑 分刻初	五初丑 分刻正
一三子 分刻正	初三丑 分刻初	八二子 分刻正	六二丑 分刻初	四一子 分刻正	二一丑 分刻初	七三子 分刻初	六三子 分刻正	四一子 分刻初	二一子 分刻正	十四初子 分刻初	十三初子 分刻正
十二二亥 分刻正	初三子 分刻初	三二亥 分刻正	七二子 分刻初	十四初亥 分刻正	二一子 分刻初	二三亥 分刻初	六三亥 分刻正	十四初亥 分刻初	二一亥 分刻正	十初亥 分刻初	十三初亥 分刻正
一二戌 分刻正	六二亥 分刻初	八一戌 分刻正	十三一亥 分刻初	三初戌 分刻正	九初亥 分刻初	七二戌 分刻初	十二二戌 分刻正	三初戌 分刻初	九初戌 分刻正	十四三酉 分刻正	五初戌 分刻正
十二一酉 分刻正	十三一戌 分刻初	三一酉 分刻正	四一戌 分刻初	十四三酉 分刻初	初初戌 分刻初	二二酉 分刻初	四二酉 分刻正	十四三申 分刻正	初初酉 分刻正	十三申 分刻正	十二三酉 分刻初
二二申 分刻正	十三一酉 分刻初	八一申 分刻正	五一酉 分刻初	四初申 分刻正	初初酉 分刻初	八二申 分刻初	四二申 分刻正	四初申 分刻初	初初申 分刻正	初初申 分刻初	十二三申 分刻初
十二二未 分刻正	六二申 分刻初	三二未 分刻正	十三一申 分刻初	十三初未 分刻正	九初申 分刻初	二三未 分刻初	十二二未 分刻正	十三初未 分刻初	九初未 分刻正	九初未 分刻初	五初未 分刻正
一三午 分刻正	初三未 分刻初	八二午 分刻正	六二未 分刻初	四一午 分刻正	二一未 分刻初	七三午 分刻初	六三午 分刻正	四一午 分刻初	二一午 分刻正	十四初午 分刻初	十三初午 分刻正
十二二巳 分刻正	初三午 分刻初	三二巳 分刻正	七二午 分刻初	十四初巳 分刻正	二一午 分刻初	二三巳 分刻初	六三巳 分刻正	十四初巳 分刻初	二二巳 分刻正	十初巳 分刻初	十三初巳 分刻正

三宿心		二宿心		(一宿心)		四宿房		三宿房		(一宿房)	
六一巳 分刻初	十一一巳 分刻正	初一巳 分刻初	五一巳 分刻正	七初巳 分刻初	十二初巳 分刻正	六三辰 分刻正	十一三巳 分刻初	一三辰 分刻正	六三巳 分刻初	十四二辰 分刻正	四三巳 分刻初
一一辰 分刻初	二一辰 分刻正	十初辰 分刻初	十一初辰 分刻正	二初辰 分刻初	三初辰 分刻正	二三卯 分刻正	三三辰 分刻初	十二二卯 分刻正	十二二辰 分刻正	十二卯 分刻正	十二二辰 分刻初
六一卯 分刻初	三一卯 分刻正	初一卯 分刻初	十一初卯 分刻正	七初卯 分刻初	初三卯 分刻正	七三寅 分刻正	三三卯 分刻初	一三寅 分刻正	十三二卯 分刻初	初三寅 分刻正	十二二卯 分刻初
一二寅 分刻初	十一一寅 分刻正	十一寅 分刻初	五一寅 分刻正	二一寅 分刻初	十二初寅 分刻正	一初寅 分刻初	十一三寅 分刻初	十一三丑 分刻正	六三寅 分刻初	九三丑 分刻正	四三寅 分刻初
六二丑 分刻初	五二丑 分刻正	初二丑 分刻初	十三一丑 分刻正	七一丑 分刻初	五一丑 分刻正	六初丑 分刻初	五初丑 分刻正	一初丑 分刻初	初初丑 分刻正	十四三子 分刻正	十三三丑 分刻初
一二子 分刻初	五二子 分刻正	十一子 分刻初	十一一子 分刻正	二一子 分刻初	六一子 分刻正	二初子 分刻初	五初子 分刻正	十一三亥 分刻正	初初子 分刻正	十三亥 分刻正	十一三子 分刻刻
六一亥 分刻初	十一一亥 分刻正	初一亥 分刻初	五一亥 分刻正	七初亥 分刻初	十二初亥 分刻正	六三戌 分刻正	十一三亥 分刻初	一三戌 分刻正	六三亥 分刻初	十四二戌 分刻正	四三亥 分刻初
一一戌 分刻初	二一戌 分刻正	十初戌 分刻初	十一初戌 分刻正	二初戌 分刻初	三初戌 分刻正	二三酉 分刻正	三三戌 分刻初	十一二酉 分刻正	十二二戌 分刻初	十二酉 分刻正	十二二戌 分刻初
六一酉 分刻初	三一酉 分刻正	初一酉 分刻初	十一初酉 分刻正	七初酉 分刻初	三初酉 分刻正	七三申 分刻正	三三酉 分刻初	一三申 分刻正	十三二酉 分刻初	初三申 分刻正	十一二酉 分刻初
一二申 分刻初	十一一申 分刻正	十一申 分刻初	五一申 分刻正	二一申 分刻初	十二初申 分刻正	一初申 分刻初	十一三申 分刻初	十一三未 分刻正	六三申 分刻初	九三未 分刻正	四三申 分刻初
六二未 分刻初	五二未 分刻正	初二未 分刻初	十三一未 分刻正	七一未 分刻初	五一未 分刻正	六初未 分刻初	五初未 分刻正	一初未 分刻初	初初未 分刻正	十四三午 分刻正	十三三未 分刻初
一二午 分刻初	五二午 分刻正	十一午 分刻初	十四一午 分刻正	二一午 分刻初	六一午 分刻正	二初午 分刻初	五初午 分刻正	十一三巳 分刻正	初初午 分刻正	十三巳 分刻正	十三三午 分刻初

尾宿二		（尾宿一）		帝座		尾宿八		尾宿五		侯	
巳正二刻十分	巳初二刻五分	巳正二刻十一分	巳初二刻六分	午初初刻七分	巳正初刻二分	午初一刻八分	巳正一刻三分	午初一刻十一分	巳正一刻六分	午初一刻十三分	巳正一刻七分
辰正二刻一分	辰初二刻初分	辰正二刻二分	辰初二刻一分	辰正三刻十四分	辰初三刻十三分	巳初初刻十四分	辰正初刻十三分	巳初一刻二分	辰正一刻一分	巳初一刻四分	辰正一刻三分
卯正二刻二分	卯初二刻五分	卯正二刻三分	卯初二刻六分	卯正三刻十四分	卯正初刻三分	辰初一刻初分	卯正一刻三分	辰初一刻三分	卯正一刻六分	辰初一刻四分	卯正一刻八分
寅正二刻十分	寅初三刻初分	寅正二刻十一分	寅初三刻一分	卯初初刻七分	寅正初刻十二分	卯初一刻八分	寅正一刻十三分	卯初一刻十一分	寅正二刻一分	卯初一刻十三分	寅正二刻二分
丑正三刻四分	丑初三刻五分	丑正三刻四分	丑初三刻六分	寅初一刻一分	丑正一刻二分	寅初二刻一分	丑正二刻三分	寅初二刻四分	丑正二刻六分	寅初二刻六分	丑正二刻七分
子正三刻四分	子初三刻初分	子正三刻五分	子初三刻一分	丑初一刻一分	子正初刻十三分	丑初二刻二分	子正一刻十三分	丑初二刻五分	子正二刻一分	丑初二刻六分	子正二刻三分
亥正二刻十分	亥初二刻五分	亥正二刻十一分	亥初二初六分	子初初刻七分	亥正初刻二分	子初一刻八分	亥正一刻三分	子初一刻十一分	亥正一刻六分	子初一刻十三分	亥正一刻七分
戌正二刻一分	戌初二刻初分	戌正二刻二分	戌初二刻一分	戌正三刻十四分	戌初三刻十三分	亥初初刻十四分	戌正初刻十三分	亥初一刻二分	戌正一刻一分	亥初一刻四分	戌正一刻三分
酉正二刻二分	酉初二刻五分	酉正二刻三分	酉初二刻六分	酉正三刻十四分	酉正初刻三分	戌初一刻初分	酉正一刻三分	戌初一刻三分	酉正一刻六分	戌初一刻四分	酉正一刻八分
申正二刻十分	申初三刻初分	申正二刻十一分	申初三刻一分	酉初初刻七分	申正初刻十二分	酉初一刻八分	申正一刻十三分	酉初一刻十一分	申正二刻一分	酉初一刻十三分	申正二刻二分
未正三刻四分	未初三刻五分	未正三刻四分	未初三刻六分	申初一刻一分	未正一刻二分	申初二刻一分	未正二刻三分	申初二刻四分	未正二刻六分	申初二刻六分	未正二刻七分
午正三刻四分	午初三刻初分	午正三刻五分	午初三刻一分	未初一刻一分	午正初刻十三分	未初二刻二分	午正一刻十三分	未初二刻五分	午正二刻一分	未初二刻六分	午正二刻三分

尾宿六		（箕宿一）	
午初二刻七分	巳正二刻一分	午初三刻十一分	巳正三刻六分
巳初一刻十四分	辰正一刻十二分	巳初三刻二分	辰正三刻一分
辰初一刻十三分	卯正二刻二分	辰初三刻二分	卯正三刻六分
卯初二刻七分	寅正二刻十二分	卯初三刻十一分	卯初初刻一分
寅初三刻初分	丑正三刻一分	寅正初刻四分	寅初初刻六分
丑初三刻初分	子正二刻十二分	丑正初刻五分	丑初初刻一分
子初二刻七分	亥正二刻一分	子初三刻十一分	亥正三刻六分
亥初一刻十三分	戌正一刻十二分	亥初三刻二分	戌正三刻一分
戌初一刻十三分	酉正二刻二分	戌初三刻二分	酉正三刻六分
酉初二刻七分	申正二刻十二分	酉初三刻十一分	酉初初刻一分
申初三刻初分	未正三刻一分	申正初刻四分	申初初刻六分
未初三刻初分	午正二刻十二分	未正初刻五分	未初初刻一分

臣謹案中星表之作前人梅文鼎胡亶張作楠諸賢多有著錄惟年遠不足依據兹表爲咸豐元年所測定按節氣列之一以京師爲準各省偏度不兼及此表所列之星爲赤道內外最明大者之百名惟臺頒中星更錄用四十五大星由來已久故仍於四十五大星作括弧爲識其算法詳載馮氏原書兹不備錄

皇朝續文獻通考卷三百

象緯考七　五星附天王海王彗星流星

臣謹案自西人測天器具日益精進行星新理層見迭出星體情狀以及距地距日星半徑等數推測亦較前更爲精密天王海王兩星爲近今所發見彗星流星昔無行道可考近時天文家悉心研求始漸有所發明據其考查所得雖不能如日月五星之精詳亦不無可資記錄者故遂譯西人五星論並附天王海王彗星流星於篇末

美人楊氏天文學曰行星之在地道內者曰內行星在地道外者曰外行星內行星在日地閒名下合日在星地閒名上合

西儒赫士天文揭要云行星軌道皆爲橢圓與日當黃經度相同之點名曰相合點內行星在地道以內故相合點有二日在星地之閒爲上合點星在日地閒爲下合點外行星在地軌以外故惟有上合點日在星地閒其當黃經度一百八十度之處爲相衝點即自日視星與地同黃經度之點相合相衝二點亦無定所由地繞日行而與星之速率不同故也行星繞日東行近日則速遠日則遲其軌道彼此之交角俱小而自地觀諸行星之方向與速率則恆變其故有二一因地體不在行星軌道之中心故行星距地遠近日日不同而速率亦然一因地球亦繞日行雖行星不動而自地視之如動也

楊氏曰水星軌道在地道之內離日最近距日中數爲一萬萬里軌道橢率爲〇・二〇五橢率既大故太陽出乎中心爲二〇九五〇〇〇〇里軌道上速率在最卑點約爲每秒鐘一百里在最高點爲六十四里在同一面積上約比地球可多收光熱七倍但在最卑點與最高點所收光熱之比又如九與四之比恆星週期爲八十八日太陽週期爲一百十六日其距太陽最遠之點爲自十八度至二十八度此在下合前後二十二日見之軌道與黃道斜交交角爲七度

水星視徑自五秒至十三秒以距地之遠近而殊其實徑當爲八千四百里由此推知其面積爲地球七分之一體積爲地球二十分之一至二十五分之一

以遠鏡窺水星甚似小月在下合點時黑面正向地球在上合點時則光面向地球在上合點與極遠點閒見突形在下合點與極遠點閒見蛾眉形繞本軸自轉一周需二十四小時又五分

光緒十五年意國天文士施加巴利考得水星繞行時其向日之面恆不變此正與月之繞地不變其面同然以橢率故有極大之天秤動偏於中距時角度約爲二十三度半易言之從星之地位視日則在八十八日閒見日之移前移後約爲四十七度也

下合時水星或過日南或過日北與日道斜交成七度角如合時水星正當交點處則橫過日面而成小黑點是爲星過日面即星食又因地球過水星軌道交點在立冬立夏故水星過日面亦必在此期內

臣謹案立冬時水星過日面之期爲七年或十三年立夏時則爲十三年或四十六年水星二十二太陽週約爲七年四十一太陽週等於十三年一百四十五太陽週正合四十六年故每越四十六年水星必仍在同一交點過日面也

楊氏曰水星之外爲金星光最明亮離日中距爲一八七七〇〇〇〇〇里距地數自七二六〇〇〇〇〇里至四四七〇〇〇〇〇〇里軌道橢率爲〇・〇〇七此在太陽系中爲最小之數故其距日最大最小之差止一三一〇〇〇〇里軌道上速率約爲每秒鐘六十一里半恆星週期爲二百二十五日太陽週期爲五百八十四日自上合至極遠點需二百二十日自下合至極遠點止需七十一至七十二日極遠點角度最大時約自四十七度至四十八度軌道斜交交角爲三度半

視徑在下合時爲六十七秒上合時止十一秒兩數相差由距地之遠近不同其實徑爲二一五〇〇里面積爲地球百分之九十五體積爲地球百分之九十二密率爲百分之八十六球面攝力爲百分之八十三如重一百六十斤之物移置金星中僅得一百三十三斤

金星光力極强星面之景物不易見必於下合與最遠點之間其視徑爲四十秒時以四十五倍之望遠鏡視之則星與蛾眉月同大方見其狀

金星之返光力爲〇・五〇即爲月之三倍水星之四倍返光力之强若此或因星面全爲雲遮所致星面光力邊際交强於中央

去今百餘年前西人斯克羅德已考得金星繞本軸自轉之期爲二十三小時二十一分近年推測則又微有出入或謂自轉之期應爲二百二十五日此殆與月水兩星環行軌道一周之期相等西人老威氏且證其無誤幷謂金星赤道與軌道交角爲數極微云

金星過日面時人目亦可見黑點自東至西而行黑點在日中時留約八小時但到邊際則停留之期較短又因金星過軌道交點在芒種大雪故過日面亦當在此期第爲不常有之事實耳

臣謹案金星十三恆星周約爲八年一百五十二太陽周或三百九十五恆星周適等二百四十三年故金星一次過日面後則第二次當越八年經二百四十三年則在同一交點處再過日面

楊氏曰火星在歷史上發見甚早離日中距約爲日距地一倍半即三九五三〇〇〇〇〇里橢率爲〇・〇九三衝日時平均距地爲一三五八〇〇〇〇〇里衝日點如在最卑點則星距地減爲九九二〇〇〇〇〇里如在最高點則爲一七〇〇〇〇〇〇〇里在上合點時距地平均數爲六五四〇〇〇〇〇〇里星距地數之相差既若是其鉅故視徑與光力二者亦因時而大異在尋常衝日點其距地爲最小時其光力大於上合時約爲五十倍在距地最遠時光力且不及北極星

視徑在合日點爲三秒六在衝日點爲二十四秒半實徑爲一二〇〇〇里因知面積爲地球面積七分之二體積爲七分之一體質約爲地球體質九分之一故密率爲〇・七三球面攝力爲〇・三八物體在地球上重一百斤者移置星面止得三十八斤

以望遠鏡窺火星最好在距地極近時此時如用七十五倍之鏡則見星如月大全面見赤色又因火星在地道外故無蛾眉形可見若在象限距時則如月在望後三日時之形

西人佘爾那考得火星反光力爲〇・二六適比水星大二倍比月則還過之在衝日時光力驟增與月滿時之驟增光力同

細察星面斑點可知火星自轉之期其恆星日爲二十四小時三十七分二十二秒六七此數之差當不能過五十分之一秒

臣謹案火星恆星年需歷六百八十七日即一年又十月半太陽年爲七百八十日即兩年又兩月此七百八十日中其七百十日向東行餘七十日則卻行火星衝日常在處暑前後每十五年或十七年一次

楊氏曰火星赤道斜交軌道交角爲二十四度五十分斜交黃道交角爲二十六度二十一分準交角而論火星之季候當與地球相同最近天文家又考得火星兩極亦因離心力故成扁平形此兩徑相差約爲二百分之一

火星面之景物光黑相參可分三大類　一白色部共有二處正在兩極天文家設想此白色爲冰雪所成其在北部者當北夏時則漸減去此際北極正向日面同時南部白色驟增反之當南夏時則白色南減而北增　二灰藍色及綠色部約占球面八分之三始天文家謂此部爲水近年又考得各種見象隨星季爲變似有植物之類徧佈於此所致　三橘黃色部約占球面八分之五似爲陸地橘黃點之在星面中央者易見在邊際者恆爲邊光所掩

以上三類景物外意人施加巴利在光緒三年五年時發見細直綫橫越星面紅色處支脈遍佈氏以運河名之光緒七年氏又言諸色中有兩綫幷合爲一者但綫紋極微難窺近年美歐兩洲天文家羣起研求確定氏說謂欲窺星之細綫鏡力關於星距地之遠近者尙少惟恃空氣之靜定星面之季候與精心視察而已

臣謹案光緒二十年西人魯依謂星面黑色處爲陸地有植物種其上至紅色處謂爲不毛地若橫越之運河疑爲供給灌漑之用又察其河道之

平直與其餘各種情狀意河道必爲人工所成云道光十年西人梅特而
首成火星圖自此而各國天文家效之各有所作
楊氏曰火星有衛星二爲光緒三年好爾氏在美京華盛頓所發見衛星極
小必用大力遠鏡方可窺見一名檀木司距火星中點約爲四〇八〇〇里
恆星周爲三十小時十八分一名福抱斯距主星約爲一六二〇〇里其恆
星周止七小時三十九分時間之短尚不能及火星日三分之一於星面視
福抱斯必西出而東入於十一小時內退行一周若檀木司則東出而西入
第轉行一周需閱一百三十二小時二衛星軌道均爲圓形且距火星赤道
甚近
衛星之徑本不易測西人畢克林假設衛星反光之力與火星等則福抱斯
之徑當爲十九里半檀木司當爲十四里至十七里光緒二十年西人魯依
窺測所得謂檀木司之徑爲三十里福抱斯之徑爲一百里
木星光力不及金星距太陽爲一三四九〇〇〇〇〇〇里軌道橢率約爲
二十分之一衝日時距地爲一〇九〇〇〇〇〇〇〇里合日時距地爲一
六二〇〇〇〇〇〇〇〇里但距地最近時可至一〇三〇〇〇〇〇〇〇里
最遠時可至一七〇〇〇〇〇〇〇〇里軌道與黃道斜交交角爲一度十
九分其恆星年需十一年八六太陽年需三百九十九日
木星視徑自五十秒至三十二秒因距地之遠近而殊球面爲蛋形其赤道
徑爲二四六〇〇里兩極徑爲二三二〇〇里平均徑約爲二四一七〇
〇里卽大於地球徑約十一倍由是可知面積大於地球約爲一百十九倍
體積約大於地球一千三百倍在行星中當爲最大之星矣
木星體質爲太陽體質一千零四十八分之一卽爲地球體質之三百十六
倍由體質與體積兩數可知比重爲〇　二四卽比地球密率小四分之一
球面攝力約爲地球之二倍又三分之二但以轉率極速之故兩極與赤道
處之攝力約有百分之二十相差也
以二百倍或三百倍之遠鏡視木星則星面景物可諦視色甚明麗且隨自
轉之度而變其狀態色紋排列成帶與赤道平行
木星光圖與直接由太陽光反射者微有不同因知日光先經星面之雲層
返射後而後透入氣層圖中常有黑影在紅綫與橘黃綫處
木星速率較各星爲大恆星日約爲九小時五十五分此數據各天文家所
得微有不同其出入約爲六分七分近赤道各斑旋轉一周之時間較兩極
各斑爲短
木星速率既大故兩極之壓力竟至十七分之一其旋轉平面幾與軌道平
面相合至斜交交角止爲三度故星面季候之變遷決不能如地球之顯然
可分
星面無永存不變之標記惟在光緒四年曾發見一大紅點近雖減色亦尚
可見
木星有九衛星其四星大而易見明萬歷三十八年西人甘利哇初用遠鏡
發見之距木星自七三二〇〇〇里至三二六六〇〇〇里其恆星周期自
四十二小時至十六日又三分之二其軌道均爲圓形離木星赤道俱甚近
以次序論四星中第三衛星爲最大直徑約爲一〇〇〇〇里餘自五六〇
〇里至八四〇〇里而已第五衛星爲西人白那在光緒十八年考得其形
甚小位次甚近木星第六第七兩衛星爲西人怕林在光緒三十一年發見
較第五星更小其距木星均爲一九〇〇〇〇〇〇里周期自八月半至九
月第八星爲西人梅老德在光緒三十四年發見至第九星則西人倪考生
在近年始發見
臣謹案第四衛星極闇甚難辨認其餘諸衛星或明或暗或不見均隨時
隨地而異有時在衛星上亦有斑點可見明暗時有不同於第四星爲尤
甚向星之面恍同月面之於地球永遠不變者也
楊氏曰四大衛星中除第四星外餘均每轉一周卽有一食每次合日必過
日面當木星合日或衝日時影卽在其後故不見食但在象限距時影側一
邊除第一衛星外餘可全見天文家每乘衛星之食推定經度及日地間光

纔傳佈之時間故備極注意
凡仰視星象苟知星地之距則可知光行之時間故從見星之時減去光行時間方爲見星眞時此應改之減數曰光行差光行過天空單位距離所需之時間曰光行差常數約爲四百九十九秒
衛星之食有定時故可先期推算列表以驗但衛星自衛日點起食漸後退此則四星皆然其後退時間較之表中預推之數相差愈多迨至合日點食時較遲至十七分過合日點後則食時漸早至衛日點而見食之時適與表列之數相符
道光二十九年以前僅從木星所屬之衛星以求光行速率卽按已知日距地數及光自日至地之時間而求得光行速率近年則反此法而用之得數更密其法用光行速率及光行差常數而求日距地之數照最近所定之光行速率爲每秒五二〇五九六里以四九九乘之得二五九七七七〇〇〇里
土星有黃光星面狀況無變異惟每閱十五年光環之光或有增減距太陽中數爲二四七五〇〇〇〇〇〇里但因橢率爲〇．〇五六此數當有三萬萬里之差最近衛日時距地爲二一六二五〇〇〇〇〇里最遠合日時距地爲二八七二〇〇〇〇〇〇里軌道與黃道斜交交角爲二度半恆星周期爲二十九年半太陽周期爲三百七十八日
視徑自十四秒至二十秒以距地之遠近而殊星之兩極爲扁平形比他處尤扁十分之一故赤道徑爲二〇九〇〇〇里而兩極徑止爲一九〇〇〇〇里面積約爲地球面積之八十四倍體積約等地球之七百七十倍其體質用衛星求之爲地球之九十五倍其密率應爲地球密率八分之一是則較水星爲小矣在行星中以土星密率爲最小平均球面攝力約爲地球之一．二倍但星之兩極與赤道間相差當有百分之二十五
土星繞本軸自轉一周爲十小時十四分此爲西人好爾氏在光緒二年由星面白點考得近年各天文家謂斑點在不同之緯度處其周時亦因而不同云
星之赤道與軌道斜交交角爲二十七度
星之邊際稍暗亦如木星有與赤道平行之帶其赤道上之帶甚明在高緯度者色較淡至極處則作靑色佘爾那謂土星光力爲〇　五二與金星相同其光圖與木星無大差殊惟其黑帶更較顯明
土星之最奇者爲光環系光環有三均薄平而同心通常以甲乙丙名之甲爲外環甲環之徑爲四六九〇〇〇里闊爲二八〇〇〇里乙環最闊約爲四七〇〇〇里丙環半透光其闊爲二五〇〇〇里各環面均與土星赤道同心環層極薄僅二百七十里
臣謹案土星光環初爲甘利哇在明萬歷三十八年所見以遠鏡力弱旋又不見迨順治十二年荷蘭人海更士始宣傳於世後二十年西人葛西尼發見雙環道光三十年美人導斯始得第三環
楊氏曰光環與黃道交角爲二十八度光環在日地之間時環之黑面向地止有環邊可見
土星共有十衛星最大者爲海更士在順治十二年發見與第九等星相似用三寸徑之遠鏡窺之卽可見葛西尼在康熙時發見四星侯失勒維廉在光緒十五年發見二星本特在道光二十八年發見一星第九第十兩星爲畢格靈在光緒二十四年及三十一年所發見衛星次序如以距主星最遠者居首則最大者爲第六衛星距主星爲二一五〇〇〇〇里繞本星周期爲十六日其徑約自八〇〇〇里至一一〇〇〇里據西人施棟報告謂其體質約爲土星四千六百分之一第七衛星距主星爲六二一六〇〇〇里繞本星周期爲七十九日與光環交角爲十度其餘諸衛星軌道似在光環平面之內無交角第九衛星繞星周期需五百五十日距主星當在二萬萬里以上其行自東至西第十星雖經發見而距主星之數及周期均無明證
以上爲五緯星上古以來人皆知之乾隆四十六年二月十九夜英人侯失勒維廉用七寸徑之自造遠鏡細測諸恆星發見一星與恆星不同初以爲

彗星繼以其軌道推之經一年之久始知爲繞太陽行星之一名之曰天王星與六等星同大目力健者一望可見

天王星距日中數爲日距地之十九倍約爲五〇〇〇〇〇〇〇〇〇〇里橢率與木星相似其在最高點之距約大於最卑點距一九〇〇〇〇〇〇〇〇里軌道與黃道交角極小僅四十六分恆星周爲八十四年太陽周爲三百六十九日又三分之一日

以遠鏡窺之面見綠色視徑爲四秒直徑約爲八九〇〇〇里準此數其體積當爲地球之六十六倍體質由衛星測得爲地球之一四·六倍故其密率當爲〇·二二球面攝力當爲〇·九〇其光力據佘爾那說謂爲〇·六四在光圖中見黑帶於黃綫處或爲星面濃厚空氣中不同一之物質所成星面無斑點橢率約爲十四分之一景狀不明但有似帶之痕痕與衛星軌似成二十度之交角

天王星有衛星四最明兩星爲侯失勒維廉所發見又兩星爲賴塞爾在咸豐元年所發見諸衛星與各小星同在太陽系中但極難窺見以大小言之當較水星爲大其徑應自五百六十里至一千四百里其軌道均圓形與天王星赤道同在一平面內

第四衛星距主星約爲一〇四八〇〇〇里繞本星周期爲十三日十一小時第三衛星既大且亮距主星爲七八二〇〇〇里周期爲八日十七小時第二衛星距主星約爲四八三〇〇〇里周期爲四日三小時二十八分第一衛星距主星爲三三五〇〇〇里周期爲二日十二小時衛星有特殊之點其軌道與黃道交角爲八十二度二且繞天王星而退行此皆非他星之衛星所能有也

海王星之發見由算例推得之先是測望家見天王星有無數小動與所算不合必另有行星吸動英人亞但史法人力佛利亞驗其動法皆以爲別有行星攝力大於天王而生此動其說不謀而合二人各以其法推未見之行星謂今當在某經度某緯度所推之數甚近力佛利亞乃以所推者送德國柏靈星臺是夜臺官嘉勒用遠鏡依所推之處測之果見一星距力佛利亞所定之經緯僅差五十二分名之曰海王時道光二十六年八月初四夜也

海王星距日中數爲七八二〇〇〇〇〇〇〇里軌道幾近正圓形橢率爲〇·〇〇九軌道交角爲一度又四分之三周期爲一百六十四年星行軌道速率爲每秒九里又十分之三

以遠鏡視之則海王與八等九等星同大人目不能望見視徑爲二秒六星面作綠色實徑約爲九八〇〇〇里近年天文家測之謂僅爲七八〇〇〇里體積約爲地球之九十倍體質從衛星推測約爲地球之十八倍密率爲〇·二〇光力爲〇·四六星面無特異之點其轉狀更無可見其光圖略與天王相似而較弱

海王與天王正如地球與火星密率相似大小相似幾於無一不類

海王有衛星一在考得海王後數月爲賴塞爾所發見距主星爲六二二三〇〇〇里周期爲五日二十一小時軌道與黃道交角爲三十四度四十八分其行亦自東至西退行與天王星之衛星同衛星極小尙不及天王最外衛星之明亮以其明亮之度與海王較疑其全徑約與月球徑等

以上爲七大行星如以地球距日之數爲天空單位爲一則得七行星之距日數如左表

星名	距日數	波特例
水	〇·三八五	〇·四
金	〇·七二三	〇·七
地球	一·〇〇〇	一·〇
火	一·五二三	一·六
中距小星	二·六五〇	二·八
木	五·二〇二	五·二
土	九·五三九	一〇·〇
天王	一九·一八三	一九·六
海王	三〇·〇五四	三八·八

兩偰七政恆星總論德人波特列有一表水星距日數爲〇三八七此爲〇三八五按西儒赫士天文揭要所載亦爲三八七而希特氏天文圖誌則爲三九附誌於此以備攷定

上表之波特例爲德人波特所刱其例以四數爲首次自四加三得七再由四加三之二倍即六得十再自四加六之二倍即十二得十六如是迭進以前項加數倍之與四相加復以十除之卽得表中所列波特數此數與各星中距數極相似惟與海王星則相差較鉅天文家迄莫能知其所以然也

波特之例謂諸行星距日有定律於乾隆三十七年刊行於世其後天文家咸謂火木二星閒必有行星漏測至天王星發明後其距又與波特例合乃羣起注意專事研求漏測之星首先測得穀女星者為畢雅齊時在嘉慶四年次年阿爾白士得武女星九年哈爾定得天后星十二年阿爾白士更得火女星道光二十五年德人亨該測得嚴女星後二年又得三星自是歲有所獲星數日加光緒十七年德人華甫創用照像法以測星於是火木兩星閒小行星驟增至三百二十一星近年其數已至八百以上矣

各小行星距日中數遠近相差甚鉅軌道與黃道交角平均約八度第二星武女之交角為三十五度其餘諸星有在二十五度外者橢率甚大如第四百七十五星之橢率為○·三八尚有十餘星橢率均過○·三○初發見之四星以火女為最明西人白那特在道光二十九年至三十年測得穀女星之徑為一三五五里武女為八四九里火女為六七九里天后為三三○里最近發見之小星必用十二寸遠鏡方得窺見其大或不及火星之衞星其徑或僅在五十里左右星之體質密率尚無所知或謂其體積總數約為地球體積一百十五分之一然不能視為確數也

臣謹案西人攷察小行星均在木火二星之閒一千八百九十八年（即光緒二十四年）德國天文家魏特用攝光鏡測見爾歐斯星（今人葉青譯為愔女星）軌道與火星相錯距地約一千三百五十萬英里最易見之時為三十七年一次當再見於一千九百三十一年此星於天文新理關系甚深此外發見者當一千九百零九年之時計有七百之數天文家謂地球金星二軌道之閒如有行星其光被奪於日而不能見木星軌道以外則受光少而返光亦微亦不能見最近天文家又謂海王星以外當有二行星繞日而轉因攷知彗星二羣似為距日甚遠之行星所吸容有二行星發見云云今之厤家咸注意攷察焉

彗星流星

彗星為繞日旋轉之星氣其軌道或為橢圓或為拋物綫及雙曲綫不等其兩心差較行星之兩星差尤大自昔發見之彗載於西厤紀年以後者六百有奇近今五十年新測見者計有八十之數彗星之軌道方位已測知者共有二百五十其為拋物綫或橢率尤大而與拋物綫無異者計二百有五其為雙曲綫者有五其見為橢圓形者有四十而其交於黃道之角自零度至九十度不等行向順逆亦無定發見之期以二三月為常亦有數日至年餘者蓋其久暫乃隨其密率與長度而變也

英人奈端於康熙十九年攷得一彗星之軌道為拋物綫形日居其心依拋物綫根數之式則其行次方位可以預測惟繞日周時無法可求乃記其已顯之行狀及所行軌道之根數告知天學家謂日後彗星遇有相合即此星之復見及好里於康熙五十九年至乾隆七年之閒專心攷驗彗星軌道測知彗星行拋物綫者二十有四因推得一千五百三十一年（即明世宗嘉靖十年）一千六百零七年（即明神宗萬歷三十五年）一千六百八十二年（即康熙二十一年）三次所見之彗星所行軌道略同確為一彗繞日周時約七十五六年謂當再見於一千七百五十八年之終或一千七百五十九年之始（即乾隆二十四年）及一千七百五十八年十二月此彗果見遂名之為好里彗此後再見之期當在一千八百三十五年（即咸豐六年）一千九百十年（即宣統二年）及期皆驗自好里發明周時繼此而知他彗星周期者不下三十其周時皆不逾百年有彗十八已屢見往復測其周時並卑點高點之距及所見之次數列表於左

	彗星名	恆星周時	距數高點	距數卑點	測見之次
一	因格	三·三○年	四·一○	○·三四	二九
二	但白勒	五·二八	四·六八	一·三九	四
三	勃陸孫	五·四六	五·六一	○·五九	五
四	但白勒快彗	五·五五	五·一八	一·○九	三
五	文納克	五·八三	五·五五	○·九二	七
六	廸未谷	六·四○	五·二二	一·六七	三
七	但白勒	六·五四	四·九○	二·○九	三

八	芬乙蘭	六·五六	六·〇四	〇·九七	二
九	杜那底	六·六七	五·七七	一·三二	六
十	比一拉	六·六九	六·二二	〇·八八	六
十一	胡而弗	六·八四	五·六一	一·六〇	三
十二	耗而墨司	六·八七	五·一〇	二·一三	二
十三	勃洛格司	七·一〇	五·四三	一·九六	二
十四	費	七·五七	五·九七	一·七四	八
十五	托脫而	一三·六七	一〇·四一	一·〇二	五
十六	龐斯	七一·五六	三三·七〇	〇·七八	二
十七	阿爾白斯	七二·六五	三三·六二	一·二〇	二
十八	好里	七六·〇八	三五·二二	〇·六九	二三

表中所列諸彗周時頗短卑點距太陽亦近比一拉彗於道光二十六年見其體裂而爲二迨咸豐二年又見之二體相距約逾二百八十萬里厥後西人包克於同治十一年在瑪德拉斯所見之彗星知其爲比一拉彗無疑更有數彗星已知其裂爲二體或裂爲數體由此知彗星與流星有相關之理且每次彗星過後流星益衆必因在尾質脫落於軌道閒團結而爲流星表中勃洛格斯彗第一次以遠鏡窺之見其體裂爲四至屢見而形不變者惟好里彗

彗星周時凡不足百年者業已知其軌道爲橢圓而橢率甚大惟周時多至千百年者雖有重至卑點之期吾人所不及見而考之也

在有周時之彗星中測得數彗當居高點時見其位置屬乎行星軌道今已測定有十八彗屬木星兩彗屬土星三彗屬天王星六彗屬海王星懸揣彗星軌道始必爲拋物綫式及行近某大行星被其所攝改道而馳遂爲橢圓軌道木星體大故所攝彗星之多若是

詳測兩次同形之彗按根數而計其軌道則其再至之時即可知其爲前見之彗惟以目力或遠鏡窺之其同否實不足據因各彗形狀不能無改易也

更有一等彗星即考其軌道亦不足憑因其雖歷若干年而一見仍難確指爲周時否也

更有數彗其體觕潔可觀最奇者形如光環此類之彗今尚未明

嘉慶十六年曾見一彗形極光曜當九月閒經過卑點其尾亘於天際長及二十五度

龐斯於嘉慶二十三年在瑪色勒測得因格彗係行橢圓軌道計周時約三年有半在乾隆五十一年六十年嘉慶十年歷測周時每次微短理頗奇異大抵被行星攝之使然因格氏當嘉慶二十四年測其周時爲一千二百十一日又百分日之七十八道光二年爲一千二百十一日又百分日之六十六道光五年爲一千二百十一日又百分日之五十五咸豐八年爲一千一百十日又百分日之四十四因格謂空際有一種微渺之氣是生阻力漸向前則氣漸密阻力亦漸加彗星經此阻力而行漸緩故軌道改小周時漸短以光緒六年所測文納克彗行率爲據然厥後西人拔克倫測驗彗星又與因格之說不合是則改小軌道之說猶是疑案

咸豐八年杜那底彗又見而形狀較昔闊大杜那底氏初在弗連司天文臺測見此彗其光絕倫尾長至一萬萬里以外其時大角明星適出於尾際而彗星之光未嘗稍減

楊氏天文學曰彗星體積極大如連尾計入其偉大之數常出意想之外通例彗首之徑約自十一萬里至四十二萬里彗星徑之在三萬里下者每不易見但超過四十二萬里者雖在紀錄中有之究不多見

臣謹案嘉慶十六年之彗曾有一時其徑竟比太陽徑大百分之四十

楊氏天文學曰彗首之徑常有變遷大抵近日時則縮離日後則仍復原狀

臣謹案彗星伸縮之故迄無定解侯失勒約翰嘗謂此種變遷僅屬光學關係蓋當彗星近日時核質之一部份爲日熱力所蒸散故不見離日後至氣候較冷之區凝結又見云

楊氏天文學曰彗核之徑約自三百里至一萬四千里或一萬七千里徑之

變遷亦日有不同但核徑之變似關乎射出物與光芒二者與距日遠近無涉

彗星之長常在一千四百萬里至二千八百萬里甚有至三萬萬里者然星體積之大旣若是而體質僅及地球體質之一小份因彗星行近恆星時恆星絕無變更而彗星轉受攝力影響遂成體大質稀之物故量不重

臣謹案最大彗星之體積僅爲地球體積十萬分之一約爲地球空氣體質之十倍

楊氏天文學曰彗星密率必爲極小彗首之徑如爲十四萬里體質爲地球體質十萬分之一則平均密率當爲地球面空氣密率六千分之一以彗尾論則密率之小更覺無限科學上之眞空已無密率可言而彗尾密率尙遠在眞空下此可由星體之透明見之二十八萬里徑之彗星雖在核中尙能透見小星密率之小可知

彗星之光變換甚速且無定例當其近日而自能發光可從光圖中證之因光圖所顯全無日光僅見亮紋數條中有三條通常視爲炭輕氣有時復有第四紋可見如彗星非近日時更有鈉鎂或爲鐵光綫發見或通常炭輕光紋爲別種光紋所掩使然西人陸克尤氏謂彗星光圖變遷與彗之距日有關但此事尙屬疑問

彗星初見時常作圓形雲霧狀星氣近心處則較亮迨行近太陽則光力驟增其核始顯自是核在向日之面噴射光芒形如髮狀左右勻垂逐層分佈每有延長至數小時而漸薄漸隱更成普通彗端星氣而止

造成彗尾之物質論者頗多有謂彗星行向太陽時從核中發射物質繼爲太陽所拒乃成尾狀據此以比較其實在大小及形狀推算彗星在軌道上不同諸點頗爲有據

臣謹案準是說則彗尾僅爲被拒諸微物所合而成各質點自循其雙曲綫軌道繞日而行第微物之結合力甚小故以漸分離脫去彗首且因放射力小故微物質點之軌道常近在彗星軌道平面內致彗尾成爲空平之圓錐體而末端有大口之形

楊氏天文學曰彗尾質點離彗首後仍作原有行動沿日彗開直綫而行惟因彗星之動故質點行成灣形太陽之抗拒力愈大彗尾彎度愈小

西人勃累狄輕曾本以上理由分彗尾爲三類茲述之如右

第一類爲長直射綫此類彗尾之物質其太陽拒力當爲攝力之十二倍至十五倍是以質點行離彗星之速率約爲每秒鐘十一里至十四里此速率又以漸增長直至不可數計勃累狄輕氏又以密率之低謂質點含有輕氣此氣由分離炭輕氣而來彗尾質點旣分離無定且光亮不足非分光鏡所能分析故天然情形難明

第二類爲彎曲羽形之尾此類疑爲炭輕氣所成其拒力尾面爲二‧二倍攝力尾裏拒力僅及面部之半

第三類爲梗刷狀之短曲尾其拒力較攝力相差極微質點中似爲金屬氣或鐵氣參和鈉氣等狀極濃厚

彗星質點受天然拒力之狀尙未確定近時天文家有謂電力所致最近試驗又以爲光浪推拒作用使然光浪推拒之力亦屬光力電磁論中之結果故二說亦不相背謬

大彗星行近日時有特殊見象蓋尾中有一黑紋如彗首之影但與太陽向成或大或小之角度則非影可知如彗星距日較遠時則尾中黑紋又轉爲亮

彗尾有時向日有時與日成直角有時則成光帶包圍彗首而向日方發射有時彗質微點離彗而成煙雲恍若炸彈爆發之煙狀凡茲見狀與上述理論無大異

綜上諸說彗體組織其首當爲金屬小物質分佈甚廣各質點皆帶一氣包光卽由氣包發出至組合質點之大小議論紛如尙無定說或謂質點均屬大石或謂僅屬塵雲要皆疑似之說耳

流星

西儒赫士氏天文揭要云流星卽天空流行之星大小不等行極速每秒約八十四里天學家謂逐日流星經過地軌道者約有八百萬設非以日月雲霧之礙逐日各處所見約有千數合全地所見等於八百萬如以遠鏡測之自必更多至於不可勝數矣

臣謹案流星小體或繞日行而成圈或繞他行星而成圈其數至多其繞日成圈者地球行經其處卽發見流星故每歲流星之期可以推知也

西儒希特氏天文圖說云流星分三類流星隕石雷流星是也此三類出自一源而形質不同又有隕鐵係鐵質隕墜時聚合而成其質鎳居百分之十鈷銅錫炭錳鎂等質所含不多隕鐵石係鐵與石鎔合墜地歷史所載隕石落地面者甚多英法美各國博物院皆有搜藏其質似火山噴吐之汁所成更無他質雷流星與隕石微異球體而明所過處恆見墜石爆則發紫光而滅

又云清朗之夜所見流星數目無幾惟當地球行向與流星行向相逆時流星羼入空氣中爲數較多以中數計之平旦多於昏刻黎明時星光多隱雖繁不可見故吾人所見流星最多之時在先日出之數小時閒測量家謂流星在子後二三小時爲最多以流星之觸於地者計之每二十四小時內當有數百萬顆之數

數十年前天文家注意流星僉謂於每年某夜中所見之流星比平日爲多紛紜亂射勢如驟雨故西人名爲流星雨流星相襍於天空恆星之閒其位置與路徑亦有可以測定者按各流星雨每發源於天空之一定點名爲流星雨之公點測流星之視路繞公點近者其路雖短而向四出距公點遠者則視路相較甚長按其公點年事測驗知流星雨亦循軌道而行則被牽於太陽之攝力也無疑流星中更有散見各處非出自公點者名曰散流星流星雨之已經考定者其軌道與有周時之彗星無異故與彗星必有相關細測流星雨軌道如但白勒彗與獅座流星雨爲侶獅座流星雨因其公點出自獅座故名仙女流星與比一拉彗爲侶

吾人所見之流星雨係小流星羣循行於其軌道之閒橫經地道過地時與空氣相過而發光故世人得共知之流星羣在每年多至後十日內適過軌道交點行經空氣摩擦生熱故望之如明星橫越而過

流星雨之見於每年一定之時者細察其軌道循環一周爲路甚長如英仙流星雨在每年立秋後數日內地球至其軌道交點時卽見流星紛然射出然在立秋後數日內英仙座之流星雨閒有多寡不同蓋流星循行於軌道之閒非聚合而爲窄狹之流星羣實散布於道之左右三百五百里內惟其前後聯絡疏密不一如獅座流星雨每年在立冬時見之然每歷數年則寥寥無幾蓋流星在其軌道中或一處甚疏或一處甚密處過軌道交點須歷數年故吾人逢其交點可得連年見之過此則雖有流星雨而爲數甚少其名不著此流星雨約三十三年又四分年之一循環軌道一周且其橢率甚大遠出天王星之外也

西儒赫士天文新編云流星所行之道幾盡在天空二度寬之處以此見諸流星原屬一羣其諸道相遇處（卽其入地氣界處）謂之射源今所知之射源約有二百餘處而諸流星羣皆以射源所在之處爲名如大獅流星羣英仙流星羣雙子流星羣諸射源是也

大獅流星羣於道光十三年見於美國光最明麗歷五六小時之久密聚流行無落於地面者其後復見於同治五年光緒二十四年二十七年軌道平面與黃道作十七度之角地在流星羣之近日點與之相遇此羣繞日而轉星之散布不均最密之處長二萬里全羣之行歷數年而始盡過近日點故其羣可一年見之或二三年連見之惟以星羣之首方至近日點時地適行於何點爲斷此羣之星色作藍綠最多之時爲十一月十三前後二十四小時之期閒

英仙流星羣軌道橢圓遠日點在海王星軌道之外百餘年而轉一周諸星分散於軌道故每年可得見之閒有星稀之處故光緒十八年閒地經其道而無所見以平時計算地球須歷五星期始出其界可知其軌道之寬此羣

之星爲逆行惟速度較大獅羣爲小體尾色黃亦未有落至地面此羣最多之時在八月初十前後數日之閒

仙女流星羣因受行星吸動力故發見遲早有數日之差如光緒十八年早見四日因受木星之吸動也其行甚緩又與地道相順故所見者惟追及地而入地氣界之星視行速度每秒約四十里色紅而尾小此羣每歲可見惟每閱六年則加多此羣最多之時爲十一月二十四及二十八之閒

英國天文家陸克尤氏曾謂流星在天空中極爲重要黃道光之組織及土星光環彗光等久已察得與流星有關陸克尤氏更擴大其說謂天空物體或爲流星羣所凝結或當由凝結變化而成之物又本此論斷爲恆星系變星色星之見象星類光圖以及星氣之成因組織等其發達皆由流星所致此論頗爲見時天文家所引用顧尚不能視爲定論也

皇朝續文獻通考卷三百一

象緯考八　日食月食

臣謹案春秋二百四十二年書日食三十七戰國至秦書日食九次炎劉以來諸歷代與三統四分之後劉洪乾象歷知月行有遲速奚姜岌三紀歷知月食衝即日度奚至如九服交食之異定於僧一行之大衍氣刻時差之分剏於徐昂之宣明食甚泛餘差數詳於姚舜輔之紀元嗣以中國歷學積久疏舛有明末葉迺用西洋人湯若望等更定新法推步益精密焉顧思軌道之旋轉虧復本有定數而日官必書之以示警意者以天統君此其中有精義焉伏讀康熙三十六年　聖祖仁皇帝諭曰日食雖可豫推然自古帝王皆因此而戒懼蓋所以敬　天變修人事也若庸主則委諸氣數奚大哉　皇言其於古聖恐懼修省之旨殆若有默契者乎自乾隆五十年以後臺官七政書因遭光緒二十六年聯軍之亂散佚不全今依時憲術逐年推測日食月食列於篇

五十年乙巳七月朔日戊申日有食之

五十一年丙午正月朔日丙午日有食之

乾隆五十年　諭五十一年正月初一日日食業經頒諭停止朝賀其救護典禮禮部遵例奉行朕仍於內殿恭設香案虔誠祈禳以答　上天垂象儆惕修省之意至於下詔求言史册所稱朕以爲轉涉虛文蓋事　天以實爲人君者敬　天勤民躬理庶務日愼一日乃職分所當然卽言官應行陳奏事件原當隨時入告何待日食然後求言況今每日御便殿聽政批答章奏大學士軍機大臣及九卿科道等不時召見諮詢政務卽外省自督撫至道府無不隨到宣召未至民隱壅於上聞詎因日食方始下詔求言耶至薄蝕天變日時度數有定昔宋仁宗康定元年正月丙辰朔應日食先是日官楊維德等請移閏於庚辰年則日食在前月之晦帝曰閏所以正天時而授民事其可曲避乎不許所見甚爲合禮蓋凡日食必以合朔移於晦日尤爲非是又考漢唐以來如光武帝建武二年北魏孝文帝延興四年太和十四年唐太宗貞觀六年均以正月朔日食昔我　皇祖時以康熙三十一年及五十八年正月朔日食且三十一年有錫伯瓜爾察達呼爾等來歸喀爾喀格楚爾喀亦以屬裔來歸之事可見日食爲定數而君人者則當因此益加戒懼至於以改移爲消弭之說則尤斷斷不可朕踐阼之始卽叩　天默禱以若蒙　天佑享國至六十年卽當傳位歸政不敢如　皇祖之數逾花甲今幸五十年來壽逾古稀康强如昔惟有宵旰勤求不遑暇逸以仰副　上天眷顧之殷　祖宗託付之重設以天變爲可消弭自於今歲歸政則是欲移咎後人圖卸己責如宋高宗年未六十傳位孝宗置軍國大事於不問不獨無以對天並無以對子朕豈肯出此乎從前推算天行度數乾隆六十年乙卯亦當正旦日食與今歲同若於是年歸政則値嗣子首歲元旦尤屬非宜朕心亦有不忍何若以是歲爲朕臨御六十年頤和錫福之餘卽以次年爲嗣子迎庥改元之始國祥家慶天日重光以符朕首阼之祈以紹我大淸億萬年之寶命不其懿歟此願亦不敢期必總以惟日孜孜以靜俟　上天垂佑耳將此通諭中外臣民咸知朕意

臣謹案延興二年太和十四年二次日食一在上年十二月一在上年二月魏史俱誤載

五十二年丁未五月朔日丁卯日有食之

五十三年戊申五月朔日壬戌日有食之十一月朔日己未日有食之按十一月日食在夜中國不見

五十四年己酉五月朔日丁巳日有食之十月朔日癸丑日有食之按五月日食中國不見

五十五年庚戌三月朔日辛巳日有食之十月朔日戊申日有食之按三月十月日食俱在夜中國不見

五十六年辛亥三月朔日乙亥日有食之按三月日食中國不見

五十七年壬子三月朔日庚午日有食之八月朔日丁卯日有食之按三月八月日食中國不見

五十八年癸丑八月朔日辛酉日有食之按八月日食中國不見

五十九年甲寅正月朔日己丑日有食之八月朔日乙卯日有食之（按正月八月日食中國不見）

六十年乙卯正月朔日甲申日有食之六月朔日庚辰日有食之十二月朔日戊寅日有食之

五十九年　諭朕臨御天下五十九年仰蒙　昊蒼眷佑　列聖貽庥薄海昇平梯航向化重熙累洽惟日孜孜無時不以敬　天勤民爲念行慶施惠錫祜延禧普免漕糧二次地丁錢糧四次而偶遇水旱偏災隨時蠲租賜復賑貸兼施不下帑金數千萬兩所以涵養生息子愛黎民至周至渥茲紹膺統緒明歲正屆六十年粤稽史册前代帝王享國長久者未可多得即有一二或係沖齡踐阼用能多歷年所朕則春秋二十有五始即位誕膺大寶迄今八旬開四康強逢吉五代同堂景運增隆寰瀛寗謐享國之年幸周甲子壽祚延洪實爲罕覯之盛事此皆上蒙　昊貺駢蕃克膺備福朕於感荷之餘彌深兢業早經欽天監推算六十年元旦日食上元月食古來史傳所載有日食修德月食修刑之說固因　上天垂象理宜修省其實君人之道於德刑二事平日本宜刻深兢勵亦何待日月薄蝕始懷寅戒之心應　天以實不以文與其託諸空言曷若見諸行事之實修德莫大於愛民若覃敷恩澤加惠閭閻俾海寓子民共臻樂利則所謂修德孰大於是所有六十年各省應徵漕糧著再加恩普免一次其應如何分年輪免之處仍著該部覈議具奏至以修刑而論則停免句到即所以恤刑但赦非善政利於宵小而不利於善良昔人即有此論明年係六十年國慶後歲丙辰爲嗣皇帝即位元年俱應錫慶施仁矜恤刑獄若今年停句則三年連緩莠民恃有寬政作奸犯科者無所儆畏轉非辟以止辟之意是以本年仍照舊句到明年元旦著照五十一年之例不御殿不受朝賀是日午後向有諸王及皇子皇孫內庭家宴之例五十一年元旦日食復圓後曾經舉行明歲究係六十年週甲年分所有內庭家宴亦著一併停止舉行朕於是日亦不御禮服照每年例恭詣　奉先殿　堂子及　先師等處行禮時御龍袍貂褂將屆日食時即換常服以示寅恭而寓修省日月薄蝕躔度本屬有定數千百年後皆可推算而得所謂千歲之日至可坐而致但元旦上元適值日月虧蝕究爲　昊蒼示儆之象幸　天恩垂佑適値明歲爲朕即位告成之年自應祇承無斁設在丙辰正月則爲嗣皇帝即位之元年於吉祥盛事轉爲未慊是即日月薄蝕一事而　上天之篤佑朕躬以貽我子孫萬年無疆之庥者至優至厚朕惟有益感　天恩倍深乾惕又明年乙卯爲朕臨御六十年本欲於萬壽前由熱河回京受賀今春因中外臣工懇請舉行慶典適以上冬雪澤未獲優霑春閒又復缺雨業經降旨宣諭令將明年慶典停止舉行若仍照庚戌年八旬之例於萬壽前回京則王公外藩及大小臣工等必又再四懇請舉行慶典則似朕今春所降諭旨轉爲不誠是以明年仍定於熱河駐蹕過萬壽後再行回鑾俟至丙辰正月歸政嗣皇帝以符正月上日受終文祖之義彼時備儀授受盛典光昭嗣皇帝率領臣民以天下養介禧祝嘏慶洽敷天尤爲千古罕覯盛事實我大清億萬載無疆之福也

又十二月　諭前因六十年乙卯元旦日食上元月食雖薄蝕躔度可以豫行推測但稽古史傳所載遇有日食月食等事往往下詔求言以示修省朕思上天垂象固宜戒愼而應天以實不以文與其託諸空言孰若施諸實政前已降旨普免天下應徵漕糧俾海宇子民共臻樂利今思各省尚有積年民欠及因災帶緩未完銀穀俱應按限徵輸者小民究因官欠未淸未得遂其含哺之樂仰邀　昊眷六十年寰宇寗謐景運增隆丙辰年即屆歸政今若於朕臨御之年覃敷恩賚俾小民積年欠項廓然一淸得以戶慶盈寗共游化宇所謂修德愛民孰大於是而修刑亦槪於是矣以此上應垂象感召休和實屬吉祥盛事所有各省積年正耗民欠及因災緩征帶征銀穀著各督撫詳晰查明按照各省所屬之某州某縣實欠在民銀穀若干速行開單具奏到日降旨豁免並著先將此旨謄黃宣示俾鄉村鎭市咸使周知得以共霑實惠官吏胥役等無從影射侵冒以副朕子惠黎元敷錫延禧俾普天羣黎無一負欠者喜執大於是該部即遵諭行

嘉慶元年丙辰六月朔日乙亥日有食之

二年丁巳六月朔日庚午日有食之十月朔日丙申日有食之（按六月十月日食中國不見）

三年戊午十月朔日辛卯日有食之

四年己未四月朔日己丑日有食之十月朔日丙戌日有食之（按四年十月日食中國不見）

五年庚申四月朔日癸未日有食之

六年辛酉三月朔日丁丑日有食之八月朔日乙巳日有食之

七年壬戌八月朔日己亥日有食之

是年　諭本年八月朔日食九分有奇望日又值月食朕仰維　上天示儆戰兢惕勵時深悚懼愧無以格　昊佑而弭眚災因命軍機大臣恭查乾隆年間日食　皇考節次所降德音內載乾隆二十三年十二月朔日食八分望日亦值月食恭奉　諭旨省過求言仰見　皇考持盈保泰之盛心今一月之間雙曜薄蝕而日食至九分有奇視八分殆又過之朕觀象省躬惟恐用人行政或有闕失朝夕寅畏莫敢或遑而四海之大萬民之衆或智慮未周德意未孚心甚歉焉凡內外大小臣工佐襄郅治各宜勤思職業恐懼修省尤當齋心研慮於朝廷政治安內攘外之大者剴切敷陳讜言無隱即如勦捕川楚邪匪一事七歲於茲見在軍營連次克捷雖已將著名首逆殄除殆盡而一二敗殘餘孽尚在逋誅或應靖以兵威或應迪以德化諸臣苟有眞知灼見不妨據事直陳此外政治措施或有不便於民者及一時行之日久易滋流弊者均當指陳利害匡朕不逮但不得毛舉細故摭拾浮詞如條陳更改部院則例等事試思見行則例皆經前人諮謀審定可垂久遠者若其中有應因時變通者我　列祖列宗早經斟酌盡善朕監於　成憲不敢輕議更張而在廷諸臣才識又豈能邁越前人輒思更改舊制乎况近日臣工條奏改例之事交議後往往有格礙難通仍行駁斥者徒勞奏牘於政事何補若能於國計民生實有裨益俾朕因言求治可見施行此乃修德之大者至月食修刑見於載籍但人命至重總當愼憲於平時原不待月食始懷矜恤况以肆赦爲修刑本非善政昔人亦曾言之我　皇考明降　諭旨申諭甚詳誠以刑以輔德道貴協中若狃於救生不救死之俗論將行兇釀命之犯有心輕縱不顧死者銜冤是欲博寬大之名而轉失平允之道所謂修刑者安在夫修刑之實惟當於定讞時悉心研究無枉無縱使生者死者兩無所憾方有合於詳愼庶獄之意即停免句決閒一舉行閱歲仍當予勾並非施恩以貸奸宄總之爲人君者克儆　天戒修德修刑惟在本省身徵民規乎遠大所謂應　天以實不以文朕與在廷諸臣所當交修共勉自大學士九卿科道及應奏事者其詳繹諭旨各抒所見即時陳奏朕將採納焉

又　諭前據給事中宋澍奏稱此次京師日食不及七分復圓亦早在京諸臣所共見等語與欽天監所推日食九分三十四秒之數少至二分有餘靈臺職司儀象推測晷度豈可差以毫釐是以降旨詢問留京王大臣何以不行具奏並令傳到該給事中詢伊是否通曉測量所奏有何證據並傳詢在京之欽天監堂官推算是否舛誤據實覆奏茲王大臣等奏到據宋澍稱是日救護時就目力所及似不及七分復圓時刻亦覺少早並非通曉測量無從指證而欽天監堂官則稱是日堂司各官在觀象臺用儀器測量日食分秒用壺漏較量時刻俱與原奏分數時刻相符各等語並據王大臣等稱是日俱在公所瞻仰實未能詳辨分數而同時隨班救護之王公大臣官員等亦未聞有較量七分九分之說所奏自屬實情前代往往有日食不應臣下獻諛表賀者其實多因司天之官測量錯誤如此次日食果不及七分即係欽天監推算不準必當懲以應得處分今王公大臣及救護官員在京目覩均無異辭宋澍亦自稱並不通曉測量是欽天監本無錯誤而該給事中竟以己意揣度妄談天象其意何居宋澍著交部議處

八年癸亥二月朔日丁酉日有食之七月朔日癸巳日有食之（按二月日食中國不見）

九年甲子正月朔日辛卯日有食之（按正月日食中國不見）

十年乙丑正月朔日丙戌日有食之六月朔日癸丑日有食之（按正月日食在夜）

十一年丙寅五月朔日戊申日有食之十一月朔日甲辰日有食之（按五月日食中

國不見

十二年丁卯五月朔日壬寅日有食之十一月朔日戊戌日有食之按十二月日食在夜

十三年戊辰四月朔日丁卯日有食之十月朔日癸巳日有食之按四月日食中國不見

十四年己巳三月朔日辛酉日有食之按三月日食在夜

十五年庚午三月朔日乙卯日有食之九月朔日癸丑日有食之按九月日食在夜

十六年辛未八月朔日丁酉日有食之按八月日食在夜

十七年壬申正月朔日乙亥日有食之八月朔日辛丑日有食之按八月日食中國不見

十八年癸酉正月朔日己巳日有食之

十九年甲戌正月朔日癸亥日有食之六月朔日庚申日有食之按正月日食在夜

二十年乙亥六月朔日乙卯日有食之十一月朔日壬午日有食之按十一月日食在夜

二十一年丙子十月朔日丙子日有食之

二十二年丁丑四月朔日甲戌日有食之十月朔日辛未日有食之

二十三年戊寅四月朔日戊辰日有食之十月朔日丙寅日有食之按十月日食在夜

二十四年己卯四月朔日壬戌日有食之八月朔日庚寅日有食之按四月日食中國不見

二十五年庚辰八月朔日甲申日有食之按八月日食中國不見

道光元年辛巳二月朔日壬午日有食之八月朔日戊寅日有食之按八月日食在夜

二年壬午二月朔日丁丑日有食之按二月日食在夜

三年癸丑正月朔日辛未日有食之六月朔日戊戌日有食之

四年甲申六月朔日癸巳日有食之十一月朔日己丑日有食之按十一月日食在夜

五年乙酉五月朔日丁亥日有食之十一月朔日甲申日有食之按兩次日食中國俱不見

六年丙戌四月朔日壬子日有食之十一月朔日戊寅日有食之按兩次日食中國俱不見

七年丁亥四月朔日丙午日有食之

八年戊子三月朔日庚子日有食之九月朔日戊戌日有食之

九年己丑九月朔日壬辰日有食之

十年庚寅二月朔日庚申日有食之八月朔日丙戌日有食之

十一年辛卯正月朔日乙卯日有食之按正月日食中國不見

十二年壬辰正月朔日己酉日有食之七月朔日乙巳日有食之按兩次日食中國俱不見

十三年癸巳六月朔日庚子日有食之十一月朔日丁卯日有食之按十一月日食中國不見

十四年甲午六月朔日乙未日有食之十一月朔日壬戌日有食之按兩次日食中國俱不見

十五年乙未五月朔日己未日有食之十月朔日丙辰日有食之按五月日食在夜

十六年丙申四月朔日癸丑日有食之十月朔日辛亥日有食之按十月日食中國不見

十七年丁酉四月朔日戊申日有食之九月朔日丙子日有食之按兩次日食中國俱不見

十八年戊戌八月朔日庚午日有食之按八月日食中國不見

十九年己亥二月朔日丁卯日有食之八月朔日甲子日有食之按二月日食在夜

二十年庚子二月朔日壬戌日有食之

二十一年辛丑六月朔日癸未日有食之按六月日食在夜不見食

二十二年壬寅六月朔日戊寅日有食之十二月朔日乙亥日有食之按十二月日食在夜不見食

二十三年癸卯六月朔日癸酉日有食之十一月朔日己巳日有食之按六月日食在夜不見食

二十四年甲辰四月朔日丁酉日有食之十一月朔日甲子日有食之按兩次日

食中國俱不見

二十五年乙巳四月朔日辛卯日有食之

二十六年丙午四月朔日丙戌日有食之九月朔日癸未日有食之按四月日食中國不見

二十七年丁未三月朔日庚辰日有食之九月朔日丁丑日有食之

二十八年戊申二月朔日乙巳日有食之九月朔日辛未日有食之按二月日食在夜不見食

二十九年己酉二月朔日庚子日有食之

三十年庚戌正月朔日甲午日有食之七月朔日辛卯日有食之

咸豐元年辛亥七月朔日乙酉日有食之按七月日食中國不見

二年壬子六月朔日庚辰日有食之十一月朔日丁未日有食之按六月日食中國不見

是年　諭通政使羅惇衍奏一月之中日月並食請嚴飭廷臣實力修省以冋天變並請停止冬至慶賀等語日月薄蝕躔度固有定數然自古帝王皆因此而深戒懼我朝　列聖每因災異特降諭旨戒飭羣臣共圖修省蓋以　上蒼垂象必當君臣交儆克謹　天戒並非博惻身修行之名載之史册也見在盜賊未平河決未堵國用未足民困未蘇總由朕用人行政多有缺失譴見於天敢不自省所有本年冬至升殿受賀典禮著即停止至內外大小臣工各有職守近來因循推諉積習頗深疊經降旨申誡其感奮有爲者固不乏人而陽奉陰違甚至揣摩迎合者亦復不少是以朕於秋仲經筵以有言逆於汝心必求諸道有言遜於汝志必求諸非道命題特宣諭諭昭示臣工朕兢業寸衷幾康自敕原不求中外共喻而諸臣事上之心爲實爲名亦難逃朕鑒嗣後惟期共矢公忠力除積習洗心滌慮以佐朕躬斯即應　天以實不以文之意也將此通諭知之

三年癸丑五月朔日乙巳日有食之十一月朔日壬寅日有食之按三年兩次日食中國俱不見

又　諭據文瑞奏入春以來風霾屢作日色無光本月初四日午刻日旁忽見黑氣四圍摩盪形成圓暈兼以煙翳溟濛等語覽奏曷勝儆惕　上蒼示儆變不虛生値此賊匪肆擾徵調頻仍朕反躬自責亦非語言所能喻著載詮詳考欽天監占驗等書悉心推測據實具奏不可稍有隱飾原摺著鈔給閱看將此諭令知之

四年甲寅五月朔日己亥日有食之

五年乙卯四月朔日癸巳日有食之九月朔日辛酉日有食之按九月日食在夜

六年丙辰九月朔日乙卯日有食之

七年丁巳三月朔日癸丑日有食之

八年戊午二月朔日丁未日有食之按兩次日食在夜

九年己未二月朔日壬寅日有食之七月朔日己巳日有食之按二月南方食七月夜食俱不見

十年庚申十二月朔日庚申日有食之

十一年辛酉六月朔日戊午日有食之十二月朔日甲寅日有食之按十二月日食在夜

同治元年壬戌五月朔日壬午日有食之十一月朔日己酉日有食之

二年癸亥四月朔日丁丑日有食之按四年日食在夜

三年甲子四月朔日乙丑日有食之九月朔日癸亥日有食之按十月日食在夜

五年丙寅二月朔日辛卯日有食之九月朔日丁巳日有食之按九月日食在夜

六年丁卯二月朔日乙酉日有食之

七年戊辰二月朔日己卯日有食之七月朔日丙子日有食之按二月日食在夜

八年己巳七月朔日辛未日有食之

九年庚午七月朔日乙丑日有食之十一月朔日壬辰日有食之按日食在西方不見

十年辛未五月朔日庚寅日有食之十一月朔日丁亥日有食之

十一年壬申五月朔日甲申日有食之十一月朔日壬午日有食之按十一月日食在夜

是年　諭翰林院侍講孫貽經奏天象可畏請遇災修省一摺朕臨御以來兢

兢業業宵旰不遑期與中外臣工共求上理方今軍務未竣民氣未舒正君臣交儆之時豈上下恬嬉之日矧値本年五月初一日日食　上蒼示警寅畏益深該侍講所陳隆孝治勤政理親君子遠小人並崇儉黜浮各節披覽之餘實深嘉納爾中外大小臣工亦當振刷精神各勤職業庶幾交相儆勉政事修明以迓祥和而消沴戾

十二年癸酉五月朔日戊寅日有食之九月朔日丙午日有食之（按九月日食在南方不見）

十三年甲戌九月朔日庚子日有食之（按九月日食在夜）

光緒元年乙亥三月朔日戊戌日有食之九月朔日甲午日有食之（按九月日食在夜）

二年丙子三月朔日癸巳日有食之八月朔日己丑日有食之（按三月八月日食俱在夜）

三年丁丑二月朔日丁亥日有食之七月朔日甲寅日有食之

四年戊寅七月朔日己酉日有食之

五年己卯正月朔日乙巳日有食之六月朔日癸卯日有食之十二月朔日庚子日有食之（按正月日食在夜）

六年庚辰十二月朔日甲午日有食之（按十二月日食在夜）

七年辛巳五月朔日壬戌日有食之

八年壬午四月朔日丙辰日有食之十月朔日甲寅日有食之

九年癸未四月朔日辛亥日有食之十月朔日戊申日有食之

十年甲申三月朔日丙子日有食之九月朔日壬寅日有食之

十一年乙酉二月朔日辛未日有食之（按二月日食在夜）

十二年丙戌二月朔日乙丑日有食之八月朔日辛酉日有食之（按八月日食在夜）

十三年丁亥二月朔日己未日有食之七月朔日丙辰日有食之（按二月日食在夜）

十四年戊子七月朔日辛亥日有食之十二月朔日戊寅日有食之（按七月日食在夜）

十五年己丑六月朔日乙亥日有食之十二月朔日壬申日有食之（按十二月日食在夜）

十六年庚寅五月朔日己巳日有食之十一月朔日丁卯日有食之

十七年辛卯五月朔日甲子日有食之十一月朔日辛酉日有食之（按五月十一月日食均在夜）

十八年壬辰九月朔日丙戌日有食之（按九月日食在夜）

十九年癸巳三月朔日癸未日有食之九月朔日庚辰日有食之（按兩次日食俱在夜）

二十年甲午三月朔日戊寅日有食之九月朔日甲戌日有食之（按七月日食在夜）

二十一年乙未三月朔日壬申日有食之七月朔日己亥日有食之

二十二年丙申七月朔日甲午日有食之

二十三年丁酉正月朔日辛卯日有食之七月朔日戊子日有食之（按兩次日食均在夜）

二十四年戊戌正月朔日乙酉日有食之十二月朔日庚辰日有食之

二十五年己亥五月朔日丁未日有食之

二十六年庚子五月朔日辛丑日有食之十月朔日己亥日有食之（按五月日食在夜）

二十七年辛丑四月朔日丙申日有食之十月朔日癸巳日有食之

二十八年壬寅三月朔日辛酉日有食之十月朔日丁亥日有食之（按三月日食在夜）

二十九年癸卯三月朔日丙辰日有食之（按二十九年日食實測復圓在巳初三刻十三分）

三十年甲辰二月朔日庚戌日有食之八月朔日丁未日有食之（按八月日食在夜）

三十一年乙巳二月朔日甲辰日有食之八月朔日辛丑日有食之（按八月日食在夜）

三十二年丙午七月朔日丙申日有食之十二月朔日癸亥日有食之（按三十二年十二月日食實測初虧未初二刻四分食甚未正三刻五分復圓申初三刻十三分）

三十三年丁未六月朔日庚申日有食之十二月朔日戊午日有食之（按六月日食在夜）

三十四年戊申六月朔日乙卯日有食之十二月朔日壬子日有食之按六月十二月日食俱在夜

宣統元年己酉五月朔日己酉日有食之十一月朔日丁未日有食之

二年庚戌四月朔日甲戌日有食之十月朔日辛未日有食之按四月甲戌日食在赤道南不見

三年辛亥四月朔日己巳日有食之九月朔日乙丑日有食之按三年九月日食實測初虧巳正初刻食甚午初初刻十二分復圓午正一刻十分

臣謹案太陽食限推算以地心爲主測望以地面爲憑地面地心之差爲地半徑差即視差也太陰距地較諸曜爲近故視差亦較諸曜爲多合朔時或月在日北因視差之故降而與太陽同緯則不食者食不既者既矣或月在交點因視差之故降而在黃道之南則可食者不食可既者不既矣故有在天之食限有在人之食限有全地球之食限有中國之食限正會於交食且既實朔近交食不既在天之食限也所居地面有南北所見食分多少在人之食限也十有八年爲一終四十一次見日食全地球之食限也陰曆入交則多食陽曆入交則罕食月在日北爲陰曆月在日南爲陽曆中國之食限也考成前後編以北極高十六度至四十六度之地定食限黃北與黃南不同李善蘭所譯談天以地上有見食之處定食限推得距交十六度五十八分爲最大食限黃北黃南無異也上編太陰在黃道北平朔食限距交二十度五十二分實朔食限距交十八度十五分太陰在黃道南平朔食限距交八度五十一分實朔食限距交六度十四分後編太陰在黃道北距交白經十八度二十六分爲實朔可食之限距緯一度三十四分三十七秒半日月最大兩半徑相併加最大高下差亦得此數太陰在黃道南距交白經六度二十二分爲實朔可食之限距緯三十三分十秒半日月最大兩半徑相併亦得此數黃道北距交白經二十一度十八分黃道南距交白經九度十四分爲平朔可食之限置實朔可食之限各加平朔距實朔最大日度差二度五十二分得此數平朔食限十一宮二十度四十六分至初宮二十一度十八分五宮八度四十二分至六宮九度十四分實朔食限十一宮二十三度三十八分至初宮十八度二十六分五宮十一度三十四分至六宮六度二十二分

又案交食分秒時刻頒行各省不及一分者不行救護後定爲三分以上方行救護又經禮部奏定不見食省分並不及三分者皆不行知乾隆十四年仍循舊制一分以上即令救護前期五月具題請　旨無論見食不見食省分皆頒行其不見食省分不必救護

右日食

月食

乾隆四十年乙未正月甲子望月食十二月戊午望月食

四十一年丙申十二月癸丑望月食

四十二年丁酉六月庚戌望月食

四十四年己亥十月丁卯望月食

四十五年庚子四月癸亥望月食

四十七年壬寅八月己卯望月食

四十八年癸卯二月戊寅望月食八月甲戌望月食

四十九年甲辰七月戊辰望月食

五十一年丙午六月戊子望月食十一月乙酉望月食

五十二年丁未五月壬午望月食十一月己卯望月食

五十六年辛亥三月辛卯望月食

五十八年癸丑正月庚戌望月食

五十九年甲寅正月甲辰望月食

六十年乙卯正月戊戌望月食

嘉慶元年丙辰十一月丁巳望月食

二年丁巳五月甲寅望月食

三年戊午十月丙午望月食

五年庚申三月己巳望月食
七年壬戌二月丁巳望月食八月甲寅望月食
八年癸亥十二月丙子望月食
十年乙丑十一月乙丑望月食
十二年丁卯四月丁亥望月食十月甲申望月食
十三年戊辰九月戊寅望月食
十四年己巳九月壬申望月食
十七年壬申七月丙戌望月食
二十年乙亥五月庚子望月食
二十一年丙子十月壬辰望月食
二十四年己卯三月戊寅望月食八月甲辰望月食
二十五年庚辰二月癸卯望月食
道光二年壬午十二月丙辰望月食
三年癸未十二月庚戌望月食
五年乙酉十月庚午望月食
六年丙戌四月丙寅望月食十月癸亥望月食
七年丁亥九月戊午望月食
九年己丑二月庚辰望月食
十年庚寅七月壬申望月食
十一年辛卯正月己巳望月食七月丙寅望月食
十二年壬辰十一月戊子望月食
十三年癸巳十一月癸未望月食
十六年丙申九月乙未望月食
十七年丁酉三月甲午望月食九月庚寅望月食
十八年戊戌八月甲申望月食
二十年庚子正月丙午望月食
二十一年辛丑六月戊戌望月食十二月丙申望月食
二十二年壬寅六月壬辰望月食
二十三年癸卯十月乙卯望月食
二十五年乙巳四月丙午望月食
二十七年丁未二月丙寅望月食八月壬戌望月食
二十八年戊申二月庚申望月食
二十九年己酉七月壬子望月食
三十年庚戌十二月甲戌望月食
咸豐二年壬子五月甲子望月食十一月壬戌望月食
四年甲寅四月甲申望月食九月辛巳望月食
五年乙卯九月乙亥望月食
六年丙辰九月庚午望月食
八年戊午正月壬辰望月食七月己丑望月食
九年己未正月丙戌望月食七月甲申望月食
十一年辛酉十一月庚子望月食
同治二年癸亥十月戊子望月食
四年乙丑八月戊申望月食
五年丙寅八月壬寅望月食
又　諭御史汪朝棨奏月食示警請飭在廷諸臣實力修省一摺見在捻匪回氛尚未平定江南之淮揚廬鳳湖北之江漢蘄黃均罹水災允宜倍深儆惕朝廷宵旰勤求不敢稍自暇逸內外臣工其各力圖振作同心協贊用副朕恐懼修省之意
六年丁卯二月己亥望月食
八年己巳六月乙卯望月食十二月癸丑望月食
又　諭御史游百川奏請修德以召祥和一摺今歲雨澤愆期月食再見直隸山東湖廣等省水旱歉收凡此沴祲之興皆係　上蒼示警寅畏殊深允宜兢

業爲懷倍加修省內外臣工亦當各矢公忠恪盡厥職力除瞻徇奔競之習其有言責諸臣尤宜遇事指陳毋泛毋隱庶幾君臣交儆以承　天眷而迓　天庥

九年庚午六月庚戌望月食十一月戊申望月食（按是年六月庚戌望月食在晝不見）

十年辛未五月甲辰望月食

十二年癸酉四月甲子望月食九月辛酉望月食

十三年甲戌三月己未望月食

光緒二年丙子七月乙亥望月食

三年丁丑正月壬申望月食七月己巳望月食

四年戊寅正月丙寅望月食

五年己卯十一月丙戌望月食

六年庚辰五月壬午望月食十一月己卯望月食

七年辛巳十月甲戌望月食

九年癸未三月丙申望月食

十年甲申三月庚寅望月食八月戊子望月食

十一年乙酉二月乙酉望月食

十三年丁亥正月甲辰望月食六月辛丑望月食十二月己亥望月食

十五年己丑六月庚寅望月食

十六年庚寅十月辛亥望月食（按辛亥望京師月食十八秒見食不及一分毋庸救護）

十七年辛卯四月庚戌望月食十月丙午望月食（按是年十月丙午望月食在晝不見）

二十年甲午二月壬戌望月食

二十二年丙申正月壬子望月食

二十四年戊戌五月戊辰望月食十一月乙丑望月食

二十五年己亥五月壬戌望月食

二十七年辛丑九月戊寅望月食

二十八年壬寅三月丙子望月食

二十九年癸卯八月丁卯望月食（按二十九年八月月食實測食甚子初初刻十三分復圓子正三刻四分）

三十一年乙巳正月庚寅望月食（按三十一年正月月食實測初虧丑初一刻十分食甚丑正二刻五分復圓寅初三刻）

三十二年丙午正月甲申望月食六月庚辰望月食十二月戊寅望月食（按是年正月月食實測復圓酉初初刻十三分六月月食實測生光亥初二刻八分復圓亥正二刻六分十二月月食實測初虧戌初三刻食甚亥初一刻三分復圓亥正三刻五分）

宣統元年己酉十月辛卯望月食（按元年十月月食實測生光酉初二刻十分復圓酉正二刻十三分）

二年庚戌十月丙戌望月食（按二年十月月食實測初虧卯正三刻食甚生光俱在地平下）

右月食

皇朝續文獻通考卷三百二一

象緯考九　淩犯視差新法

臣謹案道光中欽天監秋官正司廷棟撰淩犯視差新法較舊加密臺官奏用之今撮其大要著於篇

求用時

推諸曜之行度皆以太陽爲本而太陽之實行又以平行爲根其推步之法總以每日子正爲始此言子正者乃爲平子正即太陽平行之點臨於子正初刻之位也今之推步時刻雖以兩子正之實行爲比例而所得者亦皆平行所臨之點則實行所臨之點自有進退之殊設太陽在最卑後實行大於平行則太陽所臨之點必在平行之東以時刻而言乃爲未及若太陽過最高後實行小於平行則太陽所臨之點必在平行之西以時刻而言乃爲已過故以應加之均數變時爲應減之時差應減之均數變時爲應加之時差此因太陽有平行實行之別以生均數時差也然太陽所行者黃道時刻所據者赤道因黃道與赤道斜交則同升必有差度如二分後赤道小於黃道其差應減在時刻爲未及二至後赤道大於黃道其差應加在時刻爲已過故以正弧三角形法求得黃赤升度差變爲時分二分後爲加二至後爲減此因經度有黃道赤道之分以生升度時差也按本時之實行平行所生之二差各加減於平時而得用時由用時方可以推算他數故交食亦必以推用時爲首務即日月食之第一求也其法理圖說已載於考成前編講解最詳其圖分而爲二且均數時差圖係用小輪至考成後編求均數改爲橢圓圖法其法理亦備悉於求均數篇內然未言及時差今依太陽實行所臨黃道之點以均數之分取得黃道上平行點即以平實二點依過二極二至經圈作距等圈引於赤道可使二差合爲一圖其太陽之經度所臨之時刻及二時差之加減皆可按時而稽矣

求春分距午時分黃平象限宮度及限距地高推算太陰淩犯視差固依後編求日食三差之法而其爲用不同蓋日食之東西差爲求視距弧而南北差爲求視緯其視距弧視緯則爲求視相距及視行之用緣太陰行於白道是必以白平象限爲準焉若五星之距恆星五星之互相距皆以黃道同經度之時爲相距時刻而較黃緯南北相距之數爲其上下之分也至月距五星月距恆星亦皆以黃道經度相同之時爲淩犯時刻不更問白道經度其於白平象限又何與焉然其以東西差定視時之進退以南北差判視緯之大小以定視距之遠近者其差皆黃道經緯之差故必以黃平象限之宮度爲準黃平象限者地平上黃道半周適中之點也顧黃道與赤道斜交地平上赤道半周適中之點恆當子午圈而地平上黃道半周適中之點則時有更易蓋黃極由負黃極圈每日隨天左旋繞赤極一周如黃極在赤極之南則冬至當午正其黃道斜升斜降若黃極在赤道之北則夏至當午正其黃道正升正降而黃平象限亦皆恰當子午圈設黃極在赤極之西則春分當午正其黃道之勢斜倚出自東北而入西南黃平象限乃在午正之東設黃極在赤極之東則秋分當午正其黃道出自東南而入西北黃平象限乃在午正之西是則黃道之向隨時不同故以黃道之逐度推求黃平象限及限距地高以立表

求距限差

距限差者乃月距黃平象限之差度也蓋舊法月距限以九十度爲率因黃道麗天其向隨時不同而出於地平之上者恆爲半周其適中之點距地平東西皆九十度故以九十度之限以察月在地平之上下若月距限逾九十度者爲在地平下遂不入算然此以黃道爲立算之端也顧白道與黃道斜交月行白道不無距黃道南北之緯度緯南者早入遲出月當地平時其距黃平象限不及九十度緯北者早出遲入月當地平時其距黃平象限已過九十度是則九十度之率未足爲據也於是立法以求其差猶五星伏見距日限度有距日加減差之義也其法以限距地平之高及月距黃道之緯依正弧三角形法求之蓋黃道之勢隨天左旋其升降正斜時時不同正升正降者京師限距地高至七十三度餘高度大則月緯所當之距限差轉小斜

升斜降者京師限距地高只二十六度餘高度小則月緯所當之距限差轉大若値月緯最大其差可至十度有奇此距限差之不可不立也故依京師黃平象限距地平高度逐度求其太陰黃道實緯度所當距限差以立表

求黃經高弧交角及月距天頂

舊法推日食三差原以黃平象限爲本自考成前編謂三差並生於太陰之經緯度爲白道經緯度用白道較之用黃道爲密故求三差則按月距白平象限之度以白道高弧交角及太陰高弧爲據後編變通其法乃以白經高弧交角及日距天頂以求三差而求白經高弧交角係赤經高弧交角加減赤白二經交角而得並不求月距白平象限之度是法較前頗爲省算今推視差者乃求其星月黃道同經之視距視緯故三差應由黃平象限而定也（即黃道高）是則其法原可仿於後編不求黃平象限而竟求黃經高弧交角之術（即黃道高弧交角之餘度）然非月距黃平象限度與地平限度相較其月在地平之上下無由可知故今求交角乃先求得月距黃平象限之東西黃平象限去地之高下太陰距黃極之遠近然後按後編用斜弧形求赤經高弧交角日距天頂之法則黃經高弧交角及月距天頂度可得矣

求太陰距星及淩犯視時

太陰距地平上之高弧自地心立算者爲實高在地面所見者爲視高其相差之分卽地半徑差也月當地平時距天頂爲九十度其相差數最大而角之正弧卽當地之半徑迨月升則距地漸高距地愈高則差數愈小其所差之分皆與本時月距天頂之正弧相應故用比例法而得本時高下差也夫高下既差則有視經視緯之別其視經實經之差者東西差也視緯實緯之差者南北差也今求三差乃依後編日食求三差法用直綫三角形算之然後編三差圖乃寫渾於平今則用以渾測渾之圖求其三差其所得南北差與本時太陰實緯之度相較而得視緯復以視緯與星緯相較觀其緯之南北定相距之上下其所得東西差與一小時之太陰實行爲比例而得用時距視時之距分辨其月距限之東西加減淩犯用時而得淩犯之視時也

求視時月距限

視時月距限必大於用時月距限因其視經差所當之距分既有加減則太陰與星隨天西移亦自有進退也蓋太陰以地半徑差由高而變下則視經之差於實經視緯之差於實緯必矣玆據黃平象限在天頂南之地面而言之視緯恆差而南如實緯北者視緯常小於實緯其差爲減實緯南者視緯常大於實緯其差爲加故緯南之星月實距雖在一度內而視距轉在一度外者有之緯北之星月實距雖在一度外而視距轉在一度內者有之（南北相距一度外者不入淩犯之限故不取用）至若視經之差所當月行距分之最大者或至二小時而二小時之際諸曜隨天左旋幾至一宮故視經之差關於月行之進退矣如月在黃平象限西者視經度差之而西視時必遲於用時月在黃平象限東者視經度差之而東視時必早於用時以致用時星月未入地平而視時星月已入地平者有之或用時星月已出地平而視時星月未出地平者有之是故於求用時之後卽以月距黃平象限與地平限度相較可知斯時月在地平之上下（月距限小於地平限度者爲月在地平上大於地平限度者爲月在地平下）如遇月距限微小於地平限度者用時星月必在地平上視時星月或在地平下其所差者卽視經之差當月行距分之諸曜左旋度今取最小實經視經之差所當左旋之度爲視經差（法見下卷求地平限度節下）減於地平限度所得視地平限度而與月距限度考之如月距限大於視地平限度者則爲用時月雖在地平上視時月必在地平下矣（既知月必在地平下故遇此者去之）如月距限小於視地平限度者則爲視時月在地平之上夫猶有不然者以視經差所取皆最小之數也若知月行實跡非由視時再推月距限度則其時月果在地平之上下未可得其確準故今於既得視時之後必詳察太陰實緯及用時月距限度如實緯南月距限過六十度或實緯北月距限過七十度者（用時月距限在此限度內者視時月必在地平之上）皆以視時復求黃平象限之度如其度大於地平限度者乃視時月在地平之下仍不取用必其度小於地平限度始爲視時月在地平之上而可證諸實測此視差之所以必逐細詳推然後可得而取用也

臣謹案布算之先當按京師北極高度二十九度五十五分黃赤大距二十三度二十九分依黃道經度逐度推得春分距午時分本時黃平象限宮度本時黃平象限距地平之高度推算之法見考成前後編分三段列表此爲黃平象限表次按太陰實緯度分及限距地高度作距限差表法以黃道與地平交角之正切爲一率半徑爲二率月距黃道緯度之正切爲三率求得正弦爲月距黃平象限度即距限差此爲距限差表

求均數時差

以本日太陽引數宮度分滿三十秒進一分用用後編日躔均數時差表察其所對之數得均數時差記加減號引數有零分者用中比例求之

求升度時差

以本日太陽黃道實行宮度分滿三十秒進一分用用後編日躔升度時差表察其所對之數得升度時差記加減號實行有零分者用中比例求之

求凌犯用時

置凌犯時刻加減時差總得凌犯用時

求本時太陽黃道經度

以周日一千四百四十分爲一率本次日兩太陽實行相減帶秒減足三十秒進一分用有度分化爲二率凌犯時刻化分爲三率求得四率與本日太陽實行相加得本時太陽黃道經度

求本時黃白大距

以周日一千四百四十分爲一率本次日兩黃白大距相減爲二率凌犯時刻化分爲三率求得四率加減本日黃白大距本日黃白大距大相減小相加得本時黃白大距

求本時月距正交

以周日一千四百四十分爲一率本次日兩月距正交相減化秒爲二率凌犯時刻化分爲三率求得四率收作度分秒與本日月距正交相加得本時月距正交

求太陰實緯

以半徑爲一率本時黃白大距正弦爲二率本時月距正交正弦爲三率如本時月距正交過三宮者與六宮減過六宮者減六宮過九宮者與十二宮減用其餘求得四率爲太陰實緯正弦檢表得太陰實緯記南北號本時月距正交初宮至五宮爲北六宮至十一宮爲南如本時月距正交恰在初宮六宮者則無實緯恰在三宮九宮者則本時黃白大距即實緯度三宮爲北九宮爲南

求黃平象限及限距地高

以本時春分距午時分察黃平象限表內取其與時分相近者所對之數錄之得黃平象限隨看左邊之限距地高錄之得限距地高

求星經度

按所取之星察本考卷四表內所載本星之黃道經度加入歲差自道光十四年甲午起計以後每年遞加歲差五十一秒得本年星經度如求五星經度則以周日一千四百四十分爲一率凌犯時刻化分爲二率一日星實行爲三率以本次日兩實行相減得一日星實行求得四率爲距時星實行與本日星經度相加減順行加退行減得本時星經度

求星緯度

按所取之星察本考卷四表內所載本星之黃道緯度錄之無歲差記南北號

如求五星緯度則以周日一千四百四十分爲一率凌犯時刻化分爲二率一日星緯較爲三率本次日兩緯度同爲南或同爲北者則相減得星緯較一爲南一爲北者則相加得星緯較求得四率與本日星緯度相加減本日緯度大相減本日緯度小相加若相加爲三率者所得四率必與本日緯度相減仍依本日南北號如所得四率大於本日星緯則以所得四率轉減本日星緯其南北號應與次日同得本時星緯度記南北號

求月距限

以星經度與黃平象限相減得月距限記東西號星經度大爲限東小爲限西如星經度與黃平象限一在三宮內一在九宮外應將三宮內者加十二宮減之所得月距限太陰實緯南在六十度內實緯北在八十度內者不必求地平限度如緯南過六十度緯北過八十度則求地平限度

求距限差

以限距地高及太陰實緯度分察距限差表內縱橫所對之數錄之得距限

差記加減號（太陰實緯南減北加）

求地平限度

置九十度加減距限差得地平限度　以地平限度內減最小視徑差八度五十五分一十七秒得視地平限度如月距限大於視地平限度者爲月在地平下即不必算（因太陰距地最近其視行隨時不同故取最小視經差以定視限乃按最小限距地高月在黃道極南求得最小黃經高弧交角二十六度六分二十四秒以最小太陰地半徑差及最速月實行求得最小距分三十七分八秒變赤道度爲九度一十七分求其相當最小黃道度爲八度三十一分三十四秒再加最小東西差二十三分四十三秒得最小視經差八度五十五分一十七秒然月在最高時地半徑差最小而其月實行必遲則距分轉大今俱取其最小者恐有遺漏耳）

求距極分邊

以半徑爲一率月距限餘弦爲二率限距地高正切爲三率求得四率爲距極分邊正切檢表得距極分邊

求月距黃極

置九十度加減太陰實緯（南加北減）得月距黃極

求距月分邊

以月距黃極內減距極分邊得距月分邊

求黃經高弧交角

以距月分邊正弦爲一率距極分邊正弦爲二率月距限正切爲三率求得四率爲黃經高弧交角正切檢表得黃經高弧交角（若月距限爲初度是太陰正當黃平象限則黃經與高弧合無黃經高弧交角）

求本次日月實引

以本日月引數加減本日初均得本日月實引以次日月引數加減次日初均得次日月實引

求本時月實引

以周日一千四百四十分爲一率凌犯時刻化分爲二率本次日兩實引相減（帶秒減足三十秒進一分用度化分）爲三率求得四率收爲度分與本日月實引相加得本時月實引

求本時本天心距地

以周日一千四百四十分爲一率凌犯時刻化分爲二率本次日兩本天心距地數相減爲三率求得四率乃與本日本天心距地數相加減（本日本天心距地數大相減小相加）得本時本天心距地

求距地較

以本時本天心距地內減距地小數得距地較

求月距天頂

以黃經高弧交角正弦爲一率限距地高正弦爲二率月距限正弦爲三率求得四率爲月距天頂正弦檢表得月距天頂（若無黃經高弧交角則以月距黃極內減限距地高即得）

求太陰地半徑差

以本時月實引（滿三十分進一度用）及本時本天心距地察後編交食太陰地半徑差表內所對之數即太陰地半徑差如本時本天心距地有遠近者以距地較比例求之

求本時高下差

以半徑爲一率月距天頂正弦爲二率太陰地半徑差爲三率（若推凌犯五星除土木二星無地半徑差外火金水三星皆有地半徑差乃看星引數自十宮十五度至一宮十五度爲最高限自一宮十五度至四宮十五度自七宮十五度至十宮十五度爲中距限自四宮十五度至七宮十五度爲最卑限以星引數所當之限察其本星最大地半徑差與太陰地半徑差相減得星月地平高下差爲三率）求得四率即本時高下差

求東西差

以半徑爲一率黃經高弧交角正弦爲二率本時高下差爲三率求得四率即東西差（如無交角則無東西差高下差即南北差凌犯用時即凌犯視時）

求南北差

以半徑爲一率黃經高弧交角餘弦爲二率本時高下差爲三率求得四率即南北差

求太陰視緯

以太陰實緯與南北差相加減得太陰視緯記南北號（緯南相加仍爲南緯北相減仍爲北如南）

北差大則反減變北爲南

求太陰距星

以太陰視緯與星緯相加減得太陰距星記月在上下號如兩緯度同爲北或同爲南者則相減月緯大北爲在上南爲在下月緯小北爲在下南爲在上兩緯度一爲南一爲北者則相加月緯北爲在上月緯南爲在下若兩緯度相同減盡無餘爲月掩星凡相距在一度以內者用過一度外者不用即不必算

求太陰實行

以本時月實引滿三十分進一度用及本時本天心距地察後編交食太陰實行表內所對之數得太陰實行如本時本天心距地有遠近者以距地較比例求之

求距分

以太陰實行爲一率東西差爲二率一小時化作三千六百秒爲三率求得四率即距分記加減號月距限東爲減月距限西爲加

求凌犯視時

置凌犯用時加減距分得凌犯視時如凌犯用時不足減距分加二十四時減之所得凌犯視時爲在前一日如加滿二十四時去之所得凌犯視時爲在次日時刻在日出前日入後者用在日出後日入前者即爲在晝不用如月在緯南月距限過六十度及月在緯北月距限過七十度者須用下法求之

求視時春分距午時分

置本時春分距午加減距分得視時春分距午如本時春分距午不足減距分者加二十四時減之若相加過二十四時者去之

求視時黃平象限

以視時春分距午時分察黃平象限表內取其與時分相近者所對之數錄之即得視時黃平象限

求視時月距限

置星經度與視時黃平象限相減得視時月距限其度小於地平限度者用若大於地平限度者爲月在地平下不用

皇朝續文獻通考卷三百三

象緯考十　星雲瑞變

臣謹案　皇朝通考仍馬考之舊列星雲瑞變一門其所紀錄大率詳於變而略於瑞於　列聖敬　天勤民之　諭則備書之以爲後嗣法誠所以迓　天和而消沴厲之成憲也今遵前考綴輯於篇

嘉慶三年十二月二十八九日夜中衆星交流如織

四年　諭朕勤求治理宵旰兢兢惟以時和年豐爲上瑞從不敢鋪陳符應粉飾太平蓋以人君侈語嘉祥易啟滿盈之漸不諱災異始知修省之方古所稱麟鳳來遊或亦出於附會未可盡信而　上蒼垂戒象緯昭然實爲天人感應之機可不時深敬懔即如去年十二月二十八九日夜閒衆星交流如織人所共覩朕非不知而欽天監並未奏聞在監臣之意因　皇考高年　聖躬不豫未敢遽行入告固屬臣下愛敬之心然　天象示警朕躬當修德以弭災眚豈可隱而不言向來靈臺占驗惟事吉祥如每歲分至占風不論是日風自何方豫擇應候協方者取爲佳兆相沿已久固屬可笑至於此等星象有異亦復意存諱匿不以實聞則司天者甯非棄厥司乎嗣後欽天監占星觀象惟當據實直陳用副朕寅畏　昊天以實不以文之至意

四月初一日日月合璧五星聯珠

又　諭昨欽天監於初聞雷時循例具奏今復以合璧聯珠侈陳祥洽則未免誤會前旨轉啟盈滿驕肆之心大失寅畏欽崇之意夫日月合璧五星聯珠皆爲前代史册所載朕亦粗知算法其躔度運行無難推算而得非若景星卿雲麟鳳來遊之可以虛詞附會也然亦會逢其適曾何瑞之足言況見在川陝一帶教匪未盡殄平逾越三年蔓延數省凡我赤子遭荼毒流離者至今未登衽席朕方惘惻戒愼之不遑尙敢侈言符應乎如能逆匪即日蕩平黎民復業吏治肅而政通年穀成而時若其爲休應孰過於斯若此等鋪陳侈言祥瑞近於驕泰實爲朕所不取其不必宣付史館用昭以實不以文之意

十二年春三月江西袁州黃沙蔽天三日空中有聲又直隸薊州大風霾有火隨風著物有然有不然

二十三年四月乙亥京師風霾

丙子　諭欽天監衙門職司占驗於星象風信休徵咎徵皆應據實入告近日該衙門節候占風多擇取吉祥語句聊以塞責昨初八日風霾之異朕心震懼迴至三日該衙門並未推占具奏所司何事此等異變竟不具奏豈專事諂媚以取悅於上乎眞所謂尸厥官罔聞知昏迷於天象矣著即詳考占經烈風之變見於四月者主何徵應全錄原文據實奏聞毋有所隱

又　諭昨日酉初三刻有暴風自東南來俄頃之閒塵霾四塞室中燃燭始能辨色其象甚異朕心中震懼夙夜不遑惕思　上蒼示警之因稽諸洪範咎徵恆風爲蒙之象皆朕辦事不明用人不當之故或意存怠忽不能力勤或有下情不能上達者其政事闕失無所匡正歟抑小民冤苦壅遏莫聞歟或內外大臣有奸佞傾邪而朕不及覺歟有言事之責者體朕遇災而懼之心其各屛除私意獻納忠言如朝廷所行之事有似前代秕政應行改革者即剴切論列無有所隱下民橫被冤抑有覆盆莫白者亦據事直陳代爲昭雪其奸邪之病國虐民者或模棱巧宦旅進旅退者即列款糾劾指其陳蹟登之彈章如此則言者出於爲國之公心朕聽之即爲應　天之實政若懷挾私意祇圖便一身之謀又或造作無稽以報夙嫌而洩私忿則顚倒黑白淆亂是非不特負朕求言之意更足以增晦蒙之象矣且如近日人心險惡匿名訐告之案接踵而出良民受其拖累以致蕩產亡身皆足以召災沴又風從東南而來或東南一帶逋逃逆惡相聚潛藏地方官不能覺察以致上干　天和朕恐懼修省反復思維虛懷延訪內外大小臣工各當自省咎愆殫心竭力共勤職業以副朕修德弭災之意

又　諭據欽天監奏詳查　欽定天文正義內載天地四方昏濛若下塵雨不霑衣而土名曰霾故曰天地霾君臣乖大旱又爲米貴等語本月初八日酉刻暴風驟至塵土晦蒙與正義所載風霾之象相同朕詳思其義如前代君臣睽隔有天子不識宰相之面者誠不免爲君臣乖離之象我朝家法相承君臣一

體朕恪遵　成憲每日召見廷臣不下十餘起躬親延訪前席周諮似與乖離者有別然諸臣中實與朕同心望治者不過十之一二其餘召對時雖虛懷訪問總以政治毫無闕失頌美聖明諛詞容悅試問其心豈眞以爲萬幾咸理無可拾遺補闕者乎不敢面折退有後言總迴護己之爵位罔恤政之得失所謂貌合而情睽是即乖之義也即諸臣於同僚之中亦每心知其非不肯直言匡正坐視其失而不救甘爲小人之同而不爲君子之和是亦所謂乖也嗣後當共矢忠誠痛改前失以盡人事而感天和亶告在廷勿負朕意

又十一月二十五日長星落有聲如雷土人視其隕處成一坑掘之得一石長二尺餘闊尺餘形方而角圓擊碎之中分五色

二十五年福建莆田縣黃氣如霧滿天

道光元年　諭欽天監奏本年四月初一日日月合璧五星聯珠朕惟懸象著明肇先七政史册所載高陽氏時五星聚於營室漢代聚於東井宋世聚於奎皆紀爲難逢之瑞第日月五星麗天而行本有常度即同明共貫亦祇會逢其適可以推測而知我朝　列聖相承雍正乾隆嘉慶年間天章屢耀仰承　昊佑景運隆長茲朕初元復遘嘉會敬惟事　天之道遇徵則當思修省徵祥則益勵寅恭朕嗣統以來兢兢業業猶恐弗及何敢矜言符瑞稍啟侈心古云國家以賢才爲寶豐年爲瑞惟當夙夜孜孜與內外臣工共圖上理期於政通人和薄海羣生咸登康阜以丕揚我　列祖無疆之庥仰副我　皇考付託之重斯願克遂其爲休應孰有大於是者乎此事不必宣付史館用示朕崇實黜浮至意

正月乙亥彗星見西方

三年十二月彗星見

六年正月彗星見

十年福建莆田縣壺公山頂五色雲見

十五年閏六月十一日彗星見

二十三年正月大彗星晝見

二十七年七月江蘇上海縣飛塵蔽天忽紅光一團大如盆盎向南而沒識者以爲星隕

咸豐元年　諭慧成奏豫禁侈言祥瑞一摺並片奏整頓吏治等語所奏甚是深契朕衷蓋國家以賢才爲寶豐年爲瑞朕寅承　丕緒夙夜惕乾念　皇祖仁宗睿皇帝親政　皇考宣宗成皇帝御極屢奉　訓諭以侈言祥瑞近於驕泰惟益勵寅恭共圖上理於日月合璧五星聯珠諸奏皆不准宣付史館朕何敢不恪遵　成憲以迪前光近來內外臣工章奏尙無鋪陳符應粉飾太平之語但杜漸防微不可不交相儆惕況此時東南民氣甫冀稍蘇而兩粵用兵邪氛正熾若惑於浮說徒貽笑於後人內外諸臣當以敬愼存心不可稍蹈浮夸之習惟期政通人和年穀順成以副朕志至於吏治廢弛苦口訓誡何啻再三無奈各省州縣親民之官深染積習因循不振總由大吏甄劾不明勸懲不公以工於趨承者爲開展以拙於應接者爲迂拘遂至悃愊之吏沈抑下僚奔競之徒濫膺薦牘人材不振國計民生將何賴焉各督撫大吏或受　先朝厚恩或由朕加特簡於用人行政之際果能破除情面懍遵成法事事矢以實心濟以實力何慮頹風不能盡挽賢才不能奮興轉移之權操之自上諸臣亦分任其責其各洗心滌慮共襄郅治勿復視朕言爲具文也

三年四月日旁有黑氣作圓暈

是月　諭本日據文瑞奏入春以來風霾屢作日色無光本月初四日午刻日旁忽見黑氣四圍摩盪形成圓暈兼以煙霧溟濛等語覽奏曷勝警惕　上蒼示警變不虛生値此賊匪肆擾徵調頻仍朕反躬自責亦非言語所能喻著載銓詳考欽天監占驗等書悉心推測據實具奏不可稍有隱飾

臣謹案日旁有黑氣史不概見是時髮逆肆擾大局糜爛鄂皖金陵相繼失守　諭謂上蒼示警變不虛生實遇災而懼之盛德也

五年　諭御史曹登庸奏天象示警請恐懼修省以召祥和一摺比年以來粵匪竄擾河工屢決兵燹水旱民困未蘇朕念天人相感之理惟有勤求治術拯救我民以冀仰邀　昊眷斷不敢以罪己虛文空言警畏即籌畫軍務宵旰憂

勤亦祇自懔淵衷不求臣民共喻玆據該御史以星見雷鳴災祲疊見請詔臣工亟言闕失援諸古人遇災而懼之意何敢不益勵愼修惟應天以實不以文大小臣工遇事敷陳果能裨補時政朕必虛心採納見之施行其或喜事紛更徒滋煩擾迂疏寡效不切事情亦難博納諫之虛名而不計推行之窒礙感召之機豈專在是朕日理萬幾當此時事孔急之秋虎尾春冰常存敬畏曷敢萌怠荒之志悅諂佞之言更望內外臣工勤思補袞於國計民生實有裨益以仰副朕側身修行之苦衷庶幾君臣交勉宏濟艱難不徒以下詔求言虛循故事遂可上逆天庥也

八年九月大彗見

九年彗星見

臣謹案是時欽天監據占驗書陳奏中有云光帚貫索宰相當之又云貴戚大臣有誅僇者又云主羽林衛士徙散大風損物未幾大學士柏葰以科場關節案伏法越二年 文宗出狩木蘭載垣端華肅順均以罪誅廣東香港颶風壞民居數千家其咎一一有徵誰謂天變之無係於人事哉

十一年五月二十六日有白氣亙天形如匹練冲天河（按是年五月大彗見於西北）

是年八月丁巳朔卯刻日月合璧五星聯珠

又 諭本年五月欽天監奏彗星見於西北仰惟 天象示警方滋兢惕茲復據奏日月合璧五星聯珠自非虛詞附會惟念朕御極之初即以侈言符瑞爲戒矧值東南賊匪未克殄除眷念民生惟增矜惻即使星文表瑞實爲世運亨嘉之兆亦惟有夕惕朝乾冀邀 上蒼眷佑如逆匪速就蕩平黎民復業年穀順成休應孰過於斯其不必宣付史館用昭以實不以文之意

臣謹案沈約宋志載周將伐殷五星聚房齊桓將霸五星聚箕漢高入關五星聚東井相傳爲治平之象是年六曜均會於張金星在軫據天文家推算張爲 穆宗命宮六曜並會實主休徵是年八月朔日官軍克復安慶粵捻苗回諸巨寇以次平定蔚成中興之治天象昭著不可誣也

又 諭王茂蔭奏天象示警亟宜修省等語所奏甚是朕以冲齡寅紹丕基兢兢業業罔敢怠荒迺自正月以來日星垂象雨澤愆期昨雖得有時雨農田仍未霑足此皆由修省未至弗克感召和甘所幸 天心仁愛懸象示警深切著明因思感應之機捷如影響我 兩宮皇太后朝乾夕惕惟日孜孜朕尤當益加寅畏恐懼修省以承 天眷其議政王以及各部院大臣亦當交相策勉如有政事闕失必應隨時匡弼直陳無隱俾得庶政修明用副應 天以實不以文之至意

臣謹案是時 文宗賓天 穆宗登極尚未改元 兩宮垂簾孜孜修省中興盛治肇於此矣

同治元年七月二十五六日夜中彗星見於西北

又 諭朕寅紹丕基誕膺景祚仰承 兩宮皇太后聖慈垂簾聽政治理勤求在廷王大臣等夾輔翼爲當玆時勢維艱惟有上下一心兢兢寅畏於用人行政黽勉圖維冀以奠民生而篤 天眷乃於七月十五日夜間忽見衆星流向西南甚多二十五六日夜復有彗星見於西北 上蒼垂象變不虛生且自上月以來京師疫氣甚行至今未已朕雖年在冲齡實深恐懼奉 兩宮皇太后懿旨天人交警必政令有闕所致惟當上下同心兢惕益自修省皇帝御極之初屢經詔求直言中外臣工凡有獻納無不優加採擇立見施行第恐庶事之繁四海之大猶有遺闕幽隱朝廷所不及聞即諸臣陳奏事件亦有忌諱不敢盡言與指陳利弊未能切實之處用特再行申諭中外大小臣工務各齋心研慮於朝廷政治之大且要者悉矢忠赤讜言無隱亦毋徒以毛擧細故摭襲陳言爲虛陳故事應 天以實不以文値此四方多故念切痌瘝君若臣其勤思職業用戒戲豫以邀 天鑒

二年正月十八日辰刻日暈黃綠色帶青白色有抱珥紅色二月二十七日日冠抱珥逾時方散

四年 諭御史丁浩奏雷電愆期請恐懼修省一摺上年金陵告捷之後特頒諭旨申戒內外大小臣工以期上下交儆共濟時艱乃本年正月十三日直隸廣平順德河南開封歸德山東曹州等府屬地方均有震雷雨雹之異 上天

示警寅畏實深惟有力戒怠荒益加修省其內外大小臣工亦當交相策勉共
深祗懼以迓祥和而弭災沴

十年三月乙酉流星出天市垣

又六月壬戌金星晝見

十月彗星見

十一年　月己未重輪抱珥五色翌日如之

十三年　月己未彗星見按是年五月大彗星見西北方

臣謹案彗星各循軌道而行其質較呼吸之氣更薄惟中體稍厚其隱見有定數可推故西國天文家謂於災異無關而我國人輒疑爲兵禍之兆借天象以警人心期在有裨政治古人固寓深意於其間不可盡詆爲虛誣也

光緒四年四月初五日至二十八日日月出入時閒有赤色

又管理欽天監事務和碩惇親王奕誴奏占書內載隋書天文志天氣下降地氣未升厚則日紫薄則日赤將雨也觀象玩占日色變赤有爭兵赤無光董仲舒曰大旱日赤如赭兵車滿野又日初出赤如火景照地赤其所宿國亂亦爲有兵流血又日色變紫感精符曰夷狄內侵兵將用則日紫宋史天文志月色變爲殃赤兵旱觀象玩占月變色赤爲爭爲兵色赤其君分憂月滿而色赤爲兵爲旱月赤如赭大將死野等語於四月初閒據該班官生逐日稟稱日有赤色按天文正義內載日月占驗三日內有雨則解臣等謹督飭值班官生等逐日觀候存記俱係三四日內或有雨或微雨或雲陰應不入占謹將存記日期另繕清單恭摺具奏

又翰林院侍講張佩綸奏略曰五行占驗乃近術家宋公一言熒惑退舍子產不信裨竈鄭亦不火理不勝數何常之有且即以天文言之三垣乃無他祥火星亦仍常道其可懼者惟日有赤色則祗畏已在　聖心心誠畏　天政必法天修德以禳之可矣

五年六月金星晝見

十二月大彗星夕見西南

七年二月彗星見

是年夏紫色大彗見至明年七月而隱

八年八月二十四日彗星見

是年　諭上年彗星見於西北降旨諭令內外臣工各勤職守本月中旬彗星復見於東南此必用人行政時多闕失於閭閻疾苦未盡上聞以致　昊蒼示警深宮循省兢惕難安方今時事艱難民生未裕各省窮黎正待撫綏我君臣亟應倍矢憂勤勵精圖治爾在廷諸臣各宜共效公忠力戒因循積習各直省督撫均有察吏安民之責務當實事求是力圖振作屬員有不職者隨時參辦毋得稍示姑容並各就地方情形悉心訪查認眞妥度以期利無不興弊無不除朝廷考察督撫惟視該省吏治民生以爲殿最其各力挽頹風毋稍玩忽庶幾關防整肅百姓乂安迓天和而消沴厲用副遇災修省至意

又九月十一日酉正初刻西方有流星一箇如月往東行出貫索之左入魏趙九河之閒碧色有光有尾跡

九年八月彗星見

十二年四月彗星見

十三年八月彗星見

十八年三月彗星見

十九年九月彗星見

二十年正月皋蘭隕星如火毬土人識其處掘之得一鐵卵

三十三年六月熒惑入南斗

三十四年七月二十四日戌正二刻正北偏西有流星如盂大出文昌內階之閒往東南行入河鼓五色有光有尾跡

宣統元年十二月十二日酉初二刻正西偏南異星出見尾長一丈有餘逐日漸微至二年正月初四日隱而不見

二年四月初二日寅初初刻東北方雲中彗星出見尾指西南方因在雲中

未能考測初五日寅初一刻東北方見彗星在外屏之北尾指西南危宿土
公吏之閒測得彗星高四度正東偏北十五度嗣於十六日不見
四月十八日戌正三刻正西偏南柳宿閒彗星出見尾指東南翼宿明堂之
閒測得彗星高二十六度正西偏南十二度日漸微至五月三十日不見
五月金星晝見
三年八月十一日戌初二刻正西偏北有異星初見因值月望未能考查步
位二十一日天氣晴明酉正三刻觀候得正西偏北彗星出常陳尾約長一
丈有餘搖指三公至戌正入地平於次日寅正二刻正東偏北復見其體甚
微至卯初不見
八月二十五日金星晝見日出後距日光前三十六度至午正二刻不見
臣謹案張衡曰日月運行歷示吉凶五緯躔次用告禍福辛亥八月十九
日武昌兵變　詔起權臣時都中自午至未金星晝見挾月旁行而日光
晦按天官書云月五星逆入若不軌道以所犯命之中坐成形皆羣下從
謀也金火尤甚然則天之示警不亦彰哉